화재감식평가기사/산업기사 자격시험

내용의 이해를 돕는

생생한
현장사진

이 책을 공부함에 있어 **생생한 현장사진**과 함께보면 내용을
이해하는 데 더욱 더 효과적입니다.

BM (주)도서출판 성안당

▶▶ Chapter 02 연소론

| 인화성 액체의 연소형태 사진내용 본 책 p.1-35 관련 |

| 종이의 훈소발화 사진내용 본 책 p.1-35 관련 |

| 목재의 훈소발화 사진내용 본 책 p.1-35 관련 |

| 차량 적재함 및 금속용기에 보관된 동물성 기름의 축열에 의한 자연발화 사진내용 본 책 p.1-36 관련 |

▶▶ Chapter 03 화재론

| 파이어볼의 형태 사진내용 본 책 p.1-68 관련 |

| 연기의 이동 및 확산방향 사진내용 본 책 p.1-72 관련 |

▶▶ Chapter 04 폭발론

| 폭발로 인한 비산효과 사진내용 본 책 p.1-114 관련 |

▶▶ Chapter 05 예비조사

| 발굴용구 및 기자재 사진내용 본 책 p.1-123 관련 |

▶▶ Chapter 06 발화지역 판정

| 발화지점에서 중장비 사용 사진내용 본 책 p.1-132 관련 |

| 탄화심도측정기 사진내용 본 책 p.1-137 관련 |

▶▶ Chapter 07 발화지점 판정

| 냉장고 금속재의 변색 사진내용 본 책 p.1-156 관련 |

| 분전반 외함의 변색 사진내용 본 책 p.1-156 관련 |

| 천장 금속재의 만곡 사진내용 본 책 p.1-157 관련 |

| 벽과 천장에 형성된 백화현상 사진내용 본 책 p.1-159 관련 |

| 외부 충격에 의한 유리 파손형태 사진내용 본 책 p.1-159 관련 |

| 화재열로 인한 유리 파손형태 사진내용 본 책 p.1-159 관련 |

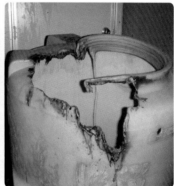

| 열가소성 플라스틱의 용융형태 사진내용 본 책 p.1-160 관련 |

| 샌드위치패널 표면 도료류의 변색 및 산화 사진내용 본 책 p.1-160 관련 |

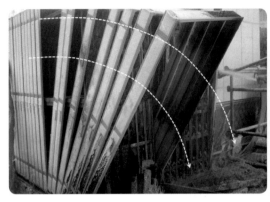

| 물체의 도괴에 따른 연소방향성 사진내용 본 책 p.1-162 관련 |

| 건물의 도괴방향성 사진내용 본 책 p.1-162 관련 |

| V형 패턴 사진내용 본 책 p.1-167 관련 |

| 역원뿔형 패턴(삼각형 패턴) 사진내용 본 책 p.1-167 관련 |

| 모래시계 패턴 사진내용 본 책 p.1-168 관련 |

| U형 패턴 사진내용 본 책 p.1-168 관련 |

| 화살모양 패턴 사진내용 본 책 p.1–169 관련 |

| 원형 패턴 사진내용 본 책 p.1–169 관련 |

| 열 그림자 패턴 사진내용 본 책 p.1–170 관련 |

| 포어 패턴 사진내용 본 책 p.1-171 관련 |

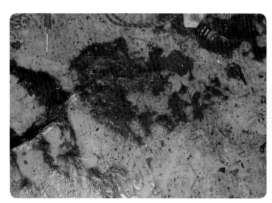 

| 스플래시 패턴 사진내용 본 책 p.1-171 관련 |

| 트레일러 패턴 사진내용 본 책 p.1-172 관련 |

| 화재열로 인한 침대 스프링의 붕괴 사진내용 본 책 p.1-180 관련 |

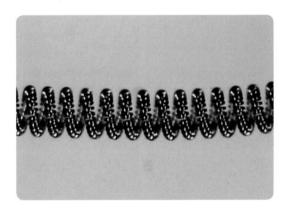

| 필라멘트 사진내용 본 책 p.1-180 관련 |

| 배기관 사진내용 본 책 p.1-180 관련 |

| 전구에 백색물질 도포 사진내용 본 책 p.1-180 관련 |

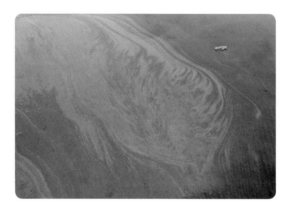

| 무지개 효과 사진내용 본 책 p.1-181 관련 |

| 발화건물 주변 상황 및 연소형태 사진내용 본 책 p.1-181 관련 |

| 인접 건물로의 화재확산 사진내용 본 책 p.1-182 관련 |

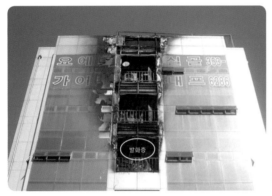

| 발화층에서 상층으로 연소확대된 형태 사진내용 본 책 p.1-182 관련 |

▶▶Chapter 08 화재현장의 상황파악 및 현장보존

| 화재현장 출입통제선 사진내용 본 책 p.1-220 관련 |

▶ Chapter 02 전기화재 감식

│ 트래킹에 의한 발화 및 소손형태 사진내용 본 책 p.2-24 관련 │

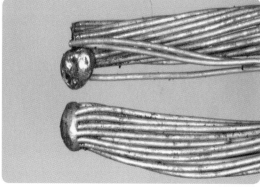

│ 전선의 단락흔 사진내용 본 책 p.2-29 관련 │

│ 모터의 층간단락 사진내용 본 책 p.2-30 관련 │

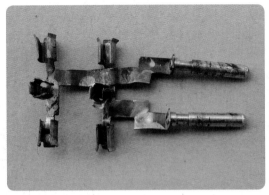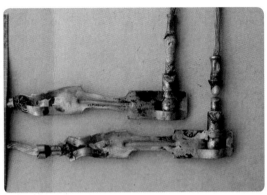

| 플러그핀의 용융형태 사진내용 본 책 p.2-36 관련 |

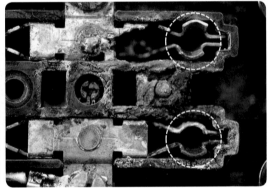

| 콘센트의 열림상태 사진내용 본 책 p.2-37 관련 |

| 커버나이프 스위치의 외형 및 퓨즈의 소손상태 사진내용 본 책 p.2-42 관련 |

| 단락에 의한 용단 사진내용 본 책 p.2-42 관련 |

| 과부하 용단 사진내용 본 책 p.2-42 관련 |

| 화염방향으로 부풀어 오른 형태 사진내용 본 책 p.2-44 관련 |

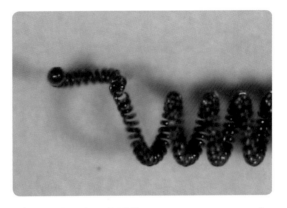

| 필라멘트의 소손상황 사진내용 본 책 p.2-44 관련 |

| 밥솥의 연소형태 사진내용 본 책 p.2-47 관련 |

| 세탁기 좌우 소손형태 사진내용 본 책 p.2-49 관련 |

| 조작부 탄화형태 사진내용 본 책 p.2-49 관련 |

| 냉온수기 연소형태 사진내용 본 책 p.2-50 관련 |

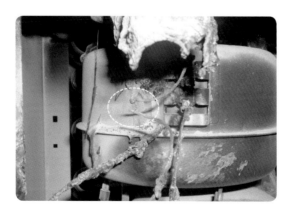

| 압축기 전선의 단락 사진내용 본 책 p.2-50 관련 |

| 서모스탯 손상 사진내용 본 책 p.2-50 관련 |

| 모터 회전자의 변색흔 사진내용 본 책 p.2-54 관련 |

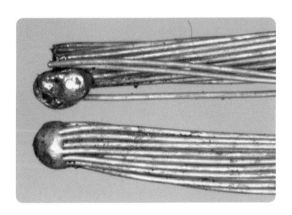

| 1차 용융흔 사진내용 본 책 p.2-56 관련 |

| 2차 용융흔 사진내용 본 책 p.2–56 관련 |

| 열 용융흔 사진내용 본 책 p.2–56 관련 |

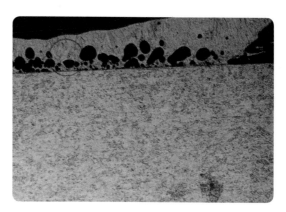

| 1차 용융흔 금속조직 사진내용 본 책 p.2–57 관련 |

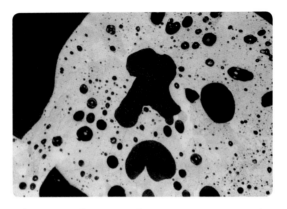

| 2차 용융흔 금속조직 사진내용 본 책 p.2-57 관련 |

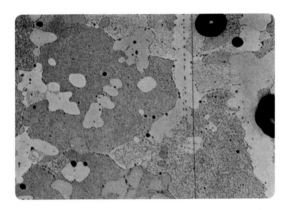

| 열 용융흔 금속조직 사진내용 본 책 p.2-57 관련 |

▶▶Chapter 03 가스화재 감식

| 압력조정기 내 · 외부의 형태 사진내용 본 책 p.2-103 관련 |

| 볼밸브 사진내용 본 책 p.2-106 관련 |

| 글로브밸브 사진내용 본 책 p.2-106 관련 |

| 게이트밸브 사진내용 본 책 p.2-106 관련 |

| 체크밸브 사진내용 본 책 p.2-106 관련 |

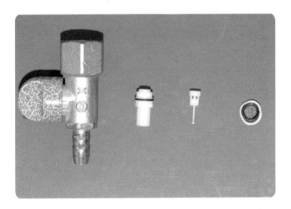

| 퓨즈콕의 분해형태 사진내용 본 책 p.2-107 관련 |

▶Chapter 05 미소화원화재 감식

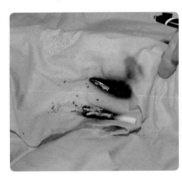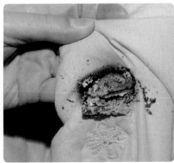

| 담뱃불의 착화성 사진내용 본 책 p.2-203 관련 |

| 촛불의 연소형태 사진내용 본 책 p.2-207 관련 |

▶▶ Chapter 06 방화화재 감식

| 촛불을 이용한 지연착화 사진내용 본 책 p.2-224 관련 |

▶▶ Chapter 07 차량화재 감식

| 차량화재현장 사진내용 본 책 p.2-253 관련 |

| 차량 내부 방화 사진내용 본 책 p.2-260 관련 |

| 차량 외부 방화 사진내용 본 책 p.2-261 관련 |

▶▶ Chapter 01 증거의 종류

│ 가연성 액체 용기류 사진내용 본 책 p.3-2 관련 │

│ 출입구 강제개방 흔적 사진내용 본 책 p.3-4 관련 │

│ 목재의 탄화형태 사진내용 본 책 p.3-7 관련 │

│ **종이류의 탄화형태** 사진내용 본 책 p.3-7 관련 │

│ **금속의 변색흔** 사진내용 본 책 p.3-7 관련 │

출제내용을 한눈에 볼 수 있는 최적 구성!

화재감식평가 | 기사 | 산업기사

필기

화재감식평가수험연구회 지음

BM (주)도서출판 성안당

■ 도서 A/S 안내

성안당에서 발행하는 모든 도서는 저자와 출판사, 그리고 독자가 함께 만들어 나갑니다.

좋은 책을 펴내기 위해 많은 노력을 기울이고 있습니다. 혹시라도 내용상의 오류나 오탈자 등이 발견되면 "좋은 책은 나라의 보배"로서 우리 모두가 함께 만들어 간다는 마음으로 연락주시기 바랍니다. 수정 보완하여 더 나은 책이 되도록 최선을 다하겠습니다.

성안당은 늘 독자 여러분들의 소중한 의견을 기다리고 있습니다. 좋은 의견을 보내주시는 분께는 성안당 쇼핑몰의 포인트(3,000포인트)를 적립해 드립니다.

잘못 만들어진 책이나 부록 등이 파손된 경우에는 교환해 드립니다.

본서 기획자 e-mail : coh@cyber.co.kr(최옥현)

홈페이지 : http://www.cyber.co.kr

전화 : 031) 950-6300

이 책의 머리말

    화재감식평가기사·산업기사 자격시험의 시행은 "안전한 대한민국 실현"이란 안전관리의 중요성이 제도권 안으로 흡수된 것으로 명실상부하게 소방학문의 전문분야 중 하나로 자리매김하게 되었습니다. 전기, 가스, 화학, 건축 등 멀티학습이 요구되는 화재조사는 국민의 행복추구권 및 재산권 보호에 기여할 것이며 과학적이고 객관적인 데이터를 바탕으로 정확하게 화재원인을 규명하여 국민 모두가 행복해지는 사회안전망 구축에도 일익을 담당할 것입니다.

    본 교재는 개정된 한국산업인력공단의 출제기준을 면밀히 분석하여 수험생들의 눈높이에 맞춰 최적의 내용으로 구성하였습니다. 본문 중 중요한 어휘나 내용에는 밑줄로 표시하여 강조하였으며 생생한 현장사진을 다채롭게 수록하여 수험생들의 이해를 도모하였습니다. 또한 단원마다 '바로바로 확인문제'를 통해 학습내용을 확인할 수 있도록 하여 수험생의 학습효과를 높일 수 있도록 하였습니다. 무엇보다 각 장별로 '출제예상문제'를 수록하여 수험생들이 실전감각을 쌓으며 반복학습을 할 수 있도록 하였으며 별도의 학습자료 없이도 자격시험에 합격할 수 있다는 자신감을 심어주는 데 주력하였습니다.

    최근의 출제경향을 보면 각 과목마다 폭넓고 깊이 있는 지식을 요구하는 문항이 늘어나고 있어 일정 기간 계획을 세워 꾸준히 학습하려는 노력이 요구되고 있습니다. 공부는 투자한 시간과 노력한 만큼 정직하게 나타나는 법입니다. 수험생 여러분들의 노력이 헛되지 않도록 길잡이로서 최선을 다하겠습니다.

    화재조사에 관한 대한민국 최고의 자격 취득 수험서로서 책임을 다할 것임을 약속드리며 수험생 여러분들에게 합격의 영광과 축복이 함께하길 기원합니다.

01 화재감식평가기사 · 산업기사

화재감식평가기사 · 산업기사는 화재현장에서 화재원인조사, 피해조사, 화재분석 및 평가를 통해 과학적인 방법으로 원인 및 발생 메커니즘을 규명하는 기술자격이다.

02 수행직무

화재원인의 판정을 위하여 전문적인 지식, 기술 및 경험을 활용하여 주로 시각에 의한 종합적인 판단으로 구체적인 사실관계를 명확하게 규명하는 것이다.

03 진로 및 전망

- 화재보험협회, 대기업 화재조사팀, 경찰공무원, 소방공무원, 화재감식관련 연구소 등으로 진출할 수 있다.
- 산업구조의 대형화 및 다양화로 건축 · 시설물이 고층 · 심층화되고, 고압가스나 위험물을 이용한 에너지 소비량의 증가 등으로 화재발생 위험요소가 많아지면서 화재감식과 관련한 인력수요가 늘고 있다. 화재원인분석과 그로 인한 재산피해액 보상을 위한 분쟁도 증가하여 화재감식 전문가에 대한 수요는 더욱 증가할 것으로 전망된다.

04 시험주관

한국산업인력공단

05 시험일정

큐넷(www.q-net.or.kr) 참조

06 시험내용

- 화재감식평가기사

구 분	내 용
시험과목	1. 화재조사론 2. 화재감식론 3. 증거물관리 및 법과학 4. 화재조사보고 및 피해평가 5. 화재조사관계법규
출제문제수	과목당 20문제(전체 100문제)
시험시간	2시간 30분

구 분	내 용
문제유형	객관식 4지 선택형
합격기준	과목당 40점 이상 평균 60점 이상

– 화재감식평가산업기사

구 분	내 용
시험과목	1. 화재조사론 2. 화재감식론 3. 증거물관리 및 법과학 4. 화재조사관계법규 및 피해평가
출제문제수	과목당 20문제(전체 80문제)
시험시간	2시간
문제유형	객관식 4지 선택형
합격기준	과목당 40점 이상 평균 60점 이상

07 출제기준

– 화재감식평가기사

필기과목명	문제수	주요항목	세부항목	세세항목
화재조사론	20	1. 화재조사 개론	(1) 화재조사의 목적 및 특징	① 목적 구분 ② 부문별 목적 ③ 화재현장의 특징 ④ 화재조사관에게 미치는 영향 ⑤ 화재조사의 기본 절차 및 방법
			(2) 화재조사의 범위 및 유의사항	① 화재조사의 범위(화재원인조사, 화재피해 조사) ② 일반적 유의사항 ③ 조사권의 적정한 행사 ④ 조사범위의 설정 및 사생활 보호
			(3) 화재조사의 책임과 권한	① 법적으로 부여된 권한(소방, 경찰, 보험회 사, 민간조사자 등) ② 전문ㆍ전담의 보장 ③ 화재조사관의 자세 등
		2. 연소론	(1) 연소의 개념	① 연소의 정의 ② 산화와 환원 ③ 연소의 조건(가연물, 산소공급원, 점화원, 연쇄반응) ④ 연소의 형태(기본형태, 기체의 연소, 액체 의 연소, 고체의 연소)

필기과목명	문제수	주요항목	세부항목	세세항목
화재조사론	20	2. 연소론	(2) 연소의 특성	① 인화와 발화 ② 화염속도와 연소속도 ③ 완전연소와 불완전연소 ④ 연소범위
			(3) 기체, 액체, 고체의 발화 및 점화원	① 인화성 기체의 발화 ② 액체의 발화 ③ 고체의 발화 ④ 소화 이론(연소의 조건에 따른 제어 분류, 소화의 작용에 따른 분류)
		3. 화재론	(1) 화재 개론	① 화재의 정의 ② 화재의 분류
			(2) 화재의 양상	① 건물화재 ② 유류화재 등
			(3) 화재의 현상	① 열 및 화염의 전달 ② 연기 ③ 연소생성가스
			(4) 화염확산	① 액체에서의 화염확산 ② 고체에서의 화염확산 ③ 기체에서의 화염확산
			(5) 구획실에서의 화재확산	① 화염충돌에 의한 화재확산 ② 원격발화에 의한 화재확산
			(6) 구획실 화재 발달	① 구획실 화재현상 ② 구획실 환기유동
			(7) 구획실 간 화재확산	① 개구부를 통한 화재확산 ② 방화벽을 통한 화재확산
			(8) 화재거동	① 부력유동 ② 화재기둥 ③ 천장분출 ④ 환기유동 ⑤ 기타
		4. 폭발론	(1) 폭발의 조건 및 원인	① 폭발의 정의 ② 폭발의 조건 ③ 폭발의 원인
			(2) 폭발의 분류	① 원인에 따른 분류 ② 물질의 상태에 따른 분류 ③ 반응전파속도에 따른 분류
			(3) 가스, 분진, BLEVE, 분해, 증기운폭발	① 가스폭발 ② 분진폭발 ③ BLEVE ④ 분해폭발 ⑤ 증기운폭발
		5. 예비조사	(1) 화재조사 전 준비	① 조사인원과 임무분담 ② 조사복장과 기자재

필기과목명	문제수	주요항목	세부항목	세세항목
화재조사론	20	5. 예비조사	(2) 조사계획 수립	① 조사업무의 구성 ② 조사 전 팀 회의 ③ 역할의 분담
		6. 발화지역 판정	(1) 종합적 방법론	① 활동의 순서 ② 순차적 패턴 분석 ③ 체계적 절차 ④ 권장 방법
			(2) 발화위치 결정을 위한 데이터 수집	① 초기 현장평가 ② 발굴 및 복원 ③ 추가 데이터 수집활동
			(3) 자료 분석(화재 패턴, 열 및 화염 벡터, 탄화심도, 하소심도, 아크 등 조사)	① 화재패턴 분석 ② 열 및 화염 벡터 분석 ③ 탄화심도 분석 ④ 하소심도 측정 ⑤ 아크조사 또는 아크매핑 ⑥ 순차적 사건의 분석 ⑦ 화재거동
			(4) 발화위치 가설	① 최초 가설 ② 최초 가설의 수정
			(5) 발화지점 가설의 검증	① 가설 검증의 방법 ② 분석 기법 및 도구
			(6) 최종 가설의 선택	① 발화지역 결정 ② 모순된 데이터의 선별 ③ 사건파일 검토
			(7) 선택된 가설의 검증	① 증거를 통한 가설의 검증 ② 대형 발화지역의 검증 ③ 발화지역에 대한 목격자 증언
		7. 발화개소 판정 의견 : 발화지점 판정	(1) 건물 구조재의 연소 특성 및 방향의 파악	① 목재류(탄화, 박리, 소실상태) ② 금속류(변색, 휘어짐, 용융) ③ 콘크리트 · 몰탈 · 타일류(폭열, 박리, 백화현상) ④ 유리(깨진 형태, 파단면 특징) ⑤ 합성수지류(용융, 변색, 변형) ⑥ 도료류(종류, 변색, 발포) ⑦ 내화보드(변색, 하소, 탈락) ⑧ 전기용흔에 의한 연소방향(전원과 부하, 전기용흔의 판별) ⑨ 변형 또는 도괴방향에 의한 연소방향 판정
			(2) 발화건물의 판정	① 연소방향 관찰방법 ② 개구부(창문, 출입문)를 통한 연소 확산 특성 ③ 상층과 하층으로의 연소 특성
			(3) 화재패턴	① 패턴생성 역학 ② 화재패턴의 원인

이 시험의 **가이드**

필기과목명	문제수	주요항목	세부항목	세세항목
화재조사론	20	7. 발화개소 판정 의견 : 발화지점 판정	(3) 화재패턴	③ 화재패턴의 종류(V패턴, U패턴, 모래시계 등) ④ 가연성 액체에 의한 패턴 분석 ⑤ 방화화재의 전형적 패턴 분석
			(4) 화재패턴의 분석요소	① 화재효과를 통한 온도 예측 ② 물질의 질량 손실 ③ 탄화물 ④ 폭열 ⑤ 산화작용 ⑥ 색 변화 ⑦ 물질의 융해 ⑧ 열팽창 및 물질의 변형 ⑨ 표면에 연기 침착 ⑩ 완전연소 ⑪ 하소 ⑫ 유리창 ⑬ 붕괴된 가구 스프링 ⑭ 뒤틀린 전구 ⑮ 무지개 효과 ⑯ 인간에 대한 열적 효과 ⑰ 희생자 상해
			(5) 패턴에 의한 화재진행과정 추적	① 발화건물의 판정 ② 발화층의 판정 ③ 발화범위의 판정(발굴·복원 전) ④ 발화개소의 판정(발굴·복원 후)
			(6) 발굴 및 복원	① 발굴 전 관찰사항 ② 발굴 및 복원의 방법 ③ 주요 관찰 및 주의사항
		8. 화재현장의 상황파악 및 현장보존	(1) 화재상황	① 기상상황(날씨, 온도, 습도, 풍향, 풍속, 기상특보) ② 가연물질의 종류 및 특징[목재 등의 가연물, 위험물(유류, 가스 등), 합성화합물(플라스틱 등), 기타] ③ 화염의 상황(화세의 강약, 화염의 높이, 온도, 비화, 화염의 색) ④ 연기의 상황(연기확대경로, 연기의 농도, 연기의 색) ⑤ 연소확대상황(연소의 범위, 진행방향, 확대속도) ⑥ 피난상황(피난경로, 피난인원, 피난방법)
			(2) 화재진압상황	① 목격자 및 소방대 진화상황 ② 소방대의 활동상황 ③ 화재진화과정상 특이점 ④ 소방시설조사(비상경보, 자탐, 스프링클러, 비상구, 방화구획 등)

필기과목명	문제수	주요항목	세부항목	세세항목
화재조사론	20	8. 화재현장의 상황파악 및 현장보존	(3) 탐문	① 범죄심리학적 탐문(진술분석 기법, 행동분석 기법) ② 화재현장 목격자 탐문(최초발견자, 최초신고자, 관계자) ③ 확보방안 ④ 관계자 진술방법 ⑤ 거주자, 근무자 동향파악방법
			(4) 현장보존	① 화재방어 시 현장 보존과 통제 ② 출입금지구역의 통제(출입금지구역의 통보, 출화금지구역의 범위 확대) ③ 관련기관과 협조(상호협조사항의 결정, 조사범위, 조사일시의 결정)
			(5) 현장안전	① 일반사항(방호복 및 장비, 화재현장 위험 등) ② 화재현장 안전에 영향을 주는 요소 ③ 현장 밖 조사활동의 안전
화재감식론	20	1. 발화원인 판정	(1) 일반사항	① 화재발생요소 확인
			(2) 배제과정	① 배재방법 ② 과학적 방법 ③ 우발적 원인에 인한 화재 판별
			(3) 발화원의 원천 및 형태	① 발화원의 생성, 이동 및 가열 ② 발열 장치, 기기, 설비 확인
			(4) 최초 발화물질	① 초기 가연물의 확인
			(5) 발화순서	① 과거 사건이 발생한 순서 확인
			(6) 의견	① 의견에 대한 기준 설정
		2. 전기화재 감식	(1) 기초전기	① 정전기 ② 전류 · 전압 · 저항 ③ 직류와 교류 ④ 전기단위 ⑤ 전기 계산 ⑥ 전기의 사용 및 안전
			(2) 전기화재 발생현상	① 전기화재 발생과정 ② 절연파괴 ③ 통전입증
			(3) 전기적 점화원	① 과전류 ② 접촉 불량 ③ 합선 ④ 국부적인 저항치 증가 ⑤ 누전
			(4) 전기화재 조사장비 활용법	① 검전기 ② 회로시험기 ③ 절연저항계 ④ 클램프미터 ⑤ 접지저항계 ⑥ 오실로스코프

필기과목명	문제수	주요항목	세부항목	세세항목
화재감식론	20	2. 전기화재 감식	(5) 전기화재 감식요령	① 감식체계의 흐름 ② 배선기구, 조명기구 ③ 주방 및 가전 관련 기기 ④ 냉·난방 관련 기기 ⑤ 전기모터와 변압기 ⑥ 전선시스템(배선과 시공) ⑦ 용융흔의 판정방법 ⑧ 과전류·화염에 의한 전선피복 소손흔과 용융흔 특징 ⑨ 전열 및 기타 전기기기 등
		3. 가스화재 감식	(1) 가스의 이해	① 가스의 기초(고압가스의 분류, 폭발범위, 압력, 온도, 비중, 증기압, 액화가스의 부피팽창 등) ② 가스별 특성(LNG, LPG, 고압가스, 독성가스 등)
			(2) 가스설비의 이해	① 가스공급시설(제조, 저장, 충전, 집단공급, 사용시설 등)
			(3) 가스용품과 특정 설비	① 가스시설(용기, 용기밸브, 기화장치, 압력조정기, 배관, 밸브, 콕, 퓨즈콕, 호스, 연소기 등) ② 안전장치류 등
			(4) 가스누출, 화재, 폭발, 중독 조사	① 가스사고의 원인조사 ② 가스시설별 사고조사 FLOW-CHART
		4. 화학물질 화재감식	(1) 기초화학	① 화학양론 ② 화학반응 ③ 산과 염기 ④ 산화와 환원반응 ⑤ 유기화합물 ⑥ 상태변화 및 열분해
			(2) 화학물질의 개요	① 화학물질의 특성 ② 화학물질의 분석방법
			(3) 화학물질 화재조사감식 방법	① 화재 성상 및 연소이론 ② 폭발 원리 및 특성
			(4) 화학물질 폭발조사감식 방법	① 화학물질폭발조사 시 유의사항 ② 물질에 따른 폭발조사감식 ③ 사고형태에 따른 폭발조사감식 ④ 폭발원인조사 방법
			(5) 석유화학 제품의 특성 및 화재감식	① 석유화학제품의 종류 ② 석유류의 연소 특성 ③ 플라스틱재료의 연소 특성 ④ 석유류의 분석 기법

필기과목명	문제수	주요항목	세부항목	세세항목
화재감식론	20	5. 미소화원 화재감식	(1) 미소화원의 이해	① 미소화원과 유염화원 구분 ② 무염화원의 연소현상과 가연물 특성 ③ 미소화원화재 입증의 기본요건 ④ 미소화원에 의한 출화 증명
			(2) 무염화원	① 담뱃불 ② 모기향 불씨 및 선향 ③ 불꽃(전기용접기, 가스절단기, 그라인더, 제면기, 분쇄기)
			(3) 유염화원	① 유염화원 종류 및 성상 ② 라이터 불꽃 ③ 성냥불 ④ 양초
		6. 방화화재 감식	(1) 방화의 이론적 배경	① 방화와 관련된 용어 ② 방화심리와 형태의 이론
			(2) 방화원인의 감식 실무	① 연쇄방화의 조사 ② 방화의 특징 ③ 방화의 유형별 감식 특징 ④ 방화행위의 입증 및 기구
			(3) 방화의 실행과 수단	① 방화의 실행(직접착화, 지연착화, 무인스위 치 조작을 이용한 기구 착화, 실화를 위장 한 방화) ② 방화의 수단
			(4) 방화원인의 판정	① 방화의 판정을 위한 10대 요건 ② 효율적인 방화원인 감식을 위한 당면과제
		7. 차량화재 감식	(1) 차량화재조사 기본	① 차량화재조사 준비 ② 차량조사 안전
			(2) 차량화재 가연물 및 발화원	① 발화성 액체 ② 기체 가연물 ③ 고체 가연물 ④ 노출 화염(open flames) ⑤ 전기적 발화원 ⑥ 고온 표면 ⑦ 기계적 스파크 ⑧ 연기가 생성되는 물질
			(3) 자동차의 구조 및 검사	① 자동차의 기본 구조 ② 연료장치 ③ 전기계통 ④ 차량시스템 검사
			(4) 자동차화재 현장 기록	① 차량 확인 ② 차량화재현장 이력 ③ 차량 세부 사항 ④ 현장의 기록 ⑤ 현장에서 옮겨진 차량에 대한 기록

필기과목명	문제수	주요항목	세부항목	세세항목
화재감식론	20	7. 차량화재 감식	(5) 기타 사항	① 전소 ② 차량 방화에 대한 특별 고려사항 ③ 중장비 ④ 견인 시 주의사항
		8. 임야화재 감식	(1) 일반사항	① 임야화재 가연물 ② 지표화재 ③ 안전에 대한 고려사항
			(2) 임야화재조사	① 발화위치조사 ② 발화지역이나 지점의 보안 ③ 증거 ④ 화재원인 판별
		9. 선박, 항공기 화재감식	(1) 일반사항	① 선박·항공기 전문용어 ② 선박·항공기조사 안전사항 ③ 시스템 구분 및 기능 ④ 외관 ⑤ 내부 ⑥ 추진시스템
			(2) 선박·항공기 화재조사	① 발화원 ② 선박·항공기화재 현장기록 ③ 선박·항공기의 검사
증거물관리 및 법과학	20	1. 증거의 종류	(1) 물적 증거의 형태	① 가연성 액체, 액체 용기 ② 깨진 유리, 강제개방 흔적 ③ 방화나 폭발장치 조각 ④ 전기 구성요소 ⑤ 탄화된 나무, 종이나 서류, 금속물질, 섬유와 직물 등
			(2) 정보	① 관계자 진술과 증거확보 ② 법정 증언 ③ 사진 및 비디오의 증거인정 범위 ④ 증거 보고서
		2. 증거물 수집· 운송·저장· 보관·검사	(1) 화재현장 및 물적 증거의 보존	① 물리적 증거로서의 화재패턴 ② 인공 증거물 ③ 증거 보호 ④ 화재현장 보존을 위한 조치 ⑤ 소화활동 인력의 역할 및 책임 ⑥ 기타 고려사항
			(2) 물적 증거의 오염	① 증거물 보관 용기의 오염 ② 증거수집 과정에서의 오염 ③ 소방대원에 의한 오염
			(3) 증거물 수집 방법	① 물리적 증거 수집과 보전 ② 법의학적 물리적 증거물의 수집 ③ 촉진제 테스트를 위한 증거 수집 ④ 기체 표본의 수집 ⑤ 전기설비 구성부품의 수집 ⑥ 전기기기 또는 소형 전기제품의 수집

필기과목명	문제수	주요항목	세부항목	세세항목
증거물관리 및 법과학	20	2. 증거물 수집 · 운송 · 저장 · 보관 · 검사	(4) 증거 보관 용기	① 액체 및 고체 촉진제 증거물 보관 용기
			(5) 물적 증거의 수송 및 보관	① 직접 운반 ② 발송 ③ 증거물의 보관
			(6) 기타사항	① 물적 증거 인식표지 ② 물리적 증거물에 대한 전달체계 ③ 증거물 처리
			(7) 물적 증거의 검사 및 테스트	① 실험실 검사 ② 테스트 방법 ③ 표본 추출방법 ④ 상대적 검사
			(8) 화재현장의 증거물 분석 및 재구성	① 증거와 자료의 재검토 ② 증거물 역할의 분류 ③ 마인드 매핑 ④ 타임라인의 구성 ⑤ PERT 차트의 구성 ⑥ 검증
		3. 촬영 · 녹화 · 녹음	(1) 사진촬영	① 촬영의 필요성 ② 촬영의 한계 등
			(2) 촬영 시 주의사항	① 촬영의 기본 ② 초점과 빛 ③ 촬영대상의 처리 ④ 렌즈의 선택
			(3) 주요 촬영대상	① 촬영위치 ② 촬영대상물
			(4) 표식	① 사진 구별 표식
			(5) 서식류	① 화재조사서류 서식
			(6) 질문의 녹음	① 질문 녹음 방법
		4. 화재와 법과학	(1) 생활반응	① 국소적 생활반응, 전신적 생활반응
			(2) 화상사	① 위험도 및 사망기전 ② 사체 소견 및 진단 ③ 자 · 타살 및 사고사의 감별
			(3) 화재사	① 신체의 소실 ② 다른 병리학적 발견물 ③ 자 · 타살 및 사고사의 감별 ④ 화재와 연관된 범죄 증거
			(4) 연소가스에 의한 중독	① 연소가스 중독 사망의 특성

필기과목명	문제수	주요항목	세부항목	세세항목
화재조사 보고 및 피해평가	20	1. 화재조사서류 작성(화재조사 및 보고규정)	(1) 일반사항	① 화재조사서류의 구성 및 양식 ② 화재조사서류 작성상의 유의사항 ③ 화재발생종합보고서 매뉴얼
			(2) 화재발생 종합보고서 (체크리스트)	① 화재현황조사서 ② 화재유형별 조사서(건축·구조물·자동차· 철도·위험물·가스제조소·선박·항공 기·임야 화재) ③ 화재피해조사서(인명·재산피해) ④ 방화·방화의심조사서 ⑤ 소방방화시설활용조사서 ⑥ 화재현장조사서
			(3) 화재현장조사서 작성(서술식)	① 보고서 작성 요령 ② 도면 작성 요령 ③ 연소확대경로 파악 ④ 발화지점 검토 ⑤ 화재원인 검토 ⑥ 화재원인 분석 및 결론 도출
			(4) 기타 서류 작성	① 화재현장출동보고서 ② 질문기록서 ③ 재산피해신고서
		2. 화재피해액 산정	(1) 화재피해액 산정 규정	① 피해액 산정대상 ② 피해액 산정방법 ③ 피해액 산정 관련 용어 ④ 피해액 산정 시 유의사항 ⑤ 피해액 산정사례
			(2) 대상별 피해액 산정기준	① 건물 등의 피해액 산정 ② 기계장치, 공구 및 기구, 집기비품, 가재도 구의 피해액 산정 ③ 차량 및 운반구, 재고자산(상품 등), 예술 품 및 귀중품, 동식물의 피해액 산정
화재조사 관계법규	20	1. 관계 법령	(1) 소방관계 법령	① 소방기본법령 ② 화재조사법령
		2. 관련 규정	(1) 소방 관련 규정	① 화재조사 및 보고규정 ② 화재증거물수집관리규칙
		3. 기타 법률	(1) 형법	① 방화와 실화관련 사항
			(2) 민법	① 불법행위 및 배상책임 ② 하자담보책임
			(3) 제조물책임법	① 제조물책임법상 조사관련 사항
			(4) 실화책임에 관한 법률	① 실화책임에 관한 법률상 조사관련 사항

필기과목명	문제수	주요항목	세부항목	세세항목
화재조사 관계법규	20	4. 화재수사실무 관련 규정	(1) 화재범죄	① 방화로 인한 경우 ② 실화로 인한 경우 ③ 화재범죄와 손괴죄 등 ④ 경범죄처벌법상 책임
			(2) 소방범죄	① 소방관련법령 위반죄
			(3) 범죄수사절차	① 범죄의 수사절차에 관한 사항
		5. 화재민사분쟁 관련 법규	(1) 일반불법행위 책임	① 고의·과실 등 ② 위법성과 책임능력 ③ 손해의 발생 ④ 입증책임의 문제
			(2) 특수불법행위 책임	① 사용자책임 ② 공작물 등 점유자 및 소유자의 책임 ③ 실화책임 ④ 제조물책임법상의 책임 ⑤ 국가배상법상의 책임
		6. 화재분쟁의 소송 외적 해결 관련 법규	(1) 화재로 인한 재해보상과 보험가입에 관한 법률	① 민사책임의 성질 ② 의무보험가입자 ③ 보상한도액 ④ 보험 미가입 시 벌칙

– 화재감식평가산업기사

필기과목명	문제수	주요항목	세부항목	세세항목
화재조사론	20	1. 화재조사 개론	(1) 화재조사의 목적 및 특징	① 목적 구분 ② 부문별 목적 ③ 화재현장의 특징 ④ 화재조사관에게 미치는 영향 ⑤ 화재조사의 기본 절차 및 방법
			(2) 화재조사의 범위 및 유의사항	① 화재조사의 범위(화재원인조사, 화재피해 조사) ② 일반적 유의사항 ③ 조사권의 적정한 행사 ④ 조사범위의 설정 및 사생활 보호
			(3) 화재조사의 책임과 권한	① 법적으로 부여된 권한(소방, 경찰, 보험회 사, 민간조사자 등) ② 전문·전담의 보장 ③ 화재조사관의 자세 등
		2. 연소론	(1) 연소의 개념	① 연소의 정의 ② 산화와 환원 ③ 연소의 조건(가연물, 산소공급원, 점화원, 연쇄반응) ④ 연소의 형태(기본형태, 기체의 연소, 액체 의 연소, 고체의 연소)

필기과목명	문제수	주요항목	세부항목	세세항목
화재조사론	20	2. 연소론	(2) 연소의 특성	① 인화와 발화 ② 화염속도와 연소속도 ③ 완전연소와 불완전연소 ④ 연소범위
			(3) 기체, 액체, 고체의 발화 및 점화원	① 인화성 기체의 발화 ② 액체의 발화 ③ 고체의 발화 ④ 소화 이론(연소의 조건에 따른 제어 분류, 소화의 작용에 따른 분류)
		3. 화재론	(1) 화재 개론	① 화재의 정의 ② 화재의 분류
			(2) 화재의 양상	① 건물화재 ② 유류화재 등
			(3) 화재의 현상	① 열 및 화염의 전달 ② 연기 ③ 연소생성가스
			(4) 화염확산	① 액체에서의 화염확산 ② 고체에서의 화염확산 ③ 기체에서의 화염확산
			(5) 구획실에서의 화재확산	① 화염충돌에 의한 화재확산 ② 원격발화에 의한 화재확산
			(6) 구획실 화재 발달	① 구획실 화재현상 ② 구획실 환기유동
			(7) 구획실 간 화재확산	① 개구부를 통한 화재확산 ② 방화벽을 통한 화재확산
			(8) 화재거동	① 부력유동 ② 화재기둥 ③ 천장분출 ④ 환기유동 ⑤ 기타
		4. 폭발론	(1) 폭발의 조건 및 원인	① 폭발의 정의 ② 폭발의 조건 ③ 폭발의 원인
			(2) 폭발의 분류	① 원인에 따른 분류 ② 물질의 상태에 따른 분류 ③ 반응-전파속도에 따른 분류
			(3) 가스, 분진, BLEVE, 분해, 증기운폭발	① 가스폭발 ② 분진폭발 ③ BLEVE ④ 분해폭발 ⑤ 증기운폭발

필기과목명	문제수	주요항목	세부항목	세세항목
화재조사론	20	5. 예비조사	(1) 화재조사 전 준비	① 조사인원과 임무분담 ② 조사복장과 기자재
			(2) 조사계획 수립	① 조사업무의 구성 ② 조사 전 팀 회의 ③ 역할의 분담
		6. 발화지역 판정	(1) 종합적 방법론	① 활동의 순서 ② 순차적 패턴 분석 ③ 체계적 절차 ④ 권장 방법
			(2) 발화위치 결정을 위한 데이터 수집	① 초기 현장평가 ② 발굴 및 복원 ③ 추가 데이터 수집활동
			(3) 자료 분석(화재 패턴, 열 및 화염 벡터, 탄화심도, 하소심도, 아크 등 조사)	① 화재패턴 분석 ② 열 및 화염 벡터 분석 ③ 탄화심도 분석 ④ 하소심도 측정 ⑤ 아크조사 또는 아크매핑 ⑥ 순차적 사건의 분석 ⑦ 화재거동
			(4) 발화위치 가설	① 최초 가설 ② 최초 가설의 수정
			(5) 발화지점 가설의 검증	① 가설 검증의 방법 ② 분석 기법 및 도구
			(6) 최종 가설의 선택	① 발화지역 결정 ② 모순된 데이터의 선별 ③ 사건파일 검토
			(7) 선택된 가설의 검증	① 증거를 통한 가설의 검증 ② 대형 발화지역의 검증 ③ 발화지역에 대한 목격자 증언
		7. 발화개소 판정 의견 : 발화지점 판정	(1) 건물 구조재의 연소 특성 및 방향의 파악	① 목재류(탄화, 박리, 소실상태) ② 금속류(변색, 휘어짐, 용융) ③ 콘크리트·몰탈·타일류(폭열, 박리, 백화현상) ④ 유리(깨진 형태, 파단면 특징) ⑤ 합성수지류(용융, 변색, 변형) ⑥ 도료류(종류, 변색, 발포) ⑦ 내화보드(변색, 하소, 탈락) ⑧ 전기용융흔에 의한 연소방향(전원과 부하, 전기용융흔의 판별) ⑨ 변형 또는 도괴방향에 의한 연소방향 판정

필기과목명	문제수	주요항목	세부항목	세세항목
화재조사론	20	7. 발화개소 판정 의견 : 발화지점 판정	(2) 발화건물의 판정	① 연소방향 관찰방법 ② 개구부(창문, 출입문)를 통한 연소 확산 특성 ③ 상층과 하층으로의 연소 특성
			(3) 화재패턴	① 패턴생성 역학 ② 화재패턴의 원인 ③ 화재패턴의 종류(V패턴, U패턴, 모래시계 등) ④ 가연성 액체에 의한 패턴 분석 ⑤ 방화화재의 전형적 패턴 분석
			(4) 화재패턴의 분석요소	① 화재효과를 통한 온도 예측 ② 물질의 질량 손실 ③ 탄화물 ④ 폭열 ⑤ 산화작용 ⑥ 색 변화 ⑦ 물질의 융해 ⑧ 열팽창 및 물질의 변형 ⑨ 표면에 연기 침착 ⑩ 완전연소 ⑪ 하소 ⑫ 유리창 ⑬ 붕괴된 가구 스프링 ⑭ 뒤틀린 전구 ⑮ 무지개 효과 ⑯ 인간에 대한 열적 효과 ⑰ 희생자 상해
			(5) 패턴에 의한 화재진행과정 추적	① 발화건물의 판정 ② 발화층의 판정 ③ 발화범위의 판정(발굴·복원 전) ④ 발화개소의 판정(발굴·복원 후)
			(6) 발굴 및 복원	① 발굴 전 관찰사항 ② 발굴 및 복원의 방법 ③ 주요 관찰 및 주의사항
		8. 화재현장의 상황파악 및 현장보존	(1) 화재상황	① 기상상황(날씨, 온도, 습도, 풍향, 풍속, 기상특보) ② 가연물질의 종류 및 특징[목재 등의 가연물, 위험물(유류, 가스 등), 합성화합물(플라스틱 등), 기타] ③ 화염의 상황(화세의 강약, 화염의 높이, 온도, 비화, 화염의 색) ④ 연기의 상황(연기확대경로, 연기의 농도, 연기의 색) ⑤ 연소확대상황(연소의 범위, 진행방향, 확대속도) ⑥ 피난상황(피난경로, 피난인원, 피난방법)

필기과목명	문제수	주요항목	세부항목	세세항목
화재조사론	20	8. 화재현장의 상황파악 및 현장보존	(2) 화재진압상황	① 목격자 및 소방대 진화상황 ② 소방대의 활동상황 ③ 화재진화 과정상 특이점 ④ 소방시설조사(비상경보, 자탐, 스프링클러, 비상구, 방화구획 등)
			(3) 탐문	① 범죄심리학적 탐문(진술분석 기법, 행동분석 기법) ② 화재현장 목격자 탐문(최초발견자, 최초신고자, 관계자) ③ 확보방안 ④ 관계자 진술방법 ⑤ 거주자, 근무자 동향 파악방법
			(4) 현장보존	① 화재방어 시 현장 보존과 통제 ② 출입금지구역의 통제(출입금지구역의 통보, 출화금지구역의 범위 확대) ③ 관련기관과 협조(상호협조사항의 결정, 조사범위, 조사일시의 결정)
			(5) 현장안전	① 일반사항(방호복 및 장비, 화재현장 위험 등) ② 화재현장 안전에 영향을 주는 요소 ③ 현장 밖 조사활동의 안전
화재감식론	20	1. 발화원인 판정	(1) 일반사항	① 화재발생요소 확인
			(2) 배제과정	① 배제방법 ② 과학적 방법 ③ 우발적 원인에 인한 화재 판별
			(3) 발화원의 원천 및 형태	① 발화원의 생성, 이동 및 가열 ② 발열 장치, 기기, 설비 확인
			(4) 최초 발화물질	① 초기 가연물의 확인
			(5) 발화순서	① 과거 사건이 발생한 순서 확인
			(6) 의견	① 의견에 대한 기준 설정
		2. 전기화재 감식	(1) 기초전기	① 정전기 ② 전류 · 전압 · 저항 ③ 직류와 교류 ④ 전기단위 ⑤ 전기 계산 ⑥ 전기의 사용 및 안전
			(2) 전기화재 발생현상	① 전기화재 발생과정 ② 절연파괴 ③ 통전입증

필기과목명	문제수	주요항목	세부항목	세세항목
화재감식론	20	2. 전기화재 감식	(3) 전기적 점화원	① 과전류 ② 접촉 불량 ③ 합선 ④ 국부적인 저항치 증가 ⑤ 누전
			(4) 전기화재 조사장비 활용법	① 검전기 ② 회로시험기 ③ 절연저항계 ④ 클램프미터 ⑤ 접지저항계 ⑥ 오실로스코프
			(5) 전기화재 감식요령	① 감식체계의 흐름 ② 배선기구, 조명기구 ③ 주방 및 가전 관련 기기 ④ 냉 · 난방 관련 기기 ⑤ 전기모터와 변압기 ⑥ 전선시스템(배선과 시공) ⑦ 용융흔의 판정방법 ⑧ 과전류 · 화염에 의한 전선피복 소손흔과 용융흔 특징 ⑨ 전열 및 기타 전기기기 등
		3. 가스화재 감식	(1) 가스의 이해	① 가스의 기초(고압가스의 분류, 폭발범위, 압력, 온도, 비중, 증기압, 액화가스의 부피팽창 등) ② 가스별 특성(LNG, LPG, 고압가스, 독성 가스 등)
			(2) 가스설비의 이해	① 가스공급시설(제조, 저장, 충전, 집단공급, 사용시설 등)
			(3) 가스용품과 특정 설비	① 가스시설(용기, 용기밸브, 기화장치, 압력조정기, 배관, 밸브, 콕, 퓨즈콕, 호스, 연소기 등) ② 안전장치류 등
			(4) 가스누출, 화재, 폭발, 중독 조사	① 가스사고의 원인조사 ② 가스시설별 사고조사 FLOW-CHART
		4. 화학물질 화재감식	(1) 기초화학	① 화학양론 ② 화학반응 ③ 산과 염기 ④ 산화와 환원반응 ⑤ 유기화합물 ⑥ 상태변화 및 열분해
			(2) 화학물질의 개요	① 화학물질의 특성 ② 화학물질의 분석방법

필기과목명	문제수	주요항목	세부항목	세세항목
화재감식론	20	4. 화학물질 화재감식	(3) 화학물질 화재 조사감식 방법	① 화재 성상 및 연소이론 ② 폭발 원리 및 특성
			(4) 화학물질 폭발조사감식 방법	① 화학물질폭발조사 시 유의사항 ② 물질에 따른 폭발조사감식 ③ 사고형태에 따른 폭발조사감식 ④ 폭발원인조사 방법
			(5) 석유화학 제품의 특성 및 화재감식	① 석유화학제품의 종류 ② 석유류의 연소 특성 ③ 플라스틱재료의 연소 특성 ④ 석유류의 분석 기법
		5. 미소화원 화재감식	(1) 미소화원의 이해	① 미소화원과 유염화원 구분 ② 무염화원의 연소현상과 가연물 특성 ③ 미소화원화재 입증의 기본요건 ④ 미소화원에 의한 출화 증명
			(2) 무염화원	① 담뱃불 ② 모기향 불씨 및 선향 ③ 불꽃(전기용접기, 가스절단기, 그라인더, 제면기, 분쇄기)
			(3) 유염화원	① 유염화원 종류 및 성상 ② 라이터 불꽃 ③ 성냥불 ④ 양초
		6. 방화화재 감식	(1) 방화의 이론적 배경	① 방화와 관련된 용어 ② 방화심리와 형태의 이론
			(2) 방화원인의 감식 실무	① 연쇄방화의 조사 ② 방화의 특징 ③ 방화의 유형별 감식 특징 ④ 방화행위의 입증 및 기구
			(3) 방화의 실행과 수단	① 방화의 실행(직접착화, 지연착화, 무인스 위치 조작을 이용한 기구착화, 실화를 위 장한 방화) ② 방화의 수단
			(4) 방화원인의 판정	① 방화의 판정을 위한 10대 요건 ② 효율적인 방화원인 감식을 위한 당면과제
		7. 차량화재 감식	(1) 차량화재조사 기본	① 차량화재조사 준비 ② 차량조사 안전

필기과목명	문제수	주요항목	세부항목	세세항목
화재감식론	20	7. 차량화재 감식	(2) 차량화재 가연물 및 발화원	① 발화성 액체 ② 기체 가연물 ③ 고체 가연물 ④ 노출 화염(open flames) ⑤ 전기적 발화원 ⑥ 고온 표면 ⑦ 기계적 스파크 ⑧ 연기가 생성되는 물질
			(3) 자동차의 구조 및 검사	① 자동차의 기본 구조 ② 연료장치 ③ 전기계통 ④ 차량시스템 검사
			(4) 자동차화재 현장 기록	① 차량 확인 ② 차량화재현장 이력 ③ 차량 세부 사항 ④ 현장의 기록 ⑤ 현장에서 옮겨진 차량에 대한 기록
			(5) 기타 사항	① 전소 ② 차량 방화에 대한 특별 고려사항 ③ 중장비 ④ 견인 시 주의사항
		8. 임야화재 감식	(1) 일반사항	① 임야화재 가연물 ② 지표화재 ③ 안전에 대한 고려사항
			(2) 임야화재조사	① 발화위치조사 ② 발화지역이나 지점의 보안 ③ 증거 ④ 화재원인 판별
		9. 선박·항공기 화재감식	(1) 일반사항	① 선박·항공기 전문용어 ② 선박·항공기조사 안전사항 ③ 시스템 구분 및 기능 ④ 외관 ⑤ 내부 ⑥ 추진시스템
			(2) 선박·항공기 화재조사	① 발화원 ② 선박·항공기화재 현장기록 ③ 선박·항공기의 검사

필기과목명	문제수	주요항목	세부항목	세세항목
증거물관리 및 법과학	20	1. 증거의 종류	(1) 물적 증거의 형태	① 가연성 액체, 액체 용기 ② 깨진 유리, 강제개방 흔적 ③ 방화나 폭발장치 조각 ④ 전기 구성요소 ⑤ 탄화된 나무, 종이나 서류, 금속물질, 섬유와 직물 등
			(2) 정보	① 관계자 진술과 증거 확보 ② 법정 증언 ③ 사진 및 비디오의 증거인정 범위 ④ 증거 보고서
		2. 증거물 수집 · 운송 · 저장 · 보관 · 검사	(1) 화재현장 및 물적 증거의 보존	① 물리적 증거로서의 화재패턴 ② 인공 증거물 ③ 증거 보호 ④ 화재현장 보존을 위한 조치 ⑤ 소화활동 인력의 역할 및 책임 ⑥ 기타 고려사항
			(2) 물적 증거의 오염	① 증거물 보관 용기의 오염 ② 증거수집 과정에서의 오염 ③ 소방대원에 의한 오염
			(3) 증거물 수집 방법	① 물리적 증거 수집과 보전 ② 법의학적 물리적 증거물의 수집 ③ 촉진제 테스트를 위한 증거 수집 ④ 기체 표본의 수집 ⑤ 전기설비 구성부품의 수집 ⑥ 전기기기 또는 소형 전기제품의 수집
			(4) 증거 보관 용기	① 액체 및 고체 촉진제 증거물 보관 용기
			(5) 물적 증거의 수송 및 보관	① 직접 운반 ② 발송 ③ 증거물의 보관
			(6) 기타사항	① 물적 증거 인식표지 ② 물리적 증거물에 대한 전달체계 ③ 증거물 처리
			(7) 물적 증거의 검사 및 테스트	① 실험실 검사 ② 테스트 방법 ③ 표본 추출방법 ④ 상대적 검사

필기과목명	문제수	주요항목	세부항목	세세항목
증거물관리 및 법과학	20	2. 증거물 수집 · 운송 · 저장 · 보관 · 검사	(8) 화재현장의 증거물 분석 및 재구성	① 증거와 자료의 재검토 ② 증거물 역할의 분류 ③ 마인드 매핑 ④ 타임라인의 구성 ⑤ PERT 차트의 구성 ⑥ 검증
		3. 촬영 · 녹화 · 녹음	(1) 사진촬영	① 촬영의 필요성 ② 촬영의 한계 등
			(2) 촬영 시 주의사항	① 촬영의 기본 ② 초점과 빛 ③ 촬영대상의 처리 ④ 렌즈의 선택
			(3) 주요 촬영대상	① 촬영위치 ② 촬영대상물
			(4) 표식	① 사진 구별 표식
			(5) 서식류	① 화재조사서류 서식
			(6) 질문의 녹음	① 질문 녹음방법
		4. 화재와 법과학	(1) 생활반응	① 국소적 생활반응, 전신적 생활반응
			(2) 화상사	① 위험도 및 사망기전 ② 사체 소견 및 진단 ③ 자 · 타살 및 사고사의 감별
			(3) 화재사	① 신체의 소실 ② 다른 병리학적 발견물 ③ 자 · 타살 및 사고사의 감별 ④ 화재와 연관된 범죄 증거
			(4) 연소가스에 의한 중독	① 연소가스 중독 사망의 특성
화재조사 관계법규 및 피해평가	20	1. 관계 법령	(1) 소방관계 법령	① 소방기본법령 ② 화재조사법령
		2. 관련 규정	(1) 소방 관련 규정	① 화재조사 및 보고규정 ② 화재증거물수집관리규칙
		3. 화재조사서류 작성(화재조사 및 보고규정)	(1) 일반사항	① 화재조사서류의 구성 및 양식 ② 화재조사서류 작성상의 유의사항 ③ 화재발생종합보고서 매뉴얼

필기과목명	문제수	주요항목	세부항목	세세항목
화재조사 관계법규 및 피해평가	20	3. 화재조사서류 작성(화재조사 및 보고규정)	(2) 화재발생 종합보고서 (체크리스트)	① 화재현황조사서 ② 화재유형별 조사서(건축 · 구조물 · 자동차 · 철도 · 위험물 · 가스제조소 · 선박 · 항공기 · 임야 화재) ③ 화재피해조사서(인명 · 재산피해) ④ 방화 · 방화의심조사서 ⑤ 소방방화시설활용조사서 ⑥ 화재현장조사서
			(3) 화재현장조사서 작성(서술식)	① 보고서 작성 요령 ② 도면 작성 요령 ③ 연소확대경로 파악 ④ 발화지점 검토 ⑤ 화재원인 검토 ⑥ 화재원인 분석 및 결론 도출
			(4) 기타 서류 작성	① 화재현장출동보고서 ② 질문기록서 ③ 재산피해신고서
		4. 화재피해액 산정	(1) 화재피해액 산정 규정	① 피해액 산정대상 ② 피해액 산정방법 ③ 피해액 산정 관련 용어 ④ 피해액 산정 시 유의사항 ⑤ 피해액 산정사례
			(2) 대상별 피해액 산정기준	① 건물 등의 피해액 산정 ② 기계장치, 공구 및 기구, 집기비품, 가재도구의 피해액 산정 ③ 차량 및 운반구, 재고자산(상품 등), 예술품 및 귀중품, 동식물의 피해액 산정

이 책의 구성

〈이론편〉

중요 단락 「암기」 표시

시험에 있어 중요한 단락을 암기로 표시하여 이 부분에 집중하여 공부할 수 있도록 하였습니다.

01 화재조사의 목적 및 특징

1 목적 구분

(1) 본질적 목적

화재의 <u>예방·경계</u> 및 효과적인 <u>화재진압활동을 위한 행정자료 구축</u>

중요내용 「밑줄」 표시

본문 내용 중 중요한 부분은 진하게 처리하고 밑줄을 그어 확실하게 암기할 수 있도록 표시하였습니다.

(2) 부차적 목적

사법기관과 수사기관에 <u>방·실화관련 증거자료 제공</u> 및 이재민에 대한 화재피해복구 안내 등

단락문제 「바로바로 확인문제」 표시

이론 단락이 끝나는 부분에 관련 단락문제를 삽입하여 바로바로 그 단락의 내용을 완벽하게 이해하였는지 확인할 수 있게 하였습니다.

> **확인문제**
>
> 다음 중 연소의 3요소가 아닌 것은?
> ㉮ 종이 ㉯ 연쇄반응
> ㉰ 불티 ㉱ 산소
>
> **해설** 연소의 3요소는 가연물(종이), 산소공급원(산소), 점화원(불티)이다. 연쇄반응은 연소의 4요소에 해당한다. **답** ㉯

2 화재조사의 특징

(1) 현장성

화재조사에 도움이 될 수 있는 정보는 현장을 중심으로 얻어진다.

참고내용 「꼼.꼼.check!」 표시

본문 내용을 상세하게 이해하는 데 도움을 주고자 참고적인 내용을 실었습니다.

> **꼼.꼼.check!** ── 흡착열의 발생이유 ──
>
> 수증기가 기체로 부유하는 것보다 고체인 물질에 붙어 있는 것이 더 안정적이기 때문에 발생한다.

3 르 샤틀리에 법칙(Le Chatelier's law)

2종류 이상의 가연성 가스 또는 가연성 증기의 혼합물이 혼합되었을 때 연소한계값을 구하는 법칙

기출문제 「출제」 표시

기사·산업기사 시험에 출제된 내용을 해당 이론 부분에 각각 표시하여 실제 시험에 출제되는 중요 내용을 알 수 있도록 하였습니다.

〈문제편〉

출제예상문제

Chapter 01

• ✿표시 : 중요도를 나타냄

01
화재조사론

> 중요문제「별표(★)」표시
>
> 출제기준에 따라 문제에 별표(★)를 표시하여 각 문제의 중요도를 알 수 있게 하였습니다.
> (여기서, 별표의 개수가 많을수록 중요한 문제이므로 반드시 숙지하여야 함)

01 소방기관의 화재조사 목적이 아닌 것은?

① 유사화재 방지 및 피해경감에 이바지한다.
② 화재예방 및 적정한 보상을 위한 근거자료로 활용한다.
③ 연소원인을 규명하여 예방 및 진압대책상의 자료로 활용한다.
④ 출화원인을 규명하고 인명구조 및 안전대책의 자료로 활용한다.

해설 적정한 보상은 화재로 인한 재해보상과 보험가입에 관한 법률에 근거한 것으로 소방기관의 목적에 포함되지 않는다.

02 소방의 화재조사 목적으로 거리가 먼 것은 어느 것인가?

① 진압대책 자료로 활용
② 화재예방 자료로 활용
③ 인명구조 자료로 활용
④ 범죄수사 자료로 활용

해설 소방의 화재조사 목적은 화재예방 및 진압대책, 인명구조 등 안전대책 자료로 활용하는 데 있다.

03 소방기관의 화재조사 목적으로 거리가 먼 것은?

① 화재원인, 손해상황 등을 통계화하여 행정시책의 자료로 활용한다.
② 인명구조 및 안전대책의 자료로 활용한다.
③ 유사화재 방지와 피해경감에 이바지하기 위함이다.
④ 화재확대 및 연소원인을 규명하여 피의자 기소 및 진압대책에 반영한다.

해설 화재확대 및 연소원인을 규명하여 예방 및 진압대책상의 자료로 활용하기 위함이며, 피의자를 기소하기 위한 것과는 관계가 없다.

04 기관별 화재조사 목적을 나타낸 것으로 올바른 연결이 아닌 것은?

① 전기 – 사용자 과실 단속
② 소방 – 유사화재 방지
③ 경찰 – 범죄수사
④ 보험사 – 적정보상

해설 전기관련 기관은 전기사업법 제78조에 의거하여 예방과 홍보 및 안전진단을 하기 위한 목적을 가지고 있다.

05 소방기관의 화재조사 목적으로 바르지 않은 것은?

① 인명구조 및 안전대책 자료화
② 관계자 처벌 및 방·실화 예방
③ 유사화재 방지 및 피해경감 이바지
④ 화재원인, 손해상황 통계화

해설 관계자 처벌은 소방기관의 화재조사 목적과 관계없다.

06 화재조사의 특징이 아닌 것은?

① 현장성
② 안전성
③ 자율성
④ 보존성

해설 화재조사는 강제성을 지니며, 자율성과는 거리가 멀다.

> 상세한 해설 정리
>
> 각 문제마다 상세한 해설을 덧붙여 그 문제를 완전히 이해할 수 있도록 했을 뿐만 아니라 유사문제에도 대비할 수 있도록 하였습니다.

Answer | 01.② 02.④ 03.④ 04.① 05.② 06.③

이 책의 **차례**

이 책의 **차례**

이 책의 **차례**

PART 04 화재조사보고 및 피해평가

PART 05 화재조사관계법규

부록　과년도 출제문제

Chapter 01 화재조사 개론

01 화재조사의 목적 및 특징

1 목적 구분

(1) 본질적 목적
화재의 <u>예방·경계</u> 및 효과적인 <u>화재진압활동을 위한 행정자료 구축</u>

(2) 부차적 목적
사법기관과 수사기관에 <u>방·실화관련 증거자료 제공</u> 및 이재민에 대한 화재피해복구 안내 등

(3) 소방기관의 화재조사 목적
① 화재에 의한 피해를 알리고 유사화재 방지 및 피해경감에 이바지한다.
② 출화원인을 규명하고 예방행정의 자료로 활용한다.
③ 화재확대 및 연소원인을 규명하여 예방 및 진압대책상의 자료로 활용한다.
④ 사상자의 발생원인과 방화관리상황 등을 규명하여 인명구조 및 안전대책의 자료로 활용한다.
⑤ 화재의 발생상황, 원인, 손해상황 등을 통계화하여 소방정보를 폭넓게 수집하고 행정시책의 자료로 활용한다.

2 부문별 목적

구 분	법적 근거	목 적
소방	소방의 화재조사에 관한 법률(2022. 6. 9. 시행)	화재예방 및 소방정책 활용
경찰	형법 제164조~제176조	범죄수사
가스	액화석유가스의 안전관리 및 사업법 제56조	재발방지 및 사고예방
전기	전기사업법 제78조	예방과 홍보, 안전진단
보험사	화재로 인한 재해보상과 보험가입에 관한 법률	재해복구 및 적정 보상

3 화재조사의 특징

(1) 현장성

화재조사에 도움이 될 수 있는 정보는 현장을 중심으로 얻어진다. 신고자의 인적사항과 목소리(신고 당시 심경과 사태 파악에 중요), 출동 중 풍향과 풍속, 연기의 상황과 급격한 연소부위 파악, 소실되거나 훼손된 물품의 위치와 상태 등 조사에 필요한 자료와 정보는 현장을 바탕으로 할 수밖에 없다.

(2) 신속성

화재발생 시 목격자 등 관계인에 대한 진술확보는 화재 초기에 비교적 진실에 가까운 내용이 많기 때문에 신속성을 요구받는다. 또한 불에 탄 물건들은 빠른 속도로 물성변화를 일으켜 훼손되기 쉽기 때문에 증거물에 대한 확보 차원에서도 신속성은 유지되어야 한다.

(3) 과학성

화재조사는 과학적이고 합리적인 방법에 따라 진행되어야 한다. 과학적이라 함은 보편적 진리나 법칙에 합당하여야 함을 말하고, 합리적이란 논리적 원리가 이치에 맞아야 한다는 것으로 입증되지 않았거나 확인되지 않은 사실에 기초한 조사는 무리한 억측에 불과하며 커다란 오류로 이어질 수 있다.

(4) 보존성

화재조사의 성패여부는 현장의 보존성에 의존한다. 대부분의 가연물은 화재로 변형되거나 소실되지만 발화원과 연소확대 요인, 연소의 방향성 흔적 등을 판별할 수 있는 중요한 증거로 작용하므로 각별한 관리를 필요로 한다. 화재가 발생한 다음에 가급적 물건의 반출 등이 없도록 조치하고 특히 무분별하게 사람들이 왕래하지 않도록 통제하여야 한다.

(5) 안전성

화재현장은 전쟁터를 방불케 하는 재난현장으로 건축물이 붕괴되거나 지붕이 내려앉고 벽이나 담이 무너지기도 한다. 또한 전기의 전원이 그대로 켜져 있거나 가스의 누설이 계속 이어지는 경우도 있으며 눈에 보이지 않는 각종 유해화학물질로 가득차 있어 안전성이 반드시 확보되어야 한다.

(6) 강제성

화재조사는 소방기본법에 의한 법률적 행위로 강제성을 지닌다. 화재장소에 대한 필요한 보고와 자료제출명령권 발동으로 조사가 가능하며 방화관리상태 부실, 소화활동 방해 등에 대한 처벌까지도 집행이 가능하다.

(7) 프리즘식 진행

화재발생 후 관계인들이 바라보는 시각과 주장은 매우 다양하여 여러 의견이 나타나는데 이러한 사람들의 행태는 빛을 분산시키거나 굴절을 일으키게 되면 여러 빛깔의 가시광선을 생성하는 프리즘에 비교되기도 한다.

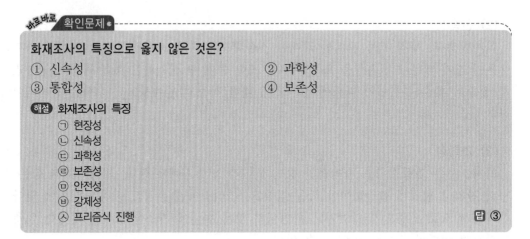

바로바로 **확인문제**

화재조사의 특징으로 옳지 않은 것은?
① 신속성　　　　　　　　　② 과학성
③ 통합성　　　　　　　　　④ 보존성

해설 화재조사의 특징
　⊙ 현장성
　ⓛ 신속성
　ⓒ 과학성
　ⓔ 보존성
　ⓜ 안전성
　ⓗ 강제성
　ⓐ 프리즘식 진행

답 ③

4 화재조사관에게 미치는 영향

(1) 책임성

화재조사관은 화재관련 법적인 책임과 의무를 파악하고 있어야 하며, 합리적이고 과학적인 방법에 의한 화재조사를 실시하여 이론적 · 실무적으로 논리를 완성시켜야 한다.

(2) 현장성

화재조사는 현장을 떠나서 설명하기 어렵다. 화재조사 결과는 현장조사를 바탕으로 입증하고 실증적으로 구현하여야 한다.

(3) 위험성

참혹하게 연소된 화재현장은 위험에 상시 노출된 환경이다. 화재로 기반이 취약해진 구조물과 이질적인 퇴적물이 서로 뒤엉켜 있으며 눈에 보이지 않는 분진류와 오염된 공기는 화재조사관을 괴롭히는 위험요소로 작용을 한다.

5 화재조사의 기본 절차 및 방법

(1) 화재조사의 기본절차

화재조사의 기본절차는 <u>출동 중 조사</u>와 <u>본격 현장조사</u>의 절차로 구분한다.

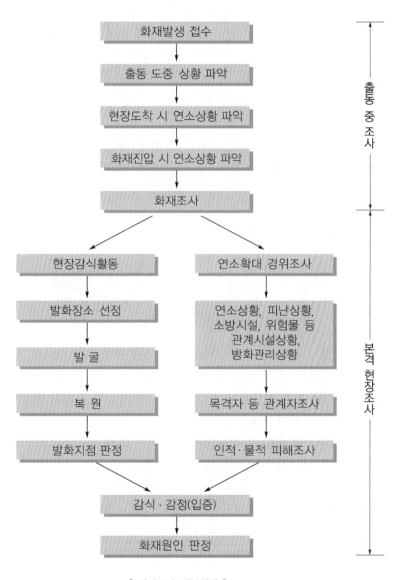

| 화재조사 기본절차 |

01
화재조사론

① 출동 중 조사 절차

　㉠ 화재발생 접수 : 화재발생 시간, 장소, 대상(주택, 아파트, 고속도로 등)

　㉡ 출동 도중 상황 파악 : 도로의 지형, 교통량 및 풍향, 풍속, 연기의 발생량 등

　㉢ 현장도착 시 연소상황 파악 : 외부로 분출되는 화염의 형태와 색깔, 이상한 소리, 특이한 냄새, 가스나 위험물질의 누출여부 등

　㉣ 화재진압 시 연소상황 파악 : 비화 등으로 인한 연소확대 여부, 화염의 세기 및 출화개소, 붕괴되거나 소실 정도가 심한 지점 파악 등

② 본격 현장조사 절차

　㉠ 현장감식활동 : 현장보존구역 설정, 조사기관 및 조사인원 선정

　㉡ 발화장소 선정 : 발화지점 구획, 발굴범위 선정

　㉢ 발굴 : 발화지점에 대한 퇴적물 제거, 발화원 확인

　㉣ 복원 : 소실된 부분과 남아 있는 부분의 대조 및 확인

　㉤ 화재원인 판정 : 화재성격 판단 및 발화원의 잔해 입증

(2) 화재조사의 기본방법

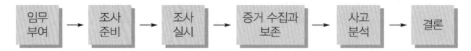

| 임무 부여 | → | 조사 준비 | → | 조사 실시 | → | 증거 수집과 보존 | → | 사고 분석 | → | 결론 |

┃ 화재조사 기본방법 ┃

① 임무 부여 : 현장조사에 앞서 각 개인에게 임무분담을 실시한다.

② 조사 준비 : 필요한 인원과 장비를 예측하여 원활한 조사진행을 돕도록 한다.

③ 조사 실시 : 현장검증과 분석을 위해 필요한 데이터를 수집하고 할당된 임무와 절차에 따라 조사를 실시한다.

④ 증거 수집과 보존 : 물리적 증거를 수집하여 문서화하고 향후 검증 및 평가는 물론 법정 증거자료로 사용될 수 있도록 보존한다.

⑤ 사고 분석 : 수집된 모든 데이터는 과학적 방법에 의해 분석되어야 한다. 발화지점 및 발화순서, 화재원인이나 인명피해와 발생원인 등 사고 책임을 설명할 수 있는 가설을 세우고 검증하여야 한다.

⑥ 결론 : 설정된 가설들을 검증함으로써 최종적인 결론을 확정짓는다.

02 화재조사의 범위 및 유의사항 [2022년 기사]

1 화재조사의 범위 [암기] [2013년 기사] [2015년 기사] [2015년 산업기사] [2016년 산업기사] [2018년 산업기사] [2019년 산업기사] [2020년 산업기사] [2022년 기사]

(1) 화재원인조사 [암기]

종 류	조사범위
① 발화원인조사	화재가 발생한 과정, 화재가 발생한 지점 및 불이 붙기 시작한 물질
② 발견 · 통보 및 초기소화상황조사	화재의 발견 · 통보 및 초기소화 등 일련의 과정
③ 연소상황조사	화재의 연소경로 및 확대원인 등의 상황
④ 피난상황조사	피난경로, 피난상의 장애요인 등의 상황
⑤ 소방시설 등 조사	소방시설의 사용 또는 작동상황 등의 상황

(2) 화재피해조사 [암기] [2015년 산업기사] [2016년 기사] [2017년 기사] [2019년 산업기사] [2021년 기사]

종 류	조사범위
① 인명피해조사	㉠ 소방활동 중 발생한 사망자 및 부상자 ㉡ 그 밖에 화재로 인한 사망자 및 부상자
② 재산피해조사	㉠ 열에 의한 탄화, 용융, 파손 등의 피해 ㉡ 소화활동 중 사용된 물로 인한 피해 ㉢ 그 밖에 연기, 물품반출, 화재로 인한 폭발 등에 의한 피해

바로바로 확인문제

화재피해조사의 범위에 해당하는 것은?
① 소방활동 중 발생한 사망자 및 부상자 조사
② 화재의 발견·통보 및 초기소화 등의 상황조사
③ 화재의 연소경로 및 확대요인 등의 연소상황조사
④ 피난경로, 피난상의 장애요인 등의 피난상황조사

해설 화재피해조사는 인명피해조사와 재산피해조사로 구분한다. ②, ③, ④는 화재원인조사에 해당한다. **답** ①

---

2 화재조사 시 유의사항

(1) 화재현장조사 시 일반적 유의사항 [암기]

① 연소흔적으로부터 발화원을 추론하되 <u>상황증거에 입각한 사실확인에 주력</u>한다.
② 객관적 연소상황과 대립되는 <u>독단적인 생각은 경계</u>한다.
③ <u>우연성에 근거를 둔 추론은 금물</u>이며 시간적 · 공간적으로 사실확인에 노력한다.
④ 사실입증에 주력하되 <u>조사방향과 일치하지 않는 목격상황도 확인</u>한다.

⑤ 화재원인규명은 현장감식, 증언, 수사, 감정 등의 종합적인 결과로 이루어진다는 점을 염두에 두고 단편적이거나 부분적인 사실을 근거로 <u>무리한 추론을 하지 않는다</u>.

(2) 화재현장 관찰 시 유의사항 2019년 기사 2020년 기사 2023년 기사 2023년 산업기사

① 연소가 약한 곳으로부터 강한 방향으로 관찰을 한다(<u>외부에서 내부로 실시</u>).
② 건물 구조재와 재질에 의한 연소의 차이, 일찍 소화된 부분과 소화곤란으로 최후까지 연소된 부분, 연소확대가 저지된 구획의 경계선 등을 파악한다.
③ 연소가 극단적으로 강한 영역은 전체 연소확대경로와의 상관관계를 파악한다.
④ 낙하, 전도된 물체는 연소 또는 주수에 의한 것과 기타 물리적 영향에 의한 것인지를 구분하여 관찰한다.
⑤ 관계자의 진술내용을 고려해 가며 관찰하고 사실관계 확인에 주력한다.

(3) 화재현장 도면작성 시 유의사항 암기 2023년 기사 2023년 산업기사

① 평면도는 원칙적으로 <u>북쪽이 도면의 위쪽으로 오게</u> 하고 용지의 가로, 세로 형상을 고려하여 작성한다.
② 평면도 및 단면도는 실측을 기준으로 해서 축척을 표기하며 <u>기억에 의한 작도는 금지</u>한다(단, 모양이나 형태를 나타낸 형상도, 약식도 등은 상황판단을 하기 위한 것으로 축척의 사용이 필요하지 않다).
③ 치수, 간격 등은 <u>아라비아 숫자를 사용</u>하며 제도기호를 기입한다.
④ 도면의 각 그림마다 <u>방위, 축척, 범례를 표기</u>한다.
⑤ 연소상황 또는 개개인의 피난경로를 도면에 표시할 때에는 색을 달리하여 알기 쉽게 표시한다.

(4) 관계자 질문 시 유의사항 암기 2016년 산업기사 2017년 기사 2017년 산업기사 2019년 기사 2019년 산업기사 2023년 기사 2023년 산업기사

※ 근거 : 화재조사 및 보고규정 제7조(관계인 등 진술)
① 관계인 등에게 질문을 할 때에는 시기, 장소 등을 고려하여 진술하는 사람으로부터 임의진술을 얻도록 한다.
② 진술의 자유 또는 신체의 자유를 침해하여 임의성을 의심할 만한 방법을 취해서는 안 된다.
③ 관계인 등에게 질문을 할 때에는 희망하는 진술내용을 얻기 위하여 상대방에게 암시하는 등의 방법으로 유도해서는 안 된다.
④ 획득한 진술이 소문 등에 의한 사항인 경우 그 사실을 직접 경험한 관계인 등의 진술을 얻도록 해야 한다.
⑤ 관계인 등에 대한 질문사항은 질문기록서에 작성하여 그 증거를 확보한다.

(5) 발굴 시 유의사항

① 외부에서 중심부로, 위쪽에서 아래쪽으로 순차적으로 실시한다.
② 삽과 같은 것은 사용하지 않아야 하며 직접 손으로 작업을 실시한다.
③ 발굴해 낸 연소된 물건은 함부로 이동하지 말아야 하며 불가피하게 이동할 경우에는 보존조치를 강구하고 시행한다.
④ 복원할 필요가 있는 물건은 번호 또는 표식을 붙여서 처리한다.
⑤ 발굴한 물건 중 파손될 가능성이 있는 물건은 용기 또는 상자 등에 담아 별도로 보관한다.
⑥ 발굴한 물건이 불순물에 덮여 있으면 훼손되지 않도록 가볍게 쓸어내고 물기가 있는 부분은 닦아내지 말고 마른헝겊 등으로 위에서 살짝 눌러서 제거한다.

(6) 복원 시 유의사항

① 현장의 구조재는 확실한 것만 복원한다(불명확한 것은 복원 금지).
② 대용재료(보조재료)를 사용했을 경우 타고 남은 잔존물과 유사한 것을 사용하지 말고 대용재료가 사용되었다는 것이 확실하게 구별되는 재료만을 사용한다.
③ 복원 시 소손된 물건 가운데 본체 등에서 떨어질 우려가 있을 때 못이나 철사, 기타 고정금구를 사용한다.
④ 관계자가 화재발생 이전 상황에 대한 도면이나, 사진, 영상물 등을 보유하고 있다면 복원 시 참고자료로 활용한다.

3 조사권의 적정한 행사

화재조사는 법률에 근거한 행정행위로 화재가 발생하면 강제력을 갖고 화재 원인 및 피해 조사 등을 실시하고 있다. 그러나 화재의 대부분이 개인의 주거공간인 주택, 사무실, 차량 등에서 발생하는 점을 고려하여 조사권은 합리적으로 행사하여야 한다.
① 개인의 권리가 침해받거나 손상되지 않도록 할 것
② 직무상 획득한 개인정보는 보호되어야 하며 누설되는 일이 없도록 할 것
③ 직무상 민사관계에 개입하는 일이 없도록 할 것(민사불개입의 원칙)

4 조사범위의 설정 및 사생활 보호

(1) 조사범위의 설정

① 단독주택 또는 공동주택 등 개인의 주거범위가 한정된 경우라면 연소범위가 아니더라도 발화구역 전체를 현장조사 범위로 설정하여 조사를 실시한다. 연소된 물건의 이동과 반출이 있었다면 주거공간 안에 남아 있을 확률이 높고 화재와 연관이 있는 전기, 가스 시설 등의 시스템 전체를 조사하여야 할 필요가 있기 때문이다.

② 방화범죄 등 인적 요인이 개입한 흔적이 있을 경우 연소구역이 아니더라도 조사 범위를 확대하여 조사한다. 연소구역 밖에서 침입경로 및 도주경로와 남겨진 방화도구 등의 잔해가 확인될 수 있기 때문이다.

(2) 사생활 보호

화재피해자에 대한 재산권 행사 및 사생활은 보호되어야 한다. 화재조사관은 업무수행 중 불가피하게 입수한 개인정보가 누설되지 않도록 주의하여야 한다.

03 화재조사의 책임과 권한

1 법적으로 부여된 권한

(1) 소방기관(소방의 화재조사에 관한 법률 제9조, 제10조)

① 보고 · 자료제출 명령권
- ㉠ 소방관서장은 화재조사를 위하여 필요한 경우에 관계인에게 보고 또는 자료제출을 명할 수 있다.
- ㉡ 벌칙(200만원 이하의 과태료) : 보고 또는 자료제출을 하지 아니하거나 거짓으로 보고 또는 자료를 제출한 사람

② 출입 · 조사 질문권
- ㉠ 화재조사관으로 하여금 해당 장소에 출입하여 화재조사를 하게 하거나 관계인 등에게 질문하게 할 수 있다.
- ㉡ 벌칙(300만원 이하의 벌금) : 정당한 사유 없이 화재조사관의 출입 또는 조사를 거부 · 방해 또는 기피한 사람

> **! 꼼.꼼. check! ▶ ● 화재조사의 책임 ●**
> - 위 ①, ②에 따라 화재조사를 하는 화재조사관은 그 권한을 표시하는 증표를 지니고 이를 관계인 등에게 보여주어야 한다.
> - 위 ①, ②에 따라 화재조사를 하는 화재조사관은 관계인의 정당한 업무를 방해하거나 화재조사를 수행하면서 알게 된 비밀을 다른 용도로 사용하거나 다른 사람에게 누설하여서는 아니 된다.
> - 벌칙(300만원 이하의 벌금) : 관계인의 정당한 업무를 방해하거나 화재조사를 수행하면서 알게 된 비밀을 다른 용도로 사용하거나 다른 사람에게 누설한 사람

③ 출석요구권
- ㉠ 소방관서장은 화재조사가 필요한 경우 관계인 등을 소방관서에 출석하게 하여 질문할 수 있다.

ⓛ 벌칙(200만원 이하의 과태료) : 정당한 사유 없이 출석을 거부하거나 질문에 대하여 거짓으로 진술한 사람

(2) 수사기관(형법 제164조~제176조)

① 피의자 또는 현행범의 체포권 및 구속
② 압수, 수색, 검증 등 대물적 처분
③ 참고인에 대한 구인 등

■2 전문 · 전담의 보장

화재조사는 전기, 가스, 화학, 건축 등 다방면으로 해박한 전문지식을 요구하는 분야이다. 따라서 다년간 한 분야에서 오랜 시간 연구와 경험, 실무가 뒷받침되어야 하며 이를 위해 전문인원과 전담부서가 갖춰지고 화재조사관의 신분이 보장되어야 한다. 소방과 경찰은 각기 전담부서와 인원을 갖추고 있으며 보험사를 비롯한 민간기업에서도 화재분쟁 등에 대비한 전문부서를 운영하고 있다.

∥ 기관별 전문 · 전담부서 ∥ 2016년 산업기사 2019년 산업기사

구 분	전문 · 전담부서
소방	소방청, 시 · 도 소방본부 및 소방서(화재조사팀)
경찰	경찰청 및 시 · 도 지방경찰청, 경찰서(과학수사팀)
보험회사 또는 민간기업	보험사의 사고조사 및 PL팀

■3 화재조사관의 자세 등 2015년 산업기사 2019년 기사 2021년 기사 2022년 기사

(1) 화재조사관의 자격

① 자연과학에 대한 이해 정도가 높을 것
② 화재현장 전반에 걸쳐 풍부한 지식과 경험이 있을 것
③ 화재조사에 관한 전문교육을 받았을 것
④ 보편타당한 논리와 사고를 지녔을 것

(2) 화재조사관의 마음자세 암기

① 현장조사 시 뚜렷한 목적의식이 있을 것
② 과학적 지식 적용을 위해 부단히 노력하고자 할 것
③ 과학기술의 진보와 생활양식의 변화에 민감하게 대응하고자 할 것
④ 공공업무의 중요성을 충분히 인식하고 사명감이 투철할 것

(3) 화재조사관의 행동철칙

① 과학적이고 객관적이며 타당성 있는 감식 실시
② 선입견의 배제
③ 주위 의견에 편승 금지
④ 감식물건의 취급주의

바로바로 확인문제 ●

화재조사관의 마음자세로 옳지 않은 것은?

① 과학적 지식기반 확보를 위해 꾸준히 노력하고자 할 것
② 현장조사를 할 때 자신이 내세운 가설 관철에 주력할 것
③ 새로운 과학기술 동향과 사회정세에 밝을 것
④ 공공업무의 중요성을 충분히 인식하고 사명감이 투철할 것

해설 화재조사관은 현장조사를 할 때 뚜렷한 목적의식이 있어야 하지만, 자신만의 가설 관철은 바람직스럽지 않다.

답 ②

Chapter 01 출제예상문제

* ☑ 표시 : 중요도를 나타냄

01 소방기관의 화재조사 목적이 아닌 것은?

① 유사화재 방지 및 피해경감에 이바지한다.
② 화재예방 및 적정한 보상을 위한 근거자료로 활용한다.
③ 연소원인을 규명하여 예방 및 진압대책상의 자료로 활용한다.
④ 출화원인을 규명하고 인명구조 및 안전대책의 자료로 활용한다.

해설 적정한 보상은 화재로 인한 재해보상과 보험가입에 관한 법률에 근거한 것으로 소방기관의 목적에 포함되지 않는다.

02 소방의 화재조사 목적으로 거리가 먼 것은 어느 것인가?

① 진압대책 자료로 활용
② 화재예방 자료로 활용
③ 인명구조 자료로 활용
④ 범죄수사 자료로 활용

해설 소방의 화재조사 목적은 화재예방 및 진압대책, 인명구조 등 안전대책 자료로 활용하는 데 있다.

03 소방기관의 화재조사 목적으로 거리가 먼 것은?

① 화재원인, 손해상황 등을 통계화하여 행정시책의 자료로 활용한다.
② 인명구조 및 안전대책의 자료로 활용한다.
③ 유사화재 방지와 피해경감에 이바지하기 위함이다.
④ 화재확대 및 연소원인을 규명하여 피의자 기소 및 진압대책에 반영한다.

해설 화재확대 및 연소원인을 규명하여 예방 및 진압대책상의 자료로 활용하기 위함이다. 피의자를 기소하기 위한 것과는 관계가 없다.

04 기관별 화재조사 목적을 나타낸 것으로 올바른 연결이 아닌 것은?

① 전기 – 사용자 과실 단속
② 소방 – 유사화재 방지
③ 경찰 – 범죄수사
④ 보험사 – 적정보상

해설 전기관련 기관은 전기사업법 제78조에 의거하여 예방과 홍보 및 안전진단을 하기 위한 목적을 가지고 있다.

05 소방기관의 화재조사 목적으로 바르지 않은 것은?

① 인명구조 및 안전대책 자료화
② 관계자 처벌 및 방·실화 예방
③ 유사화재 방지 및 피해경감 이바지
④ 화재원인, 손해상황 통계화

해설 관계자 처벌은 소방기관의 화재조사 목적과 관계없다.

06 화재조사의 특징이 아닌 것은?

① 현장성
② 안전성
③ 자율성
④ 보존성

해설 화재조사는 강제성을 지니며, 자율성과는 거리가 멀다.

Answer 01.② 02.④ 03.④ 04.① 05.② 06.③

07 화재출동 도중 실시하는 조사내용이 아닌 것은?

① 발화지점의 위험물질 누출 확인
② 차량정체 또는 공사구간 통과 등 교통흐름
③ 화재발생 접수 시점, 장소, 대상
④ 연기의 색깔과 풍향 및 풍속

해설 발화지점의 위험물질 누출여부 등은 현장도착 시 조사내용에 해당한다.

08 화재조사의 특징 중 증거훼손 방지를 위해 화재현장 접근을 통제하는 것과 관계가 깊은 것은?

① 보존성
② 과학성
③ 강제성
④ 현장성

해설 화재가 발생한 다음에 가급적 물건의 반출 등이 없도록 조치하고 특히 무분별하게 사람들이 왕래하지 않도록 통제하는 것은 보존성과 관계가 있다.

09 화재조사의 특징과 관계가 없는 것은?

① 현장성
② 강제성
③ 파괴성
④ 보존성

해설 화재조사의 특징
ⓐ 현장성 ⓑ 신속성 ⓒ 과학성 ⓓ 보존성
ⓔ 안전성 ⓕ 강제성 ⓖ 프리즘식 진행

10 화재를 바라보는 시각과 주장은 관계자마다 매우 다양할 수 있다. 이와 관련된 화재조사의 특징은 어느 것인가?

① 프리즘식
② 다양성
③ 입증성
④ 현장성

해설 화재가 발생하면 관계자들이 바라보는 시각과 주장은 다양한 형태로 표출되는데 이러한 행태는 빛을 분산시키거나 굴절을 일으키게 되면 여러 빛깔의 가시광선을 생성하는 프리즘에 비교되기도 한다.

11 본격 현장조사 시 소실된 부분과 남아 있는 부분을 대조하거나 확인하는 절차를 무엇이라고 하는가?

① 발굴
② 복원
③ 탐문
④ 수사

해설 복원이란 소실된 부분과 남아 있는 부분을 대조하거나 확인을 통해 발화지점과 연소확대된 발화원을 규명하려는 절차를 의미한다.

12 다음 중 화재조사의 특징에 해당하지 않는 것은?

① 현장성
② 보존성
③ 안전성
④ 자율성

해설 화재조사의 특징
ⓐ 현장성 ⓑ 신속성
ⓒ 과학성 ⓓ 보존성
ⓔ 안전성 ⓕ 강제성
ⓖ 프리즘식 진행

13 화재가 발생한 대상물의 관계자에게 필요한 보고와 자료제출명령권을 발동하였다. 관련이 깊은 것은?

① 과학성
② 강제성
③ 보존성
④ 현장성

해설 화재장소에 대한 필요한 보고와 자료제출명령권 발동은 강제성과 관계가 있다.

Answer 07.① 08.① 09.③ 10.① 11.② 12.④ 13.②

14 화재출동 중 조사내용에 포함되지 않는 것은 어느 것인가?

① 도로의 지형 및 토지의 고저
② 풍향, 풍속
③ 연기의 발생량
④ 위험물질의 누설 확인

해설 특이한 냄새를 감지하거나 위험물질의 누설 확인은 현장도착 시 조사내용이다.

15 화재조사 진행순서로서 옳은 것은?

① 현장관찰 → 관계자 질문 → 발굴 → 감정
② 관계자 질문 → 감정 → 발굴 → 현장관찰
③ 관계자 질문 → 현장관찰 → 발굴 → 감정
④ 현장관찰 → 발굴 → 관계자 질문 → 감정

해설 화재현장 전반에 대한 관찰을 실시한 후 목격자 또는 관계자 등의 질문조사를 통해 정보를 수집하여 발화지역을 한정하고 발굴에 임한다. 발화지역에서 확인된 증거물은 최종적으로 감정의뢰를 실시한다.

16 화재조사의 기본방법에 관한 설명으로 옳지 않은 것은?

① 증거는 수집 후 문서화하고 향후 검증 및 평가 자료로 활용하도록 한다.
② 원인 판정을 위해 최종적으로 가설들을 검증하고 결론을 확정짓는다.
③ 사고 분석은 데이터를 바탕으로 과학적 방법에 의해 이루어져야 한다.
④ 데이터 분석은 최고 결정권자가 실시하며 평가결과는 조사 후 폐기한다.

해설 데이터 수집과 분석은 할당된 임무와 절차에 따라 조사를 실시하여야 하고 평가결과는 검증 및 법정 증거자료로 사용될 수 있도록 보존하여야 한다.

17 다음 중 화재피해조사의 범위에 포함되지 않는 것은?

① 화재진압활동 중 부상당한 소방관
② 공기오염피해
③ 대피과정에서 부상을 당한 자
④ 수손피해

해설 화재피해조사는 인명피해와 재산피해로 구분하며, 소방활동 중 발생한 사망자 및 부상자에는 소방관도 포함된다. 그러나 화재현장에서 발생한 공기오염은 피해에 포함되지 않는다.

18 다음 중 화재출동 중 조사내용과 관계없는 것은?

① 풍향, 풍속 등의 상황
② 화염의 형태와 색깔
③ 현장감식
④ 토지의 고저, 교통량

해설 현장감식은 화재현장도착 후 본격 조사활동에 해당한다.

19 화재원인조사의 종류가 아닌 것은?

① 소방시설작동상황조사
② 피난장애요인조사
③ 초기소화상황조사
④ 물품파손조사

해설 화재조사는 원인조사와 피해조사로 구분되며, 물품의 파손조사는 피해조사에 해당한다.

20 화재가 발생한 과정, 화재가 발생한 지점 및 불이 붙기 시작한 물질을 조사하는 것은 무엇인가?

① 발화원인조사
② 연소상황조사
③ 초기소화상황조사
④ 소방시설 등 조사

해설 화재가 발생한 과정, 화재가 발생한 지점 및 불이 붙기 시작한 물질을 조사하는 것은 발화원인조사에 해당한다.

Answer 14.④ 15.① 16.④ 17.② 18.③ 19.④ 20.①

21 화재원인조사에 해당하지 않는 것은 어느 것인가?

① 초기소화상황조사
② 피난상황조사
③ 소방시설 등 조사
④ 피해물품조사

해설 피해물품조사는 재산피해조사에 해당한다.

22 다음 중 화재로 인한 재산피해조사의 범위에 해당하지 않는 것은?

① 연기에 의한 그을음 피해
② 대피과정에서 넘어져 무릎 파열
③ 화재로 인한 용융 및 파손 피해
④ 소화수 사용으로 인한 피해

해설 대피과정에서 넘어져 무릎이 파열된 것은 인명피해조사의 범위에 해당한다.

23 화재로 인한 피해조사의 내용에 포함되지 않는 것은?

① 소방활동 중에 발생한 사망자 및 부상자
② 소방시설의 미작동으로 방수 지연
③ 물로 인한 피해
④ 연기 및 물품반출 시 피해

해설 소방시설 등 조사는 화재원인조사의 내용에 해당하는 것이다.

24 화재현장조사 시 일반적인 유의사항이다. 맞지 않는 것은?

① 조사방향과 일치하지 않는 목격자의 상황증언도 조사한다.
② 연소흔적은 상황증거에 입각한 사실확인에 주력한다.
③ 주관적인 판단과 생각이 정립되면 추론전개에 주력한다.
④ 단편적이거나 부분연소된 미약한 근거로 무리한 추론을 하지 않는다.

해설 객관적 연소상황과 대립되는 주관적이고 독단적인 생각은 경계하여야 한다.

25 화재원인조사에 해당하는 조사의 종류와 범위로 옳은 것은?

① 발화원인조사 - 화재의 발견, 통보 및 초기소화 등 일련의 과정
② 연소상황조사 - 소방시설의 사용 또는 작동 등의 상황
③ 소방시설조사 - 열에 의한 탄화, 용융, 파손 등의 피해
④ 피난상황조사 - 피난경로, 피난상의 장애요인 등의 상황

해설 ① 발화원인조사 - 화재가 발생한 과정, 화재가 발생한 지점 및 불이 붙기 시작한 물질
② 연소상황조사 - 화재의 연소경로 및 확대원인 등의 상황
③ 소방시설조사 - 소방시설의 사용 또는 작동 등의 상황
④ 피난상황조사 - 피난경로, 피난상의 장애요인 등의 상황

26 본격적인 현장조사 내용에 포함되지 않는 것은?

① 발굴
② 복원
③ 발화지점 파악
④ 보험가입 유무 확인

해설 보험가입 여부 확인은 관계자와 질문조사를 통해 확인하는 대인적 조사로 본격적인 현장조사와는 거리가 멀다.

27 화재원인조사 및 피해조사 내용에 포함되지 않는 것은?

① 인명피해조사   ② 피난상황조사
③ 재산피해조사   ④ 보험관계조사

해설 소방법령에 근거한 화재조사의 범위는 화재원인조사와 화재피해조사로 구분된다. 인명피해와 재산피해는 화재피해조사에 해당하며, 피난상황조사는 화재원인조사에 해당한다.

Answer 21.④ 22.② 23.② 24.③ 25.④ 26.④ 27.④

01

28 감식의 한계를 설명한 것이다. 맞지 않는 것은?

① 잔존물이 거의 남지 않아 탄화물 확인에 어려움이 있다.
② 현장훼손이 가중되고 도난 우려가 있다.
③ 소화활동으로 인한 변형과 이동이 수반된다.
④ 발화지점은 연소가 집중된 지점이므로 가연물이 많은 지점을 선정한다.

해설 발화지점은 연소가 집중되었더라도 가연물이 많은 지점과는 관계가 없다.

29 다음 중 화재현장 관찰방법으로 옳지 않은 것은?

① 관계자의 진술내용은 현장을 관찰하며 사실관계를 확인한다.
② 내부에서 외부로 범위를 넓혀가며 소손된 구역을 파악한다.
③ 연소가 약한 곳으로부터 강한 방향으로 관찰한다.
④ 연소가 강한 영역은 전체 연소확대경로와의 상관관계를 비교 관찰한다.

해설 화재현장 관찰은 외부에서 내부로 범위를 좁혀가며 연소의 강약을 관찰하도록 한다.

30 화재현장조사 시 일반적인 유의사항이다. 맞지 않는 것은?

① 주관적인 추론을 확인하는 데 초점을 둔다.
② 상황증거에 입각한 사실확인에 주력한다.
③ 조사방향과 일치하지 않는 목격상황도 확인한다.
④ 단편적이거나 일부분을 근거로 무리하게 추론을 하지 않는다.

해설 객관적인 연소상황과 대립되는 주관적이고 독단적인 생각은 경계하여야 한다.

31 화재현장 도면작성 시 유의사항이다. 옳지 않은 것은?

① 평면도와 단면도 등은 기억에 의해 작성하여야 한다.
② 도면의 각 그림마다 방위와 축척, 범례 등을 표시한다.
③ 평면도 및 단면도는 실측을 기준으로 하여 축척을 표기한다.
④ 평면도는 북쪽이 도면의 위쪽으로 오도록 작성한다.

해설 평면도 및 단면도는 실측을 기준으로 하여 축척을 표기하며 현장에서 직접 작성하여야 한다. 기억에 의한 작도는 불명확한 오류가 발생할 수 있어 삼가야 한다.

32 화재현장에서 도면을 작성하고자 한다. 표기하여야 할 사항으로 가장 거리가 먼 것은?

① 치수와 간격
② 범례
③ 방위표시
④ 관계자 성명

해설 도면에는 제도기호를 사용하여 치수, 간격 등을 아라비아 숫자로 기재하며, 도면마다 방위, 축척, 범례를 표기한다.

33 관계자에 대한 질문방법으로 가장 적절하지 않은 것은?

① 질문을 할 때 선입견을 배제하고 유도질문을 하지 않도록 한다.
② 관계자가 직접 목격한 내용을 중심으로 직접 진술을 확보한다.
③ 화재와 이해관계가 있는 제3자와 대질시켜 사실관계를 확인한다.
④ 개인의 사생활이 존중될 수 있도록 배려하고 임의진술 확보에 주력한다.

해설 관계자 이외에 화재와 이해관계가 있는 제3자와는 격리조치를 한 후 진술을 확보하도록 한다.

34 현장발굴 시 유의사항으로 옳지 않은 것은 어느 것인가?

① 외부에서 중심부로 또는 위쪽에서 아래쪽으로 순차적으로 실시한다.
② 발굴한 물건이 불순물에 덮여 있어도 쓸어내지 않아야 하며 물세척을 금한다.
③ 직접 손으로 작업을 실시하며 삽과 같은 거친 도구는 사용하지 않는다.
④ 발굴해 낸 물건은 함부로 이동시키지 말고 파손 가능성이 있는 물건은 용기 등에 담는 조치를 취한다.

해설 발굴한 물건이 불순물에 덮여 있으면 훼손되지 않도록 가볍게 쓸어내어 불순물을 제거할 수 있으며, 필요에 따라 살짝 물세척이 가능하다. 물기가 묻은 부분은 닦아내지 말고 마른 헝겊 등으로 위에서 살짝 눌러서 제거하여야 한다.

35 다음 중 화재현장 복원 요령으로 가장 옳은 것은?

① 형체가 소실되어 배치가 불가능한 것은 끈이나 로프 또는 대용품을 사용하되 대용품이라는 것이 인식되도록 한다.
② 복원은 현장식별이 가능하지 않은 것도 복원한다.
③ 주로 예측에 의존하여 복원한다.
④ 관계인은 복원현장에 입회시키지 않는다.

해설 ② 복원은 현장식별이 불명확한 것은 복원하지 않아야 한다.
③ 복원은 타고 남은 잔해를 바탕으로 재현하는 것이므로 예측에 의존한 복원은 피해야 한다.
④ 관계인을 복원현장에 입회시켜 확인한다.

36 발굴요령에 대한 설명이다. 옳지 않은 것은 어느 것인가?

① 하층부에서 상층부로 발굴을 하며 수작업을 원칙으로 한다.
② 붕괴된 기둥, 금속재 등 상층부 위에 있는 큰 물체 등을 먼저 제거한다.

③ 삽과 같은 큰 장비는 훼손의 우려가 크므로 가급적 사용을 자제한다.
④ 발굴된 물건은 위치가 어긋나지 않도록 주의하며 가급적 옮기지 않는다.

해설 발굴은 상층부에서 하층부로 하며 수작업을 원칙으로 한다.

37 화재조사에 대한 소방기관의 법적 권한이 아닌 것은?

① 출석요구권
② 수사기관에 체포된 사람에 대한 수사지휘권
③ 보고·자료제출 명령권
④ 출입·조사 질문권

해설 소방기관의 법적 권한(소방의 화재조사에 관한 법률)
㉠ 보고·자료제출 명령권
㉡ 출입·조사 질문권
㉢ 출석요구권
㉣ 화재조사를 위하여 필요한 경우 수사에 지장을 주지 아니하는 범위 안에서 수사기관에 체포된 사람에 대한 조사권
등이 있다. 그러나 수사지휘권은 없다.

38 복원요령에 대한 설명 중 틀린 것은?

① 예측에 의존하거나 불명확한 것일지라도 복원을 한다.
② 현장식별이 가능한 확실한 것만 복원한다.
③ 수직 부재인 목재나 알루미늄 등은 타거나 녹아서 남은 것 등을 관찰하여 일치하는 곳을 맞춘다.
④ 형체가 소실되어 배치가 불가능한 것은 끈이나 로프 또는 대용품을 사용한다.

해설 예측에 의존하거나 불명확한 것은 복원하지 않는다.

39 소방기관에 법적으로 부여된 권한 가운데 제재조항이 없는 것은?

① 소방자동차의 출동을 방해한 자
② 화재조사관련 자료제출명령을 거부한 자
③ 화재조사관의 질문에 묵비권을 행사하는 자
④ 소방대가 도착할 때까지 불이 번지지 않도록 하는 조치를 하지 않은 자

해설
① 소방자동차의 출동을 방해한 자(5년 이하의 징역 또는 5천만원 이하의 벌금)
② 화재조사관련 자료제출명령을 거부한 자(200만원 이하의 과태료 → 소방의 화재조사에 관한 법률)
③ 관계공무원의 정당한 질문에 화재관계자가 묵비권을 행사하더라도 제재조항은 없다.
④ 소방대가 도착할 때까지 불이 번지지 않도록 하는 조치를 하지 않은 자(100만원 이하의 벌금)

40 화재조사의 책임과 권한으로 옳은 것은?

① 소방서장은 관계보험사가 그 화재원인과 피해상황을 조사하고자 할 때에는 이를 허용해서는 아니 된다.
② 소방법상 소방서장은 화재가 발생했을 때 그 원인과 화재 또는 소화로 인해 생긴 손해의 조사는 소화활동 후에 시작해야 한다.
③ 실화책임의 경우에 민법 제750조의 규정을 적용함에 있어 경미한 과실이 있는 경우에 한해서 적용한다.
④ 소방서장은 화재조사를 위하여 필요한 경우에는 수사에 지장을 주지 아니하는 범위에서 그 피의자 또는 압수된 증거물에 대한 조사를 할 수 있다.

해설
① 소방본부, 소방서 등 소방기관과 관계 보험회사는 화재가 발생한 경우 그 원인 및 피해상황을 조사할 때 필요한 사항에 대하여 서로 협력하여야 한다.
② 소방법상 소방서장은 화재가 발생했을 때 그 원인과 화재 또는 소화로 인해 생긴 손해의 조사는 소화활동과 동시에 시작해야 한다.
③ 실화책임의 경우에 민법 제750조의 규정을 적용함에 있어 실화자에게 중대한 과실이 없는 경우 그 손해배상액의 경감에 관한 민법 제765조의 특례를 적용한다.

41 화재수사관련 수사기관의 법적 권한에 해당하지 않는 것은?

① 현행범의 체포권
② 증거물 압수
③ 수색
④ 참고인 구금

해설 참고인은 수사기관의 출석요구에 응하여야 할 의무가 없으므로 참고인 구금은 수사기관의 권한에 해당하지 않는다.

42 화재조사관의 자격으로 바람직하지 않은 것은?

① 철학적 신념이 확고하고 주관적 성향이 뚜렷할 것
② 화재현장에 대한 풍부한 지식과 경험이 있을 것
③ 화재조사에 관한 전문교육을 받았을 것
④ 보편타당한 논리와 사고를 지녔을 것

해설 화재조사관은 자연과학에 대한 이해 정도가 높아야 하며, 주관적 성향보다는 과학적이고 합리적인 성향이 요구된다.

43 화재조사관련 수사기관의 권한으로 잘못된 것은?

① 방화사범 체포권
② 화재현장의 수색권
③ 참고인 구인
④ 참고인 강제소환권

해설 참고인에 대한 강제소환권은 현행법상 인정되지 않는다.

44 화재조사관의 마음자세로 거리가 먼 것은?

① 꾸준히 노력하며 우월감이 높을 것
② 새로운 과학기술 동향에 이해가 깊을 것
③ 목적의식이 뚜렷할 것
④ 공공업무에 임하는 사명감이 있을 것

해설 과학적 지식기반 확보를 위해 꾸준히 노력해야 하지만 우월감에 빠지지 않도록 경계하여야 한다.

45 현장감식활동 시 화재조사관의 태도로 바르지 않은 것은?

① 선입견을 경계한다.
② 감식물건은 소유자의 의사와 관계없이 취급한다.
③ 과학적이고 타당성 있는 감식을 실시한다.
④ 무턱대고 주위 의견에 편승하지 않는다.

해설 현장에서 확보한 감식물건은 훼손되지 않도록 주의하여야 하며, 소유자 입회하에 증거물을 확인시키고 소유 및 반환여부 등을 알려야 한다.

Answer 40.④ 41.④ 42.① 43.④ 44.① 45.②

46 화재조사관의 마음자세로 가장 올바른 것은 어느 것인가?

① 보편타당한 논리와 사고를 지녔을 것
② 주관적 의식이 뚜렷할 것
③ 독자적 생각으로 추론을 전개할 것
④ 자신의 경험에 의존한 예측에 우선할 것

해설 화재조사관은 보편타당한 논리와 사고를 갖고 있어야 하며, 객관적으로 화재현장을 보고 추론하고 경험칙과 실험결과 등을 대입시켜 논리적 모순이 없도록 노력하여야 한다.

Answer 46.①

Chapter 02 연소론

01 연소의 개념

1 연소의 정의 (2014년 기사) (2016년 기사) (2017년 기사) (2019년 기사)

① 가연물이 공기 중의 산소와 화합하거나 산화제와 반응하여 빛과 열을 발생하는 산화 발열반응
② 연소현상이 아닌 것 : 철이 녹스는 현상, 종이의 변색

2 산화와 환원 (2018년 산업기사) (2019년 기사) (2022년 기사)

(1) 산화
① 산소와 화합하는 현상
② 전자를 잃는 현상
③ 수소를 잃는 현상
④ 산화수가 증가하는 현상

(2) 환원
① 산소를 잃는 현상
② 전자를 얻는 현상
③ 수소를 얻는 현상
④ 산화수가 감소하는 현상

‖ 산화성 물질과 환원성 물질 ‖ (2014년 기사)

산화성 물질	질산염류, 염소산염류, 브롬산염, 과염소산염, 무수크롬산, 과산화물, 발열질산, 발열황산, 산소, 불소, 산화질소, 이산화질소 등
환원성 물질	아닐린, 아민류, 알코올류, 알데히드류, 유지, 유황, 인, 탄소, 수소, 아세틸렌, 금속가루 등

3 연소의 조건

(1) 연소의 3요소

① 가연물

② 점화원

③ 산소공급원

> **!** 꼼.꼼. check! → **연소**
>
> 연소는 가연물, 점화원, 산소공급원의 3가지 조건이 만족되어야만 정상적인 연소로서 화학반응을 유지할 수 있다. 여기에 순조로운 연쇄반응(chain reaction)이 추가되었을 때 연소의 4요소가 성립한다.

> **바로바로** **확인문제**
>
> **다음 중 연소의 3요소가 아닌 것은?**
> ① 종이 　　　　　　　　　② 연쇄반응
> ③ 불티 　　　　　　　　　④ 산소
>
> **해설** 연소의 3요소는 가연물(종이), 산소공급원(산소), 점화원(불티)이다. 연쇄반응은 연소의 4요소에 해당한다.　　　　　　　　　　　　　　**답** ②

(2) 가연물의 구비조건(= 연소가 잘 되기 위한 조건) 암기

① 산소와 친화력이 클 것 – 화학적 활성도가 클 것

② 발열량이 클 것

　㉠ 흡열반응이 아니라 발열반응이어야 한다.

　㉡ 질소는 산소와 결합하는 산화반응을 하지만 흡열반응을 하기 때문에 연소라 하지 않는다.

> **!** 꼼.꼼. check! → **흡열반응과 발열반응의 비교**
>
> • 흡열반응 : 반응물질의 에너지 < 생성물질의 에너지
> • 발열반응 : 반응물질의 에너지 > 생성물질의 에너지

③ 비표적이 클 것 – 공기(산소)와 접촉하는 표면적이 커야 한다.

④ 연쇄반응을 일으킬 수 있을 것

⑤ 열전도도가 작을 것

⑥ 열축적률이 클 것

⑦ 활성화에너지(=점화에너지)가 작을 것

(3) 가연물의 비구비조건(= 불연성 물질)

① 산소와 더 이상 반응하지 않는 물질

　예 물(H_2O), 이산화탄소(CO_2), 이산화규소(SiO_2), 산화알루미늄(Al_2O_3), 삼산화크롬(CrO_3), 오산화인(P_2O_5), 프레온, 규조토 등

② 산화 · 흡열반응 물질

　예 질소(N_2), 질소산화물[N_2O(아산화질소), NO(일산화질소), NO_2(이산화질소), N_2O_3(삼산화질소)]

③ 주기율표상 0족 원소

　예 헬륨(He), 네온(Ne), 아르곤(Ar), 크립톤(Kr), 크세논(Xe), 라돈(Rn)

(4) 가연물의 특성

① 클수록 위험성이 증대되는 것 : 온도, 열량, 증기압, 폭발범위(연소범위), 화학적 활성도, 열축적률, 화염전파속도

② 작을수록 위험성이 증대되는 것 : 인화점, 착화점, 점성, 비중, 비점, 융점, 열전도율, 표면장력, 증발열, 전기전도율, 비열, LOI(한계산소지수), 활성화에너지

(5) 점화원(착화원, 활성화에너지, 점화에너지, 열원, 불씨)

점화원이란 가연물이 연소를 시작할 때 필요한 열에너지이다. 가연물이 산소를 만나 연소반응을 할 수 있게 필요한 에너지를 공급해주는 불씨 등을 말한다.

① 점화원의 형태 분류

구 분	종 류
기계적 점화원	단열압축, 마찰, 충격 등
전기적 점화원	저항열, 전기불꽃, 정전기, 유도열, 유전열 등 • 유도열 : 도체 주위의 자장 변화로 전류의 흐름에 대한 저항이 생겨 열이 발생한다. • 유전열 : 전선피복의 불량으로 완벽한 절연능력을 갖추지 못해 누설전류가 생겨 열이 발생한다.
화학적 점화원	연소열, 분해열, 용해열, 자연발화에 의한 열
열적 점화원	적외선, 고열물, 복사열 등
기타 점화원	나화, 고온표면(가열로, 굴뚝 등) 원자력 점화원

② 화학적 점화원

　㉠ 연소열 : 어떠한 특징 없이 물질이 완전히 산화할 때 발생하는 열을 말한다.

　㉡ 용해열 : 물질이 용해될 때 발생 또는 흡수되는 열량을 말한다.

　㉢ 자연발화에 의한 열

　　• 분해열 : 물질에 열이 축적되어 서서히 분해할 때 생기는 열

　　　예 셀룰로이드, 니트로셀룰로이스, 니트로글리세린, 아세틸렌, 산화에틸렌, 에틸렌 등

- 산화열 : 가연물이 산화반응으로 발열 축적된 것으로 발화하는 현상
  - **예** 석탄, 기름종류(기름걸레, 건성유), 원면, 고무분말 등
- 미생물열 : 미생물 발효현상으로 발생되는 열(=발효열)
  - **예** 퇴비(두엄), 먼지, 곡물분 등
- 흡착열 : 가연물이 고온의 물질에서 방출하는 (복사)열을 흡수되는 것
  - **예** 다공성 물질의 활성탄, 목탄(숯) 분말 등
- 중합열 : 작은 다량의 분자가 큰 분자량의 화합물로 결합할 때 발생하는 열 (=중합반응에 의한 열)
  - **예** 시안화수소, 산화에틸렌 등

③ **자연발화**

ㄱ 개념 : 자연발화는 밀폐된 공간 등에서 가연물이 외부로부터 열원(점화원)의 공급을 받지 않고 물질 자체적으로 열을 축적하여 온도가 서서히 상승하는 현상으로 유기물질이 대기에 노출되어 발화점 이상의 온도가 되면 산화해서 자연발화 한다.

ㄴ 자연발화에 영향을 주는 요인(실내 조건)

- 공기유통이 원활하지 않고 수분이 적당히 있는 공간에 열이 축적될 수 있어야 한다.
- 밀폐되어 고온 · 다습하며 즉, 실내가 후덥지근하여 온도가 상승할수록 자연발화가 잘 된다.

ㄷ 자연발화의 조건(가연물 자체의 조건) **암기**

- 열전도율은 작아야 한다.
- 주위의 온도, 발열량, 비표면적은 커야 한다.
- 수분은 적당해야 한다.

ㄹ 자연발화 방지법

- 실내에 창문 등을 열어서 공기유통이 잘 되게 한다.
  → 통풍을 잘되게 하여 열을 분산시킨다.
- 저장실의 온도를 낮게 하고 실내에 가연물을 수납할 때 열이 축적되지 않게 한다.
- 적당한 습기는 물질에 따라 촉매작용을 하여 자연발화하므로 습도가 높은 곳을 피한다.
- 발열반응에 정촉매작용을 하는 물질을 피할 것

(6) 산소공급원

① 공기(산소 체적비 21%, 중량비 23%)

② 지연성 가스 : 산소, 염소, 아산화질소 등

③ 산화제 : 제1류 위험물, 제6류 위험물, 오존 등

④ 자기반응성 물질 : 니트로글리세린, 니트로셀룰로오스, TNT 등

⚠ 꼼.꼼. *check!* ➤ **공기 중의 산소농도 증가 시 연소현상**

- 연소속도가 빨라진다.
- 발화온도는 낮아진다.
- 점화에너지는 작아진다.
- 화염의 온도가 높아진다.
- 폭발한계는 넓어진다.
- 화염의 길이는 길어진다.

---

(7) 연쇄반응(chain reaction)

연소하고 있는 물질에 열과 산소가 꾸준히 공급되면 연소의 지속성은 매우 활발해지고 불꽃연소의 상승성이 확대되는데 이러한 작용을 연쇄반응이라고 한다. 연쇄반응은 연소의 3요소에 의해 일어난 반응들이 결합된 것으로 연소의 4요소로 불리고 있다.

4 연소의 형태

(1) 기본형태 합기 〈2015년 산업기사〉〈2016년 기사〉〈2017년 기사〉〈2018년 기사〉〈2019년 기사〉〈2019년 산업기사〉〈2020년 산업기사〉〈2021년 기사〉〈2022년 기사〉〈2023년 기사〉〈2023년 산업기사〉

고 체	• 표면연소 : 숯, 코크스, 목탄, 마그네슘 등 • 증발연소 : 유황, 나프탈렌, 파라핀(촛불)의 연소 등 • 분해연소 : 목재, 종이, 석탄, 합성수지류 • 자기연소 : 질산에스테르류, 셀룰로이드류, 니트로화합물
액 체	• 증발연소 : 가솔린, 알코올, 석유 • 분해연소 : 중유, 벙커C유
기 체	• 확산연소 : 메탄, 프로판 • 예혼합연소 : 가스레인지의 연소, 가스용접, 자동차 내연기관 등

(2) 연소속도에 의한 분류

정상연소	비정상연소
• 연료−공기의 혼합비가 균형적 • 열의 발생속도와 방산속도가 일정	• 공기 불충분, 산소 과잉 등 • 열의 발생속도가 방산속도를 능가

(3) 산화 정도에 의한 분류 [2017년 산업기사]

완전연소	불완전연소
연료 및 산소공급 충분, CO_2 발생	산소공급 불충분, CO 발생

(4) 불꽃연소와 작열연소

구 분	불꽃연소	작열연소
연소특성	고체의 열분해, 액체 증발에 따른 기체의 확산 등 연소양상이 복잡	고비점 액체 생성물과 타르가 응축되어 공기 중에서 연기 발생
화재구분	표면화재	심부화재
불꽃여부	연료표면 불꽃 발생(완전연소)	불꽃 미발생(불완전연소)
연소속도	빠르다.	느리다.
에너지	고에너지	저에너지
연쇄반응	연쇄반응이 발생한다.	연쇄반응이 없다.
방출열량	방출열량이 많다.	방출열량이 적다.
연소물질	합성수지류, 석유류, 가연성 가스류	목탄, 숯, 코크스, 금속분 등

02 연소의 특성 [2013년 기사]

1 인화와 발화

인화는 물질조건(가연성 물질과 산소의 존재)을 구비한 계가 외부로부터 에너지를 받아 착화하는 현상이고, 발화는 외부로부터 에너지의 유입 없이 내부의 열만으로 착화하는 현상이다.

(1) 인화점(Flash Point) [2017년 기사] [2018년 기사] [2022년 기사]
① 직접적인 점화원 접촉 시 가연성 증기에 불이 붙는 최저온도
② 가연성 증기를 발생하는 액체 또는 고체가 공기와의 혼합기에서 폭발한계의 하한 농도와 같아지는 온도
③ 일반적으로 인화는 발화보다 낮은 온도에서 일어나며 가연성 액체의 위험성을 판단하는 척도이다.
④ 액체가연물에 가연성 증기가 증발하여 연소하한 농도 및 연소상한 농도에 도달하는 온도를 각각 하부인화점 및 상부인화점이라고 하며, 통상 인화점이라 함은 하부인화점을 지칭한다.

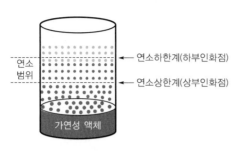

▌ 가연성 액체의 연소범위 ▐

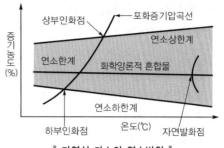

▌ 가연성 가스의 연소범위 ▐

(2) 인화와 발화의 구분

구 분	인 화	발 화
착화원 유무	착화원 필요	착화원 불필요
물리적 조건	물질농도 필요	물질농도+에너지 조건 필요
현상	국소적인 열원에 의한 발화현상이기 때문에 개방계	가연성 혼합계를 외부에서 가열하기 때문에 밀폐계

(3) 가연성 액체의 인화점 구분 ✍ 2017년 산업기사 2019년 산업기사

구 분	인화점(℃)	구 분	인화점(℃)
디에틸에테르	−45	크레오소트유	74
이황화탄소	−30	니트로벤젠	87.8
아세트알데히드	−37.7	글리세린	160
아세톤	−20	시안화수소	−18
가솔린	−20~−43	메틸알코올	11
톨루엔	4.5	에틸알코올	13
등유	30~60	중유	60~150

(4) 발화점(AIT : Auto Ignition Temperature)

① 점화원의 접촉이 없어도 가열된 열의 축적에 의해 연소가 이루어지는 최저온도

② 물질에 쌓여 있는 온도가 높아지면 물질 스스로 발화할 수 있어 착화점, 발화점, 착화온도, 발화온도라고도 한다.

③ 발화점은 같은 물질이더라도 주어진 환경과 조건에 따라 달라질 수 있다.

바로바로 **확인문제**

발화점에 대한 설명으로 맞는 것은?
① 점화원 접촉으로 발화하는 최고온도 ② 점화원 접촉 없이 발화하는 최저온도
③ 점화원 접촉 없이 발화하는 최고온도 ④ 점화원 접촉으로 발화하는 최저온도
해설 점화원 접촉 없이 발화하는 최저온도가 발화점이다. **답** ②

(5) 물체의 발화점이 낮아지는 조건
점화원이 없어도 낮은 온도에서 발화되며 연소가 빨라지는 것을 의미한다.
① 발열량이 높을 경우
② 압력이 클 경우
③ 산소와의 친화력이 클 경우
④ 화학적 활성도가 클 경우
⑤ 분자구조가 복잡할 경우
⑥ 열전도율이 낮을 경우
⑦ 산소농도가 클 경우
⑧ 활성화에너지가 작을 경우
⑨ 탄화수소계의 분자량이 증가할 경우
⑩ 탄소쇄의 길이가 늘어날 경우

(6) 발화점에 영향을 주는 요소
① 발화지점의 공간형태와 크기
② 가열속도와 지속시간
③ 가연성 가스와 공기 혼합비
④ 기벽의 재질과 촉매효과의 여부
⑤ 점화원의 종류와 에너지 투여방법
⑥ 반응열 및 반응속도의 크기
⑦ 용기의 크기와 형태가 작을수록 빠름

(7) 물질별 발화점 구분

구 분	발화점(℃)	구 분	발화점(℃)
아세톤	465	나무(목재)	490
이황화탄소	100	무연탄	440~500
톨루엔	520~550	목탄	320~400
메탄	650~750	천연고무	400~450
프로판	460~520	가솔린	280
수소	580~590	경유	256
에틸알코올	362	나일론	795~990
일산화탄소	609	폴리프로필렌	1,058
셀룰로이드	180	셀룰로오스	510
적린	260	무명	495
숯	300~340	초배지	480
석탄	330~400	모	565
염화비닐	435~557	명주	650

(8) 최소착화에너지(Minimum Ignition Energy)

① 폭발성 혼합기체가 불꽃에 의해 발화하기 위한 최소의 에너지를 최소착화에너지(MIE)라고 한다. 최소착화에너지는 매우 작기 때문에 줄(Joule)의 1/1,000인 mJ을 단위로 사용하며 대부분 탄화수소의 최소착화에너지는 약 0.25mJ이다.

② 최소착화에너지는 온도, 압력, 농도에 영향을 받는다. 온도가 상승하면 분자운동이 활발해져 최소착화에너지는 작아지고, 압력이 상승하면 분자 간의 거리가 가까워지므로 최소착화에너지는 작아진다. 또한 농도가 높아지면 최소착화에너지는 작아진다.

> **꼼꼼. check!** ➤ **최소착화에너지를 구하는 공식**
>
> $$E = \frac{1}{2}CV^2 \text{ 또는 } \frac{1}{2}QV$$
>
> 여기서, E : 최소착화에너지(mJ)
> C : 콘덴서 용량(F)
> Q : 전기량
> V : 전압(V)

(9) 최소착화에너지에 영향을 주는 인자

가연물이 화학반응할 때 작은 에너지로 연소하는 것을 최소착화에너지라고 한다.

① 온도가 상승하면 분자운동이 활발해서 최소착화에너지는 작아진다.

② 압력이 상승하면 분자 간의 거리가 가까워져서 최소착화에너지는 작아진다.

③ 농도가 짙고, 발열량이 크며, 산소분압이 높아질 때 최소착화에너지는 작아진다.

> **꼼꼼. check!** ➤ **인화와 발화**
>
> ① 인화점과 발화점의 차이는 점화에너지의 유무(有無)이다.
> ② 인화점과 연소점은 비례하지만 발화점과는 비례도 반비례도 아닌 별개의 개념이다.
> ③ 온도의 크기 : 인화점 < 연소점 < 발화점
> ④ 가연성 물질의 위험도 기준
>   • 가연성 고체 : 착화점
>   • 가연성 액체 : 인화점
>   • 가연성 기체 : 연소범위

2 화염속도와 연소속도

(1) 화염속도

가연성 혼합기 중에 한번 화염이 발생하여 이를 중심으로 주위로 확대될 때 화염면의 이동속도를 말한다. 즉 <u>화염이 전파해 가는 속도</u>이다.

(2) 연소속도 [2015년 기사] [2016년 산업기사] [2018년 기사]

① 가연물질에 산소가 공급되어 연소반응으로 연소생성물을 생성할 때 반응속도로 순수하게 화염이 전파해 가는 속도를 말한다.

② 실제로 화염이 전파해 가는 속도는 미연소된 가연성 혼합기의 표면에 대하여 직각으로 이동하는 속도인데 이동하고 있는 미연소 가연성 혼합기에 대한 화염의 상대적인 속도를 연소속도라고 한다.

③ 연소속도는 온도와 압력이 상승하면 증가하며, 가연성 혼합기의 화학양론 조성(완전연소 조성＝당량비＝1)일 때 최고값을 나타내고 이 조성보다 하한계 및 상한계로 향함에 따라 작아진다.

(3) 연소속도에 영향을 미치는 요인

① 가연물의 온도
② 산소 농도에 따라 가연물질과 접촉하는 속도
③ 산화반응을 일으키는 속도
④ 촉매(정촉매는 반응속도가 빠르며, 부촉매는 반응속도가 느리다.)
⑤ 압력

(4) 가연성 혼합기체의 연소속도

혼합기체	연소속도 (cm/s)	연료비율 (%)	혼합기체	연소속도 (cm/s)	연료비율 (%)
메탄－공기	33.8	9.96	수소－공기	270	43.0
에탄－공기	40.1	6.28	아세틸렌－공기	163	10.2
프로판－공기	39	4.54	벤젠－공기	40.7	3.34
부탄－공기	37.9	3.52	사이클로헥산－공기	38.7	2.65
펜탄－공기	38.5	2.92	이황화탄소－공기	57.0	6.65
헥산－공기	38.5	2.51	메틸알코올－공기	55.0	12.3
헵탄－공기	38.6	2.26	메탄－산소	330	33.0
에틸렌－공기	68.3	7.40	프로판－산소	360	15.0
프로필렌－공기	43.8	5.04	일산화탄소－산소	108	77.0
일산화탄소－공기	45.0	51.0	수소－산소	890	70.0

(5) 화염속도와 연소속도의 차이점

① 화염이 전파할 때 화염면 앞에 존재하는 미연소 가연성 혼합기는 연소에 의해 발생한 연소가스의 열팽창으로 전방으로 밀려나게 되는데 이때 화염은 미연소 가스의 혼합기 속을 전파해 간다. 따라서 화염속도에는 미연소 가연성 혼합기의 이동속도가 포함되어 있다.

> 화염속도=연소속도+미연소 가연성 혼합기의 이동속도

② 연소속도는 미연소 가연성 혼합기의 이동속도를 뺀 실제로 화염이 전파해 가는 속도를 말한다.

> 연소속도=화염속도－미연소 가연성 혼합기의 이동속도

3 물질이 연소에 미치는 영향

(1) 불연성 고체

화세의 상승을 억제하는 불연성 고체가 포함되어 있으면 화염은 불연성 고체가 없는 저항이 적은 방향으로 확산되어 간다.

(2) 가연성 고체

① 질과 양 : 착화성, 연소난이도, 가스발생량, 연소에 의한 온도 상승 등은 가연성 고체의 질과 양에 의해 결정된다.
② 형상 : 얇은 것일수록, 가는 것일수록, 작은 것일수록 타기 쉽고 열 흡수가 현저하게 빠르므로 발화에 빨리 도달한다.
③ 상태 : 가연물이 복수인 경우에는 상호 복사, 축열 등의 영향으로 연소성이 현저하게 증가할 수 있다.
④ 공기 공급 : 착화성과 연소 난이도는 공기 공급량에 의해 영향을 많이 받는다.
⑤ 가열속도 : 착화성이 좋은 물질이라도 가열의 정도가 약하면 발화하지 않으며, 반대로 착화성이 낮은 물질이라도 가열의 정도가 강하면 발화할 수 있다.

4 완전연소와 불완전연소 〔2013년 산업기사〕〔2015년 기사〕〔2021년 기사〕〔2023년 기사〕

(1) 완전연소 〔암기〕 〔2015년 산업기사〕〔2023년 기사〕

가연물질에 산소공급이 충분할 때 가연물이 모두 연소하는 것으로 탄화수소물질이 완전연소하면 수증기(H_2O)와 이산화탄소(CO_2)가 발생한다.

$$C_m H_n + \left(m + \frac{n}{4}\right)O_2 \rightarrow m CO_2 + \frac{n}{2} H_2O$$

① 메탄 : $CH_4 + 2O_2 \rightarrow CO_2 + 2H_2O + 212.80\text{kcal}$
② 프로판 : $C_3H_8 + 5O_2 \rightarrow 3CO_2 + 4H_2O + 530.60\text{kcal}$
③ 부탄 : $C_4H_{10} + 6.5O_2 \rightarrow 4CO_2 + 5H_2O + 687.64\text{kcal}$

(2) 불완전연소

① 산소공급이 원활하지 못해 발생하는 연소현상으로 탄화수소 유기화합물이 불완전연소하면 일산화탄소가 생성되며 탄소덩어리가 유리되어 그을음이 발생하기도 한다. 일반적인 화재로 완전연소는 발생하기 힘들며 검은 연기가 발생하는 것은 불완전연소의 결과로 실내화재에서 특히 심하게 나타나는 현상이다.

② 불완전연소의 원인

  ㉠ 가스의 공급량보다 공기의 공급량이 부족할 때

  ㉡ 과대한 가스량(연료량)이 공급될 때

  ㉢ 연소기 주위에 다른 기물이 둘러싸인 경우

  ㉣ 불꽃의 온도가 저하되는 경우

  ㉤ 환기가 제대로 되지 않을 때

  ㉥ 주위의 기온이 너무 낮을 때

  ㉦ 어떤 물체가 화염에 접촉될 때

  ㉧ 연소기구가 적합하지 않을 때

  ㉨ 연소의 배기가스 분출이 불량일 때

5 연소범위

① 연소가 일어나는 데 필요한 혼합가스의 농도범위를 말한다.

② 연소에 필요한 농도 및 압력의 상한계와 하한계의 사이이다.

③ 하한계가 낮고 상한계가 높을수록 위험성이 증대된다.

④ 온도가 높을수록, 고온 · 고압의 경우 연소범위는 넓어진다.

⑤ 압력이 높아지면 하한값은 크게 변하지 않지만 상한값은 높아진다.

⑥ 혼합기를 이루는 공기의 산소농도가 높을수록 연소범위는 넓어진다.

┃ 가연성 증기의 연소범위 ┃

구 분	연소범위(vol%)	구 분	연소범위(vol%)
수소	4.1~75	에틸렌	3.0~33.5
일산화탄소	12.5~75	시안화수소	6~41
프로판	2.1~9.5	암모니아	15~28
아세틸렌	2.5~82	메틸알코올	7~37
에테르	1.7~48	에틸알코올	3.5~20
메탄	5.0~15	아세톤	2~13
에탄	3.0~12.5	가솔린	1.4~7.6

6 르 샤틀리에 법칙(Le Chatelier's law) 2016년 기사 2016년 산업기사 2017년 기사 2017년 산업기사 2019년 기사 2019년 산업기사 2020년 기사 2021년 기사 2022년 기사

2종류 이상의 가연성 가스 또는 가연성 증기의 혼합물이 혼합되었을 때 연소한계값을 구하는 법칙

$$L = 100/[(V_1/L_1) + (V_2/L_2) + (V_3/L_3)]$$

여기서, L : 혼합가스의 연소한계(%)

L_1, L_2, L_3, $\cdots$, L_n : 각 가연성 가스의 폭발한계(%)

V_1, V_2, V_3, $\cdots$, V_n : 각 가연성 가스의 용량(%)

7 위험도 2016년 기사 2017년 기사 2018년 기사 2018년 산업기사 2019년 기사 2019년 산업기사 2020년 기사 2020년 산업기사 2021년 기사 2023년 기사 2023년 산업기사

① 어떤 가연성 가스가 화재 또는 폭발을 일으키는 위험성을 나타내는 척도
② 연소하한이 낮을수록 위험도가 크다.
③ 연소상한과 연소하한의 차이가 클수록 위험도가 크다.
④ 연소상한이 높을수록 위험도가 크다.

$$H = \frac{U - L}{L}$$

여기서, H : 위험도, U : 연소상한계, L : 연소하한계

바로바로 확인문제

에탄의 위험도는 약 얼마인가?(단, 에탄의 연소범위는 3.0~12.5vol%이다.)

① 3.16 ② 4.16

③ 9.5 ④ 4.75

해설 위험도(H) = [연소상한계(U) - 연소하한계(L)]/연소하한계(L)

(12.5-3.0)/3.0 = 3.16

답 ①

---

8 증기비중 2013년 기사 2020년 기사 2020년 산업기사 2021년 기사

① 어떤 온도와 압력에서 같은 부피의 공기무게와 비교한 값으로 증기비중이 1보다 큰 기체는 공기보다 무겁고 1보다 작으면 공기보다 가볍다.

$$증기비중 = \frac{증기분자량}{공기분자량} = \frac{증기분자량}{29}$$

② 수소, 메탄, 아세틸렌, 암모니아 등은 공기보다 가볍고, 에테르, 이황화탄소, 프로판, 부탄 등은 공기보다 무겁다.

9 연소점 〈암기〉 [2013년 기사] [2016년 산업기사] [2018년 기사]

① 인화성 액체가 공기 중에서 열을 받아 점화원이 있거나 점화원을 제거한 후에도 물질 자체의 지속적인 연소가 가능한 온도

② 액체인 경우 보통 <u>인화점보다 10℃ 정도 높은 온도</u>로서 연소상태가 5초 이상 유지될 수 있는 온도

③ 연소점이란 한번 발화된 후 연소를 지속시킬 수 있는 충분한 증기를 발생시키는 최저온도로서 인화점<연소점<발화점 순으로 온도가 높다.

10 비점

① 비등점이라고도 하며, 액체가 끓으면서 증발이 일어날 때의 온도

② 비점이 낮은 경우 액체가 쉽게 기화되며 증기발생이 쉽기 때문에 비점이 낮을수록 위험성이 커진다.

③ 비점이 낮으면 인화점이 낮은 경향이 있다.
  예 산화에틸렌, 아세트알데히드, 디에틸에테르 등

④ 비점이 낮은 물질은 서늘한 곳과 기화가 적게 일어나는 장소에 보관하여야 한다.

11 점도

① 점착과 응집력의 효과로 인한 흐름에 대한 저항의 측정수단이다.

② 점성이 낮아지면 유동성이 좋아지는 반면에 위험성이 증가한다.

③ 차량 엔진오일의 경우 점도가 낮아질수록 유동성이 좋지만 엔진의 회전수를 높여 고속주행하면 엔진 보호력이 떨어져 과열발생 우려가 있다.

12 잠열 [2020년 기사]

① 어떤 물질이 고체에서 액체로 변하거나 액체에서 기체로 변할 때 흡수하는 열

② 물질이 온도변화 없이 상태변화만 필요한 열량

③ 액체가 기체로 변할 때 출입하는 열을 증발잠열이라 하며, 고체에서 액체로 변할 때 출입하는 열을 융해잠열이라 한다.

④ 물의 융해잠열은 80cal/g이지만, 100℃에서의 증발잠열은 539cal/g이다.

⑤ 0℃의 물 1g이 100℃의 수증기가 되기까지는 약 639cal의 열량이 필요하며, 대부분의 물질은 잠열이 물보다 작다.

03 기체·액체·고체의 발화 및 소화 이론

1 인화성 기체의 발화

① 인화성 기체는 불티나 스파크, 라이터 등 외부화염에 의해 공기 중 연소하한과 연소상한의 한계농도 범위에서 용이하게 발화한다. 그러나 한계값은 온도나 압력, 산소의 농도 등에 따라 다르게 나타난다.

② 점화원 없이 인화성 가스−공기 혼합물의 온도가 충분히 높으면 자연발화할 수 있다. 이때 발화할 수 있는 최저온도를 자연발화온도(AIT)라고 하며, AIT는 가스의 부피, 농도에 따라 달라질 수 있다.

③ 자연발화온도는 부피가 크고 화학양론적인 인화성 가스−공기가 적절하게 혼합된 혼합물일수록 더 낮은 온도에서 발화할 수 있다.

④ 인화성 기체는 가연성 증기와 공기의 혼합에 의해 연소하는 것으로 <u>증기발생이라는 연소 전 단계가 필요</u>하며 발생된 증기와 공기의 혼합조성이 연소범위 내에 있을 때 발화가 가능하다.

2 액체의 발화

① 가연성 액체의 발화는 직접적인 점화원 접촉으로 가연성 증기에 불이 붙는 최저온도인 인화점에 도달해야 가능하며, 액체가 연소를 지속하려면 연소점을 유지하여야 한다.

② <u>분무상태의 액체는 다른 동일한 액체에 비해 쉽게 발화</u>한다. 분무상태에서는 공기와 접촉하는 <u>표면적이 넓기 때문</u>으로 물질 자체의 인화점보다 낮은 온도에서도 착화가 이루어질 수 있다.

③ 가연성 액체가 액체상태에서 산화하는 경우도 있는데 식물성 기름(대두유, 아마인유 등)이 다공성 물질인 헝겊 등에 스며든 상태로 있을 경우 산화열이 축적되어 발화할 수 있다.

3 고체의 발화

(1) 훈소발화

① 훈소는 불꽃 없이 연소하는 현상으로 숯을 만드는 열분해단계와 숯이 타는 연소단계로 구분한다.

② 열분해단계는 순수한 열적 과정이거나 산소와의 상호작용일 수 있다. 산소가 포함된 경우라면 산화열분해라고 하며, 반응물질의 에너지가 상대적으로 작고 생

성물질의 에너지가 큰 경우로서 이 반응이 진행되기 위해서는 주위로부터 열에너지를 흡수해야 하는 <u>흡열과정이 먼저 이루어져야</u> 한다.

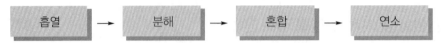

| 흡열 | → | 분해 | → | 혼합 | → | 연소 |

‖ 훈소 메커니즘 ‖

③ 대부분의 열가소성 물질은 훈소하지 못하며, 목재와 종이는 대표적인 훈소물질이다. 폴리우레탄폼과 같이 열경화성 중합체는 적당한 열을 가하면 숯이 생성되는데 훈소는 고체상태의 자립적인 발열과정이다.

④ 훈소발화에는 복사열에 의한 훈소발화, 고온 표면과 접촉하여 일어나는 훈소발화, 용접 슬래그나 담뱃불 등 고온 물체와 접촉하여 발생하는 훈소발화 등이 있는데 모두 즉시 발화하지 않고 축열을 거쳐 훈소할 수 있다.

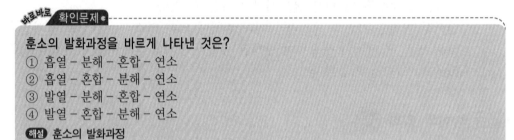

바로바로 확인문제

훈소의 발화과정을 바르게 나타낸 것은?
① 흡열 – 분해 – 혼합 – 연소
② 흡열 – 혼합 – 분해 – 연소
③ 발열 – 분해 – 혼합 – 연소
④ 발열 – 혼합 – 분해 – 연소

해설 훈소의 발화과정
　　흡열 – 분해 – 혼합 – 연소

답 ①

(2) 축열에 의한 자연발화

① 축열에 의한 자발적 연소는 <u>외부 점화원이 없는 훈소의 특별한 형태</u>이다.
② 축열은 어떤 물질이 화학반응을 일으켜 그 물질 주변으로 발열반응에 의해 온도가 상승하는 과정을 말한다.
③ 축열에 의한 물질에 반응열이 충분히 쌓이게 되면 내부온도가 상승하는데 주변온도가 높고 가연물의 표면적이 클수록 축열은 쉽게 조성된다.
④ 축열은 반드시 산화반응에서만 일어나는 것이 아니라 액체가 반응하여 고체로 되는 중합반응과 같은 여러 가지 다른 화학반응에 의해 일어날 수 있다.
⑤ 동물성이나 식물성 기름과 같은 유기물질은 불포화지방산이 포함된 이중결합으로 되어 있어 축열에 의한 자연발화가 가능하다.
⑥ 휘발유 또는 윤활유 같이 포화탄화수소가 포함된 물질은 불포화유지류보다 축열에 의한 반응성이 훨씬 낮다. 휘발유나 윤활유를 걸레나 섬유류에 적셔 방치하더라도 자체 축열로 발화하지 않는다.
⑦ 금속분이 적당한 조건하에서 산화하면 축열(산화열)을 통해 자체발화가 일어나 금속산화물이 된다.

(3) 축열로 인한 발화 메커니즘 암기

① 축열이 가능한 물질이 있어야 하고, 주변으로 열손실이 적어야 하며, 중심부의 온도가 주변 온도보다 높아야 한다.

② 발화가 일어날 만큼 축열이 이루어지려면 물질이 다공성, 삼투성(투과성, 침투성), 산화가능성을 모두 지니고 있어야 한다. 특히 가연물이 평평하게 펼쳐진 상태보다 쌓여 있거나 밀집된 상태가 열손실이 적고 내부 온도를 상승시킬 수 있다.

③ 축열로 인해 훈소가 진행되더라도 표면으로 연기가 분출되기까지 눈에 보이지 않을 수도 있다. 축열로 인한 징후는 가연물 표면으로 물이 응집되거나 눅눅해지는 현상이 나타나고 폐쇄된 공간이라면 썩은 냄새 또는 음식이 부패된 것 같은 냄새가 먼저 날 수도 있다.

④ 물질이 밀봉된 용기나 봉투 안에 있다면 산소의 공급이 원활하지 못해 축열의 필수조건의 하나인 삼투성이 제거되어 산화 및 발열이 일어나지 않을 수 있다. 산소의 공급이 중단되면 물질 안에 산화제가 있지 않는 한 산화 및 발열이 일어나지 않기 때문이다.

⑤ 축열에 의해 발화가 일어나는 주변온도는 보통 대기압 상온(20℃ 전후)에서이다.

(4) 훈소에서 유염연소로의 전이 암기

① 훈소과정에서 충분한 인화성 증기가 만들어지고 훈소지역으로 공기유입이 원활해지면 유염연소로 발전한다.

② 훈소가 유염연소로 발전하는데 걸리는 시간은 예측할 수 없다. 공기의 흐름변화와 다공성 물질의 침투환경 등이 서로 달라 며칠 또는 몇 개월에 이를 수 있기 때문이다.

③ 담뱃불이나 축열로 인한 훈소는 유염연소가 일어나기까지의 과정이 매우 느리게 진행된다. 그러나 일단 유염연소가 일어나면 가연물이 예열된 상태이므로 다른 발화원에 의한 것보다 연소가 빠르게 진행된다.

(5) 고체 가연물의 유염발화 2016년 산업기사

① 고체 가연물이 연소하려면 물질이 녹아서 기화하거나 가스나 증기로 열분해가 이루어져야 한다. 이때 가연물에 열이 가해져야 하는데 불티나 스파크, 고온 표면 등 유도된 화염이 존재하여야 한다.

② 고체의 발화온도 범위는 대략적으로 270~450℃이다. 비난연 플라스틱의 발화온도는 270~360℃이고, 목재 제품은 330~375℃이다.

③ 저밀도 물질은 고밀도 물질보다 더 빠르게 전도열을 전달한다. 따라서 고밀도 물질은 상대적으로 단열성과 차폐성이 좋다. 마찬가지로 합성수지인 저밀도 폼 플라스틱은 고밀도 플라스틱보다 발화가 빨리 진행된다.

④ 물질의 두께도 고체 가연물의 연소성을 좌우한다. 두께가 얇을수록 연소시간이 짧고, 두께가 두꺼울수록 연소시간이 길게 된다.

(6) 고체의 화염성 자연발화

① 유염발화원이 없을 경우 고체의 발화는 열에 의해 생성된 인화성 가스의 자연발화에 의해 발생한다.

② 복사열 전달에 의해 자연발화가 발생하려면 물질 표면에서 방출된 휘발성 물질이 공기와 접촉할 경우 자연발화온도 이상의 인화성 혼합물을 생성할 정도로 뜨거워야 한다. 반면 전도열로 가열된 경우 공기는 이미 고온이므로 휘발성 물질이 뜨거울 필요는 없다.

③ 분해속도가 큰 물질이 발화하는데 용이하지만 바람이 있으면 가스의 농도가 엷어져 발화가 이루어지는 데 어려움이 있다.

4 소화 이론

(1) 소화의 정의

물질이 연소할 때 연소의 3요소 중 어느 하나 또는 전부를 제거함으로써 연소를 중단시키는 것

(2) 연소조건에 따른 소화방법

분류	색 상	소화방법	적응 소화기
일반화재(A급)	백색	냉각소화	물, 산알카리, 강화액, 포
유류·가스화재(B급)	황색	질식소화	분말, CO_2, 할로겐, 포
전기화재(C급)	청색	질식소화	CO_2, 할로겐, 분말
금속화재(D급)	무색	질식소화	마른모래

※ **주방화재(K급)** : 주방에서 동식물유를 취급하는 조리기구에서 일어나는 화재

(3) 소화의 원리

물리적 소화	• 냉각시켜 소화하는 방법(연소에너지 한계에 의한 소화) • 강풍으로 날려 소화하는 방법(화염의 불안정화에 의한 소화) • 혼합물성의 조성변화를 시켜 소화하는 방법(농도한계에 의한 소화)
화학적 소화	• 분말소화약제로 소화하는 방법 • 할로겐화합물 소화약제로 소화하는 방법

(4) 소화의 형태

① 냉각소화 : 다량의 물을 이용하여 냉각하여 소화하는 방법

② 질식소화 : 공기 중의 산소농도를 15% 이하로 떨어뜨려 소화하는 방법

③ 제거소화 : 가연물을 화원으로부터 제거하여 소화하는 방법

④ 부촉매효과 : 연쇄반응을 차단시켜 소화하는 방법

⑤ 희석소화 : 고체·액체·기체의 분해가스나 농도를 낮추어 소화하는 방법

⑥ 에멀션효과 : 물을 무상으로 방수하여 유류 표면에 유막(emulsion)을 형성하여 공기를 차단시켜 소화하는 방법

(5) 소화약제의 특징

① 물 소화약제

　㉠ 가격이 싸고 구입이 용이

　㉡ 냉각 및 희석소화 작용이 우수

　㉢ 동결방지제로 주로 에틸렌글리콜 사용

② 이산화탄소 소화약제

　㉠ 산소와 더 이상 반응하지 않기 때문에 질식효과 우수

　㉡ 상온에서 용기에 액체상태로 저장하며 방출 시 기화

　㉢ 충전비 1.5 이상

③ 할로겐화합물 소화약제

　㉠ 3대 효과 : 냉각, 질식, **부촉매 효과 우수**

　㉡ 금속에 대한 부식성이 작다.

　㉢ 전기의 불량도체로 전기절연성 우수

　㉣ 인체에 독성이 있다(할론 1301이 가장 안전).

④ 분말 소화약제

구 분	주성분	색 상	적응화재
제1종 분말	탄산수소나트륨($NaHCO_3$)	–	B, C
제2종 분말	탄산수소칼륨($KHCO_3$)	담회색	B, C
제3종 분말	인산암모늄($NH_4H_2PO_4$)	담홍색 또는 황색	A, B, C
제4종 분말	탄산수소칼륨($KHCO_3$)+요소($KHCO_3+(NH_2)_2CO$)	–	B, C

바로바로 확인문제

미국방화협회(NFPA)에서 분류되고 있는 K급 화재의 설명으로 옳은 것은?

① 수계 소화방법이 권장된다.

② 일본에서는 D급 화재로 분류되어 있다.

③ 주방에서 튀김 중 발생한 화재는 이에 포함된다.

④ 국내의 경우 C급 화재로 분류되어 있다.

해설 K급 화재는 주방에서 동식물유 등 튀김을 취급하는 과정에서 일어나는 화재를 말한다.　　답 ③

출제예상문제

* ✠표시 : 중요도를 나타냄

01 연소의 정의를 가장 바르게 나타낸 것은?

① 산화물을 생성하는 산화결합반응
② 열과 빛을 수반한 산화발열반응
③ 탄소와 수소의 화합반응
④ 전도와 대류의 융합반응

해설 연소는 빛과 열을 발생하는 산화발열반응이다.

02 연소의 정의로 맞는 것은?

① 빛과 열을 발생하는 산화환원반응
② 빛과 열을 발생하는 산화발열반응
③ 산소와 화합하여 연소하는 치환반응
④ 빛과 열을 발생하는 산화흡열반응

해설 연소란 빛과 열을 발생하는 산화발열반응이다.

03 산화반응에 대한 설명으로 옳지 않은 것은?

① 수소를 얻는 현상
② 전자를 잃는 현상
③ 산소와 화합하는 현상
④ 산화수가 증가하는 현상

해설 산화반응
　㉠ 산소와 화합하는 현상
　㉡ 전자를 잃는 현상
　㉢ 수소를 잃는 현상
　㉣ 산화수가 증가하는 현상

04 연소현상에 대한 설명으로 가장 알맞은 것은 어느 것인가?

① 빛과 열을 수반하는 산화반응
② 산소와 반응하는 이상반응

③ 가연성 가스를 발생하기 위한 촉매반응
④ 이산화탄소와 질소의 발열반응

해설 연소현상은 빛과 열을 수반하는 것으로 산화반응을 말한다.

05 환원에 대한 설명으로 맞는 것은?

① 산소를 얻는 현상
② 전자를 얻는 현상
③ 수소를 잃는 현상
④ 산화수가 증가하는 현상

해설 환원
　㉠ 산소를 잃는 현상
　㉡ 전자를 얻는 현상
　㉢ 수소를 얻는 현상
　㉣ 산화수가 감소하는 현상

06 다음 중 연소반응이 가장 쉽게 일어나는 조건으로 옳은 것은?

① 산화가 어려운 물질
② 인화점이 높은 물질
③ 열전도율이 큰 물질
④ 활성화에너지가 작은 물질

해설 활성화에너지가 작을수록 열의 축적이 용이하여 연소가 쉽게 일어난다.

07 다음 중 산화성 물질이 아닌 것은?

① 금속분　　　　② 산화질소
③ 과산화물　　　④ 과염소산

해설 환원성 물질에는 아닐린, 아민류, 알코올류, 알데히드류, 유지, 유황, 인, 탄소, 아세틸렌, 금속가루 등이 있다.

Answer 01.② 02.② 03.① 04.① 05.② 06.④ 07.①

08 다음 화학물질 중 환원제에 속하는 것은?

① 질산　　　　　② 과산화수소
③ 과염소산칼륨　④ 수소

해설 질산, 과산화수소, 과염소산칼륨은 강산화제이다.

09 연소의 3요소가 아닌 것은?

① 가연물　　　② 산소
③ 점도　　　　④ 발화원

해설 연소의 3요소
가연물, 점화원, 산소공급원

10 다음 중 산소공급원이 될 수 없는 것은?

① 공기　　　　　② 산화제
③ 환원제　　　　④ 바람

해설 환원제는 산소를 잃는 현상으로 산소공급원으로 작용할 수 없다.

11 연소의 3요소 중 점화원이 아닌 것은?

① 연소열　　　② 용해열
③ 흡착열　　　④ 아크열

해설 흡착열은 물체에 수분이 응결되면서 형성되는 열로 점화원이 될 수 없다.

12 다음 중 산소와 화합하지 않는 것은?

① Mg　　　　② Cu
③ Al　　　　　④ Ar

해설 아르곤(Ar)은 산소와 화합하지 않는 불활성 기체인 O족 원소(He, Ne, Ar, Kr, Xe, Rn)에 해당한다.

13 다음 중 연소의 3요소에 해당하지 않는 것은?

① 연쇄반응　　② 산소
③ 점화원　　　④ 가연물

해설 연쇄반응은 연소의 4요소에 해당한다.

14 다음 중 가연물로 작용하는 물질로 옳은 것은?

① 질소
② 일산화탄소
③ 네온
④ 헬륨

해설 일산화탄소는 연소할 수 있는 물질이지만 질소와 O족 원소는 가연물이 될 수 없다.

15 다음 중 연소의 3요소가 아닌 것은?

① 가연물
② 점화원
③ 점도
④ 산소

해설 연소의 3요소는 가연물, 점화원, 산소공급원이다.

16 다음 중 불연성 가스는 어느 것인가?

① 메탄
② 프레온
③ 암모니아
④ 일산화탄소

해설 프레온가스는 불연성 가스로 냉장고, 에어컨 등의 냉매로 쓰인다.

17 질소가 연소하지 않는 이유로 맞는 것은?

① 연소속도가 낮기 때문
② 흡열반응을 하기 때문
③ 불꽃을 내지 않기 때문
④ 발열량이 적기 때문

해설 질소는 흡열반응을 하기 때문에 연소하지 않는다.

Answer　08.④　09.③　10.③　11.③　12.④　13.①　14.②　15.③　16.②　17.②

18 연소현상에 대한 설명으로 적절하지 않은 것은?

① 금속을 장기간 방치하면 공기 중의 산소와 산화반응을 일으켜 산화철이 되는데 이 현상도 넓은 의미의 연소반응에 해당한다.
② 연소범위가 넓을수록 폭발 위험성도 증가한다.
③ 가연물, 점화원, 산소공급원을 연소의 3요소라고 한다.
④ 연소반응을 지속하기 위하여 가연물을 계속 활성화시켜야 한다.

해설 금속이 산소와 접촉하여 산화철이 되는 현상은 일종의 산화반응이지만 산화열이 매우 낮아 연소를 할 수 없으므로 연소반응이 아니다.

19 가연물의 구비조건으로 옳지 않은 것은?

① 발열량이 작을 것
② 연쇄반응을 일으킬 수 있을 것
③ 열의 축적이 용이할 것
④ 활성화에너지가 작을 것

해설 가연물의 조건
　㉠ 산소와 친화력이 좋고 표면적이 클 것
　㉡ 산화되기 쉽고 발열량이 클 것
　㉢ 열전도율이 작을 것
　㉣ 연쇄반응이 일어나는 물질일 것
　㉤ 활성화에너지가 작을 것

20 다음 중 연소가 가능한 물질로 맞는 것은?

① 크립톤
② 일산화탄소
③ 라돈
④ 질소

해설 일산화탄소는 가연물로 연소가 가능하다. 크립톤과 라돈은 불활성 기체(O족)이고, 질소는 흡열반응을 하며 연소되지 않는다.

21 점화원의 종류 중 기계적 점화원이 아닌 것은 어느 것인가?

① 마찰열
② 고온표면
③ 연소열
④ 나화

해설 기계적 점화원에는 나화, 고온표면, 단열압축, 충격, 마찰 등이 있다.
연소열은 화학적 점화원이다.

22 점화원의 종류가 아닌 것은?

① 기계적인 열
② 기화열
③ 화학적인 열
④ 전기적인 열

해설 점화원의 종류
　㉠ 기계적 점화원 : 나화, 고온표면, 단열압축, 충격, 마찰 등
　㉡ 전기적 점화원 : 저항열, 유도열, 유전열, 아크열, 정전기 등
　㉢ 화학적 점화원 : 연소열, 분해열, 용해열, 자연발화 등

23 연소하기 쉬운 가연물의 특성으로 맞는 것은 어느 것인가?

① 산소와의 친화력이 적을 것
② 활성화에너지가 클 것
③ 열전도율이 낮을 것
④ 비표면적이 작을 것

해설 연소하기 쉬운 가연물의 특성
　㉠ 산소와의 친화력이 클 것
　㉡ 활성화에너지가 작을 것
　㉢ 열전도율이 낮을 것
　㉣ 비표면적이 클 것

24 완전연소와 불완전연소에 대한 설명으로 옳은 것은?

① 완전연소할 때 화염의 온도가 높다.
② 불완전연소할 때 연기의 색은 무색이다.
③ 화염의 색은 공기의 유입량과 상관관계가 없다.
④ 일산화탄소가 연소하면 적색불꽃을 발생한다.

해설 ② 불완전연소할 때 연기의 색은 검정색이다.
③ 화염의 색은 공기의 유입량에 따라 변화한다.
④ 일산화탄소가 연소하면 청색불꽃을 발생한다.

Answer　18.① 19.① 20.② 21.③ 22.② 23.③ 24.①

25 흡열반응을 하는 물질로 가연물에 함유량이 많을수록 발열량이 감소되는 것은?

① 이산화탄소　　　　② 황
③ 일산화탄소　　　　④ 질소

해설 질소는 산소와 흡열반응을 한다.

26 다음 중 점화원으로 작용하는 것은?

① 연소열　　　　　　② 흡착열
③ 기화열　　　　　　④ 융해열

해설 점화원으로 작용할 수 없는 것
흡착열, 기화열, 융해열

27 공기 중의 수분이 고체와 접촉 시 수분이 응결될 때 방출되는 열은?

① 기화열　　　　　　② 흡착열
③ 승화열　　　　　　④ 융해열

해설 공기 중의 수분이 고체인 물체에 흡착할 때 수분이 응결되면서 잠열을 방출하는데 이 열은 흡착열이다.

28 다음 중 점화원이 될 수 없는 것끼리 바르게 짝지어진 것은?

① 용해열 – 기화열　　② 연소열 – 기화열
③ 분해열 – 융해열　　④ 흡착열 – 융해열

해설 점화원으로 작용할 수 없는 것
흡착열, 기화열, 융해열

29 공기 중 산소가 차지하고 있는 비율로 옳은 것은? (단, 중량비)

① 19%　　　　　　　② 21%
③ 23%　　　　　　　④ 25%

해설 공기 중 산소가 차지하고 있는 체적비는 21%이며, 중량비는 23%를 차지하고 있다.

30 다음 중 산소공급원의 역할을 하는 물질은?

① 과산화나트륨　　　② 황린
③ 칼륨　　　　　　　④ 디에틸에테르

해설 과산화나트륨(Na_2O_2)은 제1류 위험물로 가열하면 분해하여 산소를 발생시킨다. 황린(P_4)과 칼륨(K)은 3류 위험물(금수성)이며, 디에틸에테르는 4류 위험물 중 특수인화물에 해당한다.

31 다음 중 산소공급원이 될 수 없는 것은?

① 환원제　　　　　　② 바람
③ 산화제　　　　　　④ 니트로셀룰로오스

해설 산소공급원에는 공기, 지연성 가스(산소, 염소 등), 산화제, 자기반응성 물질(니트로셀룰로오스 등)이 있다.

32 가연성 가스가 아닌 것은?

① 수소　　　　　　　② 프로판
③ 염소　　　　　　　④ 부탄

해설 산소나 염소는 지연성 가스에 해당한다.

33 불완전연소를 설명한 것으로 맞지 않는 것은?

① 가스량이 과다할 경우 발생한다.
② 산소공급이 원활할 경우 발생한다.
③ 연소된 폐가스의 배출이 원활하지 못할 경우 발생한다.
④ 공기공급이 불충분할 경우 발생한다.

해설 산소공급이 원활하면 완전연소하게 된다.

34 점화원과 관계가 없는 것은?

① 기화열　　　　　　② 저항열
③ 나화　　　　　　　④ 유도열

해설 기화열은 액체가 기체로 변할 때 발생하는 열로 점화원과 관계없다.

Answer　25.④　26.①　27.②　28.④　29.③　30.①　31.①　32.③　33.②　34.①

35 다음 중 전기적 점화원이 아닌 것은?

① 저항열　　　　　② 정전기
③ 유도열　　　　　④ 고온표면

해설 고온표면은 기계적 점화원에 해당한다.

36 물질의 연소위험성을 나타낸 것으로 옳지 않은 것은?

① 비중이 낮을수록 위험성이 크다.
② 비점이 높을수록 위험성이 크다.
③ 융점이 낮을수록 위험성이 크다.
④ 점도가 낮을수록 위험성이 크다.

해설 끓는점이 낮으면 증기발생이 용이하여 위험성이 커진다. 즉 비점이 낮을수록 위험성이 커진다.

37 전기적 점화원이 아닌 것은?

① 저항열　　　　　② 단열압축
③ 유전열　　　　　④ 유도열

해설 단열압축은 기계적 점화원에 해당한다.

38 점화원을 나열한 것 중 그 분류가 다른 것 끼리 연결된 것은?

① 저항열 – 유전열　② 나화 – 충격, 마찰
③ 연소열 – 용해열　④ 분해열 – 정전기

해설 분해열은 화학적 점화원이고, 정전기는 전기적 점화원이다.
① 저항열 – 유전열 → 전기적 점화원
② 나화 – 충격, 마찰 → 기계적 점화원
③ 연소열 – 용해열 → 화학적 점화원

39 다음 중 점화원으로 작용 가능한 것은?

① 흡착열　　　　　② 용해열
③ 융해열　　　　　④ 기화열

해설 용해열은 화학적 점화원이다.

40 다음 중 기계적 점화원에 해당하는 것은?

① 압축열　　　　　② 분해열
③ 연소열　　　　　④ 자연발열

해설 기계열
나화, 고온표면, 단열압축, 충격, 마찰 등

41 다음 중 기계적 점화원으로 올바르게 짝지어진 것은?

① 고온표면 – 연소열　② 충격 – 마찰
③ 나화 – 표면연소　　④ 단열압축 – 용해열

해설 충격, 마찰은 기계적 점화원에 해당한다.

42 다음 중 저항열을 이용한 것이 아닌 것은?

① 전구　　　　　　② 전기다리미
③ 전자조리기　　　④ 전기장판

해설 전자조리기는 유도가열을 이용한 것이다.

43 유전가열을 이용한 것으로 맞는 것은?

① 모발건조기　　　② 전기장판
③ 냉장고　　　　　④ 전자레인지

해설 물질을 구성하고 있는 각각의 분자는 불규칙적인 (+)와 (−)를 가지고 있다. 전기장을 가하면 교번적으로 분자들끼리 충돌하면서 마찰열을 발생시키는데 이때 발생한 열이 유전열로서 이 원리를 이용한 것이 전자레인지이다.

44 도체 주위에 변화하는 자장이 존재하거나 도체가 자장 사이를 통과하여 전위차가 발생하고 이 전위차에 전류의 흐름이 일어나 도체의 저항에 의하여 열이 발생하는 것은 어느 것인가?

① 유도가열　　　　② 유전가열
③ 저항열　　　　　④ 자속열

해설 유도가열에 대한 설명이다.

Answer　35.④　36.②　37.②　38.④　39.②　40.①　41.②　42.③　43.④　44.①

45 백열전구에서 발생하는 열은 어느 것을 의미하는가?

① 자기열
② 유도열
③ 유전열
④ 저항열

해설 백열전구의 필라멘트(도체)에 전류가 흘렀을 때 전기저항이 발생하는데 이를 저항열이라고 한다.

46 어떤 물질이 완전히 산화되는 과정에서 발생하는 열을 무엇이라고 하는가?

① 연소열
② 용해열
③ 승화열
④ 자연발열

해설 ① 연소열 : 어떤 물질이 완전히 산화되는 과정에서 발생하는 열
② 용해열 : 어떤 물질이 액체로 용해될 때 발생하는 열
③ 승화열 : 어떤 물질이 기체로 승화될 때 발생하는 열
④ 자연발열 : 어떤 물질이 외부로부터 열을 받지 않고도 스스로 온도가 상승할 때 발생하는 열

47 기체가 가장 액화하기 쉬운 상태를 나타낸 것으로 맞는 것은?

① 고온, 고압의 상태
② 저온, 고압의 상태
③ 고온, 저압의 상태
④ 저온, 저압의 상태

해설 기체는 저온, 고압의 상태에서 액화가 쉽다(도시가스, 프로판 등).

48 공기 중의 산소량을 체적비로 나타낸 것은?

① 21%
② 23%
③ 25%
④ 18%

해설 공기 중의 산소 체적비는 21%이다.

49 다음 중 정상연소를 바르게 표현한 것은?

① 공기공급이 불충분하거나 기상조건이 좋지 않아 급격히 연소하는 현상
② 공기공급이 충분하여 열의 방산속도가 최고조에 이르는 현상
③ 연료-공기의 혼합비가 불균형적이고 열의 발생속도와 방산속도를 능가하는 경우
④ 연료-공기의 혼합비가 균형적이고 열의 발생속도와 방산속도가 일정한 경우

해설 정상연소란 연료-공기의 혼합비가 균형적이고 열의 발생속도와 방산속도가 일정한 경우를 말한다.

50 밀폐된 곳에서 공기가 불충분하거나 산소 과잉 등으로 열의 발생속도가 방산속도를 능가하는 경우는 무엇인가?

① 접염연소
② 플래시오버
③ 비정상연소
④ 불완전연소

해설 비정상연소는 공기가 불충분하거나 산소 과잉 등으로 열의 발생속도가 방산속도를 능가하는 경우 연소속도가 급격하게 증가하여 폭발적으로 연소하는 현상이다.

51 고체의 연소형태가 아닌 것은?

① 표면연소
② 확산연소
③ 분해연소
④ 증발연소

해설 **고체의 연소형태**
표면연소, 증발연소, 분해연소, 자기연소

52 기체의 연소형태끼리 바르게 연결된 것은?

① 예혼합연소 – 증발연소
② 증발연소 – 분해연소
③ 증발연소 – 확산연소
④ 예혼합연소 – 확산연소

해설 기체의 연소형태에는 확산연소와 예혼합연소가 있다.

Answer 45.④ 46.① 47.② 48.① 49.④ 50.③ 51.② 52.④

53 양초의 연소형태에 해당하는 것은?

① 확산연소　　　② 작열연소
③ 액면연소　　　④ 승화연소

해설 양초의 성분인 파라핀은 가열하면 액상으로 변화한 후 기화하는 증발연소에 해당한다. 한편 촛불이 연소할 때 발생한 가스는 주위로 퍼져나가면서 산소와 접촉한 부분으로 연소가 이루어지므로 보기 문항에서는 확산연소와 가깝다.

54 액체의 연소형태가 아닌 것은?

① 등심연소　　　② 확산연소
③ 증발연소　　　④ 분해연소

해설 확산연소는 기체의 연소형태에 속한다. 등심연소는 연료를 심지로 빨아 올려 심지 표면에서 증발시켜 발생한 가연성 증기를 확산연소 시키는 것으로 석유스토브나 램프의 연소가 있다.

55 다음 중 분해연소를 하지 않는 물질은?

① 질산에스테르류
② 목재
③ 플라스틱
④ 석탄

해설 질산에스테르류는 제5류 위험물에 해당하는 물질로 외부로부터 산소의 공급 없이도 자기연소를 한다.

56 다음 중 연소의 성질이 같은 것끼리 연결된 것으로 올바른 것은?

① 유황 – 나프탈렌
② 가솔린 – 코크스
③ 마그네슘 – 합성수지류
④ 알코올 – 메탄

해설 유황 – 나프탈렌은 고체가연물 중 증발연소에 해당한다.
② 가솔린(증발연소) – 코크스(표면연소)
③ 마그네슘(표면연소) – 합성수지류(분해연소)
④ 알코올(증발연소) – 메탄(확산연소)

57 응축상태의 연소를 의미하는 것은?

① 불꽃연소　　　② 작열연소
③ 분해연소　　　④ 폭발연소

해설 응축상태의 연소는 고비점 액체 생성물과 타르가 연소하는 형태를 의미하는 것으로 작열연소를 말한다.

58 작열연소를 하는 물질이 아닌 것은?

① 숯　　　　　　② 금속분
③ 가솔린　　　　④ 목탄

해설 작열연소 물질
목탄, 연탄, 숯, 코크스, 금속분 등

59 산소와 흡열반응을 하는 물질로 연료에 함유량이 많을수록 발열량이 감소하는 것은?

① 수소　　　　　② 질소
③ 탄소　　　　　④ 염소

해설 질소는 산소와 흡열반응을 함에 따라 발열량이 감소한다.

60 다음 중 작열연소의 특징으로 틀린 것은?

① 표면화재라고도 한다.
② 방출열량이 작다.
③ 불꽃이 발생하지 않는다.
④ 연소속도가 느리다.

해설 작열연소는 고비점의 액체 생성물과 타르가 응축되어 공기 중에서 연기를 발생하며 연소하며 심부화재라고도 한다. 표면화재는 불꽃연소를 말한다.

61 액체 가연물의 증발연소에 해당하지 않는 것은?

① 가솔린　　　　② 에테르
③ 벙커C유　　　④ 알코올

해설 벙커C유는 분해연소에 해당한다.

Answer　53.① 54.② 55.① 56.① 57.② 58.③ 59.② 60.① 61.③

62 가연성 가스의 연소형태로 맞는 것은?

① 작열연소
② 확산연소
③ 증발연소
④ 자기연소

해설 메탄, 프로판 등 가연성 가스는 확산연소를 한다.

63 불꽃연소를 나타낸 것으로 맞는 것은?

① 표면화재
② 심부화재
③ 응축연소
④ 작열연소

해설 불꽃연소는 표면화재를 말한다. 심부화재, 응축연소는 모두 작열연소를 의미하는 것이다.

64 확산연소에 해당하는 것으로 바른 것은?

① 나프탈렌 – 니트로화합물
② 유황 – 코크스
③ 메탄 – 프로판
④ 프로판 – 알코올

해설 메탄 – 프로판은 확산연소에 해당한다.

65 예혼합연소에 해당하지 않는 것은?

① 내연기관의 혼합기
② 산소용접
③ 가스버너
④ 나프탈렌

해설 예혼합연소란 가연성 물질과 산화제(공기)가 미리 혼합된 상태에서 점화원에 의해 연소하는 것으로 화염면이 고온의 반응면을 형성하여 스스로 전파해 나간다. 내연기관의 혼합기, 산소용접, 가스버너 등이 이에 해당한다.

66 다음 중 고체의 연소형태가 아닌 것은?

① 표면연소
② 분해연소
③ 자기연소
④ 예혼합연소

해설 고체는 표면연소, 증발연소, 분해연소, 자기연소로 구분된다. 예혼합연소는 가연성 기체의 연소형태이다.

67 일반적으로 가연성 액체의 위험성을 판단하는 척도로 사용되는 것은?

① 발화점
② 착화점
③ 연소점
④ 인화점

해설 가연성 액체의 위험성을 판단하는 척도는 인화점으로 나타낸다.

68 다음 고체 가연물 중 표면연소에 해당하는 것은?

① 유황
② 메탄
③ 셀룰로이드류
④ 숯

해설 고체 가연물의 표면연소
숯, 코크스, 목탄, 마그네슘 등

69 인화점에 대한 설명으로 틀린 것은?

① 연소가 지속적으로 이루어지는 최저온도이다.
② 연료의 조성과 비중에 따라 차이가 있다.
③ 반드시 점화원이 존재하여야 한다.
④ 가연성 액체의 발화와 관계가 있다.

해설 연소가 지속적으로 이루어지는 최저온도는 연소점을 나타낸 것이다.

70 다음 중 인화점에 대한 설명으로 맞지 않는 것은?

① 점화원 없이 축적된 열에 의해 발화한다.
② 가연성 액체의 위험성을 판단하는 척도이다.
③ 반드시 점화원이 존재하여야 한다.
④ 연료의 조성 및 비중에 따라 달라진다.

해설 점화원 없이 축적된 열에 의해 발화하는 것은 발화점의 특징이다.

71 나프탈렌의 연소형태를 나타낸 것으로 옳은 것은?

① 표면연소
② 증발연소
③ 분해연소
④ 작열연소

Answer 62.② 63.① 64.③ 65.④ 66.④ 67.④ 68.④ 69.① 70.① 71.②

해설 황이나 나프탈렌의 연소는 고체의 증발연소를 나타낸 것이다.

72 다음 설명 중 옳지 않은 것은?

① 연소속도가 빠를수록 위험하다.
② 활성화에너지가 작을수록 위험하다.
③ 인화점이 높을수록 위험하다.
④ 발화점이 낮을수록 위험하다.

해설 ㉠ 인화점, 착화점, 융점, 비점 → 낮을수록 위험하다.
㉡ 온도, 압력 → 높을수록 위험하다.

73 인화점에 대한 설명으로 잘못된 것은?

① 가연성 증기가 연소범위의 하한에 달하는 최저온도이다.
② 점화원 접촉 시 가연성 증기에 불이 붙는 최저온도이다.
③ 가연성 액체의 위험도를 판단하는 척도이다.
④ 통상 인화점이라 함은 상부인화점을 말한다.

해설 통상 인화점이라 함은 하부인화점을 지칭한다.

74 발화점에 대한 설명으로 틀린 것은?

① 분자구조가 복잡할수록 발화점이 낮아진다.
② 발화점이 높으면 위험성이 커진다.
③ 발열량이 크면 발화점이 낮아진다.
④ 산소와 친화력이 클수록 발화점이 낮아진다.

해설 발화점이란 외부의 직접적인 점화원 접촉 없이도 가열된 열의 축적으로 발화가 이루어지고 연소가 되는 최저온도를 말한다. 착화온도라고도 하며 발화점과 열전도율이 낮을수록 위험성이 높아진다.

75 물체의 발화점이 낮아지는 조건으로 맞는 것은?

① 분자의 구조가 간단할 것
② 발열량이 작을 것

③ 압력이 작을 것
④ 열전도율이 작을 것

해설 **물체의 발화점이 낮아지는 조건**
㉠ 분자의 구조가 복잡할 것
㉡ 발열량이 클 것
㉢ 산소와 친화력이 클 것
㉣ 압력과 화학적 활성도가 클 것
㉤ 열전도율이 작을 것

76 다음 중 발화점을 의미하는 것으로 옳은 것은 어느 것인가?

① 확산점
② 착화점
③ 연소점
④ 인화점

해설 발화점은 발화원과 완전히 격리된 상태에서 스스로 발화하는 것으로 착화점이라고도 한다.

77 발화온도가 낮은 것에서 높은 순서로 옳게 나타낸 것은?

① 셀룰로이드 < 명주 < 나무(목재)
② 나무(목재) < 셀룰로이드 < 명주
③ 나무(목재) < 명주 < 셀룰로이드
④ 셀룰로이드 < 나무(목재) < 명주

해설 셀룰로이드(180℃) → 나무(400~450℃) → 명주(650℃)

78 가연물의 조건으로 가장 거리가 먼 것은?

① 열전도율이 작을 것
② 활성화에너지가 클 것
③ 비표면적이 클 것
④ 산소와 친화력이 좋을 것

해설 **가연물의 조건**
㉠ 산소와 친화력이 좋고 표면적이 클 것
㉡ 산화되기 쉽고 발열량이 클 것
㉢ 열전도율이 적을 것
㉣ 연쇄반응이 일어나는 물질일 것
㉤ 활성화에너지가 작을 것

Answer 72.③ 73.④ 74.② 75.④ 76.② 77.④ 78.②

79 불꽃연소와 작열연소에 대한 설명으로 틀린 것은?

① 불꽃연소는 완전연소하며, 작열연소는 불완전연소를 한다.
② 작열연소는 연쇄반응이 없고, 불꽃연소는 연쇄반응이 발생한다.
③ 작열연소는 고에너지를 나타내고, 불꽃연소는 저에너지를 나타낸다.
④ 불꽃연소는 작열연소보다 발열량이 크다.

해설 작열연소는 불꽃 없이 연소하기 때문에 저에너지를 나타내고, 불꽃연소는 표면화재를 일으키기 때문에 고에너지를 나타낸다.

80 가연성 액체의 인화와 발화에 대한 설명으로 틀린 것은?

① 인화는 착화원이 필요하다.
② 인화는 가연성 혼합계에서 점화원의 크기가 좌우한다.
③ 발화는 물질농도와 에너지 조건이 필요하다.
④ 발화는 가연성 혼합계를 외부에서 가열하는 것이다.

해설 인화는 가연성 액체의 농도조건이 좌우하기 때문에 매우 작은 점화원으로도 착화가 가능하다.

81 발화점의 특징을 설명한 것으로 맞지 않는 것은?

① 착화점, 발화점, 착화온도라고도 한다.
② 발화점은 같은 물질이더라도 조건에 따라 다를 수 있다.
③ 점화원 접촉 없이 연소가 가능한 최저온도이다.
④ 연소가 일어나는 데 필요한 혼합가스의 농도범위를 온도로 표시한 것이다.

해설 연소가 일어나는 데 필요한 혼합가스의 농도범위는 연소범위 또는 폭발범위를 나타낸 것이다.

82 다음 중 인화점이 가장 낮은 것은?

① 디에틸에테르　　② 아세톤
③ 시안화수소　　　④ 이황화탄소

해설 ① 디에틸에테르(−45℃)
② 아세톤(−20℃)
③ 시안화수소(−18℃)
④ 이황화탄소(−30℃)

83 발화점이 낮아지는 조건으로 틀린 것은?

① 압력과 화학적 활성도가 클 것
② 발열량이 클 것
③ 산소와 친화력이 클 것
④ 열전도율이 높을 것

해설 열전도율이 낮을수록 발화점이 낮아진다.

84 인화성 액체가 공기 중에서 열을 받아 점화원을 제거한 후에도 지속적인 연소가 가능한 온도를 무엇이라고 하는가?

① 연소점　　　　　② 인화점
③ 산화점　　　　　④ 착화점

해설 연소점은 인화성 액체가 공기 중에서 열을 받아 점화원이 있거나 점화원을 제거한 후에도 지속적인 연소가 가능한 온도를 말하며, 인화점보다 10℃ 높고 연소를 5초 이상 유지할 수 있는 온도를 말한다.

85 다음 중 발화점이 가장 낮은 물질은?

① 수소　　　　　　② 경유
③ 이황화탄소　　　④ 가솔린

해설 이황화탄소의 발화점은 100℃로 가장 낮다.

86 다음 중 발화온도가 가장 높은 것은?

① 메탄　　　　　　② 프로판
③ 이소부탄　　　　④ 노르말헥산

해설 메탄(650~750℃), 프로판(460~520℃), 이소부탄(460℃), 노르말헥산(225℃)

Answer　79.③　80.②　81.④　82.①　83.④　84.①　85.③　86.①

87 화염속도에 대한 설명으로 옳지 않은 것은?

① 화염이 이동해 가는 속도를 말한다.
② 화염속도는 크기에 따라 폭연과 폭굉으로 구분한다.
③ 화염속도에는 미연소 가연성 혼합기의 이동속도가 포함되어 있다.
④ 화염속도는 미연소 가연성 혼합기의 이동속도를 뺀 실제로 화염이 전파해 가는 속도이다.

해설 미연소 가연성 혼합기의 이동속도를 뺀 실제로 화염이 전파해 가는 속도는 연소속도의 정의를 나타낸 것이다.

88 휘발유의 발화점을 바르게 나타낸 것은?

① 465℃   ② 280℃
③ 362℃   ④ 256℃

해설 ① 아세톤(465℃)
② 가솔린(280℃)
③ 에틸알코올(362℃)
④ 경유(256℃)

89 연소속도에 영향을 미치는 요소로 바르지 않은 것은?

① 연소점   ② 산화반응속도
③ 가연물의 온도   ④ 압력

해설 연소속도에 영향을 미치는 요소
㉠ 가연물의 온도
㉡ 산소 농도에 따라 가연물질과 접촉하는 속도
㉢ 산화반응을 일으키는 속도
㉣ 촉매
㉤ 압력

90 연소속도를 바르게 나타낸 것은?

① 화염속도＋미연소 가연성 혼합기의 이동속도
② 화염속도－미연소 가연성 혼합기의 이동속도
③ 화염속도×미연소 가연성 혼합기의 이동속도
④ 화염속도÷미연소 가연성 혼합기의 이동속도

해설 연소속도＝화염속도－미연소 가연성 혼합기의 이동속도

91 화염속도와 연소속도에 대한 설명이다. 옳지 않은 것은?

① 열전도율이 크면 연소속도는 감소한다.
② 연소속도는 미연소 가연성 혼합기의 이동속도를 뺀 실제로 화염이 전파해 가는 속도이다.
③ 화염속도는 연소속도에 미연소 가연성 혼합기의 이동속도를 포함한다.
④ 온도와 압력이 증가하면 연소속도도 증가한다.

해설 열전도율이 크고 온도와 압력이 상승하면 연소속도는 빨라진다.

92 연소속도에 영향을 주는 요인이 아닌 것은?

① 촉매   ② 압력
③ 산화반응속도   ④ 마찰

해설 연소속도에 영향을 미치는 요인
㉠ 가연물의 온도
㉡ 산소 농도에 따라 가연물질과 접촉하는 속도
㉢ 산화반응을 일으키는 속도
㉣ 촉매
㉤ 압력

93 다음 설명 중 바르지 않은 것은?

① 가연물은 두꺼운 것보다 얇은 것일수록 열흡수가 빨라서 발화가 용이하다.
② 착화성이 낮은 물질이라도 가열속도가 강하면 발화한다.
③ 물질의 연소성은 표면적에 의해서만 좌우한다.
④ 가연물이 복수로 뒤섞여 있는 경우 물질끼리 복사나 축열 등의 영향으로 연소성이 높아진다.

해설 물질의 연소성은 가연물의 비표면적, 공기공급 상태, 형상, 가열속도 등에 따라 달라진다.

Answer 87.④ 88.② 89.① 90.② 91.① 92.④ 93.③

01 화재조사론

94 점화원에 대한 설명으로 옳은 것은?

① 온도가 높을수록 최소점화에너지는 높아진다.
② 가스와 공기의 혼합비율이 연소하한계에 가까울수록 점화에너지는 작아진다.
③ 가스와 공기의 혼합비율이 연소상한계에 가까울수록 점화에너지는 작아진다.
④ 연소범위 내에 있는 가연성 가스는 정전기 등의 약한 에너지로도 점화될 수 있다.

해설 연소범위를 연소한계, 폭발한계라고도 하며 메탄, 프로판 등 가연성 가스가 연소범위 내에 존재할 경우 정전기 등의 작은 에너지에 의해 점화할 수 있다.

95 폭발범위를 나타낸 것으로 틀린 것은?

① 연소에 필요한 혼합가스의 농도범위이다.
② 연소가 성립하는데 필요한 농도 및 압력의 상한계와 하한계의 사이이다.
③ 연소한계 또는 가연한계라고도 한다.
④ 하한계가 높고 상한계가 낮을수록 위험성이 증가한다.

해설 폭발범위는 하한계가 낮고 상한계가 높을수록 위험성이 증대된다.

96 연소범위에 영향을 미치는 요소에 대한 설명으로 틀린 것은?

① 온도가 높아질수록 연소범위는 넓어진다.
② 압력이 높아지면 하한값은 크게 변하지 않으나 상한값은 높아진다.
③ 고온·고압의 경우 연소범위는 넓어진다.
④ 혼합기를 이루는 공기의 산소농도가 높을수록 연소범위는 좁아진다.

해설 가연성 혼합기를 이루는 공기의 산소농도가 높을수록 연소범위는 증가한다.

97 가연성 증기가 공기와 혼합되었을 때 연소범위가 가장 넓은 물질은?

① 아세틸렌 ② 수소
③ 프로판 ④ 일산화탄소

해설 ① 아세틸렌(2.5~82)
② 수소(4.1~75)
③ 프로판(2.1~9.5)
④ 일산화탄소(12.5~75)

98 프로판 50vol%, 메탄 30vol%, 수소 20vol%의 조성으로 혼합된 가연성 연료가 공기 중에 존재한다고 할 때 이 연료가스의 연소하한계(LFL)는 얼마인가? (단, 프로판의 LFL은 2.1vol%, 메탄의 LFL은 5vol%, 수소의 LFL은 4vol%이다.)

① 2.27vol% ② 2.87vol%
③ 3.97vol% ④ 4.07vol%

해설 2종류 이상의 가연성 가스가 혼합되었을 때 연소 한계값은 르 샤틀리에 공식을 적용한다.
$$L = 100/[(V_1/L_1)+(V_2/L_2)+(V_3/L_3)]$$
여기서, L : 혼합가스의 연소한계(vol%)
V_1, V_2, V_3 : 각 가연성 가스의 용량 (vol%)
L_1, L_2, L_3 : 각 가연성 가스의 연소한계 (vol%)
$L = 100/(50/2.1)+(30/5)+(20/4)$
$= 2.87$vol%

99 프로판의 연소범위로 맞는 것은?

① 5.0~15 ② 2.1~9.5
③ 7~37 ④ 3.5~20

해설 ① 메탄(5.0~15)
② 프로판(2.1~9.5)
③ 메틸알코올(7~37)
④ 에틸알코올(3.5~20)

100 최소착화에너지를 구하는 공식으로 옳은 것은?

① $1/2 CV$ ② $1/2 CV^2$
③ $1/2 CV^3$ ④ $1/2 CV^{\frac{1}{2}}$

해설 $E = 1/2 CV^2$
여기서, E : 최소착화에너지(mJ)
C : 콘덴서 용량(F)
V : 전압(V)

101 위험도를 설명한 것으로 옳지 않은 것은?

① 연소 상한과 하한의 차이가 좁을수록 위험도가 크다.
② 연소상한이 높을수록 위험도가 크다.
③ 가연성 가스의 연소 또는 폭발을 일으키는 척도이다.
④ 연소하한이 낮을수록 위험도가 크다.

해설 위험도는 연소 상한과 하한의 차이가 클수록 위험도가 크다.

102 다음 가연성 물질 중 위험도가 가장 높은 것은?

① 에틸렌   ② 에테르
③ 아세틸렌   ④ 수소

해설 가연성 물질의 위험도는 연소 하한과 상한의 차이가 가장 큰 것을 찾으면 된다.
① 에틸렌(3.0∼33.5)
② 에테르(1.7∼48)
③ 아세틸렌(2.5∼82)
④ 수소(4.1∼75)

103 증기밀도를 구하는 식을 바르게 나타낸 것은?

① 분자량/25   ② 분자량/27
③ 분자량/28   ④ 분자량/29

해설 증기밀도=증기비중=분자량/29

104 유류화재와 관련된 용어의 설명으로 틀린 것은?

① 인화점은 외부로부터 에너지를 받아서 착화 가능한 최저온도를 말한다.
② 발화점은 외부로부터 점화에너지 공급 없이 물질 스스로 착화되는 최저온도를 말한다.
③ 증기밀도는 공기의 분자량을 가연성 물질의 분자량으로 나눈 값을 말한다.
④ 연소점은 화염이 꺼지지 않고 지속되는 최저 온도를 말한다.

해설 증기밀도는 가연성 물질의 분자량을 공기의 분자량으로 나눈 값을 말한다.

105 다음 중 공기보다 가벼운 물질은?

① 이황화탄소
② 프로판
③ 에테르
④ 일산화탄소

해설 이황화탄소, 프로판, 에테르는 공기보다 무겁다. 일산화탄소는 증기비중이 0.97로 작아 공기보다 가볍다.

106 일산화탄소에 대한 설명으로 옳지 않은 것은 어느 것인가?

① 공기와의 혼합가스는 점화원에 의해 폭발적으로 연소한다.
② 산소가 완전연소 시 화학양론의 1/4일 때 가장 많이 발생한다.
③ 물에 녹기 쉽고 발화점은 609℃이다.
④ 화재발생 시 항상 발생하며, 산소가 부족하면 불완전연소로 발생한다.

해설 일산화탄소는 물에 녹기 어렵고, 비중은 0.97, 연소범위는 12.5∼74%이다.

107 두 종류 이상의 가연성 증기가 혼합되었을 때 연소한계를 구하는 법칙은?

① 일정성분비의 법칙
② 르 샤틀리에의 법칙
③ 헨리의 법칙
④ 돌턴의 법칙

해설 두 종류 이상의 가연성 가스 또는 가연성 증기의 혼합물이 혼합되었을 때 연소한계값을 구하는 법칙은 르 샤틀리에의 법칙이다.

108 일산화탄소의 증기비중으로 맞는 것은?

① 1.52   ② 2.52
③ 0.97   ④ 0.55

해설 증기비중=증기분자량/29=28/29=0.97

Answer 101.① 102.③ 103.④ 104.③ 105.④ 106.③ 107.② 108.③

109 연소점에 대한 설명으로 옳지 않은 것은?

① 인화점 및 발화점보다 높다.
② 연소가 지속적으로 확산될 수 있는 최저온도이다.
③ 점화원을 제거한 후에도 계속 발화하는 온도이다.
④ 액체인 경우 인화점보다 10℃ 정도 높은 온도를 나타낸다.

해설 연소점은 인화점보다 높고 발화점보다 낮다.

110 다음 설명 중 옳지 않은 것은?

① 물질이 액체에서 기체로 변할 때 흡수하는 열을 잠열이라고 한다.
② 비점이 높을수록 위험성이 커진다.
③ 산화에틸렌과 디에틸에테르는 인화점과 비점이 낮아 위험이 크다.
④ 물질의 점성이 낮아지면 위험성이 증가한다.

해설 비점은 낮을수록 위험성이 커진다.

111 이산화탄소의 증기비중으로 맞는 것은?

① 1.52　　　　② 2.52
③ 0.97　　　　④ 0.55

해설 증기비중=증기분자량/29=44/29=1.52

112 물의 기화열을 바르게 나타낸 것은?

① 250cal/g　　② 350cal/g
③ 439cal/g　　④ 539cal/g

해설 물의 기화열은 증발잠열을 의미하는 것으로 539cal/g이다.

113 0℃의 물 1g이 100℃의 수증기로 되는데 필요한 열량은?

① 539cal　　　② 639cal
③ 619cal　　　④ 719cal

해설 물이 수증기로 상태변화할 때 필요한 잠열은 539cal/g이며, 물의 온도를 1℃ 올리는 데 필요한 비열은 1cal/g이다. 따라서 0℃의 물 1g을 100℃의 수증기로 만드는 데 필요한 열량은 639cal가 된다.

114 위험물질의 위험성을 나타낸 것이다. 바르지 않은 것은?

① 비중이 클수록 위험하다.
② 비등점이 낮아지면 위험하다.
③ 점성이 낮아지면 위험하다.
④ 융점이 낮아지면 위험하다.

해설 위험물질의 위험성
　㉠ 비중이 낮을수록 위험하다.
　㉡ 비등점이 낮아지면 위험하다.
　㉢ 점성이 낮아지면 위험하다.
　㉣ 융점이 낮아지면 위험하다.

115 물의 기화잠열 539kcal란 무엇을 의미하는 것인가?

① 100℃의 물 1g을 수증기로 변화하는 데 필요한 열량이다.
② 0℃의 물 1g이 100℃ 물로 변화하는 데 필요한 열량이다.
③ 0℃의 물 1g이 얼음으로 변화하는 데 필요한 열량이다.
④ 0℃의 얼음이 1g의 물로 변화하는 데 필요한 열량이다.

해설 물의 기화잠열이란 100℃의 물 1g을 수증기로 변화하는 데 필요한 열량이다.

116 인화성 기체의 발화특성으로 틀린 것은?

① 프로판, 수소, 아세틸렌은 공기와 혼합하면 점화원에 의해 무염연소한다.
② 인화성 기체는 불티나 스파크에 의해 쉽게 발화한다.
③ 점화원 없이도 인화성 기체와 공기가 혼합상태로 온도가 높으면 자연발화가 가능하다.
④ 폭발의 상한과 하한의 차이가 20% 이상인 것은 가연성 가스로 분류하고 있다.

해설 프로판, 수소, 아세틸렌은 공기와 혼합하면 점화원에 의해 불꽃연소를 하며 발열량이 좋고 소화하기 어려운 특징을 가지고 있다.

117 인화에 대한 설명으로 틀린 것은?

① 인화성 기체의 위험은 항상 점화원의 존재를 전제로 한다.
② 인화성 기체는 증기에 착화하는 것으로 액체가 연소하는 현상과 구별된다.
③ 가연성 액체는 항상 용기 안에 고여 있을 때 가장 위험하다.
④ 가연성 액체는 연소점에 이르러야 지속적인 화염을 유지할 수 있다.

해설 인화성 액체는 분무상태로 표면적이 넓게 퍼져 있을 때 쉽게 발화할 수 있고 물질 자체가 지니고 있는 인화점보다 낮은 온도에서도 인화될 수 있어 위험하다.

118 다음 설명 중 가장 옳지 않은 것은?

① 가연성 가스의 압력이 상승하면 연소범위가 넓어진다.
② 온도가 상승하면 반응속도가 크게 된다.
③ 폭발은 개방계보다 밀폐계에서 압력이 크다.
④ 가연성 액체의 위험성은 액체 자체가 연소하는 데 있다.

해설 가연성 액체의 위험성은 액체가 연소하는 것이 아니라 증기가 연소하는 데 있다.

119 가연성 액체의 발화에 대한 설명이다. 틀린 것은?

① 일반적으로 가연성 액체의 인화점은 발화점보다 낮다.
② 대두유가 섬유에 흡착된 상태로 있으면 액체 상태에서도 산화가 촉진될 수 있다.
③ 가연성 액체가 용기에 있을 때 보다 공기 중에 부유하고 있으면 위험이 커진다.
④ 가연성 액체 표면에서 연소하는 인화점은 상부인화점을 의미한다.

해설 가연성 액체의 온도가 상승하면 그 표면의 가연성 기체의 농도가 상승하여 연소하한계에 도달하는데 이를 하부인화점이라 한다. 상부인화점은 가연성 액체의 온도가 더욱 상승하여 연소범위를 초과한 기상상태가 되는 것으로 점화원의 유무에 관계없이 위험이 없어지게 된다.

120 훈소할 수 있는 물질이 아닌 것은?

① 종이
② 나무
③ 폴리프로필렌
④ 담배

해설 종이 · 목재 · 담배는 훈소할 수 있으나, 열가소성 플라스틱은 훈소하지 않는다.

121 다음 중 훈소가 가능한 물질이 아닌 것은?

① 종이
② 열가소성 플라스틱
③ 목재
④ 담배

해설 불꽃 없이 깊숙하게 타 들어가는 형태인 훈소는 종이, 목재, 담배 등의 물질에서 발생할 수 있다. 열가소성 플라스틱은 훈소가 불가능하다.

122 훈소가 발생하는 열분해 과정 중 가장 먼저 이루어져야 하는 현상은?

① 혼합   ② 분해
③ 흡열   ④ 연소

해설 열분해 단계는 주위로부터 열에너지를 흡수해야 하는 흡열과정이 먼저 이루어져야 한다.

123 고체의 축열로 인한 발화현상을 설명한 것으로 부적당한 것은?

① 축열로 형성된 열이 주위로 방산되면 훈소발화의 위험이 있다.
② 축열은 주변 온도와 가연물의 크기 등에 따라 양상이 다르다.
③ 축열은 반드시 산화반응에서만 일어나는 것이 아니다.
④ 가연물의 표면적이 클수록 축열은 쉽게 조성된다.

해설 축열로 형성된 열이 주위로 방산(放散)되면 훈소발화의 위험이 감소한다. 축열로 생성된 반응열은 주변으로 발산되지 못할 때 열이 더욱 상승하여 발화위험성이 커지게 된다.

Answer 117.③ 118.④ 119.④ 120.③ 121.② 122.③ 123.①

124 축열에 의한 자연발화를 나타낸 것으로 옳지 않은 것은?

① 식물성 기름은 불포화지방산의 이중결합으로 축열에 의한 자연발화가 가능하다.
② 윤활유를 섬유류에 적셔 방치하더라도 자체 축열로 발화하지 않는다.
③ 포화탄화수소가 포함된 물질은 불포화유지류보다 축열반응성이 훨씬 높다.
④ 물질의 화학반응 또는 중합반응으로도 일어날 수 있다.

해설 탄소와 탄소의 단일결합 구조인 포화탄화수소는 불포화유지류보다 축열반응성이 훨씬 낮다. 따라서 휘발유나 윤활유를 섬유류에 적셔 방치하더라도 자체 축열로 발화하지 않는다.

125 다음 중 훈소의 발화형태가 아닌 것은?

① 복사열에 의한 훈소발화
② 고온 표면과의 접촉에 의한 훈소발화
③ 담뱃불 같은 고온 물체와의 접촉에 의한 훈소발화
④ 플라스틱 쓰레기통 표면과의 훈소발화

해설 플라스틱 쓰레기통에서 일어나는 훈소발화는 내부에 담뱃불 같은 불씨가 버려져 종이류 등에 착화한 경우가 해당한다. 플라스틱 쓰레기통 표면과는 훈소발화가 일어나지 않는다.

126 축열로 인한 발화조건에 해당하지 않는 것은?

① 삼투성
② 다공성
③ 평형성
④ 산화 가능성

해설 축열로 발화가 이루어지려면 가연물의 삼투성(투과성 또는 침투성), 다공성, 산화가능성이 우수하여야 한다. 또한 생성된 반응열은 주변 온도보다 높아야 하기 때문에 평형성은 관계가 없다.

127 축열로 인한 발화조건에 대한 설명으로 틀린 것은?

① 주변으로 열손실이 적어야 한다.
② 쌓여 있거나 밀집된 상태는 열손실이 많아 축열이 곤란하다.
③ 축열의 징후로 가연물 표면이 눅눅해 지거나 얼룩이 나타날 수 있다.
④ 물질이 밀봉된 용기 안에 있으면 산소공급 부족으로 발열 가능성이 낮아진다.

해설 축열로 발화가 일어나려면 가연물이 평평하게 펼쳐진 상태보다 쌓여 있거나 밀집된 상태가 열손실이 적고 내부 온도를 상승시킬 수 있어 발화가 용이해진다.

128 훈소에서 유염발화를 일으키는 주된 원인으로 맞는 것은?

① 다공성 물질이 열을 흡수하였을 때
② 탄화수소 물질이 많이 함유되었을 때
③ 훈소영역으로 갑자기 신선한 공기가 유입되었을 때
④ 공기의 흐름이 막혀 열이 증가했을 때

해설 훈소를 하다가 유염발화를 일으키는 것은 훈소지역으로 갑자기 공기 유입이 이루어지면서 훈소가 격렬해지기 때문이다.

129 훈소에 대한 설명으로 옳지 않은 것은?

① 훈소는 보통 대기압 상온보다 낮은 온도에서 많이 발생한다.
② 훈소가 확대되어 새로운 공기 유입이 이루어지면 유염연소로 발전한다.
③ 훈소에서 유염연소하기까지의 시간은 예측하기 어렵다.
④ 훈소에서 발염에 이르기까지의 과정은 느리지만 유염착화하면 빠르다.

해설 훈소는 보통 대기압 상온에서 발생한다. 주위온도가 너무 낮거나 수분의 과다, 공기의 흐름이 너무 양호한 경우 등은 훈소에 의한 발화가 곤란해진다.

130 고체 가연물의 연소성을 설명한 것으로 옳지 않은 것은?

① 고밀도 물질은 저밀도 물질보다 연소성이 빠르다.
② 고밀도 물질은 열에 대한 단열성과 차폐성이 좋다.
③ 고체의 발화온도 범위는 대략적으로 270~450℃이다.
④ 물질의 두께도 고체 가연물의 연소성에 영향을 준다.

해설 고밀도 물질은 저밀도 물질보다 연소성이 느리기 때문에 단열재로 많이 쓰인다.

131 소화약제의 성질로 가장 맞지 않는 것은?

① 독성이 없어야 한다.
② 부식성이 없어야 한다.
③ 분말인 경우 소화약제가 굳거나 덩어리지지 않아야 한다.
④ 수용액인 경우 침전물과 용액의 분리 등이 발생하여야 한다.

해설 수용액의 경우 침전물 없이 용액의 분리 등이 발생하지 않고 안정적이어야 한다.

132 다음 중 물리적 소화방법에 해당하지 않는 것은?

① 할로겐화합물 소화약제를 사용하는 방법
② 냉각소화
③ 강풍으로 화염을 날려 버리는 방법
④ 혼합물성의 조성변화를 시켜 소화하는 방법

해설 할로겐화합물 소화약제 사용은 화학적 소화방법에 해당한다.

133 공기 중 산소농도를 희박하게 하여 소화하는 방법으로 맞는 것은?

① 희석소화   ② 제거소화
③ 냉각소화   ④ 질식소화

해설 공기 중 산소농도를 15% 이하로 떨어뜨려 소화하는 방법은 질식소화이다.

134 질식소화와 관계없는 것은?

① 분말약제 방사
② 물분무설비 사용
③ CO_2 사용
④ 가스밸브 차단

해설 가스밸브 차단은 가연물을 제거하는 제거소화 방법이다.

135 가연물의 연쇄반응을 차단하기 위하여 공기 중의 산소를 얼마 이하로 하여야 하는가?

① 15%   ② 18%
③ 20%   ④ 21%

해설 공기 중의 산소농도를 15% 이하로 하여야 질식소화된다.

136 다음 중 물리적 소화방법이 아닌 것은?

① 강풍으로 날려 소화하는 방법
② 냉각시켜 소화하는 방법
③ 분말 소화약제로 소화하는 방법
④ 혼합물성의 조성변화로 소화하는 방법

해설 분말 소화약제로 소화하는 방법은 화학적 작용을 이용한 소화방법이다.

137 금속화재의 소화약제로 가장 적당한 것은?

① 이산화탄소 소화약제
② 마른 모래
③ 분말 소화약제
④ 할로겐화합물

Answer 130.① 131.④ 132.① 133.④ 134.④ 135.① 136.③ 137.②

해설 금속화재의 적응성 있는 소화약제는 마른 모래이다.

138 할로겐화합물 소화약제의 주된 소화작용은?

① 부촉매   ② 냉각
③ 질식   ④ 제거

해설 할로겐화합물의 주된 소화작용은 부촉매 효과로 연쇄반응을 차단하기 때문에 억제작용이라고도 한다.

139 소화방법을 설명한 것으로 가장 부적당한 것은?

① 가솔린은 증기를 제거하거나 공기를 차단시킨다.
② 수용성인 알코올은 포소화설비를 사용한다.
③ 석유류는 물을 이용한 냉각소화를 한다.
④ 제3종 분말 소화약제는 일반, 유류, 전기 화재에 적응성이 있다.

해설 석유류에 물을 이용하면 연소면이 확대되어 위험성이 커진다.

140 이산화탄소 소화기의 충전비는?

① 1.5 이상   ② 1.8 이상
③ 1.9 이상   ④ 2.2 이상

해설 이산화탄소 소화기의 충전비는 1.5 이상이다.

141 다음은 화학적 소화에 대한 설명이다. 올바른 것은?

① 화학적 소화약제에는 수성막포와 물 소화약제 등이 있다.
② 화학적 소화약제는 훈소연소에 효과가 우수하다.
③ 할로겐화 탄화수소는 원자 수의 비율이 클수록 효과가 좋다.
④ 화학적 소화약제는 연쇄반응을 촉진시키는 효과가 있다.

해설 ① 화학적 소화약제에는 할로겐화합물 소화약제, 이산화탄소 소화약제 등이 있다.
② 화학적 소화약제는 불꽃연소에 효과가 우수하다.
③ 할로겐화 탄화수소는 원자 수의 비율이 클수록 효과가 좋다.
④ 화학적 소화약제는 연쇄반응을 억제시키는 효과가 있다.

142 냉각 및 질식 소화 효과를 가장 크게 하기 위한 방법으로 적당한 것은?

① 직사 주수한다.
② 봉상 주수한다.
③ 무상 주수한다.
④ 무상과 봉상 주수를 병행한다.

해설 물과 접촉할 수 있는 표면적을 증대시킨 안개상의 분무 주수인 무상 주수가 가장 우수하다.

143 분말 소화약제의 주된 소화작용으로 맞는 것은?

① 냉각작용   ② 억제작용
③ 제거작용   ④ 질식작용

해설 분말 소화약제의 가장 주된 소화작용은 질식작용이다.

144 물 소화약제의 특징으로 거리가 먼 것은?

① 가격이 저렴
② 억제작용
③ 냉각 및 희석 작용 우수
④ 구입 용이

해설 억제작용은 할로겐화합물 소화약제의 특징이다.

145 화염의 불안정화에 의한 소화방법에 해당하는 것은?

① 목재류에 물을 뿌려서 소화하는 방법
② 알코올 화재 시 물을 뿌려 알코올 농도를 40% 이하로 떨어뜨리는 방법
③ 촛불을 입으로 소화하는 방법
④ 할론 소화기로 소화하는 방법

해설 화염의 불안정화에 의한 소화는 화염을 불어서 소화시키는 방법을 말한다.

146 이산화탄소 소화약제에 대한 설명이다. 가장 거리가 먼 것은?

① 용기에 액체상태로 저장하며, 방출 시 기화
② 충전비 1.5 이상
③ 산소와 반응성이 없고, 질식효과 우수
④ 밀폐된 곳에서 사용해도 인체 무해

해설 이산화탄소는 밀폐된 곳에서 사용할 경우 질식 우려가 있고, 인체에 접촉할 경우 동상의 위험이 있다.

147 이산화탄소 소화약제의 특징으로 옳지 않은 것은?

① 전기설비에 사용이 가능하다.
② 부식우려가 없고 소화 후 흔적이 없다.
③ 가압용 가스가 필요하다.
④ 잔류물을 남기지 않아 증거보존이 가능하여 화재조사가 용이하다.

해설 이산화탄소 소화약제는 자체 압력으로 소화가 가능하여 가압할 필요가 없다.

148 이산화탄소의 주된 소화효과는 무엇인가?

① 냉각효과   ② 질식효과
③ 부촉매효과   ④ 억제효과

해설 이산화탄소는 질식소화효과가 우수하다.

149 물 소화약제의 동결방지제로 적합한 것은 어느 것인가?

① 글리세린
② 에틸렌글리콜
③ 염화칼슘
④ 암모니아

해설 물의 동결방지제로 적합한 것은 에틸렌글리콜이다. 글리세린은 빙점(어는점)이 높아 부적합하다.

150 제3종 분말 소화약제인 인산암모늄이 열분해로 생성되는 물질이 아닌 것은?

① HPO_3 ② NH_3
③ H_2O ④ P_2O_5

해설 $NH_4H_2PO_4 \rightarrow HPO_3 + NH_3 + H_2O$

151 목재에 화재가 발생한 경우 다량의 물을 뿌려 기대되는 효과로 맞는 것은?

① 냉각소화작용
② 부촉매소화작용
③ 희석소화작용
④ 질식소화작용

해설 종이, 목재 등 일반 가연물은 화재 시 물로 인한 냉각작용이 우수하다.

152 다음 중 소화방법이 다른 하나는?

① 물을 뿌려 알코올의 농도를 떨어뜨려 소화하는 방법
② 산소농도를 15% 이하로 만들어 소화하는 방법
③ 석유류 액면에 물방울을 불어 넣어서 에멀션 효과에 의해 소화하는 방법
④ 연쇄반응 차단을 위해 할론 소화기를 사용하는 방법

해설 ①, ②, ③은 농도한계에 의한 소화방법이며, ④는 화학작용에 의한 소화방법이다.

153 다음 물질 중 소화약제로 사용하기에 부적당한 것은?

① 수증기
② 아르곤
③ 이산화탄소
④ 일산화탄소

해설 일산화탄소는 연소가 가능한 가연물로서 소화약제로서의 기능을 할 수 없다.

Answer 146.④ 147.③ 148.② 149.② 150.④ 151.① 152.④ 153.④

154 다음 중 유기화합물의 성질로서 맞지 않는 것은?

① 연소하면 물과 이산화탄소를 생성한다.
② 이온결합으로 구성되어 있고, 비전해질이 많다.
③ 유기화합물 상호간에 반응속도는 비교적 느리다.
④ 물에 녹는 것보다 유기용매에 녹는 것이 많다.

해설 유기화합물의 특징
㉠ 연소하면 물과 이산화탄소를 생성한다.
㉡ 화학적 결합은 공유결합이다.
㉢ 반응속도가 비교적 느리다.
㉣ 물에는 불용이며 유기용매에 용해된다.

155 물이 다른 액상의 소화약제에 비해 비등점이 높은 이유로 맞는 것은?

① 물은 극성 공유결합을 하기 때문이다.
② 물은 비극성 공유결합을 하기 때문이다.
③ 물은 이온결합을 하기 때문이다.
④ 물은 배위결합을 하기 때문이다.

해설 물의 비점이 100℃로 높은 이유는 극성 공유결합을 하고 있기 때문이다.

156 희석소화 방법에 해당하는 것은?

① 촛불을 입으로 불어 끈다.
② 가연성 증기를 날려 버린다.
③ 수용성 알코올에 물을 붓는다.
④ 발화점 이하로 냉각시킨다.

해설 수용성인 아세톤이나 알코올류에 물을 혼합한 것이 희석작용이다. 촛불을 입으로 불어 소화하는 방법은 증기를 날려버리는 제거소화 방법이다.

Answer 154.② 155.① 156.③

Chapter 03 화재론

01 화재 개론

1 화재의 정의

사람의 의도에 반하거나 고의에 의해 발생하는 연소현상으로서 소화설비 등을 사용하여 소화할 필요가 있거나 또는 사람의 의도에 반해 발생하거나 확대된 화학적인 폭발현상을 말한다.

2 화재의 특성

우발성·확대성·불안정성 등이 있다.

3 화재의 분류

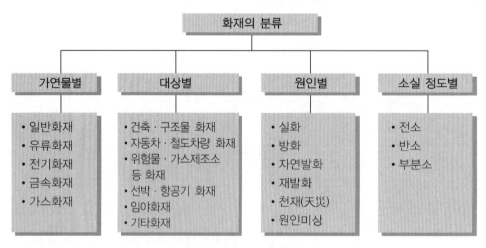

화재의 분류

가연물별	대상별	원인별	소실 정도별
• 일반화재 • 유류화재 • 전기화재 • 금속화재 • 가스화재	• 건축·구조물 화재 • 자동차·철도차량 화재 • 위험물·가스제조소 등 화재 • 선박·항공기 화재 • 임야화재 • 기타화재	• 실화 • 방화 • 자연발화 • 재발화 • 천재(天災) • 원인미상	• 전소 • 반소 • 부분소

(1) 가연물별 분류

① 일반화재[A급(class A)-백색] : 연소 후 재를 남기는 일반화재를 말한다.
　예 목재, 섬유류, 종이, 석탄, 고무 등

② 유류·가스화재[B급(class B)-황색] : 유류와 가스는 연소 후 재를 남기지 않는 화재로 작은 점화원에도 착화가 용이하고 발열량이 우수하다. (2013년 기사)

　예 가솔린, 아세톤, 등유, 알코올, MEK, 프로판, 메탄 등

③ 전기화재[C급(class C)-청색] : 전기 시설물인 배전반, 분전반, 옥내배선, 배선용 차단기, 콘센트 등 전기시설물에서 발생한 화재를 말한다. (2018년 산업기사)

　예 단락, 과부하, 누전 등

④ 금속화재[D급(class D)-무색] : 칼륨, 나트륨, 마그네슘분, 알루미늄분 등 가연성 금속류가 연소하는 화재이다. 칼륨, 나트륨, 리튬 등의 알칼리금속은 산소와의 친화력이 좋고 물과 접촉하면 폭발력이 강한 수소를 발생하므로 물이나 강화액 등 수계(水系) 소화약제의 사용을 금한다. (2014년 기사)

! 꼼.꼼. check! ▶ 암기

분 류	국내(KS B 6259)	미국방화협회(NFPA 10)	국제표준기구(ISO 7165)	색 상
A급	목재, 종이, 섬유 등	목재, 종이, 섬유 등	불꽃을 내는 유기물질, 고체물질 화재	백색
B급	유류 및 가스화재	유류 및 가스화재	액체 또는 액화하는 고체로 인한 화재	황색
C급	전기화재	전기화재	가스화재	청색
D급	금속화재	금속화재	금속화재	무색
K급	–	튀김기름을 포함한 조리화재	–	–
F급	–	–	튀김기름을 포함한 조리화재	–

※ 국내 화재안전기준은 주방화재를 K급으로 분류하고 있다.

(2) 대상별 분류

① **건축·구조물 화재** : 건축물, 구조물 또는 그 수용물이 소손된 것

② **자동차·철도차량 화재** : 자동차, 철도차량 및 피견인차량 또는 그 적재물이 소손된 것

③ **위험물·가스제조소 등 화재** : 위험물제조소 등, 가스제조·저장·취급시설 등이 소손된 것

④ **선박·항공기 화재** : 선박, 항공기 또는 그 적재물이 소손된 것

⑤ **임야화재** : 산림, 야산, 들판의 수목, 잡초, 경작물 등이 소손된 것

⑥ **기타화재** : 위의 분류에 해당되지 않는 화재

(3) 원인별 분류 (2014년 기사)

① **실화(accidental fire)** : 일반인이 통상 지켜야 할 주의 의무를 다하지 못한 결과 소홀함에 기인한 것을 말한다. 과실여부에 따라 중실화와 경실화로 구분되고 있다.

② 방화(arson) : 일반건조물, 일반물건에 불을 놓아 인적, 물적 피해를 발생시키는 고의적 작위(作爲)행위를 말한다.

③ 자연발화(spontaneous combustion) : 물과 습기 또는 공기 중에서 물질 스스로 화학반응을 일으켜 물질 자신이 발열하여 연소하는 현상이다.

④ 재발화(rekindling fire) : 화재진압 후 다시 화재가 개시된 경우이다.

⑤ 천재(天災) : 낙뢰, 지진, 해일 등 자연적 재해로 화재가 발생한 경우이다.

⑥ 원인미상(fire of unknown origen) : 원인을 알 수 없거나 원인을 발견하지 못한 경우를 말한다.

(4) 소실 정도별 분류 암기 [2014년 기사] [2015년 기사] [2018년 기사] [2018년 산업기사] [2019년 산업기사] [2022년 기사] [2023년 기사] [2023년 산업기사]

소실 정도	내 용
전소 (70% 이상)	건물의 70% 이상(입체면적에 대한 비율을 말한다)이 소실되었거나 또는 그 미만이라도 잔존부분을 보수하여도 재사용이 불가능한 것
반소 (30% 이상 70% 미만)	건물의 30% 이상 70% 미만이 소실된 것
부분소 (30% 미만)	전소 및 반소화재에 해당되지 아니하는 것

바로바로 **확인문제**

화재를 분류한 것 중 전소를 나타낸 것으로 옳지 않은 것은?
① 60% 이상 소실되었으나 재사용이 가능한 것
② 건물이 70% 이상 소실된 것
③ 건물이 50% 소실되어 잔존부분을 보수해도 재사용이 불가능한 것
④ 지붕, 주계단, 기둥 등이 완전 소실되어 복구 불가능한 것

해설 전소란 건물의 70% 이상이 소실되었거나 그 미만이라도 잔존부분을 보수하여 재사용이 불가능한 것이다. 60% 이상 소실되었으나 재사용이 가능한 것은 반소에 해당한다. 답 ①

02 화재의 양상

1 건물화재 암기

(1) 건물화재의 개요

① 내장재나 가구를 구성하고 있는 고분자물질 중심의 유기재료가 연소하는 현상

② 가연물은 종이, 헝겊, 목재와 같은 천연고분자와 화학섬유, 발포성형품 등의 합성 고분자가 대부분

③ 연소개시 → 수분증발 → 열분해 → 훈소 또는 발염의 과정으로 진행

(2) 건축물의 화재양상

① 가연물에 발화된 후 수직 입상재에 착화되어 천장으로 확대

② 열기류가 전면적으로 확대된 후 벽면을 따라 하강하거나 또 다른 방면으로 연소확대

③ 본격적인 화재로의 성장여부는 입상재를 거쳐 천장으로 착화하느냐 착화하지 않느냐가 결정한다.

④ 실내에서 천장까지 연소확산된 상태를 출화라고 하며 이 시기에는 소화가 곤란하다.

(3) 목조건물화재 암기 2018년 산업기사

보통 목조건물은 타기 쉬운 가연물로 되어 있기 때문에 순식간에 Flash-over에 도달하고 온도도 급격히 상승한다. 또한 골조가 목조로 되어 있고 개구부도 많기 때문에 공기유동이 좋아 격렬히 연소하여 최성기에 도달하며 그때의 온도는 최고 1,100℃를 넘게 된다. 최성기를 지나면 건물은 급속히 타버리고 냉각되면서 온도가 저하된다. 이와 같이 목조건물의 화재특징은 고온단기형으로 나타난다.

화재
원인 → 무염
착화 → 발염
착화 → 발화 → 최성기 → 연소
낙하 → 진화

┃ 목조건물의 화재진행과정 ┃

① **화재원인 → 무염착화** : 화재원인은 발생하는 장소에 따라 차이가 있다. 유류 등의 인화는 곧 발염착화가 일어나지만 고체인 경우 무염착화한 후 발염에 이르는 경우가 많다.

② **무염착화 → 발염착화** : 화재가 발생한 장소, 가연물의 종류, 바람의 상태 등이 화재의 진행을 좌우한다.

③ **발염착화 → 발화** : 여기서 발화라는 것은 가구의 일부가 발염발화한 상태가 아니라 천장에 불이 닿아 화염이 확산되는 시기를 말한다.

④ **발화 → 최성기** : 발화상황에 이르게 되면 화재진행속도는 빨라진다. 연기의 색깔은 처음에는 백색이지만 차츰 흑색으로 변하고 나중에는 창문 및 개구부로 분출하게 된다. 최성기에 이르면 천장, 지붕 등이 붕괴되며 화염, 흑연, 불꽃이 튀고 강한 복사열이 발생하여 최고 1,300℃까지 이르게 된다. 최성기까지의 소요시간은 평균 7분 정도이며, 진화될 때까지는 풍속이 초속 0.3~3m라면 13~24분이 소요되고 풍속이 초속 10m 이상일 때에는 10분 이내가 된다.

(4) 내화건물화재

철근콘크리트조와 같은 내화구조건물의 화재는 목조건물화재와는 달리 천장, 벽, 바닥이 내화구조이므로 연소하여 쓰러지지 않고 최후까지 남아있기 때문에 연소에 영향을 주는 공기유동 조건이 거의 일정하여 아궁이 속에서 장작이 연소하는 것과 같은 상태가 된다.

내화구조건물의 화재에서도 초기, 중기, 최성기, 감퇴기로 화재가 진행되나 화재지속시간은 목조건물이 30분 정도인데 비하여 2~3시간 정도이며 때에 따라서는 수 시간 이상 지속되기도 한다. 또한 최고온도는 목조보다 낮아 800~900℃ 정도인 경우가 많고 발열도 내화구조 쪽이 많은 것이 특징이다.

Flash-over의 온도는 실내 내장재료 등의 조건에 따라 좌우되고 최성기의 장단과 최고온도는 실내의 가연물의 양, 창 등 개구부의 크기, 실의 내장면적 및 그 열적 성질 등에 따라 달라지지만 내화구조의 건물은 공기의 유동조건이 거의 일정하므로 <u>저온장기형</u>으로 나타난다.

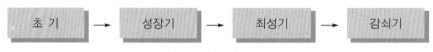

‖ 내화건물의 화재진행과정 ‖

① 초기 : 목조건물에 비하여 밀도가 높기 때문에 <u>연소는 완만</u>하며 산소가 감소되어 연소가 약해지는 경우도 있다. 따라서 소화를 시키기 위하여 문 등을 열어서 많은 양의 공기가 일시에 유입되면 오히려 폭발적으로 연소를 촉진시키는 결과가 된다.

② 성장기 : 개구부 등 공기가 유동할 수 있는 통로가 생기면 연소는 급속히 진행되어 개구부에는 <u>검은 연기와 화염이 분출</u>하게 되며 실내는 순간적으로 화염으로 가득 차게 되는 듯한 현상이 전개된다.

③ 최성기 : 실내의 온도가 800℃ 전후의 고온상태를 유지하고 <u>화재가 가장 왕성한 시기</u>이다. 이 시간은 목조건물에 비하여 장시간이며 천장의 장식물이나 콘크리트가 터져 떨어지기도 한다.

④ 감쇠기 : <u>화세가 점차 약해지며 연기도 줄어드는 시기</u>이다. 실내온도는 아직 고온이지만 점차 낮아지며 발화에서 진화까지의 시간은 일반적으로 같고 화재의 지속시간이나 최고온도는 건축물의 규모와 구조 등에 따라 달라진다.

(5) 화재하중

① 화재하중이란 주어진 화재실의 예상 최대가연물질의 양으로서 일반적으로 건물 내에 있는 가연성 물품의 양을 말하며 <u>단위 바닥면적에 대한 등가가연물의 값</u>을 말한다.

② 실내 가연물은 연소 시 각기 발열량이 다르기 때문에 실제로 존재하는 가연물을 그에 상응하는 발열량의 **목재로 환산**하여 등가목재중량으로 나타낸다.

③ 화재하중을 결정하는 주요소는 화재실 내에 존재하는 가연물의 양 한 가지가 좌우한다. 가연물의 양이 많을수록 연소 지속시간이 길고 최고온도 지속시간도 길어진다.

$$\text{화재하중 } Q(\text{kg/m}^2) = \frac{\sum GH_1}{HA} = \frac{\sum Q_1}{4,500A}$$

여기서, Q : 화재하중(kg/m^2)
A : 바닥면적(m^2)
H : 목재의 단위발열량(4,500kcal/kg)
G : 모든 가연물의 양(kg)
H_1 : 가연물의 단위발열량(kcal/kg)
Q_1 : 모든 가연물의 발열량(kcal)

■2 유류화재

(1) 액면상의 연소확대 암기

구 분	화염의 전파형태
액온이 인화점보다 높은 경우	액면 위의 증기는 어떤 위치에서도 착화 가능한 농도영역이 존재하기 때문에 화염이 증기층을 통해 전파될 때 일정한 값을 가지고 액체온도와 함께 전파속도가 증가하는 예혼합형 전파형태를 띤다.
액온이 인화점보다 낮은 경우	액면 위의 가연범위에 들어가는 증기층이 형성되지 않아 부분적으로 가열해도 연소가 확대되지 않는다. 그러나 시간이 경과하면서 자체 화염에 의해 미연소면이 예열되어 연소확산이 이루어지는 예열형 전파형태를 띤다. 예열을 위한 열전달은 표면류에 좌우되며 화염은 맥동적(불규칙적)으로 진행된다.

(2) 저장조 내의 화재 암기

용기나 저장조 내와 같이 치수가 정해진 액면 위에서 연소하는 석유화재를 액면화재(pool fire)라고 하며, 액면 강하속도, 액면 아래 온도분포, 바람에 의한 화염의 경사 등의 연소특성이 있다.

① 액면화재의 과정 : 화염 발생 → 액면 열전달 → 액온 상승 → 증기 발생 → 공기와 혼합 후 확산연소의 반복

② 액면 강하속도 : 용기의 크기에 의존하며 용기의 직경이 증가하면 액면 강하속도는 감소한다. 그러나 직경이 1미터가 넘으면 일정해진다.

③ 액면 아래 온도분포 : 화염의 중심 아래로 내려가면 온도는 강하되고 액면 아랫부분의 온도는 화재 전과 비교하여 <u>거의 변화가 없다</u>. 또한 액면부근은 온도가 높아 증류가 활발하지만 액면 아랫부분은 증류가 발생하지 않는다.

④ 바람에 의한 화염의 경사 : 바람에 의한 화염의 경사는 이론적으로 액면의 수직선과 화염축 사이의 각 θ의 tan값은 풍속 W의 2승에 비례하고 용기직경 d에 반비례하기 때문에 <u>용기가 작을수록 바람의 영향을 크게 받는다</u>.

$$\text{화염의 기울기 } \tan\theta = W^2 d$$

여기서, W : 바람, d : 저장조의 직경

⑤ 화염특성과 호흡

㉠ 석유화재 시 액면에서 발생하는 화염은 공기 공급부족으로 심한 흑연을 동반하는데 특히 방향족계 탄화수소에는 그을음이 많다.

㉡ 연료 증기의 발생량은 액면적에 비례하고 증기유입량은 용기 직경에 비례하므로 용기 직경이 커질수록 불완전연소가 증가하여 연기의 발생이 증가한다.

㉢ 대규모 석유화재에서 화염은 규칙적인 호흡을 나타내는데 저장조의 직경에 따라 길어지는 관계가 있다.

$$(1/\tau)(d/g)1/2 = \pi$$

여기서, τ : 호흡의 주기
d : 용기 직경
g : 중력가속도
π : 무차원 수

바로바로 확인문제

액면화재의 발생과정을 바르게 나타낸 것은?
① 화염 발생 → 액면 열전달 → 액온 상승 → 증기 발생 → 표면연소
② 화염 발생 → 액온 상승 → 액면 열전달 → 증기 발생 → 표면연소
③ 화염 발생 → 액온 상승 → 액면 열전달 → 증기 발생 → 확산연소
④ 화염 발생 → 액면 열전달 → 액온 상승 → 증기 발생 → 확산연소

해설 액면화재의 발생과정
화염 발생 → 액면 열전달 → 액온 상승 → 증기 발생 → 확산연소

답 ④

3 유류화재의 특성

보일오버 현상 (Boil-over)	① 탱크의 저부에 물 또는 기름 에멀전이 존재하면 뜨거운 열에 의해 급격한 부피팽창 (1,700배 이상)에 의하여 유류가 탱크 외부로 분출되는 현상이다.
	 ② 화재가 확대되고 진화작업에 큰 지장을 초래하게 된다.
	 ③ 보일오버 현상의 발생조건
	   ㉠ 탱크 밑부분에 물 또는 수분을 다량 함유한 찌꺼기 등이 있어야 한다.
	   ㉡ 물이 증발할 때 기름 거품을 만들기에 충분한 고온 및 고저도의 성질을 가진 유류가 있어야 한다.
	   ㉢ 열파를 형성하는 유층이 있어야 한다.(열류층을 형성)
	   ㉣ 오랫동안 화재가 지속되어야 한다.
	   ㉤ 저장탱크가 지붕 등이 없는 개방된 탱크이어야 한다.

슬롭오버 현상 (Slop-over)	① 유류의 액표면 온도가 물의 비점 이상으로 올라가게 되어 소화용수가 뜨거운 액표면에 유입되게 되면 물이 수증기로 변하면서 급작스러운 부피 팽창에 의해 유류가 탱크 외부로 분출되는 현상이다. ② 화재의 확대 및 진화작업에 장애를 초래한다. ③ 유류의 표면에 한정되기 때문에 보일오버보다는 그리 격렬하지는 않다.
프로스오버 현상 (Froth-over)	① 저장탱크 속의 물이 점성을 가진 뜨거운 기름의 표면 아래에서 끓을 때 화재를 수반하지 않고 기름이 거품을 일으키면서 넘쳐흐르는 현상이다. ② 대개 뜨거운 아스팔트를 물이 들어 있는 탱크 속에 넣을 때 발생한다.
오일오버 현상 (Oil-over)	탱크 내 유류가 50% 이하 저장된 경우, 외부의 뜨거운 열로 인한 내부 압력상승의 탱크 파열현상으로 가장 격렬하다.
링파이어 현상 (Ring fire, 윤화)	① 유류저장 탱크 화재로 불꽃이 치솟는 유류표면에 포소화약제를 방출하면 탱크 윗면의 중앙부분은 질식소화로 불이 꺼져도 탱크 벽면은 포가 뜨거운 열에 의해 깨지는데, 그 벽면이 귀걸이의 링처럼 환상으로 불길이 남아서 지속되는 현상이다. ② 부상식 지붕(Floating roof) 방식의 위험물 저장탱크 화재시 탱크의 측판과 부관 사이에 연소하는 화재를 말한다.

4 액화가스화재

(1) 액화가스화재의 성상

① 가연성 액체인 압축가스 또는 액화가스가 용기로부터 방출되면 급격히 기화한다.

② 누설되어 체류할 경우 가연성 증기의 연소위험성은 확대된다.

③ 작은 점화원에도 연소 또는 폭발을 일으키며 구조물의 붕괴 또는 개구부 등이 형성되는 경우가 많다.

④ 누설된 증기운은 개방된 공간에서 연소할 경우 큰 불덩어리인 파이어볼을 생성할 수 있다.

(2) 파이어볼(fire ball)

가연성 액체로부터 대량으로 발생한 증기운이 갑자기 연소할 때 생기는 <u>구상(球狀)의 불꽃이다</u>. 화염 폭풍은 순간적으로 발생하기 때문에 대피할 여유가 없고 멀리까지 비산되는 특징이 있다.

① 파이어볼의 크기 D(m)와 물질량 W(kg)와의 관계식

$$D = 3.77\,W^{0.325}$$

② 파이어볼의 지속시간(t) 관계식

$$t = 0.25\,W^{0.349}$$

∥ 파이어볼의 형태 현장사진(화보) p.3 참조 ∥

03 화재의 현상

1 열 및 화염의 전달

(1) 전도(conduction)

① 동일한 물질 또는 일정한 물질 상호 간의 열의 이동이며 물질의 각 분자가 지니고 있는 <u>운동에너지가 인접한 분자에 이동해 나가는 현상</u>을 말한다.
② 고체의 열전달 방법으로 각각의 분자들은 진동만 일어나며 이동은 수반하지 않는다. 이것은 물질내부에 온도차가 있을 때 온도가 높은 곳에서 낮은 곳으로 물질 내부를 이동하는 것을 말한다.
③ 전도는 고체, 액체, 기체분자가 정지한 상태에서 그 기본위치를 바꾸지 않으면서 열에너지를 전달하는 것을 말하며, <u>분자의 진동에 의한 에너지의 전달</u>로 표현된다.
④ <u>압력과 열전도는 비례하며, 진공상태에서는 열이 전달되지 않는다.</u>

⑤ 고체는 기체보다 열전도율이 좋다.

⑥ 열의 흐름은 고체장해물(부도체)에 의해 정지되지 않는다. 다만, 열의 전도성을 낮게 할 뿐이다.

⑦ 화재와의 관계

   ㉠ 발산되는 열보다 전달되는 열이 많으면 그의 누적으로 발화원인이 된다.

   ㉡ 콘크리트 속의 철재는 화재 시 열전도율이 커서 여기에 접촉된 가연물에 열이 전달되어 화재 확대현상을 초래할 수 있다.

! 꼼꼼. check! ● **열관성(kpc)** ●

물질에 열이 흘렀을 때 물질의 표면온도가 얼마나 쉽게 상승하는가를 나타내는 측정 단위로 폴리우레탄폼같이 저밀도물질은 열관성이 낮고 반대로 금속은 높은 열전도율과 밀도 때문에 열관성이 높다. 열관성(kpc)은 전도율(k), 밀도(p), 열용량(c)을 곱해서 구한다.

바로바로 확인문제

벽의 두께 0.05m, 벽 양면의 온도는 각각 40℃와 20℃일 때 폴리우레탄폼 벽체를 관통하는 단위면적당 열유동률은? (단, 열전도율 $k = 0.034$W/m이다.)

① 0.136W/m^2 ② 1.36W/m^2

③ 13.6W/m^2 ④ 136W/m^2

해설 $\overset{\circ}{q'} = \dfrac{k(T_2 - T_1)}{\overset{\circ}{l}}$

$\qquad = \dfrac{0.034\text{W/m} \cdot \text{K} \times (40-20)\text{K}}{0.05\text{m}} = 13.6\text{W/m}^2$

여기서, q' : 단위면적당 열유속(W/m^2)

$\qquad\qquad k$: 열전도율(W/m · K)

$\qquad\qquad T_2, T_1$: 각 벽면의 온도(℃ 또는 K)

$\qquad\qquad l$: 벽두께(m)

답 ③

---

(2) 대류(convection)

① 고체 벽에 유체가 접촉하고 있을 때 유체의 일부가 온도변화가 발생하면 동시에 밀도변화가 발생되고 유체의 운동에 의해 균일화되기 위해서 유체 서로가 이동하는 현상이다.

② 유체(액체, 기체)입자의 유동에 의해 열에너지가 전달되는 현상이다.

③ 자연대류현상과 같은 유체의 밀도 차에 의해 분자 자체가 이동하는 것이다.

④ 유체의 유동에 의해 연소 확대의 원인이 된다.

⑤ 대류는 화재의 이동경로, 연소 확대, 화재의 형태나 특성에 가장 큰 영향을 미친다.

⑥ 고층건물에서 발생한 대형화재의 대부분은 대류 때문에 발생한다고 해도 과언이 아니다.

⑦ 대류현상은 옥외에서 발생한 화재에서 화재폭풍(fire storm)을 일으키기도 한다.

(3) 복사(radiation) 〔2015년 기사〕〔2016년 기사〕〔2018년 기사〕〔2019년 산업기사〕〔2021년 기사〕

① 복사는 전도, 대류와 같이 물질을 매개체로 하여 열에너지가 전달되는 것이 아니라 서로 떨어져 있는 두 물체 사이에 열에너지가 <u>전자파 형태</u>로 물체에 복사되며 이것이 다른 물체에 전파되어 흡수되면 열로 변하는 현상을 말한다.

② <u>화재 시 열의 이동에 가장 크게 작용하는 열 이동방식이다.</u>

③ 스테판-볼츠만 법칙에 의해 <u>복사에너지는 열전달면적에 비례하고, 절대온도 4승에 비례한다.</u>

④ 태양이 지구를 따뜻하게 해주는 현상이다.

⑤ 물체에 복사열이 접촉되면 관통하지 않고 흡수되어 그 물체를 따뜻하게 한다.

⑥ <u>진공상태에서는 손실이 없으며, 공기 중에서도 거의 손실이 없다.</u>

⑦ <u>복사열은 일직선으로 이동을 한다.</u>

• 열전달요인 : 전도, 대류, 복사
• 연소확대요인 : 비화, 접염(접촉), 복사
• 열전달요인이면서 화재확대요인은 복사이다.

> **! 꼼꼼. check!** ━ 슈테판-볼츠만(Stefan-Boltzmann)의 법칙 ━
>
> 복사로 전달되는 열에너지의 양은 고온체와 저온체의 온도차의 4승에 비례한다. 만일 복사체의 절대온도가 두 배 높아지면 해당 물질의 복사는 16배 증가한다.
> • 열전달요인 : 전도, 대류, 복사
> • 연소확대요인 : 비화, 접염(접촉), 복사
> • 열전달요인이면서 화재확대요인은 복사이다.
>
> $$Q = \varepsilon \sigma T^4$$
>
> 여기서, Q : 복사열(W/cm^2)
> ε : 복사율
> σ : 슈테판-볼츠만 상수(5.67×10^{-12}W/cm$^2 \cdot$ K^4)
> T : 절대온도(K)

(4) 접염(接炎)연소

① 화염이 물체에 접촉하여 연소가 확산되는 현상으로 화염의 온도가 높을수록 잘 이루어진다.

　　예 라이터로 종이에 직접 불을 붙이는 경우

② 화염의 규모가 크고 그것에 접촉하는 범위도 넓을 경우 연소가 광범위하게 이루어지고 공포감을 유발시킨다.

(5) 비화(飛火)

① 불티가 바람에 날리거나 튀어서 멀리 있는 가연물에 착화하는 현상이다.

② 불티가 클수록 발화의 위험이 높고 작은 불티라도 바람, 습도 등의 영향으로 화재로 발전할 수 있다.

③ 비화거리와 범위는 연소물질의 종류, 발화부의 화세, 풍력 등에 의해 달라진다. 야간에는 미세한 것까지 빨갛게 보이지만 주간에는 검은 물체로 보일 수 있어 주의하여야 한다.

2 연기

(1) 연기의 정의

공기 중에 부유하고 있는 고체·액체의 미립자를 말하며, 크기는 약 $0.01 \sim 10 \mu m$ 정도이다. 화재 시 연기는 연기입자를 분리하지 않고 가스성분을 포함하여 연기라 한다.

(2) 연기의 분류

① 연기에는 재료의 열분해 생성가스가 냉각·응축된 액체 미립자계의 연기와 화염에서 생성된 유리탄소를 주성분으로 하는 고체 미립자계의 연기가 있다.

액체 미립자계의 연기	고체 미립자계의 연기
• 담배연기, 훈소연기 등으로 연료 종류에 따라 특성이 변한다. • 입자와 성분의 크기에 따라 자색, 백색, 황색을 띠며, 분자량이 큰 특유의 냄새를 갖는 것이 많다. • 물질에 따라서 독성을 갖는다.	• 연료 종류에 의존하지 않는 공통적인 성질을 갖는다. • 탄소계의 응집체이므로 흑색을 나타내며, 탄소수가 많은 연료는 심한 흑연을 발생시킨다. • 특수한 독성은 없다.

② 그을음이란 연료가 연소하면서 탈수소와 동시에 중합을 반복하여 화염 밖으로 나와서 성장한 것으로 화염 내에서 탄소 고분자는 그 수가 적거나 공기공급이 많은 상황에서는 화염 속에서 산화·소실되므로 밖으로 나오지 못한다. 그러나 탄소 수가 많은 연료는 산화하지 못해 화염 밖으로 방출된다.

③ <u>연기 성분의 90% 이상은 탄소</u>이며, 그 밖에 수소나 산소 등으로 탄화수소계 연료의 화염이 밝게 빛나는 것은 탄소입자가 화염 중에 많이 존재하여 고온에서 열 발광을 하기 때문이다.

④ 연기는 매끄러운 표면보다 거친 표면에 부착하기 쉽다. 뜨거운 물체 표면보다 <u>차가운 물체 표면에 부착되기 쉽고</u>, 그을음이 화염에 직접 노출되었다면 연소되어 사라진다.

⑤ 연기 속을 투과한 빛의 양 : 연기의 감광계수 $C_s(\mathrm{m}^{-1})$

감광계수	가시거리(m)	상황설명
0.1	20~30	• 연기감지기 동작 • 건물에 익숙하지 않은 사람들의 피난에 지장
0.3	5	• 건물에 익숙한 사람이 피난에 지장
0.5	3	• 약간 어두운 기분이 들 때의 농도
1.0	1~2	• 거의 전방이 보이지 않음
10	수십cm	• 최성기의 화재층의 연기농도 • 암흑상태로 유도등도 보이지 않음
30	–	• 화재실에서 연기가 배출될 때의 연기농도

(3) 건물 내 연기를 이동시키는 요인 〈암기〉 〈2016년 산업기사〉

① 굴뚝효과(stack effect) : <u>건물 내부온도가 외기보다 따뜻하고 밀도가 낮을 때</u> 공기는 부력을 받아 상층으로 확대되는 현상으로 밀도나 온도에 의한 압력차에 기인한다.

② 부력 : 화염으로부터의 거리가 멀어질수록 감소한다.

③ 팽창 : 찬 공기는 건물 안으로 이동하고 뜨거운 공기는 밖으로 배출되는 팽창에 의해 연기가 이동한다.

④ 바람 : 건물 내부의 창문이 바람 부는 반대쪽에 있다면 바람의 부압에 의해 연기는 밖으로 배출되며, 창문이 바람 부는 쪽에 있다면 다른 층으로 연기가 확산된다.

⑤ 공기조화설비시스템(HVAC) : 화재 초기에는 HVAC시스템이 화재감지에 도움을 주기도 하지만 화재구역으로 공기를 제공하여 연소를 돕기 때문에 <u>화재발생 시 HVAC시스템은 정지되도록</u> 하여야 한다.

(4) 연기의 속도 〈2019년 기사〉

① 수평방향으로 약 0.5~1m/sec 정도로 인간의 보행속도(1~1.2m/sec)보다 늦다.

② 계단실 등 수직방향은 2~3m/sec 정도로서 빠르다.

‖ **연기의 이동 및 확산방향** 〈현장사진(화보) p.3 참조〉 ‖

3 연소생성가스

(1) 일산화탄소(CO)

① 화재 시 유독가스 중에 항상 발생하며 산소가 부족할 경우에는 불완전연소로 발생한다. 일산화탄소가 인체에 흡입되면 혈액 중 적혈구 안에 포함되어 있는 헤모글로빈(Hb)과의 결합력이 산소보다 200배 이상 강해 산소부족으로 중추신경이 마비된다.

② 산소량이 완전연소 시의 화학양론의 1/4일 때 가장 많이 발생하고 일반적인 경우 발생농도는 5% 이상이며 공기와 혼합된 가스는 발화원에 의해 광범위한 영역에서 용이하게 폭발한다.

③ 무색, 무취, 물에 녹기 어렵고, 비중 0.97, 발화점 609℃, 폭발범위 12.5~74%이다.

(2) 이산화탄소(CO_2)

① 기체는 탄산가스, 고체는 드라이아이스라고 한다.

② 에테르, 벤젠, 펜탄 등과 혼합되지만 대부분의 유기물과는 혼합되지 않으며 조연성이 없어 소화약제로 이용하고, 유기물질이 연소할 때 반드시 발생한다. 공기 중의 산소를 소비하여 생성되기 때문에 이산화탄소 농도가 증가하면 산소 농도는 감소하게 된다.

③ 무색, 무취, 불연성이며, 비중 1.52, 밀도 1.976g/L, 분자량 44, 20℃에서 50기압으로 압축하면 무색액체가 된다.

(3) 황화수소(H_2S)

① 나무, 고무, 가죽, 고기, 머리카락이 탈 때 주로 발생하며, **계란 썩는 냄새**가 난다.

② 공기와 광범위한 영역에서 폭발성 혼합가스를 만들고 폭발하기 쉽다. 폭발범위는 4.3~45%이다.

③ 구리 및 구리합금에 대한 부식성이 크다.

(4) 이산화황(SO_2)

① 눈 및 호흡기계통에 자극성이 크다.

② 약 0.05%의 농도에 단시간 노출되면 위험하다.

(5) 암모니아(NH_3)

① 질소함유물이 연소할 때 생성되며, 산업용 냉동시설의 냉매로 쓰이고 있어 누출될 경우 위험성이 크다.

② 암모니아와 공기의 혼합가스는 폭발의 위험이 있고 할로겐 및 강산과 접촉하면 심하게 반응하여 폭발 또는 비산할 우려가 있다. 시안화수소, 아염소산칼륨과 접촉하면 폭발성 물질을 발생한다.

③ 무색, 자극성 기체이며, 비중 0.6, 발화점 651℃, 폭발범위 15~28%이다.

(6) 염소(Cl₂)

① 염소 자체는 폭발하지 않지만 수소와의 혼합가스는 가열 또는 자외선에 의해 폭발위험이 있다.

② 부식성이 매우 강하다.

(7) 시안화수소(HCN)

① 니트로화합물을 제외한 모든 질소함유 유기물에서 발생한다. 암모니아 등이 공존하면 시안화수소가 생성될 수도 있다. 시안화수소의 생성은 고온, 산소부족 상태에서 가장 용이하게 발생한다.

② 장기간 보관하면 중합을 일으켜 흑색으로 변하며 폭발할 위험이 있다. 특히 수분이 2% 이상 포함되었거나 알칼리 등이 혼합되어 있으면 폭발을 더욱 촉진시킨다.

③ 무색의 수용성 액체이며, 비중 0.69, 증기밀도 0.9, 인화점 −17.8℃, 발화점 537℃, 폭발범위 6~41%이다.

(8) 염화수소(HCl)

① 모든 염소함유 유기물에서 발생할 수 있으며, 상온에서 자극적인 냄새가 나는 무색 기체로 PVC가 연소할 때 대표적으로 발생한다.

② 비중 1.26, 물에 잘 녹으며 수용액은 염산으로 사용된다.

(9) 아크롤레인(CH₂)

① 모든 유기화합물에서 발생할 수 있으며 유지를 가열하거나 튀김을 할 때 발생한다. 냄새는 아크롤레인 생성 때문으로 자극성이 있지만 심한 중독은 일어나지 않는다.

② 비중 0.84, 무색이며, 물, 알코올, 에테르에 녹기 쉽고 자극적인 냄새가 있는 액체이다.

(10) 질소산화물(NO)

① 일산화질소, 이산화질소를 포함한 총칭으로 NO_x라고도 한다.

② NO_x는 보통 직물, 셀룰로오스, 셀룰로이드 등과 같은 질소함유 고분자물질에서 많이 발생하며, 공기가 충분한 완전연소에 가까운 고온상태에서 대량 발생한다.

바로바로 확인문제

연소생성물이 아닌 것은?

① 일산화탄소　　　　　　　② 산소
③ 열　　　　　　　　　　　④ 연기

해설 연소생성물
　　　열, 연기, 일산화탄소

답 ②

---

04 화염확산

1 화염의 연소특성

구 분	연소특성
역방향 화염확산	• 반대방향 화염확산이라고도 하며, 화염확산 방향과 가스의 흐름이 반대인 경우에 발생한다. • 화염이 수평면 위에서 옆으로 확산되는 경우와 수직표면 위에서 아래로 확산되는 경우로 연소는 느리게 진행된다.
정방향 화염확산	• 순풍 화염확산이라고도 하며, 화염확산 방향이 가스흐름이나 바람의 방향과 동일할 때 발생한다. • 화염이 벽에서 위로 향하는 경우로 가연물에 화염이 직접 면하기 때문에 연소는 매우 빠르게 진행된다.
경사면에서의 화염확산	• 경사진 벽이나 계단, 경사로 등은 정방향 화염확산의 효과를 가지고 있다. • 경사면 화염확산은 위쪽으로 가연성 표면을 예열시킴과 동시에 경사면 아래쪽으로는 공기유입이 이루어져 불꽃 위 표면으로 복사열이 증대된 결과이다.

바로바로 **확인문제**

화염의 확산에 대한 설명으로 틀린 것은?
① 순방향 확산은 전방의 연료를 화염이 직접 접촉하기 때문에 빠르게 일어난다.
② 경사트렌치 내에서의 하향 확산과 같은 급속한 확산 효과를 트렌치 효과라 한다.
③ 역방향 확산은 화염이 전방의 연료를 가열하는 데 제한적이므로 느리게 일어난다.
④ 경사면 화재확산은 화염 윗부분의 가연성 표면에 대한 예열, 전도, 대류, 복사에 의한 복합적인 효과가 일어난다.

해설 트렌치 효과란 화염이 경사로를 타고 위로 올라가는 현상이다.　　　　**답** ②

2 액체에서의 화염확산

액체 가연물의 화염확산은 인화점과 관련된 액체의 온도에 의해 좌우된다. 인화점 이하의 화염확산은 액체의 흐름에 따라 진행되며, 인화점 이상에서 화염확산은 가스상태의 확산 메커니즘에 의한다.

(1) 액체상태의 화염확산
① 대부분 액체상태의 화염확산은 역방향 화염확산 형태이다.
② 역방향 화염확산은 액면화재(pool fire) 저장조 안에서 표면장력에 의해 액체가 영향을 받고 이것은 화염 전면의 앞에 있는 가열된 가연물의 화염을 가속화시킨다. 매우 얇은 가연물 층의 두께는 표면장력으로 인해 흐름이 느려진다.
③ 액체로 인한 화염확산속도는 일반적으로 1~10m/sec 범위 안에 있다.

(2) 가스상태의 화염확산

① 액체의 온도가 인화점보다 높을 때 가연성 증기층은 액체표면 위로 발생한다.

② 화염확산은 증기/공기층을 통해 예혼합화염이 1~2m/sec의 속도로 발생한다.

3 고체에서의 화염확산

고체에서의 화염확산속도는 가연물의 두께와 열적 특성에 따라 달라진다.

얇은 가연물의 역방향 화염확산	• 화염확산 방향이 아래로 내려갈 때 발생한다. • 가연물이 활발하게 <u>연소하는 부분은 짧으며</u>, 화염확산의 최고속도는 0.2~2mm/sec이다.
얇은 가연물의 정방향 화염확산	• 화염확산 방향이 위로 올라갈 때 발생한다. • 가연물이 활발하게 연소하는 부분은 역방향 화염확산보다 길게 나타난다. 커튼 위로 올라타는 화염과 종이 위로 올라타는 화염 등이 있다. • 화염확산의 최고속도는 수십cm/sec이고, 얇은 가연물은 빨리 발화되는 반면 빨리 연소되기 때문에 화염길이가 짧다.
두꺼운 가연물의 역방향 화염확산	• 벽에서 아래로 향하는 화염확산 또는 위로 향해 있는 수평면에서 화염이 수평적으로 확산하는 경우이다. • 가열속도는 열전달면적이 매우 작아서 <u>제한적</u>이고 열도 두꺼운 물질 안에서 손실된다. • 외부 가열이 있지 않는 한 역방향 화염확산은 발생하기 어렵다.
두꺼운 가연물의 정방향 화염확산	• 벽에서 위로 향하는 화염확산 또는 천장의 아래쪽에서 발생한다. • 가연물이 두껍기 때문에 타는 영역 앞에 있는 물질을 가열하는 화염의 길이가 지속적으로 길어지고 화염확산속도는 <u>무제한적으로 가속화</u>될 수 있다.

05 구획실에서의 화재확산

1 화염충돌에 의한 화재확산

① 화재의 성장 여부는 화염이 구획실 안에서 상승하는 고온가스의 흐름에 의해 직접적인 화염충돌로 더욱 확대될 수 있다.

② 화염은 구획실로 유입되는 공기의 흐름에 따라 한쪽으로 치우치게 되면 또 다른 가연물로 연소확대되며 고온의 플룸(plume)이 공기 공급부족으로 벽이나 구석에 있는 가연물로 옮겨가면 화염은 수직면 위에 생겨 직접 화염접촉으로 화재가 확대된다.

2 원격발화에 의한 화재확산

① 천장 및 벽을 통한 <u>전도열로 인해 원격발화할 수 있다</u>. 불연성 재질인 벽의 후면에 가연성 부재가 붙어 있는 경우 전도열로 인해 발화하는 경우가 있다.

② 가장 일반적인 것으로 <u>복사열로 인해 원격발화할 수 있다</u>. 화재의 크기, 복사에너지의 양, 물체 사이의 거리 등에 따라 다르지만 화염이 복사 또는 고온가스층의 복사열로 인해 주변 가연물로 확대될 수 있다.

③ <u>드롭다운 패턴(pattern)에 의해 원격발화할 수 있다</u>. 화염에 휩싸여 있는 물질이 떨어져서 그 아래 또는 그 주변에 있던 또 다른 가연성 물질을 착화시켜 화재가 확산되는 형태이다. 드롭다운은 열가소성 물질, 커튼, 천막 등이 될 수 있다.

> **! 꼼.꼼. check!** ► **드롭다운(drop down)** ◄ ·2017년 산업기사·
>
> 불타고 있거나 화염에 휩싸여 있는 물체가 떨어져 그 아래 있는 또 다른 물질을 발화시키는 현상으로 폴다운(fall down)이라고도 한다.

> **바로바로 확인문제** ●
>
> **원격발화에 의한 화재확산 형태가 아닌 것은?**
> ① 전도　　　　　　　　② 복사
> ③ 드롭다운　　　　　　④ 실화
>
> **해설** 원격발화
> 　　화재가 발생한 이후 또 다른 원인에 의해 화재가 확산되는 형태를 말한다. 전도, 복사, 드롭다운은 원격발화에 의한 화재확산 형태에 속한다.　　　　　　　　　　**답 ④**

06 구획실의 화재발달 ·2022년 기사·

1 구획실의 화재현상 ·2013년 산업기사· ·2014년 기사· ·2015년 기사· ·2016년 산업기사· ·2019년 기사· ·2020년 기사· ·2020년 산업기사· ·2023년 기사· ·2023년 산업기사·

(1) 화재초기 단계 및 상층부 발달

① 발화가 된 후 화염(fire plume)이 천장에 닿으면 비교적 얇은 층의 고온유동가스가 수평면을 따라 이동하는 <u>천장분출(ceiling jet)</u>이 일어난다.

② 천장분출 가스는 구획실의 벽에 닿을 때까지 모든 방향으로 흐르며 이 흐름이 벽에 막혀 수평적으로 더 이상 확산될 수 없게 되면 가스는 아래로 향하며 <u>천장 아래에 고온가스층을 형성하기</u> 시작한다.

③ 고온가스의 지속적인 공급은 상층부를 두껍게 만들고 상부 가스층이 화염에 닿거나 환기구의 윗부분을 채울 때까지 유지된다.

④ 시간이 경과하면서 <u>고온연기층이</u> 출입문의 최상부에 닿으면 <u>구획실 밖으로 흘러</u> <u>나가기 시작</u>하는데 개구부를 통해 유출되는 고온가스의 양과 천장으로 집적되는 가스의 속도가 같아질 때 고온가스층의 하강은 멈추게 된다.

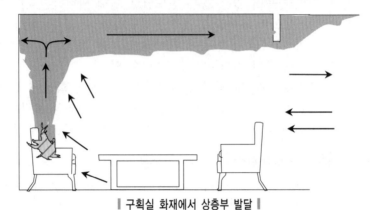

┃ 구획실 화재에서 상층부 발달 ┃

(2) 플래시오버 이전 단계

① 화재가 성장하면서 천장 아래로 고온가스층은 하강하며 연기와 고온가스의 온도 는 상승한다. 천장 열기층에서 발산되는 <u>복사열은 발화하지 않은 가연물을 가열</u> <u>하기 시작한다.</u>

② 화재 초기에는 물질을 연소시키는 데 충분한 공기가 있어 <u>연료지배형 화재양상</u> <u>을 보인다.</u> 화재가 진행되면서 산소는 계속 필요한데 이러한 현상은 주로 큰 문 이나 창문 등이 열려 있는 구획실에서 발생한다. 이런 경우 방의 상부에 모인 가 스는 산소가 많고 연소되지 않은 가연물은 상대적으로 적다.

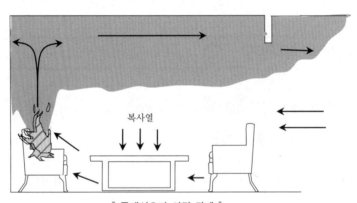

┃ 플래시오버 이전 단계 ┃

(3) 플래시오버 단계 〔2014년 산업기사〕 〔2019년 산업기사〕 〔2021년 기사〕

① 화재가 더욱 성장하면 대류 및 복사열 유속이 증가하지만 <u>복사열이 전체 열전달</u> <u>을 담당</u>하게 된다.

② 가연성 물체의 표면 온도가 상승하면 열분해가스를 생성한다. <u>상층부의 온도가 약 590℃에 이르면 가연성 물체가 발화</u>하며, 복사열에 노출된 모든 가연성 표면도 여기에 포함되어 연소하는데 이를 플래시오버 현상이라고 한다.

③ 롤오버(플레임오버)라는 용어는 화염이 천장층에서만 확산되고 구획실의 가연물 표면에는 영향을 미치지 않는 경우에 사용된다. 롤오버는 일반적으로 플래시오버보다 먼저 발생하지만 항상 플래시오버를 일으키지는 않는다.

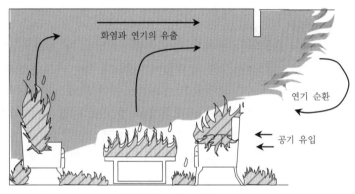

▌ 플래시오버 조건 ▌

(4) 플래시오버 이후 최성기

① 구획실 화재에서 공기의 흐름이 충분하지 않을 경우 <u>가연물지배형에서 환기지배형으로 바뀌게 된다.</u> 환기지배형 화재에서 고온가스층은 타지 않은 열분해 물질과 일산화탄소를 많이 포함하고 있다.

② 플래시오버 이후에는 구획실 안의 모든 가연물이 연소하지만 조건에 따라 연소형태는 달라질 수 있다. 바닥이나 바닥 마감재가 타기도 하지만 항상 발생하는 것은 아니며 <u>플래시오버 이후에는 환기지배형 화재 양상</u>을 보인다.

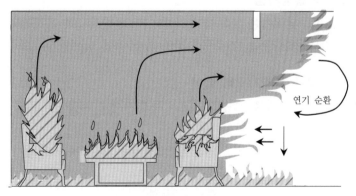

▌ 플래시오버 후 최성기 전실화재 ▌

(5) 감쇠기

연소할 수 있는 물질이 모두 타버려 화염이 작아지는 단계로 연료지배형 양상을 보인다. 산소농도가 16% 이하로 떨어지면 연소는 급격히 감소하며 5% 이하의 산소농도에서는 연소가 완전히 중단될 수 있다.

2 플래시오버(flash over)

(1) 개념

① 플래시오버란 건축물의 실내에서 화재가 발생하였을 때 발화로부터 화재가 서서히 진행하다가 어느 정도·시간이 경과함에 따라 대류와 복사현상에 의해 일정 공간 안에 열과 가연성 가스가 축적되고 발화온도에 이르게 되어 일순간에 폭발적으로 실내 전체가 화염에 휩싸이는 화재현상을 말하며 이를 '순발연소'라고도 한다.

② 천장에 복사된 열과 미연소 가스가 축적되며 복사열이 주원인이 되어 어느 순간 바닥면 위에 내장재의 분해된 가연성 가스와 함께 화염이 확대되는 순간적인 자유연소 확대현상 또는 폭발적인 착화현상이다.

(2) 플래시오버의 진행과정

① 화재 초기에 발생한 가연성 가스가 천장 근처에 모인다(대류현상).

② 체류한 가스농도가 점차 증가되며 연소범위 내에서 착화하여 천장에 휩싸인다.

③ 천장에 착화한 화염이 실내 가연물에 복사열을 전달하여 가연성 분해가스를 생성한다.

④ 어느 순간에 이르러 실내 전체가 화염으로 휩싸이고 순간적으로 착화현상이 일어난다(=전실화재).

(3) 플래시오버의 발생시점

성장기에 최성기로 넘어가는 단계에서 발생하며, 일반적으로 목조건축물은 빠르면 출화(=발화) 후 5~10분, 내화구조 건축물은 20~30분이면 발생될 수 있다.

(4) 내장재료에 따른 플래시오버 발생

① 일반적으로 가연재료 > 난연재료 > 준불연재료 > 불연재료의 순으로 완만하게 발생된다.

② 불연재료로 내장이 되고 가연물의 양이 적은 경우에는 플래시오버에 이르지 않고 소화되는 경우도 있다.

(5) 플래시오버의 징후

플래시오버 현상이란 대류나 복사 또는 이 두 가지의 결합에 의해 가연물이 발화되는 것을 말하며, 실내 전체와 가연물이 발화온도까지 가열되어 실내가 순간적으로 전실화재로 뒤덮인 현상이며 동시연소 형태를 갖는다.

① 실내가 자유연소의 단계에 있는 경우
② 실내에 과도하게 열이 축적되어 있는 경우
③ 뜨거운 열기가 느껴지면서 농연이 아래로 쌓이는 경우
④ 열기 때문에 소방대원이 낮은 자세로 진입할 수밖에 없는 경우

(6) 플래시오버 현상의 영향조건

① 화원의 크기 : 화원이 크면 화재발생시간과 진행속도가 빠르다.
② 내장재의 종류 : 실 내부에 수납된 가연물의 성질과 양을 말하며 벽재료보다 천장 재료가 발생시간에 더 큰 영향을 미친다.
③ 개구부의 조건 : 시기에 따라서 다르지만 개구부가 클수록 발생이 빠르다.

(7) 플래시오버 방지대책

① 개구부를 적당히 제한하는 방법
② 가연물의 양을 제한
③ 화원을 억제
④ 내장재(천장재료)의 불연화

(8) 플래시오버 전이의 지연대책

① 냉각 지연법
② 배연 지연법
③ 공기차단 지연법

바로바로 확인문제

플래시오버(flash over) 현상에 대한 설명으로 옳은 것은?
① 발생하기 전 가연성 기체의 온도는 인화점 이상이다.
② 발생하기 전 실내의 산소농도는 연소에 필요한 농도 이하이다.
③ 항상 충격파가 수반된다.
④ 발생원인은 천장부 열기층의 온도의 상승이다.

해설 플래시오버가 발생하기 전 가연성 기체는 인화점 이하로, 실내 산소량은 많으며, 항상 충격파를 수반하지 않는다.

답 ④

3 백드래프트(back draft)

(1) 개념

화재발생 시 산소공급이 원활하지 않아 불완전연소인 훈소상태가 지속될 때 점점 실내 온도가 높아지고 공기의 밀도 감소로 부피가 팽창하게 된다. 이때 실내 상부 쪽으로 고온의 기체가 축적되고 외부에서 갑자기 유입된 신선한 공기 때문에 급격히 연소가 활발해져 그 결과 강한 폭풍과 함께 화염이 실외로 분출되는 화학적 고열가스 폭발현상이다.

(2) 특성

① 백드래프트 현상은 주로 감퇴기(예외적으로 성장기) 때 발생한다.

② '연기폭발 또는 열기폭발'이라고도 하며 주로 화재 말기에 가까울수록 위험성이 크며 실내가 CO 폭발범위(12~75%), 온도 600℃ 이상일 때 발생한다.

③ 백드래프트가 발생하기 전 징후는 화재로 발생한 가스와 연기가 건물 내부로 빨려 들어갔다가 외부로 빠져 나오는 현상으로 문손잡이는 뜨겁고 휘파람 소리가 나기도 한다.

④ 미국에서는 이 현상을 '소방관의 살인현상'이라고 한다.

⑤ 방지대책은 압력이 높은 상부 쪽 천장 등을 개방, 폭발력 억제, 격리, 소화, 환기 등이 있다.

(3) 백드래프트의 징후

① 백드래프트의 잠재적 징후

  ㉠ 과도한 열의 축적(훈소상태의 고열)

  ㉡ 연기로 얼룩진 창문

  ㉢ 약간의 불씨(화염)가 조금 보이거나, 보이지 않을 수 있다.

  ㉣ 짙은 황회색으로 변하는 검은 연기

  ㉤ 산소공급이 원활하지 않아서 불꽃이 노란색으로 보일 때도 있다.

  ㉥ 문 밑 틈새로 나오는 압축된 연기(농연), 일정한 간격을 두고 실내에서 뻐끔대며 나오는 연기

② 건물의 실 내부에서 관찰할 수 있는 역화의 징후

  ㉠ 압력차이로 공기가 빨려들어 올 때 호각(휘파람)같은 특이한 소리가 들리고 진동이 발생한다.

  ㉡ 건물 안으로 연기가 되돌아가거나 맴돈다.

  ㉢ 훈소가 진행되고 높은 열이 집적된 상태이며, 산소부족으로 불꽃이 약화되어 황색불꽃을 띤다.

③ 건물의 실 외부에서 관찰할 수 있는 역화의 징후

㉠ 문틈 외 건물이 완전히 폐쇄될 것

㉡ 화염은 보이지 않지만 창문, 문이 뜨겁다.

㉢ 유리창이 깨지거나 녹지 않지만 창 안쪽에서 타르와 같은 흑색물질이 흐른다.

㉣ 창문을 통해 보았을 때 건물 내 연기가 소용돌이친다.

(4) 백드래프트 대응전술

① 배연법(=지붕환기법)

연소 중인 건물 지붕의 채광창을 개방하여 환기시키는 것이 백드래프트의 위험 으로부터 소방관을 보호할 수 있는 가장 효과적인 방법 중 하나이다.

② 급냉법(=담금질법)

㉠ 화재가 발생한 밀폐된 공간의 출입구에 완벽한 보호장비를 갖춘 집중 방수팀 을 배치하고 출입구를 개방 하는 즉시 방수함으로써 폭발 직전의 기류를 급냉 시키는 방법이다.

㉡ 주로 백드래프트의 징후가 없는 상태에서 이루어진다.

③ 측면 공격법

화재가 발생한 밀폐된 공간의 개구부 인근에서 이용 가능한 벽 뒤에 숨어 있다 가 출입구가 개방되자마자 개구부 입구를 측면 공격하고 화재 공간에 집중 방수 함으로써 백드래프트 현상을 방지하는 방법이다.

꼼.꼼. check! ➤ **백드래프트와 플래시오버의 비교**

구 분	백드래프트	플래시오버
발생시기	성장기 또는 감퇴기	성장기에서 최성기사이
발생빈도	간혹 발생한다.	자주 발생한다.
주요인	산소의 갑작스런 유입	복사열
폭발유무	비정상 연소를 동반한 폭발 →충격파 有	비정상 연소로 순간 착화현상 → 충격파 無(폭발 아님)
전단계 연소	불완전연소상태 (밀폐된 공간의 훈소상태)	자유연소상태
산소량	산소부족	산소공급은 충분
방지대책	• 폭발력 억제 • 격리 • 소화 • 환기 – 천장 개방	• 개구부 제한 • 가연물의 양의 제한 • 화원의 억제 • 천장 내장재의 불연화

4 롤오버(roll over)

① 화재 초기단계에서 가연성 가스와 산소가 혼합된 상태로 <u>천장부분에 집적될 때</u> 충분한 농도(연소 하한계 이상)에 이르러 점화될 수 있는 조건이다. 이는 발화지점에서 떨어져 있는 다른 가연물을 점화 없이 또는 점화 이전에도 발생할 수 있다.

② 플레임오버(flame over)라고도 하며 뜨거운 가스의 부력상승작용에 의해 천장면을 따라 굴러가듯이 연소확산되며 대류에 의한 고온가스의 이동으로 복사열의 영향은 미미하다.

③ 플래시오버는 일순간에 실내 전체로 발화가 일어나지만 롤오버는 실내 전체를 발화시키지는 못한다.

5 구획실의 환기유동

(1) 중성대(neutral plane)

① 구획실 화재에서 고온가스는 온도가 높아지면 밀도가 작아져 부력이 발생하여 실의 천장 쪽으로 상승하는 흐름을 따라 밖으로 밀려 나가고 아래쪽으로는 가스가 밀려 나간 자리를 새로운 공기가 유입되어 채우게 되는데, 흐름의 방향이 바뀌는 높이 즉, 천장과 바닥 어딘가에 <u>실내정압과 실외정압이 같아지는 면</u>을 중성대라고 한다.

② 화재 시 실온이 높아지면 높아질수록 중성대의 위치는 낮아지며, <u>중성대가 낮아지면 외부로부터의 공기유입이 적어지고</u> 따라서 연소가 활발하지 못해 열발생속도가 완만해진다.

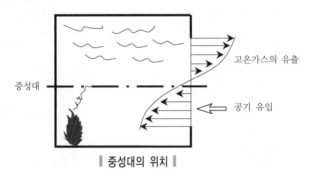

‖ 중성대의 위치 ‖

(2) 단일 환기구 흐름

① 고온가스층이 개구부의 꼭대기에 있어 개구부를 통한 가스배출이 이루어질 때 가스층의 경계면과 중성대의 높이는 같게 된다.

② 고온가스층의 경계면이 개구부의 아래쪽으로 내려가면 중성대는 주로 개구부의 1/3~1/2 정도에 위치하게 된다.

③ 중성대가 개구부의 가장 아랫부분에 있다면 외부에서 공기가 유입될 수 없으므로 연소가 정지하는 반면 이와 반대로 중성대가 올라가면 공기가 내부로 왕성하게 유입되므로 연소는 활발하게 촉진된다.

④ 단일 환기구가 있는 구획실 안쪽으로의 공기 흐름은 환기요인, $A\sqrt{H}$에 비례한다(A : 개구부 영역, H : 개구부의 높이). 개구부의 길이가 길어지면서 증가하는 부유력으로 인해 $\sqrt{H}$에 대한 의존도가 높아진다.

(3) 다중 환기구 흐름

① 화재 구획실 안에 서로 다른 높이의 <u>개구부가 여러 개 있는 경우 중성대 높이는 하나만 존재</u>하며, 중성대 위로 여러 개 있는 개구부는 유출 배기구로서만 작용을 한다.

② 화재가 일어나는 동안 환기구가 추가적으로 열리게 되면 중성대의 높이도 달라진다. 중성대가 위로 올라가면 갈수록 화재기류도 올라가게 되므로 위층으로 연소가 확대되며 중성대의 상층부는 열과 연기로부터 생존할 수 없는 지역이 된다.

③ 환기구는 보통 유리로 되어 있는데 60~100℃에 이르면 금이 가고 화염에 직접적으로 접촉하지 않는 한 일반적으로 플래시오버가 일어나기 전까지는 떨어져 나가지 않는다.

07 구획실 간의 화재확산

1 개구부를 통한 화재확산

(1) 직접 화염의 접촉
화재가 발생한 장소의 창문, 유리창 등을 통해 인접한 다른 구획실로 직접 화염이 전달되어 연소위험이 가중될 수 있다.

(2) 복사열 증대
화재가 발생한 구획실의 개구부에서 화염에 의한 복사열이 증대되면 인접 구획실의 가연물로 연소가 확산될 우려가 크게 된다.

(3) 불티의 비화
화재가 발생한 구획실의 개구부를 통해 불티가 인접한 구획실로 넘어가 가연물에 착화되면 용이하게 연소가 증대될 수 있다.

바로바로 확인문제

개구부를 통해 화재가 확산되는 경우에 해당하지 않는 것은?
① 화재실의 개구부에서 불티가 날아가 다른 구획실의 가연물에 착화한 경우
② 화재실의 개구부에서 형성된 복사열로 다른 구획실에 있는 가연물을 발화시킨 경우
③ 화재실의 개구부를 통해 다른 구획실로 화염이 직접 전파되는 경우
④ 화재실의 개구부에서 다른 구획실로 가연물을 이동시킨 경우

해설 화재실의 개구부에서 다른 구획실로 가연물을 이동시킨 경우는 관계가 없다.　　**답** ④

■2 방화벽을 통한 화재확산

(1) 열 축적에 의한 전도열
화재가 발생한 구획실 내부의 벽이 장시간 열에 노출되면 가연물을 연소시키기 위한 착화점 이상으로 온도가 상승하여 인접 구획실의 방화벽에 열이 전도되어 화재가 확산될 수 있다.

(2) 방화벽의 붕괴
내화구조의 건물도 화재가 장시간 지속되거나 견고하지 못하면 균열을 일으키고 붕괴에 이르게 된다. 방화벽의 붕괴는 곧 인접한 또 다른 가연물로 손쉽게 연소확산을 초래하는 원인이 될 수 있다.

(3) 주요 구조부의 도괴
벽, 지붕, 계단 등 건물의 주요 구조체가 화재효과로 인해 무너지거나 손상을 받을 경우 그 영향이 방화벽에 직접 손상을 끼쳐서 연소가 더욱 확산될 수 있다.

08 건물의 화재거동

화재의 성장과 움직임은 화염에 의해 작용한다. 화염이나 연기 등의 유동현상은 팬과 같은 기계적인 힘 또는 온도 차이로 인해 발생하는 부력 때문으로 부력은 공기보다 밀도가 낮기 때문에 발생한다. 화재거동은 뜨거워진 부력의 유동과 연소되고 있는 물질 위에 있는 화재기둥(fire plume), 화염가스가 천장에 닿은 후 천장면을 따라 움직일 때의 천장분출, 환기유동 등에 의해 좌우된다.

1 유체유동

유동현상은 팬(fan)과 같이 기계적인 힘 또는 화재로 인한 가스흐름과 온도 차이로 발생하는 <u>부력 때문에 일어난다.</u> 부력유동은 뜨거운 가스가 차가운 가스보다 밀도가 낮기 때문에 발생한다. 이로 인해 뜨거운 가스는 위쪽으로 상승하게 되는데 화염은 곧 뜨거워진 유체의 움직임을 말한다.

2 화재기둥(fire plume)

화재로 인해 생성된 뜨거운 가스는 화재의 근원으로서 화재기둥을 만든다. 화재기둥의 가스흐름은 주변 공기와 섞이거나 혼입됨으로써 <u>불의 높이보다 더 높이 상승</u>한다. 동시에 화재기둥의 온도가 공기의 혼입으로 인해 내려가지만 플룸은 상승하면서 반경을 확대시킨다.

3 천장분출(ceiling jet)

고온가스층이 천장에 닿으면 가스가 천장을 타고 수평으로 이동하는 현상을 나타낸 것이다. 천장분출흐름은 벽과 같은 수직 장애물을 만날 때까지 천장면을 따라 수평으로 흐르는데 천장에 부착된 감지기나 스프링클러를 작동시키는 계기를 제공한다.

4 환기유동

화재로 생성된 화염과 연기는 부력에 의해 상승하면서 환기구를 통해 배출되고 또 다른 신선한 공기가 아래쪽으로부터 유입되는데 이러한 순환은 화재가 지속되는 요인으로 작용을 한다. 환기가 원활할수록 화재는 환기지배형 양상을 보이며 성장한다.

바로바로 확인문제

뜨거운 화염인 유체를 이동시키는 요인에 해당하지 않는 것은?
① 천장분출　　　　　　　　② 전도열
③ 부력유동　　　　　　　　④ 환기유동

해설 **유체를 이동시키는 요인**
부력유동, 파이어플룸, 천장분출, 환기유동　　　　　　　답 ②

출제예상문제

Chapter 03

* ☑표시 : 중요도를 나타냄

01 화재의 의미와 범주에 포함되지 않는 것은?

① 증기보일러 폭발
② 사람의 의도에 반해 발생
③ 화학적 폭발
④ 고의에 의해 발생

해설 화재란 사람의 의도에 반한 것(실화)과 고의에 의한 것(방화), 화학적 폭발현상 등을 말한다. 증기보일러의 폭발은 물리적 폭발로 화재의 범주에 포함하지 않는다.

02 다음 중 화재로 분류하는 것으로 가장 거리가 먼 것은?

① 연소확대 우려가 없는 들판에 휘발유를 뿌리고 불을 질렀다.
② 음식물에 착화되었으나 즉시 가스밸브를 차단하였다.
③ 담뱃불로 인해 마른풀에 착화되었으나 양복 윗도리를 벗어 불을 제거하였다.
④ 압력밥솥의 기밀성이 불량하여 뚜껑이 폭발하였다.

해설 화재란 사람의 의도에 반하거나 고의에 의하여 발생하는 연소현상으로 소화시설 등을 사용하여 소화할 필요가 있는 현상이다. ④는 연소현상이 없는 물리적인 파열이다.

03 화재의 특성이 아닌 것은?

① 확대성
② 예측성
③ 우발성
④ 불안정성

해설 화재의 특성
우발성, 확대성, 불안정성

04 화재를 소실 정도에 따라 분류한 것에 해당하지 않는 것은?

① 반소
② 부분소
③ 대형소
④ 전소

해설 화재의 소실 정도에 따른 분류
전소, 반소, 부분소

05 화재를 대상별로 구분한 것이 아닌 것은?

① 금속화재
② 임야화재
③ 건물화재
④ 차량화재

해설 화재의 대상별 분류
건축 · 구조물화재, 자동차 · 철도차량화재, 위험물 · 가스제조소 등 화재, 선박 · 항공기화재, 임야화재, 기타화재
① 금속화재는 가연물별 분류에 해당한다.

06 다음 중 의미가 잘못된 것은?

① 전소란 건물의 70% 이상이 소실된 것이다.
② 소실 정도가 30% 미만인 것은 부분소이다.
③ 반소란 건물의 30% 이상 70% 미만이 소실된 것이다.
④ 건물의 70% 이상이 소실된 것은 반소이다.

해설 건물의 70% 이상이 소실된 경우 전소로 본다.

07 화재의 분류 중 반소를 나타낸 것은?

① 70% 이상 소실된 것
② 30% 이상 50% 미만 소실된 것
③ 30% 이상 70% 미만 소실된 것
④ 50% 이상 소실된 것

해설 반소란 30% 이상 70% 미만 소실된 것을 말한다.

Answer 01.① 02.④ 03.② 04.③ 05.① 06.④ 07.③

08 다음 설명 중 적절하지 않은 것은?

① 화재진압 후 다시 화재가 개시된 경우에는 재발화로 원인을 분류한다.
② 피견인차량 또는 그 적재물이 소손된 것도 차량화재에 해당한다.
③ 부분소는 30% 미만 소실된 것이다.
④ 임야화재로 인해 송전탑이 소손된 경우 전기화재로 분류한다.

해설 임야화재란 산과 숲, 들과 접한 야산 등이 소손된 화재를 말하며, 이로 인해 송전탑이 소손되었더라도 전기화재로 분류하지 않는다.

09 건물화재 시 옥외출화에 해당하는 것은?

① 출입구 또는 창문 등 개구부로 화염이 분출될 때
② 옥내 천장면에 발염착화가 이루어질 때
③ 칸막이 벽을 통해 다른 구역으로 화염이 확산될 때
④ 바닥과 벽에 화염이 동시에 착화할 때

해설 옥외출화는 출입구 또는 창문 등 개구부로 화염이 분출될 때를 말하며, 이 시기는 에너지가 최고조에 달해 상층이나 인접 가연물이 연소확대될 위험이 크다.

10 목조건물의 화재특징을 나타낸 것은?

① 고온장기형
② 고온단기형
③ 저온장기형
④ 저온단기형

해설 목조건물화재는 고온단기형을 나타낸다.

11 구획실의 화재성장단계에 대한 설명으로 옳은 것은?

① 초기→플래시오버→쇠퇴기→최성기→자유연소 순으로 진행된다.
② 자유연소단계는 환기지배형 연소이며 복사열에 의해 확산된다.
③ 플래시오버 현상은 최성기 전에 주로 발생한다.

④ 최성기는 연료지배형 연소단계이며, 접염방식으로 확산된다.

해설 구획실에서 화재의 성장은 초기→성장기→플래시오버→최성기→감쇠기 순으로 진행된다. 자유연소단계는 성장기로 넘어가기 직전으로 연료지배형 연소를 하며 최성기에는 가연물지배형에서 환기지배형으로 전환된다.

12 화재로 인한 연소지속시간이 가장 긴 것은?

① 이동식 건물
② 목조건물
③ 내화조건물
④ 샌드위치패널건물

해설 화재지속시간은 목조건물이 30분 정도인데 비하여, 내화조건물은 2~3시간 정도이며 때에 따라서는 수 시간 이상 지속되기도 한다.

13 건물화재의 성장여부를 좌우하는 요소로 가장 거리가 먼 것은?

① 개구부의 크기
② 내장재료
③ 화재실의 면적
④ 화재실의 용도

해설 건물화재는 개구부의 수와 크기, 내장재료, 화재실의 면적 등에 의해 좌우된다.

14 목조건물의 화재진행과정을 바르게 나타낸 것은?

① 무염 → 발염 → 최성기 → 발화 → 연소낙하
② 무염 → 발염 → 발화 → 최성기 → 연소낙하
③ 발염 → 무염 → 발화 → 최성기 → 연소낙하
④ 발염 → 무염 → 최성기 → 발화 → 연소낙하

해설 **목조건물의 화재진행과정**
무염 → 발염 → 발화 → 최성기 → 연소낙하

15 화재 최성기를 나타낸 것이 아닌 것은?

① 실내온도는 부분적으로 1,000℃를 넘는다.
② 농연은 건물 전체로 확산되고 창문으로 화염 출화가 나타난다.
③ 유리가 용융되고 벽체가 무너지는 상황이 있다.
④ 다량의 흰색 연기가 급속히 분출하고 있다.

Answer 08.④ 09.① 10.② 11.③ 12.③ 13.④ 14.② 15.④

해설 화재의 최성기에는 화염과 복사열이 최고조에 달하여 실내온도가 1,000℃를 넘고 인접 건물로 연소확대될 위험성이 가중된다. 다량의 흰색 연기가 분출하는 상황은 화재초기에 나타난다.

16 내화구조건물의 화재 특징을 나타낸 것은?

① 저온장기형   ② 고온장기형
③ 저온단기형   ④ 고온단기형

해설 내화구조건물은 화재 시 저온장기형으로 나타난다.

17 내화구조건물의 화재 시 공기의 유동이 원활하면 급속히 연소가 진행되어 개구부에서 검은 연기와 화염이 분출하고 실내는 순간적으로 화염으로 가득 차게 되는 시기는?

① 초기   ② 성장기
③ 최성기   ④ 감쇠기

해설 내화구조건물의 화재에서 개구부 등 공기가 유동할 수 있는 통로가 생기면 연소는 급속히 진행되어 개구부에는 검은 연기와 화염이 분출하게 되며 실내는 순간적으로 화염으로 가득 차게 되는 현상은 성장기에 발생한다.

18 내화구조 건물의 화재진행순서를 바르게 나타낸 것은?

① 초기 → 최성기 → 성장기 → 감퇴기
② 무염 → 발염 → 최성기 → 감퇴기
③ 초기 → 성장기 → 최성기 → 감퇴기
④ 발염 → 무염 → 최성기 → 감퇴기

해설 내화구조건물의 화재진행순서
초기 → 성장기 → 최성기 → 감퇴기

19 목재의 연소에 영향을 주지 않는 것은?

① 수분 함유량   ② 목재의 비표면적
③ 열전도율   ④ 비점

해설 목재의 연소에 영향을 주는 요인
비중, 비열, 열전도율, 수분 함유량, 온도 등

20 목조건물이 최성기에 이르면 천장과 지붕이 붕괴되며 강한 복사열이 발생하는데 이때 온도는 어느 정도인가?

① 700℃
② 1,300℃
③ 800℃
④ 1,000℃

해설 목조건물이 최성기에 이르면 천장, 지붕 등이 붕괴되며 화염, 흑연, 불꽃이 튀고 강한 복사열이 발생하여 최고 1,300℃까지 이르게 된다.

21 다음 중 목조건물의 화재온도 표준곡선은 어느 것인가?

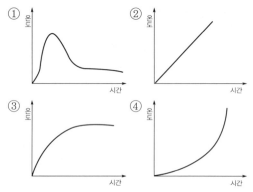

해설 ③은 내화건물의 화재온도 표준곡선이다.

22 목조건물화재의 일반적인 현상이 아닌 것은?

① 목조는 공기유동이 좋아 격렬히 연소하는 저온장기형이다.
② 연기의 색깔은 처음에는 백색이지만 차츰 흑색으로 변한다.
③ 천장에 불이 닿으면 연소진행은 빨라진다.
④ 풍속이 초속 10m 이상일 때에는 10분 이내에 최성기가 된다.

해설 목조건물은 골조가 목조이고 개구부도 많기 때문에 공기유동이 좋아 격렬히 연소하며 최성기에 도달하는 고온단기형으로 나타난다.

23 화재하중에 대한 설명으로 옳지 않은 것은?

① 단위 바닥면적에 대한 등가가연물의 값을 금속의 발열량으로 환산한 것이다.
② 일정구역 내에 있는 예상 최대가연물질의 양이다.
③ 화재하중은 화재실 안에 존재하는 가연물의 양 한 가지가 좌우한다.
④ 화재하중이 무거울수록 위험하다.

해설 화재하중은 주어진 화재실의 예상 최대가연물질의 양으로 단위 바닥면적에 대한 등가가연물의 값을 말한다. 실내 가연물은 연소 시 각기 발열량이 다르기 때문에 실제로 존재하는 가연물을 그에 상응하는 발열량의 목재로 환산하여 등가목재중량으로 나타낸다.

24 내부크기가 가로 5m, 세로 4m, 높이 3m인 어느 건물 내부에 단위발열량이 9,000kcal/kg인 가연물 2,000kg이 있을 때 화재하중은 몇 kg/m²인가?

① 100
② 200
③ 300
④ 400

해설 화재하중[kg/m²]$=\sum Q_1/4,500A$이므로
9,000kcal/kg×2,000kg/4,500×20m²
=200kg/m²

25 석유화재 시 액면상의 연소확대에 대한 설명으로 옳지 않은 것은?

① 액온이 인화점보다 높은 경우 예혼합형 전파형태를 나타낸다.
② 액온이 인화점보다 낮은 경우 화염은 표면류에 좌우되며 화염은 규칙적이다.
③ 액온이 인화점보다 높은 경우 액면의 연소속도는 일정한 값을 가지고 있다.
④ 액온이 인화점보다 낮은 경우 액면 위로 연소 가능한 증기층이 형성되지 않아 예열이 필요하다.

해설 석유화재 시 액면상의 연소확대
㉠ 액온이 인화점보다 높은 경우 : 화염의 연소속도는 일정한 값을 갖고 액체온도와 함께 증가한다. 화염은 관 속의 가연성 혼합기의 형태와 비슷하여 예혼합형 전파형태를 나타낸다.
㉡ 액온이 인화점보다 낮은 경우 : 액면 위로 가연성 증기층이 형성되지 않아 예열이 필요한 예열형 전파형태이며 화염은 표면류에 좌우되고 불규칙적이다.

26 석유화재 시 액온이 인화점보다 낮은 경우 화염의 전파형태로 맞는 것은?

① 규칙적이다.
② 맥동적이다.
③ 직선적이다.
④ 회전한다.

해설 석유화재 시 액온이 인화점보다 낮은 경우는 예열이 필요하다. 액면 위로 가연성 증기층이 형성되지 않아 곧바로 연소가 되지 않고 시간의 경과에 따라 서서히 연소가 진행된다. 이때 화염이 증기를 가열시켜 급속히 연소하다가 증기가 차가운 부분에서는 다시 화염이 줄어들게 되는 가속과 감속을 반복하는 맥동적 전파형태를 나타낸다.

27 다음 설명 중 틀린 것은?

① 저장조의 액면부근은 고온으로 증류가 활발하게 일어난다.
② 저장조에서 용기의 직경이 증가하면 액면의 강하속도도 증가한다.
③ 액면화재는 가연성 증기가 공기와 혼합하여 확산연소를 하는 것이다.
④ 액면화재 시 액면 아랫부분의 온도는 화재 전과 비교하여 변화가 없다.

해설 저장조에서 용기의 직경이 증가하면 액면 강하속도는 감소한다. 액면 아래의 온도분포를 보면 화염의 중심 아래로 내려가면 온도는 강하되고 액면 아랫부분의 온도는 화재 전과 비교하여 거의 변화가 없다. 또한 액면부근은 온도가 높아 증류가 활발하지만 액면 아랫부분은 증류가 발생하지 않는다.

28 석유화재 시 액온이 인화점보다 높은 경우 화염의 전파형태로 맞는 것은?

① 교류형 전파
② 예혼합형 전파
③ 예열형 전파
④ 직류형 전파

해설 석유화재 시 액온이 인화점보다 높은 경우는 예혼합형 전파형태이며, 액온이 인화점보다 낮은 경우는 예열형 전파형태이다.

29 액온이 인화점보다 낮은 경우 화염의 전파형태로 옳은 것은?

① 화염형 전파
② 예혼합형 전파
③ 확산형 전파
④ 예열형 전파

해설 액온이 인화점보다 낮은 경우 화염의 전파형태는 예열형 전파이다.

30 저장조에 있는 석유화재에 대한 설명으로 옳지 않은 것은?

① 액면부근은 증류가 활발하지만 액면 아랫부분은 증류가 발생하지 않는다.
② 화염의 기울어짐은 용기가 작을수록 바람의 영향을 크게 받는다.
③ 방향족계 탄화수소에는 그을음이 많아 매우 심한 흑연이 발생한다.
④ 용기 직경이 작을수록 불완전연소가 증가한다.

해설 증기의 발생량은 액면적에 비례하고, 증기유입량은 용기 직경에 비례하므로 용기 직경이 커질수록 불완전연소가 증가하여 연기의 발생이 증가한다.

31 중질유의 석유탱크에서 장시간 조용히 연소하다가 탱크 내의 잔존기름이 갑자기 연소하는 현상은?

① 보일오버
② 플래시오버
③ 슬롭오버
④ 프로스오버

해설 중질유의 탱크에서 장시간 조용히 연소하다가 탱크 내의 잔존기름이 갑자기 분출하는 현상은 보일오버 현상이다.

32 점성이 큰 중질유화재 시 유류의 액표면 온도가 물의 비점 이상으로 상승하고 물이 연소유의 액표면으로 유입되면 부피가 팽창을 일으켜 탱크 외부로 불이 붙은 채 분출되는 현상은?

① 보일오버
② 슬롭오버
③ 프로스오버
④ 플래시오버

해설 점성이 큰 중질유화재 시 유류의 액표면 온도가 물의 비점 이상으로 상승하고 물이 연소유의 액표면으로 유입되면 부피가 팽창을 일으켜 탱크 외부로 불이 붙은 채 분출되는 현상은 슬롭오버 현상을 말한다.

33 보일오버 현상이 발생하는 조건이 아닌 것은 어느 것인가?

① 액면이 열파를 형성할 수 있어야 한다.
② 탱크 내에 물이 존재하여야 한다.
③ 물이 비등할 수 있도록 고온이어야 한다.
④ 순수한 기름상태로 있어야 한다.

해설 보일오버 현상은 기름과 물이 혼합된 상태로 고온의 열파가 있어야 발생한다.

34 액화가스화재의 성상을 설명한 것으로 옳지 않은 것은?

① 액화가스가 용기로부터 방출되면 급격히 기화한다.
② 작은 점화원에 폭발을 일으켜 구조물을 붕괴시킬 수 있다.
③ 액화가스가 누설되어 체류할 경우 증기는 공기와 희석되어 위험성이 감소한다.
④ 누설된 증기운이 개방된 공간에서 연소할 경우 파이어볼이 생성된다.

해설 액화가스가 누설되어 체류할 경우 가연성 증기의 연소위험성은 확대된다.

Answer 28.② 29.④ 30.④ 31.① 32.② 33.④ 34.③

35 파이어볼이 형성되면 나타나는 화염현상은 어느 것인가?

① 곡선형태의 불꽃
② 버섯모양의 화염
③ 불꽃놀이 형태의 화염 비산
④ 타원형 불꽃

해설 파이어볼로 인해 버섯모양의 화염이 생성된다.

36 열이 물질을 매개로 하지 않고 전자파의 형태로 전달되는 현상은?

① 복사　　　　　② 대류
③ 전도　　　　　④ 비화

해설 복사는 중간매질 없이 서로 떨어져 있는 물체 사이에 전자기파의 형태로 열이 전달되는 현상이다.

37 복사열을 흡수하지 못해 손실 없이 통과되는 것은?

① 이산화탄소
② 수증기
③ 질소
④ 아황산가스

해설 질소는 복사열을 흡수하지 않고 흡열반응을 한다.

38 열전달의 종류가 아닌 것은?

① 전도　　　　　② 복사
③ 대류　　　　　④ 확산

해설 열전달의 종류에는 전도, 대류, 복사가 있다.

39 열전달에 대한 설명으로 옳지 않은 것은?

① 복사는 공기 중에서 손실이 많다.
② 가연물의 발화현상은 전도와 대류 및 복사의 영향 때문이다.

③ 발산되는 열보다 전달되는 열이 많으면 그것이 누적되어 발화원인이 된다.
④ 복사열이 가연물에 흡수되어 표면온도가 발화점에 달하면 연소한다.

해설 복사는 공기 중에서 손실이 거의 없다.

40 진공상태에서 열손실이 없는 것은?

① 전도　　　　　② 복사
③ 대류　　　　　④ 비화

해설 복사는 진공상태에서 손실이 없다.

41 다음 중 열전달이 가장 빠른 것은?

① 전도　　　　　② 대류
③ 복사　　　　　④ 접염

해설 전도, 대류, 복사 중 열전달이 가장 빠른 것은 복사열이다.

42 다음 중 열전달이 가장 빠른 순서로 바르게 나타난 것은?

① 복사＞대류＞전도
② 전도＞대류＞복사
③ 복사＞전도＞대류
④ 대류＞전도＞복사

해설 열전달이 가장 빠른 순서는 전도＜대류＜복사 순이다.

43 어떤 복사체 표면의 절대온도가 처음의 2배로 증가하면 복사에너지는 몇 배가 되는가?

① 4배　　　　　② 6배
③ 8배　　　　　④ 16배

해설 온도와 방출된 복사에너지의 관계는 물체의 온도가 상승하게 되면 물체로부터 방출되는 복사에너지도 증가하는데 물체의 절대온도의 4승으로 증가한다. 만일 온도가 2배 증가하면 물체로부터 복사된 에너지는 16배가 되는 것이다.

Answer　35.②　36.①　37.③　38.④　39.①　40.②　41.③　42.①　43.④

44 "복사체에서 발산되는 복사열은 복사체의 절대온도의 4제곱에 비례한다."는 법칙은 어느 것인가?

① 돌턴의 법칙
② 슈테판-볼츠만의 법칙
③ 푸리에의 법칙
④ 르 샤틀리에의 법칙

해설 슈테판 – 볼츠만의 법칙
복사체에서 발산되는 복사열은 복사체의 절대온도의 4제곱에 비례한다.

45 열전도율의 단위로 옳은 것은?

① kW/m^2
② $W/m^2 \cdot k$
③ $W/m \cdot k$
④ MJ/kg

해설 열전도율의 단위는 $W/m \cdot k$이다.

46 열전달에 대한 설명 중 틀린 것은?

① 열전도도가 낮을수록 인화가 용이하다.
② 복사열은 물체에 닿으면 통과하지 않고 흡수되어 그 물체를 따뜻하게 만든다.
③ 복사로 전달되는 열은 고온체와 저온체의 온도차의 2승에 비례한다.
④ 복사열은 차단물이 있으면 전달되지 않고 연기로부터 방해를 받을 수 있다.

해설 복사로 전달되는 열은 고온체와 저온체의 온도차의 4승에 비례한다.

47 다음 설명 중 옳지 않은 것은?

① 작은 불티라도 바람의 영향으로 화재로 발전할 수 있다.
② 화염이 물체에 접촉하여 연소가 확산되는 것은 접염연소현상이다.
③ 복사는 공기 중에서 손실이 거의 없다.
④ 유체의 실질적인 흐름에 의해 열에너지가 전달되는 것은 복사현상이다.

해설 유체의 실질적인 흐름에 의해 열에너지가 전달되는 것은 대류현상이다.

48 냉동창고의 냉매제로 주로 쓰이며 강산과 접촉할 경우 폭발우려가 있는 물질은?

① 암모니아
② 염소
③ 시안화수소
④ 이산화황

해설 암모니아(NH_3)는 냉동창고의 냉매제로 쓰이며, 강산과 접촉하면 반응하여 폭발우려가 있다.

49 화재현장에서 연기의 색상이 검은색을 나타냈을 때의 연소물질로 옳은 것은?

① 건조된 목재류
② 수용성 알코올류
③ 탄소 수가 많은 석유류
④ 수분이 함유된 건초더미

해설 탄소 수가 많은 석유류일수록 검은색을 띠며 연소한다.

50 거의 모든 화재 시 발생하는 가스로 치명적인 인명피해를 유발하는 독성가스는?

① 이산화탄소
② 수소
③ 일산화탄소
④ 질소

해설 일산화탄소는 거의 모든 화재 시 발생하는 독성가스로 치명적인 인명피해를 유발한다.

51 건물 바깥쪽의 외기가 건물 안의 공기보다 따뜻할 때 건물 내에서 하향으로 공기가 이동하는 것을 무엇이라고 하는가?

① 굴뚝효과
② 역굴뚝효과
③ 공기순환작용
④ 드래프트

해설 역굴뚝효과를 설명한 것이다.

Answer 44.② 45.③ 46.③ 47.④ 48.① 49.③ 50.③ 51.②

52 연기의 특성을 설명한 것으로 옳지 않은 것은?

① 고체 미립자계의 연기는 특수한 독성은 없다.
② 액체 미립자계 연기는 냄새 없이 독성을 갖는 것이 많다.
③ 연기의 주성분은 탄소로 되어 있다.
④ 화염 내에서 탄소 수가 많은 연료는 화염 밖으로 방출되는데 이것이 그을음이다.

해설 액체 미립자계 연기는 입자와 성분의 크기에 따라 자색, 백색, 황색을 띠며, 분자량이 큰 특유의 냄새를 갖는 것이 많다.

53 연기제어 방법으로 적당하지 않은 것은?

① 연기의 희석   ② 연기의 차단
③ 연기의 가압   ④ 연기의 배기

해설 **연기제어 방법**
연기의 희석, 차단, 배기

54 화재로 발생한 연기가 인체에 미치는 가장 큰 영향은?

① 수증기와 연기의 혼합으로 순환되는 호흡량 양호
② 이산화탄소의 증가로 산소의 희석
③ 연기에 의한 가시거리 증가
④ 일산화탄소의 증가와 산소의 감소

해설 화재로 발생한 연기로 인해 신체에 나타나는 가장 큰 영향은 일산화탄소의 증가와 산소의 감소이다.

55 연기의 속도에 영향을 미치는 요소가 아닌 것은?

① 바람의 유무
② 착화물
③ 실내외의 기온과 습도
④ 연소재료의 착화성

해설 연기의 속도에 영향을 미치는 요소는 바람의 유무, 실내외의 기온과 습도, 연소재료의 착화 난이도 등이 있다.

56 연기의 유동에 대한 설명이다. 맞는 것은?

① 부력효과는 화염으로부터의 거리가 멀어질수록 증가한다.
② 수직방향보다 수평방향으로의 확산이 대단히 빠르다.
③ 바람에 의한 압력은 건물 안의 공기흐름을 좌우할 수 있다.
④ 연기는 천장면에 닿아 수평으로 퍼지지만 종국에는 하방에 오염되지 않은 경계층이 생긴다.

해설 ① 부력효과는 화염으로부터의 거리가 멀어질수록 감소한다.
② 연기는 수직방향으로의 확산이 수평방향보다 빠르다.
④ 연기는 천장면에 닿아 수평으로 퍼지며 최종적으로 실내 전체가 연기에 오염되어 충만하게 된다.

57 건물 안에서 연기를 이동시키는 요인으로 작용하지 않는 것은?

① 방화문   ② 굴뚝효과
③ 부력   ④ 팽창

해설 **연기를 이동시키는 요인**
굴뚝효과, 바람, 부력, 팽창, 공기조화설비

58 다음 설명 중 바르지 않은 것은?

① 부력은 화염으로부터의 거리가 멀어질수록 감소한다.
② 굴뚝효과는 밀도나 온도차이 등 압력차에 기인한다.
③ 건물 내부온도가 외기보다 따뜻하면 연기는 상향으로 이동한다.
④ 창문이 바람 부는 방향에 있으면 연기의 이동을 크게 감소시킬 수 있다.

Answer   52.② 53.③ 54.④ 55.② 56.③ 57.① 58.④

해설 창문이 바람 부는 방향에 있으면 연기는 상층으로 빠르게 확산한다. 반면 창문이 바람 부는 반대방향에 있으면 바람에 의한 부압에 의해 연기는 화재구역에서 밖으로 배출되며 이것은 연기의 이동을 크게 감소시킬 수 있게 된다.

59 건물 내 연기를 이동시키는 요인에 해당하지 않는 것은?

① 연돌효과
② 플래시오버
③ 공기조화시스템
④ 화재 열로 인한 팽창

해설 건물 내 연기를 이동시키는 요인
㉠ 연돌효과
㉡ 부력효과
㉢ 화재 열로 인한 팽창
㉣ 공기조화시스템

60 역굴뚝효과를 바르게 설명한 것은?

① 건물 안의 공기가 외기보다 더 따뜻하여 하향으로 공기가 이동하는 현상
② 건물 안의 공기가 외기보다 더 따뜻하여 상향으로 공기가 이동하는 현상
③ 건물 안의 공기보다 외기가 더 따뜻하여 하향으로 공기가 이동하는 현상
④ 건물 안의 공기보다 외기가 더 따뜻하여 상향으로 공기가 이동하는 현상

해설 역굴뚝효과란 건물 안의 공기보다 외기가 더 따뜻하여 하향으로 공기가 이동하는 현상이다.

61 연기의 이동속도로 옳은 것은?

① 수직방향 1m/sec, 수평방향 5m/sec 정도
② 수직방향 3m/sec, 수평방향 1m/sec 정도
③ 수직방향 6m/sec, 수평방향 7m/sec 정도
④ 수직방향 7m/sec, 수평방향 8m/sec 정도

해설 연기의 수직방향 이동속도는 3m/sec 정도이고, 수평방향 이동속도는 1m/sec 정도이다.

62 연기의 이동에 대한 설명이다. 옳지 않은 것은?

① 연기를 포함한 공기는 부력에 의해 이동한다.
② 수평방향 이동속도는 약 0.5m/sec 정도로 인간의 보행속도보다 빠르다.
③ 수직방향 이동속도는 2~3m/sec로 빠르다.
④ 팽창에 의해 찬 공기는 건물 안으로 이동하고 뜨거운 공기는 밖으로 배출된다.

해설 수평방향 이동속도는 약 0.5m/sec로 인간의 보행속도인 1.0~1.2m/sec보다 늦다.

63 건물 내부의 온도가 외기보다 따뜻하고 밀도가 낮을 때 건물 내의 공기가 부력을 받아 상층으로 이동하는 현상은 무엇인가?

① 굴뚝효과
② 역굴뚝효과
③ 드래프트
④ 부력효과

해설 건물 안의 온도가 외기보다 더 따뜻하고 밀도가 낮을 때 건물 내의 공기가 부력을 받아 상층으로 확산되는 것을 굴뚝효과라고 한다.

64 일산화탄소의 성질로 틀린 것은?

① 300℃ 이상 열분해 시 발생한다.
② 산소가 부족하면 불완전연소로 발생한다.
③ 물에 녹기 어렵다.
④ 공기보다 무겁다.

해설 일산화탄소는 무색, 무취의 기체로 공기보다 가벼우며(비중 0.97), 연소 시 청색불꽃을 발생하며 연소하여 이산화탄소가 된다.

65 PVC의 연소 시 특징적으로 발생하는 연소가스는?

① 이산화황
② 포스겐
③ 황화수소
④ 암모니아

해설 PVC 연소 시 포스겐을 비롯하여 염화수소, 일산화탄소 등이 발생한다.

66 가연성 가스이면서 독성가스인 것은?

① 불소 – 벤젠
② 황화수소 – 암모니아
③ 이황화탄소 – 염소
④ 메탄 – 에틸렌

해설 황화수소와 암모니아는 가연성 가스이면서 독성 가스이다.

67 사람의 체내에 있는 헤모글로빈의 일산화 탄소 친화력은 산소에 비해 몇 배인가?

① 40~50배
② 140~150배
③ 240~250배
④ 340~350배

해설 일산화탄소의 헤모글로빈에 대한 결합력은 산소 보다 200배 이상 강해 산소공급능력을 방해하여 산소부족으로 중추신경이 마비된다.

68 가연성 액체의 발화조건으로 틀린 것은?

① 인화점은 가연성 액체의 위험성 척도이다.
② 가연성 증기와 공기가 연소농도 범위 내에 있어야 한다.
③ 가연성 증기와 공기의 혼합만 이루어지면 발화가 이루어진다.
④ 발생된 증기와 공기의 혼합조성이 연소범위 내에 있어야 한다.

해설 가연성 증기와 공기의 혼합은 일정비율로 연소 범위를 구성하고 있어야 한다. 대표적으로 가솔 린의 연소범위는 1.4~7.6으로 이 범위를 벗어 나거나 못 미치게 되면 연소는 이루어지지 않는다.

69 이산화탄소에 대한 설명으로 틀린 것은?

① 공기보다 무겁다.
② 무색, 불연성이며, 고체는 드라이아이스라고 한다.
③ 대부분의 유기물과는 혼합되지 않으며 조연성이 없다.
④ 유기물질이 연소할 때 이산화탄소 농도가 증가하면 산소 농도도 증가한다.

해설 이산화탄소는 유기물질이 연소할 때 반드시 발생하며, 공기 중의 산소를 소비하여 생성되기 때문에 이산화탄소 농도가 증가하면 산소 농도는 감소하게 된다.

70 연소 시 부식성 가스가 가장 많이 방출되는 것은?

① PVC
② 폴리우레탄
③ 폴리프로필렌
④ 폴리스티렌

해설 PVC는 부식성 가스인 염화수소(HCL)를 비롯하여 일산화탄소 등이 발생한다.

71 연소생성물에 대한 설명이다. 가장 올바른 것은?

① 황화수소는 조금만 호흡해도 감지능력이 상실되지만 자극성은 없다.
② 암모니아는 냉동창고의 냉매로 쓰이며 자극성은 없다.
③ 시안화수소는 화재현장에서 가장 일반적인 독성가스이다.
④ 일산화탄소는 산소와 결합력이 강하고 질식작용에 의한 독성이 있다.

해설 일산화탄소는 산소와 친화력이 좋고 질식작용에 따른 독성이 있다. 황화수소, 암모니아는 자극성이 있으며, 화재현장에서 가장 일반적인 독성가스는 일산화탄소이다.

72 암모니아에 대한 설명이다. 틀린 것은?

① 강산과 접촉하면 심하게 반응하여 폭발할 우려가 있다.
② 자극성 기체로 질소 함유물이 연소할 때 생성된다.
③ 시안화수소, 아염소산칼륨과 접촉하면 폭발성 물질을 발생한다.
④ 폭발범위 4.1~75%로 누출될 경우 위험성이 크다.

해설 암모니아의 연소범위는 15~28%이다.

73 연소생성물 가운데 CO_2, N_2 등의 농도가 높아지면 연소속도에 미치는 영향으로 옳은 것은?

① 연소속도가 빨라진다.
② 연소속도가 저하된다.
③ 연소가 느려지다가 급격히 빨라진다.
④ 연소속도에 변화가 없다.

해설 CO_2, N_2 등의 농도가 높아지면 연소속도는 저하된다.

74 연소가스 중 자체 독성은 없으나 다량으로 체류할 경우 사람의 호흡속도가 증가하여 질식할 수 있는 가스는?

① 암모니아   ② 황화수소
③ 일산화탄소   ④ 이산화탄소

해설 이산화탄소는 자체 독성은 없으나 다량으로 체류할 경우 호흡속도를 증가시키고 질식을 일으킬 수 있다.

75 다음 설명 중 옳지 않은 것은?

① 연기는 일반적으로 화재 초기의 발연량이 화재 성숙기보다 많다.
② 연기는 여러 물질의 혼합체로 천장을 따라 상부로 이동한다.
③ 연소면적에 비해 환기구의 면적이 작을 때에는 연기의 농도가 짙어진다.
④ 연기의 이동은 열의 전도에 의해 발생한다.

해설 연기의 이동은 바람, 부력, 팽창 등에 기인한다.

76 다음 중 연소 시 계란 썩는 냄새가 나는 물질은 어느 것인가?

① 불화수소   ② 황화수소
③ 이산화황   ④ 염화수소

해설 황화수소는 계란 썩는 냄새가 나는 특징이 있다.

77 다음 중 연기가 눈에 보이는 것은 무엇 때문인가?

① 탄소 및 타르 입자
② 멜라민수지 및 수증기 입자
③ 황화수소 및 수증기 입자
④ 염화수소 및 타르 입자

해설 연기가 눈에 보이는 것은 탄소 및 타르 입자 때문이다.

78 화재 시 발생되는 연기에 대한 설명으로 틀린 것은?

① 가연물 연소 시 발생되는 열분해 생성물이다.
② 불완전연소에 의해 많이 발생한다.
③ 연소 시의 발생가스로서 산소공급이 부족할 때 적은 양이 발생한다.
④ 화재 시 발생되어 시야장애 및 질식을 유발할 수 있다.

해설 연소 시 산소공급이 불충분하면 연기는 다량의 흑연을 발생시킨다.

79 굴뚝효과로 인해 나타날 수 있는 중성대에 대한 설명으로 틀린 것은?

① 중성대는 개구부의 위치에 따라 달라질 수 있다.
② 중성대는 상하의 기압이 일치하는 곳에 있다.
③ 중성대는 건물 안과 바깥의 온도 차에 의해 위치가 달라질 수 있다.
④ 건물 안에 있는 기류는 항상 상부에서 하부로 이동한다.

해설 중성대는 하부에서 상부로 이동할 수도 있고 상부에서 하부로 이동할 수도 있다.

80 다음 중 역방향 화염확산을 설명한 것으로 틀린 것은?

① 화염확산 방향이 가스흐름과 반대인 경우 발생한다.
② 화염이 전면에 있는 가연물을 가열할 수 없을 때 연소는 느려진다.
③ 화염이 벽에서 위로 향하는 화염확산이다.
④ 화염이 수직표면 위에서 아래로 확산되는 경우 연소는 느리게 진행된다.

Answer   73.② 74.④ 75.④ 76.② 77.① 78.③ 79.④ 80.③

해설 화염이 벽에서 위로 향하는 것은 정방향 화염확산이다.

81 다음 중 정방향 화염확산을 나타낸 것으로 틀린 것은?

① 정방향 화염흐름은 매우 빠르게 나타난다.
② 화염은 수직면에서 천장 방향이 있는 위쪽으로 진행한다.
③ 화염 방향이 가스흐름의 방향과 동일한 것이다.
④ 화염은 수직면에서 아래로 향하며 진행속도는 빠르다.

해설 정방향 화염은 수직면에서 위쪽으로 향하는 것으로 가스흐름은 매우 빠르다.

82 화염의 연소특성을 설명한 것으로 틀린 것은 어느 것인가?

① 계단, 경사로 등 경사진 면은 역방향 화염확산 효과가 있다.
② 정방향 화염확산은 연소가 빠르다.
③ 화염이 수직면 위에서 아래로 전파되면 연소는 느리게 된다.
④ 액체상태의 화염은 역방향 확산형태이다.

해설 계단, 경사로 등은 정방향 화염확산 효과가 있다.

83 화염이 벽을 타고 천장으로 확산되는 경우에 해당하는 것은?

① 정방향 화염확산
② 역방향 화염확산
③ 경사면에서의 화염확산
④ 경사진 도랑에서의 화염확산

해설 정방향 화염확산은 화염이 벽을 타고 천장면으로 확대되는 형태를 말한다.

84 경사면에서의 화염확산에 대한 설명으로 옳지 않은 것은?

① 경사로에서 화염은 위로 향하는 정방향 화염확산 효과를 나타낸다.
② 경사로 표면은 예열이 이루어지고 표면 아래로 공기가 혼입되어 복사열이 증대된다.
③ 경사진 벽이나, 계단 등 일정한 각도로 기울어진 수평면을 따라 화염이 확대된다.
④ 수평면 표면으로 화염이 확산되어 가스의 흐름과 반대방향으로 역류한다.

해설 경사면에서의 화염확산은 정방향 화염확산처럼 가스의 흐름방향과 동일하게 진행한다.

85 액체상태의 화염확산에 대한 설명으로 옳지 않은 것은?

① 액체에서 역방향 화염확산은 저장조 안에서 표면장력에 영향을 받고, 매우 얇은 가연물층의 두께는 표면장력으로 인해 흐름이 빨라진다.
② 대부분 액체상태의 화염은 역방향 화염확산이다.
③ 인화점 이하의 화염확산은 액체의 흐름에 따라 진행한다.
④ 인화점 이상의 확산화염은 가스상태로 인화성 증기가 표면 근처에서 발생한다.

해설 대부분 액체상태의 화염확산은 역방향 화염확산이다. 저장조 안에서 표면장력에 의해 흐름이 영향을 받고, 매우 얇은 가연물층 두께에서는 표면장력으로 인해 흐름이 느려진다.

86 액체에서의 화염확산 형태로 옳은 것은?

① 정방향 화염확산
② 역방향 화염확산
③ 경사면에서의 화염확산
④ 수평면에서의 화염확산

해설 저장조에 있는 액체가 벽면을 타고 흘러내리더라도 가연물의 위로 향하는 화염은 정방향 확산화염이지만 대부분의 액체는 역방향 화염확산 형태를 가지고 있다.

87 화염길이가 지속적으로 길어지고 화염확산 속도는 무제한적으로 가속화될 수 있는 고체의 연소형태로 옳은 것은?

① 두꺼운 가연물의 역방향 화염확산
② 두꺼운 가연물의 정방향 화염확산
③ 얇은 가연물의 정방향 화염확산
④ 얇은 가연물의 역방향 화염확산

해설 두꺼운 가연물에서의 정방향 화염은 벽에서 위로 향하거나 가연성 천장의 아래쪽에서 발생한다. 가연물이 두껍기 때문에 타는 영역 앞에 있는 물질을 가열하는 화염길이는 지속적으로 길어지고 화염확산속도는 무제한적으로 가속화될 수 있는 특징이 있다.

88 고체의 화염확산에 대한 설명으로 옳지 않은 것은?

① 얇은 가연물의 역방향 화염확산은 가연물이 활발하게 연소하는 부분이 짧다.
② 커튼이나 수직재에 착화되어 올라가는 화염은 빨리 착화하기도 하지만 얇은 가연물이라면 화염길이가 짧아질 수 있다.
③ 두꺼운 물질은 외부에서 가열하지 않는 한 정방향 화염확산은 성립하기 어렵다.
④ 천장에 쌓인 고온가스의 복사열은 가연물 표면을 가열하여 화염확산속도를 현저히 증가시킬 수 있다.

해설 두꺼운 물질은 외부에서 가열하지 않는 한 역방향 화염확산은 성립하기 어렵다. 그러나 정방향 화염확산은 지속적으로 화염길이가 길어지고 화염확산속도도 무제한적으로 가속화할 수 있다.

89 다음 설명 중 옳지 않은 것은?

① 화염확산은 구획실 안의 고온가스의 흐름에 의해 더욱 확대될 수 있다.
② 개구부를 통해 유입된 공기는 화염의 흐름을 변경할 수 있다.

③ 화염의 흐름이 변경되면 또 다른 가연물로 연소확대될 우려가 크다.
④ 화염충돌로 인한 발화는 구획된 공간에서는 발생하지 않는다.

해설 화염충돌에 의한 화재확대는 구획실에서 발생하는 것으로 바람의 영향, 가연물의 크기 등에 따라 연소양상이 달라진다.

90 원격발화를 일으킬 수 있는 화재패턴으로 알맞은 것은?

① V패턴
② 스플래시 패턴
③ 드롭다운 패턴
④ 트레일러 패턴

해설 원격발화할 수 있는 화재패턴은 드롭다운 패턴이다.

91 가장 일반적인 원격발화 형태에 해당하는 것은?

① 복사
② 드롭다운
③ 전도
④ 비화

해설 가장 일반적인 원격발화는 복사에 의한 영향이다.

92 복사열로 인해 발화가 일어날 수 있도록 영향을 주는 요인이 아닌 것은?

① 화재의 크기
② 개구부의 개방
③ 물체 사이의 거리
④ 복사되는 에너지의 양

해설 복사열로 인해 발화가 일어날 수 있도록 영향을 주는 요인으로는 화재의 크기, 복사되는 에너지의 양, 물체 사이의 거리, 물체의 형상 등이 있다. 개구부의 개방은 관계가 없다.

Answer 87.② 88.③ 89.④ 90.③ 91.① 92.②

01

93 드롭다운을 바르게 나타낸 것은?

① 신선한 공기가 순식간에 유입될 때 화염이 폭풍처럼 확대되는 현상
② 가연물의 전 표면적에 일시에 화염이 덮치는 현상
③ 불타고 있는 물체가 아래로 떨어져 그 주변의 또 다른 물질을 발화시키는 현상
④ 불타고 있는 물체가 아래로 떨어진 압력에 의해 곧바로 소화되는 현상

해설 드롭다운(drop down)이란 불타고 있는 물체가 아래로 떨어져 그 주변의 또 다른 물질을 발화시키는 현상이다.

94 플래시오버에 영향을 주는 요인이 아닌 것은?

① 건물높이   ② 내장재료
③ 화원의 크기   ④ 개구율

해설 플래시오버에 영향을 주는 요인은 개구율, 내장재료, 화원의 크기 등이 좌우한다.

95 구획실의 화재현상을 설명한 것으로 옳지 않은 것은?

① 화재초기에는 연소에 충분한 공기가 있어 연료지배형 화재 연소특성을 지닌다.
② 롤오버 현상은 화염이 천장으로만 확산되고 가연물의 표면에는 작용하지 않는 것으로 일반적으로 플래시오버보다 먼저 발생한다.
③ 플래시오버는 모든 화재에서 발생한다.
④ 공기흐름이 충분하지 않으면 화재는 연료지배형에서 환기지배형으로 바뀐다.

해설 플래시오버는 구획실 내부에 있는 모든 가연물에 화염이 덮쳐 실내 전체로 확산되는 순발적 연소현상이지만 모든 화재에서 발생하는 것은 아니다.

96 화재 초기의 현상으로 맞지 않는 것은?

① 완만한 연소형태
② 다량의 흰색 연기 발생

③ 국부적 열분해 개시
④ 실내 전체 화염 발생

해설 화재 초기의 현상
완만한 연소형태, 다량의 흰색 연기 발생, 국부적 열분해 개시 등
④ 실내 전체 화염 발생은 성장기에 나타나는 특징이다.

97 화재 최성기의 특징이 아닌 것은?

① 실내온도 1,000℃ 전후 고온
② 연기량 및 열기 감소
③ 복사열 및 화염 최고조
④ 인접건물 확대 위험성

해설 연기량 및 열기 감소는 감쇠기에 나타나는 특징이다.

98 플래시오버의 발생 징후가 아닌 것은?

① 실내 조건이 현저하게 자유연소의 단계에 있는 경우
② 열기가 느껴지면서 두텁고 뜨거운 연기가 아래로 쌓이는 경우
③ 유리창 안쪽으로 타르와 유사한 기름성분의 물질이 흘러내리는 경우
④ 실내에 과도한 열이 축적되어 있는 경우

해설 유리창 안쪽으로 타르와 유사한 기름성분의 물질이 흘러내리는 경우는 백드래프트의 발생 징후이다.

99 일반주택건물 화재에서 플래시오버(flash over)가 발생하기 위한 천장층의 온도에 가장 가까운 것은?

① 100~200℃
② 200~300℃
③ 300~400℃
④ 500~600℃

해설 플래시오버가 발생하기 전 상층부 온도는 약 590℃까지 이르게 된다.

100 백드래프트를 설명한 것으로 옳지 않은 것은?

① 밀폐된 조건에서 가연성 가스가 다량으로 체류하다가 급격히 연소하는 현상이다.
② 화염은 보이지 않지만 창문이나 출입구가 뜨거운 경우 발생할 수 있다.
③ 복사열이 부족한 상태가 전제조건이다.
④ 창문을 통해 보았을 때 건물 안의 연기가 소용돌이 치고 있는 경우가 있다.

해설 백드래프트는 열이 좌우하는 것이 아니라 산소공급이 좌우한다.

101 롤오버에 대한 설명으로 옳지 않은 것은?

① 복사열의 영향이 크다.
② 화재 초기단계에서 가연성 가스와 산소가 혼합된 상태로 형성된다.
③ 뜨거운 가스가 천장면을 따라 굴러가듯이 연소확산된다.
④ 대류에 의한 고온가스의 이동이다.

해설 롤오버는 화재 초기단계에서 가연성 가스와 산소가 혼합된 상태로 천장부분에 집적될 때 발생하는 것으로 복사열의 영향은 미미하다.

102 환기지배형 화재에서 연소속도에 결정적인 영향을 미치는 요인은?

① 건물면적
② 건물높이
③ 환기량
④ 개구부의 수

해설 환기지배형 화재에서 연소속도에 영향을 미치는 가장 큰 요소는 환기량이다.

103 다음 중 화재의 성장을 좌우하는 주요 변수가 아닌 것은?

① 화재온도
② 화재지속시간
③ 화재하중
④ 화재종류

해설 화재의 성장여부를 좌우하는 변수로는 화재온도, 지속시간, 화재하중이다.

104 유류탱크화재에서 발생하는 현상이 아닌 것은?

① 보일오버
② 슬롭오버
③ 프로스오버
④ 플래시오버

해설 플래시오버는 구획실화재에서 발생하는 현상이다.

105 화재로 인한 구획실의 환기유동에 대한 설명이다. 옳지 않은 것은?

① 화재로 인한 상층부는 실내의 공기압이 외부보다 크다.
② 실온이 높아지면 높아질수록 중성대의 위치는 낮아진다.
③ 중성대가 낮아지면 외부로부터의 공기유입이 적어진다.
④ 고온가스가 흘러 빠져나간 자리를 화염이 들어가 차지한다.

해설 고온가스가 흘러 빠져나간 자리를 새로운 공기가 차지하여 환기는 순환을 반복한다.

106 백드래프트의 발생 징후와 거리가 먼 것은?

① 창문을 통해 보았을 때 건물 안의 연기가 소용돌이 치고 있는 경우
② 뜨거운 가스가 실내 공기압과의 차이 때문에 천장면을 따라 굴러가는 경우
③ 화염은 보이지 않지만 창문이나 출입구가 뜨거운 경우
④ 유리창 안쪽으로 타르와 유사한 기름성분의 물질이 흘러내리는 경우

해설 뜨거운 가스가 실내 공기압과의 차이 때문에 천장면을 따라 굴러가는 경우는 롤오버에 대한 설명이다.

Answer 100.③ 101.① 102.③ 103.④ 104.④ 105.④ 106.②

107 다음 설명 중 옳지 않은 것은?

① 고온가스층이 개구부의 아래로 내려가면 중성대는 개구부 아래에 위치한다.
② 중성대의 위쪽은 실내 정압이 실외보다 높아 실내에서 기체가 외부로 유출된다.
③ 중성대의 상층부 개방은 화세를 약하게 만들며 빠른 소화를 위해 효과적이다.
④ 중성대의 하층부는 실외에서 신선한 공기의 유입으로 생존할 수 있는 지역이다.

해설 ㉠ 중성대의 위쪽은 실내 정압이 실외보다 높아 실내의 고온가스가 외부로 유출되고 열과 연기로부터 생존할 수 없는 지역이다. 그러나 중성대 아래쪽에는 실외에서 찬 공기가 유입되며 신선한 공기에 의해 생존할 수 있는 지역이 된다.
㉡ 화재진압 시 배연을 할 경우 중성대 위쪽에서 개방해야 효과적이지만 이것은 또한 새로운 공기의 유입을 확대시켜 화세가 확대될 수 있음도 유의해야 한다.

108 구획실 화재현상에서 단일환기구가 있는 구획실 내부로의 공기흐름에 관한 설명으로 옳은 것은? (단, A는 개구부 면적, H는 개구부의 높이이다.)

① 공기흐름은 AH에 비례한다.
② 공기흐름은 $AH^{1/2}$에 비례한다.
③ 공기흐름은 $(AH)^{1/2}$에 비례한다.
④ 공기흐름은 $(AH)^2$에 비례한다.

해설 단일환기구에서 공기의 흐름은 $A\sqrt{H}$에 비례한다.

109 환기유동에 대한 설명으로 틀린 것은?

① 서로 높이가 다른 개구부가 2개소 이상인 경우 중성대는 여러 개가 형성될 수 있다.
② 중성대 상층으로는 기류가 밖으로 배출되고 하층으로는 새로운 기류가 유입된다.
③ 추가적으로 개구부가 개방되면 중성대의 위치는 달라진다.

④ 중성대 위에 있는 개구부가 여러 개 있더라도 유출구로만 작용을 한다.

해설 서로 높이가 다른 개구부가 2개소 이상인 경우라도 중성대의 높이는 하나만 형성된다.

110 롤오버에 대한 설명이다. 틀린 것은?

① 플래시오버의 전초단계이다.
② 플레임오버(flame over)라고도 한다.
③ 한순간에 실내 전체를 발화시키지 않는다.
④ 복사열의 영향이 크다.

해설 롤오버는 화재 초기단계에 플래시오버의 전초단계로 주로 발생하며, 플레임오버라고도 한다. 화재 초기에 발생하기 때문에 복사열의 영향이 크지 않고 한순간에 실내 전체를 발화시키지 못한다.

111 개구부를 통해 화재가 확산되는 경우가 아닌 것은?

① 창문으로 화염이 출화하여 인접건물에 착화
② 복사열이 개구부를 통해 다른 구획실로 화염전파
③ 개구부에 옥외배연을 위한 배풍기 가동
④ 개구부를 통해 불티가 인접 구획실로 넘어가 착화

해설 개구부에 배풍기 가동은 연기 배출을 위한 활동으로 화염확산과 관계가 없다.

112 방화벽을 통하여 화재가 확산되는 경우가 아닌 것은?

① 화재로 인해 방화벽이 붕괴되어 다른 구획실의 가연물을 발화시킨 경우
② 방화벽으로 열이 전도되어 다른 구획실의 가연물이 발화한 경우
③ 화재실 내부 칸막이 파티션의 붕괴로 화재가 확산된 경우
④ 화재실의 천장이 손상되어 인접한 구획실의 방화벽이 손상을 받는 경우

해설 화재실 내부 칸막이나 간이 경계벽 등으로 구획된 것은 하나의 실에서 연소된 것으로 본다. 방

화벽을 통한 화재확산은 하나의 구획에서 또 다른 구역으로 화재가 확산된 개념이다.

113 굴뚝효과로 압력이 발생하는 것은 무엇 때문인가?

① 화재온도
② 빌딩 내부와 외부의 온도차
③ 건물의 층수
④ 외부 기온

해설 굴뚝효과(stack effect)는 빌딩 내부와 외부의 온도 차이로 발생한다. 빌딩 내부의 온도가 외기보다 더 따뜻하고 밀도가 낮으면 공기는 부력을 받아 상층으로 이동을 하여 다수의 사상자가 발생할 수 있다.

114 화재로 인해 생성된 고온가스는 차가운 공기보다 밀도가 낮아 상승하는데 이러한 유체유동을 옳게 표현한 것은?

① 분출유동
② 고온가스출화
③ 환기유동
④ 부력유동

해설 부력유동은 뜨거운 고온가스가 열기구가 상승하듯이 위쪽으로 생긴 흐름을 말한다.

115 파이어플룸(fire plume)은 불 위로 상승하는 뜨거운 화염기둥이다. 이에 대한 설명으로 옳지 않은 것은?

① 화재로 인해 유체가 움직이는 근원은 생성된 뜨거운 가스 때문이다.
② 플룸이 천장과 만나면 수평으로 흐르며 그 농도는 지속적으로 두터워진다.
③ 플룸은 주변 공기와 섞이거나 혼입됨으로써 불의 높이보다 더 높게 상승한다.
④ 고온의 플룸이 공기와 혼합할 경우 온도가 올라가며 반경이 확대된다.

해설 고온의 플룸이 공기와 혼합할 경우 온도가 내려가지만 반경은 확대된다.

116 부력유동이 발생하는 이유는 무엇 때문인가?

① 뜨거워진 고온가스의 밀도가 낮기 때문
② 고온가스가 천장에 의해 제한을 받기 때문
③ 차가운 공기가 증가하기 때문
④ 가스의 흐름이 일정하지 않기 때문

해설 부력유동은 뜨거운 가스가 차가운 가스보다 밀도가 낮아지기 때문에 발생한다.

Chapter 04 폭발론

01 폭발의 조건 및 원인

1 폭발의 개념

① 폭발은 '밀폐된 공간에서 발생한 급격한 압력 상승으로 에너지가 외부(외계)로 전환되는 과정에서 폭음, 파열, 후폭풍 등을 동반하는 현상'이며 물리적·화학적 변화로 발생된다.

② 폭발이란 압력파가 전달되어 폭음과 충격파를 발생시키는 이상팽창을 말한다.

③ 폭발은 정상연소에 비해 연소속도와 화염전파속도가 매우 빠른 비정상연소이다.

④ 물질 내에서 화학발열반응을 한다(화학흡열반응이 아님).

2 폭발의 3대 조건

① 밀폐된 공간

② 점화원(=에너지조건)

③ 폭발범위(=농도조건)

> **! 꼼.꼼. check! ▶ 가스폭발의 2대 조건**
>
> 에너지조건, 농도조건

3 폭발의 종류와 형식

① **공정별 분류** : 물리적 폭발, 화학적 폭발, 물리적·화학적 폭발의 병립에 의한 폭발, 핵폭발 등이 있다.

② **물리적 폭발**

㉠ 화염을 동반하지 않으며, 물질 자체의 화학적 분자구조가 변하지 않는다. 단순히 상변화(액상→기상) 등에 의한 폭발이다.

ⓛ 고압용기의 파열, 탱크의 감압파손, 압력밥솥 폭발 등
ⓒ 응상폭발(증기폭발, 수증기폭발)과 관련된다.
③ 화학적 폭발
ⓒ 화염을 동반하며, 물질 자체의 화학적 분자구조가 변한다.
ⓛ 기상폭발(분해폭발, 산화폭발, 중합폭발, 반응폭주 등)과 관련된다.

4 원인물질의 물리적 상태에 따른 분류 암기

산화 폭발	가스폭발		가연성 가스와 공기와의 혼합기체의 폭발이다.
	분무폭발		무상으로 부유한 가연성 액적이 점화원에 의해 폭발하는 것
	분진폭발		가연성 고체의 미분(티끌)이 점화원에 의해 폭발하는 것
기상 폭발	분해폭발		• 분해할 때에 생성되는 발열 가스가 압력상승에 의해 폭발하는 것 예 아세틸렌, 산화에틸렌, 제5류 위험물 등
	중합폭발		• 모노머(단량체)의 중축합반응을 통해 폴리머(다량체)를 생성할 때 발생된 열에 의해 폭발하는 것에 예 시안화수소, 염화비닐, 산화에틸렌 등
	증기운폭발 (UVCE)		• Unconfined Vapor Cloud Explosion • 개방된 대기 중에서 다량의 가연성 가스가 유출되어 구름을 형성하여 떠다니다가 공기와 혼합하여 점화원에 의해 폭발하는 현상이다.
	BLEVE 현상		• Boiling Liquid Expanding Vapor Explosion • 과열된 액화가스저장탱크의 내부의 액화가스가 분출되어 착화할 때 폭발하는 현상이다.
응상 폭발	수증기폭발		용융금속 등 고온물질이 물속에 투입되었을 때 물은 순간적으로 급격하게 비등하게 된다. 이러한 상변화(액상→기상)에 따른 폭발현상이다.
	증기폭발		저온 액화가스(LNG, LPG 등)가 사고로 인해 물 위에 분출되었을 때 급격한 기화를 동반하는 비등현상으로 액상에서 기상으로의 급격한 상변화에 의한 폭발현상이다.

5 폭굉유도거리(DID)

① 폭발성 혼합가스가 점화했을 때 최초의 완만한 연소에서 격렬한 폭굉으로 발전하는 데 필요한 거리를 말한다.
② 폭굉유도거리(DID)가 짧아질 수 있는 조건(위험도가 크다)
ⓐ 점화에너지가 강할수록 짧아진다.
ⓑ 연소속도가 큰 가스일수록 짧아진다.
ⓒ 관경이 가늘거나 관 속에 이물질이 있을 경우 짧아진다.
ⓓ 압력이 높을수록 짧아진다.
ⓔ 관벽이 거칠고 돌출물이 있을수록 짧아진다.

6 폭발등급 및 안전간격

① 안전간격 : 구형 용기 내에 가스를 점화시킬 때 불꽃이 틈새 사이를 통과하여 화염이 전파된다. 이때 간격에 따라 0.6mm 초과는 폭발 1등급, 0.4mm 초과 ~ 0.6mm 이하는 폭발 2등급, 0.4mm 이하는 폭발 3등급으로 구분된다.

② 폭발등급 분류
  ㉠ 폭발 1등급(0.6mm 초과) : 에탄, 일산화탄소, 암모니아, 아세톤
  ㉡ 폭발 2등급(0.4mm 초과 ~ 0.6mm 이하) : 에틸렌, 석탄가스
  ㉢ 폭발 3등급(0.4mm 이하) : 아세틸렌, 이황화탄소, 수소

7 폭연(Deflagration)과 폭굉(=폭효, Detonation)

① 구분 기준 : 화염(충격파)의 전파속도의 차이
② 폭연과 폭굉의 비교 **암기**

구 분	폭연(디플레그레이션)	폭굉(디토네이션)
속도	• 압력파 또는 충격파가 미반응 매질속으로 음속보다 느리게 이동한다(아음속). • 약 0.1~10m/s 이하	• 압력파 또는 충격파가 미반응 매질속으로 음속보다 빠르게 이동한다.(초음속) • 약 1,000~3,500m/s 이하
압력	• 충격과 압력은 수기압 정도이며 폭굉으로 전이될 수 있다. • 정압이다.	• 압력은 약 1,000kgf/cm^2 압력상승이 폭연의 경우보다 10배 이상이다. • 동압이다.
에너지	• 에너지 방출속도가 물질전달속도에 영향을 받는다.	• 에너지 방출속도가 물질전달속도에 기인하지 않고 아주 짧다.
온도	• 열(전도, 대류, 복사)에 의한 전파에 기인한다.	• 온도의 상승은 충격파의 압력에 기인한다.
파면	• 파면(화염면)에서 온도, 압력, 밀도의 변화를 보면 연속적이다. • 반응 또는 화염면의 전파가 분자량이나 공기 등의 난류확산에 영향을 받는다.	• 파면(화염면)에서 온도, 압력, 밀도가 불연속적으로 나타난다. • 충격파를 형성하기 위해서는 아주 짧은 시간 내에 에너지가 방출되어야 한다.
완전 연소시간	$\frac{1}{300}$초	$\frac{1}{1,000}$초

바로바로 확인문제

다음 중 디토네이션(detonation)에 해당하는 것은?
① 충격파의 전파속도가 1,000~3,500m/sec인 것
② 기체폭발의 모든 현상
③ 혼합기체의 연소속도가 10m/sec 이상인 것
④ 폭풍압력의 전파속도가 폭연에 해당하는 것

해설 폭굉(detonation)은 충격파의 전파속도가 1,000~3,500m/sec인 것을 말한다. **답** ①

02 폭발의 성상

1 물리적 폭발

① 화학적 반응을 수반하지 않는 팽창된 기체의 방출로 대부분 기화현상이 발생한다.
  예 증기보일러의 폭발

② 저장용기에 있는 물질은 인화성일 필요는 없으나 인화성 물질일 경우 화재를 동반하게 되며 파열됨과 동시에 액체가 유출되고 기화하게 된다.
  예 일회용 라이터나 부탄가스 용기 등의 파열 등

> **꼼.꼼. check!** ▶ **물리적 폭발형태** 2021년 기사
>
> • 부피팽창에 의한 폭발 : 보일러의 물이 수증기로 일제히 변하면서 폭발
> • 내부압력 증가 : 액화 프로판탱크의 폭발, 컴프레서 압축공기탱크의 폭발
> • 원심력에 의한 폭발 : 고속회전체의 균열, 비산

2 BLEVE(Boiling Liquid Expanding Vapor Explosion)현상

(1) 개념

옥외 가스 저장탱크에 화재발생 시 저장탱크 외부가 가열되어 탱크 내 액체부분이 급격히 증발하며 가스는 온도상승과 비례하여 탱크 내 압력이 급격한 상승을 초래하게 된다. 탱크가 계속 가열되면 용기 강도는 저하되고 내부압력은 상승하여 어느 시점이 되면 저장탱크의 설계압력을 초과하게 되고 탱크가 파괴되어 급격한 폭발을 일으키는 현상이다.

(2) BLEVE현상 발생과정

① 액체가 들어있는 탱크 주위에 화재발생
② 탱크벽 가열
③ 액체의 온도상승 및 압력상승
④ 화염과 접촉부위 탱크 강도 약화
⑤ 탱크파열
⑥ 내용물(증기)의 폭발적 분출
⑦ 폭발 후 불기둥이 상부에 화구를 형성하며 버섯구름처럼 화염의 덩어리를 만드는데 이를 파이어볼(Fire ball, 약 1,500℃)이라 한다.

(3) BLEVE 현상에 영향을 주는 인자

① 저장된 물질의 종류와 형태
② 저장용기의 재질

③ 저장(내용)물질의 물질적 역학상태

④ 주위의 온도와 압력상태

⑤ 저장(내용)물질의 인화성 등의 여부(저장용기의 위치가 아님)

(4) BLEVE 현상의 방지대책

① 저장탱크 상부에 고정식 냉각살수설비를 설치한다(가장 많이 사용).

② 감압시스템에 의한 탱크로 들어오는 화열을 억제한다.

③ 저장탱크 외부 벽면에 단열조치를 한다.

④ 저장탱크를 지하에 설치한다.

⑤ 화재 시 탱크 내용물 긴급 이송조치

⑥ 가연물 누출 시 유도구 설치

⑦ 용기 내압강도 유지

> **!꼼.꼼.check!** ▶ 블레비 발생단계 *암기* 👨‍🏫 2016년산업기사 2019년산업기사
>
> 액온상승 → 연성파괴 → 액격현상 → 취성파괴

3 파이어볼(fire ball)

① 가연성 액체로부터 대량으로 발생한 증기운이 갑자기 연소할 때 생기는 <u>구상(球狀)의 불꽃</u>을 말한다.

② BLEVE로 형성된 Fire ball은 증기운이 자체의 상승력에 의하여 위로 올라가 <u>버섯구름모양의 불기둥을 발생</u>하며 그 폭발위력은 수 km까지 이른다.

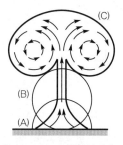

‖ Fire ball의 형성과정 ‖

㉠ 액화가스의 탱크가 파열되면 기화하며 가연성 가스의 혼합물이 대량 분출된다.

㉡ 이로 인해 반구상(A)의 화염이 되어 부력으로 상승하는 동시에 주변의 공기를 빨아들인다.

㉢ 주변에서 빨아들인 화염은 공모양(B)으로 되고 더욱 상승하여 버섯모양(C)의 화염을 만든다.

4 화학적 폭발 [2014년 산업기사] [2018년 기사] [2019년 산업기사]

(1) 산화폭발

산화폭발은 대부분 가연성 가스가 공기 중에 누설되거나 인화성 액체 저장탱크에 공기가 혼합되어 폭발성 혼합가스가 형성됨으로써 점화원에 의해 폭발하는 현상으로 연소폭발이라고도 한다. 산화폭발은 폭발주체인 물질에 따라 가스, 분진, 분무폭발로 분류할 수 있다.

(2) 분해폭발

아세틸렌(C_2H_2), 산화에틸렌(C_2H_4O)과 같은 분해성 가스와 디아조화합물 등 자기분해성 고체류는 분해하여 폭발한다. 고압으로 압축된 아세틸렌 기체에 충격을 가하면 직접 분해반응이 일어나므로 고압으로 저장할 때에는 불활성 다공물질을 주입하고 여기에 아세톤을 스며들게 하여 고압으로 용해 충전하는 방법을 사용한다.

(3) 중합폭발

염화비닐, 초산비닐 등 중합물질 모노머가 폭발적으로 중합되면 격렬하게 발열이 일어나 압력의 급상승으로 용기가 파괴되고 폭발한다. 시안화수소(HCN), 산화에틸렌(C_2H_4O) 등은 중합폭발가스에 해당한다.

바로바로 확인문제 ●

염화비닐 단량체가 폴리염화비닐로 되는 반응과정에서 폭발하는 현상은?
① 산화폭발   ② 분진폭발
③ 중합폭발   ④ 전선폭발

해설 염화비닐 단량체를 중합하면 폴리염화비닐이 된다. 이 과정에서 모노머가 격렬하게 반응하여 중합폭발이 발생한다.   답 ③

---

5 기상폭발 [암기] [2014년 기사] [2015년 산업기사]

(1) 가스폭발

① 가연성 가스가 빠른 반응속도로 발열반응을 일으켜 급격히 팽창하면서 충격적인 열과 압력을 발생시켜 파괴작용을 나타내는 현상
② 가연성 혼합기체의 농도와 압력, 온도 등의 조건에 따라 다르지만 최소점화원이 가해지면 용이하게 폭발한다.

(2) 분해폭발

① 혼합물이 자체적으로 분해하면서 발생하는 것으로 공기 또는 산소의 존재를 필요로 하지 않고 <u>산소의 유무에 관계없이 발생</u>할 수 있다.

② 분해폭발은 화염이나 스파크, 가열 등의 열원에 의해 발생하는 경우가 많지만 밸브의 개폐에 의한 단열압축열에 의해 발화하는 경우도 있다.

③ 아세틸렌, 산화에틸렌, 에틸렌, 히드라진, 모노비닐아세틸렌, 메틸아세틸렌, 오존, 이산화염소, 청산 등이 분해폭발성 물질이다.

(3) 분진폭발 2013년 기사 2014년 기사 2015년 기사 2019년 기사 2020년 산업기사 2021년 기사 2022년 기사

① 개념

분진폭발은 화학적 폭발로 가연성 고체의 미분이나 액체의 미스트(mist)가 티끌이 되어 공기 중에 부유하고 있을 때 어떤 착화원의 에너지를 공급받으면 폭발하는 현상이다.

② 분진폭발의 진행과정

　㉠ 분진입자 표면에 열전달

　㉡ 열분해로 입자 주위에 가연성 가스 발생

　㉢ 공기(산소)와 혼합

　㉣ 폭발성 혼합기체 생성

　㉤ 발화

　㉥ 폭발

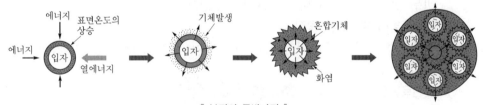

‖ 분진의 폭발과정 ‖

③ 분진이 발화 · 폭발하기 위한 조건

　㉠ 가연성 미분상태

　㉡ 점화원 존재

　㉢ 공기 중에서 교반작용

　㉣ 폭발범위 이내일 것

④ 분진폭발에 영향을 미치는 요인

　㉠ 산소농도 : 산소농도가 높을수록 분진폭발이 잘 일어난다.

　　※ 예외적으로 산소와 반응성이 큰 분진은 산화성 피막(Al_2O_3 등)을 형성하여 폭발성이 약해지는 경우도 있다.

　㉡ 분진 내 수분(폭발성 낮춤)

　　• 분진의 부유성을 억제한다.

- 수분의 증발로서 점화에 필요한 에너지가 부족하게 된다.
- 증발한 수증기가 불활성 가스의 역할을 함으로써 점화온도를 높인다.
- 대전성을 감소시키므로 폭발성을 낮게 한다.

ⓒ 화학적 성질과 조성
- 산화반응으로 생성하는 가연성 기체의 반응이 클수록 폭발이 잘 된다.
- 난류는 화염의 전파속도를 증가시켜 폭발위력이 커진다.
- 분체 중에 휘발성이 크고 발화온도가 낮을수록 폭발이 잘 된다.
- 분진의 발열량이 클수록 폭발이 잘 된다.

ⓓ 분진의 입도
- 입자의 크기 : 약 100μ 이하이지만 76μ(200mesh) 이하가 적합하다.
- 분진의 입자와 밀도가 작을수록 표면적이 커져서 폭발이 잘 된다.
- 분진의 표면적이 입체면적에 비교하여 증대하면 열의 발생속도가 커서 폭발이 커진다.

ⓔ 입자의 표면상태와 형상
 구상(둥금) → 침상(뾰족함) → 평편상(넓음) 입자 순으로 폭발성이 증가한다.

⑤ 분진폭발을 일으키는 물질
 금속분(알루미늄, 마그네슘, 아연 등), 황, 쌀·보리 등 곡물분, 석탄, 솜, 담배, 비누 생선분·혈분의 비료, 종이분, 경질고무 등

⑥ 분진폭발이 불가능한 물질
 석회종류(소석회 등), 가성소다, 탄산칼슘($CaCO_3$), 생석회, 시멘트분, 대리석분, 유리분 등

⑦ 분진폭발성이 없는 물질 암기 2023년 기사 2023년 산업기사
 ㉠ 시멘트
 ㉡ 생석회
 ㉢ 석회석
 ㉣ 탄산칼슘($CaCO_3$)

> **! 꼼꼼. check!** ▶ 분진폭발과 가스폭발의 비교 특성 ◀ 암기
> - 가스폭발보다 분진폭발은 최소발화에너지가 크다.
> - 가스폭발에 비해 분진폭발은 불완전연소가 심하므로 일산화탄소(CO)가 발생한다.
> - 1차 분진폭발의 영향으로 주위의 분진을 날리게 하여 2·3차 폭발이 발생할 수 있다.
> - 가스폭발보다 분진폭발은 연소속도, 폭발압력은 작으나 연소시간이 길고 발생에너지가 크기 때문에 연소 시 그 물질의 파괴력과 그을음이 크다.
> - 분진폭발은 입자가 비산하므로 접촉되는 가연물은 국부적으로 심한 탄화 또는 화상도 유발한다.
> - 분진폭발의 발생에너지는 가스폭발의 수백 배 이상이고 온도는 탄화수소양이 많아 약 2,000~3,000℃까지 올라간다.

바로바로 **확인문제**

분진폭발의 발생 조건이 아닌 것은?
① 미분상태   ② 가연성 물질
③ 원활한 환기   ④ 점화원 존재

해설 분진폭발의 발생 조건
　㉠ 가연성일 것   ㉡ 미분상태일 것(200mesh 이하)
　㉢ 지연성 가스 중에 교반과 유동이 있을 것   ㉣ 점화원이 존재할 것   답 ③

(4) 분무폭발

① 공기 중에 부유하고 있는 가연성 액체의 미세한 <u>액적이 무상으로 폭발범위 내에</u> 있을 때 착화원에 의해 폭발한다.

② 유압기계에 사용하는 압력유나 윤활유 등은 유기물로서 가연성이나 인화점이 상당히 높아 보통의 상태에서는 연소하기 어려우나 공기 중에 부유하면 분무폭발을 일으킬 수 있다.

③ 가연성 액체의 온도가 인화점 이상으로 존재하는 경우에는 액적의 주위에 가연성 혼합기체가 형성되어 폭발로 발전하지만 분출된 가연성 액체의 온도가 인화점 이하라도 무상으로 존재할 경우 폭발위험이 있다.

(5) 증기운폭발(UVCE)

① 대기 중에 대량으로 유출된 가연성 가스 등에서 발생한 증기가 공기와 혼합하여 가연성 혼합기체를 형성하고 발화원에 의해 발생하는 폭발을 말한다.

② <u>개방된 대기 중에서 발생</u>하기 때문에 자유공간 중의 증기운폭발(Unconfined Vapor Cloud Explosion)이라고 하며, 증기운폭발은 유출된 물질의 상태와 압력, 온도에 따라 다르다.

③ UVCE가 개방된 상태에서 일어나는 폭발이라면 CVCE(Confined Vapor Cloud Explosion)는 밀폐된 용기나 제한된 공간에서 가연성 가스 등과 공기의 혼합에 의해 폭발이 발생하는 현상으로 누출된 증기와 공기와의 연소범위 및 제한된 공간의 체적 등에 따라 피해양상은 천차만별이다.

6 응상폭발 [2017년 산업기사] [2020년 기사]

(1) 수증기폭발

① 용융금속이나 슬러그(slug)같은 고온물질이 <u>물속에 투입되었을 때</u> 일시적으로 물은 과열상태로 되고 조건에 따라서는 순간적으로 <u>급격하게 비등하여 상변화에 따른 폭발현상</u>이 발생한다.

② 보일러의 배관이 일부분이라도 파손되면 수증기가 대기압으로 방출됨으로써 평형상태가 파괴되고 이때에 발생하는 상변화도 폭발현상을 나타내는 경우가 있다.

(2) 증기폭발

① 저온액화가스(LPG, LNG 등)가 사고로 분출되었을 때 액상에서 기상으로 급격한 기화가 동반된 상변화로 폭발하는 현상이다.

② 증기폭발은 단순한 상변화에 의한 것으로서 폭발의 발생과정에 착화를 필요로 하지 않아 화염의 발생은 없으나 증기폭발에 의해 공기 중에서 기화한 가스가 가연성인 경우에는 가스폭발로 이어질 위험이 있다.

(3) 전선폭발

① 고체인 무정형 안티몬이 동일한 고상의 안티몬으로 전이할 때 발열하므로 이로 인해 주위 공기가 팽창하여 폭발하는 경우가 있다. 이것을 고상 간의 전이에 의한 폭발이라고 한다.

② 고상에서 급격히 액상을 거쳐 기상으로 전이할 때도 폭발현상이 나타나는 전선폭발이 있다. 알루미늄제 전선에 한도 이상의 대전류가 흘러 순식간에 전선이 가열되고 용융과 기화가 급속하게 진행되어 폭발을 일으켜 피해를 주는 경우이다.

7 폭발효과 암기 2017년 산업기사 2020년 기사

(1) 압력효과

폭발로 인해 정압(+)과 부압(−)의 압력이 발생한다. 정압은 폭심부로부터 팽창된 가스가 멀리 날아가는 압력으로 부압보다 강력하고 대부분의 압력손상은 정압에 의한 것이다. 부압은 정압이 흩어진 자리에 압력평형을 맞추기 위해 폭심부 주변으로 생성된다.

(2) 비산효과

유리창, 출입문 등이 폭발로 인해 멀리 비산하여 2차적인 손상을 줄 수 있다.

┃ 폭발로 인한 비산효과 현장사진(화보) p.4 참조 ┃

(3) 열효과

폭발에너지는 큰 에너지의 방출로 열을 생성하여 화재를 동반할 수 있다. 폭굉은 매우 짧은 시간에 높은 온도를 발생시키지만 폭연은 상대적으로 낮은 온도로 오랜 시간 지속될 수 있다.

(4) 지진효과

구조물이 폭발하면 진동이 지면으로 전달되어 지하에 설치된 배관이나 탱크, 케이블 등에 손상을 줄 수 있다.

03 폭발방지대책

(1) 혼합가스 생성방지

(2) 전기설비의 방폭구조(점화원인 전기불꽃을 제거)

내압(內壓) 방폭구조 (압력 방폭구조)	전기설비 용기 내에 불활성기체를 봉입시켜 가연성 가스의 침입을 방지하는 구조이다.
내압(耐壓) 방폭구조	폭발압력에 견디는 특수한 구조이다. 가연성가스의 전파를 차단하기 위해 용기 내부를 압력에 견디도록 전폐구조로 한 것으로, 가장 많이 이용된다.
유입(油入) 방폭구조	전기불꽃을 발생할 수 있는 부분(스위치, 전기기기 등)을 절연유 속에 잠기게 하여 외부에 존재하는 가연성 가스에 점화될 우려가 없도록 하는 구조이다.
안전증 방폭구조	정상상태에서 착화될 부분에 안전도를 증가시켜 위험을 방지하는 구조
본질안전 방폭구조	정상 혹은 이상상태의 단락, 단선, 지락 등에서 발생하는 전기불꽃, 아크 등에 의한 점화를 방지한 착화시험으로 성능이 확인된 구조

(3) 정전기 제거조치

① 접지(도체를 사용)를 한다.
② 공기를 이온화한다.
③ 상대습도를 70% 이상으로 높인다.
④ 유속을 제한한다.
⑤ 이물질을 제거한다.
⑥ 유체의 분출을 막는다.

> ! 꼼.꼼. check! ── ▶폭발방지대책◀
>
> • 발화원의 제거 또는 억제
> • 조연성(지연성) 물질의 혼입 방지
> • 가연성 물질의 불연화 또는 제거
> • 불활성(불연성) 물질의 봉입

출제예상문제

* ✪ 표시 : 중요도를 나타냄

01 폭발의 정의를 설명한 것으로 옳지 않은 것은 어느 것인가?

① 연소와 본질적인 차이가 없다.
② 폭음과 충격압력이 발생하고 순간적으로 반응이 완료된다.
③ 가스의 생성 및 급속한 유출과 화재 발생이 필수요건이다.
④ 물리적 · 화학적으로 급격한 압력팽창으로 운동에너지로 빠르게 변화하는 현상이다.

해설 가스의 생성 및 급속한 유출은 폭발의 필수요건에 해당하지만, 화재 발생은 필수요건에 해당하지 않는다.

02 폭발의 성립조건이 아닌 것은?

① 밀폐공간의 높은 압력 존재
② 연소범위의 증기와 산소의 혼합
③ 최소점화에너지 필요
④ 산소의 충분한 공급

해설 폭발은 가연성 증기와 산소가 연소범위 내에 존재하여야 성립할 수 있다. 충분한 산소공급은 가연성 혼합기를 형성하기 어렵다.

03 폭발의 성립조건으로 적합하지 않은 것은?

① 가연성 가스, 증기 및 분진이 공기 또는 산소와 접촉, 혼합되어 있을 때
② 혼합되어 있는 가스 및 분진이 구획되고 있는 실이나 용기와 같은 공간에 존재하고 있을 때
③ 혼합된 물질에 발화온도 이상의 온도 또는 최소 점화에너지가 존재할 때
④ 가연성 가스, 증기 등이 공기 또는 산소와 혼합되어 연소범위 이상에 있을 때

해설 폭발은 가연성 가스나 증기 등이 공기 또는 산소와 혼합되어 연소범위 내에 있을 때 성립한다.

04 폭발에 영향을 주는 요인이 아닌 것은 어느 것인가?

① 온도
② 압력
③ 비열
④ 물질의 조성범위

해설 온도와 압력이 높을수록 폭발이 용이하며, 물질의 조성범위(폭발범위)와 가연물의 양 등은 폭발에 영향을 주는 요인이다.

05 다음 중 화학적 폭발에 해당하지 않는 것은?

① BLEVE
② 산화폭발
③ 분해폭발
④ 중합폭발

해설 화학적 폭발
산화폭발, 분해폭발, 중합폭발

06 폭발의 원인에 해당하지 않는 것은?

① 열의 발생속도와 방열속도가 균형있게 연소한 경우
② 화염의 가속으로 전파속도가 증대되어 격심한 연소가 진행되었을 경우
③ 폭발범위 안에 농도와 압력이 주어졌을 경우
④ 열의 발생속도가 방열속도를 능가하는 비정상연소가 발생한 경우

해설 열의 발생속도와 방열속도가 균형있게 연소한 경우는 정상연소한 것으로 폭발의 원인에 해당하지 않는다.

Answer 01.③ 02.④ 03.④ 04.③ 05.① 06.①

07 다음 중 기계적 폭발에 해당하는 것은?

① 중합폭발　　　② 분진폭발
③ BLEVE　　　④ 산화폭발

해설　**기계적 폭발**
　　　BLEVE, 보일러폭발

08 다음 중 폭굉에 해당하지 않는 것은?

① 전파속도가 음속 이상이다.
② 폭발압력은 폭연보다 작다.
③ 충격파가 발생한다.
④ 화재파급효과는 폭연보다 작다.

해설　폭굉의 폭발압력은 폭연보다 크다.

09 폭발반응의 원인은 무엇 때문인가?

① 발광현상　　　② 온도변화
③ 엔탈피변화　　④ 에너지변화

해설　기체상태의 엔탈피(열량)변화가 폭발반응의 원인이다. 엔탈피변화는 다음의 3가지 요소가 원인이 되어 폭발한다.
　　　㉠ 발열화학반응 : 폭발은 발열화학반응으로 일어난다.
　　　㉡ 급속가열 : 강력한 에너지의 급속가열로 일어난다. 부탄가스통을 가열하면 나타나는 폭발현상과 같다.
　　　㉢ 상변화 : 응축상태에서 기상으로 상변화(증발, 승화)할 때 일어난다.

10 폭굉 유도거리가 짧아질 수 있는 조건이 아닌 것은?

① 점화에너지가 강할수록 짧아진다.
② 관 속에 방해물이 있거나 관경이 작을수록 짧아진다.
③ 압력이 낮을수록 짧아진다.
④ 정상적인 연소속도가 빠른 혼합가스일수록 짧아진다.

해설　폭굉 유도거리는 압력이 높을수록 짧아진다.

11 다음 중 폭발을 일으키기 위한 엔탈피변화의 원인으로 작용하지 않는 것은?

① 상변화　　　② 연소한계 초과
③ 급속가열　　④ 발열화학반응

해설　폭발의 원인은 물질의 상변화, 급속가열, 발열화학반응 등에 기인한다.

12 다음 설명 중 바르지 않은 것은?

① 폭굉의 전파속도는 1,000~3,500m/sec로 음속보다 빠르다.
② 폭연은 충격파의 반응전파속도가 음속보다 느리다.
③ 폭연은 폭굉으로 확대될 수 있다.
④ 폭연의 압력은 폭굉의 10배 이상이다.

해설　폭굉의 압력은 폭연의 10배 이상이며, 전파속도도 음속보다 빠르다.

13 다음 중 물리적 폭발을 나타낸 것으로 옳지 않은 것은?

① 아세틸렌의 폭발
② 보일러의 폭발
③ 액화 프로판탱크의 폭발
④ 원심력에 의한 고속회전체의 폭발

해설　물리적 폭발은 화학적 반응을 수반하지 않는 팽창된 기체의 방출로 대부분 기화현상이 일어나고 용기가 파열되는 현상이다. 아세틸렌은 대표적인 분해성 가스로 반응 시 발열량이 커 분해폭발을 일으킨다.

14 폭연에 대한 설명으로 틀린 것은?

① 충격파가 발생하지 않는다.
② 폭발압력은 초기압력의 10배 이하이다.
③ 연소의 전파속도는 음속보다 느리다.
④ 전파에 필요한 에너지는 충격에너지이다.

해설　폭연의 전파에 필요한 에너지는 전도, 대류, 복사이다. 충격파는 폭굉발생 시 필요한 에너지이다.

Answer　07.③　08.②　09.③　10.③　11.②　12.④　13.①　14.④

15 BLEVE에 대한 설명으로 옳지 않은 것은 어느 것인가?

① BLEVE는 화학적 폭발현상이다.
② 물리적 폭발이 순간적으로 화학적 폭발로 이어지는 현상이다.
③ 액체는 반드시 인화성일 필요는 없다.
④ BLEVE의 발생결과로 파이어볼이 형성된다.

해설 BLEVE는 원칙적으로 용기를 파열시키는 물리적 현상만을 지칭한다. 용기 파열에 따른 화염폭발은 그 다음 단계에서 이루어지는 화학적 현상으로 인화성 물질에 직접 착화에너지가 작용하는 현상과 구분하여야 한다.

16 BLEVE의 발생단계를 바르게 나타낸 것은?

① 연성파괴 → 액온상승 → 취성파괴 → 액격현상
② 연성파괴 → 액온상승 → 액격현상 → 취성파괴
③ 액온상승 → 연성파괴 → 액격현상 → 취성파괴
④ 액온상승 → 액격현상 → 연성파괴 → 취성파괴

해설 블레비의 발생단계
액온상승 → 연성파괴 → 액격현상 → 취성파괴

17 다음 중 기상폭발과 관계가 없는 것은?

① 분진폭발
② 분해폭발
③ 증기폭발
④ 분무폭발

해설 ㉠ **기상폭발** : 분해폭발, 분무폭발, 분진폭발, 가스폭발, 증기운폭발
㉡ **응상폭발** : 수증기폭발, 증기폭발, 전선폭발

18 다음 중 일반적으로 폭발의 성립조건으로 가장 거리가 먼 것은?

① 점화원 존재
② 수증기
③ 폭발범위 내
④ 밀폐공간

해설 폭발은 밀폐된 공간에서 폭발범위를 형성한 상태로 점화원이 주어지면 폭발한다. 수증기는 관계가 없다.

19 다음 중 분진폭발의 위험이 가장 낮은 것은?

① 알루미늄
② 적린
③ 황
④ 생석회

해설 분진폭발을 일으키지 않는 물질
시멘트, 석회석, 탄산칼슘($CaCO_3$), 생석회(CaO)

20 분진폭발의 특징이 아닌 것은?

① 불완전연소를 일으켜 가스중독 우려가 있다.
② 국부적으로 탄화하고 인체접촉 시 화상우려가 있다.
③ 폭발압력은 가스폭발보다 작다.
④ 가스폭발보다 연소시간이 짧고 그을음이 적다.

해설 분진폭발은 가스폭발에 비해 연소시간이 길고 그을음이 크다.

21 분진폭발의 위험성이 가장 적은 것은?

① 나트륨
② 밀가루
③ 금속분
④ 마그네슘

해설 금속분은 공기 중에 부유하고 있을 때 점화원에 의해 폭발적으로 연소할 수 있다.

22 분진폭발을 할 수 있는 미분상태인 가연물의 크기는?

① 200mesh 이하
② 300mesh 이하
③ 400mesh 이하
④ 500mesh 이하

해설 분진폭발을 할 수 있는 미분상태인 가연물의 크기는 200mesh 이하여야 한다.

Answer 15.① 16.③ 17.③ 18.② 19.④ 20.④ 21.② 22.①

23 분해폭발을 하는 물질이 아닌 것은 어느 것인가?

① 아세틸렌
② 히드라진
③ 시안화수소
④ 산화에틸렌

해설 분해폭발성 물질
아세틸렌, 산화에틸렌, 에틸렌, 히드라진, 모노비닐아세틸렌, 메틸아세틸렌, 오존, 이산화염소, 청산

24 덩어리에 비해 잘게 부서진 가루상태가 더 연소하기 좋은 이유로 맞지 않는 것은?

① 비표면적이 크다.
② 활성화에너지가 적게 필요하다.
③ 열전도율이 크다.
④ 공기 중의 산소와 화합이 쉽다.

해설 열전도율이 작을수록 발화가 용이하다.

25 분진폭발의 위험성이 커질 수 있는 조건이 아닌 것은?

① 자유공간 상태일 때
② 가연성 증기가 증가할 때
③ 압력이 증가할 때
④ 산소 농도가 증가할 때

해설 분진폭발은 밀폐된 상태일 때 폭발이 커질 수 있다. 자유공간에서는 압력이 흩어져 커질 수 없게 된다.

26 연소현상과 폭발현상을 구별하는 기준으로 가장 적합한 것은?

① 대류열
② 불꽃
③ 온도
④ 충격파

해설 폭발은 정상연소에 비해 화염전파속도가 빠른 비정상연소로서 충격파의 전파속도에 따라 폭굉과 폭연으로 구분하고 있다.

27 다음 중 중합반응을 일으키는 물질은?

① 과산화물
② 시안화수소
③ 아세틸렌
④ 히드라진

해설 중합반응이란 고분자물질의 원료인 단량제(모노머)에 촉매를 넣어 일정한 온도와 압력 하에서 반응시켰을 때 분자량이 큰 고분자를 생성하는 반응을 말한다. 시안화수소는 중합반응 물질이다.

28 분말상태의 가연성 고체가 공기 중에 분산되어 있을 때 점화원에 의해 폭발하는 현상은?

① 산화폭발
② 분진폭발
③ 분무폭발
④ 분해폭발

해설 분말상태의 가연성 고체가 공기 중에 분산되어 있을 때 점화원에 의해 폭발하는 현상은 분진폭발이다.

29 분진폭발에 대한 설명으로 틀린 것은?

① 가스폭발보다 연소시간이 길다.
② 가스폭발보다 폭발압력이 작다.
③ 가스폭발보다 불완전연소가 심하다.
④ 가스폭발보다 파괴력이 작다.

해설 분진폭발은 가스폭발보다 파괴력이 크다.

30 가연성 액체의 미세한 액적이 공기 중에 폭발하는 것은?

① 분해폭발
② 증기운폭발
③ 분무폭발
④ 분진폭발

해설 가연성 액체의 미세한 액적이 무상으로 폭발범위 내에 있을 때 착화원에 의해 폭발하는 것은 분무폭발이다.

31 금속이 용융되어 물속에 투입되었을 때 순간적으로 급격하게 비등하여 상변화에 따라 폭발이 발생하는 것은?

① 수증기폭발
② 증기운폭발
③ 전선폭발
④ 증기폭발

해설 용융금속이 물속에 투입되었을 때 물은 일시적으로 과열상태로 되고 조건에 따라서는 순간적으로 급격하게 비등하여 상변화에 따른 폭발현상이 발생한다. 이것을 수증기폭발이라고 한다.

32 다음 중 폭발효과로 맞지 않는 것은?

① 부력효과　　② 열효과
③ 지진효과　　④ 비산효과

해설 폭발효과
　　　㉠ 압력효과　　㉡ 비산효과
　　　㉢ 열효과　　　㉣ 지진효과

33 다음 중 응상폭발끼리 바르게 연결된 것은?

① 전선폭발 – 증기운폭발
② 전선폭발 – 분무폭발
③ 수증기폭발 – 증기폭발
④ 수증기폭발 – 분해폭발

해설 응상폭발의 종류
　　　수증기폭발, 증기폭발, 전선폭발

Chapter 05 예비조사

01 화재조사 전 준비

1 조사인원과 임무분담 암기

(1) 조사인원 2018년 기사

① 조사인원은 화재규모와 연소범위, 소손된 물건의 퇴적상황, 발굴을 요하는 범위 등을 살펴 **화재조사 책임자가 결정**한다.

② 사진촬영, 도면작성, 발굴인원 등을 한쪽으로 **편중되지 않도록 구성**하고 발굴범위가 광범위할 경우에는 경계구역을 지정하여 분담할 수 있도록 조치한다.

③ 발화범위가 작거나 화재현장으로 출입할 수 있는 인원이 한정되어 있을 경우에는 원활한 조사진행을 위해 **유관기관과 협의**하여 실시하도록 한다.

(2) 임무분담

① 사진촬영, 관계자로부터의 정보수집, 발굴 등 분야별로 담당자를 지정하여 운영하도록 임무를 분담한다.

② 분담된 임무에 따라 중복된 탐문조사를 피하고 **조사관 간에 긴밀한 연락을 유지**할 수 있도록 한다.

③ 대형화재 또는 사상자가 다수 발생한 경우 소수의 인원으로 조사를 진행하기에는 어려움이 따르므로 분야별로 전문요원 또는 자문위원을 두는 특별조사체제를 편성하여 운영한다.

2 조사 시 복장과 기자재

(1) 복장 2018년 산업기사

① 낙하물, 돌출물, 찔릴 수 있는 물체 등으로부터 사고방지를 고려한 복장을 선택하여 착용한다.

② 화재현장에는 많은 관계자가 있으므로 한눈에 **화재조사관임을 알 수 있는 표식이 있는 차림**이어야 한다.

③ 복장의 주요 구성품으로 벨트, 방진안경, 방진마스크, 작업복, 절연장화 및 기상조건에 따라 우의, 방한복 등을 구비하여야 한다.

(2) 기자재 및 시설규모(소방의 화재조사에 관한 법률 시행규칙[별표])

구분	기자재명 및 시설규모
발굴용구 (8종)	공구세트, 전동 드릴, 전동 그라인더(절삭 · 연마기), 전동 드라이버, 이동용 진공청소기, 휴대용 열풍기, 에어컴프레서(공기압축기), 전동 절단기
기록용 기기 (13종)	디지털카메라(DSLR)세트, 비디오카메라세트, TV, 적외선거리측정기, 디지털온도 · 습도측정시스템, 디지털풍향풍속기록계, 정밀저울, 버니어캘리퍼스(아들자가 달려 두께나 지름을 재는 기구), 웨어러블캠, 3D스캐너, 3D카메라(AR), 3D캐드시스템, 드론
감식기기 (16종)	절연저항계, 멀티테스터기, 클램프미터, 정전기측정장치, 누설전류계, 검전기, 복합가스측정기, 가스(유증)검지기, 확대경, 산업용 실체현미경, 적외선열상카메라, 접지저항계, 휴대용 디지털현미경, 디지털탄화심도계, 슈미트해머(콘크리트 반발 경도 측정기구), 내시경현미경
감정용 기기 (21종)	가스크로마토그래피, 고속카메라세트, 화재시뮬레이션시스템, X선 촬영기, 금속현미경, 시편(試片)절단기, 시편성형기, 시편연마기, 접점저항계, 직류전압전류계, 교류전압전류계, 오실로스코프(변화가 심한 전기 현상의 파형을 눈으로 관찰하는 장치), 주사전자현미경, 인화점측정기, 발화점측정기, 미량융점측정기, 온도기록계, 폭발압력측정기세트, 전압조정기(직류, 교류), 적외선 분광광도계, 전기단락흔실험장치[1차 용융흔(鎔融痕), 2차 용융흔(鎔融痕), 3차 용융흔(鎔融痕) 측정 가능]
조명기기(5종)	이동용 발전기, 이동용 조명기, 휴대용 랜턴, 헤드랜턴, 전원공급장치(500A 이상)
안전장비 (8종)	보호용 작업복, 보호용 장갑, 안전화, 안전모(무전송수신기 내장), 마스크(방진마스크, 방독마스크), 보안경, 안전고리, 화재조사 조끼
증거수집장비 (6종)	증거물수집기구세트(핀셋류, 가위류 등), 증거물보관세트(상자, 봉투, 밀폐용기, 증거수집용 캔 등), 증거물 표지세트(번호, 스티커, 삼각형 표지 등), 증거물 태그 세트(대, 중, 소), 증거물보관장치, 디지털증거물저장장치
화재조사 차량 (2종)	화재조사 전용차량, 화재조사 첨단 분석차량(비파괴 검사기, 산업용 실체현미경 등 탑재)
보조장비 (6종)	노트북컴퓨터, 전선 릴, 이동용 에어컴프레서, 접이식 사다리, 화재조사 전용 의복(활동복, 방한복), 화재조사용 가방
화재조사 분석실	화재조사 분석실의 구성장비를 유효하게 보존 · 사용할 수 있고, 환기 시설 및 수도 · 배관시설이 있는 30제곱미터(m^2) 이상의 실(室)
화재조사 분석실 구성장비(10종)	증거물보관함, 시료보관함, 실험작업대, 바이스(가공물 고정을 위한 기구), 개수대, 초음파세척기, 실험용 기구류(비커, 피펫, 유리병 등), 건조기, 항온항습기, 오토 데시케이터(물질 건조, 흡습성 시료 보존을 위한 유리 보존기)

[비고]
1. 위 표에서 화재조사 차량은 탑승공간과 장비 적재공간이 구분되어 주요 장비의 적재 · 활용이 가능하고, 차량 내부에 기초 조사사무용 테이블을 설치할 수 있는 차량을 말한다.
2. 위 표에서 화재조사 전용 의복은 화재진압대원, 구조대원 및 구급대원의 의복과 구별이 가능하고, 화재조사 활동에 적합한 기능을 가진 것을 말한다.
3. 위 표에서 화재조사용 가방은 일상적인 외부 충격으로부터 가방 내부의 장비 및 물품이 손상되지 않을 정도의 강도를 갖춘 재질로 제작되고, 휴대가 간편한 가방을 말한다.
4. 위 표에서 화재조사 분석실의 면적은 청사 공간의 효율적 활용을 위하여 불가피한 경우 최소 기준 면적의 절반 이상에 해당하는 면적으로 조정할 수 있다.

바로바로 **확인문제**

화재조사 기자재 중 안전장비에 포함되지 않는 것은?

① 손전등 ② 안전고리

③ 안전화 ④ 보호용 장갑

해설 손전등은 조명기기에 해당한다. 답 ①

▌ 발굴용구 및 기자재 현장사진(화보) p.4 참조 ▌

02 조사계획 수립

1 조사업무의 구성

① 화재조사는 리더십과 협력이 필요한 분야로 사진, 메모기록, 위치도 등 도면작성, 참고인 및 증인에 대한 진술조사, 현장감식, 증거수집과 보존, 안전평가 등이 기본적인 업무로 구성되어 있다.

② 현장에서 전기, 가스, 냉·난방 등 특별한 전문기술이 필요한 경우에는 조사관이 관계기관의 가용 인력과 함께 조사를 수행하여 업무효율을 도모하도록 한다. 분야별 업무를 할당할 때는 개개인이 가지고 있는 특별한 기술이나 지식이 적절하게 활용될 수 있는 방안을 검토하여야 한다.

2 기본적인 사고정보

① 현장조사에 앞서 화재와 관계된 사건, 사실 및 환경을 확인하여야 한다. 무엇보다 정확성이 중요하다.

② 조사관은 사고의 날짜, 요일 및 시간을 정확하게 판단해야 한다. 사고가 발생한 뒤 흘러간 시간은 조사계획에 영향을 줄 수도 있기 때문이다.

③ 사고와 조사 사이에 시간이 많이 지연될수록 사건보고서, 사진, 도면 등 기존문서와 정보들을 검토하는 것이 더욱 중요하다.

④ 기상조건에 따라 특수복장과 장비가 필요할 수도 있다. 날씨로 인해 현장에서 조사할 수 있는 시간이 결정되기 때문이다. 팀원들은 안전에 대해 주의를 하고 화재 당시 바람의 방향과 풍속, 온도, 비같은 기상조건이 기록되었는지 확인할 필요가 있다.

❸ 조사 전 팀 회의

① 조사관이 팀을 구성한 경우 현장조사를 실시하기 전에 회의를 실시하여 팀원들에게 화재의 성격과 조사의 필요성 등을 알리고 <u>특정 책임이 분담될 수 있도록 할당</u>하여야 한다.

② 팀 구성원들은 현장상황에 대한 정보와 필요한 안전대책에 대해 서로 정보를 교환하거나 토의를 하고 책임자의 조언을 경청할 필요가 있다. 화재규모가 작다면 1인이 조사할 수도 있겠지만 일반적으로 현장감식은 2~3명 이상이 책임을 분담하여 실시하는 경우가 많으므로 <u>수집된 정보의 활용방안 등을 논의</u>하는 것이 바람직하다.

③ 현장의 화재조사팀 구성원들은 필요한 개인안전장비와 부가적으로 필요한 공구와 장비 등을 갖추도록 한다. 보유하고 있는 모든 도구와 장비가 현장에서 모두 필요한 것은 아니지만 조사계획을 수립할 때 장비와 도구의 활용여부와 적정성에 대해 검토가 이루어져야 한다.

❹ 역할의 분담 〔2021년 기사〕

① 화재조사 계획을 수립함에 있어 전기, 위험물, 가스 등 기술적 지원을 위해 특별한 전문가가 필요할 수도 있다. 조사관은 화재조사를 실시하는데 어떤 익숙하지 않은 분야가 있는 경우 해당 분야에 지식이나 경험이 많은 <u>전문가를 참여시켜 지원을 받을 수 있도록</u> 계획을 한다.

② 해당 분야별 전문가라 하더라도 화재의 조사 및 분석에 경험이 없다면 화재의 원인과 발화지역에 대한 의견을 제시할 자격이 충분하다고 볼 수 없으므로 보충적 의견으로 검토되어야 하며 <u>이해관계가 충돌하지 않도록</u> 하여야 한다.

바로바로 확인문제

조사계획 수립에 대한 설명으로 바르지 않은 것은?
① 팀을 구성한 경우 현장조사를 실시하기 전에 회의를 하여 책임이 분담될 수 있도록 한다.
② 조사관은 전기, 가스 등 해당 분야의 전문가를 참여시켜 지원을 받는 방안을 검토할 수 있다.
③ 팀 구성원들은 안전대책에 대해 토의를 할 수 있으며 조언에 따라야 한다.
④ 화재의 원인에 대해 해당 분야 전문가의 의견을 반드시 반영한다.

해설 해당 분야별 전문가라 하더라도 화재의 조사 및 분석에 경험이 없다면 화재의 원인과 발화지역에 대한 의견을 제시할 자격이 충분하다고 볼 수 없으므로 보충적 의견으로 검토되어야 하며 이해관계가 충돌하지 않도록 하여야 한다. **답** ④

출제예상문제

Chapter 05

* ■ 표시 : 중요도를 나타냄

01 화재조사 실시 전 준비사항으로 옳지 않은 것은?

① 전기, 화학 등 분야별 전문가를 포함한 특별 조사체제 운영을 계획한다.
② 감식용 장비와 현장까지의 교통 이동수단 등을 고려한다.
③ 발굴, 도면작성 등 분야별로 담당자에게 임무를 지정한다.
④ 중복된 탐문조사를 실시하여 재차 확인해 가며 조사관 간에 연락을 취한다.

해설 분담된 임무에 따라 중복된 탐문조사를 피하고 조사관 간에 긴밀하게 연락을 유지할 수 있어야 한다.

02 화재조사 전 인원편성은 누가 결정하는가?

① 조사담당자   ② 유관기관 공동
③ 화재조사 책임자   ④ 현장 화재진압 책임자

해설 화재규모와 연소범위, 발굴범위 등을 살펴 조사 인원을 화재조사 책임자가 결정한다.

03 화재조사관의 복장에 대한 설명이다. 옳지 않은 것은?

① 복장은 활동하기 가장 자유로운 것으로 착용한다.
② 기상조건에 따라 우의 또는 방한복 등을 구비하여야 한다.
③ 낙하물 등으로부터 신체를 보호할 수 있는 장비를 착용한다.
④ 화재조사관임을 알 수 있는 표식이 있는 차림으로 한다.

해설 복장의 주요 구성품으로 벨트, 방진안경, 방진마스크, 작업복, 절연장화 등이 있다. 복장은 사고 방지를 고려한 복장을 착용하여야 한다.

04 화재조사장비 중 조명기기에 해당하지 않는 것은?

① 이동용 발전기   ② 이동용 조명기
③ 헤드랜턴   ④ 적외선카메라

해설 **조명기기**
이동용 발전기, 이동용 조명기, 휴대용 랜턴, 헤드랜턴, 전원공급장치(500A 이상)

05 다음 중 발굴용구에 해당하지 않는 것은?

① 공구세트   ② 검전기
③ 전동 절단기   ④ 전동 드릴

해설 **발굴용구(8종)**
공구세트, 전동 드릴, 전동 그라인더(절삭 · 연마기), 전동 드라이버, 이동용 진공청소기, 휴대용 열풍기, 에어컴프레서(공기압축기), 전동 절단기
② 검전기는 감식기기에 해당한다.

06 감식기기에 해당하지 않는 것은?

① 적외선거리측정기   ② 누설전류계
③ 가스검지기   ④ 휴대용 디지털현미경

해설 **감식기기(16종)**
절연저항계, 멀티테스터기, 클램프미터, 정전기측정장치, 누설전류계, 검전기, 복합가스측정기, 가스(유증)검지기, 확대경, 산업용 실체현미경, 적외선열상카메라, 접지저항계, 휴대용 디지털현미경, 디지털탄화심도계, 슈미트해머(콘크리트 반발 경도 측정기구), 내시경현미경
① 거리측정기는 기록용 기기이다.

Answer 01.④ 02.③ 03.① 04.④ 05.② 06.①

07 가스(유증)검지기에 대한 설명으로 옳지 않은 것은?

① 현장에서 시료가스를 채취하여 변색유무 판별이 가능하다.
② 조작이 간단하고 휴대가 편리하다.
③ 인화성 액체 및 잔류가스의 시료수집에 적합하다.
④ 휘발유가 함유되어 있을 경우 검지관 튜브에 갈색이 나타난다.

해설 가스검지기 또는 가스채취기라고도 하며, 시료에 휘발유가 함유되어 있을 경우 검지관 튜브 끝에 노란색이 나타난다.

08 버니어캘리퍼스의 사용방법으로 옳지 않은 것은?

① 물체의 길이, 안지름, 바깥지름 측정이 가능하다.
② 주척과 부척의 일치점을 찾아서 측정한다.
③ 부척의 1눈금 앞을 정숫값으로 한다.
④ 일반적으로 주척은 한 눈금이 1mm이고 부척은 0.05mm를 나타낸다.

해설 버니어캘리퍼스는 주척과 부척으로 구성되어 있다. 읽는 방법은 부척의 0눈금 앞에 있는 주척의 숫자를 정수로 하고 주척과 부척이 일치하는 곳을 소숫값으로 하여 두 값을 합해 읽는다.

09 발굴용구에 포함되지 않는 것은?

① 가위류
② 공구세트
③ 전동 드릴
④ 전동 절단기

해설 가위류는 증거수집장비에 해당한다.

10 다음 중 관련장비끼리 바르게 연결된 것은?

① 공구세트 – 전동 절단기
② 절연저항계 – 정밀저울

③ 전선 릴 – 디지털카메라세트
④ 전동 드릴 – 헤드랜턴

해설 ①은 발굴용구끼리 묶은 것이다.
② 절연저항계(감식기기), 정밀저울(기록용 기기)
③ 전선 릴(보조장비), 디지털카메라세트(기록용 기기)
④ 전동 드릴(발굴용구), 헤드랜턴(조명기기)

11 기록용 기기에 포함되지 않는 것은 어느 것인가?

① 디지털카메라세트
② 적외선열상카메라
③ 비디오카메라세트
④ 적외선거리측정기

해설 적외선열상카메라는 감식기기에 해당한다.

12 다음 중 조명기기에 해당하지 않는 것은?

① 보안경
② 휴대용 랜턴
③ 이동용 조명기
④ 이동용 발전기

해설 보안경은 안전장비에 해당한다.

13 화재현장에서 이루어지는 현장감식의 내용에 해당하지 않는 것은?

① 사진촬영
② 도면작성
③ 감정
④ 증거수집

해설 감정이란 화재와 관계되는 물건의 형상, 구조, 재질, 성분, 성질 등 이와 관련된 모든 현상에 대하여 과학적 방법에 의한 필요한 실험을 행하고 그 결과를 근거로 화재의 원인을 밝히는 것으로 현장에서 이루어지는 감식의 내용과는 거리가 멀다.

Answer 07.④ 08.③ 09.① 10.① 11.② 12.① 13.③

14 화재조사 실시 전 검토내용이 아닌 것은?

① 화재조사 책임자 지정
② 관계자 강제동행 방법 결정
③ 구성원 간 현장 안전관리방안 설정
④ 임무분담 및 관련기관 간의 협조사항 논의

해설 조사상 필요에 의해 관계자에게 동행을 요구할 경우에는 임의동행 방식으로 이루어져야 한다.

15 화재조사 실시 전 조사계획 수립내용에 포함되지 않는 것은?

① 조사에 필요한 장비와 인력편성
② 안전대책에 관한 사항
③ 사진촬영, 현장발굴 등 분야별 임무분담
④ 과학적 방법에 의한 데이터 분석

해설 과학적 방법에 의한 데이터 분석은 본격 조사단계에서 이루어진다.

16 조사계획 수립 시 역할분담영역으로 바르지 않은 것은?

① 사진촬영자
② 도면작성자
③ 발굴자
④ 보고서작성자

해설 조사계획 수립 시 역할분담은 조사책임자, 발굴자, 사진촬영자, 도면작성자 등으로 구분한다. 보고서작성자는 해당하지 않는다.

17 화재조사를 할 때 임무분담에 관한 내용으로 바르지 않은 것은?

① 원인조사와 피해조사로 구분하여 임무를 분담한다.
② 대형화재 등 조사인원이 다수 필요할 경우 특별조사체제 편성을 검토한다.
③ 도면작성자 및 관계자 진술확보 등 분야별로 담당자를 지정한다.
④ 관계자에 대한 중복 탐문조사를 실시하고, 긴밀한 연락을 유지한다.

해설 관계자에 대한 중복조사를 피하도록 하며, 다양한 정보를 공유할 수 있도록 긴밀하게 연락체제를 유지하도록 해야 한다.

18 소방법령에서 정한 화재조사전담부서에 갖추어야 할 장비 및 시설 중 '발굴용구'에 해당하지 않는 것은?

① 전동 드릴
② 전동 드라이버
③ 전동 절단기
④ 버니어캘리퍼스

해설 버니어캘리퍼스는 기록용 기기에 해당한다.

19 화재조사관의 안전장비로 옳지 않은 것은?

① 보안경
② 보호용 장갑
③ 안전화
④ 멀티테스터기

해설 멀티테스터기는 감식기기에 해당한다.

01 종합적 방법론

1 활동의 순서

과학적 방법(자료 수집 및 분석, 가설 설정 및 검증)을 사용하여 발화위치를 결정하기 위한 여러 가지 활동이 지속적으로 수행되는 것을 말한다. 현장 기록, 사진, 증거 확인, 목격자 증언, 원인조사 등 자료수집 활동은 동시에 수행될 수 있으며 발화위치를 결정하기 위한 여러 가지 활동은 <u>정해진 순서에 의해 진행</u>된다.

2 순차적 패턴 분석

화재현장은 진압이 완료된 후 수 많은 화재패턴을 남기기 때문에 이를 통해 발화지역이 결정될 수도 있다. 그러나 화재패턴이 생성된 후 훼손·변경되거나 오염이 가중되고 지워질 수도 있다. 발화위치 결정에 있어 핵심은 이러한 패턴이 만들어진 순서를 확인하는 데 있다. 화재조사관은 <u>순차적인 자료를 확인하고 수집하는 데 노력</u>하여야 하며, 자료가 수집되면 정보를 순차적 형식으로 분류하여야 한다. 순차적 분류는 화재발생 순서를 나타내기 때문에 발화지점이나 발화지역을 좁힐 수 있게 된다.

3 체계적 절차

화재조사관은 화재사건에 알맞은 체계적 절차를 마련하여야 한다. <u>체계적 절차를 따르게 되면</u> 현재 조사 중인 사건에 집중할 수 있게 되고 <u>다음 절차에 대해 고민할 필요가 없게 된다.</u> 이러한 절차의 준수는 중요한 증거물을 놓치지 않을 수 있고 발화지점에 대해 성급한 결론을 내리는 오류를 피할 수 있게 된다.

4 권장 방법

화재현장 평가, 화재가 확산된 예비가설의 전개, 화재현장 심층조사 및 화재현장의 재구성, 최종적으로 화재가 확산된 가설의 전개, 발화위치 확인 등에 대해 화재조사관은 모든 부분을 고려하여야 한다. 목격자의 진술, 화재조사관의 전문성 및 화재진압 절차 등이 발화위치 결정에 중요한 역할을 한다.

바로바로 확인문제

발화지역 판정과 관련된 설명으로 옳지 않은 것은?
① 자료수집은 객관적이어야 하고 사실적인 분석이 이루어져야 한다.
② 화재조사관은 모든 사실을 면밀하게 검토하려는 자세가 필요하다.
③ 일반적으로 발화원인을 결정한 다음 발화지역을 조사한다.
④ 새로운 사실 또는 자료가 발견되면 재평가가 이루어져야 한다.

해설 화재조사는 기본방법을 준수하여야 한다. 자료수집은 객관적이어야 하고 사실적인 분석이 이루어지도록 하여야 하며, 화재조사관은 모든 사실을 면밀하게 검토하려는 자세가 필요하다. 또한 화재원인을 규명하는 절차는 일반적으로 발화지역을 결정한 다음 발화원인을 조사한다.　　　**답 ③**

02 발화위치 결정을 위한 데이터 수집

1 초기현장평가

초기현장평가를 통해 발화지점 결정을 위한 데이터 수집도 시작된다. 이 과정에서 현장에 남아 있는 위험물질로부터의 보호대책과 현장보존을 위한 조치도 강구되어야 하며 조사에 필요한 인원과 조사범위도 확정하여야 한다. 필요하다면 추가조사가 필요한 범위까지 결정할 수 있다.

(1) 안전도평가 〔2013년 기사〕

화재조사관은 <u>초기에 안전도평가를 먼저 실시하여</u> 현장 진입여부를 결정하도록 한다. 벽과 지붕이 붕괴되거나 가연성 물질과 유해가스가 건물 안에 체류한 상태라면 배기 후에 진입하거나 개인 안전장비를 갖추고 진입여부를 판단하여야 한다. 그러나 어떤 경우에도 안전이 확보되지 않았다면 무리하게 진입하여 조사를 하지 않도록 하여야 한다. 안전이 확보되지 않은 경우 <u>화재조사관이 위험을 감수할 필요는 없다</u>.

(2) 조사범위

안전평가가 이루어진 후 화재조사관은 초기현장평가를 시작하여 필요한 인원과 장비를 확인하고 발화지역과 추가분석이 필요한 지역을 결정하여야 한다.

(3) 조사순서

① 조사순서의 평가는 전체 현장과 구조물의 내 · 외부 모두를 포함한 포괄적인 검토가 이루어져야 한다.

② 현장 조사순서는 현장의 상태에 따라 달리할 수 있다. 손상이 약한 곳에서 강한 곳으로 하거나 높은 부분에서 낮은 부분으로 내려가면서 실시하는 등 관계없으나 발화지점과 연소확대된 모든 영역을 조사하여야 한다.

(4) 주변지역

① 발화지점과 떨어져 있는 주변지역 또는 인접한 건물에서 중요한 증거나 화재패턴이 발견될 수 있으므로 화재발생장소 주변에 대한 폭넓은 조사를 한다. 방화와 관련된 화재현장에서는 인식되지 않았던 발자국, 윤적, 범행도구 등이 주변지역에서 발견되는 경우가 있고 발화장소와 인접한 건물이 연소한 경우 보통 비화에 의한 영향 등을 확인할 필요성이 있다.

② 주변지역에 대한 조사는 최초 목격자를 비롯하여 다수의 목격자 진술을 확보할 수 있고, 화재발생 전후의 상황파악에 도움이 되는 추가적인 정보를 확보할 수 있게 된다.

(5) 구조물 외부

① 건물의 외관상태 전체를 통해 손상된 위치와 피해 정도를 파악하고 건물의 면적과 건축방식, 용도를 분류하여 파악하도록 한다.

② 건축방식은 어떤 방법으로 지어졌으며 사용된 자재, 외부 표면, 이전 리모델링 사실 등을 연소확산과 연관시켜 영향력을 조사하여야 한다.

③ 건물 외부를 통해 열과 연기, 화염의 유출흔적 등을 기록하고 이를 통해 해당구역의 연소의 강약 여부를 판단하도록 한다. 구조물의 외부조사를 하는 단계에서는 특별히 외부로 드러난 연소현상이 없을 수 있어 화재효과 및 화재패턴에 대한 심층적인 조사가 필요한 경우는 거의 발생하지 않는다.

(6) 구조물 내부

① 열과 연기로 손상된 부분을 포함하여 모든 구획된 공간에 대하여 확인을 하고 조사를 하여야 한다. 구획된 모든 공간에 대한 조사 목적은 발화지점 또는 발화개소를 한정시키고 화재의 원인을 밝혀내기 위한 효과적인 조사를 하기 위함이다.

② 건물 내부 수납물의 종류, 특성, 수납방법 등을 주의 깊게 관찰하여야 하며, 구조물의 종류, 내장 마감재, 가구 등도 살펴보아 손상 정도(연소의 강약 등)를 외부에 나타난 손상부분과 비교하여 확인하도록 한다.

③ 내부 조사를 진행하면서 외부로 출화가 왕성하게 이루어진 곳은 구조물이 매우 취약하다는 점을 인식하여 건물의 안전성을 재평가해 가며 조사를 실시하여야 한다.

(7) 화재 후 변경사항 ^{2017년 산업기사}

화재로 인한 잔해 제거 및 이동, 내용물의 제거, 전선의 변경, 소화설비시스템의 밸브 위치 변경, 가스설비 개폐밸브의 변경 등에 대한 사실이 확인될 경우 시설에 인위적인 조작을 가한 사람을 대상으로 변경 전·후의 사실 및 상황 등에 대해 진술을 확보하여야 한다.

2 발굴 및 복원 ^{암기} ^{2019년 산업기사} ^{2023년 기사} ^{2023년 산업기사}

(1) 목적 ^{2017년 산업기사}

① 발굴목적은 정확한 발화원 규명을 위한 관련 증거물을 찾아내어 분석을 통해 <u>사건을 재구성하여 입증하기 위함</u>에 있다.

② 복원은 화재발생 이전의 상태와 비슷하게 재현함으로써 내용물의 위치와 구조를 확인하고 발화 또는 연소 확산된 과정을 파악하기 위함이다. 관계자의 증언이나 평면도, 사진 등은 화재발생 이전 상태를 재현하는 데 도움이 될 수 있다.

(2) 발굴 및 복원 범위

① 예비현장평가를 통해 발굴범위와 추가조사가 필요한 부분을 확인했다면 전체 현장 구조물의 잔해를 제거할 필요는 없다. 그만큼 예비현장평가가 중요하므로 성급하게 진행하지 않도록 하여야 한다.

② 화재현장평가의 신중한 분석은 발굴범위를 한정시켜 힘든 수고로움을 덜 수 있다. 반면 발굴지역을 한정할 수 없는 경우에는 관련된 전체 부분의 잔해를 제거할 필요성이 있다.

(3) 발굴

① 화재로 연소된 잔해를 무리하게 뜯어내거나 망치나 삽과 같은 도구를 사용하여 부적절하게 제거한다면 화재패턴 및 기타 증거물의 일부만 가지고 잘못된 분석을 하게 될 우려가 있어 주의를 하여야 한다.

② 발화지역은 화재진압과 잔화정리 단계에서 파괴되거나 멸실될 우려가 많아 연소된 잔해물을 제거하는 일은 각별히 주의하여야 한다. 불가피하게 화재의 완전 진압을 위해 해체하는 경우 작업 실시 전에 화재현장을 사진촬영 등으로 기록을 하여 객관적인 자료수집에 충실하도록 한다.

③ 발굴로 확보된 잔해의 보관은 이미 발굴이 끝났거나 재조사할 필요가 없는 지점으로 옮겨 <u>잔해를 두 번 이상 옮기는 일이 없도록 한다.</u>

④ 2인 이상의 화재조사관이 발굴을 하는 경우 사전에 발굴목적을 논의하여 발굴로 확보된 잔해가 함부로 폐기되는 일이 발생하지 않도록 한다.

(4) 중장비 사용

① 발굴은 수작업이 원칙이지만 상황에 따라 크레인이나 굴착기 등 중장비를 사용할 수 있다. 그러나 **중장비의 사용은 많은 증거물이 파괴될 우려가 크다는 점을 염두에 두어야** 한다.

② 중장비를 사용할 경우 별도로 조사관 한 명을 지정하여 작업자와 의사소통이 이루어지도록 조치하고 중장비가 작동하는 지역으로는 사람이 들어가지 않도록 경계구역을 설정하여 안전사고가 발생하지 않도록 조치하여야 한다.

③ 중장비를 사용하기 전에 인화성 액체의 잔류물이 있을 것으로 의심되는 지점은 먼저 확인하고 시료를 채취하도록 한다. 중장비 자체는 사용하기 전에 검사를 실시하여 오일이 누설되는 곳은 없는지 확인하도록 하고, **연료주입은 지정된 장소에서만 실시하도록** 조치한다.

④ 중장비의 사용방법은 화재현장 훼손을 최소화하기 위해 중장비를 건물 외부에 위치시키고 내부의 물건을 들어 올려 외부로 옮기는 방법 등이 강구되도록 한다.

⑤ 현장 내부에서 중장비를 사용할 경우 발굴이 끝난 지점이거나 발굴이 필요 없는 지역에만 중장비를 위치시켜 작업을 하도록 하고 중장비 작업자는 화재조사관의 지시에 따를 수 있도록 소통채널을 확보한다.

▌ **발화지점에서 중장비 사용** 현장사진(화보) p.4 참조 ▌

(5) 오염방지 〔2018년 기사〕

가솔린으로 작동하는 전기톱, 체인톱 등은 현장 오염방지를 위해 **연료를 주입할 때에는 건물 외부에서** 이루어지도록 한다.

(6) 바닥세척

① 발굴로 잔해가 제거되고 검사를 위한 시료가 채취되어 현장조사가 완료된 후에는 바닥이나 표면을 물로 세척하여 남겨진 화재패턴을 확인해 보는 방법이 효과적일 수 있다.

② 바닥을 물로 세척할 경우 주의할 점은 바닥면에 남겨진 <u>증거가 손상되지 않도록</u> 고압의 직사주수나 봉상주수의 사용은 피하도록 한다.

(7) 복원

① 복원을 위해 발굴로 확보한 모든 물건은 발견된 위치, 상태 및 방향이 기록되어야 한다.

② 화재진압 또는 잔화정리 과정에서 물건이 옮겨진 경우에는 복원이 곤란해질 수 있다. 현장분석 및 관계자 확인으로도 확실한 결정을 내리기 어려운 경우에는 가능한 모든 방법을 고려하여야 하며 <u>불명확한 것은 복원하지 않아야</u> 한다.

바로바로 **확인문제●**

발굴 및 복원에 대한 설명이다. 옳지 않은 것은?

① 복원은 관계자의 기억에만 의존한다.
② 현장평가를 통해 발굴범위를 한정시킬 수 있다.
③ 화재진압 도중 불가피하게 발화구역을 해체하는 경우 작업 실시 전에 사진촬영 및 기록 등으로 남겨야 한다.
④ 발굴로 확보된 증거물을 자주 옮기지 않도록 조치한다.

해설 복원은 관계자를 입회시켜 실시하되 목격자의 진술에만 의존하지 말고 현장분석을 통해 나타난 결과와 비교하여 어긋남이 없도록 하여야 한다. 현장분석이나 목격자의 확인으로도 결정을 내리기 어려운 부분은 모든 가능성을 다시 한 번 검토해 보아야 한다. **답** ①

3 발화위치 확인을 위한 추가 데이터 수집활동

(1) 화재발생 이전 상태

① 화재발생 이전 수리상태, 기초부분 및 굴뚝의 상태, 화재방호시스템의 존재 및 상태 등에서 중요한 정보가 나올 수 있다. 화재발생 이전 사진이나 비디오가 도움이 될 수 있으나 사진촬영이 이루어진 시기와 화재가 발생한 시점 사이에 변경이 있을 수 있다는 점도 고려하여야 한다.

② 가능하다면 화재현장 주변의 항공사진과 위성사진도 참고가 될 수 있으며 사진이나 도면, 방화시스템 등이 기록된 소방서의 자료도 참고가 될 수 있다.

(2) 가연물

건물 내부 가연물의 양과 종류 그리고 가연물의 배열상태 등을 확인하도록 한다. 최초의 착화물 뿐만 아니라 연소확대물을 확인하는 것도 중요하다.

(3) 구조물의 면적 및 크기

① 방이나 구조물의 폭과 길이, 높이를 파악하고 개구부의 위치, 크기, 상태(개방

/폐쇄)는 물론 가스흐름에 영향을 주는 구조물이나 장애물 등도 기록되어야 한다.

② 현장에서 면적과 크기 등을 알 수 없을 때 건축가, 보험회사, 또는 행정기관의 건축과 등을 통해 정보를 얻을 수 있으므로 현장 구조물을 실제 그대로 나타내고 있는지 관련 평면도 등을 정확하게 평가하도록 한다.

(4) 건물설비 및 환기장치

HVAC설비, 연료설비, 가스설비, 소방설비 등의 화재 이전의 상태에 대한 정보를 수집한다.

(5) 기상조건

구조물이나 초목 등에 남겨진 화재 손상은 바람의 방향을 나타낼 수도 있으며 화재 이후 날씨로 인해 현장의 물리적 상태가 바뀔 수 있으므로 기상요소를 기록하여야 한다.

(6) 전기설비

해당 설비의 손상 정도를 기록하는 데 있어 전력의 인입구로부터 조사를 시작하고 인입전압과 전류량을 기록한다. 조사와 관련된 회로차단장치의 종류, 정격위치(on/off/trip)와 상태를 기록한다.

(7) 전기부하

발화구역에 있는 전기스위치 및 콘센트를 기록하고 가전제품이 콘센트에 꽂혀 있다면 그 부하 크기도 기록하여야 한다.

(8) 연료가스설비

가스가 화재에 기여했는지 확인하기 위해 가스의 공급여부를 확인하고 가스의 공급압력과 밸브의 개폐여부 등을 확인하여야 한다.

(9) 액체연료설비

액체를 연료로 사용하는 설비 및 연료의 양과 위치를 기록한다. 액체연료가 화재확산에 기여했다고 판단되는 경우에는 연료의 샘플을 채취하도록 한다.

(10) 소방설비

소방관련 모든 설비(자동화재탐지설비, 경보설비, 소화설비 등)의 작동여부를 확인하는 것은 화재의 성장과 연소확산된 경로를 추적하는 데 도움이 된다.

(11) 보안카메라

건물을 감시하는 보안카메라는 화재 전 · 후를 시간 순서대로 나타내는 경우가 많아 유용하게 활용될 수 있다. 손상된 경우라도 복구하여 확인할 필요가 있다.

(12) 침입경보시스템

열과 연기의 이동 및 전선의 파괴 등으로 화재가 진행될 때 침입시스템이 작동할 수 있다. 이를 통해 발화위치를 좀 더 좁혀나갈 수도 있다.

(13) 목격자 관찰내용

목격자의 관찰은 화재발생 전·후 및 화재가 진행되는 동안의 상태 등에 대해 화재조사관에게 정보를 제공할 수 있다. 관찰내용은 시각적 관찰에만 국한된 것이 아니라 이상한 소리, 냄새 등을 포함하며 현장에서 사진이나 비디오 촬영 자료 등도 화재조사관이 제공받을 수 있을 것이다. 그러나 목격자의 진술이 물리적 증거에 대한 해석을 뒷받침하지 못할 경우 조사관은 각각을 별도로 평가하여야 한다.

03 ▶ 자료 분석

과학적 방법은 수집된 모든 데이터의 분석을 필요로 한다. 이는 가설을 세우기 전에 거쳐야 하는 단계로 데이터 분석은 개인적 지식, 경험, 전문성에 의존하는 경향이 있다. 데이터를 분석할 수 있는 지식이 부족하면 필요한 지식을 갖고 있는 사람으로부터 도움을 받아야 한다. 데이터의 정확한 분석은 가설의 논리기반을 강화시키는 효과가 있다.

1 화재패턴 분석

(1) 패턴의 순서

① 화재패턴은 발화지점 확인을 위한 가장 직접적인 자료가 될 수 있으므로 화재로 인한 손상과 <u>탄화패턴이 화재의 전체 이력을 나타낼 수 있다는 사실</u>을 염두에 두어야 한다.

② 화재패턴 분석의 가장 어려운 부분은 패턴이 형성된 순서를 판별하는 일로 화재 발달 초기에 진압된 패턴은 구획실 전체 화재로 붕괴된 이후에 남아 있는 패턴과 다른 모습을 나타내는 경우가 있다. 또한 불이 다시 붙어서 생긴 패턴을 발화지점으로 오인하지 않도록 주의를 하여야 한다.

(2) 패턴 생성

① <u>화재로 가장 많이 손상 받은 부분을 발화지점으로 판단하지 않도록</u> 하여야 한다. 가연물의 양이 많았던 곳과 원활하게 환기가 이루어졌던 지점, 화재진압 활동 시 소방관들이 가장 늦게 최종적으로 진화가 이루어진 부분 등은 당연히 손

상이 클 수밖에 없다는 점을 감안하여야 한다.

② 동일한 성분과 크기의 가연물이라도 구획실의 내부 위치에 따라 다르게 연소할 수 있다. 벽에 가까이 있는 가연물과 멀리 떨어져 있는 가연물이 서로 다르게 연소할 수 있고 구석진 곳에 있는 가연물이 더 많이 타는 현상도 있을 수 있다.

(3) 환기

① 창문이나 개구부 등이 열린 상태로 연소가 진행되면 환기지배형 화재가 되어 더욱 심하게 연소하는 경향이 있고 <u>화재패턴은 환기의 영향을 크게 받는다</u>.

② 환기구를 통해 외부로 방출된 가스 중에는 연소하지 않은 탄화수소가 공기와 혼합되어 구획실 외부에서 연소하며 추가로 화재패턴을 생성할 수 있다. 따라서 환기의 변화(건물설비의 강제 환기, 유리창 파열, 열리거나 닫힌 문 등)가 중요하며 화재 규모가 커지고 시간이 길어질수록 화재패턴을 판단하기 어려워진다.

(4) 이동 및 강도 패턴

① 화재패턴은 연소확산이나 강도 중 한 가지 메커니즘에 의해 생성된다. 강도는 가연물 성분, 열방출률, 환기 차이 등으로 나타날 수 있지만 이것이 최초 발화지역을 의미하는 것은 아니다.

② 화재의 성장과 연소확산으로 생성된 화재패턴은 발화지역을 나타내는 좋은 지표로 쓰이지만 강도패턴과 이동패턴의 구분은 어려울 수 있고 일부 패턴에서는 강도 및 이동 패턴을 모두 나타내기도 한다.

2 열 및 화염 벡터 분석

(1) 열 및 화염 벡터

① 열 및 화염의 벡터화는 <u>현장의 도표를 만드는 데 적용</u>된다. 도표에는 벽, 복도, 문, 창문 및 관련 가구와 물건 등이 포함되어야 한다.

② 벡터(vector)는 <u>화살표를 사용</u>하여 열이나 화염확산 방향을 표시한 것으로 각각의 <u>화재패턴의 실제 크기를 반영</u>한다.

③ 벡터의 작성은 화재패턴으로 인한 높이, 표면 특성, 패턴의 모양, 화재확산 방향 등을 상세하게 도표에 범례로 표기할 수 있다.

④ 벡터 분석을 실시하는 목적은 <u>화재패턴에 대한 조사관의 해석을 시각적으로 기록</u>하는 데 있다.

⑤ 쓰레기통에서 발화된 경우를 가정하여 열 및 화염의 이동방향을 벡터로 표기한 도표는 다음과 같이 표현될 수 있다.

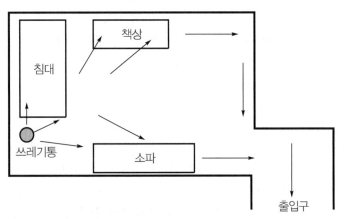

‖ 화염의 이동방향을 벡터로 표기한 도표 ‖

(2) 화재패턴 시각화를 위한 추가도구

① 화재패턴이 시각적으로 명확하지 않을 때 탄화심도 또는 하소심도를 확인하는 방법을 취한다.

② 탄화심도나 하소심도 조사결과는 도표로 나타내야 하며 편의상 측정값은 비율로 기록되는데 측정된 값을 통해 탄화심도나 하소심도를 나타내는 지점들을 선으로 연결하면 손상된 패턴이 만들어질 수 있다.

3 탄화심도 분석

탄화심도 분석은 연소물질의 열의 강도나 타는 시간을 측정하는 것보다는 **화재확산을 평가하는 데 적합**하게 쓰인다. 탄화된 깊이와 정도를 측정함으로써 열원에 가장 오랜 시간 노출된 물질과 구조물의 부분을 확인할 수 있게 된다. 열원으로부터 멀어질수록 탄화심도는 낮아지기 때문에 화재가 확산된 방향의 추론이 가능해진다.

‖ 탄화심도측정기 ‖
현장사진(화보) p.5 참조

(1) 탄화심도 패턴 분석에 영향을 주는 주요 변수

① 측정하고 있는 탄화패턴을 만든 열원이나 연료원이 하나인가 아니면 하나 이상인가를 확인하는 데 도움이 될 수 있다.

② **탄화 측정값은 동일한 물질에 대해서만 비교 측정하여야** 한다. 예를 들어, 금속재와 목재의 측정값 비교는 의미가 없다.

③ 연소속도에 영향을 주는 **환기요소가 고려되어야** 한다. 목재가 환기구 주변에 있을 경우 더욱 많이 탈 수 있게 된다.

④ 탄화심도 측정은 **동일한 도구를 사용하여 동일한 압력으로 측정**하여야 한다.

(2) 탄화심도 도표

눈으로 보이지 않는 경계선은 탄화심도를 측정하여 이를 격자 도표에 나타내면 뚜렷하게 보이는 경우가 많다. 격자 도표에 탄화심도가 동일한 지점을 연결한 그림을 그리면 경계선이 나타날 수 있다.

(3) 탄화심도 측정

① 포켓용 칼과 같이 끝이 뾰족한 기구는 탄화하지 않은 목재의 아랫부분까지 깊숙이 들어갈 수 있어 정확한 측정을 위해 적합하지 않다.

② 캘리퍼스, 타이어 트레드 깊이 측정기(tire tread depth gauges) 또는 특별히 개량된 금속 자와 같이 얇고 끝이 뭉뚝한 다이얼캘리퍼스 같은 탐촉자가 가장 좋다.

③ 탄화심도 비교 측정은 동일한 측정도구를 사용하여야 하고, 측정도구를 집어 넣었을 때 동일한 압력으로 실시하는 것도 정확한 결과를 위해 중요하다.

④ 탄화심도 측정은 목재의 갈라진 틈새나 벌어진 곳보다는 탄화가 이루어진 목재 중심부에서 실시하여야 한다.

> ! 꼼.꼼. check! ▶ 탄화심도 측정방법 및 유의사항 암기 · 2018년 기사 · 2021년 기사 · 2023년 기사 · 2023년 산업기사
>
> • 동일한 측정점에서 동일한 압력으로 측정하여 평균치를 산출한다.
> • 측정기는 기둥 중심선에서 직각으로 삽입한다.
> • 탄화 및 균열이 발생한 철(凸) 부위를 측정한다.
> • 측정된 깊이 외에 소실된 부분의 깊이를 합산하여 비교한다.
> • 송곳이나 칼처럼 끝이 날카로운 도구의 사용을 피하고 금속 자와 같이 얇고 끝이 뭉뚝한 측정기구를 사용한다.

(4) 연료가스를 통한 탄화심도 측정

① 기화가 용이한 가스는 누설된 넓은 지역에 대해 비교적 탄화심도가 일정하게 나타난다.

② 국부적으로 가스가 누설되었다면 누설된 지점으로 가스가 소진된 후에도 계속 연소할 수 있기 때문에 탄화가 더 많이 진행된 형태로 남아 누출지역을 조사하는 데 도움이 될 수 있다.

4 하소심도 측정 암기

하소의 상대적 깊이는 화재에 노출된 석고보드 재료가 열에 가열된 차이를 표시한 것으로 하소심도가 깊을수록 열이 강렬했음을 나타낸다.

※ 하소 : 물질을 태워 휘발성분을 없애고 재로 만드는 일

(1) 하소심도 분석에 영향을 주는 요인

① 열원이 하나 또는 그 이상이었는지에 따라 측정될 하소패턴이 나타나므로 이를 고려하여야 한다. 하소패턴의 깊이는 다중 열원 또는 발화원을 측정하는 데 유용할 수 있다.

② 하소심도 측정값 비교는 <u>동일한 물질로만 실시되어야</u> 한다. 석고벽은 두께가 다양하고 여러 가지 건축자재가 혼합되어 만들어지며 시간이 경과하면서 변화한다는 사실을 염두에 두어야 한다.

③ 하소심도를 측정할 때 석고보드 표면의 마감재(페인트, 벽지, 벽토)를 고려하여야 한다. 일부 마감재가 발화되었을 때 화재패턴에 영향을 미치기 때문이다.

④ 자료수집의 오류를 줄이기 위해 <u>측정은 일관성 있는 방식으로 실시</u>하여야 한다.

⑤ 석고보드 재료는 화재진압 및 잔화정리를 하면서 물을 분사하면 손상될 수 있고 물에 젖어 정확한 측정을 할 수 없을 만큼 석고가 부드러워질 수 있다.

(2) 하소심도 도표

탄화심도 도표와 마찬가지로 눈으로 보이지 않는 경계선은 하소심도를 측정하여 이를 격자 도표에 나타내면 뚜렷하게 보이는 경우가 있다. 격자 도표에 하소심도가 동일한 지점을 연결한 그림을 그리면 경계선이 나타날 수 있다.

(3) 하소심도 측정 〔2023년 기사〕

① 하소심도 측정은 <u>직접 단면관찰 방법</u>과 <u>탐촉자 조사 방법</u>이 있다.

② 직접 단면관찰 방법은 벽이나 천장에서 최소직경 50mm 정도의 시료를 직접 수거하여 하소된 층의 두께와 비교하여 측정·관찰한다.

③ 탐촉자 조사 방법은 단면의 끝이 작은 탐사장비를 주입하여 하소심도 및 하소된 석고의 상대적인 저항력이 달라지는 깊이를 측정한다.

④ 탐촉자 조사 방법을 사용할 때는 벽 또는 천장 등 해당 석고보드 표면을 따라 측면 및 수직 격자의 일정한 간격으로 측정을 해야 하고 측정할 때마다 동일한 압력이 이루어지도록 한다.

바로바로 확인문제

하소심도 측정 분석방법으로 맞는 것은?
① 직접 단면관찰 및 탐촉자 조사
② 직접 단면관찰 및 성분분석 조사
③ 간접 단면관찰 및 탐촉자 조사
④ 간접 단면관찰 및 성분분석 조사

해설 하소심도 측정 방법에는 직접 단면관찰 방법과 탐촉자 조사 방법이 있다. **답** ①

5 아크조사 또는 아크매핑

아크조사 또는 아크매핑은 발화가 이루어진 지점을 규명하기 위해 <u>전기적 요인을 이용하는 기법</u>이다. 이 기법은 구조물의 공간적 구조와 아크가 발견된 위치, 전선의 분기상태 등을 접목시켜 발화지점을 추적해 가는 방식이다. 이 데이터는 목격자 및 화재진압에 참여한 소방관의 증언, 설비의 설치상황 등 다른 자료와 결합시켜 사용될 수도 있다. 따라서 화재실에 있는 전기제품이나 분기된 전선을 통해 회로의 통전여부 및 단락이 발생한 개소 등 유용한 정보를 통해 발화지점을 축소해 나갈 수 있다. 그러나 전기도선이 특정지역으로만 가설되어 있어 아크를 유발할 수 있는 도선의 공간적 분포는 제한적이라는 사실과 모든 화재에 이 방법이 반드시 적용될 수 없다는 점을 유의하여야 한다.

(1) 아크조사를 수행하기 위한 제안 절차

① 조사할 지역을 확인한다.

② 해당지역을 정확하게 스케치하고 도표를 작성한다.

③ 천장, 바닥, 벽 등 조사영역을 구분한다.

④ 해당지역의 전기회로와 모든 배선을 확인하고 회로의 부하, 전력흐름 방향, 스위치 위치, 각 전선의 크기, 과전류보호장치의 크기, 종류, 상태를 기록한다.

⑤ 한 구역을 선택하여 조사를 하고 해당구역의 모든 도체에 대해 체계적인 검사를 한다.

⑥ 각 배선의 용융흔이나 거칠게 표면에 나타난 손상유무를 촉각으로 검사를 하고 배선을 수거할 때는 손상이 가지 않도록 한다.

⑦ 아크나 주변의 열로 인한 표면의 이상여부를 확인한다.

⑧ 스케치한 도면에 아크 위치를 표시하고 물리적 특성을 기록한다.

⑨ 아크 지점에 적당한 표지로 표시를 하고 위치를 기록한다.

⑩ 필요한 경우 해당 항목들을 증거로 보존한다.

(2) 아크조사 도표 작성방법

① 아크 위치가 발견된 지점, 배선용 차단기의 동작상태, 주변 가연물의 소손 정도 등 도면작성은 <u>최대한 상세하게 작성</u>한다(오류방지).

② 각 구역의 경계선을 설정할 때 일부 또는 모든 배선이 다른 분기회로와 연결된 경우가 많으므로 <u>전원측과 부하측을 구분하여 표기</u>하고 방향표시를 한다.

(3) 아크 위치 확인

① 전기배선 도체의 표면에 나타난 결함(아크 용융흔)은 손끝으로 만져 오목한지 볼록한지를 검사할 수 있다.

② 아크가 발생한 부분이 여러 곳일 경우 손상된 배선의 전체 길이를 살펴 평면도에 최대한 정확하게 아크 위치를 표시한다.

③ 아크로 인한 용융흔은 화재열로 인한 용융흔과 구분하기 어려울 수 있다. 양자의 차이점은 용융된 부위에서 나타나는데 온도가 도체 금속의 녹는점보다 높을 때 아크는 매우 국부적인 손상을 유발하며 인접한 배선에 부가적인 손상을 가중시키고 녹은 부분의 가장자리는 구분이 뚜렷하게 나타난다. 화재열로 녹으면 비교적 넓게 퍼진 형태로 녹게 된다.

④ 아크 위치 발견지점은 눈에 띄는 표지를 전기배선 도체에 부착시키고 사진이나 동영상으로 기록을 한다.

(4) 아크조사 증거수집

① 아크조사를 증명하기 위해 전기회로 및 배선을 수집할 수 있다.

② 배선상의 도체는 취급 도중에 쉽게 부서지거나 망가질 수 있어 라벨이나 태그(tag)표시를 하도록 한다. 접속기구에 붙어 있는 금속도체가 헐거워져 떨어질 경우 향후 회로추적을 하는 데 방해가 될 수 있으므로 주의하여야 한다.

(5) 아크조사 활용

① 아크매핑의 활용은 <u>사건이 일어난 순서를 결정하기 위한 자료수집</u>에 있다.

② 아크가 발생한 지점의 부하측에 단락이 발견되었다면 아크가 발생하기 전까지 전원측으로 통전 중이었음을 알려주는 지표로 판단하여 조사를 한다.

6 순차적 사건의 분석

① 화재가 발생하기 전·후의 상황이나 순서를 분석하면 발화원을 확인하는 데 도움이 될 수 있는데 이러한 분석자료는 대부분 목격자가 화재조사관에게 제공해 줄 수 있다.

② 화재조사관은 목격자의 진술을 토대로 그 사실을 입증하거나 반박할 수 있는 사실을 찾아야 하는데 목격자의 진술을 증명하는 수단에는 화재패턴 분석, 아크매핑 또는 연기나 열 감지기 및 보안시스템의 작동여부 등을 확인하여 비교 관찰하는 방법이 있다.

04 발화위치 가설

발화위치 및 화재가 성장하게 된 설명을 하기 위해 <u>조사관이 수집한 경험적 데이터만을 근거로 하여</u> 하나 또는 여러 개의 가설을 세워야 한다. 과학적 방법을 사용할 때 화재조사관은 데이터 수집, 데이터 분석, 가설 설정 및 가설 검증과 관련된 작업을 계속하여야 하며 조사과정이 끝나고 나면 본인이 처리해 온 과정이 과학적 방법에 충실했는지 확인하여야 한다.

1 최초가설

① 최초발화위치 가설은 목격자의 관찰, 최초현장평가, 구조물 내의 화재확산 형태 등을 통해 세워진다.

② 최초가설을 통해 나머지 부분에 대한 계획수립이 가능해 지며 충분한 증거를 확보하여 최초가설들을 버릴 수 있을 때까지 모든 발화원들을 염두에 두고 있어야 한다.

2 최초가설의 수정

① 최초설정된 가설만을 증명하기 위하여 조사가 진행되지 않도록 한다.

② <u>모든 가능성은 열어 놓아야</u> 하며 조사를 하다 보면 최초설정된 가설을 변경해야 하는 경우가 생길 수 있다. 화재조사관은 추가자료 수집을 통해 발화지역을 계속 재평가하여야 한다.

바로바로 확인문제

소손 정도 강약의 판정을 근거로 하여 출화개소를 판정하는 방법으로 틀린 것은?

① 창 등의 개구부에 가까운 개소는 소손이 강하게 되므로 출화개소로 오인될 수 있다.
② 화재현장에서 소손 정도가 가장 강한 부분이 항상 출화개소이다.
③ 상대적으로 화재하중이 큰 개소는 국부적으로 소손이 강하게 되기 쉬우므로 출화개소 판정에 감안할 필요가 있다.
④ 소손 정도가 약한 부분에서 강한 부분으로 순차적으로 찾아가서 출화개소를 판정한다.

해설 화재현장에서 소손 정도가 가장 강한 부분이 항상 출화개소는 아니다. **답 ②**

---

05 발화지점 가설의 검증 암기

과학적 방법에 부합하려면 일단 가설을 세웠을 때 <u>연역적 추론 방법을 통해</u> 이를 검증하여야 한다. 유효하게 수집된 자료는 일관성이 있어야 하고 발화지점은 발화원에 대한 가설 검증을 통해 확인되어야 한다.

1 가설 검증의 방법

① 가설로 설정한 발화지점에 발화원이 존재하는가?
→ 설정된 발화지점에 발화원이 없을 경우 가설을 더욱 철저히 검증하고 가설변경도 고려해 보아야 한다.
② 가상의 발화원과 가연물로 인한 손상 정도가 관찰되는가?
→ 단지 인화성 물질과 잠재적인 발화원이 존재했다는 이유만으로 발화지점을 결정하는 것에는 신중하여야 한다. 설정된 발화지점은 구조물과 내용물에 대한 물리적 손상 정도를 설명할 수 있어야 한다.
③ 화재의 성장이 특정한 시점에서 이용 가능한 데이터와 일치하는가?
→ 모든 데이터는 최종가설과 맞지 않을 수 있다. 데이터는 가설을 고려하여 모두 사용되어야 하며 데이터 각 부분에 대한 신뢰성과 가치가 분석되어야 한다.

2 분석 기법 및 도구 암기

(1) 타임라인 분석 2013년 기사 2021년 기사
① 타임라인은 화재와 관련된 사건들을 시간 순서대로 그림이나 설명적 표현으로 나타낸 것으로 <u>타임라인의 가치</u>는 타임라인을 만드는 데 사용된 <u>정보의 정확성</u>에 달려 있다.
② 타임라인은 화재 이전과 이후의 관계를 나타낼 수 있고 정보의 차이나 모순 등을 확인할 수 있으며 목격자 증언에 도움을 주는 등 사고분석도구로 유용하다.
③ 타임라인을 적용한 예로서는 목격된 화염의 높이로 미루어 화재 당시 열방출률을 추정할 수 있고 스프링클러의 반응 특징을 고려할 때 이 장치가 작동했을 당시의 화재 규모를 추정할 수 있다.
④ 타임라인을 만들기 위해서는 사건이나 활동을 발생시간과 연관시켜야 한다. 조사관은 사건이나 활동에 시간을 할당할 때 시간에 확신이 있어야 하는데 데이터

의 정확도는 Hard time(절대적 시간) 또는 Soft time(추정시간 또는 상대적 시간)으로 확인하는 방법이 있다.

‖ 하드타임과 소프트타임 구분 ‖

구 분	하드타임(hard time)	소프트타임(soft time)
의미	정확한 시간을 이용하여 직 · 간접적으로 나타난 특정시점을 분석하는 방법	추정시간이나 상대적 시간에 의존하여 분석하는 방법
정보원	• 소방서 출동전화 및 무전기록 • 경찰서 출동 및 무전기록 • 응급의료서비스 보고서 • 경보시스템 기록(현장, 본부, 소방관 출동 등) • 건물검사 보고서 • 화재검사 보고서 • 설비회사 기록(유지보수 기록 등) • 개인 비디오/사진 • 언론보도(신문사, 사진기자, 라디오, TV, 잡지) • 타이머(시계, 시각표시기, 보안타이머 등) • 일기예보 • 인터뷰 • 속보설비, 통신, 오디오테이프, 녹취록 • 건물 또는 설비 설치허가	하드타임의 정보원 및 발생한 사건의 시간 추정

확인문제

타임라인에 대한 설명으로 부적합한 것은?
① 상대적 시간은 객관적이어서 정확도가 높다.
② 소프트타임은 추정시간이나 상대적 시간에 의존하여 분석하는 방법이다.
③ 하드타임은 특정시점의 시간대를 분석하는 방법이다.
④ 화재관련 추정시간은 일반적으로 목격자가 제공한다.

해설 타임라인을 만들기 위하여 사건이나 활동을 발생시간과 연관시켜야 한다. 조사관은 사건이나 활동 내용에 시간을 할당할 때는 시간에 확신이 있어야 하는데 데이터의 정확도는 Hard time(절대적 시간) 또는 Soft time(상대적 시간)으로 확인하는 방법이 있다. 소프트타임의 추정시간은 일반적으로 목격자가 제공하지만 매우 주관적이어서 정확성을 크게 기대하기는 곤란하다. **답** ①

(2) 화재모델링

① 화재역학 분석은 발화지점과 관련된 가설을 검증하는 데 쓰일 수 있다. 단순한 수학방정식에서부터 복잡한 화재모델에 이르기까지 이러한 자료는 주어진 화재환경을 예측하기 위해 다음과 같은 특징을 파악하는 데 유용하다.

    ㉠ 플래시오버가 일어나기까지의 시간

    ㉡ 가스의 온도

    ㉢ 가스의 농도(산소, 일산화탄소, 이산화탄소 등)

    ㉣ 연기의 농도

    ㉤ 연기, 가스 및 타지 않은 가연물의 흐름

    ㉥ 벽, 천장 및 바닥의 온도

    ㉦ 연기 및 열 감지기와 스프링클러의 작동시간

    ㉧ 문의 개폐, 창문 파열 또는 다른 물리적인 영향

② 데이터의 결과는 가설 검증을 위해 물리적 증거물 및 목격자의 진술 등과 비교하여 진위를 확인할 수 있고 연소확대된 경위를 파악하는 데 반영할 수 있다.

(3) 재현실험

① 가설 검증을 위해 재현실험을 실시할 수 있다. 실험결과가 현장의 손상 정도와 일치하는 경우에는 실험이 가설을 뒷받침했다고 볼 수 있다.

② 실험결과가 현장의 손상 정도와 일치하지 않는 경우에는 실험조건과 화재조건의 잠재적 차이점을 살펴보고 새로운 가설을 고려하거나 추가적인 데이터 확보를 고려하여야 한다.

06 최종가설의 선택

1 발화지역 결정

발화원에 대한 가설 검증이 끝나면 화재조사관은 모든 데이터 및 대안으로 제시한 가설의 타당성 등 전체 과정을 검토하여야 한다. 과학적 방법을 사용할 때 조사관이 제시한 가설의 타당성을 설명하지 못한다면 심각한 오류이다. 수집된 자료와 일치하는 가설은 다른 잠재적 발화원인을 배제시킬 수 있으며 믿을 만한 근거로 작용할 수 있다.

2 모순된 데이터 선별

가설이 모든 데이터와 일치하기란 쉽지 않다. 분석에 있어 모든 데이터는 가치가 다를 수 있는데 화재패턴이나 목격자의 진술에서 모순된 데이터가 나오는 경우 상반된 데이터를 인지하고 해결할 수 있어야 한다. 해결할 수 없는 경우에는 발화지점 가설을 재평가하여야 한다.

🔳3 사건파일 검토

발화지점 가설평가는 다른 조사관들의 도움을 받아 행할 수 있다. 다른 조사관에 의한 검토는 화재역학에 대한 근본적 사실을 재검토하는 것으로 조사관 간에 의견 차이가 발생할 수 있다.

바로바로 확인문제 ●

발화지점에 대한 최종가설 선택과 관련하여 옳지 않은 것은?
① 모든 가설 가운데 최종적으로 선택된 가설은 하나이어야 한다.
② 최종가설이 데이터와 일치하지 않을 경우 재평가하여야 한다.
③ 선택된 최종가설은 다른 발화원인을 배제시킬 수 있는 사실에 근거하여야 한다.
④ 데이터와 가설의 비교분석으로 화재원인이 미궁에 빠지는 일은 없다.

해설 데이터와 가설은 항상 일치하는 것이 아니기 때문에 더욱 어려워지거나 해결하기 곤란한 경우도 있다. 이러한 경우 최종 가설은 원인미상으로 처리할 수밖에 없다.

답 ④

---

07 선택된 가설의 검증

🔳1 증거를 통한 가설의 검증

발화지점을 찾는 목적은 화재가 시작된 정확한 원인을 파악하기 위한 것이지만 건물이 완전연소에 이르고 목격자도 없는 상황이라면 가설을 세우는 것이 불가능할 수도 있다. 실제로 건물이 완전히 붕괴되고 남아 있는 물체가 거의 없을 경우 데이터의 수집이 불가능하며 발화지점 가설을 수립할 수 없게 된다.

🔳2 연소된 구역의 확인

연소된 구역은 있으나 발화지점을 확인하지 못하는 경우가 발생할 수 있다. 평면적으로 넓게 연소한 경우와 구조물이 남아 있지 않을 경우 연소된 구역만 있을 뿐 발화지점을 규명하기란 매우 어려운 과제로 남을 수밖에 없다.

그러나 구조물 내부에서 LP가스의 폭발로 화재가 발생한 경우 이로 인한 손상이 커서 발화지점을 특정하기 곤란하더라도 발화원에 대한 가설은 세울 수 있다.

3 대형 발화지역의 검증

발화지점 분석을 통해 발화가 이루어진 구역을 현실적으로 설정하기 어렵거나 불가할 때 이를 정당화하는 결론을 얻어야 하는데 주로 다음과 같은 것들이 해당된다.

① 수집된 데이터를 통해 추적할 만한 화재패턴이 발견되지 않는 경우

② 거의 모든 물질이 완전연소된 경우

③ 다른 발화지점 확인방법을 시도하였으나 합리적인 결론을 얻을 수 없는 경우

4 발화지역에 대한 목격자의 증언

발화지역이 너무 광범위하면 화재원인을 밝히는 일이 어렵거나 불가능할 수 있다. 발화위치에 대한 가설을 현장조사만으로 더 이상 세울 수 없는 경우 화재 초기단계에서 화재를 발견한 목격자의 진술을 통해 도움을 받을 수 있다. 이러한 경우 목격자의 진술에만 의존한 조사가 진행될 수밖에 없는 한계가 있다.

바로바로 **확인문제**

발화지점을 설정하는 주된 목적은?

① 관계자를 처벌하기 위해 ② 연소확대된 시간을 측정하기 위해

③ 증거확보 및 화재원인 분석을 위해 ④ 피해액 산정을 위해

해설 발화지점을 설정하는 주된 이유는 증거확보 및 화재원인 분석을 하기 위함이다. 이를 위해 발화지점 주변의 가연물의 성상과 연소확대에 이르게 된 경로 등을 종합적으로 조사한다.

답 ③

출제예상문제

* ☒ 표시 : 중요도를 나타냄

01 발화지역 판정에 대한 설명으로 옳지 않은 것은?

① 발굴을 행하기 전에 발화지역을 먼저 선정하여야 한다.
② 목격자의 진술은 발화지역을 한정하는 데 참고가 될 수 있다.
③ 발화원에 대한 반증자료가 나타나면 화재원인은 재평가하여야 한다.
④ 발화지역은 항상 가장 많이 연소된 구역을 의미한다.

해설 발화지역은 항상 가장 많이 연소된 구역을 의미하지는 않는다. 개구부를 통한 환기효과 및 가연물이 대량으로 집적된 곳으로 화염이 비화하면 발화지역보다 더 많이 연소할 수 있기 때문이다.

02 원인규명을 위한 과학적인 화재조사절차에 대한 내용을 설명한 것으로 옳지 않은 것은?

① 화재현장에서 자료는 검증을 전제로 수집된다.
② 선택된 최종가설은 기대오차가 없어야 한다.
③ 검증단계를 통과한 가설이 없더라도 어느 하나의 가설을 선택하여야 한다.
④ 가설검증을 분석적 방법에 의한 연구결과를 근거로 할 때 출처를 밝혀야 한다.

해설 과학적 방법에 의하더라도 검증단계를 통과한 가설이 없을 때에는 원인미상으로 처리하여야 한다.

03 화재원인을 규명하기 위한 데이터 분석을 위해 조사관에게 요구되는 사항이 아닌 것은?

① 전문적 지식
② 전문교육 이수
③ 풍부한 경험
④ 상상적 본능

해설 정확한 화재원인 규명을 위해 조사관에게 전문적인 지식과 전문교육 이수, 풍부한 경험 등이 요구된다.

04 발화지역 판정을 위해 수집된 자료 중 가장 거리가 먼 것은?

① 아크매핑
② 최초 목격자의 재산관계
③ 화재패턴
④ 목격자의 증언

해설 발화지역 판정을 위해 아크매핑, 화재패턴, 목격자의 증언, 화재의 성장과 건물설비의 상호작용에 대한 화재역학의 이해 등이 중요하다.

05 화재원인 조사를 위한 종합적 방법론에 대한 내용으로 옳지 않은 것은?

① 사진촬영, 증거 확인, 목격자의 진술 등은 사전에 마련된 절차에 따르거나 동시에 수행될 수 있다.
② 데이터가 수집되면 시간대별로 순차적으로 분류하여 검증한다.
③ 화재패턴 확인을 통해 발화지역은 초기에 결정될 수도 있다.
④ 화재패턴은 발화부 주변으로 그 형태를 반드시 남기기 때문에 확인에 주력한다.

해설 화재현장은 진압이 완료된 후 수 많은 화재패턴을 남기기 때문에 이를 통해 발화지역이 결정될 수도 있다. 그러나 화재패턴이 생성된 후 훼손 · 변경되거나 오염이 가중되고 지워져 남아 있지 않을 수도 있다.

Answer 01.④ 02.③ 03.④ 04.② 05.④

06 발화지역 판정을 위한 종합적 방법론에 대한 설명으로 틀린 것은?

① 원인조사를 위한 가설은 검증과정에서 버려지거나 수정될 수 있다.
② 검증과정은 발화원의 규명뿐 아니라 주변 착화물과의 관계를 설명할 수 있어야 한다.
③ 목격자의 확실한 증언이 있더라도 또 다른 증거물을 확인하는 등 모든 데이터를 활용하여야 한다.
④ 발화지역을 결정하면 발화지점은 손쉽게 결정할 수 있다.

해설 ① 원인조사를 위한 가설은 검증과정에서 버려지거나 수정될 수 있으며 보다 상세하게 기술될 수도 있다. 이러한 가설은 새로운 정보를 입수할 때마다 반복적으로 이루어져야 한다.
② 검증과정은 이용 가능한 데이터가 발화지점 판정을 위해 수립된 가설과 일치하는지 판단하여야 한다. 연소확산에 이르게 된 화재성장과정과 화재역학에 대한 이해가 필요한데 발화원과 주변 착화물과의 상관관계를 설명할 수 있어야 한다.
③ 물리적 증거를 반박할 수 없는 믿을 만한 목격자의 증언 또는 비디오 녹화기록 등이 있더라도 단일의 한 가지 항목이 충분한 증거물을 구성하지 못한다. 따라서 또 다른 증거물을 제시하는 등 가능한 모든 자원을 활용하여야 한다.
④ 발화지역을 결정하였더라도 발화지점을 결정하지 못할 수 있다. 그러나 발화지점을 확인하지 못했더라도 발화지역을 입증할 수 있는 부연 설명을 증거물을 통해 설명할 수 있어야 한다.

07 발화지역 판정 시 참고사항으로 가장 거리가 먼 것은?

① 목격자의 증언　　② 출동 후 귀소시간
③ 조사관의 감식능력　④ 소방대의 소화활동

해설 발화지역 판정 시 참고사항
목격자의 증언, 조사관의 전문감식능력, 소방대의 소화활동 등

08 본격 화재조사 실시 전 초기현장평가 내용으로 옳지 않은 것은?

① 현장에 진입하기 전에 안전에 대한 평가가 먼저 이루어져야 한다.
② 초기현장평가를 통해 발화지점 결정을 위한 자료수집도 시작된다.
③ 안전평가를 하더라도 조사관은 어느 정도 위험을 감수하여야 한다.
④ 현장평가 실시로 조사 참여인원과 조사범위를 확정할 수 있다.

해설 화재조사관은 초기에 안전도평가를 실시하여 현장에 들어 가는 것이 안전한 지를 결정하여야 한다. 화재조사관이 위험을 감수할 필요는 없다.

09 발굴에 앞서 실시하는 현장평가에 대한 내용으로 옳지 않은 것은?

① 건물 외부를 통해 화재효과 및 화재패턴과 발화원인을 심층적으로 조사한다.
② 화재증거는 발화지점과 떨어져 있는 곳에서도 발견될 수 있어 발화지역을 너무 좁게 한정하지 않는다.
③ 현장조사는 현장을 보고 발화지점과 연소확대된 모든 영역을 조사하여야 한다.
④ 건물 외부는 손상된 위치와 피해 정도 및 화염과 연기의 유출 정도를 파악한다.

해설 구조물 외부 조사시점에서는 화재효과 및 화재패턴에 대한 심층적인 조사가 필요하지 않다. 구조물 외부 조사는 사용된 자재, 외부 표면, 이전 리모델링 사실 등을 조사하여 연소확산에 끼친 영향을 고려한다.

10 화재패턴에 영향을 주는 요인이 아닌 것은?

① 가연물의 양과 위치② 환기
③ 열방출률　　　　　④ 내장재의 불연화

해설 화재패턴에 영향을 주는 요인
가연물의 양과 위치, 환기, 열방출률 등
④ 내장재의 불연화는 관계가 없다.

11 초기현장평가를 실시하는 목적으로 가장 거리가 먼 것은?

① 조사에 소요되는 시간 예측
② 조사관의 안전 확보
③ 조사에 필요한 인원과 장비의 결정
④ 조사범위의 확정

해설 초기현장평가를 실시하는 목적은 먼저 현장의 안전을 평가한 후 조사를 하기 위함이다. 또한 필요한 인원과 장비를 결정하고 조사범위를 확정하는 데 있다.

12 발굴목적으로 가장 타당한 것은?

① 소손되지 않은 집기도구를 재활용하는 데 있다.
② 화재의 진행상황을 표면에서 바닥으로 시간적 흐름에 따라 역으로 추적하여 발화원인 및 증거를 확보하는 데 있다.
③ 퇴적된 잔해물을 제거하여 화재발생 이전의 상태와 비슷하게 재현하는 데 있다.
④ 연소되지 않고 남아 있는 물건을 통해 화재 이전 상황을 파악하기 위함이다.

해설 화재의 진행상황을 표면에서 바닥으로 시간적 흐름에 따라 역으로 추적하여 발화원인 및 증거를 확보하기 위함에 있다.

13 발굴 및 복원에 대한 설명으로 바르지 않은 것은?

① 발굴범위는 수집된 정보와 소손된 상황에 착안하여 설정한다.
② 발굴은 수작업이 원칙으로 중장비 등의 사용은 어떤 경우에도 허용되지 않는다.
③ 소손된 가연물의 위치가 불명확할 때는 복원하지 않는다.
④ 복원은 발견된 증거물의 위치와 방향 등이 나타나도록 한다.

해설 발굴은 수작업이 원칙이지만 지붕이나 벽체 등 무겁고 부피가 큰 구조물이 붕괴된 경우 크레인이나 굴착기 등의 중장비가 동원될 수 있다.

14 발굴요령으로 옳지 않은 것은?

① 발굴로 확보한 물건은 그 위치가 어긋나게 옮기지 않는다.
② 상방에서 하방으로 발굴한다.
③ 발화지점 부근은 삽과 같은 도구를 사용하여 발굴한다.
④ 발굴을 실시하기 전에 현장 전반에 대한 사진촬영을 한다.

해설 발화지점 부근의 발굴은 삽과 같은 거친 도구를 사용하지 말고 수작업으로 발굴을 실시하여 훼손되지 않도록 주의하여야 한다.

15 발굴을 하기 위해 낙하물을 제거하는 요령으로 옳지 않은 것은?

① 기와, 콘크리트, 철재 등 표층부분의 물건을 먼저 제거한다.
② 층층이 쌓여져 있는 경우 상층부터 제거한다.
③ 가구나 기둥 등 평소 잘 옮기지 않는 물건은 가능한 한 옮기지 않는다.
④ 언제든지 복원이 가능하므로 낙하물은 따로 분류하지 않는다.

해설 낙하물 제거는 복원을 염두에 두고 실시하여야 한다. 한번 훼손된 현장은 다시 돌이킬 수 없으므로 발굴범위를 한정한 후 제거한 낙하물은 사진으로 촬영하고 기록하여야 한다.

16 발굴 및 증거물 처리방법을 나타낸 것 중 가장 거리가 먼 것은?

① 발굴한 증거물은 가볍게 쓸어내어 불순물을 제거한다.
② 발화지점 주변에 고여 있는 물은 헝겊으로 힘껏 문질러 제거한다.
③ 발굴 도중에 사진촬영 등 중간계측을 실시한다.
④ 발화부 근처의 바닥면에 부착된 물건은 어긋나게 제거하지 않는다.

해설 발화지점 주변에 고여 있는 물은 바닥면 훼손방지를 위해 헝겊으로 살짝 눌러서 제거하여야 한다.

Answer 11.① 12.② 13.② 14.③ 15.④ 16.②

17 화재현장 복원 요령으로 가장 옳은 것은?

① 형체가 소실되어 배치가 불가능한 것은 끈이나 로프 또는 대용품을 사용하되 대용품이라는 것이 인식되도록 한다.
② 복원은 현장식별이 가능하지 않은 것도 복원한다.
③ 주로 예측에 의존하여 복원한다.
④ 관계인은 복원현장에 입회시키지 않는다.

해설 ② 복원은 현장식별이 불명확한 것은 복원하지 않아야 한다.
③ 복원은 타고 남은 잔해를 바탕으로 재현하는 것이므로 예측에 의존한 복원은 피해야 한다.
④ 관계인을 복원현장에 입회시켜 확인한다.

18 발굴을 위해 중장비를 사용하고자 한다. 옳지 않은 것은?

① 인화성 액체의 잔류물이 있을 것으로 의심되는 지점은 먼저 시료를 채취한 후 중장비를 투입한다.
② 중장비를 건물 외부에 배치하고 내부의 물건을 들어 올려 외부로 옮기는 방법은 현장훼손을 최소화할 수 있다.
③ 중장비의 사용은 많은 증거물이 파괴될 우려가 크다.
④ 중장비는 발굴을 위한 장비의 일종으로 별도의 검사는 필요 없다.

해설 발굴은 수작업이 원칙이지만 콘크리트, 철구조물 등 비교적 부피가 큰 구조물을 제거하는 데 필요한 경우가 있다. 이때 중장비 자체도 사용하기 전에 검사를 실시하여 오일이 누설되는 곳은 없는지 확인하고, 연료주입은 지정된 장소에서만 실시하도록 조치하여야 한다.

19 발화지점 결정을 위해 추가 자료수집 내용으로 옳지 않은 것은?

① 기상상태 파악은 화재 당시는 물론 화재 이후에도 날씨로 인해 현장의 물리적 상태가 바뀔 수 있으므로 기록하여야 한다.
② 전기는 정격전압과 전류량을 파악하고 회로

차단장치의 종류와 꺼짐이나 켜짐 등의 상태를 기록한다.
③ 목격자의 진술이 물리적 증거와 배치되는 경우 조사관은 목격자의 진술에 무게를 두고 판단한다.
④ 화재발생 이전의 수리상태 및 개구부의 위치와 개방여부 등을 확인하여 연소흐름을 판단한다.

해설 목격자의 진술이 물리적 증거에 대한 해석을 뒷받침하지 못할 경우 조사관은 각각을 별도로 평가하여야 한다.

20 화재패턴 분석에 대한 설명이다. 옳지 않은 것은?

① 화재패턴은 발화지점을 확인할 수 있는 가장 직접적인 자료가 될 수 있다.
② 동일한 성분과 크기의 가연물이라도 놓여진 위치에 따라 다르게 연소하지만 화재패턴은 동일하게 나타난다.
③ 화재의 규모가 커지고 시간이 길어질수록 화재패턴을 판단하기 어렵다.
④ 화재패턴은 환기의 영향을 크게 받는다.

해설 동일한 성분과 크기의 가연물이라도 놓여진 위치에 따라 다르게 연소하면 화재패턴도 다르게 나타난다. 또한 화재패턴은 보통 화재의 규모가 커지고 시간이 길어질수록 판단하기 어려워진다.

21 열 또는 화염 벡터 분석을 실시하는 궁극적인 목적은?

① 열과 화염의 흐름을 시각적으로 도표화시켜 화재해석을 논의하기 위하여
② 연소형태를 사진촬영한 후 입체화하기 위하여
③ 증거물을 시각적으로 나타내기 위하여
④ 물질의 변형과 손상 정도를 나타내기 위하여

해설 열 및 화염 벡터 분석을 실시하는 궁극적인 목적은 열과 화염의 흐름을 시각적으로 도표화시켜 화재해석을 논의하기 위해서이다.

22 화염벡터 분석에 대한 설명으로 부적당한 것은?

① 발화부 주변의 높이, 화재로 인한 표면효과, 화재패턴의 모양 등을 표기한다.
② 화살표를 사용하여 열이나 화염확산 방향을 표시한 것으로 각 화재패턴의 실제 크기를 반영한다.
③ 벡터에는 벽이나 복도 등 통로와 창문, 침대 등 개구부나 가구 등이 포함된다.
④ 화재패턴이 명확하지 않을 때에는 벡터로 표시할 수 없다.

해설 화재패턴이 명확하지 않을 때에는 탄화심도 또는 하소심도의 측정값을 비율로 도표에 나타내 도움이 될 수 있다.

23 탄화심도 측정에 쓰이는 기구형태로 가장 적합한 것은?

① 끝이 날카로운 막대 자 ② 삼각형태의 자
③ 다이얼캘리퍼스 ④ 줄 자

해설 탄화심도 측정에 쓰이는 도구는 끝이 뭉뚝한 탐촉자로서 다이얼캘리퍼스가 가장 적합하다.

24 탄화심도 분석내용으로 맞지 않는 것은?

① 열원으로부터 멀어질수록 탄화심도는 낮아지기 때문에 연소확산된 방향 추론이 가능해진다.
② 탄화심도 분석은 화재확산을 평가하는 데 적합하게 쓰인다.
③ 탄화 측정값은 광범위하게 모든 물질을 대상으로 비교 측정하여야 유용하다.
④ 탄화심도 측정은 동일한 도구를 사용하여 동일한 압력으로 측정하여야 한다.

해설 탄화 측정값은 동일한 물질을 대상으로 비교 측정하여야 유용하게 쓰인다.

25 탄화심도 측정지점으로 가장 알맞은 것은?

① 나무의 갈라진 틈새
② 목재의 중심부
③ 연소로 인해 넓게 벌어진 부분
④ 목재 중심부와 갈라진 틈새의 경계

해설 목재의 탄화심도 측정은 중심부에서 실시하여야 한다.

26 탄화심도 측정에 대한 설명으로 옳지 않은 것은?

① 발화지역과 가까울수록 탄화심도는 깊다.
② 나무가 완전소실된 경우 남아 있는 잔존물의 깊이만 측정하여 판단한다.
③ 기화가 용이한 가스가 누출된 경계지역은 비교적 탄화심도가 일정하게 나타난다.
④ 중심부까지 탄화된 것은 원형이 남아 있더라도 완전연소된 것으로 본다.

해설 나무가 완전소실된 경우 남아 있는 잔존물을 측정하고 이를 바탕으로 소실된 단면까지 감안하여 산정하여야 한다.

27 목재의 탄화심도 측정시 유의사항으로 적합하지 않은 것은?

① 게이지로 측정된 깊이 외에 소실된 부분의 깊이를 더하여 비교하여야 한다.
② 탄화되지 않은 곳까지 삽입될 수 있으므로 송곳과 같은 날카로운 측정기구를 사용한다.
③ 측정기구는 목재와 직각으로 삽입하여 측정한다.
④ 탄화된 요철 부위 중 철(凸) 부위를 택하여 측정한다.

해설 목재의 탄화심도 측정은 끝이 뭉뚝한 다이얼캘리퍼스가 가장 적합하며 끝이 날카로운 측정 기구는 피해야 한다.

28 다음 설명 중 하소란 어떤 의미를 지칭하는 것인가?

① 인화성 물질을 공기 중에 연소시켜 증기를 날려 버리는 것
② 가연성 물질을 공기 중에 연소시켜 휘발성분을 없애고 재로 만드는 것
③ 가연성 폭발범위 안에 있는 물질을 태워 위험성을 낮추는 것
④ 인화성 물질을 공기와 차단시켜 불연화 시키는 것

해설 하소(calcination)란 가연성 물질을 공기 중에 연소시켜 휘발성분을 없애고 재로 만드는 것을 말한다.

29 하소심도 측정에 대한 설명으로 옳지 않은 것은?

① 석고벽판은 남겨진 표면 색깔의 차이로 경계선이 형성된다.
② 하소심도가 강할수록 열에 많이 노출된 것이다.
③ 하소심도 측정값의 비교는 서로 다른 물질끼리 비교 측정한다.
④ 격자 도표에 하소심도가 동일한 지점끼리 연결하여 경계선을 파악한다.

해설 하소심도 측정값은 동일한 물질을 대상으로 일관성 있는 방식으로 하여야 한다.

30 아크매핑(arc mapping)이란?

① 전기와 관련된 제품의 소손형태를 파악하는 기법
② 전기회로의 아크발생 지점을 도면형식으로 작성하여 발화지역을 좁혀가는 기법
③ 아크가 발생한 지점마다 발화지역으로 결정하는 기법
④ 전기설비가 있는 지점마다 열흔의 발생여부를 확인하는 기법

해설 아크매핑이란 전기회로의 흐름 또는 아크발생 지점을 도면형식으로 총망라하여 발화지역을 확인하며 좁혀가는 기법이다.

31 아크조사를 수행하기 위한 절차로 옳지 않은 것은?

① 아크발생 지점을 스케치에 표시하고 물리적 특성을 기록한다.
② 도표 작성은 최대한 간략하게 작성한다.
③ 천장, 바닥, 벽 등을 방향성을 알 수 있도록 구분하여 작성한다.
④ 조사지역의 모든 전기회로를 확인하고 상태를 기록한다.

해설 아크 위치를 나타내기 위한 도표 작성은 최대한 상세하게 기록하여야 한다. 도표의 정확성이 높을수록 오류를 최소화할 수 있기 때문이다.

32 아크조사에 대한 설명으로 부적당한 것은?

① 아크가 여러 지점에서 발생한 경우 최대한 정확하게 아크 위치를 표시한다.
② 아크로 인한 용융흔은 매우 국부적인 손상을 유발시킨다.
③ 아크가 발생한 지점은 항상 발화구역을 의미한다.
④ 아크 용융흔은 화재열로 녹은 배선과 구별된다.

해설 아크가 발생한 지점이 항상 발화구역을 의미하지는 않는다. 화세가 성장하면 다른 구획된 실에서도 충분히 아크가 발생할 수 있기 때문이다.

33 화재의 분석도구로 가장 객관성이 없는 것은?

① 아크매핑　② 화재패턴
③ 목격자의 진술　④ 탄화심도

해설 화재 당시 목격자의 진술은 화재조사관이 발화지역을 판단하거나 발화원을 조사하는 데 도움이 될 수 있다. 그러나 목격자의 진술이 반드시 정확한 것이 아니므로 이를 증명할 수 있는 수단으로 아크매핑, 화재패턴 분석, 열 또는 연기 감지기의 동작여부 등을 통한 확인이 필요하다.

34 발화위치 가설수립에 대한 설명이다. 바르지 않은 것은?

① 가설수립은 연역적 추론 방법으로 한다.
② 가설은 하나 이상 여러 개의 가설을 세워야 한다.
③ 가설은 조사관이 수집한 경험적 데이터가 근거가 될 수 있다.
④ 조사가 끝나면 조사관은 과학적 방법에 입각하여 설명할 수 있어야 한다.

해설 가설수립은 조사관이 직접 관찰한 경험적 데이터만 근거로 하여 귀납적 추론 방법으로 하여야 한다.

35 하소심도 측정이 가능한 물질로 맞는 것은?

① 콘크리트벽　② 석고보드
③ 유리표면　④ 플라스틱

해설 하소심도 측정은 열에 노출된 석고보드 재료의 연소 강약을 측정하는 데 쓰인다.

36 최초발화위치 가설에 대한 설명이다. 옳지 않은 것은?

① 가설설정은 경험적 데이터를 근거로 사용한다.
② 최초가설은 변경될 수 없다.
③ 모든 가설은 확인될 때까지 버리지 않는다.
④ 과학적 방법은 발화위치 가설을 세우는 데 응용된다.

해설 가설설정은 경험적 데이터를 근거로 사용되며 최초가설은 추가 자료수집을 통해 언제든지 변경될 수 있다. 수집된 가설은 확인과 검증이 되기 전까지 버리지 않으며 과학적 방법은 발화위치 가설을 세우는 데 응용된다.

37 발화지역을 판단하기 위한 가설설정 내용 중 옳지 않은 것은?

① 가설수립을 통해 가설검증 등 나머지 부분에 대한 계획수립이 가능하다.
② 최초가설은 조사과정에서 여러 차례 변경될 수 있다.
③ 충분한 증거확보로 모든 가설들을 검증하고 최종가설이 남을 때까지 확인한다.
④ 최초 설정된 가설이 변경되지 않도록 모든 방법을 강구한다.

해설 최초 설정된 가설은 새로운 데이터의 수집과 상황변경으로 여러 차례 변경될 수 있다. 최초 설정된 가설이 올바르지 않으면 오류를 범하게 된다.

38 가설검증의 방법으로 옳지 않은 것은?

① 가상의 발화위치에 발화원이 존재하는지 확인한다.
② 가설은 수집된 자료 중 하나만 사용하며 최종가설과 모순이 없어야 한다.
③ 발화원과 최초착화물로 인한 손상 정도가 주변환경과 무리가 없는지 확인한다.
④ 발화지역에서 나타난 연소형태가 기존의 경험칙 또는 연구결과 등과 비교하여 모순이 없는지 확인한다.

해설 모든 가설은 수집된 자료를 바탕으로 전부 사용되어야 하며 데이터는 최종가설과 모순될 수 있다. 따라서 가설은 사실 확인을 통해 일치시켜야 하고 설명될 수 있어야 한다.

39 발화지점에 대한 분석기법 및 도구로 가장 거리가 먼 것은?

① 타임라인   ② 화재모델링
③ 피해자의 진술   ④ 재현실험

해설 목격자의 진술 등을 토대로 발화원을 규명하는 데 쓰이는 도구에는 타임라인, 화재모델링, 재현실험 등이 있다. 목격자의 진술이 있더라도 이를 신뢰할 수 있는 자료로 만들어 설명할 수 있어야 한다.

40 타임라인이란?

① 소방대의 현장활동을 시간대별로 파악하여 화재원인을 밝히려는 자료
② 화재의 발생시간이 불명확하여 연소된 물건을 관찰하여 시간을 추정하는 것
③ 화재발생 과정을 목격자의 입장에서 정리한 자료
④ 화재발생 전후의 사건들을 시간 순서대로 그림이나 설명으로 표현한 자료

해설 타임라인이란 화재발생 전후의 사건들을 시간 순서대로 그림이나 설명적 표현으로 나타낸 것으로 타임라인의 가치는 정보의 정확성에 달려 있다.

41 타임라인에 대한 설명으로 옳지 않은 것은?

① 절대적 시간은 특정시간에 일어난 사건을 분석하는 데 기여한다.
② 상대적 시간은 주로 목격자가 제공해 준다.
③ 사건에 시간을 적용시킬 때 데이터의 오차가 적어야 한다.
④ 절대적 시간보다 상대적 시간이 신뢰가 높다.

해설 상대적 시간은 주로 주변의 목격자가 제공하므로 발견시간, 발견위치 등이 서로 다르게 나타날 수 있다. 반면 절대적 시간은 소방서의 인지시간, 출동시간, 발화된 건물의 속보설비, 통신기록 등으로 오차가 거의 없다. 따라서 상대적 시간보다 절대적 시간이 신뢰가 높다.

Answer 36.② 37.④ 38.② 39.③ 40.④ 41.④

42 발화지점 분석에 대한 설명으로 옳지 않은 것은?

① 타임라인은 목격자의 증언에 도움을 줄 수 있는 사고 분석도구로 유용하다.
② 소프트타임은 추정시간에 의존하여 분석하는 방법이다.
③ 재현실험결과가 현장의 손상 정도와 일치하지 않는 경우 새로운 가설을 수립하거나 추가적인 데이터 확보를 한다.
④ 화재모델링 분석은 물리적 증거 또는 목격자의 진술과 비교 측정이 불가능하다.

해설 화재모델링은 발화위치의 가설 검증을 위해 물리적 증거 또는 목격자의 진술을 뒷받침하거나 비교하는 자료로 쓰일 수 있다.

43 발화지역 결정을 위한 최종가설 선택에 대한 설명이다. 바르지 않은 것은?

① 최종가설은 수집된 데이터와 일치하여야 한다.
② 선택된 최종가설은 다른 잠재적 발화요인을 배제할 수 있어야 한다.
③ 최종가설은 상반된 데이터가 있을 경우 최종적으로 2개 이상이어야 한다.
④ 배제된 가설들은 수집된 데이터를 바탕으로 배제된 이유를 설명할 수 있어야 한다.

해설 최종가설은 수집된 데이터와 일치하여야 하며, 상반된 데이터는 지속적으로 재평가하여 최종 선택된 가설은 하나로 나타나야 한다.

44 다음 중 가설을 수립하기 가장 곤란한 것은?

① 건물의 완전붕괴로 남아 있는 물체가 없는 경우
② 화재패턴이 식별되는 경우
③ 목격자의 증언이 구체적인 경우
④ 인화성 물질의 잔해가 발견된 경우

해설 가설은 남겨진 화재패턴, 목격자의 증언 등이 있을 때 수립이 가능하다. 그러나 구조물 자체가 붕괴되고 남아 있는 물체가 없을 경우 가설은 수립하기 어렵다.

45 다음 중 화재원인을 밝혀내기 곤란한 상황이 아닌 것은?

① 추정에 근거했으나 가설이 수집된 데이터와 일치하는 경우
② 모든 가연물이 연소되어 물증이 없을 경우
③ 광범위하게 연소되어 화재패턴 등 특성이 확인되지 않는 경우
④ 여러 가지 가설을 시도했으나 합리적인 방법을 찾을 수 없는 경우

해설 추정에 의존했더라도 수집된 데이터가 일치하는 경우는 화재원인 규명이 가능하므로 합리적인 사실 설명이 뒷받침되도록 하여야 한다.

46 발화지점 판정에 대한 설명으로 옳지 않은 것은?

① 발화지점은 현장조사를 하더라도 가설을 세울 수 없는 경우가 있다.
② 설정된 가설은 발화지점에서 발견된 물증과 항상 일치한다.
③ 발화지점은 목격자에 의해 선정될 수 있다.
④ 발화지점이 선정되더라도 추가로 확보된 자료가 사실로 확인되면 변경될 수 있다.

해설 발화지점에서 발견된 물증은 여러 가지 가설을 수립하는 데이터로 쓰인다. 따라서 새롭게 추가된 자료에 의해 가설은 변경되거나 더 많이 증가할 수도 있게 된다. 설정된 가설과 발화지점에서 발견된 물증은 항상 일치할 수는 없다.

Chapter 07 발화지점 판정

01 건물 구조재의 연소 특성 및 방향 파악

1 목재류

(1) 목재의 탄화형태 `2013년 기사` `2018년 기사` `2021년 기사`

① 목재는 420~470℃에 발화하여 연소를 지속한다.

② 탄화면에 요철이 많거나 일그러진 상태일수록 강하게 연소한 것이다.

③ 탄화된 선의 폭이 넓고 깊이가 깊을수록 강하게 연소한 것이다.

④ 연소의 강약에 있어 유염연소보다 <u>무염연소 형태가 타 들어간 심도가 깊다.</u>

(2) 목재의 박리특징 `2016년 기사` `2017년 산업기사` `2021년 기사` `2022년 기사`

연소로 인해 박리된 경우	• 박리부위가 많고 박리부분이 넓고 깊다. • 개개의 면적이 비교적 작고 박리면이 거칠게 뾰족하거나 혹은 <u>산재적이다.</u>
주수압력에 의해 박리된 경우	• 박리부위가 넓고 평탄하며 광택이 있다. • 주수압력 외 물리적인 힘에 의해 떨어진 경우도 많아 판별에 주의하여야 한다.

(3) 목재의 소실상태

일부소실	부분적 또는 전체적으로 타서 가늘어지거나 잘려진 것, 뽑혀진 것 등이 있다.
반소실	목재가 탄화하여 가늘어지고 잘라지거나 뽑혀져 그 절반가량이 소실된 상태이다.
완전소실	목재의 잔존부분이 남아 있지 않고 완전소실된 것으로 상태와 질을 고찰하여 물질이 연소하는 상황을 알 수 있기 때문에 단서로 취급하여야 한다.

2 금속류 `2015년 기사` `2022년 기사`

(1) 변색

① 금속류는 열을 받으면 변색, 경화, 용융 등의 변화를 한다.

② 일반적으로 <u>연소가 강할수록 백색으로</u> 변색된다.

┃ 금속류의 수열흔 ┃

수열온도(℃)	변색	수열온도(℃)	변색
230	황색	760	심홍색
290	홍갈색	870	분홍색
320	청색	980	연황색
480	연홍색	1,200	백색
590	진홍색	1,500	휘백색

바로바로 **확인문제**

금속의 수열 변색흔으로 가장 온도가 높은 색상은?
① 백색   ② 휘백색
③ 진홍색   ④ 심홍색

해설 ① 백색(1,200℃) ② 휘백색(1,500℃) ③ 진홍색(590℃) ④ 심홍색(760℃)   답 ②

(2) 만곡(彎曲)
① 금속은 열을 받아 팽창하고 고유의 온도에 달하면 연화하기 시작한다.
② 금속의 팽창, 하중으로 인해 만곡이 일어나므로 금속재의 휘어짐 정도의 차이로 연소의 강약을 나타낸다.
③ 수직재로 세워져 있는 금속류는 열을 받아 팽창을 일으키면 보통 <u>화염의 반대방향으로 휘거나 붕괴</u>된다.

> **! 꼼꼼. check!** ▶ **금속의 만곡부 판단 시 주의할 점**
>
> 천장에 수평으로 설치된 금속재가 열과 접촉할 경우 중력작용에 의해 지면을 향해 휘거나 비틀어지는 반면, 수직상태의 금속재는 대부분 하중을 지탱하고 있는 구조로서 반드시 화염과 접촉한 방향으로 만곡이 먼저 이루어진다고 보기 어렵다. 수직상태의 금속재는 기둥이나 벽을 받쳐주는 보강재 등으로 많이 쓰이는데 열을 받았을 때 팽창작용보다는 하중에 의한 영향을 크게 받아 손상되는 경우가 더욱 많기 때문이다.

(3) 용융
금속은 각각 고유의 용융점에 이르면 녹기 시작하여 그 차이로 연소의 강약을 나타낸다.

┃ 금속의 용융점 ┃

명 칭	용융점(℃)	명 칭	용융점(℃)
금	1,063	텅스텐	3,400
은	960	구리	1,084
철	1,530	마그네슘	650
황동	900~1,050	알루미늄	660
스테인리스	1,520	니켈	1,455

3 콘크리트, 모르타르, 타일, 벽돌류 2016년 기사 2022년 기사

(1) 변색

① 이들은 질적으로 단단한 것이 많기 때문에 물이나 기타 다른 힘의 영향을 거의 받지 않지만 열을 받으면 변색되어 연소의 강약을 나타낸다.

② 수열로 인한 변색은 금속류와 같이 연소가 강할수록 백색으로 되는 경향이 있다.

(2) 폭열(spalling) 2013년 기사 2014년 산업기사 2015년 기사 2018년 기사

① 폭열이란 콘크리트, 석재, 돌 또는 벽돌에서 표면물질의 손실로 갈라지고 <u>조각이 떨어져 나가거나 구멍이 생기는 현상</u>을 말한다.

② 폭열의 근원은 **팽창과 수축**이 부위마다 서로 다른 속도로 발생하기 때문이다.

③ 화재로 폭열이 발생한 영역은 다른 영역보다 밝은 색으로 나타난다.

④ 콘크리트에서 폭열이 일어나는 또 다른 요인은 하중과 힘으로, 압력과 하중이 높게 작용한 부분은 화재발생 위치와 상관없이 발생할 수 있다.

⑤ 수포나 기포가 팽창하여 박리가 발생하는 경우에는 소음이 발생할 수 있다.

⑥ <u>인화성 액체가 뿌려진 바닥면으로는 폭열이 발생하지 않는다.</u> 따라서 폭열의 유무를 인화성 액체가 있었다는 것을 알려 주는 표시로 판단해서는 안 된다.

⑦ 폭열은 화재가 아닌 다른 원인으로도 발생할 수 있으므로 화재 전에 일어난 폭열은 아닌지 판단하여야 한다.

> **！꼼꼼. check!** ► **폭열의 발생원인** 2015년 산업기사 2017년 산업기사 2020년 기사
>
> ① 경화되지 않은 콘크리트에 있는 수분
> ② 철근 또는 철망 및 주변 콘크리트 간의 불균일한 팽창
> ③ 콘크리트 혼합물과 골재 간의 불균일한 팽창
> ④ 화재에 노출된 표면과 슬래브 내장재 간의 불균일한 팽창

(3) 백화현상 2017년 기사

① 구조물의 천장이나 벽면 등 콘크리트 표면에 완전산화가 이루어져 <u>흰색으로 식별되는 물리적 손상</u>을 말한다. 따라서 그을음이 부착된 다른 지점보다 화염이나 복사열에 크게 노출된 것을 의미한다.

② 콘크리트의 발화지점 부근은 비교적 밝은 색을 유지하는 백화현상이 나타나는 경우가 많지만 발화지점이 아니더라도 장시간 열에 노출될 경우 백화현상이 나타날 수 있다.

③ 백화현상은 콘크리트 및 석고보드로 된 벽과 천장 등에 주로 형성되며 백화현상이 형성된 후 열이 지속되면 **폭열로 발전**하기도 한다.

④ 소화수와 접촉된 부분의 그을음이 씻겨 나가면 흰색 표면이 드러나 백화현상으로 오인할 수 있어 세심한 관찰이 필요하다.

‖ 벽과 천장에 형성된 백화현상 현장사진(화보) p.6 참조 ‖

4 유리 암기 2014년 산업기사 2020년 산업기사 2022년 기사

(1) 깨진 형태 구분 암기 2014년 산업기사 2015년 기사 2015년 산업기사 2017년 기사 2018년 기사 2018년 산업기사 2021년 기사 2023년 기사 2023년 산업기사

화재열로 인한 유리 파손	• 유리 표면이 길고 불규칙한 곡선형태로 파괴된다. • 유리의 측면에는 월러라인이 형성되지 않는다.
충격에 의한 유리 파손	• 유리 표면이 거미줄처럼 방사상모양으로 파괴된다. • 파괴된 지점을 기점으로 측면에는 방향성 있는 패각상 파손흔적인 월러라인이 형성된다.
폭발에 의한 파손	• 유리 표면적 전면이 압력을 받아 평행하게 파괴된다. • 비교적 균일한 동심원 형태의 파단은 없고 파편은 각각 단독적으로 깨진다.

(2) 유리 파단면의 특징 암기 2018년 산업기사 2020년 산업기사 2023년 기사 2023년 산업기사

① 유리에 어떤 압력이 가해지면 균열이 발생하고 균열의 전파속도는 가해진 응력이 클수록 빨라져 깨지는 속도도 빨라진다.

② 화재열로 인해 유리가 녹을 때는 열이 가해지는 쪽으로부터 연화 및 용융되며 힘을 잃는 방향으로 흐른다. 일반적으로 화재로 생성된 열로 유리창을 파괴하거나 유리에 힘을 가하는 압력이 형성되기는 어렵다.

‖ 충격에 의한 유리 파단면의 월러라인 ‖

③ 유리에 **충격을 가하면** 충격기점을 중심으로 방사형으로 파괴되고 방사형 파괴선의 파단면에서 월러라인(waller line)이 나타나 화재 전 · 후의 상황식별이 가능할 수 있다. 유리 잔해 중 파괴기점의 유리조각에 <u>그을음이 없다면 화재발생 이전에 파손된 것으로</u> 판단해도 무방하다.

④ 유리표면에 복잡한 형태의 작은 금(crack)이 발생하는 **크래이즈드 글라스(crazed glass)**는 소화수 등 물과 접촉으로 인해 한쪽 면이 **급격하게 냉각될 때 발생**하는 현상이다.

5 합성수지류

① 합성수지류인 플라스틱 등은 열의 방향으로 녹거나 연소하므로 화재온도 및 연소방향성을 판단하는 데 유용하게 활용된다.

② 녹아서 흘러내리면 통상 가연성이지만 용융상태로 되면 분해가스를 발생하며 일반적으로 착화하여 소실되고 만다.

③ <u>열가소성 수지는 선상(線上)으로 분자가 배열</u>되어 있고, 발화온도는 약 400~500℃ 정도로 열경화성 수지보다 낮은 온도에서 발화하는 경향이 있다.

④ <u>열경화성 수지는 망상(網狀)으로 분자가 배열</u>되어 있고, 발화온도는 약 450~4,700℃ 정도로 열가소성 수지보다 높아 용융하기 어렵고 내열온도가 높은 편이다.

열가소성 플라스틱	열경화성 플라스틱
폴리스티렌, ABS수지, 폴리에틸렌, 폴리프로필렌, 나일론, 폴리염화비닐, 아크릴수지, 테프론 등	페놀수지, 요소수지, 멜라민수지, 에폭시수지, 폴리에스테르 등

6 도료류

① 금속 또는 콘크리트 등 고체 물질의 표면에 칠하여 보호막을 형성하는 도료류는 수열이 강할수록 보호막이 쉽게 산화되어 흰색으로 변색되는 백화현상을 나타내는 경우가 많다.

② 열을 받으면 거품 같은 상태로 발포되는 것이 많다. 발포의 큰 입자 수의 차이가 연소의 강약을 나타낸다.

③ 표면 보호막은 엷게 도포되어 있어 비교적 소실되기 쉽다. 따라서 남아 있는 잔존부분으로부터 소실의 강약을 판단한다.

④ 금속 도색제의 수열은 도료의 색 → 흑색 → 발포 → 백색 → 금속 본래의 색 순으로 변화를 나타낸다.

7 내화보드

① 석고 벽면이 불에 노출되면 우선 종이 마감재가 불에 타고 석고 내부의 유기결합제 및 탈경화제의 탄화로 회색으로 변한다.

② 회색으로 변한 후에도 지속적인 열이 가해지면 탄소가 연소되어 하얗게 변하고 뒷면의 종이는 검게 타고 최종적으로 석고벽판은 탈수되어 깨지거나 부서지게 된다.

③ 석고벽면이 열에 노출되면 변색이 진행되어 이를 통해 연소의 경계선이 구분된다.

8 전기 용융흔에 의한 연소방향

① 전기적 용융흔의 발견은 <u>화재 당시 통전 중이었음을 의미</u>하는 것이며, 그 배선과 연결되어 있는 배선용 차단기가 동작하여 전로를 차단하기 때문에 그 이후에 배선끼리 접촉을 해도 단락이 발생하지 않아 출화지점 및 연소방향성을 판정하는 근거로 작용한다.

② 전기적 용융흔 발견지점은 출화개소 또는 그 부근임을 암시하는 경우가 많다.

③ 전기배선 중 1개소에만 용융흔이 나타나면 그 부근에 발화원이 존재하는 경우가 많다.

④ 하나의 배선에서 2개 이상의 전기적 용융흔이 발생한 경우 일반적으로 <u>부하측과 가장 가까운 지점이 먼저 단락</u>된 것으로 볼 수 있어 발화원에 가깝다.

전원측 / 부하측 / 1차 단락지점

┃ 전기적 단락순서에 의한 연소방향성 조사 ┃ 암기

(!) 꼼.꼼. check! ▶ 전기용융흔의 판별

- 1차흔 : 통전상태에서 화재의 원인이 된 용융흔
- 2차흔 : 통전상태에서 화염접촉으로 발생한 용융흔
- 3차흔(열흔) : 비통전상태로 화재열로 녹은 용융흔

9 변형 또는 도괴방향에 의한 연소방향 판정

(1) 물체의 도괴방향성

물체는 열을 받은 방향 또는 충격을 강하게 받은 지점으로부터 붕괴가 촉진되는 경향이 많다. 고체로 된 모든 물체의 한쪽 단면이 화염과 접촉하면 중심을 잃거나 소실되기 때문에 화재 후 남겨진 형태와 방향을 보면 화염과 가장 먼저 접촉된 방향성을 판단할 수 있다.

┃ 물체의 도괴에 따른 연소방향성 현장사진(화보) p.8 참조 ┃

(2) 건물의 도괴방향성

샌드위치패널 건물이나 목조주택, 비닐하우스 철골조 등은 열에 매우 취약하여 쉽게 도괴되거나 변형을 가져온다. 일단 화염을 받은 방향으로 변형되거나 붕괴되므로 연소의 강약과 방향성 파악이 용이할 수 있지만 최성기를 거쳐 완전붕괴에 이르게 되면 완전 멸실을 초래하기 때문에 판별에 어려움이 따르기도 한다. 기둥이나 벽체 또는 지붕을 받치고 있는 골조의 손상 정도를 살펴 연소방향성을 판단하도록 한다.

┃ 건물의 도괴방향성 현장사진(화보) p.8 참조 ┃

02 발화건물의 판정

1 연소방향 관찰방법

(1) 연소방향 〔2019년 산업기사〕

① 연소방법에 대한 식별은 전부 비교에 의한다.

② 비교하여 연소의 강약과 그 수열의 방향을 검토한다.

③ 국한시킬 때에는 각각의 방향성을 입체적으로 보고 관찰한다.

(2) 종의 방향성 〔2018년 기사〕 〔2018년 산업기사〕

① 종의 방향성은 상승연소와 하강연소가 있다. 연소되어 올라가는 화염의 확산은 극히 빠르며 일반적으로 역삼각형(▽)으로 확대된 흔적이 많다.

② 연소속도비는 수평방향을 1로 했을 때 상방향 20, 하방향 0.3 정도로 이것은 대류의 영향 때문이다.

③ 직상방향으로 연소를 하다가 저항이 생기면 횡방향으로 확대되거나 직각방향으로 타 들어간다.

(3) 횡의 방향성

① 횡방향의 연소속도는 비교적 늦고 연소에너지가 적기 때문에 연소의 강약 차이가 남기 쉽고 따라서 방향을 식별하기 용이하다.

② 목재가 연소되었을 때는 횡방향의 탄화심도를 측정 비교하여 연소의 방향성을 알 수 있다.

③ 주염흔, 수열흔을 관찰하여 방향성을 알 수 있다.

④ 용융상태와 가연물의 잔존상태, 유리의 파손상태, 건물의 도괴상태 등을 관찰하여 연소의 방향성을 알 수 있다.

바로바로 **확인문제**

발화건물의 연소방향성 관찰방법으로 옳지 않은 것은?

① 비교하여 연소의 강약과 수열의 방향성을 검토한다.

② 국한시킬 때에는 각각의 방향성을 입체적으로 보고 관찰한다.

③ 연소방법에 대한 식별은 전부 비교에 의한다.

④ 연소방향성 파악은 횡방향보다 종방향에 의한다.

해설 연소방향성 파악은 종방향보다 횡방향에 의한다. 화염이 상승하다가 저항이 생기면 횡방향으로 확대되거나 직각방향으로 타 들어가는 경향이 많고 횡방향의 연소속도가 비교적 늦기 때문에 연소의 강약 차이를 남기기 쉽다. 따라서 횡방향으로의 식별이 용이하다. 답 ④

---

2 개구부를 통한 연소확산의 특성

(1) 창을 통한 상층으로의 연소확대

① 연소는 하방에서 상방으로 확대가 용이하며 공기는 유입되는 측에서 배출되는 측으로 확대된다. 바람이 없는 공간에서도 화염에 의해 대류가 발생하며 창문이나 출입문이 열려 있다면 공기유동에 의해 화염은 유출구로 편향된다.

② 화재로 창문이 파손되면 분출된 화염이 스팬드럴 공간(spandrel space)을 통해 상층으로 손쉽게 연소가 가능하며 상층으로의 연소확대는 화염의 규모와 개구부의 형태, 상부 벽의 상태 등에 따라 다르다.

※ 스팬드럴 공간 : 창문 외벽의 개구부 상부와 바로 위층의 다른 개구부 바닥 사이의 공간을 말한다.

(2) 출입문, 개구부를 통한 연소확대

① 구획실 안에서 개구부가 닫힌 상태로 연소가 일어나면 가연물의 분자와 산소가 충돌하여 화학적으로 분해되거나 결합을 일으키는데 충돌횟수가 많으면 구획실 안에서 반응속도가 커지게 되고 압력도 높아진다.

② 반대로 개구부가 열려 있다면 압력은 낮아지며 연소속도는 느려지게 된다. 압력은 운동량의 변화율로서 같은 온도에서의 압력은 충돌횟수에 비례하기 때문에 높은 압력에서는 연소속도가 빨라지고 압력이 낮아지면 느려지기 때문이다. 그러나 활발한 공기의 유입으로 환기지배형 화재로 발전하게 된다.

3 상층과 하층으로의 연소특성

(1) 수직 및 상층으로의 연소확대

① 불길이 수직 상승하면 천장면에 의해 제한을 받지만, 에너지가 지속적으로 커지면 유리창 등을 통해 상층 또는 옥외로 분출한다.

② 수직방향 연소확대의 위험은 환기를 위한 창문, 덕트, 엘리베이터, 케이블트레이가 설치된 피트공간 등으로 열이 확산되면 발화지점보다 상층의 피해가 크게 증대된다.

‖ 상층방향 연소확대 ‖

③ 상층의 화염이 확대되면 인접 건물로 또 다른 형태로 비화할 수 있게 된다.

(2) 수평 및 하층으로의 연소확대

① 건물 2층에서 발화된 경우 화염은 2층 내부를 먼저 연소시키지만 계단, 벽면, 출입문 등을 통해 1층의 공기를 차츰 오염시킨다.

② 2층 내부가 완전연소에 이르지 않더라도 충분히 성장한 복사열로 인해 개구부를

따라 하층으로 연소 확대되면 개구부를 통해 외부 공기의 유입과 내부공기의 유출현상이 반복적으로 진행된다.

③ 수평적 연소는 천장이 낮을수록 횡방향으로 빠르게 연소하며 기류의 흐름에 따라 하층과 주변 건물로 확대되는 가변적인 형태로 발전한다.

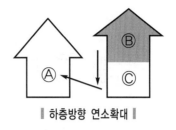

∥ 하층방향 연소확대 ∥

03 화재패턴 [2022년 기사]

1 패턴 생성역학 암기

(1) 화재패턴
열과 연기의 영향으로 생긴 물리적인 흔적으로 시각적으로 식별 가능한 기하학적 모양

(2) 경계선/경계영역
① 화재로 인해 생성된 화염과 연기의 강약 차이를 나타내는 구분선이다.
② 경계선 또는 경계영역은 물질 자체의 물성, 열방출률, 화재진압활동, 열원, 환기 상태, 노출된 시간 등 여러 가지 변수가 작용하여 생성된다.
③ 처음 발화된 물질에 의해 발화지점에 어떤 패턴이 생겼는지 판단하는 것은 화재가 커지고 시간이 길어질수록 어려워진다.

(3) 표면효과
부드러운 표면보다는 거친 표면에서 난류효과가 크게 작용하여 피해가 증가하게 된다.

(4) 수평면 관통부 [2013년 산업기사] [2016년 산업기사] [2018년 산업기사]
① 화염이 이동하는 성상에 따라 피해형태가 결정되는데, 피해가 많은 쪽 또는 파손이 심한 쪽으로부터 화염이 전파되었다고 볼 수 있다. 그러나 양 방향에서 진행된 경우에는 화염의 진행경로를 결정하기 어려워 정확한 판단이 요구된다.
② 테이블과 같은 수평면에 구멍이 발생한 경우 경사진 면의 탄화형태를 통해 연소 방향성을 파악할 수 있다.
　㉠ 테이블의 소실된 구멍이 위에서부터 <u>아래로 경사진 형태</u>를 띠고 있다면 화염은 <u>위에서 아래쪽으로 확산된 것을 의미</u>한다.

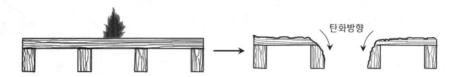

ⓛ 테이블 다리 받침대의 소실이 크고 구멍의 중심을 향하여 <u>위로 경사진 형태</u>로
남아 있다면 화염은 <u>아래쪽에서 위쪽으로 확산된 것</u>을 의미한다.

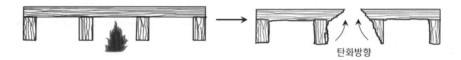

2 화재패턴의 발생원리

① 열원으로부터 가까울수록 강해지고 멀어질수록 약해지는 복사열의 차등원리
② 고온가스는 열원으로부터 멀어질수록 온도가 낮아지는 원리
③ 화염 및 고온가스의 상승원리
④ 연기나 화염이 물체에 의해 차단되는 원리

3 화재패턴의 종류 〔2013년 기사〕 〔2017년 산업기사〕 〔2020년 기사〕 〔2021년 기사〕 〔2022년 기사〕 〔2023년 기사〕 〔2023년 산업기사〕

(1) V형 패턴 〔2013년 기사〕 〔2015년 산업기사〕 〔2017년 기사〕 〔2018년 기사〕 〔2020년 기사〕 〔2021년 기사〕

① 고온가스의 대류열 또는 복사열 또는 화재플룸 안의 연기에 의해 생성된다.
② V자 각이 큰 것은 화재의 성장속도가 느렸다는 증거이며, V자 각이 작은 것은
화재의 성장속도가 빨랐다는 증거이다.
③ V형 패턴의 각을 형성하는 변수로는 열방출률, 가연물의 형태, 환기효과, 천장,
선반, 테이블 상판과 같은 수평면이 존재하는 경우 등이 있다.

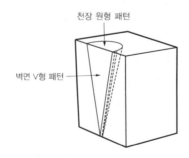

천장 원형 패턴

벽면 V형 패턴

▌ V형 패턴 현장사진(화보) p.8 참조 ▌

(2) 역원뿔형 패턴(삼각형 패턴, inverted cone)

① 바닥에서 천장까지 화염이 닿지 않았거나 낮은 열
　방출률 또는 짧은 시간에 <u>불완전하게 성장한 연소
　결과</u>로 나타난다.

벽면 삼각형 패턴

② 천연가스가 바닥 아래로부터 누설되거나 바닥과
　벽 사이 교차공간 위로 새어나오면 역원뿔형 패턴
　을 만드는 경우가 있는데 화염이 천장까지는 미치
　지 못해 특유의 삼각형 모양이 나타난다.

▌ 역원뿔형 패턴(삼각형 패턴) 현장사진(화보) p.9 참조 ▌

(3) 모래시계 패턴(hourglass pattern)

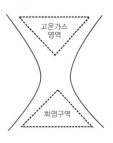

고온가스
영역

화염구역

① <u>화염의 하단부는 거꾸로 된 V형태</u>를 나타내고 고온가스 영
　역이 수직 표면의 중간에 위치할 때 전형적인 V형태가 만들
　어지는 형태이다.

② 화염이 수직 표면과 가깝게 맞닿으면 이로 인해 화염구역에
　서는 거꾸로 된 V형태가 나타나고 고온가스 구역에는 전형
　적인 V형태가 나타나는데 이 전체적인 것을 모래시계 패턴
　이라고 한다.

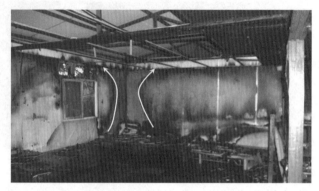

┃ 모래시계 패턴 현장사진(화보) p.9 참조 **┃**

(4) U형 패턴

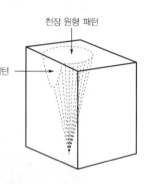

천장 원형 패턴

벽면 U형 패턴

① V형 패턴이 예각에 가까운 형태를 띠는 반면 U형 패턴은 매우 완만하게 굽이진 곡선 형태로 나타난다.

② 근본적으로 V형 패턴과 유사하지만 복사열의 영향을 더욱 크게 받고 U형 패턴의 가장 아래 있는 경계선은 일반적으로 V형 패턴의 경계선보다 높다.

┃ U형 패턴 현장사진(화보) p.9 참조 **┃**

(5) 끝이 잘린 원추 패턴 2013년 산업기사 2019년 기사 2023년 기사

수직면과 수평면 양 쪽에서 보여 주는 화염의 끝이 잘릴 때 나타나는 <u>3차원의 화재형상</u>이다.

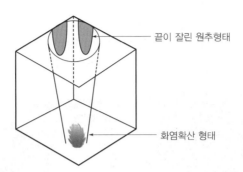

끝이 잘린 원추형태

화염확산 형태

(6) 화살모양 패턴 2020년 산업기사

수직재인 목재나 알루미늄 등이 타거나 녹을 경우 발화원과 가까운 곳일수록 짧거나 뾰족하고 탄화가 격렬하게 일어나 마치 화살모양처럼 형태가 나타나는 것이다.

화염 방향

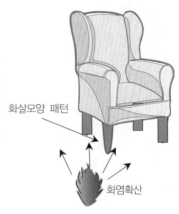

화살모양 패턴

화염확산

‖ 화살모양 패턴 현장사진(화보) p.10 참조 ‖

(7) 원형 패턴 2016년 산업기사

천장, 테이블 상판, 선반과 같은 수평면의 아래쪽에 생긴 패턴은 원형으로 나타나는 경우가 있다. 열원이 충분히 멀리까지 전파되지 않았을 경우라면 원형 패턴의 중심부에서는 심한 열분해가 일어나며 원형 패턴 하단부에 열원이 존재했다는 사실을 밝혀내는 경우가 있다.

‖ 원형 패턴 현장사진(화보) p.10 참조 ‖

(8) 열 그림자 패턴

장애물에 의해 열원으로부터 그 장애물 뒤에 가려진 가연물까지 열 이동이 차단될 때 발생하는 그림자 패턴이다. 열 그림자는 보호구역을 형성한다.

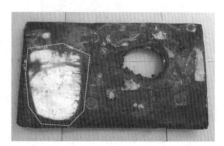

┃ 열 그림자 패턴 현장사진(화보) p.10 참조 ┃

바로바로 확인문제

다음 설명 중 틀린 것은?
① V형 패턴은 일반적으로 발화지점 부근에서 형성된다.
② V형 패턴의 각이 넓으면 느리게 연소한 것이다.
③ 역원뿔형 패턴은 불완전연소 결과로 나타날 수 있다.
④ 역원뿔형 패턴 지점에서 재발화하는 경우 V형 패턴이 형성될 수 있다.

해설 V각이 넓다고 하여 느리게 연소한 것이고 V각이 좁다고 하여 연소가 빠르다는 것을 의미하는 것은 아니다.

답 ②

(9) 드롭다운 패턴(drop down pattern) [2018년 기사]

복사열 등의 열전달에 의해 화재로부터 멀리 떨어진 가연물에 착화되어 연소물이 바닥으로 떨어져 연소하는 현상이다. 벽에 부착된 커튼, 수건걸이 등이 충분히 열에 노출된 경우 바닥으로 떨어져 연소하는 경우가 있다. 폴다운 패턴(fall down pattern)과 동의어로 쓰인다.

4 가연성 액체에 의한 패턴 (암기) [2014년 기사] [2016년 산업기사] [2019년 산업기사] [2021년 기사] [2022년 기사] [2023년 기사] [2023년 산업기사]

(1) 포어 패턴(pour pattern, 퍼붓기 패턴)

인화성 액체 가연물이 바닥에 뿌려졌을 때 <u>쏟아진 부분과 쏟아지지 않은 부분의 탄화경계흔적</u>을 말한다. 이 패턴은 방화와 같이 의도적으로 살포된 현장에서도 많이 나타나며 액체 가연물이 있던 지역은 다른 곳보다 연소가 강하기 때문에 탄화 정도의 강약으로 구분하기도 한다.

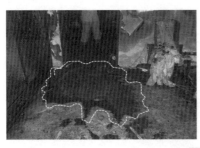

┃ 포어 패턴 현장사진(화보) p.11 참조 ┃

(2) 스플래시 패턴(splash pattern) 2013년 기사

액체 가연물이 연소하면서 발생한 열에 의해 스스로 가열되어 <u>액면에서 끓으면서 주변으로 튄 액체</u>가 국부적으로 점처럼 연소된 흔적이다. 가연성 방울은 약한 풍향에도 영향을 받지만 바람이 부는 방향으로는 잘 생기지 않고 반대방향으로 비교적 멀리까지 생긴다. 포어 패턴의 발생 결과로 생성된 흔적이다.

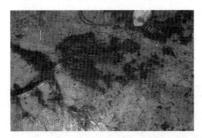

┃ 스플래시 패턴 현장사진(화보) p.11 참조 ┃

(3) 고스트마크(ghost mark) 2013년 산업기사 2016년 기사 2019년 산업기사

바닥면 타일 위로 인화성 액체가 쏟아져 화재가 발생하면 액체 가연물이 타일 사이로 스며들어 타일 틈새가 변색되고 박리되는 경우도 있는데 <u>바닥면과 타일 사이 연소로 인해 형성되는 흔적</u>을 고스트마크라고 한다. 플래시오버 직전 강력한 화재 열기 속에서 발생한다.

(4) 도넛 패턴(doughnut pattern) 2015년 기사 2017년 산업기사 2018년 기사 2020년 기사 2021년 기사 2023년 기사

거친 고리모양으로 연소된 부분이 덜 연소된 부분을 둘러싸고 있는 '도넛모양' 형태는 <u>가연성 액체가 웅덩이처럼 고여 있을 경우 발생</u>하는데, 고리처럼 보이는 주변부나 얕은 곳에서는 화염이 바닥이나 바닥재를 탄화시키는 반면에 비교적 깊은 중심부는 액체가 증발하면서 증발잠열에 의해 웅덩이 중심부를 냉각시키는 현상 때문에 미연소 구역으로 남는다. 도넛과 같이 원형모양을 가지고 있지 않더라도 대부분의 패턴은 유류가 쏟아진 곳의 가장자리 부분이 내측에 비하여 강한 연소흔적을 보이는 것이 일반적이다.

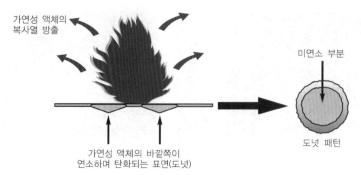

▌ 가연성 액체에 의한 도넛 패턴 ▌

5 방화의 전형적인 패턴 분석 (2020년 기사)

(1) 트레일러 패턴(trailer pattern) (2017년 산업기사)

의도적으로 불을 지르기 위해 곳곳에 인화성 액체를 뿌려 놓거나 두루마리화장지, 신문지, 섬유류, 짚단 등을 이용하여 길게 직선적으로 늘어놓은 것으로 연소구역은 **좁은 패턴**이며, 한 장소에서 다른 장소로 연소확대 시키기 위한 수단으로 쓰인다. 이 패턴은 **인화성 액체를 주로 이용**한 것으로 포어 패턴의 일종이다.

▌ 트레일러 패턴 현장사진(화보) p.11 참조 ▌

(2) 낮은 연소패턴(low burn pattern)

보통 화염은 연소가스의 부양성으로 밀도가 작아지면 수직으로 상승한다. 이로 인해 발화지점 상단의 손상이 크게 나타나는데 낮은 지점으로 소실이 심하고 위쪽으로 상승성이 미약할 경우 인화성 촉진제 등을 사용한 의도된 화재로 추정할 수 있다.

(3) 독립적인 연소패턴

발화점이 2개소 이상인 연소형태를 말한다. 고체 가연물인 촛불을 이용한 지연착화, 인화성 액체를 이용한 급속한 연소확산 등 방화자의 의도에 따라 천차만별의 수단을 이용하여 2개소 이상에 불을 지른 형태이다.

꼼.꼼. check! ▶ 건물 방화의 특징

- 건물 구조 및 가연물의 배치상황 등에 비해 <u>급격하게 연소한 흔적</u>이 남는다.
- 발화장소 주변에서 <u>유류를 사용한 흔적</u> 등이 확인된다.
- 외부인의 소행일 경우 출입문과 창문 등을 <u>강제로 개방한 흔적</u>을 볼 수 있다.
- 촛불이 켜진 상태로 발견되거나 가연물을 <u>모아 놓은 흔적</u> 등을 볼 수 있다.

01

화
재
조
사
론

04 화재패턴의 분석요소

1 화재효과를 통한 온도 예측

물질의 융해, 색 변화, 변형 등과 같이 화재효과는 물질이 도달했던 온도를 예측하는 데 쓰일 수 있다. 이러한 지식은 열의 강도 및 기간, 열 흐름의 정도, 가연물의 열 방출률을 확인하는 데 도움이 된다.

① 유리, 플라스틱, 강철과 같은 물질들은 다양한 물질 특성을 지니고 있으므로 이들의 온도를 예측할 때 시료의 일부를 수거하여 연구실로 보내거나 재료과학자 등 전문가를 통해 물질의 온도특성을 파악하는 것이 좋다.

② 나무와 가솔린은 기본적으로 동일한 온도에서 탄다. 모든 탄화수소 가연물은 셀룰로오스 가연물에서 난류확산 화염의 온도는 거의 동일하지만 가연물마다 <u>열방출률이 다르다는 점</u>에 주의하여야 한다. 분말상의 금속과 발열성 화학반응 물질은 탄화수소 또는 셀룰로오스 가연물이 연소하는 것보다 높은 온도를 나타내는 경우가 있다.

③ 구조물 안에서 특정 위치에 있는 가연물이 도달하는 온도는 물질에 전달되는 에너지의 양에 좌우된다.

④ 건물화재에서 확인이 가능한 온도는 1,040℃ 이상에서 장시간 유지되기 어렵다. 이러한 온도들은 특정 온도범위에서 만들어질 수 있는 물리적 효과를 보이기 때문에 유효화재온도라고도 한다.

2 물질의 질량 손실

① 연소과정 중 기화, 하소, 승화 등으로 인해 가연성 및 불연성 물질의 질량이 감소할 수 있는 손실이 발생한다.

② 화재로 소실된 물질의 질량은 견본 물질과 화재로 손상된 물질을 비교 확인하여

확인할 수 있다. 남아 있는 잔존물(물질의 모서리나 표면 등)을 통해 화재발생 이전의 물질의 크기와 모양을 예측할 수 있고 그림이나 도면, 사진 또는 화재발생 이전에 물질의 상태를 알고 있는 관계자로부터 정보를 얻을 수 있다.

③ 물질의 질량 손실은 <u>화재가 지속된 시간과 강도를 나타내는 지표로 이용</u>할 수 있다. 그러나 질량 감소율은 물질의 특성, 화재조건에 따라 여러 요인이 복합적으로 작용하므로 모든 경우에 유효하게 쓰이는 것이 아니란 것을 알아야 한다.

④ 질량감소율은 화재가 진행되는 동안 변화한다. 일반적으로 물질 표면에 대한 열 유속, 화재성장 속도, 물질 자체의 열 방출률에 따라 달라지지만 화재의 규모와 강도가 커짐에 따라 <u>물질의 질량 감소율도 증가</u>한다.

3 탄화물 〔2014년 기사〕 〔2014년 산업기사〕

(1) 탄화물의 표면효과

① 화재로 인해 물질의 표면이 분해하는데 페인트의 결합제가 탄화하면 페인트칠한 표면을 어둡게 한다.

② 탄화 물질은 거의 모든 화재에서 발생하는데 종이, 목재, 플라스틱 등은 타거나 녹아서 변색되므로 가장 많이 연소된 곳을 확인하기 위하여 <u>인접한 영역의 색상과 탄화 정도를 비교</u>한다.

③ 탄화 및 균열이 발생했더라도 <u>반짝이는 기포(alligator char)가 연소과정 중에 액체 촉진제가 있다거나 화재가 빨리 확산되었다거나 크게 탔다는 증거가 될 수 없다.</u> 이러한 기포는 다양한 화재에서 발견될 수 있다.

(2) 목재의 탄화율 〔2018년 기사〕 〔2022년 기사〕

① 목재의 탄화는 주변온도 및 습도, 수분함유량에 따라 달라진다. <u>목재의 연소속도는 목재의 수령과 상관이 없고</u> 동일한 대기 조건에 노출되어 있다면 오래된 건조목이라 하여 짧게 건조된 나무보다 가연성이 큰 것은 아니다.

② <u>목재의 탄화심도는 화재가 확산된 방향성을 확인하는 데 가장 유용</u>하게 작용한다. 열원으로부터 멀어질수록 탄화심도 깊이가 줄어들기 때문에 이를 통해 화재 확산 방향을 추정할 수 있다.

(3) 목재의 탄화율에 영향을 주는 변수 〔2018년 기사〕 〔2018년 산업기사〕

① 가열속도와 가열시간

② 환기효과

③ 표면적 대 질량의 비율

④ 나뭇결의 방향, 위치 및 크기

⑤ 목재의 종류(소나무, 참나무, 전나무 등)

⑥ 목재의 밀도

⑦ 수분 함량

⑧ 표면 코팅의 특성

⑨ 고온가스의 산소 농도

⑩ 영향을 주는 가스의 속도

⑪ 물질의 틈/균열/간극 및 모서리 효과

바로바로 확인문제 ●

탄화심도에 영향을 주는 요인으로 가장 거리가 먼 것은?

① 화재열의 진행속도와 진행경로   ② 공기조절효과나 대류 여건

③ 목재의 수령   ④ 나무의 종류와 함습상태

해설 목재의 수령과는 관계가 없다.   답 ③

4 폭열

① 폭열이란 콘크리트, 석재, 돌 또는 벽돌에서 표면물질의 손실로 갈라지고 조각이 떨어져 나가거나 구멍이 생기는 현상을 말한다.

② 폭열은 화재와 관계없이 <u>급격한</u> 냉각이 이루어지거나 <u>마모</u>, 기계적 <u>충격</u>이나 힘 또는 <u>콘크리트의 약화</u> 등으로 발생할 수 있으며 특히 표면 마감처리가 되어 있지 않은 곳에서 발생할 수 있으므로 판단에 유의한다.

5 산화작용 🏅2020년기사 🏅2020년산업기사

① 산화효과는 색의 변화 및 질감의 변화를 포함한다. 산화는 온도가 높을수록, 노출시간이 길수록 많이 나타나며 화재이후 산화되는 속도는 주변 습도와 노출시간에 좌우된다.

② 무피복 아연도금 강철의 표면은 가벼운 열에도 아연 코팅이 산화되어 흐리고 희끄무레한 색이 된다. 이러한 산화작용은 아연의 부식보호기능을 상실시킨다.

③ <u>코팅되지 않은 철이나 강철이</u> 화재로 산화하면 그 표면은 처음에 푸르스름하고 흐린 회색을 보이다가 온도가 더 올라가면 <u>흑색의 산화물로 변한다.</u> 산화작용은 떨어져 나갈 수 있는 두꺼운 산화층을 만들기도 한다. 화재 후 금속이 젖어있는 경우에는 녹빛의 산화물이 나타날 수 있다.

④ 심하게 산화된 강철은 용해된 것처럼 보일 수 있으므로 금속 단면을 깨끗하게 닦아 금속학적 검사를 통해 확인한다.

⑤ 스테인리스 스틸 표면 위가 약하게 산화되면 주위의 색상이 약간 변할 수 있고 심하게 산화되면 흐린 회색을 띠게 된다.

⑥ 구리가 열에 노출되면 어두운 적색이나 흑색의 산화물을 만드는데 변색의 중요성보다는 산화작용으로 인해 경계선이 만들어질 수 있다는 점이다. 산화물의 두께는 열에 노출된 강도와 시간에 좌우되며 오래 가열할수록 산화는 더욱 많이 발생한다.

⑦ 매우 높은 온도로 가열하면 돌과 흙은 노르스름한 색에서부터 적색까지 변화되는 색상을 보인다.

6 색 변화

① 색 변화는 물질이 다양한 온도에 노출되었음을 알려주는 지표가 될 수 있다. 물질은 빛의 흡수, 반사, 전달에 따라 특정한 색을 나타내지만 정량적으로 측정하지 않는 한 색은 주관적인 특징을 가지고 있다. 사물의 색상은 광원의 세기, 각도에 따라 보는 사람들마다 다르게 보일 수 있기 때문이다.

② 색 변화는 화재가 아닌 다른 요인(태양광 노출, 화학적 변화)으로도 발생할 수 있으며 화재 이후 발생한 색은 변화를 일으켜 탄 곳과 타지 않은 부분에서 다양한 색상을 나타낸다. 유리와 같은 반투명 표면에 놓인 물질은 불투명한 표면에 놓인 물질과 다른 색을 띨 수 있다.

③ 섬유 염료는 화재에 노출된 이후 색 변화를 일으킬 수 있다. 섬유들은 탄화된 부분과 타지 않은 부분에서 여러 가지 색상을 나타낸다.

7 물질의 융해

① 열가소성 물질들은 약 75~400℃ 가량의 비교적 낮은 온도범위에서 연화되고 녹기 때문에 플라스틱의 융해상태를 보면 온도를 알 수 있게 된다.

② 특정 금속은 금속 고유의 녹는점보다 높은 온도에서 융해가 이루어지는 것이 아니다. 합금으로 인해 녹을 수도 있다. 구리나 강철 같은 금속이 알루미늄, 아연, 납과 같이 녹는점이 낮은 금속과의 합금으로 인해 녹는 경우가 있다.

③ 아연처럼 녹는점이 낮은 금속이 구리처럼 녹는점이 높은 금속의 표면에 닿으면 두 금속이 결합하여 구리보다는 녹는점이 낮은 아연-구리 합금이 만들어진다. 이런 이유로 노란색의 황동을 흔히 볼 수 있다. 이로 인해 생긴 합금은 혼합된 금속 중에서 녹는점이 더 낮은 금속의 녹는점을 갖게 된다. 경우에 따라서는 혼합된 금속 중에서 녹는점이 더 낮은 금속의 녹는점보다 합금의 녹는점이 더 낮은 경우도 있다.

8 열팽창 및 물질의 변형 (2016년 산업기사)

① 강철의 온도가 약 538℃를 넘으면 빔 또는 기둥의 구부러짐과 변형이 발생한다. 변형은 융해로 일어나는 것이 아니며 변형이 발생했다고 하여 해당 금속이 녹는 점 이상으로 가열되었다는 뜻도 아니다. 따라서 녹지 않고 변형된 물체는 물질의 온도가 녹는점 이상으로 올라가지 않았음을 나타내는 것이다.

② 기둥이나 못, 강철 등 녹는점이 높은 금속들은 열에 의해 뒤틀릴 수 있는데 물질의 열팽창계수가 클수록 열변형이 일어날 가능성이 높다.

③ 화재로 인해 배관시스템의 부속품 등에도 변형이 발생할 수 있다. 이러한 변형은 온도가 완전히 내려간 뒤에도 부속품이 원래의 모양과 위치로 돌아가지 않는 단방향 변형을 나타낸다.

④ 회벽에도 열팽창이 발생할 수 있다. 회벽 및 플라스터 천장의 일부 가열된 부분이 팽창하면 지지하고 있는 라스(lath)로부터 분리될 수 있다.

9 표면에 연기 침착 (2018년 기사)

① 연기에는 미립자, 액체 에어로졸 및 가스가 포함되어 있고 이러한 인자들은 시간이 지나면서 연기로부터 분리되어 고착된다.

② 연기 침착물은 벽의 위쪽과 건물내부에 수용되어 있는 물건들의 온도가 낮은 표면으로 모이는데 연기응축물은 축축하고 끈적거리며 얇거나 두껍고 건조하거나 수지를 함유하고 있을 수 있다. 특히 훈소로 인해 발생하는 연기는 벽이나 창문 등 기타 온도가 낮은 표면으로 응집되는 경향이 있다.

③ 연기 침착물의 색과 질감이 가연물의 종류나 열방출률을 나타내지는 않는다. 연기 침착물은 화학적 분석을 통해 가연물의 특성을 알 수 있다.

10 완전연소(clean burn) (2021년 기사)

① 완전연소는 불연성 표면에 나타나는 현상으로 주로 표면에 붙어 있는 그을음과 연기 응축물이 완전히 타서 없어지는 것을 말한다.

② 완전연소는 주로 직접적인 화염 접촉이나 강한 복사열로 인해 생성되기 때문에 표면에 있는 검은 연기는 산화되어 표면에서 사라진다.

③ 완전연소의 흔적은 어떤 부분에서 강한 열이 작용했는지의 단서로 활용할 수 있지만 발화지점을 의미하는 것은 아니다. 그러나 완전연소 부위와 검게 탄화된 부위 사이의 경계선으로 화재확산 방향과 연소의 강약 차이를 결정하는 데 도움이 될 수 있다.

11 하소 _{암기} 2016년 산업기사 2019년 기사

① 하소는 석고벽판 표면에 생긴 여러 가지 물리적 · 화학적 변화를 설명하는 데 이용된다. 석고벽판의 하소는 석고 내에서 자유롭게 존재하거나 화학적으로 결합되어 있는 수분을 방출시키고 석고가 화학적 변화를 일으켜 다른 광물 또는 무수석고로 변화시키는 데 관여를 한다.

② 하소된 석고벽판은 하소되지 않는 벽판보다 덜 조밀한데 <u>하소가 심할수록 열에 노출된 시간이 크다</u>고 볼 수 있다.

③ 석고벽판의 열에 대한 반응은 예측할 수 있다. 만약 벽지가 탄화되고 완전연소되면 석고벽이 화재에 노출되어 유기 결합체 및 탈경화제의 열분해로 색이 변한다. 지속적으로 열이 가해지면 전체적으로 색이 변하고 <u>불에 노출된 면은 흰색</u>이 된다. 결국 석고는 화학적으로 탈수되어 푸석푸석하고 덜 조밀한 고체가 된다.

④ 석고벽판의 하소된 부위와 하소되지 않은 부위는 표면에 경계선을 만들 수 있다. 하소된 부위는 현격하게 무게 및 밀도가 감소하여 하소된 부위의 두께를 측정하면 표면에 드러나지 않은 패턴을 유추해낼 수 있다.

⑤ 하소는 <u>석고보드의 열노출을 보여주는 지표로 작용</u>하므로 열에 가장 많이 노출된 부분은 눈에 보이는 흔적과 하소의 깊이로 알 수 있다.

12 유리창 _{암기} 2014년 기사 2014년 산업기사 2017년 산업기사 2018년 기사 2018년 산업기사 2021년 기사 2023년 기사 2023년 산업기사

① 유리판이 유리 창틀에 끼워진 상태로 화재가 발생하면 유리판이 창틀에 끼워진 부분 사이에 온도차이가 발생하는데 유리판 중심과 창틀 가장자리의 <u>온도가 70℃ 정도 되면 유리창 모서리에서 금이 가기 시작</u>한다. 금의 형태는 부드럽게 굽이치며 퍼지다가 다시 만나는 식으로 생긴다. 유리판 가장자리를 복사열로부터 보호할 수 없는 경우 온도 차이가 더 커지면 유리가 깨지는데 금이 적게 갈수록 유리판이 빠지지 않고 통째로 남아있을 가능성이 높다.

② 유리의 한쪽 면이 화염과 접촉하고 반대쪽 면이 화염과 접촉하지 않아 온도가 낮을 때 두 면 사이에 압력이 생길 수 있고 유리가 두면 사이에서 부서질 수 있다. 또한 유리창의 잔금은 한쪽 면이 온도는 그대로이고 반대쪽 면이 급격히 열을 받았을 때 발생하는 것으로 알려져 있으나 이에 대한 과학적인 근거는 없다. 유리의 잔금은 급격한 열에 의해서는 발생하지 않으며 급격히 온도가 식을 때 발생할 수 있다. <u>고온의 유리도 물을 뿌리면 지속적으로 잔금이 발생</u>한다.

③ 건물화재로 발생한 압력은 일반적으로 유리창을 깨트리거나 유리창이 틀에서 빠

지도록 할 만큼 강하지 않다. 불로 인한 압력이 0.014kPa에서 0.028kPa(0.002~ 0.004psi) 정도인 반면에 유리창을 깨트릴 정도가 되려면 보통 2.07kPa에서 6.90kPa(0.3~1.0psi) 정도 되어야 하기 때문이다.

④ **강화유리는** 화재나 폭발로 인해 깨지면 **입방체 모양**의 여러 개의 작은 조각으로 부서진다. 강화유리조각은 잔금이 복잡하고 짧은 균열의 복잡한 패턴이 아니라 통일된 모양을 띤다.

⑤ 유리 파편에 그을음이 없다면 급속하게 가열되거나 또는 화재 초기에 화염 접촉 없이 다른 이유로 파열된 것임을 알 수 있다. 반대로 유리에 두껍고 끈적거리는 그을음이나 얼룩은 화재가 지속되는 동안 연소생성물이 부착된 것으로 판단할 수 있다. 주의할 점은 유리에 부착된 그을음이나 얼룩을 성급하게 인화성 촉진제 가 사용된 것으로 오인하지 않도록 하여야 한다.

바로바로 확인문제●

화재현장조사 시 화재효과에 대한 설명으로 가장 거리가 먼 것은?
① 화재 이후 산화의 정도는 주변습도와 노출시간에 좌우된다.
② 목재 균열흔의 반짝거림은 액체촉진제가 있었음을 의미한다.
③ 구리전선은 열에 노출되면 어두운 적색이나 흑색 산화물을 만든다.
④ 녹는점이 높은 금속은 낮은 금속과의 합금을 이루면 융점이 낮아진다.
해설 목재 균열흔의 반짝거림이 액체촉진제가 있었음을 의미하지는 않는다. **답 ②**

---

13 붕괴된 가구 스프링 (암기) 🧑‍🏫 (2020년 기사)

① 침대 스프링의 붕괴는 연소의 방향, 연소의 강약에 대한 단서를 제공해 준다. 침대 의 스프링 붕괴는 훈소발화 또는 인화성 액체의 사용으로 인한 발화작용으로는 나타나지 않는데 스프링이 풀리거나 장력이 줄어드는 것은 열의 작용 때문이다.

② 스프링이 400℃ 이상의 적정 온도의 열에 장시간 노출되면 **장력이 줄어들고** 스 프링이 **붕괴될 수 있다.** 이 정도의 열에 노출되면 스프링을 누르는 무게가 없어 도 그 자체의 무게로 주저앉게 되는데 이를 풀림온도라고 한다.

③ 화재가 지속되는 동안 무거운 물체가 스프링 위에 있었다면 스프링의 복원력과 인장강도는 현격하게 저하되며 보통 발화지점 방향으로 심하게 주저앉게 된다.

④ 화재 이전부터 침대 위에 무거운 것이 올려져 있다면 화염의 방향과 상관없이 붕 괴될 수 있으며 소락물에 의해 영향을 받을 수 있다.

⑤ 무거운 것이 올려져 있지 않아도 스프링은 붕괴될 수 있으며, 화재 이후 붕괴되 지 않고 남아있는 스프링은 탄성을 유지하는 경우도 있다.

‖ 화재열로 인한 침대 스프링의 붕괴 [현장사진(화보) p.12 참조] ‖

바로바로 확인문제

화재로 침대 매트리스 스프링의 장력이 줄어들어 복원력이 상실되는 것은 무엇 때문인가?
① 수축작용   ② 반발작용
③ 열작용   ④ 중력작용

해설 화재로 침대 스프링이 풀리거나 장력이 줄어들어 복원되지 않는 것은 열작용 때문이다.   답 ③

14 뒤틀린 전구 〔2013년 기사〕 〔2017년 산업기사〕 〔2019년 기사〕

(1) 개요
① 백열전구가 열원과 접해 있으면 전구 내부의 가스가 팽창을 하고 **열을 받은 방향으로** 연화되어 연약해지며 유리 표면이 **팽창을 한다**.
② 열을 지속적으로 받을 경우 진공상태임에도 열원의 방향으로 볼록해지거나 늘어나게 되고 결국에는 파열되는데 현장에서 뒤틀린 전구가 확인되면 화재 이후 전구가 소켓으로부터 느슨해져 돌아간 현상은 없었는지 주의 깊게 확인하여 판단한다.

(2) 전구가 점등상태일 때 소손과정
점등 → 외부화염 → 유리구 용융 → 구멍 생성 → 필라멘트 산화 → 유리구에 흡착 → 필라멘트 단선

(3) 점등상태에서 화염접촉 시 특징
① 열을 받은 쪽으로 유리구가 부풀어 오르고 구멍이 발생한다.
② 필라멘트의 단선 또는 용흔이 발생한다.
③ 유리구 내벽에 백색물질이 도포된다.
④ 배기관에 백색물질이 부착한다.

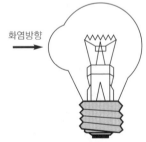

화염방향

‖ 점등상태일 때 화염접촉 전구 ‖

15 무지개 효과(rainbow effect) 암기 2019년 기사

① 인화성 액체 또는 유성 물질들은 물과 혼합되지 않고 물의 표면으로 뜨기 때문에 형형색색으로 보이는 무지개 효과를 만들어낸다.

② 무지개 효과는 화재현장에서 흔히 나타나는 현상으로 무지개 효과가 있다 하여 인화성 액체가 존재하는 것으로 판단해서는 곤란하다. 아스팔트, 목재, 플라스틱 등 건축 자재에서도 무지개 효과를 일으키는 유성 물질이 열분해를 통해 만들어질 수 있기 때문이다.

16 희생자 상해 암기

① 사람의 피부는 사망 전이나 사망 이후에도 물집이 발생할 수 있고 근육은 열로 인해 탈수되고 힘줄과 근육이 줄어들 수 있으며 타서 숯처럼 될 수 있다.

② 팔의 이두박근과 다리에 있는 사두근은 근육이 크고 잘 구부러지는 근육으로 사체의 모습은 권투선수 자세를 나타내는 경우가 많다. 그러나 이러한 자세가 화재발생 이전 또는 화재 중 생존해 있을 때 발생한 일에 대한 반응을 나타내는 것은 아니므로 주의한다.

③ 뼈의 변색은 열분해와 관련이 있으며 화재의 온도를 나타내는 것은 아니다. 뼈의 하소는 유기혼합물이 탈 때 일어나며 두개골은 화재 이전에 외상성 상처의 유무에 관계없이 부서지거나 쪼개진 모습일 수 있다. 이러한 상태는 뼈 조각을 이루는 유기물의 연소, 외상, 파편에 의한 충격, 화재 후 이동 등 여러 가지 요인에 기인할 수 있기 때문이다.

④ 사체의 위치, 방향, 상태 등은 발견된 현장에서 조사가 이루어져야 하며 사체에 충격을 가했을 중요한 물건이나 가연물을 조사하여야 한다.

⑤ 화재로 인한 생존자 중에 상해를 당한 자를 대상으로 화재발생 시 초기대응, 의복, 상해 정도를 가능한 한 빠른 시간 안에 파악하여야 한다.

05 패턴에 의한 화재진행과정 추적 암기

1 발화건물의 판정 암기 2013년 산업기사 2014년 기사 2018년 산업기사 2019년 산업기사 2023년 기사 2023년 산업기사

(1) 화재현장 주변 전체의 연소형태 파악

① 발화지점 부근의 가장 높은 곳에서 현장 전체를 관찰한다.

② 전체적인 현장파악은 화재로 인해 무너지거나 붕괴된 방향과 연소의 확산방향 추적이 가능해진다.

③ 발화된 건물 전체를 조망할 수 있는 높은 건물이나 지점이 없는 경우 헬기 또는 사다리차를 이용한 방법을 강구하도록 한다.

(2) 화염에 의한 연소의 강약 판단

① 화재가 성장하면 발화가 개시된 구역의 내부가 먼저 손상을 받지만 연소가 정지 되거나 약한 부분의 경계선이 남게 되므로 이를 통해 연소의 강약을 확인한다.

② 발화가 개시된 건물을 중심으로 불에 타서 허물어지거나 붕괴된 지점을 기점으 로 화염이 확산된 방향성이 식별되는 경우가 많다.

③ 건물이 조밀하게 밀집된 지역은 가연물의 배열상태를 비롯하여 천장면을 통해 출화가 먼저 개시된 지점이 어느 곳인지 소손된 형태에 착안하여 접근하도록 한다.

(3) 인접한 건물로의 화재확산

① 인접 건물로의 화염확산은 개구부를 통해 전파되므로 출입구와 유리창 등 개구 부의 소손형태를 파악하여 화염의 출화형태와 손상 정도를 측정할 수 있다. 창 문이나 출입구 내부에서 옥외로 화염이 장시간 출화한 경우 바깥쪽으로 개구부 상단으로 백화현상 또는 V 형태의 연소패턴이 남기도 한다.

② 옥외에서 발화된 화재로 인해 건물 내부로 화염이 유입된 경우 건물 외부의 벽체 가 먼저 손상을 받으므로 벽체의 균열 또는 유리창의 깨진 단면을 보면 외부측 에 그을음이 다량으로 부착된 형태로 남기 때문에 화염이 외부로부터 유입되었 음을 알 수 있다.

2 발화층의 판정

① 화염이 성장하여 옥외로 출화하게 되면 연소가스와 화염이 부력작용에 의해 상 승함에 따라 화재가혹도가 발화층보다 상층에서 심하게 나타나는 경우가 있다.

② 발화층보다 상층이 심하게 손상된 것은 환기에 의한 영향도 있지만 고온가스층 에서 발산되는 대류작용과 복사열로 인해 짧은 시간에 큰 피해를 야기한다.

③ 발화가 개시된 층은 수평면을 따라 연기와 화염이 일순간에 확대되지만 발화층 바로 아래층 이하는 화염으로부터 안전한 지대(safe zone)로 구획된다. 그러나 발화층 아래에 있는 층의 개구부가 충분히 개방된 상태라면 신선한 공기의 유입 으로 상층인 발화층의 연소의 상승성을 도와 주는 연돌효과를 일으킬 수 있다.

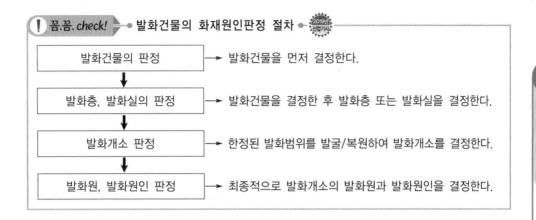

꼼꼼. check! ● 발화건물의 화재원인판정 절차

발화건물의 판정	→ 발화건물을 먼저 결정한다.
발화층, 발화실의 판정	→ 발화건물을 결정한 후 발화층 또는 발화실을 결정한다.
발화개소 판정	→ 한정된 발화범위를 발굴/복원하여 발화개소를 결정한다.
발화원, 발화원인 판정	→ 최종적으로 발화개소의 발화원과 발화원인을 결정한다.

3 발화범위의 판정(발굴 · 복원 전)

① 화재현장 주변의 전체 상황을 파악한 후 관계자의 진술을 소손된 상황과 연결시켜 어긋남이 없는지 판단을 한다.
② 발화범위의 판단은 발굴범위를 판단하는 것은 물론 잠재된 발화원인까지 포함한 것으로 <u>연소상황과 연소의 방향성 등에 착안하여 신중하게 결정하여야</u> 한다.
③ 발화범위가 설정되면 우선 사진촬영을 실시하여 발굴과 복원 전 · 후의 상황을 명확하게 기록하도록 한다.

4 발화개소의 판정(발굴 · 복원 후)

① 발화개소의 발굴로 드러난 사실은 전체 화재사건을 설명하는데 <u>증거 구성에 무리가 없어야</u> 한다.
② 발화원의 잔해가 남아 있지 않는 경우 주변으로의 연소확대 및 발화에 이르게 된 시간적 경과 등이 <u>연소특징과 부합되어야</u> 한다.
③ 발굴 및 복원으로 확인된 사실은 <u>관계자를 통해 확인시키고 화재 전 · 후의 사실관계를 사진촬영과 기록</u>으로 남기도록 한다.

5 화재패턴의 위치

구 분	특 징
벽	• 종과 횡의 방향성을 남기지만 반드시 일치하지 않으므로 각종 재료의 방향성을 종합하여 판단한다. • 벽 표면에 경계선이 생기거나 더 깊게 연소된 자국이 나타날 수 있다. • V형 패턴, U형 패턴, 모래시계 패턴, 폭열 등

구 분	특 징
천장	• 천장 마감재는 얇고 가는 것이 사용되어 소실되기 쉽고 잔해가 남기 어렵다. • 천장, 테이블이나 선반 등 수평으로 된 평면의 아래쪽은 열원과 가까워 대부분 원형 패턴이 형성된다.
바닥	• 구획실 전체 화재에서 복사열, 고온가스, 환기로 인해 문지방 등 바닥면이 연소할 수 있다. • 바닥에 생긴 구멍은 불꽃연소, 복사, 인화성 액체 등으로 발생할 수 있다. • 포어 패턴, 스플래시 패턴, 고스트마크, 도넛 패턴, 트레일러 패턴 등

바로바로 확인문제

천장이나 선반 등 수평면의 아래쪽에 생성되는 화재패턴으로 옳은 것은?
① 역원뿔형 패턴
② V형 패턴
③ 스플래시 패턴
④ 원형 패턴

해설 천장, 테이블이나 선반 등 수평면의 아래쪽은 열원과 가까워 대부분 원형 패턴이 형성된다.

답 ④

6 현장조사의 순서

① 높은 곳에서 화재현장 전체를 관찰
② 화재관련자 질문 및 탐문
③ 발화장소 및 발화지점 추정
④ 발굴 및 복원
⑤ 증거물 확보
⑥ 발화지점 판정
⑦ 발화원 판정

7 발화지점에서 나타날 수 있는 특징

① 주변에 비해 상대적으로 심하게 연소
② V형 패턴의 연소흔적
③ 벽면의 박리
④ 주변에서 단락흔적 발견

8 발화지점 판정기준

① 전체 연소현상을 설명하는 데 연소상태나 증거 구성에 무리가 없을 것
② 발화지점으로부터 주변으로의 연소확대 과정이 초기의 연소 특징과 부합할 것
③ 공기의 유동, 가연물의 분포, 시간적 경과 등이 연소 정도에 합리성을 지닐 것

06 발굴 및 복원

1 발굴의 의의 암기

① 화재진행에 대한 <u>시간적 흐름을 퇴적물을 통해 확인</u>하고 숨겨진 정보 획득
② 발화원으로부터 연소확대에 이르게 된 연소경로 파악

2 발굴 전 관찰사항

① 발화지역 및 건물 전체의 현장 파악(건물구조, 수납물, 전기, 가스 등 각종 설비의 설치상황 등)
② 화재관계자로부터 정보취득(연기나 화세의 상황, 발견위치, 출화개소부분 수납물의 설치상황 등)
③ 기상상황(기온, 습도, 풍속 등)
④ 현장 전반에 대한 사진촬영(증거확보)

3 발굴 방법 암기

① 삽과 같이 거친 도구의 사용을 금지한다.
② 상방에서 하방으로 발굴해 가며 발굴한 물건은 <u>위치가 어긋나지 않도록</u> 옮기지 않는다. 불가피하게 이동할 경우에는 복원 가능조치를 한다.
③ 발화지점 부근의 바닥에 부착된 것은 함부로 제거하는 것을 금지한다.
④ 연소된 물건은 손상되지 않도록 빗자루 등으로 가볍게 쓸어내어 불순물을 제거하고 필요한 경우 가벼운 물 세척 정도는 가능하다.
⑤ 발굴해 낸 물건 중 복원이 필요한 것은 번호 또는 표식을 붙여 정리한다.
⑥ 발굴 도중과 발굴 완료 후 사진촬영과 계측을 실시한다.

4 복원 요령 📗

① 소손된 물건은 위치를 명확히 한 다음 조립한다.

② 소실되어 복원이 불가능한 것은 끈이나 로프 등으로 표시한다.

③ 버팀목, 가로 막대 등은 타고 남은 것, 타서 가늘어진 것 등을 관찰하여 일치하는 곳을 맞춘다.

④ 타지 않은 물건 등은 잔존물의 상황을 관찰하여 위치를 결정한다.

5 발굴 · 복원 시 유의사항 📗

① 중요한 부분, 의문이 가는 부분을 중점 실시한다.

② 발화장소를 중심으로 외부에서 내부로 실시한다.

③ 복원 필요성이 있는 물건은 번호 또는 표시를 하고 존재위치를 명확히 파악한다.

④ 대용재료를 사용하는 경우 타고 남은 잔존물과 유사한 것을 사용하지 말고 구별되는 것을 사용한다.

⑤ 발굴과정에서 불명확한 물건의 위치 등은 관계자로부터 확인하고 발굴종료 후 복원상황도 확인시킨다.

바로바로 확인문제

발굴 및 복원에 대한 설명으로 옳지 않은 것은?

① 발굴 및 복원 과정은 관계자의 참여를 배제시킨다.

② 복원 필요성이 있는 물건은 표시를 하고 존재위치를 명확히 파악한다.

③ 중요한 부분이나 의문이 가는 부분을 중점 실시한다.

④ 복원을 할 경우 소손된 물건은 위치를 명확히 한 다음 조립한다.

해설 발굴과정에서 불명확한 물건의 위치 등은 관계자로부터 확인하고 발굴종료 후 복원상황도 확인시키도록 한다.

답 ①

출제예상문제

Chapter 07

* ✚ 표시 : 중요도를 나타냄

01 나무에서 공통적으로 나타나는 탄화와 균열의 특성으로 틀린 것은?

① 유염연소가 무염연소보다 타 들어가는 것이 깊다.
② 불에 오래도록 강하게 탈수록 탄화의 깊이는 깊다.
③ 탄화모양을 형성하고 있는 패인 골이 깊을수록 소손이 강하다.
④ 탄화모양을 형성하고 있는 패인 골의 폭이 넓을수록 소손이 강하다.

해설 무염연소는 장시간 화염과 접촉하고 있으므로 유염연소에 비해 상대적으로 깊게 타들어가는 균열흔이 나타난다.

02 저온착화가 가능한 목재의 온도는?

① 100℃
② 120℃
③ 150℃
④ 180℃

해설 120℃의 낮은 온도에서 목재의 저온착화가 가능하다.

03 목재의 박리흔을 나타낸 것으로 옳지 않은 것은?

① 주수에 의한 박리는 넓고 평탄하다.
② 연소과정에서 일어나는 박리는 광택이 있다.
③ 연소과정에서 일어나는 박리는 넓고 깊다.
④ 화재현장의 연소박리는 개개의 면적이 비교적 작고 거칠게 나타난다.

해설 주수압력에 의해 일어나는 박리는 박리부위가 넓고 평탄하며 광택이 있어 연소과정에서 발생하는 박리와 구분하고 있다.

04 목재의 소실 정도를 나타낸 것으로 부적당한 것은?

① 반소실
② 완전소실
③ 일부소실
④ 자연소실

해설 목재는 탄화 정도에 따라 완전소실, 반소실, 부분(일부)소실로 구분하고 있다.

05 용융점이 높은 것에서 낮은 순서로 옳게 나열된 것은?

① 스테인리스 - 텅스텐 - 아연 - 마그네슘 - 동
② 텅스텐 - 스테인리스 - 동 - 마그네슘 - 아연
③ 텅스텐 - 스테인리스 - 마그네슘 - 동 - 아연
④ 스테인리스 - 텅스텐 - 동 - 아연 - 마그네슘

해설 텅스텐(3,400℃) → 스테인리스(1,520℃) → 동(900~1,050℃) → 마그네슘(650℃) → 아연(420℃)

06 다음 금속 중 비중이 가장 높은 것은?

① 구리
② 황동
③ 납
④ 철

해설 금속의 비중
납(11.4), 구리(8.9), 황동(8.8), 철(7.8)

07 금속의 연소특성을 나타낸 것으로 옳지 않은 것은?

① 금속이 용융점에 이르면 녹기 시작하여 그 차이로 연소의 강약을 알 수 있다.
② 폭열은 금속 고유의 탄성이 변화되어 나타나는 현상이다.
③ 금속은 일반적으로 연소가 강할수록 백색이 된다.
④ 금속류는 열을 받아 팽창을 일으키면 보통 화염의 반대방향으로 휘거나 붕괴된다.

해설 폭열은 콘크리트 구조물의 내성이 저하되어 콘크리트의 일부가 떨어져 나가는 현상을 말한다. 금속 고유의 탄성이 변화되어 나타나는 현상은 만곡이다.

Answer 01.① 02.② 03.② 04.④ 05.② 06.③ 07.②

08 목재의 탄화율에 영향을 미치는 요소가 아닌 것은?

① 가열시간 및 가열속도
② 목재의 밀도
③ 수분함량
④ 목재의 수령

해설 목재의 탄화율에 영향을 미치는 요소
가열속도 및 가열시간, 환기효과, 표면적 대 질량비율, 나뭇결의 방향, 위치, 크기, 목재밀도, 수분함량 등

09 금속 고유의 탄성이 저하되어 휘거나 구부러진 것을 나타낸 것은?

① 만곡
② 폭열
③ 소훼
④ 압궤

해설 금속 고유의 탄성이 저하되어 휘거나 구부러진 것은 만곡이다.

10 폭열에 대한 설명으로 옳지 않은 것은?

① 인화성 액체가 뿌려진 바닥면으로 폭열이 쉽게 나타난다.
② 압력과 하중이 높게 작용한 부분은 화재발생 위치와 상관없이 발생할 수 있다.
③ 폭열이 발생한 영역은 다른 영역보다 밝은 색을 나타낸다.
④ 폭열은 벽돌이나 콘크리트에서 표면물질이 갈라지고 조각이 떨어져 나가는 현상이다.

해설 폭열은 벽돌이나 콘크리트에서 표면물질의 손실로 갈라지고 조각이 떨어져 나가거나 구멍이 생기는 현상을 말한다. 인화성 액체가 뿌려진 바닥면으로는 폭열이 발생하지 않는다. 폭열의 발생이 인화성 액체가 있었다는 것을 알려 주는 표시로 오인하지 않도록 주의하여야 한다.

11 폭열은 무엇 때문에 발생하는가?

① 응고와 융해
② 팽창과 수축
③ 연화와 용융
④ 압축과 단열

해설 폭열은 콘크리트가 열에 노출되어 팽창과 수축이 서로 다른 부위에서 발생한다.

12 다음 중 폭열의 발생원인이 아닌 것은 어느 것인가?

① 경화되지 않은 콘크리트에 있는 수분
② 철근 주변 콘크리트 간의 불균일한 팽창
③ 슬래브 내장재 간의 균일한 팽창
④ 콘크리트 혼합물과 골재 간의 불균일한 팽창

해설 화재에 노출된 표면과 슬래브 내장재 간의 불균일한 팽창이 일어나면 폭열이 발생한다.

13 다음 중 박리흔(spalling)이 발생할 수 있는 조건으로 가장 거리가 먼 것은?

① 습기가 적은 노후 건물의 콘크리트
② 철근, 철망과 콘크리트의 열팽창 차
③ 콘크리트 혼합의 정도 차
④ 수열면과 이면부의 온도 차

해설 콘크리트의 박리는 혼합의 정도, 수열면과 이면부의 열팽창 차이 등에 의해 발생한다.

14 박리현상에 대한 설명으로 옳은 것은?

① 수포나 기포가 팽창하여 박리가 발생하는 경우에는 소음이 발생할 수 있다.
② 혼합재료의 서로 다른 열팽창률 때문에 발생하는 현상으로 자연석에서는 발생하지 않는다.
③ 열팽창에 의해서 만들어지며 냉각되는 경우에는 발생하지 않는다.
④ 바닥면에서 박리흔적이 식별되는 경우에는 액체가연물 사용의 명백한 증거가 된다.

해설 콘크리트, 벽돌 등의 박리는 냉각될 때 발생하기도 하며 기포가 팽창할 때 소음을 동반할 수 있다.

Answer 08.④ 09.① 10.① 11.② 12.③ 13.① 14.①

15 백화현상을 바르게 나타낸 것은?

① 백색으로 식별되며 발화지점 부근에서만 나타나는 연소흔적이다.
② 콘크리트나 벽면 등 표면에 완전산화가 이루어져 흰색으로 식별되는 물리적 손상이다.
③ 백화현상이 형성된 후 열이 지속되면 그을음이 부착된다.
④ 백화현상은 아크 용융흔 등 전선에서도 나타나는 현상이다.

해설 백화현상은 콘크리트나 벽면 등 표면에 완전산화가 이루어져 흰색으로 식별되는 물리적 손상이다. 백화현상은 발화지점이 아니더라도 장시간 열에 노출될 경우 나타날 수 있으며 열이 지속적으로 가해지면 폭열에 이르기도 한다. 백화현상은 전기배선상에는 발생하지 않는다.

16 유리창이 화재열로 깨진 경우 표면에 나타나는 특징은?

① 날카로운 직선형태로 파괴된다.
② 날카로운 곡선형태로 파괴된다.
③ 불규칙한 곡선형태로 파괴된다.
④ 규칙적인 곡선형태로 파괴된다.

해설 유리창이 화재열로 깨진 경우 유리 표면은 불규칙한 곡선형태로 파괴된다.

17 유리창이 어떤 외력에 의해 충격을 받아 깨진 경우 표면에 나타나는 특징은?

① 그물모양
② 방사상모양
③ 격자모양
④ 회전모양

해설 유리창이 어떤 외력에 의해 충격을 받아 깨진 경우 표면은 거미줄처럼 방사상모양이 형성된다.

18 유리 파단면의 특징을 설명한 것으로 옳지 않은 것은?

① 유리에 가해진 응력이 클수록 깨지는 속도가 빨라진다.
② 건물 내부에 유리 잔해가 다수 있으면 외부에서 내부로 충격이 가해진 것이다.
③ 화재로 생성된 열로 유리창을 파괴시키는 데 충분하다.
④ 파괴기점의 유리조각에 그을음이 없을 경우 화재발생 이전에 파손된 것으로 판단 가능하다.

해설 화재열로 인해 유리가 녹을 때는 열이 가해지는 쪽으로부터 연화 및 용융되며 힘을 잃는 방향으로 흐른다. 일반적으로 화재로 생성된 열로 유리창을 파괴하거나 유리에 힘을 가하는 압력이 형성되기는 어렵다.

19 외력에 의해 파손된 유리의 파단면에 남아 있는 형태로 맞는 것은?

① 곡선형태
② 직선형태
③ 거친 고리형태
④ 대각선형태

해설 외력에 의해 파손된 유리의 파단면은 곡선형태를 나타낸다.

20 합성수지류의 연소특성을 설명한 것으로 바르지 않은 것은?

① 열경화성 수지는 열가소성 수지보다 용융하기 어렵고 내열온도가 높은 편이다.
② 플라스틱은 열의 방향으로 녹거나 연소하므로 연소방향성을 판단하는 데 도움이 된다.
③ 열가소성 수지는 선상으로 분자가 배열되어 있고 발화온도는 약 $400 \sim 500 \, \text{℃}$ 정도이다.
④ PVC는 열경화성 플라스틱이다.

해설 폴리염화비닐(PVC)은 열가소성 플라스틱에 해당한다.

21 도료류의 연소특징으로 옳지 않은 것은?

① 열을 받으면 거품처럼 발포되는 것이 많아 발포된 입자 수의 차이로 연소의 강약을 나타낸다.
② 도료는 수열이 강할수록 보호막이 쉽게 산화되어 흰색으로 변색되는 백화현상을 나타낸다.
③ 도료의 표면은 보호막으로 짙게 도포되어 있어 남아 있는 잔존부분으로 연소의 강약을 판단할 수 없다.
④ 수열이 장시간 지속되면 금속이 지니고 있는 원색이 드러난다.

해설 도료의 표면은 엷게 도포되어 있어 화재로 소실되기 쉽다. 따라서 남아 있는 잔존부분을 살펴 연소의 강약을 판단할 수 있다.

22 다음 중 물질의 연소특성을 바르게 나타낸 것은?

① 석고벽이 열에 노출되면 주황색으로 변색되고 탈수되어 깨지거나 부서진다.
② 열가소성 수지는 열에 녹아서 흘러내리며 연소한다.
③ 금속 표면은 보호막이 산화되면 적색으로 변색되는 백화현상이 발생한다.
④ 폭열은 인화성 액체가 있었다는 것을 알려주는 표시가 된다.

해설 ① 석고벽이 열에 노출되면 흰색으로 변색되고 탈수되어 깨지거나 부서진다.
③ 금속 표면은 보호막이 산화되면 흰색으로 변색되는 백화현상이 발생한다.
④ 폭열은 인화성 액체가 있었다는 것을 알려주는 표시가 될 수 없다.

23 그림은 연소가 종료된 상황이다. 화재가 진행된 방향은?

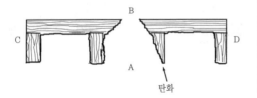

탄화

① A → B
② B → A
③ C → A, B
④ D → A, B

해설 수평면 테이블이 화재로 인해 구멍이 발생한 상황으로, 구멍의 중심을 향해 위로 경사진 형태는 화염이 A에서 B로 확산된 것을 의미한다. 반대로 테이블의 구멍이 위에서 아래를 향해 경사진 면은 화염이 윗부분에서 아랫부분으로 연소확대된 것을 의미한다.

24 다음 설명 중 옳지 않은 것은?

① 2개 이상의 전기적 용융흔이 있는 경우 전원측과 가까운 지점이 먼저 단락된 것이다.
② 1개소에만 용융흔이 나타나면 그 부근에 발화원이 존재하는 경우가 많다.
③ 전기적 용융흔 발견지점은 출화개소 또는 그 부근임을 암시하는 경우가 많다.
④ 전기적 용융흔의 발견은 화재 당시 통전 중이었음을 의미하는 것이다.

해설 하나의 배선에서 2개 이상의 전기적 용융흔이 발생한 경우 일반적으로 부하측과 가장 가까운 지점이 먼저 단락된 것으로 볼 수 있어 발화원에 가깝다.

25 일반적인 연소방향 판정방법으로 부적당한 것은?

① 화염의 진행속도는 수직으로 빠르며 수평방향과 바닥면으로는 대단히 완만하다.
② 발화부와 가까울수록 탄화심도는 깊게 나타난다.
③ 발화건물의 기둥이나 벽 등은 발화부의 반대 방향으로 도괴된다.
④ 목재표면의 균열흔은 발화부에 가까울수록 잘게 가늘어진다.

해설 일반적으로 발화건물의 기둥이나 벽 등은 발화부 방향으로 도괴된다. 이러한 현상은 발화부 부근이 조기에 연소할 뿐만 아니라 장시간에 걸쳐 연소가 촉진되기 때문에 그 부근의 수직적 구조재는 중심을 잃고 발화부 방향으로 붕괴되는 것이다.

Answer 21.③ 22.② 23.① 24.① 25.③

26 다음 중 연소의 방향성 관찰방법으로 옳지 않은 것은?

① 연소의 방향성 판단은 연소의 강약에 기초하여 판단한다.
② 하방향보다 상방향으로 연소속도가 빠른 것은 대류작용이 활발했음을 의미한다.
③ 건물에 균열이 일어난 곳은 다른 지점보다 열에 오랫동안 노출되었음을 알 수 있다.
④ 연소의 방향성은 횡방향보다 종방향으로 판단한다.

해설 연소의 방향성 판단은 수직면인 종방향보다 수평면인 횡방향을 따라 판단한다. 횡방향으로의 연소속도가 종방향보다 느리므로 연소의 강약 차이를 판단하기 용이하기 때문이다.

27 연소속도비를 바르게 나타낸 것은?

① 수평방향 1, 상방향 20, 하방향 0.3
② 수평방향 1, 상방향 20, 하방향 0.9
③ 수평방향 1, 상방향 30, 하방향 0.7
④ 수평방향 1, 상방향 30, 하방향 0.3

해설 연소속도비
수평방향 1, 상방향 20, 하방향 0.3

28 연소속도비를 수평방향을 1로 했을 때 상방향 20, 하방향 0.3 정도로 나타나는 것은 무엇의 영향 때문인가?

① 전도   ② 대류
③ 복사   ④ 열방출률

해설 연소속도비를 수평방향을 1로 했을 때 상방향 20, 하방향 0.3 정도로 나타나는 것은 대류의 영향 때문이다.

29 연소속도비를 나타낸 것이다. 바르지 않은 것은?

① 수평방향 1   ② 하방향 0.3
③ 복사열이 좌우   ④ 수직방향 20

해설 연소속도비는 대류현상에 의해 발생하는 것이다.

30 연소방향성을 설명한 것으로 가장 거리가 먼 것은?

① 횡방향의 연소속도는 비교적 늦기 때문에 연소의 강약 차이가 남기 쉽다.
② 수직방향의 화염확산은 극히 빠르며 일반적으로 발화부에 정삼각형으로 확대된 흔적이 많다.
③ 수평방향의 연소형태는 주염흔, 수열흔을 관찰하여 방향성을 알 수 있다.
④ 유리의 파손상태, 건물의 도괴상태 등을 관찰하여 연소의 방향성을 알 수 있다.

해설 수직방향의 화염확산은 극히 빠르기 때문에 일반적으로 역삼각형(V형 패턴)으로 확대된 흔적이 많다.

31 출화개소 판단시 유의사항으로 틀린 것은?

① 발화지점과 연소확산된 경계구역을 구분한다.
② 건물 내·외부 연소상태를 비교·판단하여 화염의 이동경로를 파악한다.
③ 출입구의 방향과 창문, 환기구 등 개구부는 변동요인이 많으므로 제외한다.
④ 붕괴되거나 도괴된 경우 해당 원인을 확인한다.

해설 창문이나 환기구 등 개구부는 화재 시 공기가 유입될 경우 그 주변으로 소실도가 크게 나타나거나 연소의 방향성 판단과 관계가 깊어 개구부의 크기, 개폐상태, 구조 등에 대한 세심한 관찰이 요구된다.

32 다음 설명 중 바르지 않은 것은?

① 수평면 양쪽 방향에서 연소가 진행된 경우 화염의 진행경로를 결정하기 어렵다.
② 경계선 또는 경계영역은 화염과 연기의 강약 차이를 나타낸다.
③ 화재가 커지고 시간이 길어질수록 화재패턴을 인식하기 쉽다.
④ 경계선은 화재가 커지고 시간이 길어질수록 판단하기 어렵다.

Answer 26.④ 27.① 28.② 29.③ 30.② 31.③ 32.③

해설 화재가 커지고 시간이 길어질수록 화재패턴의 형성여부를 판단하기 어려워진다.

33 화재패턴의 발생원리가 아닌 것은?

① 화염 및 고온가스의 상승원리
② 열원으로부터 가까울수록 강해지고 멀어질수록 약해지는 복사열의 차등원리
③ 고온가스는 열원으로부터 멀어질수록 온도가 높아지는 원리
④ 연기나 화염이 물체에 의해 차단되는 원리

해설 화재패턴의 발생원리
　　ⓐ 화염 및 고온가스의 상승원리
　　ⓑ 열원으로부터 가까울수록 강해지고 멀어질수록 약해지는 복사열의 차등원리
　　ⓒ 고온가스는 열원으로부터 멀어질수록 온도가 낮아지는 원리
　　ⓓ 연기나 화염이 물체에 의해 차단되는 원리

34 V형 패턴에 대한 설명으로 옳지 않은 것은 어느 것인가?

① 직상단 천장으로는 원형 패턴이 만들어진다.
② 아랫부분의 각이 좁고 윗부분으로 갈수록 각도가 커진다.
③ 모든 화재현장에서 공통적으로 발견되는 흔적이다.
④ 대류 및 복사의 영향을 받아 벽면 등에 형성된다.

해설 V형 패턴은 대류 및 복사의 영향을 받고 벽면 등에 형성되며, 직상단 천장으로는 원형 패턴이 만들어져 연결되는 경우가 있다. 그러나 모든 화재현장에서 발견되는 흔적은 아니다.

35 V형 패턴의 생성에 영향을 주지 않는 것은 어느 것인가?

① 대류
② 기화열
③ 불꽃과 연기
④ 복사열

해설 V형 패턴의 생성은 대류열, 복사열, 불꽃과 연기의 영향을 받는다. 기화열은 액체가 기체로 변할 때 외부에서 흡수하는 열량으로 관계가 없다.

36 V형 패턴의 각을 형성하는 변수에 해당하지 않는 것은?

① 대기온도
② 열방출률
③ 환기상태
④ 가연물의 형태

해설 V형 패턴의 각을 형성하는 변수로는 열방출률, 가연물의 형태, 환기효과, 천장, 선반, 테이블 상판과 같은 수평면이 존재하는 경우 등이 있다.

37 역원뿔형 패턴에 대한 설명이다. 옳은 것은?

① 열방출률이 크다.
② 역삼각형 패턴이다.
③ 불완전연소의 결과이다.
④ 화염이 천장에 닿는다.

해설 역원뿔형 패턴은 정삼각형 패턴으로 열방출률이 작아 화염이 천장까지 미치지 못해 불완전연소의 결과로 나타난다.

38 삼각형(△) 패턴에 대한 설명으로 틀린 것은?

① 삼각형 패턴은 유류가 사용된 곳에서 연소가 끝난 바닥면에 나타난다.
② 삼각형 패턴은 연소가 짧은 시간에 이루어질 때 수직벽면에 나타난다.
③ 삼각형 패턴은 바닥에서 천장까지 완전히 전개되지 않는 화재에 나타난다.
④ 삼각형 패턴은 불기둥을 수직적으로 차단하지 않을 경우에 나타난다.

해설 삼각형 패턴은 가연물 또는 산소부족 등으로 불완전연소할 경우 벽면에 생성된다.

39 연소패턴에 대한 설명으로 옳은 것은?

① 모래시계 패턴의 하단부는 고온가스구역이다.
② U형 패턴은 V형 패턴과 유사하지만 전도열의 영향을 크게 받는다.
③ 화염이 천장면에 일정시간 접촉할 경우 화살모양 패턴이 형성될 수 있다.
④ 열 그림자 패턴은 화염이 장애물에 막혀 열의 이동이 차단될 때 연소되지 않은 보호구역이 형성된다.

해설 ① 모래시계 패턴의 하단부는 화염구역이다.
② U형 패턴은 V형 패턴과 유사하지만 복사열의 영향을 크게 받는다.
③ 화염이 천장면에 일정시간 접촉할 경우 원형 패턴이 형성될 수 있다.

40 모래시계 패턴에 대한 설명으로 옳지 않은 것은?

① 수직표면의 중간에 위치하는 V형태는 고온 가스영역이다.
② 화염의 하단부는 거꾸로 된 V형태를 나타내는 화염구역이다.
③ 역원뿔형 패턴과 원형 패턴의 결합을 의미한다.
④ 화염구역은 일반적으로 완전연소되는 양상을 나타낸다.

해설 화염구역에서는 거꾸로 된 V형태가 나타나고 고온가스구역에는 전형적인 V형태가 나타나는데 이 전체적인 것을 모래시계 패턴이라고 한다.

41 다음 중 수직평면과 수평평면 양쪽에서 나타나는 3차원 화재패턴은?

① 모래시계 패턴
② 끝이 잘린 원추 패턴
③ 화살표 패턴
④ 원형 패턴

해설 수직평면과 수평평면 양쪽에서 나타나는 3차원 화재패턴은 끝이 잘린 원추 패턴을 말한다.

42 천장이나 테이블 상판, 선반과 같은 수평면의 아래쪽에 생기는 연소패턴은?

① 원형 패턴　　② 화살표 패턴
③ 모래시계 패턴　④ 포어 패턴

해설 천장, 테이블 상판, 선반과 같은 수평면의 아래쪽에 생기는 패턴은 원형 패턴이다.

43 V형 패턴과 유사한 형태로서 각이 없이 부드러운 곡선을 나타내는 연소패턴은?

① 역원뿔형 패턴　② U형 패턴
③ 모래시계 패턴　④ 원형 패턴

해설 U형 패턴은 V형 패턴과 유사하지만 경계선이 부드러운 곡선을 나타내는 연소패턴이다.

44 열원과 가깝더라도 장애물에 의해 보호되어 열 이동이 차단될 때 발생하는 연소패턴은 어느 것인가?

① 끝이 잘린 원추 패턴
② 모래시계 패턴
③ 원형 패턴
④ 열 그림자 패턴

해설 장애물에 의해 열원으로부터 그 장애물 뒤에 가려진 가연물까지 열 이동이 차단될 때 발생하며 보호구역을 형성하는 것은 열 그림자 패턴이다.

45 액체 가연물의 연소 시 발생한 열에 의해 스스로 가열되어 액면에서 끓으면서 주변으로 튄 액체가 국부적으로 점처럼 연소된 흔적으로 인식되는 연소패턴은?

① 고스트마크
② 도넛 패턴
③ 스플래시 패턴
④ 포어 패턴

해설 액체 가연물의 연소 시 발생한 열에 의해 스스로 가열되어 액면에서 끓으면서 주변으로 튄 액체가 국부적으로 점처럼 연소된 흔적으로 인식되는 연소패턴은 스플래시 패턴이다.

46 유류에 의해 만들어진 패턴으로 가장 거리가 먼 것은?

① 포어 패턴(pour pattern)
② 스플래시 패턴(splash pattern)
③ 도넛 패턴(doughnut pattern)
④ 버터플라이 패턴(butterfly pattern)

해설 유류사용에 의한 연소패턴의 종류
스플래시 패턴, 포어 패턴, 도넛 패턴

47 가연성 액체의 중심부가 연소되지 않고 도 넛 패턴이 생성되는 이유로 옳은 것은?

① 중심부는 불연성 물질이 있는 미연소구역이 기 때문
② 중심부에는 공기가 공급되지 않기 때문
③ 중심부의 액체가 증발잠열에 의해 보호되기 때문
④ 중심부의 액체가 발열작용을 하지 않기 때문

해설 가연성 액체가 살포된 중심부는 액체가 증발 할 때 증발잠열의 냉각효과에 의해 보호되기 때문에 바깥쪽 부분이 탄화되더라도 안쪽은 연소되지 않고 고리모양의 패턴을 만들어내는 것이다.

48 연소패턴의 흔적에 대한 설명으로 가장 거 리가 먼 것은?

① 목재구조물은 화염의 방향으로 도괴되는 경 향이 많다.
② 'V'자형 연소흔의 하단부는 발화부분인 경우 가 많다.
③ 유리가 고온일 경우 물을 뿌리면 지속적으로 잔금이 발생한다.
④ 화재로 형성된 열과 압력으로 인해 유리창이 쉽게 파열된다.

해설 화재로 형성된 열과 압력으로는 유리창이 쉽게 파괴되지 않는다.

49 인화성 액체 가연물이 뿌려진 화재현장에 서 가장 일반적으로 식별되는 연소패턴은 어느 것 인가?

① 고스트마크　　② 도넛 패턴
③ 원형 패턴　　　④ 포어 패턴

해설 포어 패턴은 인화성 액체 가연물이 바닥에 뿌려 졌을 때 쏟아진 부분과 쏟아지지 않은 부분의 탄 화 경계흔적을 말한다. 액체 가연물이 있던 지역 은 다른 곳보다 연소가 강해 탄화 정도의 강약으 로 구분하기도 한다. 스플래시 패턴은 포어 패턴 의 발생결과로 생성된 흔적이다.

50 콘크리트, 시멘트 바닥에 비닐타일 등이 접 착제로 부착되어 있을 때 그 위로 석유류의 액체 가연물이 쏟아져 화재 시 타일 등 바닥재의 틈새 모양으로 변색되고 박리되기도 하는 흔적을 무엇 이라고 하는가?

① 드롭다운 패턴
② 포어 패턴
③ 스플래시 패턴
④ 고스트마크

해설 고스트마크는 바닥면 타일 위로 인화성 액체가 쏟아져 화재로 인해 바닥면과 타일 사이로 변색 과 박리가 일어나는 패턴이다.

51 트레일러 패턴을 설명한 것으로 가장 거리 가 먼 것은?

① 분리되어 있는 공간의 바닥면에 가연물로 연 결시킨 것이다.
② 종이나 섬유류 등을 길게 직선적으로 늘어놓 은 것으로 연소구역은 좁은 형태이다.
③ 계획된 방화수단으로 이용된다.
④ 착화가 용이한 인화성 액체만 사용한다.

해설 트레일러 패턴에 사용된 가연물은 인화성 액체 를 포함하여 섬유류, 두루마리화장지, 짚단 등 고체 가연물과 이들의 조합으로 구성된 경우가 많다.

52 다음 설명 중 바르지 않은 것은?

① 목재는 열원으로부터 멀어질수록 탄화심도 가 깊게 나타난다.
② 화재의 규모와 강도가 커짐에 따라 물질의 질량 감소율도 증가한다.
③ 열전달은 전도, 대류, 복사를 통해 물질에 전 달되는 에너지의 양에 의해 좌우된다.
④ 석고벽판이 하소현상을 일으키면 질량 손실 이 발생한다.

해설 목재는 열원으로부터 멀어질수록 탄화심도가 얇 기 때문에 이를 통해 화재확산 방향을 추정할 수 있다.

Answer　47.③　48.④　49.④　50.④　51.④　52.①

53 화재현장에서 목재의 탄화심도를 측정하는 주된 이유는?

① 목재의 수분 함유율을 측정하기 위하여
② 연소확산된 방향성을 판단하기 위하여
③ 다른 가연물과 탄화 정도를 비교하기 위하여
④ 탄소성분을 검출하기 위하여

해설 목재의 탄화심도는 화재가 확산된 방향성을 확인하는 데 가장 유용하게 작용한다. 열원으로부터 멀어질수록 탄화심도가 얇기 때문에 이를 통해 화재확산 방향을 추정할 수 있다.

54 폭열에 대한 설명으로 옳지 않은 것은?

① 폭열은 화재와 상관없이 물질이 약화되어 발생할 수 있다.
② 콘크리트의 표면이 가열상태에서 물과 접촉할 경우 발생할 수 있다.
③ 경화되지 않은 콘크리트에 있는 수분은 폭열을 일으킬 수 있다.
④ 폭열이 일어난 부분은 다른 부분보다 어두운 색을 띤다.

해설 폭열이 발생한 지역은 다른 지역보다 밝은 색을 띠며, 인접한 지역은 연기의 침착으로 인해 어두운 색이 될 수 있다.

55 물질의 산화작용에 대한 설명으로 옳지 않은 것은?

① 산화작용은 떨어져 나갈 수 있는 두꺼운 산화층을 만들기도 한다.
② 온도가 높고 열에 노출된 시간이 길수록 산화되기 쉽다.
③ 화재 이후 산화되는 속도는 주변의 습도와 노출시간에 좌우된다.
④ 금속의 산화는 화재의 영향을 크게 받지만 화재 이후에는 영향이 없다.

해설 금속의 산화는 화재 이후 온도와 습도, 공기의 유동 등에 의해 빠르게 변색이 진행된다.

56 물질의 열팽창에 대한 설명이다. 옳지 않은 것은?

① 물질은 열팽창계수가 클수록 변형이 일어날 가능성이 높다.
② 화재로 금속이 팽창하더라도 냉각이 되면 수축된다.
③ 금속은 팽창 후 냉각이 되면 원래의 모양으로 돌아간다.
④ 열팽창은 금속뿐만 아니라 석고벽면에서도 발생한다.

해설 금속은 팽창 후 냉각이 되면 수축이 발생하지만 원래의 모양으로 돌아가지는 않는다.

57 다음 설명 중 옳지 않은 것은?

① 연기응축물은 축축하거나 끈적거리는 성질이 있다.
② 훈소로 발생한 연기는 온도가 낮은 표면으로 응집하려는 경향이 많다.
③ 완전연소가 이루어지면 그을음이나 연기응축물이 완전히 산화된다.
④ 연기침착물의 색상이 검은색이면 석유류가 연소한 것이다.

해설 연기 침착물의 색상은 가연물의 종류나 열방출률을 나타내지는 않는다. 검은색 계통의 연기는 석유류뿐만 아니라 목재나 천연섬유가 연소하더라도 생성된다.

58 하소에 대한 설명이다. 틀린 것은?

① 화염과 접촉할 경우 화학적으로 탈수되어 흰색이 된다.
② 열에 오래 노출된 부분은 하소된 깊이가 낮고 밀도가 증가한다.
③ 하소된 부위와 하소되지 않은 부위의 경계선으로 연소방향을 측정할 수 있다.
④ 하소된 석고면은 조밀성이 떨어지고 푸석푸석한 상태가 된다.

해설 열에 오래 노출된 부분은 하소된 깊이가 깊으며 밀도와 무게 등이 감소한다.

59 유리창에 대한 연소특성을 설명한 것으로 옳지 않은 것은?

① 유리에 두텁고 끈적거리는 그을음은 인화성 촉진제가 사용된 증거이다.
② 화재열로 생긴 균열은 불규칙한 모양이 많고 형태가 매우 부드럽다.
③ 높은 열에 노출된 유리에 물을 뿌리면 지속적으로 잔금이 발생한다.
④ 충격기점을 중심으로 월러라인이 생성되어 충격방향을 판단할 수 있다.

해설 유리에 두텁고 끈적거리는 그을음이나 얼룩은 나무나 플라스틱 같은 가연물의 불완전연소 결과로 발생할 수 있어 인화성 촉진제가 사용된 것으로 오인하지 않도록 주의하여야 한다.

60 침대 스프링이 장시간 열과 접촉하여 복원력을 잃게 되는 온도는 대략 얼마 이상인가?

① 100℃ ② 200℃
③ 300℃ ④ 400℃

해설 침대 스프링이 장시간 열과 접촉하여 복원력을 잃게 되는 온도는 400℃ 이상이다.

61 침대 스프링의 장력이 감소하는 원인에 해당하는 것은?

① 자연발화한 경우
② 지속적으로 열에 노출된 경우
③ 인화성 액체를 사용한 경우
④ 훈소발화한 경우

해설 침대 스프링의 장력이 감소하는 경우는 지속적으로 열에 노출된 경우이다. 자연발화나 훈소의 경우 지속적인 연소는 가능하더라도 열이 미약해 스프링의 장력을 감소시키기는 어렵다.

62 강화유리가 폭발로 깨졌을 때 나타나는 형태는?

① 곡선모양
② 입방체모양
③ 원형모양
④ 격자모양

해설 강화유리가 화재나 폭발로 깨졌을 경우 입방체모양을 나타낸다. 이때 유리조각은 작지만 통일된 모양이다.

63 화재로 침대 스프링이 풀리거나 장력이 줄어들어 복원력이 상실되는 것은 무엇 때문인가?

① 열 접촉
② 소화수 접촉
③ 중력작용
④ 화재압력

해설 화재로 침대 스프링이 풀리거나 장력이 줄어들어 복원되지 않는 것은 열의 작용, 즉 열 접촉이 지속되었기 때문이다.

64 연소의 방향성 판단에 대한 설명으로 옳지 않은 것은?

① 백열전구는 열원이 있는 반대방향으로 팽창하고 부풀어 오른다.
② 화재가 지속되는 동안 침대 스프링은 보통 발화지점 방향으로 탄성이 저하된다.
③ 그을음 없는 유리조각은 화염접촉 이전에 다른 이유로 파열되었을 가능성이 크다.
④ 석고보드는 열에 접촉된 방면으로 흰색으로 탈수된다.

해설 백열전구는 열원이 있는 방향 쪽으로 팽창하고 부풀어 오른다. 이 현상은 열로 인해 내부 압력이 커졌기 때문에 발생한다.

Answer 59.① 60.④ 61.② 62.② 63.① 64.①

65 무지개 효과란 무엇인가?

① 가연물이 화재 후 고유의 색상을 잃었을 때 탄화물의 변화
② 가연물이 연소할 때 시간적 경과에 따른 화염의 변화
③ 소화수를 분무주수할 때 빛의 굴절과 반사로 나타나는 효과
④ 유성 물질이 물과 혼합되지 않고 물의 표면으로 뜰 때 나타나는 색상효과

해설 무지개 효과란 화재현장에서 인화성 액체 또는 유성 물질들이 물과 혼합되지 않고 물의 표면으로 뜨기 때문에 형형색색으로 보이는 현상을 말한다. 무지개 효과는 인화성 액체가 연소하지 않더라도 플라스틱 등 각종 가연물이 연소하면서 파생된 물질들 속에서 흔히 나타나는 현상으로 무지개 현상의 발견이 곧 인화성 액체가 존재했다는 증거로 판단하지 않아야 한다.

66 침대 스프링이 열에 노출되면 위에서 누르는 힘이 없어도 자체 무게로 주저앉는데 이때의 온도로 맞는 것은?

① 200℃ ② 300℃
③ 400℃ ④ 500℃

해설 스프링이 400℃ 이상의 열에 장시간 노출되면 장력이 줄어들고 스프링이 붕괴될 수 있다. 이 정도의 열에 노출되면 스프링을 누르는 무게가 없어도 그 자체의 무게로 주저앉게 되는데 이를 풀림온도라고 한다.

67 백열전구 안에 봉입되어 있는 가스는?

① 아르곤과 수은의 혼합가스
② 아르곤과 질소의 혼합가스
③ 질소와 헬륨의 혼합가스
④ 질소와 네온의 혼합가스

해설 백열전구 안에는 아르곤과 질소가스를 봉입하여 진공상태를 유지하고 있다.

68 백열전구의 필라멘트로 텅스텐이 쓰이는 이유로 맞는 것은?

① 발열작용이 우수하기 때문
② 공기 투과성이 우수하기 때문
③ 융점이 높고 가공이 쉽기 때문
④ 부식성이 적기 때문

해설 백열전구의 필라멘트로 텅스텐을 쓰는 이유는 융점(녹는점 3,400℃)이 높고 가공이 쉽기 때문이다.

69 다음 화재현장의 특징 중 건축물 방화현장의 특징으로 가장 거리가 먼 것은?

① 화재가 건물의 구조, 가연물 등에 비해 급격히 확산된 경우
② 최초 발화지점에서 유류 등 연료물질을 사용한 흔적이 있는 경우
③ 출입문, 창 등에 강제로 진입한 흔적이 있는 경우
④ 연소기구를 중심으로 연소확대가 진행된 흔적이 있는 경우

해설 건물 방화의 특징은 가연물에 비해 급격하게 연소한 경우, 유류를 사용한 흔적이 있는 경우, 출입구 등이 강제로 개방된 경우 등으로 인위적으로 조작한 흔적이 식별되는 경우가 많다. 반면 연소기구를 중심으로 연소가 진행된 것은 실화에 해당하는 경우이다.

70 다음 중 화재현장에서 인화성 액체가 사용되었다는 증거로 판단하기 곤란한 것은?

① 인화성 액체시료 확보
② 인화성 유증 채취
③ 사상자의 옷에서 유류성분 검출
④ 무지개 효과

해설 인화성 액체가 무지개 효과를 만들어 내기도 하지만 아스팔트, 플라스틱, 목재 등도 연소의 결과로 무지개 효과가 나타날 수 있어 이 효과만 가지고 인화성 액체를 사용했다는 증거로 판단해서는 곤란하다.

01

화재조사론

71 백열전구 내부의 상태로 맞는 것은?

① 상온상태   ② 진공상태
③ 저온상태   ④ 과압상태

해설 백열전구 내부는 아르곤과 질소의 혼합가스가 봉입된 진공상태이다.

72 백열전구의 필라멘트 소재로 맞는 것은?

① 몰리브덴   ② 니켈합금
③ 텅스텐   ④ 황동합금

해설 백열전구의 필라멘트는 융점이 높고 가공이 쉬운 텅스텐을 사용하고 있다.

73 사람의 인체가 열에 노출되었을 때의 반응 순서로 맞는 것은?

① 지방 → 피부 → 뼈 → 근육
② 지방 → 피부 → 근육 → 뼈
③ 피부 → 지방 → 근육 → 뼈
④ 피부 → 지방 → 뼈 → 근육

해설 사람의 인체가 열에 노출되었을 경우 피부 → 지방 → 근육 → 뼈 순으로 반응을 한다.

74 화재현장에서 발견되는 소사체의 특징적인 자세는?

① 기마 자세   ② 큰대(大) 자세
③ 다리가 풀린 자세   ④ 권투선수 자세

해설 화재현장에서 발견되는 소사체는 근육이 수축되기 때문에 사지가 구부러져 권투선수 자세를 하고 있는 경우가 많다.

75 화재현장에서 사망자의 특징적 흔적을 설명한 것으로 옳지 않은 것은?

① 뼈의 변색은 불의 온도를 의미하며 열분해 작용과 구분된다.

② 사람의 뼈는 불로 인해 변색되며 부서질 수 있다.
③ 뼈의 하소는 유기혼합물이 연소할 때 발생한다.
④ 물집은 사망 전이나 사망 이후에도 발생할 수 있다.

해설 뼈의 변색은 열분해 작용과 관련이 깊으나 불의 온도를 의미하는 것은 아니다. 뼈의 하소는 유기혼합물이 연소할 때 발생하며, 물집은 사망 전이나 사망 이후에도 발생할 수 있다.

76 벽면에 나타나는 화재패턴이 아닌 것은?

① V형 패턴   ② 모래시계 패턴
③ 포어 패턴   ④ U형 패턴

해설 벽면에 나타나는 화재패턴
V형 패턴, U형 패턴, 모래시계 패턴, 폭열

77 화재패턴에 대한 설명이다. 옳지 않은 것은 어느 것인가?

① 화재패턴이 생성되더라도 화염이 강하면 식별되지 않을 수 있다.
② 화재초기에 형성된 연소패턴은 어떤 경우에도 변형되지 않는다.
③ 창문이나 출입구는 환기에 의해 발화지점이 아니더라도 손상이 크게 나타날 수 있다.
④ 소화활동으로 인해 화재패턴은 만들어지거나 변경될 수 있다.

해설 화재초기에 형성된 연소패턴은 대류와 복사열로 변형될 수 있다.

78 발화지점에서 나타날 수 있는 특징으로 옳지 않은 것은?

① 주변에서 단락흔적 발견
② 일산화탄소 등 연기응축물의 침착
③ V형 패턴의 연소흔적
④ 주변에 비해 상대적으로 심하게 연소

해설 일산화탄소 등 연기응축물의 침착은 불완전연소 지역 또는 미연소 지역에서 나타나는 특징이다.

79 연소의 방향성 식별에 대한 설명이다. 옳은 것은?

① 연소방법에 대한 비교식별은 일부 비교에 의한다.
② 연소의 강약과 방향, 수열의 방향을 검토한다.
③ 국한시킬 때는 각각의 방향을 평면적으로 검토한다.
④ 횡방향의 연소가 종방향보다 빠르다.

해설 **연소의 방향성 식별방법**
ㄱ 연소방법에 대한 비교식별은 전부 비교에 의한다.
ㄴ 연소의 강약과 방향, 수열의 방향을 검토한다.
ㄷ 국한시킬 때는 각각의 방향을 입체적으로 검토한다.
ㄹ 종방향의 연소가 횡방향보다 빠르다.

80 다음 중 발화지점 판정기준으로 부적당한 것은?

① 목격자의 진술에 비중을 두고 발화원 규명에 초점을 맞출 것
② 전체 연소현상을 설명하는 데 연소상태나 증거 구성에 무리가 없을 것
③ 공기의 유동, 가연물의 분포, 시간적 경과 등이 연소 정도에 합리성을 지닐 것
④ 발화지점에서 주변으로의 연소확대 과정이 초기연소 특징과 부합할 것

해설 발화지점 판정은 물리적 증거를 중심으로 실시하고 목격자의 진술 등 인적 조사는 보충적으로 하여야 한다. 또한 발화원 규명은 최초 착화물과의 상관관계를 대입시켜 무리가 없도록 하여야 한다.

81 다음 중 건물방화의 특징을 나타낸 것으로 틀린 것은?

① 발화장소 주변에서 유류를 사용한 흔적 등이 확인된다.

② 역 원뿔형 패턴과 원형 패턴이 확인된다.
③ 연소시간에 비해 급격하게 확산된 형태가 보인다.
④ 가연물을 모아 놓은 흔적 등을 볼 수 있다.

해설 건물방화현장에서 확인할 수 있는 것은 트레일러 패턴, 낮은 연소패턴, 독립적인 연소패턴 등을 볼 수 있다. 역 원뿔형 패턴은 불완전 연소의 결과로 나타나는 경우가 많다.

82 다음 설명 중 옳지 않은 것은?

① 연소의 강약과 화염의 흔적을 관찰하여 연소의 진행방향을 파악한다.
② 관계자는 허위진술이 있을 수 있으며 목격 위치에 따라 발화지점이 다를 수 있으므로 발화지점을 결정할 때 주의가 필요하다.
③ 목격자의 진술만을 토대로 발화지점을 결정한다.
④ 발화지점은 거실, 창고, 안방 등 경계가 주어진 공간을 의미한다.

해설 발화지점의 결정은 최초 목격자 등 관계자와 초기 소방활동에 참여한 소방대의 진술을 참고하여 연소의 강약과 연소의 방향성 등을 확인하여 종합적으로 판단하여 결정하여야 한다.

83 화재현장 관찰방법으로 가장 부적당한 것은 어느 것인가?

① 관계자의 진술내용과 일치하는지 비교해 가며 확인
② 연소가 강한 곳은 전체 연소형태와 연결시켜 상관관계 분석
③ 연소가 약한 곳으로부터 강한 곳으로 관찰
④ 구조물이 붕괴되었거나 연소가 강한 지점은 발화지점으로 판단

해설 화세가 최성기에 접어들면 모든 공간으로 화염이 확산되어 구조물이 붕괴되거나 또 다른 지점에서 가장 강하게 연소할 수 있다. 따라서 구조물이 붕괴된 지점과 연소가 강한 지점을 발화지점으로 성급하게 판단하여서는 곤란하다.

Answer 79.② 80.① 81.② 82.③ 83.④

84 발굴 전 확인하여야 할 사항으로 옳지 않은 것은?

① 화재관계자로부터 정보취득
② 현장 전반에 대한 사진촬영
③ 발화지역 및 건물 전체의 현장 파악
④ 화재관계자의 채무상태

해설 발굴 전 확인하여야 할 사항
발화지역 및 건물 전체의 현장 파악, 화재관계자로부터 정보취득, 기상상황, 현장 전반에 대한 사진촬영 등

85 화재현장 관찰방법 중 옳지 않은 것은?

① 최성기의 목재 균열흔은 크게 나타난다.
② 벽면에 형성된 수평면의 연소흔은 상방향으로 연소확대된 결과이다.
③ 금속면의 연소경계선으로 연소 강약을 판별할 수 있다.
④ 아연도금 샌드위치패널이 고온과 오랜 시간 접촉하면 균열흔이 크게 나타난다.

해설 상방향으로 연소확대된 흔적은 수직면상에 나타난다.

86 연소의 방향성에 대한 설명으로 옳지 않은 것은?

① 목재는 먼저 연소된 쪽으로 도괴된다.
② 수직 벽면에 나타난 역삼각형 형태는 하부쪽이 먼저 발화된 흔적이다.
③ 수직방향성은 상승연소와 하강연소가 있다.
④ 직상방향에 저항을 받으면 화염이 소멸한다.

해설 직상방향에 저항을 받으면 벽면을 따라 수평방향으로 연소가 확대된다.

87 연소의 수평방향성에 대한 설명이다. 옳지 않은 것은?

① 수평방향으로 저항이 생기면 수직으로 연소가 진행되지 않는다.
② 가연물의 잔존상태 및 주염흔과 수열흔 등을 관찰하여 방향성을 알 수 있다.

③ 수직방향보다 연소속도가 늦고 연소의 강약 차이가 남기 쉬워 방향성 식별이 가능하다.
④ 목재가 연소한 경우 탄화심도를 비교측정하여 방향성을 알 수 있다.

해설 수평면으로 확산된 불꽃이 수직면에 저항을 받게 되면 상승연소를 동반하여 쉽게 수직면으로 확대된다.

88 발화원 판정에 대한 검토사항이다. 바르지 않은 것은?

① 발화원으로 작용할 가능성이 있는 각종 기구나 설비를 확인한다.
② 담뱃불이나 성냥과 같이 발화원이 남지 않는 경우 화재에 이를 만한 가능성을 충분히 검토한다.
③ 현장에서 감식 기자재가 없는 경우 확보된 자료는 사후에 정밀 감식하도록 한다.
④ 확정적인 원인 판정을 내릴 때에는 다른 화원과의 발화가능성을 연계시켜 2개 이상의 원인 판정 가능성을 열어 둔다.

해설 확정적인 원인 판정을 내릴 때에는 확보된 자료를 바탕으로 정밀감식을 실시하고 다른 화원을 부정하여 순차적으로 배제시키고 하나의 원인 판정을 완성시키도록 한다.

89 발화원의 잔해가 존재하지 않는 경우 입증 사항으로 틀린 것은?

① 발화원과 착화물의 관계로부터 시간적 경과는 배제할 수 있다.
② 미소화원에 의해 발화할 수 있는 착화물을 밝혀둔다.
③ 작업상황, 기상상황으로부터 미소화원이 화재로 발전할 수 있었는지 검토한다.
④ 흡연, 불꽃발생, 작업 등의 사실이 있었는지 확인한다.

해설 발화원과 착화물의 관계는 착염 및 출화에 이르게 된 시간적 경과와 환경적 축열조건 등을 종합적으로 검토하여 판단하여야 한다.

Answer 84.④ 85.② 86.④ 87.① 88.④ 89.①

90 출화가옥의 기둥 등은 발화부를 향하여 도괴되는 경향이 있으므로 이곳을 출화부로 추정하는 조사방법으로 옳은 것은?

① 연소비교법
② 탄화심도법
③ 도괴방향법
④ 열확산비교법

해설 출화가옥의 기둥 등은 발화부를 향하여 도괴되는 경향이 있으므로 이곳을 출화부로 추정하는 조사방법은 도괴방향법이다.

91 연소확대된 원인조사 사항이다. 해당하지 않는 것은?

① 수직재인 커튼이나 벽체 가연물 등의 소손상태를 조사한다.
② 내장재의 착화성, 구획된 공간적 분화 등에 대해 기록한다.
③ 피해면적, 수용되어 있는 물건의 시가 등을 파악한다.
④ 인접건물로의 비화 원인, 지리적 상황, 기상상태 등을 파악한다.

해설 피해면적, 수용되어 있는 물건의 시가 등은 연소확대된 원인조사 내용이 아니라 피해조사에 해당되는 사항이다.

92 다음 중 발굴의 의의로서 가장 거리가 먼 것은?

① 연소가 가장 많이 된 곳을 중점적으로 실시하여 잔해 확인
② 발화원으로부터 연소확대에 이르게 된 연소경로 파악
③ 화재와 연관된 상황 증거를 채취하여 평면적 또는 입체적 사실관계를 확인
④ 화재진행에 대한 시간적 흐름을 퇴적물을 통해 확인

해설 화재현장을 관찰하는 것만 가지고 화재의 진행상태와 원인을 알 수 없으므로 관계자의 진술, 소방

대의 소화활동, 조사관의 현장상황 관찰내용 등을 종합적으로 판단하여 발화구역을 한정하고 발굴을 실시하는 것이다. 연소가 많이 된 곳이라 하여 화재 전체를 판단할 수 있는 것은 아니다.

93 화재현장 발굴작업에 대한 설명이다. 바르지 않은 것은?

① 발굴된 증거물은 원형보존을 위해 물 세척은 절대 금지한다.
② 발굴 전 건물의 붕괴나 낙하물 등에 대한 안전대책을 우선 강구한다.
③ 발굴과정은 출화 당시 상황에 가깝게 복원하여 원인 판정을 이끌어 내는 과정이다.
④ 발굴범위는 수집된 정보와 관계자의 진술, 연소상황 등을 복합적으로 판단하여 결정한다.

해설 발굴된 증거물은 파손되거나 오손되기 쉬워 원형에 가깝게 보존하는 것을 원칙으로 한다. 그러나 과도하게 오염된 경우 간단한 물 세척을 통해 원형유지에 도움이 될 수 있는 경우가 있다.

94 발굴 시 유의사항이다. 틀린 것은?

① 복원할 필요가 있는 물건은 표식을 붙인다.
② 외부에서 중심부로 실시한다.
③ 물체의 치수, 간격 등은 숫자를 사용하며 제도기호를 기입한다.
④ 발굴해 낸 물건은 함부로 이동시키지 않는다.

해설 화재현장에서 물체의 치수, 간격 등은 숫자를 사용하며, 제도기호를 기입하는 것은 도면작성 시 주의사항을 나타낸 것이다.

95 발화구역에서 확보한 증거물의 현장처리 방법으로 적절하지 않은 것은?

① 손상되지 않도록 붓으로 가볍게 쓸어 내는 방법으로 불순물을 제거한다.
② 연소흔적 등 증거의 훼손과 오염방지를 위해 물의 사용은 절대 금지한다.
③ 고여 있는 물이나 습기 등은 형겊으로 닦아 낸다.
④ 발화원 주변을 발굴 후 복원과정을 재현한다.

해설 증거물은 훼손과 오염방지를 위해 원형을 유지하도록 힘써야 하는데 과도하게 오염된 증거물은 오염원을 제거하기 위하여 간단한 물 세척이 가능하다.

96 발굴 방법으로 옳지 않은 것은?

① 가급적 발굴한 물건은 위치가 어긋나지 않도록 옮기지 않는다.
② 사진촬영은 발굴완료 후 일괄적으로 실시한다.
③ 연소된 물건이 오염된 경우 가벼운 물 세척이 가능하다.
④ 발화지점 부근 바닥에 부착된 것은 함부로 제거하지 않는다.

해설 사진촬영은 발굴 도중에 중간 계측과 함께 실시되어야 하며, 발굴완료 후에도 적절하게 실시하여 기록을 남겨야 한다.

97 복원 시 유의사항으로 옳지 않은 것은?

① 물건의 위치가 불명확할 경우 관계자에게 확인시킨다.
② 증거물에 번호나 표시를 하고 위치를 분명히 한다.
③ 대용품은 타고 남은 잔존물과 유사한 것을 사용한다.
④ 발굴이 끝나면 관계자를 통해 확인시킨다.

해설 대용품은 타고 남은 잔존물과 구분될 수 있도록 유사한 것을 사용하지 않도록 한다.

98 화재조사 발굴을 마친 후 복원에 대한 설명이다. 맞지 않는 것은?

① 연소하고 남은 잔해가 불명확하더라도 복원한다.
② 대용재료는 타고 남은 잔존물과 유사한 것을 사용하지 않는다.
③ 복원 시 못이나 철사 등으로 고정금구를 사용하는 경우가 있다.
④ 관계자가 도면이나 사진 등을 보유하고 있는 경우 참고한다.

해설 복원과정에서 현장의 구조재는 확실한 것만 복원을 한다(불명확한 것은 복원금지).

99 다음 중 가장 올바른 설명은?

① 발굴로 훼손된 현장은 원형복구가 가능하다.
② 사진촬영은 전체를 조망한 후 내부에서 외부로 촬영한다.
③ 평면도 작성은 북쪽방향이 도면의 위쪽으로 위치하는 것이 원칙이다.
④ 관계자를 통한 진술조사가 끝나면 자료제출을 명할 수 없다.

해설 ① 발굴로 훼손된 현장은 원형복구가 불가능하다.
② 사진촬영은 전체를 조망한 후 외부에서 내부로 촬영해 간다.
③ 평면도 작성은 북쪽방향이 도면의 위쪽으로 위치하는 것이 원칙이다.
④ 관계자에 대한 진술조사 후에도 자료제출을 명할 수 있다.

Answer 96.② 97.③ 98.① 99.③

01 ▶ 화재상황

1 기상상태 기록

① 화재의 확대와 연소방향 등은 풍향 및 풍속과 관계가 있고, 실효습도, 건조 상태 등에 따라 가연물의 연소성이 달라지므로 발화 당시의 <u>날씨상황을 참고</u> 한다.

② 돌풍, 낙뢰 등과 같이 특수한 기상여건은 또 다른 변수로 작용하는 경우가 있으 므로 연소상황과 기상여건을 종합적으로 고려한다.

> **꼼.꼼. check!** ▶ 화재와 기상과의 관계 ▶
>
> • 날씨가 건조할수록 연소가 빠르며, 풍속이 강할수록 비화 위험이 높다.
> • 풍향 및 풍속은 소방대의 부서위치와 연기와 화염의 분출방향에 영향을 준다.
> • 습도가 높으면 연소열의 일부가 공기 중에 포함된 수분을 기화시키는 데 소모되기 때문에 화염 온도는 상대적으로 낮아지고 유효에너지는 감소하게 된다.
> • 기상학적으로 습도가 낮을수록 산불 등이 발생할 확률이 높다(습도는 일반적으로 여름이 가장 높고 가을, 겨울, 봄 순으로 낮다).
> • 건조주의보는 실효습도 35% 이하가 2일 이상 지속될 것이 예상될 때 발령되며, 건조경보는 실 효습도 25% 이하가 2일 이상 지속될 것이 예상될 때 발령된다.

┃ 실효습도 비중에 따른 화재 위험성 ┃

실효습도 비중	화재 위험성
50% 이하	매우 건조하여 인화가 용이하다.
40% 이하	일단 착화되면 불이 잘 꺼지지 않는다.
30% 이하	자연발생적으로 불이 일어날 가능성이 높아진다.

※ **실효습도** : 화재예방을 목적으로 수일 전부터 상대습도 경과시간에 따른 가중치를 주어서 산출한 목재 등 의 건조도를 나타내는 지수를 말한다.

❷ 가연물질의 종류 및 특징

(1) 목재류

① 수분이 15% 이상이면 고온에 장시간 접촉해도 착화가 곤란하다.

② 각재와 판재, 환형상태 등 모양에 따라 착화도가 다르며, 각재와 판재가 원형모양보다 빨리 착화한다.

③ 200~250℃ 이상에서 숯으로 생성, 300℃ 이상이면 파괴되고 균열이 발생한다.

④ 120℃의 낮은 온도에서도 오래 가열하면 저온착화가 가능하다.

⑤ 420~470℃ 정도에서 화원없이 발화하고 선이 깊고 폭이 넓을수록 강하게 연소한 것이며, 무염연소한 경우 깊게 타 들어간 심도가 깊다.

⑥ 발화부와 가까울수록 균열이 크고 균열 사이의 골이 깊다.

　㉠ 목재의 박리
- 목재의 연소가 진행되면 탄화된 부분이 떨어진다.
- 소방활동 시 주수압력에 의한 박리는 비교적 넓고 평탄하며 광택이 있다.
- 물체가 강하게 연소하여 박리한 경우는 박리부위가 많고 넓으며 깊어진다.
- 떨어져 나간 박리면은 개개의 면적이 비교적 작고 거칠며 뾰족하거나 혹은 박리부위가 여기저기 흩어져 남게 된다.

‖ 목재의 발화특성 ‖

온 도(℃)	발화특성
100~160	목재가열 개시, 수분 증발
220~260	갈색에서 흑갈색으로 변화, 인화 개시
300~350	목재의 급격한 분해 시작, H, CO, 탄화수소 등 생성
420~470	발화 및 탄화 종료
500	현저한 촉매활동으로 목탄 생성

　㉡ 목재의 균열흔
- **완소흔(700~800℃)** : 거북 등모양으로 탄화되며 홈이 얕고 사각 또는 사각형태
- **강소흔(900℃)** : 홈이 깊고 만두모양의 요철형태
- **열소흔(1,100℃)** : 홈이 가장 깊고 반월형모양

(2) 금속류

① 철(Fe)은 900℃ 정도가 되면 강도를 잃고 1,000℃ 이상이 되면 응력을 버티지 못하고 휘거나 붕괴된다.

② 수직상태의 금속류는 발화부나 수열을 받은 반대방향으로 휘며(열과 접촉한 면으로 팽창이 일어나기 때문), 수평상태의 금속류는 중력에 의해 하방으로 휘거나 비틀린다.

③ <u>샌드위치패널</u>은 발화지점과 가까울수록 도금된 표면의 균열이 작고 <u>발화부와 멀수록 크게 갈라진다</u>.

④ 알루미늄의 용융점은 660℃로 쉽게 연화·용융되며, 공기 중에 방치하면 산화피막이 생겨 광택이 없다.

┃ 주요 금속의 비중과 용융점 ┃ 알기 [2013년 산업기사] [2015년 산업기사] [2017년 산업기사] [2018년 기사] [2019년 기사] [2019년 산업기사] [2023년 기사] [2023년 산업기사]

구 분	비 중	용융점(℃)	구 분	비 중	용융점(℃)
알루미늄	2.7	660	구리	8.9	1,084
철	7.8	1,530	스테인리스	7.6	1,520
주석	7.3	232	아연	7.1	420
납	11.4	327	황동	8.8	900~1,050

㉠ 금속류의 변색
- 화재로 인해 금속류에 그을음이 부착하면 점차 그 양이 증가하며, 더욱 더 열을 받게 되면 그을음이 소실되어 간다.
- 금속면의 표면에 칠해진 도금이 수열로 인해 균열이 일어나거나 벗겨지고 붉은색으로부터 청색 또는 어두운 색으로 변색된 형상을 통해 온도 차이를 가늠할 수 있으며 일반적으로 <u>금속류는 연소가 강할수록 백색으로 변색</u>된다.

㉡ 만곡
- 금속이 열을 받아 팽창하여 고유의 온도에 도달하면 연화하기 시작한다.
- 팽창, 하중에 의해 만곡이 일어나고, 이 차이에 의해 연소의 강·약을 나타낸다.

(3) 콘크리트, 모르타르, 타일, 벽돌류

① 질적으로 단단하여 물, 기타 다른 힘의 영향을 쉽게 받지 않고, 오랜 시간 수열을 받으면 폭열이 발생하기도 하며, 수열에 의한 변색은 금속류와 같이 백색으로 되는 경향이 있다.

② 대부분 가공 성형된 것으로 그 질은 균일하지 않고 연소의 강·약을 명확히 나타내지 않는 것도 있다.

③ 타일은 그 구조성 때문에 연소의 강·약이 판명되기 어렵다. 그러나 자연석은 연소의 강약을 명확히 남긴다.

(4) 도료류

① 도료의 변색 및 발포

㉠ 물건의 변색이나 부식 방지 등을 위해 그 표면에 바니시, 페인트, 옻칠 따위로 보호색을 덧칠하는 것으로 일반적으로 화재의 발생에 따른 변색, 발포, 소실되는 경향이 있다.

㉡ 화재 시 변색되면 그을음을 볼 기회가 많고 그 차이로 인해 연소의 강 · 약을 나타낸다.

㉢ 발포란 열을 받아 거품 같은 상태가 되는 것으로 발포의 큰 입자 수의 차이가 연소의 강 · 약을 나타낸다.

㉣ 도료류는 비교적 얇게 도포되어 있어 소실되기 쉽다. 따라서 남아 있는 부분을 살펴 소실 정도를 파악한다.

㉤ 금속(도색제)의 수열변화 : 도료의 색 → 흑색 → 발포 → 백색 → 금속의 원색

② 도료류의 종류 (2013년 기사) (2019년 기사)

㉠ 페인트(paint) : 아마인유, 대두유, 오동유 등의 건성유를 90~100℃에서 5~10시간 공기를 불어 넣으면서 가열하여 색과 점도를 준 것으로 요오드가가 145 이상인 보일유에 안료와 전색제 등을 혼합한 착색도료이다.

㉡ 에나멜(enamel) : 일명 바니시페인트로 수지바니시, 유성바니시 등과 각종 안료류를 혼합하여 붓도장, 스프레이도장 등에 적용하도록 제조된 도료이다.

㉢ 바니시(varnish) : 천연 또는 합성수지를 건성유와 함께 가열 · 융합시키고 건조제 등을 첨가한 것으로 용제로 희석시킨 유성니스의 총칭을 말한다.

㉣ 래커(lacquer) : 니트로셀룰로오스를 주성분으로 하는 도료(질화면도료)로 니트로셀룰로오스, 수지, 가소제를 배합하여 용제에 녹인 것을 투명래커라고 하며, 이것을 안료에 혼합하여 유색 불투명하게 한 것이 래커 에나멜이다.

㉤ 프라이머(primer) : 도장하려는 금속면 등에 최초로 바르는 도막으로 접착성을 좋게 하고 금속재료에 부식방지 효과를 좋게 하는 도료로 초벌도료라고도 한다.

㉥ 시너(thinner) : 도료를 묽게 하여 점도를 낮추는데 이용하는 혼합용제로 협의로는 래커 시너를 말한다(초산에스테르류, 알코올류, 에테르, 아세톤 등).

(5) 플라스틱류

① 녹아서 흘러내리며 통상 가연성이지만 용융상태가 되면 분해가스를 발생하며 일반적으로 착화하여 소실된다.

② 플라스틱의 연화는 종류에 따라 다르지만 열변형 온도는 연화점보다 낮다.

‖ 플라스틱 고분자 재료의 연화온도 ‖

구 분	연화온도(℃)	구 분	연화온도(℃)
경질폴리염화비닐	60~100	폴리에틸렌	100~120
연질폴리염화비닐	60~120	폴리프로필렌	160~170
폴리스티렌	70~90	폴리카보네이트	200~240

㉠ 열경화성 플라스틱
  • 화재로 인해 한번 가열하여 굳어지면 다시 열을 가해도 변형되지 않는 것으로 **재가공이 불가능**하다(연소된 잔해는 숯처럼 된다).
  • 약 400℃에서 연화 또는 용융하며 450~700℃에서 발화한다.
    예 페놀수지, 에폭시수지, 멜라민수지, 요소수지, 폴리에스테르 등

㉡ 열가소성 플라스틱
  • 가열하면 부드럽게 액상으로 변하며 온도가 낮아지면 다시 굳어지는 성질이 있어 **재가공이 가능**하다.
  • 약 100℃ 전후로 연화 또는 용융하며 400~500℃에서 발화한다.
    예 폴리염화비닐, 폴리스티렌, 아크릴수지, 테프론 등

‖ 섬유류의 연소특징 ‖ 2018년 기사

종 류	내열성	연소(燃燒)성	연소(延燒)성	취 기	잔 사
유리섬유	약간 연화	융합할 뿐	없음	없음	유리알
벤베르크	연화, 수축하지 않음	신속히 연소	연소 계속	종이가 타는 냄새	소량의 재
나일론	연화, 수축	녹아 액체가 되면서 천천히 연소	자연적 소화	–	단단한 회갈색의 알
테프론	연화, 수축	녹아 액체가 되면서 천천히 연소	자연적 소화	매우 단냄새	굳은 검은 알
비닐론	연화, 수축	녹아 액체가 되면서 천천히 연소	자연적 소화	미약한 방향취	단단한 회갈색 덩어리
폴리에틸렌	연화, 수축, 권축	녹아 액체가 되면서 연소	용융, 연소 계속	밀납이 타는 냄새	단단한 회갈색의 알
아크릴	연화	녹아 액체가 되면서 연소	용융, 연소 계속	고기 타는 냄새와 비슷	단단한 검은 불규칙한 알
면직물	연화, 수축하지 않음	신속히 연소	연소 계속	종이가 타는 냄새	소량의 재
마	연화, 수축하지 않음	신속히 연소	연소 계속	종이가 타는 냄새	소량의 재

종 류	내열성	연소(燃燒)성	연소(延燒)성	취 기	잔 사
양모	연화, 권축	조금 녹아 액체가 되면서 천천히 연소	연소 계속 곤란	모발이 타는 냄새	단단한 선모양의 흑색
견	연화, 권축	조금 녹아 액체가 되면서 천천히 연소	연소 계속 곤란	모발이 타는 냄새	단단한 선모양의 흑색

(6) 유리류

① 일반유리는 약 250℃에서 자체 응력의 불균형으로 균열이 발생한다.

② 650~750℃에서 연화되고, 약 850℃에서 용해되어 흘러내린다.

③ 유리의 뾰족한 끝은 약 600~650℃에서 끝이 둥글어지므로 화세의 강약을 판단할 수 있다.

④ 인장력이 약하므로 화재현장에서 깨진 부분은 급격한 연소나 소화 시 물과의 접촉으로 급랭 등의 상황을 추정할 수 있고, 심하게 녹아 흘러내린 부분은 지속적인 가열이 이루어진 것으로 판단할 수 있다.

⑤ 유리 파편에 그을음이 부착된 경우에는 훈소화재와 같이 발열이 심했거나 서서히 열을 받았음을 나타낸다.

⑥ 건물 내부의 화재로 발생한 압력은 유리창을 파괴하거나 유리창이 틀에서 빠지도록 할 만큼 강하지 않으며 그을음이나 연기 응축물이 없는 유리 파편은 화재 또는 화염접촉 이전에 파열되었을 가능성이 높다.

(7) 가스류 [2019년 기사]

① 천연가스의 주성분은 메탄이며, 공기보다 가볍고(비중 0.55), 폭발범위는 5~15%이다.

② 액화석유가스의 주성분은 프로판이며, 공기보다 무겁고(비중 1.5), 폭발하한계(LEL)는 2.1%이고 폭발상한계(UEL)는 9.5%이다.

③ 화재현장에서 가스의 누출은 첨가제인 에틸멜캅탄(ethyl mercaptan)의 냄새를 통해 확인이 가능하며, 밸브의 개폐상태 및 파손형태 등을 확인하여야 한다.

④ 천연가스나 액화석유가스는 폭발로 인한 분화구를 생성하지 못한다. 구획되거나 밀폐공간에서 폭발속도가 음속 미만(폭연)이기 때문이다.

‖ 연소성에 따른 가스 구분 ‖ [암기]

분 류	종 류
가연성 가스	아세틸렌(C_2H_2), 산화에틸렌(C_2H_4O), 수소(H_2), 프로판(C_3H_8)
조연성 가스	산소(O_2), 오존(O_3), 염소(Cl_2)
불연성 가스	질소(N_2), 이산화탄소(CO_2), 아르곤(Ar)

(8) 가연성 액체의 위험성

① 위험물 중 가연성 액체는 유동성이 좋아 유출되면 광범위하게 확산되고 낮은 곳으로 흘러들어 위험이 증대된다.

② 증기압이 높은 가연성 액체는 표면에서 지속적으로 가연성 증기를 발산하기 때문에 인화 또는 폭발의 위험이 크다.

③ 위험물은 발화원이 없더라도 물과 접촉하여 발열하는 물질과 연소를 촉진시키는 산화성 물질 등 매우 다양하고 광범위하므로 판별에 주의를 요한다.

> **! 꼼꼼. check!** ▶ **위험물** 〈암기〉 2014년 기사 / 2020년 기사 / 2021년 기사 / 2023년 기사
>
> • 수분과 반응하여 가연성 가스를 발생하는 물질
>   - 칼륨 : $2K + 2H_2O \rightarrow 2KOH + H_2$
>   - 나트륨 : $2Na + 2H_2O \rightarrow 2NaOH + H_2$
>   - 알루미늄분 : $2Al + 6H_2O \rightarrow 2Al(OH)_3 + 3H_2$
>   - 인화칼슘 : $Ca_3P_2 + 6H_2O \rightarrow 2PH_3 + 3Ca(OH)_2$
>   - 탄화알루미늄 : $Al_4C_3 + 12H_2O \rightarrow 4Al(OH)_3 + 3CH_4$
> • 수분과 반응하여 발열하는 물질
>   - 생석회 : $CaO + H_2O \rightarrow Ca(OH)_2$
>   - 과산화나트륨 : $2Na_2O_2 + 2H_2O \rightarrow 4NaOH + O_2$
>   - 수산화나트륨 : $NaOH + H_2O \rightarrow Na^+ + OH^-$
>   - 클로로술폰산 : $HClSO_3 + H_2O \rightarrow HCl + H_2SO_4$

3 화염의 상황 〈암기〉

∥ 화염의 높이 ∥

분 류	내 용
연속적 화염높이	어떤 거리에서도 보이는 화염의 높이
평균 화염높이	50% 이상의 시간동안 보이는 화염의 높이
최고 화염높이	화재 시 최대로 보이는 화염의 높이

(1) 화염의 높이를 정의하는 불의 3가지 영역

① 계속적으로 화염이 일어나는 영역

　　→ 화염이 보이는 아랫부분

② 간헐적으로 화염이 일어나는 영역

　　→ 화염이 보이는 윗부분

③ 플룸 영역

　　→ 보이는 화염 위의 공간

(2) 화염의 온도

① 연속화염영역

㉠ 연속화염지역에서 불의 중심선 최대시간−평균화염온도는 1,000℃에 가까운 상수값을 갖는다.

㉡ 메틸알코올의 경우 복사열 손실이 적어 온도가 높지만 그을음이 많고 복사열 손실이 많은 화염은 온도가 상대적으로 낮다.

∥ 물질별 중심선에서 측정한 최대시간−평균화염온도 ∥

구 분	화염온도(℃)
벤젠	920
가솔린	1,026
제트연료	927
등유	990
메틸알코올	1,200
목재	1,027

② 간헐적 화염영역

㉠ 간헐적 화염영역에서 중심선 시간−평균온도는 연속화염지역에서는 1,000℃ 정도이며 플룸 지역에서는 300℃ 정도이다.

㉡ 평균화염높이(50% 간헐성)에서의 시간−평균온도는 약 500℃이다.

(3) 플룸지역

플룸지역에서 중심선 시간−평균온도는 간헐적 화염영역에서의 온도인 약 300℃ 정도에서부터 떨어지기 시작하여 가시적 화염으로부터 충분히 이격된 위쪽의 주위온도 정도로 떨어진다.

(4) 화염의 색

화염의 색상만으로 연소 중인 물질과 화염의 온도가 어느 정도인지를 정확히 파악하는 것은 어렵다.

∥ 연소 시 온도 및 색상 ∥ 암기 [2013년 기사] [2013년 산업기사] [2017년 기사] [2018년 산업기사] [2021년 기사]

온 도(℃)	색 상	온 도(℃)	색 상
750~800	암적색	1,100	황적색
850	적색	1,200~1,300	백적색
925~950	휘적색	1,500	휘백색

(5) 비화

① 불티가 바람에 날리거나 튀어서 멀리 떨어진 곳에 있는 가연물에 착화되는 현상
이다.

② 불티가 클수록 발화의 위험성이 높지만 작은 불티라도 바람, 습도 등의 영향에
따라 화재로 발전될 수 있다.

③ 불티의 비화거리와 범위는 연소물질의 종류, 발화부의 화세, 풍력 등에 따라서
달라진다. 야간에는 미세한 것까지 빨갛게 보이나 주간에는 검은 물체로 보일
수 있으므로 주의하여야 한다.

> **! 꼼.꼼. check!** ▶ **비화의 발생조건**
>
> • 불티가 발생할 것
> • 주변에 가연물이 있을 것
> • 바람 또는 대류와 복사로 인한 기류가 형성되어 있을 것

4 연기의 상황

(1) 연기의 확산경로

① 연기 또는 증기 입자들은 온도가 낮은 벽이나 천장, 유리 등의 표면에 응축되어
화재의 진원지와 연소확산된 경로를 파악하는 데 도움을 준다.

② 연기의 생성속도는 화재의 초기단계에서는 느리지만 플래시오버가 발생하는 경
우 플래시오버가 시작되면 급격히 빨라진다.

③ 소방활동 시 물을 가하면 많은 양의 응축된 증기가 발생할 수 있고 이것이 화재
로 발생한 검은 연기와 혼합되면 흰색이나 회색으로 보인다.

④ 연기는 벽이나 천장을 따라 이동하며 수직방향으로의 이동이 빨라 천장이나 상
층부분이 먼저 오염되고 하층으로 이동한다.

(2) 연기의 농도

① 연기는 플라스틱, 목재, 합성수지 등 재료의 특성에 따라 연소 시 다양한 색상을 나타내며, <u>연기의 색상으로 타는 물질을 밝혀내는 것은 어렵다.</u>

② 환기가 잘되고 가연물이 제한된 목재화재에서 생성된 연기는 밝은 색이거나 회색인 반면, 플래시오버 후 산소가 부족한 조건이나 환기가 제한된 조건에서는 같은 가연물이더라도 어둡거나 검은색을 나타낸다.

5 연소확대상황

(1) 연소의 범위조사

① 발화건물 및 주변으로 화염이 확산되는 상황과 개구부에서의 연기분출 형태, 지붕과 벽체가 무너지거나 불에 타서 화염이 인접 건물로 확산되는 양상 등을 기록한다.

② 발화건물과 주변의 건물상황을 고려해 가면서 발화건물의 구조, 연소방향 및 연소확대된 흔적 등에 대해 파악해 둔다.

③ 화재현장을 <u>전후좌우에서</u> 방위별로 <u>연소과정을 파악</u>한다.

④ 화염에 갇힌 건물의 출입구나 창문, 셔터 등의 개폐여부와 발화 당시 잠금상태를 구별해 둔다.

(2) 연소의 진행방향

① 실내화재에서는 산소농도지수 이하가 되면 불이 꺼지고 개구부를 통해 공기공급이 지속되면 연소가 촉진된다. 콘크리트와 같이 불연구조의 건물화재는 환기지배형이 많다.

② 실내 가연물인 가구, 내장재, 커튼 등 입상재에 착화하면 본격 화재로 발전하며 불이 붙지 않은 다른 구역으로 확산된다. 따라서 소손된 기둥, 가구 등으로부터 <u>연소의 방향성을 관찰</u>하여 발화지점을 한정한다.

③ 발화부 부근의 수직재를 보고 전체적으로 어떻게 연소가 확대되었는가를 검토한다.

> **! 꼼.꼼. check!** ━━ 산소농도지수(Limiting Oxygen Index)
>
> 산소−질소 혼합기에서 연소를 지속할 수 있는 최저산소농도(%)를 말한다. LOI는 상온에서 부피당 10~14%를 차지하고 있다.

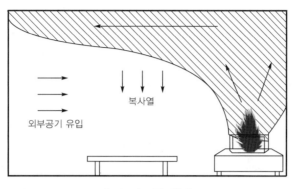

‖ 연소의 진행방향 ‖

(3) 환기지배형 화재와 연료지배형 화재의 구분 암기 [2016년 기사] [2018년 산업기사] [2020년 기사] [2023년 기사] [2023년 산업기사]

구획된 건물(compartment)의 화재현상에 따라 연료지배형 화재와 환기지배형 화재로 나눈다. 일반적으로 Flash Over 이전의 화재는 연료지배형 화재라고 하며 Flash Over 이후는 환기지배형 화재라고 한다.

① **연료지배형 화재(환기 양호)** : 화재 초기에는 화세가 약하기 때문에 상대적으로 산소공급이 원활하여 실내 가연물에 의해 지배되는 "연료지배형 화재"의 연소형태를 갖는다.

② **환기지배형 화재(환기 불량)** : Flash Over에 이르면 실내온도가 급격히 상승하여 가연물의 분해 속도가 촉진되고 화세가 더욱 강해지면서 산소량이 급격히 적어지게 된다. 이때 환기가 잘 되지 않아 연료지배형 화재에서 '환기지배형 화재'로 바뀐다.

‖ 화재의 구분 ‖ 암기 [2023년 기사] [2023년 산업기사]

구 분	환기지배형 화재	연료지배형 화재
지배조건	• 환기량에 의해 지배 • 통기량은 적고, 가연물이 많다.	• 연료량에 의해 지배 • 통기량은 많고, 가연물이 제한적이다.
발생장소	• 지하층, 무창층, 일반주택 등 • 내화구조, 소규모 밀폐된 건물	• 개방된 공간 • 차량, 임야화재
연소속도	• 연소속도가 느리다.	• 연소속도가 빠르다.
화재양상	• 화재 후 산소(공기)부족으로 훈소상태 유지	• 개방된 공간의 화재양상 유지
위험성	• 실내공기 유입 시 백드래프트 발생	• 개구부를 통해서 상층연소 확대
온도	• 다량의 가연성 가스 존재 • 실외의 열방출이 없기 때문에 실내온도가 높다.	• 쉽게 외부에서 찬 공기 유입 • 실내온도가 낮다.

(4) 소염거리

① 두 개의 평행 평판 사이에서 연소가 일어나는 경우 평판 사이의 간격이 어느 크기 이하로 좁아지면 <u>화염이 더 이상 전파되지 않는 거리의 한계치</u>를 말한다. 즉, 점화가 일어나지 않는 전극 간의 최대거리를 소염거리(quenching distance)라고 한다.

② 전기불꽃에 의한 점화는 전극의 간격에 의해 지배된다. 전극의 간격이 좁은 경우에는 아무리 큰 전기에너지를 통해 형성된 불꽃을 가하더라도 점화되지 않는데 이와 같은 현상이 일어나는 이유는 전극 간격이 좁아지면 전극을 통한 방열이 증대되어 발열과 방열의 균형이 이루어 질 수 없기 때문이다.

③ 화재현장에서 화염이 고체 표면 가까이 전파될 때 고체 표면에서는 라디컬(radical)열이 상실되기 때문에 벽 가까이에는 소염공간이 형성된다. 벽체와 벽체의 경계부나 모서리에 있는 가연물이 연소되지 않고 남아 있는 것도 화염이 전파되지 않아 나타나는 현상이다.

바로바로 확인문제

소염거리란 어느 것을 의미하는 것인지 옳은 것은?
① 화염이 형성되는 거리
② 화염이 전파할 수 없는 평행한 고체 벽 간격의 임계치
③ 소화가 가능한 화염의 길이
④ 화염이 전파할 수 없는 불규칙한 화염의 농도

해설 화염이 고체 표면을 전파할 때 고체 표면에서는 라디칼(radical)열이 상실되기 때문에 벽 가까이에는 소염공간이 형성된다. 두 개의 고체 벽이 가까워지면 양쪽의 소염공간이 맞닿아 화염이 전파할 수 없게 된다. 이때 화염이 전파할 수 없는 평행한 고체 벽 간격의 임계치를 소염거리라고 한다. **답** ②

---

6 피난상황조사

① 피난경로는 화재가 발생한 건물의 거주자들이 가장 잘 알고 있다. 그러나 이용 가능한 비상구의 위치를 거주자들이 모르고 있거나 위치가 충분히 확인되지 않은 경우 불안감이 고조되고 혼동이 야기될 수 있다. 화재조사관은 피난구의 수, 위치, 방향, 구조 등을 파악하여야 한다.

② 피난방법의 선택은 건물 안에 구조용 또는 피난용 장비가 있다면 사용방법을 알고 있는 거주자들이 자력 탈출하는 데 이용될 수 있다. 이처럼 피난방법에는 직접 대피하는 방법과 주위 관계자들의 도움, 소방대에 의한 구조 등이 있다.

③ 건물을 미처 빠져 나오지 못함으로써 사상을 당하는 피난상 장애요인을 보면 피난구의 잠김, 폐쇄, 적치물 방치 등과 연기로 인한 시계(視界)제한으로 고립되는 경우가 있다.

> **! 꼼꼼. check!** ➤ **인간의 피난행동 특성** ➤
> • 귀소본능　　• 퇴피본능　　• 지광본능　　• 추종본능　　• 좌회본능

01

화
재
조
사
론

02 화재진압상황

1 목격자 및 소방대의 진화상황

① 화재 발견 당시 목격자가 화염을 발견한 위치와 화세의 크기, 세기 등을 파악한다.
② 화재를 진압하기 위해 초기 소화설비(소화기, 옥내소화전 등)의 사용여부 또는 주변사람들이 힘을 모아 진압한 내용 등을 주변인을 상대로 조사한다.
③ 화재진압 도중 부상자 발생 시 부상 정도, 부상당한 장소, 부상 원인 등을 조사한다.
④ 소방대가 화재진압 시 진입구 및 화염의 농도와 세기, 특정 지점에서의 출화현상 등을 파악한다.
⑤ 목격자 및 소방활동에 직접 참여한 소방관 등의 진압상황 설명은 저마다 발견 위치와 시간에 따라 다르거나 일치하지 않기 때문에 현장에 있는 <u>다수의 사람을 대상으로 진술을 확보</u>하도록 한다.

2 소방대의 활동상황

① 최초 현장에 도착한 선착대가 목격한 연소상황과 차량의 부서위치, 진압활동 전개내용 등을 구체적으로 확인한다.
② 화재진압 시 진입구 및 화염의 농도와 세기, 특정 지점에서의 출화현상이 있었는지 파악한다.
③ 사상자 발생 시 발견지점과 부상자의 부상경위(피난 중, 구조요청 중, 화재진압 중) 등을 직접 구조활동에 참여한 소방관을 대상으로 파악하도록 한다.
④ 인명구조(대피유도 포함)를 실시한 경우 구조인원 및 구조지점을 확인하고 개구부의 위치 확인을 통해 피난동선을 파악하도록 한다.
⑤ 현장에서 소사체로 발견된 사망자가 있을 경우 형태나 위치를 변경하지 않도록 하여 사망배경을 조사하는 데 도움이 되도록 한다.
⑥ 소방활동 중 부득이하게 물건을 파헤치거나 이동을 한 경우에는 그 내용을 기록으로 작성하여 화재조사에 활용될 수 있도록 조치를 강구하여야 한다.

> **! 꼼.꼼. check!** ◀── **화재조사를 위한 진압대원 및 구조대원의 역할** ● 2013년 기사
>
> - 사상자가 발생한 경우 발견지점과 부상정도 등을 확인하고 화재조사관에게 통보한다.
> - 출입문을 강제로 개방하고자 할 때 이미 다른 강제개방 흔적이 발견되었다면 화재조사관에게 알리고 이 흔적과 겹쳐지지 않도록 다른 곳을 파괴한다.
> - 잔불정리 과정은 직사주수를 사용하거나 과도하게 변형이 일어나지 않도록 하며 변경을 가할 때에는 화재조사관에게 알린다.
> - 동력절단기, 체인톱 등에 연료를 주입할 때는 화재현장 밖에서 급유하여 화재현장이 오염되지 않도록 조치한다.

3 화재진화 과정상 특이점 (2020년 기사)

① 목격자를 대상으로 급격한 연소확대, 폭발, 붕괴 등 소방대의 도착 이전 상황에 대해 정보를 확보하여 연소상황과 대입시켜 진위여부를 확인하도록 한다.

② 소방대의 <u>소화활동 중 이상한 냄새</u> 또는 특이한 연소 및 <u>주수효과의 상황</u> 등을 파악한다. 진화활동 중임에도 가스가 누설될 수 있으며 물을 주수하더라도 인화성 촉진제가 있을 경우 불이 물 위로 뜬 상태가 되어 소화가 곤란한 상황 등이 발생할 수 있다.

③ 연소된 지점 또는 연소현상과 상관없이 부상당한 자가 발생하였다면 화재발생 전 · 후의 행동을 청취하여 사상경위와 연소경위와의 상관관계를 확인하도록 한다.

④ 화재발생 당시 물건이 부자연스럽게 한쪽으로 집적되어 있는 상황에서 연소되었거나 발화원이 존재하기 어려운 장소에서 화재가 발생한 경우 등은 주변환경과 연소현상을 살펴 방화의심 여부를 체크하도록 한다.

⑤ 백드래프트, 플래시오버 현상 등이 발생하였다면 잠재된 에너지의 힘과 크기, 가연물의 양, 연소지속시간 등을 유추할 수 있어 발화지점을 판단하는 데 유용할 수 있다.

4 소방시설조사

① 소방시설이 설치된 대상물은 경비실 · 통제실에 설치된 자동화재탐지설비 수신반의 화재표시등, 지구경종, 주경종, 수동 및 자동 기능 설정 등을 조사하여 화점층을 반드시 확인하도록 한다.

② 비상경보설비, 자동화재탐지설비 등 경보설비의 작동상태는 층별 감지기 설치상황을 비롯하여 작동 불능인 경우 그 이유를 확인하여야 한다.

③ 옥내소화전설비는 펌프설비의 정상작동여부 및 소방호스와 관창의 사용여부 등을 확인하고 스프링클러설비의 경우 펌프설비, 기동용 수압개폐장치 등의 작동상태와 불이 난 경계구역이 살수범위 안에 있었는지 등을 확인하여야 한다.

④ 비상구의 개폐상태 및 피난구를 쉽게 인식할 수 있도록 적정한 표지를 설치하여 대피과정에 어려움과 장애물은 없었는지 조사하여야 한다.

⑤ 층별 또는 용도별 방화구획의 적정성과 임의 용도변경, 방화시설의 임의 제거 및 훼손 여부 등을 확인하도록 한다.

바로바로 확인문제

화재현장상황 파악을 하기 위한 조사 내용이 아닌 것은?
① 목격자의 진술 확보　　　　　　② 소방대의 소화활동상황
③ 소방시설의 작동상태　　　　　　④ 사전 임무분담

해설 화재현장상황 파악을 위한 조사 내용으로는 목격자 확보, 소방대의 소화활동상황, 소방시설 작동상태, 피난상황조사 등이 있다. 사전 임무분담은 조사계획 수립단계에서 진행되는 것으로 관계가 없다. **답 ④**

03 탐 문

1 범죄심리학적 탐문

(1) 진술분석 기법

성실성	탐문을 실시함에 있어 <u>성실한 태도</u>, 열의 있는 설득, 그리고 진심어린 태도 등이 좋은 성과를 가져온다.
인내와 열의	원하는 내용을 성급하게 찾는 태도는 실패하기 쉬우므로 <u>조급하게 결론을 내리려고 하지 말고</u> 끝까지 참으며 상대방의 진술을 듣고 반복 확인하도록 한다.
인격 존중	누구나 경시 당했다는 느낌을 받으면 조사에 비협조적이므로 항상 <u>상대방의 인격을 존중하</u>는 자세가 필요하다.
냉정, 온화한 태도	상대방이 비록 협조적이지 않더라도 분개하거나 탓하지 말고 <u>항상 차분한 마음으로</u> 꾸준히 협력을 청하도록 한다.
유혹의 경계	부정한 유혹에 넘어가지 않도록 <u>의연한 태도를</u> 유지한다.

(2) 행동분석 기법

① 상대방과 이야기를 할 때 그 사람의 심리작용은 안색이나 표정 등에 나타나므로 그것을 정확하게 관찰하여 진술내용 진위와 마음의 동요상태 등을 파악하도록 노력한다.

② 자신의 과실을 인정하는 유형은 고개를 떨구거나 흐느껴 울기도 하지만 비교적 진실에 가까운 진술을 하려는 경향이 많다.

③ 진실을 은폐하려는 자는 진술과정에서 눈길이 마주치는 것을 피하기도 하며 진술내용의 연결이 끊기거나 번복되는 경우가 많다.

2 화재현장 목격자 탐문 방법

(1) 화재현장 관계자의 특징

① 현장부근에서 잠옷 차림이거나 맨발인 자

② 화상을 입었거나 의류가 타 버린 자

③ 의류가 물에 젖어있거나 오손되어 있는 자

④ 당황해 하거나 웅크려서 울고 있는 자

⑤ 가재도구를 집어 들고 있거나 물건을 반출하고 있는 자

(2) 탐문조사 실시 및 확보방안

① 화재현장에서 옷이 물에 젖어 있거나 안면에 그을음 등의 흔적이 있는 경우 화재와 직접 연관된 관계자일 가능성이 크므로 신원을 파악하는 데 노력하여야 한다.

② 화재현장 주변으로 다수의 군중이 운집한 경우 비디오카메라 등을 활용하여 촬영을 한 후 나중에 특징적인 사람을 판별해 내는 것도 방법이 될 수 있다.

③ 화재현장에 남겨진 우편물, 메모, 장부 등을 통해 관계자의 신원을 파악하는 경우도 있고, 주변인을 통해 화재관계인의 주거 및 소재 위치를 확보하는 경우도 있다.

④ 화재와 직접 연관된 관계자가 화재현장에 없었다면 부재증명(alibi) 조사와 함께 연고감, 지리감 조사를 실시하고 화재를 발견한 목격자 등은 그들이 직접 보고, 듣고, 확인된 사실에 초점을 둔 조사가 이루어지도록 한다.

3 관계자 진술획득 방법

① 상대방의 긴장을 해소하고 <u>신뢰를 얻을 수 있도록</u> 할 것

② 자발적인 진술 및 <u>협조를 유도</u>할 것

③ 질문이 무엇을 암시하거나 <u>유도하는 방법으로 하지 말 것</u>

④ 질문 시 용어 선택 및 수준은 <u>상대방의 수준에 맞춰서</u> 할 것

⑤ 상대방의 이야기를 끝까지 청취할 수 있도록 노력할 것

4 관계자 진술조사 시 유의사항

① 개인의 인권과 사생활이 침해받지 않도록 할 것
② 어느 한 쪽으로 편중된 의사표현을 삼가고 중립적 입장을 취할 것
③ 질문은 간결하게 하고 많은 이야기를 할 수 있도록 상대방을 배려할 것
④ 상대방의 감정과 기분을 증폭시키는 질문을 삼갈 것
⑤ 어린이나 노약자 등에 대한 질문 시 보호자 또는 후견인의 입회가 가능하도록
하여 신뢰감을 확보할 것

바로바로 확인문제

화재조사 시 관계자에 대한 질문 요령으로 틀린 것은?
① 일문일답 형식으로 계통적 순서에 따라 질문하고 청취한다.
② 관계자의 진술내용을 신속하게 기록하며, 상황에 따라서는 녹음(녹취)도 필요하다.
③ 허위진술을 방지하기 위해 질문을 시작할 때 상대방의 성명, 연령, 주소 등을 청취하고
기재한다.
④ 발화원인과 관계가 있는 것 같은 사항에 대한 질문에 대해서는 상대방에게 예비지식을
주면서 질문을 한다.

해설 관계자 질문 시 유도질문이나 예비지식을 주면서 질문하는 방식은 삼가야 한다.   **답 ④**

---

5 거주자, 근무자 등의 동향파악

① 성명, 연령, 직업, 주소, 전화번호 파악
② 화재 당시 어디서, 어떻게 화재발생을 알게 되었는가
③ 119신고 및 초기 소화행위는 이루어졌는가
④ 어느 위치에서 무엇이 타고 있었는가, 그 당시 다른 사람은 주위에 없었는가
⑤ 화재발생 전 화기취급 사실 또는 화재 징후와 관련된 특이한 점은 없었는가

---

04 현장보존

1 화재방어 시 현장보존과 통제

① 현장 접근에 대한 통제 결정은 조사현장에 대한 통제권이 있는 주체가 결정한다.
② 현장 출입을 허가받은 사람도 상세히 모니터링하여 들어오고 나가는 사람의 신
원과 시간을 기록한다.

③ 과잉주수, 파괴, 발로 밟음, 휘저음 등을 삼가며 필요시 조사요원을 배치한다.

④ 현장에 있는 물건을 불가피하게 이동할 경우 이동 전의 위치에 대한 기록 및 사진촬영을 한다.

⑤ 재발화 방지를 위한 조치는 최소한도로 하여 현장보존에 노력한다.

> (!) 꼼.꼼. check! ─● 현장통제의 주된 이유 ●───
>
> 증거보존 및 안전사고 방지

2 출입금지구역의 통제

① 로프나 표식 등으로 <u>출입금지구역 경계 표시</u>를 한다.

② 출입금지구역 설정 후 조사관계자 이외에 출입을 금지함과 동시에 <u>반드시 관계인에게 통보</u>를 한다.

3 출입금지구역의 범위확대

① 발화지점 부근의 목격상황에 대한 진술이 제각기 달라 발화지점이 불명확할 때

② 초기화재를 발견한 사람의 진술과 건물 등의 소손상황으로부터 판단한 발화위치가 상당한 차이를 보이며 상호연관성이 불명확할 때

③ 건물 전체가 같은 정도로 소손된 상황으로 특이한 연소방향의 정도가 확인되지 않을 때

④ 건물의 지붕을 지지하는 구조물 등이 광범위하게 대량으로 소손되어 바닥에 연소 낙하물이나 퇴적물이 많이 쌓여 있을 때

⑤ 진화 후에도 행방불명자가 확인되지 않을 때

> (!) 꼼.꼼. check! ─● 출입금지구역 범위 ●───
>
> 발화원으로 판단되는 것이 제조가공기계 설비 등으로 일련의 관련기구가 있을 때는 이들 설비 전체를 출입금지구역으로 지정한다. 또한 폭발을 동반한 화재일 경우 폭발장소에 있던 물건이 비산된 범위까지 출입금지구역으로 지정한다.

4 관련기관과의 협조

① 정확한 발화원인 규명을 위해 소방과 경찰 등 관련기관과의 긴밀한 이해와 협조를 유지한다.

② 조사일시, 조사범위 등은 원활한 조사를 위해 기상환경조건과 사진촬영의 용이성 등을 고려하여 합의하에 결정한다.

바로바로 확인문제

화재조사를 위해 현장보존 방법으로 가장 적당하지 않은 것은?
① 현장보존구역이라는 표식을 설치하고 관계자에게 통지한다.
② 현장보존구역의 설정은 필요 최소한으로 한다.
③ 현장보존구역은 조사상 필요에 의해 허락받지 않은 자를 통제하는 데 있다.
④ 현장보존은 소화활동이 끝난 후 해제하는 것을 원칙으로 한다.

해설 현장보존구역의 설정은 소화활동이 끝난 후 화재조사를 실시하기 위한 사전단계에 해당하기 때문에 해제하여서는 안 된다.

답 ④

---

05 현장안전

1 일반사항

(1) 화재조사 안전수칙
① 화재현장조사는 단독으로 하지 않는다. **최소한 2인 이상 실시한다.**
② 화재나 폭발조사 개시 전 벽이나 기둥 등 건축물의 구조적 안전성 평가를 먼저 실시한다.
③ 어느 때나 심각한 부상의 가능성을 염두에 두고 자기만족에 빠지지 말고 불필요한 행동을 금지한다.
④ 화재가 완전히 진압되었더라도 지휘자에게 알리고 진입하여야 하며, 재발화의 가능성을 염두에 두고 가장 빠르고 안전하게 나갈 수 있는 방법을 사전에 준비해 둔다.
⑤ 개인 보호장구(보안경, 마스크, 장갑 등)를 착용하여 조사관의 안전을 항상 먼저 도모한다.
⑥ 추락, 붕괴위험 등이 있는 지점에는 표지판을 반드시 설치하여 접근금지 및 사고위험에 대비한다.

(2) 현장에서 확인하여야 할 위험

물리적 위험	미끄러지거나 발에 걸리거나 물체가 떨어지는 위험과 날카로운 표면, 깨진 유리 등에 의한 손상 등
구조적 위험	건물의 균열, 붕괴 등 손상도가 심한 구조적 위험
전기적 위험	건물의 전기설비와 조사관이 사용하는 조명용 발전설비 등에 의한 위험
화학적 위험	화재현장에 존재하거나 사고로 인해 생성된 화학물질의 위험
생물학적 위험	박테리아, 바이러스, 곤충, 식물, 조류, 동물 및 사람 등에 의해 감염되는 피부 가려움증, 알레르기, 전염성 질병 등
기계적 위험	현장에 있는 기계 및 장비의 작동으로 인한 위험

(3) 방호복 및 장비

① 화재현장에서는 안전화 또는 장화를 비롯하여 장갑, 안전모, 시력보호장비 등을 반드시 착용하여야 한다.

② 물건이 떨어지거나 피부가 베이거나 뾰족한 물체에 긁히거나 하는 등 잠재적 위험에 대비하여 소방의복(방화복)을 착용할 수 있으며, 독성물질이 노출된 환경에서는 1회용 방호복을 착용하는 등 현장에 따라 적절히 선택하여 착용을 하여야 한다.

③ 화재현장은 대부분 산소함유량이 적고 독성물질과 부유미립자들이 있을 수 있어 호흡보호장비인 마스크(방진마스크, 방독마스크)를 반드시 착용하여야 한다.

④ 안전유지를 위해 보호용 장갑, 휴대용 조명기구를 적절하게 사용하여야 하고, 낙하방지 조치 등이 이루어져야 한다.

(4) 화재조사관의 피로

① 조사관은 화재현장에서 장시간 작업을 하는 경우가 많아 피로가 축적되고 이로 인해 신체적 균형과 힘 또는 위험한 상태에 대한 반응이나 판단력이 떨어질 수 있다.

② 주기적인 휴식, 수분 보충 및 영양 섭취가 필요하며, 음식을 섭취하는 경우 화재현장을 벗어나 휴식과 음식을 취하는 것이 중요하다.

바로바로 확인문제

화재조사 안전수칙으로 적합하지 않은 것은?

① 마스크, 장갑 등 보호장구를 착용한다.

② 벽, 기둥, 바닥 등에 대한 안전성 평가를 실시한다.

③ 단독으로 조사를 실시하며, 위험 사각지대를 살펴본다.

④ 붕괴위험이 있는 곳은 표지판을 설치하여야 한다.

해설 화재조사는 단독조사를 삼가고 2인 1조로 실시하는 방안이 강구되어야 한다. 답 ③

2 화재현장 안전에 영향을 주는 요소 🎯 🧑‍🏫 📅

(1) 화재진압상황

① 화재가 완전히 진압되기 전에 조사관이 건물로 들어가는 경우에는 <u>현장지휘관의 허락을 받아야</u> 한다.

② 조사관은 화재를 진압하는 인력과 협력하여야 하며 들어가서 작업을 하려는 영역에 대해 화재현장 지휘관의 조언을 듣고 따라야 한다.

③ 조사관은 화재진압 인력과 동행하지 않거나 적절한 훈련을 받지 않았다면 불타는 건물 안으로 진입하여서는 안 된다.

④ 불이 재발화할 수 있다는 가능성을 염두에 두고 조사관은 가장 빠르게 피난할 수 있는 피난로를 확보하고 있어야 한다.

(2) 구조적 안정성

① 화재로 인해 지붕, 천장, 내력벽 등의 구조물은 약해지므로 구조물에 들어가거나 잔해를 제거하기 전에 <u>안전에 대한 평가가 먼저 이루어져야</u> 한다.

② 표면으로 노출되지 않은 바닥면의 뚫린 구멍들을 유의하여야 하며, 고여 있는 물과 허술하게 쌓여 있는 잔해 속에는 또 다른 위험물이 있을 수 있으므로 경계하여야 한다.

(3) 설비

① 구조물 안에 있는 전기, 가스, 수도 등 설비의 상황을 확인하여야 한다.

② 전기의 통전유무와 연료 가스관에 연료가 들어 있는 지의 여부, 수도배관과 연결된 다른 배관의 작동여부 등을 구조물에 진입하기 전에 확인하여야 한다.

(4) 전기적 위험

① 화재가 발생한 구조물 안으로 들어가기 전에 <u>전원의 차단여부를 확인</u>하여야 한다.

② 전원 차단은 전기공급업체 등 관련기관에서 담당하도록 하여야 하며, 전원이 차단된 경우에는 계량기에 태그(tag)나 잠금장치 등을 부착하여 전원이 차단되었음을 나타내도록 조치하여야 한다.

③ 전원 차단유무의 확인은 조사관이 검전기 또는 고압전류감지기 등을 사용하여 확인할 수 있으며, 모든 전선은 전원이 차단된 경우라도 전기가 통하고 있다고 생각하며 경계하여야 한다.

④ 사다리를 사용하여 전선의 위쪽 부근으로 장비를 올릴 때에는 각별한 주의가 필요하며 <u>고무 신발류를 절연체로 믿지 않도록</u> 한다.

⑤ 물이 고여 있는 지하실에는 진입하지 말아야 하며, 물에 서 있을 때에는 전류가 통하는 전기장비를 조작하지 않도록 한다.

(5) 고여 있는 물

① 고여 있는 물에 전기가 통전상태를 유지할 경우 진입하게 되면 치명적인 사상을 당할 수 있어 확인이 필수적이다.

② 고여 있는 물속에는 각종 물체가 뒤섞여 있어 조사관의 발에 걸리거나 상해를 당할 수 있고 위험한 물체가 숨어 있을 수 있다.

(6) 구경하는 사람들의 안전

① 조사관은 화재현장의 증거 보안뿐만 아니라 화재나 폭발현장을 구경하는 사람들의 안전에도 신경을 써야 한다.

② 조사현장은 구경꾼들이 출입하지 못하도록 끈이나 로프 등으로 출입금지 표지를 하고, 필요하다면 소방관이나 경찰관의 도움을 받을 수 있도록 요청한다.

③ 조사현장에 권한 없는 사람이 있을 경우 신원을 확인하여 기록한 다음 현장 밖으로 내보내야 한다.

(7) 화재현장 공기의 안전

① 화재발생현장에는 독성가스 및 유해한 가스들이 다량 부유하고 있어 건강에 위협을 줄 수 있고 산소가 불충분한 경우가 대부분임을 유의한다.

② 화재현장의 공기는 발화성 기체 또는 증기 및 액체가 포함되어 있을 수 있어 진입 전에 측정이 이루어져야 한다.

■3 현장 밖 조사활동의 안전

① 물리적 증거의 처리 및 저장, 실험실에서의 조사 및 테스트, 실제 화재 재연실험 등을 실시할 경우 화재현장 밖에서도 안전이 확보되도록 한다.

② 안전한 의복 착용 및 장비의 사용, 위험물질 보관 시 라벨 부착, 화재와 폭발 재연실험 시 열적, 호흡기적, 전기적 위험에 대한 방호조치 등을 하여야 한다.

출제예상문제

* ✚ 표시 : 중요도를 나타냄

01 화재관련 기상상태에 대한 설명으로 옳지 않은 것은?

① 실효습도가 50% 이하가 되면 대단히 건조하고 화재위험이 커진다.
② 건조주의보는 실효습도가 35% 이하일 때 발령된다.
③ 습도가 낮을수록 산불이 발생할 확률이 높다.
④ 습도는 일반적으로 겨울이 가장 높아 화재위험성이 크다.

[해설] 습도는 일반적으로 여름이 가장 높고, 가을, 겨울, 봄 순으로 낮다.

02 화재의 위험성을 설명한 것으로 바르지 않은 것은?

① 날씨가 건조할수록 위험하다.
② 가스의 조성이 균일하지 못할 때 연소가 활발하다.
③ 풍속이 강할수록 비화우려가 높다.
④ 산소농도가 증가하면 화염의 온도가 높아진다.

[해설] 가스의 조성이 균일하지 못할 때 불완전연소가 일어나며 착화위험이 낮아진다.

03 화재발생 시 기상상태에 대한 설명으로 가장 거리가 먼 것은?

① 눈과 비는 화염의 분출방향에 영향을 준다.
② 습도가 높으면 화염온도는 상대적으로 낮아질 수 있다.
③ 날씨가 건조할수록 연소가 빠르다.
④ 풍속이 강할수록 비화위험이 높다.

[해설] 연기와 화염의 분출방향에 가장 큰 영향을 주는 것은 풍향과 풍속이다. 습도가 높으면 연소열의 일부가 공기 중에 포함된 수분을 기화시키는 데 소모되기 때문에 화염온도는 상대적으로 낮아지고 유효에너지는 감소하게 된다. 날씨가 건조할수록 연소가 빠르며 풍속이 강할수록 비화위험이 높다. 눈과 비가 내려 화염의 분출방향에 영향을 주는 것은 매우 미미하여 가장 거리가 멀다.

04 화재 초기단계의 조사내용에 포함되지 않는 것은?

① 관계자 확보
② 화염의 세기 및 출화방향
③ 발굴증거 확보
④ 화재발생 건물현황

[해설] 화재 초기단계의 조사사항
  ㉠ 연소상황 : 급격한 연소확대 지점 및 화염의 세기 등
  ㉡ 연소건물 : 건물현황(주소, 장소, 층수, 구조 등), 출입구나 창문 등의 개폐상태
  ㉢ 관계자 확보 : 신고자, 목격자, 발견자, 초기소화활동 종사자 등
  ㉣ 기타 : 가스의 누설여부, 전기의 통전상태, 개폐기, 밸브 등의 개폐상황 등

05 화재조사를 위한 초기단계의 조치사항으로 가장 거리가 먼 것은?

① 관계자 확보
② 화재 건물의 용도, 구조 파악
③ 현장보존구역 설정
④ 기상상황

[해설] 현장보존구역 설정은 소화활동이 후기로 접어들어 잔화정리가 이루어질 무렵에 행해진다.

Answer　01.④　02.②　03.①　04.③　05.③

06 화재 초기단계에 대한 설명으로 가장 알맞은 것은?

① 다량의 흰색연기 발생, 완만한 연소형태
② 복사열 및 화염 최고조
③ 화재의 급속한 진행, 플래시오버 발생
④ 검은 연기와 화염 분출

해설 화재 초기에는 다량의 흰색연기가 발생하며, 완만하게 연소가 진행된다. ③과 ④는 성장기, ②는 최성기를 나타낸 것이다.

07 목재가 고온에 장시간 접촉해도 쉽게 착화되지 않는 수분의 함유율은?

① 5% 이상
② 5% 이상 10% 이하
③ 15% 이하
④ 15% 이상

해설 목재의 수분 함유량이 15% 이상이면 고온에 장시간 접촉해도 쉽게 착화되지 않는다.

08 목재의 저온착화가 가능한 온도로 맞는 것은?

① 80℃
② 100℃
③ 120℃
④ 150℃

해설 목재를 120℃의 낮은 온도에서 오래 가열하면 저온착화가 가능하다.

09 목재의 연소특성을 나타낸 것으로 옳지 않은 것은?

① 열원과 멀어질수록 균열이 크고 균열 사이의 골이 깊다.
② 300℃ 이상이면 파괴되고 균열이 발생한다.
③ 무염연소한 경우 깊게 타 들어간 심도가 깊다.
④ 박리부위가 많고 넓으며 깊어진 것은 물체가 강하게 연소한 경우이다.

해설 목재는 발화부 또는 열에너지가 큰 열원과 가까울수록 균열이 크고 균열 사이의 골이 깊다.

10 목재의 박리를 설명한 것으로 옳지 않은 것은?

① 목재의 연소가 진행되면 탄화된 부분이 떨어지거나 소실된다.
② 화재열로 떨어져 나간 박리면은 면적이 비교적 작고 거친 형태로 산재적이다.
③ 주수압력에 의한 박리는 비교적 산산 조각난 형태로 광택이 없다.
④ 물체가 강하게 연소하여 박리한 경우는 박리부위가 많고 넓으며 깊어진다.

해설 화재진압활동 시 주수압력에 의한 박리는 비교적 넓고 평탄하며 광택이 있다.

11 박리에 대한 설명으로 옳지 않은 것은?

① 콘크리트가 급격히 냉각될 때 발생
② 열을 집중적으로 받으면 발생
③ 박리지점은 발화지점을 의미
④ 주수압력에 의해 발생

해설 박리지점은 물질이 급격히 냉각되거나 열을 집중적으로 받았을 때 많이 발생한다. 그러나 박리지점이 발화지점을 의미하는 것은 아니다.

12 물체가 강하게 연소하여 박리한 경우 나타나는 특징은?

① 박리부위가 많고 넓으며 깊어진다.
② 박리면적이 흑색으로 변색된다.
③ 박리부위가 거칠고 날카롭다.
④ 박리면이 좁고 깊다.

해설 물체가 강하게 연소하여 박리한 경우는 박리부위가 많고 넓으며 깊어진다.

13 목재의 소실형태를 구분한 것으로 틀린 것은?

① 완전연소
② 박리
③ 반연소
④ 일부소실

해설 목재의 소실형태는 완전연소, 반연소, 일부소실로 구분한다. 박리는 소실된 것이 아니라 물체의 일부가 떨어져 나간 개념이다.

Answer 06.① 07.④ 08.③ 09.① 10.③ 11.③ 12.① 13.②

14 일반적으로 목재의 연소현상 중 탄화수소가 생성되며 급격하게 열분해가 이루어지는 온도로 맞는 것은?

① 200~250℃   ② 450~500℃
③ 150~200℃   ④ 300~350℃

해설 일반적으로 목재의 급격한 분해가 시작되어 수소나 일산화탄소 등 탄화수소가 생성되는 온도는 300~350℃ 정도이다.

15 목재의 연소현상에 대한 설명으로 옳지 않은 것은?

① 사각형보다는 원형상태인 목재의 연소가 빠르다.
② 목재가 완전히 소실되더라도 잔해를 통해 물질의 연소상황을 알 수 있다.
③ 목재의 선이 깊고 폭이 넓게 생긴 경우는 강하게 연소한 것이다.
④ 낮은 온도에서도 오래 가열하면 저온착화 할 수 있다.

해설 각재와 판재, 환형상태 등 모양에 따라 착화도가 다르며, 각재와 판재가 원형모양보다 빨리 착화한다.

16 목재의 균열흔 중 홈이 가장 깊고 반월형모양인 것은?

① 강소흔   ② 열소흔
③ 완소흔   ④ 주연흔

해설 열소흔(1,100℃)은 홈이 가장 깊고 반월형모양이다.

17 거북 등모양으로 탄화되며 홈이 얕고 사각형태로 인식되는 균열흔은?

① 열소흔   ② 강소흔
③ 완소흔   ④ 박리흔

해설 ① 열소흔(1,100℃) : 홈이 가장 깊고 반월형모양

② 강소흔(900℃) : 홈이 깊고 만두모양의 요철형태
③ 완소흔(700~800℃) : 거북 등모양으로 탄화되며 홈이 얕고 사각형태

18 수직상태의 철이나 금속류 등이 열을 받은 반대방향으로 휘거나 붕괴되는 경향은 무엇 때문인가?

① 열과 접촉한 면으로 팽창이 일어나기 때문
② 금속류는 다른 물질보다 소성변형이 쉽기 때문
③ 금속의 열팽창계수가 증가와 감소를 반복하기 때문
④ 금속의 열전도율이 변화하기 때문

해설 수직상태의 금속류는 열과 접촉한 면으로 팽창이 일어나기 때문에 수열을 받은 반대방향으로 휘는 경향이 있다.

19 금속류의 연소특성으로 옳지 않은 것은 어느 것인가?

① 알루미늄을 화재 후 공기 중에 방치하면 산화피막이 생기고 광택이 없어진다.
② 샌드위치패널의 표면은 발화부와 멀어질수록 균열이 작고 조밀해진다.
③ 일반적으로 금속류는 연소가 강할수록 밝은 색으로 변색된다.
④ 금속의 만곡은 팽창과 하중에 의해 일어나고 연소의 강약 구분이 가능하다.

해설 샌드위치패널은 발화지점과 가까울수록 도금된 표면의 균열이 작고 발화부와 멀수록 크게 갈라진다.

20 알루미늄의 용융점으로 맞는 것은?

① 1,083℃   ② 420℃
③ 660℃   ④ 1,520℃

해설 알루미늄의 용융점은 660℃이다.

21 목재의 균열흔 중 가장 높은 열을 받은 것은?

① 강소흔　　　　② 훈소흔
③ 완소흔　　　　④ 열소흔

해설 ① 강소흔(900℃)
　　　③ 완소흔(700~800℃)
　　　④ 열소흔(1,100℃)
　　　② 훈소흔이란 화염 없이 연소하는 것으로 무염
　　　　연소라고도 한다.

22 샌드위치패널의 연소특성으로 옳지 않은 것은?

① 붕괴되더라도 남겨진 균열흔을 통해 연소방
　향성 조사가 용이해진다.
② 패널 표면으로 전달된 열이 화염의 직접 접
　촉 없이 내부에 있는 스티로폼을 연소시킬
　수 있다.
③ 패널 표면이 물과 접촉하면 부식이 빠르게
　진행된다.
④ 연소가 강한 곳일수록 작고 조밀한 균열흔적
　을 남긴다.

해설 샌드위치패널은 재질 자체가 열에 취약하고 기
　밀성이 약하다. 또한 물과 접촉을 하면 산화되어
　부식이 빠르게 촉진되고 붕괴된 경우에는 연소
　방향성을 판단하기 곤란한 어려움이 있다.

23 화염확산과 연기이동에 대한 설명으로 옳지 않은 것은?

① 개구부를 통해 배출된 연기는 외부온도보다
　높아서 상승한다.
② 배출된 연기는 서서히 냉각되고 주변온도와
　같아지면 주변으로 넓게 퍼진다.
③ 화염이 성장하면 주변의 공기 체적은 감소하
　고 밀도는 높아진다.
④ 화염과 연기의 발생은 가연물과 산소량에 의
　해 좌우된다.

해설 가연물이 연소하면 화염 주변으로 뜨거워진 공
　기는 분자운동이 활발해져 체적이 팽창하고 밀
　도는 낮아진다.

24 구리의 용융점으로 맞는 것은?

① 1,530℃　　　② 1,520℃
③ 1,050℃　　　④ 1,084℃

해설 ① 철 : 1,530℃　② 스테인리스 : 1,520℃
　　　③ 황동 : 1,050℃　④ 구리 : 1,084℃

25 다음 금속 중 비중이 가장 작은 것은?

① 아연　　　　② 철
③ 알루미늄　　　　④ 구리

해설 ① 아연 : 7.1
　　　② 철 : 7.8
　　　③ 알루미늄 : 2.7
　　　④ 구리 : 8.9

26 금속류의 변색에 대한 설명이다. 옳지 않은 것은?

① 일반적으로 금속류는 연소가 강할수록 백색
　으로 변색된다.
② 금속이 100℃의 열을 받으면 홍갈색으로 변
　색된다.
③ 금속류는 보통 청색 또는 어두운 색으로 변색
　되며 이를 통해 온도 차이를 가늠할 수 있다.
④ 화재로 금속류에 그을음이 부착되더라도 지
　속적으로 열을 받으면 그을음이 소실될 수
　있다.

해설 금속류가 100℃의 열을 받더라도 변색되기 어
　렵다. 일반적으로 금속류는 230℃ 이상부터 변
　색되기 시작한다.

27 다음 금속 중 용융점이 가장 낮은 것은?

① 알루미늄　　　　② 납
③ 구리　　　　④ 스테인리스

해설 ① 알루미늄(660℃)
　　　② 납(327℃)
　　　③ 구리(1,083℃)
　　　④ 스테인리스(1,520℃)

Answer 21.④　22.①　23.③　24.④　25.③　26.②　27.②

28 금속류가 1,000℃ 이상 수열을 받았을 때 나타나는 변색으로 옳은 것은?

① 청색　　　　　② 황색
③ 백색　　　　　④ 심홍색

해설 금속류가 1,000℃ 이상 수열을 받았을 때 나타나는 변색은 백색 계통이다.

29 다음 중 만곡현상이 발생하지 않는 물질은?

① 철　　　　　② 수은
③ 알루미늄　　　④ 구리

해설 만곡은 고체인 금속이 열을 받아 팽창하면 연화하고 하중에 의해 뒤틀리거나 굽이진 형태를 나타낸다. 수은은 액체상태의 금속으로 만곡현상과는 관계가 없다.

30 다음 설명 중 바르지 않은 것은?

① 수직상태의 금속류는 발화부 방향으로 휘거나 붕괴된다.
② 플라스틱은 착색이 자유로운 반면 쉽게 변형된다.
③ 플라스틱이 목재보다 연소성이 좋다.
④ 금속류가 강하게 연소할수록 백색에 가깝다.

해설 수직상태의 금속류가 수열을 받게 되면 금속이 팽창하면서 발화부의 반대방향으로 휘거나 붕괴된다.

31 콘크리트 및 벽돌류의 연소현상을 나타낸 것으로 옳지 않은 것은?

① 물리적으로 단단하고 다른 외력의 영향을 받기 어려워 특징적인 연소패턴이 없다.
② 콘크리트나 벽돌류 표면의 질은 균일하지 않아 연소의 강약을 명확히 나타내지 않는 경우가 있다.
③ 콘크리트는 오랜 시간 수열을 받으면 폭열이 발생한다.
④ 인공적인 콘크리트보다 자연석은 연소의 강약을 명확히 남긴다.

해설 콘크리트나 벽돌류는 물리적으로 단단하고 다른 외력의 영향을 받기 어렵지만 장시간 열에 노출되면 폭열이 일어나고 백화현상 등 특징적인 연소패턴이 나타나기도 한다.

32 목재의 균열흔을 열이 약한 순서에서 강한 순으로 바르게 나타낸 것은?

① 완소흔 → 열소흔 → 강소흔
② 완소흔 → 강소흔 → 열소흔
③ 열소흔 → 완소흔 → 강소흔
④ 열소흔 → 강소흔 → 완소흔

해설 완소흔(700~800℃) → 강소흔(900℃) → 열소흔(1,100℃)

33 플라스틱의 연소특성을 표현한 것으로 옳지 않은 것은?

① 페놀수지는 착화 후 변형을 일으키며 소실된다.
② 일반적으로 먼저 연화가 된 후 용융하며 유해가스를 생성한다.
③ 용융상태가 되면 분해가스를 발생하고 일반적으로 착화하여 소실된다.
④ 착화하더라도 에폭시수지는 형태가 소실되지 않는다.

해설 페놀수지는 열경화성 수지로 착화로 인해 일부 변형을 일으키더라도 소실되지 않고 굳어지는 특징이 있다.

34 일명 바니시페인트로 수지바니시, 유성바니시 등과 각종 안료류를 혼합하여 붓도장, 스프레이도장 등에 적용하도록 제조된 도료는 무엇인가?

① 페인트　　　　② 래커
③ 프라이머　　　④ 에나멜

해설 에나멜(enamel)은 일명 바니시페인트로 수지바니시, 유성바니시 등과 각종 안료류를 혼합하여 붓도장, 스프레이도장 등에 적용하도록 제조된 도료이다.

35 아마인유, 대두유, 오동유 등의 건성유를 50~100℃에서 5~10시간 공기를 불어 넣으면서 가열하여 색과 점도를 준 것으로 요오드가가 145 이상인 보일유에 안료와 전색제 등을 혼합한 착색도료는?

① 프라이머　　　　② 페인트
③ 에나멜　　　　　④ 시너

해설 페인트(paint)는 아마인유, 대두유, 오동유 등의 건성유를 50~100℃에서 5~10시간 공기를 불어 넣으면서 가열하여 색과 점도를 준 것으로 요오드가가 145 이상인 보일유에 안료와 전색제 등을 혼합한 착색도료이다.

36 열경화성 수지와 열가소성 수지의 가장 큰 차이점은?

① 경화 정도　　　② 재가공 여부
③ 착색 여부　　　④ 용융시간

해설 열경화성 수지는 화재로 한번 가열되어 굳어지면 다시 열을 가해도 변형되지 않아 재가공이 불가능하지만, 열가소성 수지는 온도가 낮아지면 다시 굳어지는 성질이 있어 재가공이 가능하다는 점에서 가장 큰 차이가 있다.

37 열경화성 수지에 해당하지 않는 것은?

① 에폭시수지　　　② 페놀수지
③ 멜라민수지　　　④ 폴리염화비닐

해설 **열경화성 수지**
페놀수지, 에폭시수지, 멜라민수지, 요소수지, 폴리에스테르 등

38 다음 중 불꽃을 일으키며 연소하기 곤란한 플라스틱은?

① 폴리우레탄
② 아크릴
③ 폴리스티렌
④ 폴리비닐클로라이드

해설 폴리비닐클로라이드(PVC)는 분자 안에 염소를 포함하고 있어 소화제로 작용을 하여 불꽃을 내며 연소하기 어렵다. PVC의 연소생성물은 물, 이산화탄소, 일산화탄소, 염화수소를 포함하는데 염소원자는 방출되지 않는다.

39 연소성이 없는 물질에 해당하는 것은?

① 폴리에틸렌
② 유리섬유
③ 면직물
④ 아크릴

해설 폴리에틸렌, 면직물, 아크릴은 화염 접촉으로 인해 연소를 지속하지만 유리섬유는 연소성이 없다.

40 화재로 물질의 변형이 일어나는 것은 무엇 때문인가?

① 열팽창
② 대기온도 변화
③ 대류 확산
④ 열손실

해설 화재로 물질의 변형이 일어난 것은 물질의 열팽창 때문이다. 팽창계수는 고체 → 액체 → 기체 순으로 큰데 용기 내부에 기체 또는 액체가 담겨 있을 때 화재로 폭발하거나 파열되는 것은 열팽창이 증가한 결과이다.

41 열경화성 플라스틱을 연결한 것으로 맞는 것은?

① 폴리스티렌 - 요소수지
② 아크릴수지 - 에폭시수지
③ 폴리에스테르 - 폴리염화비닐
④ 페놀수지 - 멜라민수지

해설 ㉠ **열경화성 플라스틱** : 페놀수지, 에폭시수지, 멜라민수지, 요소수지, 폴리에스테르 등
ⓛ **열가소성 플라스틱** : 폴리염화비닐, 폴리스티렌, 아크릴수지, 테프론 등

Answer　35.②　36.②　37.④　38.④　39.②　40.①　41.④

42 다음 연소특징을 설명한 것 중 옳지 않은 것은?

① 일반적으로 열경화성 플라스틱은 열가소성 플라스틱보다 발화온도가 낮다.
② 페인트같은 도료류는 발포된 입자 수의 차이를 살펴 연소의 강약을 구분할 수 있다.
③ 열가소성 플라스틱은 일반적으로 400~500℃ 범위에서 발화한다.
④ 폴리염화비닐은 화재 후 온도가 낮아지면 다시 굳어지는 성질이 있어 재가공이 가능하다.

해설 열경화성 플라스틱은 약 400℃에서 연화 또는 용융하며 450~700℃에서 발화하기 때문에 열가소성 플라스틱보다 발화온도가 높다.

43 유리면에 대한 화재조사 내용을 설명한 것으로 옳지 않은 것은?

① 유리조각에 그을음이 없는 경우는 화염접촉 이전에 파열되었을 가능성이 높다.
② 화재로 발생한 압력은 유리창을 파괴시키기에 충분하므로 잔해를 면밀히 살펴본다.
③ 유리 파편에 그을음이 부착된 경우는 서서히 열을 받았음을 나타낸다.
④ 유리는 급격한 연소나 소화 시 물과의 접촉으로도 깨질 수 있으므로 상황판별에 주의한다.

해설 화재로 발생한 압력은 유리창을 파괴하거나 유리창이 지지틀에서 빠지도록 할 만큼 강하지 않다.

44 가연물의 연소특징을 설명한 것으로 옳지 않은 것은?

① 열경화성 플라스틱은 녹았다가 온도가 낮아지면 다시 굳어지는 성질이 있다.
② 수평상태의 금속류는 중력에 의해 하방으로 만곡현상이 나타난다.
③ 목재는 420~470℃ 정도에서 화원 없이 발화할 수 있다.
④ 물건에 덧칠해진 페인트류는 그을음이 많아 그 차이로 연소의 강약을 나타낸다.

해설 녹았다가 온도가 낮아지면 다시 굳어지는 성질이 있으며 재가공이 가능한 것은 열가소성 플라스틱이다.

45 유리의 연소특징으로 옳지 않은 것은?

① 유리가 용해되어 흘러내리는 것은 약 850℃ 전후이다.
② 유리의 뾰족한 끝은 약 600℃ 전후에서 끝이 둥글어지는 경향이 있다.
③ 약 250℃ 정도에서 자체 응력의 불균형으로 균열이 발생한다.
④ 심하게 녹아서 흘러내린 부분은 급격한 연소가 순간적으로 나타난 결과이다.

해설 심하게 녹아 흘러내린 부분은 지속적으로 가열이 이루어진 것으로 판단할 수 있다.

46 물질의 연소성상을 설명한 것으로 바르지 않은 것은?

① 콘크리트나 벽돌류는 가공 성형된 것으로 재질이 균일하지 않아 연소의 강약을 명확히 나타내지 않는 것도 있다.
② 금속류가 강하게 연소하면 팽창되고 변색이 일어나지만 그 색상은 일정하지 않다.
③ 유리가 약 250℃에서 균열이 발생하고 용융되면 만곡현상이 일어난다.
④ 목재의 박리는 탄화된 선의 깊이가 깊을수록 잘 일어난다.

해설 유리는 약 250℃에서 균열이 발생하고 지속적인 열을 가하면 액체로 용융되는 특성이 있다. 만곡은 금속류에서 일어나는 현상이다.

47 연소특성을 설명한 것으로 가장 옳은 것은?

① 연소속도는 상방향보다 수평방향이 빠르다.
② 수직방향으로의 연소는 매우 빠르며 정삼각형 형태로 상승한다.
③ 뜨거운 연기로 생성된 부력효과는 화염으로부터의 거리가 멀어질수록 감소한다.
④ 목재는 도괴되거나 소실된 방향의 반대쪽으로 발화부가 존재한다.

해설 높은 온도의 연기는 부력을 지니고 있으며, 압력차에 의해 이동을 하고, 화염으로부터의 거리가 멀어질수록 감소를 한다.

48 프로판의 연소범위를 나타낸 것은?

① 5~15   ② 1.4~6.7

③ 2.1~9.5   ④ 1.4~7.6

해설 ① 메탄(5~15)   ② 톨루엔(1.4~6.7)
③ 프로판(2.1~9.5)   ④ 가솔린(1.4~7.6)

49 다음 중 가연성 가스가 아닌 것은?

① 아르곤   ② 메탄

③ 아세틸렌   ④ 수소

해설 아르곤은 불연성 가스이다.

50 가스의 연소성에 대한 설명으로 옳지 않은 것은?

① 일산화탄소는 환원성이 강하고 폭발성과 연소성이 있다.

② 산소는 수소와 격렬하게 반응하여 폭발한다.

③ 수소는 작은 점화원으로 폭발이 가능하다.

④ 액화석유가스를 액화시키면 체적이 600분의 1까지 줄어든다.

해설 액화석유가스를 액화시키면 체적이 약 250분의 1로 줄어들어 저장과 이송에 편리하다.

51 다음 물질 중 수분과 반응하여 발열하는 물질이 아닌 것은?

① 발열황산   ② 과산화나트륨

③ 산화마그네슘   ④ 생석회

해설 **수분과 반응하여 발열하는 물질**
생석회, 무수 염화알루미늄, 과산화나트륨, 수산화나트륨, 발열황산, 클로로술폰산 등

52 탄화알루미늄이 상온에서 물과 반응할 경우 생성되는 가연성 기체는?

① 수소   ② 아세틸렌

③ 메탄   ④ 프로판

해설 $Al_4C_3 + 12H_2O \rightarrow 4Al(OH)_3 + 3CH_4$

53 화염의 높이에 영향을 주는 요소에 해당하지 않는 것은?

① 발화온도   ② 연소속도

③ 연소열   ④ 에너지 방출속도

해설 연소속도가 증가하고 연소열, 에너지 방출속도가 클수록 화염의 높이는 증가한다.

54 연속화염영역에 대한 설명으로 옳지 않은 것은?

① 그을음과 복사열 손실이 많은 물질은 비교적 화염의 온도가 낮다.

② 메틸알코올은 복사열 손실이 적어 불의 중심 최고온도가 1,200℃ 정도를 나타낸다.

③ 가솔린의 화염온도가 나무나 플라스틱이 연소할 때의 중심온도보다 높다.

④ 불의 중심선 최대시간-평균화염온도는 1,000℃에 가까운 상수값을 나타낸다.

해설 연속화염영역은 어떤 높이에서의 불의 중심선에 나타난 최대시간-평균화염온도를 표시한 것으로 불의 중심선 최대시간-평균화염온도는 1,000℃에 가까운 상수값을 나타낸다. 메틸알코올은 복사열 손실이 적어 1,200℃ 정도를 나타내지만 그을음과 복사열 손실이 많은 물질은 비교적 화염의 온도가 낮게 나타난다. 불의 중심선에서 측정한 최대시간-평균화염온도는 가솔린이 1,026℃이고 나무가 1,027℃로 나타나 차이가 거의 없다.

55 화염의 특성을 나타낸 것으로 옳지 않은 것은?

① 화염이 천장보다 높으면 천장면을 따라 화염확장이 옆으로 길게 나타난다.

② 화염의 색상으로 연소물질과 화염의 온도 측정이 가능하다.

③ 천장의 높고 낮음은 연기나 열 감지기의 응답속도에 영향을 주며 열은 크게 팽창한다.

④ 화염온도가 1,500℃ 이상이면 휘백색으로 보인다.

Answer   48.③   49.①   50.④   51.③   52.③   53.①   54.③   55.②

해설 화염의 색상만으로 연소 중인 물질과 화염의 온도가 어느 정도인지를 정확히 파악하는 것은 어렵다.

56 화염의 색이 백적색일 때 불꽃의 온도는?

① 350℃ 정도
② 800℃ 정도
③ 1,300℃ 정도
④ 1,500℃ 정도

해설 화염의 색이 백적색일 때 온도는 약 1,300℃ 정도이다.

57 비화의 발생조건으로 맞지 않는 것은 어느 것인가?

① 밀폐된 구역이 존재할 것
② 주변에 착화 가능한 가연물이 있을 것
③ 불티가 발생할 것
④ 이동 가능한 기류가 형성되어 있을 것

해설 비화의 발생조건
ㄱ 불티가 발생할 것
ㄴ 주변에 가연물이 있을 것
ㄷ 바람 또는 대류와 복사로 인한 기류가 형성되어 있을 것

58 비화에 대한 설명으로 옳지 않은 것은?

① 비화는 바람, 습도, 기온 등의 영향을 많이 받는다.
② 불티가 기류를 받아 멀리 있는 가연물에 착화되는 현상이다.
③ 불티가 클수록 발화위험성이 커지지만 작은 불티라도 주의한다.
④ 불티와 접촉한 가연물은 모두 착화한다.

해설 불티와 접촉한 가연물이 화재로 발전할 위험성이 있지만 모든 가연물을 착화시키는 것은 아니다.

59 화재 시 연기의 흐름에 대한 판단이다. 가장 바르지 않은 것은?

① 수평방향보다 수직방향으로의 이동이 빠르다.
② 화재 시 발생하는 열이 팽창되어 연기를 이동시키기도 한다.
③ 연돌효과와 부력효과는 연기의 이동에 영향을 미친다.
④ 공조설비는 신속한 연기의 배출을 위해 가동하는 것이 바람직하다.

해설 공조설비의 가동은 화재실 안으로 공기를 제공하여 연소를 돕고 연기를 다른 지역으로 이동시켜 실내에 있는 모든 사람들을 위험하게 한다.

60 연기의 확산경로에 대한 설명이다. 옳지 않은 것은?

① 연기의 수평방향 이동속도는 사람의 보행속도보다 느려 연소경로를 파악하는 데 도움을 준다.
② 연기는 수직방향으로 이동이 빨라 천장이나 상층부분의 소손이 크게 나타난다.
③ 연기의 생성속도는 화재의 초기단계가 가장 빠르고 점차 발연량이 증가한다.
④ 연기가 부력을 받아 상층으로 이동하는 것은 밀도나 압력차에 기인한다.

해설 연기의 생성속도는 화재의 초기단계에서는 느리지만 플래시오버가 발생하는 경우 플래시오버가 시작되면서 급격히 빨라진다.

61 연소확대된 상황을 조사하고자 한다. 가장 거리가 먼 것은?

① 화재현장을 한쪽 단면에만 의존하지 말고 방위별로 연소상태를 파악한다.
② 발화건물의 구조와 주변건물의 상황을 고려해 가며 소손된 구역을 파악한다.
③ 발화 당시 출입구, 창문, 셔터 등의 개폐여부와 상태를 구별해 둔다.
④ 피해범위는 항상 가장 많이 소손된 구역을 중심으로 진행한다.

해설 연소확대된 상황조사는 외부에서 내부로, 피해가 적은 구역으로부터 피해가 크게 나타난 곳으로 이동하며 전체적인 연소상태를 파악하여야 한다.

Answer 56.③ 57.① 58.④ 59.④ 60.③ 61.④

62 다음 중 연소의 방향성 식별방법으로 맞지 않는 것은?

① 연소된 지역을 국한시킬 때에는 각각의 방향성을 입체적으로 보고 관찰한다.
② 연소의 강약이 이루어진 방향과 수열의 방향성을 확인한다.
③ 연소형태 식별은 전부 비교에 의한다.
④ 횡방향이 종방향보다 연소가 빠르므로 방향성 파악이 용이하다.

해설 종방향이 횡방향보다 연소가 매우 빠르기 때문에 수직과 수평 방향으로 소손상태의 비교 관찰이 가능해진다.

63 다음은 연소속도비에 대한 설명이다. 옳지 않은 것은?

① 연소속도비는 복사열이 가장 크게 작용을 한다.
② 수평방향을 1로 했을 때 상방 20, 하방 0.3 정도이다.
③ 수직으로 상승연소 비율이 하방대비 빠른 것은 대류의 영향 때문이다.
④ 수직방향보다 수평방향의 연소속도는 상대적으로 늦고 연소에너지도 작다.

해설 연소속도비는 대류현상이 가장 크게 작용을 한다.

64 다음 중 연료지배형 화재양상을 나타낸 것으로 가장 거리가 먼 것은?

① 공장화재　　② 차량화재
③ 산불　　　　④ 임야화재

해설 환기지배형 화재는 일반적으로 구획된 공간인 주택, 공장, 소규모 밀폐공간 등에서 발생하며, 연료지배형 화재유형은 자유공간에서 일어나는 차량화재, 산불, 임야화재 등이 있다.

65 수직방향의 연소가 수평방향보다 빠르게 확산되는 것은 어느 작용 때문인가?

① 전도　　　　② 대류
③ 복사　　　　④ 접염

해설 수평방향을 1로 했을 때 상방 20, 하방 0.3 정도로 나타나는 연소속도비는 대류에 의해 발생한다.

66 소염거리란?

① 재점화가 일어나는 전극 간의 최대거리
② 재점화가 일어나지 않는 전극 간의 최소거리
③ 점화가 일어나지 않는 전극 간의 최대거리
④ 점화가 일어나는 전극 간의 최대거리

해설 소염거리란 두 개의 평행 평판 사이에서 연소가 일어나는 경우 평판 사이의 간격이 어느 크기 이하로 좁아지면 화염이 더 이상 전파되지 않는 거리의 한계치를 말한다. 즉, 점화가 일어나지 않는 전극 간의 최대거리를 소염거리(quenching distance)라고 한다.

67 화재현장에서 조사하는 피난상황조사 내용에 포함되지 않는 것은?

① 경보설비 작동상황
② 피난방법
③ 피난구의 수, 위치와 방향
④ 피난인원

해설 경보설비 작동상황은 소방시설 작동상황조사에 해당하는 것으로 피난상황조사 내용에 포함되지 않는다.

68 소염거리를 나타낸 것은?

① 화염이 더 이상 전파되지 않는 거리의 한계치를 말한다.
② 화염이 쉽게 전파되는 거리의 최고치를 말한다.
③ 연기가 확산될 수 없는 영역을 말한다.
④ 연기가 확산될 수 있는 거리의 최고치를 말한다.

해설 소염거리란 화염이 더 이상 전파되지 않는 거리의 한계치를 말한다.

Answer　62.④　63.①　64.①　65.②　66.③　67.①　68.①

69 화재현장상황을 파악하기 위한 조사내용으로 관련이 없는 것은?

① 소방대의 소화활동조사
② 피난상황조사
③ 소방시설 정비업체조사
④ 목격자 진술조사

해설 화재상황을 파악하기 위하여 소방대의 소화활동, 피난상황, 목격자의 진술조사 등이 필요하다.

70 화재관계자로부터 진술을 획득하는 기법으로 가장 거리가 먼 것은?

① 냉정하고 온화한 태도
② 법적 공권력 행사
③ 인격 존중
④ 인내와 열의

해설 진술분석 기법은 화재조사관이 냉정하고 온화한 태도로 상대방의 인격을 존중하여야 하며 인내와 열의를 가지고 조사를 하여야 한다.

71 화재관계자로부터 진술을 얻어내는 방법으로 가장 올바른 것은?

① 간접진술
② 강제진술
③ 임의진술
④ 제3자진술

해설 화재관계자에 대한 진술은 임의진술을 얻도록 해야 한다.

72 화재현장 관계자에 대한 질문내용으로 가장 거리가 먼 것은?

① 어디에 있을 때, 어떻게 하여 화재를 알았나?
② 어느 위치에서 보아 무엇이 타고 있었는가, 그때 다른 사람은 없었는가?

③ 통보, 초기소화하려고 했는가?
④ 성명, 연락처, 부부 또는 이성관계는 어떠한가?

해설 부부 또는 이성관계 등은 일반적인 질문내용으로 적합하지 않다.

73 화재현장에서 볼 수 있는 관계자의 특징으로 가장 거리가 먼 것은?

① 의류가 물에 젖어 있거나 오손되어 있는 자
② 당황해 하거나 웅크려서 울고 있는 자
③ 피해액 조사를 위해 출동한 보험사 직원
④ 화상을 입었거나 의류가 타 버린 자

해설 화재현장 관계자의 특징
ⓐ 현장부근에서 잠옷 차림이거나 맨발인 자
ⓑ 화상을 입었거나 의류가 타 버린 자
ⓒ 의류가 물에 젖어 있거나 오손되어 있는 자
ⓓ 당황해 하거나 웅크려서 울고 있는 자
ⓔ 가재도구를 집어 들고 있거나 물건을 반출하고 있는 자

74 화재와 관련된 관계자 탐문조사 내용으로 옳지 않은 것은?

① 화재현장에 남겨진 우편물, 메모, 장부 등을 통해 관계자의 신원을 파악하는 방법이 있다.
② 안면에 그을음 등의 흔적이 있는 경우 화재와 직접 연관된 사람일 가능성이 크므로 체포에 집중한다.
③ 화재와 직접 연관된 관계자가 화재현장에 없었다면 알리바이 조사로 확인을 한다.
④ 방화의심의 경우 용의자에 대한 연고감과 지리감 조사를 실시한다.

해설 안면에 그을음 등의 흔적이 있는 경우 화재와 직접 연관된 관계자일 가능성이 크므로 신원을 파악하여 최초 화재발견지점, 화재의 규모와 불꽃의 크기, 소화활동 여부 등 정보를 수집하는 데 노력하여야 한다.

75 관계자에 대한 진술확보 방법으로 부적당한 것은?

① 자발적인 진술을 받도록 한다.
② 상대방의 긴장감을 해소하고 신뢰를 얻도록 한다.
③ 상대방의 이야기를 끝까지 청취할 수 있도록 한다.
④ 질문 내용은 전문용어를 사용하여 상대방을 이해시키도록 한다.

[해설] 관계자는 미성년자 또는 노약자 등도 있음을 감안하여 질문을 할 때 용어 선택 및 대화 수준은 상대방에 맞추도록 하여야 한다.

76 관계자 진술조사 시 유의사항으로 옳지 않은 것은?

① 질문은 길게 하고 상대방이 짧게 이야기 할 수 있도록 한다.
② 상대방의 감정을 건드리는 질문은 삼가도록 한다.
③ 개인의 사생활이 침해받지 않도록 한다.
④ 어린이는 보호자의 입회가 가능하도록 한다.

[해설] 질문은 간결하게 하고 많은 이야기를 할 수 있도록 배려하여 정보를 확보하도록 한다.

77 화재관계자에 대한 질문 및 정보수집 내용이다. 가장 거리가 먼 것은?

① 관계자의 성명, 주소, 생년월일
② 화재 대상물의 건축연월일, 관리자현황
③ 연소상황, 피해상황, 보험가입 여부
④ 보험금 납입횟수, 건물의 등기여부

[해설] 정보수집 내용 중 건물의 등기여부는 화재조사와 관계가 없다.

78 화재관계자에 대한 조사 방법으로 가장 적절하지 않은 것은?

① 임의동행 방식의 출두명령은 가능하다.

② 임의진술과 강제진술을 병행할 수 있다.
③ 방화자에 대한 강제연행은 가능하다.
④ 묵비권을 행사하더라도 강제할 수 없다.

[해설] 화재관계자에 대한 진술은 임의진술 방식이어야 하며 강제진술 방법을 하여서는 안 된다.

79 화재관계자에 대한 진술획득 방법으로 적절하지 않은 것은?

① 자발적인 협조를 받을 수 있도록 요청한다.
② 질문 수준은 조사관의 입장에서 강경하게 물어본다.
③ 질문을 유도하거나 암시하는 방법을 취하지 않는다.
④ 관계자가 하고 싶은 이야기를 충분히 할 수 있도록 한다.

[해설] 질문 수준은 상대방의 심정을 배려하는 자세를 취할 때 효과적이다. 관계자가 두려움이나 긴장감이 없도록 조치하는 진술방법을 선택해야 한다.

80 관계자 질문 시 유의사항으로 거리가 먼 것은?

① 임의진술을 받도록 한다.
② 선입견 없이 유도질문을 한다.
③ 본인의 직접진술을 확보한다.
④ 질문 시 화재와 이해관계가 있는 제3자와는 격리 조치하도록 한다.

[해설] 관계자에 대한 질문은 선입견이 없어야 하며, 유도질문은 삼가야 한다.

81 화재조사관이 관계자의 진술을 통해 정보를 얻는 방법에 관한 설명으로 옳지 않은 것은?

① 조사관은 진술자의 신원을 확인해야 한다.
② 조사관은 진술에 앞서 철저하게 준비하여야 한다.
③ 조사관은 진술을 할 장소와 시간을 주의 깊게 계획해야 한다.
④ 조사관은 화재를 처음 목격한 목격자의 진술은 완전히 신뢰해야 한다.

Answer 75.④ 76.① 77.④ 78.② 79.② 80.② 81.④

해설 목격자의 진술은 화재를 목격한 시간과 위치에 따라 다양하므로 철저히 검증되어야 한다.

82 화재발생 후 현장보존을 하는 주된 이유로 맞는 것은?

① 도난 방지
② 외부인 통제
③ 증거보존 및 안전사고 방지
④ 재산권 보호

해설 화재발생 후 현장보존을 하는 주된 이유는 증거 보존 및 안전사고를 방지하기 위함이다.

83 현장보존 방법으로 바르지 않은 것은?

① 출입금지구역은 폭넓게 설정한다.
② 조사관계자 이외에 출입을 금지함을 원칙으로 한다.
③ 출입금지구역을 설정하면 반드시 관계인에게 통보를 한다.
④ 로프 등으로 출입금지구역의 경계 표시를 한다.

해설 출입금지구역의 설정은 현장상황에 따라 필요 최소한으로 설정하여야 한다.

84 화재현장 보존과 통제에 대한 설명으로 바르지 않은 것은?

① 허가받은 사람도 출입 시 신분을 확인하고 시간을 기록한다.
② 발화지역은 손상을 최소화할 수 있도록 조사요원을 배치한다.
③ 불가피하게 물건을 이동할 때는 사전에 사진 촬영을 한다.
④ 현장통제를 하는 주된 이유는 관계자의 신병을 확보하기 위해서이다.

해설 현장통제의 주된 목적은 남아 있는 증거를 보존하는 것과 안전사고 발생을 방지하는 데 있다.

85 출입금지구역의 범위를 확대하여야 할 사유로 가장 타당하지 않은 것은?

① 연소방향성이 전혀 확인되지 않을 때
② 피해물품이 한 곳에서 집중으로 연소하였을 때
③ 목격상황에 대한 진술이 제각기 달라 발화지점이 불명확할 때
④ 화재가 폭발을 동반하여 비산범위가 광범위할 때

해설 출입금지구역의 확대는 연소방향성이 확인되지 않거나, 목격자들의 진술이 제각기 달라서 발화지점이 불명확하거나, 폭발로 인해 비산범위가 광범위한 경우 등에 이루어진다. 피해품목이 한 곳에 집중된 경우에는 출입금지구역을 확대할 필요가 없다.

86 화재조사 측면에서의 화재진압 및 구조대원의 역할이라고 볼 수 없는 것은?

① 구조대원은 피해자들의 화상 부위와 정도를 확인하고, 이를 화재조사관에게 통보한다.
② 진압을 위해 출입문을 강제로 개방할 때 다른 강제적인 흔적이 발견된다면 이 흔적이 겹쳐지지 않도록 다른 곳을 파괴한다.
③ 잔불정리 과정에서 과도하게 변형시키지 않으며, 변경되었을 경우에는 화재조사관에게 통보한다.
④ 진압시 자가발전설비가 부착된 기구를 재급유할 때에는 화재현장에서 신속하게 진행한다.

해설 가솔린이나 경유 등 자가발전설비가 부착된 기구에 재급유를 할 때에는 오염방지를 위해 화재현장 밖에서 실시한다.

87 화재원인조사를 위해 출입금지구역을 확대하는 사유에 해당하지 않는 것은?

① 화재진압 후 행방불명자가 확인되지 않을 때
② 건물 전체가 광범위하게 대량으로 파손되고 퇴적물이 많이 쌓였을 때
③ 소방차의 진입이 어려워 주변사람들의 통제가 필요할 때
④ 발화지점에 대한 목격자들의 진술이 서로 달라 발화지점이 불명확할 때

해설 소방차의 진입이 어려워 주변사람들의 통제가 필요한 경우는 화재원인조사를 위해 출입금지구역을 확대하는 것과 관계가 없다.

88 다음 중 화재조사 안전수칙으로 옳지 않은 것은?

① 화재조사 실시 전에 건축물의 안전성 평가를 한다.
② 화재현장에서는 보호장구를 착용한다.
③ 붕괴위험이 있는 곳은 반드시 표지판을 설치한다.
④ 화재조사는 단독으로 실시한다.

해설 화재조사는 최소한 2인 이상이 실시하며 단독으로 하지 않도록 한다.

89 화재현장에서 진압대원의 역할과 책임에 관한 설명으로 옳지 않은 것은?

① 소화활동 시 화재조사를 고려하여 불필요한 파괴작업을 지양한다.
② 증거물을 발견하였을 경우 현장지휘자에게 보고하여야 한다.
③ 직사주수로 방수할 경우 최대한 발화지점을 훼손하지 않도록 주의하여야 한다.
④ 화재진압대원은 신속, 정확한 진압이 우선이므로 현장보존은 생각할 필요가 없다.

해설 화재진압대원은 증거의 오염과 훼손을 염두에 두고 파괴를 최소화하는 방법으로 화재진압을 하여야 한다.

90 다음 중 화재현장에서 안전을 확보하는 수단으로 가장 거리가 먼 것은?

① 물이 고여 있는 지하실에는 장화를 착용하고 진입하면 관계없다.
② 만일의 경우 대피를 고려하여 가장 빠른 피난로를 확보하도록 한다.
③ 전기의 통전유무는 구조물에 들어가기 전에 확인한다.
④ 현장에는 유해가스가 많고 노출되지 않은 위험요소가 있다는 점을 경계한다.

해설 물이 고여 있는 지하실에는 진입하지 말아야 하며, 물에 서 있을 때에는 전류가 통하는 전기장비를 조작하지 않도록 한다.

91 다음 중 화재조사의 안전수칙으로 옳지 않은 것은?

① 붕괴위험이 있는 곳은 표지판을 설치한다.
② 독성물질이 있는 곳에서는 방호복을 착용한다.
③ 조사가 장시간 소요될 경우 적절한 휴식과 음식을 섭취한다.
④ 화재가 완전히 진압되면 조사관이 판단하여 진입여부를 결정한다.

해설 화재가 완전히 진압되더라도 현장 지휘자에게 알리고 진입을 결정하여야 하며, 재발화의 위험을 염두에 두어야 한다.

92 화재현장에서 안전을 위협하는 요소에 해당하지 않는 것은?

① 연기 및 분진
② 방진마스크 착용
③ 건물의 균열, 붕괴현상
④ 화학물질의 누설

해설 방진마스크 착용은 안전을 위협하는 요소가 아니라 안전수칙에 해당한다.

93 화재조사관의 안전에 영향을 주는 요인으로 가장 관련이 적은 것은?

① 구조물의 불안전성
② 전기적 위험
③ 가스밸브의 폐쇄
④ 오염된 공기

해설 화재조사관의 안전에 영향을 주는 요인은 구조물의 불안전성, 전기적 위험, 오염된 공기 등이 있다.

94 화재현장 밖에서 준수하여야 할 안전조치로 옳지 않은 것은?

① 재연실험을 실시하는 곳에는 출입통제구역을 설정한다.
② 실험실에서의 재연실험은 실내이므로 보호복은 착용하지 않아도 된다.
③ 폭발실험을 하는 경우 제한된 공간의 방호조치를 취한다.
④ 위험물질 보관 시 경고표시 등의 라벨을 부착한다.

해설 실험실 등 실내에서의 실험은 보호복과 장갑을 착용하는 등 안전수칙에 따라 실시되어야 한다.

95 화재발생 시 인체에 가장 큰 피해를 주는 것은?

① 장애물
② 연소가스
③ 불꽃
④ 이산화탄소

해설 화재발생 시 인체에 가장 큰 영향을 미치는 것은 연소가스이다.

96 화재현장조사 시 안전에 영향을 주는 요소와 거리가 먼 것은?

① 일산화탄소의 분진
② 이동용 조명기 사용
③ 가솔린의 누설
④ 전기의 통전

해설 이동용 조명기는 조명기기로서 어두운 실내에서 빛이 멀리까지 비치도록 할 때 사용하는 장비로 안전에 영향을 미치는 요소와 거리가 멀다.

● MEMO ●

PART

02

화재감식론

01 일반사항

1 화재발생요소 확인

(1) 발화원
화재나 폭발의 원인 판정은 발화원 및 산화제 등 연소요인을 복합적으로 고려하여 판정하여야 한다. 발화원은 대부분 확인되는 경우가 많지만 발화원이 배제된 경우도 있다.

(2) 착화물 확인
발화원이 존재하더라도 그 주변에 착화에 이를만한 가연물이 없다면 화재는 성립하기 어렵다. 착화원의 존재, 착화된 기기와 장치, 처음 착화되었던 물체의 형태와 유형을 확인하여야 한다.

(3) 주변환경
화재가 발생하도록 인자를 제공한 인적 행동과 주변환경을 모두 조사하여야 한다. 옷장에 설치된 백열등에 의류가 장시간 접촉하여 발화되었다면 옷장의 구조와 백열등 스위치의 켜짐상태와 의류의 접촉상태 등을 확인하여야 한다.

2 화재원인 분류

(1) 실화
고의적인 행동이 배제된 우발적인 사고를 총칭

(2) 자연발화
번개, 지진, 폭풍우 등 인간의 직접적인 개입이 없는 자연현상에 의한 것

(3) 방화
화재가 발생해서는 안 된다는 인식하에 사람이 고의로 화재를 일으킨 것

(4) 원인미상
화재원인을 알 수 없거나 밝혀낼 수 없을 때의 분류

02 배제 과정

1 배제 방법

① 화재원인 판정은 증거를 기반으로 입증한다. 물리적 증거가 남아 있지 않더라도 발화원이 이미 알려진 사실에 부합할 수 있다고 판단되면 가설검증을 통해 결론을 내릴 수 있다.

② 여러 개의 가설들을 하나씩 확인해 가며 배제한다. <u>배제를 할 때는 합당한 이유를 들어 설명하여야</u> 하며 무차별적인 배제는 피해야 한다.

③ <u>발화지점이 명확하지 않을 때</u> 과학적 방법을 이용한 가설수립, 가설검증 등은 사용할 수 없다. 또한 발화지점을 명확하게 확인할 수 없어 다른 모든 잠재적 발화지점을 배제할 수 없는 경우에는 <u>발화원에 대한 추정을 하지 않아야</u> 한다. 발화지점에 대한 확실한 선택은 배제 과정이 적절했는지에 대한 판정에 중요한 요소이다.

④ 가설의 전개, 검증 및 폐기는 화재로 인한 손상 정도가 클수록 어려워지며 적용이 불가능할 수 있다. 만약 설비나 기기가 발화원이었다면 외관상태 등을 통해 발화 전·후를 비교 설명하여 배제할 수 있어야 한다.

2 과학적 방법

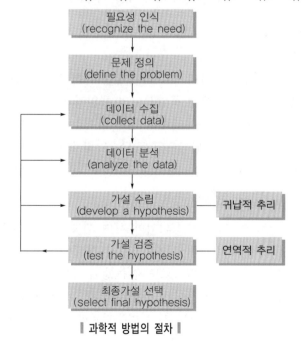

| 과학적 방법의 절차 |

- 필요성 인식 (recognize the need)
- 문제 정의 (define the problem)
- 데이터 수집 (collect data)
- 데이터 분석 (analyze the data)
- 가설 수립 (develop a hypothesis) ─ 귀납적 추리
- 가설 검증 (test the hypothesis) ─ 연역적 추리
- 최종가설 선택 (select final hypothesis)

(1) 필요성 인식

우선 <u>문제가 무엇인지 결정</u>하여야 한다. 이 경우 화재나 폭발이 발생하였으며 향후 유사한 사고를 방지할 수 있도록 그 원인이 파악되어야 한다.

(2) 문제 정의

문제가 존재하는 것을 확인하였으면 화재조사관은 어떤 방법으로 문제를 해결할 것인지 결정하여야 한다. 이때 발화지점과 화재원인에 대한 조사는 화재현장조사와 함께 과거에 발생했던 사고조사에 대한 검토와 목격자 증언, 과학적 검사결과 등 수집된 자료를 종합하여 수행하여야 한다.

(3) 데이터 수집

화재에 대한 <u>사실적 데이터를 수집</u>한다. 이것은 관찰이나 실험 등 다른 직접적 데이터 수집 방법에 의한다. 수집된 데이터는 관찰이나 경험에 바탕을 두고 검증될 수 있기에 이러한 것을 경험적 데이터라고 한다.

(4) 데이터 분석 【2018년 기사】

수집된 모든 데이터는 <u>과학적 방법으로 분석되어야 한다</u>. 이것은 최종가설을 만들기 전에 수행되어야 하는 필수단계이다. 데이터 분석은 화재조사관의 지식, 전문교육 이수, 현장경험 등을 갖춘 전문성이 있는 자가 수행한 분석을 토대로 한다. 만약 조사관이 데이터의 의미를 이해할 수 있는 전문지식이 부족할 경우에는 관련분야 전문가의 도움을 받을 수 있다.

(5) 가설 수립(귀납적 추론) 【2015년 기사】

화재조사관은 분석된 데이터를 바탕으로 화재패턴의 특성, 연소확산, 발화지점, 발화순서, 화재원인 등을 포함하여 화재나 폭발사고의 책임과 손상원인 등을 가설로 만들어 내야 한다. 이러한 과정을 귀납적 추론이라고 하며 화재조사관은 오로지 관찰을 통해 수집된 <u>경험적 데이터만을 토대로 수립하여야</u> 한다. 이렇게 수립된 가설은 화재조사관의 지식, 교육, 경험 및 전문성을 토대로 사건에 대한 설명을 뒷받침할 수 있어야 한다.

(6) 가설 검증(연역적 추론) 【2014년 산업기사】

가설 검증은 <u>연역적 추론에 따라 수행되어야</u> 하며 화재현상과 관련된 과학적 지식뿐만 아니라 알려진 모든 사실과 비교해 보아야 한다. 가설은 실험을 통한 물리적인 방법과 과학적 원리를 적용한 분석적 방법으로도 검증할 수 있다. 다른 사람의 실험이나 연구결과를 근거로 할 때는 환경과 조건이 비슷했는지 확인하여야 하고, 화재조사관이 이전에 수행된 연구결과를 근거로 할 때는 해당 연구결과에 대한 출처를 명기하여야 한다.

가설이 증명될 수 없을 경우에는 해당 가설을 버리고 다른 가설을 세워 검증하여야 한다. **검증단계에서는** 가능한 모든 가설을 검증하여 **하나의 가설만이 사실과 과학적 원리에 합당하여야** 한다. 검증단계를 통과한 가설이 없을 경우에는 화재원인을 원인미상으로 하여야 한다.

(7) 최종가설 선택

자료 수집이 이루어질 때까지 어떤 가설도 수립되거나 검증될 수 없다. 따라서 제시된 과학적 방법을 사용하여 증명이 가능한 가설이 도출될 때까지 섣부른 추정을 하지 않아야 한다. 또한 과학적 방법의 사용으로 기대오차가 발생하지 않도록 주의하여야 한다. 기대오차는 조사관이 모든 자료에 대한 확인 없이 성급하게 결론을 이끌어 낼 때 발생하는 현상이다. 이러한 현상은 조사관이 자신의 결론에 자료를 짜 맞추려 하여 오류가 생기고 자신의 의도에 부합하지 않으면 자료를 폐기하려는 결과를 가져오기도 한다. 모든 자료는 **논리적이고 편견 없는 태도로 수집**하여 최종가설을 이끌어 내야 한다.

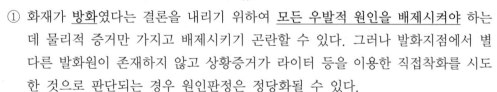

바로바로 확인문제

과학적 방법론에 대한 설명으로 틀린 것은?
① 화재조사는 체계적인 절차에 의해 수행하여야 한다.
② 조사관의 능력으로 자료 분석이 곤란할 때는 관련 전문가의 도움을 받을 수 있다.
③ 자료는 화재현장에서 관찰되거나 실험 또는 경험을 바탕으로 한 경험적 데이터 중심으로 분석을 한다.
④ 데이터 분석은 추측을 중심으로 가설을 정립하여야 한다.

해설 데이터 분석은 추측이 아닌 증거를 중심으로 가설을 정립하여야 한다. 또한 조사관이 데이터를 분석할 전문지식이 없을 경우 관련 전문가의 도움을 받을 수 있다. **답 ④**

3 우발적 원인에 의한 화재 판별

① 화재가 **방화**였다는 결론을 내리기 위하여 **모든 우발적 원인을 배제시켜야** 하는데 물리적 증거만 가지고 배제시키기 곤란할 수 있다. 그러나 발화지점에서 별다른 발화원이 존재하지 않고 상황증거가 라이터 등을 이용한 직접착화를 시도한 것으로 판단되는 경우 원인판정은 정당화될 수 있다.

② 우발적 원인에 의한 화재인 경우 다른 발화원을 배제할 때 신중하게 하여야 한다. 특히 발화관련 기기를 배제하려면 사용방법과 원리 등을 잘 알고 있어야 하며 논리적 설명이 뒷받침되어야 한다.

③ 담뱃불, 자연발화 등 물리적 증거가 남지 않은 우발적 화재는 최초 착화물질과 발화과정을 과학적 방법에 의해 순서대로 확인하고 설명할 수 있어야 한다. 예를 들면, 담뱃불의 무염연소 특징과 발염착화가 가능한 시간, 최초 착화가 가능한 물질 등에 대한 논리는 상황증거를 바탕으로 설명될 수 있어야 한다.

03 발화원의 원천 및 형태

1 발화원의 생성, 이동 및 가열

(1) 발화원의 발생

발화원은 때때로 확인될 수 있으며(전기적 단락흔, 발열체, 기기조작 미숙 등), 유추하는 경우도 있으나(정전기, 자연발화, 담뱃불 등), 반드시 발화원은 연료를 착화시킬 수 있을 만큼 충분한 에너지를 가지고 있다는 점을 확인해야 한다.

(2) 열전달

열에너지의 전달은 대부분 직접 접촉으로 이루어지지만 이격된 곳으로부터 화염가스의 접촉, 복사열에 의한 착화, 고온가스의 흐름 등에 의해서도 이루어진다.

(3) 가열

연소반응이 개시되면 가연물에 따라 차이는 있으나 물체 내부에 열이 전도되거나 확산되며 물체를 가열시킨다. 발포플라스틱처럼 열관성이 낮은 물체는 열관성이 높은 목재보다 많이 가열될 것이며, 얇은 재료가 두꺼운 재료보다 가열이 빨리 촉진된다.

2 발열 장치, 기기, 설비 확인

발화지역이 결정되면 그 지역 안에 있는 모든 발열체는 잠재된 발화원으로 간주하고 각 개체마다 확인을 하여야 한다.

일반적인 발열기기로는 고정식 또는 이동식 히터와 가스레인지, 난로, 온수히터, 정수기 등 생활기구와 의도적으로 설치된 방화 시한발화장치일 수도 있으며, 라이터불, 성냥불과 같은 나화상태의 불꽃 등이 있다.

발열기기에 대한 확인은 다음과 같은 방법으로 행한다.

① 발화를 일으킬 수 있는 기구나 물질의 존재여부와 환경 등을 먼저 파악한다.
② 설비나 장비의 오동작을 살펴보고 가스 증기의 누설, 연소범위 안의 농도 등 발화와 관계된 특정조건을 확인한다.
③ 설비의 이상유무 상황을 관계자로부터 입수하여 화재 전후의 상황을 관찰한다.

04 최초 발화물질

1 초기가연물의 확인

① 발화원에 의해 처음으로 연소가 개시된 물질로 <u>초기연료는 발화원의 연소범위 내에 있음</u>을 밝혀둔다.
② 가연물의 질량에 대한 표면적이 큰 종이, 섬유류보다는 기체상태의 가연성 증기가 누설된 경우 순간적으로 착화하게 된다.
③ 초기가연물은 전기배선의 경우 전선피복에 착화할 수 있고 TV와 컴퓨터 등은 회로소자 또는 플라스틱 외함 등에 착화할 수 있다.
④ 발화지점 부근의 퇴적물과 주변에 남아 있는 물질을 살펴 착화가능성을 판단하여야 한다.

2 발화원과 가연물과의 관련성

① 발화원이 <u>가연물을 착화시킬 수 있었는지</u>를 분명히 한다.
② 발화원으로부터 연소된 상황이 주변의 <u>연소형태 중에 있음</u>을 입증한다.
③ 발화지점에 있었던 가연물의 연소상황으로부터 <u>연소확대가 이루어진 경로가 존재함을 분명하게</u> 한다.

바로바로 확인문제

발화원과 가연물과의 관련성을 설명한 것 중 부적당한 것은?
① 발화원의 잔해는 항상 그 주변에 남아 있다.
② 발화지점에서 주변으로 연소확대된 경로를 입증한다.
③ 발화원이 가연물을 착화시킬 수 있었는지를 분명히 한다.
④ 발화원은 발화에 직접 관계하거나 그 자체로부터 발화할 수 있다.

[해설] 발화원의 잔해는 그 주변에 남아 있는 경우가 많지만 담뱃불, 고온 표면 등에 의한 발화는 발화원의 잔해가 없어 상황 증거를 통해 입증하여야 한다. 답 ①

05 발화순서 - 과거 사건이 발생한 순서 확인

① 발화원과 __최초 착화물__ 그 자체로는 화재를 유발하지 않는다. 화재는 양자의 혼합으로 야기되므로 발화원과 최초 착화물이 발화되기까지 있었던 일련의 과정 또는 순서를 설명할 수 있어야 한다.

② 소손된 물건을 파악하고 연소의 방향성을 찾아 발화지점을 한정하고 거기에 존재하거나 존재하였을 발화원을 과학적 방법을 사용하여 잠재적 발화원에 포함시켜 데이터 수집, 가설 전개, 가설 검증을 실시하여야 한다.

③ 주의할 점은 단지 __명백한 증거가 없다는 이유__로 발화원을 __배제하지 않도록__ 하여야 한다. 전선에 아크가 없다는 이유로 전기적 요인을 배제하거나 증거물이 없다는 이유로 방화가능성을 배제하는 일이 없도록 한다. 이러한 경우에는 __다른 요인을 종합적으로 함께 검토__하여야 한다.

④ 발화원인이 될 수 없다는 결정적인 증거가 있는 경우에는 잠재된 발화원인에서 배제할 수 있다. 통전입증에 있어 전기 플러그가 콘센트에 꽂혀 있지 않은 경우는 명백하게 전기적 요인에서 배제할 수 있다.

06 의 견

(1) 의견에 대한 기준설정 〔2018년 산업기사〕

화재조사관이 화재나 폭발조사를 할 때 수립된 가설에 대해 의견을 최종적으로 제시할 수 있다. 이때 데이터 분석에 의한 가설 판단은 화재조사관의 몫이며 최종의견은 수집된 자료의 품질에 달려 있다. 수집된 데이터 분석을 통해 세워진 가설은 다른 조사관 등으로부터 검증을 받도록 한다. 화재조사관의 최종의견에 반증(反證)이 나타날 경우 가설은 수정되어야 하며 원점에서 재조사가 수행될 수도 있다는 점에 주의해야 한다.

(2) 의견에 대한 기준 〔2021년 기사〕

구 분	내 용
상당히 근거 있음(probable)	• 진실일 가능성이 50% 이상인 경우(방화, 실화, 자연발화 등)
가능성 있음(possible)	• 가설이 적당한 것으로 간주될 수 있으나 상당히 근거 있음이라고 단언할 수 없다. • 두 개 이상의 가설이 비슷한 경우에 확신수준은 '가능성 있음'이어야 한다.

※ 의견의 확실성이 '가능성 있음' 또는 '의심됨'일 경우 발화원인은 "추정"으로 처리하여야 한다.

출제예상문제

Chapter 01

* ✚ 표시 : 중요도를 나타냄

02

화재감식론

01 발화원인 판정에 대한 설명으로 옳지 않은 것은?

① 화재원인 판정은 착화물과 관계없이 발화원 규명에 집중한다.
② 화재원인 판정은 증거를 기반으로 입증한다.
③ 원인 판정은 가연물 및 산화제 등 연소요인을 복합적으로 고려한다.
④ 화재가 발생하게 된 인적 행동과 주변환경을 모두 조사한다.

해설 화재조사관은 화재에 기여한 발화물질과 연소상황, 산화제의 종류 등 복합적 요인을 다각도로 검토하여 원인 판정에 이르러야 한다. 착화물의 규명 없이 이루어진 발화원 조사는 합리적이고 과학적인 조사방법에 배치된다.

02 화재가 발생하였을 때 조사해야 하는 내용으로 가장 거리가 먼 것은?

① 발화열원
② 최초 착화물
③ 발화요인
④ 응고물

해설 화재조사 내용 : 발화열원, 최초 착화물, 발화요인 등

03 과학적 방법에 의한 배제방법으로 틀린 것은?

① 발화지점이 명확하지 않을 때 발화원에 대한 추정은 하지 않는다.
② 발화원의 가설 배제과정은 수집된 데이터를 확인해 가며 배제시킨다.
③ 발화원의 잔해가 배제되었다면 과학적인 입증이 불가능하다.

④ 발화원을 배제할 때는 합당한 이유를 들고 무차별적인 배제는 피한다.

해설 발화원의 물리적 증거가 없더라도 이미 알려진 사실이나 재연실험 등으로 입증이 확인되면 화재원인을 규명할 수 있다.

04 다음 설명 중 바르지 않은 것은?

① 모든 잠재적 열원에 대한 배제는 과학적 방법에 따라 수행한다.
② 라이터 등 나화를 이용한 발화원은 증거가 없어 가설 수립이 어렵다.
③ 발화지점의 화재 손상도가 클수록 가설 설정이나 검증이 어려워진다.
④ 난로의 복사열에 의해 발화한 경우 가설로 입증을 할 수 있다.

해설 라이터 등을 이용한 나화상태의 화염은 착화물과 주변환경을 살펴 가설 수립과 발화원에 대한 가설 검증이 가능하다.

05 발화원에 대한 설명으로 옳지 않은 것은?

① 발화원은 발견되는 경우도 있으나 발견되지 않는 경우도 있다.
② 발화원은 주로 발화지점 근처에 있지만 변형되거나 파괴된 형태일 수도 있다.
③ 발화원을 확인하려면 먼저 발화지역이 올바르게 선정되어야 한다.
④ 담뱃불은 대부분의 인화성 액체와 접촉하여 쉽게 발화한다.

해설 담뱃불은 담배표면의 산소 차폐, 절연효과 등으로 인해 가솔린이나 시너, 석유류 등과 접촉해도 쉽게 발화하지 않는다.

Answer 01.① 02.④ 03.③ 04.② 05.④

06 다음 중 발화원의 잔해를 남기지 않는 것은?

① 전기적 단락흔
② 석영관 히터에 가연물 접촉
③ 모터의 층간단락
④ 정전기

해설 잠재된 열에너지를 갖고 있는 전기배선이나 히터류, 모터 등은 단락, 가연물 접촉, 과열 등으로 출화하면 특유의 연소패턴을 나타낸다. 그러나 정전기는 발화원의 잔해를 남기지 않아 주변 정황조사를 통해 원인을 규명해야 한다.

07 기기나 설비에서 화재가 발생하였다. 발화원인을 파악하기 위한 조사 방법으로 부적당한 것은?

① 사고가 난 지점의 소손상황, 전기적 이상유무 등을 관찰한다.
② 관계자 진술의 진위여부를 먼저 파악한다.
③ 사용 중 이상음 발생, 냄새, 정상작동 여부 등을 조사한다.
④ 언제, 어디서, 어떤 용도로 쓰였는지 확인한다.

해설 발화지역 및 발화원에 대한 조사는 대물적 조사를 원칙으로 하며, 대인적 조사는 보충적으로 실시하여 현장조사를 실시해 가며 확인해 보아야 한다.

08 다음 중 가연물질에 대한 설명으로 옳지 않은 것은?

① 어두운 색상보다 밝은 색상의 목재가 더 빨리 연소한다.
② 발화온도가 동일한 물질이더라도 표면 질량비율이 높을수록 발화하기 쉽다.
③ 표면 질량비율이 높은 기체는 다른 고체물질보다 용이하게 발화한다.
④ 얇은 물질이 두꺼운 물질보다 빠르게 연소한다.

해설 밝은 색상보다 어두운 색상의 목재가 연소성이 빠르다.

09 다음 중 발화가능성이 가장 낮은 것은 어느 것인가?

① 백열전구에 신문지를 장시간 접촉시킨 경우
② 차량 배기다기관에 건초더미류 접촉
③ 담뱃불을 시너가 담긴 용기에 버린 경우
④ 석유난로 주변에 의류를 방치한 경우

해설 ①, ②, ④는 전도 및 복사열에 의해 발화할 수 있다. 그러나 담뱃불은 시너가 담긴 용기에 버리더라도 발화하지 않는다.

10 발화지점이 비교적 밝게 보이는 원인으로 옳은 것은?

① 소화수나 소화약제와 가장 많이 접촉하기 때문에
② 가연물이 연소 후 밝은색으로 변색하기 때문에
③ 충분한 산소공급으로 서서히 완전연소되기 때문에
④ 연소물이 밝은색의 재를 남기기 때문에

해설 발화지점은 초기연소가 개시된 곳으로 충분한 산소공급하에 완전연소하기 때문에 다른 곳보다 비교적 밝은색을 띤다. 반대로 산소의 공급이 불충분하다면 일산화탄소 등 연기응축물이 착색된다.

11 연소가 확대된 연소경로의 방향성을 알기 위한 주요 판단요소가 아닌 것은?

① 연소흔의 형태
② 점화원의 형태
③ 백열전구의 변형
④ 동물 사체의 탄화정도

해설 연소확대된 방향성을 판단하는 요소는 연소의 강약에 기초한 연소흔의 형태, 열원으로 향한 백열전구의 변형, 열원으로부터 멀리 도망 간 동물 사체의 탄화정도 등으로 판단할 수 있다. 그러나 점화원의 형태와는 관계가 없다.

Answer 06.④ 07.② 08.① 09.③ 10.③ 11.②

12 최초 발화지점을 결정할 때 고려하여야 할 사항이 아닌 것은?

① 최초 목격자의 진술
② 연소형태의 강약 구분 및 물질의 연소성
③ 구조물의 특성 및 출화가 집중된 지역 구분
④ 물질의 표면연소 및 증발연소 상태 구분

해설 화재현장은 합성고분자물질인 플라스틱, 고무류, 석유류 제품 등을 포함하여 단일물질과 혼합물질 등이 뒤엉켜 연소가 이루어지기 때문에 표면연소 및 증발연소뿐만 아니라 분해, 확산, 비화 등의 특징을 갖는다. 따라서 표면연소 및 증발연소 상태를 가지고 발화지점을 판단하는 것은 곤란하다.

13 발화지점에서 나타날 수 있는 특징으로 가장 거리가 먼 것은?

① 심한 주연흔   ② 국부적인 연소흔적
③ 단락흔의 발견   ④ 밝은색의 연소흔

해설 발화지점의 특징으로는 단락흔의 발견, 밝은색의 연소흔, 국부적인 연소흔적 등이 있으나, 심한 주연흔은 불완전연소의 결과이거나 연소확대 과정에서 발생한 연기응축물 등이 발화지점으로부터 주변으로 멀리 연소확산된 지역에서 나타나는 현상이다.

14 밀폐공간에서 발화한 경우 연소형태의 특징은?

① 비교적 밝은색을 나타낸다.
② 철재구조물은 적색으로 변색된다.
③ 연소잔해가 검게 탄화된다.
④ 표면연소가 활발하다.

해설 밀폐공간 또는 구석진 공간은 산소부족으로 인해 연소잔해가 검게 탄화한다.

15 다음 중 가연물의 착화성에 대한 설명으로 틀린 것은?

① 종이, 섬유류보다는 기체상태의 가연성 증기가 착화가 쉽다.
② 초기 가연물이 전기배선인 경우 전선피복에 착화할 수 있다.
③ 전선의 단락 시 발생하는 열은 목재, 플라스틱 등 단면적이 큰 물질을 착화시키기 어렵다.
④ 플라스틱은 일반적으로 저온상태에서도 작은 점화원에 의해 쉽게 착화한다.

해설 플라스틱은 저온상태에서 작은 점화원과 접촉하더라도 착화하기 어렵다.

16 화재로 연소확대시키기 위한 초기가연물로 부적당한 것은?

① 통나무
② 종이류
③ 가연성 기체 및 증기
④ 인화성 액체

해설 화재로 연소확대시키기 위한 초기가연물로는 종이류, 가연성 기체 및 증기, 인화성 액체류, 전기배선 등이 있다. 통나무는 질량이 크고 표면적이 커서 라이터 등을 이용하더라도 초기가연물로서는 부적당하다.

17 다음 중 발화과정 확인에 대한 설명으로 틀린 것은?

① 전선에 단락흔이 없다는 이유만으로 발화원에서 배제할 수 없다.
② 가연물과 발화원은 그 자체가 화재를 일으키지 않는다.
③ 명백한 증거가 없으면 모든 발화원은 배제가 가능하다.
④ 선택된 가설은 체계적인 방법으로 평가해야 한다.

해설 명백한 증거가 없더라도 섣불리 모든 발화원을 배제할 수 없다. 현장에서 인화성 촉진제를 발견하지 못했다 하여 방화 가능성을 함부로 배제시켜서는 곤란하다.

02
화재감식론

18 화재조사를 행한 후 조사관의 의견에 대한 설명으로 옳지 않은 것은?

① 의견이 상당한 근거가 있는 수준은 진실일 가능성이 50% 이상이다.
② 조사관 의견은 데이터 분석으로 이루어진다.
③ 가능성 있음은 상당한 근거가 있는 수준보다 신뢰도가 낮다.
④ 데이터는 순수하게 조사관이 수집한 것만 대상으로 한다.

해설 과학적 방법에 따른 자료 수집과 분석은 조사관이 수집한 자료뿐만 아니라 다른 기관에서 수집된 자료나 알려진 사실 등도 활용할 수 있으며, 목격자의 증언, 새로운 자료의 발견 등 모든 자료의 분석을 바탕으로 하여야 한다.

19 데이터 분석을 통한 최종가설 판단은 누가 하는가?

① 자료제공자
② 상급책임자
③ 화재조사관
④ 상급기관

해설 수집된 데이터의 확신 수준에 대한 판단이나 데이터 분석을 통해 세워진 가설 판단은 최종적으로 화재조사관의 몫이다.

20 조사관에 의해 분석된 데이터가 '상당히 근거 있음'을 의미하는 것은?

① 진실일 가능성이 50% 이상인 경우
② 진실일 가능성이 30% 이상인 경우
③ 확실하게 원인을 밝힌 경우
④ 진실이지만 증거가 없는 경우

해설 '상당히 근거 있음'은 진실일 확률이 50% 이상인 것으로, 화재의 원인은 실화, 방화, 자연발화 등으로 구체화할 수 있다.

21 발화원 판정을 위한 과학적 방법으로 옳지 않은 것은?

① 발화구역에 잠재된 모든 열원을 가능성 있는 발화원으로 간주한다.
② 검증은 수집된 데이터를 중심으로 실시한다.
③ 추가조사를 통해 밝혀진 사실은 체계적으로 재평가한다.
④ 처음 수집된 데이터로 결론을 내렸다면 반증이 있더라도 변동이 없다.

해설 처음 수집된 자료를 바탕으로 데이터 분석을 했더라도 추가로 새로운 사실이 발견되거나 반증이 확실하면 재검토가 이루어져야 한다.

22 다음 중 가설 수립의 추론 방법으로 가장 적절한 것은?

① 귀납적 추론 ② 연역적 추론
③ 합리적 추론 ④ 현상적 추론

해설 가설 수립은 귀납적 추론에 의한다. 귀납적 추론이란 이미 벌어진 화재현상을 중심으로 발화순서, 화재원인 등을 규명하려는 것으로 경험적 증거를 토대로 일반론을 도출하는 것을 의미하는 것이다.

23 화재원인을 규명하기 위한 과학적 방법의 절차를 바르게 나타낸 것은?

① 자료 수집 → 자료 분석 → 필요성 인식 → 문제 정의 → 가설 수립 → 가설 검증 → 원인 판정
② 자료 수집 → 자료 분석 → 문제 정의 → 필요성 인식 → 가설 수립 → 가설 검증 → 원인 판정
③ 필요성 인식 → 문제 정의 → 자료 수집 → 자료 분석 → 가설 수립 → 가설 검증 → 원인 판정
④ 문제 정의 → 필요성 인식 → 자료 수집 → 자료 분석 → 가설 수립 → 가설 검증 → 원인 판정

해설 **과학적 방법의 절차**
필요성 인식 → 문제 정의 → 자료 수집 → 자료 분석 → 가설 수립 → 가설 검증 → 원인 판정

Answer 18.④ 19.③ 20.① 21.④ 22.① 23.③

24 데이터 분석을 통해 가설을 검증하려고 한다. 가장 적절한 추론 방법은?

① 귀납적 추론　　② 연역적 추론
③ 실용적 추론　　④ 형식적 추론

 가설 검증은 연역적 추론 방법에 의한다. 연역적 추론이란 일반적인 원칙에서 출발하여 특정한 결론에 이르는 과정을 밝혀내는 방법이다. 화재현장에 나타난 가연물의 소손상태, 연소패턴 등 하나하나의 일반적인 현상을 파악한 후 특정원인을 밝혀가는 것을 의미한다.

02

화
재
감
식
론

Answer 24.②

Chapter 02 전기화재 감식

01 기초전기

1 정전기

전하가 정지상태에 있어 전하의 분포가 시간적으로 변화하지 않는 전기가 정전기이며, 일반적으로 서로 다른 두 물체를 마찰시키면 두 물체의 표면에 정전기가 발생한다.

(1) 정전기 발생에 영향을 주는 요인

① 물체의 특성 : 대전 서열 중에서 <u>가까운 위치에 있으면 작고</u> 떨어져 있으면 크다.
② 물체의 표면상태 : 표면이 <u>거칠면</u> 정전기 발생이 쉽다.
③ 물체의 이력 : 처음에 접촉과 분리가 일어나면 크고 접촉과 분리가 반복되면서 작아진다.
④ 접촉면적 및 접촉압력 : <u>접촉면적과 접촉압력이 클수록</u> 정전기 발생도 크다.
⑤ 물체의 분리속도 : 분리속도가 <u>빠르면</u> 전하분리에 주어지는 에너지가 커져서 정전기 발생이 커진다.
⑥ 습도 : 건조할 때 정전기가 발생하기 쉽고 <u>습도가 높을수록 발생하기 어렵다.</u>

> **바로바로 확인문제**
>
> 정전기 발생에 영향을 주는 요인이 아닌 것은?
> ① 물체의 분리속도   ② 접촉면적
> ③ 습도   ④ 비등점
>
> **해설** 정전기 발생에 영향을 주는 요인
> 물체의 분리속도, 물체의 표면상태, 접촉면적, 습도 등
>   **답** ④

(2) 정전기 대전의 종류

① 마찰대전 : 두 물체의 마찰로 일어나는 대전으로 고체, 액체, 분체류에서 주로 발생한다.
② 박리대전 : 서로 밀착되어 있는 물체가 떨어질 때 발생하며, 일반적으로 마찰대전보다 정전기가 크다.
③ 유동대전 : 액체류가 파이프 내부에서 유동할 때 액체와 관벽 사이에서 발생하며, 액체의 유동속도에 의해 크게 좌우된다.

④ **분출대전** : 분체류, 액체류, 기체류가 단면적이 작은 분출구를 통해 공기 중으로 분출될 때 분출하는 물질과 분출구의 마찰로 발생한다.

⑤ **침강대전** : 액체의 용해성 물질이 탱크 내에서 침강 또는 부상할 때 발생한다.

⑥ **유도대전** : 접지되지 않은 도체가 대전물체에 가까이 있을 경우에 발생한다.

(3) 정전기 방전의 종류

① **코로나 방전** : 방전물체나 대전물체 부근의 돌기의 끝부분에서 미약한 발광이 일어나거나 보이는 현상

② **브러시 방전** : 대전량이 큰 부도체와 접지도체 사이에서 발생하는 것으로 강한 파괴음과 발광을 동반하는 현상

③ **불꽃 방전** : 대전물체와 접지도체의 간격이 좁을 경우 그 공간에서 갑자기 발광이나 파괴를 동반하는 방전

④ **전파브러시 방전** : 대전되어 있는 부도체에 접지체가 접근할 때 대전물체와 접지체 사이에서 발생하는 방전과 동시에 부도체 표면을 따라 발생하는 방전

(4) 정전기 방지 대책

① 접지를 한다.

② 공기 중의 상대습도를 70% 이상 유지한다.

③ 대전물체에 차폐조치를 한다.

④ 배관에 흐르는 유체의 유속을 제한한다.

⑤ 비전도성 물질에 대전방지제를 첨가한다.

> **꼼꼼. check!** ─ 정전기 발생 조건
>
> • 정전기 대전이 발생할 것
> • 가연성 물질이 연소농도 범위 안에 있을 것
> • 최소 점화에너지를 갖는 불꽃 방전이 발생할 것

2 전류 · 전압 · 저항 등

(1) 전류(ampere)

전하가 연속적으로 이동하는 현상으로 1초 동안에 1C의 전기량이 이동하였다면 전류의 세기는 1A가 된다(단위 : A, 암페어).

$$I = \frac{Q}{t}$$

여기서, I : 전류(A), Q : 전기량(C), t : 시간(s)

(2) 전압(volt)

도체 내 두 점 사이의 전기적인 위치에너지의 차를 말한다(단위 : V).

1쿨롬[C]의 전하가 전위차가 있는 두 점 사이에서 이동하였을 때 하는 일이 1줄[J]일 때 그 두 점 사이의 전위값은 1V이다.

$$V = \frac{W}{Q}, \quad W = QV$$

여기서, V : 전압(V), W : 일(J), Q : 전기량(C)

(3) 전력(watt) [2019년 기사] [2022년 기사]

① 전력은 단위시간 동안의 전기에너지를 나타내는 것으로 1sec 동안에 1J의 일을 할 때 1W의 전력이 된다. 1W는 1J/sec와 같은 단위이다(단위 : W, 와트).

② V[V]의 전압을 가하여 1A의 전류가 t[sec] 동안 흘러서 Q[C]의 전하가 이동되었을 때의 전력 P는 다음과 같다.

$$P = \frac{VQ}{t} = VI = I^2 R = \frac{V^2}{R}, \quad V = RI, \quad I = \frac{V}{R}$$

여기서, P : 전력(W), V : 전압(V), I : 전류(A), R : 저항(Ω)

(4) 전력량(watt hour) [2017년 산업기사]

① 일정시간 동안 사용한 전력의 양을 말하며 전력과 사용시간의 곱으로 표시한다. 1kWh란 1kW의 소비전력을 가진 전기제품을 1시간 사용했을 때의 전력량을 말한다.

② V[V]의 전압에서 I[A]의 전류를 t[sec] 동안 흘릴 때의 전력량은 다음과 같다.

$$W = VIt = I^2 Rt = Pt$$

여기서, W : 전력량(J), P : 전력(W), V : 전압(V)
I : 전류(A), t : 시간(sec), R : 저항(Ω)

(5) 고유저항

고유저항이란 전류의 흐름을 방해하는 물질의 고유한 성질을 말한다.

$$R = \rho \frac{l}{A}$$

여기서, R : 저항(Ω), ρ : 고유저항(Ω · m), A : 도체 단면적(m^2), l : 도체 길이(m)

(6) 공진주파수 [2021년 기사]

회로에 포함되는 L과 C에 의해서 정해지는 고유주파수와 전원의 주파수가 일치하면 공진현상을 일으켜 전류 또는 전압이 최대가 된다. 이 주파수를 공진주파수라고 한다.

$$f_0 = \frac{1}{2\pi \sqrt{LC}}$$

여기서, f_0 : 공진주파수(Hz), L : 인덕턴스(H), C : 정전용량(F)

(7) 리액턴스(reactance)

① 유도 리액턴스

$$X_L = \omega L = 2\pi f L$$

여기서, X_L : 유도리액턴스(Ω), ω : 각주파수(rad/sec)
f : 주파수(Hz), L : 인덕턴스(H)

② 용량 리액턴스

$$X_C = \frac{1}{\omega C} = \frac{1}{2\pi f C}$$

여기서, X_C : 용량리액턴스(Ω), ω : 각주파수(rad/sec)
f : 주파수(Hz), C : 정전용량(F)

◙ 직류와 교류

(1) 직류(DC ; Direct Current)
시간적으로 항상 일정한 값을 갖고 일정한 방향으로 흐르는 전압이나 전류를 말한다.

(2) 교류(AC ; Alternating Current)
일정한 주기를 가지고 규칙적으로 방향이 교차되는 전류나 전압을 말하며, 교번전류 또는 교번전압이라고 한다.

◙ 전기 단위

구 분	단 위	읽는 방법	단위의 관계
전압	kV	킬로볼트	$1kV = 1,000V = 10^3V$
	V	볼트	–
전압	mV	밀리볼트	$1mV = 0.001V = 10^{-3}V$
	μV	마이크로볼트	$1\mu V = 0.000001V = 10^{-6}V$
전류	A	암페어	–
	mA	밀리암페어	$1mA = 0.001A = 10^{-3}A$
	μA	마이크로암페어	$1\mu A = 0.000001A = 10^{-6}A$

◙ 전기계산

(1) 옴의 법칙
'도체에 흐르는 전류는 가해진 전압에 비례하고 저항에 반비례한다.'는 것으로 저항의

M.K.S.단위로 옴(Ohm, Ω)이 사용된다. 균일한 크기의 물질에서 R은 l에 비례하고 단면적 S에 반비례하며 $R = \rho \dfrac{l}{S}(\Omega)$이 성립한다. 여기서, ρ는 물질 고유상수이다.

$$V = I \times R(\mathrm{V}), \quad I = \frac{V}{R}(\mathrm{A}), \quad R = \frac{V}{I}(\Omega)$$

① 전압(V) : 전류×저항($V = I \times R$)
② 전류(A) : 전압/저항($I = V/R$)
③ 저항(Ω) : 전압/전류($R = V/I$)

바로바로 **확인문제**

1. 전압 V=1.5V이고 부하저항 R=100Ω일 때 이 회로에 흐르는 전류 I(A)를 구하면?

해설 $I = V/R$이므로 $1.5/100 = 0.015\mathrm{A}$
1A = 1,000mA이므로 $I = 0.015 \times 1,000\mathrm{mA} = 15\mathrm{mA}$

답 15mA

2. 220V의 전압에서 전기다리미의 소비전력이 400W일 경우 전류 I(A)와 저항 R(Ω)을 구하면?

해설 $I = W/V$이므로 $400/220 = 1.82\mathrm{A}$
$R = V^2/W$이므로 $220^2/400 = 121\,\Omega$

답 1.82A, 121Ω

(2) 줄의 법칙 〔2019년 기사〕〔2019년 산업기사〕〔2022년 기사〕

도체에 전류를 흘렸을 때 발생하는 열량은 전류의 2승과 저항의 곱에 비례한다. 이것이 줄의 법칙이며, 이때 발생하는 열이 줄열이다.

저항 R(Ω)의 도체에 I(A)의 전류가 t초간 흐르면 도체 중에 발생하는 열량 H는 다음과 같다.

$$H = I^2 Rt\,(\mathrm{J})$$

이며, $1\mathrm{J} = 1/4.2\mathrm{cal}$의 관계가 있으므로

$$H = 0.24 I^2 Rt\,(\mathrm{cal})$$

로도 표시된다.

또한 전압과 전류의 곱인 전력을 줄의 법칙에 적용하면

$$P = EI = E^2/R = I^2 R(\mathrm{W} = \mathrm{J/s})$$

로도 나타낼 수 있다.

바로바로 확인문제

1. 20Ω의 저항 중에 5A의 전류를 3분간 흘렸을 때 발열량은 몇 kcal인가?

해설 $R=20\,\Omega$, $I=5$A, $t=3\times60\sec$이므로

$H=0.24I^2Rt=0.24\times5^2\times20\times3\times60=21,600cal=21.6$kcal

답 21.6kcal

2. 상용전원이 220V인 곳에 100W의 전구를 사용한다면 저항값(Ω)은 얼마인가?

해설 $P=IV=I^2R=V^2/R$(W)에서 $R=V^2/P$이므로 $220^2/100=484\,\Omega$

답 484Ω

3. 어떤 저항 R에 220V의 전압을 가하여 20A의 전류가 1분간 흘렀다면 저항 R에서 발생한 에너지의 열량 H(cal)는 얼마인가? _{2014년 기사} _{2017년 기사}

해설 $I=V/R$(A)에서 $R=V/I=220/20=11\,\Omega$

$H=0.24I^2Rt$이므로 $H=0.24\times20^2\times11\times60=63,360$cal

답 63,360cal

(3) 전하량 _{2014년 기사}

어느 시간 동안 회로의 한 지점을 통과하는 전하의 양(단위 : C, 쿨롬)

전하의 양(Q)=전류의 세기(i)×시간(t)

바로바로 확인문제

어떤 도체의 단면을 2분 동안 32C의 전하가 이동했을 때 흐르는 전류 I의 크기는 몇 A인가?

해설 $Q=It$, $I=\dfrac{Q}{t}$이므로 $\dfrac{32}{2\times60}=0.27$A

답 0.27A

6 전기의 사용 및 안전

(1) 전기시설의 안전사용법

① 전기기기는 산업표준규격 표시품, 형식승인을 받은 전기용품을 사용하여 전기기술기준에 따라 시설을 하여야 한다.

② <u>습한 장소</u>에서는 <u>감전의 우려가 높아</u> 가급적 전기의 사용을 금한다.

③ 기계·기구류의 <u>점검</u>이나 보수 시에는 반드시 <u>전원을 내리고</u> 실시한다.

④ 전기회로가 밖으로 드러나지 않게 방호시설이나 절연을 충분히 하여 사용한다.

⑤ 콘센트는 사용전압을 확인하고 <u>과부하가 걸리지 않도록</u> 용량을 고려한다.

⑥ 분전반에 전기회로의 사용유무를 표시하여 점검 중에 스위치류를 올리지 않도록 한다.

⑦ 누전차단기는 전원과 부하를 확인하여 접속한다.

⑧ 고주파를 발생하는 기기(방전가공기)의 전원측에 콘덴서 등을 설치하여 전파장해를 방지한다.

바로바로 확인문제 ●

전기의 안전사용 수칙으로 옳지 않은 것은?

① 전기기기의 충전부는 노출시켜 사용
② 정격퓨즈 또는 정격차단기를 설치
③ 문어발식 배선 사용금지
④ 물기 있는 손으로 전기기구 조작 금지

해설 감전사고 예방을 위해 전기기기의 배선 및 충전부는 노출시켜 사용하지 않아야 한다.   **답 ①**

---

(2) 전기감전의 위험성

인체에 전류가 흐르면 극히 미약한 전류에서는 아무런 느낌이 없으나 통과전류를 조금씩 증가시키면 찌릿찌릿한 느낌이 들고 좀 더 증가시키면 참을 수 없게 되는데 이와 같이 전기적 충격(전격)을 느끼게 되거나 상처를 입는 현상을 '감전'이라 한다.

인체에 전류가 흘러 '전류의 크기×흐른 시간'이 어느 정도 이상이 되면 전류의 열작용으로 전기의 유입구와 유출구에 화상을 입게 되고 신체 내의 세포를 파괴하거나 혈구를 변질시킨다. 특히 문제가 되는 것은 전류의 자극에 의한 근육수축으로 호흡작용의 정지 또는 질식사하거나 심장경련으로 심실세동을 일으켜 체내의 혈액순환이 정지되어 버린다.

사람이 감전되었을 때 나타나는 생리작용은 전류의 크기, 통전경로, 통전시간 등에 따라 크게 다르다.

┃ 감전현상별 전류치(사용주파수 실효치) ┃

구 분	전류량	감전현상
최소감지전류	1~2mA	찌릿하게 느끼는 정도이다.
고통전류	2~8mA	참을 수는 있으나 고통을 느낀다.
이탈가능전류	8~15mA	안전하게 스스로 접촉된 전원으로부터 떨어질 수 있는 최대한의 전류이며, 참을 수 없을 정도로 고통스럽다.
이탈불능전류	15~50mA	전격을 받았음을 느끼면서도 스스로 그 전원으로부터 떨어질 수 없는 전류이며, 근육의 수축이 격렬하다.
심실세동전류	50~100mA	심장의 기능을 잃게 되어 전원으로부터 떨어져도 수분 이내에 사망한다.

| 징 후 |

전 격	• 맥박이 점점 빨라지며 일정기간 후 급격히 약해져서 결국은 느끼지 못하게 됨. • 피부가 거칠어지고 윤기가 없음. • 이마에 식은땀이 흐름.
심실세동	• 후두부 맥박이 정지됨. • 동공이 확대됨. • 눈동자가 불빛에 반응을 보이지 않음.

※ 인공호흡 실시에 따른 소생률 : 1분 이내일 경우 95%, 6분을 초과할 경우 10% 미만

02 전기화재 발생현상

1 전기화재 발생과정

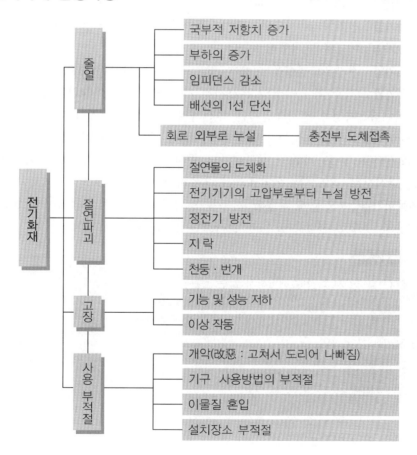

2 전기 기초지식

(1) 전기의 3가지 특징 암기

① 발열작용 : 백열등, 다리미, 전기장판, 전기난로 등
② 자기작용 : 발전기, 전동기, 변압기, 선풍기, 세탁기 등
③ 화학작용 : 물의 전기분해, 충전지 등

(2) 전기가열의 특징 암기

① 높은 온도
② 내부가열
③ 열효율
④ 열방사
⑤ 온도제어

(3) 전기가열의 종류 암기 2016년 기사

① 저항가열 : 전기다리미, 모발건조기, 전기장판 등이 대표적이다.
② 아크가열 : 아크열을 가열에 이용하는 방식이다.
③ 유도가열 : 전자유도현상을 이용한 것으로 전자조리기가 대표적이다.
④ 유전가열 : (+)극과 (−)극의 분자끼리 서로 충돌시켜 마찰열을 일으켜 이용하는 방식이다. 가정용 전자레인지는 유전가열을 이용한 것이다.
⑤ 전자빔가열 : 금속이나 세라믹의 가열, 용해, 용접 및 가공 등에 이용한다.
⑥ 적외선가열 : 주로 적외선 전구로부터 방사된 적외선을 피열물의 표면에 가열하는 방식으로 적외선은 온열효과가 우수하다.
⑦ 초음파가열 : 피열물에 초음파 진동을 인가하여 물체에 마찰열이 발생하는 것을 이용한 것으로 산업용 초음파 플라스틱 용접기가 대표적이다.

바로바로 확인문제 •

전기에너지의 3가지 특징에 해당하지 않는 것은?
① 발열작용 　　　　　　　　　② 화학작용
③ 자기작용 　　　　　　　　　④ 산화작용

해설 전기에너지의 특징
　　㉠ 발열작용
　　㉡ 화학작용
　　㉢ 자기작용

답 ④

3 전기화재의 발생원인 분류

구 분	발생 원인
줄열	국부적 저항치 증가, 부하의 증가, 임피던스 감소, 배선의 1선 단선 등
절연파괴	절연물의 도체화, 전기기기의 고압부로부터 누설 방전, 정전기 방전, 지락, 천둥 · 번개 등
고장	기능 및 성능 저하, 이상 작동 등
사용 부적절	개악, 기구 사용방법의 부적절, 이물질 혼입, 설치장소 부적절 등

4 절연파괴

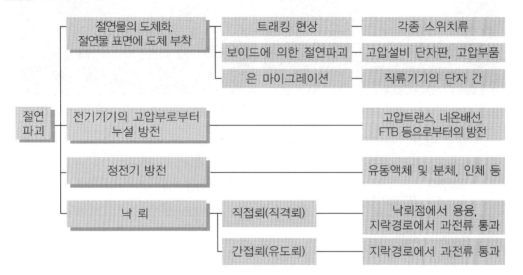

(1) 절연물의 도체화, 절연물 표면에 도체 부착

① 트래킹 현상

    ⊙ 플러그나 배선용 차단기 등에 습기나 먼지 등이 부착한 후 유기 <u>절연재 표면</u>
<u>으로 미약한 전류가 장시간 흐르게 되면</u> <u>절연파괴가 진행</u>되어 결국 <u>단락상태</u>
<u>에 이르러 발화하는 현상</u>으로 전압이 인가되어 있다면 <u>무부하상태에서도 발생</u>
<u>할</u> 수 있다.

    ⊙ 화재감식을 할 경우 트래킹이 일어난 부분을 테스터로 측정하면 대략 $100\,\Omega$ 이
하로 나타나지만 저항측정만으로 트래킹의 발생여부를 단정하지 않아야 한다.

    ⊙ 트래킹 현상은 절연물 표면에 도체가 부착된 경우와 절연물이 도체로 변질된
경우(흑연화) 2가지로 구분되고 있다.

ⓔ 흑연화(graphite) 현상은 목재나 고무 등 유기절연물이 누전회로에서 발생한 스파크, 전기회로 스위치, 릴레이 등의 접점 개폐 시 발생하는 전기불꽃 등에 장시간 노출되면 절연물이 도체로 변해 절연체 표면에 작은 탄화도전로가 생성되어 그 부분을 통해 전류가 흘러 고온이 되고 인접부분을 흑연화시켜 전류를 통과시키는 현상이다. 트래킹과 흑연화를 구분 짓는 특징이 없어 양자를 일괄하여 트래킹이라고도 한다.

┃ **트래킹에 의한 발화 및 소손형태** 현장사진(화보) p.15 참조 ┃

(!) 꼼.꼼. *check!* ▶ **트래킹 발생의 주요 원인** ●

- 절연물에 빗물, 습기의 부착
- 절연물에 염분 부착
- 절연물의 표면으로 다량의 먼지 부착

② 보이드에 의한 절연파괴

ⓞ 고전압이 인가된 이극도체 간에 유기성 절연물이 있을 때 그 <u>절연물 내부에 보이드(공극)가 있으면</u> 양극측에서 <u>방전이 발생</u>하고 시간이 지나면서 전극을 향해 방전로가 연장됨에 따라 <u>절연파괴가 진행되어 발화하는 현상</u>이다.

ⓛ 보이드에 의한 절연파괴는 고전압이 인가된 절연물의 내부에서 출화하는 것이 특징으로 트래킹과 은 마이그레이션이 절연물의 표면에서 용융되거나 발화하는 반면 보이드에 의한 절연파괴는 내부에서 발생한다.

(!) 꼼.꼼. *check!* ▶ **트래킹과 보이드의 절연파괴 공통점과 차이점** ●

트래킹과 보이드는 절연재의 도체화로 절연파괴가 발생한다는 공통점이 있는 반면, 트래킹은 절연물의 표면에서, 보이드는 절연물의 내부에서 절연파괴가 발생한다는 차이점이 있다.

③ 은 마이그레이션(silver migration) : 직류전압이 인가된 은(은도금 포함)으로 된 이극도체 간에 절연물의 표면 위에 수분이 부착되면 <u>은의 양이온이 음극측으로 이동</u>하며 그곳에 전류가 흘러 발열하는 현상이다.

㉠ 은 마이그레이션의 발생 조건
  • 은(도금 포함)이 존재할 것
  • 흡습성이 높은 절연물이 존재할 것
  • 장시간 직류전압이 인가될 것
  • 고온, 다습한 환경에서 사용할 것

㉡ 은 마이그레이션을 촉진시키는 요인
  • 인가된 전압이 높고, 절연거리가 짧을 경우
  • 절연재료의 흡수율이 높을 경우
  • 산화, 환원성 가스(아황산가스, 황화수소, 암모니아가스 등) 등이 존재하는 경우

(2) 전기기기의 고압부로부터 누설 방전

① 전기기기 고압부에서의 누설방전은 <u>이극 간 전극</u> 또는 교류에서의 <u>비접지측 전극과 접지도체 사이에서 발생</u>한다.

② 정전기 현상이 짧은 시간에 방전이 이루어진다면, 고압부에서의 누설 방전은 다량의 전하가 연속적으로 공급되는 물체에서 방전되기 때문에 방전시간이 길고 발열량도 많아 인화성 물질이나 분진, 케이블 피복 등에 착화하기 쉽다.
  ⓔ TV 애노드 캡에서의 누설 방전 등

③ 고압을 발생하는 트랜스 등 전기재료의 열화가 요인이 되는 경우와 고압이 인가된 단자 간에 수분이나 먼지, 벌레 등 이물질이 개입하여 전극의 거리가 짧아져 발생하는 경우가 있다.

④ 가교폴리에틸렌 절연케이블(CV케이블) 내부에 수분이 국부적으로 수지상으로 뻗어나가면 절연이 파괴되는 워터트리(water tree) 현상이 발생하는 경우도 있다.

(3) 낙뢰

① **직접뢰** : 낙뢰의 대표적인 방전현상으로 직접 건조물 등을 통해 형성된다. 직접뢰 부근은 용융이 발생할 수 있고 지락경로를 통해 과전류가 흘러 절연을 파괴할 수 있다.

② **간접뢰** : 낙뢰가 떨어진 부분에서 사고전류가 다른 도체 충전물 등을 통해 인근으로 확산되어 절연손상을 야기하는 경우이다.

③ 낙뢰의 성질
  ㉠ 높은 곳에 떨어지기 쉽다.
  ㉡ 뇌전류는 물체의 표면으로 흐르기 쉽다.
  ㉢ 뇌전류는 금속체에 흘러도 전기저항이 높은 곳을 피해 대기 중으로 재방전하는 경우가 있다.
  ㉣ 뇌전류는 물체의 저항이 낮아도 대전류로 인해 발열하며 금속을 용융시키고 경우에 따라 급격한 용융증발로 폭발하는 경우도 있다.

5 통전입증

전기화재의 감식은 **통전입증이 기본적**으로 전제된다. 전원 공급이 끊긴 상태라면 부하측의 다른 개소에서 배선끼리 접촉하더라도 통전되지 않으므로 발열현상 또한 발생하지 않는다. 통전입증을 통해 나타난 전기적 용융흔은 출화개소 또는 발화지점을 축소해 나가는 과학적 분석도구로 활용된다.

> ⚠ 꼼꼼.check! ─► 전기적 통전여부 확인 및 감식방법
>
> • 부하측에서 전원측으로 순차적으로 실시한다.
> • 플러그 및 콘센트의 접속기구와의 배선상태를 확인한다.
> • 분전반의 차단기 작동유무를 확인한다.
> • 전열기기를 비롯한 각종 전기기기류의 부하측 상태를 확인한다.

바로바로 확인문제 •┄┄┄┄┄┄┄┄┄┄┄┄┄┄┄┄┄┄┄┄┄┄┄┄┄┄┄┄┄

화재현장에서 통전입증에 대한 조사방법으로 적당하지 않은 것은?
① 통전유무 확인은 부하측에서 전원측으로 진행한다.
② 부하측 배선에서 단락흔이 식별되면 화재 당시 통전 중이었음을 의미한다.
③ 플러그가 꽂혀 있는 상태로 열을 받으면 콘센트 칼날받이가 좁게 닫혀 있다.
④ 배선용 차단기의 스위치가 중립(trip)에 있으면 전기적 원인에 의해 작동한 것을 의미한다.

해설 플러그가 꽂혀 있는 상태로 열을 받으면 콘센트의 칼날받이는 열린 상태로 존속하게 된다. 설령 플러그가 콘센트에서 빠져 나갔더라도 열림상태는 지속되는데 열을 받은 콘센트가 고유의 탄성을 잃어버려 복원력이 상실되었기 때문이다.　　　　　　　　　　　　　　　　　**답** ③

---

03 전기적 점화원

1 과전류(과부하)

(1) 모터의 과부하 원인
① 회전부 베어링의 마찰 및 변형
② 모터 풀리부분으로 이물질 개입
③ 정화조의 회전날개, 수족관용 모터펌프에 이물질 휘감김

(2) 전선의 과부하 원인
① 이부자리, 장롱 아래 및 바닥면 단열재 사이에 전선이 깔려 있는 경우
② 전류감소계수를 무시한 금속관 배선 및 경질비닐관 배선을 사용한 경우
③ 코드를 감거나 말은 상태에서 코드의 허용전류에 가까운 전류를 보낸 경우
④ 꼬아 만든 전선의 소선 일부가 단선되어 있는 경우

(3) 전기부품 및 기기의 과부하 원인

① 저항, 다이오드, 반도체, 코일 등 전기부품이 전기적으로 파괴(임피던스 감소)되어 전류가 증가하면 그 영향으로 다른 부품의 정격을 초과하는 경우

② 전동기 회전 방해, 코일 권선에 정격을 넘는 전류가 공급된 경우

2 국부적 저항치 증가

(1) 아산화동 증식발열 현상

접촉 불량개소에서 스파크가 발생하면 스파크의 고온에 노출된 도체 일부가 산화하여 아산화동이 되며 그 부분에서 발열이 일어나는 것을 아산화동 증식발열이라고 한다.

① 아산화동의 특징

㉠ 외형은 대단히 무르고 송곳 등으로 가볍게 찌르면 쉽게 부서지며 분쇄물의 표면은 은회색의 금속광택이 있다.

㉡ 분쇄물을 현미경으로 관찰하면 아산화동 특유의 루비와 같은 적색 결정이 있다.

㉢ 아산화동의 용융점은 1,232℃이며, 건조한 공기 중에 안정하지만 습한 공기 중에서 서서히 산화되어 산화동으로 변한다.

② 아산화동의 증식과정 : 아산화동은 상온부분에서는 수십 kΩ의 전기저항을 갖고 있지만 1,050℃ 부근에서는 저항값이 작아지고 그 이후에는 역으로 증가해 간다. 이와 같은 온도 특성을 가지고 있으므로 아산화동은 일단 고온부가 되면 저항값이 낮은 고온부분으로 전류가 집중해서 흘러 그 결과 고온상태가 유지되며 동의 용융점이 1,084℃이기 때문에 고온부 주위의 동이 녹아서 산화되어 그 결과 아산화동이 증식해 간다.

(2) 접촉저항 증가 암기

전기설비는 종류를 불문하고 분기하거나 연장하여 사용하기 때문에 불가피하게 접속부가 발생할 수밖에 없다. 물리적으로 단단히 접속한다 하더라도 공극이 발생하기 마련이어서 그곳으로 공기가 들어가 도체면과 접촉하면 산화되어 전기저항이 올라간다. 통전이 계속 지속되면 접속부의 저하에 의해 줄열이 상승하고 마침내 화재로 발전하게 된다.

① 접촉저항이 증가할 수 있는 주요 접속부

㉠ 전선과 전선 간의 접속지점

㉡ 전선과 전기기구 간의 접속지점

㉢ 배전반과 분전반 사이의 배선 접속지점

㉣ 설비기기 내부의 배선 접속지점

② 접촉저항 증가의 주요 원인

㉠ 접속부 나사조임 불량

　　Ⓛ 전선의 압착 불량

　　Ⓒ 접속부분 탄성 저하

(3) 반단선(통전로 단면적 감소) 암기 2014년 기사 2015년 기사 2016년 산업기사 2018년 기사 2020년 기사 2020년 산업기사

① 여러 개의 소선으로 구성된 전선이나 코드의 심선이 10% 이상 끊어졌거나 전체가 완전히 단선된 후에 일부가 접촉상태로 남아 있는 현상을 반단선이라고 한다.

② 반단선 상태로 소선의 1선이 끊어짐과 이어짐이 반복되면 도체의 저항은 단면적에 반비례하므로 반단선된 개소의 <u>저항치가 커지고 국부적으로 발열량이 증가</u>하며 용융흔의 발생으로 결국 다른 한쪽 선의 피복까지도 소손되면 양 선간에서 단락이 발생한다.

③ 반단선 현상은 통전하는 <u>단면적의 감소</u>를 뜻하며, 이는 곧 <u>과부하상태를 의미</u>한다.

> ❗ **꼼.꼼. check!** ▶ **반단선 화재의 특징** ◀
>
> • 코드나 플러그의 접속부분으로 굽힘력이 작용하는 부분에서 발생한다.
> • 콘센트와 플러그의 접속과 해제가 반복되는 전기기기류의 배선에서 발생한다.
> • 용융흔은 큰 덩어리형태 또는 수 개의 작은 용융흔이 생성된다.
> 　☞ <u>단선율이 10%</u>를 넘으면 급격하게 단선율이 증가하며 무부하상태에서도 출화할 수 있다.

3 회로 외부로의 누설

(1) 합선(단락) 암기 2018년 기사

전원이 인가된 부분에서 양극의 <u>도체끼리 접촉 또는 다른 도체와 접촉</u>된 것을 단락(short)이라고 하며, 순식간에 큰 전류가 흘러 줄열이 발생한다.

① 단락의 발생원인

　　㉠ 무거운 물건을 배선 위에 올려놓아 하중에 의한 짓눌림

　　㉡ 배선상에 스테이플이나 못을 이용하여 고정

　　㉢ 배선 자체의 열화 촉진으로 선간 접촉

　　㉣ 꺾여지거나 굽이진 굴곡부에 배선 설치

　　㉤ 자동차의 진동이나 헐겁게 조여진 배선 방치

　　㉥ 금속관의 가장자리나 금속케이스 등에 도체 접촉

　　㉦ 쥐나 고양이 등에 의한 설치류 배선의 접촉 등

② 단락 출화의 특징 2014년 기사

　　㉠ 단락이 발생해도 <u>국부적, 순간적</u>이므로 곧바로 출화로 이어지는 경우는 낮다.

　　㉡ 가연성 기체 또는 퇴적상태의 먼지 등에 착화하는 경우를 제외하면 보통 화염의 타오름이 늦어 단락 개소를 중심으로 국부적으로 <u>깊게 타 들어간 무염연소의 출화형태</u>를 나타내는 것이 많다.

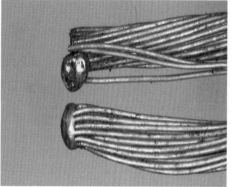

▮ **전선의 단락흔** 현장사진(화보) p.15 참조 ▮

(2) 지락

　지락은 상용전원의 충전부에서 대지로 흐르는 전류를 말하는 것으로 고압의 전기설비나 케이블에서 발생하기 쉬운데 임피던스 값에 비해 전압치가 크기 때문에 충전부에 도체가 접촉하면 대규모 스파크가 발생한다. 지락이 발생하면 단락과 마찬가지로 충전부의 접촉점에 용융흔이 발생하는데 지락흔은 1차적으로 비접지측 충전부에서만 발생한다.

> ⚠ **꼼.꼼. check!** ━● **지락의 발생요인** ●
>
> • 가공배전선이 나무 등 외물과 접촉
> • 금속관 내부 케이블의 피복 손상
> • 전기설비 충전부에 빗물, 공구, 인체 등의 접촉
> • 전동기 등 전기기기의 비접지 사용 등

(3) 누전 암기

　누전이란 절연이 불완전하여 전기의 일부가 전선 밖으로 새어 나와 주변의 도체에 흐르는 현상을 말한다. 오래된 노후전선의 절연이 불량하거나 어떤 원인에 의해 피복이 손상되어 습기의 침입 등이 주된 원인으로 작용한다.

　① **누전의 3요소** 암기 〔2013년 기사〕〔2014년 산업기사〕〔2018년 기사〕〔2018년 산업기사〕
　　㉠ 누전점
　　㉡ 접지점
　　㉢ 출화점
　② **누전의 발생요인** 〔2014년 산업기사〕
　　㉠ 누전점 : 전기기기의 금속케이스, 금속관, 안테나, 지선 등의 금속부재와 유기재의 흑연화 부분을 경유하여 누전되는 경우가 있다.
　　㉡ 접지점 : 가스관 및 수도관, 소화전 배관, 건물 철골구조의 금속체가 접지물로 되는 경우 등이 있다.

ⓒ 출화점 : 모르타르의 이음매, 금속관과 모르타르의 접촉 개소, 못으로 고정한 함석판과 맞닿은 부분 등이 있다.

> **!꼼꼼. check!** ─► **누전화재 감식 포인트** ●
>
> 누전점은 한 곳이라도 다수의 분기경로를 지나서 두 개 이상의 접지점을 통해 땅속으로 흘러 들어오는 것이 보통이다. 따라서 출화점이 복수가 되는 경우가 있다. 또한 누전점 및 접지점이 그대로 출화점이 되는 경우도 있다. 특히 흑연화에 따라 유발된 경우, 못 또는 철판이 전선피복과 맞닿아 누전이 되는 경우에는 누전점에서 출화하는 경우이다.

4 임피던스 감소

(1) 코일의 층간단락

변압기, 모터, 코일 등의 동선 <u>절연피복에 미소한 흠집이나 경년변화</u>에 따른 절연내력이 떨어지면 선간에서 접촉이 이루어져 특정 부분에서 <u>링회로가 형성</u>되고 그 곳으로 다량의 전류가 흘러 단락 발화하는 것을 말한다.

모터의 층간단락 현장사진(화보) p.15 참조

① 링회로 : 코일 등의 권선이 절연파괴되었으나 단선이 발생하지 않고 특정 부분에서 단락이 일어나 독립적으로 분기되어 독자적인 회로를 구성하는 것으로 링회로 안에는 자력선이 통하고 있어 패러데이 법칙에 의해 회로에 기전력이 발생하며 전류가 흐른다.

② 층간단락의 발생요인

ⓐ 주위온도가 높거나 코일에서 발생한 열방출이 불량하여 절연물의 온도가 허용치보다 높을 경우 절연파괴로 단락 발생

ⓑ 회로에 과전류가 흘러 코일의 온도가 상승한 경우

ⓒ 제품 자체의 결함으로 발생한 경우

(2) 콘덴서의 절연열화

① 콘덴서의 전극 사이에 <u>흠집</u>이 있거나 <u>이물질이 부착</u>되어 있으면 층간단락으로 출화한다.

② 콘덴서 소자가 절연유가 들어 있는 밀폐용기에 넣어져 있는 경우 절연유에 불순물이 혼입되면 절연열화가 일어나 전극 간 누설전류가 증가하여 발화한다.

(3) 반도체 등의 전기적 파괴

① 저항기, 다이오드, 트랜지스터 등의 반도체는 기계적 외력, 고온, 습도 및 불순물 부착 등의 영향을 받아 전기적으로 파괴되면 <u>저항치가 감소</u>하고 <u>전류, 전압의 증가</u> 등으로 출화한다.

② 정격시간 이상의 통전이 지속될 경우 부분적으로 폐회로를 구성하여 코일이나 콘덴서, 히터 등을 발열시켜 발화한다.

02
화
재
감
식
론

04 전기화재 조사장비 활용법

1 검전기

(1) 검전의 필요성

전기의 단전이나 정전, 회로의 수리, 설비점검을 할 때에는 사전에 <u>전기의 통전유무를 확인</u>하여 안전을 확보하는 데 있다.

(2) 검전기의 구조

① 검지부, 발광부, 발음부(음향부), 테스트 버튼 등으로 구분한다.

② 검전 표시는 발광네온관, 발광다이오드, 음향신호 등 다양하다.

③ 저압 및 특고압을 가장 많이 사용한다.

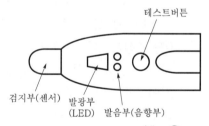

∥ 검전기 ∥

(3) 검전기의 종류 및 사용범위

구 분	정격전압(V)	사용전압 범위(V)
저압용(600V 이하)	300V, 600V	80~300V, 600V
고압용(600V 초과 7,000V 이하)	7,000V	80~7,000V
특고압용(7,000V 초과)	80,500V	20,000~80,500V

(4) 사용방법

① 검전 시 저압용은 맨손으로 사용하는 것도 가능하지만, 고압용 이상은 반드시 <u>절연고무장갑을 사용</u>하여야 한다.

② 고압용 검전기는 케이블이나 절연피복 위에서 <u>비접촉으로 검지</u>한다.

③ 옥내용 및 옥외용은 사용전압의 범위와 회로전압이 정해져 있으므로 사용하기 전에 검전 전압범위를 확인한 후 사용하여야 한다.

④ 특고압 검전기는 상용전압이 높아 위험을 초래할 수 있으므로 음향·발광식이 주로 사용되고 있으며, 경보음이 늘어지거나 LED 빛이 어두워지면 건전지를 교환해 주어야 한다.

■2 회로시험기 암기

(1) 용도

직류 및 교류 전압과 전류의 측정, 저항, 도통시험, 다이오드, 트랜지스터 등 전기회로와 부품에 대한 성능측정까지 가능한 기기로 멀티테스터기라고도 부른다. 정밀도는 그다지 높지 않지만 텔레비전이나 라디오, 컴퓨터 등의 조립과 수리 등 약전(弱電) 관계에 널리 사용되고 있는 전기계측기이다.

(2) 구조 및 명칭

① + 측정단자 : 리드선 소켓

② − 측정단자 : 리드선 소켓

③ 0Ω 조정기 : 저항값을 측정하고자 할 때 시험 막대를 단락시킨 상태에서 지침이 정확하게 0Ω 을 나타내도록 조정하는 데 사용된다.

④ 0점 조정기 : 회로시험기의 측정단자에 아무 것도 연결하지 않고 수평으로 놓았을 때 지침이 전압 및 전류 눈금의 0을 나타내도록 조정하는 데 사용된다.

⑤ 지침 : 전압 및 전류값 등을 나타내는 침

⑥ 눈금판 : 전압 및 전류와 저항, 교류전압의 눈금 등 여러 가지 측정값이 표기된 계기판

⑦ 케이스

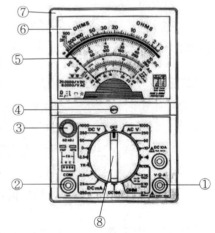

| 회로시험기 |

⑧ 전환스위치 : 저항(Ohm), 직류전압(DC[V]), 직류전류(DC[mA]), 교류전압(AC[V]), 교류전류(AC[mA]) 등 측정범위에 맞춰 선택할 수 있는 스위치

(3) 사용방법

① 0점 조정 : 사용 전 눈금판의 지침이 0점(영점)에 일치하였는지 확인하고 맞지 않았을 때는 0점 조정나사를 돌려서 조정한다.

② 저항 측정 : 저항 양 단자에 회로시험기의 리드봉을 대고 측정레인지의 배수와 지시값을 읽는다.

③ 콘덴서 점검

   ㉠ 회로시험기의 지침이 올라갔다가 내려오지 않을 경우 내부가 단락된 것이다.

   ㉡ 회로시험기의 지침이 전혀 움직이지 않을 경우 내부가 단선된 것이다.

   ㉢ 콘덴서가 완전히 방전된 경우 회로시험기의 지침이 올라가지 않는다.

④ 직류전압 측정

   ㉠ 측정레인지를 DC[V]의 가장 높은 위치인 1,000V로 전환하고 측정하고자 하는 곳의 전극을 확인한 다음 +측에 적색 리드봉을 접속하고 −측은 흑색 리드봉을 접속하여 측정한다.

   ㉡ 측정하고자 하는 전압을 알 수 없을 때는 전환스위치를 최대 범위에 놓고 측정한다.

⑤ 교류전압 측정

   ㉠ 측정레인지를 AC[V]의 가장 높은 위치인 1,000V로 전환하고 리드봉의 극성에 관계없이 병렬로 접속하여 측정한다.

   ㉡ 측정하고자 하는 전압을 알 수 없을 때는 전환스위치를 최대 범위에 놓고 측정한다.

(4) 사용상 주의사항

① 1kVA 이상을 초과하는 회로에는 사용하지 말 것

② 최대 입력전압 이상 측정하지 말 것

③ 최대 허용전압을 초과하는 순간전압이나 유도전동기는 측정하지 말 것

④ 측정리드가 손상된 상태에서는 사용하지 말 것

⑤ 케이스를 임의로 분해하지 말고 분해된 상태에서 측정하지 말 것

⑥ 측정 시에는 흑색 리드를 먼저 접속하고, 측정이 끝난 후에는 적색 리드를 먼저 분리할 것

⑦ 측정하기 전에 전환스위치가 적당한 위치에 있는지 확인할 것

⑧ 젖은 손이나 습기가 많은 장소에서는 사용하지 말 것

⑨ 배터리를 교환하는 것 외에는 본체를 열어보지 말 것

⑩ 정확한 측정과 안전을 위하여 1년에 1회 이상 점검을 받을 것

테스터기로 측정 가능한 것이 아닌 것은?
① 전압 측정   ② 저항 측정
③ 주파수 측정   ④ 트랜지스터 측정

해설 테스터기는 전압, 전류, 저항 측정에 주로 쓰이며 콘덴서, 다이오드, 트랜지스터의 측정도 가능하다.

답 ③

3 절연저항계

(1) 용도
옥내배선의 교류전압 또는 전기기기의 절연저항을 측정할 때 사용한다. 절연저항계의 단자 사이에는 높은 전압을 나타내므로 측정할 때 감전에 주의하여야 한다.

(2) 저압전로의 절연저항 측정

전로의 사용전압 구분		절연저항값
400V 미만	대지전압이 150V 이하인 경우	0.1MΩ
	대지전압이 150V를 넘고 300V 이하인 경우	0.2MΩ
	사용전압이 300V를 넘고 400V 미만인 경우	0.3MΩ
400V 이상		0.4MΩ

※ 저압전로의 절연저항 측정이 곤란한 경우에는 누설전류를 1mA 이하로 유지한다.

(3) 고압전로의 절연저항 측정
고압전로의 절연저항값 규정은 없고 절연내력시험에 의하도록 하고 있다. 고압전로에 있어서 측정전압이 1,000V나 2,000V 정도의 절연저항계에 의한 값은 측정전압이 낮기 때문에 절연의 적합여부 판정을 하는데 어려운 경우가 많다. 확실한 판정은 절연내력시험에 의한다.

(4) 사용방법
① 전자제품이나 전기부품의 절연저항 및 교류전압 측정 시 사용한다.
② 제품 손상 또는 사용자의 부상 우려 등으로 활선상태에서는 측정하지 않는다.
③ 측정 중 또는 측정이 끝난 직후에 피측정물에 손을 대지 않도록 유의하여야 한다(1,000V 이상 전압으로 측정한 회로는 반드시 방전시킬 것).
④ 측정이 끝난 후에는 모든 회로를 정위치 시킨다(특히 접지선과 중성선).

4 클램프미터

(1) 용도
클램프미터는 선로에 흐르는 교류 전압 및 전류와 직류 전압과 저항을 측정하는 기기이다.

(2) 사용방법
① <u>전류, 전압, 저항을 측정하는 경우</u> 손잡이를 누른 후 전선이나 <u>케이블 중 1선을 클램프 안에 넣는다</u>(2선이나 3선인 경우에도 반드시 1선만 넣는다).
② <u>누설전류</u>를 측정할 때는 <u>단상</u>인 경우 <u>2선을 동시</u>에, <u>3상</u>인 경우 <u>3선을 모두 한 꺼번에 훅 안으로 넣어</u> 측정하는데 영상전류가 0(Zero)이 나오면 정상이고 어떤 특정 수치가 나오면 그 수치만큼 누설전류가 있는 것이다.
③ 클램프미터는 자기유도현상을 이용한 것으로 훅 자체가 철심역할을 하고 훅 안으로 들어간 전선이 1차 권선에 해당한다. 훅 안쪽에는 가는 코일로 2차 권선이 감겨져 있어 1차 권선에 흐르는 전류는 2차 권선에 유도되어 전류가 발생하는데 이것을 측정하는 것이다.

5 접지저항계

(1) 용도
전선로의 접지저항과 교류전류, 직류전류를 측정하는 데 이용된다.

(2) 사용방법
① 클램프미터와 사용방법이 비슷하여 측정하고자 하는 항목에 스위치를 맞춘 후 코일이나 전선 리드선을 훅 안으로 통과시켜 측정을 한다.
② 가장 큰 목적은 전기기기의 누설여부 및 접지상태를 측정하는 것으로 화재현장에 진입하기 전 안전평가를 할 때 사용하면 효과적이다.

6 오실로스코프

(1) 용도
① 전압, 전류, 전력, 주파수 등을 읽고 측정하는 데 쓰인다.
② 전자장비의 설계 및 보수에 주로 쓰이지만 변환기를 이용하면 소리, 기계적 마찰, 압력, 온도 등 물리적 자극을 신호로 변환시켜 보여준다.

(2) 주요 원리

① 전기적 신호의 크기(전압)와 주파수 신호를 화면으로 나타내는 장치로 시간의 변화에 따라 신호들이 어떻게 변화하고 있는지를 측정한다.

② <u>수직축(Y축)은 전압의 변화</u>를 나타내며, <u>수평축(X축)은 시간의 변화</u>를 나타낸다.

③ 오실로스코프는 아날로그형과 디지털형이 있다. 아날로그형 오실로스코프는 인가된 전압이 화면상의 전자빔을 움직여서 파형을 바로 볼 수 있는 반면, 디지털형 오실로스코프는 파형을 샘플링한 후 아날로그─디지털 컨버터를 사용하여 측정한 전압을 디지털로 변환시킨 것이다.

④ <u>실시간 빠른 변화</u>가 있는 신호를 보고자 할 때는 <u>아날로그형이 주로 쓰인다</u>. 하지만 디지털형은 한번만 발생하는 단발현상도 포착할 수 있고, 파형의 데이터 값을 처리하거나 그 값을 컴퓨터로 보내 처리할 수도 있으며, 또한 파형의 데이터 값을 출력할 수도 있다.

05 전기화재 감식요령 ^{2022년 기사}

1 감식체계의 흐름

(1) 통전입증 ^{2017년 기사}

전기설비 감식은 당해 기기의 <u>통전을 입증하는 것으로 시작</u>한다. 기기나 설비의 사용상태 증명은 전원이 인가되고 스위치가 작동상태로 있어야 한다.

① 플러그핀

㉠ 플러그핀에 습기가 부착된 상태로 사용하면 연면전류가 흘러 탄화도전로가 형성되고 트래킹 등으로 진행되면 착화할 수 있다.

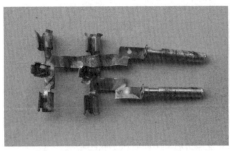 

∥ 플러그핀의 용융형태 현장사진(화보) p.16 참조 ∥

   ⓛ 플러그핀이 콘센트와 접속상태로 발화하면 콘센트와 플러그의 접촉면에 경계
   를 나타내는 변색흔이 형성된다.

   ⓒ 플러그핀과 콘센트의 접촉면은 열을 받기 곤란한 부분으로 그을음의 부착이나
   변색으로 통전상태를 입증할 수 있다.

 ② **콘센트** : 벽체 콘센트나 테이블 탭의 칼날받이는 평상시 닫혀있지만 화재로 <u>열을
  받을 경우</u> 플러그가 빠지더라도 <u>열림상태를 유지</u>하기 때문에 통전상태를 입증할
  수 있다. 콘센트의 칼날받이가 열림상태를 유지하는 것은 화재로 탄성력을 상실
  했기 때문으로 열림과 닫힘 정도를 비교하면 통전여부를 판별할 수 있다.

┃ 콘센트의 열림상태 현장사진(화보) p.16 참조 ┃

 ③ **스위치류**

   ㉠ 타서 소실된 경우 손잡이의 동작위치(on/off)로 판단한다.

   ⓛ 플라스틱 외함의 용융으로 덮여 가려진 경우 건조시킨 다음 도통시험을 하거
   나 X선 촬영을 한 후 분해하여 접점면을 확인한다.

 ④ **전기배선** : 전원코드의 단락흔을 관찰하여 어느 위치에서 발생하였는지를 파악한
  다. 코드의 2개소 이상에서 단락흔이 발생한 경우에는 <u>부하측이 먼저 단락된 경
  우가 많아</u> 그 곳에서 출화하였거나 그 부근이 출화개소일 가능성이 크다.

 ⑤ **반도체** : 저항치가 감소하여 과전류에 의해 출화하는 요인은 반도체 자체 불량,
  과전압, 과전류, 주위로부터의 고열 영향 등이 있다.

 ⑥ **콘덴서** : 내부 소자를 절단하여 소자 중심부가 소손된 경우 콘덴서 자체에서 출
  화한 것으로 판단할 수 있다.

 ⑦ **코일류** : 용융흔 관찰 및 과부하 운전, 고주파에 의한 과전류 요인을 검토한다.

 ⑧ **기판 접속부** : 접속부 한 쪽 극만 용융된 경우 접촉불량, 납땜불량에 의한 접
  촉부 과열로 판단할 수 있으며, 양극이 용융된 경우에는 트래킹 현상을 검토
  한다.

 ⑨ **용융흔 구분** : 배선의 2개소 이상에서 전기 용융흔이 발생한 경우 부하측이 먼저
  단락된 것으로 그 지점으로부터 전원측까지의 조사는 생략이 가능해진다.

| 용융흔 구분 | 2018년 산업기사 |

구 분	특 징
1차 용융흔	• 통전상태에서 <u>화재원인이 된 용융흔</u> • 형상이 둥글고 광택이 있으며 일반적으로 탄소는 검출되지 않음.
2차 용융흔	• 통전상태에서 <u>화재의 열로 인해 생기는 용융흔</u> • 광택이 없고 탄소가 검출되는 경우가 많음.
열흔	• 비통전상태에서 화재열로 용융된 흔적 • 가늘고 거친 단면을 보이며 아래로 처지거나 끊어진 형태

바로바로 확인문제

전기배선이 통전상태에서 화재원인이 된 용융흔을 나타내는 것은?
① 1차 용융흔   ② 2차 용융흔
③ 열흔   ④ 연기흔

해설 전기배선이 통전상태에서 화재원인이 된 용융흔을 1차 용융흔이라고 한다.   **답 ①**

---

(2) 감식절차

① **자료 수집** : 과거 같은 기기로부터 출화원인 확인, 사용목적, 관계자로부터 고장, 수리이력 등 정보 확인

② **외관 관찰 및 조사** : 6면(전후 · 좌우 · 상하)을 빠짐없이 관찰하여 소손상황으로부터 연소방향 파악

③ **분해과정 및 분해 후 관찰 및 조사** : 케이스 분해 후 스위치상태(on/off) 및 부품의 손상상태를 파악한다. 합성수지 등으로 제조된 케이스가 전기부품과 용융, 고착되었다면 X선 촬영장치를 이용하여 투시하여 관찰한다.

④ **검토결과 결론 도출** : 인적 요인(취급불량, 점검, 수리 잘못 등)과 기기 자체의 결함(설계, 부품제조, 조립불량 등), 환경적 요인(물기침입, 낙뢰 등)을 종합 검토한다.

⑤ **판정** : 과학적, 이론적 모순을 배제하고 연소방향성 및 용융흔의 위치와 출화개소의 위치가 일치하는지 감식결과를 종합적으로 고찰하여 판정한다.

(3) 감식종료 후 처리

객관적으로 판명된 사실에 기초하여 감식결과를 설명하고 <u>감식조사서를 작성한다</u>. 감식조사서에는 감식내용을 상세히 기재하고 사진을 첨부하여 객관성을 유지한다.

❷ 감식요령 ^{2019년 산업기사}

(1) 출화지점의 판정

① 연소 및 수열 방향에 의한 판정 : 전기기기가 일부 남아있는 경우 기기의 재질, 용융, 변색, 오염의 위치, 방향으로부터 출화 개소를 판단한다. 전기기기가 모두 소실되어 연소 및 수열 방향을 알 수 없는 경우에는 연소나 열을 많이 받은 현장 상황, 당해 기기 주변의 가연물의 위치상태, 기기 본체의 재질 및 사용자의 진술 등을 참고하여 판단한다.

② 전기적 용융흔 조사 : 연소 및 수열의 방향을 알 수 없더라도 전기적 용융흔은 보통 출화지점 또는 그 부근에서 발견되기 마련이다. 이러한 현상은 그 부분에서 출화되었거나 가장 먼저 화염이 도달한 것으로 볼 수 있기에 출화부위를 판별하는 데 도움이 된다.

(2) 감식물건 이외에 다른 발화원의 검토

관계자의 진술을 참고하여 확보한 자료 외에 또 다른 발화가능성을 검토하여 현장에서 충분하게 자료를 수집하여 검증하도록 한다.

(3) 자료제출 수속의 명확화

감식물건을 수거할 때는 소유자의 승낙을 필요로 한다. 자료제출 승낙서 또는 수령서 등을 문서화하고 <u>소유권을 포기할 때도 서류화</u>한다. 자료제출을 거부할 때는 소방기본법에 의거하여 자료제출 명령이 가능하다.

(4) 기기 주변에 흩어져 있는 소손물건 수거

스위치의 접점, 단자, 금속편 등 기기 주변의 작은 부품을 손상이 가지 않도록 수거하고 기기가 TV와 TV받침대 등 복수로 있는 경우 어느 것이 원인이라고 현장에서 판단할 수 없을 때에는 전체를 수거한다.

❸ 배선기구 ^{암기}

(1) 배선용 차단기

① 배선용 차단기의 기능

㉠ 과부하 및 단로 등의 이상 발생 시 자동적으로 전류를 차단하는 기구이다.

㉡ 교류 600V 이하 또는 직류 250V 이하의 저압 옥내전로 보호에 주로 사용한다.

㉢ 소형이고 조작이 안전하며 <u>퓨즈가 없다</u>.

㉣ 주기능은 과부하 및 단락 차단이다.

② 배선용 차단기의 구성
　㉠ 몰드케이스(하부케이스와 상부케이스)
　㉡ 접점부(고정접점과 가동접점)
　㉢ 개폐기구부

③ 소호장치
　㉠ 차단기가 on 또는 off일 때 아크가 생성되면 이를 소호(아크방전을 제거)시켜 주는 장치로 아크챔버라고도 한다.
　㉡ 사고전류에 의해 트립(trip)동작 시에도 매우 큰 아크가 발생하는데 신속히 아크방전을 제거하도록 설계되어 있다.

④ 접속부 접촉저항 증가원인
　㉠ 접속면적이 충분하지 않거나 접속압력이 불충분하면 접촉저항이 증가되어 허용전류 이하에서도 발열 위험
　㉡ 개폐기, 차단기 등 접속부위의 조임압력 이완
　㉢ 접속면의 부식, 요철과 오염 발생
　㉣ 개폐부분이나 플러그의 변형

⑤ 접속부 과열에 의한 발화요인 〔2019년 산업기사〕
　㉠ 접점표면에 먼지 등 이물질 부착(접촉불량 요인)
　㉡ 접점재료의 증발, 난산(難散), 접점의 마모
　㉢ 줄열 또는 아크열에 의한 접점표면의 일부 용융(용착 요인)
　㉣ 접점재료의 용융에 의한 타극 접점에의 전이(轉移), 소모 및 균열에 의해 거칠어진 접촉면의 요철이 기계적으로 서로 갉는 스티킹 현상 발생(용착 요인)
　㉤ 미세한 개폐동작을 반복하는 채터링(chattering) 현상(용착 요인)
　㉥ 허용량 이상의 전압, 전류의 사용(접촉불량 요인, 용착 요인)

⑥ 접촉저항 감소 조치
　㉠ 접촉압력을 증가시킨다.
　㉡ 접촉면적을 크게 한다.
　㉢ 접촉재료의 경도를 감소시킨다.
　㉣ 고유저항이 낮은 재료를 사용한다.
　㉤ 접촉면을 청결하게 유지한다.

⑦ 절연열화에 의한 발화
　㉠ 절연체에 먼지 또는 습기 부착
　㉡ 취급불량에 의한 피복손상 및 절연재 파손
　㉢ 이상전압에 의한 절연파괴

ⓔ 허용전류를 넘는 과전류에 의한 열적 열화

ⓜ 결로에 의한 지락, 단락사고 유발 절연열화로 인한 발화형태는 트래킹과 흑연화 현상을 들 수 있다.

⑧ 배선용 차단기 감식 포인트

ㄱ 차단기가 탄화되어 부하측과 전원측을 구별할 수 없을 때에는 회로시험기로 저항을 측정하여 켜짐(저항 0Ω)과 꺼짐(저항 ∞) 상태를 확인한다.

ㄴ 엑스레이(X-ray) 시험기로 차단기를 분해하지 않은 상태로 촬영하여 on/off 상태를 확인한다.

ㄷ 차단기의 동작편이 중립(trip)에 있으면 2차측은 통전상태였으므로 부하측의 용융흔을 확인한다.

(2) 누전차단기

① 누전차단기의 성능

ㄱ 부하에 적합한 정격전류를 가질 것

ㄴ 전로에 적합한 차단용량을 가질 것

ㄷ 정격 감도전류는 30mA 이하이며, 동작시간은 0.03초 이내일 것

ㄹ 정격 부동작전류가 정격 감도전류의 50% 이상이어야 하고, 이들의 전류치가 가능한 한 작을 것

ㅁ 절연저항이 5MΩ 이상일 것

② 누전차단기의 구성

ㄱ 소호장치

ㄴ 과전류 트립장치

ㄷ 시험버튼

③ 누전차단기 동작확인 방법

ㄱ 전동기계, 기구를 사용하려는 경우

ㄴ 누전차단기가 동작한 후 재투입하려는 경우

ㄷ 전로에 누전차단기를 설치한 경우

④ 누전차단기를 설치하지 않아도 되는 경우

ㄱ 이중절연구조의 전기기구

ㄴ 비접지 방식의 전로에 접속하여 사용하는 전기기구

ㄷ 절연대 위에서 사용하는 전기기구

⑤ 테스트버튼 장치

ㄱ 버튼색이 **녹색계통**이면 누전차단기 **전용**

ㄴ 황색이나 붉은색 계통이면 누전 및 과부하 차단 겸용

02
화재감식론

⑥ 누전차단기 감식 포인트

　㉠ 케이스가 탄화되어 부하측과 전원측을 구별할 수 없을 경우 회로시험기로 저항을 측정하여 켜짐(저항 0Ω)과 꺼짐(저항 ∞) 상태를 확인한다.

　㉡ 분해가 가능할 경우 대부분 동작편(금속)이 수직상태이면 켜짐이고, 동작편이 수평상태일 때는 꺼짐이다.

　㉢ 엑스레이(X-ray) 시험기로 누전차단기 내부를 촬영하여 on/off 상태를 확인한다.

(3) 커버나이프 스위치

① 커버나이프 스위치 감식 포인트

　㉠ 커버나이프 투입편(손잡이)이 칼받이에 물려있는 경우 물려있는 면적만큼 오염되지 않았을 경우가 많다. 반대로 투입편 전체가 탄화물로 오염되었다면 화재 당시 열린 상태로 있었다고 본다.

　㉡ 칼받이 투입편이 투입된 상태에서 이탈되더라도 칼받이는 열린 상태로 소둔(풀림)되어 복원성을 잃기 때문에 식별이 가능하다.

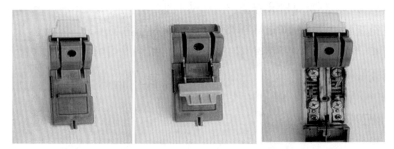

┃ **커버나이프 스위치의 외형 및 퓨즈의 소손상태** 현장사진(화보) p.16 참조 ┃

② 퓨즈의 용단상태 감식 포인트 〔2018년 기사〕

　㉠ 단락에 의한 용단 : 퓨즈 전체가 **넓게 용융**되고 용융 잔해가 케이스에 부착

　㉡ 과부하에 의한 용단 : 퓨즈 **중앙부분** 용융

　㉢ 접촉불량에 의한 용단 : 퓨즈 양단 또는 접합부에서 용융되거나 끝부분이 검게 탄화

　㉣ 외부화염에 의한 용단 : 대부분 용융되고 흘러내린 형태 유지

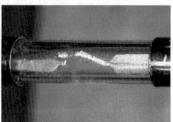

┃ **단락에 의한 용단** 현장사진(화보) p.17 참조 ┃　　　┃ **과부하 용단** 현장사진(화보) p.17 참조 ┃

③ 유리관 퓨즈

ⓛ 유리관 실퓨즈는 동선에 은도금한 것으로 용융온도가 1,083℃로 유리의 용융온도(소다유리 550℃, 소다석회유리 750℃)보다 높아 유리관이 녹아도 실퓨즈는 형태를 유지하고 있다.

ⓛ 단락 시 과전류가 흐르면 <u>안개상으로 비산하는 특징</u>이 있다.

④ 온도 퓨즈

ⓛ 통전에 의한 발열로 용단되는 것이 아니라 주위온도가 <u>규정된 값을 넘으면 용단</u>된다.

ⓛ 재질은 주석(58%), 비스무트(30%), 납(12%)으로 조성된 것을 주로 사용하며, 용단온도는 66℃, 77℃, 84℃, 91℃, 96℃ 등 30여 종이 있다.

ⓛ 통상 열에 용단되면 온도 퓨즈의 중앙부가 용단된다.

ⓛ 용단온도는 일반적으로 퓨즈 중앙부분에 표시되어 있다.

▌온도 퓨즈의 색에 따른 용단온도 구분 ▌

구 분	흑색	갈색	적색	청색	황색
온 도	100℃	110℃	120℃	130℃	140℃

▌4 조명기구

(1) 백열전구

① 아르곤 등을 봉입한 유리구에 필라멘트(텅스텐)의 발열로 빛을 발생시키는 것으로 약 2,200℃까지의 고온에 견딜 수 있다.

> **! 꼼꼼. check!** ▶ 아르곤가스의 봉입 이유 ◀
>
> 필라멘트와 화학반응을 하지 않는 불활성 가스를 주입함으로써 필라멘트의 증발과 비산을 제어하여 수명을 길게 하기 위함이다.

② 점등상황(사용시간), 주위상황(가연물 근접 방치), 고장이나 사용 중 이상(미점등 발생 및 접촉부 이상) 등에 대해 관계자로부터 진술을 확보한다.

③ <u>점등 중에 유리가 파손되면</u> 필라멘트가 산소와 접촉되므로 전부 또는 일부가 소실되거나 또는 <u>리드선과 접촉 개소에서 용단</u>되며 잔존부분이 앵커에 용착되는 경우가 있어 출화 당시 점등상태였음을 알 수 있다.

④ <u>소등 중일 경우에는 앵커부분에서 절단되어 리드선과 접속부분은 남아 있으며 앵커에 용착하는 경우는 발생하지 않는다.</u>

⑤ 필라멘트 부분이 점등 중일 경우 손실되면 용융흔이 남지만 소등 중 물리적인 외력에 의한 경우 용융흔은 발생하지 않는다.

⑥ 점등 중 가연물과 접촉하면 가연물의 연소로 고온상태가 되고 내부의 가스압력이 높아져 유리표면의 장력이 약해져서 부풀어 올라 구멍이 생겨 가스가 분출하는 경우가 있다.

⑦ 전구 배선의 접속부 확인 및 전구가 특정 방향으로 부풀어 올라 변형된 경우 **부풀어 오른 방향 쪽으로부터 발화가 진행된 것으로** 다른 화원의 가능성을 검토한다.

 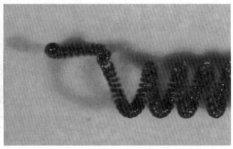

┃ **화염방향으로 부풀어 오른 형태** 현장사진(화보) p.17 참조 ┃　　┃ **필라멘트의 소손상황** 현장사진(화보) p.18 참조 ┃

(2) 형광등

① 안정기 내부의 코일의 층간단락 및 안정기 충전제의 누설, 권선코일의 단락상태 등을 관찰한다.

② 점등관의 전극부분(고온발열로 발화가능성)과 인입선 등 배선상태를 확인한다.

③ 전자회로 기판이 내장된 경우 콘덴서, 반도체류의 소손상태, 과전압 인가여부, 부품과 기판의 트래킹 흔적, 납땜부의 출화흔적 등을 관찰한다.

④ 설치 부주의 및 자체 발화요인 외에 외적인 요인을 파악한다.

> ❗ **꼼.꼼. check!** ➤ **형광등의 이해** ●
>
> • 전압이 인가되면 안정기와 양쪽 필라멘트를 통해 글로스타터에 방전이 일어난다. 글로방전에 의해 바이메탈로 된 전극은 단락되고 예열전류가 흘러 형광램프 양쪽의 필라멘트를 가열시켜 점등이 이루어진다.
> • 스타터전극이 단락된 후에는 글로방전은 중단되고 전극 내부의 온도가 낮아져 전극이 떨어지는데 이때 안정기의 인덕턴스(L)에 의해 높은 역기전력이 발생하여 점등이 이루어지는 것이다.
>
>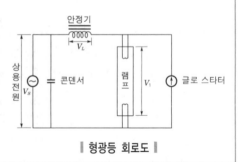
>
> ┃ **형광등 회로도** ┃

(3) 네온등

① 네온방전은 봉입가스에 따라 발광색이 다양(네온 : 적색, 수은증기 : 청록색)하다.

② 주로 네온변압기 2차측에서 방전한 경우와 네온변압기 1차측 저압회로의 단락, 연결코드와 애자의 절연열화에 의해 발생한다.

③ 실외의 경우 습기의 침입, 다른 공작물(금속)과의 접촉, 안정기의 절연상태 등을 확인한다.

④ 1차측 및 2차측 배선방법, 전선 굵기, 용융흔 발생 개소 등을 확인한다.

⑤ 네온전등 2차측은 고압이기 때문에 수분, 먼지 등에 의해 절연내력이 저하되면 절연물 표면에 연면방전이 발생하기 쉬워 절연물 표면에 탄화구가 생기므로 피복의 탄화구 생성여부를 관찰한다.

⑥ 방전관 자체에 이상이 있는 경우 누설전류에 의한 유리관 및 튜브 서포터가 손상되므로 소손상황을 확인한다.

(4) 고압방전램프

① 방전램프는 나트륨램프, 메탈할로이드램프, 수은등 등이 있다.

② 램프의 자체발열과 안정기 등의 사용상황(상시 점등, 타이머 설정, 사용연수 등)과 이상여부(점등 시 깜박거림, 잡음 등), 배선용 차단기의 동작상황 등에 대해 관계자로부터의 진술을 확보한다.

③ 배선의 용융흔 발생 여부, 전선 시공상태 등을 확인한다.

④ 빗물 침입, 쥐나 새 등에 의한 절연손상, 트래킹 유무를 확인한다.

⑤ 방전관에 이상이 있는 경우 유리관이나 튜브 서포터의 관등회로가 높기 때문에 오손되고 이로 인해 누설전류가 흐르면 불꽃방전이 발생한다.

바로바로 확인문제

네온등 감식에 대한 유의사항이다. 옳지 않은 것은?

① 방전관 자체 이상이 있는 경우 누설전류에 의한 소손상황을 확인한다.

② 실외의 경우 습기 생성, 다른 공작물과의 접촉, 안정기의 절연상태 등을 확인한다.

③ 2차측은 저압으로 절연내력이 떨어져도 방전현상 없이 전원만 차단되므로 배전반을 확인한다.

④ 1차측과 2차측의 배선상태와 용융흔 발생여부 등을 확인한다.

해설 네온전등 2차측은 고압이기 때문에 수분, 먼지 등에 의해 절연내력이 저하되면 절연물 표면에 연면방전이 발생하기 쉬워 절연물 표면에 탄화구가 생기므로 피복의 탄화구 생성여부를 관찰하도록 한다.

답 ③

5 주방 및 가전관련 기기

(1) 전기풍로

① 원리 : 배관공사가 불필요하고 취급이 간편하며 공기오염이 없는 장점이 있어 사무실이나 재래시장 등에서 널리 사용한다. 방식에 따라 <u>니크롬선히터</u>와 <u>시즈히터</u>를 사용하는 것으로 구분된다.

    ㉠ 니크롬선히터 : 단상 220V를 주로 사용하며 열의 강·약 세기 조절이 가능하다.

    ㉡ 시즈히터(sheath heater) : 금속관 내부에 전열선을 내장하고 열선 사이 공간에는 절연분말인 산화마그네슘을 밀봉, 충전한 것으로 소비전력이 1,200~2,000W 정도인 것을 많이 사용한다.

② 감식 및 감정

    ㉠ 히터 주위에 가연물의 소손상태 확인(복사열 발화가능성)

    ㉡ 냄비 등 조리기구의 사용여부와 탄화된 내용물 확인

    ㉢ 스위치의 작동상태(on/off) 확인

    ㉣ 전원코드의 단락흔, 피복상태 등 확인

    ㉤ 주변에 다른 발화원의 존재여부 확인

(2) 전기밥솥

① 구조

    ㉠ 가열방식에 따라 유도가열 방식, 히터를 밑바닥에 배치하는 방식, 알루미늄을 다이캐스트로 주조하여 열판조립으로 사용하는 방식 등으로 구분한다.

    ㉡ 취사용 스위치의 동작은 마그넷식 서모스탯(thermostat)을 이용한 것도 있으며, 동작온도는 150℃ 전후이다.

    ㉢ 안전장치로 온도퓨즈 또는 전류퓨즈가 직렬로 들어가 있으며, 본체 내에 내부 솥을 넣지 않거나 뚜껑을 완전히 닫지 않았을 경우 취사 및 보온회로가 작동하지 않도록 설계되어 있다.

> **! 꼼.꼼. check!** ─── 유도가열방식 ───
>
> 냄비 밑바닥에 설치한 코일의 자력선에 의해 냄비 금속부분에서 발생한 와전류가 냄비가 갖고 있는 전기저항에 의해 냄비 자체가 히터가 된다. 전자조리기와 같은 원리이다.

② 감식 및 감정

    ㉠ 기판부의 트래킹 출화 : 솥을 받치고 있는 본체 상부틀의 조립공정 시 상부틀과 상부틀 링 사이에 충전제가 기밀하지 않으면 그 틈새로 수증기 등이 침투하여

기판부의 가열제어기판에 떨어져 트래킹이 발생하므로 기판부의 소손상황을 확인한다.

ⓛ 트랜지스터 내부 단락 : 기판에 들어 있는 회로소자인 트랜지스터가 경년열화로 과전류가 흘러 기판에서 출화의심 시에는 기판의 잔존부분을 도통시험하거나 그레파이트상황과 부품의 배치상황을 확인한다.

ⓒ 과전압·과전류에 의해 취사히터 출화 : 단상 3선식 배선의 중성선을 잘못 결선 시켜 부하 불평형에 의해 과전류 또는 과전압이 인가된 경우 전기밥솥 밑바닥 부분의 알루미늄 다이캐스트가 용융하므로 용융흔 및 변형상태를 관찰한다.

ⓔ 기구 코드로부터 출화 : 밑바닥 부분에 설치되어 있는 코드의 반단선에 의해 출화한 경우 이때는 부하전류가 흐르고 있는 경우가 대부분으로 밥솥의 보온상태 확인 및 전원코드의 외관상태와 하중에 의한 짓눌림, 배선의 설치상황을 확인하고 소선의 단락흔과 소손상황 등을 다방면에서 검토한다.

┃ 밥솥의 연소형태 현장사진(화보) p.18 참조 ┃

(3) 전자레인지 2017년 기사 · 2021년 기사

① **구조** : 외함(강판), 가열실(스테인리스) 및 문으로 이루어져 있고 가열실 천장은 플라스틱 커버로 되어 있으며 그 위에 마그네트론과 도파관으로 구성되어 있다.

② **기능**

구 분	특 징
가열실(oven)	피가열물을 균일하게 가열하도록 턴테이블과 전파를 교반하는 스터러(stirrer), 조명등이 설치되어 있다.
발진부	마이크로웨이브를 발생하는 마그네트론, 전파를 가열실로 인도하는 도파관, 가열실 내에서 1점에 집중하지 않도록 마이크로웨이브를 교반하는 팬과 마그네트론을 냉각하는 냉각팬이 있다.
전원부	마그네트론을 동작시키는 직류 3,300V를 발생하는 고압회로, 오븐기능이 있는 것은 시즈히터용 직류고전압을 만드는 고압변압기, 고압콘덴서, 제어부에 공급하는 저압회로 등이 있다.
제어부	문을 열 때 전파를 방사하지 않는 구조나 식품에 맞춰서 조리시간을 설정하는 타이머 등 조리 조정이나 안전성 등을 제어한다.
안전장치	전류퓨즈, 도어 또는 래치스위치(문을 열면 전원을 차단), 온도 과도상승방지장치 등이 있다.

③ 감식 및 감정

　㉠ 오븐실 내부 식품의 과열유무, 문짝이나 유리의 그을음 부착상태 등을 관찰한다.

　㉡ 전원부 기판은 통풍구를 통해 기름이나 먼지 등이 쉽게 부착되고 따뜻하여 바퀴벌레의 번식 우려가 높기 때문에 기판의 절연열화 상태 및 누설방전 개소를 확인한다.

　㉢ 도어 래치스위치 접속부의 과열 시 도어 스위치(합성수지제)의 래치 소손상태를 확인한다.

　㉣ 오븐실 내부 회전구동모터의 권선의 층간단락상태를 확인한다.

　㉤ 전원코드의 노후상태, 눌림, 꺾여진 부분 등을 확인한다.

(4) 냉장고

① 원리 : 냉매가스를 압축기(compressor)로 압축하여 냉각기로 보내면 액체 냉매가스가 기화함과 동시에 주위의 열을 빼앗아 냉각되며 냉각기로 빠져 나온 냉매가스는 응축기로 보내져 액화되고 다시 압축기로 보내져 순환하는 원리이다.

② 구조

구 분	특 징
압축기 (컴프레서)	모터의 회전운동을 왕복운동으로 바꾼 것으로 피스톤의 왕복운동은 모터의 축에 연결된 크랭크에 행한다.
콘덴서 (응축기)	냉각기에서 빼앗은 열과 컴프레서에 의해 부여된 열을 방출하는 곳으로 여기로 보내진 고온, 고압의 냉매가스를 공기 또는 물로 냉각하여 고압의 액체로 저장하는 장치이다.
냉각기	냉장고 본래의 기능인 냉각을 행하는 장치이다. 콘덴서로 액화된 냉매는 캐필러리 튜브에서 감압되며 냉각기에서 기화한다. 이때 주위로부터 열을 빼앗아 냉각을 행한다.
기동기	컴프레서 모터는 콘덴서 기동 유도모터로 주권선, 보조권선으로 구성되어 있다. 모터의 주권선에 대전류가 흐르면 프란저 코일이 강하게 자화(磁化)되어 프란저를 흡착하며 이때 접점은 판스프링의 힘으로 on되며 보조권선으로 전류가 흘러 모터가 회전한다. 모터가 가속되면 주권선의 전류가 감소하여 자력이 약해지며 주권선만으로도 운전할 수 있는 속도의 전류에 달하면 프란저가 낙하하여 접점 S가 열리면서 보조회로를 끊어 주권선만으로 회전을 계속한다.
과부하계전기	컴프레서에 과전류가 흘러 권선을 소손시키거나 고온도가 되었을 때 자동으로 작동하여 컴프레서를 보호하는 장치이다. 바이메탈이 온도를 감지하는 것과 과전류를 감지하여 작동하는 것이 있다. 모두 접점을 열어 모터를 보호하도록 되어 있다.

③ 감식 및 감정

　㉠ 출화원인은 각 기능별 스위치의 불완전 접촉, 전원코드의 반단선, 팬 모터의 과열, 압축기 부분의 트래킹 또는 흑연화, 시동용 콘덴서의 단락 등 매우 다양하다.

ⓛ 기동용 릴레이는 전극의 용융 부분, 배선 및 단자 접속부의 풀림 등이 있는지 확인하며 단락흔의 위치 등을 관찰한다.

ⓒ 서미스터(PTC)의 소손상황, 내부 금속구의 용융흔, 잔존 배선의 탄화상태를 확인한다.

ⓔ 설치장소의 전원 코드 및 배선 커넥터의 접속상태, 히터(서모스탯히터, 서리제거히터, 드레인히터 등)의 이상유무를 확인한다.

ⓜ 컴프레서 코일의 층간단락, 단자 부분의 용융, 변색흔을 확인한다.

(5) 세탁기

① 원리와 구조
ⓐ 모터에 의해 전기에너지를 동력으로 바꾸고 이를 이용하여 드럼을 회전시킨다.
ⓑ **전자부품**은 급배수장치인 **전자밸브(마그넷)**가 전부이며 이들을 컨트롤하는 패널로 되어 있다.

② 감식 및 감정
ⓐ 사용 중 이상음의 발생 여부, 작동상태 등을 관계자로부터 확인한다.
ⓑ 교반식, 소용돌이식, 진동식, 드럼식 등 구동방식에 대한 원리와 구조를 충분히 이해하고 조사를 행한다.
ⓒ 세탁기의 경우 잡음방지 콘덴서의 절연열화상태, 배수전자밸브의 이상 유무, 세탁기 내부 배선간의 단락 여부, 배수 마그넷의 접점, 모터기동용 콘덴서의 상태, 배선의 노후 정도, 습기나 물기 침투에 의한 트래킹 가능성 등을 소손된 형태로 검토한다.
ⓔ 세탁기의 내용연수(7년)가 경과할 경우 장시간 세탁과 탈수가 진행되어 모터의 회전력이 떨어져 구속운전으로 인한 과부하로 전선피복에 착화할 수 있으므로 전선의 단락흔 및 피복의 소실상태를 확인한다.

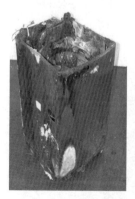

∥ 세탁기 좌우 소손형태 현장사진(화보) p.18 참조 ∥   ∥ 조작부 탄화형태 현장사진(화보) p.19 참조 ∥

(6) 냉온수기 〔2016년 기사〕〔2018년 기사〕〔2020년 기사〕〔2021년 기사〕〔2022년 기사〕

① 구조 : 냉기를 만드는 컴프레서와 밴드히터로 온도를 높이는 온수통, 압축기 등으로 구성되어 있다.

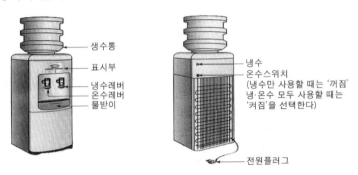

- 생수통
- 표시부
- 냉수레버
- 온수레버
- 물받이

- 냉수온수스위치
  (냉수만 사용할 때는 '꺼짐'
  냉·온수 모두 사용할 때는
  '켜짐'을 선택한다)

- 전원플러그

‖ 냉온수기의 구조 ‖

② 감식 및 감정

ㄱ 진동에 의한 내부 배선의 절연손상, 접속단자의 이완, 부품 소자의 절연열화를 확인한다.

ㄴ 온수통에 부착된 서모스탯 노출단자의 손상 및 오염상태를 확인한다(트래킹 발화).

ㄷ 압축기의 층간단락, 내장된 배선피복의 손상형태, 부품의 절연열화상태를 확인한다.

‖ 냉온수기 연소형태 현장사진(화보) p.19 참조 ‖   ‖ 압축기 전선의 단락 현장사진(화보) p.19 참조 ‖   ‖ 서모스탯 손상 현장사진(화보) p.20 참조 ‖

바로바로 **확인문제**

냉온수기 자체에서 발화하는 유형이 아닌 것은? 〔2017년 산업기사〕

① 서모스탯 단자에서 트래킹 출화
② 온수통의 복사열 용융
③ 압축기 코일의 층간단락
④ 전기배선의 노후, 열화 촉진

해설 **냉온수기의 발화 유형**

ㄱ 서모스탯 단자에서 트래킹 출화
ㄴ 압축기 코일의 층간단락
ㄷ 전기배선의 노후, 열화 촉진

답 ②

6 냉·난방관련 기기

(1) 전기스토브

① 원리와 구조

구 분	특 징
반사형	• 히터 뒷부분에 스테인리스나 알루미늄 반사판을 설치하여 히터로부터 반사되는 열을 방사하는 방식으로 600~800W의 것이 많다. • 히터를 2본 설치한 것이 많고 온도조절장치는 없다. • 전도 시 스위치가 꺼지도록 밑바닥에 전도 off스위치가 있다.
대류형	• 반사형과 같이 열을 집중시키지 않고 히터로부터의 열을 공기의 대류를 이용하여 실내 전체를 따뜻하게 하는 것이다. 1.5~3kW 정도의 것이 많다.

② 감식 및 감정

ㄱ 가연물 접촉으로 발화한 경우 스토브 표면에 천 등 탄화물의 부착여부와 주위로 연소확대된 소손상황을 확인한다.

ㄴ 가연물 접촉 또는 복사열에 의해 출화하면 화재열과 스토브 자체발열의 영향으로 반사판에 '가지색'의 변색이 생기는 경우가 있으므로 이를 확인한다.

ㄷ 스토브 자체가 발열하여 출화하는 경우는 없기 때문에 가연물의 근접 방치, 전원스위치의 작동·부작동 상태 등을 확인한다.

(2) 에어컨

① 원리와 구조

구 분	특 징
냉방전용	냉매가스가 압축기에 의해 응축 액화된 후 캐피러리 튜브(모세관)를 통해 압력이 강하되어 증발기로 들어가고 여기서 주위의 열을 빼앗아 증발한다. 증발된 냉매가스는 다시 압축기로 들어가서 순환작용을 반복한다.
히트펌프식	냉동사이클의 냉매흐름을 역으로 바꿔 난방장치로 사용하는 장치를 말한다. 냉동사이클의 흐름을 역으로 하기 때문에 사방밸브를 이용한다.
냉방·제습 겸용형	냉방전용 실내 열교환기를 증발기 겸용 가열기 2개로 나눈 것이다. 냉방 시에는 모두 증발기로 열교환을 시키고, 제습 시에는 우선 한쪽의 증발기는 냉각과 동시에 제습하고 다른 쪽 증발기는 가열기로서 보온 및 제습 효과가 있다.

② 감식 및 감정

ㄱ 실외기 컴프레서용 모터 및 천장매입형 실내기의 배수모터 권선의 층간단락을 확인한다.

ㄴ 전원선의 단락여부, 내부 단자 또는 접속부의 과열여부를 확인한다.

ㄷ 퓨즈의 용단여부, 압축기 부분의 발열상황, 오접속 등을 확인한다.

(3) 선풍기

① 원리와 구조 : 선풍기의 기능에는 좌우회전, 타이머 기능 등이 있다. 가장 중요한 기능으로는 미풍에서 강풍까지 날개의 회전속도를 전환할 수 있는 기능이 있다.

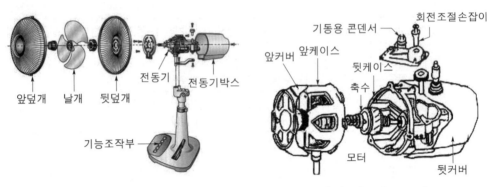

┃ 선풍기 부품 전개도 ┃   ┃ 선풍기 모터 구조도 ┃

② 감식 및 감정

ㄱ 모터 코일의 동선을 세심하게 풀어 헤쳐서 층간단락 형성여부를 확인한다.

ㄴ 콘덴서 케이스에 구멍이 생기거나 탄화된 상황, 콘덴서 리드선의 용융흔 등을 확인한다(콘덴서 절연열화).

ㄷ 선풍기 날개깃 회전자 구속운전에 따른 과부하 시에도 모터의 층간단락 형성 및 배선상의 용융흔이 발생할 수 있으므로 분해하여 확인한다.

7 영상기기 감식(텔레비전)

(1) 텔레비전의 동작회로 구성

① **영상수신부** : 튜너회로, 영상중간주파증폭회로, 영상검파회로로 구성

② **음성수신부** : 음성검파회로, 음성중간주파증폭회로, FM검파회로, 저주파증폭회로, 스피커로 구성

③ **영상재현부** : 영상증폭회로, 대성증폭회로, 퍼스트게이트회로, 자동포화조정회로, 컬러킬러회로, 색동기회로, 복조기회로, 동기분리회로, 수직편향회로, 수평편향 회로

④ **전원회로** : 수신기의 각 부 회로의 전자관에 히터전류, 양극전압 등을 공급하는 회로

(2) 브라운관의 주요 부품별 기능과 역할

구 분	기능 및 역할
브라운관 (CRT, 음극선관)	• 전기적 신호를 광신호 형태로 바꿔 주는 부품의 일종이다. • 전자총에서 전자빔이 방출되면 편향철의 전위에 의해 전자빔이 상하좌우로 편향되고 패널 내면의 양극 전압에 의해 스크린의 삼색 형광체(적색, 녹색, 청색)에 부딪쳐서 영상이 나타난다.
전자총	• 열전자를 방출하는 히터, 캐노드와 전자빔을 제어 또는 가속하는 전극으로 구성된다. • 전자빔의 지름은 브라운관의 경우 1mm 이하이며, 음극으로부터 방사되는 전자의 양을 제어하는 일과 방사전자를 집속하여 전자빔을 만드는 발생장치이다.
편향요크 (편향철)	• 방출된 전자빔을 수평 또는 수직 코일에 흘려서 전자빔을 상하좌우로 편향한다. • 편향계는 정전편향계와 전자편향계로 구분, 전자편향계는 텔레비전 수상기로 이용되며 브라운관의 목 부분에 장치한 요코코일에 전류를 흘려 전자빔을 편향시킨다.
섀도 마스크 (shadow mask)	• 3색의 전자빔을 선별해 주는 기능을 담당한다.
CPM (Convergence Purity Magnet)	• CPM의 자계를 이용, 적색, 녹색, 청색의 3색을 조정하여 백색이 되도록 한다.

(3) 관찰 및 조사 포인트

① 텔레비전은 사용 중이었는지 확인한다(사용자의 취급 부주의나 오사용).

② 텔레비전에서 출화한 경우로는 고압트랜스(플라이백트랜스) 누설방전, 충간단락, 기판부에서의 트래킹 발화, 전원코드의 단락 등이 있으므로 소손부위별 연소특징 판별에 주의한다.

③ 텔레비전 캐비닛(case)의 내 · 외부 연소형태를 확인한다.

8 배전선로

(1) 가공전선의 지락

① 가공전선의 지락사고는 자연력(바람, 비, 눈)의 영향과 수목 등 <u>외물과의 접촉</u>, 조류(까치, 까마귀 등) 등에 의한 손상이 대부분을 차지한다.

② 특고압 전선의 경우 1차측 또는 2차측 소손상황, 애자의 손상, 주변 가연물의 상태 등을 관찰하여 판단한다.

(2) 지중전선로

① 지중에 매설된 CV케이블의 경우 워터트리(water tree) 현상에 의한 출화 및 소손상태를 확인한다.

② 배수공사 및 착암기 등을 이용한 지반공사 시 지중의 피복을 손상시킨 경우 단락 출화흔을 확인한다.

> **! 꼼꼼. check!** ● 워터트리 현상 ●
>
> CV케이블 내부에 수분이 국부적으로 전계에 집중되면 절연체(가교폴리에틸렌) 중으로 미립자가 되어 수지상으로 퍼져 나감으로써 절연이 열화되는 현상

9 전기모터와 변압기

(1) 전기모터

① 기동 시의 이상유무, 회전속도의 저하, 운전불능, 사용장소 부적절에 따른 습기, 먼지, 기름 등의 부착상황과 가능성을 판단하고 모터와 연결된 회전축 또는 팬날개의 작동에 따른 부하의 크기 등을 확인한다.

② 모터의 과열 원인
  ㉠ 과부하
  ㉡ 부족전압 또는 과전압
  ㉢ 오결선에 의한 과전류
  ㉣ 모터의 경년열화

| 모터 회전자의 변색흔 현장사진(화보) p.20 참조

(2) 변압기

① 배전용 변압기의 2차측 리드선과 이격 지지금구의 접촉 또는 리드선 피복의 손상여부를 확인한다.

② 변압기 인입구 부싱의 노후 정도, 부설 후 사용연한 등을 조사한다.

③ 주상용 변압기 함 내부에 빗물, 이물질 등의 유입여부를 확인한다.

④ 케이블 피복과 전선 접속부분의 헐거움, 접속상태 등을 확인한다.

10 전선시스템(배선과 시공)

(1) 전선의 시공

① 전선을 배관 안에서 입선 시에는 절연물에 손상이 없도록 하고 동선의 인장강도에 영향이 미치지 않도록 한다.

② 전선의 접속은 전기저항 증가와 절연저항 및 인장강도 저하가 발생하지 않도록 한다.

③ 전선의 접속을 위해 피복을 제거하고자 할 때는 전선의 심선이 손상을 받지 않도록 와이어 스트리퍼(wire stripper) 등을 사용한다.

④ 전선의 접속은 배관용 박스, 풀박스 또는 기구 내에서만 시행하도록 한다.

⑤ 전선의 박스 내 접속은 전선접속구를 사용하여야 하며, 난연성 제품을 사용한다.

⑥ 전선과 기기의 단자 접속은 압착단자를 사용하고, 버스바와 접속할 때는 스프링 와셔를 사용한다.

⑦ 슬리브의 압축과정에서 슬리브 내에 공극이 많을 경우에는 전선가닥으로 충진하여 접속이 완전히 압착되도록 한다.

⑧ 동선용 압착단자와 전선 사이의 충진부는 비닐캡으로 씌워야 한다.

(2) 덕트 내 배선

① 금속덕트 내에서는 전선을 접속하지 않아야 한다. 다만, 전선을 분기하는 경우로서 그 접속점을 용이하게 점검할 수 있는 경우에는 그러하지 아니하다.

② 전선류는 유지, 보수, 관리 등을 고려하여 각 회로별로 구분되도록 섞이거나 꼬이지 않도록 한다.

③ 금속덕트 배선을 수직으로 또는 경사지게 시설하는 경우에는 전선의 이동을 막기 위하여 전선을 적당한 방법으로 고정한다.

④ 덕트 내 배선은 각 회로별로 밴드 등을 이용해 묶어서 설치한다.

(3) 가공송전선의 구비조건 [2013년 산업기사]

가공송전선이란 발전소에서 변전소 또는 변전소에서 변전소 상호간을 연결하기 위한 전선로를 말하며 다음과 같은 조건을 갖추어야 한다.

① 도전율이 클 것

② 기계적 강도가 클 것

③ 가요성이 클 것

④ 내구성이 클 것

⑤ 가격이 싸고 대량 생산이 가능할 것

⑥ 신장률(팽창률)이 클 것

⑦ 비중이 작을 것

바로바로 확인문제

가공송전선의 구비조건으로 틀린 것은?

① 비중이 클 것　　　　　　　② 도전율이 클 것
③ 내구성이 클 것　　　　　　　④ 가요성이 클 것

해설 가공송전선은 비중이 작아야(중량이 가벼울 것) 한다.　　　　　**답** ①

11 용융흔 판정 방법

(1) 1차·2차 및 열 용융흔 식별

구 분	특 징
1차 용융흔	• 통전상태에서 <u>화재원인이 된 용융흔</u> • 형상이 둥글고 광택이 있으며 단락 시 용융흔 중에 탄화물을 포함하고 있는 것은 거의 없다. • 동일 전선에 수 개의 단락이 있는 경우 부하측에 가까운 것이 1차 용융흔일 가능성이 크다.
2차 용융흔	• 통전상태에서 <u>화재의 열로 인해 생기는 용융흔</u> • 본연의 광택이 없고 아래로 늘어지는 형태를 나타낸다.
열 용융흔	• <u>비통전상태에서 화재열로 용융된 흔적</u> • 광택이 없고 가늘고 거친 단면을 보이며 아래로 처지거나 끊어진 형태를 보인다.

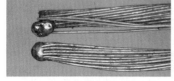

| **1차 용융흔** 현장사진(화보) p.20 참조 |

| **2차 용융흔** 현장사진(화보) p.21 참조 |

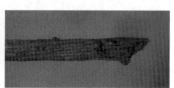

| **열 용융흔** 현장사진(화보) p.21 참조 |

(2) 금속조직 관찰에 의한 전기 용융흔 판정 방법

① 외관 관찰

구 분	특 징
광택	전기 용융흔의 표면은 동 고유의 색상이 있는 부분(동색)과 산화동이 되어 있는 부분(회색)이 혼재되어 있다. 이를 1차와 2차 용융흔으로 구분하면 <u>1차 용융흔 쪽에 광택이 있는 것이 많다.</u>
평활도	표면의 상태를 움푹 팬 수(數)와 평활도로 구분하면 <u>1차 용융흔이 평활하며</u> 2차 용융흔은 표면이 거친 것이 많다.
형상	1차 용융흔은 반구형(半球形)이 많다.

② 금속에 생긴 용융흔의 육안 감정 방법

구 분	특 징
1차 용융흔	• 여러 가닥인 소선의 경우 망울이 반구형이고 광택이 있다. • 전선이 굵은 것은 단락 각도에 따라 바늘처럼 가늘고 뾰족한 경우도 있다. • 굵은 전선은 무딘 송곳같이 둥그스름한 형태이거나 대각선으로 잘려 나간 모양이 형성되고 비산된 작은 망울이 단락부 옆에 붙어 있는 경우가 많다. • 과전류로 용단된 경우 코드류는 거의 조성되지 않고 일직선 형태로 용단되고 끝부분만 뭉쳐 있으며, 굵은 동선의 경우에는 타원형 망울이 생기고 아래로 흘러내린 형태로 망울에만 광택이 있고 나머지 부분은 산화되어 검은 회색을 나타낸다. • 화재 이전에 생긴 합선에 의한 용융흔이 또 다시 화재열로 녹은 경우에는 화재발생 이후에 생긴 합선에 의한 용융흔과 비슷하며 망울 끝부분에 작은 구멍이 생기는 경우가 많다. • 전선이 용단되기 전에 목재와 같은 가연물에 접촉한 경우에는 닿는 부분이 빨리 용융되어 촛농 같은 망울이 생긴다.
2차 용융흔	• 용융 망울은 작은 구멍이 있는 타원형이며 검은 회색을 띤 적갈색이다. • 여러 가닥 소선인 경우 끝부분에 달걀모양의 용융점이 생기고 약간의 광택이 있다. • 화재 후 며칠이 지나면 용융 망울과 용융되지 않았던 동선도 산화되어 검푸른 빛으로 변한다. • 전선 중간부분에서 합선된 경우 고드름모양의 용융 망울이 생기고 부분적으로 전선피복이 탄화되어 시커멓게 눌어붙고 일부분에서 윤이 난다.
열 용융흔 (3차 용융흔)	• 표면에 요철이 있어 거칠고 광택이 없다. • 전선 중간에서 녹아 흘러내리는 형태의 결정체가 덮고 있으며 전선의 끝부분은 물방울이 떨어지기 직전의 모양이다. • 전선 일부가 녹으면 장력을 받은 쪽으로 길게 늘어나며 끝부분은 가늘며 절단된 자리의 표면은 거칠고 여러 형상이 나타난다.

③ 금속단면 관찰

    ㉠ 전기 용융흔 내부관찰은 공극(空隙), 이물질의 혼입상태를 관찰한다. 전기 용융흔 내부에 생긴 공극이 외기(外氣)와 연결되는 '블로홀(blowhole)'과 외기에 연결되지 않은 '보이드(void)' 타입의 공극이 있다.

    ㉡ 보이드와 블로홀은 1차 용융흔 쪽에 발생률이 높다.

    ㉢ 2차 용융흔은 내부에 이물질을 많이 혼입하고 있다.

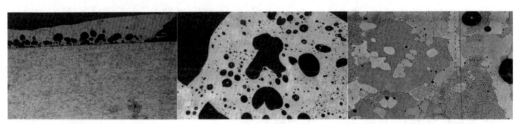

‖ 1차 용융흔 금속조직 ‖
현장사진(화보) p.21 참조

‖ 2차 용융흔 금속조직 ‖
현장사진(화보) p.22 참조

‖ 열 용융흔 금속조직 ‖
현장사진(화보) p.22 참조

④ 금속단면조직 관찰 : 금속조직의 차이는 단락흔의 냉각속도의 차에 의한 것으로 한번 발생한 공유결합 결정은 화재로 발생한 열(800~1,000℃)로 재가열하더라도 금속조직에는 변화가 발생하지 않는다. 보이드(void) 발생의 메커니즘은 대기 중의 산소가 용융흔 동에 흡수되어 냉각 시에 가스가 되어 다시 분리되기 때문에 발생한다. 외부화염에 의한 단락은 주위의 온도가 높아 냉각속도가 느리기 때문에 작은 보이드가 고르게 퍼져서 용융된 부분 전체에 존재하는 경우가 많다.

ⓐ 1차 용융흔 : 큰 보이드가 용융흔의 중앙에 생기는 경우가 많다.

ⓑ 2차 용융흔 : 일반적으로 미세한 보이드가 많고 그을음을 혼입하는 경향이 있다.

바로바로 확인문제

다음 중 1차 용융흔을 나타낸 것이 아닌 것은?
① 동일 전선에 수 개의 단락이 있는 경우 전원측에 가까운 것이 1차 용융흔이다.
② 단락 시 생성된 용융흔은 탄화물을 포함하지 않고 있다.
③ 형상이 둥글고 광택이 있다.
④ 화재원인이 된 용융흔이다.

해설 동일 전선 수 개의 단락이 있는 경우 부하측에 가까운 것이 1차 용융흔일 가능성이 크다. **답** ①

12 과전류·화염에 의한 전선피복 소손흔과 용융흔 특징

(1) 과전류에 의한 전선피복의 상태변화에 따른 소손흔 특징

① 과전류(200%)가 흐르면 초기에는 전선피복에서 연기가 발생하는 현상(약 110℃)이 나타나고 표면으로 뚜렷한 변화는 없지만 피복 절연물에 작은 구멍이 생기는 탈염화 현상이 발생한다.

② 300%의 과전류가 2분 이상 지속되면 온도가 165℃ 이상이 되어 전선이 부풀어 오르고 연기가 발생하며 전선피복은 2개 층으로 나누어져 전선과 접촉된 피복이 그물모양으로 변화한다. 이어서 피복 내부에서부터 용융하며 심한 연기가 발생한다. 약 3분 이상 경과하면 210℃ 이상으로 온도가 상승하여 탄화가 확대된다.

③ 300%의 과전류가 약 5분 이상 지속되면 약 230℃ 이상 상승하여 피복이 전선도체에서 탈락하기 시작하고 도체와 닿은 부분은 연녹색으로 변색된다.

④ 손상된 부분과 손상되지 않은 부분의 경계선은 명확하지 않다.

⑤ 피복 내부에서 외부로 탄화가 진행된 것을 식별할 수 있다.

(2) 과전류에 의한 전선 용단흔의 특징

① 외부 화염에 의한 용융형태는 광범위하지만 과전류에 의해 용융된 망울은 국부적이고 정상적으로 전선의 표면을 감싸고 있는 형태가 많다.

② 용융되지 않은 전선의 표면은 산화작용에 의해 변색·산화되어 있으며 구부리면 표면 일부가 박리되어 떨어진다.

③ 과전류에 의한 용단은 통전 전류가 클수록 짧은 시간에 용단된다.

(3) 외부화염에 의한 전선피복과 동전선의 표면형태 식별 🏅2017년 기사 🏅2017년 산업기사

① 외부화염에 의한 전선피복 소손흔

   ⊙ 일반적으로 저압에 사용하고 있는 절연전선 대부분은 폴리염화비닐수지(PVC)를 주원료로 사용하고 있다. PVC는 염소를 함유하고 있어 자기소화성이 있으나 230~280℃부터 급격한 분해가 일어나며 400℃ 정도에서 발화한다.

   ⓒ 열분해는 처음에는 엷은 황색에서 시작하여 황등, 등, 적등, 적갈, 흑갈 순으로 변하고 연속사용에 견딜 수 있는 온도한계는 55~75℃이다. 250℃ 정도에서 탈염화수소 반응이 가장 강하게 일어나고 수증기와 작용하여 금속을 부식시킨다.

   ⓒ PVC는 외부화염에 노출되었을 때 불에 탄 부분과 타지 않은 부분의 경계가 명확하게 나타난다.

   ⓔ 전선이 외부 피복에서 내부로 탄화가 진행된 것을 식별할 수 있다.

② 외부화염에 의한 동전선의 표면형태 변화와 주변온도 식별

   ⊙ 전선이 외부화염에 노출되면 400~900℃에서 동전선의 표면이 산화하며 박리가 일어나 외부에서 내부로 산화가 진행된다.

   ⓒ 1,000~1,100℃로 과열되면 구리전선 전체가 산화되어 성분과 형태가 변화한다.

02

화재감식론

출제예상문제

* ★ 표시 : 중요도를 나타냄

01 화재원인 중 전기적 요인에 의한 배제 사유에 해당하지 않는 것은?

① 플러그가 콘센트에 꽂혀 있지 않은 사실 확인
② 배선용 차단기의 트립 발생
③ 부하측 기기의 작동스위치가 꺼짐 상태
④ 전열기구 외부에 연기 부착

해설 배선용 차단기의 트립 발생은 사고전류가 발생했다는 것으로 배제 사유에 해당하지 않는다. ①과 ③은 미통전상태를 나타낸 것이고, ④는 내부 발열 없이 외부 다른 물질의 연소로 연기가 부착된 것이다.

02 어떤 도선을 고르게 늘여서 길이가 처음의 3배가 되게 하였다. 이 도선의 전기저항은 처음의 몇 배가 되는가?

① 3배
② 6배
③ 9배
④ 12배

해설 $R = \rho \dfrac{l}{S}$ 이므로 저항값은 도선 길이에 비례하고 단면적에 반비례하므로, 도선의 길이가 3배가 되었다면 9배가 된다.

03 저항이 30 Ω인 전구에 120V의 전압을 주었을 때 전류의 세기는?

① 2A
② 4A
③ 6A
④ 8A

해설 $I = V/R = 120/30 = 4A$

04 저항값이 400 Ω인 백열전구에 전압 220V를 가했을 때 소비전력은 얼마인가?

① 110W
② 121W
③ 130W
④ 151W

해설 $I = V/R = 220/400 = 0.55A$ 이므로
$P = VI = 220 \times 0.55 = 121W$

05 전압이 3V이고 저항값이 200 Ω일 때 회로에 흐르는 전류값은?

① 0.15A
② 0.015A
③ 0.015mA
④ 0.015kA

해설 $I = V/R = 3/200 = 0.015A$
1A는 1,000mA 이므로
$I = 0.015 \times 1,000mA = 15mA$

06 전류가 1초 동안에 하는 일을 말하며, 전압과 전류의 곱으로 표시한 것은?

① 전력
② 전력량
③ 전압
④ 저항

해설 전력은 전류가 1초 동안에 하는 일을 말하며, 전압과 전류의 곱으로 표시한다.
$P = V \times A[W]$

07 110V 전기회로에 각각 저항 4 Ω과 6 Ω을 직렬로 연결하면 전류값은 얼마인가?

① 10A
② 11A
③ 12A
④ 13A

해설 $I = V/R$ 이므로
$110/10 = 11A$

08 소비전력이 1kW인 전기다리미를 6시간, 0.5kW인 전기밥솥을 4시간, 60W인 백열전구를 6시간 사용하였다. 이때 전체 소비전력량은?

① 7.36kW ② 8.56kW
③ 7.46kW ④ 8.36kW

해설 사용한 전력량=소비전력×사용시간이므로
$W = (1,000 \times 6) + (500 \times 4) + (60 \times 6)$
$= 6,000 + 2,000 + 360$
$= 8,360\text{W} = 8.36\text{kW}$

09 200V, 500W의 전열기를 하루에 1시간씩 30일간 사용한다면 소비된 전력량은 얼마인가?

① 5kW ② 10kW
③ 15kW ④ 20kW

해설 사용 전력량=소비전력×사용시간×사용일수 이므로
$W = 500 \times 1 \times 30 = 15,000\text{W} = 15\text{kW}$

10 다음 설명 중 틀린 것은?

① 직류는 일정한 세기의 전류가 한 쪽 방향으로만 흐른다.
② 교류에 표시된 전압과 전류는 평균값이다.
③ 교류의 흐름방향은 주기적으로 바뀐다.
④ 직류는 항상 크기가 일정하며 흐르는 방향도 일정하다.

해설 교류에 특별한 지정이 없을 경우 실효값을 나타낸 것이다.

11 교류 220V를 정류하면 무부하 시 직류 몇 V로 나타나는가?

① 211V ② 311V
③ 411V ④ 511V

해설 교류 220V는 실효치를 나타낸다. 즉, 직류 220V와 같은 전력에 해당하는 교류전압을 의미한다. 오실로스코프로 측정하면 무부하 시는 첨두치(최대값)를 확인할 수 있다.
첨두치=실효치× $\sqrt{2}$ = 311V

12 교류에 대한 특징으로 옳지 않은 것은?

① 전류의 방향과 세기가 주기적으로 변한다.
② 생산 단가가 저렴하고 경제적이다.
③ 전자의 운동방향이 계속 바뀐다.
④ 전압을 높이기 어려워 장거리 송전이 어렵다.

해설 교류는 전압의 승압이 용이하며 장거리 송전에 유리하다.

13 전기에 감전된 경우 전원으로부터 떨어질 수 있는 이탈가능전류의 크기로 옳은 것은?

① 2~8mA ② 8~15mA
③ 15~50mA ④ 50~80mA

해설 ① 이탈가능전류 : 8~15mA
② 이탈불능전류 : 15~50mA

14 20Ω의 저항 중에 5A의 전류를 3분간 흘렸을 때 발열량은 몇 kcal인가?

① 21.6kcal ② 22.6kcal
③ 11.6kcal ④ 12.6kcal

해설 $R = 20\,\Omega,\ I = 5\text{A},\ t = 3 \times 60\text{sec}$이므로
$H = 0.24I^2Rt$
$= 0.24 \times 5^2 \times 20 \times 3 \times 60$
$= 21,600\text{cal}$
$= 21.6\text{kcal}$

15 교류를 직류로 변환시키는 장치는?

① 저항 ② 콘덴서
③ 정류기 ④ 가변저항

해설 교류를 직류로 변환시키는 장치는 정류기이다.

16 1 μA를 바르게 나타낸 것은?

① 10^{-3}A ② 10^3A
③ 10^{-6}A ④ 10^6A

해설 $1\,\mu\text{A} = 0.000001\text{A} = 10^{-6}\text{A}$

Answer 08.④ 09.③ 10.② 11.② 12.④ 13.② 14.① 15.③ 16.③

17 정전기를 방지하기 위한 대책으로 틀린 것은?

① 땅속으로 정전기를 흘려보내는 접지 조치
② 공기 중의 상대습도를 70% 이상으로 유지
③ 비전도성 물질에 탄소, 금속분 등의 대전방지제를 첨가
④ 위험물 등이 배관 내를 흐를 때 빠른 유속 유지

해설 정전기를 방지하기 위해 배관에 흐르는 유체의 유속을 제한하여야 한다.

18 정전기화재의 발생 요건이 아닌 것은?

① 개방상태일 것
② 정전기 대전이 발생할 것
③ 가연성 물질이 연소범위 안에 있을 것
④ 최소 불꽃 방전이 발생할 것

해설 정전기 발생 요건
　　㉠ 정전기 대전이 발생할 것
　　㉡ 가연성 물질이 연소범위 안에 있을 것
　　㉢ 최소 불꽃 방전이 발생할 것

19 정전기 방지대책으로 맞는 것은?

① 공기 중 상대습도를 50% 이하로 한다.
② 배관에 흐르는 유체의 유속을 빠르게 한다.
③ 비전도성 물질에 대전방지제를 첨가한다.
④ 접지를 해제한다.

해설 정전기 방지대책
　　㉠ 접지를 한다.
　　㉡ 공기 중의 상대습도를 70% 이상 유지한다.
　　㉢ 대전물체에 차폐조치를 한다.
　　㉣ 배관에 흐르는 유체의 유속을 제한한다.
　　㉤ 비전도성 물질에 대전방지제를 첨가한다.

20 정전기화재의 원인입증 방법으로 가장 적당한 것은?

① 물리적 증거가 명백히 남으므로 확보에 주력한다.
② 상황증거에 입각하여 판단한다.
③ 목격자 진술을 전적으로 신뢰한다.
④ 소방대의 진술에 따른다.

해설 정전기화재의 원인입증은 스파크 흔적 등 물리적 증거가 거의 남지 않고 특별한 연소특징을 나타내지 않기 때문에 각종 상황증거에 입각하여 종합적으로 판단하여야 한다.

21 정전기 발화과정으로 옳은 것은?

① 전하 발생 → 전하 축적 → 방전 → 발화
② 전하 발생 → 방전 → 전하 축적 → 발화
③ 전하 축적 → 전하 발생 → 방전 → 발화
④ 전하 축적 → 방전 → 전하 축적 → 발화

해설 정전기 발화과정
　　전하 발생 → 전하 축적 → 방전 → 발화

22 고체 및 액체, 분체류에서 가장 많이 발생하는 정전기 현상은?

① 침강대전　　　　② 마찰대전
③ 박리대전　　　　④ 유도대전

해설 고체 및 액체, 분체류에서 물질이 접촉과 분리를 할 때 마찰대전이 주로 발생한다.

23 서로 밀착되어 있는 물체가 서로 떨어질 때 발생하는 정전기 현상은?

① 마찰대전　　　　② 분출대전
③ 박리대전　　　　④ 침강대전

해설 서로 밀착되어 있는 물체가 서로 떨어질 때 발생하는 정전기 현상은 박리대전을 말한다. 이때는 접촉면적, 접촉면의 밀착력, 박리속도 등에 의해 정전기 발생량이 변화한다.

24 대전물체와 접지도체의 형태가 평활하고 그 간격이 좁을 경우 그 사이에서 갑자기 발생하는 방전현상은?

① 접지 방전　　　② 전파브러시 방전
③ 코로나 방전　　④ 불꽃 방전

해설 불꽃 방전은 대전물체와 접지도체의 형태가 비교적 평활하고 그 간격이 좁을 경우 그 사이에서 갑자기 발생하는 방전현상이다.

Answer　17.④　18.①　19.③　20.②　21.①　22.②　23.③　24.④

25 정전기화재 감식요령으로 옳지 않은 것은?

① 정전기 대전으로 인한 방전속도가 길게 나타나므로 발화상황을 검토한다.
② 작업내용, 작업자의 행동, 대전방지 조치 등 인적, 물적 상황을 조사한다.
③ 가연성 기체 및 분진류의 취급상태 등을 살펴 폭발분위기의 형성여부를 판단한다.
④ 기상상황 및 습도 등과 착화물의 관계를 검토한다.

해설 정전기 대전은 전하의 공급속도가 대체로 적고 방전에 의해 전하를 급격히 잃어버리기 때문에 방전이 단시간에 종료된다.

26 정전기에 대한 설명으로 옳은 것은 어느 것인가?

① 습도가 높을 때 발생하기 쉽다.
② 대규모 전기를 방전시킨다.
③ 방전시간이 길다.
④ 가연성 기체에 발화가 가능하다.

해설 정전기 방전은 짧은 시간에 종료되지만 가연성 기체가 연소범위 내에 있는 경우 발화가 가능해진다.

27 정전기 발생에 대한 설명으로 틀린 것은?

① 접촉과 분리가 반복될수록 정전기 발생이 작아진다.
② 분리속도가 빠를수록 정전기 발생이 크다.
③ 접촉압력이 클수록 정전기 발생이 크다.
④ 표면이 거칠면 정전기 발생이 어렵다.

해설 물체의 표면상태가 거칠면 정전기 발생이 쉽다.

28 정전기화재 발생 충족요건이 아닌 것은?

① 방전할 수 있는 충분한 전위차가 있을 것
② 마찰 및 불꽃에너지가 최소 착화에너지 이상일 것
③ 가연성 가스 및 증기가 연소한계 내에 있을 것
④ 가연성 액체가 진공상태에 있을 것

해설 정전기화재 발생 요건
  ㉠ 정전기 대전이 발생할 것
  ㉡ 가연성 물질이 연소농도 범위 안에 있을 것
  ㉢ 최소 점화에너지를 갖는 불꽃 방전이 발생할 것

29 감전사고 발생 시 의식이 없을 때 가장 적절한 응급처치법은?

① 냉찜질을 한다.
② 인공호흡을 실시한다.
③ 옷을 벗겨 편하게 한다.
④ 팔과 다리를 마사지 한다.

해설 감전사고 발생 시 환자를 관찰하여 의식이 없거나 호흡, 심장의 정지 시에는 인공호흡 및 심장마사지를 실시한다.

30 다음 중 줄열에 기인한 화재원인이 아닌 것은?

① 충전부 도체 접촉 ② 부하 증가
③ 국부적 저항치 증가 ④ 정전기 방전

해설 줄열에 의한 화재원인
국부적 저항치 증가, 부하 증가, 임피던스 감소, 배선의 1선 단선, 회로 외부로 누설, 충전부 도체접촉 등

31 전기화재의 원리를 설명한 것으로 옳지 않은 것은?

① 공간을 통한 전극 간의 전압이 그 공간의 내압을 넘는 경우 전극 간 불꽃을 수반하는 방전이 발생한다.
② 도체 중에 전류가 흐르면 반드시 발열하는데 이것이 방전작용이다.
③ 전기화재는 발열작용 및 방전현상의 이용조건이 극도로 현저한 경우에 발생한다.
④ 전기화재는 전류의 발열작용으로 줄열과 방전에 따른 전기불꽃에 기인한다.

해설 도체 중에 전류가 흐르면 반드시 발열하는데 이것을 발열작용이라고 한다.

Answer 25.① 26.④ 27.④ 28.④ 29.② 30.④ 31.②

02
화재감식론

32 전기화재 발생의 주된 요인은?

① 발열작용과 방전불꽃
② 자기작용과 화학작용
③ 자기작용과 방전불꽃
④ 발열작용과 화학작용

해설 전기화재의 유형 중 주된 요인은 발열작용과 방전불꽃에 기인한다.

33 전기도체가 발열하여 출화에 이른 경우가 아닌 것은?

① 배선 접속부에서 접촉저항이 증가한 경우
② 전선의 허용전류보다 큰 전류가 흐른 경우
③ 전선에 발생한 줄열의 발산이 원활한 경우
④ 단상 3선식 전원의 중성선이 단선된 경우

해설 전기도체가 발열하여 출화에 이른 경우는 줄열의 발열량 증가로 배선 접속부에서 접촉저항이 증가한 경우, 전선의 허용전류보다 큰 전류가 흐른 경우, 단상 3선식 전원의 중성선이 단선된 경우 등이 있다.

34 전기화재의 출화형태가 아닌 것은?

① 낙뢰에 의한 출화
② 가연성 액체 혼촉에 의한 출화
③ 누전에 의한 출화
④ 정전기 불꽃에 의한 출화

해설 가연성 액체 혼촉에 의한 출화형태는 화학화재 시 발생하는 연소현상으로 전기화재의 출화형태와 관계가 없다.

35 전기화재를 일으키는 원인에 해당하지 않는 것은?

① 전기기구의 설계 및 구조 불량
② 전기기구의 부적절한 사용
③ 전기공사의 불량
④ 전기기구의 단시간 사용

해설 전기화재를 일으키는 원인

㉠ 전기기구의 설계 및 구조 불량
㉡ 전기기구의 부적절한 사용
㉢ 전기공사의 불량

36 줄의 법칙에 대한 설명이다. 옳지 않은 것은?

① 도체에 전류를 흘렸을 때 발생하는 열량은 전류의 제곱과 도체 저항에 비례한다.
② 저항은 도체의 길이에 비례하고 단면적에 반비례한다.
③ 도체에 발생하는 열량 $H = 0.24 I^2 Rt$ [cal]이다.
④ 도체의 길이가 길고 단면적이 작으면 저항이 감소하여 발열량도 감소한다.

해설 줄의 법칙은 도체에 전류를 흘렸을 때 발생하는 열량은 전류의 제곱과 도체 저항에 비례하는 것으로 도체의 길이가 길고 단면적이 작으면 저항이 커져 발열량이 증가한다.

37 다음 중 전기의 발열작용을 이용한 것이 아닌 것은?

① 전기다리미
② 전기장판
③ 선풍기
④ 백열전구

해설 선풍기는 전기의 자기작용을 이용한 것이다.

38 구리(copper)의 용융점은?

① 1,520℃
② 1,455℃
③ 1,084℃
④ 1,063℃

해설 ① 스테인리스 : 1,520℃ ② 니켈 : 1,455℃
③ 구리 : 1,084℃   ④ 금 : 1,063℃

39 다음 중 연결이 바르게 된 것은?

① 발열작용 – 발전기 ② 발열작용 – 전동기
③ 화학작용 – 변압기 ④ 자기작용 – 세탁기

해설 ㉠ **발열작용** : 백열등, 다리미, 전기장판, 전기 난로 등
㉡ **자기작용** : 발전기, 전동기, 변압기, 선풍기, 세탁기 등
㉢ **화학작용** : 물의 전기분해, 충전지 등

Answer 32.① 33.③ 34.② 35.④ 36.④ 37.③ 38.③ 39.④

40 전기가열의 특징이 아닌 것은?

① 물체에 균일한 가열이 가능하다.
② 높은 온도를 쉽게 얻을 수 있다.
③ 온도 제어가 가능하다.
④ 열방사를 임의의 방향으로 조정하기 어렵다.

해설 연료를 사용하는 노에서는 방사열을 임의의 방향으로 향하게 조정이 가능하다.

41 다음 중 전기의 유전가열을 이용한 것은?

① 전자레인지   ② 가스레인지
③ 모발건조기   ④ 세탁기

해설 유전가열은 (+)극과 (−)극의 분자끼리 서로 충돌시켜 마찰열을 일으켜 이용하는 방식으로 가정용 전자레인지는 유전가열을 이용한 것이다.

42 전기다리미는 어느 작용에 의한 것인가?

① 아크가열   ② 유전가열
③ 저항가열   ④ 유도가열

해설 **저항가열**
전기다리미, 모발건조기, 전기장판, 백열전구 등

43 단일회로상의 전선 수 개소에서 단락흔이 확인되었다. 최초로 형성된 부분으로 옳은 것은?

① 전원측과 가장 가까운 부분
② 전원측에서 가장 먼 부분
③ 부하측의 중간부분
④ 전원측과 부하측의 중간부분

해설 단일회로상에서 수 개의 단락흔이 형성되었을 경우 전원측으로부터 가장 먼 부분에서 발생한 지점이 처음 단락이 이루어진 곳이며 발화지점을 축소하는 데 유용하게 쓰인다.

44 전자조리기는 조리기구가 발열하는 것이 아니라 용기의 바닥면이 발열하는 것으로 어느 원리로 작동하는 것인가?

① 유전가열   ② 전자빔가열
③ 적외선가열   ④ 유도가열

해설 전자조리기는 내부 코일에서 발생한 자력선이 조리용 냄비의 바닥면을 통과할 때 전자유도작용에 의한 와전류가 발생하여 냄비의 바닥면을 가열하는 것이다.

45 전기화재 가운데 줄열에 기인한 원인으로 맞지 않는 것은?

① 부하의 증가   ② 임피던스 증가
③ 충전부 도체접촉   ④ 국부적 저항치 증가

해설 **줄열에 의한 원인**
국부적 저항치 증가, 부하의 증가, 임피던스 감소, 단상 3선식 배선의 중성선 단선 등

46 반단선이란 소선이 얼마 이상 단선된 경우를 말하는 것인가?

① 5% 이상   ② 10% 이상
③ 15% 이상   ④ 20% 이상

해설 반단선이란 소선이 10% 이상 단선된 상태를 말하며, 끊어짐과 이어짐이 반복되면 단선율이 급격히 증가하는 것으로 알려져 있다.

47 반단선을 가장 바르게 설명한 것은?

① 전선에 흑연화가 진행된 결과로 직선으로 배선된 곳에서 발생한다.
② 콘센트와 플러그 간 전선의 접속부분에서 발생하며 용융흔은 발생하지 않는다.
③ 전선 일부가 단선되고 끊어짐과 이어짐의 반복으로 단면적이 감소된 상태이다.
④ 대전류가 흐르는 큰 부하기기류에 설치하는 대단위 전선에서 주로 발생한다.

해설 반단선이란 전선이나 코드가 10% 이상 단선되어 끊어짐과 이어짐이 반복되며 통전로인 단면적이 감소된 상태를 말한다. 일반적으로 코드와 플러그의 접속부분에서 굽힘력이 자주 작용하거나 전선의 접속과 해제가 반복되는 전기기기의 배선상에서 발생하며 용융흔은 큰 덩어리형태이거나 수 개의 작은 용융흔이 발생한다.

48 다음 설명 중 반단선을 바르게 설명한 것은 어느 것인가?

① 접속부의 용융개소는 한 쪽이 강하고 다른 쪽은 명백히 약한 경우이다.
② 소손 개소에 접속부가 포함되고 그 부분을 기점으로 확대된 소손 상황이다.
③ 전선이나 코드가 10% 이상 단선되어 통전로인 단면적이 감소된 상태이다.
④ 대전류가 흐르는 큰 부하기기에서 발생하는 과열반응이다.

해설 반단선이란 전선이나 코드가 10% 이상 단선되어 끊어짐과 이어짐이 반복되며 통전로인 단면적이 감소된 상태를 말한다.

49 다음 중 트래킹 발생의 주요 원인이 아닌 것은 어느 것인가?

① 절연물의 표면에 먼지 퇴적
② 절연물에 염분 부착
③ 절연물에 습기 착상
④ 접속부분의 내압 상승

해설 트래킹 발생의 주요 원인
  ㉠ 절연물에 빗물, 습기의 부착
  ㉡ 절연물에 염분 부착
  ㉢ 절연물의 표면으로 다량의 먼지 부착

50 트래킹 발화조건으로 성립할 수 있는 것은?

① 유기물보다 무기절연물에서 발생위험 농후
② 트래킹은 목재류에서 가장 출화위험 증대
③ 무부하상태에서 출화 가능
④ 소선이 3% 이하 단선 발생 시 즉시 출화위험

해설 무기절연물은 도전성 물질 생성이 적어 위험이 적다. 트래킹은 전기배선상에서 발생하는 현상이다. 소선이 10% 이상 단선된 것을 반단선이라 하여 점차 위험이 증가한다. 트래킹은 전원 통전상태로 부하가 없더라도 출화할 수 있다.

51 트래킹에 대한 설명으로 가장 적절하지 않은 것은?

① 전선 접속부분의 체결이 불완전할 때 발생한다.
② 절연물에 전기가 통해 절연이 파괴되는 현상이다.
③ 절연극 간의 스파크에 의해 금속 용융물이 절연체에 흡착한다.
④ 절연체에 발열이 일어나 흑연화가 진행되고 도전로가 형성된다.

해설 트래킹이란 절연물에 이물질이 개입되어 발생하는 현상으로 절연이 파괴되어 발열하며 금속 용융물이 절연체에 흡착하기도 한다. 전선 접속부분에서 체결불량으로 발생하는 것은 불완전 접촉이다.

52 은 마이그레이션에 대한 설명이다. 옳지 않은 것은?

① 음극이 양극으로 양극이 음극으로 동시에 이동하여 발화한다.
② 은으로 된 이극도체의 절연물 위에 수분이 부착되어야 한다.
③ 양이온이 음극측으로 이동하며 그곳에 전류가 흘러 발열을 한다.
④ 직류전압이 높고 절연거리가 짧을 때 발생하기 쉽다.

해설 은 마이그레이션은 직류전압이 인가된 은으로 된 이극도체 간에 절연물 표면 위로 수분이 부착하면 은의 양이온이 음극측으로 이동하며 그곳에 전류가 흘러 발열하는 것이다.

53 다음 중 트래킹 감식요령으로 옳지 않은 것은?

① 전류가 작기 때문에 트래킹 초기에는 무염연소 상태를 보인다.
② 전극 간에 도전로의 형성여부는 테스터기로 측정하여 확인한다.
③ 트래킹 발생지점은 조그만 충격에도 소실되기 쉽다.
④ 트래킹은 화재열로 생성되지 않기 때문에 식별이 용이하다.

Answer 48.③ 49.④ 50.③ 51.① 52.① 53.④

해설 트래킹은 화재열로 생성되는 경우도 있기 때문에 탄화물의 저항측정만으로 트래킹에 기인한 것으로 판단하지 않아야 한다.

54 보이드의 절연파괴에 대한 설명으로 옳지 않은 것은?

① 보이드 절연파괴는 고전압이 인가된 절연물에서 발생한다.
② 절연파괴가 진행되면 절연물이 타기 시작한다.
③ 보이드에 의한 절연파괴는 외부에서 발생한다.
④ 시간이 경과하면서 전극을 향해 방전로가 형성된다.

해설 트래킹은 절연물의 표면에서 발화하는 반면, 보이드에 의한 절연파괴는 내부에서 발생한다.

55 반단선상태로 전원을 인가하였을 때 나타나는 현상은?

① 저항은 일정하다.
② 발열량은 변화가 없다.
③ 저항이 커진다.
④ 저항이 커지다가 작아진다.

해설 반단선 상태로 통전을 시키면 도체의 저항은 전선의 길이에 비례하고 단면적에 반비례하기 때문에 반단선 부분에 저항이 커져 국부적으로 발열량이 증가하여 아크가 발생하여 출화할 수 있게 된다.

56 은 이동의 발생조건으로 맞지 않는 것은?

① 고온, 다습한 환경에서 사용할 것
② 장시간 직류전압이 인가될 것
③ 흡습성이 없는 절연물이 존재할 것
④ 은이 존재할 것

해설 은 이동은 흡습성이 있어야 전극 사이에 전류경로를 통해 발열하게 된다.

57 트래킹과 보이드의 공통점으로 옳은 것은?

① 절연재의 도체화로 절연파괴가 발생
② 선간 접촉으로 발화

③ 절연물의 외부에서 발화
④ 절연물의 내부에서 발화

해설 트래킹과 보이드는 절연재의 도체화로 절연파괴가 발생한다는 공통점이 있는 반면, 트래킹은 절연물의 표면에서 발화하며 보이드에 의한 절연파괴는 내부에서 발생한다는 차이점이 있다.

58 은 이동을 촉진시키는 요인에 해당하지 않는 것은?

① 절연이 우수하고 오염이 없을 것
② 산화, 환원성 가스가 존재할 것
③ 절연재료의 흡수율이 높을 것
④ 인가된 전압이 높고 절연거리가 짧을 것

해설 절연이 우수하고 오염원이 없으면 은 이동은 발생하지 않는다.

59 은 이동(silver migration)의 발생조건과 관계가 없는 것은?

① 흡습성이 높은 절연물 존재
② 저온이거나 건조한 환경에서 사용
③ 장시간 직류전압 인가
④ 은의 존재

해설 은 이동(silver migration)이란 직류전압이 인가된 은의 이극도체 간에 절연물이 있을 때 그 절연물의 표면으로 수분이 부착할 경우 양이온의 절연물이 음극측으로 이동하여 발열, 발화하는 것으로 흡습성이 높은 절연물의 존재, 장시간 직류전압을 인가할 경우 발생할 수 있다.

60 다음 중 반단선이 생기는 개소의 특징이 아닌 것은?

① 용융흔은 크거나 수 개의 작은 용융흔 발생
② 코드나 플러그의 굽힘력이 작용하는 부분
③ 콘센트와 플러그의 접속과 해제가 반복되는 부분
④ 연선보다 단선에서 주로 발생

해설 단선은 전기선이 한 개인 경우를 말하며, 연선은 여러 개의 단선을 꼬아서 합친 것으로 반단선은 연선에서 발생한다.

Answer 54.③ 55.③ 56.③ 57.① 58.① 59.② 60.④

61 다음 설명 중 옳지 않은 것은?

① 고압부에서의 누설방전은 방전시간이 길고 발열량이 많다.
② 고압부에 누설방전이 일어나면 전극의 한쪽 저항이 증가한다.
③ 고압부에서의 누설방전은 교류에서의 비접지측 전극과 접지도체 사이에서 발생한다.
④ 고압이 인가된 단자 간에 이물질이 개입하면 누설방전이 발생할 수 있다.

해설 고압부에 누설방전이 일어나면 전극의 한쪽이 접지도체처럼 되어 대지와 같아지거나 또는 그에 가까운 전위를 나타낸다.

62 트래킹의 발생 요건에 해당하지 않는 것은?

① 습기 또는 먼지 등이 퇴적될 것
② 열적 스트레스가 절연물에 지속될 것
③ 대전류가 공급될 것
④ 절연물 사이로 소규모 방전이 반복될 것

해설 트래킹은 대전류가 아니더라도 배선용 차단기나 콘센트 접속부분 등에서 발화한다.

63 워터트리(water tree) 현상이란 무엇인가?

① 케이블 외부에 이슬맺힘 현상으로 통전 단면적이 감소하는 것
② 목재와 같은 유기물질에 도전로가 형성되는 것
③ 케이블 절연체 내부에 국부적으로 수분이 침투하여 절연내력을 저하시키는 것
④ 옥내배선 가요전선관 안으로 물이 침투하여 외부로 전류가 누설되는 것

해설 워터트리(water tree) 현상은 케이블 내부에 국부적으로 수분이 침투하여 절연내력을 저하시키는 것이다. 케이블로 가장 널리 쓰이는 CV(가교폴리에틸렌)케이블 안에 미립자가 수지상으로 뻗어나가는 형태를 나타낸다.

64 낙뢰의 발생현상으로 옳지 않은 것은?

① 저항이 낮으면 전류도 낮아 발열현상이 없다.
② 높은 곳에서 떨어지기 쉽다.
③ 뇌전류는 물체의 표면으로 흐르기 쉽다.
④ 뇌전류는 금속을 용융시킨다.

해설 뇌전류는 물체의 저항이 낮아도 대전류로 인해 발열하며 금속을 용융시킨다.

65 다음 중 전기적 절연파괴 요인에 해당하지 않는 것은?

① 코일의 절연열화
② 변압기 절연유의 열화
③ 전기배선의 단선
④ 형광등 안정기의 절연성능 저하

해설 전기배선의 단선은 절연파괴 요인으로 관계가 없다.

66 화재조사 시 통전입증 방법으로 부적절한 것은?

① 각종 전기기기류의 부하측 상태를 확인한다.
② 전원측에서 부하측으로 순차적으로 확인한다.
③ 플러그 및 콘센트의 접속기구와 배선상태를 확인한다.
④ 분전반의 차단기 작동유무를 확인한다.

해설 통전입증 방법
  ㉠ 부하측에서 전원측으로 순차적으로 확인한다.
  ㉡ 플러그 및 콘센트의 접속기구와 배선상태를 확인한다.
  ㉢ 분전반의 차단기 작동유무를 확인한다.
  ㉣ 전열기기를 비롯한 각종 전기기기류의 부하측 상태를 확인한다.

67 다음 중 국부적으로 저항이 증가하여 발열하는 것이 아닌 것은?

① 아산화동 증식   ② 접촉면 부식
③ 부하 감소   ④ 전선 단면적 감소

해설 아산화동이 증식하거나 접촉면의 부식, 전선 단면적 감소 등이 발생하면 국부적으로 저항이 증가하여 발열한다.

Answer 61.② 62.③ 63.③ 64.① 65.③ 66.② 67.③

68 배선용 차단기 등 회로의 스위치를 끊는 순간 불꽃이 발생하는 이유로 타당한 것은?

① 전류가 급격히 감소하며 접점부에 유도 기전력이 발생하기 때문
② 접점부의 금속편에 마찰열이 강하게 일어나기 때문
③ 순간적인 공기유입으로 접점부에서 산화작용이 발생하기 때문
④ 접속부의 단면적이 갑자기 감소하기 때문

해설 배선용 차단기 등 회로의 스위치를 끊는 순간 불꽃이 발생하는 것은 전류가 급격히 감소하며 접점부에 유도 기전력이 발생하기 때문이다.

69 아산화동에 대한 설명으로 틀린 것은?

① 아산화동은 조그만 충격으로도 부서지기 쉽다.
② 아산화동은 반도체적 성질이 있어 정류작용을 한다.
③ 아산화동이 발생하면 그 부분은 지속적으로 온도가 상승한다.
④ 동의 도체 일부가 고온을 받으면 동의 일부가 산화되는 것이다.

해설 아산화동이 발생하면 수십 kΩ의 전기저항이 발생하는데 1,050℃ 부근에서 저항값이 작아지다가 그 이후로 상승하는 온도특성이 있다.

70 아산화동의 감식요령으로 옳지 않은 것은?

① 아산화동이 있을 경우 저항값은 0 또는 무한대로 나타난다.
② 현미경으로 관찰하여 글라스형의 적색결정이 있는지 확인한다.
③ 부하전류의 크기를 확인한다.
④ 아산화동은 매우 단단하여 소손되더라도 잔해가 남아 있다.

해설 아산화동의 감식요령
㉠ 부하전류가 흐르고 있는 것과 크기를 확인한다(부하가 없으면 배제 가능).
㉡ 아산화동 표면에 산화동 피막이 형성되면 매우 무르고 쉽게 부서지므로 도체의 잔존부분과 주변의 결손부분을 함께 회수한다.

㉢ 분쇄물의 표면은 은회색의 금속광택이 있는데 현미경으로 관찰하여 루비(ruby)와 닮은 글라스형의 적색결정이 있는지 확인한다.
㉣ 현미경이 없는 경우 산화물덩어리의 저항측정을 하여 영 또는 무한대가 아니면 건조기(dryer) 등으로 가열하여 온도상승에 따라 저항이 내려가는지 확인한다(저항값이 내려가면 아산화동이 함유되었다고 판단).

71 아산화동 증식발열 현상에 대한 설명 중 틀린 것은?

① 아산화동에 압력을 가하면 유리가 깨지는 것처럼 쉽게 부서진다.
② 접속부의 접촉불량 유무는 접속나사의 느슨해짐 등으로 판단할 수 있다.
③ 전류의 발열작용에 수반되는 것이므로 무부하상태가 전제조건이 된다.
④ 아산화동은 반도체 성질을 갖고 있어 정류작용을 함과 동시에 국부발열한다.

해설 아산화동 증식은 도체에 전류의 발열작용에 기인한 것으로 부하전류가 흐르고 있는 것이 전제된다.

72 접촉저항 증가 원인이 아닌 것은?

① 접속부분의 느슨함 ② 전선압착 불량
③ 나사체결 양호 ④ 이음부 균열 발생

해설 접촉저항 증가 원인
접속부분 조임불량, 전선압착 불량, 이음부 균열 발생 등

73 접촉불량으로 출화할 경우 조사요점으로 옳지 않은 것은?

① 부하회로의 통전유무를 확인한다.
② 접촉부의 용융상태를 확인한다.
③ 접점부의 마모, 이물질을 확인한다.
④ 배선의 최대길이를 확인한다.

해설 접촉불량 조사요점
부하회로 통전상태 및 접촉부 용융, 마모, 이물질 부착상태 등을 확인한다. 접촉불량은 전선 간 또는 단자끼리 연결된 이음부에서 발생하는 것으로 배선의 최대길이 확인과는 관계가 없다.

Answer 68.① 69.③ 70.④ 71.③ 72.③ 73.④

74 접속부가 헐거워지는 원인이 아닌 것은?

① 정격전류 초과 배선 사용
② 접속부분 진동 발생
③ 납땜 연결부분 크랙 발생
④ 나사의 체결토크 부족

해설 접속부가 헐거워지는 원인
접속부 진동 발생, 납땜연결부 크랙 발생, 나사의 체결토크 부족 등
① 정격전류를 초과한 배선 사용은 과전류 출화의 원인이다.

75 과부하에 대한 설명으로 옳지 않은 것은?

① 부하의 총합이 전선의 허용전류를 넘긴 것이다.
② 과부하가 발생하면 배선용 차단기가 작동하여 회로를 보호한다.
③ 단락이나 지락도 과부하이다.
④ 전선이 아닌 코일이나 콘덴서 등 전기부품에서도 과부하가 발생한다.

해설 과부하란 전선 및 전기부품, 전기기기에서 정해진 한도(정격전압, 정격전류, 정격시간 등)를 초과하여 사용한 경우를 말한다.

76 과부하의 특징이 아닌 것은?

① 국부적인 연소
② 소선의 일부가 끊어짐과 이어짐의 반복
③ 방열조건이 불량할 때 발생
④ 전체적으로 녹아내리거나 용융흔 발생

해설 소선의 일부가 끊어짐과 이어짐이 반복하여 출화하는 것은 반단선이다.

77 과부하 감식요점으로 옳지 않은 것은?

① 허용전류 확인   ② 부하의 크기 확인
③ 회로의 통전 확인   ④ 배선 절연여부 확인

해설 과부하 감식요점
회로의 통전유무, 허용전류 확인, 부하의 크기 확인, 배선 연결상태 확인

78 모터에서 과부하가 발생한 경우 감식사항으로 옳지 않은 것은?

① 누설전류의 방전경로 확인
② 모터 부하측 연결상태 확인
③ 모터 회전부 베어링의 마찰상태 관찰
④ 이물질 휘감김, 회전자의 변형 확인

해설 모터의 과부하 원인 감식사항
모터 부하측 연결상태 확인, 회전부 베어링의 마찰, 손상 관찰, 이물질 휘감김, 회전자의 변형
① 누설전류의 방전현상은 누전과 관계된 것이다.

79 전선의 과부하 발생원인에 해당하지 않는 것은?

① 전류감소계수를 무시한 금속관 배선을 사용한 경우
② 코드를 뭉쳐 놓은 상태로 허용전류에 가까운 전류를 보낸 경우
③ 전선을 천장면을 관통하여 설치한 경우
④ 바닥면 단열재 사이에 전선이 깔려 있는 경우

해설 전선의 과부하 발생원인
㉠ 이부자리, 장롱 아래 및 바닥면 단열재 사이에 전선이 깔려 있는 경우
㉡ 전류감소계수를 무시한 금속관 배선 및 경질 비닐관 배선을 사용한 경우
㉢ 코드를 감거나 말은 상태에서 코드의 허용전류에 가까운 전류를 보낸 경우
㉣ 꼬아 만든 전선의 소선 일부가 단선되어 있는 경우

80 다음 중 접속저항치 증가의 주요 원인이 아닌 것은?

① 접속부 나사의 조임불량
② 전선의 압착불량
③ 체결나사의 규정토크 준수
④ 접속부분의 헐거움

해설 접속부의 체결이 불량하거나 헐거우면 저항이 증가하여 발열하게 된다. 그러나 체결나사의 규정된 토크를 준수하면 안전하다.

81 다음 중 접속저항 증가의 주요한 요인이 아닌 것은?

① 전선의 압착불량
② 접속부 나사의 조임불량
③ 코드를 손으로 비틀어 접속한 부분의 헐거워짐
④ 기계적 압력에 수반되는 잔류응력에 의해 접속이 유지되는 경우

해설 기계적 압력이 작용하여 접속이 유지될 경우 접속저항은 증가하지 않는다.

82 전선이 과부하로 단락이 발생했는지 조사하기 위한 사항이 아닌 것은?

① 허용전류와 부하의 크기
② 배선을 뭉쳐 놓거나 과도하게 꼬아 놓는 등 배선상태
③ 회로의 기능상 이상여부
④ 이중절연전선의 사용여부

해설 과부하로 의심되는 화재조사 시 전선의 허용전류, 부하의 크기, 배선상태, 통전 중인 회로의 이상여부 등을 확인하여야 한다. 그러나 이중절연전선의 사용과는 관계가 없다.

83 코일의 층간단락을 가장 바르게 설명한 것은 어느 것인가?

① 코일에 과부하가 걸려 코일 표면의 에나멜이 발화하는 현상
② 에나멜 동선의 경년열화로 절연력이 떨어질 때 발생하는 현상
③ 무부하상태에서 코일이 도체에 접촉되어 발열하는 현상
④ 코일 상호간이 접촉되어 링회로를 형성한 후 발열되어 발화하는 현상

해설 층간단락은 전동기에 설치된 모터 코일 등에서 일어나는 현상으로 회전 중인 모터에서 선간 링회로를 형성한 후 단락이 일어나 발화하는 현상이다.

84 링회로란 무엇인가?

① 권선 코일이 절연파괴로 단락을 일으켜 코일의 일부가 전체에서 분리된 회로
② 권선 코일이 절연파괴 후 회전자 방향을 따라 형성된 회로
③ 권선의 분당 회전수가 1,000회 이상일 때 발생하는 회로
④ 코일에 큰 부하가 걸릴 때 발생하는 회로

해설 링회로란 코일 등의 권선이 절연파괴로 단락을 일으켜 코일의 일부가 전체에서 분리된 회로를 말한다. 이것은 코일의 열화를 촉진시켜 발열에 이르게 된다.

85 다음 설명 중 옳지 않은 것은?

① 모터, 코일 등의 절연내력이 떨어지면 선간접촉으로 층간단락이 발생한다.
② 모터가 구속상태로 정격시간 이상 통전되면 코일을 발열시켜 발화한다.
③ 전선의 전극 사이에 이물질이 개입하면 선간단락으로 출화한다.
④ 모터의 층간단락으로 링회로가 형성되면 큰 부하가 걸린다.

해설 층간단락으로 링회로가 형성되더라도 부하가 거의 없어 나머지 코일에 비해 다량의 전류가 흐르게 되고 국부적으로 발열하여 단락 발화한다.

86 단락으로 인한 출화의 특징이 아닌 것은?

① 단락불꽃은 면면지나 분진류에 착화할 수 있다.
② 단락불꽃은 순간적으로 크다.
③ 단락이 일어나면 즉시 연소확대된다.
④ 단락은 국부적으로 발생한다.

해설 단락으로 인해 즉시 출화하는 경우는 가연성 기체 또는 면면지나 분진류에 착화하는 경우를 제외하면 드물게 나타난다. 단락은 순간적이고 국부적으로 발생하며 무염연소의 출화형태를 나타내는 것이 많다.

Answer 81.④ 82.④ 83.④ 84.① 85.④ 86.③

87 다음 중 전기화재 발생 시 단락에 의한 출화요인을 결정할 때의 판단사항이 아닌 것은 어느 것인가?

① 전선의 배선경로와 취급상태
② 착화물의 연소성
③ 대전물체의 코로나 방전 확인
④ 용융흔 및 다른 발화원의 가능성

[해설] 대기 중에 발생하는 코로나 방전은 정전기불꽃에 기인한 것으로 단락출화의 요인과는 관계가 없다.

88 단락출화의 조사요점으로 맞는 것은 어느 것인가?

① 단락은 단독으로 결정적인 물증이 될 수 없다.
② 단락이 발견된 지점은 발화지점이다.
③ 단락으로 목재, 플라스틱에 착화가 용이하다.
④ 전원측에서 부하측으로 단락을 확인한다.

[해설] 단락으로 인한 출화를 결정할 때는 배선의 설치경로와 취급상황, 착화물의 연소성, 출화 개소의 소손상황, 용융흔의 형태 등을 종합적으로 판단하여야 한다. 단락은 단독으로 결정적인 물증이 될 수 없다.

89 다음 중 단락출화의 발생원인으로 옳지 않은 것은?

① 배선의 경년열화 촉진
② 꺾여진 굴곡부에 배선 설치
③ 도체의 1선 단선
④ 금속관 가장자리에 도체 접촉

[해설] 단락출화의 발생원인
ㄱ 무거운 물건을 배선 위에 올려놓아 하중에 의한 짓눌림
ㄴ 배선상에 스테이플이나 못을 이용하여 고정
ㄷ 배선 자체의 열화촉진으로 선간 접촉
ㄹ 꺾여지거나 굽이진 굴곡부에 배선 설치
ㅁ 자동차의 진동이나 헐겁게 조여진 배선 방치
ㅂ 금속관의 가장자리나 금속케이스 등에 도체 접촉
ㅅ 쥐나 고양이 등에 의한 설치류 배선의 접촉 등

90 전기배선의 단락흔 형성에 대한 설명이다. 옳지 않은 것은?

① 단락으로 차단기가 동작하면 다른 부분에서는 단락이 일어나지 않는다.
② 단락흔은 대기 중의 산소농도가 양호한 상온에서 발생한다.
③ 절연피복에 의해 산소가 차폐된 상태에서 용융되며 단락을 일으킨다.
④ 단락으로 차단기의 동작점은 off상태가 이루어진다.

[해설] 단락이 일어나면 차단기의 동작점은 off되는 것이 아니라 트립(trip)된다.

91 단락을 발생시키는 주요 환경적 요인이 아닌 것은?

① 전선 또는 코드의 굽힘 부분이나 꺾여진 부분
② 전선에 스테이플이나 못을 사용하여 고정
③ 전선을 금속관 속에 넣어 매설시킨 공사
④ 전선피복 위에 무거운 물건에 의한 짓눌림

[해설] 전선을 금속관 속에 넣어 매설한 경우 어떤 외력의 작용이 없으므로 단락이 발생하지 않는다.

92 다음 중 누전화재의 3요소가 아닌 것은 어느 것인가?

① 누전점   ② 접지점
③ 연소점   ④ 출화점

[해설] 누전화재의 3요소
누전점, 접지점, 출화점

93 다음 중 누전에 의한 사고형태가 아닌 것은 어느 것인가?

① 감전   ② 화재
③ 접지   ④ 아크지락

[해설] 누전에 의한 사고형태
감전, 누전화재, 아크지락

Answer 87.③ 88.① 89.③ 90.④ 91.③ 92.③ 93.③

94 지락이 발생하는 원인이 아닌 것은?

① 단상 3선식 배선에서 중성선 단선
② 금속관 내에서 케이블 손상
③ 가공배전선의 금속도체 접촉
④ 전기설비 충전부의 인체 접촉

해설 지락발생 원인
　　㉠ 가공 송·배전선의 금속도체 접촉
　　㉡ 금속관 내에서 케이블 손상
　　㉢ 전기설비 충전부의 인체 접촉
　　㉣ 전동기 등 전기기기의 비접지 사용 등

95 지락에 대한 설명으로 옳지 않은 것은?

① 지락에 의해 충전부의 접촉점에 용융흔이 발생한다.
② 상용전원의 충전부에서 대지로 전류가 흐르는 현상이다.
③ 고압의 케이블이나 전기설비에서 발생한다.
④ 지락과 낙뢰는 동일하다.

해설 지락은 전로 중 일부가 어떤 형태로든 대지로 연결되는 것인 반면, 낙뢰는 뇌운(雷雲)이 지표면으로 떨어져 생기는 방전현상으로 차이가 있다.

96 지락이 발생하는 주요 원인이 아닌 것은?

① 전기설비 충전부에 빗물이나 인체 등이 접촉한 경우
② 단상 3선식 배선에서 중성선이 단선되거나 접속이 떨어진 경우
③ 가공배전선이 나무에 접촉한 경우
④ 금속관 내에서의 케이블 피복이 손상된 경우

해설 지락발생 주요 원인
　　㉠ 전기설비 충전부에 빗물이나 인체 등이 접촉한 경우
　　㉡ 가공배전선이 나무에 접촉한 경우
　　㉢ 금속관 내에서의 케이블 피복이 손상된 경우 등

97 누전화재 발생의 3요소가 아닌 것은?

① 누전점　　　　② 접지점
③ 접속점　　　　④ 발화점

해설 누전화재 발생의 3요소
누전점, 접지점, 발화점

98 배전용 주상변압기의 접지방식으로 맞는 것은?

① 제1종 접지　　② 제2종 접지
③ 제3종 접지　　④ 특별 제3종 접지

해설 일반 가정에서 사용하고 있는 전기는 배전용 주상변압기에서 전압을 강하시켜 공급되고 있다. 이 변압기는 고압측(1차측)과 저압측(2차측)의 절연이 파괴되면 2차측 저압선로에 1차측 고압이 혼촉하여 전기기기를 손상시키거나 인명사고를 발생시킬 위험이 있다. 이 때문에 일반적으로 배전용 주상변압기 저압측의 한 단자를 접지(제2종 접지공사)하는 방식을 채용하고 있다.

99 누전으로 인한 현장 감식요령으로 옳지 않은 것은?

① 비접지측 전선에 절연손상 여부를 확인한다.
② 금속부재와 접촉한 곳으로 출화 또는 용융흔의 형성여부를 살펴본다.
③ 접지여부는 출화점 근처에 있는 금속재의 접지저항 측정으로 확인한다.
④ 누전점에서 누설전류로 인해 곧바로 발화한 흔적과 용융흔을 관찰한다.

해설 누전 개소가 형성되더라도 곧바로 발화하는 것은 아니다. 누전점 외에 접지점과 출화점이 폐회로를 구성한 후 누설전류의 크기에 따라 소손상황이 달라진다.

100 검전기 사용법으로 바르지 않은 것은?

① 고압용 검전기는 케이블이나 절연피복 위에서 비접촉으로 검지한다.
② 사용전압 범위를 모르는 경우 저압검전기부터 사용한다.
③ 사용하기 전에 전압범위를 확인한 후 사용한다.
④ 저압용 검전기는 맨손으로 사용해도 상관없다.

해설 검전기는 저압용, 고압용, 특고압용 등으로 구분되어 있어 측정하고자 하는 범위에 맞게 사용해야 한다.

02
화재감식론

101 누전화재의 구성요인이 아닌 것은?

① 건물 및 부대설비 또는 공작물에 유입된 누전점
② 누전전류의 전로에서 발열발화한 출화점
③ 전압이 인가되어 있는 충전부에서 양극 단락점
④ 누설전류가 대지로 흘러든 접지점

해설 누전화재의 3요소
누전점, 접지점, 출화점

102 화재현장에서 전선 등에 생긴 단락흔을 찾는 주된 목적은?

① 가연물이 모두 연소되어 불연재인 금속의 잔류물만 남기 때문이다.
② 발화부를 일정범위로 축소할 수 있는 과학적인 증거이기 때문이다.
③ 화인을 입증할만한 물적 증거로 유일하기 때문이다.
④ 전기화재의 발생확률이 높기 때문이다.

해설 전기적 단락흔의 발생지점은 다른 부분보다 먼저 연소되었다는 것을 증명하는 것으로 발화부를 축소할 수 있는 과학적 판단 증거이기 때문이다.

103 검전기의 쓰임으로 맞지 않는 것은?

① 인체 방전 확인   ② 통전여부 확인
③ 설비 점검   ④ 회로의 수리

해설 검전기는 고압전로의 충전상태, 통전여부, 설비 점검, 회로의 수리 등에 쓰인다.

104 화재현장에서 회로시험기를 사용하려고 한다. 다음 설명 중 옳지 않은 것은?

① 측정하는 위치를 잘 모르면 가장 낮은 레인지를 선택한다.
② 지시계는 다중눈금이므로 잘못 읽지 않도록 주의한다.
③ 최대 허용전압을 초과하는 순간전압은 측정하지 않는다.

④ 측정 전 레인지의 선택스위치와 리드봉이 적정하게 위치하였는지 확인한다.

해설 전류나 전압 등을 측정하고자 할 때 인가된 측정 전압이나 전류값을 잘 모를 경우 가장 높게 선택 스위치를 선정하여야 한다.

105 테스터기의 사용법으로 옳지 않은 것은?

① 전압을 측정할 때 AC의 가장 높은 위치인 1,000에 측정레인지를 놓고 극성에 관계없이 리드봉을 병렬로 접속한다.
② 저항을 측정할 때 리드봉의 극성은 의미가 없다.
③ 직류를 측정할 때 리드봉의 극성이 바뀌지 않아야 한다.
④ 측정하고자 하는 전압을 알 수 없을 때에는 측정레인지를 가장 아래 값에 설정한다.

해설 측정하고자 하는 전압을 알 수 없을 때에는 가장 높은 측정레인지 값을 설정하여야 한다. 그렇지 않으면 기기가 고장나거나 타버리는 경우가 있다.

106 그림과 같이 회로시험기가 나타난 경우 교류 전압과 직류전압은 각각 얼마인가? (단, 측정레인지를 AC는 50에 설정하고, DC는 500에 설정한다.)

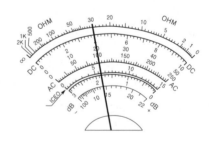

① AC : 20V, DC : 200V
② AC : 200V, DC : 20V
③ AC : 40V, DC : 400V
④ AC : 400V, DC : 40V

해설 AC 50일 때 20V이고, DC 500일 때 200V가 된다.

107 다음 중 절연저항계의 사용방법으로 옳지 않은 것은?

① 측정이 끝난 후 모든 회로를 정위치 한다.
② 측정이 끝난 직후 바로 손을 대지 않는다.
③ 절연저항 및 교류전압 측정 시 사용한다.
④ 정확성을 위해 활선상태에서 측정을 실시한다.

해설 절연저항계는 제품 손상 또는 사용자의 부상 우려 등으로 활선상태에서는 측정하지 않아야 한다.

108 다음 중 절연저항계 사용 시 가장 주의할 점은?

① 절연성능 저하
② 저항값 오차
③ 감전 우려
④ 기기 파손

해설 절연저항계의 단자 사이에는 높은 전압을 나타내므로 측정할 때 감전에 주의하여야 한다.

109 클램프미터에 대한 설명으로 옳지 않은 것은 어느 것인가?

① 전류나 전압을 측정할 때 전선 중 1선만 클램프 안에 넣는다.
② 측정값의 영상전류가 0(zero)이 나오면 누설전류가 있는 것이다.
③ 누설전류를 측정할 때는 3상인 경우 3선을 모두 한꺼번에 훅 안으로 넣어 측정한다.
④ 클램프미터는 자기유도 현상을 이용한 것으로 훅 자체가 철심역할을 한다.

해설 누설전류를 측정할 때는 단상인 경우 2선을 동시에, 3상인 경우 3선을 모두 한꺼번에 훅 안으로 넣어 측정하는데 영상전류가 0(zero)이 나오면 정상이고 어떤 특정 수치가 나오면 그 수치만큼 누설전류가 있는 것이다.

110 오실로스코프로 측정가능한 것이 아닌 것은 어느 것인가?

① 전류
② 전력
③ 단락흔 분석
④ 주파수

해설 오실로스코프는 전압, 전류, 전력, 주파수 등을 읽고 측정하는 데 쓰인다.

111 오실로스코프에 대한 설명이다. 맞지 않는 것은?

① Y축은 전압의 변화를 나타내며, X축은 시간의 변화를 나타낸다.
② 아날로그형 오실로스코프는 인가된 전압이 화면상의 전자빔을 움직여서 파형을 바로 볼 수 있다.
③ 디지털형은 파형의 데이터 값을 출력할 수 있다.
④ 실시간 빠른 변화가 있는 신호를 보고자 할 때는 디지털형이 주로 쓰인다.

해설 실시간 빠른 변화가 있는 신호를 보고자 할 때는 아날로그형이 주로 쓰인다.

112 전기기기나 전기설비 등을 발화원으로 판정하기 위한 전제조건은?

① 통전입증
② 발화장소
③ 연소경로
④ 사용상태

해설 전기기기나 전기설비 등을 발화원으로 판정하기 위해서는 그 기기나 설비가 출화 당시 통전 중이었음을 증명해야 한다.

113 다음 설명 중 옳지 않은 것은?

① 플러그가 화재 중 콘센트에 접속되었다면 콘센트 칼날받이는 닫힌 상태가 된다.
② 코드의 2개소 이상에서 단락흔이 발생한 경우 부하측이 먼저 단락된 경우가 많다.
③ 반도체는 저항치가 감소하여 과전류에 의해 출화할 수 있다.
④ 콘덴서 소자 중심부가 소손된 경우 콘덴서 자체에서 출화한 것이다.

해설 플러그가 화재 중 콘센트에 접속되었다면 콘센트 칼날받이는 열린 상태로 남아 있어 사용 중이었음을 판단할 수 있다.

Answer 107.④ 108.③ 109.② 110.③ 111.④ 112.① 113.①

114 플러그가 콘센트에 접속된 상태로 출화한 경우의 소손 특징이 아닌 것은?

① 플러그핀이 용융되거나 패여 나갈 수 있다.
② 콘센트 금속받이가 용융될 수 있다.
③ 플러그를 뽑았을 때 닫힌 상태로 돌아가려는 복원력이 있다.
④ 변색흔이 플러그핀에 착상되면 지워지지 않는다.

해설 플러그가 콘센트에 접속된 상태로 출화한 경우 콘센트 금속받이는 열린 상태로 남게 되며 복원력을 상실하여 닫힌 상태로 복구되지 않는다.

115 다음 설명 중 바르지 않은 것은?

① 기판 접속부의 양극이 용융된 경우에는 접촉불량에 의한 발화현상이다.
② 콘덴서에서 출화가 의심될 경우 콘덴서 내부를 절단하여 판단한다.
③ 스위치류는 손잡이의 위치를 확인하여 사용여부를 판단한다.
④ 한 쪽 소선에만 용융흔이 있으면 반단선이나 접촉불량을 판단할 수 있다.

해설 기판 접속부는 한 쪽 극만 용융된 경우 접촉불량, 납땜불량에 의한 접촉부 과열로 판단할 수 있으며 양극이 용융된 경우에는 트래킹 현상을 검토한다. 전기배선의 한 쪽 소선에만 용융흔이 있으면 반단선이나 접촉불량, 지락에 의할 가능성이 있다.

116 1차 용융흔에 대한 설명으로 틀린 것은?

① 형상이 둥글고 광택이 있다.
② 금속현미경으로 관찰하면 작은 보이드가 있다.
③ 화재원인과 관계가 깊다.
④ 탄소가 검출되지 않는다.

해설 1차 용융흔의 특징
  ㉠ 화재원인이 된 단락임.
  ㉡ 대기의 산소농도가 양호한 상온에서 발생함.
  ㉢ 내부적인 열 영향으로 발생하며, 절연피복에 의해 산소가 차폐된 상태에서 용융됨.
  ㉣ 형상이 둥글고 광택이 있음.

  ㉤ 일반적으로 탄소는 검출되지 않음.
  ㉥ 금속현미경으로 관찰 시 큰 보이드(void)가 생성됨.

117 전기적 원인으로 판단되는 전선의 용융흔 특징이 아닌 것은?

① 국부적으로 녹은 형태
② 장시간 녹은 형태
③ 순간적으로 녹은 형태
④ 녹은 부분과 녹지 않은 부분의 경계 구분

해설 전기적 원인에 기인한 단락흔은 순간적인 고온에 용융이 이루어지며 국부적으로 녹아서 녹은 부분과 녹지 않은 부분의 경계가 비교적 뚜렷하게 나타난다. 장시간 녹은 형태는 외부화염에 의해 이루어진다.

118 2차 용융흔의 특징이 아닌 것은?

① 통전 중 화재열로 용융되었다.
② 광택이 없다.
③ 화재원인이 된 단락이다.
④ 탄소가 검출된다.

해설 2차 용융흔의 특징
  ㉠ 통전상태에서 화재의 열로 인해 절연피복이 소실되어 생기는 단락임.
  ㉡ 주변 산소농도가 어느 정도 떨어진 고온의 연소가스 분위기에서 발생함.
  ㉢ 광택이 없고 용적상태를 보이는 경우가 많음.
  ㉣ 탄소가 검출되는 경우가 많음.
  ㉤ 외열에 의해 절연피복이 소실된 후 구리선이 산소 중에 노출된 상태에서 용융됨.
  ㉥ 미세한 보이드(void)가 많이 생김.

119 외부화염에 의한 전기적 용융흔의 특징은?

① 장시간 녹은 형태
② 국부적 용융
③ 순간적인 용융흔적 발생
④ 매우 밝은 색깔 유지

해설 외부화염으로 생성된 전기적 용융흔은 장시간 녹은 형태를 유지하며 국부적인 용융흔은 나타나지 않는다.

Answer 114.③ 115.① 116.② 117.② 118.③ 119.①

120 다음 중 접촉저항의 증가요인이 아닌 것은?

① 접속부 이완
② 접촉면 부식
③ 접촉부 마모
④ 접촉면 탄성유지

해설 접촉면의 탄성유지는 기밀성을 좋게 하여 접촉저항을 최대한 줄일 수 있다.

121 접속부 과열에 의한 발화요인이 아닌 것은?

① 접점부에 이물질 생성
② 접속부 규정압력 유지
③ 스위치 동작 시 채터링 발생
④ 접점재료의 증발

해설 접속부 나사의 규정압력 및 규정토크를 유지하여야 발열을 방지할 수 있다.

122 접촉저항 감소를 위한 조치사항으로 옳지 않은 것은?

① 접촉면적 증대
② 고유저항이 낮은 재료 사용
③ 접촉면 청결 유지
④ 접촉재료 경도 증가

해설 접촉저항 감소를 위한 조치
　　㉠ 접촉압력을 증가시킨다.
　　㉡ 접촉면적을 크게 한다.
　　㉢ 접촉재료의 경도를 감소시킨다.
　　㉣ 고유저항이 낮은 재료를 사용한다.
　　㉤ 접촉면을 청결하게 유지한다.

123 전기화재 감식에 대한 설명이다. 옳지 않은 것은?

① 관계자로부터 고장이나 수리이력 등의 정보를 확보한다.
② 용융된 전기부품을 X선 촬영장치를 이용하여 투시하여 관찰한다.
③ 외관조사는 연소된 부분만 중점적으로 관찰하여 자료를 수집한다.

④ 전기기기 주변의 기온과 습기 등 환경요인을 검토한다.

해설 외관 관찰 및 조사는 6면(전후 · 좌우 · 상하)을 빠짐없이 관찰하여 소손상황으로부터 연소방향을 파악하여야 한다.

124 전기화재 감식요령을 설명한 것으로 잘못된 것은?

① 발화원과 관계된 물체가 2개 이상인 경우 어느 것이 원인이라고 판단할 수 없을 때에는 관계자의 의견에 따라 수거한다.
② 전기기기가 소실되어 연소방향을 알 수 없는 경우 열을 많이 받은 현장상황과 당해 기기 주변 가연물의 상태를 보고 판단한다.
③ 전기기기가 일부 남아 있는 경우 용융 및 변색 등을 살펴 출화 개소를 판단한다.
④ 연소방향을 알 수 없더라도 전기적 용융흔은 보통 출화지점 또는 그 부근에서 발견된다.

해설 전기기기가 TV와 TV받침대 등 복수로 있는 경우 어느 것이 원인이라고 현장에서 판단할 수 없을 때에는 전체를 수거한다.

125 배선용 차단기의 동작점이 아닌 것은?

① 켜짐　　　　　② 트립
③ 단락　　　　　④ 꺼짐

해설 배선용 차단기의 동작은 켜짐, 꺼짐, 트립 등 3가지로 분류된다.

126 다음 중 배선용 차단기의 사용목적이 아닌 것은?

① 과전류 차단
② 발화 차단
③ 단락 시 회로보호
④ 과부하 차단

해설 **배선용 차단기의 사용목적**
　　과전류 차단, 단락 시 회로보호, 과부하 차단

127 배선용 차단기에 대한 설명이다. 옳지 않은 것은?

① 과부하 및 단로 등의 이상 발생 시 자동적으로 전류를 차단한다.
② 교류 600V 이하의 저압 옥내전로 보호에 주로 사용한다.
③ 소형이고 조작이 안전하며 퓨즈가 내장되어 있다.
④ 사고전류 발생 시 트립(trip) 동작이 신속하게 이루어진다.

해설 배선용 차단기는 NFB(No Fuse Breaker)의 다른 명칭으로 퓨즈가 없다.

128 누전차단기의 성능으로 옳지 않은 것은?

① 정격부동작전류가 정격감도전류의 50% 이상일 것
② 전로에 적합한 차단용량을 가질 것
③ 부하에 적합한 정격전류를 가질 것
④ 동작시간은 1초 이내일 것

해설 누전차단기의 동작시간은 0.03초 이내이어야 한다.

129 전용 누전차단기 시험버튼의 색상은?

① 녹색　　　　② 적색
③ 회색　　　　④ 흰색

해설 전용 누전차단기의 시험버튼은 청색 혹은 녹색으로 되어 있다. 적색이면 누전 및 과부하 차단 기능을 동시에 한다.

130 누전차단기를 설치하지 않아도 되는 경우가 아닌 것은?

① 비접지방식의 전로에 접속하여 사용하는 전기기구
② 절연전선 주위에 수증기가 발생하는 전기기구
③ 이중으로 절연된 기계류
④ 절연대 위에서 사용하는 전기기구

해설 수증기 및 이물질이 생기거나 전선의 노후 등으로 선로에 이상이 있는 곳에는 누전차단기를 설치하여야 한다.

131 전기화재 감식방법을 설명한 것으로 바르지 않은 것은?

① 누전화재가 의심될 경우 접지저항을 측정해 본다.
② 누전차단기가 트립상태로 있으면 선로 이상을 의심할 수 있다.
③ 배선용 차단기가 완전 소실되면 전원의 사용여부를 판단할 수 없다.
④ 트립상태를 복구하려면 스위치를 아래로 내렸다가 올리면 된다.

해설 배선차단기 외함이 완전 소실되더라도 내부 금속핀의 위치로 사용여부를 확인할 수 있다. 핀이 안쪽으로 깊이 들어가 있으면 on상태에 있었던 것이다.

132 배선용 차단기의 감식방법이다. 바르지 않은 것은?

① 차단기가 꺼져 있으면 전원과 부하측을 구분할 수 없다.
② 차단기의 동작편이 중립에 있으면 사고 당시 2차측은 통전상태임을 알 수 있다.
③ 차단기를 분해하지 않고 엑스레이 시험기로 on/off 상태를 확인할 수 있다.
④ 차단기 외함은 열경화성 플라스틱으로 화재 시 탄화된다.

해설 차단기가 탄화되어 부하측과 전원측을 구별할 수 없을 때에는 회로시험기로 저항을 측정하여 켜짐(저항 0Ω)과 꺼짐(저항 ∞) 상태를 확인한다.

133 주택에 설치되는 보호장치 중 누전에 의한 화재예방 기능이 있는 것은?

① 배선용 차단기　　② 누전차단기
③ 퓨즈　　　　　　④ 커버나이프스위치(CKS)

해설 전기의 일부가 외부로 누설된 경우 누전차단기가 동작하여 화재를 예방한다.

Answer　127.③　128.④　129.①　130.②　131.③　132.①　133.②

134 화재현장에서 커버나이프스위치 감식에 대한 설명이다. 옳지 않은 것은?

① 퓨즈 중앙부근이 국부적으로 녹아 있으면 전기적으로 용단된 것이다.
② 강한 열로 소실되어 관찰이 곤란할 때에는 부하측 회로의 단락흔 등을 종합적으로 관찰하여 통전여부를 판단한다.
③ on상태로 열을 받으면 칼과 맞물린 부분은 닫힌 상태로 발견된다.
④ off상태로 열을 받으면 칼받이에 균등하게 그을음이 착색된다.

해설 커버나이프스위치가 열을 받으면 칼과 맞물린 부분은 복원력을 상실하여 열린 상태를 유지한 채 발견된다.

135 과부하로 퓨즈가 끊어졌을 때 형상은?

① 한 쪽 끝으로 몰림 ② 넓게 비산
③ 양끝이 용융   ④ 중앙부분이 용융

해설 과부하에 의한 퓨즈 용단상태는 퓨즈 중앙부분이 용융된다.

136 퓨즈가 외부 화염에 의해 용융할 경우 그 형태는?

① 덩어리 형태로 중앙에서 용융
② 넓게 비산된 형태
③ 흘러내린 용융 형태
④ 국부적으로 용단

해설 퓨즈가 외부 화염에 의해 용융할 경우 대부분 흘러내린 용융 형태를 유지한다.

137 다음 중 과전류로 인한 단락 시 유리관 퓨즈의 특징은 어느 것인가?

① 안개상으로 비산한다.
② 모래처럼 흩어진다.
③ 국부적으로 산화한다.
④ 굵은 덩어리가 생긴다.

해설 유리관 퓨즈는 단락 시 과전류가 흐르면 안개상으로 비산하는 특징이 있다.

138 유리관 퓨즈의 용융온도로 맞는 것은?

① 980℃   ② 1,200℃
③ 1,083℃   ④ 1,350℃

해설 유리관 퓨즈의 용융온도는 1,083℃이다.

139 다음 중 온도퓨즈의 색상이 흑색일 경우 용단온도는?

① 100℃   ② 110℃
③ 120℃   ④ 130℃

해설

구 분	흑색	갈색	적색	청색	황색
온 도	100℃	110℃	120℃	130℃	140℃

140 온도퓨즈의 색상과 온도가 바르게 연결된 것은?

① 청색 – 100℃   ② 적색 – 130℃
③ 흑색 – 110℃   ④ 황색 – 140℃

해설 ① 청색 – 130℃ ② 적색 – 120℃
③ 흑색 – 100℃

141 전기화재 감식을 설명한 것으로 부적당한 것은?

① 스위치류는 접점의 용융과 외함의 소손상태를 연결시켜 판단한다.
② 플러그의 양 쪽이 용융된 경우 트래킹을 의심할 수 있다.
③ 플러그의 한 쪽만 용융된 경우 단락을 의심할 수 있다.
④ 현장에서 획득한 감정물은 나중에 관계인에게 반환한다.

해설 전기화재에서 플러그의 한 쪽만 용융된 경우 접속부 과열을 의심할 수 있다. 이때 전원은 통전상태를 유지하고 있어야 하는 전제가 필요하다.

142 백열전구에 봉입하는 가스는?

① 염소
② 불소
③ 아르곤
④ 브롬

해설 백열전구에는 불활성 가스인 아르곤을 봉입한다.

143 백열전구에 불활성 가스를 봉입하는 이유로 맞는 것은?

① 필라멘트의 증발 및 비산 방지
② 높은 열 유지
③ 발광률 증대
④ 인체 보호

해설 아르곤가스의 봉입 이유
필라멘트와 화학반응을 하지 않는 불활성 가스를 주입하여 필라멘트의 증발과 비산을 제어하여 수명을 길게 하기 위함이다.

144 백열전구 감식방법을 설명한 것으로 옳지 않은 것은?

① 점등상태로 파손되면 필라멘트가 앵커에 용착되는 경우가 많다.
② 전구의 유리파편에 구멍이 뚫려 있으면 가연물과 접촉하였을 가능성이 높다.
③ 유리의 표면장력이 약해 화염 방향으로 부풀어 올라 내부가스가 분출된다.
④ 소등상태로 파손되면 필라멘트가 산소와의 접촉으로 연소하며 소실된다.

해설 백열전구가 소등상태로 파손되면 앵커부분이 절단되지만 리드선과 접촉부분이 남아 있게 된다. 필라멘트가 산소와의 접촉으로 연소하는 현상은 점등상태일 때 이루어진다.

145 할로겐전구의 특징을 잘못 설명한 것은?

① 발광효율이 일반전구보다 높다.
② 수명이 길다.
③ 열손실이 많다.
④ 불소, 염소, 요소 등 할로겐화물을 봉입하여 텅스텐의 증발을 막는다.

해설 할로겐전구는 봉입가스의 압력을 높게 하여 좁은 공간에서 체류를 일으키기 어렵게 하여 열손실이 적다.

146 백열전구가 점등상태로 파손되었을 때의 특징은?

① 앵커가 절단되고 리드선이 남아 있다.
② 필라멘트가 앵커에 용착되는 경우가 많다.
③ 표면에 그을음이 부착된 형태가 많다.
④ 필라멘트가 온전하게 남아 있다.

해설 백열전구가 점등상태로 파손되면 필라멘트가 앵커에 용착되는 경우가 많다. 또한 유리표면이 부풀어 올라 구멍이 발생하는 경우가 있다.

147 백열전구의 필라멘트 재질은 무엇인가?

① 구리
② 아연합금
③ 탄소강
④ 텅스텐

해설 백열전구의 필라멘트는 텅스텐이다. 금속 중 가장 높은 온도까지 견딜 수 있다는 장점이 있다.

148 형광등에 대한 설명으로 옳지 않은 것은?

① 글로스타터형이 래피드스타터형 보다 점등이 빠르다.
② 글로램프 안에 있는 바이메탈 전극이 가열되어야 방전을 한다.
③ 안정기 코일은 전류의 변화를 방해하는 방향으로 고전압이 유기된다.
④ 안정기로부터 출화하는 경우는 없다.

해설 형광등 안정기가 경년열화에 의해 권선 코일의 선간에서 접촉하면 코일의 일부가 전체에서 분리되어 링회로를 형성하고 다량의 전류가 이곳으로 흐르게 되면 발열하여 출화에 이르게 된다.

Answer 142.③ 143.① 144.④ 145.③ 146.② 147.④ 148.④

149 형광등 기구의 주요 감식사항으로 옳지 않은 것은?

① 글로스타터 : 전선의 용융흔 관찰
② 안정기 : 내부 코일의 층간단락, 충전제의 누설 등 관찰
③ 콘덴서 : 콘덴서 표면 알루미늄박의 산화, 용융흔 확인
④ 코드 및 리드선 : 케이스 내의 리드선 또는 코드의 단락여부 확인

[해설] 형광등은 안정기 및 기판, 콘덴서 등 회로소자 확인, 코드와 리드선 상태 등을 관찰하여야 한다. 글로스타터에는 전선이 없어 용융흔 관찰은 부적절하다.

150 전기장판의 화재원인으로 바르지 않은 것은?

① 전원코드의 반단선에 따른 발열 및 스파크 착화
② 안정기 과열 출화
③ 전열선 발열에 의한 불꽃 착화
④ 온도조절장치 고장에 의한 이상발열 착화

[해설] 안정기 발열출화 현상은 형광등과 같은 조명류에서 발생하는 화재원인에 속한다.

151 다음 중 유도가열 방식을 사용하는 제품끼리 바르게 연결된 것은?

① 전기밥솥 – 전자레인지
② 전기밥솥 – 전자조리기
③ 전자조리기 – 가스레인지
④ 전자조리기 – 냉온수기

[해설] 유도가열 방식을 사용하는 제품은 전기밥솥과 전자조리기이다.

152 전자레인지의 기능을 분류한 것이다. 해당하지 않는 것은?

① 제어부
② 안전장치
③ 가열실
④ 회전부

[해설] 전자레인지의 기능 분류
가열실, 발진부, 전원부, 제어부, 안전장치

153 전자레인지의 오븐실 안에서 식품이 가열되는 것은 무엇을 이용한 것인가?

① 대류열
② 기화열
③ 마찰열
④ 흡착열

[해설] 전자레인지에서 식품이 가열되는 것은 마찰열의 원리이다. 분자의 양단에는 정(+), 부(−)와 같은 양의 전하를 갖는 많은 쌍극자가 포함되어 있다. 이들은 마이크로파가 주사되면 정렬방향이 주파수에 대응하여 1초에 24억5,000만 회의 스피드로 진동하여 식품 자신이 마찰열을 발생하여 발열한다.

154 전자레인지의 오븐실 안으로 마이크로웨이브 전파를 발사하는 기능을 담당하는 것은?

① 고압 콘덴서
② 도파관
③ 스터러
④ 마그네트론

[해설] 마그네트론은 2극 진공관으로 이 진공관에서 2,450MHz의 전파가 오븐실 안으로 발사하게 되어 있다.

155 전자레인지 관련 마이크로웨이브 전파의 성질이 아닌 것은?

① 금속과 닿으면 반사하며 방향을 바꿔 진행한다.
② 목재와 접촉하여 흡수되지 않고 반사된다.
③ 도자기나 유리 등에 투과성이 좋다.
④ 식품 등에 닿으면 열이 된다.

[해설] 마이크로웨이브 전파의 성질
㉠ 금속에 닿으면 반사하며 방향을 바꿔 진행한다.
㉡ 도자기, 유리, 플라스틱, 종이 등은 투과하는 것이 많다.
㉢ 물, 수분을 포함한 식품이나 목재 등에 닿으면 흡수되어 열이 된다.

02
화재감식론

Answer 149.① 150.② 151.② 152.④ 153.③ 154.④ 155.②

156 냉장고에서 냉매가스를 압축하는 기능을 담당하는 것은?

① 컴프레서　　② 기동기
③ 냉각기　　　④ 응축기

해설 냉장고에서 냉매가스의 압축은 컴프레서(압축기)에서 이루어진다.

157 냉장고의 감식방법으로 부적당한 것은?

① 기동용 릴레이 부근은 전극과 배선단자 접속부의 풀림 등이 있는지 확인하고 단락흔의 위치 등을 관찰한다.
② 압축기 부근은 먼지의 퇴적이 용이하므로 서미스터의 소손상황 및 잔존 배선의 열화 정도 등을 확인한다.
③ 컴프레서 코일의 층간단락은 전원코드의 용융흔으로 입증한다.
④ 설치장소의 전원 코드 및 배선 커넥터의 용융과 단락흔 형성여부를 확인한다.

해설 컴프레서 코일의 층간단락은 링회로를 만들어 과열 출화할 수 있으므로 분해하여 관찰하고 입증하여야 한다.

158 전기세탁기화재가 발생하였을 때 전기화재의 조사요점으로 틀린 것은?

① 잡음 방지 콘덴서의 절연열화 상태
② 마그네트론의 열화
③ 배수 전자밸브의 이상
④ 세탁기 내부 배선간의 단락여부

해설 마그네트론은 전기세탁기의 부속품에 해당하지 않는다.

159 냉장고화재의 감식방법으로 옳지 않은 것은?

① 서모스탯히터, 시즈히터의 절연파괴 여부 관찰
② 내부 금속구의 용융흔, 잔존 배선의 탄화상태 확인

③ 기동용 릴레이 전극의 용융, 접속부의 풀림 현상 등 관찰
④ 설치장소의 전원코드 및 배선 커넥터의 접속상태 확인

해설 냉장고화재의 감식방법
㉠ 각 기능별 스위치의 불완전접촉, 전원코드의 반단선, 팬 모터 과열, 압축기부분의 트래킹 또는 흑연화, 시동용 콘덴서의 단락 등 확인
㉡ 내부 금속구의 용융흔, 잔존 배선의 탄화상태 확인
㉢ 기동용 릴레이 전극의 용융, 접속부의 풀림 현상 등 관찰
㉣ 설치장소의 전원코드 및 배선 커넥터의 접속상태 확인 등

160 냉장고와 냉온수기에 설치된 공통부품이 아닌 것은?

① 응축기
② 냉각기
③ 서모스탯
④ 서리제거히터

해설 서리제거히터는 냉장고에 설치되는 부품으로 냉각기의 이면 또는 내부에 설치한다.

161 전기스토브의 감식방법으로 옳지 않은 것은?

① 복사열로 발화할 경우 반사판에 가지색이 생기는 경우가 있으므로 세심하게 관찰한다.
② 가연물 접촉으로 인한 경우 스토브 가드에 천 등 탄화물이 남아 있을 수 있다.
③ 스토브 자체가 발열하여 출화하면 히터가 2개소 이상 단선되어 나타난다.
④ 가연물의 근접 방치, 전원스위치의 작동·부작동 상태 등을 확인한다.

해설 스토브 자체가 발열하여 출화하는 경우는 없기 때문에 주위 물품의 배치상태와 관계자의 출화 전의 행동 등을 확인하도록 한다.

162 다음 중 에어컨의 발화가능성에 해당하지 않는 것은?

① 고압트랜스의 권선 소손형태 확인
② 에어컴프레서 모터 권선이 열화되어 층간 단락
③ 전원 코드를 손으로 비틀어 꼬아 접속하여 접촉부 과열
④ 내부 단자 또는 접속부가 금속과 닿거나 피복손상으로 용융흔 발생

해설 고압트랜스는 TV에 내장된 부품으로 에어컨과는 관계가 없다.

163 텔레비전화재의 감식방법으로 옳지 않은 것은?

① 고압트랜스의 권선 소손형태를 확인한다.
② 기판부의 납땜불량, 부품단자의 소손 및 용융흔을 확인한다.
③ 전원코드의 멀티탭 사용여부를 확인한다.
④ 텔레비전 캐비닛의 내·외부의 연소형태를 확인한다.

해설 텔레비전의 감식방법
ㄱ 고압트랜스의 권선 소손형태 확인
ㄴ 기판부의 납땜불량, 부품단자의 소손 및 용융흔 확인
ㄷ 텔레비전 캐비닛의 내·외부 연소형태 확인 등

164 고압 가공전선로의 감식요점으로 옳지 않은 것은?

① 1차측 또는 2차측 소손상황과 애자의 손상, 주변 가연물의 상태 등을 관찰한다.
② 가공전선 주변의 금속물과의 접촉 또는 전선의 이격거리 등을 확인한다.
③ 까치나 까마귀 등 조류의 영향과 충전부 빗물 침입 등 주변 여건을 확인한다.

④ CV케이블의 경우 워터트리 현상에 의한 소손상태를 확인한다.

해설 CV케이블은 고압 가공전선로가 아닌 땅속에 매설된 지중전선로이다.

165 워터트리 현상이 발생하는 전선으로 맞는 것은?

① 비닐절연전선(IV)
② 가교폴리에틸렌 케이블(CV)
③ 접지용 비닐절연전선(GV)
④ 알루미늄피복 강심 알루미늄연선(ACSR/AW)

해설 워터트리 현상
CV케이블 내부에 수분이 국부적으로 전계에 집중되면 절연체(가교폴리에틸렌) 중으로 미립자가 되어 수지상으로 퍼져 나가는 현상

166 적산전력계의 감식요령으로 옳지 않은 것은?

① 옥외 노출된 경우가 많아 출화 당시 외기환경을 파악한다.
② 안정기 권선의 층간단락을 확인한다.
③ 1차측 및 2차측의 전원 공급상태와 누설여부를 확인한다.
④ 빗물이나 이물질 침투에 의한 열화여부를 확인한다.

해설 안정기 권선의 층간단락은 형광등이나 고압방전램프의 감식요령에 해당한다.

167 전기 용융흔의 금속조직을 외관으로 관찰하였다. 타당하지 않은 것은?

① 2차 용융흔은 평활하게 나타난다.
② 1차 용융흔 쪽에 광택이 있는 것이 많다.
③ 1차 용융흔은 반구형이 많다.
④ 2차 용융흔은 표면이 거친 것이 많다.

해설 1차 용융흔이 평활하며, 2차 용융흔은 표면이 거친 것이 많다.

Answer 162.① 163.③ 164.④ 165.② 166.② 167.①

168 1차 용융흔의 특징을 설명한 것으로 옳지 않은 것은?

① 전선이 굵은 것은 단락 각도에 따라 바늘처럼 가늘고 뾰족한 경우도 있다.
② 화재 이전에 생긴 용융흔에 화재열이 재가열하면 조직변화가 일어나 반짝이는 광택과 큰 용융흔이 발생한다.
③ 여러 가닥인 연선의 경우 망울이 반구형이고 광택이 있다.
④ 과전류로 용단된 경우 굵은 동선은 타원형 망울이 생기고 아래로 흘러내린 형태로 광택이 있다.

해설 금속조직의 차이는 냉각속도에 의한 것으로 한 번 발생한 조직결정은 재가열하더라도 금속조직에는 변화가 발생하지 않는다.

169 전기 용융흔에 대한 설명으로 옳지 않은 것은?

① 금속단면을 보면 2차 용융흔은 내부에 이물질을 많이 혼입하고 있다.
② 시간이 경과하면 2차 용융흔은 용융 망울이 검푸른 빛으로 산화한다.
③ 1차 용융흔은 항상 망울이 반구형이고 광택이 있다.
④ 공극인 보이드는 1차 용융흔 쪽에 많이 발생한다.

해설 1차 용융흔은 소선의 경우 망울이 반구형이고 광택이 있다. 그러나 항상 망울이 반구형은 아니다. 전선이 굵은 것은 단락 각도에 따라 바늘처럼 가늘고 뾰족한 경우도 있으며 무딘 송곳같이 둥그스름한 형태이거나 대각선으로 잘려 나간 모양이 형성되는 경우도 있다.

170 다음 중 그 연결이 바르지 않은 것은?

① 1차 용융흔 – 광택이 있다.
② 2차 용융흔 – 본연의 광택이 없다.
③ 열 용융흔 – 표면에 요철이 있다.
④ 2차 용융흔 – 표면이 평활하다.

해설 표면상태를 나타내는 평활도는 1차 용융흔이 평활하며, 2차 용융흔은 표면이 거친 것이 많다.

171 과전류에 의한 전선 용단흔의 특징이 아닌 것은?

① 용융된 망울은 국부적이며 전선피복이 남아 있는 경우가 많다.
② 구부리거나 충격을 가하면 표면 일부가 박리되어 떨어진다.
③ 통전 전류가 작을수록 짧은 시간에 용단된다.
④ 용융되지 않은 전선 표면은 산화작용에 의해 변색된다.

해설 과전류에 의한 용단은 통전 전류가 클수록 짧은 시간에 용단된다.

172 과전류에 의한 전선피복의 소손흔 특징에 대한 설명 중 옳지 않은 것은?

① 300%의 과전류가 2분 이상 지속되면 절연피복이 2개 층으로 나누어지고 그물모양으로 변한다.
② 300%의 과전류가 약 5분 이상 지속되면 절연피복과 도체가 닿은 부분은 연녹색으로 변색된다.
③ 과전류가 흐르면 절연피복에 작은 구멍이 생기는 탈염화 현상이 발생한다.
④ 과전류로 인해 손상된 부분과 손상되지 않은 부분의 경계선은 명확하게 구분된다.

해설 과전류로 전선피복이 소손되면 손상된 부분과 손상되지 않은 부분의 경계선은 명확하지 않다.

173 PVC가 연소할 때 특징적으로 발생하는 연소가스는?

① 이산화황   ② 포스겐
③ 황화수소   ④ 암모니아

해설 PVC가 연소할 때 맹독성인 포스겐($COCl_2$)가스가 발생한다. 포스겐은 일반 물질이 연소할 경우에는 거의 발생하지 않지만 염소가 함유된 화합물이 연소할 때 발생한다. 허용농도는 0.1ppm이다.

174 폴리염화비닐수지가 화염에 의해 탈염화수소를 일으키는 온도는?

① 250℃ ② 350℃
③ 430℃ ④ 450℃

해설 폴리염화비닐수지(PVC)가 열분해를 일으키면 250℃ 정도에서 탈염화수소 반응이 가장 강하게 일어나 수증기와 작용하여 금속을 부식시킨다.

175 절연피복으로 사용하고 있는 PVC에 대한 특징으로 옳지 않은 것은?

① 수증기와 작용하여 금속을 부식시킨다.
② 탈염화수소 반응을 한다.
③ 자기연소성이 있다.
④ 400℃ 정도에서 발화한다.

해설 PVC는 염소를 함유하고 있어 자기소화성이 있으나 230~280℃부터 급격한 분해가 일어나며 400℃ 정도에서 발화한다.

176 외부화염에 의한 전선피복과 동선의 소손흔을 나타낸 것으로 옳지 않은 것은?

① PVC는 230~280℃부터 급격히 분해가 개시된다.
② 1,000℃ 이상 과열되면 구리전선 전체가 산화되지만 성분과 형태는 변화가 없다.
③ PVC는 외부화염에 노출되었을 때 불에 탄 부분과 타지 않은 부분의 경계가 명확하게 나타난다.
④ 전선이 외부에서 내부로 탄화가 진행된 것을 식별할 수 있다.

해설 외부화염으로 1,000~1,100℃로 과열되면 구리전선 전체가 산화되어 성분과 형태가 변화한다.

02

화재감식론

Chapter 03 가스화재 감식

01 가스의 이해

1 가스의 기초 〔2022년 기사〕

(1) 고압가스의 분류 〔암기〕 〔2018년 산업기사〕

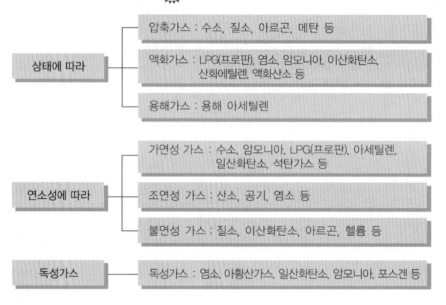

상태에 따라
- 압축가스 : 수소, 질소, 아르곤, 메탄 등
- 액화가스 : LPG(프로판), 염소, 암모니아, 이산화탄소, 산화에틸렌, 액화산소 등
- 용해가스 : 용해 아세틸렌

연소성에 따라
- 가연성 가스 : 수소, 암모니아, LPG(프로판), 아세틸렌, 일산화탄소, 석탄가스 등
- 조연성 가스 : 산소, 공기, 염소 등
- 불연성 가스 : 질소, 이산화탄소, 아르곤, 헬륨 등

독성가스
- 독성가스 : 염소, 아황산가스, 일산화탄소, 암모니아, 포스겐 등

① **압축가스** : 물질의 상태변화 없이 압축 저장하는 가스를 말한다. 판매할 목적으로 용기에 충전을 할 때 이들 압축가스 용기 내의 압력은 약 $120kg/cm^2$ 이상이다.
  예 수소, 질소, 아르곤, 메탄 등

② **액화가스** : 상온에서 압축시키면 쉽게 액화하는 가스로 용기 안에 액체상태로 저장된다.
  예 LPG(프로판), 염소, 암모니아, 이산화탄소, 산화에틸렌, 액화산소 등

③ **용해가스** : 압축하면 분해 · 폭발하기 때문에 단독으로 압축하지 못하며 용기에 다공물질의 고체를 충전한 다음 아세톤 같은 용제를 주입시켜 이것에 아세틸렌을 기체상태로 압축한 것을 말한다.
  예 용해 아세틸렌

④ 가연성 가스 : 공기와 혼합하면 빛과 열을 발생하며 연소하는 가스를 말한다. 암모니아 가스의 경우 연소하기 어려운 가스지만 조건에 따라서 연소하므로 역시 가연성 가스로 취급된다.

예 수소, 암모니아, LPG(프로판), 아세틸렌, 일산화탄소, 석탄가스 등

가연성 가스에 대한 법적인 규정은 다음과 같다.

㉠ 폭발한계의 하한이 10% 이하인 것

㉡ 폭발한계의 상한과 하한의 차가 20% 이상인 것

※ 고압가스안전관리법 시행규칙 제2조 제1항 제1호 참조

⑤ 조연성 가스 : 다른 가연성 물질과 혼합되었을 때 폭발이나 연소가 일어나도록 도와주는 것으로 지연성 가스라고도 한다.

예 산소, 공기, 염소 등

⑥ 불연성 가스 : 스스로 연소하지 못하고 다른 물질도 연소시키지 못하는 가스로서 연소현상과 무관한 가스이다.

예 질소, 이산화탄소, 아르곤, 헬륨 등

⑦ 공기 중에 일정량 이상 존재하는 경우 인체에 유해한 독성을 가진 가스로서 허용농도가 100만분의 5,000 이하인 것을 말한다.

> **! 꼼.꼼. check!** ─▶ **고압가스 안전관리법의 적용을 받는 고압가스의 종류 및 범위**
>
> • 상용의 온도에서 압력(게이지 압력을 말함)이 1메가파스칼 이상이 되는 압축가스로서 실제로 그 압력이 1메가파스칼 이상이 되는 것 또는 섭씨 35도의 온도에서 압력이 1메가파스칼 이상이 되는 압축가스(아세틸렌가스는 제외)
> • 섭씨 15도의 온도에서 압력이 0파스칼을 초과하는 아세틸렌가스
> • 상용의 온도에서 압력이 0.2메가파스칼 이상이 되는 액화가스로서 실제로 그 압력이 0.2메가파스칼 이상이 되는 것 또는 압력이 0.2메가파스칼이 되는 경우의 온도가 섭씨 35도 이하인 액화가스
> • 섭씨 35도의 온도에서 압력이 0파스칼을 초과하는 액화가스 중 액화시안화수소, 액화브롬화메탄 및 액화산화에틸렌가스

(2) 가연성 가스의 폭발범위

물질명	연소범위(%)		물질명	연소범위(%)	
	하한	상한		하한	상한
프로판	2.1	9.5	메탄	5	15
부탄	1.8	8.4	일산화탄소	12.5	74
수소	4.1	75	황화수소	4.3	45
아세틸렌	2.5	82	시안화수소	6	41
암모니아	15	28	산화에틸렌	3	80

※ 폭발범위를 연소범위, 연소한계라고도 하며, 단위는 %로 표시한다. 연소할 수 있는 가장 높은 범위를 연소상한, 최저범위를 연소하한이라고 한다.

바로바로 **확인문제**

다음 중 조연성 가스가 아닌 것은?

① 산소
② 수소
③ 오존
④ 염소

해설 ① 산소 : 압축가스이면서 조연성 가스
② 수소 : 가연성 가스
③ 오존 : 조연성 가스
④ 염소 : 액화가스이면서 독성가스, 조연성 가스

답 ②

(3) 압력 2019년 기사

‖ 압력의 단위 및 종류 ‖

기 압(atm)	증기압(kg/cm^2)	수은주(mmHg)	수주(mH_2O)
1	1.0332	760	10.332
0.968	1	735.7	10.00

절대압력 = 대기압 + 게이지압력

(4) 온도

① 섭씨온도 : 물의 끓는점과 어는점을 100등분하여 <u>끓는점을 100℃</u>, 어는점을 0℃로 정해 사용하는 온도

② 화씨온도 : 물의 끓는점과 어는점을 180등분하여 <u>끓는점을 212℉</u>, 어는점을 32℉로 정해 사용하는 온도

③ 섭씨온도와 화씨온도의 환산값은 다음과 같다.

$$℉ = \frac{9}{5}℃ + 32, \quad ℃ = \frac{5}{9}(℉ - 32)$$

(5) 비중 2016년 기사 2018년 산업기사

① 가스비중

㉠ 가스의 무게와 공기의 무게를 비교한 값이다.

㉡ 메탄의 비중은 0.55로서 공기보다 가볍다.

$$\frac{가스의 \ 무게}{공기의 \ 무게} = \frac{16g}{29g} = 0.55$$

② 액비중

　㉠ 액체의 비중을 말하며, 기준이 되는 물질은 4℃의 물이다.

　㉡ 4℃의 물 $1cm^3$는 질량이 $1g$이기 때문에 밀도의 단위는 g/cm^3이나 kg/L로 할 경우 밀도의 값과 비중의 값이 같게 된다.

(6) 증기압

① 증기압은 같은 물질일 경우 온도가 일정하다면 용기에 들어 있는 액체의 양과 관계없이 압력은 일정하다.

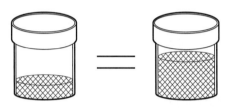

※ 20℃, 1기압에서 용기 안에 들어 있는 액체량에 관계없이 용기 안의 압력은 일정하다.

▌프로판, 부탄의 온도에 따른 증기압(게이지압력) ▌

온 도(℃)		0	10	20	30	40
증기압 (kg/cm^2)	프로판	3.9	5.4	7.4	9.5	12.7
	부탄	0	0.4	1.1	1.8	2.8

② 뚜껑이 있는 용기에 액상의 LPG를 넣고 일정한 온도를 유지하면 일부가 증발하여 용기 내의 공간을 채우고 일정한 압력을 갖게 된다. 이 압력이 가스가 갖는 압력이며 용기를 개방하면 가스량과 압력도 낮아지게 된다. 그러나 용기밸브를 다시 닫으면 압력이 상승하고 증발이 정지되어 일정한 압력을 유지하게 된다.

(7) 액화가스의 부피팽창

① 모든 물질은 온도가 높아지면 부피가 커지고 온도가 내려가면 부피가 작아진다. 그러나 물은 0℃에서 4℃까지 온도가 상승하면 부피가 작아지고 4℃를 넘어 온도가 높아지면 부피가 커진다.

▌액화석유가스의 온도증가에 따른 부피팽창 ▌

온 도(℃)	-15	0	15	30	40	60
프로판	93.5	95.8	100	105.0	108.3	119.3
부탄	94.3	97.2	100	102.8	104.7	110.3

> **! 꼼.꼼. check!** ● **보일-샤를의 법칙** ●
>
> "일정량의 기체의 부피는 압력에 반비례하고 절대온도에 비례한다."는 법칙이다.
>
> $$\frac{PV}{T} = K\,(\text{일정})$$
>
> 압력이 P_1이고 절대온도가 T_1일 때 부피가 V_1인 일정량의 기체가 압력이 P_2, 절대온도가 T_2로 바뀌었을 때 부피가 V_2였다면 다음과 같은 식이 성립한다.
>
> $$\frac{P_1 V_1}{T_1} = \frac{P_2 V_2}{T_2}$$

② 액화프로판 1kg이 증발할 때 주위로부터 102kcal의 열을 빼앗아 가는데 이것을 프로판의 증발잠열이라고 한다.

> **! 꼼.꼼. check!** ● **증발잠열** ●
>
> 가스가 빠른 속도로 기화할 때 용기 표면에 이슬이 맺히는데 이것은 증발할 때 주위로부터 열을 빼앗아 액체상태에서 기체상태로 상변화하는 데 필요한 열을 용기에서 빼앗기 때문이다. 이때 액체에서 기체로 변화하는 데 필요한 열을 기화열 또는 증발잠열이라고 한다.

2 가스별 특성

(1) 액화천연가스(LNG, Liquefied Natural Gas) [2013년 기사]

① 성질

　㉠ 무색, 무취의 가스이다.

　㉡ 상온에서 기체이지만 <u>가압하면 쉽게 액화</u>한다(비점 −162℃).

　㉢ 표준상태(0℃, 1atm)에서 메탄 1kg당 부피는 약 1.4m³지만 액상에서는 약 2.4L (−162℃, 1atm)로 600배 정도의 차이가 있다. 천연가스를 <u>액화하면 1/600로 감소</u>한다.

　㉣ <u>주성분은 메탄</u>으로 전체 90% 정도를 차지하며, 그 외 약간의 에탄, 프로판, 부탄 등이 함유되어 있다.

　㉤ 발열량이 크고 그을음이 적어 공해가 없는 <u>청정연료</u>로 쓰인다.

　㉥ 주성분인 메탄은 공기보다 가볍고, 자체 <u>독성은 없으나 질식성</u>이 있다.

　㉦ 분자량 16, 비중 0.55, 비점 −162℃, 폭발범위 5~15%

② 용도

구 분	주요 용도
연료	도시가스, 발전용 연료, 공업용 연료
한랭 이용	액화산소 및 액화질소의 제조, 냉동창고, 냉동식품, 해수 담수화, 냉각(발전소 물의 냉각), 저온분쇄(자동차 폐타이어, 대형 폐기물, 플라스틱 등)
화학공업 원료	메탄올, 암모니아의 냉각

③ 폭발성 및 인화성

　ㄱ 기화된 가스가 공기 또는 산소와 혼합할 경우 폭발위험이 증대되며 기화할 때 기상 및 액상의 조성이 변할 수 있으므로 주의한다.

　ㄴ 액화천연가스의 주성분인 메탄은 다른 지방족 탄화수소에 비해 연소속도가 느리고 최소발화에너지, 발화점 및 폭발하한계 농도가 높다. 그러나 누출될 경우 인화폭발의 위험이 있어 누출방지에 힘써야 한다.

　ㄷ 액화천연가스가 공기 중으로 누출될 경우 일반적으로 온도가 낮은 상태이기 때문에 공기 중의 수분과 접촉하면 수분의 온도가 낮아져 응축현상으로 인해 안개가 발생하므로 가스 및 액의 누출을 눈으로 쉽게 확인할 수 있다.

(2) 액화석유가스(LPG, Liquefied Petroleum Gas) 암기 2017년 기사 2018년 기사 2021년 기사 2023년 기사 2023년 산업기사

① 성질

　ㄱ 기화 및 액화가 쉽다. 프로판은 약 $7kg/cm^2$, 부탄은 약 $2kg/cm^2$ 정도로 가압하면 액화된다. 액화된 프로판을 대기 중으로 방출시키면 기화하지만 부탄의 경우에는 겨울철 영하의 온도에서 기화하기 어렵고 기화되어도 곧 액화될 가능성이 있다.

　ㄴ 공기보다 무겁고 물보다 가볍다. 프로판은 가스상태일 때 공기보다 약 1.55배, 부탄은 약 2.08배 정도 무겁고 액체일 경우에는 물보다 프로판은 약 0.51배, 부탄은 약 0.58배 가볍다. 따라서 공기 중으로 가스가 누출될 경우 낮은 부분에 체류하여 점화원에 의해 화재 및 폭발의 위험이 있으므로 충분한 통풍과 환기조치가 있어야 한다.

　ㄷ 액화하면 부피가 작아진다. 프로판과 부탄을 액화하면 체적이 약 1/250 정도로 줄어들기 때문에 저장과 운송이 편리하다.

　ㄹ 연소 시 다량의 공기가 필요하다. 완전연소에 필요한 이론공기량은 프로판의 경우 약 24배, 부탄은 약 31배 정도의 공기량이 필요하다. 충분한 공기가 공급되지 않는다면 불완전연소로 인해 일산화탄소가 발생하여 인체에 해를 끼친다.

> **! 꼼.꼼. check!** ─ **이론공기량 구하는 방법** 〔2016년 산업기사〕·〔2020년 산업기사〕
>
> 이론산소량＝이론공기량×21/100
>
> 이론공기량＝이론산소량÷0.21
>
> - 프로판의 완전연소식 : $C_3H_8 + 5O_2 \rightarrow 3CO_2 + 4H_2O + 530.60kcal$
>   프로판 1mol이 연소할 경우 필요한 이론산소량은 5몰이다. 따라서 필요한 이론공기량은
> $5 \div 0.21 = 23.8mol \fallingdotseq 24mol$
> - 부탄의 완전연소식 : $C_4H_{10} + 6.5O_2 \rightarrow 4CO_2 + 5H_2O + 687.64kcal$
>   부탄 1mol이 연소할 경우 필요한 이론산소량은 6.5몰이다. 따라서 필요한 이론공기량은
> $6.5 \div 0.21 = 30.9mol \fallingdotseq 31mol$

ⓜ **발열량 및 청정성이 우수하다.** LPG는 연소 시 높은 발열량을 갖는다. 프로판의 경우 24,000kcal/Nm³, 부탄의 경우 30,000kcal/Nm³이다. 또한 연소생성물은 석유류나 배기가스에 비해 황화합물이나 이산화화합물 등의 공해 요소가 적어 매연 발생이 적은 청정연료로 쓰이고 있다.

ⓑ LPG는 고무, 페인트, 테이프 등의 유지류와 천연고무 등을 녹이는 **용해성**이 있다.

ⓢ **무색, 무취이다.** 액화석유가스의 주성분인 프로판과 부탄은 무색, 무취이지만 가스가 누출된 경우 냄새를 쉽게 감지하기 위하여 공업용 및 연구용을 제외한 일반 가정용 연료와 차량용 가스에는 부취제인 메르캅탄을 첨가하여 사용하고 있다.

② 용도

ⓖ 프로판은 가정용, 공업용 연료로 가장 많이 쓰이며 내연기관 연료로도 쓰인다. 또한 옥탄가가 높기 때문에 차량 연료로 사용이 가능하지만 차량의 경우 일반적으로 부탄을 쓰고 있다.

ⓛ 부탄은 상온 약 2기압 정도에서 액화되기 때문에 고압을 발생할 우려가 있어 폴리카보네이트 등 강도가 높은 플라스틱 용기에 넣어 라이터의 연료로 널리 사용하고 있다.

③ **폭발성** : 프로판의 폭발범위가 공기 중에서 2.1~9.5vol%, 부탄은 1.8~8.4vol%로 폭발하한이 낮고 상온·상압하에서는 기체상태로 인화점이 낮아 소량 누출할 경우에도 즉시 착화하여 화재 및 폭발의 위험이 있다.

④ **인화성** : 액화석유가스는 전기절연성이 높고 유동, 여과, 분무 시에 정전기를 발생하는 성질이 있으며 정전기가 축적될 경우 방전 스파크에 의해 인화되어 폭발의 위험이 있다.

⑤ **액화석유가스 누출 시 유의사항**

ⓖ 가스가 누출되면 **공기보다 무거워 낮은 곳에 체류**하므로 주의할 것

ⓛ 가스가 누출된 지역은 용기밸브 및 중간밸브를 모두 잠그고 창문 등을 열어 신속하게 **환기조치**를 취할 것

ⓒ 용기의 안전밸브에서 가스가 누출될 때에는 용기 표면에 물을 뿌려서 냉각시킬 것

ⓔ 용기 밸브가 진동이나 충격에 의해 누설될 경우에는 부근의 <u>화기를 멀리</u>하고 즉시 밸브를 폐쇄할 것

ⓜ 용기 밸브가 파손된 경우 부근에 있는 화기를 제거하고 즉시 감시자를 배치하여 안전조치를 할 것

바로바로 확인문제●

LNG에 대한 설명으로 옳지 않은 것은?

① 가압하면 쉽게 액화한다.
② 발열량이 크고 그을음이 적다.
③ 질식성이 없고 독성이 있다.
④ 표준상태에서 메탄 1kg당 부피는 약 1.4m³이다.

해설 주성분인 메탄은 공기보다 가볍고, 자체 독성은 없으나 질식성이 있다.　**답** ③

---

(3) 일반가스

① 산소(O_2)

　㉠ 자신은 폭발위험이 없지만 강한 조연성 가스로 특별한 주의가 필요하다.

　㉡ <u>수소와 격렬하게 반응하여 폭발</u>하고 물을 생성한다.

　㉢ 탄소와 화합하면 이산화탄소와 일산화탄소를 생성한다.

　㉣ 상온에서 무색, 무취의 기체로 원자량 16, 분자량 32, 비중 1.1, 비점 −183℃

② 염소(Cl_2)

　㉠ 공기보다 무겁고(약 2.5배), 수소와 혼합되면 폭발성을 지닌다.

　㉡ 제1차 세계대전 때 살상용 독가스로 사용되었다(허용농도 : 1ppm).

　㉢ 메탄, 에탄 등 수소가 풍부한 가스와 혼합되었을 경우 폭발성을 지닌다.

　㉣ 원자량 35.5, 분자량 71, 비중 2.5(기체), 1.4(액체), 비점 −34℃

③ 암모니아(NH_3)

　㉠ 상온, 상압에서 자극성 냄새를 지닌 무색 기체로 물에 잘 용해된다.

　㉡ 누출 시 염산 수용액과 반응하면 흰 연기가 발생한다.

　㉢ 독성가스로 8시간 노출 시 최대 허용농도는 25ppm이다.

　㉣ 분자량 17, 비중 0.59, 비점 −33.4℃

④ 수소(H_2)

　㉠ 상온에서 무색, 무미, 무취의 기체로 가연성이지만 <u>독성은 없다.</u>

　㉡ 가장 밀도가 작고 <u>가벼운 기체</u>이다.

　㉢ 산소와 수소의 혼합가스를 연소시키면 2,000℃ 이상의 고온을 얻을 수 있다.

　㉣ 염소, 불소와 반응을 하면 폭발이 일어난다(폭발범위 4.1~75%).

　㉤ 미세한 정전기나 스파크로도 폭발이 가능하다.

⑤ 아세틸렌(C_2H_2)

㉠ 3중 결합을 가진 불포화탄화수소로 무색의 기체이다.

㉡ 비점과 융점이 비슷하여 고체 아세틸렌은 융해하지 않고 승화한다.

㉢ 압력을 받으면 극히 불안정하고 $1kg/cm^2$ 이상에서는 불꽃, 가열, 마찰 등에 의해 폭발적으로 자기분해를 일으키며 수소와 탄소로 분해된다.

㉣ 산소와 함께 연소시키면 3,000℃가 넘는 불꽃을 얻을 수 있다.

(4) 고압가스

① 상용(常用)의 온도에서 압력(게이지압력을 말한다. 이하 같다)이 1MPa 이상이 되는 압축가스로서 실제로 그 압력이 1MPa 이상이 되는 것 또는 섭씨 35도의 온도에서 압력이 1MPa 이상이 되는 압축가스(아세틸렌가스는 제외한다)이다.

② 섭씨 15도의 온도에서 압력이 0Pa을 초과하는 아세틸렌가스이다.

③ 상용의 온도에서 압력이 0.2MPa 이상이 되는 액화가스로서 실제로 그 압력이 0.2MPa 이상이 되는 것 또는 압력이 0.2MPa이 되는 경우의 온도가 섭씨 35도 이하인 액화가스이다.

④ 섭씨 35도의 온도에서 압력이 0Pa을 초과하는 액화가스 중 액화시안화수소 · 액화브롬화메탄 및 액화산화에틸렌가스이다.

(5) 독성가스

① 산화에틸렌(CH_2CH_2O)

㉠ 공기보다 5배 정도 무겁고, 기화하면 약 450배 팽창한다.

㉡ 금속에 대한 부식성이 없으나 산화에틸렌이 포함되어 있을 때에는 아세틸라이드를 형성하는 금속(예 : 구리)을 사용하지 않아야 한다.

㉢ 낮은 농도라도 노출되면 메스꺼움과 구토를 유발한다.

㉣ 인화점 -17.8℃, 발화점 429℃, 폭발범위 3~80%

② 시안화수소(HCN)

㉠ 복숭아 냄새의 무색 기체, 무색 액체이며, 증기는 약간 방향족의 푸른색 액체이다.

㉡ 청산가스라고도 하며, 2~3회 흡입하면 호흡마비를 일으킨다.

㉢ 인체에 미치는 독성은 일산화탄소보다 급격하게 작용하여 공기 1g 중 0.2~0.3mg의 농도에서 즉사한다.

㉣ 인화점 -17.8℃, 발화점 538℃, 폭발범위 12.8~27%

③ 이산화황(SO_2)

㉠ 아황산가스라고도 하며, 물에 쉽게 녹고 금속에 대한 부식성이 있다.

㉡ 흡입 시 호흡기 내의 수분과 반응하여 강산성 물질인 황산(H_2SO_4)을 생성하고 점막을 강하게 자극한다.

㉢ 대기오염의 주원인이기도 하며, 허용농도는 2ppm이다.

④ 일산화탄소(CO) 2015년 산업기사

　㉠ 물에 녹기 어렵고 알코올에 녹는다.

　㉡ 무미, 무취, 무색으로 독성이 강하고 청색 화염을 발생하며 연소결과 이산화탄소를 발생시키는 환원성의 가연성 기체이다.

　㉢ 일산화탄소가 인체 흡입되면 적혈구 안의 헤모글로빈과의 결합력은 산소와 헤모글로빈의 결합력보다 약 200배 이상 더 강하기 때문에 일산화헤모글로빈(COHb)으로 되어 산소운반능력을 방해하여 중추신경을 마비시킨다.

　㉣ 200ppm에서 2~3시간에 두통을 느끼고, 800ppm에서 45분간 흡입하면 두통, 구토가 나오며, 1,000ppm이 되면 2~3시간 흡입 시 사망하게 된다. 공기 중 허용농도는 50ppm이다.

　㉤ 발화점 608.9℃, 폭발범위 12.5~75%

⑤ 염화수소(HCL)

　㉠ 순수한 것은 무색투명 또는 담황색 액체로서 자극적인 냄새가 있는 기체이다. 습한 공기 중에서 발연한다.

　㉡ 염화수소 자체는 폭발성이 없다.

　㉢ 시력감퇴 또는 시력상실 우려가 있으며 결막염을 일으키고 염화수소 존재 시 오랜 시간 작업을 하면 치아가 부식된다.

　㉣ 0.15~0.2%의 염산을 함유하고 있는 공기를 흡입하면 수 분 안에 사망하게 된다.

⑥ 포스겐(COCl₂) 2014년 기사 2020년 기사

　㉠ 순수한 것은 무색이고 300℃에서 분해하여 일산화탄소와 염소가 된다. 자체에는 폭발성 및 인화성이 없다.

　㉡ 포스겐은 강한 자극제로서 허파꽈리에 심한 손상을 준다. 허용농도는 1ppm으로 맹독성이며 흡입 시 호흡곤란, 숨 막힘, 급속한 기침 등이 발생한다.

　㉢ 치사량에 폭로되어도 비교적 증상이 늦게 나타나 5~6시간 경과할 때까지 심한 증상을 보이지 않는다.

⑦ 황화수소(H₂S)

　㉠ 계란 썩는 냄새가 나는 무색의 기체로 공기 중에서 연소하여 이산화황이 된다.

　㉡ 흡입하면 두통, 현기증, 보행이 어렵고 호흡장애를 일으킨다.

　㉢ 황화수소는 냄새로 알 수 있으나 조금 지나면 후각이 마비되므로 중독의 위험이 있다. 허용농도는 10ppm이다.

⑧ 이황화탄소(CS₂)

　㉠ 무색 또는 엷은 황색의 휘발성 액체로 물에 잘 녹지 않고 알코올, 에테르에 용해된다.

02

화재감식론

ⓒ 저온에서 강한 인화성이 있고 가열 시 폭발할 수도 있다.

ⓒ 뜨거운 물체나 불꽃과 접촉할 경우 분해하여 이산화탄소와 이산화황을 생성한다.

ⓔ 발화점 100℃에서 공기 중에서 쉽게 연소하며, 증기가 공기와 혼합되면 폭발성이 있다.

ⓜ 화재 시 화학반응은 없으나 폭발범위(1.3~50%)가 넓어 작업 전 충분한 환기를 실시한다.

ⓗ 생고무가 포함된 보호구를 사용하지 않으며, 연소 시 유독가스가 발생하므로 바람을 등지거나 공기호흡기를 사용한다.

ⓢ 중독의 대부분은 증기흡입(공기 1L에 대하여 0.1mg 이상은 위험)에서 오는 것으로 피부로 흡수되는 경우도 있다.

02 가스설비의 이해

1 가스공급 시설

1. LP가스

(1) LP가스 제조

① 습성 천연가스 및 원유에서 회수하는 방법

ㄱ 압축냉각법

ㄴ 흡수유에 의한 흡수법

ㄷ 활성탄에 의한 흡착법

② 제유소가스에서 회수하는 방법

ㄱ 석유정제공정

ㄴ 상압증류장치

ㄷ 접촉개질장치

ㄹ 접촉분해장치

③ 나프타 분해생성물에서 회수하는 방법

④ 나프타의 수소화 분해하는 방법

(2) LP가스의 저장방법

① 용기에 의한 저장

② 횡형 원통형 탱크에 의한 저장

③ 구형 탱크에 의한 저장

(3) LP가스의 이송 및 충전방법

① 차압에 의한 방식

② 펌프에 의한 방식

③ 압축기에 의한 방식

(4) LP가스 공급방식

LP가스 공급방식은 <u>자연기화방식</u>과 <u>강제기화방식</u>으로 구분한다.

① <u>자연기화방식(C_3H_8, 가정용)</u>

  ㉠ 용기 내 LP가스가 대기 중의 열을 흡수하여 기화하는 방식으로 비교적 소량 소비처에서 사용한다.

  ㉡ LP가스는 비등점(-42℃)이 낮아 대기 중 온도에 의해서도 쉽게 기화한다.

② <u>강제기화방식(C_4H_{10}, 공업용)</u>

  ㉠ 용기 또는 탱크에서 액체 LP가스를 기화기에 의해 기화하는 방식이다.

  ㉡ 비교적 대량 소비처에 적용하며 부탄 등을 기화시키는 경우에 사용한다.

③ <u>강제기화방식 공급가스의 종류</u>

  ㉠ <u>생가스 공급방식</u> : 저장설비로부터 기화기에 의해 기화된 그대로의 가스(자연기화의 경우도 포함)를 사용처로 공급하는 방식이다. 부탄의 경우 온도가 0℃ 이하가 되면 재액화되기 때문에 가스배관에 보온조치를 하여야 한다.

  ㉡ <u>공기혼합가스 공급방식</u> : 기화기, 혼합기에 의해 기화된 부탄에 공기를 혼합하여 만든 가스를 말한다. 부탄을 대량으로 소비하는 경우에 유효한 방식이다.

  ㉢ <u>변성가스 공급방식</u> : 고온의 촉매로 부탄을 분해하여 메탄, 수소, 일산화탄소 등의 경질가스로 변성시켜 공급하는 방식이다. 재액화 방지 및 특수한 농도에 사용하기 위해 변성한다.

2. 도시가스

(1) 도시가스 제조

① 가스화 방식에 의한 분류

  ㉠ 열분해공정 : 분자량이 큰 탄화수소(중유, 원유, 나프타)를 원료로 고온(800~900℃)으로 분해시켜 고열량의 가스를 제조하는 공정

  ㉡ 접촉분해공정 : 촉매를 사용하여 400~800℃의 반응온도에서 탄화수소와 수증기를 반응시켜 메탄, 수소, 일산화탄소 등으로 변환시키는 공정

      ⓒ 부분연소공정

      ⓔ 수소화 분해공정

      ⓜ 대체 천연가스 제조공정

   ② **도시가스의 원료**

      ㉠ 기체연료 : 천연가스, 정유가스

      ⓛ 액체연료 : LNG, LPG, 나프타(naphtha)

      ⓒ 고체연료 : 코크스, 석탄

(2) 도시가스 공급방식

① 저압공급방식 : 공급압력이 0.1MPa 미만으로 공급량이 적고 공급구역이 좁은 <u>소규모 가스사업소에 적합한</u> 방식이다.

② 중압공급방식 : 공급압력이 0.1MPa 미만으로 공급량이 많고 <u>공급처까지 거리가 멀어</u> 저압공급으로는 배관비용이 많이 필요할 때 적합한 방식. 이 방식은 정전이 발생해도 영향을 받지 않고 가스를 공급할 수 있다.

③ 고압공급방식 : 공급압력이 <u>1MPa 이상</u>으로 공급구역이 넓고 <u>대량의 가스를 먼거리에 공급할 때</u> 적합한 방식이다.

(3) 도시가스 사용시설

① 정압기 🏅2016년 산업기사

   도시가스의 공급압력이 제한된 영역에서 고압에서 중압으로, 중압에서 저압으로 적당한 압력으로 감압하여 소비처에서 필요한 압력으로 공급하기 위하여 사용하는 것이 정압기이다. 정압기는 가스가 통과하는 배관의 적당한 곳에 설치하며 1차 압력 및 부하용량(사용량)에 관계없이 2차 압력을 일정하게 유지시켜 주는 기능을 한다.

   ㉠ 정압기의 구성

구 분	특 징
다이어프램	2차 압력을 감지하여 그 사용 유량에 따라 상하로 움직이면서 메인밸브를 작동시키는 것으로 감지부라고 한다.
스프링	2차 압력을 설정하는 것으로 스프링에 힘을 가함에 따라 일정 범위 내에서 신축이 용이하여 유량 변화에 따른 압력조절이 가능한 것으로 부하부라고 한다.
메인밸브	가스의 흐름을 제어하기 위한 것으로 밸브의 열림 정도에 의해 직접 조정하는 것으로 제어부라고 한다.

   ⓛ 정압기의 종류

     • 직동식 정압기

     • 파일럿식 정압기

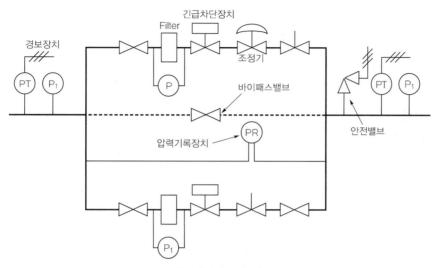

▌ 정압기의 구성도 ▐

② 밸브박스

ㄱ 도시가스의 인입관 분기점에서 건물의 동 지관에 설치하는 가스차단장치인 밸브를 보호하기 위해 설치한다.

ㄴ 밸브박스는 사용목적 이외에 개폐할 수 없도록 전용 개폐기구를 사용하여 개폐하는 구조 또는 충분한 강도와 공간을 갖는 구조로 자물쇠 채움 등의 조치가 강구되어야 한다.

③ 가스계량기

ㄱ 설치목적

• LPG의 경우 용기 내에 남아 있는 잔류 가스량의 예측이 가능하다.

• 가스사용 중 갑자기 가스공급이 중단되는 사례를 방지할 수 있다.

• 중량으로 판매할 경우 잔류 가스량에 대한 중량시비가 없다.

ㄴ 가스계량기의 종류 ⊛2015년 기사 ⊛2019년 기사

실측식	건식	막식(다이어프램식)	가정용
		회전식(루트식)	산업용
	습식	드럼(drum)형	기준기 검사용
추측식	–	터빈형	산업용

03 가스용품과 특정설비

1 가스시설

(1) 용기

① 용기의 종류

구 분	특 징
이음매 없는 용기	산소, 수소, 질소, 아르곤, 천연가스 등 압력이 높은 압축가스를 저장하거나 상온에서 높은 증기압을 갖는 이산화탄소 등의 액화가스를 충전하는 경우에 사용하는 용기이다.
용접 용기	LPG, 프레온, 암모니아 등 상온에서 비교적 낮은 증기압을 갖는 액화가스를 충전하거나 용해 아세틸렌가스를 충전하는 데 사용하는 용기이다.
초저온 용기	−50℃ 이하의 액화가스를 충전하기 위한 용기로 단열재로 피복하여 용기 내의 가스 온도가 상용 온도를 초과하지 않도록 조치한 용기이다. 액화질소, 액화산소, 액화아르곤, 액화천연가스 등을 충전하는 데 이용한다.
납붙임 또는 접합 용기	주로 살충제, 화장품, 의약품, 도료의 분사제 및 이동식 부탄가스 용기 등에 사용한다. 1회용으로 사용 가능하고(재충전 사용 불가), 35℃에서 $8kg/cm^2$ 이하의 압력으로 충전해야 하며 분사제로서 독성가스의 사용이 불가능하고, 내용적은 1,000mL 미만으로 제조하도록 되어 있다.

② 용기의 표시(각인)

㉠ 용기 제조업자의 명칭 또는 용기 고유번호

㉡ 충전가스의 명칭

㉢ 내압시험압력(기호 : TP)

㉣ 용기의 질량(기호 : W, 단위 : kg)

㉤ 내용적(기호 : V, 단위 : L)

㉥ 용기 제조연월

※ 안전밸브의 무게는 별도로 표시되어 있음.

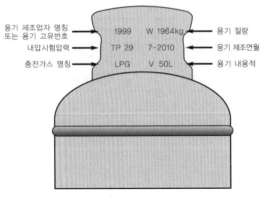

‖ 가스 용기 표시 ‖

③ 용기의 재료

㉠ 이음매 없는 용기 : 크롬 – 몰리브덴강

㉡ 용접 용기 : 저탄소강 또는 알루미늄 합금

㉢ 초저온 용기 : 내조에는 스테인리스강, 외조에는 저탄소강 또는 스테인리스강

㉣ 납붙임 및 접합 용기 : 저탄소강 또는 알루미늄합금

④ 고압가스 용기의 색상

가스 종류	색 상	가스 종류	색 상
LPG	회색	액화암모니아(NH_3)	백색
수소(H_2)	주황색	액화염소(Cl_2)	갈색
아세틸렌(C_2H_2)	황색	그 밖의 가스	회색

⑤ 용기의 저장량

㉠ 액화가스 용기의 저장량

$$W = \frac{V_2}{C}$$

여기서, W : 저장능력(kg)

V_2 : 용기 내용적(L)

C : 가스 종류별 충전정수(프로판 2.35, 부탄 2.05, 액화암모니아 1.86)

㉡ 압축가스 용기의 저장량

$$Q = (P+1) V_1$$

여기서, Q : 저장능력(m^3)

P : 35℃에서 최고 충전압력(MPa)(단, 아세틸렌의 경우에는 15℃)

V_1 : 내용적(m^3)

(2) 용기 밸브

① 용기 밸브는 밸브몸통, 안전장치, 핸들, 스핀들(spindle), 스템(stem), 스토퍼(stopper) 또는 그랜드너트, 오링, 밸브시트 등으로 구성되어 있다.

② 밸브핸들을 **시계 반대방향**으로 돌리면 <u>가스유로가 개방</u>되고 **시계 방향**으로 돌리면 <u>가스유로가 폐쇄</u>된다.

③ 안전밸브는 용기 밸브와 일체로 만들어지는데 밸브의 개폐와 상관없이 항상 용기 내의 가스와 접하도록 되어 있으며 가스의 압력이 올라가면 자동으로 작동되어 용기 내의 압력을 외부로 방출시키는 역할을 한다.

┃ 안전밸브의 종류 ┃ (2013년 기사) (2014년 기사) (2016년 기사) (2016년 산업기사) (2021년 기사)

구 분	종 류
LPG 용기	스프링식
염소, 아세틸렌, 산화에틸렌 용기	가용전(가용합금식)
산소, 수소, 질소, 아르곤 등의 압축가스 용기	파열판식
초저온 용기	스프링식과 파열판식의 2중 안전밸브

(3) 기화장치

① 기화장치 의의 : 가스 사용량이 대량일 경우 자연기화 방식에 의한 공급량이 수요량을 충족하지 못할 때 용기(사이펀 용기) 내의 액체가스를 전열, 온수 또는 증기 등으로 가열·증발시켜 가스화 시키는 장치이다.

② 기화장치 사용 시 주의사항

　㉠ 용기는 사이펀관(액체밸브와 기체밸브가 용기 상부에 있는 것)이 부착된 것을 사용할 것

　㉡ 온수가열식 기화기를 사용하는 경우 주기적으로 수위계, 온도계, 압력계를 확인하여야 하며 온수온도가 설정온도(보통 50~60℃) 이상으로 상승(80℃)하지 않도록 할 것

　㉢ 동절기 등 장시간 기화장치를 사용하지 않는 경우 물을 제거하여야 하며 동파 우려가 있을 경우 부동액을 첨가하여 사용할 것

　㉣ 기화장치의 능력은 연소기 가스 소비량의 총 합계(kg/h)의 1.2배(120%)의 용량을 갖도록 설치할 것

(4) 압력조정기

① 압력조정기의 기능

　㉠ 가스가 완전연소하는 데 필요한 최적의 압력으로 감압하는 기능과 동시에 가스 소비량의 증감에 따라 일정한 압력(정압)으로 공급하는 기능

　㉡ 연소기 콕 또는 중간밸브를 닫았을 때 조정기의 내부 압력이 상승되어 가스가 연소기로 공급되지 않도록 폐쇄하는 기능

② 압력조정기의 종류

1단 감압식	저압조정기	저압조정기
		준저압조정기
2단 감압식	준저압조정기	1차 조정기
		2차 준저압조정기
		2차 저압조정기

자동 절체식	일체형	저압조정기
		준저압조정기
	분리형 조정기	–

③ 압력조정기의 특성

㉠ 1단 감압식 저압조정기 : 용기의 압력($0.7 \sim 15.6 \mathrm{kg/cm^2}$)을 연소기의 압력($200 \sim$ $330\mathrm{mmH_2O}$)으로 1단 감압하여 공급하는 것으로 용기와 가스미터기 사이에 설치하는 것이 보통이다.

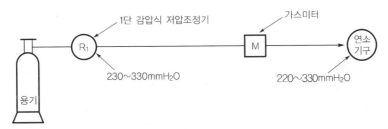

┃ 1단 감압식 저압조정기의 사용 예시 ┃

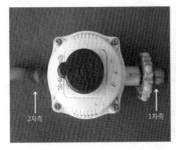  

┃ 압력조정기 내·외부의 형태 현장사진(화보) p.22 참조 ┃

㉡ 1단 감압식 준저압조정기 : 일반 소비자 생활용 이외(음식점, 호텔 등)의 용도로 공급하는 경우에 한하여 사용하는 조정기로 조정압력은 수주 500mm 이상 3,000mm까지 여러 가지 종류가 있다.

㉢ 자동절체식 일체형 저압조정기 : 현재 **가장 많이 사용**하고 있는 조정기로서 2단 2차용 조정기가 2단 1차용 조정기의 출구측에 직결되어 있는 것과 함께 자동절체부가 부착되어 2개 이상의 용기를 사용하여 사용측 용기로부터 가스 공급량이 부족할 경우 예비측 용기로부터 자동적으로 가스가 공급되어 가스가 중단되는 일이 없도록 하는 장점이 있다. 가스압력은 일정한 압력($255 \sim 330\mathrm{mmH_2O}$)으로 공급이 가능하다.

ⓔ 자동절체식 일체형 준저압조정기 : 2단 2차용 준저압조정기가 2단 1차용 조정기의 출구측에 직결되어 있는 것과 함께 자동절체부가 부착되어 있는 것으로서 자동절체식 일체형 저압조정기와 기능이 유사하고 출구조정 압력은 수주 50mm 이상 3,000mm까지 여러 종류가 있다.

ⓜ 자동절체식 분리형 조정기 : 자동절체 기능과 2단 1차 감압기능을 겸한 1차용 조정기로서 출구측의 압력이 $0.32\sim0.83kg/cm^2$로서 중압조정기라고 불린다. 출구측은 배관에 의하여 저압용 연소기(입구 압력이 수주 200~330mm) 전단에는 2단 2차용 저압조정기를 설치하여 사용되며, 준저압용 연소기(입구 압력이 수주 500~3,000mm) 전단에는 2단 2차용 준저압조정기를 설치하여 사용한다.

바로바로 **확인문제**

LPG 사용시설의 압력조정기의 설치목적으로 바른 것은?
① 불순물 제거
② 공기와 혼합비율 조정
③ 유출가스의 농도 조절
④ 유출가스의 압력 조절

해설 **조정기의 설치목적**
유출가스의 압력을 조절한다.

답 ④

(5) 배관

① 강관

ㄱ 관의 호칭법 : 관의 호칭법에는 A호칭과 B호칭이 있으며, A 또는 B의 앞에 있는 숫자는 관의 내경에 가까운 수치를 각각 mm 또는 inch 단위로 표시한 것이다(내경의 치수를 표시한 것이 아님을 유의할 것).

예 15A=1/2B, 25A=1B

ㄴ 배관용 탄소강관(SPP, KS D 3507) : 사용압력이 비교적 적은 증기, 물, 기름, 가스, 공기 등의 배관에 사용하는 탄소강관이다. 아연도금의 유무에 따라 흑관과 백관이 있고 관 한 개의 길이는 6m이며, 호칭지름은 6~50A까지 20종이 있다.

ㄷ 압력배관용 탄소강관(SPPS, KS D 3562) : 350℃ 정도 이하의 압력배관에 사용하는 탄소강관으로 스케줄 번호(Sch. No)는 10, 20, 40, 60, 80 등이 있다.

! 꼼꼼.*check!* ➤ 스케줄 번호(Schedule Number)

강관의 두께를 계열화하여 작업상, 경제상 도움을 주기 위한 것으로 Sch.라 표기하고 유체의 사용 압력과 재료의 허용응력과의 비에 의해서 관의 두께 체계를 나타낸 것이다.

ㄹ 연료가스 배관용 탄소강관(SPPG, KS D 3631) : carbon steel pipes for fuel gas piping의 약자로서 사용압력이 중압 이하인 연료용 가스(도시가스 및 액화석유가스 등) 공급 배관의 직관 및 이형관에 사용하는 탄소강관이다. 배관의 화학성분은 C(탄소), Si(규소), Mn(망간), 인(P), 황(S)을 규정하고 있고 인장강도는 34kg/cm^{2}이다.

② 동관(KS D 5301) : LPG 설비용으로 이음매 없는 동 및 동합금관이 사용된다. 일반적으로 동의 순도는 99.78~59.0이다. 중압배관과 저압배관에는 8mm, 10mm, 15mm인 것을 사용하고, 고압배관에는 외경이 8mm, 10mm인 것을 사용한다.

③ 가스용 폴리에틸렌관(KS M 3514)

㉠ 도시가스 및 액화석유가스 수송에 사용되는 것으로 관을 사용할 때는 직사광선이나 화재에 대한 배려가 있어야 한다.

㉡ 관의 색상은 노란색으로 한다(단, 인도·인수하는 당사자 간에 협정에 의해 노란색 이외의 색 사용 가능).

㉢ 최고압력이 4kg/cm^2 이하로서 지하에 매몰하여 설치하는 경우 KS표시 허가 제품 또는 이와 동등 이상의 성능을 가진 제품으로 한다.

④ 가스용 금속 플렉시블 호스

㉠ 가스보일러의 접속배관에 사용하는 호스로서 압력이 330mmH$_2$O 이하인 액화석유가스 또는 도시가스에 사용하며 고정형 연소기와 콕을 접속하는 데 사용된다.

㉡ 호스의 표준길이는 200~3,000mm의 14종이 있으며 표준길이 이외의 것은 주문자와의 협의에 따르지만 최대길이는 50,000mm 이내로 제한하고 있다. 호스의 호칭에는 13A, 20A, 25A, 30A가 있다.

⑤ 스테인리스 강관 : 내식용, 저온용, 고온용 등의 배관에 사용되는 스테인리스 강관이다. 관 제조는 이음매 없이 제조하거나 자동아크용접, 전기저항용접으로 제조하여 열처리 및 산세척을 한다.

(6) 밸브

① 볼밸브

㉠ 밸브 안에 한 방향으로 구멍이 뚫린 볼이 있어 **밸브핸들을 90° 회전하면** 내부의 볼이 회전하면서 **유체의 흐름을 제어**한다.

㉡ 신속히 밸브를 개폐할 수 있고 유체 압력손실도 비교적 적으며 손잡이 방향으로 밸브개폐상태를 확인하기 쉽다. 주로 저압배관에 쓰인다.

② 글로브밸브 【2019년 기사】

㉠ 유체의 입구와 출구 중심선이 일직선상에 있고 밸브를 통과하는 유체의 흐름이 S자 모양으로 되어 있는 밸브이다.

㉡ 기밀성이 우수한 반면 유체 압력손실이 커서 주로 고압부에 사용한다.

㉢ 밸브 몸통에 유체의 흐름 방향표시(→)를 보고 상류에서 하류로 향하도록 설치한다.

③ 게이트밸브

㉠ 밸브판(밸브디스크)이 유체흐름에 직각으로 미끄러져서 유체의 통로를 수직으로 막아서 개폐를 한다.

㉡ 밸브를 사용할 때 완전히 열어서 사용하고 일부만 열어서 사용하면 밸브판의 후면에 심한 와류로 인해 밸브가 진동을 한다. 압력손실은 글로브밸브에 비해 극히 적다.

㉢ 대규모 플랜트나 길고 큰 배관에 널리 이용된다.

④ 체크밸브 【2017년 산업기사】【2019년 산업기사】

㉠ 유체의 흐름을 한 방향으로만 흐르게 할 때 사용하는 밸브로서 역류할 경우 자동적으로 폐쇄되는 구조로 되어 있다.

㉡ 리프트형, 스윙형, 볼형, 경사판형 등이 있다.

┃ 볼밸브 ┃
현장사진(화보) p.23 참조

┃ 글로브밸브 ┃
현장사진(화보) p.23 참조

┃ 게이트밸브 ┃
현장사진(화보) p.23 참조

┃ 체크밸브 ┃
현장사진(화보) p.24 참조

(7) 퓨즈콕(fuse cock) 암기

① 퓨즈콕의 구조

㉠ 과류차단 안전장치로 배관과 호스 또는 배관과 퀵커플러를 연결하는 구조로 되어 있다.

㉡ 사용 중 호스가 빠지거나 절단되었을 때 또는 화재 등으로 규정량 이상의 가스가 흐르면 콕에 내장된 볼이 떠올라 통로를 자동으로 차단하는 안전장치이다.

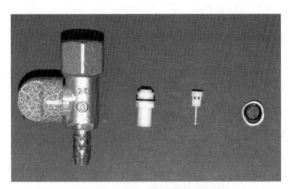

┃ 퓨즈콕의 분해형태 현장사진(화보) p.24 참조 ┃

② 퓨즈콕의 종류

　㉠ 호스앤드형

　㉡ 콘센트형

　㉢ 박스형(마루용, 벽용, 벽뽑기형)

③ 콕의 사용 및 유지관리상 주의사항

　㉠ 콕은 전개, 전폐의 상태로 사용하고 화력조절 콕의 열림 정도로 조절하지 않
　　도록 할 것

　㉡ 고무관은 LP가스용을 사용하고 호스앤드의 적색 표시선까지 완전히 밀어 넣
　　고 호스밴드로 조일 것

　㉢ 2구용 콕을 개폐할 때는 오조작을 하지 않도록 할 것

　㉣ 사용하지 않는 콕의 출구측은 폐지마개 또는 고무캡으로 마감할 것

　㉤ 콕에 물체가 떨어지지 않도록 할 것

　㉥ 연소기를 사용한 후 취침 또는 외출할 때는 말단 콕을 잠그도록 할 것

　㉦ 중간 콕의 개폐 및 관련 안전관리자 등 LP가스설비를 숙지한 자만이 하도록
　　하고 일반인은 여닫지 않도록 할 것

　㉧ 콕의 외면이 더러워지면 부드러운 헝겊 등으로 닦아내고 물기를 제거할 것

　㉨ 필요한 개소에 적절한 수의 콕을 설치하고 T자형으로 사용하지 말 것

　㉩ 분해 또는 개조하지 말 것

④ 콕의 보관상 주의방법

　㉠ 콕은 퓨즈를 내장한 것이기 때문에 보관 및 취급에 각별히 주의할 것

　㉡ 콕을 떨어뜨리거나 충격을 가하지 말 것

　㉢ 고온다습한 곳에 보관하지 말 것

　㉣ 콕을 노출한 채 보관하면 수분이나 먼지가 들어가 나사부가 손상되기 쉬우므
　　로 상자나 봉투 속에 넣어 보관할 것

(8) 호스

① 호스의 종류
  ㉠ 고압호스
  ㉡ 저압호스
  ㉢ 금속 플렉시블호스
  ㉣ 염화비닐호스

② 호스의 표시사항
  ㉠ 품명
  ㉡ 종류(1종, 2종, 3종)
  ㉢ 제조자명
  ㉣ 용도
  ㉤ 제조번호 또는 로트번호
  ㉥ 제조연월
  ㉦ 합격표시
  ㉧ 최고사용압력
  ㉨ 품질보증기간

③ 호스의 취급 시 주의사항
  ㉠ 고무호스는 열화가 심하므로 직사광선 및 비틀림, 굽힘 등이 없도록 설치할 것
  ㉡ 설치 또는 교환 시에는 호스에 수분, 먼지 등 이물질이 없도록 확인하고 접속
    부에 청소를 한 후 설치할 것
  ㉢ 금속 플렉시블호스는 느슨한 굽힘을 갖도록 부착하며 비틀림, 수축 등의 상태
    로 설치하는 것을 피하고 굽힘 반경은 관 외경의 2배 이상으로 할 것
  ㉣ 설치완료 후에는 비눗물, 가스누출검지기 등으로 누출검사를 실시할 것

(9) 연소기 [암기]

① 연소기의 구조 : 노즐, 혼합관, 공기조절기, 버너헤드, 염공, 점화장치 등으로 구
  성되어 있다.
  ㉠ 노즐 : 가스를 분사시키고 연소에 필요한 1차 공기를 가스와 함께 버너에 보내
    는 역할을 한다.
  ㉡ 혼합관 : 노즐에서 분사되는 가스와 공기조절기에서 흡입된 1차 공기를 혼합하
    는 역할을 한다.
  ㉢ 공기조절기 : 공기의 유입량을 조절한다.
  ㉣ 버너헤드 : 가스와 공기의 혼합기체를 각 염공(불꽃 구멍)에 균일하게 배분하여
    완전연소를 하도록 한다.

ⓤ 염공 : 혼합관에서 버너헤드에 도달한 가스와 공기의 혼합기체를 대기 중으로 분출하는 기능을 한다. **염공이 크면** 불꽃이 혼합관 속으로 들어가 **역화가 발생**하기 쉽고, **염공이 작으면** 불꽃이 위로 뜨는 **리프팅이 발생**하기 쉽다.

ⓥ 점화장치 : 압전점화방식과 연속스파크식이 있다. 압전소자(세라믹 유전체)에 압력이나 힘이 가해지면 전기가 발생하는데 이때 발생한 전기를 압전기라고 한다. 압전기를 이용하여 불꽃 방전을 일으키며 이 에너지에 의해 가스를 착화시키게 된다.

② **연소기의 구분** 2016년 기사

㉠ 자연배기식(CF) : 연소용 공기를 옥내에서 취하고 폐연소가스를 배기통을 이용하여 자연 통기력으로 옥외로 배출하는 방식

㉡ 강제배기식(FE) : 연소용 공기를 옥내에서 취하고 폐연소가스를 배기통을 이용하여 강제적으로 옥외로 배출하는 방식

㉢ 자연급배기식(BF)

- 밸런스 외벽식 : 급배기통을 외기에 접하는 벽을 관통하여 옥외로 내어 자연 통기력에 의해 급배기하는 방식
- 밸런스 챔버식 : 급배기통을 전용 챔버 내에 접속하여 자연 통기력에 의해 복도로 급배기하는 방식
- 밸런스 덕트식 : 급배기통을 공용 급배기 덕트 내에 접속하여 자연 통기력에 의해 급배기하는 방식

㉣ 강제급배기식(FF) : 급배기통을 외기에 접하는 벽을 관통하여 옥외로 내고 급배기 팬에 의해 강제적으로 급배기하는 방식

㉤ 옥외용(RF) : 옥외에 설치하는 연소기

㉥ 개방형 연소기 : 연소용 공기를 옥내에서 취하고 연소폐가스를 그대로 옥내로 배출하는 방식

③ **흡수식 냉 · 온수기**

㉠ 가스를 직접 연소시켜 냉수 및 온수를 얻어 냉방과 난방이 가능한 장비이다.

㉡ 흡수식 냉 · 온수기는 냉매로 물(H_2O)을 사용하고 흡수제로는 리튬브로마이드 (LiBr) 수용액을 사용한다.

④ **코제너레이션**

㉠ 의미 : 도시가스를 연료로 한 코제너레이션은 가스엔진이나 가스터빈을 이용하여 발전기를 구동시켜 전기를 일으키고 가스엔진, 가스터빈의 배기가스나 냉각수의 열을 회수하여 급탕이나 냉 · 난방에 이용하는 열병합발전시스템이다. 즉 하나의 1차 에너지로부터 전기나 열 등 2가지 이상의 유효에너지를 발생시키는 것을 'Co(공동) − Generation(발생)'이라고 한다.

ⓛ 코제너레이션의 장점
- 전기를 이용함과 동시에 배기열을 회수하여 이용하기 때문에 에너지의 효율적 이용이 증대된다.
- 도시가스를 사용하기 때문에 배출가스가 없어 깨끗한 환경보존이 가능하다.
- 급탕과 난방이 가능하고 흡수식 냉동기와 조합하여 냉방도 가능하여 비용이 절감된다.
- 비상용 발전설비가 불필요하여 설비 및 공간의 효율적 이용이 가능하다.

(10) 가스의 연소현상 암기

① 정상연소(안정된 불꽃) : 연소기의 염공에서 가스 유출속도와 연소속도가 균형을 이루었을 때 안정된 연소를 유지하지만 불꽃의 내염이 저온의 물체에 접촉하면 불완전연소를 일으켜 일산화탄소나 알데히드류가 연소되지 않고 그대로 방출되어 가스중독사고의 원인이 된다. 정상연소에서는 화재의 위험성이 적고 연소상의 문제점도 발생하지 않아 연소장치나 기기 및 기구의 열효율이 높다.

분출속도＝연소속도	분출속도＞연소속도	분출속도＜연소속도
‖ 정상연소 ‖	‖ 리프팅 ‖	‖ 역화 ‖

② 리프팅(lifting) 2017년 산업기사
- ㉠ 염공에서 가스 유출속도가 연소속도보다 빠르게 되었을 때 가스는 염공에 붙어서 연소하지 않고 <u>염공을 이탈</u>하여 연소하는 현상
- ㉡ 리프팅의 원인
  - 버너의 염공에 먼지 등이 부착하여 염공이 작아졌을 때
  - 가스의 공급압력이 지나치게 높을 경우
  - 노즐구경이 지나치게 클 경우
  - 가스의 공급량이 버너에 비해 과대할 경우
  - 연소 폐가스의 배출이 불충분하거나 환기가 불충분하여 2차 공기 중의 산소가 부족할 경우
  - 공기 조절기를 지나치게 열었을 경우

③ 역화(flash back) 2016년 산업기사 2020년 기사 2021년 기사
- ㉠ 가스의 연소속도가 염공에서의 가스 유출속도보다 빠르게 되었을 때 또는 연소속도는 일정해도 가스의 유출속도가 느리게 되었을 때 <u>불꽃이 버너 내부로 들어가</u> 노즐 선단에서 연소하는 현상

ⓛ 역화의 원인
- 부식으로 인해 염공이 커진 경우
- 노즐구경이 너무 작은 경우
- 노즐구경이나 연소콕의 구멍에 먼지가 낀 경우
- 콕이 충분히 열리지 않거나 가스압력이 낮을 때
- 가스레인지 위에 큰 냄비 등을 올려놓고 장시간 사용하는 경우

④ **황염(yellow tip)** : 버너에서 <u>공기량의 부족</u>으로 황적색의 불꽃이 발생하는 현상이다. 이것은 공기량의 부족 때문으로 황염이 발생하면 불꽃이 길어지고 저온의 물체에 접촉하면 불완전연소하게 된다.

⑤ **불완전연소**

㉠ 정상적인 산화반응은 충분한 산소와 일정온도 이상 유지되어야 한다. 이 조건이 만족하지 않으면 반응 도중 일산화탄소 등의 발생으로 불완전연소하게 된다.

㉡ 불완전연소의 원인
- 공기와의 접촉, 혼합이 불충분할 때
- 가스량이 너무 많거나 공기량이 불충분할 때
- 불꽃이 저온물체에 접촉되어 온도가 내려갈 때

바로바로 확인문제

가스의 유출속도가 빠를 경우 염공을 이탈하여 연소하는 현상은?
① 리프팅   ② 역화
③ 황염   ④ 불완전연소

해설 염공에서 가스의 유출속도가 연소속도보다 빠르게 되었을 때 가스는 염공에 붙어서 연소하지 않고 염공을 이탈하여 연소하는 현상을 리프팅(lifting)이라 한다.   **답 ①**

---

2 안전장치류

(1) 긴급차단장치

① 저장탱크, 배관 등 고압가스 설비에서 가스누출 및 화재 등이 발생한 경우 원료의 공급을 차단시켜 2차 재해를 방지하기 위한 안전장치로 구동방식에 따라 <u>공압식, 유압식, 전기식</u> 등이 있다.

② 설치위치는 저장탱크 주밸브 외측으로서 가능한 한 저장탱크와 가까운 위치 또는 저장탱크 내부에 설치하되, 저장탱크의 주밸브와 겸용하지 않아야 한다.

③ 설치 시 저장탱크의 침하, 부상, 배관의 열팽창, 지진 및 그 밖의 외력에 대한 영향을 고려하여 설치하도록 한다.

(2) 가스누출경보기

일정 한도의 <u>가스 농도를 검출하고 자동적으로 경보</u>를 발해 위험을 알리는 장치로 가스검지 방식은 가연성 가스검지기, 서미스터(thermistor)식 가스검지기, 반도체식 가스검지기, 수소염이온화식 가스검지기 및 검지관식 검지기 등이 있다.

(3) 살수장치

① 지상에 설치된 가스저장탱크와 그 지주에는 화재를 대비한 냉각용 살수장치를 설치하여야 한다.

② 화재 시 방수를 시작한 경우 소방차가 도착할 때 까지를 설계하여 일정시간 연속 방수할 수 있는 것으로 한다.

③ 화재 시 저장탱크에 접근이 곤란하므로 탱크로부터 최소 5m 이상 되는 곳에 조작밸브와 펌프작동설비가 있도록 한다.

04 가스누출, 화재, 폭발, 중독 조사 [2022년 기사]

1 가스사고의 원인조사

(1) 가스사고의 정의

가스관계 3법(고압가스안전관리법, 액화석유가스의 안전 및 사업관리법, 도시가스사업법)에 규정된 모든 가스 및 그 가스와 관계되는 모든 시설 또는 용기, 용품 등에서 발생한 누설, 폭발, 질식, 중독 등의 사고를 총칭한다.

(2) 가스사고의 구성요소

① 인간의 의도에 반하여 발생한 것으로 현저하게 확대하거나 또는 고의에 의하여 발생한 것

② 안전장치(또는 안전설비, 시설 등) 등을 사용하여 안전조치를 할 필요가 있다고 객관적으로 판단되는 상태인 것

(3) 가스사고의 종류 [2015년 산업기사] [2020년 기사]

① 누설사고 : 고의 또는 과실로 가스가 누설된 사고

② 누설 · 화재사고 : 고의 또는 과실로 누설된 가스가 점화원에 의해 발생한 사고

③ 폭발사고 : 고의 또는 과실로 누설된 가스가 점화원에 의해 폭발한 사고

④ 질식사고 : 누설된 가스 또는 가스의 화학반응 등에 의한 생성물에 질식 또는 질식사한 사고

⑤ **중독사고** : 누설된 가스 또는 가스의 화학반응 등에 의한 생성물에 중독 또는 중독사한 사고

⑥ **화재 · 폭발사고** : 가스가 아닌 일반화재 등에 의해 2차적으로 가스시설 등이 폭발한 사고

⑦ **기타 사고** : 상기에 분류되지 않은 사고로 가스시설 등과 밀접한 관계가 있는 사고

(4) 가스사고의 원인조사

① **조사의 범위**

㉠ 누설원인조사 : 가스누설부위 판정, 점화원 규명 등 가스사고 발생과정을 과학적으로 입증한다.

㉡ 폭발연소의 원인조사 : 가스누설부터 확산과정을 포함한 건축, 구조, 지리적 조건 등 인적, 물적, 자연적 조건을 밝혀낸다.

㉢ 사상자 발생원인조사 : 사상자 발생과 가스누설 원인, 폭발원인의 상호관계로부터 물적, 인적, 환경과의 관계를 밝혀낸다.

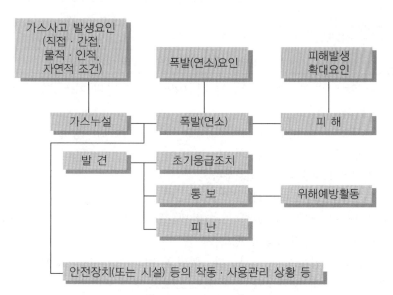

‖ **가스사고 조사과정** ‖

② **가스사고 원인조사의 기초적 사항**

㉠ 가스사고 발생의 구조파악 : 물리적, 화학적, 기계적인 면으로부터의 가스사고를 발생시킨 구조 원리에 대한 지식이 있어야 한다.

㉡ 착화점의 발견 : 현장에 남아 있는 목재, 금속, 콘크리트 등 각 소재의 상태를 관찰하여 발화지점을 순차적으로 조사해 가는 감식 기술이 있어야 한다.

    © 현장조사 진행방법 숙지 : 가스사고로부터 귀납적 방법으로 고찰하여 많은 정보를 입수하고 입증과정에서 증거보존 방법에 관한 기술을 알아야 한다.

    ② 관계법규와 사회정세 파악 : 사회환경에 대한 정보, 지식, 조사원의 과학적 사고, 탐구심, 강인한 체력 등이 요구된다.

③ **가스사고의 원인 분류** : 가스사고의 형태, 사고에 이르는 과정, 가스의 종류 3요소에 사고가 발생한 지점을 합한 4요소가 가스사고의 원인이다.

    ③ 가스사고의 형태별 분류 : 사고에 직접 관계하거나 또는 그 자체로부터 발생한 것을 말한다. 형태별로 누설, 누설·화재, 폭발, 파열, 질식, 중독, 동상 등으로 분류할 수 있다. 2차 재해가 없고 단순히 가스가 누설된 경우에는 '누설'로 하고 2차 재해가 발생한 경우에는 형태에 따라 '누설·화재', '폭발', '질식', '중독' 등으로 한다.

    © 사고에 이르는 과정(원인) 분류 : 사고에 관계된 현상, 상태 또는 행위를 말한다. 이들은 각각 별도의 요인이지만 단독으로 또는 복합적으로 작용하여 사고가 발생한다.

현 상	물리적, 화학적, 기계적, 전기적 요인으로 발생
상 태	시설미비, 기계·기구, 재질·구조 불량, 천재지변 등
행 위	사용방법 부적합, 조작 미숙, 고의·과실, 불법 등

    © 가스 종류의 분류 : 가스 종류는 사고와 직접 관련된 가스 그 자체의 명칭으로 분류한다.

    ② 사고지점의 분류 : 가스사고가 발생한 지점을 말한다. 장소적 개념보다 더 작은 범위의 개념으로 기록한다.

        예 보일러실 내부 배관의 연결부위 등

④ **가스사고 현장조사의 착안점**

    ③ 폭발연소의 강약을 확인한다. 개방된 공간의 압력은 비교적 상승이 어렵고 밀폐된 공간의 압력상승이 쉽다.

    © 폭발연소의 방향성을 조사한다. 폭발의 비교는 전부 비교에 의하고 국한시킬 때에는 각각의 방향성을 입체적으로 보고 판단한다.

    © 밀폐공간에서 폭발로 인해 압력상승이 일어나면 구조적으로 약한 부분이 먼저 파괴되어 개구부가 생기므로 파괴기점을 중심으로 유출 개소를 추적해 나간다.

2 가스시설별 사고조사

(1) 연소기

① 연소방법

구 분	특 징
분젠식 연소법	가스노즐에서 일정압력으로 분출시킬 때 그때 공기구멍으로부터 필요한 공기 일부를 흡입하여 혼합관 중간에서 혼합하여 노즐로 분출하는 방식
세미분젠식 연소법	직화식과 분젠식의 중간으로 1차 공기율이 40% 이하로 내염과 외염의 구별이 확실하지 않은 방식
직화식 연소법	가스를 그대로 대기 중에 분출시켜 연소시키는 방식으로 공기는 불꽃 주변에서 확산에 의해 얻는다. 연소속도는 극히 늦고 불꽃은 길게 늘어나서 적황색이 된다. 불꽃온도는 낮아 약 900℃이다.
전일차공기식 연소법	연소에 필요한 공기 전부를 1차 공기만으로 하여 이것을 가스와 혼합시켜 연소하는 방식(가스보일러에 많이 사용)

② 콕
  ㉠ 콕은 본체, 밸브, 핸들, 접속부 등으로 구성되어 있다.
  ㉡ 콕은 장기간 사용되기 때문에 접촉면의 누설이 발생하지 않도록 내식성, 내마모성, 내절삭성, 내열성 등이 우수해야 한다.
③ **점화장치** : 점화장치는 일반적으로 히터식, 압전식(스파크식), 연속스파크식이 있다.

구 분	특 징
히터식	• 콕의 조작으로 파일럿 버너에 가스가 공급됨과 동시에 콕에 연동된 스위치가 들어가 히터가 가열되어 파일럿 버너에 점화시키는 방식 • 도시가스용(1.3V)과 프로판용(2.5V)이 있고 온도는 도시가스용이 1,000~1,100℃이고 프로판용 필라멘트는 1,300℃이다.
압전식	• 압전소자에 압력을 가해 14,000V 정도의 고전압을 발생시켜서 도전체와 전극에 스파크를 일으켜 점화하는 방식 • 전극은 4mm 정도로 니켈합금으로 되어 있는데 전극이 너무 넓으면 스파크가 발생하지 않고 너무 좁으면 미약한 스파크는 발생하지만 점화되지 않는다.

④ 연소기의 발화위험
  ㉠ 사용상태로 놓아둔 채로 잊어버림
  ㉡ 과열발화
  ㉢ 복사발화
  ㉣ 가연물의 낙하, 접촉
  ㉤ 가스누설
  ㉥ 인화
  ㉦ 역화
  ㉧ 연소기 고장 등

⑤ 감식요령

   ㉠ 연소기의 사용상태 확인(대부분 사용 중 발생하는 경우가 많음)

   ㉡ 고장이나 파손, 기구 자체에서의 발화여부 확인

   ㉢ 사용목적 이외의 용도로 사용여부 확인

   ㉣ 콕의 밸브 개폐상태 확인

   ㉤ 연결부위의 누설여부 확인

⑥ 연소기 화재조사 흐름도

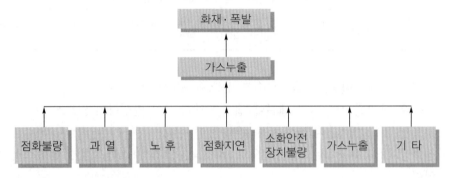

(2) 압력조정기

① 압력조정기의 사고위험

   ㉠ 용도 및 설치장소가 부적정할 때

   ㉡ 타 물질에 충격 · 접촉이 있을 때

   ㉢ 화재로 인한 화염접촉

   ㉣ 고장

② 감식요령

   압력조정기는 대부분 타 물질에 의한 접촉으로 파손되거나 사용압력이 적합하지
않아 파손되는 경우로 크게 구분된다.

   ㉠ 다이어프램의 파손으로 용기 내의 압력이 그대로 통과하였는지 확인

   ㉡ 타 물질에 의한 충격 · 접촉으로 파손여부 확인

   ㉢ 화재로 인한 조정기의 손상여부 확인

   ㉣ 적정 용량 및 압력으로 사용되었는지 확인

   ㉤ 가스시설의 이상여부 확인

③ 압력조정기 화재조사 흐름도

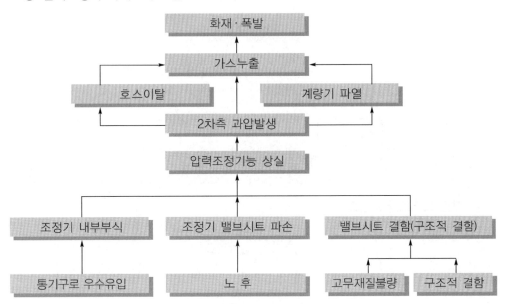

(3) 호스 및 배관

① 사고위험
   ㉠ 염화비닐호스의 제품 결함
   ㉡ 연결부위에서 가스누설
   ㉢ 고의에 의한 파손 및 철거
   ㉣ 장력으로 인한 파손
   ㉤ 화재에 의한 소손
   ㉥ 부식에 의한 파손
   ㉦ 가스연소기 철거 후 막음조치 미비
   ㉧ 가스압력에 의한 파열

② 감식요령
   ㉠ 사용장소에 적합하게 설치여부 확인
   ㉡ 막음조치 확인
   ㉢ 연결부위 상태 확인
   ㉣ 규격품 사용여부
   ㉤ 부식에 의한 파손여부
   ㉥ 고의적인 파손흔적 확인

③ 염화비닐호스 화재조사 흐름도

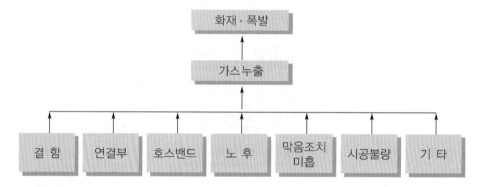

④ 배관 화재조사 흐름도

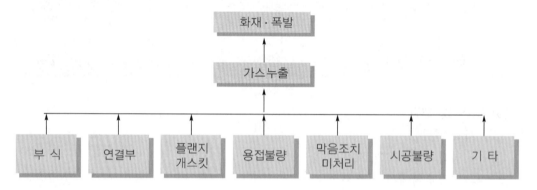

(4) 용기

① 사고위험

㉠ 용기의 용접부분에서의 누설

㉡ 용기 밸브에서의 누설

㉢ 넥크링 부분에서 용접불량에 의한 누설

㉣ 미검사품의 유통

㉤ 화재에 의한 안전밸브 방출

㉥ 압력에 견디지 못하고 파열

㉦ 외부 충격에 의한 파열

㉧ 각종 연결부위에서의 누설

② 감식요령

㉠ 용기와 내용물(가스 등)의 적합여부 확인

㉡ 검사 실시여부 확인(검사기관, 재검사기간 등)

㉢ 용기 몸체 및 용접부에서 핀홀 등 누설여부 확인

　② 용기 밸브에서의 누설여부 확인

　⑩ 넥크링 부분에서의 누설여부 확인

　⑪ 이상 압력의 발생여부

　⑥ 장기간 사용으로 인한 부식여부

③ 용기 화재조사 흐름도

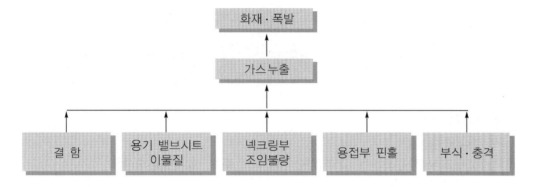

(5) 밸브

① 사고위험

　⊙ 규정조건(가스, 압력, 온도, 사용장소)에 적합하지 않을 때

　ⓒ 연결불량일 때

　ⓒ 미검사품을 사용할 때

　② 외부 충격으로 파손될 때

　⑩ 화재에 의해 용융될 때

　⑪ 작동불량일 때(핸들이 잠기지 않을 때)

　⑥ 경과연수가 오래되어 패킹이나 시트가 파손될 때

② 감식요령

　⊙ 밸브 자체에서의 누설여부 확인

　ⓒ 규정조건(가스, 압력, 온도, 용도)에 맞는 제품의 사용여부 확인

　ⓒ 외부 충격에 의한 파손여부 확인

　② 화재에 의해 용융된 것은 아닌지 확인

　⑩ 밸브연결부에서 누설은 아닌지 확인

　⑪ 장기간 사용으로 부식(경화, 마모)은 없었는지 확인

③ 밸브(퓨즈콕) 화재조사 흐름도

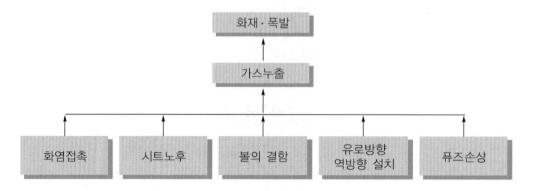

(6) 가스저장탱크

① 사고위험

　㉠ 탱크의 사용조건에 맞지 않을 때(가스 종류, 압력, 온도 등)

　㉡ 사용장소가 부적절할 때

　㉢ 오조작 등 취급을 잘못하였을 때

　㉣ 화염에 싸여 있을 때

　㉤ 무자격자가 운전할 때

　㉥ 설계, 시공 등이 잘못되었을 때

　㉦ 교통안전수칙을 무시하였을 때

② 감식요령

　㉠ 탱크의 사용조건이 적정했는지 확인(가스 종류, 압력, 온도 등)

　㉡ 사용장소의 적합여부(설치상태, 주위환경 등)

　㉢ 사용자가 운전, 밸브 등의 조작은 적합하게 하였는지 확인

　㉣ 주위 화재발생으로부터 화염이 전파된 것은 아닌지 확인

　㉤ 무자격자의 운전으로 운전순서가 변경되지 않았는지 확인

　㉥ 설계, 시공 등은 적합하게 이루어졌는지 확인

　㉦ 장기간 사용으로 부식 등이 발생하지 않았는지 확인

③ 가스저장탱크 화재조사 흐름도

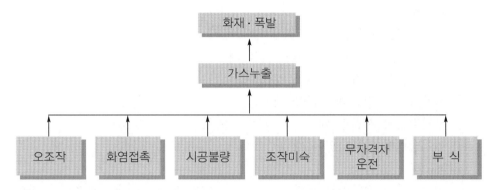

(7) 기화장치

① 사고위험

ㄱ 밸브, 배관 등의 연결을 잘못하였을 때

ㄴ 사용조건이 부적합할 때(가스 종류, 온도, 압력 등)

ㄷ 미검사품을 사용할 경우

ㄹ 시설상에 문제가 있을 경우

② 감식요령

ㄱ 밸브, 배관 등의 연결부위의 이상여부 확인

ㄴ 사용조건의 적합여부(가스 종류, 온도, 압력 등)

ㄷ 검사품의 사용여부

ㄹ 운전은 정상적으로 작동하였는지 확인

ㅁ 외부 충격으로 파손여부 확인

ㅂ 장기간 사용으로 기능저하 발생여부 확인

ㅅ 타 용도로 사용하고 있었는지 확인

③ 기화장치 화재조사 흐름도

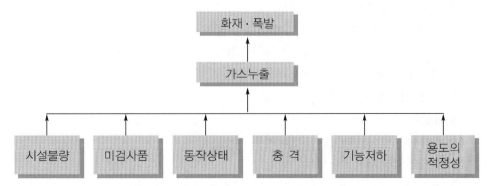

(8) 보일러

① 사고위험

ㄱ 밸브, 배관연결이 불량할 때

ㄴ 불꽃이 정상적으로 연소되지 않을 때

ㄷ 각종 안전장치가 작동되지 않을 때

ㄹ 사용가스가 적합하지 않을 때

ㅁ 무자격자가 시공할 때

ㅂ 설치방법이 잘못되었을 때

② 감식요령

ㄱ 설치상태의 적합여부 판단　　　ㄴ 배기가스의 정상적 배출여부 확인

ㄷ 사용가스 압력의 적정성 판단　　ㄹ 공기의 흐름상태 확인

ㅁ 무자격자의 시공여부 확인　　　ㅂ 검사품의 설치여부 확인

ㅅ 각종 안전장치의 작동상태 확인　ㅇ 가스의 누설여부 확인

③ 보일러 화재조사 흐름도

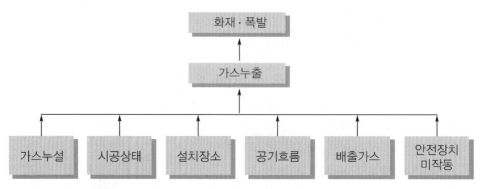

(9) 가스레인지 2017년 산업기사

① 사고위험

ㄱ 소화안전장치가 불량일 경우

ㄴ 바람, 음식물 넘침 등으로 가스가 누출될 경우

ㄷ 불꽃이 정상적으로 연소되지 않을 경우

ㄹ 점화불량 또는 점화지연에 의한 경우

ㅁ 호스 접속부에서 가스가 누출된 경우

② 감식요령

ㄱ 점화 콕 및 중간밸브의 개폐여부 확인

ㄴ 소화안전장치의 이상여부 확인

ㄷ 연소기 배관 및 호스밴드 부분의 가스누설여부 판단

ㄹ 연소기의 노후, 불완전연소의 발생 확인

ㅁ 음식물 조리 중 사용자의 과실여부

③ 가스레인지 화재조사 흐름도

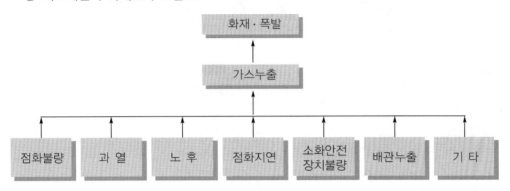

(10) 이동식 부탄연소기(카세트식)

① 사고위험

ㄱ 접합용기 접속부 가스가 누출된 경우

ㄴ 과대조리기구를 사용한 경우

ㄷ 노즐 막힘, 불완전연소한 경우

ㄹ 안전장치가 고장난 경우

② 감식요령

ㄱ 접합용기의 누설 및 파열흔적 확인

ㄴ 과대조리기구의 사용여부 확인

ㄷ 사용장소가 협소하지 않았는지 판단(대류에 의한 온도상승)

ㄹ 안전장치의 작동여부 및 소손상태 확인

ㅁ 점화스위치의 작동상태(on, off) 및 이상여부 확인

③ 이동식 부탄연소기(카세트식) 화재조사 흐름도

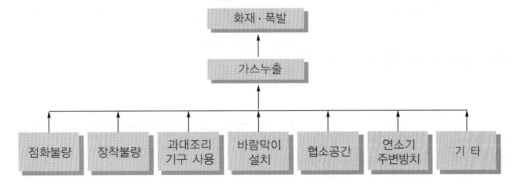

출제예상문제

Chapter 03

* ✚표시 : 중요도를 나타냄

01 고압가스를 상태에 따라 분류한 것 중 옳지 않은 것은?

① 용해가스　　　② 충전가스
③ 액화가스　　　④ 압축가스

해설 고압가스는 상태에 따라 압축가스, 액화가스, 용해가스로 구분한다.

02 다음 중 용해가스인 것은?

① 암모니아　　　② 아세틸렌
③ 아르곤　　　　④ 액화산소

해설 가스는 상태에 따라 압축가스, 액화가스, 용해가스로 분류하며, 아세틸렌은 용해가스에 해당한다.

03 다음 중 가스를 연소성에 따라 분류한 것이 아닌 것은?

① 가연성 가스
② 조연성 가스
③ 용해 가스
④ 불연성 가스

해설 가스는 연소성에 따라 가연성 가스, 조연성 가스, 불연성 가스로 구분하고 있다.

04 다음 중 불연성 가스가 아닌 것은?

① 일산화탄소
② 이산화탄소
③ 질소
④ 아르곤

해설 일산화탄소는 독성가스(허용농도 50ppm)이며, 발화점이 609℃로 연소성이 강하다.

05 가연성 가스 중 가장 위험한 것은?

① 수소
② 산화에틸렌
③ 아세틸렌
④ LP가스

해설 가연성 가스는 폭발범위가 넓을수록 위험하다.
① 수소 : 4.1~75%
② 산화에틸렌 : 3~80%
③ 아세틸렌 : 2.5~82%
④ 프로판 : 2.1~9.5%

06 프로판의 연소범위로 맞는 것은?

① 1.8~8.4
② 2.1~9.5
③ 2.5~81
④ 5~15

해설 ① 프로판 : 2.1~9.5
② 부탄 : 1.8~8.4
③ 아세틸렌 : 2.5~82
④ 메탄 : 5~15

07 공기보다 무겁고 가연성 가스인 것은?

① 부탄
② 염소
③ 헬륨
④ 메탄

해설 부탄(분자량 58)은 공기보다 무겁고 가연성 가스이다.

Answer　01.②　02.②　03.③　04.①　05.③　06.②　07.①

08 아세틸렌 용기에 충전하는 다공성 물질이 아닌 것은?

① 석면　　　　② 규조토
③ 폴리에틸렌　　④ 목탄

해설 아세틸렌을 용기에 충전했을 때 빈 공간이 있으면 폭발할 우려가 있어 빈 공간을 채우는 물질로 석면, 규조토, 목탄, 석회, 다공성 플라스틱 등이 있다.

09 다음 중 아세틸렌 충전 시 용제로 주입시키는 물질은?

① 아산화질소
② 아연
③ 아크릴
④ 아세톤

해설 아세틸렌을 압축하면 분해 · 폭발하기 때문에 단독으로 압축하지 못하며 용기에 다공물질의 고체를 충전한 다음 아세톤 같은 용제를 주입시켜 기체상태로 압축한다.

10 다음 가스 중 상온에서 액화할 수 있는 것은 어느 것인가?

① 수소　　　　② 염소
③ 산소　　　　④ 일산화탄소

해설 상온에서 액화할 수 있는 가스는 프로판(C_3H_8), 염소(Cl_2), 암모니아(NH_3), 탄산가스(CO_2), 산화에틸렌(C_2H_4O) 등이다.

11 고압가스안전관리법에서 규정한 가연성 가스를 분류하는 기준으로 맞는 것은 어느 것인가?

① 폭발한계의 하한이 20% 이하인 것
② 폭발한계의 상한이 10% 이하인 것
③ 폭발한계의 상한과 하한의 차가 20% 이상인 것
④ 폭발한계의 상한과 하한의 차가 10% 이상인 것

해설 고압가스안전관리법 시행규칙(제2조 제1항 제1호)
　㉠ 폭발한계의 하한이 10% 이하인 것
　㉡ 폭발한계의 상한과 하한의 차가 20% 이상인 것

12 가스의 허용농도 한계로 옳지 않은 것은?

① 일산화탄소 : 50ppm
② 염소 : 1ppm
③ 암모니아 : 5ppm
④ 아황산가스 : 2ppm

해설 암모니아의 허용농도는 25ppm이다.

13 다음 물질에 대한 폭발범위로 틀린 것은?

① 프로판 : 2.1~9.5%
② 수소 : 4.1~41%
③ 부탄 : 1.8~8.4%
④ 암모니아 : 15~28%

해설 수소의 폭발범위는 4.1~75%이다.

14 독성가스이면서 가연성 가스로 짝지어진 것은 어느 것인가?

① 염소, 아황산가스, 이산화탄소
② 암모니아, 포스겐, 프레온
③ 염화수소, 황화수소, 이산화질소
④ 시안화수소, 황화수소, 일산화탄소

해설 독성가스이면서 가연성 가스인 것은 시안화수소, 황화수소, 일산화탄소이며, 이산화탄소, 이산화질소, 프레온은 불연성 가스에 해당한다.

15 다음 가스 중 공기와 혼합하여도 폭발성이 없는 것은?

① 아세톤　　　　② 염소
③ 사이클론 헥산　④ 벤젠

해설 염소는 독성가스이며 조연성 액화가스이다.

16 가연성 가스이면서 유독한 것은?

① 암모니아　　　② 메탄
③ 수소　　　　　④ 질소

해설 암모니아는 가연성 가스이며 자극성 냄새를 지닌 가스이다.

Answer　08.③　09.④　10.②　11.③　12.③　13.②　14.④　15.②　16.①

02
화재감식론

17 공기와 혼합하여 폭발성 혼합기체를 만드는 것은?

① 이산화황
② 염소
③ 암모니아
④ 산화질소

해설 암모니아는 독성가스로 누출 시 폭발할 수 있다.

18 일산화탄소가 염소와 반응하여 생성되는 물질은?

① 사염화탄소
② 카보닐
③ 포스겐
④ 카복실산

해설 $CO + Cl_2 \rightarrow COCl_2$

19 20℃를 화씨로 환산했을 때 온도는?

① 68°F
② 58°F
③ 48°F
④ 38°F

해설
$$°F = \frac{9}{5}℃ + 32$$
$$= \frac{9}{5}20 + 32 = 68°F$$

20 부피 40L의 용기에 100kg/cm²의 압력으로 충전되어 있는 가스를 같은 온도에서 25L의 용기에 넣었을 때의 압력으로 맞는 것은?

① 40
② 50
③ 100
④ 160

해설
$$\frac{PV}{T} = \frac{P'V'}{T'}\ (T = T'\ 같은\ 온도이므로)$$
$$따라서\ P' = \frac{PV}{V'}$$
$$= \frac{100 \times 40}{25}$$
$$= 160kg/cm^2$$

21 10℃는 몇 °F를 나타내는 것인가?

① 30
② 40
③ 50
④ 60

해설
$$°F = \frac{9}{5}℃ + 32$$
$$= \frac{9}{5}10 + 32 = 50°F$$

22 산소가 충전되어 있는 용기의 온도가 15℃일 때 압력은 150kg/cm²이다. 용기의 온도가 40℃로 상승하면 이때의 압력은 얼마인가?

① 153
② 163
③ 173
④ 183

해설
$$\frac{P_1 V_1}{T_1} = \frac{P_2 V_2}{T_2}\ (V_1 = V_2이므로)$$
$$따라서\ P_2 = \frac{T_2 P_1}{T_1}$$
$$= \frac{(273 + 40) \times 150}{(273 + 15)}$$
$$= 163kg/cm^2$$

23 독성이고 가연성이 있으며 냉동창고 냉매제로 이용할 수 있는 것은?

① 염화수소
② 이산화탄소
③ 암모니아
④ 염소

해설 암모니아는 독성이며 가연성 가스로 냉동창고의 냉매제로 쓰이고 있다.

24 LNG의 주성분은?

① C_2H_6
② CH_4
③ C_3H_8
④ C_4H_{10}

해설 LNG의 주성분은 메탄(CH_4)이며, 에탄, 프로판, 부탄 등이 함유되어 있다.

Answer 17.③ 18.③ 19.① 20.④ 21.③ 22.② 23.③ 24.②

02

화재감식론

25 메탄가스에 대한 설명이다. 옳지 않은 것은?

① 무색, 무취의 기체로 공기보다 가볍다.
② 폭발범위는 5~15%이다.
③ 임계압력은 92atm 정도이다.
④ 분자량은 16.04이다.

[해설] 메탄가스의 임계압력은 45.8atm이다.

26 1mol의 메탄을 완전연소시키는 데 필요한 산소의 몰수는?

① 2mol   ② 3mol
③ 4mol   ④ 5mol

[해설] $CH_4 + 2O_2 \rightarrow CO_2 + 2H_2O$

27 액화천연가스가 기화했을 때 체적변화로 맞는 것은?

① 250배 증가한다.   ② 250배 감소한다.
③ 600배 감소한다.   ④ 600배 증가한다.

[해설] 액화천연가스(LPG)를 기화시키면 체적은 600배 증가한다.

28 액화석유가스가 누설된 경우 가장 쉽게 누설여부를 판단할 수 있는 방법은?

① 리트머스 시험지의 변색여부로 판정한다.
② 누출 시 발생하는 흰 연기로 판단한다.
③ 누설된 가스의 냄새로 판단한다.
④ 연소기를 작동시켜 확인한다.

[해설] 액화석유가스가 누설된 경우 냄새를 통해 쉽게 판단할 수 있도록 에틸멜캅탄 등 부취제를 첨가하고 있다.

29 프로판의 연소반응식으로 맞는 것은?

① $C_3H_8 + 5O_2 \rightarrow 3CO_2 + 4H_2O$
② $C_3H_8 + 5O_2 \rightarrow 2CO_2 + 3H_2O$
③ $C_3H_8 + 4O_2 \rightarrow 3CO_2 + 4H_2O$
④ $C_3H_8 + 4O_2 \rightarrow 4CO_2 + 4H_2O$

[해설] 프로판의 연소반응식
$C_3H_8 + 5O_2 \rightarrow 3CO_2 + 4H_2O$

30 다음 설명 중 맞는 것은?

① 프로판은 공기와 혼합하면 무조건 연소한다.
② LPG는 충격에 의해 폭발한다.
③ LPG는 산소가 적을수록 완전연소한다.
④ 프로판은 연소범위 안에서 폭발한다.

[해설] 프로판은 연소범위(2.1~9.5%) 안에서 폭발한다.

31 다음 중 탄화수소의 완전연소방정식으로 맞는 것은?

① $C_mH_n + (m+n/2)O_2 \rightarrow mCO_2 + (n/2)H_2O$
② $C_mH_n + (m+n/4)O_2 \rightarrow mCO_2 + (n/4)H_2O$
③ $C_mH_n + (m+n/2)O_2 \rightarrow mCO_2 + (n/4)H_2O$
④ $C_mH_n + (m+n/4)O_2 \rightarrow mCO_2 + (n/2)H_2O$

[해설] 가연성 가스인 C_mH_n을 완전연소시키면 CO_2와 H_2O가 발생하며, 공기의 양이 부족하면 불완전연소가 일어나 CO가 발생한다.

32 LP가스의 장점이 아닌 것은?

① 발열량이 좋다.
② 그을음 발생이 적다.
③ 열효율이 낮다.
④ 직화식으로 사용할 수 있다.

[해설] LP가스는 열효율이 높고 발열량이 우수하여 직화식으로 많이 쓰이고 있다.

33 프로판 10kg 연소 시 필요한 산소는 몇 m^3 인가?

① $23m^3$ ② $25m^3$
③ $27m^3$ ④ $29m^3$

[해설] $C_3H_8 + 5O_2 \rightarrow 3CO_2 + 4H_2O$
$= 44g : 5 \times 22.4L = 10kg : x[m^3]$
$\therefore x = 10 \times 5 \times 22.4/44 = 25.45m^3$

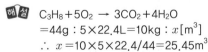

34 LP가스의 성질 중 옳지 않은 것은?

① 무색 투명하다.
② 상온 상압에서 기체이다.
③ 물보다 가볍다.
④ 비중은 공기의 0.8~1배 정도이다.

해설 LP가스는 공기보다 무겁고(1.5배) 물보다 가볍다(0.5배).

35 LP가스의 성질 중 바르지 않은 것은?

① 기화 및 액화가 쉽다.
② 액화시키면 부피가 커진다.
③ 연소 시 다량의 공기가 필요하다.
④ 고무나 유지류를 녹이는 용해성이 있다.

해설 LP가스를 액화시키면 체적이 약 1/250 정도로 줄어들어 저장 및 이송에 유리한 장점이 있다.

36 산소의 분압이 높아지면 물질의 연소속도와 발화온도는 어떻게 되는가?

① 연소속도는 감소되고, 발화온도는 상승한다.
② 연소속도는 증가하고, 발화온도는 상승한다.
③ 연소속도는 증가하고, 발화온도는 낮아진다.
④ 연소속도는 감소하고, 발화온도는 낮아진다.

해설 산소의 농도가 높아지면 발화온도는 낮아지고, 연소속도는 증가한다.

37 다음은 LPG의 기본성질을 설명한 것이다. 맞지 않는 것은?

① 기화 및 액화가 쉽다.
② 연소 시 다량의 공기가 필요하다.
③ 공기보다 가볍고 물보다 무겁다.
④ 기화 시 체적이 250배로 증가한다.

해설 LPG는 공기보다 무겁고(1.5배), 물보다 가볍다(0.5배).

38 LP가스의 위험성으로 틀린 것은?

① 소량 누출되더라도 폭발위험이 크다.
② LP가스를 여과하거나 분무 시 정전기가 발생할 우려가 있다.
③ 누출 시 공기보다 무거워 낮은 곳으로 고인다.
④ 폭발하한이 5~10% 정도로 비교적 높다.

해설 LP가스의 주성분인 프로판의 연소하한은 2.1이고 부탄은 1.8로 연소하한이 낮아 화재 및 폭발의 위험이 크다.

39 다음 중 산소의 일반적 성질로 옳지 않은 것은 어느 것인가?

① 수소와 반응하면 폭발하고 물을 생성한다.
② 산소 자신은 폭발위험이 없다.
③ 무색, 무취의 기체로 물에 약간 녹는다.
④ 공기보다 가벼운 압축가스이다.

해설 산소는 비중이 1.13으로 공기보다 무겁고 물에 약간 녹으며 유지류와 접촉하면 발화한다.

40 상온에서 수소의 공기 중 폭발범위로 맞는 것은 어느 것인가?

① 4~94%
② 4.1~75%
③ 2.1~85%
④ 15~28%

해설 수소의 폭발범위는 4.1~75%이다.

41 다음 중 수소의 일반적 성질이 아닌 것은 어느 것인가?

① 가스 중 비중이 가장 작다.
② 산소, 염소와 폭발적 반응을 한다.
③ 기체 중 확산속도가 느리다.
④ 가연성 물질이며 독성이 없다.

해설 수소는 분자량이 2로 밀도가 작은 가벼운 기체이며, 산소, 염소, 불소와 폭발적인 반응을 한다. 가장 가벼운 기체이기 때문에 확산속도가 빠르다.

Answer 34.④ 35.② 36.③ 37.③ 38.④ 39.④ 40.② 41.③

42 부탄의 최소산소농도(MOC)는 얼마인가? (단, 하한계는 1.6vol%임.)

① 10.4vol% ② 11.4vol%
③ 10.8vol% ④ 11.8vol%

해설 부탄의 연소식

$C_4H_{10} + 6.5O_2 = 4CO_2 + 5H_2O$
연소식에 의해 부탄 1개가 연소하기 위해 필요한 산소는 6.5개이다. 즉, 연소에 필요한 부탄과 산소의 비가 1 : 6.5인 것이다. 폭발하한계는 공기 중에 폭발할 수 있는 해당 가스의 최저농도이므로 부탄의 연소가 가능한 최저농도는 1.6%이며 여기에 필요한 산소의 비율은 6.5배이므로 $1.6 \times 6.5 = 10.4vol\%$

43 구리와 반응하여 폭발하는 가스는?

① 수소 ② 암모니아
③ 아세틸렌 ④ 일산화탄소

해설 아세틸렌은 구리와 반응하여 아세틸라이드를 만들며, 열이나 충격에 의해 쉽게 폭발한다.

44 표준상태에서 프로판의 이론적인 밀도는 몇 kg/m³인가?

① 1.54 ② 1.96
③ 2.36 ④ 3.26

해설 가스밀도 = M(분자량)/22.4 = 1.96kg/m³

45 다음 중 표준대기압을 나타낸 것으로 틀린 것은?

① 1.0332kg/cm² ② 1013.2bar
③ 10.332mH₂O ④ 76cmHg

해설 $1atm = 1.01325bar = 1.0332kg/cm^2$
$= 10.332mH_2O = 76cmHg$

46 일산화탄소에 대한 설명이다. 옳지 않은 것은?

① 산화성이 강한 가스이다.
② 공기보다 약간 가볍다.

③ 개미산에 진한 황산을 작용시켜 만든다.
④ 혈액 속에 헤모글로빈과 반응하여 산소운반 능력을 저하시킨다.

해설 일산화탄소는 무색, 무미, 무취의 기체로 독성과 환원성이 강하고 폭발성과 연소성이 있다. 산화성은 없다.

47 산화에틸렌에 대한 설명이다. 옳지 않은 것은?

① 무색의 독성가스이다.
② 알코올과 반응하여 글리콜에테르를 생성한다.
③ 공기보다 5배 무겁다.
④ 기화하면 10배 팽창한다.

해설 산화에틸렌은 기화하면 450배 팽창한다.

48 다음 중 독성가스로 묶여진 것은?

① 이산화탄소, 암모니아, 시안화수소
② 일산화탄소, 산화에틸렌, 시안화수소
③ 산화에틸렌, 질소, 아황산가스
④ 산화에틸렌, 산소, 암모니아

해설 독성가스의 종류
산화에틸렌, 시안화수소, 아황산가스, 염화수소, 이황화탄소, 일산화탄소, 포스겐, 황화수소 등

49 장기간 보존하면 수분과 반응하여 중합폭발을 일으키는 가스는?

① 아세틸렌 ② 황화수소
③ 시안화수소 ④ 포스겐

해설 시안화수소를 장기간 보존할 경우 수분과 반응하여 중합폭발을 일으킬 수 있다.

50 다음 가스 중 무색, 무취가 아닌 것은?

① 이산화탄소 ② 질소
③ 산소 ④ 오존

해설 오존은 특유의 냄새가 있고 상온에서 약간 청색을 띤다.

Answer 42.① 43.③ 44.② 45.② 46.① 47.④ 48.② 49.③ 50.④

51 아세틸렌가스의 폭발과 관계가 없는 것은?

① 산화폭발　　　② 중합폭발
③ 화합폭발　　　④ 분해폭발

해설
① 산화폭발 : $C_2H_2 + 2.5O_2 \rightarrow 2CO_2 + H_2O$
③ 화합폭발 : $2Cu + C_2H_2 \rightarrow Cu_2C_2 + H_2$
④ 분해폭발 : $C_2H_2 \rightarrow 2C + H_2$

52 가스누설 시 가장 위험성이 큰 가스는?

① 프로판가스　　② 아세틸렌
③ 수소　　　　　④ 산화에틸렌

해설
연소범위가 가장 넓은 가스가 위험하다.
① 프로판(2.1~9.5%)
② 아세틸렌(2.5~82%)
③ 수소(4.1~75%)
④ 산화에틸렌(3~80%)

53 100°F를 섭씨로 환산하였을 때 맞는 것은?

① 35.9　　　　② 37.8
③ 39.8　　　　④ 40.5

해설
$$℃ = \frac{5}{9}(100°F - 32) = 37.8℃$$

54 프레온가스의 용도로 맞는 것은?

① 합성고무의 제조
② 헤어스프레이 충진제
③ 알루미늄 절단용
④ 과자류 포장 충진제

해설
프레온가스는 불연성 가스로 냉동기의 냉매 또는 헤어스프레이 용기의 충진제 등으로 쓰이고 있다.

55 계란 썩는 냄새가 있는 무색의 기체로 독성 가스인 것은?

① 황화수소　　　② 염화수소
③ 시안화수소　　④ 포스겐

해설
황화수소는 계란 썩는 냄새가 나는 무색의 기체로 공기 중에서 연소하여 이산화황이 된다.

56 아세틸렌가스가 공기 중에 완전연소하기 위해서는 약 몇 배의 공기가 필요한가? (단, 공기 중 질소 80%, 산소 20%임.)

① 10.5배　　　② 11.5배
③ 12.5배　　　④ 13.5배

해설
$C_2H_2 + 2.5O_2 \rightarrow 2CO_2 + H_2O$
$= 1 : 2.5 \times 100/20 = 12.5$배

57 가스정압기의 구성품이 아닌 것은?

① 스프링　　　　② 메인밸브
③ 다이어프램　　④ 보조밸브

해설
정압기는 다이어프램, 스프링, 메인밸브 등으로 구성되어 있다. 보조밸브는 없다.

58 정압기에 대한 설명이다. 옳지 않은 것은?

① 가스압력을 감압시켜 공급하는 장치이다.
② 감압장치, 안전장치, 감시장치 등이 있다.
③ 가스송출 시 잡음이 많다.
④ 사용량이 증가하면 2차측 압력이 상승한다.

해설
정압기는 1차 압력(입구측 압력) 및 부하용량(사용량)의 변동에 관계없이 2차 압력(사용압력)을 일정한 압력으로 유지시켜 주는 기능을 한다.

59 가스공급시설에 대한 설명으로 옳지 않은 것은?

① 밸브박스는 전용 개폐기구를 사용하는 구조로 한다.
② 가스계량기는 일반가정용으로 다이어프램식이 많이 쓰인다.
③ 정압기의 다이어프램은 가스의 흐름을 제어하는 기능을 한다.
④ 정압기는 사용량에 관계없이 2차측 압력을 일정하게 유지한다.

해설
다이어프램은 2차측 압력을 감지하여 사용량에 따라 상하로 움직이면서 메인밸브를 작동시키는 기능을 한다. 가스의 흐름을 제어하는 기능은 메인밸브에서 한다.

Answer　51.② 52.② 53.② 54.② 55.① 56.③ 57.④ 58.④ 59.③

60 가스 용기의 종류에 해당하지 않는 것은?

① 밀폐 용기 ② 초저온 용기
③ 이음매 없는 용기 ④ 용접 용기

해설 가스용기의 종류
이음매 없는 용기, 용접 용기, 초저온 용기, 납붙임 또는 접합 용기가 있다.

61 LP가스 용기로 가장 널리 쓰이는 것은?

① 용접 용기 ② 이음매 없는 용기
③ 접합 용기 ④ 초저온 용기

해설 LP가스 용기로 가장 널리 쓰이는 것은 용접 용기이다.

62 산소, 수소 등 압력이 높은 압축가스를 저장하는 용기로 알맞은 것은?

① 용접 용기 ② 초저온 용기
③ 납붙임 용기 ④ 이음매 없는 용기

해설 산소, 수소, 질소, 아르곤, 천연가스 등 압력이 높은 압축가스를 저장하거나 상온에서 높은 증기압을 갖는 이산화탄소 등의 액화가스를 충전하는 경우에는 이음매 없는 용기가 사용된다.

63 용해 아세틸렌가스를 저장하는 데 알맞은 용기는?

① 초저온 용기 ② 용접 용기
③ 이음매 없는 용기 ④ 접합 용기

해설 상온에서 비교적 낮은 증기압을 갖는 액화가스를 충전하거나 용해 아세틸렌가스를 충전하는 데 용접 용기가 사용된다.

64 다음 중 가스 용기에 대한 설명으로 옳지 않은 것은?

① LP가스 용기로 이음매 없는 용기도 사용이 가능하다.
② 상온에서 낮은 증기압을 갖는 가스는 용접 용기가 적합하다.

③ 상온에서 높은 증기압을 갖는 이산화탄소는 납붙임 용기가 적합하다.
④ 초저온 용기는 내조와 외조로 구분되어 단열이 우수하다.

해설 이산화탄소 등과 같이 상온에서 높은 증기압을 갖는 가스는 이음매 없는 용기를 사용하여야 한다.

65 이음매 없는 용기의 종류에 해당하지 않는 것은?

① 오목형
② 원형
③ 볼록형
④ 스커트 부착형

해설 이음매 없는 용기의 종류
오목형, 볼록형, 스커트 부착형

66 납붙임 및 접합 용기의 쓰임으로 가장 적당한 것은?

① 산소 등 압축가스 저장
② 암모니아가스 저장
③ 이동식 연소기용 부탄가스 저장
④ 액화천연가스 저장

해설 납붙임 및 접합 용기는 주로 살충제, 화장품, 의약품, 도료의 분사제 및 이동식 부탄가스 용기 등에 사용한다.

67 이동식 부탄가스 용기로 쓰이는 접합 용기에 대한 설명으로 옳지 않은 것은?

① 재충전하여 사용할 수 없다.
② 35℃에서 8kg/cm² 이하의 압력으로 충전한다.
③ 분사제로 독성가스 사용이 가능하다.
④ 내용적이 1,000mL 미만이다.

해설 접합 용기는 1회용으로 사용 가능하고(재충전 사용 불가), 35℃에서 8kg/cm² 이하의 압력으로 충전해야 하며, 분사제로서 독성가스의 사용이 불가능하고 내용적은 1,000mL 미만으로 제조하도록 되어 있다.

Answer 60.① 61.① 62.④ 63.② 64.③ 65.② 66.③ 67.③

68 가스 용기에 표시하는 각인사항이 아닌 것은?

① 안전밸브 무게
② 내용적
③ 충전가스의 명칭
④ 용기 번호

해설 안전밸브의 무게는 별도로 표시되어 있다.

69 이음매 없는 용기의 재료로 주로 사용되는 것은?

① 저탄소강
② 크롬 – 몰리브덴강
③ 스테인리스강
④ 알루미늄합금

해설 이음매 없는 용기는 높은 압력에 견딜 수 있도록 강도와 내식성이 큰 크롬 – 몰리브덴강이 주로 사용된다.

70 LP가스 용기의 내압시험압력을 나타내는 기호로 맞는 것은?

① FP
② OP
③ AP
④ TP

해설 LP가스 용기의 내압시험압력을 나타내는 기호는 TP이며, 단위는 kg/cm^2이다.

71 LP가스 저장 용기의 색상은?

① 갈색
② 황색
③ 회색
④ 백색

해설 LP가스 용기의 색상은 회색으로 되어 있다.

72 고압가스 용기의 색상을 구분한 것으로 옳지 않은 것은?

① 수소 – 적색
② 아세틸렌 – 황색
③ 액화암모니아 – 백색
④ LPG – 회색

해설 수소는 주황색으로 도색되어 있다.

73 LPG 용기의 안전밸브로 쓰이는 것은?

① 파열판식
② 스프링식
③ 가용합금식
④ 스프링식과 파열판식의 2중 안전밸브

해설 LPG 용기의 안전밸브로는 스프링식이 사용되고 있다.

74 산소, 수소, 질소, 아르곤 등의 압축가스 용기의 안전장치에 적합한 밸브는?

① 스프링식 안전밸브
② 가용전(가용합금식) 안전밸브
③ 파열판식 안전밸브
④ 스프링식과 파열판식의 2중 안전밸브

해설 산소, 수소, 질소, 아르곤 등은 파열판식 안전밸브를 사용한다.

75 가스사용 시설에 대한 설명으로 틀린 것은?

① 초저온 용기는 영하 50℃ 이하인 액화가스를 충전하는 데 쓰인다.
② LPG 용기의 재료는 저탄소강이 주로 사용된다.
③ 용기 밸브의 핸들은 시계반대방향으로 돌리면 가스유로가 닫힌다.
④ 용기 밸브의 안전장치는 가스압력이 올라가 용기가 파열되는 것을 방지한다.

해설 용기 밸브의 핸들은 시계반대방향으로 돌리면 가스유로가 열리고, 시계방향으로 돌리면 밸브 디스크가 아래로 내려가 닫히게 된다.

76 가스 용기의 안전장치로 연결이 바르지 않은 것은?

① 초저온 용기 : 스프링식 안전밸브
② 염소, 아세틸렌 용기 : 가용전 안전밸브
③ LPG 용기 : 스프링식 안전밸브
④ 산소 등의 압축가스 용기 : 파열판식 안전밸브

해설 초저온 용기는 스프링식과 파열판식 2중으로 안전밸브를 하여야 한다.

Answer 68.① 69.② 70.④ 71.③ 72.① 73.② 74.③ 75.③ 76.①

77 기화장치 사용 시 주의사항이다. 옳지 않은 것은?

① 동파 우려가 있을 경우 부동액을 첨가할 것
② 온수가열식 기화기의 경우 설정온도 이상으로 상승하지 않도록 할 것
③ 용기는 사이펀관이 부착된 것을 사용할 것
④ 기화장치의 능력은 연소기 가스소비량 총 합계의 100% 이상으로 할 것

해설 기화장치의 능력은 연소기 가스소비량의 총 합계(kg/h)의 1.2배(120%)의 용량을 갖도록 설치하여야 한다.

78 가스압력조정기의 기능으로 옳지 않은 것은?

① 완전연소하는 데 필요한 감압기능
② 가스 용기에서 변화된 압력을 그대로 공급하는 순환기능
③ 연소기를 닫았을 때 가스가 연소기로 공급되지 않도록 하는 차폐기능
④ 일정한 압력을 유지하는 정압 기능

해설 가스 용기에서 변화된 압력은 그 압력이 높아서 그대로 연소기로 공급할 수 없다. 따라서 용기 내의 가스압력(최고 15.6kg/cm²)이 연소기(수주 200~300mm)에서 가스가 완전히 연소하도록 최적의 압력으로 감압을 해야 한다.

79 배관에서 스케줄 번호가 의미하는 것은?

① 재질을 기준으로 사용할 수 있는 압력범위를 나타낸 것
② 지름을 기준으로 사용할 수 있는 압력범위를 나타낸 것
③ 두께를 기준으로 사용할 수 있는 압력범위를 나타낸 것
④ 연료를 기준으로 사용할 수 있는 압력범위를 나타낸 것

해설 스케줄 번호란 두께를 기준으로 사용할 수 있는 압력범위를 나타낸 것이다.

80 밸브개폐 손잡이를 90도 회전시켜 유체의 흐름을 제어하는 밸브는?

① 게이트밸브   ② 볼밸브
③ 글로브밸브   ④ 체크밸브

해설 볼밸브는 밸브핸들을 90° 회전하면 내부의 볼이 회전하면서 유체의 흐름을 제어한다. 이 밸브는 신속히 밸브를 개폐할 수 있고 유체의 압력손실도 비교적 적으며 손잡이 방향으로 밸브개폐 상태를 확인하기 쉽다. 주로 저압배관에 쓰인다.

81 기밀성은 좋지만 유체의 압력손실이 커서 주로 고압부에 많이 사용하는 밸브는?

① 볼밸브   ② 체크밸브
③ 글로브밸브   ④ 게이트밸브

해설 글로브밸브는 기밀성이 우수한 반면 유체의 압력손실이 커서 주로 고압부에 사용한다. 밸브 몸통에 유체의 흐름 방향표시(→)를 보고 상류에서 하류로 향하도록 설치하여 사용한다.

82 퓨즈콕의 사용법으로 적절하지 않은 것은?

① 콕은 T자형으로 사용하지 않아야 한다.
② 콕은 완전히 열거나 닫아야 하며 반개방상태로 사용하지 않는다.
③ 퓨즈콕의 몸체에 표기된 숫자는 시간당 유량을 의미한다.
④ 콕의 열림방향은 시계바늘 방향이다.

해설 콕의 열림방향은 시계바늘 반대방향이다.

83 호스에 대한 설명으로 옳지 않은 것은?

① 고압호스는 조정기를 향해 상향구배로 설치한다.
② 고압호스는 주로 집합배관용에 사용한다.
③ 금속 플렉시블호스는 직각으로 꺾이도록 설치한다.
④ 저압호스 외면에는 합성섬유 보강층이 없다.

해설 금속 플렉시블호스는 느슨한 굽힘을 갖도록 부착하며, 비틀림, 수축 등의 상태로 설치하는 것을 피하고, 굽힘 반경은 관 외경의 2배 이상으로 하여야 한다.

84 호스의 표시사항으로 옳지 않은 것은?

① 제조단가
② 용도
③ 품질보증기간
④ 제조번호

해설 호스의 표시사항
㉠ 품명
㉡ 종류(1종, 2종, 3종)
㉢ 제조자명
㉣ 용도
㉤ 제조번호 또는 로트번호
㉥ 제조연월
㉦ 합격표시
㉧ 최고사용압력
㉨ 품질보증기간

85 연소기의 구조와 관계가 없는 것은?

① 염공
② 공기조절기
③ 혼합관
④ 압력조정기

해설 연소기의 구조는 노즐, 혼합관, 버너헤드, 염공, 점화장치 등으로 되어 있다. 압력조정기는 가스 용기와 배관 사이에 설치하는 것으로 연소기의 구조와는 관계가 없다.

86 리프팅의 원인으로 옳지 않은 것은?

① 가스의 공급압력이 너무 높을 경우
② 공기조절기를 과대하게 열었을 경우
③ 노즐구경이 지나치게 클 경우
④ 염공이 큰 경우

해설 염공이 큰 경우에는 불꽃이 혼합관 속으로 들어가는 역화가 발생하기 쉽고, 염공이 작은 경우에는 불꽃이 위로 뜨는 리프팅 현상이 발생하기 쉽다.

87 연소 중인 불꽃이 버너 내부로 들어가 노즐 선단에서 연소하는 현상은?

① 리프팅
② 역화
③ 플룸
④ 황염

해설 역화(flash back)란 가스의 연소속도가 염공에서의 가스 유출속도보다 빠르게 되었을 때 또는 연소속도는 일정해도 가스의 유출속도가 느리게 되었을 때 불꽃이 버너 내부로 들어가 노즐 선단에서 연소하는 현상이다.

88 가스연소기에서 불완전연소의 원인이 아닌 것은?

① 공기 공급이 균형을 이루었을 때
② 공기 공급량이 불충분할 때
③ 공기량보다 가스량이 과대하게 공급될 때
④ 불꽃이 저온물체와 접촉했을 때

해설 공기 공급이 불충분하거나 가스가 과대하게 공급될 경우 불완전연소하게 된다. 그러나 공기 공급이 균형을 이루게 되면 안정된 화염을 유지한다.

89 황염에 대한 설명으로 옳지 않은 것은?

① 황염이 발생하면 불꽃이 짧아진다.
② 황염이 지속되면 불완전연소할 수 있다.
③ 황염을 방지하려면 공기조절이 적정하여야 한다.
④ 버너 노즐구경이 크면 발생한다.

해설 황염(yellow tip)은 버너에서 공기량의 부족으로 황적색의 불꽃이 발생하는 현상이다. 이것은 공기량의 부족 때문으로 황염이 발생하면 불꽃이 길어지고 저온의 물체에 접촉하면 불완전연소하게 된다.

90 황염이 발생하는 원인은?

① 가스량 부족
② 불꽃의 과대
③ 공기량 부족
④ 콕의 반개방

해설 황염이 발생하는 주된 원인은 공기량 부족 때문이다.

Answer 84.① 85.④ 86.④ 87.② 88.① 89.① 90.③

91 다음 중 가스의 이상연소 현상과 관계가 없는 것은?

① 황염　② 리프팅
③ 보일오버　④ 역화

해설 보일오버는 유류화재 시 발생하는 현상으로 가스의 이상연소 현상과 관계가 없다.

92 가스레인지 위에 큰 냄비를 올려놓고 장시간 사용할 경우 발생할 수 있는 현상은?

① 황염　② 역화
③ 블로오프　④ 리프팅

해설 가스레인지 위에 큰 냄비를 올려놓고 장시간 사용할 경우 불꽃이 버너 내부로 들어가 노즐 선단에서 연소하는 역화가 발생할 수 있다. 이동식 연소기의 경우 화염과 연소열이 아랫방향으로 복사되면 용기의 내압이 증가하여 폭발로 이어질 수 있다.

93 하나의 1차 에너지로부터 전기나 열 등 2가지 이상의 유효에너지를 발생시키는 것을 무엇이라고 하는가?

① 코어그레시브　② 열어그레시브
③ 열제너레이션　④ 코제너레이션

해설 하나의 1차 에너지로부터 전기나 열 등 2가지 이상의 유효에너지를 발생시키는 것을 'Co(공동)-Generation(발생)'이라고 한다.

94 고압가스 안전관리법령상 고압가스에 속하지 않는 것은?

① 상용의 온도에서 압력이 1메가파스칼 미만이 되는 압축가스로서 실제로 그 압력이 1메가파스칼 미만이 되는 것
② 섭씨 15도의 온도에서 압력이 0파스칼을 초과하는 아세틸렌가스
③ 상용의 온도에서 압력이 0.2메가파스칼 이상이 되는 액화가스로서 실제로 그 압력이 0.2메가파스칼 이상이 되는 것

④ 섭씨 35도의 온도에서 압력이 0파스칼을 초과하는 액화가스 중 액화시안화수소, 액화브롬화메탄 및 액화산화에틸렌가스

해설 상용의 온도에서 압력이 1메가파스칼 이상이 되는 압축가스로서 실제로 그 압력이 1메가파스칼 이상이 되는 것이 해당된다.

95 LP가스 공급방식 중 강제기화 방식 공급가스의 종류가 아닌 것은?

① 공기혼합가스 공급방식
② 생가스 공급방식
③ 변성가스 공급방식
④ 공기압축가스 공급방식

해설 강제기화방식 공급가스의 종류
생가스 공급방식, 공기혼합가스 공급방식, 변성가스 공급방식

96 도시가스 제조방식 중 분자량이 큰 탄화수소를 원료로 고온(800~900℃)으로 분해시켜 고열량의 가스를 제조하는 공정은?

① 접촉분해공정
② 열분해공정
③ 부분연소공정
④ 대체 천연가스 제조공정

해설 분자량이 큰 탄화수소를 원료로 고온(800~900℃)으로 분해시켜 고열량의 가스를 제조하는 공정은 열분해공정을 말한다.

97 가스사고 원인조사 사항에 대한 설명이다. 옳지 않은 것은?

① 귀납적 방법을 주체로 조사하며 수집된 정보를 입증하는 데 힘쓴다.
② 현장에 남아 있는 물체의 상태를 관찰하여 발화지점을 순차적으로 좁혀간다.
③ 가스기기의 물리적 특성과 화학적 원리를 합리적으로 규명한다.
④ 가스 공급자 등 관계자의 진술이 현장상황과 맞지 않는 경우 이유를 캐묻는다.

해설 가스사고 원인조사는 물질이 파손되거나 손상된 사실에 초점을 두고 진행하여야 한다.

98 가스사고조사에 대한 설명으로 옳지 않은 것은?

① 가스사고는 폭발, 화재, 중독사고 등을 포함한다.
② 폭발이나 화재가 발생하지 않았다면 가스누설사고는 제외된다.
③ 천재지변으로 가스시설이 연소된 경우 연소된 지역과 발화지점을 구분한다.
④ 용기가 파열된 경우 외부압력 또는 내압에 기인한 것인지 판별한다.

해설 가스사고조사는 폭발이나 화재가 없더라도 누설사고와 용기파열사고, 질식사고, 중독사고 등도 포함하여 분류하고 있다.

99 밀폐공간에서의 폭발을 설명한 것으로 옳지 않은 것은?

① 폭발압력을 받는 방향은 일정하지 않다.
② 압력이 벽면의 강도보다 클 경우 파괴가 동반한다.
③ 단위면적당 작은 면적이 압력을 크게 받는다.
④ 폭발로 개구부가 형성되면 압력도 가스의 흐름을 따라 대기로 방산된다.

해설 밀폐공간에서 폭발이 발생하면 압력을 받는 방향은 일정하지 않으며, 단위면적당 넓은 면적이 압력을 크게 받는다.

100 다음 중 가스연소기구에 의한 화재로 볼 수 없는 것은?

① 연소기구의 복사열로 인접가연물이 착화한 경우
② 사용 중인 연소기구에 가연물이 접촉한 경우
③ 연소기구의 조립불량으로 불완전연소가 일어나 폭발한 경우
④ 도시가스밸브에서 가스 누출로 폭발한 경우

해설 가스연소기구에 의한 화재는 연소기구에서 발생한 열 및 연소기구의 결함으로 인해 야기된 것을 모두 지칭한다. 도시가스밸브에서의 가스 누출은 가스사고에 해당한다.

101 가스연소기구 감식방법으로 가장 옳지 않은 것은?

① 분해하지 않고 관계자의 진술로 판단한다.
② 연소기구 콕의 개폐상태 및 점화장치를 확인한다.
③ 가연물의 접촉 또는 이물질의 혼입여부 등을 확인한다.
④ 노즐 및 공기조절기의 막힘이나 조절상태 등을 확인한다.

해설 가스연소기구는 노즐, 혼합관, 버너헤드, 염공, 점화장치 등을 구분하여 기능상 동작상태와 이상여부를 확인하여야 한다.

102 압력조정기 사고가 발생할 수 있는 경우가 아닌 것은?

① 설치장소가 부적정할 때
② 타 물질과의 접촉으로 충격을 받았을 때
③ 가스 용기에 체결되어 있을 때
④ 화재로 인해 화염과 접촉했을 때

해설 압력조정기 사고가 발생할 수 있는 경우
  ㉠ 용도 및 설치장소가 부적정할 때
  ㉡ 타 물질에 충격 · 접촉이 있을 때
  ㉢ 화재로 인한 화염접촉
  ㉣ 고장 등

103 상온상압에서 액체나 고체 물질에서 발생한 기체를 무엇이라고 하는가?

① 증기
② 가스
③ 미스트
④ 분진

Answer 98.② 99.③ 100.④ 101.① 102.③ 103.①

해설 상온상압에서 액체나 고체 물질에서 발생한 기체를 증기(vapor)라고 한다.

104 다음 중 염화비닐호스의 감식내용으로 옳지 않은 것은?

① 고의에 의한 파손은 호스의 절단면이 비교적 깨끗하게 잘린 경우가 많다.

② 연결부위에서 누설 또는 막음조치 불량은 공사 중이거나 이사를 한 경우 발생할 확률이 많아 관계인을 통해 확인한다.

③ 호스 내부에 그을음 등 이물질이 축적되어 있다면 화재 이전에 부착된 것이다.

④ 호스 표면이 연소하더라도 내부에 삽입된 철망이 남기 때문에 길이와 설치경로를 확인할 수 있다.

해설 호스 내부에 그을음 등 이물질이 축적되어 있다면 화재 이후에 부착될 확률이 높다. 고의로 잘려나가 누설된 부위는 호스 내부가 비교적 깨끗한 상태를 유지한다.

105 가스 용기의 사고위험성에 해당하지 않는 것은 어느 것인가?

① 용기의 용접부분에서의 누설

② 용기 밸브에서의 누설

③ 외부 충격에 의한 파열

④ 용기 정기검사 실시

해설 가스 용기의 사고위험성
- ㉠ 용기의 용접부분에서의 누설
- ㉡ 용기 밸브에서의 누설
- ㉢ 넥크링부분에서 용접불량에 의한 누설
- ㉣ 미검사품의 유통
- ㉤ 화재에 의한 안전밸브 방출
- ㉥ 압력에 견디지 못하고 파열
- ㉦ 외부 충격에 의한 파열
- ㉧ 각종 연결부위에서의 누설

106 LP 탱크로리에서 가스가 누출된 경우 조사방법으로 부적당한 것은?

① 커플링은 결합을 해체시킨 후 누설여부를 확인한다.

② 용접부위는 비파괴시험을 하거나 절단하여 전자주사현미경으로 정밀조사 한다.

③ 밸브류는 시트의 변형과 손상여부를 확인한다.

④ 액면계와 밸브를 수거하여 이상여부 확인을 위해 분해 · 정밀조사를 한다.

해설 커플링은 체결시킨 상태에서 누설여부를 확인하여야 하며, 관련 부품을 정밀하게 조사하여야 한다.

107 석유보일러가 불완전연소를 일으키는 원인에 해당하지 않는 것은?

① 정비 및 조정불량으로 연료와 공기의 혼합비가 불균형할 경우

② 연료탱크 부식으로 연료가 누설된 경우

③ 급 · 배기가 원활하지 못할 경우

④ 급 · 배기 경로가 이물질 등에 의해 방해를 받는 경우

해설 석유보일러가 불완전연소를 일으키는 요인
- ㉠ 정비 및 조정 불량으로 연료와 공기의 혼합비가 불균형할 경우
- ㉡ 급 · 배기가 원활하지 못할 경우
- ㉢ 급 · 배기 경로가 이물질 등에 의해 방해를 받는 경우

108 가스보일러의 누출사고조사 시 가장 거리가 먼 것은?

① 가스공급배관 및 배기관 확인

② 배기가스 유입경로 파악

③ 안전장치 확인

④ 가스의 사용량 확인

해설 가스의 사용량 조사는 가스 누출사고조사 내용과 직접적인 관련이 없다.

109 이동식 부탄가스레인지가 폭발하였다. 조사내용으로 거리가 먼 것은?

① 안전장치 이상여부
② 용기에 화염흔적
③ 조리기구 소유자의 전과기록
④ 가스레인지 내부 배관의 누설, 파열흔적

해설 이동식 가스레인지 폭발조사 시 안전장치의 이상유무와 용기의 화염흔적, 가스레인지 내부 배관의 누설, 파열흔적 등을 조사하여야 한다.

Chapter 04 화학물질화재 감식

01 기초화학

1 화학양론

(1) 원자와 분자

① 원자의 구성

    ㉠ 양성자 : 양(+) 전하를 띤다.

    ㉡ 중성자 : 전하를 갖지 않는다.

    ㉢ 전자 : 음(−) 전하를 띤다.

② 원자설에 관한 기본 법칙

    ㉠ 질량보존의 법칙 : 반응물질과 생성물질의 총 질량은 항상 같다.

      예 $C + O_2 = CO_2$, $12g + 32g = 44g$

    ㉡ 일정성분비의 법칙 : 한 화합물을 구성하고 있는 성분 원소의 질량비는 항상 일정하다.

      예 $2H_2 + O_2 = 2H_2O$, $4g + 32g = 36g$

    ㉢ 배수비례의 법칙 : 서로 다른 두 원소들이 화합하여 2가지 이상의 화합물을 만들 때 한 원소의 일정량과 결합하는 다른 원소의 질량 사이에는 간단한 정수비가 성립한다.

      예 CO와 CO_2에서 C의 질량 12와 결합하는 O의 질량비는 $16g : 32g$이 성립한다.
      즉, $1 : 2$의 정수비가 성립한다.

③ 분자 : 두 개 이상의 원자가 결합하여 이루어진 물질의 기본 입자

┃ 분자를 이루는 원자 수에 의한 구분 ┃

구 분	종 류
1원자 분자	헬륨(He), 아르곤(Ar), 수은(Hg)
2원자 분자	수소(H_2), 질소(N_2), 염화수소(HCl)
3원자 분자	이산화탄소(CO_2), 오존(O_3)
4원자 분자	인(P_4), 암모니아(NH_4)
다원자 분자	녹말, 수지

④ 분자설에 관한 기본 법칙

　㉠ 기체반응의 법칙 : 화학반응에서 반응하는 기체와 생성되는 기체의 부피 사이에
　　는 간단한 정수비가 성립한다.

　　예 수소+산소 → 물, $2H_2 + O_2 → 2H_2O = 2 : 1 : 2$

　㉡ 아보가드로의 법칙 : 모든 기체는 온도와 압력이 같을 때 같은 부피 속에 존재하
　　는 기체 분자의 수가 일정하다. 모든 기체 1몰은 표준상태(0℃ 1기압)에서
　　22.4L이며 이때 분자 수는 6.023×10^{23}개이다.

　㉢ 보일의 법칙 : 일정온도에서 모든 기체의 부피는 압력에 반비례한다.

$$PV = P'V', \ PV = K \ (T 는 \ 일정)$$

　　여기서, P : 기압(atm)
　　　　　　V : 부피(m^3)

　㉣ 샤를의 법칙 : 일정한 압력에서 모든 기체의 부피는 절대온도에 비례한다.

$$\frac{V}{T} = \frac{V'}{T'}, \ V = KT \ (P는 \ 일정)$$

　　여기서, V : 부피(m^3)
　　　　　　T : 절대온도(K)

　㉤ 보일-샤를의 법칙 : 일정한 기체의 부피는 압력에 반비례하고 절대온도에 비례한다.

$$\frac{PV}{T} = \frac{P'V'}{T'}, \ \frac{PV}{T} = K$$

　　여기서, P : 기압(atm)
　　　　　　V : 부피(m^3)
　　　　　　T : 절대온도(K)

　㉥ 이상기체 상태방정식

$$PV = nRT$$

　　여기서, P : 압력
　　　　　　V : 부피(m^3)
　　　　　　n : 몰수
　　　　　　R : 기체상수(0.082L·atm/mol·K)
　　　　　　T : 절대온도(K)

바로바로 **확인문제●**

두 가지 원소가 일련의 화합물을 만들 때 양 쪽의 원소가 일정량의 간단한 정수비를 갖는 법칙은?

① 질량보존의 법칙　　　　　　　② 아보가드로의 법칙
③ 일정성분비의 법칙　　　　　　④ 배수비례의 법칙

해설 배수비례의 법칙을 설명한 것이다.　　　　　　　　　　　　　　　　답 ④

(2) 화학식과 화학방정식

① 화학식의 종류

구 분	실험식	분자식	시성식	구조식
물	H_2O	H_2O	HOH	H—O—H
아세트산	CH_2O	$C_2H_4O_2$	CH_3COOH	〈구조식〉

② 화학방정식 구하는 법

　㉠ 반응물과 생성물을 알아야 한다.

　㉡ 물질은 분자식으로 나타낸다.

　㉢ 반응물과 생성물의 원자 수가 같도록 화학식 앞에 계수를 표시한다.

‖ 수소와 산소가 결합하여 물을 만드는 경우 ‖

반응식	$2H_2$	+	O_2	→	$2H_2O$
부 피	$2 \times 22.4L$		$22.4L$		$2 \times 22.4L$
질 량	4g		32g		36g
몰 수	2몰의 수소		1몰의 산소		2몰의 물

(3) 화학결합의 종류 〔2021년 기사〕

① **이온결합** : 금속과 비금속이 양이온과 음이온을 형성하여 정전기적인 인력으로 결합

② **공유결합** : 비금속의 단체, 비금속과 비금속의 화합물

③ **배위결합** : 공유결합 물질에서 공유 전자쌍을 한쪽의 원자가 모두 제공하는 결합

④ **금속결합** : 자유전자가 금속원자의 이온 사이를 자유롭게 이동하면서 이루어지는 결합

2 화학반응

(1) 화학반응의 종류 〔암기〕 2013년 산업기사 2017년 산업기사 2018년 산업기사 2023년 기사 2023년 산업기사

구 분	내 용
화합	2종 또는 그 이상의 물질이 결합하여 새로운 성질을 가진 하나의 물질로 반응하는 것 예 $2H_2 + O_2 \rightarrow 2H_2O$
분해	하나의 물질이 두 가지 이상의 새로운 물질로 반응하는 것 예 $2H_2O \rightarrow 2H_2 + O_2$
치환	화합물을 구성하는 성분 중 일부가 다른 원소로 바뀌는 것 예 $Zn + H_2SO_4 \rightarrow ZnSO_4 + H_2$
복분해	두 가지의 화합물이 서로 성분의 일부를 바꾸어 서로 다른 성질을 갖는 새로운 물질을 생성하는 것 예 $HCl + NaOH \rightarrow NaCl + H_2O$

(2) 발열반응

반응열을 발산하는 반응(반응물질 에너지 > 생성물질 에너지)

$$C + O_2 \rightarrow CO_2 + 393.5kJ$$

(3) 흡열반응

반응열을 흡수하는 반응(반응물질 에너지 < 생성물질 에너지)

$$HgO \rightarrow Hg + 1/2O_2 - 90.8kJ$$

3 산과 염기 〔암기〕

(1) 산과 염기의 반응

① 브뢴스테드의 산과 염기 : 산(acid)은 염기(base)에게 양성자(H^+)를 주고, 염기는 산으로부터 양성자(H^+)를 받는다.

　예 $HCl + H_2O \rightarrow H_3O^+ + Cl^-$

② 루이스의 산과 염기 : 산은 배위결합이 일어날 때 전자쌍을 받아들이고, 염기는 전자쌍을 내어준다.

　예 $NH_3 + HCl \rightarrow NH_4^+ + Cl^-$

③ 산성 산화물

　㉠ 비금속의 산화물

　㉡ 물에 녹아 산이 되는 물질

　㉢ 염기와 반응하여 염과 물을 만든다.

　예 CO_2, SO_2, SiO_2 등

④ 염기성 산화물

　㉠ 금속의 산화물

　㉡ 물에 녹아 염기가 되는 물질

　㉢ 산과 반응하여 염과 물을 만든다.

　　예 K_2O, MgO, CuO, CrO 등

⑤ 양쪽성 산화물

　㉠ Al, Zn, Pb, As 등의 산화물

　㉡ 물에 녹지 않는 산화물

　㉢ 산과 염기에 모두 반응하여 염과 물을 만든다.

　　예 Al_2O_3, ZnO, SnO 등

(2) 산과 염기의 성질

구 분	산(acid)	염기(base)
맛	신맛(식초의 맛)	쓴맛(NaOH의 맛)
리트머스 변색	청색에서 적색으로	적색에서 청색으로
금속과의 반응	H_2 발생	반응 없음
중화반응	염기와 중화반응	산과 중화반응

(3) 수소이온농도(pH)

① 수소이온량의 역수에 상용로그를 취한 값을 말한다.

$$pH = \log \frac{1}{[H^+]} = -\log[H^+]$$

② pH 농도가 7이면 중성, 7 미만이면 산성, 7 이상이면 염기성을 나타내며 숫자가 작아질수록 강산이 되고 숫자가 커질수록 약산이 된다. pH값이 1 감소할 때 수소이온의 농도는 10배 증가한다.

바로바로 확인문제

산과 염기 중 산에 대한 설명으로 옳지 않은 것은?

① 수소화합물 중 수용액은 전리되어 H^+ 이온을 방출한다.

② 리트머스 시험지를 청색으로 변화시킨다.

③ 수용액은 신맛이며, 다른 물질에 H^+를 줄 수 있다.

④ 수소보다 이온화 경향이 큰 금속과 반응하여 수소를 발생시킨다.

해설 산(acid)은 리트머스 시험지를 청색에서 적색으로 변화시킨다.　　　　답 ②

4 산화와 환원반응

(1) 산화와 환원

구 분	산소	전자	수소	산화수
산화	얻음	잃음	잃음	증가
환원	잃음	얻음	얻음	감소

※ 산화와 환원은 항상 동시에 반응한다.

(2) 산화 · 환원반응

① 산화반응

산소와 결합 : $2Mg + O_2 \rightarrow 2MgO$, 전자를 잃음 : $Na \rightarrow Na^+ + e^-$

② 환원반응

수소와 결합 : $N_2 + 3H_2 \rightarrow 2NH_3$, 전자를 얻음 : $Cl + e^- \rightarrow Cl^-$

③ 산화수에 의한 산화 · 환원반응

㉠ 수소화합물에서 수소원자의 산화수는 +1이다.

㉡ 산소화합물에서 산소원자의 산화수는 -2이다.

㉢ 단체 중의 원자의 산화수는 0이다.

㉣ 중성화합물을 이루고 있는 각 원자의 산화수의 합은 0이다.

㉤ 할로겐의 산화수는 -1이며, 알칼리금속 화합물에서 알칼리 원소의 산화수는 +1이다.

㉥ 과산화물에서 산소의 산화수는 -1이다.

㉦ 금속 수소화합물에서 수소의 산화수는 -1이다.

(3) 산화제와 환원제

① 산화제의 조건

㉠ 발생기 산소를 내기 쉬운 물질

㉡ 수소와 화합하기 쉬운 물질

㉢ 전자를 얻기 쉬운 물질(7족의 F, Cl, Br, I 등)

㉣ 전기 음성도가 큰 비금속 단체

② 환원제의 조건

㉠ 발생기 수소를 내기 쉬운 물질

㉡ 산소와 화합하기 쉬운 물질

㉢ 전자를 잃기 쉬운 물질(K, Mg, Ca, Zn 등)

㉣ 이온화 경향이 큰 금속의 단체

바로바로 **확인문제**

다음 중 산화에 해당하지 않는 것은 어느 것인가?
① 이온이 전자를 얻을 때
② 물질이 산소와 화합할 때
③ 산화수가 증가할 때
④ 수소화합물이 수소를 잃을 때

해설 산화란 산화수가 증가하거나 산소와 결합하는 것, 수소와 전자를 잃는 것을 말한다. **답** ①

5 유기화합물

유기화합물이란 탄소-탄소, 탄소-수소의 결합체로 탄소화합물을 총칭한다.

(1) 탄소화합물의 특성
① 주성분이 C, H, O와 P, S, N, Cl 등을 포함한 화합물이다.
② 원자 사이의 공유결합으로 안정된 상태이며, 반응성이 작고 느리다.
③ 대부분 무극성 분자로 분자 사이의 인력이 작아 녹는점과 끓는점이 낮다.
④ 무극성 용매에 잘 녹는다.
⑤ 대부분 비전해질로 전기전도성이 없다.

(2) 탄화수소의 분류
① 포화 탄화수소 : 파라핀계(메탄계), 단일결합으로 이루어졌다.
② 불포화 탄화수소 : 2중결합 또는 3중결합으로 이루어졌다(중합반응, 첨가반응).

구 분	형 태	명 칭	결 합	일반식	화합물의 예
포화 탄화수소	사슬모양	알칸	단일결합	C_nH_{2n+2}	메탄, 에탄
	고리모양	시클로알칸	단일결합	C_nH_{2n}	시클로헥산
불포화 탄화수소	사슬모양	알켄	2중결합	C_nH_{2n}	에텐
		알킨	3중결합	C_nH_{2n-2}	아세틸렌
	고리모양	방향족 탄화수소			벤젠, 톨루엔

(3) 지방족 탄화수소
① 알칸(Alkane)
   ㉠ 일반식 : C_nH_{2n+2}
   ㉡ 결합 : C-C 단일결합(사슬모양의 입체구조)
   ㉢ 분자량이 커질수록 녹는점과 끓는점이 높아진다.

∥ 탄소화합물의 구분 ∥

숫 자	1	2	3	4	5	6	7	8	9	10
수 사	mono	di	tri	tetra	penta	hexa	hepta	octa	nona	deca
탄소수	meta	etha	propa	buta	penta	hexa	hepta	octa	nona	deca

※ $C_1 \sim C_4$: 기체, $C_5 \sim C_6$: 액체, C_7 이상 : 고체

② 시클로알칸(cycloalkane)

    ㉠ 일반식 : $C_n H_{2n}$

    ㉡ 결합 : C−C 단일결합(고리모양)

    ㉢ 반응성과 성질은 알칸과 비슷하다.

③ 알켄(alkene)

    ㉠ 일반식 : $C_n H_{2n}$

    ㉡ 결합 : C−C 이중결합(사슬모양)

    ㉢ 첨가, 중합반응을 한다.

④ 알킨(alkyne)

    ㉠ 일반식 : $C_n H_{2n-2}$

    ㉡ 결합 : 분자 내 3중결합

    ㉢ 직선모양이며 첨가, 중합반응을 한다.

(4) 방향족 탄화수소

① 분자 내에 벤젠과 벤젠고리를 포함한 화합물

② 벤젠(C_6H_6)은 6개의 탄소원자가 육각형의 고리모양을 이루고 2중결합과 단일결합이 하나씩 걸러 있는 구조이다.

③ 연소 시 그을음 발생이 많고, 유기용매에 잘 녹으며, 치환과 첨가반응을 한다.

6 상태변화 및 열분해

(1) 물질의 상태변화

① 기화 : 액체 → 기체

② 액화 : 기체 → 액체

③ 용융 : 고체 → 액체

④ 응고 : 액체 → 고체

⑤ 승화 : 고체 → 기체, 기체 → 고체

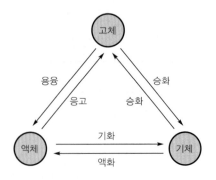

(2) 열분해

열분해란 어떤 물질에 열을 가했을 때 약한 결합이 끊어져서 두 개의 새로운 물질이 생성되는 것을 말한다.

① 무기화합물의 열분해

　㉠ 탄산칼슘의 열분해로 생석회(CaO)와 이산화탄소(CO_2)로 분해되고 생석회를 만들 수 있다.

$$CaCO_3 \rightarrow CaO + CO_2$$

　㉡ 탄산수소나트륨은 베이킹파우더의 원료로서 열을 가하면 빵을 부풀리는 작용을 한다. 원리는 탄산수소나트륨의 열분해로 이산화탄소를 생성하는 과정에서 기포가 형성되기 때문이다.

$$2NaHCO_3 \rightarrow Na_2CO_3 + H_2O + CO_2$$

② 유기화합물의 열분해 : 유기화합물의 열분해는 단일화합물보다 고분자혼합물의 분해에 유용하게 이용된다. 목재의 열분해로 목초액, 나무 타르 및 목탄을 제조하기도 하며, 석탄을 열분해하여 석탄가스, 타르, 코크스를 얻기도 한다. 또한 나프타를 열분해하여 석유화학산업의 중요한 원료를 얻기도 한다. 말론산 유도체는 가열에 의해 쉽게 지방산과 이산화탄소로 분해된다.

$$RCH(COOH)_2 \rightarrow RCH_2COOH + CO_2$$

02 화학물질의 개요

1 화학물질의 특성

(1) 화학물질의 위험성

① 화재위험 : 자연발화, 인화, 발화
② 연소확대위험 : 이연성, 속연성
③ 소화곤란위험 : 금수성, 유독성, 폭발성
④ 손상위험 : 부식, 중독, 질식, 화상

(2) 화학물질의 위험성 증대 요인

① 온도와 압력이 높을수록 위험하다.
② 인화점과 착화점이 낮을수록 위험하다.
③ 융점과 비점이 낮을수록 위험하다.

④ 폭발하한이 낮을수록 위험하다.
⑤ 반응속도가 빠를수록 위험하다.
⑥ 연소 시 생성열이 많을수록 위험하다.
⑦ 증발열 및 표면장력이 작을수록 위험하다.

(3) 위험물 이론

① 제1류 위험물 [암기] 2013년 기사 2018년 기사 2022년 기사
　㉠ 모두 산소를 가지고 있는 산화성 고체이다.
　㉡ 자신은 불연성 물질이지만 강산화제 작용을 한다.
　㉢ 열, 충격, 마찰 및 다른 약품과의 접촉 등에 의해 산소를 방출한다.
　㉣ 비중은 1보다 크고 수용성이 많다.

▌제1류 위험물 품명 및 지정수량▐

유 별	성 질	품 명	지정수량
제1류	산화성 고체	1. 아염소산염류	50kg
		2. 염소산염류	50kg
		3. 과염소산염류	50kg
		4. 무기과산화물	50kg
		5. 브롬산염류	300kg
		6. 질산염류	300kg
		7. 요오드산염류	300kg
		8. 과망간산염류	1,000kg
		9. 중크롬산염류	1,000kg
		10. 그 밖에 행정안전부령으로 정하는 것 11. 위 1 내지 10의 1에 해당하는 어느 하나 이상을 함유한 것	50kg 300kg 또는 1,000kg

[비고] "산화성 고체"라 함은 고체[액체(1기압 및 20℃에서 액상인 것 또는 20℃ 초과 40℃ 이하에서 액상인 것을 말한다) 또는 기체(1기압 및 20℃에서 기상인 것을 말한다) 외의 것을 말한다. 이하 같다]로서 산화력의 잠재적인 위험성 또는 충격에 대한 민감성을 판단하기 위하여 소방청장이 정하여 고시하는 시험에서 고시로 정하는 성질과 상태를 나타내는 것을 말한다. 이 경우 "액상"이라 함은 수직으로 된 시험관(안지름 30mm, 높이 120mm의 원통형 유리관을 말한다)에 시료를 55mm까지 채운 다음 당해 시험관을 수평으로 하였을 때 시료액면의 선단이 30mm를 이동하는 데 걸리는 시간이 90초 이내에 있는 것을 말한다.

② 제2류 위험물 [암기]
　㉠ 가연성 고체로서 비교적 낮은 온도에서 착화하기 쉬운 이연성 물질이다.
　㉡ 강력한 환원성 물질이고 대부분 무기화합물이다.
　㉢ 물에는 불용이며 산화되기 쉬운 물질이다.
　㉣ 비중은 1보다 크고 물에 녹지 않는다.

‖ 제2류 위험물 품명 및 지정수량 ‖

유 별	성 질	품 명	지정수량
제2류	가연성 고체	1. 황화린	100kg
		2. 적린	100kg
		3. 유황	100kg
		4. 철분	500kg
		5. 금속분	500kg
		6. 마그네슘	500kg
		7. 그 밖에 행정안전부령으로 정하는 것 8. 위 1 내지 7의 1에 해당하는 어느 하나 이상을 함유한 것	100kg 또는 500kg
		9. 인화성 고체	1,000kg

[비고] 1. "가연성 고체"라 함은 고체로서 화염에 의한 발화의 위험성 또는 인화의 위험성을 판단하기 위하여 고시로 정하는 시험에서 고시로 정하는 성질과 상태를 나타내는 것을 말한다.
　　　 2. 유황은 순도가 60중량퍼센트 이상인 것을 말한다. 이 경우 순도측정에 있어서 불순물은 활석 등 불연성 물질과 수분에 한한다.
　　　 3. "철분"이라 함은 철의 분말로서 53마이크로미터의 표준체를 통과하는 것이 50중량퍼센트 미만인 것은 제외한다.
　　　 4. "금속분"이라 함은 알칼리금속·알칼리토류금속·철 및 마그네슘 외의 금속의 분말을 말하고, 구리분·니켈분 및 150마이크로미터의 체를 통과하는 것이 50중량퍼센트 미만인 것은 제외한다.
　　　 5. 마그네슘 및 제2류 제8호의 물품 중 마그네슘을 함유한 것에 있어서는 다음의 1에 해당하는 것은 제외한다.
　　　　 가. 2밀리미터의 체를 통과하지 아니하는 덩어리 상태의 것
　　　　 나. 직경 2밀리미터 이상의 막대모양의 것
　　　 6. "인화성 고체"라 함은 고형 알코올 그 밖에 1기압에서 인화점이 40℃ 미만인 고체를 말한다.

③ 제3류 위험물

　㉠ **금수성 물질(황린 제외)**로서 물과 접촉하면 발열 또는 발화한다.
　㉡ **자연발화성 물질**로서 공기와의 접촉으로 자연발화한다.
　㉢ 물과 반응 시 대부분 수소나 가연성 탄화수소류 가스를 발생한다.
　㉣ K, Na, 알킬알루미늄, 알킬리튬은 물보다 가볍다.

‖ 제3류 위험물 품명 및 지정수량 ‖

유 별	성 질	품 명	지정수량
제3류	자연발화성 물질 및 금수성 물질	1. 칼륨	10kg
		2. 나트륨	10kg
		3. 알킬알루미늄	10kg
		4. 알킬리튬	10kg
		5. 황린	20kg

		6. 알칼리금속(칼륨 및 나트륨을 제외한다) 및 알칼리토금속		50kg
제3류	자연발화성 물질 및 금수성 물질	7. 유기금속화합물(알킬알루미늄 및 알킬리튬을 제외한다)		50kg
		8. 금속의 수소화물		300kg
		9. 금속의 인화물		300kg
		10. 칼슘 또는 알루미늄의 탄화물		300kg
		11. 그 밖에 행정안전부령으로 정하는 것 12. 위 1 내지 11의 1에 해당하는 어느 하나 이상을 함유한 것		10kg, 20kg, 50kg 또는 300kg

[비고] "자연발화성 물질 및 금수성 물질"이라 함은 고체 또는 액체로서 공기 중에서 발화의 위험성이 있거나 물과 접촉하여 발화하거나 가연성 가스를 발생하는 위험성이 있는 것을 말한다.

④ 제4류 위험물 [암기] 2015년 기사 2018년 산업기사 2021년 기사

  ㉠ 대부분 물보다 가볍고(CS_2 제외) 물에 잘 녹지 않는다.

  ㉡ **증기는 공기보다 무겁다(HCN 제외).**

  ㉢ 착화온도가 낮은 것은 위험하다.

  ㉣ 연소하한이 낮고 증기와 공기가 약간만 혼합되어 있어도 연소한다.

▌제4류 위험물 품명 및 지정수량 ▌

유 별	성 질	품 명		지정수량
제4류	인화성 액체	1. 특수인화물		50L
		2. 제1석유류	비수용성 액체	200L
			수용성 액체	400L
		3. 알코올류		400L
		4. 제2석유류	비수용성 액체	1,000L
			수용성 액체	2,000L
		5. 제3석유류	비수용성 액체	2,000L
			수용성 액체	4,000L
		6. 제4석유류		6,000L
		7. 동식물유류		10,000L

[비고] 1. "인화성 액체"라 함은 액체(제3석유류, 제4석유류 및 동식물유류의 경우 1기압과 섭씨 20도에서 액체인 것만 해당한다)로서 인화의 위험성이 있는 것을 말한다. 다만, 다음의 어느 하나에 해당하는 것을 법 제20조 제1항의 중요기준과 세부기준에 따른 운반용기를 사용하여 운반하거나 저장(진열 및 판매를 포함한다)하는 경우는 제외한다.
   가. 「화장품법」 제2조 제1호에 따른 화장품 중 인화성 액체를 포함하고 있는 것
   나. 「약사법」 제2조 제4호에 따른 의약품 중 인화성 액체를 포함하고 있는 것
   다. 「약사법」 제2조 제7호에 따른 의약외품(알코올류에 해당하는 것은 제외한다) 중 수용성인 인화성 액체를 50부피퍼센트 이하로 포함하고 있는 것
   라. 「의료기기법」에 따른 체외진단용 의료기기 중 인화성 액체를 포함하고 있는 것
   마. 「생활화학제품 및 살생물제의 안전관리에 관한 법률」 제3조 제4호에 따른 안전확인대상생활화학제품(알코올류에 해당하는 것은 제외한다) 중 수용성인 인화성 액체를 50부피퍼센트 이하로 포함하고 있는 것

2. "특수인화물"이라 함은 이황화탄소, 디에틸에테르 그 밖에 1기압에서 발화점이 100℃ 이하인 것 또는 인화점이 −20℃ 이하이고 비점이 40℃ 이하인 것을 말한다.

3. "제1석유류"라 함은 아세톤, 휘발유 그 밖에 1기압에서 인화점이 21℃ 미만인 것을 말한다.

4. "알코올류"라 함은 1분자를 구성하는 탄소원자의 수가 1개부터 3개까지인 포화1가 알코올(변성알코올을 포함한다)을 말한다. 다만, 다음의 1에 해당하는 것은 제외한다.

　　가. 1분자를 구성하는 탄소원자의 수가 1개 내지 3개의 포화1가 알코올의 함유량이 60중량퍼센트 미만인 수용액

　　나. 가연성 액체량이 60중량퍼센트 미만이고 인화점 및 연소점(태그개방식 인화점측정기에 의한 연소점을 말한다.)이 에틸알코올 60중량퍼센트 수용액의 인화점 및 연소점을 초과하는 것

5. "제2석유류"라 함은 등유, 경유 그 밖에 1기압에서 인화점이 21℃ 이상 70℃ 미만인 것을 말한다. 다만, 도료류 그 밖의 물품에 있어서 가연성 액체량이 40중량퍼센트 이하이면서 인화점이 40℃ 이상인 동시에 연소점이 60℃ 이상인 것은 제외한다.

6. "제3석유류"라 함은 중유, 클레오소트유 그 밖에 1기압에서 인화점이 70℃ 이상 200℃ 미만인 것을 말한다. 다만, 도료류 그 밖의 물품은 가연성 액체량이 40중량퍼센트 이하인 것은 제외한다.

7. "제4석유류"라 함은 기어유, 실린더유 그 밖에 1기압에서 인화점이 200℃ 이상 250℃ 미만의 것을 말한다. 다만, 도료류 그 밖의 물품은 가연성 액체량이 40중량퍼센트 이하인 것은 제외한다.

8. "동식물유류"라 함은 동물의 지육 등 또는 식물의 종자나 과육으로부터 추출한 것으로 1기압에서 인화점이 250℃ 미만인 것을 말한다. 다만, 법 제20조 제1항의 규정에 의하여 행정안전부령으로 정하는 용기기준과 수납·저장기준에 따라 수납되어 저장·보관되고 용기의 외부에 물품의 통칭명, 수량 및 화기엄금(화기엄금과 동일한 의미를 갖는 표시를 포함한다)의 표시가 있는 경우를 제외한다.

⑤ 제5류 위험물 암기 〔2019년 산업기사〕〔2021년 기사〕

　㉠ 자기반응성 물질로서 물질 자체가 산소를 함유하고 있어 자기연소를 일으킨다.

　㉡ 가열, 충격, 마찰 등에 의해 폭발위험이 있다.

　㉢ 대부분 물에 잘 녹지 않으며 물과 반응하는 물질은 없다.

‖ 제5류 위험물 품명 및 지정수량 ‖

유 별	성 질	품 명	지정수량
제5류	자기반응성 물질	1. 유기과산화물	10kg
		2. 질산에스테르류	10kg
		3. 니트로화합물	200kg
		4. 니트로소화합물	200kg
		5. 아조화합물	200kg
		6. 디아조화합물	200kg
		7. 히드라진 유도체	200kg
		8. 히드록실아민	100kg
		9. 히드록실아민염류	100kg
		10. 그 밖에 행정안전부령으로 정하는 것 11. 위 1 내지 10의 1에 해당하는 어느 하나 이상을 함유한 것	10kg, 100kg 또는 200kg

[비고] 1. "자기반응성 물질"이라 함은 고체 또는 액체로서 폭발의 위험성 또는 가열분해의 격렬함을 판단하기 위하여 고시로 정하는 시험에서 고시로 정하는 성질과 상태를 나타내는 것을 말한다.

2. 제5류 제11호의 물품에 있어서는 유기과산화물을 함유한 것 중에서 불활성 고체를 함유하는 것으로서 다음의 1에 해당하는 것은 제외한다.
   가. 과산화벤조일의 함유량이 35.5중량퍼센트 미만인 것으로서 전분가루, 황산칼슘2수화물 또는 인산1수소칼슘2수화물과의 혼합물
   나. 비스(4클로로벤조일)퍼옥사이드의 함유량이 30중량퍼센트 미만인 것으로서 불활성 고체와의 혼합물
   다. 과산화지크밀의 함유량이 40중량퍼센트 미만인 것으로서 불활성 고체와의 혼합물
   라. 1ㆍ4비스(2-터셔리부틸퍼옥시이소프로필)벤젠의 함유량이 40중량퍼센트 미만인 것으로서 불활성 고체와의 혼합물
   마. 시크로헥사놀퍼옥사이드의 함유량이 30중량퍼센트 미만인 것으로서 불활성 고체와의 혼합물

⑥ 제6류 위험물

   ㉠ 대표적 성질은 <u>산화성 액체</u>로 불연성 물질이다.

   ㉡ <u>모두 산소를 함유</u>하고 있으며 물보다 무겁다.

   ㉢ 증기는 유독하며 피부와 접촉 시 점막을 부식시킨다.

   ㉣ 과산화수소를 제외하고 분해 시 유독성 가스를 발생한다.

‖ 제6류 위험물 품명 및 지정수량 ‖

유 별	성 질	품 명	지정수량
제6류	산화성 액체	1. 과염소산	300kg
		2. 과산화수소	300kg
		3. 질산	300kg
		4. 그 밖에 행정안전부령으로 정하는 것	300kg
		5. 위1 내지 4의 1에 해당하는 어느 하나 이상을 함유한 것	300kg

[비고] 1. "산화성 액체"라 함은 액체로서 산화력의 잠재적인 위험성을 판단하기 위하여 고시로 정하는 시험에서 고시로 정하는 성질과 상태를 나타내는 것을 말한다.
2. 과산화수소는 그 농도가 36중량퍼센트 이상인 것에 한한다.
3. 질산은 그 비중이 1.49 이상인 것에 한한다.
4. 위험물의 유별 성질란에 규정된 성상을 2가지 이상 포함하는 물품(이하 "복수성상물품"이라 한다)이 속하는 품명은 다음의 1에 의한다.
   가. 복수성상물품이 산화성 고체의 성상 및 가연성 고체의 성상을 가지는 경우 : 제2류 제8호의 규정에 의한 품명
   나. 복수성상물품이 산화성 고체의 성상 및 자기반응성 물질의 성상을 가지는 경우 : 제5류 제11호의 규정에 의한 품명
   다. 복수성상물품이 가연성 고체의 성상과 자연발화성 물질의 성상 및 금수성 물질의 성상을 가지는 경우 : 제3류 제12호의 규정에 의한 품명
   라. 복수의 성상물품이 자연발화성 물질의 성상, 금수성 물질의 성상 및 인화성 액체의 성상을 가지는 경우 : 제3류 제12호의 규정에 의한 품명
   마. 복수성상물품이 인화성 액체의 성상 및 자기반응성 물질의 성상을 가지는 경우 : 제5류 제11호의 규정에 의한 품명
5. 위험물의 유별 지정수량란에 정하는 수량이 복수로 있는 품명에 있어서는 당해 품명이 속하는 유(類)의 품명 가운데 위험성의 정도가 가장 유사한 품명의 지정수량란에 정하는 수량과 같은 수량을 당해 품명의 지정수량으로 한다. 이 경우 위험물의 위험성을 실험ㆍ비교하기 위한 기준은 고시로 정할 수 있다.

6. 위험물을 판정하고 지정수량을 결정하기 위하여 필요한 실험은 「국가표준기본법」 제23조에 따라 인정을 받은 시험·검사기관, 「소방산업의 진흥에 관한 법률」 제14조에 따른 한국소방산업기술원, 중앙소방학교 또는 소방청장이 지정하는 기관에서 실시할 수 있다. 이 경우 실험결과에는 실험한 위험물에 해당하는 품명과 지정수량이 포함되어야 한다.

⑦ 유별을 달리하는 위험물의 혼재기준 [2016년 기사]

구 분	제1류	제2류	제3류	제4류	제5류	제6류
제1류		×	×	×	×	○
제2류	×		×	○	○	×
제3류	×	×		○	×	×
제4류	×	○	○		○	×
제5류	×	○	×	○		×
제6류	○	×	×	×	×	

[비고] 1. '×'표시는 혼재할 수 없고, '○'표시는 혼재할 수 있음.
2. 지정수량 1/10 이하 위험물에는 적용되지 않음.

⑧ 특수가연물(소방기본법 시행령 [별표 2]) [2018년 기사] [2019년 기사]

품 명		수 량
면화류		200kg 이상
나무껍질 및 대팻밥		400kg 이상
넝마 및 종이부스러기		1,000kg 이상
사류(絲類)		1,000kg 이상
볏짚류		1,000kg 이상
가연성 고체류		3,000kg 이상
석탄·목탄류		10,000kg 이상
가연성 액체류		$2m^3$ 이상
목재가공품 및 나무부스러기		$10m^3$ 이상
합성수지류	발포시킨 것	$20m^3$ 이상
	그 밖의 것	3,000kg 이상

[비고] 1. "면화류"라 함은 불연성 또는 난연성이 아닌 면상 또는 팽이모양의 섬유와 마사(麻絲) 원료를 말한다.
2. 넝마 및 종이부스러기는 불연성 또는 난연성이 아닌 것(동식물유가 깊이 스며들어 있는 옷감·종이 및 이들의 제품을 포함한다)에 한한다.
3. "사류"라 함은 불연성 또는 난연성이 아닌 실(실부스러기와 솜털을 포함한다)과 누에고치를 말한다.
4. "볏짚류"라 함은 마른 볏짚·마른 북더기와 이들의 제품 및 건초를 말한다.
5. "가연성 고체류"라 함은 고체로서 다음의 것을 말한다.
　가. 인화점이 섭씨 40도 이상 100도 미만인 것
　나. 인화점이 섭씨 100도 이상 200도 미만이고, 연소열량이 1그램당 8킬로칼로리 이상인 것
　다. 인화점이 섭씨 200도 이상이고 연소열량이 1그램당 8킬로칼로리 이상인 것으로서 융점이 100도 미만인 것
　라. 1기압과 섭씨 20도 초과 40도 이하에서 액상인 것으로서 인화점이 섭씨 70도 이상 섭씨 200도 미만이거나 '나' 또는 '다'에 해당하는 것

6. 석탄 · 목탄류에는 코크스, 석탄가루를 물에 갠 것, 조개탄, 연탄, 석유코크스, 활성탄 및 이와 유사한 것을 포함한다.

7. "가연성 액체류"라 함은 다음의 것을 말한다.

　　가. 1기압과 섭씨 20도 이하에서 액상인 것으로서 가연성 액체량이 40중량퍼센트 이하이면서 인화점이 섭씨 40도 이상 섭씨 70도 미만이고 연소점이 섭씨 60도 이상인 물품

　　나. 1기압과 섭씨 20도에서 액상인 것으로서 가연성 액체량이 40중량퍼센트 이하이고 인화점이 섭씨 70도 이상 섭씨 250도 미만인 물품

　　다. 동물의 기름기와 살코기 또는 식물의 씨나 과일의 살로부터 추출한 것으로서 다음의 어느 하나에 해당하는 것
　　　　• 1기압과 섭씨 20도에서 액상이고 인화점이 250도 미만인 것으로서 「위험물안전관리법」 제20조 제1항의 규정에 의한 용기 기준과 수납 · 저장기준에 적합하고 용기 외부에 물품명 · 수량 및 "화기엄금" 등의 표시를 한 것
　　　　• 1기압과 섭씨 20도에서 액상이고 인화점이 섭씨 250도 이상인 것

8. "합성수지류"라 함은 불연성 또는 난연성이 아닌 고체의 합성수지제품, 합성수지반제품, 원료 합성수지 및 합성수지 부스러기(불연성 또는 난연성이 아닌 고무제품, 고무반제품, 원료고무 및 고무 부스러기를 포함한다)를 말한다. 다만, 합성수지의 섬유 · 옷감 · 종이 및 실과 이들의 넝마와 부스러기를 제외한다.

2 화학물질의 분석 방법

(1) 증거 분석

화학적 증거는 현장상황에 따라 물성변화를 일으키는 변수가 있기 때문에 정확한 분석이 요구된다. 주요 물질의 온도변화에 따른 물성효과는 다음과 같다.

┃ 물질의 온도변화에 따른 물성효과 ┃ 2015년 기사

효 과	온 도(℃)	효 과	온 도(℃)
윤활유 자연발화	420	아연 용융	418
스테인리스 변색	430~480	알루미늄 용융	659
합판 자연발화	482	마그네슘 용융	649
비닐전선 자연발화	482	청동 용융	788
고무호스 자연발화	510	황동 용융	871~1,050
유리 용융	450~850	은 용융	954
땜납 용융	180	금 용융	1,066
주석 용융	231	구리 용융	1,082
스테인리스 용융	1,520	니켈 용융	1,455
납 용융	330	주철 용융	1,232

(2) 결과 분석 기법 2016년 기사 2018년 산업기사

사고결과를 분석하는 방법으로 연역법, 귀납법, 형태학적 접근법이 있다.

구 분	내 용
연역법	• 일반적인 것으로부터 특별한 것을 찾아내는 접근 방법 • 사고 지점에서 시작하여 사고 이전상태를 검사하는 방법 • 대표적인 방법으로는 FTA(Fault Tree Analysis)가 있다.
귀납법	• 특정사고나 초기사건이 발생한 상황에서 수행하는 접근 방법 • 연역법보다 총괄적이다. • 대표적인 방법으로는 FMEA(Failure Mode and Effect Analysis), HAZOP(HAZard and OPerability study), ETA(Event Tree Analysis)가 있다.
형태학적 접근법	• 시스템 구조에 기초하여 사고조사를 분석하는 방법 • 연역법과 귀납법이 간접적인 접근 방식이라면, 형태학적 접근법은 직접적인 방법으로 분석자는 자신의 경험에 상당부분 의존한다. • 대표적인 방법으로는 AEB(Accident Evolution and Barrier), WSA(Work Safety Analysis)가 있다.

02
화재감식론

(3) 복합적인 분석

화재나 폭발사고는 여러 가지 원인에 의해 발생한다. 따라서 사고분석을 효과적으로 수행하기 위해서는 사실에 가장 근접한 시나리오를 작성할 수 있도록 모든 사실을 논리적으로 구성하여야 한다.

근본적인 원인 분석 방법은 사용자에 따라 정도의 차이가 있겠지만 '왜'라는 의문을 갖고 실제 발생한 사건에 대해 모든 사실을 해답을 찾을 때까지 진행하여야 한다. 여기에 적용할 수 있는 방법 가운데 상급사고(top event)를 통해 구체적인 하급사고(basic event)를 분석해내는 로직트리(logic tree) 분석 방법은 가설의 중복을 피하고 효과적인 하위 사실들을 검증하는 데 유용한 방식으로 쓰이고 있다.

① 사고 시나리오
- 📋 • 상황 : 제조공장에서 제조공정 중 폭발 발생
- • 결과 : 작업자 2명 중상
- • 관련물질 : 기계, 윤활유, 유류 용기

② 로직트리 분석 : 사고 시나리오는 제조공장에서 작업 중 폭발이 발생하여 작업자 2명이 중상을 당한 것으로 설비적 결함과 작업 도중 취급 부주의를 생각해 볼 수 있다. 상급 로직트리는 다음과 같이 간단하게 작성할 수 있다.

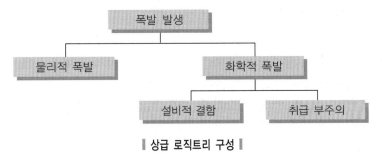

┃ 상급 로직트리 구성 ┃

하급 로직트리는 작업자들이 작업 중이었다는 점에 착안하여 구체적인 원인이 나올 때까지 논리진행을 합리적으로 계속하여야 한다.

∥ 하급 로직트리 구성 ∥

(4) 원인 결정

① 사고원인 분류는 실화, 방화, 자연발화, 원인미상 등으로 나타낼 수 있다.

② 사고원인에 대한 조사관의 의견은 논리적으로 명확하여야 하며 증거 없이 단정을 내리거나 막연한 추정은 금물이다.

③ 조사관 의견의 명확성을 나타내는 기준은 다음과 같이 네 단계로 구분한다.
  ㉠ 확실한 과학적 증거
  ㉡ 가능성이 높은 사실
  ㉢ 가능성이 있는 사실
  ㉣ 사실로 단순 추정

바로바로 확인문제

사고 분석 방법 중 결과 분석 기법에 해당하지 않는 것은?
① 형태학적 접근법　　　　　② 직무 분석
③ 연역법　　　　　　　　　④ 귀납법

해설 사고결과를 분석하는 방법에는 연역법(deductive approach)과 귀납법(inductive approach), 형태학적 접근법(morphological approach) 등이 있다.　　　　　답 ②

---

03 화학물질화재조사 감식방법

1 화재성상 및 연소이론

(1) 연소이론

① 연소란 산화발열반응으로 온도가 높아지고 이에 따라 분자운동이 활발해져 에너지가 증가하면 열복사선을 방출하는 현상이다.

② 열복사선의 온도가 계속 상승하면 파장이 점차 짧아져 눈의 가시광선의 파장(3,800~7,600Å)에 이르게 되고 사람의 눈으로 발광반응을 느끼게 되는 온도복사에 이르게 된다.

③ 연소의 화학반응은 원계(原系)에서 생성계(生成系)로 물질이 바로 변하는 것이 아니라 원계에 일정한 활성화에너지가 주어져 활성상태에 달하면 에너지가 높은 곳에서 낮은 곳으로 안정상태가 되려고 에너지를 방출하면서 생성계로 이동한다. 화재의 경우 활성화에너지는 점화에너지에 해당한다.

④ 연소현상에서 점화에너지를 E, 연소열을 Q, 활성계가 생성계로 옮길 때 방출에너지를 W라고 하면 $Q = W - E$로 구할 수 있다.

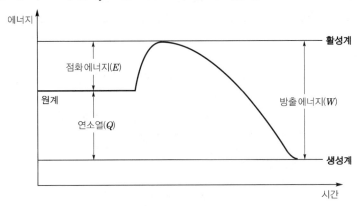

┃ 연소현상 과정 ┃

(2) 연소현상

연소현상은 불꽃을 발생하는 불꽃연소와 불꽃 없이 빛만 발하는 작열연소로 구분한다.

┃ 불꽃연소와 작열연소 ┃

불꽃연소(flaming mode)	작열연소(glowing mode)
불꽃을 발생하는 연소	불꽃 없이 빛만 내는 연소
표면화재	심부화재
고에너지 화재	저에너지 화재
연쇄반응 수반	연쇄반응 불필요
종이류, 목재, 석유류 등의 연소형태	담뱃불, 숯, 코크스 등의 훈소형태

※ 불꽃연소와 작열연소는 동일한 계(系)에서 동시에 발생한다.

① 기체 또는 액체의 연소
  ㉠ 기체 또는 액체 연료는 전형적인 불꽃연소를 한다.
  ㉡ 액체는 액체 자체가 연소하는 것이 아니라 액체 표면에서 증발한 증기가 공기와 혼합되어 증발연소를 하는 것이다.

② 고체의 연소
  ㉠ 불꽃연소와 작열연소가 동시에 발생한다.
  ㉡ 화재 초기에는 불꽃연소의 양상이지만 휘발성분이 전부 소진되면 작열연소로 변해간다. 그러나 금속분, 숯, 코크스 등은 분해 생성물이 없어 작열연소를 한다.

③ 금속화재 시 불꽃의 반응 색상 2014년 기사 2019년 기사

구 분	색 상
나트륨(Na)	황색(노란색)
칼륨(K)	보라색
구리(Cu)	청록색
알루미늄(Al)	은백색
리튬(Li)	적색

(3) 연소조건

연소현상이 성립하기 위하여 가연물, 점화원, 산소공급원이 있어야 하고 순조로운 연쇄반응이 더해질 때 비로소 연소가 촉진된다.

‖ 연소에 필요한 요소 ‖ 암기

구 분	내 용
가연물	• 산소와 반응물질일 것 • 발열반응일 것 • 열전도율이 작을 것(기체 > 액체 > 고체 순)
점화원	• 가열, 마찰, 충격 등 외부 열원 • 점화에너지는 물질 및 연소조건에 따라 다르다.
산소공급원	• 산소농도 15% 이하일 때 연소 중단 • 제1류 및 제6류 위험물은 자신은 불연성이나 강산화제로 산소를 방출한다. • 제5류 위험물은 물질 내부에 산소를 함유한다.
연쇄반응	• 반응열이 미반응 부분을 계속 활성화시켜 주는 역할 필요 • 활성 라디칼이란 원자 또는 원자단으로 활성이 매우 크며 반응을 주도하는 물질을 뜻한다.

(4) 열에너지원

구 분	내 용
연소열	• 어떤 물질이 완전히 산화하는 과정에서 발생하는 열 • 탄소와 수소 또는 탄소와 수소, 산소로 구성된 물질은 연소량이 산소 소비량에 의해 결정된다. • 목재, 면사, 설탕, 식물성 및 광물성 유류 등은 산소 소비량 1L에 대해 5,100cal의 연소열이 발생한다.
자연발화	• 물질이 외부로부터 열 공급을 받지 않고도 온도가 상승하는 현상 • 공기공급이 충분해야 하며 발생된 열이 대류작용에 의해 제거되지 않아야 한다. • 자연발화는 공기공급과 차폐의 복잡한 관계가 결합된 것으로 예측이 어렵다.
분해열	• 화합물이 분해할 때 발생하는 열 • 특정 온도 이상으로 가열하면 열이 발생하며 분해가 계속된다.
용해열	• 어떤 물질이 액체에 용해될 때 발생하는 열 • 농황산은 물로 희석할 때 많은 열을 발생하여 위험하다. • 질산암모늄은 물에 용해되면 열을 흡수하는데 이것을 부용해열이라 한다.

바로바로 확인문제

연소현상에 대한 설명으로 옳지 않은 것은?

① 불꽃 없이 빛만 내는 연소는 불꽃연소라고 한다.
② 불꽃연소와 작열연소는 동일한 계에서 동시에 발생한다.
③ 숯, 코크스는 작열연소를 한다.
④ 심부화재는 에너지가 작다.

해설 불꽃 없이 빛만 내는 연소는 심부화재 또는 작열연소라고 하며, 반면 불꽃을 발생하는 연소는 표면화재 또는 불꽃연소라고 한다. 심부화재는 불꽃이 없어 에너지가 작다. **답 ①**

02
화
재
감
식
론

(5) 자연발화 〔2016년 산업기사〕〔2018년 기사〕〔2022년 기사〕
외부로부터 점화원 없이 물질 스스로 발열반응을 일으켜 연소하는 현상

① **자연발화에 영향을 주는 인자**

ㄱ 열 축적 : 열 축적이 용이할수록 자연발화가 쉽다.

ㄴ 열전도율 : 열전도율이 작을수록 자연발화가 쉽다.

ㄷ 공기 유통 : 공기의 유통이 적을수록 자연발화가 쉽다.

ㄹ 발열량 : 발열량이 클수록 자연발화가 쉽다.

ㅁ 수분 : 수분은 촉매작용을 할 수 있다.

② **자연발화의 형태**  〔2015년 산업기사〕〔2017년 산업기사〕〔2023년 기사〕〔2023년 산업기사〕

구 분	발화 물질
분해열	니트로셀룰로오스, 셀룰로이드류 등
흡착열	활성탄, 환원니켈 등
산화열	동 · 식물유, 튀김찌꺼기 등
발효열	퇴비, 건초 등
중합열	액화시안화수소, 산화에틸렌, 초산비닐 등

③ **자연발화 조건** 〔2017년 기사〕〔2019년 기사〕〔2020년 기사〕

ㄱ 주변온도가 높을 것

ㄴ 열의 축적이 양호할 것

ㄷ 표면적이 클 것

ㄹ 산소의 공급이 적당할 것

ㅁ 반응물질과 수분이 적당할 것

ㅂ 열전도율이 작을 것

④ **자연발화 방지대책**

ㄱ 열의 축적을 방지할 것

ㄴ 주위 온도가 낮을 것

ⓒ 습도가 높은 곳을 피할 것

ⓓ 통풍이 원활할 것

2 화학물질 화재조사

화학물질은 특별한 점화원 없이 발화하거나 미소화원에 의해 발화한 후 급격하게 연소되는 특징이 있다. 중요한 것은 사고와 관련된 물질을 파악하고 물리적 특성과 열역학적 특성을 확인하여 화재가 발생하게 된 상관관계를 입증해야 한다. 화학물질은 일반 가연물과 달리 뚜렷한 형상을 남기거나 특이한 흔적을 보이는 경우도 있지만 확인이 어려운 경우도 많아 관계자로부터 관계된 화학물질 정보를 입수하고 연소 잔존물을 수거하여 실험분석 등을 실시하는 절차 등이 필요하다.

(1) 화학물질 조사 시 확인이 필요한 사항

① 초기단계의 발연상황

② 화재의 상황

③ 잔존물의 상황

④ 잔존물에 대한 정성분석

⑤ 실험에 의한 발화, 상승온도 확인 등

(2) 화학물질 화재조사 시 유의사항

① 열의 축적

ⓐ 열전도도 : 열전도는 금속 > 액체 및 비금속 고체 > 기체 순으로, 분체로 된 금속은 입자 주위를 공기가 둘러싸고 있어 분체 전체의 열전도도를 감소시켜 산화열이 외부로 발산되지 못해 온도상승으로 발화온도에 이르면 자연발화한다.

ⓑ 수분 : 수분이 많으면 전체적으로 열전도도는 좋아지지만 수분이 적당하면 반응계의 촉매로 작용하여 열의 발생을 촉진시킨다.

ⓒ 적재방법 : 부피가 큰 물질은 축열효과가 작지만 다량의 분말상태나 얇은 시트상으로 적재하면 축열이 좋아 적재물 내부는 외부와 단열상태가 된다.

ⓓ 공기유동 : 공기의 유동이 적을수록 자연발화가 쉽고 통풍이 좋으면 자연발화하기 어렵다.

② 열의 발생속도

ⓐ 온도 : 주변의 온도가 높으면 축열이 좋아 자연발화하기 쉽다.

ⓑ 발열량 : 발열량이 크고 열전도율이 작으면 자연발화 위험성이 증가한다.

ⓒ 수분 : 수분은 촉매로 작용하면 반응속도를 촉진시켜 자연발화를 일으키지만 그 양적 관계는 명확하지 않다.

ⓔ 표면적 : 가연성 액체가 함유된 섬유질, 다공성 물질, 분체는 공기공급이 용이하고 열전도도가 낮은 공기가 둘러싸고 있어 열의 발산이 낮아지면 자연발화할 수 있다. 산화반응속도는 표면적에 비해 빨라진다.

ⓜ 새것과 낡은 것 : **석탄, 활성탄, 유연 등은 새 것일수록 발열**하기 쉽고 **셀룰로이드나 질화면은 오래된 것일수록 쉽게 분해를 일으켜 자연발화의 위험성**이 있다. 건성유, 반건성유는 산화되어 고체화 된 것은 위험성이 없다.

ⓗ 촉매효과 : 수분이나 공기 등이 화학물질과 접촉하면 반응속도가 빨라져 발열·발화한다.

> 칼륨(K) : $2K+2H_2O \rightarrow 2KOH+H_2$(물과 접촉 시 수소를 발생하며 발열)
> 나트륨(Na) : $2Na + 2H_2O \rightarrow 2NaOH + H_2$(물과 접촉 시 수소를 발생하며 발열)
> 트리에틸알루미늄(TEA) : $2(C_2H_5)_3Al + 21O_2 \rightarrow 12CO_2 + Al_2O_3 + 15H_2O$(공기 중 자연발화)
> 알루미늄분(Al) : $2Al + 6H_2O \rightarrow 2Al(OH)_3 + 3H_2$(물과 접촉 시 자연발화)

③ **혼합발화** : 2종 이상의 물질이 혼합 또는 접촉하여 발열, 발화하는 것으로 다음과 같이 구분할 수 있다.

ⓖ 폭발성 화합물을 생성하는 것

ⓛ 즉시 또는 일정시간이 경과된 후 분해, 발화 또는 폭발하는 것

ⓒ 폭발성 혼합물을 생성하는 것

ⓔ 가연성 가스를 생성하는 것

꼼꼼. check!

- 물질 자신이 발열하고 접촉된 가연물을 발화시키는 물질
  - 생석회 : $CaO+H_2O \rightarrow Ca(OH)_2$
  - 클로로술폰산 : $HClSO_3 + H_2O \rightarrow HCl + H_2SO_4$
- 반응의 결과 가연성 가스가 발생하여 발화하는 물질
  - 인화석회(인화칼슘) : $Ca_3P_2 + 6H_2O \rightarrow 3Ca(OH)_2 + 2PH_3$
  - 탄화칼슘(카바이드) : $CaC_2 + 2H_2O \rightarrow Ca(OH)_2 + C_2H_2$

---

(3) 화학반응 물질에 대한 감식

① **분해발열 물질**

ⓖ 니트로셀룰로오스 : 질화면, 초화면이라고도 하며 맛과 냄새가 없다. 약 130℃에서 서서히 분해되고 180℃에서 격렬하게 연소한다. **건조한 초화면은 충격, 마찰 등에 민감**하여 발화하기 쉽고 점화되면 폭발적으로 연소한다.

ⓛ 셀룰로이드류 : 니트로셀룰로오스를 주성분으로 한 제품, 반제품 및 부스러기를 말한다. 일반적으로 무색투명한 고체지만 열, 빛, 공기 등의 영향을 받으면 투명성을 잃고 황색으로 변색된다. 조제품이나 <u>오래된 낡은 것은</u> 습도가 많고 온도가 높을 경우에 자연발화 위험이 있다.

ⓒ 메틸에틸케톤퍼옥사이드(MEK) : 상온에서 안정하지만 40℃에서 분해를 시작하고 110℃ 이상에서는 심하게 흰 연기를 발생하면서 발화한다. 상온에서 헝겊, 쇠녹 등과 접하면 분해발화하고 다량 연소 시에는 폭발 우려가 있다. 강한 산화성 물질로 상온(30℃)에서 <u>규조토, 탈지면 등과 장시간 접촉하면 연기를 발생하면서 발화</u>한다.

② 흡착발열 물질

㉠ 활성탄 : 활성탄 내부는 다공질로 되어 있으며 각종 가스용액 중의 무기 또는 유기물질, 콜로이드 입자 등에 대하여 강력한 흡착력을 갖고 있다. 연소 시 심하게 타지 않으며 퇴적된 내부에서 연기가 발생하고 <u>불완전연소로 인해 일산화탄소가 발생</u>한다.

ⓛ 환원니켈 : 은백색을 지닌 금속으로 습기와 공기 중에서 안정하지만 니켈카르보닐 등의 미립자는 고온에서 수소 등의 환원분위기에서 환원되면 환원니켈이 되어 공기 중의 산소를 흡착하여 발열발화한다. 연소 시에는 <u>흑색의 미세분말이 빨갛게 표면연소</u>한다. 막대기로 저으면 순간적으로 발화하고 반짝이면서 빨갛게 된다.

③ 산화발열 물질

㉠ 동·식물유 : 유지의 주성분은 글리세린과 지방산에스테르이다. 지방산은 포화지방산(탄소의 이중결합이 없는 것)과 불포화지방산(탄소의 이중결합이 있는 것)이 있고 유지는 대부분 이들의 혼합물이다. <u>불포화성이 현저하고 요오드가가 큰 유지일수록 산화되기 쉽고 위험성이 커진다.</u> 유지류는 섬유류(낡은 천, 종이, 낙엽 등) 등 다공성 물질의 표면에 부착하여 공기와 접촉면적이 넓어지면서 산화가 촉진된다.

> **!꼼.꼼. check!** ──요오드가(유지 100g당 첨가되는 요오드의 g수)● 2014년 기사 2019년 기사
>
> • 식물유
> – 건성유 : 요오드가 130 이상(아마인유, 오동유, 대두유 등)
> – 반건성유 : 요오드가 100 이상 130 이하(참기름, 유채기름, 옥수수기름 등)
> – 불건성유 : 요오드가 100 이하(코코넛유, 올리브유, 참죽나무유 등)
> • 동물유
> – 수산동물유 : 각종 어류, 고래기름 등
> – 육산동물유 : 소기름, 돼지기름, 양기름 등

ⓛ 도료 : 물체의 표면에 도포하는 물질로 유성도료, 알코올도료, 합성도료 등이 있다. 건성유, 반건성유와 초화면을 다량 포함한 도료가 섬유류 또는 다공성

물질 등에 함침되어 덕트 내부에 두껍게 부착되어 퇴적되면 산화발열하여 발화할 수 있다.

ⓒ 튀김찌꺼기 : 옥수수기름 등 튀김에 사용하는 기름이 열축적이 용이한 용기에 다량으로 축적되면 잠열에 의해 산화발열하고 발화한다. 초기에는 흰 연기가 발생하며 점차적으로 회색연기로 변한다. **중심부에는 통기공이 생겨 연소가** 심하게 된다.

ⓔ 함유절삭가루 : 절삭유는 금속 또는 합성수지를 절단할 때 가공면에 주유하여 마찰열을 제거하고 절삭가루를 씻어내는 데 이용된다. 절삭가루를 대량으로 퇴적한 채 방치하면 부착된 절삭유가 산화반응을 일으켜 발열하고 자연발화하는 경우가 있다.

ⓜ 골분 · 어분 : 짐승뼈, 물고기 찌꺼기 등을 건조(건조온도 170℃ 전후)분쇄한 후 냉각시키지 않고 봉지 등에 넣거나 대량으로 퇴적된 상태로 방치하면 잠열로 발화할 수 있다. 연소 시에는 **특유의 악취**를 내면서 연소한다.

ⓗ 기름이 스며든 천 : 유지류나 도료, 보일유, 절삭유 등을 닦아낸 걸레를 대량으로 퇴적시키면 산화열 축적으로 발화한다. 연소특징은 내부에서 서서히 발열하면서 **초기에는 흰 연기를 발생**시키며 점진적으로 연기의 양이 많아진다.

④ **발효발열 물질** : 건조한 풀, 짚단 등은 미생물과 효소의 작용에 의한 발효 등으로 발열하며 80~90℃ 정도에 달하면 불안정한 분해생성물로 인해 산화반응이 발생하여 자연발화할 수 있다. 연소는 심하지 않고 발연이 심하며 화재발생 전에 발효열의 축적으로 수증기가 생성되어 저장장소에는 습기가 많아진다.

⑤ **중합발열 물질** : 중합이란 동일 분자를 2개 이상 결합하여 분자량이 큰 화합물이 되는 현상을 말한다. 초산비닐, 아크릴로니트릴, 액화시안화수소, 스틸렌, 아크릴산에스테르 등의 모노머는 중합하기 쉽고 중합열에 의해 중합반응이 가속화된다. 중합방지제(히드로키논)가 활성을 잃으면 중합반응의 폭주로 용적이 팽창하고 생성된 분해가스로 인해 용기가 파열되거나 폭발할 수 있다.

3 폭발 원리 및 특성

(1) 폭발한계

① 가연성 가스나 증기는 폭발하한계(LEL) 및 폭발상한계(UEL)의 **연소범위 내에 적당한 비율로 혼합되어 있을 때** 위험성이 커진다.

② 연소하한은 공기의 양이 많고 가연성 가스의 양이 적은 반면, 연소상한은 가연성 가스의 양은 많지만 공기의 양이 적어 적절히 혼합되어 있어야 한다.

③ 연소 상한계 쪽이 하한계 조성에 비해 큰 에너지가 필요하며 온도 상승에 따른 확대가 크게 나타난다.

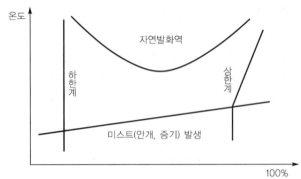

┃ 온도와 폭발한계의 관계 ┃

(2) 폭발형태 〔암기〕 〔2017년 기사〕 〔2021년 기사〕

① 기계적 폭발

ㄱ 물리적 폭발이라고도 하며 화학반응을 수반하지 않는 팽창된 기체가 방출하는 기화현상에 의한 폭발이다.

ㄴ BLEVE는 저장탱크 벽면이 화염에 노출되면 인장력의 저하로 내부에 비등현상이 발생하여 압력상승으로 저장탱크의 벽면이 파열되는 현상이다.

② 화학적 폭발

구 분	내 용
혼합가스폭발	가연성 가스나 증기가 공기와 혼합된 상태로 점화원에 의해 화재가 순식간에 혼합가스 가운데로 전파되면서 폭발하는 현상
가스분해폭발	가연성 가스나 증기 중 폭발 상한의 수치가 100%로 표시되어 공기 없이도 발화원에 의해 폭발하는 현상 〔예〕 아세틸렌, 에틸렌, 산화에틸렌 등
증기폭발	유기물의 액체나 액화가스가 밀폐용기에 과열상태로 압력이 상승하면 용기가 파열될 때 압력은 급격히 감소하지만 온도는 급히 내려가지 않기 때문에 불포화상태로 된 액체는 순간적으로 기화하여 급격히 용적이 증가하고 폭발적 위력이 증대되는 현상

③ **전기폭발** : 높은 전기아크에너지는 화재를 유발하거나 기계적 폭발을 유발할 수 있다. 번개를 동반한 천둥소리는 전기폭발 유형에 속한다.

④ **핵폭발** : 핵폭발에서 고압은 핵원자의 융합 또는 분열에 의해 만들어진 엄청난 양의 열에 의해 발생한다.

⑤ **분진폭발** : 폴리에틸렌분, 소맥분, 석탄, 철, 알루미늄, 마그네슘 등은 고체상태에서 연소하기 어렵지만 미분상태로 공기 중에 부유하고 있을 경우 발화원에 의해 폭발한다.

(3) 폭발효과

① 압력효과

ㄱ 양압단계(positive phase) : 양성압력은 음성압력보다 힘이 강력하며 대부분 압력피해를 일으키는 주원인으로 작용하고 있다.

ㄴ 부압단계(negative phase) : 음성압력은 낮은 기압상태로 양성압력이 빠르게 밖

으로 나가려는 성질 때문에 생긴다. 음성압력은 양압보다 힘이 현저하게 작아지지만 2차적인 손상을 일으킬 수 있다.

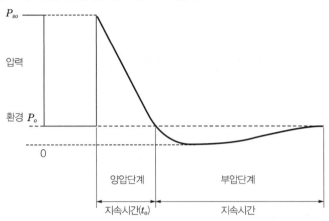

| 시간에 따른 폭발압력 변화 |

ⓒ 폭발면 형태 : 폭발면의 형태는 구형(球形)이며 발생지점으로부터 모든 방향으로 균등하게 팽창한다. 그러나 실제상황에서 밀폐된 공간일 경우 폭발면은 형태와 힘이 변경될 수 있으며 <u>발생지점으로부터 멀어질수록 위력은 감소</u>하게 된다.

ⓔ 압력상승속도 대 최대압력
  - 폭발면에 의한 손상형태는 에너지의 양과 에너지방출속도, 압력상승속도에 따라 다르게 나타난다.
  - 비교적 느린 압력상승속도는 구조물이 조금 밀리거나 튀어나온 정도의 손상 정도를 유발하며 창문이나 접합부분과 같이 약한 부분이 먼저 파열된 다음 폭발압력파가 분산되기 때문에 전체 폭발손상효과를 감소시킨다.

② 비산효과
  ㉠ 비산효과는 압력효과의 결과로 나타나며 <u>압력이 클수록 비산범위도 넓어진다</u>.
  ㉡ 비산물에 의해 전력선, 연료가스, 기타 다른 물체에 영향을 주어 추가 폭발을 야기할 수 있다.
  ㉢ 폭발 시 외부로 날아가는 거리는 비산물의 최초 방향에 크게 의존한다.

③ **열효과**
  ㉠ 연소폭발은 주변에 많은 양의 열을 방출하며 특히 BLEVE의 열효과는 파이어볼(fire ball)과 파이어브랜드(fire brand)를 생성한다.
  ㉡ 파이어볼은 순간적으로 고농도, 단기간의 열을 방사하며 파이어브랜드는 폭발 시 분출하는 고온 또는 연소 중인 파편으로 이러한 효과들은 폭발 중심에서 멀리 떨어진 곳에 화재를 발생시킬 수 있다.

④ **지진효과** : 폭발로 인한 진동이 대지를 통해 전달되면 지하에 매설된 가스관, 파이프라인, 탱크와 연결된 배관 등에 추가적인 손상을 불러일으키게 된다.

바로바로 **확인문제**

폭발효과가 아닌 것은?
① 지진효과   ② 증발효과
③ 압력효과   ④ 비산효과

해설 폭발효과 : 지진효과, 열효과, 압력효과, 비산효과   답 ②

(4) 과압영향평가

① 반응영역에서 미반응매체로 에너지 전달이 열 및 물질을 통해 일어나는 전파반응을 폭연이라 하며, 반응영역에서 미반응매체로 에너지 전달이 충격파를 형성하여 일어난 전파반응을 폭굉으로 구분하고 있다. 폭굉의 반응속도는 음속을 초과한다.

② **과압**(over pressure, $+P$)은 충격파의 ($+$)단계에 발생하는 <u>대기압 이상의 순압력</u>이고, 순간 최대과압(peak overpressure, P_s)은 충격파의 ($+$)단계와 관련한 대기압 이상의 순최대압력이다.

③ **부압**(under pressure, $-P$)은 충격파의 ($-$)단계에서 발생하는 <u>대기압 미만의 순압력</u>을 말하며, 팽창이나 이동 중인 가스가 고체 물질과 만날 때 생성된 압력인 동압(dynamic pressure, P_d)은 식 (a)와 (b)로 구할 수 있다.

$$P_d = \frac{1}{2}\frac{\rho u^2}{g_c} \qquad\cdots\cdots\cdots\cdots\cdots\cdots\cdots\cdots \text{(a)}$$

$$\rho = \left(\frac{2\gamma P_a + (\gamma+1)P_s}{2\gamma P_a + (\gamma-1)P_s}\right)\rho_a \qquad\cdots\cdots\cdots\cdots \text{(b)}$$

④ 폭발이 발생하면 과압, 동압, 폭풍파, 파편 등이 발생할 수 있으며, 가연성 물질인 경우 복사열로 인해 2차 피해가 발생한다.

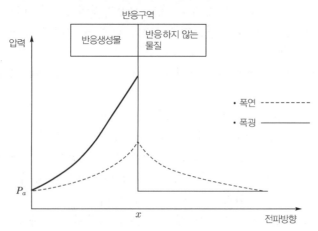

｜ 폭연과 폭굉의 압력 도표 ｜

04 화학물질폭발조사 감식방법

1 화학물질폭발조사 시 유의사항(폭발현장조사)

(1) 현장보존

① 현장 설정 : 가장 멀리서 발견된 파편조각 거리의 <u>1.5배 정도</u>로 설정한다.

② 자료 수집 : 증인 진술, 정비 기록, 운전일지, 매뉴얼, 기상상태, 과거 사고기록 등 증거가 될 만한 관련 기록들을 수집한다.

③ 현장조사 유형 결정

　㉠ 조사관은 우선 <u>현장조사 유형(나선형, 원형, 격자형)을 결정</u>하고 외곽 경계선 으로부터 가장 큰 충격을 당한 지역까지 조사를 실시한다.

　㉡ 폭발 중심지에 대한 <u>최종위치 결정은 현장의 모든 사항이 조사된 후에</u> 이루어 져야 한다.

　㉢ 조사관의 수는 현장의 외형적 크기와 복잡성에 좌우되지만 조사관의 수가 너무 많으면 역효과가 나타날 수 있음을 고려하여야 한다.

　㉣ 증거의 위치는 분필, 스프레이 페인트, 깃발, 말뚝 등으로 표시한 후 사진을 찍고 증거물 태그를 부착하여 안전한 장소로 옮겨야 한다.

④ 폭발현장의 안전

　㉠ 폭발로 인한 피해는 화재보다 더 큰 충격을 받기 때문에 복도, 벽, 천장, 지붕 등에 대한 붕괴 가능성을 고려하고 연료가스나 분진폭발의 경우 <u>2차 폭발 가 능성까지 염두</u>에 두어야 한다.

　㉡ 누출되는 가스나 가연성 액체에 대해 조사가 시작되기 전에 안전조치를 먼저 취하도록 한다.

(2) 최초 현장평가

① 폭발 또는 화재 식별 : 최초 현장평가의 첫 번째 업무는 사고가 화재, 폭발 또는 양자 모두 인지를 결정하고 어떤 것이 먼저 발생했는지 결정하는 것이다.

② 높은 등급 또는 낮은 등급 손상

　㉠ 낮은 등급 폭발은 느린 압력의 상승비로 나타나며 창문이 깨지거나 벽이나 문 틀이 튀어나오기도 하지만 구조물의 형태를 유지하고 있는 경우가 많다.

　㉡ 높은 등급 폭발은 빠른 압력 상승비로 나타나며 구조물이 파괴되고 작은 잔해 로 산산조각 나는 특징이 있다.

③ 분화구 형성 또는 미형성 폭발 : 분화구의 형성여부를 살펴보고 이를 통해 폭발이 일어난 연료를 파악하는 데 도움이 될 수 있다.

④ **폭발종류 식별** : 기계적 폭발, 연소폭발 또는 기타 화학반응 등을 식별해야 한다.

⑤ **일반 연료종류 식별** : 설비나 시설, 연료가스, 가연성 분진 등의 위치와 상태를 확인하여야 한다.

⑥ **폭발지점 결정** : 폭발지점은 손상이 가장 큰 지점으로 확인하고 손상이 집중된 지역을 포함하여 결정한다. 연료-공기의 혼합기 폭발의 경우 폭발지점은 밀폐공간이나 실내일 수 있다.

⑦ **연료원 및 폭발종류 결정** : 연료의 위치와 상태를 확인하여 어떤 종류의 연료가 폭발에 이르렀는지 확인한다.

⑧ **발화원 결정** : 발화원을 확인하기란 매우 어렵지만 고온표면, 전기아크, 정전기, 나화, 스파크, 화학물질 등과 같은 잠재적 원인에 대한 조사를 실시한다.

(3) 정밀 현장평가 〔2021년 기사〕

① **폭발로 인한 피해형태 식별**

㉠ 폭발로 인한 폭발 압력파(양압/부압 단계), 비산물 충격, 열 및 지진효과 중 하나 또는 그 이상에 의해 영향을 받은 것인지를 식별해야 한다.

㉡ 파편이 산산조각 난 것인지, 굽혀진 것인지, 부러진 것인지 등을 검사하고 분류해야 하며 그렇게 된 형상의 변화를 찾아야 한다.

㉢ 폭굉의 중심지로부터 멀리 있으면 압력이 완화되어 폭연과 유사하지만 폭굉 중심지에 있을 경우 물질들은 균열과 파괴를 크게 나타낸다.

② **폭발 전 · 후의 화재손상 식별**

㉠ 멀리 날아간 파편에서 불에 탄 흔적이 있다면 화재가 폭발보다 먼저 일어났다는 것을 알려주는 표시가 된다.

㉡ 창문 유리파편에서 연기나 그을음이 부착된 경우 폭발이 약간의 시간 간격을 두고 화재의 뒤를 이어 발생한 것을 암시하는 증거이다.

㉢ 멀리 날아간 파편이 깨끗한 상태일 경우 화재에 앞서 폭발이 일어난 것을 알려주는 것이다.

③ **증거물의 위치 파악 및 식별**

㉠ 조사관은 증거물의 위치를 파악하여 발견 당시의 형상과 상태를 기록하고 사진촬영 및 증거물 태그를 부착하여야 한다.

㉡ 증거물은 폭발이 발생한 구조물의 외부 또는 벽과 다른 구조부재 사이, 차량 내부, 근처에 있는 화단 위에나 속에 있을 수 있다는 점을 고려해야 한다. 파편 조각은 희생자의 신체 속을 뚫고 들어가 그의 의복 속에 있는 경우도 있다.

㉢ 폭발로 부상당한 사람의 의복은 검사와 분석을 위해 확보하여야 하며 치료와 수술을 하는 동안 희생자의 몸에서 꺼낸 물질은 보존조치를 하여야 한다.

④ 힘 벡터 식별

ⓒ 유리창 파편 등은 비산된 방향과 거리를 기록하고 사진촬영 및 도표로 작성하여야 한다.

ⓒ 모든 파편 조각은 비산물의 궤도를 재구성할 수 있도록 도움을 주기 때문에 거리와 방향에 대한 설명을 곁들여 작성하여야 한다. 파편들을 비산시키는 데 필요한 힘을 비교 측정하는 평가자료로 쓰이기 때문이다.

2 물질에 따른 폭발조사 감식

(1) 가연성 가스 및 증기폭발

① 폭발로 인한 연소의 전파속도는 대개 0.1~10m/sec이며 밀폐된 공간 내의 압력은 연소열에 의해 생성가스가 팽창하여 7~8kg/cm^{2}에 달해 폭발을 일으킨다.

② 폭굉의 연소 전파속도는 1,000~3,500m/sec로 음속보다 빠르고 전면에 충격파가 발생한다.

┃ 혼합가스의 최대연소속도 ┃

혼합가스의 조성과 농도		최대연소속도(m/sec)
메탄 10%	공기 90%	0.35
수소 43%	공기 57%	2.7
수소 70%	산소 30%	9.0

(2) 분진폭발

┃ 폭발을 일으키는 분진 ┃

구 분	물질명
금속분말	Al, Mg, Fe, Mn, Si, Ti, Zn, Zr, 페로실리콘(규소-철 합금), 다우합금
플라스틱	카제인, 질산 및 초산 셀룰로오스, 리그닌수지, 페놀수지, 메타메틸아크릴레이트, 무수프탈산, 헥사메틸렌테트라민, PE, PS, 합성고무, 성형용 요소수지
농산물	소맥분, 전분, 면, 쌀, 대두, 땅콩, 코코아, 커피, 담배
기타	스테아린산알루미늄, 석탄, 콜타르피치, 유황, 비누, 목분

① 분진입자의 크기와 부유농도 : 공기 중에 부유하고 있는 입자가 100μm 이하이면 폭발의 위험성이 있으며 미립자일수록 폭발하기 쉽다.

② 착화에너지와 폭발한계

ⓒ 일반적으로 분진은 가스나 화약류에 비해 폭발을 일으키기 어렵다. 기폭에 필요한 최소 에너지가 가스와 화약류가 0.1~0.01mJ인데 반해, 분진은 10~100mJ로 더 큰 에너지를 필요로 한다.

ⓛ 가연성 가스의 폭발한계는 대체적으로 하한은 25~45mg/L이고, 상한은 80mg/L 정도이다.

(3) 폭발물

① 저성능 폭발물 : 저성능 폭발물은 폭연(음속 미만) 또는 착화될 때 상대적으로 느린 반응속도와 낮은 압력을 생성한다. 무연화약, 섬광화약, 로켓 고체연료, 흑색화약 등이 있다.

② 고성능 폭발물

ⓐ 고성능 폭발물은 폭굉 전파 메커니즘으로 다이너마이트, TNT, ANFO, RDX, PETN 등이 있다.

ⓑ 고성능 폭발물은 높은 압력상승속도와 극히 높은 폭발압력으로 폭발 중심에 분화구를 형성 및 손상이 집중된 형태로 나타난다.

ⓒ 확산단계(연료-공기) 폭발은 구조적 손상이 균일하고 한 방향을 향하고 있으며 연소, 부풀음 및 그을음이 넓게 나타난다.

ⓓ 고체 폭발물의 연소속도는 음속과 비교했을 때 매우 빠르기 때문에 폭발 공간 전체의 압력이 균일하지 않으며 폭발물 근처에 높은 압력이 발생한다. 압력과 손상 정도는 폭발 중심에서 멀어짐에 따라 급속히 감소하고 격렬한 연소나 그을음도 거의 없다.

바로바로 확인문제

다음 중 고성능 폭발물이 아닌 것은?

① 다이너마이트   ② TNT

③ ANFO   ④ 흑색화약

해설 ⓐ 저성능 폭발물 : 무연화약, 섬광화약, 로켓 고체연료, 흑색화약

ⓑ 고성능 폭발물 : 다이너마이트, TNT, ANFO, RDX, PETN 등   답 ④

---

❸ 사고형태에 따른 폭발조사 감식

(1) 분화구 형성 폭발

분화구 형성 폭발은 일반적으로 높은 압력과 급속한 압력상승이 특징이다. 분화구가 형성된 폭발이 일어나기 위하여 폭발속도가 음속을 초과하여야 한다.

① 폭발물 : 다량의 고성능 폭발물은 폭굉상태로 높은 속도의 양압을 일으켜 분화구나 국소적인 손실을 야기한다.

② 보일러 및 압력용기 : 보일러 폭발 및 압력용기 폭발은 폭발물과 비슷한 효과를 나타내 분화구가 생성된다.

③ 용기에 든 연료가스와 액체증기 : 연료가스 또는 액체증기가 탱크나 통, 기타 작은 용기에 들어 있을 때에도 분화구가 생성될 수 있다.

④ 블레비(BLEVE) : 액체비등팽창 증기폭발은 저장용기가 작고 용기에 문제가 있어 압력방출속도가 빠르면 분화구가 생길 수 있다.

(2) 분화구 미형성 폭발

분화구가 형성되지 않은 폭발은 대부분 연료가 폭발시점에서 흩어져 있거나 분산되어 있는 경우 압력상승속도가 완만하고 폭발속도가 음속 미만(폭연)이기 때문이다.

① 연료가스 : 천연가스, LPG 등의 연료가스는 대부분 분화구가 형성되지 않는 폭발을 일으킨다. 폭발속도가 음속 미만이기 때문이다.

② 고인 인화성, 가연성 액체 : 고여 있는 인화성, 가연성 액체는 폭발속도가 음속 미만으로 분화구를 만들지 않는다.

③ 백드래프트 또는 스모크폭발 : 백드래프트 또는 스모크폭발은 거의 항상 넓게 분산된 가연성 가스와 미립자 물질의 체적과 관계되며 폭발속도가 음속 미만으로 분화구를 만들지 않는다.

(3) 백드래프트 및 스모크폭발

실내에서 화재가 발생했을 때 불완전연소로 인해 공기 중에 고농도 미립자와 에어로졸, 일산화탄소 등 가연성 가스가 생성된 후 문이나 창문을 열었을 때 실내의 과압이 0.14kg/cm^2(2psi) 미만이더라도 폭발위력을 지닐 정도로 착화하거나 연소할 수 있다. 이것을 백드래프트 및 스모크폭발이라고 한다.

(4) 증기운폭발

증기운폭발(VCE ; Vapor Cloud Explosion)은 가스, 증기나 분진을 대기 중에 방출하여 연소한계 내에서 증기운에 착화하는 것으로 폭연 또는 폭굉 현상으로 인한 증기운 경계의 내부와 외부의 파괴적인 압력이다.

(5) 블레비(BLEVE)

블레비는 기계적 폭발로 끓는점 이상의 온도로 가압되어 있는 액체 저장용기의 폭발 현상이다. 액체가 인화성이면 거의 화재를 동반하지만 불연성 액체는 증기의 연소와 뒤이은 화재는 발생하지 않는다. 따라서 액체는 인화성일 필요는 없다.

(6) 손상 정도에 따른 구분

① 낮은 등급 손상과 높은 등급 손상 구분

구 분	특 징
낮은 등급 손상 (low order damage)	• 구조물 옆의 벽이 튀어나오거나 손상되지 않고 내려앉는다. • 지붕은 가볍게 위로 들렸다가 내려온다. • 창문은 깨지지 않고 튕겨 나가기도 하며 파편의 비산거리는 짧고 잔해가 크다. • 느린 압력상승 결과이다.
높은 등급 손상 (high order damage)	• 벽, 지붕 등이 크게 부서지고 멀리 비산된다. • 급속한 압력상승 결과이다.

② 구조물의 폭발에 영향을 미치는 요인

ㄱ 연료-공기비율

• 폭발하한계(LEL) 근처의 폭발은 폭발로 인해 가용연료 대부분이 소비되기 때문에 폭발 후 화재를 일으키는 경우가 적다.

• 폭발상한계(UEL) 근처의 폭발은 풍부한 연료 혼합이기에 폭발 후 화재를 일으키는 경우가 많다.

ㄴ 증기밀도

• 공기보다 무거운 가스는 지하, 바닥면 등에 체류하므로 공기보다 가벼운 가스보다 위험한 상황을 만들 수 있다.

• 증기밀도 효과는 공기가 고요한 상태로 있을 때 최대가 된다.

ㄷ 난류

• 연료-공기 혼합기 안에서 난류는 화염속도를 증가시켜 연소속도와 압력상승속도가 증가한다.

• 난류는 혼합기만 있다 하더라도 상대적으로 소량인 연료의 압력상승속도를 증가시켜 높은 등급 손상을 발생시킬 수 있다.

ㄹ 밀폐공간 특성

• 일반적으로 용기의 용량이 적을수록 주어진 연료-공기 혼합기의 압력상승속도는 더 커지며 폭발은 격렬해진다.

• 저장용기가 막혀있을 경우 폭발로 인해 발생한 난류는 압력파를 집중시키거나 벽이나 칸막이 등에 손상을 가중시킬 수 있다.

ㅁ 발화원의 위치와 크기

• 발화원은 밀폐된 구조물의 중앙에 있을 때 가장 높은 압력상승속도를 발생한다.

• 발화원이 밀폐된 구조물의 벽에 있다면 화염면은 벽에 열전도에 의해 냉각되어 에너지를 잃고 압력상승속도는 상대적으로 느려지며 폭발의 격렬함은 줄어들게 된다.

(7) 폭발 압력면

① 반사

　㉠ 폭발 압력면이 물체와 충돌하면 파면의 반사로 인해 과압을 증가시키고 투사각에 따라 <u>반사면의 8배까지 증폭</u>시킬 수 있다.

　㉡ 용기 전체의 압력이 대기 중 음속에서의 압력과 동일한 폭연인 경우에는 이 효과는 미약하다.

② 굴절과 폭발 중심

　㉠ 대기 중에 이질적인 부분은 비정상적인 폭발 압력면을 유발시키며 압력파면의 온도가 확연히 다른 공기층과 만나면 파면이 꺾이거나 굴절된다.

　㉡ 낮은 온도로 대기가 바뀌면 반구형 폭발파면이 굴절되어 폭발 중심 지면으로 향하게 된다.

바로바로 확인문제

분화구가 형성된 폭발의 특징은?

① 높은 압력과 급속한 압력상승속도
② 높은 압력과 완만한 상승속도
③ 넓은 면적과 큰 점화원
④ 밀폐공간과 다량의 가연물

해설 분화구가 형성된 폭발은 일반적으로 높은 압력과 급속한 압력상승속도로 구분된다.　　　**답 ①**

---

4 폭발원인조사 방법

(1) 폭발 발생지점 분석

① 폭발 발생지점은 가장 <u>손상이 적은 지역에서 손상이 큰 지역으로</u> 역으로 추적해야 한다.

② 폭발 발생지점 분석은 여러 방향으로 확산된 파편의 손상과 이동을 표시한 도표를 활용한다.

(2) 연료원 분석

① 폭발지점이 확인되면 손상된 형태를 비교하여 연료를 분석하여야 한다. 바닥면으로 분화구가 생겼다면 천연가스는 배제할 수 있을 것이고 분화구를 형성시킬 수 있는 연료를 중심으로 조사한다.

② 액체 연료인 경우 가스 크로마토그래피를 이용한 화학적 분석으로 확인이 가능하며 가스공급시설, 정압기와 계량기, 가스배관 등에 대해 조사를 하고 가능하면 누설검사를 실시한다.

(3) 발화원 분석 〔2014년 산업기사〕

① 발화원 분석은 증인의 진술을 포함한 모든 이용가능한 정보를 고려하고 모든 가능성이 있는 발화원을 <u>면밀히 평가</u>하여야 한다.

② 고려하여야 할 요소는 연료의 최소발화에너지, 가능한 발화에너지, 연료의 발화온도, 발화원의 온도, 연료와 관련한 발화원의 위치, 발화 당시 연료와 발화원의 동시 존재 여부, 폭발 당시 조치와 상황에 대한 목격자의 진술 등이 있다.

(4) 종합 분석 〔2016년 기사〕 〔2019년 기사〕

① 시간대(time line) 분석 : 수집된 정보(보고서, 일지 등)를 근거로 폭발 전 또는 폭발 시의 사고 경위를 시간대별로 표로 작성하여 인과관계의 일치여부를 추론하여 최적 이론을 설정한다.

② 손상패턴 분석

　㉠ 증거물은 폭발중심에서 방향뿐 아니라 거리도 중요하므로 증거물의 위치, 거리 및 방향을 도면에 표시하여 사건을 재구성하여야 한다.

　㉡ 폭발지역 주변의 상대적인 손상 정도를 도면에 표시하여야 한다. 이를 통해 폭발이 확산된 실마리를 찾을 수 있으며 분석이 용이해진다.

③ **열효과 상관관계** : 폭발사고로 인한 열적 피해는 화구나 화재의 증거로 쓰일 수 있다. 열손상 효과에 대한 전문분석은 이 분야의 교육을 받은 기술자가 실시한다.

(5) 조사자료

화학물질을 사용하고 있는 공장 등에서 폭발이 발생한 경우 다음과 같은 자료를 갖추어야 한다.

① 현장안내도, 공장배치도 및 건물평면도

② 주요 제품 생산량 및 제조공정도

③ 평시 및 사고 당일 조업상태

④ 당일 기상상황

⑤ 사고발생까지의 경과 및 사고개요

⑥ 각종 기기류의 기록용지 및 운전일지

⑦ 목격자의 공통 진술사항

⑧ 당사자의 복장 및 휴대 용구

⑨ 사고 후의 긴급처치 및 피해상황

⑩ 현장사진 및 상황도

⑪ 관계설비의 설계도 및 배치도

⑫ 재료의 특성 및 시험성적

⑬ 그 밖에 필요한 사항

바로바로 확인문제

폭발원인조사 방법에 대한 설명이다. 바르지 않은 것은?

① 폭발 발생지점은 폭발 경로를 따라 손상이 적은 지역에서 손상이 큰 지역으로 조사한다.
② 타임라인을 이용하여 폭발 전·후의 최적이론을 만들어 확인한다.
③ 연료 누설이 설비에 있는 경우 모든 가스배관을 조사하고 가연성 가스를 이용한 누설검사를 한다.
④ 도면작성은 압력손상이 강한 곳과 약한 곳을 구분하여 표시하고 폭발 방향을 함께 조사한다.

해설 연료 누설이 설비에 있는 경우 모든 가스배관을 조사하고 공기 또는 불연성 가스를 이용한 누설검사를 실시한다. 답 ③

05 석유화학제품의 특성 및 화재 감식

1 석유화학제품의 종류

(1) 석유 및 천연가스

석유화학제품의 원료는 석유와 천연가스이며, 자연에서 추출되는 <u>원유의 주성분은 탄소와 수소</u>로 이루어진 탄화수소이다.

① 천연가스와 원유의 생산
  ㉠ 원유는 점성이 큰 검은색 액체로 여러 종류의 탄화수소가 혼합되어 있고 원유를 이용하기 위해 물질의 끓는점을 이용한 분별 증류법을 사용하여 유분을 얻는다.
  ㉡ 천연가스는 지층에 있는 원유 생산과정에서 만들어지거나 가스정에 구멍을 파서 생산하는 두 가지 방식이 있다.
② 원유의 특성과 정제
  ㉠ 원유는 주로 알칸, 시클로알칸, 방향족의 3가지 형태의 탄화수소로 이루어져 있다.
  ㉡ 알칸은 파라핀, 시클로알칸은 나프텐으로 불리며, 분자량이 낮은 원유를 경질원유, 높은 원유를 중질원유로 구분한다.
  ㉢ 원유를 증류하면 끓는점에 따라 석유가스, 나프타(휘발유), 등유, 경유, 중유 및 아스팔트가 생성되며, 각 물질은 석유화학공정을 통해 다른 화학물질로 전환시킬 수 있게 된다.

┃ 분별 증류에 의해 얻어진 석유제품의 끓는점과 탄소 수 ┃

유 분	비점범위(℃)	탄소 수	비 고
경질 나프타	30~120	5~8	25%
중질 나프타	100~200	7~12	
등유	150~180	9~19	20%
경유	230~350	14~23	
찌꺼기유	300 이상	17 이상	55%

(2) 석유의 정제제품

구 분	특 징
액화석유가스 (liquified petroleum gas)	• 프로판, 프로필렌, 부탄, 부틸렌이 주성분 • 상온상압에서 기체, 냉각 및 가압(15기압)하면 쉽게 액화
가솔린 (gasoline)	• 비중 0.63~0.76, 비점범위 30~225℃, 발열량 12,000kcal/kg • 무색투명한 액상으로 제조방법에 따라 직류가솔린, 분해가솔린, 개질가솔린, 중합가솔린, 합성가솔린 등으로 구분
등유 (kerosine)	• 비점범위 150~300℃, 비중 0.79~0.85, 무색투명한 액체탄화수소 • 석유 스토브, Jet연료, 용제 등으로 사용
경유 (diesel fuel oil)	• 비점범위 200~350℃, 비중 0.81~0.88, 담황색의 유분 • 디젤기관용 연료, 대형 스토브용, 기계세척용으로 사용
중유 (heavy oil)	• 비중 0.90~1.0, 발열량 10,000~11,000kcal/kg, 흑갈색 액체 • 점도와 회분에 따라 A중유, B중유, C중유(벙커C유)로 분류
윤활유 (lubricating oil)	• 온도변화에 따라 점도가 낮은 나프텐계 중에서 특히 직쇄상 알킬기를 가진 2~3환의 성분으로 스핀들유, 정밀기계유, 터빈유, 기어유, 실린더유, 모터유, 항공윤활유 등이 있다.
그리스 (grease)	• 윤활제에 점도제를 첨가한 것으로 윤활작용 및 밀봉성이 좋은 고체상의 윤활제 • 연소 시 다량의 열과 불완전연소에 의한 연소가스 발생
파라핀 왁스 (paraffin wax)	• C_{20} 이상의 $n-$Paraffin이 주성분으로 양초의 원료, 파라핀 종이, 화장품, 의약용 등에 사용되는 탄화수소 가연물이다.
아스팔트	• 석유의 분별 증류 시 찌꺼기유로서 흑갈색의 고체 또는 반고체 물질 • 도로포장용, 방수, 방습제로 사용되며, 석유아스팔트와 천연아스팔트가 있다.

2 석유류의 연소특성 2018년 기사

(1) 인화성

석유류를 공기 중에서 가열했을 때 가연성 증기는 쉽게 인화한다.

‖ 물질별 인화점과 발화점 ‖

종 류	인화점(℃)	발화점(℃)	연소범위(%)	증기밀도
아세톤	−20	465	2~13	2.0
벤젠	−11	498	1.4~7.4	2.8
에틸알코올	13	362	3.5~20	1.6
등유	30~60	210	0.7~5	1
경유	52.2~95.6	256	0.7~5	1
휘발유	−20 ~ −43	280	1.4~7.6	3~4
헵탄	−3.9	204	1.05~6.7	3.5

(2) 발화성

직접적인 점화원 없이 가열에 의해 쉽게 발화한다.

(3) 증기비중

석유류의 증기는 대부분 공기보다 무겁다.

‖ 인화성 액체의 불꽃 및 연기의 색 ‖

구 분	불꽃의 색	연기의 색
휘발유	노란색~흰색	검정색
나프타	노란색~흰색	검정색~갈색
벤젠	노란색~흰색	흰색~회색
아세톤	푸른색	검정색
등유	노란색	검정색

(4) 비점

비점이 낮은 경우 기화가 쉬워 공기와 혼합될 경우 폭발성 혼합가스를 형성한다.

(5) 유기용매

유기용매란 용해력과 탈지 세정력이 높아 광범위하게 사용되는 용제류로서 일반적으로 비점이 낮고 휘발성과 가연성이 있어 화재의 위험이 높다.

바로바로 **확인문제**

석유 및 천연가스에 대한 설명으로 옳지 않은 것은?
① 원유는 물질의 융점 차이를 이용해 얻는 방법이 가장 많이 쓰인다.
② 천연가스와 석유는 배사구조의 지층에 있다.
③ 원유는 점성이 큰 액체로 여러 종류의 탄화수소가 혼합되어 있다.
④ 천연가스는 원유를 생산하는 과정에서 동시에 얻을 수 있다.
해설 원유는 물질의 융점이 아니라 끓는점을 이용한 분별 증류법을 사용하여 유분을 얻고 있다. **답** ①

3 플라스틱재료의 연소특성

(1) 고분자물질(고체 가연물)의 종류 〈2017년 산업기사〉 〈2019년 산업기사〉 〈2020년 기사〉 〈2020년 산업기사〉

① 천연고분자는 자연계에서 생기는 물질로 천연고무와 같은 탄화수소, 셀룰로오스의 탄수화물, 견과 같은 폴리펩티드, 석면 등의 광물섬유가 있다.
② 합성고분자는 합성수지, 합성고무, 합성섬유 등으로 저분자의 화합물로부터 축합중합에 의해 고분자화된 화합물이 있다.
③ 합성수지에는 열을 가해 성형한 뒤에도 다시 열을 가하면 형태를 변형시킬 수 있는 열가소성 수지와 열을 가해 성형한 후 다시 열을 가해도 형태가 변하지 않는 열경화성 수지로 구분한다.

‖ 열가소성 · 열경화성 수지의 종류 ‖ 암기

구 분	종 류
열가소성 수지	폴리염화비닐, 폴리초산비닐, 폴리스티렌, 폴리아미드, 폴리메타아크릴산에스테르, 폴리에스테르, 폴리에틸렌, 폴리프로필렌, 폴리카보네이트 등
열경화성 수지	페놀수지, 요소수지, 멜라민수지, 폴리에스테르 등

(2) 연소과정

① 고분자물질의 연소는 발염연소, 무염연소, 훈소 등 3가지 형식으로 구분한다.
② 고분자물질은 수분의 증발과 용융과 같은 흡열과정을 거쳐 열분해를 일으키면 가연성과 불연성 기체 외에 물질에 따라 탄화잔사를 포함하여 연소한다.
③ 가연성 기체는 발화원에 의해 발염연소하여 연소생성물을 외부로 배출시키고 발생된 열은 미연소부분의 가열에 사용된다.
④ 탄화잔사는 흡입한 공기에 의해 산화되거나 무염연소를 일으키기도 한다. 그러나 공기가 부족하거나 가연성 가스가 확산되지 않아 가연성 혼합기체가 형성되지 않으면 연소는 일어나지 않고 직접 외부로 연기나 냄새를 방출시키는 훈소를 유지하게 된다.

(3) 발화과정

① 고분자물질의 발화는 가연성 혼합기체와 탄화 잔류물에 불이 붙는 과정으로 화염을 수반하는 경우와 수반하지 않는 경우가 있으며, 발화원의 유무에 의해 인화와 발화가 발생한다.

② 인화온도가 발화온도보다 낮으며 고분자물질의 발화는 탄화 잔류물에 불이 붙는 무염발화온도가 인화온도보다 훨씬 낮다.

▎각종 고분자물질의 인화온도 및 발화온도 ▎

구 분	인화온도 (℃)	발화온도 (℃)	구 분	인화온도 (℃)	발화온도 (℃)
폴리에틸렌	341	349	아크릴(섬유)	–	560
폴리프로필렌	–	570	질산셀룰로오스	141	141
사불소화에틸렌	–	530	초산셀룰로오스	305	475
폴리염화비닐	391	454	에틸셀룰로오스	291	296
염화초산비닐	320~340	435~557	폴리아미드(나일론)	421	424
폴리스티렌	345~360	488~496	페놀수지(유리섬유적층)	520~540	571~580
폴리스티렌(입상)	296	491	멜라민수지(유리섬유적층)	457~500	623~645
폴리스티렌(발포체)	346	491	폴리에스테르수지 (유리섬유적층)	346~399	483~488
스티렌—아크릴로 니트릴공중합체	366	454	실리콘수지(유리섬유적층)	490~527	550~564
스티렌—메타아크릴산 메틸공중합체	329	485	경질폴리우레탄	310	416
폴리메타아크릴산메틸	280~300	450~462	목재	260~300	400~450

(4) 고체폭발

① 폭발이 발생하기 위해서는 열의 발생속도가 열의 확산속도를 초과하여 일어나야 하므로 산소공급원이 충분해야 한다.

② 고체폭발 중 분진폭발은 소맥분, 목분, 탄가루 등 가연성 물질이 미분상태로 공기 중에서 교반과 유동이 일어나 발화원에 의해 폭발하는 것으로 단위질량당 표면적이 크고 열의 발생속도와 확산속도가 균형이 맞지 않아 일어나는 것이다.

바로바로 **확인문제**

폴리염화비닐(PVC)에 대한 설명이다. 옳지 않은 것은?
① 내산성, 내알칼리성 및 내수성이 우수하고 착색이 자유롭다.
② 분자 내 염소를 함유하고 있어 난연성이 좋다.
③ 경질폴리염화비닐은 수도관이나 화학공장용 배관 및 건축재료 등으로 이용된다.
④ 플라스틱 가운데 가장 비중이 낮고 생산량이 많다.

해설 폴리염화비닐은 폴리에틸렌, 폴리프로필렌에 비해 난연성이 우수하고 범용플라스틱으로 착색이 자유로운 장점이 있다. 비중이 가장 작은 플라스틱은 폴리프로필렌으로 $0.90 \sim 0.92$이다.　　답 ④

4 석유류의 분석 기법 〔암기〕 2020년 기사 / 2023년 기사 / 2023년 산업기사

(1) 가스 크로마토그래피(Gas Chromatograph ; GC) 이용법 2015년 산업기사

① 시료를 운반가스(carrier gas)에 의해 분리관(column) 내에 전개시켜 분리되는 각 성분의 크로마토그램을 읽어 들여 성분을 분석하는 것으로 유기화합물에 대한 <u>정성적, 정량적 분석에 이용</u>된다.

② 시료가 단말기를 통해 피크(peak)로 표시되는 방법은 <u>시간은 좌측에서 우측으로 진행</u>되며 피크가 높을수록 성분원소가 많다는 것을 의미한다.

③ 칼럼의 특성에 따라 좌측에서 시작하여 우측의 순서로 진행되며 분자량이 큰 분자가 우측에 감지되는 구조이다. 예를 들어, 칼럼이 친수성일 경우 친수성 분자들은 소수성을 갖는 분자들보다 좌측에 위치하게 된다.

(2) 적외선(InfraRed ; IR) 분광분석법

① 광원에서 방출된 여러 파장의 빛이 시료를 통과하면 <u>파장에 따라</u> 분자구조를 읽어 들이는 장치이다.

② 분자를 이루고 있는 원자들은 어떤 온도에서도 끊임없이 진동운동을 하기 때문에 각종 비색을 통해 측정이 가능하다. 진동운동은 결합길이, 결합각을 변화시키는 굽힘 운동과 비틀림 운동, 분자 내의 두 부분 상호간의 가로 흔들림 운동, 또한 어떤 결합을 중심으로 하는 비꼬임과 비틀림 운동이 있다.

(3) 석유류화재 감식 과정 2015년 산업기사 / 2017년 산업기사 / 2018년 기사 / 2019년 산업기사

① 석유류화재로 추정되는 화재현장에서 수집된 시료를 기기 분석(GC, IR)을 통해 판별하는 절차는 시료 채취 → 침지 → 여과 → 정제 → 적외선 흡수 스펙트럼 분석 → 가스 크로마토그래피 순으로 진행하며, 가장 중요한 것은 채취와 보관(포장)이다.

② 석유류에 대한 물리적 · 화학적 지식이 있어야 하고 위험물을 제조 및 취급하는 제조소, 취급소 및 저장소의 위험물질에 대한 자료를 과학적으로 고찰한다.

③ 주택, 사무실 등 석유류를 통상적으로 사용하지 않는 곳에서 화재가 발생한 경우 화재진압과 동시에 현장에서 가연성 가스를 채취하여 실험실에서 분석을 하거나 이동식 GC와 같은 탐지기로 분석 · 확인한다.

바로바로 확인문제 ●

가스 크로마토그래피의 구성요소가 아닌 것은?

① 시료주입장치   ② 분리칼럼

③ 검출기   ④ 시료분쇄장치

해설 가스 크로마토그래피의 구성

운반기체의 고압실린더, 시료주입장치, 분리칼럼, 검출기, 전위계와 기록기, 항온장치가 있다.   답 ④

02

화재감식론

출제예상문제

* ✚표시 : 중요도를 나타냄

01 원자의 구성요소가 아닌 것은?

① 양성자   ② 중성자
③ 중간자   ④ 전자

해설 ㉠ 원자의 구성 : 양성자, 중성자, 전자
㉡ 원자핵의 구성 : 양성자, 중성자, 중간자

02 다음 중 배수비례의 법칙이 성립되는 것은?

① CO, CO_2
② H_2SO_4, H_2SO_3
③ H_2O, H_2S
④ O_2, O_3

해설 CO와 CO_2에서 C의 질량 12와 결합하는 O의
질량비는 16g : 32g이 성립한다.
즉, 1 : 2의 정수비가 성립한다.

03 물과 반응하여 산을 만드는 물질로 맞는 것은?

① CO_2 ② NH_3
③ MgO ④ Na_2O

해설 비금속의 산화물은 물에 녹아서 산이 된다.
(CO_2, SO_2, SO_3, P_2O_5 등)

04 벤젠이 연소할 때 그을음이 많이 발생하는 이유는?

① 수분을 함유하고 있기 때문
② 수분과 반응하여 니트로벤젠이 생성되기 때문
③ 비중이 공기보다 작기 때문
④ 탄소를 많이 함유하고 있기 때문

해설 벤젠(C_6H_6)은 탄소와 수소가 1 : 1로 결합되어
있어 연소할 때 다량의 그을음이 발생한다.

05 물과 접촉할 경우 화재위험이 큰 물질은?

① Na_2O_2 ② Na
③ CaO ④ P_4

해설 나트륨(Na)은 제3류 금수성 물질로 물과 반응
하면 수소를 발생하며 폭발한다.
$2Na + 2H_2O \rightarrow 2NaOH + H_2$

06 물과 반응하여 가연성 기체를 발생시키는 것은?

① 황   ② 생석회
③ 적린   ④ 탄화칼슘

해설 탄화칼슘은 카바이드를 말하며, 물과 반응하여
아세틸렌을 발생한다.
$CaC_2 + 2H_2O \rightarrow Ca(OH)_2 + C_2H_2$

07 물과 반응하여 가연성 기체를 발생하지 않는 것은?

① 칼륨
② 산화칼슘
③ 탄화칼슘
④ 인화칼슘

해설 산화칼슘(CaO)은 물과 반응하여 발열작용만
한다.

08 금속칼륨을 보관하려고 한다. 보호액으로 가장 좋은 것은?

① 유동성 파라핀   ② 에탄올
③ 메탄올   ④ 수은

해설 금속칼륨은 금수성 물질로서 보호액으로는 등유,
경유, 유동성 파라핀이 좋다.

Answer   01.③   02.①   03.①   04.④   05.②   06.④   07.②   08.①

09 다음 식은 어떤 화학반응에 속하는가?

$$Zn + CuO \rightarrow ZnO + Cu$$

① 치환반응　　　　② 분해반응
③ 중화반응　　　　④ 복분해반응

해설 화합물의 일부가 다른 원소로 바뀌는 것은 치환반응이다.

10 730mmHg, 100℃에서 257mL 부피의 용기 속에 어떤 기체가 담겨져 있다. 기체의 무게가 1.67g일 때 이 물질의 분자량은 얼마인가?

① 107　　　　② 207
③ 27　　　　④ 405

해설 이상기체 상태방정식
$PV = WRT/M$, $M = WRT/PV$이므로
$$\frac{1.67\text{g}\times0.0821\text{atm/mol}\cdot\text{K}\times(100+273)\text{K}}{\dfrac{730\text{mmHg}}{760\text{mmHg}}\times\dfrac{257\text{mL}}{1,000\text{mL}}} = 206.917\text{g}$$
$\therefore 207\text{g}$

11 금속나트륨 화재조사 시 리트머스 시험지를 이용하였을 때 어느 색상으로 나타나는지 맞는 것은?

① 노란색　　　　② 적색
③ 녹색　　　　④ 파란색

해설 나트륨은 물과 반응하여 수산화나트륨이 되며 리트머스 시험지에 파란색으로 나타난다.

12 메탄가스가 0℃에서 체적이 300mL이고 압력이 1기압으로 일정하다면 100℃에서 체적은 몇 mL인가?

① 100.2
② 219.6
③ 409.8
④ 22,400

해설 압력이 일정하므로 샤를의 법칙을 적용한다.
샤를의 법칙 : $V_1 / T_1 = V_2 / T_2$
$300/273 = V_2/(273+100)$
$\therefore V_2 = 300\times(273+100)/273 = 409.8\text{mL}$

13 실내온도가 20℃인 일반주택에서 화재가 발생하여 800℃로 온도가 상승하였다면 팽창된 공기의 부피는 처음의 몇 배인가? (단, 압력변화는 없는 것으로 한다.)

① 2.66　　　　② 3.66
③ 2.33　　　　④ 3.33

해설 압력변화가 없는 것은 압력이 일정한 것을 의미하므로 샤를의 법칙을 적용하면
$$\frac{V_1}{T_1} = \frac{V_2}{T_2}$$
$$\therefore \frac{V_1}{(273+20)} = \frac{V_2}{(273+800)} = 3.66$$

14 0℃, 1기압에서 산소 10kg이 차지하는 부피(m³)는 얼마인가?

① 4.59　　　　② 5.59
③ 5.99　　　　④ 6.99

해설
$$PV = \frac{WRT}{M} = V = \frac{WRT}{PM}$$
$$= \frac{10\times0.082\times273}{1\times32} = 6.99\text{m}^3$$

15 착화온도 100℃가 의미하는 것으로 옳은 것은?

① 100℃ 이하에서 점화원이 있어도 발화되지 않는다.
② 100℃로 가열하면 점화원 없이도 스스로 연소한다.
③ 100℃로 가열할 때 점화원으로 인해 연소한다.
④ 100℃에 다른 가연물을 연소시킨다.

해설 착화온도란 가연물이 점화원 없이도 스스로 타기 시작하는 최저온도를 말한다.

02
화재감식론

16 물과 반응성은 없으나 산, 알칼리에 모두 반응하며 용융점이 660℃인 물질은?

① Cu
② Al
③ Zn
④ Mg

[해설] 알루미늄(Al)은 물과 반응성은 없으나 산, 알칼리와 반응하며, 용융점 660℃, 끓는점 2,519℃로 전기전도도가 큰 물질이다.

17 화학반응속도에 영향을 주는 요소가 아닌 것은?

① 온도
② 농도
③ 부피
④ 촉매

[해설] 온도, 농도, 촉매와 반응물질의 성질은 화학반응속도에 영향을 준다.

18 상온에서 물과 반응하여 수소를 발생시키지 않는 물질로 맞는 것은?

① K
② Na
③ Mg
④ Ca

[해설] 상온에서 물과 반응하여 수소를 발생시키는 물질은 K, Na, Ca이다.
Mg은 높은 온도의 끓는 물과 반응할 때 수소를 발생한다.

19 산화와 환원에 대한 설명으로 옳지 않은 것은?

① 산화수가 증가하면 산화되었다고 한다.
② 산화와 환원은 반드시 전하를 띤 물질만 포함할 필요는 없다.
③ 산화와 환원은 항상 동시에 반응한다.
④ 산화제는 다른 화학종을 산화시키며 자신도 산화수가 증가한다.

[해설] 산화제는 다른 물질을 산화시키고 자신은 환원되므로 산화수가 감소한다.

20 어떤 액체의 압력이 감소할 경우 증발온도의 변화로 맞는 것은?

① 상승한다.
② 감소한다.
③ 상승과 감소를 반복한다.
④ 변화없다.

[해설] 대기압에서 물의 증발온도는 100℃로 높은 곳으로 갈수록 압력이 낮아지므로 증발온도는 낮아진다.

21 프로판 1몰을 완전연소시키는 데 필요한 이론적인 산소의 몰 수는?

① 1몰
② 3몰
③ 5몰
④ 7몰

[해설] $C_3H_8 + 5O_2 \rightarrow 3CO_2 + 4H_2O$

22 플라스틱 같은 가연성 고체에 열이 공급될 때 분자의 사슬이 끊어져 저분자량의 기체로 변하는 현상은 무엇인가?

① 승화
② 용해
③ 해중합
④ 용융

[해설] 플라스틱 같은 가연성 고체에 열이 공급될 때 분자 간의 사슬이 끊어져 저분자량의 기체로 되는 현상은 중합에 대한 반대개념으로 해중합이라고 한다.

23 다음 중 이온화 경향이 크고 물과 반응하여 수소를 발생하며 연소하는 물질로 옳은 것은?

① Pt
② Mg
③ Cu
④ Na

[해설] 나트륨(Na)은 물과 접촉 시 수소를 발생한다. 마그네슘(Mg)은 높은 온도의 물 또는 산과 혼촉할 경우 수소를 발생하며 백금은 산과 반응해도 수소를 발생시키지 않는다.

24 다음 중 제6류 위험물에 해당하지 않는 것은?

① 과산화수소
② 질산
③ 유황
④ 과염소산

[해설] 유황은 제2류 위험물에 해당한다.

Answer 16.② 17.③ 18.③ 19.④ 20.② 21.③ 22.③ 23.④ 24.③

25 다음 화학물질 중 분해 시 산소를 방출하지 못해 산소공급원 역할을 할 수 없는 물질은?

① 수산화나트륨　　② 질산나트륨
③ 염소산나트륨　　④ 질산칼륨

해설 질산나트륨, 염소산나트륨, 질산칼륨은 산소산염으로 분해할 때 산소가 발생하지만, 수산화나트륨은 알칼리로서 분해할 때 산소가 발생하지 않는다.

26 발화점이 낮고 물과 반응하여 가연성 기체를 발생하며 폭발적으로 연소하는 물질에 해당하지 않는 것은?

① 탄화칼슘
② 칼륨
③ 탄산칼슘
④ 인화알루미늄

해설 ① $CaC_2 + 2H_2O \rightarrow Ca(OH)_2 + C_2H_2$
② $2K + 2H_2O \rightarrow 2KOH + H_2$
④ $AIP + 3H_2O \rightarrow Al(OH)_3 + PH_3$

27 다음 중 화재발생 위험성이 가장 큰 것은?

① 황린을 물속에 집어넣었다.
② 칼륨을 석유에테르와 함께 보관하였다.
③ 알킬알루미늄 저장 시 아르곤가스를 투입하였다.
④ 진한 질산과 아세틸렌을 혼촉하였다.

해설 진한 질산과 아세틸렌을 혼촉시키면 질산 속에 있는 산소에 의해 연소가 이루어진다. 칼륨은 금수성 물질이므로 석유에테르(펜탄, 헥산 등) 속에 보관하여야 하며, 황린은 발화온도가 낮아 (30℃) 물속에 보관하여야 하고, 알킬알루미늄은 가연성 증기의 발생을 억제하기 위해 아르곤가스를 봉입하여 저장하여야 한다.

28 다음 물질 중 분자 안에 산소를 포함하고 있는 것은?

① 톨루엔　　② 벤젠
③ 크레졸　　④ 크실렌

해설 ① 톨루엔($C_6H_5CH_3$)
② 벤젠(C_6H_6)
③ 크레졸[$C_6H_4(CH_3)OH$]
④ 크실렌[$C_6H_4(CH_3)_2$]

29 다음 중 연소범위가 6~36%인 포화 1가 알코올로 맞는 것은?

① 에틸알코올　　② 메틸알코올
③ 프로필알코올　　④ 에틸렌글리콜

해설 메틸알코올(CH_3OH)은 포화 1가 알코올로서 연소범위가 6~36%이다.

30 액체탄화수소의 공통적인 성질로 관계가 없는 것은?

① 증기는 공기보다 가볍다.
② 증기는 공기와 약간만 혼합하여도 연소한다.
③ 대부분 물보다 가볍고 물에 녹기 어렵다.
④ 상온에서 액체이며 인화가 용이하다.

해설 액체탄화수소는 탄소 수가 5 이상으로 상온에서 액체이며, 증기는 연소하한값이 낮아 공기와 약간만 혼합해도 연소하며 대부분 물보다 가볍고 물에 녹기 어렵다. 그러나 증기는 공기보다 무겁다.

31 다음 중 알칸계(alkanes) 탄화수소로 3개의 이성질체를 갖는 것은?

① 헥산　　② 헵탄
③ 펜탄　　④ 부탄

해설 펜탄(C_5H_{12})은 구조에 따라 n, iso, neo 등의 3가지 이성질체를 갖는다.

32 다음 중 3대 방향족 탄화수소에 해당하지 않는 것은?

① 벤젠　　② 크실렌
③ 톨루엔　　④ 스티렌

해설 3대 방향족 탄화수소는 벤젠, 크실렌, 톨루엔을 말한다.

Answer 25.① 26.③ 27.④ 28.③ 29.② 30.① 31.③ 32.④

33 다음 물질들이 혼합하였을 때 화재가 발생할 가능성이 가장 낮은 것은?

① 진한 질산+아세틸렌
② 적린+물
③ 과산화수소+쌀겨
④ 과망간산칼륨+글리세린

해설 적린의 발화점은 260℃이며 물과 반응하여 발열하거나 가연성 가스를 방출하지 않는다.

34 다음 중 균일한 혼합물에 해당하지 않는 것은 어느 것인가?

① 설탕물   ② 소금물
③ 우유   ④ 공기

해설 균일한 혼합물은 2가지 이상의 물질이 균일한 조성비로 섞여 있고 오랜 시간 방치해도 위치마다 조성비가 변하지 않는 혼합물을 말한다.

35 수분과 반응하여 가연성 기체를 발생하지 않는 것은?

① 인화알루미늄   ② 생석회
③ 탄화칼슘   ④ 나트륨

해설 생석회(CaO)는 물과 접촉하여 수산화칼슘(CaOH₂)이 생성되며 가연성 가스를 발생하지 않는다.

36 인화알루미늄이 수분과 반응하여 발생하는 가스는?

① 포스핀   ② 수소
③ 메타인산   ④ 산화알루미늄

해설 인화알루미늄은 수분과 반응하여 포스핀가스를 생성하여 독성물질로 변한다.

37 아세톤, 알코올, 에테르혼합물 등이 함유된 물질은?

① 페인트   ② 시너
③ 에나멜   ④ 솔벤트

해설 시너는 도료를 묽게 하여 점도를 낮추는 데 쓰이며, 초산에스테르류, 알코올류, 아세톤 등의 용제에 쓰인다.

38 다음 중 카바이드가 물과 반응하여 발생하는 가스는?

① 과산화수소
② 아세틸렌
③ 에틸렌
④ 과염소산

해설 $CaC_2 + 2H_2O \rightarrow Ca(OH)_2 + C_2H_2$

39 금속분류(Zn)가 물과 반응했을 때 발생하는 것은?

① 수소   ② 산소
③ 염소   ④ 질소

해설 $Zn + H_2O \rightarrow Zn(OH)_2 + H_2$

40 다음 중 염기가 될 수 없는 조건은?

① 비공유 전자쌍을 가지고 있다.
② OH^-를 내어놓을 수 있다.
③ 물에 녹아 H_3O^+를 내어놓을 수 있다.
④ H^+를 받아들일 수 있다.

해설 염기의 성질
  ㉠ +극에서 산소 발생
  ㉡ 수산이온을 내는 금속의 수산화물
  ㉢ 양성자를 받을 수 있는 물질
  ㉣ 비공유 전자쌍을 줄 수 있는 물질

41 $C_{16}H_{28}$인 탄화수소의 분자 중 2중결합은 몇 개 있는가?

① 1개   ② 2개
③ 3개   ④ 4개

해설 단일결합 물질의 분자식
  C_nH_{2n+2}이므로 n은 16, H는 28이 된다.
  ∴ $34 - 28/2 = 3$

Answer 33.② 34.③ 35.② 36.① 37.② 38.② 39.① 40.③ 41.③

42 산(acid)에 대한 설명으로 틀린 것은?

① 다른 물질에 양성자를 줄 수 있는 물질
② 물속에서 수소이온(H^+)을 내놓는 물질
③ 비공유 전자쌍을 받아들이는 물질
④ 붉은 리트머스를 푸르게 변색시키는 물질

해설 산(acid)은 리트머스 시험지를 청색에서 붉은색으로 변화시킨다.

43 금속칼륨의 특징으로 맞는 것은?

① 물속에 보관한다.
② 화학적으로 안정한 액체금속이다.
③ 중금속류이다.
④ 화학적으로 이온화 경향이 크다.

해설 금속칼륨은 경금속이며 물과 격렬하게 반응하고 이온화 경향이 큰 금속이다.

44 금속성이 강한 원자와 비금속성이 강한 원자 간의 화학적 결합은?

① 공유결합
② 배위결합
③ 이온결합
④ 금속결합

해설 ① 공유결합 : 비금속+비금속
② 배위결합 : 공유결합 물질에서 비공유전자쌍을 일방적으로 내놓는 물질
③ 이온결합 : 금속+비금속
④ 금속결합 : 금속+금속

45 화학적 성질이 활발한 금속일수록 어떤 성질을 나타내는가?

① 양성자를 받아들인다.
② 양성자를 잃는다.
③ 전자를 잃는다.
④ 전자를 받아들인다.

해설 화학적 성질이 활발한 금속이란 이온화 경향이 큰 금속을 말하는 것으로 전자를 쉽게 잃는다.

46 인화알루미늄에 대한 설명이다. 바르지 않은 것은?

① 짙은 회색 또는 황색 결정체이다.
② 건조상태에서는 불안정하여 습기와 함께 혼합시켜 사용된다.
③ 담배 및 곡물의 저장창고의 훈증제로 쓰인다.
④ 가수반응을 하면 포스핀가스가 발생한다.

해설 인화알루미늄은 건조상태에서 안정하며 습기와 혼합하면 반응하여 포스핀가스를 발생시킨다.

47 다음 중 알칼리금속 원소의 성질에 해당하는 것은?

① 안정하여 물과 반응하지 않는다.
② 환원 시 비활성 기체와 같은 전자배치를 갖는다.
③ 물과 반응하여 산소를 발생시킨다.
④ 반응성의 순서는 K>Na>Li 순이다.

해설 알칼리금속
물과 반응하여 수소 발생, 물과 반응성이 크고 산화 시 0족의 비활성 기체와 같은 전자배치를 갖는다.

48 다음 중 단원자 분자인 것은?

① 수소
② 아르곤
③ 질소
④ 이산화탄소

해설 단원자 분자
단일원자로 기체상태로 존재하는 것(He, Ne, Ar 등)

49 휘발유의 일반성질로 옳지 않은 것은?

① 혼합물이다.
② 인화하기 쉽다.
③ 순수 물질이다.
④ 원유를 증류하여 제조한다.

해설 휘발유는 포화·불포화 탄화수소의 혼합물이다.

Answer 42.④ 43.④ 44.③ 45.③ 46.② 47.④ 48.② 49.③

50 드라이아이스 1kg이 완전기화하면 약 몇 몰의 탄산가스가 생성되는가?

① 21몰 　　　　② 23몰
③ 25몰 　　　　④ 27몰

해설 $n = W/M$ 이므로 1,000/44＝22.7≒23몰

51 표준상태에서 수소의 밀도는 얼마인가?

① 0.089g/L 　　② 0.689g/L
③ 0.789g/L 　　④ 1.089g/L

해설 밀도＝질량/부피이므로 2/22.4＝0.089g/L

52 은백색 금속으로 노란불꽃을 내며 연소하고 수분과 접촉하여 수소를 발생하는 물질은?

① 알루미늄
② 나트륨
③ 칼륨
④ 인화석회

해설 $2Na + 2H_2O \rightarrow 2NaOH + H_2$

53 1기압, 27℃에서 어떤 기체 2g의 부피가 0.82L이다. 이 기체의 분자량은 약 얼마인가?

① 45 　　　　② 55
③ 60 　　　　④ 59

해설 $M = WRT/PV$
＝2×0.082×(273+27)/1×0.82
＝60g

54 화학물질의 위험성 증대요인으로 거리가 가장 먼 것은?

① 인화점이 낮을수록 위험하다.
② 폭발하한이 높을수록 위험하다.
③ 표면장력이 작을수록 위험하다.
④ 반응속도가 빠를수록 위험하다.

해설 연소범위가 넓을수록, 폭발하한이 낮을수록 위험하다.

55 산화성 고체가 아닌 것은?

① 질산염류
② 염소산염류
③ 과염소산염류
④ 질산에스테르류

해설 산화성 고체로 이루어진 위험물은 제1류 위험물을 말한다. 질산에스테르류는 제5류 위험물에 해당한다.

56 비닐전선의 자연발화 온도로 맞는 것은?

① 420℃ 　　　② 330℃
③ 954℃ 　　　④ 482℃

해설 합판 및 비닐전선의 자연발화 온도는 482℃이다.

57 메틸에틸케톤(MEK) 화재의 분류로 적합한 것은?

① A급 화재
② B급 화재
③ C급 화재
④ D급 화재

해설 메틸에틸케톤(MEK)은 제4류 위험물 중 제1석유류에 해당하는 물질로 유류화재(B급)에 해당한다.

58 복합적인 원인분석에 대한 설명으로 옳지 않은 것은?

① 모든 사실은 사고내용을 바탕으로 논리적으로 완성시켜야 한다.
② 단순 추정을 사실로 받아들여 조사를 마무리하도록 한다.
③ 증거 없이 단정을 내리거나 막연한 추정은 하지 않는다.
④ 조사관의 의견은 확실한 과학적 증거에 기반을 둔다.

해설 원인분석은 확실한 과학적 증거를 기반으로 하여야 하며 단순 추정을 사실로 받아들여서는 곤란하다.

Answer　50.②　51.①　52.②　53.③　54.②　55.④　56.④　57.②　58.②

59 연소 조건에 대한 설명이다. 바르지 않은 것은?

① 산소와 미반응물질은 가연물이 될 수 없다.
② 연소하한은 공기의 양은 적고 가연성 가스의 양이 많다.
③ 순조로운 연쇄반응은 작열연소할 때 일어나지 않는다.
④ 산소농도가 15% 이하이면 연소는 중단된다.

해설 연소범위에서 연소하한은 공기의 양은 많고 가연성 가스의 양이 적다. 반면 연소상한은 가연성 가스의 양은 많고 공기가 적다.

60 산소가 부족해도 물질 내부에 산소가 함유되어 있는 것은?

① 제1류 위험물
② 제3류 위험물
③ 제5류 위험물
④ 제6류 위험물

해설 니트로화합물 등 제5류 위험물은 물질 내부에 산소를 함유하고 있어 산소공급 없이도 점화원에 의해 폭발적으로 연소할 수 있다.

61 강산화제로 물질 내부에 산소를 함유하고 있으며 가연성 물질과 접촉하여 산소를 방출하는 것은?

① 제1류 위험물 – 제4류 위험물
② 제1류 위험물 – 제6류 위험물
③ 제5류 위험물 – 제1류 위험물
④ 제5류 위험물 – 제4류 위험물

해설 제1류 위험물과 제6류 위험물은 자신은 불연성이지만 강산화제로 물질 내부에 산소를 함유하고 있어 가연성 물질과의 접촉에 의해 분해하여 산소를 방출한다.

62 pH 5인 수용액의 $[H^+]$는 pH 6인 수용액의 몇 배인가?

① 0.1
② 10
③ 100
④ 1000

해설 $pH = -\log[H^+]$
$pH\ 5 = -\log[H^+] = 10^{-5} = [H^+]$
$pH\ 6 = -\log[H^+] = 10^{-6} = [H^+]$
∴ $10^{-5-(-6)} = 10$배

63 황린에 대한 설명으로 옳지 않은 것은?

① 고체상의 물질이다.
② 공기 중에서는 발화의 위험이 크므로 물속에 저장한다.
③ 발화점이 아주 낮아 자연발화의 위험이 크다.
④ 화학적으로 활성이 적고 독성이 없으며 어두운 곳에서 푸른 인광을 발한다.

해설 황린은 발화점이 34°C로 공기 중에 방치하면 자연발화하는 화학적 활성이 큰 맹독성 물질이다.

64 어떤 물질이 완전히 산화하는 과정에서 발생하는 열을 무엇이라고 하는가?

① 분해열
② 발효열
③ 반응열
④ 연소열

해설 어떤 물질이 완전히 산화하는 과정에서 발생하는 열을 연소열이라고 한다.

65 다음 중 자연발화에 대한 설명으로 옳지 않은 것은?

① 자연발화의 발생은 예측하기 어렵다.
② 외부에서 열을 공급받지 않고 발열한다.
③ 열의 축적이 좋아야 한다.
④ 기름걸레를 빨래줄에 걸어 놓으면 산화열이 축적된다.

해설 자연발화는 외부의 열 공급 없이 발열하는 것으로 예측이 어렵다. 기름걸레를 빨래줄에 걸어 놓으면 대기 중으로 열이 발산되어 자연발화는 일어나지 않는다.

Answer 59.② 60.③ 61.② 62.② 63.④ 64.④ 65.④

02
화재감식론

66 물질 스스로 발화하는 것이 아니라 스파크, 불티 등에 의해 착화하는 현상으로 맞는 것은 어느 것인가?

① 자연발화   ② 혼합발화
③ 인화   ④ 수렴화재

해설
① 자연발화 : 물 또는 습기 혹은 공기 중에서 물질이 발화온도보다 낮은 온도에서 자연발열을 일으켜 그 물질 자신이 가연성 가스를 발생하며 연소하는 현상
② 혼합발화 : 2종 이상의 물질이 서로 혼합하거나 접촉하여 연소하는 현상
③ 인화 : 물질 자신이 발화하는 것이 아니라 스파크, 불티 등에 의해 착화하여 연소하는 현상
④ 수렴화재 : 태양열이 오목렌즈 또는 볼록렌즈를 통해 축열됨으로써 발화하는 현상

67 자연발화로 형성될 수 있는 열과 관계가 없는 것은?

① 중합열   ② 분해열
③ 융해열   ④ 산화열

해설
자연발화의 종류
산화열, 분해열, 중합열, 발효열, 흡착열

68 자연발화 중 흡착열이 축적되어 발화하는 물질로 옳은 것은?

① 활성탄－환원니켈
② 활성탄－셀룰로이드
③ 질산에스테르－황산
④ 시안화수소－망간

해설
흡착열이 축적되어 발화할 수 있는 물질은 활성탄－환원니켈이다.

69 공기 중에서 물질이 자신의 발화온도보다 낮은 온도에서 발열하고 열이 축적되어 연소하는 것으로 맞는 것은?

① 폭발   ② 자연발화
③ 인화   ④ 혼합발화

해설
자연발화란 공기 중에서 물질이 발화온도보다 낮은 온도에서 발열하며 연소하는 것을 말한다.

70 자연발화의 조건으로 맞지 않는 것은?

① 열전도율이 클 것
② 열축적이 용이할 것
③ 열의 발생속도가 클 것
④ 주위온도가 높을 것

해설
자연발화의 조건
㉠ 열전도율이 작을 것
㉡ 열축적이 용이할 것
㉢ 열의 발생속도가 클 것
㉣ 주위온도가 높을 것

71 다음 식물성 기름 중 자연발화성이 가장 낮은 것은?

① 옥수수유   ② 대두유
③ 참기름   ④ 올리브유

해설
식물성 기름은 요오드가가 클수록 자연발화성이 증가한다.
① 옥수수기름 : 111~131
② 대두유 : 124~133
③ 참기름 : 103~112
④ 올리브유 : 75~88

72 다음 중 자연발화 위험성이 가장 낮은 것은 어느 것인가?

① 함유 백토를 오랫동안 방치했다.
② 대두유로 튀김요리를 한 다음 찌꺼기를 방치했다.
③ 함유 절삭가루가 묻어 있는 걸레를 공기 중에 방치했다.
④ 가솔린이 적셔진 섬유를 공기 중에 방치했다.

해설
가솔린, 등유, 경유 등의 광물유는 요오드가가 낮아 자연발화성이 없다.

73 자연발화 위험성이 가장 낮은 것은?

① 대두유   ② 식물성 옥수수유
③ 가솔린   ④ 함유 백토

Answer   66.③ 67.③ 68.① 69.② 70.① 71.④ 72.④ 73.③

해설 가솔린, 등유 등의 광물유는 자연발화성이 없다.

74 자연발화 물질 중 흡착열이 축적되어 발화하는 물질은?

① 니트로셀룰로오스
② 활성탄
③ 건초
④ 나트륨

해설 ㉠ 분해열 : 니트로셀룰로오스, 셀룰로이드, 니트로글리세린 등
ⓛ 산화열 : 건성유, 석탄, 불포화유가 함유된 섬유나 휴지, 탈지면찌꺼기 등
ⓒ 흡착열 : 활성탄, 목탄분말, 환원니켈 등
ⓔ 중합열 : 시안화수소, 산화에틸렌, 초산비닐, 이소프렌 등
ⓜ 발효열 : 퇴비, 먼지, 건초 등

75 다음은 요오드가에 대한 설명이다. 바르지 않은 것은?

① 요오드가가 클수록 자연발화성이 증가한다.
② 요오드가란 유지 100g당 첨가되는 요오드의 g수를 말한다.
③ 식물성 기름은 광물유에 비해 일반적으로 요오드가가 낮다.
④ 요오드가가 130 이상인 것을 건성유라고 한다.

해설 식물성 기름은 광물유(가솔린, 경유 등)에 비해 일반적으로 요오드가가 높다.

76 자연발화의 특성에 대한 설명이다. 틀린 것은?

① 동식물유의 경우 불포화도가 높을수록 자연발화성이 증가한다.
② 가솔린, 등유 등은 인화점이 낮기 때문에 자연발화성이 크다.
③ 동식물유는 가연성의 섬유류, 금속분말 등과 혼합되면 자연발화성이 증가한다.
④ 건성유는 요오드값이 130 이상이며 자연발화성이 크다.

해설 가솔린, 등유 등은 요오드값이 낮기 때문에 자연발화성이 없다.

77 반건성유의 요오드 값은?

① 130 이상
② 100 이상 110 이하
③ 100이상 130 이하
④ 100 이하

해설 건성유(130 이상), 반건성유(100 이상 130 이하), 불건성유(100 이하)

78 건성유의 요오드 값은?

① 100 이하
② 100 이상
③ 100 이상 130 이하
④ 130 이상

해설 건성유(130 이상), 반건성유(100 이상 130 이하), 불건성유(100 이하)

79 자연발화에 영향을 주는 요소가 아닌 것은?

① 수분
② 열 제어
③ 열전도율
④ 발열량

해설 자연발화에 영향을 주는 요소로 수분, 열전도율, 발열량 등은 관계가 깊다. 자연발화는 열의 축적이 용이하여야 쉽게 발생하므로 열 제어는 관계가 없다.

80 자연발화의 형태에 해당하지 않는 것은?

① 분해열
② 산화열
③ 증발열
④ 중합열

해설 자연발화의 형태
산화열, 분해열, 흡착열, 발효열(미생물), 중합열

81 자연발화 방지대책으로 틀린 것은?

① 저장실의 온도가 낮을 것
② 습도가 낮은 곳을 피할 것
③ 열의 축적을 방지할 것
④ 통풍이 원활할 것

해설 자연발화 방지대책
㉠ 저장실의 온도가 낮을 것
ⓛ 습도가 높은 곳을 피할 것
ⓒ 열의 축적을 방지할 것
ⓔ 통풍이 원활할 것

Answer 74.② 75.③ 76.② 77.③ 78.④ 79.② 80.③ 81.②

02
화재감식론

82 다음 물질 중 물에 용해되면 열을 흡수하는 것은?

① 칼륨   ② 나트륨
③ 인화알루미늄   ④ 질산암모늄

해설 질산암모늄은 물에 용해되면 열을 흡수한다. 이러한 열을 부용해열이라 하며 질산암모늄에 물을 가하여 포장을 차게 하는 방법도 있다.

83 폭발한계에 대한 설명 중 옳지 않은 것은?

① 폭발하한과 폭발상한의 차가 클수록 위험하다.
② 폭발상한계가 폭발하한계보다 큰 에너지가 필요하다.
③ 폭발상한계를 벗어나면 연소하지 않는다.
④ 폭발하한이 높을수록 위험하다.

해설 폭발범위가 넓을수록, 폭발하한이 낮을수록 위험하다.

84 분진폭발 위험성이 가장 낮은 것은?

① 알루미늄 분말
② 밀가루
③ 산화칼슘 분말
④ 석탄가루

해설 산화칼슘(CaO)은 최종 산화물로서 더 이상 반응성이 없어 폭발위험성이 없다.

85 알루미늄의 화학적 성질을 나타낸 것이다. 바르지 않은 것은?

① 공기보다 무겁고 분말상으로 공기 중에 존재하면 분진폭발할 수 있다.
② 물과의 반응성은 없으나 끓는 물과 반응할 경우 반응하여 발화한다.
③ 공기 중에서 표면에 산화피막을 만들어 내부를 보호한다.
④ 산화알루미늄은 분말 자체의 반응면적이 커서 산화열이 축적되면 발화한다.

해설 알루미늄은 분말 자체가 반응면적이 커서 반응이 일어나기 쉽기 때문에 산화가 급격히 진행되고 그 산화열이 축적되면 폭발에 이르게 되며 그로 인해 산화알루미늄이 생성된다. 따라서 산화알루미늄은 더 이상 산소와 접촉해도 반응을 일으키지 않기 때문에 발화하지 않는다.

86 가연성 가스나 인화성 액체의 증기, 미세한 분진류 등이 폭발하기 위한 최소발화에너지로 옳은 것은?

① 0.02~0.3mJ
② 0.3~0.4mJ
③ 0.04~0.5mJ
④ 0.03~0.09mJ

해설 가연성 가스나 인화성 액체의 증기, 미세한 분진류 등이 폭발하기 위한 최소발화에너지는 0.02~0.3mJ이다.

87 폭발로 인한 압력효과에 대한 설명으로 옳지 않은 것은?

① 양압단계는 부압단계보다 압력이 크다.
② 부압단계는 양압단계 후 낮은 공기압력이 발생지점으로 역류한다.
③ 폭발면은 구형이며 발생지점으로부터 모든 방향으로 균등하게 팽창한다.
④ 폭발이 발생하면 가스는 발생지점으로부터 안쪽으로 움직인다.

해설 물질이 폭발하면 다량의 가스를 생성하고 이들 가스는 높은 속도로 팽창하여 폭발의 발생지점으로부터 바깥쪽으로 움직이는 압력파를 생성한다.

88 폭발현상 중 폭굉(detonation)의 열에너지원은 무엇인가?

① 전도   ② 비화
③ 충격파   ④ 대류

해설 폭굉은 화염의 전파속도가 음속보다 빠른 경우로, 파면 선단의 충격파(압력파)가 진행되는 현상으로 연소속도는 1,000~3,500m/sec 정도이다.

Answer   82.④   83.④   84.③   85.④   86.①   87.④   88.③

89 화학물질 폭발조사 시 유의사항이다. 옳지 않은 것은?

① 폭발범위가 넓고 손상이 큰 경우 폭발전문가의 협조를 받는다.
② 주변 사람들이 폭발파편을 함부로 만지지 않도록 조치한다.
③ 폭발이 발생한 지점은 현장의 모든 사항이 조사되기 전에 결정한다.
④ 누출된 가스에 의해 2차 폭발을 대비하여 조사 전 안전조치를 먼저 취한다.

해설 폭발이 발생한 지점은 현장의 모든 사항이 조사된 후에 결정되어야 한다.

90 폭발현장에서 조사를 위한 현장설정 범위로 가장 알맞은 것은?

① 가장 멀리서 발견된 파편조각 거리까지
② 가장 멀리서 발견된 파편조각 거리로부터 1.5배 이상
③ 가장 큰 파편이 발견된 거리로부터 1.5배 이상
④ 가장 큰 파편이 발견된 지점까지

해설 폭발현장의 설정은 가장 멀리서 발견된 파편조각 거리로부터 1.5배 이상으로 설정한다.

91 폭굉에 대한 설명이다. 옳지 않은 것은?

① 충격파에 의한 화학반응으로 피해가 크게 나타난다.
② 연소반응 전파속도가 음속보다 빠르게 일어난다.
③ 발열반응으로 연소 전파속도가 음속보다 느리게 나타난다.
④ 충격파의 발생으로 연소속도는 1,000~3,500m/sec 정도이다.

해설 폭굉은 화염의 전파속도가 음속보다 빠르게 나타나며, 폭연은 음속보다 느리게 나타난다.

92 다음 중 기계적 폭발인 것은?

① 혼합가스폭발
② 분해폭발
③ 증기폭발
④ BLEVE

해설 BLEVE 또는 압력방출에 의한 보일러폭발 등은 화학적 변화 없이 폭발한 것으로 물리적 폭발 또는 기계적 폭발이라고 한다.

93 화학물질폭발 시 현장조사 유형이 아닌 것은 어느 것인가?

① 나선형
② 원형
③ 마름모형
④ 격자형

해설 현장조사 유형은 폭발범위와 조사인원에 따라 나선형, 원형, 격자형으로 구분하고 있다.

94 다음 설명 중 옳지 않은 것은?

① BLEVE는 발화를 필요로 하지 않는다.
② 폭연은 특정 조건하에서 폭굉으로 전이될 수 있다.
③ BLEVE는 연소폭발이다.
④ 폭굉 시 압력파는 초음속까지 허용될 수 있다.

해설 BLEVE는 외부 화염에 의해 탱크가 가열되면 내부에 있는 액체의 증기압이 상승하고 이로 인해 탱크의 내압을 초과할 경우 결국 물리적으로 탱크가 파열되는 현상으로 발화를 필요로 하지 않으며 연소폭발에 해당하지 않는다.

95 낮은 등급의 폭발이 아닌 것은?

① 폭발 잔해는 비교적 큰 것이 많다.
② 유리창이 파손되었으나 창틀이 남아 있다.
③ 지붕과 기둥 사이에 균열이 발생했다.
④ 구조물 전체가 산산조각 난 형태이다.

해설 낮은 등급의 폭발은 비교적 느린 압력상승속도로 나타나기 때문에 구조물이 조금 밀리거나 튀어나온 정도의 손상 정도를 유발하며 창문이나 접합부분과 같이 약한 부분에는 균열이 발생하기도 한다. 구조물 전체가 산산조각 난 형태는 높은 등급의 폭발이다.

Answer) 89.③ 90.② 91.③ 92.④ 93.③ 94.③ 95.④

96 이론적인 상황에서 폭발파면의 형태로 옳은 것은?

① 직사각형　　② 구형
③ 삼각형　　　④ 정사각형

[해설] 폭발파면은 이상적 또는 이론적으로 구형(球形)이며 폭발지점으로부터 사방으로 압력이 팽창한다.

97 폭발로 인한 분화구에 대한 설명이 옳지 않은 것은?

① 분화구 형성은 높은 압력과 빠른 압력상승에 좌우된다.
② 압력이 클수록 지면 깊이 파고든다.
③ LPG가 폭발하면 대부분 분화구가 만들어진다.
④ TNT가 폭발하면 분화구가 생성된다.

[해설] LPG 또는 천연가스는 폭발속도가 음속 미만(폭연)으로 분화구가 생기지 않지만, TNT가 폭발하면 분화구가 발생한다.

98 폭발로 인한 연소의 전파속도는 약 얼마인가?

① 0.1~10m/sec
② 3~10m/sec
③ 5~10m/sec
④ 10~15m/sec

[해설] 폭발로 인한 연소의 전파속도는 대개 0.1~10m/sec이다.

99 폭발현장 정밀평가 조사 내용으로 옳지 않은 것은?

① 멀리 날아간 파편에서 연소된 흔적이 있다면 화재가 폭발보다 먼저 일어났다는 표시이다.
② 폭발 중심지는 균열과 파괴 정도가 주변보다 강해 발화원 확인이 용이하다.
③ 멀리 날아간 유리조각이 깨끗한 것은 화재보다 폭발이 먼저 이루어진 결과이다.
④ 파편조각은 비산된 거리와 방향을 측정하여 폭발압력을 추정할 수 있다.

[해설] 폭발 중심지는 균열과 파괴 정도가 주변보다 강하지만 발화원 확인은 매우 어렵다.

100 폭굉의 연소속도는 얼마인가?

① 500~~1,000m/sec
② 700~1,500m/sec
③ 1,500~2,000m/sec
④ 1,000~3,500m/sec

[해설] 폭굉의 연소속도는 음속 이상으로 1,000~3,500m/sec이다.

101 다음 중 분진폭발의 위험이 가장 낮은 것은 어느 것인가?

① 밀가루　　② 나트륨
③ 금속분　　④ 마그네슘분

[해설] 분진폭발은 미세한 분말상태로 공기 중에 있으면 폭발하한계 농도 이상으로 유지될 때 착화원에 의해 가연성 혼합기와 동일한 폭발현상을 나타낸다. 밀가루도 분진폭발의 위험이 있으나 상기 보기 중에서는 가장 위험성이 낮다.

102 다음 중 분진폭발의 발화조건이 아닌 것은 어느 것인가?

① 미분상태일 것
② 가연성 물질일 것
③ 고체덩어리 상태일 것
④ 점화원이 있을 것

[해설] 분진상태의 폭발조건
미분상태일 것, 가연성 물질일 것, 지연성(공기) 가스와 교반 또는 유동할 것, 점화원이 존재할 것 등

103 다음 중 물리적 폭발이 아닌 것은?

① 보일러의 폭발
② 액체비등팽창 폭발
③ 가연성 혼합가스 폭발
④ 진공용기의 파손 폭발

Answer　96.② 97.③ 98.① 99.② 100.④ 101.① 102.③ 103.③

해설 **물리적 폭발**
보일러의 폭발, 액체비등팽창 폭발, 진공용기의 파손 폭발 등

104 폭굉에 대한 설명에 해당하는 것은?

① 혼합기체의 연소속도가 50m/sec 이상인 것
② 가연성 기체의 모든 폭발현상
③ 충격파의 전파속도가 1,000~3,500m/sec 이상인 것
④ 전파속도가 폭연에 해당하는 것

해설 폭굉은 충격파의 전파속도가 1,000~3,500m/sec 이상인 것이다.

105 폭발반응의 원인으로 맞는 것은?

① 에너지 변화　　② 온도 변화
③ 엔탈피 변화　　④ 물질 변화

해설 폭발반응이란 빛, 소리, 압력을 수반하는 순간적인 화학 변화를 말하며, 기체상태의 엔탈피(열량) 변화가 폭발반응의 원인이다.

106 공기 중에 부유하고 있는 분진입자의 크기가 얼마일 때 폭발위험이 있는가?

① 100μm 이하
② 150μm 이하
③ 180μm 이하
④ 200μm 이상

해설 공기 중에 부유하고 있는 입자의 크기가 100μm 이하면 폭발 위험성이 있으며 미립자일수록 폭발하기 쉽다.

107 가스나 화약류의 최소착화에너지로 맞는 것은?

① 0.2~0.3mJ
② 0.02~0.03mJ
③ 0.5~0.9mJ
④ 0.1~0.01mJ

해설 최소착화에너지는 가스나 화약류가 0.1~0.01mJ 이며, 분진은 10~100mJ 정도이다.

108 가연성 고체의 미분이 공기 중에 분산되어 있을 때 발화원에 의해 착화되는 폭발은?

① 분해폭발
② 분진폭발
③ 증기폭발
④ 중합폭발

해설 가연성 고체의 미분이 공기 중에 분산되어 있을 때 발화원에 의해 착화되는 폭발은 분진폭발을 말한다.

109 분진폭발이 발생할 위험이 없는 것은?

① 플라스틱
② 유황가루
③ 석회석분말
④ 알루미늄분말

해설 플라스틱, 유황가루, 알루미늄분말 등은 공기 중에 부유하고 있으면 분진폭발할 수 있다. 그러나 석회석분말, 시멘트, 탄산칼슘, 생석회 등은 분진폭발하지 않는다.

110 고체가 미분상태일수록 분진폭발이 쉽게 일어나는 것과 관계가 없는 것은?

① 비표면적이 크다.
② 활성화에너지가 적게 필요하다.
③ 산소와의 접촉면적이 넓다.
④ 열전도율이 크다.

해설 열전도율이 낮을수록 발화하기 쉽다.

111 연소현상과 폭발현상을 구분짓는 요소로 가장 적합한 것은?

① 충격파속도
② 온도
③ 화염
④ 점화에너지의 크기

해설 폭발은 정상연소에 비해 연소속도와 화염전파속도가 매우 빠른 비정상연소 현상으로 충격파의 전파속도에 따라 음속보다 느린 폭연과 음속보다 빠른 폭굉으로 구분한다.

02
화재감식론

112 폭발현장에서 수집한 배경 정보를 바탕으로 폭발 전 및 폭발 시 사고 경위를 표로 만들어 인간 관계이론과 일치하는지 아닌지를 추론한 후 "최적이론"을 설정하는 분석을 무엇이라고 하는가?

① 손상패턴 분석　　② 구조물 분석
③ 열효과 상관분석　　④ 타임라인 분석

해설 폭발현장에서 수집한 정보를 바탕으로 폭발 전 및 폭발 시 사고 경위를 시간대 별로 표로 만든 후 인간관계이론과 일치여부를 추론하는 최적이론을 설정하는 것은 타임라인 분석이다.

113 폭발에 대한 설명으로 바르지 않은 것은?

① 연료－공기의 확산폭발은 구조적 손상이 균일하고 한 방향으로 나타난다.
② 고체 폭발물이 폭발하면 극도로 높은 압력이 발생한다.
③ 고체 폭발물이 폭발한 경우 폭발공간 전체의 압력이 균일하지 않게 나타난다.
④ 폭발지점으로부터 멀어질수록 격렬한 연소 흔적이나 그을음이 많이 발견된다.

해설 연료－공기의 확산폭발과 고체 폭발물의 폭발효과는 매우 다르다. 연료－공기의 확산폭발은 구조적 손상이 균일하게 한 방향을 향하고 있으며 연소 부풀림 및 그을음이 많은 반면, 고체 폭발물의 폭발은 극도로 높은 압력으로 폭발공간 전체의 압력이 균일하지 않게 나타난다. 또한 폭발지점으로부터 멀어질수록 격렬한 연소흔적이나 그을음은 거의 없이 발견된다.

114 BLEVE에 대한 설명이다. 옳지 않은 것은?

① 불연성 액체인 경우 증기의 연소와 화재가 동반된다.
② 에어로졸 같은 작은 용기에서도 발생할 수 있다.
③ 저장용기가 파열되면 가압된 액체는 순간적으로 기화한다.
④ BLEVE가 발생하기 위한 액체는 인화성일 필요가 없다.

해설 불연성 액체인 경우 증기의 연소와 화재가 동반되지 않는다.

115 폭발손상에 대한 설명이다. 바르지 않은 것은 어느 것인가?

① 폭발 후 폭발하한계(LEL) 근처에서는 화재가 거의 발생하지 않는다.
② 증기밀도 효과는 공기가 고요한 상태로 있을 때 최대가 된다.
③ 폭발 후 폭발상한계(UEL) 근처에서는 화재가 발생하는 경우가 많다.
④ 연료－공기의 혼합기 속의 난류화염은 연소속도와 압력을 감소시킨다.

해설 연료－공기의 혼합기 속의 난류화염은 연소속도와 압력을 증가시킨다. 난류화염은 혼합기만 형성되면 연료가 적더라도 압력상승을 증가시켜 높은 등급의 손상을 발생시킬 수 있게 된다.

116 화학공장에서 폭발이 발생하였다. 원인조사관련 필요한 것이 아닌 것은?

① 공장 배치도 및 평면도
② 생산품 납품현황
③ 목격자 진술내용
④ 제조 공정도 및 당일 기계 운전일지

해설 생산품 납품현황은 원인조사와 관계가 없다.

117 석유화학제품의 원료는?

① 석유와 혼합가스
② 석유와 천연가스
③ 원유와 가연성 가스
④ 원유와 정제가스

해설 석유화학제품의 원료는 석유와 천연가스이다.

118 분별 증류법으로 얻어진 석유제품 중 비점이 230~350℃이며 탄소 수가 14~23인 물질은?

① 경질 나프타　　② 중질 나프타
③ 등유　　　　　④ 경유

Answer　112.④　113.④　114.①　115.④　116.②　117.②　118.④

유 분	비점범위(℃)	탄소 수	비 고
경질 나프타	30~120	5~8	25%
중질 나프타	100~200	7~12	
등유	150~180	9~19	20%
경유	230~350	14~23	
찌꺼기유	300 이상	17 이상	55%

119 다음 중 비중이 가장 높은 것은?

① 가솔린　　　　　② 등유
③ 경유　　　　　　④ 중유

해설 ① 가솔린(0.63~0.76)
② 등유(0.79~0.85)
③ 경유(0.81~0.88)
④ 중유(0.90~1.0)

120 석유류의 연소특성을 나타낸 것으로 옳지 않은 것은?

① 중유는 인화점이 70℃로 천에 흡수되거나 분무상태일 때 인화점보다 낮은 온도에서 쉽게 발화한다.
② 유기용매는 일반적으로 비점이 낮고 휘발성이 강하다.
③ 비점이 낮으면 기화가 어려워 비점이 높을수록 위험성이 커진다.
④ 석유류 증기는 대부분 공기보다 무겁다.

해설 비점이 낮으면 기화가 쉽다. 휘발유의 비점이 30~225℃이고 등유가 150~300℃인 것처럼 비점의 높고 낮음을 비교하면 비점이 낮은 쪽이 훨씬 위험성이 크다고 볼 수 있다.

121 다음 석유류 중 연소범위가 가장 큰 것은 어느 것인가?

① 에틸알코올　　　② 가솔린
③ 아세톤　　　　　④ 등유

해설 ① 에틸알코올(3.5~20%)
② 가솔린(1.4~7.6%)
③ 아세톤(2~13%)
④ 등유(0.7~5%)

122 다음 석유류 중 인화점이 가장 낮은 것은?

① 벤젠　　　　　　② 아세톤
③ 휘발유　　　　　④ 헥산

해설 ① 벤젠(-11.1℃)
② 아세톤(-20℃)
③ 휘발유(-43℃)
④ 헥산(-21.7℃)

123 유류화재의 특징을 설명한 것이다. 바르지 않은 것은?

① 석유류 유도체의 연소는 탄소와 수소의 비가 작을수록 검은 연기의 발생량이 많다.
② 석유류는 탄소와 수소의 비율에 따라 초기 연소가스의 색깔에 차이가 있으나 최성기에 산소가 부족하면 연기의 색깔로 구분하기가 곤란하다.
③ 가솔린, 중유, 등유 등은 일단 연소가 이루어지면 발열량의 차이가 거의 없어 비슷한 연소양상을 나타낸다.
④ 유류화재의 화학적 조성은 가스 크로마토그래피 분석법과 적외선 분광분석법을 이용한다.

해설 석유류 유도체 중 같은 탄소 수를 갖는 물질도 분자 내부에 함유하고 있는 원소에 따라 서로 다른 화재 양상을 나타내며, 일반적으로 탄소와 수소의 비가 클수록 검은 연기를 발생하며 불완전 연소를 한다.

124 플라스틱 재료의 연소특성으로 옳지 않은 것은?

① 고분자물질은 함유된 수분의 증발과 용융과 같은 흡열과정을 거쳐서 열분해를 일으킨다.
② 가연성 혼합기체가 형성되지 않으면 연소는 일어나지 않고 연소생성물은 직접 외부로 방출된다.
③ 열경화성 수지인 페놀수지, 우레아수지는 가열하면 용융하며 경화된다.
④ 폴리염화비닐은 연소하더라도 잔류물을 남긴다.

02

화재감식론

Answer 119.④ 120.③ 121.① 122.③ 123.① 124.③

해설 열경화성 수지인 페놀수지, 우레아수지는 가열하면 용융하지 않고 경화반응을 일으키며 탄화된다.

125 불꽃 색상이 푸른색으로 연소하는 석유류는?

① 휘발유
② 아세톤
③ 등유
④ 벤젠

해설 아세톤은 불꽃 색상이 푸른색이다. 등유는 노란색을 띠고, 휘발유와 벤젠은 노란색~흰색을 보인다.

126 도료류를 묽게 희석시켜 점도를 낮추는 데 쓰이며 액체탄화수소의 초산에스테르류, 알코올류, 에스테르류 및 아세톤이 첨가된 물질은?

① 가솔린
② 래커
③ 시너
④ 에나멜

해설 시너는 도료를 묽게 희석시켜 점도를 낮추는 데 쓰이며 혼합용제로 협의로는 래커 시너를 가리킨다(초산에스테르류, 알코올류, 에테르류 등).

127 열경화성 플라스틱에 대한 설명이다. 바르지 않은 것은?

① 불연성 플라스틱이다.
② 열분해 가스가 주변 공기와 혼합 또는 확산 연소한다.
③ 경화가 일어나면 가소성을 잃는다.
④ 흡열 과정에서 흡수한 열은 표면에서 수분증발과 함께 열분해 과정을 거친다.

해설 열경화성 플라스틱은 가연성 재료이며 용융되지 않고 연소하는 특징이 있다.

128 천연 또는 합성수지를 건성유와 함께 가열, 융합시키고 건조제 등을 첨가한 용제는 어느 것인가?

① 바니시
② 에나멜
③ 프라이머
④ 테레빈유

해설 ① 바니시 : 천연 또는 합성수지를 건성유와 함께 가열, 융합시키고 건조제 등을 첨가한 용제로 유성니스를 총칭한다.

② 에나멜 : 일명 바니시페인트로 수지바니시, 유성바니시 등과 각종 안료에 혼합하여 붓도장, 스프레이도장 등에 쓰이도록 제조한 도료이다.
③ 프라이머 : 도장하려는 금속면 등에 처음 바르는 도막으로 접착성을 좋게 하고 금속재료의 녹방지에 쓰인다.
④ 테레빈유 : 소나무과 나무줄기에서 침출되는 색소수지를 채취하여 이것을 수증기로 유출시킨 휘발성분이다.

129 화학공정 중 액체원료를 가열시키는 과정에서 폭발적으로 끓어 넘쳐 화재가 일어나는 현상은?

① 폭발현상
② 블레비현상
③ 돌비현상
④ 증기운현상

해설 돌비현상이란 액체원료를 가열시키는 과정에서 폭발적으로 끓어 넘쳐 화재가 발생하는 현상이다.

130 열경화성 플라스틱에 해당하는 것은?

① 폴리염화비닐
② 페놀수지
③ 폴리에틸렌
④ 폴리프로필렌

해설 ㉠ 열가소성 플라스틱의 종류 : 폴리염화비닐, 폴리초산비닐, 폴리스티렌, 폴리아미드, 폴리메타아크릴산에스테르, 폴리에스테르, 폴리에틸렌, 폴리프로필렌, 폴리카보네이트 등
㉡ 열경화성 플라스틱의 종류 : 페놀수지, 요소수지, 멜라민수지, 폴리에스테르 등

131 용매추출이나 증류법과 유사한 방법으로 고정상 또는 이동 중인 분리관에 시료를 통과시켜 분리관 내의 체류시간 차이로 시료를 분리하는 기기분석 방법으로 맞는 것은?

① X선 투광분석
② 가스 크로마토그래피
③ 적외선 분광분석
④ 자외선 분석

Answer 125.② 126.③ 127.① 128.① 129.③ 130.② 131.②

해설 용매추출이나 증류법과 유사한 방법으로 고정상 또는 이동 중인 분리관(column)에 시료를 통과시켜 분리관 내의 체류시간 차이로 시료를 분리하는 기기분석 방법은 가스 크로마토그래피를 이용한 분석이다.

132 화재원인을 과학적으로 입증하기 위해 기기분석법이 적용된다. 다음 중 관계가 가장 먼 것은 어느 것인가?

① 미량 또는 초미량의 시료도 분석이 가능하다.
② 기기 사용법이 간단하며 짧은 시간의 훈련으로도 사용이 가능하다.
③ 높은 감도의 결과를 추출할 수 있으며 측정값이 정확하다.
④ 매우 복잡한 혼합물도 측정이 가능하다.

해설 가스 크로마토그래피, 적외선 분광측정법 등은 시료에 대해 비교적 정확한 분석과 측정이 가능하나 기기 사용법이 복잡하여 장시간의 훈련을 필요로 한다.

133 가스 크로마토그래피 측정방법으로 잘못된 것은 어느 것인가?

① 친수성 성질을 가진 분자들은 우측에 표시된다.
② 시간은 좌측에서 우측으로 표시한다.
③ 분자량이 클수록 우측에 표시된다.
④ 피크가 높을수록 시료에 성분원소가 많다는 것이다.

해설 시료가 단말기를 통해 피크로 표시되는 방법은 시간은 좌측에서 우측으로 표시되고 피크가 높을수록 성분원소가 많음을 나타낸다. 보통 분자량이 큰 물질이 우측에 표시되고 칼럼이 친수성이라면 친수성 성질을 가진 분자들은 소수성을 갖는 분자들보다 좌측에 위치하게 된다.

134 적외선 분광분석법에 대한 설명이다. 옳지 않은 것은?

① 주로 유기물질 분석에 쓰인다.
② 물질의 정성분석만 이용이 가능하다.
③ 시료에 파장을 연속적으로 바꿔가면서 적외선을 비추면 아미노기 또는 카보닐기 같은 작용기가 적외선으로 흡수되어 이를 조사하면 성분을 알 수 있다.
④ 분자 내에 어떤 화합물이 있는지 알 수 있다.

해설 적외선 분광분석법은 물질의 정성 및 정량 분석이 가능하다. 정성분석이란 어떤 성분의 존재여부를 조사하는 것이고, 정량분석은 물질의 양이 얼마만큼 있는지에 대한 분석이다.

02 화재감식론

Chapter 05 미소화원화재 감식

01 미소화원의 이해

1 미소화원과 유염화원 구분

미소화원이란 에너지가 <u>외관상 극히 작은 발화원</u>을 의미하는 것으로 자체는 고온이지만 발열량이 작아 무염연소(無炎燃燒) 형태를 지닌 것으로 훈소화재, <u>심부화재 양상</u>을 보이는 작은 발화원을 총칭한다.

구 분	미소화원	유염화원
연소반응속도	느리다.	빠르다.
발열량	작다.	크다.
가연물의 종류	고체	고체, 액체, 기체
종류	담뱃불, 향불, 스파크, 불티	라이터불, 성냥불, 촛불

2 무염화원의 연소현상과 가연물 특성

① 장시간 화염과 접촉하고 있었으므로 발화부를 향해 <u>깊게 타 들어가는</u> 연소현상이 나타난다.

② 발화원이 장시간에 걸쳐 훈소하기 때문에 유염연소하기 전까지 연기가 피어나며 <u>타는 냄새</u>가 확산된다.

③ 이불이나 옷감류 등은 <u>심부적(深部的)으로 탄화</u>하여 타 들어가고 마루나 침대 등 바닥면을 태운 흔적이 있다.

④ 기둥, 벽 등의 일부가 타서 떨어지거나 가늘어지기도 하며 두꺼운 나무판자에 구멍이 발생할 수도 있다.

⑤ 대부분의 무염물질은 유기물이며 무염 시 가연성 기체가 생기며 또한 강한 <u>다공탄 구조가 생긴다.</u>

⑥ 화학반응 또는 산화반응은 고체의 표면에서 생성된다(<u>산화열 축적</u>).

⑦ 비교적 산소 체적이 낮은 환경에서 전파되기 때문에 불완전연소 형태를 나타내는 경우도 있다.

3 미소화원화재 입증의 기본요건

① 화재현장에서 발화장소의 소손상태 확인
② 관계자 진술 확보
③ 발화 전 환경조건 파악

4 미소화원에 의한 출화 증명

① 정확한 출화 개소의 판단
② 가연물의 종류 확인
③ 훈소의 지속과 발염
④ 유염화원과의 구분
⑤ 기타 발화원의 가능성 배제

02 무염화원

1 담뱃불

(1) 담배의 구성

① **궐련지(cigarette paper)** : 궐련지 대부분은 마섬유 100%로 되어 있고 예외적으로 펄프를 섞은 것이 있다. 궐련지에는 탄산칼슘이 첨가되어 있으며 높은 통기성을 갖고 있다. 또한 착화온도 및 착화시간은 400℃ 전후에서 수초에 착화한다.

② **필터(filter)** : 필터는 각초가 입에 들어가는 것을 방지하고 타르, 니코틴 등 가스를 적당히 여과함으로써 담배 맛을 순화하고 끽연 위생에 도움을 주기 위해서 사용된다. 필터는 궐련지와 달리 통기성이 없다. 팁 페이퍼 및 플러그의 궐련지는 목재펄프를 주원료로 제조한다. 재질에 따라 아세테이트필터(acetate filter plug), 종이필터(paper filter), 탄소필터(charcoal filter-활성탄이 들어감)로 구분되고, 형태에 따라 단일필터, 이중필터, 삼중필터로 구분된다.

③ **팁 페이퍼(tipping paper)** : 팁 페이퍼는 궐련과 필터를 이어주는 종이를 말하며 궐련의 외관을 향상시키는 역할도 한다. 천공시킨 팁 페이퍼도 많이 사용하고 있는데 이는 팁 페이퍼용으로 제조된 원지를 인쇄, 천공(미세한 구멍)한 후 알맞은 규격으로 절단하여 궐련과 필터를 이어주는 기능이 있다.

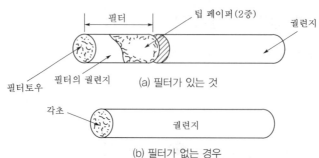

┃ 담배의 구성 ┃

(2) 담뱃불의 발화가능성 〔2013년 기사〕〔2015년 산업기사〕〔2016년 산업기사〕〔2019년 기사〕

① 담뱃불의 연소과정은 가연물 접촉 → 훈소 → 착화 → 출화 순이다.

② 담뱃불은 풍속 <u>1.5m/sec일 때 최적상태</u>로 연소하지만 3m/sec 이상이면 꺼지기 쉽다.

③ 산소농도 16% 이하에서 연소가 중단되며, 수평상태보다 수직상태에서 빨리 연소된다.

④ 담뱃불의 <u>표면온도는 200~300℃</u>, <u>중심부의 최고온도는 700~800℃</u>, <u>연소 선단의 온도 550~600℃</u>, 흡연 시 최고온도는 840~850℃ 정도이다.

⑤ 담뱃불의 연소시간은 레귤러 사이즈(84mm)의 경우 1개비는 수평 13~14분, 수직 11~12분 정도가 소요된다.

(3) 담뱃불 점화원의 특징 〔암기〕 〔2014년 산업기사〕〔2018년 기사〕〔2021년 기사〕

① 대표적인 무염화원이다.

② <u>이동이 가능</u>한 점화원이다.

③ 필터와 몸체로 구성되어 있는 가연물이다.

④ <u>흡연자</u>는 화인을 제공할 수 있는 <u>개연성이 존재</u>한다.

⑤ 자기 자신은 유염발화하지 않는다.

(4) 담뱃불의 착화가능성 〔2018년 기사〕〔2019년 기사〕〔2020년 기사〕〔2021년 기사〕

구 분	착화여부	구 분	착화여부
가솔린	착화 불가	톱밥류	풍속 0.5m/sec 전후 착화 가능, 무풍상태 착화 불가
도시가스	착화 불가	구겨진 신문지류	착화 가능
카펫 및 스티로폼	착화 불가	방석, 이불, 의류 등 면제품	축열조건 만족 시 착화 가능
고무 부스러기	착화 불가	마른 건초류	착화 가능

(5) 담뱃불 감식요령 〔2016년 기사〕〔2017년 산업기사〕〔2021년 기사〕

① 담뱃불에 의해 착화될 수 있는 가연물을 밝혀 둔다.

② 끽연행위의 사실을 확인할 것. 단, 흡연행위를 특정시킬 필요가 없고 또한 행위
자가 반드시 흡연행위를 했다고 단정할 필요성도 없다.

③ 착화 발염에 이르기까지의 경과시간과 착화물과의 관계를 타당성 있게 밝혀
나간다.

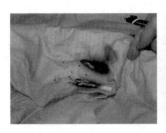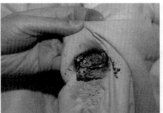

┃ 담뱃불의 착화성 현장사진(화보) p.24 참조 ┃

2 모기향 불씨 및 선향

(1) 모기향 및 선향의 발화가능성

① 중심부의 온도는 약 700℃ 전후로서 연소지속시간은 모기향 받침대에 세웠을 경
우 7시간 전후 연소한다.

② 가연물과 접촉할 경우 발열량이 적어 자체 소화된다.

(2) 모기향 및 선향 감식요령

① 담배 등 다른 발화원의 존재여부를 확인한다.

② 출화 전에 사용했던 위치를 파악한다.

③ 모기향 주변으로 가연물의 상황과 사용방법 등을 확인한다.

3 불꽃(전기용접기 · 가스절단기 · 그라인더 · 제면기 · 분쇄기)

(1) 전기용접기 및 가스절단기

① 용적의 발화위험성

㉠ 전기용접 시 고온의 용접불꽃이 낙하할 때 표면장력에 의해 구(球)를 유지한다.

㉡ 용접 · 절단 시 낙하된 불똥은 면 먼지, 종이, 나무부스러기 등에 접촉하면 출
화위험이 증대된다.

㉢ 용융입자가 수평면에 구르고 있을 때보다는 정지 직전 또는 정지한 직후 발화
위험성이 크다.

㉣ 휘발유, 벤젠과 같이 비교적 인화점이 낮은 물질에 용이하게 착화하며 도시가
스나 LP가스에도 용이하게 착화한다.

② 용적입자 수거 시 주의사항 〔2018년 기사〕

㉠ 금속입자는 형상이 파괴되기 쉽고 녹의 발생이 빠르게 진행되므로 <u>조기에 채취</u>한다.

㉡ 채취할 때 잔류물의 여과나 <u>자석을 이용</u>하며, 채취 위치의 측정이나 사진촬영을 한 후 불똥의 입자를 선별한다.

㉢ 불똥입자는 아주 작은 구슬모양으로 굴러가기 쉽고 비좁은 틈새로 들어가므로 생각하지 못한 곳에서 채취되는 경우가 있다.

(2) 그라인더 불꽃 〔2017년 산업기사〕 〔2020년 산업기사〕

① 그라인더 불꽃의 발화위험성

㉠ <u>용적입자</u>는 직경 0.1~0.2mm 정도의 것이 가장 많으며, 온도는 약 1,200~1,700℃이다.

㉡ 전열량이 작아 발화가 곤란한 경우가 많지만 가연성 가스, 셀룰로이드 부스러기, 분진류 등에 축열조건이 갖춰지면 착화하기도 한다.

② 그라인더 감식요령

㉠ 작업 중에 출화하는 경우가 많으므로 작업 중 불꽃의 발생이 있었던 사실을 확인한다.

㉡ 불꽃의 비산 범위 내에서 출화한 것인지 확인한다.

㉢ 그라인더의 사용상황 및 착화물의 상태로 보아 출화시간과의 사이에 상관관계를 확인한다.

㉣ 출화 개소에 불꽃에 의해 착화가능한 가연물의 존재여부를 확인한다.

(3) 제면기

① 제면기의 발화위험성

㉠ 제면기로 면을 짜는 경우 면 속에 쇳조각, 못 등이 혼입되어 있는 경우가 출화의 최대 요인이다.

㉡ 쇳조각이나 못 등이 회전 중인 스파이크 드럼의 이(齒)와 충돌을 일으키고 그 불꽃에 의해 면 부스러기에 착화한다.

② 제면기 감식요령

㉠ 기계 내부 쇳조각이나 돌 등의 이물질 혼입여부를 확인한다.

㉡ 충격 등에 의한 기계부품의 상처유무를 확인한다.

㉢ 기계적인 고장 또는 구조 결함에 의한 금속부의 접촉 개소를 확인한다.

㉣ 출화 부근에 불꽃에 의해 착화가능성이 있는 물질의 존재여부를 확인한다.

(4) 분쇄기

① 분쇄기의 발화위험성

분쇄기 안에는 고속으로 회전하는 칼날이 내장되어 있어 회전 중에 쇳조각이나 못 등 이물질이 섞여 들어오면 칼날과 충격을 일으켜 불꽃이 발생할 수 있다. 이때 미세한 분쇄물에 착화하거나 분진폭발을 일으키는 경우가 있다.

② 분쇄기 감식요령

㉠ 쇳조각이나 못 등 금속물체의 혼입여부를 확인한다.

㉡ 기기 내부에 있는 분쇄물의 착화가능성을 확인한다.

03 유염화원

1 유염화원의 종류 및 성상

(1) 유염화원의 정의

불이 붙어 있거나 보통 소화행위를 하기 전까지 화염을 발하며 연소를 계속하고 있는 화원을 총칭한다.

(2) 유염화원의 종류

라이터불, 성냥불, 촛불, 버너의 불꽃 등

(3) 유염화원의 성상

① 무염화원에 비해 <u>에너지가 훨씬 크고</u> 가연물에 접촉하면 <u>곧바로 착화</u>한다.

② 단시간에 연소확대가 이루어지고 깊게 탄 흔적은 보이지 않으며 표면적으로 연소확대되는 경우가 많다.

③ 대부분 발화원의 잔해가 남기 어렵다.

2 라이터 불꽃

(1) 연료에 따른 라이터의 종류

① 기름라이터 : 연료는 주로 벤젠이 사용되며 가스라이터에 비해 화력이 강하고 내풍성이 우수하다.

② 가스라이터 : 부탄이 주성분으로 발화석라이터, 전자라이터, 간이(1회용)라이터 등 다양한 종류로 구분하고 있다.

(2) 라이터의 발화위험성

① 잔염에 의한 발화위험

② 연료가스 돌출에 의한 발화위험

③ 연료용 가스 누출에 의한 발화위험

(3) 라이터 감식요령

① 라이터의 사용상황, 사용여부 등을 관계자에게 질문한다.

② 라이터의 발견 위치, 상태, 이물질의 혼입유무 등을 파악한다.

③ 발화지점 부근의 가연물 상황, 위치, 종류, 재질 등을 확인한다.

3 성냥불 암기

(1) 성냥의 성상

① 성냥개비의 두약 부분과 용기의 측약 부분을 서로 마찰시키면 측약 부분의 <u>적린이 먼저 발화</u>하고 그 발화에너지에 의해 <u>두약(염소산칼륨)이 폭발적으로 연소하는 구조</u>이다.

② 성냥의 연소온도는 불꽃의 상태에 따라 다르지만 발화한 시점에서 500℃, 정상 연소 불꽃에서 1,500~1,800℃, 맹렬한 상태에서 <u>최고온도는 두약 부분이 700℃</u> 정도이다.

③ 성냥의 발화온도는 일반적으로 202~316℃이며 성분의 배합률에 따라 상이한데 유황의 배합률이 높을수록 발화성능이 좋은 반면 발화 시 불쾌한 냄새가 난다.

④ 일반적으로 성냥 1개비의 연소시간은 수직 상방향에서 평균 43초, 수평방향 30초, 대각선 상방향에서 35초, 대각선 하방향에서 2초, 역방향에서는 12초 정도 소요된다.

(2) 성냥의 발화위험성

① <u>타다 남은</u> 성냥개비에 의한 발화위험

② <u>마찰</u>에 의한 발화위험

③ <u>가열</u>에 의한 발화위험

(3) 성냥 감식요령

① 발견 동기, 불길, 연기, 소리, 냄새 등 관계자에 대한 질문조사를 한다.

② 성냥의 보관장소, 사용장소, 처리상황 등을 확인한다.

③ 발화 시 건물 내부 체류자의 동향을 조사한다.

④ 발화장소 부근의 가연물 상황, 위치, 종류, 재질 등을 확인한다.

4 양초

(1) 양초의 성분

① 파라핀

② 경화납

③ 스테아린산

④ 등심

┃ 촛불의 연소형태 현장사진(화보) p.25 참조 **┃**

(2) 양초의 연소 성상

① 불꽃의 색깔은 아래쪽은 청색을 띠고 어두우나 그 바깥쪽은 주황색으로 밝게 빛나고 있으며 더욱 바깥쪽은 그다지 밝지 않으나 엷은 보라색을 유지한다.

② 양초는 불꽃이 층류확산을 하며 불꽃들의 각 부분은 염심, 내염, 외염으로 구분한다.

③ 외염부의 불꽃이 금색으로 보이는 부분은 최고 1,400℃, 주황색의 밝은 부분은 1,200~1,400℃, 중심의 빛이 약한 부분은 600℃ 정도를 유지한다.

④ 일반적으로 최고온도는 1,257℃ 정도로 알려져 있다.

(3) 양초불 감식요령

① 양초불은 전도, 낙하, 방치에 의한 <u>가연물 접촉이 대부분</u>으로 국부적으로 소손된 부위가 없는지 관찰한다.

② 양초 방치에 의한 경우 양초가 다 탈 때까지의 연소시간을 고려하며 파라핀의 용융물 일부가 남거나 주변 가연물에 부착되었는지 관찰한다.

③ 양초가 있었던 자리 또는 양초의 발견 위치와 상태, 주변 가연물의 상황 등을 조사한다.

출제예상문제

* ✿ 표시 : 중요도를 나타냄

01 미소화원의 정의로 가장 올바른 것은?

① 불꽃은 없으나 에너지가 큰 화원
② 불꽃이 있는 화원
③ 불씨나 형상이 극히 작은 발화원
④ 불꽃이 없으나 즉시 발화할 수 있는 화원

해설 미소화원이란 에너지가 외관상 극히 작은 발화원을 의미하는 것으로 자체는 고온이지만 발열량이 작아 무염연소 형태를 지닌 것으로 훈소화재, 심부화재 양상을 보이는 작은 발화원을 총칭한다.

02 미소화원에 포함되지 않는 것은?

① 담뱃불　　　　② 모기향불
③ 불티　　　　　④ 나화

해설 미소화원은 담뱃불을 비롯하여 모기향불, 불티, 스파크 불꽃 등을 의미한다. 나화는 벗겨진 불꽃으로 유염화원을 말한다.

03 무염화원의 연소현상을 설명한 것으로 옳지 않은 것은?

① 물적 증거 추적이 용이하다.
② 연소과정에서 불꽃 없이 일정시간 타는 냄새가 난다.
③ 바닥면에 구멍이 생길 수 있다.
④ 깊게 타 들어간 흔적이 남는다.

해설 무염연소는 발화장소에서 발화원이 소실되거나 진압과정에서 훼손되기 때문에 물증 추적이 어렵다.

04 무염화원의 연소현상으로 맞는 것은?

① 화학열 축적　　② 산화열 축적
③ 증발잠열 축적　④ 중합열 축적

해설 무염연소는 불꽃 없이 연소하는 것으로 산화열이 서서히 축적되어 발화하는 현상이다.

05 무염화원의 연소현상으로 옳지 않은 것은?

① 기둥이나 벽 등 일부가 타서 떨어지거나 가늘어지기도 한다.
② 무염연소로 인해 강한 다공탄 구조가 생긴다.
③ 비교적 산소체적이 낮은 환경에서 전파된다.
④ 대부분의 무염물질은 무기물이다.

해설 대부분의 무염연소 물질은 목재부스러기, 담뱃재, 종이 등 유기물이다.

06 미소화원화재 입증의 기본요건에 해당하지 않는 것은?

① 담배꽁초 등 증거 입증
② 발화 전의 환경조건 파악
③ 발화장소의 소손상태 확인
④ 관계자의 진술 확보

해설 미소화원으로 인한 화재 입증 기본요건으로는 발화장소의 소손상태 확인, 발화 전의 환경조건 파악, 관계자의 진술 확보 등이 있다. 담배꽁초 등 증거 입증은 어렵기 때문에 소손된 상황을 바탕으로 입증해 나간다.

07 무염연소의 입증요건 가운데 환경적 요인에 해당하는 것은?

① 발화에 이른 시간적 경과는 충분하였는지 확인
② 착화가능한 물질 확인
③ 밀폐 정도 및 퇴적상태 확인
④ 관계인의 끽연사실 확인

해설 환경적 요인은 밀폐 정도 및 퇴적상태를 의미하는 것으로 축열조건이 형성되지 않는다면 무염연소는 더 이상 진행되지 않는다.

Answer 01.③ 02.④ 03.① 04.② 05.④ 06.① 07.③

08 미소화원에 의한 화재임을 증명하기 위한 판단요소가 아닌 것은?

① 착화가능한 가연물의 종류를 밝혀둔다.
② 발화지점에서 다른 발화원의 가능성을 배제한다.
③ 발염에 이르기까지 시간적 경과를 분명히 한다.
④ 발화부 결정은 가장 많이 탄 곳임을 밝혀둔다.

해설 발화부 결정은 미소화원에 의해 깊게 타 들어가 거나 장시간 훈소가 지속된 곳으로 착화가능한 가연물의 성상과 발염에 이르게 된 시간적 경과를 분명히 밝혀둔다.

09 담뱃불 발화 메커니즘에 대한 설명으로 옳은 것은?

① 훈소가 지속될 수 있는 가연물과 접촉 → 훈소 → 착염 → 출화의 과정을 겪는다.
② 담뱃불의 연소 선단에서의 온도는 100~200℃ 정도이다.
③ 담뱃불의 연소성은 풍속 0.5m/s에서 최적조건이고 1m/s 이상이면 꺼지기 쉬우며 산소 농도 16% 이하에서는 연소하지 않는다.
④ 담뱃불의 연소시간은 레귤러 사이즈(84mm)의 경우 1개비가 수평 18~19분, 수직 16~17분 정도가 소요된다.

해설 ② 담뱃불의 연소 선단에서의 온도는 550~600℃ 정도이다.
③ 담뱃불의 연소성은 풍속 1.5m/s에서 최적조건이고 3m/s 이상이면 꺼지기 쉬우며 산소농도 16% 이하에서는 연소하지 않는다.
④ 담뱃불의 연소시간은 레귤러 사이즈(84mm)의 경우 1개비는 수평 13~14분, 수직 11~12분 정도가 소요된다.

10 무염연소의 과정을 나타낸 것으로 가장 옳지 않은 것은?

① 무염연소가 화재로 발전한다고 보장하기 어렵다.
② 무염연소가 지속되면 반드시 발염착화한다.
③ 공기의 유동에 따라 훈소는 중단될 수 있다.
④ 열의 축적과 발산이 균형을 이루면 발염이 용이해진다.

해설 무염연소가 지속되더라도 반드시 발염착화하지 않는다. 축적된 열이 주변 가연물을 충분히 착화시킬 만큼 에너지가 형성되지 않는다면 유염연소하지 않기 때문이다.

11 담뱃불 중심부의 온도는?

① 400~500℃ ② 500~600℃
③ 700~800℃ ④ 900~1,000℃

해설 담뱃불 중심부의 온도는 700~800℃이다.

12 담뱃불의 표면온도는?

① 50~100℃ ② 100~150℃
③ 150~200℃ ④ 200~300℃

해설 담뱃불의 표면온도는 약 200~300℃이다.

13 담뱃불이 연소하기 좋은 최적상태는 풍속이 얼마인가?

① 0.5m/sec ② 1.0m/sec
③ 1.5m/sec ④ 2m/sec

해설 담뱃불은 풍속이 1.5m/sec일 때 최적상태로 연소가 이루어진다. 3m/sec 이상이면 꺼지기 쉽고 산소 농도 16% 이하이면 연소가 중단된다.

14 다음 중 담뱃불에 착화하는 물질은?

① 휘발유 ② 시너
③ 등유 ④ 모두 착화 불가능

해설 담뱃불에 휘발유, 시너, 등유 모두 착화하지 않는다.

15 담뱃불이 유염연소하기 쉬운 풍속범위로 가장 올바른 것은?

① 1.1~1.4m/sec ② 1.4~1.6m/sec
③ 1.6~1.9m/sec ④ 1.9~2.3m/sec

해설 담뱃불이 연소하기 쉬운 최적의 연소범위는 1.4~1.6m/sec이다.

02 화재감식론

Answer 08.④ 09.① 10.② 11.③ 12.④ 13.③ 14.④ 15.②

16 담뱃불의 점화원으로서의 특징이 아닌 것은?

① 이동이 가능한 점화원이다.
② 대표적인 무염화원이다.
③ 자기 자신도 유염착화한다.
④ 인적행위가 개입된 점화원이다.

해설 담뱃불은 무염연소하여 다른 가연물을 착화시키지만 자신은 유염착화하지 않는다.

17 담뱃불로 가솔린을 착화시키지 못하는 이유로 맞는 것은?

① 담뱃불이 시시각각 타지 않는 부분으로 이동하며 열량을 소비하기 때문
② 담뱃불의 중심부 온도가 가솔린보다 낮기 때문
③ 담뱃불과 가솔린 증기 사이에 담배연기로 차폐되기 때문
④ 가솔린의 비중이 높기 때문

해설 담뱃불로 가솔린을 착화시키지 못하는 이유는 담뱃불 표면이 재로 덮여 있고 시시각각 타지 않는 부분으로 이동하며 열량을 소비하기 때문이다.

18 담뱃불에 의해 발화가능한 것은 어느 것인가?

① 우레탄폼 방석　② 등유
③ 펼쳐진 신문지　④ 구겨진 화장지

해설 담뱃불의 착염여부는 축열에 달려 있다. 우레탄폼 방석, 등유, 펼쳐진 신문지에는 착화하지 않으며 구겨진 화장지에는 축열이 가능하여 발화할 수 있다.

19 담뱃불의 화재조사 요령으로 옳지 않은 것은?

① 관계인의 끽연사실을 반드시 밝혀낸다.
② 연소흔적을 주의 깊게 관찰한다.
③ 이불과 의류 등은 연소된 탄화경계선을 맞춰 연소범위를 확인한다.
④ 담뱃불에 착화가 가능한 물질을 밝혀둔다.

해설 담뱃불 화재조사 시 흡연행위를 특정시킬 필요가 없고 또한 행위자가 반드시 흡연행위를 했다고 단정할 필요성도 없다. 다만 관계자 등을 대상으로 보강조사를 진행함으로써 조사요점을 좀 더 구체화하는 것은 바람직하지만 화재원인이 반드시 특정인의 흡연행위에만 국한되는 것은 아니기 때문이다.

20 담뱃불 감식 요령으로 바르지 않은 것은?

① 행위자가 반드시 흡연행위를 했다고 단정할 필요성이 없다.
② 담뱃불에 의해 착화될 수 있는 가연물을 밝혀둔다.
③ 담배의 연소잔해를 발굴을 통해 입증한다.
④ 착화에 이르기까지의 경과시간과 착화물과의 관계를 타당성 있게 밝혀간다.

해설 담뱃불화재는 증거를 남기지 않으므로 소손된 현장상황과 주변환경 등 상황증거에 입각하여 출화에 이르게 된 원인을 좁혀나간다.

21 무염화원의 일반적인 연소현상으로 적절하지 않은 것은?

① 발화원이 장시간 훈소하며 연소과정에서 타는 냄새가 난다.
② 기둥이나 벽 등이 타서 소락하거나 가늘어지기도 하며 나무판자에 구멍이 생기는 경우가 있다.
③ 대부분 발화원은 소실되어 물증 추적은 어렵다.
④ 에너지량이 많아 표면연소하는 특징이 있다.

해설 **무염화원의 특징**
㉠ 장시간 화염과 접촉하고 있었으므로 발화부를 향해 깊게 타 들어가는 연소현상이 나타난다.
㉡ 발화원이 장시간에 걸쳐 훈소하기 때문에 유염연소하기 전까지 연기가 피어나며 타는 냄새가 확산된다.
㉢ 이불이나 옷감류 등은 심부적(深部的)으로 탄화하여 타 들어가고 마루나 침대 등 바닥면을 태운 흔적이 있다.
㉣ 기둥, 벽 등의 일부가 타서 떨어지거나 가늘어지기도 하며 두꺼운 나무판자에 구멍이 발생할 수도 있다.
㉤ 대부분의 무염물질은 유기물이며 무염 시 가연성 기체가 생기며 또한 강한 다공탄 구조가 생긴다.
㉥ 화학반응 또는 산화반응은 고체의 표면에서 생성된다(산화열 축적).
㉦ 비교적 산소 체적이 낮은 환경에서 전파되기 때문에 불완전연소 형태를 나타내는 경우도 있다.

Answer　16.③　17.①　18.④　19.①　20.③　21.④

22 담뱃불이 도시가스에 착화되지 않는 이유로 맞는 것은?

① 도시가스의 비중이 높기 때문
② 도시가스의 착화점이 높기 때문
③ 도시가스가 혼합물이기 때문
④ 접촉 시 공기조성이 균일하지 않기 때문

해설 도시가스의 주성분인 수소의 착화점은 585℃, 일산화탄소는 609℃, 메탄은 537℃로 표면온도가 300℃ 전후인 담뱃불로는 도시가스의 온도를 착화점 이상으로 가열시키기 어려워 착화되지 않는다.

23 미소화원으로 볼 수 없는 것은?

① 라이터불   ② 그라인더 불티
③ 폭죽   ④ 향불

해설 미소화원이란 형상이나 에너지량이 극히 작은 발화원을 의미하는 것으로 훈소화재, 심부화재의 양상을 보이며 불꽃없이 무염연소한다. 담뱃불, 향불, 그라인더 불티, 향불 등이 대표적이다.

24 담뱃불에 대한 설명으로 가장 적절한 것은?

① 휴지통에 구겨진 화장지류에 발염이 용이하지 않다.
② 연소성은 풍속 3m/sec일 때 최적조건이다.
③ 담뱃불의 표면온도는 550℃에 이른다.
④ 가연물과 일정시간 접촉 후 훈소 → 착염 → 출화에 이른다.

해설 담뱃불은 휴지통에 구겨진 화장지에 발염이 용이하며, 풍속 1.4~1.6m/sec에서 연소성이 좋다. 담뱃불의 표면온도는 200~300℃이며 가연물과 일정시간 접촉하면 훈소 → 착염 → 출화에 이른다.

25 담뱃불의 점화원으로서 특징이 아닌 것은?

① 이동가능한 점화원이다.
② 흡연자는 화인을 제공할 수 있는 개연성이 있다.

③ 자기 자신이 유염발화한다.
④ 물질 자체가 가연물로 작용한다.

해설 담뱃불은 무염연소하며 자기 자신은 유염발화하지 않는다.

26 담뱃불의 감식요령으로 틀린 것은?

① 담뱃불에 착화할 수 있는 가연물 규명
② 착화 발염에 이르기까지의 시간적 경과 입증
③ 흡연행위를 특정시켜야 하며 흡연사실을 확인
④ 공기공급상태, 기상상황을 고려

해설 흡연행위를 특정시킬 필요가 없고 행위자가 반드시 흡연행위를 했다고 단정할 필요도 없다. 화재원인이 반드시 특정인의 흡연행위에만 국한되는 것이 아니기 때문이다.

27 담뱃불이 쓰레기통에서 발화한 경우 사진촬영 요령으로 틀린 것은?

① 쓰레기통을 제거한 뒤 사진촬영
② 쓰레기통 속의 가연물을 포함시켜 사진촬영
③ 탄화된 형상 자체를 다방면으로 사진촬영
④ 쓰레기 잔해를 합판 등의 위에 쏟아놓고 쓰레기통과 함께 촬영

해설 쓰레기통을 포함시켜 사진촬영을 하여야 하며 잔해물이 남아 있을 경우 합판 등의 위에 쏟아놓고 쓰레기통을 함께 촬영하는 등 입증자료 확보에 주의하여야 한다.

28 무염흔의 특징으로 틀린 것은?

① 숯의 균열이 미세하며 움푹 패여 들어간다.
② 종이류 등의 가연물은 회화된다.
③ 카펫과 스티로폼은 검은 연기를 발생하며 착화한다.
④ 탄화심도가 깊다.

해설 카펫 및 스티로폼은 접촉된 부분만 국부적으로 용융하며 착화하지 않는다.

29 다음 보기 중 무염연소할 수 있는 것을 모두 나타낸 것으로 옳은 것은?

┤ 보기 ├
- ㉠ 용접 불티
- ㉡ 담뱃불
- ㉢ 비화된 불티
- ㉣ 성냥불
- ㉤ 그라인더 불티

① ㉠, ㉡, ㉢, ㉣, ㉤
② ㉠, ㉡, ㉢, ㉣
③ ㉠, ㉡, ㉢, ㉤
④ ㉠, ㉡, ㉣, ㉤

해설 성냥불은 유염연소에 해당한다.

30 미소화원으로 분류하지 않는 것은?

① 성냥불
② 비화된 불티
③ 향불
④ 담뱃불

해설 성냥불, 라이터불, 촛불 등은 유염화원이다.

31 다음 중 훈소의 연소형태에 해당하는 것은?

① 불꽃연소
② 작열연소
③ 자기연소
④ 증발연소

해설 작열연소는 심부화재 또는 훈소의 연소형태를 나타내 연소가 느리고 열량이 작다. 연소 종류에는 담배, 솜, 이불류 등이 있다.

32 미소화원에 대한 설명으로 옳지 않은 것은?

① 발화원의 잔해가 남기 때문에 물증 추적이 용이하다.
② 초기에는 연기의 발생량이 많아 불완전연소 형태를 나타낸다.
③ 연소속도가 느리고 착염에 이르기까지 많은 시간이 소요된다.
④ 대부분 무염물질은 유기물이며 강한 다공탄 구조가 생긴다.

해설 담뱃불, 용접 불티 등은 불꽃은 없지만 가연물과 접촉하면 발화위험성이 높은 미소화원으로 발화원의 잔해를 남기지 않거나 물증 추적이 어려운 점이 있다.

33 다음 보기 중 담뱃불에 의해 착화가 가능한 것으로 연결된 것은?

┤ 보기 ├
- ㉠ 가솔린
- ㉡ 구겨진 화장지류
- ㉢ 도시가스
- ㉣ 등유
- ㉤ 시너
- ㉥ 알코올

① ㉠, ㉡, ㉢, ㉣, ㉤, ㉥
② ㉡, ㉢, ㉣, ㉤
③ ㉡, ㉣, ㉤
④ ㉡

해설 ㉠ 담뱃불 착화불가능 물질 : 가솔린, 도시가스, 시너, 알코올 등
㉡ 담뱃불 착화가능 물질 : 구겨진 화장지류

34 담뱃불에 대한 설명으로 옳지 않은 것은?

① 이동이 가능한 점화원이다.
② 불꽃 없는 무염화원으로 가연물과 접촉하면 곧바로 착화하고 연소확대된다.
③ 담뱃불 중심부의 온도는 700~800℃이고, 표면온도는 200~300℃에 달한다.
④ 풍속 1.5m/sec일 때 연소성이 좋고 3m/sec 이상이면 꺼지기 쉽다.

해설 담뱃불은 불꽃 없는 무염화원으로 가연물과 접촉하면 장시간 훈소과정을 거쳐 발염에 이르고 연소확대된다.

35 담뱃불 감식방법으로 옳지 않은 것은?

① 발화 당시 기상상태와 풍향을 고려한다.
② 행위자가 흡연행위를 하였다는 사실을 증명한다.
③ 착화발염에 이르기까지의 축열조건과 시간적 경과를 입증한다.
④ 착화에 이르게 된 가연물을 밝혀둔다.

해설 담뱃불 감식방법으로 흡연행위를 특정시킬 필요가 없으며 또한 행위자가 반드시 흡연행위를 하였다고 단정할 필요성도 없다. 왜냐하면 화재원인이 반드시 특정인의 흡연행위에만 국한되는 것이 아니기 때문이다.

Answer 29.③ 30.① 31.② 32.① 33.④ 34.② 35.②

36 무염화원의 감식사항으로 옳지 않은 것은?

① 화재발생 전의 사용상황을 확인하고 착화물과의 접촉여부 등을 확인한다.
② 축열조건이 형성된 주변환경을 파악한다.
③ 발염착화에 이르게 된 경과시간을 입증한다.
④ 다른 발화원의 존재가능성과 연계시킨다.

해설 무염화원은 발화원의 잔해를 남기지 않기 때문에 축열조건 및 착염에 이르게 된 경과시간, 착화물 등을 논리적으로 입증하여야 하며, 다른 발화원의 존재가능성을 배제시켜야 한다.

37 훈소에 의해 발생하는 연기의 주성분은 무엇인가?

① 고체 미립자
② 액체 미립자
③ 가스 미립자
④ 기체 미립자

해설 훈소에 의해 발생하는 연기의 주성분은 타르와 같은 액체 미립자가 대부분이다.

38 불티에 대한 설명으로 옳지 않은 것은?

① 비산된 불티는 공중에서 재로 변해 버리는 경우가 많지만 충분한 온도가 지속되면 가연물에 착화하여 화재로 발전할 수 있다.
② 불티의 비산거리는 일반적으로 700m 전후이다.
③ 불티는 종이 또는 막대상태이거나 얇은 판재 등에서 발생하기 쉽고 덩어리형태로는 존재하기 어렵다.
④ 불티의 위험성은 주변으로 비산할 때 다발화재를 일으킬 수 있다.

해설 덩어리상태의 불티는 화재가 최성기에 접어들어 불타고 있는 기둥이나 대들보, 목조건물의 하층과 상층의 경계에 사용되는 두꺼운 수평재 등에서 발생하여 바람을 타고 비산하거나 낙하한다.

39 가연물이 재로 덮인 숯불모양으로 불꽃 없이 착화하는 것을 무엇이라고 하는가?

① 무염착화
② 발염착화
③ 유염착화
④ 분해착화

해설 가연물이 재로 덮인 숯불모양으로 불꽃 없이 착화하는 것을 무염착화라고 한다.

40 다음 중 연소속도가 가장 느린 것은?

① 확산연소
② 무염연소
③ 표면연소
④ 증발연소

해설 무염연소는 불꽃 없이 착염에 이르는 경우로 일정시간을 필요로 한다.

41 담뱃불의 발화가능성이 낮은 이유로 옳지 않은 것은?

① 에너지가 이동한다.
② 불씨가 재로 덮여 있다.
③ 대부분 열에너지가 담배를 태우는 데 소비된다.
④ 유기가연물과 접촉하면 즉시 발화한다.

해설 담뱃불의 발화가능성이 낮은 이유
㉠ 에너지가 이동한다.
㉡ 불씨가 재로 덮여 있다.
㉢ 대부분 열에너지가 담배를 태우는 데 소비된다.

42 전기용접 시 발생하는 용적의 발화위험성으로 옳지 않은 것은?

① 용융입자는 정지직전 또는 정지한 직후에 착화위험이 크다.
② 휘발유와 벤젠에는 쉽게 착화한다.
③ 무염연소를 동반하므로 즉시 발화하는 경우는 없다.
④ LP가스 또는 도시가스에 쉽게 착화한다.

해설 용적 입자는 수평면을 구르고 있을 때보다는 정지 직전 또는 정지한 직후에 착화할 가능성이 크다. 휘발유와 벤젠같이 비교적 인화점이 낮은 것은 용이하게 인화하고 도시가스나 LP가스에도 용이하게 착화한다. 용적은 가연물의 착화성에 따라 무염연소를 하는 경우도 있으나 즉시 유염 발화하는 경우도 많다.

43 그라인더 불티가 톱밥류에 착화하지 않는 경우가 많다. 그 이유는?

① 생성된 불티가 적기 때문
② 불티 온도가 1,000℃ 미만이기 때문
③ 가연물의 표면적이 작기 때문
④ 전열량이 작기 때문

해설 그라인더의 회전운동으로 생성된 수천 개의 불티는 약 1,200~1,700℃의 고온이지만 전열량이 작아 착화하기 어렵다.

44 화재원인이 전기용접이나 가스절단으로 인한 경우 용적입자 채취 주의사항으로 옳지 않은 것은?

① 조기에 채취한다.
② 채취위치를 측정하고 사진촬영을 한다.
③ 자석을 이용한다.
④ 채취지점은 작업반경 이내로 한다.

해설 금속입자는 형상이 파괴되기 쉽고 녹의 발생도 빠르므로 조기에 채취한다. 또한 채취를 할 때 채취위치를 측정하고 사진촬영을 하도록 한다. 채취를 효과적으로 하기 위해 여과지나 자석을 이용한다. 용적입자는 구슬모양으로 아주 작기 때문에 비좁은 틈새로 굴러들어가기 쉬워 채취지점을 좁게 한정시키지 않아야 한다.

45 그라인더 불꽃발화 시 감식요점으로 틀린 것은?

① 그라인더 작업사실 확인
② 작업자의 과실추궁
③ 불꽃에 의한 착화가능한 물질 확인
④ 불꽃의 비산범위 내에서 출화했는지 확인

해설 그라인더 불꽃의 감식요점은 그라인더 작업사실을 확인하고 주변에 불꽃에 의한 착화가능한 물질과 불꽃의 비산범위 내에서 출화한 것인지 확인하여야 한다. 작업자의 과실추궁은 감식요점에 해당하지 않는다.

46 다음 중 연통의 화재감식 사항으로 옳지 않은 것은?

① 연통에 가연물이 접촉한 경우 그 위치에서 탄화가 심하게 나타난다.
② 벽체 관통부로터 발화된 경우 모르타르 표면에 강한 변색이 생기고 그 부분의 목재 하단부의 탄화가 다른 부분보다 상대적으로 심하다.
③ 함석지붕의 관통부로부터 발화한 경우 함석 표면에 수열을 받은 흔적을 통해 연소 방향성을 알 수 있다.
④ 연통에 틈새가 있어 그 사이로 그을음이 부착되었다면 화재로 인해 생성된 것으로 인식한다.

해설 연통의 감식은 외부 수열 및 가연물 접촉흔적을 관찰하여 실시하는 것이 전제가 된다. 연통 틈새의 그을음은 연료의 연소과정에서 파생된 것으로 화재로 인해 발생한 것으로 보기 어렵다.

47 제면기 및 분쇄기 불꽃에 의한 화재감식 요점이 아닌 것은?

① 무염착화한 가연물을 밝혀둔다.
② 충격이나 마찰 등에 의한 기계의 손상부위를 관찰한다.
③ 기계 내부에 쇳조각 등 이질적인 물질의 혼입여부를 판단한다.
④ 기계 자체의 고장 또는 구조적 결함 등을 확인한다.

해설 제면기 및 분쇄기 불꽃에 의한 화재는 기계 내부로부터 출화가 이루어진 경우가 대부분으로 분체상태라면 폭연적 형태로 나타나기도 한다. 감식요점으로는 기계에 쇳조각이나 다른 이물질의 혼입여부를 확인하고 충격 등에 의한 손상부위 및 자체결함 여부 등도 확인하여야 한다. 제면기 및 분쇄기는 불꽃착화하므로 무염착화와 관계가 없다.

48 다음 중 유염화원이 아닌 것은?

① 라이터 불꽃　　② 성냥불
③ 그라인더 불티　　④ 촛불

해설 라이터 불꽃, 성냥불, 촛불은 대표적인 유염화원에 해당한다.

49 라이터의 발화위험에 해당하지 않는 것은?

① 잔염에 의한 위험
② 발화석 윗부분 바퀴의 공회전 위험
③ 연료가스 돌출에 의한 위험
④ 연료가스 누출에 의한 위험

해설 **라이터의 발화위험**
잔염에 의한 위험, 연료가스 돌출에 의한 위험, 연료가스 누출에 의한 위험이 있다. 발화석 윗부분 바퀴가 공회전하면 점화 자체가 이루어지지 않는다.

50 간이 가스라이터가 잔염상태로 될 수 있는 경우가 아닌 것은?

① 노즐레버 아래에 이물질이 들어가 노즐을 들어 올린 상태가 된 경우
② 노즐 내부 스프링의 탄성이 열화된 경우
③ 노즐 내부 고무밸브가 마모된 경우
④ 발화석이 닳아 없어진 경우

해설 잔염상태란 노즐레버가 개방되어 라이터 위로 불꽃이 형성된 상태를 나타낸 것으로 노즐레버 아래에 이물질이 들어가 노즐을 들어 올린 상태가 된 경우이거나 노즐 내부 스프링의 탄성이 열화된 경우, 노즐 내부 고무밸브의 열화 · 균열 · 마모된 경우 등이 있다.

51 라이터불 화재조사 요령으로 가장 거리가 먼 것은?

① 발화지점 부근의 가연물 상황을 확인한다.
② 라이터 본체의 착화성을 파악한다.
③ 발화 당시 주변 사람들의 동향을 수집하여 확인한다.
④ 발견된 라이터의 소손상태와 이상유무를 관찰한다.

해설 라이터 화재조사 요령으로 관계자에 대한 정보수집 및 발화지점 부근의 가연물 상황을 확인하고 발견된 라이터의 소손상태와 이상유무를 관찰한다. 라이터 본체의 착화성 파악은 가장 거리가 멀다.

52 유염화원이 아닌 것은?

① 성냥불
② 담뱃불
③ 나화
④ 촛불

해설 담뱃불은 무염화원에 해당한다.

53 성냥의 발화위험에 해당하지 않는 것은?

① 타다 남은 성냥개비에서 발화
② 마찰에 의한 발화
③ 수분이 함유된 상태에서 발화
④ 가열에 의한 발화

해설 성냥의 발화위험에는 타다 남은 성냥개비에서 발화, 마찰에 의한 발화, 가열에 의한 발화 등이 있다. 수분이 함유된 상태에서는 두약과 측약의 마찰이 발생하기 어려워 위험성이 현저히 감소한다.

54 양초의 성분으로 맞지 않는 것은?

① 파라핀
② 스테아린산
③ 경화납
④ 벤졸

해설 **양초의 성분**
파라핀, 경화납, 스테아린산, 등심

55 성냥의 발화시점에서 연소온도는?

① 300℃
② 400℃
③ 500℃
④ 600℃

해설 성냥의 연소온도는 불꽃의 상태에 따라 다르지만 발화시점에서 500℃, 정상연소 불꽃에서 1,500~1,800℃, 맹렬하게 연소하는 상태에서 최고온도는 두약부분이 700℃ 정도이다.

56 양초 외염부의 불꽃 최고온도에 가장 가까운 것은?

① 1,800℃
② 1,400℃
③ 800℃
④ 700℃

해설 양초 외염부의 금색으로 보이는 부분의 최고온도는 1,400℃이다.

02
화
재
감
식
론

57 양초의 화재감식요령으로 바르지 않은 것은 어느 것인가?

① 파라핀 성분을 대부분 남기므로 잔해를 발굴한다.
② 발화부 주변으로 전도, 낙하의 가능성을 확인한다.
③ 양초 잔해가 남아 있는 경우 주변 가연물과의 연소성을 확인한다.
④ 양초의 설치상태 및 사용여부 등 정보를 확보한다.

해설 양초의 주성분인 파라핀은 융점이 52~63℃로 낮아 쉽게 기화하기 때문에 대부분 잔해를 남기기 어렵다.

58 성냥의 두약 부위에 사용되는 산화제 물질은 무엇인가?

① 염소산칼륨
② 유리분
③ 아교
④ 송진

해설 ㉠ 두약(성냥개비의 머리) 부분 : 염소산칼륨
㉡ 측약(성냥갑) 부분 : 적린

Answer 57.① 58.①

Chapter 06 방화화재 감식

01 방화의 이론적 배경

1 방화와 관련된 용어

① 방화는 통상 자신의 소유를 포함한 주거지, 건물, 구조물, 기타 자산 등에 <u>고의로 불을 지르는</u> 범죄행위로 규정하고 있다.

② 방화의 정의에 대한 <u>국내법 명문 규정은 없으며</u>, 판례를 통해 소훼란 화력에 의해 물건을 손괴하는 것으로 본다는 입장을 취하고 있다.

③ 형법에서 방화란 "고의로 화재를 일으켜 가옥이나 기타의 물건을 연소시키는 행위"로 보고 있으며, 불을 지른다는 행위와 태우는 것(화력에 의한 물건의 손상)이라는 결과를 요건으로 한다. 불을 지른다고 하는 것은 연소의 원인을 제공하는 것이며 그의 방법 여하를 불문한다.

④ 방화(arson)란 악의적이고 의도적으로 또는 무모하게 화재나 폭발을 일으키는 범죄이다.

2 방화심리와 형태 이론

(1) 방화의 심리 2013년 기사

① 범죄학적 측면

㉠ 방화행위를 <u>정신병의 일종으로 간주</u>하고 방화가 정신병과 상당 인과관계가 있는 것으로 본다.

㉡ 방화범들은 일반적으로 방화행위 후 엄청난 방화결과에 대한 판단능력이 결여되어 있고 순간적인 착상에 대해 <u>억제력이 없다</u>.

㉢ 방화 동기는 어린아이와 같이 순진성에 기초한 경우가 많다.

㉣ 감정 변화(원한, 분노, 복수심 등)가 생길 때 자연스럽게 범행으로 이어지는 경우가 많다.

㉤ 연소자는 심리적 압박이 강하고 자기본능과 다혈성 기질이 강해 방화로 인한 쾌감지수가 높은 편이다.

‖ 정신병자가 방화하는 직접적인 동기에 대한 잠재의식 분류 ‖

- 의식이 혼탁한 상태에서 히스테리적 방화
- 정신적 충격을 받고 발작적으로 하는 방화
- 이상성격 소유자, 신경쇠약자가 병적인 강박관념에 대항의식으로 하는 방화
- 망각현상(환시, 환청, 환촉)에 빠져 행하는 방화로 신의 계시에 의한 방화

② 정신의학적 측면

　㉠ 방화는 다른 범죄보다 실행이 용이하여 정신박약자나 지능이 낮은 사람도 제지를 받지 않고 자신의 분노를 표출하거나 희열감을 느낄 수 있다.

　㉡ 전체 인구의 약 2~3%를 차지하고 있으며, 일반범죄의 10% 정도를 차지하는 정신박약자가 방화범죄에는 30% 정도를 차지하고 있다.

③ 성심리학적 발달단계에 따른 방화범의 분류 암기 2016년 기사 2017년 기사 2019년 산업기사 2021년 기사 2022년 기사

　㉠ 구강기 방화범 : 생후 첫 18개월 동안 모성애를 받지 못한 경험이 있어 <u>모성이 주는 따뜻함과 안전감을 갈구</u>하므로 모성과 관계된 장소나 물건에 방화를 한다. 구강기 특징은 손톱을 물어뜯거나 음식을 토할 때까지 먹기도 하며 스트레스를 받으면 오줌을 싸거나 토하는 행동을 한다. 또한 불을 지르고 싶다는 견딜 수 없는 충동을 느끼기도 한다. 성생활은 대개 미숙하고 구강성교를 동반한다.

　㉡ 항문기 방화범 : 행동이 충동적이고 격정적이다. 방화동기는 분노, 복수, 미움, 질투심이고 공격적인 성향을 보이기도 한다. 방화범이 되는 이유는 <u>생후 18개월부터 3살까지 시기에 부모의 애정결핍 때문</u>이며 불을 지르고 싶다는 참을 수 없는 충동을 느끼지는 않는다. 성생활은 대개 미숙하고 항문성교에 집착을 보인다.

　㉢ 남근기 방화범 : 불을 보면 발기를 하고 성적 충동을 느껴 자위행위를 하기도 한다. <u>소방관들이 불을 끄는 모습을 보고 충만감을 느끼기도</u> 하고 불에 오줌을 갈기거나 불에 물을 부어 연기가 나는 것을 보고 기분이 상승하는 것을 느끼기도 한다. 여자와 직접적인 성경험이 없고 불을 붙일 때 참을 수 없는 충동을 느낀다.

　㉣ 잠복기 방화범 : <u>후회할 줄 모르고 경험이나 처벌로부터 배우지 못한다는 특징</u>이 있다. 쾌감이나 호기심으로 불을 지르지만 직접적인 동기는 불분명하고 자신도 모르는 때가 있다. 자신이 불을 지른 상황을 돌이켜 볼 때도 별다른 감정을 내보이지 않는다. 항문기 방화범들처럼 불을 지르고 싶다는 참을 수 없는 충동을 느끼지는 않는다.

　㉤ 외음부기 방화범 : <u>가장 발달된 성격의 소유자들</u>이다. 이들은 불을 붙인 다음 다시 꺼보겠다는 도전의식으로 방화를 하기도 하고 소방관을 돕는다는 흥분감을 느끼기 위해 방화하기도 한다. 이들은 소방관이 되고 싶지만 지적능력 부족이나 신체적 결함 때문에 꿈을 이룰 수 없는 경우가 많다.

(2) 방화형태 이론

① 단일방화와 연속방화

구 분	단일방화	연속방화
정의	단발적으로 불을 지르는 형태	동일인 또는 동일집단이 2건 이상 불을 지르는 형태
동기	부부간 또는 친자간 다툼, 방화자살 등 인간관계에 기인	사회에 대한 불만, 화재로 인한 소란을 즐김
장소	옥내가 많고 행위자와 특정 관계가 있는 자의 물건이 대상	쓰레기통, 창고, 빈집 등 비현주건물이 많고 주로 행위자와 관계없는 물건이 대상
착화물	사전에 유류 등을 준비	방화장소에서 무차별적으로 선정

② 계획적 방화와 우발적 방화

계획적 방화	우발적 방화
• 보험금 편취 등 이익 목적달성의 경우 • 정치적 목적에 의한 경우 • 원한에 의한 경우	• 정신이상에 의해 예고 없이 하는 경우 • 불만해소를 위한 경우 • 원한에 의한 경우

③ 방화원인 동기 유형

유 형	특 징
경제적 이익	거액의 보험에 중복 가입, 수상(受賞)목적, 취업목적, 채권, 채무, 납품, 납세의 유예, 변제목적 등
보험 사기	수입이나 경제적 능력에 비해 과다한 보험금 지출, 보험 중복 가입, 지능적 범죄로 선진국형 범죄에 속한다.
범죄 은폐	증거인멸, 살인이나 강도 등 타 범죄의 은폐 수단으로 사용
범죄 수단	살인방화, 절도를 하기 위한 방화, 공갈이나 협박목적 방화 등
선동 목적	각종 시위, 정치적 분쟁, 사회불안 조성, 노사문제 제기 등
보복 방화	대부분 사전 계획적이며 단 한번 방화하는 특징이 있다. 개인이나 사회, 집단에 대한 복수와 스릴 추구, 장난을 위한 방화, 악희목적, 방화 자살 등이 있다.

02 방화원인의 감식 실무

1 연쇄방화의 조사

(1) 정의

① 방화범이 3번 이상 불을 지르고 각 방화시기 사이에 특이한 냉각기(cooling off period)를 가지면서 저지르는 방화형태

② 불을 놓는 횟수와 정도에 따라 단일(single), 이중(double), 3중(triple), 연속 (spree), 연쇄(serial)로 구분하고 있다.

형 태	Single	Double	Triple	Mass	Spree	Serial
방화횟수	1	2	3	3회 이상	3회 이상	3회 이상
범행 수	1	1	1	1	1	3번 이상
범행장소	1	1	1	1	3곳 이상	3곳 이상
냉각기	없음	없음	없음	없음	없음	있음

(2) 현장조사 사항

① **연고감 조사** : 피해자 주변의 친척, 전고용인, 임대차 관계자, 배달원 등을 상대로 탐문조사를 실시한다.

② **지리감 조사** : 행위자의 이동경로, 이동수단, 현장 부근에 친척이나 아는 사람이 있어 자주 내왕이 있었는지 등을 조사한다.

③ **행적 조사** : 방화 후 행적을 추적하는 것은 쉽지 않으므로 현장 주변에서 목격자를 확보하고 행동이 수상한 사람 등을 집중 조사한다.

④ **방화행위자 조사** : 방화자는 현장 주변에서 관계자에 의해 지목될 수 있어 고도의 면접기술을 발휘하여 조사하여야 한다.

⑤ **알리바이(현장부재 증명)** : 방화가 실행된 시간은 행위자의 행적조사에 기준이 되므로 정확하여야 하며 행위자가 방화실행 전후 현장까지 이동하는 데 소요되는 시간을 측정해 본다. 측정은 도보나 차량 등 다각적으로 판단한다. 계획적으로 함정을 만들어 자기 존재를 상징적으로 외부에 노출시키고 단시간에 범행을 실행할 수 있으므로 알리바이를 성급하게 인정하지 않아야 한다.

2 방화의 특징

(1) 일반적인 특징

① 단독범행이 많고 주로 야간(21~03시)에 많이 발생한다.

② 휘발유나 석유, 시너 등 인화성 물질을 매개체로 사용하며 피해범위가 넓다.

③ 계절이나 주기에 상관없이 발생하며 인명피해를 동반하는 경우가 많다.

④ 방화자는 음주 후 실행하는 경우가 많고 극도의 흥분과 자제력을 상실한 상태로 난폭성을 보이기도 한다.

⑤ 계획적이기보다는 우발적으로 발생하며, 여성에 비해 남성의 실행빈도가 높다.

(2) 방화원인 감식의 특수성

① 인화성 물질 등 타기 쉬운 가연물 사용으로 연소패턴 식별이 곤란한 경우가 많다.

② 짧은 화재시간에 비해 연소면적이 넓고 손괴 정도가 크다.

③ 싸움이나 다툼이 선행된 경우 사상자가 발견되거나 다툼의 흔적이 있다.

④ 연소경로가 자연스럽지 못해 발화부가 여러 곳인 경우가 있다.

⑤ 보험금을 노린 경우 과다하게 가입하거나 피해액을 부풀려 진술하는 경향이 있다.

(3) 고의에 의한 다중화재(독립연소)로 오인할 수 있는 원인

① 전도, 대류, 복사에 의한 화재확산

② 불티에 의한 화재확산

③ 직접적인 화염충돌에 의한 확산

④ 커튼 등의 화염의 낙하(드롭다운)에 의한 화재확산

⑤ 파이프 홈이나 공기조화 덕트 등의 샤프트를 통한 화재확산

⑥ 경골구조 내의 바닥, 벽 공동내부 화재확산

⑦ 과부하된 전기배선

⑧ 지원설비의 고장

⑨ 낙뢰

3 방화의 유형별 감식 특징

(1) 자살방화의 특징

① 유류(휘발유, 시너 등)와 사용한 용기가 존재한다.

② 1회용 라이터, 성냥 등이 주변에 존재한다.

③ 흐트러진 옷가지 및 이불 등이 존재한다.

④ 소주병 등 음주한 흔적이 존재한다.

⑤ 급격한 연소확대로 방향성 식별이 곤란하다.

⑥ 연소면적이 넓고 탄화심도가 깊지 않다.

⑦ 사상자가 발견되고 피난흔적이 없는 편이며 유서가 발견된다.

⑧ 자살방화의 경우 방화 실행 전에 자신의 신세를 한탄하는 등 주변인과 전화통화한 사례가 많다.

⑨ 자살방화를 통한 자살에 실패한 경우 실행 동기 및 방법에 대하여 구체적으로 진술하는 편이다.

⑩ 우발적이기보다는 계획적으로 실행한다.

(2) 부부싸움에 의한 방화의 특징

① 침구류, 가전제품, 창문 등 파손 흔적이 여러 곳에서 발견된다.

02

화재감식론

② 용의자 및 상대방의 신체에 방화 전에 부상흔적이 발견된다.

③ 유서가 발견되지 않는다.

④ 탈출을 시도한 흔적이 있다.

⑤ 안면부 및 팔과 다리 부위에서 화상흔적이 발견된다.

⑥ 조사 시 극도로 흥분하거나 정신적으로 불안정하여 진술을 완강하게 거부하는 모습을 보인다.

⑦ 도난물품이 확인되지 않는 경우가 많다.

⑧ 소주병 등 음주한 흔적이 존재하는 경우가 많다.

(3) 차량방화의 특징 암기

① 바닥에 유류가 흘렀거나 유류를 사용했던 <u>용기가 발견</u>되는 경우가 있다.

② 탄화심도에 비해 <u>평면적으로 넓게</u> 연소된 경향이 있다.

③ 유리창을 차체 외부에서 <u>강제로 파손</u>시킨 흔적이 있다.

④ 차량이 처음 주차된 위치에서 <u>이동된 경우</u>가 있다.

⑤ 차량 내부의 오디오 등 <u>도난흔적</u>이 있다.

⑥ 트렁크, 차량 문, 엔진룸 등이 개방된 채로 화재가 발생한 경우가 있다.

4 방화행위의 입증 및 기구 2021년 기사

(1) 방화행위의 입증 암기

① 방화행위의 입증요소 2020년 기사

ㄱ 방화의 수단과 방법이 <u>실현가능하여야</u> 한다.

ㄴ 방화재료의 <u>입수경위</u>가 밝혀져야 한다.

ㄷ 방화를 한 장소 및 <u>소훼물이 있어야</u> 한다.

ㄹ 방화의 수단이 <u>가능한지</u> 실증적으로 검토되어야 한다.

ㅁ 실화의 가능성을 배제시킬 수 있는 <u>필요 충분한 이유</u>가 있어야 한다.

② 방화판단 시 착안사항 암기 2014년 산업기사 2015년 산업기사 2016년 기사 2017년 기사 2017년 산업기사 2018년 기사 2018년 산업기사 2019년 기사 2019년 산업기사 2020년 기사 2021년 기사

ㄱ 발화부가 화기가 없는 장소로 <u>여러 곳에서 발화</u>된 흔적이 식별될 수 있다.

ㄴ 발화부 주변에서 유류성분이 검출되며 외부에서 반입한 <u>유류용기가 발견</u>되기도 한다.

ㄷ 강도, 절도 등 범죄와 관련된 경우 출입문이나 <u>창문 등이 개방된 상태</u>로 식별되는 경우가 많다.

ㄹ 보험금을 노린 방화의 경우에는 고액의 보험가입 및 중복으로 보험에 가입된 경우가 있다.

ⓜ 불이 난 건물 관계자 주변으로 원한을 가진 자의 존재가 의심되고 발화상황에 대한 진술이 부자연스럽거나 진술 때마다 내용이 달라지는 등 일관성이 없는 경우 방화를 의심할 수 있다.

ⓗ 발화부에서 발화하였다고 볼만한 시설 및 기구, 조건 등이 없을 때 방화를 의심할 수 있다.

ⓢ 2개 이상의 독립된 발화개소가 식별된다.

③ 방화행위자의 특징

㉠ 현장 주변에 남아서 구경꾼 틈에 섞여있는 경우가 있다.

㉡ 직접 방화를 한 자는 얼굴이나 손, 손가락 등에 화상을 입거나 머리카락이나 눈썹 등이 타거나 그을린 경우가 많다.

㉢ 옷에 기름이 묻어있거나 옷의 일부가 불에 탄 흔적이 있다.

(2) 방화입증 기구

① 가스 크로마토그래피 분석 암기 [2014년 산업기사] [2015년 기사] [2019년 산업기사] [2021년 기사] [2023년 기사] [2023년 산업기사]

㉠ 물질이 유사한 여러 성분의 혼합계 분리에 유효하다.

㉡ 가스 상태로 분석을 하기 때문에 조작이 간편하고 시간이 빠르다.

㉢ 각 성분을 검출하여 그 양을 전기적인 신호로 기록계에 저장하고 가스 크로마토그래피를 사용하여 도형적으로 기록하기 때문에 분석결과가 객관적이다.

② 석유류 검지관 분석 암기 [2023년 기사] [2023년 산업기사]

㉠ 가솔린, 등유 등 저비점의 석유류를 대상으로 검지관 내부의 시약과 반응시켜 색조와 탈색 정도에 의해 유류를 감별한다.

㉡ 경량이고 소형으로 휴대와 사용이 간편하다.

㉢ 휘발유를 검지관에 반응시켰을 때 노란색이 나타나고 등유는 갈색으로 반응한다.

바로바로 **확인문제**

방화가 의심되는 특징으로 옳지 않은 것은?

① 여러 곳에서 독립적인 발화흔적
② 화재현장의 타 범죄 발생증거 및 연소촉진물의 존재
③ 귀중품 반출 및 동일건물에서의 재차화재
④ 화재발생 시 관계인 부재

해설 화재발생 시 관계인의 부재만으로 방화를 의심하기 어렵다.   답 ④

---

03 방화의 실행과 수단

1 방화의 실행

(1) 직접착화

① 신문이나 의류, 이불 등을 모아 놓고 직접 라이터 등을 이용하여 불을 붙인다.

② 인화성 물질인 석유류 등을 바닥에 뿌리거나 가연물에 첨가하여 <u>직접 불을 붙이는 경우</u>가 많다.

③ 행위 시 주변에 노출될 우려가 있어 전문적인 방화범은 사용하지 않는 경우가 많고 인화성 액체를 뿌릴 때 폭발적 연소로 인해 방화자 자신도 화상이나 손상을 입을 수 있다.

(2) 지연착화

① 지연착화는 자신 또는 사주를 받은 사람이 실화를 위장하려 하거나 방화 후 <u>도피할 시간을 확보</u>하기 위하여 주로 행해진다.

② 착화 방법으로는 양초가 다 타고 난 다음 가연물에 접촉하도록 조작하여 시간을 지연하는 방법과 전기발열체에 가연물을 올려놓고 위험으로부터 도피시간을 획득하거나 전기실화로 위장하는 방법이 있다.

③ 건물주 자신이 방화하는 경우 출입문이 잠긴 경우가 많아 잠금장치가 잠겼다는 이유만으로 사람의 출입을 배제하는 것은 오류를 범하기 쉽다.

(3) 무인스위치 조작을 이용한 기구착화

① 원격점화장치 조작 형태로 다이너마이트 도화선, 열감지 센서, 레이저 광선 등의 <u>스위치 작동원리를 채용</u>하여 착화시키는 방법이다.

┃ 촛불을 이용한 지연착화 현장사진(화보) p.25 참조 ┃

② 기존 시설의 스위치 단자를 이용하거나 별도의 배터리를 사용할 수 있어 현장에서 잔류물을 통해 확인이 가능한 경우가 있다.

③ 행위자가 직접 피해자인 경우에는 행위자가 문을 연다거나 전등 스위치를 켜는 등 일상적인 행동에서 출화를 유발시키기 때문에 점화시스템을 비롯하여 구체적 행위에 초점을 두고 현장을 파악한다.

(4) 실화를 위장한 방화 [2019년 산업기사]

① 위장실화는 개인적 이득(주로 보험금 편취)을 취하기 위해 조사관으로 하여금 실화로 착각하게끔 위장하는 형태이다.

② 관계자가 실화를 쉽게 인정하거나 그 가능성을 조사관에게 필요 이상으로 설명 하는 경우 위장실화를 배제할 수 없다.

③ 가연물의 상태나 연소시간에 비해 심하게 연소되어 증거를 찾기 어렵거나 생업 이나 안전을 핑계로 조사 이전에 현장을 심하게 훼손하는 경우가 있다.

④ 위장실화의 유형

　㉠ 발열기구를 이용하여 자기 실수임을 인정하려는 자기실수인정형

　㉡ 가전제품의 내부 결함을 인위적으로 만들어 방화하는 완전면피형

　㉢ 완전연소나 붕괴 등을 조장하여 증거를 못 찾게 하는 증거인멸형

　㉣ 촛불 등을 이용한 지연착화 시도로 알리바이를 성립시키려는 알리바이주장형

> **꼼꼼.check!** ▶ **가연성 액체 촉진제** [2020년 기사]
>
> • 화재확산을 빠르게 가속화시키기 위해 가솔린, 석유, 시너 등을 촉진제로 사용한다.
> • 연소경로가 자연스럽지 않고 발화부가 여러 곳인 경우가 많다.
> • 촉진제를 담아 사용한 용기 등이 발견되는 경우도 있다.

2 방화의 수단

(1) 방화수단의 동기 및 방법

① 목적달성에 의지를 쏟는 경향이 있어 성냥이나 라이터 등으로 가연물에 직접 착 화하거나 유류를 뿌리고 방화하는 단순한 방법을 주로 선택한다.

② 절도나 살인 등 범죄행위와 보험금 사기목적 등으로 방화하는 경우 행위자가 자 신의 안전을 최대한 도모하려 하기 때문에 발각을 방지하기 위해 실화로 꾸미거 나 시한발화장치 등을 사용하는 경우가 많다.

(2) 방화수법 요인

① 사물 인식 : 사람은 각각 성격이 다르며, 보고, 생각하는 것이 다르기 때문에 수법 형성의 요인이 되므로 현장 접근방법과 도주로 선택 등에서 특징을 찾을 수 있다.

② 신체적 조건 : 남녀노소, 신장, 체중 등 생리적 여건이 범죄수법을 형성하는 요인 이 되므로 판단자료가 된다.

③ **지식 경험** : 지식이나 경험이 학습효과로 나타난다. 과거 화재이력, 보험금 수취 이력 등을 살펴보면 수법형성 요인을 알 수 있다.

④ **직업적 능력** : 전기나 화학약품에 의한 화재를 위장한 방화인 경우 전문적이고 직업적인 지식의 성격을 띠므로 용의자의 행동양식에 대한 관찰을 통해 직업을 추정할 수 있다.

04 방화원인의 판정

1 방화판정 전제조건

① 발화부위가 여러 곳인 경우(연소경로가 자연스럽지 않은 경우)
② 이상연소 잔해(가연물을 모아 놓은 경우, 인화성 물질의 잔류)나 연소흔적(액상, 기상의 가연물 연소흔적)이 발견되는 경우
③ 다른 발화원이 완전 배제된 경우

2 방화판정을 위한 10대 요건

(1) 여러 곳에서 발화

발화지점이 <u>2개소 이상</u>인 경우 방화를 의심할 수 있다. 일반적인 화재는 2개소 이상에서 발화하기란 불가능하기 때문이다.

(2) 연소촉진물질의 존재

화재확산을 가속화시키기 위해 <u>가연성 액체(가솔린, 석유 등)를 사용</u>한 연소물질이 존재하거나 이와 같은 물질을 사용한 흔적이 있으면 방화를 의심할 수 있다. 관계자가 사전에 가지고 있었더라도 화재를 촉발하기 위해 다른 장소로 이동되었다면 방화촉진제로 쓰인 것으로 추정할 수 있다.

(3) 화재현장에 타 범죄발생 증거

화재현장에 절도, 살인, 강도 등 타 범죄가 발생한 사실과 <u>범죄를 은폐</u>하기 위해 불을 지른 흔적이 있으면 방화로 추정할 수 있다.

(4) 화재발생 위치

<u>발화원이 없거나 화재가 발생할 소지가 없는 장소</u>인 경우 방화로 추정할 수 있다.

(5) 화재사고 원인 부존재

실화 또는 자연발화 등을 제외한 <u>화재원인을 발견할 수 없는 경우</u> 방화로 추정할 수 있다.

(6) 귀중품 반출 등

평상시 일정한 장소에 있던 귀중품 등이 화재발생 이전에 외부로 반출된 경우와 주요 물건이 저가의 하급품으로 대체되었거나 일상생활용품이 거의 없는 상황으로 연소된 물건이 별로 없는 경우 등은 방화로 추정할 수 있다. 중요 서류(등기서류, 거래장부 등)가 없는 경우도 방화로 추정할 수 있다.

(7) 수선 중 화재

건물의 보수공사 등 수선 중에는 가연성 페인트나 착색제 등 인화물질이 산재하여 실화가 빈번하게 발생할 수 있으나 경쟁업자가 실화로 위장한 방화가능성이 있으므로 수선 중의 화재는 방화를 의심할 수 있다. 화재를 확산시키기 위해 연소확산도구(trailers)를 사용하는 경우도 있다.

(8) 화재 이전에 건물의 손상

화재 이전에 건물의 담이나 마루, 지붕 등에서 타 부위로 불이 확산되도록 미리 구멍이 뚫려 있는 경우 방화로 추정할 수 있다.

(9) 동일건물에서 재차 화재

같은 건물 또는 동일장소에서 2회 이상 연속하여 화재가 발생한 경우는 방화로 추정할 수 있다. 단, 최초 화재로 인한 재발화(rekindling fire)가 아니어야 한다. 화재직후 거주자가 지나치게 신속하게 탈출을 한 경우도 방화로 추정할 수 있다.

(10) 휴일 또는 주말 화재

휴일이나 주말에는 사람들이 외부로 외출을 많이 하고 주변에는 사람이 적어서 화재의 발견이 지체되기 때문에 휴일이나 주말을 택해 방화하는 사례가 있으므로 휴일 또는 주말의 화재는 방화를 의심해 볼 수 있다.

바로바로 확인문제

방화판정을 위한 10대 요건에 포함되지 않는 것은?
① 화재 발생 후 관계자 부재
② 휴일 또는 주말 화재
③ 화재가 발생할 소지가 없는 장소에서 화재 발생
④ 수선 중 화재

해설 방화판정 10대 요건
화재 이전에 건물의 손상(연소확산이 되도록 담, 지붕 등에 구멍이 뚫려 있는 경우), 휴일 또는 주말 화재, 화재가 발생할 소지가 없는 장소에서 화재 발생, 수선 중 화재 등 **답** ①

❸ 효율적인 방화원인 감식을 위한 당면과제

(1) 방화는 사회 안녕질서를 해치는 공공위험범죄라는 인식 필요

방화는 개인의 범죄가 아닌 반사회적 공공범죄라는 인식을 갖고 사회적으로 공동대처하려는 노력이 있어야 한다.

(2) 배금주의 풍토와 물질만능주의 병폐 극복을 위한 노력 전개

보험사기의 증가는 물질만능주의 만연에 따른 부작용으로 철저한 화재조사를 통해 방화를 이용한 사회적 병폐근절에 노력하여야 한다.

(3) 전문인력 양성 및 관련법규의 처벌조항 강화

방화에 관한 과학적이고 체계적인 연구가 진행되어 전문인력을 양성하고 방화범에 대한 관련법규의 제재조치를 강화하여 사회적 안정을 이룩하여야 한다.

(4) 사회적 불만요인을 적극 차단하려는 인식과 장치 필요

사회적, 경제적, 정신적으로 불만요인을 제거하려는 국민적 인식이 절실하며 사회적 보완장치의 개발도 병행되어야 한다.

(5) 화재조사관련 기관 간의 공조 강화

'방화범은 반드시 잡힌다.'는 사회적 인식과 조사관련 기관 간에 정보를 공유함으로써 방화범이 자리 잡을 수 있는 여지를 제거하여야 한다.

출제예상문제

Chapter 06

* ⚡표시 : 중요도를 나타냄

01 다음 중 방화를 나타낸 것으로 옳지 않은 것은?

① 악의적인 반사회적 행위
② 무모하게 화재를 유발시키는 행위
③ 방화의 정의에 대한 국내법 명문 규정이 있다.
④ 고의로 불을 지르는 행위

해설 방화란 악의적인 반사회적 행위로 고의로 불을 지르는 행위와 무모하게 화재를 유발시키는 행위를 포함하고 있다. 그러나 방화의 정의에 대한 국내법 명문 규정은 없다.

02 방화의 특수성이 아닌 것은?

① 방화 증거의 수집이 어렵다.
② 집단적 범행이 많다.
③ 실행이 용이하다.
④ 모방성과 연쇄성이 있다.

해설 **방화의 특수성**
㉠ 증거 수집이 어렵다.
㉡ 단독범행이 많다.
㉢ 모방성과 연쇄성이 강하다.
㉣ 위험물질의 사용으로 급격한 연소확산을 초래한다.
㉤ 실행이 용이하여 정신박약자 등의 행위가 많이 차지한다.

03 방화의 심리를 범죄학적 측면에서 설명한 것으로 옳지 않은 것은?

① 방화와 정신병과는 상당 인과관계가 있다.
② 원한이나 분노 등이 생길 때 자연스럽게 범행으로 이어지는 경우가 많다.

③ 방화 동기는 성인의 이성적 판단능력에 기초한 경우가 많다.
④ 방화범들은 방화행위 후 엄청난 방화결과에 대해 판단할 능력이 없다.

해설 방화 동기는 어린아이와 같이 순진성에 기초한 경우가 많다.

04 다음 중 정신병자가 방화하는 직접적 동기에 대한 잠재의식을 분류한 것에 해당하지 않는 것은?

① 사회적 불만을 해소하기 위한 충동적 방화
② 정신적 충격에 따른 발작적으로 하는 방화
③ 의식이 혼탁한 상태에서 히스테리적 방화
④ 병적인 강박관념에 대항의식으로 하는 방화

해설 사회적 불만을 해소하기 위한 충동적 방화는 실업자, 노숙자, 다혈질적인 청소년 계층 등에서 발생하는 것으로 정신병자의 방화 동기와 관계가 멀다.

05 다음 중 단일방화의 특징이 아닌 것은 어느 것인가?

① 주로 옥내가 많고 행위자와 관계가 있는 물건이나 사람이 대상이다.
② 사전에 유류 등을 준비하는 경우가 많다.
③ 부부간 또는 가족간 다툼이나 자살방화 등 인간관계에 기인한다.
④ 화재로 인한 소란을 즐긴다.

해설 단일방화의 동기는 부부간 또는 친자간 다툼, 방화자살 등 인간관계에 기인한다. 사회불만을 해소하기 위하여 또는 화재로 인한 소란을 즐기는 것은 연속방화의 동기에 해당한다.

06 다음 중 계획적인 방화에 해당하지 않는 것은?

① 임금인상 관철을 위해 노사집회 당일 유류 및 다수의 점화장치 준비
② 감정을 억제하지 못해 순간적으로 옆에 있던 가스통에 라이터로 점화
③ 고액의 보험금을 받기 위해 1년 전 다수의 보험 가입
④ 평소 좋지 않은 감정을 분풀이하기 위해 사전에 유류 구입

해설 계획적 방화는 사전에 치밀한 계획을 세워 은밀히 진행하는 경우가 많다. 감정을 억제하지 못해 순간적으로 옆에 있던 가스통에 라이터로 점화시킨 경우는 우발적 방화에 해당한다.

07 다음 중 우발적 방화의 유형으로 가장 거리가 먼 것은?

① 정신이상에 의한 방화
② 채무변제를 위한 방화
③ 갈등해소를 참지 못한 방화
④ 흥분을 이기지 못한 자살방화

해설 우발적 방화 유형은 정신이상에 의한 방화, 불만해소를 위한 경우, 원한에 의한 경우 등이 있다. 때로는 갈등해소를 참지 못한 경우와 스스로 흥분을 이기지 못해 자살방화하는 경우도 있다. 그러나 채무변제를 위한 방화는 사전에 계획하여 증거인멸, 알리바이 공작 등 주도면밀하게 이루어지는 계획적 방화에 해당한다.

08 계획적인 방화에 해당하지 않는 것은?

① 정신이상, 스릴
② 이익목적 추구
③ 정치적 목적
④ 원한이나 분풀이

해설 정신이상, 스릴, 장난, 유희 등은 방화광에 의해 자행되는 것으로 계획적인 방화에 해당하지 않는다.

09 방화의 동기와 관계가 없는 것은?

① 트레일러 패턴
② 보험사기
③ 범죄은폐
④ 정치적 선동

해설 방화원인의 동기 유형은 보험사기, 범죄은폐, 범죄수단 목적, 선동 목적, 보복을 하기 위한 방화 등이 있다. 트레일러 패턴은 방화현장에서 식별되는 연소흔적으로 방화동기와는 관련이 없다.

10 보복방화의 대상이 아닌 것은?

① 개인적 복수
② 사회에 대한 복수
③ 집단에 대한 복수
④ 자살방화

해설 보복방화의 대상에는 개인적 복수, 사회에 대한 복수, 집단에 대한 복수 등이 있다.

11 외로움과 고립감 또는 학대받았다는 느낌으로 괴로워하다가 자행되는 방화 유형은?

① 악희 추구
② 사회에 대한 복수
③ 스릴이나 장난 추구
④ 개인적 복수

해설 일반적으로 인생 전반에 있어 부적응, 외로움, 고립감 또는 학대받았다는 느낌으로 괴로워하며 자신을 나쁘게만 보는 사회에 대한 반항으로 불을 지르는 것이 사회에 대한 복수 유형이다.

12 연쇄방화의 개념으로 맞는 것은?

① 방화범이 3번 이상 2인 이상의 공범과 함께 불을 지르는 형태
② 방화범이 체포될 때까지 횟수에 관계없이 연속으로 불을 지르는 형태
③ 방화범이 3번 이상 불을 지르고 각 방화시기 사이에 냉각기를 갖는 형태
④ 방화범이 3번 이상 인화성 물질만 사용하여 불을 지르는 형태

해설 연쇄방화란 방화범이 3번 이상 불을 지르고 각 방화시기 사이에 특이한 냉각기를 가지면서 저지르는 방화형태를 말한다.

Answer 06.② 07.② 08.① 09.① 10.④ 11.② 12.③

13 다음 중 방화범죄 특징에 대한 설명으로 틀린 것은?

① 방화는 정신이상, 원한, 보복 등 비정상적인 사고에 의해 발생한다.
② 방화에 사용된 증거물이 전소되고 은닉되는 것이 대부분이기 때문에 방화원인을 규명하는 데 많은 어려움이 있다.
③ 방화는 일반적으로 은폐된 공간에서 이루어지고 순간 화재확산이 빠른 인화성 물질을 사용하는 경우가 많아 피해범위가 크다.
④ 방화는 일반적으로 계절적인 측면에 좌우되고 주기적으로 발생한다.

해설 방화는 계절이나 주기에 관계없이 발생한다.

14 다음 중 방화감식의 특수성이 아닌 것은 어느 것인가?

① 대부분 명확하게 방화 증거가 판명된다.
② 연소패턴 식별이 곤란하다.
③ 발화지점이 여러 곳에서 발견된다.
④ 짧은 시간에 연소면적이 넓고 손상이 크다.

해설 방화는 짧은 시간에 연소면적이 넓고 손상이 크게 나타나기 때문에 증거 확보가 어렵고 경우에 따라서는 실화를 위장한 방화가 많아 명확하게 방화로 판명하기 어려운 점이 있다.

15 다음은 자살방화의 감식 특징이다. 바르지 않은 것은?

① 우발적이 아닌 계획적으로 실행한다.
② 연소면적이 넓고 탄화심도가 깊다.
③ 휘발유 등 유류를 사용한 용기가 주변에 존재한다.
④ 급격한 연소확대로 방향성 식별이 곤란하다.

해설 자살방화는 미리 계획적으로 준비를 하기 때문에 휘발유 등 유류를 이용하여 자행하는 경우가 대부분이다. 이러한 경우 용기가 주변에서 발견되고 급격한 연소확대로 방향성 식별이 곤란한 경우가 많다. 연소면적은 넓지만 탄회심도는 얕게 나타난다.

16 부부싸움으로 인한 방화현장 감식내용으로 옳지 않은 것은?

① 유서가 발견되지 않는다.
② 탈출을 시도한 흔적이 있다.
③ 도난물품이 확인된다.
④ 정신적으로 불안정하여 진술을 거부한다.

해설 부부싸움으로 인한 방화는 우발적 충동을 참지 못해 자행되는 경우가 많다. 따라서 유서가 발견되지 않으며, 방화 후에는 탈출을 시도한 흔적이 신체에 남아 있고 정신적으로 불안정하여 진술을 완강하게 거부하려는 경향이 많다. 도난물품이 확인되는 경우는 범죄은폐 등과 관련된 사항이다.

17 방화판단 요소로서 가장 타당한 것은?

① 발화장소 주변 환경이 화재발생 전 상태로 있는 경우
② 화기를 취급하던 장소에서 화재가 발생한 경우
③ 발화부가 여러 개소이며 탄화심도가 깊지 않은 경우
④ 화재장소에 있던 물건이나 귀중품이 그대로 소실된 경우

해설 발화부가 수 개소이며 탄화심도가 깊지 않거나 연소의 진행경로가 자연스럽지 못한 경우 등은 방화의 판단요소이다.

18 실화를 위장한 방화의 유형으로 분류하는 데 적합하지 않은 것은?

① 연소기구에 부적절한 연료주입, 연료누설 등의 방법을 사용한다.
② 도화선을 이용하여 착화한다.
③ 전열기기 주변에 가연물을 근접 방치한 후 지연착화시킨다.
④ 작동 중인 기계류 주변으로 가연성 분진, 유증기 등이 쉽게 형성될 수 있도록 환경을 조성한다.

해설 도화선을 이용한 착화는 증거인멸을 위해 가연물 전체를 연소시킬 목적으로 자행되는 수단으로 실화를 위장한 방화의도와는 거리가 멀다.

Answer 13.④ 14.① 15.② 16.③ 17.③ 18.②

19 방화의 입증요소로 틀린 것은?

① 실화를 입증하지 못한 경우 방화로 한다.
② 방화의 수단과 방법이 실현가능해야 한다.
③ 방화수단이 실증적으로 검토되어야 한다.
④ 방화를 한 장소 및 연소물이 있어야 한다.

해설 방화의 입증요소
ㄱ 방화의 수단과 방법이 실현가능하여야 한다.
ㄴ 방화재료의 입수경위가 밝혀져야 한다.
ㄷ 방화를 한 장소 및 소훼물이 있어야 한다.
ㄹ 방화의 수단이 가능한지 실증적으로 검토되어야 한다.
ㅁ 실화가 아닌 필요 충분한 이유가 있어야 한다.

20 방화의 지연착화에 대한 설명으로 적절하지 않은 것은?

① 빈집에 침입하여 가스 호스를 절단하여 착화를 시도한다.
② 방화자가 실화를 위장할 목적으로 활용한다.
③ 건물주가 자신의 건물에 방화를 할 때는 출입문이나 유리창 등을 폐쇄시킨 후 행하는 경우가 있다.
④ 방화행위자가 자신의 알리바이를 성립시키기 위한 수단이다.

해설 지연착화는 자신의 부재증명(알리바이 성립), 도주할 시간적 여유 확보, 증거인멸 등을 위해 자행되는 방법이다.

21 범죄은폐를 목적으로 한 방화의 설명 중 옳은 것은?

① 사회로부터 소외를 당했다는 느낌으로 방화
② 개인적인 감정을 참지 못해 방화
③ 경제적 궁핍생활을 극복하기 위해 화재보험 가입 후 방화
④ 사체, 서류나 장부 등에 방화

해설 사체, 서류나 장부 등에 방화하는 것은 증거인멸 및 자신의 범행행위를 은폐할 목적으로 자행되는 수단이다.

22 방화의 일반적인 특징을 설명한 것으로 가장 거리가 먼 것은?

① 남성에 비해 여성이 많다.
② 단독범이 많고 주로 야간에 많이 발생한다.
③ 음주상태에서 실행하는 경우가 많고 인명피해를 동반한다.
④ 인화성 물질, 라이터, 신문지 등의 매개체를 이용한다.

해설 방화는 일반적으로 여성보다 남성에게서 많이 나타난다.

23 보험사기성 방화의 조사사항과 관계된 것으로 가장 거리가 먼 것은?

① 보험가입 전후 재정상황의 악화, 기업의 청산, 도산 등 기업의 재무구조 파악
② 납품되지 않은 재고물품의 대량 보관, 채권자 등장 등 주변인물의 증언
③ 보험가입 후 관계자의 행방 불분명, 건물의 매각절차 진행 등 의외의 사실 발견
④ 국세 및 지방세의 완납, 재고물의 불량품 처리과정 확인

해설 재고물의 불량품 처리과정은 보험사기성 방화조사 내용과 관계가 없다.

24 방화의 일반적인 판단요소로 가장 거리가 먼 것은?

① 화상피해자의 유무
② 무단침입과 출입흔적
③ 범죄흔적
④ 이상(異常)연소 현상

해설 방화의 판단요소에는 외부인의 무단침입 흔적, 범죄흔적, 급격한 이상연소 현상, 유류성분의 사용흔적 등이 있다. 화상피해자의 유무와는 거리가 멀다.

Answer 19.① 20.① 21.④ 22.① 23.④ 24.①

25 방화원인 판단 시 주요 착안사항이라고 볼 수 없는 것은?

① 발화부 주변에서 유류성분이 검출되거나 외부에서 반입한 유류용기가 발견되었다.
② 외부인의 침입흔적이 있으며 출입문과 창문 등이 개방된 상태로 있었다.
③ 고액의 화재보험을 여러 개 가입하였으며 지연착화수단으로 양초의 연소흔적이 발견되었다.
④ 멀티콘센트 주변에서 플러그가 용융된 흔적이 발견되었다.

해설 멀티콘센트 주변에서 플러그가 용융된 흔적은 방화판단의 요소로 부적절하다.

26 방화를 실행에 옮긴 방화자의 특징을 나타낸 것으로 가장 옳지 않은 것은?

① 옷에 기름이 묻어 있거나 옷의 일부가 불에 탄 흔적이 있다.
② 방화 후 곧 자수하여 후회를 한다.
③ 흥분하거나 소화활동에 재미를 느끼는 특이한 행동을 볼 수 있다.
④ 머리카락이나 눈썹 등이 타거나 그을린 경우가 있다.

해설 방화자는 꼬리가 잡힐 때까지 자행하거나 일정한 잠복기를 갖는다.

27 방화 입증을 위한 분석도구로 옳지 않은 것은?

① 가스 크로마토그래피
② 가스채취기
③ 오실로스코프
④ 적외선 분광분석법

해설 각종 석유류 성분 분석에는 가스 크로마토그래피와 가스채취기, 적외선 분광분석법 등이 활용된다. 오실로스코프는 전압, 전류, 전력, 주파수 등을 읽고 측정하는 데 쓰인다.

28 방화행위 중 지연착화 방법에 해당하는 것은 어느 것인가?

① 가연물을 모아 놓고 성냥불로 착화
② 전기난로 위에 널어 놓은 빨래에 복사 착화
③ 양초의 주변에 가연물 배치
④ 전기장판 컨트롤러의 기능상실로 온도 상승

해설 양초 주변에 가연물을 배치한 것은 지연착화 방법에 해당한다. 가연물을 모아 놓고 성냥불로 착화하는 것은 직접착화 방법이고, 전기난로 위에 널어 놓은 빨래에 복사 착화된 것은 실화에 해당한다. 전기장판 컨트롤러의 기능상실로 온도가 상승한 것은 제품 자체의 결함이다.

29 가스채취기로 휘발유 성분을 채취하였을 때 반응 색깔은?

① 노란색   ② 갈색
③ 녹색   ④ 주황색

해설 휘발유를 검지관에 반응시켰을 때 노란색이 나타나고 등유는 갈색으로 반응한다.

30 방화판정 전제조건으로 옳지 않은 것은?

① 다른 발화원의 완전 배제가 성립하였다.
② 목격자가 없고 심한 가스누출 현상이 보인다.
③ 연소경로가 자연스럽지 않고 발화부위가 여러 곳으로 나타났다.
④ 가연물을 모아 놓은 흔적과 인화성 물질이 현장에서 검출되었다.

해설 목격자가 없고 가스가 누출된 경우는 방화 외에 사용자 부주의, 시설 노후, 시설 공사 등 여러 가지 원인이 있으므로 방화판정을 위한 전제조건으로는 적절하지 않다.

31 방화판정의 전제조건으로 부적절한 것은?

① 화기 취급과 무관한 곳에서 발화흔적이 여러 개 나타난다.
② 발화부 주변에서 인화성 액체의 유류촉진제가 발견된다.
③ 건물 수선 중에 화재가 발생하였고 물건을 반출한 흔적이 있다.
④ 다른 발화원의 배제는 고려대상이 아니다.

해설 방화성 화재를 판단할 때 다른 발화원의 배제는 중요한 전제조건에 해당한다.

32 다음 중 방화의 실행수단으로 가장 많이 사용되는 것은?

① 지연착화
② 무인스위치 조작
③ 실화를 위장한 방화
④ 직접착화

해설 방화의 실행수단으로 직접착화가 가장 많이 사용되고 있다.

33 방화판정을 위한 10대 요건에 해당하지 않는 것은?

① 실화 등 화재원인 부존재
② 연소촉진물질의 존재
③ 주중 화재
④ 화재발생 전에 귀중품을 외부로 반출

해설 방화판정 10대 요건
여러 곳에서 발화, 실화 및 기타 발화요인이 없는 화재원인 부존재, 연소촉진물질의 존재, 주말 화재 등

34 효율적인 방화감식을 위한 당면과제로 가장 거리가 먼 것은?

① 방화에 대한 체계적인 연구 진행 및 방화자 처벌조항 강화
② 보험사기의 증가에 따른 배금주의와 물질만능주의의 병폐 극복
③ 방화는 공공위험범죄라는 인식 필요
④ 화재조사관련 기관 간의 배타적 대응 강화

해설 효율적인 방화감식을 위해 관련 기관 간의 공조를 강화하여야 한다.

Chapter 07 차량화재 감식

01 차량화재조사 기본

1 차량화재조사 준비

(1) 조사장소의 선정 시 유의사항

① 차량 리프트 잭 업을 용이하게 할 수 있는 **평탄한 장소를 선정**하고 차량의 잭 가대 위치도 견고한 곳을 선정하여 행할 것

② 차량 부품을 해체하는 작업은 조사관이 하지만 부품 분리방법이 어렵거나 알지 못할 경우 정비요원 등에게 맡겨 작업의 **안전성과 효율화를 도모할** 것

③ 빗물 등으로 인한 차량의 부식 및 변색 등의 방지를 위해 천막이나 방수시트를 덮는 등 **변질 방지조치를** 할 것

④ 날씨가 나빠서 조사 중에 비가 내릴 가능성이 있을 때에는 방수시트, 천막, 로프 등을 준비하여 조사에 **지장을 주지 않도록** 대비할 것

⑤ 화재조사 종료 후 조사로 인해 흩어진 부품이나 잔존물을 모아 소손차량의 트렁크 등에 수납하고 청소를 할 것

(2) 조사장비의 준비

① **차량 리프트 업을 위한 공구**

㉠ 펑크 그래프 잭(시저스 잭) : 일반 승용차에 사용하고 있는 적재 잭으로 타이어가 소손되어 차체가 내려가 차고용 잭을 밀어 넣을 공간이 없는 경우에 사용한다.

㉡ 유압식 차고 잭 : 중량이 있는 차량을 들어 올릴 때 사용한다.

㉢ Rigid rack : 잭 업을 한 차량을 태우는 지지대이다.

㉣ 차륜쐐기 : 차량의 이동을 막기 위해 잭 가대 위치에서 떨어진 타이어의 전·후륜에 차륜쐐기를 한다.

② **차량 해체용 공구**

㉠ 소켓렌치, 플러그소켓렌치, 스패너렌치

㉡ 드라이버세트, 망치, 지렛대, 조명기구 등

2 차량조사 안전

① 차량이 갑작스럽게 움직이거나 물체가 떨어져 조사관이 <u>상해를 입지 않도록</u> 한다.

② 전개되지 않은 에어백은 팽창제로 나트륨 아지드화물을 사용하고 있어 접촉하거나 호흡을 할 경우 유해하므로 주의하도록 하며, 시스템이 <u>실수로 동작되는 일이 없도록</u> 한다.

③ 연료의 누설, 배터리의 전류 방전, 흘러 넘친 윤활유로 인한 미끄러짐, 깨진 유리창의 잔해 등 안전을 위협하는 요인에 대해 <u>사전 조치가 강구</u>되어야 한다.

02 차량화재의 가연물 및 발화원

1 발화성 액체

① 발화성 액체는 엔진연료, 변속기, 파워스티어링, 브레이크액, 냉각수, 윤활유 등으로 2차 가연물로 화재성장속도에 영향을 줄 수 있다.

② 액체의 발화가능성은 액체의 특성, 물리적 상태, 발화원의 특성 및 차량과 관련된 다른 변수들에 의해 달라질 수 있다.

구 분	인화점(℃)	자연발화(℃)	폭발범위
휘발유	−45~−40	257~280	1.4~7.6
경유(연료유)	38~62	254~260	0.4~7
브레이크액	99~288	99~288	−
파워스티어링오일	175~180	360~382	1~7
윤활유	200~280	340~360	1~7
기어오일	150~270	382	1~7
자동변속기오일	150~280	330~382	1~7

2 기체 가연물

① 프로판, 수소 및 압축 천연가스는 승용차뿐만 아니라 트럭, 레저용 차량에서도 널리 쓰이고 있다.

② 습식 납축전지는 충전 시 또는 충돌의 결과로 수소가 방출될 수 있다.

구 분	자연발화(℃)	폭발범위	비등점	비 중	최소점화에너지(mJ)
수 소	40~572	4.1~75	−253	0.07	0.018
천연가스(메탄)	632~650	5~15	−162	0.60	0.280
프로판가스	450~493	2.1~9.5	−42	1.56	0.250

3 고체 가연물

① 차량에는 순수한 금속보다 합금을 사용하는 경우가 많다.

② **합금의 녹는점**은 단일 성분이 녹는점보다 일반적으로 **낮다**. 아연이 구리선에 떨어지면 황동합금을 형성할 수 있는데 이것은 구리보다 녹는점이 낮다.

③ 녹은 알루미늄이 강판 금속에 떨어지면 강판이 녹은 것과 같이 되는데 에너지 분산형 분광기(Energy Dispersive Spectroscopy, EDS)를 사용하면 차량화재로 인한 금속 부품을 파괴하지 않고도 성분을 확인할 수 있다.

④ 차량이 주행하고 있을 때, 금속 대 금속의 접촉(강철, 쇠 또는 마그네슘) 또는 금속 대 도로 표면의 접촉 및 마찰은 스파크가 발생할 수 있으며 이때 가스, 증기 또는 분사된 액체를 착화시킬 만큼 충분한 에너지가 발생한다.

⑤ 알루미늄 대 도로 표면의 스파크의 경우 알루미늄의 녹는점이 낮아 대부분의 물질에서 발화원이 되기 어렵다.

⑥ 스파크 입자가 작으면 스파크에 접촉된 물질을 발화시킬만한 에너지가 발생하지 않는다. 특히 스파크가 공기를 따라 움직일 때 냉각되기 때문에 열전달률은 제한되고 이 때문에 스파크로 인해 고체물질은 발화하기 어렵다.

구 분	발화점(℃)	녹는점(℃)	최대 열방출률(kW/m²)
아크릴섬유	560	90~105	300
ABS	410	88~125	614~683
유리섬유(폴리에스테르 레진)	560	428~500	–
나일론	413~500	220~265	517~593
폴리카보네이트	440~522	265	16
폴리에틸렌	270~443	115~137	453~913
폴리프로필렌	250~443	160~176	377~1,170
폴리스티렌	346~365	120~240	723
폴리우레탄	271~378	120~160	290
PVC	250~430	75~105	40~102

4 발화원

(1) 노출 화염(open flames)

① 카브레터 차량의 경우 노출 화염은 대부분 역화(backfire)에 의해 발생

② 성냥이나 라이터 불에 의한 착화

③ 캠핑카의 경우 가스레인지의 파일럿 불꽃, 버너, 오븐기의 불꽃 등으로 발생

(2) 전기적 발화원

① 배선의 과부하

② 접속부의 고저항 발생

③ 전기적 단락과 아크 발생

④ 아크(탄소) 트래킹

⑤ 램프 전구와 필라멘트

⑥ 외부 전원 공급(외부로부터 전원을 공급받는 경우)

(3) 고온 표면

① 배기다기관은 고온으로 자동변속기 오일이 과부하에 의해 열을 받아 배기다기관 표면에 부착할 경우 발화 가능하다(차량이 주행 중일 경우 발화가 어렵고, 정차했을 때 발화위험 증대).

② 엔진오일 및 브레이크오일이 배기다기관에 떨어지면 발화 가능하다.

③ 각종 오일류가 배기다기관에 흡착되면 시동을 끄더라도 발화할 수 있다(시동을 끄면 엔진 부품을 통과하는 공기의 유동이 사라지기 때문).

④ 일반적으로 휘발유는 고온 표면에 의해 발화하지 않는다. 단, 아크불꽃이나 화염에 노출되면 착화한다.

(4) 기계적 스파크

① 차량이 주행 중에 금속과 금속끼리의 접촉(강철, 쇠 또는 마그네슘) 또는 금속과 <u>도로 표면</u> 간의 접촉은 가스 증기 또는 분무상태의 액체와 함께 마찰, 접촉하여 착화 가능하다.

② 금속끼리의 접촉은 전동도르래, 전동샤프트, 베어링에서 발생할 수 있고, 금속과 <u>도로 표면</u>의 접촉은 구동축, 배기장치, 또는 타이어가 손실되거나 충돌한 이후에 바퀴 테에서 나타날 수 있다. 금속끼리의 접촉과 금속과 도로 표면의 접촉으로 스파크가 일어나려면 차량이 주행 중이어야 한다.

③ 주행속도가 <u>8km/h 정도의 낮은 속도</u>에서 발생한 스파크는 온도가 800℃ 정도로 <u>오렌지색</u>을 나타내며 속도가 더 높게 되면 온도가 1,200℃ 정도로 흰색 스파크가 발생한다.

④ 알루미늄과 <u>도로 표면</u> 간의 스파크는 알루미늄의 녹는점(660℃)이 낮고 에너지량이 작아 점화원으로 작용하기 어렵다.

(5) 연기가 생성되는 물질

차량 좌석 커버 및 원단은 담뱃불로 발화하기 어렵지만 종이나 티슈, 다른 가연성 잔해에 휩싸여 노출된 화염상태가 되면 발화할 수 있다.

바로바로 **확인문제**

차량화재의 발화원에 대한 설명으로 옳지 않은 것은?

① 고온표면의 발화원으로 브레이크, 터보차저 등이 있다.

② 차량의 시동을 끄더라도 일부 부품에는 전기가 공급되므로 발화할 수 있다.

③ 전조등이 충격을 받아 필라멘트가 터지면 주변 가연물로 착화할 수 있다.

④ 차량의 전기배선이 헐거워지면 저항열 증가로 전선피복에서 착화할 수 있다.

해설 차량 전조등의 필라멘트 작동온도는 약 1,400℃이며 진공상태에서 작동을 한다. 외부 충격을 받아 전조등 유리가 깨지면 필라멘트는 순간적으로 터져버리는데 이와 동시에 발화원도 사라지게 된다. 답 ③

03 자동차의 구조 및 검사

1 자동차의 기본 구조

(1) 차체(body)

차실, 엔진룸, 트렁크 등 사람이 타거나 <u>화물을 적재</u>하는 부분

(2) 섀시(chassis)

차체를 제외한 나머지 부분으로 엔진을 비롯하여 동력전달장치, 조향장치, 현가장치, 주행장치 등을 지칭

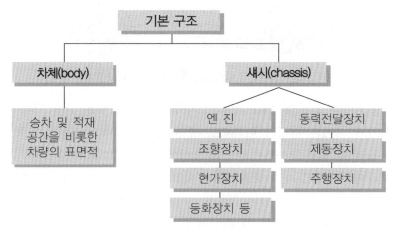

‖ 자동차의 구조 ‖

(3) 엔진위치에 따른 동력전달장치 2017년 기사 2019년 기사

① F · F형식(Front engine, Front wheel drive) : 차량 앞에 엔진이 있고 <u>앞바퀴로 구동되는 방식</u>이다. 동력전달은 Engine → Clutch → Trans Axle(변속기, 종감속기어, 차동기어) → 등속축 → 구동바퀴(앞) 순으로 이루어진다.

┃ F · F형식은 엔진이 앞에 있고 앞바퀴에 동력을 전달하는 방식 ┃

② F · R형식(Front engine, Rear wheel drive) : 엔진을 차체 앞부분에 설치하며, 프로펠러 샤프트라고 불리는 전달축으로 <u>후륜을 구동시켜 주는 방식</u>이다. 이 방식은 프로펠러 샤프트가 차 바닥을 통과하기 때문에 차 바닥의 높이가 높아진다. 이 때문에 과거에 주류를 이루었던 F · R방식이 근래에는 F · F방식으로 많이 대체되었다. 최근에 2,000cc급 이상의 대형 승용차의 스포츠타입 차가 F · R방식을 적용하고 있다. 동력전달은 Engine → Clutch → Transmission → Drive Line → Rear Axle Assembly(종감속기어, 차동기어 액슬축) → 구동바퀴(뒤) 순으로 이루어진다.

┃ F · R형식은 엔진이 앞에 있고 동력은 뒷바퀴에 전달하는 방식 ┃

③ R · R형식(Rear engine, Rear drive) : 자동차는 가속 또는 감속 시에 중심이 이동한다(가속 시에는 머리가 뒤쪽으로 쏠리며, 감속 시에는 몸이 앞쪽으로 쏠리는 것을 느낄 수 있을 것이다). 이러한 중심이동현상을 이용하여, 특히 가속 시 구동되는 타이어에 중량을 더해줌으로써 미끄러짐현상이 발생하지 않도록 하는 방식이다. 동력전달은 Engine → Clutch → Trans Axle(변속기, 종감속기어, 차동기어) → 등속축 → 구동바퀴(뒤) 순이다.

‖ R · R형식은 엔진이 뒤에 있고 동력도 뒷바퀴에 걸리는 방식 ‖

02
화
재
감
식
론

④ A · W(4DW)형식(All Wheel drive) : 4개의 타이어를 모두 구동하기 때문에 4DW라고
도 부른다. 험한 도로주행용 차량을 중심으로 오래전부터 사용되어 왔지만 최근에
는 일반 승용차에도 이 방식을 적용한 차가 증가하고 있다. 이 방식의 장점은 엔진
의 구동력을 4개의 바퀴에 배분하여 노면에 전달함으로써 2WD차에 비해 슬립(미
끄러짐)현상과 같은 동력손실이 적다는 점이다. 동력전달은 Engine → Clutch →
Transmission → Drive Line Rear Axle Assembly(종감속기어, 차동기어 액슬축)
→ 구동바퀴(뒤) Trans For Casen → Front Axle → 등속축 → 구동바퀴(앞) 순
이다.

2 자동차의 분류 2013년산업기사 2014년산업기사 2016년산업기사 2017년산업기사

가솔린엔진	• 공기와 연료를 혼합하여 점화플러그로 점화시켜 연소시킬 때 높은 압력과 연소가스로 인해 피스톤을 움직여 크랭크축에 의한 회전운동으로 원동력을 얻는 기관 • 차량 및 비행기, 선박, 오토바이 등에 쓰이며 대단위 출력 가능 • 디젤보다 열효율이 낮고 경제성도 낮다.
디젤엔진	• 주로 경유를 연료로 쓰며 실린더 내에 공기를 흡입, 압축하여 고온 · 고압으로 한 후 여기에 연료를 분사하여 자연발화시킨 다음 피스톤을 작동함으로써 동력을 얻는 기관 • 가솔린에 비해 연료비가 적게 드는 반면 마력당 중량이 무겁고 대기오염물질을 방출시키며 진동이나 소음이 크다.
LPG엔진	• 기본적으로 가솔린엔진과 구조가 같지만 가솔린엔진의 기화기 부분을 베이퍼라이저로 대신하여 연료를 감압 · 기화시켜 동력을 얻는다. • 연료비가 저렴하고 연소실과 윤활유의 오염도가 낮으며 일산화탄소 등 유해가스 발생량이 적어 엔진의 수명이 길다.
CNG엔진	압축천연가스와 공기의 혼합가스를 전기적인 불꽃으로 연소시켜 동력을 발생시킨다. 고압의 기체상태로 실린더에 공급하기 때문에 열효율이 LPG보다 높다. 사용되는 연료는 CNG(압축천연가스)로 인체에 무해하며 모든 엔진에 적합하다.
전기자동차	전기를 전동기에 공급하여 구동시킨다. 중량이 가볍고 에너지 밀도가 크며 제어가 쉽고 차량에서 요구되는 토크를 쉽게 얻을 수 있다.
로터리엔진	타원형의 실린더에 로터를 회전시켜 전기불꽃으로 점화한다. RC엔진 또는 방켈엔진이라고도 한다. 압축비에 제한을 받지 않으며 저옥탄가 연료의 사용이 가능하다. 최고 회전속도가 높고 냉각이 원활하며 단위중량당 출력비가 크다.

3 피스톤의 4행정 시스템

구 분	작동원리	밸브상태
흡입	피스톤이 하강하면서 혼합된 연료와 공기는 기화기를 통하여 흡입한다.	흡입밸브 개방, 배기밸브 폐쇄
압축	피스톤이 올라가면서 흡입된 혼합기를 압축한다.	흡입밸브 · 배기밸브 모두 폐쇄
폭발	압축된 혼합기에 전기불꽃으로 점화 · 폭발시켜 그 가스의 압력으로 피스톤이 내려가면서 동력을 발생시킨다.	흡입밸브 · 배기밸브 모두 폐쇄
배기	피스톤이 올라감으로써 연소가스가 배출된다.	흡입밸브 폐쇄, 배기밸브 개방

확인문제

가솔린기관에서 피스톤이 폭발할 때 흡 · 배기밸브의 상태를 바르게 나타낸 것은 다음 중 어느 것인가?
① 흡입밸브 개방, 배기밸브 폐쇄
② 흡입밸브 폐쇄, 배기밸브 개방
③ 흡입밸브 · 배기밸브 모두 폐쇄
④ 흡입밸브 · 배기밸브 모두 개방

해설 압축된 혼합기에 전기불꽃으로 점화 · 폭발시켜 그 가스의 압력으로 피스톤이 내려가면서 동력을 발생시킨다.
이때 흡입밸브와 배기밸브는 모두 폐쇄된다.

답 ③

4 엔진 본체의 주요 부품

(1) 실린더헤드(cylinder head)
① 실린더헤드는 피스톤 및 실린더와 함께 연소실을 형성하고 있다.
② 실린더헤드의 구조는 형식에 따라 상이한 부분이 많지만 윗부분에는 밸브구동 시스템이 있고, 측면에는 혼합기가 연소실로 들어가는 흡기 매니폴드와 연소가스를 배출하는 배기 매니폴드가 있으며, 내부에는 실린더블록에서 올라온 냉각수가 순환하는 워터재킷으로 구성되어 있는 공통점을 지니고 있다.

(2) 실린더블록(cylinder block)
① 실린더를 4개 내지 6개를 일체로 주조한 블록벽
② 블록 위에는 실린더헤드가 안착되며 아랫부분에는 엔진오일을 저장하는 오일팬이 설치되어 있는 구조

(3) 크랭크케이스(crank case)

크랭크케이스는 실린더블록의 일부분으로 실린더블록의 아래쪽에 있는 크랭크샤프트를 덮는 부분을 지칭

(4) 엔진의 구조

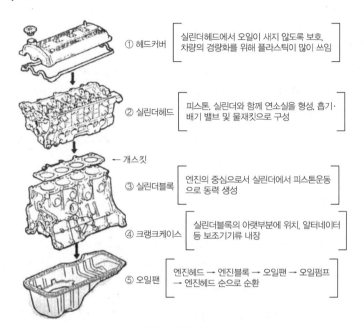

① 헤드커버 — 실린더헤드에서 오일이 새지 않도록 보호, 차량의 경량화를 위해 플라스틱이 많이 쓰임

② 실린더헤드 — 피스톤, 실린더와 함께 연소실을 형성, 흡기·배기 밸브 및 물재킷으로 구성

← 개스킷

③ 실린더블록 — 엔진의 중심으로서 실린더에서 피스톤운동으로 동력 생성

④ 크랭크케이스 — 실린더블록의 아랫부분에 위치, 알터네이터 등 보조기기류 내장

⑤ 오일팬 — 엔진헤드 → 엔진블록 → 오일팬 → 오일펌프 → 엔진헤드 순으로 순환

▮ 자동차 엔진 구조 ▮

(5) 엔진주변 주요 온도

구 분	온도(℃)	구 분	온도(℃)
연소실 가스	2,500	실린더 벽	150~370
배기밸브 헤드부	650~730	피스톤 헤드부	290~310
배기밸브 스탬	635~860	연소실 벽	200~260
점화플러그 전극	450~875	피스톤 스커트부	90~200
피스톤헤드 중심	290~300	피스톤 링(1번)	150~260

5 연료장치

(1) 연료펌프

① 연료펌프는 기계식과 전기식, 전자식이 있는데 주로 전기식 연료펌프를 사용한다.

② 기계식은 엔진의 동력을 이용하여 연료를 가압하는 방식으로 펌프의 설치위치가 엔진과 가까운 측면에 한정되는 단점이 있다.

③ 전기식은 차량의 어느 위치에도 구속받지 않고 장착할 수 있다는 장점 때문에 주로 채용되고 있다.

④ 전자식 연료펌프는 전자석의 힘을 이용한 것으로 구조가 간단하며 전자석 코일에 전기가 흐르거나 차단되면 코일에 감겨져 있는 플런저가 상하로 작동하여 가솔린이 인젝터까지 송출된다.

(2) 연료분사장치(fuel injection system)

① 전기적으로 연료의 분사량과 혼합되는 공기의 양을 제한하는 장치를 말하며, 거의 모든 차량은 전자제어 연료분사장치(electronic fuel injector)를 사용하고 있다.

② 인젝터에 걸리는 압력은 흡기다기관의 압력보다 $3.35kg/cm^2$ 더 높은 압력이 일정하게 유지될 수 있도록 설정되어 있고, 규정압력 이상의 여분의 연료는 순환 파이프를 통해 연료탱크로 보내진다.

(3) 흡기 매니폴드

① 하나의 입구에 출구가 다수 구성되었거나 여러 개의 입구에 하나의 출구로 이루어진 기계적인 부품을 매니폴드라고 한다.

② 흡기 매니폴드는 엔진의 공기 흡입구에 설치되어 입구 하나에 실린더의 개수만큼 출구가 구성되어져 있는 것을 말한다.

③ 매니폴드의 기능은 연료와 공기를 적당한 혼합비로 유입시키거나 적정하게 유출(배기)시키는 데 있다. 흡기 매니폴드는 엔진이 운전 중이더라도 고온을 받는 부분이 아니기 때문에 수지나 플라스틱재질로 제작이 가능하다.

6 윤활, 냉각, 배기 장치

(1) 윤활장치

① 오일팬
 ㉠ 엔진의 청정작용, 방청작용, 냉각작용, 기밀작용 등을 담당한다.
 ㉡ 엔진블록에 설치된 오일통로를 따라 오일이 순환을 반복하게 되며 최종적으로는 중력의 힘으로 인해 오일팬으로 모여들게 된다.

② 오일펌프
 ㉠ 몸체와 펌핑부, 릴리프밸브 등으로 구성되어 있다.
 ㉡ 릴리프밸브의 설치목적은 엔진의 고회전 시 또는 냉각상태에서 시동 시 오일압력이 과다하게 올라가는 것을 제어하는 데 있다.
 ㉢ 오일펌프의 종류는 크게 로터리식 펌프와 기어식 펌프가 있다.

③ 오일필터

    ㉠ 에어컨이나 공기청정기의 필터와 같이 침전물이나 불순물을 걸러 내는 <u>다공성 종이</u>로 되어 있는 여과지를 이용한 것이다.

    ㉡ 오일 속에 포함되어 있는 미세한 금속분말, 먼지 등을 걸러 주는 역할을 담당한다.

바로바로 확인문제

윤활유의 기능에 해당하지 않는 것은?

① 부식작용　　　　　　　　　　② 청정작용
③ 기밀작용　　　　　　　　　　④ 냉각작용

[해설] 윤활유의 기능
　　　청정작용, 방청작용, 냉각작용, 기밀작용 등

답 ①

---

(2) 냉각장치 〔2013년 산업기사〕 〔2017년 산업기사〕

① 냉각수

    ㉠ 냉각수의 가장 <u>적정한 온도는 80℃</u>로서 온도를 자동으로 조절하는 서모스탯(thermostat)에 의해 제어된다.

    ㉡ 냉각수가 80℃ 이상이면 라디에이터 안으로 순환시켜 적정온도를 만들어 주는 반면, 80℃ 이하인 경우라면 냉각수의 온도를 더 이상 낮게 유지할 필요가 없기 때문에 라디에이터를 순환시키지 않는다.

    ㉢ <u>냉각수는 기온이 0℃ 이하가 되어도 얼지 않도록 부동액의 주성분으로 에틸렌 글리콜($HOCH_2CH_2OH$)</u>을 사용하고 있다.

② 라디에이터(방열기, radiator)

    ㉠ 자동차의 앞면에 설치되어 있으며 공기와 접촉하는 면적을 크게 확보하기 위하여 가느다란 냉각튜브를 다량으로 배열하고 튜브와 튜브 사이에는 얇은 핀(cooling fin)을 설치하여 방열면적을 넓힌 구조이다.

    ㉡ 라디에이터만으로 냉각을 따라가지 못하는 경우 팬을 회전시켜 강제적으로 라디에이터에 바람을 공급하여 냉각한다.

③ 워터펌프

    ㉠ 실린더 헤드 및 블록의 물재킷 안으로 냉각수를 순환시키는 원심력 펌프이다.

    ㉡ 펌프의 능력은 송수량으로 표시되며, 펌프의 효율은 냉각수 온도에 반비례하고 압력에 비례한다.

(3) 배기장치 〔2017년 산업기사〕

① 배기가스 재순환장치(Exhaust Gas Recirculation)

    ㉠ 배출되는 가스 일부를 흡기계통으로 되돌려 재연소시키는 것이 배기가스 재순환

장치이며, 배기가스는 주로 일산화탄소(CO), 탄화수소(HC), 질소산화물(NO_x)을 생성한다.

ⓛ 배기가스 재순환장치(EGR)는 질소산화물을 저감시키는 장치로 가장 많이 이용한다.

② 배기 매니폴드

ⓖ 일명 배기다기관이라고도 하며, 배기가스를 방출하도록 하기 위해 설치한 것으로 배기가스의 성분이나 습도 등을 검출하기 위해 각종 센서가 부착되어 있는 구조이다.

ⓛ 6기통 엔진의 경우 배기 매니폴드의 가스배출구는 6개이지만 하나의 메인 파이프(배기통로)를 통해 배기가스를 방출시킨다.

③ 삼원촉매 컨버터(catalyst converter)

ⓖ 배기가스 중에는 CO, HC, NO_x 등이 포함되어 있는데 이를 삼원이라고 하며, CO나 HC는 산화시켜 인체 무해한 이산화탄소나 물로 바꾸고 NO_x를 질소나 산소로 동시에 환원시키는데 이것을 삼원촉매라고 한다.

ⓛ 촉매에는 격자모양의 알루미늄에 백금(Pt)이나 파라듐(Pd), 로듐(Rh) 등 고가의 소재가 주로 사용된다.

ⓒ 촉매는 약 350℃ 이상에서 기능을 발휘하며, 형상은 접촉면적을 크게 하고 배기저항을 감소시키기 위하여 펠릿(pellet, 알갱이), 모놀리스(monolith, 판), 허니콤(honeycomb, 벌집 같은 모양) 등이 있다.

④ 머플러

ⓖ 배기의 소음을 저감시키기 위하여 머플러(소음기)가 장착되며, 머플러의 용적은 배기량의 10배 내지 20배가 필요하다.

ⓛ 일반적으로 팽창, 공명, 흡음 기능을 갖고 있다.

7 전기계통 2022년 기사

(1) 배터리와 스타터 모터

① 자동차 배터리는 보통 일반 배터리로 부르는 납축전지와 MF배터리로 구분한다.

② 납축전지의 배터리 액은 묽은 황산으로 주기적으로 충전을 하거나 증류수를 보충해 주어야 하고, 기온이 급격히 떨어질 경우에는 외부 온도의 영향을 받아 시동이 잘 걸리지 않는 단점이 있다.

③ MF배터리는 증류수를 보충해 줄 필요가 없으며 납축전지보다 수명도 훨씬 길다.

④ 스타터 모터는 키스위치나 버튼스위치를 이용하여 엔진시동을 걸면 모터쪽의 피니언기어와 플라이휠의 링기어가 서로 맞물려 모터의 회전에 의해서 크랭크축이 회전하며 이때 비로소 흡입 · 압축 · 폭발 팽창이 강제적으로 일어나며 시동이 걸리는 구조이다.

(2) 점화플러그(spark plug)

① 가솔린엔진의 압축된 혼합기에 불꽃을 일으켜 폭발에너지를 얻고자 할 때 사용한다.

② 각 실린더마다 1개씩 배치되며 끝부분의 전극이 연소실에 노출되어 있고 이 전극에 전압을 가하면 접지전극과의 간격(gap)에 공중방전을 할 때 불꽃이 발생하여 가솔린을 포함한 혼합기에 점화를 한다.

③ 전극끼리의 간격은 매우 좁아 0.8~1.1mm 정도이며, 중심 전극은 플러스(+)이고 접지 전극이 마이너스(-)로서 고가의 백금이나 이리듐 합금이 플러그 소재로 쓰이고 있다.

(3) 점화코일

① 점화플러그가 불꽃방전을 일으키는 작용이라면, 점화코일은 그 불꽃방전을 일으키는 데 충분한 에너지를 발생시키는 장치이다.

② 시동을 걸 때 배터리로부터 보내진 낮은 전압상태로는 플러그에서 불꽃방전을 일으킬 수 없다. 따라서 점화코일을 이용하여 전압을 높여 준다.

③ 점화코일은 1차 코일과 2차 코일이 감겨져 있는 구조로서, 코일이 감겨 있는 수의 차이에 따라 전류의 상호유도작용을 이용하여 전압을 높인다.

(4) 알터네이터(교류발전기, alternator)

① 교류전류를 직류전류로 정류하여 배터리에 충전하는 장치이다.

② 알터네이터는 크랭크축의 회전력을 이용하여 전기를 발생하며, 생산된 전기는 배터리에 저장할 수 있다.

> **!꼼꼼.check!** ▶ 가솔린 점화장치 전류의 흐름 순서
>
> 점화스위치 → 배터리 → 시동모터 → 점화코일 → 배전기 → 고압케이블 → 스파크플러그

8 디젤차량

(1) 장 점

① 열효율이 높고 연료소비율이 적다.

② 대형기관 제작이 가능하다.

③ 저속에서도 큰 회전력이 발생한다.

④ 점화장치가 없어 이에 따른 고장이 적다.

⑤ 인화점이 높은 경유를 사용하기 때문에 취급이나 저장에 위험이 적다.

(2) 단 점
① 폭발압력이 높아 기관 각 부분을 튼튼하게 제작하여야 한다.
② 출력당 무게와 형체가 크다.
③ 운전 중 진동과 소음이 크다.
④ 연료분사장치가 매우 정밀하고 복잡하며 제작비가 비싸다.
⑤ 압축비가 높아 큰 출력의 기동 전동기가 필요하다.

(3) 경유의 구비조건
① 착화성이 좋을 것
② 황(S)의 함유량이 적을 것
③ 세탄가가 높고 발열량이 클 것
④ 적당한 점도를 지니고 있으며 온도변화에 따른 점도변화가 적을 것
⑤ 고형 미립물이나 유해성분을 함유하지 않을 것

(4) 경유의 착화성
① 착화성은 연소실 안에 분사된 경유가 착화될 때까지의 시간을 표시한 것으로 이 시간이 짧을수록 착화성이 좋다.
② 착화성을 정량적으로 표시한 것으로 세탄가, 디젤지수, 임계 압축비 등이 있다.

> **!꼼꼼. check!** ● 세탄가와 디젤지수 ●
>
> 세탄가는 디젤기관 연료의 착화성을 표시하는 수치를 말하며, 디젤지수는 경유 중에 포함된 파라핀 계열의 탄화수소의 양으로 착화성을 표시한 것이다.

(5) 디젤기관의 연료공급 과정

연료탱크 → 연료 여과기 → 공급펌프 → 연료 여과기 → 분사펌프 → 분사노즐 → 연소실

9 LPG차량 2022년 기사

(1) 장 점
① 옥탄가가 높아 고압축비의 내연기관에 적합하고 노킹(knocking)이 일어나는 일이 적다.
② 가솔린에 비해 연료가 저렴하여 경제적이다.
③ 사에틸납에 의한 점화플러그의 오손, 배기관의 막힘이나 부식 등 연소 생성물에 의한 피해가 없다.

④ 비등점이 낮으므로 완전한 혼합가스를 얻을 수 있고, 각 실린더에 균일하게 분배된다.

⑤ 연료펌프가 필요 없고, 베이퍼록의 염려가 없다.

(2) 단 점

① 고압가스 용기를 사용하기 때문에 연료탱크가 무겁다.

② 연료의 취급 및 충전이 가솔린에 비해 불편하다.

③ 저온에서 시동성이 가솔린보다 나쁘다.

④ 가스상태로 연소실로 흡입되기 때문에 용적효율이 저하되고, 가솔린보다 출력이 약간 낮다.

(3) LPG엔진의 구성부품 (2015년 산업기사)

① LPG용기 (2015년 기사) (2018년 기사)

　㉠ LPG용기(bombe)는 두께 3.2mm 이상의 탄소강판 원통으로 용접 제작한 용기로 $30kg/cm^2$의 내압시험과 $10kg/cm^2$의 기밀시험을 만족하여야 한다. 수직형과 수평형이 있다.

　㉡ 충전밸브, 송출밸브, 액면표시장치 등이 설치되어 있다.

　㉢ 충전밸브에는 안전밸브가 부착되어 있어 용기의 내압력이 상승하여 <u>$24kg/cm^2$ 이상</u>이 되면 안전밸브가 작동하여 폭발 등의 위험을 방지한다.

> ! 꼼.꼼. check! ▶ LPG 용기의 구성품 (2017년 기사) (2018년 기사) (2019년 산업기사) (2020년 기사)
>
> • 액면표시장치(뜨개식) : 연료의 과충전 방지
> • 충전밸브 : LPG를 충전할 때 사용하는 밸브(녹색으로 도색)
> • 기체 LPG 송출밸브 : 황색
> • 액체 LPG 송출밸브 : 적색

② 연료여과기와 전자밸브

　㉠ 연료여과기는 불순물을 여과시키며 여과기 내부에 있는 영구자석에 의해 쇳가루를 흡착하도록 되어 있다.

　㉡ 전자밸브는 연료여과기와 가스조정기 사이에 설치되며 연료의 차단과 공급을 운전석에서 조작할 수 있는 밸브이다.

③ 베이퍼라이저(vaporizer)

　㉠ 가솔린엔진의 기화기 역할을 하며 감압기화 및 압력조절작용을 한다.

　㉡ 봄베로부터 압송된 고압의 액체 LPG를 베이퍼라이저에서 감압시킨 후 기체 LPG로 기화시켜 엔진출력 및 연료소비량에 만족할 수 있도록 압력을 조절하는 기능도 한다.

ⓒ 베이퍼라이저 내의 LPG는 액체에서 기체로 될 때 주위의 증발잠열을 빼앗아 온도가 낮아지므로 베이퍼라이저의 밸브를 동결시켜 엔진에 적당한 양의 LPG를 공급할 수 없게 되는 빙결현상을 방지하기 위해 베이퍼라이저에 냉각수통로가 설치되어 있다.

ⓔ 1차 감압실(고압측) : 봄베로부터 전달되는 액체 LPG를 $0.3kg/cm^2$로 감압, 기화하여 2차 감압실로 보낸다.

ⓜ 2차 감압실(저압측) : 1차 감압실에서 들어온 LPG를 더욱 감압하여 대기압 정도의 압력으로 낮추어준다.

ⓗ 고정 조정 스크루(idle adjust screw) : 공회전 상태에서 스크루를 돌려 공회전상태의 CO나 HC(Hydro Carbon)의 농도를 조절한다.

ⓢ 온수실 : LPG가 액체상태에서 기체로 될 때 주위로부터 기화열을 흡수하여 밸브를 동결시키는 현상을 방지하기 위하여 두고 있다.

ⓞ 드레인콕 : LPG연료 조성에는 불휘발성 물질(타르)이 혼합되어 있어 이것이 베이퍼라이저 내에 고이면 베이퍼라이저의 작동이 불량해진다. 이를 방지하기 위하여 드레인콕 레버를 90° 열어(1회/월) 타르를 배출시킨다.

ⓩ 1차 압력 조정 스크루 : 1차 감압실의 LPG압력을 $0.3kg/cm^2$로 조정하기 위한 스크루이다.

ⓧ 2차 로크 솔레노이드밸브 : 엔진 작동 시 2차 밸브를 열어 LPG를 공급하고, 엔진작동 정지 시에는 2차 밸브를 닫아 LPG 공급을 차단한다.

ⓚ 저속 차단 솔레노이드밸브 : 엔진 시동 시 필요한 LPG를 추가 공급하는 장치이다.

④ 믹서

ⓖ 기화기에서 기화된 연료를 공기와 혼합해 연소시키기에 가장 적당한 비율로 연소실에 공급하는 역할을 한다.

ⓛ 메인 조정 스크루, 혼합비 조정 스크루, 가스차단밸브가 설치되어 있다.

바로바로 확인문제

LPG차량의 구성부품이 아닌 것은?
① 기화기
② 믹서
③ 전자밸브
④ 연료펌프

해설 **LPG차량의 구성부품**
LPG 용기, 연료여과기, 전자밸브, 기화기, 믹서 등

답 ④

10 자동차 검사

(1) 일반사항

① 차량화재조사의 첫 단계는 발화지역을 판별하는 것으로 크게 엔진룸, 승차공간, 적재공간으로 구분하여 정보를 기록한다.

② 승차공간 앞부분에서 발화할 경우 앞면 유리창이 깨지고 차체 지붕과 엔진룸 쪽으로 확대되는 화재패턴이 나타날 수 있다.

③ 엔진룸에서 발화한 경우는 운전석과 조수석 실내로 확대되고 전면 유리의 아랫부분이 손상을 받으며 보닛 표면에 방사상의 화재패턴이 남아 있을 수 있다.

(2) 차량시스템 검사

① 연료시스템

  ㉠ 연료탱크의 파손 또는 누설과 부품에서의 기능이상 등을 검사한다.

  ㉡ 디젤연료는 고온 표면과 접촉한 부분에서 발화할 수 있고 가연성 증기가 엔진 공기 공급구를 통해 흡입구로 들어갈 때 발생할 수 있다.

  ㉢ 터보차저는 배기가스의 힘을 이용한 것으로 주축의 중앙 베어링은 별도의 튜브에서 나오는 엔진오일로 윤활처리 되는데 튜브나 피팅에서 누출이 발생하면 고온의 터보차저 커버와 배기다기관에 오일이 분사되어 발화할 수 있게 된다.

② 방출제어시스템

  ㉠ 엔진에 직접 연결되어 있는 배기장치는 일반적으로 밸브 커버 아래쪽에 있는데 밸브 커버나 개스킷에서 누설이 생기면 발화할 수 있다.

  ㉡ 배기관과 컨버터 표면에 건초더미나 가연성 물질이 접촉하면 쉽게 발화할 수 있고 차량 내부 바닥재가 발화할 수도 있다.

③ 전기시스템

  ㉠ 전선의 벗겨짐, 노후, 손상 정도 등을 확인한다.

  ㉡ 차제는 음극(－)으로 접지되어 있고 양극(＋)과 격리되어 있으나 접속단자의 느슨함, 이물질 흡착, 단락 등의 상태를 확인한다.

  ㉢ 차량용 블랙박스인 사건 데이터 기록기(Event Data Recorders, EDR)에는 차량속도, 엔진회전 수, 에어백 작동, 충돌 및 진동에 대한 사항이 기록되므로 조사관은 EDR이 있는지 확인한다.

④ 기계적 동력시스템

  ㉠ 엔진의 바닥부 또는 연결부에 오일이 누설되면 고온의 배기관 부근에서 발화할 수 있고 차량의 시동을 끈 후에도 발화할 수 있다.

  ㉡ 라디에이터의 순환불량, 냉각수 부족 등으로 엔진이 과열되어 발화할 수 있다.

⑤ 유압브레이크 시스템
　　㉠ 브레이크는 고압에서 동작하며 조금만 누출이 발생해도 발화원과의 접촉으로 발화할 수 있다.
　　㉡ 브레이크오일은 저장장치에 손상이 있거나 뚜껑이 없어진 경우와 열려 있을 때 방출로 인해 착화될 수 있다.
⑥ 앞 유리 워셔시스템
　　㉠ 앞 유리 워셔수용액은 물과 메탄올의 혼합물로 메틸알코올의 함량이 20~60%이다.
　　㉡ 워셔액이 고온 표면에 분사되면 발화할 수 있는 증기가 형성된다.

(3) 스위치, 핸들 및 레버
① 차량 내부에 있는 각종 스위치의 위치(on/off, up/down 등)를 기록하고 확인한다.
② 창문이 올라갔는지와 내려갔는지 확인하고, 변속기의 위치, 시동 잠금 실린더 키가 있는지, 손상되었는지, 잠금장치의 파손 정도 등을 조사하여야 한다.

04 자동차화재현장 기록

1 차량 확인

① 제작사, 모델, 생산연도 등 차량에 대해 확인하고 정보를 기록한다.
② 차량고유번호(Vehicle Identification Number, VIN)에는 제작사, 생산국가, 보디형태, 엔진형태, 생산연도, 조립공장, 제작 일련번호가 있어 확인이 가능하며 보통 운전석 대시 쪽에 리벳으로 부착되어 있다.
③ VIN 플레이트는 화재가 발생하더라도 잔존해 있어 금속 브러시로 닦아내면 식별이 가능하다.

2 차량화재현장 이력

① 화재 당시 및 화재발생 이전 차량의 상태와 사용에 대한 정보를 수집한다.
② 관련 정보는 차주, 정비사, 가장 최근에 운전을 한 자, 화재를 발견한 자, 진압에 참여한 소방관, 경찰관 등 다양한 사람으로부터 획득한다.
③ 주요 질문사항은 언제 마지막으로 주행을 하였는지, 주행거리 및 정비시기, 급유시기, 차량에 장착된 장비 등으로 화재원인에 대한 가설을 설정하는 데 필요한 것으로 한다.

▐3 차량 세부사항

차량은 이동되기 전에 발화가 일어난 장소에서 소손된 상황을 중심으로 세부적인 조사가 진행되도록 한다.

① 연소가 가장 심하게 일어난 부분의 연소형태를 세밀하게 기록한다.
② 차체로부터 떨어져 나간 부품과 문짝, 유리 등의 파손형태와 방향성을 확인한다.
③ 차체의 실내 및 트렁크 등 적재공간에 대한 소손형태와 물품 등을 확인한다.

▐4 화재현장 기록

① 차량을 이동시키기 전에 화재현장 및 정확한 위치를 상세하게 <u>도면으로 작성</u>한다.
② 건물, 도로, 초목, 다른 차량의 위치, 바닥에 떨어진 부품이나 잔해의 위치와 상태 등을 <u>총괄적으로 사진으로 촬영</u>한다.
③ 사진촬영은 차체 표면 전체와 상부와 하부도 포함하고 실내외 손상된 부분과 손상되지 않은 부분도 모두 촬영을 한다.
④ 화염의 진행경로를 인식할 수 있도록 증거를 촬영한다.
⑤ 트렁크 등 적재공간에 대한 조사도 실시하여 적재물의 양과 형태 등을 촬영하고 가능하면 차량 제거와 제거과정에서 발생하는 손상도 촬영을 한다.
⑥ 차량을 이동시킨 후 지면의 연소상태와 유리 등 다른 잔해물의 위치도 기록한다.

▌**차량화재현장** 현장사진(화보) p.25 참조 ▌

▐5 현장에서 옮겨진 차량에 대한 기록

① 차량이 사고현장으로부터 이동되었다면 옮겨진 곳을 방문하여 조사를 실시한다.
② 조사가 지연될 경우 부품이 손상되거나 망실될 우려가 있고 차체 금속의 부식이 일어나므로 차량이 야외에 있을 경우에는 덮개나 시트 등으로 보존하여야 한다.

③ 다른 곳으로 이동된 차량은 보통 정비업소나 폐차장 등에 이동되어진 경우가 많기 때문에 차체의 제거 및 해체가 용이하고 위험부담을 줄일 수 있어 효과적인 조사가 이루어질 수 있다.

05 기타 사항

1 전소

① 차량이 완전히 전소되고 목격자도 없으면 원인과 발화지점을 **확인하기 어렵다.**
② 화재 당시 차량상태 판별에 주력하여 차량 내부의 가연물 확인을 철저히 하며 물건이 없어진 경우에는 화재 이전에 제거된 것인지 혹은 화재 이후에 없어진 것인지 확인한다.
③ 엔진과 변속기의 화재 이전 상태는 오일 분석을 통해 확인되는 경우가 많다. 바닥과 주변부를 확인하여 인화성 액체 찌꺼기의 존재유무를 조사한다.

2 차량방화에 대한 특별고려사항

① 바퀴, 엔진, 에어백, 오디오시스템 등을 훔치기 위해 차량을 절도한 경우 차량 내부에는 이러한 물건들이 이미 없어진 상태에서 방화를 한다.
② 다른 범죄에 이용하기 위해 차량을 절도한 경우에는 차량 내부에 어떤 부품도 없어지지 않은 상태로 인화성 촉진제를 사용한 흔적이 발견될 수 있다.
③ 고의로 자신의 차량에 방화를 하고 도난신고를 하는 경우에는 오디오시스템 등이 저급으로 교체되어 사기로 드러나는 경우도 있다.

3 중장비

① 중장비에는 중형/대형 트럭과 대중버스 그리고 토사, 이동, 채굴, 산림 개간, 쓰레기 매립, 농업에 사용되는 장비 등이 포함된다.
② 중장비는 차체나 내부 구조물이 다양하여 화재패턴 해석이 어려운 경우가 많고 가연성 물질의 농도와 부피, 대용량의 연료필터, 엔진오일 및 변속기오일로 인해 발화위치와 무관한 화재패턴이 만들어질 수 있다.
③ 차량의 전기시스템은 보통 다른 차량보다 더 복잡하여 12V 또는 24V 교류시스템, 고전류시스템 등이 다양하게 쓰인다.

④ 중형 및 대형 트럭, 트랙터 및 버스는 유압 또는 에어 브레이크를 모두 사용할 수 있다. 에어브레이크는 화재 초기에 에어호스 튜브에 손상이 생기면 불길을 밀어내거나 부채질하여 화재원인과 무관한 화재패턴을 만들 수 있다.

바로바로 확인문제 ●

차량화재의 특징이 아닌 것은?
① 시동을 끈 상태에서도 예비전류가 흐르고 있기 때문에 발화원으로 작용할 우려가 있다.
② 화재하중이 낮은 편이며 짧은 시간에 전소되는 환기지배형 화재 특징이 있다.
③ 차량 기구가 복잡하고 움직이는 구조로 되어 있어 전체를 유기적으로 살펴보아야 한다.
④ 차량은 개방된 공간에 존치한다는 특수성으로 인해 방화범죄의 표적이 되기 쉽다.

해설 차량은 화재하중이 높고 주택이나 공장과 같이 환기에 의해 좌우되는 구획화재와 달리 들판이나 주차장 등 노상에서 화재가 발생하기 때문에 연료지배형 화재의 특성을 보인다.　답 ②

4 견인 시 주의사항

① 차량을 이동시키려고 할 때 증거물 분실 예방을 위해 옮기기 전에 적절한 조치를 한다.
② 차량화재 이후의 손상부위와 특징, 부식상태 등을 확인하고 기록한다.
③ 차량의 견인, 이동 또는 들어올리기 등은 차량 손상을 가중시키는 원인이 될 수 있어 이동 전 상태에 대한 기록과 주요 구성품의 위치를 정확히 기록한다.
④ 사고차량에서 전류 누설, 유압시스템에 의한 브레이크 끌림, 주차 브레이크의 마찰열 발생 등 견인 시 화재가 발생할 수 있는 요인을 확인하여 제거한다.

5 차량화재 감식

(1) 차량화재의 특징

① **차량기구의 복잡성** : 전기전자계통, 연료계통, 배기계통 등 복잡한 시스템이 유기적으로 연결되어 차량을 움직이는 구조로 되어 있다. 따라서 어느 한 계통에 문제가 발생하면 부분적으로 기능이 떨어지거나 차량 전체가 운행이 불가할 수 있어 전반적인 지식을 두루 파악해 둘 필요가 있다.
② **연료지배형 화재** : 차량은 주택이나 공장과 같은 환기에 의해 좌우되는 구획화재와 달리 들판이나 주차장 등 노상에서 화재가 발생하기 때문에 연료지배형 화재의 특성을 보인다. 특히 연료나 운전석 시트 등은 초기에 쉽게 연소되는 물질로 구성되어 있어 **화재하중이 높은 편에 해당**되며 짧은 시간에 전소되는 경향이 많아 구조물이 심하게 소실되거나 변형된다.

③ <u>발화위험성 잠재</u> : 차량은 운행 중에 상시 진동이 발생하고 있고 시동 모터 및 예열선 등 대전력 기기의 사용이 빈번하게 이루어지고 있어 발화의 위험성이 상시 잠재되어 있다. 시동을 끈 상태더라도 기본적인 예비전력은 전선에 흐르고 있기 때문에 발화원으로 작용할 우려가 있다. 차량 내부에 설치된 블랙박스에는 항상 전류가 공급되고 있고 도어를 열고 닫을 때 점등되는 실내등으로 전류의 흐름이 꾸준히 이루어지고 있다는 사실을 염두에 두어야 한다. 또한 차량의 허용전류를 감안하지 않은 무분별한 튜닝(tuning)은 더욱 위험해질 수밖에 없다.

④ <u>범죄 표적으로 이용</u> : 차량은 개방된 공간에 존치한다는 특수성으로 인해 방화범죄의 표적이 되기 쉽고 차량 내부에 있는 고가의 장식품이나 귀금속, 화폐 등을 절취하기 위한 절도의 대상이 되기도 하며 살인행위 후 범죄은폐를 위해 차량화재로 둔갑시키기 위한 도구로 쓰일 수도 있다.

(2) 차량화재조사 요령

① 화재현장조사

　㉠ 화재발생 장소의 지형 및 도로상황 파악(도로의 고저, 경사, 정체상황 등)

　㉡ 도로면, 주차장 등의 바닥면 흔적 확인(타이어 흔적, 오일누설 여부 등)

　㉢ 소방대원으로부터 연소상황 파악

② 관계자로부터 정보수집

　㉠ 차량의 이력(구입연월일, 부품의 교환, 수리, 개조, 운전상황 등)

　㉡ 차량보험의 가입여부

　㉢ 화재발생 전 운전자의 행동(흡연, 졸음, 기기 조작 등)

　㉣ 화재발생 시 상황조사(화염의 발생지점, 폭발, 이상음 등)

③ 소손된 차량의 조사요령 🏅2014년기사 🏅2019년산업기사

　㉠ 차량 전체가 소손된 경우에는 차체 강판의 변색 차이를 관찰하여 출화개소를 판단한다.

　㉡ 타이어로 출화개소를 추정하는 경우에는 앞뒤 타이어 4개의 소손상태를 비교하였을 때 가장 소손이 심한 개소가 출화개소에 가까운 경우가 많다. 보닛의 경우 연료 및 오일 등의 연소에 의한 확대를 고려하면서 보닛 표면과 안쪽면을 비교하면 양면 모두 같은 위치에 소손에 의한 변색이 강하게 확인되는 곳이 출화개소인 경우가 많다.

　㉢ 차량 전체가 소손되어도 차량 하단부 전체가 소손되는 경우는 적으므로 차량을 들어 올려 심하게 연소된 연료, 오일 등에 대한 연소상황이 차량 아랫부분에서 윗부분으로 연결되어 연소확대된 것으로 보인다면 이 부분이 출화개소에 가까운 경우가 많다.

㉣ 차량 하부의 소손이 여러 곳에서 국부적으로 발생했을 때에는 각각 상부로 타 올라감이 있는지 조사할 필요가 있다.

꼼.꼼. check! ─● 소손된 차체의 색상변화 ●─ [2021년 기사]

높은 온도 ◄─────────────────────────────► 낮은 온도

암청색 ◄───── 적자색 ◄───── 회색 ◄───── 차체 원색
(고열의 영향으로 도금이 (변색되고 그을음이 부착) (도장이 박리되고 (차체 본체 컬러)
벗겨지고 녹이 진행)   금속이 노출)

④ 차량화재의 발생요인

발생요인	발화원인
기계적 요인	엔진과열, 축베어링 및 팬벨트 마모, 브레이크 과열, 정비불량
전기적 요인	과부하, 배선 손상, 불완전접촉
연료 및 배기계통	연료 및 윤활유 누설, 역화(back fire), 후화(after fire), 과레이싱
방화	내부 방화, 외부 방화

(2) 기계적 요인 감식요령

① 엔진과열 증상

㉠ 엔진룸 안에서 흰 연기 분출

㉡ 운전석 내부 온도게이지 상승(적색)

㉢ 쇠를 깎아내는 소리 및 노킹 발생

㉣ 엔진출력 저하

② 엔진이 과열되는 원인

㉠ 냉각수 부족

㉡ 라디에이터 코어 막힘

㉢ 수온조절기(서모스탯) 고장

㉣ 냉각장치 내부 물때(이물질) 퇴적

㉤ 팬벨트 헐거움

㉥ 엔진오일 부족

㉦ 워터펌프 고장

③ 엔진과열 시 손상되는 부분

㉠ 피스톤의 깎임, 손상

㉡ 실린더의 긁힘, 변형

㉢ 실린더헤드의 변형 및 균열

㉣ 헤드 개스킷 파손

㉤ 점화플러그 전극 손상

ⓗ 흡 · 배기밸브의 변형

ⓢ 밸브 가이드 고착

ⓞ 커넥팅로드의 휨, 크랭크베어링 고착

④ 라디에이터 이상으로 엔진이 과열되는 원인

　㉠ 라디에이터 쿠어 막힘(20% 이상)

　㉡ 라디에이터 냉각핀 변형 및 이물질 부착

　㉢ 라디에이터 압력 캡 손상

　㉣ 라디에이터 파손으로 냉각수 누출

　㉤ 오버플로 호스 막힘

(3) 전기적 요인 감식요령 암기

① 과부하 원인

　㉠ 차량출고 후에 임의적으로 전기전장품을 설치한 적이 있는 경우

　㉡ 운행 중 전기배선이 타는 듯한 냄새가 있는 경우

　㉢ 시동을 끈 상태에서도 작동하는 도난경보기, 블랙박스 등을 설치한 경우

　㉣ 퓨즈박스에 있는 퓨즈가 자주 끊어지는 현상이 있는 경우

　㉤ 임의로 전기배선을 증설하거나 부품을 교환한 적이 있는 경우

② 배선이 손상되는 원인

　㉠ 정격용량보다 큰 퓨즈의 사용

　㉡ 엔진룸 내부 열에 의한 경년열화

　㉢ 접속부의 헐거움, 접촉불량에 따른 발열

③ 불완전접촉 원인

　㉠ 배선과 연결된 단자 또는 터미널 설치 시 규정토크 부족(체결불량)

　㉡ 배선 연결부의 납땜처리 미실시 또는 불충분

　㉢ 전선 테이프의 절연능력 및 접착력 저하

　㉣ 차량의 진동 및 충격으로 인한 이완

(4) 연료 및 배기계통 감식요령 암기

① 연료 및 윤활유 누설 감식

　㉠ 차량이 정차한 곳을 기준으로 오일유가 바닥에 길게 뿌려져 있다.

　㉡ 엔진 몸체 주변으로 연소가 가장 심하게 나타나고 오일필터가 소실되었다.

　㉢ 오일이 공급되는 배관에서 균열흔 및 밴드조임이 헐거운 상태로 확인되었다.

　㉣ 실린더헤드 커버 사이로 탄화된 오일흔적이 있다(커버패킹 손상 의심).

　㉤ 배기 매니폴드 및 배기관 주변으로 비산된 연료 흔적이 남아 있다.

② 역화(back fire) : 혼합가스가 폭발하여 생긴 **화염이 다시 기화기 쪽으로** 전파되는 현상을 말한다. 연소실 내부에서 연소되어야 할 연료 중 미연소된 연소가스가 흡기관 방향으로 역류하여 흡기관 내부에서 연소되는 현상으로 **핑음이 발생**하고 심할 경우 에어클리너 등을 손상시킨다. LPG엔진 및 DOHC엔진에서 자주 발생한다.

③ 역화 원인 _{암기} 🎓 _{2020년 산업기사}

ㄱ) 엔진과열(over heat) : 엔진과열이 심해 흡기밸브가 적열상태가 되면 연속적으로 역화가 발생한다.

ㄴ) 엔진오버쿨링(over cooling) : 엔진의 온도가 정상온도보다 너무 낮게 되면 혼합가스의 연소가 지연되어 역화가 발생한다.

ㄷ) 혼합가스 희박 : 혼합가스가 너무 희박하면 연소시간이 길게 되어 역화가 발생한다. 보통 혼합비가 0.7 이하이거나 1.3 이상일 때 발생한다.

ㄹ) 흡입밸브 밀착불량 : 흡입밸브의 밀착불량은 압축가스나 연소가스가 흡기다기관으로 누설되어 기화기에서 역화가 발생한다.

ㅁ) 실린더 사이 개스킷 파손 : 서로 인접해 있는 개스킷이 파손되면 양방향의 실린더 연소가스가 서로 통하게 되어 흡기다기관이나 기화기에서 역화가 발생한다.

ㅂ) 연료에 수분 혼입 : 연료 중에 수분이 포함되어 있으면 연소시간이 길게 되거나 점화가 곤란하여 다음의 흡입행정에서 역화가 발생한다.

ㅅ) 흡기다기관과 배기다기관 사이의 균열 : 흡기다기관의 일부에 균열이 있으면 배기다기관의 배기가스가 흡기다기관 안으로 들어와 혼합가스에 점화되어 기화기에서 역화가 발생한다.

④ 후화(after fire) : 실린더 안에서 불완전연소된 혼합가스가 배기파이프나 소음기 내에 들어가서 고온의 배기가스와 혼합·착화를 일으키는 것으로 배기파이프 폭발이라고도 한다.

⑤ 후화 원인

ㄱ) 배기밸브 밀착불량 : 배기밸브의 밀착이 불량하거나 열리는 시기가 너무 빠른 경우에는 미연소가스가 배기파이프 안에서 배출되어 후화가 발생한다.

ㄴ) 점화플러그 불량 : 점화계통 고장으로 실린더에서 미연소된 가스가 배기파이프 안으로 배출되어 후화가 발생한다.

ㄷ) 점화시기가 늦음 : 어느 실린더의 점화시기가 늦으면 배기밸브가 열리기 시작한 다음 혼합가스가 연소되며 그것이 배출되어 후화가 발생한다.

ㄹ) 혼합가스 농후 : 혼합가스가 너무 농후할 때는 미연소가스가 배기파이프 안으로 배출되어 소음기 등에 고이게 되어 폭발적 후화가 발생한다.

⑥ **고속공회전(過레이싱)** : 고속공회전이란 차량이 정지된 상태로 가속페달을 계속 밟아 회전력을 높이는 것으로 과레이싱이라고도 한다.

⑦ 고속공회전 현상의 특징

  ㉠ 시동을 켜고 사람이 장시간 가속페달을 밟은 경우 발생

  ㉡ 높은 엔진소리와 **굉음이 발생**하고 연소과정에서 폭발소리 동반

  ㉢ 소음기를 차체에 고정시키는 행거와 언더코팅제 등에 1차 착화

  ㉣ 차량의 촉매장치 및 소음기 등 배기라인과 후방으로 집중 연소된 형태 유지

바로바로 확인문제

화재 발생 전에 타이어에서 이상한 소리가 계속 발생했다는 운전자의 진술이 있었다면 화재 원인으로 생각해 볼 수 있는 것은?

① 타이어에 공기압이 적어 노면과 마찰열 발생

② 타이어의 휠베어링이나 축베어링 계통에 부하가 걸려 과열 발생

③ 등속조인트의 고무커버에서 그리스 누설

④ 타이어 양쪽의 압력 불균형으로 과압 발생

해설 화재가 발생하기 전에 타이어에서 이상한 소리가 계속 발생했다면 휠베어링이나 축베어링 계통에 부하가 걸려 과열로 인한 화재를 의심해 볼 수 있다.   **답** ②

---

(5) 차량 내부 방화의 특징

① 외부에서 유리창을 파괴한 경우 차량 내부에 유리잔해가 다수 남게 된다.

② 유리창을 파괴하는 데 쓰인 큰 돌덩이나 망치 등이 차량 내부나 주변에서 발견되는 경우가 있고 촉진제로 쓰인 유류용기나 가스통 등이 발견되는 경우도 있다.

③ 오디오 등 차량에 있던 물품이 도난당한 흔적이 있다.

④ 자살방화일 경우 사상자 및 소주병 등과 라이터 등 유류품이 발견된다.

⑤ 절도 및 증거인멸, 사체유기 등 범죄행위 은폐를 위한 수단으로 많이 사용되며, 인적이 드문 곳과 야간에 주로 발생한다.

┃ **차량 내부 방화** 현장사진(화보) p.26 참조 ┃

(6) 차량 외부 방화의 특징

① 우발적, 충동적으로 실행되는 경우가 많다.

② 목적 없이 자행되는 경우 차량 소유자와 무관하기 때문에 범인 검거가 어렵다.

③ 종이류 등 일반가연물을 이용하는 경향이 많아 착화에 일정시간이 소요되거나 국부적으로 연소되는 측면이 있다.

④ 차량의 앞 범퍼 또는 후면 배기구나 범퍼에 가연물을 모아 놓고 실행하는 경우가 많다.

⑤ 차량이 전소한 경우 연소방향성 판단이 곤란한 경우가 많다.

▌ 차량 외부 방화 　현장사진(화보) p.26 참조 ▌

바로바로 **확인문제**

주차공간에서 차량화재 발생 시 발화원인 판정에 관한 설명으로 틀린 것은?

① 전기적 발열에 의한 경우 절연피복 손상으로 단락 발화하는 경우가 많다.

② 창유리의 비산상태로 화재가 차량 내부에서 일어났는지 외부에서 일어났는지 판단할 수 있다.

③ 엔진실 등 내부에서 발화된 경우 발화부에는 국부적인 철제부분의 변형형태가 남는다.

④ 파손된 유리창의 파단면에 충격파에 의한 리플마크가 있고, 안쪽부분이 그을려 있으면 발화 전 인위적인 파손으로 볼 수 있다.

해설 차량 유리창은 강화유리로 되어 있어 충격파에 의한 리플마크가 없다.　　　　답 ④

출제예상문제

* ☑표시 : 중요도를 나타냄

01 차량화재조사를 위한 장소로 가장 부적절한 것은?

① 차량소유자가 당해 차량의 해체를 맡긴 자동차해체공장
② 차량의 왕래가 복잡한 발화장소
③ 차량소유자가 주기적으로 정비를 하는 차량정비소
④ 조사관의 안전이 확보될 수 있는 장소

해설 차량화재는 발화가 개시된 곳에서 실시하는 것이 효과적이지만 다른 차량의 왕래가 빈번할 경우 안전을 도모할 수 장소로 이동시켜 조사하는 방안이 강구되어야 한다.

02 차량화재조사를 위한 방법으로 가장 적절하지 않은 것은?

① 차량을 들어올리기 위한 잭 업 등 장비를 준비한다.
② 소켓렌치 또는 스패너, 드라이버 등 해체공구를 적절히 사용하도록 한다.
③ 차량구조 및 원리에 밝은 정비요원을 입회시켜 도움을 받는 방안을 검토한다.
④ 차체를 들어 올린 경우 확인작업은 정비요원에게 맡겨 실시한다.

해설 차체를 들어 올린 경우 확인작업은 조사관이 실시하여야 한다. 이때 조사관이 차량 아래서 몸의 반전을 용이하게 하기 위해 지면과 차량 밑의 간격을 최저 40cm 이상 확보할 필요가 있다.

03 차량화재조사 시 유의사항으로 옳지 않은 것은?

① 차체가 플러스선으로 접지되어 있으므로 전기적 누설사고 우려에 대비한다.

② 차량이 움직이지 않도록 확실하게 고정되어 있는지 확인한다.
③ 전개되지 않은 에어백은 추가로 폭발할 수 있으므로 안전조치를 취해 놓는다.
④ 흘러넘친 윤활유나 오일로 인한 미끄럼방지 조치 등을 강구하도록 한다.

해설 차량은 마이너스선으로 접지되어 있으며 차량사고가 발생하면 우선적으로 배터리 단자를 해제시켜 안전조치를 취하도록 한다.

04 차량화재의 특수성으로 맞는 것은?

① 화재하중이 높은 환기지배형 화재
② 화재하중이 높은 연료지배형 화재
③ 화재하중이 낮은 연료지배형 화재
④ 화재하중이 낮은 환기지배형 화재

해설 차량화재는 화재하중이 높은 연료지배형 화재특성을 갖는다.

05 차량의 연소특성에 대한 설명 중 옳지 않은 것은?

① 엔진오일 및 윤활유 등은 발화원의 특성에 따라 착화 정도가 다르게 나타난다.
② 차량에 있는 습식 납축전지가 충격을 받으면 수소가 방출될 수 있다.
③ 일반적으로 차량에 있는 합금의 녹는점은 단일 금속의 녹는점보다 높다.
④ PVC는 전기배선 피복재로서 연소할 때 유해가스를 발생시키며 손쉽게 연소한다.

해설 합금의 녹는점은 단일 금속의 녹는점보다 일반적으로 낮다. 아연이 구리선에 떨어지면 황동합금을 형성할 수 있는데 이것은 구리보다 녹는점이 낮다.

Answer 01.② 02.④ 03.① 04.② 05.③

06 휘발유의 자연발화온도는?

① 254~260℃   ② 340~360℃
③ 257~280℃   ④ 99~288℃

해설 휘발유의 자연발화온도는 257~280℃이다.

07 다음 중 차량화재의 발화원으로 가장 거리가 먼 것은?

① 스파크   ② 전기적 과부하
③ 마찰열   ④ 농연

해설 차량화재의 발화원으로는 아크, 기계적 스파크, 전기적 과부하, 노출 화염 등이 있다. 농연은 발화원에 의해 착화된 후 나타나는 연소생성물이다.

08 차량화재에서 발생할 수 있는 노출 화염의 종류가 아닌 것은?

① 역화
② 정전기
③ 레저용 차량의 버너불꽃
④ 라이터 불

해설 차량에서 발생하는 노출 화염은 배기장치의 역화, 사용자의 부주의로 발생할 수 있는 라이터 불, 레저용 차량의 버너, 오븐기 등의 불꽃 등이 있다.

09 다음 설명 중 바르지 않은 것은?

① 가솔린은 일반적으로 고온 표면에 의해 발화하지 않는다.
② 배기다기관에 오일이 접촉하면 발화할 수 있다.
③ 배기다기관에 오일이 흡착할 경우 주차 중일 때보다 주행 중에 발화위험성이 증대된다.
④ 알루미늄과 도로 표면 간의 스파크로 인해 가연물을 점화시키기 어렵다.

해설 배기다기관에 오일이 흡착할 경우 차량이 주행 중일 경우에는 발화하기 어렵고 정차했을 때 발화위험이 커진다. 주행 중일 경우에는 공기의 영향을 받아 배기관을 냉각시키지만 정차했을 때에는 공기흐름이 정지되고 고온 표면을 냉각시키지 못하기 때문에 발생한다. 알루미늄과 도로표면 간의 스파크는 알루미늄의 녹는점(660℃)이 낮고 에너지량이 작아 점화원으로 작용하기 어렵다.

10 자동차의 기본구조에 대한 설명으로 옳은 것은?

① 디젤엔진 자동차 : 연료와 공기의 혼합가스를 압축하여 높은 전압의 전기적인 불꽃으로 연소시켜 동력을 발생하는 기관
② LPG엔진 자동차 : 압축 천연가스와 공기의 혼합가스를 전기적인 불꽃으로 연소시켜 동력을 발생하는 기관
③ 가스터빈기관 자동차 : 폭발적인 연소에 따른 진동이 없고 소형·경량이면서 고출력을 얻을 수 있는 기관
④ 하이브리드 자동차 : 전기로 물을 분해하여 수소만 따로 모아서 저장하였다가 다시 공기 중의 산소와 반응시켜 물과 열을 만들어 에너지를 만드는 기관

해설 ① 디젤엔진 자동차 : 실린더 안에 공기를 흡입·압축하여 고온·고압으로 하고 여기에 연료를 분사하여 피스톤을 작동시켜 동력을 발생하는 기관
② CNG엔진 자동차 : 압축 천연가스와 공기의 혼합가스를 전기적인 불꽃으로 연소시켜 동력을 발생하는 기관
④ 하이브리드 자동차 : 내연기관과 전기모터 시스템을 혼합하여 사용하는 기관

11 가솔린엔진에 대한 설명으로 가장 거리가 먼 것은?

① 디젤보다 열효율이 낮고 경제성도 낮다.
② 피스톤을 움직여 크랭크축에 의한 회전운동으로 원동력을 얻는다.
③ 비행기, 선박 등에 쓰이며 대단위 출력이 가능하다.
④ 중량이 무겁고 대기오염물질을 방출시키며 디젤보다 진동이나 소음이 크다.

해설 디젤엔진은 가솔린에 비해 연료비가 적게 드는 반면 마력당 중량이 무겁고 대기오염물질을 방출시키며 진동이나 소음이 크다.

12 피스톤의 4행정 시스템을 바르게 나타낸 것은 어느 것인가?

① 흡입 → 압축 → 폭발 → 배기
② 흡입 → 폭발 → 압축 → 배기
③ 압축 → 흡입 → 폭발 → 배기
④ 압축 → 폭발 → 흡입 → 배기

해설 피스톤의 4행정 시스템
흡입 → 압축 → 폭발 → 배기

13 엔진본체 구성에 해당하지 않는 것은?

① 실린더헤드 ② 크랭크케이스
③ 흡기 매니폴드 ④ 실린더블록

해설 엔진본체의 구성
실린더헤드, 실린더블록, 크랭크케이스, 오일팬

14 흡기 매니폴드는 다음 중 어느 장치에 해당하는가?

① 제동장치 ② 연료장치
③ 현가장치 ④ 조향장치

해설 흡기 매니폴드는 연료와 공기를 적당한 혼합비로 유입시키는 연료장치에 해당하며, 엔진이 운전 중이더라도 고온을 받는 부분이 아니기 때문에 수지나 플라스틱재질로 제작이 가능하다.

15 차량에서 화재가 발생할 수 있는 직접적인 요인이 없는 장치는?

① 조향장치 ② 제동장치
③ 현가장치 ④ 배기장치

해설 현가장치란 스프링 작용에 의해 차체의 중량을 지지함과 동시에 차륜의 상하 진동을 완화함으로써 승차감을 좋게 하고, 충격으로 인한 파손을 방지하며 각 부에 과도하게 부하가 가해지지 않도록 하기 위한 장치로 차량에서 발화할 수 있는 요인이 없다.

16 배기장치에서 온도가 가장 높은 부분은?

① 촉매 컨버터 ② 배기 매니폴드
③ 서브머플러 ④ 메인머플러

해설 촉매 컨버터는 약 350℃ 이상에서 기능을 발휘하며, 다른 부분보다 높은 온도를 가지고 있다.

17 라디에이터는 냉각수의 온도가 얼마 이상일 때 순환하며 작동하는가?

① 60℃ 이상 ② 80℃ 이상
③ 90℃ 이상 ④ 100℃ 이상

해설 냉각장치의 라디에이터는 냉각수의 온도가 80℃ 이상이면 라디에이터 안으로 순환시켜 적정온도를 만들어 주는 반면, 80℃ 이하인 경우라면 냉각수의 온도를 더 이상 낮게 유지할 필요가 없기 때문에 라디에이터를 순환시키지 않는다.

18 냉각수의 부동액 주성분으로 사용되는 것은 어느 것인가?

① 염화나트륨 ② 글리세린
③ 에틸렌글리콜 ④ 염화칼슘

해설 냉각수는 기온이 0℃ 이하가 되어도 얼지 않도록 부동액의 주성분으로 에틸렌글리콜($HOCH_2CH_2OH$)을 사용하고 있다.

19 차량 배기장치에 대한 설명으로 바르지 않은 것은?

① 배기장치는 엔진과 직접 연결되어 있다.
② 배기가스 재순환장치는 질소산화물을 저감시키는 장치로 이용된다.
③ 배기가스 재순환장치의 밸브는 연소실 온도를 낮추는 기능을 한다.
④ 삼원촉매 컨버터는 약 100℃ 이상에서 기능을 발휘하며 유해가스를 환원시킨다.

해설 삼원촉매 컨버터는 약 350℃ 이상에서 기능을 발휘하며, CO나 HC는 산화시켜 인체 무해한 이산화탄소나 물로 바꾸고 NO_x를 질소나 산소로 동시에 환원시키는 기능을 한다.

Answer 12.① 13.③ 14.② 15.③ 16.① 17.② 18.③ 19.④

20 차량 소음기의 기능이 아닌 것은?

① 팽창기능　　② 공명기능
③ 흡음기능　　④ 가속기능

해설 **차량 소음기의 기능**
팽창, 공명, 흡음 기능

21 다음 중 불꽃방전을 일으키는 계통이 아닌 것은?

① 점화플러그
② 삼원촉매 컨버터
③ 점화코일
④ 스타터모터

해설 차량에서 불꽃방전을 일으키는 것은 전기계통으로서 점화플러그, 점화코일, 스타터모터 시동 시 불꽃방전이 일어난다. 삼원촉매 컨버터는 배기장치로 불꽃방전과는 직접적인 관계가 없다.

22 교류전류를 직류전류로 정류하여 배터리에 충전하는 장치는?

① 알터네이터
② 터보차저
③ 커넥팅로드
④ 크랭크축

해설 알터네이터(교류발전기, alternator)는 교류전류를 직류전류로 정류하여 배터리에 충전하는 장치이다.

23 디젤차량의 장점이 아닌 것은?

① 점화플러그에 의한 고압축이 가능하다.
② 대형기관 제작이 가능하다.
③ 열효율이 높고 연료소비율이 적다.
④ 저속에서도 큰 회전력이 발생한다.

해설 디젤차량은 가솔린차량과 같이 점화플러그가 필요 없고 이에 따른 고장도 적다.

24 디젤연료인 경유의 구비조건 중 옳지 않은 것은?

① 황의 함유량이 적을 것
② 세탄가가 낮고 발열량이 클 것
③ 온도변화에 따른 점도변화가 적을 것
④ 착화성이 좋을 것

해설 경유는 세탄가가 높고 발열량이 커야 한다.

25 디젤기관의 연료공급과정이 바르게 된 것은?

① 연료탱크 → 공급펌프 → 연료여과기 → 분사노즐 → 연료여과기 → 분사펌프 → 연소실
② 연료탱크 → 연료여과기→공급펌프 → 연료여과기 → 분사펌프 → 분사노즐 → 연소실
③ 연료탱크 → 연료여과기→분사펌프 → 공급펌프 → 연료여과기 → 분사노즐 → 연소실
④ 연료탱크 → 연료여과기→공급펌프 → 분사노즐 → 연료여과기 → 분사펌프 → 연소실

해설 **디젤기관의 연료공급과정**
연료탱크 → 연료여과기 → 공급펌프 → 연료여과기 → 분사펌프 → 분사노즐 → 연소실

26 LPG차량의 장점이 아닌 것은?

① 옥탄가가 높고 노킹이 일어나는 일이 적다.
② 비등점이 낮아 완전한 혼합가스를 얻을 수 있다.
③ 저온에서 시동성이 좋다.
④ 연료펌프가 필요 없고 베이퍼록의 염려가 없다.

해설 LPG차량은 낮은 기온에서 가솔린보다 시동성이 나쁜 단점이 있다.

27 다음 중 차량화재가 발생하는 계통으로 부적합 것은?

① 전기계통
② 배기계통
③ 타이어계통
④ 연료계통

해설 차량화재가 발생하는 것은 크게 전기계통, 배기계통, 연료계통으로 구분된다.

28 차량 전기배선에서 출화하는 경우로 옳지 않은 것은?

① 과다한 전류사용에 따른 정격퓨즈 채용
② 엔진의 열 또는 진동으로 인한 접속부의 이완으로 출화
③ 차체 금속의 끝처리가 불량하여 전선과 접촉하여 출화
④ 정격용량을 초과한 배선 증설로 출화

해설 정격용량을 초과할 경우 전류가 집중된 개소 또는 가장 취약한 지점으로부터 출화할 수 있게 된다. 그러나 정격퓨즈 채용은 이상전류 발생 시 회로를 끊어 출화를 방지할 수 있게 된다.

29 부동액으로 쓰이는 에틸렌글리콜의 특징으로 틀린 것은?

① 페인트 같은 도료를 침식시키지 않는다.
② 기관 내부에 누출되면 끈끈한 침전물이 생긴다.
③ 냄새가 없고 휘발성이 없으며 불연성이다.
④ 금속에 대한 부식성이 없고 팽창계수가 작다.

해설 에틸렌글리콜은 금속에 대한 부식성이 있으며, 팽창계수가 크다.

30 가솔린차량의 연소실 가스의 온도는 약 얼마인가?

① 1,560℃
② 1,800℃
③ 2,000℃
④ 2,500℃

해설 가솔린차량의 연소실 가스의 온도는 약 2,500℃ 정도이다.

31 가솔린 점화장치의 전류의 흐름을 순서대로 바르게 나타낸 것은?

① 점화스위치 → 배터리 → 시동모터 → 점화코일 → 배전기 → 고압케이블 → 스파크플러그
② 점화스위치 → 배터리 → 시동모터 → 배전기 → 점화코일 → 고압케이블 → 스파크플러그
③ 점화스위치 → 배터리 → 점화코일 → 시동모터 → 배전기 → 고압케이블 → 스파크플러그
④ 점화스위치 → 배터리 → 시동모터 → 점화코일 → 고압케이블 → 배전기 → 스파크플러그

해설 점화스위치 → 배터리 → 시동모터 → 점화코일 → 배전기 → 고압케이블 → 스파크플러그

32 머플러를 통해 배출되는 가스의 온도는 약 얼마인가?

① 500~550℃
② 600~800℃
③ 900~1,100℃
④ 1,200℃ 이상

해설 머플러를 통해 배출되는 가스는 약 600~800℃ 정도로 고온이다.

33 다음은 엔진 위치에 따른 차량의 구동방식을 나타낸 것이다. 분류가 틀린 것은 어느 것인가?

① FF방식
② RR방식
③ AR방식
④ FR방식

해설 ① FF방식 : 차체의 앞부분에 엔진을 탑재하고 앞바퀴로 구동하는 방식
② RR방식 : 엔진을 뒷바퀴의 뒤에 탑재하는 방식
③ AR방식은 없다.
④ FR방식 : 차체의 앞부분에 엔진을 탑재하고 뒷바퀴로 구동하는 방식

34 엔진의 출력이 저하되고 실린더의 온도가 급격히 상승하며 실린더의 피스톤 등이 과열될 수 있는 노킹의 원인으로 부적합한 것은 어느 것인가?

① 엔진이 과열된 경우
② 압축압력이 너무 높거나 불균일한 경우
③ 연소실 내부에 카본이 없는 경우
④ 점화시기가 빠른 경우

해설 연소실 내부에 카본이 쌓이거나 퇴적할 경우 노킹이 발생하기 쉽다.

Answer 28.① 29.④ 30.④ 31.① 32.② 33.③ 34.③

35 자동차 엔진이 회전할 때 기관 내부 주요 부위의 온도를 나타낸 것 중 옳은 것은?

① 연소실 가스 : 3,900℃
② 연소실의 벽 : 200~260℃
③ 피스톤 헤드 중심 : 150~260℃
④ 배기밸브 헤드 부위 : 290~310℃

해설 ① 연소실 가스 : 2,500℃
② 연소실 벽 : 200~260℃
③ 피스톤 헤드 중심 : 290~300℃
④ 배기밸브 헤드 부위 : 650~730℃

36 차량화재현장조사 시 일반적인 내용으로 틀린 것은?

① 가능하면 현장에서 있는 그대로 조사하여야 한다.
② 차량고유번호를 통해 정보를 확보하도록 한다.
③ 차량 주변에 떨어진 부품과 잔해 등의 위치와 상태를 사진촬영으로 기록한다.
④ 사진촬영은 연소된 부분을 중점 촬영하고 손상되지 않은 부분은 배제가 가능하다.

해설 사진촬영은 차량의 모든 부분을 담아 촬영하여야 하며, 주변에 떨어진 부품과 잔해 등도 누락 없이 기록되어야 한다.

37 다음 중 차량화재의 발생원인에 해당하지 않는 것은?

① 배기관 또는 엔진부에 가연물 접촉
② 기어 및 조향장치의 오동작에 의한 출화
③ 브레이크패드 과열, 차축의 베어링 마찰열에 의한 출화
④ 변속기 오일부족으로 기어회전 시 마찰열 발생

해설 차량화재의 발생원인
㉠ 기계적 요인 : 엔진 과열, 축베어링 및 팬벨트 마모, 브레이크 과열
㉡ 전기적 요인 : 과부하, 배선 손상, 불완전접촉
㉢ 연료 및 배기계통 : 연료 및 윤활유 누설, 역화(back fire), 후화(after fire), 과레이싱 등

38 LPG차량 연료용기의 충전밸브의 색상은?

① 녹색　　② 적색
③ 회색　　④ 흰색

해설 LPG차량의 용기 색상은 회색이며, 충전밸브는 녹색으로 되어 있다.

39 화재현장에서 옮겨진 차량에 대한 조사내용으로 틀린 것은?

① 현장에서 이동된 차량은 반드시 이동된 장소를 추적하여 확인하도록 한다.
② 부품손상이 가중되었거나 분실된 경우 관계자를 업무방해로 조치한다.
③ 차량을 이동시킨 운전자 등을 대상으로 이동 당시 상태와 조치사항 등 추가진술을 확보한다.
④ 차량정비관련 업체로 이동된 경우 차량을 들어 올리거나 해체작업 시 전문 정비사의 도움을 활용한다.

해설 차량을 이동 중에 부품손상이 가중되었거나 분실된 경우가 생길 수 있고 시간이 경과하면서 변색과 산화현상이 증가할 수 있다. 따라서 현장에서 이동된 경우라면 조기에 조사가 실시되어야 한다.

40 LPG차량의 용기(bombe)의 구성품 중 도색 표시가 틀린 것은?

① 충전밸브 – 녹색
② 기체 송출밸브 – 황색
③ 액체 송출밸브 – 백색
④ LPG 용기 – 회색

해설 ① 충전밸브 : 녹색
② 기체 송출밸브 : 황색
③ 액체 송출밸브 : 적색
④ LPG 용기 : 회색

41 LPG차량의 용기(bombe)의 구성품이 아닌 것은?

① 액체 송출밸브　　② 액면표시장치
③ 충전밸브　　④ 가압저감장치

해설 LPG차량의 용기(bombe)의 구성품 : 충전밸브, 액체 송출밸브, 기체 송출밸브, 액면표시장치 등이 있다.

Answer 35.② 36.④ 37.② 38.① 39.② 40.③ 41.④

42 차량의 연소패턴에 대한 설명으로 바르지 않은 것은?

① 차량이 전소된 경우 연소의 방향성 판단이 매우 어렵다.
② 엔진룸만 연소된 경우 보닛이 불연재이므로 표면에 연소방향성이 남기 어렵다.
③ 엔진룸만 연소된 경우 보닛 표면에 연소의 강약이 식별될 수 있다.
④ 운전석 실내에서 발화하여 엔진룸으로 확대되면 보닛 표면에 방사상 패턴이 남는다.

해설 엔진룸에서 발화한 경우 보닛 표면의 도료막이 연소하여 산화 또는 변색되기 때문에 연소의 강약과 방향성을 나타내는 경우가 많다.

43 차량화재조사의 요점으로 가장 거리가 먼 것은?

① 엔진룸 내부에서 전기적 용융흔이 발견된 경우 외적 요인은 무조건 배제시킨다.
② 건물의 붕괴로 차량이 건물 안에 갇힌 경우 내부 잔해를 걷어내고 지붕을 해체시켜 차량 손상의 내 · 외부 원인을 밝혀나간다.
③ 차량용 연료 외에 가스레인지와 오븐기 등을 사용하는 이동식 주택 차량은 별도시설인 가스와 전기 등을 확인하도록 한다.
④ 중장비는 내부 구조물이 다양하여 화재패턴 해석이 어려운 경우가 많으므로 가연물질의 부피와 기계적 특성을 고려한 조사가 진행되도록 한다.

해설 엔진룸 내부에서 발화 시 내 · 외부 연소형태를 비교하여 연소의 강약과 방향성 등을 종합적으로 검토한다.

44 차량화재 발생 시 검토되어야 할 발화요인으로 부적당한 것은?

① 연료탱크의 부식, 파열, 누설 등 확인
② 엔진에 직접 연결되어 있는 배기관의 누설, 가연물 접촉 등 확인
③ 엔진 부근의 오일 누설 및 냉각계통 이상여부 관찰

④ 브레이크 과열 시 검은 연기가 동반하므로 연기부착상태 확인

해설 브레이크가 과열되면 흰색 연기를 발생시킨다.

45 차량화재원인조사 시 고려할 사항이 아닌 것은?

① 관계자 및 목격자 진술 조사
② 화재발생 장소의 도로여건 및 지형
③ 차량의 보험가입 상황
④ 연소 잔해물 및 증거물 관리

해설 차량화재원인조사와 관련된 것으로 관계자 및 목격자 진술 조사, 화재발생 장소의 도로여건 및 지형, 연소 잔해물 및 증거물 관리 등이 있다. 차량의 보험가입 상황은 화재원인조사와 관련이 없다.

46 차량 방화조사에 대한 특별고려사항이 아닌 것은?

① 오디오나 타이어 등 주요 부품의 도난사실 여부를 확인한다.
② 증거인멸 등을 위해 인화성 액체를 사용한 흔적여부를 조사한다.
③ 차량 유리창이 파괴된 경우 외부인의 소행여부를 조사한다.
④ 폐차를 위해 자신의 차량에 불을 지른 경우 방화조사 대상에서 제외한다.

해설 폐차를 위해 자신의 차량에 불을 지른 경우에도 고의로 불을 지른 것으로 방화조사 대상에 해당한다.

47 차량 견인 시 주의사항이다. 바르지 않은 것은?

① 부품이 떨어져 나간 것은 이동 전에 별도로 포장하여 보관한다.
② 배터리 단자를 해제시켜 전기적 방전이 발생하지 않도록 조치한다.
③ 차량 내부에 있는 소손물은 이동할 우려가 없어 외관상태 보존에 주력한다.
④ 견인작업 중 물리적 힘이 가해져 변형이 올 수 있으므로 사전에 사진촬영으로 변경 전 · 후를 분명하게 기록한다.

해설 차량 내부에 있는 물체도 이동되거나 손상이 가중될 수 있다. 따라서 내부와 외부 상태에 대한 기록과 증거수집이 차량 견인작업 전에 이루어져야 한다.

48 차량화재 발생 시 연소흔적 식별에 대한 사항으로 틀린 것은?

① 보닛 표면과 안쪽면을 비교 관찰하면 수열의 방향성이 나타나는 경우가 있다.
② 실린더헤드 커버는 플라스틱 재질이 많아 빠르게 용융되므로 연소방향성을 추적하는 데 도움이 될 수 있다.
③ 엔진오일팬의 개스킷은 소손되더라도 탄화형태가 남게 되어 화염의 진행경로를 확인할 수 있다.
④ 냉각수 순환계통 이상으로 라디에이터가 손상을 받아 터진 경우에는 냉각팬의 후면부가 손상을 받아 연소경로 추적이 가능해진다.

해설 냉각팬은 라디에이터 뒤에 있고 엔진의 앞쪽에 있는 것이 일반적이다. 따라서 냉각수 순환계통 이상으로 라디에이터가 손상을 받거나 터진 경우에는 냉각팬의 전면부가 손상을 받게 되고 엔진계통에서 이상이 생기면 후면부가 손상을 받기 때문에 팬의 앞·뒷면 손상된 지점을 통해 사고지점을 좁혀갈 수 있다.

49 엔진 과열의 원인으로 부적당한 것은?

① 냉각수 부족   ② 전기용량 부족
③ 엔진오일 부족   ④ 수온조절기 고장

해설 엔진과열의 원인으로는 냉각수 부족, 라디에이터 코어 막힘, 수온조절기(서모스탯) 고장, 냉각장치 내부에 물때(이물질) 퇴적, 팬벨트 헐거움, 엔진오일 부족, 워터펌프 고장 등이 있다. 전기용량 부족과 엔진 과열은 관계가 없다.

50 엔진룸을 조사해 보니 엔진블록이 파괴되었고 커넥팅로드의 소단부가 절단된 상태로 있었다. 화재원인으로 가장 합당한 것은?

① 점화장치 및 배터리 과열
② 브레이크 디스크 과열
③ 엔진 과열
④ 배기관 과열

해설 커넥팅로드는 피스톤의 왕복운동을 회전운동으로 변환시켜 주는 장치로 소단부는 피스톤과 연결되어 있고 대단부는 크랭크축과 연결되어 있는 구조이다. 엔진블록 파괴 및 커넥팅로드가 절단된 것은 엔진기능이 현격하게 떨어지거나 과열이 주원인이다.

51 차량화재의 발생원인 중 기계적 요인이 아닌 것은?

① 연료 누설
② 엔진 과열
③ 팬벨트 마모
④ 브레이크 과열

해설 기계적 요인으로는 엔진 과열, 축베어링 및 팬벨트 마모, 브레이크 과열, 정비불량 등이 있다. 연료 누설은 연료계통 요인에 해당한다.

52 자동차 냉각장치의 기능에 대한 설명으로 옳지 않은 것은?

① 워터재킷은 엔진에서 발생한 열을 식히기 위해서 실린더 블록이나 실린더 헤드에 있는 냉각수의 통로이다.
② 워터펌프는 냉각수를 순환시키는 펌프로 V벨트에 연결되어 구동된다.
③ 서모스탯은 엔진으로부터 라디에이터로 들어온 냉각수를 팬이나 차량의 주행에 의해 들어오는 공기에 의해 냉각시키기 위한 장치이다.
④ 팬은 라디에이터를 지나는 공기의 흐름을 빨리하여 라디에이터의 냉각을 증대하는 작용을 한다.

해설 서모스탯은 냉각수에 의해 온도를 적정하게 유지시켜 주는 수온조절 기능을 한다.

53 브레이크 과열로 인한 화재로 볼 수 없는 것은?

① 주차 브레이크를 해제시키지 않고 주행을 하였다.
② 주행 중에 타이어가 타는 듯한 냄새가 있었다.
③ 브레이크가 밀리는 듯한 느낌이 있었다.
④ 브레이크를 사용했을 때 소음이 없었다.

해설 브레이크를 사용했을 때 소음이 있었거나 브레이크 페달 또는 차체가 주행 중에 떨리는 증상, 브레이크를 밟았을 때 차체가 한쪽 방향으로 몰리는 현상 등은 브레이크 과열을 의심해 볼 수 있다.

54 차량 과부하를 의심해 볼 수 있는 사유가 아닌 것은?

① 운행 중 전기배선이 타는 듯한 냄새가 있었다.
② 퓨즈박스에 있는 퓨즈가 자주 끊어지는 현상이 있었다.
③ 엔진룸 내부에서 발생한 열에 의해 배선이 열화되었다.
④ 임의로 전기배선을 증설하거나 부품을 교환한 적이 있다.

해설 엔진룸 내부에서 발생한 열에 의해 배선이 열화된 것은 배선 자체에서 발열이 일어난 것이 아니기 때문에 관계가 없다.

55 차량 전기계통에서 불완전접촉이 발생할 수 있는 조건이 아닌 것은?

① 배선과 연결된 단자 설치 시 규정토크 준수
② 배선 연결부의 납땜처리 미실시 또는 불충분
③ 전선 테이프의 절연능력 및 접착력 저하로 전선의 이음부 헐거움 발생
④ 차량의 진동 및 충격으로 인한 이완

해설 배선과 연결된 단자 설치 시 규정토크가 부족하면 체결이 불량하여 불완전접촉으로 접촉저항이 증가하여 출화할 수 있다.

56 차량에서 연료 및 윤활유가 누설될 수 있는 조건이 아닌 것은?

① 연료공급라인의 체결 불량
② 고무호스 등의 경화로 균열 발생
③ 엔진 및 미션의 개스킷이나 고무패킹 등이 낡거나 훼손된 경우
④ 배기다기관의 노후로 출력 저하

해설 배기다기관은 연소실을 거쳐 나온 배기가스를 배출시키는 곳으로 연료 누설과는 상관이 없다.

57 연소실에서 연소되어야 할 연료 중 미연소 가스가 흡기관쪽으로 역류하여 흡기관 내부에서 연소하는 현상은?

① 역화　　　　② 후화
③ 과레이싱　　④ 불완전연소

해설 역화란 혼합가스가 폭발하여 생긴 화염이 다시 기화기쪽으로 전파되는 현상을 말한다. 점화시기에 이상이 발생하여 연소실 내부에서 연소되어야 할 연료 중에 미연소된 가스가 흡기관쪽으로 역류하여 흡기관 내부에서 연소할 때 굉음이 발생하고 출력을 저하시키며 심할 경우에는 에어크리너 등 중요 부품들을 손상시키기도 한다.

58 역화의 발생원인이 아닌 것은?

① 혼합가스 희박　　② 엔진 과열
③ 엔진오버쿨링　　④ 연료 혼합비 균형

해설 **역화의 발생 원인**
　㉠ 엔진 과열(over heat)
　㉡ 엔진오버쿨링(over cooling)
　㉢ 혼합가스 희박
　㉣ 흡입밸브 밀착 불량
　㉤ 실린더 사이 개스킷 파손
　㉥ 연료에 수분 혼입
　㉦ 흡기다기관과 배기다기관 사이의 균열

59 실린더 안에서 불완전연소된 혼합가스가 배기파이프나 소음기 내에 들어가서 고온의 배기가스와 혼합되어 착화하는 현상은?

① 역화　　　　② 후화
③ 과레이싱　　④ 배기연소

해설 후화(after fire)란 실린더 안에서 불완전연소된 혼합가스가 배기파이프나 소음기 내에 들어가서 고온의 배기가스와 혼합 · 착화를 일으키는 것으로 배기파이프 폭발이라고도 한다.

60 후화의 발생원인으로 틀린 것은?

① 점화시기가 늦음
② 혼합가스 희박
③ 점화플러그 불량
④ 배기밸브 밀착불량

해설 **후화의 원인**
　　㉠ 배기밸브 밀착불량 : 배기밸브의 밀착이 불량하거나 열리는 시기가 너무 빠른 경우에는 미연소가스가 배기파이프 안에서 배출되어 후화 발생
　　㉡ 점화플러그 불량 : 점화계통 고장으로 실린더에서 미연소된 가스가 배기파이프 안으로 배출되어 후화 발생
　　㉢ 점화시기가 늦음 : 어느 실린더의 점화시기가 늦으면 배기밸브가 열리기 시작한 다음 혼합가스가 연소되며 그것이 배출되어 후화 발생
　　㉣ 혼합가스 농후 : 혼합가스가 너무 농후할 때는 미연소가스가 배기파이프 안으로 배출되어 소음기 등에 고이게 되어 폭발적 후화 발생

61 고속공회전(過레이싱)에 대한 설명으로 바르지 않은 것은?

① 차량의 엔진라인과 보닛 전면으로 연소가 집중된다.
② 시동을 켜고 장시간 사람이 가속페달을 밟은 경우 발생한다.
③ 엔진소리가 굉음을 발생하고 연소과정에서 폭발소리를 동반한다.
④ 소음기를 차체에 고정시키는 행거 또는 언더코팅제 등에 착화할 수 있다.

해설 고속공회전 현상은 차량의 촉매장치 및 소음기 등 배기라인과 후방으로 집중 연소된 형태로 나타난다.

62 차량이 방화수단으로 선택되는 주된 이유가 아닌 것은?

① 접근이 용이하다.
② 실행이 쉽다.
③ 폭열을 일으킨다.
④ 도주와 증거인멸의 방법이 다른 수단보다 우월하다.

해설 차량이 방화수단으로 선택되는 주된 이유는 접근이 용이하며, 실행이 비교적 쉽고, 도주와 증거인멸의 방법이 다른 수단보다 우월하다고 생각하기 때문이다.

63 차량 내부 방화의 특징으로 가장 거리가 먼 것은?

① 유리창을 파괴하는 데 쓰인 큰 돌덩이나 망치 등이 차량 내부나 주변에서 발견되는 경우가 있다.
② 인파가 많은 곳과 주로 주간에 발생한다.
③ 오디오 등 차량에 있던 물품이 도난당한 흔적이 있다.
④ 자살방화일 경우 사상자 및 소주병 등과 라이터 등 유류품이 발견된다.

해설 절도 및 증거인멸, 사체유기 등 범죄행위 은폐를 위한 수단으로 많이 사용되며, 인적이 드문 곳과 야간에 주로 발생한다.

Chapter 08 임야화재 감식

01 일반사항

1 임야화재의 가연물

(1) 지상 가연물
① 지면 바로 위에 있거나 땅속에 있는 모든 가연성 물질을 포함한다.
② 낙엽더미, 나무뿌리, 죽은 나뭇잎, 침엽수더미, 풀, 가는 고목, 쓰러진 통나무, 그루터기, 큰 가지, 키 작은 관목, 새로 돋아난 나무 등

(2) 공중 가연물
① 임관 상부에 있는 살아 있거나 죽은 모든 것이 포함된다.
② 나뭇가지, 수관, 꺾어진 가지, 이끼 및 키 큰 관목 등

2 화재확산에 영향을 끼치는 요인

(1) 바람의 영향
① 기상풍 : 지역적 날씨 패턴을 형성하는 상층부 공기덩어리에서 대기의 압력차에 의해 발생한다. 지구의 자전과 지형적 특성이 바람과 기압 벨트를 형성하는 주요한 공기이동 경로이다.
② 일주풍 : 태양의 열기와 야간의 냉각에 의해 형성된다. 낮에는 공기가 따뜻해 상승바람을 만들고 일몰 후에는 공기가 냉각되어 밀도가 짙어지고 무거워져 하강바람을 만든다.
③ 화재풍 : 화재자체에 의해 만들어지는 바람으로 화재 플룸이 공기를 동반하면서 발생하며 화재확산에 영향을 미친다.

(2) 산불에 영향을 주는 바람의 특성
① 대기의 압력은 지역적으로 차이가 있으나 일반적으로 바람은 압력이 높은 곳(고기압)에서 낮은 곳(저기압)으로 이동한다.

② 식물이 건조한 바람에 자주 노출되었을 때 식물은 정상적으로 자라는 데 실패한다. 바람에 의해 세포성장을 위한 수분부족으로 키가 작아지고 바람에 노출된 잎사귀는 수분손실을 막기 위해 두껍고 작아지게 된다. 지속적인 수분의 증발은 나무를 고사에 이르게 한다.

③ 바람은 낮에는 계곡부에서 산정방향으로 불고 밤에는 산정에서 계곡부 쪽으로 부는데 풍속이 클수록 산소량을 증가시켜 산불이 강하고 빨리 퍼진다.

(3) 기후와 계절 〔2014년 산업기사〕 〔2018년 산업기사〕 〔2019년 기사〕

① 우리나라의 기후는 3~5월(3개월)이 가장 강우량이 적고 대기 중의 습도가 낮아 산불이 가장 집중적으로 많이 발생한다. 산불의 월별 발생은 <u>2월(15.2%), 3월(25.1%), 4월(35.5%) 순으로</u> 나타나고 있다.

② 공중의 관계습도가 60%를 넘으면 산불이 잘 발생하지 않지만 30% 이하가 되면 산불이 대단히 발생하기 쉽고 화재진압이 곤란해진다.

③ 일반적으로 산불이 발생하기 쉬운 공중의 관계습도는 50% 이하이며 수관화의 대부분은 25% 이하에서 발생한다.

④ 시간대별 산불발생은 13~14시(17.1%), 14~15시(17.5%), 15~16시(14.8%) 순으로 많이 발생하고 있다.

┃ 습도와 산불발생 위험도 ┃ 〔2020년 기사〕

공중의 관계습도(%)	산불발생 위험도
60% 초과	산불이 잘 발생하지 않음
50~60%	산불이 발생하지만 진행이 늦음
40~50%	산불이 발생하기 쉽고 빨리 연소됨
30% 이하	산불이 대단히 발생하기 쉽고 소방이 곤란

(4) 산불의 연소진행을 결정하는 주요 인자 〔2014년 기사〕 〔2020년 기사〕

① 침엽수가 활엽수보다 열에 약해 더 빨리 연소되며 혼효림(여러 종류의 수목)이 이령림(나이가 서로 다른 수목)보다 산불의 확산속도가 빠르다.

② 유령림(20년 미만 수목)은 채광이 좋고 풀이 잘 자라 노령림(60년 이상 수목)보다 화재로 발전하기 쉽다.

③ 동령림(나이가 비슷한 수목)은 나무나이가 동일하여 임분구조가 비슷하므로 산불이 발생하기 쉽다.

④ 단순림(한 종류의 수목)은 혼효림보다 산불이 발생하기 쉽다.

(5) 화재 전면

화재 전면은 <u>바람이 불어가는 방향</u>으로서 화염이 확대되는 진행경로를 결정한다. 경사면이나 지형적 영향을 받아 이동하고 강이나 배수로 또는 두 개의 양갈래길로 구분된 곳에서 화염이 흩어지면 추가적으로 화염선단이 만들어지기도 한다. 일반적으로 가장 심하게 연소된 부분이며 <u>화재의 최대밀도지역</u>이다.

(6) 화재 후면

화재 후면은 화재 전면의 반대방향으로서 <u>연소가 덜하고 제어하기도 쉬운 지역</u>이다. 일반적으로 화재 후면은 <u>바람의 반대방향</u>이고 내리막길로 천천히 연소하면서 후행한다.

> **바로바로 확인문제**
>
> 산불의 연소작용에 영향을 주는 바람에 대한 설명으로 틀린 것은?
> ① 바람은 연료의 수분을 증발, 건조시킨다.
> ② 바람은 산소량을 증가시켜 연소를 강렬하게 한다.
> ③ 일반적인 바람의 이동방향은 저기압에서 고기압 쪽으로 분다.
> ④ 바람은 낮에는 계곡부에서 산정으로, 밤에는 산정에서 계곡부로 분다.
> **해설** 바람은 압력이 높은 곳(고기압)에서 낮은 곳(저기압)으로 이동한다. **답 ③**

(7) 산불의 종류

구 분	특 징
지표화 (suface fire)	퇴적된 낙엽, 초본류, 건조한 지피물 등이 연소하는 <u>산불의 초기단계</u>로 발화점을 중심으로 원형으로 퍼지며 바람이 불 때에는 바람이 부는 방향으로 타원형으로 퍼진다.
수간화 (stem fire)	<u>나무의 줄기가 연소하는 것</u>으로 지표화의 영향으로 연소하는 경우가 많고 수간에 공동이 있으면 굴뚝작용을 하며 강한 불길로 확대된다.
수관화 (crown fire)	<u>임목의 상층부가 연소되는 현상</u>으로 화세가 강하고 진행속도도 빨라진다.
지중화 (ground fire)	지중의 이탄층에 퇴적된 건조한 지피물이 연소하거나 땅속에 퇴적된 유기물과 낙엽층이 연소하는 현상으로 지표에 연료가 쌓여 있어 산소공급량이 적고 바람의 영향이 거의 없어 지속적이고 느리게 연소되는 특징이 있다.
비산화	불덩어리가 상승 기류를 타고 멀리 날아가 다른 지역으로 확대되는 현상으로 입목을 태우며 화염이 위로 솟아오르거나 낙엽이나 잔가지 등을 태울 때 발생한다.

(8) 기타 임야화재 시 고려사항

① 가연물의 분포
② 바람
③ 기상
④ 지형특성
⑤ 화재폭풍

3 지표화재

(1) V패턴

① 위에서 내려다보았을 때 V자 패턴이 <u>수평적으로 식별</u>되는 연소패턴이다. 이 패턴은 바람의 방향이나 가연물이 있는 <u>경사면으로부터 영향을 받아</u> 생긴다.

② 화재가 바람의 방향 또는 경사면 위쪽으로 확산될 때 V자 패턴이 생성되며 발화지역에서 멀어질수록 크게 형성된다.

(2) 컵모양

① 일반적으로 목재의 그루터기, 관목, 또는 풀 등이 연소할 때 바람이 불어오는 쪽부터 연소하므로 컵모양처럼 <u>움푹 패여 들어간 탄화된 형상</u>을 말한다.

② 연소된 그루터기는 바람의 방향을 따라 화염이 가장 먼저 접촉한 곳으로 끝이 뭉툭하거나 컵모양을 나타내며 연소하지 않은 반대편은 원형상태를 유지하고 있어 화재의 이동방향을 알 수 있다.

‖ 나무 그루터기의 컵모양 ‖

(3) 경사면 바람 방향에 의한 나무줄기의 소손 패턴

① 오르막 경사방향으로 바람이 불 때 <u>오르막 경사에 불이 나면</u> 줄기의 <u>탄화각은</u> 언덕의 경사각보다 <u>크게</u> 나타난다.

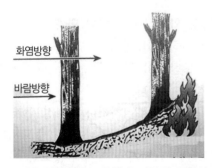

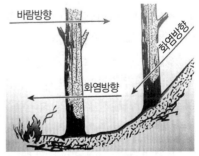

• 오르막 경사쪽으로 화염과 바람의 방향이 일치할 때 줄기의 탄화각은 언덕의 경사각보다 크다.

• 오르막 경사쪽으로 바람이 불고 내리막 경사에 화재가 발생하면 줄기의 탄화각은 언덕의 경사와 동일하거나 평행하게 나타난다.

‖ 경사면 바람 방향에 의한 나무줄기의 소손 패턴 ‖

② 오르막 경사방향으로 바람이 불 때 내리막 경사에 불이 나면 나무에 생긴 탄화선은 언덕의 경사와 거의 평행하게 나타난다.

③ 내리막 경사방향으로 바람이 불 때 내리막 경사에 불이 나면 줄기에 나타난 탄화각은 나무 뒷면에 나타나는 와류효과인 래핑(wrapping) 때문에 내리막쪽에서 더 크게 되거나 나무줄기는 가벼운 오르막 경사 손상만 남고 탄화각은 언덕의 경사면과 동일하게 된다.

(4) 불연성 물질에 보호된 가연물

① 가연물이 화염과 접촉한 쪽으로 먼저 연소가 이루어진 후 남겨진 잔해의 반대쪽은 미연소상태로 남아 있거나 다른 물체에 의해 보호된 경우 탄화경계선을 남기므로 연소의 방향성 판단이 가능하다.

② 불연재인 바위나 캔, 금속제 울타리 등은 연소성이 없더라도 화재가 진행된 방향으로부터 얼룩과 그을음 등이 표면에 부착되거나 퇴적되기 때문에 화염의 이동방향을 판단하는 데 도움이 된다.

▌ 화염확산방향으로 탄화 및 그을음 부착형태 ▌

4 안전에 대한 고려사항

① 조사관은 위험에 대비한 <u>탈출경로를 항상 확보</u>하여야 하며 화재상태가 계속 변화함에 따라 탈출경로 또한 계속하여 평가하여야 한다.

② 지표면 아래로 화재가 발생하면 뿌리나 토탄층이 연소하는 경우 구멍이 발생할 수 있어 조사관은 빠지지 않도록 주의하여야 한다.

③ 화재로 약해진 나무와 줄기들은 가벼운 바람에도 부러지거나 쓰러질 수 있어 몸을 기대거나 하중이 가해지지 않도록 하고 땅속에 있던 뿌리나 바위 등도 견고함을 잃어 흔들리거나 빠져 나갈 수 있으므로 미끄러지거나 다치지 않도록 유의한다.

④ 기상상황에 적합한 장비와 보호장구를 착용하여야 하며 특히 벼락이 치는 상황에서는 나무 아래에 서 있지 않도록 하고 개방된 공간으로 이동하여 낮은 자세를 유지하여야 한다.

확인문제

수관화가 바람을 타고 번져갈 때 연소의 형태로 옳은 것은?

① V형

② O형

③ D형

④ Z형

해설 수관화 현상은 임목의 상층부가 연소하는 현상으로 바람을 타고 번져갈 때 V형 패턴으로 확대된다.   답 ①

02 임야화재조사

1 발화위치조사

(1) 초기조사

① 임야화재조사를 실시한 첫 번째 목적은 <u>발화지역을 확인</u>하는 것이다.

② 초기조사는 화재진압에 참여한 대원을 대상으로 화재 위치, 연소방향, 해당 지역에 있던 관계자 또는 그 지역을 떠나고 있던 차량, 기상상황 등을 파악한다.

③ 주변 목격자 등을 통해 연기의 상태, 화재의 정도 및 기타 상황에 대한 정보를 입수한다.

④ 항공대가 출동한 경우 그들을 통해 화재확산 방향, 현장을 떠나거나 이동 중인 차량 등 주요 정보를 지상의 대원들에게 즉시 정확하게 알려야 한다.

(2) 수색 기법

① 루프 기법(loop technique) : 루프 기법은 <u>나선법이라고도 한다</u>. 이 방법은 <u>작은 영역은 효과적</u>이지만 루프나 원이 확대되면 증거를 간과하기 쉽고 조사관의 발화지역에서의 활동으로 인해 손상되는 경우도 있다.

② 격자 기법(grid technique) : 수색대원이 한 명 이상일 때 <u>넓은 지역을 조사</u>하는 최고의 방법 중 하나이다. 수색대원들은 서로 평행하게 움직이고 동일지역을 두 번 조사를 한다. 격자 기법은 여러 명의 수색대원들이 넓은 지역을 가장 철저하게 조사할 수 있는 방법이다.

③ 좁은 길 기법(lane technique) : 스트립 기법이라고도 한다. 이 기법은 다루어야 할 <u>지역이 크고 개방된 공간</u>일 때 효과적이다. 비교적 빠르고 간단하게 실시할 수 있어 작은 지역에서는 한 명의 조사관이 수행할 수도 있다.

(3) 수색 장비

① 확대경, 자석, 직선자, 탐사침, 빗, 손전등, 금속탐지기, 체 등을 이용할 수 있다.

② 발화지역의 위도와 경도를 확인하는 데 위성항법장치(GPS)가 활용될 수도 있다.

(4) 화재활동을 나타내는 깃발의 색상

① 적색 : 전진 화재확산

② 황색 : 측면 화재확산

③ 청색 : 후진 화재확산

④ 녹색, 흰색 또는 기타 색상 : 물리적 증거

바로바로 확인문제

임야화재 발생 시 발화지역의 수색 기법에 해당하지 않는 것은?

① 격자 기법   ② 좁은 길 기법

③ 루프 기법   ④ 곡선 기법

해설 발화지역의 수색 기법에는 루프 기법(loop technique), 격자 기법(grid technique), 좁은 길 기법(lane technique) 등이 활용된다.   **답** ④

---

2 발화지역이나 지점의 보안

① 발화지역은 보안이 유지되어야 하고 조사 전에 **타인의 손길이 닿지 않도록** 한다.

② 발화지역이 흐트러지지 않도록 소방관, 구경꾼, 토지 관계자 등을 격리하여야 한다. 증거 훼손 방지를 위해 차량도 해당 지역으로 접근하거나 통과하지 않도록 조치한다.

③ 발화지역의 증거가 파손되지 않도록 유지하고 전체 조사과정은 사진촬영으로 기록한다.

3 증거

① 담배, 라이터 등은 잿더미 주변에 묻혀 있는 경우가 많아 부서지기 쉬운 증거의 수집은 물체 아랫부분의 흙을 포함하여 수거한다.

② 신발자국과 타이어자국 등 누군가에 의해 저질러진 화재의 경우에는 사진촬영 등 기록을 작성한다.

③ 성냥개비 등이 조금이라도 불완전연소로 남아 있다면 그 조각의 형태와 위치 등을 기록하고 수거한다.

④ 휘발성 물질을 함유한 파편들은 캔이나 유리병 등을 이용하여 수거한다(**폴리에 틸렌수지의 봉투 사용금지**).

⑤ 모든 저장용기는 철저하게 봉인하여야 하며, 발견된 날짜, 시간, 장소, 증거를 발견하고 조사한 담당자의 이름을 기재하여야 한다.

4 화재원인 판별

① 야영자, 관광객, 논·밭두렁 소각자에 의해 꺼지지 않고 남겨진 불
② 담배나 성냥을 포함한 사용자의 부주의
③ 자동차, 원동기 등의 스파크
④ 천둥, 번개 등 자연현상
⑤ 송전선 등 전력선이 조류에 의한 접촉으로 단락 출화
⑥ 방화범의 고의적인 행위(발화지점 2개소 이상)
⑦ 조명탄 사용, 사격장의 화약 불티
⑧ 쓰레기류 등에 태양열이 집중되어 수렴발화

02

화
재
감
식
론

출제예상문제

* ❏ 표시 : 중요도를 나타냄

01 다음 중 임야화재에 대한 설명으로 틀린 것은 어느 것인가?

① 건조한 기상상태에서 발화가 용이하다.
② 임야화재는 차량 배기구로부터 방출되는 가스에도 착화할 수 있다.
③ 화재확산은 대류와 복사의 영향이 크고 지형의 영향은 받지 않는다.
④ 가연물의 수분함유량과 온도, 방향에 따라 영향을 받는다.

해설 임야화재는 가연물의 수분함유량과 온도, 방향, 기상조건 등에 따라 착화형태가 달라진다. 그러나 일단 착화하면 물리적 조건인 지형의 영향을 크게 받고 대류와 복사에 의해 연소가 확대된다.

02 임야화재의 가연물 중에서 화재하중이 가장 높은 것은?

① 마른 풀
② 뿌리
③ 가는 고목
④ 통나무 및 그루터기

해설 표면적이 크고 두꺼울수록 화재하중이 높다.

03 임야화재에서 지상 가연물로 분류된 것이 아닌 것은?

① 낙엽더미
② 그루터기
③ 키 큰 관목
④ 침엽수더미

해설 ㉠ **지상 가연물** : 낙엽더미, 나무뿌리, 죽은 나뭇잎, 침엽수더미, 풀, 가는 고목, 쓰러진 통나무, 그루터기, 큰 가지, 키 작은 관목, 새로 돋아난 나무 등
ㄴ **공중 가연물** : 임관 상부에 있는 살아 있거나 죽은 모든 것을 포함한 것으로 나뭇가지, 수관, 꺾어진 가지, 이끼 및 키 큰 관목 등

04 임야화재에서 공중 가연물의 특징이 아닌 것은?

① 표면이 매끄러운 가지가 꺾여진 가지보다 더욱 활발하게 연소한다.
② 습도가 높을 경우 수관 부분에 착화하기는 어렵다.
③ 나무 상단의 가지는 지상 가연물보다 바람과 햇빛에 더 많이 노출되어 착화할 경우 연소 확대 위험이 있다.
④ 나무에 붙어 있는 죽은 가지들은 수관으로 확산될 수 있는 통로역할을 한다.

해설 표면이 매끄러운 가지보다는 꺾인 가지가 더욱 활발하게 연소한다. 꺾여진 가지 중 일부가 썩었다면 더욱 쉽게 발화하며 주변에 있는 다른 나무로 비화될 우려가 높다.

05 공중 가연물 중 가장 가볍고 발화하기 쉬운 것은?

① 꺾인 가지
② 나무 이끼
③ 키 큰 관목
④ 낙엽더미

해설 나무에 있는 이끼는 모든 공중 가연물 중에서 가장 가볍고 발화하기 쉽다. 이끼는 지상 가연물에서 공중 가연물로 또는 공중 가연물끼리 연소가 확산되는 수단이 된다.

06 낮에는 뜨거운 공기가 상승바람을 만들고 야간에는 무거워진 공기가 가라앉으면서 하강바람을 형성하는 바람의 종류는?

① 기상풍
② 화재풍
③ 일주풍
④ 역풍

해설 일주풍은 태양의 열기와 야간의 냉각에 의해 형성된다. 낮에는 공기가 따뜻해 상승바람을 만들고 일몰 후에는 공기가 냉각되어 밀도가 짙어지고 무거워져 하강바람을 만든다.

Answer 01.③ 02.④ 03.③ 04.① 05.② 06.③

07 임야화재 발생 시 연소확대 요인으로 고려할 사항이 아닌 것은?

① 가연물의 분포　　② 지형
③ 바람　　　　　　④ 연소면적

[해설] 임야화재 발생 시 고려할 사항
　　㉠ 가연물의 분포
　　㉡ 바람
　　㉢ 기상
　　㉣ 지형의 특성
　　㉤ 화재 폭풍

08 나무의 줄기가 연소하는 것으로 줄기에 공동이 있으면 굴뚝작용도 하며 강한 불길로 확대되는 현상은?

① 수관화 현상　　② 수간화 현상
③ 지표화 현상　　④ 비산화 현상

[해설] 수간화(stem fire) 현상은 나무의 줄기가 연소하는 것으로 지표화의 영향으로 연소하는 경우가 많고 수간에 공동이 있으면 굴뚝작용을 하며 강한 불길로 확대된다.

09 수관화가 바람을 타고 번져갈 때 연소의 형태로 옳은 것은?

① O형　　　　　　② D형
③ V형　　　　　　④ Z형

[해설] 수관화 현상은 임목의 상층부가 연소하는 현상으로 바람을 타고 번져갈 때 V형 패턴으로 확대된다.

10 임야화재현장에서 안전확보를 위한 주의사항으로 옳지 않은 것은?

① 위급상황에 대비한 탈출경로 확보는 최초 평가한 것을 전적으로 이용한다.
② 조사관은 위험에 대비한 탈출경로를 항상 확보하여야 한다.
③ 나무뿌리 기반이 약해지고 흙이 무너져 내리면 미끄러져 다칠 수 있다.
④ 천둥이나 벼락이 치는 기상조건에서는 나무 아래로 대피하지 않아야 한다.

[해설] 위급상황에 대비한 탈출경로 확보는 화재의 상태가 계속 변화하기 때문에 임무가 끝날 때까지 계속해서 확인하고 평가하여야 한다.

11 산불진화 시 열 스트레스 손상으로 가장 거리가 먼 것은?

① 열 경련　　　　② 탈수 피로
③ 열 발작　　　　④ 혼수상태

[해설] 산불진화 시 열 스트레스 손상으로 열 경련, 탈수 피로, 열 발작이 발생할 수 있다.

12 임야화재조사를 실시하는 첫 번째 목적은?

① 연소확산지역 확인
② 발화지역 확인
③ 피해규모 파악
④ 발화원 확인

[해설] 임야화재조사를 실시하는 첫 번째 목적은 발화지역을 확인하는 것이다.

13 임야화재 시 발화위치조사에 대한 설명으로 가장 바르지 않은 것은?

① 발화위치조사는 초기 현장에 도착한 소방관들로부터 상황을 접수한다.
② 발화지역의 해당 주민들로부터 낯선 차량이나 사람에 대한 정보를 입수한다.
③ 항공대가 출동한 경우 화세의 방향과 풍향 등 정보를 얻을 수 있는 통신망을 활용한다.
④ 연소범위가 확대될수록 조사관의 인원을 늘리고 독자적 조사를 한다.

[해설] 연소범위가 확대될수록 조사요원의 인원도 늘려가면 확인되지 않는 정보가 등장하는 등 혼란이 가중되고 비효율적일 수 있다.

14 산불의 연소상태 및 연소부위에 따른 산불의 종류에 해당하지 않는 것은?

① 지표화　　　　② 비산화
③ 수관화　　　　④ 지중화

해설 연소부위에 따른 산불의 종류는 지표화(임야의 낙엽 등 표면이 연소하는 현상), 수관화(임목의 상층부가 연소하는 현상), 지중화(땅속의 가연물이 연소하는 현상), 수간화(나무의 줄기가 연소하는 현상)로 구분한다. 비산화는 수관화 및 수간화 현상으로 확대된 불길이 다른 지역으로 날아가 확대되는 현상으로 구분된다.

15 다음 중 임야화재의 원인으로 가장 부적합한 것은?

① 사격장의 화약 불티
② 차단기 전기합선
③ 논·밭두렁 소각에 따른 부주의
④ 방화

해설 임야화재의 대부분은 논·밭두렁 소각에 따른 부주의이며, 사격장의 화약 불티, 담배나 성냥을 포함한 사용자의 부주의, 방화 등이 있다.

16 다음 중 우리나라 임야화재의 발생건수가 가장 많은 계절은?

① 봄
② 여름
③ 가을
④ 겨울

해설 우리나라의 임야화재는 습도가 가장 낮은 봄철에 가장 많이 발생한다.

17 임야화재 시 수색 기법에 대한 설명으로 옳지 않은 것은?

① 발화지역이 설정되면 차량과 사람들의 통행이 제한되도록 조치한다.
② 발화지역이 너무 넓으면 구획을 분할하여 중복되지 않도록 조사한다.
③ 넓은 발화지역은 여러 명이 수색할 수 있는 스트립 기법을 적용한다.
④ 발화지역이 작을 경우 루프 기법이 효과적이다.

해설 격자 기법(grid technique)은 넓은 지역을 조사하는 최고의 방법 중 하나로 수색대원들은 서로 평행하게 움직이고 동일지역을 두 번 조사를 한다. 또한 여러 명의 수색대원들이 넓은 지역을 가장 철저하게 조사할 수 있는 방법이다.

18 임야화재로 인한 증거물 처리에 관한 설명으로 옳지 않은 것은?

① 성냥개비 등이 조금이라도 남아 있다면 그 형태와 위치 등을 기록하고 수거한다.
② 휘발성 물질은 폴리에틸렌수지의 봉투를 사용하여 수집한다.
③ 담배나 촛불 등 부서지기 쉬운 증거는 물체 아랫부분의 흙을 포함하여 수거한다.
④ 신발자국 및 타이어자국 등 누군가의 행위가 의심되는 경우에는 사진촬영 등 기록을 작성한다.

해설 휘발성 물질을 함유한 파편들은 캔이나 유리병 등을 이용하여 수거한다(폴리에틸렌수지의 봉투 사용금지).

19 우리나라에서 발생하기 힘든 산불의 종류는?

① 수간화
② 지중화
③ 수관화
④ 지표화

해설 우리나라는 유기물 층이 깊지 않아서 지중화 산불은 발생하기 어렵다.

20 대기 중 습도가 30% 이하일 때 산불발생 위험도로 맞는 것은?

① 산불이 발생하지만 진행이 늦다.
② 산불발생이 쉽고 연소가 빠르다.
③ 산불이 잘 발생하지 않는다.
④ 산불이 대단히 발생하기 쉽고 소화가 어렵다.

해설 습도가 60% 이상이면 산불이 잘 발생하지 않지만 30% 이하가 되면 산불이 대단히 발생하기 쉽고 소화가 어렵다.

Answer 15.② 16.① 17.③ 18.② 19.② 20.④

Chapter 09 선박, 항공기화재 감식

01 일반사항

1 선박, 항공기 전문용어

(1) 선박 전문용어

① 거주 공간(accommodation space) : 생활을 위한 공간

② 표류(adrift) : 계류장치나 예인줄에 묶이지 않고 풀려 있는 상태

③ 부유(afloat) : 물 위에 떠 있는 상태

④ 좌초(aground) : 바닥에 닿은 상태

⑤ 아래 선실에(below) : 갑판 밑에

⑥ 보트(boat) : 비상업적 용도로 만들었거나 사용되는 선박

⑦ 칸막이 벽(bulkhead) : 구획실을 나누는 수직 파티션

⑧ 선실(cabin) : 승객이나 선원을 위한 구획실

⑨ 전복(capsize) : 뒤집히는 것

⑩ 갑판(deck) : 구획실, 선체 또는 그러한 부분을 덮는 영구적 덮개

⑪ 선착장(dock) : 배를 정박하는 보호된 수상지역. 방파제, 부두를 나타내는 용어로도 사용

⑫ 도레이드 환기(dorade vent) : 갑판 아래로 공기를 흡입하는 배플이 설치되어 물이 들어오지 못하도록 하는 갑판상자 환기

⑬ 방현재(fender) : 손상을 방지하기 위한 보트와 보트 사이. 또는 보트와 방파제 사이에 놓는 쿠션

⑭ 갤리(galley) : 보트의 주방

⑮ 장구(gear) : 밧줄, 도르래, 삭구 및 기타 장비를 나타내는 일반적인 용어

⑯ 해치(hatch) : 보트의 갑판에 있는 방수커버로 덮인 출입구

⑰ 화물창(hold) : 대형 선박에서 갑판 아래에 있는 구획실로 보통 화물용으로만 사용

⑱ 선체(hull) : 마스트나 장비들을 제외한 배의 구조적 몸체

⑲ 인보드(inboard)
  ㉠ 배의 내부
  ㉡ 보트 내부에 장착된 엔진
⑳ 인보드/아웃보드(inboard/outboard(I/O)) : 선내외기를 통해 배 내부에 장착된 엔진 으로 구성된 시스템으로 고물보에 부착된 아웃보더 모터의 하위 유닛과 비슷함
㉑ 아웃보드(outboard)
  ㉠ 보트의 측면쪽 또는 그 너머를 향함
  ㉡ 배의 선미에 장착된 착탈식 엔진
㉒ 오버보드(overboard) : 보트의 측면 너머 또는 배 바깥
㉓ 해안전력(shore power) : 코드를 통해 해안으로부터 공급되는 전력
㉔ 바닥(sole)
  ㉠ 선실 또는 객실 바닥
  ㉡ 키의 바닥에 있는 목재 증설물
  ㉢ 조종실의 주조 유리섬유 갑판
㉕ 우현(starboard) : 정면을 바라보았을 때 배의 우측(반대 : 좌현)
㉖ 선루(superstructure) : 갑판 위에 있는 선실 및 다른 구조물
㉗ 건현(topside) : 수선과 갑판 사이에 있는 선박의 측면. 갑판 또는 그 위쪽을 지 칭하는 경우도 있음
㉘ 고물보(transom) : 선미가 네모난 보트의 선미 단면
㉙ 추진기(thruster) : 엔진의 회전력을 추진력으로 변환하는 장치. 물분사, 상반 회 전 프로펠러, 포드 프로펠러 등이 있다.
㉚ 선박(vessel) : 물에서 이동수단으로 사용할 수 있거나 사용 중인 수상 비행기 이 외의 모든 배에 대한 총칭
㉛ 수선(waterline) : 배가 균형을 잡았을 때 배가 물에 잠기는 지점을 나타내기 위 해 선체에 그려진 선

(2) 항공기 전문용어
  ① 기체(airframe) : 날개, 동체, 꼬리날개, 착륙장치 등 항공기를 구성하는 구조부분
  ② 주날개(main wing) : 항공기가 공기 중에서 필요로 하는 양력을 얻는 주요한 날개
  ③ 짧은 날개(stub sing) : 동체의 양쪽 면에 붙인 짧은 날개
  ④ 조종면(control surface) : 항공기의 자세 및 비행방향을 제어하기 위해 사용하는 가동익면. 타면이라고도 한다.
  ⑤ 플랩(flap) : 고양력장치로서 주날개의 뒷전 또는 앞전에 설치한다.
  ⑥ 꼬리날개(tail unit) : 항공기의 꼬리에 장착되어 균형, 안정, 조종을 담당하는 날개
  ⑦ 기실(cabin) : 직접 외기에 접촉하지 않도록 닫힌 조종실 및 객실의 총칭

⑧ 바람막이(windshield) : 조종자의 앞쪽 시야를 확보하고 바람을 차폐하기 위하여 조종실 앞쪽에 장착된 투명한 부분

⑨ 캐노피(cockpit canopy) : 조종석의 투명커버

⑩ 꼬리지주(tail boom) : 꼬리날개 또는 꼬리부분을 주날개, 동체 등에 결합하기 위하여 뒤쪽에 돌출된 구조물

⑪ 활주로(runway) : 항공기가 이륙 및 착륙할 때 활주하는 구역

⑫ 유도로(taxiway) : 활주로와 주기장 사이의 통로

⑬ 에어프런(apron) : 여객의 승강, 화물의 하역, 급유, 정비 등을 하기 위해 항공기가 주기하는 장소

⑭ 스폿(spot) : 항공기의 주기 장소에서 특히 구획 정리된 곳

바로바로 확인문제

장구(gear)란 무엇인가?
① 밧줄이나 도르래
② 주방
③ 배의 우측면
④ 갑판

해설 장구(gear)란 밧줄, 도르래, 삭구 및 기타 장비를 나타내는 일반적인 용어이다.   답 ①

2 선박 · 항공기조사 안전사항

(1) 기본적인 안전사항

① 육지에 있는 보트는 승선하기 전에 <u>고정되어 있는지</u> 먼저 조사하고 고정되어 있지 않을 경우 먼저 고정조치를 하도록 한다.

② 보트 버팀목 전원 연결부와 배터리 <u>전원을 차단</u>하고 안전모 및 안전장화, 장갑 등 적절한 보호장비를 착용하도록 한다.

③ 부유 중인 보트는 가라앉거나 <u>전복될 수 있는 가능성</u>에 주의하여 선체 안에 있는 <u>물을 배수시키고</u> 육지에 고정시켜 조사하는 방법을 강구하도록 하며 물 위에서 작업을 할 때는 개인 부유장치를 착용하도록 한다.

④ 항공기는 동체와 날개 등 외부 손상여부를 파악한다. 날개부분에는 연료통과 엔진이 탑재되어 있어 연료의 누설 우려가 높으며 발전설비와 전기설비 등에 대한 차단조치가 이루어져야 한다.

(2) 특별 안전사항

① 선박은 제한된 공간이므로 조사관이 진입 전에 폭발물이나 독성가스의 유무, 산소부족 등 해당 공간의 위험성을 먼저 평가하여야 한다.

② 자동식 소화설비가 동작하면 산소가 부족하거나 유해가스가 발생할 수 있으므로 진입 전에 소화설비의 전원이 동작하지 않도록 조치하여야 한다.

③ 배 위에 있는 전기적 에너지원은 모두 **전원을 끄도록** 하여 관련된 기기가 작동하지 않도록 하여야 한다. 특히 배터리 전원 및 직류를 교류로 전환시키는 인버터와 해안전력의 전원을 끄도록 조치한다.

④ 엔진연료 및 난방연료와 LP가스 시스템 등이 **누출되지 않도록** 조치한다.

⑤ 침몰된 배는 수중으로 들어가 관찰해야 하므로 전문 다이버 인원을 통해 수색을 실시한다. 이때 배가 분열되거나 부속물들이 망실되지 않도록 필요한 조치를 강구한다.

⑥ 배에는 여러 개의 개구부가 있어 진입을 할 때 주의를 하여야 한다. 갑판 아래 공간으로 들어가거나 저장소로 들어가는 여러 개의 개구부는 화재 이후 물로 덮여 개구부가 가려지거나 다른 종류의 덮개에 손상이 발생할 수도 있기 때문이다.

3 시스템 구분 및 기능

(1) 선박시스템

① 엔진연료시스템

구 분	특 징
탄소화합 진공/저압	탄소로 화합된 인보드 및 인보드/아웃보드 엔진시스템은 물에 잠겼을 때 벤투리관으로부터 연료가 빠져 나가지 않도록 하는 기화기가 있는 자동엔진과는 다르다. 이는 해상에서 사용될 때 기화기용 개스킷 세트 내에서 교환에 의해 일부 이루어진다. 기화기에는 역화 화염방지기가 장착되어 있다.
고압/해상 연료주입	인보드 및 인보드/아웃보드 엔진의 연료분사시스템에는 스로틀 기기, 플리넘과 연료레일 조립품, 충격감지 센서, 엔진제어 모듈 등이 포함된다. 이러한 시스템은 엔진 제조사마다 다양하므로 조사관은 엔진의 일련번호를 기록하고 제조사로부터 시스템 정보를 확인해야 한다.
디젤	디젤엔진은 제조사마다 다른 연료분사시스템을 사용하며 일부 엔진의 배는 12V 시스템으로 작동하지만 엔진은 24V 점화 시스템이 필요한 경우가 있다. 연소 시에는 엔진룸에 공기가 적절하게 순환될 수 있도록 하여야 한다.

② 조리 및 난방 연료시스템 : 액화석유가스(LPG), 압축천연가스(CNG), 알코올, 고체연료, 디젤 등이 쓰인다.

③ 터보차저/슈퍼차저(turbo chargers/super chargers)

  ㉠ 디젤 및 가솔린 인보드, 인보드/아웃보드 엔진 보트에 장착할 수 있다.

  ㉡ 윤활과 냉각을 위해 엔진 윤활유를 사용하며 온도가 높기 때문에 단열덮개와 물재킷 또는 두 가지를 조합한 것이 장착된다.

  ㉢ 터보차저는 고온 배출가스로 작동하며 압력이 가해진 공기를 연소흡입기로 보낸다.

④ **배기시스템** : 건식 시스템은 일반적으로 단열덮개로 덮인 파이프를 통해 수직으로 추진가스 또는 연소가스를 배출한다. 습식 배기시스템은 해수를 엔진의 배기엘보에 주입하여 배를 빠져 나갈 때까지 배기와 함께 흐르게 한다.

⑤ **전기시스템** : 배의 교류(AC)는 해안전력, 발전기 또는 변전기에 의해 공급되며 온보드 선박의 직류(DC)는 일반적으로 배터리에 의해 공급된다.

⑥ **엔진냉각시스템**

 ㉠ 인보드 및 인보드/아웃보드 선박은 해수로 냉각하는 방식과 폐쇄 냉각시키는 방식으로 구분하고 있다.

 ㉡ 해수로 냉각하는 방식은 펌프로 해수를 끌어 올려 엔진을 통해 순환시킨 뒤 환기로 배출시킨다.

 ㉢ 폐쇄 냉각방식은 열교환기 주변으로 해수를 순환시키고 배출시스템으로 내보낸다. 열교환기의 냉각수는 일반적으로 프로필렌글리콜과 물을 50대 50으로 혼합한다.

 ㉣ 온보드 및 인보드/아웃보드, 보조엔진 기기는 공기로 냉각되지 않는다.

⑦ **환기**

 ㉠ 연료탱크는 오버보드로 가는 호스를 통해 꼭대기에서 환기가 이루어진다.

 ㉡ 가솔린엔진과 기계류 구획실은 동력으로 환기가 이루어져야 한다.

⑧ **변속기**

 ㉠ 기계적인 기어변속기는 일반적으로 인보드 엔진에는 없고, 아웃보드 및 인보드/아웃보드 추진 엔진에는 있다.

 ㉡ 유압으로 작동하는 변속기는 인보드 엔진과 일부 인보드/아웃보드 엔진(고성능 보트)에서 사용된다.

⑨ **기타 부속품** : 선박용 기관은 엔진속도에 따라 고속·중속·저속 기관으로 구분하며 기타 에어컨 컴프레서, 동력조타장치, 냉장컴프레서, 유압시스템 등이 있다. ⬡2013년 산업기사

(2) 항공기시스템

① **계기장치** : 조종석 앞쪽에 위치하고 있으며, 항공기의 속도, 고도, 비행기의 자세, 엔진 등의 상태를 나타내며 운행 중 이상발생 시 경고기능을 갖추고 있다.

② **항법통신장치** : 지상에서 송신되는 전파를 수신하거나 레이더를 이용하여 항공기의 위치, 방향 등의 정보를 바탕으로 안전운항을 하기 위한 장치이다.

③ **전기장치** : 항법통신장치와 조명, 발전설비 등의 전력을 공급하는 장치이다.

④ **유압장치** : 가동날개(보조날개, 플랩, 방향키 등)의 다리를 접는 동력으로 유압장치가 이용된다.

4 외관

① 배를 만드는 선체 건조 자재에는 나무, 강철, 알루미늄, 페로시멘트, 유리섬유 강화플라스틱(FRP) 등이 있다.

② 선루 건조 자재에는 일반적으로 선체를 만드는 재질과 유사하다.

③ 갑판은 일반적으로 선체 재질과 동일하지만 갑판에는 나무를 깔기 때문에 화재하중이 높아진다.

5 내부

① 내부 건조는 일반적으로 FRP 또는 원목, 외장용 합판 및 베니어판 같은 일반 건축자재로 만들어지며 강철이나 알루미늄 같은 불연성 물질은 칸막이 벽 같은 구조부에 사용된다.

② 내부 마감재는 오일이나 니스, 페인트 등으로 마감처리하며 인테리어 소품으로 양초, 램프 등의 노출 화염장치와 TV, 라디오, 스테레오 등이 있다.

③ 연료탱크는 강철, 알루미늄, 폴리에틸렌 또는 유리섬유, 내화수지의 유리섬유 등으로 만들어져 있다.

6 추진시스템

(1) 전기시스템

전기시스템에는 모터와 하나 이상의 배터리, 그리고 배터리에서 모터로 에너지를 공급하는 전기도선이 포함된다.

(2) 모터 추진시스템이 있는 보트의 연료

구 분	특 징
아웃보드 엔진	• 2사이클 또는 4사이클 가솔린엔진이 사용된다. • 2사이클 엔진은 가솔린이 오일과 미리 혼합되거나 별도의 저장소에 있다가 연료와 자동적으로 혼합되는 방식이다. • 4사이클 엔진은 차량과 유사한 원리로 작동된다. • 연료는 저압연료시스템에 의해 전달되며 연료주입에 필요한 고압은 연료펌프에서 생성된다.
인보드 가솔린엔진	• 인보드 가솔린엔진은 주로 4사이클 엔진이다. • 급유포트 주변의 판은 바닥에 연결되어야 하고 연료를 주입할 때는 정전기 예방을 위해 펌프가 작동하기 전에 노즐이 갑판의 판에 닿아야 한다. • 연료탱크의 모든 부속품은 탱크의 윗부분에 있어야 하며 연료라인도 탱크보다 높게 있어야 한다.

(3) 전기발전기

전기발전기는 보트에 있는 여러 가지 기기에 전원을 공급하며, 일반적으로 연료탱크와는 다른 연료라인을 사용하여 동력을 얻는다.

(4) 축전지실(선박전기설비기준)

① 축전지는 한국산업규격 "선박용 납축전지"의 규격에 적합한 것 또는 이와 동등 이상의 효력을 가지는 것이어야 한다.
② 축전지는 적당한 환기장치를 설비한 축전지실 또는 보호덮개를 한 적당한 상자에 넣어 통풍이 양호한 장소에 설치하여야 한다.
③ 축전지실 또는 축전지상자는 다른 전기설비 및 화기로부터 충분히 격리하여야 한다.
④ 발전기에 의해 충전되는 축전지는 역류방지장치를 설치하여야 한다.
⑤ 축전지(기관시동용 축전지를 제외한다)에는 가능한 한 축전지 가까운 곳에 단락 및 과부하에 대한 보호장치를 설치하여야 한다. 다만 중요한 부하에 전류를 공급하는 비상용 축전지에는 단락보호장치만을 설치할 수 있다.

02 선박 · 항공기화재조사

1 발화원

(1) 노출 화염

기화기를 통한 역화, 버너 및 오븐기 등에서 출화가능성이 높다.

(2) 전력원

① 엔진이 꺼져 있어도 전기적 스위치, 인버터, 교류발전기 등은 배터리와 연결되어 있고 배 바닥에 있는 펌프는 항상 통전상태로 있어 발화원으로 작용할 수 있다.
② 과부하 배선 및 전기적 아크로 인한 발화도 일어날 수 있고 낙뢰가 보트에 직접 떨어지거나 주변으로 떨어지면 전기설비 부품을 손상시켜 화재를 유발할 수 있다.
③ 연료를 주입하는 과정에서 발생한 가솔린 증기에 정전기로 인한 발화위험도 있다.

(3) 고온 표면

① 고온 다기관과 접촉한 엔진오일 및 미션오일은 발화할 수 있다. 이러한 유체는 엔진이 꺼진 후에 엔진을 따라 흐르는 냉각수가 부족하여 발화하는 경우도 있다.

② 보트의 배기파이프와 호스는 물로 냉각이 되는데 배기시스템의 고온 표면과 가연성 물질 사이에 공간이 충분하지 않은 경우 등이 발생하면 배기시스템의 온도가 엔진룸에 있는 가연성 물질을 발화시킬 만큼 상승할 수 있다.

(4) 기계적 부분

① 엔진 주베어링의 고장으로 화재는 발생하지 않지만 풀리, 모터, 교류발전기 또는 펌프 베어링 고장의 경우 가연성 물질이 접촉하였거나 그 근처에 있으면 발화할 수 있다.

② 엔진 구동벨트의 풀리가 고장나거나 잠긴 상태에서 엔진이 계속 구동하면 발화할 수 있다.

바로바로 확인문제

선박에서 발생할 수 있는 발화원 중 노출 화염에 해당하지 않는 것은?

① 오븐기   ② 과부하

③ 기화기의 역화   ④ 버너

해설 노출 화염에는 오븐기, 버너, 기화기의 역화, 라이터 불 등이 있다.   **답** ②

---

２ 선박 · 항공기화재 현장기록

① 선박화재 <u>사고의 기록</u>은 일반적으로 <u>구조물 및 차량에 대한 것과 유사</u>하다. 가능하면 선박이 현장에서 제 위치에 있을 때 조사를 하여야 한다.

② 선박화재는 지상과 물 위에서 발생한 경우로 나누어지므로 <u>정확한 발화장소</u>를 먼저 파악하여 만약 선박이 다른 장소로부터 이동된 사실이 확인되면 최초 발화장소에 대한 조사를 실시하여야 한다.

③ 선박이 물 위에 있는 상태에서 화재가 발생한 경우 관계자 등을 통해 당시 정박 중이었는지, 닻을 내렸는지, 항해 중이었는지 확인을 한다.

④ 정박 중인 경우에는 정박한 위치에서 주변 여건을 살펴 외부적인 발화 가능성도 조사를 하여야 한다. 정박된 구조물의 종류와 선착장, 방파제의 구조 등도 조사 내용에 포함시켜야 한다.

⑤ 선박이 가라앉은 경우 수중조사는 다이버 등 전문 자격자의 도움을 받아서 하도록 한다. 수중조사를 하는 목적은 인양하기 전에 보트의 위치와 상태를 기록하기 위함이다.

⑥ 보트에 대한 기본적인 정보인 선체 식별번호, 등록번호, 보트의 이름과 보트의 정박이 주로 이루어지는 모항 등을 파악하고 화재 이전과 이후의 조치사항 등을 세밀하게 조사한다.

⑦ 항공기는 랜딩기어의 작동상황, 연료의 누설 여부 등 외부 소손상태와 내부(조종실, 객실) 소손상태를 구분하여 조사한다.

3 선박 · 항공기 검사

① 객실화재는 보트의 다른 부분들은 영향을 받지 않고 그대로 남아 있을 수 있어 화재확산 경로를 확인할 수 있다. 그러나 객실에는 숙박, 휴식, 조리, 저장 등 공간의 복잡성으로 인해 잠재된 발화원이 다양할 수 있다.

② 엔진 및 연료실 화재는 가연성 증기의 발생과 관계가 있고 점화시스템, 연료전달시스템, 연료탱크 및 배기시스템에 대한 조사가 이루어져야 한다.

③ 배터리스위치, 발전기, 해안전력 전송 스위치 등의 on/off 상태를 확인한다.

Chapter 09 출제예상문제

* 표시 : 중요도를 나타냄

01 보트화재조사 시 안전에 대한 사항으로 옳지 않은 것은?

① 부유 중인 보트는 선체 안에 있는 물을 배수 조치한다.
② 배터리와 발전기 등 전원의 통전유무를 확인한다.
③ 보트에 승선하기 전에 움직이지 않도록 고정되어 있는지 확인을 한다.
④ 가라앉은 배는 무조건 선체 인양 후 조사를 한다.

해설 가라앉은 배는 인양되기 전에 손상 정도를 파악하기 위해 전문자격이 있는 자가 수중조사를 할 수 있도록 조치할 수 있다.

02 선박화재조사 관련 안전조치사항으로 바르지 않은 것은?

① 객실로 진입할 때는 남아 있는 독성가스에 대비하여 호흡 보호장비를 착용한다.
② 배 안에 있는 에너지원으로 전기시설만 조심하면 다른 위험요인은 배제된다.
③ 조사 실시 전에 해안전력을 해제시키고 배 안에 있는 물을 배수한다.
④ 폭발성 증기의 체류여부를 확인하고 배터리는 각 단자마다 해제시킨다.

해설 선박 안에는 전기시설뿐만 아니라 연료가스(LPG, CNG 등)와 체류된 증기, 분뇨시설의 메탄가스, 선박 자체의 구조적 손상 등 다양한 위험요인이 있다.

03 다음은 선박 안에 있는 연료시스템에 대한 설명이다. 옳지 않은 것은?

① 기화기가 있는 연료시스템에는 역화방지기가 부착되어 화염의 역류를 방지하고 있다.
② 선박에서 조리용으로 쓰이는 연료에는 LPG, CNG, 알코올, 고체연료 등이 있다.
③ 터보차저는 피스톤의 왕복운동으로 작동하며 디젤 및 가솔린 인보드 엔진에 장착된다.
④ LPG와 CNG는 조리용 연료 및 난방용으로도 쓰이고 있다.

해설 터보차저는 압력이 가해진 공기를 연소흡입기로 보내며 고온의 배출가스로 작동을 한다.

04 선박의 추진기가 아닌 것은?

① 물분사 추진(water jet propulsion)
② 상반회전 프로펠러(counter-rotating propeller)
③ 포드 프로펠러(pod propeller)
④ 수중익(hydrofoil)

해설 선박의 추진기에는 물분사 추진, 상반회전 프로펠러, 포드 프로펠러 등이 있다. 수중익은 선체를 물 위로 들어 올려주는 날개를 말한다.

05 다음 설명 중 바르지 않은 것은?

① 선박에서 교류전기는 해안전력, 발전기 또는 변전기로 공급할 수 있다.
② 연료탱크의 환기는 오버보드로 이어진 호스를 통해 바닥으로 환기시킨다.
③ 기계적인 기어변속기는 일반적으로 인보드 엔진에는 없다.
④ 가솔린엔진과 기계류 구획실의 환기는 동력장치로 이루어진다.

Answer 01.④ 02.② 03.③ 04.④ 05.②

해설 연료탱크는 오버보드로 가는 호스를 통해 꼭대기 부분인 공중으로 환기가 이루어져야 한다. 가솔린엔진과 기계류 구획실은 동력으로 환기가 이루어진다.

06 배의 선체를 만드는 자재에 해당하지 않는 것은?

① 유리
② 알루미늄
③ 강철
④ FRP

해설 배를 만드는 선체 건조 자재에는 나무, 강철, 알루미늄, 페로시멘트, 유리섬유 강화플라스틱(FRP) 등이 있다.

07 다음 중 선박용 기관을 회전속도로 구분하는 방법은?

① 고속기관, 중속기관, 저속기관
② 2행정기관, 4행정기관
③ 터빈기관, 디젤기관, 가솔린 기관
④ 과부하출력, 연속최대출력, 상용출력

해설 선박용 기관은 회전속도에 따라 고속기관(1,200~2,400rpm), 중속기관(400~1,000rpm), 저속기관(120rpm)으로 구분한다.

08 선박화재 시 전기적 요인에 대한 설명으로 옳지 않은 것은?

① 선박에는 직류와 교류를 모두 사용하고 있다.
② 배터리의 음극은 엔진블록에 연결되고 양극은 직류장치에 전기를 공급한다.
③ 전기배선의 절연층이 닳거나 쪼개진 상태로 금속과 접촉하면 아크 발화할 수 있다.
④ 부유 중인 보트는 지면에 접촉한 상태가 아니므로 낙뢰로 인한 위험성은 적다.

해설 물위 또는 지면과 관계없이 대전물체가 존재한다면 낙뢰로 인해 발화할 수 있다. 부유 중인 보트에 직격뢰 또는 간접뢰를 받을 경우 전기설비에 손상을 일으켜 발화위험성이 증대된다.

09 다음 중 발화위험이 가장 적은 것은 어느 것인가?

① 선박 엔진의 배기다기관에 엔진오일이 접촉할 경우
② 선박 엔진의 구동벨트가 구속운전하는 경우
③ 선박 엔진부의 주베어링이 고장난 경우
④ 정격전류를 초과하여 레이더를 설치하는 경우

해설 엔진 주베어링 고장으로 화재는 발생하지 않지만, 풀리, 모터, 교류발전기 또는 펌프 베어링 고장의 경우 가연성 물질에 접촉하였거나 그 근처에 있으면 발화할 수 있다. 또한 엔진 구동벨트가 잠긴 상태에서 엔진이 계속 구동하면 발화할 수 있다.

10 선박화재조사에 대한 요령으로 가장 거리가 먼 것은?

① 가능하면 발화가 일어난 장소에서 조사를 하도록 한다.
② 정박 중인 선박에서 화재가 발생한 경우 선착장 등 주변환경에 대한 조사는 필요 없다.
③ 화재 당시 해안전력과 외부전원의 공급상태를 확인하여야 한다.
④ 선박이 지상으로 이동된 경우 이동과정에서 발생한 손상여부를 확인하여야 한다.

해설 정박 중인 경우에는 정박한 위치에서 발화가능성을 확인하여야 한다. 정박된 구조물의 종류와 선착장, 방파제 등도 조사내용에 포함시켜야 한다.

11 선박이 침몰한 경우 수중조사를 실시하는 주된 목적은?

① 사진촬영을 하기 위하여
② 배가 폭발할 것을 방지하기 위하여
③ 수중깊이를 측정하기 위하여
④ 보트의 위치와 상태를 조사하기 위하여

해설 선박이 침몰한 경우 수중조사를 실시하는 주된 목적은 인양하기 전에 보트의 위치와 상태를 조사하기 위함이다.

Answer 06.① 07.① 08.④ 09.③ 10.② 11.④

12 선박이 침몰한 경우 수중조사를 할 수 있는 자로 가장 적합한 것은?

① 관할 수사기관이 한다.
② 다이버 자격이 있는 화재조사관이 한다.
③ 담당 조사관이 무조건 실시한다.
④ 선박 소유자가 한다.

해설 선박이 침몰한 경우 전문 다이버 자격이 있는 화재조사관이 조사하여야 한다.

13 선박화재 시 원인조사와 관련하여 파악하여야 할 사항이 아닌 것은?

① 선체 식별번호   ② 등록번호
③ 선박 이름   ④ 선박 임대여부

해설 선박화재 시 파악하여야 할 사항은 선체 식별번호, 등록번호, 선박 이름 및 모항, 보트의 이력(연식, 소유자, 수리기록 등) 등이 있다.

14 선박 내부로 진입하여 조사할 경우 확인사항이다. 옳지 않은 것은?

① 배의 하단부는 비교적 평탄하고 공기의 유동이 원활한 점에 착안하여 가연성 증기의 체류범위에서 배제한다.
② 관계자에게 화재 당시 행동이나 이상징후 등에 대해 질문조사를 실시한다.
③ 각종 스위치 및 핸들과 레버의 조작상태를 확인하여 사용여부를 분명히 한다.
④ 연료탱크의 부식, 파열, 누설 등을 확인한다.

해설 배의 하단부는 만곡부가 있어 상대적으로 공기가 정체할 수 있는 구조로 되어 있어 주의하여야 한다.

15 화재조사 측면에서 선박화재와 일반 건물화재와의 가장 큰 차이점은?

① 고립될 경우 사상자가 발생한다.
② 대상물이 이동될 수 있다.

③ 최성기에 열에너지가 증대된다.
④ 전기, 가스 등 발화에너지가 다양하다.

해설 선박화재는 항해 중 또는 정박 중이더라도 화재로 인해 이동될 가능성이 매우 높다는 특수성이 있다.

16 다음 중 선박용 축전지 보관방법으로 옳지 않은 것은?

① 축전지 상자는 다른 전기설비와 격리
② 축전지실은 화기로부터 격리
③ 발전기에 의해 충전되는 축전지에는 역류방지장치 설치
④ 축전지 및 축전지 상자는 대기와 차단

해설 축전지는 적당한 환기장치를 설비한 축전지실 또는 보호덮개를 한 적당한 상자에 넣어 통풍이 양호한 장소에 설치하여야 한다.

17 다음 중 선박의 외관 부속품이 아닌 것은 어느 것인가?

① 방현재(fender)
② 구명정
③ 통신설비
④ 엔진룸

해설 **선박의 외관 부속품**
통신설비, 안테나, 내비게이션 장치, 탐색등, 항해등, 아웃트리거 난간, 방현재(fender), 개인 부유장비(PFD), 구명뗏목 등

18 선박에서 발생할 수 있는 화재의 유형으로 가장 거리가 먼 것은?

① 연료 주입 중 정전기 발화
② 교류를 직류로 변환시키는 컨버터에서 발화
③ 가스터빈 제트연료 폭발
④ 갤리용 LPG 누설 폭발

해설 가스터빈 제트연료 폭발은 항공기화재의 유형에 속한다.

19 항공기 화재에서 가연성 금속 화재의 분류 (class)로 옳은 것은?

① class A　　　② class B
③ class C　　　④ class D

해설 화재의 분류(classification of fire)
　　㉠ class A : 일반화재
　　㉡ class B : 유류화재
　　㉢ class C : 전기화재
　　㉣ class D : 금속화재

20 선박화재의 직접적인 발화원으로 보기 어려운 것은?

① 전기과열
② 정전기
③ 아크
④ 접지

해설 선박화재의 발화원은 전기제품 등에 의한 전기 과열을 비롯하여 정전기, 아크 등이 있다.

02

화
재
감
식
론

● MEMO ●

증거물관리
및 법과학

01 증거의 종류

01 물적 증거의 형태

1 가연성 액체와 액체 용기 암기

(1) 가연성 액체의 특징

① 낮은 곳이나 구석진 곳으로 흐르며 고일 수 있다.

② 바닥재의 특성에 따라 광범위하게 퍼지거나 흡수될 수 있다.

③ 인화가 되면서 끓거나 주변으로 방울이 튀며 특유의 연소패턴이 생성된다.

④ 다른 가연물을 침식시키거나 변형시키는 등 용매로서 작용하기도 한다.

⑤ 탄화형태는 대부분 액체가 쏟아진 형태로 불규칙하지만 연소된 구역과 미연소된 구역 간에 경계선이 나타난다.

(2) 가연성 액체 용기

① 플라스틱 용기, 페트병, 유리병, 금속 용기 등이 있으나, 방화의 경우 휴대가 간편한 소형 플라스틱 용기를 많이 사용한다.

② 현장에서 가연성 액체를 촉진제로 사용한 경우 액체 용기가 현장에 남아 있는 경우가 있다. 방화자가 방화를 한 경우 화염 속으로 던지는 경우도 있으나 방화 후 안전하게 도주하려는 마음이 앞서 발화지점 또는 그 주변에 버리기 때문에 주변을 살펴보면 발견되는 경우가 있다.

③ 가연성 액체는 낮은 곳으로 흘러들어가 고일 수 있으며, 섬유류 또는 연소된 다른 물체와 혼합되어 현장에 남는 경우도 있고, 소화활동 중 소방관들에 의해 유증이 감지되는 경우도 있어 유류채취기를 이용하면 수집이 가능한 경우가 있다.

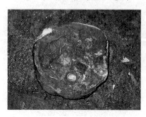

| 가연성 액체 용기류 현장사진(화보) p.27 참조 |

(3) 가연성 액체의 증거수집 2018년 기사

유류성분이 남아 있는 곳에서 채취를 할 때는 주변에 남아 있던 바닥재나 플라스틱 등에 스며들거나 오염된 경우가 많다. 이때 오염된 다른 잔류물도 함께 수거하도록 한다. 이는 가연성 액체가 주변 가연물로부터 추출된 것이 아니라는 증거기반을 강화하는 데 목적이 있다. 바닥재로 고분자 합성섬유가 쓰인 경우 연소하면서 두터운 탄화수소 그을음이 발생하는데 이는 촉매제로서 가연성 액체가 사용되었다는 증거로 사용할 수 없다.

2 깨진 유리와 강제개방 흔적 암기 2016년 산업기사 2017년 산업기사 2019년 산업기사

유리는 장력을 받으면 휘게 되고 파손되기 전에 충분할 정도로 구부러진다. 외력에 의해 유리가 탄성한계를 넘어서면 비로소 충격을 받은 바깥쪽부터 파괴되기 시작한다. 유리파편은 깨진 모양을 통해 충격에 의한 강제개방 흔적과 화재열에 의한 파손을 구분할 수 있다.

(1) 유리창의 내 · 외부 판단요소

① 유리창은 보통 내측보다 외측에 먼지가 많이 부착된다. 창틀에 남아 있는 파편과 깨져서 떨어진 파편을 대조하여 내 · 외측을 확인한다.

② 유리의 한쪽 면에 무늬가 있거나 필름으로 코팅처리한 경우 남아 있는 잔존부분과 맞춰보면 내 · 외측 구분이 뚜렷하게 나타난다.

③ 건물 안에서의 화재로 유리가 깨졌다면 그을음 부착상태로 판단할 수 있다. 내측은 화염 접촉으로 그을음이 다수 부착된 반면 외측에는 그을음이 없다.

(2) 외력 및 충격에 의한 파손 특징 2015년 산업기사 2019년 산업기사

① 충격지점과 가까울수록 파편이 작고 멀수록 크게 파손된다.

② 외력을 받은 충격기점으로 동심원(같은 중심을 가지며 반지름이 다른 두 개 이상의 원) 형태로 파손된 후 주변으로 거미줄 형태로 뻗쳐나가는 방사형이 형성된다.

③ 건물 외측에서 타격한 경우 유리조각은 내측으로 많이 떨어지므로 외부에서 충격을 가했다는 것을 알 수 있고, 바닥면과 접한 유리파편에 그을음이 없다면 화재 이전에 파손된 것임을 알 수 있다.

(3) 화재 열로 인한 유리의 파손특징 암기 2017년 기사 2018년 산업기사 2019년 산업기사 2020년 기사 2021년 기사 2022년 기사 2023년 기사 2023년 산업기사

① 유리가 화재 열로 인해 파손되는 경우는 많지 않으며 유리의 가장자리 부분과 유리 중심 사이에 온도차이가 발생하면 유리 전체에 균열이 생겨 파손될 수 있다.

② 열로 인한 유리의 파손형태는 부드럽게 굽이치며 퍼지다가 다시 만나는 식으로 길고 불규칙한 형태로 파손된다.

③ 유리의 잔금은 급격한 열에 의해서는 발생하지 않고 급격하게 식을 때 발생할 수 있다. 또한 고온의 유리에 물을 뿌리면 지속적으로 잔금이 발생한다.

(4) 출입문 등의 강제개방 흔적

① 출입문의 잠금장치가 걸쇠부분에 걸쳐 잠겨 있었다면 화재로 출입문이 연소되고 떨어져 나가더라도 잠금장치는 걸쇠부분에 걸려 있기 마련이다. 만약 잠금장치가 걸쇠부분으로부터 열려 있다면 화재 이전에 풀려 있었거나 열쇠를 소지한 타인의 출입이 있었음을 알 수 있다.

② 도구를 사용하여 출입문이나 유리창을 강제로 개방한 경우 망치나 쇠파이프, 돌덩어리 등의 기구가 현장주변에서 발견되는 경우가 있다. 기구의 크기와 타격방법 등을 고려하면 강제파손 과정을 알 수 있다.

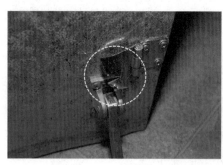

▮ 출입구 강제개방 흔적 현장사진(화보) p.27 참조 ▮

바로바로 **확인문제**

유리의 연소형태를 설명한 것 중 옳은 것은?
① 화재열로 생긴 균열은 방사형 형태를 띤다.
② 급격하게 열과 접촉하면 잔금이 발생하며 변색된다.
③ 일반적으로 화재로 인한 압력은 유리창을 파괴할 정도로 강하지 않다.
④ 유리에 그을음의 부착은 인화성 촉진제가 사용된 증거이다.

해설 ① 화재열로 생긴 균열은 불규칙한 곡선 형태를 띤다.
② 유리의 잔금은 급격한 열에 의해 발생하지 않으며 온도가 급격하게 식을 때 발생할 수 있다.
④ 유리에 그을음의 부착은 연기의 생성물인 탄화수소 성분의 침착에 기인한 경우가 대부분으로 인화성 촉진제가 사용된 증거라고 하기 어렵다. 답 ③

3 방화 및 폭발장치 조각

(1) 담배와 성냥을 이용한 발화장치

담배의 필터부분에 성냥을 묶어두고 몇 분간의 시간이 흐르게 되면 타고 있는 연초부분의 열이 성냥으로 전달되어 발화하는 것으로 착화물질의 잔류물이 발견될 수 있다.

(2) 전기회로를 이용한 발화장치

가연성 액체가 들어간 용기나 가방 등에 배터리와 스위치 등을 설치하여 들어 올리거나 이동 중에 폭발할 수 있도록 조작한 지연발화장치로 폭발 후 배터리나 스위치의 잔해가 증거로 확인된다.

(3) 가전제품을 이용한 발화장치

히터 및 난로 등에 고의로 가연물을 올려놓거나 전열기 내부의 회로를 조작하여 온도조절기능을 상실시킨 후 가전제품의 결함으로 위장하는 경우가 있다. 가연물이 직접 발열체와 접촉한 경우 잔류물이 부착상태로 남는 경우가 있고 회로를 조작한 경우에는 소훼된 기기를 정밀 감식하여 온도조절장치가 제거된 사실 등을 증거로 삼을 수 있다.

(4) 양초를 이용한 발화장치

양초 주변에 가연물을 모아 놓고 일정 시간이 경과하면 자연스럽게 가연물과 접촉하도록 하는 수법으로 많이 쓰인다. 완전연소된 경우 양초의 파라핀 잔해식별이 불가능하지만 완전연소되지 않았다면 증거를 얻을 수 있다. 또한 이러한 행위는 발화원과 관계없는 부분에서 이루어지기 때문에 발화원을 특정할 수 없다는 점에서 방화를 의심해 볼 수 있다.

(5) 고의적인 가스누출 흔적

가연성 가스를 미리 고의적으로 누출시킨 상태에서 라이터불 점화, 조리기구 작동, 조명기구 스위치의 조작 시 발생하는 스파크 등에 의해 폭발과 화재피해를 유발시키는 행위이다. 가스누출의 증거로 염화비닐호스의 절단, 가스배관 말단부 마감조치 미흡, 중간밸브와 호스의 분리 등이 확인될 수 있다.

(6) 백열전구를 이용한 발화장치

백열전구는 소비전력의 5%만 빛을 내고 95%는 열에너지로 발산되기 때문에 가연물로 감싸거나 가연물 주변에 방치를 하면 발화할 수 있는 지연장치로 쓰일 수 있다. 상용전원이 인가된 상태에서 유리가 파손되면 필라멘트가 순간적으로 산화하여 증발하지만 유리구 내면으로 백색물질이 남기 때문에 통전상태였음을 증명할 수 있는 증거로 삼을 수 있다.

> ⚠ **꼼꼼. check!** ➔ 폭발현장에서 폭발위력을 가늠할 수 있는 증거자료 🔊암기 👨 ⭐2020년 기사
> • 파편이 날아간 거리(가장 멀리 날아간 잔해로 판별)
> • 파편이 가로수나 목재 등에 박힌 깊이
> • 붕괴되거나 파괴된 담 또는 물체의 구조
> • 폭발 중심부의 크기와 깊이

4 전기 구성요소

(1) 부적절한 설치

전기화재의 대부분은 단락으로 인해 화재로 이어지는데 설치장소 및 부적절한 시공과 관리부실에 의한 경우가 많다. 이런 개소에는 보통 배선상에 단락흔이 증거로 발견된다.

① 배선 위로 사람이 자주 밟고 다니거나 무거운 물건 등을 올려놓아 짓눌림에 의한 선간 접촉으로 발화
② 배선 주변에 스테이플이나 못을 박아 선간 접촉
③ 코드의 꺾임이나 좁은 구석에 강제로 끼워 넣어 마찰열 증가
④ 금속관의 가장자리나 금속케이스 등과 접촉
⑤ 빈번한 개폐동작의 반복으로 접점 표면의 마모, 증발 등으로 발화

(2) 차단기

두 개의 1차측 전극 사이로 습기나 먼지 등이 부착하면 절연체가 서서히 탄화되고 도전로가 형성되어 누설전류가 흐르게 된다. 트래킹은 합선과 같이 많은 전류가 흐르는 것이 아니므로 서서히 진행되지만 도전로가 확대되면 발화에 이르게 된다. 트래킹 전류가 흐르면 절연체의 탄화로 균열이 발생하기 때문에 외관상태로 트래킹 발화를 의심해 볼 수 있다.

(3) 플러그 및 콘센트

① 차단기나 스위치, 플러그와 콘센트 등 접속과 끊어짐이 이루어질 수 있는 접점부근에서 발화한 경우 금속의 일부가 용융되거나 패여 나가고 잘려나간 형태로 증거가 남는다.
② 플러그에서 불꽃방전이 일어나면 푸른색 계통으로 변색되어 착상되고 물로 닦아 내더라도 지워지지 않고 발열흔을 나타낸다.
③ 플러그가 삽입된 상태로 화재가 발생하면 이미 열과 접촉한 플러그가 빠져 나가 더라도 콘센트의 금속받이는 열린 상태를 유지하고 있고 탄성과 복원력이 상실되어 원래 위치로 복구되지 않는다.

5 기타 물적 증거의 형태

(1) 탄화된 나무

① 나무나 목재류는 화염과 접촉한 부분이 연소하여 소실되거나 가늘어진다. 연소가 강한 지점일수록 균열이 깊고 잘게 부서지며 발화부를 향해 붕괴되거나 박리가 일어난다.

② 목재의 착화는 가열탈수 → 열분해 가연성 가스 발생 → 불꽃연소 → 탄화 → 표면연소 → 회화의 순으로 진행된다.

▎ **목재의 탄화형태** 현장사진(화보) p.27 참조 ▎

(2) 종이류 2013년 기사 2017년 기사

나무나 섬유물질보다 연소성이 좋은 종이는 방치할 경우 재만 남기고 소멸된다. 펄프나 목재가 주성분이며 집적된 상태에서 연소할 경우 목재와 비슷한 연소형태를 보여 준다. 불꽃 없이 훈소 발화가 가능한 것은 표면적이 넓고 축열이 가능하기 때문이다.

▎ **종이류의 탄화형태** 현장사진(화보) p.28 참조 ▎

(3) 금속류

금속은 열을 받은 부분에 변색이 일어나며 열과 접촉한 부분과 그렇지 않은 부분에 경계선이 나타나는 경우가 많아 수열 정도와 연소방향을 찾는 데 도움을 준다. 섬유와 직물은 열을 받으면 녹아서 흘러내리고 용융상태가 되면 분해가스를 발생하며 착화하기도 하지만, 금속은 용융이 활발한 쪽과 반대쪽의 연소형태를 살펴보면 연소지속시간과 물질의 연소성을 알 수 있다.

▎ **금속의 변색흔** 현장사진(화보) p.28 참조 ▎

03
증거물관리 및 법과학

> **! 꼼.꼼. check!** ──► **열을 강하게 받은 금속의 수열순서** ────
>
> 황색(230℃) → 청색(320℃) → 진홍색(590℃) → 백색(1,200℃) → 휘백색(1,500℃)

(4) 섬유와 직물

나일론, 폴리에틸렌, 아크릴 등은 화염과 접촉하면 연화 또는 수축을 일으키며 녹아서 액체가 된다. 대부분의 섬유류는 연소할 때 특유의 냄새를 동반하며 완전연소할 경우 탄화잔사는 재로 남는다. 반면 유리섬유는 화염과 접촉하면 연소성이 없어 약간 연화할 뿐이며 냄새 또한 없다.

(5) 플라스틱류

탄화수소계의 기본적인 고체 가연물인 플라스틱의 약 90%는 열가소성이며 한번 굳어지더라도 재차 열을 가하면 부드러워지는 성질이 있다. <u>염화비닐수지는 PVC라고도 하며</u> 염소가 다량 함유되어 있어 <u>자기소화성이 있다.</u> 230~280℃에서 급격하게 분해되고 400℃ 정도에서 인화하기 쉬운 상태가 된다. 발염하기 전에 탄화하여 스펀지상태가 되면 부피가 팽창한다. 열가소성 물질은 용융되고 흘러서 2차 화재의 원인이 된다.

02 정보

1 관계자의 진술과 증거확보

① 관계자로부터의 정보수집은 당사자가 직접 경험한 사실뿐만 아니라 다른 사람으로부터 전해들은 사실 등도 포함하여 **폭넓게 수집**한다.

② 건물구조와 화재발생 구역에 있던 물건, 화기시설, 화재발생 전 작업상황이나 외부인의 출입여부 등 화재와 관계된 전반적인 정보를 파악한다.

③ 관계자는 초기 혼란스러운 상황에서 진술하기 때문에 과장되거나 자세히 기억하지 못하는 등 그 진술이 불확실할 수 있다는 점을 고려하여 진위여부를 <u>성급하게 판단하지 않도록</u> 한다.

④ 물리적 증거물을 수집할 때는 성급하게 만지거나 이동시키지 말고 먼저 사진촬영으로 상황을 기록하고 입회인에게 해당 증거물의 수집절차에 대해 설명을 하고 확인서를 받도록 한다.

▣2 법정 증언 ^{2022년 기사}

법정 증언은 화재조사관을 비롯하여 화재와 관계된 모든 사람이 할 수 있다. 법정 증언은 채택된 증인이 알고 있는 사실이나 정보를 확인하여 공정한 재판을 기대하기 위한 증거의 일종이다. 증언은 화재와 관계된 모든 사실의 진위를 최종적으로 법원에서 판단하는데 영향을 미치므로 화재조사관은 진실된 자세로 증언을 하여야 한다.

> **❗꼼.꼼. check!** ▸ **증거의 종류 및 용어 해설** ◂ 암기 ^{2013년 기사 · 2014년 기사 · 2015년 기사 · 2017년 산업기사 · 2018년 기사}
>
> - 인적 증거 : 진술, 증언, 감정인의 소견 등
> - 물적 증거 : 물건의 존재나 상태, 증거서류, 도면류, 사진과 동영상 등 영상물류
> - 전문증거 : 자신이 직접 인지한 사실이 아니라 다른 사람이 말한 것에 대한 증거로서 다른 사람의 신뢰성에 의존하는 증거를 말한다. 그러나 법원은 전문증거를 원칙적으로 부정하고 있다(형사소송법 제310조의 2).
> - 증거재판주의 : 사실의 인정은 증거에 의하여야 한다.
> - 전문법칙 : 타인의 진술을 내용으로 하는 진술은 이를 증거로 할 수 없다.
> - 자백배제법칙 : 피고인의 임의의 진술이 아닌 것을 유죄의 증거로 할 수 없다.

▣3 사진 및 비디오의 증거 인정범위 암기

(1) 증거로서 가치 있는 사진의 조건

① 원본이 훼손되지 않고 <u>보존상태가 양호</u>할 것
② <u>화재조사관 또는 현장</u>에 있었던 목격자 등이 직접 <u>촬영</u>한 것일 것
③ 사진이 선명하고 인위적인 <u>조작이 없을 것</u>

(2) 영상물(사진, 비디오)의 증거 인정 ^{2013년 기사 · 2021년 기사}

① 자유심증주의 : 우리나라 민사소송법은 자유심증주의를 채택하고 있어 영상물의 증거능력 인정여부는 <u>법관의 판단</u>에 따른다.
② 영상물의 위법성 판단 : 화재조사관이 현장에서 촬영한 사진과 비디오는 색상을 가미하거나 극적인 효과로 피사체를 과장하는 촬영은 피해야 한다. 인위적 조작 없이 객관적으로 기록한 영상증거는 법원의 요구에 의해 제출되고 위법성 판단은 최종적으로 법원이 결정한다.

▣4 증거 보고서

화재와 관계된 모든 자료는 필요 시 증거로서 법정에 제출될 수 있다. 화재발생보고서를 비롯하여 현장에서 행해진 조사내용, 수집한 증거물, 증거의 분석내용, 조사관의 의견 등이 기록된 일체의 문서를 포함한다.

화재발생보고서 등 기록물관리 원칙은 다음과 같다.

① 진본성(眞本性) : 화재조사관이 직접 작성 기록할 것
② 무결성(無缺性) : 흠결이나 결함이 없을 것
③ 신뢰성(信賴性) : 거짓이나 꾸밈이 없을 것

바로바로 확인문제 ●

증거로서 가치 있는 사진의 조건으로 바르지 않은 것은?

① 원본성이 유지될 것
② 사진이 선명하고 인위적인 조작이 없을 것
③ 반드시 수동식 카메라로 촬영한 것일 것
④ 현장조사를 실시한 조사관이 직접 촬영한 것일 것

해설 증거로서 가치 있는 사진은 원본성이 유지되고, 조작이 없으며, 현장조사를 실시한 조사관이 직접 촬영한 것이 좋다. 반드시 수동식 카메라일 필요는 없다. **답 ③**

출제예상문제

Chapter 01

* ☒표시 : 중요도를 나타냄

01 다음 설명 중 가장 옳지 않은 것은?

① 가연성 액체가 다른 물질과 혼합된 경우 증거의 가치를 부여하기 어렵다.

② 가연성 액체를 방화 촉진제로 사용한 경우 액체 용기가 현장 주변에서 발견될 수 있다.

③ 유류성분을 채취할 때 주변에 있는 다른 잔류물을 함께 수거하는 것은 확보한 인화성 물질이 주변 가연물로부터 추출된 것이 아니라는 배제사유를 확보하기 위함이다.

④ 가연성 액체에 착화를 시킬 경우 행위자 자신도 화상을 당한 흔적이 남는 경우가 있다.

[해설] 가연성 액체가 다른 물질과 혼합된 경우 가스 크로마토그래피 등을 이용한 정성적, 정량적 측정을 하면 가연성 액체의 추출이 가능하므로 증거의 가치를 의심하지 말고 과학적 방법에 입각한 조사가 이루어지도록 한다.

02 유리의 파손특징을 설명하였다. 바르지 않은 것은?

① 유리의 탄성한계를 초과하면 충격을 받은 바깥쪽부터 파괴되기 시작한다.

② 외력을 받은 충격기점으로 거미줄 형태로 뻗쳐나가는 방사형이 형성된다.

③ 충격지점과 가까울수록 파편이 작게 파손된다.

④ 화재열로 파손되면 규칙적으로 깨져나간 형태를 나타낸다.

[해설] 화재열로 파손된 형태는 불규칙적인 형태를 나타낸다.

03 방화현장에서 발견되는 가연성 액체의 유류 용기에 대한 설명이다. 바르지 않은 것은 어느 것인가?

① 휴대가 간편한 플라스틱 용기가 주로 발견된다.

② 유류 용기가 발견되지 않는다면 어떤 경우도 방화로 단정할 수 없다.

③ 유류 용기는 방화현장 주변에 남아 있거나 불 속에 던져지는 경우가 있다.

④ 유류 용기가 오염되더라도 잔량이 남은 경우 성분분석이 가능하다.

[해설] 유류 용기의 발견은 방화의 단편적인 정보일 수 있다. 그러나 용기가 발견되지 않았다고 어떤 경우에도 방화로 단정할 수 없는 것은 아니다.

04 다음 중 유류성분을 수집할 때 주변에 남아 있던 바닥재나 플라스틱 등 오염된 다른 잔류물도 함께 수거하는 이유로 맞는 것은 어느 것인가?

① 오염된 다른 가연물의 연소성을 측정하기 위해

② 유류 단독성분 수집이 어렵기 때문에

③ 가연성 액체가 주변 가연물로부터 추출된 것이 아니라는 것을 입증하기 위해

④ 많은 양의 유류를 수집하기 위해

[해설] 유류를 수집할 때 주변에 오염된 잔류물을 함께 수거하는 것은 가연성 액체가 주변 가연물로부터 추출된 것이 아니라는 것을 입증하는 데 목적이 있다.

05 화재현장에서 발견되는 물적 증거의 형태가 아닌 것은?

① 유리조각
② 유류 용기
③ 전기단락흔
④ 목격자 증언

해설 물적 증거
가연성 액체, 유류 용기, 깨진 유리, 시한폭발장치, 전기단락흔 등

06 화재현장을 스케치하는 주된 목적으로 바른 것은?

① 증거의 파괴를 방지하기 위하여
② 증거의 소유관계를 입증하기 위하여
③ 증거의 가치를 인정받기 위하여
④ 증거의 위치를 정확하게 기록하기 위하여

해설 화재현장에서 스케치를 하는 주된 목적은 물건의 배치상태와 소손정도, 증거의 위치를 정확하게 기록하는 데 있다.

07 폭발위력을 가늠할 수 있는 증거자료가 아닌 것은?

① 파편이 날아간 거리
② 폭발 중심부의 크기와 깊이
③ 연기응축물의 침착
④ 파편이 가로수나 목재 등에 박힌 깊이

해설 연기응축물의 침착은 폭발보다 화재의 영향이 크게 작용한 증거이다.

08 가스레인지 화재 증거물 수집방법으로 적절하지 않은 것은?

① 초기연소상태를 변형시키지 않고 수집한다.
② 현장에서 스위치를 조작하지 않는다.
③ 표면의 그을음은 그대로 보존시켜 수집한다.
④ 중간밸브는 별도 증거물로 수집하지 않는다.

해설 가스레인지를 비롯하여 압력조정기, 배관, 가스용기, 중간밸브 등의 취급상황 확인이 필요하다. 중간밸브는 가스레인지의 사용여부를 판단하기 위한 증거물로 수집되어야 한다.

09 전기적 요인에 의한 발화증거로 보기 어려운 것은?

① 플러그에 푸른색 계통의 변색흔이 착상되었다.
② 플러그가 외부 화염에 의해 소손된 상태로 확인되었다.
③ 전기기기의 부하측 최말단에서 단락흔이 확인되었다.
④ 콘센트의 금속받이가 일부 용융되고 열림상태로 확인되었다.

해설 플러그가 외부 화염에 의해 소손된 상태로 확인된 것은 전기적 발화요인과 관계가 없다.

10 화재현장에서 관계인의 진술 및 증거확보에 관한 설명으로 옳지 않은 것은?

① 증거의 특성상 수집이나 보관이 어려워 중요한 단서가 유실되거나 변질 또는 파손되더라도 법적 증거로서의 가치로 인정받는 데는 문제가 없다.
② 일반 증거물도 수열된 상태로 부식, 파손, 변질되기 쉬우므로 가능한 한 수거 즉시 정밀 감정을 실시하는 것이 원칙인데 현실적으로 소화 직후부터 사진 및 동영상으로 촬영한 자료를 통해 증거능력을 인정받는 추세이다.
③ 화재감식에서 수거된 물증이 증거능력을 가지기 위해서는 확보 수집단계부터 사건 종료까지 보관·관리가 적절하여야 한다.
④ 증거자료의 수거 및 봉인은 공개적으로 관계자의 입회하에 사진기록과 함께 실시하며 보관 이송 등의 과정을 명확하게 한다.

해설 증거는 수집이나 보관과정에서 유실되거나 변질, 파손되면 증거로서의 가치를 인정받기 어렵다.

Answer 05.④ 06.④ 07.③ 08.④ 09.② 10.①

11 방화수단 중 지연착화 수단이 아닌 것은 어느 것인가?

① 인화성 물질을 라이터를 이용하여 착화시켰다.
② 유류 용기에 점화장치를 설치하였다.
③ 촛불을 켜 놓고 주변에 가연물을 모아 놓았다.
④ 백열전구를 점등시킨 후 표면에 신문지로 감싸 놓았다.

해설 ②, ③, ④는 방화 당시 행위자의 알리바이를 성립시키거나 도주시간을 벌기 위해 사용하는 지연장치 수단이다. 인화성 물질에 바로 착화시킨 것은 지연수단이 아닌 직접착화 수단이라는 점에서 구별된다.

12 물리적 파손 흔적으로 보기 곤란한 것은 어느 것인가?

① 깨진 유리 잔해의 중심부가 거미줄 형태로 형성되었다.
② 출입문 잠금장치가 잘려나간 상태로 확인되었다.
③ 유리창 쇠창살 중 일부가 뜯겨진 형태로 남아 있었다.
④ 발화지점 부근의 잠금장치가 걸쇠부분으로부터 열려 있었다.

해설 발화지점 부근의 잠금장치가 걸쇠부분으로부터 열려 있었다면 강제로 개방된 것이 아니므로 물리적 파손이라고 볼 수 없다.

13 다음 중 사진이나 비디오 등 영상물의 증거 능력을 인정할 수 있는 권한이 있는 자는 누구인가?

① 담당 변호사
② 검사
③ 법관
④ 증거 신청인

해설 우리나라 민사소송법은 자유심증주의를 채택하고 있어 영상물의 증거능력 인정여부는 법관의 판단에 따른다.

14 발화지점에 증거물이 없더라도 방화를 의심할 수 있는 정황으로 가장 알맞은 것은?

① 발화원으로 판단할 만한 기구나 시설 등이 없어 발화원을 특정할 수 없는 경우
② 목격자가 없으나 배전반의 전기단락흔이 확인된 경우
③ 아파트 베란다에 놓은 페트병 주변이 연소한 경우
④ 음식물 보관 비닐봉투가 연소한 경우

해설 방화의 대부분은 발화원의 잔해를 남기지 않는 수단을 사용하거나 발화원으로 판단할 만한 기구나 시설 등이 없는 의외의 장소에서 벌어지는 경우가 많다. 따라서 발화원을 특정할 수 없는 경우 방화를 의심해 볼 수 있다.

15 방화현장의 물적 증거에 대한 설명이다. 옳지 않은 것은?

① 연소시간에 비해 연소된 면적이 넓다.
② 급격한 연소진행으로 연소방향성 식별이 쉽다.
③ 연소시간에 비해 탄화심도가 얕다.
④ 방화도구 또는 인화성 물질이 발견된다.

해설 방화는 급격한 연소로 인해 연소의 방향성을 식별하기 어려운 경우가 많다.

16 훈소발화가 가능한 물질은?

① 매끄럽게 잘린 통나무
② 가솔린
③ 플라스틱
④ 종이

해설 목재류도 훈소가 가능하지만 재질 및 표면적에 따라 다르게 나타난다. 대팻밥이나 톱밥류 같이 질량대비 표면적이 넓을 경우 훈소가 활발하지만 통나무, 플라스틱, 가솔린 등은 유염연소가 활발한 물질들이다.

Answer 11.① 12.④ 13.③ 14.① 15.② 16.④

17 사진이나 비디오 등 영상물의 증거능력 인정여부는 법원의 판단에 따른다는 기준으로 채택하고 있는 것은?

① 자유심증주의   ② 자유재량주의
③ 법정증거주의   ④ 기소독점주의

해설 우리나라 민사소송법은 자유심증주의를 채택하고 있다.

18 다음은 어떤 증거에 대한 설명인가?

> "자신이 직접 인지한 사실이 아니라 다른 사람이 말한 것에 대한 증거로서 다른 사람의 신뢰성에 의존하는 증거이다."

① 기초증거   ② 유도증거
③ 전문증거   ④ 유죄증거

해설 전문증거란 자신이 직접 인지한 사실이 아니라 다른 사람이 말한 것에 대한 증거로서 다른 사람의 신뢰성에 의존하는 증거이다.

19 화재발생보고서 등 기록물관리 원칙으로 거리가 먼 것은?

① 흠결이나 결함이 없을 것
② 화재조사관이 직접 작성 기록할 것
③ 내용에 수정이 없을 것
④ 거짓이나 꾸밈이 없을 것

해설 화재발생보고서 등은 조사내용에 변경이 있거나 추가로 조사한 내용이 발생할 경우 수정하거나 보강하여 기록할 수 있다.

20 증거로 쓰일 수 있는 사진의 조건에 해당하지 않는 것은?

① 사진에 인위적인 조작이 없을 것
② 조사관 또는 목격자 등이 직접 촬영한 것일 것
③ 원본이 훼손되지 않았을 것
④ 선명도 확보를 위해 컬러필터를 사용할 것

해설 컬러필터를 사용할 경우 화재현장이 왜곡될 수 있으므로 삼가야 한다.

21 화재현장에서 화재조사관들이 증거물관련 부분을 직접 인지해야 하는 부분이 아닌 것은?

① 화재현장에서 어떻게 다른 물질이 불과 반응했는지 여부
② 화재의 유형, 화재의 원인
③ 최초 발화지점의 특징, 구조물 내에서 불이 어떻게 진행했는지 여부
④ 화재진압 후 구조물의 안전 여부

해설 화재현장에서 어떻게 다른 물질이 불과 반응했는지 여부(물질의 연소성), 화재의 유형, 화재의 원인, 최초 발화지점의 특징, 구조물 내에서 불이 어떻게 진행했는지 여부(연소의 확대성) 등은 증거물과 관련하여 직접 화재조사관이 파악하여야 할 부분이다. 그러나 화재진압 후 구조물의 안전 여부는 증거와 관련이 없다.

Answer   17.①   18.③   19.③   20.④   21.④

Chapter 02 증거물 수집·운송·저장·보관·검사

01 화재현장 및 물적 증거의 보존

1 물리적 증거로서의 화재패턴

(1) 플룸에 의해 생성된 패턴

① 플룸이 천장에 의해 제한을 받을 경우 : 플룸으로 생성된 연기기둥이 수직으로 상승할 때 높이 올라가면 갈수록 온도는 내려가기 때문에 위쪽보다는 <u>아랫부분으로 심하게 소손된 화재패턴</u>이 만들어진다. 그러나 천장에 도달하면 천장 분출을 통해 화염이 확장된다.

② 플룸이 천장에 의해 제한을 받지 않는 경우 : 고온의 가스기둥은 주변 온도만큼 낮아질 때까지 계속 수직으로 상승하고 공기 중에서 흩어진다. 그러나 천장이 있는 실내에서도 화재가 초기 발생단계이거나 아트리움과 같이 천장이 매우 높은 곳에서는 천장에 의해 제한을 받지 않는 연소형태를 나타낸다.

③ 플룸의 폭과 화재패턴 : 바닥부분의 화재 표면적에 따라 플룸의 폭은 달리 나타난다. 바닥부 화재 표면적이 작은 경우 좁은 패턴이 만들어지고 <u>표면적이 넓을 경우에는 넓은 패턴이 생성</u>된다. 화재 초기단계에는 역원뿔형 패턴이 생성될 수 있다. 그러나 시간이 경과하고 열방출률이 증가하면 역원뿔형 패턴은 원주모양으로 변하고 V형 패턴, U형 패턴 또는 모래시계 패턴 등으로 변한다.

화재패턴이 발화지역에서 확인되지 않더라도 반드시 화재 초기단계에 발생하

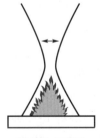
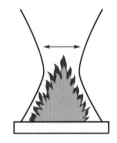

(a) 좁은 표면적   (b) 넓은 표면적

▌ 화재 표면적에 따른 플룸의 폭 ▌

지 않았다는 것은 아니며, 대류 및 복사열 증가로 변형될 수 있음을 고려하여야 한다.

(2) 환기에 의해 생성된 패턴

환기에 의한 연소패턴은 화재실 내부 공기의 이동결과에 지배적인 영향을 받는다. 연소 초기에는 환기나 연료에 의한 영향이 약하지만 화염이 커지면서 본격적으로 환기의 흐름이 증가하면 발화지점으로부터 멀리 떨어진 구역에서 더욱 격렬하게 연소할 수 있다. 개구부의 개소와 크기, 공기의 유입상태 등을 고려하면 환기에 의한 소손상황을 판단할 수 있다.

(3) 고온가스층에 의해 생성된 패턴

고온가스층은 화재 초기에 부력상승에 의해 천장면에 집적된다. 그리고 가장 먼저 오염이 이루어지게 되고 천장면에서 충돌과 굴절을 일으키며 농축된 열기류는 시간이 갈수록 두터운 열기층이 증대될 것이며 점차 벽면을 따라 하강하게 된다. 이 과정은 보통 화재실 내부가 플래시오버 상황으로 바뀌게 될 때 발생할 수 있다. 이때 천장면에 고온이 집적된 곳은 Hot zone으로 구분하고, 열기류가 가연물의 전 표면적에 이르기 전에 열기류와 접촉하지 않은 부분을 Clean zone이라고 하는데 두 구역 사이에 경계선이 뚜렷하게 구분된다. Clean zone에는 비교적 신선한 산소가 남아 있기 때문에 연소의 상승성을 돕는다.

(4) 방화관련 화재패턴

① 트레일러 패턴 : 두루마리 화장지, 신문지, 섬유류, 짚단 및 나무 등의 고체 가연물을 길게 연결한 후 연소의 촉매제로 시너나 휘발유 및 석유류 등의 액체를 그 위에 뿌려서 연소된 흔적이다. 일반적으로 트레일러 패턴은 연소구역들 사이에서 발견되는 좁은 패턴이며 대부분 수평면에서 길고 직선적인 형태로 나타난다. 발화원의 잔해가 없더라도 트레일러 패턴 자체가 방화의 유력한 물리적 증거로 작용한다.

② 낮은연소 패턴 : 낮은연소 패턴은 촉진제를 사용하였거나 촉진제와 비슷한 수단을 사용하였을 가능성이 높은 것으로 추정될 때 식별되는 패턴이다.

화재 형태의 가장 낮은 부분은 열원에 근접한 것이 일반적인 특징이다. 통상적으로 화염은 발생지점에서 위쪽 및 바깥쪽으로 타 들어가는 경향이 있다. 고온가스로 만들어진 화염과 공기의 유동에 의해 연소생성물은 팽창하여 주위공기보다 밀도가 낮아 부력이 생기고 체적과 부력의 성장이 가열된 생성물을 위로 들어 올려서 화재를 확산시키는 원인이 된다. 따라서 바닥과 같이 낮은 지점의 소실이 심하고 위쪽으로 상승성이 미약하다면 방화를 충분히 의심해 볼 수 있다.

③ 독립연소 패턴 : 발화지점이 2개소 이상으로 각각 독립적으로 발견될 경우 방화의

가능성이 있다. 보통 가연물을 모아 놓고 불을 지르거나 촛불을 이용한 지연착화로 파라핀의 잔해 등이 남기도 한다.

2 인공 증거물 (2022년 기사)

인공물은 처음 발화된 물질이거나 발화원 또는 연소확산과 관련된 물품이나 부속물일 수 있다. 인공물의 보존은 물품 자체를 위한 것이 아니라 물품에 남아 있는 화재패턴을 확인하고 증거를 확보하기 위한 것이다.

(1) 전기관련 증거물
① 배선의 단락흔, 차단기, 콘센트와 플러그, 스위치, 각종 조명기구
② 보일러, 석유난로, 스토브, 온수기 등 연소기구
③ TV, 냉장고, 에어컨, 선풍기 등 전기제품

(2) 화학관련 증거물
위험물 시설, 설비, 취급 물질 등

(3) 가스관련 증거물
① 압력조정기, 배관, 가스용기, 호스, 중간밸브, 취급한 가스의 성상
② 가스보일러, 이동식 연소기, 가스레인지 등 가스관련 제품

3 증거의 보호
① 출입금지구역을 설정 후 소방관이나 경찰이 발화구역의 <u>접근을 통제</u>한다.
② 위험지역에 경고표지판을 설치하거나 정밀조사가 필요한 곳은 천막 등으로 덮어 <u>2차 손상을 방지</u>한다.
③ 구획된 방이나 실 등은 끈이나 로프 등으로 출입금지구역임을 설정하고 격리한다.

4 화재현장 보존을 위한 조치 (암기) (2013년 산업기사) (2014년 산업기사) (2015년 산업기사) (2020년 산업기사) (2021년 기사) (2023년 기사) (2023년 산업기사)
① 화재현장에서는 증거물 수집을 위해 내용물 및 비품, 가구 등이 화재 이전의 상태로 보존 및 보호될 수 있도록 노력한다.
② 증거보호를 위해 화재현장 전체를 물리적 증거로 간주하여 보호하거나 통제되도록 조치한다.
③ 화재현장에서 증거물보호에 대한 책임은 화재조사관 뿐만 아니라 진압활동에 참여한 소방관과 경찰도 협력하여야 하며, 필요하다면 증거보호를 위해 화재진압 활동을 제한하여야 한다.

5 소화활동 인력의 역할 및 책임 (2015년 기사) (2015년 산업기사) (2017년 기사) (2017년 산업기사) (2019년 기사) (2019년 산업기사) (2022년 기사)

소방서 현장 지휘관 및 소방관들은 화재를 진압하는 과정에서 발화와 관계된 증거물 등이 발견되면 분실, 파괴 또는 불필요하게 이동하지 않도록 조치하고 화재조사관에게 알려 협력을 구해야 한다. 또한 현장 지휘관은 증거의 기록과 수집에 대해 책임과 권한이 있는 기관 등에게 알려 효과적인 화재조사가 진행될 수 있도록 조치를 하여야 한다.

① 소화활동 시 발화지역 주변으로 직사주수 사용을 자제하고, 유리창의 파괴나 벽체의 제거 등은 증거 훼손을 염두에 두고 실시한다.

② 화재패턴이 남아 있을 가능성이 있는 바닥은 더 이상 훼손되지 않도록 상황에 따라 물의 사용을 제한하도록 한다.

③ 물건의 이동과 파헤침 등 과도한 잔화정리를 피하도록 한다.

④ 가구류 및 물건들을 옮기거나 제거하는 것은 발굴 및 복원을 염두에 두고 최소한으로 실시한다.

⑤ 현장에 있는 설비나 기구의 손잡이 및 스위치 등을 함부로 조작하지 않도록 한다.

⑥ 화재진압을 위해 가솔린이나 디젤연료를 사용하는 파괴도구나 장비를 사용할 때에는 조사관에게 알려야 하고, 연료의 주입은 화재현장 밖에서 이루어지도록 하여 오염방지에 주력한다.

6 기타 고려사항 (2018년 산업기사)

① 증거보호를 이유로 화재현장을 불안정한 상태로 유지하거나 오랫동안 통제하지 않도록 배려를 한다.

② 현장조사가 이해당사자들에 의해 모두 기록되고 관련증거가 수집되었다면 현장을 보존할 이유가 없으므로 충분한 논의를 거쳐 현장조사를 마무리하도록 한다.

바로바로 확인문제

증거보존을 위한 소화활동으로 가장 부적절한 것은?
① 화재진압활동은 파괴를 최소화하는 방법으로 실시한다.
② 가구류, 장식장 등을 옮기거나 제거하는 것은 복원이 끝날 때까지 피해야 한다.
③ 구급대원이나 구조대원도 증거보호를 위해 출입이 제한될 수 있다.
④ 직사주수로 낙하물을 모두 제거하여 안전을 확보한다.

해설 직사주수로 낙하물을 모두 제거하면 증거의 오염과 훼손이 가중되므로 적절한 검증을 하기 어려워진다.

답 ④

02 물적 증거의 오염

1 증거물 보관 용기의 오염

① 증거물 보관 용기는 기존에 사용했던 용기와 섞이지 않도록 하고 오염된 지역으로부터 <u>격리된 장소에 두어야</u> 한다.
② 양철캔이나 유리병과 같이 증거수집 용기는 상호교차오염을 방지하기 위해 하나의 방법으로 공급자로부터 받는 <u>즉시 봉인하도록</u> 한다.
③ 증거수집 용기는 증거를 수령할 경우에만 용기를 개봉하여야 하며 이송과정 및 실험실 등에서 조사가 이루어질 때까지 <u>봉인상태로 보존</u>해야 한다.

2 증거수집 과정에서의 오염

① 증거물의 오염은 <u>대부분 수집과정에서 발생</u>하며 특히 액체 및 고체 증거물을 수집할 때 더욱 오염이 가중될 수 있다. 액체 및 고체 촉진제는 조사관의 장갑에 흡수될 수 있고 수집 도구 및 기구에 옮겨질 수도 있다.
② 오염방지를 위해 일회용 비닐장갑 또는 손을 비닐봉지에 넣어 작업하는 방법을 강구하고, 각각의 증거물을 수집할 때마다 항상 <u>새 장갑과 새 봉지를 사용하여야</u> 한다.
③ 오염방지를 위한 다른 방법으로는 보관 용기 자체를 수집도구로 사용하는 것이다. 금속 뚜껑은 물리적 증거를 용기에 담을 때 국자처럼 사용하여 담을 경우 손이나 도구로부터 발생할 수 있는 교차오염을 방지할 수 있다.
④ <u>빗자루나 삽, 창문닦이 등의 도구</u>를 사용할 경우 조사기구를 완전하게 닦아내도록 한다. 그러나 이들 도구에는 <u>휘발성 용매가 들어 있지 않는 것을 사용</u>하여야 한다.

3 소방대원에 의한 오염

소방관들이 현장에서 동력절단기, 이동식 발전기 등을 사용할 경우 연료를 주입하는 과정에서 유류 성분의 누출로 오염이 이루어질 수 있다. 소방관은 오염을 최소화하기 위한 <u>예방조치</u>를 하고 오염 가능성이 있을 경우 조사관에게 알려야 한다.

03

증거물관리 및 법과학

꼼꼼. check! ▶ 증거물 오염원의 종류 ◀ [2015년 산업기사] [2019년 기사] [2020년 산업기사]

- 수집과정에서 조사관의 잘못된 취급
- 연소되거나 탄화된 물체와의 이질적 혼합
- 퇴적물 또는 소화수 등과의 접촉으로 희석, 분리, 멸실 초래
- 현장통제 미흡으로 야기되는 불특정인의 현장출입
- 수집 용기의 세척불량, 밀봉조치 미흡 등 용기관리 부실

바로바로 확인문제 ●

증거물 오염이 가중되는 경우로 가장 적절한 것은?
① 발견하였을 때　　　　　　　② 수집할 때
③ 이송할 때　　　　　　　　　④ 보관할 때

해설 증거물은 수집과정에서 오염이 가중되거나 훼손되기 쉽다.　　　　　답 ②

03 ▶ 증거물 수집 방법 [2013년 산업기사] [2022년 기사]

1 물리적 증거 수집과 보전 암기 [2013년 산업기사] [2014년 기사] [2017년 기사] [2018년 산업기사] [2023년 기사] [2023년 산업기사]

① 물리적 증거는 다른 곳으로 옮겨지기 전에 도면 및 스케치, 보고서, 사진촬영 등으로 기록되어야 하며 증거목록과 수집자에 대한 기록 등을 작성하여야 한다.
② 물리적 증거의 크기가 작을 경우 상대적 크기를 나타내기 위해 동전이나 눈금자, 라이터 등을 증거물의 옆에 나란히 놓고 사진촬영을 하여 쉽게 인식할 수 있도록 기록하여야 한다.
③ 증거기록은 발견 당시의 상황 그대로 사진으로 촬영하여 증거를 명확히 기록하여야 한다. 증거는 원래 있었던 장소에서 발견되기도 하지만 화염에 의한 낙하, 다른 물체에 의한 전도 등으로 쓰러져 소손된 상태로 발견되는 경우가 많다.

꼼꼼. check! ▶ 증거를 기록하는 목적 ●
증거물의 발견 당시 위치와 오염 및 훼손상태 등을 확인하여 증거의 객관성을 확보하려는 데 있다.

2 법의학적 물리적 증거물의 수집 암기 [2013년 산업기사] [2017년 산업기사] [2023년 기사] [2023년 산업기사]

① 법의학적 물리적 증거물에는 손가락 및 지문, 피와 타액과 같은 체액, 머리카락 및 섬유, 신발자국, 도구의 흔적, 흙 및 모래, 나무 및 톱밥, 유리, 페인트, 금

속, 필적, 의심되는 문서 등 일반적인 형태의 흔적이 포함된다.

② 법의학적 증거는 화재조사의 일부가 될 수 있으며, 화재조사관은 물리적 증거물을 검사하거나 테스트를 실시하는 법의학 실험실 등에 자문을 구하도록 한다.

3 촉진제 테스트를 위한 증거 수집 암기

(1) 액체 촉진제의 특성 암기

① 액체 촉진제는 대부분 바닥이나 내부 마감재 또는 기타 연소된 화재 잔해에 <u>쉽게 흡수</u>된다.

② 수용성 알코올을 제외하고 대부분의 액체 촉진제는 물보다 가벼워 물 위에 뜬 형태로 식별되는 경우가 많다.

③ 액체 촉진제는 섬유류 같은 <u>다공성 물질</u> 안에 흡수되었을 때 <u>존속성이 매우 높다</u>.

> **! 꼼.꼼. check!** ▶ 레인보우(rainbow) 현상 ◀
>
> 섬유류, 신발, 플라스틱 등 합성고분자 물질이 연소하면 자체에 함유된 탄화수소물질의 배출로 물 위로 분해된 기름띠가 마치 무지개 빛깔로 나타나 인화성 액체 촉진제를 사용한 것으로 착각을 할 수 있다. 이른바 레인보우(rainbow) 현상으로서 인화성 액체 촉진제와 구별되어야 한다.

(2) 조사견을 이용한 액체 촉진제 수집

① 조사견(犬)을 이용하는 경우 조련사는 조사범위를 결정하고 조사견의 수색을 허용할 것인지를 결정하여야 한다.

② <u>조사견들은</u> 발화성 액체가 있는 것으로 감지되었을 때 항상 반응하는 것이 아니며 발화성 액체를 구분하는 능력이 뛰어나기는 하지만 <u>절대적인 것이 아님</u>을 염두에 두어야 한다.

③ 조사견을 활용하는 목적은 조사견의 도움을 받지 않고 선별된 표본들보다 가능성이 높은 표본을 확보할 수 있다는 점에 있다.

> **! 꼼.꼼. check!** ▶ 조사견 이용 시 유의사항 ◀
>
> 조사견을 이용하더라도 화재조사관에 의한 증거수집 및 조사방법과 병행하여 함께 실시되어야 한다. 조사견의 발화성 액체 분별능력이 절대적인 것이라고 단언하기 힘들다는 점을 유념해야 한다.

(3) 발화성 액체 표본의 채취방법

① 액체 촉진제를 수집할 경우 접근이 용이하다면 주사기, 스포이트(spuit), 피펫(pipette), 사이펀 도구 및 증거물 용기 자체를 이용하여 액체를 채취할 수 있다.

② 용기를 이용한 수집이 곤란할 경우 살균처리한 면 솜덩이나 거즈 패드를 이용하여 액체를 흡수한 후 밀폐용기에 봉인하여 이송하기도 한다.

> **! 꼼.꼼.check!** ─●─ 액체 촉진제 수집기구 ●─
>
> • 스포이트 : 한쪽 끝에 고무주머니가 달려 있고 한쪽 끝에는 유리관으로 된 흡입구가 있다. 소량의 액체를 빨아들이거나 한 방울씩 떨어뜨리는 데 사용된다. 액체를 흡수하기 위하여 고무주머니를 눌러 주어야 한다.
> • 피펫 : 일반적으로 유리피펫을 사용하며 일정량의 유기용매를 흡입하는 데 사용된다.
> • 사이펀 도구 : 용기를 기울이지 않고 액체를 높은 곳에서 낮은 곳으로 옮기는 데 사용하는 구부러진 관을 말한다.

(4) 고체 물질에 흡수된 액체 증거의 채취방법

① 액체 촉진제가 흙과 모래를 포함한 고체 물질에 흡수된 상태로 발견되는 경우 흡수된 <u>내용물 전체를 채취</u>하여야 한다.

② 나무를 톱질한 모서리나 가장자리, 못 자국이 있는 곳, 균열이 일어난 틈새와 나사구멍 등은 표본을 채취하기 좋은 부분으로 깊이 침투된 것으로 의심되는 경우 물질의 전체 단면을 제거하여 분석을 위해 보존하여야 한다.

③ 액체 촉진제가 콘크리트 바닥 같은 다공성 물질에 갇힌 경우 석회, 규조토 또는 베이킹파우더가 들어 있지 않은 밀가루를 사용하여 채취할 수 있다. 흡수성 물질을 콘크리트 표면에 바른 후 20~30분 정도 경과한 후 깨끗한 밀폐용기에 보관하도록 한다.

(5) 고체 표본의 채취방법

① 고체 촉진제는 일반적으로 플라스틱이나 목재 등 흔한 물질이지만 합성물질 또는 화학물질일 수도 있다. 방화에 쓰이는 일부 물질은 화학적 부식성이 강하므로 용기를 부식시키지 않는 재질을 사용하여 처리하여야 한다.

② 고체는 수집과정에서 파손 및 망실되기 쉽고 화재로 인해 분해되거나 흩어져 단면이 작게 남을 수 있다. 가급적 <u>분해된 물질 전체를 수집</u>하도록 한다.

(6) 비교표본의 수집방법

① 액체 촉진제가 포함된 것으로 보이는 카펫조각을 채취할 경우 비교표본은 액체 촉진제가 묻어 있지 않은 동일한 카펫조각까지 수거하여야 한다.

② <u>비교표본을 채취할 때에는 화재 피해를 받지 않은 지역에서 채취</u>하여야 한다. 분석을 통해 비교표본에서 발화성 액체가 없다고 가정할 때 의심되는 표본과 상대적인 비교가 가능하기 때문이다.

③ 비교표본을 구할 수 없는 경우도 있고 비교표본 자체가 불필요할 수도 있다. 표본의 필요성 여부 결정은 실험 분석가가 내리지만 비교표본을 채취하기 위해 현장을 다시 방문할 수 없는 경우가 많기 때문에 비교표본은 초기에 채취되어야 한다.

> **! 꼼.꼼. check!** ▶ 비교표본을 수집하는 이유 *2018년 기사* *2018년 산업기사*
>
> 비교표본에 잠재된 휘발성 열분해 생성물의 존재여부와 재료의 화염특성을 분석하여 수집된 본래의 시료와 상대적인 비교를 통해 증거를 입증하는 데 있다.

4 기체 표본의 수집

(1) 기계적 표본 채취장치 사용
기체 공기 표본을 빨아들여 표본 용기에 보관하거나 분석을 위해 숯이나 화학적 중합체를 흡수하는 물질로 된 트랩을 통해 빨아들이는 방법이다.

(2) 기체 샘플 캔 이용
텅 비어 있는 기체 샘플 캔 속으로 기체를 채취하는 방법이다.

5 전기설비 구성부품의 수집 *2020년 기사* *2020년 산업기사* *2021년 기사*

① 전기설비나 구성부품의 <u>수집 전</u>에 <u>전원의 차단여부를 확인</u>해야 하며, 증거물이 발견된 상태 그대로 보존하여야 한다.
② 전선은 길거나 짧게 남아 있을 수 있지만 용융흔 부분만 채집할 것이 아니라 가급적 남아 있는 피복까지 검사할 수 있도록 길게 수집하도록 한다. 전선의 양쪽 끝에는 <u>태그를 붙여 표시</u>한다.
③ 전기스위치, 콘센트, 온도조절장치, 배전반 패널 등은 발견된 상태 그대로 떼어내어 수집한다. 배전반 안에 있는 각각의 부품을 수집할 때는 전체적인 분배시스템의 위치와 기능에 주의하여 수집하도록 한다.
④ 조사관이 해당 설비에 대하여 잘 알지 못하는 경우 해당 설비의 손상방지를 위해 해체하거나 현장에서 테스트하기 전에 관련분야에 지식이 있는 <u>전문가의 지원</u>을 받도록 한다.

> **! 꼼.꼼. check!** ▶ 전기배선 수집 시 태그에 표기하여야 할 사항 *2018년 기사*
>
> • 전선이 연결되어 있었거나 절단된 장치 또는 기기
> • 전선이 연결되어 있었거나 절단된 회로차단기나 퓨즈 번호 또는 위치
> • 장치와 회로보호장치 사이의 전선의 경로

6 전기기기 또는 소형 전기제품의 수집 〈2021년 기사〉

① 전기기기에서 발화가 의심될 경우 가능한 한 <u>전기제품 전체를 증거물로 수집하도록 한다.</u>

② 전기기기나 제품을 전체적으로 수집하는 것이 불가능할 경우 기기나 제품이 놓여 있던 그 장소에서 조사를 실시하고 부분적으로 발화와 관련된 특정 부품만 수집하도록 한다.

③ 제품에 대한 분해조사 또는 수집과 이송절차는 증거물의 발견 당시 상태를 확인할 수 있도록 사진촬영 등으로 조사과정을 기록하도록 한다.

04 증거물 시료 용기(화재증거물수집관리규칙) 〈2013년 산업기사, 2022년 기사, 2023년 기사, 2023년 산업기사〉

┃ 증거물 시료 용기 [별표1] ┃

구분	용기 내용
공통 사항	• 장비와 용기를 포함한 모든 장치는 원래의 목적과 채취할 시료에 적합하여야 한다. • 시료 용기는 시료의 저장과 이동에 사용되는 용기로 적당한 마개를 가지고 있어야 한다. • 시료 용기는 취급할 제품에 의한 용매의 작용에 투과성이 없고 내성을 갖는 재질로 되어 있어야 하며, 정상적인 내부 압력에 견딜 수 있고 시료채취에 필요한 충분한 강도를 가져야 한다.
유리병	• 유리병은 유리 또는 폴리테트라플루오로에틸렌(PTFE)로 된 마개나 내유성의 내부 판이 부착된 플라스틱이나 금속의 스크루 마개를 가지고 있어야 한다. • 코르크 마개는 휘발성 액체에 사용하여서는 안 된다. 만일 제품이 빛에 민감하다면 짙은 색깔의 시료병을 사용한다. • 세척방법은 병의 상태나 이전의 내용물, 시료의 특성 및 시험하고자 하는 방법에 따라 달라진다.
주석도금캔 (CAN)	• 캔은 사용 직전에 검사하여야 하고 새거나 녹슨 경우 폐기한다. • 주석도금캔(CAN)은 1회 사용 후 반드시 폐기한다.
양철캔 (CAN)	• 양철캔은 적합한 양철판으로 만들어야 하며, 프레스를 한 이음매 또는 외부 표면에 용매로 송진 용제를 사용하여 납땜을 한 이음매가 있어야 한다. • 양철캔은 기름에 견딜 수 있는 디스크를 가진 스크루 마개 또는 누르는 금속마개로 밀폐될 수 있으며, 이러한 마개는 한번 사용한 후에는 폐기되어야 한다. • 양철캔과 그 마개는 청결하고 건조해야 한다. • 사용하기 전에 캔의 상태를 조사해야 하며 누설이나 녹이 발견될 때에는 사용할 수 없다.
시료 용기의 마개	• 코르크 마개, 고무(클로로프렌 고무는 제외), 마분지, 합성 코르크 마개 또는 플라스틱 물질(PTFE는 제외)은 시료와 직접 접촉되어서는 안 된다. • 만일 이런 물질들을 시료 용기의 밀폐에 사용할 때에는 알루미늄이나 주석 호일로 감싸야 한다. • 양철 용기는 돌려 막는 스크루 뚜껑만 아니라 밀어 막는 금속 마개를 갖추어야 한다. • 유리 마개는 병의 목 부분에 공기가 새지 않도록 단단히 막아야 한다.

05 증거물의 상황기록 등(화재증거물수집관리규칙)

1 증거물의 상황기록

① 화재조사관은 증거물의 채취, 채집 행위 등을 하기 전에는 증거물 및 증거물 주위의 상황(연소상황 또는 설치상황을 말함) 등에 대한 도면 또는 사진 기록을 남겨야 하며, 증거물을 수집한 후에도 기록을 남겨야 한다.
② 발화원인의 판정에 관계가 있는 개체 또는 부분에 대해서는 증거물과 이격되어 있거나 연소되지 않은 상황이라도 기록을 남겨야 한다.

2 증거물의 수집

① 증거서류를 수집함에 있어서 원본 영치를 원칙으로 하고, 사본을 수집할 경우 원본과 대조한 다음 원본대조필을 하여야 한다. 다만, 원본대조를 할 수 없을 경우 제출자에게 원본과 같음을 확인 후 서명 날인을 받아서 영치하여야 한다.
② 물리적 증거물 수집(고체, 액체, 기체 형상의 물질이 포집되는 것을 말함)은 증거물의 증거능력을 유지·보존할 수 있도록 행하며, 이를 위하여 전용 증거물 수집장비(수집도구 및 용기를 말함)를 이용하고, 증거를 수집함에 있어서는 다음에 따른다.
    ㉠ 현장 수거(채취)물은 [별지 제1호 서식]에 그 목록을 작성하여야 한다.
    ㉡ 증거물의 수집장비는 증거물의 종류 및 형태에 따라, 적절한 구조의 것이어야 하며, 증거물 수집 시료 용기는 [별표 1]에 따른다.
    ㉢ 증거물을 수집할 때는 휘발성이 높은 것에서 낮은 순서로 진행해야 한다.
    ㉣ 증거물의 소손 또는 소실 정도가 심하여 증거물의 일부분 또는 전체가 유실될 우려가 있는 경우는 증거물을 밀봉하여야 한다.
    ㉤ 증거물이 파손될 우려가 있는 경우 충격금지 및 취급방법에 대한 주의사항을 증거물의 포장 외측에 적절하게 표기하여야 한다.
    ㉥ 증거물 수집 목적이 인화성 액체 성분 분석인 경우에는 인화성 액체 성분의 증발을 막기 위한 조치를 하여야 한다.
    ㉦ 증거물 수집 과정에서는 증거물의 수집자, 수집일자, 상황 등에 대하여 기록을 남겨야 하며, 기록은 가능한 법과학자용 표지 또는 태그를 사용하는 것을 원칙으로 한다.
    ㉧ 화재조사에 필요한 증거물 수집을 위하여 「소방의 화재조사에 관한 법률 시행령」 제8조에 따른 조치를 할 수 있다.

3 증거물의 포장

입수한 증거물을 이송할 때에는 포장을 하고 상세 정보를 [별지 제2호 서식]에 기록하여 부착한다. 이 경우 증거물의 포장은 보호상자를 사용하여 개별 포장함을 원칙으로 한다.

4 증거물 보관 · 이동 🔑 🧑 2023년 기사 2023년 산업기사

① 증거물은 수집 단계부터 검사 및 감정이 완료되어 반환 또는 폐기되는 전 과정에 있어서 화재조사관 또는 이와 동일한 자격 및 권한을 가진 자의 책임(이하 "책임자"라 함) 하에 행해져야 한다.

② 증거물의 보관 및 이동은 장소 및 방법, 책임자 등이 지정된 상태에서 행해져야 되며, 책임자는 전 과정에 대하여 이를 입증할 수 있도록 다음의 사항을 작성하여야 한다.
  ㉠ 증거물 최초상태, 개봉일자, 개봉자
  ㉡ 증거물 발신일자, 발신자
  ㉢ 증거물 수신일자, 수신자
  ㉣ 증거 관리가 변경되었을 때 기타 사항 기재

③ 증거물의 보관은 전용실 또는 전용함 등 변형이나 파손될 우려가 없는 장소에 보관해야 하고, 화재조사와 관계없는 자의 접근은 엄격히 통제되어야 하며, 보관관리 이력은 [별지 제3호 서식]에 따라 작성하여야 한다.

④ 증거물 이동과정에서 증거물의 파손 · 분실 · 도난 또는 기타 안전사고에 대비하여야 한다.

⑤ 파손이 우려되는 증거물, 특별 관리가 필요한 증거물 등은 이송상자 및 무진동 차량 등을 이용하여 안전에 만전을 기하여야 한다.

⑥ 증거물은 화재증거 수집의 목적달성 후에는 관계인에게 반환하여야 한다. 다만 관계인의 승낙이 있을 때에는 폐기할 수 있다.

5 증거물에 대한 유의사항

증거물의 수집, 보관 및 이동 등에 대한 취급방법은 증거물이 법정에 제출되는 경우에 증거로서의 가치를 상실하지 않도록 적법한 절차와 수단에 의해 획득할 수 있도록 다음의 사항을 준수하여야 한다.

① 관련 법규 및 지침에 규정된 일반적인 원칙과 절차를 준수한다.
② 화재조사에 필요한 증거 수집은 화재피해자의 피해를 최소화하도록 하여야 한다.
③ 화재증거물은 기술적, 절차적인 수단을 통해 진정성, 무결성이 보존되어야 한다.

④ 화재증거물을 획득할 때에는 증거물의 오염, 훼손, 변형되지 않도록 적절한 장비를 사용하여야 하며, 방법의 신뢰성이 유지되어야 한다.

⑤ 최종적으로 법정에 제출되는 화재 증거물의 원본성이 보장되어야 한다.

6 현장사진 및 비디오촬영

화재조사관 등은 화재발생 시 신속히 현장에 가서 화재조사에 필요한 현장사진 및 비디오 촬영을 반드시 하여야 하며, CCTV, 블랙박스, 드론, 3D시뮬레이션, 3D스캐너 영상 등의 현장기록물 확보를 위해 노력하여야 한다.

7 촬영 시 유의사항 암기 2023년 기사 2023년 산업기사

현장사진 및 비디오 촬영 및 현장기록물 확보 시 다음에 유의하여야 한다.

① 최초 도착하였을 때의 원상태를 그대로 촬영하고, 화재조사의 진행순서에 따라 촬영

② 증거물을 촬영할 때는 그 소재와 상태가 명백히 나타나도록 하며, 필요에 따라 구분이 용이하게 번호표 등을 넣어 촬영

③ 화재현장의 특정한 증거물 등을 촬영함에 있어서는 그 길이, 폭 등을 명백히 하기 위하여 측정용 자 또는 대조도구를 사용하여 촬영

④ 화재상황을 추정할 수 있는 다음의 대상물의 형상은 면밀히 관찰 후 자세히 촬영
 ㉠ 사람, 물건, 장소에 부착되어 있는 연소흔적 및 혈흔
 ㉡ 화재와 연관성이 크다고 판단되는 증거물, 피해물품, 유류

⑤ 현장사진 및 비디오촬영과 현장기록물 확보 시에는 연소확대 경로 및 증거물 기록에 대한 번호표와 화살표 등을 활용하여 작성한다.

8 현장사진 및 비디오 촬영물 기록 등

① 촬영한 사진으로 증거물과 관련 서류를 작성할 때는 [별지 제4호 서식]에 따라 작성하여야 한다.

② 현장사진 및 비디오, 현장기록의 작성, 정리, 보관과 그 사본의 송부상황 등 기록처리는 [별지 제5호 서식]에 따라 작성하여야 한다.

9 기록의 정리 · 보관

① 현장사진과 현장비디오를 촬영하였을 때는 화재발생 연월일 또는 화재접수 연월일 순으로 정리보관하며, 보안 디지털 저장 매체에 정리하여 보관하여야 한다.

다만, 디지털 증거는 법정에서 원본과의 동일성을 재현하거나 검증하는 데 지장이 초래되지 않도록 수집·분석 및 관리되어야 한다.

② 현장사진파일과 동영상파일 등은 국가화재정보시스템에 등록하여야 하며 조회, 분석, 활용 가능하여야 한다.

10 기록 사본의 송부

소방본부장 또는 소방서장은 현장사진 및 현장비디오 촬영물 중 소방청장 또는 소방본부장의 제출요구가 있는 때에는 지체 없이 촬영물과 관련 조사 자료를 디지털 저장 매체에 기록하여 송부하여야 한다.

11 개인정보 보호

화재조사자료, 사진 및 비디오 촬영물 관련 업무를 수행하는 자는 증거물 수집 과정에서 처리한 개인정보를 화재조사 이외의 다른 목적으로 이용하여서는 안 된다.

06 물적 증거의 검사 및 테스트

1 실험실 검사

① 실험실 검사 및 테스트 방법은 여러 가지 요인에 의해 영향을 받을 수 있다는 사실을 염두에 두고 있어야 한다. 이러한 요인으로는 테스트를 실시하는 사람의 능력, 테스트 기구의 성능, 충분한 시험 계획, 표본이나 견본의 질과 상태에 따라 다양할 수 있다.

② 테스트를 통해 증거가 달라질 수 있다고 판단되는 경우에는 테스트를 하기 전에 이해당사자에게 고지하여 테스트에 찬성하거나 반대할 기회를 주어야 한다.

2 테스트 방법

(1) 가스 크로마토그래피(gas chromatography)

① 용도 : 이 방법은 두 가지 이상의 성분으로 된 물질을 단일 성분으로 분리시켜 무기물질과 유기물질의 정성, 정량 분석에 사용하는 분석기기이다. 시료가 분해 또는 화학반응이 일어나지 않고 빠르게 기화할 수 있는 것과 350~400℃ 이하의 온도에서 기체 또는 증기 상태인 것을 분석하는 데 적합하게 쓰인다.

② 장치의 구성
  ㉠ 압력조정기와 유량계가 부착된 운반기체(carrier gas)의 고압실린더
  ㉡ 시료주입장치(injector)
  ㉢ 분리관(column)
  ㉣ 칼럼을 통해 분리된 성분을 검출해내는 검출기(detector)
  ㉤ 검출기에서 검출한 신호를 전환시키고 기록할 수 있는 전위계와 기록계(data system)
  ㉥ 분리관, 시료주입기 및 검출기의 각 부분 온도를 조정할 수 있는 항온장치

③ 분석원리 : 분석하고자 하는 각 성분은 물리적, 화학적 상호작용에 의해 고정상과 이동상에 서로 다르게 분배되어 분리가 이루어진다. 시료를 기화시킨 비활성 기체를 이동상으로 분리관 안으로 통과시켜 고정상 간의 성분의 분배계수 차이에 의해 각 성분을 분리하면 분리관에 머무르는 시간 차이에 의해 이를 순차적으로 검출기에 통과시켜 기록계에 의해 나타나는 피크위치로 정성분석을 한다. 한편 얻어진 피크의 면적을 측정하면 정량분석도 할 수 있다.

④ 분석방법
  ㉠ 분리관의 부착 및 기체 누설시험 : 분리관을 가스 크로마토그래피에 부착하고 운반기체의 압력을 사용압력보다 10~20% 높게 한 다음 분리관 등의 접속부에 발포액을 도포하여 기체의 누설여부를 관찰한다.
  ㉡ 시료 준비 : 각 분석방법에 따라 시료를 준비한다.
  ㉢ 분석조건 설정 : 분석방법의 규정된 조건에 맞춰 운반기체의 유량, 분리관의 온도, 오븐의 온도, 검출기의 온도 등을 적정하게 설정한다.
  ㉣ 시료 주입 : 기체시료는 기체용 시린지(0.5~5mL)를 사용하여 액체 주입부로 주입하고, 액체시료는 적당한 용량의 마이크로 시린지(1.0~50μL)를 사용하여 액체시료 주입부에 주입시킨다. 고체시료는 일반적으로 용매에 녹여 액체시료의 주입방법으로 주입한다.
  ㉤ 크로마토그램의 기록 : 시료를 주입한 후 크로마토그램을 기록한다.

(2) 질량분석법(mass spectrometry)
  ① 용도 : 가스 크로마토그래피와 연결하여 <u>개별 성분을 분석</u>하는 것으로 각 원소들에 대한 상세한 분석을 수행한다. 질량분석법은 시료 물질의 원소 조성에 대한 정보와 분자구조에 대한 정보, 복잡한 혼합물의 정성, 정량적 분석, 고체 표면의 정보, 시료에 존재하는 동위원소 비에 대한 정보를 얻을 수 있다.
  ② 장치의 구성
    ㉠ 시료를 도입하는 주입시스템

　　ⓛ 도입한 시료를 이온화시키는 이온발생원

　　ⓒ 이온을 질량 대 전하 비로 분리하는 질량분리기

　　ⓔ 이온을 검출하는 검출기

> **! 꼼꼼. check! ▶ 질량분석법 ●**
>
> 전 과정은 진공상태로 진행되며, 이온이 직접 날아다니기 때문에 검출기에 도달하기 전에 공기
> 와 접촉하면 신호를 얻을 수 없다.

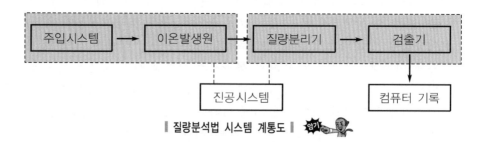

┃ 질량분석법 시스템 계통도 ┃

　③ **분석원리** : 질량분석법은 전하를 띤 입자가 <u>자기장 안에서 힘을 받아 회전하는 원리</u>를 이용한 것이다. 분자 이온이 자기장 속에서 힘을 받아 회전을 하는 것으로 분자량에 따라서 회전반경이 다르게 나타난다. 질량 대 전하 비가 다르면 분리가 가능하기 때문에 분자량을 확정할 때 쓰인다.

(3) 적외선 분광광도계(infrared spectrophotometer) 〔2019년 기사〕〔2020년 산업기사〕〔2023년 기사〕〔2023년 산업기사〕

　① **용도** : 무기 및 유기 화학 등 화학의 모든 분야에 걸쳐 이용되는 장비로서 특정한 파장대의 적외선을 흡수하는 능력에 의해 화학종을 확인한다. 적외선은 파장 영역대에 따라 크게 세 가지 영역으로 구분된다.

　　㉠ 가시광선에 가까운 짧은 파장의 근적외선 영역 : near IR $0.78 \sim 2.5 \mu m$

　　㉡ 중간 정도의 적외선 영역 : IR $2.5 \sim 15 \mu m$

　　㉢ 원적외선 영역 : far IR $15 \sim 200 \mu m$

　② **분석원리** : 분자에 중간영역 적외선($2.5 \sim 15 \mu m$)의 빛을 쬐어주면 이것은 X선 또는 자외선 등 보다 에너지가 낮기 때문에 빛을 흡수하여 원자 내에서 전자의 전이현상을 일으키지 못하고 대신 분자의 진동, 회전, 병진 등과 같은 여러 가지 분자운동을 일으키게 된다. 이때 이 영역에서 분자진동에 의한 특성적 흡수 스펙트럼이 나타나는데 이것을 분자진동 스펙트럼 또는 적외선 스펙트럼이라고 한다. 따라서 물질의 특성적 IR 스펙트럼을 잘 해석하면 미확인 물질의 분자구조를 어느 정도 추정할 수 있다.

(4) 원자흡광분석(atomic absorption) 암기

원자흡광분석법은 <u>금속원소</u>는 물론 <u>준금속</u>과 세라믹류 또는 흙과 같은 휘발성이 아닌 일부 <u>비금속 원소까지 정량</u>할 수 있는 분석방법으로 기체상태의 중성원자가 복사선을 흡수하는 사실에 기초한다. 이 방법은 다른 방법에 비해 신속, 정확하고 간편하며, 시료의 전처리 방법이 복잡하지 않은 장점이 있다. 또한 간섭영향이 비교적 적고, 선택성이 좋으며, 극미량의 낮은 농도는 물론 높은 농도까지 분석이 가능하여 여러 가지 화학분석에 쓰인다.

(5) 엑스레이 형광분석(X-ray fluorescence) 암기

X선을 이용하여 시료를 분해하거나 파괴하지 않고 분석할 수 있으며, 원상태를 유지한 채 분석할 수 있다는 장점이 있다. 주로 엑스레이 광자에 대한 반응을 통해 금속원소를 분석하는 데 쓰인다.

(6) 인화점 측정기 암기

구 분	종 류	적용기준	적용시료
밀폐식	태그밀폐식	인화점이 93℃ 이하인 시료에 적용 ■ 적용할 수 없는 시료 • 측정 시 유막이 형성되는 시료 • 현탁물질을 함유한 시료 • 40℃ 동점도가 5.5mm^2/s 이상, 25℃ 동점도가 9.5mm^2/s 이상인 시료	원유, 휘발유, 등유, 항공터빈 연료유
	신속평형법 (세타식)	인화점이 110℃ 이하인 시료에 적용	원유, 등유, 경유, 중유, 항공터빈 연료유
	펜스키마텐스	밀폐식 인화점 측정이 필요한 시료 및 태그밀폐식을 적용할 수 없는 시료에 적용	원유, 경유, 중유, 전기절연유, 방청유, 절삭유
개방식	태그개방식	인화점이 −18~163℃ 사이이고, 연소점이 163℃까지 이르는 시료에 적용	–
	클리블랜드	인화점이 79℃ 이하인 시료에 적용 (단, 원유 및 연료유 제외)	석유, 아스팔트, 유동파라핀, 에어필터유, 석유왁스, 방청유, 전기절연유, 열처리유, 절삭유, 각종 윤활유 등

3 표본 추출방법

① 현장에서 너무 적은 양의 샘플 수집은 테스트가 곤란할 수 있<u>으므로 충분한 양을 확보</u>하도록 노력한다.

03
증거물관리 및 법과학

② 물리적 증거는 화재조사관이 현장에서 발견한 양만큼만 수집할 수 있는데 검사기관에서 요구하는 최소한의 기준에 적합하도록 사전에 실험실로 자문을 구하는 조치를 염두에 두도록 한다.

4 상대적 검사

① 상대적 검사 및 테스트는 <u>공인 기준에 적합한 기기나 장비</u>로 하여야 한다.
② 다른 방법에 의한 테스트로는 견본 기기나 제품을 사용하는 방법이 있다. 견본을 사용하면 특정 기기나 손상되지 않은 견본이 화재를 유발시킬 수 있었는지 확인이 가능하기 때문이다. 이때 견본은 화재와 관련된 제품과 동일한 회사의 동일한 모델이어야 한다.

07 화재현장의 증거물 분석 및 재구성

1 증거와 자료의 재검토

① 화재현장 전체를 증거와 연결시켰을 때 내용이 <u>모순되었거나 불합리한 점은 없는지</u> 검토하여야 한다.
② 발화지점 결정에 있어 물리적으로 나타난 연소패턴과 연소확산된 범위, 그리고 목격자의 진술 등에 대립되는 사실이 발견되었을 경우 모든 <u>가설은 증거를 중심으로</u> 다시 검토되어야 한다.
③ 증거물은 단편적으로 한정된 정보만을 제공해 줄 뿐 전체를 나타내는 경우는 없다. 결국 제한된 정보를 가지고 전체 화재를 분석하는 과정은 <u>끊임없이 사실 확인</u>을 통해 이루어져야 한다.

2 증거물 역할의 분류

(1) 증거의 시간적 역할

2개 이상의 지층이 겹겹이 쌓여 있을 때 밑에 있는 층은 위에 있는 층보다 먼저 쌓여 있던 것이라는 '<u>지층누중의 법칙</u>'에 따라 증거물의 시간적 관계를 알 수 있다.

┃ 시간적 순서에 따른 증거물의 인식 구분 ┃

구 분	징 후
화재발생 전	• 화재현장에서 발견된 소사체에서 생활반응이 없었다면 화재 이전에 사망한 것이다. • 깨진 유리창의 안쪽으로 그을음이 없었다면 화재 이전에 파손된 것이다. • 폭발로 비산된 유리조각에 그을음이 없었다면 폭발이 화재보다 먼저 발생한 것이다.
화재발생 후	• 화재현장에서 발견된 소사체에서 생활반응이 있을 경우 화재 당시 생존상태로 본다. • 폭발현장으로부터 멀리 날아간 유리 파편에 그을음이 부착되었다면 화재가 먼저 발생했다는 것이다. • 발굴지점 가장 아랫부분이 연소되지 않은 상태로 남아 있다면 초기부터 화염 접촉이 이루어지지 않았음을 나타내는 것이다.

(2) 증거의 방향적 역할

증거를 통해 사물에 끼친 힘의 방향이나 관련자들의 <u>이동방향에 대해 암시</u>해 주는 경우를 말한다.

① 폭발현장에서 비산된 물체는 폭발지점을 중심으로 주변으로 방사되기 때문에 각 파편들의 이동방향을 연장하여 하나의 줄로 연결시키면 폭발 중심부 방향을 판단할 수 있다.

② 사람들은 화염의 반대방향으로 피난하려는 본능이 있기 때문에 사망자들이 몰려 있는 위치를 통해 화염의 방향성을 추정해 볼 수 있다.

③ 외력에 의해 유리가 깨진 경우 내측에서 충격을 받은 것인지 외측에서 충격을 받은 것인지는 유리에 남겨진 월러라인을 통해 판단할 수 있다.

(3) 증거의 지역과 위치적 역할

증거물이 어떤 형태로 어디에 있었는지 또는 <u>어디로부터 기인된 것인지</u> 정보를 알려 주는 작용을 말한다.

① 현장에 남아 있는 의자나 소파 등을 복원함에 있어 바닥에서 보이는 눌린 흔적, 부분적으로 연소되지 않은 흔적 등은 화재발생 전에 위치했었던 정보를 암시하는 경우가 많다.

② 화재로 인해 폭발이 발생한 경우 현장 주변에서 발견되는 물체나 파편 중에 그을음이 부착되어 있다면 화재현장으로부터 비산된 것이라는 것을 알 수 있으며 이를 통해 폭발위력을 계산해 볼 수 있다.

③ 방화범으로 의심되는 사람의 의복에서 현장에서 파손된 유리와 동일한 유리가 발견된 경우 그 사람은 유리 파손 당시 현장에 있었다는 판단을 할 수 있다.

(4) 증거의 행위적 역할

증거의 일부가 사람의 <u>인위적인 행위의 결과</u>로 이루어졌다는 사실을 알려 주는 작용을 말한다.

03

증거물관리 및 법과학

① 방화범이 인화성 물질을 사용한 경우 손이나 얼굴 등에 화상을 입거나 의복 등이 탄 흔적이 있으면 직접적인 착화행위를 한 것임을 말해 준다.

② 화재현장에서 이유 없이 전기배선이 잘려 나간 경우 현장조사에 혼선을 주거나 방해하기 위한 행위가 깔려 있음을 추정해 볼 수 있다.

③ 화재현장에서 유리창의 파편 잔해가 건물 안쪽으로만 집중된 경우 외부에서 건물 안쪽으로 충격이 가해진 것으로 외부인의 침입정보를 알 수 있다.

(5) 증거의 접촉 정보

물체끼리의 접촉 또는 사람의 손길이 <u>물체와 접촉한 곳</u> 등은 남겨진 흔적에 의해 접촉된 사실을 판단할 수 있다는 것을 말한다.

① 문이 닫힌 상태로 화재가 진행된 경우 문이 소실되더라도 경첩의 닫혀 있는 안쪽으로 그을음이 없기 때문에 닫힌 상태로 화재가 지속되었음을 알 수 있다.

② 방화범이 사용한 유류용기에서 지문이 확인되었다.

③ 인화성 촉진제를 사용한 방화범의 옷에 유류냄새가 배어 있었다.

(6) 증거의 소유적 정보

현장에 <u>남겨진 물건의 소유정보</u>를 통해 사건의 실마리를 풀어가는 방법을 말한다.

① 차량방화로 신원을 알 수 없는 사람이 죽었으나 차량정보 추적을 통해 사망자의 인적 사항을 알게 되었다.

② 산속에서 불에 탄 시체가 유골만 남은 상태로 발견되었으나 타다 만 주머니에서 발견된 운전면허증으로 사망자가 이미 수개월 전에 가출한 사실을 알 수 있었다.

3 마인드 매핑(mind mapping) 2013년 기사 2017년 기사 2019년 기사 2021년 기사 2022년 기사

(1) 개념

마음속으로 지도를 그리듯이 글자와 기호, 그림 등을 사용하여 사건의 <u>단편적인 정보를 서로 연관되는 것끼리 상호연결</u>시켜 전체 사건을 재구성하는 방식

(2) 마인드 맵의 적용

단편적인 증거만 가지고 전체 화재를 평가하는 것은 오류를 범하기 쉽다. 증거는 개별적이더라도 여러 증거들을 조합하였을 때 상호보완작용을 일으켜 강력한 증명력이 입증될 수 있도록 하여야 한다. 발화원의 잔해가 존재하지 않는 담뱃불화재의 원인조사도 각각의 증거와 현장상황을 대입시킬 경우 수집된 정보를 통해 전체 상황을 쉽게 작성할 수 있다.

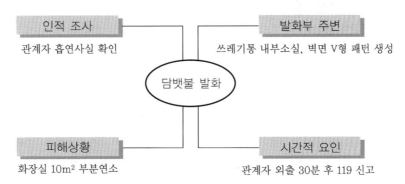

│ 담뱃불 발화 가능성 마인드 맵 작성 │

(3) 마인드 맵의 장점

① 사건의 <u>분류가 쉽고</u> 작성방법이 간단하다.

② 수집된 정보분석 및 <u>전체 상황을 파악</u>하기 쉽다.

③ 형식과 틀이 다양하여 <u>그림이나 사진 등을 활용</u>할 수 있다.

(4) 마인드 맵 사용 시 주의사항

① 불분명한 사실은 <u>억지로 맞추려고</u> 하지 않도록 한다.

② 단편적인 증거라도 전체 상황과 연결시켜 <u>누락이 없도록</u> 한다.

③ 증거에 대한 검증 없이 <u>막연히 떠오르는 생각만 가지고</u> 판단하지 않도록 한다.

바로바로 확인문제

마인드 매핑의 장점이 아닌 것은?

① 다른 사람이 알아보기 어렵다.

② 수집된 정보를 분석하고 전체 상황을 파악하기 쉽다.

③ 사건의 분류가 쉽고 작성방법이 간단하다.

④ 그림이나 사진 등을 활용할 수 있다.

해설 마인드 맵은 그림이나 사진, 도표 등으로 나열시켜 작성하면 전체 상황파악에 도움을 주고 다른 사람들도 쉽게 이해할 수 있다.

답 ①

---

4 타임라인의 구성 암기

(1) 개념

화재발생 전·후에 이루어진 사람의 행동이나 기계적인 작동상황 등을 시간의 흐름순으로 전개하여 화재발생시간 및 발화시간, 연소확대된 요소 등을 분석하는 사건의 분석도구를 말한다.

(2) 타임라인의 구성 2013년 기사 2019년 기사 2019년 산업기사 2020년 기사

① **절대적 시간**(hard time) : 각각의 사건이 일어난 시간이 **확인된 시간**을 말한다. 소방서와 경찰의 출동시간, 소화설비시스템에 의한 자동경보장치의 작동시간, 화재장소에 있던 폐쇄회로 카메라의 기록 등은 절대적인 시간으로 사용될 수 있다.

② **상대적 시간**(soft time) : 상대적 시간이란 **사건의 상호간에 걸리는 시간**으로 이를테면 'A 이후에 B까지의 시간이 약 10분 정도 걸린다.'고 가정했을 때 이는 상대적 시간을 의미하는 것이다. 주의할 점은 **상대적 시간은 매우 주관적**일 수 있다는 점이다. 상대적 시간은 화재발생 전·후의 기록을 일반적으로 관계자 또는 목격자의 정보를 바탕으로 하기 때문이다. 목격자들이 화염을 발견한 시간과 위치는 각기 다르며 불확실한 측면이 많다.

③ 타임라인 적용의 한계

㉠ 상대적 시간의 범위는 추정시간이므로 현실과 똑같이 **재현하기 어렵다**.

㉡ 각각의 사건이 일어난 상대적 시간은 가변성이 있어 **변경될 소지가 있다**.

5 퍼트(PERT) 차트의 구성

(1) 의미

PERT(Program Evaluation and Review Technique) 차트는 원래 연결망을 이용하여 사업계획을 일정기간 안에 완성하기 위해 시간과 비용 등을 합리적으로 계획하고 통제하는 방법이다. 그러나 이 방법은 화재사건에 있어 증거들의 조합으로 이루어진 각각의 **사건을 타임라인으로 나열**하여 **정확한 가설을 수립하는 데도 유용**하게 쓰인다.

(2) PERT 차트 작성

화재와 관계된 증거는 다양할 수밖에 없다. 만약 사건과 관련된 **전체사실을 알고 있다면 타임라인은 단순하게 일직선상의** 차트로 나타나지만 증거물로도 증명하기 어렵거나 의문점이 다수 나타난다면 차트는 복잡해질 수밖에 없다. 그림에서 연결선은 사건에 대한 가설을 의미하며 그 가설의 가능성을 비교적 논리적으로 연결시켜 3가지의 가설을 설정하여 나타낸 것이다. 여러 가지 사건 중 서로 연결되지 않거나 불분명한 것은 마인드 맵에서 정리한 내용 중 보강증거와 반대증거를 검토해 보아야 한다. 3가지의 가설을 검증하는 과정에서 어느 한 가지 가설에서 결정적인 증거가 나타났을 때 나머지 가설에서 **반대증거가 없다면 다른 가설은 배제시켜야** 한다. 모든 사건의 재구성은 증거로부터 가설이 수립되므로 일치하는 증거와 반대되는 증거를 확인하는 과정이 필요하게 된다.

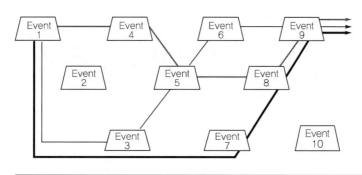

시작시간   Time Line   종료시간

- PERT 차트 가설 수립
  ① 1 - 4 - 5 - 8 - 9
  ② 1 - 7 - 8 - 9
  ③ 1 - 3 - 5 - 6 - 9

6 검증

화재현장의 검증은 수집된 정보와 가설만으로 만족하기 어려운 경우도 있다. 이를 보완하기 위한 검증수단으로 다음과 같은 방법이 쓰인다.

① 화재재현실험
② 화재시뮬레이션

※ **검증이 필요한 이유** : 오류 방지

출제예상문제

* ☑표시 : 중요도를 나타냄

01 증거물 수집을 위한 유의사항으로 옳지 않은 것은?

① 화재현장 전체를 물리적 증거로 간주하여 통제하도록 한다.
② 증거물 보존에 대한 책임은 화재조사관에게만 있다.
③ 화재발생 이후 관계자라도 출입에 제한을 둘 수 있다.
④ 필요하다면 화재진압활동도 제한하여야 한다.

해설 화재현장에서 증거물 보호에 대한 책임은 화재조사관에게만 있는 것이 아니므로 진압활동에 참여한 소방관과 경찰도 협력하여야 한다.

02 화재현장에서의 물적 증거물에 관한 설명으로 틀린 것은?

① 화재현장의 환경에 따라 물증은 변하지 않는다.
② 화재원인의 추론에 따라 화재책임이 관련된다.
③ 특정사실이나 결과에 대하여 입증 또는 반증을 가능하게 한다.
④ 발화지점, 발화기기, 최초 착화물, 화재이동경로를 통하여 화재원인을 추론한다.

해설 화재현장의 증거물은 오염되었거나 손상되기 쉬운 상태로 변질되거나 훼손될 우려가 크다.

03 증거를 보호하기 위한 방법으로 틀린 것은?

① 현장이 기록되고 증거가 수집된 후라 할지라도 현장을 보존한다.
② 해당지역의 정밀조사를 위하여 방수포로 덮어 놓는다.

③ 관계지역을 폴리스라인 테이프로 격리한다.
④ 화재현장의 접근을 제한한다.

해설 현장이 기록되고 증거가 수집된 후에는 현장을 보존할 이유가 없으므로 현장조사를 실시한 이해당사자들 간에 협의를 거쳐 해제방안을 강구한다.

04 화재진압활동 시 증거보호를 위한 유의사항으로 옳지 않은 것은?

① 직사주수의 사용 등으로 가연물의 훼손을 가중시키지 않도록 한다.
② 화재패턴이 남아 있을 가능성이 있는 바닥은 물의 사용을 제한하도록 한다.
③ 소화 후 남아 있는 열을 냉각시키기 위한 주수작업은 봉상주수로 한다.
④ 천장과 벽의 파괴작업 등은 화재패턴이 손상되지 않도록 유의한다.

해설 소화 후 남아 있는 열을 냉각시키기 위한 잔화정리작업은 압력이 낮은 분무주수로 실시하여 증거물의 훼손을 최소화한다.

05 방화판정의 물리적인 화재패턴 증거로 쓰일 수 있는 것은?

① 트레일러 패턴
② 환기에 의해 생성된 패턴
③ 고온가스층에 의해 생성된 패턴
④ 모래시계 패턴

해설 트레일러 패턴, 낮은연소 패턴, 발화지점이 2개소 이상인 독립연소 패턴 등은 방화판정을 할 수 있는 물리적인 증거이다.

Answer 01.② 02.① 03.① 04.③ 05.①

06 다음 중 유류가 흡수된 증거물 수집 시 화학흡착제법이 적절한 것은?

① 모래
② 흙
③ 비닐장판
④ 콘크리트

해설 유류가 흡수된 물질의 화학적 흡착법은 콘크리트가 가장 좋다.

07 화재현장 및 물리적 증거물의 보존에 대한 책임이 있는 자가 아닌 것은?

① 화재조사관
② 소방관
③ 제조사 직원
④ 경찰관

해설 화재현장에서 증거물 보존에 대한 책임은 화재조사관을 비롯하여, 소방관, 경찰관 등이다. 제조사 직원은 관련이 없다.

08 증거보호를 위한 현장통제 방법으로 옳지 않은 것은?

① 현장 훼손방지를 위해 구급대원 또는 구조대원들도 출입이 제한될 수 있다.
② 증거보호를 위해 장시간 현장통제가 바람직하다.
③ 화재현장에 있는 설비나 기구, 가구 등은 함부로 이동시키지 않는다.
④ 소화활동에 필요한 장비의 연료 주입은 화재현장 밖에서 이루어지도록 한다.

해설 증거보호를 이유로 화재현장을 불안정한 상태로 유지하거나 현장을 오랫동안 통제하지 않도록 고려하여야 한다.

09 증거물 보관 용기의 오염방지 방법으로 옳지 않은 것은?

① 증거를 용기에 담는 즉시 봉인한다.

② 용기에는 이질적인 물건을 함께 넣지 않는다.
③ 증거의 이상여부 확인을 위해 용기를 주기적으로 개봉한다.
④ 증거물마다 새로운 용기에 보관해야 한다.

해설 증거수집 용기는 증거를 수령할 경우에만 개봉하여야 하며, 이송과정 및 실험실 등에서 조사가 이루어질 때까지 봉인상태로 보존해야 한다.

10 오염방지를 위한 증거물 수집방법으로 적절하지 않은 것은?

① 일회용 장갑을 착용한다.
② 각각의 증거를 수집할 때마다 장갑을 교환한다.
③ 용기 자체를 수집도구로 사용할 수 있다.
④ 증거수집 전에 휘발성 용매가 첨가된 클리너로 용기를 세척한다.

해설 증거수집 전에 휘발성 용매가 첨가된 클리너로 용기를 세척할 경우 증거물 성분이 오염되어 분석과정에서 혼선이 나타날 수 있다.

11 다음 중 증거물이 오염될 수 있는 원인이 아닌 것은?

① 연소되거나 탄화된 물체와의 이질적 혼합
② 수집과정에서 조사관의 잘못된 취급
③ 수집용기의 1회 사용 후 폐기조치
④ 수집용기의 밀봉조치 미흡

해설 증거물의 오염방지를 위해 수집용기는 1회 사용 후 폐기조치하도록 한다.

12 증거를 수집한 후 이송할 때 기록하는 방법으로 적당하지 않은 것은?

① 도면 및 스케치 활용
② 조사관의 기억에 의존
③ 사진촬영
④ 보고서

해설 증거를 이송하기 전에 증거물의 위치와 상태가 도면 및 스케치, 사진촬영, 보고서 등으로 기록되어야 한다.

13 다음 중 법의학적 물리적 증거물로 가장 거리가 먼 것은?

① 지문
② 혈액
③ 신발자국
④ 촉진제

해설 법의학적 증거물은 인체의 접촉 등으로 남겨진 지문, 혈액, 신발자국, 도구의 흔적, 필적 등의 형태를 말한다. 촉진제는 일반적인 증거물이다.

14 인화성 액체 촉진제의 특성이 아닌 것은 어느 것인가?

① 일반적으로 액체 촉진제의 증기는 공기보다 가볍다.
② 다공성 물질 안에 있을 때 쉽게 기화하지 않는다.
③ 화재 잔해에 쉽게 흡수된다.
④ 물보다 가볍고 물에 녹기 어렵다.

해설 일반적인 액체 촉진제로는 가솔린, 시너 등의 석유가 많은데 이러한 제품의 증기는 공기보다 무겁다.

15 인화성 액체 촉진제를 수거하는 장비로 가장 부적절한 것은?

① 주사기
② 스포이트
③ 피펫
④ 고무장갑

해설 인화성 액체 촉진제를 수거하는 장비에는 주사기, 스포이트, 피펫과 경우에 따라 살균처리한 면 솜덩이와 거즈 패드 등도 사용될 수 있다.

16 액체 또는 고체 물질의 잔류물 증거 이동과정에서 발생위험성이 있는 것은?

① 표본오염
② 분해위험
③ 비교오염
④ 교차오염

해설 물리적 증거는 이동과정에서 교차오염이 발생할 우려가 있다. 교차오염방지를 위해 증거물의 이동 및 전달은 가능하면 한 사람의 조사관이 통제하도록 한다.

17 화재현장에서 기체 표본을 채취하는 장비로 적합한 것은?

① 가스채취기
② 거즈 패드
③ 피펫
④ 가스 크로마토그래피

해설 가스채취기는 소형이며 휴대가 간편하여 화재현장에서 가장 널리 쓰이는 장비로, 기체 및 액체 표본을 채취할 수 있다.

18 전기설비 증거물의 수집방법으로 옳지 않은 것은?

① 스위치나 콘센트 등은 발견 당시 상태가 보존될 수 있도록 수집한다.
② 전선은 단락흔이 나타난 부분만 수거하여 분석한다.
③ 전선을 수거하기 전에 사진촬영을 한다.
④ 수거한 전선의 양쪽 끝에는 전원 또는 부하측과 연결된 기기나 경로를 표시한다.

해설 전선은 단락흔을 포함하여 남아 있는 피복까지 검사할 수 있도록 길게 수집하도록 한다.

19 금속캔 보관용기에 대한 설명으로 옳지 않은 것은?

① 가격이 비싸다.
② 투과성이 없고 강도가 좋다.
③ 액체 및 고체 시료 수집에 적합하다.
④ 휘발성 액체의 기화방지 능력이 우수하다.

해설 금속캔은 가격이 저렴하고, 구입이 쉽다.

20 금속캔 보관용기의 단점이 아닌 것은?

① 녹이 발생할 수 있다.
② 공간이 제한적이다.
③ 액체 시료 수집에 부적합하다.
④ 증거물을 볼 수 없다.

Answer 13.④ 14.① 15.④ 16.④ 17.① 18.② 19.① 20.③

해설 금속캔은 녹이 발생할 우려가 있고 공간이 제한적이며 용기를 열지 않고는 증거물을 볼 수 없는 단점이 있다. 그러나 액체 시료 수집에는 적합하다.

21 유리병 증거수집 용기의 장점이 아닌 것은?

① 뚜껑을 열지 않고도 증거물을 볼 수 있다.
② 쉽게 파손된다.
③ 휘발성 물질의 장기보관이 가능하다.
④ 가격이 저렴하다.

해설 유리병 보관용기는 가격이 저렴하고 쉽게 구입할 수 있으며 뚜껑을 열지 않고도 증거물을 볼 수 있는 장점이 있다. 그러나 쉽게 깨지는 단점이 있다.

22 액체 증거물 수집에 대한 설명으로 틀린 것은?

① 액체 탄화수소물의 밀봉을 위해서 고무로 만들어진 링이나 용기 혹은 고무마개를 지니고 있는 병을 사용하여야 한다.
② 적은 양의 액체는 피펫 혹은 깨끗한 흡수섬유, 거즈 혹은 탈지면에 흡수시키고 적절한 밀폐용기에 그것을 밀봉할 수 있다.
③ 의심스러운 가연성 액체가 콘크리트에서 발견된다면 습식 브러시로 쓸어 담거나 흡수성 재질을 펼쳐 흡수시킨다.
④ 흡수제는 별도의 캔에 밀봉되어 보관되어야 한다.

해설 인화성 액체 증거물을 수집할 때 마개에는 접착제 또는 고무봉인이 없어야 한다. 고무성분은 액체와 접촉하면 물러지거나 녹을 수 있기 때문이다.

23 금속캔 및 유리병에 인화성 액체 시료를 수집하는 경우 제한된 용량은?

① 1/3 이상 채우지 않는다.
② 2/3 이상 채우지 않는다.
③ 1/2 이하로 채운다.
④ 내용적 만큼 가득 채운다.

해설 금속캔과 유리병에는 증기가 차지할 공간을 위해 캔의 2/3 이상을 채우지 않도록 유의한다.

24 물적 증거물을 실험실로 보내 분석하고자 한다. 가장 효과적인 전달방법은?

① 택배 이용
② 소포 이용
③ 직접 전달
④ 제3자 발송

해설 물리적 증거는 손상, 분실, 도난을 방지하기 위해 가능하면 직접 운반하여 전달을 하도록 한다.

25 일반 비닐봉지의 단점이 아닌 것은?

① 휘발성 물질 수집이 곤란하다.
② 봉지를 열지 않고 내용물을 알 수 있다.
③ 증거물이 봉지 안에서 교차오염되기 쉽다.
④ 손상되기 쉽다.

해설 일반 비닐봉지는 모양과 크기가 다양하며 가격이 저렴하고 봉지를 열지 않고도 내용물을 볼 수 있으며 보관이 용이하다는 장점이 있다.

26 증거물을 화재조사관이 직접 실험실로 보낼 경우 가장 큰 장점은?

① 손상 및 도난 방지
② 비용 절감
③ 실험과정 참여
④ 실험결과 조기 통보

해설 증거물을 화재조사관이 직접 전달할 경우 증거의 손상 및 도난을 방지할 수 있다는 장점이 있다.

27 화재현장에서 채취한 증거물의 감정기관 이송 시 우편법상의 금지 물품이 아닌 것은?

① 흙과 모래 등이 섞인 물질
② 폭발성 물질
③ 발화성 물질
④ 인화성 물질

해설 우편법상 금지물품
폭발성 물질, 발화성 물질, 인화성 물질

03
증거물관리 및 법과학

28 증거물 보관에 대한 설명으로 바르지 않은 것은?

① 증거물은 가급적 어둡고 서늘한 곳에 보관한다.
② 휘발성 물질은 상온에서 보관하는 것이 매우 좋다.
③ 직사일광 및 수분이 많은 곳에 노출시키지 않는다.
④ 금속물질은 적절히 통풍을 시켜 산화를 방지하면 더욱 잘 보존할 수 있다.

[해설] 휘발성 물질은 냉장보관하는 것이 매우 좋다.

29 다음 중 증거물 보관장소로 가장 적절한 곳은?

① 직사일광이 비치는 곳
② 건조한 곳
③ 서늘한 곳
④ 온도변화가 있는 곳

[해설] 증거물 보관장소는 어둡고 서늘한 곳이 좋다.

30 증거물을 수집한 경우 증거 용기에 표시하는 내용이 아닌 것은?

① 화재조사관의 이름
② 증거수집 날짜 및 시간
③ 증거물의 이름이나 번호
④ 날씨 및 기상상황

[해설] 증거물 수집용기에는 화재조사관의 이름, 증거수집 날짜 및 시간, 증거물의 이름이나 번호, 증거물에 대한 설명이나 발견된 위치 등을 기재한다.

31 증거물 수집용기에 부착하는 인식표지에 대한 설명이다. 바르지 않은 것은?

① 쉽게 떨어지거나 변형이 없도록 부착한다.
② 미리 인쇄해 두었던 라벨이나 태그를 사용한다.
③ 인식표지는 증거물에 단단히 직접 붙여 확실하게 보존한다.
④ 조사관의 이름과 수집일시 등을 기재한다.

[해설] 증거물들은 소손된 상태이거나 외부 충격에 약하기 때문에 증거물에 직접 붙이는 방법은 금해야 한다. 수집용기 표면에 붙이는 것이 효과적이다.

32 증거물의 전달 및 관리에 대한 설명으로 바르지 않은 것은?

① 증거물을 양도할 때에는 증거물을 수령하는 자의 서명이 있는 문서로 한다.
② 증거물은 부패하거나 손상이 없는 안전한 장소에 보관되어야 한다.
③ 증거물 관리에 필요한 인원은 2~3명으로 지정하는 것이 좋다.
④ 증거물은 지정된 전용 장소에 보관하여야 한다.

[해설] 증거물 관리에 필요한 인원은 화재조사관 한 사람으로 제한하는 것이 좋다.

33 증거물을 우편물로 발송하고자 한다. 우편 송달 금지품목이 아닌 것은?

① 폭발성 물질　　② 인화성 물질
③ 절연성 물질　　④ 발화성 물질

[해설] 현행 우편법상 폭발성 물질, 발화성 물질, 인화성 물질 등은 우편물 송달 금지품목으로 규정되어 있다.

34 증거물에 대한 처리 내용으로 가장 옳지 않은 것은?

① 관계자의 소유권 포기의사와 관계없이 폐기할 수 있다.
② 증거물은 법원에서 제출을 요구할 경우 제출될 수 있어야 한다.
③ 화재 관계자로부터 증거물 반환요구가 있을 경우 특별한 이유가 없는 한 반환되어야 한다.
④ 화재조사가 마무리 되었더라도 증거물을 임의로 처리하지 않아야 한다.

Answer　28.② 29.③ 30.④ 31.③ 32.③ 33.③ 34.①

해설 화재 당사자로부터 증거물에 대한 반환요구가 있을 경우 특별한 이유가 없는 한 반환되어야 하며 서면으로 증거물의 반환기록을 남기도록 한다. 소유권을 포기한 경우에도 문서로 기록한다.

35 증거물 관리에 대한 설명으로 틀린 것은?

① 어떠한 종류의 증거물이 발견되거나 조심스럽게 보존되었다고 할지라도 만약 완벽하게 관리되거나 문서로서 기록되지 않는다면 증거로서 가치는 없다.

② 증거목록의 전달에 있어서 관련된 인수자와 인계자의 서명과 전달일자와 시간이 반드시 기록되어야 한다.

③ 증거물의 파손을 최소화하거나 법정에서 입증해야 할 사람 수를 줄이기 위해서는 증거물을 취급하는 사람의 수를 최소화하여야 한다.

④ 여러 사람이 같은 범죄현장에서 증거를 찾고 있다면 각각 증거기록을 유지하는 것이 바람직하다.

해설 증거기록은 수집된 모든 정보를 바탕으로 사실적이어야 하므로 객관적인 증거기록을 함께 유지하는 것이 바람직하다.

36 전기배선 수집 시 태그에 표기하여야 할 사항으로 부적당한 것은?

① 전기배선의 내용연수 및 경과연수

② 전원측과 부하측 사이의 전선의 경로

③ 전선과 연결된 장치 또는 기기

④ 전선과 연결되어 있던 회로차단기 및 퓨즈 번호 또는 위치

해설 전기배선의 내용연수 및 경과연수는 태그에 표시하는 사항과 관계가 없다.

37 가스 크로마토그래피와 병행하여 사용하는 장비로 휘발 성분 및 비휘발성 물질까지 극미량의 성분을 분석할 수 있는 것은?

① 적외선 분광광도계　② 질량분석법

③ 원자흡광분석　　　④ 엑스레이 형광분석

해설 질량분석법(mass spectrometry)은 가스 크로마토그래피와 연결하여 개별 성분을 분석하는 것으로 휘발 성분 및 비휘발성 물질까지 극미량의 성분을 분석할 수 있다.

38 화재현장 및 물적 증거보존을 위한 고려사항 중 옳지 않은 것은?

① 화재현장 보존은 관계자의 피해를 최소화 하도록 하여야 한다.

② 화재현장 출입통제 해제는 화재조사관이 임의로 결정할 수 있다.

③ 증거물 수집 및 저장, 이동 시 방법이 적절하지 못할 때 물리적 증거물이 오염될 수 있다.

④ 화재현장에서 부적절한 보존으로 물리적 증거물이 오염되면 증거물로서 가치가 떨어진다.

해설 화재현장의 출입통제 해제는 화재조사관이 임의로 결정하는 것이 아니라 현장조사 이해당사자들에 의해 관련 증거가 수집되고 현장기록을 모두 작성한 후 충분한 논의를 거쳐 현장조사를 마무리하여야 한다.

39 증거물의 마그네슘, 철, 아연 등 금속물질의 포함여부를 구별해 내는 분석장치로 맞는 것은?

① 적외선 분광광도계　② 원자흡광광도계

③ 질량분석법　　　　④ 원자흡광분석

해설 마그네슘, 철, 동, 아연 등 금속물질을 정성적·정량적으로 분석하는 장치는 원자흡광분석(atomic absorption)이다.

40 점성이 낮고 인화점이 93℃ 이하인 액체의 인화점 측정에 쓰이는 것은?

① 태그밀폐식 인화점측정기

② 태그개방식 인화점 및 연소점 측정기

③ 펜스키마텐스 밀폐식 인화점측정기

④ 클리블랜드 개방식 인화점측정기

해설 태그밀폐식 인화점측정기는 점성이 낮고 인화점이 93℃ 이하인 액체의 인화점 측정에 쓰인다.

Answer 35.④ 36.① 37.② 38.② 39.④ 40.①

03

증거물관리 및 법과학

41 화재현장에서 발견한 물적 증거물 중 열충격에 의한 유리의 파손 패턴에 대한 설명으로 틀린 것은?

① 유리의 파단선이 곡선을 나타낸다.
② 파손된 유리는 바닥으로 떨어져 2차 파괴가 일어날 수 있다.
③ 조사할 때는 최소 조각을 수거하여 파괴기점을 파악한다.
④ 내부응력의 차이로 파손형태가 달라진다.

해설 물리적 증거는 현장에 남아 있는 잔해를 다수 확보하여 파괴기점을 파악하여야 한다.

42 증거물 분석에 대한 설명으로 가장 옳지 않은 것은?

① 증거는 최종적으로 화재현장 전체와 연결시켰을 때 불합리한 점이 없어야 한다.
② 단편적인 증거는 발화원인과 화재패턴, 연소확산범위 등 광범위한 정보를 제공한다.
③ 물리적 연소패턴과 목격자의 진술이 대립되는 사실이 있으면 모든 가설은 다시 검토한다.
④ 증거의 유효성은 전체 화재를 분석하고 사실 확인을 통해 성립한다.

해설 증거는 한정된 정보만을 제공해 줄 뿐 전체를 나타내는 경우는 없다. 결국 한정된 정보를 가지고 전체 화재를 분석하는 과정은 끊임없이 사실 확인을 통해 이루어져야 한다.

43 가스 크로마토그래피의 구성장치가 아닌 것은?

① 시료 주입장치   ② 분리관
③ 이온발생원   ④ 항온장치

해설 가스 크로마토그래피는 시료 주입장치, 분리관, 검출기, 항온장치 등으로 구성되어 있다. 이온발생원은 질량분석법(mass spectrometry)에 포함된 장치이다.

44 증거의 시간적 역할을 나타낸 것으로 바르지 않은 것은?

① 폭발로 멀리 날아간 유리파편에 그을음이 있으면 화재의 영향이다.
② 화재현장에서 발견된 소사체에서 생활반응이 없으면 화재 이전에 사망한 것이다.
③ 폭발로 깨진 유리조각에 그을음이 있으면 화재가 폭발보다 먼저 발생한 것이다.
④ 깨진 유리창의 안쪽으로 그을음이 있으면 폭발의 영향이다.

해설 깨진 유리창의 안쪽으로 그을음이 있었다면 폭발이 아니라 화재의 영향이다.

45 지층누중의 법칙은 어느 것과 가장 관련이 있는 것인가?

① 증거의 방향적 역할
② 증거의 위치적 역할
③ 증거의 행위적 역할
④ 증거의 시간적 역할

해설 지층누중의 법칙이란 2개 이상의 지층이 겹겹이 쌓여 있을 때 밑에 있는 층은 위에 있는 층보다 먼저 퇴적되었거나 쌓인 것이라는 이론으로 증거물의 시간적 역할을 나타낸 것이다.

46 증거물들이 지니고 있는 단편적인 정보를 서로 연관되는 사실끼리 연결시켜 전체 사건을 구성하는 기법은 무엇인가?

① 마인드 매핑
② 타임라인
③ 하드타임
④ 소프트타임

해설 마인드 매핑은 증거물들이 갖고 있는 단편적인 정보를 연관되는 것끼리 연결시켜 증명된 단편적인 사실들을 종합적으로 모두 조합하여 전체 사건을 구성하는 기법이다.

Answer 41.③ 42.② 43.③ 44.④ 45.④ 46.①

47 마인드 매핑에 대한 설명으로 옳지 않은 것은?

① 수집된 정보는 사실적으로 증명되어야 한다.
② 불분명한 사실은 끝까지 확인하여 오류를 최소화하여야 한다.
③ 여러 개의 정보 중 한 가지만 일치한다면 크게 무리가 없다.
④ 증거들이 갖고 있는 단편적인 정보를 순차적으로 조합한다.

해설 수집된 여러 개의 정보를 모두 나열하고 순차적으로 연결시켜가면서 사실을 확인해야 한다. 한 가지 사실만 가지고 전체 사건을 평가할 수는 없다.

48 다음 중 타임라인에서 상대적 시간에 포함되는 것은?

① 알람의 설정과 작동시간
② 목격자에 의해서 발견된 시간
③ 완전소화시간
④ 목격된 지속시간

해설 상대적 시간이란 사건과 사건 사이의 상호간에 걸리는 시간을 말한다. 목격자에 의해 목격이 지속된 시간은 상대적 시간을 의미한다. 알람의 설정과 작동시간, 목격자에 의해서 발견된 시간, 완전소화시간은 절대적 시간(확인된 시간)에 해당한다.

49 타임라인에 관한 설명으로 틀린 것은?

① 프로그램 평가 및 재검토 기술로서 시간관리를 분석하거나 주어진 완성 프로젝트를 포함한 일을 묘사하는 데 쓰이는 모델이다.
② 화재발생의 시간정보는 범죄사실을 규명하기 위해 매우 중요한 정보를 제공한다.
③ 화재발생 시간정보, 화재집행사항별, 시간대별로 일목요연하게 볼 수 있다.
④ 화재정보 등 다양한 시간정보를 이용, 타임라인을 구성함으로써 화재발생현황, 활동사항, 문제점 등을 분석할 수 있다.

해설 타임라인이란 시간적 정보를 바탕으로 화재상황과 활동사항, 문제점 등을 분석하는 도구를 말한다. ①항은 관계가 없다.

50 PERT 차트에 대한 설명이다. 바르지 않은 것은?

① 증거들의 조합을 타임라인 위에 나열한 것이다.
② 수집된 각각의 정보와 증거를 관계가 밀접한 것끼리 연결시킨다.
③ 수평으로 평행한 일직선상의 차트는 사건의 모든 순서를 알고 있는 경우이다.
④ 가설은 목격자의 진술이 차지하는 비중이 가장 높다.

해설 가설은 수집된 정보와 증거를 중심으로 PERT 차트를 연결하여야 한다. 목격자의 진술 비중이 가장 높게 차지하는 것은 아니다.

51 마인드 맵 사용 시 주의사항이다. 바르지 않은 것은?

① 단편적인 증거라도 전체 상황과 연결시켜 누락이 없도록 한다.
② 마인드 맵은 조사관의 주관적인 생각을 바탕으로 한다.
③ 증거에 대한 검증 없이 성급하게 추론하지 않는다.
④ 불분명한 사실은 억지로 맞추려고 하지 않는다.

해설 마인드 맵은 수집된 정보를 바탕으로 객관적 사실 확인에 입각한 기법이다.

52 다음 설명 중 바르지 않은 것은?

① 상대적 시간은 추정을 근거로 한다.
② 타임라인이 증거와 정보의 조합이라면 마인드 매핑은 시간의 재구성이다.
③ 불분명한 사실은 억지로 맞추지 않도록 한다.
④ 타임라인의 정확성은 가설의 신뢰도를 높여준다.

Answer 47.③ 48.④ 49.① 50.④ 51.② 52.②

해설 타임라인이 시간의 재구성이라면 마인드 매핑은 증거와 정보의 조합이다.

53 다음 중 가설 검증 방법으로 가장 거리가 먼 것은?

① 추론 확대해석
② 화재 시뮬레이션
③ 과학적 방법의 사용
④ 재연실험

해설 가설 검증 방법으로 재연실험, 화재 시뮬레이션, 과학적 방법의 사용 등이 있다. 추론의 확대해석은 경계하여야 한다.

54 마인드 매핑의 장점이 아닌 것은?

① 사건의 분류가 쉽다.
② 그림을 활용할 수 있다.
③ 전체 상황파악이 쉽다.
④ 작성방법이 복잡하다.

해설 마인드 매핑은 사건의 분류가 쉽고 작성방법이 간단한 장점이 있다.

55 마인드 매핑 사용 시 주의사항으로 옳은 것은?

① 목격자의 진술은 배제한다.
② 단편적인 정보는 배제한다.
③ 막연한 추론은 배제한다.
④ 불분명한 사실은 배제한다.

해설 마인드 매핑은 목격자의 진술, 연소패턴, 피해상황, 시간적·인적 요인 등 단편적인 정보를 바탕으로 전체 상황과 연결시켜 전개하는 기법이다. 불분명한 사실일지라도 검증 없이 배제해서는 곤란하다. 그러나 막연한 추론은 배제하여야 한다.

Answer 53.① 54.④ 55.③

Chapter 03 촬영 · 녹화 · 녹음

01 사진촬영

1 사진촬영의 중요성

① 사실의 묘사성 : 사실적, 객관적 입증이 용이하다.
② 진술의 신뢰성 : 관계자 등의 진술·진위 파악에 도움이 된다.
③ 기억의 환기성 : 시간이 경과하더라도 사진을 보면 기억의 유추가 가능하다.

2 사진촬영 포인트

현장 전반에 대한 관찰	높은 곳에서 현장 전체를 조망
발화부 주변현장 촬영	출화 개소, 발화지점의 연소상황 등을 구조물의 바깥쪽에서 안쪽으로 좁혀 가며 촬영
발굴상황 기록	발굴과정에 대한 실시간 기록 유지
발화지역 증거물 촬영	발화원의 잔해 및 증거물 등

3 사진촬영의 한계

① 한 장의 사진으로 화재현장 <u>전체를 담아내기 어려운</u> 경우가 많다.
② 야간 또는 실내 촬영의 경우 대부분 어둡거나 빛의 양이 적어 보조 플래시를 사용하지 않을 경우 <u>피사체 식별이 불분명</u>할 수 있다.
③ 역광을 받거나 빛이 많을 경우 피사체의 <u>윤곽이 뚜렷하게 나타나지 않을 수 있다.</u>

02 각종 카메라의 이용

1 광학카메라

① 초점거리를 줄이거나 늘려서 피사체를 확대하는 기능이 우수한 <u>다중초점거리를</u> 갖고 있는 카메라이다.

② 렌즈를 통하여 빛의 직진과 굴절을 이용, 요구되는 상을 얻어 내며 빛의 신호를 전기적인 신호로 바꿔 주는 CCD(Charge-Coupled Device)를 이용한 하드웨어적 줌 기능이 있다(CCD의 크기가 클수록 사진의 화질이 우수).

③ 다양한 화각과 원근감을 가지고 있고 화질의 저하 없이 멀리 있는 <u>사물을 크게 촬영</u>할 수 있는 장점이 있으나 렌즈의 밝기가 어두워질 수 있다.

2 디지털카메라

① 디지털카메라는 이미지를 디지털 저장매체에 저장하여 카메라와 스캐너의 역할을 대체할 수 있는데 스캐너를 통하지 않고 직접 컴퓨터에 디지털 이미지를 입력할 수 있다.

② 컴퓨터와 호환성이 높아 편집 및 수정이 간편하다.

③ 촬영한 영상을 내부 기억장치(하드디스크 또는 메모리카드)에 저장할 수 있으며 외부 컴퓨터와 연결하여 영상을 전송할 수도 있다.

> **! 꼼.꼼. check!** ▶ **디지털카메라의 편리성** ◀
>
> • 현상에서 인화까지 작업시간이 단축된다.
> • 창작력에 구애를 받지 않는다.
> • 다른 컴퓨터와 호환성이 넓다.
> • 저장의 편리성 및 오랜 기간 보존이 가능하다.

3 비디오카메라

① 피사체를 전기적 신호로 변환시켜 재현하는 장치이다.

② 렌즈, 촬영장치, 이미지를 저장하는 테이프나 메모리, 뷰파인더 등으로 구성되어 있다.

③ <u>마이크가 내장</u>되어 음성녹음 지원이 가능하다는 것이 일반 카메라와 가장 큰 차이점이다.

4 비파괴촬영기

① 재료나 제품의 원형과 기능을 변화시키지 않고 재료에 물리적 에너지(빛, 열, 방사선 등)을 적용시켜 조직의 이상여부와 결함 정도를 밝혀내는 데 쓰인다.
② 육안검사가 곤란한 물질의 용융, 균열, 불완전한 상태 등을 검출하는 데 이용된다.
③ 물질의 내부결함 및 손상 정도를 파악할 목적으로 주로 이용되고 있다.

03 촬영 시 주의사항

1 촬영의 기본

① 촬영대상은 화재조사관의 <u>의도가 담길 수 있도록</u> 촬영한다.
② 촬영대상은 장식장 등 주위의 <u>물건배치</u> 및 <u>위치관계를 명확히 알 수 있도록</u> 촬영을 한다. 피사체가 냉장고일 경우 전후좌우의 4면을 위치를 바꿔가며 다양한 각도에서 촬영한다.
③ 촬영은 <u>단시간에 요령 있게</u> 실시한다.
④ 사람이나 발굴용구 등 불필요한 것이 촬영되지 않도록 한다.

2 초점과 빛

(1) 수동초점(MF, Manual Focus)
렌즈 경동을 돌려서 렌즈와 초점면과의 거리에 변화를 주어 초점을 조절한다.

(2) 자동초점(AF, Auto Focus)
① 포커스 우선 자동초점방식 : 초점이 맞지 않을 경우 셔터버튼이 눌러지지 않는다. 초점이 맞지 않은 상태로 반셔터를 누르고 있으면 자동초점잠금장치(AF lock)가 동작하며, 초점이 맞으면 파인더 안에서 마크가 점등하거나 전자음이 울리기도 한다. 보통 정지된 물체 촬영에 적합하다.
② 셔터 릴리즈 우선 자동초점방식 : 초점이 맞지 않아도 셔터버튼을 누르면 무조건 촬영되며, 구도를 바꿔 주면 초점을 연속적으로 맞추는 방식으로 움직이는 물체 촬영에 적합하다.

(3) 피사계 심도
① 초점거리가 긴 렌즈일수록 심도는 얕아지고 초점거리가 짧을수록 심도는 깊어진다.
② 조리개를 조이면 심도는 깊어지고 조리개를 열면 심도가 얕아진다.

③ 촬영거리가 멀수록 심도가 깊어지고 촬영거리가 가까울수록 심도가 얕아진다.

④ 피사계 심도는 초점거리, 조리개값, 촬영거리에 따라 결정된다.

(3) 카메라에 내장된 노출계의 측광 방식 〔2013년 기사〕 〔2016년 기사〕 〔2016년 산업기사〕 〔2019년 기사〕

① 평균 측광 : 파인더 전체를 측정하는 방식

② 중앙부 중점 측광 : 화면 중심부를 70%, 바깥쪽에 30%의 비중으로 측광하여 평균을 내는 방식으로 피사체를 중심부에 놓고 촬영하는 것을 전제로 한다.

③ 스팟 측광 : 화면의 일부만을 측광하는 방식으로 역광 촬영, 무대부 촬영 시 사용한다.

④ 다분할 측광 : 화면을 여러 개로 분할하여 각각 평균 측정하는 방식으로 너무 강한 빛과 약한 빛이 측광되면 제외시켜버리고 나머지 것으로 평균을 내는 방식이다.

(4) 노출 〔2015년 기사〕

노출이란 셔터와 조리개를 이용하여 필름(이미지센서)에 빛을 주는 것으로 빛의 양에 따라 이미지가 달라진다.

① 노출 적정 : 이상적인 밝기의 사진이 되도록 빛의 양을 조절한 노출

② 노출 부족 : 어두운 사진이 된 노출

③ 노출 과다 : 빛이 많아 밝은 사진이 된 노출, 플레어가 발생하기 쉽다.

> **!** **꼼.꼼. _check!_** ● 플레어(flare)
> 렌즈와 카메라 내부에서 발생한 빛의 반사로 인해 실물에 없는 이미지가 생기는 현상

(5) 감도 〔2014년 기사〕 〔2018년 기사〕 〔2018년 산업기사〕 〔2021년 기사〕 〔2023년 기사〕 〔2023년 산업기사〕

빛에 어느 정도 민감한가를 나타내는 수치로 국제적으로 ISO 단위를 사용하고 있다.

① 감도가 낮을 경우 : 빛에 민감하게 반응하지 않는다(저감도 ISO 50).

② 감도가 높을 경우 : 빛에 민감하게 반응한다(고감도 ISO 400, ISO 800).

3 촬영대상의 처리 〔암기〕 〔2018년 산업기사〕 〔2019년 기사〕

① 광각렌즈 사용 : 좁은 실내에서 촬영이 많고 한 장으로 많은 물건을 촬영해야 하므로 넓게 촬영할 경우 사용한다.

② 스트로보 사용 : 어두운 곳에서 촬영할 경우와 태양에 의한 그림자가 촬영되지 않도록 하기 위해 적절한 광량을 조절한다.

③ 표식 사용 : 작은 물건은 사진으로 크기나 형태를 식별하기 곤란하므로 표식을 사용한다.

④ 삼각대 활용 : 촬영 시 <u>떨림 방지</u>를 위해 사용한다.

4 렌즈의 선택

(1) 표준렌즈

① <u>사람의 눈에 가장 가까운</u> 느낌을 주고, 일그러짐이나 과장이 거의 없는 것이 특징이다.

② 객관적인 입장에서 주관을 배제하고자 할 때 가장 효과적이며, 일반적인 촬영에 많이 쓰인다.

(2) 광각렌즈

① 촬영범위가 표준렌즈보다 넓어서 피사체가 <u>작게 찍히고 피사체 심도가 깊다</u>.

② 원근감이 과장되어 실제의 거리보다 먼 느낌을 주며 상의 일그러짐 현상이 생겨 피사체에 가까운 것이 먼 것에 비해 실제보다 크게 묘사되고 수평선은 둥글게 휜다.

③ 좁은 공간에서 넓은 각도가 필요할 때와 보다 넓은 범위를 찍고자 할 때, 일그러짐을 이용하여 특수효과를 내고자 할 때 쓰인다.

(3) 망원렌즈

① 표준렌즈에 비해 촬영범위가 좁아서 피사체가 비교적 크게 찍히고 원근감이 약화되어 실제거리보다 <u>가까이 느껴지며 피사체 심도가 얕다</u>.

② 주된 피사체를 주위와 분리시켜 두드러지게 묘사하거나 거리감이 없어짐을 이용하여 밀집상태를 과장해서 묘사하는 데 효과적으로 쓰인다.

(4) 어안렌즈

① 초광각렌즈로서 <u>180° 또는 그 이상의 시야</u>를 커버한다.

② 어안렌즈(fisheye lens)에는 화상이 원형으로 나타나는 것(6~8mm)과 과장된 시각효과를 내되 보통의 직사각형으로 나타내는 것(15~21mm)의 두 가지로 나눌 수 있다.

③ 일반적으로 기상관측 · 학술연구용으로 많이 쓰인다.

(5) 마이크로렌즈

① 접사를 목적으로 하는 렌즈로서 보조용구 없이도 23~24cm의 자리에서 화상배율 0.5까지 클로즈업을 할 수 있다.

② 서류나 책의 부분적 복사 등에 유리하다. 작은 물체를 클로즈업하여 촬영한다.

(6) 줌렌즈

① 일정한 범위 안에서 초점거리를 연속적으로 변경시켜 화상을 원하는 크기로 조절할 수 있게 만든 렌즈를 말한다.

② 피사체는 초점을 다시 맞추지 않아도 그 배율을 마음대로 변경시킬 수 있는 장점이 있다.

바로바로 확인문제 ●

화재현장에서 역광 촬영을 하고자 한다. 카메라 측광방식으로 가장 적합한 것은?
① 다분할 측광
② 스팟 측광
③ 평균 측광
④ 중앙부 중점 측광

해설 스팟 측광은 화면의 일부만을 측광하는 방식으로 역광 촬영, 무대부 촬영 시 사용한다. **답 ②**

---

5 화재현장 촬영 시 주의사항 (화재증거물 수집관리규칙 제9조) 암기 2020년 기사 / 2021년 기사 / 2022년 기사 / 2023년 기사 / 2023년 산업기사

① 최초 도착하였을 때의 <u>원상태를 그대로 촬영</u>하고, 화재조사의 진행순서에 따라 촬영한다.

② 증거물을 촬영할 때는 그 <u>소재와 상태가 명백히 나타나도록</u> 하며, 필요에 따라 구분이 용이하게 <u>번호표 등을 넣어 촬영</u>한다.

③ 화재현장의 특정한 증거물 등을 촬영함에 있어서는 그 길이, 폭 등을 명백히 하기 위하여 <u>측정용 자 또는 대조도구를 사용</u>하여 촬영한다.

④ 화재상황을 추정할 수 있는 다음의 대상물의 형상은 면밀히 관찰 후 자세히 촬영한다.

  ㉠ 사람, 물건, 장소에 부착되어 있는 연소흔적 및 혈흔

  ㉡ 화재와 연관성이 크다고 판단되는 증거물, 피해물품, 유류

⑤ 현장사진 및 비디오 촬영할 때에는 연소확대 경로 및 증거물 기록에 대한 <u>번호표와 화살표를 표시 후에 촬영</u>하여야 한다.

바로바로 확인문제 ●

화재현장에서 증거물 촬영 시 주의사항이다. 바르지 않은 것은?
① 증거물의 크기를 나타낼 수 있도록 대조도구를 사용한다.
② 화재상황을 추정할 수 있는 혈흔이나 물건은 배제한다.
③ 증거물은 소재와 상태가 명백히 나타나도록 한다.
④ 증거물은 구분이 용이하도록 번호표나 화살표를 이용한다.

해설 화재상황을 추정할 수 있는 혈흔이나 물건은 면밀하게 관찰한 후 자세히 촬영하여야 한다. **답 ②**

04 주요 촬영대상

1 촬영위치

① 사진촬영은 현장 평면도를 이용하여 <u>화살표로 촬영 위치와 방향을 나타낼 수 있</u>도록 한다.

② 건물 외부사진은 거리 및 인접도로 등이 식별될 수 있어야 하며, 각 방향을 알 수 있도록 촬영위치는 가급적 <u>다양한 각도에서 촬영</u>을 하되 기준점이 명확하게 나타날 수 있어야 한다.

③ 건물 내부사진은 열과 연기가 퍼져 나간 방향을 쉽게 알 수 있도록 발화지역 중심부를 촬영하고, 발화지역과 인접한 구역에 손상이 없더라도 연소확산된 경로를 표시하기 위해 촬영을 해 둘 필요가 있다.

2 촬영대상물

① 화재가 발생한 대상물을 중심으로 주변으로 연소확대된 건물이나 물건 등이 포함되어야 한다.

② 발화된 구역과 연소확산된 구역을 구분하여 촬영하고, 발화지점에 나타난 화재패턴과 발화와 관련된 증거물을 촬영하여야 한다.

③ 발굴과정과 복원시킨 상황을 촬영하여 화재 전·후의 상황을 남겨야 한다. 만약 사상자가 발생했다면 사상자의 발견 위치와 자세, 주변 가연물 등을 촬영한다.

3 현장 사체에 대한 촬영

① 사체 발견 당시 의복상태 또는 사체 표면에 나타난 화재패턴과 손상 정도는 중요한 증거가 될 수 있으므로 주변에 연소된 잔해를 제거하기 전에 사진으로 촬영하고 발굴에 임한다.

② 사체를 이동시킬 때에는 이동과정을 알 수 있도록 촬영을 하고 이동한 후에도 사체가 발견된 지점을 촬영하여 바닥과 사체의 접촉흔적, 인체에서 흘러나온 동물성 기름의 체액 등을 근접 촬영한다.

③ 사체 주변의 가구와 벽, 출입구와의 거리 등은 사진촬영만으로 정확한 측정이 곤란하므로 그림이나 스케치 등을 병행하여 작성하고 팔과 다리의 위치관계 등이 명확하게 나타나도록 촬영을 한다.

05 표 식 – 사진 구별 표식

① 현장에서 발견된 물리적 증거물들은 대개 원래의 형태보다 작아졌거나 소손된 경우가 많아 증거의 상대적 크기를 비교하여 나타내야 하는 경우가 많다.

② 남아 있는 담배꽁초의 크기를 구별하기 위해 동전을 옆에 놓고 촬영할 수 있으며 구멍만큼 작게 연소된 면적 크기를 나타내기 위해 직선 자 또는 성냥개비 등을 놓고 촬영하는 방법을 선택하기도 한다.

③ 표식을 놓고 촬영하기 전에 먼저 표식이 없는 상태에서 촬영을 먼저하고 나중에 표식을 놓고 촬영을 한다.

④ <u>2개 이상의 증거물</u>을 한꺼번에 촬영할 때는 <u>번호나 표지 등으로 구분</u>하여 대상물을 명확하게 한다.

⑤ <u>증거물의 크기를 계량적</u>으로 명확하게 나타낼 필요가 있을 때에는 <u>눈금자를 사용</u>한다.

> **꼼·꼼. check!** ➞ **사진촬영 시 표식 종류**
>
> 피사체와 구별되는 담뱃갑, 동전, 눈금자, 라이터, 성냥개비 등과 여러 개의 증거물을 한꺼번에 촬영하는 경우 번호 표지를 사용할 수 있다.

06 서식류

(1) 서식류 작성 근거

구 분	화재증거물 수집관리규칙
근 거	제3조 증거물의 상황기록 제8조 현장사진 및 비디오촬영 제10조 현장사진 및 비디오촬영기록 등

(2) 현장 및 감정 사진

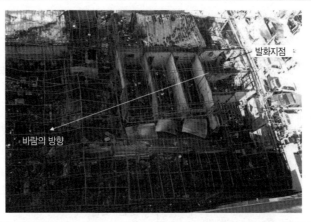

No. 1	○○재래시장의 완전연소 형태	촬영일시	
	발화지점에서 바람의 방향으로 완전소실된 상황	'10.00.00. 00:00	

07 **질문의 녹음** – 질문 녹음 방법 `2014년 기사` `2016년 기사` `2019년 기사` `2020년 기사` `2021년 기사` `2022년 기사`

① 상대방의 인권을 고려하여 사전에 녹음 사실을 알려야 하며, 유도심문을 피해 __진술의 임의성을 확보__하여야 한다.

② 시간이 경과하면 심경변화 등으로 사실이 조작될 우려가 있으므로 가능한 한 __현장에서 조기에 실시__하도록 한다.

③ 질문은 신고자, 발견자, 초기 소화자 등 화재와 관련 있는 사람을 대상으로 실시한다.

④ __짧고 간결하게 질문을__ 하고 상대방이 많은 이야기를 할 수 있도록 배려한다.

출제예상문제

* ☒ 표시 : 중요도를 나타냄

01 화재조사를 위해 사진촬영의 중요성에 해당하지 않는 것은?

① 사실의 묘사성
② 진술의 신뢰성
③ 기억의 환기성
④ 증거의 조작성

해설 사진촬영은 증거 확보의 우수성 및 신뢰성을 확보하기 위한 것으로 증거조작을 방지할 수 있다.

02 증거물 수집 전 사진촬영을 먼저 하는 이유로 올바른 것은?

① 발견 당시의 위치 및 오염과 훼손 정도를 확보하기 위해
② 증거물의 소유관계를 나타내기 위해
③ 연소확산된 이유를 밝히기 위해
④ 조사관의 의무이기 때문에

해설 증거물 수집 전 사진촬영을 하는 이유는 발견 당시의 위치 및 오염과 훼손 정도를 나타내기 위한 것과 나중에 증거가 뒤바뀌는 일을 방지하기 위함이다.

03 사진촬영 요령으로 옳지 않은 것은?

① 높은 곳에서 현장 전체를 관찰할 수 있는 위치를 선정한다.
② 발화건물의 바깥쪽으로부터 안쪽으로 좁혀가며 촬영한다.
③ 발굴과정 등 조사 전반에 대한 실시간 기록을 촬영한다.
④ 발화지점 또는 연소가 집중된 방향으로만 촬영한다.

해설 화재현장은 발화지점을 포함한 연소확대된 방향성에 착안하여 각 방면별로 다양하게 촬영을 하여야 한다.

04 사진촬영의 한계를 나타낸 것으로 바르지 않은 것은?

① 역광을 받을 경우 피사체의 윤곽이 뚜렷하지 않을 수 있다.
② 빛을 보충하기 위한 보조 플래시 사용은 사진조작의 우려가 있다.
③ 야간촬영의 경우 피사체 식별이 불분명해 질 수 있다.
④ 한 장의 사진으로 화재현장 전체를 담아내기 어려운 경우가 많다.

해설 야간 또는 어두운 실내에서는 빛을 보충하기 위해 보조 플래시를 사용한다.

05 다음 중 카메라에 대한 설명으로 바르지 않은 것은?

① 렌즈에 35~105mm로 표시된 경우 앞에 표시된 숫자 35는 망원을 의미한다.
② 비디오카메라는 피사체를 전기적 신호로 변환시켜 재현한 장치이다.
③ 광학카메라는 화질 저하없이 멀리 있는 사물을 크게 촬영할 수 있는 장점이 있다.
④ 디지털카메라는 본래의 이미지에 비해 해상도가 떨어질 수 있다.

해설 렌즈에 35~105mm로 표시되어 있을 경우 앞에 표시된 숫자(35)는 광각을 말하며, 뒤에 있는 숫자(105)는 망원을 의미하므로 $105 \div 35 = 3$이므로 3배줌을 의미한다.

Answer 01.④ 02.① 03.④ 04.② 05.①

06 어떤 물체 내부의 실체를 전혀 알 수 없거나 감정물건의 내부를 확인할 때 사용되는 기기는?

① 광학카메라　　　② 비파괴촬영기
③ 디지털카메라　　④ 비디오카메라

해설 비파괴촬영기는 물체의 원형과 기능을 변화시키지 않고 육안검사가 곤란한 물질의 용융, 균열여부, 소손상태 등을 확인할 때 사용하는 기기이다.

07 사진촬영 시 증거물의 크기를 명확하게 할 필요가 있을 때 사용되는 표식으로 옳은 것은?

① 번호표　　　　　② 눈금자
③ 통제선　　　　　④ 스트로보

해설 증거물의 물리적인 크기를 명확하게 기록하기 위하여 눈금자를 사용한다.

08 화재현장을 촬영하는 위치에 대한 설명으로 옳은 것은?

① 피사체가 냉장고일 경우 전후좌우의 4면을 각각 촬영한다.
② 촬영방향은 발화부로 추정되는 곳의 앞면을 집중적으로 촬영한다.
③ 카메라는 가능하면 수직으로 촬영한다.
④ 촬영된 사진은 화재조사관을 위한 자료이므로 촬영위치는 조사관의 재량에 달려 있다.

해설 피사체의 촬영위치는 각 방향을 알 수 있도록 다양한 각도에서 촬영을 하되 기준점이 명확하게 나타날 수 있도록 한다.

09 카메라 초점이 맞지 않아도 셔터버튼을 누르면 무조건 촬영이 되는 방식은?

① 포커스 우선 자동초점방식
② 셔터 릴리즈 우선 자동초점방식
③ 반자동방식
④ 수동초점방식

해설 셔터 릴리즈 우선 자동초점방식은 초점이 맞지 않아도 셔터버튼을 누르면 무조건 촬영되며 구도를 바꿔 주면 초점을 연속적으로 맞추는 방식으로 움직이는 물체 촬영에 적합하다.

10 좁은 실내에서 넓게 촬영할 경우 사용하는 렌즈로 적합한 것은?

① 광각렌즈
② 망원렌즈
③ 줌렌즈
④ 마이크로렌즈

해설 좁은 실내에서 넓게 촬영할 경우 광각렌즈가 가장 많이 이용된다.

11 화재현장에서 사진촬영 방법 중 가장 바르지 않은 것은?

① 촬영 시 떨림 방지를 위해 앉아서 촬영한다.
② 작은 물건은 크기나 형태를 식별하기 곤란하므로 표식을 사용한다.
③ 적절한 광량 조절을 위해 스트로보를 이용한다.
④ 좁은 실내에서 넓게 촬영할 경우 광각렌즈를 사용한다.

해설 촬영 시 떨림 방지를 위해 고정하기 쉬운 삼각대를 이용하도록 한다.

12 화재현장 촬영 시 주요 촬영대상에 대한 설명으로 틀린 것은?

① 소방용 설비의 사용 및 작동상황
② 화재현장에 도착한 소방차 배치상황
③ 발화원으로 추정된 감식 및 감정대상물
④ 화재로 인한 사망자의 위치

해설 화재현장에 도착한 소방차 배치상황은 관련이 없다.

13 화재현장 사진촬영 시 유의사항이다. 적당하지 않은 것은?

① 피사체와 발굴장비를 함께 포함시켜 촬영한다.
② 촬영은 단시간에 요령 있게 실시한다.
③ 피사체 선정은 실황식별자의 지시와 촬영하고자 하는 의도에 맞게 촬영한다.
④ 피사체는 목적물과의 관계를 반영하면서 근접촬영하여 관계를 명확히 한다.

해설 피사체의 선정 및 촬영은 화재조사관의 의도와 목적에 맞게 촬영하여야 한다. 이때 발굴장비 등이 포함되지 않도록 주의하여 촬영하여야 한다.

14 화재현장 사진 및 비디오 촬영에 대한 설명으로 가장 옳은 것은?

① 화재현장은 화재조사관의 경험과 노하우에 의존하여 촬영한다.
② 명백한 증거물은 번호표 등의 표식을 생략하고 촬영한다.
③ 최초로 도착하였을 때의 원 상태를 그대로 촬영한다.
④ 현장이 어느 정도 정리된 후 촬영한다.

해설 화재현장 사진 및 비디오 촬영은 최초로 도착하였을 때 원 상태를 그대로 촬영한다.(화재증거물 수집관리규칙 제9조 제1항)

15 증거물을 사진촬영할 때 표식사용에 대한 설명이다. 맞지 않는 것은?

① 증거물마다 인식번호나 기호를 표기한다.
② 증거가 작을 경우 담배나 동전 등 비교물품을 놓고 함께 촬영한다.
③ 2개 이상의 증거물은 함께 촬영하지 않도록 한다.
④ 증거물에 표식을 설치하기 전과 설치한 후의 상황을 촬영한다.

해설 2개 이상의 증거물을 한꺼번에 촬영할 때는 번호나 표지 등으로 구분하여 대상물을 명확하게 나타내어 촬영한다.

16 사람의 눈과 가장 유사한 렌즈는?

① 줌렌즈
② 망원렌즈
③ 표준렌즈
④ 광각렌즈

해설 표준렌즈는 사람의 눈에 가장 가까운 느낌을 주고, 일그러짐이나 과장이 거의 없는 것이 특징이다.

17 표준렌즈의 장점이 아닌 것은?

① 객관적 표현이 좋지만 일그러짐이 있다.
② 사람의 눈에 가장 가까운 느낌을 준다.
③ 과장이 거의 없다.
④ 주관을 배제하고자 할 때 가장 효과적이다.

해설 표준렌즈는 객관적 표현이 좋고 일그러짐이 없어 일반적인 촬영에 많이 쓰인다.

18 광각렌즈에 대한 설명이 아닌 것은?

① 좁은 공간에서 넓은 각도가 필요할 때 사용하기 좋다.
② 서류나 책의 부분적 복사 등에 유리하다.
③ 피사체에 가까운 것이 실제보다 크게 묘사된다.
④ 피사체가 작게 찍히고 피사체 심도가 깊다.

해설 마이크로렌즈는 작은 물체를 클로즈업하여 서류나 책의 부분적 복사 등에 유리하다.

19 초광각렌즈로서 180도 이상의 시야를 커버하는 렌즈는?

① 마이크로렌즈
② 줌렌즈
③ 어안렌즈
④ 망원렌즈

해설 어안렌즈(fisheye lens)는 초광각렌즈로서 180° 또는 그 이상의 시야를 커버한다.

Answer 13.① 14.③ 15.③ 16.③ 17.① 18.② 19.③

20 화재현장에서의 촬영 위치와 대상에 대한 설명이다. 바르지 않은 것은?

① 촬영은 현장 평면도를 이용하여 화살표로 촬영 위치와 방향을 나타내도록 한다.
② 촬영대상은 주변으로 연소확대된 건물이나 물건 등도 포함시킨다.
③ 건물 외부는 인접도로 등이 식별되며 각 방향을 알 수 있도록 촬영을 한다.
④ 발화지역과 인접한 구역은 화재 손상이 없으면 촬영할 필요가 없다.

해설 발화지역과 인접한 구역에 손상이 없더라도 연소확산된 경로를 표시하기 위해 촬영을 해 둘 필요가 있다.

21 화재현장에서 질문 녹음방법으로 옳지 않은 것은?

① 질문 녹음을 거부하면 강요할 수 있다.
② 질문은 짧고 간결하게 한다.
③ 사전에 녹음 사실을 알리고 진술의 임의성을 확보한다.
④ 진술확보는 가능한 한 현장에서 조기에 실시한다.

해설 묵비권은 법률적으로 보장되어 있는 권리이기 때문에 질문 녹음을 거부하면 강요할 수 없다.

22 다음 중 접사촬영을 위해 사용하는 렌즈로 옳은 것은?

① 줌렌즈   ② 표준렌즈
③ 광각렌즈   ④ 매크로렌즈

해설 작은 물체를 클로즈업하여 촬영하는 것은 매크로렌즈의 기능이다.

23 피사계 심도를 깊게 하기 위한 방법으로 옳은 것은?

① 조리개를 좁힌다.
② 조리개를 넓힌다.
③ 셔터 스피드를 길게 한다.
④ 셔터 스피드를 짧게 한다.

해설 조리개를 좁히거나 초점거리가 짧을수록 피사계 심도는 깊어진다.

Chapter 04 화재와 법과학

01 생활반응

1 정의

인간이 살아 있을 때 신체에 가해진 자극에 대하여 생체가 반응하여 생긴 현상을 생활반응(vital reaction)이라고 한다. 따라서 시체에서 생활반응이 나타난다면 살아있을 때 이루어진 것으로 판단한다. 생활반응은 신체에 손상을 받은 부분을 통해 살아있을 때 반응한 것인지 사후에 나타난 것인지를 판별하는 요소이다.

2 국소적 생활반응

(1) 출혈 및 응혈

살아있을 때 혈관이 파열되면 순환 중이던 혈액의 혈압에 의해 혈관 밖으로 나오는 현상이 출혈이다. 출혈된 혈액은 조직 내로 스며들어가며 혈액에 있는 섬유소 조직과 결합하여 응혈을 형성하기도 한다. 살아있을 때 출혈은 씻거나 닦아내도 제거되지 않는다. 한편 죽은 후에 혈관이 파열되더라도 혈액은 밖으로 유출된다. 그러나 혈압이 없기 때문에 출혈량은 생전에 비해 현저하게 적고 죽은 뒤 일정시간이 경과하여 파열되면 응고되는 능력이 없어 닦으면 쉽게 제거된다.

(2) 창구(創口)의 개대(開大) 및 창연(創緣)의 외번(外飜)

개방성 손상이 살아있을 때 형성되면 피부나 근육 등의 부드러운 조직 내에 있는 탄력섬유(elastic fiber)가 수축되어 창구는 벌어지고 창연은 외번(extroversion of wound margin)된다. 창구가 벌어지는 정도는 창의 방향과 랑거피부할선(cleavage lines of langer)과의 관계가 가장 큰 영향을 끼친다. 그 외에 창의 크기, 길이 및 깊이, 타격을 준 물체의 종류 등에 따라 달라질 수 있다. 사후에 형성되었을 경우에는 이러한 반응이 없거나 정도가 매우 약하게 나타난다.

(3) 치유기전(治癒機轉) 및 감염

섬유아세포(fibroblast)의 증식이나 육아조직(granulation tissue)의 생성, 가피(crust)

의 형성 등 치유기전에 의한 변화가 나타난다. 감염되면 발적, 종창 및 화농 등의 염증성 변화가 있다.

① **섬유아세포** : 섬유세포라고도 한다. 조직절편을 관찰하면 평평하고 길쭉한 외형으로 불규칙한 돌기를 보인다.
② **육아조직** : 피부가 아물어가는 과정에서 볼 수 있는 유연하고 과립상인 선홍색 조직
③ **가피** : 상처가 나거나 헐었을 때 피부표면의 결손부에 생기는 미란(썩은 부위)에 괸 조직액, 혈액, 고름 등이 말라서 굳은 것

(4) 화상(火傷)

화상에 의한 홍반(紅斑, erythema)이나 수포(水泡, blister)는 생활반응에 속한다. 뜨거운 기체를 흡입하거나 액체를 마셨을 때 기도나 상부 소화관에 나타나는 열변화도 생활반응에 해당한다.

(5) 국소적 빈혈

회초리, 지팡이, 혁대, 채찍 등과 같이 어느 정도 폭이 있는 물체로 가격을 하면 외력이 가해진 양측에서 나타나는 출혈로 중선출혈이라고도 한다. 이러한 현상은 표재성 모세혈관만 파열되고 출혈은 성상 물체의 압력에 의해 측방으로 밀리기 때문에 일어난다. <u>사망한 후에 출혈이 있어도 빈혈은 일어나지 않는다.</u>

(6) 압박성 울혈(鬱血)

질식사, 교사, 액사 또는 압착성 질식사일 때 나타나는 울혈현상도 외력이 가해질 당시 혈액순환이 있었다는 증거로 생활반응에 속한다.

(7) 흡인(吸引) 및 연하(嚥下)

혈액이나 조직편 또는 이물질을 기도 안으로 흡인하거나 위장관 안으로 연하하는 것도 생활반응에 속하며, 화재현장에서 그을음 등 매연을 흡입하거나 연하하는 것도 생활반응에 속한다. 그러나 그을음이 화재로 인해 호흡기에 침전되는 경우도 있으므로 단지 입안이나 콧구멍 속에 그을음이 있다는 이유로 호흡을 했다는 증거로 삼기 어렵다. 기관지나 식도 등은 기관 전체 길이를 절개하여 확인하여야 한다.

┃ 법의학 감정용어 해설 ┃

감정용어	해 설	감정용어	해 설	감정용어	해 설
창구	상처 난 구멍	창구의 개대	상처 난 구멍이 벌어짐	울혈	정맥의 피가 몰려 있는 현상
창연	상처 가장자리	응혈	굳은 피	연하	삼켜서 넘김

3 전신적 생활반응 암기 2016년 산업기사 2018년 기사 2018년 산업기사 2019년 산업기사 2021년 기사 2023년 기사 2023년 산업기사

(1) 전신적 빈혈

살아있을 때 신체의 손상이나 질병으로 혈관이 파열되면 심박동에 의하여 혈관 내에 있던 혈액이 신체 바깥이나 체강(體腔) 내로 빠져나오기 때문에 전신적 빈혈이 발생한다.

※ **체강** : 몸속에 있는 공간으로 체벽과 내장 사이를 말한다.

(2) 속발성 염증

시간이 상당히 경과한 후에 나타나며, 전신적 감염증이 대표적이다.

(3) 색전증(塞栓症)

공기, 지방 및 조직 등 전자(栓子, embolus)에 의한 색전은 혈액순환이 있었다는 증거이다. 그러나 이들은 모두 간섭현상에 의해 발생할 수 있다.

(4) 외래물질의 분포 및 배설

전신장기에 플랑크톤이 분포하면 물에 들어갈 당시 호흡과 순환이 있었다는 근거가된다. 또한 전신장기에 주정(酒精, alcohol)이나 약물이 분포되고 대사 후 오줌으로 배설되면 이것도 생활반응에 해당한다. 일산화탄소 중독 시 일산화탄소헤모글로빈(COHb), 사이안산 중독 시 사이안헤모글로빈(CNHb), 황화수소 중독 시 황화메트헤모글로빈(sulfMetHb)이 전신장기에 남는 것도 전신적 생활반응이다.

02 화상사 암기

1 정의 2016년 기사 2019년 기사

뜨거운 열이 피부에 작용하여 일어나는 국부적 또는 전신적 장애를 모두 화상이라고 한다. 좁은 의미로는 화염, 뜨거운 고체 및 직사일광이나 복사열에 의한 손상을 화상이라고 하며, 뜨거운 기체나 액체에 의한 손상을 탕상이라고 한다. 일반적으로 화상이나 탕상에 의해 사망에 이르는 것을 모두 합하여 화상사(火傷死, death due to burns and scalds)라고 한다.

2 위험도 및 사망기전 암기 2022년 기사

(1) 위험도 2015년 기사 2016년 기사 2017년 기사 2017년 산업기사 2018년 기사 2019년 기사 2019년 산업기사 2020년 기사 2021년 기사

화상의 위험도는 심도(深度)와 범위(範圍)에 의해 결정되며, 범위가 심도보다 더 큰 영향을 미친다. 또한 연령이나 화상을 입은 부위, 합병된 외상과 기존에 가지고 있던 질환에 의해서도 영향을 받는다. <u>어린이는</u> 같은 정도의 범위라도 <u>성인보다 위험</u>하며 노인은 회복이 지연되거나 합병증이 발생하기 쉽다. 상부 기도나 흉부의 화상은 호흡장애를 초래하며 중요 장기에 질환이 있을 때에는 정상인보다 위험하게 된다.

① 심도 : 화상의 심도는 열의 강도, 노출시간 및 피부의 예민도에 의해 결정된다. 일반적으로 약 55℃ 이상에서 화상이 발생하지만 이보다 낮은 온도인 40~45℃ 정도에서도 오랜 시간 노출되면 화상을 입을 우려가 높다.

┃ 화상의 분류 ┃ 암기 │ 2013년 산업기사 │ 2017년 기사 │ 2018년 기사 │ 2018년 산업기사 │ 2019년 산업기사 │ 2021년 기사 │ 2023년 기사 │ 2023년 산업기사

구 분	특 징
1도 화상 (홍반 발생)	• 화상이 표피에만 국한, 홍반성 화상이라고도 한다. • 수포(물집)는 형성되지 않지만 벗겨질 수 있다. • 환부는 동통과 함께 발적현상이 있고 약간의 부종을 동반한다. • 특별한 처치가 없어도 수일이 경과하면 자연치유가 가능하다. • 사후 혈액침하가 일어나면 소실될 수 있다.
2도 화상 (수포 형성)	• 표피와 함께 진피까지 손상되는 화상이다. • 수포 형성, 벌겋게 되고 발적현상이 나타난다. • 수포 주위에서는 홍반을 볼 수 있다. • 사후 혈액침하가 일어나도 홍반이 남는다.
3도 화상 (피부 전층 손상)	• 피하지방을 포함한 피부의 전층(全層)이 손상되는 화상이다. • 피부는 건조하고 회백색을 띠며 수포가 형성되지 않는다. • 피부감각을 상실, 핀으로 찔러도 동통이 없는 응고성 괴상에 빠져 괴사성 화상이라고도 한다.

! 꼼.꼼. *check!* ▶ **화상의 깊이 분류**(119구급대원 현장응급처치 표준지침, 소방청) ● 암기

구 분	1도 화상	2도 화상	3도 화상
손상 정도	표피	표피 전층 + 진피 일부	진피 전층 + 피하조직 대부분
피부색	붉은색	붉은색	갈색 또는 흰색(마른 가죽느낌)
증상	통증 ○, 수포 ×	통증○, 수포○	통증×, 수포×
치유기간	1주 내 회복	1주 내 회복	피부이식 필요

② 범위 : 화상을 입은 신체의 범위를 나타낸 것이다. 신체 부위인 체표면적의 환산은 일반적으로 '9의 법칙(rule of nines)'을 이용한다.

! 꼼.꼼. *check!* ▶ **9의 법칙**(신체의 표면적을 9% 단위로 나누고 외음부를 1%로 산정) ● 2018년 산업기사

신체 모든 부위를 100% 기준으로 하여 머리 9%, 전흉복부 9%×2, 배부 9%×2, 상지 9%×2, 대퇴부 9%×2, 하퇴부 9%×2, 외음부 1%로 산정한다.

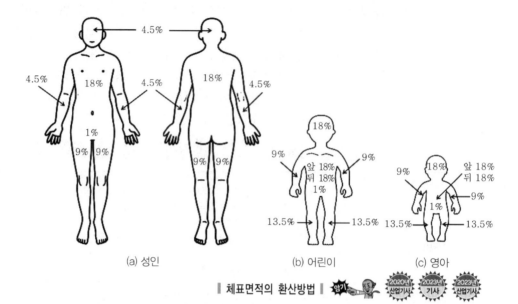

(a) 성인 (b) 어린이 (c) 영아

┃ 체표면적의 환산방법 ┃ 암기 ^{2020년 산업기사} ^{2023년 기사} ^{2023년 산업기사}

바로바로 확인문제 ●

영아의 외음부가 화재로 손상되었다. 9의 법칙 기준에 따른 화상의 범위로 맞는 것은?
① 1% ② 3%
③ 5% ④ 9%

해설 외음부는 1%로 산정한다. 답 ①

(2) 사망기전 ^{2014년 산업기사} ^{2016년 기사} ^{2018년 기사} ^{2019년 기사} ^{2020년 산업기사} ^{2023년 기사} ^{2023년 산업기사}

① 원발성 쇼크(primary shock) : 고열이 광범위하게 작용하여 일어나는 격렬한 자극에 의해 반사적으로 심정지가 일어나는 것을 말한다.

② 속발성 쇼크(secondary shock) : 화상성 쇼크라고도 하며, 화상 후 상당한 시간이 경과한 다음에 발현하여 2~3일 후에 사망하는 경우이다.

③ 합병증 : 쇼크기를 넘긴 후에는 독성물질에 의한 용혈, 성인호흡장애증후군, 급성신부전, 소화관 궤양의 출혈, 폐렴 및 패혈증 등의 합병증으로 사망할 수 있다.

3 사체 소견 및 진단 ^{2014년 기사} ^{2017년 기사} ^{2017년 산업기사}

① 신체 표면에서는 1도 내지 3도의 광범위한 화상이 보이며 내부에서는 특이한 소견이 없으나 각 장기는 빈혈상(貧血狀)을 보인다.

② 사망이 지연되면 사인(死因)이 된 2차적 변화와 더불어 점막하의 일혈점(溢血點), 실질장기의 혼탁종창(混濁腫脹), 부신의 출혈, 유지체(類脂體)의 감소 또는 소실을 본다.

4 자·타살 및 사고사의 감별 (2017년 산업기사)(2020년 기사)

① 사망 전에 발생한 화상은 붉거나 물집이 형성되는 생체반응을 보이며 사망 후에도 식별이 가능한 경우가 많다.

② 사망 직전에 발생한 화상은 생체반응을 나타낼 시간적 여유가 없어 나타나지 않을 수 있으며 사후 화상과 구별되지 않을 수도 있다. 물집은 사후에도 생길 수 있다.

③ 화재현장에서 일어나는 화상사는 얼굴이나 손, 다리 등 노출된 부분이 심하게 훼손된 경우가 많고 다른 원인에 의해 1차 손상을 당한 후 2차적으로 화상을 입는 경우도 있다. 다른 곳에서 살해된 후 화재로 위장하여 시체를 훼손하는 것과 화재 발생 직후 유독가스로 인해 질식한 상태로 쓰러져 화상을 입는 경우 등이 있다.

④ 피는 열의 영향으로 귀와 코, 입에서 흘러나오는 경우가 있다. 그러나 손과 발, 복부와 머리 등 사체 외부에서 발견된 피는 사망하기 전에 신체적 외상을 당했다는 것을 나타낸다.

03 화재사 (2013년 산업기사)(2020년 기사)(2022년 기사)

1 정의

(1) 소사(燒死)

화재로 인한 화상과 더불어 일산화탄소(CO)나 유독가스에 의한 중독과 산소결핍으로 인한 질식 등에 의해 사망하는 것을 말한다. 따라서 화상만 작용하는 화상사(火傷死)와는 엄격히 구분된다.

(2) 소사체(燒死體) (2022년 기사)

소사체란 단지 불에 탄 채 발견된 시체를 말하는 것으로 사인(死因)이 소사인 시체라는 것과 구별되어야 한다. 즉 소사체란 사인이 소사인 것을 비롯하여 다른 원인으로 사망을 한 후 불에 탄 시체도 포함한다. 따라서 비록 화재현장에서 발견되었더라도 불에 타지 않았다면 소사체에 포함되지 않는다.

증거물관리 및 법과학

> **! 꼼.꼼. check!** → 소사체에서 볼 수 있는 특징 ←
>
> - 일반적으로 전신 1~3도의 화상이 확인된다.
> - 화재 당시 생존해 있을 경우 화염을 보면 눈을 감기 때문에 눈가 주변 또는 호흡기 주변으로 짧은 주름이 생긴다.
> - 근육의 수축으로 사지가 구부러진 상태로 권투선수 자세를 하고 있는 경우가 많다.
> - 피부에 기포가 형성된다.
> - 가슴과 배의 일부가 연소된 경우 내장이 노출되고 일부가 탄화되어 굳어 있는 것이 많다.

(3) 화재사(火災死) [2017년 기사]

화재사란 화재가 촉발됨으로서 야기되는 화상을 비롯하여 유독가스에 의한 질식 등 인체가 열과 연기에 반응한 결과로 사망하는 것을 말한다.

2 신체의 소실 [2016년 산업기사] [2018년 산업기사]

신체의 조직 구성이 70% 이상 수분으로 이루어졌기 때문에 쉽게 연소하지는 않지만 사체가 화염에 휩싸이면 가연물의 일부로 작용한다. 성인 신체조직의 완전연소는 950~1,100℃의 온도로 1~2시간 정도 지속되어야 한다. 그러나 완전연소하더라도 골반이나 두개골, 치아 등은 남아 있을 수 있다. 피부와 근육조직은 수분이 빠져나갈 만큼 충분한 열이 공급되면 연소될 것이고 결국 소실되고 만다. 신체의 3대 구성요소는 지방과 근육, 뼈이고, 신체는 그 밖에 미량의 산소와 탄소, 수소, 질소, 인 등으로 이루어져 있다. 특히 지방은 사체의 가장 좋은 가연물로 비휘발성, 비수용성 기름처럼 끈적끈적하고 미끈거리는 물질로 상온에서는 고체이지만 약 25℃로 가열하면 액화되어 연소가 이루어진다. 대부분의 일반화재에서 화염의 온도와 지속성은 성인의 골격 잔존물을 파괴할 만큼 강력하지 않으며 몸통조직 역시 함유하고 있는 수분 때문에 완전히 소실되기란 쉽지 않다.

※ **양초효과** : 인체가 화염 근처에서 연소할 때 인체에서 흘러나온 지방이 마치 양초가 타듯이 기름역할을 하여 연소가 지속되는 현상

> **! 꼼.꼼. check!** → 신체의 연소특징 ←
>
> - 시체가 연소할 때 흘러나온 지방은 마치 바닥에 촉진제를 사용한 것처럼 강한 연소흔적을 남기는 경우가 있다.
> - 시체의 지방이 의복이나 침구류, 카펫 등에 흡수된다면 화염은 작지만 연소를 지속시키는 요인으로 작용을 한다.
> - 지방이 가장 많이 분포된 몸통(배)이 가장 심하게 소손되고 다른 부분은 상대적으로 덜 연소될 수 있다.
> - 지방이 연소하면서 내부 장기의 탈수와 연소를 촉진시키고 뼈의 수축작용이 발생한다.
> - 완전연소로 뼈는 가루형태로 분해되기도 하며 두개골이 분리된다.

3 다른 병리학적 발견물 〔암기〕 〔2021년 기사〕 〔2023년 기사〕 〔2023년 산업기사〕

(1) 혈액침하 및 시반 〔2014년 기사〕 〔2016년 기사〕 〔2017년 기사〕 〔2017년 산업기사〕 〔2018년 산업기사〕 〔2019년 기사〕

사망에 이르고 몇 시간이 지나고 나면 혈액의 순환이 멈추고 혈액은 혈관과 모세혈관에서 굳기 시작해 중력에 따라 <u>사체의 가장 낮은 부분으로</u> 모이게 된다. 이러한 현상을 혈액침하라고 한다. 혈액침하는 시체의 피부와 내장에서 모두 일어나며 피부에서 보이는 것을 특히 시반(屍班)이라고 한다.

> **! 꼼.꼼. check! → 시반의 색깔**
>
> 시체의 혈액은 일반적으로 정맥혈과 같은 암적색을 띤다. 이는 사후에도 조직호흡이 계속되어 혈중에 대량의 이산화탄소헤모글로빈(CO_2Hb)이 생성되기 때문이다. 따라서 정상적인 시반은 암적색을 띤다.

(2) 사후강직 〔2013년 기사〕 〔2016년 기사〕 〔2022년 기사〕

사망 직후에는 근육의 긴장이 전면적으로 해제되어 인체는 <u>일시적으로 이완</u>된다. 그러나 <u>일정시간이 경과하면 근육과 관절이 굳게 된다</u>. 이러한 현상을 사후강직 또는 시강(屍剛)이라고 한다. 처음에는 손과 발에서 시작하여 점차 **팔다리, 몸통, 머리 순으로** 진전된다. 사후강직의 개시는 사체의 온도와 사망 직전 희생자의 신체활동에 따라 다양하게 나타나는데 보통 96시간이 경과하면 사후강직은 사라지고 관절과 근육은 유연해진다. 사망 바로 직전의 근육활동 및 주위의 높은 온도는 사후강직의 개시를 빠르게 촉진시킨다. 그러나 화재열로 인한 근육의 수축은 사후강직 현상과 다르며 시간이 경과해도 한동안 사라지지 않는다.

4 사망기전

(1) 화상

화재로 인한 화상은 화염에 직접 접촉하지 않더라도 형성될 수 있으며, 피부가 노출된 부분으로 화상이 남고 착용하고 있는 의복이 타는 경우가 있다.

(2) 유독가스 중독

연소과정에서 발생하는 일산화탄소, 시안화수소, 황화수소 등 유독가스의 발생은 호흡기를 통해 인체에 유입되어 바로 사망하거나 일정시간이 경과한 후 사망에 이르는 경우가 있다.

(3) 산소결핍에 의한 질식

가연물이 많거나 좁고 밀폐된 공간일수록 위험하여 공기 중의 산소가 급격히 소진될 때 호흡곤란으로 질식 사망할 우려가 있다.

(4) 호흡기 손상

화염이 호흡기에 직접 강하게 작용하면 기도에 열상이나 부종(浮腫)을 일으켜 곧바로 사망에 이를 수 있다.

(5) 원발성 쇼크

화염에 의해 자신의 옷에 불이 붙어 타오르거나 분신자살과 같이 화염에 전신이 노출되었을 때 흔히 보인다.

(6) 급 · 만성호흡부전

화재현장에서 구출된다 하더라도 화상으로 인한 쇼크나 뜨거운 공기를 흡입함으로써 기도가 손상되어 발생하는 급성호흡부전은 2~3일 후에 사망할 수 있으며 그 후에는 감염이나 만성호흡부전으로 사망할 수 있다.

바로바로 확인문제

법의학적 물리적 증거물의 종류가 아닌 것은?

① 발화기기 내 단락흔   ② 피, 타액과 같은 체액
③ 손가락 및 손바닥 지문   ④ 머리카락, 섬유 및 신발자국

해설 법의학적 증거물이란 인체와 관계된 타액, 체모, 신발자국 등을 말한다.   **답 ①**

---

5 자 · 타살 및 사고사의 감별

화재현장에서 나타나는 화재사는 피난하기 위해 몸부림쳤으나 미처 탈출구를 찾지 못해 사망하는 경우를 제외하면 방화나 살인은폐 등 또 다른 목적을 달성하기 위한 것이므로 사인(死因)에 이르게 된 원인을 밝혀내기 위하여 시체에 대한 검안(檢案) 및 부검은 불가피한 사항일 수 있다.

6 화재와 연관된 범죄 증거 [암기] 2022년 기사 2023년 기사 2023년 산업기사

(1) 생활반응 2016년 산업기사 2018년 기사 2018년 산업기사 2019년 산업기사 2020년 기사 2021년 기사

① 이미 사망했을 때에는 신체에 피하출혈, 염증성 발적, 종창 따위는 발생할 수 없다. 따라서 이러한 상처가 있을 경우 생존 당시 생긴 것으로 판정할 수 있다.

② **혈액침하로 인한 시반**은 일산화탄소헤모글로빈($COHb$)의 영향으로 **선홍색(bright cherry red) 빛깔**을 띤다. 이것은 화재현장에서 일산화탄소를 호흡하였다는 것으로 화재 당시 **생존상태였음을 증명**하는 증거이다.

③ 화재현장에서 발생하는 각종 유독가스와 연기를 흡입하면 기도(氣道) 안에서 매(煤, soot)가 점액과 혼합되어 부착된다. 이것은 화재 당시 호흡운동이 이루어져

살아있었다는 근거가 된다. 장시간 흡입하였을 경우에는 열에 의해 응고되어 회백색 또는 갈색조를 띠기도 한다.

④ 구강(口腔) 및 비강(鼻腔)을 비롯하여 안면부에 전반적으로 그을음이 부착되는데 눈 주위나 이마의 주름 안에 그을음이 부착되지 않았다면 화재 당시 생존해 있을 확률이 높다. 만약 사망한 이후라면 근육이 이완되어 얼굴 주름 사이에도 그을음이 부착된다.

⑤ 입속으로 들어온 매를 침과 함께 삼키면 식도와 위, 때로는 십이지장 안에서 매를 보게 된다. 이러한 현상은 기도 안의 매와 함께 생활반응에 속한다.

> **꼼꼼. check!** ● **일산화탄소 중독 시 사체에 나타나는 생활반응의 특징** ● 2019년 기사 2020년 기사 2020년 산업기사
>
> • 시반은 선홍빛을 띤다.
> • 기도 안에서 그을음(soot)이 발견된다.
>   그러나 단지 그을음이 입가 주변이나 콧구멍 주변에 부착되었다는 사실만으로 호흡이 있었다고 단정하지 않아야 한다. 호흡기관(식도)을 절개하여 그을음의 흡입여부를 확인해야 하며 그을음을 삼킨 경우 식도는 물론 복부 등 장기에서도 발견될 수 있다.

(2) 사후변화 암기 2017년 산업기사 2018년 기사

① **장갑상(掌匣狀) 및 양말상(洋襪狀) 탈락** : 손과 발의 피부가 화재로 손상을 당하면 마치 장갑과 양말을 벗은 것처럼 피부가 크게 벗겨지는 경우가 있다. 얼핏 보기에 따라 화상에 의한 생활반응의 일종으로 판단할 수 있어 세심하게 관찰하여야 한다. 화재 이전에 사망한 사체에서도 화염에 노출되면 비슷한 현상이 일어나지만 생활반응으로 볼 수 없다. 물에 빠진 수중사체나 부패과정에서도 유사하게 나타난다.

② **투사형 자세** : 사후에도 계속 열이 가해지면 근육이 응고되고 수축이 일어나는 열경직 현상이 일어난다. 골격근에서는 신근보다 굴근의 양이 많기 때문에 열경직이 굴근에서 더 강하게 일어나 사지의 관절은 반쯤 굴곡상태로 고정된다. 이러한 자세는 마치 권투선수의 자세와 비슷하다고 하여 권투가자세 또는 투사형 자세라고 한다. 이러한 현상은 사후에 일어나는 반응으로 화재사의 진단적 가치는 없다. 팔과 다리, 손가락이 구부러져 있고 웅크린 자세는 화재발생 전에 자기보호나 탈출을 위한 어떤 신체적인 활동의 결과가 아니며 화재로 인해 근육조직의 탈수와 수축작용의 결과이다.

③ **피부 균열 및 파열** : 피부 표면에 계속 열이 가해지면 피부와 피하조직이 균열 또는 파열된다. 베인 상처, 찢긴 상처와 비슷한 모습을 보이며 피부 아래쪽 근육이나 장기가 노출된다. 살아있을 때 생성된 상처와 비교할 때 쉽게 판별할 수 있다.

④ **탄화** : 사후에도 화재가 계속되면 일반적으로 상완부와 대퇴부 하단에서 사지가 몸체로부터 이탈되는데 이를 조각(torso)과 비슷하다 하여 동시체(胴屍體)라고도 한다. 탄화되는 시간은 성인이 약 1,000℃에서 1.5~2.5시간이 소요되고, 신

생아는 약 500℃에서 2시간 정도 걸린다. <u>옷은 불의 심지역할을 하기 때문에 나체상태보다 더 빨리 완전하게 파괴</u>된다. 그러나 단추가 잠긴 옷깃, 메리야스, 브래지어, 삼각팬티, 바지의 혁대부분, 양말과 신발 등 피부와 밀착된 부분은 탄화되더라도 피부의 손상이 적고 탄화하지 않는 경우도 있다. 손목이나 발목이 선택적으로 탄화되지 않았다면 화재 전에 묶여 있었다는 근거로 교사(絞死)의 가능성을 검토하여야 한다. 그러나 목 부위가 와이셔츠 옷깃 등으로 보호된 경우 목이 졸린 흔적과 유사할 수 있으므로 식별에 주의하여야 한다.

> **! 꼼.꼼. check!** ▶ 머리의 탄화형태 ◆ ⟮2017년 산업기사⟯ ⟮2018년 기사⟯
>
> 두부에 강한 열이 지속적으로 작용을 하면 두개골 외판(外板)에 탄화와 두개골 골절이 일어나고 때로는 그 하방의 격막상층에서 열에 응고된 혈액괴(血液傀)를 보이는 경우가 있다. 이를 연소혈종 또는 연소성 경막상 혈종이라고 한다.

7 사망사고 조사

(1) 유해 확인

① 사체가 심하게 손상되거나 훼손된 경우 인간의 유해인지 동물의 유해인지 판별이 어려울 수 있다. 인간과 덩치가 비슷한 개나 돼지, 사슴 등이 연소한 경우 인간의 유해로 오인할 수 있기 때문이다.

② 몸무게가 작은 어린이나 유아가 탄화한 경우 질량이 적고 뼈의 구조가 약해 훼손이 가중되기 때문에 유해 확인이 불가능할 정도로 손상될 수 있다. 이러한 경우 신원확인은 해부학에 능통한 법의학자의 도움을 받도록 한다.

(2) 희생자 확인 ⟮2014년 기사⟯ ⟮2021년 기사⟯

① 화재에 노출된 시체는 얼굴과 머리카락의 색상변화를 일으키고 피부가 부풀어 오르거나 수축이 일어나 육안검사를 전적으로 신뢰하기 어렵다. <u>육안검사는 조사 초기에만 사용</u>되어야 한다.

② 희생자의 의복과 소지품(지갑, 반지, 손목시계 등)은 신원확인에 도움이 될 수 있다. 소지품이 불에 타지 않았다면 희생자의 지문이 남아 있을 수 있고 이를 통해 희생자의 신원파악이 가능하기 때문이다.

③ 심하게 타버린 사체라면 X-ray 검사를 통해 신원확인을 한다. 치과용 X-ray 검사를 통해 가공 치료한 의치와 임플란트를 조사할 수 있고, 사체의 다른 부분을 X-ray로 촬영하여 인공 보철물이나 사고 이전에 있었던 골절과 상처, 기타 외과 시술을 한 흔적 등으로 신원을 확인할 수 있다.

④ 사체가 완전히 탄화되지 않은 경우 유가족으로부터 혈액을 협조받아 DNA 유전자 감식을 통해 신원을 확인할 수 있다.

(3) 희생자의 행동

화재나 폭발 등 사고가 발생하기 전이나 발생하는 동안 그리고 발생한 후에 희생자의 행동에는 어떤 시도가 있었는지 확인한다. 희생자가 화장실 욕조에 있거나 창문 주변, 출입구 부근 등에서 발견된 경우 자력 탈출을 시도한 흔적이 발견되는 경우가 있다. 또한 열과 연기와 관계없이 쇼크를 일으키거나 창문으로 뛰어내리다가 추락사하는 경우와 이미 다른 곳에서 죽은 후 사체가 이동되어 마치 화재로 사망한 것처럼 위장하는 경우도 있다. 이러한 조사를 뒷받침해 주는 요소는 다음과 같다.

① 사체의 위치(침대 위, 거실 구석, 화장실, 출입구 부근)
② 사체가 입고 있던 의복(잠옷, 작업복, 장갑 등)
③ 의복의 연소패턴
④ 사체의 연소패턴
⑤ 사체에서 발견된 물건(전화기, 손전등, 소화기, 현금 등)
⑥ 사체의 폭발 손상(압력, 충격 등에 의한 골절, 피부 박리 등)

04 연소가스에 의한 중독

1 연소가스에 의한 장애

(1) 피난장애

피난 시 연기와 연소가스의 농도 때문에 전방 물체의 식별이 곤란하여 방향감각을 상실하고, 진압대원의 경우 진입장애를 일으킨다.

(2) 행동장애

패닉(공포심)을 유발하여 행동장애를 일으킨다.

(3) 생리장애

피난장애와 행동장애로 생리적인 피해(화상, 질식, 사망 등)가 발생한다.

2 연소가스의 특성

화재 시 인명피해의 대부분은 유독가스에 의한 것으로 연소가 활발해질수록 주변의 산소가 부족하여 흡입할 경우 순간적으로 질식하게 되며 혈중 가스농도가 높게 되어 치명적인 사고로 이어지는 경우가 많다.

① 눈과 피부에 접촉할 경우 자극성(결막염, 각막염)이 크다.
② 연소가스를 **흡입할 경우** 호흡곤란으로 **짧은 시간에 사망**할 수 있다.

③ 유독가스의 증가는 <u>산소부족을 초래</u>하여 질식할 수 있다.

3 연소가스의 허용농도 암기 🧑 2013년 산업기사 2017년 산업기사 2020년 산업기사 2023년 기사 2023년 산업기사

구 분	허용농도(ppm)	구 분	허용농도(ppm)
일산화탄소	50	포스겐	0.1
시안화수소	10	이산화탄소	5,000
염화수소	5	암모니아	25
아크롤레인	0.1	황화수소	10
포름알데히드	1	아황산가스	2

※ **허용농도**(Threshold Limit Value, TLV) : 유독가스에 계속 폭로되어도 건강상 장애를 일으키지 않는 농도를 말한다.

4 일산화탄소(CO) 암기 🧑 2016년 산업기사 2017년 기사 2019년 산업기사 2022년 기사

(1) 일산화탄소 중독

① 일산화탄소(carbon monoxide, CO)는 무색, 무미, 무취의 비자극성 기체로서 산소가 부족한 상태에서 가연물이 연소할 때 불완전연소로 발생한다.

② 비중은 0.967로서 <u>공기보다 가볍고 물에는 녹지 않는 불용성</u>이다.

③ 사람의 폐로 들어가면 혈액 중의 헤모글로빈(COHb)과 결합하여 산소공급을 막아 심한 경우에는 사망에 이른다.

④ 인체에 일산화탄소가 흡입되어 체내에 산소가 부족해지면 중추신경계(뇌, 척추)가 영향을 받아 두통이나 현기증, 맥박증가, 구토가 일어나고 마침내 마취상태에 빠질 수 있다.

(2) 중독기전

① 일산화탄소를 <u>흡입하면 폐에서 혈액 속의 헤모글로빈과 결합</u>하여 일산화탄소헤모글로빈(COHb)을 형성하고 이로 인해 혈액의 산소운반능력이 상실되어 인체 내부적으로 질식상태에 빠지게 된다.

② 일산화탄소와 헤모글로빈과의 친화성은 <u>산소보다 200배 이상 강하고</u> 공기 속에 0.001%만 들어 있어도 중독을 일으키기 쉽다.

(3) 증상 및 사망기전

① 일산화탄소 중독 증상은 혈중 헤모글로빈(COHb)의 포화도(飽和度)에 의한다.

② 헤모글로빈(COHb)은 혈액 중에 축적되고 공기 중의 일산화탄소 농도와 더불어 노출된 시간에 가장 큰 영향을 받는다. 공기 중에 헤모글로빈(COHb)의 농도가 0.1~0.2%면 2~3시간 이내에 치사포화도에 달할 수 있다.

| 일산화탄소 포화도에 따른 생리적인 영향 |  |

COHb 포화도	증 상
10% 이하	정신적 날카로움의 약간 둔화
10~20%	가벼운 두통, 전두부(前頭部)의 압박감, 피부혈관 팽창
20~30%	흥분, 욱신거리는 두통, 귀울림(耳鳴), 정서불안, 판단력 감소
30~40%	심한 두통, 구토, 의식장애, 보행 및 시각장애
40~50%	심한 의식장애, 보행장애, 호흡곤란
50~60%	호흡 및 맥박 증가, 의식상실, 경련, 실금(失禁)
60~70%	혼수, 미약한 호흡, 혈압하강
70~89%	심한 혼수, 경련, 반사저하
89% 이상	급격히 사망

(4) 일산화탄소 중독에 의한 시체 소견 및 진단

① 급성중독

ㄱ 급성중독으로 사망하면 혈액 및 <u>근육과 각 장기는 선홍색</u>을 띤다.

ㄴ 손톱의 경우 살아있는 것과 같이 적색 또는 선홍색을 나타내는데 이는 일산화
탄소마이오글로빈의 색깔이 나타나는 것으로 일산화헤모글로빈(COHb)의 <u>포
화도가 높을수록 선명</u>해진다.

ㄷ 사망한 후에는 시체 부패에 의해 일산화탄소는 생성되지 않으며 일산화탄소에
오염된 환경에 노출되어도 장기 안으로 흡수되지 않는다.

ㄹ 일산화탄소 중독기전은 유동성 혈액, 안결막, 장막하 및 점막하의 일혈점과 각
장기 및 조직의 울혈과 같이 질식사의 일반적 현상이 나타난다.

② 지연성 사망

ㄱ 일산화탄소 급성중독 후 사망이 지연되면 특징적으로 <u>창백핵(蒼白核, globus
pallidus)의 대칭성 괴사</u>가 나타난다.

ㄴ 혈관운동 중추가 마비되어 혈전도 형성되며, 때로는 뇌의 백질(白質) 및 심근
(心筋)에서 다수의 소출혈(小出血)과 신근괴사도 볼 수 있다.

ㄷ 일산화탄소 또는 수면제 중독으로 깊은 혼수에 빠져 사망을 하면 상하지의 관절
부 및 무릎과 손목관절에 투명한 장액(漿液)이 차있는 수포(水疱)를 볼 수 있다.

5 이산화탄소(CO_2)

① 이산화탄소는 무색·무미의 기체로서 <u>공기보다 무겁고</u>, 가스 자체는 <u>독성이 거</u>

의 없으나 다량으로 존재할 때 사람의 호흡속도를 증가시키고 혼합된 유해가스의 흡입을 증가시켜 위험을 가중시킨다.

② 이산화탄소에 의한 중독사는 없지만 질식사는 가능하다. 뇌에 순환되는 산소의 양보다 이산화탄소의 양이 많을 경우 호흡장애, 두통, 이명, 혈압이 상승하기도 한다. 보통 이산화탄소가 3%일 때 호흡장애가 발생하고, 6%일 때 호흡수가 급격하게 증가하며, 8~10%일 때 의식불명이 발생한다. 공기 중에 20% 정도만 함유되어 있어도 단시간 내에 사망에 이를 수 있다. 허용농도는 5,000ppm이다.

┃ 이산화탄소가 인체에 미치는 영향 ┃

공기 중 농도(%)	영 향
0.55	6시간 노출에도 증상 없음
1~2	불쾌감
3~4	호흡증가, 맥박과 혈압 상승으로 두통과 현기증 발생
6	호흡곤란
7~10	수분 내 의식불명, 사망위험

▊6 황화수소(H_2S)

황을 포함하고 있는 유기화합물이 불완전연소할 때 발생하며 계란 썩는 냄새가 난다. 0.2% 이상 농도에서 냄새 감각이 마비되고, 0.4~0.7%에서 1시간 이상 노출되면 현기증, 장기혼란의 증상과 호흡기의 통증이 일어나며, 0.7%를 넘어서면 독성이 강해져서 신경 계통에 영향을 미치고 호흡기가 무력해진다. 또한 700~800ppm에 이르게 되면 거의 즉사한다. 시체에서는 기관, 폐, 근육 등에서 특유의 냄새가 나고 시반은 녹갈색을 띤다. 때로는 소지하고 있던 주화(鑄貨)에서 검게 변색된 것이 발견되고 시체의 부패속도가 빠르다.

┃ 황화수소가 인체에 미치는 영향 ┃

공기 중 농도(ppm)	영 향
0.3	모든 사람이 냄새를 감지한다.
20	장시간 작업을 하더라도 견딜 수 있다.
70~150	장시간 노출 시 눈, 인후에 따가움, 통증이 발생한다.
400~700	30분 정도 노출 시 생명이 위험하다.
700 이상	실신, 경련, 호흡정지, 치사

7 이산화황(SO₂)

유황이 함유된 물질인 동물의 털, 고무 등이 연소할 때 발생하며, 무색의 자극성 냄새를 가진 유독성 기체로 눈 및 호흡기 등의 점막을 상하게 하고 <u>질식사할 우려가 있다.</u> 이산화황은 양모, 고무 그리고 일부 목재류 등의 연소 시에도 생성되며, 아황산가스라고도 한다.

▮ 이산화황이 인체에 미치는 영향 ▮

공기 중 농도(ppm)	영 향
0.5~1	냄새를 느낀다.
2~3	상당히 자극적인 냄새가 난다.
5~10	코와 목에 자극이 온다.
20	눈에 자극이 오며 호흡이 곤란하게 된다.
50~100	30분~1시간 이상 견디기 힘들게 된다.
400~500	단시간에 생명이 위험하게 된다.

8 암모니아(NH₃) 〔2017년 산업기사〕

질소 함유물(나일론, 나무, 실크, 아크릴 플라스틱, 멜라닌수지)이 연소할 때 발생하는 연소생성물로서 <u>유독성</u>이 있으며 강한 <u>자극성을 가진 무색의 기체</u>이다. 인체로 흡수된 암모니아가 소량일 경우 요소(尿素)로 배출되어 전신증상은 조금도 나타나지 않지만 다량으로 흡수할 경우 급사한다. 휘발성이 강해 흡입할 경우 소화기계 점막에 수포를 형성하고 피부에는 홍반이 생기며 눈에는 결막염과 각막혼탁 등을 볼 수 있다. 20ppm 이상이면 사람이 쉽게 감지할 수 있고, 8시간 노출 최대허용치는 25ppm이다. 1,500ppm 이상이면 거의 즉사한다.

▮ 암모니아가 인체에 미치는 영향 ▮

공기 중 농도(ppm)	영 향
20	익숙하지 않은 사람의 경우 자극 및 불쾌감 느낌
50	냄새를 느낄 수 있는 하한농도
100	장시간 노출 시 한계농도
300~500	30분~1시간 노출 시 허용농도
700	눈에 자극을 느끼는 하한농도
2,500~4,500	30분간 노출 시 위험
5,000~10,000	단시간 노출 시에도 생명위험

⑨ 시안화수소(HCN) 2017년기사 2017년산업기사 2021년기사

질소성분을 가지고 있는 합성수지, 동물의 털, 인조견 등의 섬유가 불완전연소할 때 발생하는 <u>맹독성 가스</u>로 0.3%의 농도에서 즉시 사망할 수 있다. 중독 증상은 피부와 눈이 화끈거리고 충혈되며 온몸이 나른해지고 두통과 어지러움을 호소하고 곧 의식불명상태에 이른다. <u>청산가스라고도</u> 한다.

| 시안화수소가 인체에 미치는 영향 |

공기 중 농도(ppm)	영 향
10	최고허용농도
18~36	수 시간 노출 시 가벼운 중독증상
45~54	0.5~1시간은 견딜 수 있음
100	1시간 후에 사망
110~125	0.5~1시간 내에 생명이 위험하게 되거나 사망
135	30분 내에 사망
180	10분 내에 사망
270	즉시 사망

⑩ 포스겐(COCl₂) 2013년산업기사

열가소성 수지인 폴리염화비닐(PVC), 수지류 등이 연소할 때 발생되며 <u>맹독성 가스로</u> 허용농도는 0.1ppm(mg/m³)이다. 일반적인 물질이 연소할 경우에는 거의 생성되지 않지만 일산화탄소와 염소가 반응하여 생성하기도 한다. 중독 증상으로는 폐에 자극이 강해 폐수종을 초래하며 5~10ppm을 넘으면 수분 내에 상부 기도나 흉부의 작열감, 기침이나 구토, 흉통을 초래하고 궁극적으로 폐수종에 이른다.

| 포스겐이 인체에 미치는 영향 |

공기 중 농도(ppm)	영 향
0.5	약간의 냄새를 느낀다.
3~4	눈, 목에 자극을 느낀다.
5	수분 내에 중독 증상이 나타난다.
10	단시간에 폐 장애를 일으킨다.
25	단시간에 중증의 중독 증상이 나타난다.
50 이상	생명이 위험하다.

11 염화수소(HCl)

염산가스라고도 하며, 무색의 <u>자극적인 냄새</u>가 있고 <u>수용성이 높은 물질</u>이다. 습기가 있는 대기 중에서 연기가 나고 안개모양을 형성한다. 중독 증상으로는 점막에 자극을 주며 장시간 저농도에 노출되면 치아산식증이 일어날 수 있다. 가열된 금속 세척액에서 발생한 증기에 의해 코, 구강점막의 출혈, 농양이 일어날 수 있고 피부에 화상을 일으킨다.

‖ 염화수소가 인체에 미치는 영향 ‖

공기 중 농도(ppm)	영 향
0.1~0.2	냄새를 느낀다.
0.5~1.0	가벼운 자극성 냄새를 느낀다.
5	코에 자극이 오며 확실한 냄새를 느낀다.
10	코에 강한 자극이 오며 30분 이상 견딜 수 없다.
35	단시간에 상당한 자극을 받는다.
50	단시간 내에 한계점에 이른다.
1,000	생명이 위험하다.

12 아크롤레인($CH_2=CHOCH$) [2016년 산업기사] [2018년 산업기사]

자극성이 있고 증기는 눈, 코 등을 강하게 자극한다. 흡입하면 기관지 염증을 일으킨다. 흉부 압박감, 호흡곤란, 구토 등을 일으키고 고농도에 노출되면 심부기도에 장애, 폐수종을 일으켜 사망한다.

‖ 아크롤레인이 인체에 미치는 영향 ‖

공기 중 농도(ppm)	영 향
0.1	냄새를 느낌
0.4	폐수종 위험, 눈, 코, 인후 자극
1	사실상 견딜 수 없는 농도
10	단시간에 치사
150	10분간 노출로 사망

13 산소결핍

화재가 발생하면 가연물의 연소로 인해 제한된 건물인 경우 산소의 농도가 점차 감소한다. 연소과정에서 산소가 한꺼번에 소비되는 것은 아니지만 산소결핍은 각종 물질이 불완전연소할 수 있고 유독가스의 발생이 용이한 조건을 만든다. 인체에 산소결핍이 일어나면 어느 한계점에서 중독 증상이 발생하고 의식불명상태에 이르기도 한다. 일반적으로 산소농도가 15% 이하인 경우와 이산화탄소가 5% 이상, 일산화탄소가 0.2% 이상인 경우에 중독 증상이 발생한다.

(1) 체내 산소농도에 따른 인체영향
① 보통 공기 중 산소농도가 15% 이하로 떨어지면 근육이 말을 듣지 않는다.
② 14~10%로 떨어지면 판단력을 상실하고 피로가 빨리 온다.
③ 10~6%이면 의식을 잃게 되지만 신선한 공기를 투여할 경우 소생할 수 있다.

(2) 가스중독 시 응급처치 원칙
① 신속하게 신선한 공기를 투입한다.
② 절대 안정을 취하고 보온을 한다.
③ 호흡곤란 시 산소호흡을 한다.
④ 호흡정지 시 인공호흡을 한다.

출제예상문제

* ✚ 표시 : 중요도를 나타냄

03

증거물관리 및 법과학

01 국소적 생활반응이 아닌 것은?

① 속발성 염증　　② 출혈 및 응혈
③ 창구의 개대　　④ 압박성 울혈

해설 국소적 생활반응의 종류
　　㉠ 출혈 및 응혈
　　㉡ 창구의 개대 및 창연의 외번
　　㉢ 치유기전 및 감염
　　㉣ 화상
　　㉤ 국소적 빈혈
　　㉥ 압박성 울혈
　　㉦ 흡인 및 연하

02 전신적 생활반응끼리 짝지어진 것은?

① 압박성 울혈 – 외래물질의 분포
② 압박성 울혈 – 속발성 염증
③ 속발성 염증 – 색전증
④ 속발성 염증 – 출혈

해설 전신적 생활반응의 종류
　　㉠ 전신적 빈혈
　　㉡ 속발성 염증
　　㉢ 색전증
　　㉣ 외래물질의 분포 및 배설

03 생활반응에 해당하지 않는 것은?

① 소사체의 폐 속에 매연이 나타난 경우
② 익사체의 전신 장기에서 플랑크톤이 발견된 경우
③ 독극물이 장기나 혈액 속에서 나타난 경우
④ 소사체의 피부가 홍반이나 수포 없이 완전히 타 버린 경우

해설 소사체에서 홍반이나 수포가 발견되었다면 생활반응에 속한다. 그러나 홍반이나 수포 없이 완전히 타 버린 경우는 생활반응을 발견할 수 없다.

04 다음 중 법의학 감정용어 연결이 바르지 않은 것은?

① 창연 – 상처의 중심부
② 창구 – 상처난 구멍
③ 울혈 – 정맥의 피가 몰려있는 현상
④ 연하 – 삼켜서 넘김

해설 창연은 상처의 가장자리를 말한다.

05 전신적 생활반응이 아닌 것은?

① 배설　　② 속발성 염증
③ 치유기전　　④ 전신적 빈혈

해설 치유기전은 국소적 생활반응에 해당한다.

06 피하지방을 포함한 피부의 전층이 손상되는 화상은?

① 1도 화상　　② 2도 화상
③ 3도 화상　　④ 4도 화상

해설 3도 화상은 피하지방을 포함한 피부의 전층(全層)이 손상되는 화상으로, 피부는 건조하고 회백색을 띠며 수포가 형성되지 않는다.

07 표피와 함께 진피까지 손상되는 화상으로 수포가 형성되는 화상은?

① 1도 화상　　② 2도 화상
③ 3도 화상　　④ 4도 화상

해설 2도 화상은 표피와 함께 진피까지 손상되는 화상으로 수포가 형성되고 벌겋게 발적현상이 나타난다.

Answer　01.① 02.③ 03.④ 04.① 05.③ 06.③ 07.②

08 사체 부검을 통해 사인을 분석하는 것을 무엇이라고 하는가?

① 검시　　　　② 검정
③ 검사　　　　④ 수검

[해설] 사체 부검을 통해 사인을 분석하는 것을 검시(檢屍)라고 한다.

09 2도 화상이 아닌 것은?

① 표피 및 진피까지 손상된다.
② 수포가 형성된다.
③ 사후 혈액침하가 일어나도 홍반이 남는다.
④ 자연치유가 가능하다.

[해설] 특별한 처치가 없어도 수일이 경과하면 자연치유가 가능한 것은 1도 화상이다.

10 화상사에 대한 설명으로 틀린 것은?

① 9의 법칙은 외음부를 5%로 산정한다.
② 화상의 위험도는 심도와 범위에 있다.
③ 범위가 심도보다 더욱 큰 영향을 미친다.
④ 똑같은 표면적이라도 어린이가 성인보다 위험하다.

[해설] 9의 법칙은 외음부를 1%로 산정한다.

11 화상사의 사망기전이 아닌 것은?

① 원발성 쇼크
② 기계적 폐색
③ 합병증
④ 속발성 쇼크

[해설] 화상사의 사망기전에는 원발성 쇼크, 속발성 쇼크, 합병증이 있다. 기계적 폐색은 기도폐색성 질식사에 나타나는 사망기전이다.

12 화상 후 일정시간이 경과한 다음에 발현하여 2~3일 후에 사망하는 화상사는?

① 합병증　　　　② 1도 화상
③ 속발성 쇼크　　④ 원발성 쇼크

[해설] 속발성 쇼크는 화상성 쇼크라고도 하며, 화상 후 상당한 시간이 경과한 다음에 발현하여 2~3일 후에 사망한다.

13 화상사의 시체 소견이 아닌 것은?

① 각 장기에서 빈혈상을 보인다.
② 피부 표면에 1도 내지 4도의 화상이 있다.
③ 내부 장기는 열로 인해 부풀어 오른다.
④ 사망이 지연되면 실질장기의 혼탁종창이 나타난다.

[해설] 신체 표면에는 1도 내지 4도의 광범위한 화상이 보이며, 내부 장기는 특이한 소견이 없다.

14 다음 중 화상사의 위험도를 나타내는 기준은?

① 심도와 범위
② 심도와 상해
③ 범위와 치유 가능성
④ 범위와 상해

[해설] 화상사의 위험도를 나타내는 기준은 심도와 범위이다.

15 화재사에 대한 설명 중 옳지 않은 것은?

① 소사란 유독가스에 의한 중독과 사망 및 화상사를 포함한다.
② 불에 타지 않았다면 소사체에 포함되지 않는다.
③ 소사체란 불에 탄 채 발견된 시체를 말한다.
④ 화재로 인한 화상과 유독가스에 의해 질식 사망한 것을 포함한다.

[해설] 소사(燒死)란 화재로 인한 화상과 더불어 유독가스에 의한 중독과 산소결핍으로 인한 질식 등으로 인해 사망하는 것을 말한다. 따라서 화상만 작용하는 화상사와는 엄격히 구분된다.

Answer 08.① 09.④ 10.① 11.② 12.③ 13.③ 14.① 15.①

16 다음 중 화재로 인한 사체에 대한 설명으로 틀린 것은?

① 인체는 70% 이상의 수분으로 이루어져 있어 화재 시 연소되지 않는다.
② 화재로 인한 사체에서는 시반이 발견된다.
③ 사체에 수포, 홍반이 발생한 것은 화재 시 생존해 있었음을 나타내는 것이다.
④ 사체의 호흡기 계통에서 그을음이 발견되는 것은 화재 시 생존해 있었다는 것이다.

해설 인체는 70% 이상의 수분으로 이루어져 있어 화염에 휩싸이면 가연물의 일부로 연소가 이루어진다.

17 양초효과란 무엇인가?

① 머리카락, 눈썹 등 인체의 체모가 가장 먼저 연소하는 현상
② 인체가 연소할 때 몸에서 흘러나온 지방이 기름역할을 하여 연소가 지속되는 현상
③ 양초 주변에 가연물을 모아놓고 지연착화시킬 때 화염이 성장하는 현상
④ 도화선을 가연물에 연결시켜 마치 양초 심지가 연소하듯이 불꽃이 일어나는 현상

해설 양초효과란 인체가 연소할 때 인체에서 흘러나온 지방이 마치 양초가 타듯이 기름역할을 하여 연소가 지속되는 현상을 말한다.

18 시체에 나타나는 정상적인 시반의 색깔로 옳은 것은?

① 암적색   ② 선홍색
③ 적색   ④ 적황색

해설 정상적인 시반은 암적색을 띤다.

19 화재사의 사망기전이 아닌 것은?

① 호흡기 손상   ② 급·만성호흡부전
③ 유독가스 중독   ④ 색전증

해설 화재사의 사망기전에는 화상, 유독가스 중독, 산소결핍에 의한 질식, 호흡기 손상, 원발성 쇼크, 급·만성호흡부전 등이 있다.

20 시체의 시반이 암적색을 띠는 것은 혈액에 어떤 물질이 생성되기 때문인가?

① CO_2 ② CO
③ CO_2Hb ④ COHb

해설 시체의 혈액은 일반적으로 암적색을 띤다. 이는 사후에도 조직호흡이 계속되어 혈중에 대량의 이산화탄소혜모글로빈(CO_2Hb)이 생성되기 때문이다.

21 사후강직이란 사망 후 몸이 경직되는 것이다. 경직이 남아 있는 최대 시간은?

① 5~7일   ② 2~3일
③ 12시간~1일   ④ 2~6시간

해설 사후강직은 보통 96시간이 경과하면 사라진다.

22 화재사로 사망하는 가장 큰 원인은?

① 만성호흡부전   ② 산소결핍
③ 유독가스 중독   ④ 화상

해설 화재사로 사망하는 가장 큰 원인은 유독가스 중독이다.

23 화재사로 인한 생활반응의 특징은?

① 시반이 없다.
② 기도 및 비강에 매연이 부착되었다.
③ 머리가 그을렸다.
④ 피부가 진피까지 탄화하였다.

해설 화재사로 사망할 경우 선홍색 빛깔의 시반(屍班)이 보이고, 기도 및 비강에서 매연이 부착된 것을 볼 수 있다.

24 화재사로 인한 시체 외부소견으로 사후변화가 아닌 것은?

① 구강 개방상태   ② 권투선수 자세
③ 피부 균열 및 파열   ④ 장갑상 및 양말상 탈락

해설 화재사로 인한 시체 외부소견으로 사후변화는 권투선수 자세, 피부 균열 및 파열, 장갑상 및 양말상 탈락이 일어난다.

Answer 16.① 17.② 18.① 19.④ 20.③ 21.② 22.③ 23.② 24.①

25 화재사임을 입증하는 가장 과학적인 방법은 어느 것인가?

① 시체 외부소견 및 관찰
② 비강주변 매연부착 확인
③ 검안 및 부검
④ 화상 정도 관찰

[해설] 화재현장에서 나타나는 화재사는 자력대피 실패를 제외하면 방화나 살인은폐 등 또 다른 목적을 달성하기 위한 것이므로 사인에 이르게 된 원인규명 절차로 시체에 대한 검안 및 부검은 불가피한 사항일 수 있다.

26 화상의 위험도 기준으로 가장 크게 영향을 미치는 요인은?

① 심도   ② 다리
③ 가슴   ④ 범위

[해설] 화상의 위험도 기준으로 범위가 심도보다 더 큰 영향을 미친다.

27 화재사로 인한 생활반응을 설명한 것으로 시체 내부소견이 바르지 않은 것은?

① 혈액과 각 장기는 일산화탄소헤모글로빈이 형성되며 청자색을 띤다.
② 연기를 흡입한 결과로 기도 안에서 매가 점액과 혼합되어 나타난다.
③ 식도와 위, 때로는 십이지장 안에서 매를 보게 된다.
④ 근육은 일산화탄소마이오글로빈을 형성하여 선홍색을 띤다.

[해설] 혈액과 각 장기는 일산화탄소헤모글로빈이 형성되며 적색 또는 선홍색을 나타낸다.

28 일산화탄소 중독에 대한 설명으로 바르지 않은 것은?

① 흡입하여 폐로 들어가면 혈액 중의 헤모글로빈과 결합하여 사망할 수 있다.
② 일산화탄소의 포화도가 70% 이상이면 혼수상태에 이르게 된다.
③ 일산화탄소 흡입으로 산소가 부족해지면 마취상태에 빠질 수 있다.
④ 일산화탄소는 공기보다 무겁고 물에는 녹지 않는 불용성이다.

[해설] 일산화탄소의 비중은 0.967로서 공기보다 가볍고 물에는 녹지 않는 불용성이다.

29 일산화탄소의 중독 증상은 어느 것에 기인한 것인가?

① 사람의 호흡량
② 일산화탄소의 혈중 포화도
③ 산소의 포화도
④ 밀폐공간

[해설] 일산화탄소의 중독 증상은 혈중 포화도에 의한다. 공기 중에 COHb의 농도가 0.1~0.2%면 2~3시간 이내에 치사포화도에 달할 수 있다.

30 다음 화재 시 발생하는 연소가스 중 독성이 가장 큰 것은?

① 일산화탄소   ② 포스겐
③ 이산화탄소   ④ 염화수소

[해설] 독성가스의 허용농도
㉠ 일산화탄소(50ppm)
㉡ 포스겐(0.1ppm)
㉢ 이산화탄소(5,000ppm)
㉣ 염화수소(5ppm)

31 일산화탄소 중독에 의해 사망한 시체에 대한 소견으로 맞지 않는 것은?

① 사망한 후 시체 부패에 의해 일산화탄소가 생성되어 진행한다.
② 일산화탄소 중독기전은 각 조직의 울혈과 같이 질식사의 일반적 소견을 보인다.
③ 급성중독으로 사망하면 혈액은 선홍색을 띤다.
④ COHb의 포화도가 높을수록 혈액의 색상이 적색으로 보인다.

Answer   25.③ 26.④ 27.① 28.④ 29.② 30.② 31.①

해설 사망한 후에는 시체 부패에 의해 일산화탄소는 생성되지 않으며 일산화탄소에 오염된 환경에 노출되어도 장기 안으로 흡수되지 않는다.

32 일산화탄소 급성중독 후 지연성 사망으로 나타나는 현상은?

① 창백핵의 대칭성 괴사
② 중추신경 마비
③ 혼탁종창
④ 경부혈관 협착

해설 일산화탄소 급성중독 후 지연성 사망으로 나타나는 현상으로 창백핵(蒼白核, globus pallidus)의 대칭성 괴사가 나타난다.

33 다음 중 독성은 없으나 질식 우려가 있는 가스는?

① 이산화탄소
② 암모니아
③ 일산화탄소
④ 황화수소

해설 이산화탄소는 무색·무미의 기체로서 가스 자체는 독성이 거의 없으나 다량으로 존재할 때 사람의 호흡속도를 증가시키고 혼합된 유해가스의 흡입을 증가시켜 질식의 우려가 있다.

34 다음 중 계란 썩는 냄새가 나는 독성가스는?

① 염소
② 시안화수소
③ 황화수소
④ 아황산가스

해설 황화수소는 계란 썩는 냄새가 나고, 0.2% 이상 농도에서 냄새 감각이 마비되고, 0.4~0.7%에서 1시간 이상 노출되면 현기증, 장기혼란의 증상과 호흡기의 통증이 일어난다.

35 일산화탄소의 중독에 의한 시반의 색상으로 옳은 것은?

① 담자색
② 담황색
③ 암적색
④ 선홍색

해설 일산화탄소 중독에 따른 시반의 색상은 모두 선홍색을 띤다.

36 암모니아가스의 허용농도는?

① 15ppm
② 20ppm
③ 25ppm
④ 30ppm

해설 암모니아가스의 허용농도는 25ppm이다. 1,000ppm 이상이면 단시간 흡입에 의해 호흡기관 및 눈의 점막이 자극을 받아 위험 증상이 나타나고, 5,000~10,000ppm 이상에서는 단시간 노출로 사망한다.

37 일산화탄소가 혈액 속의 헤모글로빈과 결합할 때 생성되는 물질은?

① 카르복시헤모글로빈
② 산화헤모글로빈
③ 일산화질소
④ 일산화이수소

해설 일산화탄소는 혈액 속의 헤모글로빈과 결합하여 카르복시헤모글로빈(carboxyhemoglobin)을 생성한다.

38 사체가 탄화된 사망사고 조사방법에 대한 설명이다. 옳지 않은 것은?

① 인공치아나 인공 보철물 등은 X-ray 검사로 신원확인이 가능하다.
② 사체의 육안검사는 가장 신뢰할 수 있는 방법이다.
③ 혈액 등 유전자 감식을 통한 신원파악은 사체가 완전히 타지 않았을 때 가능하다.
④ 희생자가 소지하고 있던 물품으로 추적조사가 가능하다.

해설 사체가 화재로 탄화되면 부풀어 오르거나 수축현상 등 변형이 일어난다. 사체의 손상 정도에 따라 다르지만 육안검사는 가장 신뢰할 수 없는 방법이다.

39 시안화수소 중독 증상으로 옳지 않은 것은?

① 공기 중 5%를 흡입하면 실명한다.
② 호흡이 가빠진다.
③ 두통과 어지러움이 나타난다.
④ 피부와 눈이 충혈된다.

해설 시안화수소에 노출되면 눈, 피부, 호흡기가 손상된다. 증상은 호흡이 가빠지고 두통과 어지러움, 피부와 눈이 화끈거리며 충혈된다. 공기 중 0.3%의 농도에서 즉시 사망할 수 있다.

Answer 32.① 33.① 34.③ 35.④ 36.③ 37.① 38.② 39.①

40 화재현장에서 사망자가 완전탄화된 상태로 발견되었다. 신원확인 방법으로 가장 적절한 것은?

① DNA 검사 ② 지문 감식
③ X-ray 검사 ④ 유품 검사

해설 X-ray 검사는 아무리 심하게 타 버린 사체라도 신원을 확인하는 확실한 방법 중 하나에 해당한다. DNA 검사는 사체가 완전히 탄화되지 않아야 식별이 가능한 방법이다.

41 포스겐가스의 중독 증상이 아닌 것은?

① 흡입할 경우 폐에 자극
② 기침이나 흉통 발생
③ 기도와 흉부에 화상 우려
④ 폐수종 발생 우려

해설 포스겐가스는 폐에 자극이 강해 기도나 흉부의 압박, 기침이나 구토, 흉통을 초래하고 궁극적으로 폐수종에 이르게 한다.

42 다음 중 가스중독 현상이 발생하는 물질이 아닌 것은?

① 염화수소 ② 일산화탄소
③ 금속칼륨 ④ 청산가스

해설 염화수소, 일산화탄소, 청산가스 등에 중독되면 두통과 어지러움 등을 호소하고 의식불명상태에 빠지게 된다.

43 화재현장에서 권투선수 자세로 사망한 사체가 발견되었다. 올바른 설명은?

① 화재 당시 자기보호를 위한 신체활동의 결과로 나타난다.
② 근육조직의 팽창으로 발생한다.
③ 화재사의 진단적 가치는 없다.
④ 인체에 굴근보다 신근이 많기 때문에 발생한다.

해설 권투선수 자세로 사망한 사체는 열과 접촉하여 근육조직의 탈수와 수축작용으로 나타나며 인체에 신근보다 굴근이 많기 때문에 관절이 굴곡상태로 고정되기 때문이다. 이러한 자세는 화재 당시 자기보호를 위한 신체활동의 결과가 아니며 사후에 일어나는 반응으로 화재사의 진단적 가치는 없다.

44 시반이 녹갈색을 띠는 독성가스는?

① 황화수소 ② 일산화탄소
③ 시안화수소 ④ 염화수소

해설 시반이 녹갈색을 띠는 독성가스는 황화수소(H_2S)이다.

45 가스중독 시 응급처치 방법으로 맞지 않는 것은?

① 호흡곤란 시 산소호흡을 한다.
② 신선한 공기를 투입한다.
③ 냉찜질을 한다.
④ 호흡정지 시 인공호흡을 한다.

해설 가스중독 시 응급처치
㉠ 신속하게 신선한 공기를 투입한다.
㉡ 절대 안정을 취하고 보온을 한다.
㉢ 호흡곤란 시 산소호흡을 한다.
㉣ 호흡정지 시 인공호흡을 한다.

46 가스중독에 의한 일반적인 인체영향을 나타낸 것으로 옳지 않은 것은?

① 산소농도가 15% 이하로 떨어지면 근육이 경직된다.
② 일산화탄소의 농도가 100ppm이면 혼수상태에 빠지게 된다.
③ 산소가 10% 이하로 떨어지면 판단력을 상실한다.
④ 산소가 6% 이하가 되면 의식을 잃게 된다.

해설 일산화탄소의 농도가 100ppm이면 1시간 노출은 허용되며 심한 운동을 할 경우 가벼운 두통을 느끼게 된다.

Answer 40.③ 41.③ 42.③ 43.③ 44.① 45.③ 46.②

화재조사보고 및 피해평가

Chapter 01 화재조사서류 작성

01 일반사항

1 화재조사서류

(1) 화재조사서류의 의의

① 소방기본법에서 규정하고 있는 '화재조사'의 결과를 보고서, 사진이나 도면, 서류 등으로 종합한 <u>소방기관의 최종의사결정</u>을 기록한 문서이다.

② 화재조사서류는 화재현장을 영구적으로 보존하는 자료로서 <u>화재 1건마다 작성</u>하며, 축적된 조사데이터는 분석·유형화하여 소방활동자료로서 소방업무전반에 활용된다.

③ 소방기관이 전문적이고 공평한 입장에서 작성하는 것으로 사법기관 등에서 유효한 <u>증거자료로서 활용</u>되기도 한다.

(2) 조사서류의 서식(화재조사 및 보고규정 제21조)

① 화재·구조·구급상황보고서 : 별지 제1호 서식

② 화재현장출동보고서 : 별지 제2호 서식

③ 화재발생종합보고서 : 별지 제3호 서식

④ 화재현황조사서 : 별지 제4호 서식

⑤ 화재현장조사서 : 별지 제5호 서식

⑥ 화재현장조사서(임야화재, 기타화재) : 별지 제5호의2 서식

⑦ 화재유형별조사서(건축·구조물화재) : 별지 제6호 서식

⑧ 화재유형별조사서(자동차·철도차량화재) : 별지 제6호의2 서식

⑨ 화재유형별조사서(위험물·가스제조소 등 화재) : 별지 제6호의3 서식

⑩ 화재유형별조사서(선박·항공기화재) : 별지 제6호의4 서식

⑪ 화재유형별조사서(임야화재) : 별지 제6호의5 서식

⑫ 화재피해조사서(인명피해) : 별지 제7호 서식

⑬ 화재피해조사서(재산피해) : 별지 제7호의2 서식

⑭ 방화 · 방화의심 조사서 : 별지 제8호 서식

⑮ 소방시설 등 활용조사서 : 별지 제9호 서식

⑯ 질문기록서 : 별지 제10호 서식

⑰ 화재감식 · 감정 결과보고서 : 별지 제11호 서식

⑱ 재산피해신고서 : 별지 제12호 서식

⑲ 재산피해신고서(자동차, 철도, 선박, 항공기) : 별지 제12호의2 서식

⑳ 사후조사 의뢰서 : 별지 제13호 서식

(3) 조사보고(화재조사 및 보고규정 제22조) 2017년 산업기사 / 2018년 기사 / 2019년 기사 / 2019년 산업기사 / 2021년 기사 / 2022년 기사 / 2023년 기사

① 조사관이 조사를 시작한 때에는 소방관서장에게 지체 없이 별지 제1호 서식 화재 · 구조 · 구급상황보고서를 작성 · 보고해야 한다.

② 조사의 최종 결과보고는 다음에 따른다.

㉠ 「소방기본법 시행규칙」 제3조 제2항 제1호에 해당하는 화재 : 별지 제1호 서식 내지 제11호 서식까지 작성하여 화재 발생일로부터 30일 이내에 보고해야 한다.

┃「소방기본법 시행규칙」 제3조 제2항 제1호 ┃

---

① 사망자가 5인 이상 발생하거나 사상자가 10인 이상 발생한 화재
② 이재민이 100인 이상 발생한 화재
③ 재산피해액이 50억원 이상 발생한 화재
④ 관공서 · 학교 · 정부미도정공장 · 문화재 · 지하철 또는 지하구의 화재
⑤ 관광호텔, 층수(「건축법 시행령」 제119조 제1항 제9호의 규정에 의하여 산정한 층수를 말한다)가 11층 이상인 건축물, 지하상가, 시장, 백화점, 「위험물안전관리법」 제2조 제2항의 규정에 의한 지정수량의 3천배 이상의 위험물의 제조소 · 저장소 · 취급소, 층수가 5층 이상이거나 객실이 30실 이상인 숙박시설, 층수가 5층 이상이거나 병상이 30개 이상인 종합병원 · 정신병원 · 한방병원 · 요양소, 연면적 1만5천제 곱미터 이상인 공장 또는 「화재의 예방 및 안전관리에 관한 법률」 제18조 제1항 각 목에 따른 화재경계 지구에서 발생한 화재
⑥ 철도차량, 항구에 매어둔 총 톤수가 1천톤 이상인 선박, 항공기, 발전소 또는 변전소에서 발생한 화재
⑦ 가스 및 화약류의 폭발에 의한 화재
⑧ 「다중이용업소의 안전관리에 관한 특별법」 제2조에 따른 다중이용업소의 화재

㉡ ㉠에 해당하지 않는 화재 : 별지 제1호 서식 내지 제11호 서식까지 작성하여 화재 발생일로부터 15일 이내에 보고해야 한다.

③ ②에도 불구하고 다음의 정당한 사유가 있는 경우에는 소방관서장에게 사전 보고를 한 후 필요한 기간만큼 조사 보고일을 연장할 수 있다.

㉠ 법 제5조 제1항 단서에 따른 수사기관의 범죄수사가 진행 중인 경우

㉡ 화재감정기관 등에 감정을 의뢰한 경우

㉢ 추가 화재현장조사 등이 필요한 경우

④ ③에 따라 조사 보고일을 연장한 경우 그 사유가 해소된 날부터 10일 이내에 소방관서장에게 조사결과를 보고해야 한다.

⑤ 치외법권지역 등 조사권을 행사할 수 없는 경우는 조사 가능한 내용만 조사하여 제21조의 조사 서식 중 해당 서류를 작성·보고한다.

⑥ 소방본부장 및 소방서장은 ②에 따른 조사결과 서류를 영 제14조에 따라 국가화재정보시스템에 입력·관리해야 하며 영구보존방법에 따라 보존해야 한다.

(4) 화재증명원의 발급(화재조사 및 보고규정 제23조) 암기

① 소방관서장은 화재증명원을 발급받으려는 자가 규칙 제9조 제1항(화재증명원의 신청 및 발급)에 따라 발급신청을 하면 규칙 별지 제3호 서식(화재증명원)에 따라 화재증명원을 발급해야 한다. 이 경우 「민원 처리에 관한 법률」 제12조의2 제3항에 따른 통합전자민원창구로 신청하면 전자민원문서로 발급해야 한다.

② 소방관서장은 화재피해자로부터 소방대가 출동하지 아니한 화재장소의 화재증명원 발급신청이 있는 경우 조사관으로 하여금 사후 조사를 실시하게 할 수 있다. 이 경우 민원인이 제출한 별지 제13호 서식의 사후조사 의뢰서의 내용에 따라 발화장소 및 발화지점의 현장이 보존되어 있는 경우에만 조사를 하며, 별지 제2호 서식의 화재현장출동보고서 작성은 생략할 수 있다.

③ 화재증명원 발급 시 인명피해 및 재산피해 내역을 기재한다. 다만, 조사가 진행 중인 경우에는 "조사 중"으로 기재한다.

④ 재산피해내역 중 피해금액은 기재하지 아니하며 피해물건만 종류별로 구분하여 기재한다. 다만, 민원인의 요구가 있는 경우에는 피해금액을 기재하여 발급할 수 있다.

⑤ 화재증명원 발급신청을 받은 소방관서장은 발화장소 관할 지역과 관계없이 발화장소 관할 소방서로부터 화재사실을 확인받아 화재증명원을 발급할 수 있다.

(5) 화재통계관리(화재조사 및 보고규정 제24조)

소방청장은 화재통계를 소방정책에 반영하고 유사한 화재를 예방하기 위해 매년 통계연감을 작성하여 국가화재정보시스템 등에 공표해야 한다.

2 화재조사서류 작성 시 주의사항 암기

(1) 간결, 명료한 문장으로 작성할 것

주어와 서술어가 애매한 문장, 생략한 문장, 장황한 말이 반복되어 요점을 파악하기 어려운 문장 등은 피해야 하고, 과학용어·학술용어 등 말을 바꿀 수 없는 전문용어는 별개로 하되 원칙적으로 <u>평이하고 알기 쉬운 문장</u>으로 작성하도록 노력한다.

(2) 오자나 탈자 등이 없을 것

오자, 탈자 등의 발생은 문장의 의미가 뒤바뀔 수 있으므로 기재된 사실이나 <u>논리가 어긋나지 않도록</u> 주의하여야 한다.

(3) 필요서류를 첨부할 것

화재 1건마다 정해진 첨부서류(사진 포함)가 누락되지 않도록 하여야 하며, 기재항목마다 미비점이 없도록 작성하여야 한다.

(4) 서식별 작성목적에 맞게 작성할 것

조사서류의 양식은 화재발생 대상물마다 작성하여야 할 항목과 서식이 다르게 되어 있고 이에 따라 각각 작성목적을 달리 하므로 혼란이 발생하지 않도록 구분하여 작성하여야 한다.

바로바로 확인문제

화재조사서류 작성상의 유의사항으로 옳지 않은 것은?

① 원칙적으로 평이하고 알기 쉬운 문장으로 작성토록 노력한다.
② 오자, 탈자 등이 없도록 글자 하나라도 가볍게 보아서는 안 된다.
③ 필요한 서류가 첨부되어야 한다.
④ 화재유형별 조사서류는 유형에 관계없이 동일 양식에 기재하여야 한다.

해설 화재유형별 조사서는 대상물에 따라 건축·구조물화재, 자동차·철도차량화재, 위험물·가스제조소 등의 화재, 선박·항공기화재 등으로 구분되므로 서식별 작성목적에 맞도록 작성하여야 한다. **답** ④

04

화재조사보고 및 피해평가

02 화재발생종합보고서(체크리스트) 2013년 기사 2022년 기사

1 화재현황조사서 암기 2016년 기사 2017년 기사 2017년 산업기사 2019년 기사 2019년 산업기사 2020년 기사 2021년 기사 2022년 기사 2023년 기사 2023년 산업기사

	년	월	연번
화재번호	└┴┴┴┘-└┴┴┘-└┴┴┴┘

☐ 수정

---

1 소방관서

① └──────────┘소방서 └──────────┘119안전센터 └──────────┘119지역대

---

2 화재발생 및 출동

	년	월	일	시	분	요일
발생일시	└──┴──┴──┴──┴──┴──┘

	년	월	일	시	분			년	월	일	시	분
① 접수	└┴┴┴┴┘						② 출동	└┴┴┴┴┘
③ 도착	└┴┴┴┴┘						④ 초진	└┴┴┴┴┘
⑤ 잔불정리	└┴┴┴┴┘						⑥ 완진	└┴┴┴┴┘
⑦ 철수	└┴┴┴┴┘						⑧ 재발화감시	└┴┴┴┴┘

---

3 화재발생 장소 및 유형

① 주소 └────┴────┴────┴────┴────┴────┘
　　　시·도　시·군　구　읍·면·동·리(로)　번지　　마을

② 대상 └────────┴────────┴────────┴────────┘
　　　대상(도로)명　건물층수(지하/지상)　발화층　　발화지점

③ 유형 ☐ 건축 · 구조물　　☐ 자동차 · 철도차량　☐ 위험물 · 가스제조소 등
　　　☐ 선박 · 항공기　　☐ 임야　　　　　　☐ 기타

④ 거리 소방서 └┴┘.└┘km, 119안전센터 └┴┘.└┘km, 119지역대 └┴┘.└┘km

---

4 화재원인

① 발화열원

☐ 작동기기　　☐ 담뱃불, 라이터불　☐ 마찰, 전도, 복사　☐ 불꽃, 불티　☐ 폭발물, 폭죽
☐ 화학적 발화열　☐ 자연적 발화열　☐ 기타　　　　☐ 미상

→ 소분류 └┴┴┴┴┘

② 발화요인(〇 판단　〇 추정)

☐ 전기적 요인　☐ 기계적 요인　☐ 가스누출(폭발)　☐ 화학적 요인　☐ 교통사고
☐ 부주의　　　☐ 자연적 요인　☐ 기타　　　　☐ 미상

→ 소분류 └┴┴┴┴┘

③ 최초착화물

☐ 가구　　☐ 침구, 직물류　☐ 종이, 목재, 건초 등　☐ 합성수지　☐ 간판, 차양막 등
☐ 식품　　☐ 전기, 전자　　☐ 위험물 등　　　　☐ 가연성 가스
☐ 자동차, 철도차량, 선박, 항공기　☐ 쓰레기류　　　☐ 기타　　☐ 미상

→ 소분류 └┴┴┴┴┘ └──────┘

④ 발화개요

_____

_____

⑤ 발화관련 기기　　　　　□ 해당 없음

　① 발화관련 기기

　　□계절용 기기 □생활기기 □주방기기 □영상 · 음향기기 □사무기기 □조명, 간판 □배선, 배선기구
　　□전기설비 □산업장비 □농업용 장비 □의료장비 □상업장비 □차량 · 선박부품 □기타 □미상
　　　　　　　　　　　　　　└──────▶ 소분류 └─┴─┴─┴─┘ └─────────────┘

　② 제품 및 동력원

　　• 제품　회사명└──────┘ 제품명└──────┘ 제품번호└──────┘ 제조일└─년──월──일─┘
　　　　　□ 확인 불가능
　　• 동력원 □ 전기 □ 가스 □ 유류 □ 고체 □ 기타 ──▶ 소분류 └─┴─┴─┴─┘

⑥ 연소확대

　① 연소확대물　　　　　□ 해당 없음

　　□ 가구　　　　□ 침구, 직물류　　□ 종이, 목재, 건초 등　□ 합성수지　　□ 간판, 차양막 등
　　□ 식품　　　　□ 전기, 전자　　　□ 위험물 등　　　　　□ 가연성 가스
　　□ 자동차, 철도차량, 선박, 항공기 □ 쓰레기류　　　□ 기타　　　　□ 미상
　　　　　　　　　　　　　　└──────▶ 소분류 └─┴─┴─┴─┘ └─────────────┘

　② 연소확대 사유(★ 복수선택 가능)　　　□ 해당 없음

　　□ 화재인지 · 신고 지연　　□ 가연성 물질의 급격한 연소　□ 현장진입 지연(불법주차)
　　□ 현장도착 지연(교통혼잡)　□ 원거리 소방서　　　　　□ 방화구획 기능 불충분
　　□ 덕트 · 샤프트의 연통 역할　□ 인접건물과의 이격거리 협소　□ 목조건물의 밀집 등
　　□ 기상(건조, 강풍 등)　　　□ 기타　　　　　　　　　□ 미상

⑦ 피해 및 인명구조

　(인명피해) 총계 └─┴─┴─┘명

　　① 인명피해 사망 └─┴─┴─┘명, 부상 └─┴─┴─┘명　　② 이재민 └─┴─┴─┘세대, └─┴─┴─┘명

　(재산피해) 총계 └─┴─┴─┘,└─┴─┴─┘,└─┴─┴─┘천원 (예상피해액 └─┴─┴─┘,└─┴─┴─┘,└─┴─┴─┘천원)

　　① 부동산 └─┴─┴─┘,└─┴─┴─┘,└─┴─┴─┘천원　　② 동산 └─┴─┴─┘,└─┴─┴─┘,└─┴─┴─┘천원
　　③ 소실면적 └─┴─┴─┘,└─┴─┴─┘,└─┴─┴─┘㎡
　　④ 소실동(대)수 •건축 · 구조물 └─┴─┴─┘동　　　　　•차량 등 └─┴─┴─┘대
　　⑤ 소실 정도 　•건축물 └─┴─┘동, └─┴─┘동, └─┴─┘동 •차량 등 └─┴─┘대, └─┴─┘대, └─┴─┘대
　　　　　　　　　　　　　전소　　반소　　부분소　　　　　전소　　반소　　부분소

　(인명구조) ① 구조 └─┴─┴─┘명　　　　　② 유도대피 └─┴─┴─┘명

⑧ **관계자**
① 소유자　　　성명 [＿＿＿＿＿]　　연령 [＿＿＿]세　　□ 남, □ 여　전화 [＿＿＿＿＿＿＿]
② 점유(운전)자　성명 [＿＿＿＿＿]　　연령 [＿＿＿]세　　□ 남, □ 여　전화 [＿＿＿＿＿＿＿]
③ 소방안전관리자　성명 [＿＿＿＿＿]　　연령 [＿＿＿]세　　□ 남, □ 여　전화 [＿＿＿＿＿＿＿]
　(위험물안전관리자)

⑨ **동원인력**　　　□ 긴급구조통제단 가동된 화재　□ 대응1단계　□ 대응2단계　□ 대응3단계
① 인원 [＿＿＿]명　[＿＿＿]　[＿＿＿]　[＿＿＿]　[＿＿＿]　[＿＿＿]　[＿＿＿]　[＿＿＿]
　　　　　총계　　　소방　　의소대　　경찰　　일반직　　군인　　유관기관　　기타
　• 전문위원　□ 화재합동조사단 운영
　　　[＿＿＿]명　[＿＿＿]　[＿＿＿]　[＿＿＿]　[＿＿＿]　[＿＿＿]　[＿＿＿]　[＿＿＿]　[＿＿]
　　　　　총계　　소방　전기(전자)　기계　　건축　　가스　　화학　자동차　기타
② 장비 [＿＿＿]대　[＿＿]　[＿＿]　[＿＿]　[＿＿]　[＿＿]　[＿＿]　[＿＿]　[＿＿]
　　　　　총계　펌프, 물탱크　고가(굴절)　화학　　구조　　구급　　헬기　　선박　　기타
③ 사용 소방용수　소화전 [＿.＿.＿.＿]　　　　급수탑 [＿.＿.＿.＿]
　　　　　　　　　저수조 [＿.＿.＿.＿]　　　　기타 [＿.＿.＿.＿]

⑩ **보험가입**　　　□ 해당 없음　□ 화재보험의무가입대상(특수건물)
① 가입회사 [＿＿＿＿＿]
② 보험금액 [＿＿＿],[＿＿＿＿],[＿＿＿]천원
　• 부동산 [＿＿＿],[＿＿＿＿],[＿＿＿]천원　• 동산 [＿＿＿],[＿＿＿＿],[＿＿＿]천원
③ 계약기간 [＿＿＿＿], [＿＿] ~ [＿＿＿＿], [＿＿]
　　　　　　　　년　　　　월　　　　년　　　　월

⑪ **기상상황**
① 날씨 [＿＿＿＿＿]　　　　　② 온도 [＿＿＿＿]℃
③ 습도 [＿＿＿]%　　　　　　④ 풍향 [＿＿＿＿＿]
⑤ 풍속 [＿＿＿]m/s　　　　　⑥ 기상특보 [＿＿＿＿＿]

⑫ **첨부서류**
① 화재유형별 조사서
　　□ 1.1 건축·구조물화재　　□ 1.2 자동차·철도차량화재　　□ 1.3 위험물·가스제조소 등 화재
　　□ 1.4 선박·항공기화재　　□ 1.5 임야화재　　　　　　　　□ 1.6 기타화재(첨부 없음)
② 화재조사서
　　□ 2.1 인명피해　　　　□ 2.2 재산피해
③ 방화·방화의심조사서 □　④ 소방방화시설활용조사서 □　⑤ 화재현장조사서 □

⑬ **작성자**

소 속	계 급	성 명	비 고

‖ 화재현황조사서 작성 원칙 ‖

- 년, 월, 일 및 시간과 인원 등의 표기는 <u>아라비아 숫자로 표기</u>한다.
- 화재원인 및 발화관련 기기, 연소확대 요인의 표기는 체크(∨) 방식으로 작성한다.
- 누락되거나 오기(誤記), 탈자(脫字)가 없어야 한다.
- 작성자의 소속과 계급, 성명을 기록하여야 한다.

──────────────── 〈작성 방법〉 [2015년 산업기사] [2017년 기사] [2020년 기사] [2021년 기사] ────────────

```
              년      월     연번
화재번호  └─┴─┴─┴─┘-└─┴─┘-└─┴─┴─┴─┘                    □ 수정
```

□ **화재번호** : 화재가 발생한 년, 월을 기재하고 연번은 당해 연도 화재부터 시작되는 일련번호를 기재한다.

□ **수정** : 보고서 내용을 수정하는 경우에 체크한다(모든 서식에 공통 적용).

```
① 소방관서
①  └──────────┘소방서  └──────────┘119안전센터  └──────────┘119지역대
```

□ **소방관서** : 화재발생지역을 관할하는 소방서, 119안전센터를 기재하고, 화재발생지역을 관할하는 119지역대가 있을 경우 119지역대란에 기재한다.

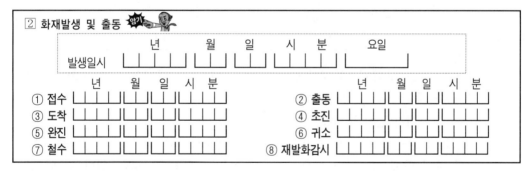

□ **화재발생 및 출동** : 화재가 발생한 시간 및 소방서 출동사항을 년, 월, 일, 시, 분 단위로 기재하며, 시간은 24시간제로 표시한다.

□ **발생일시** : 실제로 화재가 발생한 년, 월, 일, 시, 분을 기재한다. 발생일시가 정확하지 않은 경우 추정시간을 기재하며, 발생일시는 화재신고 시간과 차이가 날 수 있다.

① **접수** : 상황실에 화재신고가 접수된 일시를 나타낸다.

② **출동** : 화재신고를 접수한 뒤 소방차가 <u>차고를 나간 시간</u>을 나타낸다.

③ **도착** : 선착대의 소방차가 화재현장에 도착한 시간을 나타낸다.

④ **초진** : 지휘관이 판단하여 화재가 충분히 진압되어 더 이상 연소확대나 화재로 인한 추가 인명피해와 재산손실이 없을 것으로 판단되는 시점의 시간을 나타낸다.

⑤ **완진** : 화재가 완전히 진압되어 더 이상의 화염 · 불씨 또는 연소 중인 물질로부터 나오는 연기가 없는 상태의 시간을 나타낸다.

⑥ **귀소** : 화재진압을 마치고 화재현장에서 <u>소방관서로 출발하는 시간</u>을 나타낸다.

바로바로 확인문제

화재현황조사서의 작성방법으로 옳지 않은 것은?

① 화재출동은 화재신고를 접수한 뒤 소방차가 차고를 나간 시간을 말한다.

② 화재가 발생한 시간은 시, 분 단위로 기재하며, 24시간제로 표시한다.

③ 화재번호의 연번은 당해 연도 화재부터 시작되는 일련번호를 기재한다.

④ 화재원인 및 발화관련 기기, 연소확대 요인의 표기는 서술식으로 작성한다.

해설 화재현황조사서의 화재원인 및 발화관련 기기, 연소확대 요인의 표기는 체크리스트(∨) 방식으로 작성한다. **답** ④

---

3 화재발생 장소 및 유형 암기

① **주소** [ㅣㅣ] [ㅣㅣ] [ㅣㅣ] [ㅣㅣ] [ㅣㅣ] [ㅣㅣ]
　　　　시 · 도　시 · 군　구　읍 · 면 · 동 · 리(로)　번지　　마을

② **대상** [ㅣㅣㅣㅣㅣㅣ] [ㅣ/ㅣ] [ㅣㅣ] [ㅣㅣㅣ]
　　　　대상(도로)명　건물층수(지하/지상)　발화층　　발화지점

③ **유형** □ 건축 · 구조물　　□ 자동차 · 철도차량　□ 위험물 · 가스제조소 등
　　　　□ 선박 · 항공기　　□ 임야　　　　　　□ 기타

④ **거리** 소방서 ㅣㅣㅣ.ㅣㅣkm,　119안전센터 ㅣㅣㅣ.ㅣㅣkm,　119지역대 ㅣㅣㅣ.ㅣㅣkm

□ **화재발생 장소 및 유형** : 화재가 발생한 장소, 대상 및 화재의 유형, 소방서와 119 안전센터와의 거리를 기재한다.

① **주소** : 화재가 발생한 장소의 주소를 기재한다.

② **대상** : 건물명 또는 상호를 기재하고, 주택인 경우에는 소유자의 성명을 포함하여 주택 란에 기록하고 도로상인 경우에는 고속도로, 국도, 일반도로의 명칭과 도로번호를 기재한다.

③ **유형** : 해당 유형에 체크를 한 후 보고서를 작성한다.

④ **거리** : 화재현장을 관할하는 소방서 및 119안전센터, 119지역대에서 화재현장까지 출동도로상의 최단거리를 km단위로 기재한다.

④ 화재원인 암기

① 발화열원

☐ 작동기기　　☐ 담뱃불, 라이터불　　☐ 마찰, 전도, 복사　　☐ 불꽃, 불티　　☐ 폭발물, 폭죽
☐ 화학적 발화열　☐ 자연적 발화열　　☐ 기타　　　　　☐ 미상

　　　　　　　　　　　　➜ 소분류　⎹　⎹　⎹　⎹　⎹　　⎹　　　⎹

② 발화요인(◯ 판단 ◯ 추정)

☐ 전기적 요인　　☐ 기계적 요인　　☐ 가스누출(폭발)　☐ 화학적 요인　☐ 교통사고
☐ 부주의　　　　☐ 자연적 요인　　☐ 기타　　　　　☐ 미상

　　　　　　　　　　　　➜ 소분류　⎹　⎹　⎹　⎹　⎹　　⎹　　　⎹

③ 최초착화물

☐ 가구　　　☐ 침구, 직물류　　☐ 종이, 목재, 건초 등　☐ 합성수지　☐ 간판, 차양막 등
☐ 식품　　　☐ 전기, 전자　　☐ 위험물 등　　　　☐ 가연성 가스
☐ 자동차, 철도차량, 선박, 항공기　☐ 쓰레기류　　☐ 기타　☐ 미상

　　　　　　　　　　　　➜ 소분류　⎹　⎹　⎹　⎹　⎹　　⎹　　　⎹

④ 발화개요

_____
_____

☐ 화재원인

① 발화열원 : 발화의 최초 원인이 된 불꽃 또는 열을 말한다. 즉, 최초착화물에 화재를 발생시킨 열원으로서 대분류 항목을 체크한 후 소분류 항목의 코드와 세부내용을 기재한다.

! 꼼.꼼. check! ➜ 방화, 불장난으로 인한 화재의 발화열원 ●

화재현장의 증거 및 화재정황, 목격자 진술 등을 통해 발화열원을 정확히 알 수 있는 경우는 해당항목에 체크하고, 확인할 수 없는 경우 미상에 체크한다.

대분류	소분류	
작동기기	• 전기적 아크(단락) • 기기 전도 · 복사열 • 기타	• 불꽃, 스파크, 정전기 • 역화
담뱃불, 라이터불	• 담뱃불 • 촛불 • 기타	• 라이터불, 성냥불 • 향불
마찰, 전도, 복사	• 마찰열 · 마찰스파크 • 기타	• 화염 전도 · 복사열
불꽃, 불티	• 용접, 절단, 연마 • 모닥불, 연탄, 숯 • 비화	• 굴뚝(연통), 아궁이 • 쓰레기, 논밭두렁 • 기타
폭발물, 폭죽	• 폭탄, 탄약	• 폭죽

대분류	소분류	
화학적 발화열	• 화학반응열	
자연적 발화열	• 햇볕	• 낙뢰
기타	–	
미상	–	

② 발화요인 : 발화열원에 의하여 발화로 이어진 연소현상에 영향을 준 인적, 물적, 자연적 요인을 말한다. 해당되는 대분류 항목에 체크한 후 소분류 항목의 코드와 세부내용을 기재한다.

대분류	소분류	
전기적 요인	• 누전 · 지락 • 절연열화에 의한 단락 • 압착 · 손상에 의한 단락 • 트래킹에 의한 단락 • 미확인 단락	• 접촉불량에 의한 단락 • 과부하/과전류 • 층간단락 • 반단선 • 기타
기계적 요인	• 과열, 과부하 • 자동제어 실패 • 정비불량 • 역화	• 오일 · 연료 누설 • 수동제어 실패 • 노후 • 기타
가스누출(폭발)	• 가스누출(폭발)	
화학적 요인	• 화학적 폭발 • 화학적 발화(유증기 확산) • 혼촉발화	• 금수성 물질과 물의 접촉 • 자연발화 • 기타
교통사고	• 교통사고	
부주의	• 담배꽁초 • 불장난 • 불씨, 불꽃, 화원 방치 • 빨래삶기 • 논, 임야 태우기 • 폭죽놀이	• 음식물 조리 중 • 용접, 절단, 연마 • 쓰레기 소각 • 가연물 근접방치 • 유류 취급 중 • 기타
자연적 요인	• 자연적 재해 • 기타	• 돋보기 효과
기타	–	
미상	–	

발화요인 중 기계적 요인에 해당하지 않는 것은?
① 역화　　　　　　　　　② 층간단락
③ 정비불량　　　　　　　④ 자동제어 실패

해설 **기계적 요인**
　㉠ 과열, 과부하　㉡ 오일 · 연료누설　㉢ 자동제어 실패　㉣ 수동제어 실패
　㉤ 정비불량　㉥ 노후　㉦ 역화　㉧ 기타

답 ②

③ **최초착화물** : 발화열원에 의해 최초로 불이 붙고 이물질을 통해 제어하기 힘든 화세로 발전한 가연물을 말한다. 보고서상의 대분류 항목에 체크한 후 이에 해당하는 소분류 항목의 코드와 내용을 기재한다.

대분류	소분류	
가구	• 침대, 매트리스 • 옷장, 책장 등 • 기타	• 테이블, 의자 • 소파
침구, 직물류	• 이불(베개, 시트) • 의류 • 부직포 • 기타	• 카펫 • 행주, 기름걸레 • 커튼
종이, 목재, 건초 등	• 종이 • 잔디 • 건초 • 톱밥	• 풀, 나뭇잎 • 나무 • 목재, 합판 • 기타
합성수지	• 플라스틱, PVC, 비닐, 장판 • 스티로폼 • 우레탄	• 합성고무(타이어) • 아크릴수지 • 기타
간판, 차양막 등	• 광고판 • 플래카드 • 기타	• 차양막 • 네온사인
식품	• 음식물 • 기타	• 튀김유
전기, 전자	• 전선피복 • 전기, 전자기기 케이스 • 전자기기 부속품 • 기타	• 전기, 전자기기 절연유 • 전기, 전자기기 기판 • 콘센트, 스위치류

04 화재조사보고 및 피해평가

대분류	소분류			
위험물 등	• 가솔린 • 시너 • 접착제, 레진, 타르 • 제3류 위험물 • 특수가연물류	• 등유 • 도료류 • 제4류 위험물 • 폭발물질	• 경유 • 광택제, 파라핀, 왁스 등 • 제1류 위험물 • 제5류 위험물 • 기타	• 기계유 • 제2류 위험물 • 제6류 위험물
가연성 가스	• 천연가스 • 메탄가스	• 프로판가스 • 수소가스	• 부탄가스 • 기타	• 아세틸렌가스
자동차, 철도차량, 선박, 항공기	• 전기배선 • 범퍼 • 방음재 • 천연가스	• 타이어 • 화물 • 부품 • 프로판가스	• 좌석시트 • 벨트 • 휘발유 • 오일류	• 카펫 • 배관 • 경유 • 기타
쓰레기류	• 쓰레기	• 분진	• 폐타이어	• 기타
기타	–			
미상	–			

④ 발화개요 : 화재원인 규명과 관련하여 발화열원, 발화요인, 최초착화물, 최초착화물 유형, 연소확대관련 항목 등 위에서 조사한 내용 이외에 기술할 필요가 있는 세부사항 및 중요사항을 기재한다.

---

5 발화관련 기기 　　　□ 해당 없음

① 발화관련 기기

□계절용 기기 □생활기기 □주방기기 □영상・음향기기 □사무기기 □조명, 간판 □배선, 배선기구
□전기설비 □산업장비 □농업용 장비 □의료장비 □상업장비 □차량・선박부품 □기타 □미상

　　　　　　　　　　　　　　　 ⟶ 소분류 ┃┃┃┃┃┃　┃　　　　　　┃

② 제품 및 동력원

• 제품　회사명┃　　　┃　제품명┃　　　┃　제품번호┃　　　┃　제조일┃ 년　월　일 ┃

　　　　□ 확인 불가능

• 동력원 □ 전기 □ 가스 □ 유류 □ 고체 □ 기타 ⟶ 소분류 ┃┃┃┃┃┃┃

□ 발화관련 기기

① 발화관련 기기 : 발화에 관련된 불꽃 또는 열을 발생시킨 기기, 또는 장치, 제품을 말한다. 열거된 항목 중에서 대분류 항목인 기기의 종류에 체크한 후 소분류상의 코드와 기기명을 기재한다.

> **(!) 꼼.꼼. check!**
>
> 발화관련 기기가 없는 화재인 경우에는 '해당 없음'란에 체크한다.

대분류	소분류				
계절용 기기	• 에어컨 • 석유난로/곤로 • 공기청정기 • 전기장판/담요/방석류	• 선풍기 • 연탄/석탄난로 • 항온항습기/제습기	• 냉난방기 • 나무/목탄난로 • 환풍기/송풍기/공조기 • 전기패널	• 전기히터/스토브 • 가정용 보일러 • 냉각탑	• 가스난로/스토브 • 가습기 • 기타
생활기기	• 헤어드라이어/헤어브러시 • 다리미 • 비데	• 세탁기 • 기타	• 전자모기향/훈증기 • 건조기	• 소독기 • 어항용 펌프모터/보온장치	• 전기안마기/마사지
주방기기	• 냉장고 • 약탕기 • 토스터기 • 이동용 가스레인지	• 김치냉장고 • 전기밥솥/보온밥통 • 냉온수기/정수기 • 가스오븐	• 식기건조기 • 전기전자그릴/오븐 • 청소기 • 가스오븐 레인지	• 전자레인지 • 전기 프라이팬/쿠커 • 튀김기 • 가스밥솥	• 커피포트 • 핫플레이트 • 가스레인지 • 기타
영상 · 음향기기	• 텔레비전 • 셋톱박스	• 비디오/DVD플레이어 • 기타		• 음향기기	• 오디오/카세트
사무기기	• 컴퓨터	• 프린터	• 복사기/팩스	• 기타	
조명, 간판	• 백열등 • 신호등 • 기타	• 형광등 • 전등펜스/라이트라인	• 할로겐등	• 수은등 • 네온사인/ 간판 등	• 나트륨등 • 전광판
배선/배선기구	• 전력공급용 전선 • 스위치, 멀티탭	• 옥내 인입배선 • 플러그	• 옥내배선용 전선 • 소켓	• 전기기기용 전선/코드 • 콘센트	• 기타
전기설비	• 고압/특고압 개폐기 • 발전기 • 정류기 • 배터리충전기 • 무정전전원장치(UPS)	• 이동용 발전기 • 콘덴서 • 배터리/축전기	• 고압/특고압 차단기 • 변압기 • 제어반 • 자동조정전압기(VAR) • 컨트롤박스	• 저압개폐기 • 계량기 • 인버터/컨버터	• 저압차단기 • 배전반/분전반 • 보조전원장치 • 기타
산업장비	• 전동톱/절단기 • 컴프레셔 • 산업용 용광로/가마 • 동력전달장치/PTO • 내연기관/엔진 • 열풍기, 가스버너, 주유기, 도장기제(부스) • 방직기계, 담금질기계 • 통신장비	• 동적선반 • 펌프 • 열교환기	• 착암기 • 기중기 • 주조/주형/단조장비 • 모터, 인쇄기, 집진기 • 히터/히터봉/가열장치 • 방역기	• 용접절단기(토치) • 승강기 • 증류/반응/교반기 • 사출성형기 • 교환기	• 그라인더 • 소각로 • 컨베이어 벨트 • 보일러 • 온도제어기 • 을유기 • 실험실 장비
농업용 장비	• 파쇄기	• 양수기	• 호기	• 수확/탈곡기/정미기	• 기타
의료장비	• 의료용 전동의자 • 기타	• 의료용 화상장비	• 산소장비	• 방사성 장비	• 의료용 매트
상업장비	• 스튜디오장비 • 사진현상/인화기	• 놀이기구 • 가스온수기	• 자동판매기 • 기타	• 전자오락기	• 노래방기기
차량, 선박부품	• 배터리 • 배선 • LPG기화기 • 냉각팬 • 배기가스매니폴드	• 충전장치 • 점화장치 • 오일필터 • 팬벨트 • 촉매장치	• 라이트장치 • 연료탱크 • 엔진 • 차축베어링 • 배기관	• 배전기 • 연료분사장치/카브레터 • 라디에이터 • 브레이크장치 • 기타	• 기동장치 • 연료파이프 • 워터펌프 • 소음기
기타	—				
미상	—				

04

화재조사보고 및 피해평가

② 제품 및 동력원 : 발화관련 기기의 제품 및 동력원 정보를 나타낸다.

- 제품 : 발화관련 기기가 있는 모든 화재에 대하여 발화관련 기기의 제조회사명, 제품명, 제품 모델명, 제조일 등을 기재한다.
- 동력원 : 발화관련 기기나 제품을 작동시킬 때 사용한 연료 또는 에너지를 체크한다.

대분류	소분류	
전기	• 22.9kV 이상 전원 • 440V 이상 상용전원 • 110V 이하 상용전원 • 직류 12V 이하(배터리) 전원	• 3,300V 이상 상용전원 • 380/220V 이상 상용전원 • 직류 24V 이상(배터리) 전원 • 기타 전원
가스	• 액화천연가스(LNG) • 부탄가스	• 액화석유가스(LPG) • 기타 가연성 가스
유류	• 가솔린 • 등유 • 경유 • 중유 • 알코올 • 기타 액체연료	
고체연료	• 나무 • 종이 • 석탄 • 목탄 • 화학연료 • 기타	
기타	−	

---

6 **연소확대**

① **연소확대물**   □ 해당 없음

□ 가구	□ 침구, 직물류	□ 종이, 목재, 건초 등	□ 합성수지	□ 간판, 차양막 등
□ 식품	□ 전기, 전자	□ 위험물 등	□ 가연성 가스	
□ 자동차, 철도차량, 선박, 항공기	□ 쓰레기류	□ 기타	□ 미상	

⟶ 소분류 | | | | |

② **연소확대 사유**(★ 복수선택 가능)   □ 해당 없음

□ 화재인지 · 신고 지연	□ 가연성 물질의 급격한 연소	□ 현장진입 지연(불법주차)
□ 현장도착 지연(교통혼잡)	□ 원거리 소방서	□ 방화구획 기능 불충분
□ 덕트 · 샤프트의 연통 역할	□ 인접건물과의 이격거리 협소	□ 목조건물의 밀집 등
□ 기상(건조, 강풍 등)	□ 기타	□ 미상

□ **연소확대** (2017년 기사)

① **연소확대물** : 최초착화물에 불이 붙어 화재가 발생한 후 연소가 확대되는 데 결정적 영향을 끼친 가연물을 말한다. 연소확대물의 분류 항목은 최초착화물의 분류 항목과 동일하다. 최초착화물과 연소확대물이 동일한 경우에도 연소확대물을 표시한다.

② 연소확대 사유 : 복수 선택이 가능한 항목으로 화재발견 사실이 늦어 119신고가 지연된 경우와 가연성 물질의 급격한 연소가 함께 이루어졌다면 두 가지 항목을 함께 표시한다.

대분류	소분류		
가구	• 침대, 매트리스 • 소파	• 테이블, 의자 • 기타	• 옷장, 책장 등
침구, 직물류	• 이불(베개, 시트) • 행주, 기름걸레 • 기타	• 카펫 • 부직포	• 의류 • 커튼
종이, 목재, 건초 등	• 종이 • 나무 • 톱밥	• 풀, 나뭇잎 • 건초 • 기타	• 잔디 • 목재, 합판
합성수지	• 플라스틱, PVC, 비닐, 장판 • 스티로폼 • 기타	• 아크릴수지	• 합성고무(타이어) • 우레탄
간판, 차양막 등	• 광고판 • 네온사인	• 차양막 • 기타	• 플래카드
식품	• 음식물	• 튀김유	• 기타
전기, 전자	• 전선피복, • 전기, 전자기기 케이스 • 전자기기 부속품 • 기타	• 전기, 전자기기 절연유 • 전기, 전자기기 기판 • 콘센트, 스위치류	
위험물 등	• 가솔린 • 기계유 • 광택제, 파라핀, 왁스 등 • 제1류 위험물 • 기타 제4류 위험물 • 특수가연물류	• 등유 • 시너 • 제2류 위험물 • 제5류 위험물 • 폭발물질	• 경유 • 도료류 • 접착제, 레진, 타르 • 제3류 위험물 • 제6류 위험물 • 기타
가연성 가스	• 천연가스 • 아세틸렌가스 • 기타	• 프로판가스 • 메탄가스	• 부탄가스 • 수소가스
자동차, 철도차량, 선박, 항공기	• 전기배선 • 타이어 • 범퍼 • 화물 • 방음재 • 부품 • 천연가스 • 프로판가스	• 좌석시트 • 카펫 • 벨트 • 배관 • 휘발유 • 경유 • 오일류 • 기타	
쓰레기류	• 쓰레기 • 분진	• 폐타이어 • 기타	
기타	—		
미상	—		

---

7 **피해 및 인명구조**

(인명피해) 총계 └─┴─┴─┘명

① 인명피해 사망 └─┴─┴─┘명, 부상 └─┴─┴─┘명 　　② 이재민 └─┴─┴─┘세대, └─┴─┴─┘명

(재산피해) 총계 └─┴─┴─┘,└─┴─┴─┘,└─┴─┴─┘천원 (예상피해액 └─┴─┴─┘,└─┴─┴─┘,└─┴─┴─┘천원)

① 부동산 └─┴─┴─┘,└─┴─┴─┘,└─┴─┴─┘천원 　　② 동산 └─┴─┴─┘,└─┴─┴─┘,└─┴─┴─┘천원
③ 소실면적 └─┴─┴─┘,└─┴─┴─┘,└─┴─┴─┘m²
④ 소실동(대)수 • 건축 · 구조물 └─┴─┴─┘동 　　　• 차량 등 └─┴─┴─┘대
⑤ 소실 정도 　• 건축물 └─┴─┘동, └─┴─┘동, └─┴─┘동 • 차량 등 └─┴─┘대, └─┴─┘대, └─┴─┘대
　　　　　　　　　　전소　　반소　　부분소　　　　　　　전소　　반소　　부분소

⋯⋯

(인명구조) 　① 구조 └─┴─┴─┘명 　　　　　　② 유도대피 └─┴─┴─┘명

☐ **피해 및 인명구조**

(인명피해)

- 사망자 및 부상자의 수를 기재한다.
- 당해 화재로 인한 이재민의 세대 수와 이재민 수를 기재한다.

(재산피해)

- 재산피해액을 부동산과 동산으로 구분하여 기재하고 합산한 금액을 총계에 천원단위로 기재한다.

① 부동산 : 토지 및 건축물의 화재로 인한 피해금액을 **천원단위로 기재**한다.
② 동산 : 물건, 기기, 자동차 등의 화재로 인한 피해금액을 **천원단위로 기재**한다.
③ 소실면적 : 토지 및 건축물의 소실면적을 **평방미터(m²)단위로** 기재한다.
④ 소실동(대)수 : 건축물과 차량의 소실 동수와 대수를 기재한다.
⑤ 소실 정도 : 전소는 70% 이상, 반소는 30% 이상~70% 이하, 부분소는 30% 미만 소실된 경우를 말한다. 건축물의 소실동수와 차량 등의 소실대수를 각각 기재한다.

(인명구조) : 구조인원을 구조와 유도대피로 구분하여 기재한다.

---

8 **관계자**

① 소유자　　　성명 └──────┘ 연령 └─┴─┴─┘세 　☐ 남, ☐ 여 전화 └──────────┘
② 점유(운전)자 성명 └──────┘ 연령 └─┴─┴─┘세 　☐ 남, ☐ 여 전화 └──────────┘
③ 소방안전관리자 성명 └──────┘ 연령 └─┴─┴─┘세 　☐ 남, ☐ 여 전화 └──────────┘
　(위험물안전관리자)

□ 관계자
① 소유자 : 건물에 대한 소유권을 가지고 있는 소유주를 말한다.
② 점유(운전)자 : 건물에 대한 소유, 임대 등을 통하여 실제로 거주하고 있는 자를 말한다. 소유자가 점유하고 있는 경우에는 점유자란에 소유자의 인적사항을 기재하고, 승용차, 선박, 항공기 등은 운전자를 기재한다.
③ 소방안전관리(위험물안전관리)자 : 소방법령에 의하여 소방안전관리자 및 위험물안전관리자로 선임된 자를 말하며, 건축물화재는 소방안전관리자를 기재하고 위험물화재는 위험물안전관리자를 기재한다.

```
⑨ 동원인력        □ 긴급구조통제단 가동된 화재  □ 대응1단계  □ 대응2단계  □ 대응3단계
  ① 인원 └┴┴┘명
        총계    소방   의소대   경찰   일반직   군인   유관기관   기타
  • 전문위원 □ 화재합동조사단 운영
   └┴┴┘명 └┴┘  └┴┘  └┴┘  └┴┘  └┴┘  └┴┘  └┴┘
    총계    소방  전기(전자) 기계   건축   가스   화학   자동차   기타
  ② 장비 └┴┴┘대  └┴┘ └┴┘ └┴┘ └┴┘ └┴┘ └┴┘ └┴┘
        총계  펌프,물탱크 고가(굴절) 화학   구조   구급   헬기   선박   기타
  ③ 사용 소방용수  소화전 └┴┴┴┘    급수탑 └┴┴┘
                 저수조 └┴┴┴┘    기타 └┴┴┘
```

□ 동원인력
① 인원 : 화재진압에 동원된 소방, 의소대, 경찰, 일반직, 군인, 한전, 가스 등의 유관기관과 기타로 구분하여 기재한다.
② 장비 : 화재진압을 위해 동원된 장비를 펌프차, 탱크차, 고가(굴절)차, 화학차, 구조차, 구급차, 헬기, 선박, 기타 차량으로 구분하여 그 숫자를 기재한다.
③ 사용 소방용수 : 현장에 출동한 소방대가 화재진압을 위해 사용한 소방용수시설의 고유번호를 기재한다.

```
⑩ 보험가입        □ 해당 없음  □ 화재보험의무가입대상(특수건물)
  ① 가입회사 └┴┴┘
  ② 보험금액 └┴┴┴┘,└┴┴┴┘,└┴┴┘천원
    • 부동산 └┴┴┴┘,└┴┴┴┘,└┴┴┘천원  • 동산 └┴┴┴┘,└┴┴┴┘,└┴┴┘천원
  ③ 계약기간 └┴┴┴┘,└┴┘ ~ └┴┴┴┘,└┴┘
            년     월      년     월
```

□ 보험가입 : 보험가입 여부는 화재피해액 산정 및 방화가능성 여부를 조사하기 위한 자료로 활용하며, 보험가입회사, 보험금액, 계약기간 등을 파악 가능한 한도 내에서 조사한다.

> **! 꼼.꼼. check!**
>
> 보험가입 사항이 없는 경우 '해당 없음'에 체크한다.

① 가입회사 : 가입한 보험회사를 기록하되 가입된 보험이 다수인 경우 보험 가입액이 가장 많은 회사명 1개사를 기재한 후 기타 가입보험 수를 기재한다.
② 보험금액 : 보험에 가입된 금액을 부동산과 동산으로 구분하여 천원단위로 기재한다.
③ 계약기간 : 가입회사에 대한 계약기간을 기재한다.
④ 화재보험 의무가입대상(특수건물) : 보험가입유무 확인 시 화재건물이 화재보험 의무가입대상(특수건물)에 해당하는지의 여부를 확인하여 체크한다.

---

⑪ 기상상황
① 날씨 |_____| ② 온도 |_____|℃
③ 습도 |_____|%   ④ 풍향 |_____|
⑤ 풍속 |____|m/s   ⑥ 기상특보 |_____|

☐ 기상상황 : 화재진압을 위해 출동한 시점에서 화재현장의 날씨, 온도, 습도, 풍향, 풍속을 기재하고 당일의 기상특보가 있는 경우에는 기상청에서 발표한 경보나 주의보(한파주의보, 강풍주의보, 건조주의보 등) 등의 특보상황을 기재한다.

---

⑫ 첨부서류
① 화재유형별 조사서
 ☐ 1.1 건축 · 구조물화재   ☐ 1.2 자동차 · 철도차량화재   ☐ 1.3 위험물 · 가스제조소 등 화재
 ☐ 1.4 선박 · 항공기화재   ☐ 1.5 임야화재   ☐ 1.6 기타화재(첨부 없음)
② 화재조사서
 ☐ 2.1 인명피해   ☐ 2.2 재산피해
③ 방화 · 방화의심조사서 ☐   ④ 소방방화시설활용조사서 ☐   ⑤ 화재현장조사서 ☐

☐ 첨부서류 : 화재현황조사서는 화재의 개요를 알 수 있는 기본적인 보고서로서 모든 화재에 공통으로 작성한다. 이에 부가하여 화재유형별 조사서, 화재피해조사서, 방화 · 방화의심조사서를 선택적으로 체크한 후 해당 보고서를 작성하며, 소방방화시설이 설치된 경우에도 처리요령이 동일하다.

② 화재유형별 조사서

(1) 건축 · 구조물화재 〔2016년 기사〕〔2018년 기사〕〔2019년 기사〕〔2020년 기사〕

□ 수정

---

① 건축 · 구조물 현황

① 건물구조

｜　｜　｜　｜　｜식　｜　｜　｜　｜조　｜　｜　｜　｜즙 / ｜　｜　｜동

② 층수　지상 ｜　｜　｜층, 지하 ｜　｜　｜층

③ 면적　연면적 ｜　｜　｜　｜,｜　｜　｜　｜,｜　｜　｜　｜m², 바닥면적 ｜　｜　｜　｜,｜　｜　｜　｜,｜　｜　｜　｜m²

---

② 건물상태

□ 사용 중　　　　□ 철거 중　　　　□ 공가

□ 공사 중 ⟶ ┌ □ 신축 □ 증축 □ 개축 □ 기타 ┐

---

③ 장소

① 시설용도　　□ 소방안전관리대상 □ 다중이용업 　□ 중요화재
　　　　　　　□ 화재예방강화지구 □ 화재안전 중점관리대상　■ 특정소방대상물

□ 주거시설	○ 단독주택 ○ 공동주택 ○ 기타주택	□ 공동주택
□ 교육시설	○ 학교 ○ 연구, 학원	□ 근린생활시설
□ 판매, 업무시설	○ 판매 ○ 공공기관 ○ 일반업무 ○ 숙박시설	□ 문화집회 및 운동시설
	○ 청소년시설판매 ○ 군사시설 ○ 교정시설	□ 종교시설 □ 판매시설
□ 집합시설	○ 관람장 ○ 공연장 ○ 종교 ○ 전시장	□ 운수시설 □ 의료시설
	○ 운동시설	□ 교육연구시설
□ 의료, 복지시설	○ 건강 ○ 의료 ○ 노유자	□ 노유자시설 □ 수련시설
□ 산업시설	○ 공장시설 ○ 창고 ○ 작업장 ○ 발전시설	□ 운동시설 □ 업무시설
	○ 지중시설 ○ 동 · 식물시설 ○ 위생시설	□ 숙박시설 □ 위락주택
□ 운수 · 자동차시설	○ 자동차시설 ○ 항공시설 ○ 항만시설	□ 공장 □ 창고시설
	○ 역사, 터미널	□ 위험물저장 및 처리시설
□ 문화재시설	○ 문화재	□ 항공기 및 자동차 관련시설
□ 생활서비스	○ 위락 ○ 오락 ○ 음식점 ○ 일반서비스	□ 동 · 식물관련시설
□ 기타 건축물	○ 기타 건축물	□ 자연순환 관련시설

특정소방대상물 (continued): □ 교정 및 군사시설 □ 방송통신시설 □ 발전시설 □ 묘지 관련시설 □ 관광휴게시설 □ 장례시설 □ 지하가 □ 지하구 □ 문화재 □ 복합건축물

⟶ 소분류 ｜　｜　｜　｜　｜ ｜　　　　　　　　｜

■ 부속용도　　　□ 해당 없음

┌ □ 후생복리 □ 교육복지 □ 업무 □ 일반생활 □ 기타 ┐

⟶ 소분류 ｜　｜　｜　｜　｜ ｜　　　　　　　　｜

② 발화지점　　　□ 미상

┌ □ 구조 □ 기능 □ 설비, 저장 □ 생활공간 □ 출구 □ 공정시설 □ 기타 ┐

⟶ 소분류 ｜　｜　｜　｜　｜ ｜　　　　　　　　｜

③ 발화층수 □ 지상 ｜　｜　｜층 / □ 지하 ｜　｜　｜층　④ 소실면적 ｜　｜　｜　｜,｜　｜　｜　｜,｜　｜　｜　｜m²

⑤ 연소확대 범위
　□ 발화지점만 연소　　　□ 발화층만 연소　　　□ 다수층 연소
　□ 발화건물 전체 연소　　□ 인근 건물 등으로 연소 확대

04
화재조사보고 및 피해평가

〈작성 방법〉

---

① 건축 · 구조물 현황
① 건물구조
｜＿｜＿｜＿｜＿｜＿＿｜식 ｜＿｜＿｜＿｜＿｜＿＿｜조 ｜＿｜＿｜＿｜＿＿｜즙 / ｜＿｜＿｜＿｜동
② 층수 지상 ｜＿｜＿｜＿｜층, 지하 ｜＿｜＿｜＿｜층
③ 면적 연면적 ｜＿｜＿｜＿｜,｜＿｜＿｜＿｜,｜＿｜＿｜＿｜m^2, 바닥면적 ｜＿｜＿｜＿｜,｜＿｜＿｜＿｜,｜＿｜＿｜＿｜m^2

□ 건축 · 구조물 현황
① 건물구조 : 건물구조의 종류와 동수를 기재한다.
② 층수 : 건축물의 층수를 기재한다.

> ！ 꼼.꼼. check! ◆ 건축물의 층수가 명확하지 않은 경우 ◆
>
> 승강기탑 · 계단탑 · 망루 장식탑 · 옥탑, 기타 이와 유사한 건축물의 옥상부분으로서 그 수평투영면적의 합계가 당해 건축물 건축면적의 8분의 1 이하인 것과 지하층은 층수에 산입하지 않는다. 층의 구분이 명확하지 아니한 건축물은 당해 건축물의 높이 4미터 이하마다 하나의 층으로 산정하며, 건축물의 부분에 따라 그 층수를 달리 하는 경우에는 그 중 가장 많은 층수로 한다.(건축법 시행령 제119조 제1항 제9호)

③ 면적
   ● 연면적 : 하나의 건축물에 각 층의 바닥면적 합계로 한다. 단, 용적률의 산정에 있어서 다음에 해당하는 면적은 제외한다.
      – 지하층의 면적
      – 지하층의 주차용(당해 건축물의 부속용도인 경우에 한한다)으로 사용되는 면적
   ● 바닥면적 : 건축물의 각 층 또는 그 일부로서 벽 · 기둥, 기타 이와 유사한 구획의 중심선으로 둘러싸인 부분의 수평투영면적으로 한다.

---

② 건물상태
□ 사용 중   □ 철거 중   □ 공가
□ 공사 중 ⟶ │ □ 신축 □ 증축 □ 개축 □ 기타 │

□ 건물상태
   – 건물의 상태에 따른 사용 중, 철거 중, 공가, 공사 중으로 나눈다.
   – 공가는 사람이 장기간 주거하지 않는 상태로 주거에 필요한 살림시설이 없어야 한다.
   – 공사 중은 신축, 증축, 개축, 기타로 나누어 체크한다.

③ 장소
① 시설용도   □ 소방안전관리대상 □ 다중이용업   □ 중요화재
              □ 화재예방강화지구 □ 화재안전 중점관리대상   ■ 특정소방대상물

주거시설	○ 단독주택 ○ 공동주택 ○ 기타주택
교육시설	○ 학교 ○ 연구, 학원
판매, 업무시설	○ 판매 ○ 공공기관 ○ 일반업무 ○ 숙박시설
	○ 청소년시설판매 ○ 군사시설 ○ 교정시설
집합시설	○ 관람장 ○ 공연장 ○ 종교 ○ 전시장
	○ 운동시설
의료, 복지시설	○ 건강 ○ 의료 ○ 노유자
산업시설	○ 공장시설 ○ 창고 ○ 작업장 ○ 발전시설
	○ 지중시설 ○ 동·식물시설 ○ 위생시설
운수·자동차시설	○ 자동차시설 ○ 항공시설 ○ 항만시설
	○ 역사, 터미널
문화재시설	○ 문화재
생활서비스	○ 위락 ○ 오락 ○ 음식점 ○ 일반서비스
기타 건축물	○ 기타 건축물

□ 공동주택
□ 근린생활시설
□ 문화집회 및 운동시설
□ 종교시설   □ 판매시설
□ 운수시설   □ 의료시설
□ 교육연구시설
□ 노유자시설 □ 수련시설
□ 운동시설   □ 업무시설
□ 숙박시설   □ 위락주택
□ 공장   □ 창고시설
□ 위험물저장 및 처리시설
□ 항공기 및 자동차 관련시설
□ 동·식물관련시설
□ 자연순환 관련시설
□ 교정 및 군사시설
□ 방송통신시설 □ 발전시설
□ 묘지 관련시설
□ 관광휴게시설 □ 장례시설
□ 지하가   □ 지하구
□ 문화재   □ 복합건축물

→ 소분류 ⎵⎵⎵⎵⎵

■ 부속용도   □ 해당 없음

□ 후생복리   □ 교육복지   □ 업무   □ 일반생활   □ 기타

→ 소분류 ⎵⎵⎵⎵⎵

② 발화지점   □ 미상

□ 구조   □ 기능   □ 설비, 저장   □ 생활공간   □ 출구   □ 공정시설   □ 기타

→ 소분류 ⎵⎵⎵⎵⎵

③ 발화층수 □ 지상 ⎵⎵⎵층 / □ 지하 ⎵⎵⎵층   ④ 소실면적 ⎵⎵⎵⎵,⎵⎵⎵⎵,⎵⎵⎵⎵ m^2
⑤ 연소확대 범위
   □ 발화지점만 연소   □ 발화층만 연소   □ 다수층 연소
   □ 발화건물 전체 연소   □ 인근 건물 등으로 연소 확대

04 화재조사보고및피해평가

□ 장소

① 시설용도 : 화재발생장소의 해당 항목에 체크하며, '특정소방대상물'에 해당하는 경우에는 구분란에 체크한다(두 개 이상 해당되는 경우에는 중복 체크).

 • 장소분류(대, 중, 소 항목으로 분류) : 주요 단일 사용용도를 중심으로 354개 항목으로 소분류하고, 이를 동종·유사 성질의 장소에 따라 중분류 및 대분류로 그룹화한다.

 • 부속용도 : 주된 용도에 부속된 시설을 말한다. 부속용도에 해당되는 경우에는 주로 대규모 시설인 장소에 해당되며, 부속용도가 없는 경우에는 표시하지 않는다.

② 발화지점 : 화재가 최초로 발생한 구체적인 지점을 말한다. 그것은 방 또는 방의 구체적인 지점, 자동차의 구체적인 지점, 야외의 어떤 지점이 될 수 있다.

③ 발화층수 : 화재가 발생한 층수를 나타내며 지상과 지하로 나누어 기재한다.

④ 소실면적

⑤ 연소확대 범위 : 화재의 연소확대 범위를 구분하여 체크한다.

- 구획된 장소에서의 화재를 '발화지점만 연소'로 본다.
- 구획된 장소에서 화재가 발생하여 옆방 또는 옆 사무실로 확대되었으나 다른 층으로 연소확대되지 않은 화재를 '발화층만 연소'로 본다.

(2) 자동차 · 철도차량화재 〔2015년 산업기사〕 〔2018년 산업기사〕 〔2019년 기사〕   □ 수정

---

1 구 분

① 자동차
- □ 승용자동차
  - ○ 5인승 이하 ○ 6인승 ○ 7인승 ~10인승 이하
- □ 승합자동차   □ 화물자동차
  - ○ 버스   ○ 소형 승합차
  - ○ 캠핑용 자동차 또는 캠핑용 트레일러
  - ○ 친환경자동차   ○ 기타
    - ○ EV(Electric Vehicle) ○ HEV(Hybrid Vehicle)
    - ○ PHEV(Plug-in HEV) ○ FCEV(Full Cell EV)
- □ 특수자동차   □ 오토바이
- • 장소 □ 고속도로 □ 일반도로 □ 주차장
          □ 공지   □ 터널   □ 기타

② 농업기계
- □ 트랙터   □ 경운기   □ 기타

③ 건설기계
- □ 굴삭기   □ 덤프트럭 □ 기타

④ 군용차량
- □ 군용차량   □ 기타

⑤ 철도차량
- □ 전동차   □ 기관차
- • 철도구분 □ 국철   □ 지하철
              □ KTX   □ 기타

---

2 형 식

① 제조회사 [   ]   ③ 연식 [| | | |] 년

② 차량번호 [   ]   ④ 차량명 [   ]

---

3 발화지점   □ 미상

① 자동차 · 농업 · 건설 · 군용차량
- □ 앞좌석   □ 뒷좌석
- □ 엔진룸   □ 트렁크
- □ 바퀴   □ 적재함
- □ 연료탱크   □ 기타

② 철도차량
- □ 객실(좌석)   □ 기관실
- □ 바퀴   □ 연료탱크
- □ 화물실   □ 화장실
- □ 객차연결통로 □ 기타

---

4 참고사항

_____

_____

_____

_____

〈작성 방법〉

---

1 구 분
① 자동차
  □ 승용자동차
    ○ 5인승 이하 ○ 6인승 ○ 7인승 ~10인승 이하
  □ 승합자동차   □ 화물자동차
    ○ 버스   ○ 소형 승합차
    ○ 캠핑용 자동차 또는 캠핑용 트레일러
    ○ 친환경자동차   ○ 기타

  → ○ EV(Electric Vehicle) ○ HEV(Hybrid Vehicle)
    ○ PHEV(Plug-in HEV) ○ FCEV(Full Cell EV)

  □ 특수자동차   □ 오토바이
  • 장소 □ 고속도로 □ 일반도로 □ 주차장
         □ 공지   □ 터널   □ 기타

② 농업기계
  □ 트랙터   □ 경운기   □ 기타
③ 건설기계
  □ 굴삭기   □ 덤프트럭   □ 기타
④ 군용차량
  □ 군용차량   □ 기타
⑤ 철도차량
  □ 전동차   □ 기관차
  • 철도구분 □ 국철   □ 지하철
             □ KTX   □ 기타

□ 구분
  ① 자동차 : '자동차'란 원동기에 의하여 육상에서 이동할 목적으로 제작한 용구 또는
    이에 견인되어 육상으로 이동할 목적으로 제작한 용구를 말한다(항공기 제외).
  ② 농업기계 : 경운기, 트랙터 등 농사를 위한 기계를 말한다.
  ③ 건설기계 : 굴삭기, 덤프트럭 등을 말한다.
  ④ 군용차량 : 군부대 등 군에서 사용하는 차량을 말한다.
  ⑤ 철도차량 : 기차(KTX, 새마을, 무궁화, 화물용 기차) 및 지하철을 말한다.

---

2 형 식
  ① 제조회사 [   ]   ③ 연식 [| | | |] 년
  ② 차량번호 [   ]   ④ 차량명 [   ]

□ 형식 : 해당 화재와 관련된 자동차, 철도, 기타차량의 제조회사, 연식, 차량명 등
    을 기재한다.

---

3 발화지점   □ 미상
  ① 자동차 · 농업 · 건설 · 군용차량   ② 철도차량
    □ 앞좌석   □ 뒷좌석   □ 객실(좌석)   □ 기관실
    □ 엔진룸   □ 트렁크   □ 바퀴   □ 연료탱크
    □ 바퀴   □ 적재함   □ 화물실   □ 화장실
    □ 연료탱크   □ 기타   □ 객차연결통로   □ 기타

04

화재조사보고 및 피해평가

□ 발화지점

① **자동차·농업·건설·군용차량** : 일반자동차, 농업·건설·군용차량의 구체적인 발화지점을 체크한다.

② **철도차량** : 철도차량의 구체적인 발화 지점을 체크한다.

---

4 참고사항

_____

_____

_____

_____

□ **참고사항** : 기타 당해 화재와 관련된 중요사항이나 추가기술이 필요한 세부사항 등을 기재한다.

(3) 위험물·가스제조소 등의 화재 (2017년 기사) (2021년 기사) (2022년 기사)   □ 수정

1 대 상   □ 건축물   □ 시설물(탱크)   □ 차량

① **구조**
└┴┴┘ └┴┴┴┴┘식 └┴┴┘ └┴┴┴┴┘조 └┴┴┘ └┴┴┴┴┘즙 └┴┴┘동

② **층수** 지상 └┴┴┘층, 지하 └┴┴┘층

③ **면적** 연면적 └┴┴┴┘,└┴┴┴┘,└┴┴┘m² , 바닥면적 └┴┴┴┘,└┴┴┴┘,└┴┴┘m²

---

2 제조소 등의 구분

① **위험물제조소 등**

□ 제조소	□ 옥내저장소	□ 옥외탱크저장소	□ 옥내탱크저장소
□ 지하탱크저장소	□ 간이탱크저장소	□ 이동탱크저장소	□ 옥외저장소
□ 암반탱크저장소	□ 주유취급소	□ 판매취급소	□ 이송취급소
□ 일반취급소	□ 기타		

② **가스제조소 등**

□ 고압가스제조시설	□ 고압가스저장시설	□ 액화산소를 소비하는 시설
□ 액화석유가스제조시설	□ 액화석유가스저장시설	□ 가스공급시설 □ 기타

③ **완공 년·월·일** └┴┴┴┘,└┴┴┘,└┴┘   ④ **차량번호** └─────────┘
　　　　　　　　년　　　　월　　　일

⑤ **허가품명** └────┘류, └───────┘   ⑥ **허가량** └───────┘

③ 발화지점　　　　　　　　　　　　　　　　　　　　　　□ 미상

① 위험물취급시설
　□ 주입구　　　□ 펌프　　　　□ 탱크본체　　□ 작업실　　□ 보관실
　□ 반응기　　　□ 고정주유설비　□ 토출구　　　□ 차량　　　□ 기타
② 부속시설
　□ 사무실　　　□ 점포　　　　□ 식당 · 휴게소　□ 전시장　　□ 정비소
　□ 세차기　　　□ 대기실/주거시설　□ 외부　　□ 기타

④ 화재경위
　□ 제조소 등 내부에서 (□ 발화, □ 폭발)하여 당해 제조소 등 내부에서 그친 경우
　□ 제조소 등 내부에서 (□ 발화, □ 폭발)하여 당해 제조소 등 외부로 확대된 경우
　□ 제조소 등 외부에서 (□ 발화, □ 폭발)하여 당해 제조소 등으로 전이된 경우
　□ 제조소 등의 위험물이 누출되어 제조소 등 외부에서 (□ 발화, □ 폭발)한 경우

⑤ 참고사항

_____
_____
_____
_____
_____
_____

04
화재조사보고 및 피해평가

〈작성 방법〉

① 대 상　　　□ 건축물　　□ 시설물(탱크)　□ 차량

① 구조
　└┴┴┘└┴────┘식 └┴┴┘└┴────┘조 └┴┴┘└┴────┘즙 └┴┴┘동
② 층수　지상 └┴┴┘층, 지하 └┴┴┘층
③ 면적　연면적 └┴┴┘,└┴┴┘,└┴┴┘m², 바닥면적 └┴┴┘,└┴┴┘,└┴┴┘m²

□ 대상
　– 대상은 건축물과 시설물(탱크), 차량으로 구분하여 체크한다.
　– 대상이 건축물일 경우 구조와 동수를 기재한다.
　– 층수와 면적을 기재하되 지상층과 지하층을 구분하여 기재한다.

---

2 **제조소 등의 구분**

① **위험물제조소 등**

☐ 제조소   ☐ 옥내저장소   ☐ 옥외탱크저장소   ☐ 옥내탱크저장소

☐ 지하탱크저장소   ☐ 간이탱크저장소   ☐ 이동탱크저장소   ☐ 옥외저장소

☐ 암반탱크저장소   ☐ 주유취급소   ☐ 판매취급소   ☐ 이송취급소

☐ 일반취급소   ☐ 기타

② **가스제조소 등**

☐ 고압가스제조시설   ☐ 고압가스저장시설   ☐ 액화산소를 소비하는 시설

☐ 액화석유가스제조시설   ☐ 액화석유가스저장시설   ☐ 가스공급시설   ☐ 기타

③ **완공 년·월·일** |__|__|__|__|, |__|__|, |__|__| ④ **차량번호** |_____|

          년   월   일

⑤ **허가품명** |____|류, |_____| ⑥ **허가량** |_____|

☐ **제조소 등의 구분**

① 위험물제조소 등 : 허가증에 기재된 제조소의 종별을 체크한다.

② 가스제조소 등 : 허가증에 기재된 가스제조소 등 종별을 체크한다.

③ 완공 년·월·일 : 허가증에 기재된 완공 년·월·일을 기재한다.

④ 차량번호 : 위험물이동탱크의 차량번호를 기재한다.

⑤ 허가품명 : 허가증에 기재된 위험물의 허가품명을 기재한다.

⑥ 허가량 : 허가증에 기재된 위험물의 허가량을 기재한다. (단위 : L)

---

3 **발화지점**   ☐ 미상

① **위험물취급시설**

☐ 주입구   ☐ 펌프   ☐ 탱크본체   ☐ 작업실   ☐ 보관실

☐ 반응기   ☐ 고정주유설비   ☐ 토출구   ☐ 차량   ☐ 기타

② **부속시설**

☐ 사무실   ☐ 점포   ☐ 식당·휴게소   ☐ 전시장   ☐ 정비소

☐ 세차기   ☐ 대기실/주거시설   ☐ 외부   ☐ 기타

☐ **발화지점**

① 위험물취급시설 : 위험물취급시설에서 최초 발화된 지점을 체크한다.

② 부속시설 : 부속시설에서 최초 발화된 지점을 체크한다.

┌───┐
│ ④ 화재경위   │
│ □ 제조소 등 내부에서 (□ 발화, □ 폭발)하여 당해 제조소 등 내부에서 그친 경우 │
│ □ 제조소 등 내부에서 (□ 발화, □ 폭발)하여 당해 제조소 등 외부로 확대된 경우 │
│ □ 제조소 등 외부에서 (□ 발화, □ 폭발)하여 당해 제조소 등으로 전이된 경우 │
│ □ 제조소 등의 위험물이 누출되어 제조소 등 외부에서 (□ 발화, □ 폭발)한 경우 │
└───┘

　　□ 화재경위 : 화재가 당해 제조소에서 발생하여 내부에서 그쳤는지 아니면 외부로
　　연소확대되었는지 등에 관한 사항을 체크한다.

(4) 선박 · 항공기화재

□ 수정

┌───┐
│ ① 구 분   │
│ ① 선박   ② 항공기   │
│   □ 유람선   □ 여객선   □ 비행기   □ 회전익항공기(헬리콥터) │
│   □ 화물선   □ 유조선   □ 비행선   □ 활공기(글라이더)   │
│   □ 바지선   □ 어선   □ 경비행기   □ 기타   │
│   □ 수상레저기구(보트 등)   │
│   □ 함정(군함 등)   │
│   □ 특수작업선(해양관측선 등)   │
│   □ 기타   │
└───┘

┌───┐
│ ② 형 식   │
│ ① 제조회사 └──────────────┘   ③ 톤수 └──┴──┴──┘,└──┴──┴──┘ton │
│ ② 연식 └──┴──┴──┴──┘년   ④ 기종/명칭 └──────────────┘   │
│   ⑤ 수용인원 └──┴──┴──┘명   │
└───┘

┌───┐
│ ③ 발화지점   □ 미상   │
│ ① 기기 작동실   ② 부속시설   │
│   □ 기관실   □ 전기실   □ 계단   □ 식당   │
│   □ 갑판   □ 조타실(조정실)   □ 사무실   □ 화장실   │
│   □ 취사실   □ 엔진   □ 화물실   □ 무대부   │
│   □ 기계실   □ 기타   □ 객실   □ 기타   │
└───┘

┌───┐
│ ④ 참고사항   │
│ _____ │
│ _____ │
│ _____ │
└───┘

04

화재조사보고 및 피해평가

〈작성 방법〉

□ 구분

　① 선박 : 유람선, 여객선, 화물선, 유조선, 바지선, 어선, 수상레저기구, 함정, 특수작업선(해양관측선 등) 등 화재가 발생한 선박의 종류를 체크한다.

　② 항공기 : 비행기, 회전익항공기(헬리콥터), 비행선, 활공기(글라이더), 경비행기, 기타 등 화재가 발생한 항공기의 종류를 체크한다.

□ 형식 : 선박 · 항공기의 제조회사, 연식, 모델명, 수용인원(최대 수용인원)을 기재한다.

(5) 임야화재 〔2017년 기사〕 〔2019년 기사〕 〔2022년 기사〕

　　　　　　　　　　　　　　　　　　　　　　　　　　□ 해당 없음

　　　　　　　　　　　　　　　　　　　　　　　　　　□ 수정

1 구 분

　① 산불　□ 제조소　　　　□ 공유림　　　　　□ 사유림
　　　　　　(□ 국립공원　□ 도립공원　□ 시 · 군립공원　□ 자연휴양림　□ 해당없음)
　② 들불　□ 숲　□ 들판　□ 논밭두렁　□ 과수원　□ 목초지　□ 묘지　□ 군 · 경사격장　□ 기타

2 방 · 실화자　　　　　　　　　　　　　　　　　　　　　　□ 미상

　① 성명 |＿＿＿＿＿|　　　　　③ 성별　□ 남　　□ 여
　② 연령 |＿|＿|＿|세

3 발화지점　　　　　　　　　　　　　　　　　　　　　　　□ 미상

　　□ 산정상　　　　□ 산중턱　　　　□ 산아래　　　　□ 평지

4 화재경위

　① 구분
　　□ 입산자 실화 ──→ | □ 담뱃불　□ 모닥불　□ 취사행위　□ 기타 |
　　□ 논 · 밭두렁으로부터 확대　　□ 쓰레기 소각장에서 확대　　□ 성묘객으로부터 화재
　　□ 건물로부터 확대　　　　　　□ 자동차로부터 확대　　　　□ 축사, 비닐하우스로부터 확대
　　□ 군 · 경사격장으로부터 확대　□ 기타　　　　　　　　　□ 미상
　② 발생개요
　　_____

5 피해사항

　① 산림피해면적 |＿|＿|＿|, |＿|＿|＿|m²　　　② 건물 |＿|＿|＿|동
　③ 기타 |＿|＿|＿|

6 발견(신고) 사항 □ 미상
① 일시 |　|　|　|　|, |　|　|, |　|　| |　|　|, |　|　|
　　　　　　　년　　　　월　　　일　　　시　　　분
② 인적사항 성명 |　　　　　| 연령 |　　　　|세 성별 □ 남 □ 여

7 참고사항

_____

_____

_____

．．．．．．．．．．．．．．．．．．．〈작성 방법〉．．．．．．．．．．．．．．．．．．．

□ 구분

① 산불 : 산불화재 시 소유 주체에 따라 국유림, 공유림, 사유림으로 구분한다.

② 들불 : 들불화재 시 숲, 들판, 논밭두렁, 과수원, 목초지, 묘지, 군사격장, 기타 등으로 구분한다.

□ 방·실화자 : 임야화재를 일으킨 방화자 또는 실화자의 인적사항을 기재한다(알 수 있는 경우에만 기재).

□ 피해사항 : 산림피해면적은 m^2로 산정한다.

3 화재피해조사서 〔2022년 기사〕

(1) 인명피해 〔2020년 기사〕

□ 수정　　연번 |　|　|　|　|

1 사상자 □ 소방공무원 □ 외국인(국가) |　　　|
　① 인적사항 성명 |　　　| 연령 |　|　|　|세 성별 □ 남 □ 여
　② 주소 |　　| |　　| |　　| |　　| |　　　　　　　|
　　　　　 시·도　 시·군·구　 읍·면·동　 번지　 대상명(APT 0동 000호)

2 사상 정도 □ 사망 □ 중상 □ 경상

③ 사상 시 위치 · 행동

① 발화층 └──────────┘

(건축구조물, 위험물 · 가스제조소 등 화재 시 □ 지상 □ 지하 └──┴──┘층)

② 사상위치 └──────────┘

(건축구조물, 위험물 · 가스제조소 등 화재 시 □ 지상 □ 지하 └──┴──┘층)

③ 사상 시 행동 □ 피난 중   □ 구조요청 중   □ 화재진압 중   □ 화재현장 재진입
　　　　　　　 □ 행동불가능 □ 비이성적 행동 □ 기타   □ 미상

---

④ 사상원인

　　□ 연기 · 유독가스 흡입 □ 연기, 유독가스 흡입 및 화상 □ 화상 □ 넘어지거나 미끄러짐
　　□ 건물붕괴 □ 피난 중 뛰어내림 □ 갇힘 □ 복합원인 □ 기타 □ 미상

---

⑤ 사상 전 상태(★ 복수선택 가능)

① 인적
　□ 수면 중   □ 음주상태
　□ 약물복용상태   □ 정신장애
　□ 지체장애   □ 관리자부재
　□ 해당 없음

② 물적
　□ 출구잠김   □ 출구장애물
　□ 출구위치 미인지 □ 연기(화염)로 피난불가
　□ 출구 혼잡   □ 방범창(문)
　□ 차량충돌, 전복 □ 기타 □ 미상

---

⑥ 사상부위 및 외상

① 인적
　□ 머리   □ 목과 어깨
　□ 가슴   □ 복부
　□ 척추   □ 팔
　□ 다리   □ 다수 부위
　□ 내과계   □ 얼굴
　□ 기타   □ 미상

② 외상
　□ 찰과상   □ 열상
　□ 타박상   □ 염좌
　□ 탈구   □ 골절
　□ 기타   □ 미상

③ 화상 정도
　□ 1도 화상
　□ 2도 화상
　□ 3도 화상
　□ 기도 화상

---

⑦ 사상자(취약) 정보   ① 연령별 □ 유아 □ 어린이 □ 노인(◯ 독거노인)

② 장애여부
　□ 신장   □ 지적
　□ 자폐성 □ 정신
　□ 치매   □ 뇌병변
　□ 지체   □ 청각
　□ 시각   □ 호흡기
　□ 기타

③ 사상자 조치사항
　□ 기도개방   □ 기도삽관
　□ 호흡조절   □ 출혈조절
　□ 화상치료   □ 심폐소생술
　□ 충격방지   □ 제세동기(AED) 사용
　□ 약물치료   □ 산소공급
　□ 척추고정   □ 흡입조치 □ 기타

④ 사상자 발견위치
　□ 침대   □ 방안
　□ 방문앞 □ 현관앞
　□ 복도   □ 옥상
　□ 옥외   □ 비상계단
　□ 추락   □ 기타

〈작성 방법〉

① 사상자   □ 소방공무원

① 인적사항 성명 └──────┘   연령 └──┴──┘세   성별 □ 남 □ 여

② 주소 └────┘ └────┘ └────┘ └────┘ └──────────┘
　　　　시 · 도   시 · 군 · 구   읍 · 면 · 동   번지   대상명(APT 0동 000호)

☐ 사상자
- 다수 인명피해 발생 시 당해 사건의 사상자 수에 따른 일련번호 순번을 기재한다.
- 소방공무원이 소방활동 중 사상을 당한 경우에도 기재한다.

② 사상 정도	☐ 사망	☐ 중상	☐ 경상

☐ **사상 정도** : 화재로 인한 사망, 중상, 경상 환자로 구분하여 체크한다.
- **사망** : 화재현장에서 사망한 자 또는 화재현장에서 부상을 당한 후 <u>72시간 이내에 사망했을 경우</u> 사망으로 본다.
- **중상** : <u>3주 이상</u>의 입원치료를 필요로 하는 부상을 말한다.
- **경상** : 중상 이외(입원치료를 필요로 하지 않는 것도 포함)의 부상을 말한다.

```
③ 사 상 시 위치 · 행동
  ① 발화층    [                    ]
     (건축구조물, 위험물 · 가스제조소 등 화재 시  ☐ 지상  ☐ 지하  └┴┴┘층)
  ② 사상위치   [                    ]
     (건축구조물, 위험물 · 가스제조소 등 화재 시  ☐ 지상  ☐ 지하  └┴┴┘층)
  ③ 사 상 시 행동  ☐ 피난 중   ☐ 구조요청 중   ☐ 화재진압 중   ☐ 화재현장 재진입
                   ☐ 행동불가능  ☐ 비이성적 행동  ☐ 기타      ☐ 미상
```

☐ **사상 시 위치 · 행동** : 건축물과 위험물제조소 등의 화재에 한하여 사상자가 사고를 당할 당시 위치와 행동을 기재한다.
① **발화층** : 화재가 최초 발생한 층수와 위치를 기재한다.
② **사상위치** : 사상자가 위치한 층수와 지점을 체크하고 옆 칸에 구체적인 지점을 간단하게 기술한다.
③ **사상 시 행동** : 화재 당시 사상원인에 기여한 사상자의 행동을 체크한다.

```
④ 사상원인
  ☐ 연기 · 유독가스 흡입  ☐ 연기, 유독가스 흡입 및 화상  ☐ 화상  ☐ 넘어지거나 미끄러짐
  ☐ 건물붕괴  ☐ 피난 중 뛰어내림   ☐ 갇힘   ☐ 복합원인   ☐ 기타  ☐ 미상
```

☐ **사상원인** : 사상자가 사상을 당하게 된 직접적인 원인 중에서 해당사항을 체크한다.

04

화재조사보고 및 피해평가

---

5 사상 전 상태(★ 복수선택 가능)

① 인적
- ☐ 수면 중
- ☐ 약물복용상태
- ☐ 지체장애
- ☐ 해당 없음
- ☐ 음주상태
- ☐ 정신장애
- ☐ 관리자부재

② 물적
- ☐ 출구잠김
- ☐ 출구위치 미인지
- ☐ 출구 혼잡
- ☐ 차량충돌, 전복
- ☐ 출구장애물
- ☐ 연기(화염)로 피난불가
- ☐ 방범창(문)
- ☐ 기타 ☐ 미상

☐ 사상 전 상태

① 인적 : 사상을 당하기 전의 사상자의 육체적 · 정신적 상태를 나타낸다.

② 물적 : 출구상태 및 화재, 사고 시의 상황 등 사상을 당하게 된 물적 요인을 체크한다.

---

6 사상부위 및 외상

① 인적
- ☐ 머리   ☐ 목과 어깨
- ☐ 가슴   ☐ 복부
- ☐ 척추   ☐ 팔
- ☐ 다리   ☐ 다수 부위
- ☐ 내과계 ☐ 얼굴
- ☐ 기타   ☐ 미상

② 외상
- ☐ 찰과상 ☐ 열상
- ☐ 타박상 ☐ 염좌
- ☐ 탈구   ☐ 골절
- ☐ 기타   ☐ 미상

③ 화상 정도
- ☐ 1도 화상
- ☐ 2도 화상
- ☐ 3도 화상
- ☐ 기도 화상

☐ 사상부위 및 외상

① 인적 : 사상부위를 나타낸다.

② 외상 : 외상상태를 나타낸다.

③ 화상 정도
- 1도 화상(표피 화상) : 피부 표피층에 화상을 입은 경우를 말한다.
- 2도 화상(부분층 화상) : 피부 표피층이 완전히 손상되고 내피층까지 손상을 입은 경우를 말한다.
- 3도 화상(전층 화상) : 모든 피부층은 물론 피하지방과 근육층까지 손상된 심한 화상을 말한다.
- 기도 화상(호흡기 화상) : 연기 흡입 또는 화염의 열기가 호흡기를 손상시켜 기도부가 손상된 화상을 말한다.

(2) 재산피해 〔2018년 기사〕

대상명 :

① 건물 피해산정

신축단가×소실면적×[1-(0.8×경과연수/내용연수)]×손해율 　　　　　　　　□ 수정

구 분	용 도	구 조	소실면적 (m^2)	신축단가 (m^2당, 원)	경과 연수	내용 연수	잔가율(%)	손해율(%)	피해액 (천원)
건물	용도 1								
	용도 2								
	※ 산출과정을 서술								

② 부대설비 피해산정

단위당 표준단가×피해단위×[1-(0.8×경과연수/내용연수)]×손해율

또는 신축단가×소실면적×설비종류별 재설비 비율×[1-(0.8×경과연수/내용연수)]×손해율

구 분	설비 종류	소실면적 또는 소실단위	단 가 (단위당, 원)	재설비비	경과 연수	내용 연수	잔가율(%)	손해율(%)	피해액 (천원)
부대 설비	설비 1								
	설비 2								
	※ 산출과정을 서술								

③ 영업시설 피해산정

m^2당 표준단가×소실면적×[1-(0.9×경과연수/내용연수)]×손해율

구 분	업 종	소실면적 (m^2)	단 가 (m^2당, 원)	재시설비	경과 연수	내용 연수	잔가율(%)	손해율(%)	피해액 (천원)
영업 시설	※ 산출과정을 서술								

④ 가재도구 피해산정

재구입비×[1-(0.8×경과연수/내용연수)]×손해율

구 분	품 명	규격 · 형식	재구입비	수 량	경과 연수	내용 연수	잔가율(%)	손해율(%)	피해액 (천원)
가재 도구	품명 1								
	품명 2								
	※ 산출과정을 서술								

04

화재조사보고 및 피해평가

5 집기비품 피해산정

m²당 표준단가×소실면적×[1−(0.9×경과연수/내용연수)]×손해율,

또는 재구입비×[1−(0.9×경과연수/내용연수)]×손해율

구 분	품 명	규격·형식	재구입비	수 량	경과 연수	내용 연수	잔가율(%)	손해율(%)	피해액 (천원)
집기 비품	품명 1								
	품명 2								
	※ 산출과정을 서술								

6 가재도구 간이평가 피해산정

[(주택종류별·상태별 기준액×가중치)+(주택면적별 기준액×가중치)+(거주인원별 기준액×가중치)+(주택가격(m²당)별 기준액×가중치)]×손해율

구 분	주택종류		주택면적		거주인원		주택가격(m²당)		손해율(%)	피해액 (천원)
	기준액 (천원)	가중치	기준액 (천원)	가중치	기준액 (천원)	가중치	기준액 (천원)	가중치		
가재 도구		10%		30%		20%		40%		
	※ 산출과정을 서술									

7 기타 피해산정(기타 물품별 피해산정 방식을 적용)

구 분	품 명	규격·형식	단 가 (단위당, 원)	재구입비	수 량	경과 연수	내용 연수	잔가율 (%)	손해율 (%)	피해액 (천원)
기타	품명 1									
	품명 2									
	※ 산출과정을 서술									

8 잔존물 제거비

잔존물 제거	산정대상 피해액	원 (항목별 대상피해액 합산과정 서술)	잔존물 제거비용 (산정대상피해액×10%)	원

9 총 피해액

구 분	부동산	원	총 피해액	원
	동산	원		

※ 별첨 : 산정근거로 활용한 회계장부 등 관계서류

4 방화 · 방화의심조사서 〈2014년 기사〉〈2014년 산업기사〉〈2018년 산업기사〉〈2019년 기사〉〈2019년 산업기사〉〈2020년 산업기사〉〈2021년 기사〉〈2022년 기사〉

□ 수정

① 구 분 □ 방화 □ 방화의심 (추정)

② 방화동기

□ 단순 우발적 □ 불만해소 □ 가정불화 □ 정신이상 □ 싸움
□ 비관자살 □ 보험사기 □ 보복(손해목적) □ 범죄은폐 □ 사회적 반감
□ 채권채무 □ 시위 □ 기타 □ 미상

③ 방화도구

① 연료 □ 인화성 액체 □ 가연성 가스 □ 점화가능 고체 □ 일반가연물
　　　　□ 폭약 □ 기타 □ 미상
② 용기 □ 유리병 □ 플라스틱병 □ 컵 □ 압력용기 □ 캔
　　　　□ 유류통 □ 박스 □ 기타 □ 미상
③ 점화장치 □ 심지 □ 촛불 □ 담배 □ 전기부품
　　　　　□ 기계장치 □ 리모콘 □ 화학약품 □ 성냥 · 라이터
　　　　　□ 시한 · 지연장치 □ 기타 □ 미상

④ 방화의심 사유

□ 외부침입 흔적 존재 □ 유류사용 흔적 □ 범죄은폐
□ 거액의 보험 가입 □ 2지점 이상의 발화점 □ 연소현상 특이(급격 연소)
□ 기타

⑤ 도착 시 초기상황

① 화재상황 □ 화재초기 □ 성장기 □ 최성기 □ 말기
② 초기정보 □ 창문이 열려 있음 □ 창문이 잠겨 있음 □ 현관문이 열려 있음
　　　　　□ 현관문이 잠겨 있음 □ 소방서 강제 진입 □ 소방서 도착 전 강제진입 흔적
　　　　　□ 보안시스템 작동 □ 보안시스템 미작동 □ 기타

⑥ 방화연료 및 용기 □ 현장주변에서 획득 □ 현장에서 획득 □ 미확인

⑦ 방화자 □ 미상

① 인적사항 성명 |＿＿＿＿＿| 연령 |＿|＿|＿|세 성별 □ 남 □ 여
② 주소 |＿＿＿| |＿＿＿| |＿＿＿| |＿＿＿| |＿＿＿＿＿＿＿|
　　　　시 · 도　　시 · 군 · 구　　읍 · 면 · 동　　번지　　대상명(APT 0동000호)

⑧ 참고사항

＿＿＿＿＿＿＿＿＿＿＿＿＿＿＿＿＿＿＿＿＿＿＿＿＿＿＿＿＿＿＿＿＿＿
＿＿＿＿＿＿＿＿＿＿＿＿＿＿＿＿＿＿＿＿＿＿＿＿＿＿＿＿＿＿＿＿＿＿
＿＿＿＿＿＿＿＿＿＿＿＿＿＿＿＿＿＿＿＿＿＿＿＿＿＿＿＿＿＿＿＿＿＿

04

화재조사보고 및 피해평가

─────────────〈작성 방법〉─────────────

┌───┐
│ ① 구 분   □ 방화   □ 방화의심 (추정)   │
└───┘

□ 구분
  • 방화 : 방화범 검거, 방화의 증거확보 및 방화를 뒷받침할 만한 목격자 등의 진술이 확보된 경우이다.
  • 방화의심 : 화재를 조사한 후 방화와 관련된 증거는 확보하지 못했으나 방화를 제외한 원인이 존재하지 않으며 정황으로 보아 방화가 의심되는 경우는 이를 종합적으로 판단하여 방화의심으로 구분한다.

┌───┐
│ ② 방화동기   │
│   □ 단순 우발적   □ 불만해소   □ 가정불화   □ 정신이상   □ 싸움   │
│   □ 비관자살   □ 보험사기   □ 보복(손해목적) □ 범죄은폐   □ 사회적 반감 │
│   □ 채권채무   □ 시위   □ 기타   □ 미상   │
└───┘

□ 방화동기 : 방화동기를 가장 잘 나타내고 있는 항목을 하나 선택하여 체크한다.

┌───┐
│ ③ 방화도구   │
│   ① 연료   □ 인화성 액체   □ 가연성 가스   □ 점화가능 고체   □ 일반가연물   │
│   □ 폭약   □ 기타   □ 미상   │
│   ② 용기   □ 유리병   □ 플라스틱병   □ 컵   □ 압력용기 □ 캔 │
│   □ 유류통   □ 박스   □ 기타   □ 미상   │
│   ③ 점화장치 □ 심지   □ 촛불   □ 담배   □ 전기부품   │
│   □ 기계장치   □ 리모콘   □ 화학약품   □ 성냥 · 라이터   │
│   □ 시한 · 지연장치 □ 기타   □ 미상   │
└───┘

□ 방화도구
  ① 연료 : 방화 시에 사용한 방화연료를 말하며, 현장에서 유증기를 채취하였을 경우 유류분석 결과에 의해서 체크한다.
  ② 용기 : 방화를 위한 연료를 운반하기 위해 사용한 용기를 말한다.
  ③ 점화장치 : 방화 시 점화를 위하여 사용한 점화장치를 나타낸다.

┌───┐
│ ④ 방화의심 사유   │
│   □ 외부침입 흔적 존재   □ 유류사용 흔적   □ 범죄은폐   │
│   □ 거액의 보험 가입   □ 2지점 이상의 발화점   □ 연소현상 특이(급격 연소) │
│   □ 기타   │
└───┘

□ 방화의심 사유 : 방화로 의심되는 화재의 경우에는 의심사유에 체크한다.

---

5 **도착 시 초기상황**

① **화재상황** □ 화재초기 □ 성장기 □ 최성기 □ 말기
② **초기정보** □ 창문이 열려 있음 □ 창문이 잠겨 있음 □ 현관문이 열려 있음
 □ 현관문이 잠겨 있음 □ 소방서 강제 진입 □ 소방서 도착 전 강제진입 흔적
 □ 보안시스템 작동 □ 보안시스템 미작동 □ 기타

□ 도착 시 초기상황

① 화재상황 : 화재현장에 도착했을 당시의 화재상황을 화재단계로 구분하여 체크한다.

② 초기정보 : 출동대가 화재현장에 도착했을 당시의 현장 정보를 체크한다(복수체크 가능).

---

6 **방화연료 및 용기** □ 현장주변에서 획득 □ 현장에서 획득 □ 미확인

□ 방화연료 및 용기 : 방화에 사용한 방화연료 및 용기 등 방화 증거물의 확보 장소를 나타낸다.

---

7 **방화자** □ 미상

① **인적사항** 성명 [_____] 연령 [___|___|___]세 성별 □ 남 □ 여
② **주소** [_____] [_____] [_____] [_____] [_____]
 시·도 시·군·구 읍·면·동 번지 대상명(APT 0동000호)

□ 방화자 : 방화자의 인적사항이 확보된 경우에 기재하며, 인적사항을 알 수 없을 시는 미상에 체크한다.

① 인적사항 : 방화/방화의심자의 성명·연령·성별 등을 기재한다.

② 주소 : 방화자/방화의심자의 주소를 기재한다.

바로바로 확인문제

방화조사서에 체크하는 방화도구로서 점화장치에 해당하지 않는 것은?

① 심지 ② 촛불
③ 리모컨 ④ 과부하

해설 과부하는 점화장치에 해당하지 않는다.

답 ④

5 소방시설 등 활용조사서 2014년기사 2016년기사 2017년기사 2017년산업기사 2018년기사 2018년산업기사 2019년기사 2021년기사

☐ 수정

☐ 1 소화시설

① ☐ 소화기구
- ☐ 사용   ☐ 미사용   ➔
- ☐ 미상
  - ☐ 소화약제 미충전   ☐ 소화약제 부족   ☐ 고장
  - ☐ 사용법 미숙지   ☐ 노후   ☐ 기타
- 종류 ☐☐☐☐☐ ☐☐☐☐☐☐☐

② ☐ 옥내소화전
- ☐ 사용   ☐ 미사용/효과미비   ➔
- ☐ 미상
  - ☐ 전원차단   ☐ 방수압력 미달   ☐ 기구 미비치
  - ☐ 설비불량   ☐ 사용법 미숙지   ☐ 기타

③ ☐ 스프링클러설비, 간이스프링클러, 물분무 등 소화설비
- 작동 및 효과성   ☐ 효과적 작동   ☐ 소규모 화재로 미작동
  - ☐ 미작동 또는 효과 없음   ☐ 미상
- 종류 ☐☐☐☐☐ ☐☐☐☐☐☐☐

④ ☐ 옥외소화전
- ☐ 사용   ☐ 미사용/효과미비   ➔
- ☐ 미상
  - ☐ 전원차단   ☐ 방수압력 미달   ☐ 기구 미비치
  - ☐ 설비불량   ☐ 사용법 미숙지   ☐ 기타

☐ 2 경보설비

① ☐ 비상경보설비 소화기구
- ☐ 경보   ☐ 미경보   ➔
- ☐ 미상
  - ☐ 수신기 전원차단   ☐ 음향장치 고장
  - ☐ 발신기누름버튼 고장   ☐ 사용법 미숙지
  - ☐ 기타

② ☐ 비상방송설비
- ☐ 방송   ☐ 미방송   ➔
- ☐ 미상
  - ☐ 전원차단   ☐ 음향장치 고장
  - ☐ 기타

③ ☐ 누전경보기
- ☐ 작동   ☐ 미작동   ☐ 미상

④ ☐ 자동화재탐지설비
- ☐ 작동   ➔
  - ☐ 거주자 대응   ☐ 거주자 대응 실패
  - ☐ 거주자 없음   ☐ 미상
- ☐ 미작동   ➔
  - ☐ 수신기 고장   ☐ 전원차단
  - ☐ 설비불량   ☐ 회로불량
  - ☐ 감지기불량   ☐ 기타   ☐ 미상
- ☐ 소규모화재로 미작동
- ☐ 감지기 종류 ☐☐☐☐☐ ☐☐☐☐☐☐☐

⑤ ☐ 단독경보형 감지기
- ☐ 작동   ☐ 미작동   ➔
  - ☐ 건전지 방전   ☐ 건전지 없음
  - ☐ 전원차단   ☐ 기타

⑥ ☐ 가스누설경보기
- ☐ 경보   ☐ 미경보   ➔
  - ☐ 전원차단   ☐ 기기불량   ☐ 기타
- ☐ 미상

③ 피난설비

① ☐ 피난기구
- ☐ 사용 ☐ 미상 ☐ 미사용 → ☐ 거치대 미비 ☐ 사용법 미숙지
  ☐ 탈출공간 미확보 ☐ 기타
- ☐ 사용 필요 없음
- 종류 ☐ 피난사다리 ☐ 완강기(간이완강기 포함) ☐ 구조대, 공기안전매트 ☐ 피난밧줄

② ☐ 유도등
- ☐ 작동 ☐ 미작동 → ☐ 전원차단 ☐ 전구불량
  ☐ 충전지불량 ☐ 기타
- ☐ 미상
- 종류 |　|　|　|　|　|　|　|　|　|　|

③ ☐ 비상조명등
- ☐ 작동 ☐ 미작동 → ☐ 전원차단 ☐ 전구불량
  ☐ 기타
- ☐ 미상

④ 소화용수설비

① ☐ 사용 ☐ 미사용 ☐ 미상 ② 종류 ☐ 소화전 ☐ 소화수조 / 저수조 ☐ 급수탑

⑤ 소화활동설비

① ☐ 제연설비
- 작동 및 효과성 ☐ 작동 ☐ 작동하였으나 효과 없음 |　|　|　|　|　|　|　|　|
  ☐ 소규모 화재로 미작동 ☐ 미작동 |　|　|　|　|　|　|　|　|　| ☐ 미상

② ☐ 연결송수관설비
- ☐ 사용 ☐ 미사용 → ☐ 송수구불량 ☐ 배관불량
  ☐ 사용 필요없음 ☐ 미상 ☐ 시설노후 ☐ 기타

③ ☐ 연결살수설비
- ☐ 사용 ☐ 미사용 → ☐ 송수구불량 ☐ 헤드불량 ☐ 배관불량
  ☐ 사용 필요없음 ☐ 미상 ☐ 시설노후 ☐ 기타

④ ☐ 비상콘센트설비
- ☐ 사용 ☐ 미사용 → ☐ 콘센트불량 ☐ 배선불량
  ☐ 사용 필요없음 ☐ 미상 ☐ 시설노후 ☐ 기타

⑤ ☐ 무선통신보조설비
⑥ ☐ 연소방지설비

⑥ 초기소화활동 ☐ 해당 없음

☐ 소화기 사용 ☐ 옥내 · 옥외소화전 사용 ☐ 피난방송 및 대피유도 ☐ 양동이, 모래 사용 ☐ 기타 ☐ 미상

⑦ 방화설비

① ☐ 방화셔터 ☐ 작동(닫힘) ☐ 미작동(열림) |　|　|　|　|　| ☐ 미상
② ☐ 방화문 ☐ 정상 ☐ 비정상 |　|　|　|　|　| ☐ 미상
③ ☐ 방화구획

⑧ 참고사항

_____

_____

04

화재조사보고 및 피해평가

·· 〈작성 방법〉 ··

□ **소화시설** : 소화기구, 옥내소화전, 스프링클러설비, 간이스프링클러설비, 물분무 등 소화설비, 옥외소화전설비의 사용여부에 대해 해당 칸에 체크한다.

□ **경보설비** : 비상경보설비, 비상방송설비, 누전경보기, 자동화재탐지설비, 단독경보형 감지기, 가스누설경보기의 작동여부를 해당 칸에 체크한다.

□ **피난설비** : 피난기구, 유도등, 비상조명등의 사용여부 및 작동상태 등을 확인 후 해당 칸에 체크한다.

□ **소화용수설비** : 소화전, 저수조, 급수탑의 사용여부 및 종류를 체크한다.

□ **소화활동설비** : 제연설비, 연결송수관설비, 연결살수설비, 비상콘센트설비, 무선통신보조설비, 연소방지설비의 해당 칸에 체크한다.

□ **초기소화활동** : 화재초기의 관계자 소방활동 사항을 기재하는 난으로 소화기, 옥내 · 옥외소화전을 이용한 소화활동, 피난방송 및 대피유도활동 유무를 조사하여 체크한다.

□ **방화설비** : 방화셔터, 방화문, 방화구획 등의 작동상태 및 구획여부 등에 대해 해당 칸에 체크한다.

03 화재현장조사서

화재현장조사서(작성 서식)

1. 화재발생 개요
○ 일시 : 20 . 00. 00. 00 : 00분경(완진 00 : 00)
○ 장소 :
○ 대상물구조 :
○ 인명피해 : 명(사망 , 부상) ※ 인명구조 명
○ 재산피해 : 천원(부동산 , 동산)

2. 화재조사 개요
○ 조사일시 : ~ (회)
○ 조사자 : 외 0명
○ 화재원인
 〈개 요〉

3. 동원인력
○ 인원 :　　명(소방　, 경찰　, 전기　, 가스　, 보험　, 기타　)
○ 장비 :　　대(펌프　, 탱크　, 화학　, 고가　, 구조　, 구급　, 기타　)

4. 화재건물 현황 (2017년 기사) (2018년 기사) (2019년 기사) (2021년 기사)
○ 건축물 현황　○ 보험가입 현황　○ 소방시설 및 위험물 현황　○ 화재발생 전 상황

5. 화재현장 활동상황 (2018년 산업기사)
○ 신고 및 초기조치(필요시 시간대별 조치사항 및 녹취록 작성)
○ 화재진압 활동(필요시 화재진압작전도 작성)
○ 인명구조 활동(필요시 인명구조 활동내역 작성)

6. 현장관찰
○ 건물 위치도　○ 건물 배치도　○ 건물 외부상황(사진)　○ 건물 내부상황(사진)

7. 발화지점 판정
○ 관계자 진술　○ 발화지점 및 연소확대 경로

8. 화재원인 검토 (2013년 기사) (2015년 산업기사) (2017년 기사) (2017년 산업기사) (2018년 기사) (2020년 기사)
○ 방화 가능성(연소상황, 원인추적 등에 관한 사진, 설명)　○ 전기적 요인　○ 기계적 요인
○ 가스누출　○ 인적 부주의 등　○ 연소확대 사유

9. 화재감식 · 감정결과
○ 조사 결과

10. 결론
○ 현장조사 결과 : 발화요인, 발화열원, 최초착화물, 발화관련기기, 연소확대물, 연소확대사유 등 작성

11. 문제점 및 대책
○

12. 기타
○

1 화재현장조사서 작성목적

① 발화원인, 연소확대원인, 사상자 발생원인 등을 조사하여 <u>유사화재 예방</u> 및 <u>소방행정에 반영</u>하기 위함이다.
② 연소상황 및 관계자의 진술 등을 바탕으로 <u>사실관계의 규명</u>을 기록하기 위함이다.
③ 현장 발굴작업 및 복원작업 상황 등 증거 보존자료를 확보하고 명확하게 하기 위함이다.

바로바로 **확인문제**

화재현장조사서의 작성목적으로 가장 올바른 것은?
① 수사기관의 자료작성에 도움을 주기 위해
② 연소상황 및 관계자의 진술 등을 바탕으로 사실관계를 기록하기 위해
③ 과실여부에 따라 관계자를 처벌하기 위해
④ 증거물을 확보하여 감정을 하기 위해

해설 화재현장조사서의 작성목적은 연소상황 및 관계자의 진술 등을 바탕으로 사실관계를 기록하고 발화원인, 연소확대원인, 사상자발생원인 등을 조사하여 유사화재 예방 및 소방행정에 반영하기 위함이다.

답 ②

2 화재현장조사서 작성 유의사항 암기

2013년 산업기사 / 2015년 기사 / 2015년 산업기사 / 2018년 기사 / 2019년 산업기사 / 2020년 기사 / 2021년 기사

(1) 내용이 누락되지 않도록 작성할 것

작성 서식에 따라 조사 가능한 모든 내용이 포함될 수 있도록 하여야 하며 <u>누락이 없도록</u> 한다. 조사 개시시간 및 종료시간과 조사 횟수 등이 빠지지 않도록 하고 관계자 등 입회인의 인적사항까지 기재해 둘 필요가 있다.

(2) 관찰·확인된 사실을 기재할 것

확인된 사실에 바탕을 두고 <u>객관적으로 작성</u>하여야 한다. 주관적인 판단이나 조사자가 의도하는 결론으로 유도하는 듯한 방법으로 작성하지 말아야 한다.

(3) 관계자의 입회와 진술을 기재할 것

<u>공정성과 중립성을 유지</u>하기 위해 관계자 등 입회인을 두어 화재발생 전 상황과 실태를 청취하여 파악한 내용을 기재하도록 한다.

(4) 발굴 및 복원단계의 조사내용을 기술할 것

발굴 및 복원과정에서 나타나거나 확인된 사항을 통해 가능한 발화원과 배제되어야 할 사실을 빠짐없이 기록하여야 한다.

(5) 간단, 명료하게 서술할 것

연소의 강약과 방향, 소손된 건물의 상태 등을 평이한 표현으로 <u>간단, 명료하게</u> 계통적으로 나타내어야 한다. 추상적인 표현이나 문맥이 불확실한 애매한 표현과 과대한 표현 등은 피하여야 한다.

(6) 원인판정에 이르게 된 논리구성과 각 조사서에 기재된 사실을 취급할 것

원인판정에 이르는 논리구성은 원칙적으로 소손상황을 객관적으로 기재한 화재현장조사서의 사실을 주체로 하며 화재현장출동보고서 및 질문조사서의 진술사항 등은 보완자

료로 활용하여 결론을 이끌어내야 한다. 특히 앞·뒤 사실관계를 분명하게 하여 검토과정에서 배제된 원인조사 내용에 대해 반증을 열거해 가며 기술하도록 한다.

(7) 인용방법 및 인용자료를 언급할 것

최초 목격자 및 관계자 등으로부터 확보한 목격담과 진술은 직접 인용법을 사용하여 원문의 표현이 적절하게 표현되도록 한다. 신고자 ○○○에 의하면 "큰소리에 놀라 잠에서 깨어보니 골목에서 불길이 치솟고 있었다."라는 직접 인용법은 사실이 왜곡될 우려가 적고 원문에 가장 가깝게 표현된 수단이라고 할 수 있다. 한편 인용자료는 발화원인 등의 입증이 불충분할 경우 보충적 실험자료나 관련 문헌의 내용을 첨가하여 기술적으로 뒷받침해 주도록 한다.

■3 화재현장조사서 작성요령 암기

(1) 서류형식상 필요한 사항
① 화재현장조사서 작성일 : 화재현장조사서의 작성일은 화재가 발생한 <u>당일</u> 또는 <u>현장조사 직후 작성</u>한다.
② 작성자 : 화재조사에 참여하고 작성한 담당자의 이름을 기재한다.
③ 현장조사 일시 : 현장조사의 개시와 종료의 연·월·일과 시간을 기재한다. 현장조사는 수일에 걸쳐 실시하는 경우도 있으므로 그때마다 화재현장조사서를 작성하여야 한다.
④ 관계자 입회 : 화재로 구조물이 붕괴된 경우 화재발생 전 구조를 알기 어렵고 내부의 수납물의 배열상태 등을 파악할 수 없으므로 관계자의 입회하에 조사를 실시하여 사실 확인 및 공정성을 확보하여야 한다.

(2) 현장조사결과 소손상황의 기록방법
① <u>발굴순서에 따라</u> 기재할 것
② 연소확대된 <u>방향성을 알 수 있도록</u> 기록할 것
③ 훈소흔적, 전기적 단락흔, 유류의 사용흔적 등 특이 사실은 <u>누락되지 않도록</u> 작성할 것
④ 발화원과 연소매개체인 가연물과 착화가능성, <u>소손된 상황 등을 구체적으로</u> 기재할 것
⑤ 발화지점 및 연소확대된 구역 등에 대해 확인한 <u>위치와 방향, 대상 등을 명확하게</u> 할 것
⑥ 사진과 도면은 조사 보충자료로 활용할 것
⑦ 물리적 증거는 발견된 위치와 크기, 소손상태 등을 기록하여 증거유지가 가능하도록 할 것

4 도면 작성요령 [암기] 2013년 기사 · 2014년 산업기사 · 2015년 산업기사 · 2016년 산업기사 · 2018년 산업기사 · 2019년 산업기사 · 2020년 기사 · 2023년 기사 · 2023년 산업기사

① 건물의 배치, 층별 평면도, 발화지점 평면도 등을 알기 쉽게 작성한다.
② 도면의 위치는 원칙적으로 북쪽을 위쪽으로 작성하고 방의 배치와 출입구, 개구부의 상황을 위주로 작성한다.
③ 사용금지 용어는 도면의 표제에 사용할 수 없다. 「발화건물」 평면도, 「발화지점」 평면도와 같은 표현은 삼가고 「A건물」 평면도, 「주방」 평면도 등으로 표현한다.
④ 방 배치가 복잡한 건물은 한 점을 기준점으로 정하고 사방으로 넓히면서 측정한다.
⑤ 너무 작거나 얇고 가늘어서 축척에 의한 표시가 어려운 것은 위치를 알 수 있도록 그려 넣은 후 품명 등을 기재해 둔다.
⑥ 축척을 무시하고 단순히 0평의 방이라고 기재한 도면은 자료의 가치성이 적으므로 현장조사에 기초하여 정확한 축척으로 작성하여야 한다(단위 : m^2).
⑦ 도면의 기호는 제도기호에서 사용되고 있는 표준화된 기호를 사용하고 필요하다면 문자를 병기하는 것이 좋다.

5 연소확대경로 파악

(1) 현장의 위치 및 부근 상황

① 현장위치는 부근의 목표가 될 만한 특징적인 건물, 역사 등을 기재하여 위치 파악이 용이하도록 한다. 주소나 건물 명칭으로 현장위치를 명확하게 알 수 있는 경우에는 생략이 가능하다.
② 부근의 상황은 주변의 지형이나 도로의 상황, 건축물의 밀집도나 노후도, 구조, 수리상황 등을 파악해 둔다.

(2) 현장상태

① 화재현장 전체를 관찰하여 소손 및 파손된 구역과 수손피해 지역 등을 구체적으로 기술한다.
② 다수의 건물이 연소된 경우에는 건물개요 또는 피해개요 등 일람표를 작성하여 활용할 수 있으며 발화건물과 발화지점 등 원인판정에 활용이 가능하게끔 연소 확대된 방향성을 알 수 있도록 소손상태를 작성한다.
③ 발화 당시의 풍향, 풍속 등 기상상황을 참고하여 화세의 강약을 판단하고 연소의 상승성으로 인해 형성된 V패턴의 존재, 탄화심도가 심하게 집중된 개소, 도괴와 박리가 타 개소보다 심하게 일어난 지점 등에 착안하여 연소경로를 작성한다.

6 발화지점 검토

(1) 발화지점 판정 절차

① 화재현장 출동 시 확인되었거나 조사된 상황 기록을 확인한다.

② 현장관찰 및 확인된 상황(관계자 및 최초목격자 진술 등)을 검토한다.

③ 연소확대된 방향성에 착안하여 발화범위를 확정한 후 한정된 지역의 발굴을 통해 발화지점을 명확히 한다.

(2) 발화지점의 판정

① 화재현장조사서 및 화재현장출동보고서와 주변 관계자로부터 확보한 질문기록서를 바탕으로 축소해 나간다.

② 논리적 고찰은 수집된 정보와 소손상황에 무리가 없으며 입증사실을 충분히 설명할 수 있도록 작성한다.

③ 발화지점을 한정시킬 수 없다면 연소된 구역에 존재하는 모든 발화원에 대해 검토를 하여야 한다.

> **바로바로 확인문제**
>
> **발화지점 판정 시 검토사항이다. 가장 거리가 먼 것은?**
> ① 발화지점은 너무 좁게 잡지 말고 여유로운 범위로 잡아 조사한다.
> ② 발화지점은 소손상황에 따라 천차만별이므로 세심한 관찰을 한다.
> ③ 연소확대된 방향성에 착안하여 발화범위를 확정한 후 발화지점을 좁혀 나간다.
> ④ 최초목격자의 진술은 배제시킨 상태로 발화지점을 검토한다.
>
> **해설** 발화지점 판정은 화재현장 출동 시 조사된 상황과 정보를 확인하고 본격 조사에 임하기 전에 현장관찰 및 확인된 상황(관계자 및 최초목격자의 진술 등)을 검토하도록 한다. **답** ④

7 화재원인 검토

(1) 화재원인 검토사항

발화원인은 단순히 발화열원만 특정하는 것이 아니라 다음 항목의 요소들을 모두 충족시킬 수 있어야 한다.

① 발화열원, 발화요인과 최초착화물

② 발화원으로부터 가연물로의 착화경과 및 연소과정

③ 발화에 이른 인적, 물적 요인

(2) 발화원인 작성방법

① 연역법에 의한 발화원인 판정

ㄱ 분석, 측정기기 등에 의한 <u>데이터 제시</u>

04

화재조사보고 및 피해평가

ⓛ 재현실험에 의한 입증

ⓒ 각종 문헌을 인용한 객관성 있는 해설

ⓔ 유사화재 사례 유무 확인

② 소거법에 의한 발화원인 판정

ⓐ 발화지점 안에 있는 열원을 전체적으로 열거한다.

ⓛ 각각의 발화원에 대하여 발화 가능성이 낮은 순으로 검토하여 배제시키는 방법에 의한다.

ⓒ 최종적으로 발화원을 특정하여 화재발생 요인과 발생경위 등을 병행하여 판정한다.

(3) 발화원인 판정 작성 시 유의사항

① 발화원의 입증은 사실 인정에 기초하여 작성한다.

② 반증에 대한 의문이 남지 않도록 논리와 구성이 합리적이어야 하며 기타 발화원을 부정하는 사실을 기재한다.

③ 비약적인 논리나 또는 막연한 추정을 피하고 증거물 등 근거에 입각하여 작성한다.

04 기타 서류 작성

1 화재현장출동보고서

(1) 작성목적

소방대가 소방활동 중에 관찰, 확인한 결과를 바탕으로 발화지점 및 화재원인 판정을 합리적으로 수립하기 위한 판단자료로 활용하는 데 있다.

(2) 작성자

119안전센터 등의 선임자는 화재현장출동보고서를 작성 · 입력하여야 한다.

(3) 기재사항

화재인지로부터 소화활동 종료시점까지 관찰하거나 확인된 사실을 기재한다. 작성 내용에는 현장에 있던 관계자로부터 확보한 정보를 포함하여 기재할 수 있다.

① 출동 도중의 관찰사항

ⓐ 출동 도중 불꽃이나 연기, 냄새, 이상한 소리, 폭발 등의 상황

ⓛ 출동로의 차단, 교통지체, 기타 현장도착 지연 사유

ⓒ 차량 부서의 위치

② 현장도착 시 관찰, 확인사항

　㉠ 하차 후 연기의 상황, 연소상황, 처마, 개구부로부터의 화염의 분출상황, 화세의 강약 확인

　㉡ 이상한 소리, 특이한 냄새, 폭발현상 등 특이한 현상과 확인한 위치

　㉢ 관계자 등의 부상, 복장상태, 행동 및 응답내용

　㉣ 건물의 출입문, 창문, 셔터 등의 개폐 및 잠금상태

③ 소화활동 중 상황

　㉠ 연소확대가 집중적으로 이루어지고 있는 상황과 대응

　㉡ 소화활동 중 주변 관계자의 증언 및 주변 사람들의 대화 내용

　㉢ 누설전류, 가스누설 유무, 밸브의 개폐상황, 기타 화재원인 판정에 필요한 사항

　㉣ 발화지점 부근의 물건의 이동과 도괴, 손괴상황

▌화재현장출동보고서▐　2018년 산업기사　2019년 기사　2020년 기사　2020년 산업기사

04
화재조사보고 및 피해평가

| 화재번호 | 년 2000 — 월 00 — 연번 0000 | 발생일시 : 　년　월　일　시　분　초　　　요일 |
| | | 출동시간 : 　시　분　초　　도착시간 : 　시　분　초 |

▣ 1 출동대원 및 응답자(○○ 안전센터)

① 출동대원 : (부)센터장 ○○○ 외 ○○명 … 선착대 지휘관 및 출동대원 기재

② 응 답 자 : (부)센터장 ○○○, 대원2 ○○○ … 상황에 대해서 진술한 대원 기재

③ 확 인 자 : 직위 _____　계급 _____　성명 _____　(서명)

▣ 2 현장도착 시 발견사항

(연기와 화염을 본 위치와 발생장소 등 전체적인 현장상황을 서술식으로 기재)

① 화염 및 연기	□ 화염만 발견	□ 연기만 발견	■ 화염과 연기 발견	□ 없음	
② 화염색	□ 붉은색	■ 주황색	□ 노란색	□ 파란색	□ 기타( )
③ 연기색	□ 검정색	□ 짙은 회색	■ 회색	□ 흰색	□ 기타( )
④ 화염의 크기	□ 작음(키높이 이하)	□ 보통임(키높이 이상)	■ 큼(건물 1층 정도)	□ 매우 큼(건물 1층 이상)	
⑤ 연기분출량	□ 적음(발화지점 주변)	■ 보통임(발화지점 시야 방해)	□ 많음(발화지점 식별 곤란)	□ 매우 많음(대상물 식별 곤란)	
⑥ 특이한 냄새	■ 있음	□ 없음			

(만약 있다면 냄새가 난 장소 또는 지점과 냄새를 비교하여 유사한 냄새를 자세히 기술)

_____

_____

3 도착하여 처음 실행한 일의 지점 및 유형

□ 화재진압   □ 환기   □ 구조   □ 구급   □ 안전장비의 설치   □ 기타(   )
(작업 실행내용을 자세히 기재)

개요 ⇒ 해당 항목에 대하여 건물의 어느 곳으로 진입하여 어느 부분에서 어떤 방법으로 어떠한 장비를 사용하고
어떤 식으로 작업을 하였으며, 그 밖의 상황을 자세히 기술
_____
_____

① 도착 시 가장 연소가 심했던 지점 : _____

② 화재의 연소 확대상황(외부와 내부 구분)   /   외부연소상황   □ 있음   □ 없음

예시) 외부 : 아파트 5층 거실 창문을 통하여 6층 베란다로 연소 확대 중이었음.

내부 : 작은 방에서 열려진 방문으로 불길이 천장을 통하여 거실로 연소 확대되던 상황임.

4 출입문상태 및 소방대 건물 진입방법

■ 개방됨   □ 강제 개방   □ 기타 다른 요소(출입문 없음, 파괴됨 등)

(진입지점, 출입문의 상태 및 개방여부, 출입문과 창문 등 개방 지점 및 방법·도구 등을 상세히 기술)

① 소방대의 건물 진입방법

예시) 출동 당시 아파트 현관문(방화문)이 잠긴 채 틈 사이로 검은 연기가 나오고 있었으며, 도끼를 이용하여
손잡이를 절단 후 문을 개방함.

예시) 출입문은 알루미늄 틀에 창문이 있는 구조로서 유리가 중간이 깨져있었고, 손잡이에 설치된 열쇠는 잠겨
있지 않은 상태로 손으로 당겨서 개방하였고 연기의 배출을 위해 작은 방 창문을 파괴함.

5 소방대 이외의 강제적인 진입흔적

□ 발견됨   ■ 발견되지 않음   □ 기타 요소(   )

예시) 출입문은 셔터와 강화유리로 된 구조로서, 열쇠가 잘린 채 셔터가 반쯤 열려있고, 강화유리문이 누군가
에 의해 파괴된 상태임.

예시) 출입문이 잠겨있어 손잡이 열쇠를 파괴하고 내부로 진입한바 거실 창문이 반쯤 열려있었고 방범창의 하
단이 잘려져 있던 상태임.

6 화재장소에서 사용된 장비

■ 자체설비사용   □ 소방장비사용   □ 모두 사용 ‖ 소방설비   □ 작동됨   □ 작동 안됨   □ 확인 못함

① 사용된 자체설비 :
② 사용된 소방장비 :
③ 도착 시 작동 중이던 소방설비 :

┌───┐
│ 7 출동로상의 발견사항   │
│ (진입도로, 교통상황, 정체사유 등 기재)   │
│   │
│   │
│   │
└───┘

┌───┐
│ 8 기타 화재와 관련된 사항   │
│   │
│   │
│   │
└───┘

┌───┐
│ 9 화재사진 및 동영상   │
│ 예시) 최초 도착 시 화재발생 사진 1부, 최초 도착 시 화재발생 동영상 1부 │
│   │
│   │
└───┘

※ 필요 시 진압작전도 및 발견사항 상세도 기입

(4) 화재현장출동보고서 작성 시 유의사항

① 문장형태는 현재진행형으로 작성 : 출동보고서는 직접 출동하여 화재 당시 확인된 사실에 입각하여 작성하는 것으로 그 당시를 연상시켜 <u>현재형</u>으로 표현하는 것이 가장 적절하다.

② 소방대원이 직접 관찰하고 확인한 위치를 기재 : 일반적으로 차량의 부서 위치를 포함하여 다방면에서 활동하다가 <u>확인된 사실을 중점적으로</u> 기술한다.

③ 도면이나 사진을 활용 : 화재현장이 완전연소되면 평면적으로 바닥면만 남는 경우도 있고 모든 방향을 일목요연하게 보고서로 설명하는 데에는 한계가 있으므로 도면이나 사진자료를 첨부하여 보고가치를 높일 필요가 있다.

바로바로 확인문제 ●

화재현장출동보고서의 작성목적으로 올바른 것은?

① 화재원인 판정의 자료로 하기 위하여
② 소방전술에 활용하기 위하여
③ 관계자의 진술을 확보하여 사실여부를 확인하기 위하여
④ 소방대의 출동인원을 파악하여 소방활동을 평가하기 위하여

해설 화재현장출동보고서는 소방대가 소방활동 중에 확인한 결과를 기록하여 화재원인 판정의 자료로 활용하는 데 있다. **답** ①

2 질문기록서

2016년 산업기사 / 2017년 산업기사 / 2018년 산업기사 / 2019년 기사 / 2019년 산업기사 / 2020년 산업기사 / 2021년 기사 / 2022년 기사 / 2023년 기사 / 2023년 산업기사

‖ 질문기록서 ‖

화재번호(20 -00)	20 . . 소 속 : ○○소방서(소방본부) 계급·성명 : ○○○(서명)
① 화재발생 일시 및 장소	년 월 일 시 ○○시 ○○구 ○○동 번지 ○○건물
② 질문일시	20 . . . : 부터 ~ 20 . . . : 까지
③ 질문장소	
④ 답변자	• 주소 : Tel : • 직업 : , 성명 : ○○○ (인)
⑤ 화재대상과의 관계	• 최초신고자, 초기소화자, 발견자, 건물관계자 등
⑥ 언제	• 시간은(시계로, 컴퓨터, TV로)
⑦ 어디서	• 위치(몇 층, 방 안에서…)
⑧ 무엇을 하고 있을 때	• 누구와, 무엇을 하고 있다가
⑨ 어떻게 해서 알게 되었는가?	• 소리(어떤), 냄새, 연기, 말(누구)
⑩ 그때 현상은 어떠했는가?	• 어디에서 보고, 어디의(부근의), 무엇이, 어떻게(불꽃의 높이, 범위, 연기색), 누구였던가, 또한 불타고 있지 않았다
⑪ 그래서 어떻게 했는가?	• 사람에게 알렸다(어디의 누구에게), 통보하였다(어디로, 전화로), 피난하였다(누구와, 무엇을 이용하여, 어떻게, 도중에 상황은), 소화하였다(어디의, 무엇을, 어떻게 하여, 어디로, 누가 있었는가, 연소는 어떠했는가), 그후 어떻게 하였다.
⑫ 기타 참고사항	• 이웃주민 ○○○씨가 창문에서 연기가 분출하는 것을 발견하고 창문 쪽에서 실내를 보니 장식장에서 불꽃이 발생하고 있었음.

※ 기타화재 중 쓰레기, 모닥불, 가로등, 전봇대화재 및 임야화재의 경우 질문기록서 작성을 생략할 수 있음.

(1) 작성목적
관계자 이외에는 알 수 없는 화재발생 전의 상황과 기구상태, 사용방법 등에 대해 정보를 확보하거나 최초 신고자 또는 목격자 등의 진술을 통해 <u>객관적인 조사자료를 확보</u>하기 위함이다.

> **!꼼꼼. check!** ▶ **화재현장출동보고서와 질문기록서의 차이** ◀
>
> 화재현장출동보고서는 현장에 직접 출동한 소방공무원이 작성하는 것인 반면, 질문기록서는 목격자나 관계자 등을 대상으로 작성한다는 점에 차이가 있다.

(2) 작성자
화재현장에 출동한 화재조사담당 소방공무원이 관계자 등을 대상으로 작성한다.

(3) 작성 시 주의사항
① <u>임의진술</u>을 얻어야 하며, 진술 후 내용을 확인시키고 서명을 받는다.

② 미성년자 또는 정신장애자 등은 보호자를 입회시켜 신뢰를 얻도록 한다.

③ 화재와 관련된 자 또는 제3자가 없는 장소를 선택하여 질문을 얻어낸다.

(4) 질문방법 및 시기

① 질문방법으로 특별히 규정된 것은 없으나 기대나 희망을 암시하는 유도심문을 삼가고 진실에 바탕을 둔 임의적 진술을 확보하여야 한다.

② 화재현장에서 작성하는 경우 제3자나 이해당사자가 없는 장소를 선택하여 개인의 권리나 사생활이 침해되지 않도록 하여야 한다.

③ 시간이 경과하면 사람의 심경변화가 작용하여 예기치 못한 진술번복 등이 발생할 수 있으므로 사실관계가 왜곡되지 않도록 화재발생 직후 가능한 한 조기에 실시한다.

(5) 질문기록서 작성대상

① 발화행위자 : 발화행위자란 화재를 직접 발생시켰거나 화재발생에 직접 관계가 깊은 사람을 말한다. 발화행위자는 화재원인과 결부된 정보를 갖고 있는 경우가 많지만 책임을 회피하거나 진술을 망설이는 등 주저하는 경우가 많기 때문에 심리적 동요가 많다는 점을 고려하여 질문기록서를 작성한다.

② 발화관계자 : 발화관계자란 발화건물의 책임자, 거주자, 종업원 등 발화장소와 직·간접적으로 관계된 사람을 말한다. 이들을 통해 건물의 구조와 화기의 취급상황, 작업내용 등의 정보를 확보한다.

③ 화재 발견자, 신고자, 소화행위를 한 자 : 화재 초기상황은 발견, 통보 및 초기소화자가 가장 유력한 정보를 가지고 있다. 다수의 관계자가 있다면 최초로 발견하거나 소화행위를 행한 사람을 우선으로 하고 목격한 방향에 따라 연소상황이 다를 수 있으므로 여러 명의 사람으로부터 정보를 입수한다.

(6) 질문기록서 작성을 생략할 수 있는 화재 〔암기〕 〔2018년 기사〕 〔2019년 산업기사〕 〔2020년 기사〕 〔2020년 산업기사〕 〔2021년 기사〕 〔2022년 기사〕 〔2023년 기사〕

특정 소방대상물에 해당하지 않는 전봇대화재, 가로등화재, 임야화재 등은 질문기록서 작성을 생략할 수 있다.

바르바로 확인문제

화재현장을 목격한 관계자에게 질문을 하고자 할 때 다음 설명 중 옳은 것은?

① 관계자에게 질문을 할 경우에는 이해관계가 있는 제3자가 참석하여야 한다.

② 관계자가 최초에 연소하였다고 진술한 부분이 바로 발화지점이다.

③ 정확한 화재원인을 파악하기 위해서는 유도질문도 인정된다.

④ 관계자에 대한 질문은 발화건물 및 화재발생의 원인을 추정하는 데 필요한 정보로써 활용한다.

해설 ① 관계자에게 질문을 할 경우에는 이해관계가 있는 제3자와는 격리조치 한다.
② 관계자가 최초에 연소하였다고 진술한 부분이 바로 발화지점이라고 단정할 수 없다.
③ 유도질문을 하거나 암시하는 방법을 취하지 않는다.

답 ④

3 재산피해신고서 암기 2013년 기사 2015년 산업기사 2017년 기사 2019년 기사 2021년 기사

| 재산피해신고서 |

년   월   일

○ ○ 소방서장 귀하

주 소 :
소유자 :
신고자 :   연락처 :

■ 부동산

1	피해 년월일	년 월 일			
	피해 장소				
2	피해건물과 신고자와의 관계 (소유자, 점유자, 관리자)				
3	건축매입 년월일	재건축 또는 재매입 금액			
	추정, 기록, 기억	추정, 기록, 기억, 불명			
	년 월	3.3m² (평)당 금액		총 금액	
4	취득 후의 경과				
	수선 개축	년 월	수선 · 개축한 부분	수선 · 개축에 필요한 금액	
		년 월			
	증축	년 월	증축의 개요	증축 면적(m²)	필요한 금액
		년 월			
5	피해 전의 피해내역				
	건물의 용도	지붕	외벽	층수	연면적(m²)
	주거 세대수	세대	거주인원	명	
6	건물 · 수용물 이외의 피해상황				
	피해 물건명	피해의 종류	수량 또는 면적	경과연수	
		소실 · 수손 · 기타		년	
		소실 · 수손 · 기타		년	
7	화재보험계약				
	계약회사명	계약 년월	보험금액(천원)		

■ 동산

피해 년월일			피해물건과 신고자와의 관계			(소유자 · 점유자 · 관리자)	
피해 장소	시(군)		구(읍 · 면)		동(리)	번지	호
품명 수량	피해액	피해의 종별	품명	수량	피해액	피해의 종별	
		(소실 · 수손 · 기타)				(소실 · 수손 · 기타)	
		(소실 · 수손 · 기타)				(소실 · 수손 · 기타)	
		(소실 · 수손 · 기타)				(소실 · 수손 · 기타)	
		(소실 · 수손 · 기타)				(소실 · 수손 · 기타)	
		(소실 · 수손 · 기타)				(소실 · 수손 · 기타)	
		(소실 · 수손 · 기타)				(소실 · 수손 · 기타)	
		(소실 · 수손 · 기타)				(소실 · 수손 · 기타)	
		(소실 · 수손 · 기타)				(소실 · 수손 · 기타)	
		(소실 · 수손 · 기타)				(소실 · 수손 · 기타)	
		(소실 · 수손 · 기타)				(소실 · 수손 · 기타)	

(1) 목적

피해물품의 누락 등으로 인해 야기될 수 있는 피해 당사자의 불이익을 방지하고 정확한 피해 집계를 통한 국민생활안정에 기여한다.

(2) 재산피해신고 신청자

화재가 발생한 대상물의 피해 당사자가 신청한다.

(3) 재산피해신고서 작성방법

① 피해 당사자는 재산피해대상을 부동산, 동산 및 자동차, 철도, 선박, 항공기 등으로 구분하여 신청하여야 한다.

② 부동산에 대한 재건축 또는 재매입 금액과 평당 금액은 피해 당사자가 추정이나 기억에 의존하여 작성, 제출할 수 있다.

③ 관할소방서장은 피해물건의 종류, 수량, 면적, 경과연수 등을 재검토하여 산정하여야 한다.

바로바로 확인문제

재산피해신고서의 작성목적으로 옳지 않은 것은?

① 누락된 피해액에 대한 보상

② 피해물품의 누락 등으로 인한 피해 당사자의 불이익을 방지

③ 정확한 피해 집계를 통한 소방행정에 반영

④ 건전한 국민생활안정에 기여

해설 재산피해신고서의 작성목적은 피해물품의 누락 등으로 인해 야기될 수 있는 피해 당사자의 불이익을 제거하며, 정확한 피해 집계를 통한 국민생활안정에 기여하기 위함에 있다. **답** ①

출제예상문제

* ☑표시 : 중요도를 나타냄

01 화재조사관련 서류에 대한 설명이다. 가장 거리가 먼 것은?

① 발화원인, 연소확대 경위 등을 기록한 것으로 입건 수사자료로 쓰인다.
② 사법기관 등에서 유효한 증거자료로 참고하거나 활용할 수 있다.
③ 화재조사 결과를 사진이나 도면, 서류 등으로 종합하여 기록한 문서이다.
④ 화재 1건마다 작성하고 소방활동에 활용할 수 있는 기록물이다.

해설 화재조사관련 서류는 소방기본법에서 규정하고 있는 '화재조사'의 결과를 사진이나 도면, 서류 등으로 종합한 소방기관의 최종의사결정을 기록한 문서이다. 발화원인, 연소확대 경위 등을 기록한 것이지만 입건 수사자료로 쓰이는 것과는 거리가 멀다.

02 화재조사서류 작성에 관한 내용으로 틀린 것은?

① 치외법권지역 등 조사권을 행사할 수 없는 경우 화재현장출동보고서만 작성한다.
② 서장은 관할구역 내에서 발생한 화재에 대하여 화재발생종합보고서를 작성한다.
③ 질문기록서를 작성한다.
④ 화재현장출동보고서를 작성한다.

해설 치외법권지역 등 조사권을 행사할 수 없는 경우는 조사 가능한 내용만 조사하여 해당서류를 작성·보고한다.(화재조사 및 보고규정 제22조 제5항)

03 화재유형별 조사서에 해당되지 않는 것은?

① 건축·구조물화재
② 위험물·가스제조소 등의 화재

③ 전기화재
④ 임야화재

해설 화재유형별 조사서의 종류
㉠ 건축·구조물화재
㉡ 자동차·철도차량화재
㉢ 위험물·가스제조소 등의 화재
㉣ 선박·항공기화재
㉤ 임야화재

04 다음 중 화재조사자가 작성하는 서식이 아닌 것은?

① 방화·방화의심조사서
② 소방시설 등 활용조사서
③ 화재 사후 조사의뢰서
④ 화재·구조·구급상황보고서

해설 화재 사후 조사의뢰서는 소방대가 출동하지 아니한 장소의 민원인이 작성하는 서류이다.

05 치외법권지역 등 화재조사권을 행사할 수 없는 경우의 조사방법으로 옳은 것은?

① 협약을 정해 책임소재를 밝힌다.
② 방·실화 규명을 위한 법적 조항을 근거로 예외없이 조사한다.
③ 관계자의 협조를 받아 수사한다.
④ 조사 가능한 내용만 조사한다.

해설 치외법권지역 등 조사권을 행사할 수 없는 경우는 조사 가능한 내용만 조사하여 해당 서류를 작성·보고한다.(화재조사 및 보고규정 제22조 제5항)

04

화재조사보고 및 피해평가

Answer 01.① 02.① 03.③ 04.③ 05.④

06 화재증명원 발급의 내용으로 옳은 것은?

① 화재증명원 발급 시 재산피해내역을 금액으로 기재한다.
② 이해당사자가 아닌 자가 화재증명원의 발급을 신청하면 화재증명원을 발급하여서는 아니 된다.
③ 사후조사를 할 경우 발화장소 및 발화지점의 현장이 보존되어 있지 않아도 일단 조사를 한다.
④ 소방대가 출동하지 아니한 화재장소에 화재증명원 발급 요청이 있는 경우 사후조사를 실시할 수 있다.

해설 ① 화재증명원 발급 시 재산피해내역은 금액을 기재하지 않으며 피해물건만 종류별로 구분하여 기재한다.
② 민원인(이해당사자 및 보험사 등)이 화재증명원 발급을 신청하면 화재증명원발급대장에 기록을 한 후 화재증명원을 발급한다.
③ 사후조사를 할 경우 발화장소 및 발화지점의 현장이 보존되어 있는 경우에만 조사를 한다.

07 화재증명원 발급에 대한 설명으로 옳지 않은 것은?

① 화재증명원의 발급 시 재산피해에 대해 조사 중인 경우는 조사 중으로 기재한다.
② 재산피해 내역은 금액을 기재하지 않으며 피해물건만 종류별로 구분하여 기재한다.
③ 화재증명원 발급신청을 받은 소방관서장은 발화장소 관할 지역과 관계없이 발화장소 관할 소방서로부터 화재사실을 확인받아 화재증명원을 발급할 수 있다.
④ 화재 사후조사는 민원인과 면담을 통해 사실이 확인되면 화재증명원을 발급할 수 있다.

해설 민원인이 신청한 화재 사후조사는 발화장소 및 발화지점의 현장이 보존되어 있는 경우에만 조사를 실시하여야 하며, 조사 후 화재증명원을 발급하여야 한다.

08 화재조사서류(사진 포함)의 보존기간으로 옳은 것은?

① 3년
② 7년
③ 준영구
④ 영구

해설 화재조사서류(사진 포함)는 문서로 기록하고 전자기록 등 영구보존방법에 따라 보존하여야 한다.

09 화재조사서류 작성 시 주의사항에 해당하지 않는 것은?

① 관계기관에서 조사한 서류를 망라하여 첨부할 것
② 간결, 명료한 문장으로 작성할 것
③ 오자나 탈자 등이 없을 것
④ 서식별 작성목적에 맞게 작성할 것

해설 화재조사서류 작성 시 주의사항
㉠ 간결, 명료한 문장으로 작성할 것
㉡ 오자나 탈자 등이 없을 것
㉢ 필요 서류를 첨부할 것
㉣ 서식별 작성목적에 맞게 작성할 것

10 다음 중 화재발생종합보고서 작성요령으로 틀린 것은?

① 발화지점, 발화열원, 최초 착화물 등 발화원인을 조사하여 기재한다.
② 화재의 연소경로 및 확대요인 등 연소상황을 조사하여 기재한다.
③ 소방시설은 화재 발생층의 시설에 한하여 조사하고 이를 기재한다.
④ 피난경로, 피난상의 장애요인 등 피난상황을 조사하여 기재한다.

해설 소방시설은 화재가 발생한 대상물의 소화시설을 비롯하여 경보설비, 피난설비, 소화활동설비 등의 사용여부와 작동상태 등을 조사하여 기록한다.

11 화재조사관련 서류 중 화재현장조사서와 함께 모든 화재에 공통적으로 작성하는 서류로 맞는 것은?

① 인명피해조사서
② 소방시설 등 활용조사서
③ 화재현황조사서
④ 방화·방화의심조사서

해설 화재현황조사서는 화재현장조사서와 함께 모든 화재발생 시 작성하여야 한다.

Answer 06.④ 07.④ 08.④ 09.① 10.③ 11.③

12 모든 화재에 공통적으로 작성하는 서류로 맞게 짝지어진 것은?

① 화재현장조사서 – 소방시설 등 활용조사서
② 화재현장조사서 – 화재현황조사서
③ 화재피해(인명 · 재산)조사서 – 소방시설 등 활용조사서
④ 화재피해(인명 · 재산)조사서 – 방화 · 방화의심조사서

해설 모든 화재에 공통적으로 작성하는 서류는 화재현장조사서와 화재현황조사서이다.

13 화재조사 보고기한에 대한 설명이다. 옳지 않은 것은?

① 조사기간을 초과할 경우 그 사유는 조사가 끝난 후 사후보고 한다.
② 지하철화재는 화재인지로부터 30일 이내 보고하여야 한다.
③ 일반화재는 화재인지로부터 15일 이내 보고하여야 한다.
④ 중요화재 발생 시 정확한 조사를 위해 조사기간을 연장할 수 있다.

해설 규정된 조사기간을 초과하여 조사가 필요한 경우 그 사유를 사전에 보고한 후 추가조사를 할 수 있다.

14 화재현황조사서에서 귀소시간을 의미하는 것으로 옳은 것은?

① 화재진압을 마치고 소방관서에 도착한 시간
② 화재진압을 마치고 화재현장에서 소방관서로 출발하는 시간
③ 화재진압을 마치고 화재현장에서 차량의 시동을 켜는 시간
④ 화재진압을 마치고 소방관서에 도착하여 보고를 한 시간

해설 귀소시간이란 화재진압을 마치고 화재현장에서 소방관서로 출발하는 시간을 나타낸다.

15 발화열원에 의해 발화로 이어진 연소현상에 영향을 준 인적, 물적, 자연적 요인을 무엇이라고 하는가?

① 발화배경　　　② 발화개요
③ 발화요인　　　④ 발화과정

해설 발화요인이란 발화열원에 의하여 발화로 이어진 연소현상에 영향을 준 인적, 물적, 자연적 요인을 말한다.

16 다음 중 화재원인으로서 발화열원에 해당하지 않는 것은?

① 마찰, 전도, 복사
② 화학적 발화열
③ 자연적 발화열
④ 가스누출

해설 발화열원에는 작동기기, 담뱃불, 라이터불, 마찰, 전도, 복사, 불꽃, 불티, 폭발물, 폭죽, 화학적 발화열, 자연적 발화열 등이 있다. 가스누출은 발화요인에 해당한다.

17 다음 중 발화요인에 해당하지 않는 것은?

① 화학적 요인
② 교통사고
③ 자연적 요인
④ 폭발물

해설 발화요인에는 전기적 요인, 기계적 요인, 가스누출(폭발), 화학적 요인, 교통사고, 부주의 자연적 요인 등이 있다. 폭발물은 발화열원에 해당한다.

18 발화요인 중 전기적 요인에 해당하지 않는 것은?

① 절연열화에 의한 단락
② 트래킹에 의한 단락
③ 역화
④ 누전 · 지락

Answer　12.② 13.① 14.② 15.③ 16.④ 17.④ 18.③

해설 전기적 요인
  ㉠ 누전 · 지락
  ㉡ 접촉불량에 의한 단락
  ㉢ 절연열화에 의한 단락
  ㉣ 과부하/과전류
  ㉤ 압착 · 손상에 의한 단락
  ㉥ 층간단락
  ㉦ 트래킹에 의한 단락
  ㉧ 반단선
  ㉨ 미확인단락

19 발화요인 중 부주의에 의한 분류에 해당하지 않는 것은?

① 돋보기 효과   ② 유류취급 중
③ 담배꽁초   ④ 빨래 삶기

해설 돋보기 효과는 자연적 요인으로서 직사일광에 의한 열이 집적되어 가연물에 착화하는 현상으로 수렴화재라고도 한다.

20 다음 중 최초착화물을 바르게 설명한 것은?

① 발화의 최초원인이 된 불꽃 또는 열을 말한다.
② 발화로 이어진 연소현상에 영향을 준 인적, 물적, 자연적 요인을 말한다.
③ 발화열원에 의해 불이 붙은 최초의 가연물이다.
④ 발화에 관련된 불꽃 또는 열을 발생시킨 기기 또는 장치, 제품을 말한다.

해설 최초착화물이란 발화열원에 의해 불이 붙은 최초의 가연물을 말한다.

21 다음 중 화재 완진의 의미를 가장 적절하게 나타낸 것은?

① 더 이상의 화염이나 또는 연소 중인 물질로부터 나오는 연기가 없는 상태
② 연기가 일부 발생하고 있으나 더 이상의 연소확대 우려가 없는 상태
③ 소방대가 물을 뿌리지 않고 철수할 시기
④ 더 이상 연소할 물건이 없거나 물을 주수할 상태가 아닌 것

해설 완진이란 화재가 완전히 진압되어 더 이상의 화염 · 불씨 또는 연소 중인 물질로부터 나오는 연기가 없는 상태의 시간을 나타낸다.

22 방화의심으로 조사서가 작성되었다. 방화의심이란 어떤 것을 의미하는가?

① 방화범의 검거 또는 방화자가 자수한 경우
② 방화를 뒷받침할 만한 목격자 등의 진술이 확보된 경우
③ 방화관련 증거는 확보하지 못했으나 방화를 제외한 원인이 없고 정황상 방화가 의심되는 경우
④ 방화와 관련된 목격자는 확보하지 못했으나 방화를 의심할 여지가 없을 경우

해설 화재를 조사한 후 방화와 관련된 증거는 확보하지 못했으나 방화를 제외한 원인이 존재하지 않으며 정황으로 보아 방화가 의심되는 경우는 이를 종합적으로 판단하여 방화의심으로 구분한다.

23 건축, 자동차, 임야, 항공기 화재 등과 같이 각기 다른 성격의 화재에 대하여 작성하여야 하는 화재조사서류 서식은?

① 화재유형별 조사서
② 화재감식 · 감정보고서
③ 방화 · 방화의심조사서
④ 질문기록서

해설 건축, 자동차, 임야, 항공기 화재 등과 같이 각기 다른 성격의 화재에 대하여 작성하여야 하는 서류는 화재유형별 조사서이다.

24 화재현황조사서를 작성하고자 한다. 화재원인조사와 관련하여 서술식으로 기재하여야 하는 항목으로 옳은 것은?

① 발화열원   ② 발화요인
③ 최초착화물   ④ 발화개요

해설 발화개요
화재원인 규명과 관련하여 발화열원, 발화요인, 최초착화물, 최초착화물 유형, 연소확대 관련 항목 등 조사한 내용 이외에 기술할 필요가 있는 세부사항 및 중요사항을 기재한다.

Answer 19.① 20.③ 21.① 22.③ 23.① 24.④

25 화재현황조사서를 작성할 때 최초착화물 중 직물류를 소분류하였을 때 해당하지 않는 것은?

① 부직포
② 행주, 기름걸레
③ 플라스틱
④ 커튼

해설 **직물류**
    ㉠ 이불(베개, 시트)   ㉡ 카펫
    ㉢ 의류   ㉣ 행주, 기름걸레
    ㉤ 부직포   ㉥ 커튼
    ㉦ 기타
    플라스틱은 합성수지에 해당하는 착화물이다.

26 다음 중 화재현황조사서에 기재하는 기상 상황과 관계가 없는 것은?

① 한파주의보 등 기상특보 상황
② 풍향 및 풍속
③ 날씨 및 온도와 습도
④ 기상청의 업무시간

해설 화재현황조사서에 기재하는 기상상황은 날씨, 온도, 습도, 풍향 및 풍속과 기상청에서 발표한 경보나 주의보(한파주의보, 강풍주의보, 건조주의보 등) 등의 특보상황을 기재한다.

27 화재현황조사서에 기입해야 할 항목이 아닌 것은?

① 연소확대 사유
② 발화관련 기기
③ 방화동기
④ 보험가입 상황

해설 화재현황조사서에는 발화관련 기기, 연소확대 사유, 보험가입 상황 등을 기재한다. 방화동기는 첨부서류인 방화·방화의심조사서에 기재한다.

28 화재현황조사서에 보험가입 여부에 대한 조사사항을 기재하는 것으로 옳지 않은 것은 어느 것인가?

① 가입된 보험이 여러 개인 경우 가장 최근에 가입한 것만 기재한다.
② 보험회사, 보험금액, 계약기간 등을 파악 가능한 한도 내에서 조사를 한다.

③ 보험에 가입된 금액은 부동산과 동산으로 구분하여 천원단위로 기재한다.
④ 화재보험 의무가입대상인 특수건물에 해당하는지 여부를 확인하여 기재한다.

해설 가입된 보험이 여러 개인 경우 보험 가입액이 가장 많은 회사명 1개사를 기재한 후 기타 가입 보험 수를 기재한다.

29 건축·구조물화재 조사서의 작성방법으로 옳지 않은 것은?

① 승강기탑·계단탑 등 건축물의 층수가 명확하지 않은 경우 그 수평투영면적의 합계가 당해 건축물 건축면적의 8분의 1 이하인 것은 층수에 산입하지 않는다.
② 건축물의 층수가 명확하지 않은 경우 높이 3m 이하마다 하나의 층으로 산정한다.
③ 연면적의 산정은 하나의 건축물에 각 층의 바닥면적 합계로 한다.
④ 바닥면적은 건축물의 각 층 또는 벽·기둥, 기타 이와 유사한 구획의 중심선으로 둘러싸인 부분의 수평투영면적으로 한다.

해설 층의 구분이 명확하지 아니한 건축물은 당해 건축물의 높이 4m 이하마다 하나의 층으로 산정하며 건축물의 부분에 따라 그 층수를 달리 하는 경우에는 그 중 가장 많은 층수로 한다. (건축법 시행령 제119조 제1항 제9호)

30 다음은 자동차·철도차량화재 조사서의 작성항목에 대한 설명이다. 옳지 않은 것은 어느 것인가?

① 경운기, 트랙터 등 농사를 위한 기계도 자동차화재로 분류한다.
② 굴삭기, 덤프트럭 등은 건설기계에 해당한다.
③ 화재가 발생한 해당 차량 등의 제조회사, 연식, 차량명 등을 기재한다.
④ 화재가 발생한 차량의 차고지를 기재한다.

해설 화재가 발생한 차량의 차고지를 기재하는 항목은 없다.

04
화재조사보고 및 피해평가

31 현장조사결과 소손상황의 기록방법이다. 옳지 않은 것은?

① 전기적 단락흔, 유류의 사용흔적 등 특이 사실이 누락되지 않도록 할 것
② 화재 당시 관련자들의 행동에 초점을 두고 기록할 것
③ 연소확대된 방향성을 알 수 있도록 기록할 것
④ 사진과 도면 등 보충자료를 활용할 것

해설 현장조사결과는 발화원과 연소매개체인 가연물과 착화가능성, 연소확대된 방향성, 소손된 상황 등에 초점을 두고 구체적으로 기재하여야 한다.

32 화재현장조사서 작성 시 유의사항으로 틀린 것은?

① 보험가입 현황 기재
② 필요 시 시간대별 조치사항 및 녹취록 작성
③ 화재발생 이후 상황만 정확히 기재
④ 필요 시 인명구조 활동내역 작성

해설 화재현장조사서에는 화재발생 전 상황까지 포함하여 작성하여야 한다.

33 화재현장조사서의 작성목적으로 옳지 않은 것은?

① 현장에서 관계자의 신병확보 및 기소시키기 위한 자료를 확보하기 위함이다.
② 발화원인 등을 조사하여 유사화재 예방 및 소방행정에 반영하기 위함이다.
③ 관계자의 진술 등에 기초하여 사실관계의 규명을 기록하기 위함이다.
④ 현장의 증거 보존자료를 확보하고 명확하게 하기 위함이다.

해설 화재현장조사서의 작성목적
　㉠ 발화원인, 연소확대원인, 사상자 발생원인 등을 조사하여 유사화재 예방 및 소방행정에 반영하기 위함이다.
　㉡ 연소상황 관찰 및 관계자의 진술 등을 자료로 사실관계의 규명을 기록하기 위함이다.
　㉢ 현장 발굴작업 및 복원작업 상황 등 증거 보존자료를 확보하고 명확하게 하기 위함이다.

34 화재현장조사서의 작성요령이다. 옳지 않은 것은?

① 연소의 강약과 소손된 건물의 상태 등을 명료하게 계통적으로 나타낸다.
② 발화원으로 긍정해야 될 사실과 부정되어야 할 사실을 빠짐없이 기록한다.
③ 화재발생 전의 상황 청취는 조사자가 의도하는 방향으로 기재하도록 한다.
④ 확인된 사실 위주로 추상적인 표현이나 문맥이 불확실한 표현이 없도록 한다.

해설 공정성과 중립성을 유지하기 위해 관계자 등 입회인을 두어 화재발생 전의 상황과 실태를 청취하여 작성하여야 하며, 주관적인 판단이나 조사자가 의도하는 결론으로 유도하는 듯한 방법으로 작성하지 말아야 한다.

35 원인판정에 이르게 된 논리를 조사서에 작성하고자 한다. 다음 중 가장 옳지 않은 것은 어느 것인가?

① 관계자의 정황진술에 의존하여 사실관계를 확인한다.
② 발화원으로 배제되어야 할 가설 등을 빠짐없이 기록한다.
③ 연소과정 전 · 후의 사실관계를 확인하여 오류가 없어야 한다.
④ 배제된 원인조사 내용은 반증을 열거해 가며 기록한다.

해설 관계자의 정황진술에 의존한 사실관계는 보충적으로 이루어져야 한다. 현장확인 및 발굴, 복원 등 일련의 조사절차가 뒷받침되어야 하며 사실 규명에 중점을 두어야 한다.

36 화재현장조사서 작성 시 화재원인 검토와 관련된 내용 중 필수 검토항목이 아닌 것은?

① 방화가능성
② 전기적 요인
③ 인적 부주의
④ 관련 조치사항

해설 화재현장조사서 작성 시 화재원인과 관련된 내용으로 방화가능성, 전기적 요인, 기계적 요인, 가스누출, 인적 부주의 등을 조사하여 기재한다. 관련 조치사항과는 관계가 없다.

37 화재현장조사서 작성 시 화재원인 검토와 관련된 내용 중 필수 검토항목이 아닌 것은?

① 전기적 요인 ② 화학적 요인
③ 방화 ④ 관련 조치사항

해설 화재원인 검토와 관련된 내용
방화가능성, 전기적 요인, 기계적 요인, 가스누출, 인적 부주의, 연소확대사유 등이 있다. 관련 조치사항은 관계가 없다.

38 화재현장에서 조사된 내용을 현장조사서로 작성하고자 한다. 옳지 않은 것은?

① 현장관찰을 통해 건물의 위치도와 배치도를 작성한다.
② 화재원인 검토는 관계자의 진술에 착안하여 인적 조사에 중점을 두고 작성한다.
③ 발화지점 판정은 관계자의 진술 및 연소확대 경로를 확인하여 결정한다.
④ 화재현장 활동상황은 초기 신고 및 화재진압 활동 등을 참고하여 작성한다.

해설 화재원인 검토는 기계적 요인, 전기적 요인, 부주의 등 모든 가능성을 열어 두고 검토되어야 한다. 화재조사는 화재현장에서 연소된 상황을 바탕으로 조사를 실시하는 물적 조사가 중심이다.

39 화재현장조사서 도면 작성방법 중 옳지 않은 것은?

① 도면은 원칙적으로 지도와 같은 형태로 북쪽을 위로 작성한다.
② 정확한 축척으로 작성해야 할 필요는 없다.
③ 제도기호 등의 표준화된 기호로 작성하는 것이 기본이며 필요에 따라 문자도 삽입한다.
④ 도면은 이해하기 쉽도록 작성하여야 한다.

해설 도면은 축척단위(㎡)를 사용하여 정확하게 기록한다.

40 화재현장에서 작성하는 도면의 종류로 가장 거리가 먼 것은?

① 평면도 ② 위치도
③ 조립도 ④ 배치도

해설 ① 평면도 : 건물 각 층의 구조 및 실의 배치와 크기를 표시한 도면
② 위치도 : 건축물의 방향과 지점을 표시한 도면
③ 조립도 : 제품을 구성하고 있는 부품들의 조립된 상태를 나타낸 도면
④ 배치도 : 대지 안에 건물이나 부대시설의 배치를 나타낸 도면

41 연소확대된 소손상황의 기록방법이다. 적절하지 않은 것은?

① 소손상황은 발굴순서에 따라 작성하고 연소확대된 방향성을 인식할 수 있도록 작성한다.
② 피해자의 의도에 따라 화재현장을 관찰하고 소손이 강한 지역 위주로 파악한다.
③ 발화원의 증거자료는 발견 당시의 위치 및 크기와 소실 정도 등을 자세하게 파악한다.
④ 불꽃이 타고 올라간 상황과 전기적 단락흔, 유류용기 발견 등 특이한 사실은 누락되지 않도록 작성한다.

해설 연소확대된 소손상황 기록방법 중에는 조사자의 의도가 담길 수 있도록 화재현장 전체를 관찰하여 소손이 강한 지역과 약한 지역을 파악하여야 한다.

42 화재원인에 대한 검토사항으로 옳지 않은 것은?

① 가능하다면 재현실험에 의한 입증을 실시한다.
② 발화에 이른 인적 요인과 물적 요인을 종합적으로 검토한다.
③ 발화원과 가연물이 근접하여 존재했다면 발화된 것으로 판정한다.
④ 발화에서부터 가연물로의 착화경과를 검토한다.

해설 발화원은 가연물이 존재하더라도 열에너지의 크기를 비롯하여 가연물의 크기, 형태, 재질 등에 따라 발화여부를 달리 하므로 모두 발화한 것으

04

화재조사보고 및 피해평가

로 판정하기 어렵다. 예를 들면, 순간적으로 전기적 단락이 발생하더라도 목재나 플라스틱류에는 착화되지 않는다.

43 발화원인 판정을 기록할 때 주의사항이다. 옳지 않은 것은?

① 발화원 입증은 사실 인정에 기초하여 작성한다.
② 반증에 대한 여지를 남겨 발화원이 변경될 수 있도록 작성한다.
③ 기타 발화원을 배제한 사실을 기재하여 의문이 남지 않도록 조치한다.
④ 확인된 사실 위에 독단적인 추론은 금물이다.

해설 발화원인 판정 시 반증에 대한 여지가 없도록 기타 발화원을 배제한 사실을 기재하여 의문이 남지 않도록 조치하여야 한다.

44 다음 중 도면 작성요령으로 잘못된 것은 어느 것인가?

① 도면은 제도기호에서 사용되고 있는 표준화된 기호를 사용한다.
② 도면에는 문자나 기호를 사용하지 않는다.
③ 충별 평면도, 발화지점 평면도 등을 알기 쉽게 작성한다.
④ 도면의 위치는 북쪽을 위쪽으로 작성한다.

해설 도면에는 필요하다면 문자를 병기하는 것이 좋다.

45 위험물제조소에서 화재가 발생하였다. 조사서에 포함되지 않는 것은?

① 위험물시설 허가위반사항
② 위험물의 허가품명
③ 위험물의 허가량
④ 제조소의 완공 년 · 월 · 일

해설 위험물제조소에서 화재발생 시 조사사항
㉠ 위험물제조소 등의 종별
㉡ 위험물제조소의 완공 년 · 월 · 일
㉢ 위험물의 허가품명
㉣ 위험물의 허가량
위험물시설의 허가위반사항은 별도의 사법조치 절차를 통해 처벌되는 것으로 조사서에는 포함되지 않는다.

46 다음 인명피해조사서에 기재하는 사상 정도를 분류한 것으로 옳지 않은 것은?

① 사망
② 중상
③ 경상
④ 통원치료

해설 인명피해조사서에 기재하는 사상 정도의 분류는 사망, 중상, 경상으로 구분한다.

47 발화원인 판정을 기재하는 요령이다. 바르지 않은 것은?

① 반증에 대한 의문이 남지 않도록 한다.
② 관계자 진술에 따른 추정조사에 의존한다.
③ 발화원의 입증은 사실 인정에 기초하여 작성한다.
④ 기타 발화원을 부정하는 사실을 기재한다.

해설 발화원인 판정은 비약적인 논리나 또는 막연한 추정을 피하고 증거물 등 근거에 입각하여 작성하여야 한다.

48 인명피해조사서에 기재하는 사상자로 분류되지 않는 것은?

① 자력대피를 하다가 발목이 골절된 관계자
② 화재진압 중 경상을 당한 소방공무원
③ 단순 연기흡입자
④ 피난과정에서 발생한 경상자

해설 인명피해조사서에 기재하는 사상자는 사상 정도에 따라 사망, 중상, 경상으로 구분하고 있다. 따라서 단순 연기흡입자는 사상자에 해당하지 않는다.

49 다음 중 경상이란 어느 것인가?

① 3주 이상의 입원치료를 필요로 하는 부상
② 입원치료를 필요로 하지 않는 중상 이외의 부상
③ 1주 이상 입원치료를 요하는 부상
④ 응급구조사가 경상이라고 진단 내린 것

해설 경상이란 중상 이외(입원치료를 필요로 하지 않는 것도 포함)의 부상을 말한다.

Answer 43.② 44.② 45.① 46.④ 47.② 48.③ 49.②

50 화재현장출동보고서의 작성자로 맞는 것은 어느 것인가?

① 화재조사자
② 화재현장 책임자
③ 소방관
④ 화재현장에 직접 출동한 소방관

해설 화재현장출동보고서는 화재현장에 직접 출동한 소방대원으로 한정된다.

51 3도 화상을 나타낸 것으로 옳은 것은?

① 모든 피부층은 물론 피하지방과 근육층까지 손상된 심한 화상이다.
② 피부 표피층이 완전히 손상되고 내피층까지 손상을 입은 경우이다.
③ 화염의 열기가 호흡기를 손상시켜 기도부가 손상된 화상이다.
④ 피부 표피층에 화상을 입은 경우이다.

해설 모든 피부층은 물론 피하지방과 근육층까지 손상된 심한 화상을 말한다.

52 화재현장출동보고서의 작성사항이다. 가장 바르지 않은 것은?

① 도면이나 사진을 활용한다.
② 소방활동 중 확인된 사실을 중점적으로 기술한다.
③ 문장형태는 현재진행형으로 작성한다.
④ 확인되지 않은 소문을 수집하여 기재한다.

해설 화재현장출동보고서는 소방공무원이 직접 확인한 사실과 관계자로부터 직접 획득한 정보를 기재하여야 한다. 확인되지 않은 소문은 혼선을 초래한다.

53 다음 중 부분층 화상을 의미하는 것으로 맞는 것은?

① 1도 화상
② 2도 화상
③ 3도 화상
④ 호흡기 화상

해설 부분층 화상이란 2도 화상으로 피부 표피층이 완전히 손상되고 내피층까지 손상을 입은 경우를 말한다.

54 화재현장출동보고서의 작성목적으로 옳은 것은?

① 소방활동 중의 책임소재를 규명하기 위하여
② 소방활동 중에 발생한 사실을 수사자료로 활용하기 위하여
③ 화재원인 판정 등에 활용하기 위하여
④ 내부 회의자료로 활용하기 위하여

해설 화재현장출동보고서의 작성목적은 소방대가 소방활동 중에 관찰, 확인한 결과를 기록하여 발화지점 및 화재원인 판정을 하는 데 활용하기 위함이다.

55 화재조사자가 직접 작성하는 서류가 아닌 것은?

① 질문기록서
② 화재현장조사서
③ 화재피해조사서
④ 화재현장출동보고서

해설 화재현장출동보고서는 119안전센터 등의 선임자가 작성한다.

56 화재현장출동보고서의 기재사항이 아닌 것은?

① 출동 도중의 관찰·확인사항
② 현장도착 시의 관찰·확인사항
③ 소방활동 중의 관찰·확인사항
④ 귀소 도중의 관찰·확인사항

해설 화재현장출동보고서의 기재사항에는 ①, ②, ③이 있다. 귀소 도중의 관찰·확인사항은 관계가 없다.

04

화재조사보고 및 피해평가

57 화재현장출동보고서 작성 시 유의사항이다. 옳지 않은 것은?

① 소방대원이 직접 관찰하고 확인한 사항을 기재한다.
② 도면이나 사진을 활용하여 작성할 수 있다.
③ 보고서는 관계자와 의논하여 작성한다.
④ 현장에 출동한 소방대원끼리 논의를 거쳐 작성할 수 있다.

해설 화재현장출동보고서는 소방대원이 직접 관찰하고 확인한 사항을 기재하여야 하며 도면이나 사진을 활용하여 작성할 수 있다. 또한 현장에 출동한 소방대원끼리 화재 당시를 연상시켜 가며 논의를 거쳐 확인된 사실을 중점적으로 작성할 수 있다.

58 질문기록서의 작성대상으로 옳은 것은?

① 소방공무원
② 화재현장의 관계자
③ 경찰
④ 구경꾼

해설 질문기록서는 소방공무원이 관계자 등을 대상으로 작성한다.

59 질문기록서의 작성목적은?

① 목격자의 인적사항을 기록하기 위하여
② 관계자의 도주를 방지하기 위하여
③ 화재 전 · 후의 상황에 대한 객관적 자료를 확보하기 위하여
④ 관계자의 기억을 돕기 위하여

해설 질문기록서의 작성은 관계자 이외에는 알 수 없는 화재발생 전의 상황과 기구상태, 사용방법 등에 대해 정보를 확보하거나 최초 신고자 또는 목격자 등의 진술을 통해 객관적인 조사자료를 확보하기 위함이다.

60 질문기록서 작성 시 주의사항이다. 옳지 않은 것은?

① 임의진술 확보에 주력하고 서명을 받는다.
② 관계자의 심정은 불안정하므로 2~3일 경과 후 작성한다.
③ 미성년자는 보호자를 입회시켜 신뢰를 확보한다.
④ 기대나 희망을 암시하는 유도심문을 삼간다.

해설 시간이 경과하면 사람의 심경변화가 작용하여 예기치 못한 진술번복 등이 발생할 수 있으므로 사실관계가 왜곡되지 않도록 화재발생 직후 가능한 한 조기에 실시한다.

61 질문기록서의 작성대상으로 가장 거리가 먼 것은?

① 최초 신고자
② 현장에 있는 최초 목격자
③ 화재진압을 도와준 주변 이웃
④ 관할경찰관

해설 질문기록서는 소방대가 도착하기 전에 주변 정황에 대해 비교적 잘 알고 있는 최초 신고자나 목격자, 화재진압에 참여한 주변 이웃 등을 대상으로 객관적 정보를 확보하여 조사자료로서 활용하려는 것이다.

62 다음 중 질문기록서의 작성목적으로 옳은 것은?

① 화재현장 주변에 있는 관계자 등의 인적사항을 확보하기 위함이다.
② 화재발생 전의 상황 정보를 확보하여 객관적인 조사자료로 활용하기 위함이다.
③ 화재를 최초로 목격한 관계자 등의 신병을 확보하기 위함이다.
④ 피해가 발생한 목록 작성을 구체화하기 위함이다.

해설 질문기록서의 작성목적은 관계자 이외에는 알 수 없는 화재발생 전의 상황과 기구상태, 사용방법 등에 대해 정보를 확보하거나 최초 신고자 또는 목격자 등의 진술을 통해 객관적인 조사자료를 확보하기 위함이다.

Answer 57.③ 58.② 59.③ 60.② 61.④ 62.②

63 화재조사서류 서식 중 질문기록서에 기재되어야 하는 사항이 아닌 것은?

① 쓰레기, 모닥불, 가로등과 같은 화재의 경우 질문기록서 작성을 생략할 수 있다.
② 출입문 상태 및 소방대의 건물 진입방법을 기재한다.
③ 화재대상과의 관계를 기재한다.
④ 화재를 어떻게 해서 알게 되었는지를 기재한다.

해설 질문기록서의 작성대상은 발화행위자, 발화관계자, 화재발견자, 신고자, 소화행위를 행한 자 등을 대상으로 작성한다. 소방대의 건물 진입방법은 화재현장출동보고서 작성내용에 해당한다.

64 재산피해신고서의 작성방법으로 옳지 않은 것은?

① 관할소방서장은 피해물건의 종류와 수량, 면적 등을 검토하여 재산정하여야 한다.
② 신고대상은 부동산, 동산 및 자동차, 선박, 항공기 등으로 구분하여 신청한다.
③ 피해액 재산정으로 인한 차익 금액은 지방자치단체가 부담한다.
④ 부동산에 대한 평당 금액은 피해자가 추정이나 기억에 의존하여 작성할 수 있다.

해설 재산피해신고서는 피해 당사자가 소방기관의 피해조사 내용에 이의를 제기할 경우 관할소방서장이 피해신고서를 받아 이를 검토하고 필요시 재산정하는 것을 말한다.

65 다음 중 화재조사자가 작성해야 하는 서류가 아닌 것은?

① 화재발생종합보고서
② 방화·방화의심조사서
③ 재산피해신고서
④ 소방·방화시설활용조사서

해설 재산피해신고서는 화재가 발생한 대상물의 피해 당사자가 작성하여 관할 소방서장에게 신청한다.

04

화재조사보고 및 피해평가

Chapter 02 화재피해액 산정

01 화재피해액 산정규정

1 화재피해액 산정대상

① 화재로 발생하는 손실은 <u>인적 손해</u>, <u>물적 손해</u>, 기타 <u>무형의 손해</u>로 구분한다.
② <u>인적 손해</u>와 <u>무형의 손해</u>는 피해액 산정대상이 아니므로 <u>제외</u>한다.
③ 물적 손해의 <u>직접적 손실피해</u>만을 산정하며, 영업상의 손실피해 등 간접피해는 산정하지 않는다.

※ 간접손실은 금액의 산정이 까다롭고 손해액을 산정하는 자의 주관이 개입할 여지가 많기 때문에 제외한다.

> **! 꼼.꼼. check!** ● 화재피해액 산정대상 ●
>
> 건물(부속물과 부착물 포함), 부대설비, 구축물, 영업시설, 차량 및 운반구(선박, 항공기), 기계장치, 공구, 기구, 집기비품, 가재도구, 재고자산(원재료, 부재료, 제품, 반제품, 상품, 저장품, 부산물 등), 예술품 및 귀중품, 동물 및 식물

2 화재피해액 산정대상 분류

(1) 건물

토지에 정착하는 공작물 중 지붕과 기둥 또는 지붕과 벽이 있는 것으로서 <u>주거, 작업, 집회, 영업, 오락</u> 등의 용도를 위하여 인공적으로 축조된 건조물을 말한다.

> **! 꼼.꼼. check!** ● 건물 인정 · 불인정 ●
>
> (1) 건물로 인정하는 경우
> • 목조 및 방화구조 건물의 지붕을 기와 등으로 다 이은 시점 이후의 것
> • 준내화 및 내화 건물은 슬래브에 콘크리트를 부어 넣은 시점 이후의 것
> • 오래된 차량, 선박, 항공기를 개조해서 일정한 장소에 고정하고, 점포 등으로 이용하고 있는 것
> • 철골로 주기둥을 조립하고 용이하게 꺼낼 수 없는 시트 등을 지붕으로 하고 있는 대규모의 창고
> (2) 건물로 인정하지 않는 경우
> 해체 중의 건물은 벽, 바닥 등 주요 구조부의 해체가 시작된 시점

① 본건물 : 철근콘크리트조, 벽돌조, 석조, 블록조 등으로 된 건물을 말한다.

② 건물의 부속물 : 칸막이, 대문, 담, 곳간 및 이와 비슷한 것으로 건물에 포함하여 피해액을 산정한다. 2014년 기사 2018년 산업기사

③ 건물의 부착물 : 간판, 네온사인, 안테나, 선전탑, 차양 등 이와 비슷한 것으로 건물에 포함하여 피해액을 산정한다.

④ 부대설비 : 건물의 전기설비, 통신설비, 소화설비, 급·배수 위생설비 또는 가스설비, 냉·난방, 통풍 또는 보일러설비, 승강기설비, 제어설비 및 이와 비슷한 것으로 건물과 분리하여 별도로 피해액을 산정한다.

(2) 구축물

건축법에서 규정하고 있는 건축물 중 건물로 규정된 이외의 제반 건조물로서 이동식 화장실, 버스정류장, 다리, 철도 및 궤도사업용 건조물, 발전 및 송·배전용 건조물, 방송 및 무선통신용 건조물, 경기장 및 유원지용 건조물, 정원, 도로(고가도로 포함), 선전탑 등 기타 이와 비슷한 것을 말한다(건물과 분리하여 별도로 피해액 산정).

(3) 영업시설

건물의 주사용 용도 또는 각종 영업행위에 적합하도록 건물 골조의 벽, 천장, 바닥 등에 치장 설치하는 내·외부 마감재나 조명, 영업시설 및 부대영업시설로서 건물의 구조체에 영향을 미치지 않고 재설치가 가능한 고착된 영업시설을 말한다(일반주택을 제외하고 건물의 피해액 산정과 별도로 산정).

(4) 기계장치

기계라 함은 일반적으로 물리량을 변형시키거나 전달하는 인간에게 유용한 장치를 뜻하며, 장치라 함은 연소장치, 냉동장치, 전기장치 등 기계의 효용을 이용하여 전기적 또는 화학적 효과를 발생시키는 구조물을 말한다.

(5) 공구·기구

공구라 함은 작업과정에서 주된 기계의 보조구로 사용되는 것을 말하며, 기구라 함은 기계 중 구조가 간단한 것 또는 도구 일반을 표시하는 단어를 말한다.

(6) 집기비품

집기비품이라 함은 일반적으로 작업상의 필요에서 사용 또는 소지되는 것으로서 점포나 사무실, 작업장에 소재하는 것을 말한다.

04

화재조사보고 및 피해평가

(7) 가재도구

가재도구라 함은 일반적으로 개인이 <u>가정생활용구</u>로서 소유하고 있는 가구, 집기, 의류, 장신구, 침구류, 식료품, 연료, 기타 가정생활에 필요한 일체의 물품을 포함한다.

(8) 차량 및 운반구

철도용 차량, 특수자동차, 운송사업용 차량, 자가용 차량(이륜, 삼륜차 포함) 등 및 자전차, 리어카, 견인차, 작업용차, 피견인차 등을 말한다. 여기서 차량이란 구체적으로 원동기를 사용해서 육상을 이동하는 것을 목적으로 제작된 용구이며 자동차, 기타 전차 및 <u>원동기가 부착된 자동차</u>를 말하고, 등록의 유무는 상관없으나 완구 혹은 놀이기구용으로 제공된 것을 포함하지는 않는다. 피견인차량은 차량에 의해 견인되는 목적으로 만들어진 차 및 차량에 의해 견인되고 있는 리어카, 그 외의 경차량을 포함한다.

차량의 반 이상이 차고 내에 들어가 있는 경우는 전체가 차고 내에 들어가 있는 수용물로 간주하고, 반 이상이 밖으로 나와 있는 경우는 전체가 밖에 나와 있는 것으로 간주한다.

(9) 재고자산

재고자산이라 함은 원 · 부재료, 재공품, 반제품, 제품, 부산물, 상품과 저장품 및 이와 비슷한 것을 말한다. 그 중 상품은 판매를 목적으로 한 경제적 가치를 지닌 동산으로서 포장용품, 경품, 견본, 전시품, 진열품 등을 포함하며, 저장품은 구입 후 사용하지 않고 보관 중인 소모품 등을 말하고, 제품은 판매를 목적으로 제조한 생산품이며, 반제품은 자가제조한 중간제품을 말한다.

(10) 예술품 및 귀중품

예술품 및 귀중품이라 함은 개인이나 단체가 소장하고 있는 예술적, 문화적, 역사적 가치가 있는 회화그림, 골동품, 유물 등과 금전적인 가치가 있는 귀금속, 보석류 등을 말한다. 현실적 사용가치 보다는 <u>주관적 판단이나 희소성에 의해 그 가치가 평가</u>되는 물품에 있어서는 피해액의 산정기준이 달라지므로 별도로 분류하여 피해액을 산정할 필요가 있으며, 이는 보석류 등의 귀중품에 있어서도 같다.

(11) 동 · 식물

동물 및 식물이라 함은 영리 또는 애완을 목적으로 기르고 있는 각종 가축류와 관상수, 분재, 산림수목, 과수목 등 사회에서 거래되거나 재산적 가치를 인정할 수 있는 것을 말한다. 다만, 화분은 가재도구 또는 영업용 집기비품으로 분류하고, 정원은 구축물로 분류한다.

(12) 임야의 임목

임야의 임목이라 함은 산림, 야산, 들판의 수목, 잡초 등으로 산과 들에서 자라고 있는 모든 것을 말하며 경작물의 피해까지 포함한다.

바로바로 확인문제

4층 근린생활시설 건물에서 화재가 발생하였다. 건물과 분리하여 별도로 피해액을 산정하여야 하는 것으로 틀린 것은?

① 건물의 간판   ② 영업시설
③ 건물의 소화설비   ④ 구축물

해설 건물과 분리하여 별도로 피해액을 산정해야 하는 대상은 건물의 부대설비, 구축물, 영업시설(일반주택은 제외) 등이며, 간판은 건물의 부착물로서 건물에 포함하여 피해액을 산정해야 한다.   **답** ①

---

3 화재피해액 산정방법 `암기` `2022년 기사`

(1) 현재시가를 정하는 방법 `암기` `2016년 기사`

① 구입 시의 가격
② 구입 시의 가격에서 사용기간 감가액을 뺀 가격
③ 재구입 가격
④ 재구입 가격에서 사용기간 감가액을 뺀 가격

> **예** 3년 전에 100만원에 구입한 냉장고를 현재는 80만원에 재구입이 가능하고 3년간 사용한 감가액이 30만원이라고 할 경우, 위의 현재의 시가를 정하는 방법에 의한 화재발생일 현재 냉장고의 가격은 다음과 같다.
> ①에 의해 현재시가를 정할 경우 = 100만원
> ②에 의해 현재시가를 정할 경우 = 70만원(100만원 - 30만원)
> ③에 의해 현재시가를 정할 경우 = 80만원
> ④에 의해 현재시가를 정할 경우 = 50만원(80만원 - 30만원)

(2) 대상별 현재시가를 정하는 방법 `암기` `2013년 산업기사` `2016년 산업기사` `2019년 기사` `2020년 산업기사` `2023년 기사` `2023년 산업기사`

구 분	대 상
구입 시의 가격	재고자산, 즉 원재료, 부재료, 제품, 반제품, 저장품, 부산물 등
구입 시의 가격에서 사용기간 감가액을 뺀 가격	항공기 및 선박 등
재구입 가격	상품 등
재구입 가격에서 사용기간 감가액을 뺀 가격	건물, 구축물, 영업시설, 기계장치, 공구, 기구, 차량 및 운반구, 집기비품, 가재도구 등

04

화재조사보고 및 피해평가

(3) 손해액 또는 피해액을 산정하는 방법 🏅

복성식 평가법	• 사고로 인한 피해액을 산정하는 방법 • 재건축 또는 재취득하는 데 소요되는 비용에서 사용기간의 감가수정액을 공제하는 방법으로 부분적인 물적 피해액 산정에 널리 사용
매매사례 비교법	• 당해 피해물의 시중매매사례가 충분하여 유사매매사례를 비교하여 산정하는 방법 • 차량, 예술품, 귀중품, 귀금속 등의 피해액 산정에 사용
수익환원법	• 피해물로 인해 장래에 얻을 수익액에서 당해 수익을 얻기 위해 지출되는 제반비용을 공제하는 방법에 의하는 방법 • 유실수 등에 있어 수확기간에 있는 경우에 사용(단, 유실수가 육성기간에 있는 경우에는 복성식 평가법을 사용)

① 화재피해액 산정은 **복성식 평가법 사용을 원칙**으로 한다. 복성식 평가법이 불합리하거나 매매사례비교법 또는 수익환원법이 오히려 합리적이고 타당하다고 판단된 경우에는 예외적으로 매매사례비교법 및 수익환원법을 사용하기로 한다.

② 현재시가 산정은 재구입(재건축 및 재취득) 가액에서 사용기간의 감가액을 공제하는 방식을 원칙으로 하되, 이 방법이 불합리하거나 다른 방법이 오히려 합리적이고 타당한 경우에는 예외적으로 구입 시 가격 또는 재구입 가격을 현재시가로 인정하기로 한다.

바로바로 확인문제 ●

화재로 인한 피해물품을 구입 시의 가격으로 산정하는 대상으로 옳은 것은?
① 집기비품   ② 차량 및 항공기
③ 주택 및 아파트   ④ 원재료 및 부산물

해설 구입 시의 가격으로 산정해야 하는 것은 재고자산, 즉 원재료, 부재료, 제품, 반제품, 저장품, 부산물 등이 있다.
답 ④

▌4 ▌ 화재피해액 산정기준

화재로 인한 피해액의 산정방법에 있어서 복성식 평가법을 취하는 것과 피해물의 현재시가 산정을 재구입(재건축 또는 재취득) 가액으로 하는 것을 원칙으로 정하나, 예외적으로 매매사례비교법 및 수익환원법을 사용하기도 하며 그 경우에 맞는 현재시가를 사용한다. 그러나 일반적인 화재로 인한 모든 피해물의 피해액 산정은 재건축비 또는 재취득 가격에서 사용기간 감가를 하는 방식에 따르는 것으로 한다.

> 화재피해액=재건축비 또는 재취득가격-사용기간 감가수정액

※ 일부 수선 또는 수리의 경우, 재건축 또는 재취득 가격은 수선비 또는 수리비가 된다.

5 화재피해액 산정관련 용어 암기 2015년 산업기사 2020년 기사 2022년 기사 2023년 기사 2023년 산업기사

(1) 현재가

피해물품과 같거나 비슷한 물품, 용도, 구조, 형식, 시방능력을 가진 것을 <u>재구입하는데 소요되는 금액에서 사용기간 손모 및 경과기간으로 인한 감가공제를 한 금액</u> 또는 동일하거나 유사한 물품의 시중거래가격의 현재의 가액을 말한다.

현재가(시가)＝재구입비－감가수정액

(2) 재구입비 2015년 기사 2016년 기사 2019년 기사 2022년 기사 2023년 기사 2023년 산업기사

화재 당시의 피해 물품과 같거나 비슷한 것을 재건축(설계감리비를 포함) 또는 재취득하는 데 필요한 금액을 말한다.

※ '재조달가액'이라고도 한다.

(3) 소실면적 2014년 산업기사 2015년 기사 2017년 기사 2017년 산업기사 2018년 산업기사 2019년 산업기사 2021년 기사 2023년 기사 2023년 산업기사

건물의 소실면적 산정은 <u>소실바닥면적으로 산정</u>한다. 다만, 화재피해 범위가 건물의 6면 중 <u>2면 이하</u>인 경우에는 <u>6면 중의 피해면적의 합에 5분의 1을 곱한 값</u>을 소실면적으로 한다.

(4) 잔가율 2014년 기사 2016년 기사 2018년 산업기사 2019년 기사 2019년 산업기사 2020년 기사 2020년 산업기사 2021년 기사 2023년 기사 2023년 산업기사

화재 당시 피해물의 <u>재구입비에 대한 현재가의 비율</u>을 말한다. 이는 화재 당시 피해물에 잔존하는 경제적 가치의 정도로서 피해물의 현재가치는 재구입비에서 사용기간에 따른 손모 및 경과기간으로 인한 감가액을 공제한 금액이 되므로 잔가율은 다음과 같다.

현재가(시가)＝재구입비×잔가율
잔가율＝(재구입비－감가수정액)/재구입비
＝100%－감가수정률
＝1－(1－최종잔가율)×경과연수/내용연수

(5) 내용연수(내구연한) 2019년 산업기사 2021년 기사 2023년 기사 2023년 산업기사

내용연수란 고정자산을 <u>경제적으로 사용할 수 있는 연수</u>를 말한다. 이는 사용의 필요에 따라 물리적 내용연수와 경제적 내용연수로 구분한다. 물리적 내용연수는 고정자산을 정상적인 방법으로 관리했을 경우 기술적으로 이용 가능할 것으로 예측되는 기간을 말하고, 경제적 내용연수는 고정자산의 사용가치 및 교환가치 등을 고려한 경제적으로 이용 가능한 기간을 말한다. 통상적으로 물리적 내용연수에 비해 경제적 내용연수가 더 짧은 것이 보통이다.

04

화재조사보고 및 피해평가

화재피해액 산정에 있어서 보통 물리적 내용연수는 관심의 대상에서 제외되며 실무상 피해액의 산정에는 경제적 내용연수를 적용하게 된다.

(6) 경과연수

피해물의 사고일 현재까지의 <u>경과기간</u>을 말하는데 건물의 경우 신축일로부터 하고 기타 재산의 경우 구입일로부터 시작하여 사고일 현재까지의 경과한 기간을 의미한다. 경과연수는 년(年) 단위까지 반영하는 것을 원칙으로 하고 년 단위의 반영이 불합리한 경우에는 월(月) 단위까지 반영할 수 있다.

(7) 최종잔가율 2013년 기사 · 2013년 산업기사 · 2015년 기사 · 2016년 기사 · 2017년 기사 · 2017년 산업기사 · 2018년 기사 · 2019년 산업기사 · 2020년 기사 · 2021년 기사 · 2023년 기사 · 2023년 산업기사

피해물의 경제적 내용연수가 다한 경우 <u>잔존하는 가치의 재구입비에 대한 비율</u>을 말한다. 고정자산에 있어서 피해물이 경제적 내용연수를 다했더라도 다른 용도로 사용될 수 있으므로 당해 피해물의 경제적 가치가 잔존하게 된다. 예를 들면, 차량의 경우 중고 부품과 고철로 재활용될 수 있는데 이렇게 해당 피해물의 최종적인 잔존가치를 비율로 나타낸 것을 최종잔가율이라고 하며, 화재 등으로 인한 피해액 산정에 있어 최종잔가율은 현실을 감안하여 <u>건물, 부대설비, 구축물, 가재도구는 20%</u>로 하며 <u>그 외의 자산은 10%</u>로 정한다.

(8) 손해율 2017년 기사 · 2020년 기사 · 2021년 기사 · 2023년 기사 · 2023년 산업기사

피해물의 종류, 손상 상태 및 정도에 따라 피해액을 적정화시키는 일정한 비율을 말한다.

(9) 신축단가

화재피해 건물과 같거나 비슷한 규모, 구조, 용도, 재료, 시공방법 및 시공상태 등에 의해 새로운 건물을 신축했을 경우의 m^2당 단가로서 한국감정원의 건물신축단가표를 기준으로 한다.

바로바로 확인문제

화재 피해물의 경제적 내용연수가 다한 경우 잔존하는 가치의 재구입비에 대한 비율은?

① 최종잔가율   ② 손해율
③ 잔가율   ④ 보정률

해설 화재 피해물의 경제적 내용연수가 다한 경우 잔존하는 가치의 재구입비에 대한 비율은 최종잔가율이다.

답 ①

6 화재피해액 산정 시 유의사항

(1) 간이평가방식에 의한 산정의 도입

① 화재피해액은 화재 당시 피해물과 동일한 구조, 용도, 질, 규모를 재건축 또는 재구입하는 데 소요되는 가액에서 사용손모 및 경과연수에 따른 감가공제를 하고 현재가액을 산정하는 <u>실질적 · 구체적인 방식</u>에 의한다. 단, 회계장부상 현재 가액이 입증된 경우에는 그에 따른다.

② 그럼에도 불구하고 정확한 피해물품을 확인하기 곤란하거나 기타 부득이한 사유에 의하여 실질적 · 구체적인 방식에 의할 수 없는 경우에는 소방청장이 정하는 화재피해액 산정 매뉴얼의 <u>간이평가방식</u>으로 산정할 수 있다. 그러나 간이평가방식에 의한 피해액 산정결과가 실제 피해액과 차이가 클 경우에는 간이평가방식을 사용해서는 안 된다. 따라서 간이평가방식을 사용하는 경우에는 그 결과와 실질적 · 구체적 방식에 의해 산정한 결과와 상호 비교해 보아야 한다.

(2) 특수한 경우의 피해액 산정 우선적용사항

① 문화재에 대한 피해액 산정 : 문화재로 지정되었거나 보존가치가 높은 건물은 전문가(문화재 관계자 등)의 <u>감정에 의한 가격</u>을 현재가로 하며, 내용연수 및 경과연수 등에 의한 <u>감가액의 공제 없이</u> 현재가를 화재로 인한 피해액으로 한다.

② 철거건물에 대한 피해액 산정 : 퇴거 또는 철거가 예정된 건물에 있어서는 철거 예정일 이후의 사용 · 수익은 불가능한 것으로 보아야 하므로, 사고일로부터 철거일까지 기간을 잔여 내용연수로 보아 잔여 내용연수 기간의 감가율에 최종잔가율 20%를 합한 비율을 당해 건물의 잔가율로 하여 피해액을 산정한다.

> 철거건물의 피해액=재건축비×[0.2+(0.8×잔여 내용연수/내용연수)]

③ 모델하우스 등에 대한 피해액 산정

　㉠ 모델하우스 또는 가설건물 등 일정기간 존치하는 건물은 <u>실제 존치할 기간을 내용연수로 하여</u> 피해액을 산정한다. 이 경우 존치기간 종료일 현재의 <u>최종잔가율은 20%</u>이며, 내용연수 및 경과연수는 년 단위까지 산정한다.

　㉡ 모델하우스 등에 대한 피해액 산정을 달리 하는 것은 그 내용연수가 비교적 짧은 존치기간에 한정되는 이유 때문이므로 모델하우스라 하더라도 상용주택전시장이나 상설주택문화관 등으로서 그 구조를 유지한 채 장기 사용하는 경우에는 일반 건물에서와 동일한 내용연수를 적용하여 피해액을 산정하되, 상용

04
화재조사보고 및 피해평가

주택전시장 및 상설주택문화관 내부를 수시로 개조하는 경우에는 해당 부분에 대해 모델하우스 등에 대한 피해액 산정기준을 따른다.

④ 복합구조건물에 대한 피해액 산정 : 화재피해액 산정대상 건물이 구조, 건축시기, 용도가 서로 다른 경우 각각의 연면적에 대한 내용연수와 경과연수를 고려한 잔가율을 산정한 후 합산평균한 잔가율을 적용하여 피해액을 산정한다. 다만, 복합구조, 용도, 증축 또는 개축한 부분이 건물 전체 연면적(증축 및 개축한 부분을 포함한 면적)의 20% 이하인 경우에는 주된 건물의 잔가율을 적용한다.

‖ 복합구조건물의 잔가율 산정 ‖

구 조	용 도	내용연수	경과연수	잔가율	면 적(㎡)	가중치
철근콘크리트조	점포	60년	20년	73.33%	200	14,666
벽돌조	여관	40년	10년	80.00%	100	8,000
계					300	22,666
평균잔가율			22,666÷300＝75.55%			
비고	• 가중치는 잔가율에 면적을 곱한 수치 • 평균잔가율은 가중치를 총 면적으로 나눈 수치					

⑤ 중고구입기계장치 및 집기비품의 제작연도를 알 수 없는 경우 : 신품가액의 30~50%를 재구입비로 하여 피해액을 산정한다.

⑥ 중고기계장치 및 중고집기비품의 시장거래가격이 신품가격보다 높을 경우 : 신품가액을 재구입비로 하여 피해액을 산정한다.

⑦ 중고기계장치 및 중고집기비품의 시장거래가격이 신품가액에서 감가수정을 한 금액보다 낮을 경우 : 중고기계장치의 시장거래가격을 재구입비로 하여 피해액을 산정한다.

⑧ 공구·기구, 집기비품, 가재도구를 일괄하여 피해액을 산정할 경우 : 재구입비의 50%를 피해액으로 한다.

⑨ 재고자산의 상품 중 견본품, 전시품, 진열품의 피해액을 산정할 경우 : 구입가의 50~80%를 피해액으로 한다.

7 화재피해액 산정 매뉴얼

화재피해에 대한 조사와 화재로 인한 피해액을 산정할 때에는 신속하고 합리적이며 객관적으로 산정해야 한다. 관련된 직무수행의 순서는 다음 표와 같다.

‖ 화재피해조사 및 피해액 산정 순서 ‖

화재현장조사	• 화재발생장소의 전체적인 피해규모 파악 – 이재동수, 사상자수, 건물의 명칭 및 화재피해면적 • 피해규모에 따른 조사인력, 조사범위, 순서 등의 판단

↓

기본현황조사	• 피해내용 및 범위의 확인
	   – 건물, 부대설비, 구축물, 영업시설, 기타 동산의 유무 및 피해 여부
	• 건물의 용도, 구조, 규모 확인
	   – 건축물대장 및 실사에 의한 도면의 작성 등

↓

피해정도조사	• 건물, 부대설비, 구축물, 영업시설의 피해 정도, 피해면적 확인 • 기계장치, 공구 · 기구, 집기비품, 가재도구, 차량 및 운반구, 재고자산, 예술품 및 귀중품, 동 · 식물의 피해유무 및 품목별 피해 정도, 수량 확인

↓

재구입비 산정	• 피해내용별 재구입비의 산정
	   – 건물 : 건물신축단가표 확인
	   – 부대설비 : 부대설비 재설비비단가표 확인
	   – 구축물 : 구축물의 재건축비 표준단가표, 회계장부 확인
	   – 영업시설 : 업종별 영업시설의 재시설비 확인
	   – 기계장치 : 기계시가조사표, 감정평가서 또는 회계장부 확인
	   – 공구 · 기구 : 공구 · 기구 시가조사표, 회계장부 확인
	   – 집기비품 : 집기비품 및 가재도구 시가조사표, 회계장부 확인
	   – 가재도구 : 집기비품 및 가재도구 시가조사표, 주택 종류 및 상태, 면적, 거주인원, 주택가격(m^2당)별 기준액 확인
	   – 차량 및 운반구 : 시중매매가, 회계장부 확인
	   – 재고자산 : 회계장부, 매출액 및 재고자산회전율 확인
	   – 예술품, 귀중품 : 감정가격 확인
	   – 동물, 식물 : 시중거래가 확인
	• 피해내용별, 품목별 경과연수 및 내용연수 확인

↓

피해액 산정	• 피해내용별 피해액 산정 • 잔존물 제거비 산정 • 피해액의 합산

04

화재조사보고 및 피해평가

02 대상별 피해액 산정기준

1 건물 등의 피해액 산정

신축단가 × 소실면적 × [1 − (0.8 × 경과연수/내용연수)] × 손해율

구 분		용 도	구 조	소실면적 (m²)	신축단가 (m²당, 천원)	경과 연수	내용 연수	잔가율 (%)	손해율 (%)	피해액 (천원)
구체적	용도 1									
	용도 2									
기타		※ 산출과정을 서술								

화재로 인한 피해액

= 소실면적의 재건축비 × 잔가율 × 손해율

= 신축단가×소실면적 × [1−(0.8×경과연수/내용연수)] × 손해율

(1) 소실면적

화재피해액을 산정하기 위한 피해면적으로서 화재피해를 입은 **건물의 연면적**(건물 각 층의 상면적의 합계)을 말한다. 다만 건물의 소실면적 산정은 소실된 바닥면적으로 산정하며 화재피해 범위가 건물의 6면 중 2면 이하인 경우에는 6면의 피해면적 합에 5분의 1을 곱한 값을 소실면적으로 한다.

(2) 소실면적의 재건축비

소실면적×신축단가

(3) 잔가율

화재 당시 피해물의 재구입비에 대한 현재가의 비율로 화재 당시 건물에 잔존하는 가치의 정도를 말한다. 건물의 현재가치는 재구입비에서 사용손모 및 경과기간으로 인한 감가액을 공제한 금액이 되므로 잔가율은 1−(1−최종잔가율)×경과연수/내용연수이며, 건물의 최종잔가율은 20%이므로 이를 위 식에 반영하면 건물의 잔가율은 [1−(0.8×**경과연수/내용연수**)]가 된다.

(4) 신축단가

한국감정원의 건물신축단가표 참조

(5) 내용연수

화재피해액 산정 매뉴얼 [별표 2]의 내용연수를 참조

(6) 경과연수

화재피해 대상 건물이 건축일로부터 사고일 현재까지 경과한 연수이다. 화재피해액

산정에 있어서는 년 단위까지 산정하는 것을 원칙으로 하며 년 단위로 산정하는 것이 불합리한 결과를 초래하는 경우에는 월 단위까지 산정할 수 있다. 건축일은 건물의 사용승인일 또는 사용승인일이 불분명한 경우에는 실제 사용한 날부터 한다. 건물의 일부를 개축 또는 대수선한 경우에 있어서는 경과연수를 다음과 같이 수정하여 적용한다.

재건축비의 50% 미만을 개·보수한 경우	최초 건축연도를 기준으로 경과연수를 산정한다.
재건축비의 50~80%를 개·보수한 경우	최초 건축연도를 기준으로 한 경과연수와 개·보수한 때를 기준으로 한 경과연수를 합산 평균하여 경과연수를 산정한다.
재건축비의 80% 이상을 개·보수한 경우	개·보수한 때를 기준으로 하여 경과연수를 산정한다.

(7) 건물의 소손 정도에 따른 손해율 암기 〔2017년 기사〕〔2017년 산업기사〕〔2018년 기사〕〔2019년 기사〕

화재로 인한 피해 정도	손해율(%)
주요 구조체의 재사용이 불가능한 경우 (기초공사 제외)	90, 100
주요 구조체는 재사용이 가능하나, 기타 부분의 재사용이 불가능한 경우 (공동주택, 호텔, 병원)	65
주요 구조체는 재사용이 가능하나, 기타 부분의 재사용이 불가능한 경우 (일반주택, 사무실, 점포)	60
주요 구조체는 재사용이 가능하나, 기타 부분의 재사용이 불가능한 경우	55
천장, 벽, 바닥 등 내부 마감재 등이 소실된 경우	40
천장, 벽, 바닥 등 내부 마감재 등이 소실된 경우 (공장, 창고)	35
지붕, 외벽 등 외부 마감재 등이 소실된 경우 (나무구조 및 단열패널조 건물의 공장 및 창고)	25, 30
지붕, 외벽 등 외부 마감재 등이 소실된 경우	20
화재로 인한 수손 시 또는 그을음만 입은 경우	5, 10

① **주요 구조체의 재사용이 불가능한 경우** : 소손 정도에 따른 손해율을 정함에 있어 건물의 주요 구조체라 함은 내력벽·기둥·보·주계단을 말하며, 주요 구조체의 재사용이 불가능한 경우라 함은 사실상 건물의 전부가 소실된 경우이나, 건물의 전부가 소실된 경우에 있어서도 기초공사 부분의 경우 재활용이 가능한 경우가 대부분이므로 그 손해율은 90%로 하되, 기초공사 부분의 재활용 가능 여부에 따라 10%를 가산할 수 있다.

② **주요 구조체는 재사용이 가능하나, 기타 부분의 재사용이 불가능한 경우** : 주요 구조체의 재사용은 가능하나, 주요 구조체를 제외한 부분의 재사용이 불가능한 경우

(기타 부분의 재시공이 불가피한 경우)에 있어 그 손해율은 60%로 한다. 이는 주요 구조체의 재건축비 구성비가 약 40%를 차지하는 이유 때문인데 주요 구조체를 제외한 부분의 재건축비 구성비는 60%가 된다. 주요 구조체를 제외한 그 밖의 부분이 전부 소실한 경우 손해율은 60%가 되는 것이다. 다만, 손해율의 적용에 있어 건물의 용도(건물의 용도에 따라 주요 구조체 재건축비의 구성 비율이 다르다. 예컨대, 일반주택·사무실·점포 등의 주요 구조체 재건축비의 구성비는 40% 내외가 되며, 공장·창고의 경우에는 45%, 공동주택·호텔·병원 등은 35% 내외가 된다), 건물구조, 손상 상태 및 정도에 따라 5% 범위 내에서 가감할 수 있다.

③ 천장, 벽, 바닥 등 내부 마감재 등이 소실된 경우 : 건물의 천장·벽·바닥·전기설비(건물의 기본적인 전기설비)·위생설비 등 내부 마감재 및 건물 내 영업시설물 등이 소실된 경우에 있어 손해율은 40%로 한다. 이는 내부 마감재 및 건물 내 영업시설물의 재건축비 구성비가 40%를 차지하기 때문이다. 다만, 건물의 용도(공장·창고 등의 내부 마감재 및 건물 내 영업시설물의 재건축비 구성비는 35% 내외 정도이다), 건물구조, 손상 상태 및 정도에 따라 5% 범위 내에서 가감할 수 있다.

④ 지붕, 외벽 등 외부 마감재 등이 소실된 경우 : 지붕 및 외벽 등 외부 마감재가 소실된 경우에 있어 손해율은 20%로 한다. 지붕 및 외벽 등 외부 마감재의 재건축비 구성비는 약 20% 정도이기 때문이다. 다만, 나무구조 및 단열패널조 건물의 공장 및 창고에 있어서는 5~10% 가산할 수 있다.

⑤ 화재로 인한 수손 시 또는 그을음만 입은 경우 : 건물의 내외부 등이 수손 또는 그을음만 입은 경우에 있어 손해율은 10%로 한다. 다만, 손상부위, 손상 상태 및 정도에 대한 조사자의 판단에 따라 5% 범위 내에서 가감할 수 있다.

2 부대설비, 구축물, 영업시설 등의 피해액 산정 암기

(1) 부대설비의 피해액 산정

2017년 기사 · 2019년 기사 · 2020년 기사 · 2022년 기사 · 2023년 기사 · 2023년 산업기사

단위당 표준단가×피해단위×[1−(0.8×경과연수/내용연수)]×손해율

구 분	설비 종류	소실면적 또는 소실단위	단가 (단위당, 천원)	재설 비비	경과 연수	내용 연수	잔가율 (%)	손해율 (%)	피해액 (천원)
간이 평가	설비 1								
	설비 2								
회계장부 원시건축비 구체적 수리비 기타	※ 산출과정을 서술								

❗ 꼼.꼼. check! ▶ 부대설비 산정대상 ⟨2013년 산업기사⟩ ⟨2023년 기사⟩ ⟨2023년 산업기사⟩

전기설비 중 특수설비인 화재탐지설비, 방송설비, TV공시청설비, 피뢰침설비, DATA설비, H/A설비, 수·변전설비, 발전설비, 전화교환대, 플로어덕트설비, System box 설비, 주차관제설비 등과 위생·급배수·급탕설비, 냉·난방설비, 소화설비, 자동제어설비, 승강기설비, 주차설비, 볼링장 영업시설물, Clean room 설비 등

① **간이평가방식** : 부대설비는 그 종류, 품질, 규격, 형식, 재질 등이 다양할 뿐만 아니라 제작회사에 따라 가격차이도 있어 실질적·구체적 방식에 의한 피해액 산정이 쉽지 않으므로, 간편한 방법에 의해 추정 피해액을 산정해 내는 간이평가방식을 사용한다.

간이평가에 의한 부대설비 피해액은 다음과 같은 경우로 나누어 신축단가에 소실면적 및 설비종류별 재설비비율(다음 공식에 의한 5~20%)을 곱한 후 손해율을 곱하는 방식에 의해 산정한다.

㉠ 기본적 전기설비 외에 화재탐지설비, 방송설비, TV공시청설비, 피뢰침설비, DATA설비, H/A설비 등의 전기설비와 위생설비가 있는 경우

> 부대설비 피해액(간이평가방식)
> =소실면적의 재설비비×잔가율×손해율
> =신축단가×소실면적×5%×[1−(0.8×경과연수/내용연수)]×손해율

㉡ 위 전기설비 및 위생설비에 추가하여 난방설비가 있는 경우

> 부대설비 피해액(간이평가방식)
> =소실면적의 재설비비×잔가율×손해율
> =신축단가×소실면적×10%×[1−(0.8×경과연수/내용연수)]×손해율

㉢ 위 전기설비, 위생설비, 냉·난방설비에 추가하여 소화설비 및 승강기설비가 있는 경우

> 부대설비 피해액(간이평가방식)
> =소실면적의 재설비비×잔가율×손해
> =신축단가×소실면적×15%×[1−(0.8×경과연수/내용연수)]×손해율

㉣ 위 전기설비, 위생설비, 소화설비, 승강기설비에 추가하여 냉·난방설비 및 수·변전설비가 있는 경우

> 부대설비 피해액(간이평가방식)
> =소실면적의 재설비비×잔가율×손해율
> =신축단가×소실면적×20%×[1−(0.8×경과연수/내용연수)]×손해율

04

화재조사보고 및 피해평가

> ! 꼼.꼼.check! ➤ 전등 및 전열설비 등 기본적인 전기설비만 되어 있는 경우
>
> 해당 기본 전기설비는 건물신축단가표의 표준단가에 포함되어 있으므로 간이평가방식에 의한 산정에서는 별도로 부대영업시설 피해액을 산정하지 아니한다.

② 실질적 · 구체적 방식 : 부대설비의 피해액 산정에 있어 간이평가방식이 곤란한 경우 실질적 · 구체적 방식에 의한다.

예컨대, 간이평가방식에서 분류한 부대설비 중 일부 부대설비만 시설된 경우(전기설비 중 화재탐지설비만 시설된 경우, 화재탐지설비와 옥내소화전만 시설된 경우, 태양열 및 전기난방설비만 시설된 경우, 자동제어설비만 시설된 경우 등) 및 특수한 부대설비가 시설된 경우에는 실질적 · 구체적 방식에 의해 부대설비의 피해액을 산정해야 한다. 화재로 인한 부대설비의 피해액을 실질적 · 구체적 방식에 의해 산정하는 경우 그 기준은 건물의 피해액 산정기준과 다를 바 없으므로, 부대설비를 사고 전과 동일한 종류, 품질, 규격, 재질로 원상회복하는 데 소요되는 재설비비를 구한 다음, 사용손모 및 경과연수에 대응한 감가액을 공제한 후 손해율을 곱한 금액으로 한다. 다만, 부대설비의 피해액 산정에 있어 건물의 피해액 산정과 다른 점은, 부대설비의 경우 부대설비 표준단가가 별도로 정해져 있고, 부대설비 표준단가 적용에 있어서도 설비기자재의 품질, 규격, 재질 및 제작회사 등을 참고하여 부대설비의 재설비비를 산정해야 한다는 점이다. 부대설비의 재설비비 단가표는 소방청 화재피해액 산정 매뉴얼 참고자료 [별표 3] 부대설비 재설비비 단가표에 의하되, 부대시설의 재설비비는 부대설비 단위당 표준단가에 피해단위를 곱한 금액으로 한다.

실질적 · 구체적 방식에 의한 부대설비의 피해액 산정은 다음 공식에 의한다.

> 부대설비 피해액(실질적 · 구체적 방식)
> =소실 단위(면적, 개소 등)의 재설비비×잔가율×손해율
> =단위(면적, 개소 등)당 표준단가×피해단위×[1−(0.8×경과연수/내용연수)]×손해율

부대설비의 재설비비는 단위당 단가에 피해단위를 곱하는 방식에 의해 산정하되, 설비기자재의 품질, 규격, 재질 및 제작회사에 따라 가격차이가 크므로 화재피해 대상 설비를 정확히 확인한 후, 표준단가에 대한 보정이 필요한 경우 보정을 해야 한다.

③ 수리비에 의한 방식 : 부대설비의 수리가 가능하고 그 수리비가 입증되는 경우에는 수리에 소요되는 금액에서 사용손모 및 경과연수에 대응한 감가공제를 한 금액으로 한다. 다만, 수리비가 부대설비 재설비비의 20% 미만인 경우에는 감가공제를 하지 아니한다.

부대설비 피해액(수리비에 의한 방식)
=수리비×[1-(0.8×경과연수/내용연수)]

부대설비 수리비는 관련전문업자의 견적서를 토대로 하되 2곳 이상의 업체로부
터 받은 견적금액을 평균하여 재설비비로 산정한다. 다만, 해당 수리비에 잔존
물 또는 폐기물 등의 제거 및 처리비가 포함되었는지 수리비 내역을 살펴 중복
되지 않도록 한다.

④ 부대설비의 피해액 산정방법

　㉠ 산정식 : 단위당 표준단가×피해단위×[1-(0.8×경과연수/내용연수)]×손해율
이므로 해당 수치를 대입하여 얻은 결과를 기재한다. **천원단위로 기재**하며 소
수점 첫째자리에서 반올림한다.

　㉡ 부대설비는 건물에 종속되는 설비이므로 건물 피해가 발생되지 않는 경우에는
입력할 수가 없다. 따라서 부대설비의 피해 산정 이전에 건물의 피해 산정이
먼저 이루어져야 하며, 또한 피해 건물이 다수인 경우에는 각각의 부대설비가
어느 건물에 해당되는 설비인지를 반드시 구분해 주어야 한다.

┃ 부대설비의 종류 ┃

설비 종류	구 분
전기설비	• 가스발전기　• 디젤엔진발전기　• 방송설비 • 변전설비 특고압약식, 고압(6.6kV, 3.3kV) 등
위생설비 (급 · 배수, 급탕설비 포함)	• 급탕 미설치　• 급탕 설치
소화기설비	• 옥내소화전설비　• 스프링클러설비 등
냉 · 난방설비	• 덕트　• 팬코일　• 태양열 및 전기난방설비 등
곤돌라설비	• 궤도형　• 무궤도형
덤웨이터	• 25m/min 2~3층 100~300kg
병원용 승강기	• 6층 11인승 750kg　• 10층 11인승 750kg　• 15층 11인승 750kg 등
승객용 승강기	• 10층 8인승 550kg　• 15층 8인승 550kg　• 10층 13인승 900kg 등
에스컬레이터	• 800형 4m　• 1,200형 4m 등
이동보도설비	• 1,000형 20M　• 1,200형 20M
자동제어설비	• 설비 공기조화(냉 · 난방) 100점 미만(원/m^2) • 설비 공기조화(냉 · 난방) 100점 이상 CAV방식(원/m^2) • 전기전력자동제어(원/point) 등
자동차용 승강기	• 3층 2,000kg　• 5층 2,000kg
주차설비	• 퍼즐식 2단 5대 기준　• 퍼즐식 3단 8대 기준 등
화물용 승강기	• 30m/min 3층 750kg　• 60m/min 3층 1,000kg 등
볼링장 시설물	• 국산　• 외산
Clean room 설비	• 1,000개/ft^3　• 10,000개/ft^3　• 100,000개/ft^3

ⓒ 부대설비의 소실면적 또는 소실단위 : 부대설비의 피해액 또는 재설비비를 대당 · 개소당 · 회선당 · set당 · kVA당 · kW당 · 객실당 · bed당 · 헤드당 · 병당 · point당 · 레인당 등의 단위로 산정하는 경우에는 소실단위(예 3개소)를 기재한다.

ⓔ 부대설비의 표준단가 : 면적당 또는 단위당 단가를 기재한다.

간이평가방식	해당 피해건물의 신축단가(소방청 화재피해액 산정 매뉴얼의 참고자료 [별표 2] 건물신축단가표상의 단가)를 기재한다.
실질적 · 구체적 방식	소방청 화재피해액 산정 매뉴얼의 참고자료 [별표 3] 부대설비 재설비비 단가표에서 해당 단가를 기재한다.

ⓜ 부대설비의 재설비비 : 재설비비＝단위당 표준단가×소실면적 또는 소실단위이므로 해당 수치를 대입하여 얻는 결과를 기재한다.

단, 간이평가방식에 의해 부대설비의 피해액을 산정하는 경우에는 재설비비는 소실면적×건물신축단가×재설비비율(5~20%)이므로 계산된 수치를 기재한다.

바로바로 확인문제 ●

공공청사 건물의 3층 495m^2, 4층 495m^{2}에 시설된 P형 자동화재탐지설비의 회로가 소실된 경우에 있어서 부대설비 재설비비는 얼마인가? (단, 자동화재탐지설비의 m^{2}당 단가는 11천원) **2017년 기사** **2019년 기사**

해설 피해를 입은 자동화재탐지설비의 수용면적 합계가 990m^{2}이므로, 부대설비 피해액 산정에 있어서 소실면적은 990m^{2}가 되고, 자동화재탐지설비의 m^{2}당 단가가 11천원이므로 소실면적에 m^{2}당 단가 11천원을 곱한 금액이 부대설비의 재설비비 금액이므로, 계산하면 990m^2×11천원＝10,890천원이 된다.

ⓗ 부대설비의 경과연수 : 부대설비의 준공일 또는 사용일로부터 사고 당시까지 경과한 연수를 계산하여 기재하되, 년 미만 기간은 버린다. 년 단위로 산정하는 것이 불합리한 결과를 초래하는 경우에는 월 단위까지 반영할 수 있다(이 경우 월 미만 기간은 버린다).

단, 개수 또는 보수한 경우에 있어서는 경과연수를 다음과 같이 적용한다.

재설치비의 50% 미만을 개 · 보수한 경우	최초 설치연도를 기준으로 경과연수를 산정
재설치비의 50~80%를 개 · 보수한 경우	최초 설치연도를 기준으로 한 경과연수와 개 · 보수한 때를 기준으로 한 경과연수를 합산하고 평균하여 경과연수를 산정
재설치비의 80% 이상을 개 · 보수한 경우	개 · 보수한 때를 기준으로 하여 경과연수를 산정

ⓢ 부대설비의 내용연수 : 부대설비의 내용연수는 소방청 화재피해액 산정 매뉴얼의 참고자료 [별표 2] 건물신축단가표에 있는 건물의 내용연수상의 해당 건물의 용도 및 주요 구조체별 내용연수를 기재한다.

◎ 부대설비의 잔가율 : 부대설비의 잔가율은 [1−(0.8×경과연수/내용연수)]를 사용하여 얻은 결과를 %로 표시하되 소수 셋째자리에서 반올림하여 기재한다.

㉣ 부대설비의 손해율 : 전기설비(화재탐지설비 등)에 있어서는 사소한 수침, 그을음 손상을 입은 경우라 하더라도 회로의 이상이 있거나 단선 또는 단락의 경우 전부손해로 간주하여 100%의 손해율로 한다. 기타 설비의 손해율은 다음과 같이 구분하여 적용한다.

▌ 부대설비의 소손 정도에 따른 손해율 ▌

화재로 인한 피해 정도	손해율(%)
주요 구조체의 재사용이 거의 불가능하게 된 경우	100
손해의 정도가 상당히 심한 경우	60
손해 정도가 다소 심한 경우	40
손해 정도가 보통인 경우	20
손해 정도가 경미한 경우	10

주요 구조체의 재사용이 거의 불가능하게 된 경우라 함은 부대설비의 주요 부분이 소손된 경우를 말하며, 손해의 정도가 상당히 심한 경우라 함은 주요 부분을 제외한 기타 부분이 소실되었거나 부대설비가 전체적으로 상당히 심한 정도의 소손을 말하며, 각 항목별 손해율은 부대설비의 종류, 손상 상태 및 정도 등을 고려하여 적용하되, 조사자의 판단에 따라 5% 범위 내에서 가감할 수 있다.

바로바로 **확인문제**

부대설비 피해액 산정방식으로 옳지 않은 것은?
① 부대설비의 잔가율은 얻은 결과를 %로 표시한다.
② 수리비로 산정할 경우 2곳 이상의 업체로부터 받은 견적금액을 평균하여 재설비비로 산정한다.
③ 부대설비 피해액은 천원단위로 기재하며 소수 첫째자리에서 반올림한다.
④ 부대설비는 건물과 별도로 피해액을 산정하므로 건물의 피해여부와 관계없이 부대설비의 피해액을 우선 산정한다.

해설 부대설비는 건물에 종속되는 설비이므로 건물 피해가 발생되지 않는 경우에는 입력할 수가 없다. 따라서 부대설비의 피해 산정 이전에 건물의 피해 산정이 먼저 이루어져야 한다. 답 ④

04

화재조사보고 및 피해평가

(2) 구축물의 피해액 산정

단위당 표준단가×피해단위×[1-(0.8×경과연수/내용연수)]×손해율

구 분	설비 종류	소실면적 또는 소실단위	단 가 (단위당, 천원)	재설 비비	경과 연수	내용 연수	잔가율 (%)	손해율 (%)	피해액 (천원)
간이 평가	설비 1								
	설비 2								
회계장부 원시건축비 구체적 수리비 기타	※ 산출과정을 서술								

구축물의 경우 구축물 재건축비 표준단가를 활용한 간이평가방식, 회계장부에 의한
피해액 산정방식, 최초건축비 확인이 가능한 경우의 원시건축비에 의한 방식, 그리고 수
리비에 의한 방식이 있다.

① 간이평가방식 : 구축물의 재건축비 표준단가표의 단위당 표준단가에 소실단위를
곱한 금액을 피해액으로 간이평가방법으로 산정한다.

> 구축물 피해액(간이평가방식)
> =소실단위(길이 · 면적 · 체적)의 재건축비×잔가율×손해율
> =단위(m, m², m³)당 표준단가×소실단위×[1-(0.8×경과연수/내용연수)]×손해율

‖ 구축물의 재건축비 표준단가 ‖

구 분	종 류	재 질	단 위	단위당 단가(천원)
지하 구축물	저장조	철근콘크리트	m³	350
	수조	〃	〃	280
	공동구	〃	〃	320
지상 구축물	석축	토사 및 콘크리트	m²	80
	옹벽	암석 및 콘크리트	〃	110
	철도	레일, 받침목	m	800
	철탑	철재형강류	〃	2,500

② 회계장부에 의한 방식 : 구축물은 그 종류가 다양할 뿐만 아니라 구조, 규모, 재료,
질, 시공방법 등이 일률적이지 아니하여 실질적 · 구체적 방식에 의한 피해액 산

정이 쉽지 않으므로, 구축물의 사고 당시 현재가액이 회계장부에 의해 확인 가능한 경우에는 회계장부상의 구축물가액에 손해 정도에 따른 손해율을 곱한 금액을 해당 구축물의 피해액으로 산정한다.

> 구축물 피해액(회계장부에 의한 방식)
> =소실단위(길이·면적·체적)의 현재가액×손해율
> =소실단위의 회계장부상 구축물가액×손해율

다만, 회계장부상 구축물의 현재가액을 화재피해액으로 산정하는 경우, 회계장부상 구축물의 현재가액에는 사용손모 또는 경과연수에 대응한 감가공제가 이미 이루어진 상태이므로, 다시 감가공제를 하지 않는다.

③ 원시건축비에 의한 방식 : 구축물은 그 종류, 구조, 용도, 규모, 재료, 질, 시공방법 등이 다양하므로 일률적으로 재건축비를 산정하기 어려운 면이 있으나, 대규모 구축물의 경우 설계도 및 시방서 등에 의해 최초건축비의 확인이 가능하므로 최초건축비에 경과연수별 물가상승률을 곱하여 재건축비를 구한 후 사용손모 및 경과연수에 대응한 감가공제하는 방식에 의해 화재로 인한 구축물의 피해액을 산정할 수 있다.

> 구축물 피해액(원시건축비에 의한 방식)
> =소실단위(길이·면적·체적)의 재건축비×잔가율×손해율
> =소실단위의 원시건축비×물가상승률×[1-(0.8×경과연수/내용연수)]×손해율

| 2005년을 기준으로 한 경과연수별 물가상승률 |

경과연수	물가상승률	경과연수	물가상승률	경과연수	물가상승률
1	103%	11	149%	21	258%
2	106%	12	159%	22	264%
3	110%	13	166%	23	273%
4	113%	14	177%	24	292%
5	118%	15	193%	25	355%
6	120%	16	210%	26	457%
7	121%	17	222%	27	540%
8	131%	18	238%	28	618%
9	136%	19	245%	29	681%
10	143%	20	252%	30	685%

④ 수리비에 의한 방식

> **구축물 피해액(수리비에 의한 방식)**
> = 수리비 × [1−(0.8×경과연수/내용연수)]

- ㉠ 구축물의 피해액 산정에 있어 구축물의 수리가 가능하고 그 수리 · 복원비가 입증되는 경우에는 수리 · 복원에 소요되는 금액에서 사용손모 및 경과연수에 대응한 감가공제를 한 금액으로 한다. 다만, 수리 · 복원비가 구축물 재건축비의 20% 미만인 경우에는 <u>감가공제를 하지 아니한다.</u>
- ㉡ 구축물 수리비는 관련전문업자의 견적서를 토대로 하되, 2곳 이상의 업체로부터 받은 견적금액을 평균하여 재건축비용으로 산정하며, 해당 수리비에 잔존물 또는 폐기물 등의 제거 및 처리비가 포함되었는지 수리비 내역을 살펴 중복하여 반영되지 않도록 하여야 한다.

⑤ **구축물의 피해액 산정방법** (2014년 산업기사)

- ㉠ 산정식 : 단위당 표준단가 × 피해단위 × [1−(0.8×경과연수/내용연수)] × 손해율이므로 해당 수치를 대입하여 얻은 결과를 기재한다. 천원단위로 기재하며 소수 첫째자리에서 반올림한다.
- ㉡ 구축물의 단위당 표준단가 : 회계장부 또는 <u>원시건축비에 의한 방식</u>에 의해 구축물의 피해액을 산정하는 경우에는 구축물의 신축단가 또는 <u>단위당 단가는 필요하지 아니하며</u>, 간이평가방식에 의하는 경우 구축물의 재건축비는 산정기준에서 별도로 정한 m당, m²당, m³당 등의 단위당 표준단가에 의한다.
- ㉢ 구축물의 재건축비 : 구축물에 있어 소실단위(길이, 면적, 체적)의 재건축비는 회계장부에 의해 피해액을 산정하는 경우 회계장부상 구축물 전체의 현재가액에 피해단위(길이, 면적, 체적)의 전체단위(길이, 면적, 체적)에 대한 비율을 곱한 금액으로 하며, 원시건축비 방식에 의해 피해액을 산정하는 경우 원시건축비에 물가상승률과 피해단위(길이, 면적, 체적)의 전체단위(길이, 면적, 체적)에 대한 비율을 곱한 금액으로 하고, 간이평가방식에 의한 피해액 산정의 경우 단위(m, m², m³)당 표준단가에 피해단위를 곱한 금액으로 한다.

바로바로 확인문제

건물에 화재가 발생하여 암석 및 콘크리트로 건축된 옹벽이 소손되어 30m²의 보수를 필요로 한다. 소손된 구축물 재건축비는 얼마인가? (단, 옹벽의 m²당 단가는 110천원)

해설 암석 및 콘크리트 옹벽의 m²당 표준단가는 110천원이고, 소손된 면적은 30m²이므로, 해당 구축물의 재건축비는 110천원×30m²=3,300천원이다.

ⓔ 구축물의 경과연수 : 구축물의 준공일 또는 사용일로부터 사고 당시까지 경과한 연수를 계산하여 기재하되, 년 미만 기간은 버린다. 년 단위로 산정하는 것이 불합리한 결과를 초래하는 경우에는 월 단위까지 반영할 수 있다(이 경우 월 미만 기간은 버린다).

단, 개수 또는 보수한 경우에 있어서는 경과연수를 다음과 같이 적용한다.

재설치비의 50% 미만을 개 · 보수한 경우	최초 설치연도를 기준으로 경과연수를 산정
재설치비의 50~80%를 개 · 보수한 경우	최초 설치연도를 기준으로 한 경과연수와 개 · 보수한 때를 기준으로 한 경과연수를 합산하고 평균하여 경과연수를 산정
재설치비의 80% 이상을 개 · 보수한 경우	개 · 보수한 때를 기준으로 하여 경과연수를 산정

ⓜ 구축물의 내용연수 : 50년으로 일괄 적용한다.

ⓗ 구축물의 잔가율 : [1−(0.8×경과연수/내용연수)]를 사용하여 얻은 결과를 %로 표시하되 소수 셋째자리에서 반올림하여 기재한다.

ⓢ 구축물의 손해율 : 건물과 유사한 형태를 띠는 경우가 많으므로 건물의 손해율을 준용한다.

┃ 구축물의 소손 정도에 따른 손해율 ┃

화재로 인한 피해 정도	손해율(%)
주요 구조체의 재사용이 불가능한 경우 (기초공사 제외)	90, 100
주요 구조체는 재사용 가능하나, 기타 부분의 재사용이 불가능한 경우 (공동주택, 호텔, 병원)	65
주요 구조체는 재사용 가능하나, 기타 부분의 재사용이 불가능한 경우 (일반주택, 사무실, 점포)	60
주요 구조체는 재사용 가능하나, 기타 부분의 재사용이 불가능한 경우 (공장, 창고)	55
천장, 벽, 바닥 등 내부 마감재 등이 소실된 경우	40
천장, 벽, 바닥 등 내부 마감재 등이 소실된 경우 (공장 · 창고)	35
지붕, 외벽 등 외부 마감재 등이 소실된 경우 (나무구조 및 단열패널조 건물의 공장 및 창고)	25, 30
지붕, 외벽 등 외부 마감재 등이 소실된 경우	20
화재로 인한 수손 시 또는 그을음만 입은 경우	5, 10

04
화재조사보고 및 피해평가

(3) 영업시설의 피해액 산정 🏅2021년 기사 🏅2022년 기사

m^2당 표준단가×소실면적×[1-(0.9×경과연수/내용연수)]×손해율

구 분	업 종	소실면적 (m^2)	단 가 (m^2당, 천원)	재시설비	경과연수	내용연수	잔가율 (%)	손해율 (%)	피해액 (천원)
간이 평가									
수리비 기타	※ 산출과정을 서술								

① 간이평가방식

> 영업시설 피해액(간이평가방식)
> =소실 면적의 재시설비×잔가율×손해율
> =m^2당 표준단가×소실면적×[1-(0.9×경과연수/내용연수)]×손해율

화재로 인한 피해액 산정에 있어 건물과 별도로 내부 영업시설에 대하여 피해액을 산정해야 하는 경우는 건물의 기본적인 구조 외에 벽, 천장, 바닥 등에 내·외부 마감재나 조명, 영업시설 등을 별도로 설치한 경우를 말한다.

그 중 사무실 등 업무영업시설의 경우에 있어서 영업시설의 피해액을 건물 피해액과 별도로 산정해야 하는 경우가 있을 수 있으며 대개는 판매영업시설 등의 점포 및 상가 등이 이에 해당한다.

영업시설은 업종별, 용도별로 다양하며, 그 금액 또한 다양하므로 설계도면이나 시방서 등의 확인 및 현장의 실사에 의하여 당해 영업시설의 용도, 구조, 재료, 규모, 시공방법 및 시공상태 등을 파악하여 동 영업시설물의 재시설에 필요한 각종 재료의 종류와 수량 및 노동시간(품)을 적산하는 한편, 시중물가와 시중노임을 적용하여 영업시설의 공사원가를 구하고, 이것에 부대하는 제반 경비를 가산하는 실질적·구체적 방법에 의해 재시설비를 구하여, 이를 기초로 화재로 인한 피해액을 산정하여야 할 것이나, 이는 시간이 많이 소요되고, 그 산정이 곤란하므로, 해당 업종별로 재시설비 금액을 추정하여 사용손모 및 경과연수에 대응한 감가공제를 한 후 손해율을 곱하는 방식에 의한 간이평가방식에 의해 영업시설의 피해액을 산정한다.

‖ 업종별 영업시설의 재시설비 ‖

업 종	단 위	단위당 단가(천원)			비 고
		상	중	하	
나이트클럽, 디스코클럽, 극장식 식당	m^2	900	800	700	특수조명설비 포함
고급음식점(호텔), 룸살롱	〃	650	550	450	

업 종	단 위	단위당 단가(천원)			비 고
		상	중	하	
카바레, 바(bar)	〃	600	500	400	
스탠드바, 단란주점, 레스토랑, 패스트푸드 가맹점	〃	550	450	350	
비어홀, 노래방, 비디오방, PC방, 오락실, 다방	〃	450	375	300	
예식장, 뷔페식당	〃	600	475	350	
독서실, 고시학원	〃	300	250	200	
사우나, 목욕탕	〃	600	450	300	
이용실, 미용실	〃	350	275	200	
일반음식점, 다과점	〃	400	300	200	
병원	〃	350	250	150	
도소매업	〃	240	180	120	

위 표는 영업시설의 대표되는 업종을 분류한 것이므로, 실제 적용에 있어 위 분류에 해당하지 아니하는 업종의 경우 유사 업종을 적용한다.

예컨대, PC방, 오락실의 경우 비디오방의 표준단가를 적용하며, 패스트푸드 가맹점의 경우 레스토랑의 표준단가를 적용한다. 표준단가의 상·중·하는 영업시설의 구조, 재료, 규모, 시공방법 및 시공상태뿐만 아니라 용도에 따라 적절히 적용한다. 예컨대, 패스트푸드점의 경우 레스토랑 표준단가의 '상'의 단가를 적용한다.

② 수리비에 의한 방식

> 영업시설 피해액(수리비에 의한 방식)
> =수리비×[1−(0.9×경과연수/내용연수)]

㉠ 영업시설의 피해액 산정에 있어 영업시설의 수리가 가능하고 그 수리비가 입증되는 경우에는 수리에 소요되는 금액에서 사용손모 및 경과연수에 대응한 감가공제를 한 금액으로 한다. 다만, 수리비가 재시설비의 20% 미만인 경우에는 감가공제를 하지 아니한다.

㉡ 영업시설 수리비는 관련전문업자의 견적서를 토대로 하되, 2곳 이상의 업체로부터 받은 견적금액을 평균하여 영업시설의 재시설비로 산정하되, 해당 수리비에 잔존물 또는 폐기물 등의 제거 및 처리비가 포함되었는지 수리비 내역을 살펴 중복하여 반영되지 않도록 하여야 한다.

③ 영업시설의 피해액 산정방법 (2020년 기사)

㉠ 산정식 : 업종별 m^2당 표준단가×소실면적×[1−(0.9×경과연수/내용연수)]×손해율이므로 해당 수치를 대입하여 얻은 결과를 기재한다. 천원단위로 기재하며 소수 첫째자리에서 반올림한다. 소실면적은 건물의 바닥면적을 기준으로 한다. 다만, 화재피해 범위가 건물의 6면 중 2면 이하인 경우에는 6면 중의 피해면적의 합에 5분의 1을 곱한 값을 소실면적으로 한다.

ⓛ 영업시설의 업종 : 판매시설 등의 점포 및 상가 등은 건물과 별도로 내부시설에 대하여 피해액을 산정해야 하는 경우가 있다. 이 경우에 업종에 따라 시설비의 면적당 표준단가를 달리 해야 하므로, 해당 업종을 정확히 기재해야 하며, 업종은 다음 표의 업종별 영업시설의 재설비비의 업종을 기준으로 한다.

ⓒ 영업시설의 재시설비 : 재시설비＝업종별 m²당 표준단가×소실면적이므로 해당 수치를 대입하여 얻은 결과를 기재한다.

ⓔ 영업시설의 경과연수 : 년 단위까지 반영하는 것을 원칙으로 하며(이 경우 년 미만 기간은 버린다), 년 단위로 산정하는 것이 불합리한 결과를 초래하는 경우에는 월 단위까지 반영할 수 있다(이 경우 월 미만 기간은 버린다). 〔2015년 기사〕

단, 일부를 개수 또는 보수한 경우에 있어서는 경과연수를 다음과 같이 적용한다.

재설치비의 50% 미만을 개·보수한 경우	최초 설치연도를 기준으로 경과연수를 산정
재설치비의 50~80%를 개·보수한 경우	최초 설치연도를 기준으로 한 경과연수와 개·보수한 때를 기준으로 한 경과연수를 합산하고 평균하여 경과연수를 산정
재설치비의 80% 이상을 개·보수한 경우	개·보수한 때를 기준으로 하여 경과연수를 산정

ⓜ 영업시설의 내용연수 : 영업시설의 내용연수는 소방청 화재피해액 산정 매뉴얼의 참고자료 [별표 4] 업종별 자산의 내용연수를 따른다. 다만, 숙박 및 음식점 중 [별표 5] 업종별 자산 내용연수를 달리 해야 하는 숙박 및 음식점의 종류에 해당되는 경우는 [별표 4]를 따르지 않고, 일괄하여 내용연수 6년을 적용한다.

ⓗ 영업시설의 잔가율 : 피해를 입은 시설의 경과연수와 내용연수가 구해지면 잔가율의 공식, 즉 $[1-(0.9 \times 경과연수/내용연수)]$를 적용하여 얻은 결과를 %로 표시하되 소수 셋째자리에서 반올림하여 기재한다.

ⓢ 영업시설의 손해율 : 화재피해조사 내용을 기초로 하여 손해율을 결정하여 기재한다.

┃영업시설의 소손 정도에 따른 손해율┃ 〔2013년 기사〕〔2018년 기사〕〔2020년 기사〕

화재로 인한 피해 정도	손해율(%)
불에 타거나 변형되고 그을음과 수침 정도가 심한 경우	100
손상 정도가 다소 심하여 상당부분 교체 내지 수리가 필요한 경우	60
시설의 일부를 교체 또는 수리하거나 도장 내지 도배가 필요한 경우	40
부분적인 소손 및 오염의 경우	20
세척 내지 청소만 필요한 경우	10

시설의 경우 영업행위를 하기 위하여 고객을 유치하는 장소이므로 그을음 또는 냄새가 배어든 경우에 있어서도 부분적인 보수 내지 수리를 하기보다는 전체적인 재시설을 하는 경우가 많으므로, 손상의 정도, 업종, 시설소유자의 의도 등을 고려하여 손해율을 정하는 것이 필요하다.

3 기계장치, 공구·기구, 집기비품, 가재도구의 피해액 산정

(1) 기계장치의 피해액 산정

재구입비 × [1 − (0.9 × 경과연수/내용연수)] × 손해율

구 분	설비 종류	규격·형식	재구입비	수 량	경과 연수	내용 연수	잔가율 (%)	손해율 (%)	피해액 (천원)
구체적	품명 1								
	품명 2								
회계장부 감정평가서 수리비 간이평가 기타	※ 산출과정을 서술								

① 기계장치의 정의

  ㉠ __기계라 함은__ 일반적으로 __물리량을 변형하거나 전달__하는 것으로서 인간에게 유용한 장치를 뜻하며, __장치라 함은__ 기계의 효용을 이용하여 물리적 또는 화학적 효과를 발생시키는 __구축물 일반__을 뜻한다. 기계장치의 예를 들면 발전기나 선반 등의 동력기계 내지 작업기계로부터 석유정제장치, 석유화학장치 등의 Plant류까지 크기나 규모 및 종류 또한 아주 다양하다.

  ㉡ 화재피해액 산정 대상의 기계는 통상 공장 등에서 생산 또는 가공 등에 사용되는 기계를 말하며(예컨대, 재봉틀의 경우 의류 생산 공장에서 이용하는 경우에는 기계장치에 해당하나, 가정집에서 의류 보수용으로 사용하는 경우에는 가재도구에 해당함), 기계의 가액(재구입비 등)에는 기계 본체 외에 부속품, 예비품, 치구 등의 가격을 포함함은 물론 운반비, 설치비, 시운전비 등을 포함한다. 그러나 기계의 운전에 필요한 기계유, 연료, 잉크, 톱날, 바이트 등은 소모품 내지 소모 공기구로서 기계에 포함하지 않으며, 변압기의 절연유와 같이 기계의 일부가 되는 경우에는 기계에 포함하는 것으로 보되, 동력배선의 경우 건물구조체에 설치된 것은 건물로 분류하고 건물의 구조체(분전반 또는 콘센트)에서 기계까지의 배선은 기계의 일부로 본다.

② 기계장치의 피해액 산정기준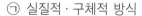

　㉠ 실질적 · 구체적 방식

> 기계장치 피해액(실질적 · 구체적 방식)
> =재구입비×잔가율×손해율
> =재구입비×[1−(0.9×경과연수/내용연수)]×손해율

기계장치는 실질적 · 구체적 방식에 의한 재구입비의 확인이 아주 까다롭고 곤란하다. 기계의 종류가 워낙 다양하고 같은 기계라도 제조회사, 구조, 형식, 능력 등에 따라 가격 또한 달라질 수 있어 포괄적인 시장가격 판정 자체가 곤란한 경우가 많기 때문이다. 따라서 기계장치는 개개의 기계마다 각각의 개별적 조건을 고려하여 재구입비 등을 확인하여야 한다. 개별 기계장치의 재구입비 확인이 곤란한 경우 추정방식에 의할 수도 있다.

• 시중거래가격 파악에 의한 재구입비 : 먼저 화재피해액 산정 대상 기계의 기종, 용도, 제작회사, 형식, 시방능력과 구입 당시의 가격 등을 기계대장 또는 고장 자산대장 등에 의해 확인한 후 당해 기계의 제조회사나 판매회사 또는 해당 조합이나 협회 등의 관련단체에 거래가격 등을 조회 또는 대조하여 재구입비를 구한다.

• 추정방식에 의한 재구입비 : 화재피해액 산정 대상 기계의 시중거래(구입)가격 파악이 곤란한 경우에는 추정방식에 의해 재구입비를 구한다.

　– 유사품에 의한 추정 : 화재피해액 산정 대상 기계와 구조, 형식, 시방능력 등이 비교적 유사한 다른 기계의 거래(구입)가격을 참고하여 해당 기계의 재구입비를 산정하는 방식이다. 예컨대, 동일 기종, 동일 회사 제품인 다이캐스팅 기계의 형체 능력이 3톤과 5톤인 기계의 거래(구입)가격을 안다면 이를 근거로 10톤인 기계의 구입가격을 추정하는 것이다.

　– 단위능력당 가격에 의한 추정 : 화재피해액 산정 대상 기계의 출력 수, 작업능력 등 일정단위당 시장거래가격이 형성되는 기계의 경우에 있어서는 해당 기계의 단위능력을 조사 · 확인하여 이에 시장거래가격을 곱한 금액으로 재구입비를 추정하는 방식이다. 이는 기계당 100만원 미만의 소액기계 또는 공구 및 기구류에 적용할 수 있는 방법으로 고정자산대장에 기재되지 아니한 경우에 있어 유용한 방법이 된다.

　㉡ 감정평가서에 의한 방식

> 기계장치 피해액(감정평가서에 의한 방식)=감정평가서상의 현재가액×손해율

화재로 인한 기계장치의 피해액 산정은 피해대상 기계장치와 동일하거나 유사한 기계장치의 재구입비에서 사용손모 및 경과연수에 대응한 감가공제한 금액으로 하여야 하지만 기계의 종류가 워낙 다양하고 같은 기계장치에 있어서도 구조, 형식, 능력 등이 각각 다르며 동일한 기계장치라 하더라도 제작회사에 따라 가격이 다른 경우도 있어 피해액 산정이 아주 까다롭고 곤란하므로 감정평가서 등이 있는 경우 감정평가서상의 현재가액에 손해율을 곱한 금액을 기계장치 피해액으로 산정하는 방식이다.

기계장치 등을 담보로 금융기관에서 대출을 받은 경우 해당 기계장치에 대해 감정평가를 받는 것이 보통이므로 기계장치 피해에 대해서는 금융기관에 보관된 감정평가서를 제출받아 감정평가서상의 현재가액에 손해율을 곱한 금액을 기계장치의 피해액으로 하는 것이다.

ⓒ 회계장부에 의한 방식

기계장치 피해액(회계장부에 의한 방식)＝회계장부상의 현재가액×손해율

일정규모 이상의 사업장으로서 감정평가서는 존재하지 않지만 당해 기계장치에 대해 회계장부에 의한 현재가액이 확인되는 경우 회계장부상의 현재가액에 손해율을 곱한 금액을 기계장치 피해액으로 산정하는 방식이다.

ⓔ 수리비에 의한 방식

기계장치 피해액(수리비에 의한 방식)＝수리비×[1−(0.9×경과연수/내용연수)]

기계장치의 피해액 산정에 있어 기계장치의 수리가 가능하고 수리비가 확인되는 경우에는 수리에 소요되는 금액에서 사용손모 및 경과연수에 대응한 감가공제를 한 금액으로 한다. 다만, 수리비가 기계 재구입비의 20% 미만인 경우에는 감가공제를 하지 않으며 수리비에 해당 기계의 해체비 · 재조립비 · 검사비 · 운반비 등이 포함된 경우에는 이들 비용은 감가공제 여부를 결정하는 데 있어 수리비에 반영하지 아니한다.

기계장치의 수리비는 관련전문업자의 견적서를 토대로 하되 2곳 이상의 업체로부터 받은 견적금액을 평균하여 수리비용으로 산정한다.

③ 기계장치의 피해액 산정요인

ⓙ 잔가율 : 잔가율이란 화재 당시 기계장치에 잔존하는 가치의 정도를 말하고, 이는 당해 기계장치의 현재가치의 재구입비에 대한 비율로 표시되며, 기계장치의 현재가치는 재구입비에서 사용손모 및 경과기간으로 인한 감가액을 공제한

금액이 되므로 잔가율은 [1-(1-최종잔가율)×경과연수/내용연수]가 된다. 따라서 기계장치의 최종잔가율이 10%이므로, 이를 위 식에 반영하면 기계장치의 잔가율은 [1-(0.9×경과연수/내용연수)]가 된다.

다만, 기계장치의 잔가율은 실질적·구체적 방식에 의한 기계장치의 피해액을 산정하는 데 필요하며, 감정평가서 또는 회계장부에 의해 피해액을 산정하는 경우에는 이미 사용손모 및 경과연수에 대응한 감가공제가 이루어진 상태이므로, 다시 감가공제를 할 필요가 없다.

기계장치의 내용연수 경과로 잔가율이 10% 이하가 되는 경우라 하더라도 현재 생산계열 중에 가동되고 있는 경우, 그 잔가율은 10%로 하며, 운전사용조건 또는 유지관리조건이 양호하거나 개조 또는 대수리한 기계에 있어서는 그 실태에 따라 잔가율을 30% 초과 50% 이하의 범위로 수정할 수 있다.

ⓛ 내용연수 : 기계장치의 내용연수는 소방청 화재피해액 산정 매뉴얼의 [별표 6] 기계시가조사표에 따른다.

ⓒ 경과연수 : 화재피해 대상 기계장치의 제작일로부터 사고일 현재까지 경과한 연수이다. 화재피해액 산정에 있어서는 년 단위까지 산정하는 것을 원칙으로 하며(이 경우 년 미만 기간은 버린다), 년 단위로 산정하는 것이 불합리한 결과를 초래하는 경우에는 월 단위까지 산정할 수 있다(이 경우 월 미만 기간은 버린다).

기계장치의 제작일에 대하여 확실한 조사를 하여야 하며, 중고구입기계로서 기계장치의 제작일을 알 수 없는 경우에는 별도의 피해액 산정방법에 따른다.

② 손해율 : 화재피해로 인한 기계장치의 소손 정도에 따른 손해율은 다음과 같이 구분하여 적용한다.

┃기계장치의 소손 정도에 따른 손해율┃

화재로 인한 피해 정도	손해율(%)
Frame 및 주요 부품이 소손되고 굴곡 변형되어 수리가 불가능한 경우	100
Frame 및 주요 부품을 수리하여 재사용 가능하나, 소손 정도가 심한 경우	50~60
화염의 영향을 받아 주요 부품이 아닌 일반 부품 교체와 그을음 및 수침오염 정도가 심하여 전반적으로 점검이 필요한 경우	30~40
화염의 영향을 다소 적게 받았으나 그을음 및 수침오염 정도가 심하여 일부 부품교체와 분해 조립이 필요한 경우	10~20
그을음 및 수침오염 정도가 경미한 경우	5

④ 특수한 경우의 기계장치 피해액 산정

㉠ 중고구입기계로서 제작연도를 알 수 없는 경우 : 기계의 상태에 따라 <u>신품 재구입비의 30~50%</u>를 당해 기계의 가액으로 하여 화재로 인한 피해액을 산정한다.

㉡ 중고품 기계의 시장거래가격이 신품가격보다 비싼 경우 : <u>신품가격을 재구입비</u>로 하여 화재로 인한 피해액을 산정한다.

㉢ 중고품 기계의 시장거래가격이 신품가격에서 감가공제를 한 금액보다 낮을 경우 : <u>중고품 기계의 시장거래가격</u>을 재구입비로 하여 화재로 인한 피해액을 산정한다.

(2) 공구 · 기구의 피해액 산정

재구입비×[1−(0.9×경과연수/내용연수)]×손해율

구 분	설비 종류	규격 · 형식	재구입비	수 량	경과 연수	내용 연수	잔가율 (%)	손해율 (%)	피해액 (천원)
구체적	품명 1								
	품명 2								
회계장부 감정평가서 수리비 간이평가 기타	※ 산출과정을 서술								

① 공구 · 기구의 정의

㉠ 공구라 함은 작업과정에서 주된 기계의 보조구로 사용되는 것으로서 절삭공구, 작업공구, 측정공구 등을 말하며, 기구라 함은 기계 중 구조가 간편한 것 또는 도구일반을 표시하는 단어로 사용되는 것으로서 측정기구류 등을 말한다.

㉡ 다만, 연구소 또는 영업소 내의 실험기구 및 측정기구는 집기비품으로 분류하므로 공장 실험실 및 작업장 내의 실험기구 및 측정기구 등에 한해 공구 · 기구류로 분류하여 화재로 인한 피해액을 산정한다.

② 공구 · 기구의 피해액 산정기준

㉠ 실질적 · 구체적 방식

> 공구 · 기구의 피해액(실질적 · 구체적 방식)
> =재구입비×잔가율×손해율
> =재구입비×[1−(0.9×경과연수/내용연수)]×손해율

화재로 인한 공구 · 기구의 피해액 산정은 피해대상 공구 · 기구와 동일하거나 유사한 것의 재구입비에서 사용손모 또는 경과연수에 대응한 감가공제를 한 금액으로 한다.

실질적 · 구체적 방법에 의한 <u>재구입비는 물가정보지의 가격</u>에 의한다.

ⓛ 회계장부에 의한 방식

> 공구 · 기구의 피해액(회계장부에 의한 방식)
> =회계장부상의 현재가액×손해율

일정규모 이상의 사업장으로서 공구 · 기구에 대해 회계장부에 의한 현재가액이 확인되는 경우 회계장부상의 현재가액에 손해율을 곱한 금액을 공구 · 기구 피해액으로 산정하는 방식이다.

ⓒ 수리비에 의한 방식

> 공구 · 기구의 피해액(수리비에 의한 방식)
> =수리비×[1-(0.9×경과연수/내용연수)]

공구 · 기구의 피해액 산정에 있어 수리가 가능하고 수리비가 확인되는 경우에는 수리에 소요되는 금액에서 사용손모 및 경과연수에 대응한 감가공제를 한 금액으로 한다. 다만, 수리비가 공구 · 기구 재구입비의 20% 미만인 경우에는 감가공제를 하지 아니한다.

공구 · 기구의 수리비는 관련전문업자의 견적서를 토대로 하되, 2곳 이상의 업체로부터 받은 견적금액을 평균하여 수리비용으로 산정한다.

③ 공구 · 기구의 피해액 산정요인

ⓒ 잔가율 : 공구 · 기구의 피해액을 산정함에 있어 개개의 공구 · 기구를 개별적으로 하나씩 피해액을 산정하는 경우에는 각각의 공구 · 기구별로 경과연수와 내용연수를 구해 잔가율을 산정하는 원칙적인 방법에 의한다. 그리고 일정면적에 수용된 공구 · 기구를 일괄하여 피해액을 산정하는 경우에는 전체 공구 · 기구의 잔가율을 일괄적으로 정하여 적용하는 간이방법에 의한다.

• 개별적용의 경우 : 잔가율이란 화재 당시 공구 · 기구에 잔존하는 가치의 정도를 말하고, 이는 당해 공구 · 기구의 현재가치의 재구입비에 대한 비율로 표시되며, 공구 · 기구의 현재가치는 재구입비에서 사용손모 및 경과기간으로 인한 감가액을 공제한 금액이 되므로 잔가율은 1-(1-최종잔가율)×경과연수/내용연수가 된다.

따라서 공구 · 기구의 최종잔가율이 10%이므로 이를 위 식에 반영하면 공구 · 기구의 잔가율은 [1-(0.9×경과연수/내용연수)]가 된다.

• 일괄적용의 경우 : 화재피해액 산정 대상 공구 · 기구의 종류 등이 여러 가지이고, 개별 공구 · 기구의 구입시기에 대한 조사나 확인이 곤란한 경우 전체 공구 · 기구를 일괄하여 재구입비의 50%를 잔가율로 할 수 있다.

공구 · 기구는 소액인 경우가 많아 개별 구입시기 등이 확인되지 않는 경우가 많고, 또한 수시로 교체되는 것이 현실이므로, 개개 공구 · 기구의 신진대체에 따른 효용지속성을 고려할 경우 공구 · 기구 전체의 재구입비를 구한 후 일률적인 잔가율을 적용하더라도 피해액 산정에 크게 무리가 없다.

다만, 주형 및 금형, 지형, 목형, 필름 등 특주품은 일반적으로 취득 및 제작연월의 부정확성과 업종 또는 기업에 따라 사용빈도가 일정하지 않은 점, 진부화된 제외품의 보관문제, 개개의 추후 재활용도가 미지수인 점 등을 고려하여 잔가율을 10%로 간주하여도 무방하다.

ⓒ 내용연수 : 공구 · 기구의 피해액을 산정함에 있어 공구 · 기구 하나하나에 대하여 개별적으로 피해액을 산정하는 경우 잔가율 산정을 위해 내용연수의 확인이 필요하며, 잔가율을 일괄 적용하는 경우에는 내용연수는 필요하지 않다.

ⓒ 경과연수 : 공구 · 기구의 피해액을 산정함에 있어 공구 · 기구 하나하나에 대하여 개별적으로 피해액을 산정하는 경우 잔가율 산정을 위해 경과연수의 확인이 필요하며 잔가율을 일괄 적용하는 경우에는 경과연수는 필요하지 않다.

공구 · 기구의 경과연수는 제작일로부터 사고일 현재까지 경과한 연수이다. 화재피해액 산정에 있어서는 년 단위까지 산정하는 것을 원칙으로 하며(이 경우 년 미만 기간은 버린다), 년 단위로 산정하는 것이 불합리한 결과를 초래하는 경우에는 월 단위까지 산정할 수 있다(이 경우 월 미만 기간은 버린다).

ⓔ 손해율 : 공구 · 기구의 소손 정도에 따른 손해율은 다음과 같다.

▌공구 · 기구의 소손 정도에 따른 손해율▐ 2014년 기사 2016년 산업기사 2017년 기사 2017년 산업기사 2019년 기사 2020년 기사 2020년 산업기사

화재로 인한 피해 정도	손해율(%)
50% 이상 소손되고 그을음 및 수침오염 정도가 심한 경우	100
손해 정도가 다소 심한 경우	50
손해 정도가 보통인 경우	30
오염 · 수침 손상의 경우	10

공구 · 기구의 종류와 품목 또한 워낙 여러 가지이므로 손해율을 일률적으로 산정하기 어려운 면이 있으나, 피해 공구 · 기구의 손상 상태 및 정도를 면밀히 살피는 한편 관련 당사자들의 의견을 청취하여(진위여부 판단을 위한 여러 질문에 의한 답변을 유도하는 것이 중요함) 공구 · 기구 전체를 일괄적으로 평가하여 손해율을 적용할 수 있다.

예컨대, 전동공구나 정밀측정기구 등에 있어서는 화염에 소손되고 심하게 그을음 또는 수침 손해를 입은 경우에는 전부 손해로 간주할 수 있으며 단순히

그을음 또는 수침 손상만 입은 작업공구 등에 있어서는 일괄하여 10%의 손해율을 적용할 수 있다.

(3) 집기비품의 피해액 산정 ⦿2019년 산업기사 ⦿2021년 기사

재구입비×[1−(0.9×경과연수/내용연수)]×손해율

구 분	설비 종류	규격 · 형식	재구입비	수 량	경과 연수	내용 연수	잔가율 (%)	손해율 (%)	피해액 (천원)
구체적	품명 1								
	품명 2								
회계장부 감정평가서 수리비 간이평가 기타	※ 산출과정을 서술								

① **집기비품의 정의 및 범위** : 집기비품이라 함은 일반적으로 직업상의 필요에 의해 사용 또는 소지되는 것으로서 점포나 사무소에 소재하는 것을 말한다. 따라서 기계 · 기구류라고 호칭되는 경우라 하더라도 의료용 기계나 세탁소의 프레스기계 등으로서 공장이나 작업장에서 사용하는 것이 아닌 판매나 서비스 업무용으로 사용되고 있는 경우에는 집기비품의 범위에 해당하며, 소모품류 역시 영업용에 사용되는 경우 집기비품에 해당한다. 다만, 상품의 포장재 등의 경우에는 상품류에 해당한다. 또한 가재로 사용되는 품목에 있어서도 영업용으로 사용되는 경우(예컨대, 여관의 이불류 등)에는 집기비품으로 분류한다.

② **집기비품의 피해액 산정기준**

  ㉠ 실질적 · 구체적 방식

> 집기비품 피해액(실질적 · 구체적 방식)
> =재구입비×잔가율×손해율
> =재구입비×[1−(0.9×경과연수/내용연수)]×손해율

집기비품의 품목이 적거나 고가인 집기비품이 포함되어 있어 집기비품의 개별성이 인정되어야 하는 때에는 개개의 물품별로 화재로 인한 피해액을 산정해야 한다.

실질적 · 구체적 방식에 의한 피해액 산정은 피해대상 물품과 동일하거나 유사한 것의 재구입비에서 사용손모 또는 경과연수에 대응한 감가공제를 한 금액으로 한다.

실질적 · 구체적 방법에 의한 <u>재구입비는 물가정보지의 가격</u>에 의한다.

ⓛ 간이평가방식

> 집기비품 피해액(간이평가방식)
> =재구입비×잔가율×손해율
> =m²당 표준단가×소실면적×[1−(0.9×경과연수/내용연수)]×손해율

- 집기비품의 전체에 대하여 총체적·개괄적 재구입비를 산정하여 사용손모 및 경과연수에 대응한 감가공제식에 의해 피해액을 산정하는 방식이다.
- 집기비품의 종류와 수량 및 구입연도 등이 다양하고, 재구입비의 단가가 소액이며 평균적인 경우에 있어 아주 유용한 방법으로 총체적·개괄적 재구입비의 산정은 업종별 m²당 단가에 소실면적을 곱한 금액으로 한다.
- 집기비품 전체에 대하여 총체적·개괄적 재구입비를 구하는 경우, 집기비품 전체의 재구입비는 업종별·상태별 m²당 표준단가에 소실된 집기비품의 수용면적을 곱한 금액으로 한다.

┃ 업종별 · 상태별 집기비품 재구입비 ┃

업종 및 상태별	상가 · 점포			사무실			비 고
	상	중	하	상	중	하	
m²당 표준단가(천원)	240	180	120	150	90	60	

ⓒ 회계장부에 의한 방식

> 집기비품 피해액(회계장부에 의한 방식)=회계장부상의 현재가액×손해율

일정규모 이상의 사업체로서 집기비품에 대하여 회계장부에 의한 현재가액이 확인되는 경우 회계장부상의 현재가액에 손해율을 곱한 금액을 집기비품의 피해액으로 산정하는 방식이다.

ⓔ 수리비에 의한 방식

> 집기비품 피해액(수리비에 의한 방식)=수리비×[1−(0.9×경과연수/내용연수)]

- 집기비품의 피해액 산정에 있어 집기비품의 수리가 가능하고 수리비가 확인되는 경우에는 수리에 소요되는 금액에서 사용손모 및 경과연수에 대응한 감가공제를 한 금액으로 한다. 다만, 수리비가 집기비품 재구입비의 20% 미만인 경우에는 감가공제를 하지 않는다.
- 집기비품의 수리비는 관련전문업자의 견적서를 토대로 하되, 2곳 이상의 업체

로부터 받은 견적금액을 평균하여 수리비용으로 산정한다.

③ 집기비품의 피해액 산정요인

ㄱ 잔가율 : 집기비품의 피해액을 산정함에 있어 개개의 집기비품을 하나씩 개별적으로 피해액을 산정하는 경우에는 각각의 집기비품별로 경과연수와 내용연수를 구해 잔가율을 산정하는 원칙적인 방법에 의하고, 일정면적에 수용된 집기비품을 일괄하여 피해액을 산정하는 경우에는 전체 집기비품의 잔가율을 일괄 적용하는 간이방법에 의한다.

• 개별적용의 경우 : 잔가율이란 당해 집기비품에 잔존하는 가치의 정도를 말하고, 이는 당해 집기비품의 현재가치의 재구입비에 대한 비율로 표시되며, 집기비품의 현재가치는 재구입비에서 사용손모 및 경과기간으로 인한 감가액을 공제한 금액이 되므로, 잔가율은 1-(1-최종잔가율)×경과연수/내용연수가 된다.
따라서 집기비품의 **최종잔가율이 10%**이므로, 이를 위 식에 반영하면 집기비품의 잔가율은 [1-(0.9×경과연수/내용연수)]가 된다.

• 일괄적용의 경우 : 화재피해액 산정 대상 집기비품의 품목이 여러 가지이고 수량 또한 다량이며 그 구입시기가 저마다 다르거나 아예 확인이 어려운 경우 등에 있어서는 **집기비품을 일괄하여 잔가율을 50%**로 할 수 있다.
집기비품은 내구소비재적인 경우와 단기소비재적인 경우 또는 소모품인 경우로 분류되어 개개의 감가액이 각각이지만 일반적으로 내용연수가 짧다는 점 및 영업활동상 신진대사가 빈번히 이루어진다는 점 등을 고려하여 집기비품 전체의 재구입비를 구한 후 일률적인 잔가율을 적용하더라도 피해액 산정에 크게 무리가 없다.

ㄴ 내용연수 : 집기비품의 피해액을 산정함에 있어 집기비품 하나하나에 대하여 개별적으로 피해액을 산정하는 경우 잔가율 산정을 위해 내용연수의 확인이 필요하며, 잔가율을 일괄 적용하는 경우에는 내용연수는 필요하지 않다.

ㄷ 경과연수 : 집기비품의 피해액을 산정함에 있어 집기비품 하나하나에 대하여 개별적으로 피해액을 산정하는 경우 잔가율 산정을 위해 경과연수의 확인이 필요하며, 잔가율을 <u>일괄 적용하는 경우에는 경과연수는 필요하지 않다</u>.
집기비품의 경과연수는 구입일로부터 사고일 현재까지 경과한 연수이다. 화재피해액 산정에 있어서는 년 단위까지 산정하는 것을 원칙으로 하며(이 경우 년 미만 기간은 버린다), 년 단위로 산정하는 것이 불합리한 결과를 초래하는 경우에는 월 단위까지 산정할 수 있다(이 경우 월 미만 기간은 버린다).
따라서 개별 잔가율을 적용하는 경우 집기비품 각각의 구입일을 확인 · 조사하여야 하며, 중고구입 집기비품의 경우 등에는 별도의 피해액 산정방법에 따른다.

㉣ 손해율 : 집기비품의 소손 정도에 따른 손해율은 다음과 같다.

┃ 집기비품의 소손 정도에 따른 손해율 ┃ 2015년 기사

화재로 인한 피해 정도	손해율(%)
50% 이상 소손되거나, 수침오염 정도가 심한 경우	100
손해 정도가 다소 심한 경우	50
손해 정도가 보통인 경우	30
오염 · 수침 손상의 경우	10

집기비품의 종류 또는 품목 또한 다양하여 손해율을 일률적으로 정하기 어려운 측면이 있으나, 집기비품의 손상이 50% 이상 화염에 소손되고 그을음 또는 수침 손상이 심한 경우 대개는 집기비품을 폐기하고 새로 구입하게 되므로(집기비품을 폐기하고 새로 구입하여 사용하는 것이 통상적임), 손상 상태 및 정도를 면밀히 살펴 손해율을 적용해야 한다.

예컨대, 에어컨 또는 냉장고의 경우 그을음 또는 수침 손상을 입었으나 성능에 별다른 지장이 없는 경우 10%의 손해율을 적용하며, 전자제품 · 가구 · 면 또는 가죽제품 등 집기비품의 경우 화염에 노출되고 그을음 또는 누름 정도가 심한 경우에는 100%의 손해율을 적용한다.

④ 특수한 경우의 집기비품 피해액 산정

㉠ 중고 집기비품으로서 제작연도를 알 수 없는 경우 : 집기비품의 상태에 따라 신품 재구입비의 30~50%를 당해 재구입비로 하여 피해액을 산정한다.

㉡ 중고품 가격이 신품 가격보다 비싼 경우 : 신품 가격을 재구입비로 하여 피해액을 산정한다.

㉢ 중고품 가격이 신품 가격에서 감가공제를 한 금액보다 낮을 경우 : 중고품 가격을 재구입비로 하여 피해액을 산정한다.

(4) 가재도구의 피해액 산정 2013년 기사 2016년 산업기사 2017년 기사 2022년 기사

재구입비×[1−(0.8×경과연수/내용연수)]×손해율

구 분	설비 종류	규격 · 형식	재구입비	수 량	경과 연수	내용 연수	잔가율 (%)	손해율 (%)	피해액 (천원)
구체적	품명 1								
	품명 2								
수리비 기타	※ 산출과정을 서술								

① 가재도구의 정의 및 범위 : 가재도구라 함은 일반적으로 **개인의 가정생활도구**로서 소유 또는 사용하고 있는 가구, 전자제품, 주방용구, 의류, 침구류, 식량품, 연료, 기타 가정생활에 필요한 일체의 물품을 말한다. 따라서 소유 또는 사용자의 직종에 따라서 가재도구인지 아닌지의 판단이 어려운 경우도 있으나 일반 사회통념의 기준에 따라 판단해야 한다. 예컨대, 같은 책상을 가정생활에 사용하는 것은 가재도구이며, 영업용으로 사용되는 경우에는 집기비품으로 분류하며, 가정용 전기기구 종류는 가재도구이나 가내수공업을 위한 재봉틀 및 프레스 등은 가재도구가 아니고 기계장치로 분류하여야 한다.

② 가재도구의 피해액 산정기준

　㉠ 실질적 · 구체적 방식

> 가재도구 피해액(실질적 · 구체적 방식)
> =재구입비×잔가율×손해율
> =재구입비×[1−(0.8×경과연수/내용연수)]×손해율

- 가재도구의 일부가 소실되어 그 품목 또는 수량이 많지 않거나 고가의 가재도구가 있는 경우에는 피해대상 물품과 동일하거나 유사한 것의 재구입비에서 사용손모 또는 경과연수에 대응한 감가공제를 한 금액으로 한다.
- 가재도구의 항목별 기준액 및 가중치는 매뉴얼이 정하는 바에 의하며 실질적 · 구체적 방법에 의한 재구입비는 **물가정보지의 가격**에 의한다.

　㉡ 간이평가방식

[(주택종류별 · 상태별 기준액×가중치)+(주택면적별 기준액×가중치)+(거주인원별 기준액×가중치)+(주택가격(m^2당)별 기준액×가중치)]×손해율

구 분	주택종류		주택면적		거주인원		주택가격(m^2당)		손해율	피해액 (천원)
	기준액 (천원)	가중치	기준액 (천원)	가중치	기준액 (천원)	가중치	기준액 (천원)	가중치		
간이평가		10%		30%		20%		40%		

가재도구는 다종다양한 물품으로 구성되는 것이 사실이나 가재 상호간에는 어떤 균형이 있고, 특별한 경우를 제외하고는 가족인원, 생활수준, 취미, 기호, 주택 종류 및 규모, 지역적 관습 등이 동일할 경우 대동소이하게 구성되어 있다. 그러므로 간이평가방식에서는 가재도구 구성에 관련되는 요소 중 영향이 큰 요인인 주택종류, 주택면적, 거주인원, 주택가격(m^2당)의 4가지 요인을 조사하여 약식에 의해 피해액을 산정하는 방식을 취한다.

간이평가방식에 의한 가재도구의 피해액은 평가항목별 기준액에 가중치를 곱한 후 모두 합산한 금액으로 한다. 가재도구의 평가항목별 기준액 및 가중치는 다음과 같다.

┃ 주택 종류별 · 상태별 기준액 ┃

(단위 : 천원)

주택종류	상 태	기준액	주택종류	상 태	기준액
아파트	상	33,801	기타 공동주택 (연립주택 등)	상	28,490
	중	21,125		중	17,806
	하	14,788		하	10,684
일반주택 (다가구주택 등)	상	28,887	기타 주택	상	20,669
	중	15,204		중	14,763
	하	9,637		하	10,335

※ 주택의 상태 중 '상', '중', '하'는 가재의 수량 및 가재의 가격 등을 참고하여 정한다.

┃ 주택 면적별 · 상태별 기준액 ┃

(단위 : 천원)

주택면적	상 태	기준액	주택면적	상 태	기준액
$49.6m^2$(15평) 미만	상	13,270	$148.8m^2$(45평) 이상~ $165.3m^2$(50평) 미만		33,000
	중	12,520			
	하	8,764			
$49.6m^2$(15평) 이상~ $82.6m^2$(25평) 미만	상	22,252	$165.3m^2$(50평) 이상~ $198.3m^2$(60평) 미만		40,174
	중	14,835			
	하	14,093			
$82.6m^2$(25평) 이상~ $115.7m^2$(35평) 미만	상	20,841	$198.3m^2$(60평) 이상~ $231.4m^2$(70평) 미만		47,349
	중	17,367			
	하	16,499			
$115.7m^2$(35평) 이상~ $132.2m^2$(40평) 미만		24,392	$231.4m^2$(70평) 이상~ $264.5m^2$(80평) 미만		54,522
$132.2m^2$(40평) 이상~ $148.8m^2$(45평) 미만		28,696	$264.5m^2$(80평) 이상		63,130

┃ 거주인원별 기준액 ┃

(단위 : 천원)

거주인원	2인 이하	3~4인	5인	6인 이상
기준액	12,268	16,196	22,166	22,954

04

화재조사보고 및 피해평가

▮ 주택가격(m²당 기준시가)별 기준액 ▮

(단위 : 천원)

주택가격(m²당)	기준액	주택가격(m²당)	기준액
100만원 미만	10,679	500만원 이상~600만원 미만	37,524
100만원 이상~200만원 미만	15,022	600만원 이상~700만원 미만	43,371
200만원 이상~300만원 미만	20,765	700만원 이상~800만원 미만	50,217
300만원 이상~400만원 미만	25,247	800만원 이상	56,494
400만원 이상~500만원 미만	31,386	–	–

※ 주택가격은 화재피해 건물의 주택가격을 평가하기 위한 것이 아니라 건물에 있었던 가재도구의 가격을 판단하기 위한 것으로 소득 정도를 추정하기 위한 요인이므로 피해주택 또는 인근지역 공동주택의 m²당 평균가격을 확인하여 적용한다.

▮ 항목별 가중치 ▮

항 목	주택종류	주택면적	거주인원	주택가격(m²당)
가중치(%)	10	30	20	40

ⓒ 수리비에 의한 방식

> 가재도구 피해액(수리비에 의한 방식)
> =수리비×[1−(0.8×경과연수/내용연수)]

- 가재도구의 피해액 산정에 있어 가재도구의 수리가 가능하고 그 수리비가 입증되는 경우에는 수리에 소요되는 금액에서 사용손모 및 경과연수에 대응한 감가공제를 한 금액으로 한다. 다만, 수리비가 가재도구 재구입비의 20% 미만인 경우에는 감가공제를 하지 아니한다.
- 냉장고, 에어컨 등 가전제품을 수리하는 경우는 많이 있다.

③ 가재도구의 피해액 산정요인

ⓐ 잔가율 : 가재도구의 피해액 산정에 있어서도 재구입비에서 사용손모 및 경과연수에 상응한 감가공제를 해야 한다. 그런데 가재도구는 그 종류 등이 아주 다양하기 때문에 개개의 품목별로 감가공제를 하는 것은 아주 복잡하고 번거로워 일괄적·포괄적 감가공제를 하는 방법을 생각할 수 있는데, 신혼가정 등 특별한 경우를 제외하고는 전체 가재도구 재구입비의 50% 정도를 감가공제 하더라도 개별적 품목에 의한 공제의 경우와 별다른 차이를 보이지 아니하므로, 가재도구의 피해액 산정에 있어 잔가율을 일괄적·포괄적 기준을 적용하여 50%로 한다. 다만, 가재도구 피해액을 개별 품목별로 산정하는 경우에는 가재도구의 **최종잔가율은 20%**이므로, [1−(0.8×경과연수/내용연수)]의 식에 의해 잔가율을 산정한다.

ⓒ 내용연수 : 실질적·구체적 방식에 의해 가재도구의 피해액을 산정하고, 잔가율의 적용에 있어 일괄적·포괄적 적용을 하는 경우가 아닌 개별적 적용을 하는 경우에 있어 가재도구의 내용연수가 필요하다.

ⓒ 경과연수 : 실질적·구체적 방식에 의해 가재도구의 피해액을 산정하고, 잔가율의 적용에 있어 일괄적·포괄적 적용을 하는 경우가 아닌 개별적 적용을 하는 경우에 있어 가재도구의 경과연수가 필요하다.

가재도구의 경과연수는 구입일로부터 사고일 현재까지 경과한 연수이다. 화재피해액 산정에 있어서는 년 단위까지 산정하는 것을 원칙으로 하며(이 경우 년 미만 기간은 버린다), 년 단위로 산정하는 것이 불합리한 결과를 초래하는 경우에는 월 단위까지 산정할 수 있다(이 경우 월 미만 기간은 버린다).

ⓒ 손해율 : 가재도구의 소손 정도에 따른 손해율은 다음과 같다.

‖ 가재도구의 소손 정도에 따른 손해율 ‖ (2014년 산업기사) (2018년 기사) (2021년 기사)

화재로 인한 피해 정도	손해율(%)
50% 이상 소손되고 수침오염 정도가 심한 경우	100
손해 정도가 다소 심한 경우	50
손해 정도가 보통인 경우	30
오염·수침 손상의 경우	10

생활수준이 향상되면서 화재로 인해 그을음 또는 수손 등을 입은 가재도구를 버리고 새로 교환하는 경우가 많다. 따라서 의류 또는 가구 등에 있어 세탁 및 청소에 의해 재사용 가능한 경우에는 10% 정도의 손해율을 적용하며, 소손, 그을음 및 수손이 심한 경우에는 대체로 전부 손해로 간주하여 100%의 손해율을 적용해도 무방하다.

바로바로 확인문제

공구·기구, 집기비품, 가재도구를 일괄하여 피해액을 산정할 경우 재구입비의 몇 %를 잔가율로 할 수 있는가? (2017년 산업기사)

① 10 　　　　　　　　　　② 30
③ 50 　　　　　　　　　　④ 80

해설 공구·기구, 집기비품, 가재도구를 일괄하여 피해액을 산정할 경우 잔가율을 50%로 할 수 있다.

답 ③

04

화재조사보고 및 피해평가

4 차량 및 운반구, 재고자산(상품 등), 예술품 및 귀중품, 동물 및 식물의 피해액 산정 〔암기〕

(1) 차량 및 운반구의 피해액 산정 〔2014년 기사〕 〔2022년 기사〕

구 분	품 명	형 식	가 격 (천원)	수 량	생산연도	손해율 (%)	피해액 (천원)
구체적 (시중거래)							
수리비 회계장부 감정평가서 기타	※ 산출과정을 서술						

① **차량 및 운반구의 정의** : 차량 및 운반구라 함은 사람 또는 물건을 운송할 수 있도록 제작된 용구로서 항공기, 선박, 철도차량, 자동차 및 특수자동차 등을 말한다.
  ㉠ 차량
    • 원동기를 사용해서 육상을 이동하는 것을 목적으로 제작된 용구이며, 자동차, 기차, 전차 및 원동기가 부착된 자동차를 말하고, 등록의 유무는 상관없으나 완구 혹은 놀이기구용 또는 오로지 경기용으로 제공된 것을 포함하지 않는다.
    • 차량에 의해 견인되는 목적으로 만들어진 차 및 차량에 의해 견인되고 있는 리어카 그 외의 경차량을 포함한다.
  ㉡ 선박
    • 선박이라는 것은 독행기능을 가지는 범선, 기선 및 입선 및 독행기능을 가지지 않는 주거선, 창고선, 거룻배(등록, 엔진등재의 유무는 관계없다) 등을 말하나, <u>육상에 있는 미취항 선박은 선박</u>으로 분류하지 않는다.
    • 수리 등을 위해 육상에 일시적으로 있는 선박이나 독행기능을 가지는 선박에 의해 끌어진 물건에 화재가 발생했을 경우에도 선박화재에 속한다.
② **차량 및 운반구의 피해액 산정기준** 〔2015년 산업기사〕 〔2021년 기사〕 〔2022년 기사〕 〔2023년 기사〕 〔2023년 산업기사〕
  ㉠ 자동차의 피해액 산정기준

자동차 피해액=시중매매가격(동일하거나 유사한 자동차의 '중'가격)

    • 화재로 인한 자동차의 피해액 산정은 피해대상 자동차와 동일하거나 유사한 자동차의 <u>시중매매가격</u>을 피해액으로 한다.

• 중고자동차의 시중매매가격은 피해대상 자동차와 차종, 형식, 연식, 주행거리, 상태 등이 동일하거나 유사한 자동차의 시중매매거래가격 중 '중'의 가격을 기준으로 하며, 이는 중고자동차매매협회에 조회하거나 시중거래가격을 확인하여 정한다.

> #### 자동차의 부분소손 시 피해액＝수리비

• 자동차가 부분소손되어 수리가 가능한 경우에는 수리에 소요되는 금액을 자동차의 피해액으로 한다. 이때 특별한 경우를 제외하고는 감가공제는 하지 아니한다. 자동차의 수리비는 자동차수리업소의 견적서를 참고하여 산정한다.

ⓛ 기타 운반구의 피해액 산정기준 : 항공기, 선박, 철도차량, 특수작업용 차량, 시중매매가격이 확인되지 아니하는 자동차에 대해서는 기계장치의 피해액 산정기준에 따른다. 다만, 내용연수에 있어 소방청 화재피해액 산정 매뉴얼의 [별표 4]의 업종별 자산의 내용연수를 적용한다.

항공기, 선박, 철도차량, 특수작업용 차량, 시중매매가격이 확인되지 아니하는 자동차에 대해서는 ㉮ 감정평가서가 있는 경우 감정평가서상의 현재가액에 손해율을 곱한 금액을 화재로 인한 피해액으로 하며, ㉯ 감정평가서가 없는 경우 회계장부상의 현재가액에 손해율을 곱한 금액을 화재로 인한 피해액으로 하고, ㉰ 감정평가서와 회계장부 모두 없는 경우에는 제조회사, 판매회사, 조합 또는 협회 등에 조회하여 구입가격 또는 시중거래가격을 확인하여 피해액을 산정한다. 다만, 수리가 가능한 경우에는 수리비에 감가공제를 한 금액을 피해액으로 한다.

③ 차량 및 운반구의 피해액 산정방법

ㄱ 차량 및 운반구의 피해산정 시 품명, 형식, 가격(천원), 수량, 생산연도, 손해율을 기재한다.

ㄴ 형식에는 차종, 모델명, 연식, 주행거리, 제조회사, 기타 중요사항을 기재한다.

▌차량 가격▐

중고인 경우	피해대상과 동일하거나 유사한 차량 및 운반구의 중등도의 가격을 기준으로 하며, 차량의 경우 중고자동차매매협회의 가격이나 시중거래가격을 확인하여 정한다.
수리가 가능한 경우	자동차수리업소의 견적서를 참고로 한 수리비를 이용하며 특별한 경우 외에는 감가공제는 하지 않는다.

┃ 운반구 가격 ┃ (2018년 기사)

시중매매가격이 확인되지 않는 운반구 (감정평가서가 있는 경우)	감정평가서상의 현재가액×손해율
시중매매가격이 확인되지 않는 운반구 (감정평가서가 없는 경우)	회계장부상의 현재가액×손해율
시중매매가격이 확인되지 않는 운반구 (감정평가서와 회계장부가 없는 경우)	제조회사, 판매회사, 조합 또는 협회 등에 조회하여 구입 가격 또는 시중거래가격을 확인하여 피해액을 산정
수리가 가능한 경우	수리비에 감가공제한 금액

※ 현재가액이란 구입 시의 가격에서 사용기간 감가액을 뺀 가격을 말한다.

ⓒ 차량 및 운반구의 부품 중 손실 시 차량 및 운반구로서의 기능이 상실되는 부분(예 엔진 등 주요부품)이 훼손되었을 때는 100% 손해율로 산정한다.

ⓔ 피해액은 기재한 가격에 수량을 곱하여 피해액을 산정한다. 천원단위로 기재하며 소수 첫째자리에서 반올림한다.

(2) 재고자산의 피해액 산정 (2020년 기사)

회계장부상의 현재가액×손해율

구 분	품 명	연간매출액	재고자산 회전율	가 격 (천원)	수 량	손해율 (%)	피해액 (천원)
회계장부							
기타(추정)	※ 산출과정을 서술						

① 재고자산의 정의 : 재고자산이라 함은 상품, 저장품, 제품, 반제품, 재공품, 원재료, 부재료, 부산물 등을 말한다.

> **꼼.꼼. check!** ▶ 용어 정리 ◀
>
> • **상품** : 판매를 목적으로 한 경제적 가치를 지닌 동산으로서 포장용품, 경품, 견본, 전시품, 진열품 등을 포함한다.
> • **저장품** : 구입 후 사용하지 않고 보관 중인 소모품 등을 말한다.
> • **제품** : 판매를 목적으로 제조한 생산품을 말한다.
> • **반제품** : 자가제조한 중간제품을 말한다.

이들 재고자산은 현재가액이 화재로 인한 피해액이 되며, 현재가액에는 운반비 등 구입경비를 포함하고, 판매 및 일반관리비의 미실현 이익 내지 미실현 비용은 포함하지 않으므로, 같은 재고자산이라 하더라도 생산업자, 도매상, 소매상, 소비자 등 유통단계에 따라 가격차가 발생하게 된다.

재고자산은 현재가액 자체가 피해액이 되므로 <u>감가공제는 하지 않는다.</u>

바로바로 확인문제

다음 중 재고자산에 해당하지 않는 것은?
① 골동품　　　　　　　　　② 반제품
③ 상품　　　　　　　　　　④ 원재료

해설 재고자산이라 함은 상품, 저장품, 제품, 반제품, 재공품, 원재료, 부재료, 부산물 등을 말한다. 골동품은 예술품 및 귀중품에 속한다.　　　　　**답** ①

---

② **재고자산의 피해액 산정기준**
　㉠ 회계장부에 의한 피해액 산정

> **재고자산 피해액(회계장부에 의한 방식)**
> =회계장부상의 현재가액×손해율

일정규모 이상의 사업체로서 재고자산에 대하여 회계장부에 의한 가액이 확인되는 경우 회계장부상의 재고자산 현재가액에 손해율을 곱한 금액을 재고자산의 피해액으로 한다. 다만, 견본품, 전시품, 진열품의 경우 재고자산 종류에 따라 구입가격의 50~80%를 피해액으로 한다.
　㉡ 추정에 의한 방식

> **재고자산 피해액(추정에 의한 방식)**
> =연간매출액÷재고자산 회전율×손해율

회계장부 등에 의해 재고자산의 현재가액이 확인되지 아니하는 경우 화재피해 대상업체의 매출액에 의해 화재 당시의 재고자산을 추정하여 피해액을 산정하는 방식으로 매출액을 업종별 재고자산 회전율로 나눈 후 손해율을 곱한 금액이 재고자산의 피해액이 된다.
매출액은 화재피해액 조사 시 확인하여야 하며(다양한 유형의 간접적인 질문에 의하거나 주변의 탐문 및 유사업체의 비교 등에 의한다), 재고자산 회전율은 한국은행이 매년 1회 발표하는 '기업경영분석'에 의하며 2005년 업종별 재고자산 회전율은 소방청 화재피해액 산정 매뉴얼의 참고자료 [별표 9] 재고자산 회전율을 적용한다.
③ **재고자산의 손해율** : 재고자산은 다소 경미한 오염(연기 또는 냄새 등이 포장지 안으로 스머든 경우 등)이나 소손 등에 대해서도 100%의 손해율을 적용해야 하는 경우가 있다.

재고자산은 상품, 반제품, 원재료, 부재료 등으로서 그을음 또는 수손 등의 사소한 오염에 의해서도 폐기해야 하거나(식품류의 경우 등), 상품으로서 가치를 상실하는 경우가 많기 때문이다.

따라서 화재피해 조사자로서는 피해물의 품목, 용도, 손상 상태 및 정도, 재사용 가능 여부 등을 확인하여 적절한 손해율을 적용하도록 노력해야 한다.

다만, 경미한 손상이나 오염에 의해 100%의 손해율을 적용하는 경우, 당해 재고 자산의 잔존가치가 있는지 여부 및 처분 또는 매각 등이 가능한지 여부를 확인하여, 환입금액이 있을 경우에는 이를 피해액에서 공제해야 한다.

④ 재고자산의 피해액 산정방법

　㉠ 재고자산의 피해액 : 회계장부상의 현재가액×손해율로 산정한다.

　㉡ 품명 : 재고자산/예술품 및 귀중품/동물 및 식물 중 해당하는 품명을 기재한다. 다만, 예술품 및 귀중품에서 주관적 판단이나 희소성에 의해 가치가 평가되는 물품은 별도로 분류하고, 예술성이 있으나 대량생산에 의한 상품과 개인이 취미로 만드는 것은 재고자산으로 분류한다. 식물 중 화분은 가재도구 또는 영업용 집기비품으로 분류하고 정원은 구축물로 분류한다.

재고자산	예술품 및 귀중품	동물 및 식물
상품	서화	가축(가금류 포함)
저장품	조각물	애완동물
제품	골동품	관상수
반제품	화폐	조경수
재공품	우표	가로수
원재료	보석류	
부재료		
부산물		

　㉢ 연간매출액 : 재고자산의 추정에 의한 피해산정의 경우, 필요한 부분으로 화재피해액 조사 시 확인하여야 하며 다양한 유형의 간접적인 질문에 의하거나 주변의 탐문 및 유사업체의 비교 등에 의할 경우 매출액을 확인하거나 추정한다.

　㉣ 재고자산 회전율 : 재고자산의 추정에 의한 피해산정의 경우 필요한 부분으로 한국은행이 매년 1회 발표하는 '기업경영분석'에 의한다.

　㉤ 재고자산 가격

　　• 회계장부에 의한 피해액 산정에서는 일정규모 이상의 사업체로서 재고자산에 대하여 회계장부에 의한 가액이 확인되는 경우 그 금액을 가격으로 기재한다.

　　• 추정에 의한 피해액 산정에서는 회계장부 등에 의해 재고자산의 현재가액이

확인되지 아니하는 경우로 화재피해대상업체의 매출액에 의해 화재 당시의 재고자산을 추정하여 가격으로 기재한다.

ⓗ 재고자산 피해액 : 피해액×수량에 해당하는 수치를 기재하여 구한다. 그 중 재고자산의 회계장부에 의한 피해액을 산정할 때는 재고자산의 종류(견본품, 전시품, 진열품)에 따라 구입가격의 50~80%를 피해액으로 본다. 그리고 추정에 의한 방식의 연간매출액÷재고자산 회전율×손해율에 해당되는 수치를 기재하여 구한다. 단위는 천원단위로 기재하며 소수 첫째자리에서 반올림한다.

(3) 예술품 및 귀중품의 피해액 산정 암기 🎩 2017년 산업기사 2019년 산업기사 2020년 기사 2021년 기사 2022년 기사 2023년 기사 2023년 산업기사

① 예술품 및 귀중품의 정의 : 서화, 조각물, 골동품, 고도서, 화폐, 우표 등으로서 예술적 가치를 지닌 것은 물론 현실적 사용가치 보다는 주관적 판단이나 희소성에 의해 그 가치가 평가되는 물품에 있어서는 피해액의 산정기준이 달라지므로 별도로 분류하여 피해액을 산정할 필요가 있으며, 이는 보석류 등의 귀중품에 있어서도 같다.

다만, 예술품 또는 귀중품에 대해 별도로 구분하여 피해액을 산정하는 이유는 그 사용가치의 판단이 아닌 소장가치 등에 의해 피해액을 판단하는 것이므로, 비록 예술성이 있다 하더라도 대량적 생산에 의해 상품으로서 판매되는 경우 또는 개인이 취미로 만든 것 등에 대해서는 재고자산으로 분류하여 재고자산의 피해액 산정기준을 적용한다.

② 예술품 및 귀중품의 피해액 산정기준 2014년 기사 2015년 산업기사 2016년 기사 2018년 기사 2021년 기사

> 예술품 및 귀중품 피해액＝감정서의 감정가액＝전문가의 감정가액

㉠ 예술품 및 귀중품에 대해서는 공인감정기관에서 인정하는 금액을 화재로 인한 피해액으로 산정한다. 그러므로 복수의 전문가(전문점, 학자, 감정인 등)의 감정을 받거나 <u>감정서 등의 금액을 피해액으로 인정하며, 감가공제는 하지 않는다.</u>

㉡ 예술품 및 귀중품은 <u>전부손해의 경우 감정가격</u>으로 하며 <u>전부손해가 아닌 경우 원상복구에 소요되는 비용</u>을 화재로 인한 피해액으로 한다.

③ 예술품 및 귀중품의 피해액 산정방법

㉠ 피해액은 피해액×수량에 해당하는 수치를 기재하여 구한다. 단위는 천원단위로 기재하며, 소수 첫째자리에서 반올림한다.

㉡ 예술품 및 귀중품은 공인감정기관에서 인정하는 금액을 화재로 인한 피해액으로 산정한다. 그러므로 복수의 전문가(전문점, 학자, 감정인 등)의 감정을 받거나 감정서 등의 금액을 피해액으로 인정하며, 감가공제는 하지 않는다.

㉢ 예술품 및 귀중품은 따로 손해율을 정하지 않는다.

04
화재조사보고 및 피해평가

(4) 동물 및 식물의 피해액 산정 _{2017년 기사} _{2021년 기사} _{2022년 기사}

① 동물 및 식물의 피해액 산정기준

> 동물 및 식물 피해액＝시중매매가격

㉠ 화재피해액 산정대상으로서 동물 및 식물은 가축(가금류 포함), 애완동물, 관상수, 조경수, 가로수 등이 된다. 다만, 화분은 가재도구 또는 영업용 집기비품으로 분류하고, 정원은 구축물로 분류한다.

㉡ 동물 및 식물은 시중매매가격이 형성되는 것이 보통이며, 시중물가정보 등에 의해서도 가격의 확인이 가능하므로 <u>전부손해의 경우 시중매매가격</u>으로 하며 <u>전부손해가 아닌 경우 수리비 및 치료비</u>를 화재로 인한 피해액으로 한다. 다만, 가축에 있어 시중매매가격은 종류, 크기, 사육연수뿐만 아니라 번식용 및 육용 여부에 따라 가격의 차이가 있으며, 식물의 경우 수종, 용도(관상용, 조경용, 과수용 등), 수령, 상태(조형의 여부 등), 수고 및 수폭, 근원경 또는 흉고경 등에 따라 가격의 차이가 있으므로 관련 기관이나 협회에서 가격 형성에 관한 사항을 확인하여 시중매매가격을 산정하여야 한다. 예를 들어, 돼지나 소의 경우 농협이나 (사)대한양돈협회에서 가격을 알아 볼 수 있다.

② 동물 및 식물의 피해액 산정방법

㉠ 피해액은 피해액×수량에 해당하는 수치를 기재하여 구한다. 단위는 천원단위로 기재하며, 소수 첫째자리에서 반올림한다.

㉡ 동물 및 식물의 가격은 시중물가정보 등에 의해서 시중매매가격을 확인하여 적용한다. 다만, 가축에 있어 시중매매가격은 종류, 크기, 사육연수뿐만 아니라 번식용 및 육용 여부에 따라 가격의 차이가 있으며, 식물의 경우 수종, 용도(관상용, 조경용, 과수용 등), 수령, 상태(조형의 여부 등), 수고 및 수폭, 근원경 또는 흉고경 등에 따라 가격의 차이가 있으므로 가격 형성에 관한 사항을 확인하여 시중매매가격을 산정하여야 한다.

㉢ 동물 및 식물의 경우 따로 손해율을 정하지 않는다.

바로바로 확인문제

동물 및 식물의 피해액 산정방법이다. 옳지 않은 것은?
① 피해액에 수량을 곱한 수치를 기재하여 산정한다.
② 동물 및 식물의 경우 발육 정도에 따라 10~30%의 손해율을 적용한다.
③ 시중매매가격은 시중물가정보 등에 의해서 적용한다.
④ 가축의 시중매매가격은 양돈협회 등에 문의하여 적용할 수 있다.

해설 동물 및 식물의 경우 따로 손해율을 정하지 않는다.　　　　　　　　　답 ②

5 잔존물의 제거비 산정 2016년 산업기사 2018년 기사 2019년 기사

(1) 잔존물의 제거비 산정기준

> 잔존물 제거비＝화재피해액×10%

화재로 건물, 부대설비, 구축물, 영업시설물 등이 소손되거나 훼손되어 그 잔존물(잔해 등) 또는 유해물이나 폐기물이 발생된 경우 이를 제거하는 비용은 재건축비 내지 재취득비용에 포함되지 아니하므로 별도로 피해액을 산정해야 하는데, 잔존물 내지 유해물 또는 폐기물 등은 그 종류별, 성상별로 구분하여 소각 또는 매립여부를 결정한 후, 그 발생량을 적산하여 처리비용과 수집 및 운반비용을 산정하는 것이 원칙이나 이는 고도의 전문성이 요구되므로, 여기서는 간이추정방식에 의해 산정하기로 한다.

화재로 인한 건물, 구축물, 부대설비, 영업시설, 기계장치, 공구·기구, 집기비품, 가재도구 등의 잔존물 내지 유해물 또는 폐기물을 제거하거나 처리하는 비용은 화재피해액의 10% 범위 내에서 인정된 금액으로 산정한다.

(2) 잔존물의 제거비 산정방법

① 잔존물의 제거비용 : 잔존물 제거비＝산정대상 피해액×10%로 산정한다. 천원단위로 기재하며 소수 첫째자리에서 반올림한다.

② 총 피해액 : 부동산 및 동산으로 구분한다.

ㄱ 부동산 : 잔존물 제거비용 중 부동산부분(건물, 부대설비, 구축물, 영업시설)에 관한 비용의 총액×1.1(피해액+잔존물 제거비)을 기재한다.

ㄴ 동산 : 잔존물 제거비용 중 동산부분(가재도구, 집기비품, 기계장치 등)에 관한 비용의 총액×1.1(피해액+잔존물 제거비)을 기재한다.

ㄷ 총 피해액 : 부동산과 동산의 비용을 합하여 기재한다. 천원단위로 기재하며 소수 첫째자리에서 반올림한다.

‖ 화재피해금액 산정기준(화재조사 및 보고규정 [별표 2]) ‖ 암기 2018년 산업기사 2020년 기사 2020년 산업기사 2023년 기사 2023년 산업기사

산정대상	산정기준
건물	「신축단가(m²당)×소실면적×[1−(0.8×경과연수/내용연수)]×손해율」의 공식에 의하되, 신축단가는 한국감정원이 최근 발표한 '건물신축단가표'에 의한다.
부대설비	「건물신축단가×소실면적×설비종류별 재설비 비율×[1−(0.8×경과연수/내용연수)]×손해율」의 공식에 의한다. 다만 부대설비 피해액을 실질적·구체적 방식에 의할 경우 「단위(면적·개소 등)당 표준단가×피해단위×[1−(0.8×경과연수/내용연수)]×손해율」의 공식에 의하되, 건물표준단가 및 부대설비 단위당 표준단가는 한국감정원이 최근 발표한 '건물신축단가표'에 의한다.

04

화재조사보고및피해평가

산정대상	산정기준
구축물	「소실단위의 회계장부상 구축물가액×손해율」의 공식에 의하거나 「소실단위의 원시건축비×물가상승률×[1−(0.8×경과연수/내용연수)]×손해율」의 공식에 의한다. 다만 회계장부상 구축물가액 또는 원시건축비의 가액이 확인되지 않는 경우에는 「단위(m, m², m³)당 표준 단가×소실단위×[1−(0.8×경과연수/내용연수)]×손해율」의 공식에 의하되, 구축물의 단위당 표준단가는 매뉴얼이 정하는 바에 의한다.
영업시설	「m²당 표준단가×소실면적×[1−(0.9×경과연수/내용연수)]×손해율」의 공식에 의하되, 업종별 m²당 표준단가는 매뉴얼이 정하는 바에 의한다.
잔존물제거	「화재피해액×10%」의 공식에 의한다. 철골조 건물, 기계장치, 공구 및 기구, 차량 및 운반구, 예술품 및 귀중품, 동물 및 식물의 피해금액은 잔존물제거비 산정에 있어 화재피해액에 산입하지 않는다. → 삭제
기계장치 및 선박·항공기	「감정평가서 또는 회계장부상 현재가액×손해율」의 공식에 의한다. 다만 감정평가서 또는 회계장부상 현재가액이 확인되지 않아 실질적·구체적 방법에 의해 피해금액을 산정하는 경우에는 「재구입비×[1−(0.9×경과연수/내용연수)]×손해율」의 공식에 의하되, 실질적·구체적 방법에 의한 재구입비는 조사자가 확인·조사한 가격에 의한다.
공구 및 기구	「회계장부상 현재가액×손해율」의 공식에 의한다. 다만 회계장부상 현재가액이 확인되지 않아 실질적·구체적 방법에 의해 피해액을 산정하는 경우에는 「재구입비×[1−(0.9×경과연수/내용연수)]×손해율」의 공식에 의하되, 실질적·구체적 방법에 의한 재구입비는 물가 정보지의 가격에 의한다.
집기비품	「회계장부상 현재가액×손해율」의 공식에 의한다. 다만 회계장부상 현재가액이 확인되지 않는 경우에는 「m²당 표준단가×소실면적×[1−(0.9×경과연수/내용연수)]×손해율」의 공식에 의하거나 실질적·구체적 방법에 의해 피해액을 산정하는 경우에는 「재구입비×[1−(0.9×경과연수/내용연수)]×손해율」의 공식에 의하되, 집기비품의 m²당 표준단가는 매뉴얼이 정하는 바에 의하며, 실질적·구체적 방법에 의한 재구입비는 물가정보지의 가격에 의한다.
가재도구	「(주택종류별·상태별 기준액×가중치)+(주택면적별 기준액×가중치)+(거주인원별 기준액×가중치)+(주택가격(m²당)별 기준액×가중치)」의 공식에 의한다. 다만 실질적·구체적 방법에 의해 피해액을 가재도구 개별품목별로 산정하는 경우에는 「재구입비×[1−(0.8×경과연수/내용연수)]×손해율」의 공식에 의하되, 가재도구의 항목별 기준액 및 가중치는 매뉴얼이 정하는 바에 의하며, 실질적·구체적 방법에 의한 재구입비는 물가정보지의 가격에 의한다.
차량, 동물, 식물	전부손해의 경우 시중매매가격으로 하며, 전부손해가 아닌 경우 수리비 및 치료비로 한다.
재고자산	「회계장부상 현재가액×손해율」의 공식에 의한다. 다만 회계장부상 현재가액이 확인되지 않는 경우에는 「연간매출액÷재고자산회전율×손해율」의 공식에 의하되, 재고자산회전율은 한국은행이 최근 발표한 '기업경영분석' 내용에 의한다.
회화(그림), 골동품, 미술공예품, 귀금속 및 보석류	전부손해의 경우 감정가격으로 하며, 전부손해가 아닌 경우 원상복구에 소요되는 비용으로 한다.

산정대상	산정기준
임야의 입목	소실전의 입목가격에서 소실한 입목의 잔존가격을 뺀 가격으로 한다. 단, 피해산정이 곤란할 경우 소실면적 등 피해규모만 산정할 수 있다.
기 타	피해 당시의 현재가를 재구입비로 하여 피해액을 산정한다.

【적용요령】

1. 피해물의 경과연수가 불분명한 경우에 그 자산의 구조, 재질 또는 관계인 등의 진술 기타 관계자료 등을 토대로 객관적인 판단을 하여 경과연수를 정한다.

2. 공구 및 기구 · 집기비품 · 가재도구를 일괄하여 재구입비를 산정하는 경우 개별 품목의 경과연수에 의한 잔가율이 50%를 초과하더라도 50%로 수정할 수 있으며, 중고구입기계장치 및 집기비품으로서 그 제작연도를 알 수 없는 경우에는 그 상태에 따라 신품가액의 30% 내지 50%를 잔가율로 정할 수 있다.

3. 화재피해금액 산정 매뉴얼은 본 규정에 저촉되지 아니하는 범위에서 적용하여 화재피해액을 산정한다.

출제예상문제

* ■ 표시 : 중요도를 나타냄

01 화재피해액 산정기준에서의 화재피해액 산정대상인 것은?

① 인적손해
② 영업이익
③ 특허권
④ 애완동물

해설 애완동물은 시중매매가격에 의해 피해액을 산정한다. 인적손해와 영업이익, 특허권 등 무형의 재산은 피해액 산정대상에서 제외한다.

02 무형의 손해는 화재피해액으로 산정하지 않는다. 그 이유로 옳은 것은?

① 무형의 손해범위를 피해자가 산정하기 때문
② 예상되는 영업손실 등은 재산적 가치가 없기 때문
③ 피해자가 피해금액을 부풀리려는 조작의 우려 때문
④ 손해액을 산정하는 자의 주관이 개입할 여지가 많기 때문

해설 무형의 간접손실은 금액의 산정이 까다롭고 손해액을 산정하는 자의 주관이 개입할 여지가 많기 때문에 제외한다.

03 화재피해 산정의 대상이 되지 않는 것은?

① 건축물·구축물의 피해
② 화재로 인한 영업손실 피해
③ 기계설비, 공·기구류, 부품의 피해
④ 정원수목, 과수목 및 입목의 피해

해설 영업손실, 신용상실 등 무형의 간접피해는 산정하지 않는다.

04 건물의 부속물에 해당하지 않는 것은?

① 칸막이
② 곳간
③ 대문
④ 간판

해설 건물의 부속물은 칸막이, 대문, 담, 곳간 및 이와 비슷한 것을 말한다. 간판은 건물의 부착물에 해당한다.

05 다음 중 건물로 인정하지 않는 것은?

① 내화조 건물의 슬래브에 콘크리트를 부어 넣은 시점 이후의 것
② 건물의 벽, 바닥 등 주요 구조부의 해체가 시작된 시점
③ 오래된 차량을 개조하여 일정한 장소에 고정시켜 점포로 이용하고 있는 것
④ 방화구조 건물의 지붕을 기와 등으로 다 이은 시점 이후의 것

해설 건물의 벽, 바닥 등 주체 구조부의 해체가 시작된 시점부터는 건물로 보지 않는다.

06 건물의 부착물에 해당하지 않는 것은?

① 선전탑
② 네온사인
③ 승강기설비
④ 간판

해설 건물의 부착물은 간판, 네온사인, 선전탑, 차양 등 이와 비슷한 것을 말한다.

07 다음 중 건물에 포함시켜 피해액을 산정해야 하는 것으로 바르게 묶인 것은?

① 부착물과 구축물
② 부착물과 부대설비
③ 부속물과 부착물
④ 부속물과 부대설비

해설 건물에 포함시켜 피해액을 산정해야 하는 것은 부속물과 부착물이다.

Answer 01.④ 02.④ 03.② 04.④ 05.② 06.③ 07.③

08 건물과 분리하여 별도로 피해액을 산정하는 것은?

① 건물에 부속된 칸막이
② 건물에 부속된 담
③ 건물에 부속된 네온사인
④ 건물의 소화설비

해설 건물의 부속물(칸막이, 대문, 담, 곳간 등)과 건물의 부착물(간판, 네온사인, 안테나, 선전탑, 차양 등)은 건물에 포함하여 피해액을 산정한다. 소화설비는 부대설비로서 별도로 피해액을 산정하여야 한다.

09 다음 중 건물에 포함시키지 않고 별도로 피해액을 산정하여야 하는 부대설비에 해당하지 않는 것은?

① 피뢰침설비
② 승강기설비
③ 소화설비
④ 전화설비

해설 부대설비에는 전기설비 중 특수설비인 화재탐지설비, 방송설비, TV공시청설비, 피뢰침설비, DATA설비, H/A설비, 수·변전설비, 발전설비, 전화교환대, 플로어덕트설비, System box 설비, 주차관제설비 등과 위생·급배수·급탕설비, 냉방설비, 냉·난방설비, 소화설비, 자동제어설비, 승강기설비, 주차설비, 볼링장 영업시설물, Clean room 설비 등이 대상이 된다.
그러나 건물에 기본적으로 포함되는 전등, 전열설비, 전화설비 등은 제외된다.

10 화재피해액 산정에서 대상별 현재시가를 정하는 방법으로 틀린 것은?

① 상품은 재구입 가격
② 원재료, 반제품은 구입 시의 가격
③ 차량은 출고 시의 가격에서 사용기간 감가액을 뺀 가격
④ 선박은 구입 시의 가격에서 사용기간 감가액을 뺀 가격

해설 차량은 재구입 가격에서 사용기간 감가액을 뺀 가격을 현재시가로 한다.

11 구입 시의 가격에서 사용기간 감가액을 뺀 가격으로 산정하여야 하는 대상으로 옳은 것은?

① 항공기 및 선박
② 상품 및 원재료
③ 영업시설 및 기계장치
④ 집기비품 및 가재도구

해설 구입 시의 가격에서 사용기간 감가액을 뺀 가격으로 산정하여야 하는 대상은 항공기 및 선박이다.

12 주택에서 화재가 발생하여 건물 및 집기비품 일체가 소실되었다. 피해액 산정을 위한 현재시가 방법으로 옳은 것은?

① 구입 시의 가격에서 사용기간 감가액을 뺀 가격
② 재구입 가격에서 사용기간 감가액을 뺀 가격
③ 구입 시의 가격
④ 재구입 가격

해설 건물, 구축물, 영업시설, 기계장치, 공구, 기구, 차량 및 운반구, 집기비품, 가재도구 등은 재구입 가격에서 사용기간 감가액을 뺀 가격으로 산정한다.

13 화재로 인한 피해액 산정 시 재건축 또는 재취득하는 데 소요되는 비용에서 사용기간을 감가 공제하는 방식으로 물적 피해액 산정에 널리 사용되는 방식은?

① 직접 평가법 ② 수익환원법
③ 복성식 평가법 ④ 매매비교법

해설 복성식 평가법은 재건축 또는 재취득하는 데 소요되는 비용에서 사용기간의 감가수정액을 공제하는 방법으로 물적 피해액 산정에 널리 사용되는 방식이다.

14 화재로 인한 피해물품 중 예술품이나 귀금속 등의 피해액 산정에 사용되는 방법으로 가장 알맞은 것은?

① 매매사례비교법 ② 복성식 평가법
③ 수익환원법 ④ 물물교환법

04
화재조사보고 및 피해평가

Answer 08.④ 09.④ 10.③ 11.① 12.② 13.③ 14.①

해설 예술품이나 귀중품 등은 사용가치의 판단이 아닌 소장가치 등에 따라 피해액을 판단하는 경우가 많기 때문에 시중매매사례 또는 유사매매사례를 비교하는 매매사례비교법을 적용한다.

15 현재시가를 정하는 방법 중 재구입 가격으로 피해액을 산정하는 대상으로 맞는 것은?

① 상품
② 집기비품
③ 선박
④ 저장품

해설 재구입 가격으로 피해액을 산정하는 대상은 상품이다. 집기비품은 재구입 가격에서 사용기간 감가액을 뺀 가격으로 산정하고, 선박은 구입 시의 가격에서 사용기간 감가액을 뺀 가격으로 산정하며, 저장품은 구입 시의 가격으로 산정한다.

16 피해액 산정 용어 가운데 현재시가를 바르게 나타낸 것은?

① 현재시가 = 재구입비 – 최종잔가율
② 현재시가 = 재구입비 – 내용연수
③ 현재시가 = 재구입비 – 감가수정액
④ 현재시가 = 재구입비 – 경과연수

해설 **현재시가**
현재시가란 피해물품과 같거나 비슷한 물품, 용도, 구조, 형식 시방능력을 가진 것을 재구입하는 데 소요되는 금액에서 사용기간 손모 및 경과기간으로 인한 감가공제를 한 금액 또는 동일하거나 유사한 물품의 시중거래가격의 현재의 가액을 말한다.
현재시가 = 재구입비 – 감가수정액

17 피해액 산정 용어 중 재구입비에 대한 설명으로 바르지 않은 것은?

① 설계감리비를 포함한다.
② 화재 당시를 기준으로 피해자산의 신품의 재취득 가액
③ 화재 당시의 피해물품과 비슷한 것을 재건축하는 데 필요한 금액
④ 고정자산을 사용할 수 있는 최대연한으로 재조달가액이라고도 한다.

해설 재구입비란 화재 당시의 피해물품과 같거나 비슷한 것을 재건축(설계감리비를 포함한다) 또는 재취득하는 데 필요한 금액을 말한다.

18 건물의 소실면적 산정기준으로 옳은 것은?

① 바닥면적
② 전용면적
③ 거주면적
④ 건축면적

해설 건물의 소실면적 산정은 소실된 바닥면적으로 한다. 소실면적이 2개 층 이상일 경우에는 각 층의 연면적으로 산정한다.

19 재구입비란 어느 것을 말하는가?

① 화재 당시 피해물과 같거나 비슷한 것을 재건축 또는 재취득하는 데 필요한 금액으로 설계감리비를 포함한다.
② 화재 당시 피해물과 같거나 비슷한 것을 재건축 또는 재취득하는 데 필요한 금액으로 설계감리비를 포함하지 않는다.
③ 화재 당시 피해물의 최종적인 잔존가치를 말한다.
④ 화재 당시 피해물과 비슷한 규모, 구조, 용도, 재료 등을 구하는 현재가를 표시한 것이다.

해설 재구입비란 화재 당시 피해물과 같거나 비슷한 것을 재건축 또는 재취득하는 데 필요한 금액으로 설계감리비를 포함한다.

20 다음 설명 중 옳지 않은 것은?

① 화재 피해범위가 건물의 6면 중 2면 이하인 경우에는 2면의 피해면적을 합산하여 소실면적으로 한다.
② 고정자산을 사용할 수 있는 최대연한은 내용연수를 말한다.
③ 건물, 부대설비의 최종잔가율은 20%로 산정한다.
④ 내용연수가 경과한 경우 잔존하는 가치의 재구입비에 대한 비율은 최종잔가율이다.

Answer 15.① 16.③ 17.④ 18.① 19.① 20.①

해설 건물의 6면 중 2면 이하인 경우에는 6면 중의 피해면적의 합에 5분의 1을 곱한 값을 소실면적으로 한다.

21 철근콘크리트조 슬래브지붕 4층 건물의 2층에서 화재가 발생하여 1층 점포는 천장 1면만 50m²가 수손되고, 2층은 100m²가 전소되었으며, 3층은 바닥, 벽, 천장 등 3면에 70m²가 연기에 그을렸다. 화재피해액 산정 시 소실면적은?

① 50m²
② 170m²
③ 180m²
④ 220m²

해설 ㉠ 1층 피해면적＝50m²×1/5＝10m²
㉡ 2층 피해면적＝100m²
㉢ 3층 피해면적＝70m²
∴ 소실면적＝10m²+100m²+70m²=180m²

22 산불로 수확기에 있는 밤나무 1만 그루가 소실되었다. 피해액을 산정하는 방법으로 가장 유용한 것은?

① 피해보상법
② 복성식 평가법
③ 매매사례비교법
④ 수익환원법

해설 수확기에 있는 밤나무가 소실되었을 경우 장래에 얻을 수익액에서 당해 수익을 얻기 위해 지출되는 제반비용을 공제하는 방법인 수익환원법이 적용된다. 이 방법은 유실수에 있어 수확기간에 있는 경우에 적용되며, 유실수가 육성기간에 있는 경우에는 복성식 평가법이 적용된다.

23 피해자산의 내용연수 경과에 따른 사용손모 및 자연손모로 인한 자산가치의 체감을 정액비율로 표시한 것으로 옳은 것은?

① 경년감가율
② 최종잔가율
③ 보정률
④ 내용연수

해설 피해자산의 내용연수 경과에 따른 사용손모 및 자연손모로 인한 자산가치의 체감을 정액비율로 표시한 것은 경년감가율이다.

24 다음 중 잔가율을 나타낸 것으로 옳지 않은 것은?

① 잔가율＝(재구입비－감가수정액)/재구입비
② 잔가율＝재구입비－최종잔가율
③ 잔가율＝1－(1－최종잔가율)×경과연수/내용연수
④ 잔가율＝100%－감가수정률

해설 잔가율이란 화재 당시에 피해물의 재구입비에 대한 현가의 비율로서 이는 화재 당시 피해물에 잔존하는 경제적 가치의 정도로서 피해물의 현재가치는 재구입비에서 사용기간에 따른 손모 및 경과기간으로 인한 감가액을 공제한 금액이 되므로 잔가율은 다음과 같이 나타낼 수 있다.

현재가(시가)＝재구입비×잔가율
잔가율＝(재구입비－감가수정액)/재구입비
＝100%－감가수정률
＝1－(1－최종잔가율)×경과연수/내용연수

25 피해액 산정에 필요한 내용연수에 대한 설명으로 옳지 않은 것은?

① 피해액의 산정에는 물리적 내용연수를 적용한다.
② 고정자산을 경제적으로 사용할 수 있는 연수를 적용한다.
③ 물리적 내용연수는 정상적인 방법으로 관리했을 때 이용 가능한 기간이다.
④ 경제적 내용연수는 물리적 내용연수보다 짧은 것이 보통이다.

해설 피해액의 산정에는 경제적 내용연수를 적용한다.

26 건물의 내용연수를 경과하여 현재 사용 중에 있는 화재피해 건물의 잔가율(%)은?

① 10
② 20
③ 30
④ 40

해설 건물, 부대설비, 구축물, 가재도구의 최종잔가율은 20%이다.

04
화재조사보고 및 피해평가

27 현재시가를 정하는 방법에 해당하지 않는 것은?

① 재구입 가격
② 구입 시의 가격
③ 재구입 가격에서 수리비용을 뺀 가격
④ 구입 시 가격에서 사용기간 감가액을 뺀 가격

> **해설** 현재시가를 정하는 방법
> ㉠ 구입 시의 가격
> ㉡ 구입 시의 가격에서 사용기간 감가액을 뺀 가격
> ㉢ 재구입 가격
> ㉣ 재구입 가격에서 사용기간 감가액을 뺀 가격

28 특수한 경우의 피해액 산정 우선적용사항으로 옳지 않은 것은?

① 문화재는 경과연수에 의한 감가액을 10% 적용한다.
② 철거가 예정된 건물은 화재 발생일로부터 철거일까지 기간을 잔여 내용연수로 본다.
③ 문화재의 경우 문화재 관계자 등 전문가의 감정에 의한 가격을 현재가로 한다.
④ 모델하우스 등 가설건물은 실제 존치할 기간을 내용연수로 한다.

> **해설** 문화재는 내용연수 및 경과연수 등에 의한 감가액을 적용하지 않는다.

29 피해액 산정 시 유의사항이다. 옳지 않은 것은?

① 화재 당시 피해물과 비슷한 것을 재구입하는 데 소요되는 금액에서 감가공제를 한 후 현재가액을 산정한다.
② 회계장부상 현재가액이 입증된 경우에는 그에 따른다.
③ 잔가율은 건물, 집기비품, 가재도구는 일괄적으로 30%를 적용한다.
④ 간이평가방식은 실제 피해액과 차이가 클 경우에는 사용하지 않는다.

> **해설** 건물의 잔가율은 20%이며, 집기비품 및 가재도

구는 일괄적, 포괄적 기준을 적용할 경우 50%의 잔가율을 적용한다.

30 다음 중 건물의 피해액 산정식으로 옳은 것은?

① 신축단가×소실면적×[1-(0.8×내용연수/경과연수)]×손해율
② 신축단가×소실면적×[1-(0.8×경과연수/내용연수)]×손해율
③ 신축단가×소실면적×[1-(0.9×내용연수/경과연수)]×손해율
④ 신축단가×소실면적×[1-(0.9×경과연수/내용연수)]×손해율

> **해설** 건물의 피해액 산정
> 신축단가×소실면적×[1-(0.8×경과연수/내용연수)]×손해율

31 다음 중 영업시설의 피해액 산정공식으로 옳은 것은?

① m^2당 표준단가×소실면적×[1-(0.9×경과연수/내용연수)]×손해율
② m^2당 표준단가×소실면적×[1-(0.9×내용연수/경과연수)]×손해율
③ 재구입비×[1-(0.8×경과연수/내용연수)]×손해율
④ 재구입비×[1-(0.9×내용연수/경과연수)]×손해율

> **해설** 영업시설의 피해액 산정공식
> m^2당 표준단가×소실면적×[1-(0.9×경과연수/내용연수)]×손해율

32 화재피해액 산정방법 중 잔존물 제거비용 산정공식으로 맞는 것은?

① 산정대상 피해액×10%
② 산정대상 피해액×20%
③ 산정대상 피해액×30%
④ 산정대상 피해액×50%

> **해설** 잔존물 제거비용 산정공식
> 산정대상 피해액×10%

Answer 27.③ 28.① 29.③ 30.② 31.① 32.①

33 소실면적의 재건축비 산정식으로 옳은 것은?

① 소실면적×재료비단가
② 소실면적×신축단가
③ 연면적×재료비단가
④ 연면적×신축단가

해설 소실면적의 재건축비는 소실면적에 신축단가를 곱한 금액으로 한다.

34 건물의 최종잔가율로 맞는 것은?

① 10%　　　　② 20%
③ 30%　　　　④ 40%

해설 건물에 대한 최종잔가율은 20%로 한다.

35 경량철골조 3층 건물의 2층에서 화재가 발생하여 2층과 3층의 바닥면적이 각각 80m²씩 소실되었고 1층은 바닥면적 20m²가 수손피해를 입었다. 소실된 면적은 얼마인가?

① 160m²　　　　② 80m²
③ 180m²　　　　④ 190m²

해설 소실면적은 건물의 연면적을 말하므로 80m²+80m²+20m²=180m²가 된다.

36 피해물의 종류, 손상 상태 및 정도에 따라 피해액을 적정화시키는 일정한 비율을 나타낸 것은?

① 소실률　　　　② 피해율
③ 잔가율　　　　④ 손해율

해설 피해물의 종류, 손상 상태 및 정도에 따라 피해액을 적정화시키는 일정한 비율을 손해율이라고 한다.

37 건물의 주요 구조체가 아닌 것은?

① 지붕　　　　② 보조계단
③ 내력벽　　　　④ 보

해설 건물의 주요 구조체라 함은 벽, 지붕, 바닥, 보, 주계단을 말한다.

38 철거건물의 피해액 산정공식으로 맞는 것은?

① 재건축비×[0.2+(0.8×잔여 내용연수/내용연수)]
② 재건축비×[0.2+(0.9×잔여 내용연수/내용연수)]
③ 재건축비×[0.1+(0.8×잔여 내용연수/내용연수)]
④ 재건축비×[0.1+(0.9×잔여 내용연수/내용연수)]

해설 철거건물의 피해액 산정
재건축비×[0.2+(0.8×잔여 내용연수/내용연수)]

39 모델하우스나 가설건축물 등 일정기간 존치하는 건물에 있어 실제 존치할 기간을 내용연수로 하여 피해액을 산정할 경우 존치기간 종료일 현재의 최종잔가율로 맞는 것은?

① 10%
② 20%
③ 30%
④ 40%

해설 모델하우스 또는 가설건물 등 일정기간 존치하는 건물은 실제 존치할 기간을 내용연수로 하여 피해액을 산정한다. 이 경우 존치기간 종료일 현재의 최종잔가율은 20%이며, 내용연수 및 경과연수는 년 단위까지 산정한다.

40 다음 중 건물의 잔가율을 나타낸 것은?

① [1-(0.9×내용연수/경과연수)]
② [1-(0.8×내용연수/경과연수)]
③ [1-(0.9×경과연수/내용연수)]
④ [1-(0.8×경과연수/내용연수)]

해설 건물의 현재가치는 재구입비에서 사용손모 및 경과기간으로 인한 감가액을 공제한 금액이므로 잔가율은 1-(1-최종잔가율)×경과연수/내용연수이다. 건물의 최종잔가율은 20%이므로 이를 반영하면 건물의 잔가율은 [1-(0.8×경과연수/내용연수)]가 된다.

04

화재조사보고 및 피해평가

Answer　33.②　34.②　35.③　36.④　37.②　38.①　39.②　40.④

41 건축한 지 10년이 경과한 내용연수가 40년인 조립식 주택의 잔가율은 얼마인가?

① 80%　　　② 85%
③ 70%　　　④ 75%

해설 잔가율=[1−(0.8×10년/40년)]=80%

42 5년 전 사용승인을 받은 건물이 누수가 발생하여 2년 전에 재건축비의 40%를 보수하여 사용하다가 화재가 발생하였다. 피해액 산정 시 이 건물의 경과연수 산정방법으로 옳은 것은?

① 2년 전 보수한 시점을 기준으로 산정한다.
② 5년 전 건물의 사용승인일을 기준으로 산정한다.
③ 최초 건물의 사용승인을 받은 연도의 경과연수와 보수한 때의 경과연수를 평균한다.
④ 건물의 내용연수를 참고하여 경과연수를 산정한다.

해설 경과연수 산정에 있어 재건축비의 50% 미만을 개 · 보수한 경우 최초 건축연도를 기준으로 경과연수를 산정한다.

43 건물이 완전 전소되어 기둥과 주계단의 재사용이 불가능할 경우 손해율의 적용으로 맞는 것은?

① 60%로 하며, 5%를 가산할 수 있다.
② 55%로 하며, 5%를 가산할 수 있다.
③ 40%로 하며, 10%를 가산할 수 있다.
④ 90%로 하며, 10%를 가산할 수 있다.

해설 건물의 전부가 소실된 경우에도 기초공사 부분의 경우 재활용이 가능한 경우가 대부분이므로 그 손해율은 90%로 한다. 또한 기초공사 부분의 재활용 가능 여부에 따라 10%를 가산할 수 있다.

44 주택에서 화재가 발생하여 전소되었으나 주요 구조체는 재사용이 가능한 것으로 조사되었다. 손해율의 적용으로 맞는 것은?

① 30%　　　② 45%
③ 60%　　　④ 90%

해설 주요 구조체의 재사용은 가능하나, 주요 구조체를 제외한 부분의 재사용이 불가능한 경우에 있어 손해율은 60%로 한다.

45 주택의 지붕이나 외벽 등 외부 마감재가 소실된 경우 손해율의 적용으로 옳은 것은?

① 10%　　　② 20%
③ 40%　　　④ 50%

해설 지붕 및 외벽 등 외부 마감재가 소실된 경우에 있어 손해율은 20%로 한다. 지붕 및 외벽 등 외부 마감재의 재건축비 구성비는 약 20% 정도이기 때문이다. 다만, 나무구조 및 단열패널조 건물의 공장 및 창고에 있어서는 5~10%를 가산할 수 있다.

46 일반주택에서 화재가 발생하였다. 피해현황에 따른 건물의 피해액으로 옳은 것은?

┤ 피해현황 ├
• 용도 및 구조 : 일반주택(블록조 슬래브지붕)
• m²당 신축단가 : 642천원
• 내용연수 : 40년
• 경과연수 : 10년
• 피해 정도 : 66m² 내부 마감재 등 소실
• 손해율 : 40% 적용

① 13,359천원
② 1,355,904천원
③ 13,559천원
④ 13,659천원

해설 건물의 피해액 산정
신축단가×소실면적×[1−(0.8×경과연수/내용연수)]×손해율
∴ 642천원×66m²×[1−(0.8×10/40)]×40%
=13,559천원

47 화재로 인한 피해가 경미하여 수손피해만 발생한 경우 손해율의 적용은?

① 10%　　　② 20%
③ 25%　　　④ 30%

해설 건물의 내외부 등이 수손 또는 그을음만 입은 경우의 손해율은 10%로 한다. 다만, 손상부위, 손상 상태 및 정도에 대한 조사자의 판단에 따라 5% 범위 내에서 가감할 수 있다.

48 아파트에서 화재가 발생하였다. 아래 조건을 만족시키는 피해액으로 옳은 것은? (단, 소수 첫째자리에서 반올림한다.)

┤ 조건 ├
- 용도 및 구조 : 아파트(철근콘크리트조 슬래브 지붕, 고층형, 2급)
- m^2당 신축단가 : 748천원
- 내용연수 : 75년
- 경과연수 : 20년
- 소실면적 : $100m^2$(손해율 60%)

① 35,305천원
② 35,306천원
③ 35,406천원
④ 35,405천원

해설 건물의 피해액 산정
신축단가×소실면적×[1−(0.8×경과연수/내용연수)]×손해율
∴ 748천원×$100m^2$×[1−(0.8×20/75)]×60%
= 35,306천원

49 아래 기본현황을 참고하여 건물의 피해액을 바르게 나타낸 것은? (단, 소수 첫째자리에서 반올림한다.)

┤ 기본현황 ├
- 용도 및 구조 : 주택(목조 한식 지붕틀 한식기와 잇기, 2급)
- m^2당 신축단가 : 841천원
- 내용연수 : 50년
- 경과연수 : 15년
- 피해 정도 : $200m^2$ 중 $30m^2$ 지붕, 외벽 등 외부 마감재가 완전소실(손해율 20%)
- 거실 및 다용도실 그을음 피해 $50m^2$(손해율 10%)

① 7,210천원
② 7,310천원
③ 7,021천원
④ 7,031천원

해설 완전소실된 부분과 그을음 피해를 당한 것은 손해율을 달리 하므로 각각 별도로 산정한 후 합산하여야 한다.
㉠ 완전소실된 부분의 피해 산정
841천원×$30m^2$×[1−(0.8×15/50)]×20%
= 3,835천원
㉡ 그을음 피해 산정
841천원×$50m^2$×[1−(0.8×15/50)]×10%
= 3,196천원
∴ 총 피해액 합계 : 3,835천원＋3,196천원
= 7,031천원

50 호텔의 2층에서 화재가 발생하여 피해현황을 조사하였다. 건물의 피해액 산정이 바르게 된 것은? (단, 피해액은 소수 첫째자리에서 반올림한다.)

┤ 피해현황 ├
- 용도 및 구조 : 호텔(철근콘크리트조 슬래브지붕, 4급)
- m^2당 신축단가 : 918천원
- 내용연수 : 75년
- 경과연수 : 20년
- 피해 정도
  - 2층 및 3층 $1,000m^2$가 천장, 벽, 바닥 등 내부 마감재 소실(손해율 40%)
  - 4층 및 5층 $1,000m^2$가 지붕, 외벽 등 외부 마감재 소실(손해율 20%)
  - 6층 $500m^2$가 그을음 피해(손해율 10%)

① 496,405천원
② 496,404천원
③ 469,404천원
④ 469,405천원

해설 ㉠ 918천원×$1,000m^2$×[1−(0.8×20/75)]×40%
= 288,864천원
㉡ 918천원×$1,000m^2$×[1−(0.8×20/75)]×20%
= 144,432천원
㉢ 918천원×$500m^2$×[1−(0.8×20/75)]×10%
= 36,108천원
∴ 피해액 합계 : 288,864천원＋144,432천원
＋36,108천원＝469,404천원

04

화재조사보고 및 피해평가

51 화재피해액 산정 시 조사자의 판단에 따라 가장 재량이 큰 것은?

① 신축단가 적용   ② 경과연수 적용
③ 손해율 적용   ④ 재건축비 적용

해설 화재피해액 산정 시 조사자의 판단에 따라 탄력적인 재량이 가장 많이 부여되는 것은 손해율로서 5∼10%를 가감할 수 있다. 그러나 신축단가, 경과연수, 재건축비 등은 정형화된 가격과 기간이 명확하게 드러나 있어 재량의 여지가 없다.

52 담뱃불 취급부주의로 바닥 8m²와 벽 6m²가 소손되는 화재가 발생하였다. 소실된 면적은 얼마인가?

① 1.8m²   ② 2.8m²
③ 2.2m²   ④ 2.4m²

해설 소손된 면적이 건물의 6면 중 2면 이하이므로 피해면적의 합에 1/5을 곱한 값으로 산정한다.
(8m²+6m²)×1/5=2.8m²

53 돼지축사에서 화재가 발생하여 비닐하우스 5동 중 비육돈 사용 1동(660m²)과 창고용도(660m²)로 사용하던 1동이 각각 소실되었다. 기본현황을 참고하여 건물의 화재피해액을 산정하면? (단, 피해액은 소수 첫째자리에서 반올림한다.)

┤ 기본현황 ├
- 구조 : 철골조(H-beam) 철골지붕틀 칼라강판 잇기, 3급
- m²당 표준단가 : 403천원
- 내용연수 : 30년
- 경과연수 : 12년
- 손해율 : 비육돈 사용 동(60%), 창고(55%) 적용

① 207,997천원
② 208,997천원
③ 99,477천원
④ 108,520천원

해설 건물의 피해액 산정
신축단가×소실면적×[1-(0.8×경과연수/내용연수)]×손해율

① 비육돈 산정
403천원×660m²×[1-(0.8×12/30)×60%
=108,520천원
② 창고 산정
403천원×660m²×[1-(0.8×12/30)×55%
=99,477천원
∴ 총 피해액 : 108,520천원+99,477천원
=207,997천원

54 신축한 지 불과 1개월 미만인 물류창고에서 화재가 발생하여 25,500m²가 소실되었다. 기본현황을 참고하여 건물의 화재피해액을 산정하면? (단, 피해액은 소수 첫째자리에서 반올림한다.)

┤ 기본현황 ├
- 구조 : 철근콘크리트조 슬래브지붕, 3급
- m²당 표준단가 : 535천원
- 내용연수 : 50년
- 잔가율 : 100% 적용
- 손해율 : 35% 적용

① 4,775,876천원   ② 4,776,875천원
③ 4,776,976천원   ④ 4,774,875천원

해설 건물의 피해액 산정
신축단가×소실면적×[1-(0.8×경과연수/내용연수)]×손해율
물류창고를 신축한 지 1개월 미만이므로 잔가율은 100%를 적용하여 산정한다.
535천원×25,500m²×35%=4,774,875천원

55 10년 전 신축한 주택에서 화재가 발생하였다. 조사를 통해 3년 전에 재건축비의 75%를 들여 보수한 사실이 있었다. 이 주택의 경과연수는 몇 년인가?

① 13년   ② 10년
③ 6.5년   ④ 7.5년

해설 재건축비의 50∼80%를 개 · 보수한 경우 최초 건축연도를 기준으로 한 경과연수와 개 · 보수한 때를 기준으로 한 경과연수를 합산 평균하여 경과연수를 산정한다.
13년÷2=6.5년

Answer   51.③   52.②   53.①   54.④   55.③

56 5층 전체를 모텔로 사용하는 건물에서 화재가 발생하여 연면적 2,500m² 가운데 2층과 3층 990m²의 내부 마감재가 모두 소실되었고(손해율 40%), 4층과 5층 1,000m²가 그을음 피해를 입었다. 기본현황을 참고하여 건물의 화재피해액을 산정하면? (단, 피해액은 소수 첫째자리에서 반올림한다.)

┤ 기본현황 ├

- 구조 : 철근콘크리트조 슬래브지붕, 3급
- m²당 표준단가 : 834천원
- 내용연수 : 75년
- 경과연수 : 14년
- 손해율 : 그을음 피해 5% 적용

① 280,945천원
② 326,428천원
③ 316,418천원
④ 316,428천원

해설 ㉠ 소실면적 산정 : 834천원×990m²×[1－(0.8×14/75)×40%＝280,945천원
㉡ 그을음 피해면적 산정 : 834천원×1,000m²×[1－(0.8×14/75)×5%＝35,473천원
∴ 총 피해액 : 280,945천원＋35,473천원 ＝316,418천원

57 공장에서 화재가 발생하였다. 아래 조건을 만족하는 건물피해액 산정으로 옳은 것은? (단, 피해액은 소수 첫째자리에서 반올림한다.)

┤ 조건 ├

- 용도 및 구조 : 일반공장(블록조 목조지붕틀 대골슬레이트잇기, 4급)
- m²당 신축단가 : 397천원
- 내용연수 : 30년
- 경과연수 : 20년
- 피해 정도
  - 1층 사무실 1,500m²가 천장, 벽, 바닥 등 내부 마감재 소실(손해율 35% 적용)
  - 2층 작업장 660m²가 지붕, 외벽 등 외부 마감재 소실(손해율 30% 적용)

① 133,948천원
② 133,958천원
③ 143,948천원
④ 143,958천원

해설 ㉠ 397천원×1,500m²×[1－(0.8×20/30)] ×35%＝97,265천원
㉡ 397천원×660m²×[1－(0.8×20/30)] ×30%＝36,683천원
∴ 피해액 합계 : 97,265천원＋36,683천원 ＝133,948천원

58 부대설비의 피해액 산정에 대한 설명으로 옳지 않은 것은?

① 전등 및 전열설비 등 기본적인 전기설비는 별도로 부대설비 피해액으로 산정한다.
② 실질적·구체적 방식에 의한 경우 재설비비를 구하고 사용손모 및 경과연수에 대응한 감가액을 공제한 후 손해율을 곱한 금액으로 한다.
③ 간이평가방식은 신축단가에 소실면적 및 설비종류별 재설비비율과 손해율을 곱하여 산정한다.
④ 수리비가 부대설비 재설비비의 20% 미만인 경우에는 감가공제를 하지 않는다.

해설 전등 및 전열설비 등 기본적인 전기설비만 되어 있는 경우에는 해당 기본 전기설비는 건물신축단가표의 표준단가에 포함되어 있으므로 간이평가방식에 의한 산정에서는 별도로 부대영업시설 피해액을 산정하지 아니한다.

59 부대설비의 재설비비를 나타낸 것으로 옳은 것은?

① 신축단가×피해면적×손해율
② 신축단가×잔가율
③ 단위(면적, 개소 등)당 표준단가×피해단위
④ 단위(면적, 개소 등)당 표준단가×잔가율

해설 재설비비＝단위(면적, 개소 등)당 표준단가 ×피해단위

04
화재조사보고 및 피해평가

Answer 56.③ 57.① 58.① 59.③

60 부대설비 중 소화설비를 수리비로 산정하고자 한다. 수리비 산정식으로 옳은 것은?

① 수리비×[1-(0.9×경과연수/내용연수)]
② 수리비×[1-(0.8×경과연수/내용연수)]
③ 수리비×[1-(0.9×내용연수/경과연수)]
④ 수리비×[1-(0.8×내용연수/경과연수)]

해설 수리비에 의한 방식
수리비×[1-(0.8×경과연수/내용연수)]

61 부대설비 피해액 산정식으로 옳은 것은?

① 단위당 표준단가×피해단위×[1-(0.9×경과연수/내용연수)]×손해율
② 단위당 표준단가×피해단위×[1-(0.8×내용연수/경과연수)]×손해율
③ 단위당 표준단가×피해단위×[1-(0.9×내용연수/경과연수)]×손해율
④ 단위당 표준단가×피해단위×[1-(0.8×경과연수/내용연수)]×손해율

해설 부대설비 피해액 산정식
단위당 표준단가×피해단위×[1-(0.8×경과연수/내용연수)]×손해율

62 아파트 1층에서 화재가 발생하여 내부 전체 66m²가 완전소실(손해율 65%)되었고 2층으로 연소확산되어 2층 베란다 15m² 소실(손해율 20%) 및 거실 20m²가 연기에 그을리는 피해를 입었다. 기본현황을 참고하여 건물의 화재피해액을 산정하면? (단, 피해액은 소수 첫째자리에서 반올림한다.)

┤ 기본현황 ├
• 구조 : 철근콘크리트조 슬래브지붕, 고층형, 3급
• m²당 표준단가 : 704천원
• 내용연수 : 75년
• 경과연수 : 10년
• 거실 손해율 : 그을음 피해 10% 적용

① 30,125천원   ② 30,020천원
③ 35,125천원   ④ 30,128천원

해설 건물의 피해액 산정
신축단가×소실면적×[1-(0.8×경과연수/내용연수)]×손해율
㉠ 1층 소실면적 산정
704천원×66m²×[1-(0.8×10/75]×65%
=26,980천원
㉡ 2층 베란다 및 거실 피해면적 산정
베란다 피해액 산정 : 704천원×15m²×[1-(0.8×10/75]×20%=1,887천원
거실 피해액 산정 : 704천원×20m²×[1-(0.8×10/75]×10%=1,258천원
∴ 총 피해액 : 26,980천원+1,887천원+1,258천원=30,125천원

63 일반주택에서 화재가 발생하여 전체 200m² 중 1층 60m²가 천장, 벽, 바닥 등 내부 마감재가 완전히 소실(손해율 40%)되었고 2층 40m²가 그을음 피해를 입었다. 아래 기본현황을 참고하여 건물의 화재피해액을 산정하면? (단, 피해액은 소수 첫째자리에서 반올림한다.)

┤ 기본현황 ├
• 용도 및 구조 : 치장벽돌조 슬래브지붕, 3급
• m²당 표준단가 : 913천원
• 내용연수 : 50년
• 경과연수 : 8년
• 손해율 : 그을음 피해 10% 적용

① 23,090천원
② 22,392천원
③ 22,292천원
④ 23,392천원

해설 건물의 피해액 산정
신축단가×소실면적×[1-(0.8×경과연수/내용연수)]×손해율
㉠ 완전 소실면적 산정 : 913천원×60m²×[1-(0.8×8/50)]×40%=19,107천원
㉡ 그을음 피해면적 산정 : 913천원×40m²×[1-(0.8×8/50)]×10%=3,185천원
따라서 완전 소실면적과 그을음 피해면적을 합산한 금액이 피해액이다.
∴ 19,107천원+3,185천원=22,292천원

Answer 60.② 61.④ 62.① 63.③

64 공립학교 건물의 2층($660m^2$)과 3층($660m^2$)에 시설된 급탕설비가 소실된 경우 부대설비의 재설비비는 얼마인가? (단, 급탕설비의 m^2당 단가는 25천원으로 한다.)

① 33,000천원 ② 16,500천원
③ 35,000천원 ④ 36,000천원

해설 피해를 입은 급탕설비의 소실면적을 합하면 $1,320m^2$이고 급탕설비의 m^2당 단가가 25천원이므로 소실면적에 m^2당 재설비비 단가 25천원을 곱한 금액이 부대설비의 재설비비 금액이 된다.
$1,320m^2 \times 25천원 = 33,000천원$

65 4층 상가건물에서 화재가 발생하여 1층 사무실($300m^2$)에 수용된 전기설비, 위생설비, 난방설비가 소실되었다. 소실면적의 부대설비 재설비비는 얼마인가? (단, 건물의 m^2당 표준단가는 704천원, 재설비비율 10%로 간이평가방식에 의한다.)

① 2,112천원
② 21,120천원
③ 211,200천원
④ 2,112,000천원

해설 $704천원 \times 300m^2 \times 10\% = 21,120천원$

66 아파트에서 화재가 발생하였다. 아래 기본현황을 보고 간이평가방식으로 부대설비를 산정한 것으로 옳은 것은? (단, 피해액은 소수 첫째자리에서 반올림한다.)

┤기본현황├
• 용도 및 구조 : 아파트(시멘트 블록조 슬레이트지붕, 5급)
• m^2당 신축단가 : 675천원
• 내용연수 : 30년
• 경과연수 : 9년
• 재설비비율 : 5% 적용
• 피해 정도 : 아파트 $90m^2$ 내부 자동화재탐지설비(단선)와 위생설비 그을음 피해

① 2,408천원 ② 2,480천원
③ 2,309천원 ④ 2,308천원

해설 **부대설비 피해액**
소실면적의 재설비비 × 잔가율 × 손해율
=건물신축단가 × 소실면적 × 5% × [1 − (0.8 × 경과연수/내용연수)] × 손해율
재설비비 = $90m^2 \times 675천원 \times 5\% = 3,038천원$
∴ 피해액 = $3,038천원 \times 76\% \times 100\%$
= 2,309천원
전기설비(자동화재탐지설비)에 있어서는 사소한 수침, 그을음 손상을 입은 경우라 하더라도 회로의 이상이 있거나 단선 또는 단락의 경우 전부 손해로 간주하여 100% 손해율을 적용한다.

67 냉동창고에서 화재가 발생하였다. 아래 조건에 따라 부대설비 피해액을 산정한 것으로 옳은 것은? (단, 소수 첫째자리에서 반올림하고, 기타 조건은 무시한다.)

┤조건├
• 용도 및 구조 : 냉동창고(철근콘크리트조 슬래브지붕, 3급)
• m^2당 신축단가 : 783천원
• 내용연수 : 38년
• 경과연수 : 3년
• 피해 정도 : 지하 1층 $8,900m^2$ 소실
• 부대설비 : 전기설비, 위생설비, 난방설비, 소화설비 및 승강기설비, 냉·난방설비, 수·변전설비의 손해 정도가 상당히 심함(재설비비율 20%)
• 손해율 : 60%

① 783,393천원
② 773,393천원
③ 784,393천원
④ 785,393천원

해설 **부대설비 피해액**
소실면적의 재설비비 × 잔가율 × 손해율
= 건물신축단가 × 소실면적 × 20% × [1 − (0.8 × 경과연수/내용연수)] × 손해율
= $783천원 \times 8,900m^2 \times 20\% \times 93.68\% \times 60\%$
= 783,393천원

Answer ▶ 64.① 65.② 66.③ 67.①

68 점포에서 화재가 발생하였다. 기본현황을 보고 실질적 · 구체적 방식에 의한 부대설비 피해액을 산정한 것으로 옳은 것은? (단, 소수 첫째자리에서 반올림한다.)

┤ 기본현황 ├

- 용도 및 구조 : 점포 및 상가(철근콘크리트조 슬래브지붕, 3급)
- m^2당 신축단가 : 821천원
- 내용연수 : 75년
- 경과연수 : 8년
- 피해 정도
  – 지하 1층 250m^2 그을음 및 소실
  – 1층 330m^2 내부 마감재 등 소실
- 부대설비 : P형 자동화재탐지설비 소실(m^2당 표준단가는 6천원으로 한다)

① 3,831천원　　② 4,831천원
③ 3,183천원　　④ 4,183천원

해설 부대설비 피해액
소실단위(면적, 개소 등)의 재설비비×잔가율×손해율
=단위(면적, 개소 등)당 표준단가×피해단위×[1−(0.8×경과연수/내용연수)]×손해율
(손해율은 P형 자동화재탐지설비가 소실되었으므로 100%를 적용한다)
=6천원×580m^2×91.47%×100%=3,183천원

69 부대설비 가운데 자동화재탐지설비가 그을음 피해만 입었으나 회로 이상으로 단선이 되었다면 손해율의 적용은?

① 50%　　② 60%
③ 70%　　④ 100%

해설 전기설비(자동화재탐지설비 등)에 있어서는 사소한 수침, 그을음 손상을 입은 경우라 하더라도 회로의 이상이 있거나 단선 또는 단락의 경우 전부 손해로 간주하여 100%의 손해율로 한다.

70 화재조사자가 판단하여 부대설비의 손해 정도가 경미한 경우 손해율의 적용은?

① 10%　　② 20%
③ 40%　　④ 60%

해설 손해 정도가 경미한 경우 10%를 적용한다. 손해율은 부대설비의 종류, 손상 상태 및 정도 등을 고려하여 적용하여야 하며, 조사자의 판단에 따라 5% 범위 내에서 가감할 수 있다.

71 부대설비의 손해의 정도가 상당히 심한 경우 적용하는 손해율로 맞는 것은?

① 30%　　② 40%
③ 60%　　④ 100%

해설 부대설비에서 손해의 정도가 상당히 심한 경우에는 60%를 적용한다.

72 구축물의 피해액 산정공식(간이평가방식)으로 맞는 것은?

① 단위당 표준단가×소실단위×[1−(0.9×경과연수/내용연수)]×손해율
② 단위당 표준단가×소실단위×[1−(0.8×경과연수/내용연수)]×손해율
③ 재구입단가×소실단위×[1−(0.8×경과연수/내용연수)]×손해율
④ 재구입단가×소실단위×[1−(0.9×경과연수/내용연수)]×손해율

해설 구축물의 피해액 산정공식(간이평가방식)
단위당 표준단가×소실단위×[1−(0.8×경과연수/내용연수)]×손해율

73 구축물의 잔가율을 나타낸 것으로 맞는 것은?

① [1−(0.9×경과연수/내용연수)]
② [1−(0.8×경과연수/내용연수)]
③ [1−(0.9×경과연수/내용연수)]×손해율
④ [1−(0.8×경과연수/내용연수)]×손해율

해설 구축물의 잔가율 공식은 [1−(0.8×경과연수/내용연수)]를 사용한다. 이 식에서 얻은 결과를 %로 표시하며 소수 셋째자리에서 반올림하여 기재한다.

Answer　68.③　69.④　70.①　71.③　72.②　73.②

74 구축물의 내용연수로 맞는 것은?

① 10년으로 일괄 적용한다.
② 20년으로 일괄 적용한다.
③ 30년으로 일괄 적용한다.
④ 50년으로 일괄 적용한다.

해설 구축물의 내용연수는 50년으로 일괄 적용한다.

75 구축물의 피해액 산정방식 중 원시건축비에 의한 방식으로 재건축비를 나타낸 것으로 맞는 것은?

① 소실단위의 원시건축비×인건비상승률
② 소실단위의 원시건축비×자재비상승률
③ 소실단위의 원시건축비×물가상승률
④ 소실단위의 원시건축비×물류비용상승률

해설 원시건축비에 의한 방식
소실단위(길이·면적·체적)의 재건축비×잔가율×손해율
=소실단위의 원시건축비×물가상승률×[1-(0.8×경과연수/내용연수)]×손해율

76 건물에 화재가 발생하여 토사 및 콘크리트로 건축된 석축이 소손되어 80m²의 보수를 필요로 한다. 소실체적의 구축물 재건축비는 얼마인가? (단, 석축의 m²당 단가는 80천원이다.)

① 5,400천원　　② 6,400천원
③ 1,600천원　　④ 160천원

해설 재건축비=소실단위(길이·면적·체적)의 재건축비×잔가율×손해율이므로 토사 및 콘크리트 석축의 m²당 표준단가는 80천원이고 소손면적은 80m²이므로 구축물 재건축비는 다음과 같다.
∴ 80천원×80m²=6,400천원

77 주택화재로 인해 주변에 있던 송전탑이 소손되었다. 아래 조건을 만족시키는 구축물 피해액으로 옳은 것은? (단, 간이평가방식으로 산정하며, 기타 조건은 무시한다.)

┤ 조건 ├
• 용도 및 구조 : 송전탑(철재형강류)
• m당 표준단가 : 2,500천원
• 내용연수 : 50년
• 경과연수 : 12년
• 피해 정도 : 송전탑(철재형강류) 15m 소손
• 손해율 : 65%

① 17,575천원　　② 17,775천원
③ 19,695천원　　④ 19,775천원

해설 간이평가방식에 의해 철탑(철재형강류)의 m당 표준단가가 2,500천원이므로 2,500천원×15m =37,500천원이 구축물의 재건축비가 된다.
구축물 피해액=소실단위(길이·면적·체적)의 재건축비×잔가율×손해율
=37,500천원×[1-(0.8×12/50)]×65%
=19,695천원

78 건축한 지 5년 된 궤도사업용 건조물에서 화재가 발생하였다. 아래 기본현황에 따라 구축물 피해액을 간이평가방식으로 바르게 나타낸 것은?

┤ 기본현황 ├
• 용도 및 구조 : 궤도사업용 건조물
• m²당 신축단가 : 430천원
• 내용연수 : 50년
• 구축물 피해 : 건조물 150m² 소실로 주요구조체 재사용 불가능(손해율 90%)

① 53,406천원
② 54,406천원
③ 63,406천원
④ 64,406천원

해설 구축물의 간이평가방식에 따른 산정
소실단위(길이·면적·체적)의 재건축비×잔가율×손해율
=단위(m, m², m³)당 표준단가×소실단위×[1-(0.8×경과연수/내용연수)]×손해율
=430천원×150m²×[1-(0.8×5/50)]×90%
=53,406천원

04
화재조사보고 및 피해평가

79 구축물의 피해액 산정방법으로 옳지 않은 것은?

① 구축물의 수리비가 재건축비의 30% 미만인 경우에는 감가공제를 하지 않는다.
② 구축물의 원시건축비에 의한 산정은 신축단가 또는 단위당 단가가 필요없다.
③ 구축물의 손해율 산정은 건물의 손해율을 준용한다.
④ 구축물의 내용연수는 50년으로 일괄 적용한다.

해설 구축물의 피해액 산정에 있어 구축물의 수리가 가능하고 그 수리 · 복원비가 입증되는 경우에는 수리 · 복원에 소요되는 금액에서 사용손모 및 경과연수에 대응한 감가공제를 한 금액으로 한다. 다만, 수리 · 복원비가 구축물 재건축비의 20% 미만인 경우에는 감가공제를 하지 아니한다.

80 다음 중 영업시설의 피해액 산정공식으로 옳은 것은?

① 업종별 m^2당 표준단가×소실면적×[1−(0.9×내용연수/경과연수)]×손해율
② 업종별 m^2당 표준단가×소실면적×[1−(0.9×경과연수/내용연수)]×손해율
③ 업종별 m^2당 표준단가×재구입비×[1−(0.9×경과연수/내용연수)]×최종잔가율
④ 업종별 m^2당 표준단가×소실면적×[1−(0.8×경과연수/내용연수)]×손해율

해설 영업시설의 피해액 산정
업종별 m^2당 표준단가×소실면적×[1−(0.9×경과연수/내용연수)]×손해율

81 화재피해액 산정에 있어서 영업시설의 소손 정도에 따른 손해율 60%에 해당하는 것은?

① 불에 타거나 변형되고 그을음과 수침 정도가 심한 경우
② 손상 정도가 다소 심하여 상당부분 교체 내지 수리가 필요한 경우
③ 영업시설의 일부를 교체 또는 수리하거나 도장 내지 도배가 필요한 경우
④ 부분적인 소손 및 오염의 경우

해설

화재로 인한 피해 정도	손해율(%)
불에 타거나 변형되고 그을음과 수침 정도가 심한 경우	100
손상 정도가 다소 심하여 상당부분 교체 내지 수리가 필요한 경우	60
시설의 일부를 교체 또는 수리하거나 도장 내지 도배가 필요한 경우	40
부분적인 소손 및 오염의 경우	20
세척 내지 청소만 필요한 경우	10

82 나이트클럽 조명시설에서 화재가 발생하였다. 아래 보기를 참고하여 영업시설 피해액을 바르게 산정한 것은?

┤ 보기 ├

• 용도 및 구조 : 점포 및 상가(철골조 슬래브지붕, 3급)
• 나이트클럽 재시설비 : 800천원
• 내용연수 : 6년
• 경과연수 : 3년
• 피해 정도 : 전체 4,500m^2 중 660m^2가 소실(손해율 40%)

① 161,160천원   ② 176천원
③ 116,160천원   ④ 117,160천원

해설 영업시설 피해액 산정공식
업종별 재시설비×[1−(0.9×경과연수/내용연수)]×손해율
∴ 800천원×[1−(0.9×3/6)]×40%=176천원

83 기계장치 및 집기비품의 피해액 산정공식으로 맞는 것은?

① 재구입비×[1−(0.8×경과연수/내용연수)]×손해율
② 재구입비×[1−(0.9×경과연수/내용연수)]×손해율
③ 신축단가×[1−(0.8×경과연수/내용연수)]×손해율
④ 신축단가×[1−(0.9×경과연수/내용연수)]×손해율

해설 기계장치 및 집기비품, 공구 · 기구의 피해액 산정
재구입비×[1−(0.9×경과연수/내용연수)]×손해율

Answer 79.① 80.② 81.② 82.② 83.②

84 시중거래가격의 파악이 어려운 10톤짜리 엔진펌프에서 화재가 발생하여 동일회사, 동일제품의 3톤과 5톤 엔진펌프의 구입가격을 통해 피해액을 산정하고자 한다. 다음 중 재구입비 방식으로 맞는 것은?

① 생산자 거래가격 추정
② 단위능력당 가격에 의한 추정
③ 유사품에 의한 추정
④ 중고 거래가격 추정

해설 동일기종, 동일회사 제품의 기계 거래(구입)가격을 비교, 유추하여 적용하는 것은 유사품에 의한 재구입비 추정방식이다.

85 기계장치의 피해액 산정방법을 설명한 것으로 옳지 않은 것은?

① 기계장치의 내용연수가 경과하였어도 수리를 하여 유지관리조건이 양호하다면 실태에 따라 잔가율을 30% 초과 50% 이하의 범위로 수정할 수 있다.
② 기계장치의 내용연수가 경과하여 잔가율이 10% 이하가 되더라도 현재 가동되고 있다면 상태를 살펴 잔가율을 50% 전후로 조정하여 적용할 수 있다.
③ 수리비에 기계의 해체비나 재조립비, 운반비 등이 포함된 경우에는 이들 비용은 감가공제 여부를 결정하는 데 있어 수리비에 반영하지 않는다.
④ 감정평가서에 의한 방식은 감정평가서상의 현재가액에 손해율을 곱한 금액으로 한다.

해설 기계장치의 내용연수가 경과하여 잔가율이 10% 이하가 되더라도 현재 생산계열 중에 가동되고 있는 경우, 그 잔가율은 10%로 한다.

86 기계장치의 Frame 및 주요 부품이 소손되고 굴곡 변형되어 수리가 불가능한 경우 손해율은?

① 10~20%   ② 50%
③ 60%   ④ 100%

해설 기계장치의 소손 정도에 따른 손해율

화재로 인한 피해 정도	손해율(%)
Frame 및 주요부품이 소손되고 굴곡 변형되어 수리가 불가능한 경우	100
Frame 및 주요부품을 수리하여 재사용이 가능하나 소손 정도가 심한 경우	50~60
화염의 영향을 받아 주요부품이 아닌 일반 부품 교체와 그을음 및 수침오염 정도가 심하여 전반적으로 점검이 필요한 경우	30~40
화염의 영향을 다소 적게 받았으나 그을음 및 수침오염 정도가 심하여 일부 부품 교체와 분해조립이 필요한 경우	10~20
그을음 및 수침오염 정도가 경미한 경우	5

87 다음 설명 중 옳지 않은 것은?

① 중고기계의 시장거래가격이 신품가격보다 비싼 경우에는 신품가격을 재구입비로 하여 피해액을 산정한다.
② 중고기계의 시장거래가격이 신품가격에서 감가공제를 한 금액보다 낮을 경우에는 중고기계의 시장거래가격을 재구입비로 하여 피해액을 산정한다.
③ 중고구입기계로서 제작연도를 알 수 없는 경우에는 기계상태에 따라 신품 재구입비의 30~50%를 당해 기계의 가액으로 피해액을 산정한다.
④ 내용연수가 지난 기계장치의 잔가율은 30%를 적용하여 피해액을 산정한다.

해설 내용연수가 지난 기계장치의 잔가율은 10%를 적용하여 피해액을 산정한다.

88 기계장치의 잔가율을 바르게 나타낸 것은?

① [1−(0.9×경과연수/내용연수)]
② [1−(0.8×경과연수/내용연수)]
③ [1−(0.9×경과연수/내용연수)]×손해율
④ [1−(0.8×경과연수/내용연수)]×손해율

해설 기계장치의 잔가율
[1−(0.9×경과연수/내용연수)]

89 공구 · 기구, 집기비품, 가재도구를 일괄하여 피해액을 산정할 경우 재구입비의 몇 %를 피해액으로 하는가?

① 10
② 30
③ 50
④ 80

해설 공구 · 기구, 집기비품, 가재도구를 일괄하여 피해액을 산정할 경우 재구입비의 50%를 피해액으로 한다.

90 공구 · 기구의 피해액 산정에 대한 설명이다. 옳지 않은 것은?

① 잔가율을 일괄적으로 적용할 경우에는 경과연수가 필요 없다.
② 공구 · 기구를 일괄하여 재구입비를 적용할 수 있다.
③ 공구 · 기구를 개별적으로 피해액을 산정할 경우 내용연수 확인이 필요 없다.
④ 잔가율을 일괄적으로 적용할 경우 내용연수는 필요 없다.

해설 공구 · 기구의 피해액을 산정함에 있어 공구 · 기구 하나하나에 대하여 개별적으로 피해액을 산정하는 경우 잔가율 산정을 위해 내용연수의 확인이 필요하며, 잔가율을 일괄 적용하는 경우에는 내용연수는 필요하지 않다.

91 기계장치, 공구 · 기구, 집기비품 산정에 대한 설명으로 옳지 않은 것은?

① 중고기계의 제작연도를 알 수 없는 경우에는 신품 재구입비의 30~50%를 당해 기계의 가액으로 산정한다.
② 중고기계의 시장거래가격이 신품가격보다 비싼 경우 신품가액을 재구입비로 산정한다.
③ 기계장치의 수리비가 20% 미만인 경우에는 감가공제를 하지 않는다.
④ 집기비품의 최종잔가율은 20%를 적용한다.

해설 집기비품의 최종잔가율은 10%를 적용한다.

92 중고품 기계의 시장거래 가격이 신품가격에서 감가공제를 한 금액보다 낮을 경우 재구입비 산정기준으로 옳은 것은?

① 신품가격을 재구입비로 한다.
② 신품 재구입비의 30~50%를 가액으로 한다.
③ 중고품 기계의 시장거래가격을 재구입비로 한다.
④ 중고품 기계의 30~50%를 가액으로 한다.

해설 중고품 기계의 시장거래 가격이 신품가격에서 감가공제를 한 금액보다 낮을 경우
중고품 기계의 시장거래가격을 재구입비로 하여 피해액을 산정한다.

93 다음 중 가재도구 산정 피해액에 대한 설명으로 옳지 않은 것은?

① 수리비가 가재도구 재구입비의 20% 미만인 경우에는 감가공제 없이 산정한다.
② 최종잔가율은 20%이므로 [1−(0.9×경과연수/내용연수)]의 식을 적용한다.
③ 잔가율을 일괄적 기준으로 적용할 때 50%로 할 수 있다.
④ 의류, 가구 등을 세탁하여 재사용이 가능한 경우에 손해율은 10%를 적용할 수 있다.

해설 최종잔가율은 20%이므로 [1−(0.8×경과연수/내용연수)]의 식을 적용한다.

94 간이평가방식에 의해 가재도구 피해액을 산정하고자 한다. 산정 요인이 아닌 것은?

① 주택층수
② 주택가격
③ 거주인원
④ 주택종류

해설 가재도구 구성에 관련되는 요소 중 간이평가방식에 영향을 주는 요인은 주택종류, 주택면적, 거주인원, 주택가격(m^2당)의 4가지 요인으로 구분한다.

Answer 89.③ 90.③ 91.④ 92.③ 93.② 94.①

95 다음 중 집기비품에 대한 설명으로 옳지 않은 것은?

① 집기비품의 최종잔가율이 20%이므로 잔가율은 [1-(0.8×경과연수/내용연수)]가 된다.
② 회계장부에 의해 현재가액이 확인되는 경우 회계장부상의 현재가액에 손해율을 곱해 산정할 수 있다.
③ 집기비품이란 직업상의 필요에 의해 사용되는 것으로 점포나 사무소에 소재하는 것을 말한다.
④ 집기비품의 구입시기가 서로 다르고 아예 확인이 어려운 경우 등에는 잔가율을 일괄하여 50%로 할 수 있다.

해설 집기비품의 최종잔가율은 10%이므로 잔가율은 [1-(0.9×경과연수/내용연수)]가 된다.

96 간이평가방식으로 가재도구 피해액을 산정하고자 한다. 항목별 기준액 중 가중치가 가장 큰 것은 어느 것인가?

① 주택종류　　② 거주인원
③ 주택가격　　④ 주택면적

해설 간이평가방식으로 가재도구 피해액을 산정하고자 할 때 항목별 가중치는 주택종류, 주택면적, 거주인원, 주택가격으로 구분한다. 이 중 항목별 가중치가 가장 큰 것은 주택가격으로 40%를 적용한다.

97 간이평가방식으로 가재도구 피해액을 산정하고자 한다. 항목별 기준액 중 가중치가 가장 작은 것은 어느 것인가?

① 주택종류　　② 주택가격
③ 주택면적　　④ 거주인원

해설 항목별 가중치
주택종류(10%), 거주인원(20%), 주택면적(30%), 주택가격(40%)

98 가재도구 개별품목별로 화재피해액을 산정하는 공식으로 옳은 것은?

① 재구입비×[1-(0.8×경과연수/내용연수)]×손해율
② m²당 표준단가×소실면적×[1-(0.9×경과연수/내용연수)]×손해율
③ 소실단위의 원시 건축비×물가상승률×[1-(0.9×경과연수/내용연수)]×손해율
④ 건물신축단가×소실면적×설비종류별 재설비 비율×[1-(0.8×경과연수/내용연수)]×손해율

해설 가재도구의 피해액 산정식
재구입비×[1-(0.8×경과연수/내용연수)]×손해율

99 화재피해액 산정 대상 중 최종잔가율이 20%인 것으로 짝지어진 것은?

① 건물 - 영업시설
② 가재도구 - 부대설비
③ 가재도구 - 집기비품
④ 부대설비 - 기계장치

해설 건물, 부대설비, 가재도구는 20%로 하며, 기타의 경우 10%로 한다.

100 차량에서 화재가 발생하였다. 피해액 산정 기준으로 옳은 것은?

① 동일 유형의 신차에서 사용기간을 감가공제한 금액으로 한다.
② 동일하거나 유사한 자동차의 시중매매가격으로 한다.
③ 한국감정원의 기계시가조사표에 의한다.
④ 한국감정원의 기계장치 및 집기비품 시가조사표에 의한다.

해설 화재로 인한 자동차의 피해액 산정은 피해대상 자동차와 동일하거나 유사한 자동차의 시중매매가격을 피해액으로 한다.

101 다음 중 화재피해액 산정을 위한 차량에 해당하지 않는 것은?

① 무등록 오토바이
② 차량에 의해 견인되는 목적으로 만들어진 차
③ 차량에 의해 견인되고 있는 리어카
④ 완구용 자동차

Answer　95.① 96.③ 97.① 98.① 99.② 100.② 101.④

04
화재조사보고 및 피해평가

해설 차량 등록의 유무는 상관없으나 완구 혹은 놀이기구용 또는 오로지 경기용으로 제공된 것을 포함하지 않는다. 차량에 의해 견인되는 목적으로 만들어진 차 및 차량에 의해 견인되고 있는 리어카, 그 외의 경차량은 차량에 포함된다.

102 다음 설명 중 옳지 않은 것은?

① 선박에는 엔진을 탑재하고 독행기능이 있는 것만 해당한다.
② 미취항의 것으로 육상에 있는 것은 선박에 해당되지 않는다.
③ 오로지 경기용으로 제공된 것은 차량에 포함되지 않는다.
④ 선박에는 주거선, 창고선, 거룻배가 포함된다.

해설 선박이라는 것은 독행기능을 가지는 범선, 기선 및 입선 및 독행기능을 가지지 않는 주거선, 창고선, 거룻배 등을 말하며, 등록 또는 엔진등재의 유무와는 관계가 없다.

103 차량화재 발생 시 피해액 산정을 시중매매가격으로 할 때의 기준으로 맞는 것은?

① '상'의 가격으로 한다.
② '중'의 가격으로 한다.
③ '하'의 가격으로 한다.
④ 기준이 없고 시세에 따라 다르다.

해설 중고자동차의 시중매매가격은 피해대상 자동차와 차종, 형식, 연식, 주행거리, 상태 등이 동일하거나 유사한 자동차의 시중매매거래가격 중 '중'의 가격을 기준으로 한다.

104 차량화재 피해액 산정에 대한 설명 중 옳지 않은 것은?

① 차량이 부분소손되어 수리가 가능한 경우 사용손모에 따른 감가공제를 하여 산정한다.
② 피해대상 차량과 유사한 차량의 시중매매가격으로 한다.
③ 차량의 시중매매가격이 확인되지 않는 경우 감정평가서에 따를 수 있다.

④ 자동차의 수리비는 자동차수리업소의 견적서를 참고하여 산정한다.

해설 차량이 부분소손되어 수리가 가능한 경우 특별한 경우를 제외하고는 감가공제는 하지 않는다.

105 항공기, 선박, 특수작업용 차량 등 시중매매가격이 확인되지 않는 차량의 피해액 산정기준으로 옳은 것은?

① 재고자산 피해액 산정기준에 의한다.
② 건물 피해액 산정기준에 의한다.
③ 기계장치 피해액 산정기준에 의한다.
④ 부대설비 피해액 산정기준에 의한다.

해설 항공기, 선박, 철도차량, 특수작업용 차량, 시중매매가격이 확인되지 않는 자동차에 대해서는 기계장치의 피해액 산정기준에 따른다.

106 차량 및 운반구로서 기능이 상실되는 엔진 등 주요 부품이 훼손되었을 때의 손해율은?

① 50%
② 80%
③ 90%
④ 100%

해설 차량 및 운반구로서의 동력 핵심기능이 상실되는 경우 손해율은 100%를 산정한다.

107 피해액 산정관련 재고자산에 대한 설명으로 옳지 않은 것은?

① 다소 경미한 오염이나 소손 등에 대하여 100%의 손해율을 적용하는 경우가 있다.
② 재고자산 피해액은 구입가액으로 산정한다.
③ 재고자산은 일반관리비의 미실현 이익 내지 미실현 비용은 포함하지 않는다.
④ 재고자산은 감가공제하지 않는다.

해설 재고자산 피해액은 회계장부상의 현재가액×손해율로 산정한다.

108 재고자산의 화재피해액 산정방법 중 추정에 의한 산정식으로 옳은 것은?

① 연간 매출액÷재고자산 회전율×잔가율
② 연간 매출액÷유동자산 회전율×잔가율
③ 연간 매출액÷재고자산 회전율×손해율
④ 연간 매출액÷유동자산 회전율×손해율

해설 추정방식에 의한 재고자산 피해액
연간 매출액÷재고자산 회전율×손해율

109 다음 중 피해액 산정을 위한 예술품 및 귀중품에 해당하지 않는 것은?

① 화폐   ② 서화
③ 조각물   ④ 상품

해설 예술품 및 귀중품에는 서화, 조각물, 골동품, 화폐, 우표, 보석류 등이 해당된다.
상품은 재고자산에 속한다.

110 재고자산의 피해액 산정식으로 옳은 것은?

① 회계장부상의 구입가액×손해율
② 회계장부상의 현재가액×손해율
③ 회계장부상의 구입가액×잔가율
④ 회계장부상의 현재가액×잔가율

해설 재고자산 피해액
회계장부상의 현재가액×손해율

111 다음 중 피해액 산정방법으로 옳지 않은 것은?

① 예술성이 있으나 대량생산에 의한 상품은 재고자산으로 분류한다.
② 식물 중 화분은 가재도구 또는 영업용 집기비품으로 분류한다.
③ 예술품이나 귀중품은 주관적 판단이나 희소성에 의해 가치가 평가되므로 별도로 분류한다.
④ 관상수 등을 심어 놓은 정원은 식물로 분류한다.

해설 관상수 등을 심어 놓은 정원은 구축물로 분류한다.

112 예술품 및 귀중품의 피해액 산정에 대한 설명이다. 옳지 않은 것은?

① 예술품 및 귀중품을 별도로 구분하여 피해액을 산정하는 것은 소장가치 등의 희소성 때문이다.
② 예술품 및 귀중품은 경과연수에 따라 감가공제한다.
③ 예술성이 있더라도 대량생산에 의한 상품은 재고자산으로 분류한다.
④ 예술품은 주관적 판단이나 희소성에 의해 가치가 평가되는 물품이다.

해설 예술품 및 귀중품은 감가공제하지 않는다.

113 예술품 및 귀중품의 피해액 산정기준으로 맞는 것은?

① 재구입가액
② 국제 등락가액
③ 전문가의 감정가액
④ 시중매매가액

해설 예술품 및 귀중품의 피해액 산정은 감정서의 감정가액 또는 전문가의 감정가액으로 한다.

114 예술품 및 귀중품의 화재피해액 산정기준에 관한 설명으로 틀린 것은?

① 복수 전문가의 감정을 받거나 감정서 등의 금액을 피해액으로 인정한다.
② 감가공제를 하지 아니한다.
③ 예술품 및 귀중품에 대한 그 가치를 손상하지 아니하고 원상태의 복원이 가능한 경우에는 피해액을 인정하지 아니한다.
④ 공인감정기관에서 인정하는 금액을 화재로 인한 피해액으로 산정한다.

해설 예술품 및 귀중품에 대해 그 가치를 손상하지 아니하고 원상태의 복원이 가능한 경우에는 원상회복에 소요되는 비용을 화재로 인한 피해액으로 한다.

04

화재조사보고및피해평가

115 동물 및 식물의 피해액 산정기준으로 맞는 것은?

① 시중매매가격
② 재구입가격
③ 국제 동·식물협회의 공시가격
④ 감정가격

해설 동물 및 식물의 피해액 산정기준은 전부손해의 경우 시중매매가격으로 한다.

116 다음 중 시중매매가격으로 피해액을 산정하는 대상끼리 바르게 짝지어진 것은?

① 차량 – 재고자산
② 차량 – 동물 및 식물
③ 동물 및 식물 – 집기비품
④ 동물 및 식물 – 영업시설

해설 시중매매가격으로 피해액을 산정하는 대상은 차량과 동물 및 식물 가격이다.

117 다음 중 손해율을 적용하지 않는 피해액 산정대상을 맞게 분류한 것은?

① 동물 및 식물 – 공구·기구
② 동물 및 식물 – 재고자산
③ 예술품 및 귀중품 – 동물 및 식물
④ 예술품 및 귀중품 – 차량

해설 손해율을 따로 적용하지 않고 피해액을 산정하는 대상은 예술품 및 귀중품, 동물 및 식물이다.

118 주택에서 화재가 발생하여 총 45,000천원의 피해액이 발생하였다. 잔존물 제거비용으로 맞는 것은?

① 22,500천원
② 2,250천원
③ 45,000천원
④ 4,500천원

해설 잔존물 제거비 산정기준＝화재피해액×10%

119 잔존물 제거비용에 대한 설명이다. 옳지 않은 것은?

① 화재로 인한 잔존물 제거비용은 영업시설은 제외한다.
② 잔존물 제거비용은 산정대상 피해액의 10%로 산정한다.
③ 총 피해액은 부동산과 동산을 합산하여 산정한다.
④ 잔존물 제거비용은 천원단위로 기재하며 소수 첫째자리에서 반올림한다.

해설 화재로 인한 잔존물 제거비용에는 건물, 부대설비, 영업시설 등 부동산과 동산을 모두 포함한다.

120 화재로 귀금속류가 부분 소손되었으나 원상복구가 가능한 경우 피해액 산정기준은?

① 원상복구에 소요되는 비용으로 한다.
② 유사한 물품의 가격으로 한다.
③ 시중매매가격으로 한다.
④ 감정가격으로 한다.

해설 회화(그림), 골동품, 미술공예품, 귀금속 및 보석류는 전부손해의 경우 감정가격으로 하며, 전부손해가 아닌 경우 원상복구에 소요되는 비용으로 한다.

PART

05

화재조사
관계법규

Chapter 01 관계 법령

01 소방의 화재조사에 관한 법률(2022. 6. 9. 시행)

1 총칙

(1) 목적(제1조)

이 법은 화재예방 및 소방정책에 활용하기 위하여 화재원인, 화재성장 및 확산, 피해 현황 등에 관한 과학적·전문적인 조사에 필요한 사항을 규정함을 목적으로 한다.

(2) 정의(제2조)

① <u>화재</u> : 사람의 의도에 반하거나 고의 또는 과실에 의하여 발생하는 연소현상으로서 소화할 필요가 있는 현상 또는 사람의 의도에 반하여 발생하거나 확대된 화학적 폭발현상을 말한다.

② 화재조사 : 소방청장, 소방본부장 또는 소방서장이 화재원인, 피해상황, 대응활동 등을 파악하기 위하여 자료의 수집, 관계인 등에 대한 질문, 현장확인, 감식, 감정 및 실험 등을 하는 일련의 행위를 말한다.

③ 화재조사관 : 화재조사에 전문성을 인정받아 화재조사를 수행하는 소방공무원을 말한다.

④ <u>관계인 등</u> : 화재가 발생한 소방대상물의 소유자·관리자 또는 점유자(이하 "관계 인"이라 한다) 및 다음의 사람을 말한다.

　㉠ 화재현장을 발견하고 신고한 사람

　㉡ 화재현장을 목격한 사람

　㉢ 소화활동을 행하거나 인명구조활동(유도대피 포함)에 관계된 사람

　㉣ 화재를 발생시키거나 화재발생과 관계된 사람

⑤ 이 법에서 사용하는 용어의 뜻은 위의 것을 제외하고는 「소방기본법」, 「화재예방, 소방시설 설치·유지 및 안전관리에 관한 법률」에서 정하는 바에 따른다.

(3) 국가 등의 책무(제3조)

① 국가와 지방자치단체는 화재조사에 필요한 기술의 연구·개발 및 화재조사의 정 확도를 향상시키기 위한 시책을 강구하고 추진하여야 한다.

② 관계인 등은 화재조사가 적절하게 이루어질 수 있도록 협력하여야 한다.

(4) 다른 법률과의 관계(제4조)

화재조사에 관하여 다른 법률에 특별한 규정이 있는 경우를 제외하고는 이 법에서 정하는 바에 따른다.

2 화재조사의 실시 등

(1) 화재조사의 실시(제5조)

① <u>소방청장, 소방본부장 또는 소방서장</u>(이하 "소방관서장"이라 함)은 화재발생 사실을 알게 된 때에는 지체 없이 화재조사를 하여야 한다. 이 경우 수사기관의 범죄수사에 지장을 주어서는 아니 된다.

② <u>소방관서장</u>은 위 ①에 따라 화재조사를 하는 경우 다음의 사항에 대하여 조사하여야 한다.

ⓐ 화재원인에 관한 사항

ⓑ 화재로 인한 인명 · 재산피해상황

ⓒ 대응활동에 관한 사항

ⓓ 소방시설 등의 설치 · 관리 및 작동 여부에 관한 사항

ⓔ 화재발생건축물과 구조물, 화재유형별 화재위험성 등에 관한 사항

ⓕ 그 밖에 대통령령으로 정하는 사항

③ 위 ① 및 ②에 따른 화재조사의 대상 및 절차 등에 필요한 사항은 대통령령으로 정한다.

(2) 화재조사전담부서의 설치 · 운영 등(제6조)

① 소방관서장은 전문성에 기반하는 화재조사를 위하여 화재조사전담부서(이하 "전담부서"라 함)를 설치 · 운영하여야 한다.

② <u>전담부서는 다음의 업무를 수행한다.</u>

ⓐ 화재조사의 실시 및 조사결과 분석 · 관리

ⓑ 화재조사 관련 기술개발과 화재조사관의 역량증진

ⓒ 화재조사에 필요한 시설 · 장비의 관리 · 운영

ⓓ 그 밖의 화재조사에 관하여 필요한 업무

③ 소방관서장은 화재조사관으로 하여금 화재조사업무를 수행하게 하여야 한다.

④ 화재조사관은 <u>소방청장이</u> 실시하는 화재조사에 관한 시험에 합격한 소방공무원 등 화재조사에 관한 전문적인 자격을 가진 소방공무원으로 한다.

⑤ 전담부서의 구성 · 운영, 화재조사관의 구체적인 자격기준 및 교육훈련 등에 필요한 사항은 대통령령으로 정한다.

05

화재조사관계법규

(3) 화재합동조사단의 구성·운영(제7조)

① 소방관서장은 사상자가 많거나 사회적 이목을 끄는 화재 등 대통령령으로 정하는 대형화재 등이 발생한 경우 종합적이고 정밀한 화재조사를 위하여 유관기관 및 관계 전문가를 포함한 화재합동조사단을 구성·운영할 수 있다.

② 위 ①에 따른 화재합동조사단의 구성과 운영 등에 필요한 사항은 대통령령으로 정한다.

(4) 화재현장 보존 등(제8조) 암기

① <u>소방관서장</u>은 화재조사를 위하여 필요한 범위에서 화재현장 보존조치를 하거나 화재현장과 그 인근 지역을 통제구역으로 설정할 수 있다. 다만, 방화 또는 실화의 혐의로 수사의 대상이 된 경우에는 관할 경찰서장 또는 해양경찰서장(이하 "경찰서장"이라 한다)이 통제구역을 설정한다.

② <u>누구든지</u> 소방관서장 또는 경찰서장의 허가 없이 위 ①에 따라 설정된 통제구역에 출입하여서는 아니 된다.

③ 위 ①에 따라 화재현장 보존조치를 하거나 통제구역을 설정한 경우 누구든지 소방관서장 또는 경찰서장의 허가 없이 화재현장에 있는 물건 등을 이동시키거나 변경·훼손하여서는 아니 된다. 다만, 공공의 이익에 중대한 영향을 미친다고 판단되거나 인명구조 등 긴급한 사유가 있는 경우에는 그러하지 아니하다.

④ 화재현장 보존조치, 통제구역의 설정 및 출입 등에 필요한 사항은 대통령령으로 정한다.

(5) 출입·조사 등(제9조) 암기 2013년 산업기사 2016년 산업기사 2019년 산업기사 2023년 기사 2023년 산업기사

① 소방관서장은 화재조사를 위하여 필요한 경우에 관계인에게 보고 또는 자료 제출을 명하거나 화재조사관으로 하여금 해당 장소에 출입하여 화재조사를 하게 하거나 관계인 등에게 질문하게 할 수 있다.

② 위 ①에 따라 화재조사를 하는 화재조사관은 그 권한을 표시하는 증표를 지니고 이를 관계인 등에게 보여주어야 한다.

③ 위 ①에 따라 화재조사를 하는 화재조사관은 관계인의 정당한 업무를 방해하거나 화재조사를 수행하면서 알게 된 비밀을 다른 용도로 사용하거나 다른 사람에게 누설하여서는 아니 된다.

(6) 관계인 등의 출석 등(제10조) 암기 2023년 기사 2023년 산업기사

① 소방관서장은 화재조사가 필요한 경우 관계인 등을 소방관서에 출석하게 하여 질문할 수 있다.

② 앞 ①에 따른 관계인 등의 출석 및 질문 등에 필요한 사항은 대통령령으로 정한다.

(7) 화재조사 증거물 수집 등(제11조) 암기

① 소방관서장은 화재조사를 위하여 필요한 경우 증거물을 수집하여 검사·시험·분석 등을 할 수 있다. 다만, 범죄수사와 관련된 증거물인 경우에는 수사기관의 장과 협의하여 수집할 수 있다.

② 소방관서장은 수사기관의 장이 방화 또는 실화의 혐의가 있어서 이미 피의자를 체포하였거나 증거물을 압수하였을 때에 화재조사를 위하여 필요한 경우에는 범죄수사에 지장을 주지 아니하는 범위에서 그 피의자 또는 압수된 증거물에 대한 조사를 할 수 있다. 이 경우 수사기관의 장은 소방관서장의 신속한 화재조사를 위하여 특별한 사유가 없으면 조사에 협조하여야 한다.

③ 위 ①에 따른 증거물 수집의 범위, 방법 및 절차 등에 필요한 사항은 대통령령으로 정한다.

(8) 소방공무원과 경찰공무원의 협력 등(제12조) 암기

① 소방공무원과 경찰공무원(제주특별자치도의 자치경찰공무원을 포함)은 다음의 사항에 대하여 서로 협력하여야 한다.
　㉠ 화재현장의 출입·보존 및 통제에 관한 사항
　㉡ 화재조사에 필요한 증거물의 수집 및 보존에 관한 사항
　㉢ 관계인 등에 대한 진술 확보에 관한 사항
　㉣ 그 밖에 화재조사에 필요한 사항

② 소방관서장은 방화 또는 실화의 혐의가 있다고 인정되면 지체 없이 경찰서장에게 그 사실을 알리고 필요한 증거를 수집·보존하는 등 그 범죄수사에 협력하여야 한다.

(9) 관계 기관 등의 협조(제13조)

① 소방관서장, 중앙행정기관의 장, 지방자치단체의 장, 보험회사, 그 밖의 관련 기관·단체의 장은 화재조사에 필요한 사항에 대하여 서로 협력하여야 한다.

② 소방관서장은 화재원인 규명 및 피해액 산출 등을 위하여 필요한 경우에는 금융감독원, 관계 보험회사 등에 「개인정보 보호법」 제2조 제1호에 따른 개인정보를 포함한 보험가입 정보 등을 요청할 수 있다. 이 경우 정보 제공을 요청받은 기관은 정당한 사유가 없으면 이를 거부할 수 없다.

05

화재조사관계법규

3 화재조사 결과의 공표 등

(1) 화재조사 결과의 공표(제14조)

① 소방관서장은 국민이 유사한 화재로부터 피해를 입지 않도록 하기 위한 경우 등 필요한 경우 화재조사 결과를 공표할 수 있다. 다만, 수사가 진행 중이거나 수사의 필요성이 인정되는 경우에는 관계 수사기관의 장과 공표여부에 관하여 사전에 협의하여야 한다.

② 위 ①에 따른 공표의 범위·방법 및 절차 등에 관하여 필요한 사항은 행정안전부령으로 정한다.

(2) 화재조사 결과의 통보(제15조)

소방관서장은 화재조사 결과를 중앙행정기관의 장, 지방자치단체의 장, 그 밖의 관련기관·단체의 장 또는 관계인 등에게 통보하여 유사한 화재가 발생하지 않도록 필요한 조치를 취할 것을 요청할 수 있다.

(3) 화재증명원의 발급(제16조) 암기 2022년 기사

① 소방관서장은 화재와 관련된 이해관계인 또는 화재발생 내용 입증이 필요한 사람이 화재를 증명하는 서류(이하 "화재증명원"이라 한다) 발급을 신청하는 때에는 화재증명원을 발급하여야 한다.

② 화재증명원의 발급신청 절차·방법·서식 및 기재사항, 온라인 발급 등에 필요한 사항은 행정안전부령으로 정한다.

4 화재조사 기반구축

(1) 감정기관의 지정·운영 등(제17조)

① 소방청장은 과학적이고 전문적인 화재조사를 위하여 대통령령으로 정하는 시설과 전문인력 등 지정기준을 갖춘 기관을 화재감정기관(이하 "감정기관"이라 한다)으로 지정·운영하여야 한다.

② 소방청장은 위 ①에 따라 지정된 감정기관에서의 과학적 조사·분석 등에 소요되는 비용의 전부 또는 일부를 지원할 수 있다.

③ 소방청장은 감정기관으로 지정받은 자가 다음의 어느 하나에 해당하는 경우에는 지정을 취소할 수 있다. 다만, 다음 ①에 해당하는 경우에는 지정을 취소하여야 한다.

㉠ 거짓이나 그 밖의 부정한 방법으로 지정을 받은 경우

㉡ 위 ㉠에 따른 지정기준에 적합하지 아니하게 된 경우

㉢ 고의 또는 중대한 과실로 감정결과를 사실과 다르게 작성한 경우

㉣ 그 밖에 대통령령으로 정하는 사항을 위반한 경우

④ 소방청장은 앞 ③에 따라 감정기관의 지정을 취소하려면 청문을 하여야 한다.
⑤ 감정기관의 지정기준, 지정절차, 지정 취소 및 운영 등에 필요한 사항은 대통령령으로 정한다.

(2) 벌칙 적용에서 공무원 의제(제18조)

앞 (1)에 따라 지정된 감정기관의 임직원은 「형법」 제127조 및 제129조부터 제132조까지의 규정에 따른 벌칙을 적용할 때에는 공무원으로 본다.

(3) 국가화재정보시스템의 구축 · 운영(제19조)

① 소방청장은 화재조사 결과, 화재원인, 피해상황 등에 관한 화재정보를 종합적으로 수집 · 관리하여 화재예방과 소방활동에 활용할 수 있는 국가화재정보시스템을 구축 · 운영하여야 한다.
② 위 ①에 따른 화재정보의 수집 · 관리 및 활용 등에 필요한 사항은 대통령령으로 정한다.

(4) 연구개발사업의 지원(제20조)

① 소방청장은 화재조사 기법에 필요한 연구 · 실험 · 조사 · 기술개발 등(이하 "연구개발사업"이라 함)을 지원하는 시책을 수립할 수 있다.
② 소방청장은 연구개발사업을 효율적으로 추진하기 위하여 다음의 어느 하나에 해당하는 기관 또는 단체 등에게 연구개발사업을 수행하게 하거나 공동으로 수행할 수 있다.
  ㉠ 국공립 연구기관
  ㉡ 「특정연구기관 육성법」 제2조에 따른 특정연구기관
  ㉢ 「과학기술분야 정부출연연구기관 등의 설립 · 운영 및 육성에 관한 법률」에 따라 설립된 과학기술분야 정부출연연구기관
  ㉣ 「고등교육법」 제2조에 따른 대학 · 산업대학 · 전문대학 · 기술대학
  ㉤ 「민법」이나 다른 법률에 따라 설립된 법인으로서 화재조사 관련 연구기관 또는 법인 부설 연구소
  ㉥ 「기초연구진흥 및 기술개발지원에 관한 법률」 제14조의2 제1항에 따라 인정받은 기업부설연구소 또는 기업의 연구개발전담부서
  ㉦ 그 밖에 대통령령으로 정하는 화재조사와 관련한 연구 · 조사 · 기술개발 등을 수행하는 기관 또는 단체
③ 소방청장은 앞 ②의 기관 또는 단체 등에 대하여 연구개발사업을 실시하는 데 필요한 경비의 전부 또는 일부를 출연하거나 보조할 수 있다.
④ 연구개발사업의 추진에 필요한 사항은 행정안전부령으로 정한다.

05

화재조사관계법규

꼼.꼼. check! ▶ 벌칙 ◀ 〔암기〕 〔2017년 산업기사〕〔2018년 기사〕〔2018년 산업기사〕〔2019년 기사〕〔2019년 산업기사〕〔2020년 기사〕〔2021년 기사〕〔2022년 기사〕〔2023년 기사〕〔2023년 산업기사〕

(1) 소방기본법령상 벌칙기준
  ① 5년 이하의 징역 또는 5천만원 이하의 벌금
   • 위력(威力)을 사용하여 출동한 소방대의 화재진압·인명구조 또는 구급활동을 방해하는 행위
   • 소방대가 화재진압·인명구조 또는 구급활동을 위하여 현장에 출동하거나 현장에 출입하는 것을 고의로 방해하는 행위
   • 출동한 소방대원에게 폭행 또는 협박을 행사하여 화재진압·인명구조 또는 구급활동을 방해하는 행위
   • 출동한 소방대의 소방장비를 파손하거나 그 효용을 해하여 화재진압·인명구조 또는 구급활동을 방해하는 행위
   • 소방자동차의 출동을 방해한 사람
   • 사람을 구출하는 일 또는 불을 끄거나 불이 번지지 아니하도록 하는 일을 방해한 사람
   • 정당한 사유 없이 소방용수시설 또는 비상소화장치를 사용하거나 소방용수시설 또는 비상소화장치의 효용을 해치거나 그 정당한 사용을 방해한 사람
  ② 3년 이하의 징역 또는 3천만원 이하의 벌금
   소방기본법 제25조 제1항(강제처분 등)에 따른 처분을 방해한 자 또는 정당한 사유 없이 그 처분에 따르지 아니한 자
  ③ 300만원 이하의 벌금
   소방기본법 제25조 제2항 및 제3항(강제처분 등)에 따른 처분을 방해한 자 또는 정당한 사유 없이 그 처분에 따르지 아니한 자
  ④ 100만원 이하의 벌금
   • 소방기본법 제16조의3 제2항을 위반하여 정당한 사유 없이 소방대의 생활안전활동을 방해한 자
   • 소방기본법 제20조 제1항을 위반하여 정당한 사유 없이 소방대가 현장에 도착할 때까지 사람을 구출하는 조치 또는 불을 끄거나 불이 번지지 아니하도록 하는 조치를 하지 아니한 사람
   • 소방기본법 제26조 제1항에 따른 피난명령을 위반한 사람
   • 소방기본법 제27조 제1항을 위반하여 정당한 사유 없이 물의 사용이나 수도의 개폐장치의 사용 또는 조작을 하지 못하게 하거나 방해한 자
   • 소방기본법 제27조 제2항에 따른 조치를 정당한 사유 없이 방해한 자
  ⑤ 20만원 이하의 과태료
   소방기본법 제19조 제2항에 따른 신고를 하지 아니하여 소방자동차를 출동하게 한 자
(2) 소방의 화재조사에 관한 법령상 벌칙기준
  ① 300만원 이하의 벌금
   • 소방의 화재조사에 관한 법률 제8조 제3항을 위반하여 허가 없이 화재현장에 있는 물건 등을 이동시키거나 변경·훼손한 사람
   • 정당한 사유 없이 소방의 화재조사에 관한 법률 제9조 제1항에 따른 화재조사관의 출입 또는 조사를 거부·방해 또는 기피한 사람
   • 소방의 화재조사에 관한 법률 제9조 제3항을 위반하여 관계인의 정당한 업무를 방해하거나 화재조사를 수행하면서 알게 된 비밀을 다른 용도로 사용하거나 다른 사람에게 누설한 사람
   • 정당한 사유 없이 소방의 화재조사에 관한 법률 제11조 제1항에 따른 증거물 수집을 거부·방해 또는 기피한 사람
  ② 200만원 이하의 과태료
   • 소방의 화재조사에 관한 법률 제8조 제2항을 위반하여 허가 없이 통제구역에 출입한 사람
   • 소방의 화재조사에 관한 법률 제9조 제1항에 따른 명령을 위반하여 보고 또는 자료 제출을 하지 아니하거나 거짓으로 보고 또는 자료를 제출한 사람
   • 정당한 사유 없이 소방의 화재조사에 관한 법률 제10조 제1항에 따른 출석을 거부하거나 질문에 대하여 거짓으로 진술한 사람

출제예상문제

* ✚표시 : 중요도를 나타냄

01 화재조사권자가 아닌 자는?

① 소방청장
② 시 · 도지사
③ 소방본부장
④ 소방서장

해설 소방청장, 소방본부장 또는 소방서장은 화재발생 사실을 알게 된 때에는 지체 없이 화재조사를 하여야 한다.

02 소방의 화재조사에 관한 법률에 의한 화재 조사의 시기로 맞는 것은?

① 화재발생 사실을 알게 된 때
② 현장지휘관 명령과 동시
③ 잔화정리 시점
④ 화재진압 명령과 동시

해설 소방청장, 소방본부장 또는 소방서장(이하 "소방관서장"이라 한다)은 화재발생 사실을 알게 된 때에는 지체 없이 화재조사를 하여야 한다. 이 경우 수사기관의 범죄수사에 지장을 주어서는 아니 된다.

03 화재의 원인 및 피해 조사에 대한 설명으로 옳지 않은 것은?

① 화재조사는 소방서장이 판단하여 조사여부를 결정할 수 있는 재량행위이다.
② 소방청장은 화재의 원인 및 피해에 대하여 조사를 할 수 있다.
③ 화재조사의 주체는 소방청장, 소방본부장 또는 소방서장이다.

④ 화재 이외의 기타 안전사고는 조사대상에서 제외될 수 있다.

해설 화재조사는 화재가 발생한 때 소방청장, 소방본부장 또는 소방서장이 화재조사를 하여야 하는 기속행위에 해당한다.

04 소방의 화재조사에 관한 법률에 의한 화재 조사를 하기 위한 권한에 속하지 않는 것은?

① 재산피해조사권
② 관계자에 대한 질문권
③ 자료제출명령권
④ 심문권

해설 화재조사 권한
원인조사 및 재산피해조사권, 질문권, 자료제출명령권, 출입권 등이 있으나 심문권은 해당하지 않는다.

05 다음 중 바르게 설명한 것은?

① 수사기관이 확보한 증거물은 국가기관의 소유로 귀속된다.
② 유관기관이 증거물을 발견한 때에는 즉시 압수한다.
③ 수사기관에서 피의자를 체포하였을 때에는 화재조사는 수사기관에서 전담한다.
④ 소방서장은 수사에 지장을 주지 않는 범위에서 압수된 증거물에 대한 조사를 할 수 있다.

05

화재조사관계법규

해설 소방청장, 소방본부장 또는 소방서장은 수사에 지장을 주지 않는 범위에서 피의자 또는 압수된 증거물에 대한 조사를 할 수 있다. 이 경우 수사 기관은 특별한 사유가 없으면 조사에 협조하여야 한다.

06 다음 중 화재조사관련 관계자로 볼 수 없는 것은?

① 화재발생건물 소유자
② 화재신고자 가족
③ 화재건물 임차인
④ 화재목격자

해설 화재조사관련 관계자란 화재가 발생한 건물의 소유자, 임차인, 최초신고자, 화재목격자 등이 있다.

07 화재원인 및 피해 조사 시 소방서장의 조사 권한에 해당하지 않는 것은 어느 것인가?

① 자료제출명령권   ② 출입조사권
③ 묵비권   ④ 질문권

해설 소방청장 · 소방본부장 또는 소방서장은 화재조사를 하기 위하여 필요한 때에는 관계인에 대하여 필요한 보고 또는 자료제출을 명하거나 관계공무원으로 하여금 관계장소에 출입하여 화재의 원인과 피해의 상황을 조사하거나 관계인에게 질문하게 할 수 있다.

08 소방의 화재조사에 관한 법률에 의해 화재가 발생한 장소의 관계인이 자료제출을 거부한 경우 벌칙은?

① 200만원 이하 벌금
② 300만원 이하 벌금
③ 200만원 이하 과태료
④ 300만원 이하 과태료

해설 관계인이 보고를 거부하거나 허위자료 제출 시 200만원 이하 과태료(소방의 화재조사에 관한 법률 제23조 제1항 제2호)

09 소방의 화재조사에 관한 법률에 의해 화재조사를 담당하는 공무원이 화재조사를 하면서 알게 된 비밀을 다른 사람에게 누설한 경우의 벌칙은?

① 200만원 이하의 벌금
② 300만원 이하의 벌금
③ 200만원 이하의 과태료
④ 300만원 이하의 과태료

해설 화재조사를 담당하는 관계공무원이 관계인의 정당한 업무를 방해하거나 화재조사를 수행하면서 알게 된 비밀을 다른 사람에게 누설한 경우 300만원 이하의 벌금(소방의 화재조사에 관한 법률 제21조 제3호)

10 화재조사와 관련된 권한 및 의무로서 벌칙 규정이 없는 것은?

① 관계자가 화재조사관의 출입조사 거부
② 화재조사관이 관계인의 비밀 누설
③ 관계자가 자료제출 명령 거부
④ 관계인이 조사관의 질문에 묵비권 행사

해설 정당한 사유 없이 화재조사관의 출입을 거부할 경우와 화재조사를 하면서 알게 된 관계인의 비밀을 누설한 사람은 300만원 이하의 벌금에 처할 수 있고 관계자가 자료제출 명령을 거부한 경우에는 200만원 이하 과태료에 처할 수 있다. 그러나 관계인에 대한 묵비권은 강제하기 곤란하여 벌칙규정을 따로 두지 않고 있다.

11 소방서에서 화재조사를 위해 필요한 경우 수사기관에 체포된 사람에 대하여 조사를 할 수 있는 한계로 옳은 것은?

① 구속영장이 발부되지 않은 범위 안에서 가능
② 기소에 지장을 주지 않는 범위 안에서 가능
③ 수사에 지장을 주지 않는 범위 안에서 가능
④ 검사에 송치 전까지 가능

해설 **수사기관에 체포된 사람 조사**
화재조사를 위하여 필요한 경우에는 수사에 지장을 주지 아니 하는 범위 안에서 그 피의자 또는 압수된 증거물에 대한 조사를 소방청장 · 소방본부장 또는 소방서장이 할 수 있다.

Answer   06.② 07.③ 08.③ 09.② 10.④ 11.③

12 화재조사장비 중 발굴용구에 포함되지 않는 것은?

① 드라이버 세트　　② 다용도 칼
③ 전동드릴　　　　④ 줄자

해설 줄자는 기록용 기기에 해당한다.

13 화재조사를 실시할 때 조사할 사항으로 옳지 않은 것은?

① 화재원인에 관한 사항
② 화재로 인한 인명피해상황
③ 대응활동에 관한 사항
④ 화재조사 기술개발에 관한 사항

해설 화재조사의 실시(소방의 화재조사에 관한 법률 제5조)
소방관서장은 화재조사를 하는 경우 다음의 사항에 대하여 조사하여야 한다.
㉠ 화재원인에 관한 사항
㉡ 화재로 인한 인명 · 재산피해상황
㉢ 대응활동에 관한 사항
㉣ 소방시설 등의 설치 · 관리 및 작동 여부에 관한 사항
㉤ 화재발생건축물과 구조물, 화재유형별 화재위험성 등에 관한 사항
㉥ 그 밖에 대통령령으로 정하는 사항

14 다음 화재조사장비 중 조명기기에 해당하지 않는 것은?

① 발전기　　　　② 휴대용 랜턴
③ 이동용 조명기　④ 적외선열상카메라

해설 적외선열상카메라는 감식기기에 해당한다.

15 소방의 화재조사에 관한 법률에 의해 화재조사전담부서의 구성 · 운영, 화재조사관의 구체적인 자격기준 및 교육훈련 등에 필요한 사항을 규정하고 있는 것은?

① 대통령령　　　② 행정안전부령
③ 총리령　　　　④ 소방청훈령

해설 화재조사전담부서의 구성 · 운영, 화재조사관의 구체적인 자격기준 및 교육훈련 등에 필요한 사항은 대통령령으로 정한다.(소방의 화재조사에 관한 법률 제6조 제5항)

16 화재조사에 대한 설명으로 옳지 않은 것은?

① 소방기관과 관계보험회사는 화재가 발생한 경우 그 원인 및 피해상황 조사에 있어 서로 협력하여야 한다.
② 소방서장은 방화 또는 실화의 혐의가 있다고 인정될 때에는 지체없이 증거를 수집하고 독자적인 조사에 착수하여야 한다.
③ 수사기관은 신속한 화재조사를 위하여 특별한 사유가 없는 한 소방서의 조사에 협조하여야 한다.
④ 소방본부장 또는 소방서장은 수사에 지장을 주지 않는 범위 안에서 압수된 증거물에 대한 조사를 할 수 있다.

해설 소방본부장 또는 소방서장은 화재조사결과 방화 또는 실화의 혐의가 있다고 인정하는 때에는 지체없이 관할경찰서장에게 그 사실을 알리고 필요한 증거를 수집, 보존하여 그 범죄수사에 협력하여야 한다.

17 화재가 발생한 과정, 화재가 발생한 지점 및 불이 붙기 시작한 물질을 조사하는 것으로 맞는 것은?

① 발화원인조사
② 연소상황조사
③ 소방시설조사
④ 초기소화상황조사

해설 화재가 발생한 과정, 화재가 발생한 지점 및 불이 붙기 시작한 물질을 조사하는 것은 발화원인조사에 해당한다.

05

화재조사관계법규

Chapter 02 관련 규정

01 화재조사 및 보고규정(소방청 훈령 제311호)

1 목적(제1조)

이 규정은「소방의 화재조사에 관한 법률」및 같은 법 시행령, 시행규칙에 따라 화재조사의 집행과 보고 및 사무처리에 필요한 사항을 정하는 것을 목적으로 한다.

2 정의(제2조)

(1) 이 규정에서 사용하는 용어의 정의는 다음과 같다.

① **감식** : 화재원인의 판정을 위하여 전문적인 지식, 기술 및 경험을 활용하여 <u>주로 시각에 의한</u> 종합적인 판단으로 구체적인 사실관계를 명확하게 규명하는 것을 말한다.

② **감정** : 화재와 관계되는 물건의 형상, 구조, 재질, 성분, 성질 등 이와 관련된 모든 현상에 대하여 과학적 방법에 의한 필요한 <u>실험을</u> 행하고 그 결과를 근거로 화재원인을 밝히는 자료를 얻는 것을 말한다.

③ **발화** : 열원에 의하여 가연물질에 지속적으로 불이 붙는 현상을 말한다.

④ **발화열원** : 발화의 최초 원인이 된 불꽃 또는 열을 말한다.

⑤ **발화지점** : 열원과 가연물이 상호작용하여 화재가 시작된 지점을 말한다.

⑥ **발화장소** : 화재가 발생한 장소를 말한다.

⑦ **최초착화물** : 발화열원에 의해 불이 붙은 최초의 가연물을 말한다.

⑧ **발화요인** : 발화열원에 의하여 발화로 이어진 연소현상에 영향을 준 인적·물적·자연적인 요인을 말한다.

⑨ **발화관련 기기** : 발화에 관련된 불꽃 또는 열을 발생시킨 기기 또는 장치나 제품을 말한다.

⑩ **동력원** : 발화관련 기기나 제품을 작동 또는 연소시킬 때 사용되어진 연료 또는 에너지를 말한다.

⑪ **연소확대물** : 연소가 확대되는데 있어 결정적 영향을 미친 가연물을 말한다.

⑫ 재구입비 : <u>화재 당시의 피해물과 같거나 비슷한 것을 재건축(설계 감리비를 포함)</u> 또는 재취득하는데 필요한 금액을 말한다.

⑬ 내용연수 : 고정자산을 경제적으로 사용할 수 있는 연수를 말한다.

⑭ 손해율 : 피해물의 종류, 손상 상태 및 정도에 따라 피해금액을 적정화시키는 일정한 비율을 말한다.

⑮ 잔가율 : <u>화재 당시에 피해물의 재구입비에 대한 현재가의 비율</u>을 말한다.

⑯ 최종잔가율 : 피해물의 내용연수가 다한 경우 잔존하는 가치의 재구입비에 대한 비율을 말한다.

⑰ 화재현장 : 화재가 발생하여 소방대 및 관계인 등에 의해 소화활동이 행하여지고 있거나 행하여진 장소를 말한다.

⑱ 접수 : 119종합상황실(이하 "상황실"이라 함)에서 유·무선 전화 또는 다매체를 통하여 화재 등의 신고를 받는 것을 말한다.

⑲ 출동 : 화재를 접수하고 상황실로부터 출동지령을 받아 <u>소방대가 차고 등에서 출발하는 것</u>을 말한다.

⑳ 도착 : 출동지령을 받고 출동한 소방대가 현장에 도착하는 것을 말한다.

㉑ 선착대 : 화재현장에 가장 먼저 도착한 소방대를 말한다.

㉒ 초진 : 소방대의 소화활동으로 <u>화재확대의 위험이 현저하게 줄어들거나 없어진 상태</u>를 말한다.

㉓ 잔불정리 : <u>화재 초진 후 잔불을 점검하고 처리</u>하는 것을 말한다. 이 단계에서는 열에 의한 수증기나 화염 없이 연기만 발생하는 연소현상이 포함될 수 있다.

㉔ 완진 : <u>소방대에 의한 소화활동의 필요성이 사라진 것</u>을 말한다.

㉕ 철수 : 진화가 끝난 후, 소방대가 화재현장에서 복귀하는 것을 말한다.

㉖ 재발화감시 : 화재를 진화한 후 화재가 재발되지 않도록 감시조를 편성하여 일정시간 동안 감시하는 것을 말한다.

(2) 이 규정에서 사용하는 용어의 뜻은 위 (1)에서 규정하는 것을 제외하고는 「소방기본법」, 「소방의 화재조사에 관한 법률」, 「화재의 예방 및 안전관리에 관한 법률」, 「소방시설 설치 및 관리에 관한 법률」에서 정하는 바에 따른다.

3 화재조사의 개시 및 원칙(제3조) 🔫

① 「소방의 화재조사에 관한 법률」(이하 "법"이라 함) 제5조 제1항에 따라 화재조사관(이하 "조사관"이라 함)은 <u>화재발생 사실을 인지하는 즉시 화재조사(이하 "조사"라 함)를 시작해야 한다.</u>

② 소방관서장은 「소방의 화재조사에 관한 법률 시행령」(이하 "영"이라 함) 제4조 제1항에 따라 조사관을 근무 교대조별로 2인 이상 배치하고, 「소방의 화재조사에 관한 법률 시행규칙」(이하 "규칙"이라 함) 제3조에 따른 장비·시설을 기준 이상으로 확보하여 조사업무를 수행하도록 하여야 한다.

③ 조사는 물적 증거를 바탕으로 과학적인 방법을 통해 합리적인 사실의 규명을 원칙으로 한다.

4 화재조사관의 책무(제4조) 2022년 기사

① 조사관은 조사에 필요한 전문적 지식과 기술의 습득에 노력하여 조사업무를 능률적이고 효율적으로 수행해야 한다.

② 조사관은 그 직무를 이용하여 관계인 등의 민사분쟁에 개입해서는 아니 된다.

5 화재출동대원 협조(제5조) 암기 2023년 기사 2023년 산업기사

① 화재현장에 출동하는 소방대원은 조사에 도움이 되는 사항을 확인하고, 화재현장에서도 소방활동 중에 파악한 정보를 조사관에게 알려주어야 한다.

② 화재현장의 선착대 선임자는 철수 후 지체 없이 국가화재정보시스템에 [별지 제2호 서식] 화재현장출동보고서를 작성·입력해야 한다.

6 관계인 등 협조(제6조)

① 화재현장과 기타 관계있는 장소에 출입할 때에는 관계인 등의 입회 하에 실시하는 것을 원칙으로 한다.

② 조사관은 조사에 필요한 자료 등을 관계인 등에게 요구할 수 있으며, 관계인 등이 반환을 요구할 때는 조사의 목적을 달성한 후 관계인 등에게 반환해야 한다.

7 관계인 등 진술(제7조) 암기 2023년 기사 2023년 산업기사

① 법 제9조 제1항에 따라 관계인 등에게 질문을 할 때에는 시기, 장소 등을 고려하여 진술하는 사람으로부터 임의진술을 얻도록 해야 하며 진술의 자유 또는 신체의 자유를 침해하여 임의성을 의심할 만한 방법을 취해서는 아니 된다.

② 관계인 등에게 질문을 할 때에는 희망하는 진술내용을 얻기 위하여 상대방에게 암시하는 등의 방법으로 유도해서는 아니 된다.

③ 획득한 진술이 소문 등에 의한 사항인 경우 그 사실을 직접 경험한 관계인 등의 진술을 얻도록 해야 한다.

④ 관계인 등에 대한 질문 사항은 [별지 제10호 서식] 질문기록서에 작성하여 그 증거를 확보한다.

8 감식 및 감정(제8조)

① 소방관서장은 조사 시 전문지식과 기술이 필요하다고 인정되는 경우 국립소방연구원 또는 화재감정기관 등에 감정을 의뢰할 수 있다.

② 소방관서장은 과학적이고 합리적인 화재원인 규명을 위하여 화재현장에서 수거한 물품에 대하여 감정을 실시하고 화재원인 입증을 위한 재현실험 등을 할 수 있다.

9 화재 유형(제9조) 암기 2015년 기사 / 2017년 기사 / 2018년 기사 / 2018년 산업기사 / 2019년 기사 / 2020년 기사 / 2022년 기사 / 2023년 기사 / 2023년 산업기사

건축 · 구조물화재	건축물, 구조물 또는 그 수용물이 소손된 것
자동차 · 철도차량화재	자동차, 철도차량 및 피견인 차량 또는 그 적재물이 소손된 것
위험물 · 가스제조소 등 화재	위험물제조소 등, 가스 제조 · 저장 · 취급 시설 등이 소손된 것
선박 · 항공기화재	선박, 항공기 또는 그 적재물이 소손된 것
임야화재	산림, 야산, 들판의 수목, 잡초, 경작물 등이 소손된 것
기타화재	위에 해당되지 않는 화재

※ 상기 화재가 복합되어 발생한 경우에는 화재의 구분을 화재피해액이 많은 것으로 한다. 단, 화재피해액이 같은 경우나 화재피해액이 큰 것으로 구분하는 것이 사회관념상 적당치 않을 경우에는 발화장소로 화재를 구분한다.

10 화재건수 결정(제10조) 암기 2013년 산업기사 / 2017년 기사 / 2018년 산업기사 / 2019년 기사 / 2019년 산업기사 / 2020년 기사 / 2023년 기사 / 2023년 산업기사

1건의 화재란 1개의 발화지점에서 확대된 것으로 발화부터 진화까지를 말한다. 다만, 다음 경우는 당해 규정에 따른다.

① 동일범이 아닌 각기 다른 사람에 의한 방화, 불장난은 동일 대상물에서 발화했더라도 각각 별건의 화재로 한다.

② 동일 소방대상물의 발화점이 2개소 이상 있는 다음의 화재는 1건의 화재로 한다.
 ㉠ 누전점이 동일한 누전에 의한 화재
 ㉡ 지진, 낙뢰 등 자연현상에 의한 다발화재

05

화재조사관계법규

③ 발화지점이 한 곳인 화재현장이 둘 이상의 관할구역에 걸친 화재는 발화지점이 속한 소방서에서 1건의 화재로 산정한다. 다만, 발화지점 확인이 어려운 경우에는 화재피해금액이 큰 관할구역 소방서의 화재 건수로 산정한다.

11 발화일시 결정(제11조)

발화일시의 결정은 관계인 등의 화재발견 상황통보(인지)시간 및 화재발생 건물의 구조, 재질 상태와 화기취급 등의 상황을 종합적으로 검토하여 결정한다. 다만, 자체진화 등 사후인지 화재로 그 결정이 곤란한 경우에는 발화시간을 추정할 수 있다.

12 화재의 분류(제12조)

화재원인 및 장소 등 화재의 분류는 소방청장이 정하는 <u>국가화재분류체계에 의한</u> 분류표에 의하여 분류한다.

13 사상자(제13조) 암기

사상자는 화재현장에서 사망한 사람과 부상당한 사람을 말한다. 다만, 화재현장에서 부상을 당한 후 72시간 이내에 사망한 경우에는 당해 화재로 인한 사망으로 본다.

14 부상자 분류(제14조) 암기

부상의 정도는 의사의 진단을 기초로 하여 다음과 같이 분류한다.
① 중상 : 3주 이상의 입원치료를 필요로 하는 부상을 말한다.
② 경상 : 중상 이외의 부상(입원치료를 필요로 하지 않는 것도 포함)을 말한다. 다만, 병원 치료를 필요로 하지 않고 단순하게 연기를 흡입한 사람은 제외한다.

15 건물 동수 산정(제15조) 암기

① 주요 구조부가 하나로 연결되어 있는 것은 1동으로 한다. <u>다만</u>, 건널복도 등으로 2 이상의 동에 연결되어 있는 것은 그 부분을 절반으로 분리하여 각 동으로 본다.
② 건물의 외벽을 이용하여 실을 만들어 헛간, 목욕탕, 작업실, 사무실 및 기타 건물 용도로 사용하고 있는 것은 주건물과 같은 동으로 본다.
③ 구조에 관계없이 <u>지붕 및 실이 하나로 연결</u>되어 있는 것은 <u>같은 동</u>으로 본다.
④ 목조 또는 내화조 건물의 경우 격벽으로 방화구획이 되어 있는 경우도 같은 동으로 한다.

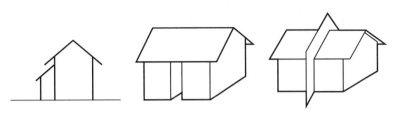

‖ 같은 동으로 보는 경우 ‖

⑤ 독립된 건물과 건물 사이에 차광막, 비막이 등의 덮개를
설치하고 그 밑을 통로 등으로 사용하는 경우는 다른 동
으로 한다.

　예 작업장과 작업장 사이에 조명유리 등으로 비막이를 설치하여
　　지붕과 지붕이 연결되어 있는 경우

‖ 다른 동으로 보는 경우 ‖

⑥ 내화조 건물의 옥상에 목조 또는 방화구조 건물이 별도 설치되어 있는 경우는 다른
동으로 한다. 다만, 이들 건물의 기능상 하나인 경우(옥내 계단이 있는 경우)는
같은 동으로 한다.

⑦ 내화조 건물의 외벽을 이용하여 목조 또는 방화구조 건물이 별도 설치되어 있고
건물 내부와 구획되어 있는 경우 다른 동으로 한다. 다만, 주된 건물에 부착된 건물
이 옥내로 출입구가 연결되어 있는 경우와 기계설비 등이 쌍방에 연결되어 있는
경우 등 건물 기능상 하나인 경우는 같은 동으로 한다. (2013년 산업기사)

16 소실정도 (제16조) 암기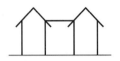

소실 정도	내 용
전소(70% 이상)	건물의 70% 이상(입체면적에 대한 비율을 말함)이 소실되었거나 또는 그 미만 이라도 잔존부분을 보수하여도 재사용이 불가능한 것
반소(30% 이상 70% 미만)	건물의 30% 이상 70% 미만이 소실된 것
부분소(30% 미만)	전소 및 반소 화재에 해당되지 아니하는 것

※ 자동차·철도차량, 선박 및 항공기 등의 소실 정도도 위의 규정을 준용한다.

17 소실면적 산정 (제17조) (2023년 기사) (2023년 산업기사)

① 건물의 소실면적 산정은 소실 바닥면적으로 산정한다.
② 수손 및 기타 파손의 경우에도 ①의 규정을 준용한다.

05
화재조사관계법규

18 화재피해금액 산정(제18조) 〔2023년 기사〕 〔2023년 산업기사〕

① 화재피해금액은 **화재 당시의** 피해물과 동일한 구조, 용도, 질, 규모를 재건축 또는 재구입하는데 소요되는 가액에서 경과연수 등에 따른 감가공제를 하고 현재가액을 산정하는 실질적·구체적 방식에 따른다. 다만, 회계장부상 현재가액이 입증된 경우에는 그에 따른다.

② 위 ①의 규정에도 불구하고 정확한 피해물품을 확인하기 곤란한 경우에는 소방청장이 정하는 「**화재피해금액 산정매뉴얼**」(이하 "매뉴얼"이라 함)의 **간이평가방식**으로 산정할 수 있다.

③ 건물 등 자산에 대한 최종잔가율은 건물·부대설비·구축물·가재도구는 20%로 하며, 그 이외의 자산은 **10%**로 정한다.

④ 건물 등 자산에 대한 내용연수는 매뉴얼에서 정한 바에 따른다.

⑤ 대상별 화재피해금액 산정기준은 [별표 2]에 따른다.

⑥ **관계인**은 화재피해금액 산정에 이의가 있는 경우 [별지 제12호 서식] 또는 [별지 제12호의2 서식]에 따라 관할 소방관서장에게 **재산피해신고를 할 수 있다.**

⑦ 위 ⑥에 따른 신고서를 접수한 관할 소방관서장은 화재피해금액을 재산정해야 한다.

19 세대수 산정(제19조)

세대수는 거주와 생계를 함께 하고 있는 사람들의 집단 또는 하나의 가구를 구성하여 살고 있는 독신자로서 자신의 주거에 사용되는 건물에 대하여 재산권을 행사할 수 있는 사람을 1세대로 산정한다.

20 화재합동조사단 운영 및 종료(제20조)

(1) 소방관서장은 영 제7조 제1항에 해당하는 화재가 발생한 경우 다음에 따라 화재합동조사단을 구성하여 운영하는 것을 원칙으로 한다.

① **소방청장** : 사상자가 **30명** 이상이거나 **2개 시·도** 이상에 걸쳐 발생한 화재(임야화재는 제외)

② **소방본부장** : 사상자가 **20명** 이상이거나 **2개 시·군·구** 이상에 발생한 화재

③ **소방서장** : 사망자가 **5명** 이상이거나 사상자가 **10명** 이상 또는 재산피해액이 **100억원** 이상 발생한 화재

(2) 위 (1)에도 불구하고 소방관서장은 영 제7조 제1항 제2호 및 「소방기본법 시행규칙」 제3조 제2항 제1호에 해당하는 화재에 대하여 화재합동조사단을 구성하여 운영할 수 있다.

(3) 소방관서장은 영 제7조 제2항과 영 제7조 제4항에 해당하는 자 중에서 단장 1명과 단원 4명 이상을 화재합동조사단원으로 임명하거나 위촉할 수 있다.

(4) 화재합동조사단원은 화재현장 지휘자 및 조사관, 출동 소방대원과 협력하여 조사와 관련된 정보를 수집할 수 있다.

(5) 소방관서장은 화재합동조사단의 조사가 완료되었거나, 계속 유지할 필요가 없는 경우 업무를 종료하고 해산시킬 수 있다.

21 조사서류의 서식(제21조)

조사에 필요한 서류의 서식은 다음에 따른다.

① 화재 · 구조 · 구급상황보고서 : 별지 제1호 서식
② 화재현장출동보고서 : 별지 제2호 서식
③ 화재발생종합보고서 : 별지 제3호 서식
④ 화재현황조사서 : 별지 제4호 서식
⑤ 화재현장조사서 : 별지 제5호 서식
⑥ 화재현장조사서(임야화재, 기타화재) : 별지 제5호의2 서식
⑦ 화재유형별조사서(건축 · 구조물화재) : 별지 제6호 서식
⑧ 화재유형별조사서(자동차 · 철도차량화재) : 별지 제6호의2 서식
⑨ 화재유형별조사서(위험물 · 가스제조소 등 화재) : 별지 제6호의3 서식
⑩ 화재유형별조사서(선박 · 항공기화재) : 별지 제6호의4 서식
⑪ 화재유형별조사서(임야화재) : 별지 제6호의5 서식
⑫ 화재피해조사서(인명피해) : 별지 제7호 서식
⑬ 화재피해조사서(재산피해) : 별지 제7호의2 서식
⑭ 방화 · 방화의심 조사서 : 별지 제8호 서식
⑮ 소방시설 등 활용조사서 : 별지 제9호 서식
⑯ 질문기록서 : 별지 제10호 서식
⑰ 화재감식 · 감정 결과보고서 : 별지 제11호 서식
⑱ 재산피해신고서 : 별지 제12호 서식
⑲ 재산피해신고서(자동차, 철도, 선박, 항공기) : 별지 제12호의2 서식
⑳ 사후조사 의뢰서 : 별지 제13호 서식

05

화재조사관계법규

22 조사 보고(제22조)

(1) 조사관이 조사를 시작한 때에는 소방관서장에게 <u>지체 없이</u> 별지 제1호 서식 화재 · 구조 · 구급상황보고서를 작성 · 보고해야 한다.

(2) 조사의 최종 결과보고는 다음에 따른다.
　① 「소방기본법 시행규칙」 제3조 제2항 제1호에 해당하는 화재 : 별지 제1호 서식 내지 제11호 서식까지 작성하여 화재 발생일로부터 <u>30일</u> 이내에 보고해야 한다.

▌「소방기본법 시행규칙」 제3조 제2항 제1호 ▌ 암기

① 사망자가 5인 이상 발생하거나 사상자가 10인 이상 발생한 화재
② 이재민이 100인 이상 발생한 화재
③ 재산피해액이 50억원 이상 발생한 화재
④ 관공서 · 학교 · 정부미도정공장 · 문화재 · 지하철 또는 지하구의 화재
⑤ 관광호텔, 층수(「건축법 시행령」 제119조 제1항 제9호의 규정에 의하여 산정한 층수를 말한다)가 11층 이상인 건축물, 지하상가, 시장, 백화점, 「위험물안전관리법」 제2조 제2항의 규정에 의한 지정수량의 3천배 이상의 위험물의 제조소 · 저장소 · 취급소, 층수가 5층 이상이거나 객실이 30실 이상인 숙박시설, 층수가 5층 이상이거나 병상이 30개 이상인 종합병원 · 정신병원 · 한방병원 · 요양소, 연면적 1만5천제곱미터 이상인 공장 또는 「화재의 예방 및 안전관리에 관한 법률」 제18조 제1항 각 목에 따른 화재경계지구에서 발생한 화재
⑥ 철도차량, 항구에 매어둔 총 톤수가 1천톤 이상인 선박, 항공기, 발전소 또는 변전소에서 발생한 화재
⑦ 가스 및 화약류의 폭발에 의한 화재
⑧ 「다중이용업소의 안전관리에 관한 특별법」 제2조에 따른 다중이용업소의 화재

　② 제1호에 해당하지 않는 화재 : 별지 제1호 서식 내지 제11호 서식까지 작성하여 화재 발생일로부터 <u>15일</u> 이내에 보고해야 한다.

(3) 위 (2)에도 불구하고 다음의 정당한 사유가 있는 경우에는 소방관서장에게 사전 보고를 한 후 필요한 기간만큼 조사 보고일을 <u>연장</u>할 수 있다.
　① 법 제5조 제1항 단서에 따른 수사기관의 범죄수사가 진행 중인 경우
　② 화재감정기관 등에 감정을 의뢰한 경우
　③ 추가 화재현장조사 등이 필요한 경우

(4) 위 (3)에 따라 조사 보고일을 연장한 경우 그 사유가 해소된 날부터 10일 이내에 소방관서장에게 조사결과를 보고해야 한다.

(5) 치외법권지역 등 조사권을 행사할 수 없는 경우는 조사 가능한 내용만 조사하여 제21조의 조사 서식 중 해당 서류를 작성 · 보고한다.

(6) 소방본부장 및 소방서장은 위 (2)에 따른 조사결과 서류를 영 제14조에 따라 국가화재정보시스템에 입력 · 관리해야 하며 영구보존방법에 따라 보존해야 한다.

23 화재증명원의 발급(제23조)

① 소방관서장은 화재증명원을 발급받으려는 자가 규칙 제9조 제1항에 따라 발급신청을 하면 규칙 [별지 제3호 서식]에 따라 화재증명원을 발급해야 한다. 이 경우 「민원 처리에 관한 법률」 제12조의2 제3항에 따른 통합전자민원창구로 신청하면 전자민원문서로 발급해야 한다.

② 소방관서장은 화재피해자로부터 소방대가 출동하지 아니한 화재장소의 화재증명원 발급신청이 있는 경우 조사관으로 하여금 사후 조사를 실시하게 할 수 있다. 이 경우 민원인이 제출한 [별지 제13호 서식]의 사후조사 의뢰서의 내용에 따라 발화장소 및 발화지점의 현장이 보존되어 있는 경우에만 조사를 하며, [별지 제2호 서식]의 화재현장출동보고서 작성은 생략할 수 있다.

③ 화재증명원 발급 시 <u>인명피해</u> 및 <u>재산피해</u> 내역을 기재한다. <u>다만,</u> 조사가 진행 중인 경우에는 "조사 중"으로 기재한다.

④ <u>재산피해내역 중 피해금액은 기재하지 아니하며</u> 피해물건만 종류별로 구분하여 기재한다. 다만, 민원인의 요구가 있는 경우에는 피해금액을 기재하여 발급할 수 있다.

⑤ 화재증명원 발급신청을 받은 소방관서장은 발화장소 <u>관할 지역과 관계없이</u> 발화장소 관할 소방서로부터 화재사실을 확인받아 화재증명원을 발급할 수 있다.

24 화재통계관리(제24조)

소방청장은 화재통계를 소방정책에 반영하고 유사한 화재를 예방하기 위해 매년 통계연감을 작성하여 국가화재정보시스템 등에 공표해야 한다.

25 조사관의 교육훈련(제25조)

① 규칙 제5조 제4항에 따라 조사에 관한 교육훈련에 필요한 과목은 [별표 3]으로 한다.

② 위 ①의 교육과목별 시간과 방법은 소방본부장, 소방서장 또는 「소방공무원 교육훈련규정」 제13조에 따라 교육과정을 운영하는 교육훈련기관의 장이 정한다. 다만, 규칙 제5조 제2항에 따른 의무 보수교육 시간은 4시간 이상으로 한다.

③ 소방관서장은 조사관에 대하여 연구과제 부여, 학술대회 개최, 조사 관련 전문기관에 위탁훈련·교육을 실시하는 등 조사능력 향상에 노력하여야 한다.

26 유효기간(제26조)

이 훈령은 「훈령·예규 등의 발령 및 관리에 관한 규정」에 따라 이 훈령을 발령한 후의 법령이나 현실 여건의 변화 등을 검토하여야 하는 2025년 12월 31일까지 효력을 가진다.

05

화재조사관계법규

02 화재증거물수집관리규칙(소방청 훈령 제277호)

1 용어의 정의(제2조)

① 증거물 : 화재와 관련 있는 물건 및 개연성이 있는 <u>모든</u> 개체를 말한다.
② 증거물 수집 : 화재증거물을 획득하고 해당 물건을 분석하여 사건과 관련된 화재증거를 추출하는 과정을 말한다.
③ 현장기록 : 화재조사현장과 관련된 사람, 물건, 기타 주변상황, 증거물 등을 촬영한 사진, 영상물 및 녹음자료, 현장에서 작성된 정보 등을 말한다.
④ 현장사진 : 화재조사현장과 관련된 사람, 물건, 기타 상황, 증거물 등을 촬영한 사진을 말한다.
⑤ 현장비디오 : 화재현장에서 화재조사현장과 관련된 사람, 물건, 그 밖의 주변상황, 증거물을 촬영하거나 조사의 과정을 촬영한 것을 말한다.

바로바로 확인문제

증거물에 대한 정의를 가장 바르게 나타낸 것은?
① 화재와 관련된 연소흔적 및 개연성이 있는 물체
② 화재와 관련이 있는 물건 및 개연성이 있는 모든 개체
③ 화재조사관이 현장에서 발굴한 일체의 물건
④ 화재와 관련된 물건 일체로 법원에서 증거로 인정한 것

해설 증거물
화재와 관련이 있는 물건 및 개연성이 있는 모든 개체를 말한다.

답 ②

---

2 증거물의 상황기록(제3조)

① 화재조사관은 증거물의 채취, 채집 행위 등을 하기 전에는 증거물 및 <u>증거물 주위의 상황(연소상황 또는 설치상황)</u> 등에 대한 도면 또는 사진기록을 남겨야 하며, 증거물을 수집한 후에도 기록을 남겨야 한다.
② 발화원인의 판정에 관계가 있는 개체 또는 부분에 대해서는 증거물과 이격되어 있거나 연소되지 않은 상황이라도 기록을 남겨야 한다.

3 증거물의 수집(제4조)

① 증거서류를 수집함에 있어서 <u>원본 영치를 원칙</u>으로 하고, 사본을 수집할 경우 원본과 대조한 다음 원본대조필을 하여야 한다. 단, <u>원본대조를 할 수 없을 경우 제출자에게 원본과 같음을 확인 후 서명 날인을 받아서 영치하여야 한다.</u>

② 물리적 증거물 수집(고체, 액체, 기체 형상의 물질이 포집되는 것)은 증거물의 증거 능력을 유지·보존할 수 있도록 행하며, 이를 위하여 전용 증거물 수집장비(수집도구 및 용기)를 이용하고, 증거를 수집함에 있어서는 다음에 따른다.

㉠ 현장 수거(채취)물은 [별지 제1호 서식]에 그 목록을 작성하여야 한다.

㉡ 증거물의 수집장비는 증거물의 종류 및 형태에 따라, 적절한 구조의 것이어야 하며, 증거물 수집 시료 용기는 [별표 1]에 따른다.

㉢ 증거물을 수집할 때는 <u>휘발성이 높은 것에서 낮은 순서로 진행해야 한다.</u>

㉣ 증거물의 소손 또는 소실 정도가 심하여 증거물의 일부분 또는 전체가 유실될 우려가 있는 경우는 증거물을 <u>밀봉</u>하여야 한다.

㉤ 증거물이 파손될 우려가 있는 경우 충격금지 및 취급방법에 대한 주의사항을 증거물의 포장 외측에 적절하게 표기하여야 한다.

㉥ 증거물 수집목적이 인화성 액체성분 분석인 경우에는 인화성 액체성분의 <u>증발을 막기 위한</u> 조치를 하여야 한다.

㉦ 증거물 수집과정에서는 증거물의 수집자, 수집일자, 상황 등에 대하여 기록을 남겨야 하며, <u>기록은 가능한 법과학자용 표지 또는 태그를 사용하는 것을 원칙으로 한다.</u>

㉧ 화재조사에 필요한 증거물 수집을 위하여 「소방의 화재조사에 관한 법률 시행령」 제8조에 따른 조치를 할 수 있다.

‖ 현장 수거(채취)물 목록[별지 제1호 서식] ‖

연 번	수거(채취)물	수 량	수거(채취)장소	채취자	채취시간	감정기관	최종결과
1							
2							
3							
4							
5							
6							
7							
8							
9							
10							

관리자(인계자) : (인)

년   월   일   인수자 : (인)

┃ 증거물 시료 용기(제4조 제2항 제2호 관련 [별표 1]) ┃ 암기

2018년 기사 / 2018년 산업기사 / 2019년 기사 / 2019년 산업기사 / 2020년 기사 / 2020년 산업기사 / 2021년 기사

구 분	용기 내용
공통사항	• 장비와 용기를 포함한 모든 장치는 원래의 목적과 채취할 시료에 적합하여야 한다. • 시료 용기는 시료의 저장과 이동에 사용되는 용기로 적당한 마개를 가지고 있어야 한다. • 시료 용기는 취급할 제품에 의한 용매의 작용에 투과성이 없고 내성을 갖는 재질로 되어 있어야 하며, 정상적인 내부 압력에 견딜 수 있고 시료채취에 필요한 충분한 강도를 가져야 한다.
유리병	• 유리병은 유리 또는 폴리테트라플루오로에틸렌(PTFE)으로 된 마개나 내유성의 내부판이 부착된 플라스틱이나 금속의 스크루마개를 가지고 있어야 한다. • 코르크마개는 휘발성 액체에 사용하여서는 안 된다. 만일 제품이 빛에 민감하다면 짙은 색깔의 시료병을 사용한다. • 세척방법은 병의 상태나 이전의 내용물, 시료의 특성 및 시험하고자 하는 방법에 따라 달라진다.
주석도금캔 (can)	• 캔은 사용 직전에 검사하여야 하고 새거나 녹슨 경우 폐기한다. • 주석도금캔(can)은 1회 사용 후 반드시 폐기한다.
양철캔 (can)	• 양철캔은 적합한 양철판으로 만들어야 하며, 프레스를 한 이음매 또는 외부 표면에 용매로 송진 용제를 사용하여 납땜을 한 이음매가 있어야 한다. • 양철캔은 기름에 견딜 수 있는 디스크를 가진 스크루마개 또는 누르는 금속마개로 밀폐될 수 있으며, 이러한 마개는 한 번 사용한 후에는 폐기되어야 한다. • 양철캔과 그 마개는 청결하고 건조해야 한다. • 사용하기 전에 캔의 상태를 조사해야 하며, 누설이나 녹이 발견될 때에는 사용할 수 없다.
시료 용기의 마개	• 코르크마개, 고무(클로로프렌고무는 제외), 마분지, 합성 코르크마개 또는 플라스틱 물질(PTFE는 제외)은 시료와 직접 접촉되어서는 안 된다. • 만일 이런 물질들을 시료 용기의 밀폐에 사용할 때에는 알루미늄이나 주석포일로 감싸야 한다. • 양철용기는 돌려막는 스크루뚜껑만 아니라 밀어 막는 금속마개를 갖추어야 한다. • 유리마개는 병의 목부분에 공기가 새지 않도록 단단히 막아야 한다.

바로바로 **확인문제**

증거물 시료 용기의 공통사항으로 바르지 않은 것은?
① 플라스틱으로 된 재질일 것
② 충분한 강도가 있을 것
③ 적당한 마개가 있을 것
④ 정상적인 내부 압력에 견딜 수 있을 것

해설 증거물 시료 용기는 유리병, 주석도금캔(can), 양철캔 등이 이용되고 있다.   답 ①

4 증거물의 포장(제5조) 암기

2014년 기사 / 2015년 기사 / 2019년 기사 / 2020년 산업기사 / 2021년 기사 / 2022년 기사 / 2023년 기사 / 2023년 산업기사

입수한 증거물을 이송할 때에는 포장을 하고 상세정보를 [별지 제2호 서식]에 기록하여 부착한다. 이 경우 증거물의 포장은 보호상자를 사용하여 개별 포장함을 원칙으로 한다.

5 증거물의 보관 · 이동(제6조) 암기 2014년 산업기사 2015년 기사 2021년 기사 2022년 기사 2023년 기사 2023년 산업기사

① 증거물은 수집단계부터 검사 및 감정이 완료되어 반환 또는 폐기되는 전 과정에 있어서 <u>화재조사관 또는 이와 동일한 자격 및 권한을 가진 자의 책임(책임자)하에 행해져야 한다.</u>

② 증거물의 보관 및 이동은 장소 및 방법, 책임자 등이 지정된 상태에서 행해져야 되며, 책임자는 전 과정에 대하여 이를 입증할 수 있도록 다음의 사항을 작성하여야 한다.

　㉠ 증거물 최초 상태, 개봉일자, 개봉자

　㉡ 증거물 발신일자, 발신자

　㉢ 증거물 수신일자, 수신자

　㉣ 증거관리가 변경되었을 때 기타사항 기재

③ <u>증거물의 보관은 전용실 또는 전용함 등</u> 변형이나 파손될 우려가 없는 장소에 보관해야 하고, 화재조사와 관계없는 자의 접근은 엄격히 통제되어야 하며, 보관관리이력은 [별지 제3호 서식]에 따라 작성하여야 한다.

④ 증거물 이동과정에서 증거물의 파손 · 분실 · 도난 또는 기타 안전사고에 대비하여야 한다.

⑤ 파손이 우려되는 증거물, 특별관리가 필요한 증거물 등은 이송상자 및 무진동차량 등을 이용하여 안전에 만전을 기하여야 한다.

⑥ 증거물은 화재증거 수집의 목적달성 후에는 관계인에게 반환하여야 한다. 다만, <u>관계인의 승낙이 있을 때에는 폐기할 수 있다.</u>

6 증거물에 대한 유의사항(제7조) 암기 2016년 기사 2020년 기사

증거물의 수집, 보관 및 이동 등에 대한 취급방법은 증거물이 법정에 제출되는 경우에 증거로서의 가치를 상실하지 않도록 적법한 절차와 수단에 의해 획득할 수 있도록 다음의 사항을 준수하여야 한다.

① 관련 법규 및 지침에 규정된 일반적인 원칙과 절차를 준수한다.

② <u>화재조사에 필요한 증거 수집은 화재피해자의 피해를 최소화하도록 하여야 한다.</u>

③ 화재증거물은 <u>기술적</u>, 절차적인 수단을 통해 <u>진정성, 무결성</u>이 보존되어야 한다.

④ 화재증거물을 획득할 때에는 증거물의 오염, 훼손, 변형되지 않도록 적절한 장비를 사용하여야 하며, <u>방법의 신뢰성</u>이 유지되어야 한다.

⑤ <u>최종적으로 법정에 제출되는 화재증거물의 원본성이 보장되어야 한다.</u>

05
화재조사관계법규

7 현장 사진 및 비디오 촬영(제8조)

화재조사관 등은 화재발생 시 신속히 현장에 가서 화재조사에 필요한 현장 사진 및 비디오 촬영을 반드시 하여야 하며, CCTV, 블랙박스, 드론, 3D시뮬레이션, 3D스캐너 영상 등의 현장기록물 확보를 위해 노력하여야 한다.

8 촬영 시 유의사항(제9조) 〈2019년 기사〉 〈2020년 산업기사〉 〈2023년 기사〉 〈2023년 산업기사〉

현장 사진 및 비디오 촬영 및 현장기록물 확보 시 다음에 유의하여야 한다.
① <u>최초 도착하였을 때의 원상태를 그대로 촬영</u>하고, 화재조사의 진행순서에 따라 촬영
② 증거물을 촬영할 때는 그 소재와 상태가 명백히 나타나도록 하며, <u>필요에 따라 구분이 용이하게 번호표 등을 넣어 촬영</u>
③ 화재현장의 특정한 증거물 등을 촬영함에 있어서는 그 길이, 폭 등을 명백히 하기 위하여 <u>측정용 자 또는 대조도구를 사용하여 촬영</u>
④ 화재상황을 추정할 수 있는 다음의 대상물의 형상은 면밀히 관찰 후 자세히 촬영
　㉠ 사람, 물건, 장소에 부착되어 있는 연소흔적 및 혈흔
　㉡ 화재와 연관성이 크다고 판단되는 증거물, 피해물품, 유류
⑤ 현장 사진 및 비디오 촬영과 현장기록물 확보 시에는 연소확대경로 및 증거물기록에 대한 <u>번호표</u>와 <u>화살표</u> 등을 활용하여 작성한다.

> **바로바로 확인문제**
>
> **현장 사진촬영 및 비디오촬영 시 주의사항으로 바르지 않은 것은?**
> ① 증거물을 촬영할 때는 그 소재와 상태가 명백히 나타나도록 한다.
> ② 증거물을 촬영할 때는 길이와 폭 등을 나타내기 위해 대조도구를 이용한다.
> ③ 사진촬영 시 증거물에 번호표와 화살표를 표시 후에 촬영을 한다.
> ④ 화재상황을 추정할 수 있는 연소흔적과 혈흔 등은 멀리서 촬영한다.
> **해설** 화재상황을 추정할 수 있는 연소흔적과 혈흔 등은 면밀히 관찰 후 자세히 촬영하여야 한다. **답 ④**

9 현장 사진 및 비디오 촬영물 기록 등(제10조)

① 촬영한 사진으로 증거물과 관련 서류를 작성할 때는 [별지 제4호 서식]에 따라 작성하여야 한다.
② 현장 사진 및 비디오, 현장기록의 작성, 정리, 보관과 그 사본의 송부상황 등 기록처리는 [별지 제5호 서식]에 따라 작성하여야 한다.

10 기록의 정리 · 보관(제11조)

① 현장 사진과 현장 비디오를 촬영하였을 때는 화재발생 연월일 또는 화재접수 연월일 순으로 정리 · 보관하며, 보안디지털 저장매체에 정리하여 보관하여야 한다. 다만, 디지털증거는 법정에서 원본과의 동일성을 재현하거나 검증하는 데 지장이 초래되지 않도록 수집 · 분석 및 관리되어야 한다.

② 현장 사진파일과 동영상파일 등은 국가화재정보시스템에 등록하여야 하며 조회, 분석, 활용 가능하여야 한다.

11 기록 사본의 송부(제12조)

소방본부장 또는 소방서장은 현장사진 및 현장비디오 촬영물 중 소방청장 또는 소방본부장의 제출요구가 있는 때에는 지체 없이 촬영물과 관련 조사자료를 디지털 저장매체에 기록하여 송부하여야 한다.

12 개인정보 보호(제13조)

화재조사자료, 사진 및 비디오 촬영물 관련 업무를 수행하는 자는 증거물 수집과정에서 처리한 개인정보를 화재조사 이외의 다른 목적으로 이용하여서는 안 된다.

05

화재조사관계법규

출제예상문제

* ◪ 표시 : 중요도를 나타냄

01 화재조사 및 보고규정상 '발화'에 대한 정의로 옳은 것은?

① 발화의 최초 원인이 된 불꽃 또는 열을 말한다.
② 열원과 가연물이 상호작용하여 화재가 시작된 지점을 말한다.
③ 화재가 발생한 장소를 말한다.
④ 열원에 의하여 가연물질에 지속적으로 불이 붙는 현상을 말한다.

해설 ① 발화열원에 대한 정의
② 발화지점에 대한 정의
③ 발화장소에 대한 정의

02 화재조사 및 보고규정상의 용어의 정의 중 바르지 않은 것은?

① 잔불정리란 화재 초진 후 잔불을 점검하고 처리하는 것을 말한다. 이 단계에서는 열에 의한 수증기나 화염 없이 연기만 발생하는 연소현상이 포함될 수 있다.
② 감식이란 화재원인의 판정을 위하여 전문적인 지식, 기술 및 경험을 활용하여 주로 시각에 의한 종합적인 판단으로 구체적인 사실관계를 명확하게 규명하는 것을 말한다.
③ 화재현장이란 화재가 발생하여 소방대 및 관계인 등에 의해 소화활동이 행하여지고 있거나 행하여진 장소를 말한다.
④ 감정이란 화재 당사자가 법의학자에게 의뢰하여 화재와 관계된 원인을 밝혀내기 위한 행정절차로 이를 통해 필요한 자료를 얻는 것을 말한다.

해설 감정
화재와 관계되는 물건의 형상, 구조, 재질, 성분, 성질 등 이와 관련된 모든 현상에 대하여 과학적 방법에 의한 필요한 실험을 행하고 그 결과를 근거로 화재원인을 밝히는 자료를 얻는 것을 말한다.

03 화재조사에 포함되지 않는 것은?

① 피해액 산정
② 감정
③ 수사
④ 관계자에 대한 질문

해설 화재조사와 화재수사는 구별된다. 화재수사에는 화재조사가 포함될 수 있으나 화재조사에는 수사가 포함되지 않는다.

04 화재감식이란 어느 것인가?

① 화재원인을 규명하고 화재로 인한 피해를 산정하기 위하여 자료의 수집, 관계자 등에 대한 질문, 현장확인 등 일련의 행동
② 화재와 관계되는 물건의 형상, 구조, 재질, 성분, 성질 등 이와 관련된 모든 현상에 대하여 과학적 방법으로 판단하는 것
③ 화재원인의 판정을 위하여 전문적인 지식, 기술 및 경험을 활용하여 주로 시각에 의한 종합적인 판단으로 구체적인 사실관계를 명확하게 규명하는 것
④ 실험기기에 의해 과학적인 결과를 종합적인 판단으로 사실관계 전후를 규명하는 것

해설 감식
화재원인의 판정을 위하여 전문적인 지식, 기술 및 경험을 활용하여 주로 시각에 의한 종합적인 판단으로 구체적인 사실관계를 명확하게 규명하는 것이다.

Answer 01.④ 02.④ 03.③ 04.③

05 화재와 관계되는 물건의 형상, 구조, 재질, 성분, 성질 등 이와 관련된 모든 현상에 대하여 과학적 방법에 의한 필요한 실험을 행하고 그 결과를 근거로 화재원인을 밝히는 자료를 얻는 것을 무엇이라고 하는가?

① 감정　　　　② 감식
③ 접수　　　　④ 초진

해설 감정
화재와 관계되는 물건의 형상, 구조, 재질, 성분, 성질 등 이와 관련된 모든 현상에 대하여 과학적 방법에 의한 필요한 실험을 행하고 그 결과를 근거로 화재원인을 밝히는 자료를 얻는 것을 말한다.

06 화재 당시에 피해물의 재구입비에 대한 현재가의 비율을 의미하는 것으로 맞는 것은?

① 손해율　　　　② 잔가율
③ 최종잔가율　　④ 손해보정지수

해설 잔가율
화재 당시에 피해물의 재구입비에 대한 현재가의 비율을 말한다.

07 다음 중 감정업무에 관한 설명으로 옳지 않은 것은?

① 감정은 전문기관 또는 전문인 등 외부기관에서도 할 수 있다.
② 화재와 관계된 물건의 형상, 구조, 재질, 성분, 성질 등 이와 관련된 모든 현상에 대하여 과학적 방법에 의한 필요한 실험을 행하는 것이다.
③ 소방본부장 또는 소방서장도 감정업무를 할 수 있다.
④ 시각에 의한 종합적인 판단으로 구체적인 사실관계를 명확하게 규명하는 것이다.

해설 주로 시각에 의한 종합적인 판단으로 구체적인 사실관계를 명확하게 규명하는 것은 감식의 내용이다.

08 발화열원이란 무엇을 의미하는 것인가?

① 발화의 최초원인이 된 불꽃 또는 열
② 화재가 발생한 부위
③ 열원에 의하여 가연물질에 지속적으로 불이 붙는 현상
④ 발화로 이어진 연소현상에 영향을 준 인적 · 물적 · 자연적인 요인

해설 발화열원
발화의 최초원인이 된 불꽃 또는 열을 의미한다.

09 내용연수란 무엇인가?

① 유동자산을 사용할 수 있는 물리적 연수
② 고정자산을 사용할 수 있는 물리적 연수
③ 유동자산을 경제적으로 사용할 수 있는 연수
④ 고정자산을 경제적으로 사용할 수 있는 연수

해설 내용연수
고정자산을 경제적으로 사용할 수 있는 연수를 말한다.

10 발화요인에 대한 올바른 설명은?

① 발화의 최초원인이 된 불꽃 또는 열
② 발화열원에 의하여 발화로 이어진 연소현상에 영향을 준 인적 · 물적 · 자연적인 요인
③ 발화열원에 의하여 연소확대로 이어진 연소현상에 영향을 준 물적인 요인
④ 열원에 의하여 가연물질에 지속적으로 불이 붙는 현상

해설 발화요인
발화열원에 의하여 발화로 이어진 연소현상에 영향을 준 인적 · 물적 · 자연적인 요인이다.

11 발화원인 조사범위에 해당하지 않는 것은?

① 발화지점조사　　② 발화열원조사
③ 최초착화물조사　④ 연소확대물조사

해설 발화원인 조사범위
발화지점, 발화열원, 발화요인, 최초착화물 및 발화관련 기기 등

05

화재조사관계법규

12 다음 중 용어의 정의를 잘못 설명한 것은 어느 것인가?

① 내용연수란 고정자산을 경제적으로 사용할 수 있는 연수를 말한다.
② 재구입비란 화재 당시의 피해물과 같거나 비슷한 것을 재건축(설계 · 감리비 포함) 또는 재취득하는 데 필요한 금액을 말한다.
③ 재발화감시란 화재 초진 후 잔불을 점검하고 처리하는 것을 말한다. 이 단계에서는 열에 의한 수증기나 화염 없이 연기만 발생하는 연소현상이 포함될 수 있다.
④ 최종잔가율이란 피해물의 경제적 내용연수가 다한 경우 잔존하는 가치의 재구입비에 대한 비율을 말한다.

해설 재발화감시란 화재를 진화한 후 화재가 재발되지 않도록 감시조를 편성하여 일정 시간 동안 감시하는 것을 말한다.

13 다음 중 재산피해조사 범위에 해당하지 않는 것은?

① 수손피해
② 열에 의한 탄화, 용융, 파손 등의 피해
③ 화재로 인한 사망자 및 부상자
④ 물품반출, 화재 중 발생한 폭발 등에 의한 피해

해설 화재로 인한 사망자 및 부상자는 인명피해조사에 해당한다.

14 화재조사에 대한 설명으로 틀린 것은?

① 조사관은 그 직무를 이용하여 관계인 등의 민사분쟁에 개입하는 것이 주업무이다.
② 화재현장에서 부상을 당한 사람이 사망한 경우 사망시간에 따라서 화재로 인한 사망으로 볼 수도 있다.
③ 외부기관으로부터 조사의 내용에 대한 발표요청이 있는 경우에는 특별한 사유가 없는 한 그 내용을 발표한다.
④ 조사관은 조사에 필요한 전문적 지식습득에 노력하여 조사업무를 효율적으로 수행해야 한다.

해설 조사관은 그 직무를 이용하여 관계인 등의 민사분쟁에 개입해서는 아니 된다.(화재조사 및 보고규정 제4조)

15 화재합동조사단의 조사가 완료되었거나, 계속 유지할 필요가 없는 경우 업무를 종료하고 해산시킬 수 있는 사람이 아닌 것은?

① 수사본부장   ② 소방청장
③ 소방본부장   ④ 소방서장

해설 화재합동조사단 운영 및 종료(화재조사 및 보고규정 제20조)
소방관서장은 화재합동조사단의 조사가 완료되었거나, 계속 유지할 필요가 없는 경우 업무를 종료하고 해산시킬 수 있다.
※ 소방관서장 : 소방청장, 소방본부장 또는 소방서장을 말한다.

16 발화지점이 한 곳인 화재현장이 2 이상의 관할구역에 걸친 경우 화재건수 처리방법으로 맞는 것은?

① 발화지점이 속한 소방서에서 한 건의 화재로 처리한다.
② 출동한 소방서마다 한 건의 화재로 처리한다.
③ 출동한 소방대장이 결정한다.
④ 출동한 소방서끼리 협의하여 처리한다.

해설 발화지점이 속한 소방서에서 한 건의 화재로 처리하여야 한다.

17 감식 및 감정에 대한 소방관서장의 권한과 가장 거리가 먼 것은?

① 국립소방연구원 또는 화재감정기관 등에 감정을 의뢰
② 화재현장에서 수거한 물품에 대하여 감정을 실시
③ 화재원인 입증을 위한 재현실험
④ 증거물에 대한 용역 발주

Answer 12.③ 13.③ 14.① 15.① 16.① 17.④

해설 감식 및 감정(화재조사 및 보고규정 제8조)
　　㉠ 소방관서장은 조사 시 전문지식과 기술이 필요하다고 인정되는 경우 국립소방연구원 또는 화재감정기관 등에 감정을 의뢰할 수 있다.
　　㉡ 소방관서장은 과학적이고 합리적인 화재원인 규명을 위하여 화재현장에서 수거한 물품에 대하여 감정을 실시하고 화재원인 입증을 위한 재현실험 등을 할 수 있다.

18 화재조사의 능력향상을 위해 실시하여야 하는 내용으로 맞지 않은 것은?

① 화재조사에 관한 연구과제 부여
② 화재조사 관련 전문기관에 위탁훈련 실시
③ 6개월에 1회 이상 자질향상을 위한 평가 실시
④ 학술대회 개최

해설 조사관의 교육훈련(화재조사 및 보고규정 제25조 제3항)
　　소방관서장은 조사관에 대하여 연구과제 부여, 학술대회 개최, 조사 관련 전문기관에 위탁훈련·교육을 실시하는 등 조사능력 향상에 노력하여야 한다.

19 화재조사관의 책무가 아닌 것은?

① 조사에 필요한 전문적 지식을 습득하기 위해 노력한다.
② 조사업무를 능률적이고 효율적으로 수행한다.
③ 조사관은 그 직무와 관련된 관계인 등의 민사분쟁에 개입한다.
④ 화재조사에 필요한 전문 기술을 배운다.

해설 화재조사관의 책무(화재조사 및 보고규정 제4조)
　　㉠ 조사관은 조사에 필요한 전문적 지식과 기술의 습득에 노력하여 조사업무를 능률적이고 효율적으로 수행해야 한다.
　　㉡ 조사관은 그 직무를 이용하여 관계인 등의 민사분쟁에 개입해서는 아니 된다.

20 다음 중 대형화재가 발생한 경우 화재합동조사단을 적절하게 구성하여 운영한 것으로 옳은 것은?

① 소방청장 : 사상자가 30명 이상이거나 2개시·도 이상에 걸쳐 발생한 임야화재

② 소방본부장 : 사상자가 30명 이상이거나 2개시·군·구 이상에 발생한 화재
③ 소방서장 : 재산피해액에 100억원 이상 발생한 화재
④ 소방서장 : 사망자가 5명 미만이거나 사상자가 15명 이상 발생한 화재

해설 화재합동조사단 운영 및 종료(화재조사 및 보고규정 제20조)
　　소방관서장은 대형화재에 해당하는 화재가 발생한 경우 다음에 따라 화재합동조사단을 구성하여 운영하는 것을 원칙으로 한다.
　　㉠ 소방청장 : 사상자가 30명 이상이거나 2개시·도 이상에 걸쳐 발생한 화재(임야화재는 제외한다. 이하 같다)
　　㉡ 소방본부장 : 사상자가 20명 이상이거나 2개시·군·구 이상에 발생한 화재
　　㉢ 소방서장 : 사망자가 5명 이상이거나 사상자가 10명 이상 또는 재산피해액이 100억원 이상 발생한 화재

21 관계인 등의 진술을 통해 정보를 확보함에 있어 옳지 않은 것은?

① 관계인 등에게 질문을 할 때에는 시기, 장소 등을 고려하여 진술하는 사람으로부터 임의진술을 얻도록 해야 한다.
② 획득한 진술이 소문 등에 의한 사항인 경우 그 사실을 직접 경험한 관계인 등의 진술을 얻도록 해야 한다.
③ 진술의 자유 또는 신체의 자유를 침해하여 임의성을 의심할 만한 방법을 취해서는 아니 된다.
④ 관계인 등에게 질문을 할 때에는 희망하는 진술내용을 얻기 위하여 상대방에게 암시하는 등의 방법으로 유도해야 한다.

해설 관계인 등 진술(화재조사 및 보고규정 제7조)
　　㉠ 관계인 등에게 질문을 할 때에는 시기, 장소 등을 고려하여 진술하는 사람으로부터 임의진술을 얻도록 해야 하며 진술의 자유 또는 신체의 자유를 침해하여 임의성을 의심할 만한 방법을 취해서는 아니 된다.

05

화재조사관계법규

ⓛ 관계인 등에게 질문을 할 때에는 희망하는 진술내용을 얻기 위하여 상대방에게 암시하는 등의 방법으로 유도해서는 아니 된다.

ⓒ 획득한 진술이 소문 등에 의한 사항인 경우 그 사실을 직접 경험한 관계인 등의 진술을 얻도록 해야 한다.

ⓔ 관계인 등에 대한 질문 사항은 질문기록서에 작성하여 그 증거를 확보한다.

22 화재조사 및 보고규정에 의한 화재조사 실시상의 원칙으로 가장 올바른 것은?

① 물적 증거를 통한 귀납적 조사방법에 의한 과학적 실험에 기초한다.

② 인적 증거를 통한 진술획득 및 사실발견에 주력하여야 한다.

③ 물적 증거를 통한 과학적인 방법에 의한 합리적인 사실규명에 기초하여야 한다.

④ 인적 증거를 통한 증거발견과 사실확인에 주력한다.

해설 화재조사는 물적 증거를 통한 과학적인 방법에 의한 합리적 사실규명에 기초하여야 한다.

23 화재건수의 산정에 있어 옳지 않은 것은?

① 동일범이 아닌 각기 다른 사람에 의한 방화는 동일 대상물에서 발생했더라도 각각 별건으로 한다.

② 동일 소방대상물에서 발화점이 2개소 이상이지만 누전점이 동일한 누전에 의한 화재는 1건으로 한다.

③ 지진, 낙뢰 등 자연현상에 의해 발화점이 다수이더라도 동일 소방대상물에서 발생한 화재는 1건으로 한다.

④ 발화지점이 한 곳인 화재현장이 2 이상의 관할구역에 걸친 화재는 각각 관할구역별로 산정한다.

해설 발화지점이 한 곳인 화재현장이 2 이상의 관할구역에 걸친 화재는 발화지점이 속한 소방서에서 1건의 화재로 한다.

24 다음 중 화재건수를 결정하는 방법 중 옳지 않은 것은?

① 동일범이 아닌 각기 다른 사람에 의한 방화, 불장난은 동일 대상물에서 발화했더라도 1건으로 처리한다.

② 낙뢰로 발화점이 3개 이상 발생한 경우 1건으로 처리한다.

③ 1건의 화재란 1개의 발화점으로부터 확대된 것으로 발화부터 진화까지를 말한다.

④ 누전점이 동일한 누전화재는 발화점이 2개소 이상이더라도 1건으로 처리한다.

해설 동일범이 아닌 각기 다른 사람에 의한 방화, 불장난은 동일 대상물에서 발화했더라도 각각 별건의 화재로 한다.

25 다음 중 화재의 유형에 해당하지 않는 것은?

① 건축 · 구조물화재

② 위험물 · 가스제조소 등 화재

③ 복합화재

④ 임야화재

해설 화재의 유형
ⓐ 건축 · 구조물화재
ⓑ 자동차 · 철도차량화재
ⓒ 위험물 · 가스제조소 등 화재
ⓓ 선박 · 항공기화재
ⓔ 임야화재
ⓕ 기타 화재

26 피견인 차량 또는 그 적재물이 소손된 것은 어느 화재유형에 해당하는가?

① 건축 · 구조물화재

② 자동차 · 철도차량화재

③ 기타 화재

④ 선박 · 항공기화재

해설 자동차, 철도차량 및 피견인 차량 또는 그 적재물이 소손된 것은 자동차 · 철도차량화재에 해당한다.

Answer 22.③ 23.④ 24.① 25.③ 26.②

27 화재가 발생한 발화일시에 대한 설명으로 가장 거리가 먼 것은?

① 소방대가 현장에 도착한 시점을 기준으로 결정한다.
② 발화일시는 건물의 상태와 화기취급 등의 상황을 종합적으로 검토하여 결정한다.
③ 발화일시를 결정할 때에는 관계인 등의 화재발견 시간도 검토해야 한다.
④ 자체진화 등으로 발화일시 결정이 곤란한 경우에는 발생시간을 추정할 수 있다.

해설 발화일시의 결정은 관계인 등의 화재발견상황통보(인지) 시간 및 화재발생 건물의 구조, 재질상태와 화기취급 등의 상황을 종합적으로 검토하여 결정한다. 다만, 자체진화 등의 사후인지 화재로 그 결정이 곤란한 경우에는 발생시간을 추정할 수 있다.

28 다음 중 소실 정도에 대한 설명으로 옳은 것은?

① 국소란 건물의 50% 이상 70% 미만이 소실된 것을 말한다.
② 부분소란 전소, 반소화재에 해당되지 아니하는 것을 말한다.
③ 건축 · 구조물화재의 소실 정도는 전소, 반소, 부분소, 즉소 4종류로 구분한다.
④ 전소란 건물의 70% 이상(바닥면적에 대한 비율을 말한다)이 소실되었거나 또는 그 미만이라도 잔존 부분을 보수하여도 재사용이 불가능한 것을 말한다.

해설 ① 국소란 개념은 없다.
③ 건축 · 구조물화재의 소실 정도는 전소, 반소, 부분소, 3종류로 구분한다.
④ 전소란 건물의 70% 이상(입체면적에 대한 비율을 말한다)이 소실되었거나 또는 그 미만이라도 잔존 부분을 보수하여도 재사용이 불가능한 것을 말한다.

29 화재조사 및 보고규정에 따른 건축 · 구조물화재의 소실 정도의 구분이 아닌 것은?

① 전소   ② 반소
③ 부분소   ④ 국소

해설 화재의 소실 정도는 전소, 반소, 부분소 3종류로 구분된다.

30 화재로 인한 소실 정도를 나타낸 것으로 바르지 않은 것은?

① 선박 및 항공기 등은 건물의 소실 정도와 다르므로 모두 전소로 산정한다.
② 건물의 60%가 소실되었다면 반소에 해당한다.
③ 건물의 60%가 소실되었으나 잔존부분을 보수해도 재사용이 불가능하면 전소에 해당한다.
④ 부분소는 전소 및 반소 화재에 해당되지 아니하는 것으로 30% 미만이 소실된 것이다.

해설 자동차 · 철도차량, 선박 및 항공기 등도 건물의 소실 정도 규정을 준용한다.

31 화재발생종합보고서 작성 시 건물의 동수 산정에 관한 설명으로 틀린 것은?

① 주요구조부가 하나로 연결되어 있는 것은 1동으로 한다. 다만, 건널복도 등으로 2 이상의 동에 연결되어 있는 것은 그 부분을 절반으로 분리하여 각 동으로 한다.
② 구조와 관계없이 지붕 및 실이 하나로 연결되어 있는 것은 같은 동으로 본다.
③ 목조 또는 내화조 건물의 경우 격벽으로 방화구획이 되어 있는 경우는 다른 동으로 한다.
④ 독립된 건물과 건물 사이에 차광막, 비막이 등의 덮개를 설치하고 그 밑을 통로 등으로 사용하는 경우는 다른 동으로 한다.

해설 목조 또는 내화조 건물의 경우 격벽으로 방화구획이 되어 있는 경우는 같은 동으로 한다.

05

화재조사관계법규

32 화재조사 업무처리의 기본사항을 설명한 것으로 바르지 않은 것은?

① 발화시간의 결정은 인지시간으로 불분명할 경우 추정할 수 있다.
② 세대수의 산정은 자신의 주거에 사용되는 건물에 대하여 재산권을 행사할 수 있는 사람을 1세대로 한다.
③ 건물의 소실면적 산정은 전용면적으로 산정한다.
④ 독립된 건물과 건물 사이에 덮개를 설치하고 그 밑을 통로 등으로 사용하는 경우에는 별동으로 한다.

해설 건물의 소실면적 산정은 바닥면적으로 산정한다.

33 화재현장에서 발생한 부상자의 분류 중 중상자에 대한 기준으로 옳은 것은?

① 1주 이상 입원치료를 필요로 하는 부상
② 2주 이상 입원치료를 필요로 하는 부상
③ 3주 이상 입원치료를 필요로 하는 부상
④ 4주 이상 입원치료를 필요로 하는 부상

해설 중상이란 3주 이상의 입원치료를 필요로 하는 부상을 말한다.

34 화재조사 및 보고규정의 내용으로 옳은 것은?

① 중상은 2주 이상의 입원치료가 필요한 부상을 말한다.
② 부상의 정도에서 경상의 분류는 의사의 진단을 필요로 하지 않는다.
③ 경상은 중상 이외의 부상을 말한다.
④ 화재현장에서 부상을 당한 후 72시간 이후에 사망한 경우도 화재로 인한 사망으로 본다.

해설 ① 중상은 3주 이상의 입원치료가 필요한 부상을 말한다.
② 부상의 정도에서 경상의 분류는 의사의 진단을 필요로 한다.
④ 화재현장에서 부상을 당한 후 72시간 이내에 사망한 경우에는 당해 화재로 인한 사망으로 본다.

35 화재조사를 시작하는 시점으로 옳은 것은?

① 화재발생 사실을 인지하는 즉시
② 현장도착과 동시
③ 출동차량에 탑승과 동시
④ 화재진압과 동시

해설 화재조사관은 화재발생 사실을 인지하는 즉시 화재조사를 시작해야 한다.

36 화재출동 시의 상황파악 방법으로 가장 거리가 먼 것은?

① 관계자 등에 대한 질문사항은 질문기록서에 작성하여 그 증거를 확보한다.
② 정보수집활동은 현장도착 즉시 실시하며 조사에 도움이 되는 사항을 확인하여야 한다.
③ 화재현장에 출동하는 소방대원은 화재현장에서도 소방활동 중에 파악한 정보를 조사관에게 알려주어야 한다.
④ 조사관은 화재 사실을 인지하는 즉시 조사활동을 시작하고 정보수집에 노력하여야 한다.

해설 조사관은 화재인지 시점 및 출동도중에도 정보수집에 노력하여야 하며 현장에서 관계자 등에게 질문을 통해 화재개요를 파악하고 현장조사의 원활한 진행에 힘써야 한다.

37 화재현장 보존에 대한 내용으로 옳지 않은 것은?

① 누구든지 소방관서장 또는 경찰서장의 허가 없이 통제구역에 출입하여서는 아니 된다.
② 방화(放火) 또는 실화(失火)의 혐의로 수사의 대상이 된 경우에는 소방관서장이 통제구역을 설정한다.
③ 화재현장 보존조치를 하거나 통제구역을 설정한 경우 누구든지 소방관서장 또는 경찰서장의 허가 없이 화재현장에 있는 물건 등을 이동시키거나 변경·훼손하여서는 아니 된다.
④ 화재현장 보존조치, 통제구역의 설정 및 출입 등에 필요한 사항은 대통령령으로 정한다.

Answer 32.③ 33.③ 34.③ 35.① 36.② 37.②

해설 소방관서장은 화재조사를 위하여 필요한 범위에서 화재현장 보존조치를 하거나 화재현장과 그 인근 지역을 통제구역으로 설정할 수 있다. 다만, 방화(放火) 또는 실화(失火)의 혐의로 수사의 대상이 된 경우에는 관할 경찰서장 또는 해양경찰서장(이하 "경찰서장")이 통제구역을 설정한다.

38 화재피해조사에 대한 내용으로 맞지 않는 것은?

① 소방서장은 피해물품이 누락된 경우 피해액을 재산정할 수 있다.
② 건물의 소실면적 산정은 주거하는 장소의 전용면적으로 한다.
③ 화재조사는 인명피해와 재산피해 발생상황을 구분하여 조사하여야 한다.
④ 당사자가 피해조사내용에 이의를 제기할 경우 피해신고서를 접수받아 조사한다.

해설 건물의 소실면적 산정은 바닥면적으로 산정하여야 한다.

39 다음 중 화재 발생일로부터 30일 이내에 화재조사의 최종 결과보고를 해야 하는 화재에 해당하지 않는 것은?

① 정부미도정공장에 발생한 화재
② 관광호텔에 발생한 화재
③ 지하상가에 발생한 화재
④ 소량위험물판매취급소에 발생한 화재

해설 중요화재 대상
㉠ 사망자가 5인 이상 발생하거나 사상자가 10인 이상 발생한 화재
㉡ 이재민이 100인 이상 발생한 화재
㉢ 재산피해액이 50억원 이상 발생한 화재
㉣ 관공서 · 학교 · 정부미도정공장 · 문화재 · 지하철 또는 지하구의 화재
㉤ 관광호텔, 층수가 11층 이상인 건축물, 지하상가, 시장, 백화점, 지정수량의 3천배 이상의 위험물의 제조소 · 저장소 · 취급소, 층수

가 5층 이상이거나 객실이 30실 이상인 숙박시설, 층수가 5층 이상이거나 병상이 30개 이상인 종합병원 · 정신병원 · 한방병원 · 요양소, 연면적 1만5천제곱미터 이상인 공장 또는 화재경계지구에서 발생한 화재
㉥ 철도차량, 항구에 매어둔 총 톤수가 1천톤 이상인 선박, 항공기, 발전소 또는 변전소에서 발생한 화재
㉦ 가스 및 화약류의 폭발에 의한 화재
㉧ 다중이용업소의 화재

40 다음 중 화재 발생일로부터 30일 이내에 화재조사의 최종 결과보고를 해야 하는 화재 장소끼리 맞게 짝지어진 것은?

① 관광호텔 – 철도
② 지하철 – 백화점
③ 문화재 – 방화
④ 백화점 – 외국공관

해설 48번 해설 참고

41 화재 발생일로부터 30일 이내에 화재조사의 최종 결과보고를 해야 하는 화재 기준으로 재산피해액은 얼마 이상인가?

① 20억원 이상   ② 50억원 이상
③ 70억원 이상   ④ 100억원 이상

해설 재산피해는 50억원 이상 화재가 대형화재에 해당한다.

42 사망자가 5인 이상 발생한 화재의 조사결과 보고는 며칠 이내에 하여야 하는가?

① 화재인지로부터 5일 이내
② 화재인지로부터 10일 이내
③ 화재인지로부터 15일 이내
④ 화재인지로부터 30일 이내

해설 사망자가 5인 이상 발생한 화재의 조사결과 보고는 화재인지로부터 30일 이내에 하여야 한다.

05
화재조사관계법규

43 증거물의 개체에 해당하지 않는 것은?

① 소사체
② 발화원 잔해
③ 조사관의 발굴용구
④ 방화현장에 남겨진 장갑

해설 난방기기, 라이터, 담뱃불, 섬유류, 신문지 등은 발화원 또는 착화물과 관계된 증거물의 개체로 분류할 수 있다. 개체에는 물질이나 물건뿐만 아니라 목격자의 증언과 현장에서 발견되는 소사체도 해당한다.

44 화재현장에서 증거물의 수집과 기록 방법으로 옳지 않은 것은?

① 현장사진촬영
② 비디오촬영
③ 녹음자료
④ 강제자백수사

해설 증거물의 수집과 기록 방법으로 현장사진촬영, 비디오촬영, 녹음자료, 현장에서 작성된 정보 등이 있다.

45 증거물을 발견했을 경우 상황기록 방법으로 부적당한 것은?

① 증거물을 수집하기 전에 증거물과 그 주변의 상황을 사진촬영한다.
② 증거물을 수집한 후에도 증거물의 상태 등을 기록한다.
③ 발화원인 판정에 관계있는 증거물이 따로 이격되어 있으면 기록하지 않아도 된다.
④ 발화원인과 관계가 있는 부분은 연소하지 않았더라도 기록을 작성한다.

해설 발화원인의 판정에 관계가 있는 개체 또는 부분에 대해서는 증거물과 이격되어 있거나 연소되지 않은 상황이라도 기록을 남겨야 한다.

46 증거물이 서류일 경우 영치 원칙은?

① 원본으로 영치
② 원본과 사본을 동시 영치
③ 사본으로 영치
④ 사본 2매 이상 영치

해설 증거서류를 수집함에 있어서는 원본 영치를 원칙으로 한다.

47 증거물 수집에 대한 설명으로 바르지 않은 것은?

① 물리적 증거물 수집은 전용 증거물 수집장비를 이용한다.
② 증거물의 일부분이 유실될 우려가 있는 경우는 증거물을 밀봉한다.
③ 증거서류는 원본 영치를 원칙으로 한다.
④ 증거물을 수집할 때는 휘발성이 낮은 것에서 높은 순서로 진행해야 한다.

해설 증거물을 수집할 때는 휘발성이 높은 것에서 낮은 순서로 진행해야 한다.

48 다음 중 물리적 증거물 수집방법으로 옳지 않은 것은?

① 증거물의 소실 정도가 심해 유실될 우려가 있으면 증거물을 밀봉한다.
② 휘발성 액체는 코르크마개가 있는 뚜껑을 사용하여 증발방지 조치를 한다.
③ 증거물 수집과정 기록은 법과학용 표지 또는 태그를 사용한다.
④ 증거물의 포장 외측에 취급방법에 대한 주의사항 등을 적절하게 표기한다.

해설 휘발성 액체를 수집할 때는 코르크마개를 사용하지 않아야 한다.

49 수집된 증거서류 사본을 원본과 대조할 수 없는 경우 올바른 조치방법은?

① 공증을 받아서 보관한다.
② 증거서류 제출자에게 원본과 같음을 확인 후 서명 날인을 받는다.
③ 7일 이내 원본을 제출하도록 관계자에게 통보한다.
④ 15일 이내 원본을 제출하도록 관계자에게 통보한다.

Answer 43.③ 44.④ 45.③ 46.① 47.④ 48.② 49.②

해설 수집된 증거서류의 원본대조를 할 수 없을 경우 제출자에게 원본과 같음을 확인 후 서명 날인을 받는다.

50 증거물 시료 용기에 대한 설명으로 옳지 않은 것은?

① 시료 용기는 적당한 마개가 있어야 한다.
② 양철캔은 누설이나 녹이 발견될 때에는 사용할 수 없다.
③ 시료 용기는 용매의 작용에 투과성이 없고 내성을 갖는 재질로 하여야 한다.
④ 주석도금캔은 1회 사용 후 반드시 세척하여 사용한다.

해설 주석도금캔(can)은 1회 사용 후 반드시 폐기한다.

51 증거물 시료 용기 중 유리병에 대한 사용방법으로 적당하지 않은 것은?

① 시료가 빛에 민감하다면 짙은 색깔의 유리병을 사용한다.
② 유리병은 1회 사용 후 폐기하여야 한다.
③ 폴리테트라플루오로에틸렌 재질로 된 마개를 사용할 수 있다.
④ 코르크마개는 휘발성 액체에 사용할 수 없다.

해설 유리병은 재사용이 가능하다. 세척방법은 병의 상태나 이전의 내용물, 시료의 특성 및 시험하고자 하는 방법에 따라 다르다.

52 휘발성 액체를 수집하려고 한다. 유리병 마개로 부적당한 것은?

① 유리마개
② 금속 스크루마개
③ 코르크마개
④ 폴리테트라플루오로에틸렌 소재 마개

해설 유리병 마개는 유리마개, 폴리테트라플루오로에틸렌(PTFE)으로 된 마개, 내유성의 내부판이 부착된 플라스틱이나 금속의 스크루마개를 가지고 있어야 한다. 코르크마개는 휘발성 액체에 사용하지 말아야 한다.

53 1회 사용 후 반드시 폐기하여야 하는 시료 용기는?

① 유리병
② 주석도금캔
③ 양철캔
④ 종이상자

해설 주석도금캔은 1회 사용 후 반드시 폐기한다.

54 양철캔 용기에 대한 설명이 아닌 것은?

① 스크루마개는 재사용이 가능하다.
② 외부 표면에 송진 용제를 사용하여 납땜을 한 이음매가 있어야 한다.
③ 양철캔과 마개는 청결하고 건조해야 한다.
④ 녹이 발견된 경우 사용할 수 없다.

해설 양철캔은 스크루마개, 또는 누르는 금속마개를 사용할 수 있으며, 이러한 마개는 한 번 사용한 후에는 폐기되어야 한다.

55 시료 용기의 마개에 대한 설명이다. 바르지 않은 것은?

① 코르크마개, 마분지 등은 시료와 직접 접촉하지 않도록 한다.
② 코르크마개를 사용할 경우 알루미늄이나 주석호일로 감싼다.
③ 양철용기의 마개는 원터치식으로 한다.
④ 유리마개는 공기가 새지 않도록 막아야 한다.

해설 양철용기는 돌려 막는 스크루뚜껑만 아니라 밀어 막는 금속마개를 갖추어야 한다.

Answer 50.④ 51.② 52.③ 53.② 54.① 55.③

56 시료와 직접 접촉해도 상관없는 용기 마개의 재질은?

① 마분지   ② 코르크마개
③ 합성코르크마개   ④ 클로로프렌고무

해설 코르크마개, 고무(클로로프렌고무는 제외), 마분지, 합성코르크마개 또는 플라스틱 물질(PTFE는 제외)은 시료와 직접 접촉되어서는 안 된다.

57 증거물을 포장하여 이송하고자 할 때의 기재사항으로 틀린 것은?

① 봉인자 이름   ② 관계자 주소
③ 수집자   ④ 화재조사번호

해설 수집일시, 증거물번호, 수집장소, 화재조사번호, 수집자, 소방서명, 증거물내용, 봉인자, 봉인일시 등 상세정보를 기재한다.

58 화재증거물 수집관리규칙에 의한 증거물 포장 원칙으로 맞는 것은?

① 보호상자를 사용하여 일괄포장 원칙
② 보호상자를 사용하여 개별포장 원칙
③ 유리병을 사용하여 개별포장 원칙
④ 유리병을 사용하여 성분분리 원칙

해설 증거물의 포장은 보호상자를 사용하여 개별 포장함을 원칙으로 한다.

59 증거물의 보관과 이동에 대한 사항으로 옳지 않은 것은?

① 증거물의 보관장소는 외부인의 접근을 허용하지 않아야 한다.
② 증거물의 보관은 전용실 또는 전용함 등에 보관하여야 한다.
③ 증거물의 보관 및 이동은 책임자가 지정된 상태에서 행해져야 한다.
④ 증거물에 대한 관계자의 반환요청은 법원의 허가에 의한다.

해설 증거물은 화재증거 수집의 목적달성 후에는 관계인에게 반환하여야 한다. 법원의 허가를 요하지 않는다.

60 증거물에 대한 유의사항이다. 바르지 않은 것은?

① 법정에 제출되는 화재증거물은 원본 여부와 관계없이 제출한다.
② 화재증거물은 무결성이 유지되도록 한다.
③ 증거수집은 화재피해자의 피해를 최소화하도록 한다.
④ 증거물은 오염되거나 훼손되지 않도록 적절한 수집도구를 사용한다.

해설 증거물은 적법한 절차와 수단에 의해 획득할 수 있도록 하여야 하고, 법정에 제출되는 화재증거물은 원본성이 보장되어야 한다.

61 화재현장에서 촬영한 사진의 보존에 대한 설명이다. 바르지 않은 것은?

① 사진은 원본상태로 훼손되지 않도록 주의한다.
② 사진파일과 동영상파일은 국가화재정보시스템 화재현장조사서에 첨부한다.
③ 촬영기록은 월 1회 이상 일괄적으로 취합하여 폐기한다.
④ 기록매체는 보안 디지털 저장매체에 정리하여 보관한다.

해설 촬영기록은 화재발생 연월일 또는 화재접수 연월일 순으로 정리하여 보관하여야 한다.

Answer   56.④   57.②   58.②   59.④   60.①   61.③

Chapter
03 기타 법률

✔ 산업기사 제외

01 형 법

1 형법의 의의

(1) 형법의 개념

형법은 범죄를 불법요건으로 하고 이를 형벌에 귀속시키는 것을 정한 법 규정이다. 형법은 <u>국가권력에 의해 강제</u>되고 인정된다는 점에서 종교, 도덕, 관습 등 다른 규범들과 차이가 있다.

(2) 형법의 종류

① 광의의 형법 : 범죄와 형벌을 규정한 모든 법률을 말한다. 형법 외에 국가보안법, 상법, 행정법, 민법 등에 규정된 벌칙도 포함한다.
② 협의의 형법 : 「형법」이라는 명칭이 붙어 있는 법률만을 말한다.

(3) 형법의 기능

① 보장적 기능 : 국가 형벌권의 한계를 명확히 하여 국가 형벌권의 자의적인 행사로부터 국민의 자유와 권리를 보장하는 기능이다.
② 보호적 기능 : 범죄라는 침해행위에 대하여 형벌을 가함으로써 일정한 법익을 보호하는 기능이다.
③ 사회보전적 기능 : 국가사회질서에 대한 침해를 방지함으로써 사회를 보전시키려는 기능이다.

(4) 형법의 적용범위

① 시간적 적용범위
  ㉠ 행위시법주의(소급효 금지의 원칙) : 범죄의 성립과 처벌은 <u>행위 시의 법률</u>에 의한다(제1조 제1항). 어떤 행위가 범죄로 규정되지 않았거나 가벼운 형으로 규정되어 있는 것을 행위 후에 범죄로 규정하거나 무거운 형으로 규정하여 처벌하지 못한다.

Chapter 03. 기타 법률 • 5-39

ⓛ 재판시법주의 : 범죄 후 법률의 변경에 의해 그 행위가 범죄를 구성하지 않거나 형이 가벼워진 때에는 변경된 법률에 의해 처벌한다(제1조 제2항). 그러나 범죄 후에 법률의 변경이 있더라도 변경 전의 법률과 형이 같은 경우 변경된 법률은 적용되지 않는다.

② 장소적 적용범위

ㄱ 속지주의 : 자국의 영역 내에서 발생한 모든 범죄는 행위자의 국적여하를 막론하고 자국의 형법을 적용한다는 입장이다.

ⓛ 속인주의 : 자국민의 범죄행위에 대하여 범죄를 저지른 나라가 어디이든 상관없이 자국의 형법을 적용한다는 입장이다.

ㄷ 보호주의 : 어느 곳에서 누구에게 행한 범죄이든 자국의 형법에 의할 경우 가벌적인 행위이면 자국의 형법을 적용한다는 입장이다.

③ 인적 적용범위

형법은 장소 및 시간에 관한 효력이 미치는 범위 내에서 원칙적으로 모든 사람에게 적용된다.

(5) 형의 종류

① 사형

② 징역

③ 금고

④ 자격상실

⑤ 자격정지

⑥ 벌금

⑦ 구류

⑧ 과료

⑨ 몰수

2 방화죄

(1) 방화의 객체

① 사람이 주거로 사용하거나 사람이 현존하는 건조물, 기차, 전차, 자동차, 선박, 항공기, 지하채굴시설

② 공공 또는 공익에 공하는 건조물 외의 건조물, 기차, 전차, 자동차, 선박, 항공기, 지하채굴시설

③ 일반건조물로서 위 ①, ② 이외의 건조물, 기차, 전차, 자동차, 선박, 항공기, 지하채굴시설 등과 자기소유에 속하는 위 ①, ②의 물건

④ 일반 물건으로서 위 ①, ②, ③ 이외의 물건

(2) 방화에 대한 보호법익

공공의 안전과 평온

3 방화와 실화관련 사항

(1) 방화죄 처벌 규정

구 분	처벌 규정
현주건조물 등에의 방화죄 (제164조 제1항)	• 불을 놓아 사람이 주거로 사용하거나 사람이 현존하는 건조물, 기차, 전차, 자동차, 선박, 항공기 또는 지하채굴시설을 불태운 자는 무기 또는 3년 이상의 징역에 처한다.
현주건조물방화치사상죄 (제164조 제2항)	• 현주건조물 등에의 방화의 죄를 지어 사람을 상해에 이르게 한 경우에는 무기 또는 5년 이상의 징역에 처한다. 단, 사망에 이르게 한 때에는 사형, 무기 또는 7년 이상의 징역에 처한다.
공용건조물 등에의 방화죄 (제165조)	• 불을 놓아 공용(公用)으로 사용하거나 공익을 위해 사용하는 건조물, 기차, 전차, 자동차, 선박, 항공기 또는 지하채굴시설을 불태운 자는 무기 또는 3년 이상의 징역에 처한다.
일반건조물 등에의 방화죄 (제166조)	• 불을 놓아 제164조(현주), 제165조(공용)에 기재한 이외의 건조물, 기차, 전차, 자동차, 선박, 항공기 또는 지하채굴시설을 불태운 자는 2년 이상의 유기징역에 처한다. • 자기소유에 속하는 위의 물건을 불태워 공공의 위험을 발생하게 한 자는 7년 이하의 징역 또는 1천만원 이하의 벌금에 처한다.
일반물건에의 방화죄 (제167조)	• 불을 놓아 제164조(현주), 제165조(공용), 제166조(일반)에 기재한 이외의 물건을 불태워 공공의 위험을 발생하게 한 자는 1년 이상 10년 이하의 징역에 처한다. • 위의 물건이 자기의 소유에 속한 때에는 3년 이하의 징역 또는 700만원 이하의 벌금에 처한다.
방화예비 · 음모죄 (제175조)	• 제164조 제1항, 제165조, 제166조 제1항, 제172조 제1항, 제172조의 2 제1항, 제173조 제1항과 제2항의 죄를 범할 목적으로 예비 또는 음모한 자는 5년 이하의 징역에 처한다. 단, 그 목적한 죄의 실행에 이르기 전에 자수한 때에는 형을 감경 또는 면제한다.

바로바로 확인문제

불을 놓아 사람이 현존하는 건물을 불태웠고 사망한 경우의 벌칙은?

① 무기 또는 5년 이상의 징역
② 사형, 무기 또는 7년 이상의 징역
③ 사형, 무기 또는 10년 이상의 징역
④ 무기 또는 15년 이상의 징역

해설 불을 놓아 사람이 현존하는 건물을 불태웠고 사망을 하였을 경우 사형, 무기 또는 7년 이상의 징역에 처한다. (형법 제164조 제2항)　　답 ②

05

화재조사관계법규

(2) 준방화죄 처벌 규정 〔2013년 기사〕〔2014년 기사〕〔2015년 기사〕〔2017년 기사〕〔2018년 기사〕〔2019년 기사〕〔2020년 기사〕〔2021년 기사〕

구 분	처벌 규정
진화방해죄 (제169조)	• 화재에 있어서 진화용의 시설 또는 물건을 은닉 또는 손괴하거나 기타 방법으로 진화를 방해한 자는 10년 이하의 징역에 처한다.
폭발성 물건파열죄 (제172조 제1항)	• 보일러·고압가스, 기타 폭발성 있는 물건을 파열시켜 사람의 생명·신체 또는 재산에 대하여 위험을 발생시킨 자는 1년 이상의 유기징역에 처한다.
폭발성 물건파열치사상죄 (제172조 제2항)	• 폭발성 물건파열의 죄를 범하여 사람을 상해에 이르게 한 때에는 무기 또는 3년 이상의 징역에 처한다. 단, 사망에 이르게 한 때에는 무기 또는 5년 이상의 징역에 처한다.
가스·전기 등 방류죄 (제172조의2 제1항)	• 가스·전기·증기 또는 방사선이나 방사성 물질을 방출, 유출 또는 살포시켜 사람의 생명·신체 또는 재산에 대하여 위험을 발생시킨 자는 1년 이상 10년 이하의 징역
가스·전기 등 방류치사상죄 (제172조의2 제2항)	• 가스·전기 등 방류의 죄를 범하여 사람을 상해에 이르게 한 때에는 무기 또는 3년 이상의 징역에 처한다. 단, 사망에 이르게 한 때에는 무기 또는 5년 이상의 징역에 처한다.
가스·전기 등 공급방해죄 (제173조 제1, 2항)	• 가스·전기 또는 증기의 공작물을 손괴 또는 제거하거나 기타 방법으로 가스·전기 또는 증기의 공급이나 사용을 방해하여 공공의 위험을 발생하게 한 자는 1년 이상 10년 이하의 징역에 처한다. • 공공용의 가스·전기 또는 증기의 공작물을 손괴 또는 제거하거나 기타 방법으로 가스·전기 또는 증기의 공급이나 사용을 방해한 자도 위의 형과 같다.
가스·전기 등 공급방해치사상죄 (제173조 제3항)	• 위 가스·전기 등 공급방해의 죄를 범하여 사람을 상해에 이르게 한 때에는 2년 이상 유기징역에 처한다. 단, 사망에 이르게 한 때에는 무기 또는 3년 이상의 징역에 처한다.
과실폭발성 물건파열죄 등 (제173조의2)	• 과실로 제172조 제1항, 제172조의2 제1항, 제173조 제1항과 제2항의 죄를 범한 자는 5년 이하의 금고 또는 1천500만원 이하의 벌금에 처한다. • 업무상 과실 또는 중대한 과실로 제1항의 죄를 범한 자는 7년 이하의 금고 또는 2천만원 이하의 벌금에 처한다.

바로바로 확인문제

화재진화를 방해할 목적으로 진화용 시설 또는 물건을 은닉 또는 손괴한 자에 대한 벌칙으로 옳은 것은?

① 5년 이하의 징역
② 10년 이하의 징역
③ 무기 또는 3년 이상의 징역
④ 무기 또는 5년 이상의 징역

해설 화재에 있어서 진화용의 시설 또는 물건을 은닉 또는 손괴하거나 기타 방법으로 진화를 방해한 자는 10년 이하의 징역에 처한다. (형법 제169조) 답 ②

(3) 실화죄 처벌 규정

구 분	처벌 규정
실화죄 (제170조)	• 과실로 인하여 제164조 또는 제165조에 기재한 물건 또는 타인의 소유에 속하는 제166조에 기재한 물건을 불태운 자는 1천500만원 이하의 벌금에 처한다. • 과실로 인하여 자기의 소유에 속하는 제166조 또는 제167조에 기재한 물건을 불태워 공공의 위험을 발생하게 한 자도 위의 형과 같다.
업무상 실화죄, 중실화죄 (제171조)	• 업무상 과실 또는 중대한 과실로 인하여 제170조의 죄를 범한 자는 3년 이하의 금고 또는 2천만원 이하의 벌금에 처한다.

02 민 법

1 불법행위 및 배상책임

(1) 불법행위의 의의

불법행위라 함은 고의 또는 과실로 위법하게 타인에게 손해를 가하는 행위 시 가해자는 피해자에 대하여 그 손해를 배상할 책임이 있는 것을 말한다.(민법 제750조)

(2) 불법행위의 법적 성질

① 불법행위는 법률사실로서 그 성질은 법률에 반하는 위법행위이다.

② 불법행위는 사람의 행위가 바탕으로서 당사자의 의사표시에 바탕을 두는 계약이나 기타 법률행위와 성질이 다르다.

③ 불법행위는 이미 손해가 발생한 후에 분쟁을 해결하기 위해 사후적 처리가 문제되기 때문에 구체적 타당성이 중시된다.

(3) 불법행위 제도의 기능

① 손해의 조정기능

② 피해자의 손해 발생 이전의 상태로 회복시켜 주는 원상회복기능

③ 위법행위 발생을 방지하는 방어기능

(4) 불법행위와 위험책임

구 분	불법행위	위험책임
의의	가해자의 고의 · 과실에 기인한 위법행위	가해자의 고의 · 과실이 없어도 발생한 손해를 전보케 하는 것
책임	과실책임	무과실책임(불법행위 책임이 아님)
법령	민법	제조물책임법, 자동차손해배상보장법 등

(5) 과실책임의 원칙

① 가해자가 타인의 권리 또는 법익을 침해하는 경우 가해자의 고의 또는 과실이 있는 경우에 한해 그 손해를 배상할 책임을 부과하는 것을 <u>과실책임주의</u>라고 한다.

② 민법 제750조는 가해자에게 고의 또는 과실이라는 귀책사유가 있는 경우에만 그 배상책임을 부과하는 과실책임을 규정하고 있다.

③ 과실책임의 원칙은 개인의 사적 자치를 소극적으로 보장해 주는 기능과 경고적 · 예방적 기능, 그리고 징벌적 기능이 있다.

바로바로 확인문제

다음 중 무과실책임의 원칙이 적용되는 것이 아닌 것은?
① 제조물책임
② 공작물의 하자로 인한 소유자의 책임
③ 하자담보책임
④ 불법행위책임

해설 무과실책임이 적용되는 경우
　㉠ 제조물책임
　㉡ 공작물의 하자로 인한 소유자의 책임
　㉢ 하자담보책임

답 ④

! 꼼.꼼. check! ● 무과실책임 ●

예외적인 경우에 한해 인정(민법상 공작물의 하자로 인한 소유자의 책임, 금전채무불이행에 따른 손해배상책임, 매도인의 하자담보책임, 제조물책임 등)

---

(6) 배상책임 〔2022년 기사〕

① 금전배상의 원칙(제763조, 제394조)

손해배상은 <u>금전</u>으로 하여야 한다. 다만, 법률에 특별규정이 있거나 당사자의 다른 의사표시가 있을 때에는 예외로 한다.

② 손해배상 방법

㉠ 원상회복주의와 금전배상주의로 구분하고 있으나 <u>금전배상주의가</u> 민법상 원칙이다(당사자 사이에 별다른 의사표시가 없고 법률에 특별한 규정도 없을 때에는 불법행위자에게 원상회복을 청구할 수 없다).

㉡ 지급방법은 정기금지급과 일시금지급으로 구분하며 <u>일시금지급이</u> 원칙이다.

㉢ 법원은 자유재량으로 정기금배상과 일시금배상 중 선택하여 지급명령을 할 수 있다.

③ 손해의 종류

 ㉠ 재산적 손해 : 재산에 관해 발생한 손해로서 적극적 손해와 소극적 손해로 구분한다.

  • 적극적 손해 : 기존 이익의 멸실 또는 감소로 인해 발생한 불이익

  • 소극적 손해 : 장래에 얻을 수 있는 이익을 얻지 못해 발생한 불이익

 ㉡ 비재산적 손해 : 생명, 신체, 자유, 명예 등에 관한 것으로 정신적 손해라고도 하며, 비재산적 손해에 대한 배상을 위자료라고도 한다.

> **! 꼼.꼼. check!** ─● 손해 3분설 ●─
>
> 적극적 손해, 소극적 손해, 비재산적 손해를 지칭

④ 손해배상청구권자

 ㉠ 피해자 : 불법행위로 인해 재산적, 정신적 손해를 입은 직접 <u>피해자가 청구</u>

 ㉡ 위자료청구권자 : 비재산적 손해(정신적 손해)를 입은 자가 청구

⑤ 손해배상액 산정시기

 ㉠ 소유물이 멸실한 경우 불법행위 시를 기준으로 그때의 <u>교환가격으로 산정</u>한다.

 ㉡ 목적물이 가격인상과 같은 특별사정에 의한 손해는 예견가능성이 있었던 경우에 한하여 배상액에 포함시켜야 한다.

⑥ 손해배상청구권의 성질 (2021년 기사)

 ㉠ 양도성

  • 불법행위로 인한 손해배상청구권은 원칙적으로 <u>양도가 가능</u>(제449조)

  • 재산적 손해뿐 아니라 정신적 손해에 대한 <u>배상청구권도 양도 가능</u>

  • <u>위자료청구권</u>도 일신전속권이 아니라는 이유로 <u>양도 인정</u>(판례)

  • <u>생명, 신체의 침해</u>로 국가배상을 받을 권리는 <u>양도 불가</u>(국가배상법 제4조)

 ㉡ 상속성

  • 불법행위에 의한 손해배상청구권은 <u>상속성 인정</u>

  • 피해자가 사망한 경우 생전에 청구의 의사표시를 하지 않았더라도 상속 인정

⑦ 손해배상청구권의 소멸시효(제766조) (2022년 기사) (2023년 기사) (2023년 산업기사)

 ㉠ 불법행위로 인한 청구권은 피해자나 법정대리인이 그 손해 및 가해자를 안 날로부터 <u>3년간</u> 행사하지 않으면 시효로 소멸된다.

 ㉡ 불법행위를 한 날로부터 <u>10년</u>을 경과한 때에도 시효로 인해 소멸한다.

 ※ '손해 및 가해자를 안 날'에 관한 입증책임은 소멸시효를 주장하는 자가 입증하여야 한다.

05

화재조사관계법규

② 하자담보책임

① 하자담보책임이란 매매, 기타의 유상계약(有償契約)에 있어서 그 목적물에 하자가 있을 때에 일정한 요건 하에 매도인 등 제품의 인도자(引渡者)가 부담하는 담보책임을 말한다.

② 매도인의 담보책임은 고의 · 과실 등의 귀책사유를 요건으로 삼지 않으므로 일종의 <u>무과실책임</u>이다. (통설 · 판례)

③ 목적물에 하자가 있을 때에는 매수인이 그 사실을 안 날로부터 <u>6월 내에</u> 권리를 행사하여야 한다. (민법 제582조)

④ 제조물의 '상품적합성'이 결여되어 제조물 그 자체에서 발생한 손해는 제조물책임의 적용대상이 아니고 하자담보책임으로서 그 배상을 구하여야 한다. (판례)

03 제조물책임법

(1) 제조물책임 〔2022년 기사〕

① 제조물책임이란 상품의 결함으로 인해 그 상품의 이용자 또는 제3자가 생명, 신체 또는 재산에 손해가 발생한 때 그 상품의 제조자 또는 판매자 등이 손해를 배상하도록 한 책임이다. (<u>무과실책임</u>)

> **! 꼼.꼼. check!** ━ 결함 ━
>
> 일반적으로 결함이라 함은 '제조물에서 통상적으로 기대할 수 있는 안전성을 결여하고 있는 것'을 의미한다.

② 책임은 고의나 과실을 요건으로 하지 않는 무과실책임이며, 제조물이란 다른 동산이나 부동산의 일부를 구성하는 경우를 포함하는 <u>제조 또는 가공된 동산</u>을 말한다.

③ 동산은 부동산 이외의 물건을 말하며, 물건이란 유체물(고체, 액체, 기체) 및 전기 등 기타 관리할 수 있는 자연력을 포함한다.

(2) 제조물책임법 목적(제1조) 〔2013년 기사〕〔2021년 기사〕

① 제조물 결함으로 인한 손해에 대해 제조업자 등의 손해배상책임을 규정

② 피해자 보호, 국민생활안정 향상, 국민경제의 건전한 발전에 기여

(3) 정의(제2조) 〔암기〕 〔2015년 기사〕〔2018년 기사〕〔2019년 기사〕〔2020년 기사〕〔2022년 기사〕〔2023년 기사〕〔2023년 산업기사〕

① "제조물"이란 제조되거나 가공된 동산(다른 동산이나 부동산의 일부를 구성하는 경우를 포함한다)을 말한다.

② "결함"이란 해당 제조물에 다음의 어느 하나에 해당하는 제조상·설계상 또는 표시상의 결함이 있거나 그 밖에 통상적으로 기대할 수 있는 안전성이 결여되어 있는 것을 말한다.

   ㉠ <u>"제조상의 결함"</u>이란 제조업자가 제조물에 대하여 제조상·가공상의 주의의무를 이행하였는지에 관계없이 제조물이 원래 의도한 설계와 다르게 제조·가공됨으로써 안전하지 못하게 된 경우를 말한다.

   ㉡ <u>"설계상의 결함"</u>이란 제조업자가 합리적인 대체설계(代替設計)를 채용하였더라면 피해나 위험을 줄이거나 피할 수 있었음에도 대체설계를 채용하지 아니하여 해당 제조물이 안전하지 못하게 된 경우를 말한다.

   ㉢ <u>"표시상의 결함"</u>이란 제조업자가 합리적인 설명·지시·경고 또는 그 밖의 표시를 하였더라면 해당 제조물에 의하여 발생할 수 있는 피해나 위험을 줄이거나 피할 수 있었음에도 이를 하지 아니한 경우를 말한다.

③ "제조업자"란 다음의 자를 말한다.

   ㉠ 제조물의 제조·가공 또는 수입을 업(業)으로 하는 자

   ㉡ 제조물에 성명·상호·상표 또는 그 밖에 식별(識別) 가능한 기호 등을 사용하여 자신을 ㉠의 자로 표시한 자 또는 ㉠의 자로 오인(誤認)하게 할 수 있는 표시를 한 자

(4) 제조물책임(제3조)

① 제조업자는 제조물의 결함으로 생명·신체 또는 재산에 손해(<u>그 제조물에 대하여만 발생한 손해는 제외</u>한다)를 입은 자에게 그 손해를 배상하여야 한다.

② 위 ①에도 불구하고 제조업자가 제조물의 결함을 알면서도 그 결함에 대하여 필요한 조치를 취하지 아니한 결과로 생명 또는 신체에 중대한 손해를 입은 자가 있는 경우에는 그 자에게 발생한 손해의 <u>3배를 넘지 아니하는 범위</u>에서 배상책임을 진다. 이 경우 법원은 배상액을 정할 때 다음의 사항을 고려하여야 한다.

   ⓐ 고의성의 정도

   ⓑ 해당 제조물의 결함으로 인하여 발생한 손해의 정도

   ⓒ 해당 제조물의 공급으로 인하여 제조업자가 취득한 경제적 이익

   ⓓ 해당 제조물의 결함으로 인하여 제조업자가 형사처벌 또는 행정처분을 받은 경우 그 형사처벌 또는 행정처분의 정도

   ⓔ 해당 제조물의 공급이 지속된 기간 및 공급 규모

   ⓕ 제조업자의 재산상태

   ⓖ 제조업자가 피해구제를 위하여 노력한 정도

③ 피해자가 제조물의 제조업자를 알 수 없는 경우에 그 제조물을 영리목적으로 판매·대여 등의 방법으로 공급한 자는 위 ①에 따른 손해를 배상하여야 한다. 다만, 피해자 또는 법정대리인의 요청을 받고 상당한 기간 내에 그 제조업자 또는 공급한 자를 그 피해자 또는 법정대리인에게 고지(告知)한 때에는 그러하지 아니하다.

(5) 결함 등의 추정(제3조의2)

피해자가 다음의 사실을 증명한 경우에는 제조물을 공급할 당시 해당 제조물에 결함이 있었고 그 제조물의 결함으로 인하여 손해가 발생한 것으로 추정한다. 다만, 제조업자가 제조물의 결함이 아닌 다른 원인으로 인하여 그 손해가 발생한 사실을 증명한 경우에는 그러하지 아니하다.

① 해당 제조물이 정상적으로 사용되는 상태에서 피해자의 손해가 발생하였다는 사실

② 위 ①의 손해가 제조업자의 실질적인 지배영역에 속한 원인으로부터 초래되었다는 사실

③ 위 ①의 손해가 해당 제조물의 결함 없이는 통상적으로 발생하지 아니한다는 사실

! 꼼.꼼. check! 🔒암기

(1) 제조물의 요건
- 제조·가공된 것으로 관리가 가능한 유체물과 자연력이어야 한다(전기, 음향, 광선, 열 등은 무체물이지만 관리가 가능한 상태라면 대상이 된다).
- 동산이어야 한다(부동산은 제외).
- 제조 또는 가공된 동산이어야 한다.

(2) 입증책임
- 입증책임은 제조업자 등이 당해 제조물로 인한 결함여부를 입증하여야 한다.
- 손해배상을 청구하는 자는 당해 제조물을 사용함으로써 사고가 발생하였다는 요건사실을 입증할 책임이 있는 것으로 해석된다.

(3) 손해배상의 범위
- 제조물이 통상 갖추어야 할 안전성을 결여하였을 때 그 위험이 상당하여 소비자 또는 제3자의 생명, 신체, 재산에 대해 확대손해가 발생한 경우에 손해배상책임이 있다(정신적 손해 포함).
- 제조물 자체의 손해는 손해배상의 대상이 되지 않는다.

(6) 면책사유(제4조)

① 위 (4)에 따라 손해배상책임을 지는 자가 다음의 어느 하나에 해당하는 사실을 입증한 경우에는 이 법에 따른 손해배상책임을 면(免)한다.
  ㉠ 제조업자가 해당 제조물을 공급하지 아니하였다는 사실
  ㉡ 제조업자가 해당 제조물을 공급한 당시의 과학·기술 수준으로는 결함의 존재를 발견할 수 없었다는 사실
  ㉢ 제조물의 결함이 제조업자가 해당 제조물을 공급한 당시의 법령에서 정하는 기준을 준수함으로써 발생하였다는 사실
  ㉣ 원재료나 부품의 경우에는 그 원재료나 부품을 사용한 제조물 제조업자의 설계 또는 제작에 관한 지시로 인하여 결함이 발생하였다는 사실
② 위 (4)에 따라 손해배상책임을 지는 자가 제조물을 공급한 후에 그 제조물에 결함이 존재한다는 사실을 알거나 알 수 있었음에도 그 결함으로 인한 손해의 발생을 방지하기 위한 적절한 조치를 하지 아니한 경우에는 위 ①의 ㉡부터 ㉣까지의 규정에 따른 면책을 주장할 수 없다.

(7) 연대책임(제5조)
동일한 손해에 대하여 배상할 책임이 있는 자가 2인 이상인 경우에는 연대하여 그 손해를 배상할 책임이 있다.

(8) 면책특약의 제한(제6조)
이 법에 따른 손해배상책임을 배제하거나 제한하는 특약(特約)은 무효로 한다. 다만, 자신의 영업에 이용하기 위하여 제조물을 공급받은 자가 자신의 영업용 재산에 발생한 손해에 관하여 그와 같은 특약을 체결한 경우에는 그러하지 아니하다.

(9) 소멸시효 등(제7조)
① 이 법에 따른 손해배상의 청구권은 피해자 또는 그 법정대리인이 다음의 사항을 모두 알게 된 날부터 3년간 행사하지 아니하면 시효의 완성으로 소멸한다.
  ㉠ 손해
  ㉡ 위 (4)에 따라 손해배상책임을 지는 자

05
화재조사관계법규

② 이 법에 따른 손해배상의 청구권은 제조업자가 손해를 발생시킨 제조물을 공급한 날부터 <u>10년 이내에 행사하여야</u> 한다. 다만, 신체에 누적되어 사람의 건강을 해치는 물질에 의하여 발생한 손해 또는 일정한 잠복기간(潛伏期間)이 지난 후에 증상이 나타나는 손해에 대하여는 그 손해가 발생한 날부터 기산(起算)한다.

(10) 민법의 적용(제8조)

제조물의 결함으로 인한 손해배상책임에 관하여 이 법에 규정된 것을 제외하고는 「민법」에 따른다.

바로바로 확인문제

제조물의 결함으로 인해 손해를 배상하는 경우가 성립하는 것으로 옳은 것은?
① 정신적 손해는 배상하지 않는다.
② 제조물 자체만 손해가 발생하여도 제조물책임 손해배상에 포함된다.
③ 사용자 또는 제3자의 신체, 재산에 대해 확대손해가 발생한 경우 배상한다.
④ 사용자가 제조물의 결함을 입증하지 않는 한 손해를 배상하지 않는다.

해설 제조물이 통상 갖추어야 할 안전성을 결여하였을 때 그 위험이 상당하여 소비자 또는 제3자의 생명, 신체, 재산에 대해 확대손해가 발생한 경우에 손해배상책임이 있다(정신적 손해 포함). 그러나 제조물 자체의 손해는 손해배상의 대상이 되지 않는다.

답 ③

---

04 실화책임에 관한 법률 2021년 기사 2022년 기사

(1) 목적(제1조)

이 법은 실화의 특수성을 고려하여 실화자에게 중대한 과실이 없는 경우 그 손해배상액의 경감에 관한 <u>민법 제765조의 특례를 정함</u>을 목적으로 한다.

> **! 꼼꼼. check! ▶ 배상액의 경감청구(민법 제765조)**
>
> • 이 규정에 의한 배상의무자는 그 손해가 고의 또는 중대한 과실에 의한 것이 아니고 그 배상으로 인하여 배상자의 생계에 중대한 영향을 미치게 될 경우에는 법원에 그 배상액의 경감을 청구할 수 있다.
> • 법원은 위의 청구가 있는 때에는 채권자 및 채무자의 경제상태와 손해의 원인 등을 참작하여 배상액을 경감할 수 있다.

(2) 적용범위(제2조) 2019년 기사

이 법은 실화로 인하여 화재가 발생한 경우 연소(延燒)로 인한 부분에 대한 손해배상청구에 한하여 적용한다.

> **! 꼼꼼. check!** • 연소 •
>
> 연소란 주변으로 불길이 연소확대되는 연소(延燒, fire spread)를 의미하는 것으로, 일반적으로 물질이 연소한다는 연소(燃燒, combustion)와 구별된다.

(3) 손해배상액의 경감(제3조) **암기** 🗣️😀 2016년 기사 / 2017년 기사 / 2018년 기사 / 2019년 기사 / 2020년 기사 / 2021년 기사 / 2022년 기사 / 2023년 기사 / 2023년 산업기사

① 실화가 중대한 과실로 인한 것이 아닌 경우 그로 인한 손해의 배상의무자(이하 "배상의무자"라 한다)는 법원에 손해배상액의 경감을 청구할 수 있다.

> **! 꼼꼼. check!** • 실화자가 중대한 과실로 인한 것이 아닌 경우 •
>
> 실화자가 중대한 과실로 인한 것이 아닌 경우(경과실)에는 법원에 손해배상액의 경감을 청구할 수 있으나, 면제는 불가하다. 실화자 이외에 사용자, 감독자 등 특수 불법행위자의 책임관계에도 이 법이 적용된다.

② 법원은 위 ①의 청구가 있을 경우에는 다음의 사정을 고려하여 그 손해배상액을 경감할 수 있다.
  ㉠ 화재의 원인과 규모
  ㉡ 피해의 대상과 정도
  ㉢ 연소(延燒) 및 피해확대의 원인
  ㉣ 피해확대를 방지하기 위한 실화자의 노력
  ㉤ 배상의무자 및 피해자의 경제상태
  ㉥ 그 밖에 손해배상액을 결정할 때 고려할 사정

바로바로 확인문제

실화책임에 관한 법률에서 법원은 배상액의 경감청구가 있을 때 참작사유에 해당하는 것은?
① 소방대의 목격상황 및 진화활동
② 연소확대 방지를 위한 최초 목격자 활동
③ 피해의 대상과 정도
④ 화재 당시 배상의무자가 화재현장에 있었는지 여부

해설 피해의 대상과 정도는 배상액의 경감청구가 있을 때 참작사유에 해당한다.

답 ③

05
화재조사관계법규

Chapter 03 출제예상문제

01 형법의 기능이 아닌 것은?

① 사회보전적 기능
② 보장적 기능
③ 처벌적 기능
④ 보호적 기능

해설 형법의 기능
보장적 기능, 보호적 기능, 사회보전적 기능

02 형법의 적용범위에 대한 설명이다. 틀린 것은?

① 어떤 행위가 범죄로 규정되지 않았다면 행위 후에 범죄로 규정하여 처벌할 수 없다.
② 범죄 후 법률의 변경으로 그 행위가 범죄를 구성하지 않는 경우에는 변경된 법률에 의해 처벌한다.
③ 범죄의 성립과 처벌은 행위 시의 법률에 의한다.
④ 우리나라는 속인주의를 원칙으로 적용한다.

해설 우리나라는 속지주의를 원칙으로 하고, 보충적으로 속인주의를 채택하고 있다.

03 다음 중 형의 종류에 해당하지 않는 것은?

① 금고
② 과태료
③ 과료
④ 자격정지

해설 형의 종류
사형, 징역, 금고, 자격상실, 자격정지, 벌금, 구류, 과료, 몰수

04 다음 중 방화의 보호법익으로 옳은 것은 어느 것인가?

① 공공질서의 안녕과 질서회복
② 공공의 안전과 평온
③ 대중 질서의 안전 확보
④ 범법자 색출과 공권력 회복

해설 방화의 보호법익은 공공의 안전과 평온이다.

05 형법상 방화에 대한 설명으로 옳은 것은?

① "현주건조물 등에의 방화"란 불을 놓아 사람이 주거로 사용하거나 사람이 현존하는 건조물, 기차, 전차, 자동차, 선박, 항공기 또는 지하채굴시설을 불태운 것을 말한다.
② "일반건조물 등에의 방화"란 불을 놓아 공용 또는 공익에 공하는 건조물, 기차, 전차, 자동차, 선박, 항공기 또는 지하채굴시설을 불태운 것을 말한다.
③ "공용건조물 등에의 방화"란 건조물, 기차, 전차, 자동차, 선박, 항공기 또는 지하채굴시설을 불태운 것을 말한다.
④ "일반건조물 등에의 방화"란 불을 놓아 건조물, 기차, 전차, 자동차, 선박, 항공기, 임야 또는 지하채굴시설을 불태운 것을 말한다.

해설 "현주건조물 등에의 방화"란 불을 놓아 사람이 주거로 사용하거나 사람이 현존하는 건조물, 기차, 전차, 자동차, 선박, 항공기 또는 지하채굴시설을 불태운 것을 말한다.(형법 제164조 제1항)

06 공용건조물 등에의 방화죄 대상물이 아닌 것은?

① 건조물
② 자동차
③ 임야
④ 지하채굴시설

해설 공용 또는 공익에 공하는 대상물은 건조물, 기차, 전차, 자동차, 선박, 항공기 또는 지하채굴시설을 말한다. 임야는 해당하지 않는다.

Answer 01.③ 02.④ 03.② 04.② 05.① 06.③

07 다음 중 성질이 다른 것 하나는 어느 것인가?

① 현주건조물 등에의 방화죄
② 공용건조물 등에의 방화죄
③ 폭발성 물건 파열죄
④ 방화예비 · 음모죄

해설 폭발성 물건 파열죄는 준방화죄에 해당한다.

08 승객이 있는 기차에 불을 놓은 경우에 해당되는 죄는 무엇인가?

① 현주건조물 등에의 방화
② 공용건조물 등에의 방화
③ 일반건조물 등에의 방화
④ 일반물건에의 방화

해설 불을 놓아 사람이 주거로 사용하거나 사람이 현존하는 건조물, 기차, 전차, 자동차, 선박, 항공기 또는 지하채굴시설을 불태운 자는 현주건조물 등에의 방화죄의 적용을 받는다.(형법 제164조 제1항)

09 정차 중인 소방순찰차에 방화를 한 경우의 벌칙은?

① 무기 또는 3년 이상의 징역
② 무기 또는 5년 이상의 징역
③ 무기 또는 7년 이상의 징역
④ 무기 또는 10년 이상의 징역

해설 불을 놓아 공용으로 사용하거나 공익을 위해 사용하는 건조물, 기차, 전차, 자동차, 선박, 항공기 또는 지하채굴시설을 불태운 자는 무기 또는 3년 이상의 징역에 처한다.(형법 제165조)

10 주차장에 있는 타인 소유의 개인 승용차에 방화를 한 경우의 벌칙으로 맞는 것은?

① 7년 이하의 징역 또는 1천만원 이하의 벌금
② 2년 이상의 유기징역
③ 무기 또는 3년 이상의 징역
④ 무기 또는 5년 이상의 징역

해설 불을 놓아 건조물, 기차, 전차, 자동차, 선박, 항공기 또는 지하채굴시설을 불태운 자는 2년 이상의 유기징역에 처한다.(형법 제166조)

11 임금체불에 불만을 품고 자신이 다니던 회사에 방화를 음모하다가 동료의 신고로 실행 전에 체포된 경우의 벌칙은?

① 3년 이하의 징역에 처한다.
② 3년 이하의 징역 또는 1천만원 이하의 벌금에 처한다.
③ 5년 이하의 징역 또는 1천만원 이하의 벌금에 처한다.
④ 5년 이하의 징역에 처한다.

해설 현주건조물 등에의 방화죄를 범할 목적으로 예비 또는 음모한 자는 5년 이하의 징역에 처한다.(형법 제175조)

12 옥외소화전을 손괴시켜 화재진압을 방해한 자에 대한 형법상 처벌규정으로 맞는 것은 어느 것인가?

① 10년 이하의 징역
② 5년 이하의 징역
③ 5년 이하의 징역 또는 3천만원 이하의 벌금
④ 3년 이하의 징역 또는 3천만원 이하의 벌금

해설 화재에 있어서 진화용의 시설 또는 물건을 은닉 또는 손괴하거나 기타 방법으로 진화를 방해한 자는 10년 이하의 징역에 처한다.(형법 제169조)

13 다음 중 준방화죄가 아닌 것은?

① 방화예비 · 음모죄
② 진화방해죄
③ 가스 · 전기 등 공급방해죄
④ 폭발성 물건 파열죄

해설 방화예비 · 음모죄는 방화죄에 해당한다.

14 폭발성 있는 물건을 파열시켜 사람의 생명·신체 또는 재산에 대하여 위험을 발생시킨 자의 처벌규정으로 옳은 것은?

① 무기 또는 3년 이상의 징역
② 무기 또는 5년 이상의 징역
③ 1년 이상의 유기징역
④ 3년 이상의 유기징역

[해설] 보일러·고압가스, 기타 폭발성 있는 물건을 파열시켜 사람의 생명·신체 또는 재산에 대하여 위험을 발생시킨 자는 1년 이상의 유기징역에 처한다.(형법 제172조 제1항)

15 화재진화방해죄에 있어 행위의 객체에 해당하지 않는 것은?

① 소화전
② 소화기
③ 수갑
④ 소방호스

[해설] 화재진화방해죄가 성립하기 위한 행위의 객체는 화재진화용 시설이나 물건을 말하는 것으로 소화전, 소화기, 소방호스, 소방차 등이 해당될 수 있다. 그러나 수갑은 화재진압에 필요한 시설이나 물건과 관계가 없다.

16 화재진화방해죄가 성립하기 곤란한 것은?

① 소방차의 진입을 방해하는 행위
② 옥내소화전설비를 손괴하는 행위
③ 소화기를 은닉하는 행위
④ 화재진압 협력요구를 받고 응하지 않는 행위

[해설] 화재진압 협력요구를 받고 응하지 않는 행위는 진화방해죄가 성립하지 않고 경범죄처벌법(제3조 제1항 제29호)에 해당되어 10만원 이하의 벌금, 구류 또는 과료의 형으로 처벌한다.

17 화재의 원인분류 가운데 실화에 대한 설명으로 옳은 것은?

① 과실에 의해 화재가 발생하여 물건 등이 소손된 것
② 의도적으로 화재를 발생시킨 것
③ 화재진압 후 다시 화재가 발생한 것
④ 자연발화 및 의도하지 않은 화재를 의미

[해설] 실화란 사람의 부주의로 인한 과실에 의해 화재가 발생하여 물건 등이 소손된 것을 말한다.

18 자신의 과실로 인해 타인 소유의 건물까지 불에 탄 경우의 처벌규정으로 옳은 것은?

① 1천만원 이하의 벌금에 처한다.
② 1천500만원 이하의 벌금에 처한다.
③ 3천만원 이하의 벌금에 처한다.
④ 5천만원 이하의 벌금에 처한다.

[해설] 과실로 인하여 타인의 소유에 속하는 물건을 소훼한 자는 1천500만원 이하의 벌금에 처한다. (형법 제170조)

19 불법행위제도의 기능에 해당되지 않는 것은?

① 피해자의 구상권 강화기능
② 위법행위 발생을 방지하는 방어기능
③ 손해의 조정기능
④ 원상회복기능

[해설] 불법행위제도의 기능
㉠ 손해의 조정기능
㉡ 피해자의 손해발생 이전의 상태로 회복시켜 주는 원상회복기능
㉢ 위법행위 발생을 방지하는 방어기능

20 불법행위에 대한 설명으로 옳지 않은 것은?

① 불법행위는 손해가 발생한 후에 분쟁을 해결하기 위한 사후적 처리가 문제이다.
② 불법행위가 성립하기 위한 예측가능성이 있어야 한다.
③ 불법행위의 성질은 법률에 반하는 위법행위를 말한다.
④ 불법행위는 당사자의 의사표시에 의해 성립하는 것이 아니다.

[해설] 불법행위는 손해가 발생한 후에 분쟁을 해결하기 위한 사후적 처리가 문제이기 때문에 예측가능성보다는 구체적 타당성이 중시되고 있다. 또한 불법행위는 사람의 행위가 바탕으로서 당사자의 의사표시에 의해 성립하는 것이 아니다.

Answer 14.③ 15.③ 16.④ 17.① 18.② 19.① 20.②

21 불법행위의 책임에 해당하는 것은?

① 과실책임　　　② 무과실책임
③ 위험책임　　　④ 대위책임

해설 가해자가 타인의 권리 또는 법익을 침해하는 경우 가해자의 고의 또는 과실이 있는 경우에 한해 그 손해를 배상할 책임을 부과하는 것을 과실책임주의라고 한다.

22 과실책임의 원칙에 적용되는 기능이 아닌 것은?

① 개인의 사적 자치 보장기능
② 징벌적 기능
③ 경고적 기능
④ 방어적 기능

해설 과실책임의 원칙 기능
　　㉠ 개인의 사적 자치 보장기능
　　㉡ 경고적 · 예방적 기능
　　㉢ 징벌적 기능

23 다음 중 위험책임에 관한 설명으로 옳지 않은 것은?

① 제조물책임법, 자동차손해배상보장법 등이 있다.
② 무과실책임이다.
③ 불법행위책임이다.
④ 가해자의 고의나 과실이 없어도 발생한 손해를 전보케 한다.

해설 위험책임은 가해자의 고의나 과실에 기인하지 않고서도 발생한 손해를 전보케 하는 책임을 말한다. 불법행위책임과 달리 고의나 과실을 요하지 않는 무과실책임이며, 사회에 대하여 위험을 조성하는 자(예컨대, 위험한 시설의 소유자 등)는 그 시설에서 생기는 손해에 대해 항상 책임을 져야 한다고 하는 발상에서 비롯되어 불법행위로 인한 책임이 아닌 것이다.

24 불법행위에 따른 배상원칙으로 맞는 것은?

① 금전배상

② 물품배상
③ 근로배상
④ 교환배상

해설 불법행위가 성립하면 금전배상이 원칙이다.(민법 제394조, 제763조)

25 불법행위로 인한 손해배상의 지급방법 원칙으로 맞는 것은?

① 정기금 지급　　　② 일시금 지급
③ 분할 지급　　　　④ 1년거치 지급

해설 손해배상의 지급방법은 일시금 지급이 원칙이다.

26 손해 3분설에 해당하지 않는 것은?

① 소극적 손해
② 적극적 손해
③ 피해자 손해
④ 비재산적 손해

해설 손해 3분설
　　적극적 손해, 소극적 손해, 비재산적 손해

27 불법행위로 인해 재산에 침해를 당한 경우 손해배상청구권자로 가장 옳은 것은?

① 직계존속
② 재산적 손해를 입은 직접 피해자
③ 직계비속
④ 상속인

해설 불법행위로 인해 재산에 침해를 당한 경우 손해배상청구권자는 재산적 손해를 입은 직접 피해자이다.

28 불법행위로 소유물이 멸실된 경우 손해배상액의 산정시기로 맞는 것은?

① 불법행위 발견 시를 기준으로 한다.
② 소송제기 시를 기준으로 한다.
③ 불법행위 시를 기준으로 한다.
④ 배상액 결정 시를 기준으로 한다.

05

화재조사관계법규

Answer　21.①　22.④　23.③　24.①　25.②　26.③　27.②　28.③

해설 소유물이 멸실한 경우 불법행위 시를 기준으로 그 때의 교환가격으로 산정한다.

29 불법행위로 인한 손해배상청구권의 소멸시효로 맞는 것은?

① 피해자가 가해자를 안 날로부터 3년간 행사하지 않으면 소멸된다.
② 피해자가 가해자를 안 날로부터 5년간 행사하지 않으면 소멸된다.
③ 피해자가 가해자를 안 날로부터 7년간 행사하지 않으면 소멸된다.
④ 피해자가 가해자를 안 날로부터 10년간 행사하지 않으면 소멸된다.

해설 불법행위로 인한 청구권은 피해자나 법정대리인이 그 손해 및 가해자를 안 날로부터 3년간 행사하지 않으면 시효로 소멸된다.

30 불법행위의 손해배상청구권 소멸시효에 대한 설명으로 옳지 않은 것은?

① 불법행위로 인해 피해자가 가해자를 안 날로부터 3년간 행사하지 않으면 시효로 소멸된다.
② 법정대리인이 손해를 안 날로부터 3년간 행사하지 않으면 시효로 소멸된다.
③ 손해 및 가해자를 안 날에 관한 입증책임은 쌍방 당사자가 입증하여야 한다.
④ 불법행위를 한 날로부터 10년을 경과하면 시효로 인해 소멸한다.

해설 '손해 및 가해자를 안 날'에 관한 입증책임은 소멸시효를 주장하는 자가 입증하여야 한다.

31 불법행위로 인한 손해배상에 대한 설명으로 옳지 않은 것은?

① 손해배상은 금전으로 하여야 하지만 당사자의 다른 의사표시가 있을 때에는 예외로 할 수 있다.
② 피해자의 사망으로 생전에 청구의 의사표시를 하지 않았다면 상속은 인정되지 않는다.

③ 금전배상원칙에 따라 당사자 사이에 별다른 의사표시가 없고 법률에 특별한 규정도 없을 때에는 불법행위자에게 원상회복을 청구할 수 없다.
④ 불법행위로 인한 손해배상청구권은 원칙적으로 양도가 가능하다.

해설 피해자의 사망으로 생전에 청구의 의사표시를 하지 않았더라도 상속은 인정된다. 손해배상의 방법에는 원상회복주의와 금전배상주의로 구분하고 있으나 금전배상주의가 민법상 원칙이다. 따라서 당사자 사이에 별다른 의사표시가 없고 법률에 특별한 규정도 없을 때에는 불법행위자에게 원상회복을 청구할 수 없다.

32 하자담보책임에 대한 설명으로 옳지 않은 것은?

① 목적물에 하자가 있을 때 무조건 책임이 성립한다.
② 일종의 무과실책임이다.
③ 매도인 등 제품의 인도자가 부담하는 담보책임이다.
④ 고의나 과실 등의 귀책사유를 요건으로 하지 않는다.

해설 목적물에 하자가 있을 때에 일정한 요건 하에 매도인 등 제품의 인도자가 부담하는 담보책임이다.

33 하자담보책임이란?

① 물품의 매매계약에 있어 그 목적물에 하자가 있을 때에 일정한 요건 하에 매수인 등 제품의 인수자가 부담하는 책임이다.
② 목적물의 하자를 이유로 또 다른 목적물을 담보로 매도인에게 책임을 지우는 것이다.
③ 매매나 기타 유상계약에 있어 그 목적물에 하자가 있을 때 일정한 요건 하에 매도인 등 제품의 인도자가 부담하는 책임이다.
④ 목적물의 하자를 이유로 매도인 소유의 재산권에 압류를 행하는 것이다.

Answer 29.① 30.③ 31.② 32.① 33.③

해설 하자담보책임이란 매매나 기타 유상계약에 있어 그 목적물에 하자가 있을 때 일정한 요건 하에 매도인 등 제품의 인도자가 부담하는 책임이다.

34 목적물에 하자가 있을 때에는 매수인이 그 사실을 안 날로부터 얼마 이내에 권리를 행사하여야 하는가?

① 3월 이내
② 6월 이내
③ 10월 이내
④ 1년 이내

해설 목적물에 하자가 있을 때에는 매수인이 그 사실을 안 날로부터 6월 내에 권리를 행사하여야 한다.(민법 제582조)

35 제조물책임을 가장 잘 표현한 것으로 옳은 것은?

① 제품결함으로 인해 그 이용자 또는 제3자가 생명, 신체 또는 재산에 손해가 발생한 때 그 상품의 제조자 또는 판매자 등이 손해를 배상하도록 한 과실책임이다.
② 입증책임은 사용자에게 있으며 고의나 과실을 요건으로 한다.
③ 입증책임은 사용자에게 있으며 고의나 과실을 요건으로 하지 않는다.
④ 제품결함으로 인해 그 이용자 또는 제3자가 생명, 신체 또는 재산에 손해가 발생한 때 그 상품의 제조자 또는 판매자 등이 손해를 배상하도록 한 무과실책임이다.

해설 제조물책임이란 제품결함으로 인해 그 이용자 또는 제3자가 생명, 신체 또는 재산에 손해가 발생한 때 그 상품의 제조자 또는 판매자 등이 손해를 배상하도록 한 무과실책임이다.

36 제조물책임법의 제정목적이 아닌 것은?

① 피해자의 보호를 도모
② 국민경제의 건전한 발전
③ 제조자의 이익증진
④ 국민생활의 안전향상

해설 제조물책임법은 피해자를 보호하며, 국민생활의 안전향상과 국민경제의 건전한 발전에 기여하기 위한 목적이 있다.

37 제조물책임법상 책임이란?

① 과실책임
② 위험책임
③ 무과실책임
④ 불법행위책임

해설 제조물책임법상 책임이란 무과실책임을 말한다.

38 제조물책임법상 결함에 대한 설명으로 옳지 않은 것은?

① 동산, 부동산을 불문하며 결함의 존재만으로 성립할 수 있다.
② 결함은 제조물에서 통상적으로 기대할 수 있는 안전성을 결여하고 있는 것을 의미한다.
③ 제조물이 원래 의도한 설계와 다르게 제조됨으로써 안전하지 못하게 된 경우는 제조상의 결함이다.
④ 대체설계를 채용하지 아니하여 당해 제조물이 안전하지 못한 경우는 설계상의 결함이다.

해설 제조물책임법에서 결함이란 제조물에서 통상적으로 기대할 수 있는 안전성을 결여하고 있는 것을 의미한다. 부동산은 해당하지 않는다.

39 제조물책임의 결함유형에 해당하지 않는 것은?

① 설계상 결함
② 제조상 결함
③ 사용상 결함
④ 표시상 결함

해설 제조물책임의 결함유형
제조상 결함, 설계상 결함, 표시상 결함

05
화재조사관계법규

40 제조물책임법상 손해배상 책임자에 해당하지 않는 것은?

① 가공업자
② 설계업자
③ 수입업자
④ 제조물에 자신의 상표를 사용한 자

해설 손해배상의 책임이 있는 제조업자라 함은 다음의 자를 말한다.
ㄱ 제조물의 제조 · 가공 또는 수입을 업으로 하는 자
ㄴ 제조물에 성명 · 상호 · 상표, 기타 식별 가능한 기호 등을 사용하여 자신을 ㄱ의 자로 표시한 자 또는 ㄱ의 자로 오인시킬 수 있는 표시를 한 자

41 제조물책임법상 제조물에 해당하지 않는 것은?

① 차량
② 포도주
③ 컴퓨터
④ 토지

해설 제조물은 제조 · 가공된 것으로 관리가 가능한 유체물 및 동산이어야 한다(부동산은 제외).

42 제품에 설명이나 지시 등을 기재하지 않아 당해 제조물로 인해 피해가 발생하였다면 어느 결함에 해당하는가?

① 설계상 결함
② 표시 · 경고상 결함
③ 제조상 결함
④ 설계 · 표시상 결함

해설 제조업자가 합리적인 설명 · 지시 · 경고, 기타의 표시를 하였더라면 당해 제조물에 의하여 발생될 수 있는 피해나 위험을 줄이거나 피할 수 있었음에도 이를 하지 아니한 경우는 표시 · 경고상 결함이다.

43 제조물결함으로 사고발생 시 입증책임은 누구에게 있는 것인가?

① 사용자
② 소매업자
③ 제조업자 등
④ 수출입업자

해설 입증책임은 제조업자 등이 당해 제조물로 인한 결함여부를 입증하여야 한다.

44 무체물이지만 관리가 가능한 상태에 있으면 제조물에 해당할 수 있다. 다음 중 해당되지 않는 것은?

① 공기
② 전기
③ 광선
④ 음향

해설 전기, 음향, 광선, 열 등은 무체물이지만 관리가 가능한 상태라면 대상이 된다.

45 제조업자 등의 면책사유에 해당하지 않는 것은?

① 제조업자가 당해 제품을 무상으로 제공했다는 사실
② 개발위험의 항변
③ 제조업자가 당해 제품을 공급하지 아니한 사실
④ 제조업자가 당해 제조물을 공급할 당시의 법령이 정하는 기준을 준수함으로써 발생한 사실

해설 면책사유
ㄱ 제조업자가 당해 제품을 공급하지 아니한 사실
ㄴ 제조업자가 당해 제조물을 공급한 때의 과학 · 기술수준으로는 결함의 존재를 발견할 수 없었다는 사실(개발위험의 항변)
ㄷ 제조물의 결함이 제조업자가 당해 제조물을 공급할 당시의 법령이 정하는 기준을 준수함으로써 발생한 사실
ㄹ 원재료 또는 부품의 경우에는 당해 원재료 또는 부품을 사용한 제조물 제조업자의 설계 또는 제작에 관한 지시로 인하여 결함이 발생하였다는 사실

Answer 40.② 41.④ 42.② 43.③ 44.① 45.①

46 제조물의 결함으로 배상책임이 있는 자가 2인 이상인 경우 배상책임은 누구에게 있는가?

① 2인 중 최초로 제품을 공급한 자에게 배상할 책임이 있다.
② 2인이 협의하여 배상할 책임이 있다.
③ 2인이 연대하여 배상할 책임이 있다.
④ 2인 중 최초로 제품을 제조한 자에게 배상할 책임이 있다.

해설 동일한 손해에 대하여 배상할 책임이 있는 자가 2인 이상인 경우에는 연대하여 그 손해를 배상할 책임이 있다.

47 실화책임에 관한 법률에서 손해배상책임의 면제기준으로 옳은 것은?

① 경과실에 한해 면제한다.
② 중과실에 한해 면제한다.
③ 과실의 경중을 가려 면제한다.
④ 과실의 경중에 관계없이 면제는 없다.

해설 개정된 실화책임에 관한 법률(2009. 5. 8. 법률 제9648호)에 따라 과실의 경중에 관계없이 면제는 할 수 없도록 하였다.

48 제조물책임법에서 손해배상의 청구권은 피해자가 손해배상책임을 지는 자를 안 날로부터 몇 년간 행사하지 않으면 시효로 소멸하는가?

① 1년간
② 3년간
③ 5년간
④ 10년간

해설 손해배상의 청구권은 피해자 또는 법정대리인이 손해 및 손해배상책임을 지는 자를 안 날로부터 3년간 행사하지 않으면 시효로 소멸한다.

49 제조물책임법에 대한 설명으로 옳지 않은 것은?

① 입증책임은 제조업자 등이 당해 제조물로 인한 결함여부를 입증하여야 한다.
② 제조물 자체의 손해는 손해배상의 대상이 되지 않는다.
③ 손해배상청구권은 제조업자가 손해를 발생시킨 제조물을 공급한 날로부터 10년 이내에 행사하여야 한다.
④ 제조물은 제조 또는 가공된 동산을 말하며, 과실책임이 성립하여야 배상을 한다.

해설 제조물은 제조 또는 가공된 동산을 말하며, 책임은 고의나 과실을 요건으로 하지 않는 무과실책임이다.

50 실화책임에 관한 법률에 대한 설명으로 옳은 것은?

① 실화자에게 중대한 과실이 없는 경우 그 손해배상액을 경감할 수 있다.
② 실화로 인하여 화재가 발생한 경우에 피해자에게 적용하는 법률이다.
③ 실화자에게 경과실이 있다면 손해배상액을 면책할 수 있다.
④ 민법의 무과실책임의 원칙을 우선 적용하고 있다.

해설 실화책임에 관한 법률은 실화자에게 중대한 과실이 없는 경우 그 손해배상액을 경감할 수 있다. 실화책임에 관한 법률은 배상의무자의 손해배상 경감에 적용하는 법률이다. 손해배상책임은 면책이 되지 않으며 민법의 과실책임의 원칙이 적용되고 있다.

51 실화책임에 관한 법률에서 배상의무자가 법원에 배상액의 경감을 청구할 수 있는 조건으로 옳은 것은?

① 실화가 중대한 과실로 인한 것이 아닌 경우
② 실화가 중대한 과실로 인한 경우
③ 실화가 중대한 과실 및 경과실과 경합하는 경우
④ 실화가 중대한 과실로 인해 법원의 신청명령에 의한 경우

05

화재조사관계법규

Answer　46.③　47.④　48.②　49.④　50.①　51.①

해설 실화가 중대한 과실로 인한 것이 아닌 경우 그로 인한 손해의 배상의무자는 법원에 손해배상액의 경감을 청구할 수 있다.

52 실화책임에 관한 법률에서 법원은 배상액의 경감청구가 있을 때 참작사유에 해당하지 않는 것은?

① 피해의 대상과 정도
② 피해확대 방지를 위한 목격자의 노력
③ 화재의 원인과 규모
④ 배상의무자의 경제상태

해설 배상액의 경감청구가 있을 때 참작사유
　㉠ 화재의 원인과 규모
　㉡ 피해의 대상과 정도
　㉢ 연소(延燒) 및 피해확대의 원인
　㉣ 피해확대를 방지하기 위한 실화자의 노력
　㉤ 배상의무자 및 피해자의 경제상태
　㉥ 그 밖에 손해배상액을 결정할 때 고려할 사정

Answer 52.②

Chapter 04 화재수사실무관련 규정

☑ 산업기사 제외

01 ▶ 화재범죄

1 방화로 인한 경우

(1) 방화의 동기

① 경제적 이익 추구
  ㉠ 과다하게 보험에 가입한 후 보험금 편취
  ㉡ 채권·채무의 변제 및 구상 목적으로 자행
  ㉢ 주변에 공범자가 함께 획책하는 경우가 다수

② 범죄은폐 목적
  ㉠ 살인, 강도 등 1차 범행 후 증거인멸을 노린 사체 유기
  ㉡ 장부나 서류 등을 없애기 위한 위장방화

③ 범죄수단으로서의 방화 : 살인, 협박, 공갈 등 범죄수단으로 불을 사용하는 것

④ 악의적(惡意的) 목적
  ㉠ 어린아이들의 불장난이나 호기심
  ㉡ 사람들이 소란스러워 하거나 당황해하는 모습을 즐기려는 연쇄방화

⑤ 대중을 선동(煽動)하려는 목적 : 정치분쟁, 노사분규 등 대중을 선동하기 위한 방화

⑥ 방화광(放火狂) : 불만 보면 흥분하거나 정서장애, 변태적 심리 등으로 스릴이나 쾌감, 성적 만족을 얻기 위해 자행되는 행위

(2) 방화의 방법

① 증거인멸을 노린 경우에는 사전에 치밀한 계획 하에 실행하는 측면이 강하고, 가솔린, 시너 등 인화성 액체를 사용하는 경우가 많다.

② 장난이나 호기심 등에서 비롯되는 경우 연소물질은 주로 현장에서 직접 조달이 가능한 종이나 신문지 등이 사용된다.

③ 범행은폐를 위한 방화는 이미 사체에 창상이나 목 졸림 등의 흔적이 있고, 가스통 등을 모아 놓고 자행되는 경우도 있다.

④ 순간적인 감정이나 분노 등을 억제하지 못한 경우 방화 전 소란을 피우거나 큰소리로 다투는 과정에서 자행되는 경우가 있다.

⑤ 유류용기 또는 라이터 등 방화수단으로 쓰인 도구가 현장에 남아 있는 경우가 있다.

(3) 방화조사 방법

① 현장에 남아 있는 연소잔해(신문지, 의류, 유류용기 등)의 신속한 수집

② 유류를 사용한 현장은 <u>유류채취기를 이용</u>한 성분 채집 및 감정 의뢰

③ 사체의 경우 시체 부검을 통한 생활반응 및 <u>사인분석</u> 실시

④ <u>사망자</u>가 발생한 경우 채무관계 및 원한이나 정신질환 등 <u>과거 전력조회</u>

⑤ 발화지점이 2개소 이상 또는 외딴 곳에서 차량방화 등은 목격자 및 차적조회 추적

(4) 연쇄방화 특징

① 정신병력이 있거나 <u>사회적</u> 또는 <u>개인적 불만</u>을 표출하기 위해 자행된다.

② 연쇄방화는 주택이나 차량 등 대상을 한정짓지 않고 <u>무차별적</u>으로 자행된다.

③ 주로 <u>단독범행</u>이 많다.

④ 범행시간은 <u>주로 야간</u>이지만 새벽시간대에도 자주 발생한다.

⑤ 불을 붙이기 위한 종이나 섬유, 나뭇잎 등은 현장 주변에서 직접 선정한다.

⑥ 방화장소를 물색하던 중에 다른 사람에게 발각되면 일시 단념하더라도 곧이어 다른 방화대상물을 모색한다.

⑦ 연쇄방화범은 주변 지리를 잘 알고 있거나 동일 구역에 거주하는 경우가 많다.

바로바로 확인문제

화재현장에서 나타나는 방화의 단서로서 부적절한 것은?
① 화재발생 전 큰소리로 다투었다는 주변 목격자가 있다.
② 음식물을 가스레인지에 올려놓고 외출을 하였다는 관계자의 진술이 있었다.
③ 유류용기 또는 라이터 등의 도구가 현장에서 발견되었다.
④ 가스통이 실내에 모여 있고 시체에서 이미 목 졸림의 흔적이 발견되었다.

해설 음식물을 가스레인지에 올려놓고 외출을 하였다는 관계자의 진술은 화기취급 부주의에 의한 실화에 해당한다. **답 ②**

---

2 실화로 인한 경우

(1) 실화의 주요 원인

① 담뱃불 취급 부주의

② 난방기구 과열

③ 각종 전열기구 취급 부주의

④ 위험물 · 가스 부주의

⑤ 음식물 조리, 불씨, 쓰레기 소각 등

(2) 실화조사 방법

① 인적(人的) 요인에 의한 화기취급 부주의 진술 확보

② 소실되거나 탄화된 발열체 또는 물체의 형상 확인

③ 전기적 요인에 의한 경우 통전유무, 허용전류, 부품의 불량여부 등 확인

3 화재범죄와 손괴죄 등

(1) 손괴죄의 정의

① 타인의 재물 · 문서 또는 전자기록 등 특수매체기록을 손괴 또는 은닉, 기타 방법으로 그 효용을 해함으로써 성립하는 범죄를 말한다.(형법 제366조)

> **꼼꼼. check!** ─● 손괴와 은닉 ●─
>
> '손괴'란 물질적인 훼손을 말하는 것으로서 경미한 것이라도 관계 없으며(예 : 문서의 내용 일부 또는 그 서명을 말소하는 것, 문서에 첨부된 인지를 떼어내는 것 등), '은닉'은 물건의 소재를 불명하게 하여 그 발견을 곤란 또는 불능하게 만드는 것이며(만일 은닉에 있어서 영득의 의사가 있으면 횡령죄 또는 절도죄가 성립한다), '기타 방법으로 그 효용을 해한다.'함은 손괴 · 은닉 이외의 방법으로써 물리적 형태의 완전성을 해하는 것과 그 효용가치를 해하는 것을 모두 포함한다. 손괴 또는 은닉은 영구적일 필요도 없으며 일시적이어도 좋다. 미수범도 처벌한다.

② 재물손괴죄는 고의범만 처벌가능하며 과실범은 처벌하지 못한다.

(2) 손괴죄의 본질

손괴죄의 본질은 타인의 재물에 대하여 그 효용의 전부 또는 일부를 해하는 데 있다.

> **꼼꼼. check!** ─● 타인 재물의 범위 ●─
>
> 재물의 기능을 사용하지 못하도록 하였다면 손괴죄이다. '타인'은 국가 · 법인 · 법인격 없는 단체 또는 개인을 가리지 않는다. 타인이 소지함을 요하지 않으므로 자기가 소지하고 있는 타인의 재물 · 문서도 객체가 된다. '재물'은 동산과 부동산을 불문한다. '문서'는 공 · 사문서를 모두 포함하고 자기 명의의 문서일지라도 타인의 소유인 경우에는 본죄의 객체가 된다.

(3) 손괴죄의 보호법익

보호법익은 재물 또는 문서의 이용가치이다.

(4) 손괴죄의 유형

① 재물손괴죄(제366조) : 타인의 재물, 문서 또는 전자기록 등 특수매체기록을 손괴 또는 은닉, 기타 방법으로 기효용을 해하는 죄

05

화재조사관계법규

② 공익건조물파괴죄(제367조) : 공익에 공하는 건조물을 파괴하는 죄
③ 중손괴죄(제368조) : 단순손괴죄와 공익건조물손괴죄를 범하여 사람의 생명 또는 신체에 대하여 위험을 발생하게 하거나 사람을 사상에 이르게 한 죄
④ 특수손괴죄(제369조) : 단체 또는 다중(多衆)의 위력을 보이거나 위험한 물건을 휴대하여 단순손괴죄를 범하거나 공익건조물파괴죄를 범한 죄
⑤ 경계침범죄(제370조) : 경계표를 손괴·이동 또는 제거하거나 기타 방법으로 토지의 경계를 인식불능하게 하는 죄

(5) 화재범죄와 손괴죄의 관계

① 화재는 고의와 과실 모두 처벌이 가능하지만 손괴죄는 고의만 처벌 가능
② 과실로 화재가 발생하여 타인의 재물·문서 또는 전자기록 등이 손괴된 경우 손괴죄가 적용되지 않고 실화책임에 관한 법률 우선 적용(특별법 우선의 원칙)

(6) 손괴죄 벌칙 규정 2015년 기사

구 분	벌 칙
재물손괴 등(제366조)	3년 이하의 징역 또는 700만원 이하의 벌금
공익건조물파괴죄(제367조)	10년 이하의 징역 또는 2천만원 이하의 벌금
중손괴죄(제368조)	• 제366조 및 제367조의 죄를 범하여 사람의 생명 또는 신체에 대하여 위험을 발생하게 한 때에는 1년 이상 10년 이하의 징역 • 제366조 및 제367조의 죄를 범하여 사람을 상해에 이르게 한 때에는 1년 이상의 유기징역에 처한다. 단, 사망에 이르게 한 때에는 3년 이상의 유기징역
특수손괴죄(제369조)	• 단체 또는 다중의 위력을 보이거나 위험한 물건을 휴대하여 제366조의 죄를 범한 때에는 5년 이하의 징역 또는 1천만원 이하의 벌금 • 위의 방법으로 제367조의 죄를 범한 때에는 1년 이상의 유기징역 또는 2천만원 이하의 벌금
경계침범죄(제370조)	• 3년 이하의 징역 또는 500만원 이하의 벌금

바로바로 **확인문제**

손괴죄에 대한 설명이다. 옳지 않은 것은?
① 손괴죄는 기왕에 재물이 손괴 또는 은닉된 상태를 나타내므로 미수범은 처벌하지 않는다.
② 재물의 손괴 또는 은닉은 영구적일 필요가 없으며 일시적이어도 무방하다.
③ 재물손괴죄는 고의범만 처벌가능하며 과실범은 처벌하지 못한다.
④ 손괴죄의 본질은 타인의 재물에 대해 효용의 전부 또는 일부를 해하는 데 있다.

해설 손괴 또는 은닉은 영구적일 필요가 없으며 일시적이어도 무방하다. 재물손괴죄는 고의범만 처벌가능하며 과실범은 처벌하지 못한다. 단, 미수범은 처벌한다.

답 ①

4 경범죄처벌법상의 책임

경범죄는 일상생활에서 쉽게 일어날 수 있는 <u>가벼운 위법행위</u>를 말한다. 공공질서 및 사회 도덕률에 기초하여 형법으로 처벌하기가 미흡하거나 형법으로 처벌하기에는 적절하지 않은 경미한 행위들을 대상으로 범죄예방 차원에서 <u>최소한의 벌칙을 규정</u>하고 있는 것이 이 법의 중심이다.

(1) 목적(제1조)

이 법은 <u>경범죄의 종류 및 처벌에 필요한 사항을 정함</u>으로써 국민의 <u>자유와 권리를 보호</u>하고 <u>사회공공의 질서유지</u>에 이바지함을 목적으로 한다.

(2) 남용금지(제2조)

이 법을 적용할 때에는 국민의 권리를 부당하게 침해하지 아니하도록 세심한 주의를 기울여야 하며 본래의 목적에서 벗어나 다른 목적을 위하여 이 법을 적용하여서는 아니 된다.

(3) 화재관련 경범죄의 종류(제3조)

‖ 범칙행위 및 범칙금액(경범죄처벌법 시행령 제2조 관련) ‖

근거 법조문	범칙행위	범칙금액
위험한 불씨사용 (법 제3조 제1항 제22호)	충분한 주의를 하지 않고 건조물, 수풀, 그 밖에 불붙기 쉬운 물건 가까이에서 불을 피우거나 휘발유 또는 그 밖에 불이 옮아붙기 쉬운 물건 가까이에서 불씨를 사용한 경우	8만원
공무원원조불응 (법 제3조 제1항 제29호)	눈·비·바람·해일·지진 등으로 인한 재해, 화재·교통사고·범죄, 그 밖의 급작스러운 사고가 발생하였을 때에 현장에 있으면서도 정당한 이유 없이 관계공무원 또는 이를 돕는 사람의 현장출입에 관한 지시에 따르지 않거나 공무원이 도움을 요청하여도 도움을 주지 않은 경우	5만원
무단출입 (법 제3조 제1항 제37호)	출입이 금지된 구역이나 시설 또는 장소에 정당한 이유 없이 들어간 경우	2만원
총포 등 조작장난 (법 제3조 제1항 제38호)	여러 사람이 모이거나 다니는 곳에서 충분한 주의를 하지 않고 총포, 화약류, 그 밖에 폭발의 우려가 있는 물건을 다루거나 이를 가지고 장난한 경우	8만원

[비고] 범칙금의 납부통고를 받은 사람이 통고처분을 불이행하여 법 제9조 제1항에 따라 통고받은 범칙금에 가산금을 더하여 납부할 경우에 최대납부할 금액은 법 제3조 제1항 각 호의 행위로 인한 경우에는 10만원으로 하고, 법 제3조 제2항 각 호의 행위로 인한 경우에는 20만원으로 한다.

(4) 교사 · 방조(제4조)

앞 (3)의 죄를 짓도록 시키거나 도와준 사람은 죄를 지은 사람에 준하여 벌한다.

05
화재조사관계법규

(5) 경범죄 처벌의 종류

종 류	내 용
벌금 (형법 제45조)	경범죄를 저지른 자에게 일정한 금액의 지불의무를 강제적으로 부담하게 하는 것을 말한다. 벌금은 5만원 이상으로 상한선은 제한이 없다. 만약 벌금을 납입하지 못할 경우 벌금액에 따라 1일 이상 3년 이하의 기간 동안 노역에 처할 수 있다.
구류 (형법 제46조)	신체적 자유를 박탈하는 자유형 가운데 가장 가벼운 형벌이다. 1일 이상 30일 미만으로 교도소나 경찰서 유치장에서 자유를 속박할 수 있다.
과료 (형법 제47조)	2천원 이상 5만원 미만으로 정하고 있으며, 확정판결일로부터 30일 이내에 납부하여야 한다. 과료는 형벌인데 반해 과태료는 형벌이 아닌 법령위반에 대한 금전벌이라는 점에서 달리 구분하여야 한다.

바로바로 확인문제

경범죄처벌법의 목적이 아닌 것은?
① 경범죄의 종류 및 처벌에 필요한 사항을 정함
② 범죄 피해자의 재산권 보호
③ 국민의 자유와 권리를 보호
④ 사회공공의 질서유지에 이바지

해설 이 법은 경범죄의 종류 및 처벌에 필요한 사항을 정함으로써 국민의 자유와 권리를 보호하고 사회공공의 질서유지에 이바지함을 목적으로 한다. (제1조) **답** ②

---

02 소방범죄

1 소방기본법 위반죄

(1) 5년 이하의 징역 또는 5천만원 이하의 벌금 〔2015년 기사〕〔2017년 기사〕〔2018년 기사〕〔2019년 기사〕〔2020년 기사〕〔2021년 기사〕〔2023년 기사〕〔2023년 산업기사〕

다음의 어느 하나에 해당하는 사람은 5년 이하의 징역 또는 5천만원 이하의 벌금에 처한다. (제50조)

① 제16조 제2항을 위반하여 다음의 어느 하나에 해당하는 행위를 한 사람
  ㉠ 위력(威力)을 사용하여 출동한 소방대의 화재진압 · 인명구조 또는 구급활동을 방해하는 행위
  ㉡ 소방대가 화재진압 · 인명구조 또는 구급활동을 위하여 현장에 출동하거나 현장에 출입하는 것을 고의로 방해하는 행위
  ㉢ 출동한 소방대원에게 폭행 또는 협박을 행사하여 화재진압 · 인명구조 또는 구급활동을 방해하는 행위
  ㉣ 출동한 소방대의 소방장비를 파손하거나 그 효용을 해하여 화재진압 · 인명구조 또는 구급활동을 방해하는 행위

② 제21조 제1항을 위반하여 소방자동차의 출동을 방해한 사람

③ 제24조 제1항에 따른 사람을 구출하는 일 또는 불을 끄거나 불이 번지지 아니하도록 하는 일을 방해한 사람

④ 제28조를 위반하여 정당한 사유 없이 소방용수시설 또는 비상소화장치를 사용하거나 소방용수시설 또는 비상소화장치의 효용을 해치거나 그 정당한 사용을 방해한 사람

(2) 3년 이하의 징역 또는 3천만원 이하의 벌금 〔2020년 기사〕

제25조 제1항에 따른 처분을 방해한 자 또는 정당한 사유없이 그 처분에 따르지 아니한 자는 3년 이하의 징역 또는 3천만원 이하의 벌금에 처한다.

☞ 제25조 제1항 : 소방본부장, 소방서장 또는 소방대장은 사람을 구출하거나 불이 번지는 것을 막기 위하여 필요할 때에는 화재가 발생하거나 불이 번질 우려가 있는 소방대상물 및 토지를 일시적으로 사용하거나 그 사용의 제한 또는 소방활동에 필요한 처분을 할 수 있다.

(3) 300만원 이하의 벌금 〔2013년 기사〕 〔2013년 산업기사〕 〔2018년 산업기사〕

다음의 어느 하나에 해당하는 자는 300만원 이하의 벌금에 처한다. (제52조)

제25조 제2항 및 제3항에 따른 처분을 방해한 자 또는 정당한 사유 없이 그 처분에 따르지 아니한 자

☞ 제25조 제2항 : 소방본부장, 소방서장 또는 소방대장은 사람을 구출하거나 불이 번지는 것을 막기 위하여 긴급하다고 인정할 때에는 제1항에 따른 소방대상물 또는 토지 외의 소방대상물과 토지에 대하여 제1항에 따른 처분을 할 수 있다.

☞ 제25조 제3항 : 소방본부장, 소방서장 또는 소방대장은 소방활동을 위하여 긴급하게 출동할 때에는 소방자동차의 통행과 소방활동에 방해가 되는 주차 또는 정차된 차량 및 물건 등을 제거하거나 이동시킬 수 있다.

(4) 100만원 이하의 벌금 〔2013년 기사〕

다음의 어느 하나에 해당하는 자는 100만원 이하의 벌금에 처한다. (제54조)

① 제16조의3 제2항을 위반하여 정당한 사유 없이 소방대의 생활안전활동을 방해한 자

☞ 제16조의3 제2항 : 누구든지 정당한 사유 없이 제1항에 따라 출동하는 소방대의 생활안전활동을 방해하여서는 아니 된다.

② 제20조 제1항를 위반하여 정당한 사유 없이 소방대가 현장에 도착할 때까지 사람을 구출하는 조치 또는 불을 끄거나 불이 번지지 아니하도록 하는 조치를 하지 아니한 사람

☞ 제20조 제1항 : 관계인은 소방대상물에 화재, 재난 · 재해, 그 밖의 위급한 상황이 발생한 경우에는 소방대가 현장에 도착할 때까지 경보를 울리거나 대피를 유도하는 등의 방법으로 사람을 구출하는 조치 또는 불을 끄거나 불이 번지지 아니하도록 필요한 조치를 하여야 한다.

③ 제26조 제1항에 따른 피난 명령을 위반한 사람

☞ 제26조 제1항 : 소방본부장, 소방서장 또는 소방대장은 화재, 재난 · 재해, 그 밖의 위급한 상황이 발생하여 사람의 생명을 위험하게 할 것으로 인정할 때에는 일정한 구역을 지정하여 그 구역에 있는 사람에게 그 구역 밖으로 피난할 것을 명할 수 있다.

05

화재조사관계법규

④ 제27조 제1항을 위반하여 정당한 사유 없이 물의 사용이나 수도의 개폐장치의 사용 또는 조작을 하지 못하게 하거나 방해한 자

☞ 제27조 제1항 : 소방본부장, 소방서장 또는 소방대장은 화재진압 등 소방활동을 위하여 필요할 때에는 소방용수 외에 댐 · 저수지 또는 수영장 등의 물을 사용하거나 수도(水道)의 개폐장치 등을 조작할 수 있다.

⑤ 제27조 제2항에 따른 조치를 정당한 사유 없이 방해한 자

☞ 제27조 제2항 : 소방본부장, 소방서장 또는 소방대장은 화재발생을 막거나 폭발 등으로 화재가 확대되는 것을 막기 위하여 가스 · 전기 또는 유류 등의 시설에 대하여 위험물질의 공급을 차단하는 등 필요한 조치를 할 수 있다.

> **! 꼼.꼼. check!** ▶ **양벌규정(제55조)** ●
>
> 법인의 대표자나 법인 또는 개인의 대리인, 사용인, 그 밖의 종업원이 그 법인 또는 개인의 업무에 관하여 제50조부터 제54조까지의 어느 하나에 해당하는 위반행위를 하면 그 행위자를 벌하는 외에 그 법인 또는 개인에게도 해당 조문의 벌금형을 과(科)한다. 다만, 법인 또는 개인이 그 위반행위를 방지하기 위하여 해당 업무에 관하여 상당한 주의와 감독을 게을리하지 아니한 경우에는 그러하지 아니하다.

(5) 500만원 이하의 과태료 〔2021년 기사〕

다음의 어느 하나에 해당하는 자에게는 500만원 이하의 과태료를 부과한다.

① 제19조 제1항을 위반하여 화재 또는 구조 · 구급이 필요한 상황을 거짓으로 알린 사람

☞ 제19조 제1항 : 화재현장 또는 구조 · 구급이 필요한 사고현장을 발견한 사람은 그 현장의 상황을 소방본부, 소방서 또는 관계 행정기관에 지체 없이 알려야 한다.

② 정당한 사유 없이 제20조 제2항을 위반하여 화재, 재난 · 재해, 그 밖의 위급한 상황을 소방본부, 소방서 또는 관계 행정기관에게 알리지 아니한 관계인

☞ 제20조 제2항 : 관계인의 소방대상물에 화재, 재난 · 재해, 그 밖에 위급한 상황이 발생한 경우에는 이를 소방본부, 소방서 또는 관계 행정기관에 지체 없이 알려야 한다.

(6) 200만원 이하의 과태료 〔2018년 기사〕〔2022년 기사〕

다음의 어느 하나에 해당하는 자에게는 200만원 이하의 과태료를 부과한다.(제56조)

① 제17조의6 제5항을 위반하여 한국119청소년단 또는 이와 유사한 명칭을 사용한 자

☞ 제17조의6 제5항 : 이 법에 따른 한국119청소년단이 아닌 자는 한국119청소년단 또는 이와 유사한 명칭을 사용할 수 없다.

② 제21조 제3항을 위반하여 소방자동차의 출동에 지장을 준 자

☞ 제21조 제3항 : 모든 차와 사람은 소방자동차가 화재진압 및 구조 · 구급활동을 위하여 사이렌을 사용하여 출동하는 경우에는 다음 각 호의 행위를 하여서는 아니 된다.
1. 소방자동차에 진로를 양보하지 아니하는 행위
2. 소방자동차 앞에 끼어들거나 소방자동차를 가로막는 행위
3. 그 밖에 소방자동차의 출동에 지장을 주는 행위

③ 제23조 제1항을 위반하여 소방활동구역을 출입한 사람

☞ 제23조 제1항 : 소방대장은 화재, 재난 · 재해, 그 밖의 위급한 상황이 발생한 현장에 소방활동구역을 정하여 소방활동에 필요한 사람으로서 대통령령으로 정하는 사람 외에는 그 구역에 출입하는 것을 제한할 수 있다.

④ 제44조의3을 위반하여 한국소방안전원 또는 이와 유사한 명칭을 사용한 자

☞ 제44조의3 : 이 법에 따른 안전원이 아닌 자는 한국소방안전원 또는 이와 유사한 명칭을 사용하지 못한다.

(7) 100만원 이하의 과태료

제21조의2 제2항을 위반하여 전용구역에 차를 주차하거나 전용구역에의 진입을 가로막는 등의 방해행위를 한 자

☞ 제21조의2 제2항 : 누구든지 소방자동차 전용구역에 차를 주차하거나 전용구역에의 진입을 가로막는 등의 방해행위를 하여서는 아니 된다.

※ 과태료는 대통령령으로 정하는 바에 따라 관할 시 · 도지사, 소방본부장 또는 소방서장이 부과 · 징수한다.

(8) 20만원 이하의 과태료

제19조 제2항에 따른 신고를 하지 아니하여 소방자동차를 출동하게 한 자에게는 20만원 이하의 과태료를 부과한다. (제57조)

☞ 제19조 제2항 : 다음의 어느 하나에 해당하는 지역 또는 장소에서 화재로 오인할 만한 우려가 있는 불을 피우거나 연막(煙幕)소독을 하려는 자는 시 · 도의 조례로 정하는 바에 따라 관할 소방본부장 또는 소방서장에게 신고하여야 한다.

1. 시장지역
2. 공장 · 창고가 밀집한 지역
3. 목조건물이 밀집한 지역
4. 위험물의 저장 및 처리시설이 밀집한 지역
5. 석유화학제품을 생산하는 공장이 있는 지역
6. 그 밖에 시 · 도의 조례로 정하는 지역 또는 장소

※ 과태료는 조례로 정하는 바에 따라 관할 소방본부장 또는 소방서장이 부과 · 징수한다.

바로바로 확인문제

소방기본법상 과태료 부과 · 징수권자가 아닌 것은? (2017년 산업기사)

① 소방본부장 ② 소방청장
③ 광역시장 ④ 도지사

해설 과태료는 대통령령으로 정하는 바에 따라 관할 시 · 도지사, 소방본부장 또는 소방서장이 부과 · 징수한다.

답 ②

---

03 범죄수사 절차

1 범죄의 수사 암기

(1) 범죄수사의 의의

형사사건에 관한 <u>공소제기 여부 결정</u> 또는 공소제기 및 이를 유지하며 수행하기 위한 준비로서 <u>범죄사실을 조사</u>하고 범인 및 증거를 발견, 수집, 보전하려는 <u>수사기관의 활동</u>을 말한다.

(2) 범죄수사의 개념

① 수사는 범죄수사의 권한이 있는 국가기관에서 하는 것을 말하는 것으로, 법률상 규정된 수사기관의 활동이어야 한다.

> **! 꼼.꼼. check! ▶ 수사활동이 아닌 것 ◀**
>
> 검사가 소송 당사자로 하는 피고인 심문, 증인심문, 사인(私人)의 현행범 체포, 변호인의 증거 수집활동 등

② 수사는 수사기관이 <u>범죄혐의</u>가 있다고 인정할 때 개시된다.

> **! 꼼.꼼. check! ▶ 수사 단서 ◀**
>
> 현행범 체포, 고소, 고발, 자수, 범죄신고 등

③ 수사는 주로 <u>공소제기 전</u>에 이루어진다.

④ 수사는 피의사건에 대하여 <u>공소제기 여부를 결정</u>하는 것을 목적으로 한다.

※ 기소에 이르지 않았지만 불기소처분에 의한 종결도 수사이다.

(3) 범죄수사기관의 종류

① 수사기관이란 법률상으로 범죄수사의 권한이 인정되어 있는 국가기관을 가리킨다.

② 검사, 일반사법경찰관(경위, 경감, 경정, 총경 등), 특별사법경찰관(소방, 세무, 전매, 삼림, 해사 등)

(4) 일반사법경찰관리와 특별사법경찰관리 〔2013년 기사〕

구 분	일반사법경찰관리	특별사법경찰관리(소방)
근거	형사소송법 제196조	사법경찰관리의 직무를 행할 자와 그 직무에 관한 법률
사법경찰관	수사관, 경무관, 총경, 경정, 경감, 경위	소방위(지방소방위) 이상, 소방준감이나 지방소방준감 이하 소방공무원으로 근무지를 관할하는 지방검찰청검사장이 지명한 자
사법경찰리	경사, 경장, 순경	소방사(지방소방사) 이상, 소방장(지방소방장) 이하 소방공무원으로 근무지를 관할하는 지방검찰청검사장이 지명한 자
공통점	사법경찰관은 검사의 지휘를 받아 수사를 하며 사법경찰리는 검사 및 사법경찰관의 직무를 보조한다.	

(5) 범죄수사의 목적

① 피의사건의 <u>진상파악(궁극적 목표)</u>

② 기소 · 불기소의 결정

③ 공소제기 및 유지

④ <u>유죄판결(궁극적 목적)</u>

확인문제

범죄를 수사하는 목적으로 옳지 않은 것은?
① 기소 · 불기소의 결정
② 공소제기 및 유지
③ 내사 중인 사건의 정보 유지
④ 유죄판결

해설 범죄를 수사하는 목적
㉠ 피의사건의 진상파악(궁극적 목표)
㉡ 기소 · 불기소의 결정
㉢ 공소제기 및 유지
㉣ 유죄판결(궁극적 목적)

답 ③

(6) 수사의 지도원리 〔2014년 산업기사〕

① 실체적 진실 발견주의
② 무죄추정의 법리
③ 필요최소한도의 법리
④ 적정절차의 원리(예 Miranda rule)

(7) 범죄수사상 준수원칙

① 선증후포의 원칙
② 법령준수의 원칙
③ 민사 불개입의 원칙
④ 종합수사의 원칙

확인문제

수사의 지도원리로 바르지 않은 것은?
① 필요최소한도의 법리
② 사법절차의 강화
③ 실체적 진실 발견주의
④ 무죄추정의 법리

해설 수사의 지도원리
㉠ 실체적 진실 발견주의
㉡ 무죄추정의 법리
㉢ 필요최소한도의 법리
㉣ 적정절차의 원리

답 ②

2 범죄의 수사절차에 관한 사항

(1) 수사의 진행과정

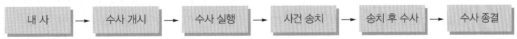

내사 → 수사 개시 → 수사 실행 → 사건 송치 → 송치 후 수사 → 수사 종결

(2) 수사 개시

① 수사기관이 최초로 사건을 수리하거나 인지하여 수사를 개시하는 것을 의미하며 이를 <u>입건이라고도 한다</u>.

05 화재조사관계법규

② 실무상으로 사건접수부에 <u>사건을 등재</u>하고 수사를 시행하는 단계이다.

③ 수사개시는 수사의 단서를 통해 이루어지는데 수사 개시 이전에 입건하지 않고 사건의 단서를 입수해 내는 것을 내사라고 한다. 내사는 수사 이전의 단계이므로 형사소송법상의 원칙들이 적용되지 않는다.

④ 수사의 개시는 내사를 통한 범인의 인지 및 화재관련 고소·고발의 접수, 자수, 변사체 발생 등으로 착수한다.

바로바로 확인문제

수사 개시에 대한 설명이다. 옳지 않은 것은?
① 수사 개시는 사건접수부에 사건을 등재하고 수사를 시행하는 단계이다.
② 수사기관이 최초로 사건을 수리하여 수사를 개시하는 것을 입건이라고 한다.
③ 내사는 수사기관이 행하는 활동으로 형사소송법상 원칙들의 적용을 받는다.
④ 수사는 고소, 고발 등 범죄의 단서를 기초로 착수한다.

해설 수사 개시 이전에 입건하지 않고 사건의 단서를 입수해 내는 것을 내사라고 한다. 내사는 수사 이전의 단계이므로 형사소송법상의 원칙들이 적용되지 않는다. **답 ③**

---

(3) 수사 실행

① 범인의 발견, 증거수집 등 <u>현장감식을 중점</u>으로 피해현황을 파악한다.

② 관계자에 대한 출석요구와 압수와 수색 등을 실시한다.

③ 수집된 여러 자료를 검토하여 수사방향 및 수사방침을 결정한다.

④ 임의수사와 강제수사

　㉠ 임의수사

　　• 임의수사라 함은 <u>강제력을 행사하지 않고</u> 상대방의 동의나 승낙을 얻어 행하는 수사방법으로 수사는 임의수사를 원칙으로 한다.

　　• 범죄수사는 가능한 한 <u>임의성이 확보</u>되어야 하며 인권보장을 위해 필요한 한도 내에서만 허용되어야 한다는 <u>수사비례원칙</u>이 준수되어야 한다.

　　• 임의수사의 종류에는 피의자 신문, 참고인조사, 감정·통역·번역의 위촉, 임의제출물 압수, 실황조사, 공무소 등에의 조회, 촉탁수사 등이 있다.

　　• 피의자 신문을 위해 피의자에게 출석요구를 하는 방법에는 출석요구서를 송부하는 것이 원칙이지만 명문의 제한이 없어 팩스, 전화, 구두, 인편 등으로도 가능하며, 피의자에게는 진술거부권이 있어 검사 또는 사법경찰관은 피의자의 진술을 들을 때에는 미리 피의자에게 진술을 거부할 수 있음을 알려야 한다.

　　• 참고인은 피의자가 아닌 고소인, 고발인, 피해자, 목격자 등 제3자를 말하는데 피의자 신문과 달리 참고인조사에는 진술거부권의 고지가 필요 없다. 참고인은 증인과 달리 강제로 소환당하거나 신문당하지 않는다. 따라서 출석의무도 없다.

ⓒ 강제수사

- 강제수사는 법정주의 원칙에 따라 법률에 **특별한 규정**이 있는 경우에만 <u>예외적으로 허용</u>된다.
- 강제수사는 원칙적으로 법관이 발부한 영장을 사전에 받아야 하며 법령이 정한 절차와 요건에 따라 <u>필요최소한도</u>로 행해져야 한다는 수사비례의 원칙이 적용된다.
- 체포는 영장에 의한 체포가 원칙이다. 그러나 긴급체포와 현행범의 체포는 영장없이도 허용된다.

ⓒ 임의수사와 강제수사의 분류

임의수사	피의자 신문, 참고인조사, 감정·통역·번역의 위촉, 임의제출물 압수, 실황조사, 공무소 등에의 조회, 촉탁수사
강제수사	체포영장에 의한 체포, 긴급체포, 현행범의 체포, 피의자 구속, 압수, 수색, 증거보전, 증인 신문 청구, 통신제한조치, 감청 등

05

화재조사관계법규

(4) 사건 송치

① 사법경찰이 사건에 대한 진상을 파악하고 적용할 법규와 처리의견 등을 제시할 단계에서 관계서류(사건송치서, 압수물총목록, 기록목록, 의견서, 피의자 전과 또는 지문조회 등 수사서류)와 증거물 일체를 검찰청에 송치하여야 한다.

② 공소를 제기할 수 없음이 명백한 경우에도 이를 송치하여야 하며 사건 송치가 끝나면 사법경찰관의 수사행위는 일단 종결된 것으로 본다.

③ 사건 송치 후 피의자의 여죄가 발견되었거나 검사가 공소유지를 위해 보강수사 지시가 있는 경우에는 추가적으로 송치 후에도 수사를 하여야 한다.

(5) 수사 종결

① 수사의 종결 및 기소 결정은 검사가 결정한다(사법경찰관은 수사종결권이 없다).

② 수사의 종결형식은 검사의 공소제기와 불기소로 구분된다.

ㄱ) 불기소 처분의 분류

불기소 처분		
범죄 불성립(죄 안됨)	**무혐의(혐의 없음)**	**공소권 없음**
• 범죄 구성요건에 해당되나 위법성 조각사유나 책임 조각사유가 있는 경우 • 명예훼손에 있어 위법성 조각사유 • 가족의 범인은닉, 증거인멸	• 피의자가 범인이 아님이 명백한 경우 • 피의사실 증거 불충분 • 피의사실이 범죄를 구성하지 않는 경우(구성요건 미해당)	• 소송조건 결여(공소시효 완성) • 형 면제사유 발생 • 동일사건에 대해 확정판결이나 이미 공소가 제기된 경우 • 피의자 사망, 법령의 개폐로 형의 폐지

ㄴ) 기타 불기소 처분의 분류

구 분	주요내용
기소유예	범죄혐의가 인정되지만 범인의 언행, 지능, 범행동기 등을 참작하여 공소를 제기하지 않는 것
기소중지	피의자의 소재불명 등으로 수사를 종결할 수 없는 경우 그 사유가 해소될 때까지 수사를 중지하는 처분
참고인중지	고소 · 고발인 또는 참고인의 소재불명으로 수사를 종결할 수 없을 경우에 참고인이 나타날 때까지 검사가 사건을 중지시키는 처분
타관송치	타 검찰청으로 송치, 군검찰 송치 등
공소보류	국가보안법 위반의 죄를 범한 자를 형법 제51조(양형의 조건)의 사항을 참작하여 공소제기를 보류하는 것

바로바로 확인문제

방화혐의가 있는 피의자가 갑자기 사망을 한 경우 어떤 처분을 하는가?
① 범죄 불성립
② 무혐의
③ 공소권 없음
④ 기소중지

해설 피의자 사망, 법령의 개폐로 형의 폐지 등이 있으면 공소권 없음으로 불기소 처분된다. **답 ③**

출제예상문제

Chapter 04

* ◘표시 : 중요도를 나타냄

01 방화수사의 착안점으로 가장 거리가 먼 것은?

① 다액의 화재보험 가입사실 확인
② 복잡한 채무관계 확인
③ 인화성 액체가 담긴 유류용기 발견
④ 전기스토브의 과열흔적

해설 전기스토브 주변의 과열흔적은 가연물 접촉, 이상과열 등의 실화조사상의 착안점으로 방화수사와는 가장 거리가 멀다.

02 방화수사의 방법으로 가장 적절하지 않은 것은?

① 인화점측정기를 이용한 물질의 연소성 분석
② 시체 부검을 통한 생활반응 및 사인분석 실시
③ 방화 전과자를 대상으로 전력조회 및 최근 연고감조사
④ 차량방화 등은 목격자 및 차적조회 추적

해설 인화점측정기를 이용한 물질의 연소성 측정은 연소실험 측정의 한 방법으로 방화수사 방법으로 가장 적절하지 않다.

03 연쇄방화의 특징이 아닌 것은?

① 연쇄방화범은 주변 지리를 잘 알고 있거나 동일 구역에 거주하는 경우가 많다.
② 범행시간은 주로 야간이지만 새벽시간대에도 발생한다.
③ 주로 5~10명이 그룹을 지어 범행을 실행한다.
④ 대상을 한정 짓지 않고 주택이나 차량 등을 대상으로 무차별적으로 자행된다.

해설 연쇄방화는 주로 단독범행이 많다.

04 방화와 실화의 공통점으로 옳은 것은?

① 벌금을 받는다.
② 불구속된다.
③ 구속된다.
④ 어떤 형태로든 제재를 받는다.

해설 방화와 실화는 형법 규정에 따라 처벌(구속)되거나 벌금형을 받게 되어 어떤 형태로든 제재가 뒤따른다.

05 실화의 원인에 해당하지 않는 것은?

① 쓰레기소각 중 불티 비산
② 섬유류에 산화열 축적
③ 화기취급 부주의
④ 담뱃불취급 소홀

해설 섬유류에 산화열 축적은 자연발화의 한 형태로 실화와 관계가 없다.

06 손괴죄에 대한 설명으로 바르지 않은 것은?

① 타인의 재물을 기능적으로 사용하지 못하도록 하는 범죄이다.
② 효용가치의 훼손은 전부 또는 일부를 불문한다.
③ 문서 또는 전자기록 등을 은닉하여 자기 것으로 취하려는 범죄이다.
④ 타인의 재물을 물리적으로 해하는 것과 효용가치를 해하는 것을 모두 포함한다.

해설 은닉은 물건의 소재를 불명하게 하여 그 발견을 곤란 또는 불능하게 만드는 것으로, 만일 은닉에 있어서 영득의 의사가 있으면 횡령죄 또는 절도죄가 성립한다.

07 실화의 상황증거로 가장 옳지 않은 것은?

① 과다하게 연결된 문어발식 배선 확인
② 가스레인지 음식물 탄화형태 발견
③ 담뱃불에 의한 이불 탄화흔 확인
④ 화재발생 전 귀중품의 반출사실 확인

해설 화재발생 전 귀중품의 반출이 이루어진 사실은 방화조사를 위한 단서에 해당한다.

08 손괴죄의 보호법익으로 맞는 것은?

① 재물 또는 문서의 이용가치
② 재물 또는 문서의 개인정보 보호
③ 손해배상청구권 보호
④ 손해배상 및 공익 보호

해설 손괴죄의 보호법익은 재물 또는 문서의 이용가치이다.

09 재물손괴죄의 처벌유형으로 옳은 것은?

① 과실범만 처벌
② 고의범만 처벌
③ 고의범, 과실범 모두 처벌
④ 상습범만 처벌

해설 재물손괴죄는 고의범만 처벌가능하며, 과실범은 처벌하지 못한다.

10 손괴죄의 유형으로 옳지 않은 것은?

① 특수손괴죄 ② 공익건조물파괴죄
③ 중손괴죄 ④ 사회목적물손괴죄

해설 손괴죄의 유형
재물손괴죄, 공익건조물파괴죄, 중손괴죄, 특수손괴죄, 경계침범죄

11 단체 또는 다중의 위력을 보이거나 위험한 물건을 휴대하여 공익건조물을 파괴한 죄로 옳은 것은?

① 공익건조물파괴죄 ② 특수손괴죄
③ 경계침범죄 ④ 중손괴죄

해설 단체 또는 다중(多衆)의 위력을 보이거나 위험한 물건을 휴대하여 단순손괴죄를 범하거나 공익건조물파괴죄를 범한 죄는 특수손괴죄이다.

12 과실로 화재가 발생하여 타인의 재물·문서 또는 전자기록 등이 손괴된 경우 손괴죄가 적용되지 않고 실화책임에 관한 법률 우선 적용되는 근거로 맞는 것은?

① 상위법 우선의 원칙
② 신법 우선의 원칙
③ 특별법 우선의 원칙
④ 법률불소급의 원칙

해설 일반법과 특별법이 충돌할 경우 특별법 우선의 원칙에 따라 과실로 화재가 발생하여 타인의 재물이 손괴되면 손괴죄가 아니라 특별법인 실화책임에 관한 법률이 우선 적용된다.

13 타인의 재물을 손괴 또는 은닉하는 방법으로 효용을 해하였을 때의 처벌규정으로 맞는 것은?

① 1년 이하의 징역 또는 100만원 이하의 벌금
② 2년 이하의 징역 또는 500만원 이하의 벌금
③ 3년 이하의 징역 또는 500만원 이하의 벌금
④ 3년 이하의 징역 또는 700만원 이하의 벌금

해설 타인의 재물, 문서 또는 전자기록 등 특수매체기록을 손괴 또는 은닉, 기타 방법으로 기효용을 해하는 죄는 3년 이하의 징역 또는 700만원 이하의 벌금에 처한다.(제366조)

14 공익에 공하는 건조물을 파괴하는 죄를 저지른 경우 처벌규정으로 옳은 것은?

① 5년 이하의 징역 또는 1,000만원 이하의 벌금
② 5년 이하의 징역 또는 2,000만원 이하의 벌금
③ 10년 이하의 징역 또는 2,000만원 이하의 벌금
④ 10년 이하의 징역 또는 1,000만원 이하의 벌금

해설 공익에 공하는 건조물을 파괴하는 죄를 저지른 경우 10년 이하의 징역 또는 2,000만원 이하의 벌금에 처한다.(제367조)

Answer 07.④ 08.① 09.② 10.④ 11.② 12.③ 13.④ 14.③

15 다음 중 경범죄처벌의 대상이 아닌 것은?

① 출입이 금지된 구역에 무단으로 출입하는 행위
② 충분한 주의를 하지 않고 불 붙기 쉬운 물건 가까이에서 불을 피우는 행위
③ 출동한 소방대원에게 폭행을 하여 화재진압 활동을 방해하는 행위
④ 화재가 발생하였을 때 현장에 있으면서도 공무원의 도움요청에 불응한 사람

해설 출동한 소방대원에게 폭행 또는 협박을 행사하여 화재진압 · 인명구조 또는 구급활동을 방해하는 행위는 5년 이하의 징역 또는 5천만원 이하의 벌금에 처한다.(소방기본법 제50조)

16 경범죄처벌의 종류에 해당하지 않는 것은?

① 벌금
② 구류
③ 과태료
④ 과료

해설 과료는 형벌인데 반해, 과태료는 형벌이 아닌 법령위반에 대한 금전벌이라는 점에서 달리 구분하여야 한다.

17 경범죄처벌법 규정 중 충분한 주의를 하지 아니하고 불이 옮아붙기 쉬운 물건 가까이에서 불씨를 사용한 범칙행위에 대한 범칙금액으로 옳은 것은?

① 8만원
② 5만원
③ 3만원
④ 2만원

해설 범칙행위의 범위와 범칙금의 액수(경범죄처벌법 시행령 제2조)에 따라 범칙금액은 8만원이다.

18 소방기본법상 100만원 이하의 벌금에 해당하는 행위가 아닌 것은?

① 정당한 사유 없이 소방대의 생활안전활동을 방해한 자
② 구조 · 구급이 필요한 상황을 거짓으로 알린 자
③ 소방본부장 등의 피난명령을 위반한 자
④ 위험물질 공급의 차단조치를 정당한 사유 없이 방해한 자

해설 구조 · 구급이 필요한 상황을 거짓으로 알린 사람은 500만원 이하의 과태료를 부과한다.

19 다음 중 소방기본법 위반으로 300만원 이하의 벌금에 처하는 것으로 맞는 것은?

① 관계공무원의 출입 또는 조사를 거부 · 방해 또는 기피한 자
② 소방활동을 위하여 소방자동차의 통행에 방해가 되는 주차된 차량을 제거하는 데 처분을 방해한 자
③ 정당한 사유 없이 소방대의 생활안전활동을 방해한 자
④ 피난명령을 위반한 사람

해설 소방서장 또는 소방대장은 소방활동을 위하여 긴급하게 출동할 때에는 소방자동차의 통행과 소방활동에 방해가 되는 주차 또는 정차된 차량 및 물건 등을 제거하거나 이동시킬 수 있다.

20 소방본부장 또는 소방서장이 사람을 구출하거나 불이 번지는 것을 막기 위하여 불이 번질 우려가 있는 소방대상물 및 토지를 일시적으로 사용하고자 할 때 정당한 사유 없이 그 처분에 따르지 아니한 자에 대한 벌칙은?

① 3년 이하의 징역 또는 3천만원 이하의 벌금
② 3년 이하의 징역 또는 1천500만원 이하의 벌금
③ 5년 이하의 징역 또는 1천500만원 이하의 벌금
④ 5년 이하의 징역 또는 3천만원 이하의 벌금

Answer 15.③ 16.③ 17.① 18.② 19.② 20.①

05
화재조사관계법규

해설 소방본부장, 소방서장 또는 소방대장은 사람을 구출하거나 불이 번지는 것을 막기 위하여 필요할 때에는 화재가 발생하거나 불이 번질 우려가 있는 소방대상물 및 토지를 일시적으로 사용하거나 그 사용의 제한 또는 소방활동에 필요한 처분을 할 수 있다. 이에 대한 처분을 방해한 자 또는 정당한 사유 없이 그 처분에 따르지 아니한 자는 3년 이하의 징역 또는 3천만원 이하의 벌금에 처한다.(제51조)

21 소방기본법 위반사항으로 100만원 이하의 벌금에 처하지 않는 것은?

① 정당한 사유 없이 소방용수시설 또는 비상소화장치를 사용하거나 소방용수시설 또는 비상소화장치의 정당한 사용을 방해한 자
② 정당한 사유 없이 소방대의 생활안전활동을 방해한 자
③ 정당한 사유 없이 소방대가 현장에 도착할 때까지 사람을 구출하는 조치 또는 불을 끄거나 불이 번지지 아니하도록 하는 조치를 하지 아니한 사람
④ 피난 명령을 위반한 사람

해설 정당한 사유 없이 소방용수시설 또는 비상소화장치를 사용하거나 소방용수시설 또는 비상소화장치의 효용을 해치거나 그 정당한 사용을 방해한 사람은 5년 이하의 징역 또는 5천만원 이하의 벌금에 처한다(제50조).

22 다음 중 소방기본법 위반으로 200만원 이하의 과태료 처분에 해당하지 않는 것은?

① 소방자동차의 출동에 지장을 준 자
② 한국119청소년단 또는 이와 유사한 명칭을 사용한 자
③ 정당한 사유 없이 물의 사용이나 수도의 개폐장치의 사용 또는 조작을 하지 못하게 하거나 방해한 자
④ 소방활동구역을 출입한 사람

해설 정당한 사유 없이 물의 사용이나 수도의 개폐장치의 사용 또는 조작을 하지 못하게 하거나 방해한 자는 100만원 이하의 벌금에 처한다.

23 화재로 오인할 만한 우려가 있는 불을 피우거나 연막소독을 하려는 자는 시·도의 조례로 정하는 바에 따라 관할 소방본부장 또는 소방서장에게 신고하여야 한다. 해당 장소로 옳지 않은 것은?

① 석유화학제품을 생산하는 공장이 있는 지역
② 시장지역
③ 목조건물이 밀집한 지역
④ 공동주택 밀집지역

해설 다음의 어느 하나에 해당하는 지역 또는 장소에서 화재로 오인할 만한 우려가 있는 불을 피우거나 연막(煙幕)소독을 하려는 자는 시·도의 조례로 정하는 바에 따라 관할 소방본부장 또는 소방서장에게 신고하여야 한다.(제19조 제2항)
㉠ 시장지역
㉡ 공장·창고가 밀집한 지역
㉢ 목조건물이 밀집한 지역
㉣ 위험물의 저장 및 처리시설이 밀집한 지역
㉤ 석유화학제품을 생산하는 공장이 있는 지역
㉥ 그 밖에 시·도의 조례로 정하는 지역 또는 장소

24 소방기본법 위반죄에 대한 설명이다. 옳지 않은 것은?

① 소방기본법을 위반하면 법인의 대표자나 법인 등이 행위자 외에 양벌규정으로 처벌받을 수 있다.
② 과태료는 조례로 정하는 바에 따라 관할 소방본부장 또는 소방서장이 부과·징수할 수 있다.
③ 과태료처분 대상자가 과태료를 자진납부하는 경우 100분의 30의 범위 안에서 감경받을 수 있다.
④ 과태료처분 대상자는 과태료처분 고지를 받은 날로부터 30일 이내에 이의제기를 할 수 있다.

해설 **질서위반행위규제법 시행령(제5조)**
자진납부하는 경우 감경할 수 있는 금액은 부과될 과태료의 100분의 20의 범위 이내로 한다.

Answer 21.① 22.③ 23.④ 24.③

25 범죄수사의 개념을 설명한 것으로 옳지 않은 것은?

① 수사는 피의사건에 대하여 공소제기 여부를 결정하는 것을 목적으로 한다.
② 불기소 처분에 의한 종결은 수사가 아니다.
③ 수사는 수사기관이 범죄혐의가 있다고 인정할 때 개시된다.
④ 범죄수사의 권한은 법률상 규정된 수사기관의 활동이어야 한다.

해설 기소에 이르지 않았더라도 불기소 처분에 의한 종결도 수사에 포함된다.

26 수사활동에 해당하는 것은 어느 것인가?

① 화재현장 감식
② 변호인의 증거수집
③ 사인의 현행범 체포
④ 검사가 소송 당사자로서 피고인 심문

해설 검사가 소송 당사자로 하는 피고인 심문, 증인 심문, 사인(私人)의 현행범 체포, 변호인의 증거 수집활동 등은 수사활동이 아니다. 수사는 범죄수사의 권한이 있는 국가기관이 하는 것을 말하는 것으로 법률상 규정된 수사기관의 활동이어야 한다. 화재현장 감식은 국가기관의 수사활동에 해당한다.

27 범죄수사기관의 종류에 해당하지 않는 것은 어느 것인가?

① 검사
② 출입국관리사무소장
③ 소방서 특별사법경찰관
④ 민간 화재조사관

해설 수사기관이란 법률상으로 범죄수사의 권한이 인정되어 있는 국가기관을 가리킨다. 검사, 일반사법경찰관(경위, 경감, 경정, 총경 등)과 특별사법경찰관(소방, 세무, 전매, 삼림, 해사 등)이 있다.

28 사법경찰리에 해당하지 않는 것은?

① 순경 ② 경사
③ 경장 ④ 경위

해설 ㉠ 사법경찰관 : 수사관, 경무관, 총경, 경정, 경감, 경위
㉡ 사법경찰리 : 경사, 경장, 순경

29 범죄를 수사하는 궁극적인 목적은 무엇인가?

① 범인체포 ② 유죄판결
③ 압수수색 ④ 피의사건의 진상파악

해설 범죄를 수사하는 궁극적인 목적은 유죄판결을 얻어내는 것이다.

30 수사의 지도원리이면서 공판절차의 지도원리로도 작용하는 것은?

① 실체적 진실 발견
② 필요최소한도의 법리
③ 적정절차의 원리
④ 무죄추정의 법리

해설 실체적 진실 발견주의는 수사절차뿐만 아니라 공판절차의 지도원리로 채용되고 있다.

31 범죄수사를 하는 궁극적인 목표는?

① 피의사건의 진상파악
② 유죄판결
③ 공소제기
④ 기소·불기소의 결정

해설 범죄를 수사하는 궁극적인 목표는 피의사건의 진상을 파악하는 데 있다.

32 범인검거를 위한 범죄수사 준수원칙으로 옳지 않은 것은?

① 법령준수의 원칙 ② 종합수사의 원칙
③ 선포후증의 원칙 ④ 민사 불개입의 원칙

해설 **범죄수사 준수원칙**
㉠ 선증후포의 원칙
㉡ 법령준수의 원칙
㉢ 민사 불개입의 원칙
㉣ 종합수사의 원칙

05
화재조사관계법규

33 범죄수사의 의의로서 맞지 않는 것은?

① 형사사건에 관한 공소제기 여부를 결정하는 것
② 공소제기 및 유지를 하며 정보수집을 비롯한 수사기관의 활동
③ 범인 및 증거 발견을 위한 범죄사실 조사
④ 사인 간의 채무관계 개입 및 증거수집을 위한 활동

해설 범죄수사란 형사사건에 관한 공소제기 여부 결정 또는 공소제기 및 이를 유지하며 수행하기 위한 준비로서 범죄사실을 조사하고 범인 및 증거를 발견, 수집, 보전하려는 수사기관의 활동을 말한다.

34 다음 중 사법경찰관은 누구의 지휘를 받아서 수사를 하는 것인가?

① 경찰청장
② 경찰서장
③ 검사
④ 검찰총장

해설 사법경찰관은 검사의 지휘를 받아 수사를 해야 한다.(형사소송법 제196조)

35 수사의 진행과정을 가장 바르게 나타낸 것은?

① 수사 개시 → 수사 실행 → 사건 송치 → 송치 후 수사 → 수사 종결
② 수사 개시 → 수사 실행 → 범인 체포 → 송치 후 수사 → 수사 종결
③ 내사 → 수사 실행 → 사건 송치 → 송치 후 수사 → 수사 종결
④ 내사 → 내사 종결 → 사건 송치 → 송치 후 수사 → 수사 종결

해설 **수사의 진행과정**
수사 개시 → 수사 실행 → 사건 송치 → 송치 후 수사 → 수사 종결

36 수사진행과 관련된 사항으로 옳지 않은 것은?

① 관계자에 대한 출석요구와 압수와 수색 등을 실시한다.
② 방화의심이 있을 경우 강제수사를 원칙으로 한다.
③ 증거수집 등 현장감식을 중점으로 피해현황을 파악한다.
④ 수집된 자료를 종합적으로 검토하여 수사방향을 결정한다.

해설 임의수사라 함은 강제력을 행사하지 않고 상대방의 동의나 승낙을 얻어 행하는 수사방법으로 수사는 임의수사를 원칙으로 한다.

37 임의수사의 종류에 해당하지 않는 것은?

① 감정·통역·번역의 위촉
② 참고인조사
③ 공무소 등에의 조회
④ 증인의 법정증언

해설 **임의수사의 종류**
피의자 신문, 참고인조사, 감정·통역·번역의 위촉, 임의제출물 압수, 실황조사, 공무소 등에의 조회, 촉탁수사 등이 있다. 증인의 법정증언은 수사종결 후 법정에서 이루어지는 행위이다.

38 다음 중 임의수사를 설명한 것으로 타당하지 않은 것은?

① 피의자에게 진술을 들을 때에는 미리 진술을 거부할 수 있음을 알려야 한다.
② 피의자 신문을 위해 출석요구서를 송부하는 것이 원칙이다.
③ 범죄수사는 가능한 한 임의성이 확보되어 인권을 보장하여야 한다.
④ 참고인조사 시에는 진술거부권을 고지하여야 하고 참고인은 출석의무가 있다.

해설 참고인은 피의자가 아닌 고소인, 고발인, 피해자, 목격자 등 제3자를 말하는데 피의자 신문과 달리 참고인조사에는 진술거부권의 고지가 필요 없다. 참고인은 증인과 달리 강제로 소환당하거나 신문당하지 않는다. 따라서 출석의무도 없다.

Answer 33.④ 34.③ 35.① 36.② 37.④ 38.④

39 범죄를 수사하는 궁극적인 목표는 무엇인가?

① 기소 · 불기소의 결정
② 피의사건의 진상파악
③ 공소제기 및 유지
④ 무죄판결

해설 범죄를 수사하는 궁극적인 목표는 피의사건의 진상을 파악하는 것이다.

40 임의수사의 종류에 포함되지 않는 것은?

① 피의자 신문
② 증거보전
③ 촉탁수사
④ 임의제출물 압수

해설 증거보전은 강제수사의 종류에 해당한다.

41 강제수사에 대한 설명이다. 옳지 않은 것은?

① 강제수사는 원칙적으로 법관이 발부한 영장을 사전에 받아야 한다.
② 강제수사는 법관이 발부한 영장 없이 실시할 수 있다.
③ 강제수사는 법률에 특별한 규정이 있는 경우에만 예외적으로 허용된다.
④ 긴급체포와 현행범의 체포는 영장없이도 허용된다.

해설 강제수사는 원칙적으로 법관이 발부한 영장을 사전에 받아야 하며 법령이 정한 절차에 따라 필요최소한도로 행해져야 하는데 이를 수사비례의 원칙이라고 한다.

42 사건 송치에 대한 설명으로 적당하지 않은 것은?

① 사건 송치가 끝나면 사법경찰관의 수사행위는 일단 종결된 것으로 본다.
② 사건 송치 시 사건송치서, 압수물총목록, 기록목록, 의견서, 피의자 전과 또는 지문조회 등 수사서류를 제출하여야 한다.
③ 공소를 제기할 수 없음이 명백한 경우에는 자체적으로 종결 처리한다.

④ 보강수사 지시가 있는 경우에는 추가적으로 송치 후에도 수사를 하여야 한다.

해설 공소를 제기할 수 없음이 명백한 경우에도 이를 송치하여야 한다.

43 수사의 종결권을 행사하는 자는 누구인가?

① 사법경찰관
② 검사
③ 경찰서장
④ 경찰청장

해설 수사의 종결 및 기소 결정은 기소독점주의에 따라 검사가 결정한다. 사법경찰관은 수사종결권이 없다.

44 불기소 처분 중 피의자의 소재불명 등으로 수사를 종결할 수 없는 경우 그 사유가 해소될 때까지 수사를 중단하는 처분은?

① 공소보류
② 공소권 없음
③ 기소유예
④ 기소중지

해설 피의자의 소재불명 등으로 수사를 종결할 수 없는 경우 그 사유가 해소될 때까지 수사를 중지하는 처분은 기소중지에 해당한다.

45 차량방화를 저지른 방화범이 증거 불충분으로 불기소되었을 경우 어느 처분을 받은 것인가?

① 범죄 불성립
② 무혐의
③ 공소권 없음
④ 검사 기각

해설 피의사실에 증거가 불충분하면 무혐의(혐의 없음)로 불기소 처분된다.

46 18세 미만의 형사미성년자가 타인의 주거에 불을 지른 혐의로 입건되었으나 사리분별력이 현저하게 떨어지는 점을 감안하여 공소를 제기하지 않았다면 다음 중 어느 것에 해당하는 것인가?

① 기소유예
② 공소보류
③ 타관송치
④ 기소중지

해설 범죄혐의가 인정되지만 범인의 언행, 지능, 범행동기 등을 참작하여 공소를 제기하지 않는 것은 기소유예에 해당한다.

05 화재조사관계법규

Chapter 05 화재민사분쟁관련 법규

☑ 산업기사 제외

01 일반불법행위 책임

1 고의·과실 등

(1) 일반불법행위의 의의

① 자기의 고의·과실로 인한 행위에 대해서만 책임을 지는 것으로 <u>과실책임주의</u>가 기본원칙으로 <u>자기책임의 원칙</u>이라고도 한다.

② 손해배상의무자는 자신의 고의·과실로 인한 행위에 대해서만 책임을 지며, 타인의 행위에 대해서는 책임을 지지 않는 것이 원칙이다.

(2) 일반불법행위의 성립요건

위법성	가해행위가 <u>위법</u>할 것
유책성	가해자의 <u>고의 또는 과실</u>이 있을 것
책임능력	가해자의 <u>책임능력</u>이 있을 것
손해의 발생	가해행위로 피해자에게 <u>손해가</u> 발생할 것

(3) 고의·과실

① 고의란 가해자가 자신의 행위로 일정한 손해가 발생할 것이라는 것을 인식하면서도 이를 감행하는 심리상태를 말한다.

② 고의가 성립하기 위해 <u>결과의 손해발생 가능성</u>에 대해 인식만 있으면 충분하고 적극적으로 결과발생을 의욕할 필요는 없다.(통설)

③ 과실은 자기의 행위로 인해 일정한 손해가 발생할 것이라는 것을 인식했어야 함에도 불구하고 부주의로 인식하지 못하고 그 행위를 하는 심리상태를 말한다.

④ 부주의는 정도에 따라 경과실과 중과실로 구분하며, 경과실은 다소라도 주의를 게을리 한 경우이고, 중과실은 현저하게 주의를 게을리 한 경우이다. <u>경과실이 민법상의 기본이 되는 과실이다.</u>

> **! 꼼꼼.check!** ● **고의와 과실** ●
>
> 불법행위에서 고의와 과실은 동등한 것으로 취급된다. 가해자에게 고의가 없어도 과실이 있으면 고의와 마찬가지로 가해자에게 손해배상책임이 발생하여 구별실익이 없다.

바로바로 확인문제 ●

일반불법행위의 성립요건이 아닌 것은?
① 가해자의 고의 또는 과실이 있을 것 ② 가해행위가 위법할 것
③ 가해자의 경제적 배상능력이 있을 것 ④ 피해자에게 손해가 발생할 것

해설 가해자의 경제적 배상능력이 아니라 책임능력이 요구된다.   **답** ③

2 위법성과 책임능력

(1) 위법성의 의의
불법행위가 성립하려면 가해행위가 위법하여야 하는 것으로 위법이란 인간의 행위가 법질서에 반해 허용되지 않는 것을 말한다.

(2) 위법성의 판단기준
① 실정법을 기준으로 하는 것(형식적 위법론)
② 실정법과 선량한 풍속, 기타 사회질서를 기준으로 객관적, 실질적으로 판단하여야 하는 것(실질적 위법론, 통설)
③ 위법성 여부는 침해행위의 태양과 침해된 법익의 성질을 상관적으로 검토하여 개별적으로 정하는 것(판례)

(3) 책임능력 암기 2014년 기사 2018년 기사 2020년 기사
① 책임능력이란 자신의 행위에 대해 <u>책임을 인식</u>할 수 있는 <u>지능 또는 정신능력</u>을 말한다.
② 미성년자가 타인에게 손해를 가한 경우 그 행위의 책임을 변식할 지능이 없을 때에는 배상책임이 없다.(민법 제753조)
③ <u>심신상실</u> 중에 타인에게 손해를 가한 자는 <u>배상책임이 없다.</u> 그러나 고의 또는 과실로 인하여 심신상실을 초래한 때에는 그러하지 아니하다.(민법 제754조)
④ 책임능력은 면책요건이므로 <u>책임을 면하려는 가해자</u>가 자신에게 책임능력이 없었음을 <u>입증하여야</u> 한다.
⑤ 책임능력의 존재여부는 행위 당시를 기준으로 개별적으로 판단한다.

05

화재조사관계법규

일반불법행위의 책임능력에 대한 설명이다. 옳지 않은 것은?
① 심신상실 중에 타인에게 손해를 가한 자는 배상책임이 없다.
② 책임능력은 피해자가 가해자의 책임능력을 입증하여야 한다.
③ 책임능력의 존재여부는 행위 당시를 기준으로 개별적으로 판단한다.
④ 책임능력은 자신의 행위에 대해 책임을 인식할 수 있는 지능 또는 정신능력이다.

해설 책임능력은 면책요건이므로 책임을 면하려는 가해자가 자신에게 책임능력이 없었음을 입증하여야 한다.

답 ②

(4) 위법성조각

① 타인의 법익을 침해하는 가해행위가 있을 경우 위법한 행위로 취급되지만 <u>정당한 사유가 있으면 위법성이 없다</u>.
② 이른바 위법성조각 사유를 말하는 것으로 민법에서 인정하고 있는 위법성조각 사유는 정당방위(제761조 제1항), 긴급피난(제761조 제2항)을 규정하고 있다. 그 밖에 자력구제, 피해자의 승낙, 정당행위 등이 있다.

(5) 위법성조각 사유의 종류 암기

① 정당방위 : 타인의 불법행위에 대하여 자기 또는 제3자의 이익을 방위하기 위하여 부득이 타인에게 손해를 가한 행위를 말한다.

> ⚠ **꼼.꼼. check! ➡ 정당방위 요건 ➡**
>
> • 타인의 불법행위가 있어야 한다(행위자의 고의나 과실 책임능력 불필요).
> • 자기 자신 또는 제3자의 이익을 방위하기 위한 행위여야 한다.
> • 방위행위가 불가피한 행위여야 한다.

② 긴급피난

ㄱ 자기 자신이나 제3자에 대한 급박한 위기를 피하기 위하여 불가피하게 타인에게 손해를 가하는 행위를 말한다.
ㄴ 긴급피난에 의한 가해행위도 위법성이 없기 때문에 불법행위가 성립하지 않는다.

> ⚠ **꼼.꼼. check! ➡ 정당방위와 긴급피난의 차이 ➡**
>
> 정당방위는 위법한 침해에 대한 방위인데 비하여, 긴급피난은 위법하지 않은 침해에 대한 피난인 점에서 차이가 있다.

③ 자력구제

  ㉠ 자력구제는 청구권을 보전하기 위하여 국가기관의 구제를 기다릴 여유가 없는 경우에 권리자가 스스로 구제하는 행위이다.

  ㉡ 정당방위는 현재의 침해에 대한 방위행위이며 긴급피난은 현재의 침해에 대한 피난행위인데 반하여, 자력구제는 주로 <u>과거의 침해</u>에 대한 회복인 점에서 차이가 있다.

④ 피해자의 승낙

  ㉠ 가해행위가 있기 전에 피해자가 사전에 가해를 해도 무방하다는 승낙을 한 경우에는 위법성이 조각된다.

  ㉡ 승낙살인, 자살방조, 합의에 따른 난투극 등은 모두 위법성이 조각되지 않는다.

⑤ 정당행위

  ㉠ 타인의 법익을 침해하더라도 법률에 의해 허용되거나 사회적 타당성이 있어 위법성이 조각되는 것이다.

  ㉡ 사형집행관의 사형수에 대한 사형집행은 살인이 아니라 사회통념에 비추어 허용된 정당행위로 위법성은 조각된다.

바로바로 확인문제

정당방위와 긴급피난의 차이점으로 옳은 것은?
① 정당방위는 위법한 침해에 대한 방위이고, 긴급피난은 피해자의 승낙을 얻어야 하는 피난이다.
② 정당방위는 재산적 침해에 대한 방위이고, 긴급피난은 정신적 침해에 대한 피난이다.
③ 정당방위는 적법한 침해에 대한 방위이고, 긴급피난은 위법한 침해에 대한 피난이다.
④ 정당방위는 위법한 침해에 대한 방위이고, 긴급피난은 위법하지 않은 침해에 대한 피난이다.

해설 정당방위는 위법한 침해에 대한 방위인데 비하여, 긴급피난은 위법하지 않은 침해에 대한 피난이라는 점에서 차이가 있다.

답 ④

3 손해의 발생

① 불법행위가 성립하려면 가해행위로 <u>손해가 현실적으로 발생</u>하여야 한다.

② 가해자가 손해를 발생시킬 의도를 갖고 행위를 하였더라도 실제 손해가 발생하지 않았다면 손해배상책임이 인정되지 않는다.

③ 현실적으로 손해의 발생여부는 사회통념에 따라 객관적이고 합리적으로 판단하여야 한다.

④ 손해발생과 그 금액은 <u>피해자가 입증</u>하여야 한다.

4 입증책임의 문제

① 일반불법행위에서 고의·과실 입증책임은 <u>피해자가 입증</u>하여야 한다.
② 책임능력은 책임을 면하려는 가해자가 자신에게 책임능력이 없었음을 입증하여야 한다.

02 특수불법행위 책임

1 특수불법행위의 의의

① 특수한 요건이 정해져 있는 불법행위를 통틀어 특수불법행위라고 한다.
② 민법이 규정하고 있는 특수불법행위에는 책임무능력자의 감독자책임(제755조), 사용자책임(제756조), 공작물 등의 점유자·소유자책임(제758조) 등이 있으며, 특별법으로는 실화책임, 제조물책임 등이 있다.

2 특수불법행위의 구분

(1) 책임무능력자의 감독자의 책임(제755조)

① 책임무능력자가 위법하게 타인에게 손해를 가한 경우 책임무능력자를 감독할 친권자나 후견인 등은 그가 감독의무를 게을리 하지 않았음을 입증하지 못하면 배상책임을 진다.
② 감독의무자가 지는 책임은 책임무능력자가 한 가해행위 그 자체에 대한 것이 아니라 책임무능력자에 대한 일반적인 감독의무를 게을리 한 것에 대한 책임이다.
③ 그러나 감독의무자가 감독의무를 게을리 하지 않았을 때에는 그 책임을 면한다.
  ㉠ 책임의 성립조건
    • 책임무능력자의 행위가 불법행위의 요건은 충족하였으나 <u>책임능력이 없어야</u> 한다.
    • 감독의무자 또는 대리감독자 등이 감독의무를 <u>게을리했어야</u> 한다.
  ㉡ 배상책임자 : 법정 감독의무자 또는 그에 갈음하여 감독하는 자가 배상책임을 진다.

(2) 사용자책임(제756조) _{2017년 기사}

사용자와 피용자 간의 관계에서 피용자가 그의 사무집행에 관하여 제3자에게 손해를 가한 경우에 사용자 또는 사용자에 갈음하여 그 사무를 감독하는 자가 손해를 배상하는 책임이다. 그러나 사용자가 피용자의 선임·감독에 대한 상당한 주의를 하였거나 또는 상당한 주의를 하여도 손해가 발생한 경우에는 그러하지 아니하다.

① 사용자책임의 성립조건

ㄱ 사용자와 피용자 사이에 <u>사용관계(사무감독관계)</u>가 있어야 한다.

ㄴ 피용자가 사무집행과 관련하여 <u>제3자에게 손해를 가했어야</u> 한다.

ㄷ 피용자의 가해행위가 <u>불법행위의 성립요건</u>을 갖추어야 한다.

ㄹ 사용자가 면책사유가 있음을 입증하지 못하여야 한다.

② 피용자에 대한 구상권 : 사용자 또는 대리감독자가 손해배상을 한 때에는 피용자에 대하여 구상권을 행사할 수 있다.(제756조 제3항)

바로바로 확인문제

사용자책임에 대한 성립조건을 설명하였다. 옳지 않은 것은?

① 사용자와 피용자 사이에는 사무감독관계가 있어야 한다.

② 피용자의 가해행위가 불법행위의 성립요건을 갖추어야 한다.

③ 사용자가 면책사유가 있음을 입증하여야 한다.

④ 피용자가 사무집행과 관련하여 제3자에게 손해를 가했어야 한다.

해설 사용자책임의 성립조건

ㄱ 사용자와 피용자 사이에 사용관계(사무감독관계)가 있어야 한다.

ㄴ 피용자가 사무집행과 관련하여 제3자에게 손해를 가했어야 한다.

ㄷ 피용자의 가해행위가 불법행위의 성립요건을 갖추어야 한다.

ㄹ 사용자가 면책사유가 있음을 입증하지 못하여야 한다.

답 ③

---

(3) 공작물 등의 점유자 · 소유자책임(제758조) _{2017년 기사 2018년 기사 2020년 기사}

공작물의 설치 또는 보존의 하자로 인하여 타인에게 손해를 가한 때에는 공작물 점유자가 손해를 배상할 책임이 있다. 그러나 공작물 점유자가 1차적으로 손해배상책임을 지고 그가 손해의 방지에 필요한 주의를 다한 경우에는 면책되며 이때는 2차적으로 소유자가 배상책임을 지는 것을 말한다. 점유자 또는 소유자의 책임을 가중하는 근거는 '위험책임'의 원리에 근거한 것으로 책임을 가중시킨 규정이다.

! 꼼꼼. check! ▶ **위험책임**

무과실책임을 인정하는 이론적 근거로서 위험성이 많은 공작물 등을 관리·소유하는 자는 위험방지에 충분한 주의를 하여야 하며, 만일 위험이 현실화하여 손해가 발생한 경우에는 배상책임을 분담시키는 것이 공평하다는 원리

05

화재조사관계법규

① 공작물책임의 성립요건
 ㉠ 공작물에 의하여 <u>손해가 발생</u>하여야 한다.
 ㉡ 설치 또는 보존에 <u>하자가 있어야</u> 한다.
 ㉢ <u>면책사유가 없어야</u> 한다.
② 공작물의 배상책임자
 ㉠ <u>1차적</u>으로 <u>점유자</u>가 책임을 진다.
 ㉡ <u>2차적</u>으로 <u>소유자</u>가 책임을 진다. 이때 소유자책임은 공작물의 하자로 인하여 손해가 생긴 것인 한 손해방지에 필요한 주의를 다했더라도 면책이 되지 않는다.(<u>무과실책임</u>)
③ **구상권** : 공작물의 점유자 또는 소유자가 피해자에게 배상을 한 경우에 그 손해의 원인에 대해 책임 있는 자에 대하여 구상권을 행사할 수 있다.(제758조 제3항)

바로바로 확인문제

공작물책임의 성립요건으로 옳지 않은 것은?
① 설치 또는 보존에 하자가 있어야 한다.
② 면책사유가 없어야 한다.
③ 불법사실이 있어야 한다.
④ 공작물에 의하여 손해가 발생하여야 한다.

해설 공작물책임의 성립요건
 ㉠ 공작물에 의하여 손해가 발생하여야 한다.
 ㉡ 설치 또는 보존에 하자가 있어야 한다.
 ㉢ 면책사유가 없어야 한다.

답 ③

---

3 실화책임

① 실화자에게 중대한 과실이 없는 경우 손해배상액의 경감에 관한 <u>민법 제765조의 특칙을 정함</u>을 목적으로 한다.
② 실화자가 중대한 과실로 인한 것이 아닌 경우(경과실)에는 법원에 손해배상액의 경감을 청구할 수 있고 법원은 실화자의 청구에 따라 손해배상액을 결정할 때 사정을 고려하여 실화자의 손해배상액을 경감토록 하고 있다.
③ 배상액의 경감은 제반 사정을 고려하여 경감은 가능하지만 **면제는 될 수 없다**.
④ 실화자 이외에 사용자, 감독자 등 특수불법행위자의 책임관계에도 이 법이 적용된다.

> **! 꼼.꼼. check!** ▶ 손해배상액 경감 청구 시 법원의 고려사항 ●
>
> - 화재의 원인과 규모
> - 피해의 대상과 정도
> - 연소(延燒) 및 피해확대의 원인
> - 피해확대 방지를 위한 실화자의 노력
> - 배상의무자 및 피해자의 경제상태
> - 그 밖에 손해배상액을 결정할 때 고려할 사정

4 제조물책임법상의 책임

(1) 제조물책임의 개념

① 제조물책임이란 시장에서 유통되는 상품의 결함으로 인해 그 상품의 이용자 또는 제3자가 생명, 신체 또는 재산에 손해가 발생한 때에 그 상품의 제조자 또는 판매자에게 상품 결함으로 인한 손해를 배상하도록 한 책임이다.

② 책임은 고의나 과실을 요건으로 하지 않는 <u>무과실책임</u>이다.

(2) 제조물책임 결함의 유형(제2조)

① 제조상 결함

② 설계상 결함

③ 표시 · 경고상 결함

> **! 꼼.꼼. check!** ▶ 제조물책임 결함의 충족 ●
>
> 위의 3가지 유형 가운데 어느 하나에만 해당되면 요건은 충족된다. 판례는 제조물에 '상품 적합성'이 결여되어 제조물 자체에서만 발생한 손해는 민법상 '하자담보책임'으로 하여야 한다고 하였다. (대판 2007. 7. 28. 선고 98다35525)

(3) 제조물책임(제3조)

① 제조업자는 제조물의 결함으로 생명·신체 또는 재산에 손해(<u>그 제조물에 대하여만 발생한 손해는 제외</u>)를 입은 자에게 그 손해를 배상하여야 한다.

② 위의 ①의 내용에도 불구하고 제조업자가 제조물의 결함을 알면서도 그 결함에 대하여 필요한 조치를 취하지 아니한 결과로 생명 또는 신체에 중대한 손해를 입은 자가 있는 경우에는 그 자에게 발생한 손해의 3배를 넘지 아니하는 범위에서 배상책임을 진다. 이 경우 법원은 배상액을 정할 때 다음 사항을 고려하여야 한다.

㉠ 고의성의 정도

㉡ 해당 제조물의 결함으로 인하여 발생한 손해의 정도

㉢ 해당 제조물의 공급으로 인하여 제조업자가 취득한 경제적 이익

ⓡ 해당 제조물의 결함으로 인하여 제조업자가 형사처벌 또는 행정처분을 받은 경우 그 형사처벌 또는 행정처분의 정도

ⓜ 해당 제조물의 공급이 지속된 기간 및 공급규모

ⓑ 제조업자의 재산상태

ⓢ 제조업자가 피해구제를 위하여 노력한 정도

③ 피해자가 제조물의 제조업자를 알 수 없는 경우에 그 제조물을 영리목적으로 판매 · 대여 등의 방법으로 공급한 자는 제①에 따른 손해를 배상하여야 한다. 단, 피해자 또는 법정대리인의 요청을 받고 상당한 기간 내에 그 제조업자 또는 공급한 자를 그 피해자 또는 법정대리인에게 고지(告知)한 때에는 그러하지 아니하다.

(4) 면책사유(제4조)

① 손해배상책임을 지는 자가 다음의 어느 하나에 해당하는 사실을 입증한 경우에는 이 법에 따른 손해배상책임을 면(免)한다.

ⓖ 제조업자가 해당 제조물을 공급하지 아니하였다는 사실

ⓛ 제조업자가 해당 제조물을 공급한 당시의 과학 · 기술 수준으로는 결함의 존재를 발견할 수 없었다는 사실

ⓔ 제조물의 결함이 제조업자가 해당 제조물을 공급한 당시의 법령에서 정하는 기준을 준수함으로써 발생하였다는 사실

ⓡ 원재료나 부품의 경우에는 그 원재료나 부품을 사용한 제조물 제조업자의 설계 또는 제작에 관한 지시로 인하여 결함이 발생하였다는 사실

② 제3조에 따라 손해배상책임을 지는 자가 제조물을 공급한 후에 그 제조물에 결함이 존재한다는 사실을 알거나 알 수 있었음에도 그 결함으로 인한 손해의 발생을 방지하기 위한 적절한 조치를 하지 아니한 경우에는 위 ①의 ⓖ부터 ⓔ까지의 규정에 따른 면책을 주장할 수 없다.

(5) 소멸시효(제7조)

① 이 법에 따른 손해배상의 청구권은 피해자 또는 그 법정대리인이 다음의 사항을 모두 알게 된 날부터 <u>3년간 행사하지 아니하면 시효의 완성</u>으로 소멸한다.

ⓖ 손해

ⓛ 제3조에 따라 손해배상책임을 지는 자

② 이 법에 따른 손해배상의 청구권은 제조업자가 손해를 발생시킨 제조물을 공급한 날부터 <u>10년 이내에 행사하여야</u> 한다. 다만, 신체에 누적되어 사람의 건강을

해치는 물질에 의하여 발생한 손해 또는 일정한 잠복기간(潛伏期間)이 지난 후에 증상이 나타나는 손해에 대하여는 그 손해가 발생한 날부터 기산(起算)한다.

(6) 입증책임과 인과관계

① 현행 제조물책임법은 인과관계의 입증책임을 직접적으로 규정하지 않고 있다.
② 제조업자측에서 제품의 결함이 아닌 다른 원인으로 말미암아 발생한 것임을 입증하지 못하는 이상 <u>제조업자의 책임을 인정한다</u>.(판례)

5 국가배상법상의 책임 2016년 기사

(1) 목적(제1조)

이 법은 국가나 지방자치단체의 손해배상(損害賠償)의 책임과 배상절차를 규정함을 목적으로 한다.

(2) 배상책임(제2조) 2019년 기사 2022년 기사

① 국가나 지방자치단체는 공무원 또는 공무를 위탁받은 사인(이하 "공무원"이라 한다)이 직무를 집행하면서 고의 또는 과실로 법령을 위반하여 타인에게 손해를 입히거나, 「자동차손해배상보장법」에 따라 손해배상의 책임이 있을 때에는 이 법에 따라 그 손해를 배상하여야 한다.

다만, 군인·군무원·경찰공무원 또는 향토예비군대원이 전투·훈련 등 직무집행과 관련하여 전사·순직하거나 공상(公傷)을 입은 경우에 본인이나 그 유족이 다른 법령에 따라 재해보상금·유족연금·상이연금 등의 보상을 지급받을 수 있을 때에는 이 법 및 「민법」에 따른 손해배상을 청구할 수 없다.

> **! 꼼꼼. check!** → **공무원**
>
> 공무원이란 국가공무원법이나 지방공무원법에 의하여 공무원으로 신분을 가진 자에 국한하지 않고 널리 공무를 위탁받아 실질적으로 공무에 종사하고 있는 일체의 자를 말한다.

② 위 ①의 경우에 공무원에게 고의 또는 중대한 과실이 있으면 국가나 지방자치단체는 그 공무원에게 구상(求償)할 수 있다.

(3) 공무원이 직무를 집행하면서 고의 또는 과실로 법령위반 시 배상기준(제3조)

구 분	배상기준
타인을 사망하게 한 경우	• 사망 당시의 월급액이나 월실수입액 또는 평균임금에 장래의 취업가능기간을 곱한 금액의 유족배상(遺族賠償) • 장례비

구 분	배상기준
타인의 신체에 해를 입힌 경우	• 필요한 요양을 하거나 이를 대신할 요양비 • 위의 요양으로 인하여 월급액이나 월실수입액 또는 평균임금의 수입에 손실이 있는 경우에는 요양기간 중 그 손실액의 휴업배상(休業賠償) • 피해자가 완치 후 신체에 장해(障害)가 있는 경우에는 그 장해로 인한 노동력 상실 정도에 따라 피해를 입은 당시의 월급액이나 월실수입액 또는 평균임금에 장래의 취업가능기간을 곱한 금액의 장해배상(障害賠償)
타인의 물건을 멸실·훼손한 경우	• 피해를 입은 당시의 그 물건의 교환가액 또는 필요한 수리를 하거나 이를 대신할 수리비 • 위의 수리로 인하여 수입에 손실이 있는 경우에는 수리기간 중 그 손실액의 휴업배상

※ 사망하거나 신체의 해를 입은 피해자의 직계존속·직계비속 및 배우자, 신체의 해나 그 밖의 해를 입은 피해자에게는 대통령령으로 정하는 기준 내에서 피해자의 사회적 지위, 과실의 정도, 생계 상태, 손해배상액 등을 고려하여 그 정신적 고통에 대한 위자료를 배상하여야 한다.

(4) 성립요건
① 공무원의 고의 또는 과실이 있어야 한다.
② 법령에 위반하여야 한다.
③ 타인에게 손해가 발생하여야 한다.

(5) 공제액(제3조의2)
공무원의 직무를 집행하면서 고의 또는 과실로 법령을 위반하여 손해를 배상하여야 할 때 피해자가 손해를 입은 동시에 이익을 얻은 경우에는 손해배상액에서 그 이익에 상당하는 금액을 빼야 한다.

(6) 양도 등 금지(제4조) 2017년 기사 2021년 기사
생명·신체의 침해로 인한 국가배상을 받을 권리는 양도하거나 압류하지 못한다.

바로바로 확인문제

국가배상책임법상 배상책임에 관한 설명으로 옳지 않은 것은?
① 신체의 침해로 인한 국가배상을 받을 권리는 양도하지 못한다.
② 공무원이란 널리 공무를 위탁받아 실질적으로 공무에 종사하고 있는 일체의 자를 포함한다.
③ 공무원에게 중대한 과실이 있으면 지방자치단체는 그 공무원에게 구상할 수 있다.
④ 피해자가 손해를 입은 동시에 이익을 얻은 경우라도 손해배상액의 지급에는 변동이 없다.

해설 피해자가 손해를 입은 동시에 이익을 얻은 경우에는 손해배상액에서 그 이익에 상당하는 금액을 빼야 한다.

답 ④

Chapter 05 출제예상문제

* ✪ 표시 : 중요도를 나타냄

01 일반불법행위의 성립요건이 아닌 것은?

① 적법성
② 유책성
③ 책임능력
④ 손해발생

해설 일반불법행위의 성립요건
ㄱ 위법성
ㄴ 유책성
ㄷ 책임능력
ㄹ 손해발생

02 일반불법행위에 관한 설명으로 맞지 않는 것은?

① 고의가 성립하기 위해 결과의 손해발생 가능성 인식만 있으면 충분하고 적극적으로 결과발생을 의욕할 필요는 없다.
② 과실책임주의가 기본원칙으로 자기책임의 원칙이라고도 한다.
③ 손해배상의무자는 자신의 고의·과실로 인한 행위에 대해서만 책임을 진다.
④ 중과실이 민법상의 기본이 되는 과실이다.

해설 경과실이 민법상의 기본이 되는 과실이다.

03 다음 중 경과실의 의미로 옳은 것은?

① 보통 요구되는 주의의무를 현저하게 게을리 한 경우
② 다소라도 주의를 게을리 한 경우
③ 고의는 물론 과실조차 없었던 경우
④ 고의는 없었어도 최소한의 과실이 있었던 경우

해설 경과실이란 부주의의 정도가 가벼운 상태의 과실이다. 민법상의 과실은 경과실을 의미하며 다소라도 주의가 부족한 경우에는 책임을 물 수

있다. ③ 고의는 물론 과실조차 없었던 경우는 무과실이며, ④ 고의는 없었어도 최소한의 과실이 있었던 경우는 유과실이라고 구분하고 있다.

04 고의와 과실을 설명한 것이다. 옳지 않은 것은?

① 자기의 행위로 일정한 손해가 발생할 것이라는 것을 인식했어야 함에도 부주의로 인식하지 못하고 그 행위를 하는 심리상태를 과실이라고 한다.
② 불법행위에서 고의와 과실은 동등한 것으로 취급된다.
③ 중과실은 현저하게 주의를 게을리 한 경우로 민법상 명문화되어 있다.
④ 가해자가 자신의 행위로 일정한 손해가 발생할 것이라는 것을 인식하면서도 이를 감행하는 심리상태가 고의이다.

해설 중대한 과실이란 보통 요구되는 주의를 현저하게 결여한 것으로 대법원 판결(대법원 2009. 9. 24. 선고, 2009다 40356, 40363)과 판례를 통해 인식된 것이고 민법상 규정에는 언급이 없다.

05 위법성조각의 종류에 해당하지 않는 것은 어느 것인가?

① 가해자의 승낙
② 정당방위
③ 긴급피난
④ 자력구제

해설 위법성조각 사유는 정당방위(제761조 제1항), 긴급피난(제761조 제2항)을 규정하고 있다. 그 밖에 자력구제, 피해자의 승낙, 정당행위 등이 있다.

Answer 01.① 02.④ 03.② 04.③ 05.①

05
화재조사관계법규

06 일반불법행위의 책임능력에 대한 설명으로 옳은 것은?

① 고의적으로 심신상실을 초래한 때에는 손해배상을 하여야 할 책임이 있다.
② 미성년자가 타인에게 손해를 가한 경우 그 행위의 책임을 변식할 지능이 없더라도 배상책임이 있다.
③ 책임능력은 피해자의 책임능력을 말한다.
④ 심신상실 중인 자가 타인에게 손해를 가한 때는 배상책임이 있다.

해설 심신상실 중에 타인에게 손해를 가한 자는 배상책임이 없다. 그러나 고의 또는 과실로 인하여 심신상실을 초래한 때에는 그러하지 아니하다. (민법 제754조)

07 위법성조각이란?

① 범죄 구성요건에 해당된 경우 일정한 조건하에서 법적 제재를 받는 것
② 사인의 위법행위가 공법관계에서는 적법성을 유지한다는 것
③ 범죄 구성요건에 해당되더라도 일정한 경우 위법성을 배제하여 범죄가 성립하지 않는다는 것
④ 공무수행 중 발생한 공무원의 위법행위는 정상을 참작하여 범죄가 성립하지 않는다는 것

해설 위법성조각이란 범죄 구성요건에 해당되더라도 일정한 경우 위법성을 배제하여 범죄가 성립하지 않는다는 것이다. 여기서 조각(阻却)이란 막힌 것을 물리치거나 배제한다는 의미로 쓰인다.

08 정당방위에 대한 내용으로 옳지 않은 것은?

① 자기 자신 또는 제3자의 이익을 방위하기 위한 행위여야 한다.
② 행위자의 고의나 과실이 필요하다.
③ 타인의 불법행위가 있어야 한다.
④ 방위행위가 불가피한 행위여야 한다.

해설 정당방위란 타인의 불법행위에 대하여 자기 또는 제3자의 이익을 방위하기 위하여 부득이 타인에게 손해를 가한 행위를 말한다. 이때 행위자의 고의나 과실책임능력은 불필요하다.

09 위법성조각 사유에 해당하는 긴급피난에 대한 설명으로 옳지 않은 것은?

① 긴급피난에 의한 가해행위는 위법성이 없다.
② 자기 자신이나 제3자에게 발생한 급박한 위기를 피하기 위하여 불가피하게 타인에게 손해를 가하는 행위이다.
③ 위법한 침해에 대한 긴급방위에 해당한다.
④ 긴급피난은 급박한 상황에서 불가피하게 일어나는 것으로 불법행위가 성립하지 않는다.

해설 자기 자신이나 제3자에 대한 급박한 위기를 피하기 위하여 불가피하게 타인에게 손해를 가하는 행위를 말한다. 긴급피난은 위법하지 않은 침해에 대한 피난이다.

10 위법성조각 사유 가운데 피해자의 승낙이 성립하는 경우에 해당하는 것으로 옳은 것은?

① 자살방조
② 합의에 의한 난투극
③ 화재현장에서 출입문 파괴행위
④ 승낙살인

해설 피해자의 승낙이란 가해행위가 있기 전에 피해자가 사전에 가해를 해도 무방하다는 승낙을 한 경우로서 위법성이 조각된다는 것이다. 그러나 자살방조, 승낙살인 등은 피해자의 승낙이 있더라도 위법성이 조각되지 않는다. 화재현장에서 출입문 파괴행위는 불을 끄려면 불가피하므로 피해자의 승낙이 있으면 위법성은 조각된다.

11 자신의 집에 화재가 발생하여 대피를 하기 위해 이웃집 베란다 창문을 부수고 옆집으로 피신한 경우 위법성조각 사유로 가장 알맞은 것은?

① 정당방위
② 자력구제
③ 긴급피난
④ 피해자 승낙

해설 자신의 집에 화재가 발생하여 대피를 하기 위해 이웃집 베란다 창문을 부수고 옆집으로 피신한 경우 긴급하게 위기를 피하기 위한 것으로 주거침입죄가 성립할 수 없고 긴급피난으로 위법성은 조각된다.

Answer 06.① 07.③ 08.② 09.③ 10.③ 11.③

12 사형집행관의 사형수에 대한 사형집행은 살인이 아니라는 위법성조각 사유로 옳은 것은?

① 정당방위　　② 정당행위
③ 자력구제　　④ 긴급피난

해설 사형집행관의 사형수에 대한 사형집행은 살인이 아니라 사회통념에 비추어 허용된 정당행위로 위법성은 조각된다.

13 일반불법행위의 손해에 대한 설명이다. 옳지 않은 것은?

① 가해행위가 있었으나 실제로 손해가 발생하지 않았다면 손해배상책임이 발생하지 않는다.
② 불법행위가 성립하려면 가해행위로 손해가 현실적으로 발생하여야 한다.
③ 손해의 발생여부는 사회통념에 따라 객관적이고 합리적으로 판단하여야 한다.
④ 손해발생과 그 금액은 가해자가 입증하여야 한다.

해설 일반불법행위로 인한 손해발생과 그 금액은 피해자가 입증하여야 한다.

14 일반불법행위에서 입증책임에 대한 설명으로 옳지 않은 것은?

① 손해발생 및 과실의 입증책임은 가해자와 피해자가 서로 입증하여야 한다.
② 과실의 입증책임은 피해자가 입증하여야 한다.
③ 가해자는 자신에게 책임능력이 없었음을 입증하여야 면책된다.
④ 손해가 발생한 금액은 피해자가 입증하여야 한다.

해설 일반불법행위에서 손해발생 및 과실의 입증책임은 피해자가 입증하여야 한다. 그러나 책임능력은 가해자가 자신에게 책임능력이 없었음을 입증하여야 한다.

15 특수불법행위에 대한 설명으로 옳지 않은 것은?

① 책임무능력자의 감독자 책임은 자신이 아닌 타인의 가해행위에 대해 배상책임을 지는 것이다.
② 특수불법행위는 민법에서만 규정하고 있다.
③ 특수한 요건이 정해져 있는 불법행위를 통틀어 말한다.
④ 민법에는 책임무능력자의 감독자의 책임, 사용자의 책임, 공작물 등의 점유자·소유자의 책임 등이 있다.

해설 특수불법행위는 민법(책임무능력자의 감독자의 책임, 사용자의 책임, 공작물 등의 점유자·소유자의 책임, 동물점유자의 책임 등)과 특별법(제조물책임, 실화책임 등)상의 특수불법행위가 있다.

16 책임무능력자의 감독자의 책임에 관한 설명으로 옳지 않은 것은?

① 감독의무자가 감독의무를 게을리하지 않았을 때에는 책임을 면한다.
② 배상책임은 감독의무자 또는 그에 갈음하여 감독하는 자가 배상책임을 진다.
③ 감독의무자의 책임은 책임무능력자가 한 가해행위 그 자체에 대한 책임이다.
④ 책임무능력자의 행위가 불법행위의 요건은 충족하고 책임능력은 없어야 한다.

해설 감독의무자가 지는 책임은 책임무능력자가 한 가해행위 그 자체에 대한 것이 아니라, 책임무능력자에 대한 일반적인 감독의무를 게을리한 것에 대한 책임이다.

17 공작물 등의 점유자·소유자책임에 대한 설명으로 옳지 않은 것은?

① 공작물의 점유자와 소유자는 항상 공동 손해배상책임을 진다.
② 점유자 또는 소유자의 책임은 위험책임의 원리에 근거하여 책임을 가중시킨 것이다.
③ 공작물의 소유자가 배상을 한 후 손해의 원인에 대해 책임 있는 자에게 구상권을 행사할 수 있다.
④ 공작물의 배상책임은 1차적으로 점유자가 책임을 진다.

해설 공작물의 설치 또는 보존의 하자로 인하여 타인에게 손해를 가한 때에는 공작물의 점유자가 손해를 배상할 책임이 있다. 그러나 공작물의 점유자가 1차적으로 손해배상책임을 지고 그가 손해의 방지에 필요한 주의를 다한 경우에는 면책되며 이때는 2차적으로 소유자가 배상책임을 진다.

18 공작물의 배상책임이 있는 소유자의 책임으로 옳은 것은?

① 경과실책임 　　② 중과실책임
③ 위험책임 　　　④ 무과실책임

해설 공작물의 배상책임은 1차적으로 점유자가 책임을 지고 2차적으로 소유자가 책임을 진다. 이때 소유자책임은 공작물의 하자로 인하여 손해가 생긴 것인 한 손해방지에 필요한 주의를 다했더라도 면책이 되지 않는다(무과실책임).

19 실화책임에 관한 법률에 의해 손해배상액의 경감을 청구할 수 있는 과실책임으로 옳은 것은 어느 것인가?

① 경과실책임
② 중과실책임
③ 실화자책임
④ 중실화자책임

해설 실화자의 중대한 과실로 인한 것이 아닌 경우(경과실)에는 법원에 손해배상액의 경감을 청구할 수 있고, 법원은 실화자의 청구에 따라 손해배상액을 결정할 때 사정을 고려하여 실화자의 손해배상액을 경감토록 하고 있다.

20 실화자가 손해배상액 경감 청구 시 법원의 고려사항이 아닌 것은?

① 피해확대 방지를 위한 실화자의 노력
② 주변사람들의 탄원서
③ 화재의 원인과 규모
④ 배상의무자의 경제상태

해설 주변사람들의 탄원서는 법원에서 고려하여야 할 사항이 아니다.

21 제조물책임법의 특징을 설명한 것으로 옳지 않은 것은?

① 제조업자는 무과실책임을 부담한다.
② 피해자는 제조물의 결함과 손해 사이의 사실상의 인과관계를 증명하는 것으로 충분하다.
③ 계약관계가 없더라도 제조업자 등에게 제품의 결함에 대한 손해배상책임을 추궁할 수 있다.
④ 피해자측에서 제품의 결함으로 피해가 발생한 것임을 입증하여야 한다.

해설 제조업자측에서 제품의 결함이 아닌 다른 원인으로 말미암아 발생한 것임을 입증하지 못하는 이상 제조업자의 책임을 인정한 것이 제조물책임법이다.

22 국가배상법상의 배상책임자로 옳은 것은?

① 국가 및 비영리법인
② 국가 및 사단법인
③ 국가 및 공공단체
④ 국가 및 지방자치단체

해설 국가나 지방자치단체는 공무원 또는 공무를 위탁받은 사인이 직무를 집행하면서 고의 또는 과실로 법령을 위반하여 타인에게 손해를 입히거나, 「자동차손해배상보장법」에 따라 손해배상의 책임이 있을 때에는 이 법에 따라 그 손해를 배상하여야 한다.

23 국가배상법상 손해를 배상하여야 하는 성립요건에 해당하지 않는 것은?

① 공무원의 고의적 행위가 아니어야 한다.
② 공무원의 과실이 있어야 한다.
③ 법령에 위반하여야 한다.
④ 타인에게 손해가 발생하여야 한다.

해설 **국가배상법상 손해를 배상하여야 하는 성립요건**
　㉠ 공무원의 고의 또는 과실이 있어야 한다.
　㉡ 법령에 위반하여야 한다.
　㉢ 타인에게 손해가 발생하여야 한다.

Answer　18.④　19.①　20.②　21.④　22.④　23.①

24 다음 중 국가나 지방자치단체가 손해배상을 하여야 하는 경우가 아닌 것은?

① 소방차가 출동 중 차량접촉사고를 일으킨 경우
② 화재로 주택이 전소된 경우
③ 도로에 구멍이 발생하여 오토바이가 넘어진 경우
④ 제방을 쌓아둔 하천이 범람하여 주택이 침수된 경우

해설 소방차가 출동 중 차량접촉사고를 일으킨 경우는 지방자치단체가 배상하여야 하며, 도로에 구멍이 발생하여 오토바이가 넘어진 경우와 제방을 쌓아둔 하천이 범람하여 주택이 침수된 경우는 영조물의 설치나 관리의 하자로 타인에게 손해가 발생한 것으로 국가나 지방자치단체가 그 손해를 배상하여야 한다.

25 공무원의 과실로 타인의 신체에 해를 입힌 경우 배상내용으로 옳지 않은 것은?

① 요양비
② 피해를 입은 물건의 수리비
③ 요양으로 인해 수입에 손실이 있는 경우 요양기간 중 그 손실액의 휴업배상
④ 피해자가 완치 후 신체에 장해가 있는 경우 장해배상

해설 공무원의 과실로 피해를 입은 물건의 수리비는 타인의 물건을 멸실·훼손한 경우 배상하는 것으로 타인의 신체에 해를 입힌 경우의 배상내용에 해당하지 않는다.

26 다음 중 국가배상법상 공무원에 해당하지 않는 것은?

① 국회의원
② 판사
③ 소방차운전원
④ 의용소방대원

해설 판례는 소집 중인 향토예비군, 통장, 소방차운전수, 검사와 판사, 국회의원도 공무원에 해당한다고 판시한 바 있지만, 의용소방대원은 부정하고 있다.

05
화재조사관계법규

Chapter 06 화재분쟁의 소송외적해결관련 법규

01 화재로 인한 재해보상과 보험가입에 관한 법률

1 민사책임의 성질

① 민사책임이라 함은 보통 채무불이행책임을 제외한 불법행위책임이라는 의미로 사용되고 있다.

② 민사책임이 피해자에게 발생한 손해를 행위자가 배상하는 것을 목적으로 개인의 책임을 묻는 반면 형사책임은 범법자에 대한 형벌 및 장래에 있어서의 해악의 발생을 방지하는 것을 목적으로 행위자의 사회에 대한 책임을 묻는 것이라는 점에서 차이가 있다.

2 화재로 인한 재해보상과 보험가입에 관한 법률

(1) 목적(제1조)

① 화재로 인한 인명 및 재산상의 <u>손실예방</u>

② 화재발생 시 신속한 <u>재해복구</u>

③ 인명피해에 대한 <u>적정보상</u>

④ 국민의 <u>생활안정</u>에 이바지

(2) 용어의 정의(제2조)

① 손해보험회사 : 「보험업법」 제4조에 따른 <u>화재보험업의 허가를 받은 자</u>를 말한다.

② 특약부화재보험 : 화재로 인한 건물의 손해와 뒤 (3)의 ①에 따른 손해배상책임을 담보하는 보험을 말한다.

③ 특수건물 : 국유건물·공유건물·교육시설·백화점·시장·의료시설·흥행장·숙박업소·다중이용업소·운수시설·공장·공동주택과 그 밖에 여러 사람이 출입 또는 근무하거나 거주하는 건물로서 화재의 위험이나 건물의 면적 등을 고려하여 대통령령으로 정하는 건물을 말한다.

특수건물(화재로 인한 재해보상과 보험가입에 관한 법률 시행령 제2조)

① 「화재로 인한 재해보상과 보험가입에 관한 법률」(이하 "법"이라 한다) 제2조 제3호에서 "대통령령으로 정하는 건물"이란 다음 어느 하나에 해당하는 건물을 말한다.

1. 「국유재산법」 제5조 제1항 제1호에 따른 부동산 중 연면적이 1천m² 이상인 건물 및 이 건물과 같은 용도로 사용하는 부속건물(다만, 대통령관저와 특수용도에 사용하는 건물로서 금융위원회가 지정하는 건물을 제외)

1의 2. 「공유재산 및 물품관리법」 제4조 제1항 제1호에 따른 부동산 중 연면적이 1천m² 이상인 건물 및 이 건물과 같은 용도로 사용하는 부속건물(다만, 「한국지방재정공제회법」에 따른 한국지방재정공제회(이하 "한국지방재정공제회"라 한다) 또는 사단법인 교육시설재난공제회가 운영하는 공제 중 특약부화재보험과 같은 정도의 손해를 보상하는 공제에 가입한 지방자치단체 소유의 건물은 제외)

2. 「학원의 설립·운영 및 과외교습에 관한 법률」 제2조 제1호에 따른 학원으로 사용하는 부분의 바닥면적의 합계가 2천m² 이상인 건물

3. 「의료법」 제3조 제2항 제3호에 따른 병원급 의료기관으로 사용하는 건물로서 연면적의 합계가 3천m² 이상인 건물

4. 「관광진흥법」 제3조 제1항 제2호에 따른 관광숙박업으로 사용하는 건물로서 연면적의 합계가 3천m² 이상인 건물

5. 「공중위생관리법」 제2조 제1항 제2호에 따른 숙박업으로 사용하는 부분의 바닥면적의 합계가 3천m² 이상인 건물

6. 「공연법」 제2조 제4호에 따른 공연장으로 사용하는 건물로서 연면적의 합계가 3천m² 이상인 건물

7. 「방송법」 제2조 제2호의 규정에 의한 방송사업을 목적으로 사용하는 건물로서 연면적의 합계가 3천m² 이상인 건물

8. 「유통산업발전법」 제2조 제3호의 규정에 의한 대규모 점포로 사용하는 부분의 바닥면적의 합계가 3천m² 이상인 건물

9. 「농수산물 유통 및 가격안정에 관한 법률」 제2조 제2호 및 제6호에 따른 농수산물도매시장 및 민영농수산물도매시장으로 사용하는 건물로서 연면적의 합계가 3천m² 이상인 건물(다만, 한국지방재정공제회가 운영하는 공제 중 특약부화재보험과 같은 정도의 손해를 보상하는 공제에 가입한 지방자치단체 및 지방공기업 소유의 건물은 제외)

10. 다음의 영업으로 사용하는 부분의 바닥면적의 합계가 2천m² 이상인 건물
    가. 「게임산업진흥에 관한 법률」 제2조 제6호에 따른 게임제공업
    나. 「게임산업진흥에 관한 법률」 제2조 제7호에 따른 인터넷컴퓨터게임시설제공업
    다. 「음악산업진흥에 관한 법률」 제2조 제13호에 따른 노래연습장업
    라. 「식품위생법 시행령」 제21조 제8호 가목에 따른 휴게음식점영업
    마. 「식품위생법 시행령」 제21조 제8호 나목에 따른 일반음식점영업
    바. 「식품위생법 시행령」 제21조 제8호 다목에 따른 단란주점영업
    사. 「식품위생법 시행령」 제21조 제8호 라목에 따른 유흥주점영업

11. 「초·중등교육법」 제2조 및 「고등교육법」 제2조에 따른 학교로 사용하는 건물로서 연면적의 합계가 3천m² 이상인 건물(다만, 사단법인 교육시설재난공제회가 운영하는 공제 중 특약부화재보험과 같은 정도의 손해를 보상하는 공제에 가입한 건물은 제외)

12. 「주택법 시행령」 제2조 제1항에 따른 공동주택으로서 16층 이상의 아파트 및 부속건물. 이 경우 「주택법」 제2조 제14호에 따른 관리주체에 의하여 관리되는 동일한 아파트단지 안에 있는 15층 이하의 아파트를 포함한다.

13. 「산업집적활성화 및 공장설립에 관한 법률」 제2조 제1호에 따른 공장으로서 연면적의 합계가 3천m² 이상인 건물

14. 층수가 11층 이상인 건물(다만, 아파트(제12호에 따른 아파트는 제외)·창고 및 모든 층을 주차용도로 사용하는 건물과 한국지방재정공제회가 운영하는 공제 중 특약부화재보험과 같은 정도의 손해를 보상하는 공제에 가입한 지방자치단체 및 지방공기업 소유의 건물은 제외)

05

화재조사관계법규

15. 「공중위생관리법」제2조 제1항 제3호에 따른 목욕장업으로 사용하는 부분의 바닥면적의 합계가 2천m^2 이상인 건물
16. 「영화 및 비디오물의 진흥에 관한 법률」제2조 제10호에 따른 영화상영관으로 사용하는 부분의 바닥면적의 합계가 2천m^2 이상인 건물
17. 「도시철도법」제2조 제3호 가목에 따른 도시철도의 역사(驛舍) 및 역 시설로 사용하는 부분의 바닥면적의 합계가 3천m^2 이상인 역사 및 역 시설(다만, 한국지방재정공제회가 운영하는 공제 중 특약부화재보험과 같은 정도의 손해를 보상하는 공제에 가입한 지방자치단체 및 지방공기업 소유의 역사 및 역 시설은 제외)
18. 「사격 및 사격장 안전관리에 관한 법률」제5조에 따른 실내사격장으로 사용하는 건물

② 앞 ①의 12. 및 14.의 규정에 의한 건물의 층수계산방법은 「건축법 시행령」의 규정에 의하되, 건축물의 옥상부분으로서 그 용도가 명백한 계단실 또는 물탱크실인 경우에는 층수로 산입하지 아니하며, 지하층은 이를 층으로 보지 아니한다.

(3) 특수건물 소유자의 손해배상책임(제4조) 암기 [2015년 산업기사] [2016년 기사] [2019년 기사] [2020년 산업기사]

① 특수건물의 소유자는 그 특수건물의 화재로 인하여 다른 사람이 사망하거나 부상을 입었을 때 또는 다른 사람의 재물에 손해가 발생한 때에는 과실이 없는 경우에도 뒤 (7)의 ①에서 ⓛ에 따른 보험금액의 범위에서 그 손해를 배상할 책임이 있다. 이 경우 「실화책임에 관한 법률」에도 불구하고 특수건물의 소유자에게 경과실(輕過失)이 있는 경우에도 또한 같다.

② 특수건물 소유자의 손해배상책임에 관하여는 이 법에서 규정한 것 외에는 민법에 따른다.

바로바로 확인문제

화재로 인한 재해보상과 보험가입에 관한 법률의 목적이 아닌 것은?

① 화재발생 시 신속한 재해복구 ② 재산피해에 대한 적정보상
③ 화재로 인한 인명 및 재산상의 손실예방 ④ 국민의 생활안정에 이바지

해설 화재로 인한 재해보상과 보험가입에 관한 법률의 목적(제1조)
㉠ 화재로 인한 인명 및 재산상의 손실예방
ⓛ 화재발생 시 신속한 재해복구
㉢ 인명피해에 대한 적정보상
㉣ 국민의 생활안정에 이바지

답 ②

(4) 보험가입의 의무(제5조) 암기 [2016년 기사] [2019년 기사] [2020년 기사] [2021년 기사] [2022년 기사]

① 특수건물의 소유자는 그 특수건물의 화재로 인한 해당 건물의 손해를 보상받고 위 (3)의 ①에 따른 손해배상책임을 이행하기 위하여 그 특수건물에 대하여 손해보험회사가 운영하는 특약부화재보험에 가입하여야 한다. 다만, 종업원에 대하여 「산업재해보상보험법」에 따른 산업재해보상보험에 가입하고 있는 경우에는 그 종업원에 대한 위 (3)의 ①에 따른 손해배상책임 중 사망이나 부상에 따른 손해배상책임을 담보하는 보험에 가입하지 아니할 수 있다.

② 특수건물의 소유자는 특약부화재보험에 부가하여 풍재(風災), 수재(水災) 또는 건물의 무너짐 등으로 인한 손해를 담보하는 보험에 가입할 수 있다.

③ <u>손해보험회사</u>는 앞 ①과 ②에 따른 보험계약의 체결을 <u>거절하지 못한다</u>.

④ 특수건물의 소유자는 다음에서 정하는 날부터 <u>30일 이내</u>에 특약부화재보험에 가입하여야 한다.

    ㉠ 특수건물을 건축한 경우 : 「건축법」 제22조에 따른 건축물의 사용승인, 「주택법」 제49조에 따른 사용검사 또는 관계법령에 따른 준공인가·준공확인 등을 받은 날

    ㉡ 특수건물의 소유권이 변경된 경우 : 그 건물의 소유권을 취득한 날

    ㉢ 그 밖의 경우 : 특수건물의 소유자가 그 건물이 특수건물에 해당하게 된 사실을 알았거나 알 수 있었던 시점 등을 고려하여 대통령령으로 정하는 날

⑤ 특수건물의 소유자는 위 ④의 특약부화재보험 계약을 <u>매년 갱신</u>하여야 한다.

(5) 외국인 등의 소유 건물에 대한 특례(제6조) 〔2016년 기사〕 〔2017년 기사〕 〔2019년 기사〕

특수건물 중 다음의 어느 하나에 해당되는 건물은 앞 (3)과 (4)를 적용하지 아니한다.

① 대한민국에 파견된 외국의 대사·공사 또는 그 밖에 이에 준하는 사절(使節)이 소유하는 건물

② 대한민국에 파견된 국제연합의 기관 및 그 직원(외국인만 해당한다)이 소유하는 건물

③ 대한민국에 주둔하는 외국군대가 소유하는 건물

④ 군사용 건물과 외국인 소유 건물로서 대통령령으로 정하는 건물

> **❗ 꼼.꼼. check!** ─▶ 대통령령이 정하는 건물 ─
> • 국방부장관이 지정하는 3층 이상의 건물
> • 국군통합병원의 진료부와 병동 건물
> • 군인공동주택

(6) 보험가입의 촉진(제7조)

① 금융위원회는 앞 (4)에 따른 보험의 가입 의무자가 그 보험에 가입하지 아니한 경우에는 관계행정기관에 대하여 가입 의무자에 대한 인가·허가의 취소, 영업의 정지, 건물사용의 제한 등 필요한 조치를 할 것을 요청할 수 있다.

② 위 ①에 따른 요청을 받은 행정기관은 정당한 이유가 없으면 요청에 따라야 한다.

(7) 보험금액(제8조) 〔2013년 기사〕 〔2016년 기사〕 〔2017년 기사〕 〔2018년 기사〕 〔2019년 기사〕

① 앞 (4)에 따라 가입하는 보험의 보험금액은 다음의 구분에 따른다.

    ㉠ 화재보험 : 특수건물의 시가(時價)에 해당하는 금액

    ㉡ 손해배상책임을 담보하는 보험에 해당하는 부분 중 다음의 구분에 따른 금액

    • <u>사망의 경우</u> : 피해자 1명마다 <u>5천만원 이상</u>으로서 대통령령으로 정하는 금액

05

화재조사관계법규

- 부상의 경우 : 피해자 1명마다 사망자에 대한 보험금액의 범위에서 대통령령으로 정하는 금액
- 재물에 대한 손해가 발생한 경우 : <u>화재 1건마다 1억원 이상</u>으로서 국민의 안전 및 특수건물의 화재위험성 등을 고려하여 대통령령으로 정하는 금액

② 앞 ①의 ㉠에 따른 <u>시가의 결정에 관한 기준은 총리령으로 정한다.</u>

‖ 보험금액(화재로 인한 재해보상과 보험가입에 관한 법률 시행령 제5조) ‖

① 법 제8조 제1항 제2호에 따라 특수건물의 소유자가 가입하여야 하는 보험의 보험금액은 다음의 기준을 충족하여야 한다.
1. 사망의 경우 : 피해자 1명마다 1억 5천만원의 범위에서 피해자에게 발생한 손해액. 다만, 손해액이 2천 만원 미만인 경우에는 2천만원으로 한다.
2. 부상의 경우 : 피해자 1명마다 [별표 1]에 따른 금액의 범위에서 피해자에게 발생한 손해액
3. 부상에 대한 치료를 마친 후 더 이상의 치료효과를 기대할 수 없고 그 증상이 고정된 상태에서 그 부상 이 원인이 되어 신체에 생긴 장애(이하 "후유장애"라 한다)의 경우 : 피해자 1명마다 [별표 2]에 따른 금액의 범위에서 피해자에게 발생한 손해액
4. 재물에 대한 손해가 발생한 경우 : 사고 1건마다 10억원의 범위에서 피해자에게 발생한 손해액

② 하나의 사고로 위 ①의 1.부터 3.까지 중 둘 이상에 해당하게 된 경우에는 다음의 구분에 따라 보험금을 지급한다.
1. 부상당한 피해자가 치료 중 그 부상이 원인이 되어 사망한 경우 : 피해자 1명마다 위 ①의 1.에 따른 금액과 같은 항 2.에 따른 금액을 더한 금액
2. 부상당한 피해자에게 후유장애가 생긴 경우 : 피해자 1명마다 위 ①의 2.에 따른 금액과 같은 항 3.에 따른 금액을 더한 금액
3. 위 ①의 3.에 따른 금액을 지급한 후 그 부상이 원인이 되어 사망한 경우 : 피해자 1명마다 위 ①의 1.에 따른 금액에서 같은 항 3.에 따른 금액 중 사망한 날 이후에 해당하는 손해액을 뺀 금액

③ 위 ①의 1.~4.에 따른 손해액의 범위는 총리령으로 정한다.

‖ 부상등급 및 보험금액(시행령 제5조 제1항 제2호 관련 [별표 1]) ‖

부상등급	보험금액	부상내용
1급	3천만원	1. 고관절의 골절 또는 골절성 탈구 2. 척추체분쇄성 골절 3. 척추체골절 또는 탈구로 인한 각종 신경증상으로 수술을 시행한 부상 4. 외상성 두개강 안의 출혈로 개두술을 시행한 부상 5. 두개골의 함몰골절로 신경학적 증상이 심한 부상 또는 경막하수종, 수활액 낭종, 지주막하출혈 등으로 개두술을 시행한 부상 6. 고도의 뇌좌상(소량의 출혈이 뇌 전체에 퍼져있는 손상을 포함)으로 생명이 위독한 부상(48시간 이상 혼수상태가 지속되는 경우만 해당) 7. 대퇴골간부의 분쇄성 골절 8. 경골 아래 3분의 1 이상의 분쇄성 골절 9. 화상・좌창・괴사창 등으로 연부조직의 손상이 심한 부상(몸 표면의 9% 이상의 부상) 10. 사지와 몸통의 연부조직에 손상이 심하여 유경식피술을 시행한 부상 11. 상박골경부골절과 간부분쇄골절이 중복된 경우 또는 상완골삼각골절 12. 그 밖에 1급에 해당한다고 인정되는 부상

부상등급	보험금액	부상내용
2급	1,500만원	1. 상박골분쇄성 골절 2. 척추체의 압박골절이 있으나 각종 신경증상이 없는 부상 또는 경추탈구(아탈구를 포함), 골절 등으로 경추보조기(할로베스트) 등 고정술을 시행한 부상 3. 두개골골절로 신경학적 증상이 현저한 부상(48시간 미만의 혼수상태 또는 반혼수상태가 지속되는 경우) 4. 내부 장기파열과 골반골골절이 동반된 부상 또는 골반골골절과 요도파열이 동반된 부상 5. 슬관절탈구 6. 족관절부골절과 골절성 탈구가 동반된 부상 7. 척골간부골절과 요골골두탈구가 동반된 부상 8. 천장골간 관절탈구 9. 슬관절 전후십자인대 및 내측부 인대파열과 내외측 반월상연골이 전부 파열된 부상 10. 그 밖에 2급에 해당한다고 인정되는 부상
3급	1,200만원	1. 상박골경부골절 2. 상박골과부골절과 주관절탈구가 동반된 부상 3. 요골과 척골의 간부골절이 동반된 부상 4. 수근주상골골절 5. 요골신경손상을 동반한 상박골간부골절 6. 대퇴골간부골절(소아의 경우에는 수술을 시행한 경우만 해당하며, 그 외의 사람의 경우에는 수술의 시행 여부를 불문) 7. 무릎골(슬개골을 말한다. 이하 같다) 분쇄골절과 탈구로 인하여 무릎골 완전적출술을 시행한 부상 8. 경골과부골절로 인하여 관절면이 손상되는 부상(경골극골절로 관혈적 수술을 시행한 경우를 포함) 9. 족근골척골간 관절탈구와 골절이 동반된 부상 또는 족근중족(lisfranc)관절의 골절 및 탈구 10. 전후십자인대 또는 내외측 반월상 연골파열과 경골극골절 등이 복합된 슬내장 11. 복부내장파열로 수술이 불가피한 부상 또는 복강 내 출혈로 수술한 부상 12. 뇌손상으로 뇌신경마비를 동반한 부상 13. 중증도의 뇌좌상(소량의 출혈이 뇌 전체에 퍼져있는 손상을 포함)으로 신경학적 증상이 심한 부상(48시간 미만의 혼수상태 또는 반혼수상태가 지속되는 경우) 14. 개방성 공막열창으로 양쪽 안구가 파열되어 양안적출술을 시행한 부상 15. 경추궁의 선상골절 16. 항문파열로 인공항문조성술 또는 요도파열로 요도성형술을 시행한 부상 17. 대퇴골과부 분쇄골절로 인하여 관절면이 손상되는 부상 18. 그 밖에 3급에 해당한다고 인정되는 부상
4급	1천만원	1. 대퇴골과부(원위부, 과상부 및 대퇴과간을 포함)골절 2. 경골간부골절, 관절면 침범이 없는 경골과부골절 3. 거골경부골절 4. 슬개인대파열 5. 견갑관절부위의 회선근개골절 6. 상박골 외측상과 전위골절 7. 주관절부골절과 탈구가 동반된 부상 8. 화상, 좌창, 괴사창 등으로 연부조직의 손상이 몸 표면의 약 4.5% 이상인 부상

부상등급	보험금액	부상내용
4급	1천만원	9. 안구파열로 적출술이 불가피한 부상 또는 개방성 공막열창으로 안구적출술, 각막이식술을 시행한 부상 10. 대퇴사두근, 이두근파열로 관혈적 수술을 시행한 부상 11. 슬관절부의 내외측부 인대, 전후십자인대, 내외측 반월상 연골 완전파열(부분파열로 수술을 시행한 경우를 포함) 12. 관혈적 정복술을 시행한 소아의 경·비골 아래 3분의 1 이상의 분쇄성 골절 13. 그 밖에 4급에 해당한다고 인정되는 부상
5급	900만원	1. 골반골의 중복골절(말가이그니씨골절 등을 포함) 2. 족관절부의 내외과골절이 동반된 부상 3. 족종골골절 4. 상박골간부골절 5. 요골원위부(colles, smith, 수근관절면, 요골원위 골단골절을 포함)골절 6. 척골근위부골절 7. 다발성 늑골골절로 혈흉, 기흉이 동반된 부상 또는 단순늑골골절과 혈흉, 기흉이 동반되어 흉관삽관술을 시행한 부상 8. 족배부근건파열창 9. 수장부근건파열창(상완심부열창으로 삼각근, 이두근 근건파열을 포함) 10. 아킬레스건파열 11. 소아의 상박골간부골절(분쇄골절을 포함)로 수술한 부상 12. 결막, 공막, 망막 등의 자체 파열로 봉합술을 시행한 부상 13. 거골골절(경부는 제외) 14. 관혈적 정복술을 시행하지 않은 소아의 경·비골 아래의 3분의 1 이상의 분쇄골절 15. 관혈적 정복술을 시행한 소아의 경골분쇄골절 16. 23개 이상의 치아에 보철이 필요한 부상 17. 그 밖에 5급에 해당된다고 인정되는 부상
6급	700만원	1. 소아의 하지장관골골절(분쇄골절 또는 성장판손상을 포함) 2. 대퇴골대전자부 절편골절 3. 대퇴골소전자부 절편골절 4. 다발성 발바닥뼈(중족골을 말한다. 이하 같다)골절 5. 치골·좌골·장골·천골의 단일골절 또는 미골골절로 수술한 부상 6. 치골 상·하지골절 또는 양측 치골골절 7. 단순손목뼈골절 8. 요골간부골절(원위부골절은 제외) 9. 척골간부골절(근위부골절은 제외) 10. 척골주두부골절 11. 다발성 손바닥뼈(중수골을 말한다. 이하 같다)골절 12. 두개골골절로 신경학적 증상이 경미한 부상 13. 외상성 경막하수종, 수활액낭종, 지주막하출혈 등으로 수술하지 않은 부상(천공술을 시행한 경우를 포함) 14. 늑골골절이 없이 혈흉 또는 기흉이 동반되어 흉관삽관술을 시행한 부상 15. 상박골대결절 견연골절로 수술을 시행한 부상 16. 대퇴골 또는 대퇴과부 견연골절 17. 19개 이상 22개 이하의 치아에 보철이 필요한 부상 18. 그 밖에 6급에 해당한다고 인정되는 부상
7급	500만원	1. 소아의 상지장관골골절 2. 족관절내과골 또는 외과골골절 3. 상박골상과부 굴곡골절 4. 고관절탈구

부상등급	보험금액	부상내용
7급	500만원	5. 견갑관절탈구 6. 견봉쇄골간관절탈구, 관절낭 또는 견봉쇄골간 인대파열 7. 족관절탈구 8. 천장관절 이개 또는 치골결합부 이개 9. 다발성 안면두개골골절 또는 신경손상과 동반된 안면두개골골절 10. 16개 이상 18개 이하의 치아에 보철이 필요한 부상 11. 그 밖에 7급에 해당한다고 인정되는 부상
8급	300만원	1. 상박골절과부 신전골절 또는 상박골대결절 견연골절로 수술하지 않은 부상 2. 쇄골골절 3. 주관절탈구 4. 견갑골(견갑골극 또는 체부, 흉곽 내 탈구, 경부, 과부, 견봉돌기 및 오훼돌기를 포함)골절 5. 견봉쇄골인대 또는 오구쇄골인대 완전파열 6. 주관절 내 상박골소두골절 7. 비골(다리)골절, 비골근위부골절(신경손상 또는 관절면손상을 포함) 8. 발가락뼈(족지골을 말한다. 이하 같다)의 골절과 탈구가 동반된 부상 9. 다발성 늑골골절 10. 뇌좌상(소량의 출혈이 뇌 전체에 퍼져있는 손상을 포함)으로 신경학적 증상이 경미한 부상 11. 안면부열창, 두개부타박 등에 의한 뇌손상이 없는 뇌신경손상 12. 상악골, 하악골, 치조골, 안면 두개골골절 13. 안구적출술 없이 시신경의 손상으로 실명된 부상 14. 족부인대파열(부분파열은 제외) 15. 13개 이상 15개 이하의 치아에 보철이 필요한 부상 16. 그 밖에 8급에 해당한다고 인정되는 부상
9급	240만원	1. 척추골의 극상돌기, 횡돌기골절 또는 하관절돌기골절(다발성 골절을 포함) 2. 요골골두골골절 3. 완관절 내 월상골전방탈구 등 손목뼈탈구 4. 손가락뼈(수지골을 말한다. 이하 같다)의 골절과 탈구가 동반된 부상 5. 손바닥뼈골절 6. 수근골절(주상골은 제외) 7. 발목뼈(족근골)골절(거골 · 종골은 제외) 8. 발바닥뼈골절 9. 족관절부염좌, 경 · 비골이개, 족부인대 또는 아킬레스건의 부분파열 10. 늑골, 흉골, 늑연골골절 또는 단순늑골골절과 혈흉, 기흉이 동반되어 수술을 시행하지 않은 경우 11. 척추체간 관절부염좌로서 그 부근의 연부조직(인대, 근육 등을 포함) 손상이 동반된 부상 12. 척수손상으로 마비증상이 없고 수술을 시행하지 않은 경우 13. 완관절탈구(요골, 손목뼈관절탈구, 수근간 관절탈구 및 하요척골 관절탈구를 포함) 14. 미골골절로 수술하지 않은 부상 15. 슬관절부인대의 부분파열로 수술을 시행하지 않은 경우 16. 11개 이상 12개 이하의 치아에 보철이 필요한 부상 17. 그 밖에 9급에 해당한다고 인정되는 부상
10급	200만원	1. 외상성 슬관절 내 혈종(활액막염을 포함) 2. 손바닥뼈지골간 관절탈구 3. 손목뼈, 손바닥뼈간 관절탈구 4. 상지부 각 관절부(견관절, 주관절 및 완관절)염좌

부상등급	보험금액	부상내용
10급	200만원	5. 척골 · 요골 경상돌기골절, 제불완전골절(비골(코)골절, 손가락뼈골절 및 발가락뼈골절은 제외) 6. 손가락 신전근건파열 7. 9개 이상 10개 이하의 치아에 보철이 필요한 부상 8. 그 밖에 10급에 해당한다고 인정되는 부상
11급	160만원	1. 발가락뼈관절탈구 및 염좌 2. 손가락골절 · 탈구 및 염좌 3. 비골(코)골절 4. 손가락뼈골절 5. 발가락뼈골절 6. 뇌진탕 7. 고막파열 8. 6개 이상 8개 이하의 치아에 보철이 필요한 부상 9. 그 밖에 11급에 해당한다고 인정되는 부상
12급	120만원	1. 8일 이상 14일 이하의 입원이 필요한 부상 2. 15일 이상 26일 이하의 통원치료가 필요한 부상 3. 4개 이상 5개 이하의 치아에 보철이 필요한 부상
13급	80만원	1. 4일 이상 7일 이하의 입원이 필요한 부상 2. 8일 이상 14일 이하의 통원치료가 필요한 부상 3. 2개 이상 3개 이하의 치아에 보철이 필요한 부상
14급	50만원	1. 3일 이하의 입원이 필요한 부상 2. 7일 이하의 통원치료가 필요한 부상 3. 1개 이하의 치아에 보철이 필요한 부상

[비고]
1. 2급부터 11급까지의 부상내용 중 개방성 골절은 해당 등급보다 한 등급 높은 금액으로 배상한다.
2. 2급부터 11급까지의 부상내용 중 단순성 선상골절로 인한 골편의 전위가 없는 골절은 해당 등급보다 한 등급 낮은 금액으로 배상한다.
3. 2급부터 11급까지의 부상 중 2가지 이상의 부상이 중복된 경우에는 가장 높은 등급에 해당하는 부상으로부터 하위 3등급(ⓐ 부상내용이 주로 2급에 해당하는 경우에는 5급까지) 사이의 부상이 중복된 경우에만 가장 높은 부상내용의 등급보다 한 등급 높은 금액으로 배상한다.
4. 일반외상과 치아보철이 필요한 부상이 중복된 경우 1급의 금액을 초과하지 않는 범위에서 부상등급별로 해당하는 금액의 합산액을 배상한다.

┃ 후유장애 구분 및 보험금액(시행령 제5조 제1항 제3호 관련 [별표 2]) ┃

등 급	보험금액	신체장애
1급	1억 5천만원	1. 두 눈이 실명된 사람 2. 말하는 기능과 음식물을 씹는 기능을 완전히 잃은 사람 3. 신경계통의 기능 또는 정신기능에 뚜렷한 장애가 남아 항상 보호를 받아야 하는 사람 4. 흉복부장기의 기능에 뚜렷한 장애가 남아 항상 보호를 받아야 하는 사람 5. 반신마비가 된 사람 6. 두 팔을 팔꿈치관절 이상의 부위에서 잃은 사람 7. 두 팔을 완전히 사용하지 못하게 된 사람 8. 두 다리를 무릎관절 이상의 부위에서 잃은 사람 9. 두 다리를 완전히 사용하지 못하게 된 사람

등 급	보험금액	신체장애
2급	1억 3,500만원	1. 한쪽 눈이 실명되고 다른 쪽 눈의 시력이 0.02 이하로 된 사람 2. 두 눈의 시력이 모두 0.02 이하로 된 사람 3. 두 팔을 손목관절 이상의 부위에서 잃은 사람 4. 두 다리를 발목관절 이상의 부위에서 잃은 사람 5. 신경계통의 기능 또는 정신기능에 뚜렷한 장애가 남아 수시로 보호를 받아야 하는 사람 6. 흉복부장기의 기능에 뚜렷한 장애가 남아 수시로 보호를 받아야 하는 사람
3급	1억 2천만원	1. 한쪽 눈이 실명되고 다른 쪽 눈의 시력이 0.06 이하로 된 사람 2. 말하는 기능이나 음식물을 씹는 기능을 완전히 잃은 사람 3. 신경계통의 기능 또는 정신기능에 뚜렷한 장애가 남아 평생 노무에 종사할 수 없는 사람 4. 흉복부장기의 기능에 뚜렷한 장애가 남아 평생 노무에 종사할 수 없는 사람 5. 두 손의 손가락을 모두 잃은 사람
4급	1억 500만원	1. 두 눈의 시력이 모두 0.06 이하로 된 사람 2. 말하는 기능과 음식물을 씹는 기능에 뚜렷한 장애가 남은 사람 3. 고막이 전부의 결손이나 그 외의 원인으로 인하여 두 귀의 청력을 완전히 잃은 사람 4. 한쪽 팔을 팔꿈치관절 이상의 부위에서 잃은 사람 5. 한쪽 다리를 무릎관절 이상의 부위에서 잃은 사람 6. 두 손의 손가락을 모두 제대로 못쓰게 된 사람 7. 두 발을 족근중족(lisfranc)관절 이상의 부위에서 잃은 사람
5급	9천만원	1. 한쪽 눈이 실명되고 다른 쪽 눈의 시력이 0.1 이하로 된 사람 2. 한쪽 팔을 손목관절 이상의 부위에서 잃은 사람 3. 한쪽 다리를 발목관절 이상의 부위에서 잃은 사람 4. 한쪽 팔을 완전히 사용하지 못하게 된 사람 5. 한쪽 다리를 완전히 사용하지 못하게 된 사람 6. 두 발의 발가락을 모두 잃은 사람 7. 신경계통의 기능 또는 정신기능에 뚜렷한 장애가 남아 특별히 손쉬운 노무 외에는 종사할 수 없는 사람 8. 흉복부장기의 기능에 뚜렷한 장애가 남아 특별히 손쉬운 노무 외에는 종사할 수 없는 사람
6급	7,500만원	1. 두 눈의 시력이 모두 0.1 이하로 된 사람 2. 말하는 기능이나 음식물을 씹는 기능에 뚜렷한 장애가 남은 사람 3. 고막이 대부분 결손되거나 그 외의 원인으로 인하여 두 귀의 청력이 모두 귀에 입을 대고 말하지 않으면 큰 말소리를 알아듣지 못하게 된 사람 4. 한쪽 귀가 전혀 들리지 않게 되고 다른 쪽 귀의 청력이 40cm 이상의 거리에서는 보통의 말소리를 알아듣지 못하게 된 사람 5. 척추에 뚜렷한 기형이나 뚜렷한 운동장애가 남은 사람 6. 한쪽 팔의 3대 관절 중 2개 관절을 못쓰게 된 사람 7. 한쪽 다리의 3대 관절 중 2개 관절을 못쓰게 된 사람 8. 한쪽 손의 5개 손가락을 잃거나 한쪽 손의 엄지손가락과 둘째손가락을 포함하여 4개의 손가락을 잃은 사람
7급	6천만원	1. 한쪽 눈이 실명되고 다른 쪽 눈의 시력이 0.6 이하로 된 사람 2. 두 귀의 청력이 모두 40cm 이상의 거리에서는 보통의 말소리를 알아듣지 못하게 된 사람

05

화재조사관계법규

등 급	보험금액	신체장애
7급	6천만원	3. 한쪽 귀가 전혀 들리지 않게 되고 다른 쪽 귀의 청력이 1m 이상의 거리에서는 보통의 말소리를 알아듣지 못하게 된 사람 4. 신경계통의 기능 또는 정신기능에 장애가 남아 손쉬운 노무 외에는 종사하지 못하는 사람 5. 흉복부장기의 기능에 장애가 남아 손쉬운 노무 외에는 종사하지 못하는 사람 6. 한쪽 손의 엄지손가락과 둘째손가락을 잃은 사람 또는 한쪽 손의 엄지손가락이나 둘째손가락을 포함하여 3개 이상의 손가락을 잃은 사람 7. 한쪽 손의 5개의 손가락 또는 한쪽 손의 엄지손가락과 둘째손가락을 포함하여 4개의 손가락을 제대로 못쓰게 된 사람 8. 한쪽 발을 족근중족관절 이상의 부위에서 잃은 사람 9. 한쪽 팔에 가관절이 남아 뚜렷한 운동장애가 남은 사람 10. 한쪽 다리에 가관절이 남아 뚜렷한 운동장애가 남은 사람 11. 두 발의 발가락을 모두 제대로 못쓰게 된 사람 12. 외모에 뚜렷한 흉터가 남은 사람 13. 양쪽의 고환을 잃은 사람
8급	4,500만원	1. 한쪽 눈의 시력이 0.02 이하로 된 사람 2. 척추에 운동장애가 남은 사람 3. 한쪽 손의 엄지손가락을 포함하여 2개의 손가락을 잃은 사람 4. 한쪽 손의 엄지손가락과 둘째손가락을 제대로 못쓰게 된 사람 또는 한쪽 손의 엄지손가락이나 둘째손가락을 포함하여 3개 이상의 손가락을 제대로 못쓰게 된 사람 5. 한쪽 다리가 5cm 이상 짧아진 사람 6. 한쪽 팔의 3대 관절 중 1개 관절을 제대로 못쓰게 된 사람 7. 한쪽 다리의 3대 관절 중 1개 관절을 제대로 못쓰게 된 사람 8. 한쪽 팔에 가관절이 남은 사람 9. 한쪽 다리에 가관절이 남은 사람 10. 한쪽 발의 발가락을 모두 잃은 사람 11. 비장 또는 한쪽의 신장을 잃은 사람
9급	3,800만원	1. 두 눈의 시력이 모두 0.6 이하로 된 사람 2. 한쪽 눈의 시력이 0.06 이하로 된 사람 3. 두 눈에 반맹증ㆍ시야협착 또는 시야결손이 남은 사람 4. 두 눈의 눈꺼풀에 뚜렷한 결손이 남은 사람 5. 코가 결손되어 그 기능에 뚜렷한 장애가 남은 사람 6. 말하는 기능과 음식물을 씹는 기능에 장애가 남은 사람 7. 두 귀의 청력이 모두 1m 이상의 거리에서는 보통의 말소리를 알아듣지 못하게 된 사람 8. 한쪽 귀의 청력이 귀에 입을 대고 말하지 않으면 큰 말소리를 알아듣지 못하고 다른 쪽 귀의 청력이 1m 이상의 거리에서는 보통의 말소리를 알아듣지 못하게 된 사람 9. 한쪽 귀의 청력을 완전히 잃은 사람 10. 한쪽 손의 엄지손가락을 잃은 사람 또는 둘째손가락을 포함하여 2개의 손가락을 잃은 사람 또는 엄지손가락과 둘째손가락 외의 3개의 손가락을 잃은 사람 11. 한쪽 손의 엄지손가락을 포함하여 2개의 손가락을 제대로 못쓰게 된 사람 12. 한쪽 발의 엄지발가락을 포함하여 2개 이상의 발가락을 잃은 사람 13. 한쪽 발의 발가락을 모두 제대로 못쓰게 된 사람 14. 생식기에 뚜렷한 장애가 남은 사람 15. 신경계통의 기능 또는 정신기능에 장애가 남아 노무가 상당한 정도로 제한된 사람 16. 흉복부장기의 기능에 장애가 남아 노무가 상당한 정도로 제한된 사람

등 급	보험금액	신체장애
10급	2,700만원	1. 한쪽 눈의 시력이 0.1 이하로 된 사람 2. 말하는 기능이나 음식물을 씹는 기능에 장애가 남은 사람 3. 14개 이상의 치아에 보철을 한 사람 4. 한쪽 귀의 청력이 귀에 입을 대고 말하지 않으면 큰 말소리를 알아듣지 못하게 된 사람 5. 두 귀의 청력이 모두 1m 이상의 거리에서 보통의 말소리를 듣는 데 지장이 있는 사람 6. 한쪽 손의 둘째손가락을 잃은 사람 또는 엄지손가락과 둘째손가락 외의 2개의 손가락을 잃은 사람 7. 한쪽 손의 엄지손가락을 제대로 못쓰게 된 사람 또는 한쪽 손의 둘째손가락을 포함하여 2개의 손가락을 제대로 못쓰게 된 사람 또는 한쪽 손의 엄지손가락과 둘째손가락 외의 3개의 손가락을 제대로 못쓰게 된 사람 8. 한쪽 다리가 3cm 이상 짧아진 사람 9. 한쪽 발의 엄지발가락 또는 그 외의 4개의 발가락을 잃은 사람 10. 한쪽 팔의 3대 관절 중 1개 관절의 기능에 뚜렷한 장애가 남은 사람 11. 한쪽 다리의 3대 관절 중 1개 관절의 기능에 뚜렷한 장애가 남은 사람
11급	2,300만원	1. 두 눈이 모두 근접반사기능에 뚜렷한 장애가 남거나 뚜렷한 운동장애가 남은 사람 2. 두 눈의 눈꺼풀에 뚜렷한 장애가 남은 사람 3. 한쪽 눈의 눈꺼풀에 결손이 남은 사람 4. 한쪽 귀의 청력이 40cm 이상의 거리에서는 보통의 말소리를 알아듣지 못하게 된 사람 5. 두 귀의 청력이 모두 1m 이상의 거리에서는 작은 말소리를 알아듣지 못하게 된 사람 6. 척추에 기형이 남은 사람 7. 한쪽 손의 가운뎃손가락 또는 넷째손가락을 잃은 사람 8. 한쪽 손의 둘째손가락을 제대로 못쓰게 된 사람 또는 한쪽 손의 엄지손가락과 둘째손가락 외의 2개의 손가락을 제대로 못쓰게 된 사람 9. 한쪽 발의 엄지발가락을 포함하여 2개 이상의 발가락을 제대로 못쓰게 된 사람 10. 흉복부장기의 기능에 장애가 남은 사람 11. 10개 이상의 치아에 보철을 한 사람
12급	1,900만원	1. 한쪽 눈의 근접반사기능에 뚜렷한 장애가 있거나 뚜렷한 운동장애가 남은 사람 2. 한쪽 눈의 눈꺼풀에 뚜렷한 운동장애가 남은 사람 3. 7개 이상의 치아에 보철을 한 사람 4. 한쪽 귀의 귓바퀴가 대부분 결손된 사람 5. 쇄골, 흉골, 늑골, 견갑골 또는 골반골에 뚜렷한 기형이 남은 사람 6. 한쪽 팔의 3대 관절 중 1개 관절의 기능에 장애가 남은 사람 7. 한쪽 다리의 3대 관절 중 1개 관절의 기능에 장애가 남은 사람 8. 장관골에 기형이 남은 사람 9. 한쪽 손의 가운뎃손가락이나 넷째손가락을 제대로 못쓰게 된 사람 10. 한쪽 발의 둘째발가락을 잃은 사람 또는 한쪽 발의 둘째발가락을 포함하여 2개의 발가락을 잃은 사람 또는 한쪽 발의 가운뎃발가락 이하의 3개의 발가락을 잃은 사람 11. 한쪽 발의 엄지발가락 또는 그 외의 4개의 발가락을 제대로 못쓰게 된 사람 12. 신체 일부에 뚜렷한 신경증상이 남은 사람 13. 외모에 흉터가 남은 사람

05

화재조사관계법규

등 급	보험금액	신체장애
13급	1,500만원	1. 한쪽 눈의 시력이 0.6 이하로 된 사람 2. 한쪽 눈에 반맹증, 시야협착 또는 시야결손이 남은 사람 3. 두 눈의 눈꺼풀 일부에 결손이 남거나 속눈썹에 결손이 남은 사람 4. 5개 이상의 치아에 보철을 한 사람 5. 한쪽 손의 새끼손가락을 잃은 사람 6. 한쪽 손의 엄지손가락 마디뼈의 일부를 잃은 사람 7. 한쪽 손의 둘째손가락 마디뼈의 일부를 잃은 사람 8. 한쪽 손의 둘째손가락의 끝관절을 굽히고 펼 수 없게 된 사람 9. 한쪽 다리가 1cm 이상 짧아진 사람 10. 한쪽 발의 가운뎃발가락 이하의 발가락 1개 또는 2개를 잃은 사람 11. 한쪽 발의 둘째발가락을 제대로 못쓰게 된 사람 또는 한쪽 발이 둘째발가락을 포함하여 2개의 발가락을 제대로 못쓰게 된 사람 또는 한쪽 발의 가운뎃발가락 이하의 발가락 3개를 제대로 못쓰게 된 사람
14급	1천만원	1. 한쪽 눈의 눈꺼풀 일부에 결손이 있거나 속눈썹에 결손이 남은 사람 2. 3개 이상의 치아에 보철을 한 사람 3. 한쪽 귀의 청력이 1m 이상의 거리에서는 보통의 말소리를 알아듣지 못하게 된 사람 4. 팔의 보이는 부분에 손바닥크기의 흉터가 남은 사람 5. 다리의 보이는 부분에 손바닥크기의 흉터가 남은 사람 6. 한쪽 손의 새끼손가락을 제대로 못쓰게 된 사람 7. 한쪽 손의 엄지손가락과 둘째손가락 외의 손가락 마디뼈의 일부를 잃은 사람 8. 한쪽 손의 엄지손가락과 둘째손가락 외의 손가락 끝관절을 제대로 못쓰게 된 사람 9. 한쪽 발의 가운뎃발가락 이하의 발가락 1개 또는 2개를 제대로 못쓰게 된 사람 10. 신체 일부에 신경증상이 남은 사람

[비고]

1. 후유장애가 둘 이상 있는 경우에는 그중 심한 후유장애에 해당하는 등급보다 한 등급 높은 금액으로 배상한다.
2. 시력의 측정은 국제식 시력표로 하고, 굴절 이상이 있는 사람에 대해서 원칙적으로 교정시력을 측정한다.
3. "손가락을 잃은 것"이란 엄지손가락은 지관절, 그 밖의 손가락은 제1지관절 이상을 잃은 경우를 말한다.
4. "손가락을 제대로 못쓰게 된 것"이란 손가락 끝부분의 2분의 1 이상을 잃거나 중수지관절 또는 제1지관절(엄지손가락의 경우에는 지관절)에 뚜렷한 운동장애가 남은 경우를 말한다.
5. "발가락을 잃은 것"이란 발가락 전부를 잃은 경우를 말한다.
6. "발가락을 제대로 못쓰게 된 것"이란 엄지발가락은 끝관절의 2분의 1 이상을, 그 밖의 발가락은 끝관절 이상을 잃거나 중족지관절 또는 제1지관절(엄지발가락의 경우에는 지관절)에 뚜렷한 운동장애가 남은 경우를 말한다.
7. "흉터가 남은 것"이란 성형수술을 한 후에도 맨눈으로 식별이 가능한 흔적이 있는 상태를 말한다.
8. "항상 보호를 받아야 하는 것"이란 일상생활에서 기본적인 음식 섭취, 배뇨 등을 다른 사람에게 의존하여야 하는 것을 말한다.
9. "수시로 보호를 받아야 하는 것"이란 일상생활에서 기본적인 음식 섭취, 배뇨 등은 가능하나, 그 외의 일은 다른 사람에게 의존하여야 하는 것을 말한다.
10. "항상 보호 또는 수시 보호를 받아야 하는 기간"은 의사가 판정하는 노동능력 상실기간을 기준으로 하여 타당한 기간으로 정한다.
11. "제대로 못쓰게 된 것"이란 정상기능의 4분의 3 이상을 상실한 경우를 말하고, "뚜렷한 장애가 남은 것"이란 정상기능의 2분의 1 이상을 상실한 경우를 말하며, "장애가 남은 것"이란 정상기능의 4분의 1 이상을 상실한 경우를 말한다.

12. "신경계통의 기능 또는 정신기능에 뚜렷한 장애가 남아 특별히 손쉬운 노무 외에는 종사할 수 없는 것"이란 신경계통의 기능 또는 정신기능의 뚜렷한 장애로 노동능력이 일반인의 4분의 1 정도만 남아 평생 동안 특별히 쉬운 일 외에는 노동을 할 수 없는 사람을 말한다.
13. "신경계통의 기능 또는 정신기능에 장애가 남아 노무가 상당한 정도로 제한된 것"이란 노동능력이 어느 정도 남아 있으나 신경계통의 기능 또는 정신기능의 장애로 종사할 수 있는 직종의 범위가 상당한 정도로 제한된 경우로서 다음의 어느 하나에 해당하는 경우를 말한다.
    가. 신체적 능력은 정상이지만 뇌손상에 따른 정신적 결손증상이 인정되는 사람
    나. 전간(癲癇) 발작과 현기증이 나타날 가능성이 의학적·타각적(他覺的) 소견으로 증명되는 사람
    다. 사지에 경도(輕度)의 단마비(單痲痺)가 인정되는 사람
14. "흉복부장기의 기능에 뚜렷한 장애가 남아 특별히 손쉬운 노무 외에는 종사할 수 없는 것"이란 흉복부장기의 장애로 노동능력이 일반인의 4분의 1 정도만 남은 경우를 말한다.
15. "흉복부장기의 기능에 장애가 남아 손쉬운 노무 외에는 종사할 수 없는 것"이란 중등도(中等度)의 흉복부장기의 장애로 노동능력이 일반인의 2분의 1 정도만 남은 경우를 말한다.
16. "흉복부장기의 기능에 장애가 남아 노무가 상당한 정도로 제한된 것"이란 중등도의 흉복부장기의 장애로 취업 가능한 직종의 범위가 상당한 정도로 제한된 경우를 말한다.

(8) 보험금액의 청구(제9조)

앞 (3)의 ①에 따른 손해배상책임이 발생하였을 때에는 피해자는 대통령령으로 정하는 바에 따라 손해보험회사에 대하여 앞 (7)의 ①에서 ⓛ에 따른 보험금의 지급을 청구할 수 있다.

(9) 압류의 금지(제10조)

이 법에 따른 보험금 청구권 중 손해배상책임을 담보하는 보험의 <u>청구권은 압류할 수 없다.</u>

‖ 보험금지급(화재로 인한 재해보상과 보험가입에 관한 법률 시행령 제6~8조) ‖

제6조 보험금지급 청구절차
① 법 제9조의 규정에 의하여 보험금의 지급을 청구하고자 하는 자는 다음의 사항을 기재한 청구서를 손해보험회사에 제출하여야 한다.
  1. 청구자의 주소 및 성명
  2. 사망자에 대한 청구에 있어서는 청구자와 사망자와의 관계
  3. 피해자와 보험계약자의 주소 및 성명
  4. 사고발생일시·장소 및 그 개요
  5. 청구하는 금액과 그 산출기초
② 위 ①의 청구서에는 다음의 서류를 첨부하여야 한다.
  1. 진단서 또는 검안서
  2. 위 ①의 2. 내지 4.의 사항을 증명하는 서류
  3. 위 ①의 5.의 산출기초에 관한 증빙서류

제7조 보험금지급에 대한 의견청취
손해보험회사는 제6조의 규정에 의하여 보험금을 지급하고자 할 때에는 보험계약자의 의견을 들어야 한다.

제8조 보험금지급

① 손해보험회사는 보험금의 지급 청구가 있을 때에는 정당한 사유가 있는 경우를 제외하고는 지체없이 이를 지급하여야 한다.

② 손해보험회사는 법 제9조의 규정에 의하여 보험금을 지급한 때에는 지체없이 다음의 사항을 보험계약자에게 통지하여야 한다.

  1. 보험금의 지급청구자와 수령자의 주소 및 성명

  2. 청구액과 지급액

  3. 피해자의 주소 및 성명

---

(10) 한국화재보험협회의 설립(제11조)

손해보험회사는 대통령령으로 정하는 바에 따라 금융위원회의 허가를 받아 화재예방 및 소화시설에 대한 안전점검과 이에 관한 연구 · 계몽 등을 그 업무로 하는 한국화재보험협회(이하 "협회"라 한다)를 설립하여야 한다.

(11) 법인격(제12조)

① 협회는 <u>사단법인</u>으로 한다.

② 협회에 관하여 이 법에서 규정한 것을 제외하고는 「민법」 중 사단법인에 관한 규정을 준용한다.

(12) 명칭 사용의 제한(제13조)

이 법에 따른 협회가 아닌 자는 한국화재보험협회 또는 이와 유사한 명칭을 사용하지 못한다.

(13) 출연(제14조)

손해보험회사는 대통령령으로 정하는 바에 따라 협회의 설립과 운영에 필요한 비용을 출연하여야 한다.

‖ **협회비의 출연 등(화재로 인한 재해보상과 보험가입에 관한 법률 시행령 제10조)** ‖

① 손해보험회사는 법 제14조에 따라 다음의 금액을 모두 협회에 출연하여야 한다.

  1. 「보험업법」 제125조에 따른 상호협정에 의하여 공동인수한 <u>보험료 수입의 100분의 20</u>

  2. 전체 손해보험회사의 수입보험료 총액의 1천분의 2 범위에서 협회가 손해보험회사의 보험사고 감소 등을 위하여 하는 화재예방활동 등에 드는 비용에 상당한 금액

② 삭제 〈2017.10.17.〉

③ 위 ①에 따라 손해보험회사가 협회에 출연할 금액(이하 "협회비"라 한다)의 산정기준과 출연시기는 총리령으로 정한다.

④ 협회는 그 운영을 위하여 필요하다고 인정할 때에는 정관으로 정하는 바에 따라 손해보험회사에 대하여 협회비를 미리 납입하여 줄 것을 요청할 수 있다.

(14) 업무(제15조)

협회는 다음의 업무를 한다.

① 화재예방 및 소화시설에 대한 안전점검
② 화재보험에 있어서의 소화설비(消火設備)에 따른 보험요율의 할인등급에 대한 사정(査定)
③ 화재예방과 소화시설에 관한 자료의 조사 · 연구 및 계몽
④ 행정기관이나 그 밖의 관계기관에 화재예방에 관한 건의
⑤ 그 밖에 금융위원회의 인가를 받은 업무

(15) 안전점검(제16조)

① 협회는 보험계약을 체결할 때 또는 보험계약을 갱신할 때마다 해당 특수건물의 화재예방 및 소화시설의 안전점검을 하여야 한다. 다만, 다음의 어느 하나에 해당하는 특수건물에 대하여는 대통령령으로 정하는 바에 따라 일정 기간 안전점검을 하지 아니할 수 있다.

 ㉠ 안전점검 결과 총리령으로 정하는 화재위험도지수(「보험업법」제176조에 따른 보험요율 산출기관이 정한 화재위험도지수를 말한다)가 낮은 특수건물
 ㉡ 「고압가스 안전관리법」제13조의 2 제1항에 따라 안전성 향상계획을 작성하는 건물로서 총리령으로 정하는 위험도가 낮은 특수건물
 ㉢ 「산업안전보건법」제49조의 2 제1항에 따라 공정안전보고서를 작성하는 건물로서 총리령으로 정하는 위험도가 낮은 특수건물

② 협회는 필요하다고 인정할 때에는 특약부화재보험에 가입한 특수건물에 대하여 화재예방 및 소화시설의 안전점검을 할 수 있다. 이 경우 위 ①의 단서를 준용한다.
③ 특수건물의 소유자는 정당한 이유가 없으면 위 ①과 ②에 따른 안전점검에 응하여야 한다.
④ 특수건물의 소유자가 위 ①이나 ②에 따른 안전점검에 응하지 아니하면 협회는 소방관서의 장에게 그에 대한 안전점검을 요청할 수 있다.
⑤ 협회는 위 ①과 ②에 따른 안전점검을 할 때에 어떠한 명목의 비용도 받을 수 없다.
⑥ 위 ①과 ②에 따른 안전점검은 대통령령으로 정하는 바에 따른다.

‖ 안전점검(화재로 인한 재해보상과 보험가입에 관한 법률 시행령 제12조) ‖

① 협회는 법 제16조 제1항 및 제2항에 따른 안전점검(이하 "안전점검"이라 한다)을 하려는 경우 다음의 구분에 따른 사항을 특수건물관계인 중 1명 이상에게 통지하여야 한다. 다만, 다음 사항에도 불구하고 특수건물관계인의 요청이 있는 경우에는 통지기간을 단축할 수 있다.
  1. 법 제5조 제4항 제3호에 해당하는 경우로서 특수건물에 해당하게 된 이후 처음으로 안전점검을 하는 경우 : 안전점검 15일 전에 특수건물에 해당한다는 사실과 안전점검일자 등
  2. 위 1. 외의 경우 : 안전점검 48시간 전에 안전점검일자 등

② 협회는 위 ①의 1.에 따른 통지를 하는 경우 통지의 내용을 적은 서면(이하 이 항에서 "통지서"라 한다)을 특수건물관계인에게 우편 또는 교부의 방법을 이용하여 송달하여야 한다. 이 경우 특수건물의 소유자가 아닌 특수건물관계인은 통지서를 송달받은 경우 그 통지서를 지체없이 특수건물의 소유자에게 전달하여야 한다.
③ 안전점검을 실시하는 자는 그 신분을 증명하는 증표를 지니고 이를 특수건물관계인에게 보여주어야 한다.
④ 안전점검을 실시하는 자는 안전점검을 함에 있어서 특수건물관계인의 업무를 방해하거나 알게 된 비밀을 타인에게 누설하여서는 아니 된다.
⑤ 안전점검은 특수건물관계인의 승낙 없이 해가 뜨기 전이나 해가 진 뒤에는 할 수 없다.
⑥ 협회는 안전점검을 하였을 때에는 10일 내에 그 결과를 해당 특수건물이 소재하는 관할 시장 · 군수 · 구청장(자치구의 구청장을 말한다) 또는 소방서장에게 알려야 한다.
⑦ 협회는 안전점검을 하여야 하는 특수건물의 현황을 파악하기 위하여 필요한 경우 관계행정기관의 장과 지방자치단체의 장에게 총리령으로 정하는 자료의 제공을 요청할 수 있다.

(16) 개선 건의(제17조)

협회는 앞 (15)에 따른 안전점검 결과가 필요하다고 인정할 때에는 관계행정기관에 그 방화시설의 개선에 필요한 조치를 해줄 것을 건의하여야 한다.

(17) 소화기기의 기증 등(제18조)

① 협회는 정관으로 정하는 바에 따라 행정기관이나 그 밖의 관계기관에 소화기기를 기증하거나 특수건물의 소유자에게 소화설비 개량에 필요한 자금을 대여할 수 있다.
② 손해보험회사나 협회는 정관으로 정하는 바에 따라 소화기기의 제조공장을 설립하거나 소화기기를 제조하는 자에게 필요한 자금을 대여할 수 있다.

(18) 업무계획(제19조)

① 협회는 사업연도마다 업무계획을 작성하여 해당 연도가 시작되기 전에 <u>금융위원회에 제출</u>하여야 한다.
② 금융위원회는 위 ①에 따른 업무계획을 받으면 <u>소방청장에게 통지</u>하여야 한다.
③ 위 ①의 업무계획을 변경할 때에도 위 ①과 ②를 준용한다.

(19) 임원(제20조)

① 「보험업법」 제13조에 따라 보험회사의 임원으로 선임될 수 없는 사람은 협회의 임원이 될 수 없다.
② 협회의 일상업무에 종사하는 임원이 다른 업무에 종사하려면 금융위원회의 승인을 받아야 한다.
③ 금융위원회는 협회의 임원이 다음의 어느 하나에 해당하면 그 해임을 명할 수 있다.
　㉠ 이 법 또는 이 법에 따른 명령이나 정관을 위반한 경우
　㉡ 형사사건으로 유죄판결을 받은 경우

ⓒ 파산선고를 받은 경우

ⓓ 공익을 해치는 행위를 한 경우

ⓜ 심신의 장애로 인하여 직무수행이 곤란하게 된 경우

ⓑ 앞 ①에 해당하는 사유가 발생하거나 선임 당시 그에 해당하는 사람이었음이 판명된 경우

(20) 감독(제21조)

① 금융위원회는 협회를 효율적으로 운영하기 위하여 필요하다고 인정할 때에는 협회의 정관 또는 업무방법의 변경을 명하거나 감독상 필요한 명령을 할 수 있다.

② 소방청장은 앞 (14)에 따른 협회의 업무 중 ① 및 ③의 업무에 관하여 감독상 필요한 명령을 할 수 있다.

(21) 보고와 검사(제22조)

① 금융위원회는 필요하다고 인정할 때에는 정기적으로 또는 수시로 협회에 대하여 그 업무에 관한 보고서의 제출을 명하거나, 「금융위원회의 설치 등에 관한 법률」 제24조에 따른 금융감독원의 장으로 하여금 협회의 업무상황 또는 장부·서류나 그 밖에 필요한 물건을 검사하게 할 수 있다.

② 소방청장이 앞 (14)의 ① 및 ③의 협회업무에 관하여 필요하다고 인정할 때에도 위 ①을 준용한다.

③ 위 ①과 ②에 따른 검사를 하는 사람은 그 권한을 표시하는 증표를 지니고 이를 관계인에게 보여주어야 한다.

(22) 보험 미가입 시 벌칙(제23조) 암기 2014년 기사 2017년 기사 2018년 기사 2020년 기사 2021년 기사 2022년 기사 2023년 기사 2023년 산업기사

앞 (4)의 ①을 위반하여 특약부화재보험에 가입하지 아니한 자는 <u>500만원 이하</u>의 벌금에 처한다.

> **바로바로 확인문제**
>
> 특수건물의 소유자가 특약부화재보험에 가입하려고 한다. 건물 소유권을 취득한 날부터 며칠 이내에 가입하여야 하는가? 2017년 기사
> ① 30일 이내
> ② 15일 이내
> ③ 10일 이내
> ④ 20일 이내
>
> **해설** 특수건물의 소유자는 그 건물의 소유권을 취득한 날부터 30일 내에 특약부화재보험에 가입하여야 한다.
>
> 답 ①

05
화재조사관계법규

출제예상문제

* ✚표시 : 중요도를 나타냄

01 화재로 인한 민사책임을 설명한 것으로 옳지 않은 것은?

① 화재와 관련된 민사책임은 손해배상책임과 관련이 있다.
② 다소라도 주의를 게을리한 경우는 중과실로서 민사책임이 가중된다.
③ 행위자의 고의 또는 과실여부에 따라 피해자에게 배상을 하여야 한다.
④ 화재로 인한 손해배상은 금전배상이 원칙이다.

해설 다소라도 주의를 게을리한 경우는 경과실을 말한다.

02 화재로 인한 재해보상과 보험가입에 관한 법률상 특수건물 화재발생 시 소유자의 손해배상책임의 한계로 옳은 것은?

① 배상은 과실이 있는 경우에만 해당한다.
② 그 건물의 화재로 인하여 다른 사람이 사망하거나 부상을 입었을 때에는 과실이 없는 경우에도 그 손해를 배상할 책임이 있다.
③ 특약부화재보험에 부가하여 화재 이외에 풍재 · 수재 또는 건물의 무너짐 등으로 인한 손해를 담보하는 보험에 가입할 수 없다.
④ 특수건물소유자의 손해배상책임에 관하여는 화재로 인한 재해보상과 보험가입에 관한 법률에 규정하는 것 이외에는 상법에 따른다.

해설 배상은 과실이 없는 경우에도 해당되며 특수건물 소유자의 손해배상책임에 관하여는 화재로 인한 재해보상과 보험가입에 관한 법률에 규정하는 것 이외에는 민법에 따른다.

03 다음 중 특수건물이 아닌 것은?

① 병원
② 공장
③ 백화점
④ 개인 주택

해설 **특수건물**
국유건물 · 공유건물 · 교육시설 · 백화점 · 시장 · 의료시설 · 숙박업소 · 다중이용업소 · 운수시설 · 공장 · 공동주택과 그 밖에 여러 사람이 출입 또는 근무하거나 거주하는 건물로서 화재의 위험이나 건물의 면적 등을 고려하여 대통령령으로 정하는 건물을 말한다.

04 특수건물의 화재로 사망자가 발생하였다. 소유자의 책임으로 옳은 것은?

① 중과실이 있는 경우 배상한다.
② 과실이 없는 경우에도 일정한 보험금액의 범위에서 손해를 배상할 책임이 있다.
③ 경과실의 경우 배상할 책임이 없다.
④ 과실과 상관없이 보상할 책임이 없다.

해설 특수건물의 소유자는 그 건물의 화재로 인하여 다른 사람이 사망하거나 부상을 입었을 때에는 과실이 없는 경우에도 제8조에 따른 보험금액의 범위에서 그 손해를 배상할 책임이 있다.

05 한국화재보험협회에서 보험계약을 체결할 때 실시하는 특수건물의 안전점검 내용으로 옳은 것은?

① 안전점검이 필요하다고 인정될 때 관계인의 승낙 없이도 검사를 실시할 수 있다.
② 협회는 안전점검을 실시하고자 할 때에는 24시간 전에 관계인에게 통지하여야 한다.
③ 안점점검을 실시하는 자는 안전점검을 함에 있어서 관계인의 업무를 방해하거나 지득한 비밀을 누설하여서는 아니 된다.
④ 안전점검은 관계인의 업무를 방해하지 않도록 일출 전 또는 일몰 후에 실시하여야 한다.

Answer 01.② 02.② 03.④ 04.② 05.③

해설 안전점검을 실시하는 자는 안전점검을 함에 있어서 특수건물관계인의 업무를 방해하거나 알게 된 비밀을 타인에게 누설하여서는 아니 된다.(화재로 인한 재해보상과 보험가입에 관한 법률 시행령 제12조 제4항)

06 화재로 인한 재해보상과 보험가입에 관한 법률에서 특수건물소유자의 보험가입의무를 설명한 것으로 옳지 않은 것은?

① 특수건물의 소유자는 건물의 소유권을 취득한 날부터 30일 내에 특약부화재보험에 가입하여야 한다.
② 손해보험회사는 특수건물의 소유자가 특약부화재보험에 가입하고자 할 때 보험계약의 체결을 거절할 수 있다.
③ 특수건물의 소유자는 특약부화재보험에 부가하여 풍재, 수재 등으로 인한 손해를 담보하는 보험에 가입할 수 있다.
④ 특수건물의 소유자는 특약부화재보험계약을 매년 갱신하여야 한다.

해설 손해보험회사는 특수건물의 소유자가 특약부화재보험에 가입하고자 할 때 보험계약의 체결을 거절할 수 없다.

07 특약부화재보험에 가입하지 않은 경우의 벌칙은?

① 500만원 이하의 벌금
② 1,000만원 이하의 벌금
③ 1,500만원 이하의 벌금
④ 2,000만원 이하의 벌금

해설 제5조 제1항을 위반하여 특약부화재보험에 가입하지 아니한 자는 500만원 이하의 벌금에 처한다.

08 특약부화재보험에 가입하는 보험금액으로 옳지 않은 것은?

① 화재보험은 특수건물의 시가에 해당하는 금액으로 한다.
② 사망의 경우에는 피해자 1명마다 5천만원 이상으로 대통령령으로 정하는 금액으로 한다.

③ 재물에 대한 손해가 발생한 경우 화재 1건마다 8천만원 이상으로 대통령령으로 정하는 금액으로 한다.
④ 특수건물의 시가의 결정에 관한 기준은 총리령으로 정한다.

해설 재물에 대한 손해가 발생한 경우 화재 1건마다 1억원 이상으로서 국민의 안전 및 특수건물의 화재위험성 등을 고려하여 대통령령으로 정하는 금액으로 한다.

09 특약부화재보험에서 보험금액의 시가결정에 관한 기준은 무엇으로 정하는가?

① 대통령령　　② 총리령
③ 행정안전부령　　④ 기획재정부령

해설 특약부화재보험에서 보험금액의 시가결정에 관한 기준은 총리령으로 정한다.

10 후유장애 구분에 관한 설명이다. 의미가 옳지 않은 것은?

① 후유장애가 둘 이상 있는 경우에는 그중 심한 후유장애에 해당하는 등급보다 한 등급 높은 금액으로 배상한다.
② 흉터가 남은 것이란 성형수술을 한 후에도 맨눈으로 식별이 가능한 흔적이 있는 상태를 말한다.
③ 제대로 못쓰게 된 것이란 정상기능의 4분의 3 이상을 상실한 경우를 말한다.
④ 장애가 남은 것이란 정상기능의 3분의 1 이상을 상실한 경우를 말한다.

해설 장애가 남은 것이란 정상기능의 4분의 1 이상을 상실한 경우를 말한다.

11 특수건물에서 발생한 화재로 부상자가 발생한 경우 부상등급 9급에 해당하는 것은?

① 상박골경부골절　　② 대퇴골간부골절
③ 수근주상골골절　　④ 요골골두골골절

해설 상박골경부골절, 대퇴골간부골절, 수근주상골골절은 모두 부상등급 3급에 해당한다.

05 화재조사관계법규

12 화재로 인한 재해보상과 보험가입에 관한 법률에 따르면 화재보험협회가 보험계약을 체결할 때 또는 보험계약을 갱신할 때마다 해당 특수건물의 화재예방 및 소화시설의 안전점검을 실시하고 그 결과를 며칠 이내에 소방관서의 장에게 통지하여야 하는가?

① 즉시 ② 10일

③ 20일 ④ 30일

 협회는 안전점검을 하였을 때에는 10일 내에 그 결과를 해당 특수건물이 소재하는 관할 시장·군수·구청장(자치구의 구청장을 말한다) 또는 소방서장에게 알려야 한다.(화재로 인한 재해보상과 보험가입에 관한 법률 시행령 제12조 제6항)

과년도 출제문제

2020년 6월 6일 화재감식평가기사

제1과목 화재조사론

01 다음 중 A급 화재에서만 발생할 수 있는 위험현상으로 옳은 것은?

① 보일오버(boil over)
② 슬롭오버(slop over)
③ 플레임오버(flame over)
④ 프로스오버(froth over)

해설 플레임오버는 구획실에서 가연성 가스와 산소가 혼합된 상태로 천장 부근에 집적될 때 천장면을 따라 굴러가듯이 연소확산되는 현상이다. 보일오버, 슬롭오버, 프로스오버는 B급 화재(유류화재) 시 발생하는 현상이다.

02 가솔린의 연소범위(vol%)가 1.4~7.6일 때 위험도로 옳은 것은? (단, 소수 둘째자리에서 반올림할 것)

① 0.8 ② 1.2
③ 4.4 ④ 6.4

해설
$$H = \frac{U-L}{L}$$
여기서, H : 위험도, U : 연소상한계(vol%)
L : 연소하한계(vol%)
$$\frac{(7.6-1.4)}{1.4} = 4.42 ≒ 4.4$$

03 화재현장의 관찰방법으로 틀린 것은?

① 소실 붕괴된 부분에서는 복원적인 관점에서 관찰한다.
② 발화원인이 될 수 있는 가연물에 유의하여 조사한다.

③ 건물구조재 수용품 등의 소실상황을 통하여 연소의 방향을 고려한다.
④ 소손 및 탄화 정도가 강한 부분에서 약한 부분으로 이동하며 관찰한다.

해설 화재현장 관찰 시 연소가 약한 곳으로부터 강한 방향으로 관찰을 한다.

04 다음 중 화재현장 출입금지구역의 범위를 확대하여야 할 이유로 옳지 않은 것은?

① 진화 후에 행방불명자를 확인한 경우
② 구조물 등이 광범위하게 소손되어 바닥에 연소 낙하물이나 퇴적물이 많이 쌓인 경우
③ 건물 전체가 소손된 상황으로 연소 진행방향이 확인되지 않을 때
④ 발화지점 부근의 목격상황에 대한 진술이 제각기 달라 발화지점이 불명확할 때

해설 화재진화 후에도 행방불명자가 확인되지 않은 경우 출입금지구역의 범위를 확대한다.

05 화재조사전담부서에서 갖추어야 할 발굴용구로 옳지 않은 것은?

① 전동 그라인더 ② 슈미트해머
③ 휴대용 열풍기 ④ 에어컴프레서

해설 슈미트해머는 감식기기에 해당한다.

06 다음 중 가연성 물질에 해당하는 것은?

① 아르곤 ② 산화알루미늄
③ 일산화탄소 ④ 헬륨

해설 일산화탄소는 연소범위가 12.5~74%인 가연성 물질에 해당한다.

부록 과년도 출제문제

07 화재조사 및 보고규정상 건물의 동수 산정 방법에 관한 설명 중 옳은 것은?

① 목조 또는 내화조 건물이 격벽으로 방화 구획 되어 있는 경우 2개의 동으로 본다.
② 구조에 관계없이 지붕 및 실이 하나로 연결되 어 있는 것은 2개의 동으로 본다.
③ 건물의 외벽을 이용하여 실을 만들어 헛간, 작업실 및 사무실 등의 용도로 사용하고 있 는 것은 주건물과 1동으로 본다.
④ 독립된 건물과 건물 사이에 차광막, 비막이 등의 덮개를 설치하고 그 밑을 통로 등으로 사용하는 경우는 동일 동으로 본다.

해설 ① 목조 또는 내화조 건물의 경우 격벽으로 방화구획이 되어 있는 경우도 같은 동으로 한다.
② 구조에 관계없이 지붕 및 실이 하나로 연결되 어 있는 것은 같은 동으로 본다.
④ 독립된 건물과 건물 사이에 차광막, 비막이 등의 덮개를 설치하고 그 밑을 통로 등으로 사용하는 경우는 다른 동으로 한다.

08 다음 중 폭발위력의 지표로 사용될 수 있는 자료로 옳지 않은 것은?

① 파편의 비행거리
② 무너진 벽의 종류와 구조
③ 폭발시점
④ 폭심부의 크기 및 깊이

해설 파편의 비산거리(비산효과) 및 폭심부 깊이(압력 효과), 무너진 벽의 구조 등은 폭발위력을 판단 할 수 있는 지표가 될 수 있지만 폭발시점은 관 계가 없다.

09 이산화탄소 소화약제의 주된 소화효과로 옳은 것은?

① 냉각효과
② 질식효과
③ 부촉매효과
④ 억제효과

해설 이산화탄소는 산소와 더 이상 반응하지 않으므로 질식소화효과가 우수하다.

10 다음 중 화재현장에서 확보해야 하는 화재 현장의 관계자의 특징으로 가장 거리가 먼 것은?

① 화상을 입었거나 의류가 타버린 자
② 의류가 물에 젖어 있거나 오손되어 있는 자
③ 현장 부근에 말쑥한 정장차림의 구경하고 있 는 자
④ 가재도구를 집어 들고 있거나 물건을 반출하 고 있는 자

해설 화재현장의 관계자는 화상을 입거나 옷이 젖어 있는 등 정상적인 차림새가 아닌 경우가 많다.

11 다음 중 발굴이 끝난 후의 화재 전 상황으 로 복원하는 요령으로 옳지 않은 것은?

① 형체가 소실되어 배치가 불가능한 것은 대용 품을 사용하되, 대용품이라는 것이 인식되도 록 한다.
② 관계인을 입회시켜 복원상황을 확인시킨다.
③ 잔존물이 파손되지 않도록 잦은 위치이동은 하지 않는다.
④ 불명확한 것은 예측을 통하여 복원한다.

해설 불명확한 것은 관계자에게 확인을 하고 복원상 황도 확인시킨다.

12 소방기본법령상 "화재조사전담부서의 설치, 운영 등"의 조항에 명시된 내용으로 옳지 않은 것은?

① 화재조사관의 포상
② 화재조사관의 자격
③ 화재조사전담부서장의 업무
④ 화재조사에 필요한 장비 및 시설

해설 소방기본법 시행규칙 제2조 화재조사전담부서의 설치, 운영 등에 포상에 관한 규정은 없다.

13 다음 중 화재플럼(fire plume)에 의해 수 직벽면에 생성되는 패턴으로 옳지 않은 것은?

① V패턴
② 모래시계패턴
③ 도넛형태패턴
④ U패턴

Answer 07.③ 08.③ 09.② 10.③ 11.④ 12.① 13.③

해설 도넛패턴은 유류에 의해 바닥면에 형성되는 화재패턴이다.

14 다음의 건물 구획실화재에 대한 설명 중 옳은 것은?

① 일반적으로 최성기의 구획실화재 온도는 500 ~600℃까지 도달한다.
② 연기의 이동은 소화작용에서 발생하는 부력에 의존한다.
③ 환기지배형 화재에서는 CO와 연기의 발생량이 많아진다.
④ 대부분의 구획실과 건물은 최성기에서 연료지배형이 된다.

해설 ① 일반적으로 최성기의 구획실화재 온도는 1,000℃까지 도달한다.
② 연기의 이동은 연소작용의 결과 부력이나 굴뚝효과에 의존한다.
④ 대부분 구획실화재는 최성기에서 환기지배형이 된다.

15 화재 시 발생하는 박리현상(spalling)의 원인에 대한 설명으로 옳은 것은?

① 콘크리트에 포함된 수분의 증발 및 팽창
② 철근 또는 철망 및 주변 콘크리트 간의 불균일한 수축
③ 콘크리트혼합물과 골재 간의 균일한 팽창
④ 화재에 노출된 표면과 슬래브 내장재 간의 균일한 팽창

해설 박리는 콘크리트와 철근 또는 골재 등에 포함된 수분의 증발 및 혼합물 간의 불균일한 팽창에 의해 발생한다.

16 다음의 구획실화재 성장단계에 대한 설명 중 옳은 것은?

① 초기 → 플래시오버 → 쇠퇴기 → 최성기 → 자유연소 순으로 진행된다.

② 자유연소단계는 환기지배형 연소이며 복사열에 의해 확산된다.
③ 플래시오버현상은 최성기 전에 주로 발생한다.
④ 최성기는 연료지배형 연소단계이며, 접염방식으로 확산된다.

해설 구획실화재는 초기(자유연소) → 성장기 → 플래시오버 → 최성기 → 감쇠기 순으로 진행된다.

17 다음 중 환기지배형 화재에 대한 설명으로 옳은 것은?

① 대부분 화재 초기에 발생한다.
② 연료공급에 좌우된다.
③ 환기량이 크다.
④ 불완전연소에 가깝다.

해설 환기지배형 화재는 성장기에서 최성기로 넘어가는 시기에 주로 발생하며 환기에 의해 좌우되고 통기량(환기량)이 적다.

18 목재 균열흔의 종류로 옳지 않은 것은?

① 고소흔   ② 열소흔
③ 완소흔   ④ 강소흔

해설 목재의 균열흔은 완소흔, 강소흔, 열소흔으로 구분한다.

19 다음 중 화재조사관이 유의해야 할 사항으로 옳은 것은?

① 관계자 또는 목격자의 진술에 근거하여 주관적 방법으로 접근한다.
② 정확한 화재조사를 위해서는 개인의 권리를 침해할 수도 있다.
③ 조사결과에 대한 보안 유지와 언론보도에 신중해야 한다.
④ 타조사기관 상호 간에는 비밀을 유지하여야 한다.

해설 화재조사는 객관적 방법으로 접근하며 개인의 권리가 침해되지 않도록 하여야 한다. 또한 타조사기관 간에는 정보를 공유할 수 있다.

부록

과년도 출제문제

20 전도 열전달형태와 관계되는 법칙으로 적합한 것은?

① 푸리에(Fourier)의 법칙
② 플랑크(Planck)의 법칙
③ 뉴턴(Newton)의 법칙
④ 픽(Fick)의 법칙

해설 전도 열전달과 관계된 것은 푸리에법칙이다.

제2과목 화재감식론

21 가스사고 형태별 분류에 해당하지 않는 것은?

① 폭발
② 질식
③ 중독
④ 재질불량

해설 가스사고의 종류
  ㉠ 누설사고
  ㉡ 누설화재사고
  ㉢ 폭발사고
  ㉣ 질식사고
  ㉤ 중독사고

22 발화요인 분류 중 화학적 요인에 해당되지 않는 것은?

① 역화
② 혼촉발화
③ 자연발화
④ 금수성 물질이 물과 접촉

해설 역화란 불꽃이 버너 내부로 들어가 노즐 선단에서 연소하는 현상으로 화학적 요인과 관계없다.

23 전선의 소선 일부가 끊어져 발생하는 국부적인 저항치 증가현상으로 나타나는 전기화재현상에 해당하는 것은?

① 트래킹
② 아산화동
③ 반단선
④ 그래파이트

해설 반단선에 대한 설명으로 여러 개의 소선으로 구성된 전선 일부가 끊어져 단선된 후 또 다른 일부가 접촉상태로 남아 있는 것을 말한다.

24 방화에 사용되는 촉진제로 거리가 먼 것은?

① 아세톤
② 시너
③ 톨루엔
④ 수산화나트륨

해설 수산화나트륨은 연소성이 없다.

25 플라스틱의 일반적인 연소 특성으로 틀린 것은?

① 폴리염화비닐은 연소되면 염화수소가스가 발생한다.
② 열가소성 플라스틱에는 아미노수지, 페놀수지, 에폭시수지 등이 있다.
③ 플라스틱은 일반적으로 저분자물질과 달리 온도에 따른 상변화가 명확하지 않다.
④ 열경화성 플라스틱은 화염에 노출되면 표면이 고체 숯과 같이 되는 경향 때문에 내부로의 연소 확대가 지연된다.

해설 열경화성 플라스틱
  페놀수지, 에폭시수지, 멜라민수지 등

26 상대습도별 산불발생위험도에 대한 설명으로 틀린 것은?

① 상대습도가 60% 이상이면 산불이 매우 발생하기 쉽다.
② 상대습도가 40~50%면 산불이 발생하기 쉽고 연소 진행이 빠르다.
③ 상대습도가 50~60%면 산불이 발생할 수 있으나 연소 진행이 느리다.
④ 상대습도가 40% 이하면 산불 발생 시 진화가 곤란할 정도로 연소 진행이 빠르다.

해설 공기 중 습도가 60% 이상이면 산불이 잘 발생하지 않는다.

Answer 20.① 21.④ 22.① 23.③ 24.④ 25.② 26.①

27 유연탄의 자연발화 위험성에 대한 설명으로 틀린 것은?

① 주변온도가 높을수록 산화반응이 촉진된다.
② 괴상은 분말상보다 자연발화를 일으키기 쉽다.
③ 채탄 직후의 석탄은 자연발화의 위험이 크다.
④ 자연발화는 저탄장 등에 대량으로 쌓아둔 곳에서 일어나기 쉽다.

해설 유연탄은 괴상보다는 분말상태일 때 자연발화를 일으키기 쉽다.

28 나무, 천, 종이 및 가구와 같은 가연성 물질의 화재분류(Class)는?

① Class A
② Class B
③ Class C
④ Class D

해설 ① Class A : 일반화재
② Class B : 유류화재
③ Class C : 전기화재
④ Class D : 금속화재

29 물질의 상태에 대한 설명으로 옳은 것은?

① 물의 증발잠열은 80cal/g이다.
② 분자는 액체상태일 때 가장 자유롭게 운동할 수 있다.
③ 온도변화 없이 상태변화를 위해 필요한 열을 잠열이라 한다.
④ 액체상태에서 열을 흡수하여 에너지가 증가하면 고체상태가 된다.

해설 물의 증발잠열은 539cal/g이다. 분자는 기체상태에서 가장 자유롭게 운동하며 액체상태에서 열을 방출하면 고체상태가 된다.

30 항공기의 열전대 화재경고장치(thermocouple fire warning system) 중 배선시스템의 구성요소가 아닌 것은?

① 감지회로(detector circuit)
② 알람회로(alarm circuit)
③ 단락회로(short circuit)
④ 시험회로(test circuit)

해설 열전대 화재경고장치 구성요소
㉠ 감지회로
㉡ 알람회로
㉢ 시험회로

31 차량 충전장치와 시동장치에 대한 설명으로 틀린 것은?

① 충전장치는 교류발전기(alternator), 레귤레이터(regulator)로 구성되며, 시동장치에는 스타터가 있다.
② 정류기 내에 있는 다이오드가 과전류 등으로 인해 그 기능을 잃을 경우, 다이오드가 소실되는 경우가 있다.
③ 차콜 캐니스터의 보디(body)는 금속재가 많은 점에서 2차적으로 착화하여도 연소되지 않으므로 관찰이 용이하다.
④ 배터리단자는 납 또는 납합금으로 되어 있어 화재열로 용이하게 녹아버리므로, 화재감식 시 배터리배선 터미널부의 용융 등도 확인한다.

해설 차콜 캐니스터는 플라스틱으로 2차적으로 착화하면 쉽게 연소한다.

32 임황(林況)과 산불과의 관계에 대한 설명으로 옳은 것은?

① 활엽수는 침엽수보다 산불위험성이 높다.
② 동령림은 이령림보다 산불위험성이 높다.
③ 혼효림은 단순림보다 산불위험성이 높다.
④ 수종별로 비교하면 음수는 양수보다 산불위험성이 높다.

해설 ① 침엽수가 활엽수보다 산불위험성이 높다.
③ 단순림은 혼효림보다 산불위험성이 높다.
④ 수종별로 보면 양수가 음수보다 산불위험성이 높다.

33 다음 표의 가스들을 위험도가 높은 물질부터 순서대로 나열한 것은?

종 류	폭발하한선(vol%)	폭발상한선(vol%)
수 소	4.0	75.0
산화에틸렌	3.0	80.0
이황화탄소	1.25	44.0
아세틸렌	2.5	81.0

① 아세틸렌 > 산화에틸렌 > 이황화탄소 > 수소
② 아세틸렌 > 산화에틸렌 > 수소 > 이황화탄소
③ 이황화탄소 > 아세틸렌 > 수소 > 산화에틸렌
④ 이황화탄소 > 아세틸렌 > 산화에틸렌 > 수소

해설
$$위험도 = \frac{연소상한계 - 연소하한계}{연소하한계}$$

㉠ 수소 : $\frac{75-4}{4} = 17.75$

㉡ 산화에틸렌 : $\frac{80-3}{3} = 25.7$

㉢ 이황화탄소 : $\frac{44-1.25}{1.25} = 34.2$

㉣ 아세틸렌 : $\frac{81-2.5}{2.5} = 31.4$

34 유류성분 감정기구인 가스 크로마토그래피 분석의 장점으로 틀린 것은?

① 물질이 유사한 여러 성분의 혼합계 분리에 매우 유효하다.
② 현장조사 시 휴대 및 가스 포집이 간편하며 성분판별이 가능하다.
③ 가스상태로 분석하기 때문에 조작도 간단하고 시간도 빠르다.
④ 각 성분을 검출하여 그 양을 전기적인 신호로 기록계에 저장하고 도형적으로 기록함으로써 분석결과가 객관적이다.

해설 가스 크로마토그래피는 휴대가 곤란한 단점이 있다.

35 미소화원과 유염화원의 특징으로 옳은 것은?

① 유염화원이 무염화원보다 에너지량(열량)이 적다.

② 유염화원은 무염화원보다 연소 확대에 필요한 시간이 짧다.
③ 유염화원은 가연물과 접촉 시 바로 착화할 가능성이 무염화원보다 적다.
④ 무염화원의 연소흔적은 깊이 탄 것은 보이지 않으며 연소범위가 넓은 경향을 보인다.

해설
① 유염화원이 무염화원보다 에너지량이 크다.
③ 유염화원은 가연물과 접촉 시 바로 착화할 가능성이 무염화원보다 높다.
④ 무염화원은 연소흔적이 깊게 탄 것이 보이고 연소범위가 좁은 경향을 보인다.

36 방화의 주요 동기가 아닌 것은?

① 실수   ② 복수심
③ 경제적 이익   ④ 범죄은폐

해설 방화동기
경제적 이익, 보험사기, 범죄은폐, 복수 등

37 다음 중 담뱃불접촉에 의한 물질의 착화 가능성이 가장 낮은 것은?

① 톱밥류   ② 마른 건초류
③ 구겨진 신문지류 ④ 가솔린증기

해설 가솔린증기는 담뱃불에 착화되지 않는다.

38 그림과 같은 3상 부하회로에 있어서 부하전류가 20A일 때 부하의 선간전압 V_{LL}은 얼마인가?

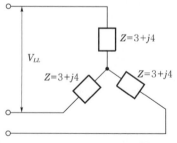

① 100   ② $100\sqrt{2}$
③ $100\sqrt{3}$ ④ 200

해설 $\sqrt{3^2+4^2} = \sqrt{25} = 5$
V(상전압)$= IR$이므로 $20 \times 5 = 100V$
선전압은 상전압의 $\sqrt{3}$배이므로 $100\sqrt{3}$

39 차량 배터리의 내부에서 화원이 될 가능성이 있는 원인에 속하지 않는 것은?

① 외부단자의 이완
② 과충전에 의한 과열
③ 과충전에 의한 용단스파크 불꽃
④ 배터리 전해액 부족에 의한 내부 쇼트

해설 외부단자의 이완은 불완전접촉으로 발화요인이 될 수 있으나 배터리 내부에서 일어나는 화원이 될 수 없다.

40 방화행위의 입증요소로 틀린 것은?

① 방화재료의 입수경위가 밝혀져야 한다.
② 방화를 한 장소 및 소훼물이 있어야 한다.
③ 방화의 수단과 방법이 실현 가능하여야 한다.
④ 방화의 수단이 가능한지 추상적으로 검토되어야 한다.

해설 방화의 수단이 가능한지 실증적으로 검토되어야 한다.

제3과목 | 증거물관리 및 법과학

41 관계자에게 질문할 경우 유의해야 하는 사항으로 틀린 것은?

① 질문자는 자기신분을 밝힌다.
② 피질문자에 대한 선입견을 배제한다.
③ 관계자에는 초기소화자, 피난자, 출동한 소방관도 포함된다.
④ 실체적 진실을 밝히기 위해서는 어느 정도의 유도질문이나 상대방의 감정을 도발하는 질문기법도 필요하다.

해설 질문은 유도심문을 피하고 진술의 임의성을 확보하여야 한다.

42 비디오카메라에 대한 설명으로 틀린 것은?

① 목격자, 소유자 거주인, 혐의자와의 면담에서 사용할 수 있다.
② 비디오카메라의 장점은 보는 각도를 점차 이동하며 화재현장을 나타내는 것이다.
③ 주밍-인(zooming-in)이나 과장확대기법을 적극적으로 사용한다.
④ 가장 큰 장점으로 점진적으로 시각의 움직임에 의해 화재현장을 보여주는 능력이 있다.

해설 현장을 사실 그대로 촬영하고 과장확대되지 않도록 한다.

43 연소범위에 영향을 미치는 요인에 대한 설명으로 틀린 것은?

① 온도가 높아질수록 연소범위는 좁아진다.
② 고온·고압의 경우 연소범위는 더욱 넓어진다.
③ 압력이 높아지면 하한값은 크게 변하지 않으나 상한값은 높아진다.
④ 혼합기를 이루는 공기의 산소농도가 높을수록 연소범위는 넓어진다.

해설 온도가 높을수록 연소범위는 넓어진다.

44 가스 크로마토그래피(GC) 분석을 위한 용매추출법 중 잔류물을 추출하기 위한 용액으로 틀린 것은?

① 크실렌
② η-펜탄
③ 이황화탄소
④ η-헥산

해설 크실렌은 잔류물 추출용액으로 사용하지 않는다.

45 화재사 또는 흡연과 관련된 CO-Hb의 농도에 관한 설명으로 맞는 것은?

① 일반적으로 비흡연자의 CO-Hb 농도는 0.01%이다.
② 40% 이상의 CO-Hb 농도는 CO자체만으로 사망할 수 있는 수치이다.
③ 일반적으로 하루 두 갑 이상 흡연하는 사람의 CO-Hb 농도는 3~8%이다.
④ 40% 이하의 CO-Hb 농도는 산소 부족, 심정지 또는 열화상으로 사망할 수 있다.

해설 일반적으로 비흡연자일지라도 CO-Hb 1~3% 나타날 수 있고 흡연자의 CO-Hb는 4~10%이다.

46 냉온수기 자동온도조절장치에서 절연체의 오염에 의한 트래킹화재가 발생한 경우 수거하여야 할 증거물로 맞는 것은?

① 응축기
② 시즈히터
③ 압축기
④ 서모스탯

해설 온수통에 부착된 서모스탯의 오염상태를 확인하면 트래킹발화를 확인할 수 있다.

47 화재현장 사진촬영에 대한 설명으로 틀린 것은?

① 현장사진은 자료 확보를 위하여 충분하게 촬영한다.
② 연소 및 탄화된 형태를 조사관 시각에서 객관화하여 촬영한다.
③ 발화건물 내부 촬영 시 소실된 부분을 국부적으로 촬영한다.
④ 불필요한 피사체(인물 등) 촬영 금지, 접사촬영 시 배경막 설치 후 촬영한다.

해설 건물 내부사진은 열과 연기가 퍼져나간 방향을 알 수 있도록 발화지역 중심부를 촬영하고 발화지역과 인접한 구역에 손상이 없더라도 연소확산된 경로를 표시하기 위해 촬영할 필요가 있다.

48 화재증거물 사진의 촬영 및 유의사항에 관한 설명으로 틀린 것은?

① 화재증거물은 오물을 제거하고 나서 찍는다.
② 접사로 촬영하는 경우 셔터스피드를 이용해 피사계 심도를 조절한다.
③ 접사촬영이 필요할 경우 매크로렌즈(접사용) 및 링스트로보 등을 활용한다.
④ 피사계 심도는 어느 정해진 시간 동안에 초점이 맞는 가장 멀리 있는 사물과 가장 가까이 있는 사물의 거리이다.

해설 피사계 심도는 초점거리, 조리개값, 촬영거리에 따라 결정된다.

49 물리적 증거물의 감정 및 시험에 대한 설명으로 틀린 것은?

① 발화지점, 화재 특정 원인, 화재 확산에 기여한 요인 판별
② 물리적 증거물의 화학 조성을 확인하기 위한 감정 및 시험
③ 물리적 증거물의 작동이나 오작동 또는 고장을 판단하기 위하여 설계가 충분한지 여부를 판별
④ 실험실이나 다른 시험기관이 수행할 수 있는 특정 실험방법 및 제한사항에 관계없이 공정성을 위해 화재조사관 단독으로 감정 및 시험 실시

해설 화재조사관 단독으로 감정 및 시험 실시는 공정성을 얻기 어렵다.

50 화상의 위험도에 큰 영향을 미치는 인자는?

① 심도(深度)
② 온도(溫度)
③ 질병(疾病)
④ 범위(範圍)

해설 화상의 위험도에 영향을 미치는 인자는 심도와 범위이며 범위가 심도보다 더 큰 영향을 미친다.

Answer 45.② 46.④ 47.③ 48.② 49.④ 50.④

51 화재증거물의 수송으로 권장할 만한 가장 적절한 방법은?

① 직접운반
② 제3자 전달
③ 우편배송
④ 화물로의 배송

해설 분실이나 도난 방지를 위해 가능하면 직접운반을 권장한다.

52 전기기기 또는 구성품에 대한 증거물 수집 방법으로 틀린 것은?

① 전기적 증거물이 발견된 상태를 가능한 한 그대로 보존해야 한다.
② 제품 내 전기적 특이점이 발견된다면 해당 부분만 수거하는 것이 효과적이다.
③ 일부 남은 전선피복을 검사할 수 있도록 가능한 전선을 길게 수집해야 한다.
④ 전기기기를 전체적으로 제거하는 것이 불가능한 경우 제자리에 안전하게 놓는 것이 좋다.

해설 제품 내 전기적 특이점이 발견되면 전체 시스템을 알 수 있도록 위치와 기능에 주의하여 수집한다.

53 화재증거물수집관리규칙에 포함되는 내용이 아닌 것은?

① 증거물의 포장
② 증거물 감정절차
③ 증거물의 상황기록
④ 초상권 및 개인정보 보호

해설 화재증거물수집관리규칙에는 증거물 감정절차에 관한 규정이 없다.

54 화재증거물수집관리규칙상 현장사진 및 비디오 촬영 시 유의사항에 대한 설명으로 틀린 것은?

① 최초 도착하였을 때의 원상태를 그대로 촬영하고 진압순서에 따라 촬영

② 현장사진 및 비디오 촬영할 때에는 연소 확대 경로 및 증거물기록에 대한 번호표와 화살표를 표시 후에 촬영
③ 증거물을 촬영할 때에는 그 소재와 상태가 명백히 나타나도록 하며, 필요에 따라 구분이 용이하게 번호표 등을 넣어 촬영
④ 화재현장의 특정한 증거물 등을 촬영함에 있어서는 그 길이, 폭 등을 명백히 하기 위하여 측정용 자 또는 대조도구를 사용하여 촬영

해설 최초 도착하였을 때의 원상태를 그대로 촬영하고 화재조사의 진행순서에 따라 촬영한다.

55 열에 의한 재성형이 불가능한 합성 고분자 화합물의 종류로 맞는 것은?

① 테프론
② 폴리에틸렌
③ 멜라민수지
④ 폴리아크릴로니트릴

해설 멜라민수지는 재성형이 불가한 열경화성 수지에 해당한다.

56 화재현장에서 수집된 증거물의 오염에 관한 설명으로 맞는 것은?

① 물리적 증거물 대부분의 오염은 운반하는 과정에서 발생한다.
② 증거물 보관용기는 오염지역에서 떨어진 곳에 보관하여야 한다.
③ 증거물의 오염 방지를 위하여 화재조사관의 맨손으로 직접 수집하는 것이 원칙이다.
④ 증거물용기는 개봉상태로 유지하며 실험실에서 조사를 마친 후 봉인되어야 한다.

해설 ① 증거물오염은 대부분 수집과정에서 발생한다.
③ 증거물오염 방지를 위해 항상 새장갑과 새봉지를 사용한다.
④ 증거물용기는 증거수집 후 봉인상태를 유지하여야 한다.

Answer   51.① 52.② 53.② 54.① 55.③ 56.②

57 증거물 수집용기 중 유리병의 장점이 아닌 것은?

① 휘발성 액체의 증발을 방지한다.
② 내부의 증거물 확인이 용이하다.
③ 장기저장 시 증거물의 악화를 줄여 준다.
④ 크기가 다양하여 많은 양을 저장할 수 있다.

해설 유리병은 크기가 제한되어 많은 양을 저장할 수 없다.

58 일반적인 방화현장에서 나타나는 패턴이 아닌 것은?

① U형 패턴
② 독립연소패턴
③ 포어(pour)패턴
④ 트레일러(trailer)패턴

해설 방화패턴
독립연소패턴, 트레일러패턴, 포어패턴, 스플래시패턴 등이 있다.

59 화재현장의 증거물시료 채취 시 유의사항으로 아닌 것은?

① 가급적 증거물 전체를 수집 또는 채취
② 동일한 물질이 있었을 때는 채취하지 않고 내용만 기술
③ 감정의뢰서에 증거물을 수집, 채취한 경과와 사건개요를 기술
④ 채취된 증거물의 물질이 상이할 때에는 서로 섞이지 않도록 분리하여 채취, 보관

해설 동일한 물질이 있을 때에는 비교표본을 수집하여 분석하도록 한다.

60 화재 당시 살아있었음을 나타내는 생활반응으로 맞는 것은?

① 시반이 없다.
② 머리가 그을렸다.
③ 기도에 매연이 부착되었다.
④ 피부가 진피까지 탄화되었다.

해설 기도에 매연의 부착은 화재 당시 일산화탄소를 호흡하였다는 생활반응이다.

제4과목 | **화재조사보고 및 피해평가**

61 다음은 주택화재현장에 출동한 화재조사관이 조사한 내용이다. 해당 화재조사관이 국가화재정보시스템 유형별 조사서 중 시설용도항목에 입력한 사항으로 맞는 것은?

> 1개 동의 주택으로 쓰이는 바닥면적의 합계가 680m², 건물 층수는 4층이며 주택 내 여러 세대가 독립적인 주거생활이 가능한 주택에서 화재가 발생하였다. 화재조사결과 2층 201호 주방에서 음식물조리 중 화재가 발생하였으며, 인명피해는 없으며, 주방 가스레인지 및 싱크대 등이 소실되었다.

① 시설용도 : 주거시설-단독주택-다세대주택
② 시설용도 : 주거시설-공동주택-연립주택
③ 시설용도 : 주거시설-기타주택-다세대주택
④ 시설용도 : 주거시설-도시형 주택-연립주택

해설 주거시설 → 공동주택 → 연립주택을 적용한다.

62 건물의 일부를 개수 또는 보수한 경우에 있어서의 경과연수의 산정 기준 적용에 관한 설명으로 틀린 것은?

① 재설치비의 50% 미만 개·보수한 경우 : 최초 설치연도 기준
② 재설치비의 50% 이상 개·보수한 경우 : 최초 설치연도 기준
③ 재설치비의 80% 이상 개·보수한 경우 : 개·보수한 때를 기준으로 하여 경과연수를 산정
④ 재설치비의 50~80% 미만을 각각 개·보수한 경우 : 최초 설치연도를 기준으로 한 경과연수와 개·보수한 때를 기준으로 한 경과연수를 합산하고 평균하여 경과연수를 산정

해설 최초 설치연도를 기준으로 하는 경우는 재설치비의 50% 미만 개·보수하는 경우만 해당한다.

63 재고자산의 상품 중 견본품, 전시품, 진열품에 대한 화재피해액 산정 시 우선 적용사항으로 맞는 것은?

① 시장거래가격으로 산정한다.
② 구입가의 50%로 일괄 산정한다.
③ 구입가의 50~80%를 피해액으로 한다.
④ 구입가에 감가수정한 가격으로 산정한다.

해설 견본품, 전시품, 진열품의 경우 구입가격의 50~80%를 피해액으로 산정한다.

64 화재조사 및 보고규정상 화재건수를 결정할 때 1건의 화재결정으로 틀린 것은?

① 동일 대상물에서 발화점이 2개소이며, 누전점이 동일한 화재
② 동일 대상물에서 발화점이 3개소로서 낙뢰에 의한 다발화재
③ 동일 대상물에서 발화점이 4개소로서 지진에 의한 다발화재
④ 각기 다른 사람에 의한 방화나 불장난으로 동일 대상물에서 발화한 화재

해설 각기 다른 사람에 의한 방화, 불장난은 동일 대상물에서 발화했더라도 각각 별건의 화재로 한다.

65 재고자산의 화재피해액 산정에 관한 사항으로 맞는 것은?

① 판매 및 일반관리비의 미실현이익 내지 미실현비용을 포함한다.
② 재고자산 중 반제품은 구입 후 사용하지 않고 보관 중인 소모품을 의미한다.
③ 재고자산은 구입비용 자체가 피해액이 되므로 감가공제는 하지 않는다.
④ 재고자산의 구입비에는 운반비 등 구입경비와 판매비용은 포함하지 않는다.

해설 재고자산은 현재가액이 화재로 인한 피해액이 된다. 현재가액에는 판매 및 일반관리비의 미실현이

익 내지 미실현비용은 포함하지 않는다. 반제품은 자가제조한 생산품을 말한다. 재고자산은 현재가액 자체가 피해액이므로 감가공제하지 않는다. 현재가액에는 운반비 등 구입경비를 포함한다.

66 화재발생종합보고서 작성 시 질문기록서 작성을 생략할 수 있는 대상으로 맞는 것은?

① 선박화재
② 자동차화재
③ 건축·구조물 화재
④ 전봇대화재

해설 질문기록서 작성을 생략할 수 있는 화재
전봇대화재, 가로등화재, 임야화재 등

67 화재조사 및 보고규정상 화재피해액 산정 기준으로 틀린 것은?

① 차량은 전부손해의 경우 시중매매가격으로 한다.
② 임야의 입목은 전부손해의 경우 감정가격으로 한다.
③ 미술공예품은 전부손해의 경우 감정가격으로 한다.
④ 기타피해물품은 피해 당시의 현재가를 재구입비로 하여 피해액을 산정한다.

해설 임야의 입목은 소실 전 입목가격에서 소실한 입목의 잔존가격을 뺀 가격으로 한다.

68 화재현황조사서에 명시된 발화요인으로 맞는 것은?

① 불꽃, 불티
② 작동기기
③ 담뱃불, 라이터불
④ 교통사고

해설 발화요인
전기적 요인, 기계적 요인, 가스누출(폭발), 화학적 요인, 교통사고, 부주의, 자연적 요인 등

부록

과년도 출제문제

69 화재범위가 2 이상의 관할구역에 걸친 화재에 대한 설명으로 맞는 것은?

① 출동하여 진압한 소방서에서 1건의 화재로 한다.
② 관할 소방서장과 출동한 소방서장과 협의하여 정한다.
③ 발화소방대상물의 소재지를 관할하는 소방서에서 1건의 화재로 한다.
④ 발화소방대상물의 소재지를 관할하는 소방서와 출동한 소방서에서 각각 1건의 화재로 한다.

해설 관할구역이 2개소 이상 걸친 화재는 발화소방대상물의 소재지를 관할하는 소방서에서 1건의 화재로 한다.

70 화재현장조사서에 첨부할 도면의 작성에 대한 설명으로 틀린 것은?

① 도면작성에 있어서는 방의 배치와 출입구, 개구부의 상황을 위주로 한다.
② 거리측정은 기둥의 중심에서 다른 기둥의 중심까지로 기준점을 통일한다.
③ 도면(평면도, 입체도)은 측정치를 기준으로 하여 축척에 맞춰서 작성한다.
④ 화재조사관은 화재현장에 대한 이해도를 높이기 위해 화재의 유형과 규모에 관계없이 3차원 형식의 도면을 반드시 작성하여야 한다.

해설 화재의 유형과 규모에 맞게 작성된 3차원 형식의 도면이 이해에 도움이 될 수 있으나 반드시 작성할 사항은 아니다.

71 화재조사서류 중 화재발생종합보고서의 보존기간으로 맞는 것은?

① 5년
② 10년
③ 영구
④ 준영구

해설 화재조사서류는 문서로 기록하고 전자기록 등 영구보존방법에 따라 보존하여야 한다.

72 화재피해액 산정에 있어 상당부분 교체 내지 수리가 필요한 경우의 손해율로 맞는 것은?

① 20%
② 40%
③ 60%
④ 80%

해설 (영업시설의) 손실 정도가 심해 상당부분 교체 내지 수리가 필요한 경우 손해율은 60%이다. 문제에서 영업시설이란 표현이 누락되었으나 상당부분 교체 내지 수리가 필요한 경우에 해당하는 것은 화재피해액 산정대상에서 영업시설뿐이다.

73 화재현장조사서 작성 시 유의사항 중 틀린 것은?

① 관계자 진술은 주관적인 것이므로 기재하지 않는다.
② 필요한 경우 예상되는 사항 및 관련 조치사항 등도 기록할 수 있다.
③ 발화지점 및 화재원인 판정은 객관적인 증거자료(사진, 기타서류 등)를 첨부할 수 있다.
④ 필요한 경우 감식 · 감정 결과통지서, 전기배선도, 연구자료, 재현실험결과, 참고문헌 등 참고자료를 첨부할 수 있다.

해설 관계자 진술은 주관적일지라도 누락 없이 기재하여야 한다.

74 지은 지 10년 된 아파트에서 화재가 발생하여 $100m^2$가 소실되었다. 화재피해액은 약 얼마인가? (단, 내용연수 50년, 신축단가 670천원/m^2, 손해율 40%이다.)

① 21,862천원
② 22,512천원
③ 26,661천원
④ 28,891천원

해설 건물피해액 산정
신축단가×소실면적×[1−(0.8×경과연수/내용연수)]×손해율
=670천원×$100m^2$×[1−(0.8×10년/50년)]×40%
=22,512천원

Answer 69.③ 70.④ 71.③ 72.③ 73.① 74.②

75 화재발생종합보고서에서 화재발생 시 모든 경우에 작성되어야 할 조사서는?

① 화재현황조사서
② 화재유형별 조사서
③ 방화·방화의심조사서
④ 화재피해(인명·재산)조사서

해설 모든 화재 시 공통작성
　ⓐ 화재현장조사서
　ⓑ 화재현황조사서

76 화재피해액 산정에 관한 설명으로 맞는 것은 어느 것인가?

① 최종 잔가율은 건물, 부대설비, 가재도구의 경우 20%, 기타의 경우 10%로 한다.
② 화재피해액을 산정하기 위한 피해면적은 화재피해를 입은 건물의 바닥면적을 말한다.
③ 화재로 인한 건물의 피해액은 화재피해대상 건물과 동일한 구조, 용도, 질, 규모의 건물 재건축비에서 손해율을 곱한 금액이 된다.
④ 간이평가방식에 의한 부대설비의 피해액 산정에 있어 전등 및 전열설비 등 기본적 전기설비만 설치되어 있어도 별도로 부대시설 피해액을 산정한다.

해설 ① 최종 잔가율은 건물, 부대설비, 구축물, 가재도구는 20%로 하며 그 외 자산은 10%로 정한다.
　② 화재피해액을 산정하기 위한 피해면적은 화재피해를 입은 건물의 연면적을 말한다.
　③ 화재로 인한 건물피해액은 소실면적의 재건축비에서 잔가율과 손해율을 곱한 금액이 된다.
　④ 간이평가방식에 의한 부대설비 피해액 산정에 있어 전등 및 전열설비는 별도로 부대시설 피해액을 산정하지 않는다.

77 화재로 인한 재산피해의 범위가 아닌 것은?

① 연기에 의한 그을음피해
② 화재로 인한 영업손실의 피해

③ 소화활동으로 발생한 수손피해
④ 열에 의한 탄화, 용융, 파손피해

해설 화재로 인한 영업손실은 재산피해로 산정하지 않는다.

78 화재피해액 산정 시 중고로 구입한 기계장치 및 집기비품으로서 그 제작연도를 알 수 없을 경우 그 상태에 따라 신품가액 대비 잔가율로 정할 수 있는 비율은?

① 30% 내지 50%
② 30% 내지 60%
③ 20% 내지 50%
④ 20% 내지 60%

해설 중고로 구입한 기계장치 및 집기비품으로 제작연도를 알 수 없는 경우 기계의 상태에 따라 신품 재구입비의 30~50%를 해당 기계의 가액으로 하여 피해액을 산정한다.

79 다음 중 화재현장출동보고서의 기재항목이 아닌 것은?

① 발화지점 판정
② 출동대원 및 응답자
③ 현장도착 시 발견사항
④ 도착하여 처음 실행한 일의 지점 및 유형

해설 발화지점 판정은 화재현장조사서에 기재할 사항이다.

80 화재현장조사서 작성 시 화재원인 검토와 관련된 내용 중 필수 검토항목이 아닌 것은?

① 방화 가능성
② 전기적 요인
③ 인적 부주의
④ 관련 조치사항

해설 화재현장조사서에는 관련 조치사항이 검토항목으로 되어 있지 않다.

부록

과년도 출제문제

제5과목 화재조사관계법규

81 소방의 화재조사에 관한 법령상 화재조사관의 자격기준으로 옳지 않은 것은?

① 소방청장이 실시하는 화재조사에 관한 시험에 합격한 소방공무원
② 국가기술자격의 직무분야 중 화재감식평가 분야의 산업기사의 자격을 취득한 공무원
③ 국가기술자격의 직무분야 중 화재감식평가 분야의 기사의 자격을 취득한 소방공무원
④ 화재조사분야에서 1년 이상의 경력을 가진 소방관

해설 화재조사관의 자격기준 등(소방의 화재조사에 관한 법률 시행령 제5조)
화재조사 업무를 수행하는 화재조사관은 다음의 어느 하나에 해당하는 소방공무원으로 한다.
㉠ 소방청장이 실시하는 화재조사에 관한 시험에 합격한 소방공무원
㉡「국가기술자격법」에 따른 국가기술자격의 직무분야 중 화재감식평가 분야의 기사 또는 산업기사 자격을 취득한 소방공무원

82 다음은 화재조사 및 보고규정상 화재합동조사단 운영 및 종료에 대한 내용이다. 빈칸에 알맞은 것은?

> 소방청장은 사상자가 ( )명 이상이거나 2개 시·도 이상에 걸쳐 화재가 발생한 경우(임야화재는 제외) 화재합동조사단을 구성하여 운영하는 것을 원칙으로 한다.

① 50 　　　　② 45
③ 30 　　　　④ 20

해설 소방청장은 사상자가 30명 이상이거나 2개 시·도 이상에 걸쳐 화재가 발생한 경우(임야화재는 제외) 화재합동조사단을 구성하여 운영하는 것을 원칙으로 한다.

83 소방의 화재조사에 관한 법률상 화재조사 전담부서에서 관장하는 업무가 아닌 것은?

① 화재조사의 실시 및 조사결과 분석
② 화재조사관련 기술 개발
③ 화재조사에 필요한 시설·장비의 관리
④ 화재조사에 관한 시험의 응시자격 결정

해설 화재조사전담부서는 다음의 업무를 수행한다.
㉠ 화재조사의 실시 및 조사결과 분석·관리
㉡ 화재조사 관련 기술개발과 화재조사관의 역량 증진
㉢ 화재조사에 필요한 시설·장비의 관리·운영
㉣ 그 밖의 화재조사에 관하여 필요한 업무

84 화재로 인한 손해의 배상의무자가 법원에 손해배상액의 경감을 청구할 수 있는 경우로 옳은 것은?

① 고의에 인한 화재인 경우
② 중대한 과실로 인한 실화인 경우
③ 경미한 과실로 인한 실화인 경우
④ 악의적인 방화로 인한 화재인 경우

해설 실화가 중대한 과실로 인한 것이 아닌 경우(경과실)에는 법원에 손해배상액의 경감을 청구할 수 있다.

85 화재조사 및 보고규정에서 6가지로 규정한 화재유형이 아닌 것은?

① 건축·구조물 화재
② 위험물·가스제조소 등 화재
③ 공원화재
④ 선박·항공기 화재

해설 화재의 유형
건축·구조물 화재, 자동차·철도차량 화재, 위험물·가스제조소 등 화재, 선박·항공기 화재, 임야화재, 기타 화재

Answer　81.④　82.③　83.④　84.③　85.③

86 제조물책임법에 따르면 손해배상의 청구권은 제조업자가 손해를 발생시킨 제조물을 공급한 날부터 몇 년 이내에 행사하여야 하는가? (단, 원칙적인 경우에 한한다.)

① 3년
② 5년
③ 10년
④ 15년

해설 제조물책임법에 따른 손해배상청구권은 제조업자가 손해를 발생시킨 제조물을 공급한 날부터 10년 이내에 행사하여야 한다.

87 화재로 인한 재해보상과 보험가입에 관한 법률의 설명으로 틀린 것은?

① 보험금 청구권 중 손해배상책임을 담보하는 보험의 청구권은 압류할 수 없다.
② 손해보험회사란 손해배상법에 따른 화재보험업의 허가를 받은 자를 말한다.
③ 대한민국에 주둔하는 외국군대가 소유하는 건물은 특수건물소유자의 손해배상책임에 적용되지 않는다.
④ 손해보험회사는 대통령령으로 정하는 바에 따라 협회의 설립과 운영에 필요한 비용을 출연하여야 한다.

해설 손해보험회사란 보험업법에 따른 화재보험업의 허가를 받은 자를 말한다.

88 형법에서 규정하고 있는 진화방해죄에 대한 벌칙기준 중 다음 ( ) 안에 알맞은 것은?

> 화재에 있어서 진화용의 시설 또는 물건을 은닉 또는 손괴하거나 기타 방법으로 진화를 방해한 자는 ( )년 이하의 징역에 처한다.

① 10　　　　② 7
③ 5　　　　④ 1

해설 진화방해죄(형법 제169조)
10년 이하의 징역에 처한다.

89 제조물책임법상 제조업자에 해당하는 자로 옳지 않은 것은?

① 제조물의 제조 · 가공을 업으로 하는 자
② 제조물의 유통을 업으로 하는 자
③ 제조물의 수입을 업으로 하는 자
④ 제조물에 성명 · 상호 · 상표 등을 사용하여 자신을 제조업자로 오인하게 할 수 있는 표시를 한 자

해설 제조업자에는 제조물의 제조 · 가공 또는 수입을 업으로 하는 자를 포함하지만 유통을 업으로 하는 자는 해당하지 않는다.

90 미성년자가 타인에게 손해를 가한 경우에 그 행위의 책임을 변식할 지능이 없는 때에는 배상의 책임이 없다. 이 경우 민법상 미성년자임을 판단하는 연령과 그 산정방법으로 옳은 것은?

① 14세 미만, 출생일 산입
② 18세 미만, 출생일 불산입
③ 19세 미만, 출생일 산입
④ 20세 미만, 출생일 불산입

해설 성년(민법 제4조) · 연령의 기산점(민법 제158조)
사람은 19세로 성년에 이르게 되며 연령계산에는 출생일을 산입한다.

91 실화책임에 관한 법률상 배상의무자가 법원에 손해배상액의 경감을 청구할 경우 법원이 손해배상액의 경감을 고려하는 사정이 아닌 것은?

① 화재의 원인과 규모
② 피해의 대상과 정도
③ 연소 및 피해 확대의 원인
④ 화재피해자의 직업

해설 법원이 손해배상액을 경감할 수 있는 사정
　㉠ 화재의 원인과 규모
　㉡ 피해의 대상과 정도
　㉢ 연소 및 피해 확대의 원인
　㉣ 피해 확대를 방지하기 위한 실화자의 노력
　㉤ 배상의무자 및 피해자의 경제상태
　㉥ 그 밖에 손해배상액을 결정할 때 고려할 사정

92 소방기본법령상 화재원인조사 중 발화원인 조사의 범위에 해당하지 않은 것은?

① 화재가 발생한 과정
② 화재의 연소경로
③ 화재가 발생한 지점
④ 불이 붙기 시작한 물질

해설 화재의 연소경로는 연소상황조사에 해당한다.

93 화재로 인한 재해보상과 보험가입에 관한 법률상 특약부화재보험을 가입하지 않은 특수건물소유자의 벌칙으로 옳은 것은?

① 200만원 이하의 벌금
② 300만원 이하의 벌금
③ 400만원 이하의 벌금
④ 500만원 이하의 벌금

해설 특약부화재보험에 가입하지 아니한 자는 500만원 이하의 벌금에 처한다.

94 화재현장에서의 증거물이 법정에 제출되는 경우, 증거로서의 가치를 상실하지 않도록 준수해야 하는 적법한 절차에 관한 사항으로 옳은 것은?

① 관련 법규 및 지침에 규정된 일반적인 원칙과 절차를 준수한다.
② 화재조사에 필요한 증거수집은 화재피해자의 피해를 최대화하도록 하여야 한다.
③ 화재의 증거물을 획득할 때에는 어떠한 장비도 사용해서는 아니 된다.
④ 최종적으로 법정에 제출되는 화재증거물은 증거의 훼손 방지를 위하여 항상 사본을 제출한다.

해설 ② 화재조사에 필요한 증거수집은 화재피해자의 피해를 최소화하도록 한다.
③ 화재증거물을 획득할 때에는 증거물이 오염, 훼손, 변형되지 않도록 적절한 도구를 사용하여야 한다.
④ 최종적으로 법정에 제출되는 화재증거물의 원본성이 보장되어야 한다.

95 화재보험법령상 손해보험회사가 운영하는 특약부화재보험에 가입하여야 하는 특수건물의 기준으로 옳은 것은?

① 노래연습장업으로 사용하는 부분의 바닥면적의 합계가 1,000m² 이상인 건물
② 학원으로 사용하는 부분의 바닥면적의 합계가 1,000m² 이상인 건물
③ 병원급 의료기관으로 사용하는 건물로서 연면적의 합계가 2,000m² 이상인 건물
④ 관광숙박업으로 사용하는 건물로서 연면적의 합계가 3,000m² 이상인 건물

해설 ① 노래연습장업으로 사용하는 부분의 바닥면적 합계가 2천m² 이상인 건물
② 학원으로 사용하는 부분의 바닥면적 합계가 2천m² 이상인 건물
③ 병원급 의료기관으로 사용하는 부분의 연면적 합계가 3천m² 이상인 건물

96 소방기본법상 화재, 재난, 재해, 그 밖의 위급한 상황이 발생한 현장에 소방활동구역을 정하여 소방활동에 필요한 사람으로서 대통령령으로 정하는 사람 외에는 그 구역에 출입하는 것을 제한할 수 있는 자는?

① 시·도지사
② 행정안전부장관
③ 시장·군수
④ 소방대장

해설 소방대장은 화재, 재난, 재해, 그 밖의 위급한 상황이 발생한 현장에 소방활동구역을 정하여 소방활동에 필요한 사람으로서 대통령령으로 정하는 사람 외에는 그 구역에 출입하는 것을 제한할 수 있다.

97 승객이 있는 기차에 불을 놓은 경우에 해당되는 죄는 무엇인가?

① 현주건조물 등에의 방화
② 공용건조물 등에의 방화
③ 일반건조물 등에의 방화
④ 일반물건에의 방화

Answer 92.② 93.④ 94.① 95.④ 96.④ 97.①

해설 현주건조물 등에의 방화(형법 제164조 제1항)
불을 놓아 사람이 주거로 사용하거나 사람이 현존하는 건조물, 기차, 전차, 자동차, 선박, 항공기 또는 지하채굴시설을 불태운 자는 현주건조물 등에의 방화죄 처벌을 받는다.

98 화재조사 및 보고규정상 건축 · 구조물 화재의 소실 정도의 분류 중 다음 ( ) 안에 알맞은 것은?

반소 : 건물의 (㉮)% 이상 (㉯)% 미만이 소실된 것

① ㉮ 20, ㉯ 50   ② ㉮ 20, ㉯ 70
③ ㉮ 30, ㉯ 50   ④ ㉮ 30, ㉯ 70

해설 반소
건물의 30% 이상 70% 미만 소실된 것

99 화재조사관이 화재원인 및 피해조사활동을 개시하는 시점으로 옳은 것은?

① 화재사실을 인지하는 즉시
② 현장에 소방차량이 도착함과 동시
③ 화재가 진압되고 즉시
④ 관할경찰서의 조사허가 즉시

해설 화재조사는 관계공무원이 화재사실을 인지하는 즉시 실시되어야 한다.

100 소방서장 등은 불이 번지는 것을 막기 위하여 필요할 때에는 불이 번질 우려가 있는 소방대상물을 일시적으로 사용하거나 그 사용의 제한 또는 소방활동에 필요한 처분을 할 수 있다. 다음 중 이러한 처분을 방해한 자에 대한 벌칙으로 옳은 것은?

① 3년 이하 징역 또는 3천만원 이하의 벌금
② 5년 이하 징역 또는 5천만원 이하의 벌금
③ 1년 이하 징역 또는 500만원 이하의 벌금
④ 300만원 이하의 벌금

해설 사람을 구출하거나 불이 번지는 것을 막기 위해 필요할 때에는 화재가 발생하거나 불이 번질 우려가 있는 소방대상물 및 토지를 일시적으로 사용하거나 그 사용의 제한 또는 소방활동에 필요한 처분을 할 수 있다. 처분을 방해하거나 정당한 사유 없이 그 처분에 따르지 아니한 자는 3년 이하의 징역 또는 3천만원 이하의 벌금에 처한다.

부록

과년도 출제문제

2020년
6월13일

화재감식평가산업기사

제1과목 화재조사론

01 가연물의 연소형태에 대한 설명으로 옳지 않은 것은?

① 숯은 표면연소를 한다.
② 목재는 증발연소를 한다.
③ 액체의 연소형태로는 증발연소와 분해연소 등이 있다.
④ 표면연소는 라디칼이 발생하는 연쇄반응은 일어나지 않는다.

해설 목재는 분해연소를 한다.

02 다음 중 액체의 물리적 성질과 가장 관련이 적은 것은?

① 증발   ② 비점
③ 비중   ④ 승화

해설 승화는 고체가 기체로 되거나 기체가 고체로 되는 과정으로 액체와 관계가 없다.

03 화재 후 금속의 표면에 나타나는 산화현상에 대한 설명으로 틀린 것은?

① 화재 이후 산화의 정도는 주변습도와 노출시간에 좌우된다.
② 스테인리스스틸이 심하게 산화되면 흐린 회색을 띠게 된다.
③ 온도가 높을수록, 노출시간이 짧을수록 산화의 효과가 많이 나타난다.
④ 구리는 열에 노출되면 어두운 적색이나 흑색 산화물을 만든다.

해설 산화는 온도가 높을수록, 노출시간이 길수록 많이 나타난다.

04 소방본부(거점소방서 포함)의 화재조사전담부서에 갖추어야 할 감식 · 감정용 기기의 기자재가 아닌 것은?

① 절연저항계
② 멀티테스터기
③ 디지털온도 · 습도계
④ 복합가스측정기

해설 디지털온도 · 습도계는 기록용 기기에 해당한다.

05 습도에 대한 설명으로 옳은 것은?

① 공기 중의 습도는 연소속도에 영향을 미치지 않는다.
② 정전기는 습한 환경에서 축적이 잘 되는 경향이 있다.
③ 절대습도는 대기 중에 포함된 수증기의 양을 %로 표기한다.
④ 가연물의 수분함량은 가연물 주변공기의 습도와 상관관계가 있다.

해설 ① 공기 중 습도는 연소속도에 영향을 미친다.
② 정전기는 습한 환경에서 축적이 어렵다.
③ 절대습도는 $1m^3$의 공기 속에 들어 있는 수증기의 질량을 그램수로 나타낸 것이다.

06 화재조사 시 최초 발견자를 통해 얻을 수 있는 정보로 옳지 않은 것은?

① 화재패턴의 종류   ② 불의 위치
③ 연기의 색과 냄새   ④ 발견시각

Answer 01.② 02.④ 03.③ 04.③ 05.④ 06.①

해설 화재패턴은 최초 발견자가 아닌 화재조사관이 현장조사과정에서 획득할 수 있는 증거이다.

07 화재조사범위와 관련된 내용 중 화재원인 조사내용으로 틀린 것은?

① 발화원인조사 : 발화지점, 발화열원, 발화요인, 최초 착화물 및 발화 관련기기 등
② 소실피해조사 : 열에 의한 탄화, 용융, 파손 등의 조사
③ 피난상황조사 : 피난경로, 피난상의 장애요인 등
④ 소방·방화시설 등 조사 : 소방·방화시설의 활용 또는 작동 등의 상황

해설 열에 의한 탄화, 용융, 파손 등은 화재피해조사에 해당한다.

08 탄화칼슘의 자연발화 방지대책으로 틀린 것은?

① 열축적이 어려운 장소에 저장
② 온도가 낮은 곳에 저장
③ 습도가 높은 곳에 저장
④ 불활성 가스를 주입하여 산소를 차단

해설 탄화칼슘(카바이드)은 습도가 높은 곳에 저장하면 반응이 일어나 가연성 가스(아세틸렌)가 발생하며 발화한다.

09 다음의 그림은 목재의 연소가 종료된 상황이다. 화재가 진행된 방향으로 옳은 것은?

① A → C
② B → D
③ C → A
④ D → B

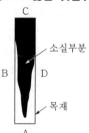

소실부분

목재

해설 발화원과 가까운 곳일수록 목재는 짧거나 뾰족하게 탄화가 일어나 화살모양패턴을 나타낸다.

10 프로판(C_3H_8) 1몰(mol)의 완전연소반응식에 대한 설명으로 옳은 것은?

① 이산화탄소 4몰(mol)이 생성되었다.
② 산소 6몰(mol)이 소모되었다.
③ 일산화탄소 3몰(mol)이 생성되었다.
④ 물 4몰(mol)이 생성되었다.

해설 $C_3H_8 + 5O_2 \rightarrow 3CO_2 + 4H_2O$

11 화재현장에서 구리배선의 1차흔에 대한 설명으로 옳은 것은?

① 화재를 발생시킨 합선의 흔적을 말한다.
② 외부화염의 온도가 구리의 융점을 초과하였을 때 발생한다.
③ 외부화염에 의해 배선피복의 절연이 파괴되어 발생한 합선흔적을 말한다.
④ 1차흔과 2차흔은 명백히 구분할 수 있다.

해설 1차흔은 화재원인이 된 용융흔이며 외부화염에 의한 용융흔과 구별된다.

12 다음 그림을 참고하여 연소의 상승성에 대한 일반적인 설명으로 틀린 것은? (단, 목조건축물에 해당한다.)

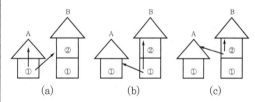

(a)   (b)   (c)

① 그림 (a) 단층 가옥A에서 출화된 경우, 2층 가옥B ②층으로 연소 확대된다.
② 그림 (b) 가옥B의 ①에서 출화된 경우, B가옥 ②층과 함께 개구부를 통해 A가옥으로 확대된다.
③ 그림 (c) B가옥 ②에서 발화 시, B가옥 ①층 연소 후 A가옥으로 확대된다.
④ 그림 (c) B가옥 ②에서 발화 시, A가옥 ①로 확대 연소 후 B가옥 ①로 확대된다.

해설 B가옥 ②에서 발화된 경우 ①로 화염이 확산된 후 A가옥 ①로 전파된다.

13 다음의 화재 시 발생하는 연소가스 중 독성이 가장 큰 것은?

① 일산화탄소　　② 포스겐
③ 이산화탄소　　④ 염화수소

해설 연소가스 허용농도
수치가 낮을수록 가장 위험하다.
ⓐ 일산화탄소 : 50ppm
ⓑ 포스겐 : 0.1ppm
ⓒ 이산화탄소 : 5,000ppm
ⓓ 염화수소 : 5ppm

14 다음 중 증기비중이 가장 작은 기체는?

① 이산화탄소　　② 메탄
③ 에탄　　④ 아세틸렌

해설 증기비중 $= \dfrac{분자량}{29}$

① 이산화탄소 : 44/29＝1.5
② 메탄 : 16/29＝0.5
③ 에탄 : 30/29＝1.03
④ 아세틸렌 : 26/29＝0.89

15 연기 및 연소가스에 대한 설명으로 틀린 것은 어느 것인가?

① 황화수소는 황성분을 함유하고 있는 물질이 불완전연소될 때 발생하는 가스로 계란 썩는 냄새가 나는 독성이 강한 물질이다.
② 빛의 투과량으로부터 계산하는 감광계수는 연기의 절대농도를 나타내는 방법의 하나로 시야상태를 고려한 농도표현법이다.
③ 염화수소는 폴리염화비닐, 염화아크릴 등의 연소 시 발생되는 자극성이 강한 맹독성 기체이다.
④ 감광계수 1.0은 거의 앞이 보이지 않을 정도의 연기농도를 말하며, 이때 가시거리는 1~2m 이다.

해설 감광계수란 연기의 농도에 의해 빛이 감해지는 계수를 말한다.

16 다음 중 구획실화재의 최성기 단계에 대한 설명으로 옳지 않은 것은?

① 최성기의 연소는 실내로 유입되는 외부공기의 양에 의해 지배된다.
② 이때의 열방출률은 개구부의 위치 및 크기에 좌우된다.
③ 창문 등 개구부로 미연소가스가 배출되어 외부에서 연소되는 현상이 발생한다.
④ 플래시오버 단계가 경과된 상황이다.

해설 창문 등 개구부로 미연소가스가 배출되기도 하지만 최성기는 건물 내부에서 폭발적으로 연소하는 단계이다.

17 화재현장 복원요령으로 가장 옳은 것은?

① 형체가 소실되어 배치가 불가능한 것은 끈이나 로프 또는 대용품을 사용하되, 대용품이라는 것이 인식되도록 한다.
② 현장복원 시, 현장식별이 가능하지 않은 것도 복원한다.
③ 주로 예측에 의존하여 복원한다.
④ 관계인은 복원현장에 입회시키지 않는다.

해설 현장식별이 가능하지 않은 것, 예측에 의한 복원은 삼가며 관계인을 입회시켜 확인시킨다.

18 실화죄에 관한 설명 중 틀린 것은?

① 다가구주택의 담벼락에서 쓰레기를 태우다 집 전체로 확산된 경우 실화의 죄가 적용됨
② 친구 집에서 담배를 재떨이에 두고 끈 것을 확인하지 않아 화재로 이어진 경우 실화의 죄가 적용됨
③ 타인 소유 일반건조물에서 과실로 화재가 발생한 경우 실화의 죄가 적용됨
④ 자기 소유 일반건조물에서 과실로 화재가 발생한 경우 실화의 죄가 적용되지 않음

Answer 13.② 14.② 15.② 16.③ 17.① 18.④

해설 자신 소유 건물일지라도 과실로 화재가 발생하면 실화죄 적용을 받는다.

19 분진폭발에 영향을 주는 인자가 아닌 것은?

① 입자의 화학조성　② 입자크기
③ 온도 및 압력　④ 입자의 생체유해성

해설 입자의 생체유해성 여부는 분진폭발과 관계가 없다.

20 다음 중 가연성 물질로 옳은 것은?

① He(헬륨)　② CO₂(이산화탄소)
③ CO(일산화탄소)　④ SO₃(삼산화황)

해설 일산화탄소는 가연성 물질로 폭발범위는 12.5～74%이다.

제2과목　**화재감식론**

---

21 고압가스 안전관리법령상 가연성 가스 및 독성 가스 용기의 도색과 종류의 연결로 틀린 것은?

① 주황색 – 수소
② 녹색 – 액화암모니아
③ 황색 – 아세틸렌
④ 밝은 회색 – 액화석유가스

해설 액화암모니아 – 백색

22 반단선에 의한 화재에 대한 설명으로 틀린 것은?

① 소선의 10% 이상 단선된 것을 반단선이라 한다.
② 단선된 소선의 접촉에 의해 열이 발생하고 피복이 탄화한다.
③ 반단선에 의한 전선 용융흔은 전원측에서만 생성된다.
④ 반단선은 눌리거나 꺾이는 등 강한 외력이 걸리기 쉬운 부분에서 발생하기 쉽다.

해설 반단선은 전원과 부하측에 용융흔이 발생한다.

23 다음 중 산화와 환원에 관한 설명으로 옳은 것은?

① 전자를 얻는 현상을 산화라 한다.
② 산화수가 감소되는 현상을 환원이라 한다.
③ 산화제는 다른 물질을 환원시키고 자신은 산화되는 물질이다.
④ 수소를 잃는 현상을 환원이라 한다.

해설 전자를 얻는 현상이 환원이며 환원제는 다른 물질을 환원시키며 자신은 산화되는 물질이다. 수소를 잃는 것은 산화현상이다

24 열가소성 수지로 옳은 것은?

① 페놀수지　② 우레아수지
③ 멜라민수지　④ 아크릴수지

해설 열경화성 수지
페놀수지, 요소수지(우레아수지), 멜라민수지 등

25 다음의 임야화재 연소단계에 따른 분류 중 가장 흔히 일어나는 연소단계는?

① 지표화　② 수간화
③ 수관화　④ 비산화

해설 지표화는 퇴적된 낙엽, 건조한 지피물 등이 연소하는 것으로 가장 일반적으로 발생하는 연소형태이다.

26 항공기 객실 내에서 연기로 인한 이온밀도 변화를 감지하는 방식의 연기감지기로 옳은 것은?

① Light Reflection Type
② Flame Type
③ Carbon Monoxide Type
④ Ionization Type

해설 이온화(ionization)방식은 이온밀도를 감지하여 화재발생을 알리는 타입이다.

27 터빈엔진(turbine engine) 항공기에 적용된 화재감지방법에 속하지 않는 것은?

① 조종사에 의한 관찰
② 화염감지기(flame detector)
③ 연기감지기(smoke detector)
④ 승객(passenger)에 의한 관찰

해설 화염감지기는 해당하지 않는다.

28 전기용접 및 가스절단 불티에 의한 화재감식요령으로 불티입자를 채취하기 위해서 유의하여야 할 사항 중 틀린 것은?

① 금속입자는 형상이 파괴되기 쉽고 녹의 발생도 빠르게 진행되므로 조기에 채취할 필요가 있다.
② 채취할 때 잔류물의 여과나 자석을 이용하여 행하며 채취위치의 측정이나 사진촬영을 한 후에 불똥의 입자를 선별한다.
③ 불똥입자는 직경 0.1~0.2mm 정도의 것이 많으며, 그 온도는 약 660~980℃로 모든 가연물을 착화시킬 수 있는 축열조건을 갖는다.
④ 불똥입자는 작은 구슬모양으로 굴러가기 쉽고, 비좁은 틈새로도 들어가므로 전혀 생각하지 못한 곳에서 채취되는 경우가 있다.

해설 용적입자(불똥입자)는 직경 0.1~0.2mm 정도의 것이 많으며 온도는 약 1,200~1,700℃이다.

29 다음 중 액화석유가스 용기의 충전량 계산식으로 옳은 것은? (단, W : 저장능력(kg), V : 용기의 내용적(L), C : 가스종류별 충전정수)

① $W = V/C$
② $W = V \times C$
③ $W = C/V$
④ $W = (C \times V)/C$

해설 액화가스용기의 충전량(저장능력)
$$W = V/C$$

30 열관성에 대한 설명으로 옳은 것은?

① 열관성은 열전도도, 밀도, 점도의 곱으로 정의한다.
② 폴리우레탄폼은 열관성이 높은 재료이다.
③ 고온의 열원에 노출되었을 때 열관성이 낮은 물질의 표면온도는 열관성이 높은 물질보다 빠르게 상승한다.
④ 고온의 에너지원에 노출되면 두꺼운 재료가 얇은 재료보다 빠르게 가열된다.

해설 ① 열관성은 열전도율, 밀도, 열용량의 곱으로 나타낸다.
② 폴리우레탄폼은 열관성이 낮다.
④ 얇은 재료가 두꺼운 재료보다 빨리 가열된다.

31 다음의 발화원인 판정요령과 관련된 설명 중 틀린 것은?

① 추정되는 발화원과 가까웠던 가연물이 불에 타면서 진행된 경로에 대하여 무리한 추론이 없어야 한다.
② 형체가 남아있지 않은 발화원은 발화원인의 추정에서 배제한다.
③ 과거의 화재사례나 경험 측면에서 볼 때 발화 가능성에 현저한 모순이 없어야 한다.
④ 발화점으로 추정되는 지점의 소손상황에는 모순이 없어야 한다.

해설 발화원은 대부분 확인되지만 담뱃불처럼 발화원의 형체가 남지 않는 경우도 있어 쉽게 배제하지 않아야 한다.

32 자동차에서 발생하는 현상 중 역화의 원인이 아닌 것은?

① 윤활계통을 구성하는 오일펌프, 오일필터 등의 결함
② 연료분배성이 좋지 않을 경우
③ 점화플러그의 성능 저하
④ 혼합가스의 혼합비가 희박한 경우

해설 오일펌프, 오일필터의 결함은 연료누설과 관계가 있다.

Answer 27.② 28.③ 29.① 30.③ 31.② 32.①

33 다음 중 폭발범위가 6~13.2vol%인 가스의 위험도로 옳은 것은?

① 0.45
② 0.55
③ 1.2
④ 2.2

해설

$$위험도 = \frac{연소상한계 - 연소하한계}{연소하한계}$$
$$= \frac{13.2 - 6}{6} = 1.2$$

34 지연점화에 의한 방화 특징에 대한 설명으로 틀린 것은?

① 방화행위자가 도주시간을 얻기 위한 수단으로 사용되기도 한다.
② 방화행위자가 실화를 위장할 수단으로 촛불을 이용하기도 한다.
③ 방화행위자가 라이터불이나 성냥불 등을 이용하여 방화대상물에 착화시킨다.
④ 건물주 자신이 방화할 때는 출입문이나 방문의 잠금장치가 잠긴 경우가 많다.

해설 라이터불이나 성냥불의 이용은 직접착화방법이다.

35 다음의 방화동기 중 범죄은폐를 위한 방화에 해당하지 않는 것은?

① 살인은폐
② 강도은폐
③ 사기, 횡령 등을 증거인멸
④ 사회불안 조성

해설 사회불안 조성은 관심을 끌기 위한 선동목적을 가지고 있다.

36 다음 중 산불화재 시 굴뚝현상이 나타나기 쉬운 지세로 가장 적절한 것은?

① 좁은 협곡
② 넓은 협곡
③ 상자형 협곡
④ 능선

해설 상자형 협곡은 굴뚝현상이 나타나기 쉬운 지세에 해당한다.

37 그림에서 a-b간의 전압은 얼마인가?

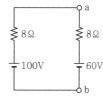

① 40V
② 60V
③ 80V
④ 120V

해설

$$V_{ab} = \frac{\dfrac{100}{8} + \dfrac{60}{8}}{\dfrac{1}{8} + \dfrac{1}{8}} = 80V$$

38 차량화재 시 금속은 수열온도에 따라 변색된다. 다음 중 낮은 온도에서부터 높은 온도로 옳게 나열된 것은?

① 황색 → 청색 → 분홍색 → 백색
② 청색 → 황색 → 분홍색 → 백색
③ 분홍색 → 황색 → 청색 → 백색
④ 황색 → 분홍색 → 청색 → 백색

해설 차체가 열을 받으면 황색으로 변색이 일어나며 고열을 받으면 청색과 분홍색을 거쳐 최종적으로 백색을 띈다.

39 화재현장 유리의 흔적에 대한 해석으로 옳은 것은?

① 열에 의해 파괴된 유리의 단면에는 무늬(리플마크)가 없다.
② 바닥에 쏟아진 유리파편 아래에도 그을음이 있는 것은 화재발생 이전에 유리가 깨졌다는 증거로 볼 수 있다.
③ 방사형 파괴선 및 동심원 파괴선은 열에 의해 파손된 유리에서 주로 발견된다.
④ 유리 표면에 잔금에 의한 복잡한 형태의 흔적은 충격에 의해 파손된 유리에서 주로 발생한다.

부록

과년도 출제문제

해설 ② 바닥에 쏟아진 유리파편 아래 그을음의 발생은 화재 이후 유리가 깨졌다는 증거로 볼 수 있다.
③ 방사형 및 동심원 파괴선은 충격에 의해 파손된 유리에서 볼 수 있다.
④ 유리 표면의 잔금은 물과 접촉으로 발생할 수 있다.

40 다음 중 성냥의 두약부위에 사용되는 산화제로 옳은 것은?

① 염소산칼륨
② 유리분
③ 아교
④ 송진

해설 두약의 성분은 염소산칼륨을 사용한다.

제3과목 증거물관리 및 법과학

41 화재조사장비 중 물질과 적외선 간의 에너지교환현상을 이용한 분석장치는?

① 질량분광계(MS)
② 원자흡광분석(AA)
③ 적외선 분광측광기(IR)
④ 가스 크로마토그래피(GC)

해설 적외선 분광광도계(분광측광기)는 특정한 파장대의 적외선을 흡수하는 능력에 의해 화학종을 확인하는 장비이다.

42 화재증거물수집관리규칙상 증거물수집절차에 대한 사항으로 틀린 것은?

① 현장수거(채취)물은 그 목록을 작성하여야 한다.
② 인화성 액체 성분의 증거물은 밀봉하여야 한다.
③ 증거물은 휘발성이 높은 것에서 낮은 것의 순으로 수집한다.

④ 증거물이 파손될 우려가 있는 경우에는 충격금지 등의 표시를 포장 내측에 표기한다.

해설 증거물이 파손될 우려가 있는 경우에는 충격금지 등의 표시를 포장 외측에 표기한다.

43 화재조사 및 보고규정상 화재조사서류의 보존기간은?

① 3년
② 5년
③ 영구보존
④ 10년

해설 화재조사서류는 영구보존방법에 따라 보존하여야 한다.

44 화재증거물수집관리규칙에서 규정하고 있는 증거물 시료용기가 아닌 것은?

① 유리병
② 양철캔
③ 주석도금캔
④ 폴리에틸렌 플라스틱병

해설 화재증거물수집관리규칙에서 규정하고 있는 증거물 시료용기
유리병, 양철캔, 주석도금캔

45 일산화탄소 중독에 의해 사망한 경우 시반의 색깔로 맞는 것은?

① 암적색
② 선홍색
③ 담황색
④ 담자색

해설 일산화탄소 중독 시 시반의 색깔은 선홍색을 띤다.

46 사진촬영 시 증거물의 크기를 명확하게 할 필요가 있을 때 사용되는 표식으로 맞는 것은?

① 눈금자
② 번호표
③ 통제선
④ 스트로보

해설 증거물의 크기를 명확하게 나타낼 필요가 있을 때에는 눈금자를 사용한다.

47 증거물이 오염될 수 있는 원인으로 틀린 것은?

① 수집용기의 밀봉조치 미흡
② 수집용기의 1회 사용 후 폐기
③ 탄화된 물체와의 이질적 혼합
④ 수집과정에서 조사관의 부주의

해설 수집용기의 1회 사용 후 폐기는 증거물오염을 줄일 수 있는 방안에 해당한다.

48 '9의 법칙'에 따른 신체 주요 부위의 면적 (성인기준) 비율에 대한 설명으로 맞는 것은?

① 각 팔 : 9%   ② 머리 : 18%
③ 생식기 : 3%   ④ 각 다리 뒷면 : 18%

해설 ② 머리 : 9%
　　 ③ 생식기 : 1%
　　 ④ 각 다리 뒷면 : 9%

49 화재로 인한 사망자의 생활반응 특징 중 틀린 것은?

① 사망자 피부의 수포는 생활반응으로 볼 수 있다.
② 기도 내 그을음 관찰은 화재 시 생존해 있었음을 알 수 있다.
③ 혈중 카복시헤모글로빈(COHb) 농도가 40% 이상일 경우 급격히 사망에 이른다.
④ 보통의 중년의 남성이 사망에 이르는 혈중 이산화탄소의 농도는 50~70%이다.

해설 혈중 카복시헤모글로빈(COHb) 농도가 40% 이상의 농도라면 급격히 사망한 것이 아니라 다른 요인(고령, 음주, 심리상태 등)과 결합해 사망했을 가능성이 높고 가스중독에 탈출할 수 없을 만큼 무기력이 발생했다고 볼 수 있다.

50 방화에서 나타나는 물적 증거의 설명으로 틀린 것은?

① 연소된 시간에 비해 연소면적이 넓다.
② 연소시간에 비해 탄화심도가 깊지 않다.
③ 방화도구가 물증으로 현장에 남는 경우가 많다.
④ 인화성 액체 사용 시 벽면에 삼각형 형태의 패턴보다 역삼각형 형태의 패턴을 띤다.

해설 인화성 액체 등 타기 쉬운 물질 사용 시 연소패턴 식별이 곤란한 경우가 많다.

51 다음은 아연도금철판에 관한 설명으로 ㉮ ~㉰에 해당하는 용어가 맞는 것은?

아연도금철판은 열을 받으면 코팅부분과 페인트가 먼저 떨어져 나가고 철판은 하얗게 변하는 (㉮)을 거쳐 철의 산화반응에 따라 산화철로 변하면서 (㉯)이 되고 이후 더 많은 열과 산화반응에 의해 (㉰)으로 변하게 된다.

① ㉮ : 백화현상, ㉯ : 적자색, ㉰ : 음청색
② ㉮ : 나화현상, ㉯ : 음청색, ㉰ : 파란색
③ ㉮ : 백화현상, ㉯ : 검정색, ㉰ : 적자색
④ ㉮ : 변색반응, ㉯ : 검정색, ㉰ : 적자색

해설 아연도금철판은 백화현상을 거쳐 적자색, 음청색 순으로 변색된다.

52 화재현장에서 압력에 의한 유리 파손형태의 설명으로 틀린 것은?

① 각 파괴기점으로 평행선모양의 파괴형태가 나타난다.
② 각 파괴기점을 중심으로 방사상 파손형태가 나타난다.
③ 백드래프트와 같은 급격한 확산연소로 인해서 형성된다.
④ 파손형태는 사각창문 모서리부분을 중심으로 4개의 기점이 존재하게 된다.

해설 유리의 방사상 파손형태는 충격에 의한 파손형태이다.

53 화재증거물수집관리규칙상 입수한 증거물을 이송할 때에 기록해야 할 내용이 아닌 것은?

① 수집자   ② 수집일시
③ 화재조사번호   ④ 증거물 시료용기 종류

해설 입수한 증거물을 이송할 때 기록하여야 할 사항
수집일시, 증거물번호, 수집장소, 화재조사번호, 수집자, 소방서명, 증거물내용, 봉인자, 봉인일시 등

54 화재현장 촬영 시 주요 촬영대상에 대한 설명으로 틀린 것은?

① 화재로 인한 사망자의 위치
② 소방용 설비들의 사용 및 작동상황
③ 발화원으로 추정된 감식 및 감정대상물
④ 화재현장에 도착한 소방차들의 배치상황

해설 화재현장에 도착한 소방차의 배치상황은 관계가 없다.

55 화재현장 보존을 위한 조치로 틀린 것은?

① 화재현장에 허가받지 않은 사람의 출입을 제한하여야 한다.
② 화재현장 보존은 소방대 도착과 함께 시작하는 것이 좋다.
③ 화재진압대원은 증거를 불필요하게 훼손하지 않도록 주의하여야 한다.
④ 화재진압 시 화재조사의 편의를 위해 가구 등 부피가 큰 물건들을 한쪽으로 치워주는 것이 좋다.

해설 가구 등 부피가 큰 물건은 가급적 옮기지 않는다.

56 물리적 증거물로부터 도출할 수 있는 결론으로 맞는 것은?

① 물질의 질량손실을 통하여 화재의 시간과 강도를 추정할 수 있다.
② 콘크리트 폭열이 있다는 것은 바로 아래가 발화지점임을 증명한다.
③ 동일한 대기에 노출되어 있었다면 오래된 건조목이 최근의 건조목보다 더 잘 탄다.
④ 탄화물에 반짝이는 기포(alligator char)가 존재한다는 것은 액체촉진제가 사용되었음을 증명한다.

해설 ② 콘크리트의 폭열은 열에 오랫동안 노출되면 발생할 수 있으며 발화지점을 의미하지 않는다.
③ 동일한 대기에 노출되었다면 최근의 건조목이 오래된 건조목보다 더 잘 탄다.
④ 탄화물의 기포는 액체촉진제가 사용되었다는 것을 의미하지 않는다.

57 화재증거물수집규칙상 현장사진 및 비디오 촬영 시 유의사항으로 틀린 것은?

① 최초 현장도착 시 원상태를 그대로 촬영한다.
② 현장사진 및 비디오 촬영 시 소실이 심한 부분을 중심으로 촬영한다.
③ 화재와 연관성이 크다고 판단되는 증거물, 피해물품 등은 면밀히 관찰 후 자세히 촬영한다.
④ 현장사진 및 비디오 촬영할 때는 연소확대경로 및 증거물기록에 대한 번호표와 화살표를 표시 후에 촬영하여야 한다.

해설 소실이 심한 부분을 중심으로 촬영하는 것이 아니라 화재조사의 진행순서에 따라 촬영한다.

58 전기설비 및 구성 부품의 수집에 관한 설명으로 틀린 것은?

① 화재조사관은 전기설비 등을 수집할 때에는 전원이 차단되었는지 꼭 확인하여야 한다.
② 화재현장에서 전기설비 및 구성 부품을 증거물로 수집하기 전 상황이 기록되어야 한다.
③ 전선 및 피복은 화재원인과 큰 연관성이 없고 수집에 장애가 많아 수집하지 않는 경우가 많다.
④ 전기설비의 경우 스위치, 콘센트, 배전반 등은 화재원인의 중요한 단서가 될 수 있으므로 꼭 확인하고 특이사항 발견 시 반드시 수집하도록 한다.

해설 화재원인과 연관성이 있을 수 있는 전선은 용융 흔부분만 채집할 것이 아니라 피복까지 검사할 수 있도록 길게 수집한다.

Answer 54.④ 55.④ 56.① 57.② 58.③

59 화상사의 사망기전으로 가장 거리가 먼 것은?

① 합병증   ② 기계적 폐색
③ 속발성 쇼크   ④ 원발성 쇼크

해설 화상사 사망기전
  ㉠ 원발성 쇼크
  ㉡ 속발성 쇼크
  ㉢ 합병증

60 화재조사 시 질문 및 녹음에 대한 설명 중 틀린 것은?

① 질문은 질문기록서에 기록하고 녹음할 수 있어야 한다.
② 모든 녹음은 관련 법령에 적합하게 수집하여야 한다.
③ 질문기록에 진술자의 서명날인 없이 법적 증거로 채택된다.
④ 질문을 기록하는 다른 방법으로 비디오촬영을 선택할 수 있다.

해설 질문기록은 진술 후 내용을 확인시키고 서명을 받는다.

제4과목 **화재조사관계법규 및 피해평가**

61 특수건물소유자의 손해배상책임과 보험가입의무의 설명으로 틀린 것은? (단, 화재로 인한 재해보상과 보험가입에 관한 법률을 적용한다.)

① 특수건물소유자는 그 건물의 화재로 인하여 다른 사람이 사망하였을 때에는 과실이 없는 경우에는 그 손해를 배상할 책임이 없다.
② 특수건물소유자는 그 건물의 화재로 인한 손해배상책임을 이행하기 위하여 그 건물에 대하여 손해보험회사가 운영하는 신체손해배상 특약부화재보험에 가입하여야 한다.
③ 특수건물소유자는 그 건물의 종업원에 대하여 산업재해보상보험에 가입하고 있을 때에

는 그 종업원에 대한 화재로 인한 손해배상책임을 담보하는 보험에 가입하지 아니할 수 있다.
④ 특수건물소유자는 특약부화재보험에 부가하여 풍재(風災) 등으로 인한 손해를 담보하는 보험에 가입할 수 있다.

해설 특수건물소유자는 그 건물의 화재로 인하여 다른 사람이 사망하였을 때에는 과실이 없는 경우에도 그 손해를 배상할 책임이 있다.

62 다음의 화재피해액 산정기준에 적합한 산정대상은? (단, 화재조사 및 보고규정을 적용한다.)

> 전부손해의 경우 감정가격으로 하며, 전부손해가 아닌 경우 원상복구에 소요되는 비용으로 한다.

① 차량   ② 식물
③ 회화   ④ 가재도구

해설 회화, 골동품, 미술공예품, 귀금속 및 보석류는 전부손해의 경우 감정가격으로 하며 전부손해가 아닌 경우 원상복구에 소요되는 비용으로 한다.

63 화재피해액 산정 시 소손 정도에 따른 손해율 적용에서 전부손해(손해율 100%)로 볼 수 있는 것은?

① 공동주택의 주요 구조체는 재사용 가능하나 기타부분의 재사용이 불가능한 경우
② 부대설비의 손해 정도가 다소 심한 경우
③ 공구·기구가 50% 이상 소손되고 그을음 및 수침오염 정도가 심한 경우
④ 가재도구가 오염, 수침손을 입은 경우

해설 ① 공동주택의 주요 구조체는 재사용이 가능하나 기타부분의 재사용이 불가능한 경우 : 65%
② 부대설비의 손해 정도가 다소 심한 경우 : 40%
③ 공구·기구가 50% 이상 소손되고 그을음 및 수침오염 정도가 심한 경우 : 100%
④ 가재도구가 오염, 수침 손상의 경우 : 10%

부록

과년도 출제문제

64 세대수, 건물의 소실면적 및 화재피해액의 산정에 관한 설명이 옳은 것은? (단, 화재조사 및 보고규정을 적용한다.)

① 소실면적의 산정은 소실 연면적을 기준으로 한다.
② 화재피해범위가 건물의 6면 중 2면 이하인 경우에는 6면 중의 피해면적의 합에 5분의 1을 더한 값을 소실면적으로 한다.
③ 건물 등 자산에 대한 잔가율은 건물 · 부대설비 · 가재도구는 20%로 하며, 그 이외의 자산은 10%로 정한다.
④ 세대수의 산정은 하나의 가구를 구성하여 살고 있는 독신자로서 자신의 주거에 사용되는 건물에 대하여 재산권을 행사할 수 있는 사람을 1세대로 한다.

[해설] ① 소실면적 산정은 소실 바닥면적으로 산정한다.
② 화재피해범위가 건물의 6면 중 2면 이하인 경우에는 6면 중의 피해면적의 합에 5분의 1을 곱한 값을 소실면적으로 한다.
③ 건물 등 자산에 대한 최종 잔가율은 건물, 부대설비, 구축물, 가재도구는 20%로 하며 그외 자산은 10%로 한다.

65 화재조사 및 보고규정에 따른 사상자의 기준 중 다음 ( ) 안에 알맞은 것은?

> 사상자는 화재현장에서 사망 또는 부상당한 사람을 말한다. 단, 화재현장에서 부상을 당한 후 ( )시간 이내에 사망한 경우에는 당해 화재로 인한 사망으로 본다.

① 72   ② 48
③ 36   ④ 24

[해설] 사상자는 화재현장에서 사망 또는 부상당한 사람을 말한다. 단, 화재현장에서 부상을 당한 후 72시간 이내에 사망한 경우에는 당해 화재로 인한 사망으로 본다.

66 건물의 동수산정에 있어서 동일동(1동)으로 간주하지 않는 것은? (단, 화재조사 및 보고규정을 적용한다.)

① 주요 구조부가 하나로 연결되어 있는 경우
② 건물의 외벽을 이용하여 실을 만들어 작업실 용도로 사용하고 있는 경우
③ 구조에 관계없이 지붕 및 실이 하나로 연결되어 있는 경우
④ 독립된 건물과 건물 사이에 차광막 덮개를 설치하고, 그 밑을 통로로 사용하는 경우

[해설] 독립된 건물과 건물 사이에 차광막, 비막이 등의 덮개를 설치하고 그 밑을 통로 등으로 사용하는 경우는 다른 동으로 산정한다.

67 화재피해액 산정에 있어서 재고자산의 현재시가를 정하는 방법으로 옳은 것은?

① 구입 시의 가격
② 재구입가격
③ 구입 시의 가격에서 사용기간 감가액을 뺀 가격
④ 재구입가격에서 사용기간 감가액을 뺀 가격

[해설] 원료, 부재료, 제품, 반제품 등 재고자산의 현재시가는 구입 시의 가격으로 한다.

68 화재현장출동보고서의 기재항목에 해당되지 않는 것은? (단, 화재조사 및 보고규정을 적용한다.)

① 화재건물현황
② 현장도착 시 발견사항
③ 소방대 이외의 강제적인 진입흔적
④ 출입문상태 및 소방대건물 진입방법

[해설] 화재건물현황은 화재현장조사서 기재항목이다.

69 화재피해액 산정 시 건물에 포함하여 피해액을 산정하는 것은?

① 건물의 소화설비   ② 건물의 가스설비
③ 건물의 승강기설비   ④ 건물에 부착된 간판

[해설] 건물의 부착물인 간판, 네온사인, 안테나 등은 건물에 포함하여 피해액을 산정한다.

70 소방기본법령상 종합상황실의 실장이 행하는 업무가 아닌 것은?

① 재난상황의 전파 및 보고
② 소방활동장비 및 설비의 점검
③ 재난상황의 발생의 신고접수
④ 재난상황의 수습에 필요한 정보수집 및 제공

해설 종합상황실 실장의 업무(소방기본법 시행규칙 제3조)
 ㉠ 화재, 재난·재해, 그 밖에 구조·구급이 필요한 상황의 발생의 신고접수
 ㉡ 접수된 재난상황을 검토하여 가까운 소방서에 인력 및 장비의 동원을 요청하는 등의 사고수습
 ㉢ 하급소방기관에 대한 출동지령 또는 동급 이상의 소방기관 및 유관기관에 대한 지원요청
 ㉣ 재난상황의 전파 및 보고
 ㉤ 재난상황이 발생한 현장에 대한 지휘 및 피해현황의 파악
 ㉥ 재난상황의 수습에 필요한 정보수집 및 제공

71 화재현장조사서의 화재발생 개요에 해당하지 않는 것은? (단, 화재조사 및 보고규정을 적용한다.)

① 화재원인   ② 장소
③ 대상물구조   ④ 인명피해

해설 화재발생 개요에 포함되는 내용
 일시, 장소, 대상물구조, 인명피해, 재산피해

72 질문기록서 작성을 생략할 수 있는 화재에 해당하지 않는 것은? (단, 사후조사는 제외하며, 화재조사 및 보고규정을 적용한다.)

① 전봇대화재   ② 자동차화재
③ 가로등화재   ④ 임야화재

해설 질문기록서 작성을 생략할 수 있는 화재
 전봇대화재, 가로등화재, 임야화재

73 화재조사의 집행과 보고 및 사무처리와 관련한 용어의 정의로 틀린 것은? (단, 화재조사 및 보고규정을 적용한다.)

① "재구입비"란 화재 당시의 피해물과 같거나 비슷한 것을 재건축 또는 재취득하는 데 필요한 금액
② "잔가율"이란 화재 당시에 피해물의 재구입비에 대한 현재가의 비율
③ "내용연수"란 피해물의 종류, 손상 상태 및 정도에 따라 피해액을 적정화시키는 일정한 비율
④ "최종 잔가율"이란 피해물의 경제적 내용연수가 다한 경우 잔존하는 가치의 재구입비에 대한 비율

해설 내용연수란 고정자산을 경제적으로 사용할 수 있는 연수를 말한다.

74 화재건수 결정에 대한 설명으로 틀린 것은? (단, 화재조사 및 보고규정을 적용한다.)

① 동일범이 아닌 각기 다른 사람에 의한 방화는 동일 대상물에서 발화했더라도 각각 별건의 화재로 한다.
② 동일 소방대상물에서 누전점이 동일한 누전에 의한 발화점이 2개소 이상인 화재는 2건의 화재로 한다.
③ 화재범위가 2개소 이상의 관할구역에 걸친 화재에 대해서는 발화소방대상물의 소재지를 관할하는 소방서에서 1건의 화재로 한다.
④ 동일 소방대상물에서 지진에 의한 다발화재로 발화점이 2개소 있는 화재는 1건의 화재로 한다.

해설 동일 소방대상물에서 누전점이 동일한 누전에 의한 발화점이 2개소 이상인 화재는 1건의 화재로 한다.

75 다음 중 화재 발생일로부터 30일 이내에 화재조사의 최종 결과보고를 해야 하는 화재가 아닌 것은?

① 이재민이 100인 이상 발생한 화재
② 층수가 11층 이상인 건축물에서 발생한 화재
③ 사망자가 3인 이상 발생하거나 사상자가 15인 이상 발생한 화재
④ 관공서·학교·정부미도정공장·문화재·지하철 또는 지하구의 화재

해설 다음에 해당하는 화재의 경우 별지 제1호 서식 내지 제11호 서식까지 작성하여 화재 발생일로부터 30일 이내에 보고해야 한다.
- ㉠ 사망자가 5인 이상 발생하거나 사상자가 10인 이상 발생한 화재
- ㉡ 이재민이 100인 이상 발생한 화재
- ㉢ 재산피해액이 50억원 이상 발생한 화재
- ㉣ 관공서 · 학교 · 정부미도정공장 · 문화재 · 지하철 또는 지하구의 화재
- ㉤ 관광호텔, 층수가 11층 이상인 건축물, 지하상가, 시장, 백화점, 지정수량의 3천배 이상의 위험물의 제조소 · 저장소 · 취급소, 층수가 5층 이상이거나 객실이 30실 이상인 숙박시설, 층수가 5층 이상이거나 병상이 30개 이상인 종합병원 · 정신병원 · 한방병원 · 요양소, 연면적 1만5천제곱미터 이상인 공장 또는 화재경계지구에서 발생한 화재
- ㉥ 철도차량, 항구에 매어둔 총 톤수가 1천톤 이상인 선박, 항공기, 발전소 또는 변전소에서 발생한 화재
- ㉦ 가스 및 화약류의 폭발에 의한 화재
- ㉧ 다중이용업소의 화재

76 화재유형별 조사서에 포함되지 않는 것은? (단, 화재조사 및 보고규정을 적용한다.)

① 건축 · 구조물 화재
② 자동차 · 철도차량
③ 위험물 · 가스제조소 등 화재
④ 문화재 · 사적 화재

해설 문화재 · 사적 화재에 대한 보고서는 없다.

77 화재원인분석 및 결론도출의 절차로 옳은 것은?

① 필요성 인식 → 문제정의 → 자료수집 → 가설개발 → 자료분석 → 가설검증 → 결론(최종 가설선택)
② 문제정의 → 필요성 인식 → 자료수집 → 자료분석 → 가설개발 → 가설검증 → 결론(최종 가설선택)
③ 필요성 인식 → 문제정의 → 자료수집 → 자료분석 → 가설개발 → 가설검증 → 결론(최종 가설선택)
④ 문제정의 → 필요성 인식 → 자료수집 → 가설개발 → 자료분석 → 가설검증 → 결론(최종 가설선택)

해설 필요성 인식 → 문제정의 → 자료수집 → 자료분석 → 가설수립(가설개발) → 가설검증 → 최종 가설선택

78 제조물책임법에 의한 결함의 종류가 아닌 것은?

① 설계상의 결함
② 제조상의 결함
③ 용도상의 결함
④ 표시상의 결함

해설 제조물책임 결함의 유형
제조상 결함, 설계상 결함, 표시상 결함

79 방화 · 방화의심조사서 작성에 대한 설명 중 틀린 것은? (단, 화재조사 및 보고규정을 적용한다.)

① 방화동기, 방화도구, 방화의심사유 등이 항목으로 구성되어 있다.
② 출동대가 화재현장에 도착했을 당시의 현장정보는 한 가지로만 체크한다.
③ 인적사항은 방화 · 방화의심자의 성명, 연령, 성별, 주소 등을 기재한다.
④ 도착 시 초기상황 중 화재상황은 화재초기, 성장기, 최성기, 말로 구분된다.

해설 출동대가 현장에 도착했을 때 정보는 창문의 개폐 여부, 소방서 강제진입, 보안시스템 작동 여부 등 모든 조사항목을 체크한다.

80 경과연수 10년, 내용연수 30년인 영업시설의 잔가율은?

① 0.5
② 0.6
③ 0.7
④ 0.8

해설 영업시설 잔가율 = [1 − (0.9 × 경과연수/내용연수)]
= [1 − (0.9 × 10/30)]
= 0.7

Answer 76.④ 77.③ 78.③ 79.② 80.③

2020년 9월26일

화재감식평가기사

부록

과년도 출제문제

제1과목　화재조사론

01 다음은 화재조사의 과학적인 방법론이다. 순서에 맞게 배열한 것은?

① 문제인식 → 문제정의 → 가설설정 → 자료수집 → 자료분석 → 가설검증 → 최종 가설선택
② 문제정의 → 문제인식 → 자료수집 → 자료분석 → 가설설정 → 가설검증 → 최종 가설선택
③ 문제정의 → 문제인식 → 자료수집 → 자료분석 → 가설검증 → 가설설정 → 최종 가설선택
④ 문제인식 → 문제정의 → 자료수집 → 자료분석 → 가설설정 → 가설검증 → 최종 가설선택

해설 문제인식 → 문제정의 → 자료수집 → 자료분석 → 가설설정 → 가설검증 → 최종 가설선택으로 과학적 방법은 7단계로 이루어진다.

02 화재와 연소에 대한 설명으로 옳지 않은 것은?

① 화재란 사람의 의도에 반하거나 고의에 의해 발생하는 연소현상으로서 소화시설 등을 사용하여 소화할 필요가 있는 것을 말한다.
② 연소란 가연성 물질이 산소와 결합하여 열과 빛을 내며 급속히 산화되어 형질이 변경되는 화학반응을 말한다.
③ 연기란 연소 및 열분해에 의한 생성물로서 공기 중에 부유하고 육안으로 보이는 기체의 집단을 말한다.

④ 연기입자의 크기는 연소조건에 따라 차이는 있지만, 무염연소의 경우에는 약 $1\mu m$, 유염연소의 경우에는 약 $1\sim5\mu m$의 것이 대부분을 차지한다.

해설 연기란 공기 중에 부유하고 있는 고체 및 액체의 미립자를 포함한다.

03 발화지점으로 추정되는 위치에서 발화원, 발화물질 등 연소된 물건을 현장발굴하는 방법에 대한 설명으로 옳지 않은 것은?

① 발굴은 가능한 삽과 같은 것을 사용한다.
② 발굴한 물건 중 복원할 필요가 있는 것은 번호 또는 표식을 부착해 정리해 둔다.
③ 발굴은 위에서 아래로 실시한다.
④ 발굴한 연소된 물건은 가능한 그 위치를 옮기지 않는다. 불가피하게 이동하는 경우에는 복원 가능한 조치를 한다.

해설 발굴은 삽과 같은 거친 도구의 사용을 금지한다.

04 연소에 따른 금속의 산화작용으로 옳지 않은 것은?

① 온도가 높을수록, 노출시간이 짧을수록 산화의 효과가 많이 나타난다.
② 철이나 강철이 화재에서 산화되었을 때, 처음에 푸르스름하고 흐린 회색이 된다.
③ 스테인리스스틸이 심하게 산화되면 흐린 회색을 띠게 된다.
④ 구리는 열에 노출되면 어두운 적색이나 흑색 산화물을 만든다.

해설 산화는 온도가 높을수록, 노출시간이 길수록 많이 나타난다.

Answer 01.④ 02.③ 03.① 04.①

05 소방대(선착대)의 연소상황조사 내용에 포함되지 않는 것은?

① 소화활동 중의 특이한 연소상황(색, 냄새 등)
② 주수위치 및 주수효과의 상황
③ 피해소방대상물의 소손면적, 동수, 이재세대의 상황
④ 사상자 및 사상된 장소의 상황

해설 피해소방대상물의 소손면적, 동수, 이재세대의 상황은 조사관이 조사하여야 할 피해조사내용에 해당한다.

06 화재조사 전 준비의 내용으로 가장 거리가 먼 것은?

① 조사관은 사고의 날짜, 요일 및 시간을 정확하게 판단해야 한다.
② 사고가 발생한 뒤 흐른 시간은 조사계획에 영향을 줄 수 있다.
③ 사건의 사실 및 환경은 현장조사 후 확인하여야 한다.
④ 사고와 조사 사이에 시간이 많이 지연될 경우 기존문서와 정보를 검토하는 것이 더 중요하다.

해설 여러 가지 사건의 사실 및 환경은 현장조사를 시작하기 전에 확인해야 한다.

07 화학적 폭발에 대한 설명 중 옳은 것은?

① 산소농도가 낮을수록 폭발위력이 크다.
② 압력이 높을수록 폭발의 위력이 작다.
③ 입자가 작을수록 폭발의 위력이 작다.
④ 혼합비율이 화학양론비에 가까울수록 위력이 크다.

해설 산소농도와 압력이 높을수록, 입자가 작을수록 폭발위력이 크다.

08 일반 주택화재의 발화지점을 판정할 때 활용되는 정보로 가장 거리가 먼 것은?

① 화재패턴 ② 산소농도
③ 목격자진술 ④ 전기합선지점 분석

해설 화재가 진압된 후 남겨진 화재패턴, 목격자진술, 전기합선지점 확인 등 체계적 절차에 따라 발화지역 판정을 하여야 한다. 일반 주택화재에서 산소농도는 관계가 없다.

09 화재가 나타내는 V패턴의 설명으로 옳지 않은 것은?

① 불꽃과 대류 또는 복사열에 의해서 생성된다.
② 연소가 진행될 때 수직으로 된 벽면에 나타난다.
③ 패턴이 나타내는 각도가 작으면 연소의 속도가 느리다.
④ 발화지점이 아닌 곳에서도 생성될 수 있다.

해설 V자 각이 큰 것은 화재의 성장속도가 느렸다는 증거이며, V자 각이 작은 것은 화재의 성장속도가 빨랐다는 증거이다.

10 유류화재 발생 시 포소화약제를 유류 표면에 발포하면 재착화가 일어나지 않으나 분말소화약제에 비해 소화시간이 긴 단점을 가지고 있다. 이와 같은 단점을 보완하기 위하여 분말소화약제와 함께 사용이 가능한 포소화약제로 가장 적절한 것은?

① 수성막포소화약제
② 단백포소화약제
③ 알코올형 포소화약제
④ 합성계면활성제 포소화약제

해설 수성막포소화약제는 물보다 가벼운 인화성 액체의 유면을 덮어 질식소화가 우수하다. 분말소화약제와 함께 사용하면 적응성이 좋다.

11 물질의 연소와 관련이 있는 열관성(thermal inertia)의 식으로 옳은 것은? (단, k는 열전도, ρ는 밀도, c는 열용량이다.)

① $\dfrac{c}{k\rho}$ ② $\dfrac{kc}{\rho}$
③ $\dfrac{\rho c}{k}$ ④ $k\rho c$

Answer 05.③ 06.③ 07.④ 08.② 09.③ 10.① 11.④

해설 열관성은 열전도(k), 밀도(ρ), 열용량(c)을 곱해 구한다($k\rho c$).

12 여러 동의 인접한 건물이 소손되어 있는 화재현장에서 발화건물 판정을 위한 일반적인 조사요령에 관한 설명으로 옳지 않은 것은?

① 화재현장 전체의 연소방향은 가급적 낮은 쪽에서 높은 쪽을 바라보며 파악한다.
② 각 건물의 연소방향은 타다 멈춘 부분 또는 연소강약이 명확한 부분부터 파악한다.
③ 타서 허물어진 부분을 보고 연소방향을 추정할 수 있다.
④ 복수의 건물이 소손되어 있으면 인접동간격, 외벽구조, 개구부상황 등으로부터 연소상황을 파악한다.

해설 화재현장 전체의 연소방향은 높은 곳에서 낮은 곳을 향해 관찰한다.

13 V패턴의 각도에 영향을 미치지 않는 것은?

① 열방출률   ② 가연물의 형태
③ 환기의 효과   ④ 벽면의 열전도성

해설 V패턴의 각을 형성하는 변수
열방출률, 가연물의 형태, 환기효과, 천장, 선반, 테이블 상판과 같은 수평면이 존재하는 경우 등

14 화재패턴 중 붕괴된 침대스프링에 대한 설명으로 옳은 것은?

① 스프링의 붕괴된 부위와 붕괴되지 않은 부위를 비교하여 화염의 방향을 추정할 때 붕괴된 부위 방향을 화재의 진행방향으로 판단할 수 있다.
② 화재 이전부터 침대 위에 무거운 것이 올려져 있다면 화염의 방향과 상관없이 붕괴될 수 있으며, 소락물에 의한 영향은 없다.
③ 무거운 것이 올려져 있지 않다면 스프링은 붕괴되지 않는다.
④ 화재 이후에도 붕괴되지 않고 남아 있는 스프링은 붕괴된 스프링과 같이 탄성을 잃어버린다.

해설 ② 붕괴된 침대스프링은 소락물에 의해 영향을 받을 수 있다.
③ 무거운 것이 올려져 있지 않아도 스프링은 붕괴될 수 있다.
④ 붕괴되지 않고 남아 있는 스프링은 탄성을 유지하는 경우가 많다.

15 소방기관이 화재조사를 수행하는 근본적인 목적으로 옳은 것은?

① 유사화재의 재발 방지와 피해 경감을 위한 자료로 활용
② 출화원인 규명으로 사법처리 근거자료로 활용
③ 인적·물적 피해사항조사를 통한 통계자료로 활용
④ 법률관계에 수반된 증거보전자료로 활용

해설 소방기관의 화재조사 목적
㉠ 화재에 의한 피해를 알리고 유사화재 방지 및 피해 경감에 이바지한다.
㉡ 출화원인을 규명하고 예방행정자료로 활용한다.
㉢ 화재확대 및 연소원인을 규명하여 예방 및 진압대책상의 자료로 활용한다.
㉣ 사상자의 발생원인과 방화관리상황 등을 규명하여 인명구조 및 안전대책의 자료로 활용한다.
㉤ 화재의 발생상황, 원인 손해상황 등을 통계화하여 널리 소방정보를 수집하고 행정시책의 자료로 활용한다.

16 화염충돌에 의한 화재확산에 대한 설명으로 옳지 않은 것은?

① 구획공간에서 연료가 있는 위치에 따라 화염의 길이가 달라진다.
② 구획공간에서 연료의 위치가 벽과 구석(coner)에 있을 때 화염의 길이는 구석이 더 길다.
③ 화염의 높이가 천장보다 클 때는 화염이 천장을 따라 확장된다.
④ 천장에 의해서 화염이 잘려질 때 화염의 전체길이는 자유화염높이보다 작아진다.

해설 천장에 의해 화염이 잘려질 때 화염의 전체길이는 자유화염높이보다 커진다.

Answer   12.①   13.④   14.①   15.①   16.④

부록
과년도 출제문제

17 탄화알루미늄이 상온에서 물과 반응할 경우 생성되는 가연성 기체는?

① 수소　　　　　② 아세틸렌
③ 메탄　　　　　④ 프로판

해설 $Al_4C_3 + 12H_2O \rightarrow 4Al(OH)_3 + 3CH_4$

18 공기의 비중을 1이라 했을 때 다음 중 비중이 가장 큰 가스는?

① 수소　　　　　② 부탄
③ 프로판　　　　④ 메탄

해설

증기비중 $= \dfrac{증기분자량}{29}$

① 수소 : $\dfrac{1}{29} = 0.03$

② 부탄 : $\dfrac{58}{29} = 2$

③ 프로판 : $\dfrac{44}{29} = 1.5$

④ 메탄 : $\dfrac{16}{29} = 0.5$

19 구획실화재에서 플래시오버를 일으키는 화재의 최소 크기와 환기구높이의 관계에 대한 설명으로 옳은 것은?

① 화재의 최소 크기는 환기구의 높이의 제곱근에 비례한다.
② 화재의 최소 크기는 환기구의 높이의 제곱에 비례한다.
③ 화재의 최소 크기는 환기구의 높이의 세제곱근에 비례한다.
④ 화재의 최소 크기는 환기구의 높이의 세제곱에 비례한다.

해설 구획실에서 플래시오버를 일으킬 수 있는 화재의 최소 크기는 환기구를 통해 공급되는 환기량으로 결정된다. 화재의 최소 크기는 환기구높이의 제곱근에 비례한다.

20 화재조사의 책임과 권한에 대한 설명으로 옳은 것은?

① 소방서장은 관계보험사가 그 화재원인과 피해상황을 조사하고자 할 때에는 이를 허용해서는 안 된다.
② 소방서장은 화재의 원인 및 피해 등에 대한 조사를 소화활동 후에 실시하여야 한다.
③ 과실로 인한 위법행위로 타인에게 손해를 가한 자는 그 손해를 배상할 책임이 없다.
④ 소방서장은 화재조사를 위하여 필요한 경우에는 수사에 지장을 주지 아니하는 범위에서 그 피의자 또는 압수된 증거물에 대한 조사를 할 수 있다.

해설 ① 소방서장은 관계보험회사가 그 화재원인과 피해상황을 조사하고자 할 때에는 서로 협력하여야 한다.
② 소방서장은 화재의 원인 및 피해 등에 대한 조사는 화재사실을 인지하는 즉시 실시되어야 한다.
③ 과실로 인한 위법행위로 타인에게 손해를 가한 자는 그 손해를 배상할 책임이 있다.

제2과목　　　**화재감식론**

21 무염화원이 아닌 것은?

① 담뱃불　　　　② 그라인더 불티
③ 모기향　　　　④ 촛불

해설 촛불은 유염화원에 해당한다.

22 다음 중 염소(Cl)성분을 포함하고 있는 가스는?

① 암모니아　　　② 아세틸렌
③ 포스겐　　　　④ 시안화수소

해설 포스겐($COCl_2$)가스는 염소(Cl)를 함유하고 있다.

Answer　17.③　18.②　19.①　20.④　21.④　22.③

23 계획적인 방화로 분류되지 않는 것은?

① 정신이상에 의한 방화
② 이익목적에 의한 방화
③ 정치적 목적에 의한 방화
④ 원한에 의한 방화

해설 정신이상에 의한 방화는 우발적 방화에 해당한다.

24 선박에서 인접하는 구획 사이를 2개의 분리된 격벽이나 갑판으로 격리시키는 구역을 무엇이라 하는가?

① A급 구획
② B급 구획
③ 코퍼댐(cofferdam)
④ 제연벽

해설 코퍼댐은 인접하는 구획끼리 공통경계를 갖지 아니하도록 배치된 빈 공간을 말하며 수직·수평으로 설치할 수 있다.

25 산화에틸렌 90vol%와 메탄 10vol%가 혼합되어 있는 경우 폭발하한계로 옳은 것은? (단, 메탄의 연소범위는 5~15vol%, 산화에틸렌의 연소범위는 3~80vol%이다.)

① 1.79vol%
② 3.13vol%
③ 32vol%
④ 55.81vol%

해설
$$L = \frac{100}{\dfrac{V_1}{L_1} + \dfrac{V_2}{L_2}}$$

여기서, L : 혼합가스의 연소한계(vol%)
V_1, V_2 : 각 가연성 가스의 용량(vol%)
L_1, L_2 : 각 가연성 가스의 폭발하한계 (vol%)

$$L = \frac{100}{\dfrac{90}{3} + \dfrac{10}{5}} = 3.13\text{vol\%}$$

26 임의의 도선에 흐르는 전류에 의한 자계의 세기 단위로 옳은 것은?

① $V \cdot T/cm^2$
② $V \cdot T/m$
③ $A \cdot T/cm^2$
④ $A \cdot T/m$

해설 자석 상호 간 또는 전류 상호 간에 자력이 작용하는 공간을 자계라고 하며, 자계의 세기 단위는 AT/m이다.

27 다음 폭발 중 기상폭발에 해당하는 것이 아닌 것은?

① 가스폭발
② 분진폭발
③ 분무폭발
④ 수증기폭발

해설 **기상폭발**
가스폭발, 분해폭발, 분진폭발, 분무폭발, 증기운폭발 등

28 다음 중 방화의 직접적 단서가 될 수 없는 것은?

① 도화선
② 색다른 촉진제
③ 비정상적인 연료하중
④ 출입문의 잠김상태

해설 출입문의 개방 또는 폐쇄 여부가 방화의 직접적인 단서가 될 수는 없다.

29 다음 중 자연발화성 물질의 자연발화를 촉진시키는 데 영향을 주지 않는 것은?

① 표면적이 넓고 발열량이 클 것
② 열전도율이 클 것
③ 주위온도가 높을 것
④ 반응성이 클 것

해설 열전도율이 높으면 열이 축적되지 않으므로 연소가 이루어지기 어려워 열전도율은 작아야 한다.

30 산불진화 시 열스트레스 손상으로 가장 거리가 먼 것은?

① 열경련
② 탈수피로
③ 열발작
④ 혼수상태

해설 산불진화 시 열스트레스 손상으로 열경련, 탈수피로, 열발작이 발생할 수 있다.

31 성냥의 나뭇개비에 침투시켜 연소 후 탄화시키는 약제는?

① 곰팡이방지제
② 표백제
③ 염색제
④ 인풀제

32 pH=3인 수용액의 [H⁺]는 pH=5인 수용액의 [H⁺]의 몇 배인가?

① 0.01
② 10
③ 100
④ 1,000

해설
㉠ $3=-\log[H^+]$
   $[H^+]=10^{-3}$
㉡ $5=-\log[H^+]$
   $[H^+]=10^{-5}$
∴ $\dfrac{10^{-3}}{10^{-5}}=100$배

33 임야화재 시 수관화의 특징으로 옳은 것은 어느 것인가?

① 중심부의 화염온도는 2,500℃이다.
② 주변의 연기온도는 1,500℃이다.
③ 바람이 강할 때 연소속도는 7km/h이다.
④ 임야화재 연소 중에 수십m의 상승기류가 발생한다.

해설
① 중심부의 화염온도는 1,175℃이다.
② 주변의 연기온도는 525℃이다.
③ 바람이 강할 때 연소속도가 15km/h에 달한다.

34 LPG 차량엔진의 구성 부품 중 봄베에 부착된 충전밸브, 기체 송출밸브 및 액체 송출밸브의 색상을 순서대로 바르게 나열한 것은?

① 녹색, 적색, 황색
② 녹색, 황색, 적색
③ 황색, 녹색, 적색
④ 황색, 적색, 녹색

해설
㉠ 충전밸브 : 녹색
㉡ 기체 송출밸브 : 황색
㉢ 액체 송출밸브 : 적색

35 차량용 LPG 기화기(vaporizer)의 설명 중 옳은 것은?

① 1차 감압실은 봄베로부터 전달된 액체 LPG를 0.8kg/cm²로 감압 및 기화하여 2차 감압실로 보낸다.
② 고정 조정스크루는 공회전상태에서 스크루를 돌려 공회전상태의 CO 또는 HC의 농도를 조절한다.
③ 1차 압력 조정스크루는 1차 감압실의 LPG 압력을 0.8kg/cm²로 저장하기 위한 스크루이다.
④ 저속차단 솔레노이드밸브는 LPG가 액체상태에서 기체로 될 때 주위로부터 기화열을 흡수하여 동결시키는 현상을 방지하기 위한 장치이다.

해설
① 1차 감압실에서 LP가스를 기화함과 동시에 0.3kg/cm² 정도로 감압하여 2차 감압실로 보낸다.
③ 1차 압력 조정스크루는 1차 감압실의 LPG 압력을 0.3kg/cm²로 조정하기 위한 스크루이다.
④ 저속차단 솔레노이드밸브는 엔진 시동 시 필요한 LPG를 추가 공급하는 장치이다.

36 방화의 특징으로 옳지 않은 것은?

① 2개 이상의 독립된 발화개소가 식별된 경우
② 덕트나 배관용 파이프홀을 통해 다른 층이나 다른 방실로 화재가 확산되는 경우
③ 용도별로는 주택 및 차량에 대한 방화가 많음
④ 휘발유, 시너 등을 사용하는 경우가 많아 화재확산이 매우 빠름

해설 덕트나 배관용 파이프홀을 통해 다른 곳으로 화재가 확산되는 경우 고의에 의한 다중화재(독립연소)로 오인할 수 있으나 방화와 관계가 없다.

37 전기화재 발생과정에 대한 설명 중 옳지 않은 것은?

① 코드의 접촉불량 시 접촉저항의 증가로 줄열에 의한 화재발생
② 고압변압기의 충전부에서 누설방전으로 절연이 파괴되어 화재발생
③ 코일의 층간 단락으로 저항이 증가하여 전류가 감소되며 화재발생
④ 물 없는 전기온수기를 통전 방치하여 주변 가연물에서 화재발생

해설 코일의 층간 단락은 저항의 증가로 그곳으로 다량의 전류가 흘러 단락 발화하는 현상이다.

38 차량이 충돌 또는 추돌하는 경우, 누출된 연료 및 오일의 점화로 인해 화재로 이어져 인명사고가 발생하는 경우가 있다. 동 경우, 발화원인으로 작용할 수 없는 것은?

① 차량 파손에 동반된 전선의 단락에 의한 전기적 발열
② 차량 파손에 동반된 고온의 충격 마찰열
③ 차량 파손에 동반된 엔진 표면 및 배기계통의 고온 열면
④ 차량의 파손에 동반된 냉각수의 분출

해설 차량이 파손되어 냉각수가 분출되더라도 발화원인으로 작용할 수 없다.

39 다음 중 항공기에서 이상적인 화재감지장치 (fire detection system)의 특징이 아닌 것은?

① 화재가 계속되는 동안 계속 지시해야 한다.
② 화재가 다시 발생하는 경우 다시 정확히 지시해야 한다.
③ 조종실에서 감지기장치를 시험 시 소요되는 전력은 많아야 한다.
④ 취급에서 노출에 견딜 수 있도록 견고해야 한다.

해설 조종실에서 감지장치 시험 시 소요되는 전력은 적어야 한다.

40 방화의 일반적인 판단요소로 가장 거리가 먼 것은?

① 국부적인 발화흔적
② 무단침입과 흔적
③ 범죄흔적
④ 이상연소현상

해설 방화판단요소
ㄱ 화기가 없는 장소로 여러 곳에 발화
ㄴ 강도, 절도 등 범죄흔적과 무단침입 흔적
ㄷ 가연물을 모아놓고 연소시킨 이상연소현상 등

제3과목 **증거물관리 및 법과학**

41 화재사의 사인과 그 내용이 올바르게 연결된 것은?

① 화상사 : 화재에 따른 현상에 의해 신경을 자극해서 정신 또는 신체가 충격을 받아 사망한 것
② 질식사 : 화재 시 발생한 일산화탄소 등 유독가스가 혈액의 산소공급을 막아 조직의 산소결핍으로 사망한 것
③ 소사 : 화재로 인하여 화염 등 고열이 피부에 작용하여 화상을 입은 후 그 상황에서 2차적인 조건에 의해 사망한 것
④ 쇼크사 : 화재로 인한 화상과 더불어 화염에 의해 불에 타서 사망하거나 일산화탄소에 의한 유독가스 중독과 산소결핍에 의한 질식 등이 합병되어 사망한 것

해설 ① 화상사 : 화상이나 탕상에 의해 사망에 이르게 된 것
③ 소사 : 화재로 인한 화상과 더불어 화염에 의해 불에 타서 사망하거나 일산화탄소 등 산소결핍에 의한 질식으로 사망에 이르게 된 것
④ 쇼크사 : 화재로 인해 신경을 자극하여 정신 또는 신체가 충격을 받아 사망에 이르게 된 것

부록

과년도 출제문제

42 화재로 사망한 사람의 생활반응으로 틀린 것은?

① 일산화탄소의 중독으로 사망한 경우 암적색 시반이 나타난다.

② 분신자살자는 혈중 일산화탄소 농도가 전혀 나오지 않는 경우도 있다.

③ 흡연자의 경우, 평소에도 비흡연자보다 높은 수준의 일산화탄소 농도가 나타난다.

④ 사망에 이르는 혈중 일산화탄소의 농도는 10~80%까지 개개인마다 차이가 있다.

해설 ㉠ 일산화탄소 중독 시 시반색깔 : 선홍색
ㄴ 시체에 나타나는 정상적인 시반색깔 : 암적색

43 화재현장에서의 현장임장 및 증거물 수집 활동의 법적근거가 아닌 것은?

① 형사소송법 제218조 영장에 의하지 아니한 압수

② 형사소송법 제216조 영장에 의하지 아니한 강제처분

③ 형사소송법 제308조 제2항 위법수집증거 배제원칙

④ 범죄수사규칙 제8장 제2절, 제124조, 제125조 범죄현장과 증거보존, 유류물 등의 압수

해설 형사소송법 제308조 제2항이 아니라 제308조의 2에 명문으로 인정하고 있다.

44 증거물오염이 가중되는 시기로 맞는 것은?

① 보관할 때
② 이송할 때
③ 수집할 때
④ 발견했을 때

해설 증거물오염은 대부분 수집과정에서 발생한다.

45 다음 중 화재현장에서 화재조사관의 의무가 아닌 것은?

① 화재원인과 피해조사를 위한 출입검사 의무
② 화재원인과 피해조사 시 경찰공무원과의 협력 의무

③ 증거물과 피의자에 대한 조사를 수행함에 있어 경찰의 수사를 방해하지 않아야 할 의무

④ 방화, 실화 등 범죄의 혐의가 있는 경우 관할 경찰서장에게 알리고 필요한 증거를 수집 보존할 의무

해설 화재원인과 피해조사를 위한 출입검사는 의무가 아닌 강제조사권으로 권한에 해당한다.

46 인화점 측정을 위한 장비가 아닌 것은?

① Pensky-Martens
② Tag Closed Cup
③ Cleveland Open Cup
④ Scanning Electron Microscope

해설 ① 펜스키 마텐스(pensky-martens) : 밀폐식 인화점 측정이 필요한 시료 및 태그밀폐식을 적용할 수 없는 시료에 적용한다.
② 태그밀폐식(tag closed cup) : 인화점이 93℃ 이하인 시료에 적용한다.
③ 클리블랜드 개방식(cleveland open cup) : 인화점이 79℃ 이하인 시료에 적용한다.
④ 주사전자현미경(scanning electron micro-scope) : 미세조직 및 화학조성, 원소분포 등을 분석하는 현미경이다.

47 훈소가 가능한 물질에 해당하는 것은?

① 종이
② 스티로폼
③ 나일론섬유
④ 플라스틱

해설 종이, 목재 등은 훈소 가능 물질이다.

48 화재로 발생한 열에 의해 유리창이 파손되는 원인에 대한 설명으로 맞는 것은?

① 열을 받은 유리가 녹으면서 깨진다.

② 유리면의 온도차에 의한 응력으로 깨진다.

③ 유리를 구성하는 규소의 열분해에 의해 깨진다.

④ 화재가 발생한 실내의 높아진 압력에 의해 깨진다.

해설 유리가 열을 받으면 온도차에 의한 부드럽게 굽이치며 퍼지다가 다시 만나는 식으로 응력으로 깨진다.

Answer 42.① 43.③ 44.③ 45.① 46.④ 47.① 48.②

49 아파트의 주방에서 가스폭발로 20대 여성이 둔상을 입었다. 둔상은 폭발효과에 의한 부상의 4가지 유형 중 어느 것인가?

① 열효과에 의한 부상
② 지진효과에 의한 부상
③ 파편효과에 의한 부상
④ 압력파효과에 의한 부상

해설 물체의 비산에 따른 파편물에 의해 둔상을 입은 것으로 파편효과 또는 비산효과에 의한 부상이다.

50 화재조사를 위한 사진촬영의 중요성에 해당하지 않는 것은?

① 사실의 묘사성
② 진술의 신뢰성
③ 기억의 환기성
④ 증거의 조작성

해설 사진촬영은 증거 확보의 우수성 및 신뢰성을 확보하기 위한 것으로 증거조작을 방지할 수 있다.

51 다음 중 플라스틱 증거물에 관한 설명으로 맞는 것은?

① 열가소성 물질은 용해되고 흘러서 화재 확대의 원인이 된다.
② 폴리우레탄같은 열가소성 물질은 탄화물질을 형성하지 않는다.
③ 탄화수소계의 기본적인 고체가연물인 플라스틱의 약 90%는 열경화성이다.
④ PVC와 같은 열경화성 물질은 가열되면 용융, 변형, 그리고 드롭다운패턴이 형성된다.

해설 ② 열가소성 물질은 탄화물질을 형성한다.
③ 플라스틱의 약 90%는 열가소성이다.
④ PVC는 열가소성 수지에 해당한다.

52 카메라촬영에 있어 피사계심도 조절방법으로 틀린 것은?

① 피사계심도를 얕게 하는 방법으로 렌즈구경을 개방한다.
② 피사계심도를 깊게 하는 방법으로 촬영거리를 가깝게 한다.
③ 피사계심도를 얕게 하는 방법으로 초점거리가 더 긴 렌즈를 사용한다.
④ 피사계심도를 깊게 하는 방법으로 초점거리가 더 짧은 렌즈를 사용한다.

해설 촬영거리가 멀수록 피사계심도가 깊어지고 촬영거리가 가까울수록 피사계심도가 얕아진다.

53 화재와 관련된 사망자분석으로 틀린 것은?

① 피는 열의 영향으로 귀, 코, 입에서 스며 나올 수 있다.
② 화재로 인한 희생자는 모두 사망시간을 측정해야 한다.
③ 화재로 인한 희생자는 모두 일산화탄소 포화상태를 측정해야 한다.
④ 사체 외부에서 발견된 피는 사망하기 전에 신체적 외상을 입었다는 것을 나타낸다.

해설 화재로 인한 희생자는 사망원인을 밝혀내기 위해 일산화탄소 포화상태 등 부검은 불가피하다. 그러나 모두 사망시간을 측정할 필요는 없다.

54 화재현장의 사진촬영기법에 대한 설명으로 틀린 것은?

① 발화지점을 중심으로 연소 확산된 상황을 촬영
② 화재대상물과 주위의 위치관계를 알 수 있도록 촬영
③ 가능한 소실된 현장을 국소적으로만 자세하게 촬영
④ 외부 촬영 시 먼 곳에서 화재대상물 전면을 담아낼 수 있는 위치에서 촬영

해설 촬영대상은 주위 물건배치 및 위치관계를 명확히 알 수 있도록 하여야 한다.

부록
과년도 출제문제

55 가연성 액체증거 보관용기의 설명으로 틀린 것은?

① 가연성 액체증거를 온전하게 보존해야 한다.
② 가연성 액체증거의 오염과 변화를 예방해야 한다.
③ 가연성 액체증거의 기화를 막기 위해 밀봉이 되어서는 안 된다.
④ 가연성 액체증거의 물리적 상태, 특징, 파괴성, 휘발성을 고려하여 선택한다.

[해설] 가연성 액체증거 보관용기는 증거물을 받는 즉시 봉인하여야 한다.

56 화재조사에서 전기설비 및 구성부품의 증거물 수집 시 유의사항으로 맞는 것은?

① 전체 전기기기나 전기제품을 있는 그대로 수집해야 한다.
② 전선의 한쪽 끝에는 태그를 붙여 회로장치 등의 내용을 표시한다.
③ 전선피복의 검사가 용이하도록 가능한 전선을 짧게 수집해야 한다.
④ 증거물이 발견되면 다른 구성부품과의 혼란 방지를 위해 신속히 이동시킨다.

[해설] ② 전선의 양쪽 끝에는 태그를 붙여 회로 등의 내용을 표시한다.
③ 전선피복의 검사를 위해 가급적 전선을 길게 수집하도록 한다.
④ 증거물이 발견되면 발견 당시 상태를 확인할 수 있도록 사진촬영 등으로 기록하도록 한다.

57 가스 크로마토그래피법을 통해 분리된 각 원소들에 대한 상세한 분석을 수행하는 장비로 맞는 것은?

① Mass Spectrometer
② Tag Closed Tester
③ X-ray Fluorescence
④ Infrared Spectrophotometer

[해설] ① Mass Spectrometer : 가스 크로마토그래피와 연결하여 개별 성분을 분석하는 장비
② Tag Closed Tester : 인화점 측정기

③ X-ray Fluorescence : 형광 X선을 이용하여 시료분석
④ Infrared Spectrophotometer : 적외선 분광광도계

58 액체 연소촉진제의 물리적 증거수집 시 고려사항으로 틀린 것은?

① 흡수성 물질(밀가루 등)은 실험실로 옮겨서 추출하는 것이 좋다.
② 액체 연소촉진제는 다공성 물질 안에 갇혔을 때 다공성 물질 안에 존재할 가능성이 높으므로 주의 깊게 확인한다.
③ 액체 연소촉진제는 대부분 구조부, 내부마감재 및 기타 화재잔해에 쉽게 흡수됨으로 물질 내부에 흡수되었는지 확인한다.
④ 모든 액체 연소촉진제는 물보다 가벼워 물과 접촉 시 그 위에 뜨므로 기름띠를 확인하는 것만으로도 액체 연소촉진제가 있었는지를 알아낼 수 있다.

[해설] 모든 액체 연소촉진제가 물보다 가벼워 물 위로 뜨는 것은 아니다. 수용성 알코올은 물에 녹는다.

59 타임라인에서 상대적 시간에 포함되는 것은?

① 완전소화시간
② 목격된 지속시간
③ 신고가 접수된 시간
④ 알람의 설정과 작동시간

[해설] 목격이 지속된 시간은 매우 주관적 관점으로 상대적 시간에 해당한다. 상대적 시간이란 주관적으로 개략적인 시간을 의미한다.

60 화재현장에서 질문내용의 녹음방법으로 맞는 것은?

① 진술 거부 시 유도심문을 한다.
② 질문은 길게 하고 간결한 답변을 요구한다.
③ 사전에 녹음사실을 알리고 임의적 진술을 확보한다.
④ 관계자의 심리적 상태를 고려하여 화재로부터 2~3일 후 면담을 한다.

해설 ① 유도심문은 삼간다.
② 질문은 짧고 상대방이 많은 이야기를 할 수 있도록 배려한다.
④ 관계자에 대한 질문은 가능한 한 현장에서 조기에 실시한다.

제4과목 화재조사보고 및 피해평가

61 피해물의 경제적 내용연수가 다한 경우 잔존하는 가치의 재구입비에 대한 비율을 무엇이라 하는가?

① 잔가율 ② 손해율
③ 최종 잔가율 ④ 보정률

해설 ① 잔가율 : 화재 당시 피해물의 재구입비에 대한 현재가의 비율이다.
② 손해율 : 피해물의 종류, 손상 상태 및 정도에 따라 피해액을 적정화시키는 일정한 비율이다.
④ 보정률은 규정이 없다.

62 화재조사 및 보고규정상 화재조사활동의 개시시점으로 맞은 것은?

① 화재발생사실 인지와 동시
② 화재현장 도착과 동시
③ 화재진화활동과 동시
④ 화재진화작업 종료와 동시

해설 조사관은 화재발생사실을 인지하는 즉시 조사활동을 시작하여야 한다.

63 화재피해조사서(인명) 작성 시 기재사항이 아닌 것은?

① 사상부위
② 사상 시 위치·행동
③ 사상 전 상태
④ 사상자가족 인적사항

해설 인명피해조사서 기재사항
㉠ 사상자
㉡ 사상 정도
㉢ 사상 시 위치·행동
㉣ 사상원인
㉤ 사상 전 상태
㉥ 사상부위 및 외상
㉦ 참고사항

64 화재조사 및 보고규정상 사후조사에 대한 설명으로 맞는 것은?

① 사후조사는 발화장소 및 발화지점의 현장이 보존되어 있는 경우에만 조사를 한다.
② 사후조사의 경우에도 화재현장출동보고서를 반드시 작성하여야 한다.
③ 사후조사의 경우 화재발생종합보고서는 화재조사 및 보고규정 별지 제3호 서식이 아닌 별도의 서식에 의해 작성한다.
④ 소방대가 출동하지 아니한 화재장소의 화재증명원 발급요청이 있는 경우, 조사관이 판단하여 사후조사를 실시한 후 보고서를 작성한다.

해설 ② 사후조사의 경우 화재현장출동보고서의 작성은 생략할 수 있다.
③ 사후조사의 경우 화재발생종합보고서는 화재조사 및 보고규정 별지 제3호 서식에 의해 작성한다.
④ 소방대가 출동하지 아니한 화재장소의 화재증명원 발급요청이 있는 경우 서장은 조사관으로 하여금 사후조사를 실시하게 할 수 있다.

65 공구 및 기구의 소손 정도에 따른 손해율로 틀린 것은?

① 오염·수침손의 경우 : 10%
② 손해 정도가 보통인 경우 : 20%
③ 손해 정도가 다소 심한 경우 : 50%
④ 50% 이상 소손되고 그을음 및 수침오염 정도가 심한 경우 : 100%

공구·기구의 소손 정도에 따른 손해율

화재로 인한 피해 정도	손해율(%)
50% 이상 소손되고 그을음 및 수침오염 정도가 심한 경우	100
손해 정도가 다소 심한 경우	50
손해 정도가 보통인 경우	30
오염·수침손의 경우	10

66 화재조사 및 보고규정상 화재현장출동보고서의 작성을 생략할 수 있는 경우는?

① 항구에 매어둔 선박에서 화재가 발생하여 조사하는 경우
② 건축물이 아닌 야외 공터의 쓰레기화재에 대해 조사한 경우
③ 소방대가 화재현장에 출동하였고, 재산피해가 경미한 경우
④ 소방대가 출동하지 않은 화재현장에 대해 민원인이 사후조사를 의뢰하였고, 현장이 보존되어 사후조사를 실시한 경우

해설 사후조사의 경우 발화장소 및 발화지점의 현장이 보존되어 있는 경우에만 조사를 하며 화재현장출동보고서의 작성은 생략할 수 있다.

67 화재현장조사서 작성 시 발화원인 판정의 방법으로 틀린 것은?

① 재현실험의 데이터나 각종 문헌 등을 인용한다.
② 제조물 관련 화재의 경우, 경험에 기초하여 주관적 증명이 가능하도록 한다.
③ 난해한 전문용어나 어려운 이론을 열거하는 것은 피하고 논리적 표현을 사용한다.
④ 질문조사서 등의 서류로부터 사실인용과 합리적·과학적인 논리전개가 중심이 된다.

해설 제조물 관련 화재의 경우 논리적 편견 없는 태도로 객관적 증명이 가능하도록 한다.

68 화재원인 분류에서 화학적 요인에 해당하지 않는 것은?

① 자연발화
② 혼촉발화
③ 물리적 폭발
④ 금수성 물질과 물의 접촉

해설 화재원인 분류 시 화학적 요인
ㄱ 화학적 폭발
ㄴ 금수성 물질과 물의 접촉
ㄷ 화학적 발화(유증기 확산)
ㄹ 자연발화
ㅁ 혼촉발화

69 모델하우스 또는 가설건물 등 일정 기간 존치하는 건물에 있어서는 실제 존치할 기간을 내용연수로 하여 피해액을 산정한다. 이 경우 존치기간 종료일 현재의 최종 잔가율은 얼마인가?

① 10%
② 20%
③ 30%
④ 40%

해설 모델하우스 또는 가설건물 등은 실제 존치할 기간을 내용연수로 하며 존치기간 종료일 현재의 최종 잔가율은 20%로 한다.

70 화재피해조사 중 재산피해유형에 관한 설명으로 틀린 것은?

① 수손피해 : 소화활동으로 발생한 수손피해 등
② 소실피해 : 열에 의한 탄화, 용융, 파손 등의 피해
③ 영업피해 : 화재발생으로 영업을 하지 못해 발생한 영업손실
④ 기타피해 : 연기, 물품반출, 화재 중 발생한 폭발 등에 의한 피해 등

해설 영업상 손실피해는 피해조사항목에 없다.

71 화재피해액을 산정할 때 손해율의 적용할 때 손해율을 구분하는 기준은?

① 내용연수
② 경년감가율
③ 최종 잔가율
④ 화재로 인한 피해 정도

Answer 66.④ 67.② 68.③ 69.② 70.③ 71.④

해설 손해율은 화재로 인한 손상 상태 및 피해 정도에 따라 피해액을 적정화시키는 일정한 비율을 말한다.

72 화재조사서류 작성상의 유의사항으로 틀린 것은?

① 필요한 서류가 첨부되어야 한다.
② 원칙적으로 평이하고 알기 쉬운 문장으로 작성토록 노력한다.
③ 오자, 탈자 등이 없도록 글자 하나라도 가볍게 보아서는 안 된다.
④ 화재유형별 조사서는 화재의 유형에 관계없이 동일 양식에 기재하여야 한다.

해설 화재유형별 조사서는 서식별 작성 목적에 맞게 작성하여야 한다.

73 내용연수가 30년이고 경과연수가 15년인 건물의 잔가율은 얼마인가?

① 30% ② 40%
③ 50% ④ 60%

해설
$$잔가율 = 1 - \frac{0.8 \times 경과연수}{내용연수}$$
$$= 1 - \frac{0.8 \times 15}{30}$$
$$= 60\%$$

74 다음 중 작성자가 다른 화재조사서류는?

① 질문기록서
② 화재현장조사서
③ 화재피해조사서
④ 화재현장출동보고서

해설 화재조사 관계서류 작성자
㉠ 조사관 : 질문기록서, 화재현장조사서, 화재피해조사서 등
㉡ 119 안전센터 등의 선임자 : 화재현장출동보고서 등

75 예술품 및 귀중품의 피해액 산정을 위한 기준으로 맞는 것은? (단, 그 가치를 손상하지 아니하고 원상태의 복원이 가능한 경우는 제외한다.)

① 시중매매가격
② 감정서의 감정가액
③ 수리비에 의한 방식
④ 회계장부상의 구입가액

해설 예술품 및 귀중품의 피해액 산정은 감정서의 감정가액을 피해액으로 한다.

76 화재 등으로 인한 피해액 산정에 있어 최종 잔가율 20% 적용이 아닌 것은?

① 건물 ② 부대설비
③ 비품 ④ 가재도구

해설 최종 잔가율 20% 적용 대상
건물, 부대설비, 구축물, 가재도구

77 화재조사 및 보고규정에서 소실 정도를 구분할 때 전소에 대한 설명으로 틀린 것은?

① 반소보다 소실비율이 높다.
② 일반적으로 건물의 경우 70% 이상 소실된 것을 의미한다.
③ 소실비율은 소실된 건물의 바닥면적을 기준으로 한다.
④ 소실 정도가 70% 미만인 경우에 잔존부분을 보수하여도 재사용이 불가능한 것은 전소에 해당한다.

해설 화재피해액을 산정하기 위한 피해면적은 화재피해를 입은 건물의 연면적을 말한다.

78 영업시설의 피해액 산정 시에 개·보수한 때를 기준으로 경과연수를 산정하는 것은 재설치비의 몇 % 이상 개·보수한 경우인가?

① 50 ② 60
③ 70 ④ 80

해설 개·보수한 경우의 경과연수 산정

구 분	내 용
재설치비의 50% 미만 개·보수한 경우	최초 설치연도를 기준으로 경과연수를 산정
재설치비의 50~80% 개·보수한 경우	최초 설치연도를 기준으로 한 경과연수와 개·보수한 때를 기준으로 한 경과연수를 합산하고 평균하여 경과연수를 산정
재설치비의 80% 이상 개·보수한 경우	개·보수한 때를 기준으로 하여 경과연수를 산정

79 화재현황조사서의 기재사항이 아닌 것은?

① 건물상태
② 화재발생장소
③ 화재원인
④ 발화 관련 기기

해설 화재현황조사서의 기재사항
　ⓐ 소방관서
　ⓑ 화재발생 및 출동
　ⓒ 화재발생 장소 및 유형
　ⓓ 화재원인
　ⓔ 발화 관련 기기
　ⓕ 연소 확대
　ⓖ 피해 및 인명구조 등

80 철거건물에 대한 피해액 산정 시의 최종 잔가율로 맞는 것은?

① 5%
② 10%
③ 15%
④ 20%

해설 철거건물에 대한 최종 잔가율은 20%이다.

제5과목 **화재조사관계법규**

81 화재로 인한 재해보상과 보험가입에 관한 법률상 특수건물에 대하여 손해보험회사가 운영하는 특약부화재보험에 가입하지 아니한 자의 벌칙기준으로 옳은 것은?

① 100만원 이하의 벌금
② 300만원 이하의 벌금
③ 500만원 이하의 벌금
④ 700만원 이하의 벌금

해설 특약부화재보험에 미가입 시 500만원 이하의 벌금에 처한다.

82 소방의 화재조사에 관한 법률상 화재조사를 하기 위한 관계공무원의 출입 또는 조사를 거부·방해 또는 기피하는 자에 대한 벌칙기준으로 옳은 것은?

① 100만원 이하의 벌금
② 200만원 이하의 벌금
③ 300만원 이하의 벌금
④ 500만원 이하의 벌금

해설 화재조사관의 출입 또는 조사를 거부·방해 또는 기피한 자는 300만원 이하의 벌금에 처한다.
(소방의 화재조사에 관한 법률 제21조)

83 화재조사 및 보고규정에 따른 사상자의 기준 중 다음 ( ) 안에 알맞은 것은?

사상자는 화재현장에서 사망한 사람과 부상 당한 사람을 말한다. 단, 화재현장에서 부상을 당한 후 ( )시간 이내에 사망한 경우에는 당해 화재로 인한 사망으로 본다.

① 72
② 48
③ 36
④ 24

해설 화재현장에서 부상을 당한 후 72시간 이내에 사망한 경우에는 당해 화재로 인한 사망으로 본다.

84 화재로 인한 재해보상과 보험가입에 관한 법률에 따르면 특수건물의 소유권이 변경된 경우 소유권을 취득한 날부터 며칠 이내에 특약부화재보험에 가입하여야 하는가?

① 즉시
② 10일
③ 20일
④ 30일

Answer 79.① 80.④ 81.③ 82.③ 83.① 84.④

해설 특수건물의 소유권이 변경된 경우 특수건물의 소유자는 그 건물의 소유권을 취득한 날로부터 30일 이내에 특약부화재보험에 가입하여야 한다.

85 소방청장, 소방본부장 또는 소방서장이 방화(放火) 또는 실화(失火)의 혐의가 있어서 수사기관이 이미 피의자를 체포하였거나 증거물을 압수하였을 때에 화재조사를 위하여 피의자 또는 압수된 증거물에 대한 조사를 하는 경우에 대한 설명으로 옳은 것은?

① 필요한 때는 언제나 조사할 수 있으며 수사기관은 항상 화재조사에 협조하여야 한다.
② 수사기관의 수사가 종료된 후부터 조사를 실시할 수 있다.
③ 수사에 지장을 주지 아니하는 범위에서 조사를 할 수 있으며 수사기관은 신속한 화재조사를 위하여 특별한 사유가 없으면 조사에 협조하여야 한다.
④ 원칙적으로 조사할 수 없으나, 인명피해 등 사회적 문제가 야기된 경우에는 조사할 수 있다.

해설 수사기관에 체포된 사람에 대한 조사
수사에 지장을 주지 아니하는 범위 안에서 그 피의자 또는 압수된 증거물에 대한 조사를 할 수 있다. 이 경우 수사기관은 화재조사를 위하여 특별한 사유가 없으면 조사에 협조하여야 한다.

86 화재조사 및 보고규정상 화재의 소실 정도가 반소인 기준으로 옳은 것은?

① 건물의 30% 이상 70% 미만이 소실된 것
② 건물의 40% 이상 60% 미만이 소실된 것
③ 건물의 50% 이상 70% 미만이 소실된 것
④ 건물의 50% 이상 80% 미만이 소실된 것

해설 ㉠ 전소 : 건물의 70% 이상
㉡ 반소 : 건물의 30% 이상 70% 미만
㉢ 부분소 : 전소 및 반소에 해당하지 아니하는 것

87 민법상 다음 (   ) 안에 알맞은 용어는?

공작물의 설치 또는 보존의 하자로 인하여 타인에게 손해를 가한 때에는 공작물 (㉮)가 손해를 배상할 책임이 있다. 그러나 (㉮)가 손해의 방지에 필요한 주의를 해태하지 아니한 때에는 그 (㉯)가 손해를 배상할 책임이 있다.

① ㉮ 소유자, ㉯ 중개자
② ㉮ 점유자, ㉯ 소유자
③ ㉮ 소유자, ㉯ 설계자
④ ㉮ 점유자, ㉯ 건축자

해설 공작물의 설치 또는 보존의 하자로 인하여 타인에게 손해를 가한 때에는 점유자가 1차적으로 책임을 지고 점유자가 손해 방지에 필요한 주의를 다한 경우에는 면책되며 이때는 소유자가 2차적으로 배상책임을 진다.

88 제조물책임법상 제조업자의 손해배상 면책 규정으로 옳지 않은 것은?

① 제조업자가 해당 제조물을 공급하지 아니하였다는 사실을 입증한 경우
② 제조물의 결함이 제조업자의 제조물 공급 당시 법령기준을 준수함에 따라 발생하였다는 사실을 입증한 경우
③ 제조물을 공급한 당시의 과학·기술 수준으로는 결함의 존재를 발견할 수 없었다는 사실을 입증한 경우
④ 제조업자가 결함 있는 제조물을 공급한 후 3년이 경과한 경우

해설 제조물책임법상 제조업자의 손해배상 면책사유
㉠ 제조업자가 당해 제품을 공급하지 아니하였다는 사실
㉡ 제조업자가 당해 제조물을 공급한 때의 과학·기술 수준으로는 결함의 존재를 발견할 수 없었다는 사실(개발위험의 항변)
㉢ 제조물의 결함이 제조업자가 당해 제조물을 공급할 당시의 법령이 정하는 기준을 준수함으로써 발생한 사실
㉣ 원재료 또는 부품의 경우에는 당해 원재료 또는 부품을 사용한 제조물 제조업자의 설계 또는 제작에 관한 지시로 인하여 결함이 발생하였다는 사실

Answer 85.③ 86.① 87.② 88.④

89 화재로 인한 재해보상과 보험가입에 관한 법령에 따라 특약부화재보험을 가입하여야 하는 특수건물 중 아파트는 기본적으로 몇 층 이상이어야 하는가?

① 7층
② 11층
③ 16층
④ 층수에 관계없이 모든 아파트

해설 주택법 시행령 제2조 제1항에 따른 공동주택으로서 16층 이상의 아파트 및 부속건물이 해당된다.

90 제조물책임법상 제조상의 결함에 해당되는 것은?

① 제조업자가 합리적인 대체설계(代替設計)를 채용하였더라면 피해나 위험을 줄이거나 피할 수 있었음에도 대체설계를 채용하지 아니하여 해당 제조물이 안전하지 못하게 된 경우를 말한다.
② 제조업자가 제조물에 대하여 제조상·가공상의 주의의무를 이행하였는지에 관계없이 제조물이 원래 의도한 설계와 다르게 제조·가공됨으로써 안전하지 못하게 된 경우를 말한다.
③ 제조업자가 합리적인 설명·지시·경고 또는 그 밖의 표시를 하였더라면 해당 제조물에 의하여 발생할 수 있는 피해나 위험을 줄이거나 피할 수 있었음에도 이를 하지 아니한 경우를 말한다.
④ 제조업자가 물류·유통과정에서 발생할 수 있는 위험을 인지하지 못하여 제조물의 파손을 초래한 경우를 말한다.

해설 제조물책임법상 결함
제조상·설계상·표시상 결함을 말한다.
① : 설계상 결함
② : 제조상 결함
③ : 표시상 결함

91 형법상 업무상 과실 또는 중대한 과실로 인하여 실화의 죄를 범한 자에 대한 벌칙기준으로 옳은 것은?

① 2년 이하의 금고 또는 700만원 이하의 벌금
② 3년 이하의 금고 또는 2,000만원 이하의 벌금
③ 5년 이하의 금고 또는 1,500만원 이하의 벌금
④ 7년 이하의 금고 또는 2,000만원 이하의 벌금

해설 ㉠ 실화죄 : 과실로 타인 소유의 물건을 불태운 자는 1,500만원 이하 벌금에 처한다(과실로 자기 소유에 속하는 물건을 불태운 자도 같음).
㉡ 업무상 실화죄, 중실화죄 : 업무상 과실 또는 중대한 과실로 죄를 범한 자는 3년 이하 금고 또는 2,000만원 이하 벌금에 처한다.

92 화재로 인한 재해보상과 보험가입에 관한 법령상 특약부화재보험의 설명으로 옳은 것은?

① 장애가 남은 것이란 정상기능의 5분의 2 이상을 상실한 경우를 말한다.
② 제대로 못쓰게 된 것이란 정상기능의 5분의 4 이상을 상실한 경우를 말한다.
③ 뚜렷한 장애가 남은 것이란 정상기능의 5분의 3 이상을 상실한 경우를 말한다.
④ 항상 보호 또는 수시 보호를 받아야 하는 기간은 의사가 판정하는 노동능력 상실기간을 기준으로 하여 타당한 기간으로 정한다.

해설 ① 장애가 남은 것이란 정상기능의 4분의 1 이상을 상실한 경우를 말한다.
② 제대로 못쓰게 된 것이란 정상기능의 4분의 3 이상을 상실한 경우를 말한다.
③ 뚜렷한 장애가 남은 것이란 정상기능의 2분의 1 이상을 상실한 경우를 말한다.

93 다음은 소방의 화재조사에 관한 법률상 화재조사관의 자격 기준 중 소방청장이 실시하는 화재조사에 관한 시험의 응시자격에 대한 내용이다. 빈칸에 들어갈 말로 적절한 것은?

> 소방청장이 실시하는 화재조사에 관한 시험에 응시할 수 있는 사람은 소방공무원 중 다음의 어느 하나에 해당하는 사람으로 한다.
> ㉠ 화재조사관 양성을 위한 전문교육을 이수한 사람
> ㉡ 국립과학수사연구원 또는 소방청장이 인정하는 외국의 화재조사 관련 기관에서 ( )주 이상 화재조사에 관한 전문교육을 이수한 사람

① 2   ② 4
③ 6   ④ 8

Answer 89.③ 90.② 91.② 92.④ 93.④

[해설] 화재조사에 관한 시험(소방의 화재조사에 관한 법률 시행규칙 제4조)
소방청장이 실시하는 화재조사에 관한 시험에 응시할 수 있는 사람은 소방공무원 중 다음의 어느 하나에 해당하는 사람으로 한다.
㉠ 화재조사관 양성을 위한 전문교육을 이수한 사람
㉡ 국립과학수사연구원 또는 소방청장이 인정하는 외국의 화재조사 관련 기관에서 8주 이상 화재조사에 관한 전문교육을 이수한 사람

94 화재조사 및 보고규정상 용어의 정의 중 옳은 것은?

① 발화열원이란 화재가 발생한 부위를 말한다.
② 초진이란 소방대에 의한 소화활동의 필요성이 사라진 것을 말한다.
③ 발화요인이란 발화에 관련된 불꽃 또는 열을 발생시킨 기기 또는 장치나 제품을 말한다.
④ 연소확대물이란 연소가 확대되는 데 있어 결정적 영향을 미친 가연물을 말한다.

[해설] ① 발화열원 : 발화의 최초 원인이 된 불꽃 또는 열을 말한다.
② 초진 : 소방대의 소화활동으로 화재확대의 위험이 현저하게 줄어들거나 없어진 상태를 말한다.
③ 발화요인 : 발화열원에 의하여 발화로 이어진 연소현상에 영향을 준 인적·물적·자연적인 요인을 말한다.

95 민법에서 규정하는 불법행위에 대한 설명으로 틀린 것은?

① 과실로 인한 위법행위로 타인에게 손해를 가한 자는 그 손해를 배상할 책임이 있다.
② 타인의 신체, 자유 또는 명예를 해하거나 기타 정신상 고통을 가한 자는 재산 이외의 손해에 대하여도 배상할 책임이 있다.
③ 심신상실 중에 타인에게 손해를 가한 자는 배상의 책임이 있다.
④ 태아는 손해배상의 청구권에 관하여는 이미 출생한 것으로 본다.

[해설] 심신상실자의 책임능력(민법 제754조)
심신상실 중에 타인에게 손해를 가한 자는 배상 책임이 없다.

96 소방기본법에 의한 화재, 재난·재해, 그 밖의 위급한 상황이 발생한 현장에서 그 현장에 있는 사람으로 하여금 사람을 구출하는 일 또는 불을 끄거나 불이 번지지 아니하도록 하는 일을 방해한 자에 대한 벌칙은?

① 5년 이하의 징역 또는 3천만원 이하의 벌금
② 5년 이하의 징역 또는 5천만원 이하의 벌금
③ 3년 이하의 징역 또는 1천 500만원 이하의 벌금
④ 3년 이하의 징역 또는 1천만원 이하의 벌금

[해설] 다음 어느 하나에 해당하는 사람은 5년 이하의 징역 또는 5천만원 이하의 벌금에 처한다.
㉠ 위력(威力)을 사용하여 출동한 소방대의 화재진압·인명구조 또는 구급활동을 방해하는 행위
㉡ 소방대가 화재진압·인명구조 또는 구급활동을 위하여 현장에 출동하거나 현장에 출입하는 것을 고의로 방해하는 행위
㉢ 출동한 소방대원에게 폭행 또는 협박을 행사하여 화재진압·인명구조 또는 구급활동을 방해하는 행위
㉣ 출동한 소방대의 소방장비를 파손하거나 그 효용을 해하여 화재진압·인명구조 또는 구급활동을 방해하는 행위
㉤ 소방자동차의 출동을 방해한 사람
㉥ 사람을 구출하는 일 또는 불을 끄거나 불이 번지지 아니하도록 하는 일을 방해한 사람
㉦ 정당한 사유 없이 소방용수시설 또는 비상소화장치를 사용하거나 소방용수시설 또는 비상소화장치의 효용을 해치거나 그 정당한 사용을 방해한 사람

97 공용건조물 등에의 방화죄 대상물이 아닌 것은?

① 건조물   ② 자동차
③ 임야   ④ 지하채굴시설

[해설] 공용건조물 등에의 방화죄
불을 놓아 공용 또는 공익에 공하는 건조물, 기차, 전차, 자동차, 선박, 항공기 또는 지하채굴시설을 불태운 자는 무기 또는 3년 이상의 징역에 처한다.

부록 과년도 출제문제

98 화재증거물수집관리규칙에 따른 증거물 시료용기의 기준 중 옳은 것은?

① 주석도금캔(can)은 2회 사용 후 반드시 폐기한다.
② 양철용기는 돌려막는 스크루뚜껑만 아니라 밀어 막는 금속마개를 갖추어야 한다.
③ 코르크마개, 클로로프렌 고무, 마분지, 합성 코르크마개 또는 플라스틱물질(PTFE 포함)은 시료와 직접 접촉되어서는 안 된다.
④ 유리병의 코르크마개는 휘발성 액체에 사용하여야 한다. 만일 제품이 빛에 민감하다면 짙은 색깔의 시료병을 사용한다.

[해설] ① 주석도금캔은 1회 사용 후 반드시 폐기한다.
③ 코르크마개, 고무(클로로프렌 고무는 제외), 마분지, 합성 코르크마개 또는 플라스틱물질(PTFE는 제외)은 시료와 직접 접촉되어서는 안 된다.
④ 유리병의 코르크마개는 휘발성 액체에 사용하여서는 안 된다. 만일 제품이 빛에 민감하다면 짙은 색깔의 시료병을 사용한다.

99 화재조사 및 보고규정상 다음에서 설명하는 용어는?

> 피해물의 종류, 손상 상태 및 정도에 따라 피해액을 적정화시키는 일정한 비율을 말한다.

① 최초 잔가율
② 최종 잔가율
③ 잔가율
④ 손해율

[해설] ① 최초 잔가율에 대한 규정은 없다.
② 최종 잔가율 : 피해물의 경제적 내용연수가 다한 경우 잔존하는 가치의 재구입비에 대한 비율이다.
③ 잔가율 : 화재 당시 피해물의 재구입비에 대한 현재가의 비율이다.

100 제조물책임법에 따른 손해배상의 청구권은 제조업자가 손해를 발생시킨 제조물을 공급한 날부터 몇 년 이내에 행사하여야 하는가?

① 3
② 5
③ 7
④ 10

[해설] 손해배상청구권은 제조업자가 손해를 발생시킨 제조물을 공급한 날부터 10년 이내 행사하여야 한다.

Answer 98.② 99.④ 100.④

2021년 3월 7일

화재감식평가기사

제1과목　화재조사론

01 정전기의 발생을 예방하기 위한 방법으로 틀린 것은?

① 접지시설을 한다.
② 공기를 이온화시킨다.
③ 공기 중의 상대습도를 70% 이상으로 한다.
④ 대전을 방지하기 위하여 비전도성 물질을 사용한다.

[해설] 정전기는 비전도성 물질의 표면에 전하가 축적되는 현상으로 비전도성 물질인 인화성 액체, 플라스틱류를 통해 발생하기 쉽다. 따라서, 비전도성 물질의 사용은 정전기 예방대책이 될 수 없다.

02 증기운 형성물질 중 비점 이상의 온도지만 가압하여 액화된 물질로 열전달 및 확산이 증발을 제한하는 특징을 갖는 물질은?

① 벤젠
② 액화암모니아
③ 액화천연가스
④ 액화석유가스

[해설] 벤젠, 암모니아, LPG, LNG 모두 액화하여 가압할 수 있다. 그러나 벤젠은 증기비중이 2.8로 가장 무거워 다른 물질보다 열전달 및 확산이 증발을 제한한다.

03 플래시오버에 대한 설명으로 가장 거리가 먼 것은?

① 환기지배연소로 전환된다.
② 열방출률 곡선이 급격히 상승한다.
③ 주요 열전달방식은 대류로 전환된다.
④ 플래시오버 단계는 해당 화재실의 화염이 최성기로 성장하게 되는 화재의 단계를 의미한다.

[해설] 플래시오버 단계에서는 복사열이 전체 열전달을 담당한다. 모든 가연성 재료의 표면이 복사열 영향으로 일순간에 착화되어 연소하는 것이 특징이다.

04 화재조사 측면에서의 화재진압 및 구조구급대원의 바람직한 역할이라고 볼 수 없는 것은?

① 구조구급대원은 피해자들의 화상부위와 정도를 확인하고, 이를 화재조사관에게 통보한다.
② 진압을 위해 출입문을 강제로 개방할 때 다른 강제적인 흔적이 발견된다면 이 흔적이 겹쳐지지 않도록 다른 곳을 파괴한다.
③ 잔불정리 과정에서 과도하게 변형시키지 않으며, 변경되었을 경우에는 화제조사관에게 통보한다.
④ 진압 시 자가발전설비가 부착된 기구를 재급유할 때에는 화재현장에서 신속하게 진행한다.

[해설] 가솔린이나 경유 등 자가발전설비가 부착된 기구에 재급유를 할 때에는 오염방지를 위해 화재현장 밖의 지정된 장소에서만 실시한다.

05 연소박리와 소화수박리에 대한 설명 중 틀린 것은?

① 박리의 분포는 연소박리가 집중되어 있고, 소화수박리는 산재되어 있다.
② 표면의 거칠기는 연소박리가 크고, 소화수박리는 작다.
③ 박리면적은 연소박리가 작고, 소화수박리는 크다.
④ 박리면은 연소박리가 거칠고, 소화수박리는 평탄하며 윤기가 난다.

[해설] 보기 ①은 모두 연소로 인한 박리 특징을 나타낸 것이다. 연소로 인한 박리부위는 깊고 넓게 집중되며 산재(여기저기 흩어져 있음)되어 있다.

부록

과년도 출제문제

06 방화의 식별에서 일반적인 방화의 가능성이 있는 경우로 가장 거리가 먼 것은?

① 화재가 건물의 구조, 가연물 등에 비해 급격히 확산된 경우
② 최초 발화지점에서 유류 등 연료물질을 사용한 흔적이 있는 경우
③ 연소기구를 중심으로 연소확대가 진행된 흔적이 있는 경우
④ 출입문, 창 등에 강제로 진입한 흔적이 있는 경우

해설 연소기구를 중심으로 연소확대된 흔적은 실화에 해당하며 방화와 가장 거리가 멀다.

07 소방의 화재조사에 관한 법률상 화재조사전 담부서에서 갖추어야 할 장비 및 시설 중 화재조사 분석실은 몇 m² 이상의 실을 보유하여야 하는가?

① 10m² 이상
② 20m² 이상
③ 30m² 이상
④ 40m² 이상

해설 화재조사분석실 30m² 이상

08 화재현장의 파괴된 유리분석에 대한 설명으로 옳은 것은?

① 열에 의해 깨진 유리의 단면에는 리플마크가 관찰된다.
② 열에 의해 깨진 유리의 표면을 관찰하면 월러라인을 식별할 수 있다.
③ 열에 의해 깨진 유리는 방사형 파손흔적이 관찰된다.
④ 유리단면을 관찰하면 열 또는 충격에 의한 원인을 구분할 수 있다.

해설 열에 의해 깨진 유리단면에는 월러라인이 없지만 충격에 의해 깨진 유리단면에는 월러라인이 형성되어 유리단면을 통해 열 또는 충격에 의한 원인을 구분할 수 있다.

09 수류탄 폭발에 대한 분류로 옳은 것은?

① 화학적 폭발 – 집중폭발
② 화학적 폭발 – 확산폭발
③ 물리적 폭발 – 확산폭발
④ 물리적 폭발 – 집중폭발

해설 수류탄에 안전핀을 뽑으면 걸쇠가 풀리고 얼마 후 폭약을 향해 해머가 타격을 하면 폭약이 폭발하며(화학적 폭발), 그 외부에 있는 베어링볼이나 파편이 주변으로 확산되며 피해를 준다. 내부의 폭약이 작더라도 그 자체가 집중되어 있으며 주변에 빼곡하게 차 있는 파편이 최대한 폭약폭발로 인한 힘을 파편이 그대로 받아서(집중폭발) 날아가 피격할 수 있게 되어 있다.

10 화염의 색이 백적색일 때 불꽃의 온도는?

① 약 350℃
② 약 800℃
③ 약 1,300℃
④ 약 1,500℃

해설 화염의 색이 백적색일 때 불꽃의 온도는 1,200~1,300℃이다.

11 공기 중에서 폭발범위가 가장 넓은 물질은?

① 수소
② 메탄
③ 아세틸렌
④ 암모니아

해설
① 수소 : 4.1~75
② 메탄 : 5~15
③ 아세틸렌 : 2.5~82
④ 암모니아 : 15~28

12 구획된 건축물 내 화재발생 시 나타나는 화재패턴에 대한 설명으로 옳은 것은?

① 금속재의 만곡부는 지상을 향해 휘거나 뒤틀린 형태를 나타낸다.
② 열을 많이 받은 부분일수록 박리현상이 발생할 가능성이 낮다.
③ 벽지에 나타나는 연소형태를 통하여 화염의 이동경로를 추정하는 것은 불가능하다.
④ 천장 내부에서 착화된 경우 화재의 발견이 늦기 때문에 천장 바깥쪽보다 안쪽의 소실 정도가 약하게 나타난다.

Answer 06.③ 07.③ 08.④ 09.① 10.③ 11.③ 12.①

해설 ② 열을 많이 받은 부분일수록 박리가 발생할 가능성이 높다.
③ 벽지의 탄화형태를 통해 화염의 이동경로 추적이 가능하다.
④ 천장 내부에서 착화된 경우 화재의 발견이 늦은 경우 천장 안쪽의 소실도는 크게 나타난다.

13 연기에 대한 설명으로 틀린 것은?
① 고층건물에서 연기를 이동시키는 주요 추진력은 굴뚝효과이다.
② 건물 내에서 연기의 수평방향 확산속도는 약 0.5m/s이다.
③ 알코올이 연소될 경우에 연기의 색은 진한 검정색을 띤다.
④ 연기는 공기 중에 부유하고 있는 고체 또는 액체의 미립자다.

해설 알코올이 연소할 때는 연기나 그을음이 발생하지 않는다.

14 물과 접촉 시 가연성 기체를 발생하지 않고 발열반응으로 인하여 주변의 가연물을 발화시키는 물질은?
① 칼륨
② 산화칼슘
③ 인화알루미늄
④ 탄화칼슘

해설 ① 칼륨 : 물과 반응 시 수소가 발생한다.
② 산화칼슘 : 물과 반응 시 가연성 가스발생 없이 접촉된 가연물을 발화시킨다.
③ 인화알루미늄 : 물과 반응 시 포스핀가스가 발생한다.
④ 탄화칼슘 : 물과 반응 시 아세틸렌가스가 발생한다.

15 연소흔적의 주요 생성원인 중 증발연소로 인하여 나타나는 액체가연물의 흔적으로 옳은 것은?
① 포어 패턴(pour pattern)
② 도넛 패턴(doughnut pattern)
③ 스플래시 패턴(splash pattern)
④ 레인보우 이펙트(rainbow effect)

해설 고리형태의 도넛 패턴은 바깥쪽은 탄화되지만 가운데 중심부는 액체가 증발하면서 미연소구역으로 남아 생성된다.

16 드래프트 효과를 저해하는 요인이 아닌 것은?
① 통 내에 그을음이 많이 쌓여 단면적이 감소되는 경우
② 균열이나 파손된 곳으로 외부의 찬 공기가 들어오는 경우
③ 연통의 수직거리가 수평거리의 1.5배 이상인 경우
④ 굴곡이 적거나 구부러지지 않아 통기저항이 적은 경우

해설 굴곡이 적고 통기저항이 적으면 드래프트 효과는 향상된다.

17 화재조사의 시작시점에 해당하는 것은?
① 화재진압 후 실시
② 화재발생과 동시에 실시
③ 화재발생 사실은 인지하는 즉시
④ 화재발생 징후 포착과 동시에 실시

해설 화재조사관은 화재발생 사실을 인지하는 즉시 화재조사를 시작해야 한다.

18 12mm의 합판이 25kW/m²의 열유속을 받고 있을 때 점화시간(초)은? (단, 표면 열손실이 없는 이상적인 경우라 가정하고, 실온 : 20℃, 합판의 물성치는 점화온도 : 250℃, 열전도도 : 0.15×10^{-3}kW/m·K, 밀도 : 640kg/m³, 비열 : 2.9kJ/kg·K이다.)
① 약 15
② 약 19
③ 약 23
④ 약 30

해설

$$T_{ig} = \frac{\pi}{4}(k\rho c)\left[\frac{T_{ig} - T_\infty}{q''}\right]^2$$

여기서 T_{ig} : 점화온도[℃]

k : 열전도도[kW/m·K]

ρ : 밀도[kg/m³]

c : 비열[kj/kg·K]

q'' : 복사열유속[kW/m²]

T^∞ : 초기온도(실온)[℃]

$0.785 \times (0.15 \times 10^{-3}) \times 640 \times 2.9 \times$

$\left[\frac{250 - 20}{25}\right]^2 ≒ 19초$

19 화재현장에서 수집된 각 증거물이 주는 정보를 연관되는 것끼리 연결해 놓은 것으로 전체적인 그림을 그리는 과정은?

① PERT 차트

② 타임라인(time ilne)

③ Hopkinson의 상승근법

④ 마인드매핑(mind mapping)

해설

① PERT 차트 : 가설을 연결선을 이용하여 나타낸 것

② 타임라인 : 시간흐름순으로 나타낸 것

③ 홉킨슨의 상승근법 : 폭발피해범위를 산정하는 법칙

④ 마인드매핑 : 그림을 통해 관련 정보를 서로 연결시키는 것

20 화재조사전담부서에서 갖추어야 할 장비 및 시설 중 감식기기에 해당되지 않는 것은?

① 절연저항계   ② 산업용 실체현미경

③ 멀티테스터기   ④ 디지털 온도·습도계

해설 감식기기(16종)

절연저항계, 멀티테스터기, 클램프미터, 정전기 측정장치, 누설전류계, 검전기, 복합가스측정기, 가스(유증)검지기, 확대경, 산업용 실체현미경, 적외선열상카메라, 접지저항계, 휴대용 디지털현미경, 디지털 탄화심도계, 슈미트해머(콘크리트 반발 경도 측정기구), 내시경현미경

---

21 차량 화재조사 중 화재조사관의 안전 및 조사가 용이한 장소가 아닌 것은?

① 화재가 발생한 고속도로의 갓길

② 소유자의 주차장 및 조사 가능한 주차장

③ 화재차량의 소유자가 최근 차량검사 및 수리를 맡긴 자동차정비공장

④ 화재차량의 소유자가 신차(중고차)로 구입한 자동차판매영업소

해설 안전을 고려한다면 화재가 발생한 고속도로 갓길은 부적당하다.

22 항공기 소화기장치의 일상정비에 포함된 항목이 아닌 것은?

① 전선의 교체

② 배출관의 누출시험

③ 소화기 용기의 검사와 보급

④ 카트리지의 장·탈착과 재장착

해설 전선의 교체는 일상정비항목에 해당하지 않는다.

23 무염화원의 한 종류인 점화원으로 담뱃불에 대한 설명으로 틀린 것은?

① 대표적인 무염화원이다.

② 이동이 가능한 점화원이다.

③ 담배 완제품은 자연발화가 가능하다.

④ 흡연자는 화인을 제공할 수 있는 개연성이 있다.

해설 담배는 자연발화성이 없다.

24 선박화재의 직접적인 발화원으로 가장 거리가 먼 것은?

① 아크   ② 접지

③ 정전기   ④ 전기과열

해설 접지는 감전예방 등을 위해 땅에 연결하는 시설로 선박화재의 발화와 관계가 없다.

Answer   19.④ 20.④ 21.① 22.① 23.③ 24.②

25 콘센트에 물기, 기름때 등과 같은 오염물질이 유입되어 전기화재의 점화원으로서 발생할 수 있는 현상으로 옳은 것은?

① 트래킹 ② 과부하
③ 반단선 ④ 접촉불량

해설 **트래킹**
콘센트에 습기나 먼지, 기름때 등이 부착되면 미세한 전류가 절연물 표면에 장시간 흘러 발화할 수 있다.

26 LPG(액화석유가스)의 기본 성질로서 옳은 것은?

① 기화 및 액화가 어렵다.
② 액화하면 부피가 커진다.
③ 연소 시 다량의 공기가 필요하다.
④ 증기는 공기보다 가볍고 물보다 무겁다.

해설 **액화석유가스 특징**
㉠ 기화 및 액화가 쉽다.
㉡ 액화하면 부피가 작아진다.
㉢ 공기보다 무겁고 물보다 가볍다.
㉣ 연소 시 다량의 공기가 필요하다.

27 임야화재에 큰 영향을 미치는 주요 3요소가 아닌 것은?

① 지형 ② 연료
③ 기후 ④ 점화원

해설 **임야화재에 영향을 미치는 요소**
지형, 기후, 가연물의 분포

28 미소화원에 의한 출화증명에 해당하지 않는 것은?

① 무염화원과의 구분
② 가연물 종류의 확인
③ 훈소의 지속과 발염
④ 정확한 출화개소의 판단

해설 **미소화원의 출화증명**
㉠ 정확한 출화개소 판단
㉡ 가연물 종류의 확인
㉢ 훈소의 지속과 발염
㉣ 유염화원과의 구분
㉤ 기타 발화원의 가능성 배제

29 차량화재 발화지점 판정의 유의사항으로 틀린 것은?

① 차체 강판의 소손에 의한 변색의 차이를 자세히 관찰하여 출화개소를 판정하되 회색이 암청색보다 높은 온도에서 소손된 경우이다.
② 타이어로 출화개소를 추정하는 경우 앞, 뒤 바퀴 타이어 4개의 소손상태를 비교하여 타이어 중 가장 소손이 심한 개소가 출화개소에 가까운 경우가 많다.
③ 연료, 오일 등에 대한 연소확대를 고려하여 판정했을 때 차량 하부에서 상부로 소손이 연결되어 연소확대된 부분이 출화개소에 가까운 경우가 많다.
④ 차량 하부의 소손이 여러 곳에서 국부적으로 일어나 있을 경우, 각각 소손부에서 상부로 타 올라감을 조사할 필요가 있다.

해설 차체 강판의 변색은 암청색이 회색보다 높은 온도에서 만들어진다.

30 프로판(C_3H_8)의 연소상한계는 9.5vol%이고, 하한계는 2.1vol%인 경우, 연소에 필요한 최소산소농도(MOC)의 값[vol%]은?

① 8.1
② 10.5
③ 15.1
④ 20.5

해설 $C_3H_8 + 5O_2 \rightarrow 3CO_2 + 4H_2O$
프로판의 연소하한(2.1%)의 연소에 필요한 산소가 5이므로 $2.1 \times 5 = 10.5$vol%이다.

Answer 25.① 26.③ 27.④ 28.① 29.① 30.②

31 방화판정을 위한 10대 요건에 포함되지 않는 것은?

① 귀중품 반출 등
② 수선 중의 화재
③ 휴일 또는 주말 화재
④ 화재로 인한 건물의 손상

해설 **방화판정 10대 요건**
　　⊙ 여러 곳에서 발화
　　ⓛ 연소촉진물질 존재
　　ⓒ 화재현장에 타범죄발생 증거
　　ⓔ 화재발생 위치
　　ⓜ 화재사고원인 부존재
　　ⓗ 귀중품 반출
　　ⓢ 수선 중 화재
　　ⓞ 화재 이전에 건물 손상
　　ⓩ 동일 건물에 재차 화재
　　ⓒ 휴일 또는 주말 화재

32 발화부 판단방법으로 옳은 것은?

① 아크매핑
② 비파괴검사
③ 감정물 분해검사
④ 가스크로마토그래피

해설 아크매핑은 전선의 설치경로를 살펴 발화부를 판단하는 방법이다. 비파괴검사, 감정물 분해검사, 가스크로마토그래피는 증거물을 분석하는 방법들이다.

33 생후 첫 성장기에 부모의 사랑을 받지 못해 무의식 속에서 모성이 주는 따뜻함과 안정감을 애타게 원하는 본능에서 불을 통해 만족하는 방화범은?

① 남근기 방화범　　② 구강기 방화범
③ 잠복기 방화범　　④ 항문기 방화범

해설 ① 남근기 : 소방관들이 불을 끄는 모습을 보고 만족을 느낌
② 구강기 : 모성애 부족으로 모성이 주는 따뜻함과 안전감 갈구
③ 잠복기 : 후회할 줄 모르고 경험이나 처벌로부터 배우지 않음
④ 항문기 : 부모의 애정결핍, 행동이 충동적이고 격정적임

34 다음 보기가 설명하는 현상은?

철제 구조물의 경우, 발열량이 가장 많은 부분에서 화염에 의한 열적인 팽창 및 자중에 의한 변형으로 휨현상이 발생하며, 동현상은 초기의 화염방향이나 위치를 추적하기에 유용하다.

① 만곡　　　　　② 박리
③ 변색　　　　　④ 탄화심도

해설 열적인 팽창 및 자중에 의한 휨현상은 만곡에 대한 설명이다.

35 최초 발화물질에 대한 설명 중 틀린 것은?

① 표면적 대 질량비율이 높은 가연물에는 먼지, 섬유 및 종이 등이 있다.
② 최초 발화물질의 표면적 대 질량비율이 높은 경우에는 열원의 강도와 지속성 특징이 덜 중요하다.
③ 동일한 발화온도라도 가연물의 표면적 대 질량비율이 높을수록 해당 열원은 가연물을 인화시키기 위해 생성 에너지가 작아진다.
④ 표면적 대 질량비율이 극도로 높은 경우, 기체와 증기는 높은 열에너지원에 의해서만 발화될 수 있다.

해설 표면적 대 질량비율이 높으면 작은 점화원에 의해서도 기체의 증기는 쉽게 발화할 수 있다.

36 화학물질의 혼합발화와 관련하여 감식요령으로 틀린 것은?

① 물질의 성질, 취급의 상황, 장소의 환경조건에 대하여 조사한다.
② 혼합물질의 재현실험은 실시하지만 단독 물질의 발화 여부 실험은 하지 않는다.
③ 혼합발화에 의한 화재는 혼합한 물질 자체가 연소하므로 증거가 소실되는 경우가 있다.
④ 화재가 난 곳에서 존재하는 물질에 대하여 성분, 성질, 형상, 양을 관계자의 진술과 문헌·자료 등을 기초로 조사한다.

Answer 31.④ 32.① 33.② 34.① 35.④ 36.②

해설 화학물질은 관계자 등으로부터 정보를 수집하고 필요한 경우 혼합, 또는 단독 물질에 대한 실험분석을 실시하는 절차가 필요하다.

37 인화성 촉진제인 휘발유의 위험도로 옳은 것은? (단, 휘발유의 연소범위는 1.4~7.6vol.% 이다.)

① 0.82
② 4.43
③ 6.20
④ 6.43

해설 위험도=(연소상한계 − 연소하한계)/연소하한계
(7.6 − 1.4)/1.4 = 4.43

38 강한 강도의 산불이 예상되는 연료조건 중 가장 거리가 먼 것은?

① 다수의 사다리 연료가 존재할 때
② 비정상적으로 낮은 연료습도가 형성될 때
③ 고휘발성 기름을 포함한 연료상이 존재할 때
④ 많은 양의 가는 죽은 연료가 계곡부에 존재할 때

해설 많은 양의 죽은 연료가 급경사면에 있을 때 산불이 강하고 빠르게 확산된다.

39 최소발화에너지와 압력과의 관계를 설명한 것으로 옳은 것은?

① 발화에너지는 압력과 관계없다.
② 압력이 클수록 최소발화에너지는 증가한다.
③ 압력이 클수록 최소발화에너지는 감소한다.
④ 압력과 관계없이 최소발화에너지는 일정하다.

해설 최소발화에너지는 온도가 높을수록, 압력이 상승할수록, 농도가 높아질수록 작아진다.

40 저항 $R=30\Omega$, 커패시터 $C=400\mu F$, 인덕터 $L=40mH$인 값을 갖는 $R-L-C$ 직렬 회로에서 공진주파수는?

① 39.8Hz
② 50.8Hz
③ 60.8Hz
④ 120.8Hz

해설
$$F = \frac{1}{2\pi\sqrt{LC}}$$
여기서, F : 공진주파수[Hz], L : 인덕턴스[H]
　　　　C : 정전용량[C]
$$\therefore\ F = \frac{1}{3\pi\sqrt{40\times10^{-3}\times400\times10^{-6}}}$$
$$= 39.8Hz$$

제3과목 | 증거물관리 및 법과학

41 물리적 증거물 수집방법 결정요인에 대한 설명으로 가장 거리가 먼 것은?

① 휘발성 : 액체 및 기체 증거물은 쉽게 증발될 수 있으므로 물리적 증거물이 증발되는 정도를 고려하여 증거물 수집방법을 결정한다.
② 파손성 : 물리적 증거물이 부서지거나, 손상되거나 변하는 정도 등 증거물의 파손성을 고려하여 증거물 수집방법을 결정한다.
③ 물리적 상태 : 물리적 증거물의 상태가 고체, 액체, 또는 기체인지 물리적 상태를 반드시 확인하여 증거물 수집방법을 결정한다.
④ 물리적 특성 : 물리적 증거물의 위치, 가격, 사용가능 여부 등 물리적 특성을 조사관이 파악하여 증거물 수집방법을 결정한다.

해설 **물리적 특성**
물리적 증거물의 크기, 모양, 무게 등의 요소를 고려하여 결정한다.

42 타임라인(time line)의 설명으로 틀린 것은?

① 타임라인은 화재사건의 관계를 보여준다.
② 타임라인은 화재사건에 관련된 것을 시간적인 순서로 나타낸 것이다.
③ 타임라인은 실제시간이 없이 추정시간으로 구성되기 때문에 정확성이 결여된다.
④ 타임라인은 화재사건이 일어나기 이전, 동안, 이후로 구성될 수 있다.

Answer 37.② 38.④ 39.③ 40.① 41.④ 42.③

부록

과년도 출제문제

해설 타임라인은 실제시간과 추정시간 등 모든 데이터를 활용하는 분석도구이다.

43 전기 과부하 증거물에서 나타나는 현상 또는 형태로 옳은 것은?

① 헤일로(halo)
② 포인터 및 화살
③ 슬리빙(sleeving)
④ 엘리게이터(alligator)

해설 ① 헤일로 : 도넛 패턴의 다른 말
② 포인터 및 화살 : 샛기둥, 의자다리 등에 나타나는 연소형태
③ 슬리빙 : 과부하로 절연피복이 전선의 열로 인해 연화되고 늘어나는 현상
④ 엘리게이터 : 탄화된 목재표면이 악어 등처럼 형성된 것

44 화재현장 증거물 형태에 따른 수집방법으로 옳은 것은?

① 알코올은 물과 접촉했을 때 물 위에 뜬다.
② 액체촉진제는 비다공성 물질에서 채집하기가 용이하다.
③ 액체 증거물은 살균한 솜이나 거즈패드로도 수집할 수 있다.
④ 액체촉진제는 내부 마감재 및 화재잔해에 쉽게 흡수되지 않는다.

해설 ㉠ 알코올은 물과 접촉하여 녹는다.
㉡ 액체촉진제는 다공성 물질에 채집이 용이하다.
㉢ 액체촉진제는 내부 마감재에 쉽게 흡수된다.

45 용융점이 높은 것에서 낮은 순서로 옳게 나열된 것은?

① 스테인리스 → 텅스텐 → 동 → 아연 → 마그네슘
② 스테인리스 → 텅스텐 → 아연 → 마그네슘 → 동
③ 텅스텐 → 스테인리스 → 마그네슘 → 동 → 아연
④ 텅스텐 → 스테인리스 → 동 → 마그네슘 → 아연

해설 텅스텐(3,400℃) → 스테인리스(1,520℃) → 동(900~1,050℃) → 마그네슘(650℃) → 아연(420℃)

46 형사소송법 체계상 사진이나 비디오 등 영상물에 대한 법적 증명력을 부여하는 권한을 가진 자로 옳은 것은?

① 검사
② 법관
③ 변호사
④ 피해자

해설 사진이나 비디오 등 영상물의 증거인정 여부는 법관의 판단에 따른다.

47 화재현장 물적 증거물 보존에 대한 설명 중 틀린 것은?

① 화재현장 전체를 물적 증거로 생각해야 하고 보호 보존되어야 한다.
② 화재현장에서 물적 증거물의 보존책임은 전적으로 화재조사관에게 있다.
③ 보존상태를 게을리하면 물적 증거물은 파손, 오염, 분실되거나 불필요하게 되는 경우가 발생하기도 한다.
④ 현장지휘관 또는 화재조사관은 불필요하고 인가되지 않은 사람의 침입에 대한 보안을 철저히 하여 화재현장 출입을 제한할 필요가 있다.

해설 증거물 보호책임은 화재조사관뿐만 아니라 진압대원, 경찰 등도 협력하여야 한다.

48 피사계 심도를 깊게 하기 위한 방법으로 옳은 것은?

① 조리개를 넓힌다.
② 조리개를 좁힌다.
③ 셔터 스피드를 길게 한다.
④ 셔터 스피드를 짧게 한다.

Answer 43.③ 44.③ 45.④ 46.② 47.② 48.②

해설 피사계 심도를 깊게 하는 방법
ⓐ 렌즈의 초점거리가 짧을수록
ⓑ 조리개를 조일수록
ⓒ 촬영거리가 멀수록

49 화재현장에서 전기 관련 물적 증거물 수집 방법에 대한 설명 중 틀린 것은?

① 전기제품의 경우, 중요 부품 위주로 수집한다.
② 전선은 가급적 남아 있는 피복까지 검사할 수 있도록 길게 수집하도록 한다.
③ 전기제품에 대한 분해조사 또는 수집과 이송은 증거물의 발견 당시 상태를 유지하도록 최선을 다해야 한다.
④ 전기설비나 구성부품의 수집 전에 전원의 차단 여부를 확인해야 하며 증거물이 발견된 상태 그대로 보존하여야 한다.

해설 전기제품은 가능한 한 전체를 증거물로 수집하여야 한다.

50 화재 증거물 수집용기 중 유리병에 대한 설명 중 틀린 것은?

① 가격이 저렴하고 쉽게 구할 수 있는 장점이 있다.
② 액체와 고체 촉진제를 장기간 보관할 수 없는 단점이 있다.
③ 유리병은 액체와 고체 촉진제 증거물을 수집하는 데 이용된다.
④ 많은 양의 촉진제 증거물을 수집할 때는 고무로 봉인하지 않는 것이 중요하다.

해설 유리병은 액체와 고체 촉진제를 장기간 보관할 수 있다.

51 3도 화상에 대한 설명으로 옳은 것은?

① 피하지방을 포함한 피부 전층이 침범되는 화상으로, 외견상 건조하고 회백색을 띄며 수포가 발생하지 않는다.
② 표피에만 국한되어 나타나고, 모세혈관의 충혈로 인해 종창과 더불어 홍반만 관찰된다.

③ 표피와 함께 진피까지 침범되는 화상으로, 수포가 발생하고 같이 발생하는 홍반은 사후 혈액침하가 일어나도 사라지지 않는다.
④ 피부 및 그 아래의 조직이 탄화되는 것으로 뜨거운 액체에 의한 탕상에서는 보지 못한다.

해설 ⓐ 1도 화상 : 표피에만 국한
ⓑ 2도 화상 : 표피와 함께 진피까지 손상
ⓒ 4도 화상 : 피부 및 그 아래 조직이 탄화되는 것

52 현장사진 촬영의 필요성에 대한 설명 중 틀린 것은?

① 기록과 사진, 영상 모두 한계가 있으므로 문제가 해결될 때까지 현장을 보존하는 것이 가장 중요하다.
② 사진을 보는 사람이 실제적인 감각으로 느끼게 함으로써 그때의 상황을 충분히 전달할 수 있는 것이 중요하다.
③ 현장조사 시 실수로 빠트렸거나 수집이 불가능했던 많은 정보와 사실들을 사진을 통해 얻을 수 있다.
④ 화재현장의 소손상황, 감식·감정의 대상이 되는 관계물건 등의 상황을 정확하게 기록하는 수단으로서 사진과 영상이 중요하다.

해설 문제가 해결될 때까지 현장보존을 하는 것은 바람직스럽지 않다.

53 화재증거물수집관리규칙상 현장사진 및 비디오 촬영 시 유의사항으로 틀린 것은?

① 화재상황을 추정할 수 있는 대상물의 형상은 면밀히 관찰 후 자세히 촬영할 필요 없다.
② 현장사진 및 비디오 촬영할 때에는 연소확대 경로 및 증거물 기록에 대한 번호표와 화살표를 표시 후에 촬영한다.
③ 증거물을 촬영할 때는 그 소재와 상태가 명백히 나타나도록 하며, 필요에 따라 구분이 용이하게 번호표 등을 넣어 촬영한다.
④ 화재현장의 특정한 증거물 등을 촬영함에 있어서는 그 길이, 폭 등을 명백히 하기 위하여 측정용 자 또는 대조도구를 사용하여 촬영한다.

Answer 49.① 50.② 51.① 52.① 53.①

해설 화재상황을 추정할 수 있는 대상물의 형상은 면밀히 관찰한 후 자세히 촬영한다.

54 물리적 증거물의 수송 및 보관에 관한 내용 중 틀린 것은?

① 휘발성 증거물을 다룰 때 극한 온도의 영향으로부터 보호되어야 한다.
② 휘발성 증거물을 보관할 때에는 냉장보관 하는 것이 좋다.
③ 증거물 보관실은 따뜻하고 햇빛이 잘 드는 곳이 좋다.
④ 물리적 증거물의 운반은 화재조사관이 직접 운반하는 것이 원칙이다.

해설 증거물 보관은 건조하고 어두우며 서늘한 곳이 좋다.

55 외부에서 열이 가해지면 열에 의한 손상의 범위를 결정하는 사항으로 가장 거리가 먼 것은?

① 가연물의 양
② 가해진 온도
③ 열이 가해진 시간
④ 과다한 열을 배출하는 체표면의 능력

해설 화상은 열의 강도, 노출시간, 체표면적의 능력 등에 따라 손상범위가 결정된다.

56 유류 증거물의 인화점 시험방법으로서 주로 인화점이 93℃ 이하인 시료를 측정하는 데 사용되는 것으로 옳은 것은?

① 태그 밀폐식
② 원자흡광분석
③ 클리브랜드 개방식
④ 펜스키마텐스 밀폐식

해설 ② 원자흡광분석 : 금속, 비금속 물질을 분석
③ 클리브랜드 개방식 : 인화점 79℃ 이하 시료 측정
④ 펜스키마텐스 밀폐식 : 밀폐식 인화점 측정이 필요한 실 및 태그 밀폐식을 적용할 수 없는 시료에 적용

57 일산화탄소 중독으로 사망한 시체 소견으로 가장 거리가 먼 것은?

① 선홍색 시반이 나타난다.
② 손톱의 경우 청자색을 띤다.
③ 질식사의 일반적 소견이 나타난다.
④ 유동성 혈액, 조직의 울혈이 나타난다.

해설 손톱은 살아있는 것처럼 적색 또는 선홍색을 띤다.

58 화재감식을 위한 사진 촬영 시 유의사항 중 틀린 것은?

① 작은 물건을 촬영할 때에는 표식을 사용한다.
② 촬영하는 목적을 충분히 이해하고 나서 촬영한다.
③ 화재감식현장에서 사용한 장비가 사진에 나오도록 촬영한다.
④ 좁은 방에서 많은 물건을 사진 1매로 찍고자 할 때에는 일반적으로 광각렌즈를 사용한다.

해설 현장에서 사용한 장비 등이 촬영되지 않도록 주의한다.

59 증거의 시간적 역할에 대한 설명으로 옳은 것은?

① 깨져 바닥에 쏟아진 유리창의 아랫면에 그을음이 부착되어 있지 않다면 화재 이후 창문이 깨졌다는 것을 의미한다.
② 화재현장에서 발견된 소사체에서 생활반응이 발견된다면 피해자는 화재 이전 사망한 상태였다는 것을 알 수 있다.
③ 화재와 폭발이 일어난 현장에서 멀리까지 비산된 유리창의 파편에 그을음이 부착되어 있다면 화재가 먼저 일어나 이로 인해 폭발이 발생한 것으로 볼 수 있다.
④ 타이어 흔적 위로 족적이 찍혀 있다면 이러한 증거는 차량이 지나가기 전에 누군가 걸어갔다는 것을 증명해 주는 역할을 한다.

Answer 54.③ 55.① 56.① 57.② 58.③ 59.③

해설 ① 깨진 유리창 안쪽에 그을음이 없다면 화재 이전에 파손된 것이다.
② 소사체에서 생활반응이 발견된다면 화재 당시 생존한 것으로 본다.
④ 타이어 위의 족적은 차량이 지나간 후 누군가 걸어간 것이다.

60
증거수집 과정에서 오염이 발생할 수 있는 요인에 대한 설명 중 가장 거리가 먼 것은?

① 대부분 증거물의 오염은 수집 중에 야기된다.
② 증거물 수집 시 새로운 장갑을 항상 사용하여야 한다.
③ 증거물의 오염은 액체 및 고체 촉진제 수집 시 더욱 확실시 된다.
④ 수집 중 오염을 줄이기 위해 증거물 보관용기의 뚜껑 등을 수집기구로 사용하여서는 안 된다.

해설 오염방지를 위해 보관용기의 금속뚜껑을 사용할 수 있다. 즉, 증거를 용기에 담을 때 국자처럼 사용할 수 있다.

제4과목 **화재조사보고 및 피해평가**

61
화재조사 및 보고규정상 화재현황조사서에 기입해야 할 항목 중 틀린 것은?

① 기상상황
② 소방시설현황
③ 피해 및 인명구조
④ 화재발생 일시 및 장소

해설 소방시설현황은 소방시설 등 조사서에 기입할 항목이다.

62
화재조사 및 보고규정상 피해산정 대상들 중 최종잔가율이 10%인 것은?

① 침대
② 전기설비

③ 절삭공구
④ 옥내소화전

해설 ① 침대 : 가재도구(20%)
② 전기설비 : 부대설비(20%)
④ 옥내소화전 : 부대설비(20%)

63
화재조사 및 보고규정상 화재피해 건물의 동수 산정 중 틀린 것은?

① 주요구조부가 하나로 연결되어 있는 것과 건널복도 등으로 2 이상의 동에 연결되어 있는 것은 1동으로 한다.
② 독립된 건물과 건물 사이에 차광막, 비막이 등의 덮개를 설치하고 그 밑을 통로 등으로 사용하는 경우는 다른 동으로 한다.
③ 건물의 외벽을 이용하여 실을 만들어 헛간, 목욕탕, 작업실, 사무실 및 기타 건물 용도로 사용하고 있는 것은 주건물과 같은 동으로 본다.
④ 목조 또는 내화조 건물의 경우 격벽으로 방화구획이 되어 있는 경우 같은 동으로 한다.

해설 주요 구조부가 하나로 연결되어 있는 것은 1동으로 한다. 단, 건널복도 등으로 2 이상의 동에 연결되어 있는 것은 그 부분을 절반으로 분리하여 각 동으로 본다.

64
화재조사 및 보고규정상 화재유형별 조사서 작성 대상 화재가 아닌 것은?

① 임야화재
② 기타화재
③ 건축·구조물 화재
④ 위험물·가스제조소 화재

해설 화재유형별 조사서 종류
㉠ 건축, 구조물 화재
㉡ 자동차, 철도차량 화재
㉢ 위험물, 가스제조소 등 화재
㉣ 선박, 항공기 화재
㉤ 임야화재

65 화재조사 및 보고규정상 화재의 소실 정도에 대한 설명으로 옳은 것은?

① 국소란 건물의 50% 이상 70% 미만이 소실된 것을 말한다.
② 부분소란 전소, 반소화재에 해당되지 아니하는 것을 말한다.
③ 건축 · 구조물화재의 소실 정도는 전소, 반소, 부분소, 즉소 4종류로 구분한다.
④ 전소란 건물의 70% 이상(바닥면적에 대한 비율을 말한다.)이 소실되었거나 또는 그 미만이라도 잔존부분을 보수하여도 재사용이 불가능한 것을 말한다.

해설 ㉠ 전소 : 70% 이상
㉡ 반소 : 30% 이상 70% 미만
㉢ 부분소 : 30% 미만

66 난로의 과열로 인해 화재가 발생하여 바닥 $5m^2$와 한쪽 벽 $3m^2$만 소실되었을 경우, 화재피해조사서(재산피해) 작성 시 소실면적은?

① $1.6m^2$
② $2m^2$
③ $4m^2$
④ $8m^2$

해설 화재피해범위가 건물의 6면 중 2면 이하인 경우에는 6면 중의 피해면적의 합에 5분의 1을 곱한 값을 소실면적으로 한다.

$$(5+3) \times \frac{1}{5} = 1.6m^2$$

67 화재 당시 피해물에 잔존하는 경제적 가치의 정도로서 비율로 표시되는 잔가율의 산정식으로 틀린 것은?

① 90% − 감가수정률
② 현재가(시가)/재구입비
③ (재구입비 − 감가수정액)/재구입비
④ 1 − (1 − 최종잔가율) × 경과년수/내용년수

해설 ① 100% − 감가수정률

68 화재조사 및 보고규정상 화재현장조사서 작성항목 중 화재건물 현황 작성내용으로 명시되지 않은 것은?

① 보험가입 현황
② 화재발생 전 상황
③ 화재진압 활동 현황
④ 소방시설 및 위험물 현황

해설 화재건물현황 작성내용
㉠ 건축물 현황
㉡ 보험가입 현황
㉢ 소방시설 및 위험물 현황
㉣ 화재발생 전 상황

69 화재조사 및 보고규정상 사상자 및 부상 정도에 관한 설명으로 틀린 것은?

① 병원치료를 필요로 하지 않고 단순하게 연기를 흡입한 사람은 경상에서 제외한다.
② 3주 이상 입원치료를 필요로 하는 부상은 중상으로 기재한다.
③ 화재현장에서 부상을 당한 후 입원치료를 필요로 하지 않는 경우 부상으로 기재하지 않는다.
④ 화재현장에서 부상을 당한 후 정확히 72시간 이내에 사망하였다면 이는 사망으로 보고서에 기재하여야 한다.

해설 화재현장에서 경상을 당한 경우 입원치료를 필요로 하지 않더라도 부상자로 기재하여야 한다.

70 동물 및 식물의 피해액 산정방법으로 틀린 것은?

① 정원은 구축물로 분류한다.
② 시중매매가격을 화재로 인한 피해액으로 한다.
③ 동물 및 식물의 종류에 따라 구입가격의 50~80%를 피해액으로 한다.
④ 화분은 가재도구 또는 영업용 집기비품으로 분류한다.

Answer 65.② 66.① 67.① 68.③ 69.③ 70.③

[해설] 동물 및 식물의 피해액은 전부손해의 경우 시중 매매가격이며, 전부손해가 아닌 경우 수리비 및 치료비로 한다.

71 화재증거물수집관리규칙에 따른 증거물 시료용기의 기준 중 옳은 것은?

① 주석도금캔(can)은 2회 사용 후 반드시 폐기한다.
② 양철용기는 돌려 막는 스크루 뚜껑만 아니라 밀어 막는 금속마개를 갖추어야 한다.
③ 코르크마개, 클로로프렌고무, 마분지, 합성코르크마개, 또는 플라스틱 물질(PTFE는 포함)은 시료와 직접 접촉되어서는 안 된다.
④ 유리병의 코르크마개는 휘발성 액체에 사용하여야 한다. 만일 제품이 빛에 민감하다면 짙은 색깔의 시료병을 사용한다.

[해설] ㉠ 주석도금캔(can)은 1회 사용 후 반드시 폐기한다.
ㄴ 코르크마개, 고무(클로로프렌고무 제외), 마분지, 합성코르크마개, 또는 플라스틱 물질(PTFE는 포함)은 시료와 직접 접촉되어서는 안 된다.
ㄷ 유리병의 코르크마개는 휘발성 액체에 사용하여서는 안 된다.

72 화재피해액 산정기준에서의 화재피해액 산정대상으로 옳은 것은?

① 특허권   ② 인적 손해
③ 영업이익   ④ 애완동물

[해설] 영업이익, 특허권, 인적 손해 등은 화재피해액으로 산정하지 않는다.

73 화재조사 및 보조규정상 조사본부장의 책임에 명시되지 않는 것은?

① 조사기록서류 등의 분석 및 관리
② 조사본부 운영 및 총괄에 관한 사항처리
③ 조사요원 등의 지휘감독과 화재조사 집행
④ 현장보존, 정보관리 및 관계기관에서의 협조

[해설] 조사기록서류 등의 분석 및 관리는 조사관의 책임이다.

74 화재현장에 출동한 119안전센터 등의 선임자에 의해 화재현장 상황에 대하여 기술한 것으로 초기 화재상황 파악에 귀중한 자료가 되는 보고서로 옳은 것은?

① 질문기록서
② 화재피해조사서
③ 화재현장조사서
④ 화재현장출동보고서

[해설] 화재현장출동보고서
119안전센터 등의 선임자가 작성

75 피해물로 인해 장래에 얻을 수익액에서 당해 수익을 얻기 위해 지출되는 제반비용을 공제하는 방법에 의하는 손해액 산정방법으로 옳은 것은?

① 정액법
② 수익환원법
③ 복성식 평가법
④ 매매사례비교법

[해설] ① 정액법 : 내용연수기간 동안 일정 금액을 감가상각하는 방법
③ 복성식 평가법 : 재건축 또는 재취득하는 데 소요되는 비용에서 사용기간의 감가수정액을 공제하는 방법
④ 매매사례비교법 : 당해 피해물의 시중매매사례가 충분하여 유사매매사례를 비교하여 산정하는 방법

76 화재조사 및 보고규정상 용어정리 중 다음 (   ) 안에 알맞은 것은?

> (   )란/이란 발화열원에 의해 불이 붙은 최초의 가연물을 말한다.

① 발화요인
② 연소확대물
③ 최초 착화물
④ 발화관련 기기

[해설] 최초 착화물에 대한 용어의 정의이다.

Answer 71.② 72.④ 73.① 74.④ 75.② 76.③

77 내용연수에 대한 설명으로 가장 거리가 먼 것은?

① 내용연수란 고정자산 등을 사용할 수 있는 기간을 말한다.
② 내용연수는 물리적 내용연수와 경제적 내용연수로 구분된다.
③ 화재피해액 산정에 있어서 보통 경제적 내용연수를 적용하게 된다.
④ 경제적 내용연수에 비해 물리적 내용연수가 더 짧은 것이 보통이다.

해설 물리적 내용연수에 비해 경제적 내용연수가 더 짧은 것이 보통이다.

78 화재조사 및 보고규정상 질문기록서 작성을 생략할 수 있는 화재로 옳은 것은?

① 임야화재
② 건축·구조물 화재
③ 자동차·철도차량 화재
④ 위험물·가스제조소 등 화재

해설 전봇대화재, 가로등화재, 임야화재 등은 질문기록서 작성을 생략할 수 있다.

79 항공기, 선박, 철도차량, 특수작업용 차량, 시중매매가격이 확인되지 아니하는 자동차에 대한 피해에 산정기준 중 틀린 것은?

① 수리가 가능한 경우에는 수리비를 피해액으로 한다.
② 감정평가서가 없는 경우 회계장부상의 현재가액에 손해율을 곱한 금액을 화재로 인한 피해액으로 한다.
③ 감정평가서가 있는 경우 감정평가서상의 현재가액에 손해율을 곱한 금액을 화재로 인한 피해액으로 한다.
④ 감정평가서와 회계장부 모두 없는 경우에는 제조회사, 판매회사, 조합 또는 협회 등에 조회하여 구입가격 또는 시중거래가격을 확인하여 피해액을 산정한다.

해설 항공기, 선박, 철도차량, 특수작업용 차량, 시중매매가격이 확인되지 아니하는 자동차에 대하여는 기계장치의 피해액 산정기준에 따른다.

80 화재조사 및 보고규정상 화재조사에 필요한 서류의 서식이 아닌 것은?

① 화재현황조사서
② 화재현장조사서
③ 화재유형별 조사서
④ 건축용도별 조사서

해설 건축용도별 조사서는 해당하지 않는다.

제5과목 화재조사관계법규

81 경범죄 처벌법상의 처벌대상이 아닌 경우는?

① 정당한 사유 없이 소방용수시설을 사용한 사람
② 있지 아니한 범죄나 재해사실을 공무원에게 거짓으로 신고한 사람
③ 충분한 주의를 하지 아니하고 휘발유 그 밖에 불이 옮아 붙기 쉬운 물건 가까이에서 불씨를 사용한 사람
④ 지진 등으로 인한 화재가 발생하였을 때에 현장에 있으면서도 정당한 이유 없이 공무원이 도움을 요청하여도 도움을 주지 아니한 사람

해설 정당한 사유 없이 소방용수시설을 사용한 사람은 소방기본법 위반죄로 5년 이하의 징역 또는 5천만원 이하의 벌금에 처한다. 그러므로 경범죄 처벌법상의 처벌대상이 아니다.

82 소방기본법령상 소방자동차가 화재진압 및 구조·구급 활동을 위하여 출동하는 때 소방자동차의 출동을 방해한 사람에 대한 벌칙기준으로 옳은 것은?

① 5년 이하의 징역 또는 3,000만원 이하의 벌금
② 5년 이하의 징역 또는 5,000만원 이하의 벌금
③ 3년 이하의 징역 또는 1,500만원 이하의 벌금
④ 3년 이하의 징역 또는 1,000만원 이하의 벌금

해설 다음의 어느 하나에 해당하는 사람은 5년 이하의 징역 또는 5천만원 이하 벌금에 처한다.
ⓐ 위력을 사용하여 출동한 소방대의 화재진압·인명구조 또는 구급활동을 방해하는 행위

ⓛ 소방대가 화재진압·인명구조 또는 구급활동을 위하여 현장에 출동하거나 현장에 출입하는 것을 고의로 방해하는 행위
ⓒ 출동한 소방대원에게 폭행 또는 협박을 행사하여 화재진압·인명구조 또는 구급활동을 방해하는 행위
ⓔ 출동한 소방대의 소방장비를 파손하거나 그 효용을 해하여 화재진압·인명구조 또는 구급활동을 방해하는 행위
ⓜ 소방자동차의 출동을 방해한 사람
ⓗ 사람을 구출하는 일 또는 불을 끄거나 불이 번지지 아니하도록 하는 일을 방해한 사람
ⓢ 정당한 사유 없이 소방용수시설 또는 비상소화장치를 사용하거나 소방용수시설 또는 비상소화장치의 효용을 해치거나 그 정당한 사용을 방해한 사람

83
형법상 화재에 있어서 진화용의 시설 또는 물건을 은닉 또는 손괴하거나 기타 방법으로 진화를 방해한 자는 몇 년 이하의 징역에 처하는가?

① 3
② 5
③ 7
④ 10

해설 화재에 있어서 진화용의 시설 또는 물건을 은닉 또는 손괴하거나 기타 방법으로 진화를 방해한 자는 10년 이하의 징역에 처한다.

84
형법상 현주건조물 등에의 방화에 관한 설명이다. 다음 (   ) 안에 알맞은 것은?

> 불을 놓아 사람이 주거로 사용하거나 사람이 현존하는 건조물, 기차, 전차, 자동차, 선박, 항공기 또는 지하채굴시설을 불태운 죄를 범하여 사람을 상해에 이르게 한 때에는 무기 또는 (   )년 이상의 징역에 처한다.

① 2
② 3
③ 5
④ 7

해설 현주건조물 등 방화(형법 제164조)
불을 놓아 사람이 주거로 사용하거나 사람이 현존하는 건조물, 기차, 전차, 자동차, 선박, 항공기 또는 지하채굴시설을 불태워 사람을 상해에 이르게 한 경우에는 무기 또는 5년 이상의 징역에 처한다. 사망에 이르게 한 경우에는 사형, 무기 또는 7년 이상의 징역에 처한다.

85
화재로 인한 재해보상과 보험가입에 관한 법령상 화재로 인한 부상발생 시 보험금액과 상해부위의 연결이 틀린 것은?

① 1천만원 - 슬개 인대 파열
② 1,200만원 - 손목 손배뼈 골절
③ 1,500만원 - 위팔뼈목 골절
④ 3천만원 - 척추체 분쇄성 골절

해설 ③ 1,200만원 : 위팔뼈목 골절

86
화재조사 및 보고규정상 화재증명원 발급에 대한 설명 중 옳은 것은?

① 보험사에서 공문으로 발급을 요청 시 공용 발급할 수 없다.
② 화재증명원 발급 시 재산피해 및 인명피해에 대해 조사 중인 경우에는 발급할 수 없다.
③ 화재증명원 발급 시 재산피해내역은 금액과 피해물건을 함께 기재한다.
④ 화재피해자로부터 소방대가 출동하지 아니한 화재장소의 화재증명원 발급요청이 있는 경우 조사관으로 하여금 사후조사를 실시하게 할 수 있다.

해설 ① 서장은 관공서, 공공기관·단체, 보험사에서 공문으로 발급을 요청 시 공용 발급할 수 있다.
② 화재증명원의 발급 시 재산피해 및 인명피해에 대하여 조사 중인 경우는 "조사 중"으로 기재한다.
③ 재산피해내역은 금액을 기재하지 아니하며 피해물건만 종류별로 구분하여 기재한다.

87
실화의 특수성을 고려하여 실화자에게 중대한 과실이 없는 경우 그 손해배상액의 경감에 관한 민법 제765조의 특례를 정함을 목적으로 하는 법률은?

① 소방기본법
② 실화책임에 관한 법률
③ 소방의 화재조사에 관한 법률
④ 화재로 인한 재해보상과 보험가입에 관한 법률

해설 목적(실화책임에 관한 법률 제1조)
이 법은 실화의 특수성을 고려하여 실화자에게 중대한 과실이 없는 경우 그 손해배상액의 경감에 관한 민법 제765조의 특례를 정함을 목적으로 한다.

Answer 83.④ 84.③ 85.③ 86.④ 87.②

부록
과년도 출제문제

88 민법상 불법행위에 관한 설명으로 틀린 것은?

① 타인의 생명을 해한 자는 피해자의 직계존속에 대하여는 재산상의 손해 없는 경우에는 손해배상의 책임이 없다.

② 고의 또는 과실로 인한 위법행위로 타인에게 손해를 가한 자는 그 손해를 배상할 책임이 있다.

③ 미성년자가 타인에게 손해를 가한 경우에는 그 행위의 책임을 변식할 지능이 없는 때에는 배상의 책임이 없다.

④ 타인의 신체, 자유 또는 명예를 해하거나 기타 정신상 고통을 가한 자는 재산 이외의 손해에 대하여도 배상할 책임이 있다.

해설 불법행위로 피해자가 사망한 경우 생전에 청구의 의사표시가 없더라도 상속을 인정하고 있어 타인의 생명을 해한 자는 손해배상책임이 있다.

89 화재로 인한 재해보상과 보험가입에 관한 법령상 보험가입의 의무에 관한 설명으로 틀린 것은?

① 특수건물의 소유자는 특약부화재보험에 관한 계약을 매년 갱신하여야 한다.

② 특수건물의 소유자는 특약부화재보험에 부가하여 건물의 무너짐 등으로 인한 손해를 담보하는 보험에 가입할 수 있다.

③ 특수건물의 소유자는 특수건물의 소유권이 변경된 경우 그 소유권을 취득한 날부터 10일 이내에 특약부화재보험에 가입하여야 한다.

④ 금융위원회는 보험가입 의무자가 그 보험에 가입하지 아니한 경우에는 관계 행정기관에 가입 의무자에 대한 인·허가의 취소 등 필요한 조치를 할 것을 요청할 수 있다.

해설 특수건물의 소유자는 특수건물의 소유권이 변경된 경우 그 건물의 소유권을 취득한 날부터 30일 이내에 특약부화재보험에 가입하여야 한다.

90 화재증거물수집관리규칙상 증거물 수집관리 등에 관한 설명으로 틀린 것은?

① 화재증거물의 포장은 보호상자를 사용하며 개별 포장은 지양한다.

② 화재증거물은 기술적, 절차적인 수단을 통해 진정성, 무결성이 보존되어야 한다.

③ 최종적으로 법정에 제출되는 화재증거물의 원본성이 보장되어야 한다.

④ 화재조사요원 등은 화재발생 시 신속히 현장에 가서 화재조사에 필요한 현장사진 및 비디오 촬영을 반드시 하여야 한다.

해설 증거물의 포장은 보호상자를 사용하여 개별 포장함을 원칙으로 한다.

91 화재로 인한 재해보상과 보험가입에 관한 법령상 유통산업발전법에 의한 대규모점포는 사용하는 부분의 바닥면적의 합계가 몇 제곱미터 이상인 경우 특수건물에 해당하는가?

① 1천
② 2천
③ 2천 5백
④ 3천

해설 유통산업발전법에 따른 대규모점포로 사용하는 부분의 바닥면적의 합계가 3,000m² 이상인 건물이 해당된다.

92 화재로 인한 재해보상과 보험가입에 관한 법령상 한국화재보험협회의 업무를 모두 고른 것은?

┌─────────────────────────────────────┐
│ ㉠ 화재예방 및 소화시설에 대한 안전점검
│ ㉡ 화재보험에 있어서의 소화설비에 따른 보험
│   요율의 할인등급에 대한 사정
│ ㉢ 화재예방과 소화시설에 관한 자료의 조사
│   ·연구 및 계몽
│ ㉣ 행정기관이나 그 밖의 관계기관에 화재예방
│   에 관한 건의
└─────────────────────────────────────┘

① ㉠, ㉡　　　　② ㉡, ㉢, ㉣
③ ㉠, ㉢, ㉣　　　④ ㉠, ㉡, ㉢, ㉣

해설 **한국화재보험협회의 업무**
　㉠ 화재예방 및 소화시설에 대한 안전점검
　㉡ 화재보험에 있어서의 소화설비에 따른 보험
　　요율의 할인등급에 대한 사정
　㉢ 화재예방과 소화시설에 관한 자료의 조사 ·
　　연구 및 계몽
　㉣ 행정기관이나 그 밖의 관계기관에 화재예방
　　에 관한 건의
　㉤ 그 밖에 금융위원회의 인가를 받은 업무

93 화재조사 및 보고규정상 '최종잔가율'의 용어 정의로 옳은 것은?

① 고정자산을 경제적으로 사용할 수 있는 일정
　비율
② 화재 당시에 피해물의 재구입비에 대한 현재
　가의 비율
③ 피해물의 경제적 내용연수가 다한 경우 잔존
　하는 가치의 재구입비에 대한 비율
④ 피해물의 손상 상태 및 정도에 따라 피해액을
　최종적으로 적정화시키는 비율

해설 ② 잔가율 : 화재 당시에 피해물의 재구입비에
　　대한 현재가의 비율
　③ 최종잔가율 : 피해물의 경제적 내용연수가 다
　　한 경우 잔존하는 가치의 재구입비에 대한 비율
　④ 손해율 : 피해물의 종류, 손상 상태 및 정도
　　에 따라 피해액을 적정화시키는 일정한 비율

94 소방기본법령상 다음 (　) 안에 들어갈 내용으로 옳은 것은?

> 화재 또는 구조 · 구급이 필요한 상황을 거짓으로 알린 사람에게는 (　)만원 이하의 과태료를 부과한다.

① 100　　　　　　② 200
③ 300　　　　　　④ 500

해설 화재 또는 구조 · 구급이 필요한 상황을 거짓으로
　알린 사람에게는 500만원 이하의 과태료를 부과
　한다.

95 형사소송법상 검사 또는 사법경찰관이 피의자를 신문하기 전 고지사항으로 틀린 것은?

① 일체의 진술을 하지 아니하거나 개개의 질문에
　대하여 진술하지 아니할 수 있다는 것
② 진술을 하지 아니하더라도 불이익을 받지 아니
　한다는 것
③ 신문을 받을 때에는 변호인을 참여하게 하는
　등 변호인의 조력을 받을 수 있다는 것
④ 진술을 거부할 권리를 포기하고 행한 진술은
　법정에서 유죄의 증거로 사용될 수 없다는 것

해설 **진술거부권 등의 고지(형사소송법 제244조의3)**
　진술을 거부할 권리를 포기하고 행한 진술은 법정
　에서 유죄의 증거로 사용될 수 있다는 것을 알려주
　어야 한다.

96 소방기본법령상 화재발생빈도와 화재조사의 중요성을 감안하여 시 · 도 소방본부장이 권역별로 별도로 지정한 소방서로 옳은 것은?

① 권역소방서
② 거점소방서
③ 선임소방서
④ 지정소방서

해설 **거점소방서(소방기본법 시행규칙 [별표 6])**
　화재발생빈도와 화재조사의 중요성을 감안하여
　시 · 도 소방본부장이 권역별로 별도로 지정한 소
　방서를 말한다.

97 화재조사 및 보고규정상 화재 발생일로부터 30일 이내에 화재조사의 최종 결과보고를 해야 하는 화재로 틀린 것은?

① 정부미 도정공장 화재
② 발전소 및 변전소의 화재
③ 이재민 150명 발생된 화재
④ 재산피해액이 30억원 추정되는 화재

해설 ④ 재산피해액이 50억원 이상 추정되는 화재

98 다음은 소방의 화재조사에 관한 법률상 화재조사에 관한 설명이다. ( )에 들어갈 내용으로 옳은 것은?

> • (㉮)은 화재발생 사실을 알게 된 때에는 지체 없이 화재조사를 하여야 한다. 이 경우 수사기관의 범죄수사에 지장을 주어서는 아니 된다.
> • 화재조사의 대상 및 절차 등에 필요한 사항은 (㉯)으로 정한다.

① ㉮ : 소방관서장, ㉯ : 행정안전부령
② ㉮ : 소방관서장, ㉯ : 대통령령
③ ㉮ : 경찰서장, ㉯ : 대통령령
④ ㉮ : 경찰서장, ㉯ : 행정안전부령

해설 • ㉮ 소방관서장은 화재발생 사실을 알게 된 때에는 지체 없이 화재조사를 하여야 한다. 이 경우 수사기관의 범죄수사에 지장을 주어서는 아니 된다.
• 화재조사의 대상 및 절차 등에 필요한 사항은 ㉯ 대통령령으로 정한다.

99 소방기본법령상 손실보상심의위원회(이하 '보상위원회'라 한다)에 관한 설명으로 틀린 것은?

① 위촉되는 위원의 임기는 3년으로 하며, 연임할 수 없다.
② 보상위원회의 사무를 처리하기 위하여 보상위원회에 간사 1명을 둔다.
③ 보상위원회는 위원장 1명을 포함하여 5명 이상 7명 이하의 위원으로 구성한다.
④ 고등교육법에 따른 학교에서 행정학을 가르치는 부교수 이상으로 5년 이상 재직한 사람은 보상위원회 위원이 될 수 있다.

해설 위촉되는 위원의 임기는 2년으로 하며, 한 차례만 연임할 수 있다.

100 형법상 시청을 방화한 경우, 방화 시 민원인들이 시청 내에 있었다면 어떤 범죄가 성립하는가?

① 일반물건에의 방화죄
② 공용건조물 등에의 방화죄
③ 현주건조물 등에의 방화죄
④ 일반건조물 등에의 방화죄

해설 사람이 주거로 사용하거나 사람이 현존하는 건조물 등에 불을 놓으면 형법 제164조(현주건조물 등에의 방화)에 따라 처벌된다.

2021년 5월 15일

화재감식평가기사

제1과목 화재조사론

01 다음은 과학적인 조사방법론에서 어떤 단계에 대한 설명인가?

> 수집된 경험적 데이터의 전부가 조사관의 지식, 교육 및 경험에 비추어 세밀하게 조사하는 과정이며, 주관적이나 추리적인 자료는 분석에 포함될 수 없고 단지 관찰과 실험에 의해 확실히 입증될 수 있는 사실만을 포함하는 단계

① 문제 정의
② 가설검정
③ 가설정립
④ 데이터 분석

해설 ① 문제 정의 : 어떤 방법으로 문제를 해결할 것인지 결정
② 가설검증 : 실험, 연구결과 등 알려진 모든 사실과 비교
③ 가설수립 : 관찰을 통해 수집된 경험적 데이터로 수립

02 목재의 탄화심도 측정 시 유의사항 중 틀린 것은?

① 측정기구는 목재와 직각으로 삽입하여 측정한다.
② 게이지로 측정된 깊이 외에 손실된 부분의 깊이를 더하여 비교하여야 한다.
③ 탄화된 요철 부위 중 철(凸) 부위를 택하여 측정한다.
④ 탄화되지 않은 것까지 삽입될 수 있으므로 송곳과 같은 날카로운 측정기구를 사용한다.

해설 송곳이나 칼처럼 끝이 날카로운 도구의 사용을 피하고 금속자와 같이 얇고 끝이 뭉뚝한 측정기구를 사용한다.

03 화재가 발생한 후 현장에 놓여 있던 가정용 LPG 용기가 가열되어 폭발이 발생하였을 때, 이 폭발의 원인으로 옳은 것은?

① 확산폭발
② 물리적 폭발
③ 응상폭발
④ 화학적 폭발

해설 LPG 용기가 외부 화염에 의해 가열된 경우 내부 압력 상승에 따른 물리적 폭발에 해당한다.

04 화재현장에서 화재감식요원의 마음가짐과 가장 거리가 먼 것은?

① 선입견을 가지고 현장 사물을 관찰한다.
② 현장에 대해서는 항상 겸손하게 생각한다.
③ 불필요한 전문용어의 사용으로 자신의 의견을 과대포장하는 행위를 하지 말아야 한다.
④ 감식결과는 누구에게 유리하거나 불리함을 고려하지 않고, 과학적이고 논리적인 근거에 의해서 말해야 한다.

해설 선입견은 갖지 않아야 한다.

05 연소범위가 2.5~81vol%인 아세틸렌의 위험도로 옳은 것은?

① 0.27
② 12.7
③ 31.4
④ 38.8

해설 위험도=(연소상한계−연소하한계)/연소하한계
(81−2.5)/2.5=31.4

06 소방기본법상 정당한 사유 없이 소방대가 현장에 도착할 때까지 사람을 구출하는 조치 또는 불을 끄거나 불이 번지지 아니하도록 하는 조치를 하지 아니한 사람에게 적용하는 벌칙기준으로 옳은 것은?

① 500만원 이하의 벌금
② 300만원 이하의 벌금
③ 200만원 이하의 벌금
④ 100만원 이하의 벌금

해설 정당한 사유 없이 소방대가 현장에 도착할 때까지 사람을 구출하는 조치 또는 불을 끄거나 불이 번지지 아니하도록 하는 조치를 하지 아니한 사람은 100만원 이하의 벌금에 처한다.(소방기본법 제54조)

07 고체 위의 화염확산에 대한 설명 중 틀린 것은?

① 고체에서의 화염확산속도는 연료의 두께와 관련이 없다.
② 얇은 연료 위의 순방향 화염은 상향 화염확산으로 일어난다.
③ 같은 물질일수록 두께가 얇은 연료가 화염확산 속도가 빠르다.
④ 크기가 같은 목재와 폴리우레탄폼에 대한 화염확산 속도는 폴리우레탄폼이 빠르다.

해설 고체의 화염확산속도는 가연물의 두께와 열적 특성에 따라 달라진다.

08 열전달에 대한 설명 중 틀린 것은?

① 열전달방식 중 가장 빠른 것은 복사이다.
② 유체의 가장 높은 곳에 열원이 있다면 대류는 발생하지 않는다.
③ 유체인 원유를 보관하는 탱크에서 보일오버(Boil over)현상의 주요 열전달 메커니즘은 대류에 의한 것이다.
④ 천장부 열기층을 살펴보면 구획실 화재에서 고온부와 저온부의 순환이 일어나지 않는다는 것을 알 수 있다.

해설 보일오버현상의 주요 열전달 매커니즘은 전도에 의한 것이다.

09 프로판 50vol%, 메탄 30vol%, 수소 20vol%의 조성으로 혼합된 가연성 연료가 공기 중에 존재한다고 할 때 이 연료가스의 연소하한계(LFL)는? (단, 프로판의 LFL은 2.1vol%, 메탄의 LFL은 5vol%, 수소의 LFL은 4vol%이다.)

① 약 2.27vol%　　② 약 2.87vol%
③ 약 3.97vol%　　④ 약 4.07vol%

해설 2종류 이상의 가연성 가스 또는 가연성 증기의 혼합물은 르 샤틀리에 공식으로 구한다.
$$L = 100 / (V_1/L_1) + (V_2/L_2) + (V_3/L_3)$$
$$= 100 / (50/2.1) + (30/5) + (20/4)$$
$$= 2.87 \text{vol}\%$$

10 가연물별 분류에 따른 화재와 색상이 옳은 것은?

① 금속화재 – 무색
② 유류화재 – 백색
③ 일반화재 – 황색
④ 전기화재 – 빨간색

해설　㉠ 일반화재 : 백색
　　㉡ 유류 · 가스화재 : 황색
　　㉢ 전기화재 : 청색

11 다음 중 화재조사 및 보고규정상 화재 발생일로부터 30일 이내에 화재조사의 최종 결과보고를 해야 하는 화재가 아닌 것은?

① 이재민이 100인 이상 발생한 화재
② 층수가 5층 이상인 건축물에서 발생한 화재
③ 가스 및 화약류의 폭발에 의한 화재
④ 관공서 · 학교 · 정부미도정공장 · 문화재 · 지하철 또는 지하구의 화재

해설　② 층수가 11층 이상인 건축물에서 발생한 화재

Answer　06.④　07.①　08.③　09.②　10.①　11.②

12 V자 화재패턴에 대한 설명으로 옳은 것은?

① V자 패턴의 각은 환기에 영향을 받는다.
② V자 패턴의 각은 열방출률에 영향을 받지 않는다.
③ V자 패턴의 각은 가연물의 형상에 영향을 받지 않는다.
④ V자 각이 작은 것은 화재의 성장속도가 느렸다는 증거이며 V각이 큰 경우는 화재의 성장속도가 빨랐다는 증거이다.

해설 V패턴은 환기, 가연물의 형상에 영향을 받는다. V자 각이 큰 것은 화재의 성장속도가 느렸다는 증거이며, V자 각이 작은 것은 화재의 성장속도가 빨랐다는 증거이다.

13 비가연성 재료로 구획된 방의 각 위치에 동일한 방법으로 동일한 가연물에 착화하여 동일한 시간이 경과된 후의 모습을 관찰하였을 때의 설명으로 옳은 것은?

① 화염의 길이는 모두 동일하다.
② 한 개의 벽과 접한 화염의 길이가 가장 길다.
③ 벽과 접하지 않은 방 중앙 화염의 길이가 가장 길다.
④ 두 개의 벽이 만나는 코너와 접한 화염의 길이가 가장 길다.

해설 화염의 길이는 두 개의 벽과 접한 코너가 가장 길고 한 개의 벽과 접한 부분이 그 다음으로 길며 벽과 접하지 않은 방 중앙 화염의 길이가 가장 짧다.

14 목재 표면의 균열흔 중 홈이 반월형의 모양으로 높아지며, 특히 대규모 건물화재에서 볼 수 있는 것은?

① 강소흔   ② 약소흔
③ 열소흔   ④ 완소흔

해설 열소흔(1,100℃)은 홈이 가장 깊고 반월형 모양이다.

15 섬광화재(flash fire)에 대한 설명으로 옳은 것은?

① 열방사에 노출된 미연소가스가 발화온도에 도달하면 전체 공간으로 불이 급격히 확산되는 재성장 및 전이현상
② 연소물질의 낙하나 붕괴로 인한 화재의 확산현상
③ 불완전연소에 의해 산소결핍상태의 제한된 공간 안으로 공기가 갑작스럽게 유입될 때 발생되는 폭발적인 연소현상
④ 가스 또는 발화성 액체의 증기와 같은 확산 가연물을 통하여 급속히 확산되는 화재의 현상

해설 ① 플래시오버
② 드롭다운
③ 백드래프트

16 액체가연물이 연소되면서 발생되는 열에 의해 가열되어 주변으로 튀거나, 액체를 뿌릴 때 바닥면에 액체 방울이 튄 것처럼 연소하는 패턴으로 옳은 것은?

① 포어 패턴(pour pattern)
② 고스트마크(ghost mark)
③ 도넛 패턴(doughnut pattern)
④ 스플래시 패턴(splash pattern)

해설 ① 포어 패턴 : 인화성 액체를 바닥에 뿌렸을 때 쏟아진 부분과 쏟아지지 않은 부분의 경계흔적
② 고스트마크 : 바닥면 타일연소로 변색, 박리되는 흔적
③ 도넛 패턴 : 가연성 액체에 의해 고리모양의 연소 흔적

17 연소현상 중 완전연소에 대한 설명으로 옳은 것은?

① 산소의 공급이 불충분한 상태에서의 연소현상이다.
② 연소 시 다량의 가연성 가스의 공급이 완전연소의 원인이 된다.
③ 탄화수소가 완전연소하면 이산화탄소와 수증기가 생성된다.
④ 환기가 제대로 되지 않은 상태에서 실내에 가스기구를 사용하는 경우에 발생한다.

Answer 12.① 13.④ 14.③ 15.④ 16.④ 17.③

부록

과년도 출제문제

해설 산소공급의 불충분한 상태 및 과다 가스공급, 환기불량은 불완전연소를 일으키는 원인이다.

18 화재현장조사를 할 때 유의해야 할 사항 중 틀린 것은?

① 보도기관 등 대외발표를 신중하게 할 것
② 화재현장 출입 시 신분을 명확히 밝힐 것
③ 화재조사 시 피해자 또는 관계자를 정중하게 대할 것
④ 화재관계자의 민사상 다툼에 대해 직무와 관련하여 적극적으로 개입할 것

해설 직무상 민사관계에 개입하는 일이 없어야 한다. (민사 불개입 원칙)

19 분진폭발을 가스폭발과 비교할 때 분진폭발의 특징으로 옳은 것은?

① 연소시간이 짧다.
② 불완전연소를 일으키기 어렵다.
③ 연소속도가 빠르다.
④ 최소발화에너지가 크다.

해설 분진폭발은 가스폭발에 비해 연소시간이 길며 불완전연소를 일으키기 쉽고 연소속도가 느리다.

20 소방활동구역의 설정 및 현장보존에 대한 설명 중 틀린 것은?

① 소방활동구역의 관리는 수사기관과 상호 협조해야 한다.
② 소방활동구역의 표시는 로프 등으로 범위를 한정하고 경고판을 부착한다.
③ 소방활동구역의 설정은 최대한의 범위로 한다.
④ 소방서장 등은 소화활동시 현장물건 등의 이동 또는 파괴를 최소화하여 원활한 화재조사 활동이 이루어질 수 있도록 현장보존에 노력해야 한다.

해설 소방활동구역의 설정은 필요한 최소의 범위로 한다.

21 분진폭발을 일으킬 가능성이 없는 것은?

① 목분
② 산화규소 분말
③ 마그네슘 분말
④ 폴리에틸렌 분말

해설 산화규소는 이미 산화반응이 완결된 물질로 분진폭발 가능성이 없다.

22 표준상태 0℃, 1기압에서 메탄(CH_4) 3.2kg을 이상기체 상태방정식으로 계산하면 부피는? (단, 기체상수(R) : 0.082L · atm/mol · K, 탄소원자량 : 12, 수소원자량 : 1로 계산한다.)

① 223.8L
② 447.7L
③ 2,238.6L
④ 4,477.2L

해설 메탄의 분자량 $12+(1\times4)=16$
메탄 3.2kg=3,200g이므로 3.2kg의 몰수는 3,200/16=200몰, $PV=nRT$이므로
$V=nRT/P=(200\times0.082\times273)/1$
$=4,477.2L$

23 방화로 의심할 수 있는 경우가 아닌 것은?

① 출입문이 잠겨 있는 경우
② 촉진제의 용기가 발견된 경우
③ 외부침입 흔적이 발견된 경우
④ 다른 범죄의 증거가 발견된 경우

해설 출입문이 잠겨 있다는 이유만으로 방화를 의심할 수 없다.

24 방화의 일반적인 특징으로 틀린 것은?

① 피해범위가 대체로 넓다.
② 동기로는 원한이나 보복 등 정신적인 요인에 기인하는 경우가 많다.
③ 우발적이기보다는 계획적으로 발생하는 경우가 많다.
④ 재산보다는 인명을 대상으로 하는 경우가 많다.

해설 방화는 계획적이기보다는 우발적으로 발생한다.

25 가스연소현상에서 역화(flash back)의 원인으로 가장 거리가 먼 것은?

① 가스압력이 낮은 경우
② 노즐구경이 너무 큰 경우
③ 코크가 충분히 열리지 않는 경우
④ 부식으로 인하여 염공이 커진 경우

해설 노즐구경이 너무 작은 경우 역화의 원인이 된다.

26 석유류의 연소특성에 대한 설명 중 틀린 것은?

① 휘발성이 낮은 중질유는 미세한 크기로 미립화하여 분무연소한다.
② 휘발유, 등유는 증기비중이 공기보다 크기 때문에 증발한 증기는 낮은 곳에 체류한다.
③ 원유탱크의 화재가 장시간 지속되면 고온층이 형성되어 유류화재의 위험한 현상들이 나타날 수 있다.
④ 대부분의 석유류가 포함되어 있는 제4류 위험물은 인화점이 높고, 연소하한계가 높아서 화재위험성이 크다.

해설 제4류 위험물은 인화점이 낮고 연소하한계가 낮아서 위험하다.

27 어떤 도체의 단면을 0.5초간에 0.032C의 전하가 이동했을 때, 흐르는 전류(I)의 크기는?

① 16mA
② 32mA
③ 64mA
④ 128mA

해설 $Q=It$, $I=Q/t$이므로
$0.032/0.5 \times 10^3 = 64$mA

28 항공기 화재방지계통(fire protection system)에서 "Fixed"의 정의에 대한 설명 중 틀린 것은?

① 물소화기를 계통 내에 영구적으로 장착하는 것을 말한다.
② 휴대용 소화기를 계통 내에 영구적으로 장착하는 것을 말한다.
③ 할론(halon)소화기를 계통 내에 영구적으로 장착하는 것을 말한다.
④ 외부 소방시설을 연결하는 장치를 계통 내에 영구적으로 장착하는 것을 말한다.

해설 Fixed는 항공기 내부에 고정된 설비를 말한다.

29 자동차 본체의 주요장치에 포함되지 않는 것은?

① 연료장치
② 점화장치
③ 윤활장치
④ 방향지시장치

해설 **차량 본체의 주요 장치**
연료장치, 윤활장치, 냉각장치, 배기장치, 점화장치

30 산불의 강도를 가중시키는 지형으로 틀린 것은?

① 평지
② 굴뚝지형
③ 가파른 경사
④ 연료온도를 증가시키는 사면

해설 평지는 굴뚝지형, 경사면 등에 비해 산불강도를 크게 확대시키지 않는다.

31 발화원인 판정 시 발화가능성이 있는 시설이나 기구에 대한 주의사항 중 틀린 것은?

① 사전지식이 없는 복잡한 기기나 장치에 대해서는 조사관이 직접 검사한다.
② 가능성에 대해서는 하나씩 짚어가며 검사를 해야 하고, 배제해 나가는 것을 원칙으로 한다.
③ 탄화된 증거물들은 쉽게 부서지며 잊어버리기 쉬우므로 손을 대기 전에 사진 등으로 채증을 먼저 해야 한다.
④ 발화하였다고 의심되는 기기나 장치가 이동이 가능한 경우에는 복잡한 현장에서 보다 안정적인 실험실로 옮겨 조심스럽게 분해하는 것을 권장한다.

해설 해당 설비에 대해 잘 알지 못한 경우 관련 분야의 지식이 있는 전문가의 지원을 받도록 한다.

Answer 25.② 26.④ 27.③ 28.④ 29.④ 30.① 31.①

32 세탁기 화재 시 확인해야 할 조사요점으로 가장 거리가 먼 것은?

① 배수모터의 이상 유무
② 마그네트론의 발열 여부
③ 세탁기 내부 배선의 단락 여부
④ 기동용 콘덴서의 절연열화 상태

해설 마그네트론은 전자레인지의 구성부품이다.

33 자동차화재의 특성에 대한 설명으로 옳은 것은?

① 차량화재의 조사는 특별한 전문지식이 없어도 화재조사가 가능하다.
② 차량화재는 대체로 전소가 되지 않기 때문에 발화지점 및 발화원인의 조사가 용이하다.
③ 차량화재는 연료, 시트 등 화재하중이 낮고, 외기와 밀폐된 상태인 환기지배형의 화재특성을 보인다.
④ 개방된 공간에 존치되는 환경적인 특수성으로 인해 사회적인 불만을 가진 사람 등이 불특정한 방법으로 방화를 할 수 있다.

해설 차량화재조사는 특별히 전문지식이 요구되며 일단 화재가 발생하면 전소되기 쉬워 발화원인조사가 어렵다. 화재하중은 높고 연료지배형 화재양상을 보인다.

34 담뱃불의 착화가능성에 대한 설명으로 옳은 것은?

① 가솔린의 착화점은 430~550℃로서 담뱃불의 표면에서 발생되는 열로 착화가 용이하다.
② 도시가스는 탄화수소의 혼합물로 조성되어 있으며, 주성분인 수소의 착화점이 585℃로서 담뱃불의 표면에서 발생되는 열로 인해 착화가 용이하다.
③ 면제품(방석, 이불, 의류 등)은 무염착화 후 무염연소를 계속하며 가연물이나, 조연재, 공기유입 등의 연소조건이 갖추어지면 유염연소로 이어진다.

④ 발포스티로폼은 담뱃불이 접촉되면 쉽게 용융되어 착화가 용이하다.

해설 담뱃불에 가솔린과 도시가스는 착화 불가하며 발포스티로폼은 용융 후 착화가 쉽게 이루어지지 않는다.

35 석유류를 사용한 방화현장에서 수거한 증거물로부터 화재원인물질을 밝혀내기 위해 사용하는 가장 일반적인 분석기기로 옳은 것은?

① 원소분석기　　　② 질량분석기
③ 이온교환수지　　④ 가스크로마토그래피

해설 가스크로마토그래피는 석유류를 사용한 방화현장에서 화재원인 물질을 밝혀내기 위한 분석기기에 해당한다.

36 화재나 폭발에 대한 가설로부터 의견을 개진할 때에 조사관이 세우는 확신수준으로서 '상당히 근거 있음(probable)'은 가설이 진실일 가능성이 얼마 이상인 경우에 해당하는가?

① 20% 이상　　　② 30% 이상
③ 40% 이상　　　④ 50% 이상

해설 상당히 근거 있음
진실일 가능성 50% 이상

37 선박의 구획 및 일반배치에 대한 설명 중 틀린 것은?

① 선수부, 화물창, 기관실, 선미부로 크게 구분된다.
② 코퍼댐(cofferdam)을 두어 기관실 및 선수구역을 안전구역에서 제외한다.
③ 원유운반선, 액화가스운반선에서는 화물창 전후방에 코퍼댐(cofferdam)을 둔다.
④ 구획은 수밀격벽으로 막혀 물이 드나들 수 없는 하나의 독립된 공간을 뜻한다.

해설 코퍼댐은 선박에서 청수탱크(해수를 증류수로 변환시켜 선원들의 생활수로 사용)와 유류탱크(연료탱크) 사이의 유밀성을 확실하게 하기 위해서 설치한 이중격벽으로, 만약 기름이 유출되더라도 기관실이나 선수구역(배의 앞쪽 끝부분)으로 흘러 들어가지 않도록 안전하게 구획되어 있다.

Answer　32.②　33.④　34.③　35.④　36.④　37.②

38 산불화재 확산에 영향을 미치는 요인으로 가장 거리가 먼 것은?

① 풍속　　　　② 수종
③ 점화원　　　④ 경사도

해설 점화원은 관계가 없다.

39 혼합해도 폭발 또는 발화 위험과 가장 거리가 먼 것은?

① 아세틸렌＋아세톤
② 염소산칼륨＋유황
③ 과산화나트륨＋알루미늄분
④ 금속나트륨＋에틸알코올

해설 아세틸렌가스 자체는 위험물에 해당하지 않아서 아세톤과 혼합하더라도 반응은 없다.

40 정전기 대전현상에 대한 설명 중 옳은 것은?

① 분출대전이란 분체, 액체, 기체가 단면적이 작은 개구부에서 분출 시 대전되는 현상
② 충돌대전이란 물체가 마찰을 일으킬 때 대전되는 현상
③ 마찰대전이란 상호 밀착된 물체가 분리될 때 대전되는 현상
④ 유도대전이란 액체류가 배관 내부 이송할 때 대전되는 현상

해설 ㉠ 마찰대전 : 두 물체의 마찰로 일어나는 대전
㉡ 박리대전 : 서로 밀착되어 있는 물체가 떨어질 때 발생
㉢ 유도대전 : 접지되지 않은 도체가 대전물체에 가까이 있을 경우 발생

제3과목　증거물관리 및 법과학

41 증거물의 수집에 관한 고려사항으로 가장 옳은 것은?

① 고체 표본을 수집할 때 용기에 가득 채운다.
② 등유와 같은 탄화수소계 액체위험물은 물과 쉽게 혼합된다.

③ 경유와 같이 흔히 사용되는 화재촉진제 증기는 공기보다 더 가볍다.
④ 화재촉진제로 사용되는 휘발유와 같은 인화성 액체는 상온에서 자연발화하지 않는다.

해설 ① 고체 표본의 수집 시 유리병, 금속캔 등은 $\frac{2}{3}$ 이상 채우지 않아야 한다.
② 등유같은 물질은 물과 쉽게 혼합되지 않는다.
③ 경유의 증기는 공기보다 무겁다.

42 증거물의 역할에 따른 분류 중 다음 증거물의 역할로 옳은 것은?

> 바닥에 깨진 유리창 바닥면에 그을음 부착이 없다.

① 시간적 증거
② 접촉 증거
③ 방향적 증거
④ 행위적 증거

해설 바닥에 깨진 유리창의 바닥면에 그을음이 없는 것은 화재 이전에 깨진 것을 알려주는 단서이므로 증거의 시간적 역할과 관계가 있다.

43 화재증거물수집관리규칙상 화재증거물 수집에 관한 내용으로 명시되지 않은 것은?

① 증거서류를 수집함에 있어서 보조적으로 원본을 영치한다.
② 증거물 수집 목적이 인화성 액체 성분분석인 경우에는 인화성 액체 성분의 증발을 막기 위한 조치를 행하여야 한다.
③ 증거물의 소손 또는 소실 정도가 심하여 증거물의 일부분 또는 전체가 유실될 우려가 있는 경우는 증거물을 밀봉하여야 한다.
④ 증거물이 파손될 우려가 있는 경우에 충격금지 및 취급방법에 대한 주의사항을 증거물의 포장 외측에 적절하게 표기하여야 한다.

해설 증거서류 수집은 원본 영치를 원칙으로 한다. 보조적으로 원본과 대조한 사본을 수집할 수 있다.

44 피사계 심도(depth of field)에 대한 설명으로 틀린 것은?

① 피사계 심도가 깊어지면 상세하게 보는 데 걸리는 시간이 단축된다.
② 초점거리가 주어진 렌즈에서는 f-shop이 클수록 피사계 심도가 깊어질 것이다.
③ 피사계 심도는 촬영하는 사물까지의 거리, 렌즈 구경 및 사용하는 렌즈의 초점 거리에 따라 달라진다.
④ 피사계 심도는 어느 정해진 시간 동안에 초점이 맞는 가장 멀리 있는 사물과 가장 가까이 있는 사물의 거리이다.

해설 피사체까지의 거리가 멀어질수록 피사계 심도는 깊어지므로 물체를 보는 시간은 길어진다.

45 화재발생 전 · 후에 이루어진 사람의 행동이나 기계적인 작동상황 등을 시간의 흐름순으로 전개하여 사건을 분석하는 기법은?

① 검증
② 타임라인
③ PERT 차트
④ 마인드매핑(mind mapping)

해설 ① 검증 : 과학적 방법의 7단계 중 6단계
③ PERT 차트 : 각각의 증거들을 타임라인으로 나열하는 방식
④ 마인드매핑 : 단편적인 정보를 서로 연관된 것끼리 연결시켜 재구성하는 것

46 화재현장에서 사체가 완전탄화된 채 발견되었을 경우 신원확인 조사방법 중 가장 신뢰할 수 있는 것은?

① DNA 검사
② 소지품 검사
③ 지문감식
④ X-ray 검사

해설 심하게 탄화된 사체는 X-ray 검사를 통한 신원확인이 정확하다.

47 전신적 생활반응에 해당하는 것은?

① 피하출혈
② 속발성 염증
③ 압박성 울혈
④ 흡인 및 연하

해설 전신적 생활반응
전신적 빈혈, 속발성 염증, 색전증, 외래물질의 분포 및 배설

48 화재조사 및 보고규정상 질문기록서에 기재되어야 하는 사항 중 틀린 것은?

① 화재대상과의 관계를 기재한다.
② 어떻게 해서 알게 되었는지를 기재한다.
③ 화재번호 및 화재발생 일시, 장소를 기재한다.
④ 출입문 상태 및 소방대 건물진입방법을 기재한다.

해설 출입문 상태 및 소방대 건물진입방법은 화재현장출동보고서에 기재하는 내용이다.

49 화재관련자들로부터의 정보수집에 대한 방법으로 틀린 것은?

① 목격자로부터 목격경위, 목격위치, 목격상황에 대하여 청취하여야 한다.
② 소방관계자로부터 출동 당시의 화세 및 확산경로에 대한 정보를 수집하여야 한다.
③ 부상을 입은 피해자에게는 정보를 수집하지 않는다.
④ 관리자로부터 건물의 구조, 발화범위 내의 물건, 화기시설 등에 대하여 질문하여야 한다.

해설 부상을 당한 위치, 시간, 당시 상황 등 부상자로부터 필요한 정보를 수집할 필요가 있다.

50 화재현장 사진촬영 시 유의사항으로 틀린 것은?

① 화재현장 사진은 화재조사관의 의도를 이해하여 촬영한다.
② 중요한 증거물건은 표지, 번호표 등으로 명확하게 표시한다.
③ 주변 인물, 발굴용 기구 등을 중점적으로 촬영하여야 한다.
④ 화재현장 사진은 수정하기가 불가능하므로 촬영에 심혈을 기울인다.

Answer 44.① 45.② 46.④ 47.② 48.④ 49.③ 50.③

해설 사람이나 발굴용구 등 불필요한 것이 촬영되지 않도록 한다.

51 열가소성 도체 절연체가 도체의 열로 인해 연화되고 늘어나는 현상으로 옳은 것은?

① 헤일로(halo)
② 포인터 및 화살
③ 슬리빙(sleeving)
④ 엘리게이터(alligator)

해설 ① 헤일로 : 화재패턴 중 원형 패턴의 일종
② 포인터 및 화살 : 화재패턴의 일종
④ 엘리게이터 : 목재 표면에 나타나는 연소형태

52 다음에서 화재진압 및 구조 과정에서의 현장보존을 위한 주의사항을 모두 고른 것은?

㉮ 사망이 확인된 사체는 화재진압을 위해 위치를 옮긴다.
㉯ 잔불정리 시에 필요 이상으로 물건을 옮기거나 쓰러뜨리지 않도록 한다.
㉰ 조기진화를 위해 수압을 최고로 높여 진화한다.
㉱ 부득이하게 파괴되거나 변경되었을 때는 그 내용을 기록해 추후에라도 화재조사관에게 전달하여야 한다.

① ㉮, ㉰   ② ㉯, ㉰
③ ㉮, ㉱   ④ ㉯, ㉱

해설 ㉮ 사망이 확인된 사체도 필요하다면 증거보호를 위해 화재진압활동을 제한하여야 한다.
㉰ 증거보호 등을 위해 수압을 최고로 높여 진압하지 않도록 주의한다.

53 화재로 인한 사망에 대한 설명으로 옳은 것은?

① 폐부종과 염증은 자극적인 가스에 노출되었음을 나타내는 증거다.

② 시간이 지날수록 사후강직은 심해지고 관절과 근육은 뻣뻣해진다.
③ 화재현장의 희생자는 주로 이산화탄소 때문에 사망한다.
④ 사망 후 근육조직의 화학적인 변화로 굳는 것을 시반이라고 한다.

해설 ② 사망 후 보통 96시간이 경과하면 사후강직은 사라지고 관절과 근육은 유연해진다.
③ 화재현장의 희생자는 일산화탄소 때문에 사망한다.
④ 시반은 사망에 이르고 혈액이 굳기 시작해 사체의 가장 낮은 부분으로 모이는 현상이다.

54 화재증거물수집관리규칙상 증거물 시료용기 중 유리병으로 휘발성 액체를 수집할 경우 마개로 사용할 수 없는 것은?

① 유리마개
② 코르크마개
③ 금속 스크루마개
④ 폴리테트라플루오로에틸렌(PTFE) 마개

해설 코르크마개는 휘발성 액체에 사용할 수 없다.

55 화재현장의 증거를 보호하기 위한 방법으로 가장 거리가 먼 것은?

① 관계지역을 폴리스라인 테이프로 격리한다.
② 해당 지역의 정밀조사를 위하여 방수포로 덮어 놓는다.
③ 직접 분사기구의 사용은 증거손상의 우려가 있으므로 금지해야 한다.
④ 추가 조사가 필요한 지역에 증거를 나타내는 숫자표시나 경고표지를 사용할 수 있다.

해설 송수관설비나 소방호스 등 직접 분사기구를 사용할 때 증거가 불필요하게 훼손되지 않도록 주의하여야 한다. 증거손상을 우려해 금지해야 하는 것은 아니다.

부록
과년도 출제문제

Answer 51.③ 52.④ 53.① 54.② 55.③

56 화재조사현장 사진촬영의 필요성과 가장 거리가 먼 것은?

① 현장조사 시 실수로 빠트린 정보와 사실들을 얻을 수 있다.
② 사진을 보는 사람이 실제적인 감각으로 느끼게 할 수 있다.
③ 촬영한 사진은 글로 자세한 설명을 해야만 알 수 있다.
④ 사진을 통해 화재현장의 소손상황, 감식·감정 대상의 물건 등을 정확하게 기록할 수 있다.

해설 촬영한 사진은 많은 글의 설명이 없더라도 전달과 인식이 용이한 장점이 있다.

57 액체촉진제의 특성 중 틀린 것은?

① 모든 액체촉진제는 물과 접촉 시 물 위에 뜬다.
② 액체표본 채취 시 살균한 거즈패드를 사용할 수 있다.
③ 액체촉진제는 다공성 물질 안에 갇혔을 때 지속성이 매우 높다.
④ 액체촉진제는 구조부, 내부마감재, 기타화재 잔해에 쉽게 흡수된다.

해설 수용성 액체촉진제는 물에 희석된다.

58 증거수집 과정에서의 오염에 대한 설명으로 틀린 것은?

① 액체 및 고체촉진제는 화재조사관의 장갑에 흡수될 수도 있다.
② 물리적 증거물에 대한 대부분의 오염은 수집하는 과정에서 발생한다.
③ 액체나 고체촉진제 증거물 수집 시 일회용 비닐장갑을 착용해야 한다.
④ 증거물의 오염을 막기 위해 증거보관용기 자체를 수집도구로 사용해서는 안 된다.

해설 금속캔의 뚜껑의 경우 보관용기 자체를 이용해 국자처럼 사용하여 증거를 담을 수 있어 교차오염을 방지할 수 있다.

59 열에 의해 생성된 유리의 파손 형태에 대한 설명으로 옳은 것은?

① 깨진 유리의 단면에 리플마크가 형성된다.
② 길고 구불구불한 불규칙 형태의 금을 형성한다.
③ 직선으로 구성된 거미줄 모양의 선을 형성한다.
④ 날카로운 예각으로 구성된 삼각형의 금을 형성한다.

해설 유리가 열에 의해 파손되면 길고 구불구불한 형태로 불규칙한 금이 생성된다. 충격에 의해 파손되면 유리측면에 월러라인이 만들어진다.

60 증거물 수집에 관한 사항 중 ( )에 알맞은 내용은?

> 액체 또는 고체 증거물의 수집을 위해 300mL 용량의 금속캔 사용 시 증거물은 최대 ( )mL 이상 채워져서는 안 된다.

① 100　　　　　② 150
③ 200　　　　　④ 300

해설 금속캔은 내용적의 $\frac{2}{3}$ 이상을 채우지 않도록 한다.

제4과목　**화재조사보고 및 피해평가**

61 화재조사 및 보고규정상 피해물의 종류, 손상 상태 및 정도에 따라 피해액을 적정화시키는 일정한 비율을 의미하는 용어로 옳은 것은?

① 손해율　　　　② 최종손해율
③ 잔가율　　　　④ 최종잔가율

해설　② 최종손해율이란 말은 없다.
③ 잔가율 : 화재 당시 피해물의 재구입비에 대한 현재가의 비율
④ 최종잔가율 : 피해물의 경제적 내용연수가 다한 경우 잔존하는 가치의 재구입비에 대한 비율

62 화재조사 및 보고규정상 화재현황조사서의 작성에 대한 설명으로 틀린 것은?

① 부동산은 재산피해금액을 천원단위로 기재한다.
② 재산피해는 부동산과 동산으로 구분하여 기재한다.
③ 인명구조는 구조와 유도대피로 구분하여 기재한다.
④ 건축물의 소실 정도는 전소, 반소 2종류로 구분한다.

해설 소실 정도는 전소, 반소, 부분소로 구분한다.

63 화재조사 및 보고규정상 치외법권지역 화재조사보고서 작성에 대한 설명으로 옳은 것은?

① 조사 가능한 내용만 조사하여 화재현황조사서만 작성한다.
② 치외법권지역은 조사권을 행사할 수 없으므로 보고서를 작성하지 않아도 된다.
③ 화재현장출동보고서, 질문기록서, 화재발생종합보고서를 반드시 작성하여야 한다.
④ 치외법권지역은 조사권을 행사할 수 없는 경우는 조사 가능한 내용만 조사하여 해당 보고서를 작성한다.

해설 치외법권지역 등 조사권을 행사할 수 없는 경우에는 조사 가능한 내용만 해당 서류를 작성한다.

64 화재피해액 산정에 있어서 피해액을 산정하는 방법에 관한 설명으로 옳은 것은?

① 유실수 등에 있어 수확기간에 있는 경우에는 매매사례비교법으로 산정한다.
② 차량, 예술품, 귀중품, 귀금속 등의 피해액 산정에는 복성식 평가법을 사용한다.
③ 유실수의 육성기간에 있는 경우에는 복성식 평가법을 사용한다.
④ 사고로 인한 피해액을 산정하는 방법으로 수익환원법을 사용한다.

해설
① 유실수 등이 수확기간에 있는 경우에는 수익환원법을 사용한다.
② 차량, 예술품, 귀중품, 귀금속 등은 매매사례비교법을 사용한다.
④ 사고로 인한 피해액 산정방법은 복성식 평가법을 사용한다.

65 화재조사 및 보고규정상 화재건수의 결정 및 관할구역에 관한 사항으로 명시되지 않은 것은?

① 화재범위가 2 이상의 관할구역에 걸친 화재에 대해서는 발화소방대상물의 소재지를 관할하는 소방서에서 2건의 화재로 한다.
② 동일범이 아닌 각기 다른 사람에 의한 방화, 불장난은 동일 대상물에서 발화했더라도 각각 별건의 화재로 한다.
③ 동일 소방대상물의 발화점이 2개소 이상 있는 누전점이 동일한 누전에 의한 화재는 1건의 화재로 한다.
④ 동일 소방대상물의 발화점이 2개소 이상 있는 지진, 낙뢰 등 자연현상에 의한 다발화재는 1건의 화재로 한다.

해설 화재범위가 2 이상의 관할구역에 걸친 화재는 발화소방대상물의 소재지를 관할하는 소방서에서 1건의 화재로 한다.

66 화재조사 및 보고규정상 화재로 인한 전부손해의 경우 시중매매가격으로 산정할 수 있는 대상이 아닌 것은?

① 동물 　　　　② 식물
③ 자동차 　　　④ 골동품

해설 골동품은 전부손해의 경우 감정가격으로 한다.

67 부동산의 재산피해신고서에 포함되는 항목으로 명시되지 않은 것은?

① 피해년월일 　　② 건축물의 용도
③ 수선 · 개축한 부분 　④ 선박의 소실부위

부록

과년도 출제문제

해설 선박의 소실부위는 유형별 조사서(선박 · 항공기 화재)에 기재하는 내용이다.

68 가재도구 화재피해액 산정기준의 간이평가 방식 중 주택종류별 가중치는?

① 10% ② 20%
③ 30% ④ 40%

해설 가재도구의 피해액 산정기준 중 가중치 기준
주택종류(10%), 주택면적(30%), 거주인원(20%), 주택가격(40%)

69 고층건물 37층 중 4층에서 화재가 최초 발생하여 상층부로 연소확대한 다음의 사례에서 건물 최초 발화층에서 옥상층으로의 연소확대 경로를 파악할 때 고려해야 할 사항으로 옳은 것은?

• 해안가에 위치한 고층건물 37층 중 4층 피트층에서 화재가 최초 발생하여 외벽에 설치된 알루미늄 복합패널로 된 외장재가 소실되면서 순식간에 37층까지 연소확대되었다.
• 4층과 37층 사이 중간 층 내부에서는 스프링클러가 작동하여 피해가 크게 발생하지는 않았다. 그리고 화재 당시 바다로부터 건물 방향으로 강풍이 불었다.

① 화재 당시 건물 관계자 및 목격자의 진술과 4층 피트층에서 최초 화재가 발생한 지점만 발굴 및 복원한다.
② 외장재는 알루미늄 금속으로 이루어져 있고, 알루미늄은 녹는점이 상온에서 약 660℃이므로 외장재는 연소확대 대상으로 고려하지 않는다.
③ 4층 내부에서 건물 외벽으로의 연소진행 경로를 추적하고, 건물 외장재를 통한 연소 확대 여부를 알아보기 위해 알루미늄 복합패널 외장재의 시공방법과 화재재현실험을 실시한다.
④ 피트층에서 옥상층으로 연소확대될 정도로 발열량이 높은 가연물을 피트층에서 찾아보고, 해당 가연물이 발견되지 않으면 외장재는 금

속이므로 건물 외벽의 연소패턴과 화재 당시 건물에 불은 강풍만을 고려하여 연소확대 경로를 추정한다.

해설 알루미늄 복합패널의 시공방법의 파악은 고층까지 연소확대된 경로를 파악할 수 있는 자료가 될 수 있고 화재재현실험은 검증자료를 확보하기 위해 필요할 수 있다.

70 화재조사 및 보고규정상 화재피해액 산정기준 중 틀린 것은?

① 건물 : 신축단가×소실면적×[1－(0.8×경과연수/내용연수)]×손해율
② 철거건물 : 재건축비×[1－(0.8×잔여내용연수/내용연수)]×손해율
③ 집기비품 : 회계장부상 현재가액×손해율
④ 공기 · 기구 : 회계장부상 현재가액×손해율

해설 철거건물 피해액 산정
＝재건축비×[0.2＋(0.8×잔여내용연수/내용연수)]

71 화재조사 및 보고규정상 소방시설 등 활용 조사서의 작성항목으로 명시되지 않은 것은?

① 경보설비
② 전기설비
③ 소화시설
④ 피난설비

해설 소방시설 등 활용조사서 작성항목
소화시설, 경보설비, 피난설비, 소화용수설비, 소화활동설비, 방화설비, 초기 소화활동

72 화재조사 및 보고규정상 화재현장출동 보고서의 보존기간으로 옳은 것은?

① 3년 ② 5년
③ 10년 ④ 영구보존

해설 화재조사서류는 영구보존방법에 따라 보존하여야 한다.

Answer 68.① 69.③ 70.② 71.② 72.④

73 다음의 현장에 출동한 화재조사관이 화재조사 및 화재증거물 분석 결과를 토대로 국가화재정보시스템에서 방화·방화의심 조사서를 작성하는 과정에서 보기의 항목 중 방화도구(연료), 방화의심 항목을 선택한 것으로 옳은 것은?

- 단독주택 2층 중 2층에서 화재가 발생하였다. 이 화재로 2층 및 옥상으로 연결된 계단실의 내부 마감재 등이 전소되고, 1명이 사망 및 2명이 부상을 입었다.
- 화재조사결과 화재발생 전 주택 2층 거실에서 아들(사망자, 45세)과 어머니(부상자, 72세) 사이에 재산상속 문제로 싸움이 있었으며, 아들이 현관문 밖에 미리 준비해 놓은 시너를 가져와 거실에서 본인의 몸에 붓고 라이터로 불을 붙여 아들이 그 자리에서 사망하고, 어머니와 며느리(여, 43세)는 대피하는 과정에서 화상을 입고 2층에서 추락하여 심각한 부상을 입었다.

[보기]
- 방화도구(연료)(※ 1개만 선택)
  ㉮ 인화성 액체
  ㉯ 일반가연물
- 방화의심 사유(※ 해당 항목 모두 선택)
  ㉠ 유류사용 흔적
  ㉡ 2지점 이상의 발화지점
  ㉢ 연소현상 특이(급격연소)

① 방화도구(연료) : ㉮, 방화의심 : ㉠, ㉢
② 방화도구(연료) : ㉮, 방화의심 : ㉠, ㉡
③ 방화도구(연료) : ㉯, 방화의심 : ㉠, ㉢
④ 방화도구(연료) : ㉯, 방화의심 : ㉠, ㉡

해설 방화도구는 ㉮ 인화성 액체이며 방화의심 사유는 ㉠ 유류사용 흔적, ㉢ 연소현상 특이(급격연소)가 해당된다.

74 화재조사 및 보고규정상 화재원인조사 내용으로 틀린 것은?

① 피난상황조사
② 연소상황조사
③ 화재진압상황조사
④ 소방·방화시설 등 조사

해설 화재진압상황조사는 관계가 없다.

75 화재조사 및 보고규정상 화재현황조사서의 첨부서류로 명시되지 않은 것은?

① 화재현황조사서
② 화재유형별 조사서
③ 화재현장출동보고서
④ 소방시설 등 활용조사서

해설 첨부서류
화재유형별 조사서, 화재피해조사서, 방화·방화의심 조사서, 소방시설 등 활용조사서, 화재현장조사서

76 화재피해액 산정 매뉴얼에 따른 손해율 30%에 해당하는 피해 정도는?

① 오염·수침손의 경우
② 손해 정도가 보통인 경우
③ 손해 정도가 다소 심한 경우
④ 50% 이상 소손되거나, 수침오염 정도가 심한 경우

해설 공구, 기구, 집기비품, 가재도구의 손해율 30%는 손해 정도가 보통인 경우가 해당한다.

77 화재조사 및 보고규정상 나이트클럽의 조명시설에서 화재발생 시 다음의 조건을 참고하여 영업시설의 피해액을 계산한 것으로 옳은 것은?

- m^2당 표준단가 : 100천원
- 경과연수 : 3년
- 내용연수 : 6년
- 피해 정도 : 전체 500m^2 중 40m^2 소실(손해율 40%)
- 잔존물제거비용은 무시한다.

① 880천원
② 920천원
③ 960천원
④ 1,020천원

부록

과년도 출제문제

해설 영업시설의 피해액
= m²당 표준단가 × 소실면적 × [1 − (0.9 × 경과
연수/내용연수)] × 손해율
= 100천원 × 40m² × [1 − (0.9 × 3/6)] × 40%
= 880천원

78 화재 당시에 피해물의 재구입비에 대한 현 재가의 비율을 구하는 식으로 틀린 것은?

① 100% − 감가수정률
② (현재 시가 − 감가수정액)/경과연수
③ (재구입비 − 감가수정액)/재구입비
④ 1 − (1 − 최종잔가율) × 경과연수/내용연수

해설 잔가율을 구하는 산정식
현재가(시가) = 재구입비 × 잔가율
잔가율 = (재구입비 − 감가수정액)/재구입비
잔가율 = 100% − 감가수정률
잔가율 = 1 − (1 − 최종잔가율) × 경과연수/내용연수

79 화재피해액 산정에 있어서 건물화재피해 설 명으로 옳은 것은?

① 기와 등으로 지붕을 잇기 직전의 방화구조건 물에서 발생한 화재
② 슬래브의 콘크리트를 부어 넣은 시점 이후의 내화건물에서 발생한 화재
③ 오래된 차량을 개조해서 이동용 점포 등으로 이용하고 있는 것이 소손된 화재
④ 해체 중의 건물에서 벽, 바닥 등의 주체구조 부의 해체가 시작된 시점에서 발생한 화재

해설 건물로 인정하는 경우
㉠ 목조 및 방화구조건물의 지붕을 기와 등으로 다 이은 시점 이후의 것
㉡ 준내화 및 내화건물은 슬래브에 콘크리트를 부어 넣은 시점 이후의 것
㉢ 오래된 차량, 선박, 항공기를 개조해서 일정한 장소에 고정하고, 점포 등으로 이용하고 있는 것
㉣ 철골로 주기둥을 조립하고 용이하게 꺼낼 수 없는 시트 등을 지붕으로 하고 있는 대규모의 창고
㉤ 해체 중의 건물은 벽, 바닥 등 주요 구조부의 해체가 시작된 시점은 건물로 인정하지 않는다.

80 화재조사 및 보고규정상 화재피해조사서 (인명)에서 사상 정도를 사망, 중상, 경상으로 분류 하여 작성할 때 중상의 정의로 옳은 것은?

① 입원치료를 필요로 하지 않는 부상
② 1주 이상의 입원치료를 필요로 하는 부상
③ 2주 이상의 입원치료를 필요로 하는 부상
④ 3주 이상의 입원치료를 필요로 하는 부상

해설 ㉠ 중상 : 3주 이상 입원치료를 필요로 하는 부상
㉡ 경상 : 중상 이외(입원치료를 필요로 하지 않는 것도 포함)의 부상

제5과목 **화재조사관계법규**

81 경범죄 처벌법령상 범칙행위의 범위와 범칙 금액에 관한 사항 중 다음 범칙행위에 대한 범칙 금액은?

충분한 주의를 하지 않고 건조물, 수풀, 그 밖에 불붙기 쉬운 물건 가까이에서 불을 피우거나 휘발유 또는 그 밖에 불이 옮아붙기 쉬운 물건 가까이에서 불씨를 사용한 경우

① 2만원 ② 3만원
③ 5만원 ④ 8만원

해설 경범죄 처벌법 시행령 제2조(위험한 불씨 사용)를 위반 시 8만원의 범칙금을 부과한다.

82 형법상 실화에 관한 처벌로 ( )에 알맞은 내용은?

과실로 인하여 현주건조물 등에의 방화에 기재된 물건을 불태운 자는 ( ) 이하의 벌금에 처한다.

① 300만원 ② 500만원
③ 1,000만원 ④ 1,500만원

Answer 78.② 79.② 80.④ 81.④ 82.④

해설 헌법에서 과실로 제164조 또는 제165조에 기재한 물건 또는 타인 소유에 속하는 제166조에 기재한 물건을 불태운 자는 1,500만원 이하의 벌금에 처한다.

83 소방기본법령상 시 · 도지사로부터 소방활동의 비용을 지급받을 수 있는 경우로 옳은 것은?

① 화재 또는 구조 · 구급 현장에서 물건을 가져간 사람
② 소방대장을 도와서 화재현장에서 불을 끄는 일을 한 사람
③ 소방대상물에 화재, 재난 · 재해, 그 밖의 위급한 상황이 발생한 경우 그 관계인
④ 고의 또는 과실로 화재 또는 구조 · 구급 활동이 필요한 상황을 발생시킨 사람

해설 소방활동 종사 명령(소방기본법 제24조)
㉠ 소방본부장, 소방서장 또는 소방대장은 화재, 재난 · 재해, 그 밖의 위급한 상황이 발생한 현장에서 소방활동을 위하여 필요할 때에는 그 관할구역에 사는 사람 또는 그 현장에 있는 사람으로 하여금 사람을 구출하는 일 또는 불을 끄거나 불이 번지지 아니하도록 하는 일을 하게 할 수 있다. 이 경우 소방본부장, 소방서장 또는 소방대장은 소방활동에 필요한 보호장구를 지급하는 등 안전을 위한 조치를 하여야 한다.
㉡ 제1항에 따른 명령에 따라 소방활동에 종사한 사람은 시 · 도지사로부터 소방활동의 비용을 지급받을 수 있다.

84 소방기본법령상 화재조사에 관한 전문교육과정의 교육과목 중 소양교육 과목으로 명시되지 않은 것은?

① 국정시책
② 기초 소양
③ 기초 전기
④ 심리상담기법

해설 소양교육
국정시책, 기초 소양, 심리상담기법 등

85 화재로 인한 재해보상과 보험가입에 관한 법률상 다음의 경우 특수건물의 소유자가 가입하여야 하는 보험의 보험금액 기준 중 (　)에 알맞은 내용은?

> 두 눈이 실명된 사람으로 후유장애 1급의 피해자 발생 시 (　)범위에서 피해자에게 발생한 손해액

① 9,000만원
② 1억 2,000만원
③ 1억 3,500만원
④ 1억 5,000만원

해설 두 눈이 실명된 사람은 후유장애 1급으로 보험금액이 1억 5,000만원에 해당한다.

86 소방의 화재조사에 관한 법령상 화재조사관의 자격기준으로 옳지 않은 것은?

① 소방청장이 실시하는 화재조사에 관한 시험에 합격한 소방공무원
② 국가기술자격의 직무분야 중 화재감식평가 분야의 산업기사의 자격을 취득한 공무원
③ 국가기술자격의 직무분야 중 화재감식평가 분야의 기사의 자격을 취득한 소방공무원
④ 화재조사분야에서 1년 이상의 경력을 가진 소방관

해설 화재조사관의 자격기준 등(소방의 화재조사에 관한 법률 시행령 제5조)
화재조사 업무를 수행하는 화재조사관은 다음의 어느 하나에 해당하는 소방공무원으로 한다.
㉠ 소방청장이 실시하는 화재조사에 관한 시험에 합격한 소방공무원
㉡ 「국가기술자격법」에 따른 국가기술자격의 직무분야 중 화재감식평가 분야의 기사 또는 산업기사 자격을 취득한 소방공무원

부록

과년도 출제문제

87 화재조사 및 보고규정상 다음에서 설명하는 용어는?

> 화재원인의 판정을 위하여 전문적인 지식, 기술 및 경험을 활용하여 주로 시각에 의한 종합적인 판단으로 구체적인 사실관계를 명확하게 규명하는 것

① 감식
② 감정
③ 분석
④ 조사

해설 ㉠ 감정 : 화재와 관계되는 물건의 형상, 구조, 재질, 성분, 성질 등 이와 관련된 모든 현상에 대하여 과학적 방법에 의한 필요한 실험을 행하고 그 결과를 근거로 화재원인을 밝히는 자료를 얻는 것을 말한다.
　　㉡ 조사 : 화재원인을 규명하고 화재로 인한 피해를 산정하기 위하여 자료의 수집, 관계자 등에 대한 질문, 현장확인, 감식, 감정 및 실험 등을 하는 일련의 행동을 말한다.
　　㉢ 분석은 해당되지 않는다.

88 사법경찰관이 피의자를 심문하기 전에 알려주어야 하는 사항과 가장 거리가 먼 것은?

① 일체의 진술을 하지 아니할 수 있다는 것
② 신문을 받을 때 변호인의 조력을 받을 수 있다는 것
③ 진술을 하지 않은 경우에 불이익을 받을 수 있다는 것
④ 진술을 거부할 권리를 포기하고 행한 진술은 법정에서 유죄의 증거로 사용될 수 있다는 것

해설 진술을 하지 않더라도 불이익을 받지 않는다.(진술거부권)

89 화재조사 및 보고규정상 다음에서 사망자 수와 중상자의 수를 합한 값으로 옳은 것은?

- 화재현장 사망 2명
- 화재현장에서 부상을 당한 후 52시간 이내에 사망 1명
- 2주 이상의 입원을 필요로 하는 부상 2명
- 3주 이상의 입원을 필요로 하는 부상 3명
- 입원치료를 필요로 하지 않는 부상 5명

① 4
② 5
③ 6
④ 7

해설 화재현장에서 부상을 당한 후 52시간 이내에 사망한 경우에 당해 화재로 인한 사망으로 보아야 하므로 사망자는 3명이며 중상자(3주 이상 입원을 필요로 하는 부상)도 3명이므로 총 6명이다.

90 화재증거물수집관리규칙에 따른 증거물 시료용기의 기준 중 옳은 것은?

① 주석도금캔(can)은 2회 사용 후 반드시 폐기한다.
② 양철용기는 돌려 막는 스크루 뚜껑만 아니라 밀어 막는 금속마개를 갖추어야 한다.
③ 코르크마개, 클로로프렌고무, 마분지, 합성 코르크마개, 또는 플라스틱 물질(PTFE는 포함)은 시료와 직접 접촉되어서는 안 된다.
④ 유리병의 코르크마개는 휘발성 액체에 사용하여야 한다. 만일 제품이 빛에 민감하다면 짙은 색깔의 시료병을 사용한다.

해설 ㉠ 주석도금캔(can)은 1회 사용 후 반드시 폐기한다.
　　㉡ 코르크마개, 고무(클로로프렌고무 제외), 마분지, 합성코르크마개, 또는 플라스틱 물질(PTFE는 포함)은 시료와 직접 접촉되어서는 안 된다.
　　㉢ 유리병의 코르크마개는 휘발성 액체에 사용하여서는 안 된다.

Answer ● 87.① 88.③ 89.③ 90.②

91 실화책임에 관한 법률상 실화가 중대한 과실로 인한 것이 아닌 경우 그로 인한 손해배상의 무자가 법원에 손해배상액 경감 청구 시 고려사항으로 명시되지 않은 것은? (단, 그 밖에 손해배상액을 결정할 때 고려사항은 제외한다.)

① 화재의 규모
② 피해확대의 원인
③ 실화자의 전과사실
④ 배상의무자의 경제상태

해설 손해배상액 경감청구 시 고려사항
　㉠ 화재의 원인과 규모
　㉡ 피해의 대상과 정도
　㉢ 연소(延燒) 및 피해확대의 원인
　㉣ 피해확대를 방지하기 위한 실화자의 노력
　㉤ 배상의무자 및 피해자의 경제상태

92 민법상 타인의 생명을 해한 자의 손해배상 책임대상으로 명시되지 않은 것은?

① 피해자의 형제　　② 피해자의 배우자
③ 피해자의 직계존속　④ 피해자의 직계비속

해설 타인의 생명을 해한 자는 피해자의 직계존속, 직계비속 및 배우자에 대하여는 재산상의 손해가 없는 경우에도 손해배상의 책임이 있다.(민법 제752조)

93 제조물책임법상 손해배상책임을 지는 자가 손해배상책임을 면하기 위하여 입증하여야 할 사항으로 명시되지 않은 것은?

① 제조업자가 해당 제조물을 공급하지 아니하였다는 사실
② 제조업자가 해당 제조물을 공급한 당시의 과학·기술 수준으로는 결함의 존재를 발견할 수 없었다는 사실
③ 제조물의 결함이 제조업자가 해당 제조물을 제조한 당시의 법령에서 정하는 기준을 준수함으로써 발생하였다는 사실
④ 원재료나 부품의 경우에는 그 원재료나 부품을 사용한 제조물 제조업자의 설계 또는 제작에 관한 지시로 인하여 결함이 발생하였다는 사실

해설 제조물의 결함이 제조업자가 해당 제조물을 공급한 당시의 법령에서 정하는 기준을 준수함으로써 발생하였다는 사실이 해당된다.

94 다음 중 화재합동조사단의 단원이 될 수 있는 자격으로 옳지 않은 것은?

① 화재조사관
② 국가기술자격의 직무분야 중 안전관리 분야에서 산업기사 이상의 자격을 취득한 사람
③ 건축·안전 분야 또는 화재조사에 관한 학식과 경험이 풍부한 사람
④ 화재조사 업무에 관한 경력이 1년 이상인 소방공무원

해설 화재합동조사단의 구성·운영(제7조)
　화재합동조사단의 단원은 다음의 어느 하나에 해당하는 사람 중에서 소방관서장이 임명하거나 위촉한다.
　㉠ 화재조사관
　㉡ 화재조사 업무에 관한 경력이 3년 이상인 소방공무원
　㉢ 「고등교육법」 제2조에 따른 학교 또는 이에 준하는 교육기관에서 화재조사, 소방 또는 안전관리 등 관련 분야 조교수 이상의 직에 3년 이상 재직한 사람
　㉣ 「국가기술자격법」에 따른 국가기술자격의 직무분야 중 안전관리 분야에서 산업기사 이상의 자격을 취득한 사람
　㉤ 그 밖에 건축·안전 분야 또는 화재조사에 관한 학식과 경험이 풍부한 사람

95 화재조사 및 보고규정상 건물의 동수 산정 기준으로 틀린 것은?

① 건널복도 등으로 2 이상의 동에 연결되어 있는 것은 그 부분을 절반으로 분리하여 각 동으로 본다.
② 건물의 외벽을 이용하여 실을 만들어 작업실 용도로 사용하고 있는 것은 주건물과 다른 동으로 본다.
③ 구조에 관계없이 지붕 및 실이 하나로 연결되어 있는 것은 같은 동으로 본다.
④ 목조건물의 경우 격벽으로 방화구획이 되어 있는 경우 같은 동으로 한다.

부록

과년도 출제문제

Answer　91.③　92.①　93.③　94.④　95.②

해설 건물의 외벽을 이용하여 실을 만들어 헛간, 목욕탕, 작업실, 사무실 및 기타 건물용도로 사용하고 있는 것은 주건물과 같은 동으로 본다.

96 화재로 인한 재해보상과 보험가입에 관한 법률상 손해보험회사가 한국화재보험협회의 설립허가를 받으려는 경우 금융위원회에 제출하여야 하는 서류로 틀린 것은?

① 정관
② 사업방법서
③ 임원의 명단
④ 창립총회의사록

해설 손해보험회사가 협회의 설립허가를 받으려는 경우에는 그 허가신청서에 아래의 서류를 첨부하여 금융위원회에 제출하여야 한다.
㉠ 정관
㉡ 사업방법서
㉢ 창립총회의사록

97 화재로 인한 재해보상과 보험가입에 관한 법률상 특수건물의 특약부화재보험에 가입하지 아니한 자의 벌칙기준으로 옳은 것은? (단, 산업재해보상보험 가입대상이 아님)

① 300만원 이하의 벌금
② 500만원 이하의 벌금
③ 700만원 이하의 벌금
④ 1,000만원 이하의 벌금

해설 특약부화재보험에 가입하지 아니한 자는 500만원 이하의 벌금에 처한다.

98 제조물책임법에 대한 내용으로 틀린 것은?

① 동일한 손해에 대하여 배상할 책임이 있는 자가 2인 이상인 경우에는 연대하여 그 손해를 배상할 책임이 있다.
② 제조물책임법에 따른 손해배상책임을 배제하거나 제한하는 특약은 유효한 것이 원칙이다.
③ 제조물의 결함으로 인한 손해배상책임에 관하여 제조물책임법에 규정된 것을 제외하고는 민법에 따른다.

④ 일반적으로 손해배상의 청구권은 제조업자가 손해를 발생시킨 제조물을 공급한 날부터 10년 이내에 행사하여야 한다.

해설 제조물책임법에 따른 손해배상책임을 배제하거나 제한하는 특약은 무효로 한다.

99 소방기본법령상 소방자동차의 출동에 지장을 준 자에 대한 과태료 기준으로 옳은 것은?

① 200만원 이하의 과태료
② 300만원 이하의 과태료
③ 500만원 이하의 과태료
④ 1,000만원 이하의 과태료

해설 소방자동차의 출동에 지장을 준 자에게는 200만원 이하의 과태료를 부과하는 것으로 적용된다.

100 화재로 인한 재해보상과 보험가입에 관한 법률상 명시된 한국화재보험협회의 업무를 모두 고른 것은?

㉮ 소방안전관리자에 대한 교육
㉯ 화재예방과 소화시설에 관한 자료의 조사 · 연구 및 계몽
㉰ 화재보험에 있어서의 소화설비(消火設備)에 따른 보험요율의 할인등급에 대한 사정(査定)
㉱ 화재예방 및 소화시설에 대한 안전점검

① ㉮, ㉯, ㉰
② ㉮, ㉯, ㉱
③ ㉮, ㉰, ㉱
④ ㉯, ㉰, ㉱

해설 화재보험협회의 업무
㉠ 화재예방 및 소화시설에 대한 안전점검
㉡ 화재보험에 있어서의 소화설비(消火設備)에 따른 보험요율의 할인등급에 대한 사정(査定)
㉢ 화재예방과 소화시설에 관한 자료의 조사 · 연구 및 계몽
㉣ 행정기관이나 그 밖의 관계기관에 화재예방에 관한 건의
㉤ 그 밖에 금융위원회의 인가를 받은 업무

Answer　96.③　97.②　98.②　99.①　100.④

2021년 9월 12일

화재감식평가기사

제1과목 화재조사론

01 다음 중 소방의 화재조사에 관한 법률상 화재합동조사단의 구성·운영에 관한 사항 중 틀린 것은?

① 소방관서장은 사상자가 많거나 사회적 이목을 끄는 화재 등 대통령령으로 정하는 대형화재 등이 발생한 경우 종합적이고 정밀한 화재조사를 위하여 유관기관 및 관계 전문가를 포함한 화재합동조사단을 구성·운영할 수 있다.
② 화재합동조사단의 구성과 운영 등에 필요한 사항은 대통령령으로 정한다.
③ 사상자가 5명 이상 발생한 화재가 발생한 경우 소방관서장은 화재합동조사단을 구성·운영할 수 있다.
④ 화재조사관은 화재합동조사단의 단원이 될 수 있다.

해설 화재합동조사단의 구성·운영
　㉠ 소방관서장은 사상자가 많거나 사회적 이목을 끄는 화재 등 대통령령으로 정하는 대형화재 등이 발생한 경우 종합적이고 정밀한 화재조사를 위하여 유관기관 및 관계 전문가를 포함한 화재합동조사단을 구성·운영할 수 있다.(소방의 화재조사에 관한 법률 제7조)
　㉡ "사상자가 많거나 사회적 이목을 끄는 화재 등 대통령령으로 정하는 대형화재"란 다음 각 호의 화재를 말한다. (소방의 화재조사에 관한 법률 시행령 제7조)
　　• 사망자가 5명 이상 발생한 화재
　　• 화재로 인한 사회적·경제적 영향이 광범위하다고 소방관서장이 인정하는 화재

02 화재조사관의 자세로 틀린 것은?

① 과학적이고 주관적인 조사를 해야 한다.
② 특이한 화재현상에 대하여는 관계지식을 최대한 활용하여야 한다.
③ 소방기본법에 따라 부여된 권리와 의무를 초과해서는 안 된다.
④ 직무를 이용하여 개인의 민사관계에 관여해서는 안 된다.

해설 과학적이고 객관적이며 타당성 있는 감식을 하여야 한다.

03 복사체에서 절대온도의 차이가 두 배 높아지면 해당 물질로부터 복사에 의한 열전달률은 몇 배가 되는가?

① 2 　　　　　② 4
③ 16 　　　　　④ 32

해설 복사체의 절대온도가 두 배 높아지면 해당 물질의 복사는 16배 증가한다.

04 화재조사에 관한 설명으로 틀린 것은?

① 소방서장은 화재가 발생하였을 때에는 화재조사를 하여야 한다.
② 소방공무원과 국가경찰공무원은 화재조사를 할 때에 서로 협력하여야 한다.
③ 화재조사를 하는 관계 공무원은 권한을 표시하는 증표를 지니고 이를 관계인에게 보여주어야 한다.
④ 화재조사를 하는 관계 공무원은 화재조사를 수행하면서 알게 된 비밀에 대해 인터뷰를 해도 된다.

해설 화재조사를 수행하면서 알게 된 비밀을 다른 사람에게 누설한 경우 300만원 이하 벌금에 처한다. (소방의 화재조사에 관한 법률 제9조 제3항 관련)

Answer 01.③ 02.① 03.③ 04.④

05 비등액체팽창증기폭발(BLEVE)에 대한 설명으로 틀린 것은?

① 인화성 액체에서만 일어날 수 있는 현상이다.
② 저장용기의 크기와 관계없이 일어날 수 있는 현상이다.
③ 가압상태에서 비점 이상 온도의 액체를 저장하는 용기와 관련된 폭발이다.
④ 저장용기 내에 존재하는 물질의 상호이상반응에 의해서도 발생이 가능한 현상이다.

해설 반드시 인화성 액체일 필요는 없다.

06 조사인원 중 전문인력에 관한 설명으로 틀린 것은?

① 기계공학자는 전문인력으로 부적합하다.
② 특이화재의 경우 전문인력의 도움을 받을 수 있다.
③ 전문인력을 데려오면 이해관계의 출동을 피해야 한다.
④ 어떤 부분에 대한 훈련을 받았거나 받지 않았다는 사실이 특정 전문가의 자격에 영향을 끼친다는 뜻은 아니다.

해설 기계공학자, 화학공학자, 전기공학자 등 관련 분야 전문가의 도움과 지원이 필요한 경우가 있다.

07 폭발 위력의 지표로 사용될 수 있는 자료와 거리가 가장 먼 것은?

① 폭심부의 깊이
② 파편의 비행거리
③ 깨진 유리창의 단면
④ 무너진 벽의 종류와 구조

해설 깨진 유리창의 단면만 가지고 폭발 위력을 가늠하기 어렵다.

08 유류화재와 관련된 용어의 설명으로 틀린 것은?

① 인화점은 외부로부터 에너지를 받아서 착화가능한 최저온도

② 발화점은 외부로부터 점화에너지 공급 없이 주변의 열에 의해 물질 스스로 착화되는 최저온도
③ 증기밀도는 공기의 분자량을 가연성 물질의 분자량으로 나눈 값
④ 연소점은 화염이 꺼지지 않고 지속되는 최저온도

해설 증기밀도는 증기 분자량을 공기의 분자량으로 나눈 값을 말한다.

09 MEK(메틸에틸케톤)으로 인한 화재분류로 옳은 것은?

① A급 화재
② B급 화재
③ C급 화재
④ D급 화재

해설 메틸에틸케톤은 제4류 위험물 중 제1석유류에 해당하므로 유류화재(B급)에 해당한다.

10 화재조사관의 현장안전관리에 관한 내용으로 틀린 것은?

① 조사관은 활동 시에 화재진압 인력과 협력해야 한다.
② 조사관은 화재현장 지휘관에게 알리지 않고 건물 내 다른 곳으로 이동해서는 안 된다.
③ 화재가 진압된 건물에서 조사를 수행할 때 불이 다시 날 수 있다는 것을 염두에 두어야 한다.
④ 화재가 완전히 진압되기 전에 조사관은 지휘관의 허가를 받지 않아도 건물에 들어가 조사를 할 수 있다.

해설 화재가 완전히 진압되더라도 지휘자에게 알리고 진입하여야 한다.

11 화재조사 및 보고규정상 화재현황조사서에 관한 사항 중 틀린 것은?

① 연소확대물, 연소확대 사유를 기록한다.
② 온도, 습도와 같은 기상상황은 기록하지 않는다.
③ 발화열원, 발화요인, 최초착화물 등 화재원인을 기록한다.
④ 동원인력 사항을 기록할 때 잔불감시 인력에 대한 사항을 기록한다.

Answer 05.① 06.① 07.③ 08.③ 09.② 10.④ 11.②

해설 기상상황(온도, 습도, 풍향, 풍속 등)도 기록한다.

12 화재증거물수집관리규칙상 증거물의 포장 · 보관 · 이동에 관한 설명으로 옳은 것은?

① 증거물의 포장은 보호상자를 사용하여 일괄 포장함을 원칙으로 한다.

② 화재 증거물은 관계인의 승낙에 관계없이 폐기할 수 있다.

③ 증거물은 화재증거 수집 목적 달성 후 관계인에게 반환하지 않고 3년간 보관하여야 한다.

④ 증거물의 반환 또는 폐기까지 화재조사관 또는 이와 동일한 자격 및 권한을 가진 자의 책임 하에 행해져야 한다.

해설 ① 증거물 포장은 보호상자를 사용하여 개별포장을 원칙으로 한다.
② 화재 증거물은 관계인의 승낙이 있을 때에는 폐기할 수 있다.
③ 화재 증거물은 수집 목적 달성 후에는 관계인에게 반환하여야 한다.

13 증거물 수집 용기와 시료의 적응성을 연결한 것으로 틀린 것은?

① 비닐 백 : 액체   ② 종이상자 : 고체
③ 금속캔 : 고체, 액체   ④ 유리병 : 고체, 액체

해설 비닐 백은 고체 시료에 적응성이 좋다.

14 화재상황보고에 대한 설명으로 틀린 것은?

① 최종보고는 화재종료 직후 최초 보고 및 중간보고를 취합하여 보고한다.

② 중간보고 시 화재 원인이 규명되지 않았을 때는 보고하지 않는다.

③ 중간보고는 화재상황 진전에 따라 연소확대여부, 인명구조 활동상황 등을 수시로 보고한다.

④ 화재상황 최초보고는 선착대가 화재현장 도착 즉시 현장지휘관의 책임하에 화재규모, 인명피해발생여부 등을 보고한다.

해설 중간보고는 최초 보고 후 화재상황의 진전에 따라 연소확대여부, 인명구조 활동상황, 진화 활동상황, 재산피해내역 및 화재원인 등을 수시로 보고하여야 한다. 단, 규명되지 아니한 화재 원인 및 피해내역은 추정 보고할 수 있다.

15 대표적으로 숯, 코크스 등이 연소되는 현상으로 산소와 접하게 되는 물질의 연소로 화염이 없이 표면에서 나타나는 연소의 형태는?

① 분해연소
② 표면연소
③ 확산연소
④ 혼합연소

해설 표면연소
숯, 코크스, 목탄, 마그네슘 등

16 백드래프트(back draft) 현상에 관한 설명으로 옳은 것은?

① 주로 감쇠기 단계에 발생한다.

② 연소속도가 빠르기 때문에 압력파를 생성하지만 충격파는 생성하지 않는다.

③ 현상 발생 전 구획실 내 대기는 산소가 충분한 상태이다.

④ 발생 전 구획실 내 가연성 증기의 온도는 인화점 이상이다.

해설 백드래프트는 주로 성장기와 최성기 사이에 발생하며 충격파를 생성한다. 현상 발생 전 구획실 내 대기는 산소가 부족한 상태가 된다.

17 가연성 기체 중 위험성의 척도인 위험도가 가장 큰 것은?

① 메탄
② 에탄
③ 프로판
④ 아세틸렌

해설 위험도=(연소상한계 － 연소하한계)/연소하한계
① 메탄 : (15-5)/5=2
② 에탄 : (12.5-3)/3=3.17
③ 프로판 : (9.5-2.1)/2.1=3.5
④ 아세틸렌 : (82-2.5)/2.5=31.8

Answer   12.④   13.①   14.②   15.②   16.④   17.④

부록

과년도 출제문제

18 폭발현상에 관한 설명으로 틀린 것은?

① 기체나 액체의 팽창, 상변화 등의 물리적 현상이 압력발생의 원인이 되어 발생하는 폭발을 물리적 폭발이라 한다.

② 물질의 분해, 연소 등으로 압력이 상승하는 것이 원인이 되어 발생하는 폭발을 화학적 폭발이라 한다.

③ 알루미늄 분진이 공기 중에 부유된 상태에서 일어나는 폭발은 화학적 폭발에 해당한다.

④ 폭연은 화염전파속도가 미반응 매질 속에서 음속보다 큰 속도로 이동하는 폭발현상이다.

해설 폭연은 화염의 전파속도가 음속보다 작은 속도로 이동한다.

19 탄화심도 측정방법으로 옳은 것은?

① 뾰족한 기구보다 끝이 뭉툭한 것이 좋다.

② 탄화심도 측정 시 갈라진 틈 안을 측정한다.

③ 비교 측정 시 다른 측정 기구를 사용하는 것이 좋다.

④ 각각의 측정 도구를 집어넣을 때 압력을 조금씩 다르게 하는 것이 중요하다.

해설 ② 탄화심도 측정은 탄화 및 균열이 발생할 철(凸)부위를 측정한다
③ 비교 측정 시 동일한 측정 기구를 사용한다.
④ 압력은 동일한 압력으로 측정한다.

20 유리의 파단면 분석에 관한 설명으로 옳은 것은?

① 강화유리의 자발파괴(spontaneous breakage) 형태는 쌍을 이루는 8각형의 파편이 발견된다.

② 충격에 의한 파괴유리의 충격방향을 확인하기 위해서는 동심원 파단면의 월러라인(wallner line)을 확인하는 것이 효과적이다.

③ 재료가 여러 번의 외력에 의하여 순차적으로 분리되었을 때 동반하여 발생하는 분리선을 관찰하며 외력의 작용순서를 알 수 있다.

④ 폭발로 인한 압력에 의해 많은 파편들이 폭발의 중심부로부터 멀리 비산되는데, 화재 이후 폭발이 발생하였다면, 멀리 비산된 파편에 그을음이 부착될 수 없다.

해설 ① 강화유리는 입방체 모양의 작은 조각으로 부서진다.
② 충격에 의한 방향성 확인을 위해 방사상 파단면의 월러라인을 확인한다.
④ 화재 후 폭발이 발생했다면 멀리 비산된 파편에 그을음이 부착된 상태로 발견된다.

제2과목 화재감식론

21 선박방화구조기준상 용어의 설명으로 틀린 것은?

① 주수직구역격벽이란 선체, 선루 및 갑판실을 주수직구역으로 구분하는 격벽을 말한다.

② 주수평구역이란 선체, 선루 및 갑판실이 A급 구획의 갑판으로 구분된 구역으로서 해당 구역의 높이가 10m를 초과하지 아니하는 구역을 말한다.

③ 방화댐퍼란 통풍용 덕트에 설치된 장치로서, 평상시에는 덕트 내에 공기가 흐를 수 있도록 열려 있다가 화재 시에는 연기 및 고온의 가스 전파를 차단하기 위하여 덕트 내의 공기의 흐름을 막을 수 있도록 폐쇄하는 장치이다.

④ 기관구역이란 특정기관구역과 추진기관, 보일러, 내연기관, 주요전기설비, 냉동기, 감요(減搖)장치, 송풍기 및 공기조화기기가 있는 장소, 급유장소 그 밖에 이와 유사한 장소와 이들 장소에 이르는 트렁크를 말한다.

해설 방화댐퍼란 통풍용 덕트에 설치된 장치로서, 평상시에는 덕트 내에 공기가 흐를 수 있도록 열려 있다가 화재 시에는 화재의 확산을 차단하기 위하여 덕트 내의 공기의 흐름을 막을 수 있도록 폐쇄하는 장치를 말한다.(선박방화구조기준 제2조)

Answer 18.④ 19.① 20.③ 21.③

22 유류를 이용한 자살방화현장의 특징 중 틀린 것은?

① 유류와 사용한 용기가 존재한다.
② 연소면적이 좁고 탄화심도가 깊다.
③ 우발적이기보다는 계획적으로 실행한다.
④ 급격한 연소 확대로 연소의 방향성 식별이 어렵다.

해설 연소면적이 넓고 탄화심도가 깊지 않다.

23 담뱃불 화재현장의 주요 감식사항이 아닌 것은?

① 발화에 충분한 축열조건
② 발화지점에 넓게 탄화된 흔적
③ 흡연행위가 있었다는 것을 증명
④ 담뱃불에 의해 착화될 수 있는 가연물

해설 담뱃불 감식요령
  ㉠ 담뱃불에 의해 착화될 수 있는 가연물을 밝혀 둔다.
  ㉡ 끽연행위의 사실을 확인한다.
  ㉢ 착화 발염에 이르기까지 경과시간 등 축열조건을 밝혀 나간다.

24 다음 발화원인 중 미소화원이 아닌 것은?

① 담뱃불
② 용접 불티
③ 절삭 불티
④ 가스레인지 불꽃

해설 미소화원 종류
  담뱃불, 향불, 스파크, 불티 등

25 자동차 점화장치의 전류 흐름 순서로 옳은 것은?

① 점화스위치 → 점화코일 → 배터리 → 시동모터 → 배전기 → 고압케이블 → 스파크 플러그

② 점화스위치 → 배터리 → 시동모터 → 점화코일 → 배전기 → 고압케이블 → 스파크 플러그
③ 점화스위치 → 시동모터 → 점화코일 → 배터리 → 배전기 → 고압케이블 → 스파크 플러그
④ 점화스위치 → 고압케이블 → 배전기 → 시동모터 → 점화코일 → 배터리 → 스파크 플러그

해설 자동차 점화장치 흐름 순서
  점화스위치 → 배터리 → 시동모터 → 점화코일 → 배전기 → 고압케이블 → 스파크 플러그

26 일반적으로 산소, 수소, 질소, 아르곤 등의 압축가스 용기의 안전장치에 적합한 밸브는?

① 파열판식 안전밸브
② 스프링식 안전밸브
③ 가용전(가용합금식) 안전밸브
④ 스프링식과 파열판식의 2중 안전밸브

해설

구 분	안전밸브 종류
LPG 용기	스프링식
염소, 아세틸렌, 산화에틸렌 용기	가용전(가용합금식)
산소, 수소, 질소, 아르곤 등의 압축가스 용기	파열판식
초저온 용기	스프링식과 파열판식의 2중 안전밸브

27 사람이 버린 담배꽁초에 의해 화재가 발생하였을 때 추정되는 선행 발화원인은?

① 휴지
② 담배꽁초
③ 쓰레기통
④ 사람의 부주의 행위

해설 흡연자는 화인을 제공할 수 있는 선행 원인으로 개연성이 존재한다.

28 절연저항계의 설명으로 옳은 것은?

① 발전기식 절연저항계는 전지식에 비해 소형 경량이고 조작도 간단하며 기계적 접점이 없으므로 고장이 적은 특징이 있다.

② 절연저항계에서 절연 측정은 전기기기나 전로의 사용을 멈추고 단전 상태에서 하며, 활선 상태에서는 전로의 절연 저항을 측정할 수 없다.

③ 절연저항계의 측정 전압은 10V, 25V, 50V, 100V, 500V, 1,000V 등 다양한 범위를 가지며, 고저항의 측정 범위는 $500 \text{k} \Omega \sim 2 \times 10^{16} \Omega$ 까지 직독할 수 있다.

④ 절연저항계는 전기기기나 배선공사의 안정성을 확보하기 위해서 이들의 교류절연저항을 측정하는 계측기로서, 보통 메거라고 한다.

29 일반화재와 구별되어야 하는 차량화재의 특수성에 대한 설명 중 틀린 것은?

① 차량은 동력기계 계통, 전기전자 계통, 연료공급 계통, 배기계통 등 기구의 복잡성이 있다.

② 연료, 시트 등 화재하중이 낮고, 외기에 개방된 상태인 환기지배형 화재의 특성을 보인다.

③ 다양한 부착물 및 이의 변·개조가 용이하므로, 이러한 구조적 특수성에 의한 화재위험성에 노출되어 있다고 볼 수 있다.

④ 차량은 개방된 공간에 존치되는 특수성에 의해 사회적 불만이나 주차불만을 가진 자가 불특정한 방법으로 방화할 개연성이 높다고 볼 수 있다.

🔲해설 연료, 시트 등 화재하중이 높고 외기에 개방되어 연료지배형 화재특성을 보인다.

30 그림과 같이 시간에 따른 전하의 이동에 있어서 구간별 전류는 얼마인가?

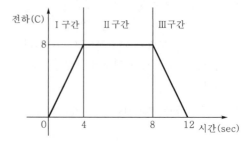

① I구간 : 8A, II구간 : 0A, III구간 : −1A
② I구간 : 8A, II구간 : 8A, III구간 : −2A
③ I구간 : 2A, II구간 : 0A, III구간 : −2A
④ I구간 : 2A, II구간 : 8A, III구간 : −1A

🔲해설 $I = \dfrac{dq}{dt}$

여기서 I : 전류, dt : 미소시간 변화량,
　　　dq : 미소전하 변화량

㉠ I구간 $= \dfrac{8-0}{4-0} = 2A$

㉡ II구간 $= \dfrac{8-8}{8-4} = 0A$

㉢ III구간 $= \dfrac{0-8}{12-8} = -2A$

31 고압가스 안전관리법령상 가스 종류에 따른 용기외면 도색이 바르게 연결된 것은?

① 수소 – 백색
② 아세틸렌 – 갈색
③ 액화석유가스 – 회색
④ 액화암모니아 – 주황색

🔲해설

가스 종류	색 상	가스 종류	색 상
LPG	회색	액화암모니아	백색
수소	주황색	액화염소	갈색
아세틸렌	황색	그 밖의 가스	회색

Answer 28.정답 없음 29.② 30.③ 31.③

32 열전도성, 밀도 및 비열의 곱으로 정의되며 물질에 가해지는 에너지에 대한 물질의 반응을 설명하는 데 사용되는 용어는?

① 발화성   ② 열관성
③ 유동성   ④ 전열성

해설 열관성＝열전도율(κ)×밀도(ρ)×열용량(c)

33 화학결합에 대한 설명으로 틀린 것은?

① 전자쌍이 균등하게 공유되어 있지 않은 공유결합을 비극성 공유결합이라고 한다.
② 이온결합은 두 이온 사이의 거리가 짧고, 두 이온의 전하량이 클수록 결합력이 강하다.
③ 수소 분자처럼 두 원자가 한 쌍 또는 그 이상의 전자쌍을 공유함으로써 형성되는 결합을 공유결합이라고 한다.
④ 이온화합물의 물리적 형태는 반대로 하전된 이온이 규칙적으로 배열된 결정성으로서 화합물의 양이온과 음이온의 전하량의 합은 0이다.

해설 전지쌍이 두 원자 사이에 균등하게 공유되지 않은 공유결합은 극성 공유결합을 말한다.

34 탄화된 목재에서 공통적으로 나타나는 탄화흔과 균열흔의 특성으로 틀린 것은?

① 무염연소는 목재의 표면을 따라 광범위하게 전파된다.
② 불에 오래도록 강하게 탈수록 탄화의 깊이는 깊다.
③ 탄화모양을 형성하고 있는 패인 골이 깊을수록 소손이 강하다.
④ 탄화모양을 형성하고 있는 패인 골의 폭이 넓을수록 소손이 강하다.

해설 무염연소는 목재 내부로 깊게 타들어간 심도가 깊게 나타난다.

35 항공기 보조동력장치(APU)의 소화용기(container) 내용물이 과도한 열로 인하여 외부로 배출 시 나타나는 지시는?

① 배출밸브(discharge valve)가 열린다.
② 조종실에 경고등이 들어온다.
③ 온도방출지시기(thermal discharge indicator)의 Yellow Disk가 없다.
④ 온도방출지시기(thermal discharge indicator)의 Red Disk가 없다.

해설 온도방출지시기는 과도한 열에 의해 소화용기 내부 물질이 외부로 방출될 때 빨간 원판(red disk)이 터져 나가면서 생긴 개구부로 방출되므로 Red Disk가 없다.

36 임야화재에서 화염진행 방향에 따른 분류가 아닌 것은?

① 수직화재
② 전진화재
③ 후진화재
④ 횡진화재

해설 임야화재 진행방향 분류
전진, 후진, 측면(횡진)

37 위험물안전관리법령상 제1류 산화성 고체에 명시되지 않은 것은?

① 질산염류   ② 염소산염류
③ 과염소산염류   ④ 질산에스테르류

해설 질산에스테르류는 제5류 위험물에 해당한다.

38 pH12인 수산화나트륨 수용액 50mL를 중화시키기 위하여 농도를 알 수 없는 염산 10mL를 사용하였다면 이 염산의 농도는?

① 0.01N   ② 0.02N
③ 0.05N   ④ 0.1N

해설 산·염기반응은 1 : 1이다.
따라서, pH=12이므로
$[OH^-]=10^{-2} \times 50mL=0.5mmol$
$[H^+]$도 0.5mmol이 필요하므로
0.5mmol/10mL=0.05N

39 임야화재에 영향을 주는 3대 중요 요소가 아닌 것은?

① 기후　　　　　② 지형
③ 가연물　　　　④ 점화원

[해설] 임야화재에 영향을 주는 요소
　　　가연물의 분포, 바람, 기상, 지형특성, 화재폭풍 등

40 방화의 행위방법 중 직접착화에 의해 발생한 화재의 특이점으로 옳은 것은?

① 인화물질을 이용한 경우 그 용기를 화재장소에서 먼 곳에 감춘다.
② 착화행위 직후 화염이 확대되고 대부분 한 곳에 집중적으로 착화시킨다.
③ 비교적 착화가 용이한 부분에 착화시키므로 훈소 또는 회화 현상이 많이 식별된다.
④ 방화범의 의류에 촉진제가 부착되는 경우가 있다.

[해설] ㉠ 발화부 주변에서 유류용기가 발견되기도 한다.
　　　㉡ 2개소 이상 독립된 발화개소가 식별된다.
　　　㉢ 가연물에 직접 불을 붙이는 경우가 많다.

제3과목 증거물관리 및 법과학

41 화재증거물수집관리규칙상 증거물 시료용기 중 양철캔(can)에 관한 설명으로 틀린 것은?

① 양철캔과 그 마개는 청결하고 건조해야 한다.
② 사용하기 전에 캔의 상태를 조사해야 하며 누설이나 녹이 발견될 때에는 사용할 수 없다.
③ 양철캔은 기름에 견딜 수 있는 디스크를 가진 스크루 마개 또는 누르는 금속마개로 밀폐될 수 있으며, 이러한 마개는 재사용이 가능하다.
④ 양철캔은 적합한 양철판으로 만들어야 하며, 프레스를 한 이음매 또는 외부 표면에 용매로 송진 용제를 사용하여 납땜을 한 이음매가 있어야 한다.

[해설] 양철캔은 기름에 견딜 수 있는 디스크를 가진 스크루 마개 또는 누르는 금속마개로 밀폐될 수 있으며, 이러한 마개는 한 번 사용한 후에는 폐기되어야 한다.

42 가솔린(gasoline)을 GC-MS로 분석할 경우 검출되는 성분이 아닌 것은?

① 톨루엔
② 크실렌
③ 알킨벤젠
④ 멜라민

[해설] 가솔린을 GC-MS로 분석하면 벤젠, 톨루엔, 크실렌 등 방향족 물질이 검출된다.

43 화재현장 및 물리적 증거물의 보존에 대한 책임이 있는 자가 아닌 것은?

① 소방관
② 화재조사관
③ 경찰관
④ 제조사 직원

[해설] 화재현장에서 증거물 보호에 대한 책임은 화재조사관뿐만 아니라 소방관과 경찰도 협력하여야 한다.

44 화재조사관이 관계자 진술을 확보하고자 할 때 유의사항으로 틀린 것은?

① 인터뷰하는 동안 입수한 정보의 질을 평가해야 한다.
② 인터뷰의 목적은 유용하고 정확한 정보를 수집하기 위함이다.
③ 인터뷰는 화재가 완전히 진압된 뒤 천천히 진행한다.
④ 증인은 사고에 대한 직접적인 목격자가 아니라도 화재에 대한 정보를 제공할 수 있다.

[해설] 관계자 진술은 가능한 한 현장에서 조기에 실시한다.

Answer 39.④ 40.④ 41.③ 42.④ 43.④ 44.③

45 피부화상을 조직손상 깊이에 따라 분류할 때, 2도 화상에 대한 설명으로 옳은 것은?

① 국부적인 화상으로 표피와 함께 진피까지 손상된 화상을 말하며 열에 의한 손상이 많다.
② 모세혈관의 충혈로 인하여 종창과 더불어 홍반만 보이기 때문에 홍반성 화상이라고 한다.
③ 부스럼 딱지 또는 생체 내의 피부조직이나 세포가 죽는 응고성 괴사에 빠지므로 괴사성 화상이라고도 한다.
④ 화열에 의한 국부적인 피부충혈과 부어오르는 발적 현상은 살아있는 사람에게 나타나고 사체에는 화열을 작용시켜도 이와 같은 현상은 나타나지 않는다.

해설

구 분	특 징
1도 화상	화상이 표피에만 국한, 홍반성 화상이라고도 함
2도 화상	표피와 함께 진피까지 손상되는 화상으로 수포 형성
3도 화상	피하지방 포함, 피부의 전층이 손상되며 괴사성 화상이라고도 함
4도 화상	피부의 전층과 함께 근육, 힘줄, 신경, 골조직까지 손상받는 경우

46 화재사의 생활반응으로 틀린 것은?

① 화상
② 안구의 점상출혈
③ 선홍색 시반출현
④ 그을음의 흡입 흔적

해설 안구의 점상출현은 생활반응에 해당하지 않는다.

47 콘크리트 바닥과 같은 다공성 물질에 흡수된 액체 촉진제 증거물을 수집할 때 흡수성 물질을 콘크리트 표면에 바르고 유지시키는 시간으로 옳은 것은?

① 1~2시간
② 3~5분
③ 5~10분
④ 20~30분

해설 흡수성 물질을 콘크리트 표면에 바른 후 20~30분 정도 경과한 후 깨끗한 밀폐용기에 보관한다.

48 화재현장 사진촬영에 대한 설명으로 틀린 것은?

① 가능하다면 진행되고 있는 화재를 촬영한다.
② 건물은 가능한 여러 각도와 외부 각도에서 많은 사진을 찍어야 한다.
③ 현재현장의 위치를 확실히 하기 위해 외부 사진을 촬영해 두어야 한다.
④ 군중 속의 사람을 촬영하는 것은 인권침해의 우려가 있어 촬영해서는 안 된다.

해설 필요하다면 군중 속의 사람도 촬영할 수 있다.

49 가솔린과 같은 휘발성 액체를 장기간 보관하는 경우 가장 적절한 보관 용기는?

① 유리병
② 금속캔
③ 특수증거물 봉지
④ 일반 비닐 증거물 봉지

해설 유리병은 휘발성 액체의 증발 방지 및 장시간 저장이 가능하다. 금속캔은 녹이 생길 우려가 있다.

50 콘크리트와 같은 표면에 뿌려진 인화성 액체 잔류물 수거 시 사용하는 물질과 거리가 가장 먼 것은?

① 석회
② 규조토
③ 밀가루
④ 베이킹파우더

해설 베이킹파우더가 첨가되지 않은 밀가루를 사용하여야 한다.

51 냉온수기의 자동온도 조절장치에서 절연체의 오염에 의한 트래킹화재가 발생한 경우 수거해야 할 증거물로 옳은 것은?

① 응축기(condenser)
② 압축기(compressor)
③ 서모스탯(thermostat)
④ 과부하계전기(overload relay)

해설 응축기, 압축기, 과부하계전기는 냉장고에 사용되는 부품들이다.

Answer 45.① 46.② 47.④ 48.④ 49.① 50.④ 51.③

52 가연성 액체가 살포된 수평재에서 발견되는 패턴이 아닌 것은?

① V 패턴
② 포어 패턴
③ 스플래시 패턴
④ 도넛 패턴

해설 V 패턴은 수직재에 나타나는 연소형태이다.

53 화재증거물수집관리규칙상 명시된 현장사진 및 비디오촬영에 관한 내용으로 옳은 것은?

① 최초 도착하였을 때 원상태를 그대로 촬영한다.
② 화재조사 진행순서와 관계없이 신속히 촬영한다.
③ 증거물을 촬영할 때는 구분이 용이하도록 반드시 번호표 등을 넣어 촬영한다.
④ 연소확대 경로 기록 시 번호표와 화살표는 생략한다.

해설 ② 화재조사 진행순서에 따라 촬영한다.
③ 증거물을 촬영할 때에는 필요에 따라 구분이 용이하도록 번호표 등을 넣어 촬영한다.
④ 연소확대 경로 기록 시 번호표와 화살표를 표시한 후에 촬영하여야 한다.

54 디지털카메라의 고유기능으로 받아들인 빛을 증폭하여 감도를 높이거나 낮춰주는 기능은?

① 줌 기능
② EV 쉬프트
③ ISO 조절기능
④ 화이트밸런스

해설 빛에 어느 정도 민감한가를 나타내는 수치는 국제적으로 ISO 단위를 사용하고 있다.

55 화재증거물수집관리규칙상 촬영한 사진으로 증거물과 서류를 작성할 때 현장 및 감정사진 작성 방법에 관한 설명으로 틀린 것은?

① 화재발생 일시를 기재한다.
② 사진촬영한 방위를 표기한다.
③ 화재현장 증거물 및 감정사진을 첨부하고 하단에 제목과 설명을 기재한다.
④ 형사사건 및 재판상 증거자료로 활용될 수 있으므로 주의를 기울여 촬영한다.

해설 촬영일시를 기재하여야 한다.

56 0.3%의 농도에서 즉시 사망할 수 있으며 질소성분을 가지고 있는 합성수지, 동물의 털, 인조견 등의 섬유가 불완전연소 시 발생하는 맹독성 가스로 옳은 것은?

① 암모니아
② 포스겐
③ 염화수소
④ 시안화수소

해설 ① 암모니아 : 질소 함유물이 연소할 때 발생하며 자극성이 있는 무색의 기체로 1,500ppm 이상이면 즉사
② 포스겐 : pvc, 수지류 등이 연소할 때 발생하는 맹독성 가스로 허용농도 0.1ppm
③ 염화수소 : 염산가스라고도 하며 무색의 자극적인 냄새가 있다.

57 화재증거물수집관리규칙상 수집한 증거물을 이송할 때 포장하고 기록·부착하여야 하는 상세정보가 아닌 것은?

① 수집장소 및 수집자
② 소유자 및 관리자 성명
③ 증거물 내용 및 봉인자
④ 수집일시 및 증거물 번호

해설 기록, 부착하여야 하는 상세정보
수집일시, 증거물 번호, 수집장소, 화재조사번호, 수집자, 소방서명, 증거물 내용, 봉인자, 봉인일시 등

Answer 52.① 53.① 54.③ 55.① 56.④ 57.②

58 화재현장에서 수집된 증거의 해석으로 틀린 것은?

① 화재현장에서 발견된 소사체에서 생활반응이 있을 경우 피해자는 화재 이전 사망한 상태였다는 것을 알 수 있다.

② 깨져 바닥에 쏟아진 유리창의 내측에 그을음이 부착되어 있지 않다면 화재이전 창문이 먼저 깨졌다는 것을 의미한다.

③ 화재현장 내부의 전기배선 끝단이 합리적인 이유 없이 절단된 경우 현장조사를 방해하기 위한 행위로 추정해 볼 수 있다.

④ 타이어 흔적 위로 족적이 찍혀 있다면 이러한 증거는 차량이 지나간 후에 누군가 걸어갔다는 것을 증명해 주는 역할을 한다.

해설 시체에서 생활반응이 있을 경우 살아있을 때 화재가 이루어진 것으로 판단한다.

59 화재현장에 있는 벽면이나 철판 등에 발생하는 백화현상에 대한 설명으로 옳은 것은?

① 한 번 부착된 그을음은 없어지지 않는다.

② 그을음이 부착되었다가 열에 의해 연소한 흔적이다.

③ 열에 의해 가열되었다가 급속히 냉각된 흔적이다.

④ 훈소로 발생한 가연성 증기가 응축하면서 부착된 흔적이다.

해설 백화현상은 불연성 표면에 나타나는 현상으로 그을음과 연기응축물이 완전히 타서 없어진 흔적이다.

60 화재증거물 보관에 대한 설명으로 옳은 것은?

① 증거물은 밝은 곳에 보관한다.

② 휘발성 물질은 냉장 보관한다.

③ 냉동 보관된 물질은 물리적 테스트에 도움을 준다.

④ 수분이 포함된 금속물질은 견고하게 밀폐시켜 산화를 방지한다.

해설 증거물은 가급적 건조하고 어두우며 서늘한 곳에 보관하고, 냉동 보관된 물질은 다른 물리적 테스

트를 방해할 수 있다. 수분이 포함된 금속물질은 밀봉된 봉지를 열어 수분이 증발하면 금속성 물질을 더 잘 보존할 수 있다.

제4과목 화재조사보고 및 피해평가

61 화재조사 및 보고규정상 화재피해액 산정 대상이 전부손해인 경우 시중매매가격을 화재로 인한 피해액으로 산정하지 않는 것은?

① 차량 ② 동물
③ 식물 ④ 골동품

해설 전부손해인 경우 골동품은 감정가격으로 한다.

62 화재조사 및 보고규정상 질문기록서의 작성을 생략할 수 있는 화재는?

① 전봇대화재

② 건축 · 구조물 화재

③ 선박 · 항공기 화재

④ 자동차 · 철도차량 화재

해설 질문기록서 작성을 생략할 수 있는 화재
전봇대화재, 가로등화재, 임야화재 등

63 화재현장출동보고서의 작성자에 대한 설명으로 틀린 것은?

① 보고서의 작성자는 화재현장에 출동한 소방공무원으로 한정된다.

② 원칙적으로 일반대원보다 선착대의 대장을 작성자로 한다.

③ 구조대원 또는 구급대원은 작성자가 될 수 없다.

④ 화재현장에 출동한 소방대원이 실제로 관찰 · 확인한 연소상황이나 정보를 직접 기재한다.

해설 화재현장에 출동한 경우 구조대원, 구급대원도 작성자가 될 수 있다.

64 화재조사 및 보고규정상 화재 발생일로부터 30일 이내 화재조사의 최종 결과보고를 해야 하는 화재가 아닌 것은?

① 정부미 도정공장의 화재
② 발전소 및 변전소의 화재
③ 이재민 100명 이상 발생한 화재
④ 재산피해액이 30억원으로 추정되는 화재

해설 재산피해액이 50억원 이상 화재는 화재 발생일로부터 30일 이내에 화재조사의 최종 결과보고를 해야 한다.

65 화재피해액 산정 시 유의사항으로 틀린 것은?

① 모델하우스에 대한 최종잔가율은 20%이다.
② 문화재로 지정되었거나 보존가치가 높은 건물의 경우 전문가의 감정에 의한 가격을 현재가로 한다.
③ 집기비품, 가재도구를 일괄하여 피해액을 산정할 경우 재구입비의 60%를 피해액으로 한다.
④ 중고구입기계장치 및 집기비품의 제작년도를 알 수 없는 경우 신품가액의 30~50%를 재구입비로 하여 피해액을 산정한다.

해설 집기비품, 가재도구를 일괄하여 피해액을 산정할 경우 잔가율은 50%로 할 수 있다.

66 화재현장조사보고서 작성에 필요한 도면 작성방법으로 틀린 것은?

① 도면작성에 있어서 방의 배치와 출입구, 개구부의 상황을 위주로 한다.
② 거리측정은 기둥의 하단에서 다른 기둥의 상단까지로 기준점을 통일한다.
③ 도면(평면도, 입체도)은 측정치를 기준으로 하여 축척에 맞춰서 작성한다.
④ 방배치가 복잡한 건물은 기준으로 한 점을 정하고 그 점을 기준으로 사방으로 넓히면서 측정하면 비교적 이해하기 쉽다.

해설 거리측정은 기둥의 상단에서 다른 기둥의 상단까지로 기준점을 통일한다.

67 주택화재로 사용 중이던 냉장고가 수침손을 입었으나 성능에 별다른 지장이 없는 경우 적용하는 손해율(%)은?

① 5   ② 10
③ 15   ④ 20

해설 냉장고는 가재도구이므로 오염, 수침 손상의 경우 손해율은 10%를 적용한다.

68 화재조사 및 보고규정상 관할구역 내에서 발생한 화재에 대하여 작성하여야 하는 서류가 아닌 것은?

① 질문기록서
② 범죄사실보고서
③ 화재발생종합보고서
④ 화재현장출동보고서

해설 화재조사 및 보고규정상 범죄사실보고서는 해당되지 않는다.

69 보기의 화재로 발생한 소실면적(m^2)은?

> 전기장판 과열로 화재가 발생하여 소화기로 즉시 진화하였으나 바닥 $10m^2$, 1면의 $5m^2$가 소실됨

① 3   ② 5
③ 10   ④ 15

해설 화재피해범위가 건물의 6면 중 2면 이하인 경우에는 6면 중의 피해면적의 합에 5분의 1을 곱한 값을 소실면적으로 한다.
$(10+5)×1/5=3$

70 화재조사 및 보고규정상 화재 당시에 피해물의 재구입비에 대한 현재가의 비율을 뜻하는 용어는?

① 잔가율   ② 손해율
③ 감가상각   ④ 경년감가율

해설 잔가율에 대한 용어의 정의이다.

Answer 64.④ 65.③ 66.② 67.② 68.② 69.① 70.①

71 화재조사 및 보고규정상 위험물 가스·제조소 등 화재의 화재유형별 조사서 내용 중 위험물 제조소 등에 포함되지 않는 것은?

① 옥외저장소
② 주유취급소
③ 이동탱크저장소
④ 액화석유가스 제조시설

해설 액화석유가스 제조시설은 가스 제조소 등에 해당한다.

72 화재조사 및 보고규정상 화재피해조사서의 사상정도에 관한 사항으로 ( )에 알맞은 내용은?

- 사상자는 화재현장에서 사망한 사람과 부상당한 사람을 말한다. 단, 화재현장에서 부상을 당한 후 (㉠)시간 이내에 사망한 경우에는 당해 화재로 인한 사망으로 본다.
- 중상의 경우 (㉡)주 이상의 입원치료를 필요로 하는 부상을 말한다.

① ㉠ 48, ㉡ 3
② ㉠ 48, ㉡ 4
③ ㉠ 72, ㉡ 3
④ ㉠ 72, ㉡ 4

해설 ㉠ 사상자는 화재현장에서 사망한 사람과 부상당한 사람을 말한다. 단, 화재현장에서 부상을 당한 후 72시간 이내에 사망한 경우에는 당해 화재로 인한 사망으로 본다.
㉡ 중상은 3주 이상의 입원치료를 필요로 하는 부상을 말한다.

73 예술품 및 귀중품의 화재피해액 산정기준으로 틀린 것은?

① 감가공제를 하지 아니한다.
② 복수의 전문가 감정을 받거나 감정서 등의 금액을 피해액으로 인정한다.

③ 공인감정기관에서 인정하는 금액을 화재로 인한 피해액으로 산정한다.
④ 예술품 및 귀중품에 대한 그 가치를 손상하지 아니하고 원상태의 복원이 가능한 경우에는 피해액을 인정하지 아니한다.

해설 예술품 및 귀중품은 원상태의 복원이 가능한 경우에는 원상복구에 소요되는 비용을 화재로 인한 피해액으로 한다.

74 화재조사 및 보고규정상 방화·방화의심조사서 작성 시 기재항목이 아닌 것은? (단, 참고사항은 제외한다.)

① 방화동기
② 방화도구
③ 처벌법규
④ 도착 시 초기상황

해설 기재항목
방화동기, 방화도구, 방화의심 사유, 도착 시 초기상황, 방화연료 및 용기, 방화자, 참고사항

75 다음 중 소방관서장에게 사전 보고를 한 후 필요한 기간만큼 조사 보고일을 연장할 수 있는 정당한 사유에 해당하지 않는 것은?

① 수사기관의 범죄수사가 진행 중인 경우
② 화재감정기관 등에 감정을 의뢰한 경우
③ 화재조사관이 화재증거물을 분실한 경우
④ 추가 화재현장조사 등이 필요한 경우

해설 조사 보고(화재조사 및 보고규정 제22조 제3항)
다음의 정당한 사유가 있는 경우에는 소방관서장에게 사전 보고를 한 후 필요한 기간만큼 조사 보고일을 연장할 수 있다.
㉠ 수사기관의 범죄수사가 진행 중인 경우
㉡ 화재감정기관 등에 감정을 의뢰한 경우
㉢ 추가 화재현장조사 등이 필요한 경우

76 내용연수가 40년인 일반 공장에서 준공 후 15년이 지나서 화재가 발생하였을 때 잔가율(%)은?

① 20   ② 30
③ 50   ④ 70

해설 잔가율 $=[1-(0.8×경과연수/내용연수)]$
$=[1-(0.8×15/40)]$
$=70\%$

77 철거건물에 대한 화재피해액을 산정하는 계산식은?

① 재건축비$×[0.1+(0.8×잔여내용연수/내용연수)]$
② 재건축비$×[0.1+(0.9×잔여내용연수/내용연수)]$
③ 재건축비$×[0.2+(0.8×잔여내용연수/내용연수)]$
④ 재건축비$×[0.2+(0.9×잔여내용연수/내용연수)]×손해율$

해설 철거건물 피해액 = 재건축비$×[0.2+(0.8×잔여내용연수/내용연수)]$

78 화재현장조사서 작성에 대한 설명으로 틀린 것은?

① 입회인의 설명내용과 조사원의 관찰 · 확인 사실은 구분하지 않고 작성한다.
② 현장조사서에는 주관적 판단이나 조사관이 의도하는 결론으로 유도하지 않는다.
③ 작성자는 현장조사를 직접 행한 자로 한정하고 다른 사람이 대신하여 작성하는 것은 인정되는 않는다.
④ 현장조사서의 기재는 조사관의 의사나 판단이 개입되지 않도록 현장상황이나 소손물건 등을 객관적으로 가능한 있는 그대로 표현하는 것이 좋다.

해설 입회인의 설명내용과 조사원이 확인한 사실은 구분하여 작성한다.

79 화재조사 및 보고규정상 화재피해액 산정기준으로 틀린 것은?

① 재고자산의 산정기준은 「회계장부상 현재가액 ×손해율」의 공식에 의한다.
② 영업시설의 산정기준은 「화재피해액×10%」의 공식에 의한다.
③ 기계장치 및 선박 · 항공기 산정기준은 「감정평가서 또는 회계장부상 현재가액×손해율」의 공식에 의한다.
④ 부대설비의 산정기준은 「건물신축단가×소실면적×설비종류별 재설비 비율×[1-(0.8× 경과연수/내용연수)]×손해율」의 공식에 의한다.

해설 영업시설 피해액 = m^2당 표준단가×소실면적 ×$[1-(0.9×경과연수/내용연수)]×손해율$

80 화재조사 및 보고규정상 명시된 화재현황 조사서의 기상상황에 해당하지 않는 것은?

① 온도   ② 기상특보
③ 기압   ④ 풍향 및 풍속

해설 기상상황에 포함된 내용
날씨, 온도, 습도, 풍향, 풍속, 기상특보

제5과목   **화재조사관계법규**

---

81 화재로 인한 재해보상과 보험가입에 관한 법령상 한국화재보험협회의 업무에 명시되지 않은 것은?(단, 그 밖에 금융위원회의 인가를 받은 업무는 제외한다.)

① 화재예방 및 소화시설에 대한 안전점검
② 소방기술정보를 보급하여 화재예방 도모
③ 화재예방과 소화시설에 관한 자료의 조사 · 연구 및 계몽
④ 화재보험에 있어서의 소화설비(消火設備)에 따른 보험요율의 할인등급에 대한 사정(查定)

Answer   76.④   77.③   78.①   79.②   80.③   81.②

해설 한국화재보험협회의 업무
　　⊙ 화재예방 및 소화시설에 대한 안전점검
　　ⓛ 화재보험에 있어서의 소화설비(消火設備)에 따른 보험요율의 할인등급에 대한 사정(査定)
　　ⓒ 화재예방과 소화시설에 관한 자료의 조사 · 연구 및 계몽
　　ⓔ 행정기관이나 그 밖의 관계기관에 화재예방에 관한 건의
　　ⓜ 그 밖에 금융위원회의 인가를 받은 업무

82 화재로 인한 재해보상과 보험가입에 관한 법령상 특약부화재보험에 가입하지 아니한 특수건물의 소유자에게 주어지는 벌칙은?

① 500만원 이하의 벌금
② 1,000만원 이하의 벌금
③ 500만원 이하의 벌금
④ 1년 이하의 징역 또는 1,000만원 이하의 벌금

해설 특약부화재보험에 가입하지 아니한 자는 500만원 이하의 벌금에 처한다.

83 화재로 인한 재해보상과 보험가입에 관한 법령상 특수건물의 기준으로 옳은 것은?

① 음악산업진흥에 관한 법률에 따른 노래연습장업으로 사용하는 부분의 바닥면적의 합계가 1천m² 이상인 건물
② 관광진흥법에 따른 관광숙박업으로 사용하는 건물로서 연면적의 합계가 3천m² 이상인 건물
③ 학원의 설립·운영 및 과외교습에 관한 법률에 따른 학원으로 사용하는 부분의 바닥면적의 합계가 1천m² 이상인 건물
④ 의료법에 따른 병원급 의료기관으로 사용하는 건물로서 연면적의 합계가 2천m² 이상인 건물

해설 ① 음악산업진흥에 관한 법률에 따른 노래연습장업으로 사용하는 부분의 바닥면적 합계가 2천m² 이상인 건물
③ 학원의 설립·운영 및 과외교습에 관한 법률에 따른 학원으로 사용하는 부분의 바닥면적의 합계가 2천m² 이상인 건물
④ 의료법에 따른 병원급 의료기관으로 사용하는 건물로서 연면적의 합계가 3천m² 이상인 건물

84 화재증거물수집관리규칙상 증거물에 대한 조치로 틀린 것은?

① 증거물 수집 목적이 인화성 액체 성분분석인 경우에는 인화성 액체 성분의 증발을 막기 위한 조치를 행하여야 한다.
② 증거물의 보관은 전용실 또는 전용함 등 변형이나 파손될 우려가 없는 장소에 보관한다.
③ 증거물은 화재증거 수집의 목적달성 후 관계인의 승낙이 있을 때에는 폐기할 수 있다.
④ 발화원인의 판정에 관계가 있는 개체에 대해서는 증거물과 이격되어 있거나 연소되지 않은 상황이라면 기록을 남기지 않을 수 있다.

해설 발화원인의 판정에 관계가 있는 개체 또는 부분에 대해서는 증거물과 이격되어 있거나 연소되지 않은 상황이라도 기록을 남겨야 한다.

85 국가배상법령상의 내용으로 틀린 것은?

① 외국인이 피해자인 경우에는 해당 국가와 상호 보증이 있을 때에만 적용한다.
② 생명·신체의 침해로 인한 국가배상을 받을 권리는 양도할 수 있다.
③ 손해배상의 소송은 배상심의회에 배상신청을 하지 아니하고도 제기할 수 있다.
④ 국가나 지방자치단체는 공무원이 직무를 집행하면서 고의 또는 과실로 법령을 위반하여 타인에게 손해를 입힌 경우에 그 손해를 배상하는 것이 원칙이다.

해설 생명·신체의 침해로 인한 국가배상을 받을 권리는 양도하거나 압류하지 못한다.

86 화재증거물수집관리규칙상 증거물 보관·이동 시 책임자가 전 과정에 대하여 입증할 수 있도록 작성하여야 하는 사항으로 명시되지 않은 것은?

① 증거물 운반일자, 운반자
② 증거물 발신일자, 발신자
③ 증거물 수신일자, 수신자
④ 증거물 최초 상태, 개봉일자, 개봉자

부록

과년도 출제문제

해설 증거물의 보관 및 이동은 장소 및 방법, 책임자 등이 지정된 상태에서 행해져야 되며, 책임자는 전 과정에 대하여 이를 입증할 수 있도록 다음 사항을 작성하여야 한다.
ㄱ 증거물 최초 상태, 개봉일자, 개봉자
ㄴ 증거물 발신일자, 발신자
ㄷ 증거물 수신일자, 수신자
ㄹ 증거관리가 변경되었을 때 기타사항 기재

87 화재조사 및 보고규정상 최종잔가율의 정의로 옳은 것은?

① 피해물의 내용연수에 대한 사용연수의 비율
② 화재 당시에 피해물의 재구입비에 대한 현재가의 비율
③ 피해물의 종류, 손상 상태 및 정도에 따라 피해액을 적정화시키는 일정한 비율
④ 피해물의 경제적 내용연수가 다한 경우 잔존하는 가치의 재구입비에 대한 비율

해설 ①에 대한 정의는 없고 ②는 잔가율 ③은 손해율에 대한 정의를 말한다.

88 경범죄 처벌법령상 범칙행위를 한 사람으로서 범칙자에 해당하는 사람은?

① 나이가 18세 이상인 사람
② 피해자가 있는 행위를 한 사람
③ 범칙행위를 상습적으로 하는 사람
④ 죄를 지은 동기나 수단 및 결과를 헤아려 볼 때 구류처분을 하는 것이 적절하다고 인정되는 사람

해설 범칙자란 범칙행위를 한 사람으로서 다음의 어느 하나에 해당하지 아니하는 사람을 말한다.(경범죄 처벌법 제6조)
ㄱ 범칙행위를 상습적으로 하는 사람
ㄴ 죄를 지은 동기나 수단 및 결과를 헤아려 볼 때 구류처분을 하는 것이 적절하다고 인정되는 사람
ㄷ 피해자가 있는 행위를 한 사람
ㄹ 18세 미만인 사람

89 경범죄 처벌법령상 즉결심판 대상자에게 발부하는 즉결심판 출석통지서에 기재하는 사항이 아닌 것은?

① 위반내용 및 적용 법조문
② 즉결심판 대상자의 인적사항
③ 즉결심판을 위한 출석의 일시 및 장소
④ 지방법원, 지원 또는 시 · 군법원의 판사이름

해설 즉결심판 출석통지서 기재사항
ㄱ 즉결심판 대상자의 인적사항
ㄴ 위반내용 및 적용 법조문
ㄷ 즉결심판을 위한 출석의 일시 및 장소

90 제조물책임법의 제정목적이 아닌 것은?

① 제조업자의 이익증진
② 피해자의 보호를 도모
③ 국민생활의 안전 향상
④ 국민경제의 건전한 발전

해설 제조물책임법은 제조물의 결함으로 발생한 손해에 대한 제조업자 등의 손해배상책임을 규정함으로써 피해자 보호를 도모하고 국민생활의 안전 향상과 국민경제의 건전한 발전에 이바지함을 목적으로 한다.

91 실화책임에 관한 법률상 손해배상액 경감청구가 있을 경우 고려사항으로 명시되지 않은 것은? (단, 그 밖에 손해배상액을 결정할 때 고려할 사항은 제외한다.)

① 화재의 원인과 규모
② 소화수에 의한 수손피해의 정도
③ 배상의무자 및 피해자의 경제상태
④ 피해확대를 방지하기 위한 실화자의 노력

해설 법원은 경감청구가 있을 경우에는 아래의 사정을 고려하여 그 손해배상액을 경감할 수 있다.
ㄱ 화재의 원인과 규모
ㄴ 피해의 대상과 정도
ㄷ 연소(延燒) 및 피해 확대의 원인
ㄹ 피해확대를 방지하기 위한 실화자의 노력
ㅁ 배상의무자 및 피해자의 경제상태
ㅂ 그 밖에 손해배상액을 결정할 때 고려할 사정

Answer 87.④ 88.① 89.④ 90.① 91.②

92 제조물책임법상 명시된 소멸시효에 관한 내용으로 (   )에 알맞은 내용은?

> 손해배상의 청구권은 피해자 또는 그 법정대리인이 손해와 손해배상책임을 지는 자를 모두 알게 된 날부터 (   )년간 행사하지 아니하면 시효의 완성으로 소멸한다.

① 1   ② 2
③ 3   ④ 5

해설 손해배상의 청구권은 피해자 또는 그 법정대리인이 손해와 손해배상 책임을 지는 자를 모두 알게 된 날부터 3년간 행사하지 아니하면 시효의 완성으로 소멸한다.

93 화재조사 및 보고규정상 다음의 설명에 해당하는 용어는?

> 화재와 관계되는 물건의 형상, 구조, 재질, 성분, 성질 등 이와 관련된 모든 현상에 대하여 과학적 방법에 의한 필요한 실험을 행하고 그 결과를 근거로 화재원인을 밝히는 자료를 얻는 것

① 조사   ② 감식
③ 감정   ④ 수사

해설 ① 조사 : 화재원인을 규명하고 화재로 인한 피해를 산정하기 위하여 자료의 수집, 관계자 등에 대한 질문, 현장확인, 감식, 감정 및 실험 등을 하는 일련의 행동을 말한다.
② 감식 : 감식이란 화재원인의 판정을 위하여 전문적인 지식, 기술 및 경험을 활용하여 주로 시각에 의한 종합적인 판단으로 구체적인 사실관계를 명확하게 규명하는 것을 말한다.
④ 화재조사 및 보고규정에는 수사의 용어가 없다.

94 민법상 불법행위로 인한 배상의 책임기준으로 틀린 것은?

① 공동불법행위의 책임과 관련하여 교사자나 방조자는 공동행위자로 본다.
② 과실로 인한 심신상실을 초래한 경우 타인에게 손해를 가한 자는 배상의 책임이 없다.
③ 미성년자가 타인에게 손해를 가한 경우에 그 행위의 책임을 변식할 지능이 없는 때에는 배상의 책임이 없다.
④ 타인의 생명을 해한 자는 피해자의 직계존속, 직계비속 및 배우자에 대하여는 재산상의 손해가 없는 경우에도 손해배상의 책임이 있다.

해설 심신상실 중에 타인에게 손해를 가한 자는 배상의 책임이 없다. 그러나 고의 또는 과실로 인하여 심신상실을 초래한 때에는 배상책임이 있다.

95 형법상 현주건조물 등에의 방화로 사람을 사망에 이르게 한 경우의 벌칙은?

① 2년 이상의 징역
② 3년 이상의 징역
③ 무기 또는 5년 이상의 징역
④ 사형, 무기 또는 7년 이상의 징역

해설 불을 놓아 사람이 주거로 사용하거나 사람이 현존하는 건조물, 기차, 전차, 자동차, 선박, 항공기 또는 지하채굴시설을 불태워 사람을 사망에 이르게 한 경우에는 사형, 무기 또는 7년 이상의 징역에 처한다.

96 소방의 화재조사에 관한 법률에 따라 소방관서장이 화재조사를 실시할 때 조사사항으로 옳지 않은 것은?

① 화재로 인한 재산피해 보상에 관한 사항
② 소방시설 등의 설치·관리 및 작동 여부에 관한 사항
③ 대응활동에 관한 사항
④ 화재원인에 관한 사항

해설 화재조사의 실시(소방의 화재조사에 관한 법률 제5조)

소방관서장은 화재조사를 하는 경우 다음의 사항에 대하여 조사하여야 한다.
- ㉠ 화재원인에 관한 사항
- ㉡ 화재로 인한 인명 · 재산피해상황
- ㉢ 대응활동에 관한 사항
- ㉣ 소방시설 등의 설치 · 관리 및 작동 여부에 관한 사항
- ㉤ 화재발생건축물과 구조물, 화재유형별 화재위험성 등에 관한 사항
- ㉥ 그 밖에 대통령령으로 정하는 사항

97 화재조사를 위한 권리와 의무에 대한 설명으로 옳지 않은 것은?

① 범죄수사와 관련된 증거물인 경우에는 수사기관의 장과 협의하여 수집할 수 있다.
② 관계인을 임의 동행하여 조사할 수 있다.
③ 수사기관이 압수한 증거물에 대하여 조사할 수 있다.
④ 수사기관에 체포된 피의자에 대하여 조사할 수 있다.

해설 관계인을 임의 동행하여 조사할 수 있다는 규정은 없다.

98 화재조사를 하는 관계공무원이 관계인의 정당한 업무를 방해하거나 화재조사를 수행하면서 알게 된 비밀을 다른 사람에게 누설한 자의 경우의 벌칙기준은?

① 300만원 이하의 벌금
② 500만원 이하의 벌금
③ 700만원 이하의 벌금
④ 1천만원 이하의 벌금

해설 화재조사를 수행하면서 알게 된 비밀을 다른 사람에게 누설한 경우 300만원 이하 벌금에 처한다.(소방의 화재조사에 관한 법률 제9조 제3항 관련)

99 제조물책임법령상 손해배상책임을 지는 자가 손해배상책임을 면(免)할 수 있는 사항을 모두 고른 것은?

㉮ 제조업자가 해당 제조물을 공급하지 아니하였다는 사실을 입증한 경우
㉯ 제조업자가 해당 제조물을 공급한 당시의 과학 · 기술 수준으로는 결함의 존재를 발견할 수 있었던 사실을 입증한 경우
㉰ 제조물의 결함이 제조업자가 해당 제조물을 공급한 당시의 법령에서 정하는 기준을 준수함으로써 발생하였다는 사실을 입증한 경우
㉱ 원재료나 부품의 경우에는 그 원재료나 부품을 사용한 제조물 제조업자의 설계 또는 제작에 관한 지시로 인하여 결함이 발생하였다는 사실을 입증한 경우

① ㉮, ㉯, ㉰
② ㉮, ㉯, ㉱
③ ㉮, ㉰, ㉱
④ ㉯, ㉰, ㉱

해설 손해배상책임을 지는 자가 다음의 어느 하나에 해당하는 사실을 입증한 경우에는 이 법에 따른 손해배상책임을 면(免)한다.
- ㉠ 제조업자가 해당 제조물을 공급하지 아니하였다는 사실
- ㉡ 제조업자가 해당 제조물을 공급한 당시의 과학 · 기술 수준으로는 결함의 존재를 발견할 수 없었다는 사실
- ㉢ 제조물의 결함이 제조업자가 해당 제조물을 공급한 당시의 법령에서 정하는 기준을 준수함으로써 발생하였다는 사실
- ㉣ 원재료나 부품의 경우에는 그 원재료나 부품을 사용한 제조물 제조업자의 설계 또는 제작에 관한 지시로 인하여 결함이 발생하였다는 사실

Answer 97.② 98.① 99.③

100 소방기본법령상 소방자동차 전용구역에 관한 설명으로 틀린 것은?

① 전용구역 방해행위를 한 자는 300만원 이하의 과태료에 처한다.

② 소방자동차 전용구역 노면표지 도료의 색채는 황색을 기본으로 한다.

③ 소방자동차 전용구역에 물건 등을 쌓는 등의 방해해위를 하여서는 아니 된다.

④ 세대수가 100세대 이상인 아파트의 건축주는 소방자동차 전용구역을 설치하여야 한다.

해설 전용구역에 차를 주차하거나 전용구역에의 진입을 가로막는 등의 방해행위를 한 자에게는 100만원 이하의 과태료를 부과한다.

● MEMO ●

2022년 3월 5일

화재감식평가기사

제1과목 화재조사론

01 화재조사관의 책무가 아닌 것은?

① 조사에 필요한 전문적 지식을 습득하기 위해 노력한다.
② 조사업무를 능률적이고 효율적으로 수행한다.
③ 조사관은 그 직무와 관련된 관계인 등의 민사 분쟁에 개입한다.
④ 화재조사에 필요한 전문 기술을 배운다.

해설 화재조사관의 책무(화재조사 및 보고규정 제4조)
㉠ 조사관은 조사에 필요한 전문적 지식과 기술의 습득에 노력하여 조사업무를 능률적이고 효율적으로 수행해야 한다.
㉡ 조사관은 그 직무를 이용하여 관계인 등의 민사분쟁에 개입해서는 아니 된다.

02 폴리우레탄 벽체를 관통하는 단위면적당 열유동률은 약 몇 W/m²인가? (단, 폴리우레탄의 열전도율은 0.034W/m · K이며, 벽의 두께는 0.05m, 벽 양면의 온도는 각각 50℃와 20℃이다.)

① 15.3
② 20.4
③ 24.5
④ 28.9

해설 열유동률
$$q' = \frac{k(T_2 - T_1)}{l}$$
$$= \frac{0.034\text{W/m} \cdot \text{K} \times [(273+50)-(273+20)]\text{K}}{0.05\text{m}}$$
$$= 20.4\text{W/m}^2$$
여기서, q' : 단위면적당 열유동률(W/m²)
k : 열전도율(W/m · K)
T_2, T_1 : 각 벽면의 온도(K)
l : 벽두께(m)

03 화재조사 시 조사관이 분석한 데이터를 토대로 화재확산, 발화점의 규명, 화재원인 등에 대한 가설을 만들어 내는 과정은?

① 주관적 추론
② 연역적 추론
③ 귀납적 추론
④ 객관적 추론

해설 귀납적 추론은 이미 벌어진 화재현상을 데이터 분석을 통해 발화순서, 화재원인 등을 규명하려는 것으로 경험적 증거를 토대로 일반론을 도출하는 것을 의미한다. 연역적 추론은 일반적인 원칙에서 출발하여 특정한 결론에 이르는 과정을 밝혀내는 방법이다.

04 화재플럼(fire plume)에 의해 수직벽면에 생성되는 패턴이 아닌 것은?

① V패턴
② U패턴
③ 모래시계 패턴
④ 레인보우 이펙트 패턴(rainbow effect pattern)

해설 레인보우 이펙트(rainbow effect)는 유류 등의 액체 가연물로 인해 바닥면에 고여 있는 소화수 표면에 나타나는 현상이다.

05 물질의 환원반응에 관한 설명 중 틀린 것은?

① 산소를 잃는 반응이다.
② 전자를 얻는 반응이다.
③ 수소와 결합하는 반응이다.
④ 산화수가 증가하는 반응이다.

해설 환원은 산소를 잃거나, 전자를 얻거나, 수소와 결합하고 산화수가 감소하는 반응이다. 산화수가 증가하는 반응은 산화이다.

---

06 화재현장에서 조사관의 자세로 틀린 것은?

① 개인의 민사관계에 적극 관여하여야 한다.
② 부당하게 개인의 권리를 침해하고 자유를 제한하지 않도록 한다.
③ 기술적으로 타당성에 입각하여 조사하여야 한다.
④ 화재조사는 물적 증거를 객체로 하여 과학적 방법으로 합리적으로 사실을 규명하여야 한다.

해설 화재조사관은 개인의 민사관계에 관여해서는 안 된다.

07 가정용 LPG 보일러 배관에서 LPG가 누출되어 폭발이 발생하였다. 발화원인으로서 화재의 4요소 중 가장 집중해서 조사하여야 하는 것은?

① 점화원   ② 가연물
③ 산소농도   ④ 자립연쇄반응

해설 LPG 누출로 폭발이 발생한 경우 누출의 근본원인이 발화원인이 되므로 가연물에 대한 조사가 선행되어야 한다.

08 소방의 화재조사에 관한 법률상 화재조사에 대한 내용으로 옳은 것은?

① 소방관서장은 화재조사를 위하여 필요한 경우라도 관계인에게 보고 또는 자료 제출을 명할 수 없다.
② 소방관서장은 수사기관의 장이 방화 또는 실화의 혐의가 있어서 이미 피의자를 체포하였을 경우 그 피의자에 대해서는 조사할 수 없다.
③ 화재조사관은 화재조사를 수행하면서 알게 된 비밀을 언론에 공개해야 한다.
④ 소방관서장은 방화 또는 실화의 혐의가 있다고 인정되면 지체 없이 경찰서장에게 그 사실을 알려야 한다.

해설 ① 소방관서장은 화재조사를 위하여 필요한 경우에 관계인에게 보고 또는 자료 제출을 명하거나 화재조사관으로 하여금 해당 장소에 출입하여 화재조사를 하게 하거나 관계인 등에게 질문하게 할 수 있다.(소방의 화재조사에 관한 법률 제9조)

② 소방관서장은 수사기관의 장이 방화 또는 실화의 혐의가 있어서 이미 피의자를 체포하였거나 증거물을 압수하였을 때에 화재조사를 위하여 필요한 경우에는 범죄수사에 지장을 주지 아니하는 범위에서 그 피의자 또는 압수된 증거물에 대한 조사를 할 수 있다. 이 경우 수사기관의 장은 소방관서장의 신속한 화재조사를 위하여 특별한 사유가 없으면 조사에 협조하여야 한다.(소방의 화재조사에 관한 법률 제11조)
③ 화재조사를 하는 화재조사관은 관계인의 정당한 업무를 방해하거나 화재조사를 수행하면서 알게 된 비밀을 다른 용도로 사용하거나 다른 사람에게 누설하여서는 아니 된다.(소방의 화재조사에 관한 법률 제9조)
④ 소방관서장은 방화 또는 실화의 혐의가 있다고 인정되면 지체 없이 경찰서장에게 그 사실을 알리고 필요한 증거를 수집 · 보존하는 등 그 범죄수사에 협력하여야 한다.(소방의 화재조사에 관한 법률 제12조)

09 구획실 화재현상에 관한 설명 중 틀린 것은?

① 플레임오버나 롤오버는 플래시오버에 선행하는 것이 일반적이다.
② 플레임오버나 롤오버 이후에는 반드시 플래시오버가 일어난다.
③ 화재가 성장하면서 복사열이 화재를 지배하게 한다.
④ 환기지배형 화재의 경우에는 고온가스층에 미연소 열분해물과 일산화탄소의 수치가 증가한다.

해설 플레임오버나 롤오버 이후에 플래시오버가 반드시 발생하는 것은 아니다.

10 목재의 탄화모양과 형상에 대한 설명 중 틀린 것은?

① 탄화된 골은 폭이 좁고 얕다.
② 표면은 요철부가 많고 거칠어진다.
③ 표면이 박리와 회화(灰化)를 반복한다.
④ 연소가 계속되면 타서 가늘게 되고 박리되어 소실되어 간다.

해설 목재의 탄화로 형성된 골은 폭이 넓고 깊게 된다.

Answer 06.① 07.② 08.④ 09.② 10.①

11 발화부 주변의 일반적인 연소현상에 대한 설명 중 틀린 것은?

① 발화부를 향해 소락(燒落)되거나 도괴된다.
② 발화부와 가까울수록 탄화심도가 깊다.
③ 목재표면에 발생하는 균열은 발화부와 가까울수록 골이 넓고 굵어진다.
④ 발화부는 비교적 밝은 색을 띠며 발화부와 멀어질수록 어두운 빛을 나타낸다.

해설 목재의 균열흔은 발화부와 가까울수록 골이 굵어지는 것이 아니라 넓고 깊어진다.

12 얇은 고체가연물에서 정방향 화염확산에 관한 설명 중 틀린 것은?

① 얇은 고체가연물에서의 정방향 화염확산은 위로 퍼지는 화염확산에서 발생한다.
② 커튼 위로 화염이 퍼지거나 종이 위로 화염이 퍼지는 것이 대표적인 예이다.
③ 화염확산속도가 역방향 화염확산보다 느리기 때문에 가연물이 활발하게 타는 지역이 매우 짧다.
④ 얇은 고체가연물은 빨리 발화되지만 빨리 연소되기 때문에 가연물 두께에 따른 화염확산속도의 변화추이를 만드는 것이 불가능하다.

해설 얇은 고체가연물에서의 화염확산속도는 역방향보다 정방향 화염확산속도가 빠르게 진행되기 때문에 연소하는 지역이 상대적으로 넓다.

13 화재조사전담부서에서 갖추어야 할 감식기기를 모두 고른 것은?

| ㉮ 절연저항계 |
| ㉯ 복합 가스측정기 |
| ㉰ 슈미트해머 |
| ㉱ 디지털 풍향 풍속 기록계 |

① ㉮, ㉯, ㉰
② ㉮, ㉯, ㉱

③ ㉮, ㉰, ㉱
④ ㉯, ㉰, ㉱

해설 ㉮, ㉯, ㉰ : 감식기기
㉱ : 기록용 기기

14 가연물의 최소착화에너지에 영향을 미치는 요인에 대한 설명으로 옳은 것은?

① 압력이 높을수록 최소착화에너지는 높아진다.
② 온도가 높을수록 최소착화에너지는 낮아진다.
③ 가연물의 종류에 관계없이 최소착화에너지는 일정하다.
④ 혼합된 공기의 산소농도에 관계없이 최소착화에너지는 일정하다.

해설 압력과 온도가 높아질수록 최소착화에너지는 감소하며, 가연물 및 산소농도에 따라 최소착화에너지는 변화한다.

15 금속의 용융점이 낮은 것에서 높은 것 순으로 옳게 나열된 것은?

| ㉮ 구리 | ㉯ 납 |
| ㉰ 알루미늄 | ㉱ 철 |

① ㉯ → ㉰ → ㉮ → ㉱
② ㉯ → ㉰ → ㉱ → ㉮
③ ㉰ → ㉯ → ㉮ → ㉱
④ ㉰ → ㉯ → ㉱ → ㉮

해설 납의 녹는점은 327℃, 알루미늄의 녹는점은 660℃, 구리의 녹는점은 약 1,084℃, 철의 녹는점은 약 1,583℃이다.

16 메탄의 연소범위로 옳은 것은?

① 4.0~75vol%
② 5.0~15vol%
③ 2.1~9.5vol%
④ 6.7~36vol%

해설 메탄의 연소범위는 5.0~15vol%이다.

Answer 11.③ 12.③ 13.① 14.② 15.① 16.②

부록

과년도 출제문제

17 화재현장에서 발견된 유리의 파괴선에 관한 설명 중 틀린 것은?

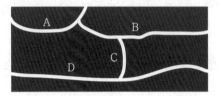

① A는 B보다 선행되었다.
② B는 C보다 선행되었다.
③ C는 D보다 선행되었다.
④ D와 B의 선후관계는 알 수 없다.

해설 파괴선 C가 파괴선 D에 의해 진행이 멈춰있기 때문에 선행되었다고 볼 수 없다.

18 인화성 액체 가연물의 연소에 의한 화재패턴이 아닌 것은?

① 제트 패턴(Z pattern)
② 포어 패턴(pour pattern)
③ 도넛 패턴(doughnut pattern)
④ 고스트마크 패턴(ghost mark pattern)

해설 인화성 액체 가연물의 연소에 의한 패턴은 포어 패턴(pour pattern), 스플래시 패턴(splash pattern), 도넛 패턴(doughnut pattern), 고스트마크 패턴(ghost mark pattern) 등이 있다.

19 소방의 화재조사에 관한 법률에 따라 소방관서장이 화재조사를 실시할 때 조사사항을 모두 고른 것은?

㉮ 대응활동에 관한 사항
㉯ 화재진화 기술개발에 관한 사항
㉰ 화재로 인한 인명 · 재산피해상황
㉱ 화재발생건축물과 구조물, 화재유형별 화재 위험성 등에 관한 사항

① ㉮, ㉯, ㉰
② ㉮, ㉯, ㉱
③ ㉯, ㉰, ㉱
④ ㉮, ㉰, ㉱

해설 화재조사의 실시(소방의 화재조사에 관한 법률 제5조)
소방관서장은 화재조사를 하는 경우 다음의 사항에 대하여 조사하여야 한다.
㉠ 화재원인에 관한 사항
㉡ 화재로 인한 인명 · 재산피해상황
㉢ 대응활동에 관한 사항
㉣ 소방시설 등의 설치 · 관리 및 작동 여부에 관한 사항
㉤ 화재발생건축물과 구조물, 화재유형별 화재 위험성 등에 관한 사항
㉥ 그 밖에 대통령령으로 정하는 사항

20 BLEVE 현상에 대한 설명으로 옳은 것은?

① 압력유, 윤활유 등 유기물이 공기 중에 분무된 상태에서 폭발하는 현상
② 저장탱크에서 유출된 대량의 가연성 가스가 대기 중에 떠다니다가 점화원과 접촉 시 폭발하는 현상
③ 혼합가스가 폭발범위에서 점화될 때 음속보다 빠른 연소속도로 이동하며 충격파를 수반하는 현상
④ 가스저장탱크 주변화재 시 저장탱크가 가열되어 탱크 내의 액화가스가 급격히 증발 팽창하여 탱크가 폭발하는 현상

해설 압력유, 윤활유 등 유기물이 공기 중에 분무된 상태에서 폭발하는 현상은 분무폭발이며, 저장탱크에서 유출된 대량의 가연성 가스가 대기 중에 떠다니다가 점화원과 접촉 시 폭발하는 현상은 증기운 폭발(vapor cloud explosion), 혼합가스가 폭발범위에서 점화될 때 음속보다 빠른 연소속도로 이동하며 충격파를 수반하는 현상은 폭굉(detonation)이다.

Answer 17.③ 18.① 19.④ 20.④

제2과목 화재감식론

21 차량의 점화장치의 전류 흐름 순서를 바르게 나열한 것은?

① 점화스위치 → 배터리 → 시동모터 → 점화코일 → 배전기 → 고압케이블 → 스파크 플러그

② 점화스위치 → 시동모터 → 배터리 → 점화코일 → 배전기 → 고압케이블 → 스파크 플러그

③ 점화스위치 → 배터리 → 시동모터 → 배전기 → 점화코일 → 고압케이블 → 스파크 플러그

④ 점화스위치 → 시동모터 → 점화코일 → 배터리 → 배전기 → 고압케이블 → 스파크 플러그

해설 차량의 점화장치의 전류 흐름 순서는 점화스위치 → 배터리 → 시동모터 → 점화코일 → 배전기 → 고압케이블 → 스파크 플러그 순이다.

22 다음 중 항공기 객실 내에서의 연기로 인한 이온밀도의 변화를 감지하는 연기감지기(smoke detector)는?

① 열감지기 ② 불꽃감지기
③ 이온화감지기 ④ 광전식 감지기

해설 화재 시 연기로 인한 이온밀도의 변화를 감지하는 연기감지기는 이온화감지기이다.

23 화재조사 및 보고규정상 용어의 정의 중 틀린 것은?

① 발화란 열원에 의하여 가연물질에 지속적으로 불이 붙는 현상을 말한다.

② 발화열원이란 발화의 최초원인이 된 불꽃 또는 열을 말한다.

③ 발화요인이란 발화열원에 의하여 발화로 이어진 연소현상에 영향을 준 물적 요인만을 말한다.

④ 최초착화물이란 발화열원에 의해 불이 붙은 최초의 가연물을 말한다.

해설 발화요인이란 발화열원에 의하여 발화로 이어진 연소현상에 영향을 준 인적·물적·자연적인 요인을 말한다.(화재조사 및 보고규정 제2조)

24 화재현장에 노출된 금속의 표면에 화재열에 의하여 나타나는 현상이 아닌 것은?

① 변색
② 분해
③ 만곡
④ 용융

해설 화재에 노출된 금속표면은 화재열에 의해 변색, 용융, 만곡 등의 현상이 나타난다.

25 임야화재 중 수관화에 관한 설명으로 틀린 것은?

① 땅속에 있는 연료가 타는 것을 말한다.

② 중심부 화염의 온도가 1,175℃ 정도이다.

③ 바람을 타고 바람이 부는 방향으로 V자형으로 퍼진다.

④ 빨리 확산되고 짧은 기간에 심각한 피해를 발생시킨다.

해설 땅속에 있는 연료가 타는 임야화재는 지중화이다.

26 담뱃불로 인하여 화재가 발생한 현장의 주요 감식요령 중 틀린 것은?

① 발화에 충분한 축열조건 입증

② 착화지점이 얇게 타들어간 흔적 입증

③ 착화, 발열에 이르기까지의 경과시간과 착화물과의 관계의 타당성 입증

④ 담뱃불에 의해 착화될 수 있는 가연물의 존재 여부 입증

해설 담뱃불로 인한 화재발생현장의 착화지점은 일반적으로 훈소의 진행으로 인해 깊게 타들어간 흔적이 발생된다.

27 용기 내용적이 5m³이고, 35℃에서의 최고 충전압력이 4MPa인 압축가스용기의 최대 저장능력(m³)은?

① 10 ② 20
③ 25 ④ 30

부록

과년도 출제문제

해설 저장능력 산정기준에 의해 압축가스의 저장탱크 및 용기는 다음 계산식에 의해 구해진다.(고압가스 안전관리법 시행규칙 [별표 1])

$Q = (10P+1)V_1$

여기서, Q : 저장능력(m^3)

P : 35℃에서의 최대 충전압력(MPa)

V_1 : 내용적(m^3)

$Q = [(10 \times 4)+1] \times 5 = 205 m^3$

28 화학적 폭발 이후에 화재로 진행되는 경우, 가연물과 공기의 혼합비율이 화재에 미치는 영향에 관한 설명으로 옳은 것은?

① 연소상한계에 가까울수록 폭발 후 화재로 발전될 가능성이 높다.

② 연소하한계에 가까울수록 폭발 후 화재로 발전될 가능성이 높다.

③ 연소한계범위 내에서는 혼합비율에 관계없이 화재로의 발전 가능성은 모두 같다.

④ 연소범위 내에서 화학양론비에 가까울수록 화재로 발전될 가능성이 높다.

해설 연소하한계에 가까우면 폭발 후 화재로 이어지기는 어려우며, 상한계에 가까우면 폭발 후 화재로 진행될 가능성이 커서 연소한계범위 내에서 혼합비율에 따라 화재로의 발전 가능성은 달라진다. 또한, 연소범위 내에서 화학양론비에 가까울수록 폭발로 진행될 가능성이 높다.

29 저항 1Ω과 유도리액턴스 1Ω의 직렬회로에 교류전압 $v(t) = 100\sqrt{2}\sin(\omega t) V$를 인가하였을 때 이 회로에 흐르는 전류 $i(t)$는 몇 A인가?

① $i(t) = 100\sin\left(\omega t + \dfrac{\pi}{4}\right)$

② $i(t) = 100\sin\left(\omega t - \dfrac{\pi}{4}\right)$

③ $i(t) = 100\sqrt{2}\sin\left(\omega t + \dfrac{\pi}{4}\right)$

④ $i(t) = 100\sqrt{2}\sin\left(\omega t - \dfrac{\pi}{4}\right)$

해설 저항(R) 1Ω, 유도리액턴스(X_L) 1Ω이므로

합성임피던스(Z) $= \sqrt{R^2 + X_L{}^2} = \sqrt{1^2 + 1^2}$

$= \sqrt{2}$, $\theta = 45°$, $i(t) = \dfrac{v(t)}{Z}$이고

전압 $v(t)$는 전류 $i(t)$보다 θ만큼 앞서므로

$i(t) = 100\sin\left(\omega t - \dfrac{\pi}{4}\right)$

30 화재현장에서 발생하는 소음으로서 목격자들이 폭발로 오인할 수 있는 경우가 아닌 것은?

① 화재 시 콘크리트 폭열에 의한 소음

② 개방된 용기의 변형 시 발생하는 소음

③ 화재 열기에 의한 스프레이 캔, 방향제 캔 등의 파열 소음

④ 화재 시 전선피복이 손상되면서 발생하는 전기적 합선의 소음

해설 개방된 용기의 변형 시의 소음은 폭발로 오인할 정도로 크게 발생되지 않는다.

31 전기적 발화원인 중 근본적인 원인이 국부적 저항증가인 것은?

① 누전   ② 과전류

③ 합선   ④ 불완전접촉

해설 불완전접촉은 접촉면적이 작아서 국부적으로 저항이 높아지는 경우이다.

32 유염화원에 관한 사항 중 틀린 것은?

① 미소화원에 비하여 훨씬 에너지량이 많다.

② 라이터불, 성냥불, 촛불과 같이 화염이 있는 화원이다.

③ 오랜 시간 동안 연소가 진행되고 깊게 탄 연소흔적을 보이며, 표면적으로 연소가 확대되는 경우가 드물다.

④ 무염화원에 대한 상대적 개념으로 불이 붙어 있거나 보통 소화되기 전까지 화염을 발하여 연소를 계속하고 있는 화원의 총칭이다.

해설 오랜 시간 동안 연소가 진행되고 깊게 탄 연소흔적을 보이며, 표면적으로 연소가 확대되는 경우가 드문 것은 무염연소이다.

Answer 28.① 29.② 30.② 31.④ 32.③

33 그림과 같은 초기 임야화재의 확산형태에 관한 설명으로 옳은 것은?(단, 그림 안의 ×는 최초발화지점을 나타낸다.)

① 평지에서 무풍상태일 때의 모습이다.
② 경사로에서 매우 매우 강한 바람이 불 때의 모습이다.
③ 양쪽으로 경사가 있는 계곡에서 발생한 화재의 모습이다.
④ 다양한 방향과 풍속의 바람이 불어올 때의 모습이다.

[해설] 최초의 발화지점을 중심으로 원형 확산을 보이는 것은 무풍상태의 평지에서의 화재이다.

34 고압가스안전관리법령상 가연성 가스 종류에 따른 용기의 도색부분으로 옳은 것은?

① LPG – 백색
② 수소 – 주황색
③ 아세틸렌 – 녹색
④ 액화암모니아 – 회색

[해설] 고압가스용기의 색상

가스 종류	색 상	가스 종류	색 상
LPG	밝은 회색	액화암모니아 (NH$_3$)	백색
수소(H$_2$)	주황색	액화염소(Cl$_2$)	갈색
아세틸렌(C$_2$H$_2$)	황색	그 밖의 가스	회색

35 산화에틸렌 90vol%와 메탄 10vol%가 혼합되어 있는 경우 폭발하한계값(vol%)은?

① 3.13
② 15.79
③ 32.50
④ 55.81

[해설] 혼합 가스의 폭발하한계값은 르샤틀리에 식에 의해 구할 수 있다.
산화에틸렌의 폭발범위는 3~80vol%, 메탄의 폭발범위는 5~15vol%이므로 다음과 같다.

$$L = \frac{100}{\left[\left(\dfrac{V_1}{L_1}\right) + \left(\dfrac{V_2}{L_2}\right) + \left(\dfrac{V_3}{L_3}\right) + \cdots \right]}$$

$$= \frac{100}{\dfrac{90}{3} + \dfrac{10}{5}} = \frac{100}{30+2} = 3.125$$

36 화재조사 및 보고규정상 항공기 화재의 소실 정도에 관한 내용 중 틀린 것은?

① 항공기의 50%가 소실된 경우 반소로 본다.
② 항공기의 70% 이상 소실된 경우 전소로 본다.
③ 항공기의 소실 정도는 전소와 반소로만 구분한다.
④ 항공기의 60%가 소실되었으나 잔존부분을 보수하여도 재사용이 불가능한 것은 전소로 본다.

[해설] 화재의 소실 정도는 전소, 반소, 부분소로 구분되며 전소는 건물의 70% 이상(입체면적에 대한 비율)이 소실되었거나 또는 그 미만이라도 잔존부분을 보수하여도 재사용이 불가능한 것을 말하며, 반소는 건물의 30% 이상 70% 미만이 소실된 것, 부분소는 전소 및 반소화재에 해당되지 아니하는 것을 말한다. 자동차·철도차량, 선박·항공기 등의 소실정도는 건축·구조물 소실정도 규정과 같다.(화재조사 및 보고규정 제16조)

37 다음 흔적 중 전기기기 내부의 통전입증이 가능한 증거가 아닌 것은?

① 전류퓨즈의 용단
② 기판의 전체적인 탄화
③ 내부 배선의 합선흔적
④ 내부 단자의 부분적 용융흔적

[해설] 기판의 전체적인 탄화는 전기기기 내부의 통전을 설명할 수 없다.

Answer 33.① 34.② 35.① 36.③ 37.②

38 차량화재조사 시 유의사항으로 옳은 것은?

① 화재차량 위주로만 세밀하게 조사한다.
② 차량조사를 위해 차량을 함부로 이동시킨다.
③ 명확한 원인조사를 위해 주변을 깨끗하게 정리 및 청소한다.
④ 차량주변의 수거 가능한 모든 증거물을 모아 두고, 작은 것도 소홀히 취급해서는 안 된다.

해설 차량 및 차량주변을 세밀히 조사하고, 조사를 위해 차량을 임의로 이동시켜서는 안 된다. 또한 원인조사를 위해 주변을 정리하고 청소할 필요는 없다.

39 방화범을 정신분석적 측면에서 분류할 때 다음 방화범의 유형은?

후회할 줄 모르고 경험이나 처벌로부터 배우지 못한 특징을 가지고 주의집중의 시간이 짧고 과격하며, 파괴적인 행동으로 짜증이 나는 상황이나 자기비하를 느낄 때 화풀이로 방화를 해서 관심을 끌거나 도움을 요청하는 심리가 숨어있다. 또한 무차별적으로 방화하고, 결과에 대해 아무런 생각을 하지 않기 때문에 방화범 중 가장 무서운 부류에 속한다.

① 잠복기 방화범   ② 구강기 방화범
③ 항문기 방화범   ④ 외음부기 방화범

해설
① 잠복기 : 후회할 줄 모르고 경험이나 처벌로 부터 배우지 않음
② 구강기 : 모성애 부족으로 모성이 주는 따뜻함과 안전감 갈구
③ 항문기 : 부모의 애정결핍, 행동이 충동적이고 격정적임
④ 외음부기 : 소화활동 및 소방관 지원에 흥분감을 가짐

40 방화형태의 이론에서 연쇄방화의 주요 조사 착안점 중 틀린 것은?

① 행적 조사
② 연고감(緣故感) 조사

③ 피해액 조사
④ 지리감(地理感) 조사

해설 연쇄방화 조사는 행적, 연고감, 지리감 등에 착안해 조사하며 피해액 조사와는 무관하다.

제3과목 증거물관리 및 법과학

41 화재증거물수집관리규칙상 화재현장 사진 및 비디오 촬영 시 유의사항 중 틀린 것은?

① 증거물을 촬영할 때는 그 소재와 상태가 명백히 나타나도록 하며, 구분이 용이하도록 반드시 번호표 등을 넣어 촬영한다.
② 화재와 연관성이 크다고 판단되는 증거물, 피해물품, 유류 등의 대상물은 형상을 면밀히 관찰 후 자세히 촬영한다.
③ 현장사진 및 비디오 촬영과 현장기록물 확보 시에는 연소확대 경로 및 증거물기록에 대한 번호표와 화살표 등을 활용하여 작성한다.
④ 화재현장의 특정한 증거물 등을 촬영할 때 그 길이, 폭 등을 명백히 하기 위하여 측정용 자 또는 대조도구를 사용하여 촬영한다.

해설 증거물을 촬영할 때는 그 소재와 상태가 명백히 나타나도록 하며, 필요에 따라 구분이 용이하게 번호표 등을 넣어 촬영하면 좋지만 반드시 그럴 필요는 없다.(화재증거물수집관리규칙 제9조)

42 냉온수기의 자동온도 조절장치에서 절연체의 오명에 의한 트래킹화재가 발생한 경우 감정해야 할 증거물로 옳은 것은?

① 응축기   ② 압축기
③ 서모스탯   ④ 과부하계전기

해설 냉온수기에 부착된 자동온도 조절장치 절연체의 오염에 의한 트래킹화재는 서모스탯 노출단자의 손상 및 오염상태를 확인할 필요가 있다.

Answer 38.④ 39.① 40.③ 41.① 42.③

43 화재조사를 위한 질문 및 녹음에 관한 설명으로 옳은 것은?

① 경험이 많은 화재조사관의 직감에 의존하여 질문을 한다.
② 허위진술과 같은 불가피한 상황은 어느 정도 인정하고 받아들여야 한다.
③ 녹취가 필요한 경우 피질문자의 동의가 필요하다.
④ 청소년을 대상으로 하는 질문은 가급적이면 편안하고 조용한 장소에서 1 대 1로 진행한다.

해설 직감에 의한 질문은 부적절하며, 허위진술과 같은 불가피한 상황을 인정해서는 안 된다. 또한 청소년에 대한 질문은 1 대 1로 진행하는 것을 피해야 한다.

44 화재증거물수집관리규칙상 입수한 증거물 이송을 위해 포장한 후 부착하여야 할 상세 정보가 아닌 것은?

① 봉인자
② 수집일시
③ 증거물 번호
④ 증거물 포장용기 종류

해설 입수한 증거물을 이송할 때에는 포장을 하고, 수집일시, 증거물 번호, 수집장소, 화재조사 번호, 수집자, 소방서명, 증거물 내용, 봉인자, 봉인일시 등의 상세 정보를 부착한다.(화재증거물수집관리규칙 제5조)

45 화재로 인해 사망한 시체에서 볼 수 있는 특징과 거리가 가장 먼 것은?

① 구강 개방
② 피부의 파열
③ 권투선수 자세
④ 손과 발의 피부 장갑상 탈락

해설 소사체에서 볼 수 있는 특징
　㉠ 일반적으로 전신 1~3도의 화상이 확인된다.
　㉡ 화재 당시 생존해 있을 경우 화염을 보면 눈을 감기 때문에 눈가 주변 또는 호흡기 주변으로 짧은 주름이 생긴다.

　㉢ 근육의 수축으로 사지가 구부러진 상태로 권투선수 자세를 하고 있는 경우가 많다.
　㉣ 피부에 기포가 형성된다.
　㉤ 가슴과 배의 일부가 연소된 경우 내장이 노출되고 일부가 탄화되어 굳어 있는 것이 많다.

46 화재현장 촬영 시 사용되는 카메라의 기능 중 노출측정이 어렵거나 측정치가 정확하지 않을 때 노출을 여러 단계로 두는 것은?

① 다징(dodging)
② 마젠타(magenta)
③ 비네팅(vigneting)
④ 브라케팅(bracketing)

해설 한 장의 사진 속에 노출이 지나치거나 부족한 것을 막기 위해 임의로 노출값을 변경시켜 사진을 찍는 것을 브라케팅(bracketing)이라 한다.

47 액체나 고체 촉진제의 증거물을 수집할 때 잘못된 방법은?

① 일회용 비닐장갑을 끼고 수집한다.
② 보관용기 자체를 수집도구로 사용한다.
③ 각 증거물에 대해 항상 새 장갑이나 새 봉지를 사용한다.
④ 증거물을 수집할 때 증거물 수집 및 조사기구를 휘발성 용매가 들어있는 클리너를 사용하여 수시로 닦아야 한다.

해설 휘발성 용매가 든 클리너를 사용할 경우 증거물을 오염시킬 수 있으므로 삼가야 한다.

48 인공증거물(artifact evidence)에 해당하는 것을 모두 고른 것은?

┌─────────────────────────────┐
│ ㉮ 발화원
│ ㉯ 화재의 발화에 관련된 물품
│ ㉰ 표면에 화재패턴이 남아있는 물품
│ ㉱ 화재확산에 관련된 부속물의 잔재
└─────────────────────────────┘

① ㉮, ㉯, ㉰
② ㉮, ㉰, ㉱
③ ㉯, ㉰, ㉱
④ ㉮, ㉯, ㉰, ㉱

해설 인공증거물은 처음 발화된 물질이거나 발화원 또는 연소확산과 관련된 물품이나 부속물 등을 말하며, 물품 표면에 남아있는 화재패턴을 포함한다.

49 화재증거물수집관리규칙상 증거물의 보관 · 이동에 관한 사항 중 틀린 것은?

① 증거물은 화재증거수집의 목적달성 후에는 5년간 소방서장이 보관하여야 한다.
② 증거물의 보관 및 이동은 장소 및 방법, 책임자 등이 지정된 상태에서 행해져야 한다.
③ 증거물의 보관은 전용실 또는 전용함 등 변형이나 파손될 우려가 없는 장소에 보관해야 한다.
④ 증거물은 수집단계부터 검사 및 감정이 완료되어 반환 또는 폐기되는 전 과정에 있어서 화재조사관 또는 이와 동일한 자격 및 권한을 가진 자의 책임하에 행해져야 한다.

해설 증거물은 화재증거수집의 목적달성 후에는 관계인에게 반환하여야 한다. 다만, 관계인의 승낙이 있을 때에는 폐기할 수 있다.(화재증거물수집관리규칙 제6조 제6항)

50 전신적 생활반응이 아닌 것은?

① 색전증　　　　② 피하출혈
③ 속발성 염증　　④ 전신적 빈혈

해설 전신적 생활반응에는 전신적 빈혈, 속발성 염증, 색전증, 외래물질의 분포 및 배설 등이 있다.

51 화재현장의 촬영에 관한 설명 중 틀린 것은?

① 작은 물건을 촬영할 때에는 표식을 사용한다.
② 어두운 곳에서는 스트로보(strobo)를 이용하여 촬영한다.
③ 좁은 방에서는 광각렌즈보다 표준렌즈를 사용한다.
④ 촬영의 목적을 분명하게 이해한 뒤 촬영에 임한다.

해설 좁은 실내에서 한 장으로 많은 물건을 촬영해야 하거나 넓게 촬영할 필요가 있는 경우 광각렌즈를 사용한다.

52 화재현장에서 증거물 수집 시 증거물의 상태와 수집용기의 연결이 잘못된 것은?

① 비닐팩 – 액체
② 종이상자 – 고체
③ 유리병 – 고체, 액체
④ 금속캔 – 고체, 액체

해설 비닐팩이나 일반 비닐봉지에는 파손의 우려가 있어 액체수집이 적합하지 않으며 주로 고체가 적용된다.

53 방화가 의심되는 화재현장의 물적 증거로 거리가 가장 먼 것은?

① 촉진제 용기
② 반단선 코드
③ 타이머가 부착된 점화장치
④ 인위적인 가스밸브의 절단흔적

해설 반단선 코드는 인위적인 부분도 있을 수 있지만 사용 과정에서도 발생될 수 있으므로 보기 중 가장 거리가 먼 증거이다.

54 화재증거물수집관리규칙상 증거물 시료용기에 관한 설명 중 틀린 것은?

① 주석도금캔은 재사용이 용이하다.
② 주석도금캔은 사용 직전에 검사하여야 하고 새거나 녹슨 경우 폐기한다.
③ 양철캔은 프레스를 한 이음매 또는 외부 표면에 용매로 송진 용제를 사용하여 납땜을 한 이음매가 있어야 한다.
④ 양철캔은 기름에 견딜 수 있는 디스크를 가진 스크루마개 또는 누르는 금속마개로 밀폐될 수 있으며, 이러한 마개는 한번 사용한 후에는 폐기되어야 한다.

해설 주석도금캔은 1회 사용 후 반드시 폐기해야 한다. (화재증거물수집관리규칙 제4조 제2항의 2 [별표 1])

55 화재진압작업 시 증거물 보존을 위한 주의사항 중 틀린 것은?

① 소방호스의 사용은 물리적 증거를 옮기거나 손상시킬 수 있으니 주의한다.
② 동력절단기 사용을 위한 연료주입은 화재현장 안에서 실시한다.
③ 잔불을 정리하고 복원작업을 할 때 증거를 불필요하게 훼손하지 않도록 한다.
④ 화재패턴이 남아 있을 가능성이 있어 화재조사관이 바닥을 살펴봐야 하는 경우 소화 시 화재패턴에 최소한의 영향만 주도록 한다.

해설 동력절단기 사용을 위한 연료주입은 화재현장 오염방지를 위하여 현장 밖에서 실시한다.

56 사후강직에 대한 설명으로 옳은 것은?

① 사후강직은 형성 이후 계속 변화가 없다.
② 사후강직은 주변온도에 영향을 받지 않는다.
③ 사후강직은 사망 후 혈액이 침하되는 현상이다.
④ 사망 직전의 급격한 근육활동은 사후강직의 시작을 빠르게 한다.

해설 사후강직은 사망 직후 근육긴장이 해제되어 일시적으로 이완되었다가 일정시간 경과 후 근육과 관절이 굳는 것을 말하며, 사망 후 보통 96시간이 경과하면 사후강직은 사라지고 관절과 근육은 유연해진다. 또한 사망 직전의 근육활동 및 주위의 높은 온도는 사후강직의 개시를 촉진시킨다.

57 개별적인 화재증거물들을 연관성 있는 정보끼리 연결하고 분석 및 재구성하여 지도를 그리듯 화재원인을 추론하는 과정은?

① 타임라인
② 마인드 맵
③ 브레인스토밍
④ PERT 차트

해설 마인드 맵에 대한 설명이다. 마음속으로 지도를 그리듯이 글자와 기호, 그림 등을 사용하여 사건의 단편적인 정보를 서로 연관되는 것끼리 상호연결시켜 전체 사건을 재구성하는 방식을 말한다.

58 화재증거물수집관리규칙상 증거물 수집에 관한 사항 중 틀린 것은?

① 현장 수거(채취)물은 그 목록을 작성하여야 한다.
② 증거물 수집목적이 인화성 액체 성분분석인 경우에는 인화성 액체 성분의 증발을 막기 위한 조치를 행하여야 한다.
③ 증거물이 파손될 우려가 있는 경우에 취급방법에 대한 주의사항을 증거물에 직접 표기하여야 한다.
④ 증거물 수집 과정에서는 증거물의 수집자, 수집일자, 상황 등에 대하여 기록을 남겨야 하며, 기록은 가능한 법과학자용 표지 또는 태그를 사용하는 것을 원칙으로 한다.

해설 증거물이 파손될 우려가 있는 경우에 충격금지 및 취급방법에 대한 주의사항을 증거물의 포장 외측에 적절하게 표기하여야 한다.

59 화재현장에서 채취한 증거물 분석 시 사용하는 가스크로마토그래피(GC)에 관한 사항 중 틀린 것은?

① 물질이 유사한 여러 성분의 혼합계 분리에 매우 유효하다.
② 화재현장에서 유류의 존재를 입증하기 위해 사용되는 분석방식이다.
③ 가스상태로 분석을 행하기 때문에 조작이 어렵고 많은 시간이 소요된다.
④ 각 성분을 검출하여 그 양을 전기적인 신호로 기록계에 저장하여 분석결과가 객관적으로 보존된다.

해설 가스상태의 시료로 분석이 진행되어 조작이 용이하고 단시간에 분석이 진행된다.

Answer 55.② 56.④ 57.② 58.③ 59.③

60 화재현장에서 발견된 증거물 중 유리에 대한 설명으로 틀린 것은?

① 파손형태에 따라 열에 의한 파손, 충격에 의한 파손, 포발에 의한 파손 등을 구별할 수가 있다.
② 유리가 동심원 모양으로 파손된 경우 충격지점에 가까울수록 파편이 크고 멀수록 파편이 작다.
③ 방사형 파단면의 리플마크를 관찰하면 내측의 충격에 의해 깨진 것인지 외측 충격에 의해 깨진 것인지 구분할 수 있다.
④ 유리는 충격부위에서부터 주변으로 순차적인 동심원 형태의 파단이 되며 동심원 순서에 따라 안팎으로 번갈아 가며 장력을 받아 파손된다.

해설 유리가 동심원 모양으로 파손된 경우 충격지점에 가까울수록 파편이 작고 멀수록 파편이 크다.

제4과목 화재조사보고 및 피해평가

61 화재피해액 산정 시 가재도구의 소손 정도에 따른 손해율로 ( )에 알맞은 기준은?

화재로 인한 피해 정도	손해율(%)
손해 정도가 보통인 경우	(㉮)
50% 이상 소손되고 수침오염 정도가 심한 경우	(㉯)

① ㉮ : 10, ㉯ : 50   ② ㉮ : 10, ㉯ : 100
③ ㉮ : 30, ㉯ : 50   ④ ㉮ : 30, ㉯ : 100

해설 가재도구의 소손 정도에 따른 손해율

화재로 인한 피해 정도	손해율(%)
50% 이상 소손되고 수침오염 정도가 심한 경우	100
손해 정도가 다소 심한 경우	50
손해 정도가 보통인 경우	30
오염·수침 손상의 경우	10

62 화재조사 및 보고규정상 변전소에서 발생한 화재의 경우 조사보고 대한 설명으로 ( )에 알맞은 것은?

- 변전소에서 발생한 화재의 경우 화재 발생일로부터 (㉮)일 이내에 조사의 최종결과를 보고해야 한다.
- 정당한 사유가 있는 경우에는 소방관서장에게 사전 보고를 한 후 필요한 기간만큼 조사 보고일을 연장할 수 있는데, 조사 보고일을 연장한 경우 그 사유가 해소된 날부터 (㉯)일 이내에 소방관서장에게 조사결과를 보고해야 한다.

① ㉮ : 15일, ㉯ : 10일
② ㉮ : 15일, ㉯ : 15일
③ ㉮ : 30일, ㉯ : 10일
④ ㉮ : 30일, ㉯ : 15일

해설
- 변전소에서 발생한 화재의 경우 화재 발생일로부터 30일 이내에 조사의 최종결과를 보고해야 한다.
- 정당한 사유가 있는 경우에는 소방관서장에게 사전 보고를 한 후 필요한 기간만큼 조사 보고일을 연장할 수 있는데, 조사 보고일을 연장한 경우 그 사유가 해소된 날부터 10일 이내에 소방관서장에게 조사결과를 보고해야 한다.

63 화재조사 및 보고규정상 화재현장조사서 작성 시 화재원인 검토항목이 아닌 것은? (단, 임야화재, 기타화재, 피해액이 없는 화재는 제외한다.)

① 조사결과   ② 방화 가능성
③ 인적 부주의   ④ 전기적 요인

해설 화재조사 및 보고규정상 화재현장조사서 작성 시 화재원인 검토항목은 방화 가능성(연소상황, 원인추적 등에 관한 사진, 설명), 전기적 요인, 기계적 요인, 가스누출, 인적 부주의 등이 연소확대 사유이다.

64 다음 중 건물에 포함하여 화재피해액을 산정하는 것은?

① 칸막이   ② 구축물
③ 영업시설   ④ 부대설비

Answer   60.② 61.④ 62.③ 63.① 64.①

[해설] 부속물은 건물에 포함하여 피해액을 산정하며 칸막이, 대문, 담, 곳간 및 이와 비슷한 것을 말한다.

65 화재조사 및 보고규정상 회화(그림), 골동품의 피해산정기준으로 옳은 것은?

① 전부손해의 경우 감정가격으로 한다.
② 전부손해의 경우 시중 매매가격으로 한다.
③ 전부손해가 아닌 경우 감정가격으로 한다.
④ 전부손해가 아닌 경우 시중 매매가격으로 한다.

[해설] 회화(그림), 골동품의 피해산정은 전부손해의 경우 감정가격으로 하며, 전부손해가 아닌 경우는 원상복구에 소요되는 비용을 화재로 인한 피해액으로 한다.

66 화재조사 및 보고규정상 사상자에 관한 사항으로 ( )에 알맞은 기준은?

사상자는 화재현장에서 사망한 사람과 부상당한 사람을 말한다. 단, 화재현장에서 부상을 당한 후 ( )시간 이내에 사망한 경우에는 당해 화재로 인한 사망으로 본다.

① 24
② 48
③ 72
④ 96

[해설] 사상자는 화재현장에서 사망한 사람과 부상당한 사람을 말하며, 화재현장에서 부상을 당한 후 72시간 이내에 사망한 경우에는 당해 화재로 인한 사망으로 본다.(화재조사 및 보고규정 제13조)

67 화재조사 및 보고규정상 질문기록서를 생략할 수 있는 화재를 모두 고른 것은?

㉮ 선박화재
㉯ 전봇대화재
㉰ 가로등에서 발생한 화재
㉱ 쓰레기에서 발생한 화재

① ㉮, ㉯, ㉰
② ㉮, ㉯, ㉱
③ ㉮, ㉰, ㉱
④ ㉯, ㉰, ㉱

[해설] 기타 화재 중 쓰레기, 모닥불, 가로등, 전봇대화재 및 임야화재의 경우 질문기록서 작성을 생략할 수 있다.(화재조사 및 보고규정 별지 10)

68 화재조사 및 보고규정상 위험물 · 가스 제조소 등 화재의 화재유형별 조사서 작성 시 위험물제조소 항목이 아닌 것은?

① 주유취급소
② 지하탱크저장소
③ 이동탱크저장소
④ 액화산소를 소비하는 시설

[해설] 액화산소를 소비하는 시설은 가스제조소 항목에 해당한다.(화재조사 및 보고규정 [별지 6의 3])

69 화재조사 및 보고규정상 화재현황조사서에 명시된 연소확대물이 아닌 것은? (단, 기타 사항은 제외한다.)

① 가구
② 전기, 전자
③ 간판, 차양막
④ 목조건물의 밀집

[해설] 목조건물의 밀집은 연소확대사유의 항목이다.(화재조사 및 보고규정 [별지 4])

70 민원인이 화재증명원 발급신청을 할 때 소방서장이 발급하는 화재증명원의 기재사항이 아닌 것은?

① 피해내용
② 화재발생 개요
③ 화재피해 대상
④ 화재현장출동기록

[해설] 화재증명원의 기재항목은 화재발생 개요, 화재피해 대상, 피해내용, 사용목적 등이다.

71 화재조사 및 보고규정상 화재현황조사서의 발화열원의 분류항목에 포함되는 것은?

① 부주의
② 전기적 요인
③ 폭발물, 폭죽
④ 가스누출(폭발)

해설 화재조사 및 보고규정상 화재현황조사서의 발화열원의 분류항목은 작동기기, 담뱃불, 라이터불, 마찰, 전도, 복사, 불꽃, 불티, 폭발물, 폭죽, 화학적 발화열, 자연적 발화열, 기타, 미상이 있다.
(화재조사 및 보고규정 별지 4)

72 화재현장조사서 작성에 관한 설명 중 옳은 것은?

① 작성자는 현장조사를 직접 행한 자에 한정하지 않고 능력 있는 조사관이 작성하는 것이 인정된다.
② 현장조사는 법률행위적 행정조사로서 권한을 가진 상대방의 승낙을 득하고 입회하는 임의조사이다.
③ 대규모 건물화재 등에서 현장조사를 분담하여 실시한 경우 대표자가 취합하여 현장조사서를 작성한다.
④ 현장조사서에는 주관적 판단이나 조사관이 의도하는 결론으로 유도하여 기재할 수 있다.

해설 ① 화재현장조사서의 작성은 화재조사에 참여한 자가 작성하여야 한다.
③ 대규모 건물화재에서 현장조사를 분담하여 실시한 경우 해당 영역을 담당한 조사관이 작성한다.
④ 현장조사서는 주관적 판단이나 조사관의 의도에 의해 기재해서는 안 된다.

73 당해 피해물의 시중매매사례가 충분하여 유사매매사례를 비교하여 산정하는 방법으로서 예술품, 귀금속의 피해액 산정에 사용되는 방법은?

① 수익환원법
② 비교평가법
③ 복성식 평가법
④ 매매사례비교법

해설 매매사례비교법에 대한 설명이다.

74 특수한 경우의 화재피해액 산정 시 우선 적용사항으로 옳은 것은?

① 공구 · 기구, 집기비품, 가재도구를 일괄하여 피해액을 산정한 경우 재구입비의 30%를 피해액으로 한다.
② 중고집기비품의 시장거래가격이 신품가격보다 높은 경우 신품가격을 재구입비로 하여 피해액을 산정한다.
③ 중고구입기계장치의 제작연도를 알 수 없는 경우 신품가액의 60%를 재구입비로 하여 피해액을 산정한다.
④ 중고집기비품의 시장거래가격이 신품가액에서 감가수정을 한 금액보다 높을 경우 중고기계장치의 시장거래가격을 재구입비로 하여 피해액을 산정한다.

해설 ① 공구 · 기구, 집기비품, 가재도구를 일괄하여 피해액을 산정한 경우 재구입비의 50%를 피해액으로 한다.
③ 중고구입기계장치의 제작연도를 알 수 없는 경우 신품가액의 30~50%를 재구입비로 하여 피해액을 산정한다.
④ 중고집기비품의 시장거래가격이 신품가액에서 감가수정을 한 금액보다 낮을 경우 중고기계장치의 시장거래가격을 재구입비로 하여 피해액을 산정한다.

75 화재조사 및 보고규정상 화재현장출동보고서에 관한 내용 중 틀린 것은?

① 화재장소에서 사용된 장비에 대해 작성한다.
② 출입문상태 및 소방대 건물진입방법에 대해 작성한다.
③ 반드시 진압작전도 및 발견사항 상세도를 기입한다.
④ 현장도착 시 발견사항으로 연기와 화염을 본 위치와 발생장소 등 전체적인 현장사항을 서술식으로 기재한다.

해설 반드시 진입작전도 및 발견사항 상세도를 기입할 의무가 있지는 않다.

Answer 72.② 73.④ 74.② 75.③

76 화재조사 및 보고규정상 명시된 용어의 정의 중 틀린 것은?

① 재구입비는 화재 당시의 피해물과 같거나 비슷한 것을 구입하는 데 필요한 금액에 감가상각을 반영한 것을 말한다.

② 최초착화물이란 발화열원에 의해 불이 붙은 최초의 가연물을 말한다.

③ 감식이란 화재원인의 판정을 위하여 전문적인 지식, 기술 및 경험을 활용하여 주로 시각에 의한 종합적인 판단으로 구체적인 사실관계를 명확하게 규명하는 것을 말한다.

④ 감정이란 화재와 관계되는 물건의 형상, 구조, 재질, 성분, 성질 등 이와 관련된 모든 현상에 대하여 과학적 방법에 의한 필요한 실험을 행하고 그 결과를 근거로 화재원인을 밝히는 자료를 얻는 것을 말한다.

해설 재구입비란 화재 당시의 피해물과 같거나 비슷한 것을 재건축(설계감리비를 포함) 또는 재취득하는 데 필요한 금액을 말한다.

77 화재가 발생한 일반음식점의 화재피해액은?

- 손해율 : 80%
- 소실면적 : 100m²
- 경과연수 : 20년
- 내용연수 : 40년
- 건물신축단가 : 100만원

① 100,000 　　② 300,000
③ 500,000 　　④ 700,000

해설 일반음식점은 영업시설에 해당하며, 영업시설의 피해액 산정은 m²당 표준단가×소실면적×[1-(0.9×경과연수/내용연수)]×손해율이므로
피해액=100만원×100m²
　　　　×[1-(0.9×20/40)]×0.8
　　　=4,400만원

78 화재조사 및 보고규정상 전부손해의 경우 동물, 식물의 피해액 산정기준은?

① 시중매매가격
② 수리비 및 치료비
③ 전문가의 감정가격
④ 감정서의 감정가액

해설 동물, 식물의 경우 피해액 산정기준은 전부손해의 경우 시중매매가격으로 하며, 전부손해가 아닌 경우는 치료비로 한다.

79 화재조사 및 보고규정상 화재의 유형 구분으로 옳은 것은?

① 위험물·가스제조소 등 화재
② 건축·임야화재
③ 자동차·항공기화재
④ 선박·철도차량화재

해설 화재의 유형
　㉠ 건축·구조물화재
　㉡ 위험물·가스제조소 등 화재
　㉢ 선박·항공기화재
　㉣ 임야화재
　㉤ 기타 화재

80 화재조사 및 보고규정상 화재피해조사의 재산피해 범위가 아닌 것은?

① 화재진압 중 발생한 부상자
② 소화활동으로 발생한 수손피해
③ 화재 중 발생한 폭발 등에 의해 피해
④ 열에 의한 탄화, 용융, 파손 등의 피해

해설 화재진압 중 발생한 부상자는 인명피해 범위에 해당한다.

부록

과년도 출제문제

제5과목　화재조사관계법규

81 다음 중 화재 발생일로부터 30일 이내에 화재조사의 최종 결과보고를 해야 하는 화재가 아닌 것은?

① 이재민이 100인 이상 발생한 화재
② 층수가 11층 이상인 건축물에서 발생한 화재
③ 사망자가 3인 이상 발생하거나 사상자가 15인 이상 발생한 화재
④ 관공서·학교·정부미도정공장·문화재·지하철 또는 지하구의 화재

해설 다음에 해당하는 화재의 경우 별지 제1호 서식 내지 제11호 서식까지 작성하여 화재 발생일로부터 30일 이내에 보고해야 한다.
　㉠ 사망자가 5인 이상 발생하거나 사상자가 10인 이상 발생한 화재
　㉡ 이재민이 100인 이상 발생한 화재
　㉢ 재산피해액이 50억원 이상 발생한 화재
　㉣ 관공서·학교·정부미도정공장·문화재·지하철 또는 지하구의 화재
　㉤ 관광호텔, 층수가 11층 이상인 건축물, 지하상가, 시장, 백화점, 지정수량의 3천배 이상의 위험물의 제조소·저장소·취급소, 층수가 5층 이상이거나 객실이 30실 이상인 숙박시설, 층수가 5층 이상이거나 병상이 30개 이상인 종합병원·정신병원·한방병원·요양소, 연면적 1만5천제곱미터 이상인 공장 또는 화재경계지구에서 발생한 화재
　㉥ 철도차량, 항구에 매어둔 총 톤수가 1천톤 이상인 선박, 항공기, 발전소 또는 변전소에서 발생한 화재
　㉦ 가스 및 화약류의 폭발에 의한 화재
　㉧ 다중이용업소의 화재

82 제조물 책임법령상 소멸시효에 관한 사항으로 (　)에 알맞은 기준은?

> 손해배상의 청구권은 피해자 또는 그 법정대리인이 손해 및 손해배상책임을 지는 자에 관한 사항을 모두 알게 된 날부터 (　)년간 행사하지 아니하면 시효의 완성으로 소멸한다.

① 3　　　　　　　② 5
③ 7　　　　　　　④ 15

해설 손해배상의 청구권은 피해자 또는 그 법정대리인이 손해 및 손해배상책임을 지는 자에 관한 사항을 모두 알게 된 날부터 3년간 행사하지 아니하면 시효의 완성으로 소멸한다.(제조물책임법 제7조)

83 화재로 인한 재해보상과 보험가입에 관한 법률상 특수건물의 범위에 해당하지 않는 것은?

① 사격 및 사격장 안전관리에 관한 법률에 따른 실내사격장으로 사용하는 건물
② 관광진흥법에 따른 관광숙박업으로 사용하는 건물로서 연면적의 합계가 2,000m² 이상인 건물
③ 식품위생법 시행령에 따른 일반음식점영업으로 사용하는 부분의 바닥면적의 합계가 2,000m² 이상인 건물
④ 영화 및 비디오물의 진흥에 관한 법률에 따른 영화상영관으로 사용하는 부분의 바닥면적의 합계가 2,000m² 이상인 건물

해설 특수건물이란 국유건물·공유건물·교육시설·백화점·시장·의료시설·흥행장·숙박업소·다중이용업소·운수시설·공장·공동주택과 그 밖에 여러 사람이 출입 또는 근무하거나 거주하는 건물로서 화재의 위험이나 건물의 면적 등을 고려하여 대통령령으로 정하는 건물을 말하며, 관광진흥법 제3조 제1항 제2호에 따른 관광숙박업으로 사용하는 건물로서 연면적의 합계가 3,000m² 이상인 건물이 해당된다.

84 화재로 인한 재해보상과 보험가입에 관한 법률상 특수건물의 소유자가 손해보험회사가 운영하는 특약부화재보험에 가입하지 않았을 때 벌칙기준은?

① 200만원 이하의 벌금
② 300만원 이하의 벌금
③ 500만원 이하의 벌금
④ 1,000만원 이하의 벌금

Answer　81.③　82.①　83.②　84.③

해설 특약부화재보험에 가입하지 아니한 자는 500만원 이하의 벌금에 처한다.(화재로 인한 재해보상과 보험가입에 관한 법률 제23조)

85 형법상 방화와 실화의 죄 중 현주건조물 등 방화로 분류되지 않는 것은?

① 사람이 현존하는 자동차에 대한 방화
② 건조물 등 내부에 사람이 현존하는 대상물에 대한 방화
③ 우사 측면에 접해 있으며 사람이 주거로 사용하고 있는 가옥에 대한 방화
④ 사람이 일상생활의 장소로 사용하지 않고 내부에 사람이 없는 컨테이너박스에 대한 방화

해설 현주건조물 등 방화는 사람이 주거로 사용하거나 사람이 현존하는 건조물, 기차, 전차, 자동차, 선박, 항공기 또는 지하채굴시설을 불을 놓아 불태운 경우를 뜻한다.

86 소방기본법령상 소방활동에 필요한 사람 외의 사람이 소방활동구역을 출입하였을 때 부과되는 과태료 기준은?

① 100만원 이하의 과태료
② 300만원 이하의 과태료
③ 200만원 이하의 과태료
④ 500만원 이하의 과태료

해설 소방기본법령상 소방활동에 필요한 사람 외의 사람이 소방활동구역을 출입하였을 때는 200만원 이하의 과태료를 부과한다.(소방기본법 제56조 제2항의 4)

87 소방기본법령상 다음의 사항을 위반하였을 경우 벌금기준은?

관계인은 소방대상물에 화재, 재난·재해, 그 밖의 위급한 상황이 발생한 경우에는 소방대가 현장에 도착할 때까지 경보를 울리거나 대피를 유도하는 등의 방법으로 사람을 구출하는 조치 또는 불을 끄거나 불이 번지지 아니하도록 필요한 조치를 하여야 한다.

① 100만원 이하의 벌금
② 200만원 이하의 벌금
③ 300만원 이하의 벌금
④ 500만원 이하의 벌금

해설 정당한 사유 없이 소방대가 현장에 도착할 때까지 사람을 구출하는 조치 또는 불을 끄거나 불이 번지지 아니하도록 하는 조치를 하지 아니한 사람은 100만원 이하의 벌금에 처한다.

88 소방의 화재조사에 관한 법률상 화재의 조사에 관한 사항 중 틀린 것은?

① 소방관서장은 화재발생 사실을 알게 된 때에는 지체 없이 화재조사를 하여야 한다. 이 경우 수사기관의 범죄수사에 지장을 주어서는 아니 된다.
② 화재조사관은 소방청장이 실시하는 화재조사에 관한 시험에 합격한 소방공무원 등 화재조사에 관한 전문적인 자격을 가진 소방공무원으로 한다.
③ 화재조사관은 관계인의 정당한 업무를 방해하거나 화재조사를 수행하면서 알게 된 비밀을 다른 용도로 사용하거나 다른 사람에게 누설하여서는 아니 된다.
④ 소방관서장은 수사기관의 장이 방화 또는 실화의 혐의가 있어서 이미 피의자를 체포하였을 경우 그 피의자에 대해서는 조사할 수 없다.

해설 소방관서장은 수사기관의 장이 방화 또는 실화의 혐의가 있어서 이미 피의자를 체포하였거나 증거물을 압수하였을 때에 화재조사를 위하여 필요한 경우에는 범죄수사에 지장을 주지 아니하는 범위에서 그 피의자 또는 압수된 증거물에 대한 조사를 할 수 있다. 이 경우 수사기관의 장은 소방관서장의 신속한 화재조사를 위하여 특별한 사유가 없으면 조사에 협조하여야 한다.(소방의 화재조사에 관한 법률 제11조)

89 화재로 인한 재해보상과 보험가입에 관한 법률 시행령상 특수건물의 소유자가 가입하여야 하는 보험의 보험금액 충족기준으로 (   )에 알맞은 내용은?

> 재물에 대한 손해가 발생한 경우, 사고 1건마다 (   )원의 범위에서 피해자에게 발생한 손해액

① 2천만   ② 5천만
③ 1억   ④ 10억

해설 재물에 대한 손해가 발생한 경우는 사고 1건마다 10억원의 범위에서 피해자에게 발생한 손해액 기준을 충족해야 한다.(화재로 인한 재해보상과 보험가입에 관한 법률 시행령 제5조 제1항의 4)

90 소방의 화재조사에 관한 법률에 따라 화재현장 보존 등에 대한 내용으로 옳지 않은 것은?

① 소방관서장은 화재조사를 위하여 필요한 범위에서 화재현장 보존조치를 하거나 화재현장과 그 인근 지역을 통제구역으로 설정할 수 있다.
② 방화(放火) 또는 실화(失火)의 혐의로 수사의 대상이 된 경우에는 화재합동조사단장이 통제구역을 설정한다.
③ 소방관서장 또는 경찰서장의 허가 없이 설정된 통제구역에 출입하여서는 아니 된다.
④ 화재현장 보존조치를 하거나 통제구역을 설정한 경우 누구든지 소방관서장 또는 경찰서장의 허가 없이 화재현장에 있는 물건 등을 이동시키거나 변경·훼손하여서는 아니 된다.

해설 ② 방화(放火) 또는 실화(失火)의 혐의로 수사의 대상이 된 경우에는 관할 경찰서장 또는 해양경찰서장이 통제구역을 설정한다.

91 민법상 다음의 경우 사용자 책임배상에 관한 사항 중 틀린 것은?

> 용접업체에서 용접공을 고용하여 작업을 하다가 용접공의 실수로 화재가 발생하여 제3자에게 피해를 가한 경우

① 용접공 사용자에게 손해배상의 책임이 있다.
② 용접공 사용자에게 갈음하여 용접공을 감독하는 자도 손해를 배상할 책임이 있다.
③ 용접공 사용자가 피용자(용접공)에게 상당한 주의를 하였음에도 손해가 있는 경우에는 면책된다.
④ 용접공 사용자 또는 감독자는 피용자(용접공)에 대하여 구상권을 행사할 수 없다.

해설 사용자 또는 감독자는 피용자에 대하여 구상권을 행사할 수 있다.(민법 제756조)

92 화재조사 및 보고규정상 화재유형에 관한 설명 중 틀린 것은?

① 선박·항공기 화재는 선박, 항공기 또는 그 적재물이 소손된 것을 말한다.
② 건축·구조물 화재는 건축물, 구조물 또는 그 수용물이 소손된 것을 말한다.
③ 임야화재는 산림, 야산, 들판의 수목, 경작물을 보관하는 창고가 소손된 것을 말한다.
④ 자동차·철도차량 화재는 자동차, 철도차량 및 피견인 차량 또는 그 적재물이 소손된 것을 말한다.

해설 임야화재는 산림, 야산, 들판의 수목, 잡초, 경작물 등이 소손된 것을 말한다.(화재조사 및 보고규정 제9조)

93 실화책임에 관한 법률의 내용 설명으로 옳은 것은?

① 실화자는 중대한 과실이 있는 경우에만 손해배상책임이 있다.
② 실화로 인한 연소(延燒)부분 또는 정신적 피해에 대한 손해배상청구를 포함한다.
③ 법원은 손해배상액의 경감청구가 있을 경우 피해자의 경제상태는 고려하지 아니한다.
④ 법원은 손해배상액의 경감청구가 있을 경우 피해확대의 원인을 고려할 수 있다.

해설 실화자는 중대한 과실이 없더라도 손해배상책임이 있으며, 실화로 인한 화재발생 시 연소(延燒)로 인한 부분에 대한 손해배상청구에 한하여 적용되며, 법원은 손해배상액의 경감청구가 있을 경우 피해자의 경제상태를 고려하여 그 손해배상액을 경감할 수 있다.

Answer 89.④ 90.② 91.④ 92.③ 93.④

94 실화책임에 관한 법률상 손해배상의무자의 손해배상액 경감청구가 있을 때 법원이 손해배상액을 경감할 수 있는 기준이 아닌 것은? (단, 실화가 중대한 과실로 인한 것이 아닌 경우이다.)

① 피해의 대상과 정도
② 화재의 원인과 규모
③ 배상의무자의 경제상태
④ 피해확대를 방지하기 위한 피해자의 노력

해설 손해배상액의 경감은 피해확대를 방지하기 위한 실화자의 노력이 기준이다.(실화책임에 관한 법률 제3조)

95 제조물책임법상 손해배상을 지는 자가 손해배상책임을 면하는 기준 중 틀린 것은?

① 제조업자가 해당 제조물을 공급하지 아니하였다는 사실을 입증한 경우
② 제조업자가 해당 제조물을 공급한 당시의 과학·기술 수준으로는 결함의 존재를 발견할 수 없었다는 사실을 입증한 경우
③ 제조물의 결함이 제조업자가 해당 제조물의 결함이 발생한 당시의 법령이 정하는 기준을 준수함으로써 발생하였다는 사실을 입증한 경우
④ 원재료나 부품의 경우에는 그 원재료나 부품을 사용한 제조물 제조업자의 설계 또는 제작에 관한 지시로 인하여 결함이 발생하였다는 사실을 입증한 경우

해설 제조물의 결함이 제조업자가 해당 제조물을 공급한 당시의 법령에서 정하는 기준을 준수함으로써 발생하였다는 사실을 입증한 경우 손해배상책임을 면한다.(제조물책임법 제4조 제1항의 3)

96 화재에 대한 손해배상책임이 없는 경우로 옳은 것은?

① 화재로 타인의 생명을 해한 자
② 고의에 의한 화재로 타인의 재산에 손해를 가한 자
③ 과실로 인한 화재로 타인의 재산에 손해를 가한 자
④ 화재로 재산에 손해를 가한 미성년자가 그 행위에 대한 책임을 변식할 능력이 없는 자

해설 미성년자가 타인에게 손해를 가한 경우 그 행위의 책임을 변식할 지능이 없을 때 배상책임이 없다.(민법 제753조)

97 화재에 대한 손해배상책임이 없는 경우로 옳은 것은?

① 화재로 타인의 생명을 해한 자
② 고의에 의한 화재로 타인의 재산에 손해를 가한 자
③ 과실로 인한 화재로 타인의 재산에 손해를 가한 자
④ 화재로 재산에 손해를 가한 미성년자가 그 행위에 대한 책임을 변식할 능력이 없는 자

해설 미성년자가 타인에게 손해를 가한 경우 그 행위의 책임을 변식할 지능이 없을 때 배상책임이 없다.(민법 제753조)

98 화재증거물수집관리규칙상 증거물 수집에 관한 설명 중 틀린 것은?

① 증거물을 수집할 때는 휘발성이 낮은 것에서 높은 순서로 진행해야 한다.
② 증거물의 소손 또는 소실 정도가 심하여 증거물의 일부분 또는 전체가 유실될 우려가 있는 경우는 증거물을 밀봉하여야 한다.
③ 증거물이 파손될 우려가 있는 경우에 충격금지 및 취급방법에 대한 주의사항을 증거물의 포장 외측에 적절하게 표기하여야 한다.
④ 증거물 수집 과정에서는 증거물의 수집자, 수집일자, 상황 등에 대하여 기록을 남겨야 하며, 기록은 가능한 법과학자용 표지 또는 태그를 사용하는 것을 원칙으로 한다.

해설 증거물을 수집할 때는 휘발성이 높은 것에서 낮은 순서로 진행해야 한다.(화재증거물수집관리규칙 제4조 제2항의 3)

부록 / 과년도 출제문제

99 화재조사 및 보고규정상 자산에 대한 최종 잔가율을 20%로 정하는 자산을 모두 고른 것은?

> ㉮ 구축물　　　㉯ 자동차
> ㉰ 가재도구　　　㉱ 부대설비

① ㉮, ㉯, ㉰　　　② ㉮, ㉯, ㉱
③ ㉮, ㉰, ㉱　　　④ ㉯, ㉰, ㉱

해설 건물 등 자산에 대한 최종잔가율은 건물·부대설비·구축물·가재도구는 20%로 하며, 그 이외의 자산은 10%로 정한다.(화재조사 및 보고규정 제34조 제3항)

100 형법상 공용건조물 등 방화에 관한 사항으로 (　) 안에 알맞은 기준은?

> 불을 놓아 공용(公用)으로 사용하거나 공익을 위해 사용하는 건조물, 기차, 전차, 자동차, 선박, 항공기 또는 지하채굴시설을 불태운 자는 무기 또는 (　)년 이상의 징역에 처한다.

① 1　　　　　② 3
③ 5　　　　　④ 7

해설 불을 놓아 공용(公用)으로 사용하거나 공익을 위해 사용하는 건조물, 기차, 전차, 자동차, 선박, 항공기 또는 지하채굴시설을 불태운 자는 무기 또는 3년 이상의 징역에 처한다.(형법 제165조)

Answer 99.③ 100.②

2022년 4월 24일

화재감식평가기사

제1과목 화재조사론

01 소방의 화재조사에 관한 법률상 화재조사 사항으로 옳지 않은 것은?

① 화재지역에 관한 사항
② 화재로 인한 인명·재산피해상황
③ 대응활동에 관한 사항
④ 소방시설 등의 설치·관리 및 작동 여부에 관한 사항

해설 화재조사의 실시(소방의 화재조사에 관한 법률 제5조 제2항)
소방관서장은 화재조사를 하는 경우 다음의 사항에 대하여 조사하여야 한다.
㉠ 화재원인에 관한 사항
㉡ 화재로 인한 인명·재산피해상황
㉢ 대응활동에 관한 사항
㉣ 소방시설 등의 설치·관리 및 작동 여부에 관한 사항
㉤ 화재발생건축물과 구조물, 화재유형별 화재위험성 등에 관한 사항

02 메탄 40vol%, 에탄 30vol%, 프로판 30vol%으로 혼합되어 있는 기체의 공기 중 폭발하한계 (vol%)는?

물질	폭발범위(vol%)
메탄	5~15
에탄	3~12.4
프로판	2.1~9.5

① 약 2.5　　② 약 3.1
③ 약 4.3　　④ 약 5.7

해설 혼합가스의 폭발하한계값은 르샤틀리에 식에 의해 구할 수 있다.

$$L = \frac{100}{\left[\left(\dfrac{V_1}{L_1}\right) + \left(\dfrac{V_2}{L_2}\right) + \left(\dfrac{V_3}{L_3}\right) + \cdots\right]}$$

$$= \frac{100}{\left[\left(\dfrac{40}{5}\right) + \left(\dfrac{30}{3}\right) + \left(\dfrac{30}{2.1}\right)\right]}$$

$$= \frac{100}{8 + 10 + 14.29} = 3.0969$$

03 콘크리트 박리(spalling)에 관한 설명으로 틀린 것은?

① 콘크리트 등에 포함된 수분이 열에 의해 팽창하면서 시멘트를 부서지게 만든다.
② 콘크리트 내의 강철재의 팽창은 둘러싸고 있는 콘크리트를 파괴한다.
③ 콘크리트, 회벽, 벽돌 면이 깨지거나 부서진 것을 말한다.
④ 시멘트 내의 폴리프로필렌 섬유는 압력을 견디지 못하고 화재폭발 시 녹아 박리를 크게 한다.

해설 박리흔은 콘크리트 구성 성분들의 열팽창률 차이에 의한 파손을 말하며, 화재에 의해 콘크리트 내에 포함된 수분의 증발에 의해서도 발생한다. 시멘트 내의 폴리프로필렌 섬유가 존재할 때 화재 및 폭발 시 용융되기 때문에 박리를 발생시키지는 못한다.

04 가연성 물질에 관한 설명으로 옳은 것은?

① 주기율표의 0족 원소
② 산소와 충분히 화합한 물질
③ 산소와 흡열반응을 하는 물질
④ 산소와 반응 시 발열량이 큰 물질

해설 주기율표의 0족 원소는 불활성이며, 산소와 충분히 화합한 물질은 더 이상 연소하지 않고, 산소와 흡열반응을 하는 물질은 연소가 진행되기 어렵다.

Answer 01.① 02.② 03.④ 04.④

05 습기가 있는 상태에서 과산화나트륨과 혼촉 시 발화가 일어나지 않는 것은?

① 톱밥
② 산화칼슘
③ 유황
④ 알루미늄 분말

해설 산화성 고체인 과산화나트륨(Na_2O_2)는 가연성 고체(톱밥, 유황, 알루미늄 분말)와 혼촉 시 발화된다.

06 화재조사 시 발화지점의 가설에 대해 사고 실험을 통해 분석적으로 검증하는 방법은?

① 연역적 추론
② 귀납적 추론
③ 주관적 추론
④ 객관적 추론

해설 귀납적 추론은 이미 벌어진 화재현상을 데이터분석을 통해 발화순서, 화재원인 등을 규명하려는 것으로 경험적 증거를 토대로 일반론을 도출하는 것을 의미한다. 연역적 추론은 일반적인 원칙이나 가설에서 출발하여 특정한 결론에 이르는 과정을 밝혀내는 방법이다.

07 화재진화 후 화재조사활동 순서를 바르게 나열한 것은?

⑦ 발화원인 검토
④ 발화원인 판정
⑤ 관계자에 대한 질의
⑥ 현장의 발굴과 복원
⑦ 화재현장의 연소상황과 특이한 흔적 관찰
⑧ 화재조사 핵심장소와 주변의 탐색범위 검토

① ⑦ → ⑤ → ⑧ → ⑥ → ⑦ → ④
② ⑦ → ⑧ → ⑤ → ⑥ → ⑦ → ④
③ ⑦ → ⑤ → ⑧ → ⑥ → ⑦ → ④
④ ⑧ → ⑦ → ⑤ → ⑥ → ⑦ → ④

해설 화재진화 후 화재조사활동은 화재현장의 연소상황과 특이한 흔적 관찰 → 관계자에 대한 질의 → 화재조사 핵심장소와 주변의 탐색범위 검토 → 현장의 발굴과 복원 → 발화원인 검토 → 발화원인 판정 순이다.

08 220V, 2A가 전선에 1분간 전기가 인가되었을 때 저항에 발생하는 열량(cal)은?

① 105.6
② 440
③ 6,336
④ 26,400

해설 발생열량 $H = 0.24I^2Rt = 0.24VIt$
$= 0.24 \times 220V \times 2A \times 60sec$
$= 6,336cal$

09 다음 중 분진폭발의 위험이 가장 낮은 것은?

① 강철분말
② 티타늄분말
③ 생석회분말
④ 알루미늄분말

해설 생석회는 불연성 물질로 분진폭발의 가능성이 없다.

10 화염확산속도에 영향을 미치지 않는 것은?

① 연료의 밀도
② 연료의 비열
③ 연료의 하중
④ 연료의 온도(화염온도범위 외)

해설 연료의 하중은 화염확산속도에 영향을 주지 않는다.

11 연소반응에 있어서 산소공급원의 역할을 하는 물질은?

① 황린
② 칼륨
③ 과산화나트륨
④ 디에틸에테르

해설 과산화나트륨(Na_2O_2)은 산화성 고체로 산소공급원의 역할을 한다.

12 화재현장 조사계획 수립 단계에 해당하지 않는 것은?

① 경찰 등 관계기관 연락
② 조사의 방법, 책임자 선정 및 임무분담
③ 소훼된 부분에 대해 집중적으로 현장 감식
④ 화재현장의 상황 및 특성에 적합한 조사과정의 수립

해설 소훼된 부분에 대한 집중적인 현장 감식은 본격적인 현장조사에서 진행하며 조사계획 수립단계에는 해당하지 않는다.

Answer 05.② 06.① 07.① 08.③ 09.③ 10.③ 11.③ 12.③

13 폭굉 유도거리에 관한 설명으로 틀린 것은?

① 압력이 낮을수록 폭굉 유도거리는 짧아진다.
② 정상연소속도가 큰 혼합가스일수록 폭굉 유도거리는 짧아진다.
③ 관지름이 작을수록 폭굉 유도거리는 짧아진다.
④ 점화원의 에너지가 클수록 폭굉 유도거리는 짧아진다.

해설 압력이 높을수록 폭굉 유도거리는 짧아진다.

14 고체의 연소현상 중 훈소와 표면연소에 관한 설명으로 옳은 것은?

① 담배의 연소는 표면연소의 대표적인 예이다.
② 훈소와 표면연소는 화염이 없이 타는 외관적 형태를 보인다.
③ 표면연소는 훈소에 비하여 많은 연기가 발생한다.
④ 숯은 산소와 온도 조건이 맞으면 화염으로 연소할 수 있다.

해설 ① 담배의 연소는 훈소의 대표적인 예이다.
③ 훈소는 표면연소에 비하여 많은 연기가 발생한다.
④ 숯은 표면연소를 하는 대표물질로 화염으로 연소하지는 않는다.

15 다음 중 화재조사에 관련된 설명으로 옳지 않은 것은?

① 경찰서장은 전문성에 기반하는 화재조사를 위하여 화재조사전담부서를 설치·운영하여야 한다.
② 화재조사전담부서는 화재조사 관련 기술개발과 화재조사관의 역량증진을 위한 업무를 수행한다.
③ 소방관서장은 화재조사관으로 하여금 화재조사 업무를 수행하게 하여야 한다.
④ 화재조사관은 소방청장이 실시하는 화재조사에 관한 시험에 합격한 소방공무원 등 화재조사에 관한 전문적인 자격을 가진 소방공무원으로 한다.

해설 소방관서장(소방청장, 소방본부장 또는 소방서장)은 전문성에 기반하는 화재조사를 위하여 화재조사전담부서를 설치·운영하여야 한다.(소방의 화재조사에 관한 법률 제6조)

16 화재조사전담부서에 갖추어야 할 화재조사 장비 및 시설 중 감정용 기기가 아닌 것은?

① 시편성형기　　② 가스크로마토그래피
③ 복합가스 측정기　　④ 오실로스코프

해설 ③ 복합가스 측정기는 감식기기에 해당한다.

17 개구부를 통한 화재확산 메커니즘이 아닌 것은?

① 복사열에 의한 점화
② 불씨가 이동하여 점화
③ 직접적인 화염에 의한 점화
④ 장애물을 통한 열전도에 의한 점화

해설 장애물을 통한 열전도에 의한 점화는 직접적인 화재확산의 경우이며, 개구부를 통해 확산이 진행되는 경우에 해당하지 않는다.

18 건축물의 구획된 공간에서 플래시오버가 발생하면 고온 연기층으로부터 바닥으로 방사되는 복사열유속(kW/m^2)은?

① 약 $10kW/m^2$　　② 약 $20kW/m^2$
③ 약 $30kW/m^2$　　④ 약 $40kW/m^2$

해설 플래시오버가 발생할 때 바닥으로 약 $20kW/m^2$의 복사열유속이 방사된다.

19 플래시오버 현상과 백드래프트 현상을 비교한 설명으로 옳은 것은?

① 연소속도를 살펴보면 플래시오버에 비하여 백드래프트의 연소속도가 더욱 빠르다.
② 현상 발생 전 가연성 기체의 온도는 플래시오버의 경우 인화점 이상, 백드래프트의 경우 인화점 이하이다.
③ 구획실 내에서 산소가 충분할 때 플래시오버와 백드래프트가 발생한다.
④ 현상의 발생단계를 비교하면 플래시오버는 자유연소단계에서 성화기로 전환되는 사이에서 발생하며 백드래프트는 자유연소단계와 성화기 이후에 발생한다.

Answer　13.① 14.② 15.① 16.③ 17.④ 18.② 19.①

부록
과년도 출제문제

해설 ② 현상 발생 전 가연성 기체의 온도는 플래시오 버의 경우 인화점에 도달하면 발생하며, 백드 래프트의 경우 인화점에 도달한 상태이나 산소가 부족한 상황이다.
③ 구획실 내에서 산소가 부족할 때 백드래프트가 발생할 수 있다.
④ 현상의 발생단계를 비교하면 플래시오버는 자유연소단계에서 성화기로 전환되는 사이에서 발생하며 백드래프트는 성화기 이후 가연성 가스가 축적되고 산소가 부족한 상태인 감쇠기에서 발생할 수 있다.

20 화재현장 발굴 시 주의사항으로 틀린 것은?
① 발굴지역의 경계구역을 설정한다.
② 낙하물 등을 우선 제거하여 안전을 확보한다.
③ 가급적 삽과 같은 큰 장비를 사용하여 발굴시간을 단축한다.
④ 상층부에서 하층부로 발굴을 하며 수작업을 원칙으로 한다.

해설 삽과 같은 거친 도구의 사용은 금한다.

제2과목 **화재감식론**

21 프로판(C_3H_8)가스의 물성값으로 옳은 것은?
① 발화점은 약 150℃
② 기체 비중은 약 0.95
③ 임계온도는 약 -96.8℃
④ 연소범위는 약 2.1~9.5vol%

해설 ① 발화점은 약 460~520℃
② 기체 비중은 약 1.52
③ 임계온도는 약 96.8℃

22 0℃, 얼음 1kg을 100℃ 수증기로 변환할 경우 필요한 열량(kJ)은?

- 융용열 : 333J/g
- 기화열 : 2,256J/g
- 물의 비열 : 4.184J/g · K

① 418.4 ② 751.4
③ 2,674.4 ④ 3,007.4

해설 0℃, 얼음 1kg이 100℃ 수증기로 변화하는 과정에는 다음의 과정이 포함된다.
㉠ 0℃, 얼음 1kg이 0℃, 물 1kg으로 용융되는 과정=1,000g×333J/g
㉡ 0℃, 물 1kg이 100℃, 물 1kg으로 온도상승 과정=1,000g×4.183J/g · K ×100K
㉢ 100℃, 물 1kg이 100℃, 수증기 1kg으로 기화되는 과정=1,000g×2,256J/g
따라서 필요한 열량은 1,000g×333J/g+1,000g×4.184J/g · K×100K+1,000g×2,256J/g=3,007,400J=3,007.4kJ

23 유지류의 자연발화가 용이하게 발생할 수 있는 조건이 아닌 것은?
① 표면적이 작다.
② 주변의 온도가 높다.
③ 산소의 공급이 원활하다.
④ 다공성 물질에 흡습되었다.

해설 표면적이 클수록 자연발화가 발생하기 용이하다.

24 산불방향지표 중 후진성 산불의 특징으로 틀린 것은?
① 확산속도가 빠르다.
② 화염의 길이가 짧다.
③ 거시적인 지표보다 미시적인 지표가 많이 발견된다.
④ 경사가 있는 지형에서 하향으로 내려오는 경우가 많다.

해설 후진성 산불은 역방향 진행이므로 확산속도는 빠르지 않다.

Answer 20.③ 21.④ 22.④ 23.① 24.①

25 무염(훈소)화재에 관한 설명으로 틀린 것은?

① 발화 메커니즘은 '접촉 → 훈소 → 축열 → 착염 → 출화과정'을 거친다.
② 유독가스가 생성되며, 화염을 동반한다.
③ 다공성 고체가연물, 혼합연료, 불침윤성 고체에서 발생될 수 있다.
④ 고체가연물과 산소 사이에서 반응이 상대적으로 느린 연소이며 반응이 산소가 고체표면으로 확산되면서 일어나고 표면은 적열 및 탄화가 진행된다.

해설 무염(훈소)화재는 화염을 동반하지 않는다.

26 직접착화에 의한 방화원인 감식에 관한 사항으로 틀린 것은?

① 독립적 발화 개소 여부를 확인한다.
② 화재당시 사람의 출입 여부를 확인하고 내부 또는 외부 소행인지 확인한다.
③ 화재 전에 없던 가연물이 연소한 흔적이 있거나 물건의 위치가 변경되었는지 확인한다.
④ 스위치로부터 전열기구로 가는 회로를 찾아 스위치와 전열기구와의 관계를 규명한다.

해설 스위치와 전열기구에 의한 화재는 직접착화에 의한 방화와 무관하며, 감식의 진행은 부하측에서 전원측으로 진행한다.

27 항공기화재의 특징으로 틀린 것은?

① 항공기화재 조사 시 공간협소성, 고밀집성 등 다양한 특성을 고려해야 한다.
② 항공기가 단시간에 화재에 둘러싸이고 주변 일대의 가연성 물질에 급격히 전파된다.
③ 상공에서 항공기화재가 발생한 경우 지상까지 화재가 확산될 가능성은 전혀 없다.
④ 항공기는 인화성이 높은 연료를 대량으로 탑재하고 있어 추락사고가 발생하면 폭발적으로 연소할 수 있다.

해설 상공에서 발생한 항공기화재로 인해 지상까지 화재가 확산될 가능성이 크다.

28 화재 및 폭발의 사고조사 시 고려해야 할 사항으로 틀린 것은?

① 구획된 실내공간에서 가스폭발이나 분진폭발이 일어난 경우에는 폭심부가 명확하다.
② 폭발로 인하여 비산된 파편에 그을음의 부착 여부를 가지고 화재와 폭발의 선후관계를 알 수 있다.
③ 비닐, 스티로폼 등 열에 쉽게 변형되는 물질의 열변형 흔적으로부터 폭발과 화재의 선후관계를 알 수 있다.
④ 비닐, 스티로폼, 종이 등의 열변형 흔적으로부터 화학적 폭발과 물리적 폭발을 구분할 수 있다.

해설 구획된 실내공간에서 가스폭발이나 분진폭발이 일어나면 폭심부의 파악이 쉽지 않다.

29 가스용기와 안전밸브 종류의 연결이 옳은 것은?

① 산화에틸렌 용기 - 파열판식 안전밸브
② 수소 압축가스 용기 - 파열판식 안전밸브
③ 아르곤 압축가스 용기 - 스프링식 안전밸브
④ LPG 용기 - 스프링식과 파열판식의 2중 안전밸브

해설 가스용기에 따른 안전밸브의 종류는 다음과 같다.

가스용기 구분	안전밸브 종류
LPG 용기	스프링식
염소, 아세틸렌, 산화에틸렌 용기	가용전(가용합금식)
산소, 수소, 질소, 아르곤 등의 압축가스 용기	파열판
초저온 용기	스프링식과 파열판식의 2중 안전밸브

30 화재 현장조사 시 조기발견자로부터 획득할 수 있는 정보와 관계가 가장 적은 것은?

① 발견시각
② 발화원인
③ 발견위치
④ 불의 위치

부록

과년도 출제문제

해설 발화원인은 화재조사관이 화재조사를 통해 규명해야 하는 것이다.

31 전기다리미에 200V의 전압을 가했더니 3A의 전류가 흘렀다, 이때 전기다리미가 소비하는 전력(W)은?

① 150　　　　　　② 300
③ 400　　　　　　④ 600

해설 전력＝전압×전류이므로 전력 P＝200V×3A＝600W

32 선박 추진시스템에 관한 설명으로 옳은 것은 어느 것인가?

① 인보드 엔진에는 기화기가 장착되어 있거나 연료분사 시스템이 있는 2사이클 또는 4사이클 가솔린엔진이 포함된다.
② 인보드 가솔린엔진의 연료탱크에 대한 모든 부속품은 탱크의 윗부분에 있어야 하며, 연료 라인도 탱크보다 높게 있어야 한다.
③ 2사이클 엔진의 시스템 기본원칙은 자동차 엔진과 유사하고 아웃보드 엔진에서 연료는 펌프가 있는 고압연료 전달시스템을 통해 전달된다.
④ 아웃보드 엔진의 4사이클 엔진은 연료와 오일 혼합물을 사용하며 오일이 가솔린과 미리 혼합되거나 별도의 저장소에 있다가 연료와 자동적으로 혼합되는 방식으로 사용된다.

해설 ① 인보드 엔진은 주로 4사이클 엔진이다.
③ 자동차엔진과 유사한 것은 4사이클 엔진이며 연료는 저압연료시스템에 의해 전달된다.
④ 아웃보드 엔진의 2사이클 엔진은 연료와 오일 혼합물을 사용하며 오일이 가솔린과 미리 혼합되거나 별도의 저장소에 있다가 연료와 자동적으로 혼합되는 방식으로 사용된다.

33 방화의 일반적인 특징에 관한 설명으로 틀린 것은?

① 음주를 한 후 실행하는 경우가 많다.
② 우발적인 경우는 없고 모든 방화는 계획적이다.

③ 방화범은 단독범행이 많고 인적이 드문 야간이나 심야에 많이 발생한다.
④ 가솔린, 신나 등 인화성 물질을 매개체로 사용한다.

해설 방화는 우발적으로도 발생하며 모든 방화가 계획적이지는 않다.

34 차량 화재조사를 위해 수집해야 할 자료로 거리가 가장 먼 것은?

① 과거의 수리기록
② 화재 조기발견자의 진술
③ 차량 정비 기록부 및 리콜 정비 유무
④ 피해차량 운전자의 운전경력 증명서

해설 차량의 화재조사를 위한 수집자료로 피해차량 운전자의 운전경력 증명서는 관련성이 없다.

35 초기 가연물에 대한 설명으로 틀린 것은?

① 초기 가연물은 오작동하거나 고장난 장치의 일부일 수 있다.
② 초기 가연물은 열을 발생시키는 장치에 너무 가까이 있는 물체일 수 있다.
③ 화재를 유발한 사건을 이해하기 위해 초기 가연물을 확인하는 것이 중요하다.
④ 표면 대 질량 비율이 낮은 비기체 가연물은 표면 대 질량 비율이 높은 가연물보다 훨씬 쉽게 발화한다.

해설 표면 대 질량 비율이 높은 비기체 가연물은 표면 대 질량 비율이 낮은 가연물보다 훨씬 쉽게 발화한다.

36 유염연소와 무염연소에 관한 설명으로 틀린 것은?

① 무염연소는 연소반응속도가 느리다.
② 무염연소는 발열량이 작고, 유염연소는 발열량이 크다.
③ 목재의 무염연소 시 가연물의 내부보다는 표면으로 전파되는 속도가 빠르다.
④ 무염연소는 고체가연물에서만 가능하다.

Answer　31.④　32.②　33.②　34.④　35.④　36.③

해설 목재의 무염연소는 가연물의 내부로 깊게 연소가 진행되므로 표면으로의 전파속도는 상대적으로 느리다.

37 LPG 차량의 구성 부품 중 LPG 봄베의 밸브 색상에 대한 설명으로 옳은 것은?

① 충전밸브 : 적색
② 액체 송출밸브 : 적색
③ 기체 송출밸브 : 청색
④ 충전, 액체 송출, 기체 송출밸브 : 청색

해설 ① 충전밸브 : 녹색
② 액체 송출밸브 : 적색
③ 기체 송출밸브 : 황색

38 산불의 종류로 틀린 것은?

① 지표화
② 수간화
③ 비산화
④ 수관화

해설 산불의 종류는 지중화, 지표화, 수간화, 수관화로 구분된다.

39 가연성 액체의 인화점에 관한 설명으로 옳은 것은?

① 가연성 액체가 발화하는 최저온도
② 가연성 액체의 증기가 공기와 접촉하여 점화원 없이 연소되는 최고온도
③ 가연성 액체에 착화되기 충분한 증기를 발생하는 최저온도
④ 가연성 액체의 증기가 포화상태에 달하는 최저온도

해설 가연성 액체의 인화점은 가연성 액체에 착화되기 충분한 증기를 발생하는 최저온도를 뜻한다.

40 화재현장에서 발견된 선풍기의 감식사항으로 추정할 수 없는 것은?

> 모터 권선에서는 전기적 특이점이 없고, 회전 관절부위의 배선에서 단락 흔적이 관찰되었다.

① 통전 중이었음을 확인할 수 있다.
② 반단선에 의한 화재 가능성이 있다.

③ 전선 공극에 의한 아크를 추정할 수 있다.
④ 모터의 구속 운전에 의한 발화가능성이 있다.

해설 모터의 구속 운전에 의한 발화의 경우는 모터 권선측에 전기적 특이점이 발견되어야 한다.

제3과목 증거물관리 및 법과학

41 잔류물이 있는 용기의 상부공간에 숯(charcoal)을 매달아 촉진제를 추출하는 방법은?

① 흡착법
② 상부공간법
③ 용매추출법
④ 증기증류법

해설 잔류물에 존재할 수 있는 촉진제를 다공성 물질인 숯을 사용하여 흡착시키는 흡착법을 사용한다.

42 액체 가연물의 연소에 의한 화재패턴이 아닌 것은?

① 포어 패턴
② 도넛 패턴
③ 스플래시 패턴
④ U자모양 패턴

해설 U자모양 패턴은 구획실 내의 화재 시에 벽, 기둥 등에 생성될 수 있는 연소패턴 중의 하나이다.

43 화재증거물 검증에 관한 설명으로 옳은 것은 어느 것인가?

① 검증하는 단계는 모든 가설을 검증하여 모든 가설이 사실과 과학적 원리에 부합할 때까지 계속되어야 한다.
② 연역적 추론에 의한 검증 단계를 통과한 가설이 없는 경우에는 이 문제를 해결된 것으로 간주하여야 한다.
③ 화재원인 재현실험을 통해서 물리적으로 검증될 수도 있고, 사고실험에서 과학적 원리를 적용하여 분석적으로 검증될 수도 있다.
④ 증거가 증명될 수 있는 경우라도 다른 방법으로 반드시 검증하여야 하며, 여기에는 새로운 증거물 수집이나 기존 증거물에 대한 재분석이 필요할 수도 있다.

부록

과년도 출제문제

해설 ① 검증하는 단계에서는 모든 가설을 사실과 과학적 원리에 근거하여 검증하되 모든 가설이 사실과 과학적 원리에 부합해야 하는 것은 아니다.
② 연역적 추론에 의한 검증 단계를 통과한 가설이 없는 경우에는 문제가 해결된 것이 아니므로 가설 및 검증에 대한 검토를 다시 진행하여야 한다.
④ 증거가 증명된 경우 반드시 추가적인 다른 방법으로 검증해야 하는 것은 아니다.

44 화재현장 보존을 위한 조치사항으로 틀린 것은?

① 잔불 정리를 위해 현장 물건을 과도하게 변형하거나 이동되지 않도록 한다.
② 발화원 등의 연소잔해가 있는 방향에는 직수소화에 의한 증거물 파괴를 피한다.
③ 현장진입을 위해 개방하고자 하는 출입문이나 창문에서 파괴흔적 발견 시 화재조사관에게 알려야 한다.
④ 현장에서 석유류의 연료를 사용하는 장비 사용 시 재급유는 현장 내에서 실시하도록 한다.

해설 현장에서 석유류의 연료를 사용하는 장비 사용 시 재급유는 오염방지를 위해 현장 밖에서 실시하도록 한다.

45 물적 증거로서의 화재패턴에 관한 설명으로 옳은 것은?

① V패턴이나 포인터 및 화살패턴은 환기에 의해 생성되는 패턴이다.
② 엘리게이터(alligator) 탄화는 발화 중에 액체 위험물 촉진제가 사용되었다는 증거이다.
③ 정상연소에서 화재패턴을 형성하는 화재플룸의 온도는 발화구획실 코너에서 가장 높다.
④ 발화원인이 확인되지 않은 완전연소 패턴구역의 식별에서 화재확산 방향이나 연소시간 또는 강도의 차이 규명을 위해 활용할 수 있는 화재패턴은 보호구역 및 열그림자이다.

해설 ① V패턴이나 포인터 및 화살패턴은 주로 발화지점 주변에서 생성되는 패턴이다.
② 엘리게이터(alligator) 탄화층만으로 발화 과정에서 액체 위험물 촉진제가 사용되었다고 단정짓는 것은 문제가 있다.

③ 정상연소에서 화재패턴을 형성하는 화재플룸의 온도는 발화구획실 코너에서 가장 높으며, 구획실 중앙에서 가장 낮다.
④ 발화원이 확인되지 않은 완전연소 패턴구역의 경우는 활용될 수 있는 화재패턴이 거의 없다.

46 화재현장을 촬영하는 위치에 관한 설명으로 옳은 것은?

① 카메라는 가능하면 수직으로만 촬영한다.
② 피사체가 냉장고일 경우 여러 방향으로 촬영한다.
③ 촬영방향은 발화부로 추정되는 곳의 앞면을 집중적으로 촬영한다.
④ 촬영된 사진은 화재조사관을 위한 자료이므로 촬영위치는 조사관의 재량에 달려있다.

해설 카메라를 굳이 수직으로만 촬영할 필요는 없으며, 촬영방향은 다양한 각도에서 촬영하고, 촬영된 사진은 화재조사관의 의도가 담길 수 있도록, 주위의 위치관계를 명확히 알 수 있도록 촬영해야 한다.

47 화재열로 파손된 유리의 특징으로 옳은 것은?

① 리플마크가 형성된다.
② 거미줄 형태로 파손된다.
③ 방사형 형태로 깨진다.
④ 구불구불한 불규칙한 형태로 깨진다.

해설 화재열에 의한 유리파손은 불규칙한 깨짐의 모습이며, 충격에 의한 파손은 유리 단면에 리플마크를 남기며 방사형과 거미줄 형태의 파손을 발생한다.

48 화재현장 사진 및 비디오 촬영에 관한 사항으로 틀린 것은?

① 화재조사의 진행순서에 따라 촬영한다.
② 화재현장의 증거확보를 위하여 필요하다.
③ 화재조사관의 오랜 경험에 의존하여 촬영여부를 결정해야 한다.
④ 방화, 실화 수사의 기초자료로 사용하기 위하여 필요하다.

해설 경험에 의해서 촬영여부를 결정해서는 안 된다.

Answer 44.④ 45.③ 46.② 47.④ 48.③

49 액체 촉진제의 특성에 대한 설명으로 옳은 것은?

① 촉진제는 액체 상태로만 발견된다.
② 액체 촉진제는 대부분의 내부 마감재 및 기타 화재 잔해에 쉽게 흡수된다.
③ 모든 액체 촉진제는 물과 접촉했을 때 물 아래로 가라앉는다.
④ 액체 촉진제가 다공성 물질에 흡수되었을 때는 잔존 가능성이 매우 낮다.

해설 촉진제는 액체뿐만 아니라 증기, 기체 등으로 발견될 수 있다. 액체 촉진제 중에는 물보다 가벼운 물질도 존재하며, 다공성 물질에 흡수되면 장시간 잔존될 수 있다.

50 화재증거물수집관리규칙상 증거물 시료용기가 아닌 것은?

① 유리병
② 아크릴병
③ 양철캔(CAN)
④ 주석도금캔(CAN)

해설 증거물 시료용기로는 유리병, 주석도금캔, 양철캔이 사용되며, 아크릴병은 시료에 따라 손상가능성이 존재한다.

51 증거수집 과정에서 증거물의 오염방지를 위한 조치사항으로 틀린 것은?

① 새 증거물 보관용기는 기존에 사용되었던 용기와 오염지역에서 떨어진 곳에 보관하여야 한다.
② 증거물 보관용기 자체를 수집도구로 사용하는 것은 증거물 오염이 될 수 있으므로 사용을 금지한다.
③ 수집 장소에서 증거물을 담을 때에만 용기를 개봉하고 증거물을 담은 후에는 실험실에서 조사를 할 때까지 계속 봉인되어 있어야 한다.
④ 상호교차오염을 방지하기 위해 화재조사관은 액체나 고체 촉진제 증거물을 수집할 때 일회용 비닐장갑을 착용하고 작업하는 것이 효과적이다.

해설 오염방지를 위해 증거물 보관용기를 수집도구로 사용할 수 있다.

52 화재현장에서 화면의 일부만을 측광하는 방식으로 주 피사체의 정확한 노출을 측광할 수 있으며 역광 촬영 시 사용되는 방식은?

① 스팟측광
② 평균측광
③ 다분할 측광
④ 중앙부 중점 측광

해설 화면의 일부만을 측광하는 방식을 스팟측광이라 한다.

53 화재로 인한 3도 화상에 관한 설명으로 틀린 것은?

① 수포 주위에 홍반을 보이며, 혈액침하가 일어나더라도 홍반만 남는다.
② 신경섬유가 파괴되어 통증이 없거나 미약할 수 있다.
③ 피하지방을 포함한 피부의 전층이 손상된 경우로 심한 경우 근육, 뼈, 내부 장기도 포함되는 경우가 있다.
④ 부스럼 딱지 또는 생체 내의 피부조직이나 세포가 죽는 응고성 괴사에 빠지므로 괴사성 화상이라고도 한다.

해설 홍반이 생기는 화상은 1도 화상에 해당하며 수포가 형성되는 경우는 2도 화상에 해당한다.

54 질문기록서 작성을 위하여 관계자의 진술을 녹음하려고 할 때 유의사항으로 틀린 것은?

① 유도심문을 피한다.
② 관계자에게 녹취내용을 확인시키고 서명을 하게 한다.
③ 관계자의 진술은 화재발생 직후보다 화재진압 후 시간이 경과한 뒤 실시하는 것이 좋다.
④ 18세 미만의 청소년에게 질문을 하는 경우는 친권자 등을 반드시 입회시켜야 하며 진술자는 물론 입회자에게도 서명을 받도록 한다.

해설 관계자의 진술은 화재발생 직후 실시하는 것이 좋다.

55 인화성 액체, 부유물을 가진 액체, 시험조건에서 표면 막을 형성하기 쉬운 액체, 40℃~370℃의 온도범위를 가지는 기타 액체의 인화점을 시험하는 방법은?

① 태그 개방컵 테스트
② 태그 밀폐컵 테스트
③ 클리블랜드 개방컵 테스트
④ 펜스키-마텐스 밀폐컵 테스트

해설 유막을 형성하고, 40~370℃의 온도범위를 인화점으로 갖는 액체의 인화점 측정방법은 다음 표에서 볼 수 있듯이 펜스키-마텐스 방법밖에 없다. 인화점 측정방법은 다음의 표와 같은 기준과 시료에 대해 사용된다.

구분	종류	적용기준	적용시료
밀폐식	태그 밀폐식	• 인화점이 93℃ 이하인 시료에 적용 • 적용할 수 없는 시료 – 측정 시 유막이 형성되는 시료 – 현탁물질을 함유한 시료 – 40℃ 동점도가 5.5mm²/s 이상이고, 25℃ 동점도가 9.5mm²/s 이상인 시료	원유, 휘발유, 등유, 항공터빈 연료유
	신속 평형법 (세타식)	인화점이 110℃ 이하인 시료에 적용	원유, 등유, 경유, 중유, 항공터빈 연료유
	펜스키 -마텐스	밀폐식 인화점 측정이 필요한 시료 및 태그밀폐식을 적용할 수 없는 시료에 적용	원유, 경유, 중유, 전기절연유, 방청유, 절삭유
개방식	태그 개방식	인화점이 −18~163℃ 사이이고, 연소점이 163℃까지 이르는 시료에 적용	–
	클리 블랜드	인화점이 79℃ 이하인 시료에 적용 (단, 원유 및 연료유 제외)	석유, 아스팔트, 유동파라핀, 에어필터유, 석유왁스, 방청유, 전기절연유, 열처리유, 절삭유, 각종 윤활유 등

56 일산화탄소 중독사의 대표적인 특징은?

① 선홍색 시반이 나타난다.
② 수포 주위에 홍반이 생긴다.
③ 코에서 출혈이 심하게 나타난다.
④ 피부의 세포조직이 검게 타는 탄피층이 형성된다.

해설 급성중독으로 사망하면 혈액 및 근육과 각 장기는 일산화탄소마이오글로빈의 색깔로 인해 선홍색 시반을 나타낸다.

57 법정 증언의 자세로 가장 적절하지 않은 것은?

① 차분한 마음상태를 유지한다.
② 사실적이고 객관적으로 답변한다.
③ 사투리, 속어 등의 단어를 피한다.
④ 질문에 관계없이 빠르게 답변한다.

해설 질문과 관계없이 빠르게 답변할 필요는 없다.

58 화재현장에서 발견된 사망한 사체에 관한 설명으로 틀린 것은?

① 일산화탄소를 흡입한 것으로 화재 당시 생존해 있었음에 대한 증거가 될 수 있다.
② 눈가의 주름 사이에 그을음이 부착되지 않은 것은 화재 당시 사망한 상태였다는 증거가 될 수 있다.
③ 일산화탄소가 헤모글로빈과 결합함으로써 체내 산소의 공급이 차단되어 사망했을 가능성이 있다.
④ 기도, 폐 등의 호흡기에서 발견되는 그을음은 화재 당시 생존해 있었음을 나타내는 증거가 될 수 있다.

해설 화재 당시 사망한 상태였다면 눈가의 주름 사이에 모두 그을음이 부착되었을 것이다.

59 화재증거물수집관리규칙상 증거물 보관 및 이동에 관한 설명으로 틀린 것은?

① 증거물의 보관은 파손될 우려가 없는 장소에 보관해야 한다.
② 증거물의 보관 및 이송은 장소, 방법, 책임자 등이 지정된 상태에서 행해져야 한다.
③ 증거물은 어떠한 경우라도 폐기할 수 없으며, 화재증거수집의 목적달성 후에는 관계인에게 반환하여야 한다.
④ 증거물 보관 시 화재조사와 관계없는 자의 접근은 엄격히 통제되어야 하며, 보관관리 이력을 작성하여야 한다.

해설 증거물은 화재증거 수집의 목적달성 후에는 관계인에게 반환하여야 한다. 다만 관계인의 승낙이 있을 때에는 폐기할 수 있다.(화재증거물수집관리규칙 제6조 제6항)

Answer 55.④ 56.① 57.④ 58.② 59.③

60 화재증거물수집관리규칙상 현장사진 및 비디오 촬영 시 유의사항으로 틀린 것은?

① 최초 도착하였을 때의 현장을 정리정돈 후 촬영한다.
② 화재상황을 추정할 수 있는 증거물, 피해물품, 유류의 형상은 면밀히 관찰 후 자세히 촬영한다.
③ 증거물을 촬영할 때는 그 소재와 상태가 명백히 나타나도록 하며, 필요에 따라 구분이 용이하게 번호표 등을 넣어 촬영한다.
④ 화재현장의 특정한 증거물 등을 촬영함에 있어서는 그 길이, 폭 등을 명백히 하기 위하여 측정용 자 또는 대조도구를 사용하여 촬영한다.

해설 현장을 정리정돈 후에 촬영하는 것은 잘못된 부분이다.

제4과목 **화재조사보고 및 피해평가**

61 화재조사 및 보고규정상 화재증명원의 발급에 관한 사항으로 ( )에 알맞은 내용은?

소방관서장은 화재피해자로부터 소방대가 출동하지 아니한 화재장소의 화재증명원 발급요청이 있는 경우 조사관으로 하여금 사후조사를 실시하게 할 수 있다. 이 경우 민원인이 제출한 화재사후조사의뢰서의 내용에 따라 발화장소 및 발화지점의 현장이 보존되어 있는 경우에만 조사를 하며, ( )의 작성은 생략할 수 있다.

① 화재현황조사서   ② 화재피해조사서
③ 화재현장조사서   ④ 화재현장출동보고서

해설 소방관서장은 화재피해자로부터 소방대가 출동하지 아니한 화재장소의 화재증명원 발급요청이 있는 경우 조사관으로 하여금 사후조사를 실시하게 할 수 있다. 이 경우 민원인이 제출한 화재사후조사의뢰서의 내용에 따라 발화장소 및 발화지점의 현장이 보존되어 있는 경우에만 조사를 하며, 화재현장출동보고서의 작성은 생략할 수 있다.(화재조사 및 보고규정 제23조)

62 화재조사 및 보고규정상 다음 건물의 소실면적(m^2)은?

단층건물 내 난방기 과열로 화재가 발생하여 소화기에 의해 즉시 진화하였으나 바닥 $6m^2$, 한쪽 벽면의 $4m^2$, 천장 $2m^2$가 소실되는 피해가 발생했다.

① 2   ② 4
③ 6   ④ 10

해설 건물의 소실면적 산정은 소실 바닥면적으로 산정한다. 건물의 소실 바닥면적이 $6m^2$이므로 답은 ③이다.(화재조사 및 보고규정 제33조)

63 화재조사 및 보고규정상 명시된 연소확대물의 정의로 옳은 것은?

① 지속적인 연소현상에 영향을 준 인적 · 물적 · 자연적인 가연물을 말한다.
② 연소가 확대되는데 있어 결정적 영향을 미친 가연물을 말한다.
③ 가연물질에 지속적으로 불이 붙는 가연물을 말한다.
④ 발화관련 기기나 제품을 작동 또는 연소시킬 때 사용되어진 연료 또는 에너지를 말한다.

해설 "연소확대물"이란 연소가 확대되는데 있어 결정적 영향을 미친 가연물을 말한다.(화재조사 및 보고규정 제2조)

64 화재조사 및 보고규정상 화재의 유형에 명시되지 않은 것은? (단, 기타화재는 제외한다.)

① 전기 · 화학화재
② 건축 · 구조물화재
③ 선박 · 항공기화재
④ 자동차 · 철도차량화재

해설 화재의 유형
㉠ 건축 · 구조물화재 : 건축물, 구조물 또는 그 수용물이 소손된 것
㉡ 자동차 · 철도차량화재 : 자동차, 철도차량 및 피견인 차량 또는 그 적재물이 소손된 것
㉢ 위험물 · 가스제조소 등 화재 : 위험물제조소 등, 가스제조 · 저장 · 취급시설 등이 소손된 것

ⓔ 선박·항공기화재 : 선박, 항공기 또는 그 적재물이 소손된 것
ⓜ 임야화재 : 산림, 야산, 들판의 수목, 잡초, 경작물 등이 소손된 것
ⓗ 기타화재 : 위에 해당되지 않는 화재

65
화재조사 및 보고규정상 명시된 조사결과보고에 관한 사항으로 (   )에 알맞은 기준은?

> 조사의 최종 결과보고는 정당한 사유가 있는 경우에는 소방관서장에게 사전 보고를 한 후 필요한 기간만큼 조사 보고일을 연장할 수 있다. 또한 조사 보고일을 연장한 경우 그 사유가 해소된 날부터 (   ) 이내에 소방관서장에게 조사결과를 보고해야 한다.

① 7 ② 10
③ 15 ④ 20

해설 조사 보고일을 연장한 경우 그 사유가 해소된 날부터 10일 이내에 소방관서장에게 조사결과를 보고해야 한다.(화재조사 및 보고규정 제22조 제4항)

66
화재로 인한 자동차의 피해액 산정기준으로 틀린 것은?

① 자동차의 수리비는 자동차 수리업소의 견적서를 참고하여 산정한다.
② 피해 대상 자동차와 동일하거나 유사한 자동차의 시중매매가격을 피해액으로 한다.
③ 부분소손되어 수리가 가능한 경우에는 수리에 소요되는 금액을 자동차의 피해액으로 한다.
④ 부분소손되어 수리가 가능한 모든 경우에는 피해액에 대하여 감가공제한다.

해설 자동차가 부분소손되어 수리가 가능한 경우에는 수리에 소요되는 금액을 자동차의 피해액으로 한다.

67
20년된 일반주택의 잔가율은? (단, 주택의 내용연수는 40년으로 한다.)

① 50% ② 60%
③ 70% ④ 80%

해설 잔가율은 화재 당시 피해물의 재구입비에 대한 현재가의 비율을 말하며, 건물의 잔가율은 1-(0.8×경과연수/내용연수)이므로 1-[0.8×(20년/40년)]=0.6

68
화재조사 및 보고규정상 화재원인조사 범위로 명시되지 않은 것은?

> 소방청장은 사상자가 (   )명 이상이거나 2개 시·도 이상에 걸쳐 화재가 발생한 경우(임야화재는 제외) 화재합동조사단을 구성하여 운영하는 것을 원칙으로 한다.

① 50 ② 45
③ 30 ④ 20

해설 소방청장은 사상자가 30명 이상이거나 2개 시·도 이상에 걸쳐 화재가 발생한 경우(임야화재는 제외) 화재합동조사단을 구성하여 운영하는 것을 원칙으로 한다.

69
화재조사 및 보고규정상 화재현장조사서의 화재원인 검토 항목에 해당하지 않는 것은? (단, 임야화재, 기타화재, 피해액이 없는 화재 이외의 화재현장 조사서를 말한다.)

① 방화 가능성 ② 기계적 요인
③ 인적 부주의 ④ 현장조사결과

해설 화재조사 및 보고규정 [별지 5] 내의 화재원인 검토항목은 방화 가능성(연소상황, 원인추적 등에 관한 사진, 설명), 전기적 요인, 기계적 요인, 가스누출, 인적 부주의 등, 연소확대 사유이다.

70
화재조사 및 보고규정상 화재조사서류의 서식이 아닌 것은?

① 질문기록서
② 화재현장조사서
③ 범죄사실확인서
④ 소방시설 등 활용조사서

Answer 65.② 66.④ 67.② 68.③ 69.④ 70.③

해설 조사서류의 서식(화재조사 및 보고규정 제21조)
　　ⓐ 화재 · 구조 · 구급상황보고서
　　ⓑ 화재현장출동보고서
　　ⓒ 화재발생종합보고서
　　ⓓ 화재현황조사서
　　ⓔ 화재현장조사서
　　ⓕ 화재현장조사서(임야화재, 기타화재)
　　ⓖ 화재유형별조사서(건축 · 구조물화재)
　　ⓗ 화재유형별조사서(자동차 · 철도차량화재)
　　ⓘ 화재유형별조사서(위험물 · 가스제조소 등 화재)
　　ⓙ 화재유형별조사서(선박 · 항공기화재)
　　ⓚ 화재유형별조사서(임야화재)
　　ⓛ 화재피해조사서(인명피해)
　　ⓜ 화재피해조사서(재산피해)
　　ⓝ 방화 · 방화의심 조사서
　　㉮ 소방시설 등 활용조사서
　　㉯ 질문기록서
　　㉰ 화재감식 · 감정 결과보고서
　　㉱ 재산피해신고서
　　㉲ 재산피해신고서(자동차, 철도, 선박, 항공기)
　　㉳ 사후조사 의뢰서

71 가재도구의 화재 피해액 산정에 관한 사항으로 옳은 것은?

① 피해액 산정대상에서 의류 생산 공장의 재봉틀은 가재도구로 분류된다.
② 수리비가 가재도구 재구입비의 50% 미만인 경우에는 감가공제를 하지 않는다.
③ 의류는 세탁에 의해 재사용이 가능한 경우에는 10%의 손해율을 적용한다.
④ 신혼가정 등 특별한 경우를 제외하고는 잔가율을 일괄적 · 포괄적 기준을 적용하여 70%로 한다.

해설 ① 피해액 산정대상에서 의류 생산 공장의 재봉틀은 기계장치로 분류해야 한다.
② 수리비가 가재도구 재구입비의 20% 미만인 경우에는 감가공제를 하지 않는다.
④ 신혼가정 등 특별한 경우를 제외하고는 잔가율을 일괄적 · 포괄적 기준을 적용하여 50%로 한다.

72 화재조사 및 보고규정상 화재유형별조사서(임야화재)의 작성에 대한 설명으로 틀린 것은?

① 논밭두렁의 화재는 들불에 속한다.
② 묘지에서 발생한 화재는 들불에 속한다.
③ 피해사항 중 산림피해면적은 기재하지 않는다.
④ 산불은 국유림, 공유림, 사유림으로 구분한다.

해설 화재조사 및 보고규정 [별지 6의 5] 화재유형별조사서(임야화재)에서 피해사항은 산림피해면적(m^2), 건물(동), 기타 사항을 기록하도록 되어있다.

73 새벽 4시 30분경 음식점에서 화재가 발생하여 현장에 출동한 화재조사관이 조사한 내용이다. 조사결과를 토대로 추정한 화재원인은?

- 음식점 분전반의 누전차단기가 트립된 점
- 발화지점의 다수의 테이블 및 바닥에는 전기장치가 설치되어 있지 않고 피해입은 가전제품(에어컨, 냉장고 등)으로부터의 연소 진행 패턴이 식별되지 않은 점
- 독립적인 연소현상이 홀, 방, 세면장 등 10개의 지점에서 발견된 점
- 일반적인 목재의 연소 특성과는 달리 넓은 면적에 표면만 탄화된 패턴이 여러 곳에서 관찰된 점
- 인화성 액체를 담은 것으로 추정되는 용기가 화장실 앞에서 발견된 점
- CCTV 상에서 신원 미상인이 음식점에 침입하여 카운터에 있는 현금을 훔치고, 음식점 내부를 돌아다닌 지 몇 분 후 불길이 치솟는 모습이 확인된 점
- 신원미상인은 화재발생 다음날(15일) ○○대표 인근 앞바다에서 주검으로 발견된 점(자살 추정) ⇒ 신원확인 결과 음식점 직원 A씨로 최종 확인됨
- 음식점 관계자 B씨에 따르면 A씨는 경제적 어려움으로 종종 월급을 가불하였고, 화재 전날부터 출근하지 않고 잠적한 상태이며 음식점 출입문 열쇠위치를 알고 있기 때문에 음식점에 들어갈 수 있었을 거라고 진술한 점

① 부주의
② 방화 의심
③ 가스폭발
④ 전기적 요인

해설 독립적인 연소현상이 10개의 지점에서 발견되고, 인화성 액체를 담은 것으로 추정되는 용기의 발견과 급격한 불길의 발생, CCTV 영상 등을 통해 방화에 의한 화재 가능성이 다분하다.

74 화재피해액 산정대상에서 선박화재로 볼 수 없는 것은?

① 육상에 있는 미취항의 범선에서 발생한 화재
② 독행 기능을 가지지 않는 거룻배에서 발생한 화재
③ 수리 등을 위해 육상에 일시적으로 있는 선박에서 발생한 화재
④ 독행 기능을 가지는 선박에 의해 끌어진 물건에 발생한 화재

해설 육상에 있는 미취항 선박은 선박으로 분류하지 않는다.

75 화재조사 및 보고규정상 화재피해액 산정기준으로 옳은 것은?

① 동물이 화재로 전부손해를 입은 경우 피해액은 시중매매가격으로 한다.
② 골동품이 전부손해를 입은 경우 피해액은 원상복구에 소요되는 비용으로 한다.
③ 전부손해가 아닌 식물의 경우 피해액은 시중매매가격으로 한다.
④ 임야의 입목은 최초 입목구입가격에서 소실한 입목의 잔존가격을 더한 가격으로 한다.

해설 화재피해액 산정은 화재조사 및 보고규정 [별표 3] 화재피해액 산정기준을 따른다.
　② 골동품이 전부손해를 입은 경우 피해액은 감정가격으로 하며 전부손해가 아닌 경우 원상복구에 소요되는 비용으로 한다.
　③ 전부손해가 아닌 식물의 경우 피해액은 수리비 및 치료비로 한다.
　④ 임야의 입목은 소실 전의 입목가격에서 소실한 입목의 잔존가격을 뺀 가격으로 하며 피해 산정이 곤란할 경우 소실면적 등 피해 규모만 산정할 수 있다.

76 화재조사 및 보고규정상 질문기록서를 생략할 수 있는 화재를 모두 고른 것은?

　㉮ 임야화재
　㉯ 선박화재
　㉰ 모닥불에서 발생한 화재
　㉱ 쓰레기에서 발생한 화재

① ㉮, ㉯, ㉰
② ㉮, ㉯, ㉱
③ ㉮, ㉰, ㉱
④ ㉯, ㉰, ㉱

해설 화재조사 및 보고규정 [별지 10]에서 기타화재 중 쓰레기, 모닥불, 가로등, 전봇대화재 및 임야화재의 경우 질문기록서 작성을 생략할 수 있다.

77 화재조사 및 보고규정상 부대설비의 화재피해액 산정기준으로 옳은 것은?

① 건물신축단가×소실면적×설비종류별 재설비 비율×[1-(0.8×경과연수/내용연수)]
② 건물신축단가×소실면적×설비종류별 재설비 비율×[1-(0.8×경과연수/내용연수)]×손해율
③ 건물신축단가×소실면적×설비종류별 재설비 비율×[1-(0.9×경과연수/내용연수)]
④ 건물신축단가×소실면적×설비종류별 재설비 비율×[1-(0.9×경과연수/내용연수)]×손해율

해설 화재조사 및 보고규정 [별표 2] 화재피해금액 산정기준에서 부대설비의 화재피해금액 산정기준은 「건물신축단가×소실면적×설비종류별 재설비 비율×[1-(0.8×경과연수/내용연수)]×손해율」의 공식에 의한다.

Answer 74.① · 75.① 76.③ 77.②

78 화재조사 및 보고규정상 용어에 대한 정의 중 틀린 것은?

① 잔가율이란 피해물의 취득 당시 가액에 대한 현재가의 비율을 말한다.
② 내용연수란 고정자산을 경제적으로 사용할 수 있는 연수를 말한다.
③ 최종잔가율이란 피해물의 경제적 내용연수가 다한 경우 잔존하는 가치의 재구입비에 대한 비율을 말한다.
④ 손해율이란 피해물의 종류, 손상 상태 및 정도에 따라 피해액을 적정화시키는 일정한 비율을 말한다.

해설 화재조사 및 보고규정 제2조(용어의 정의)에서 "잔가율"이란 화재 당시에 피해물의 재구입비에 대한 현재가의 비율을 말한다.

79 화재조사 및 보고규정상 방화·방화의심 조사서 작성 시 기재사항이 아닌 것은? (단, 기타 참고사항은 제외한다.)

① 방화도구   ② 방화피해사항
③ 방화자 인적사항   ④ 도착 시 초기상황

해설 화재조사 및 보고규정상 방화·방화의심 조사서 [별지 8]의 기재사항은 구분, 방화동기, 방화도구, 방화의심 사유, 도착 시 초기상황, 방화연료 및 용기, 방화자(인적사항, 주소), 참고사항 이다.

80 화재로 인하여 공장·창고를 제외한 건물의 천장·벽·바닥 등 내부 마감재 및 건물 내 영업시설물 등이 소실된 경우 손해율은? (단, 건물의 용도, 건물구조, 손상상태 및 정도에 따른 가감은 제외한다.)

① 10%   ② 20%
③ 40%   ④ 60%

해설 공장·창고를 제외한 건물의 천장·벽·바닥 등 내부 마감재 등이 소실된 구축물의 소손정도에 따른 손해율은 40%이다.

---

81 형법상 다음은 어떤 범죄에 대한 설명인가?

> 불을 놓아 사람이 주거로 사용하거나 사람이 현존하는 건조물, 기차, 전차, 자동차, 선박, 항공기 또는 지하채굴시설을 불태운 자는 무기 또는 3년 이상의 징역에 처한다.

① 진화방해
② 일반물건 방화
③ 일반건조물 등 방화
④ 현주건조물 등 방화

해설 형법 제164조(현주건조물 등 방화) 제1항의 내용이다.

82 제조물책임법상 명시된 결함의 분류가 아닌 것은?

① 유통상의 결함
② 제조상의 결함
③ 설계상의 결함
④ 표시상의 결함

해설 제조물책임법 제2조(정의) 제2항에 명시된 결함이란 제조상의 결함, 설계상의 결함, 표시상의 결함을 말한다.

83 화재조사 및 보고규정상 건물의 소실면적을 구하는 기준은?

① 소실바닥면적
② 연면적
③ 피해면적
④ 전용면적

해설 건물의 소실면적 산정은 소실 바닥면적으로 산정한다. (화재조사 및 보고규정 제17조)

부록

과년도 출제문제

84 화재조사전담부서에 갖추어야 할 감식기기를 모두 고른 것은?

> ㉮ 절연저항계
> ㉯ 디지털 탄화심도계
> ㉰ 복합가스측정기
> ㉱ 3D 카메라(AR)

① ㉮, ㉯, ㉰
② ㉮, ㉯, ㉱
③ ㉮, ㉰, ㉱
④ ㉯, ㉰, ㉱

해설 ㉱의 3D 카메라(AR)는 기록용 기기에 해당한다.

85 제조물책임법에 대한 설명으로 틀린 것은?

① 제조업자는 제조물의 수입을 업으로 하는 자도 포함한다.
② 제조물책임법에 따른 손해배상책임을 배제하거나 제한하는 모든 특약은 유효하다.
③ 동일한 손해에 대하여 배상할 책임이 있는 자가 2인 이상인 경우에는 연대하여 그 손해를 배상할 책임이 있다.
④ 손해배상책임을 지는 자가 제조업자가 해당 제조물을 공급하지 아니하였다는 사실을 입증한 경우에는 손해배상책임을 면한다.

해설 제조물책임법에 따른 손해배상책임을 배제하거나 제한하는 특약(特約)은 무효로 한다. 다만, 자신의 영업에 이용하기 위하여 제조물을 공급받은 자가 자신의 영업용 재산에 발생한 손해에 관하여 그와 같은 특약을 체결한 경우에는 그러하지 아니하다. (제조물책임법 제6조)

86 화재로 인한 재해보상과 보험가입에 관한 법률 시행령상 특수건물의 기준으로 틀린 것은?

① 영화상영관으로 사용하는 부분의 바닥면적의 합계가 1,000m² 이상인 건물
② 일반음식점영업으로 사용하는 부분의 바닥면적의 합계가 2,000m² 이상인 건물
③ 목욕장업으로 사용하는 부분의 바닥면적의 합계가 2,000m² 이상인 건물

④ 병원급 의료기관으로 사용하는 건물로서 연면적의 합계가 3,000m² 이상인 건물

해설 「영화 및 비디오물의 진흥에 관한 법률」에 따른 영화상영관으로 사용하는 부분의 바닥면적의 합계가 2,000m² 이상인 건물이 해당된다.(화재로 인한 재해보상과 보험가입에 관한 법률 시행령 제2조)

87 화재조사 및 보고규정상 건물의 동수 산정 기준으로 옳은 것은?

① 구조에 관계없이 지붕 및 실이 하나로 연결되어 있는 것은 같은 동으로 본다.
② 건널복도 등으로 2 이상의 동에 연결되어 있는 것은 같은 동으로 본다.
③ 내화조 건물의 경우 격벽으로 방화구획이 되어 있는 경우는 각 동으로 한다.
④ 독립된 건물과 건물 사이에 차광막, 비막이 등의 덮개를 설치하고 그 밑을 통로로 사용하는 경우에는 같은 동으로 한다.

해설 건물의 동수 산정은 화재조사 및 보고규정 [별표 1] 건물의 동수 산정기준을 따른다.
② 건널복도 등으로 2 이상의 동에 연결되어 있는 것은 그 부분을 절반으로 분리하여 각 동으로 본다.
③ 내화조 건물의 경우 격벽으로 방화구획이 되어 있는 경우도 같은 동으로 한다.
④ 독립된 건물과 건물 사이에 차광막, 비막이 등의 덮개를 설치하고 그 밑을 통로로 사용하는 경우는 다른 동으로 한다.

88 형법상 공용건조물 등 방화에 관한 사항으로 ( )에 알맞은 기준은?

> 불을 놓아 공용(公用)으로 사용하거나 공익을 위해 사용하는 건조물, 기차, 전차, 자동차, 선박, 항공기 또는 지하채굴시설을 불태운 자는 무기 또는 ( )년 이상의 징역에 처한다.

① 1
② 3
③ 5
④ 7

해설 불을 놓아 공용(公用)으로 사용하거나 공익을 위해 사용하는 건조물, 기차, 전차, 자동차, 선박, 항공기 또는 지하채굴시설을 불태운 자는 무기 또는 3년 이상의 징역에 처한다.(형법 제164조)

89 화재로 인한 재해보상과 보험가입에 관한 법률상 다음의 경우 벌금 기준은? (단, 산업재해 보상보험법에 관한 사항은 제외한다.)

특수건물의 소유자는 그 특수건물의 화재로 인한 해당 건물의 손해를 보상받고 손해배상책임을 이행하기 위하여 그 특수건물에 대하여 손해보험회사가 운영하는 특약부화재보험에 가입하여야 하지만 가입하지 않은 경우

① 100만원 이하의 벌금
② 400만원 이하의 벌금
③ 500만원 이하의 벌금
④ 700만원 이하의 벌금

해설 특수건물의 소유자는 그 특수건물의 화재로 인한 해당 건물의 손해를 보상받고 손해배상책임을 이행하기 위하여 그 특수건물에 대하여 손해보험회사가 운영하는 특약부화재보험에 가입하지 아니한 자는 500만원 이하의 벌금에 처한다.(화재로 인한 재해보상과 보험가입에 관한 법률 제5조 및 제23조)

90 민법상 불법행위에 관한 사항으로 틀린 것은 어느 것인가?

① 고의 또는 과실로 인한 위법행위로 타인에게 손해를 가한 자는 그 손해를 배상할 책임이 있다.
② 타인에게 정신상 고통을 가한 자는 재산 이외의 손해에 대하여도 배상할 책임이 있다.
③ 미성년자가 타인에게 손해를 가한 경우에 그 행위의 책임을 변식할 지능이 없는 때에는 배상의 책임이 없다.
④ 타인의 생명을 해한 자는 피해자의 직계존속, 직계비속 및 배우자에 대하여는 재산상의 손해가 없는 경우에는 손해배상의 책임이 없다.

해설 타인의 생명을 해한 자는 피해자의 직계존속, 직계비속 및 배우자에 대하여는 재산상의 손해없는 경우에도 손해배상의 책임이 있다.(민법 제752조)

91 화재조사 및 보고규정상 화재조사관이 화재조사를 실시하는 시기로 옳은 것은?

① 화재진압 완료 후 실시
② 소방청장의 허가를 득한 후 실시
③ 임의로 정하는 시기에 실시
④ 화재발생사실을 인지하는 즉시 실시

해설 화재조사의 실시(소방의 화재조사에 관한 법률 제5조)
소방관서장은 화재발생 사실을 알게 된 때에는 지체 없이 화재조사를 하여야 한다.

92 소방의 화재조사에 관한 법률상 화재조사 전담부서에서 수행하는 업무가 아닌 것은?

① 화재발생 건축물과 구조물, 화재유형별 화재 위험성 조사
② 화재조사에 필요한 시설·장비의 관리·운영
③ 화재조사 관련 기술개발과 화재조사관의 역량증진
④ 화재조사의 실시 및 조사결과 분석·관리

해설 화재조사전담부서의 설치·운영 등 (소방의 화재조사에 관한 법률 제6조 제2항)
전담부서는 다음의 업무를 수행한다.
ㄱ 화재조사의 실시 및 조사결과 분석·관리
ㄴ 화재조사 관련 기술개발과 화재조사관의 역량증진
ㄷ 화재조사에 필요한 시설·장비의 관리·운영

93 소방의 화재조사에 관한 법률상 화재조사관 양성을 위한 전문교육 내용으로 옳지 않은 것은?

① 화재조사 이론과 실습
② 화재조사 시설 및 장비의 사용에 관한 사항
③ 범죄심리학 관련 이론
④ 화재조사 관련 정책 및 법령에 관한 사항

Answer 89.③ 90.④ 91.④ 92.① 93.③

부록

과년도 출제문제

해설 화재조사에 관한 교육훈련(소방의 화재조사를 위한 법률 시행규칙 제5조)
화재조사관 양성을 위한 전문교육의 내용은 다음과 같다.
㉠ 화재조사 이론과 실습
㉡ 화재조사 시설 및 장비의 사용에 관한 사항
㉢ 주요·특이 화재조사, 감식·감정에 관한 사항
㉣ 화재조사 관련 정책 및 법령에 관한 사항
㉤ 그 밖에 소방청장이 화재조사 관련 전문능력의 배양을 위해 필요하다고 인정하는 사항

94 과도한 문어발식 콘센트 사용으로 발생한 전기화재로 인하여, 구입한지 5년 된 세탁기가 소손되었다. 이 소손에 대하여 제조물책임법령상 손해배상책임에 관한 설명으로 옳은 것은?

① 세탁기 제조상 결함으로 손해배상책임은 세탁기 제조사가 부담한다.
② 세탁기 소유자의 사용상 문제로 손해배상책임은 발생하지 않는다.
③ 세탁기 설계상 결함으로 손해배상책임은 세탁기 설계자가 부담한다.
④ 세탁기 유통상 결함으로 손해배상책임은 제품 유통 업체에서 부담한다.

해설 과도한 문어발식 콘센트 사용으로 인한 전기화재이므로 사용상 문제에 해당하여 손해배상책임은 발생하지 않는다.

95 실화책임에 관한 법률에 관한 내용으로 틀린 것은?

① 손해배상액의 경감 청구가 있을 경우 화재의 원인을 고려하여 손해배상액을 경감할 수 있다.
② 실화가 중대한 과실로 인한 것이 아닌 경우 그로 인한 손해의 배상의무자는 법원에 손해배상액의 경감을 청구할 수 없다.
③ 실화로 인하여 화재가 발생한 경우 연소(延燒)로 인한 부분에 대한 손해배상청구에 한하여 적용한다.
④ 실화(失火)의 특수성을 고려하여 실화자에게

중대한 과실이 없는 경우 그 손해배상액의 경감(輕減)에 관한 「민법」 제765조의 특례를 정함을 목적으로 한다.

해설 실화가 중대한 과실로 인한 것이 아닌 경우 그로 인한 손해의 배상의무자는 법원에 손해배상액의 경감을 청구할 수 있다.(실화책임에 관한 법률 제3조 제1항)

96 소방기본법령상 화재조사관이 화재조사를 수행하면서 알게 된 비밀을 다른 사람에게 누설한 경우 벌금기준은?

① 100만원 이하의 벌금
② 200만원 이하의 벌금
③ 300만원 이하의 벌금
④ 500만원 이하의 벌금

해설 화재조사를 하는 화재조사관은 관계인의 정당한 업무를 방해하거나 화재조사를 수행하면서 알게 된 비밀을 다른 용도로 사용하거나 다른 사람에게 누설하여서는 아니 된다. 이를 위반하여 관계인의 정당한 업무를 방해하거나 화재조사를 수행하면서 알게 된 비밀을 다른 용도로 사용하거나 다른 사람에게 누설한 사람은 300만원 이하의 벌금에 처한다.

97 민법상 손해배상청구권의 소멸시효에 관한 사항으로 (   )에 알맞은 기준은?

> 불법행위로 인한 손해배상의 청구권은 피해자나 그 법정대리인이 그 손해 및 가해자를 안 날로부터 (   )년간 이를 행사하지 아니하면 시효로 인하여 소멸한다.

① 1   ② 2
③ 3   ④ 4

해설 불법행위로 인한 손해배상의 청구권은 피해자나 그 법정대리인이 그 손해 및 가해자를 안 날로부터 3년간 이를 행사하지 아니하면 시효로 인하여 소멸한다.(민법 제766조)

Answer 94.② 95.② 96.③ 97.③

98 소방기본법령상 소방공무원과 경찰공무원의 협력에 관한 사항으로 (   )에 알맞은 내용은?

> 소방관서장은 방화 또는 실화의 혐의가 있다고 인정되면 지체없이 (   )에게 그 사실을 알리고 필요한 증거를 수집·보존하는 등 그 범죄수사에 협력하여야 한다.

① 시·도지사
② 구청장
③ 검찰청장
④ 경찰서장

해설 소방관서장은 방화 또는 실화의 혐의가 있다고 인정되면 지체없이 **경찰서장**에게 그 사실을 알리고 필요한 증거를 수집·보존하는 등 그 범죄수사에 협력하여야 한다.(소방의 화재조사에 관한 법률 제12조 제2항)

99 화재조사 및 보고규정상 다음에서 설명하는 용어는?

> 화재와 관계되는 물건의 형상, 구조, 재질, 성분, 성질 등 이와 관련된 모든 현상에 대하여 과학적 방법에 의한 필요한 실험을 행하고 그 결과를 근거로 화재원인을 밝히는 자료를 얻는 것을 말한다.

① 감식
② 조사
③ 감정
④ 동력원

해설 감정에 대한 정의이다.(화재조사 및 보고규정 제2조)

100 화재로 인한 재해보상과 보험가입에 관한 법률상 보험가입에 관한 사항으로 틀린 것은?

① 특수건물의 소유자는 특약부화재보험에 관한 계약을 매년 갱신하여야 한다.
② 손해보험회사는 특약부화재보험 계약의 체결을 거절할 수 있다.
③ 특수건물의 소유자는 특약부화재보험에 부가하여 풍재(風災) 등으로 인한 손해를 담보하는 보험에 가입할 수 있다.
④ 특수건물의 소유권이 변경된 경우 특수건물의 소유자는 그 건물의 소유권을 취득한 날로부터 30일 이내에 특약부화재보험에 가입하여야 한다.

해설 손해보험회사는 특약부화재보험계약의 체결을 거절하지 못한다. (화재로 인한 재해보상과 보험가입에 관한 법률 제5조 제3항)

부록

과년도 출제문제

2022년 9월 14일

화재감식평가기사

제1과목 **화재조사론**

01 금속의 용융점이 낮은 것에서 높은 것 순으로 옳게 나열된 것은?

㉮ 구리	㉯ 납
㉰ 알루미늄	㉱ 철

① ㉮ → ㉯ → ㉰ → ㉱
② ㉯ → ㉮ → ㉰ → ㉱
③ ㉯ → ㉰ → ㉮ → ㉱
④ ㉯ → ㉰ → ㉱ → ㉮

해설 ㉯ 납(327℃) → ㉰ 알루미늄(660℃) → ㉮ 구리(1,084℃) → ㉱ 철(1,530℃)

02 석유류 가연물의 위험성이 아닌 것은?

① 기체의 비중이 낮다.
② 인화점이 낮다.
③ 연소범위의 하한이 낮다.
④ 폭발의 위험성이 있다.

해설 석유류 대부분은 인화점과 연소하한이 낮아 폭발의 위험성이 있다. 증기비중은 공기보다 무겁다.

03 화재 시 연기의 이동속도 및 특성에 대한 설명으로 옳지 않은 것은?

① 연기층의 두께는 연소가 진행됨에 따라 달라진다.
② 화재실에서 분출된 연기는 공기보다 가벼워 통로의 상부를 따라 유동한다.
③ 연기는 발화층으로부터 위층으로 확산된다.
④ 일반적으로 연기의 이동속도는 수평이동속도가 수직이동속도보다 빠르다.

해설 연기의 속도는 수평방향으로 약 0.5~1m/sec 정도이고, 수직방향으로 2~3m/sec 정도로 수직방향이 수평방향보다 빠르다.

04 소방의 화재조사에 관한 법령상 전담부서의 업무로 옳지 않은 것은?

① 화재조사의 실시 및 조사결과 분석 · 관리
② 화재조사 관련 기술개발과 화재조사관의 역량증진
③ 화재조사에 필요한 시설 · 장비의 관리 · 운영
④ 화재조사 기법에 필요한 연구 · 실험 · 조사 · 기술개발 등을 지원하는 시책을 수립

해설 화재조사전담부서의 설치 · 운영 등(소방의 화재조사에 관한 법률 제6조 제2항)
전담부서는 다음의 업무를 수행한다.
㉠ 화재조사의 실시 및 조사결과 분석 · 관리
㉡ 화재조사 관련 기술개발과 화재조사관의 역량증진
㉢ 화재조사에 필요한 시설 · 장비의 관리 · 운영
㉣ 그 밖의 화재조사에 관하여 필요한 업무

05 화재조사 시 관계인 등에 대한 질문 요령으로 틀린 것은?

① 질문을 할 때에는 시기, 장소 등을 고려하여 진술을 하는 사람으로부터 임의진술을 얻도록 하여야 한다.
② 관계인 등에게 질문을 할 때에는 기대나 희망하는 진술내용을 얻기 위하여 상대방에게 암시하는 등의 방법으로 유도한다.
③ 소문 등에 의한 사항인 경우 그 사실을 직접 경험한 관계인 등의 진술을 얻도록 하여야 한다.
④ 관계인 등에 대한 질문 사항은 질문기록서에 작성하여 그 증거를 확보한다.

Answer 01.③ 02.① 03.④ 04.④ 05.②

해설 관계인 등 진술(화재조사 및 보고규정 제7조)

㉠ 관계인 등에게 질문을 할 때에는 시기, 장소 등을 고려하여 진술하는 사람으로부터 임의 진술을 얻도록 해야 하며 진술의 자유 또는 신체의 자유를 침해하여 임의성을 의심할 만한 방법을 취해서는 아니 된다.

㉡ 관계인 등에게 질문을 할 때에는 희망하는 진술내용을 얻기 위하여 상대방에게 암시하는 등의 방법으로 유도해서는 아니 된다.

㉢ 획득한 진술이 소문 등에 의한 사항인 경우 그 사실을 직접 경험한 관계인 등의 진술을 얻도록 해야 한다.

㉣ 관계인 등에 대한 질문 사항은 질문기록서에 작성하여 그 증거를 확보한다.

06 화재조사 및 보고규정상 화재인명 피해조사에 대한 사상자 분류기준으로 옳은 것은?

① 경상자는 입원치료를 필요로 하지 않는 부상자도 포함

② 화재로 인하여 5일 이내 사망한 자를 당해 사망자로 포함

③ 중상자는 전치 10주 이상의 입원치료를 필요로 하는 부상자

④ 경상자는 전치 10주 이하의 입원치료를 필요로 하는 부상자

해설 ㉠ 사상자(화재조사 및 보고규정 제13조) : 사상자는 화재현장에서 사망한 사람과 부상당한 사람을 말한다. 단, 화재현장에서 부상을 당한 후 72시간 이내에 사망한 경우에는 당해 화재로 인한 사망으로 본다.

㉡ 부상자 분류(화재조사 및 보고규정 제14조) : 부상의 정도는 의사의 진단을 기초로 하여 다음과 같이 분류한다.
- 중상 : 3주 이상의 입원치료를 필요로 하는 부상을 말한다.
- 경상 : 중상 이외의(입원치료를 필요로 하지 않는 것도 포함) 부상을 말한다. 다만, 병원치료를 필요로 하지 않고 단순하게 연기를 흡입한 사람은 제외한다.

07 화재조사 및 보고규정상 건물의 동수 산정 방법에 관한 설명 중 옳은 것은?

① 목조 또는 내화조 건물이 격벽으로 방화 구획되어 있는 경우 2개의 동으로 본다.

② 구조에 관계없이 지붕 및 실이 하나로 연결되어 있는 것은 2개의 동으로 본다.

③ 건물의 외벽을 이용하여 실을 만들어 헛간, 작업실 및 사무실 등의 용도로 사용하고 있는 것은 주건물과 1동으로 본다.

④ 독립된 건물과 건물 사이에 차광막, 비막이 등의 덮개를 설치하고 그 밑을 통로 등으로 사용하는 경우는 동일 동으로 본다.

해설 화재조사 및 보고규정 [별표 1]

㉠ 주요구조부가 하나로 연결되어 있는 것은 1동으로 한다. 다만 건널 복도 등으로 2 이상의 동에 연결되어 있는 것은 그 부분을 절반으로 분리하여 각 동으로 본다.

㉡ 건물의 외벽을 이용하여 실을 만들어 헛간, 목욕탕, 작업실, 사무실 및 기타 건물 용도로 사용하고 있는 것은 주건물과 같은 동으로 본다.

㉢ 구조에 관계없이 지붕 및 실이 하나로 연결되어 있는 것은 같은 동으로 본다.

㉣ 목조 또는 내화조 건물의 경우 격벽으로 방화구획이 되어 있는 경우도 같은 동으로 한다.

㉤ 독립된 건물과 건물 사이에 차광막, 비막이 등의 덮개를 설치하고 그 밑을 통로 등으로 사용하는 경우는 다른 동으로 한다.
　　㉥ 작업장과 작업장 사이에 조명유리 등으로 비막이를 설치하여 지붕과 지붕이 연결되어 있는 경우

㉦ 내화조 건물의 옥상에 목조 또는 방화구조 건물이 별도 설치되어 있는 경우는 다른 동으로 한다. 다만, 이들 건물의 기능상 하나인 경우 (옥내 계단이 있는 경우)는 같은 동으로 한다.

㉧ 내화조 건물의 외벽을 이용하여 목조 또는 방화구조건물이 별도 설치되어 있고 건물 내부와 구획되어 있는 경우 다른 동으로 한다. 다만, 주된 건물에 부착된 건물이 옥내로 출입구가 연결되어 있는 경우와 기계설비 등이 쌍방에 연결되어 있는 경우 등 건물 기능상 하나인 경우는 같은 동으로 한다.

부록

과년도 출제문제

08 다음 중 폭발위력의 지표로 사용될 수 있는 자료로 옳지 않은 것은?

① 파편의 비행거리
② 무너진 벽의 종류와 구조
③ 폭발시점
④ 폭심부의 크기 및 깊이

해설 파편의 비산거리(비산효과) 및 폭심부 깊이(압력효과), 무너진 벽의 구조 등은 폭발위력을 판단할 수 있는 지표가 될 수 있지만 폭발시점은 관계가 없다.

09 화재 시 발생하는 박리현상(spalling)의 원인에 대한 설명으로 옳은 것은?

① 콘크리트에 포함된 수분의 증발 및 팽창
② 철근 또는 철망 및 주변 콘크리트 간의 불균일한 수축
③ 콘크리트혼합물과 골재 간의 균일한 팽창
④ 화재에 노출된 표면과 슬래브 내장재 간의 균일한 팽창

해설 박리는 콘크리트와 철근 또는 골재 등에 포함된 수분의 증발 및 혼합물 간의 불균일한 팽창에 의해 발생한다.

10 화재증거물수집관리규칙상 증거물의 포장 · 보관 · 이동에 관한 설명으로 옳은 것은?

① 증거물의 포장은 보호상자를 사용하여 일괄 포장함을 원칙으로 한다.
② 화재 증거물은 관계인의 승낙에 관계없이 폐기할 수 있다.
③ 증거물은 화재증거수집 목적달성 후 관계인에게 반환하지 않고 3년간 보관하여야 한다.
④ 증거물은 수집 단계부터 검사 및 감정이 완료되어 반환 또는 폐기되는 전 과정에 있어서 화재조사관 또는 이와 동일한 자격 및 권한을 가진 자의 책임 하에 행해져야 한다.

해설 증거물의 포장(화재증거물수집관리규칙 제5조)
입수한 증거물을 이송할 때에는 포장을 하고 상세 정보를 별지 제2호 서식에 기록하여 부착한다. 이 경우 증거물의 포장은 보호상자를 사용하여 개별 포장함을 원칙으로 한다.

증거물 보관 · 이동(화재증거물수집관리규칙 제6조)
㉠ 증거물은 수집 단계부터 검사 및 감정이 완료되어 반환 또는 폐기되는 전 과정에 있어서 화재조사관 또는 이와 동일한 자격 및 권한을 가진 자의 책임(이하 이 조에서 "책임자"라 한다) 하에 행해져야 한다.
㉡ 증거물의 보관 및 이동은 장소 및 방법, 책임자 등이 지정된 상태에서 행해져야 되며, 책임자는 전 과정에 대하여 이를 입증할 수 있도록 다음의 사항을 작성하여야 한다.
  증거물 최초상태, 개봉일자, 개봉자
  • 증거물 발신일자, 발신자
  • 증거물 수신일자, 수신자
  • 증거 관리가 변경되었을 때 기타사항 기재
㉢ 증거물의 보관은 전용실 또는 전용함 등 변형이나 파손될 우려가 없는 장소에 보관해야 하고, 화재조사와 관계없는 자의 접근은 엄격히 통제되어야 하며, 보관관리 이력은 별지 제3호 서식에 따라 작성하여야 한다.
㉣ 증거물 이동과정에서 증거물의 파손 · 분실 · 도난 또는 기타 안전사고에 대비하여야 한다.
㉤ 파손이 우려되는 증거물, 특별 관리가 필요한 증거물 등은 이송상자 및 무진동 차량 등을 이용하여 안전에 만전을 기하여야 한다.
㉥ 증거물은 화재증거 수집의 목적달성 후에는 관계인에게 반환하여야 한다. 다만 관계인의 승낙이 있을 때에는 폐기할 수 있다.

11 소방의 화재조사에 관한 법률상 화재조사를 하는 관계공무원이 관계인의 정당한 업무를 방해하거나 화재조사를 수행하면서 알게 된 비밀을 다른 사람에게 누설하였을 때의 벌칙기준으로 옳은 것은?

① 100만원 이하의 벌금
② 150만원 이하의 벌금
③ 200만원 이하의 벌금
④ 300만원 이하의 벌금

Answer 08.③ 09.① 10.④ 11.④

해설 벌칙(소방의 화재조사에 관한 법률 제21조)
다음의 어느 하나에 해당하는 사람은 300만원 이하의 벌금에 처한다.
- ㉠ 허가 없이 화재현장에 있는 물건 등을 이동시키거나 변경·훼손한 사람
- ㉡ 정당한 사유 없이 화재조사관의 출입 또는 조사를 거부·방해 또는 기피한 사람
- ㉢ 관계인의 정당한 업무를 방해하거나 화재조사를 수행하면서 알게 된 비밀을 다른 용도로 사용하거나 다른 사람에게 누설한 사람
- ㉣ 정당한 사유 없이 증거물 수집을 거부·방해 또는 기피한 사람

12 V자 화재패턴에 대한 설명으로 옳은 것은?

① V자 패턴의 각은 환기효과에 영향을 받는다.
② V자 패턴의 각은 열방출률에 영향을 받지 않는다.
③ V자 패턴의 각은 가연물의 형상에 영향을 받지 않는다.
④ V자 각이 작은 것은 화재의 성장속도가 느렸다는 증거이며 V각이 큰 경우는 화재의 성장속도가 빨랐다는 증거이다.

해설 ㉠ V자 패턴의 각을 형성하는 변수로는 열방출률, 가연물의 형태 환기효과, 천장, 선반, 테이블 상단과 같은 수평면이 존재하는 경우 등이 있다.
㉡ V자 각이 큰 것은 화재의 성장속도가 느렸다는 증거이며, V자 각이 작은 것은 화재의 성장속도가 빨랐다는 증거이다.

13 소방의 화재조사에 관한 법령상 화재현장 보존 등에 대한 설명으로 옳지 않은 것은?

① 누구든지 소방관서장 또는 경찰서장의 허가 없이 설정된 통제구역에 출입하여서는 아니 된다.
② 화재현장 보존조치를 하거나 통제구역을 설정한 경우 누구든지 소방관서장 또는 경찰서장의 허가 없이 화재현장에 있는 물건 등을 이동시키거나 변경·훼손하여서는 아니 된다.

③ 소방관서장 등은 화재현장 보존조치를 하거나 통제구역을 설정하는 경우 화재가 발생한 소방대상물의 관계인에게 알린다.
④ 소방관서장은 화재조사를 위하여 최대한 범위에서 화재현장 보존조치를 한다.

해설 화재현장 보존 등(소방의 화재조사에 관한 법률 제8조)
㉠ 소방관서장은 화재조사를 위하여 필요한 범위에서 화재현장 보존조치를 하거나 화재현장과 그 인근 지역을 통제구역으로 설정할 수 있다. 다만, 방화(放火) 또는 실화(失火)의 혐의로 수사의 대상이 된 경우에는 관할 경찰서장 또는 해양경찰서장이 통제구역을 설정한다.
㉡ 누구든지 소방관서장 또는 경찰서장의 허가 없이 ㉠에 따라 설정된 통제구역에 출입하여서는 아니 된다.
㉢ ㉠에 따라 화재현장 보존조치를 하거나 통제구역을 설정한 경우 누구든지 소방관서장 또는 경찰서장의 허가 없이 화재현장에 있는 물건 등을 이동시키거나 변경·훼손하여서는 아니 된다. 다만, 공공의 이익에 중대한 영향을 미친다고 판단되거나 인명구조 등 긴급한 사유가 있는 경우에는 그러하지 아니하다.
㉣ 화재현장 보존조치, 통제구역의 설정 및 출입 등에 필요한 사항은 대통령령으로 정한다.

14 화재조사 및 보고규정상 "감식"의 정의로 옳은 것은?

① 화재원인의 판정을 위하여 전문적인 지식, 기술 및 경험을 활용하여 주로 시각에 의한 종합적인 판단으로 구체적인 사실관계를 명확하게 규명하는 것
② 화재와 관계되는 물건의 형상, 구조, 재질, 성분, 성질 등 이와 관련된 모든 현상에 대하여 과학적 방법에 의한 필요한 실험을 행하고 그 결과를 근거로 화재원인을 밝히는 자료를 얻는 것
③ 열원에 의하여 가연물질에 지속적으로 불이 붙는 현상
④ 발화의 최초 원인이 된 불꽃 또는 열

Answer 12.① 13.④ 14.①

① 감식 : 화재원인의 판정을 위하여 전문적인 지식, 기술 및 경험을 활용하여 주로 시각에 의한 종합적인 판단으로 구체적인 사실관계를 명확하게 규명하는 것을 말한다.

② 감정 : 화재와 관계되는 물건의 형상, 구조, 재질, 성분, 성질 등 이와 관련된 모든 현상에 대하여 과학적 방법에 의한 필요한 실험을 행하고 그 결과를 근거로 화재원인을 밝히는 자료를 얻는 것을 말한다.

③ 발화 : 열원에 의하여 가연물질에 지속적으로 불이 붙는 현상을 말한다.

④ 발화열원 : 발화의 최초 원인이 된 불꽃 또는 열을 말한다.

15 방화의 식별에서 일반적인 방화의 가능성이 있는 경우로 가장 거리가 먼 것은?

① 화재가 건물의 구조, 가연물 등에 비해 급격히 확산된 경우

② 최초 발화지점에서 유류 등 연료물질을 사용한 흔적이 있는 경우

③ 연소기구를 중심으로 연소확대가 진행된 흔적이 있는 경우

④ 출입문, 창 등에 강제로 진입한 흔적이 있는 경우

연소기구를 중심으로 연소확대된 흔적은 실화에 해당하며 방화와 가장 거리가 멀다.

16 물과 접촉 시 가연성 기체를 발생하지 않고 발열반응으로 인하여 주변의 가연물을 발화시키는 물질은?

① 칼륨   ② 산화칼슘
③ 인화알루미늄   ④ 탄화칼슘

① 칼륨 : 물과 반응 시 수소가 발생한다.

② 산화칼슘 : 물과 반응 시 가연성 가스발생 없이 접촉된 가연물을 발화시킨다.

③ 인화알루미늄 : 물과 반응 시 포스핀가스가 발생한다.

④ 탄화칼슘 : 물과 반응 시 아세틸렌가스가 발생한다.

17 다음에서 설명하는 패턴으로 옳은 것은?

• 가연성 액체가 웅덩이처럼 고여 있는 상태에서 연소될 때 나타나는 흔적(가장자리 부분이 연소가 강함)

• 고리모양으로 연소된 부분이 덜 연소된 부분을 둘러싸고 있는 형태로 가연성 액체가 웅덩이처럼 고여 있을 경우 발생

• 주변부나 얕은 곳에서는 화염이 바닥이나 바닥재를 탄화시키는 반면에 깊은 중심부는 액체가 증발하면서 증발잠열에 의해 웅덩이 중심부를 냉각시키는 현상 때문에 기인한다.

① 고스트마크패턴(ghost mark pattern)
② 포어패턴(pour pattern)
③ 드롭다운패턴(drop down pattern)
④ 도넛패턴(doughnut pattern)

① 고스트마크패턴(ghost mark pattern) : 액체가연물이 타일 바닥으로 스며들어 접착제 등과 연소하며 타일 바닥에 남긴 흔적으로 타일이 떨어져 나간 부분의 바닥에 그 흔적이 뚜렷하다.

② 포어패턴(pour pattern) : 액체가연물이 바닥에 쏟아져 연소될 때 나타나는 현상으로, 연소가 강한 액체가연물 부분과 다른 부분의 경계가 뚜렷한 흔적이다.

③ 드롭다운패턴(drop down pattern) : 복사열 등의 영향으로 화염으로부터 멀리 떨어진 가연물이 착화되고, 착화물이 바닥에 떨어져 바닥의 미연소 부분이 연소된 흔적이다.

④ 도넛패턴(doughnut pattern) : 가연성 액체가 웅덩이처럼 고여 있는 상태에서 연소될 때 나타나는 흔적이다(가장자리 부분이 연소가 강함). 고리모양으로 연소된 부분이 덜 연소된 부분을 둘러싸고 있는 도넛 모양 형태로 가연성 액체가 웅덩이처럼 고여 있을 경우 발생한다. 주변부나 얕은 곳에서는 화염이 바닥이나 바닥재를 탄화시키는 반면에 깊은 중심부는 액체가 증발하면서 증발잠열에 의해 웅덩이 중심부를 냉각시키는 현상 때문에 기인한다.

Answer   15.③ 16.② 17.④

18 화재현장의 파괴된 유리분석에 대한 설명으로 옳은 것은?

① 열에 의해 깨진 유리의 단면에는 리플마크가 관찰된다.
② 열에 의해 깨진 유리의 표면을 관찰하면 월러라인을 식별할 수 있다.
③ 열에 의해 깨진 유리는 방사형 파손흔적이 관찰된다.
④ 유리단면을 관찰하면 열 또는 충격에 의한 원인을 구분할 수 있다.

해설 열에 의해 깨진 유리단면에는 월러라인이 없지만 충격에 의해 깨진 유리단면에는 월러라인이 형성되어 유리단면을 통해 열 또는 충격에 의한 원인을 구분할 수 있다.

19 가연물의 최소착화에너지에 영향을 미치는 요인에 대한 설명으로 옳은 것은?

① 압력이 높을수록 최소착화에너지는 높아진다.
② 온도가 높을수록 최소착화에너지는 낮아진다.
③ 가연물의 종류에 관계없이 최소착화에너지는 일정하다.
④ 혼합된 공기의 산소농도에 관계없이 최소착화에너지는 일정하다.

해설 최소착화에너지는 압력이 높을수록, 산소농도가 높아질수록 낮아지며, 가연물의 종류에 따라 최소착화에너지는 다르다.

20 가솔린의 연소범위(vol%)가 1.4~7.6일 때 위험도는?

① 0.8
② 1.2
③ 4.4
④ 6.4

해설 위험도 $= \dfrac{연소상한계(U) - 연소하한계(L)}{연소하한계(L)}$

$\dfrac{7.6-1.4}{1.4} = 4.4$

21 「연소방향」 및 「연소조건」 판정 시 고려할 조건으로 옳지 않은 것은?

① 창문 등 개구부에 가까운 개소는 연소공기의 공급량이 많으므로 강한 소손을 나타내기 쉽다.
② 휘발유 등 위험물이나 다량의 가연물이 있으면 발화개소에서 떨어져 있어도 그 개소는 강한 소손이 되기 쉽다.
③ 1국면에 집착하여 연소하여 번져간 방향을 파악한다.
④ 소방대 소화수의 방수개시가 늦은 부분은 연소시간이 길어지므로 강한 소손을 나타낸다.

해설 ① 창문 등 개구부에 가까운 개소는 연소공기의 공급량이 많으므로 강한 소손을 나타내기 쉽다.
② 휘발유 등 위험물이나 다량의 가연물이 있으면 발화개소에서 떨어져 있어도 그 개소는 강한 소손이 되기 쉽다.
③ 1국면에 집착하지 말고 전체적으로 연소하여 번져간 방향을 파악한다.
④ 소방대 소화수의 방수개시가 늦은 부분은 연소시간이 길어지므로 강한 소손을 나타낸다.

22 목재는 타기 시작한 후에는 표면에서 중심을 향해 탄화가 진행하며, 탄화모양과 형상이 변화해 간다. 옳지 않은 것은?

① 표면은 요철(凹凸)이 많고 거칠어진다.
② 탄화된 골은 폭이 좁고 또한 깊어진다.
③ 표면이 박리와 회화(灰化)를 반복한다.
④ 연소가 계속되면서 타서 가늘게 되고 박리되어 소실되어 간다.

해설 목재는 타기 시작한 후에는 표면에서 중심을 향해 탄화가 진행하며, 탄화모양과 형상이 다음과 같이 변화해 간다.
㉠ 표면은 요철(凹凸)이 많고 거칠어진다.
㉡ 탄화된 골은 폭이 넓고 또한 깊어진다.

ⓒ 표면이 박리와 회화(灰化)를 반복한다.
ⓔ 연소가 계속되면서 타서 가늘게 되고 박리되어 소실되어 간다.

23 합성수지류도 화재열의 영향을 남긴다. 그 외관의 변화 순서로 옳은 것은?

① 변색 → 변형[연화(軟化)] → 소실 → 용융
② 변색 → 용융 → 변형[연화(軟化)] → 소실
③ 변형[연화(軟化)] → 변색 → 용융 → 소실
④ 변색 → 변형[연화(軟化)] → 용융 → 소실

해설 합성수지류도 목재와 마찬가지로 화재열의 영향을 남긴다. 그 외관은 대략 다음과 같이 된다.
변색 → 변형[연화(軟化)] → 용융 → 소실

24 다음의 ( ) 안에 들어갈 내용으로 옳은 것은?

(㉮) : 통전상태(전압이 인가된 상태)에서 화재의 직접 원인이 된 단락흔
(㉯) : 통전상태(전압이 인가된 상태)에서 화재로 전선 피복이 연소되고, 이로 인하여 단락되어 나타난 용융흔
(㉰) : 단순히 화재로 인한 용융흔(전압이 인가되지 않은 상태)

① ㉮ : 1차 단락흔, ㉯ : 2차 단락흔, ㉰ : 열흔(熱痕)
② ㉮ : 2차 단락흔, ㉯ : 1차 단락흔, ㉰ : 열흔(熱痕)
③ ㉮ : 1차 단락흔, ㉯ : 열흔(熱痕), ㉰ : 2차 단락흔
④ ㉮ : 열흔(熱痕), ㉯ : 2차 단락흔, ㉰ : 1차 단락흔

해설 단락흔과 열흔
㉠ 1차 단락흔 : 화재의 직접 원인이 된 단락흔
㉡ 2차 단락흔 : 화재로 전선 피복이 연소되고, 이로 인하여 단락되어 나타난 용융흔
㉢ 열흔 : 단순히 화재로 인한 용융흔(전압이 인가되지 않은 상태)

25 냉장고의 원리에서 다음의 ( ) 안에 들어갈 내용으로 옳은 것은?

액화된 비점이 낮은 냉매가스를 (㉮)로 압축하여 파이프를 통해 (㉯)로 보내면 액체의 냉매가스는 기화함과 동시에 주위로부터 열을 빼앗아서 냉각한다.

① ㉮ 압축기, ㉯ 응축기
② ㉮ 압축기, ㉯ 냉각기
③ ㉮ 냉각기, ㉯ 압축기
④ ㉮ 응축기, ㉯ 압축기

해설 냉장고의 원리
액화된 비점이 낮은 냉매가스를 ㉮압축기(compressor)로 압축하여 파이프를 통해 ㉯냉각기로 보내면 액체의 냉매가스는 기화함과 동시에 주위로부터 열을 빼앗아서 냉각한다. 냉각기를 나온 냉매가스는 응축기(condenser)로 보내져서 액화되고 다시 컴프레서로 보내져서 순환하도록 되어 있다.

26 폭연과 폭굉의 비교에서 폭굉에 해당하는 것으로 옳은 것은?

① 전파속도 : 0.1~10m/s
② 전파에 필요한 에너지 : 전도, 대류, 복사
③ 전파메커니즘 : 반응면이 열의 분자확산 이동과 반응물과 연소생성물의 난류혼합에 의한 전파
④ 충격파발생 : 발생한다.

해설 폭굉
① 전파속도 : 1,000~3,500m/s
② 전파에 필요한 에너지 : 충격에너지
③ 전파메커니즘 : 반응면이 혼합물을 자연발화 온도 이상으로 압축시키는 강한 충격파에 의해 전파한다.
④ 충격파발생 : 발생한다.
* 폭연 : 충격파가 발생 하지 않는다.

Answer 23.④ 24.① 25.② 26.④

27 유리의 수열영향에 의한 형태 설명으로 옳지 않은 것은?

① 유리는 수열정도가 클수록 크게 금이 간다.
② 유리는 수열측 보다 많이 낙하한다.
③ 조개껍질모양 박리는 고온일수록 많고 깊다.
④ 수열정도가 클수록 용융범위가 많아진다.

해설 유리의 수열영향에 의한 형태
　㉠ 유리는 수열정도가 클수록 작게 금이 간다.
　㉡ 유리는 수열측 보다 많이 낙하한다.
　㉢ 조개껍질모양 박리는 고온일수록 많고 깊다.
　㉣ 수열정도가 클수록 용융범위가 많아진다.

28 다음 중 분진폭발의 발화조건으로 옳지 않은 것은?

① 가연성 물질일 것
② 연소성 가스(공기) 중에서의 교반 또는 유동할 것
③ 고체덩어리 상태일 것
④ 발화원이 있을 것

해설 분진폭발
분진폭발은 고체폭발의 특수형태로 공기와 잘 혼합하고 있는 부유상태의 형성이 필요하고 가연성 물질, 연소성 가스(공기) 중에서의 교반과 유동, 미분상태, 발화원의 존재 등의 조건을 만족해야만 분진폭발이 발생한다.

29 다음 중 무염화원을 모두 나타낸 것으로 옳은 것은?

　㉮ 담뱃불
　㉯ 자연발화
　㉰ 기계적인 스파크
　㉱ 금속고온체
　㉲ 성냥불

① ㉮, ㉯, ㉰, ㉱, ㉲
② ㉮, ㉯, ㉰, ㉱
③ ㉯, ㉰, ㉱, ㉲
④ ㉮, ㉯, ㉱, ㉲

해설 무염화원은 라이터나 성냥과 같이 불꽃이 최초 시작된 것을 제외하고 불꽃이 없는 상태에서 화재발생을 일으킨 것을 말한다(불꽃이 없는 것은 담뱃불, 자연발화, 기계적인 스파크, 금속고온체 등을 들 수 있음). 이들은 최초 불꽃이 없는 연소로 시작되어 주변에 가연물에 영향을 미쳐 무염화재로 종결되거나 열발생율이 높아져 꽃이 생성되는 유염화재로 전이되는 두 과정을 거치면서 발생될 수 있다.

30 차량화재의 특수성으로 옳은 것은?

① 화재하중이 높은 연료지배형 화재
② 화재하중이 높은 환기지배형 화재
③ 화재하중이 낮은 연료지배형 화재
④ 화재하중이 낮은 환기지배형 화재

해설 차량은 연료, 시트 등 화재하중이 높고, 외기에 개방된 상태인 연료지배형 화재의 특성을 보인다. 따라서 초기에 진화되거나 자연 소화되지 않은 경우를 제외하면 대부분의 가연물이 전소 유실되고, 구조물이 심하게 열변형되어 발화지점 및 발화원인의 조사가 불가한 경우가 많다.

31 전기의 3가지 성질 중 다음에 해당하는 것으로 옳은 것은?

금속에는 전류의 흐름을 억제하는 전기저항이 있고 이 저항에 전류가 흐르면 열이 발생하게 된다.

① 자기작용
② 방전작용
③ 발열작용
④ 화학작용

해설 전기의 3가지 성질
　㉠ 자기작용 : 도선을 감아서 만든 코일에 전류를 흘리면 그 속에 자계가 발생하고 자계 속에서 도선에 전류를 흘리면 도선은 힘을 받아 일을 하게 된다.
　㉡ 발열작용 : 금속에는 전류의 흐름을 억제하는 전기저항이 있고 이 저항에 전류가 흐르면 열이 발생하게 된다.
　㉢ 화학작용 : 묽은 황산용액에 전류를 흐르게 하여 일어나는 화학작용을 이용하여 전기에너지를 화학에너지로 변환하여 저장할 수 있다.

32 정전기 대전에 대한 설명이다. 다음 (   ) 안에 해당하는 것으로 옳은 것은?

> (   )은 물체가 접촉했을 때 전하분리가 생겨 정전기가 발생하는 현상을 말하며 접촉, 분리의 발생과정을 거쳐 발생하는 전형적인 예이며 고체, 액체, 분체에서 발생하는 정전기는 주로 이에 기인하고 있다.

① 마찰대전   ② 박리대전
③ 유동대전   ④ 분출대전

해설 대전의 종류
  ㉠ 마찰대전(摩擦帶電) 또는 접촉대전(接觸帶電) : 물체가 접촉했을 때 마찰에 의해 전하분리가 생겨 정전기가 발생하는 현상을 말한다. 마찰대전은 접촉, 분리의 발생과정을 거쳐 발생하는 전형적인 예이며 고체, 액체, 분체에서 발생하는 정전기는 주로 이에 기인하고 있다.
  ㉡ 박리대전(剝離帶電) : 서로 밀착되어 있는 물체가 박리(剝離)했을 때 전하분리가 일어나 정전기가 발생하는 현상을 말하며, 접촉면적, 접촉면의 밀착력, 박리속도 등에 의해 정전기의 발생량이 변화한다.
  ㉢ 유동대전(流動帶電) : 파이프 등의 수송관 중을 액체가 흐를 때 정전기를 발생하는 현상을 말한다.
  ㉣ 분출대전 : 분체, 액체, 기체가 단면적이 작은 개구부에서 분출할 때 마찰이 일어나 정전기가 발생하는 현상이다.

33 자동차 점화장치의 전류 흐름 순서로 옳은 것은?

① 점화스위치 → 점화코일 → 배터리 → 시동모터 → 배전기 → 고압케이블 → 스파크 플러그
② 점화스위치 → 배터리 → 시동모터 → 점화코일 → 배전기 → 고압케이블 → 스파크 플러그
③ 점화스위치 → 시동모터 → 점화코일 → 배터리 → 배전기 → 고압케이블 → 스파크 플러그
④ 점화스위치 → 고압케이블 → 배전기 → 시동모터 → 점화코일 → 배터리 → 스파크 플러그

해설 자동차 점화장치 흐름 순서
  점화스위치 → 배터리 → 시동모터 → 점화코일 → 배전기 → 고압케이블 → 스파크 플러그

34 사람이 버린 담배꽁초에 의해 화재가 발생하였을 때 추정되는 선행 발화 원인은?

① 휴지   ② 담배꽁초
③ 쓰레기통   ④ 사람의 부주의 행위

해설 사람의 부주의 행위는 화인을 제공할 수 있는 선행 원인으로 개연성이 존재한다.

35 방화판정을 위한 10대 요건에 포함되지 않는 것은?

① 귀중품 반출 등
② 수선 중의 화재
③ 휴일 또는 주말 화재
④ 화재로 인한 건물의 손상

해설 방화판정 10대 요건
  ㉠ 여러 곳에서 발화
  ㉡ 연소촉진물질 존재
  ㉢ 화재현장에 타범죄발생 증거
  ㉣ 화재발생 위치
  ㉤ 화재사고원인 부존재
  ㉥ 귀중품 반출
  ㉦ 수선 중 화재
  ㉧ 화재 이전에 건물 손상
  ㉨ 동일 건물에 재차 화재
  ㉩ 휴일 또는 주말 화재

36 유류를 이용한 자살방화현장의 특징 중 틀린 것은?

① 유류와 사용한 용기가 존재한다.
② 연소면적이 좁고 탄화심도가 깊다.
③ 우발적이기보다는 계획적으로 실행한다.
④ 급격한 연소 확대로 연소의 방향성 식별이 어렵다.

해설 연소면적이 넓고 탄화심도가 깊지 않다.

37 임야화재에서 화염진행 방향에 따른 분류가 아닌 것은?

① 수직화재
② 전진화재
③ 후진화재
④ 횡진화재

해설 임야화재 진행방향 분류
전진, 후진, 측면(횡진)

38 임야화재에 영향을 주는 중요 요소가 아닌 것은?

① 기후　　　　② 지형
③ 가연물의 분포　④ 점화원

해설 임야화재에 영향을 주는 요소
가연물의 분포, 바람, 기상, 지형특성, 화재폭풍 등

39 자동차 본체의 주요장치에 포함되지 않는 것은?

① 연료장치
② 점화장치
③ 윤활장치
④ 방향지시장치

해설 차량 본체의 주요 장치
연료장치, 윤활장치, 냉각장치, 배기장치, 점화장치

40 산불의 강도를 가중시키는 지형으로 틀린 것은?

① 평지
② 굴뚝지형
③ 가파른 경사
④ 연료온도를 증가시키는 사면

해설 평지는 굴뚝지형, 경사면 등에 비해 산불강도를 크게 확대시키지 않는다.

제3과목 **증거물관리 및 법과학**

41 화재조사관이 관계자 진술을 확보하고자 할 때 유의사항으로 틀린 것은?

① 인터뷰하는 동안 입수한 정보의 질을 평가해야 한다.
② 인터뷰의 목적은 유용하고 정확한 정보를 수집하기 위함이다.
③ 인터뷰는 화재가 완전히 진압된 뒤 천천히 진행한다.
④ 증인은 사고에 대한 직접적인 목격자가 아니라도 화재에 대한 정보를 제공할 수 있다.

해설 관계자 진술은 가능한 한 현장에서 조기에 실시한다.

42 콘크리트와 같은 표면에 뿌려진 인화성 액체 잔류물 수거 시 사용하는 물질과 거리가 가장 먼 것은?

① 석회
② 규조토
③ 밀가루
④ 베이킹파우더

해설 베이킹파우더가 첨가되지 않은 밀가루를 사용하여야 한다.

43 가연성 액체가 살포된 수평재에서 발견되는 패턴이 아닌 것은?

① V패턴
② 포어패턴
③ 스플래시패턴
④ 도넛패턴

해설 V패턴은 수직재에 나타나는 연소형태이다.

부록

과년도 출제문제

44 화재증거물수집관리규칙상 화재증거물 수집에 관한 내용으로 명시되지 않은 것은?

① 증거서류를 수집함에 있어서 보조적으로 원본을 영치한다.
② 증거물 수집 목적이 인화성 액체 성분분석인 경우에는 인화성 액체 성분의 증발을 막기 위한 조치를 행하여야 한다.
③ 증거물의 소손 또는 소실 정도가 심하여 증거물의 일부분 또는 전체가 유실될 우려가 있는 경우는 증거물을 밀봉하여야 한다.
④ 증거물이 파손될 우려가 있는 경우에 충격금지 및 취급방법에 대한 주의사항을 증거물의 포장 외측에 적절하게 표기하여야 한다.

해설 증거물의 수집(화재증거물수집관리규칙 제4조)
증거서류를 수집함에 있어서 원본 영치를 원칙으로 하고, 사본을 수집할 경우 원본과 대조한 다음 원본대조필을 하여야 한다. 다만, 원본대조를 할 수 없을 경우 제출자에게 원본과 같음을 확인 후 서명 날인을 받아서 영치하여야 한다.

45 화재발생 전 · 후에 이루어진 사람의 행동이나 기계적인 작동상황 등을 시간의 흐름순으로 전개하여 사건을 분석하는 기법은?

① 검증
② 타임라인
③ PERT 차트
④ 마인드매핑(mind mapping)

해설 ① 검증 : 과학적 방법의 7단계 중 6단계
③ PERT 차트 : 각각의 증거들을 타임라인으로 나열하는 방식
④ 마인드매핑 : 단편적인 정보를 서로 연관된 것끼리 연결시켜 재구성하는 것

46 화재현장에서 사체가 완전탄화된 채 발견되었을 경우 신원확인 조사방법 중 가장 신뢰할 수 있는 것은?

① DNA 검사
② 소지품 검사
③ 지문감식
④ X-ray 검사

해설 심하게 탄화된 사체는 X-ray 검사를 통한 신원확인이 정확하다.

47 전신적 생활반응에 해당하는 것은?

① 피하출혈
② 속발성 염증
③ 압박성 울혈
④ 흡인 및 연하

해설 전신적 생활반응
전신적 빈혈, 속발성 염증, 색전증, 외래물질의 분포 및 배설

48 증거수집 과정에서의 오염에 대한 설명으로 틀린 것은?

① 액체 및 고체촉진제는 화재조사관의 장갑에 흡수될 수도 있다.
② 물리적 증거물에 대한 대부분의 오염은 수집하는 과정에서 발생한다.
③ 액체나 고체촉진제 증거물 수집 시 일회용 비닐장갑을 착용해야 한다.
④ 증거물의 오염을 막기 위해 증거보관용기 자체를 수집도구로 사용해서는 안 된다.

해설 금속캔의 뚜껑의 경우 보관용기 자체를 이용해 국자처럼 사용하여 증거를 담을 수 있어 교차오염을 방지할 수 있다.

49 유류 증거물의 인화점 시험방법으로서 주로 인화점이 93℃ 이하인 시료를 측정하는 데 사용되는 것으로 옳은 것은?

① 태그 밀폐식
② 원자흡광분석
③ 클리브랜드 개방식
④ 펜스키마텐스 밀폐식

해설 ② 원자흡광분석 : 금속, 비금속 물질을 분석
③ 클리브랜드 개방식 : 인화점 79℃ 이하 시료 측정
④ 펜스키 마텐스 밀폐식 : 밀폐식 인화점 측정이 필요한 실 및 태그 밀폐식을 적용할 수 없는 시료에 적용

50 일산화탄소 중독으로 사망한 시체 소견으로 가장 거리가 먼 것은?

① 선홍색 시반이 나타난다.
② 손톱의 경우 청자색을 띤다.
③ 질식사의 일반적 소견이 나타난다.
④ 유동성 혈액, 조직의 울혈이 나타난다.

해설 손톱은 살아있는 것처럼 적색 또는 선홍색을 띤다.

51 화재로 사망한 사람의 생활반응으로 틀린 것은?

① 일산화탄소의 중독으로 사망한 경우 암적색 시반이 나타난다.
② 분신자살자는 혈중 일산화탄소 농도가 전혀 나오지 않는 경우도 있다.
③ 흡연자의 경우, 평소에도 비흡연자보다 높은 수준의 일산화탄소 농도가 나타난다.
④ 사망에 이르는 혈중 일산화탄소의 농도는 10~80%까지 개개인마다 차이가 있다.

해설 ㉠ 일산화탄소 중독 시 시반색깔 : 선홍색
㉡ 시체에 나타나는 정상적인 시반색깔 : 암적색

52 인화점 측정을 위한 장비가 아닌 것은?

① Pensky-Martens
② Tag Closed Cup
③ Cleveland Open Cup
④ Scanning Electron Microscope

해설 ① 펜스키 마텐스(pensky-martens) : 밀폐식 인화점 측정이 필요한 시료 및 태그 밀폐식을 적용할 수 없는 시료에 적용한다.
② 태그 밀폐식(tag closed cup) : 인화점이 93℃ 이하인 시료에 적용한다.
③ 클리블랜드 개방식(cleveland open cup): 인화점이 79℃ 이하인 시료에 적용한다.
④ 주사전자현미경(scanning electron micro-scope) : 미세조직 및 화학조성, 원소분포 등 을 분석하는 현미경이다.

53 유류성분을 수집할 때 주변에 있는 바닥재나 플라스틱 등 비교샘플을 함께 수집하는 이유로 옳은 것은?

① 바닥재나 플라스틱 등 다른 가연물의 연소성을 입증하기 위함
② 유류와 혼합된 물체의 질량변화를 입증하기 위함
③ 유류성분이 주변 가연물로부터 추출된 것이 아니라는 것을 입증하기 위함
④ 유류가 기화하기 전에 많은 양의 유류를 수집하기 위함

해설 유류성분을 수집할 때 주변에 있는 바닥재나 플라스틱 등 비교샘플을 함께 수집하는 이유는 유류성분이 주변 가연물로부터 추출된 것이 아니라는 것을 입증하기 위함이다.

54 물적 증거의 종류에 해당하는 것은?

① 관계자 진술   ② 감정인 소견
③ 유류용기   ④ 증언

해설 관계자 진술, 감정인 소견, 증언은 인적 증거에 해당한다.

55 화재로 사망한 사체에 대한 설명으로 옳지 않은 것은?

① 사망 이후에는 혈액이 모세혈관의 표면장력에 의해 몸의 위쪽으로 모인다.
② 표피와 함께 진피까지 침범되는 화상을 2도 화상이라고 한다.
③ 원발성 쇼크로 급격히 사망한 경우 전형적인 화재자의 소견을 보이지 않을 수도 있다.
④ 손바닥이나 발바닥에서 보이는 과도한 그을음은 화재 당시 피해자가 활동한 것을 의미한다.

해설 사망 이후에는 혈액이 모세혈관의 표면장력에 의해 사체의 가장 낮은 부분으로 모인다.

Answer 50.② 51.① 52.④ 53.③ 54.③ 55.①

56 화재현장 촬영 시 주의사항으로 가장 거리가 먼 것은?

① 발화지점뿐만 아니라 전체 화재현장을 촬영한다.
② 연소가 약한 곳에서 강한 곳으로 이동하며 촬영한다.
③ 화재건물의 4방향에서 촬영한다.
④ 화재건물 내부에서 외부로 이동하며 촬영한다.

해설 화재현장 촬영은 외부에서 내부로 실시한다.

57 연소범위에 영향을 미치는 요인에 대한 설명으로 틀린 것은?

① 온도가 높아질수록 연소범위는 좁아진다.
② 고온 · 고압의 경우 연소범위는 더욱 넓어진다.
③ 압력이 높아지면 하한값은 크게 변하지 않으나 상한값은 높아진다.
④ 혼합기를 이루는 공기의 산소농도가 높을수록 연소범위는 넓어진다.

해설 온도가 높을수록 연소범위는 넓어진다.

58 화재 당시 살아있었음을 나타내는 생활반응으로 맞는 것은?

① 시반이 없다.
② 머리가 그을렸다.
③ 기도에 매연이 부착되었다.
④ 피부가 진피까지 탄화되었다.

해설 기도에 매연의 부착은 화재 당시 일산화탄소를 호흡하였다는 생활반응이다.

59 1기압 25℃에서 연소하한계가 가장 높은 물질은?

① 프로판
② 부탄
③ 메탄
④ 일산화탄소

해설 ① 프로판(2.1)   ② 부탄(1.8)
③ 메탄(5)   ④ 일산화탄소(12.5)

60 화재조사 및 보고규정상 질문기록서에 기재되어야 하는 사항 중 틀린 것은?

① 화재대상과의 관계를 기재한다.
② 어떻게 해서 알게 되었는지를 기재한다.
③ 화재번호 및 화재발생 일시, 장소를 기재한다.
④ 출입문 상태 및 소방대 건물진입방법을 기재한다.

해설 출입문 상태 및 소방대 건물진입방법은 화재현장출동보고서에 기재하는 내용이다.

제4과목 **화재조사보고 및 피해평가**

---

61 화재피해액 산정기준상 전부손해의 경우 시중매매가격에 의한 산정방법이 적용되지 않는 것은?

① 식물의 전부손해   ② 동물의 전부손해
③ 차량의 전부손해   ④ 보석류의 전부손해

해설 화재피해액의 산정(화재조사 및 보고규정 [별표2])
회화(그림), 골동품, 미술공예품, 귀금속 및 보석류 : 전부손해의 경우 감정가격으로 하며, 전부손해가 아닌 경우 원상복구에 소요되는 비용으로 한다.

62 화재의 소실정도에 대한 설명으로 틀린 것은?

① 반소는 건물의 30% 이상 70% 미만이 소실된 것을 말한다.
② 부분소는 전소, 반소 화재에 해당되지 아니하는 것을 말한다.
③ 자동차, 철도차량, 선박 및 항공기 등의 소실정도는 건물과 별개의 기준을 따른다.
④ 전소는 건물의 70% 이상이 소실되었거나 또는 그 미만이라도 잔존부분을 보수하여도 재사용이 불가능한 것을 말한다.

해설 소실정도(화재조사 및 보고규정 제16조)

㉠ 건축·구조물화재의 소실정도는 3종류로 구분하며 그 내용은 다음에 따른다.

- 전소 : 건물의 70% 이상(입체면적에 대한 비율)이 소실되었거나 또는 그 미만이라도 잔존부분을 보수하여도 재사용이 불가능한 것
- 반소 : 건물의 30% 이상 70% 미만이 소실된 것
- 부분소 : 전소, 반소화재에 해당되지 아니하는 것

㉡ 자동차·철도차량, 선박 및 항공기 등의 소실정도는 ㉠의 규정을 준용한다.

63 다음 ( ) 안에 들어갈 용어로 옳은 것은?

> 건물의 소실면적 산정은 소실 ( )으로 산정한다.

① 바닥면적 ② 연면적
③ 건축면적 ④ 총면적

해설 소실면적 산정(화재조사 및 보고규정 제17조)

㉠ 건물의 소실면적 산정은 소실 바닥면적으로 산정한다.

㉡ 수손 및 기타 파손의 경우에도 ㉠의 규정을 준용한다.

64 화재조사 및 보고규정에 따른 화재범위가 2 이상의 관할구역에 걸친 화재의 경우의 화재건수의 결정기준으로 옳은 것은?

① 선착대가 소속된 소방서에서 1건의 화재로 한다.
② 2개 소방서에서 각각 1건의 화재로 한다.
③ 발화 소방대상물의 소재지를 관할하는 소방서에서 1건의 화재로 한다.
④ 화재피해범위가 가장 넓은 소방서에서 1건의 화재로 한다.

해설 화재건수 결정(화재조사 및 보고규정 제10조)

1건의 화재란 1개의 발화지점에서 확대된 것으로 발화부터 진화까지를 말한다. 다만, 다음의 경우에는 당해 각 호에 의한다.

㉠ 동일범이 아닌 각기 다른 사람에 의한 방화, 불장난은 동일 대상물에서 발화했더라도 각각 별건의 화재로 한다.

㉡ 동일 소방대상물의 발화점이 2개소 이상 있는 다음의 화재는 1건의 화재로 한다.
- 누전점이 동일한 누전에 의한 화재
- 지진, 낙뢰 등 자연현상에 의한 다발화재

㉢ 발화지점이 한 곳인 화재현장이 둘 이상의 관할구역에 걸친 화재는 발화지점이 속한 소방서에서 1건의 화재로 산정한다. 다만, 발화지점 확인이 어려운 경우에는 화재피해금액이 큰 관할구역 소방서의 화재 건수로 산정한다.

65 화재조사 및 보고규정에 따른 용어의 정리 중 다음 ( ) 안에 알맞은 것은?

> - (㉮)이란 피해물의 경제적 내용연수가 다한 경우 잔존하는 가치의 재구입비에 대한 비율을 말한다.
> - (㉯)이란 화재와 관계되는 물건의 형상, 구조, 재질, 성분, 성질 등 이와 관련된 모든 현상에 대하여 과학적 방법에 의한 필요한 실험을 행하고 그 결과를 근거로 화재원인을 밝히는 자료를 얻는 것을 말한다.

① ㉮ 잔가율, ㉯ 감식
② ㉮ 잔가율, ㉯ 감정
③ ㉮ 최종잔가율, ㉯ 감식
④ ㉮ 최종잔가율, ㉯ 감정

해설 용어의 정의(화재조사 및 보고규정 제2조)

㉠ 감식 : 화재원인의 판정을 위하여 전문적인 지식, 기술 및 경험을 활용하여 주로 시각에 의한 종합적인 판단으로 구체적인 사실관계를 명확하게 규명하는 것을 말한다.

㉡ 감정 : 화재와 관계되는 물건의 형상, 구조, 재질, 성분, 성질 등 이와 관련된 모든 현상에 대하여 과학적 방법에 의한 필요한 실험을 행하고 그 결과를 근거로 화재원인을 밝히는 자료를 얻는 것을 말한다.

㉢ 잔가율 : 화재 당시에 피해물의 재구입비에 대한 현재가의 비율을 말한다.

㉣ 최종잔가율 : 피해물의 경제적 내용연수가 다한 경우 잔존하는 가치의 재구입비에 대한 비율을 말한다.

Answer 63.① 64.③ 65.④

부록

과년도 출제문제

66 정부미도정공장에서 발생한 화재에 대한 조사는 화재 발생일로부터 며칠 이내에 화재조사 최종결과보고를 해야 하는가?

① 7일 이내   ② 10일 이내
③ 20일 이내   ④ 30일 이내

[해설] 조사 보고(화재조사 및 보고규정 제22조 제2항)
「소방기본법 시행규칙」 제3조 제2항 제1호에 해당하는 화재 : [별지 제1호 서식] 내지 [제11호 서식]까지 작성하여 화재 발생일로부터 30일 이내에 보고해야 한다.
※ 「소방기본법 시행규칙」 제3조 제2항 제1호
　㉠ 사망자가 5인 이상 발생하거나 사상자가 10인 이상 발생한 화재
　㉡ 이재민이 100인 이상 발생한 화재
　㉢ 재산피해액이 50억원 이상 발생한 화재
　㉣ 관공서·학교·정부미도정공장·문화재·지하철 또는 지하구의 화재
　㉤ 관광호텔, 층수가 11층 이상인 건축물, 지하상가, 시장, 백화점, 「위험물안전관리법」에 의한 지정수량의 3천배 이상의 위험물의 제조소·저장소·취급소, 층수가 5층 이상이거나 객실이 30실 이상인 숙박시설, 층수가 5층 이상이거나 병상이 30개 이상인 종합병원·정신병원·한방병원·요양소, 연면적 1만5천제곱미터 이상인 공장 또는 「화재의 예방 및 안전관리에 관한 법률」에 따른 화재경계지구에서 발생한 화재
　㉥ 철도차량, 항구에 매어둔 총 톤수가 1천톤 이상인 선박, 항공기, 발전소 또는 변전소에서 발생한 화재
　㉦ 가스 및 화약류의 폭발에 의한 화재
　㉧ 다중이용업소의 화재

67 다음 (　)안에 들어갈 옳은 내용은?

> 화재조사 및 보고규정상 정당한 사유로 조사보고일을 연장한 경우 그 사유가 해소된 날부터 (　) 이내에 소방관서장에게 조사결과를 보고해야 한다.

① 즉시   ② 지체없이
③ 10일   ④ 15일

[해설] 조사 보고(화재조사 및 보고규정 제22조)
㉠ 다음의 정당한 사유가 있는 경우에는 소방관서장에게 사전 보고를 한 후 필요한 기간만큼 조사 보고일을 연장할 수 있다.
　• 수사기관의 범죄수사가 진행 중인 경우
　• 화재감정기관 등에 감정을 의뢰한 경우
　• 추가 화재현장조사 등이 필요한 경우
㉡ ㉠에 따라 조사 보고일을 연장한 경우 그 사유가 해소된 날부터 10일 이내에 소방관서장에게 조사결과를 보고해야 한다.

68 화재현장출동보고서의 작성자에 대한 설명으로 틀린 것은?

① 보고서의 작성자는 화재현장에 출동한 소방공무원으로 한정된다.
② 원칙적으로 일반대원보다 선착대의 대장을 작성자로 한다.
③ 구조대원 또는 구급대원은 작성자가 될 수 없다.
④ 화재현장에 출동한 소방대원이 실제로 관찰·확인한 연소상황이나 정보를 직접 기재한다.

[해설] 화재현장에 출동한 경우 구조대원, 구급대원도 작성자가 될 수 있다.

69 화재조사 및 보고규정상 화재피해조사서의 사상정도에 관한 사항으로 (　)에 알맞은 내용은?

> • 사상자는 화재현장에서 사망한 사람과 부상당한 사람을 말한다. 단, 화재현장에서 부상을 당한 후 (㉮)시간 이내에 사망한 경우에는 당해 화재로 인한 사망으로 본다.
> • 중상의 경우 (㉯)주 이상의 입원치료를 필요로 하는 부상을 말한다.

① ㉮ 48, ㉯ 3   ② ㉮ 48, ㉯ 4
③ ㉮ 72, ㉯ 3   ④ ㉮ 72, ㉯ 4

[해설] ㉠ 사상자는 화재현장에서 사망한 사람과 부상당한 사람을 말한다. 단, 화재현장에서 부상을 당한 후 ㉮ 72시간 이내에 사망한 경우에는 당해 화재로 인한 사망으로 본다.
㉡ 중상은 ㉯ 3주 이상의 입원치료를 필요로 하는 부상을 말한다.

Answer 66.④ 67.③ 68.③ 69.③

70 화재피해액 산정에 있어서 피해액을 산정하는 방법에 관한 설명으로 옳지 않은 것은?

① 건물은 '신축단가(m² 당)×소실면적×[1-(0.8 ×경과연수/내용연수)]×손해율'의 공식에 의한다.
② 차량, 동물, 식물의 경우 전부손해의 경우 시중매매가격으로 하며, 전부손해가 아닌 경우 수리비 및 치료비로 한다.
③ 기타의 경우 화재당시의 현재가를 재구입비로 하여 피해액을 산정한다.
④ 회화(그림)의 경우 전부손해의 경우 시중매매가격으로 하며, 전부손해가 아닌 경우 수리비 및 치료비로 한다.

해설 ③ 기타의 경우 피해당시의 현재가를 재구입비로 하여 피해금액을 산정한다.(화재조사 및 보고규정 제18조 [별표 2])

71 화재조사 및 보고규정상 화재현황조사서에 기입해야 할 항목 중 틀린 것은?

① 기상상황
② 소방시설현황
③ 피해 및 인명구조
④ 화재발생 일시 및 장소

해설 소방시설현황은 소방시설 등 활용조사서에 기입할 항목이다.

72 동물 및 식물의 피해액 산정방법으로 틀린 것은?

① 정원은 구축물로 분류한다.
② 시중매매가격을 화재로 인한 피해액으로 한다.
③ 동물 및 식물의 종류에 따라 구입가격의 50 ~80%를 피해액으로 한다.
④ 화분은 가재도구 또는 영업용 집기비품으로 분류한다.

해설 동물 및 식물의 피해액은 전부손해의 경우 시중매매가격이며, 전부손해가 아닌 경우 수리비 및 치료비로 한다.

73 화재조사 및 보고규정상 화재피해조사 및 피해액 산정순서로 옳은 것은?

① 화재현장조사 → 피해 정도 조사 → 기본현황조사 → 재구입비 산정 → 피해액 산정
② 화재현장조사 → 기본현황조사 → 피해 정도 조사 → 재구입비 산정 → 피해액 산정
③ 기본현황조사 → 피해 정도 조사 → 화재현장조사 → 재구입비 산정 → 피해액 산정
④ 기본현황조사 → 피해 정도 조사 → 재구입비 산정 → 피해액 산정 → 화재현장조사

해설 화재현장조사 및 기본현황조사를 통해 피해 정도를 파악하고 재구입비를 산정하여 최종피해액을 계산한다.

74 화재 등으로 인한 피해액 산정에 있어 최종 잔가율 20% 적용이 아닌 것은?

① 건물
② 부대설비
③ 비품
④ 가재도구

해설 **화재피해액의 산정(화재조사 및 보고규정 제18조)**
㉠ 화재피해액은 화재 당시의 피해물과 동일한 구조, 용도, 질, 규모를 재건축 또는 재구입하는 데 소요되는 가액에서 사용손모 및 경과연수에 따른 감가공제를 하고 현재가액을 산정하는 실질적·구체적 방식에 따른다. 단, 회계장부상 현재가액이 입증된 경우에는 그에 따른다.
㉡ ㉠의 규정에도 불구하고 정확한 피해물품을 확인하기 곤란하거나 기타 부득이한 사유에 의하여 실질적·구체적 방식에 의할 수 없는 경우에는 소방청장이 정하는 화재피해액산정 매뉴얼(이하 "매뉴얼"이라 함)의 간이평가방식으로 산정할 수 있다.
㉢ 건물 등 자산에 대한 최종잔가율은 건물·부대설비·구축물·가재도구는 20%로 하며, 그 이외의 자산은 10%로 정한다.
㉣ 건물 등 자산에 대한 내용연수는 매뉴얼에서 정한 바에 따른다.
㉤ 대상별 화재피해액 산정기준은 [별표2]에 따른다.

Answer 70.③ 71.② 72.③ 73.② 74.③

부록
과년도 출제문제

75 화재조사 및 보고규정에 따른 화재의 유형별 분류가 아닌 것은?

① 임야화재
② 자동차・철도차량 화재
③ 선박・항공기 화재
④ 전기・화학 화재

해설 화재의 유형(화재조사 및 보고규정 제9조)
　　　㉠ 건축・구조물 화재 : 건축물, 구조물 또는 그 수용물이 소손된 것
　　　㉡ 자동차・철도차량 화재 : 자동차, 철도차량 및 피견인 차량 또는 그 적재물이 소손된 것
　　　㉢ 위험물・가스제조소 등 화재 : 위험물제조소 등, 가스제조・저장・취급시설 등이 소손된 것
　　　㉣ 선박・항공기 화재 : 선박, 항공기 또는 그 적재물이 소손된 것
　　　㉤ 임야화재 : 산림, 야산, 들판의 수목, 잡초, 경작물 등이 소손된 것
　　　㉥ 기타화재 : 위 사항에 해당되지 않는 화재

76 화재발생종합보고서 작성 시 질문기록서의 작성을 생략할 수 있는 화재는?

① 건축・구조물화재
② 임야화재
③ 자동차화재
④ 선박화재

해설 특정소방대상물에 해당하지 않는 가로등화재, 임야화재 등은 질문기록서 작성을 생략할 수 있다.

77 화재조사 및 보고규정에 따른 화재현장조사서 작성 시 화재건물 현황의 기재사항이 아닌 것은?

① 건축물 현황
② 보험가입 현황
③ 소방시설 및 위험물 현황
④ 화재발생 후 상황

해설 화재건물 현황의 기재사항
　　　㉠ 건축물 현황
　　　㉡ 보험가입 현황

㉢ 소방시설 및 위험물 현황
㉣ 화재발생 전 상황

78 화재조사 및 보고규정에 따른 화재증명원 발급에 대한 설명 중 옳은 것은?

① 화재증명원 발급 시 재산피해 내역을 금액으로 기재한다.
② 이해당사자가 아닌 자가 화재증명원의 발급을 신청하면 화재증명원을 발급하여서는 아니 된다.
③ 사후조사를 할 경우 발화장소 및 발화지점의 현장이 보존되어 있지 않아도 일단 조사를 한다.
④ 소방대가 출동하지 아니한 화재장소에 화재증명원 발급요청이 있는 경우 사후조사를 할 수 있다.

해설 화재증명원의 발급(화재조사 및 보고규정 제23조)
　　　㉠ 소방관서장은 화재증명원을 발급받으려는 자가 발급신청을 하면 화재증명원을 발급해야 한다. 이 경우 통합전자민원창구로 신청하면 전자민원문서로 발급해야 한다.
　　　㉡ 소방관서장은 화재피해자로부터 소방대가 출동하지 아니한 화재장소의 화재증명원 발급신청이 있는 경우 조사관으로 하여금 사후조사를 실시하게 할 수 있다. 이 경우 민원인이 제출한 사후조사 의뢰서의 내용에 따라 발화장소 및 발화지점의 현장이 보존되어 있는 경우에만 조사를 하며, 화재현장출동보고서 작성은 생략할 수 있다.
　　　㉢ 화재증명원 발급 시 인명피해 및 재산피해 내역을 기재한다. 다만, 조사가 진행 중인 경우에는 "조사 중"으로 기재한다.
　　　㉣ 재산피해내역 중 피해금액은 기재하지 아니하며 피해물건만 종류별로 구분하여 기재한다. 다만, 민원인의 요구가 있는 경우에는 피해금액을 기재하여 발급할 수 있다.
　　　㉤ 화재증명원 발급신청을 받은 소방관서장은 발화장소 관할 지역과 관계없이 발화장소 관할 소방서로부터 화재사실을 확인받아 화재증명원을 발급할 수 있다.

Answer 75.④ 76.② 77.④ 78.④

79 건물의 화재피해액 산정기준 공식으로 옳은 것은?

① 신축단가(m²당)×소실면적×[1−(0.6×경과연수/내용연수)]×손해율
② 신축단가(m²당)×소실면적×[1−(0.7×경과연수/내용연수)]×손해율
③ 신축단가(m²당)×소실면적×[1−(0.8×경과연수/내용연수)]×손해율
④ 신축단가(m²당)×소실면적×[1−(0.9×경과연수/내용연수)]×손해율

해설 건물 등의 피해액 산정
신축단가(m²당)×소실면적×[1−(0.8×경과연수/내용연수)]×손해율

80 화재조사 및 보고규정상 화재피해액 산정대상이 전부손해인 경우 시중매매가격을 화재로 인한 피해액으로 산정하지 않는 것은?

① 차량   ② 동물
③ 식물   ④ 골동품

해설 화재피해액의 산정(화재조사 및 보고규정 제18조 [별표 2])
전부손해인 경우 골동품은 감정가격으로 한다.

제5과목 화재조사관계법규

---

81 소방기본법령상 소방자동차 전용구역에 관한 설명으로 틀린 것은?

① 전용구역 방해행위를 한 자는 300만원 이하의 과태료에 처한다.
② 소방자동차 전용구역 노면표지 도료의 색채는 황색을 기본으로 한다.
③ 소방자동차 전용구역에 물건 등을 쌓는 등의 방해해위를 하여서는 아니 된다.

④ 세대수가 100세대 이상인 아파트의 건축주는 소방자동차 전용구역을 설치하여야 한다.

해설 과태료(소방기본법 제56조 제3항)
전용구역에 차를 주차하거나 전용구역의 진입을 가로막는 등의 방해행위를 한 자에게는 100만원 이하의 과태료를 부과한다.

82 화재조사 및 보고규정상 다음에서 사망자 수와 중상자의 수를 합한 값으로 옳은 것은?

- 화재현장 사망 2명
- 화재현장에서 부상을 당한 후 52시간 이내에 사망 1명
- 2주 이상의 입원을 필요로 하는 부상 2명
- 3주 이상의 입원을 필요로 하는 부상 3명
- 입원치료를 필요로 하지 않는 부상 5명

① 4
② 5
③ 6
④ 7

해설 ㉠ 사상자(화재조사 및 보고규정 제13조)
사상자는 화재현장에서 사망한 사람과 부상당한 사람을 말한다. 단, 화재현장에서 부상을 당한 후 72시간 이내에 사망한 경우에는 당해 화재로 인한 사망으로 본다.
㉡ 부상정도(화재조사 및 보고규정 제14조)
부상의 정도는 의사의 진단을 기초로 하여 다음과 같이 분류한다.
- 중상 : 3주 이상의 입원치료를 필요로 하는 부상을 말한다.
- 경상 : 중상 이외의(입원치료를 필요로 하지 않는 것도 포함) 부상을 말한다. 다만, 병원치료를 필요로하지 않고 단순하게 연기를 흡입한 사람은 제외한다.
※ 화재현장에서 부상을 당한 후 52시간 이내에 사망한 경우에 당해 화재로 인한 사망으로 보아야 하므로 사망자는 3명이며, 중상자(3주 이상 입원을 필요로 하는 부상)도 3명이므로 총 6명이다.

Answer 79.③ 80.④ 81.① 82.③

83 제조물책임법상 손해배상책임을 지는 자가 손해배상책임을 면하기 위하여 입증하여야 할 사항으로 명시되지 않은 것은?

① 제조업자가 해당 제조물을 공급하지 아니하였다는 사실
② 제조업자가 해당 제조물을 공급한 당시의 과학·기술 수준으로는 결함의 존재를 발견할 수 없었다는 사실
③ 제조물의 결함이 제조업자가 해당 제조물을 제조한 당시의 법령에서 정하는 기준을 준수함으로써 발생하였다는 사실
④ 원재료나 부품의 경우에는 그 원재료나 부품을 사용한 제조물 제조업자의 설계 또는 제작에 관한 지시로 인하여 결함이 발생하였다는 사실

해설 면책사유(제조물책임법 제4조)
손해배상책임을 지는 자가 다음의 어느 하나에 해당하는 사실을 입증한 경우에는 이 법에 따른 손해배상책임을 면(免)한다.
㉠ 제조업자가 해당 제조물을 공급하지 아니하였다는 사실
㉡ 제조업자가 해당 제조물을 공급한 당시의 과학·기술 수준으로는 결함의 존재를 발견할 수 없었다는 사실
㉢ 제조물의 결함이 제조업자가 해당 제조물을 공급한 당시의 법령에서 정하는 기준을 준수함으로써 발생하였다는 사실
㉣ 원재료나 부품의 경우에는 그 원재료나 부품을 사용한 제조물 제조업자의 설계 또는 제작에 관한 지시로 인하여 결함이 발생하였다는 사실

84 화재조사 및 보고규정상 건물의 동수 산정 기준으로 틀린 것은?

① 건널복도 등으로 2 이상의 동에 연결되어 있는 것은 그 부분을 절반으로 분리하여 각 동으로 본다.
② 건물의 외벽을 이용하여 실을 만들어 작업실 용도로 사용하고 있는 것은 주건물과 다른 동으로 본다.
③ 구조에 관계없이 지붕 및 실이 하나로 연결되어있는 것은 같은 동으로 본다.
④ 목조건물의 경우 격벽으로 방화구획이 되어 있는 경우 같은 동으로 한다.

해설 화재조사 및 보고규정 [별표 1]
㉠ 주요구조부가 하나로 연결되어 있는 것은 1동으로 한다. 다만 건널 복도 등으로 2이상의 동에 연결되어 있는 것은 그 부분을 절반으로 분리하여 각 동으로 본다.
㉡ 건물의 외벽을 이용하여 실을 만들어 헛간, 목욕탕, 작업실, 사무실 및 기타 건물 용도로 사용하고 있는 것은 주건물과 같은 동으로 본다.
㉢ 구조에 관계없이 지붕 및 실이 하나로 연결되어 있는 것은 같은 동으로 본다.
㉣ 목조 또는 내화조 건물의 경우 격벽으로 방화구획이 되어 있는 경우도 같은 동으로 한다.
㉤ 독립된 건물과 건물 사이에 차광막, 비막이 등의 덮개를 설치하고 그 밑을 통로 등으로 사용하는 경우는 다른 동으로 한다.
　㉓ 작업장과 작업장 사이에 조명유리 등으로 비막이를 설치하여 지붕과 지붕이 연결되어 있는 경우
㉥ 내화조 건물의 옥상에 목조 또는 방화구조 건물이 별도 설치되어 있는 경우는 다른 동으로 한다. 다만, 이들 건물의 기능상 하나인 경우(옥내 계단이 있는 경우)는 같은 동으로 한다.
㉦ 내화조 건물의 외벽을 이용하여 목조 또는 방화구조건물이 별도 설치되어 있고 건물 내부와 구획되어 있는 경우 다른 동으로 한다. 다만, 주된 건물에 부착된 건물이 옥내로 출입구가 연결되어 있는 경우와 기계설비 등이 쌍방에 연결되어 있는 경우 등 건물 기능상 하나인 경우는 같은 동으로 한다.

85 화재로 인한 재해보상과 보험가입에 관한 법률상 특수건물의 특약부화재보험에 가입하지 아니한 자의 벌칙기준으로 옳은 것은? (단, 산업재해보상보험 가입대상이 아님)

① 300만원 이하의 벌금
② 500만원 이하의 벌금
③ 700만원 이하의 벌금
④ 1,000만원 이하의 벌금

Answer 83.③ 84.② 85.②

해설 **벌칙(화재로 인한 재해보상과 보험가입에 관한 법률 제23조)**

법을 위반하여 특약부화재보험에 가입하지 아니한 자는 500만원 이하의 벌금에 처한다.

86 소방기본법령상 소방자동차가 화재진압 및 구조·구급 활동을 위하여 출동하는 때 소방자동차의 출동을 방해한 사람에 대한 벌칙기준으로 옳은 것은?

① 5년 이하의 징역 또는 3,000만원 이하의 벌금
② 5년 이하의 징역 또는 5,000만원 이하의 벌금
③ 3년 이하의 징역 또는 1,500만원 이하의 벌금
④ 3년 이하의 징역 또는 1,000만원 이하의 벌금

해설 **벌칙(소방기본법 제50조)**

다음의 어느 하나에 해당하는 사람은 5년 이하의 징역 또는 5천만원 이하의 벌금에 처한다.

㉠ 다음의 어느 하나에 해당하는 행위를 한 사람
- 위력(威力)을 사용하여 출동한 소방대의 화재진압·인명구조 또는 구급활동을 방해하는 행위
- 소방대가 화재진압·인명구조 또는 구급활동을 위하여 현장에 출동하거나 현장에 출입하는 것을 고의로 방해하는 행위
- 출동한 소방대원에게 폭행 또는 협박을 행사하여 화재진압·인명구조 또는 구급활동을 방해하는 행위
- 출동한 소방대의 소방장비를 파손하거나 그 효용을 해하여 화재진압·인명구조 또는 구급활동을 방해하는 행위

㉡ 소방자동차의 출동을 방해한 사람
㉢ 사람을 구출하는 일 또는 불을 끄거나 불이 번지지 아니하도록 하는 일을 방해한 사람
㉣ 정당한 사유 없이 소방용수시설 또는 비상소화장치를 사용하거나 소방용수시설 또는 비상소화장치의 효용을 해치거나 그 정당한 사용을 방해한 사람

87 형법상 현주건조물 등에의 방화에 관한 설명이다. 다음 ( ) 안에 알맞은 것은?

불을 놓아 사람이 주거로 사용하거나 사람이 현존하는 건조물, 기차, 전차, 자동차, 선박, 항공기 또는 지하채굴시설을 불태운 죄를 범하여 사람을 상해에 이르게 한 때에는 무기 또는 ( )년 이상의 징역에 처한다.

① 2
② 3
③ 5
④ 7

해설 **현주건조물 등 방화(형법 제164조)**

㉠ 불을 놓아 사람이 주거로 사용하거나 사람이 현존하는 건조물, 기차, 전차, 자동차, 선박, 항공기 또는 지하채굴시설을 불태운 자는 무기 또는 3년 이상의 징역에 처한다.

㉡ ㉠의 죄를 지어 사람을 상해에 이르게 한 경우에는 무기 또는 5년 이상의 징역에 처한다. 사망에 이르게 한 경우에는 사형, 무기 또는 7년 이상의 징역에 처한다.

88 화재조사 및 보고규정에 따른 사상자의 기준 중 다음 ( ) 안에 알맞은 것은?

사상자는 화재현장에서 사망한 사람과 부상 당한 사람을 말한다. 단, 화재현장에서 부상을 당한 후 ( )시간 이내에 사망한 경우에는 당해 화재로 인한 사망으로 본다.

① 72
② 48
③ 36
④ 24

해설 **사상자(화재조사 및 보고규정 제13조)**

사상자는 화재현장에서 사망한 사람과 부상당한 사람을 말한다. 단, 화재현장에서 부상을 당한 후 72시간 이내에 사망한 경우에는 당해 화재로 인한 사망으로 본다.

89 제조물책임법에 의한 손해배상청구 시 손해를 인지한 날로부터 소멸시효기간으로 옳은 것은?

① 3년
② 5년
③ 7년
④ 10년

해설 소멸시효 등(제조물책임법 제7조)

이 법에 따른 손해배상의 청구권은 피해자 또는 그 법정대리인이 다음의 사항을 모두 알게 된 날부터 3년간 행사하지 아니하면 시효의 완성으로 소멸한다.
㉠ 손해
㉡ 손해배상책임을 지는 자

90 제조물책임법에 의한 결함의 종류가 아닌 것은?

① 설계상의 결함
② 제조상의 결함
③ 용도상의 결함
④ 표시상의 결함

해설 정의(제조물책임법 제2조)
㉠ 제조물 : 제조되거나 가공된 동산(다른 동산이나 부동산의 일부를 구성하는 경우를 포함)을 말한다.
㉡ 결함 : 해당 제조물에 다음의 어느 하나에 해당하는 제조상·설계상 또는 표시상의 결함이 있거나 그 밖에 통상적으로 기대할 수 있는 안전성이 결여되어 있는 것을 말한다.

91 화재조사 및 보고규정상 화재합동조사단을 구성·운영 원칙으로 옳지 않은 것은?

① 소방청장 : 사상자가 30명 이상이거나 2개 시·도 이상에 걸쳐 발생한 화재
② 소방본부장 : 사상자가 20명 이상이거나 2개 시·군·구 이상에 발생한 화재
③ 소방서장 : 사망자가 5명 이상이거나 사상자가 10명 이상 발생한 화재
④ 소방서장 : 재산피해액이 10억원 이상 발생한 화재

해설 화재합동조사단 운영 및 종료(화재조사 및 보고규정 제20조)

소방관서장은 영 제7조 제1항에 해당하는 화재가 발생한 경우 다음에 따라 화재합동조사단을 구성하여 운영하는 것을 원칙으로 한다.
㉠ 소방청장 : 사상자가 30명 이상이거나 2개 시·도 이상에 걸쳐 발생한 화재(임야화재는 제외)
㉡ 소방본부장 : 사상자가 20명 이상이거나 2개 시·군·구 이상에 발생한 화재

㉢ 소방서장 : 사망자가 5명 이상이거나 사상자가 10명 이상 또는 재산피해액이 100억원 이상 발생한 화재

92 화재증거물수집관리규칙에 따른 증거물 시료용기의 기준 중 옳은 것은?

① 주석도금캔(can)은 2회 사용 후 반드시 폐기한다.
② 양철캔은 기름에 견딜 수 있는 디스크를 가진 스크루 마개 또는 누르는 금속마개로 밀폐될 수 있으며, 이러한 마개는 한번 사용한 후에는 폐기되어야 한다.
③ 코르크마개, 클로로프렌고무, 마분지, 합성 코르크마개, 또는 플라스틱 물질(PTFE는 포함)은 시료와 직접 접촉되어서는 안 된다.
④ 유리병의 코르크마개는 휘발성 액체에 사용하여야 한다. 만일 제품이 빛에 민감하다면 짙은 색깔의 시료병을 사용한다.

해설 화재증거물수집관리규칙 [별표1]
㉠ 주석도금캔(can)은 1회 사용 후 반드시 폐기한다.
㉡ 코르크마개, 고무(클로로프렌고무 제외), 마분지, 합성코르크마개, 또는 플라스틱 물질(PTFE는 포함)은 시료와 직접 접촉되어서는 안 된다.
㉢ 유리병의 코르크마개는 휘발성 액체에 사용하여서는 안 된다.

93 화재조사 및 보고규정에 따른 용어의 정리 중 다음 ( ) 안에 알맞은 것은?

• (㉮)이란 피해물의 경제적 내용연수가 다한 경우 잔존하는 가치의 재구입비에 대한 비율을 말한다.
• (㉯)이란 화재와 관계되는 물건의 형상, 구조, 재질, 성분, 성질 등 이와 관련된 모든 현상에 대하여 과학적 방법에 의한 필요한 실험을 행하고 그 결과를 근거로 화재원인을 밝히는 자료를 얻는 것을 말한다.

① ㉮ 잔가율, ㉯ 감식
② ㉮ 잔가율, ㉯ 감정
③ ㉮ 최종잔가율, ㉯ 감식
④ ㉮ 최종잔가율, ㉯ 감정

Answer 90.③ 91.④ 92.② 93.④

해설 용어의 정의(화재조사 및 보고규정 제2조)
ⓐ 감식이란 화재원인의 판정을 위하여 전문적인 지식, 기술 및 경험을 활용하여 주로 시각에 의한 종합적인 판단으로 구체적인 사실관계를 명확하게 규명하는 것을 말한다.
ⓑ 감정이란 화재와 관계되는 물건의 형상, 구조, 재질, 성분, 성질 등 이와 관련된 모든 현상에 대하여 과학적 방법에 의한 필요한 실험을 행하고 그 결과를 근거로 화재원인을 밝히는 자료를 얻는 것을 말한다.
ⓒ 잔가율이란 화재 당시에 피해물의 재구입비에 대한 현재가의 비율을 말한다.
ⓓ 최종잔가율이란 피해물의 경제적 내용연수가 다한 경우 잔존하는 가치의 재구입비에 대한 비율을 말한다.

94
형법에 따른 화재에 있어서 진화용의 시설 또는 물건을 은닉 또는 손괴하거나 기타 방법으로 진화를 방해한 자는 최대 몇 년 이하의 징역에 처하는가?

① 3　　　　　　② 5
③ 7　　　　　　④ 10

해설 진화방해(형법 제169조)
화재에 있어서 진화용의 시설 또는 물건을 은닉 또는 손괴하거나 기타 방법으로 진화를 방해한 자는 10년 이하의 징역에 처한다.

95
화재조사 및 보고규정에 따른 화재범위가 2 이상의 관할구역에 걸친 화재의 경우의 화재건수의 결정기준으로 옳은 것은?

① 선착대가 소속된 소방서에서 1건의 화재로 한다.
② 2개 소방서에서 각각 1건의 화재로 한다.
③ 발화 소방대상물의 소재지를 관할하는 소방서에서 1건의 화재로 한다.
④ 화재피해범위가 가장 넓은 소방서에서 1건의 화재로 한다.

해설 화재건수 결정(화재조사 및 보고규정 제10조)
1건의 화재란 1개의 발화지점에서 확대된 것으로 발화부터 진화까지를 말한다. 다만, 다음 경우는 당해 규정에 따른다.

ⓐ 동일범이 아닌 각기 다른 사람에 의한 방화, 불장난은 동일 대상물에서 발화했더라도 각각 별건의 화재로 한다.
ⓑ 동일 소방대상물의 발화점이 2개소 이상 있는 다음의 화재는 1건의 화재로 한다.
　• 누전점이 동일한 누전에 의한 화재
　• 지진, 낙뢰 등 자연현상에 의한 다발화재
ⓒ 발화지점이 한 곳인 화재현장이 둘 이상의 관할구역에 걸친 화재는 발화지점이 속한 소방서에서 1건의 화재로 산정한다. 다만, 발화지점 확인이 어려운 경우에는 화재피해금액이 큰 관할구역 소방서의 화재 건수로 산정한다.

96
화재조사 및 보고규정에 따른 건물의 화재피해액 산정기준으로 옳은 것은?

① 표준단가(m^2당)×소실면적×[1−0.9×경과연수/내용연수]×손해율
② 표준단가(m^2당)×소실면적×[1−0.8×경과연수/내용연수]×손해율
③ 신축단가(m^2당)×소실면적×[1−0.9×경과연수/내용연수]×손해율
④ 신축단가(m^2당)×소실면적×[1−0.8×경과연수/내용연수]×손해율

해설 건물 피해액 산정
신축단가(m^2당)×소실면적×[1−0.8×경과연수/내용연수]×손해율

97
다음 중 소방기본법령상 소방용수시설이 아닌 것은?

① 저수조
② 급수탑
③ 소화전
④ 고가수조

해설 소방용수시설의 설치 및 관리 등(소방기본법 제10조)
시·도지사는 소방활동에 필요한 소화전(消火栓)·급수탑(給水塔)·저수조(貯水槽)를 설치하고 유지·관리하여야 한다.

부록

과년도 출제문제

98 소방의 화재조사에 관한 법령상 화재합동조사단의 단장에 대한 설명으로 옳은 것은?

① 화재합동조사단장은 화재조사업무를 관장하는 과장으로 한다.
② 화재합동조사단장은 소방본부장으로 한다.
③ 화재합동조사단장은 소방서장으로 한다.
④ 화재합동조사단장은 단원 중에서 소방관서장이 지명하거나 위촉하는 사람이 된다.

해설 화재합동조사단의 구성 · 운영(소방의 화재조사에 관한 법률 시행령 제7조 제3조)
화재합동조사단의 단장은 단원 중에서 소방관서장이 지명하거나 위촉하는 사람이 된다.

99 화재조사 및 보고규정에서 6가지로 규정한 화재유형이 아닌 것은?

① 건축 · 구조물 화재
② 위험물 · 가스제조소 등 화재
③ 공원화재
④ 선박 · 항공기 화재

해설 화재 유형(화재조사 및 보고규정 제9조)
화재는 다음과 같이 구분한다.
㉠ 건축 · 구조물 화재 : 건축물, 구조물 또는 그 수용물이 소손된 것
㉡ 자동차 · 철도차량 화재 : 자동차, 철도차량 및 피견인 차량 또는 그 적재물이 소손된 것
㉢ 위험물 · 가스제조소 등 화재 : 위험물제조소 등, 가스제조 · 저장 · 취급시설 등이 소손된 것
㉣ 선박 · 항공기 화재 : 선박, 항공기 또는 그 적재물이 소손된 것
㉤ 임야화재 : 산림, 야산, 들판의 수목, 잡초, 경작물 등이 소손된 것
㉥ 기타화재 : 위 사항에 해당되지 않는 화재

100 화재조사 및 보고규정상 화재조사의 개시 및 원칙에 대한 설명으로 옳지 않은 것은?

① 화재조사관은 화재발생 사실을 인지하는 즉시 화재조사를 시작해야 한다.
② 소방관서장은 조사관을 근무 교대조별로 2인 이상 배치한다.
③ 조사는 물적 증거를 바탕으로 과학적인 방법을 통해 합리적인 사실의 규명을 원칙으로 한다.
④ 조사는 국립소방연구원 또는 화재감정기관 등에 감정을 의뢰하는 것을 원칙으로 한다.

해설 화재조사의 개시 및 원칙(화재조사 및 보고규정 제3조)
㉠ 「소방의 화재조사에 관한 법률」에 따라 화재조사관은 화재발생 사실을 인지하는 즉시 화재조사를 시작해야 한다.
㉡ 소방관서장은 「소방의 화재조사에 관한 법률 시행령」에 따라 조사관을 근무 교대조별로 2인 이상 배치하고, 「소방의 화재조사에 관한 법률 시행규칙」에 따른 장비 · 시설을 기준 이상으로 확보하여 조사업무를 수행하도록 하여야 한다.
㉢ 조사는 물적 증거를 바탕으로 과학적인 방법을 통해 합리적인 사실의 규명을 원칙으로 한다.

감식 및 감정(화재조사 및 보고규정 제8조)
㉠ 소방관서장은 조사 시 전문지식과 기술이 필요하다고 인정되는 경우 국립소방연구원 또는 화재감정기관 등에 감정을 의뢰할 수 있다.
㉡ 소방관서장은 과학적이고 합리적인 화재원인 규명을 위하여 화재현장에서 수거한 물품에 대하여 감정을 실시하고 화재원인 입증을 위한 재현실험 등을 할 수 있다.

Answer | 98.④ 99.③ 100.④

2022년 9월 14일 화재감식평가산업기사

제1과목 화재조사론

01 다음 중 유리의 파괴특성에 대한 설명으로 옳은 것은?

① 크래이즈드 글라스(crazed glass)는 한쪽 면이 급격하게 가열되었을 때 만들어진다.
② 열에 의한 파괴는 방사형으로 파괴된다.
③ 폭발에 의한 파괴는 단면에서 월러라인이 관찰되지 않는다.
④ 방사형 파괴선의 파단면에서 월러라인을 관찰하면 충격방향을 알 수 있다.

해설 ① 크래이즈드 글라스는 한쪽 면이 급격하게 냉각되었을 때 발생한다.
② 열에 의한 파괴는 불규칙한 곡선형태로 파괴된다.
③ 유리 표면적 전면이 압력을 받아 평행하게 파괴된다.
④ 유리가 방사상으로 파괴되면 곡선모양의 월러라인이 생성되고 충격방향을 알 수 있다.

02 화재플럼(fire plume)에 대한 설명으로 틀린 것은?

① 화재 시 발생한 고온가스와 주변의 차가운 기체와의 밀도차에 의해 발생한다.
② 대부분의 화재 플럼은 화원에서 발생한 열과 주변 공기에 의해 매우 불안정한 형태의 난류 유동을 형성한다.
③ 화재플럼 내의 고온가스가 상승함에 따라 주변의 공기가 화염부로 들어오게 되는데 이를 공기유입이라 한다.

④ 화재플럼에 주위 공기가 유입되면 화재플럼 내부온도가 상승한다.

해설 ㉠ 화재플럼에 주위 공기가 유입되면 플럼 내부온도가 내려가며 반경은 확대된다.
ⓛ 화재플럼(fire plume)에 의해 수직벽면에 생성되는 패턴 : V패턴, 모래시계패턴, U패턴

03 다음 물질 중 위험도가 가장 높은 것은?

① 메탄
② 프로판
③ 벤젠
④ 일산화탄소

해설
$$위험도 = \frac{연소상한계(U) - 연소하한계(L)}{연소하한계(L)}$$
(위험도는 필수 암기 사항)
① 메탄 : 2
② 프로판 : 3.5
③ 벤젠 : 4.3
④ 일산화탄소 : 5

04 소방의 화재조사에 관한 법률상 화재조사자의 안전장비로 틀린 것은?

① 안전고리
② 보호용 장갑
③ 안전화
④ 멀티테스터기

해설 소방의 화재조사에 관한 법률 시행규칙 [별표]
안전장비(8종) : 보호용 작업복, 보호용 장갑, 안전화, 안전모, 마스크(방진마스크, 방독마스크), 보안경, 안전고리, 화재조사 조끼

부록

과년도 출제문제

05 화재조사 및 보고규정상에 따른 건축 · 구조물화재의 소실 정도의 기준 중 틀린 것은?

① 건물의 전소란 70% 이상이 소실되었거나 또는 그 미만이라도 잔존부분을 보수하여도 재사용이 불가능한 것
② 건물의 반소란 50% 미만이 소실된 것
③ 건물의 부분소란 전소, 반소화재에 해당되지 아니하는 것
④ 자동차의 전소란 70% 이상이 소실되었거나 또는 그 미만이라도 잔존부분을 보수하여도 재사용이 불가능한 것

해설 소실정도(화재조사 및 보고규정 제16조)
㉠ 건축 · 구조물화재의 소실정도는 3종류로 구분하며 그 내용은 다음에 따른다.
 • 전소 : 건물의 70% 이상(입체면적에 대한 비율을 말함)이 소실되었거나 또는 그 미만이라도 잔존부분을 보수하여도 재사용이 불가능 한 것
 • 반소 : 건물의 30% 이상 70% 미만이 소실된 것
 • 부분소 : 전소, 반소화재에 해당되지 아니하는 것
㉡ 자동차 · 철도차량, 선박 및 항공기 등의 소실정도는 ㉠의 규정을 준용한다.

06 소방의 화재조사에 관한 법령상 전담부서의 업무로 옳지 않은 것은?

① 화재조사의 실시 및 조사결과 분석 · 관리
② 화재조사 관련 기술개발과 화재조사관의 역량증진
③ 화재조사에 필요한 시설 · 장비의 관리 · 운영
④ 화재조사 기법에 필요한 연구 · 실험 · 조사 · 기술개발 등을 지원하는 시책을 수립

해설 화재조사전담부서의 설치 · 운영 등(소방의 화재조사에 관한 법률 제6조)
㉠ 소방관서장은 전문성에 기반하는 화재조사를 위하여 화재조사전담부서를 설치 · 운영하여야 한다.
㉡ 전담부서는 다음 각 호의 업무를 수행한다.
 • 화재조사의 실시 및 조사결과 분석 · 관리
 • 화재조사 관련 기술개발과 화재조사관의 역량증진

 • 화재조사에 필요한 시설 · 장비의 관리 · 운영
 • 그 밖의 화재조사에 관하여 필요한 업무
㉢ 소방관서장은 화재조사관으로 하여금 화재조사 업무를 수행하게 하여야 한다.
㉣ 화재조사관은 소방청장이 실시하는 화재조사에 관한 시험에 합격한 소방공무원 등 화재조사에 관한 전문적인 자격을 가진 소방공무원으로 한다.
㉤ 전담부서의 구성 · 운영, 화재조사관의 구체적인 자격기준 및 교육훈련 등에 필요한 사항은 대통령령으로 정한다.
연구개발사업의 지원(소방의 화재조사에 관한 법률 제20조)
소방청장은 화재조사 기법에 필요한 연구 · 실험 · 조사 · 기술개발 등을 지원하는 시책을 수립할 수 있다.

07 화재조사 시 관계인 등에 대한 질문 요령으로 틀린 것은?

① 질문을 할 때에는 시기, 장소 등을 고려하여 진술을 하는 사람으로부터 임의진술을 얻도록 하여야 한다.
② 질문을 할 때에는 기대나 희망하는 진술내용을 얻기 위하여 상대방에게 암시하는 등의 방법으로 유도한다.
③ 소문 등에 의한 사항은 그 사실을 직접 경험한 사람의 진술을 얻도록 하여야 한다.
④ 관계자 등에 대한 질문 사항은 질문기록서에 작성하여 그 증거를 확보한다.

해설 관계인 등 진술(화재조사 및 보고규정 제7조)
㉠ 관계인 등에게 질문을 할 때에는 시기, 장소 등을 고려하여 진술하는 사람으로부터 임의진술을 얻도록 해야 하며 진술의 자유 또는 신체의 자유를 침해하여 임의성을 의심할 만한 방법을 취해서는 아니 된다.
㉡ 관계인 등에게 질문을 할 때에는 희망하는 진술내용을 얻기 위하여 상대방에게 암시하는 등의 방법으로 유도해서는 아니 된다.
㉢ 획득한 진술이 소문 등에 의한 사항인 경우 그 사실을 직접 경험한 관계인 등의 진술을 얻도록 해야 한다.
㉣ 관계인 등에 대한 질문 사항은 별지 제10호 서식 질문기록서에 작성하여 그 증거를 확보한다.

Answer 05.② 06.④ 07.②

08 화재조사 및 보고규정상 내용연수에 관한 정의는?

① 고정자산을 최대한 사용할 수 있는 연수
② 유동자산을 최대한 사용할 수 있는 연수
③ 고정자산을 경제적으로 사용할 수 있는 연수
④ 유동자산을 경제적으로 사용할 수 있는 연수

해설 용어의 정의(화재조사 및 보고규정 제2조)
내용연수란 고정자산을 경제적으로 사용할 수 있는 연수를 말한다.

09 화재조사 및 보고규정상 화재합동조사단 구성·운영하여야 하는 기관을 모두 고른 것은?

㉮ 소방청	㉯ 시·도 소방본부
㉰ 소방서	㉱ 119안전센터

① ㉮, ㉯, ㉰
② ㉮, ㉯, ㉱
③ ㉯, ㉰
④ ㉮, ㉯, ㉰, ㉱

해설 화재합동조사단 운영 및 종료(화재조사 및 보고규정 제20조)
소방관서장은 영 제7조 제1항에 해당하는 화재가 발생한 경우 다음에 따라 화재합동조사단을 구성하여 운영하는 것을 원칙으로 한다.
㉠ 소방청장 : 사상자가 30명 이상이거나 2개 시·도 이상에 걸쳐 발생한 화재(임야화재는 제외한다. 이하 같다)
㉡ 소방본부장 : 사상자가 20명 이상이거나 2개 시·군·구 이상에 발생한 화재
㉢ 소방서장 : 사망자가 5명 이상이거나 사상자가 10명 이상 또는 재산피해액이 100억원 이상 발생한 화재

10 화재에 대한 설명으로 틀린 것은?

① 일반화재(A급 화재)는 백색으로 표시하며, 화재 후 일반적으로 재가 남는다.
② 유류화재(B급 화재)는 황색으로 표시하며, 화재 후 일반적으로 재가 남지 않는다.

③ 금속화재는 가연성 금속의 화재로 금속이 분말이나 박판의 형태보다는 덩어리 형태로 존재할 때 화재 위험성이 더 커진다.
④ 화재의 소실 정도에 따라 분류하는 반소화재는 전체의 30% 이상 70% 미만이 소실된 것으로 재수리하여 사용할 수 있는 정도의 화재를 말한다.

해설 금속화재는 덩어리 형태보다 분말상, 박판 형태로 존재할 때 위험성이 크다.

11 BLEVE의 발생과정과 관련이 없는 것은?

① 공동현상
② 액격현상
③ 연성파괴
④ 취성파괴

해설 BLEVE 발생과정
액온상승 → 연성파괴 → 액격현상 → 취성파괴

12 화재현장의 발굴 및 복원 요령으로 옳은 것은?

① 정해진 발굴범위의 중심부에서부터 외곽을 향하여 발굴을 진행한다.
② 바닥에 고정시켜 놓거나 정착시켜 놓았던 물건과 가구 등도 완벽히 제거한다.
③ 관계인(관리자, 종업원, 작업책임자 등)을 발굴 현장에 입회시키는 것을 원칙으로 한다.
④ 발굴할 때에는 손으로 직접하거나 붓 또는 호미 등 섬세한 장비보다는 삽이나 곡괭이 등 투박한 장비를 사용해야 한다.

해설 발굴은 외부에서 중심부로 실시하며, 바닥에 고정시켜 놓거나 정착시켜 놓았던 물건과 가구 등은 훼손되지 않도록 조치를 하여야 한다.

13 보일러의 안전장치가 아닌 것은?

① 기수분리기
② 화염검출기
③ 압력조절기
④ 고저수위조절장치

해설 기수분리기는 보일러에서 발생하는 증기가 포함하고 있는 수분을 분리해내는 장치이다.

Answer 08.③ 09.① 10.③ 11.① 12.③ 13.①

부록

과년도 출제문제

14 소방의 화재조사에 관한 법률에 의해 화재조사자가 조사를 하면서 알게 된 비밀을 다른 사람에게 누설할 때 받는 처벌은?

① 100만원 이하의 벌금
② 200만원 이하의 벌금
③ 300만원 이하의 벌금
④ 500만원 이하의 벌금

해설 벌칙(소방의 화재조사에 관한 법률 제21조)
다음의 어느 하나에 해당하는 사람은 300만원 이하의 벌금에 처한다.
㉠ 허가 없이 화재현장에 있는 물건 등을 이동시키거나 변경·훼손한 사람
㉡ 정당한 사유 없이 화재조사관의 출입 또는 조사를 거부·방해 또는 기피한 사람
㉢ 관계인의 정당한 업무를 방해하거나 화재조사를 수행하면서 알게 된 비밀을 다른 용도로 사용하거나 다른 사람에게 누설한 사람
㉣ 정당한 사유 없이 증거물 수집을 거부·방해 또는 기피한 사람

15 다음의 그림은 목재의 연소가 종료된 상황이다. 화재가 진행된 방향으로 옳은 것은?

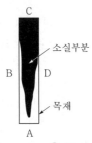

① A → C
② B → D
③ C → A
④ D → B

해설 발화원과 가까운 곳일수록 목재는 짧거나 뾰족하게 탄화가 일어나 화살모양패턴을 나타낸다.

16 화재현장에서 구리배선의 1차흔에 대한 설명으로 옳은 것은?

① 화재를 발생시킨 합선의 흔적을 말한다.
② 외부화염의 온도가 구리의 융점을 초과하였을 때 발생한다.

③ 외부화염에 의해 배선피복의 절연이 파괴되어 발생한 합선흔적을 말한다.
④ 1차흔과 2차흔은 명백히 구분할 수 있다.

해설 1차흔은 화재원인이 된 용융흔이며 외부화염에 의한 용융흔과 구별된다.

17 화재현장 복원요령으로 가장 옳은 것은?

① 형체가 소실되어 배치가 불가능한 것은 끈이나 로프 또는 대용품을 사용하되, 대용품이라는 것이 인식되도록 한다.
② 현장복원 시, 현장식별이 가능하지 않은 것도 복원한다.
③ 주로 예측에 의존하여 복원한다.
④ 관계인은 복원현장에 입회시키지 않는다.

해설 현장식별이 가능하지 않은 것, 예측에 의한 복원은 삼가며 관계인을 입회시켜 확인시킨다.

18 다음의 금속 중 용융온도가 가장 낮은 금속으로 옳은 것은?

> 스테인레스, 알루미늄, 철, 은

① 스테인레스
② 알루미늄
③ 철
④ 은

해설 ① 스테인레스 : 약 1,520℃
② 알루미늄 : 약 660℃
③ 철 : 약 1,530℃
④ 은 : 약 960.5℃

19 불연성 가스에 해당하는 것으로 옳은 것은?

① 수소
② 암모니아
③ 아세틸렌
④ 이산화탄소

해설 ㉠ 가연성 가스 : 수소, 암모니아, 액화석유가스, 아세틸렌 등 고압가스안전관리법 시행규칙 제2조 제1항 제1호에 명시된 가스 등
㉡ 조연성 가스 : 산소, 공기, 염소 등
㉢ 불연성 가스 : 질소, 이산화탄소, 아르곤, 헬륨 등

Answer 14.③ 15.① 16.① 17.① 18.② 19.④

20 보일 · 샤를의 법칙이다. 다음의 ( ) 안에 들어갈 내용으로 옳은 것은?

"일정량의 기체의 부피는 압력에 (㉮)하고 절대온도에 (㉯)한다."

① ㉮ 반비례, ㉯ 반비례
② ㉮ 비례, ㉯ 비례
③ ㉮ 반비례, ㉯ 비례
④ ㉮ 비례, ㉯ 반비례

해설 **보일 · 샤를의 법칙**
일정량의 기체의 부피는 압력에 반비례하고 절대온도에 비례한다.

제2과목 **화재감식론**

---

21 유염화원에 해당하는 것은?

① 담뱃불   ② 아궁이재
③ 라이터불   ④ 향불

해설 ㉠ 무염화원은 라이터나 성냥과 같이 불꽃이 최초 시작된 것을 제외하고 불꽃이 없는 상태에서 화재발생을 일으킨 것을 말한다. 불꽃이 없는 것은 담뱃불, 자연발화, 기계적인 스파크, 금속고온체 등을 들 수 있다. 이들은 최초 불꽃이 없는 연소로 시작되어 주변에 가연물에 영향을 미쳐 무염화재로 종결되거나 열발생율이 높아져 불꽃이 생성되는 유염화재로 전이되는 두 과정을 거치면서 발생될 수 있다.
㉡ 유염화원 : 라이터불, 성냥불, 촛불, 버너의 불꽃 등

22 발화원에 관한 설명으로 틀린 것은?

① 반드시 발화원의 물리적 증거가 있어야만 화재원인을 판별할 수 있는 것은 아니다.
② 발화원은 눈에 띄는 형태로 있을 수도 있고, 어떤 경우에는 많이 훼손된 경우도 있다.

③ 발화원은 발화지점 내에서 발견되어야만 증거로서 인정받을 수 있다.
④ 발화원은 충분한 온도와 에너지를 가지고 있을 것이며, 가연물과 오랫동안 접촉하고 있었을 것으로 추측해 볼 수 있다.

해설 발화원은 발화지점에서 이동되거나 변경될 수 있으며 발화지점 내에서 발견되어야 증거로서 인정받는 것은 아니다.

23 화학물질 화재의 결과분석기법 중 화재에 영향을 주는 가장 중요한 요소에 집중하여 분석하는 방법은?

① 연역법
② 귀납법
③ 형태학적 접근법
④ 추상적인 접근법

해설 형태학적 접근법은 시스템구조에 기초하여 사고조사를 분석하는 방법이다.

24 조사자가 방화라고 판정하기 위한 일반적 조건에 해당하지 않는 것은?

① 이상연소나 흔적이 발견된 경우
② 발화부위가 여러 곳인 경우
③ 전기장치가 발견된 경우
④ 다른 발화원인이 완전히 배제되었을 경우

해설 전기장치의 발견은 방화 판정의 일반적인 조건이 될 수 없다.

25 다음 중 연소범위가 가장 넓은 것은?

① 프로판   ② 부탄
③ 아세틸렌   ④ 메탄

해설 ① 프로판 : 2.1~9.5
② 부탄 : 1.8~8.4
③ 아세틸렌 : 2.5~82
④ 메탄 : 5~15

부록

과년도 출제문제

26 방화를 의심할 수 있는 물리적 증거에 해당하지 않는 것은?

① 연소시간에 비해 피해범위가 넓은 경우
② 깨진 유리창 등 외부인의 침입흔적이 있는 경우
③ 화재발생 전 심한 다툼이 있었다는 주변인의 진술이 있는 경우
④ 2개소 이상 발화지점이 확인된 경우

해설 주변인의 진술은 정황증거에 해당한다.

27 산불의 강도가 낮을 것으로 예측되는 연료의 조건은?

① 가연물의 습도가 낮다.
② 많은 양의 죽은 연료가 경사지에 연속적으로 존재한다.
③ 다수의 사다리 연료가 존재한다.
④ 저휘발성 기름을 포함한 연료가 많다.

해설 저휘발성 연료는 고휘발성 연료보다 산불의 강도가 낮다.

28 다음 중 가열에 의해 연화되면서 가소성을 갖는 합성수지에 해당하지 않는 것은?

① 폴리염화비닐   ② 에폭시수지
③ 폴리스티렌   ④ 폴리에틸렌

해설 에폭시수지는 열경화성 수지에 해당한다.

29 실화를 위장한 방화에 대한 설명으로 틀린 것은?

① 방화자가 이득 등을 취하기 위하여 화재조사자가 화재원인 조사에 있어서 실화로 잘못된 판단을 하도록 위장하려는 의도가 있다.
② 보험금을 사취하기 위한 방화에 있어서 발화장소 주변에 모기향, 촛불, 발열기구, 노후 가전제품 등을 이용하여 착화시킨 후 실화로 위장하려는 경향이 있다.

③ 화재조사자의 현장조사 시 방화자는 실화 가능성을 쉽게 인정하려는 경향이 있으며, 필요이상으로 자세하게 설명하려는 경향을 보인다.
④ 방화자는 방화 증거물 및 현장을 잘 보존하여 화재조사자에게 협조하려는 태도를 보인다.

해설 위장 실화의 경우 생업이나 안전을 핑계로 현장을 심하게 훼손하는 경우가 있다.

30 방화로 판정할 수 있는 근거로 틀린 것은?

① 화재현장에서 다른 범죄의 증거가 발견되었다.
② 지리적으로 인접한 곳에서 연쇄적으로 화재가 발생하였다.
③ 평소 화기를 취급하는 장소에서 화재가 발생한 경우가 있다.
④ 일반적으로 발화개소가 2개 이상이며, 트레일러 패턴이 관찰되었다.

해설 화기를 취급하는 장소에서 화재가 발생한 것은 방화판정의 근거가 되기 어렵다.

31 열가소성 수지로 옳은 것은?

① 페놀수지
② 우레아수지
③ 멜라민수지
④ 아크릴수지

해설 **열경화성 수지**
페놀수지, 요소수지(우레아수지), 멜라민수지 등

32 다음의 임야화재 연소단계에 따른 분류 중 가장 흔히 일어나는 연소단계는?

① 지표화   ② 수간화
③ 수관화   ④ 비산화

해설 지표화는 퇴적된 낙엽, 건조한 지피물 등이 연소하는 것으로 가장 일반적으로 발생하는 연소형태이다.

Answer 26.③ 27.④ 28.② 29.④ 30.③ 31.④ 32.①

33 다음의 발화원인 판정요령과 관련된 설명 중 틀린 것은?

① 추정되는 발화원과 가까웠던 가연물이 불에 타면서 진행된 경로에 대하여 무리한 추론이 없어야 한다.
② 형체가 남아있지 않은 발화원은 발화원인의 추정에서 배제한다.
③ 과거의 화재사례나 경험 측면에서 볼 때 발화 가능성에 현저한 모순이 없어야 한다.
④ 발화점으로 추정되는 지점의 소손상황에는 모순이 없어야 한다.

해설 발화원은 대부분 확인되지만 담뱃불처럼 발화원의 형체가 남지 않는 경우도 있어 쉽게 배제하지 않아야 한다.

34 화재현장 유리의 흔적에 대한 해석으로 옳은 것은?

① 열에 의해 파괴된 유리의 단면에는 무늬(리플마크)가 없다.
② 바닥에 쏟아진 유리파편 아래에도 그을음이 있는 것은 화재발생 이전에 유리가 깨졌다는 증거로 볼 수 있다.
③ 방사형 파괴선 및 동심원 파괴선은 열에 의해 파손된 유리에서 주로 발견된다.
④ 유리 표면에 잔금에 의한 복잡한 형태의 흔적은 충격에 의해 파손된 유리에서 주로 발생한다.

해설 ② 바닥에 쏟아진 유리파편 아래 그을음의 발생은 화재 이후 유리가 깨졌다는 증거로 볼 수 있다.
③ 방사형 및 동심원 파괴선은 충격에 의해 파손된 유리에서 볼 수 있다.
④ 유리 표면의 잔금은 물과 접촉으로 발생할 수 있다.

35 혼합해도 폭발 또는 발화 위험과 가장 거리가 먼 것은?

① 아세틸렌＋아세톤
② 염소산칼륨＋유황

③ 과산화나트륨＋알루미늄분
④ 금속나트륨＋에틸알코올

해설 아세틸렌가스 자체는 위험물에 해당하지 않아서 아세톤과 혼합하더라도 반응은 없다.

36 항공기 소화기장치의 일상정비에 포함된 항목이 아닌 것은?

① 전선의 교체
② 배출관의 누출시험
③ 소화기 용기의 검사와 보급
④ 카트리지의 장·탈착과 재장착

해설 전선의 교체는 일상정비항목에 해당하지 않는다.

37 LPG(액화석유가스)의 기본 성질로서 옳은 것은?

① 기화 및 액화가 어렵다.
② 액화하면 부피가 커진다.
③ 연소 시 다량의 공기가 필요하다.
④ 증기는 공기보다 가볍고 물보다 무겁다.

해설 액화석유가스 특징
㉠ 기화 및 액화가 쉽다.
㉡ 액화하면 부피가 작아진다.
㉢ 공기보다 무겁고 물보다 가볍다.
㉣ 연소 시 다량의 공기가 필요하다.

38 생후 첫 성장기에 부모의 사랑을 받지 못해 무의식 속에서 모성이 주는 따뜻함과 안정감을 애타게 원하는 본능에서 불을 통해 만족하는 방화범은?

① 남근기 방화범 ② 구강기 방화범
③ 잠복기 방화범 ④ 항문기 방화범

해설 ① 남근기 : 소방관들이 불을 끄는 모습을 보고 만족을 느낌
② 구강기 : 모성애 부족으로 모성이 주는 따듯함과 안전감 갈구
③ 잠복기 : 후회할 줄 모르고 경험이나 처벌로부터 배우지 않음
④ 항문기 : 부모의 애정결핍, 행동이 충동적이고 격정적임

39 방화의 일반적인 판단요소로 가장 거리가 먼 것은?

① 국부적인 발화흔적
② 무단침입과 흔적
③ 범죄흔적
④ 이상연소현상

해설 방화판단요소
ㄱ 화기가 없는 장소로 여러 곳에 발화
ㄴ 강도, 절도 등 범죄흔적과 무단침입 흔적
ㄷ 가연물을 모아놓고 연소시킨 이상연소현상 등

40 화재현장에서 인적·물적 증거를 수집하고 분석하는 상태에서 물적 증거가 아닌 것은?

① 연소 잔해
② 사진
③ 도면
④ 감정 소견

해설 인적 증거
진술, 증언, 감정인의 소견 등

제3과목 **증거물관리 및 법과학**

41 좁은 실내에서 많은 물건을 촬영할 때 유용한 렌즈로 옳은 것은?

① 광각렌즈
② 표준렌즈
③ 망원렌즈
④ 줌렌즈

해설 광각렌즈는 좁은 실내에서 많은 물건을 촬영하고자 할 때 사용한다.

42 화재증거물수집관리규칙에 규정된 증거물 시료용기에 대한 설명 중 틀린 것은?

① 유리병은 유리 또는 폴리테트라플루오로에틸렌(PTFE)으로 된 마개를 가지고 있어야 한다.
② 양철캔(can)과 달리 주석도금캔(can)은 세척하여 재사용할 수 있다.

③ 양철캔(can)은 프레스를 한 이음매 또는 외부 표면에 용매로 송진용제를 사용하여 납땜을 한 이음매가 있어야 한다.
④ 양철용기는 돌려막는 스크루 뚜껑만 아니라 밀어 막는 금속마개를 갖추어야 한다.

해설 화재증거물수집관리규칙 [별표1]
주석도금캔은 1회 사용 후 반드시 폐기한다.

43 열에 의한 유리창의 파손 시 파단선에 나타나는 형태는?

① 평행선형태
② 곡선형태
③ 삼각형태
④ 톱니형태

해설 열에 의한 유리창 파손 시 불규칙한 곡선형태로 파손된다.

44 증거의 시간적 역할에 대한 설명으로 틀린 것은?

① 깨져 바닥에 쏟아진 유리창의 내측에 그을음이 부착되어 있지 않다면 화재 이전 창문이 먼저 깨졌다는 것을 의미한다.
② 화재현장에서 발견된 소사체에서 생활반응이 발견된다면 피해자는 화재 이전 사망한 상태였다는 것을 알 수 있다.
③ 화재와 폭발이 일어난 현장에서 멀리까지 비산된 유리창의 파편에 그을음이 부착되어 있다면 화재가 먼저 일어나 이로 인해 폭발이 발생한 것으로 볼 수 있다.
④ 타이어흔적 위로 족적이 찍혀 있다면 이러한 증거는 차량이 지나간 후에 누군가 걸어갔다는 것을 증명해 주는 역할을 한다.

해설 소사체에서 생활반응이 발견된다면 피해자는 화재 당시 생존상태였다는 것을 알 수 있다.

45 전신적 생활반응에 해당하는 것은?

① 출혈
② 수포
③ 속발성 염증
④ 창구의 개대

해설 전신적 생활반응
전신적 빈혈, 속발성 염증, 색전증, 외래물질의 분포 및 배설

46 디지털카메라의 고유기능으로 받아들인 빛을 증폭하여 감도를 높이거나 낮춰주는 기능은?

① 화이트밸런스
② 줌 기능
③ EV 쉬프트
④ ISO 기능

해설 ISO
빛에 반응하는 정도를 나타내는 수치로 높은 ISO는 빛에 더 민감하다.

47 시반에 관한 설명으로 옳은 것은?

① 시반은 사망시간을 나타내는 지표로 사용된다.
② 시반은 시신의 사망 전 이동 여부를 나타낸다.
③ 시반은 3~4시간 후에 더 이상 진행되지 않는다.
④ 시반은 우리 몸의 가장 높은 신체부위에 발생한다.

해설 시반은 사망한 후 시간이 지나면 혈액순환이 멈춰 사체의 가장 낮은 부분에 나타나는 현상으로 사망시간을 추정할 수 있는 지표로 쓰인다.

48 증거물 시료용기에 대한 설명으로 옳은 것은?

① 유리병의 코르크마개는 휘발성 액체수집에 사용이 가능하다.
② 유리병은 유리 또는 폴리테트라플루오로에틸렌(PTFE)로 된 마개나 내유성의 내부판이 부착된 플라스틱이나 금속의 스크루 마개를 가지고 있어야 한다.
③ 주석도금캔은 상태에 따라 재사용이 가능하다.
④ 캔이 녹슨 경우 적절히 세척하여 사용한다.

해설 화재증거물수집관리규칙 [별표1]
㉠ 코르크 마개는 휘발성 액체에 사용하여서는 안 된다.

㉡ 주석도금캔(CAN)은 1회 사용 후 반드시 폐기한다.
㉢ 캔은 사용직전에 검사하여야 하고 새거나 녹슨 경우 폐기한다.

49 사진촬영을 위해 현장 전체를 파악할 수 있는 선정위치로 옳은 것은?

① 발화가 개시된 건물 정면
② 발화지점 내부
③ 발화지역 주변 높은 곳
④ 화염이 강하게 출화한 곳

해설 현장 전체를 파악할 수 있는 위치로 발화지역 주변 높은 곳을 선정한다.

50 특이한 냄새가 나는 무색액체로 물에는 녹지 않지만 에테르 등 유기용매와 임의의 비율로 혼합하는 물질로 메틸벤젠이라고 불리며 방화촉진제로 사용이 가능한 물질은?

① 메틸알코올
② 경유
③ 아세톤
④ 톨루엔

해설 메틸벤젠은 톨루엔을 말한다.

51 소방의 화재조사에 관한 법령상 화재현장 보존 등에 대한 설명으로 옳지 않은 것은?

① 누구든지 소방관서장 또는 경찰서장의 허가 없이 설정된 통제구역에 출입하여서는 아니된다.
② 화재현장 보존조치를 하거나 통제구역을 설정한 경우 누구든지 소방관서장 또는 경찰서장의 허가 없이 화재현장에 있는 물건 등을 이동시키거나 변경·훼손하여서는 아니 된다.
③ 소방관서장 등은 화재현장 보존조치를 하거나 통제구역을 설정하는 경우 화재가 발생한 소방대상물의 관계인에게 알린다.
④ 소방관서장은 화재조사를 위하여 최대한 범위에서 화재현장 보존조치를 한다.

부록
과년도 출제문제

해설 화재현장 보존 등(소방의 화재조사에 관한 법률 제8조)
ㄱ 소방관서장은 화재조사를 위하여 필요한 범위에서 화재현장 보존조치를 하거나 화재현장과 그 인근 지역을 통제구역으로 설정할 수 있다. 다만, 방화(放火) 또는 실화(失火)의 혐의로 수사의 대상이 된 경우에는 관할 경찰서장 또는 해양경찰서장이 통제구역을 설정한다.
ㄴ 누구든지 소방관서장 또는 경찰서장의 허가 없이 ㄱ에 따라 설정된 통제구역에 출입하여서는 아니 된다.
ㄷ ㄱ에 따라 화재현장 보존조치를 하거나 통제구역을 설정한 경우 누구든지 소방관서장 또는 경찰서장의 허가 없이 화재현장에 있는 물건 등을 이동시키거나 변경 · 훼손하여서는 아니 된다. 다만, 공공의 이익에 중대한 영향을 미친다고 판단되거나 인명구조 등 긴급한 사유가 있는 경우에는 그러하지 아니하다.
ㄹ 화재현장 보존조치, 통제구역의 설정 및 출입 등에 필요한 사항은 대통령령으로 정한다.

52 무색, 무취, 무미의 환원성이 강한 가스로 인체 내의 헤모글로빈과 결합하여 산소의 운반기능을 약화시키는 연소생성가스로 옳은 것은?

① 일산화탄소　② 이산화탄소
③ 암모니아　④ 아황산가스

해설 일산화탄소를 흡입하면 폐에서 혈액 속의 헤모글로빈과 결합하여 혈액의 산소운반 능력을 떨어뜨려 질식상태에 빠지게 된다.

53 화재증거물수집관리규칙상 증거물 수집 및 이동에 대한 설명으로 틀린 것은?

① 증거서류를 수집할 때에는 원본 영치를 원칙으로 하며, 사본을 수집할 경우 원본과 대조한 다음 원본 대조필을 하여야 한다.
② 증거물이 파손될 우려가 있는 경우에 충격금지 및 취급방법에 대한 주의사항을 증거물의 포장 외측에 적절하게 표기하여야 한다.
③ 입수한 증거물을 이송할 때에는 상세정보를 해당 서식에 따라 작성하고 보호상자를 사용하여 개별 포장함을 원칙으로 한다.

④ 증거물 수집과정에서는 증거물의 수집자, 수집일자, 상황 등에 대하여 기록을 남겨야 하며, 기록은 반드시 일반용 표지 또는 태그를 사용하는 것을 원칙으로 한다.

해설 증거물의 수집(화재증거물수집관리규칙 제4조)
증거물 수집 과정에서는 증거물의 수집자, 수집일자, 상황 등에 대하여 기록을 남겨야 하며, 기록은 가능한 법과학자용 표지 또는 태그를 사용하는 것을 원칙으로 한다.

54 국소적 생활반응이 아닌 것은?

① 응혈　② 피하출혈
③ 수포　④ 전신적 빈혈

해설 전신적 빈혈은 전신적 생활반응에 해당한다.

55 화재현장에서 발견된 물리적 증거에 대한 설명으로 틀린 것은?

① 견고하게 고정된 전구의 변형상태를 통하여 화염의 진행방향을 알 수 있다.
② 폭발에 의하여 유리가 파손된 경우, 균열이 평행선에 가까운 모습을 보인다.
③ 깨져 바닥에 쏟아진 유리창의 내측에 그을음이 부착되어 있지 않다면 화재발생 이후 창문이 깨졌다는 것을 의미한다.
④ 화재와 폭발이 일어난 현장에서 멀리까지 비산된 유리창의 파편에 그을음이 부착되어 있다면 화재가 먼저 일어나 이로 인해 폭발이 발생한 것으로 볼 수 있다.

해설 유리창의 내측에 그을음이 없다면 화재발생 이전에 깨진 것을 의미한다.

56 화재조사 및 보고규정상 소방공무원이 작성하는 서식이 아닌 것은?

① 화재사후조사 의뢰서
② 방화 · 방화의심조사서
③ 소방시설 등 활용조사서
④ 화재 · 구조 · 구급상황보고서

Answer　52.① 53.④ 54.④ 55.③ 56.①

해설 화재증명원의 발급(화재조사 및 보고규정 제23조)
소방관서장은 화재피해자로부터 소방대가 출동하지 아니한 화재장소의 화재증명원 발급신청이 있는 경우 조사관으로 하여금 사후조사를 실시하게 할 수 있다. 이 경우 민원인이 제출한 [별지 제13호 서식]의 사후조사 의뢰서의 내용에 따라 발화장소 및 발화지점의 현장이 보존되어 있는 경우에만 조사를 하며, [별지 제2호 서식]의 화재현장출동보고서 작성은 생략할 수 있다

57 콘크리트, 시멘트 바닥에 비닐타일 등이 접착제로 부착되어 있을 때, 그 위로 석유류의 액체가연물이 쏟아져 화재 시 타일 등 바닥재의 틈새 모양으로 변색되고 박리되기도 하는 흔적은?

① 포어패턴
② 드롭다운패턴
③ 고스트마크패턴
④ 도넛패턴

해설 ① 포어패턴(pour pattern) : 액체가연물이 바닥에 쏟아져 연소 될 때 나타나는 현상으로, 연소가 강한 액체가연물 부분과 다른 부분의 경계가 뚜렷한 흔적이다.
② 드롭다운패턴(drop down pattern) : 복사열 등의 영향으로 화염으로부터 멀리 떨어진 가연물이 착화되고, 착화물이 바닥에 떨어져 바닥의 미연소 부분이 연소된 흔적이다.
③ 고스트마크패턴(ghost mark pattern) : 액체가연물이 타일 바닥으로 스며들어 접착제 등과 연소하며 타일 바닥에 남긴 흔적으로 타일이 떨어져 나간 부분의 바닥에 그 흔적이 뚜렷하다.
④ 도넛패턴(doughnut pattern) : 가연성 액체가 웅덩이처럼 고여 있는 상태에서 연소될 때 나타나는 흔적(가장자리 부분이 연소가 강함) 고리모양으로 연소된 부분이 덜 연소된 부분을 둘러싸고 있는 도넛 모양 형태로 가연성 액체가 웅덩이처럼 고여 있을 경우 발생한다. 주변부나 얇은 곳에서는 화염이 바닥이나 바닥재를 탄화시키는 반면에 깊은 중심부는 액체가 증발하면서 증발잠열에 의해 웅덩이 중심부를 냉각시키는 현상 때문에 기인한다.

58 방화에서 나타나는 물적 증거의 설명으로 틀린 것은?

① 연소된 시간에 비해 연소면적이 넓다.
② 연소시간에 비해 탄화심도가 깊지 않다.
③ 방화도구가 물증으로 현장에 남는 경우가 많다.
④ 인화성 액체 사용 시 벽면에 삼각형 형태의 패턴보다 역삼각형 형태의 패턴을 띤다.

해설 인화성 액체 등 타기 쉬운 물질 사용 시 연소패턴 식별이 곤란한 경우가 많다

59 화재현장에서 압력에 의한 유리 파손형태의 설명으로 틀린 것은?

① 각 파괴기점으로 평행선모양의 파괴형태가 나타난다.
② 각 파괴기점을 중심으로 방사상 파손형태가 나타난다.
③ 백드래프트와 같은 급격한 확산연소로 인해서 형성된다.
④ 파손형태는 사각창문 모서리부분을 중심으로 4개의 기점이 존재하게 된다.

해설 유리의 방사상 파손형태는 충격에 의한 파손형태이다.

60 화재증거물수집관리규칙상 입수한 증거물을 이동할 때에 기록해야 할 내용이 아닌 것은?

① 증거물 최초상태
② 증거물 발신일자, 발신자
③ 증거물 수신일자, 수신자
④ 증거물 시료용기 종류

해설 증거물 보관·이동(화재증거물수집관리규칙 제6조)
증거물의 보관 및 이동은 장소 및 방법, 책임자 등이 지정된 상태에서 행해져야 되며, 책임자는 전 과정에 대하여 이를 입증할 수 있도록 다음의 사항을 작성하여야 한다.
㉠ 증거물 최초상태, 개봉일자, 개봉자
㉡ 증거물 발신일자, 발신자
㉢ 증거물 수신일자, 수신자
㉣ 증거 관리가 변경되었을 때 기타사항 기재

제4과목 **화재조사관계법규 및 피해평가**

61 「소방기본법 시행규칙」제3조 제2항 제1호에 해당하는 화재에 대한 조사 최종결과보고 기간으로 옳은 것은?

① 7일 이내
② 10일 이내
③ 20일 이내
④ 30일 이내

해설 조사 보고(화재조사 및 보고규정 제22조)
㉠ 조사관이 조사를 시작한 때에는 소방관서장에게 지체 없이 [별지 제1호 서식] 화재 · 구조 · 구급상황보고서를 작성 · 보고해야 한다.
㉡ 조사의 최종 결과보고는 다음에 따른다.
「소방기본법 시행규칙」제3조 제2항 제1호에 해당하는 화재 : [별지 제1호 서식] 내지 [제11호 서식]까지 작성하여 화재 발생일로부터 30일 이내에 보고해야 한다.

62 다음 ( ) 안에 들어갈 옳은 내용은?

화재조사 및 보고규정상 정당한 사유로 조사 보고일을 연장한 경우 그 사유가 해소된 날부터 ( ) 이내에 소방관서장에게 조사결과를 보고해야 한다.

① 즉시
② 지체없이
③ 10일
④ 15일

해설 조사 보고(화재조사 및 보고규정 제22조)
㉠ 조사관이 조사를 시작한 때에는 소방관서장에게 지체 없이 [별지 제1호 서식] 화재 · 구조 · 구급상황보고서를 작성 · 보고해야 한다.
㉡ 조사의 최종 결과보고는 다음에 따른다.
• 「소방기본법 시행규칙」제3조 제2항 제1호에 해당하는 화재 : [별지 제1호 서식] 내지 [제11호 서식]까지 작성하여 화재 발생일로부터 30일 이내에 보고해야 한다.
• 위 사항에 해당하지 않는 화재 : [별지 제1호 서식] 내지 [제11호 서식]까지 작성하여 화재 발생일로부터 15일 이내에 보고해야 한다.

㉢ ㉡에도 불구하고 다음의 정당한 사유가 있는 경우에는 소방관서장에게 사전 보고를 한 후 필요한 기간만큼 조사 보고일을 연장할 수 있다.
• 법 제5조 제1항 단서에 따른 수사기관의 범죄수사가 진행 중인 경우
• 화재감정기관 등에 감정을 의뢰한 경우
• 추가 화재현장조사 등이 필요한 경우
㉣ ㉢에 따라 조사 보고일을 연장한 경우 그 사유가 해소된 날부터 10일 이내에 소방관서장에게 조사결과를 보고해야 한다.
㉤ 치외법권지역 등 조사권을 행사할 수 없는 경우는 조사 가능한 내용만 조사하여 제21조 의 조사 서식 중 해당 서류를 작성 · 보고한다.
㉥ 소방본부장 및 소방서장은 제2항에 따른 조사결과 서류를 영 제14조에 따라 국가화재정보시스템에 입력 · 관리해야 하며 영구보존 방법에 따라 보존해야 한다.

63 화재증거물수집관리규칙에 따른 증거물 시료용기의 기준 중 옳은 것은?

① 주석도금캔(can)은 2회 사용 후 반드시 폐기한다.
② 양철캔은 기름에 견딜 수 있는 디스크를 가진 스크루 마개 또는 누르는 금속마개로 밀폐될 수 있으며, 이러한 마개는 한번 사용한 후에는 폐기되어야 한다.
③ 코르크마개, 클로로프렌고무, 마분지, 합성 코르크마개, 또는 플라스틱 물질(PTFE는 포함)은 시료와 직접 접촉되어서는 안 된다.
④ 유리병의 코르크마개는 휘발성 액체에 사용하여야 한다. 만일 제품이 빛에 민감하다면 짙은 색깔의 시료병을 사용한다.

해설 화재증거물수집관리규칙 [별표 1]
㉠ 주석도금캔(can)은 1회 사용 후 반드시 폐기한다.
㉡ 코르크마개, 고무(클로로프렌고무 제외), 마분지, 합성코르크마개, 또는 플라스틱 물질(PTFE는 포함)은 시료와 직접 접촉되어서는 안 된다.
㉢ 유리병의 코르크마개는 휘발성 액체에 사용하여서는 안 된다.

Answer 61.④ 62.③ 63.②

64 화재조사 및 보고규정에 따른 용어의 정리 중 다음 ( ) 안에 알맞은 것은?

> • (㉮)이란 피해물의 경제적 내용연수가 다한 경우 잔존하는 가치의 재구입비에 대한 비율을 말한다.
> • (㉯)이란 화재와 관계되는 물건의 형상, 구조, 재질, 성분, 성질 등 이와 관련된 모든 현상에 대하여 과학적 방법에 의한 필요한 실험을 행하고 그 결과를 근거로 화재원인을 밝히는 자료를 얻는 것을 말한다.

① ㉮ 잔가율, ㉯ 감식
② ㉮ 잔가율, ㉯ 감정
③ ㉮ 최종잔가율, ㉯ 감식
④ ㉮ 최종잔가율, ㉯ 감정

해설 용어의 정의(화재조사 및 보고규정 제2조)
ㄱ 감식 : 화재원인의 판정을 위하여 전문적인 지식, 기술 및 경험을 활용하여 주로 시각에 의한 종합적인 판단으로 구체적인 사실관계를 명확하게 규명하는 것을 말한다.
ㄴ 감정 : 화재와 관계되는 물건의 형상, 구조, 재질, 성분, 성질 등 이와 관련된 모든 현상에 대하여 과학적 방법에 의한 필요한 실험을 행하고 그 결과를 근거로 화재원인을 밝히는 자료를 얻는 것을 말한다.
ㄷ 잔가율 : 화재 당시에 피해물의 재구입비에 대한 현재가의 비율을 말한다.
ㄹ 최종잔가율 : 피해물의 경제적 내용연수가 다한 경우 잔존하는 가치의 재구입비에 대한 비율을 말한다.

65 화재의 소실정도에 대한 설명으로 틀린 것은?

① 반소는 건물의 30% 이상 70% 미만이 소실된 것을 말한다.
② 부분소는 전소, 반소 화재에 해당되지 아니하는 것을 말한다.
③ 자동차, 철도차량, 선박 및 항공기 등의 소실정도는 건물과 별개의 기준을 따른다.

④ 전소는 건물의 70% 이상이 소실되었거나 또는 그 미만이라도 잔존부분을 보수하여도 재사용이 불가능한 것을 말한다.

해설 화재의 소실정도(화재조사 및 보고규정 제16조)
ㄱ 건축 · 구조물화재의 소실정도는 3종류로 구분하며 그 내용은 다음에 따른다.
  • 전소 : 건물의 70% 이상(입체면적에 대한 비율을 말함)이 소실되었거나 또는 그 미만이라도 잔존부분을 보수하여도 재사용이 불가능한 것
  • 반소 : 건물의 30% 이상 70% 미만이 소실된 것
  • 부분소 : 전소, 반소화재에 해당되지 아니하는 것
ㄴ 자동차 · 철도차량, 선박 및 항공기 등의 소실정도는 ㄱ의 규정을 준용한다.

66 다음 ( ) 안에 들어갈 용어로 옳은 것은?

> 건물의 소실면적 산정은 소실 ( )으로 산정한다.

① 바닥면적
② 연면적
③ 건축면적
④ 총면적

해설 소실면적 산정(화재조사 및 보고규정 제17조)
ㄱ 건물의 소실면적 산정은 소실 바닥면적으로 산정한다.
ㄴ 수손 및 기타 파손의 경우에도 ㄱ의 규정을 준용한다.

67 화재조사 및 보고규정에 따른 화재범위가 2 이상의 관할구역에 걸친 화재의 경우의 화재건수의 결정기준으로 옳은 것은?

① 선착대가 소속된 소방서에서 1건의 화재로 한다.
② 2개 소방서에서 각각 1건의 화재로 한다.
③ 발화 소방대상물의 소재지를 관할하는 소방서에서 1건의 화재로 한다.
④ 화재피해범위가 가장 넓은 소방서에서 1건의 화재로 한다.

Answer 64.④ 65.③ 66.① 67.③

해설 화재건수 결정(화재조사 및 보고규정 제10조)
1건의 화재란 1개의 발화지점에서 확대된 것으로 발화부터 진화까지를 말한다. 다만, 다음 경우는 당해 규정에 따른다.
㉠ 동일범이 아닌 각기 다른 사람에 의한 방화, 불장난은 동일 대상물에서 발화했더라도 각각 별건의 화재로 한다.
㉡ 동일 소방대상물의 발화점이 2개소 이상 있는 다음의 화재는 1건의 화재로 한다.
 • 누전점이 동일한 누전에 의한 화재
 • 지진, 낙뢰 등 자연현상에 의한 다발화재
㉢ 발화지점이 한 곳인 화재현장이 둘 이상의 관할구역에 걸친 화재는 발화지점이 속한 소방서에서 1건의 화재로 산정한다. 다만, 발화지점 확인이 어려운 경우에는 화재피해금액이 큰 관할구역 소방서의 화재 건수로 산정한다.

68 화재조사 및 보고규정에 따른 건물의 화재피해액 산정기준으로 옳은 것은?

① 표준단가(m²당)×소실면적×[1−0.9×경과연수/내용연수]×손해율
② 표준단가(m²당)×소실면적×[1−0.8×경과연수/내용연수]×손해율
③ 신축단가(m²당)×소실면적×[1−0.9×경과연수/내용연수]×손해율
④ 신축단가(m²당)×소실면적×[1−0.8×경과연수/내용연수]×손해율

해설 건물 피해액 산정
신축단가(m²당)×소실면적×[1−0.8×경과연수/내용연수]×손해율

69 제조물책임법에 의한 결함의 종류가 아닌 것은?

① 설계상의 결함 ② 제조상의 결함
③ 용도상의 결함 ④ 표시상의 결함

해설 정의(제조물책임법 제2조)
㉠ 제조물이란 제조되거나 가공된 동산(다른 동산이나 부동산의 일부를 구성하는 경우를 포함)을 말한다.

㉡ 결함이란 해당 제조물에 다음 각 목의 어느 하나에 해당하는 제조상·설계상 또는 표시상의 결함이 있거나 그 밖에 통상적으로 기대할 수 있는 안전성이 결여되어 있는 것을 말한다.

70 다음 중 소방기본법령상 소방용수시설이 아닌 것은?

① 저수조 ② 급수탑
③ 소화전 ④ 고가수조

해설 소방용수시설의 설치 및 관리 등(소방기본법 제10조)
시·도지사는 소방활동에 필요한 소화전(消火栓)·급수탑(給水塔)·저수조(貯水槽)를 설치하고 유지·관리하여야 한다.

71 화재조사 및 보고규정상 화재조사의 개시 및 원칙에 대한 설명으로 옳지 않은 것은?

① 화재조사관은 화재발생 사실을 인지하는 즉시 화재조사를 시작해야 한다.
② 소방관서장은 조사관을 근무 교대조별로 2인 이상 배치한다.
③ 조사는 물적 증거를 바탕으로 과학적인 방법을 통해 합리적인 사실의 규명을 원칙으로 한다.
④ 조사는 국립소방연구원 또는 화재감정기관 등에 감정을 의뢰하는 것을 원칙으로 한다.

해설 화재조사의 개시 및 원칙(화재조사 및 보고규정 제3조)
㉠ 「소방의 화재조사에 관한 법률」제5조 제1항에 따라 화재조사관은 화재발생 사실을 인지하는 즉시 화재조사를 시작해야 한다.
㉡ 소방관서장은 「소방의 화재조사에 관한 법률 시행령」제4조 제1항에 따라 조사관을 근무 교대조별로 2인 이상 배치하고, 「소방의 화재조사에 관한 법률 시행규칙」제3조에 따른 장비·시설을 기준 이상으로 확보하여 조사 업무를 수행하도록 하여야 한다.
㉢ 조사는 물적 증거를 바탕으로 과학적인 방법을 통해 합리적인 사실의 규명을 원칙으로 한다.

Answer 68.④ 69.③ 70.④ 71.④

감식 및 감정(화재조사 및 보고규정 제8조)
ㄱ 소방관서장은 조사 시 전문지식과 기술이 필요하다고 인정되는 경우 국립소방연구원 또는 화재감정기관 등에 감정을 의뢰할 수 있다.
ㄴ 소방관서장은 과학적이고 합리적인 화재원인 규명을 위하여 화재현장에서 수거한 물품에 대하여 감정을 실시하고 화재원인 입증을 위한 재현실험 등을 할 수 있다.

72 화재피해액 산정기준상 전부손해의 경우 시중매매가격에 의한 산정방법이 적용되지 않는 것은?

① 식물의 전부손해 ② 동물의 전부손해
③ 차량의 전부손해 ④ 보석류의 전부손해

해설 **화재피해액의 산정(화재조사 및 보고규정 제34조 [별표3])**
회화(그림), 골동품, 미술공예품, 귀금속 및 보석류 : 전부손해의 경우 감정가격으로 하며, 전부손해가 아닌 경우 원상복구에 소요되는 비용으로 한다.

73 다음 중 화재조사 및 보고규정상 화재현황 조사서의 첨부서류로 적합하지 않은 것은?

① 화재유형별 조사서 ② 화재피해조사서
③ 화재현장조사서 ④ 질문기록서

해설 **화재조사 및 보고규정 제21조(화재조사서류의 서식[별지 4]) 화재현황조사서의 첨부서류**
화재유형별 조사서, 화재피해조사서, 방화·방화 의심조사서, 소방시설 등 활용조사서, 화재현장 조사서를 선택적으로 체크한 후 해당 보고서를 작성한다.

74 소방기본법령상 소방자동차 전용구역에 관한 설명으로 틀린 것은?

① 전용구역 방해행위를 한 자는 300만원 이하의 과태료에 처한다.
② 소방자동차 전용구역 노면표지 도료의 색채는 황색을 기본으로 한다.

③ 소방자동차 전용구역에 물건 등을 쌓는 등의 방해행위를 하여서는 아니 된다.
④ 세대수가 100세대 이상인 아파트의 건축주는 소방자동차 전용구역을 설치하여야 한다.

해설 **과태료(소방기본법 제56조)**
전용구역에 차를 주차하거나 전용구역에의 진입을 가로막는 등의 방해행위를 한 자에게는 100만원 이하의 과태료를 부과한다.

75 화재조사 및 보고규정상 다음에서 사망자 수와 중상자의 수를 합한 값으로 옳은 것은?

- 화재현장 사망 2명
- 화재현장에서 부상을 당한 후 52시간 이내에 사망 1명
- 2주 이상의 입원을 필요로 하는 부상 2명
- 3주 이상의 입원을 필요로 하는 부상 3명
- 입원치료를 필요로 하지 않는 부상 5명

① 4 ② 5
③ 6 ④ 7

해설 ㄱ **사상자(화재조사 및 보고규정 제36조)**
사상자는 화재현장에서 사망한 사람과 부상 당한 사람을 말한다. 단, 화재현장에서 부상을 당한 후 72시간 이내에 사망한 경우에는 당해 화재로 인한 사망으로 본다.
ㄴ **부상정도(화재조사 및 보고규정 제37조)**
부상의 정도는 의사의 진단을 기초로 하여 다음과 같이 분류한다.
- 중상 : 3주 이상의 입원치료를 필요로 하는 부상을 말한다.
- 경상 : 중상이외의(입원치료를 필요로 하지 않는 것도 포함) 부상을 말한다. 다만, 병원치료를 필요로하지 않고 단순하게 연기를 흡입한 사람은 제외한다.
화재현장에서 부상을 당한 후 52시간 이내에 사망한 경우에 당해 화재로 인한 사망으로 보아야 하므로 사망자는 3명이며, 중상자(3주 이상 입원을 필요로 하는 부상)도 3명이므로 총 6명이다.

76 제조물책임법상 손해배상책임을 지는 자가 손해배상책임을 면하기 위하여 입증하여야 할 사항으로 명시되지 않은 것은?

① 제조업자가 해당 제조물을 공급하지 아니하였다는 사실
② 제조업자가 해당 제조물을 공급한 당시의 과학·기술 수준으로는 결함의 존재를 발견할 수 없었다는 사실
③ 제조물의 결함이 제조업자가 해당 제조물을 제조한 당시의 법령에서 정하는 기준을 준수함으로써 발생하였다는 사실
④ 원재료나 부품의 경우에는 그 원재료나 부품을 사용한 제조물 제조업자의 설계 또는 제작에 관한 지시로 인하여 결함이 발생하였다는 사실

해설 면책사유(제조물책임법 제4조)
손해배상책임을 지는 자가 다음의 어느 하나에 해당하는 사실을 입증한 경우에는 이 법에 따른 손해배상책임을 면(免)한다.
㉠ 제조업자가 해당 제조물을 공급하지 아니하였다는 사실
㉡ 제조업자가 해당 제조물을 공급한 당시의 과학·기술 수준으로는 결함의 존재를 발견할 수 없었다는 사실
㉢ 제조물의 결함이 제조업자가 해당 제조물을 공급한 당시의 법령에서 정하는 기준을 준수함으로써 발생하였다는 사실
㉣ 원재료나 부품의 경우에는 그 원재료나 부품을 사용한 제조물 제조업자의 설계 또는 제작에 관한 지시로 인하여 결함이 발생하였다는 사실

77 화재조사 및 보고규정상 건물의 동수 산정 기준으로 틀린 것은?

① 건널복도 등으로 2 이상의 동에 연결되어 있는 것은 그 부분을 절반으로 분리하여 각 동으로 본다.
② 건물의 외벽을 이용하여 실을 만들어 작업실 용도로 사용하고 있는 것은 주건물과 다른 동으로 본다.

③ 구조에 관계없이 지붕 및 실이 하나로 연결되어 있는 것은 같은 동으로 본다.
④ 목조건물의 경우 격벽으로 방화구획이 되어 있는 경우 같은 동으로 한다.

해설 화재조사 및 보고규정 [별표 1]
㉠ 주요구조부가 하나로 연결되어 있는 것은 1동으로 한다. 다만 건널 복도 등으로 2이상의 동에 연결되어 있는 것은 그 부분을 절반으로 분리하여 각 동으로 본다.
㉡ 건물의 외벽을 이용하여 실을 만들어 헛간, 목욕탕, 작업실, 사무실 및 기타 건물 용도로 사용하고 있는 것은 주건물과 같은 동으로 본다.
㉢ 구조에 관계없이 지붕 및 실이 하나로 연결되어 있는 것은 같은 동으로 본다.
㉣ 목조 또는 내화조 건물의 경우 격벽으로 방화구획이 되어 있는 경우도 같은 동으로 한다.
㉤ 독립된 건물과 건물 사이에 차광막, 비막이 등의 덮개를 설치하고 그 밑을 통로 등으로 사용하는 경우는 다른 동으로 한다.
　예 작업장과 작업장 사이에 조명유리 등으로 비막이를 설치하여 지붕과 지붕이 연결되어 있는 경우
㉥ 내화조 건물의 옥상에 목조 또는 방화구조 건물이 별도 설치되어 있는 경우는 다른 동으로 한다. 다만, 이들 건물의 기능상 하나인 경우(옥내 계단이 있는 경우)는 같은 동으로 한다.
㉦ 내화조 건물의 외벽을 이용하여 목조 또는 방화구조건물이 별도 설치되어 있고 건물 내부와 구획되어 있는 경우 다른 동으로 한다. 다만, 주된 건물에 부착된 건물이 옥내로 출입구가 연결되어 있는 경우와 기계설비 등이 쌍방에 연결되어 있는 경우 등 건물 기능상 하나인 경우는 같은 동으로 한다.

78 소방기본법령상 소방자동차가 화재진압 및 구조·구급 활동을 위하여 출동하는 때 소방자동차의 출동을 방해한 사람에 대한 벌칙기준으로 옳은 것은?

① 5년 이하의 징역 또는 3,000만원 이하의 벌금
② 5년 이하의 징역 또는 5,000만원 이하의 벌금
③ 3년 이하의 징역 또는 1,500만원 이하의 벌금
④ 3년 이하의 징역 또는 1,000만원 이하의 벌금

Answer　76.③　77.②　78.②

해설 벌칙(소방기본법 제50조)
다음의 어느 하나에 해당하는 사람은 5년 이하의 징역 또는 5천만원 이하의 벌금에 처한다.
ㄱ 다음의 어느 하나에 해당하는 행위를 한 사람
- 위력(威力)을 사용하여 출동한 소방대의 화재진압·인명구조 또는 구급활동을 방해하는 행위
- 소방대가 화재진압·인명구조 또는 구급활동을 위하여 현장에 출동하거나 현장에 출입하는 것을 고의로 방해하는 행위
- 출동한 소방대원에게 폭행 또는 협박을 행사하여 화재진압·인명구조 또는 구급활동을 방해하는 행위
- 출동한 소방대의 소방장비를 파손하거나 그 효용을 해하여 화재진압·인명구조 또는 구급활동을 방해하는 행위
ㄴ 소방자동차의 출동을 방해한 사람
ㄷ 사람을 구출하는 일 또는 불을 끄거나 불이 번지지 아니하도록 하는 일을 방해한 사람
ㄹ 위반하여 정당한 사유 없이 소방용수시설 또는 비상소화장치를 사용하거나 소방용수시설 또는 비상소화장치의 효용을 해치거나 그 정당한 사용을 방해한 사람

79 형법상 현주건조물 등에의 방화에 관한 설명이다. 다음 (   ) 안에 알맞은 것은?

> 불을 놓아 사람이 주거로 사용하거나 사람이 현존하는 건조물, 기차, 전차, 자동차, 선박, 항공기 또는 지하채굴시설을 불태운 죄를 범하여 사람을 상해에 이르게 한 때에는 무기 또는 ( )년 이상의 징역에 처한다.

① 2
② 3
③ 5
④ 7

해설 현주건조물 등 방화(형법 제164조)
ㄱ 불을 놓아 사람이 주거로 사용하거나 사람이 현존하는 건조물, 기차, 전차, 자동차, 선박, 항공기 또는 지하채굴시설을 불태운 자는 무기 또는 3년 이상의 징역에 처한다.
ㄴ ㄱ의 죄를 지어 사람을 상해에 이르게 한 경우에는 무기 또는 5년 이상의 징역에 처한다. 사망에 이르게 한 경우에는 사형, 무기 또는 7년 이상의 징역에 처한다.

80 화재조사 및 보고규정에 따른 사상자의 기준 중 다음 (   ) 안에 알맞은 것은?

> 사상자는 화재현장에서 사망한 사람과 부상 당한 사람을 말한다. 단, 화재현장에서 부상을 당한 후 (   )시간 이내에 사망한 경우에는 당해 화재로 인한 사망으로 본다.

① 72
② 48
③ 36
④ 24

해설 사상자(화재조사 및 보고규정 제13조)
사상자는 화재현장에서 사망한 사람과 부상당한 사람을 말한다. 단, 화재현장에서 부상을 당한 후 72시간 이내에 사망한 경우에는 당해 화재로 인한 사망으로 본다.

제1과목 화재조사론

01 정전기의 발생을 예방하기 위한 방법으로 틀린 것은?

① 접지시설을 한다.

② 공기를 이온화시킨다.

③ 공기 중의 상대습도를 70% 이상으로 한다.

④ 대전을 방지하기 위하여 비전도성 물질을 사용한다.

해설 **정전기를 방지하기 위한 예방대책**

정전기는 비전도성 물질의 표면에 전하가 축적되는 현상으로 비전도성 물질인 인화성 액체, 플라스틱류를 통해 발생하기 쉽다.

㉠ 정전기의 발생이 우려되는 장소에 <u>접지시설</u>을 한다.

㉡ <u>실내의 공기를 이온화</u>하여 정전기의 발생을 예방한다.

㉢ 정전기는 습도가 낮거나 압력이 높을 때 많이 발생하므로 상대습도를 70% 이상으로 한다.

㉣ 전기의 저항이 큰 물질은 대전이 용이하므로 전도체 물질을 사용한다.

02 화재조사 및 보고규정에 따른 건물의 동수 산정기준 중 틀린 것은?

① 주요구조부가 하나로 연결되어 있는 것은 1동으로 한다. 다만, 건널복도 등으로 2 이상의 동에 연결되어 있는 것은 그 부분을 절반으로 분리하여 각 동으로 본다.

② 건물의 외벽을 이용하여 실을 만들어 작업실 용도로 사용하고 있는 것은 주건물과 다른 동으로 본다.

③ 구조에 관계없이 지붕 및 실이 하나로 연결되어 있는 것은 같은 동으로 본다.

④ 목조건물의 경우 격벽으로 방화구획이 되어 있는 경우 같은 동으로 한다.

해설 **건물의 동수 산정(화재조사 및 보고규정 [별표 2])**

㉠ 주요구조부가 하나로 연결되어 있는 것은 1동으로 한다. 다만 건널 복도 등으로 2이상의 동에 연결되어 있는 것은 그 부분을 절반으로 분리하여 각 동으로 본다.

㉡ 건물의 외벽을 이용하여 실을 만들어 헛간, 목욕탕, 작업실, 사무실 및 기타 건물 용도로 사용하고 있는 것은 주건물과 같은 동으로 본다.

㉢ 구조에 관계없이 지붕 및 실이 하나로 연결되어 있는 것은 같은 동으로 본다.

㉣ 목조 또는 내화조 건물의 경우 격벽으로 방화구획이 되어 있는 경우도 같은 동으로 한다.

㉤ 독립된 건물과 건물 사이에 차광막, 비막이 등의 덮개를 설치하고 그 밑을 통로 등으로 사용하는 경우는 다른 동으로 한다.

　例 작업장과 작업장 사이에 조명유리 등으로 비막이를 설치하여 지붕과 지붕이 연결되어 있는 경우

㉥ 내화조 건물의 옥상에 목조 또는 방화구조 건물이 별도 설치되어 있는 경우는 다른 동으로 한다. 다만, 이들 건물의 기능상 하나인 경우(옥내 계단이 있는 경우)는 같은 동으로 한다.

㉦ 내화조 건물의 외벽을 이용하여 목조 또는 방화구조건물이 별도 설치되어 있고 건물 내부와 구획되어 있는 경우 다른 동으로 한다. 다만, 주된 건물에 부착된 건물이 옥내로 출입구가 연결되어 있는 경우와 기계설비 등이 쌍방에 연결되어 있는 경우 등 건물 기능상 하나인 경우는 같은 동으로 한다.

03 방화의 식별에서 일반적인 방화의 가능성이 있는 경우로 가장 거리가 먼 것은?

① 화재가 건물의 구조, 가연물 등에 비해 급격히 확산된 경우
② 최초 발화지점에서 유류 등 연료물질을 사용한 흔적이 있는 경우
③ 연소기구를 중심으로 연소 확대가 진행된 흔적이 있는 경우
④ 출입문, 창 등에 강제로 진입한 흔적이 있는 경우

해설 연소기구를 중심으로 연소 확대된 흔적은 실화에 해당하며 방화와 가장 거리가 멀다.

04 소방의 화재조사에 관한 법령상 전담부서에서 갖추어야 할 장비 및 시설 중 화재조사분석실은 몇 제곱미터(m²) 이상의 실을 보유하여야 하는가?

① 10제곱미터(m²) 이상
② 20제곱미터(m²) 이상
③ 30제곱미터(m²) 이상
④ 40제곱미터(m²) 이상

해설 소방의 화재조사에 관한 법률 시행규칙 [별표]
화재조사 분석실의 구성장비를 유효하게 보존 · 사용할 수 있고, 환기 시설 및 수도 · 배관시설이 있는 30제곱미터(m²) 이상의 실(室)
※ 화재조사 분석실의 면적은 청사 공간의 효율적 활용을 위하여 불가피한 경우 최소 기준 면적의 절반 이상에 해당하는 면적으로 조정할 수 있다.

05 화재현장의 파괴된 유리분석에 대한 설명으로 옳은 것은?

① 열에 의해 깨진 유리의 단면에는 리플마크가 관찰된다.
② 열에 의해 깨진 유리의 표면을 관찰하면 월러라인을 식별할 수 있다.
③ 열에 의해 깨진 유리는 방사형 파손흔적이 관찰된다.
④ 유리단면을 관찰하면 열 또는 충격에 의한 원인을 구분할 수 있다.

해설 ④ 열에 의해 깨진 유리단면에는 월러라인이 없지만 충격에 의해 깨진 유리단면에는 월러라인이 형성되어 유리단면을 통해 열 또는 충격에 의한 원인을 구분할 수 있다.

문제 관련 핵심이론

(1) 화재현장에서 발견한 물적 증거물 중 열충격에 의한 유리의 파손 패턴
  ㉠ 유리가 열을 받으면 온도차에 의한 응력으로 파괴된다.
  ㉡ 열에 의해 깨진 유리단면에는 리플마크와 방사상(방사형) 파손흔적, 월러라인이 생성되지 않는다.
  ㉢ 유리의 파단선이 곡선을 나타낸다.
  ㉣ 파손된 유리는 바닥으로 떨어져 2차 파괴가 일어날 수 있다.
  ㉤ 내부응력의 차이로 파손형태가 달라진다.
  ㉥ 물리적 증거는 현장에 남아 있는 잔해를 다수 확보하여 파괴기점을 파악하여야 한다.
  ㉦ 열을 받은 유리는 수열방향으로 보다 많이 낙하한다.
  ㉧ 유리는 열을 받으면 구불구불한 불규칙적인 곡선형태로 파괴된다(방사형 균열 아님).
  ㉨ 열을 받은 유리의 조개껍질모양의 박리는 고온일수록 많고 깊다.
  ㉩ 유리는 열을 받은 정도가 클수록 용융범위가 넓어진다.

(2) 화재현장에서 발견한 물적 증거물 중 압력에 의한 유리의 파손 패턴
  ㉠ 방사상 파손형태는 압력이 아니라 충격에 의해 나타나는 현상이다.
  ㉡ 파단면에 패각상 무늬가 형성되어 있다.
  ㉢ 유리가 충격에 파손된 경우 파단면에 패각상(방사형, 거미줄형태) 무늬가 형성되어 있다.
  ㉣ 파단면에는 rib 같은 곡선이 연속해서 만들어진다.
  ㉤ 거미줄과 같은 방사형태의 파손과 동심원형태의 파손이 일어난다.
  ㉥ 표면에는 리플마크가 쉽게 식별된다.
  ㉦ 각 파괴기점으로 평행선 모양의 파괴형태가 나타난다.
  ㉧ 파손형태는 사각 창문 모서리 부분을 중심으로 4개의 기점이 존재하게 된다.
  ㉨ 백 드래프트와 같은 급격한 확산연소로 인해서 형성된다.
  ※ 강화유리가 폭발로 깨졌을 때 나타나는 형태 : 입방체 형태

Answer 03.③ 04.③ 05.④

06 공기 중에서 폭발범위가 가장 넓은 물질은?

① 수소   ② 메탄
③ 아세틸렌   ④ 암모니아

해설
① 수소 : 4.1~75
② 메탄 : 5~15
③ 아세틸렌 : 2.5~82
④ 암모니아 : 15~28

문제 관련 핵심이론

가연성 가스의 폭발범위(=연소범위, 폭발한계, 연소한계)
㉠ 연소는 가연성 가스와 지연성 가스(공기, 산소)가 어떤 범위 내로 혼합된 경우일 때만 일어난다.
㉡ 폭발범위(=연소범위)란 공기와 가연성 가스의 혼합기체 중 가연성 가스의 용량 퍼센트로 표시된다.
㉢ 폭발 또는 연소가 일어나기 위한 낮은 쪽의 한계를 하한계, 높은 쪽의 한계를 상한계라 한다. 상한계와 하한계 사이를 폭발범위라 한다.
㉣ 폭발범위는 가연성 가스와 공기가 혼합된 경우보다도 산소가 혼합되었을 경우 넓어지며, 폭발위험성이 커진다.
㉤ 불연성 가스(이산화탄소, 질소 등)를 주입하면 폭발범위는 좁아진다.
㉥ 폭발한계는 가스의 온도, 기압 및 습도의 영향을 받는다.
 • 가스의 온도가 높아지면 폭발범위는 넓어진다.
 • 가스압력이 높아지면 하한계는 크게 변하지 않으나 상한계는 상승한다.
 • 가스압이 상압(1기압)보다 낮아지면 폭발범위는 좁아진다.
㉦ 압력이 높아지면 일반적으로 폭발범위는 넓어진다. 단, 일산화탄소는 압력이 높아질수록 폭발범위가 좁아진다.
㉧ 가연성 가스의 폭발범위(=연소범위)가 넓으면 넓을수록 위험하다.
㉨ 수소는 10atm까지는 연소범위가 좁아지지만 그 이상의 압력에서는 연소범위가 점점 더 넓어진다.

07 물과 접촉 시 가연성 기체를 발생하지 않고 발열반응으로 인하여 주변의 가연물을 발화시키는 물질은?

① 칼륨   ② 산화칼슘
③ 인화알루미늄   ④ 탄화칼슘

해설
② 산화칼슘 : 물과 반응 시 가연성 가스발생 없이 접촉된 가연물을 발화시킨다.

문제 관련 핵심이론

금속과 물과의 관계
금속 등이 물과 접촉하면 격렬히 반응하여 발열하며 가연성 가스를 발생시켜 위험성이 커진다.
㉠ 무기과산화물+물 → 산소 발생
㉡ 금속분, 철분, 마그네슘+물 → 수소가스 발생
㉢ 나트륨, 칼륨 등+물 → 수소가스 발생
㉣ 탄화칼슘+물 → 아세틸렌가스 발생
㉤ 인화알루미늄+물 → 포스핀가스 발생
㉥ 탄화알루미늄+물 → 메탄가스 발생

08 연소흔적의 주요 생성원인 중 증발연소로 인하여 나타나는 액체가연물의 흔적으로 옳은 것은?

① 포어 패턴(pour pattern)
② 도넛 패턴(doughnut pattern)
③ 스플래시 패턴(splash pattern)
④ 레인보우 이펙트(rainbow effect)

해설
② 도넛 패턴(doughnut pattern)
 • 연소의 형태 – 액체의 연소 – 증발연소(액면연소)
 • 일반적인 연소형태이며 고열에 가열된 액체의 증기가 액면에서 하는 연소
  예 이황화탄소, 디에트에테르, 아세톤, 휘발유, 알코올, 등유, 경유 등 비중이 작은 유류
④ 레인보우 이펙트(rainbow effect)
 • 유류 등의 액체 가연물로 인해 바닥면에 고여 있는 소화수 표면에 나타나는 현상
 • 레인보우 이펙트가 관찰된 것만으로 액체 가연물을 사용한 고의적 착화로 판단해서는 안 된다.

문제 관련 핵심이론

인화성 액체 가연물의 연소에 의한 화재패턴
포어 패턴(pour pattern), 스플래시 패턴(splash pattern), 도넛 패턴(doughnut pattern), 고스트마크 패턴(ghost mark pattern) 등이 있다.
(1) 포어 패턴 : 인화성 액체 가연물이 바닥에 뿌려진 경우 뿌려진 부분과 뿌려지지 않은 부분의 탄화경계 흔적
(2) 스플래시 패턴 : 액체 가연물이 연소되면서 발생한 열에 의해 가열되어 주변으로 튀거나, 액체를 뿌릴 때 바닥면에 액체방울이 튄 것처럼 연소하는 것

부록
과년도 출제문제

Answer   06.③   07.②   08.②

(3) 도넛 패턴
  ㉠ 인화성 및 발화성의 가연물이 연소할 때 중심부의 가연성 액체가 증발(기화)로 인해 나타나는 화재패턴
  ㉡ 가연성 액체에 의해 고리모양의 연소 흔적
  ㉢ 가연성 액체가 뿌려진 중심부의 액체가 연소할 때 증발잠열(기화열)의 냉각효과에 의해 보호되기 때문에 발생하는 현상이다.
  ㉣ 고리형태의 도넛 패턴은 바깥쪽은 탄화되지만 가운데 중심부는 액체가 증발하면서 미연소구역으로 남아 생성된다.

(4) 고스트마크 패턴
  ㉠ 인화성 액체가 타일이나 바닥면에 쏟아졌을 때 타일 사이로 스며들어 틈새가 변색되고 박리된 흔적
  ㉡ 플래시오버와 같은 강력한 화재열기 속에서도 발생할 수 있으므로 주의를 요한다.

(5) 트레일러 패턴
  ㉠ 의도적으로 한 장소에서 다른 장소로 연소를 확산시키기 위한 장치나 도구로서 인화성 액체와 고체가연물이 사용된 연소흔적
  ㉡ 신문지, 섬유류 등을 길게 직선적으로 늘여 놓은 것으로 방화의 연소패턴이다.

※ 방화 패턴 : 독립연소 패턴, 트레일러 패턴, 포어 패턴, 스플래시 패턴 등

09 정당한 사유 없이 소방의 화재조사에 관한 법률 제11조 제1항에 따른 증거물 수집을 거부 · 방해 또는 기피한 사람에게 해당하는 벌칙기준으로 옳은 것은?

① 100만원 이하의 벌금
② 150만원 이하의 벌금
③ 200만원 이하의 벌금
④ 300만원 이하의 벌금

해설 소방의 화재조사에 관한 법령상 벌칙기준
  ㉠ 300만원 이하의 벌금
    • 소방의 화재조사에 관한 법률 제8조 제3항을 위반하여 허가 없이 화재현장에 있는 물건 등을 이동시키거나 변경 · 훼손한 사람
    • 정당한 사유 없이 소방의 화재조사에 관한 법률 제9조 제1항에 따른 화재조사관의 출입 또는 조사를 거부 · 방해 또는 기피한 사람

  • 소방의 화재조사에 관한 법률 제9조 제3항을 위반하여 관계인의 정당한 업무를 방해하거나 화재조사를 수행하면서 알게 된 비밀을 다른 용도로 사용하거나 다른 사람에게 누설한 사람
  • 정당한 사유 없이 소방의 화재조사에 관한 법률 제11조 제1항에 따른 증거물 수집을 거부 · 방해 또는 기피한 사람
  ㉡ 200만원 이하의 과태료
    • 소방의 화재조사에 관한 법률 제8조 제2항을 위반하여 허가 없이 통제구역에 출입한 사람
    • 소방의 화재조사에 관한 법률 제9조 제1항에 따른 명령을 위반하여 보고 또는 자료제출을 하지 아니하거나 거짓으로 보고 또는 자료를 제출한 사람
    • 정당한 사유 없이 소방의 화재조사에 관한 법률 제10조 제1항에 따른 출석을 거부하거나 질문에 대하여 거짓으로 진술한 사람

10 V자 화재패턴에 대한 설명으로 옳은 것은?

① V자 패턴의 각은 환기에 영향을 받는다.
② V자 패턴의 각은 열방출률에 영향을 받지 않는다.
③ V자 패턴의 각은 가연물의 형상에 영향을 받지 않는다.
④ V자 각이 작은 것은 화재의 성장속도가 느렸다는 증거이며 V각이 큰 경우는 화재의 성장속도가 빨랐다는 증거이다.

해설 V패턴
  ㉠ 환기, 열방출률, 가연물의 형상에 영향을 받는다.
  ㉡ V자 각이 큰 것은 화재의 성장속도가 느렸다는 증거이며, V자 각이 작은 것은 화재의 성장속도가 빨랐다는 증거이다.

문제 관련 핵심이론

(1) V패턴
  ㉠ 대류열 또는 복사열과 화재플룸(plume)의 영향으로 생성된다.
  ㉡ 소실부분의 경사면이 관찰되는 것은 V패턴이다.

Answer 09.④ 10.①

ⓒ V패턴은 주로 발화 지점 주변에서 생성되는 패턴이다.

ⓔ 일반적으로 열기둥은 가운데가 오목한 모래시계 패턴이거나 위로 상승할수록 넓게 퍼지는 V패턴 형상을 나타낸다.

(2) V패턴의 각도에 영향을 미치는 요인

ⓐ 열방출률, 가연물의 형태, 환기효과, 천장, 선반, 테이블 상판과 같은 수평면이 존재하는 경우 등

ⓑ V자 각이 큰 것은 화재의 성장속도가 느렸다는 증거이며 V자 각이 작은 경우는 화재의 성장 속도가 빨랐다는 증거이다.

11 소방의 화재조사에 관한 법령상 화재현장의 보존 등에 대한 설명 중 틀린 것은?

① 소방관서장은 화재조사를 위하여 필요한 범위에서 화재현장 보존조치를 하거나 화재현장과 그 인근 지역을 통제구역으로 설정할 수 있다.

② 방화(放火) 또는 실화(失火)의 혐의로 수사의 대상이 된 경우에는 소방관서장이 통제구역을 설정한다.

③ 누구든지 소방관서장 또는 경찰서장의 허가 없이 통제구역에 출입하여서는 안 된다.

④ 화재현장 보존조치를 하거나 통제구역을 설정한 경우 누구든지 소방관서장 또는 경찰서장의 허가 없이 화재현장에 있는 물건 등을 이동시키거나 변경 · 훼손하여서는 안 된다.

해설 화재현장 보존 등(소방의 화재조사에 관한 법률 제8조)

ⓐ 소방관서장은 화재조사를 위하여 필요한 범위에서 화재현장 보존조치를 하거나 화재현장과 그 인근 지역을 통제구역으로 설정할 수 있다. 다만, 방화(放火) 또는 실화(失火)의 혐의로 수사의 대상이 된 경우에는 관할 경찰서장 또는 해양경찰서장(이하 "경찰서장"이라 한다)이 통제구역을 설정한다.

ⓑ 누구든지 소방관서장 또는 경찰서장의 허가 없이 위 ⓐ에 따라 설정된 통제구역에 출입하여서는 안 된다.

ⓒ 위 ⓐ에 따라 화재현장 보존조치를 하거나 통제구역을 설정한 경우 누구든지 소방관서장 또는 경찰서장의 허가 없이 화재현장에 있는 물건 등을 이동시키거나 변경 · 훼손하여서는 안 된다. 다만, 공공의 이익에 중대한 영향을 미친다고 판단되거나 인명구조 등 긴급한 사유가 있는 경우에는 그러하지 아니하다.

ⓔ 화재현장 보존조치, 통제구역의 설정 및 출입 등에 필요한 사항은 대통령령으로 정한다.

12 소방의 화재조사에 관한 법률상 화재조사 전담본부의 업무에 관한 사항 중 틀린 것은?

① 화재조사의 실시 및 조사결과 분석 · 관리

② 화재조사 관련 기술개발과 화재조사관의 역량증진

③ 화재조사관은 소방서장이 실시하는 화재조사에 관한 시험에 합격한 소방공무원 등으로 한다.

④ 화재조사에 필요한 시설 · 장비의 관리 · 운영

해설 화재조사전담부서의 설치 · 운영 등(소방의 화재조사에 관한 법률 제6조)

ⓐ 소방관서장은 전문성에 기반하는 화재조사를 위하여 화재조사전담부서(이하 "전담부서"라 한다)를 설치 · 운영하여야 한다.

ⓑ 전담부서는 다음의 업무를 수행한다.
- 화재조사의 실시 및 조사결과 분석 · 관리
- 화재조사 관련 기술개발과 화재조사관의 역량증진
- 화재조사에 필요한 시설 · 장비의 관리 · 운영
- 그 밖의 화재조사에 관하여 필요한 업무

ⓒ 소방관서장은 화재조사관으로 하여금 화재조사 업무를 수행하게 하여야 한다.

ⓔ 화재조사관은 소방청장이 실시하는 화재조사에 관한 시험에 합격한 소방공무원 등 화재조사에 관한 전문적인 자격을 가진 소방공무원으로 한다.

ⓕ 전담부서의 구성 · 운영, 화재조사관의 구체적인 자격기준 및 교육훈련 등에 필요한 사항은 대통령령으로 정한다.

부록

과년도 출제문제

13 소방의 화재조사에 관한 법령상 소방관서장이 화재조사를 하는 경우 조사하여야 하는 사항 등에 관한 설명으로 틀린 것은?

① 화재원인에 관한 사항
② 화재로 인한 인명 · 재산피해상황
③ 대응활동에 관한 사항
④ 화재조사를 하는 관계 공무원은 화재조사를 수행하면서 알게 된 비밀에 대해 인터뷰를 해도 된다.

해설 300만원 이하의 벌금(소방의 화재조사에 관한 법령상 벌칙기준)

ⓐ 소방의 화재조사에 관한 법률 제8조 제3항을 위반하여 허가 없이 화재현장에 있는 물건 등을 이동시키거나 변경 · 훼손한 사람
ⓑ 정당한 사유 없이 소방의 화재조사에 관한 법률 제9조 제1항에 따른 화재조사관의 출입 또는 조사를 거부 · 방해 또는 기피한 사람
<u>ⓒ 소방의 화재조사에 관한 법률 제9조 제3항을 위반하여 관계인의 정당한 업무를 방해하거나 화재조사를 수행하면서 알게 된 비밀을 다른 용도로 사용하거나 다른 사람에게 누설한 사람</u>
ⓓ 정당한 사유 없이 소방의 화재조사에 관한 법률 제11조 제1항에 따른 증거물 수집을 거부 · 방해 또는 기피한 사람

14 비등액체팽창증기폭발(BLEVE)에 대한 설명으로 틀린 것은?

① 인화성 액체에서만 일어날 수 있는 현상이다.
② 저장용기의 크기와 관계없이 일어날 수 있는 현상이다.
③ 가압상태에서 비점 이상 온도의 액체를 저장하는 용기와 관련된 폭발이다.
④ 저장용기 내에 존재하는 물질의 상호이상반응에 의해서도 발생이 가능한 현상이다.

해설 비등액체팽창증기폭발(BLEVE)

ⓐ 화재로 위험물 저장용기가 내부압력 상승으로 용기가 파열되며 급격히 기화하는 현상
ⓑ 반드시 인화성 액체일 필요는 없다.

15 화재증거물수집관리규칙상 증거물의 포장 · 보관 · 이동에 관한 설명으로 옳지 않은 것은?

① 입수한 증거물을 이송할 때에는 포장을 하고 상세 정보를 별지에 기록하여 부착한다. 이 경우 증거물의 포장은 보호상자를 사용하여 일괄 포장함을 원칙으로 한다.
② 증거물은 수집 단계부터 검사 및 감정이 완료되어 반환 또는 폐기되는 전 과정에 있어서 화재조사관 또는 이와 동일한 자격 및 권한을 가진 자의 책임 하에 행해져야 한다.
③ 증거물의 보관 및 이동은 장소 및 방법, 책임자 등이 지정된 상태에서 행해져야 된다.
④ 증거물의 보관은 전용실 또는 전용함 등 변형이나 파손될 우려가 없는 장소에 보관해야 한다.

해설 증거물의 포장(화재증거물수집관리규칙 제5조)

입수한 증거물을 이송할 때에는 포장을 하고 상세 정보를 [별지 제2호 서식]에 기록하여 부착한다. 이 경우 증거물의 포장은 보호상자를 사용하여 개별 포장함을 원칙으로 한다.

증거물 보관 · 이동(화재증거물수집관리규칙 제6조)

ⓐ 증거물은 수집 단계부터 검사 및 감정이 완료되어 반환 또는 폐기되는 전 과정에 있어서 화재조사관 또는 이와 동일한 자격 및 권한을 가진 자의 책임하에 행해져야 한다.
ⓑ 증거물의 보관 및 이동은 장소 및 방법, 책임자 등이 지정된 상태에서 행해져야 되며, 책임자는 전 과정에 대하여 이를 입증할 수 있도록 다음의 사항을 작성하여야 한다.
 • 증거물 최초상태, 개봉일자, 개봉자
 • 증거물 발신일자, 발신자
 • 증거물 수신일자, 수신자
 • 증거 관리가 변경되었을 때 기타사항 기재
ⓒ 증거물의 보관은 전용실 또는 전용함 등 변형이나 파손될 우려가 없는 장소에 보관해야 하고, 화재조사와 관계없는 자의 접근은 엄격히 통제되어야 하며, 보관관리 이력은 [별지 제3호 서식]에 따라 작성하여야 한다.
ⓓ 증거물 이동과정에서 증거물의 파손 · 분실 · 도난 또는 기타 안전사고에 대비하여야 한다.
ⓔ 파손이 우려되는 증거물, 특별 관리가 필요한 증거물 등은 이송상자 및 무진동 차량 등을 이용하여 안전에 만전을 기하여야 한다.
ⓕ 증거물은 화재증거 수집의 목적달성 후에는 관계인에게 반환하여야 한다. 다만 관계인의 승낙이 있을 때에는 폐기할 수 있다.

Answer 13.④ 14.① 15.①

16 화재증거물수집관리규칙상 증거물 시료 용기에 대한 내용 중 틀린 것은?

① 양철캔은 기름에 견딜 수 있는 디스크를 가진 스크루마개 또는 누르는 금속마개로 밀폐될 수 있으며, 이러한 마개는 한번 사용한 후에는 폐기되어야 한다.
② 유리병의 코르크마개는 휘발성 액체에 사용한다.
③ 주석도금캔(can)은 1회 사용 후 반드시 폐기한다.
④ 코르크마개는 시료와 직접 접촉되어서는 안된다.

해설 증거물 시료 용기(화재증거물수집관리규칙 [별표1])
유리병의 코르크마개는 <u>휘발성 액체에 사용하여서는 안 된다.</u> 만일 제품이 빛에 민감하다면 짙은 색깔의 시료병을 사용한다.

17 소방의 화재조사에 관한 법령상 화재조사의 시작시점에 해당하는 것은?

① 화재진압 후 실시
② 화재발생과 동시에 실시
③ 화재발생 사실을 알게 된 때
④ 화재발생 징후 포착과 동시에 실시

해설 화재조사의 실시(소방의 화재조사에 관한 법률 제5조)
소방청장, 소방본부장 또는 소방서장(이하 "소방관서장"이라 한다)은 화재발생 사실을 알게 된 때에는 지체 없이 화재조사를 하여야 한다. 이 경우 수사기관의 범죄수사에 지장을 주어서는 안 된다.

18 목재의 탄화심도 측정 시 유의사항 중 틀린 것은?

① 측정기구는 목재와 직각으로 삽입하여 측정한다.
② 게이지로 측정된 깊이 외에 손실된 부분의 깊이를 더하여 비교하여야 한다.
③ 탄화된 요철 부위 중 철(凸) 부위를 택하여 측정한다.

④ 탄화되지 않은 것까지 삽입될 수 있으므로 송곳과 같은 날카로운 측정기구를 사용한다.

해설 ㉠ 목재의 탄화심도 측정 시 유의사항
  • 목재의 탄화심도측정은 끝이 뭉뚝한 다이얼캘리퍼스가 가장 적합하며 끝이 날카로운 측정기구는 피해야 한다.
  • 게이지로 측정된 깊이 외에 소실된 부분의 깊이를 더하여 비교하여야 한다.
  • 측정기구는 목재와 직각으로 삽입하여 측정한다.
  • 탄화된 요철 부위 중 철(凸) 부위를 택하여 측정한다.
  ㉡ 목재의 탄화심도에 영향을 미치는 인자
  • 가열속도와 가열시간
  • 목재의 밀도
  • 산소농도

19 열전달에 대한 설명 중 틀린 것은?

① 열전달방식 중 가장 빠른 것은 복사이다.
② 유체의 가장 높은 곳에 열원이 있다면 대류는 발생하지 않는다.
③ 유체인 원유를 보관하는 탱크에서 보일오버(boil over)현상의 주요 열전달 메커니즘은 대류에 의한 것이다.
④ 천장부 열기층을 살펴보면 구획실 화재에서 고온부와 저온부의 순환이 일어나지 않는다는 것을 알 수 있다.

해설 ③ 보일오버현상의 주요 열전달 매커니즘 : 전도

20 목재 표면의 균열흔 중 홈이 반월형의 모양으로 높아지며, 특히 대규모 건물화재에서 볼 수 있는 것은?

① 강소흔   ② 약소흔
③ 열소흔   ④ 완소흔

해설 탄화된 목재에서 공통적으로 나타나는 탄화흔과 균열흔의 특성
  ㉠ 불에 오래도록 강하게 탈수록 탄화의 깊이는 깊다.
  ㉡ 탄화모양을 형성하고 있는 패인 골이 깊을수록 소손이 강하다.

ⓒ 탄화모양을 형성하고 있는 패인 골의 폭이 넓을수록 소손이 강하다.

ⓔ 목재의 균열흔은 발화부와 가까울수록 골이 넓고 깊어진다.

ⓜ 무염연소는 장시간 화염과 접촉하고 있으므로 유염연소에 비해 상대적으로 깊게 타들어가는 균열흔이 나타난다.

ⓗ 나무의 표면적이 넓을수록 쉽게 탄화된다.

목재의 균열흔 구분

ⓐ 완소흔 : 700~800℃

ⓑ 강소흔 : 900℃

ⓒ 열소흔 : 1,100℃

• 약 1,100℃ 수준의 온도에서 탈 때 표면이 갈라진 흔적으로 나무에 패인 홈의 깊이가 가장 깊고 홈의 폭이 넓으며 부푼 형태는 구형에 가깝도록 볼록해진다.

• 대형 화재 시와 같은 가연물이 많은 장소에서 볼 수 있다.

• 열소흔(1,100℃)은 홈이 가장 깊고 반월형 모양이다.

문제 관련 핵심이론

엘리게이터링

ⓐ 나무의 균열흔으로 이를 통해 화재의 진행방향을 판단할 수 있다.

ⓑ 불에 탄 흔적이 울퉁불퉁 갈라진 모양이며 보통 울타리, 판자, 구조물, 표지판에서 발견된다.

ⓒ 연소된 흔적의 깊이는 불의 진행방향을 나타내는 좋은 지표가 된다.

※ 목재 균열흔의 반짝거림이 액체촉진제가 있었음을 의미하지는 않는다.

제2과목 화재감식론

21 미소화원으로 분류하기에 적합하지 않은 점화원은?

① 담뱃불   ② 그라인더 불티

③ 촛불   ④ 모기향

해설 ③ 촛불은 유염화원이다.

22 LPG에 대한 설명 중 틀린 것은?

① 액화석유가스이다.

② 일반적으로 프로판, 부탄 혹은 탄화수소가 소량 포함되어 있다.

③ 부취제를 포함한다.

④ 조연성 가스이다.

해설 ④ LPG는 가연성 가스이다.

LPG(액화석유가스)

ⓐ 천연가스를 −162℃로 냉각 액화시킨 가스로 메탄이 주성분인 Clean Energy이다.

ⓑ 공해물질이 거의 없고, 열량이 대단히 높아 주로 도시가스로 사용된다.

ⓒ 압력을 가해 액화시키면 부피가 1/600로 줄어든다.

ⓔ 비중이 0.65로 공기보다 가볍다.

ⓜ 무색, 무취이므로 부취제를 섞는다.

ⓗ 연소 시 불순물이 거의 발생하지 않은 청정 연료이다.

ⓢ 가스누설경보기는 천장면에서 하방 30cm 이내에 설치한다.

문제 관련 핵심이론

연소상태에 따른 분류 : 가연성 가스, 조연성(지연성 가스)가스, 불연성 가스

(1) 가연성 가스

ⓐ 수소, 아세틸렌, 일산화탄소, 암모니아, 시안화수소, 메탄, 에탄, 프로판, 부탄 등

ⓑ 폭발하한값이 10% 이하인 것

ⓒ 폭발한계의 상한과 하한의 차가 20% 이상인 것

(2) 조연성(지연성) 가스

ⓐ 산소, 불소, 오존, 염소

ⓑ 자신은 연소하지 않으나 다른 물질을 연소를 도와주는 가스이다.

(3) 불연성 가스

ⓐ 질소, 이산화탄소, 헬륨, 네온, 아르곤, 오산화인, 삼산화황 등

ⓑ 산소와 반응하지 않는 것

ⓒ 산소와 반응을 하지만 발열반응이 아니라 산화 흡열반응하는 가스이다.

23 화재현장에서 인적 · 물적 증거를 수집하고 분석하는 상태에서 물적 증거가 아닌 것은?

① 연소 잔해　　③ 도면
② 사진　　　　④ 감정 소견

해설 인적 증거 : 진술, 증언, 감정인의 소견 등

24 화재조사 및 보고규정 내용 중 항공기 화재의 소실 정도를 구분하는 내용으로 틀린 것은?

① 전소 : 항공기의 70% 이상 소실된 것
② 반소 : 항공기의 30% 이상 70% 미만 소실된 것
③ 부분소 : 전소, 반소에 해당하지 아니하는 것
④ 즉소 : 잔존부분을 보수하여도 재사용이 불가능한 것으로 즉시 소진된 것

해설 소실정도(화재조사 및 보고규정 제16조)
　(1) 건축 · 구조물의 소실정도는 다음에 따른다.
　　㉠ 전소 : 건물의 70% 이상(입체면적에 대한 비율을 말한다)이 소실되었거나 또는 그 미만이라도 잔존부분을 보수하여도 재사용이 불가능한 것
　　㉡ 반소 : 건물의 30% 이상 70% 미만이 소실된 것
　　㉢ 부분소 : 전소, 반소에 해당하지 아니하는 것
　(2) 자동차 · 철도차량, 선박 · 항공기 등의 소실 정도는 위 (1)의 규정을 준용한다.

25 산불화재 중 지표화에 대한 설명으로 틀린 것은?

① 초본류가 연소 중이다.
② 땅속의 유기질층이 연소 중이다.
③ 쓰러진 관목이 연소 중이다.
④ 높이 1.5m의 나무가 연소 중이다.

해설 산림화재의 분류
　㉠ 수관화 : 임목의 가지부분이 타는 것
　㉡ 수간화 : 나무의 줄기가 타는 것
　㉢ 지표화 : 지표를 덮고 있는 낙엽, 낙지, 마른풀 등이 연소하는 것
　㉣ 지중화 : 땅속 이탄층, 갈탄층 등 유기질 층이 타는 것으로 재발화의 위험성이 있어 진화에 어려움이 크다.

26 석유류의 화재현장에서 수집된 시료를 기기분석(GC, IR)을 통하여 판별하는 절차로 옳은 것은?

① 감식물 습득 → 침지 → 여과 → 정제 → 적외선흡수 스펙트럼분석 → 가스크로마토그래피법
② 감식물 습득 → 침지 → 여과 → 정제 → 가스크로마토그래피법 → 적외선흡수 스펙트럼분석
③ 감식물 습득 → 여과 → 침지 → 정제 → 적외선흡수 스펙트럼분석 → 가스크로마토그래피법
④ 감식물 습득 → 정제 → 침지 → 여과 → 적외선흡수 스펙트럼분석 → 가스크로마토그래피법

해설 기기분석(GC, IR)방법은 감식물 습득 → 침지 → 여과 → 정제 → 적외선흡수 스펙트럼분석 → 가스크로마토그래피 순으로 진행한다.

27 가연물이 연소하기 위해서는 산소를 필요로 하는데 다음 중 산소공급원이 아닌 것은?

① 탄화칼슘　　　② 과산화수소
③ 과염소산나트륨　④ 질산

해설 산화성 물질(=산화제 역할)
　㉠ 제1류 위험물(=산화성 고체)
　　불연성 물질이지만 자신이 산소를 함유하고 있어서 가열, 충격, 마찰에 의해 분해되어 산소를 방출하는 산소공급원이다.
　　예 과염소산염류($MClO_4$), 질산염류(MNO_3), 브롬산염류, 과망간산염류, 무기과산화물 등
　㉡ 제5류 위험물(=자기반응성 물질)
　　폭발성 물질로 자신이 가연물이며 산소공급원 기능을 하기 때문에 공기 중 산소와 관계없이 내부연소(자기연소)를 한다.
　　예 유기과산화물, 질산에스테르류, 니트로화합물, 히드록실아민염류 등
　㉢ 제6류 위험물(=산화성 액체)
　　불연성 물질이지만 분해 시 산소가 발생하기 때문에 제1류 위험물처럼 산소공급원 역할을 한다.
　　예 과염소산($HClO_4$), 과산화수소(H_2O_2), 질산(HNO_3)

28 전기화재에서 통전입증방법으로 가장 적합한 것은?

① 전원측에서 부하측으로 입증
② 부하측에서 전원측으로 입증
③ 전원측과 부하측을 동시에 입증
④ 임의로 선정하여 입증

해설 전기적 통전 여부의 입증은 부하측에서 전원측으로 실시한다.

29 연소의 수직방향성의 상승속도는 수평방향 속도보다 몇 배 정도인가?

① 10   ② 20
③ 30   ④ 40

해설 수평방향 1, 상방향 20, 하방향 0.3

문제 관련 핵심이론

연소속도
㉠ 연소속도란 연소 시 화염이 미연소 혼합가스에 대하여 수직으로 이동하는 속도를 말한다. 즉, 가연물질에 공기가 공급되어 연소가 되면서 반응하여 연소생성물을 생성할 때의 반응속도를 의미한다.
㉡ 화염속도란 가연성 혼합기 때 화염을 발생시켜 이를 중심으로 주변에 화염이 확대될 때의 이동속도를 말한다.
㉢ 연소속도＝화염속도－미연소 가연성 가스의 이동속도
㉣ 연소속도는 일반적으로 온도가 10℃ 상승하면 약 2～3배 정도 빨라진다.
㉤ 건축물의 연소속도의 비는 내화구조를 1로 하면, 방화구조 3, 목조구조 5～6의 속도로 확산한다.

30 방화 판정의 요건 중 방화를 의심할 수 있는 특징이 아닌 것은?

① 여러 곳에서 발화
② 연소촉진물질의 존재
③ 연쇄적인 화재
④ 실화요인 존재

해설 ④ 실화요인의 존재는 방화와 관계가 없다.

31 LPG차량의 구성부품 중 LPG봄베의 밸브 색상에 대한 설명으로 옳은 것은?

① 충전밸브 : 황색
② 액체송출밸브 : 적색
③ 기체송출밸브 : 청색
④ 충전, 액체송출, 기체송출밸브 : 청색

해설 ㉠ 충전밸브 : 녹색
　　　 ㉡ 기체송출밸브 : 황색

32 화재현장 목재의 균열흔에 대한 설명으로 옳은 것은?

① 함습 정도가 높을수록 쉽게 탄화된다.
② 나무의 표면적이 넓을수록 쉽게 탄화된다.
③ 화재실의 온도가 높을수록 탄화가 어렵다.
④ 목재의 종류는 탄화 정도에 영향을 미치지 못한다.

해설 목재
수분함유율이 높으면 탄화가 곤란하며, 화재실의 온도가 높을수록 쉽게 탄화된다. 또한 목재의 종류에 따라 착화도가 다르며, 각재와 판재가 원형보다 빨리 착화한다.

33 차량의 시동 점화 시 전류흐름 순서를 바르게 나열한 것은?

① 점화스위치 → 배터리 → 시동모터 → 점화코일 → 배전기 → 고압케이블 → 스파크 플러그
② 점화스위치 → 시동모터 → 배터리 → 점화코일 → 배전기 → 고압케이블 → 스파크 플러그
③ 점화스위치 → 배터리 → 시동모터 → 배전기 → 점화코일 → 고압케이블 → 스파크 플러그
④ 점화스위치 → 시동모터 → 점화코일 → 배터리 → 배전기 → 고압케이블 → 스파크 플러그

해설 가솔린 차량의 전류의 흐름 순서
점화스위치 → 배터리 → 시동모터 → 점화코일 → 배전기 → 고압케이블 → 스파크 플러그

34 화재의 진행과정 중 독립된 발화로 오인할 수 있는 연소형태를 생성시킬 수 있는 불씨 이동의 요인으로 옳지 않은 것은?

① 소락물에 의한 경우
② 대류에 의한 불티의 이동
③ 독립된 장소에 착화하는 행위
④ 압력에 의한 경우

해설 독립된 장소에 착화하는 행위는 고의에 의한 방화로 불씨의 이동에 의한 독립된 발화와 구별된다.

35 소방의 화재조사에 관한 법령상 용어에 대한 설명으로 옳지 않은 것은?

① 화재조사 : 소방청장, 소방본부장 또는 소방서장이 화재원인, 피해상황, 대응활동 등을 파악하기 위하여 자료의 수집, 관계인 등에 대한 질문, 현장 확인, 감식, 감정 및 실험 등을 하는 일련의 행위
② 화재조사관 : 화재조사에 전문성을 인정받아 화재조사를 수행하는 소방공무원
③ 관계인 : 화재현장을 발견하고 신고한 사람이 포함된다.
④ 화재 : 사람의 의도에 따라 우연히 발생하는 연소현상

해설 정의(소방의 화재조사에 관한 법률 제2조)
㉠ 화재 : 사람의 의도에 반하거나 고의 또는 과실에 의하여 발생하는 연소현상으로서 소화할 필요가 있는 현상 또는 사람의 의도에 반하여 발생하거나 확대된 화학적 폭발현상을 말한다.
㉡ 화재조사 : 소방청장, 소방본부장 또는 소방서장이 화재원인, 피해상황, 대응활동 등을 파악하기 위하여 자료의 수집, 관계인 등에 대한 질문, 현장 확인, 감식, 감정 및 실험 등을 하는 일련의 행위를 말한다.
㉢ 화재조사관 : 화재조사에 전문성을 인정받아 화재조사를 수행하는 소방공무원을 말한다.

㉣ 관계인 등 : 화재가 발생한 소방대상물의 소유자·관리자 또는 점유자(이하 "관계인"이라 한다) 및 다음의 사람을 말한다.
• 화재현장을 발견하고 신고한 사람
• 화재현장을 목격한 사람
• 소화활동을 행하거나 인명구조활동(유도대피 포함)에 관계된 사람
• 화재를 발생시키거나 화재발생과 관계된 사람

36 담뱃불에 대한 설명으로 옳지 않은 것은?

① 산소농도 16% 이하에서도 연소가 진행되며, 수직상태보다 수평상태에서 빨리 연소된다.
② 중심부 온도는 약 700~900℃이다.
③ 무염화원으로 분류되며, 이동이 가능한 점화원이다.
④ 담뱃불은 풍속 1.5m/sec일 때 최적 상태로 연소한다.

해설 산소농도 16% 이하에서 연소가 중단되며, 수평상태보다 수직상태에서 빨리 연소된다.

37 화재조사에 있어 화재현장에 대한 관찰사항으로 옳지 않은 것은?

① 현장의 보험가입 여부
② 현장의 위치 및 주변상황
③ 현장의 연소 진행형태
④ 현장의 소손상황

해설 보험가입 여부는 화재현장 관찰사항이 아니라 관계자를 통해 확인될 수 있는 정보에 해당한다.

38 담뱃불에 의해 착화가 가능한 물질은?

① 유리(glass)
② 폴리에틸렌
③ 톱밥
④ 아크릴

해설 톱밥류는 풍속 0.5m/sec 전후 착화가 가능하다.

39 연소범위가 가장 넓은 것은?

① 에틸렌
② 암모니아
③ 메탄
④ 프로판

해설
① 에틸렌 : 3~33.5vol%
② 암모니아 : 15~28vol%
③ 메탄 : 5~15vol%
④ 프로판 : 2.1~9.5vol%

40 다음 수종 중 내화력이 가장 강한 수종은?
① 소나무　　② 아까시나무
③ 벚나무　　④ 동백나무

해설
㉠ 내화력이 강한 수종 : 동백나무, 은행나무 등
㉡ 내화력이 약한 수종 : 소나무, 아까시나무, 벚나무, 편백 등

제3과목　증거물관리 및 법과학

41 퓨즈가 외부화염에 의해 용융된 경우 나타나는 일반적인 특징으로 옳은 것은?
① 넓게 비산된 형태
② 흘러내린 용융형태
③ 국부적으로 용단된 형태
④ 중앙부분만 용융된 형태

해설 퓨즈가 외부화염에 의해 용융된 경우 대부분 용융되고 흘러내린 형태를 유지한다.

42 유류성분을 수집할 때 주변에 있는 바닥재나 플라스틱 등 비교샘플을 함께 수집하는 이유로 옳은 것은?
① 바닥재나 플라스틱 등 다른 가연물의 연소성을 입증하기 위함
② 유류와 혼합된 물체의 질량변화를 입증하기 위함
③ 유류성분이 주변 가연물로부터 추출된 것이 아니라는 것을 입증하기 위함
④ 유류가 기화하기 전에 많은 양의 유류를 수집하기 위함

해설 유류성분을 수집할 때 주변에 있는 바닥재나 플라스틱 등 비교샘플을 함께 수집하는 이유는 유류성분이 주변 가연물로부터 추출된 것이 아니라는 것을 입증하기 위함이다.

43 화재사로 인한 사체 외부소견으로 사후변화를 나타낸 것으로 틀린 것은?
① 권투선수 자세
② 손과 발의 장갑상 탈락
③ 피부의 파열
④ 구강 개방

해설 화재사로 인한 사체 외부소견
장갑상 및 양말상 탈락, 권투선수 자세, 피부균열, 탄화 등

44 전기 아크가 발생한 전기도체 증거물에 관한 설명으로 옳은 것은?
① 전기 아크는 화재로 인한 용융과 달리 전선의 국부적인 발열을 특징으로 한다.
② PVC 절연전선은 탄화되면 반도체 성질을 잃으며 이것은 공기 중 전기 아크와 관련이 있다.
③ 전기 아크 매핑은 아크발생지점을 통해 점화원(ignition source)을 찾기 위한 작업이다.
④ 전기 아크는 목재가연물에 대한 반응 가능한 점화원이 될 수 있다.

해설 아크 매핑은 아크발생지점을 통해 발화지점을 찾기 위한 작업이며 목재가연물에 대한 반응 가능한 점화원이 될 수 없다.

45 고체, 세라믹 또는 흙과 같은 비휘발성 물질에서 원소를 확인하는 테스트 방법은?
① MS(Mass Spectrometry)
② AA(Atomic Absorption)
③ XF(X-Ray Fluorescence)
④ IR(Infrared Spectrophotometer)

해설 원자흡광분석(Atomic Absorption)은 세라믹 또는 흙과 같은 휘발성이 아닌 일부 비금속원소까지 정량할 수 있는 분석방법이다.

Answer　40.④　41.②　42.③　43.④　44.①　45.②

46 전기 과부하 증거물에서 나타나는 현상 또는 형태는?

① 포인터 및 화살
② 엘리게이터(alligator)
③ 헤일로(halo)
④ 슬리빙(sleeving)

해설 슬리빙은 전선의 절연피복이 과부하로 인해 연화되고 늘어나는 것을 말한다.

47 화재현장을 촬영하는 위치에 대한 설명으로 옳은 것은?

① 피사체가 냉장고일 경우 전후좌우의 4면을 각각 촬영한다.
② 촬영방향은 발화부로 추정되는 곳의 앞면을 집중적으로 촬영한다.
③ 카메라는 가능하면 수직으로 촬영한다.
④ 촬영된 사진은 화재조사자를 위한 자료이므로 촬영위치는 조사자의 재량에 달려 있다.

해설 피사체가 냉장고일 경우 전후좌우의 4면을 위치를 바꿔가며 다양한 각도에서 촬영을 한다.

48 경유의 연소에 의한 화재패턴으로 가장 거리가 먼 것은?

① 드롭다운 패턴
② 포어 패턴
③ 스플래시 패턴
④ 고스트마크

해설 드롭다운 패턴
복사열 등의 열전달에 의해 화재로부터 멀리 떨어진 가연물에 착화되어 연소물이 바닥으로 떨어져 연소하는 현상

49 화재증거물수집관리규칙상 증거물의 상황기록, 증거물의 수집에 대한 설명으로 옳은 것은?

① 화재조사관은 증거물의 채취, 채집 행위 등을 하기 전에는 증거물 및 증거물 주위의 상황 등에 대한 도면 또는 사진 기록을 남겨야 하며, 증거물을 수집한 후에도 기록을 남겨야 한다.

② 발화원인의 판정에 관계가 있는 개체 또는 부분에 대해서는 증거물과 이격되어 있거나 연소되지 않은 상황은 기록을 남기지 않는다.
③ 증거서류를 수집함에 있어서 사본 영치를 원칙으로 한다.
④ 증거물 수집 목적이 인화성 기체 성분 분석인 경우에는 인화성 기체 성분의 증발을 막기 위한 조치를 하여야 한다.

해설 증거물의 상황기록 화재증거물수집관리규칙(제3조)
㉠ 화재조사관은 증거물의 채취, 채집 행위 등을 하기 전에는 증거물 및 증거물 주위의 상황(연소상황 또는 설치상황을 말한다) 등에 대한 도면 또는 사진 기록을 남겨야 하며, 증거물을 수집한 후에도 기록을 남겨야 한다.
㉡ 발화원인의 판정에 관계가 있는 개체 또는 부분에 대해서는 증거물과 이격되어 있거나 연소되지 않은 상황이라도 기록을 남겨야 한다.
증거물의 수집 화재증거물수집관리규칙(제4조)
㉠ 증거서류를 수집함에 있어서 원본 영치를 원칙으로 하고, 사본을 수집할 경우 원본과 대조한 다음 원본대조필을 하여야 한다. 다만, 원본대조를 할 수 없을 경우 제출자에게 원본과 같음을 확인 후 서명 날인을 받아서 영치하여야 한다.
㉡ 물리적 증거물 수집(고체, 액체, 기체 형상의 물질이 포집되는 것을 말한다)은 증거물의 증거능력을 유지 · 보존할 수 있도록 행하며, 이를 위하여 전용 증거물 수집장비(수집도구 및 용기를 말한다)를 이용하고, 증거를 수집함에 있어서는 다음에 따른다.
• 현장 수거(채취)물은 [별지 제1호 서식]에 그 목록을 작성하여야 한다.
• 증거물의 수집 장비는 증거물의 종류 및 형태에 따라, 적절한 구조의 것이어야 하며, 증거물 수집 시료 용기는 [별표 1]에 따른다.
• 증거물을 수집할 때는 휘발성이 높은 것에서 낮은 순서로 진행해야 한다.
• 증거물의 소손 또는 소실 정도가 심하여 증거물의 일부분 또는 전체가 유실될 우려가 있는 경우는 증거물을 밀봉하여야 한다.
• 증거물이 파손될 우려가 있는 경우 충격금지 및 취급방법에 대한 주의사항을 증거물의 포장 외측에 적절하게 표기하여야 한다.

Answer 46.④ 47.① 48.① 49.①

• 증거물 수집 목적이 인화성 액체 성분 분석인 경우에는 인화성 액체 성분의 증발을 막기 위한 조치를 하여야 한다.

• 증거물 수집 과정에서는 증거물의 수집자, 수집일자, 상황 등에 대하여 기록을 남겨야 하며, 기록은 가능한 법과학자용 표지 또는 태그를 사용하는 것을 원칙으로 한다.

• 화재조사에 필요한 증거물 수집을 위하여 「소방의 화재조사에 관한 법률 시행령」 제8조에 따른 조치를 할 수 있다.

50 전선 중 연선이 절연피복 내에서 일부 단선되어 그 부분에서 단선과 이어짐을 되풀이하는 상태는?

① 반단선   ② 트래킹
③ 흑연화   ④ 누전

해설 반단선
전선의 연선이 절연피복 내에서 일부 단선된 후 그 부분에서 끊어짐과 이어짐이 반복되는 것

51 디지털카메라의 고유기능으로 받아들인 빛을 증폭하여 감도를 높이거나 낮춰주는 기능은?

① 화이트밸런스
② 줌 기능
③ ISO 조절기능
④ EV 쉬프트

해설 ISO
빛에 반응하는 정도를 나타내는 수치. 높은 ISO는 빛에 더 민감하다.

52 1기압 25℃에서 연소하한계가 가장 높은 물질은?

① 프로판   ② 메탄
③ 부탄   ④ 일산화탄소

해설 ① 프로판 : 2.1
② 메탄 : 5
③ 부탄 : 1.8
④ 일산화탄소 : 12.5

53 화재로 사망한 사람의 생활반응으로 틀린 것은?

① 종창
② 피하출혈
③ 피부탄화
④ 염증성 발적

해설 종창, 피하출혈, 염증성 발적은 이미 사망했을 때에는 발생할 수 없다.
따라서, 이러한 상처는 생존 당시 생긴 것으로 판단할 수 있다.

54 좁은 실내에서 많은 물건을 촬영할 때 유용한 렌즈로 옳은 것은?

① 광각렌즈   ② 표준렌즈
③ 망원렌즈   ④ 줌렌즈

해설 광각렌즈
좁은 실내에서 많은 물건을 촬영하고자 할 때 사용한다.

55 강화유리가 폭발로 깨졌을 때 나타나는 형태로 옳은 것은?

① 곡선모양
② 입방체모양
③ 원형 모양
④ 격자모양

해설 ② 강화유리가 폭발로 깨졌을 때 나타나는 형태 : 입방체 형태
열에 의해 깨진 유리단면에는 월러라인이 없지만 충격에 의해 깨진 유리단면에는 월러라인이 형성되어 유리단면을 통해 열 또는 충격에 의한 원인을 구분할 수 있다.

56 가장 고온의 연소 시 발생되는 목재의 탄화 형태는?

① 완소흔   ② 열소흔
③ 강소흔   ④ 주염흔

Answer 50.① 51.③ 52.④ 53.③ 54.① 55.② 56.②

해설 (1) 탄화된 목재에서 공통적으로 나타나는 탄화흔과 균열흔의 특성
- ㉠ 불에 오래도록 강하게 탈수록 탄화의 깊이는 깊다.
- ㉡ 탄화모양을 형성하고 있는 패인 골이 깊을수록 소손이 강하다.
- ㉢ 탄화모양을 형성하고 있는 패인 골의 폭이 넓을수록 소손이 강하다.
- ㉣ 목재의 균열흔은 발화부와 가까울수록 골이 넓고 깊어진다.
- ㉤ 무염연소는 장시간 화염과 접촉하고 있으므로 유염연소에 비해 상대적으로 깊게 타들어가는 균열흔이 나타난다.
- ㉥ 나무의 표면적이 넓을수록 쉽게 탄화된다.

(2) 목재 균열흔의 구분
- ㉠ 완소흔 : 700~800℃
- ㉡ 강소흔 : 900℃
- ㉢ 열소흔 : 1,100℃

57 석유제품 촉진제에 대하여 화재잔해표본에서 추출한 발화성 액체잔여물에 대한 성분을 분석할 수 있는 시험방법은?

① TEM(Transmission Electron Microscope)
② SEM(Scanning Electron Microscope)
③ GFT(Gas Flammable Test)
④ GC(Gas Chromatography)

해설 가스크로마토그래피(GC)
석유류 촉진제의 정성, 정량 분석에 유용한 장비

58 열에 의한 유리창의 파손 시 파단선에 나타나는 형태는?

① 평행선형태
② 곡선형태
③ 삼각형태
④ 톱니형태

해설 열에 의한 유리창 파손 시 불규칙적인 곡선형태로 파손된다.

문제 관련 핵심이론

화재현장에서 발견한 물적 증거물 중 열충격에 의한 유리의 파손 패턴
㉠ 유리가 열을 받으면 온도차에 의한 응력으로 파괴된다.
㉡ 열에 의해 깨진 유리단면에는 리플마크와 방사상(방사형) 파손흔적, 월러라인이 생성되지 않는다.

㉢ 유리의 파단선이 곡선을 나타낸다.
㉣ 파손된 유리는 바닥으로 떨어져 2차 파괴가 일어날 수 있다.
㉤ 내부응력의 차이로 파손형태가 달라진다.
㉥ 물리적 증거는 현장에 남아 있는 잔해를 다수 확보하여 파괴기점을 파악하여야 한다.
㉦ 열을 받은 유리는 수열방향으로 보다 많이 낙하한다.
㉧ 유리는 열을 받으면 구불구불한 불규칙적인 곡선형태로 파괴된다(방사형 균열 아님).
㉨ 열을 받은 유리의 조개껍질모양의 박리는 고온일수록 많고 깊다.
㉩ 유리는 열을 받은 정도가 클수록 용융범위가 넓어진다.

59 화재증거물수집관리규칙상 증거물에 대한 유의사항에 대한 설명으로 옳지 않은 것은?

① 관련 법규 및 지침에 규정된 일반적인 원칙과 절차를 준수한다.
② 화재조사에 필요한 증거 수집은 화재피해자의 피해를 최소화하도록 하여야 한다.
③ 화재증거물은 기술적, 절차적인 수단을 통해 진정성, 무결성이 보존되어야 한다.
④ 최종적으로 법정에 제출되는 화재 증거물의 사본성이 보장되어야 한다.

해설 증거물에 대한 유의사항(화재증거물수집관리규칙 제7조)
증거물의 수집, 보관 및 이동 등에 대한 취급방법은 증거물이 법정에 제출되는 경우에 증거로서의 가치를 상실하지 않도록 적법한 절차와 수단에 의해 획득할 수 있도록 다음의 사항을 준수하여야 한다.
- ㉠ 관련 법규 및 지침에 규정된 일반적인 원칙과 절차를 준수한다.
- ㉡ 화재조사에 필요한 증거 수집은 화재피해자의 피해를 최소화하도록 하여야 한다.
- ㉢ 화재증거물은 기술적, 절차적인 수단을 통해 진정성, 무결성이 보존되어야 한다.
- ㉣ 화재증거물을 획득할 때에는 증거물의 오염, 훼손, 변형되지 않도록 적절한 장비를 사용하여야 하며, 방법의 신뢰성이 유지되어야 한다.
- ㉤ 최종적으로 법정에 제출되는 화재 증거물의 <u>원본성</u>이 보장되어야 한다.

60 연소범위(폭발범위)에 영향을 미치는 요인에 대한 설명으로 가장 거리가 먼 것은?

① 압력이 높아지면 하한값은 크게 변하지 않으나 상한값은 높아진다.
② 온도가 높아질수록 연소범위는 좁아진다.
③ 고온 · 고압의 경우 연소범위는 더욱 넓어진다.
④ 혼합기를 이루는 공기의 산소농도가 높을수록 연소범위가 넓어진다.

해설 ② 온도가 높아질수록 연소범위는 넓어진다.

가연성 가스의 폭발범위(=연소범위, 폭발한계, 연소한계)
　㉠ 연소는 가연성 가스와 지연성 가스(공기, 산소)가 어떤 범위 내로 혼합된 경우일 때만 일어난다.
　㉡ 폭발범위(=연소범위)란 공기와 가연성 가스의 혼합기체 중 가연성 가스의 용량 퍼센트로 표시된다.
　㉢ 폭발 또는 연소가 일어나기 위한 낮은 쪽의 한계를 하한계, 높은 쪽의 한계를 상한계라 한다. 상한계와 하한계 사이를 폭발범위라 한다.
　㉣ 폭발범위는 가연성 가스와 공기가 혼합된 경우보다도 산소가 혼합되었을 경우 넓어지며, 폭발위험성이 커진다.
　㉤ 불연성 가스(이산화탄소, 질소 등)를 주입하면 폭발범위는 좁아진다.
　㉥ 폭발한계는 가스의 온도, 기압 및 습도의 영향을 받는다.
　　• 가스의 온도가 높아지면 폭발범위는 넓어진다.
　　• 가스압력이 높아지면 하한계는 크게 변하지 않으나 상한계는 상승한다.
　　• 가스압이 상압(1기압)보다 낮아지면 폭발범위는 좁아진다.
　㉦ 압력이 높아지면 일반적으로 폭발범위는 넓어진다. 단, 일산화탄소는 압력이 높아질수록 폭발범위가 좁아진다.
　㉧ 가연성 가스의 폭발범위(=연소범위)가 넓으면 넓을수록 위험하다.
　㉨ 수소는 10atm까지는 연소범위가 좁아지지만 그 이상의 압력에서는 연소범위가 점점 더 넓어진다.

제4과목　화재조사보고 및 피해평가

61 화재조사 및 보고규정상 건물의 화재피해액 산정기준 공식으로 옳은 것은?

① 신축단가(m^2당)×소실면적×[1−(0.6×경과연수/내용연수)]×손해율
② 신축단가(m^2당)×소실면적×[1−(0.7×경과연수/내용연수)]×손해율
③ 신축단가(m^2당)×소실면적×[1−(0.8×경과연수/내용연수)]×손해율
④ 신축단가(m^2당)×소실면적×[1−(0.9×경과연수/내용연수)]×손해율

해설 화재피해금액 산정기준(화재조사 및 보고규정 [별표 2])
건물 등의 피해액 산정=신축단가(m^2당)×소실면적×[1−(0.8×경과연수/내용연수)]×손해율

62 화재조사 및 보고규정상 화재피해조사 시 건물의 동수 산정에 있어서 같은 동에 해당하는 것은? (단, 단서조건은 제외하는 일반적인 경우이다.)

① 구조에 관계없이 지붕 및 실이 하나로 연결되어 있는 경우
② 독립된 건물과 건물 사이에 차광막, 비막이 등의 덮개를 설치하고 그 밑을 통로로 사용하는 경우
③ 내화조 건물의 옥상에 목조 또는 방화구조 건물이 별도 설치되어 있는 경우
④ 내화조 건물의 외벽을 이용하여 목조 또는 방화구조 건물이 별도 설치되어 있고 건물 내부와 구획되어 있는 경우

해설 건물의 동수 산정(화재조사 및 보고규정 [별표 2])
　㉠ 주요구조부가 하나로 연결되어 있는 것은 1동으로 한다. 다만 건널 복도 등으로 2이상의 동에 연결되어 있는 것은 그 부분을 절반으로 분리하여 각 동으로 본다.

Answer 60.② 61.③ 62.①

ⓛ 건물의 외벽을 이용하여 실을 만들어 헛간, 목욕탕, 작업실, 사무실 및 기타 건물 용도로 사용하고 있는 것은 주건물과 같은 동으로 본다.

ⓒ 구조에 관계없이 지붕 및 실이 하나로 연결되어 있는 것은 같은 동으로 본다.

ⓔ 목조 또는 내화조 건물의 경우 격벽으로 방화구획이 되어 있는 경우도 같은 동으로 한다.

ⓜ 독립된 건물과 건물 사이에 차광막, 비막이 등의 덮개를 설치하고 그 밑을 통로 등으로 사용하는 경우는 다른 동으로 한다.

  ㉞ 작업장과 작업장 사이에 조명유리 등으로 비막이를 설치하여 지붕과 지붕이 연결되어 있는 경우

ⓗ 내화조 건물의 옥상에 목조 또는 방화구조 건물이 별도 설치되어 있는 경우는 다른 동으로 한다. 다만, 이들 건물의 기능상 하나인 경우(옥내 계단이 있는 경우)는 같은 동으로 한다.

ⓢ 내화조 건물의 외벽을 이용하여 목조 또는 방화구조건물이 별도 설치되어 있고 건물 내부와 구획되어 있는 경우 다른 동으로 한다. 다만, 주된 건물에 부착된 건물이 옥내로 출입구가 연결되어 있는 경우와 기계설비 등이 쌍방에 연결되어 있는 경우 등 건물 기능상 하나인 경우는 같은 동으로 한다.

63 화재조사 및 보고규정상 차량, 동물, 식물의 전부손해의 경우 화재피해금액 산정기준으로 옳은 것은?

① 시중매매가격
② 수리비 및 치료비
③ 감정가격
④ 원상복구에 소요되는 비용

해설 화재조사 및 보고규정 [별표 2]

  ㉠ 차량, 동물, 식물 : 전부손해의 경우 시중매매가격으로 하며, 전부손해가 아닌 경우 수리비 및 치료비로 한다.

  ㉡ 회화(그림), 골동품, 미술공예품, 귀금속 및 보석류 : 전부손해의 경우 감정가격으로 하며, 전부손해가 아닌 경우 원상복구에 소요되는 비용으로 한다.

64 화재조사 및 보고규정상 화재피해조사서(인명피해) 작성 시 기재사항이 아닌 것은?

① 사상자 가족 인적사항
② 사상시 위치 · 행동
③ 사상부위 및 외상
④ 사상 전 상태

해설 화재피해조사서(화재조사 및 보고규정 [별지 제7호 서식])

  ㉠ 사상자
  ㉡ 사상정도
  ㉢ 사상 시 위치 · 행동
  ㉣ 사상원인
  ㉤ 사상 전 상태
  ㉥ 사상부위 및 외상
  ㉦ 사상자(취약) 정보

65 화재조사 및 보고규정상 조사 보고에 대한 설명으로 옳지 않은 것은?

① 조사관이 조사를 시작한 때에는 소방관서장에게 지체 없이 화재 · 구조 · 구급상황보고서를 작성 · 보고해야 한다.

② 「소방기본법 시행규칙」 제3조 제2항 제1호에 해당하는 화재 : 별지 제1호 서식 내지 제11호 서식까지 작성하여 화재발생일로부터 30일 이내에 보고해야 한다.

③ 제1호에 해당하지 않는 화재 : 별지 제1호 서식 내지 제11호 서식까지 작성하여 화재발생일로부터 15일 이내에 보고해야 한다.

④ 소방본부장 및 소방서장은 제2항에 따른 조사결과 서류를 영 제14조에 따라 국가화재정보시스템에 입력 · 관리해야 하며 준영구보존방법에 따라 보존해야 한다.

해설 조사 보고(화재조사 및 보고규정 제22조)

  ㉠ 조사관이 조사를 시작한 때에는 소방관서장에게 지체 없이 [별지 제1호 서식] 화재 · 구조 · 구급상황보고서를 작성 · 보고해야 한다.

  ㉡ 조사의 최종 결과보고는 다음에 따른다.
    • 「소방기본법 시행규칙」 제3조 제2항 제1호에 해당하는 화재 : 별지 제1호 서식 내지 제11호 서식까지 작성하여 화재발생일로부터 30일 이내에 보고해야 한다.

• 위에 해당하지 않는 화재 : 별지 제1호 서식 내지 제11호 서식까지 작성하여 화재발생일로부터 15일 이내에 보고해야 한다.

ⓒ 위 ⓛ에도 불구하고 다음의 정당한 사유가 있는 경우에는 소방관서장에게 사전 보고를 한 후 필요한 기간만큼 조사보고일을 연장할 수 있다.
  • 법 제5조 제1항 단서에 따른 수사기관의 범죄수사가 진행 중인 경우
  • 화재감정기관 등에 감정을 의뢰한 경우
  • 추가 화재현장조사 등이 필요한 경우

ⓔ 위 ⓒ에 따라 조사보고일을 연장한 경우 그 사유가 해소된 날부터 10일 이내에 소방관서장에게 조사결과를 보고해야 한다.

ⓜ 치외법권지역 등 조사권을 행사할 수 없는 경우는 조사 가능한 내용만 조사하여 제21조 각 호의 조사 서식 중 해당 서류를 작성 · 보고한다.

ⓗ 소방본부장 및 소방서장은 위 ⓛ에 따른 조사결과 서류를 영 제14조에 따라 국가화재정보시스템에 입력 · 관리해야 하며 영구보존방법에 따라 보존해야 한다.

66 화재조사 및 보고규정상 관할구역 내에서 발생한 화재에 대하여 작성하여야 하는 서류가 아닌 것은?

① 화재발생종합보고서 ② 질문기록서
③ 화재현장출동보고서 ④ 범죄사실보고서

해설 "화재보고서"와 범죄사실보고서는 전혀 무관

67 화재현장출동보고서에 대한 설명으로 옳은 것은?

① 화재조사자가 출동 중 관찰한 사실과 현장도착 시 관찰한 사실 및 소화활동 중 상황을 기재한다.
② 문장형태는 화재조사완료 후 작성하므로 과거형으로 기재한다.
③ 작성목적은 소방대가 소방활동 중에 관찰 · 확인한 결과를 기록하여 화재원인판정에 있어서 발화건물의 판정 등의 자료로 활용하는 데 있다.

④ 선착대의 대장보다도 다른 소방공무원이 보다 많은 상황을 정확하게 파악하고 있더라도 화재현장출동보고서 작성자는 선착대의 대장이 된다.

해설 화재현장출동보고서는 화재현장에 직접 출동한 소방대원이 작성한다. 문장형태는 현재진행형으로 작성하고, 화재상황과 정보를 가장 많이 알고 있는 소방대원이 직위에 관계없이 작성할 수 있다.

68 철근콘크리트 슬래브지붕 4층 건물의 2층에서 화재가 발생하여 1층 점포 25m²(바닥면적 기준)가 그을음 피해를 입고 2층과 3층, 4층에 각각 70m²(바닥면적 기준) 내부가 전소하는 화재가 발생한 경우 소실면적은 몇 m²인가?

① 95 　　　　② 165
③ 210 　　　　④ 235

해설 $25m^2 + (3 \times 70m^2) = 235m^2$

69 화재조사 및 보고규정상 화재유형 구분으로 옳은 것은?

① 위험물 · 가스제조소 등 화재
② 건축 · 임야화재
③ 자동차 · 항공기화재
④ 선박 · 철도차량화재

해설 화재유형(화재조사 및 보고규정 제9조)
　ⓞ 법 제2조 제1항 제1호의 화재는 다음과 같이 그 유형을 구분한다.
　　• 건축 · 구조물화재 : 건축물, 구조물 또는 그 수용물이 소손된 것
　　• 자동차 · 철도차량화재 : 자동차, 철도차량 및 피견인 차량 또는 그 적재물이 소손된 것
　　• 위험물 · 가스제조소 등 화재 : 위험물제조소 등, 가스제조 · 저장 · 취급시설 등이 소손된 것
　　• 선박 · 항공기화재 : 선박, 항공기 또는 그 적재물이 소손된 것
　　• 임야화재 : 산림, 야산, 들판의 수목, 잡초, 경작물 등이 소손된 것
　　• 기타화재 : 위의 내용에 해당되지 않는 화재

Answer　66.④　67.③　68.④　69.①

ⓒ 위 ㉠의 화재가 복합되어 발생한 경우에는 화재의 구분을 화재피해금액이 큰 것으로 한다. 다만, 화재피해금액으로 구분하는 것이 사회관념상 적당하지 않을 경우에는 발화장소로 화재를 구분한다.

70 화재조사보고서 작성자가 다른 것은?

① 화재발생종합보고서
② 화재현황조사서
③ 화재현장출동보고서
④ 화재유형별 조사서

해설 ①, ②, ④는 화재조사자가 작성한다.
화재현장출동보고서는 화재현장에 직접 출동한 소방대원이 작성한다.

71 화재피해액 산정에 있어서 가재도구의 소손정도에 따른 손해율 100%에 해당하는 것은?

① 오염·수침손의 경우
② 손해 정도가 보통인 경우
③ 50% 이상 소손되고 수침오염 정도가 심한 경우
④ 손해 정도가 다소 심한 경우

해설 화재피해금액 산정매뉴얼
가재도구의 소손 정도에 따른 손해율

화재로 인한 피해정도	손해율(%)
50% 이상 소손 되고 수침오염 정도가 심한 경우	100
손해 정도가 다소 심한 경우	50
손해 정도가 보통인 경우	30
오염·수침손의 경우	10

72 시중매매가격에 의해 화재피해액을 산정하는 것이 아닌 것은?

① 차량의 전부손해
② 귀금속의 전부손해
③ 식물의 전부손해
④ 동물의 전부손해

해설 화재조사 및 보고규정 [별표 2]
㉠ 차량, 동물, 식물 : 전부손해의 경우 시중매매가격으로 하며, 전부손해가 아닌 경우 수리비 및 치료비로 한다.

ⓒ 회화(그림), 골동품, 미술공예품, 귀금속 및 보석류 : 전부손해의 경우 감정가격으로 하며, 전부손해가 아닌 경우 원상복구에 소요되는 비용으로 한다.

73 화재 사후조사에 대한 화재발생종합보고서에 대한 설명으로 옳은 것은?

① 소방대가 출동하지 아니한 화재장소의 화재증명원 발급요청이 있는 경우 조사관이 주관적으로 판단하여 사후조사를 실시한 후 보고서를 작성한다.
② 사후조사는 발화장소 및 발화지점 등 현장이 보존되어 있는 경우에만 조사를 할 수 있다.
③ 사후조사의 경우에도 화재현장출동보고서를 반드시 작성하여야 한다.
④ 사후조사의 경우 화재발생종합보고서는 화재조사 및 보고규정의 서식이 아닌 별도의 서식에 의해 작성한다.

해설 화재증명원의 발급(화재조사 및 보고규정 제23조)
㉠ 소방관서장은 화재증명원을 발급받으려는 자가 규칙 제9조 제1항에 따라 발급신청을 하면 규칙 [별지 제3호 서식]에 따라 화재증명원을 발급해야 한다. 이 경우 「민원 처리에 관한 법률」 제12조의2 제3항에 따른 통합전자민원창구로 신청하면 전자민원문서로 발급해야 한다.
ⓒ 소방관서장은 화재피해자로부터 소방대가 출동하지 아니한 화재장소의 화재증명원 발급신청이 있는 경우 조사관으로 하여금 사후조사를 실시하게 할 수 있다. 이 경우 민원인이 제출한 [별지 제13호 서식]의 사후조사 의뢰서의 내용에 따라 발화장소 및 발화지점의 현장이 보존되어 있는 경우에만 조사를 하며, [별지 제2호 서식]의 화재현장출동보고서 작성은 생략할 수 있다.

74 질문기록서 작성을 생략할 수 있는 화재의 경우가 아닌 것은?

① 기타화재 중 음식물화재
② 기타화재 중 전봇대화재
③ 기타화재 중 가로등화재
④ 임야화재

Answer 70.③ 71.③ 72.② 73.② 74.①

해설 화재조사 및 보고규정 [별지 제10호 서식]

질문기록서

화재번호(20 -00)

20 :

소　속 : ○○소방서(소방본부)

계급 · 성명 : 　○○○(서명)

① 화재발생 일시 및 장소
② 질문일시
③ 질문장소
④ 답변자
⑤ 화재대상과의 관계
⑥ 언제
⑦ 어디서
⑧ 무엇을 하고 있을 때
⑨ 어떻게 해서 알게 되었는가?
⑩ 그때 현상은 어떠했는가?
⑪ 그래서 어떻게 했는가?
⑫ 기타 참고사항

※ 기타화재 중 쓰레기, 모닥불, 가로등, 전봇대화재 및 임야화재의 경우 질문기록서 작성을 생략할 수 있음.

75 화재조사 및 보고규정상 조사 보고에 대한 기준 중 다음 ( ) 안에 알맞은 것은?

조사의 최종 결과보고는 정당한 사유가 있는 경우에는 소방관서장에게 사전 보고를 한 후 필요한 기간만큼 조사 보고일을 연장할 수 있다. 조사 보고일을 연장한 경우 그 사유가 해소된 날부터 ( )일 이내에 소방관서장에게 조사결과를 보고해야 한다.

① 7　　　　　　　　　② 10
③ 15　　　　　　　　④ 20

해설 조사 보고(화재조사 및 보고규정 제22조)
　㉠ 조사관이 조사를 시작한 때에는 소방관서장에게 지체 없이 [별지 제1호 서식] 화재 · 구조 · 구급상황보고서를 작성 · 보고해야 한다.
　㉡ 조사의 최종 결과보고는 다음에 따른다.
　　•「소방기본법 시행규칙」제3조 제2항 제1호에 해당하는 화재 : 별지 제1호 서식 내지 제11호 서식까지 작성하여 화재발생일로부터 30일 이내에 보고해야 한다.
　　• 위에 해당하지 않는 화재 : 별지 제1호 서식 내지 제11호 서식까지 작성하여 화재발생일로부터 15일 이내에 보고해야 한다.

　㉢ 위 ㉡에도 불구하고 다음의 정당한 사유가 있는 경우에는 소방관서장에게 사전 보고를 한 후 필요한 기간만큼 조사보고일을 연장할 수 있다.
　　• 법 제5조 제1항 단서에 따른 수사기관의 범죄수사가 진행 중인 경우
　　• 화재감정기관 등에 감정을 의뢰한 경우
　　• 추가 화재현장조사 등이 필요한 경우
　㉣ 위 ㉢에 따라 조사보고일을 연장한 경우 그 사유가 해소된 날부터 10일 이내에 소방관서장에게 조사결과를 보고해야 한다.
　㉤ 치외법권지역 등 조사권을 행사할 수 없는 경우는 조사 가능한 내용만 조사하여 제21조 각 호의 조사 서식 중 해당 서류를 작성 · 보고한다.
　㉥ 소방본부장 및 소방서장은 위 ㉡에 따른 조사결과 서류를 영 제14조에 따라 국가화재정보시스템에 입력 · 관리해야 하며 영구보존방법에 따라 보존해야 한다.

76 목조지붕틀 대골 슬레이트 잇기 건물로 사용연수가 15년 경과된 일반공장의 잔가율은? (단, 일반공장의 내용연수는 30년이다.)

① 20%　　　　　　　② 30%
③ 40%　　　　　　　④ 60%

해설 잔가율＝[1-(0.8×경과연수/내용연수)]
　　　　＝[1-(0.8×15/30)]＝60%

문제 관련 핵심이론

(1) 정의(화재조사 및 보고규정 제2조)
　㉠ 잔가율 : 화재 당시에 피해물의 재구입비에 대한 현재가의 비율을 말한다.
　㉡ 최종잔가율 : 피해물의 내용연수가 다한 경우 잔존하는 가치의 재구입비에 대한 비율을 말한다.
(2) 화재피해금액 산정(화재조사 및 보고규정 제18조)
　건물 등 자산에 대한 최종잔가율은 건물 · 부대설비 · 구축물 · 가재도구는 20%로 하며, 그 이외의 자산은 10%로 정한다.
(3) 화재피해금액 산정매뉴얼
　잔가율 : 화재 당시에 피해물의 재구입비에 대한 현재가의 비율을 말한다. 이는 화재 당시 피해물에 잔존하는 경제적 가치의 정도로서, 피해물의 현재가치는 재구입비에서 사용기간에 따른 손모 및 경과기간으로 인한 감가액을 공제한 금액
　㉠ 현재가(시가)＝재구입비×잔가율
　㉡ 잔가율＝재구입비-감가수정액/재구입비
　㉢ 잔가율＝100%-감가수정률
　㉣ 잔가율＝1-(1-최종잔가율)×경과연수/내용연수

Answer 75.② 76.④

77 화재로 인한 기계장치의 피해액 산정기준에 해당하지 않는 것은?

① 감정평가서에 의한 피해액 산정
② 간이평가방식
③ 실질적·구체적 방식
④ 수리비에 의한 방식

해설 기계장치의 피해액 산정(화재피해금액 산정매뉴얼)
　㉠ 기계장치의 정의
　　• 기계 : 일반적으로 물리량을 변형하거나 전달하는 것으로 인간에게 유용한 장치
　　• 장치 : 기계의 효용을 이용하여 물리적 또는 화학적 효과를 발생시키는 구축물 일반
　　• 기계장치의 예를 들면 발전기나 선반 등의 동력기계 내지 작업기계로부터 석유정제장치 석유화학장치 등의 플랜트(plant)류까지 크기나 규모 및 종류 또한 아주 다양하다.
　㉡ 기계장치 피해액 산정기준
　　• 실질적·구체적 방식
　　• 감정평가서에 의한 방식
　　• 회계장부에 의한 방식
　　• 수리비에 의한 방식

78 화재조사 및 보고규정상 화재합동조사단 운영 및 종료에 대한 설명으로 옳지 않은 것은?

① 사상자가 30명 이상 시 화재합동조사단을 구성하여 운영은 소방청장이 한다.
② 사상자가 20명 이상 시 화재합동조사단을 구성하여 운영은 소방본부장 한다.
③ 2개 시·군·구 이상에 발생한 화재 시 화재합동조사단을 구성하여 운영은 소방서장이 한다.
④ 사망자가 5명 이상이거나 사상자가 10명 이상 시 화재합동조사단을 구성하여 운영은 소방서장이 한다.

해설 화재합동조사단 운영 및 종료(화재조사 및 보고규정 제20조)
　㉠ 소방관서장은 영 제7조 제1항에 해당하는 화재가 발생한 경우 다음에 따라 화재합동조사단을 구성하여 운영하는 것을 원칙으로 한다.
　　• 소방청장 : 사상자가 30명 이상이거나 2개 시·도 이상에 걸쳐 발생한 화재(임야화재는 제외한다)

　　• 소방본부장 : 사상자가 20명 이상이거나 2개 시·군·구 이상에 발생한 화재
　　• 소방서장 : 사망자가 5명 이상이거나 사상자가 10명 이상 또는 재산피해액이 100억원 이상 발생한 화재
　㉡ 위 ㉠에도 불구하고 소방관서장은 영 제7조 제1항 제2호 및 「소방기본법 시행규칙」 제3조 제2항 제1호에 해당하는 화재에 대하여 화재합동조사단을 구성하여 운영할 수 있다.
　㉢ 소방관서장은 영 제7조 제2항과 영 제7조 제4항에 해당하는 자 중에서 단장 1명과 단원 4명 이상을 화재합동조사단원으로 임명하거나 위촉할 수 있다.
　㉣ 화재합동조사단원은 화재현장 지휘자 및 조사관, 출동 소방대원과 협력하여 조사와 관련된 정보를 수집할 수 있다.
　㉤ 소방관서장은 화재합동조사단의 조사가 완료되었거나, 계속 유지할 필요가 없는 경우 업무를 종료하고 해산시킬 수 있다.

79 건물의 내외부 등이 수손 또는 그을음만 입은 경우 손해율은?

① 10%　　　　③ 30%
② 20%　　　　④ 40%

해설 정의(화재조사 및 보고규정 제2조)
손해율 : 피해물의 종류, 손상 상태 및 정도에 따라 피해금액을 적정화시키는 일정한 비율을 말한다.
건물의 소손 정도에 따른 손해율(화재피해금액 산정매뉴얼)

화재로 인한 피해정도	손해율 (%)
주요 구조체의 재사용이 불가능한 경우 (기초공사 제외)	90, 100
주요 구조체는 재사용이 가능하나, 기타 부분의 재사용이 불가능한 경우(공동주택, 호텔, 병원)	65
주요 구조체는 재사용이 가능하나, 기타 부분의 재사용이 불가능한 경우(일반주택, 사무실, 점포)	60
주요 구조체는 재사용이 가능하나, 기타 부분의 재사용이 불가능한 경우	55
천장, 벽, 바닥 등 내부 마감재 등이 소실된 경우	40
천장, 벽, 바닥 등 내부 마감재 등이 소실된 경우(공장, 창고)	35

화재로 인한 피해정도	손해율 (%)
지붕, 외벽 등 외부 마감재 등이 소실된 경우(나무구조 및 단열패널조 건물의 공장 및 창고)	25, 30
지붕, 외벽 등 외부 마감재 등이 소실된 경우	20
화재로 인한 수손 시 또는 그을음만 입은 경우	5, 10

80 화재조사 및 보고규정상 화재현장조사서 화재건물현황의 기재사항이 아닌 것은?

① 건축물현황
② 보험가입현황
③ 화재발생 후 상황
④ 소방시설 및 위험물현황

해설 화재조사 및 보고규정 [별지 제5호 서식]

┌─────────────────────────────┐
│   화재현장조사서   │
│ □ 화재건물현황   │
│   • 건축물현황   │
│   • 보험가입현황   │
│   • 소방시설 및 위험물현황   │
│   • 화재발생전상황   │
└─────────────────────────────┘

제5과목 화재조사관계법규

81 화재조사 및 보고규정상 건축 · 구조물화재의 소실 정도의 분류 중 다음 (   ) 안에 알맞은 것은?

반소 : 건물의 (㉮)% 이상 (㉯)% 미만이 소실된 것

① ㉮ 20, ㉯ 50
② ㉮ 20, ㉯ 70
③ ㉮ 30, ㉯ 50
④ ㉮ 30, ㉯ 70

해설 소실정도(화재조사 및 보고규정 제16조)
　㉠ 건축 · 구조물의 소실정도는 다음에 따른다.
　　• 전소 : 건물의 70% 이상(입체면적에 대한 비율을 말한다)이 소실되었거나 또는 그

미만이라도 잔존부분을 보수하여도 재사용이 불가능한 것
　　• 반소 : 건물의 30% 이상 70% 미만이 소실된 것
　　• 부분소 : 전소, 반소에 해당하지 아니하는 것
　㉡ 자동차 · 철도차량, 선박 · 항공기 등의 소실정도는 위 ㉠의 규정을 준용한다.

82 민법상 타인을 사용하여 사무에 종사하게 하였고, 피용자가 사무집행에 관하여 제3자에게 손해를 가하였을 경우의 책임으로 틀린 것은?

① 타인을 사용한 자는 손해배상책임이 있다.
② 사용자는 피용자에게 구상권을 행사할 수 있다.
③ 사용자에 갈음하여 그 사무를 감독하는 자는 책임이 있다.
④ 사용자가 피용자의 선임 및 사무감독에 상당한 주의를 하였을 경우에도 사용자는 손해배상책임이 있다.

해설 사용자의 배상책임(민법 제756조)
　㉠ 타인을 사용하여 어느 사무에 종사하게 한 자는 피용자가 그 사무집행에 관하여 제삼자에게 가한 손해를 배상할 책임이 있다. 그러나 사용자가 피용자의 선임 및 그 사무감독에 상당한 주의를 한 때 또는 상당한 주의를 하여도 손해가 있을 경우에는 그러하지 아니하다.
　㉡ 사용자에 갈음하여 그 사무를 감독하는 자도 위 ㉠의 책임이 있다.
　㉢ 위 ㉡의 경우에 사용자 또는 감독자는 피용자에 대하여 구상권을 행사할 수 있다.

83 실화책임에 관한 법률상 실화가 중대한 과실로 인한 것이 아닌 경우 그로 인한 손해의 배상의무자가 법원에 손해배상액의 경감을 청구할 경우 법원이 손해배상액의 경감을 고려하는 사정이 아닌 것은?

① 화재의 원인과 규모
② 피해의 대상과 정도
③ 연소 및 피해확대의 원인
④ 배상의무자의 중과실 여부

Answer　80.③　81.④　82.④　83.④

해설 손해배상액의 경감(실화책임에 관한 법률 제3조)
ㄱ 실화가 중대한 과실로 인한 것이 아닌 경우 그로 인한 손해의 배상의무자(이하 "배상의무자"라 한다)는 법원에 손해배상액의 경감을 청구할 수 있다.
ㄴ 법원은 위 ㄱ의 청구가 있을 경우에는 다음의 사정을 고려하여 그 손해배상액을 경감할 수 있다.
• 화재의 원인과 규모
• 피해의 대상과 정도
• 연소(延燒) 및 피해확대의 원인
• 피해 확대를 방지하기 위한 실화자의 노력
• 배상의무자 및 피해자의 경제상태
• 그 밖에 손해배상액을 결정할 때 고려할 사정

84 화재로 인한 부상자에 대한 보험금액기준상 두 손의 손가락을 모두 잃은 사람의 후유장애 구분등급은?

① 1급
② 2급
③ 3급
④ 4급

해설 화재로 인한 재해보상과 보험가입에 관한 법률 시행령(제5조 제1항 제3호 관련) [별표 2]
두 손의 손가락을 모두 잃은 사람 : 후유장애 3급

85 형법상 화재에 있어서 진화용의 시설 또는 물건을 은닉 또는 손괴하거나 기타방법으로 진화를 방해한 자는 몇 년 이하의 징역에 처하는가?

① 3년
② 5년
③ 7년
④ 10년

해설 진화방해(형법 제169조)
화재에 있어서 진화용의 시설 또는 물건을 은닉 또는 손괴하거나 기타 방법으로 진화를 방해한 자는 10년 이하의 징역에 처한다.

86 화재조사 및 보고규정상 중상은 의사의 진단을 기초로 하여 몇 주 이상의 입원치료를 필요로 하는 부상을 말하는가?

① 3주
② 4주
③ 5주
④ 6주

해설 부상자 분류(화재조사 및 보고규정 제14조)
부상의 정도는 의사의 진단을 기초로 하여 다음과 같이 분류한다.
ㄱ 중상 : 3주 이상의 입원치료를 필요로 하는 부상을 말한다.
ㄴ 경상 : 중상 이외의 부상(입원치료를 필요로 하지 않는 것도 포함한다)을 말한다. 다만, 병원 치료를 필요로 하지 않고 단순하게 연기를 흡입한 사람은 제외한다.

87 승객이 있는 기차에 불을 놓은 경우에 해당되는 죄는 무엇인가?

① 현주건조물 등에의 방화
② 공용건조물 등에의 방화
③ 일반건조물 등에의 방화
④ 일반물건에의 방화

해설 현주건조물 등 방화(형법 제164조)
ㄱ 불을 놓아 사람이 주거로 사용하거나 사람이 현존하는 건조물, 기차, 전차, 자동차, 선박, 항공기 또는 지하채굴시설을 불태운 자는 무기 또는 3년 이상의 징역에 처한다.
ㄴ 위 ㄱ의 죄를 지어 사람을 상해에 이르게 한 경우에는 무기 또는 5년 이상의 징역에 처한다. 사망에 이르게 한 경우에는 사형, 무기 또는 7년 이상의 징역에 처한다.

88 공작물의 설치 또는 보존의 하자로 화재가 발생하여 타인에게 손해를 가한 때 손해배상의 책임자는? (단, 관리지배영역은 배제한다.)

① 공작물점유자
② 공작물소유자
③ 공작물관리자
④ 공작물대리자

해설 공작물 등의 점유자, 소유자의 책임(민법 제758조)
ㄱ 공작물의 설치 또는 보존의 하자로 인하여 타인에게 손해를 가한 때에는 공작물점유자가 손해를 배상할 책임이 있다. 그러나 점유자가 손해의 방지에 필요한 주의를 해태하지 아니한 때에는 그 소유자가 손해를 배상할 책임이 있다.

Answer 84.③ 85.④ 86.① 87.① 88.①

부록

과년도 출제문제

ⓛ 위 ㉠의 규정은 수목의 재식 또는 보존에 하
자있는 경우에 준용한다.
ⓒ 위 ⓛ의 경우 점유자 또는 소유자는 그 손해
의 원인에 대한 책임있는 자에 대하여 구상
권을 행사할 수 있다.

89 화재로 인한 재해보상과 보험가입에 관한
법률상 특약부화재보험을 가입하지 않은 특수건
물 소유자의 벌칙으로 옳은 것은?

① 200만원 이하의 벌금
② 300만원 이하의 벌금
③ 400만원 이하의 벌금
④ 500만원 이하의 벌금

해설 ㉠ 특약부화재보험 : 화재로 인한 건물의 손해
와 제4조 제1항에 따른 손해배상책임을 담
보하는 보험을 말한다.(화재로 인한 재해보
상과 보험가입에 관한 법률 제2조)
ⓛ 제5조 제1항을 위반하여 특약부화재보험에
가입하지 아니한 자는 500만원 이하의 벌금
에 처한다.(화재로 인한 재해보상과 보험가입
에 관한 법률 제23조)

90 공용건조물 등에의 방화죄 대상물이 아닌
것은?

① 건조물   ② 자동차
③ 임야   ④ 지하채굴시설

해설 공용건조물 등 방화(형법 제165조)
불을 놓아 공용(公用)으로 사용하거나 공익을 위
해 사용하는 건조물, 기차, 전차, 자동차, 선박,
항공기 또는 지하채굴시설을 불태운 자는 무기
또는 3년 이상의 징역에 처한다.

91 국가배상법에서 정하고 있는 내용으로 틀
린 것은?

① 국가나 지방자치단체는 공무원이 직무를 집
행하면서 고의 또는 과실로 법령을 위반하여
타인에게 손해를 입힌 경우에 그 손해를 배
상하여야 한다.
② 생명 · 신체의 침해로 인한 국가배상을 받을
권리는 양도할 수 있다.

③ 외국인이 피해자인 경우에는 해당 국가와 상
호보증이 있을 때에만 적용한다.
④ 손해배상의 소송은 배상심의회에 배상신청을
하지 아니하고도 제기할 수 있다.

해설 양도 등 금지(국가배상법 제4조)
생명 · 신체의 침해로 인한 국가배상을 받을 권
리는 양도하거나 압류하지 못한다.

92 제조물책임법에 따른 손해배상청구권의 소
멸시효는 몇 년인가?

① 3년   ③ 7년
② 5년   ④ 15년

해설 소멸시효 등(제조물책임법 제7조)
㉠ 이 법에 따른 손해배상의 청구권은 피해자 또
는 그 법정대리인이 다음의 사항을 모두 알
게 된 날부터 3년간 행사하지 아니하면 시효
의 완성으로 소멸한다.
• 손해
• 제3조에 따라 손해배상책임을 지는 자
ⓛ 이 법에 따른 손해배상의 청구권은 제조업자가
손해를 발생시킨 제조물을 공급한 날부터 10
년 이내에 행사하여야 한다. 다만, 신체에 누적
되어 사람의 건강을 해치는 물질에 의하여 발
생한 손해 또는 일정한 잠복기간(潛伏期間)이
지난 후에 증상이 나타나는 손해에 대하여는
그 손해가 발생한 날부터 기산(起算)한다.

93 소방기본법령상 화재가 발생하였을 때 화
재원인과 피해 등에 대한 조사를 실시하는 시기로
옳은 것은?

① 화재발생 신고접수와 동시에 실시
② 화재발생 사실을 알게 된 때
③ 화재진압완료 후 실시
④ 화재조사자가 임의로 정하는 시기에 실시

해설 화재조사의 실시(소방의 화재조사에 관한 법률
제5조)
㉠ 소방청장, 소방본부장 또는 소방서장(이하
"소방관서장"이라 한다)은 화재발생 사실을
알게 된 때에는 지체 없이 화재조사를 하여
야 한다. 이 경우 수사기관의 범죄수사에 지
장을 주어서는 안 된다.

Answer 89.④ 90.③ 91.② 92.① 93.②

ⓛ 소방관서장은 위 ㉠에 따라 화재조사를 하는 경우 다음의 사항에 대하여 조사하여야 한다.
- 화재원인에 관한 사항
- 화재로 인한 인명·재산피해상황
- 대응활동에 관한 사항
- 소방시설 등의 설치·관리 및 작동 여부에 관한 사항
- 화재발생건축물과 구조물, 화재유형별 화재위험성 등에 관한 사항
- 그 밖에 대통령령으로 정하는 사항

ⓒ 위 ㉠ 및 ⓛ에 따른 화재조사의 대상 및 절차 등에 필요한 사항은 대통령령으로 정한다.

94 형법상 건조물에 대한 설명으로 옳은 것은?

① 가옥과 접속되지 않은 축사(동물사육용 우리)는 건조물에 해당된다.
② 토굴·천막집은 건조물에 해당되지 않는다.
③ 레저·야영용 텐트는 건조물에 해당된다.
④ 임시지휘초소·토목공사사무실의 가건물은 건조물에 해당된다.

해설 형법상 건조물은 토지에 정착되고 벽 또는 기둥과 지붕 또는 천장으로 구성되어 사람이 내부에 기거하거나 출입할 수 있는 공작물을 말하고, 반드시 사람의 주거용이어야 하는 것은 아니라도 사람이 사실상 기거·취침에 사용할 수 있는 정도는 되어야 한다.

95 화재조사 및 보고규정상 화재의 구분에 따른 화재가 복합되어 발생한 경우 화재의 구분을 무엇으로 하는가?

① 화재피해액   ② 발화장소
③ 법령의 구분순위   ④ 사회통념에 따른 판단

해설 화재유형(화재조사 및 보고규정 제9조)
㉠ 법 제2조 제1항 제1호의 화재는 다음과 같이 그 유형을 구분한다.
- 건축·구조물화재 : 건축물, 구조물 또는 그 수용물이 소손된 것
- 자동차·철도차량화재 : 자동차, 철도차량 및 피견인 차량 또는 그 적재물이 소손된 것
- 위험물·가스제조소 등 화재 : 위험물제조소 등, 가스제조·저장·취급시설 등이 소손된 것
- 선박·항공기화재 : 선박, 항공기 또는 그

적재물이 소손된 것
- 임야화재 : 산림, 야산, 들판의 수목, 잡초, 경작물 등이 소손된 것
- 기타화재 : 위의 내용에 해당되지 않는 화재

ⓛ 위 ㉠의 화재가 복합되어 발생한 경우에는 화재의 구분을 화재피해금액이 큰 것으로 한다. 다만, 화재피해금액으로 구분하는 것이 사회관념상 적당하지 않을 경우에는 발화장소로 화재를 구분한다.

96 제조물책임법상 손해배상책임을 지는 자가 손해배상책임을 면하기 위하여 입증하여야 할 사실기준으로 틀린 것은?

① 제조업자가 해당 제조물을 공급하지 아니하였다는 사실
② 제조업자가 해당 제조물을 공급한 당시의 과학·기술 수준으로는 결함의 존재를 발견할 수 없었다는 사실
③ 제조물의 결함이 제조업자가 해당 제조물을 제조한 당시의 법령에서 정하는 기준을 준수함으로써 발생하였다는 사실
④ 원재료나 부품의 경우에는 그 원재료나 부품을 사용한 제조물제조업자의 설계 또는 제작에 관한 지시로 인하여 결함이 발생하였다는 사실

해설 면책사유(제조물책임법 제4조)
㉠ 제3조에 따라 손해배상책임을 지는 자가 다음의 어느 하나에 해당하는 사실을 입증한 경우에는 이 법에 따른 손해배상책임을 면(免)한다.
- 제조업자가 해당 제조물을 공급하지 아니하였다는 사실
- 제조업자가 해당 제조물을 공급한 당시의 과학·기술 수준으로는 결함의 존재를 발견할 수 없었다는 사실
- 제조물의 결함이 제조업자가 해당 제조물을 공급한 당시의 법령에서 정하는 기준을 준수함으로써 발생하였다는 사실
- 원재료나 부품의 경우에는 그 원재료나 부품을 사용한 제조물 제조업자의 설계 또는 제작에 관한 지시로 인하여 결함이 발생하였다는 사실

ⓛ 제3조에 따라 손해배상책임을 지는 자가 제조물을 공급한 후에 그 제조물에 결함이 존재한다는 사실을 알거나 알 수 있었음에도

그 결함으로 인한 손해의 발생을 방지하기 위한 적절한 조치를 하지 아니한 경우에는 제1항 제2호부터 제4호까지의 규정에 따른 면책을 주장할 수 없다.

97 부대설비 고정자산에 관한 화재피해액 산정기준으로 옳은 것은? (단, 실질적 · 구체적 방식을 제외한다.)

① 감정평가서 또는 회계장부상 현재가액×손해율
② 건물신축단가×소실면적×설비종류별 재설비 비율×[1-(0.8×경과연수/내용연수)]×손해율
③ 신축단가(m^2당)×소실면적×[1-(0.8×경과연수/내용연수)]×손해율
④ m^2당 표준단가×소실면적×[1-(0.9×경과연수/내용연수)]×손해율

해설 부대설비(화재피해금액 산정매뉴얼)
㉠ 건축물 따위에서 전기, 통신, 난방장치와 같이 보조적으로 딸리는 설비(배수설비, 난방설비, 공기조화설비, 전기설비, 가스설비, 소화설비, 주방설비 등)
㉡ 「건물신축단가×소실면적×설비종류별 재설비 비율×[1-(0.8×경과연수/내용연수)]×손해율」의 공식에 의한다. 다만 부대설비 피해액을 실질적 · 구체적 방식에 의할 경우 「단위(면적 · 개수 등)당 표준단가×피해단위×[1-(0.8×경과연수/내용연수)]×손해율」의 공식에 의하되, 건물표준단가 및 부대설비 단위당 표준단가는 한국감정원이 최근 발표한 '건물신축단가표'에 의한다.

98 소방의 화재조사에 관한 법령상 화재조사를 수행하면서 알게 된 비밀을 다른 사람에게 누설한 사람에 대한 벌칙기준으로 옳은 것은?

① 50만원 이하의 벌금
② 100만원 이하의 벌금
③ 200만원 이하의 벌금
④ 300만원 이하의 벌금

해설 벌칙(소방의 화재조사에 관한 법률 제21조)
다음의 어느 하나에 해당하는 사람은 300만원 이하의 벌금에 처한다.
㉠ 제8조 제3항을 위반하여 허가 없이 화재현장에 있는 물건 등을 이동시키거나 변경 · 훼손한 사람

㉡ 정당한 사유 없이 제9조 제1항에 따른 화재조사관의 출입 또는 조사를 거부 · 방해 또는 기피한 사람
㉢ 제9조 제3항을 위반하여 관계인의 정당한 업무를 방해하거나 화재조사를 수행하면서 알게 된 비밀을 다른 용도로 사용하거나 다른 사람에게 누설한 사람
㉣ 정당한 사유 없이 제11조 제1항에 따른 증거물 수집을 거부 · 방해 또는 기피한 사람

99 소방의 화재조사에 관한 법령상 전담부서에서 갖추어야 할 장비 및 시설 중 화재조사분석실 구성 장비에 해당하지 않는 것은?

① 시료보관함
② 바이스
③ 초음파세척기
④ 확대경

해설 ④ 확대경 : 감식기기
화재조사 분석실 구성장비(10종)(소방의 화재조사에 관한 법률 시행규칙 [별표])
증거물보관함, 시료보관함, 실험작업대, 바이스(가공물 고정을 위한 기구), 개수대, 초음파세척기, 실험용 기구류(비커, 피펫, 유리병 등), 건조기, 항온항습기, 오토 데시케이터(물질 건조, 흡습성 시료 보존을 위한 유리 보존기)

100 화재로 인한 재해보상과 보험가입에 관한 법률상 특수건물의 소유자는 그 건물의 소유권을 취득한 날부터 며칠 내에 특약부화재보험을 가입하여야 하는가?

① 5일
② 7일
③ 10일
④ 30일

해설 보험 가입의 의무(화재로 인한 재해보상과 보험가입에 관한 법률 제5조)
특수건물의 소유자는 다음에서 정하는 날부터 30일 이내에 특약부화재보험에 가입하여야 한다.
㉠ 특수건물을 건축한 경우 : 「건축법」 제22조에 따른 건축물의 사용승인, 「주택법」 제49조에 따른 사용검사 또는 관계 법령에 따른 준공인가 · 준공확인 등을 받은 날
㉡ 특수건물의 소유권이 변경된 경우 : 그 건물의 소유권을 취득한 날
㉢ 그 밖의 경우 : 특수건물의 소유자가 그 건물이 특수건물에 해당하게 된 사실을 알았거나 알 수 있었던 시점 등을 고려하여 대통령령으로 정하는 날

Answer 97.② 98.④ 99.④ 100.④

2023년
5월 13일

화재감식평가기사

제1과목 화재조사론

01 연소범위가 2.5~81vol%인 아세틸렌의 위험도로 옳은 것은?

① 0.27 ② 12.7
③ 31.4 ④ 38.8

[해설]
$$위험도 = \frac{연소상한계 - 연소하한계}{연소하한계}$$

아세틸렌의 위험도 = $\frac{81 - 2.5}{2.5}$ = 31.4

02 A급 화재에서만 발생할 수 있는 위험현상으로 옳은 것은?

① 보일오버(boil over)
② 슬롭오버(slop over)
③ 플레임오버(flame over)
④ 프로스오버(froth over)

[해설] ③ 플레임오버는 구획실에서 가연성 가스와 산소가 혼합된 상태로 천장 부근에 집적될 때 천장면을 따라 굴러가듯이 연소확산되는 현상이다.
① 보일오버, ② 슬롭오버, ④ 프로스오버는 B급 화재(유류화재) 시 발생하는 현상이다.
※ 플레임오버나 롤오버는 플래시오버에 선행하는 것이 일반적이다.

03 소방의 화재조사에 관한 법령상 전담부서에서 갖추어야 할 발굴용구로 옳지 않은 것은?

① 전동그라인더 ② 슈미트해머
③ 전동드릴 ④ 공구세트

[해설] ② 슈미트해머 : 감식기기에 해당
발굴용구 8종(소방의 화재조사에 관한 법률 시행규칙 [별표])
공구세트, 전동드릴, 전동그라인더(절삭·연마기), 전동드라이버, 이동용 진공청소기, 휴대용 열풍기, 에어컴프레서(공기압축기), 전동절단기

04 화재조사 및 보고규정상 건물의 동수 산정 방법에 관한 설명 중 옳은 것은?

① 목조 또는 내화조 건물의 경우 격벽으로 방화구획이 되어 있는 경우 2개의 동으로 본다.
② 구조에 관계없이 지붕 및 실이 하나로 연결되어 있는 것은 2개의 동으로 본다.
③ 건물의 외벽을 이용하여 실을 만들어 헛간, 목욕탕, 작업실, 사무실 및 기타 건물 용도로 사용하고 있는 것은 주건물과 같은 동으로 본다.
④ 독립된 건물과 건물 사이에 차광막, 비막이 등의 덮개를 설치하고 그 밑을 통로 등으로 사용하는 경우는 동일 동으로 본다.

[해설] **건물의 동수 산정(화재조사 및 보고규정 [별표 2])**
㉠ 주요구조부가 하나로 연결되어 있는 것은 1동으로 한다. 다만 건널 복도 등으로 2 이상의 동에 연결되어 있는 것은 그 부분을 절반으로 분리하여 각 동으로 본다.
㉡ 건물의 외벽을 이용하여 실을 만들어 헛간, 목욕탕, 작업실, 사무실 및 기타 건물 용도로 사용하고 있는 것은 주건물과 같은 동으로 본다.
㉢ 구조에 관계없이 지붕 및 실이 하나로 연결되어 있는 것은 같은 동으로 본다.
㉣ 목조 또는 내화조 건물의 경우 격벽으로 방화구획이 되어 있는 경우도 같은 동으로 한다.

부록

과년도 출제문제

Answer 01.③ 02.③ 03.② 04.③

ⓜ 독립된 건물과 건물 사이에 차광막, 비막이 등의 덮개를 설치하고 그 밑을 통로 등으로 사용하는 경우는 다른 동으로 한다.
　　예 작업장과 작업장 사이에 조명유리 등으로 비막이를 설치하여 지붕과 지붕이 연결되어 있는 경우
ⓗ 내화조 건물의 옥상에 목조 또는 방화구조 건물이 별도 설치되어 있는 경우는 다른 동으로 한다. 다만, 이들 건물의 기능상 하나인 경우(옥내 계단이 있는 경우)는 같은 동으로 한다.
ⓢ 내화조 건물의 외벽을 이용하여 목조 또는 방화구조건물이 별도 설치되어 있고 건물 내부와 구획되어 있는 경우 다른 동으로 한다. 다만, 주된 건물에 부착된 건물이 옥내로 출입구가 연결되어 있는 경우와 기계설비 등이 쌍방에 연결되어 있는 경우 등 건물 기능상 하나인 경우는 같은 동으로 한다.

05 폭발위력의 지표로 사용될 수 있는 자료로 옳지 않은 것은?

① 파편의 비산거리
② 무너진 벽의 종류와 구조
③ 폭발시점
④ 폭심부의 깊이

해설
• 파편의 비산거리(비산효과) 및 폭심부 깊이(압력 효과), 무너진 벽의 구조 등은 폭발위력을 판단할 수 있는 지표가 될 수 있지만 폭발시점은 관계가 없다. 폭발시간은 폭발위력을 가늠할 수 있는 지표가 될 수 없다.
• 산소농도와 압력이 높을수록, 입자가 작을수록 폭발위력이 크다.

06 화재플룸(fire plume)에 의해 수직벽면에 생성되는 패턴으로 옳지 않은 것은?

① V패턴
② 모래시계 패턴
③ 도넛 패턴
④ U패턴

해설 ③ 도넛 패턴은 유류에 의해 바닥면에 형성되는 화재패턴이다.

▶ 문제 관련 핵심이론 ◀

화재플룸(fire plume)
㉠ 화재 시 발생한 고온가스와 주변의 차가운 기체와의 밀도차에 의해 발생한다.

㉡ 대부분의 화재플룸은 화원에서 발생한 열과 주변 공기에 의해 매우 불안정한 형태의 난류 유동을 형성한다.
㉢ 화재플룸 내의 고온가스가 상승함에 따라 주변의 공기가 화염부로 들어오게 되는데 이를 공기유입이라 한다.
㉣ 화재플룸에 주위 공기가 유입되면 플룸 내부온도가 내려가며 반경은 확대된다.
㉤ 구획실에서 동일한 크기의 화재가 발생한 경우 화재플룸(fire plume)의 위치는 고온층의 절대온도에 영향을 미친다.

07 화재 시 발생하는 박리현상(spalling)의 원인에 대한 설명으로 옳은 것은?

① 콘크리트에 포함된 수분의 증발 및 팽창
② 철근 또는 철망 및 주변 콘크리트 간의 불균일한 수축
③ 콘크리트혼합물과 골재 간의 균일한 팽창
④ 화재에 노출된 표면과 슬래브 내장재 간의 균일한 팽창

해설 **박리현상(spalling)의 원인**
㉠ 콘크리트 내부의 기포 팽창
㉡ 콘크리트 내부 철골의 열팽창차이
㉢ 콘크리트 내부 수분의 기화에 의한 팽창
㉣ 박리는 콘크리트와 철근 또는 골재 등에 포함된 <u>수분의 증발 및 혼합물 간의 불균일한 팽창에 의해 발생한다.</u> 콘크리트, 벽돌 등의 박리는 냉각될 때 발생하기도 하며 기포가 팽창할 때 소음을 동반할 수 있다.
㉤ 주수압력에 의해 박리된 경우 비교적 평탄하고 윤기가 나며 그 면적이 넓다.

08 전도 열전달형태와 관계되는 법칙으로 적절한 것은?

① 푸리에(Fourier)의 법칙
② 플랑크(Planck)의 법칙
③ 뉴턴(Newton)의 법칙
④ 픽(Fick)의 법칙

해설 ① 푸리에법칙 : 전도 열전달과 관계

Answer　05.③　06.③　07.①　08.①

09 발화지점으로 추정되는 위치에서 발화원, 발화물질 등 연소된 물건을 현장발굴하는 방법에 대한 설명으로 옳지 않은 것은?

① 발굴은 가능한 삽과 같은 것을 사용한다.
② 발굴한 물건 중 복원할 필요가 있는 것은 번호 또는 표식을 부착해 정리해 둔다.
③ 발굴은 위에서 아래로 실시한다.
④ 발굴한 연소된 물건은 가능한 그 위치를 옮기지 않는다. 불가피하게 이동하는 경우에는 복원 가능한 조치를 한다.

해설 ① 발굴은 삽과 같은 거친 도구의 사용을 금지한다.

문제 관련 핵심이론

(1) 발굴 : 화재가 발생하기 전 구조를 재현해서 화재원인을 규명하려는 절차
(2) 복원 : 화재발생 전 상태를 재현함으로써 내용물의 구조와 위치를 확인하고 발화 또는 연소확산과정을 파악하기 위함
(3) 발굴 및 복원 요령
　㉠ 발굴은 외부에서 중심부로 실시
　㉡ 바닥에 고정시켜 놓거나 정착시켜 놓았던 물건과 가구 등은 훼손되지 않도록 조치
　㉢ 관계인(관리자, 종업원, 작업책임자 등)을 발굴현장에 입회시키는 것이 원칙
(4) 발굴이 끝난 후의 화재 전 상황으로 복원하는 요령
　㉠ 형체가 소실되어 배치가 불가능한 것은 대용품을 사용하되, 대용품이라는 것이 인식되도록 한다.
　㉡ 관계인을 입회시켜 복원상황을 확인시킨다.
　㉢ 잔존물이 파손되지 않도록 잦은 위치이동은 하지 않는다.
　㉣ 불명확한 것은 관계자에게 확인을 하고 복원상황도 확인시킨다.
(5) 화재진화 후 화재조사활동
　화재현장의 연소상황과 특이한 흔적 관찰 → 관계자에 대한 질의 → 화재조사 핵심장소와 주변의 탐색범위 검토 → 현장의 발굴과 복원 → 발화원인 검토 → 발화원인 판정

10 화재가 나타내는 V패턴의 설명으로 옳지 않은 것은?

① 불꽃과 대류 또는 복사열에 의해서 생성된다.
② 연소가 진행될 때 수직으로 된 벽면에 나타난다.

③ 패턴이 나타내는 각도가 작으면 연소의 속도가 느리다.
④ 발화지점이 아닌 곳에서도 생성될 수 있다.

해설 ③ V자 각이 큰 것은 화재의 성장속도가 느렸다는 증거이며 V자 각이 작은 경우는 화재의 성장 속도가 빨랐다는 증거이다.

문제 관련 핵심이론

(1) V패턴
　㉠ 대류열 또는 복사열과 화재플룸(plume)의 영향으로 생성된다.
　㉡ 소실부분의 경사면이 관찰되는 것은 V패턴이다.
　㉢ V패턴은 주로 발화 지점 주변에서 생성되는 패턴이다.
　㉣ 일반적으로 열기둥은 가운데가 오목한 모래시계 패턴이거나 위로 상승할수록 넓게 퍼지는 V패턴 형상을 나타낸다.
(2) V패턴의 각도에 영향을 미치는 요인
　㉠ 열방출률, 가연물의 형태, 환기효과, 천장, 선반, 테이블 상판과 같은 수평면이 존재하는 경우 등
　㉡ V자 각이 큰 것은 화재의 성장속도가 느렸다는 증거이며 V자 각이 작은 경우는 화재의 성장 속도가 빨랐다는 증거이다.

11 탄화알루미늄이 상온에서 물과 반응할 경우 생성되는 가연성 기체는?

① 수소
② 아세틸렌
③ 메탄
④ 프로판

해설 $Al_4C_3 + 12H_2O \rightarrow 4Al(OH)_3 + 3CH_4$
금속과 물과의 관계
금속 등이 물과 접촉하면 격렬히 반응하여 발열하며 가연성 가스를 발생시켜 위험성이 커진다.
　㉠ 무기과산화물+물 → 산소 발생
　㉡ 금속분, 철분, 마그네슘+물 → 수소가스 발생
　㉢ 나트륨, 칼륨 등+물 → 수소가스 발생
　㉣ 탄화칼슘+물 → 아세틸렌가스 발생
　㉤ 인화알루미늄+물 → 포스핀가스 발생
　㉥ 탄화알루미늄+물 → 메탄가스 발생

부록

과년도 출제문제

12 소방의 화재조사에 관한 법령상 소방공무원과 경찰공무원의 협력 및 관계 기관 등의 협조에 대한 설명으로 옳지 않은 것은?

① 소방공무원과 경찰공무원(제주특별자치도의 자치경찰공무원을 포함한다)은 출입·보존 및 통제 등에 대하여 서로 협력하여야 한다.
② 소방관서장, 중앙행정기관의 장, 지방자치단체의 장, 보험회사, 그 밖의 관련 기관·단체의 장은 화재조사에 필요한 사항에 대하여 서로 협력하여야 한다.
③ 소방관서장은 화재원인 규명 및 피해액 산출 등을 위하여 필요한 경우에는 금융감독원, 관계 보험회사 등에 「개인정보 보호법」 제2조 제1호에 따른 개인정보를 포함한 보험가입 정보 등을 요청할 수 있다.
④ 소방관서장은 방화 또는 실화의 혐의가 있다고 인정되면 지체 없이 소방청장에게 그 사실을 알린다.

해설 **소방공무원과 경찰공무원의 협력 등(소방의 화재조사에 관한 법률 제12조)**
㉠ 소방공무원과 경찰공무원(제주특별자치도의 자치경찰공무원을 포함한다)은 다음의 사항에 대하여 서로 협력하여야 한다.
• 화재현장의 출입·보존 및 통제에 관한 사항
• 화재조사에 필요한 증거물의 수집 및 보존에 관한 사항
• 관계인 등에 대한 진술 확보에 관한 사항
• 그 밖에 화재조사에 필요한 사항
㉡ <u>소방관서장은 방화 또는 실화의 혐의가 있다고 인정되면 지체 없이 경찰서장에게 그 사실을 알리고 필요한 증거를 수집·보존하는 등 그 범죄수사에 협력하여야 한다.</u>
관계 기관 등의 협조(소방의 화재조사에 관한 법률 제13조)
㉠ 소방관서장, 중앙행정기관의 장, 지방자치단체의 장, 보험회사, 그 밖의 관련 기관·단체의 장은 화재조사에 필요한 사항에 대하여 서로 협력하여야 한다.
㉡ 소방관서장은 화재원인 규명 및 피해액 산출 등을 위하여 필요한 경우에는 금융감독원, 관계 보험회사 등에 「개인정보 보호법」 제2조 제1호에 따른 개인정보를 포함한 보험가입 정보 등을 요청할 수 있다. 이 경우 정보제공을 요청받은 기관은 정당한 사유가 없으면 이를 거부할 수 없다.

13 화재조사의 과학적인 방법론이다. 순서에 맞게 배열한 것은?

① 문제인식 → 문제정의 → 가설설정 → 자료수집 → 자료분석 → 가설검증 → 최종 가설선택
② 문제정의 → 문제인식 → 자료수집 → 자료분석 → 가설설정 → 가설검증 → 최종 가설선택
③ 문제정의 → 문제인식 → 자료수집 → 자료분석 → 가설검증 → 가설설정 → 최종 가설선택
④ 문제인식 → 문제정의 → 자료수집 → 자료분석 → 가설설정 → 가설검증 → 최종 가설선택

해설 문제인식 → 문제정의 → 자료수집 → 자료분석 → 가설설정 → 가설검증 → 최종 가설선택으로 과학적 방법은 7단계로 이루어진다.

14 소방의 화재조사에 관한 법률, 화재조사 및 보고규정상 용어에 대한 설명으로 옳지 않은 것은?

① "화재"란 사람의 의도에 반하거나 고의 또는 과실에 의하여 발생하는 연소 현상으로서 소화할 필요가 있는 현상 또는 사람의 의도에 반하여 발생하거나 확대된 화학적 폭발현상을 말한다.
② "발화"란 열원에 의하여 가연물질에 지속적으로 불이 붙는 현상을 말한다.
③ "감정"이란 화재원인의 판정을 위하여 전문적인 지식, 기술 및 경험을 활용하여 주로 시각에 의한 종합적인 판단으로 구체적인 사실관계를 명확하게 규명하는 것을 말한다.
④ "발화요인"이란 발화열원에 의하여 발화로 이어진 연소현상에 영향을 준 인적·물적·자연적인 요인을 말한다.

Answer 12.④ 13.④ 14.③

해설 용어의 정의
ⓐ 감식 : 화재원인의 판정을 위하여 전문적인 지식, 기술 및 경험을 활용하여 주로 시각에 의한 종합적인 판단으로 구체적인 사실관계를 명확하게 규명하는 것을 말한다.
ⓑ 감정 : 화재와 관계되는 물건의 형상, 구조, 재질, 성분, 성질 등 이와 관련된 모든 현상에 대하여 과학적 방법에 의한 필요한 실험을 행하고 그 결과를 근거로 화재원인을 밝히는 자료를 얻는 것을 말한다.

15 화학적 폭발에 대한 설명 중 옳은 것은?

① 산소농도가 낮을수록 폭발위력이 크다.
② 압력이 높을수록 폭발위력이 작다.
③ 입자가 작을수록 폭발위력이 작다.
④ 혼합비율이 화학양론비에 가까울수록 폭발위력이 크다.

해설 ④ 산소농도와 압력이 높을수록, 입자가 작을수록 폭발위력이 크다.

문제 관련 핵심이론

(1) 폭발위력의 지표로 사용될 수 있는 자료
ⓐ 파편의 비행거리
ⓑ 무너진 벽의 종류와 구조
ⓒ 폭심부의 크기 및 깊이

(2) 폭발위력의 지표로 사용될 수 없는 자료
폭발시점은 관계가 없다. 폭발시간은 폭발위력을 가늠할 수 있는 지표가 될 수 없다.

(3) 물리적 폭발
ⓐ 화염을 동반하지 않으며, 물질자체의 화학적 분자구조가 변하지 않는다. 단순히 상변화(액상 → 기상) 등에 의한 폭발이다.
ⓑ 고압용기의 파열, 탱크의 감압파손, 압력밥솥 폭발 등
ⓒ 응상폭발(증기폭발, 수증기폭발)과 관련된다.

(4) 화학적 폭발
ⓐ 화염을 동반하며, 물질자체의 화학적 분자구조가 변한다.
ⓑ 기상폭발(분해폭발, 산화폭발, 중합폭발, 반응폭주 등)과 관련된다.

16 구획실화재 성장단계에 대한 설명 중 옳은 것은?

① 초기 → 플래시오버 → 쇠퇴기 → 최성기 → 자유연소 순으로 진행된다.
② 자유연소단계는 환기지배형 연소이며 복사열에 의해 확산된다.
③ 플래시오버현상은 최성기 전에 주로 발생한다.
④ 최성기는 연료지배형 연소단계이며, 접염방식으로 확산된다.

해설 구획실화재는 초기(자유연소) → 성장기 → 플래시오버 → 최성기 → 감쇠기 순으로 진행된다.

17 환기지배형 화재에 대한 설명으로 옳은 것은?

① 대부분 화재 초기에 발생한다.
② 연료공급에 좌우된다.
③ 환기량이 크다.
④ 불완전연소에 가깝다.

해설 환기지배형 화재는 성장기에서 최성기로 넘어가는 시기에 주로 발생하며 환기에 의해 좌우되고 통기량(환기량)이 적다.

문제 관련 핵심이론

연료지배형 화재 및 환기지배형 화재
구획된 건물(compartment)의 화재현상에 따라 연료지배형 화재와 환기지배형 화재로 나눈다. 일반적으로 F.O 이전의 화재는 연료지배형 화재라고 하며 F.O 이후는 환기지배형 화재라고 한다.
ⓐ 연료지배형 화재(환기 양호)
화재 초기에는 화세가 약하기 때문에 상대적으로 산소공급이 원활하여 실내 가연물에 의해 지배되는 "연료지배형 화재"의 연소형태를 갖는다.
ⓑ 환기지배형 화재(환기 불량)
F.O(Flash Over)에 이르면 실내온도가 급격히 상승하여 가연물의 분해 속도가 촉진되고 화세가 더욱 강해지면서 산소량이 급격히 적어지게 된다. 이때 환기가 잘 되지 않아 연료지배형 화재에서 → "환기지배형 화재"로 바뀐다.

18 목재 균열흔의 구분으로 옳지 않은 것은?

① 고소흔　　　③ 완소흔
② 열소흔　　　④ 강소흔

해설 **목재 균열흔의 구분**
　　㉠ 완소흔 : 700~800℃
　　㉡ 강소흔 : 900℃
　　㉢ 열소흔 : 1,100℃
　　　• 약 1,100℃ 수준의 온도에서 탈 때 표면이 갈라진 흔적으로 나무에 패인 홈의 깊이가 가장 깊고 홈의 폭이 넓으며 부푼 형태는 구형에 가깝도록 볼록해진다.
　　　• 대형 화재 시와 같은 가연물이 많은 장소에서 볼 수 있다.
　　　• 열소흔(1,100℃)은 홈이 가장 깊고 반월형 모양이다.

탄화된 목재에서 공통적으로 나타나는 탄화흔과 균열흔의 특성
　　㉠ 불에 오래도록 강하게 탈수록 탄화의 깊이는 깊다.
　　㉡ 탄화모양을 형성하고 있는 패인 골이 깊을수록 소손이 강하다.
　　㉢ 탄화모양을 형성하고 있는 패인 골의 폭이 넓을수록 소손이 강하다.
　　㉣ 목재의 균열흔은 발화부와 가까울수록 골이 넓고 깊어진다.
　　㉤ 무염연소는 장시간 화염과 접촉하고 있으므로 유염연소에 비해 상대적으로 깊게 타들어가는 균열흔이 나타난다.
　　㉥ 나무의 표면적이 넓을수록 쉽게 탄화된다.
　　㉦ 연소된 흔적의 깊이는 불의 진행방향을 나타내는 좋은 지표가 된다.
　　㉧ 목재 균열흔의 반짝거림이 액체촉진제가 있었음을 의미하지는 않는다.

문제 관련 핵심이론 ●

엘리게이터링
　　㉠ 나무의 균열흔으로 이를 통해 화재의 진행방향을 판단할 수 있다.
　　㉡ 불에 탄 흔적이 울퉁불퉁 갈라진 모양이며 보통 울타리, 판자, 구조물, 표지판에서 발견된다.

19 공기의 비중을 1이라 했을 때 다음 중 비중이 가장 큰 가스는?
　① 수소　　　　　② 부탄
　③ 프로판　　　　④ 메탄

해설
　① 수소 : $\dfrac{1}{29}=0.03$
　② 부탄 : $\dfrac{58}{29}=2$
　③ 프로판 : $\dfrac{44}{29}=1.5$
　④ 메탄 : $\dfrac{16}{29}=0.5$

문제 관련 핵심이론 ●

비중(=증기밀도)을 계산하는 문제
　㉠ 어떤 증기의 "증기비중"은 같은 온도, 같은 압력 하에서 동 부피의 공기의 무게에 비교한 것으로 증기비중이 1보다 큰 기체는 공기보다 무겁고 1보다 작으면 공기보다 가벼운 것이 된다.
　㉡ 증기비중 $=\dfrac{증기분자량}{29}$ (※ 29 : 공기의 분자량)

20 V패턴의 각도에 영향을 미치지 않는 것은?
　① 열방출률
　② 가연물의 형태
　③ 환기의 효과
　④ 벽면의 열전도성

해설
　㉠ V패턴
　　• 대류열 또는 복사열과 화재플룸(plume)의 영향으로 생성된다.
　　• 소실부분의 경사면이 관찰되는 것은 V패턴이다.
　　• V패턴은 주로 발화 지점 주변에서 생성되는 패턴이다.
　　• 일반적으로 열기둥은 가운데가 오목한 모래시계 패턴이거나 위로 상승할수록 넓게 퍼지는 V패턴 형상을 나타낸다.
　㉡ V패턴의 각도에 영향을 미치는 요인
　　• 열방출률, 가연물의 형태, 환기효과, 천장, 선반, 테이블 상판과 같은 수평면이 존재하는 경우 등
　　• V자 각이 큰 것은 화재의 성장속도가 느렸다는 증거이며 V자 각이 작은 경우는 화재의 성장 속도가 빨랐다는 증거이다.

Answer　19.② 20.④

제2과목 화재감식론

21 인화성 기체(고압가스)의 폭발사고조사 시 용기의 색은 기체종류 파악에 중요하다. 기체의 종류에 따른 용기의 색이 옳게 연결된 것은?

① 수소 – 주황색
② 아세틸렌 – 녹색
③ 액화암모니아 – 회색
④ LPG – 백색

해설 ② 아세틸렌 : 황색
③ 액화암모니아 : 백색
④ LPG : 회색

22 화재현장 목재의 균열흔에 대한 설명으로 옳은 것은?

① 함습 정도가 높을수록 쉽게 탄화된다.
② 나무의 표면적이 넓을수록 쉽게 탄화된다.
③ 화재실의 온도가 높을수록 탄화가 어렵다.
④ 목재의 종류는 탄화 정도에 영향을 미치지 못한다.

해설 목재
㉠ 수분함유율이 높으면 탄화가 곤란하며, 화재실의 온도가 높을수록 쉽게 탄화된다. 또한 목재의 종류에 따라 착화도가 다르며, 각재와 판재가 원형보다 빨리 착화한다.
㉡ 탄화된 목재에서 공통적으로 나타나는 탄화흔과 균열흔의 특성
• 불에 오래도록 강하게 탈수록 탄화의 깊이는 깊다.
• 탄화모양을 형성하고 있는 패인 골이 깊을수록 소손이 강하다.
• 탄화모양을 형성하고 있는 패인 골의 폭이 넓을수록 소손이 강하다.
• 목재의 균열흔은 발화부와 가까울수록 골이 넓고 깊어진다.
• 무염연소는 장시간 화염과 접촉하고 있으므로 유염연소에 비해 상대적으로 깊게 타들어가는 균열흔이 나타난다.
• 나무의 표면적이 넓을수록 쉽게 탄화된다.

23 다음 물질 중 혼합해도 폭발 또는 발화위험이 없는 것은?

① 아세틸렌+아세톤
② 금속나트륨+에틸알코올
③ 염소산칼륨+유황
④ 황화인+과산화물

해설 아세틸렌 : 알루미늄, 마그네슘, 구리 등과 작용하면 폭발성 금속아세틸리드를 생성하지만, 아세톤과 혼합·용해시키면 분해폭발을 방지할 수 있다.

문제 관련 핵심이론

아세틸렌
아세틸렌을 아세톤 혹은 D.M.F(디메틸포름아미드) 용제로 용해시킨 다음 목탄, 코크스, 석면, 규조토 등 다공성 물질에 충전해서 저장한다.
㉠ 기체로 압축시키면 폭발 가능성이 높다.
㉡ 산소가 없어도 분해 시 열팽창되고 생성되는 압력상승으로 폭발성을 갖는 가스이다.
㉢ 용제인 아세톤에 용해한 뒤 목탄, 석면 등과 같은 다공성 물질에 충전하여 보관·운반한다.
㉣ 연소 시 모래 등으로 덮거나 이산화탄소, 분말소화기를 이용하여 질식소화를 한다(물에 의한 주수소화는 피한다).
㉤ 탄화칼슘과 물의 반응으로 아세틸렌을 얻을 수 있다.

24 LPG 차량 엔진의 구성부품 중 봄베에 부착된 충전밸브, 기체 송출밸브 및 액체 송출밸브의 색상을 순서대로 옳은 것은?

① 녹색, 적색, 황색   ② 녹색, 황색, 적색
③ 황색, 녹색, 적색   ④ 황색, 적색, 녹색

해설 ㉠ 충전밸브 : 녹색
㉡ 기체 송출밸브 : 황색
㉢ 액체 송출밸브 : 적색

25 마그네슘, 티타늄과 같은 금속화재의 분류(class)는?

① A급 화재   ② B급 화재
③ C급 화재   ④ D급 화재

해설 금속화재(D급 화재, 무색표시)

26 무염(훈소)화재의 설명으로 틀린 것은?

① 발화메커니즘은 접촉 → 훈소 → 축열 → 착염 → 출화과정을 거친다.

② 특유의 눈는 냄새를 동반한 유독가스가 생성되며 화염을 동반한다.

③ 고체가연물과 산소 사이에 반응이 상대적으로 느린 연소이다. 반응이 산소가 고체 표면으로 확산되면서 일어나고 표면은 적열 및 탄화가 진행된다.

④ 훈소화재는 다공성 고체가연물, 혼합연료, 불침윤성 고체, 쓰레기장에서 발생될 수 있다.

 ② 훈소는 화염을 동반하지 않으며 축열을 거쳐 발화한다.

문제 관련 핵심이론

연소의 형태(불꽃유무에 따른 분류)
(1) 불꽃연소(=발염연소, 유염연소)
불꽃연소란 가연물이 탈 때 불이 움직이는 모습을 갖는 것으로 발염연소 및 유염연소라고 한다. 가연물이 연소할 때 산소와 혼합해서 확산하는 형태의 연소이다.
　㉠ 기체 : 프로판, 부탄 등
　㉡ 액체 : 등유, 경유
　㉢ 고체
(2) 작열연소(=표면연소, 응축연소, 무염연소)
　㉠ 작열연소란 휘발분이 없는 고체가 연소 시 불꽃없이 생성되는 열이다.
　㉡ 표면연소란 가연물이 표면에서 공기(산소)와 직접 반응하여 물체의 표면 결합이 부서지는 연소를 말하며 반응열(화력)이 작아서 불꽃을 생성하지 못하고 느린 속도로 불씨연소하기 때문에 기화되지 못하고 응축(액화)한다. 즉, 산화반응할 때 가연물이 표면에서 액화하기 때문에 그러한 불씨연소를 응축연소라고도 한다.
　㉢ 연쇄반응이 일어나지 않는다.
　㉣ 숯(목탄), 코크스, 금속분(금속나트륨 등), 활성탄, 향, 담뱃불
(3) 불꽃연소와 작열(불씨)연소를 함께 가지는 혼합연소
나무, 종이 짚, 솜뭉치 등은 불꽃연소, 작열연소를 동시에 갖는다.

27 인화성 촉진제인 휘발유의 위험도로 옳은 것은? (단, 휘발유의 연소범위는 1.4~7.6vol% 이다.)

① 0.82vol%　　　② 4.43vol%
③ 6.20vol%　　　④ 6.43vol%

 위험도 = $\dfrac{연소상한계 - 연소하한계}{연소하한계}$

휘발유 위험도 = $\dfrac{7.6 - 1.4}{1.4} = 4.43$

문제 관련 핵심이론

(1) 위험도(Degree of Hazards)
　㉠ 가스가 화재를 일으킬 수 있는 척도를 나타내는 것
　㉡ 위험도 수치가 클수록 위험성이 크다.
　㉢ 이황화탄소의 위험도 = $\dfrac{44 - 1.2}{1.2} = 35.7$ 가연성 가스 중 위험도가 가장 크다.
(2) 가연성 물질의 위험도 기준
　㉠ 가연성 고체 : 착화점
　㉡ 가연성 액체 : 인화점
　㉢ 가연성 기체 : 연소범위

28 차량 충전장치와 시동장치의 설명으로 틀린 것은?

① 충전장치는 얼터네이터(alternator), 레귤레이터(regulator)로 구성되며 시동장치에는 스타터가 있다.

② 교류에서 직류로 전류를 정류하는 정류기 내에 있는 다이오드가 어떤 요인(과전류 등)으로 인해 그 기능을 잃을 경우 다이오드가 소실되는 경우가 있다.

③ 차콜 캐니스터의 보디(body)는 금속재가 많은 점에서 2차적으로 착화하여도 연소되지 않으므로 관찰이 용이하다.

④ 배터리단자는 납 또는 납합금으로 되어 있어 화재열로 용이하게 녹아버리므로 배터리배선 터미널부의 용융 등도 확인한다.

 차콜 캐니스터는 연료탱크나 기화기로부터 발생되는 가솔린증기를 모아 정화시키기 위해 사용하는 활성 탄소를 채운 플라스틱 용기로 2차적으로 착화하면 쉽게 연소된다.

29 발화원인 중 미소화원으로 볼 수 없는 것은?

① 가스레인지 불꽃　　② 용접불티
③ 담뱃불　　　　　　④ 절삭불티

Answer　26.② 27.② 28.③ 29.①

해설 **미소화원**
용접불티, 담뱃불, 절삭불티, 향불 등이 있다.

30 다음 흔적 중 전기기기 내부의 통전입증이 가능한 증거가 아닌 것은?

① 전류퓨즈의 용단
② 내부배선의 합선흔적
③ 내부단자의 부분적인 용융흔적
④ 기판의 전체적인 탄화

해설 기판이 전체적으로 탄화된 형태만 가지고 통전입증을 설명할 수 없다.

31 차량의 엔진이 차량 전면에 있고 뒷바퀴 구동의 경우 동력전달장치 순서가 옳은 것은?

① 기관 → 클러치 → 변속기 → 종감속장치 및 차동기어장치 → 추진축(앞기관 뒷바퀴 구동의 경우) → 차축 → 구동바퀴
② 기관 → 변속기 → 클러치 → 종감속장치 및 차동기어장치 → 추진축(앞기관 뒷바퀴 구동의 경우) → 차축 → 구동바퀴
③ 기관 → 클러치 → 변속기 → 추진축(앞기관 뒷바퀴 구동의 경우) → 차축 → 종감속장치 및 차동기어장치 → 구동바퀴
④ 기관 → 클러치 → 변속기 → 추진축(앞기관 뒷바퀴 구동의 경우) → 종감속장치 및 차동기어장치 → 차축 → 구동바퀴

해설 엔진이 차량 전면에 있고 뒷바퀴 구동의 경우
기관(engine) → 클러치 → 변속기 → 추진축 → 종감속장치 및 차동기어장치 → 차축 → 구동바퀴 순이다.

32 화학물질의 혼합발화와 관련하여 감식요령으로 틀린 것은?

① 물질의 성질, 취급의 상황, 장소의 환경조건에 대하여 조사한다.
② 혼합물질의 재현실험은 실시하지만 단독물질의 발화여부실험은 하지 않는다.

③ 화재가 난 곳에서 존재하는 물질에 대하여 성분, 성질, 형상, 양을 관계자의 진술과 문헌·자료 등을 기초로 조사한다.
④ 혼합발화에 의한 화재는 혼합한 물질 자체가 연소하므로 증거가 소실되는 경우가 있다.

해설 단독물질의 발화 여부도 확인하여야 한다.

33 양초의 성상과 연소특징에 대한 설명으로 틀린 것은?

① 가솔린, 벤젠 등에 녹는다.
② 물과 친화성이 없고 전기절연성이 우수하다.
③ 휘발성이 강하고 착화가 어려우며 유해가스를 발생시키지 않고 연소한다.
④ 양초의 연소는 증발연소이며 심지 없이 양초 자체만으로는 연소가 지속되지 않는다.

해설 양초는 휘발성이 있지만 착화가 용이하다.

34 서로 밀착되어 있는 물체가 떨어지거나 벗겨져 떨어질 때 전하분리가 일어나 정전기가 발생하는 현상은?

① 박리대전   ③ 마찰대전
② 유동대전   ④ 분출대전

해설 서로 밀착되어 있는 물체가 떨어질 때 발생하는 것은 박리대전이다.

35 분해열의 축적으로 자연발화를 일으키는 물질이 아닌 것은?

① 폴리에스테르   ② 셀룰로이드
③ 니트로글리세린   ④ 니트로셀룰로오스

해설 **자연발화에 의한 열**
㉠ 분해열 : 물질에 열이 축적되어 서서히 분해할 때 생기는 열
  예 셀룰로이드, 니트로셀룰로이스, 니트로글리세린, 아세틸렌, 산화에틸렌, 에틸렌 등
㉡ 산화열 : 가연물이 산화반응으로 발열 축적된 것으로 발화하는 현상
  예 석탄, 기름종류(기름걸레, 건성유), 원면, 고무분말 등

ⓒ 미생물열 : 미생물 발효현상으로 발생되는 열 (=발효열)
  예 퇴비(두엄), 먼지, 곡물분 등

ⓔ 흡착열 : 가연물이 고온의 물질에서 방출하는 (복사)열을 흡수되는 것
  예 다공성 물질의 활성탄, 목탄(숯) 분말 등

ⓜ 중합열 : 작은 다량의 분자가 큰 분자량의 화합물로 결합할 때 발생하는 열(= 중합반응에 의한 열)
  예 시안화수소, 산화에틸렌 등

36 유염연소와 무염연소를 비교하였을 때 특징으로 틀린 것은?

① 목재의 무염연소 시 가연물의 내부보다는 표면으로 전파되는 속도가 빠르다.
② 무염연소는 고체가연물에서만 가능하며 유염연소는 고체, 액체, 기체에서 모두 가능하다.
③ 무염연소는 연소반응속도가 느리다.
④ 무염연소는 발열량이 적고 유염연소는 발열량이 크다.

해설 ① 목재의 무염연소 시 가연물 내부로 전파되는 심부화재 양상을 보인다.

구분	유염연소	무염연소
화재 구분	표면에 불꽃이 있는 표면화재	표면에 불꽃이 없는 심부화재(표면연소)
방출 열량	속도가 빠르고 시간당 방출량이 많다.	속도가 느리고 시간당 방출열량이 적다.
연쇄 반응	연쇄반응이 일어난다.	연쇄반응이 일어나지 않는다.
비교	표면화재는 표면에 불꽃이 있으며, 표면연소는 표면에 불꽃이 없는 불씨연소다.	

37 전기세탁기의 화재가 발생하였을 때 전기화재의 조사요점으로 틀린 것은?

① 잠음 방지 콘덴서의 절연 열화상태
② 마그네트론의 열화
③ 배수 전자밸브의 이상
④ 세탁기 내부배선 간의 단락 여부

해설 마그네트론은 전자레인지 발진부의 회로소자에 해당한다.

38 자동차화재의 특성에 대한 설명으로 옳은 것은?

① 차량화재는 연료, 시트 등 화재하중이 낮고 외기와 밀폐된 상태인 환기지배형의 화재특성을 보인다.
② 차량화재의 조사는 특별한 전문지식이 없어도 화재조사가 가능하다.
③ 차량화재는 대체로 전소가 되지 않기 때문에 발화지점 및 발화원인의 조사가 용이하다.
④ 개방된 공간에 존치되는 환경적인 특수성으로 인해 사회적인 불만을 가진 자 등이 불특정한 방법으로 방화를 할 수 있다.

해설 차량화재는 화재하중이 높은 연료지배형 화재특성을 가지고 있다. 대체적으로 전소되는 경우가 많아 전문지식 없이는 조사가 어렵다.

▶ 문제 관련 핵심이론 ◀

연료지배형 화재 및 환기지배형 화재

구획된 건물(compartment)의 화재현상에 따라 연료지배형 화재와 환기지배형 화재로 나눈다. 일반적으로 F.O 이전의 화재는 연료지배형 화재라고 하며 F.O 이후는 환기지배형 화재라고 한다.

㉠ 연료지배형 화재(환기 양호)
  화재 초기에는 화세가 약하기 때문에 상대적으로 산소공급이 원활하여 실내 가연물에 의해 지배되는 "연료지배형 화재"의 연소형태를 갖는다.

㉡ 환기지배형 화재(환기 불량)
  F.O(Flash Over)에 이르면 실내온도가 급격히 상승하여 가연물의 분해 속도가 촉진되고 화세가 더욱 강해지면서 산소량이 급격히 적어지게 된다. 이때 환기가 잘 되지 않아 "연료지배형 화재"에서 "환기지배형 화재"로 바뀐다.

39 하나의 전제에서 결론이 도출되는 직접 추리와 2개 이상의 전제에서 결론이 나타나는 간접 추리로 나누는 추론방법은?

① 귀납적 추론
② 연역적 추론
③ 실용적 추론
④ 형식적 추론

해설 하나 또는 2개 이상의 대전제를 바탕으로 결론을 도출하는 것은 연역적 추론방식이다.

Answer 36.① 37.② 38.④ 39.②

40 연소한계에 대한 설명 중 옳은 것은?

① 연소하한계는 저온에서는 약간 증가하나 고온에서는 일정하다.
② 연소한계는 온도와 관계없이 일정하다.
③ 연소상한계는 온도의 증가와 함께 증가한다.
④ 연소하한계는 온도의 증가와 함께 증가한다.

[해설] 온도의 증가와 함께 연소상한계는 높아지고 연소하한계는 낮아진다.

문제 관련 핵심이론 ●

가연성 가스의 폭발범위(=연소범위, 폭발한계, 연소한계)

㉠ 연소는 가연성 가스와 지연성 가스(공기, 산소)가 어떤 범위 내로 혼합된 경우일 때만 일어난다.
㉡ 폭발범위(=연소범위)란 공기와 가연성 가스의 혼합 기체 중 가연성 가스의 용량 퍼센트로 표시된다.
㉢ 폭발 또는 연소가 일어나기 위한 낮은 쪽의 한계를 하한계, 높은 쪽의 한계를 상한계라 한다. 상한계와 하한계 사이를 폭발범위라 한다.
㉣ 폭발범위는 가연성 가스와 공기가 혼합된 경우보다도 산소가 혼합되었을 경우 넓어지며, 폭발위험성이 커진다.
㉤ 불연성 가스(이산화탄소, 질소 등)를 주입하면 폭발범위는 좁아진다.
㉥ 폭발한계는 가스의 온도, 기압 및 습도의 영향을 받는다.
　• 가스의 온도가 높아지면 폭발범위는 넓어진다.
　• 가스압력이 높아지면 하한계는 크게 변하지 않으나 상한계는 상승한다.
　• 가스압이 상압(1기압)보다 낮아지면 폭발범위는 좁아진다.
㉦ 압력이 높아지면 일반적으로 폭발범위는 넓어진다. 단, 일산화탄소는 압력이 높아질수록 폭발범위가 좁아진다.
㉧ 가연성 가스의 폭발범위(=연소범위)가 넓으면 넓을수록 위험하다.
㉨ 수소는 10atm까지는 연소범위가 좁아지지만 그 이상의 압력에서는 연소범위가 점점 더 넓어진다.

---

41 촉진제를 확인하기 위한 테스트 방법으로 적합한 것은?

① GC(Gas Chromatography)
② SEM(Scanning Electron Microscope)
③ GFT(Gas Flammable Test)
④ TEM(Transmission Electron Microscope)

[해설] 촉진제 존재유무 확인방법은 GC(Gas Chromatography)가 적합하다.

42 물적 증거의 종류에 해당하는 것은?

① 관계자 진술　　　② 감정인 소견
③ 유류용기　　　　④ 증언

[해설] 인적 증거
관계자 진술, 감정인 소견, 증언

43 화재로 사망한 사람의 생활반응으로 틀린 것은?

① 종창　　　　　　② 피하출혈
③ 피부탄화　　　　④ 염증성 발적

[해설] 피부탄화는 생활반응이 아니라 화재 후 사후변화에 해당한다.

44 유류성분을 수집할 때 주변에 있는 바닥재나 플라스틱 등 비교샘플을 함께 수집하는 이유로 옳은 것은?

① 바닥재나 플라스틱 등 다른 가연물의 연소성을 입증하기 위함
② 유류가 기화하기 전에 많은 양의 유류를 수집하기 위함
③ 유류와 혼합된 물체의 질량 변화를 입증하기 위함
④ 유류성분이 주변 기연물로부터 추출된 것이 아니라는 것을 입증하기 위함

Answer　40.③　41.①　42.③　43.③　44.④

해설 유류성분을 수집할 때 주변에 있는 바닥재나 플라스틱 등 비교샘플을 함께 수집하는 이유는 유류성분이 주변 가연물로부터 추출된 것이 아니라는 것을 입증하기 위함이다.

45 살아있는 사람이 익사하거나 소사할 경우에 입에서 하얗고 빽빽한 점액성 거품이 부풀어 오르는 생활반응은?

① 창상개구   ② 미세포말
③ 발적, 종창   ④ 화상포

해설 미세포말
살아있는 사람이 익사하거나 소사할 경우에 입에서 하얗고 빽빽한 점액성 거품이 부풀어 오르는 생활반응

46 전신적 생활반응에 해당하는 것은?

① 압박성 울혈   ② 흡인 및 연하
③ 속발성 염증   ④ 피하출혈

해설 전신적 생활반응
전신적 빈혈, 속발성 염증, 색전증, 외래물질의 분포 및 배설

47 화재현장에서 사람의 생활반응으로 틀린 것은?

① 화상을 입었다.
② 시반이 형성되었다.
③ 기도 내에서 매가 발견되었다.
④ 두개골 외판에 탄화가 일어났다.

해설 두개골 외판에 탄화가 일어나는 것은 두부에 강한 열이 지속적으로 작용한 것으로 생활반응과 관계가 없다.

48 카메라 셔터속도와 렌즈구경의 관계에 대한 설명 중 옳은 것은?

① 같은 빛의 세기에서 셔터시간을 늘려주면 렌즈구경은 커져야 한다.

② 같은 빛의 세기에서 셔터시간을 줄여주면 렌즈구경은 커져야 한다.
③ 같은 빛의 세기에서 렌즈구경을 크게 하면 셔터속도는 느리게 해주어야 한다.
④ 같은 빛의 세기에서 렌즈구경을 작게 하면 셔터속도는 빠르게 해주어야 한다.

해설 ㉠ 같은 빛의 세기에서 셔터시간을 늘려주면 렌즈구경은 작아져야 한다.
㉡ 같은 빛의 세기에서 렌즈구경을 크게 하면 셔터속도는 빠르게 해주어야 한다.
㉢ 같은 빛의 세기에서 렌즈구경을 작게 하면 셔터속도는 느리게 해주어야 한다.

49 용융점이 높은 것에서 낮은 순서로 옳게 나열된 것은?

① 스테인리스 → 텅스텐 → 아연 → 마그네슘 → 동
② 텅스텐 → 스테인리스 → 동 → 마그네슘 → 아연
③ 텅스텐 → 스테인리스 → 마그네슘 → 동 → 아연
④ 스테인리스 → 텅스텐 → 동 → 아연 → 마그네슘

해설 ㉠ 텅스텐 : 3,400℃
㉡ 스테인리스 : 1,520℃
㉢ 동 : 900~1,050℃
㉣ 마그네슘 : 650℃
㉤ 아연 : 420℃

50 유류증거물의 인화점 시험방법으로서 주로 인화점이 93℃ 이하인 시료를 측정하는 데 사용되는 것은?

① 태그 밀폐식
② 펜스키-마텐스 밀폐식
③ 클리브랜드 개방식
④ 원자흡광분석

해설 태그 밀폐식
인화점이 93℃ 이하인 시료에 적용한다.

Answer   45.②   46.③   47.④   48.②   49.②   50.①

51 화재현장에서의 물적 증거물에 관한 설명으로 틀린 것은?

① 화재현장의 환경에 따라 물증은 변하지 않는다.
② 화재원인의 추론에 따라 화재책임이 관련된다.
③ 특정 사실이나 결과에 대하여 입증 또는 반증을 가능하게 한다.
④ 발화지점, 발화기기, 최초 착화물, 화재이동 경로를 통하여 화재원인을 추론한다.

해설 증거물은 화염에 의한 낙하, 다른 물체에 의한 전도 등으로 소손되는 경우가 많다.

52 증거의 시간적 역할에 대한 설명으로 틀린 것은?

① 깨져 바닥에 쏟아진 유리창의 내측에 그을음이 부착되어 있지 않다면 화재 이전 창문이 먼저 깨졌다는 것을 의미한다.
② 화재현장에서 발견된 소사체에서 생활반응이 발견된다면 피해자는 화재 이전 사망한 상태였다는 것을 알 수 있다.
③ 화재와 폭발이 일어난 현장에서 멀리까지 비산된 유리창의 파편에 그을음이 부착되어 있다면 화재가 먼저 일어나 이로 인해 폭발이 발생한 것으로 볼 수 있다.
④ 타이어흔적 위로 족적이 찍혀 있다면 이러한 증거는 차량이 지나간 후에 누군가 걸어갔다는 것을 증명해주는 역할을 한다.

해설 소사체에서 생활반응이 발견된다면 피해자는 화재 당시 생존상태였다는 것을 알 수 있다.

53 액체 및 고체 증거물의 수집 시 고려하여야 할 사항으로 옳은 것은?

① 탄화수소계 물질은 물보다 비중이 높아 물에 가라앉는다.
② 대부분의 액체위험물은 용매작용을 한다.
③ 금속캔에는 3/4 이상 채우지 않는다.
④ 아세톤이나 알코올은 물과 쉽게 섞이지 않는다.

해설 대부분의 액체위험물은 물질을 녹이는 용매작용이 있다.

54 강화유리가 폭발로 깨졌을 때 나타나는 형태로 옳은 것은?

① 곡선모양
② 입방체모양
③ 원형 모양
④ 격자모양

해설 ② 강화유리가 폭발로 깨졌을 때 나타나는 형태 : 입방체 형태
열에 의해 깨진 유리단면에는 월러라인이 없지만 충격에 의해 깨진 유리단면에는 월러라인이 형성되어 유리단면을 통해 열 또는 충격에 의한 원인을 구분할 수 있다.

55 디지털카메라의 고유기능으로 받아들인 빛을 증폭하여 감도를 높이거나 낮춰주는 기능은?

① 화이트밸런스
② 줌 기능
③ EV 쉬프트
④ ISO 기능

해설 ISO
빛에 반응하는 정도를 나타내는 수치로 ISO 수치가 높을수록 빛에 더 민감하다.

56 시반에 관한 설명으로 옳은 것은?

① 시반은 사망시간을 나타내는 지표로 사용된다.
② 시반은 시신의 사망 전 이동 여부를 나타낸다.
③ 시반은 3~4시간 후에 더 이상 진행되지 않는다.
④ 시반은 우리 몸의 가장 높은 신체부위에 발생한다.

해설 시반
㉠ 사망한 후 시간이 지나면 혈액순환이 멈춰 사체의 가장 낮은 부분에 나타나는 현상
㉡ 사망시간을 추정할 수 있는 지표로 쓰인다.

부록

과년도 출제문제

57 화재증거물수집관리규칙상 증거물 시료 용기에 대한 내용 중 틀린 것은?

① 양철캔은 기름에 견딜 수 있는 디스크를 가진 스크루마개 또는 누르는 금속마개로 밀폐될 수 있으며, 이러한 마개는 한번 사용한 후에는 폐기되어야 한다.

② 유리병의 코르크마개는 휘발성 액체에 사용한다.

③ 주석도금캔(CAN)은 1회 사용 후 반드시 폐기한다.

④ 코르크마개는 시료와 직접 접촉되어서는 안된다.

해설 증거물 시료 용기(화재증거물수집관리규칙 [별표1])
유리병의 코르크 마개는 <u>휘발성 액체에 사용하여서는 안 된다.</u> 만일 제품이 빛에 민감하다면 짙은 색깔의 시료병을 사용한다.

58 화재증거물 중 적외선분광분석법을 사용하여 분석하는 것이 적절한 것은?

① 금속
② 무기화합물
③ 유기화합물(혼합물질)
④ 유기화합물(단일물질)

해설 적외선분광분석법
적외선흡수 스펙트럼을 이용한 분석법으로 주로 유기화합물 중에서도 단일물질을 분석하는 데 효과가 좋다.

59 사진촬영을 위해 현장 전체를 파악할 수 있는 선정위치로 옳은 것은?

① 발화가 개시된 건물 정면
② 발화지점 내부
③ 발화지역 주변 높은 곳
④ 화염이 강하게 출화한 곳

해설 현장 전체를 파악할 수 있는 위치로 발화지역 주변 높은 곳을 선정한다.

60 유리창문의 파괴가 내부 또는 외부충격에 의하여 발생하였는지를 파악할 수 있는 표식은?

① 고스트마크
② 디렉션마크
③ 리플마크
④ 스플래시마크

해설 유리의 측면에 나타나는 곡선모양을 월러라인이라고 한다. 실무에서는 물결모양의 리플마크라고도 한다.

제4과목 **화재조사보고 및 피해평가**

61 화재 피해조사 및 피해액 산정순서로 옳은 것은?

① 화재현장조사 → 피해정도조사 → 기본현황조사 → 재구입비 산정 → 피해액 산정

② 화재현장조사 → 기본현황조사 → 피해정도조사 → 재구입비 산정 → 피해액 산정

③ 기본현황조사 → 피해정도조사 → 화재현장조사 → 재구입비 산정 → 피해액 산정

④ 기본현황조사 → 피해정도조사 → 재구입비 산정 → 피해액 산정 → 화재현장조사

해설 화재 피해조사 및 피해액 산정순서
화재현장조사 → 기본현황조사 → 피해정도조사 → 재구입비 산정 → 피해액 산정

62 화재조사 및 보고규정에 따른 건축 · 구조물화재의 소실 정도 기준 중 다음 ( ) 안에 알맞은 것은?

반소 : 건물의 (㉮)% 이상 (㉯)% 미만이 소실된 것

① ㉮ 20, ㉯ 50
② ㉮ 20, ㉯ 70
③ ㉮ 30, ㉯ 50
④ ㉮ 30, ㉯ 70

Answer 57.② 58.④ 59.③ 60.③ 61.② 62.④

해설 소실정도(화재조사 및 보고규정 제16조)

㉠ 건축 · 구조물의 소실정도는 다음에 따른다.
- 전소 : 건물의 70% 이상(입체면적에 대한 비율을 말한다)이 소실되었거나 또는 그 미만이라도 잔존부분을 보수하여도 재사용이 불가능한 것
- 반소 : 건물의 30% 이상 70% 미만이 소실된 것
- 부분소 : 전소, 반소에 해당하지 아니하는 것

㉡ 자동차 · 철도차량, 선박 · 항공기 등의 소실정도는 위 ㉠의 규정을 준용한다.

63 잔존물 제거비의 계산방법으로 옳은 것은?

① 화재피해액×10%
② 화재피해액×20%
③ 화재 재구입비×10%
④ 화재 재구입비×20%

해설 잔존물제거비의 산정기준(화재피해금액 산정매뉴얼)

화재로 건물, 부대설비, 영업시설 등이 소손되거나 훼손되어 그 잔존물(잔해 등) 또는 유해물이나 폐기물이 발생된 경우, 이를 제거하는 비용은 재건축비 내지 재취득비용에 포함되지 아니하므로 별도로 피해액을 산정해야 하는데 잔존물, 내지 유해물 또는 폐기물 등은 그 종류별, 성상별로 구분하여 소각 또는 매립 여부를 결정한 후, 그 발생량을 적산하여 처리비용과 수집 및 운반비용을 산정하는 것이 원칙이나 이는 고도의 전문성이 요구되므로, 여기서는 간이추정방식에 의해 산정하기로 한다. 화재로 인한 건물, 부대설비, 영업시설, 기계장치, 공구 · 기구, 집기비품, 가재도구 등의 잔존물 내지 유해물 또는 폐기물을 제거하거나 처리하는 비용은 화재피해액의 10% 범위 내에서 인정된 금액으로 산정한다.

잔존물제거비＝화재피해액×10%

64 화재조사 및 보고규정상 조사 보고에 대한 설명으로 옳지 않은 것은?

① 조사관이 조사를 시작한 때에는 소방관서장에게 지체없이 화재 · 구조 · 구급상황보고서를 작성 · 보고해야 한다.

② 「소방기본법 시행규칙」 제3조 제2항 제1호에 해당하는 화재 : 별지 제1호 서식 내지 제11호 서식까지 작성하여 화재발생일로부터 30일 이내에 보고해야 한다.

③ 제1호에 해당하지 않는 화재 : 별지 제1호 서식 내지 제11호 서식까지 작성하여 화재발생일로부터 15일 이내에 보고해야 한다.

④ 소방본부장 및 소방서장은 제2항에 따른 조사결과 서류를 영 제14조에 따라 국가화재정보시스템에 입력 · 관리해야 하며 준영구보존방법에 따라 보존해야 한다.

해설 조사보고(화재조사 및 보고규정 제22조)

㉠ 조사관이 조사를 시작한 때에는 소방관서장에게 지체없이 [별지 제1호 서식] 화재 · 구조 · 구급상황보고서를 작성 · 보고해야 한다.

㉡ 조사의 최종 결과보고는 다음에 따른다.
- 「소방기본법 시행규칙」 제3조 제2항 제1호에 해당하는 화재 : 별지 제1호 서식 내지 제11호 서식까지 작성하여 화재발생일로부터 30일 이내에 보고해야 한다.
- 위에 해당하지 않는 화재 : 별지 제1호 서식 내지 제11호 서식까지 작성하여 화재발생일로부터 15일 이내에 보고해야 한다.

㉢ 위 ㉡에도 불구하고 다음의 정당한 사유가 있는 경우에는 소방관서장에게 사전 보고를 한 후 필요한 기간만큼 조사보고일을 연장할 수 있다.
- 법 제5조 제1항 단서에 따른 수사기관의 범죄수사가 진행 중인 경우
- 화재감정기관 등에 감정을 의뢰한 경우
- 추가 화재현장조사 등이 필요한 경우

㉣ 위 ㉢에 따라 조사보고일을 연장한 경우 그 사유가 해소된 날부터 10일 이내에 소방관서장에게 조사결과를 보고해야 한다.

㉤ 치외법권지역 등 조사권을 행사할 수 없는 경우는 조사 가능한 내용만 조사하여 제21조 각 호의 조사 서식 중 해당 서류를 작성 · 보고한다.

㉥ 소방본부장 및 소방서장은 위 ㉡에 따른 조사결과 서류를 영 제14조에 따라 국가화재정보시스템에 입력 · 관리해야 하며 영구보존방법에 따라 보존해야 한다.

Answer 63.① 64.④

65 항공기, 선박, 철도차량, 특수작업용 차량, 시중매매가격이 확인되지 아니하는 자동차에 대한 피해액 산정기준 중 틀린 것은?

① 감정평가서가 있는 경우 감정평가서상의 현재가액에 손해율을 곱한 금액을 화재로 인한 피해액으로 한다.

② 감정평가서가 없는 경우 회계장부상의 현재가액에 손해율을 곱한 금액을 화재로 인한 피해액으로 한다.

③ 감정평가서와 회계장부 모두 없는 경우에는 제조회사, 판매회사, 조합 또는 협회 등에 조회하여 구입가격 또는 시중 거래가격을 확인하여 피해액을 산정한다.

④ 수리가 가능한 경우에는 수리비를 피해액으로 한다.

해설 기타 운반구의 피해액 산정기준(화재피해금액 산정매뉴얼)
　㉠ 항공기, 선박, 철도차량, 특수작업용차량, 시중매매가격이 확인되지 아니하는 자동차에 대해서는 기계장치의 피해액 산정기준에 따른다. 다만 내용연수에 있어 산정 규정의 [별표 6] 업종별 자산의 내용연수를 적용한다.
　㉡ 항공기, 선박, 철도차량, 특수작업용차량, 시중매매가격이 확인되지 아니하는 자동차에 대한 경우
　　• 감정평가서가 있는 경우 감정평가서상의 현재가액에 손해율을 곱한 금액을 화재로 인한 피해액으로 한다.
　　• 감정평가서가 없는 경우 회계장부상의 현재가액에 손해율을 곱한 금액을 화재로 인한 피해액으로 한다.
　　• 감정평가서와 회계장부 모두 없는 경우에는 제조회사 판매회사 조합 또는 협회 등에 조회하여 구입가격 또는 시중 거래가격을 확인하여 피해액을 산정한다. <u>다만, 수리가 가능한 경우에는 수리비에 감가공제를 한 금액을 피해액으로 한다.</u>

66 화재조사 및 보고규정에 따른 화재의 유형별 분류가 아닌 것은?

① 임야화재

② 자동차 · 철도차량화재

③ 선박 · 항공기화재

④ 전기 · 화학화재

해설 화재 유형(화재조사 및 보고규정 제9조)
　㉠ 법 제2조 제1항 제1호의 화재는 다음과 같이 그 유형을 구분한다.
　　• <u>건축 · 구조물화재</u> : 건축물, 구조물 또는 그 수용물이 소손된 것
　　• <u>자동차 · 철도차량화재</u> : 자동차, 철도차량 및 피견인 차량 또는 그 적재물이 소손된 것
　　• <u>위험물 · 가스제조소 등 화재</u> : 위험물제조소 등, 가스제조 · 저장 · 취급시설 등이 소손된 것
　　• <u>선박 · 항공기화재</u> : 선박, 항공기 또는 그 적재물이 소손된 것
　　• <u>임야화재</u> : 산림, 야산, 들판의 수목, 잡초, 경작물 등이 소손된 것
　　• <u>기타화재</u> : 위의 내용에 해당되지 않는 화재
　㉡ 위 ㉠의 화재가 복합되어 발생한 경우에는 화재의 구분을 화재피해금액이 큰 것으로 한다. 다만, 화재피해금액으로 구분하는 것이 사회관념상 적당하지 않을 경우에는 발화장소로 화재를 구분한다.

67 화재현장출동보고서 중 현장도착 시 발견 사항의 기재사항으로 옳지 않은 것은?

① 화염 및 연기

② 화염색

③ 화염의 크기

④ 소방대의 건물 진입방법

해설 화재현장출동보고서(화재조사 및 보고규정 [별지 제2호 서식])
　㉠ 현장도착 시 발견사항
　　• 화염 및 연기
　　• 화염색
　　• 연기색
　　• 화염의 크기
　　• 연기분출량
　　• 특이한 냄새
　㉡ 출입문 상태 및 소방대 건물 진입방법 소방대의 건물 진입방법

Answer 65.④ 66.④ 67.④

68 특수한 경우의 피해액 산정 우선 적용사항 기준 중 틀린 것은?

① 중고구입기계장치 및 집기비품의 제작연도를 알 수 없는 경우 신품가액의 30~50%를 재구입비로 하여 피해액을 산정한다.
② 중고기계장치 및 중고집기비품의 시장거래가격이 신품가격보다 높을 경우 신품가액을 재구입비로 하여 피해액을 산정한다.
③ 공구·기구, 집기비품, 가재도구를 일괄하여 피해액을 산정할 경우 재구입비의 50%를 피해액으로 한다.
④ 재고자산의 상품 중 견본품, 전시품, 진열품에 대해서는 구입가의 30~50%를 피해액으로 한다.

해설 특수한 경우의 피해액산정 우선적용사항(화재피해금액 산정매뉴얼)
㉠ 건물에 있어 문화재의 경우 별도의 피해액 산정기준에 의한다.
㉡ 철거건물 및 모델하우스의 경우 별도의 피해액 산정기준에 의한다.
㉢ 중고구입기계장치 및 집기비품의 제작연도를 알 수 없는 경우 신품가액의 30~50%를 재구입비로 하여 피해액을 산정한다.
㉣ 중고기계장치 및 중고집기비품의 시장거래가격이 신품가격보다 높을 경우 신품가액을 재구입비로 하여 피해액을 산정한다.
㉤ 중고기계장치 및 중고집기비품의 시장거래가격이 신품가액에서 감가수정을 한 금액보다 낮을 경우 중고기계장치의 시장거래가격을 재구입비로 하여 피해액을 산정한다.
㉥ 공구·기구, 집기비품, 가재도구를 일괄하여 피해액을 산정할 경우 재구입비의 50%를 피해액으로 한다.
㉦ 재고자산의 상품 중 견본품, 전시품, 진열품에 대해서는 구입가의 50~80%를 피해액으로 한다.

69 화재유형별 조사서(건축·구조물화재)의 특정 소방대상물의 분류항목이 아닌 것은?

① 지하구　② 초고층시설
③ 근린생활시설　④ 문화 및 집회시설

해설 화재조사 및 보고규정[별지 제6호 서식]

화재유형별 조사서(건축·구조물화재)
특정소방대상물
□ 공동주택
□ 근린생활시설
□ 문화 및 집회시설
□ 종교시설　□ 판매시설
□ 운수시설　□ 의료시설
□ 교육연구시설
□ 노유자시설　□ 수련시설
□ 운동시설　□ 업무시설
□ 숙박시설　□ 위락시설
□ 공장　□ 창고시설
□ 위험물 저장 및 처리 시설
□ 항공기 및 자동차 관련 시설
□ 동물 및 식물 관련 시설
□ 자원순환 관련 시설
□ 교정 및 군사시설
□ 방송통신시설　□ 발전시설
□ 묘지 관련 시설
□ 관광휴게시설 □ 장례시설 □ 지하가 □ 지하구
□ 문화재 □ 복합건축물

70 화재발생종합보고서 작성 시 질문기록서의 작성을 생략할 수 있는 화재는?

① 건축·구조물화재　② 임야화재
③ 자동차화재　④ 선박화재

해설 화재조사 및 보고규정 [별지 제10호 서식]

질문기록서
화재번호(20 -00)
20 . .
소속 : ○○소방서(소방본부)
계급·성명 : ○○○(서명)
① 화재발생 일시 및 장소
② 질문일시
③ 질문장소
④ 답변자
⑤ 화재대상과의 관계
⑥ 언제
⑦ 어디서
⑧ 무엇을 하고 있을 때
⑨ 어떻게 해서 알게 되었는가?
⑩ 그때 현상은 어떠했는가?
⑪ 그래서 어떻게 했는가?
⑫ 기타 참고사항

※ 기타화재 중 쓰레기, 모닥불, 가로등, 전봇대화재 및 임야화재의 경우 질문기록서 작성을 생략할 수 있음.

71 신축 후 20년된 블록조 슬래브지붕의 주택에 화재가 발생하여 450m²가 소실된 경우의 화재피해액은? (단, 내용연수 50년, 신축단가 450천원, 손해율 70%이다.)

① 96,390천원 　　② 85,050천원
③ 56,700천원 　　④ 93,200천원

해설 건물피해액 산정기준(화재피해금액 산정매뉴얼)
화재로 인한 건물의 피해액은 화재피해 대상 건물과 동일한 구조, 용도, 질, 규모의 건물을 재건축하는 데 소요되는 금액(이하 '재건축비'라 함)에서 사용손모 및 경과연수에 대응한 감가공제를 한 다음 손해율을 곱한 금액이 된다.
화재로 인한 피해액
　=소실면적의 재건축비×잔가율×손해율
　=신축단가×소실면적×[1-(0.8×경과연수/내용연수)]×손해율
　=450천원×450m²×[1-(0.8×20/50)]×70%
　=96,390천원

72 철근콘크리트조 슬래브지붕 4층 건물의 1층에서 화재가 발생하여 1층 점포 300m²(바닥면적 기준)가 전소되고, 2층 벽면 1면에 100m²의 그을음 피해가 발생한 경우 소실면적은 몇 m²인가?

① 400 　　② 320
③ 350 　　④ 200

해설 건물의 소실면적(화재피해금액 산정매뉴얼)
건물의 소실된 면적은 m² 단위로 기재하며, 소실면적은 건물의 바닥면적을 기준으로 한다. 다만 화재피해 범위가 건물의 6면 중 2면 이하인 경우에는 6면 중의 피해면적의 합에 5분의 1을 곱한 값을 소실면적으로 한다.
300m²+(100m²×1/5)=320m²

73 화재현장조사서의 작성 시 유의사항 중 틀린 것은?

① 관계자의 진술을 기재하지 않는다.
② 발화지점 및 화재원인 판정은 객관적인 증거자료를 첨부할 수 있다.

③ 감식 · 감정 결과통지서, 참고문헌 등 참고자료를 첨부할 수 있다.
④ 예상되는 사항 및 관련조치사항 등도 기록할 수 있다.

해설 화재현장조사서(화재조사 및 보고규정 [별지 제5호 서식])
□ 발화지점 판정
　○ 관계자 진술
　○ 발화지점 및 연소확대 경로

74 화재현장조사서(임야화재, 기타화재, 피해액이 없는 화재 이외의 화재)의 화재원인 검토항목이 아닌 것은?

① 방화 가능성
② 인적 부주의 등
③ 기름유출
④ 기계적 요인

해설 화재현장조사서(화재조사 및 보고규정 [별지 제5호 서식])
□ 화재원인 검토
　○ 방화 가능성(연소상황, 원인추적 등에 관한 사진, 설명)
　○ 전기적 요인
　○ 기계적 요인
　○ 가스누출
　○ 인적 부주의 등
　○ 연소확대 사유

75 예술품 및 귀중품의 화재피해액 산정기준 중 틀린 것은?

① 감가공제를 하지 아니한다.
② 복수전문가의 감정을 받거나 감정서 등의 금액을 피해액으로 인정한다.
③ 공인감정기관에서 인정하는 금액을 화재로 인한 피해액으로 산정한다.
④ 예술품 및 귀중품에 대한 그 가치를 손상하지 아니하고 원상태의 복원이 가능한 경우에는 피해액을 인정하지 아니한다.

Answer　71.① 72.② 73.① 74.③ 75.④

해설 예술품 및 귀중품의 피해액 산정(화재피해금액 산정매뉴얼)

예술품 및 귀중품에 대해서는 공인감정기관에서 인정하는 금액을 화재로 인한 피해액으로 산정한다. 그러므로 복수의 전문가(전문점, 학자, 감정인 등의) 감정을 받거나 감정서 등의 금액을 피해액으로 인정하며, 감가공제는 하지 아니한다. 예술품 및 귀중품은 원상태의 복원이 가능한 경우에는 원상복구에 소요되는 비용을 화재로 인한 피해액으로 산정한다. 예술품 및 귀중품에 대해 그 가치를 손상하지 아니하고 원상태의 복원이 가능한 경우에는 원상회복에 소요되는 비용을 화재로 인한 피해액으로 한다.

예술품 및 귀중품의 피해＝감정서의 감정가액
＝전문가의 감정가액

76 화재 사후조사에 대한 화재발생종합보고서에 대한 설명으로 옳은 것은?

① 소방대가 출동하지 아니한 화재장소의 화재증명원 발급요청이 있는 경우 조사관이 주관적으로 판단하여 사후조사를 실시한 후 보고서를 작성한다.

② 사후조사의 경우 화재발생종합보고서는 화재조사 및 보고규정의 서식이 아닌 별도의 서식에 의해 작성한다.

③ 사후조사의 경우에도 화재현장출동보고서를 반드시 작성하여야 한다.

④ 사후조사는 발화장소 및 발화지점 등 현장이 보존되어 있는 경우에만 조사를 할 수 있다.

해설 화재증명원의 발급(화재조사 및 보고규정 제23조)

㉠ 소방관서장은 화재증명원을 발급받으려는 자가 규칙 제9조 제1항에 따라 발급신청을 하면 규칙 [별지 제3호 서식]에 따라 화재증명원을 발급해야 한다. 이 경우 「민원 처리에 관한 법률」 제12조의2 제3항에 따른 통합전자민원창구로 신청하면 전자민원문서로 발급해야 한다.

㉡ 소방관서장은 화재피해자로부터 소방대가 출동하지 아니한 화재장소의 화재증명원 발급신청이 있는 경우 조사관으로 하여금 사후조사를 실시하게 할 수 있다. 이 경우 민원인

이 제출한 [별지 제13호 서식]의 사후조사의뢰서의 내용에 따라 발화장소 및 발화지점의 현장이 보존되어 있는 경우에만 조사를 하며, [별지 제2호 서식]의 화재현장출동보고서 작성은 생략할 수 있다.

77 소방시설 등 활용조사서 소화시설의 기재사항이 아닌 것은?

① 소화기구
② 옥외소화전
③ 연결송수관설비
④ 물분무 등 소화설비

해설 소방시설 등 활용조사서(화재조사 및 보고규정 [별지 제9호 서식])

연결송수관설비는 소화활동설비에 해당한다.

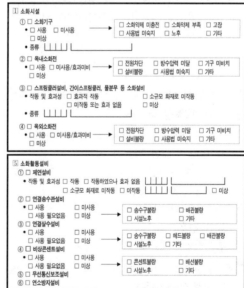

78 재고자산의 화재피해액 산정 시 회계장부에 현재가액이 확인된 경우의 산정기준으로 옳은 것은?

① 회계장부상 현재가액×손해율
② 재고자산의 출고가액×손해율
③ 재조자산의 회전율×손해율
④ 연간매출액÷손해율

Answer 76.④ 77.③ 78.①

부록

과년도 출제문제

해설 재고자산의 피해액 산정기준(화재피해금액산정 매뉴얼)

ㄱ 회계장부에 의한 피해액 산정

일정 규모 이상의 사업체로서 재고자산에 대하여 회계장부에 의한 가액이 확인되는 경우 회계장부상의 재고자산 구입가액에 손해율을 곱한 금액을 재고자산의 피해액으로 한다. 다만 견본품, 전시품, 진열품의 경우 재고자산 종류에 따라 구입가격의 50~80%를 피해액으로 한다.

※ 재고자산의 피해액=회계장부상의 구입가액
×손해율

ㄴ 추정에 의한 방식

회계장부 등에 의해 재고자산의 구입가액이 확인되지 아니하는 경우 화재피해 대상 업체의 매출액에 의해 화재 당시의 재고자산을 추정하여 피해액을 산정하는 방식으로 매출액을 업종별 재고자산회전율로 나눈 후 손해율을 곱한 금액이 재고자산의 피해액이 된다.

※ 재고자산 피해액=연간매출액÷재고자산
회전율×손해율

79 영업시설의 화재로 인한 소손 정도에 따른 손해율이 40%인 경우는?

① 영업시설의 일부를 교체 또는 수리하거나 도장 내지 도배가 필요한 경우
② 손상 정도가 다소 심하여 상당부분 교체 내지 수리가 필요한 경우
③ 불에 타거나 변형되고 그을음과 수침 정도가 심한 경우
④ 부분적인 소손 및 오염의 경우

해설 영업시설의 소손 정도에 따른 손해율(화재피해 금액 산정매뉴얼)

화재로 인한 피해정도	손해율(%)
불에 타거나 변형되고 그을음과 수침 정도가 심한 경우	100
손상정도가 다소 심하여 상당부분 교체 내지 수리가 필요한 경우	60
영업시설의 일부를 교체 또는 수리하거나 도장 내지 도배가 필요한 경우	40
부분적인 소손 및 오염의 경우	20
세척내지 청소만 필요한 경우	10

80 건물피해액 산정기준으로 틀린 것은?

① 건물의 소실면적 산정은 소실 바닥면적으로 산정하며, 화재피해 범위가 건물의 6면 중 2면 이하인 경우에는 6면 중의 피해면적의 합에 5분의 1을 곱한 값을 소실면적으로 한다.
② 신축단가는 화재피해 건물과 같거나 비슷한 규모, 구조, 용도, 재료, 시공방법 및 시공상태 등에 의해 새로운 건물을 신축했을 경우의 m^2당 단가 이다.
③ 소실면적의 재건축비는 소실면적에 신축단가를 곱한 금액으로 한다.
④ 잔가율은 구입 당시에 피해물의 재구입비에 대한 현재가의 비율로 화재 당시 건물에 잔존하는 가치의 정도를 말한다.

해설 건물피해액 산정기준(화재피해금액 산정매뉴얼)

화재로 인한 피해액
=소실면적의 재건축비×잔가율×손해율
=신축단가×소실면적
×[1−(0.8×경과연수/내용연수)]×손해율

ㄱ 소실면적

화재 피해액을 산정하기 위한 피해 면적으로서 화재피해를 입은 건물의 연면적(건물의 각층의 상면적의 합계)을 말한다. 다만 건물의 소실면적 산정은 소실 바닥면적으로 산정하며, 화재피해 범위가 건물의 6면 중 2면 이하인 경우에는 6면 중의 피해면적의 합에 5분의 1을 곱한 값을 소실면적으로 한다.

ㄴ 소실면적의 재건축비

소실면적의 재건축비는 소실면적에 신축단가를 곱한 금액으로 한다.

ㄷ 잔가율

화재 당시에 피해물의 재구입비에 대한 현재가의 비율로 화재 당시 건물에 잔존하는 가치의 정도를 말한다. 건물의 현재가치는 재구입비에서 사용손모 및 경과기간으로 인한 감가액을 공제한 금액이 되므로 잔가율은 1−(1−최종잔가율)×경과연수/내용연수이며, 건물의 최종잔가율은 20%이므로 이를 위 식에 반영하면 건물의 잔가율은 [1−(0.8×경과연수/내용연수)]가 된다.

Answer 79.① 80.④

제5과목　**화재조사관계법규**

81 화재로 인한 민사상 손해배상책임에 해당하는 것은?

① 소방대원 주택화재 진압 후 7시간 경과 훈소의 재발화
② 보험금을 목적으로 운영하는 공장에 방화
③ 소방대원의 진화작업 중 백드래프트(back draft)로 인한 물적 피해
④ 전기배선 불량으로 인한 전기화재건물의 임차인 또는 임대인

해설　건물 내부 전기시설 불량으로 화재가 발생했다면 관리주체의 책임소재에 따라 임차인 또는 임대인이 민사상 손해배상을 하여야 할 책임이 있다.

82 민법에서 규정하는 불법행위에 대한 설명으로 틀린 것은?

① 과실로 인한 위법행위로 타인에게 손해를 가한 자는 그 손해를 배상할 책임이 있다.
② 타인의 신체, 자유 또는 명예를 해하거나 기타 정신상 고통을 가한 자는 재산 이외의 손해에 대하여도 배상할 책임이 있다.
③ 심신상실 중에 타인에게 손해를 가한 자는 배상의 책임이 있다.
④ 태아는 손해배상의 청구권에 관하여는 이미 출생한 것으로 본다.

해설　**심신상실자의 책임능력(민법 제754조)**
심신상실 중에 타인에게 손해를 가한 자는 배상의 책임이 없다. 그러나 고의 또는 과실로 인하여 심신상실을 초래한 때에는 그러하지 아니하다.

83 화재로 인한 재해보상과 보험가입에 관한 법률에서 규정하고 있는 특약부화재보험에서 후유장애 1급의 경우 보험금액으로 옳은 것은?

① 1억 5,000만원　② 1억 3,500만원
③ 1억 2,000만원　④ 1억 500만원

해설　후유장애 구분 및 보험금액(화재로 인한 재해보상과 보험가입에 관한 법률 시행령 [별표 2])
　ㄱ 후유장애 1급 보험금액 : 1억 5,000만원
　ㄴ 후유장애 2급 보험금액 : 1억 3,500만원
　ㄷ 후유장애 3급 보험금액 : 1억 2,000만원
　ㄹ 후유장애 4급 보험금액 : 1억 500만원
　ㅁ 후유장애 5급 보험금액 : 9,000만원
　ㅂ 후유장애 6급 보험금액 : 7,500만원
　ㅅ 후유장애 7급 보험금액 : 6,000만원
　ㅇ 후유장애 8급 보험금액 : 4,500만원
　ㅈ 후유장애 9급 보험금액 : 3,800만원
　ㅊ 후유장애 10급 보험금액 : 2,700만원
　ㅋ 후유장애 11급 보험금액 : 2,300만원
　ㅌ 후유장애 12급 보험금액 : 1,900만원
　ㅍ 후유장애 13급 보험금액 : 1,500만원
　ㅎ 후유장애 14급 보험금액 : 1,000만원

84 화재로 인한 재해보상과 보험가입에 관한 법령에서 규정하는 특수건물의 기준 중 옳은 것은?

① 영화 및 비디오물의 진흥에 관한 법률에 따른 영화상영관으로 사용하는 부분의 바닥면적의 합계가 2,000제곱미터 이상인 건물
② 음악산업진흥에 관한 법률에 따른 노래연습장업으로 사용하는 부분의 바닥면적의 합계가 3,000제곱미터 이상인 건물
③ 의료법에 따른 병원급 의료기관으로 사용하는 건물로서 연면적의 합계가 2,000제곱미터 이상인 건물
④ 학원의 설립 · 운영 및 과외교습에 관한 법률에 따른 학원으로 사용하는 부분의 바닥면적의 합계가 3,000제곱미터 이상인 건물

해설　**특수건물(화재로 인한 재해보상과 보험가입에 관한 법률 시행령)**
　ㄱ 「학원의 설립 · 운영 및 과외교습에 관한 법률」 제2조 제1호에 따른 학원으로 사용하는 부분의 바닥면적의 합계가 2천제곱미터 이상인 건물
　ㄴ 「의료법」 제3조 제2항 제3호에 따른 병원급 의료기관으로 사용하는 건물로서 연면적의 합계가 3천제곱미터 이상인 건물

부록
과년도 출제문제

Answer　81.④　82.③　83.①　84.①

ⓒ 다음의 영업으로 사용하는 부분의 바닥면적의 합계가 2천제곱미터 이상인 건물
- 「게임산업진흥에 관한 법률」 제2조 제6호에 따른 게임제공업
- 「게임산업진흥에 관한 법률」 제2조 제7호에 따른 인터넷컴퓨터게임시설제공업
- 「음악산업진흥에 관한 법률」 제2조 제13호에 따른 노래연습장업
- 「식품위생법 시행령」 제21조 제8호 가목에 따른 휴게음식점영업
- 「식품위생법 시행령」 제21조 제8호 나목에 따른 일반음식점영업
- 「식품위생법 시행령」 제21조 제8호 다목에 따른 단란주점영업
- 「식품위생법 시행령」 제21조 제8호 라목에 따른 유흥주점영업
- 「식품위생법 시행령」 제21조 제9호에 따른 공유주방 운영업

ⓔ 「영화 및 비디오물의 진흥에 관한 법률」 제2조 제10호에 따른 영화상영관으로 사용하는 부분의 바닥면적의 합계가 2천제곱미터 이상인 건물

85 현주건조물 등에의 방화에 대한 기준 중 다음 ( ) 안에 알맞은 것은?

불을 놓아 사람이 주거로 사용하거나 사람이 현존하는 건조물, 기차, 전차, 자동차, 선박, 항공기 또는 지하채굴시설을 불태운 죄를 범하여 사람을 상해에 이르게 한 때에는 무기 또는 ( )년 이상의 징역에 처한다.

① 2 ② 3
③ 5 ④ 7

해설 현주건조물 등 방화(형법 제164조)
ⓖ 불을 놓아 사람이 주거로 사용하거나 사람이 현존하는 건조물, 기차, 전차, 자동차, 선박, 항공기 또는 지하채굴시설을 불태운 자는 무기 또는 3년 이상의 징역에 처한다.
ⓛ 위 ⓖ의 죄를 지어 사람을 상해에 이르게 한 경우에는 무기 또는 5년 이상의 징역에 처한다. 사망에 이르게 한 경우에는 사형, 무기 또는 7년 이상의 징역에 처한다.

86 화재로 인한 재해보상과 보험가입에 관한 법령상 한국화재보험협회가 보험계약을 체결할 때 실시하는 특수건물의 안전점검기준 중 ( ) 안에 알맞은 것은? (단, 특수건물 관계인의 요청이 있는 경우는 제외한다.)

특수건물을 건축한 경우와 특수건물의 소유권이 변경된 경우를 제외한 그 밖의 경우로서 특수건물에 해당하게 된 이후 처음으로 안전점검을 하는 경우는 안전점검 ( )일 전에 특수건물에 해당한다는 사실과 안전점검일자 등의 사항을 특수건물 관계인 중 1명 이상에게 통지하여야 한다.

① 30 ② 15
③ 10 ④ 7

해설 안전점검(화재로 인한 재해보상과 보험가입에 관한 법률 제12조)
협회는 법 제16조 제1항 및 제2항에 따른 안전점검(이하 "안전점검"이라 한다)을 하려는 경우 다음의 구분에 따른 사항을 특수건물 관계인 중 1명 이상에게 통지하여야 한다. 다만, 다음에도 불구하고 특수건물 관계인의 요청이 있는 경우에는 통지기간을 단축할 수 있다.
ⓖ 법 제5조 제4항 제3호에 해당하는 경우로서 특수건물에 해당하게 된 이후 처음으로 안전점검을 하는 경우 : 안전점검 15일 전에 특수건물에 해당한다는 사실과 안전점검 일자 등
ⓛ 위 ⓖ 외의 경우 : 안전점검 48시간 전에 안전점검 일자 등

87 제조물책임법에 의한 결함의 종류가 아닌 것은?

① 설계상의 결함 ② 제조상의 결함
③ 용도상의 결함 ④ 표시상의 결함

해설 결함(제조물책임법 제2조)
"결함"이란 해당 제조물에 다음의 어느 하나에 해당하는 제조상 · 설계상 또는 표시상의 결함이 있거나 그 밖에 통상적으로 기대할 수 있는 안전성이 결여되어 있는 것을 말한다.

Answer 85.③ 86.② 87.③

ㄱ "제조상의 결함"이란 제조업자가 제조물에 대하여 제조상·가공상의 주의의무를 이행하였는지에 관계없이 제조물이 원래 의도한 설계와 다르게 제조·가공됨으로써 안전하지 못하게 된 경우를 말한다.

ㄴ "설계상의 결함"이란 제조업자가 합리적인 대체설계(代替設計)를 채용하였더라면 피해나 위험을 줄이거나 피할 수 있었음에도 대체설계를 채용하지 아니하여 해당 제조물이 안전하지 못하게 된 경우를 말한다.

ㄷ "표시상의 결함"이란 제조업자가 합리적인 설명·지시·경고 또는 그 밖의 표시를 하였더라면 해당 제조물에 의하여 발생할 수 있는 피해나 위험을 줄이거나 피할 수 있었음에도 이를 하지 아니한 경우를 말한다.

88 소방기본법에서 규정하는 소방자동차가 화재진압 및 구조·구급활동을 위하여 출동하는 때 소방자동차의 출동을 방해한 사람에 대한 벌칙기준으로 옳은 것은?

① 5년 이하의 징역 또는 5,000만원 이하의 벌금
② 5년 이상의 징역 또는 5,000만원 이하의 벌금
③ 3년 이하의 징역 또는 1,500만원 이하의 벌금
④ 3년 이하의 징역 또는 1,000만원 이하의 벌금

해설 5년 이하의 징역 또는 5천만원 이하의 벌금

ㄱ 위력(威力)을 사용하여 출동한 소방대의 화재진압·인명구조 또는 구급활동을 방해하는 행위

ㄴ 소방대가 화재진압·인명구조 또는 구급활동을 위하여 현장에 출동하거나 현장에 출입하는 것을 고의로 방해하는 행위

ㄷ 출동한 소방대원에게 폭행 또는 협박을 행사하여 화재진압·인명구조 또는 구급활동을 방해하는 행위

ㄹ 출동한 소방대의 소방장비를 파손하거나 그 효용을 해하여 화재진압·인명구조 또는 구급활동을 방해하는 행위

ㅁ 소방자동차의 출동을 방해한 사람

ㅂ 사람을 구출하는 일 또는 불을 끄거나 불이 번지지 아니하도록 하는 일을 방해한 사람

ㅅ 정당한 사유 없이 소방용수시설 또는 비상소화장치를 사용하거나 소방용수시설 또는 비상소화장치의 효용을 해치거나 그 정당한 사용을 방해한 사람

89 소방의 화재조사에 관한 법률상 화재조사 전담본부의 업무에 관한 사항 중 틀린 것은?

① 화재조사의 실시 및 조사결과 분석·관리
② 화재조사 관련 기술개발과 화재조사관의 역량증진
③ 화재조사관은 소방서장이 지정하는 소방공무원으로 한다.
④ 화재조사에 필요한 시설·장비의 관리·운영

해설 화재조사전담부서의 설치·운영 등(소방의 화재조사에 관한 법률 제6조)

ㄱ 소방관서장은 전문성에 기반하는 화재조사를 위하여 화재조사전담부서(이하 "전담부서"라 한다)를 설치·운영하여야 한다.

ㄴ 전담부서는 다음의 업무를 수행한다.
  • 화재조사의 실시 및 조사결과 분석·관리
  • 화재조사 관련 기술개발과 화재조사관의 역량증진
  • 화재조사에 필요한 시설·장비의 관리·운영
  • 그 밖의 화재조사에 관하여 필요한 업무

ㄷ 소방관서장은 화재조사관으로 하여금 화재조사 업무를 수행하게 하여야 한다.

ㄹ <u>화재조사관은 소방청장이 실시하는 화재조사에 관한 시험에 합격한 소방공무원 등 화재조사에 관한 전문적인 자격을 가진 소방공무원으로 한다.</u>

ㅁ 전담부서의 구성·운영, 화재조사관의 구체적인 자격기준 및 교육훈련 등에 필요한 사항은 대통령령으로 정한다.

90 소방의 화재조사에 관한 법률에 의해 화재조사를 하는 관계공무원으로 화재조사를 수행하면서 알게 된 비밀을 다른 사람에게 누설한 사람에 대한 벌칙기준으로 옳은 것은?

① 100만원 이하의 벌금
② 200만원 이하의 벌금
③ 300만원 이하의 벌금
④ 500만원 이하의 벌금

해설 300만원 이하의 벌금

ㄱ 소방의 화재조사에 관한 법률 제8조 제3항을 위반하여 허가 없이 화재현장에 있는 물건 등을 이동시키거나 변경·훼손한 사람

부록

과년도 출제문제

ⓛ 정당한 사유 없이 소방의 화재조사에 관한 법률 제9조 제1항에 따른 화재조사관의 출입 또는 조사를 거부 · 방해 또는 기피한 사람

ⓒ 소방의 화재조사에 관한 법률 제9조 제3항을 위반하여 관계인의 정당한 업무를 방해하거나 화재조사를 수행하면서 알게 된 비밀을 다른 용도로 사용하거나 다른 사람에게 누설한 사람

ⓔ 정당한 사유 없이 소방의 화재조사에 관한 법률 제11조 제1항에 따른 증거물 수집을 거부 · 방해 또는 기피한 사람

91 제조물책임법상 손해배상책임을 지는 자가 손해배상책임을 면하기 위하여 입증하여야 할 사실기준으로 틀린 것은?

① 제조업자가 해당 제조물을 공급하지 아니하였다는 사실
② 제조업자가 해당 제조물을 공급한 당시의 과학 · 기술수준으로는 결함의 존재를 발견할 수 없었다는 사실
③ 제조물의 결함이 제조업자가 해당 제조물을 제조한 당시의 법령에서 정하는 기준을 준수함으로써 발생하였다는 사실
④ 원재료나 부품의 경우에는 그 원재료나 부품을 사용한 제조물제조업자의 설계 또는 제작에 관한 지시로 인하여 결함이 발생하였다는 사실

해설 **면책사유(제조물책임법 제4조 제1항)**
제3조에 따라 손해배상책임을 지는 자가 다음의 어느 하나에 해당하는 사실을 입증한 경우에는 이 법에 따른 손해배상책임을 면(免)한다.
ⓖ 제조업자가 해당 제조물을 공급하지 아니하였다는 사실
ⓛ 제조업자가 해당 제조물을 공급한 당시의 과학 · 기술 수준으로는 결함의 존재를 발견할 수 없었다는 사실
ⓒ 제조물의 결함이 제조업자가 해당 제조물을 공급한 당시의 법령에서 정하는 기준을 준수함으로써 발생하였다는 사실
ⓔ 원재료나 부품의 경우에는 그 원재료나 부품을 사용한 제조물 제조업자의 설계 또는 제작에 관한 지시로 인하여 결함이 발생하였다는 사실

92 국가배상법에서 정하고 있는 내용으로 틀린 것은?

① 국가나 지방자치단체는 공무원이 직무를 집행하면서 고의 또는 과실로 법령을 위반하여 타인에게 손해를 입힌 경우에 그 손해를 배상하여야 한다.
② 생명 · 신체의 침해로 인한 국가배상을 받을 권리는 양도할 수 있다.
③ 외국인이 피해자인 경우에는 해당 국가와 상호보증이 있을 때에만 적용한다.
④ 손해배상의 소송은 배상심의회에 배상신청을 하지 아니하고도 제기할 수 있다.

해설 **양도 등 금지(국가배상법 제4조)**
생명 · 신체의 침해로 인한 국가배상을 받을 권리는 양도하거나 압류하지 못한다.

93 형법에서 규정하는 과실로 인하여 현주건조물을 소훼한 자에 대한 처벌규정으로 옳은 것은?

① 300만원 이하의 벌금
② 500만원 이하의 벌금
③ 1,000만원 이하의 벌금
④ 1,500만원 이하의 벌금

해설 **실화(형법 제170조)**
ⓖ 과실로 제164조 또는 제165조에 기재한 물건 또는 타인 소유인 제166조에 기재한 물건을 불태운 자는 1천500만원 이하의 벌금에 처한다.
ⓛ 과실로 자기 소유인 제166조의 물건 또는 제167조에 기재한 물건을 불태워 공공의 위험을 발생하게 한 자도 위 ⓖ의 형에 처한다.

94 화재조사 및 보고규정에 따른 사상자의 기준 중 다음 (   ) 안에 알맞은 것은?

사상자는 화재현장에서 사망 또는 부상당한 사람을 말한다. 단, 화재현장에서 부상을 당한 후 (   )시간 이내에 사망한 경우에는 당해 화재로 인한 사망으로 본다.

① 72
② 48
③ 36
④ 24

Answer 91.③ 92.② 93.④ 94.①

해설 사상자(화재조사 및 보고규정 제13조)

사상자는 화재현장에서 사망한 사람과 부상당한 사람을 말한다. 다만, 화재현장에서 부상을 당한 후 72시간 이내에 사망한 경우에는 당해 화재로 인한 사망으로 본다.

95 화재조사 및 보고규정상 용어정리 중 다음 ( ) 안에 알맞은 것은?

> ( )란/이란 발화열원에 의해 불이 붙고 이 물질을 통해 제어하기 힘든 화세로 발전한 가연물을 말한다.

① 발화요인 ② 연소확대물
③ 최초착화물 ④ 발화관련 기기

해설 정의(화재조사 및 보고규정 제2조)

ⓐ 최초착화물 : 발화열원에 의해 불이 붙은 최초의 가연물을 말한다.
ⓑ 발화요인 : 발화열원에 의하여 발화로 이어진 연소현상에 영향을 준 인적 · 물적 · 자연적인 요인을 말한다.
ⓒ 발화관련 기기 : 발화에 관련된 불꽃 또는 열을 발생시킨 기기 또는 장치나 제품을 말한다.
ⓓ 연소확대물 : 연소가 확대되는데 있어 결정적 영향을 미친 가연물을 말한다.

96 제조물책임법에 따른 손해배상청구권의 소멸시효는 몇 년인가?

① 3년 ③ 7년
② 5년 ④ 15년

해설 소멸시효 등(제조물책임법 제7조)

이 법에 따른 손해배상의 청구권은 피해자 또는 그 법정대리인이 다음의 사항을 모두 알게 된 날부터 3년간 행사하지 아니하면 시효의 완성으로 소멸한다.
ⓐ 손해
ⓑ 제3조에 따라 손해배상책임을 지는 자

97 공작물의 설치 또는 보존의 하자로 화재가 발생하여 타인에게 손해를 가한 때 손해배상의 책임자는? (단, 관리지배영역은 배제한다.)

① 공작물점유자 ② 공작물소유자
③ 공작물관리자 ④ 공작물대리자

해설 공작물 등의 점유자, 소유자의 책임(민법 제758조)

ⓐ 공작물의 설치 또는 보존의 하자로 인하여 타인에게 손해를 가한 때에는 공작물점유자가 손해를 배상할 책임이 있다. 그러나 점유자가 손해의 방지에 필요한 주의를 해태하지 아니한 때에는 그 소유자가 손해를 배상할 책임이 있다.
ⓑ 위 ⓐ의 규정은 수목의 재식 또는 보존에 하자있는 경우에 준용한다.
ⓒ 위 ⓑ의 경우 점유자 또는 소유자는 그 손해의 원인에 대한 책임있는 자에 대하여 구상권을 행사할 수 있다.

98 화재조사 및 보고규정에 의한 관계인 등에게 대한 질문 요령으로 틀린 것은?

① 관계인 등에게 질문을 할 때에는 시기, 장소 등을 고려하여 진술하는 사람으로부터 임의진술을 얻도록 해야 한다.
② 진술의 자유 또는 신체의 자유를 침해하여 임의성을 의심할 만한 방법을 취해서는 안 된다.
③ 획득한 진술이 소문 등에 의한 사항인 경우 그 사실을 직접 경험한 관계인 등의 진술을 얻도록 해야 한다.
④ 관계인 등에게 질문을 할 때에는 희망하는 진술내용을 얻기 위하여 상대방에게 암시하는 등의 방법으로 유도한다.

해설 관계인 등 진술(화재조사 및 보고규정 제7조)

ⓐ 법 제9조 제1항에 따라 관계인 등에게 질문을 할 때에는 시기, 장소 등을 고려하여 진술하는 사람으로부터 임의진술을 얻도록 해야 하며 진술의 자유 또는 신체의 자유를 침해하여 임의성을 의심할 만한 방법을 취해서는 안 된다.
ⓑ 관계인 등에게 질문을 할 때에는 희망하는 진술내용을 얻기 위하여 상대방에게 암시하는 등의 방법으로 유도해서는 안 된다.
ⓒ 획득한 진술이 소문 등에 의한 사항인 경우 그 사실을 직접 경험한 관계인 등의 진술을 얻도록 해야 한다.
ⓓ 관계인 등에 대한 질문 사항은 [별지 제10호 서식] 질문기록서에 작성하여 그 증거를 확보한다.

Answer 95.③ 96.① 97.① 98.④

99 화재증거물수집관리규칙상 증거물에 대한 유의사항에 대한 설명으로 옳지 않은 것은 ?

① 관련 법규 및 지침에 규정된 일반적인 원칙과 절차를 준수한다.
② 화재조사에 필요한 증거 수집은 화재피해자의 피해를 최소화하도록 하여야 한다.
③ 화재증거물은 기술적, 절차적인 수단을 통해 진정성, 무결성이 보존되어야 한다.
④ 최종적으로 법정에 제출되는 화재 증거물의 사본성이 보장되어야 한다.

해설 증거물에 대한 유의사항 (화재증거물수집관리규칙 제7조)

증거물의 수집, 보관 및 이동 등에 대한 취급방법은 증거물이 법정에 제출되는 경우에 증거로서의 가치를 상실하지 않도록 적법한 절차와 수단에 의해 획득할 수 있도록 다음의 사항을 준수하여야 한다.
㉠ 관련 법규 및 지침에 규정된 일반적인 원칙과 절차를 준수한다.
㉡ 화재조사에 필요한 증거 수집은 화재피해자의 피해를 최소화하도록 하여야 한다.
㉢ 화재증거물은 기술적, 절차적인 수단을 통해 진정성, 무결성이 보존되어야 한다.
㉣ 화재증거물을 획득할 때에는 증거물의 오염, 훼손, 변형되지 않도록 적절한 장비를 사용하여야 하며, 방법의 신뢰성이 유지되어야 한다.
㉤ <u>최종적으로 법정에 제출되는 화재 증거물의 원본성이 보장되어야 한다.</u>

100 불을 놓아 사람이 주거로 사용하거나 사람이 현존하는 건조물, 기차, 전차, 자동차, 선박, 항공기 또는 지하채굴시설을 불태운 자에 대한 죄명은?

① 현주건조물 등에의 방화죄
② 현조건조물 등에의 방화죄
③ 일반건조물 등에의 방화죄
④ 공용건조물 등에의 방화죄

해설 현주건조물 등 방화(형법 제164조)

㉠ <u>불을 놓아 사람이 주거로 사용하거나 사람이 현존하는 건조물, 기차, 전차, 자동차, 선박, 항공기 또는 지하채굴시설을 불태운 자는 무기 또는 3년 이상의 징역에 처한다.</u>
㉡ 위 ㉠의 죄를 지어 사람을 상해에 이르게 한 경우에는 무기 또는 5년 이상의 징역에 처한다. 사망에 이르게 한 경우에는 사형, 무기 또는 7년 이상의 징역에 처한다.

Answer   99.④   100.①

제1과목 화재조사론

01 다음에서 설명하는 용어로 적절한 것은?

> 화재가 진행되고 있는 동안 석고 벽 표면에서 발생하는 물리·화학적 변화

① 박리(spalling)
② 중합(polymerization)
③ 탄화(carbonization)
④ 하소(calcination)

해설 하소(calcination)
　㉠ 석고보드가 화재로 열에 노출되었을 때 화학적으로 내부에 있는 수분을 방출시키고 무수 석고로 변화될 수 있으며 물리적으로 강도를 잃고 벽으로부터 떨어지는 경우가 있는데 이를 하소라고 한다.
　㉡ 하소(煆燒)란 가연성 물질을 공기 속에서 태워 휘발성분을 없애고 재로 만드는 일이다.

02 가연성 기체 중 위험성의 척도인 위험도가 가장 큰 것은?

① 메탄
③ 프로판
② 에탄
④ 아세틸렌

해설 ㉠ 위험도(Degree of Hazards)
　• 가스가 화재를 일으킬 수 있는 척도를 나타내는 것

• 위험도 수치가 클수록 위험성이 크다.
• 위험도＝연소상한계－연소하한계/연소하한계
　㉡ 가연성 가스의 연소범위
　• 메탄 : 5～15vol%
　• 에탄 : 3.0～12.5vol%
　• 프로판 : 2.1～9.5vol%
　• 아세틸렌 : 2.5～82vol%
　※ 아세틸렌 위험도
　＝연소상한계－연소하한계/연소하한계
　＝82－2.5/2.5＝31.8

03 분진폭발의 위험성이 없는 것은?

① 티타늄 분말
② 알루미늄 분말
③ 아스피린 분말
④ 시멘트 분말

해설 분진폭발
　㉠ 개념
　　분진폭발은 화학적 폭발로 가연성 고체의 미분이나 액체의 미스트(mist)가 티끌이 되어 공기 중에 부유하고 있을 때 어떤 착화원의 에너지를 공급받으면 폭발하는 현상
　㉡ 분진폭발을 일으키는 물질
　　금속분(알루미늄, 마그네슘, 아연 등), 황, 쌀·보리 등 곡물분, 석탄, 솜, 담배, 비누 생선분·혈분의 비료, 종이분, 경질고무 등
　㉢ 분진폭발이 불가능한 물질
　　석회종류(소석회 등), 가성소다, 탄산칼슘($CaCO_3$), 생석회, 시멘트분, 대리석분, 유리분 등

Answer　01.④　02.④　03.④

04 화재조사 및 보고규정에 의한 관계인 등에 대한 질문 요령으로 틀린 것은?

① 관계인 등에게 질문을 할 때에는 시기, 장소 등을 고려하여 진술하는 사람으로부터 임의 진술을 얻도록 해야 한다.
② 진술의 자유 또는 신체의 자유를 침해하여 임의 성을 의심할 만한 방법을 취해서는 안 된다.
③ 획득한 진술이 소문 등에 의한 사항인 경우 그 사실을 직접 경험한 관계인 등의 진술을 얻도록 해야 한다.
④ 관계인 등에게 질문을 할 때에는 희망하는 진술내용을 얻기 위하여 상대방에게 암시하는 등의 방법으로 유도한다.

해설 관계인 등 진술(화재조사 및 보고규정 제7조)
　㋀ 법 제9조 제1항에 따라 관계인 등에게 질문을 할 때에는 시기, 장소 등을 고려하여 진술하는 사람으로부터 임의진술을 얻도록 해야 하며 진술의 자유 또는 신체의 자유를 침해하여 임의성을 의심할 만한 방법을 취해서는 안 된다.
　㉡ 관계인 등에게 질문을 할 때에는 희망하는 진술내용을 얻기 위하여 상대방에게 암시하는 등의 방법으로 유도해서는 안 된다.
　㉢ 획득한 진술이 소문 등에 의한 사항인 경우 그 사실을 직접 경험한 관계인 등의 진술을 얻도록 해야 한다.
　㉣ 관계인 등에 대한 질문 사항은 [별지 제10호 서식] 질문기록서에 작성하여 그 증거를 확보한다.

05 연소현상에 대한 설명으로 옳은 것은?

① 철에 녹이 스는 것은 연소반응의 일종이다.
② 종이가 누렇게 변색되는 것은 연소반응이다.
③ 연소는 빛과 열을 수반하는 급격한 산화반응이다.
④ 니크롬선을 사용한 전열기에 전기가 인가되었을 때 니크롬선이 빛과 열을 내는 것은 연소반응이다.

해설 연소의 정의
　㋀ 가연물이 점화원 접촉을 통해 산소와 결합하는 산화반응으로 빛과 열, 연소생성물을 발생시키는 화학반응현상

　㉡ 철이 녹스는 것과 종이가 누렇게 변색되는 것은 산화반응이지만 연소반응은 아니다.
　㉢ 질소는 산소와 결합하는 산화반응을 하지만 흡열반응을 하기 때문에 연소라 하지 않는다.

06 소방의 화재조사에 관한 법령상 전담부서에 갖추어야 할 장비와 시설 중 안전장비에 포함되지 않는 것은?

① 휴대용 랜턴　　　② 안전고리
③ 안전화　　　　　④ 보호용 장갑

해설 소방의 화재조사에 관한 법률 시행규칙 [별표]
　㋀ 안전장비(8종)
　　보호용 작업복, 보호용 장갑, 안전화, 안전모(무전송수신기 내장), 마스크(방진마스크, 방독마스크), 보안경, 안전고리, 화재조사 조끼
　㉡ 조명기기(5종)
　　이동용 발전기, 이동용 조명기, 휴대용 랜턴, 헤드랜턴, 전원공급장치(500A 이상)

07 수직면과 수평면 모두에서 나타나는 3차원 화재패턴은?

① V패턴　　　　　③ U패턴
② Pour 패턴　　　④ 잘린 원추 패턴

해설 수직면과 수평면 양쪽에서 화염의 끝이 잘릴 때 나타나는 3차원 패턴은 끝이 잘린 원추 패턴이다.

08 가연물의 가연성이 높아지는 조건이 아닌 것은?

① 발열량이 클 것
② 열전도율이 클 것
③ 산소와의 친화력이 클 것
④ 활성화에너지가 작을 것

해설 가연물의 구비조건(=연소가 잘 되기 위한 조건)
　㋀ 산소와 친화력이 클 것 – 화학적 활성도가 클 것
　㉡ 발열량이 클 것
　　• 흡열반응이 아니라 발열반응이어야 한다.
　　• 질소는 산소와 결합하는 산화반응을 하지만 흡열반응을 하기 때문에 연소라 하지 않는다.

Answer 04.④ 05.③ 06.① 07.④ 08.②

ⓒ 비표적이 클 것 - 공기(산소)와 접촉하는 표면적이 커야 한다.

ⓔ 연쇄반응을 일으킬 수 있을 것

ⓜ 열전도도가 작을 것

ⓗ 열축적률이 클 것

ⓐ 활성화에너지(=점화에너지)가 작을 것

문제 관련 핵심이론 ●

(1) 가연물의 비구비조건(=불연성 물질)

　ⓐ 산소와 더 이상 반응하지 않는 물질
　　물(H_2O), 이산화탄소(CO_2), 이산화규소(SiO_2), 산화알루미늄(Al_2O_3), 삼산화크롬(CrO_3), 오산화인(P_2O_5), 프레온, 규조토 등

　ⓑ 산화·흡열반응 물질
　　질소(N_2), 질소산화물[N_2O(아산화질소), NO(일산화질소), NO_2(이산화질소), N_2O_3(삼산화질소)]

　ⓒ 주기율표상 0족 원소
　　헬륨(He), 네온(Ne), 아르곤(Ar), 크립톤(Kr), 크세논(Xe), 라돈(Rn)

(2) 가연물의 특성

　ⓐ 클수록 위험성이 증대되는 것
　　온도, 열량, 증기압, 폭발범위(연소범위), 화학적 활성도, 열축적률, 화염전파속도

　ⓑ 작을수록 위험성이 증대되는 것
　　인화점, 착화점, 점성, 비중, 비점, 융점, 열전도율, 표면장력, 증발열, 전기전도율, 비열, LOI(한계산소지수), 활성화에너지

09 폭발의 종류 중 화학적 폭발이 아닌 것은?

① 산화폭발

② 비등액체증기폭발

③ 분해폭발

④ 중합폭발

[해설] ② 비등액체증기폭발은 물리적 폭발이다.

문제 관련 핵심이론 ●

폭발의 종류와 형식

(1) 공정별 분류 : 물리적 폭발, 화학적 폭발, 물리적·화학적 폭발의 병립에 의한 폭발, 핵폭발 등이 있다.

(2) 물리적 폭발

　ⓐ 화염을 동반하지 않으며, 물질자체의 화학적 분자구조가 변하지 않는다. 단순히 상변화(액상→기상) 등에 의한 폭발이다.

　ⓑ 고압용기의 파열, 탱크의 감압파손, 압력밥솥 폭발 등

　ⓒ 응상폭발(증기폭발, 수증기폭발)과 관련된다.

(3) 화학적 폭발

　ⓐ 화염을 동반하며, 물질자체의 화학적 분자구조가 변한다.

　ⓑ 기상폭발(분해폭발, 산화폭발, 중합폭발, 반응폭주 등)과 관련된다.

10 소방의 화재조사에 관한 법령상 전담부서에서 갖추어야 할 장비 및 시설 중 화재조사분석실은 몇 제곱미터(m^2) 이상의 실을 보유하여야 하는가?

① 10제곱미터(m^2) 이상

② 20제곱미터(m^2) 이상

③ 30제곱미터(m^2) 이상

④ 40제곱미터(m^2) 이상

[해설] 소방의 화재조사에 관한 법률 시행규칙 [별표]

화재조사 분석실의 구성장비를 유효하게 보존·사용할 수 있고, 환기 시설 및 수도·배관시설이 있는 30제곱미터(m^2) 이상의 실(室)

※ 화재조사 분석실의 면적은 청사 공간의 효율적 활용을 위하여 불가피한 경우 최소 기준 면적의 절반 이상에 해당하는 면적으로 조정할 수 있다.

11 A급 화재에서만 발생할 수 있는 위험현상으로 옳은 것은?

① 보일오버(boil over)

② 슬롭오버(slop over)

③ 플레임오버(flame over)

④ 프로스오버(froth over)

[해설] ③ 플레임오버는 구획실에서 가연성 가스와 산소가 혼합된 상태로 천장 부근에 집적될 때 천장면을 따라 굴러가듯이 연소확산되는 현상이다.

①보일오버, ②슬롭오버, ④프로스오버는 B급 화재(유류화재) 시 발생하는 현상이다.

※ 플레임오버나 롤오버는 플래시오버에 선행하는 것이 일반적이다.

Answer 09.② 10.③ 11.③

12 소방의 화재조사에 관한 법률상 화재조사 전담본부의 업무에 관한 사항 중 틀린 것은?

① 화재조사의 실시 및 조사결과 분석 · 관리
② 화재조사 관련 기술개발과 화재조사관의 역량증진
③ 화재조사관은 소방서장이 실시하는 화재조사에 관한 시험에 합격한 소방공무원 등으로 한다.
④ 화재조사에 필요한 시설 · 장비의 관리 · 운영

해설 화재조사전담부서의 설치 · 운영 등(소방의 화재조사에 관한 법률 제6조)
　ㄱ 소방관서장은 전문성에 기반하는 화재조사를 위하여 화재조사전담부서(이하 "전담부서"라 한다)를 설치 · 운영하여야 한다.
　ㄴ 전담부서는 다음의 업무를 수행한다.
　　• 화재조사의 실시 및 조사결과 분석 · 관리
　　• 화재조사 관련 기술개발과 화재조사관의 역량증진
　　• 화재조사에 필요한 시설 · 장비의 관리 · 운영
　　• 그 밖의 화재조사에 관하여 필요한 업무
　ㄷ 소방관서장은 화재조사관으로 하여금 화재조사 업무를 수행하게 하여야 한다.
　ㄹ <u>화재조사관은 소방청장이 실시하는 화재조사에 관한 시험에 합격한 소방공무원 등 화재조사에 관한 전문적인 자격을 가진 소방공무원으로 한다.</u>
　ㅁ 전담부서의 구성 · 운영, 화재조사관의 구체적인 자격기준 및 교육훈련 등에 필요한 사항은 대통령령으로 정한다.

13 화재플룸(fire plume)에 의해 수직벽면에 생성되는 패턴으로 옳지 않은 것은?

① V패턴　　　　② 모래시계 패턴
③ 도넛 패턴　　　④ U패턴

해설 ③ 도넛 패턴은 유류에 의해 바닥면에 형성되는 화재패턴이다.

▶ **문제 관련 핵심이론** ◀ - - - - - - - - -

화재플룸(fire plume)
　ㄱ 화재 시 발생한 고온가스와 주변의 차가운 기체와의 밀도차에 의해 발생한다.

　ㄴ 대부분의 화재플룸은 화원에서 발생한 열과 주변 공기에 의해 매우 불안정한 형태의 난류 유동을 형성한다.
　ㄷ 화재플룸 내의 고온가스가 상승함에 따라 주변의 공기가 화염부로 들어오게 되는데 이를 공기유입이라 한다.
　ㄹ 화재플룸에 주위 공기가 유입되면 플룸 내부온도가 내려가며 반경은 확대된다.
　※ 구획실에서 동일한 크기의 화재가 발생한 경우 화재플룸(fire plume)의 위치는 고온층의 절대온도에 영향을 미친다.

14 전도 열전달형태와 관계되는 법칙으로 적절한 것은?

① 푸리에(Fourier)의 법칙
② 플랑크(Planck)의 법칙
③ 뉴턴(Newton)의 법칙
④ 픽(Fick)의 법칙

해설 ① 푸리에법칙 : 전도 열전달과 관계
　※ 슈테판 – 볼츠만 법칙 : 복사로 전달되는 열에너지의 양은 고온체와 저온체의 온도차의 4승에 비례한다.

15 화재가 나타내는 V패턴의 설명으로 옳지 않은 것은?

① 불꽃과 대류 또는 복사열에 의해서 생성된다.
② 연소가 진행될 때 수직으로 된 벽면에 나타난다.
③ 패턴이 나타내는 각도가 작으면 연소의 속도가 느리다.
④ 발화지점이 아닌 곳에서도 생성될 수 있다.

해설 ③ V자 각이 큰 것은 화재의 성장속도가 느렸다는 증거이며 V자 각이 작은 경우는 화재의 성장속도가 빨랐다는 증거이다.

▶ **문제 관련 핵심이론** ◀ - - - - - - - - -

(1) V패턴
　ㄱ 대류열 또는 복사열과 화재 플룸(plume)의 영향으로 생성된다.
　ㄴ 소실부분의 경사면이 관찰되는 것은 V패턴이다.

Answer　12.③　13.③　14.①　15.③

ⓒ V패턴은 주로 발화 지점 주변에서 생성되는 패턴이다.

ⓔ 일반적으로 열기둥은 가운데가 오목한 모래시계 패턴이거나 위로 상승할수록 넓게 퍼지는 V패턴 형상을 나타낸다.

(2) V패턴의 각도에 영향을 미치는 요인

ⓐ 열방출률, 가연물의 형태, 환기효과, 천장, 선반, 테이블 상판과 같은 수평면이 존재하는 경우 등

ⓑ V자 각이 큰 것은 화재의 성장속도가 느렸다는 증거이며 V자 각이 작은 경우는 화재의 성장속도가 빨랐다는 증거이다.

16 소방의 화재조사에 관한 법령상 소방공무원과 경찰공무원의 협력 및 관계 기관 등의 협조에 대한 설명으로 옳지 않은 것은?

① 소방공무원과 경찰공무원(제주특별자치도의 자치경찰공무원을 포함한다)은 출입 · 보존 및 통제 등에 대하여 서로 협력하여야 한다.

② 소방관서장, 중앙행정기관의 장, 지방자치단체의 장, 보험회사, 그 밖의 관련 기관 · 단체의 장은 화재조사에 필요한 사항에 대하여 서로 협력하여야 한다.

③ 소방관서장은 화재원인 규명 및 피해액 산출 등을 위하여 필요한 경우에는 금융감독원, 관계 보험회사 등에 「개인정보 보호법」 제2조 제1호에 따른 개인정보를 포함한 보험가입 정보 등을 요청할 수 있다.

④ 소방관서장은 방화 또는 실화의 혐의가 있다고 인정되면 지체 없이 소방청장에게 그 사실을 알린다

해설 **소방공무원과 경찰공무원의 협력 등(소방의 화재조사에 관한 법률 제12조)**

ⓐ 소방공무원과 경찰공무원(제주특별자치도의 자치경찰공무원을 포함한다)은 다음의 사항에 대하여 서로 협력하여야 한다.
- 화재현장의 출입 · 보존 및 통제에 관한 사항
- 화재조사에 필요한 증거물의 수집 및 보존에 관한 사항
- 관계인 등에 대한 진술 확보에 관한 사항
- 그 밖에 화재조사에 필요한 사항

ⓑ 소방관서장은 방화 또는 실화의 혐의가 있다고 인정되면 지체 없이 경찰서장에게 그 사실을 알리고 필요한 증거를 수집 · 보존하는 등 그 범죄수사에 협력하여야 한다.

관계 기관 등의 협조(소방의 화재조사에 관한 법률 제13조)

ⓐ 소방관서장, 중앙행정기관의 장, 지방자치단체의 장, 보험회사, 그 밖의 관련 기관 · 단체의 장은 화재조사에 필요한 사항에 대하여 서로 협력하여야 한다.

ⓑ 소방관서장은 화재원인 규명 및 피해액 산출 등을 위하여 필요한 경우에는 금융감독원, 관계 보험회사 등에 「개인정보 보호법」 제2조 제1호에 따른 개인정보를 포함한 보험가입 정보 등을 요청할 수 있다. 이 경우 정보 제공을 요청받은 기관은 정당한 사유가 없으면 이를 거부할 수 없다.

17 소방의 화재조사에 관한 법률, 화재조사 및 보고규정상 용어에 대한 설명으로 옳지 않은 것은?

① "화재"란 사람의 의도에 반하거나 고의 또는 과실에 의하여 발생하는 연소 현상으로서 소화할 필요가 있는 현상 또는 사람의 의도에 반하여 발생하거나 확대된 화학적 폭발현상을 말한다.

② "발화"란 열원에 의하여 가연물질에 지속적으로 불이 붙는 현상을 말한다.

③ "감정"이란 화재원인의 판정을 위하여 전문적인 지식, 기술 및 경험을 활용하여 주로 시각에 의한 종합적인 판단으로 구체적인 사실관계를 명확하게 규명하는 것을 말한다.

④ "발화요인"이란 발화열원에 의하여 발화로 이어진 연소현상에 영향을 준 인적 · 물적 · 자연적인 요인을 말한다.

해설 **용어 정의**

ⓐ "감식"이란 화재원인의 판정을 위하여 전문적인 지식, 기술 및 경험을 활용하여 주로 시각에 의한 종합적인 판단으로 구체적인 사실관계를 명확하게 규명하는 것을 말한다.

ⓑ "감정"이란 화재와 관계되는 물건의 형상, 구조, 재질, 성분, 성질 등 이와 관련된 모든 현상에 대하여 과학적 방법에 의한 필요한 실험을 행하고 그 결과를 근거로 화재원인을 밝히는 자료를 얻는 것을 말한다.

부록

과년도 출제문제

18 구획실화재 성장단계에 대한 설명 중 옳은 것은?

① 초기 → 플래시오버 → 쇠퇴기 → 최성기 → 자유연소 순으로 진행된다.
② 자유연소단계는 환기지배형 연소이며 복사열에 의해 확산된다.
③ 플래시오버현상은 최성기 전에 주로 발생한다.
④ 최성기는 연료지배형 연소단계이며, 접염방식으로 확산된다.

해설 구획실화재는 초기(자유연소) → 성장기 → 플래시오버 → 최성기 → 감쇠기 순으로 진행된다.

19 목재 균열흔의 구분으로 옳지 않은 것은?

① 고소흔　　③ 완소흔
② 열소흔　　④ 강소흔

해설 목재 균열흔의 구분
　㉠ 완소흔 : 700~800℃
　㉡ 강소흔 : 900℃
　㉢ 열소흔 : 1,100℃
　　• 약 1,100℃ 수준의 온도에서 탈 때 표면이 갈라진 흔적으로 나무에 패인 홈의 깊이가 가장 깊고 홈의 폭이 넓으며 부푼 형태는 구형에 가깝도록 볼록해진다.
　　• 대형 화재 시와 같은 가연물이 많은 장소에서 볼 수 있다.
　　• 열소흔(1,100℃)은 홈이 가장 깊고 반월형 모양이다.
　탄화된 목재에서 공통적으로 나타나는 탄화흔과 균열흔의 특성
　㉠ 불에 오래도록 강하게 탈수록 탄화의 깊이는 깊다.
　㉡ 탄화모양을 형성하고 있는 패인 골이 깊을수록 소손이 강하다.
　㉢ 탄화모양을 형성하고 있는 패인 골의 폭이 넓을수록 소손이 강하다.
　㉣ 목재의 균열흔은 발화부와 가까울수록 골이 넓고 깊어진다.
　㉤ 무염연소는 장시간 화염과 접촉하고 있으므로 유염연소에 비해 상대적으로 깊게 타들어가는 균열흔이 나타난다.
　㉥ 나무의 표면적이 넓을수록 쉽게 탄화된다.

　㉧ 연소된 흔적의 깊이는 불의 진행방향을 나타내는 좋은 지표가 된다.
　㉨ 목재 균열흔의 반짝거림이 액체촉진제가 있었음을 의미하지는 않는다.

▶ **문제 관련 핵심이론** ◀

엘리게이터링
㉠ 나무의 균열흔으로 이를 통해 화재의 진행방향을 판단할 수 있다.
㉡ 불에 탄 흔적이 울퉁불퉁 갈라진 모양이며 보통 울타리, 판자, 구조물, 표지판에서 발견된다.

20 V패턴의 각도에 영향을 미치지 않는 것은?

① 열방출률　　② 가연물의 형태
③ 환기의 효과　　④ 벽면의 열전도성

해설 V패턴
　㉠ 대류열 또는 복사열과 화재 플룸(plume)의 영향으로 생성된다.
　㉡ 소실부분의 경사면이 관찰되는 것은 V패턴이다.
　㉢ V패턴은 주로 발화 지점 주변에서 생성되는 패턴이다.
　㉣ 일반적으로 열기둥은 가운데가 오목한 모래시계 패턴이거나 위로 상승할수록 넓게 퍼지는 V패턴 형상을 나타낸다.
　V패턴의 각도에 영향을 미치는 요인
　㉠ 열방출률, 가연물의 형태, 환기효과, 천장, 선반, 테이블 상판과 같은 수평면이 존재하는 경우 등
　㉡ V자 각이 큰 것은 화재의 성장속도가 느렸다는 증거이며 V자 각이 작은 경우는 화재의 성장 속도가 빨랐다는 증거이다.

제2과목　　**화재감식론**

21 분진폭발을 일으킬 가능성이 없는 것은?

① 목분　　　　　② 마그네슘 분말
③ 폴리에틸렌 분말　④ 산화규소 분말

해설 이미 산화가 진행된 산화규소 분말은 폭발성이 없다.

Answer　18.③　19.①　20.④　21.④

문제 관련 핵심이론 ●

분진폭발

(1) 개념

분진폭발은 화학적 폭발로 가연성 고체의 미분이나 액체의 미스트(mist)가 티끌이 되어 공기 중에 부유하고 있을 때 어떤 착화원의 에너지를 공급받으면 폭발하는 현상

(2) 분진폭발을 일으키는 물질

금속분(알루미늄, 마그네슘, 아연 등), 황, 쌀·보리 등 곡물분, 석탄, 솜, 담배, 비누 생선분·혈분의 비료, 종이분, 경질고무 등

(3) 분진폭발이 불가능한 물질

석회종류(소석회 등), 가성소다, 탄산칼슘($CaCO_3$), 생석회, 시멘트분, 대리석분, 유리분 등

22 LPG 차량 엔진의 구성부품 중 봄베에 부착된 충전밸브, 기체 송출밸브 및 액체 송출밸브의 색상을 순서대로 옳은 것은?

① 녹색, 적색, 황색
② 녹색, 황색, 적색
③ 황색, 녹색, 적색
④ 황색, 적색, 녹색

해설 충전밸브는 녹색, 기체 송출밸브는 황색, 액체 송출밸브는 적색이다.

23 무염(훈소)화재의 설명으로 틀린 것은?

① 발화메커니즘은 접촉 → 훈소 → 축열 → 착염 → 출화과정을 거친다.
② 특유의 눈는 냄새를 동반한 유독가스가 생성되며 화염을 동반한다.
③ 고체가연물과 산소 사이에 반응이 상대적으로 느린 연소이다. 반응이 산소가 고체 표면으로 확산되면서 일어나고 표면은 적열 및 탄화가 진행된다.
④ 훈소화재는 다공성 고체가연물, 혼합연료, 불침윤성 고체, 쓰레기장에서 발생될 수 있다.

해설 ② 훈소는 화염을 동반하지 않으며 축열을 거쳐 발화한다.

문제 관련 핵심이론 ●

연소의 형태(불꽃유무에 따른 분류)

(1) 불꽃연소(＝발염연소, 유염연소)

불꽃연소란 가연물이 탈 때 불이 움직이는 모습을 갖는 것으로 발염연소 및 유염연소라고 한다. 가연물이 연소할 때 산소와 혼합해서 확산하는 형태의 연소이다.

ㄱ 기체 : 프로판, 부탄 등
ㄴ 액체 : 등유, 경유
ㄷ 고체

(2) 작열연소(＝표면연소, 응축연소, 무염연소)

ㄱ 작열연소란 휘발분이 없는 고체가 연소 시 불꽃 없이 생성되는 열이다.
ㄴ 표면연소란 가연물이 표면에서 공기(산소)와 직접 반응하여 물체의 표면 결합이 부서지는 연소를 말하며 반응열(화력)이 작아서 불꽃을 생성하지 못하고 느린 속도로 불씨연소하기 때문에 기화되지 못하고 응축(액화)한다. 즉, 산화반응할 때 가연물이 표면에서 액화하기 때문에 그러한 불씨연소를 응축연소라고도 한다.
ㄷ 연쇄반응이 일어나지 않는다.
ㄹ 숯(목탄), 코크스, 금속분(금속나트륨 등), 활성탄, 향, 담뱃불

(3) 불꽃연소와 작열(불씨)연소를 함께 가지는 혼합연소

나무, 종이 짚, 솜뭉치 등은 불꽃연소, 작열연소를 동시에 갖는다.

24 차량 충전장치와 시동장치의 설명으로 틀린 것은?

① 충전장치는 얼터네이터(alternator), 레귤레이터(regulator)로 구성되며 시동장치에는 스타터가 있다.
② 교류에서 직류로 전류를 정류하는 정류기 내에 있는 다이오드가 어떤 요인(과전류 등)으로 인해 그 기능을 잃을 경우 다이오드가 소실되는 경우가 있다.
③ 차콜 캐니스터의 보디(body)는 금속재가 많은 점에서 2차적으로 착화하여도 연소되지 않으므로 관찰이 용이하다.
④ 배터리단자는 납 또는 납합금으로 되어 있어 화재열로 용이하게 녹아버리므로 배터리배선 터미널부의 용융 등도 확인한다.

Answer 22.② 23.② 24.③

해설 차콜 캐니스터는 연료탱크나 기화기로부터 발생되는 가솔린증기를 모아 정화시키기 위해 사용하는 활성탄소를 채운 플라스틱 용기로 2차적으로 착화하면 쉽게 연소된다.

25 다음 흔적 중 전기기기 내부의 통전입증이 가능한 증거가 아닌 것은?

① 전류퓨즈의 용단
② 내부배선의 합선흔적
③ 내부단자의 부분적인 용융흔적
④ 기판의 전체적인 탄화

해설 기판이 전체적으로 탄화된 형태만 가지고 통전 입증을 설명할 수 없다.

26 화학물질의 혼합발화와 관련하여 감식요령으로 틀린 것은?

① 물질의 성질, 취급의 상황, 장소의 환경조건에 대하여 조사한다.
② 혼합물질의 재현실험은 실시하지만 단독물질의 발화 여부 실험은 하지 않는다.
③ 화재가 난 곳에서 존재하는 물질에 대하여 성분, 성질, 형상, 양을 관계자의 진술과 문헌·자료 등을 기초로 조사한다.
④ 혼합발화에 의한 화재는 혼합한 물질 자체가 연소하므로 증거가 소실되는 경우가 있다.

해설 단독물질의 발화 여부도 확인하여야 한다.

27 서로 밀착되어 있는 물체가 떨어지거나 벗겨져 떨어질 때 전하분리가 일어나 정전기가 발생하는 현상은?

① 박리대전
③ 마찰대전
② 유동대전
④ 분출대전

해설 서로 밀착되어 있는 물체가 떨어질 때 발생하는 것은 박리대전이다.

28 유염연소와 무염연소를 비교하였을 때 특징으로 틀린 것은?

① 목재의 무염연소 시 가연물의 내부보다는 표면으로 전파되는 속도가 빠르다.
② 무염연소는 고체가연물에서만 가능하며 유염연소는 고체, 액체, 기체에서 모두 가능하다.
③ 무염연소는 연소반응속도가 느리다.
④ 무염연소는 발열량이 적고 유염연소는 발열량이 크다.

해설 ① 목재의 무염연소 시 가연물 내부로 전파되는 심부화재 양상을 보인다.

구분	유염연소	무염연소
화재 구분	표면에 불꽃이 있는 표면화재	표면에 불꽃이 없는 심부화재(표면연소)
방출 열량	속도가 빠르고 시간당 방출열량이 많다.	속도가 느리고 시간당 방출열량이 적다.
연쇄 반응	연쇄반응이 일어난다.	연쇄반응이 일어나지 않는다.
비교	표면화재는 표면에 불꽃이 있으며, 표면연소는 표면에 불꽃이 없는 불씨연소다.	

29 자동차화재의 특성에 대한 설명으로 옳은 것은?

① 차량화재는 연료, 시트 등 화재하중이 낮고 외기와 밀폐된 상태인 환기지배형의 화재특성을 보인다.
② 차량화재의 조사는 특별한 전문지식이 없어도 화재조사가 가능하다.
③ 차량화재는 대체로 전소가 되지 않기 때문에 발화지점 및 발화원인의 조사가 용이하다.
④ 개방된 공간에 존치되는 환경적인 특수성으로 인해 사회적인 불만을 가진 자 등이 불특정한 방법으로 방화를 할 수 있다.

해설 차량화재는 화재하중이 높은 연료지배형 화재특성을 가지고 있다. 대체적으로 전소되는 경우가 많아 전문지식 없이는 조사가 어렵다.

Answer 25.④ 26.② 27.① 28.① 29.④

문제 관련 핵심이론

연료지배형 화재 및 환기지배형 화재

구획된 건물(compartment)의 화재현상에 따라 연료지배형 화재와 환기지배형 화재로 나눈다. 일반적으로 F.O 이전의 화재는 연료지배형 화재라고 하며 F.O 이후는 환기지배형 화재라고 한다.

ⓐ 연료지배형 화재(환기 양호)

화재 초기에는 화세가 약하기 때문에 상대적으로 산소공급이 원활하여 실내 가연물에 의해 지배되는 "연료지배형 화재"의 연소형태를 갖는다.

ⓑ 환기지배형 화재(환기 불량)

F.O(Flash Over)에 이르면 실내온도가 급격히 상승하여 가연물의 분해 속도가 촉진되고 화세가 더욱 강해지면서 산소량이 급격히 적어지게 된다.

※ 이때 환기가 잘 되지 않아 "연료지배형 화재"에서 → "환기지배형 화재"로 바뀐다.

30 연소한계에 대한 설명 중 옳은 것은?

① 연소하한계는 저온에서는 약간 증가하나 고온에서는 일정하다.

② 연소한계는 온도와 관계없이 일정하다.

③ 연소상한계는 온도의 증가와 함께 증가한다.

④ 연소하한계는 온도의 증가와 함께 증가한다.

해설 온도의 증가와 함께 연소상한계는 높아지고 연소하한계는 낮아진다.

문제 관련 핵심이론

가연성 가스의 폭발범위(=연소범위, 폭발한계, 연소한계)

ⓐ 연소는 가연성 가스와 지연성 가스(공기, 산소)가 어떤 범위 내로 혼합된 경우일 때만 일어난다.

ⓑ 폭발범위(=연소범위)란 공기와 가연성 가스의 혼합기체 중 가연성 가스의 용량 퍼센트로 표시된다.

ⓒ 폭발 또는 연소가 일어나기 위한 낮은 쪽의 한계를 하한계, 높은 쪽의 한계를 상한계라 한다. 상한계와 하한계 사이를 폭발범위라 한다.

ⓓ 폭발범위는 가연성 가스와 공기가 혼합된 경우보다도 산소가 혼합되었을 경우 넓어지며, 폭발위험성이 커진다.

ⓔ 불연성 가스(이산화탄소, 질소 등)를 주입하면 폭발범위는 좁아진다.

ⓕ 폭발한계는 가스의 온도, 기압 및 습도의 영향을 받는다.

•가스의 온도가 높아지면 폭발범위는 넓어진다.

•가스압력이 높아지면 하한계는 크게 변하지 않으나 상한계는 상승한다.

•가스압이 상압(1기압)보다 낮아지면 폭발범위는 좁아진다.

ⓖ 압력이 높아지면 일반적으로 폭발범위는 넓어진다. 단, 일산화탄소는 압력이 높아질수록 폭발범위가 좁아진다.

ⓗ 가연성 가스의 폭발범위(=연소범위)가 넓으면 넓을수록 위험하다.

ⓘ 수소는 10atm까지는 연소범위가 좁아지지만 그 이상의 압력에서는 연소범위가 점점 더 넓어진다.

31 임야화재 시 수관화의 특징으로 옳은 것은?

① 중심부의 화염온도는 2,000℃이다.

② 주변의 연기온도는 1,000℃이다.

③ 바람이 강할 때 연소속도는 10km/h이다.

④ 임야화재 연소 중에 수십m의 상승기류가 발생한다.

해설 산림화재의 분류

ⓐ 수관화 : 임목의 가지부분이 타는 것
수관화는 지표화 또는 수간화로부터 산불이 확대되어 임목의 상층부가 연소하는 것으로 연소 중에 수십m의 상승기류가 발생한다.

ⓑ 수간화 : 나무의 줄기가 타는 것

ⓒ 지표화 : 지표를 덮고 있는 낙엽, 낙지, 마른 풀 등이 연소하는 것

ⓓ 지중화 : 땅속 이탄층, 갈탄층 등 유기질층이 타는 것으로 재발화의 위험성이 있어 진화에 어려움이 크다.

32 차량화재의 특수성을 설명한 것으로 옳은 것은?

① 화재하중이 높은 환기지배형 화재

② 화재하중이 높은 연료지배형 화재

③ 화재하중이 낮은 환기지배형 화재

④ 화재하중이 낮은 연료지배형 화재

해설 차량화재는 화재하중이 높은 연료지배형 화재특성을 가지고 있다. 대체적으로 전소되는 경우가 많아 전문지식 없이는 조사가 어렵다.

Answer 30.③ 31.④ 32.②

부록

과년도 출제문제

문제 관련 핵심이론

연료지배형 화재 및 환기지배형 화재

구획된 건물(compartment)의 화재현상에 따라 연료지배형 화재와 환기지배형 화재로 나눈다. 일반적으로 F.O 이전의 화재는 연료지배형 화재라고 하며 F.O 이후는 환기지배형 화재라고 한다.

㉠ 연료지배형 화재(환기 양호)

화재 초기에는 화세가 약하기 때문에 상대적으로 산소공급이 원활하여 실내 가연물에 의해 지배되는 "연료지배형 화재"의 연소형태를 갖는다.

㉡ 환기지배형 화재(환기 불량)

F.O(Flash Over)에 이르면 실내온도가 급격히 상승하여 가연물의 분해 속도가 촉진되고 화세가 더욱 강해지면서 산소량이 급격히 적어지게 된다.

※ 이때 환기가 잘 되지 않아 "연료지배형 화재"에서 → "환기지배형 화재"로 바뀐다.

33 석유류의 화재로 추정되는 화재현장으로부터 수집된 시료를 기기분석(GC, IR)을 통하여 판별하는 절차로 옳은 것은?

> ㉮ 감식물 습득
> ㉯ 여과
> ㉰ 침지
> ㉱ 정제
> ㉲ 가스크로마토그래피법
> ㉳ 적외선흡수 스펙트럼분석

① ㉮ → ㉯ → ㉰ → ㉱ → ㉲ → ㉳
② ㉮ → ㉯ → ㉰ → ㉱ → ㉳ → ㉲
③ ㉮ → ㉰ → ㉯ → ㉱ → ㉲ → ㉳
④ ㉮ → ㉰ → ㉯ → ㉱ → ㉳ → ㉲

해설 시료 채취(감식물 습득) → 침지 → 여과 → 정제 → 적외선흡수 스펙트럼분석 → 가스크로마토그래피법

34 가연물이 연소하기 위해서는 산소를 필요로 하는데 다음 중 산소공급원이 아닌 것은?

① 탄화칼슘　　② 과산화수소
③ 과염소산나트륨　　④ 질산

해설 산화성 물질(＝산화제 역할)

㉠ 제1류 위험물(＝산화성 고체)

불연성 물질이지만 자신이 산소를 함유하고 있어서 가열, 충격, 마찰에 의해 분해되어 산소를 방출하는 산소공급원이다.

예 과염소산염류($MClO_4$), 질산염류(MNO_3), 브롬산염류, 과망간산염류, 무기과산화물 등

㉡ 제5류 위험물(＝자기반응성 물질)

폭발성 물질로 자신이 가연물이며 산소공급원 기능을 하기 때문에 공기 중 산소와 관계없이 내부연소(자기연소)를 한다.

예 유기과산화물, 질산에스테르류, 니트로화합물, 히드록실아민염류 등

㉢ 제6류 위험물(＝산화성 액체)

불연성 물질이지만 분해 시 산소가 발생하기 때문에 1류 위험물처럼 산소공급원 역할을 한다.

예 과염소산($HClO_4$), 과산화수소(H_2O_2), 질산(HNO_3)

35 외부화염에 의한 전선피복 소손흔에 대한 설명으로 틀린 것은?

① 저전압에서 사용되고 있는 절연전선은 보통 230~280℃부터 급격한 분해가 일어나며 400℃ 정도에서 인화한다.
② 절연전선은 발화하기 전에 탄화하여 스펀지상으로 팽창하여 연소 시 짙은 연기가 발생한다.
③ 화염이 직접 노출된 전선의 외부피복에서는 내부로 탄화가 진행되는 것을 식별하기 어려운 경우가 많다.
④ 외부화염에 노출되어 불에 탄 부분과 타지 않은 부분의 경계선이 명확하다.

해설 화염에 직접 노출된 전선의 외부피복에서 내부로 탄화가 진행되는 것을 식별할 수 있다.

36 방화형태의 이론에서 연쇄방화의 주요 조사 착안점으로 틀린 것은?

① 연고감 조사　　② 피해액 조사
③ 행적 조사　　④ 지리감 조사

Answer 33.④ 34.① 35.③ 36.②

해설 **연쇄방화 조사**
연고감 조사, 지리감 조사, 행적 조사, 방화행위자 조사, 알리바이(현장부재증명)

37 화재조사 및 보고규정 내용 중 항공기 화재의 소실 정도를 구분하는 내용으로 틀린 것은?

① 전소 : 항공기의 70% 이상 소실된 것
② 반소 : 항공기의 30% 이상 70% 미만 소실된 것
③ 부분소 : 전소, 반소에 해당하지 아니하는 것
④ 즉소 : 잔존부분을 보수하여도 재사용이 불가능한 것으로 즉시 소진된 것

해설 **소실정도(화재조사 및 보고규정 제16조)**
ⓐ 건축 · 구조물의 소실정도는 다음에 따른다.
  • 전소 : 건물의 70% 이상(입체면적에 대한 비율을 말한다)이 소실되었거나 또는 그 미만이라도 잔존부분을 보수하여도 재사용이 불가능한 것
  • 반소 : 건물의 30% 이상 70% 미만이 소실된 것
  • 부분소 : 전소, 반소에 해당하지 아니하는 것
ⓑ 자동차 · 철도차량, 선박 · 항공기 등의 소실정도는 위 ⓐ의 규정을 준용한다.

38 전기화재에서 통전입증방법으로 가장 적합한 것은?

① 전원측에서 부하측으로 입증
② 부하측에서 전원측으로 입증
③ 전원측과 부하측을 동시에 입증
④ 임의로 선정하여 입증

해설 전기적 통전 여부의 입증은 부하측에서 전원측으로 실시한다.

39 유연탄의 자연발화 위험성에 대한 설명으로 틀린 것은?

① 채탄 직후의 석탄은 자연발화의 위험이 크다.
② 자연발화는 채탄장 등에 대량으로 쌓아둔 곳에서 일어나기 쉽다.

③ 괴상은 분말상보다 자연발화를 일으키기 쉽다.
④ 주변온도가 높을수록 산화반응이 촉진된다.

해설 분말상은 공기와 접촉면적이 넓어 괴상보다 자연발화를 일으키기 쉽다.

▶ 문제 관련 핵심이론 ●

자연발화에 의한 열
ⓐ 분해열 : 물질에 열이 축적되어 서서히 분해할 때 생기는 열
  예 셀룰로이드, 니트로셀룰로오스, 니트로글리세린, 아세틸렌, 산화에틸렌, 에틸렌 등
ⓑ 산화열 : 가연물이 산화반응으로 발열 축적된 것으로 발화하는 현상
  예 석탄, 기름종류(기름걸레, 건성유), 원면, 고무분말 등
ⓒ 미생물열 : 미생물 발효현상으로 발생되는 열(=발효열)
  예 퇴비(두엄), 먼지, 곡물분 등
ⓓ 흡착열 : 가연물이 고온의 물질에서 방출하는 열(복사열)이 흡수되는 것
  예 다공성 물질의 활성탄, 목탄(숯) 분말 등
ⓔ 중합열 : 작은 다량의 분자가 큰 분자량의 화합물로 결합할 때 발생하는 열(=중합반응에 의한 열)
  예 시안화수소, 산화에틸렌 등

40 트래킹현상의 진행과정을 순서대로 옳게 나열한 것은?

| ⑦ 도전로의 분단과 미소발광 방전이 발생 |
| ④ 절연재료 표면의 오염 등에 의한 도전로 형성 |
| ⑤ 방전에 의한 표면의 탄화 |

① ⑦ → ④ → ⑤
② ⑦ → ⑤ → ④
③ ④ → ⑦ → ⑤
④ ④ → ⑤ → ⑦

해설 **트래킹현상의 진행과정**
절연재료 표면의 오염 등에 의한 도전로 형성 → 도전로의 분단과 미소발광 방전이 발생 → 방전에 의한 표면의 탄화

부록

과년도 출제문제

제3과목 증거물관리 및 법과학

41 소방의 화재조사에 관한 법령상 화재현장 보존 방법으로 옳지 않은 것은?

① 방화(放火) 또는 실화(失火)의 혐의로 수사의 대상이 된 경우에는 관할 경찰서장 또는 해양경찰서장(이하 "경찰서장"이라 한다)이 통제구역을 설정한다.
② 누구든지 소방관서장 또는 경찰서장의 허가 없이 제1항에 따라 설정된 통제구역에 출입하여서는 안 된다.
③ 화재현장 보존조치를 하거나 통제구역을 설정한 경우 누구든지 소방관서장 또는 경찰서장의 허가없이 화재현장에 있는 물건 등을 이동시키거나 변경 · 훼손하여서는 안 된다.
④ 소방관서장은 화재조사를 위하여 최대한 넓은 범위에서 화재현장 보존조치를 한다.

해설 화재현장 보존 등(소방의 화재조사에 관한 법률 제8조)
  ㉠ 소방관서장은 화재조사를 위하여 필요한 범위에서 화재현장 보존조치를 하거나 화재현장과 그 인근 지역을 통제구역으로 설정할 수 있다. 다만, 방화(放火) 또는 실화(失火)의 혐의로 수사의 대상이 된 경우에는 관할 경찰서장 또는 해양경찰서장(이하 "경찰서장"이라 한다)이 통제구역을 설정한다.
  ㉡ 누구든지 소방관서장 또는 경찰서장의 허가 없이 위 ㉠에 따라 설정된 통제구역에 출입하여서는 안 된다.
  ㉢ 위 ㉠에 따라 화재현장 보존조치를 하거나 통제구역을 설정한 경우 누구든지 소방관서장 또는 경찰서장의 허가 없이 화재현장에 있는 물건 등을 이동시키거나 변경 · 훼손하여서는 안 된다. 다만, 공공의 이익에 중대한 영향을 미친다고 판단되거나 인명구조 등 긴급한 사유가 있는 경우에는 그러하지 아니하다.
  ㉣ 화재현장 보존조치, 통제구역의 설정 및 출입 등에 필요한 사항은 대통령령으로 정한다.

42 소방의 화재조사에 관한 법률에 의해 정당한 사유 없이 소방의 화재조사에 관한 법률 제10조 제1항에 따른 출석을 거부하거나 질문에 대하여 거짓으로 진술한 사람에 대한 벌칙기준으로 옳은 것은?

① 200만원 이하의 벌금
② 500만원 이하의 벌금
③ 200만원 이하의 과태료
④ 500만원 이하의 과태료

해설 과태료(소방의 화재조사에 관한 법률 제23조)
  다음의 어느 하나에 해당하는 사람에게는 200만원 이하의 과태료를 부과한다.
  ㉠ 소방의 화재조사에 관한 법률 제8조 제2항을 위반하여 허가 없이 통제구역에 출입한 사람
  ㉡ 소방의 화재조사에 관한 법률 제9조 제1항에 따른 명령을 위반하여 보고 또는 자료 제출을 하지 아니하거나 거짓으로 보고 또는 자료를 제출한 사람
  ㉢ 정당한 사유 없이 소방의 화재조사에 관한 법률 제10조 제1항에 따른 출석을 거부하거나 질문에 대하여 거짓으로 진술한 사람

43 다음의 화재증거물수집관리규칙상 화재현장 사진 및 비디오 촬영 시 유의사항 중 적합하지 않은 것은?

① 화재조사요원은 규모가 작은 화재는 사진촬영 등을 생략할 수 있다.
② 최초 도착하였을 때의 원상태를 그대로 촬영하여야 한다.
③ 소재와 상태가 명백히 나타나도록 하고 필요에 따라 구분이 용이하게 번호표 등을 넣어 촬영한다.
④ 연소확대 경로 및 증거물 기록에 대한 번호표와 화살표를 표시한 후에 촬영하여야 한다.

해설 규모가 작은 화재도 화재조사의 진행순서에 따라 촬영한다.

Answer 41.④ 42.③ 43.①

44 화재증거물수집관리규칙상 증거물 시료 용기에 대한 내용 중 틀린 것은?

① 양철캔은 기름에 견딜 수 있는 디스크를 가진 스크루마개 또는 누르는 금속마개로 밀폐될 수 있으며, 이러한 마개는 한번 사용한 후에는 폐기되어야 한다.
② 유리병의 코르크마개는 휘발성 액체에 사용한다.
③ 주석도금캔(can)은 1회 사용 후 세척하여 재사용한다.
④ 코르크마개는 시료와 직접 접촉되어서는 안된다.

해설 증거물 시료 용기(화재증거물수집관리규칙 [별표1])
유리병의 코르크마개는 <u>휘발성 액체에 사용하여서는 안 된다.</u> 만일 제품이 빛에 민감하다면 짙은 색깔의 시료병을 사용한다.

45 화재현장의 사진촬영방법으로 가장 옳은 것은?

① 어두운 실내 촬영 시 스트로보나 플래시를 사용한다.
② 군중 또는 인물사진 등의 사진은 절대로 촬영하지 않는다.
③ 발화지점과 인접한 영역에 있는 방이라도 손상이 없으면 촬영하지 않는다.
④ 증거로서 가치가 있는 물건은 현장보다는 연구실로 가지고 가서 촬영한다.

해설 어두운 실내 촬영 시 스트로보나 플래시를 사용하도록 한다. 필요 시 군중이나 인물사진도 촬영하며 발화지점과 인접한 구역은 손상이 없더라도 촬영해 둘 필요가 있다.

46 화재조사 및 보고규정상 질문기록서 작성 내용으로 옳지 않은 것은?

① 화재발생 일시 및 장소

② 질문일시 및 질문장소
③ 기타화재 중 쓰레기화재의 경우 반드시 질문기록서 작성한다.
④ 화재번호

해설 화재조사 및 보고규정 [별지 제10호 서식]

질문기록서
화재번호(20 - 00)
20 . .
소   속 : ○○소방서(소방본부)
계급·성명 :   ○○○(서명)
① 화재발생 일시 및 장소
② 질문일시
③ 질문장소
④ 답변자
⑤ 화재대상과의 관계
⑥ 언제
⑦ 어디서
⑧ 무엇을 하고 있을 때
⑨ 어떻게 해서 알게 되었는가?
⑩ 그때 현상은 어떠했는가?
⑪ 그래서 어떻게 했는가?
⑫ 기타 참고사항

※ <u>기타화재 중 쓰레기, 모닥불, 가로등, 전봇대화재 및 임야화재의 경우 질문기록서 작성을 생략할 수 있음.</u>

47 화재로 사망한 사체에 대한 설명으로 옳지 않은 것은?

① 사망 이후에는 혈액이 모세혈관의 표면장력에 의해 몸의 위쪽으로 모인다.
② 표피와 함께 진피까지 침범되는 화상을 2도 화상이라고 한다.
③ 원발성 쇼크로 급격히 사망한 경우 전형적인 화재자의 소견을 보이지 않을 수도 있다.
④ 손바닥이나 발바닥에서 보이는 과도한 그을음은 화재 당시 피해자가 활동한 것을 의미한다.

해설 사망 이후에는 혈액이 모세혈관의 표면장력에 의해 사체의 가장 낮은 부분으로 모인다.

Answer 44.② 45.① 46.③ 47.①

48 다음 중 화상의 위험도에 대한 설명으로 옳지 않은 것은?

① 어린이는 같은 정도의 범위라도 어른보다 더 위험하다.

② 국소적인 화상의 경우가 화상면적이 넓은 경우보다 더 치명적이다.

③ 노인은 회복이 지연되거나 합병증이 일어나기 쉽다.

④ 주요 장기에 질환이 있는 경우 정상인보다 위험하다.

[해설] 화상범위가 넓은 경우 국소적인 화상보다 치명적이다.

49 사후에 혈액이 중력의 작용으로 몸의 저부에 있는 모세혈관 내로 침강하여 외표피층에 착색이 되어 나타나는 현상은?

① 매(煤)　　　　② 시반(屍斑)

③ 부종(浮腫)　　④ 울혈(鬱血)

[해설] 시반 : 사후에 혈액순환이 멈추면 혈액이 굳기 시작해 사체의 가장 낮은 부분으로 모이는 피부에서 보이는 현상

50 화재증거물수집관리규칙상 증거물의 상황기록, 증거물의 수집에 대한 설명으로 옳은 것은?

① 화재조사관은 증거물의 채취, 채집 행위 등을 하기 전에는 증거물 및 증거물 주위의 상황 등에 대한 도면 또는 사진 기록을 남겨야 하며, 증거물을 수집한 후에도 기록을 남겨야 한다.

② 발화원인의 판정에 관계가 있는 개체 또는 부분에 대해서는 증거물과 이격되어 있거나 연소되지 않은 상황은 기록을 남기지 않는다.

③ 증거서류를 수집함에 있어서 사본 영치를 원칙으로 한다.

④ 증거물 수집 목적이 인화성 기체 성분 분석인 경우에는 인화성 기체 성분의 증발을 막기 위한 조치를 하여야 한다.

[해설] 증거물의 상황기록(화재증거물수집관리규칙 제3조)

㉠ 화재조사관은 증거물의 채취, 채집 행위 등을 하기 전에는 증거물 및 증거물 주위의 상황(연소상황 또는 설치상황을 말한다) 등에 대한 도면 또는 사진 기록을 남겨야 하며, 증거물을 수집한 후에도 기록을 남겨야 한다.

㉡ 발화원인의 판정에 관계가 있는 개체 또는 부분에 대해서는 증거물과 이격되어 있거나 연소되지 않은 상황이라도 기록을 남겨야 한다.

51 물적 증거의 종류에 해당하는 것은?

① 관계자 진술　　② 감정인 소견

③ 유류용기　　　④ 증언

[해설] 인적 증거 : 관계자 진술, 감정인 소견, 증언

52 유류성분을 수집할 때 주변에 있는 바닥재나 플라스틱 등 비교샘플을 함께 수집하는 이유로 옳은 것은?

① 바닥재나 플라스틱 등 다른 가연물의 연소성을 입증하기 위함

② 유류가 기화하기 전에 많은 양의 유류를 수집하기 위함

③ 유류와 혼합된 물체의 질량 변화를 입증하기 위함

④ 유류성분이 주변 가연물로부터 추출된 것이 아니라는 것을 입증하기 위함

[해설] 유류성분을 수집할 때 주변에 있는 바닥재나 플라스틱 등 비교샘플을 함께 수집하는 이유는 유류성분이 주변 가연물로부터 추출된 것이 아니라는 것을 입증하기 위함이다.

53 전신적 생활반응에 해당하는 것은?

① 압박성 울혈　　② 흡인 및 연하

③ 속발성 염증　　④ 피하출혈

[해설] 전신적 생활반응 : 전신적 빈혈, 속발성 염증, 색전증, 외래물질의 분포 및 배설

Answer　48.② 49.② 50.① 51.③ 52.④ 53.③

54 카메라 셔터속도와 렌즈구경의 관계에 대한 설명 중 옳은 것은?

① 같은 빛의 세기에서 셔터시간을 늘려주면 렌즈구경은 커져야 한다.
② 같은 빛의 세기에서 셔터시간을 줄여주면 렌즈구경은 커져야 한다.
③ 같은 빛의 세기에서 렌즈구경을 크게 하면 셔터속도는 느리게 해주어야 한다.
④ 같은 빛의 세기에서 렌즈구경을 작게 하면 셔터속도는 빠르게 해주어야 한다.

해설 ① 같은 빛의 세기에서 셔터시간을 늘려주면 렌즈구경은 작아져야 한다.
③ 같은 빛의 세기에서 렌즈구경을 크게 하면 셔터속도는 빠르게 해주어야 한다.
④ 같은 빛의 세기에서 렌즈구경을 작게 하면 셔터속도는 느리게 해주어야 한다.

55 유류증거물의 인화점 시험방법으로서 주로 인화점이 93℃ 이하인 시료를 측정하는 데 사용되는 것은?

① 태그 밀폐식
② 펜스키-마텐스 밀폐식
③ 클리브랜드 개방식
④ 원자흡광분석

해설 태그 밀폐식 : 인화점이 93℃ 이하인 시료에 적용한다.

56 증거의 시간적 역할에 대한 설명으로 틀린 것은?

① 깨져 바닥에 쏟아진 유리창의 내측에 그을음이 부착되어 있지 않다면 화재 이전 창문이 먼저 깨졌다는 것을 의미한다.
② 화재현장에서 발견된 소사체에서 생활반응이 발견된다면 피해자는 화재 이전 사망한 상태였다는 것을 알 수 있다.
③ 화재와 폭발이 일어난 현장에서 멀리까지 비산된 유리창의 파편에 그을음이 부착되어 있다면 화재가 먼저 일어나 이로 인해 폭발이 발생한 것으로 볼 수 있다.
④ 타이어흔적 위로 족적이 찍혀 있다면 이러한

증거는 차량이 지나간 후에 누군가 걸어갔다는 것을 증명해주는 역할을 한다.

해설 소사체에서 생활반응이 발견된다면 피해자는 화재 당시 생존상태였다는 것을 알 수 있다.

57 강화유리가 폭발로 깨졌을 때 나타나는 형태로 옳은 것은?

① 곡선모양
② 입방체모양
③ 원형 모양
④ 격자모양

해설 ② 강화유리가 폭발로 깨졌을 때 나타나는 형태 : 입방체 형태
열에 의해 깨진 유리단면에는 월러라인이 없지만 충격에 의해 깨진 유리단면에는 월러라인이 형성되어 유리단면을 통해 열 또는 충격에 의한 원인을 구분할 수 있다.

58 화재증거물수집관리규칙상 증거물의 포장·보관·이동에 관한 설명으로 옳지 않은 것은?

① 입수한 증거물을 이송할 때에는 포장을 하고 상세 정보를 별지에 기록하여 부착한다. 이 경우 증거물의 포장은 보호상자를 사용하여 일괄 포장함을 원칙으로 한다.
② 증거물은 수집 단계부터 검사 및 감정이 완료되어 반환 또는 폐기되는 전 과정에 있어서 화재조사관 또는 이와 동일한 자격 및 권한을 가진 자의 책임 하에 행해져야 한다.
③ 증거물의 보관 및 이동은 장소 및 방법, 책임자 등이 지정된 상태에서 행해져야 된다.
④ 증거물의 보관은 전용실 또는 전용함 등 변형이나 파손될 우려가 없는 장소에 보관해야 한다.

해설 증거물의 포장(화재증거물수집관리규칙 제5조)
입수한 증거물을 이송할 때에는 포장을 하고 상세 정보를 [별지 제2호 서식]에 기록하여 부착한다. 이 경우 증거물의 포장은 보호상자를 사용하여 개별 포장함을 원칙으로 한다.
증거물 보관·이동(화재증거물수집관리규칙 제6조)
㉠ 증거물은 수집 단계부터 검사 및 감정이 완료되어 반환 또는 폐기되는 전 과정에 있어서 화재조사관 또는 이와 동일한 자격 및 권한을 가진 자의 책임하에 행해져야 한다.

Answer 54.② 55.① 56.② 57.② 58.①

부록
과년도 출제문제

ⓛ 증거물의 보관 및 이동은 장소 및 방법, 책임자 등이 지정된 상태에서 행해져야 되며, 책임자는 전 과정에 대하여 이를 입증할 수 있도록 다음의 사항을 작성하여야 한다.
- 증거물 최초상태, 개봉일자, 개봉자
- 증거물 발신일자, 발신자
- 증거물 수신일자, 수신자
- 증거 관리가 변경되었을 때 기타사항 기재

ⓒ 증거물의 보관은 전용실 또는 전용함 등 변형이나 파손될 우려가 없는 장소에 보관해야 하고, 화재조사와 관계없는 자의 접근은 엄격히 통제되어야 하며, 보관관리 이력은 [별지 제3호 서식]에 따라 작성하여야 한다.

ⓔ 증거물 이동과정에서 증거물의 파손·분실·도난 또는 기타 안전사고에 대비하여야 한다.

ⓜ 파손이 우려되는 증거물, 특별 관리가 필요한 증거물 등은 이송상자 및 무진동 차량 등을 이용하여 안전에 만전을 기하여야 한다.

ⓑ 증거물은 화재증거 수집의 목적달성 후에는 관계인에게 반환하여야 한다. 다만 관계인의 승낙이 있을 때에는 폐기할 수 있다.

59 유리창문의 파괴가 내부 또는 외부충격에 의하여 발생하였는지를 파악할 수 있는 표식은?

① 고스트마크
② 디렉션마크
③ 리플마크
④ 스플래시마크

해설 유리의 측면에 나타나는 곡선모양을 월러라인이라고 한다. 실무에서는 물결모양의 리플마크라고도 한다.

60 화재현장 목재의 균열흔에 대한 설명으로 옳은 것은?

① 함습 정도가 높을수록 쉽게 탄화된다.
② 나무의 표면적이 넓을수록 쉽게 탄화된다.
③ 화재실의 온도가 높을수록 탄화가 어렵다.
④ 목재의 종류는 탄화 정도에 영향을 미치지 못한다.

해설 목재
ⓐ 수분함유율이 높으면 탄화가 곤란하며, 화재실의 온도가 높을수록 쉽게 탄화된다. 또한 목재의 종류에 따라 착화도가 다르며, 각재

와 판재가 원형보다 빨리 착화한다.
ⓒ 탄화된 목재에서 공통적으로 나타나는 탄화흔과 균열흔의 특성
- 불에 오래도록 강하게 탈수록 탄화의 깊이는 깊다.
- 탄화모양을 형성하고 있는 패인 골이 깊을수록 소손이 강하다.
- 탄화모양을 형성하고 있는 패인 골의 폭이 넓을수록 소손이 강하다.
- 목재의 균열흔은 발화부와 가까울수록 골이 넓고 깊어진다.
- 무염연소는 장시간 화염과 접촉하고 있으므로 유염연소에 비해 상대적으로 깊게 타들어가는 균열흔이 나타난다.
- 나무의 표면적이 넓을수록 쉽게 탄화된다.

제4과목 **화재조사관계법규 및 피해평가**

61 잔존물 제거비의 계산방법으로 옳은 것은?

① 화재피해액×10%
② 화재피해액×20%
③ 화재 재구입비×10%
④ 화재 재구입비×20%

해설 잔존물제거비의 산정기준(화재피해금액 산정매뉴얼)
화재로 건물, 부대설비, 영업시설 등이 소손되거나 훼손되어 그 잔존물(잔해 등) 또는 유해물이나 폐기물이 발생된 경우, 이를 제거하는 비용은 재건축비 내지 재취득비용에 포함되지 아니하므로 별도로 피해액을 산정해야 하는데 잔존물, 내지 유해물 또는 폐기물 등은 그 종류별, 성상별로 구분하여 소각 또는 매립여부를 결정한 후, 그 발생량을 적산하여 처리비용과 수집 및 운반비용을 산정하는 것이 원칙이나 이는 고도의 전문성이 요구되므로, 여기서는 간이추정방식에 의해 산정하기로 한다. 화재로 인한 건물, 부대설비, 영업시설, 기계장치, 공구·기구, 집기비품, 가재도구 등의 잔존물 내지 유해물 또는 폐기물을 제거하거나 처리하는 비용은 화재피해액의 10% 범위 내에서 인정된 금액으로 산정한다.
잔존물제거비＝화재피해액×10%

62 화재조사 및 보고규정에 따른 화재의 유형별 분류가 아닌 것은?

① 임야화재
② 자동차 · 철도차량화재
③ 선박 · 항공기화재
④ 전기 · 화학화재

해설 화재유형(화재조사 및 보고규정 제9조)
　　㉠ 법 제2조 제1항 제1호의 화재는 다음과 같이 그 유형을 구분한다.
　　　• 건축 · 구조물화재 : 건축물, 구조물 또는 그 수용물이 소손된 것
　　　• 자동차 · 철도차량화재 : 자동차, 철도차량 및 피견인 차량 또는 그 적재물이 소손된 것
　　　• 위험물 · 가스제조소 등 화재 : 위험물제조소 등, 가스제조 · 저장 · 취급시설 등이 소손된 것
　　　• 선박 · 항공기화재 : 선박, 항공기 또는 그 적재물이 소손된 것
　　　• 임야화재 : 산림, 야산, 들판의 수목, 잡초, 경작물 등이 소손된 것
　　　• 기타화재 : 위의 내용에 해당되지 않는 화재
　　㉡ 위 ㉠의 화재가 복합되어 발생한 경우에는 화재의 구분을 화재피해금액이 큰 것으로 한다. 다만, 화재피해금액으로 구분하는 것이 사회관념상 적당하지 않을 경우에는 발화장소로 화재를 구분한다.

63 특수한 경우의 피해액 산정 우선적용사항 기준 중 틀린 것은?

① 중고구입기계장치 및 집기비품의 제작연도를 알 수 없는 경우 신품가액의 30~50%를 재구입비로 하여 피해액을 산정한다.
② 중고기계장치 및 중고집기비품의 시장거래가격이 신품가격보다 높을 경우 신품가액을 재구입비로 하여 피해액을 산정한다.
③ 공구 · 기구, 집기비품, 가재도구를 일괄하여 피해액을 산정할 경우 재구입비의 50%를 피해액으로 한다.
④ 재고자산의 상품 중 견본품, 전시품, 진열품에 대해서는 구입가의 30~50%를 피해액으로 한다.

해설 특수한 경우의 피해액 산정 우선적용사항(화재피해금액 산정매뉴얼)
　　㉠ 건물에 있어 문화재의 경우 별도의 피해액 산정기준에 의한다.
　　㉡ 철거건물 및 모델하우스의 경우 별도의 피해액 산정기준에 의한다.
　　㉢ 중고구입기계장치 및 집기비품의 제작연도를 알 수 없는 경우 신품가액의 30~50%를 재구입비로 하여 피해액을 산정한다.
　　㉣ 중고기계장치 및 중고집기비품의 시장거래가격이 신품가격보다 높을 경우 신품가액을 재구입비로 하여 피해액을 산정한다.
　　㉤ 중고기계장치 및 중고집기비품의 시장거래가격이 신품가액에서 감가수정을 한 금액보다 낮을 경우 중고기계장치의 시장거래가격을 재구입비로 하여 피해액을 산정한다.
　　㉥ 공구 · 기구, 집기비품, 가재도구를 일괄하여 피해액을 산정할 경우 재구입비의 50%를 피해액으로 한다.
　　㉦ <u>재고자산의 상품 중 견본품 전시품 진열품에 대해서는 구입가의 50~80%를 피해액으로 한다.</u>

64 철근콘크리트조 슬래브지붕 4층 건물의 1층에서 화재가 발생하여 1층 점포 300m²(바닥면적 기준)가 전소되고, 2층 벽면 1면에 100m²의 그을음 피해가 발생한 경우 소실면적은 몇 m²인가?

① 400
② 320
③ 350
④ 200

해설 건물의 소실면적(화재피해금액 산정매뉴얼)
건물의 소실된 면적은 m² 단위로 기재하며, 소실면적은 건물의 바닥면적을 기준으로 한다. <u>다만 화재피해 범위가 건물의 6면 중 2면 이하인 경우에는 6면 중의 피해면적의 합에 5분의 1을 곱한 값을 소실면적으로 한다.</u>
$300m^2 + (100m^2 \times 1/5) = 320m^2$

65 재고자산의 화재피해액 산정 시 회계장부에 현재가액이 확인된 경우의 산정기준으로 옳은 것은?

① 회계장부상 현재가액×손해율
② 재고자산의 출고가액×손해율
③ 재조자산의 회전율×손해율
④ 연간매출액÷손해율

부록

과년도 출제문제

해설 재고자산의 피해액 산정기준(화재피해금액 산정매뉴얼)

㉠ 회계장부에 의한 피해액 산정

일정 규모 이상의 사업체로서 재고자산에 대하여 회계장부에 의한 가액이 확인되는 경우 회계장부상의 재고자산 구입가액에 손해율을 곱한 금액을 재고자산의 피해액으로 한다. 다만 견본품, 전시품, 진열품의 경우 재고자산 종류에 따라 구입가격의 50~80%를 피해액으로 한다.

재고자산의 피해액 = 회계장부상의 구입가액 × 손해율

㉡ 추정에 의한 방식

회계장부 등에 의해 재고자산의 구입가액이 확인되지 아니하는 경우 화재피해 대상 업체의 매출액에 의해 화재 당시의 재고자산을 추정하여 피해액을 산정하는 방식으로 매출액을 업종별 재고자산회전율로 나눈 후 손해율을 곱한 금액이 재고자산의 피해액이 된다.

재고자산 피해액 = 연간매출액 ÷ 재고자산 회전율 × 손해율

66 건물피해액 산정기준으로 틀린 것은?

① 건물의 소실면적 산정은 소실 바닥면적으로 산정하며, 화재피해 범위가 건물의 6면 중 2면 이하인 경우에는 6면 중의 피해면적의 합에 5분의 1을 곱한 값을 소실면적으로 한다.

② 신축단가는 화재피해 건물과 같거나 비슷한 규모, 구조, 용도, 재료, 시공방법 및 시공상태 등에 의해 새로운 건물을 신축했을 경우의 m^2당 단가이다.

③ 소실면적의 재건축비는 소실면적에 신축단가를 곱한 금액으로 한다.

④ 잔가율은 구입 당시에 피해물의 재구입비에 대한 현재가의 비율로 화재 당시 건물에 잔존하는 가치의 정도를 말한다.

해설 건물피해액 산정기준(화재피해금액 산정매뉴얼)

화재로 인한 피해액
= 소실면적의 재건축비 × 잔가율 × 손해율
= 신축단가 × 소실면적
  × [1-(0.8 × 경과연수/내용연수)] × 손해율

㉠ 소실면적

화재 피해액을 산정하기 위한 피해 면적으로서 화재피해를 입은 건물의 연면적(건물의 각층의 상면적의 합계)을 말한다. 다만 건물의 소실면적 산정은 소실 바닥면적으로 산정하며, 화재피해 범위가 건물의 6면 중 2면 이하인 경우에는 6면 중의 피해면적의 합에 5분의 1을 곱한 값을 소실 면적으로 한다.

㉡ 소실면적의 재건축비

소실면적의 재건축비는 소실면적에 신축단가를 곱한 금액으로 한다.

㉢ 잔가율

화재 당시에 피해물의 재구입비에 대한 현재가의 비율로 화재 당시 건물에 잔존하는 가치의 정도를 말한다. 건물의 현재가치는 재구입비에서 사용손모 및 경과기간으로 인한 감가액을공제한 금액이 되므로 잔가율은 1-(1-최종잔가율) × 경과연수/내용연수이며, 건물의 최종잔가율은 20%이므로 이를 위 식에 반영하면 건물의 잔가율은 [1-(0.8 × 경과연수/내용연수)]가 된다.

67 화재조사 및 보고규정상 재구입비에 대한 설명으로 옳은 것은?

① 화재 당시의 피해물과 같거나 비슷한 것을 재건축(설계감리비 포함) 또는 재취득하는 데 필요한 금액

② 피해물의 종류, 손상상태 및 정도에 따라 피해액을 적정화시키기 위한 보정 금액

③ 피해물의 경제적 내용연수가 다한 경우와 동일한 가치 물품의 재구입비

④ 화재 당시에 피해물의 재구입비에 대한 현재가의 비율로 환산한 금액

해설 정의(화재조사 및 보고규정 제2조)

"재구입비"란 화재 당시의 피해물과 같거나 비슷한 것을 재건축(설계 감리비를 포함한다) 또는 재취득하는 데 필요한 금액을 말한다.

68 화재피해액 산정방법으로 틀린 것은?

① 잔존물 제거 : 화재피해액 × 20%

② 재고자산 : 회계장부상 현재가액 × 손해율

③ 구축물 : 회계장부상 구축물가액 × 손해율

④ 기타 : 피해 당시의 현재가를 재구입비로 하여 피해액을 산정

Answer 66.④ 67.① 68.①

해설 화재피해금액 산정매뉴얼

잔존물제거비＝화재피해액×10%

69 화재피해 대상 건물의 경과연수를 산정할 때, 재건축비의 50% 미만의 비용으로 개·보수한 이력이 있는 건축물의 경과연수 산정기준으로 옳은 것은?

① 최초 건축년도를 기준으로 경과연수를 산정한다.
② 개·보수한 시점을 기준으로 경과연수를 산정한다.
③ 최초 건축년도를 기준으로 한 경과연수와 개·보수한 때를 기준으로 한 경과연수를 합산 평균하여 경과연수를 산정한다.
④ 최초 건축비용 개·보수 당시 소요비용을 각각 산정하여 합산한다.

해설 경과연수(화재피해금액 산정매뉴얼)
ⓐ 재건축비의 50% 미만을 개·보수한 경우 최초 건축년도를 기준으로 경과연수를 산정한다.
ⓑ 화재피해 대상 건물이 건축일로부터 사고일 현재까지 경과한 연수이다.
ⓒ 화재피해액 산정에 있어서는 연 단위까지 산정하는 것을 원칙으로 하며(이 경우 연 미만 기간은 버린다), 연 단위로 산정하는 것이 불합리한 결과를 초래하는 경우에는 월 단위까지 산정할 수 있다(이 경우 월 미만기간은 버린다).
ⓓ 건축일은 건물의 사용승인일 또는 사용승인일이 불분명한 경우에는 실제 사용한 날부터 한다.
ⓔ 건물의 일부를 개축 또는 대수선한 경우에 있어서는 경과연수를 다음과 같이 수정하여 적용한다.

문제 관련 핵심이론 ●

ⓐ 재건축비의 50% 미만 개·보수한 경우 최초 건축연도를 기준으로 경과연수를 산정한다.
ⓑ 재건축비의 50~80%를 개·보수한 경우 최초 건축 연도를 기준으로 한 경과 연수와 개·보수한 때를 기준으로 한 경과연수를 합산 평균하여 경과연수를 산정한다.
ⓒ 재건축비의 80% 이상 개·보수한 때를 기준으로 하여 경과연수를 산정한다.

70 화재조사 및 보고규정에 따른 건물의 화재 피해액 산정기준으로 옳은 것은?

① 표준단가(m²당)×소실면적×[1−0.9×경과연수/내용연수]×손해율
② 표준단가(m²당)×소실면적×[1−0.8×경과연수/내용연수]×손해율
③ 신축단가(m²당)×소실면적×[1−0.9×경과연수/내용연수]×손해율
④ 신축단가(m²당)×소실면적×[1−0.8×경과연수/내용연수]×손해율

해설 화재피해금액 산정기준(화재조사 및 보고규정 [별표 2])
건물 등의 피해액 산정
＝신축단가(m²당)×소실면적
×[1−(0.8×경과연수/내용연수)]×손해율

71 화재로 인한 재해보상과 보험가입에 관한 법령상 한국화재보험협회가 보험계약을 체결할 때 실시하는 특수건물의 안전점검기준 중 (   ) 안에 알맞은 것은? (단, 특수건물 관계인의 요청이 있는 경우는 제외한다.)

특수건물을 건축한 경우와 특수건물의 소유권이 변경된 경우를 제외한 그 밖의 경우로서 특수건물에 해당하게 된 이후 처음으로 안전점검을 하는 경우는 안전점검 (   )일 전에 특수건물에 해당한다는 사실과 안전점검일자 등의 사항을 특수건물 관계인 중 1명 이상에게 통지하여야 한다.

① 30
② 15
③ 10
④ 7

해설 안전점검(화재로 인한 재해보상과 보험가입에 관한 법률 제12조)
협회는 법 제16조 제1항 및 제2항에 따른 안전점검(이하 "안전점검"이라 한다)을 하려는 경우 다음의 구분에 따른 사항을 특수건물 관계인 중 1명 이상에게 통지하여야 한다. 다만, 다음에도 불구하고 특수건물 관계인의 요청이 있는 경우에는 통지기간을 단축할 수 있다.

㉠ 법 제5조 제4항 제3호에 해당하는 경우로서 특수건물에 해당하게 된 이후 처음으로 안전점검을 하는 경우: 안전점검 15일 전에 특수건물에 해당한다는 사실과 안전점검 일자 등

㉡ 위 ㉠ 외의 경우 : 안전점검 48시간 전에 안전점검 일자 등

72 민법에 따른 불법행위 및 배상책임에 관한 기준 중 틀린 것은?

① 고의 또는 과실로 인한 위법행위로 타인에게 손해를 가한 자는 그 손해를 배상할 책임이 있다.

② 배상의무자는 그 손해가 고의 또는 중대한 과실에 의한 것이고 그 배상으로 인하여 배상자의 생계에 중대한 영향을 미치게 될 경우에는 법원에 그 배상액의 경감을 청구할 수 있다.

③ 불법행위로 인한 손해배상의 청구권은 피해자나 그 법정대리인이 그 손해 및 가해자를 안 날로부터 3년간 이를 행사하지 아니하면 시효로 인하여 소멸한다.

④ 도급인은 수급인이 그 일에 관하여 제삼자에게 가한 손해를 배상할 책임이 없다. 그러나 도급 또는 지시에 관하여 도급인에게 중대한 과실이 있는 때에는 그러하지 아니하다.

해설 민법

(1) 불법행위의 내용(제750조) : 고의 또는 과실로 인한 위법행위로 타인에게 손해를 가한 자는 그 손해를 배상할 책임이 있다.

(2) 배상액의 경감청구(제765조)

㉠ 규정에 의한 배상의무자는 그 손해가 고의 또는 중대한 과실에 의한 것이 아니고 그 배상으로 인하여 배상자의 생계에 중대한 영향을 미치게 될 경우에는 법원에 그 배상액의 경감을 청구할 수 있다.

㉡ 법원은 위 ㉠의 청구가 있는 때에는 채권자 및 채무자의 경제상태와 손해의 원인 등을 참작하여 배상액을 경감할 수 있다.

(3) 손해배상청구권의 소멸시효(제766조)

㉠ 불법행위로 인한 손해배상의 청구권은 피해자나 그 법정대리인이 그 손해 및 가해자를 안 날로부터 3년간 이를 행사하지 아니하면 시효로 인하여 소멸한다.

㉡ 불법행위를 한 날로부터 10년을 경과한 때에도 위 ㉠과 같다.

㉢ 미성년자가 성폭력, 성추행, 성희롱, 그 밖의 성적(性的) 침해를 당한 경우에 이로 인한 손해배상청구권의 소멸시효는 그가 성년이 될 때까지는 진행되지 아니한다.

(4) 도급인의 책임(제757조)

도급인은 수급인이 그 일에 관하여 제삼자에게 가한 손해를 배상할 책임이 없다. 그러나 도급 또는 지시에 관하여 도급인에게 중대한 과실이 있는 때에는 그러하지 아니하다.

73 형법에 따른 공용건조물 등에의 방화기준 중 다음 (   ) 안에 알맞은 것은?

> 불을 놓아 사람이 주거로 사용하거나 사람이 현존하는 건조물, 기차, 전차, 자동차, 선박, 항공기 또는 지하채굴시설을 불태운 자는 (   )에 처한다.

① 무기 또는 3년 이상의 징역

② 2년 이상의 유기징역

③ 5년 이하의 징역

④ 1년 이상의 10년 이하의 징역

해설 현주건조물 등 방화(형법 제164조)

㉠ 불을 놓아 사람이 주거로 사용하거나 사람이 현존하는 건조물, 기차, 전차, 자동차, 선박, 항공기 또는 지하채굴시설을 불태운 자는 무기 또는 3년 이상의 징역에 처한다.

㉡ 위 ㉠의 죄를 지어 사람을 상해에 이르게 한 경우에는 무기 또는 5년 이상의 징역에 처한다. 사망에 이르게 한 경우에는 사형, 무기 또는 7년 이상의 징역에 처한다.

74 화재조사 및 보고규정상 용어정리 중 다음 (   ) 안에 알맞은 것은?

> (   )란/이란 발화열원에 의해 불이 붙고 이 물질을 통해 제어하기 힘든 화세로 발전한 가연물을 말한다.

① 발화요인 　　　　② 연소확대물

③ 최초착화물 　　　④ 발화관련 기기

Answer 72.② 73.① 74.③

해설 정의(화재조사 및 보고규정 제2조)
- ㉠ 최초착화물 : 발화열원에 의해 불이 붙은 최초의 가연물을 말한다.
- ㉡ 발화요인 : 발화열원에 의하여 발화로 이어진 연소현상에 영향을 준 인적·물적·자연적인 요인을 말한다.
- ㉢ 발화관련 기기 : 발화에 관련된 불꽃 또는 열을 발생시킨 기기 또는 장치나 제품을 말한다.
- ㉣ 연소확대물 : 연소가 확대되는데 있어 결정적 영향을 미친 가연물을 말한다.

75 소방의 화재조사에 관한 법령상 전담부서에서 갖추어야 할 장비 및 시설 중 화재조사분석실 구성 장비에 해당하지 않는 것은?

① 시료보관함
② 바이스
③ 초음파세척기
④ 확대경

해설 화재조사분석실 구성장비(10종)(소방의 화재조사에 관한 법률 시행규칙 [별표])
증거물보관함, 시료보관함, 실험작업대, 바이스(가공물 고정을 위한 기구), 개수대, 초음파세척기, 실험용 기구류(비커, 피펫, 유리병 등), 건조기, 항온항습기, 오토 데시케이터(물질 건조, 흡습성 시료 보존을 위한 유리 보존기)
※ 확대경 : 감식기기

76 소방기본법에서 규정하는 소방자동차가 화재진압 및 구조·구급활동을 위하여 출동하는 때 소방자동차의 출동을 방해한 사람에 대한 벌칙기준으로 옳은 것은?

① 5년 이하의 징역 또는 5,000만원 이하의 벌금
② 5년 이상의 징역 또는 5,000만원 이하의 벌금
③ 3년 이하의 징역 또는 1,500만원 이하의 벌금
④ 3년 이하의 징역 또는 1,000만원 이하의 벌금

해설 5년 이하의 징역 또는 5천만원 이하의 벌금
- ㉠ 위력(威力)을 사용하여 출동한 소방대의 화재진압·인명구조 또는 구급활동을 방해하는 행위

- ㉡ 소방대가 화재진압·인명구조 또는 구급활동을 위하여 현장에 출동하거나 현장에 출입하는 것을 고의로 방해하는 행위
- ㉢ 출동한 소방대원에게 폭행 또는 협박을 행사하여 화재진압·인명구조 또는 구급활동을 방해하는 행위
- ㉣ 출동한 소방대의 소방장비를 파손하거나 그 효용을 해하여 화재진압·인명구조 또는 구급활동을 방해하는 행위
- ㉤ 소방자동차의 출동을 방해한 사람
- ㉥ 사람을 구출하는 일 또는 불을 끄거나 불이 번지지 아니하도록 하는 일을 방해한 사람
- ㉦ 정당한 사유 없이 소방용수시설 또는 비상소화장치를 사용하거나 소방용수시설 또는 비상소화장치의 효용을 해치거나 그 정당한 사용을 방해한 사람

77 소방의 화재조사에 관한 법률에 의해 화재조사를 하는 관계공무원으로 화재조사를 수행하면서 알게 된 비밀을 다른 사람에게 누설한 사람에 대한 벌칙기준으로 옳은 것은?

① 100만원 이하의 벌금
② 200만원 이하의 벌금
③ 300만원 이하의 벌금
④ 500만원 이하의 벌금

해설 300만원 이하의 벌금
- ㉠ 소방의 화재조사에 관한 법률 제8조 제3항을 위반하여 허가 없이 화재현장에 있는 물건 등을 이동시키거나 변경·훼손한 사람
- ㉡ 정당한 사유 없이 소방의 화재조사에 관한 법률 제9조 제1항에 따른 화재조사관의 출입 또는 조사를 거부·방해 또는 기피한 사람
- ㉢ 소방의 화재조사에 관한 법률 제9조 제3항을 위반하여 관계인의 정당한 업무를 방해하거나 화재조사를 수행하면서 알게 된 비밀을 다른 용도로 사용하거나 다른 사람에게 누설한 사람
- ㉣ 정당한 사유 없이 소방의 화재조사에 관한 법률 제11조 제1항에 따른 증거물 수집을 거부·방해 또는 기피한 사람

78 화재조사 및 보고규정에 따른 사상자의 기준 중 다음 ( ) 안에 알맞은 것은?

> 사상자는 화재현장에서 사망 또는 부상당한 사람을 말한다. 단, 화재현장에서 부상을 당한 후 ( )시간 이내에 사망한 경우에는 당해 화재로 인한 사망으로 본다.

① 72   ② 48
③ 36   ④ 24

해설 사상자(화재조사 및 보고규정 제13조)
사상자는 화재현장에서 사망한 사람과 부상당한 사람을 말한다. 다만, 화재현장에서 부상을 당한 후 72시간 이내에 사망한 경우에는 당해 화재로 인한 사망으로 본다.

79 제조물책임법에 따른 손해배상청구권의 소멸시효는 몇 년인가?

① 3년   ③ 7년
② 5년   ④ 15년

해설 소멸시효 등(제조물책임법 제7조)
ⓙ 이 법에 따른 손해배상의 청구권은 피해자 또는 그 법정대리인이 다음의 사항을 모두 알게 된 날부터 3년간 행사하지 아니하면 시효의 완성으로 소멸한다.
  • 손해
  • 제3조에 따라 손해배상책임을 지는 자
ⓛ 이 법에 따른 손해배상의 청구권은 제조업자가 손해를 발생시킨 제조물을 공급한 날부터 10년 이내에 행사하여야 한다. 다만, 신체에 누적되어 사람의 건강을 해치는 물질에 의하여 발생한 손해 또는 일정한 잠복기간(潛伏期間)이 지난 후에 증상이 나타나는 손해에 대하여는 그 손해가 발생한 날부터 기산(起算)한다.

80 불을 놓아 사람이 주거로 사용하거나 사람이 현존하는 건조물, 기차, 전차, 자동차, 선박, 항공기 또는 지하채굴시설을 불태운 자에 대한 죄명은?

① 현주건조물 등에의 방화죄
② 현조건조물 등에의 방화죄
③ 일반건조물 등에의 방화죄
④ 공용건조물 등에의 방화죄

해설 현주건조물 등 방화(형법 제164조)
ⓙ 불을 놓아 사람이 주거로 사용하거나 사람이 현존하는 건조물, 기차, 전차, 자동차, 선박, 항공기 또는 지하채굴시설을 불태운 자는 무기 또는 3년 이상의 징역에 처한다.
ⓛ 위 ⓙ의 죄를 지어 사람을 상해에 이르게 한 경우에는 무기 또는 5년 이상의 징역에 처한다. 사망에 이르게 한 경우에는 사형, 무기 또는 7년 이상의 징역에 처한다.

2023년 9월 2일

화재감식평가기사

부록

과년도 출제문제

제1과목 화재조사론

01 다음에서 설명하는 용어로 적절한 것은?

> 화재가 진행되고 있는 동안 석고 벽 표면에서 발생하는 물리·화학적 변화

① 박리(spalling)
② 중합(polymerization)
③ 탄화(carbonization)
④ 하소(calcination)

해설 하소(calcination, 煆燒)
　㉠ 석고보드가 화재로 열에 노출되었을 때 화학적으로 내부에 있는 수분을 방출시키고 무수 석고로 변화될 수 있으며 물리적으로 강도를 잃고 벽으로부터 떨어지는 경우를 말한다.
　㉡ 가연성 물질을 공기 속에서 태워 휘발성분을 없애고 재로 만드는 일이다.

02 화재 시 연기의 이동속도 및 특성에 대한 설명으로 옳지 않은 것은?

① 연기층의 두께는 연소가 진행됨에 따라 달라진다.
② 화재실에서 분출된 연기는 공기보다 가벼워 통로의 상부를 따라 유동한다.
③ 연기는 발화층으로부터 위층으로 확산된다.
④ 일반적으로 연기의 이동속도는 수평이동속도가 수직이동속도보다 빠르다.

해설 연기의 속도
　㉠ 수평방향으로 약 0.5~1m/sec 정도
　㉡ 수직방향으로 2~3m/sec 정도

03 가연성 기체 중 위험성의 척도인 위험도가 가장 큰 것은?

① 메탄
② 에탄
③ 프로판
④ 아세틸렌

해설 ㉠ 위험도(Degree of Hazards)
　• 가스가 화재를 일으킬 수 있는 척도를 나타내는 것
　• 위험도 수치가 클수록 위험성이 크다.
　• 위험도＝연소상한계－연소하한계/연소하한계
㉡ 가연성 가스의 연소범위
　• 메탄 : 5~15vol%
　• 에탄 : 3.0~12.5vol%
　• 프로판 : 2.1~9.5vol%
　• 아세틸렌 : 2.5~82vol%
　※ 아세틸렌 위험도
　　＝연소상한계－연소하한계/연소하한계
　　＝82－2.5/2.5＝31.8
㉢ 가연성 물질의 위험도 기준
　• 가연성 고체 : 착화점
　• 가연성 액체 : 인화점
　• 가연성 기체 : 연소범위

04 소방의 화재조사에 관한 법률상 화재조사 전담본부의 업무에 관한 사항 중 틀린 것은?

① 화재조사의 실시 및 조사결과 분석·관리
② 화재조사 관련 기술개발과 화재조사관의 역량증진
③ 화재조사관은 소방서장이 실시하는 화재조사에 관한 시험에 합격한 소방공무원 등으로 한다.
④ 화재조사에 필요한 시설·장비의 관리·운영

[해설] **화재조사전담부서의 설치 · 운영 등(소방의 화재조사에 관한 법률 제6조)**
　㉠ 소방관서장은 전문성에 기반하는 화재조사를 위하여 화재조사전담부서(이하 "전담부서"라 한다)를 설치 · 운영하여야 한다.
　㉡ 전담부서는 다음의 업무를 수행한다.
　　• 화재조사의 실시 및 조사결과 분석 · 관리
　　• 화재조사 관련 기술개발과 화재조사관의 역량증진
　　• 화재조사에 필요한 시설 · 장비의 관리 · 운영
　　• 그 밖의 화재조사에 관하여 필요한 업무
　㉢ 소방관서장은 화재조사관으로 하여금 화재조사 업무를 수행하게 하여야 한다.
　㉣ 화재조사관은 소방청장이 실시하는 화재조사에 관한 시험에 합격한 소방공무원 등 화재조사에 관한 전문적인 자격을 가진 소방공무원으로 한다.
　㉤ 전담부서의 구성 · 운영, 화재조사관의 구체적인 자격기준 및 교육훈련 등에 필요한 사항은 대통령령으로 정한다.

05 분진폭발의 위험성이 없는 것은?

① 티타늄 분말　　　② 알루미늄 분말
③ 아스피린 분말　　④ 시멘트 분말

[해설] **분진폭발**
　㉠ 개념
　　분진폭발은 화학적 폭발로 가연성 고체의 미분이나 액체의 미스트(mist)가 티끌이 되어 공기 중에 부유하고 있을때 어떤 착화원의 에너지를 공급받으면 폭발하는 현상
　㉡ 분진폭발을 일으키는 물질
　　금속분(알루미늄, 마그네슘, 아연 등), 황, 쌀 · 보리 등 곡물분, 석탄, 솜, 담배, 비누생선분 · 혈분의 비료, 종이분, 경질고무 등
　㉢ 분진폭발이 불가능한 물질
　　석회종류(소석회 등), 가성소다, 탄산칼슘(CaCO3), 생석회, 시멘트분, 대리석분, 유리분 등

06 소방의 화재조사에 관한 법령 상 화재조사의 권한이 없는 자는?

① 소방청장　　　　③ 소방서장
② 소방본부장　　　④ 소방진압대장

[해설] **화재조사의 실시(소방의 화재조사에 관한 법률 제5조)**
　소방청장, 소방본부장 또는 소방서장(이하 "소방관서장"이라 한다)은 화재발생 사실을 알게 된 때에는 지체 없이 화재조사를 하여야 한다.

07 화재조사 및 보고규정에 의한 관계인 등에게 대한 질문 요령으로 틀린 것은?

① 관계인 등에게 질문을 할 때에는 시기, 장소 등을 고려하여 진술하는 사람으로부터 임의 진술을 얻도록 해야 한다.
② 진술의 자유 또는 신체의 자유를 침해하여 임의성을 의심할 만한 방법을 취해서는 안 된다.
③ 획득한 진술이 소문 등에 의한 사항인 경우 그 사실을 직접 경험한 관계인 등의 진술을 얻도록 해야 한다.
④ 관계인 등에게 질문을 할 때에는 희망하는 진술내용을 얻기 위하여 상대방에게 암시하는 등의 방법으로 유도한다.

[해설] **관계인 등 진술(화재조사 및 보고규정 제7조)**
　㉠ 법 제9조 제1항에 따라 관계인 등에게 질문을 할 때에는 시기, 장소 등을 고려하여 진술하는 사람으로부터 임의진술을 얻도록 해야 하며 진술의 자유 또는 신체의 자유를 침해하여 임의성을 의심할 만한 방법을 취해서는 안 된다.
　㉡ 관계인 등에게 질문을 할 때에는 희망하는 진술내용을 얻기 위하여 상대방에게 암시하는 등의 방법으로 유도해서는 안 된다.
　㉢ 획득한 진술이 소문 등에 의한 사항인 경우 그 사실을 직접 경험한 관계인 등의 진술을 얻도록 해야 한다.
　㉣ 관계인 등에 대한 질문 사항은 [별지 제10호 서식] 질문기록서에 작성하여 그 증거를 확보한다.

08 분해연소를 하는 가연물은?

① 숯　　　　　　　② 목재
③ 코크스　　　　　④ 파라핀

Answer 05.④ 06.④ 07.④ 08.②

해설 ① 숯 : 표면연소
② 목재 : 분해연소
③ 코크스 : 표면연소
④ 파라핀 : 증발연소

문제 관련 핵심이론

물질의 상태에 따른 분류(=가연물의 분자구조 및 물성에 따른 분류)

(1) 고체연소 – 증발연소
열에 의해 녹은 액체에서 발생한 가연성 증기가 공기와 혼합하여 연소하는 현상(파라핀, 나프탈렌, 유황, 요오드, 왁스, 장뇌, 고체알코올 등)

(2) 고체연소 – 분해연소
가연성 고체가 뜨거운 열에 의해 으스러지면서 생성된 분해물이 공기와 혼합해서 생성된 기체가 불꽃연소하는 현상(석탄, 종이, 목재, 플라스틱, 고무류, 섬유류 등)

(3) 고체연소 – 표면연소
㉠ 휘발성 없는 고체 가연물이 산소와 접촉하는 표면에서 불꽃 없이 연소하는 현상이다.
㉡ 가연물은 열분해나 증발을 하지 않기 때문에 불꽃을 발생시키지 않고 고체표면에서 공기 중에 산소와 부딪치면서 CO를 형성하며 연소하는 현상[숯(목탄), 코크스, 금속분]

(4) 고체연소 – 자기연소
가연물의 분자 내 산소가 있어 외부의 산소공급 없어도 자기(내부)연소하는 현상(제5류 위험물 : 질산에스테르류, 니트로화합물 등)

09 연소 현상에 대한 설명으로 옳은 것은?

① 철에 녹이 스는 것은 연소반응의 일종이다.
② 종이가 누렇게 변색되는 것은 연소반응이다.
③ 연소는 빛과 열을 수반하는 급격한 산화반응이다.
④ 니크롬선을 사용한 전열기에 전기가 인가되었을 때 니크롬선이 빛과 열을 내는 것은 연소반응이다.

해설 **연소의 정의**
㉠ 가연물이 점화원 접촉을 통해 산소와 결합하는 산화반응으로 빛과 열, 연소생성물을 발생시키는 화학반응현상
㉡ 철이 녹스는 것과 종이가 누렇게 변색되는 것은 산화반응이지만 연소반응은 아니다.
㉢ 질소는 산소와 결합하는 산화반응을 하지만 흡열반응을 하기 때문에 연소라 하지 않는다.

10 화재조사 및 보고규정상 부상자 분류기준으로 옳은 것은?

① 경상자는 중상 이외의 부상 중 입원치료를 필요로 하지 않는 것도 포함
② 화재로 인하여 5일 이내 사망한 자를 당해 사망자로 포함
③ 중상자는 7주 이상의 입원치료를 필요로 하는 부상자
④ 경상자는 중상 이외의 부상 중 병원 치료를 필요로 하지 않고 단순하게 연기를 흡입한 사람도 포함한다.

해설 **사상자(화재조사 및 보고규정 제13조)**
사상자는 화재현장에서 사망한 사람과 부상당한 사람을 말한다. 다만, 화재현장에서 부상을 당한 후 72시간 이내에 사망한 경우에는 당해 화재로 인한 사망으로 본다.
부상자 분류(화재조사 및 보고규정 제14조)
부상의 정도는 의사의 진단을 기초로 하여 다음과 같이 분류한다.
㉠ 중상 : 3주 이상의 입원치료를 필요로 하는 부상을 말한다.
㉡ 경상 : 중상 이외의 부상(입원치료를 필요로 하지 않는 것도 포함한다)을 말한다. 다만, 병원 치료를 필요로 하지 않고 단순하게 연기를 흡입한 사람은 제외한다.

11 소방의 화재조사에 관한 법령상 전담부서에 갖추어야 할 장비와 시설 중 안전장비에 포함되지 않는 것은?

① 휴대용 랜턴　　② 안전고리
③ 안전화　　　　④ 보호용 장갑

해설 **소방의 화재조사에 관한 법률 시행규칙 [별표]**
㉠ 안전장비(8종)
보호용 작업복, 보호용 장갑, 안전화, 안전모(무전송수신기 내장), 마스크(방진마스크, 방독마스크), 보안경, 안전고리, 화재조사 조끼
㉡ 조명기기(5종)
이동용 발전기, 이동용 조명기, 휴대용 랜턴, 헤드랜턴, 전원공급장치(500A 이상)

12 가연물의 최소착화에너지에 영향을 미치는 요인에 대한 설명으로 옳은 것은?

① 압력이 높을수록 최소착화에너지는 높아진다.
② 온도가 높을수록 최소착화에너지는 낮아진다.
③ 가연물의 종류에 관계없이 최소착화에너지는 일정하다.
④ 혼합된 공기의 산소농도에 관계없이 최소착화에너지는 일정하다.

해설 최소착화에너지는 압력이 높을수록, 산소농도가 높아질수록 낮아지며, 가연물의 종류에 따라 최소착화에너지는 다르다.

13 수직면과 수평면 모두에서 나타나는 3차원 화재패턴은?

① V패턴
② Pour 패턴
③ U패턴
④ 잘린 원추 패턴

해설 수직면과 수평면 양쪽에서 화염의 끝이 잘릴 때 나타나는 3차원 패턴은 끝이 잘린 원추 패턴이다.

14 물질의 융점으로 옳은 것은?

① 납 : 327℃
② 구리 : 1,540℃
③ 파라핀 : 660℃
④ 알루미늄 : 54℃

해설 ② 구리 : 1,084℃
③ 파라핀 : 54℃
④ 알루미늄 : 660℃

15 가연물의 가연성이 높아지는 조건이 아닌 것은?

① 발열량이 클 것
② 열전도율이 클 것
③ 산소와의 친화력이 클 것
④ 활성화에너지가 작을 것

해설 가연물의 구비조건(＝연소가 잘 되기 위한 조건)
㉠ 산소와 친화력이 클 것 – 화학적 활성도가 클 것
㉡ 발열량이 클 것
　• 흡열반응이 아니라 발열반응이어야 한다.

• 질소는 산소와 결합하는 산화반응을 하지만 흡열반응을 하기 때문에 연소라 하지 않는다.
㉢ 비표적이 클 것 – 공기(산소)와 접촉하는 표면적이 커야 한다.
㉣ 연쇄반응을 일으킬 수 있을 것
㉤ 열전도도가 작을 것
㉥ 열축적률이 클 것
㉦ 활성화에너지(＝점화에너지)가 작을 것

문제 관련 핵심이론

(1) 가연물의 비구비조건(＝불연성 물질)
　㉠ 산소와 더 이상 반응하지 않는 물질
　　물(H_2O), 이산화탄소(CO_2), 이산화규소(SiO_2), 산화알루미늄(Al_2O_3), 삼산화크롬(CrO_3), 오산화인(P_2O_5), 프레온, 규조토 등
　㉡ 산화 · 흡열반응 물질
　　질소(N_2), 질소산화물[N_2O(아산화질소), NO(일산화질소), NO_2(이산화질소), N_2O_3(삼산화질소)]
　㉢ 주기율표상 0족 원소
　　헬륨(He), 네온(Ne), 아르곤(Ar), 크립톤(Kr), 크세논(Xe), 라돈(Rn)
(2) 가연물의 특성
　㉠ 클수록 위험성이 증대되는 것
　　온도, 열량, 증기압, 폭발범위(연소범위), 화학적 활성도, 열축적률, 화염전파속도
　㉡ 작을수록 위험성이 증대되는 것
　　인화점, 착화점, 점성, 비중, 비점, 융점, 열전도율, 표면장력, 증발열, 전기전도율, 비열, LOI(한계산소지수), 활성화에너지

16 화재플룸(fire plume)에 의해 수직벽면에 생성되는 패턴이 아닌 것은?

① 도넛 패턴
② V패턴
③ 모래시계 패턴
④ U패턴

해설 도넛 패턴 : 유류가 쏟아진 바닥면에 나타나는 패턴

17 폭발의 종류 중 화학적 폭발이 아닌 것은?

① 산화폭발
② 비등액체증기폭발
③ 분해폭발
④ 중합폭발

해설 ② 비등액체증기폭발은 물리적 폭발이다.

Answer　12.②　13.④　14.①　15.②　16.①　17.②

문제 관련 핵심이론

폭발의 종류와 형식

(1) 공정별 분류 : 물리적 폭발, 화학적 폭발, 물리적·화학적 폭발의 병립에 의한 폭발, 핵폭발 등이 있다.
(2) 물리적 폭발
  ㉠ 화염을 동반하지 않으며, 물질자체의 화학적 분자구조가 변하지 않는다. 단순히 상변화(액상 → 기상) 등에 의한 폭발이다.
  ㉡ 고압용기의 파열, 탱크의 감압파손, 압력밥솥 폭발 등
  ㉢ 응상폭발(증기폭발, 수증기폭발)과 관련된다.
(3) 화학적 폭발
  ㉠ 화염을 동반하며, 물질자체의 화학적 분자구조가 변한다.
  ㉡ 기상폭발(분해폭발, 산화폭발, 중합폭발, 반응폭주 등)과 관련된다.

18 충격에 의해 파괴된 유리의 단면에 일련의 곡선이 연속해서 만들어지는 형태는?

① 리플마크(riffle mark)
② 크래이즈드 글라스(crazed glass)
③ 자파현상(spontaneous breakage)
④ 레인보우 이펙트(rainbow effect)

해설 ① 충격에 의해 파괴된 유리의 단면에 나타나는 곡선모양을 월러라인이라고 한다. 유리단면에 나타난 곡선모양이 잔물결과 비슷하여 실무에서는 리플마크라고도 한다.

문제 관련 핵심이론

화재현장에서 발견한 물적 증거물 중 열충격에 의한 유리의 파손 패턴
㉠ 유리가 열을 받으면 온도차에 의한 응력으로 파괴된다.
㉡ 열에 의해 깨진 유리단면에는 리플마크와 방사상(방사형) 파손흔적, 월러라인이 생성되지 않는다.
㉢ 유리의 파단선이 곡선을 나타낸다.
㉣ 파손된 유리는 바닥으로 떨어져 2차 파괴가 일어날 수 있다.
㉤ 내부응력의 차이로 파손형태가 달라진다.
㉥ 물리적 증거는 현장에 남아 있는 잔해를 다수 확보하여 파괴기점을 파악하여야 한다.
㉦ 열을 받은 유리는 수열방향으로 보다 많이 낙하한다.
㉧ 유리는 열을 받으면 구불구불한 불규칙적인 곡선형태로 파괴된다(방사형 균열 아님).

㉨ 열을 받은 유리의 조개껍질모양의 박리는 고온일수록 많고 깊다.
㉩ 유리는 열을 받은 정도가 클수록 용융범위가 넓어진다.

19 소방의 화재조사에 관한 법령상 전담부서에서 갖추어야 할 장비 및 시설 중 화재조사분석실은 몇 제곱미터(m²) 이상의 실을 보유하여야 하는가?

① 10제곱미터(m²) 이상
② 20제곱미터(m²) 이상
③ 30제곱미터(m²) 이상
④ 40제곱미터(m²) 이상

해설 소방의 화재조사에 관한 법률 시행규칙 [별표]
화재조사 분석실의 구성장비를 유효하게 보존·사용할 수 있고, 환기시설 및 수도·배관시설이 있는 30제곱미터(m²) 이상의 실(室)
※ 화재조사 분석실의 면적은 청사 공간의 효율적 활용을 위하여 불가피한 경우 최소 기준 면적의 절반 이상에 해당하는 면적으로 조정할 수 있다.

20 공기 중에서 폭발범위가 가장 넓은 물질은?

① 수소 　② 메탄
③ 아세틸렌 　④ 암모니아

해설 ① 수소 : 4.1~75
② 메탄 : 5~15
③ 아세틸렌 : 2.5~82
④ 암모니아 : 15~28

제2과목　화재감식론

21 임야화재 시 수관화의 특징으로 옳은 것은?

① 중심부의 화염온도는 2,000℃이다.
② 주변의 연기온도는 1,000℃이다.
③ 바람이 강할 때 연소속도는 10km/h이다.
④ 임야화재 연소 중에 수십m의 상승기류가 발생한다.

해설 산림화재의 분류
  ㉠ 수관화 : 임목의 가지부분이 타는 것
  수관화는 지표화 또는 수간화로부터 산불이
  확대되어 임목의 상층부가 연소하는 것으로
  연소 중에 수십m의 상승기류가 발생한다.
  ㉡ 수간화 : 나무의 줄기가 타는 것
  ㉢ 지표화 : 지표를 덮고 있는 낙엽, 낙지, 마른
  풀 등이 연소하는 것
  ㉣ 지중화 : 땅속 이탄층, 갈탄층 등 유기질층이
  타는 것으로 재발화의 위험성이 있어 진화에
  어려움이 크다.

22 화재현장 목재의 균열흔에 대한 설명으로 옳은 것은?

① 함습 정도가 높을수록 쉽게 탄화된다.
② 나무의 표면적이 넓을수록 쉽게 탄화된다.
③ 화재실의 온도가 높을수록 탄화가 어렵다.
④ 목재의 종류는 탄화 정도에 영향을 미치지 못한다.

해설 목재
  ㉠ 수분함유율이 높으면 탄화가 곤란하며, 화재
  실의 온도가 높을수록 쉽게 탄화된다. 또한
  목재의 종류에 따라 착화도가 다르며, 각재
  와 판재가 원형보다 빨리 착화한다.
  ㉡ 탄화된 목재에서 공통적으로 나타나는 탄화
  흔과 균열흔의 특성
   • 불에 오래도록 강하게 탈수록 탄화의 깊이
   는 깊다.
   • 탄화모양을 형성하고 있는 패인 골이 깊을
   수록 소손이 강하다.
   • 탄화모양을 형성하고 있는 패인 골의 폭이
   넓을수록 소손이 강하다.
   • 목재의 균열흔은 발화부와 가까울수록 골
   이 넓고 깊어진다.
   • 무염연소는 장시간 화염과 접촉하고 있으
   므로 유염연소에 비해 상대적으로 깊게 타
   들어가는 균열흔이 나타난다.
   • 나무의 표면적이 넓을수록 쉽게 탄화된다.

23 차량화재의 특수성을 설명한 것으로 옳은 것은?

① 화재하중이 높은 환기지배형 화재
② 화재하중이 높은 연료지배형 화재
③ 화재하중이 낮은 환기지배형 화재
④ 화재하중이 낮은 연료지배형 화재

해설 차량화재는 화재하중이 높은 연료지배형 화재특
성을 가지고 있다. 대체적으로 전소되는 경우가
많아 전문지식 없이는 조사가 어렵다.

문제 관련 핵심이론 ●- - - - - - - - - - - -

연료지배형 화재 및 환기지배형 화재
구획된 건물(compartment)의 화재현상에 따라 연료
지배형 화재와 환기지배형 화재로 나눈다. 일반적으로
F.O 이전의 화재는 연료지배형 화재라고 하며 F.O 이
후는 환기지배형 화재라고 한다.
㉠ 연료지배형 화재(환기 양호)
  화재 초기에는 화세가 약하기 때문에 상대적으로 산
  소공급이 원활하여 실내 가연물에 의해 지배되는
  "연료지배형 화재"의 연소형태를 갖는다.
㉡ 환기지배형 화재(환기 불량)
  F.O(Flash Over)에 이르면 실내온도가 급격히 상
  승하여 가연물의 분해 속도가 촉진되고 화세가 더욱
  강해지면서 산소량이 급격히 적어지게 된다.
※ 이때 환기가 잘 되지 않아 "연료지배형 화재"에서
  → "환기지배형 화재"로 바뀐다.

24 발화원의 생성, 이동 및 가열에 대한 설명으로 틀린 것은?

① 모든 가연물은 발화원으로부터 이동된 에너
지에 대해 동일한 반응을 보인다.
② 발화과정은 크게 발화원의 생성, 이동 및 가
열로 정리할 수 있다.
③ 유력한 발화원은 가연물을 발화온도에 다다
르게 할 만큼 에너지수준이 충분히 높을 것
으로 추정해 볼 수 있다.
④ 발화원의 열에너지는 전도, 대류, 복사 등의
방법을 통해 가연물로 이동된다.

해설 고체가연물은 가열 시 열분해를 일으키며, 액체
가연물은 가연성 증기에 불이 붙는 최저온도인
인화점에 도달해야 하는 등 가열에 의한 반응은
다르게 나타난다.

Answer 22.② 23.② 24.①

문제 관련 핵심이론

(1) 기체의 연소

가연성 기체는 공기와 적당한 부피비율로 섞여 연소범위에 들어가면 연소가 일어나는데 기체의 연소가 액체 가연물질 또는 고체 가연물질의 연소에 비해서 가장 큰 특징은 연소 시의 이상 현상인 폭굉이나 폭발을 수반한다는 것이다.

(2) 액체의 연소

액체 가연물질의 연소는 액체 자체가 연소하는 것이 아니라 "증발"이라는 변화 과정을 거쳐 발생된 기체가 연소하는 것이다. 액체 가연물질이 휘발성인 경우는 외부로부터 열을 받아서 증발하여 연소하는 것을 증발연소라 하고 액체가 비휘발성이거나 비중이 커 증발하기 어려운 경우에는 높은 온도를 가해 열분해 하여 그 분해가스를 연소시키는 것을 분해연소라 한다.

(3) 고체의 연소

상온에서 고체 상태로 존재하는 고체 가연물질의 일반적 연소형태는 표면연소, 증발연소, 분해연소, 자기연소로 나눌 수 있다.

25 석유류의 화재로 추정되는 화재현장으로부터 수집된 시료를 기기분석(GC, IR)을 통하여 판별하는 절차로 옳은 것은?

> ㉮ 감식물 습득
> ㉯ 여과
> ㉰ 침지
> ㉱ 정제
> ㉲ 가스크로마토그래피법
> ㉳ 적외선흡수 스펙트럼분석

① ㉮ → ㉯ → ㉰ → ㉱ → ㉲ → ㉳
② ㉮ → ㉯ → ㉰ → ㉱ → ㉳ → ㉲
③ ㉮ → ㉰ → ㉯ → ㉱ → ㉲ → ㉳
④ ㉮ → ㉰ → ㉯ → ㉱ → ㉳ → ㉲

해설 시료 채취(감식물 습득) → 침지 → 여과 → 정제 → 적외선흡수 스펙트럼분석 → 가스크로마토그래피법

26 의도적으로 한 장소에서 다른 장소로 연소를 확산시키기 위한 장치나 도구로서 인화성 액체와 고체가연물이 사용된 연소흔적은 무엇이라고 하는가?

① 트레일러 패턴　　② 고스트마크
③ 스플래시 패턴　　④ 포어 패턴

해설 인화성 액체 가연물의 연소에 의한 화재패턴

포어 패턴(pour pattern), 스플래시 패턴(splash pattern), 도넛 패턴(doughnut pattern), 고스트마크 패턴(ghost mark pattern) 등이 있다.

㉠ 포어 패턴 : 인화성 액체 가연물이 바닥에 뿌려진 경우 뿌려진 부분과 뿌려지지 않은 부분의 탄화경계 흔적

㉡ 스플래시 패턴 : 액체 가연물이 연소되면서 발생한 열에 의해 가열되어 주변으로 튀거나, 액체를 뿌릴 때 바닥면에 액체방울이 튄 것처럼 연소하는 것

㉢ 도넛 패턴
　• 인화성 및 발화성의 가연물이 연소할 때 중심부의 가연성 액체가 증발(기화)로 인해 나타나는 화재패턴
　• 가연성 액체에 의해 고리모양의 연소 흔적
　• 가연성 액체가 뿌려진 중심부의 액체가 연소할 때 증발잠열(기화열)의 냉각효과에 의해 보호되기 때문에 발생하는 현상이다.
　• 고리형태의 도넛 패턴은 바깥쪽은 탄화되지만 가운데 중심부는 액체가 증발하면서 미연소구역으로 남아 생성된다.

㉣ 고스트마크 패턴
　• 인화성 액체가 타일이나 바닥면에 쏟아졌을 때 타일 사이로 스며들어 틈새가 변색되고 박리된 흔적
　• 플래시오버와 같은 강력한 화재열기 속에서도 발생할 수 있으므로 주의를 요한다.

㉤ 트레일러 패턴
　• 의도적으로 한 장소에서 다른 장소로 연소를 확산시키기 위한 장치나 도구로서 인화성 액체와 고체가연물이 사용된 연소흔적
　• 신문지, 섬유류 등을 길게 직선적으로 늘어놓은 것으로 방화의 연소패턴이다.

27 임야화재 가연물의 수직적 위치에 따른 분류가 아닌 것은?

① 지중가연물　　② 지표가연물
③ 공중가연물　　④ 지상가연물

해설 ① 지중가연물 : 땅속
② 지표가연물 : 낙엽더미 등 표면
③ 공중가연물 : 임목 상부
④ 지상가연물 : 지면 위에 있거나 땅속

부록

과년도 출제문제

28 자동차 냉각장치의 기능에 대한 설명으로 틀린 것은?

① 워터재킷은 엔진에서 발생한 열을 식히기 위해서 실린더 블록이나 실린더 헤드에 있는 냉각수의 통로이다.
② 워터펌프는 냉각수를 순환시키는 펌프로 V 벨트에 연결되어 구동된다.
③ 서모스탯은 차량의 주행에 의해 들어오는 공기에 의해 냉각수를 냉각시키기 위한 장치이다.
④ 팬은 라디에이터를 지나는 공기의 흐름을 빨리하여 라디에이터의 냉각을 증대하는 작용을 한다.

해설 서모스탯은 냉각수의 온도를 조절하는 수온조절 장치이다.

29 외부화염에 의한 전선피복 소손흔에 대한 설명으로 틀린 것은?

① 저전압에서 사용되고 있는 절연전선은 보통 230~280℃부터 급격한 분해가 일어나며 400℃ 정도에서 인화한다.
② 절연전선은 발화하기 전에 탄화하여 스펀지상으로 팽창하여 연소 시 짙은 연기가 발생한다.
③ 화염이 직접 노출된 전선의 외부피복에서는 내부로 탄화가 진행되는 것을 식별하기 어려운 경우가 많다.
④ 외부화염에 노출되어 불에 탄 부분과 타지 않은 부분의 경계선이 명확하다.

해설 화염에 직접 노출된 전선의 외부피복에서 내부로 탄화가 진행되는 것을 식별할 수 있다.

30 다음 화학반응 중 결합반응이 아닌 것은?

① 두 원소가 하나의 화합물로 되는 결합
② 한 원소와 한 화합물이 새로운 화합물을 만드는 결합
③ 두 화합물이 새로운 화합물을 만드는 결합
④ 화합물의 한 원소가 다른 원소에 의해 대치되는 반응

해설 화합물의 한 원소가 다른 원소에 의해 대치되는 반응은 치환반응이다.

31 방화형태의 이론에서 연쇄방화의 주요 조사 착안점으로 틀린 것은?

① 연고감 조사
② 피해액 조사
③ 행적 조사
④ 지리감 조사

해설 연쇄방화 조사
연고감 조사, 지리감 조사, 행적 조사, 방화행위자 조사, 알리바이(현장부재증명)

32 다음 중 파라핀계 탄화수소에 속하는 것은?

① C_3H_8
② C_6H_6
③ C_2H_2
④ $C_6H_5CH_3$

해설 파라핀계 탄화수소는 간단한 사슬모양으로 메탄(CH_4), 에탄(C_2H_6), 프로판(C_3H_8) 등이 있다.
탄화수소계 가연성 가스의 완전연소방정식
㉠ 부탄(C_4H_{10}) : $C_4H_{10}+6.5O_2 \rightarrow 4CO_2 + 5H_2O+687.64kcal$
㉡ 프로판(C_3H_8) : $C_3H_8+5O_2 \rightarrow 3CO_2 + 4H_2O+530.60kcal$
㉢ 메탄(CH_4) : $CH_4+2O_2 \rightarrow CO_2+2H_2O+ 212.80kcal$

33 차량화재조사 시 유의사항으로 적합하지 않은 것은?

① 자동차를 함부로 이동시키지 않는다.
② 현장 주변에 대한 정리 정돈과 청소를 실시한다.
③ 주변의 작은 것도 소홀히 취급해서는 안 되며 가능한 모두 수거하여 모아 둔다.
④ 차량기술자료나 차량공구조사 기자재를 준비할 필요가 있다.

해설 현장 주변에 대한 정리 정돈과 청소는 화재조사 종료 후에 실시하여야 한다.

Answer 28.③ 29.③ 30.④ 31.② 32.① 33.②

34 화재현장에 남겨진 금속의 수열에 의하여 나타나는 현상이 아닌 것은?

① 분해
② 변색
③ 만곡
④ 용융

해설 금속은 변색, 만곡, 용융되며 분해와는 관계가 없다.

35 가스용기와 안전밸브 종류의 연결이 옳은 것은?

① LPG 용기-스프링식과 파열판식의 2중 안전밸브
② 산화에틸렌용기-파열판식 안전밸브
③ 아르곤 압축가스용기-스프링식 안전밸브
④ 수소 압축가스용기-파열판식 안전밸브

해설 ① LPG 용기 : 스프링식 안전밸브
② 산화에틸렌용기 : 가용합금식 안전밸브
③ 아르곤 압축가스용기 : 파열판식 안전밸브

36 차량의 시동점화 시 전류 흐름순서를 바르게 나열한 것은?

① 점화스위치 → 배터리 → 시동모터 → 점화코일 → 배전기 → 고압케이블 → 스파크플러그
② 점화스위치 → 시동모터 → 배터리 → 점화코일 → 배전기 → 고압케이블 → 스파크플러그
③ 점화스위치 → 배터리 → 시동모터 → 배전기 → 점화코일 → 고압케이블 → 스파크플러그
④ 점화스위치 → 시동모터 → 점화코일 → 배터리 → 배전기 → 고압케이블 → 스파크플러그

해설 **차량의 시동점화 시 전류 흐름순서**
점화스위치 → 배터리 → 시동모터 → 점화코일 → 배전기 → 고압케이블 → 스파크플러그

37 유연탄의 자연발화 위험성에 대한 설명으로 틀린 것은?

① 채탄 직후의 석탄은 자연발화의 위험이 크다.
② 자연발화는 채탄장 등에 대량으로 쌓아둔 곳에서 일어나기 쉽다.
③ 괴상은 분말상보다 자연발화를 일으키기 쉽다.
④ 주변온도가 높을수록 산화반응이 촉진된다.

해설 분말상은 공기와 접촉면적이 넓어 괴상보다 자연발화를 일으키기 쉽다.

■ **문제 관련 핵심이론** ●

자연발화에 의한 열
㉠ 분해열 : 물질에 열이 축적되어 서서히 분해할 때 생기는 열
  예 셀룰로이드, 니트로셀룰로오스, 니트로글리세린, 아세틸렌, 산화에틸렌, 에틸렌 등
㉡ 산화열 : 가연물이 산화반응으로 발열 축적된 것으로 발화하는 현상
  예 석탄, 기름종류(기름걸레, 건성유), 원면, 고무분말 등
㉢ 미생물열 : 미생물 발효현상으로 발생되는 열(=발효열)
  예 퇴비(두엄), 먼지, 곡물분 등
㉣ 흡착열 : 가연물이 고온의 물질에서 방출하는 열(복사열)이 흡수되는 것
  예 다공성 물질의 활성탄, 목탄(숯) 분말 등
㉤ 중합열 : 작은 다량의 분자가 큰 분자량의 화합물로 결합할 때 발생하는 열(=중합반응에 의한 열)
  예 시안화수소, 산화에틸렌 등

38 담뱃불 발화 메커니즘 순서로 옳은 것은?

① 유염연소 → 열 축적 · 발화온도 도달 → 무염발화
② 무염연소 → 열 축적 → 발화온도 도달 → 유염발화
③ 열 축적 → 무염연소 → 발화온도 도달 → 무염발화
④ 열 축적 → 무염연소 → 발화온도 도달 → 유염발화

해설 담뱃불은 무염연소를 지속하다가 열 축적으로 발화온도에 이르게 되면 유염발화 한다.

부록

과년도 출제문제

39 트래킹현상의 진행과정을 순서대로 옳게 나열한 것은?

> ㉮ 도전로의 분단과 미소발광 방전이 발생
> ㉯ 절연재료 표면의 오염 등에 의한 도전로 형성
> ㉰ 방전에 의한 표면의 탄화

① ㉮ → ㉯ → ㉰   ② ㉮ → ㉰ → ㉯
③ ㉯ → ㉮ → ㉰   ④ ㉯ → ㉰ → ㉮

해설 트래킹현상의 진행과정
절연재료 표면의 오염 등에 의한 도전로 형성 → 도전로의 분단과 미소발광 방전이 발생 → 방전에 의한 표면의 탄화

40 전기화재 발생원인 중 다음에서 설명하는 것은?

> 전압코드 등이 눌림이나 꺾임이 반복되어 소선이 10% 이상 단선되고 단선된 소선이 서로 접촉하여 아크와 열을 발생하여 화재에 이르는 것

① 트래킹   ② 반단선
③ 접촉불량   ④ 과전류

해설 반단선
전압코드 등이 눌림이나 꺾임이 반복되어 소선이 10% 이상 단선되고 단선된 소선이 서로 접촉하여 아크와 열을 발생하여 화재에 이르는 것

제3과목 **증거물관리 및 법과학**

---

41 소방의 화재조사에 관한 법령상 화재현장 보존 방법으로 옳지 않은 것은?

① 방화(放火) 또는 실화(失火)의 혐의로 수사의 대상이 된 경우에는 관할 경찰서장 또는 해양경찰서장(이하 "경찰서장"이라 한다)이 통제구역을 설정한다.

② 누구든지 소방관서장 또는 경찰서장의 허가 없이 규정에 따라 설정된 통제구역에 출입하여서는 안 된다.

③ 화재현장 보존조치를 하거나 통제구역을 설정한 경우 누구든지 소방관서장 또는 경찰서장의 허가 없이 화재현장에 있는 물건 등을 이동시키거나 변경 · 훼손하여서는 안 된다.

④ 소방관서장은 화재조사를 위하여 최대한 넓은 범위에서 화재현장 보존조치를 한다.

해설 화재현장 보존 등(소방의 화재조사에 관한 법률 제8조)
㉠ 소방관서장은 화재조사를 위하여 필요한 범위에서 화재현장 보존조치를 하거나 화재현장과 그 인근 지역을 통제구역으로 설정할 수 있다. 다만, 방화(放火) 또는 실화(失火)의 혐의로 수사의 대상이 된 경우에는 관할 경찰서장 또는 해양경찰서장(이하 "경찰서장"이라 한다)이 통제구역을 설정한다.
㉡ 누구든지 소방관서장 또는 경찰서장의 허가 없이 위 ㉠에 따라 설정된 통제구역에 출입하여서는 안 된다.
㉢ 위 ㉠에 따라 화재현장 보존조치를 하거나 통제구역을 설정한 경우 누구든지 소방관서장 또는 경찰서장의 허가 없이 화재현장에 있는 물건 등을 이동시키거나 변경 · 훼손하여서는 안 된다. 다만, 공공의 이익에 중대한 영향을 미친다고 판단되거나 인명구조 등 긴급한 사유가 있는 경우에는 그러하지 아니하다.
㉣ 화재현장 보존조치, 통제구역의 설정 및 출입 등에 필요한 사항은 대통령령으로 정한다.

42 화재증거물수집관리규칙상 증거물 시료 용기에 대한 내용 중 틀린 것은?

① 양철캔은 기름에 견딜 수 있는 디스크를 가진 스크루마개 또는 누르는 금속마개로 밀폐될 수 있으며, 이러한 마개는 한번 사용한 후에는 폐기되어야 한다.

② 유리병의 코르크마개는 휘발성 액체에 사용한다.

③ 주석도금캔(can)은 1회 사용 후 반드시 폐기한다.

④ 코르크마개는 시료와 직접 접촉되어서는 안 된다.

Answer 39.③ 40.② 41.④ 42.②

해설 **증거물 시료 용기**(화재증거물수집관리규칙 [별표1])
유리병의 코르크마개는 <u>휘발성 액체에 사용하여서는 안 된다</u>. 만일 제품이 빛에 민감하다면 짙은 색깔의 시료병을 사용한다.

43 연소범위(폭발범위)에 영향을 미치는 요인에 대한 설명으로 가장 거리가 먼 것은?

① 압력이 높아지면 하한값은 크게 변하지 않으나 상한값은 높아진다.
② 온도가 높아질수록 연소범위는 좁아진다.
③ 고온·고압의 경우 연소범위는 더욱 넓어진다.
④ 혼합기를 이루는 공기의 산소농도가 높을수록 연소범위가 넓어진다.

해설 ② 온도가 높아질수록 연소범위는 넓어진다.
가연성 가스의 폭발범위(＝연소범위, 폭발한계, 연소한계)
　㉠ 연소는 가연성 가스와 지연성 가스(공기, 산소)가 어떤 범위 내로 혼합된 경우일 때만 일어난다.
　㉡ 폭발범위(＝연소범위)란 공기와 가연성 가스의 혼합기체 중 가연성 가스의 용량 퍼센트로 표시된다.
　㉢ 폭발 또는 연소가 일어나기 위한 낮은 쪽의 한계를 하한계, 높은 쪽의 한계를 상한계라 한다. 상한계와 하한계 사이를 폭발범위라 한다.
　㉣ 폭발범위는 가연성 가스와 공기가 혼합된 경우보다도 산소가 혼합되었을 경우 넓어지며, 폭발위험성이 커진다.
　㉤ 불연성 가스(이산화탄소, 질소 등)를 주입하면 폭발범위는 좁아진다.
　㉥ 폭발한계는 가스의 온도, 기압 및 습도의 영향을 받는다.
　　• 가스의 온도가 높아지면 폭발범위는 넓어진다.
　　• 가스압력이 높아지면 하한계는 크게 변하지 않으나 상한계는 상승한다.
　　• 가스압이 상압(1기압)보다 낮아지면 폭발범위는 좁아진다.
　㉦ 압력이 높아지면 일반적으로 폭발범위는 넓어진다. 단, 일산화탄소는 압력이 높아질수록 폭발범위가 좁아진다.
　㉧ 가연성 가스의 폭발범위(＝연소범위)가 넓으면 넓을수록 위험하다.

㉨ 수소는 10atm까지는 연소범위가 좁아지지만 그 이상의 압력에서는 연소범위가 점점 더 넓어진다.

44 화재증거물 사진촬영 시 피사계의 심도를 깊게 하기 위한 방법으로 가장 옳은 것은?

① 렌즈의 조리개를 좁힌다.
② 렌즈의 조리개를 넓힌다.
③ 카메라의 셔터 스피드를 길게 한다.
④ 카메라의 셔터 스피드를 짧게 한다.

해설 조리개를 좁히면 심도는 깊어지고, 조리개를 넓히면 심도는 얕아진다.

45 인화성 촉진제인 휘발유의 위험도로 옳은 것은? (단, 휘발유의 연소범위는 1.4~7.6vol%이다.)

① 0.82vol%
② 4.43vol%
③ 6.20vol%
④ 6.43vol%

해설 **위험도(Degree of Hazards)**
　㉠ 가스가 화재를 일으킬 수 있는 척도를 나타내는 것
　㉡ 위험도 수치가 클수록 위험성이 크다.
　㉢ 위험도＝연소상한계－연소하한계/연소하한계
　휘발유 위험도＝7.6－1.4/1.4＝4.43
　이황화탄소의 위험도＝44－1.2/1.2＝35.7
　가연성 가스 중 위험도가 가장 크다.
가연성 물질의 위험도 기준
　㉠ 가연성 고체 : 착화점
　㉡ 가연성 액체 : 인화점
　㉢ 가연성 기체 : 연소범위

46 화상의 손상범위를 결정하는 인자로 옳지 않은 것은?

① 가해진 온도
② 열의 노출기간
③ 피부의 구성
④ 열을 배출하는 체표면의 능력

Answer 43.② 44.① 45.② 46.③

해설 화상의 손상범위는 열의 강도, 노출시간 및 피부의 예민도에 의해 결정된다.

화상의 분류

화염과 열에 의한 화상은 1도 < 2도 < 3도 화상으로 분류한다.

47 화재증거물수집관리규칙상 증거물의 상황기록, 증거물의 수집에 대한 설명으로 옳은 것은?

① 화재조사관은 증거물의 채취, 채집 행위 등을 하기 전에는 증거물 및 증거물 주위의 상황 등에 대한 도면 또는 사진 기록을 남겨야 하며, 증거물을 수집한 후에도 기록을 남겨야 한다.

② 발화원인의 판정에 관계가 있는 개체 또는 부분에 대해서는 증거물과 이격되어 있거나 연소되지 않은 상황은 기록을 남기지 않는다.

③ 증거서류를 수집함에 있어서 사본 영치를 원칙으로 한다.

④ 증거물 수집 목적이 인화성 기체 성분 분석인 경우에는 인화성 기체 성분의 증발을 막기 위한 조치를 하여야 한다.

해설 **증거물의 상황기록(화재증거물수집관리규칙 제3조)**

㉠ 화재조사관은 증거물의 채취, 채집 행위 등을 하기 전에는 증거물 및 증거물 주위의 상황(연소상황 또는 설치상황을 말한다) 등에 대한 도면 또는 사진 기록을 남겨야 하며, 증거물을 수집한 후에도 기록을 남겨야 한다.

㉡ 발화원인의 판정에 관계가 있는 개체 또는 부분에 대해서는 증거물과 이격되어 있거나 연소되지 않은 상황이라도 기록을 남겨야 한다.

48 화재증거물수집관리규칙상의 증거물 시료 용기로 적합하지 않은 것은?

① 주석도금캔(can) ② 유리병
③ 아크릴병 ④ 양철캔(can)

해설 **증거물 시료 용기(화재증거물수집관리규칙 [별표1])**

화재증거물수집관리규칙상의 증거물 시료 용기는 주석도금캔(can), 유리병, 양철캔(can)으로 되어 있다.

49 화재현장의 사진촬영방법으로 가장 옳은 것은?

① 어두운 실내 촬영 시 스트로보나 플래시를 사용한다.

② 군중 또는 인물사진 등의 사진은 절대로 촬영하지 않는다.

③ 발화지점과 인접한 영역에 있는 방이라도 손상이 없으면 촬영하지 않는다.

④ 증거로서 가치가 있는 물건은 현장보다는 연구실로 가지고 가서 촬영한다.

해설 어두운 실내 촬영 시 스트로보나 플래시를 사용하도록 한다. 필요 시 군중이나 인물사진도 촬영하며 발화지점과 인접한 구역은 손상이 없더라도 촬영해 둘 필요가 있다.

50 액체 촉진제의 물리적 특성에 대한 설명 중 옳은 것은?

① 액체 촉진제는 액체상태로만 발견될 수 있다.

② 액체 촉진제는 대부분의 내부 마감재 및 기타 화재 잔해에 쉽게 흡수된다.

③ 일반적으로 액체 촉진제는 물과 접촉했을 때 물 아래로 가라앉는다.

④ 액체 촉진제가 다공성 물질에 흡수되었을 때는 잔존 가능성이 매우 낮다.

해설 액체 촉진제는 물과 접촉했을 때 물보다 가벼워 물 위에 뜬 형태가 많고, 다공성 물질에 흡수되었을 때는 잔존 가능성이 매우 높다.

51 화재조사 및 보고규정상 질문기록서 작성 내용으로 옳지 않은 것은?

① 화재발생 일시 및 장소

② 질문일시 및 질문장소

③ 기타화재 중 쓰레기화재의 경우 반드시 질문기록서를 작성한다.

④ 화재번호

Answer 47.① 48.③ 49.① 50.② 51.③

해설 화재조사 및 보고규정 [별지 제10호 서식]

```
질문기록서

화재번호(20   -00)
20  .   .
소    속 : ○○소방서(소방본부)
계급·성명 :     ○○○(서명)
① 화재발생 일시 및 장소
② 질문일시
③ 질문장소
④ 답변자
⑤ 화재대상과의 관계
⑥ 언제
⑦ 어디서
⑧ 무엇을 하고 있을 때
⑨ 어떻게 해서 알게 되었는가?
⑩ 그때 현상은 어떠했는가?
⑪ 그래서 어떻게 했는가?
⑫ 기타 참고사항
```

※ 기타화재 중 쓰레기, 모닥불, 가로등, 전봇대 화재 및 임야화재의 경우 질문기록서 작성을 생략할 수 있음.

52 화재로 인하여 사망에 이른 사체에 관한 설명으로 가장 거리가 먼 것은?

① 일산화탄소가 헤모글로빈과 결합함으로써 체내 산소의 공급이 차단되어 사망한다.
② 일산화탄소의 흡입으로 인하여 사망하면 암적색의 시반이 나타난다.
③ 기도, 폐 등의 호흡기에서 발견되는 그을음은 화재 당시 생존해 있었음을 나타내는 증거가 될 수 있다.
④ 일산화탄소를 흡입한 것으로 화재 당시 생존해 있었음에 대한 증거가 될 수 있다.

해설 일산화탄소의 흡입으로 인하여 사망하면 선홍빛의 시반이 나타난다.

53 화재로 사망한 사체에 대한 설명으로 옳지 않은 것은?

① 사망 이후에는 혈액이 모세혈관의 표면장력에 의해 몸의 위쪽으로 모인다.

② 표피와 함께 진피까지 침범되는 화상을 2도 화상이라고 한다.
③ 원발성 쇼크로 급격히 사망한 경우 전형적인 화재자의 소견을 보이지 않을 수도 있다.
④ 손바닥이나 발바닥에서 보이는 과도한 그을음은 화재 당시 피해자가 활동한 것을 의미한다.

해설 사망 이후에는 혈액이 모세혈관의 표면장력에 의해 사체의 가장 낮은 부분으로 모인다.

54 화재증거물수집관리규칙상 증거물의 포장·보관·이동에 관한 설명으로 옳지 않은 것은?

① 입수한 증거물을 이송할 때에는 포장을 하고 상세 정보를 별지에 기록하여 부착한다. 이 경우 증거물의 포장은 보호상자를 사용하여 일괄 포장함을 원칙으로 한다.
② 증거물은 수집 단계부터 검사 및 감정이 완료되어 반환 또는 폐기되는 전 과정에 있어서 화재조사관 또는 이와 동일한 자격 및 권한을 가진 자의 책임 하에 행해져야 한다.
③ 증거물의 보관 및 이동은 장소 및 방법, 책임자 등이 지정된 상태에서 행해져야 된다.
④ 증거물의 보관은 전용실 또는 전용함 등 변형이나 파손될 우려가 없는 장소에 보관해야 한다.

해설 증거물의 포장(화재증거물수집관리규칙 제5조)
입수한 증거물을 이송할 때에는 포장을 하고 상세 정보를 [별지 제2호 서식]에 기록하여 부착한다. 이 경우 증거물의 포장은 보호상자를 사용하여 개별 포장함을 원칙으로 한다.
증거물 보관·이동(화재증거물수집관리규칙 제6조)
㉠ 증거물은 수집 단계부터 검사 및 감정이 완료되어 반환 또는 폐기되는 전 과정에 있어서 화재조사관 또는 이와 동일한 자격 및 권한을 가진 자의 책임하에 행해져야 한다.
㉡ 증거물의 보관 및 이동은 장소 및 방법, 책임자 등이 지정된 상태에서 행해져야 되며, 책임자는 전 과정에 대하여 이를 입증할 수 있도록 다음의 사항을 작성하여야 한다.
• 증거물 최초상태, 개봉일자, 개봉자
• 증거물 발신일자, 발신자

• 증거물 수신일자, 수신자
• 증거 관리가 변경되었을 때 기타사항 기재
ⓒ 증거물의 보관은 전용실 또는 전용함 등 변형
이나 파손될 우려가 없는 장소에 보관해야
하고, 화재조사와 관계없는 자의 접근은 엄격
히 통제되어야 하며, 보관관리 이력은 [별지
제3호 서식]에 따라 작성하여야 한다.
ⓔ 증거물 이동과정에서 증거물의 파손 · 분실 ·
도난 또는 기타 안전사고에 대비하여야 한다.
ⓜ 파손이 우려되는 증거물, 특별 관리가 필요한
증거물 등은 이송상자 및 무진동 차량 등을
이용하여 안전에 만전을 기하여야 한다.
ⓗ 증거물은 화재증거 수집의 목적달성 후에는
관계인에게 반환하여야 한다. 다만 관계인의
승낙이 있을 때에는 폐기할 수 있다.

55 화재조사 및 보고규정상 화재조사 서류에 대한 설명으로 옳지 않은 것은?

① 화재조사 서류 작성 시 소실 정도는 전소, 반소, 부분소, 즉소로 구분한다.
② 화재조사 서류 작성은 화재에 필요한 정보자료를 얻고자 하는 데 있다.
③ 화재조사 서류는 화재조사의 결과를 기록하는 문서이다.
④ 화재조사 서류는 민 · 형사상 유력한 증거자료로 활용될 수 있다.

해설 소실정도(화재조사 및 보고규정 제16조)
ⓐ 건축 · 구조물의 소실정도는 다음에 따른다.
• 전소 : 건물의 70% 이상(입체면적에 대한 비율을 말한다)이 소실되었거나 또는 그 미만이라도 잔존부분을 보수하여도 재사용이 불가능한 것
• 반소 : 건물의 30% 이상 70% 미만이 소실된 것
• 부분소 : 전소, 반소에 해당하지 아니하는 것
ⓑ 자동차 · 철도차량, 선박 · 항공기 등의 소실정도는 위 ⓐ의 규정을 준용한다.

56 목재의 탄화심도 측정 시 유의사항 중 틀린 것은?

① 측정기구는 목재와 직각으로 삽입하여 측정한다.

② 게이지로 측정된 깊이 외에 손실된 부분의 깊이를 더하여 비교하여야 한다.
③ 탄화된 요철 부위 중 철(凸) 부위를 택하여 측정한다.
④ 탄화되지 않은 것까지 삽입될 수 있으므로 송곳과 같은 날카로운 측정기구를 사용한다.

해설 ⓐ 목재의 탄화심도 측정 시 유의사항
• 목재의 탄화심도측정은 끝이 뭉뚝한 다이얼캘리퍼스가 가장 적합하며 끝이 날카로운 측정기구는 피해야 한다.
• 게이지로 측정된 깊이 외에 소실된 부분의 깊이를 더하여 비교하여야 한다.
• 측정기구는 목재와 직각으로 삽입하여 측정한다.
• 탄화된 요철 부위 중 철(凸) 부위를 택하여 측정한다.
ⓑ 목재의 탄화심도에 영향을 미치는 인자
• 가열속도와 가열시간
• 목재의 밀도
• 산소농도

57 다음 중 화상의 위험도에 대한 설명으로 옳지 않은 것은?

① 어린이는 같은 정도의 범위라도 어른보다 더 위험하다.
② 국소적인 화상의 경우가 화상면적이 넓은 경우보다 더 치명적이다.
③ 노인은 회복이 지연되거나 합병증이 일어나기 쉽다.
④ 주요 장기에 질환이 있는 경우 정상인보다 위험하다.

해설 화상범위가 넓은 경우 국소적인 화상보다 치명적이다.

58 화재증거물 중 적외선분광분석법을 사용하여 분석하는 것이 적절한 것은?

① 금속
② 무기화합물
③ 유기화합물(혼합물질)
④ 유기화합물(단일물질)

Answer　55.① 56.④ 57.② 58.④

해설 적외선분광분석법
적외선흡수 스펙트럼을 이용한 분석법으로 주로 유기화합물 중에서도 단일물질을 분석하는 데 효과가 좋다.

59 사후에 혈액이 중력의 작용으로 몸의 저부에 있는 모세혈관 내로 침강하여 외표피층에 착색이 되어 나타나는 현상은?

① 매(煤)
② 시반(屍斑)
③ 부종(浮腫)
④ 울혈(鬱血)

해설 시반
사후에 혈액순환이 멈추면 혈액이 굳기 시작해 사체의 가장 낮은 부분으로 모이는 피부에서 보이는 현상

60 유류성분을 수집할 때 주변에 있는 바닥재나 플라스틱 등 비교샘플을 함께 수집하는 이유로 옳은 것은?

① 바닥재나 플라스틱 등 다른 가연물의 연소성을 입증하기 위함
② 유류가 기화하기 전에 많은 양의 유류를 수집하기 위함
③ 유류와 혼합된 물체의 질량 변화를 입증하기 위함
④ 유류성분이 주변 가연물로부터 추출된 것이 아니라는 것을 입증하기 위함

해설 유류성분을 수집할 때 주변에 있는 바닥재나 플라스틱 등 비교샘플을 함께 수집하는 이유는 유류성분이 주변 가연물로부터 추출된 것이 아니라는 것을 입증하기 위함이다.

제4과목 **화재조사보고 및 피해평가**

61 화재현황조사서의 발화열원의 분류항목에 포함되는 것은?

① 부주의
② 전기적 요인
③ 가스누출(폭발)
④ 폭발물, 폭죽

해설 화재현황조사서의 발화열원 분류
작동기기, 담뱃불, 라이터불, 마찰, 전도, 복사, 불꽃, 불티, 폭발물, 폭죽, 화학적 발화열, 자연적 발화열, 기타, 미상

62 화재로 인한 부대설비의 피해액을 산정하는 공식은?

① 건물신축단가×소실면적×설비 종류별 재설비 비율×[1−(0.8×경과연수/내용연수)]×손해율
② 건물신축단가×소실면적×설비 종류별 재설비 비율×[1−(0.8×내용연수/경과연수)]×손해율
③ 건물신축단가×소실면적×설비 종류별 재설비 비율×[1−(0.9×경과연수/내용연수)]×손해율
④ 건물신축단가×소실면적×설비 종류별 재설비 비율×[1−(0.9×내용연수/경과연수)]×손해율

해설 부대설비(화재피해금액 산정매뉴얼)
㉠ 건축물 따위에서 전기, 통신, 난방장치와 같이 보조적으로 딸리는 설비(배수설비, 난방설비, 공기조화설비, 전기설비, 가스설비, 소화설비, 주방설비 등)
㉡ 「건물신축단가×소실면적×설비종류별 재설비 비율×[1−(0.8×경과연수/내용연수)]×손해율」의 공식에 의한다. 다만 부대설비 피해액을 실질적·구체적 방식에 의할 경우 「단위(면적·개소 등) 당 표준단가×피해단위×[1−(0.8×경과연수/내용연수)]×손해율」의 공식에 의하되, 건물표준단가 및 부대설비당 표준단가는 한국감정원이 최근 발표한 '건물신축단가표'에 의한다.

63 화재현장출동보고서 작성 시 기재사항이 아닌 것은?

① 후착대 지휘관 및 출동대원 기재
② 현장도착 시 발견사항
③ 소방대 이외의 강제적인 진입 흔적
④ 도착하여 처음 실행한 일의 지점 및 유형

해설 화재현장출동보고서 작성 시 기재사항
  ㉠ 출동대원 및 응답자
  ㉡ 현장도착 시 발견사항
  ㉢ 도착하여 처음 실행한 일의 지점 및 유형
  ㉣ 출입문상태 및 소방대 건물 진입방법
  ㉤ 소방대 이외의 강제적인 진입흔적
  ㉥ 화재장소에서 사용된 장비
  ㉦ 출동로상의 발견사항
  ㉧ 기타 화재와 관련된 사항
  ㉨ 화재사진 및 동영상

64 잔가율 및 현재가를 구하는 공식으로 틀린 것은?

① 현재가=재구입비-잔가율
② 잔가율=100%-감가수정률
③ 잔가율=(재구입비-감가수정액)/재구입비
④ 잔가율=1-(1-최종잔가율)×(경과연수/내용연수)

해설 잔가율
  "잔가율"이란 화재 당시에 피해물의 재구입비에 대한 현재가의 비율을 말한다.
  ㉠ 현재가(시가)=재구입비×잔가율
  ㉡ 잔가율=재구입비-감가수정액/재구입비
  ㉢ 잔가율=100%-감가수정율
  ㉣ 잔가율=1-(1-최종잔가율)×경과연수/내용연수

65 화재조사 및 보고규정상 재구입비에 대한 설명으로 옳은 것은?

① 화재 당시의 피해물과 같거나 비슷한 것을 재건축(설계감리비 포함) 또는 재취득하는 데 필요한 금액

② 피해물의 종류, 손상상태 및 정도에 따라 피해액을 적정화시키기 위한 보정 금액
③ 피해물의 경제적 내용연수가 다한 경우와 동일한 가치 물품의 재구입비
④ 화재 당시에 피해물의 재구입비에 대한 현재가의 비율로 환산한 금액

해설 정의(화재조사 및 보고규정 제2조)
  "재구입비"란 화재 당시의 피해물과 같거나 비슷한 것을 재건축(설계 감리비를 포함한다) 또는 재취득하는 데 필요한 금액을 말한다.

66 화재조사 및 보고규정상 용어의 정의로 틀린 것은?

① 발화지점 : 열원과 가연물이 상호작용하여 화재가 시작된 지점
② 연소확대물 : 연소가 확대되는 데 있어 결정적 영향을 미친 가연물
③ 화재현장 : 화재가 발생하여 소방대 및 관계자 등에 의해 소화활동이 행하여지고 있는 장소
④ 감식 : 화재와 관계되는 모든 현상에 대하여 필요한 실험을 행하고 그 결과를 근거로 화재원인을 밝히는 자료를 얻는 것

해설 정의(화재조사 및 보고규정 제2조)
  ㉠ 감식 : 화재원인의 판정을 위하여 전문적인 지식, 기술 및 경험을 활용하여 주로 시각에 의한 종합적인 판단으로 구체적인 사실관계를 명확하게 규명하는 것을 말한다.
  ㉡ 감정 : 화재와 관계되는 물건의 형상, 구조, 재질, 성분, 성질 등 이와 관련된 모든 현상에 대하여 과학적 방법에 의한 필요한 실험을 행하고 그 결과를 근거로 화재원인을 밝히는 자료를 얻는 것을 말한다.
  ㉢ 발화지점 : 열원과 가연물이 상호작용하여 화재가 시작된 지점을 말한다.
  ㉣ 연소확대물 : 연소가 확대되는데 있어 결정적 영향을 미친 가연물을 말한다.
  ㉤ 화재현장 : 화재가 발생하여 소방대 및 관계인 등에 의해 소화활동이 행하여지고 있거나 행하여진 장소를 말한다.

Answer 63.① 64.① 65.① 66.④

67 화재조사 및 보고규정상 화재현장에 출동한 소방대원 중 화재현장의 선착대 선임자가 작성·입력하는 보고서는?

① 질문기록서　　② 화재피해조사서
③ 화재현장조사서　④ 화재현장출동보고서

해설 화재출동대원 협조(화재조사 및 보고규정 제5조)
　㉠ 화재현장에 출동하는 소방대원은 조사에 도움이 되는 사항을 확인하고, 화재현장에서도 소방활동 중에 파악한 정보를 조사관에게 알려주어야 한다.
　㉡ 화재현장의 선착대 선임자는 철수 후 지체 없이 국가화재정보시스템에 [별지 제2호 서식] 화재현장출동보고서를 작성·입력해야 한다.

68 화재조사 및 보고규정상 화재현황조사서의 발화요인 분류에 해당하지 않는 것은?

① 전기적 요인　　② 기계적 요인
③ 부주의　　　　④ 담뱃불

해설 화재현황조사서의 발화요인 분류(화재조사 및 보고규정 [별지 제4호 서식])
　전기적 요인, 기계적 요인, 제품결함, 가스누출(폭발), 화학적 요인, 교통사고, 부주의, 자연적 요인, 방화(방화, 방화의심), 기타, 미상

69 치외법권 지역 등 조사권을 행사할 수 없는 경우의 조사서류 작성에 대한 설명으로 옳은 것은?

① 화재현장출동보고서만 작성한다.
② 화재현장출동보고서, 질문기록서, 화재발생종합보고서를 모두 작성한다.
③ 치외법권지역은 조사권을 행사할 수 없으므로 보고서를 작성하지 않아도 된다.
④ 치외법권지역 등 조사권을 행사할 수 없는 경우는 조사 가능한 내용만 조사하여 제21조 각 호의 조사 서식 중 해당 서류를 작성·보고한다.

해설 조사 보고(화재조사 및 보고규정 제22조)
　㉠ 조사관이 조사를 시작한 때에는 소방관서장에게 지체 없이 [별지 제1호 서식] 화재·구조·구급상황보고서를 작성·보고해야 한다.

　㉡ 조사의 최종 결과보고는 다음에 따른다.
　　• 「소방기본법 시행규칙」 제3조 제2항 제1호에 해당하는 화재 : 별지 제1호 서식 내지 제11호 서식까지 작성하여 화재발생일로부터 30일 이내에 보고해야 한다.
　　• 위에 해당하지 않는 화재 : 별지 제1호 서식 내지 제11호 서식까지 작성하여 화재발생일로부터 15일 이내에 보고해야 한다.
　㉢ 위 ㉡에도 불구하고 다음의 정당한 사유가 있는 경우에는 소방관서장에게 사전 보고를 한 후 필요한 기간만큼 조사보고일을 연장할 수 있다.
　　• 법 제5조 제1항 단서에 따른 수사기관의 범죄수사가 진행 중인 경우
　　• 화재감정기관 등에 감정을 의뢰한 경우
　　• 추가 화재현장조사 등이 필요한 경우
　㉣ 위 ㉢에 따라 조사보고일을 연장한 경우 그 사유가 해소된 날부터 10일 이내에 소방관서장에게 조사결과를 보고해야 한다.
　㉤ 치외법권지역 등 조사권을 행사할 수 없는 경우는 조사 가능한 내용만 조사하여 제21조 각 호의 조사 서식 중 해당 서류를 작성·보고한다.
　㉥ 소방본부장 및 소방서장은 위 ㉡에 따른 조사결과 서류를 영 제14조에 따라 국가화재정보시스템에 입력·관리해야 하며 영구보존방법에 따라 보존해야 한다.

70 특수한 경우의 피해액 산정 우선 적용사항 기준 중 틀린 것은?

① 중고구입기계장치 및 집기비품의 제작연도를 알 수 없는 경우 신품가액의 30~50%를 재구입비로 하여 피해액을 산정한다.
② 중고기계장치 및 중고집기비품의 시장거래가격이 신품가격보다 높을 경우 신품가액을 재구입비로 하여 피해액을 산정한다.
③ 공구·기구, 집기비품, 가재도구를 일괄하여 피해액을 산정할 경우 재구입비의 50%를 피해액으로 한다.
④ 재고자산의 상품 중 견본품, 전시품, 진열품에 대해서는 구입가의 30~50%를 피해액으로 한다.

Answer　67.④　68.④　69.④　70.④

부록

과년도 출제문제

해설 특수한 경우의 피해액산정 우선적용사항(화재피해금액 산정매뉴얼)
 ㉠ 건물에 있어 문화재의 경우 별도의 피해액 산정기준에 의한다.
 ㉡ 철거건물 및 모델하우스의 경우 별도의 피해액 산정기준에 의한다.
 ㉢ 중고구입기계장치 및 집기비품의 제작 연도를 알 수 없는 경우 신품가액의 30~50%를 재구입비로 하여 피해액을 산정한다.
 ㉣ 중고기계장치 및 중고집기비품의 시장거래가격이 신품가격보다 높을 경우 신품가액을 재구입비로 하여 피해액을 산정한다.
 ㉤ 중고기계장치 및 중고집기비품의 시장거래가격이 신품가액에서 감가수정을 한 금액보다 낮을 경우 중고기계장치의 시장거래가격을 재구입비로 하여 피해액을 산정한다.
 ㉥ 공구 · 기구, 집기비품, 가재도구를 일괄하여 피해액을 산정할 경우 재구입비의 50%를 피해액으로 한다.
 ㉦ <u>재고자산의 상품 중 견본품 전시품 진열품에 대해서는 구입가의 50~80%를 피해액으로 한다.</u>

71 건축 · 구조물 화재의 화재유형별 조사서 작성에 대한 설명으로 옳은 것은?

① 연소확대범위는 발화층으로 한정한다.
② 특정소방대상물의 분류 중 교정시설은 제외한다.
③ 장소의 시설용도 분류 중 단독주택은 제외한다.
④ 건물상태는 사용 중, 철거 중, 공가, 공사 중으로 나눈다.

해설 화재유형별조사서(건축 · 구조물화재)(화재조사 및 보고규정 [별지 제6호 서식])
 ㉠ 연소확대범위
  발화지점만 연소, 발화층만 연소, 다수층 연소, 발화건물 전체 연소, 인근 건물 등으로 연소
 ㉡ 특정소방대상물의 분류
  공동주택, 근린생활시설, 문화 및 집회시설, 종교시설, 판매시설, 운수시설, 의료시설, 교육연구시설, 노유자시설, 수련시설, 운동시설, 업무시설, 숙박시설, 위락시설, 공장, 창고시설, 위험물 저장 및 처리 시설, 동물 및 식물 관련 시설, <u>교정 및 군사시설</u>, 방송통신시설, 발전시설, 묘지 관련 시설, 관광휴게시설, 장례시설, 지하가, 지하구, 문화재 복합건축물

 ㉢ 장소의 시설용도 분류
  소방안전관리대상, 다중이용업, 중요화재, 화재예방강화지구, 화재 안전 중점관리대상, 주거시설(단독주택, 공동주택, 기타주택)
 ㉣ 건물상태
  사용 중, 철거 중, 공가, 공사 중(신축, 증축, 개축, 기타)

72 다음의 (   ) 안에 해당하는 것은?

> 화재조사 및 보고규정상 소방본부장 및 소방서장은 조사결과 서류를 국가화재정보시스템에 입력 · 관리해야 하며 (   )보존방법에 따라 보존해야 한다.

① 2년　　　　　　② 5년
③ 10년　　　　　④ 영구

해설 조사 보고(화재조사 및 보고규정 제22조)
 소방본부장 및 소방서장은 규정에 따른 조사결과 서류를 영 제14조에 따라 국가화재정보시스템에 입력 · 관리해야 하며 <u>영구보존방법</u>에 따라 보존해야 한다.

73 화재피해액 산정방법으로 틀린 것은?

① 잔존물제거 : 화재피해액×20%
② 재고자산 : 회계장부상 현재가액×손해율
③ 구축물 : 회계장부상 구축물가액×손해율
④ 기타 : 피해 당시의 현재가를 재구입비로 하여 피해액을 산정

해설 잔존물제거비(화재피해금액 산정매뉴얼)
 잔존물제거비=화재피해액×10%

74 화재유형별 조사서(임야 화재)의 작성에 대한 설명으로 틀린 것은?

① 논 · 밭두렁의 화재는 들불에 속한다.
② 묘지에서 발생한 화재는 들불에 속한다.
③ 피해사항 중 산림피해면적은 헥타르(ha)로 기재한다.
④ 산불화재 시 소유 주체에 따라 국유림, 공유림, 사유림으로 구분한다.

Answer　71.④　72.④　73.①　74.③

해설 ③ 산림피해면적은 m² 로 산정한다.

임야화재구분(화재조사 및 보고규정 [별지 제6호])
ㄱ 산불 : 제조소, 공유림, 사유림(국립공원, 도립공원, 시 · 군립공원, 자연휴양림, 해당없음)
ㄴ 들불 : 숲, 들판, 논밭두렁, 과수원, 목초지, 묘지, 군 · 경사격장, 기타

75 화재조사 및 보고규정상 조사 보고에 대한 기준 중 다음 (   ) 안에 알맞은 것은?

> 조사의 최종 결과보고는 정당한 사유가 있는 경우에는 소방관서장에게 사전 보고를 한 후 필요한 기간만큼 조사 보고일을 연장할 수 있다. 조사 보고일을 연장한 경우 그 사유가 해소된 날부터 (   )일 이내에 소방관서장에게 조사결과를 보고해야 한다.

① 7
② 10
③ 15
④ 20

해설 조사 보고(화재조사 및 보고규정 제22조)
ㄱ 다음의 정당한 사유가 있는 경우에는 소방관서장에게 사전 보고를 한 후 필요한 기간만큼 조사보고일을 연장할 수 있다.
• 법 제5조 제1항 단서에 따른 수사기관의 범죄수사가 진행 중인 경우
• 화재감정기관 등에 감정을 의뢰한 경우
• 추가 화재현장조사 등이 필요한 경우
ㄴ 위 ㄱ에 따라 조사보고일을 연장한 경우 그 사유가 해소된 날부터 10일 이내에 소방관서장에게 조사결과를 보고해야 한다.

76 건물의 소손 정도에 따른 손해율 산정 시 천장, 벽, 바닥 등 내부 마감재 등이 소실된 경우의 손해율은 얼마인가? (단, 공장, 창고는 제외한다.)

① 20%
② 40%
③ 60%
④ 80%

해설 손해율(화재피해금액 산정매뉴얼)
천장, 벽, 바닥 등 내부 마감재 등이 소실된 경우
(공장, 창고 제외) 손해율은 40%를 적용한다.

화재로 인한 피해정도	손해율(%)
주요구조체의 재사용이 불가능한 경우	90, 100
주요구조체는 재사용 가능하나 기타 부분의 재사용이 불가능한 경우(공동주택, 호텔, 병원)	65
주요구조체는 재사용 가능하나 기타 부분의 재사용이 불가능한 경우(일반주택, 사무실, 점포)	60
주요구조체는 재사용 가능하나 기타 부분의 재사용이 불가능한 경우(공장, 창고)	55
천장, 벽, 바닥 등 내부마감재 등이 소실된 경우	40
천장, 벽, 바닥 등 내부마감재 등이 소실된 경우	35
지붕, 외벽 등 외부마감재 등이 소실된 경우[나무구조 및 단열패널(판넬)조 건물의 공장 및 창고]	25, 30
지붕, 외벽 등 외부마감재 등이 소실된 경우	20
화재로 인한 수손 시 또는 그을음만 입은 경우	5, 10

77 화재피해 대상 건물의 경과연수를 산정할 때, 재건축비의 50% 미만의 비용으로 개 · 보수한 이력이 있는 건축물의 경과연수 산정기준으로 옳은 것은?

① 최초 건축연도를 기준으로 경과연수를 산정한다.
② 개 · 보수한 시점을 기준으로 경과연수를 산정한다.
③ 최초 건축년도를 기준으로 한 경과연수와 개 · 보수한 때를 기준으로 한 경과연수를 합산 평균하여 경과연수를 산정한다.
④ 최초 건축비용 개 · 보수 당시 소요비용을 각각 산정하여 합산한다.

해설 경과연수(화재피해금액 산정매뉴얼)
ㄱ 재건축비의 50% 미만을 개 · 보수한 경우 최초 건축연도를 기준으로 경과연수를 산정한다.
ㄴ 화재피해 대상 건물이 건축일로부터 사고일 현재까지 경과한 연수이다.

부록

과년도 출제문제

ⓒ 화재피해액 산정에 있어서는 연 단위까지 산정하는 것을 원칙으로 하며 (이 경우 연 미만 기간은 버린다), 연 단위로 산정하는 것이 불합리한 결과를 초래하는 경우에는 월 단위까지 산정할 수 있다. (이 경우 월 미만기간은 버린다)

ⓔ 건축일은 건물의 사용승인일 또는 사용승인일이 불분명한 경우에는 실제 사용한 날부터 한다.

ⓜ 건물의 일부를 개축 또는 대수선한 경우에 있어서는 경과연수를 다음과 같이 수정하여 적용한다.
- 재건축비의 50% 미만 개 · 보수한 경우 최초 건축 연도를 기준으로 경과연수를 산정한다.
- 재건축비의 50~80%를 개 · 보수한 경우 최초 건축 연도를 기준으로 한 경과연수와 개 · 보수한 때를 기준으로 한 경과연수를 합산 평균하여 경과연수를 산정한다.
- 재건축비의 80% 이상 개 · 보수한 경우 개 · 보수한 때를 기준으로 하여 경과 연수를 산정한다.

78 다음은 어느 주택 화재현장의 도면을 그린 것이다. 도면에 표시된 Ⓐ~Ⓓ에 대한 각각의 설명에 근거하여 발화지점으로 추정할 수 있는 곳은?

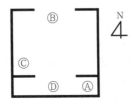

① Ⓐ : 바닥에 의류 연소 잔해물이 보이며, 이 연소 잔해물로부터 벽면으로 연소진행 패턴이 관찰된다. 그리고 벽면 상부에 못이 박혀 있으며, 못에서 의류 연소 잔해물이 일부 보인다. 천장은 목재 합판으로 되어 있으며 합판이 소실되었으나, 바닥의 의류 연소 잔해물로부터 벽면으로 전달된 연소진행 패턴과는 연결되지 않는다.

② Ⓑ : 창문이 위치하며 창문의 유리창은 깨져 바닥에서 다수 발견된다. 창문의 방범창살은 위쪽만 수평형태로 용융된 형태가 관찰된다. 천장재(합판)는 창문과 인접하여 소실이 매우 심하다. 바닥과 인접한 벽면에서는 그을음이 식별되지 않는다.

③ ⓒ : 바닥에서 용융 소실된 전기히터가 발견되며, 바닥으로부터 천장면까지 V패턴이 관찰된다.

④ Ⓓ : 천장면이 많이 소훼되었으며, 바닥에서는 천장재 연소 잔해물만 다수 발견된다.

해설 전기히터가 설치된 바닥면으로부터 천장까지 V패턴이 확인된다면 발화지점으로 추정할 수 있다. V패턴의 하단부는 발화부를 암시하는 경우가 많기 때문이다.

79 화재로 인한 간이평가방식의 피해액 산정에 있어 건물과 별도로 내부영업시설에 대하여 피해액을 산정해야 하는 경우, 자동차 및 트레일러 제조업종 영업시설 자산의 내용연수는?

① 3년　　　　　② 6년
③ 9년　　　　　④ 12년

해설 경과연수(화재피해금액 산정매뉴얼)
자동차 및 트레일러 제조업종 영업시설 자산의 내용연수 : 9년

80 화재현황조사서 기재사항이 아닌 것은?

① 발화열원　　　② 방화동기
③ 발화관련 기기　④ 화재발생 장소 및 유형

해설 방화동기는 방화 · 방화의심조사서 기재항목이다.

제5과목　　**화재조사관계법규**

---

81 불을 놓아 사람이 주거로 사용하거나 사람이 현존하는 건조물, 기차, 전차, 자동차, 선박, 항공기 또는 지하채굴시설을 불태운 자에 대한 죄명은?

① 현주건조물 등에의 방화죄
② 현조건조물 등에의 방화죄
③ 일반건조물 등에의 방화죄
④ 공용건조물 등에의 방화죄

해설 현주건조물 등 방화(형법 제164조)
㉠ 불을 놓아 사람이 주거로 사용하거나 사람이 현존하는 건조물, 기차, 전차, 자동차, 선박, 항공기 또는 지하채굴시설을 불태운 자는 무기 또는 3년 이상의 징역에 처한다.
㉡ 위 ㉠의 죄를 지어 사람을 상해에 이르게 한 경우에는 무기 또는 5년 이상의 징역에 처한다. 사망에 이르게 한 경우에는 사형, 무기 또는 7년 이상의 징역에 처한다.

82 소방의 화재조사에 관한 법령상 전담부서에서 갖추어야 할 장비 및 시설 중 화재조사분석실 구성 장비에 해당하지 않는 것은?

① 시료보관함　　② 바이스
③ 초음파세척기　　④ 확대경

해설 화재조사 분석실 구성장비(10종)(소방의 화재조사에 관한 법률 시행규칙 [별표])
증거물보관함, 시료보관함, 실험작업대, 바이스(가공물 고정을 위한 기구), 개수대, 초음파세척기, 실험용 기구류(비커, 피펫, 유리병 등), 건조기, 항온항습기, 오토 데시케이터(물질 건조, 흡습성 시료 보존을 위한 유리 보존기)
※ 확대경 : 감식기기

83 화재조사 및 보고규정에 따른 건물의 화재피해액 산정기준으로 옳은 것은?

① 표준단가(m^2당)×소실면적×[1−0.9×경과연수/내용연수]×손해율
② 표준단가(m^2당)×소실면적×[1−0.8×경과연수/내용연수]×손해율
③ 신축단가(m^2당)×소실면적×[1−0.9×경과연수/내용연수]×손해율
④ 신축단가(m^2당)×소실면적×[1−0.8×경과연수/내용연수]×손해율

해설 화재피해금액 산정기준(제18조 관련, 화재조사 및 보고규정[별표 2])
건물 등의 피해액 산정
=신축단가(m^2당)×소실면적
　×[1−(0.8×경과연수/내용연수)]×손해율

84 소방의 화재조사에 관한 법령상 다음 ( ) 안에 알맞은 것은?

- (㉮), 소방본부장 또는 소방서장은 화재발생 사실을 알게 된 때에는 지체 없이 화재조사를 하여야 한다.
- 조사전담부서의 구성·운영, 화재조사관의 구체적인 자격기준 및 교육훈련 등에 필요한 사항은 (㉯)으로 정한다.

① ㉮ 소방청장, ㉯ 행정안전부령
② ㉮ 시·도지사, ㉯ 행정안전부령
③ ㉮ 소방청장, ㉯ 대통령령
④ ㉮ 시·도지사, ㉯ 대통령령

해설 화재조사의 실시(소방의 화재조사에 관한 법률 제5조)
소방청장, 소방본부장 또는 소방서장(이하 "소방관서장"이라 한다)은 화재발생 사실을 알게 된 때에는 지체 없이 화재조사를 하여야 한다. 이 경우 수사기관의 범죄수사에 지장을 주어서는 안 된다.
화재조사전담부서의 설치·운영 등(소방의 화재조사에 관한 법률 제6조)
㉠ 소방관서장은 전문성에 기반하는 화재조사를 위하여 화재조사전담부서(이하 "전담부서"라 한다)를 설치·운영하여야 한다.
㉡ 전담부서의 구성·운영, 화재조사관의 구체적인 자격기준 및 교육훈련 등에 필요한 사항은 대통령령으로 정한다.

85 화재로 인한 재해보상과 보험가입에 관한 법령상 한국화재보험협회가 보험계약을 체결할 때 실시하는 특수건물의 안전점검기준 중 ( ) 안에 알맞은 것은? (단, 특수건물 관계인의 요청이 있는 경우는 제외한다.)

특수건물을 건축한 경우와 특수건물의 소유권이 변경된 경우를 제외한 그 밖의 경우로서 특수건물에 해당하게 된 이후 처음으로 안전점검을 하는 경우는 안전점검 ( )일 전에 특수건물에 해당한다는 사실과 안전점검일자 등의 사항을 특수건물 관계인 중 1명 이상에게 통지하여야 한다.

① 30　　　　　　② 15
③ 10　　　　　　④ 7

Answer　82.④　83.④　84.③　85.②

부록
과년도 출제문제

해설 안전점검(화재로 인한 재해보상과 보험가입에 관한 법률 제12조)

협회는 법 제16조 제1항 및 제2항에 따른 안전점검(이하 "안전점검"이라 한다)을 하려는 경우 다음의 구분에 따른 사항을 특수건물 관계인 중 1명 이상에게 통지하여야 한다. 다만, 다음에도 불구하고 특수건물 관계인의 요청이 있는 경우에는 통지기간을 단축할 수 있다.

㉠ 법 제5조 제4항 제3호에 해당하는 경우로서 특수건물에 해당하게 된 이후 처음으로 안전점검을 하는 경우 : 안전점검 15일 전에 특수건물에 해당한다는 사실과 안전점검일자 등

㉡ 위 ㉠ 외의 경우 : 안전점검 48시간 전에 안전점검 일자 등

86 형법에 따른 화재에 있어서 진화용의 시설 또는 물건을 은닉 또는 손괴하거나 기타 방법으로 진화를 방해한 자는 최대 몇 년 이하의 징역에 처하는가?

① 3
② 5
③ 7
④ 10

해설 진화방해(형법 제169조)

화재에 있어서 진화용의 시설 또는 물건을 은닉 또는 손괴하거나 기타 방법으로 진화를 방해한 자는 10년 이하의 징역에 처한다.

87 화재로 인한 재해보상과 보험가입에 관한 법률상 특약부화재보험을 가입하지 않은 특수건물 소유자의 벌칙으로 옳은 것은?

① 200만원 이하의 벌금
② 300만원 이하의 벌금
③ 400만원 이하의 벌금
④ 500만원 이하의 벌금

해설 화재로 인한 재해보상과 보험가입에 관한 법률

㉠ 정의(제2조) : "특약부화재보험"이란 화재로 인한 건물의 손해와 제4조 제1항에 따른 손해배상책임을 담보하는 보험을 말한다.

㉡ 벌칙(제23조) : 제5조 제1항을 위반하여 특약부화재보험에 가입하지 아니한 자는 500만원 이하의 벌금에 처한다.

88 화재에 대한 손해배상책임이 없는 경우로 옳은 것은?

① 화재로 타인의 생명을 해한 자
② 고의에 의한 화재로 타인의 재산에 손해를 가한 자
③ 과실로 인한 화재로 타인의 재산에 손해를 가한 자
④ 화재로 재산에 손해를 가한 미성년자가 그 행위에 대한 책임을 변식할 능력이 없는 자

해설 민법

㉠ 미성년자의 책임능력(제753조) : 미성년자가 타인에게 손해를 가한 경우에 그 행위의 책임을 변식할 지능이 없는 때에는 배상의 책임이 없다.

㉡ 심신상실자의 책임능력(제754조) : 심신상실 중에 타인에게 손해를 가한 자는 배상의 책임이 없다. 그러나 고의 또는 과실로 인하여 심신상실을 초래한 때에는 그러하지 아니하다.

89 민법에 따른 불법행위 및 배상책임에 관한 기준 중 틀린 것은?

① 고의 또는 과실로 인한 위법행위로 타인에게 손해를 가한 자는 그 손해를 배상할 책임이 있다.
② 배상의무자는 그 손해가 고의 또는 중대한 과실에 의한 것이고 그 배상으로 인하여 배상자의 생계에 중대한 영향을 미치게 될 경우에는 법원에 그 배상액의 경감을 청구할 수 있다.
③ 불법행위로 인한 손해배상의 청구권은 피해자나 그 법정대리인이 그 손해 및 가해자를 안 날로부터 3년간 이를 행사하지 아니하면 시효로 인하여 소멸한다.
④ 도급인은 수급인이 그 일에 관하여 제삼자에게 가한 손해를 배상할 책임이 없다. 그러나 도급 또는 지시에 관하여 도급인에게 중대한 과실이 있는 때에는 그러하지 아니하다.

해설 민법

(1) 불법행위의 내용(제750조) : 고의 또는 과실로 인한 위법행위로 타인에게 손해를 가한 자는 그 손해를 배상할 책임이 있다.

Answer   86.④   87.④   88.④   89.②

(2) 배상액의 경감청구(제765조)
　　㉠ 규정에 의한 배상의무자는 그 손해가 고의 또는 중대한 과실에 의한 것이 아니고 그 배상으로 인하여 배상자의 생계에 중대한 영향을 미치게 될 경우에는 법원에 그 배상액의 경감을 청구할 수 있다.
　　㉡ 법원은 위 ㉠의 청구가 있는 때에는 채권자 및 채무자의 경제상태와 손해의 원인 등을 참작하여 배상액을 경감할 수 있다.

(3) 손해배상청구권의 소멸시효(제766조)
　　㉠ 불법행위로 인한 손해배상의 청구권은 피해자나 그 법정대리인이 그 손해 및 가해자를 안 날로부터 3년간 이를 행사하지 아니하면 시효로 인하여 소멸한다.
　　㉡ 불법행위를 한 날로부터 10년을 경과한 때에도 위 ㉠과 같다.
　　㉢ 미성년자가 성폭력, 성추행, 성희롱, 그 밖의 성적(性的) 침해를 당한 경우에 이로 인한 손해배상청구권의 소멸시효는 그가 성년이 될 때까지는 진행되지 아니한다.

(4) 도급인의 책임(제757조)
　　도급인은 수급인이 그 일에 관하여 제삼자에게 가한 손해를 배상할 책임이 없다. 그러나 도급 또는 지시에 관하여 도급인에게 중대한 과실이 있는 때에는 그러하지 아니하다.

90 제조물책임법에 따른 손해배상의 청구권은 피해자 또는 그 법정대리인이 손해, 손해배상책임을 지는 자를 모두 알게 된 날부터 몇 년간 행사하지 아니하면 시효의 완성으로 소멸하는가?

① 3
② 5
③ 7
④ 10

[해설] 소멸시효 등(제조물책임법 제7조)
이 법에 따른 손해배상의 청구권은 피해자 또는 그 법정대리인이 다음의 사항을 모두 알게 된 날부터 3년간 행사하지 아니하면 시효의 완성으로 소멸한다.
㉠ 손해
㉡ 제3조에 따라 손해배상책임을 지는 자

91 화재로 인한 부상자에 대한 보험금액기준상 두 손의 손가락을 모두 잃은 사람의 후유장애 구분등급은?

① 1급
② 2급
③ 3급
④ 4급

[해설] 화재로 인한 재해보상과 보험가입에 관한 법률 시행령(제5조 제1항 제3호 관련) [별표 2]
두 손의 손가락을 모두 잃은 사람 : 후유장애 3급

92 화재조사를 하기 위하여 소방서장의 보고 또는 자료제출 명령을 위반하여 보고 또는 자료제출을 하지 아니한 관계인에 대한 벌칙기준으로 옳은 것은?

① 20만원 이하의 과태료
② 200만원 이하의 과태료
③ 300만원 이하의 벌금
④ 5년 이하 징역 또는 5,000만원 이하의 벌금

[해설] 200만원 이하의 과태료(소방의 화재조사에 관한 법률 제23조)
㉠ 소방의 화재조사에 관한 법률 제8조 제2항을 위반하여 허가 없이 통제구역에 출입한 사람
㉡ 소방의 화재조사에 관한 법률 제9조 제1항에 따른 명령을 위반하여 보고 또는 자료 제출을 하지 아니하거나 거짓으로 보고 또는 자료를 제출한 사람
㉢ 정당한 사유 없이 소방의 화재조사에 관한 법률 제10조 제1항에 따른 출석을 거부하거나 질문에 대하여 거짓으로 진술한 사람

93 형법에 따른 공용건조물 등에의 방화기준 중 다음 ( ) 안에 알맞은 것은?

> 불을 놓아 사람이 주거로 사용하거나 사람이 현존하는 건조물, 기차, 전차, 자동차, 선박, 항공기 또는 지하채굴시설을 불태운 자는 ( )에 처한다.

① 무기 또는 3년 이상의 징역
② 2년 이상의 유기징역
③ 5년 이하의 징역
④ 1년 이상의 10년 이하의 징역

Answer　90.①　91.③　92.②　93.①

해설 **현주건조물 등 방화(형법 제164조)**
㉠ 불을 놓아 사람이 주거로 사용하거나 사람이 현존하는 건조물, 기차, 전차, 자동차, 선박, 항공기 또는 지하채굴시설을 불태운 자는 무기 또는 3년 이상의 징역에 처한다.
㉡ 위 ㉠의 죄를 지어 사람을 상해에 이르게 한 경우에는 무기 또는 5년 이상의 징역에 처한다. 사망에 이르게 한 경우에는 사형, 무기 또는 7년 이상의 징역에 처한다.

94 화재조사 및 보고규정에 따른 용어의 정리 중 다음 ( ) 안에 알맞은 것은?

• (㉮)이란 피해물의 경제적 내용연수가 다한 경우 잔존하는 가치의 재구입비에 대한 비율을 말한다.
• (㉯)이란 화재와 관계되는 물건의 형상, 구조, 재질, 성분, 성질 등 이와 관련된 모든 현상에 대하여 과학적 방법에 의한 필요한 실험을 행하고 그 결과를 근거로 화재원인을 밝히는 자료를 얻는 것을 말한다.

① ㉮ 잔가율, ㉯ 감식
② ㉮ 잔가율, ㉯ 감정
③ ㉮ 최종잔가율, ㉯ 감식
④ ㉮ 최종잔가율, ㉯ 감정

해설 **정의(화재조사 및 보고규정 제2조)**
㉠ 감정 : 화재와 관계되는 물건의 형상, 구조, 재질, 성분, 성질 등 이와 관련된 모든 현상에 대하여 과학적 방법에 의한 필요한 실험을 행하고 그 결과를 근거로 화재원인을 밝히는 자료를 얻는 것을 말한다.
㉡ 최종잔가율 : 피해물의 내용연수가 다한 경우 잔존하는 가치의 재구입비에 대한 비율을 말한다.

95 화재로 인한 재해보상과 보험가입에 관한 법령에 따른 특수건물의 기준 중 다음 ( ) 안에 알맞은 것은?

• 의료법에 따른 병원급 의료기관으로 사용하는 건물로서 연면적의 합계가 (㉮)m^2 이상인 건물
• 공중위생관리법에 따른 목욕장업으로 사용하는 부분의 바닥면적의 합계가 (㉯)m^2 이상인 건물

① ㉮ 1,000, ㉯ 3,000
② ㉮ 2,000, ㉯ 2,000
③ ㉮ 2,000, ㉯ 3,000
④ ㉮ 3,000, ㉯ 2,000

해설 **특수건물(화재로 인한 재해보상과 보험가입에 관한 법률 시행령 제2조)**
㉠ 「의료법」 제3조 제2항 제3호에 따른 병원급 의료기관으로 사용하는 건물로서 연면적의 합계가 3천제곱미터 이상인 건물
㉡ 「공중위생관리법」 제2조 제1항 제3호에 따른 목욕장업으로 사용하는 부분의 바닥면적의 합계가 2천제곱미터 이상인 건물
㉢ 「영화 및 비디오물의 진흥에 관한 법률」 제2조 제10호에 따른 영화상영관으로 사용하는 부분의 바닥면적의 합계가 2천제곱미터 이상인 건물

96 화재조사 및 보고규정에 따른 사상자의 기준 중 다음 ( ) 안에 알맞은 것은?

사상자는 화재현장에서 사망 또는 부상당한 사람을 말한다. 단, 화재현장에서 부상을 당한 후 ( )시간 이내에 사망한 경우에는 당해 화재로 인한 사망으로 본다.

① 72   ② 48
③ 36   ④ 24

해설 **사상자(화재조사 및 보고규정 제13조)**
사상자는 화재현장에서 사망한 사람과 부상당한 사람을 말한다. 다만, 화재현장에서 부상을 당한 후 72시간 이내에 사망한 경우에는 당해 화재로 인한 사망으로 본다.

Answer 94.④ 95.④ 96.①

97 화재조사 및 보고규정상 용어의 정의 중 다음 (   ) 안에 알맞은 것은?

> (   )란/이란 발화열원에 의해 불이 붙고 이 물질을 통해 제어하기 힘든 화세로 발전한 가연물을 말한다.

① 발화요인
② 연소확대물
③ 최초착화물
④ 발화관련 기기

해설 정의(화재조사 및 보고규정 제2조)
- ㉠ 최초착화물 : 발화열원에 의해 불이 붙은 최초의 가연물을 말한다.
- ㉡ 발화요인 : 발화열원에 의하여 발화로 이어진 연소현상에 영향을 준 인적 · 물적 · 자연적인 요인을 말한다.
- ㉢ 발화관련 기기 : 발화에 관련된 불꽃 또는 열을 발생시킨 기기 또는 장치나 제품을 말한다.
- ㉣ 연소확대물 : 연소가 확대되는데 있어 결정적 영향을 미친 가연물을 말한다.

98 화재조사 및 보고규정에 따른 화재범위가 2 이상의 관할구역에 걸친 화재의 경우 화재건수의 결정기준으로 옳은 것은?

① 선착대가 소속된 소방서에서 1건의 화재로 한다.
② 2개 소방서에서 각각 1건의 화재로 한다.
③ 발화 소방대상물의 소재지를 관할하는 소방서에서 1건의 화재로 한다.
④ 화재피해범위가 가장 넓은 소방서에서 1건의 화재로 한다.

해설 화재건수 결정(화재조사 및 보고규정 제10조)
1건의 화재란 1개의 발화지점에서 확대된 것으로 발화부터 진화까지를 말한다. 다만, 다음의 경우는 다음에 따른다.
- ㉠ 동일범이 아닌 각기 다른 사람에 의한 방화, 불장난은 동일 대상물에서 발화했더라도 각각 별건의 화재로 한다.
- ㉡ 동일 소방대상물의 발화점이 2개소 이상 있는 다음의 화재는 1건의 화재로 한다.
  - 누전점이 동일한 누전에 의한 화재
  - 지진, 낙뢰 등 자연현상에 의한 다발화재

- ㉢ 발화지점이 한 곳인 화재현장이 둘 이상의 관할구역에 걸친 화재는 발화지점이 속한 소방서에서 1건의 화재로 산정한다. 다만, 발화지점 확인이 어려운 경우에는 화재피해금액이 큰 관할구역 소방서의 화재 건수로 산정한다.

99 화재로 인한 재해보상과 보험가입에 관한 법률에서 규정하고 있는 특약부화재보험에서 후유장애 1급의 경우 보험금액으로 옳은 것은?

① 1억 5,000만원
② 1억 3,500만원
③ 1억 2,000만원
④ 1억 500만원

해설 후유장애 구분 및 보험금액(화재로 인한 재해보상과 보험가입에 관한 법률 시행령 [별표 2])
- ㉠ 후유장애 1급 보험금액 : 1억 5,000만원
- ㉡ 후유장애 2급 보험금액 : 1억 3,500만원
- ㉢ 후유장애 3급 보험금액 : 1억 2,000만원
- ㉣ 후유장애 4급 보험금액 : 1억 500만원
- ㉤ 후유장애 5급 보험금액 : 9,000만원
- ㉥ 후유장애 6급 보험금액 : 7,500만원
- ㉦ 후유장애 7급 보험금액 : 6,000만원
- ㉧ 후유장애 8급 보험금액 : 4,500만원
- ㉨ 후유장애 9급 보험금액 : 3,800만원
- ㉩ 후유장애 10급 보험금액 : 2,700만원
- ㉪ 후유장애 11급 보험금액 : 2,300만원
- ㉫ 후유장애 12급 보험금액 : 1,900만원
- ㉬ 후유장애 13급 보험금액 : 1,500만원
- ㉭ 후유장애 14급 보험금액 : 1,000만원

100 화재조사 및 보고규정에 따른 건물의 동수 산정기준 중 틀린 것은?

① 주요구조부가 하나로 연결되어 있는 것은 1동으로 한다. 다만, 건널복도 등으로 2 이상의 동에 연결되어 있는 것은 그 부분을 절반으로 분리하여 각 동으로 본다.
② 건물의 외벽을 이용하여 실을 만들어 작업실 용도로 사용하고 있는 것은 주건물과 다른 동으로 본다.
③ 구조에 관계없이 지붕 및 실이 하나로 연결되어 있는 것은 같은 동으로 본다.
④ 목조건물의 경우 격벽으로 방화구획이 되어 있는 경우 같은 동으로 한다.

해설 건물의 동수 산정(화재조사 및 보고규정 [별표 2])

㉠ 주요구조부가 하나로 연결되어 있는 것은 1 동으로 한다. 다만 건널 복도 등으로 2 이상 의 동에 연결되어 있는 것은 그 부분을 절반 으로 분리하여 각 동으로 본다.

㉡ 건물의 외벽을 이용하여 실을 만들어 헛간, 목 욕탕, 작업실, 사무실 및 기타 건물 용도로 사용 하고 있는 것은 주건물과 같은 동으로 본다.

㉢ 구조에 관계없이 지붕 및 실이 하나로 연결되 어 있는 것은 같은 동으로 본다.

㉣ 목조 또는 내화조 건물의 경우 격벽으로 방화 구획이 되어 있는 경우도 같은 동으로 한다.

㉤ 독립된 건물과 건물 사이에 차광막, 비막이 등의 덮개를 설치하고 그 밑을 통로 등으로 사용하는 경우는 다른 동으로 한다.

　　예 작업장과 작업장 사이에 조명유리 등으로 비막이를 설치하여 지붕과 지붕이 연결되 어 있는 경우

㉥ 내화조 건물의 옥상에 목조 또는 방화구조 건물 이 별도 설치되어 있는 경우는 다른 동으로 한 다. 다만, 이들 건물의 기능상 하나인 경우(옥 내 계단이 있는 경우)는 같은 동으로 한다.

㉦ 내화조 건물의 외벽을 이용하여 목조 또는 방 화구조건물이 별도 설치되어 있고 건물 내부 와 구획되어 있는 경우 다른 동으로 한다. 다 만, 주된 건물에 부착된 건물이 옥내로 출입 구가 연결되어 있는 경우와 기계설비 등이 쌍방에 연결되어 있는 경우 등 건물 기능상 하나인 경우는 같은 동으로 한다.

Answer

2023년 9월 2일

화재감식평가산업기사

제1과목 화재조사론

01 정전기의 발생을 예방하기 위한 방법으로 틀린 것은?

① 접지시설을 한다.
② 공기를 이온화시킨다.
③ 공기 중의 상대습도를 70% 이상으로 한다.
④ 대전을 방지하기 위하여 비전도성 물질을 사용한다.

해설 **정전기를 방지하기 위한 예방대책**
정전기는 비전도성 물질의 표면에 전하가 축적되는 현상으로 비전도성 물질인 인화성 액체, 플라스틱류를 통해 발생하기 쉽다.
㉠ 정전기의 발생이 우려되는 장소에 접지시설을 한다.
㉡ 실내의 공기를 이온화하여 정전기의 발생을 예방한다.
㉢ 정전기는 습도가 낮거나 압력이 높을 때 많이 발생하므로 상대습도를 70% 이상으로 한다.
㉣ 전기의 저항이 큰 물질은 대전이 용이하므로 전도체 물질을 사용한다.

02 소방의 화재조사에 관한 법령상 전담부서에서 갖추어야 할 발굴용구로 옳지 않은 것은?

① 전동그라인더
② 슈미트해머
③ 전동드릴
④ 공구세트

해설 ② 슈미트해머 : 감식기기에 해당
발굴용구(8종, 소방의 화재조사에 관한 법률 시행규칙 [별표])
공구세트, 전동드릴, 전동그라인더(절삭·연마기), 전동드라이버,
이동용 진공청소기, 휴대용 열풍기, 에어컴프레서(공기압축기), 전동절단기

03 폭발위력의 지표로 사용될 수 있는 자료로 옳지 않은 것은?

① 파편의 비행거리
② 무너진 벽의 종류와 구조
③ 폭발시점
④ 폭심부의 깊이

해설 파편의 비산거리(비산효과) 및 폭심부 깊이(압력효과), 무너진 벽의 구조 등은 폭발위력을 판단할 수 있는 지표가 될 수 있지만 폭발시점은 관계가 없다. 폭발시간은 폭발위력을 가늠할 수 있는 지표가 될 수 없다.
※ 산소농도와 압력이 높을수록, 입자가 작을수록 폭발위력이 크다.

04 화재 시 발생하는 박리현상(spalling)의 원인에 대한 설명으로 옳은 것은?

① 콘크리트에 포함된 수분의 증발 및 팽창
② 철근 또는 철망 및 주변 콘크리트 간의 불균일한 수축
③ 콘크리트혼합물과 골재 간의 균일한 팽창
④ 화재에 노출된 표면과 슬래브 내장재 간의 균일한 팽창

해설 **박리현상(spalling)의 원인**
㉠ 콘크리트 내부의 기포 팽창
㉡ 콘크리트 내부 철골의 열팽창차이
㉢ 콘크리트 내부 수분의 기화에 의한 팽창
㉣ 박리는 콘크리트와 철근 또는 골재 등에 포함된 수분의 증발 및 혼합물 간의 불균일한 팽창에 의해 발생한다. 콘크리트, 벽돌 등의 박리는 냉각될 때 발생하기도 하며 기포가 팽창할 때 소음을 동반할 수 있다.
※ 주수압력에 의해 박리된 경우 비교적 평탄하고 윤기가 나며 그 면적이 넓다.

Answer 01.④ 02.② 03.③ 04.①

05 발화지점으로 추정되는 위치에서 발화원, 발화물질 등 연소된 물건을 현장발굴하는 방법에 대한 설명으로 옳지 않은 것은?

① 발굴은 가능한 삽과 같은 것을 사용한다.
② 발굴한 물건 중 복원할 필요가 있는 것은 번호 또는 표식을 부착해 정리해 둔다.
③ 발굴은 위에서 아래로 실시한다.
④ 발굴한 연소된 물건은 가능한 그 위치를 옮기지 않는다. 불가피하게 이동하는 경우에는 복원 가능한 조치를 한다.

해설 ① 발굴은 삽과 같은 거친 도구의 사용을 금지한다.

━ 문제 관련 핵심이론 ━

(1) 발굴 : 화재가 발생하기 전 구조를 재현해서 화재원인을 규명하려는 절차
(2) 복원 : 화재발생 전 상태를 재현함으로써 내용물의 구조와 위치를 확인하고 발화 또는 연소확산과정을 파악하기 위함
(3) 발굴 및 복원 요령
　㉠ 발굴은 외부에서 중심부로 실시
　㉡ 바닥에 고정시켜 놓거나 정착시켜 놓았던 물건과 가구 등은 훼손되지 않도록 조치
　㉢ 관계인(관리자, 종업원, 작업책임자 등)을 발굴현장에 입회시키는 것을 원칙
(4) 발굴이 끝난 후의 화재 전 상황으로 복원하는 요령
　㉠ 형체가 소실되어 배치가 불가능한 것은 대용품을 사용하되, 대용품이라는 것이 인식되도록 한다.
　㉡ 관계인을 입회시켜 복원상황을 확인시킨다.
　㉢ 잔존물이 파손되지 않도록 잦은 위치이동은 하지 않는다.
　㉣ 불명확한 것은 관계자에게 확인을 하고 복원상황도 확인시킨다.
(5) 화재진화 후 화재조사활동
　화재현장의 연소상황과 특이한 흔적 관찰 → 관계자에 대한 질의 → 화재조사 핵심장소와 주변의 탐색범위 검토 → 현장의 발굴과 복원 → 발화원인 검토 → 발화원인 판정 순

06 탄화알루미늄이 상온에서 물과 반응할 경우 생성되는 가연성 기체는?

① 수소
② 아세틸렌
③ 메탄
④ 프로판

해설 $Al_4C_3 + 12H_2O \rightarrow 4Al(OH)_3 + 3CH_4$
금속과 물과의 관계
금속 등이 물과 접촉하면 격렬히 반응하여 발열하며 가연성 가스를 발생시켜 위험성이 커진다.
㉠ 무기과산화물＋물 → 산소 발생
㉡ 금속분, 철분, 마그네슘 + 물 → 수소가스 발생
㉢ 나트륨, 칼륨 등＋물 → 수소가스 발생
㉣ 탄화칼슘＋물 → 아세틸렌가스 발생
㉤ 인화알루미늄＋물 → 포스핀가스 발생
㉥ 탄화알루미늄＋물 → 메탄가스 발생

07 화재조사의 과학적인 방법론이다. 순서에 맞게 배열한 것은?

① 문제인식 → 문제정의 → 가설설정 → 자료수집 → 자료분석 → 가설검증 → 최종 가설선택
② 문제정의 → 문제인식 → 자료수집 → 자료분석 → 가설설정 → 가설검증 → 최종 가설선택
③ 문제정의 → 문제인식 → 자료수집 → 자료분석 → 가설검증 → 가설설정 → 최종 가설선택
④ 문제인식 → 문제정의 → 자료수집 → 자료분석 → 가설설정 → 가설검증 → 최종 가설선택

해설 문제인식 → 문제정의 → 자료수집 → 자료분석 → 가설설정 → 가설검증 → 최종 가설선택으로 과학적 방법은 7단계로 이루어진다.

08 화학적 폭발에 대한 설명 중 옳은 것은?

① 산소농도가 낮을수록 폭발위력이 크다.
② 압력이 높을수록 폭발위력이 작다.
③ 입자가 작을수록 폭발위력이 작다.
④ 혼합비율이 화학양론비에 가까울수록 폭발위력이 크다.

해설 ④ 산소농도와 압력이 높을수록, 입자가 작을수록 폭발위력이 크다.

Answer 05.① 06.③ 07.④ 08.④

문제 관련 핵심이론

(1) 폭발위력의 지표로 사용될 수 있는 자료
 ㉠ 파편의 비행거리
 ㉡ 무너진 벽의 종류와 구조
 ㉢ 폭심부의 크기 및 깊이

(2) 폭발위력의 지표로 사용될 수 없는 자료
 폭발시점은 관계가 없다. 폭발시간은 폭발위력을 가늠할 수 있는 지표가 될 수 없다.

(3) 물리적 폭발
 ㉠ 화염을 동반하지 않으며, 물질자체의 화학적 분자구조가 변하지 않는다. 단순히 상변화(액상→기상) 등에 의한 폭발이다.
 ㉡ 고압용기의 파열, 탱크의 감압파손, 압력밥솥 폭발 등
 ㉢ 응상폭발(증기폭발, 수증기폭발)과 관련된다.

(4) 화학적 폭발
 ㉠ 화염을 동반하며, 물질자체의 화학적 분자구조가 변한다.
 ㉡ 기상폭발(분해폭발, 산화폭발, 중합폭발, 반응폭주 등)과 관련된다.

09 환기지배형 화재에 대한 설명으로 옳은 것은?

① 대부분 화재 초기에 발생한다.
② 연료공급에 좌우된다.
③ 환기량이 크다.
④ 불완전연소에 가깝다.

해설 환기지배형 화재는 성장기에서 최성기로 넘어가는 시기에 주로 발생하며 환기에 의해 좌우되고 통기량(환기량)이 적다.

문제 관련 핵심이론

연료지배형 화재 및 환기지배형 화재
구획된 건물(compartment)의 화재현상에 따라 연료지배형 화재와 환기지배형 화재로 나눈다. 일반적으로 F.O 이전의 화재는 연료지배형 화재라고 하며 F.O 이후는 환기지배형 화재라고 한다.
㉠ 연료지배형 화재(환기 양호)
 화재 초기에는 화세가 약하기 때문에 상대적으로 산소공급이 원활하여 실내 가연물에 의해 지배되는 "연료지배형 화재"의 연소형태를 갖는다.
㉡ 환기지배형 화재(환기 불량)
 F.O(Flash Over)에 이르면 실내온도가 급격히 상승하여 가연물의 분해 속도가 촉진되고 화세가 더욱 강해지면서 산소량이 급격히 적어지게 된다.
이때 환기가 잘 되지 않아 "연료지배형 화재"에서 → "환기지배형 화재"로 바뀐다.

10 공기의 비중을 1이라 했을 때 다음 중 비중이 가장 큰 가스는?

① 수소
② 부탄
③ 프로판
④ 메탄

해설
① 수소 : 1/29=0.03
② 부탄 : 58/29=2
③ 프로판 : 44/20=1.5
④ 메탄 : 16/29=0.5

문제 관련 핵심이론

비중(=증기밀도)을 계산하는 문제
㉠ 어떤 증기의 "증기비중"은 같은 온도, 같은 압력 하에서 동 부피의 공기의 무게에 비교한 것으로 증기비중이 1보다 큰 기체는 공기보다 무겁고 1보다 작으면 공기보다 가벼운 것이 된다.
㉡ 증기비중=증기분자량/29(※ 29 : 공기의 분자량)

11 화재 시 연기의 이동속도 및 특성에 대한 설명으로 옳지 않은 것은?

① 연기층의 두께는 연소가 진행됨에 따라 달라진다.
② 화재실에서 분출된 연기는 공기보다 가벼워 통로의 상부를 따라 유동한다.
③ 연기는 발화층으로부터 위층으로 확산된다.
④ 일반적으로 연기의 이동속도는 수평이동속도가 수직이동속도보다 빠르다.

해설 연기의 속도
 ㉠ 수평방향으로 약 0.5~1m/sec 정도
 ㉡ 수직방향으로 2~3m/sec 정도

12 화재조사 및 보고규정상 건물의 동수 산정 방법에 관한 설명 중 옳은 것은?

① 목조 또는 내화조 건물의 경우 격벽으로 방화구획이 되어 있는 경우 2개의 동으로 본다.
② 구조에 관계없이 지붕 및 실이 하나로 연결되어 있는 것은 2개의 동으로 본다.
③ 건물의 외벽을 이용하여 실을 만들어 헛간, 목욕탕, 작업실, 사무실 및 기타 건물 용도로 사용하고 있는 것은 주건물과 같은 동으로 본다.
④ 독립된 건물과 건물 사이에 차광막, 비막이 등의 덮개를 설치하고 그 밑을 통로 등으로 사용하는 경우는 동일 동으로 본다.

Answer 09.④ 10.② 11.④ 12.③

부록

과년도 출제문제

[해설] 건물의 동수 산정(화재조사 및 보고규정 [별표 2])

㉠ 주요구조부가 하나로 연결되어 있는 것은 1동으로 한다. 다만 건널 복도 등으로 2 이상의 동에 연결되어 있는 것은 그 부분을 절반으로 분리하여 각 동으로 본다.

㉡ 건물의 외벽을 이용하여 실을 만들어 헛간, 목욕탕, 작업실, 사무실 및 기타 건물 용도로 사용하고 있는 것은 주건물과 같은 동으로 본다.

㉢ 구조에 관계없이 지붕 및 실이 하나로 연결되어 있는 것은 같은 동으로 본다.

㉣ 목조 또는 내화조 건물의 경우 격벽으로 방화구획이 되어 있는 경우도 같은 동으로 한다.

㉤ 독립된 건물과 건물 사이에 차광막, 비막이 등의 덮개를 설치하고 그 밑을 통로 등으로 사용하는 경우는 다른 동으로 한다.
　　예 작업장과 작업장 사이에 조명유리 등으로 비막이를 설치하여 지붕과 지붕이 연결되어 있는 경우

㉥ 내화조 건물의 옥상에 목조 또는 방화구조 건물이 별도 설치되어 있는 경우는 다른 동으로 한다. 다만, 이들 건물의 기능상 하나인 경우(옥내 계단이 있는 경우)는 같은 동으로 한다.

㉦ 내화조 건물의 외벽을 이용하여 목조 또는 방화구조건물이 별도 설치되어 있고 건물 내부와 구획되어 있는 경우 다른 동으로 한다. 다만, 주된 건물에 부착된 건물이 옥내로 출입구가 연결되어 있는 경우와 기계설비 등이 쌍방에 연결되어 있는 경우 등 건물 기능상 하나인 경우는 같은 동으로 한다.

13 소방의 화재조사에 관한 법령상 화재조사의 권한이 없는 자는?

① 소방청장
② 소방본부장
③ 소방서장
④ 소방진압대장

[해설] 화재조사의 실시(소방의 화재조사에 관한 법률 제5조)

소방청장, 소방본부장 또는 소방서장(이하 "소방관서장"이라 한다)은 화재발생 사실을 알게 된 때에는 지체 없이 화재조사를 하여야 한다.

14 분해연소를 하는 가연물은?

① 숯
② 목재
③ 코크스
④ 파라핀

[해설]
① 숯 : 표면연소
② 목재 : 분해연소
③ 코크스 : 표면연소
④ 파라핀 : 증발연소

문제 관련 핵심이론

물질의 상태에 따른 분류(=가연물의 분자구조 및 물성에 따른 분류)

(1) 고체연소 – 증발연소
열에 의해 녹은 액체에서 발생한 가연성 증기가 공기와 혼합하여 연소하는 현상(파라핀, 나프탈렌, 유황, 요오드, 왁스, 장뇌, 고체알코올 등)

(2) 고체연소 – 분해연소
가연성 고체가 뜨거운 열에 의해 으스러지면서 생성된 분해물이 공기와 혼합해서 생성된 기체가 불꽃연소하는 현상(석탄, 종이, 목재, 플라스틱, 고무류, 섬유류 등)

(3) 고체연소 – 표면연소
㉠ 휘발성 없는 고체 가연물이 산소와 접촉하는 표면에서 불꽃 없이 연소하는 현상이다.
㉡ 가연물은 열분해나 증발을 하지 않기 때문에 불꽃을 발생시키지 않고 고체표면에서 공기 중에 산소와 부딪치면서 CO를 형성하며 연소하는 현상[숯(목탄), 코크스, 금속분]

(4) 고체연소 – 자기연소
가연물의 분자 내 산소가 있어 외부의 산소공급 없어도 자기(내부)연소하는 현상(제5류 위험물 : 질산에스테르류, 니트로화합물 등)

15 화재조사 및 보고규정상 부상자 분류기준으로 옳은 것은?

① 경상자는 중상 이외의 부상 중 입원치료를 필요로 하지 않는 것도 포함

② 화재로 인하여 5일 이내 사망한 자를 당해 사망자로 포함

③ 중상자는 7주 이상의 입원치료를 필요로 하는 부상자

④ 경상자는 중상 이외의 부상 중 병원 치료를 필요로 하지 않고 단순하게 연기를 흡입한 사람도 포함한다.

Answer 13.④ 14.② 15.①

해설 **사상자(화재조사 및 보고규정 제13조)**
사상자는 화재현장에서 사망한 사람과 부상당한 사람을 말한다. 다만, 화재현장에서 부상을 당한 후 72시간 이내에 사망한 경우에는 당해 화재로 인한 사망으로 본다.
부상자 분류(화재조사 및 보고규정 제14조)
부상의 정도는 의사의 진단을 기초로 하여 다음과 같이 분류한다.
㉠ 중상 : 3주 이상의 입원치료를 필요로 하는 부상을 말한다.
㉡ 경상 : 중상 이외의 부상(입원치료를 필요로 하지 않는 것도 포함한다)을 말한다. 다만, 병원 치료를 필요로 하지 않고 단순하게 연기를 흡입한 사람은 제외한다.

16 가연물의 최소착화에너지에 영향을 미치는 요인에 대한 설명으로 옳은 것은?

① 압력이 높을수록 최소착화에너지는 높아진다.
② 온도가 높을수록 최소착화에너지는 낮아진다.
③ 가연물의 종류에 관계없이 최소착화에너지는 일정하다.
④ 혼합된 공기의 산소농도에 관계없이 최소착화에너지는 일정하다.

해설 최소착화에너지는 압력이 높을수록, 산소농도가 높아질수록 낮아지며, 가연물의 종류에 따라 최소착화에너지는 다르다.

17 물질의 융점으로 옳은 것은?

① 납 : 327℃   ② 구리 : 1,540℃
③ 파라핀 : 660℃   ④ 알루미늄 : 54℃

해설 ② 구리 : 1,084℃
③ 파라핀 : 54℃
④ 알루미늄 : 660℃

18 화재플룸(fire plume)에 의해 수직벽면에 생성되는 패턴이 아닌 것은?

① 도넛 패턴   ② V패턴
③ 모래시계 패턴   ④ U패턴

해설 도넛 패턴 : 유류가 쏟아진 바닥면에 나타나는 패턴

19 충격에 의해 파괴된 유리의 단면에 일련의 곡선이 연속해서 만들어지는 형태는?

① 리플마크(riffle mark)
② 크래이즈드 글라스(crazed glass)
③ 자파현상(spontaneous breakage)
④ 레인보우 이펙트(rainbow effect)

해설 ① 충격에 의해 파괴된 유리의 단면에 나타나는 곡선모양을 월러라인이라고 한다. 유리단면에 나타난 곡선모양이 잔물결과 비슷하여 실무에서는 리플마크라고도 한다.

┌─ 문제 관련 핵심이론 ─────────────────

화재현장에서 발견한 물적 증거물 중 열충격에 의한 유리의 파손 패턴
㉠ 유리가 열을 받으면 온도차에 의한 응력으로 파괴된다.
㉡ 열에 의해 깨진 유리단면에는 리플마크와 방사상(방사형) 파손흔적, 월러라인이 생성되지 않는다.
㉢ 유리의 파단선이 곡선을 나타낸다.
㉣ 파손된 유리는 바닥으로 떨어져 2차 파괴가 일어날 수 있다.
㉤ 내부응력의 차이로 파손형태가 달라진다.
㉥ 물리적 증거는 현장에 남아 있는 잔해를 다수 확보하여 파괴기점을 파악하여야 한다.
㉦ 열을 받은 유리는 수열방향으로 보다 많이 낙하한다.
㉧ 유리는 열을 받으면 구불구불한 불규칙적인 곡선형태로 파괴된다(방사형 균열 아님).
㉨ 열을 받은 유리의 조개껍질모양의 박리는 고온일수록 많고 깊다.
㉩ 유리는 열을 받은 정도가 클수록 용융범위가 넓어진다.

20 공기 중에서 폭발범위가 가장 넓은 물질은?

① 수소
② 메탄
③ 아세틸렌
④ 암모니아

해설 ① 수소 : 4.1~75
② 메탄 : 5~15
③ 아세틸렌 : 2.5~82
④ 암모니아 : 15~28

Answer   16.② 17.① 18.① 19.① 20.③

가연성 가스의 폭발범위(=연소범위, 폭발한계, 연소한계)
(1) 연소는 가연성 가스와 지연성 가스(공기, 산소)가 어떤 범위 내로 혼합된 경우일 때만 일어난다.
(2) 폭발범위(=연소범위)란 공기와 가연성 가스의 혼합 기체 중 가연성 가스의 용량 퍼센트로 표시된다.
(3) 폭발 또는 연소가 일어나기 위한 낮은 쪽의 한계를 하한계, 높은 쪽의 한계를 상한계라 한다. 상한계와 하한계 사이를 폭발범위라 한다.
(4) 폭발범위는 가연성 가스와 공기가 혼합된 경우보다도 산소가 혼합되었을 경우 넓어지며, 폭발위험성이 커진다.
(5) 불연성 가스(이산화탄소, 질소 등)를 주입하면 폭발범위는 좁아진다.
(6) 폭발한계는 가스의 온도, 기압 및 습도의 영향을 받는다.
  ㉠ 가스의 온도가 높아지면 폭발범위는 넓어진다.
  ㉡ 가스압력이 높아지면 하한계는 크게 변하지 않으나 상한계는 상승한다.
  ㉢ 가스압이 상압(1기압)보다 낮아지면 폭발범위는 좁아진다.
(7) 압력이 높아지면 일반적으로 폭발범위는 넓어진다. 단, 일산화탄소는 압력이 높아질수록 폭발범위가 좁아진다.
(8) 가연성 가스의 폭발범위(=연소범위)가 넓으면 넓을수록 위험하다.
(9) 수소는 10atm까지는 연소범위가 좁아지지만 그 이상의 압력에서는 연소범위가 점점 더 넓어진다.

제2과목   화재감식론

21 인화성 기체(고압가스)의 폭발사고조사 시 용기의 색은 기체종류 파악에 중요하다. 기체의 종류에 따른 용기의 색이 옳게 연결된 것은?

① 수소 – 주황색
② 아세틸렌 – 녹색
③ 액화암모니아 – 회색
④ LPG – 백색

[해설] ② 아세틸렌 : 황색
     ③ 액화암모니아 : 백색
     ④ LPG : 회색

22 다음 물질 중 혼합해도 폭발 또는 발화위험이 없는 것은?

① 아세틸렌＋아세톤
② 금속나트륨＋에틸알코올
③ 염소산칼륨＋유황
④ 황화인＋과산화물

[해설] 아세틸렌 : 알루미늄, 마그네슘, 구리 등과 작용하면 폭발성 금속아세틸리드를 생성하지만, 아세톤과 혼합·용해시키면 분해폭발을 방지할 수 있다.

아세틸렌
아세틸렌을 아세톤 혹은 D.M.F(디메틸포름아미드) 용제로 용해시킨 다음 목탄, 코크스, 석면, 규조토 등 다공성 물질에 충전해서 저장한다.
㉠ 기체로 압축시키면 폭발 가능성이 높다.
㉡ 산소가 없어도 분해 시 열팽창되고 생성되는 압력상승으로 폭발성을 갖는 가스이다.
㉢ 용제인 아세톤에 용해한 뒤 목탄, 석면 등과 같은 다공성 물질에 충전하여 보관·운반한다.
㉣ 연소 시 모래 등으로 덮거나 이산화탄소, 분말소화기를 이용하여 질식소화를 한다(물에 의한 주수소화는 피한다).
㉤ 탄화칼슘과 물의 반응으로 아세틸렌을 얻을 수 있다.

23 마그네슘, 티타늄과 같은 금속화재의 분류(class)는?

① A급 화재
② B급 화재
③ C급 화재
④ D급 화재

[해설] 금속화재(D급 화재, 무색표시)

24 인화성 촉진제인 휘발유의 위험도로 옳은 것은? (단, 휘발유의 연소범위는 1.4~7.6vol% 이다.)

① 0.82vol%
② 4.43vol%
③ 6.20vol%
④ 6.43vol%

[해설] 위험도＝연소상한계－연소하한계/연소하한계
휘발유 위험도＝7.6－1.4/1.4＝4.43

Answer   21.①   22.①   23.④   24.②

문제 관련 핵심이론

(1) 위험도(Degree of Hazards)
㉠ 가스가 화재를 일으킬 수 있는 척도를 나타내는 것
㉡ 위험도 수치가 클수록 위험성이 크다.
㉢ 이황화탄소의 위험도=44−1.2/1.2=35.7 가연성 가스 중 위험도가 가장 크다.
(2) 가연성 물질의 위험도 기준
㉠ 가연성 고체 : 착화점
㉡ 가연성 액체 : 인화점
㉢ 가연성 기체 : 연소범위

25 발화원인 중 미소화원으로 볼 수 없는 것은?

① 가스레인지 불꽃
② 용접불티
③ 담뱃불
④ 절삭불티

해설 미소화원
용접불티, 담뱃불, 절삭불티, 향불 등이 있다.

26 산불화재 중 지표화재에 대한 설명으로 틀린 것은?

① 초본류가 연소 중이다.
② 땅속의 유기질층이 연소 중이다.
③ 쓰러진 관목이 연소 중이다.
④ 높이 1.5m의 나무가 연소 중이다.

해설 산림화재의 분류
㉠ 수관화 : 임목의 가지부분이 타는 것
㉡ 수간화 : 나무의 줄기가 타는 것
㉢ 지표화 : 지표를 덮고 있는 낙엽, 낙지, 마른 풀 등이 연소하는 것
㉣ 지중화 : 땅속 이탄층, 갈탄층 등 유기질층이 타는 것으로 재발화의 위험성이 있어 진화에 어려움이 크다.

27 양초의 성상과 연소특징에 대한 설명으로 틀린 것은?

① 가솔린, 벤젠 등에 녹는다.
② 물과 친화성이 없고 전기절연성이 우수하다.
③ 휘발성이 강하고 착화가 어려우며 유해가스를 발생시키지 않고 연소한다.
④ 양초의 연소는 증발연소이며 심지 없이 양초 자체만으로는 연소가 지속되지 않는다.

해설 양초는 휘발성이 있지만 착화가 용이하다.

28 분해열의 축적으로 자연발화를 일으키는 물질이 아닌 것은?

① 폴리에스테르
② 셀룰로이드
③ 니트로글리세린
④ 니트로셀룰로오스

해설 자연발화에 의한 열
㉠ 분해열 : 물질에 열이 축적되어 서서히 분해할 때 생기는 열
예 셀룰로이드, 니트로셀룰로오스, 니트로글리세린, 아세틸렌, 산화에틸렌, 에틸렌 등
㉡ 산화열 : 가연물이 산화반응으로 발열 축적된 것으로 발화하는 현상
예 석탄, 기름종류(기름걸레, 건성유), 원면, 고무분말 등
㉢ 미생물열 : 미생물 발효현상으로 발생되는 열(=발효열)
예 퇴비(두엄), 먼지, 곡물분 등
㉣ 흡착열 : 가연물이 고온의 물질에서 방출하는 (복사)열을 흡수되는 것
예 다공성 물질의 활성탄, 목탄(숯) 분말 등
㉤ 중합열 : 작은 다량의 분자가 큰 분자량의 화합물로 결합할 때 발생하는 열(=중합반응에 의한 열)
예 시안화수소, 산화에틸렌 등

29 석유류의 화재현장에서 수집된 시료를 기기분석(GC, IR)을 통하여 판별하는 절차로 옳은 것은?

① 감식물 습득 → 침지 → 여과 → 정제 → 적외선흡수 스펙트럼분석 → 가스크로마토그래피법
② 감식물 습득 → 침지 → 여과 → 정제 → 가스크로마토그래피법 → 적외선흡수 스펙트럼분석
③ 감식물 습득 → 여과 → 침지 → 정제 → 적외선흡수 스펙트럼분석 → 가스크로마토그래피법
④ 감식물 습득 → 정제 → 침지 → 여과 → 적외선흡수 스펙트럼분석 → 가스크로마토그래피법

Answer 25.① 26.② 27.③ 28.① 29.①

부록

과년도 출제문제

해설 기기분석(GC, IR)방법
감식물 습득 → 침지 → 여과 → 정제 → 적외
선흡수 스펙트럼분석 → 가스크로마토그래피 순
으로 진행

30 화재현장 목재의 균열흔에 대한 설명으로 옳은 것은?

① 함습 정도가 높을수록 쉽게 탄화된다.
② 나무의 표면적이 넓을수록 쉽게 탄화된다.
③ 화재실의 온도가 높을수록 탄화가 어렵다.
④ 목재의 종류는 탄화 정도에 영향을 미치지 못한다.

해설 목재
㉠ 수분함유율이 높으면 탄화가 곤란하며, 화재실의 온도가 높을수록 쉽게 탄화된다. 또한 목재의 종류에 따라 착화도가 다르며, 각재와 판재가 원형보다 빨리 착화한다.
㉡ 탄화된 목재에서 공통적으로 나타나는 탄화흔과 균열흔의 특성
 • 불에 오래도록 강하게 탈수록 탄화의 깊이는 깊다.
 • 탄화모양을 형성하고 있는 패인 골이 깊을수록 소손이 강하다.
 • 탄화모양을 형성하고 있는 패인 골의 폭이 넓을수록 소손이 강하다.
 • 목재의 균열흔은 발화부와 가까울수록 골이 넓고 깊어진다.
 • 무염연소는 장시간 화염과 접촉하고 있으므로 유염연소에 비해 상대적으로 깊게 타들어가는 균열흔이 나타난다.
 • 나무의 표면적이 넓을수록 쉽게 탄화된다.

31 분진폭발을 일으킬 가능성이 없는 것은?

① 목분   ② 마그네슘 분말
③ 폴리에틸렌 분말   ④ 산화규소 분말

해설 이미 산화가 진행된 산화규소 분말은 폭발성이 없다.

◀ 문제 관련 핵심이론 ▶

분진폭발
(1) 개념
 분진폭발은 화학적 폭발로 가연성 고체의 미분이나 액체의 미스트(mist)가 티끌이 되어 공기 중에 부

유하고 있을 때 어떤 착화원의 에너지를 공급받으면 폭발하는 현상
(2) 분진폭발을 일으키는 물질
 금속분(알루미늄, 마그네슘, 아연 등), 황, 쌀 · 보리 등 곡물분, 석탄, 솜, 담배, 비누 생선분 · 혈분의 비료, 종이분, 경질고무 등
(3) 분진폭발이 불가능한 물질
 석회종류(소석회 등), 가성소다, 탄산칼슘($CaCO_3$), 생석회, 시멘트분, 대리석분, 유리분 등

32 가연성 가스의 폭발범위의 설명으로 틀린 것은?

① 일반적으로 가스압력이 높을수록 발화온도는 낮아지고 폭발범위는 넓어진다.
② 가연성 가스라 함은 폭발하한계가 10% 이하인 것과 폭발하한과 상한의 차이가 20% 이상인 것을 말한다.
③ 일반적으로 가스압력이 높을수록 발화온도는 낮아지고 폭발범위는 좁아진다.
④ 일반적으로 가스압력이 낮아지면 폭발범위가 좁아진다.

해설 가스압력이 높을수록 발화온도는 낮아지고 폭발범위는 넓어진다.

◀ 문제 관련 핵심이론 ▶

가연성 가스의 폭발범위(=연소범위, 폭발한계, 연소한계)
㉠ 연소는 가연성 가스와 지연성 가스(공기, 산소)가 어떤 범위 내로 혼합된 경우일 때만 일어난다.
㉡ 폭발범위(=연소범위)란 공기와 가연성 가스의 혼합기체 중 가연성 가스의 용량 퍼센트로 표시된다.
㉢ 폭발 또는 연소가 일어나기 위한 낮은 쪽의 한계를 하한계, 높은 쪽의 한계를 상한계라 한다. 상한계와 하한계 사이를 폭발범위라 한다.
㉣ 폭발범위는 가연성 가스와 공기가 혼합된 경우보다도 산소가 혼합되었을 경우 넓어지며, 폭발위험성이 커진다.
㉤ 불연성 가스(이산화탄소, 질소 등)를 주입하면 폭발범위는 좁아진다.
㉥ 폭발한계는 가스의 온도, 기압 및 습도의 영향을 받는다.
 • 가스의 온도가 높아지면 폭발범위는 넓어진다.
 • 가스압력이 높아지면 하한계는 크게 변하지 않으나 상한계는 상승한다.
 • 가스압이 상압(1기압)보다 낮아지면 폭발범위는 좁아진다.

ⓐ 압력이 높아지면 일반적으로 폭발범위는 넓어진다. 단, 일산화탄소는 압력이 높아질수록 폭발범위가 좁아진다.

ⓞ 가연성 가스의 폭발범위(＝연소범위)가 넓으면 넓을수록 위험하다.

ⓩ 수소는 10atm까지는 연소범위가 좁아지지만 그 이상의 압력에서는 연소범위가 점점 더 넓어진다.

33 발화원의 생성, 이동 및 가열에 대한 설명으로 틀린 것은?

① 모든 가연물은 발화원으로부터 이동된 에너지에 대해 동일한 반응을 보인다.

② 발화과정은 크게 발화원의 생성, 이동 및 가열로 정리할 수 있다.

③ 유력한 발화원은 가연물을 발화온도에 다다르게 할 만큼 에너지수준이 충분히 높을 것으로 추정해 볼 수 있다.

④ 발화원의 열에너지는 전도, 대류, 복사 등의 방법을 통해 가연물로 이동된다.

해설 고체가연물은 가열 시 열분해를 일으키며, 액체 가연물은 가연성 증기에 불이 붙는 최저온도인 인화점에 도달해야 하는 등 가열에 의한 반응은 다르게 나타난다.

문제 관련 핵심이론

(1) 기체의 연소
가연성 기체는 공기와 적당한 부피비율로 섞여 연소 범위에 들어가면 연소가 일어나는데 기체의 연소가 액체 가연물질 또는 고체 가연물질의 연소에 비해서 가장 큰 특징은 연소 시의 이상 현상인 폭굉이나 폭발을 수반한다는 것이다.

(2) 액체의 연소
액체 가연물질의 연소는 액체 자체가 연소하는 것이 아니라 "증발"이라는 변화 과정을 거쳐 발생된 기체가 연소하는 것이다. 액체 가연물질이 휘발성인 경우는 외부로부터 열을 받아서 증발하여 연소하는 것을 증발연소라 하고 액체가 비휘발성이거나 비중이 커 증발하기 어려운 경우에는 높은 온도를 가해 열분해 하여 그 분해가스를 연소시키는 것을 분해연소라 한다.

(3) 고체의 연소
상온에서 고체 상태로 존재하는 고체 가연물질의 일반적 연소형태는 표면연소, 증발연소, 분해연소, 자기연소로 나눌 수 있다.

34 의도적으로 한 장소에서 다른 장소로 연소를 확산시키기 위한 장치나 도구로서 인화성 액체와 고체가연물이 사용된 연소흔적은 무엇이라고 하는가?

① 트레일러 패턴
② 고스트마크
③ 스플래시 패턴
④ 포어 패턴

해설 **인화성 액체 가연물의 연소에 의한 화재패턴**
포어 패턴(pour pattern), 스플래시 패턴(splash pattern), 도넛 패턴(doughnut pattern), 고스트마크 패턴(ghost mark pattern) 등이 있다.

ⓐ 포어 패턴 : 인화성 액체 가연물이 바닥에 뿌려진 경우 뿌려진 부분과 뿌려지지 않은 부분의 탄화경계 흔적

ⓛ 스플래시 패턴 : 액체 가연물이 연소되면서 발생한 열에 의해 가열되어 주변으로 튀거나, 액체를 뿌릴 때 바닥면에 액체방울이 튄 것처럼 연소하는 것

ⓒ 도넛 패턴
- 인화성 및 발화성의 가연물이 연소할 때 중심부의 가연성 액체가 증발(기화)로 인해 나타나는 화재패턴
- 가연성 액체에 의해 고리모양의 연소 흔적
- 가연성 액체가 뿌려진 중심부의 액체가 연소할 때 증발잠열(기화열)의 냉각효과에 의해 보호되기 때문에 발생하는 현상이다.
- 고리형태의 도넛 패턴은 바깥쪽은 탄화되지만 가운데 중심부는 액체가 증발하면서 미연소구역으로 남아 생성된다.

(4) 고스트마크 패턴
- 인화성 액체가 타일이나 바닥면에 쏟아졌을 때 타일 사이로 스며들어 틈새가 변색되고 박리된 흔적
- 플래시오버와 같은 강력한 화재열기 속에서도 발생할 수 있으므로 주의를 요한다.

(5) 트레일러 패턴
- 의도적으로 한 장소에서 다른 장소로 연소를 확산시키기 위한 장치나 도구로서 인화성 액체와 고체가연물이 사용된 연소흔적
- 신문지, 섬유류 등을 길게 직선적으로 늘여놓은 것으로 방화의 연소패턴이다.

Answer 33.① 34.①

부록

과년도 출제문제

35 소방의 화재조사에 관한 법령상 용어에 대한 설명으로 옳지 않은 것은?

① 화재조사 : 소방청장, 소방본부장 또는 소방서장이 화재원인, 피해상황, 대응활동 등을 파악하기 위하여 자료의 수집, 관계인 등에 대한 질문, 현장 확인, 감식, 감정 및 실험 등을 하는 일련의 행위

② 화재조사관 : 화재조사에 전문성을 인정받아 화재조사를 수행하는 소방공무원

③ 관계인 : 화재 현장을 발견하고 신고한 사람이 포함된다.

④ 화재 : 사람의 의도에 따라 우연에 의해 발생하는 연소현상

[해설] 정의(소방의 화재조사에 관한 법률 제2조)
  ㉠ 화재 : 사람의 의도에 반하거나 고의 또는 과실에 의하여 발생하는 연소현상으로서 소화할 필요가 있는 현상 또는 사람의 의도에 반하여 발생하거나 확대된 화학적 폭발현상을 말한다.
  ㉡ 화재조사 : 소방청장, 소방본부장 또는 소방서장이 화재원인, 피해상황, 대응활동 등을 파악하기 위하여 자료의 수집, 관계인 등에 대한 질문, 현장 확인, 감식, 감정 및 실험 등을 하는 일련의 행위를 말한다.
  ㉢ 화재조사관 : 화재조사에 전문성을 인정받아 화재조사를 수행하는 소방공무원을 말한다.
  ㉣ 관계인 등 : 화재가 발생한 소방대상물의 소유자·관리자 또는 점유자(이하 "관계인"이라 한다) 및 다음의 사람을 말한다.
    • 화재현장을 발견하고 신고한 사람
    • 화재현장을 목격한 사람
    • 소화활동을 행하거나 인명구조활동(유도대피 포함)에 관계된 사람
    • 화재를 발생시키거나 화재발생과 관계된 사람

36 다음 화학반응 중 결합반응이 아닌 것은?

① 두 원소가 하나의 화합물로 되는 결합
② 한 원소와 한 화합물이 새로운 화합물을 만드는 결합
③ 두 화합물이 새로운 화합물을 만드는 결합

④ 화합물의 한 원소가 다른 원소에 의해 대치되는 반응

[해설] 화합물의 한 원소가 다른 원소에 의해 대치되는 반응은 치환반응이다.

37 화재현장에 남겨진 금속의 수열에 의하여 나타나는 현상이 아닌 것은?

① 분해   ③ 만곡
② 변색   ④ 용융

[해설] 금속은 변색, 만곡, 용융되며 분해와는 관계가 없다.

38 차량의 시동점화 시 전류 흐름순서를 바르게 나열한 것은?

① 점화스위치 → 배터리 → 시동모터 → 점화코일 → 배전기 → 고압케이블 → 스파크플러그
② 점화스위치 → 시동모터 → 배터리 → 점화코일 → 배전기 → 고압케이블 → 스파크플러그
③ 점화스위치 → 배터리 → 시동모터 → 배전기 → 점화코일 → 고압케이블 → 스파크플러그
④ 점화스위치 → 시동모터 → 점화코일 → 배터리 → 배전기 → 고압케이블 → 스파크플러그

[해설] 차량의 시동점화 시 전류 흐름순서
  점화스위치 → 배터리 → 시동모터 → 점화코일 → 배전기 → 고압케이블 → 스파크플러그

39 담뱃불 발화 메커니즘 순서로 옳은 것은?

① 유염연소 → 열 축적 → 발화온도 도달 → 무염발화
② 무염연소 → 열 축적 → 발화온도 도달 → 유염발화
③ 열 축적 → 무염연소 → 발화온도 도달 → 무염발화
④ 열 축적 → 무염연소 → 발화온도 도달 → 유염발화

[해설] 담뱃불은 무염연소를 지속하다가 열 축적으로 발화온도에 이르게 되면 유염발화 한다.

Answer 35.④ 36.④ 37.① 38.① 39.②

40 전기화재 발생원인 중 다음에서 설명하는 것은?

전압코드 등이 눌림이나 꺾임이 반복되어 소선이 10% 이상 단선되고 단선된 소선이 서로 접촉하여 아크와 열을 발생하여 화재에 이르는 것

① 트래킹
② 반단선
③ 접촉불량
④ 과전류

해설 반단선
전압코드 등이 눌림이나 꺾임이 반복되어 소선이 10% 이상 단선되고 단선된 소선이 서로 접촉하여 아크와 열을 발생하여 화재에 이르는 것

제3과목 **증거물관리 및 법과학**

41 화재로 사망한 사람의 생활반응으로 틀린 것은?

① 종창
② 피하출혈
③ 피부탄화
④ 염증성 발적

해설 피부탄화는 생활반응이 아니라 화재 후 사후변화에 해당한다.

42 살아있는 사람이 익사하거나 소사할 경우에 입에서 하얗고 빽빽한 점액성 거품이 부풀어 오르는 생활반응은?

① 창상개구
② 미세포말
③ 발적, 종창
④ 화상포

해설 미세포말
살아있는 사람이 익사하거나 소사할 경우에 입에서 하얗고 빽빽한 점액성 거품이 부풀어 오르는 생활반응

43 화재현장에서 사람의 생활반응으로 틀린 것은?

① 화상을 입었다.
② 시반이 형성되었다.
③ 기도 내에서 매가 발견되었다.
④ 두개골 외판에 탄화가 일어났다.

해설 두개골 외판에 탄화가 일어나는 것은 두부에 강한 열이 지속적으로 작용한 것으로 생활반응과 관계가 없다.

44 용융점이 높은 것에서 낮은 순서로 옳게 나열된 것은?

① 스테인리스 → 텅스텐 → 아연 → 마그네슘 → 동
② 텅스텐 → 스테인리스 → 동 → 마그네슘 → 아연
③ 텅스텐 → 스테인리스 → 마그네슘 → 동 → 아연
④ 스테인리스 → 텅스텐 → 동 → 아연 → 마그네슘

해설 ㉠ 텅스텐(3,400℃)
㉡ 스테인리스(1,520℃)
㉢ 동(900~1,050℃)
㉣ 마그네슘(650℃)
㉤ 아연(420℃)

45 화재현장에서의 물적 증거물에 관한 설명으로 틀린 것은?

① 화재현장의 환경에 따라 물증은 변하지 않는다.
② 화재원인의 추론에 따라 화재책임이 관련된다.
③ 특정 사실이나 결과에 대하여 입증 또는 반증을 가능하게 한다.
④ 발화지점, 발화기기, 최초 착화물, 화재이동경로를 통하여 화재원인을 추론한다.

해설 증거물은 화염에 의한 낙하, 다른 물체에 의한 전도 등으로 소손되는 경우가 많다.

46 액체 및 고체 증거물의 수집 시 고려하여야 할 사항으로 옳은 것은?

① 탄화수소계 물질은 물보다 비중이 높아 물에 가라앉는다.
② 대부분의 액체위험물은 용매작용을 한다.
③ 금속캔에는 3/4 이상 채우지 않는다.
④ 아세톤이나 알코올은 물과 쉽게 섞이지 않는다.

해설 대부분의 액체위험물은 물질을 녹이는 용매작용이 있다.

47 디지털카메라의 고유기능으로 받아들인 빛을 증폭하여 감도를 높이거나 낮춰주는 기능은?

① 화이트밸런스　② 줌 기능
③ EV 쉬프트　④ ISO 기능

해설 ISO
빛에 반응하는 정도를 나타내는 수치로 높은 ISO는 빛에 더 민감하다.

48 화재증거물수집관리규칙상 증거물 시료 용기에 대한 내용 중 틀린 것은?

① 양철캔은 기름에 견딜 수 있는 디스크를 가진 스크루마개 또는 누르는 금속마개로 밀폐될 수 있으며, 이러한 마개는 한번 사용한 후에는 폐기되어야 한다.
② 유리병의 코르크마개는 휘발성 액체에 사용한다.
③ 주석도금캔(can)은 1회 사용 후 반드시 폐기한다.
④ 코르크마개는 시료와 직접 접촉되어서는 안 된다.

해설 증거물 시료 용기(화재증거물수집관리규칙 [별표1])
유리병의 코르크마개는 <u>휘발성 액체에 사용하여서는 안 된다.</u> 만일 제품이 빛에 민감하다면 짙은 색깔의 시료병을 사용한다.

49 사진촬영을 위해 현장 전체를 파악할 수 있는 선정위치로 옳은 것은?

① 발화가 개시된 건물 정면
② 발화지점 내부
③ 발화지역 주변 높은 곳
④ 화염이 강하게 출화한 곳

해설 현장 전체를 파악할 수 있는 위치로 발화지역 주변 높은 곳을 선정한다.

50 촉진제를 확인하기 위한 테스트 방법으로 적합한 것은?

① GC(Gas Chromatography)
② SEM(Scanning Electron Microscope)
③ GFT(Gas Flammable Test)
④ TEM(Transmission Electron Microscope)

해설 촉진제 존재유무 확인방법은 GC(Gas Chromato-graphy)가 적합하다.

51 화재증거물 사진촬영 시 피사계의 심도를 깊게 하기 위한 방법으로 가장 옳은 것은?

① 렌즈의 조리개를 좁힌다.
② 렌즈의 조리개를 넓힌다.
③ 카메라의 셔터 스피드를 길게 한다.
④ 카메라의 셔터 스피드를 짧게 한다.

해설 조리개를 좁히면 심도는 깊어지고, 조리개를 넓히면 심도는 얕아진다.

52 화상의 손상범위를 결정하는 인자로 옳지 않은 것은?

① 가해진 온도
② 열의 노출기간
③ 피부의 구성
④ 열을 배출하는 체표면의 능력

해설 화상의 손상범위는 열의 강도, 노출시간 및 피부의 예민도에 의해 결정된다.
화상의 분류
화염과 열에 의한 화상은 1도<2도<3도 화상으로 분류한다.

Answer 46.② 47.④ 48.② 49.③ 50.① 51.① 52.③

53 화재증거물수집관리규칙상의 증거물 시료 용기로 적합하지 않은 것은?

① 주석도금캔(can)
② 유리병
③ 아크릴병
④ 양철캔(can)

[해설] 화재증거물수집관리규칙 [별표1]
화재증거물수집관리규칙상의 증거물 시료 용기는 주석도금캔(can), 유리병, 양철캔(can)으로 되어 있다.

54 액체 촉진제의 물리적 특성에 대한 설명 중 옳은 것은?

① 액체 촉진제는 액체상태로만 발견될 수 있다.
② 액체 촉진제는 대부분의 내부 마감재 및 기타 화재 잔해에 쉽게 흡수된다.
③ 일반적으로 액체 촉진제는 물과 접촉했을 때 물 아래로 가라앉는다.
④ 액체 촉진제가 다공성 물질에 흡수되었을 때는 잔존 가능성이 매우 낮다.

[해설] 액체 촉진제는 물과 접촉했을 때 물보다 가벼워 물 위에 뜬 형태가 많고, 다공성 물질에 흡수되었을 때는 잔존 가능성이 매우 높다.

55 화재로 인하여 사망에 이른 사체에 관한 설명으로 가장 거리가 먼 것은?

① 일산화탄소가 헤모글로빈과 결합함으로써 체내 산소의 공급이 차단되어 사망한다.
② 일산화탄소의 흡입으로 인하여 사망하면 암적색의 시반이 나타난다.
③ 기도, 폐 등의 호흡기에서 발견되는 그을음은 화재 당시 생존해 있었음을 나타내는 증거가 될 수 있다.
④ 일산화탄소를 흡입한 것으로 화재 당시 생존해 있었음에 대한 증거가 될 수 있다.

[해설] 일산화탄소의 흡입으로 인하여 사망하면 선홍빛의 시반이 나타난다.

56 화재증거물수집관리규칙상 증거물의 상황 기록, 증거물의 수집에 대한 설명으로 옳은 것은?

① 화재조사관은 증거물의 채취, 채집 행위 등을 하기 전에는 증거물 및 증거물 주위의 상황 등에 대한 도면 또는 사진 기록을 남겨야 하며, 증거물을 수집한 후에도 기록을 남겨야 한다.
② 발화원인의 판정에 관계가 있는 개체 또는 부분에 대해서는 증거물과 이격되어 있거나 연소되지 않은 상황은 기록을 남기지 않는다.
③ 증거서류를 수집함에 있어서 사본 영치를 원칙으로 한다.
④ 증거물 수집 목적이 인화성 기체 성분 분석인 경우에는 인화성 기체 성분의 증발을 막기 위한 조치를 하여야 한다.

[해설] 증거물의 상황기록(화재증거물수집관리규칙 제3조)
㉠ 화재조사관은 증거물의 채취, 채집 행위 등을 하기 전에는 증거물 및 증거물 주위의 상황(연소상황 또는 설치상황을 말한다) 등에 대한 도면 또는 사진 기록을 남겨야 하며, 증거물을 수집한 후에도 기록을 남겨야 한다.
㉡ 발화원인의 판정에 관계가 있는 개체 또는 부분에 대해서는 증거물과 이격되어 있거나 연소되지 않은 상황이라도 기록을 남겨야 한다.
증거물의 수집(화재증거물수집관리규칙 제4조)
㉠ 증거서류를 수집함에 있어서 원본 영치를 원칙으로 하고, 사본을 수집할 경우 원본과 대조한 다음 원본대조필을 하여야 한다. 다만, 원본대조를 할 수 없을 경우 제출자에게 원본과 같음을 확인 후 서명 날인을 받아서 영치하여야 한다.
㉡ 물리적 증거물 수집(고체, 액체, 기체 형상의 물질이 포집되는 것을 말한다)은 증거물의 증거능력을 유지·보존할 수 있도록 행하며, 이를 위하여 전용 증거물 수집장비(수집도구 및 용기를 말한다)를 이용하고, 증거를 수집함에 있어서는 다음 각 호에 따른다.
현장 수거(채취)물은 별지 제1호 서식에 그 목록을 작성하여야 한다.
• 증거물의 수집 장비는 증거물의 종류 및 형태에 따라, 적절한 구조의 것이어야 하며, 증거물 수집 시료용기는 별표 1에 따른다.

- 증거물을 수집할 때는 휘발성이 높은 것에서 낮은 순서로 진행해야 한다.
- 증거물의 소손 또는 소실 정도가 심하여 증거물의 일부분 또는 전체가 유실될 우려가 있는 경우는 증거물을 밀봉하여야 한다.
- 증거물이 파손될 우려가 있는 경우 충격금지 및 취급방법에 대한 주의사항을 증거물의 포장 외측에 적절하게 표기하여야 한다.
- <u>증거물 수집 목적이 인화성 액체 성분 분석인 경우에는 인화성 액체 성분의 증발을 막기 위한 조치를 하여야 한다.</u>
- 증거물 수집 과정에서는 증거물의 수집자, 수집 일자, 상황 등에 대하여 기록을 남겨야 하며, 기록은 가능한 법과학자용 표지 또는 태그를 사용하는 것을 원칙으로 한다.
- 화재조사에 필요한 증거물 수집을 위하여 「소방의 화재조사에 관한 법률 시행령」 제8조에 따른 조치를 할 수 있다.

57 목재의 탄화심도 측정 시 유의사항 중 틀린 것은?

① 측정기구는 목재와 직각으로 삽입하여 측정한다.
② 게이지로 측정된 깊이 외에 손실된 부분의 깊이를 더하여 비교하여야 한다.
③ 탄화된 요철 부위 중 철(凸) 부위를 택하여 측정한다.
④ 탄화되지 않은 것까지 삽입될 수 있으므로 송곳과 같은 날카로운 측정기구를 사용한다.

해설 ㉠ 목재의 탄화심도 측정 시 유의사항
- 목재의 탄화심도측정은 끝이 뭉뚝한 다이얼캘리퍼스가 가장 적합하며 끝이 날카로운 측정기구는 피해야 한다.
- 게이지로 측정된 깊이 외에 소실된 부분의 깊이를 더하여 비교하여야 한다.
- 측정기구는 목재와 직각으로 삽입하여 측정한다.
- 탄화된 요철 부위 중 철(凸) 부위를 택하여 측정한다.
㉡ 목재의 탄화심도에 영향을 미치는 인자
- 가열속도와 가열시간
- 목재의 밀도
- 산소농도

58 화재증거물수집관리규칙상 증거물의 포장·보관·이동에 관한 설명으로 옳지 않은 것은?

① 입수한 증거물을 이송할 때에는 포장을 하고 상세 정보를 별지에 기록하여 부착한다. 이 경우 증거물의 포장은 보호상자를 사용하여 일괄 포장함을 원칙으로 한다.
② 증거물은 수집 단계부터 검사 및 감정이 완료되어 반환 또는 폐기되는 전 과정에 있어서 화재조사관 또는 이와 동일한 자격 및 권한을 가진 자의 책임 하에 행해져야 한다.
③ 증거물의 보관 및 이동은 장소 및 방법, 책임자 등이 지정된 상태에서 행해져야 된다.
④ 증거물의 보관은 전용실 또는 전용함 등 변형이나 파손될 우려가 없는 장소에 보관해야 한다.

해설 증거물의 포장(화재증거물수집관리규칙 제5조)
입수한 증거물을 이송할 때에는 포장을 하고 상세 정보를 [별지 제2호 서식]에 기록하여 부착한다. 이 경우 증거물의 포장은 보호상자를 사용하여 <u>개별</u> 포장함을 원칙으로 한다.
증거물 보관·이동(화재증거물수집관리규칙 제6조)
㉠ 증거물은 수집 단계부터 검사 및 감정이 완료되어 반환 또는 폐기되는 전 과정에 있어서 화재조사관 또는 이와 동일한 자격 및 권한을 가진 자의 책임하에 행해져야 한다.
㉡ 증거물의 보관 및 이동은 장소 및 방법, 책임자 등이 지정된 상태에서 행해져야 되며, 책임자는 전 과정에 대하여 이를 입증할 수 있도록 다음의 사항을 작성하여야 한다.
- 증거물 최초상태, 개봉일자, 개봉자
- 증거물 발신일자, 발신자
- 증거물 수신일자, 수신자
- 증거 관리가 변경되었을 때 기타사항 기재
㉢ 증거물의 보관은 전용실 또는 전용함 등 변형이나 파손될 우려가 없는 장소에 보관해야 하고, 화재조사와 관계없는 자의 접근은 엄격히 통제되어야 하며, 보관관리 이력은 [별지 제3호 서식]에 따라 작성하여야 한다.
㉣ 증거물 이동과정에서 증거물의 파손·분실·도난 또는 기타 안전사고에 대비하여야 한다.

Answer 57.④ 58.①

ⓜ 파손이 우려되는 증거물, 특별 관리가 필요한 증거물 등은 이송상자 및 무진동 차량 등을 이용하여 안전에 만전을 기하여야 한다.

ⓗ 증거물은 화재증거 수집의 목적달성 후에는 관계인에게 반환하여야 한다. 다만 관계인의 승낙이 있을 때에는 폐기할 수 있다.

59 화재현장의 파괴된 유리분석에 대한 설명으로 옳은 것은?

① 열에 의해 깨진 유리의 단면에는 리플마크가 관찰된다.

② 열에 의해 깨진 유리의 표면을 관찰하면 월러라인을 식별할 수 있다.

③ 열에 의해 깨진 유리는 방사형 파손흔적이 관찰된다.

④ 유리단면을 관찰하면 열 또는 충격에 의한 원인을 구분할 수 있다.

해설 열에 의해 깨진 유리단면에는 월러라인이 없지만 충격에 의해 깨진 유리단면에는 월러라인이 형성되어 유리단면을 통해 열 또는 충격에 의한 원인을 구분할 수 있다.

60 유류성분을 수집할 때 주변에 있는 바닥재나 플라스틱 등 비교샘플을 함께 수집하는 이유로 옳은 것은?

① 바닥재나 플라스틱 등 다른 가연물의 연소성을 입증하기 위함

② 유류와 혼합된 물체의 질량변화를 입증하기 위함

③ 유류성분이 주변 가연물로부터 추출된 것이 아니라는 것을 입증하기 위함

④ 유류가 기화하기 전에 많은 양의 유류를 수집하기 위함

해설 유류성분을 수집할 때 주변에 있는 바닥재나 플라스틱 등 비교샘플을 함께 수집하는 이유는 유류성분이 주변 가연물로부터 추출된 것이 아니라는 것을 입증하기 위함이다.

제4과목 **화재조사관계법규 및 피해평가**

61 화재조사 및 보고규정에 따른 건축 · 구조물화재의 소실정도 기준 중 다음 (   ) 안에 알맞은 것은?

반소 : 건물의 (㉮)% 이상 (㉯)% 미만이 소실된 것

① ㉮ 20, ㉯ 50   ② ㉮ 20, ㉯ 70

③ ㉮ 30, ㉯ 50   ④ ㉮ 30, ㉯ 70

해설 소실정도(화재조사 및 보고규정 제16조)

㉠ 건축 · 구조물의 소실정도는 다음에 따른다.

• 전소 : 건물의 70% 이상(입체면적에 대한 비율을 말한다)이 소실되었거나 또는 그 미만이라도 잔존부분을 보수하여도 재사용이 불가능한 것

• 반소 : 건물의 30% 이상 70% 미만이 소실된 것

• 부분소 : 전소, 반소에 해당하지 아니하는 것

㉡ 자동차 · 철도차량, 선박 · 항공기 등의 소실정도는 위 ㉠의 규정을 준용한다.

62 항공기, 선박, 철도차량, 특수작업용 차량, 시중매매가격이 확인되지 아니하는 자동차에 대한 피해액 산정기준 중 틀린 것은?

① 감정평가서가 있는 경우 감정평가서상의 현재가액에 손해율을 곱한 금액을 화재로 인한 피해액으로 한다.

② 감정평가서가 없는 경우 회계장부상의 현재가액에 손해율을 곱한 금액을 화재로 인한 피해액으로 한다.

③ 감정평가서와 회계장부 모두 없는 경우에는 제조회사 판매회사 조합 또는 협회 등에 조회하여 구입가격 또는 시중 거래가격을 확인하여 피해액을 산정한다.

④ 수리가 가능한 경우에는 수리비를 피해액으로 한다.

해설 기타 운반구의 피해액 산정기준(화재피해금액 산정매뉴얼)
ㄱ 항공기, 선박, 철도차량, 특수작업용차량, 시중매매가격이 확인되지 아니하는 자동차에 대해서는 기계장치의 피해액 산정기준에 따른다. 다만 내용연수에 있어 산정 규정의 [별표 6] 업종별 자산의 내용연수를 적용한다.
ㄴ 항공기, 선박, 철도차량, 특수작업용차량, 시중매매가격이 확인되지 아니하는 자동차에 대한 경우
• 감정평가서가 있는 경우 감정평가서상의 현재가액에 손해율을 곱한 금액을 화재로 인한 피해액으로 한다.
• 감정평가서가 없는 경우 회계장부상의 현재가액에 손해율을 곱한 금액을 화재로 인한 피해액으로 한다.
• 감정평가서와 회계장부 모두 없는 경우에는 제조회사 판매회사 조합 또는 협회 등에 조회하여 구입가격 또는 시중 거래가격을 확인하여 피해액을 산정한다. 다만, 수리가 가능한 경우에는 수리비에 감가공제를 한 금액을 피해액으로 한다.

63 신축 후 20년된 블록조 슬래브지붕의 주택에 화재가 발생하여 450m²가 소실된 경우의 화재피해액은? (단, 내용연수 50년, 신축단가 450천원, 손해율 70%이다.)
① 96,390천원 ② 85,050천원
③ 56,700천원 ④ 93,200천원

해설 건물피해액 산정기준(화재피해금액산정매뉴얼)
화재로 인한 건물의 피해액은 화재피해 대상 건물과 동일한 구조, 용도, 질, 규모의 건물을 재건축하는 데 소요되는 금액(이하 '재건축비라'함)에서 사용손모 및 경과연수에 대응한 감가공제를 한 다음 손해율을 곱한 금액이 된다.
화재로 인한 피해액
=소실면적의 재건축비×잔가율×손해율
=신축단가×소실면적
×[1−(0.8×경과연수/내용연수)]×손해율
=450천원×450m²×[1−(0.8×20/50)]
×70%
=96,390천원

64 화재로 인한 부대설비의 피해액을 산정하는 공식은?
① 건물신축단가×소실면적×설비종류별 재설비 비율×[1−(0.8×경과연수/내용연수)]×손해율
② 건물신축단가×소실면적×설비종류별 재설비 비율×[1−(0.8×내용연수/경과연수)]×손해율
③ 건물신축단가×소실면적×설비종류별 재설비 비율×[1−(0.9×경과연수/내용연수)]×손해율
④ 건물신축단가×소실면적×설비종류별 재설비 비율×[1−(0.9×내용연수/경과연수)]×손해율

해설 부대설비(화재피해금액산정매뉴얼)
ㄱ 건축물 따위에서 전기, 통신, 난방장치와 같이 보조적으로 딸리는 설비(배수설비, 난방설비, 공기조화설비, 전기설비, 가스설비, 소화설비, 주방설비 등)
ㄴ 「건물신축단가×소실면적×설비종류별 재설비 비율×[1−(0.8×경과연수/내용연수)]×손해율」의 공식에 의한다. 다만 부대설비 피해액을 실질적·구체적 방식에 의할 경우 「단위(면적·개소 등) 당 표준단가×피해단위×[1−(0.8×경과연수/내용연수)]×손해율」의 공식에 의하되, 건물표준단가 및 부대설비당 표준단가는 한국감정원이 최근 발표한 '건물신축단가표'에 의한다.

65 잔가율 및 현재가를 구하는 공식으로 틀린 것은?
① 현재가=재구입비−잔가율
② 잔가율=100%−감가수정률
③ 잔가율=(재구입비−감가수정액)/재구입비
④ 잔가율=1−(1−최종잔가율)×(경과연수/내용연수)

해설 잔가율
"잔가율"이란 화재 당시에 피해물의 재구입비에 대한 현재가의 비율을 말한다.
현재가(시가)=재구입비×잔가율
잔가율=재구입비−감가수정액/재구입비
잔가율=100%−감가수정율
잔가율=1−(1−최종잔가율)×경과연수/내용연수

66 건물의 소손 정도에 따른 손해율 산정 시 천장, 벽, 바닥 등 내부마감재 등이 소실된 경우의 손해율은 얼마인가? (단, 공장, 창고는 제외한다.)

① 20%   ② 40%
③ 60%   ④ 80%

해설 손해율(화재피해금액산정매뉴얼)

천장, 벽, 바닥 등 내부 마감재 등이 소실된 경우(공장, 창고 제외) 손해율은 40%를 적용한다.

화재로 인한 피해정도	손해율(%)
주요구조체의 재사용이 불가능한 경우	90, 100
주요구조체는 재사용 가능하나 기타 부분의 재사용이 불가능한 경우(공동주택, 호텔, 병원)	65
주요구조체는 재사용 가능하나 기타 부분의 재사용이 불가능한 경우(일반주택, 사무실, 점포)	60
주요구조체는 재사용 가능하나 기타 부분의 재사용이 불가능한 경우(공장, 창고)	55
천장, 벽, 바닥 등 내부마감재 등이 소실된 경우	40
천장, 벽, 바닥 등 내부마감재 등이 소실된 경우	35
지붕, 외벽 등 외부마감재 등이 소실된 경우(나무구조 및 단열패널(판넬)조 건물의 공장 및 창고)	25, 30
지붕, 외벽 등 외부마감재 등이 소실된 경우	20
화재로 인한 수손 시 또는 그을음만 입은 경우	5, 10

67 소방기본법령에 따른 소방본부(거점소방서 포함) 화재조사전담부서에 갖추어야 할 장비 및 시설규모 중 다음 (   ) 안에 알맞은 것은?

구분	기자재명 및 시설규모
화재조사 분석실	화재조사 분석실의 구성장비를 유효하게 보존 · 사용할 수 있고, 환기 시설 및 수도 · 배관시설이 있는 ( )제곱미터(m^2) 이상의 실(室).

① 20   ② 30
③ 40   ④ 50

해설 소방의 화재조사에 관한 법률 시행규칙 [별표]

화재조사 분석실의 구성장비를 유효하게 보존 · 사용할 수 있고, 환기 시설 및 수도 · 배관시설이 있는 30제곱미터(m^2) 이상의 실(室)

※ 화재조사 분석실의 면적은 청사 공간의 효율적 활용을 위하여 불가피한 경우 최소 기준 면적의 절반 이상에 해당하는 면적으로 조정할 수 있다.

68 제조물책임법에 따른 손해배상의 청구권은 피해자 또는 그 법정대리인이 손해, 손해배상책임을 지는 자를 모두 알게 된 날부터 몇 년간 행사하지 아니하면 시효의 완성으로 소멸하는가?

① 3   ② 5
③ 7   ④ 10

해설 소멸시효 등(제조물책임법 제7조)

이 법에 따른 손해배상의 청구권은 피해자 또는 그 법정대리인이 다음 의 사항을 모두 알게 된 날부터 3년간 행사하지 아니하면 시효의 완성으로 소멸한다.

69 화재조사를 하기 위하여 소방서장의 보고 또는 자료제출 명령을 위반하여 보고 또는 자료제출을 하지 아니한 관계인에 대한 벌칙기준으로 옳은 것은?

① 20만원 이하의 과태료
② 200만원 이하의 과태료
③ 300만원 이하의 벌금
④ 5년 이하 징역 또는 5,000만원 이하의 벌금

해설 200만원 이하의 과태료

ⓐ 소방의 화재조사에 관한 법률 제8조 제2항을 위반하여 허가 없이 통제구역에 출입한 사람
ⓑ 소방의 화재조사에 관한 법률 제9조 제1항에 따른 명령을 위반하여 보고 또는 자료 제출을 하지 아니하거나 거짓으로 보고 또는 자료를 제출한 사람
ⓒ 정당한 사유 없이 소방의 화재조사에 관한 법률 제10조 제1항에 따른 출석을 거부하거나 질문에 대하여 거짓으로 진술한 사람

부록

과년도 출제문제

Answer   66.②   67.②   68.①   69.②

70 화재조사 및 보고규정에 따른 용어의 정리 중 다음 ( ) 안에 알맞은 것은?

> • (㉮)이란 피해물의 경제적 내용연수가 다한 경우 잔존하는 가치의 재구입비에 대한 비율을 말한다.
> • (㉯)이란 화재와 관계되는 물건의 형상, 구조, 재질, 성분, 성질 등 이와 관련된 모든 현상에 대하여 과학적 방법에 의한 필요한 실험을 행하고 그 결과를 근거로 화재원인을 밝히는 자료를 얻는 것을 말한다.

① ㉮ 잔가율, ㉯ 감식
② ㉮ 잔가율, ㉯ 감정
③ ㉮ 최종잔가율, ㉯ 감식
④ ㉮ 최종잔가율, ㉯ 감정

해설 정의(화재조사 및 보고규정 제2조)
　㉠ 감정 : 화재와 관계되는 물건의 형상, 구조, 재질, 성분, 성질 등 이와 관련된 모든 현상에 대하여 과학적 방법에 의한 필요한 실험을 행하고 그 결과를 근거로 화재원인을 밝히는 자료를 얻는 것을 말한다.
　㉡ 최종잔가율 : 피해물의 내용연수가 다한 경우 잔존하는 가치의 재구입비에 대한 비율을 말한다.

71 화재조사 및 보고규정에 따른 사상자의 기준 중 다음 ( ) 안에 알맞은 것은?

> 사상자는 화재현장에서 사망 또는 부상당한 사람을 말한다. 다만, 화재현장에서 부상을 당한 후 ( )시간 이내에 사망한 경우에는 당해 화재로 인한 사망으로 본다.

① 72
② 48
③ 36
④ 24

해설 사상자(화재조사 및 보고규정 제13조)
　사상자는 화재현장에서 사망한 사람과 부상당한 사람을 말한다. 다만, 화재현장에서 부상을 당한 후 72시간 이내에 사망한 경우에는 당해 화재로 인한 사망으로 본다.

72 화재조사 및 보고규정에 따른 화재범위가 2 이상의 관할구역에 걸친 화재의 경우의 화재건수의 결정기준으로 옳은 것은?

① 선착대가 소속된 소방서에서 1건의 화재로 한다.
② 2개 소방서에서 각각 1건의 화재로 한다.
③ 발화 소방대상물의 소재지를 관할하는 소방서에서 1건의 화재로 한다.
④ 화재피해범위가 가장 넓은 소방서에서 1건의 화재로 한다.

해설 화재건수 결정(화재조사 및 보고규정 제10조)
　1건의 화재란 1개의 발화지점에서 확대된 것으로 발화부터 진화까지를 말한다. 다만, 다음의 경우는 다음에 따른다.
　㉠ 동일범이 아닌 각기 다른 사람에 의한 방화, 불장난은 동일 대상물에서 발화했더라도 각각 별건의 화재로 한다.
　㉡ 동일 소방대상물의 발화점이 2개소 이상 있는 다음의 화재는 1건의 화재로 한다.
　　• 누전점이 동일한 누전에 의한 화재
　　• 지진, 낙뢰 등 자연현상에 의한 다발화재
　㉢ 발화지점이 한 곳인 화재현장이 둘 이상의 관할구역에 걸친 화재는 발화지점이 속한 소방서에서 1건의 화재로 산정한다. 다만, 발화지점 확인이 어려운 경우에는 화재피해금액이 큰 관할구역 소방서의 화재 건수로 산정한다.

73 화재조사 및 보고규정에 따른 건물의 동수 산정기준 중 틀린 것은?

① 주요구조부가 하나로 연결되어 있는 것은 1동으로 한다. 다만, 건널복도 등으로 2 이상의 동에 연결되어 있는 것은 그 부분을 절반으로 분리하여 각 동으로 본다.
② 건물의 외벽을 이용하여 실을 만들어 작업실 용도로 사용하고 있는 것은 주건물과 다른 동으로 본다.
③ 구조에 관계없이 지붕 및 실이 하나로 연결되어 있는 것은 같은 동으로 본다.
④ 목조건물의 경우 격벽으로 방화구획이 되어 있는 경우 같은 동으로 한다.

Answer　70.④　71.①　72.③　73.②

해설 건물의 동수 산정(화재조사 및 보고규정 [별표 2])
㉠ 주요구조부가 하나로 연결되어 있는 것은 1동으로 한다. 다만 건널 복도 등으로 2이상의 동에 연결되어 있는 것은 그 부분을 절반으로 분리하여 각 동으로 본다.
㉡ 건물의 외벽을 이용하여 실을 만들어 헛간, 목욕탕, 작업실, 사무실 및 기타 건물 용도로 사용하고 있는 것은 주건물과 같은 동으로 본다.
㉢ 구조에 관계없이 지붕 및 실이 하나로 연결되어 있는 것은 같은 동으로 본다.
㉣ 목조 또는 내화조 건물의 경우 방벽으로 방화구획이 되어 있는 경우도 같은 동으로 한다.
㉤ 독립된 건물과 건물 사이에 차광막, 비막이 등의 덮개를 설치하고 그 밑을 통로 등으로 사용하는 경우는 다른 동으로 한다.
　例 작업장과 작업장 사이에 조명유리 등으로 비막이를 설치하여 지붕과 지붕이 연결되어 있는 경우
㉥ 내화조 건물의 옥상에 목조 또는 방화구조 건물이 별도 설치되어 있는 경우는 다른 동으로 한다. 다만, 이들 건물의 기능상 하나인 경우(옥내 계단이 있는 경우)는 같은 동으로 한다.
㉦ 내화조 건물의 외벽을 이용하여 목조 또는 방화구조건물이 별도 설치되어 있고 건물 내부와 구획되어 있는 경우 다른 동으로 한다. 다만, 주된 건물에 부착된 건물이 옥내로 출입구가 연결되어 있는 경우와 기계설비 등이 쌍방에 연결되어 있는 경우 등 건물 기능상 하나인 경우는 같은 동으로 한다.

74 제조물책임법에 의한 결함의 종류가 아닌 것은?

① 설계상의 결함
② 제조상의 결함
③ 용도상의 결함
④ 표시상의 결함

해설 결함(제조물책임법 제2조)
"결함"이란 해당 제조물에 다음의 어느 하나에 해당하는 제조상·설계상 또는 표시상의 결함이 있거나 그 밖에 통상적으로 기대할 수 있는 안전성이 결여되어 있는 것을 말한다.

㉠ "제조상의 결함"이란 제조업자가 제조물에 대하여 제조상·가공상의 주의의무를 이행하였는지에 관계없이 제조물이 원래 의도한 설계와 다르게 제조·가공됨으로써 안전하지 못하게 된 경우를 말한다.
㉡ "설계상의 결함"이란 제조업자가 합리적인 대체설계(代替設計)를 채용하였더라면 피해나 위험을 줄이거나 피할 수 있었음에도 대체설계를 채용하지 아니하여 해당 제조물이 안전하지 못하게 된 경우를 말한다.
㉢ "표시상의 결함"이란 제조업자가 합리적인 설명·지시·경고 또는 그 밖의 표시를 하였더라면 해당 제조물에 의하여 발생할 수 있는 피해나 위험을 줄이거나 피할 수 있었음에도 이를 하지 아니한 경우를 말한다.

75 소방의 화재조사에 관한 법률상 화재조사 전담본부의 업무에 관한 사항 중 틀린 것은?

① 화재조사의 실시 및 조사결과 분석·관리
② 화재조사 관련 기술개발과 화재조사관의 역량증진
③ 화재조사관은 소방서장이 지정하는 소방공무원으로 한다.
④ 화재조사에 필요한 시설·장비의 관리·운영

해설 화재조사전담부서의 설치·운영 등(소방의 화재조사에 관한 법률 제6조)
(1) 소방관서장은 전문성에 기반하는 화재조사를 위하여 화재조사전담부서(이하 "전담부서"라 한다)를 설치·운영하여야 한다.
(2) 전담부서는 다음의 업무를 수행한다.
　㉠ 화재조사의 실시 및 조사결과 분석·관리
　㉡ 화재조사 관련 기술개발과 화재조사관의 역량증진
　㉢ 화재조사에 필요한 시설·장비의 관리·운영
　㉣ 그 밖의 화재조사에 관하여 필요한 업무
(3) 소방관서장은 화재조사관으로 하여금 화재조사 업무를 수행하게 하여야 한다.
(4) 화재조사관은 소방청장이 실시하는 화재조사에 관한 시험에 합격한 소방공무원 등 화재조사에 관한 전문적인 자격을 가진 소방공무원으로 한다.

(5) 전담부서의 구성·운영, 화재조사관의 구체적인 자격기준 및 교육훈련 등에 필요한 사항은 대통령령으로 정한다.

76 형법에서 규정하는 과실로 인하여 현주건조물을 불태운 자에 대한 처벌규정으로 옳은 것은?

① 300만원 이하의 벌금
② 500만원 이하의 벌금
③ 1,000만원 이하의 벌금
④ 1,500만원 이하의 벌금

해설 실화(형법 제170조)
　㉠ 과실로 제164조 또는 제165조에 기재한 물건 또는 타인 소유인 제166조에 기재한 물건을 불태운 자는 1천500만원 이하의 벌금에 처한다.
　㉡ 과실로 자기 소유인 제166조의 물건 또는 제167조에 기재한 물건을 불태워 공공의 위험을 발생하게 한 자도 위 ㉠의 형에 처한다.

77 공작물의 설치 또는 보존의 하자로 화재가 발생하여 타인에게 손해를 가한 때 손해배상의 책임자는? (단, 관리지배영역은 배제한다.)

① 공작물점유자
② 공작물소유자
③ 공작물관리자
④ 공작물대리자

해설 공작물 등의 점유자, 소유자의 책임(민법 제758조)
　㉠ 공작물의 설치 또는 보존의 하자로 인하여 타인에게 손해를 가한 때에는 공작물점유자가 손해를 배상할 책임이 있다. 그러나 점유자가 손해의 방지에 필요한 주의를 해태하지 아니한 때에는 그 소유자가 손해를 배상할 책임이 있다.
　㉡ 위 ㉠의 규정은 수목의 재식 또는 보존에 하자있는 경우에 준용한다.
　㉢ 위 ㉡의 경우 점유자 또는 소유자는 그 손해의 원인에 대한 책임있는 자에 대하여 구상권을 행사할 수 있다.

78 화재증거물수집관리규칙상 증거물의 정의로 옳은 것은?

① 화재와 관련있는 연소흔적이 있는 물체
② 화재와 관련있는 물건 및 개연성이 있는 모든 개체
③ 화재조사자가 현장에서 발굴한 일체의 물건
④ 화재조사와 관련있는 물건으로 법원에서 증거로 인정된 것

해설 정의(화재증거물수집관리규칙 제2조)
　이 규칙에 사용하는 용어의 정의는 다음과 같다.
　㉠ 증거물 : 화재와 관련있는 물건 및 개연성이 있는 모든 개체를 말한다.
　㉡ 증거물 수집 : 화재증거물을 획득하고 해당 물건을 분석하여 사건과 관련된 화재증거를 추출하는 과정을 말한다.
　㉢ 현장기록 : 화재조사현장과 관련된 사람, 물건, 기타 주변상황, 증거물 등을 촬영한 사진, 영상물 및 녹음자료, 현장에서 작성된 정보 등을 말한다.
　㉣ 현장사진 : 화재조사현장과 관련된 사람, 물건, 기타 상황, 증거물 등을 촬영한 사진을 말한다.
　㉤ 현장비디오 : 화재현장에서 화재조사현장과 관련된 사람, 물건, 그 밖의 주변 상황, 증거물을 촬영하거나 조사의 과정을 촬영한 것을 말한다.

79 특수한 경우의 피해액 산정 우선 적용사항 기준 중 틀린 것은?

① 중고구입기계장치 및 집기비품의 제작 연도를 알 수 없는 경우 신품가액의 30~50%를 재구입비로 하여 피해액을 산정한다.
② 중고기계장치 및 중고집기비품의 시장거래가격이 신품가격보다 높을 경우 신품가액을 재구입비로 하여 피해액을 산정한다.
③ 공구·기구, 집기비품, 가재도구를 일괄하여 피해액을 산정할 경우 재구입비의 50%를 피해액으로 한다.
④ 재고자산의 상품 중 견본품, 전시품, 진열품에 대해서는 구입가의 30~50%를 피해액으로 한다.

Answer　76.④　77.①　78.②　79.④

해설 특수한 경우의 피해액 산정 우선 적용사항(화재피해금액산정매뉴얼)
- ㉠ 건물에 있어 문화재의 경우 별도의 피해액 산정기준에 의한다.
- ㉡ 철거건물 및 모델하우스의 경우 별도의 피해액 산정기준에 의한다.
- ㉢ 중고구입기계장치 및 집기비품의 제작연도를 알 수 없는 경우 신품가액의 30~50%를 재구입비로 하여 피해액을 산정한다.
- ㉣ 중고기계장치 및 중고집기비품의 시장거래가격이 신품가격보다 높을 경우 신품가액을 재구입비로 하여 피해액을 산정한다.
- ㉤ 중고기계장치 및 중고집기비품의 시장거래가격이 신품가액에서 감가수정을 한 금액보다 낮을 경우 중고기계장치의 시장거래가격을 재구입비로 하여 피해액을 산정한다.
- ㉥ 공구 · 기구, 집기비품, 가재도구를 일괄하여 피해액을 산정할 경우 재구입비의 50%를 피해액으로 한다.
- ㉦ <u>재고자산의 상품 중 견본품 전시품 진열품에 대해서는 구입가의 50~80%를 피해액으로 한다.</u>

80 화재조사 및 보고규정상 질문기록서 작성 내용으로 옳지 않은 것은?

① 화재발생 일시 및 장소
② 질문일시 및 질문장소
③ 기타화재 중 쓰레기화재의 경우 반드시 질문기록서를 작성한다.
④ 화재번호

해설 화재조사 및 보고규정 [별지 제10호 서식]

> **질문기록서**
>
> 화재번호(20　-00)
> 20　. 　.
> 소　　　속 : ○○소방서(소방본부)
> 계급·성명 : 　　○○○(서명)
> ① 화재발생 일시 및 장소
> ② 질문일시
> ③ 질문장소
> ④ 답변자
> ⑤ 화재대상과의 관계
> ⑥ 언제
> ⑦ 어디서
> ⑧ 무엇을 하고 있을 때
> ⑨ 어떻게 해서 알게 되었는가?
> ⑩ 그때 현상은 어떠했는가?
> ⑪ 그래서 어떻게 했는가?
> ⑫ 기타 참고사항

※ <u>기타화재 중 쓰레기, 모닥불, 가로등, 전봇대화재 및 임야화재의 경우 질문기록서 작성을 생략할 수 있음.</u>

MEMO

화재감식평가
기사/산업기사 필기

2013. 6. 18. 초 판 1쇄 발행
2024. 4. 3. 11차 개정증보 11판 1쇄 발행

검인
생략

지은이 | 화재감식평가수험연구회
펴낸이 | 이종춘
펴낸곳 | BM ㈜도서출판 성안당

주소 | 04032 서울시 마포구 양화로 127 첨단빌딩 3층(출판기획 R&D 센터)
       10881 경기도 파주시 문발로 112 파주 출판 문화도시(제작 및 물류)
전화 | 02) 3142-0036
       031) 950-6300
팩스 | 031) 955-0510
등록 | 1973. 2. 1. 제406-2005-000046호
출판사 홈페이지 | www.cyber.co.kr
ISBN | 978-89-315-8688-6(13530)
정가 | 49,000원

이 책을 만든 사람들
기획 | 최옥현
진행 | 박경희
교정·교열 | 최주연
전산편집 | 이다은
표지 디자인 | 박현정
홍보 | 김계향, 유미나, 정단비, 김주승
국제부 | 이선민, 조혜란
마케팅 | 구본철, 차정욱, 오영일, 나진호, 강호묵
마케팅 지원 | 장상범
제작 | 김유석